Gesamtverzeichnis des deutschsprachigen Schrifttums (GV) 1700 – 1910

Bearbeitet unter der Leitung von
Hilmar Schmuck und Willi Gorzny

Bibliographische und redaktionelle Beratung:
Hans Popst und Rainer Schöller

130

Schrim - Schult

K · G · Saur München · New York · London · Paris 1985

CIP-Kurztitelaufnahme der Deutschen Bibliothek

Gesamtverzeichnis des deutschsprachigen Schrifttums :
(GV). – München, New York, London, Paris : Saur.
Bd. 1 – 6 bearb. unter d. Leitung von Peter Geils
u. Willi Gorzny.
ISBN 3-598-30000-X

1700 – 1910 / bearb. unter d. Leitung von Hilmar
Schmuck u. Willi Gorzny. Bibliograph. u. red.
Beratung: Hans Popst u. Rainer Schöller

NE: Schmuck, Hilmar [Bearb.]

130. Schrim - Schult. - 1985.

Techn. Realisierung und Druck: Norbert Gärtner, Mainz-Kastel
Binden: Karl Schaumann, Darmstadt
Printed in the Federal Republic of Germany
ISBN 3-598-30000-X (Gesamtwerk)

Schrimm [Schlagwort]

Schrimm, Kreis, s.: Forstkarten. — Posen, Reg.-Bez.

Schrimm. Baron, Paul, A. Hilscher's Nachf., Spezial-Karte des Kreises Schrimm. 1 : 125,000. 35,5 × 29 cm. Lith. u. Farbdr. Lissa 898. F. Ebbecke. n. — 50

Schrimm, Kreis. Baron, Paul, Wandkarte des Kreises Schrimm, entworfen nach den neuesten Hilfsquellen. 1 : 40,000. 6 Blatt à 39 × 49 cm. Farbdr. Lissa 900. F. Ebbecke. n. 12. —; auf Leinw. m. Stäben n. 15. —

Schrimmer, Philipp. (geb. Gnesen Dez. 1830): De eclampsia puerperali. Berolini (1854). (20 S.) 8°
Berlin, Med. Diss. v. 24. Aug. 1854

Schrimpf. De delirio cum tremore. D. Vindobonae. 1831.

Schrimpf, Alois, Leitfaden f. den Elementarunterricht in der mathemat. Geographie f. Volksschulen. 2. verb. Aufl. gr. 8. (44 S.) Horn (899). F. Pichler. — 60

Schrimpf, Alois, vaterländische Verfassung u. Verwaltung. Leitfaden f. den Unterricht an Volks- u. Bürgerschulen, gewerbl. u. landwirtschaftl. Fortbildungsschulen. (67 S.) gr. 8. Horn 903. F. Pichler. n. — 70

Schrimpf, Otto: Verzeichnis der Bücher der Bibliothek des Königlichen Stifts-Gymnasiums zu Zeitz. I. Teil. 1 Bl., 54 S. 8. II. Teil. S. 55—110. 8. Kgl. Stifts-Gymn. *Zeitz* 1901 (275). 1902 (282).
Progr.

Schrimpff, Jul., „Jesus Christus gestern und heute und derselbe auch in Ewigkeit!" (Hebr. 13, 8.) Abschieds-Predigt. Gehalten am 2. Oktbr. 1853 (Ernte-Fest) zu Iserlohn. gr. 8. (14 S.) Iserlohn 853, Bädeker.

Die Wattfähre. E. neues Mittel z. Verbesserg d. Reiseverbindgn nach d. deutschen Nordseebädern, insbes. nach Norderney. E. Studie v. Ph. **Schrimpff,** Reg.-Baumeister. M. 2 Uebersichtspl. u. mehr. Zeichngn. *Elberfeld: Baedeker 1896.* (48 S., 1 Bl., 3 Taf., 2 Kt.) 1 Bd 8. (96. 38.9

Schrinergsell. De neu Sch'. Es züridütsches Dialektspiel in 3 Akten nebst Einleitung. Zeit: Gegenwart. Ort der Handlung: Zürichsee. 30 S. 8. Zürich, Caesar Schmidt, 1904. (fr. —. 80)
Sammlung schweizer. Dialektstücke Nr. 51.

Schrirn, Schamschin, aus Rußland: Ueber die subcutanen Milzrupturen. *Berlin (1902): E. Ebering.* (33 S.) 8°
Berlin, Med. Diss. v. 12. Dez. 1902

Schritt, Der erste, zur künftigen Vereinigung der katholischen und evangelischen Kirche gewaget von — fast wird man es nicht glauben — von einem Mönche. München 1778. Nachdr. Wallerstein 1778. V: *Mayr, Beda.* (ML) (BB) (ADB) »Schritt, Erster« (Ky) (Kn)

— erster, zur künftigen Vereinigung d. kathol. Kirche, gewagt, fast wird man es nicht glauben, von e. Mönche (Beda Mayr). 8. Münch. 778. J. Lindauer. 2 gr.

Schritt, erster, nach Latium, od. kurze Anweis. zur latein. Sprache. 8. Lüneburg 797. Lemke. 8 gr.

Schritt, der gefürchtete. Was e. Frau vermag. 8. (8 S.) Barmen 874. Wiemann. n. 4. —

Wandersport. Monatsschrift des Schleswig-Holsteinischen Wanderbundes für eine wanderfreudige Jugend. (Schriftleiter: Hans Jaquemar.) (Jg. 1), H. 1—12. Hamburg. 1908—09. 8°
Fortges. u. d. T.:
Gut Schritt. Jg. 2, H. 1. 2/3. 11/12. Kiel. 1909. 8°

Schritt, e., zur Lösung der sozialen Frage durch die Gründung e. deutsch-sozialen Partei. Von e. Arbeitgeber. 8. (23 S.) Stuttgart 890. Kohlhammer. n. — 40

Schritt vor Schritt. ABC. 12. (8 S. m. z. Tl. farb. Abbildgn.) Konstanz (901). C. Hirsch. n. — 10

Ein **Schritt** vorwärts im Berliner Städtebau? oder Die Aufschliessung d. Schöneberger Südgeländes. (Schöneberg: Ansiedlungsverein Groß-Berlin 1910.) 8 S. 8° [Kopft.]
(Ansiedlungsverein Groß-Berlin. Flugschrift. 4.)
(Schriften d. Ansiedlungsvereins Groß-Berlin. [7.]) A 12. 5575

Schritte, erste, zur Kenntniß d. deutschen Sprache f. d. oberste Classe d. Elementarschule. 8., unveränd. Aufl., welcher die Regeln d. Rechtschreibung angehängt sind. gr. 8. (8 B.) Zürich 829, Schultheß.

— **die ersten, auf dem Weg zum Vorwärtskommen.** Von e. Kaufmann (F. O. Pestalozzi). 1. u. 2. Aufl. (39 S.) 8. Zürich 909. Buchh. der ev. Gesellschaft nn — 30

Schritte zur ewigen Heimat. Gebete u. Andachten f. katholische Christen. Mit Vorwort v. Irenaeus Bernauer, O. S. F. (384 S. m. Titelbild.) 10,7 × 7 cm. Saarlouis 907. F. Stein Nachf. Geb. in Leinw. — 75

Schritte zur himmlischen Heimat. Ein Gebet- u. Erbauungsbuch für das liebe Alter. [In grobem Druck.] Mit Titelstahlst. Regensburg 869. Pustet. gr. 16. (624 S. mit eingedr. Holzschn.) 12 ngr.

Schritte zur himmlischen Heimat. Ein Gebet- u. Erbauungsbuch f. das liebe Alter. Neueste Ster.-Ausg. (m. ganz großem Druck). 12. (640 S. m. 1 Stahlst.) Regensburg 895. F. Pustet. 1. 20; geb. in Halbldr. 1. 80; in Ldr. m. Goldschn. 2. 60; in Chagrin m. Goldschn. 3. —

Schritte zur himmlischen Heimat. Ein Gebetbuch für das liebe Alter. 16. Ster.-Ausg. 12. (640 S. m. 1 Stahlst.) Regensburg 901. F. Pustet. 1. 20; geb. in Halbldr. n. 1. 80; in Ldr. m. Goldschn. n. 2. 60; in Chagrin m. Goldschn. n. 3. —

— **zur himmlischen Heimat.** Ein Gebetbuch f. d. liebe Alter. 17., neuerv. Ausg. (648 S. m. Abbildgn. u. 1 Stahlst.) kl. 8. Regensburg 907. F. Pustet. 1. 20; geb. in Leinw. 1. 80; in Ldr. m. Goldschn. 2. 60

Schritte zum göttlichen Herzen Jesu. Ein Andachtsbuch für Katholiken, aus den besten, mit kirchlicher Approbation erschienenen Schriften gesammelt von einem Priester der Diöcese Passau. 8. verm. Aufl. Mit 1 Stahlst. Passau 862. Elsässer & Waldbauer. 16. (360 S. u. Titel in Farbendr.) 7½ ngr.

Schritte, Langsame, in der biblischen Kritik. [Berlin 1781.] V: *Bruns, Friedrich Bernhard.* (Kordes, Schlesw.-holst. u. eutin. Schriftst. Schleswig 1797.)

Schritte, die letzten, unseres Herrn u. Heilandes Jesu Christi, od. der heil. Kreuzweg in den gewöhnl. Stationen vorgestellt, wie er in der Kapelle der P. P. Kapuziner u. P. P. Jesuiten in Mainz gehalten wird. 16. (32 S.) Mainz 891. Haas. — 15

— zur vollkommenen Liebe Gottes durch Andacht u. Gebet. Ein vollständ. Meß-, Beicht- u. Communionbuch f. fromme kath. Christen. 34. verb. Aufl. 16. (VI u. 442 S. m. 1 Stahlst.) Würzburg 851, Etlinger. 9 Ngr.; fein Pap. m. 2 Stahlst. u. gest. Titel 1/2 Thlr.

— zur vollkommenen Liebe Gottes durch die Vereinigung mit Jesus, sowohl bei d. heil. Messe, als bei d. heil. Communion; od. Meß- u. Communionbuch f. fromme Katholiken. 5e A. mit 1 Kpf. 8. Würzb. 827. 6e Original-Ausg. 828. 8e Aufl. 831. Stahel. 10 Gr. Schrbp. mit 4 Kpf. 16 Gr. Velinp. mit 4 Kpf. 20 Gr.

—— zur vollkomm. Liebe Gottes durch d. Vereinigung mit Jesu, sowohl bei d. heil. Messe, als in d. h. Kommunion; od.: Meß- u. Kommunionbuch f. fromme Katholiken. (Von G. Blum.) 6—10. Orig.-Aufl. gr. 12. (à 20 B. u. Ttlkpfr.) Würzburg 828—34, Stahel. à 10 Gr., Schrbp. m. 4 Kpfr.

Schritte zur vollkommenen Liebe Gottes durch die Vereinigung mit Jesus ... 10. Aufl. Würzburg 1834. V: *Blum*, *Joh. Georg*. (schmal)

Schritte zur vollkomm. Liebe Gottes durch d. Vereinigung mit Jesus, sowohl bei d. h. Messe, als in d. h. Kommunion; od. Meß- u. Kommunionb. f. fromme Katholiken. 13—16. Orig.-Aufl. gr. 12. (à 19 1/2 B. u. Ttkpfr.) Würzburg 838—41, Stahel'sche Buchh. à

Schritte zur vollkommenen Liebe Gottes durch die Vereinigung mit Jesus, sowohl bei der h. Messe, als in der h. Kommunion; oder: Meß- u. Kommunionbuch f. fromme Katholiken. 17. u. 18. Orig.-Aufl. gr. 12. (à 19 1/2 B. u. 1 Ttlkpfr.) Würzburg 842, 43, Stahel'sche Buchh. à —

—— dass. 19. Orig.-Aufl. Vermehrt mit neuen Gebeten f. Kranke, zum allerheil. Herzen Jesu, für den Rosenkranz u. den gebräuchlichen Kirchenliedern. gr. 12. (21 1/2 B. u. Ttlkpfr.) Ebds. 844. 12 1/2 Ngr., Velinp. m. 4 Kpfrn. 15 Ngr., Prachtausgabe mit 5 Kpfrn. 20 Ngr. In gepreßtem Einband * 1

— zur vollkommenen Liebe Gottes durch die Vereinigung mit Jesus, sowohl bei der heil. Messe als in der heil. Communion. Meß- u. Communionbuch f. fromme Katholiken ꝛc. 21. Orig.-Aufl. Vermehrt m. neuen Gebeten f. Kranke, zum allerheiligsten Herzen Jesu ꝛc. Mit 1 Stahlst. 12. (VIII u. 495 S.) Würzburg 847, Stahel'sche Buchhandlung. 5/12 Thlr. — Mit 4 Stahlst. u. gest. Titel 2/3 Thlr. — 22. einzig rechtmäß. Orig.-Aufl. Verm. m. neuen Gebeten f. Kranke, zum allerheiligsten Herzen Jesu. f. den Rosenkranz, nebst mehreren Litaneien und den gebräuchlichsten Kirchenliedern. Mit 5 Stahlst. gr. 12. (VIII u. 520 S.) Ebd. 852. Velinp. 2/3 Thlr.; geb. m. Gldschn. n. 1 3/4 Thlr.; Prachtband n. 2 Thlr. 16 Ngr.

—— dass. — 22., einzig rechtmäß. Orig.-Aufl. Verm. mit neuen Gebeten für Kranke, zum allerheiligsten Herzen Jesu, für den Rosenkranz, nebst mehreren Litaneien und den gebräuchlichsten Kirchenliedern. gr. 12. (VIII und 520 S. mit 5 Stahlst.) Ebds. 851. Vlnp.

Schritte zur vollkommenen Liebe Gottes durch die Vereinigung m. Jesus Christus bei der heil. Messe u. Kommunion. Mit vielen verschiedenen Anweisgn. der heil. Messe beizuwohnen, Beichtgebenden u. vier verschiedenen Kommunionandachten, e. Nachmittagsandacht f. alle Kommuniontage u. vielen anderen Gebeten zum alltägl. Gebrauche. Mit 2 (lith.) Bildern. 8. (396 S.) Einsiedeln 875. Eberle, Kälin & Co. — 88

—— zur wahren Liebe Gottes durch Andacht und Gebet. Ein vollständ. Meß-, Beicht- und Communionbuch für fromme kathol. Christen. 1. Aufl. 8. (IV und 404 S. mit 4 Stahlst.) 1847. 20 Ngr. und 2., verb. Aufl. (Taschen-Ausg.) 16. (IV und 412 S. mit 1 Stahlst.) Würzburg 818, Etlinger'sche Vrlgsh.

Feine Ausg. —

—— dass. — 27. und 30. Aufl. 8. 1850. 20 Ngr. und 10 Ngr., 34. Aufl. 16. (VI und 442 S. mit 1 Stahlst.) 1851. 9 Ngr., fein Pap. mit 2 Stahlst. und gest. Ttl. 15 Ngr., 35. Aufl. 8. (VI und 444 S. mit 1 Stahlst.) 1852. 10 Ngr., fein Pap. mit 4 Stahlst. 20 Ngr. und 37. Aufl. 32. (VI und 442 S. mit 2 Stahlst.) Ebds. 852.

Fein Pap. mit 4 Stahlst.

Schritte zur wahren Liebe Gottes durch Andacht und Gebet. Ein vollständiges Meß-, Beicht- und Communionbuch für fromme katholische Christen ꝛc. 36. verb. Aufl. Würzburg (854.) Etlinger. (Berlin, Genrich.) 16. (VI, 442 S. mit 1 Stahlst. u. Titel in Stahlst.) 9 ngr.;

feine Ausg. mit 3 Stahlst. 15 ngr.

Schritte zur wahren Liebe Gottes durch Andacht und Gebet. Ein vollständiges Meß-, Beicht- und Communionbuch für fromme kathol. Christen. 36., verb. Aufl. (Taschenausg.) 16. (VI und 432 S. mit 1 Stahlst und gest. Titel.) Würzburg 854. [Berlin, Genrich's Vrlgsh.]

feine Ausg. mit 3 Stahlst.

Schritte zur wahren Liebe Gottes durch Andacht und Gebet ꝛc. 38., verb. Aufl. 8. (IV und 444 S. mit 1 Stahlst. und gest. Titel.) Würzburg 854. [Berlin, Genrich's Vrlgsh.] Thlr. — fein Pap. mit 3 Stahlst.

Schritte zur innigen Vereinigung mit Jesus Christus sowohl bei der heil. Messe, als bei der heil. Kommunion. Vollständiges Meß- und Kommunionbuch für Katholiken. 10. Aufl. 8. (400 S. mit chromolithogr. Titel und 1 Stnt.) Salzburg 874, Pustet. * 1 —

— zur vollkommenen Vereinigung mit Jesus Christus, sowohl bei der heil. Messe, als in der hl. Kommunion. Ein vollständ. Meß- u. Kommunionbuch m. 21 verschied. Meßandachten, 7 Kommunionandachten für Sonn- u. Festtage, und allen gewöhnlichen Andachtsübungen e. frommen Katholiken. 12. (420 S. m. 2 Lith.) Einsiedeln 851, Gebr. Benziger. 1/2 Thlr. Velinp. m. 8 Lith. 1/2 Thlr.

—— zur vollkommenen Vereinigung mit Jesus Christus, sowohl bei der heil. Messe, als in der heil. Kommunion. Ein vollständiges Meß- und Kommunionbuch. 5. Aufl. gr. 12. (420 S. mit 2 Stnt.) Einsiedeln 855, Gebr. Benziger. *

—— zur vollkommenen Vereinigung mit Jesus Christus sowohl bei der heil. Messe, als in der heil. Kommunion. Ein vollständ. Meß- und Kommunionbuch ꝛc. 10.—13. Aufl. 12. (420 S. mit 2 Stnt.) Einsiedeln 859—64, Gebr. Benziger.

Ueber das Schrittschuhlaufen. Frankfurt & Leipzig 1790. 20 S. m. Abb.

Schrittschuhlaufen, üb. das. 8. Wien 790. Hörling. 8 Gr.

Schritt-Sport. gr. 4. (82 u. 22 S.) Wien 893. L. W. Seidel & Sohn. n. 3. 60

Schrobenhausen im Jahre 1812. Vom k. Steuerkataster. 1 : 2500. 1 Bl.

Schrobenhausen, s. a. **Deutschland. Kürschner-Pelp.**

Schrobilgen, Mathieu Lambert: Beiträge zur Rechtfertigung der Niederländischen Regierung. Insbesondere in Beziehung auf den belgischen Aufruhr. Luxemburg: J. Lamort 1836. – 23 S. 8°

Schrobilgen, Mathieu Lambert: Ueber die politische Lage des Großherzogtums Luxemburg. Eine Flugschrift des Herrn Schrobilgen. Aus dem Französischen in's Deutsche übertragen, von einem katholischen Geistlichen der Stadt Luxemburg. Luxemburg: J. Lamort 1833. – 31 S. 8°

Schrobilgen, Mathieu Lambert: Die Niederländische Regierung gerechtfertigt und der belgische Aufruhr gebrandmarkt durch die deutschen Schriftsteller und Publizisten. Luxemburg: J. Lamort 1833. – 16 S. 8°

Schrobitz, Friedrich Wilhelm

Schrobitz, Fridericus Guilielmus: De cystitide. Halae (1822): Grunert. 33 S. 8°
Halle-Wittenberg, Med. Diss. v. 19. Sept. 1822
Geb. [Alt-]Landsberg (Mittelmark; Kr. Niederbarnim) 19. 12. 1795. V. vorh. Marburg UB

Schrobsdorff's Literatur-Vademecum f. den deutschen Offizier. Ein systemat. nach Schlagworten geordneter Führer durch die neuen Erscheingn. auf dem Gebiete der Kriegswissenschaft etc. gr. 8. (85 S.) Düsseldorf 892. Schrobsdorff. n. 1. —

Schrobsdorff, Hans, aus Berlin: Über die Reduktion des Hystazarins und Chrysazins und über einige ihrer Derivate. (*Berlin 1901: G. Schade.*) (54 S.) 8°
Berlin, Phil. Diss. v. 27. Febr. 1904

Schrock, Otto: Ueber Chorea gravidarum. *Dommau 1898: H. Neumann.* (24 S.) 8° [Ant. u. K.]
Königsberg, Med. Diss. v. 30. Juli 1898

Schrock, Otto, über Chorea gravidarum. Diss. gr. 8. (22 S.) Dommau 898. (Königsberg, W. Koch.) n. – 80

Schroeck, Johann Kaspar (Nürnberg) A. S. 321/34

Disquisitio inauguralis de Henrici VI imperatoris Romana eaque ignominiosa coronatione.
Präs. Christian Gottlieb Schwarz.
Altdorf (Kohles) 28. VI. 1737. 42 S.

W. v.: Präs., Johann Andreas Michael Nagel, Nikolaus Schwebel (Opp.), Johann Karl Ebner (Opp.), Johann Wilhelm Ebner, Sigismund Friedrich Holzschuher (Opp.). 31453

Schroeck, Johann Matthias, s. Schroeckh

Schröck, *Robert* Otto [app. Arzt aus Eisleben]: Über Heilung der Pseudarthrosen und Knochendefekte durch Knochenimplantation ... Halle a S., Druck v. E. Schneider in Eisleben, 1894; 37 S., 1 Bl. 8.
Halle, Med. Fak., Inaug.-Diss. v. 11. Jan. 1894

Schröcke, Kurt, Märchen u. Kind. Eine pädagogische Studie. (IV, 96 S.) gr. 8. Leipzig 911. E. Wunderlich. — 80

v. Schrockenstein, Frhrr. Fr., s. Koth v. Schrockenstein.

Aufzeichnungen über das böhmisch-sächsische Erdbeben im October und November 1897. Von Franz Schröckenstein. *Prag: Kgl. böhm. Ges. d. Wiss. 1897.* (8 S.) 8.
= Věstnik Král. Č. Společnosti Náuk. Třída math.-přírodovědecká. 1897. [No] 64. [96. 4008]

Schröckenstein, Frz., Aufzeichngn. üb. d. böhmisch-sächsische Erdbeben im October u. November 1897. [Aus: „Sitzungsber. d. k. böhm. Gesellsch. d. Wiss."] gr. 8. (8 S.) Prag 897. (F. Řivnáč.) n. – 20

Schröckenstein, Frz., Ausflüge auf das Feld der Geologie. Geologisch-chem. Studie der Silicatgesteine. 2. unveränd. Aufl. gr. 8. (V, 116 S.) Wien 886, (Prag, Dominicus.) *

Die Basalt-Eruption bei Kladno am Vinařicer Berge. Von Franz Schröckenstein. (Mit 2 Profil-Beilagen.) Separatabdruck aus den Sitzungsberichten der königl. böhmischen Gesellschaft der Wissenschaften in Prag. 1900. Prag. 1900. In Comm. Řivnáč. Gr.-8°. 4 S. K —.48

Silicat-Gesteine und Meteorite. Petrographisch-chem. Studie auf Grundlage d. neuesten Standes d. Wissenschaft bearb. v. Franz Schröckenstein, Ob.-Insp. d. pr. öst. ung. Staatseisenb.-Ges. i. R. ... *Prag: H. Dominicus 1897.* (2 Bl., 153 S., 1 Bl.) 1 Bd 8. [97. 7889]

— Studien üb. Silicat-Massengesteine. gr. 8. (43 S.) Ebd. 899. n. — 72
Sonderabdruck aus: „Sitzungsber. der k. böhm. Gesellschaft d. Wiss."

Schröckh, Johann Matthias

— Abbild. u. Lebensbeschreib. Mart. Luthers. 8. Leipz. 778. Hilscher, (Compt. f. Litt.)

— Abbild. und Lebensbeschreibungen berühmter Gelehrten. 1r. 2r Bd. u. 3n Bds 1s 2s Stck. 8. Leipz. Hilscher. 747–69.

— Abbildd. u. Lebensbeschreibb. berühmter Männer. 3 Bde. 8. Leipz. 764—69. Hilscher. 3 ℛ 2e umgearb. Aufl. unt. d. T.: Lebensbeschreib. berühmter Gelehrten. 2 Thle. gr. 8. Leipz. 790. Schwickert.

Schroeckh, Joannes Matthias (Hrsg.), s. Acta sacrorum secularium Academiae Vitebergensis.

Schroeckh, Ioh. Math., Acta sacrorum secular. Academiae Vitebergensis 1802. gr. 4. Lipsiae, Weidmann. 802.
Schreibp.

Schröckh, Johann Matthias, s. Banier: Götterlehre.

— histor. Begriff d. Religion Jesu, als Handbuch für Schulen u. Confirmanden v. J. C. Erdmann. 8. Leipz. 805. Schwickert

— allgemeine Biographie. 8 Thle. gr. 8. Berl. 1r Thl. 767. 2e A. 771. 3e A. 785. 2r — 4r Thl. 769, 70, 72. 2e Aufl. 770, 72, 86. 5r—8r Thl. 778, 87, 89, 91. Mylius. 8 ℛ

— compendium historiae catholicae in usum institutionis primae juventutis latin. vertit. F. C. Born. 8. Lpz. 784—91. Schwickert. 1 ℛ 4 gr

Schroeckh, Johann Matthias [Praes.], s. Drasdo, Johann Gottlieb: De analogia historica recte instituenda.

— Geschichte d. Deutschen, neue, durchaus vermehrte, verbess., bis auf unsere Zeiten fortgesetzte, z. Gebrauch kathol. Schulen eingerichtete u. mit e. Anhange versch. Aufl. 8. Frankf. a. M. 794. Andreä. 16 gr

– s. Goldsmith: Geschichte von England.

Schroeckh, Johann Matthias [Praes.], s. Goerenz, Johann August: De finibus imitationis hodiernae Graecorum Romanorumque historicorum regundis.

Schroeckh, Johann Matthias [Praes.], s. Graesse, Johann Gottlob: Rudimenta studii historiae orbis catholicae in Justino utiliter ponenda.

– s. Heinsius, J. G.: Kurze Fragen.

Schroeckh, Johann Matthias [Praes.], s. Heubner, Heinrich Leonhard: Historia antiquior dogmatis de modo salutis tenendae et justificationis seu veniae peccatorum a deo impetrandae instrumentis.

Histoire universelle à l'usage de la jeunesse. D'après l'allemand de Mr. Jean Mathieu Schroekh ...
Partie première [- quatrième] ...
Leipzig: Schwickert. 1784 [- 1791]. 8°.
Fürstlich Fürstenbergische Hofbibliothek Donaueschingen
Übers. v. Allgemeine Weltgeschichte für Kinder, 1779-1784.
2. dt. Aufl. 1786-1799.

— Histoire universelle à l'usage de la jeunesse, Histoire ancienne et moderne. 6 Vol. gr. 8. Leipzig, Schwickert. 784-91. (à 20 gr.)

— Historia religionis et ecclesiae christianae adumbrata in us. lect. 8maj. Berl. 777. Ed. II. 785. Ed. III. 790. Ed. IV. auct et emend. 797. Ed. V. 808. Ed. VI. auct. et emend. c. Ph. Marheinike 818. Ed. VII. 831. Mylius. 20 gr. — id. lib. in us. praelect. cathol. a G. Lumper. 8. Augsb. 788. Mit neuem Titelbl. 790. Rieger. 1 Rthlr. 14 gr.

Schröckh, J. M. Historia Religionis et Ecclesiae Christianae. In usus praelectionum . . . Aug. Vindel. 1788. V: *Lumper, Gottfried.* (Adel) (MGT)

Schröckh, J. M., historia religionis et ecclesiae christianae adumbrata in usum lectionum. Editio 6ta emendatior et auctior, cur. Ph. Marheinecke. 8maj. Berolini, Mylius. 818.

Schroeckh, Jo. Matth., Historia religionis et ecclesiae christianae. Adumbrata in us. lect. Edit. VII. emend. et auct. Cur. Ph. Marheineke. 8 maj. (20 B.) Berolini 828, Mylius.

Schroeckh, Johann Matthias [Praes.], s. Jehnichen, Karl Gottfried: De fide Homeri historica.

— christl. Kirchengeschichte. 35 Thle. gr. 8. Leipz. 1r—11r Thl. 768—86. 2e A. 772—94. 12r—35r Thl. 788—803. (1+r Thl. 2e A. besorgt v. H. G. Tzschirner). Schwickert.

— christliche Kirchengeschichte seit der Reformation. 8 Thle. gr. 8. Ebend. 804-8. (1r 2 Rthlr. 2r 2 Rthlr. 12 gr. 3r 4r à 2 Rthlr. 8 gr. 5r 2 Rthlr. 6r 2 Rthlr 8 gr. 7r 2 Rthlr. 8r 2 Rthlr. 8 gr.)

Schröckh, Joh. Matth., christl. Kirchengeschichte seit d. Reformation; fortgesetzt von H. G. Tzschirner. 9r Bd. 2 Rthlr. 10r u. letzt. Bd. (welcher das Register üb. alle 10 Thle u. das Leben J. M. Schröckh's enthält.) 1 Rthlr. 8 gr. gr. 8. Leipz. Schwickert. 810—12.

Schröckh, Johann Matth. Christliche Kirchengeschichte seit der Reformation. Leipzig 1804—12. V (Th. 9 u. 10): *Tzschirner, Heinrich Gottlieb.* (Ky)

Schröckh, (J. M.,) christl. Kirchengeschichte. 14r Thl. 2e Aufl. besorgt von H. G. Tzschirner. gr 8. Leipz. 825, Schwickert.

Schroeckh, Johann Matthias [Praes.], s. Klotzsch, Johann Georg Karl: De lingua Germanica recentiorum philosophiam tractandi studiis haud parum culta.

— Lebensbeschreibung berühmter Gelehrten. 2 Thle. gr. 8. Leipz. Schwickert. 1789-91.

— Lehrbuch d. christl. Religions- u. Kirchengeschichte.; aus dem Latein. d. S. J. Schröckh. 8. Coburg 792. (Meusel). 20 gr.

— Lehrbuch d. allgem. Weltgeschichte, s. a. Hilm. Curas Einleitung ꝛc.

Johann Matthias Schröckhs ... Lehrbuch der allgemeinen Weltgeschichte zum Gebrauche bey dem ersten Unterrichte der Jugend
nebst einem Anhange der Sächsischen und Brandenburgischen Geschichte
Berlin-Stettin: Nicolai. 1774. 14, 536 S. 8°.
University of Illinois Library Urbana, Ill.
2. Aufl. konnte nicht gefunden werden. 3. Aufl. 1777, 4. Aufl. 1784,

Identisch mit Hilmar Curas, Einleitung zur Universalhistorie [Berlin-Stettin 1774]

Johann Matthias Schröckhs ... Lehrbuch der allgemeinen Weltgeschichte zum Gebrauche bey dem ersten Unterrichte der Jugend nebst einem Anhange der Sächsischen und Brandenburgischen Geschichte.
Dritte verbesserte und vermehrte Auflage.
Berlin-Stettin: Nicolai. 1777. 22, 558 S. 8°.
Zentralbibliothek Zürich
1. Aufl. 1774, 4. Aufl. 1784, 2. Aufl. konnte nicht gefunden werden.
Identisch mit Hilmar Curas, Einleitung zur Universalhistorie, 3. Aufl. Berlin-Stettin 1777

Johann Matthias Schröckhs ... Lehrbuch der allgemeinen Weltgeschichte zum Gebrauche bey dem ersten Unterrichte der Jugend nebst einem Anhange der Sächsischen und Brandenburgischen Geschichte.
Vierte verbesserte und vermehrte Auflage.
Berlin-Stettin: Nicolai. 1784. 22, 552 S. 8°.
John Carter Brown Library Providence, R. I.
1. Aufl. 1774, 3. Aufl. 1777 2. Aufl. konnte nicht gefunden werden.
Identisch mit Hilmar Curas, Einleitung in die Universalhistorie, 4. Aufl., Berlin-Stettin 1784.

Schroeckh, Johann Matthias [Praes.], s. Meerheim, Gottfried August: De utilitate expeditionum cruciatarum commentatio historica pars. I. II.

— s. Nachrichten, Neue, über Italien.

Schröckh, Joh. Matth., Reden [illegible] von K. H. L. Pölitz. gr. 8. Wittenberg. (Gr. [illegible] in Leipz.) 805. [illegible] Rthlr.

Schroeckh, Johann Matthias [Praes.], s. Nitzsch, Karl Ludwig: Historia providentiam divinam quando et quam clare loquatur?

— s. Offerhaus: Compend. histor.

Schroeckh, Johann Matthias [Praes.], s. Rau, Sebald: De iis, quae ex Arabia in usum tabernaculi fuerunt petita, commentatio. Recensuit, atque de veris rationibus studii linguar. orientalium praefatus est.

— s. Ritter, Jh. Dan.: Meißn. Geschichte.

— s. Schlözer, A. L. v.: Histoire ...

— traits d'Histoire tirés de divers auteurs pour servir d'explication aux estamps de l'histoire universelle pour les enfans. gr. 12. Königsb. N. A. 809. Unzer. 12 gr.

— s. Weltgeschichte, Allgem., v. Guthrie u. Gray.

Allgemeine Weltgeschichte für Kinder, von Johann Matthias Schröckh ...
Erster [- Vierter] Theil.
Mit fünf und zwanzig Kupfertafeln.
Zweyte verbesserte und vermehrte Auflage.
Leipzig: Weidmann. 1786 [- 1799]. 8°.
Bayerische Staatsbibliothek München: Tl. 1-3; Library of Congress Washington: Tl. 4, Bd. 2
1. Aufl. 1779-1784 Franz. Ausg. 1784-1791.

Schröckh, Jh. Matth., allgem. Weltgeschichte f. Kinder. 4 Thle. 8. Leipz. 779—84. 2e A. 786, 87. 1r Thl. 3e A. 802. 4e A. hrsgg. v. K. H. L. Pölitz. 811. 12 Gr. 2r Thl. 3e A. 804. 12 Gr. 3r Thl. 3e A. 804. 18 Gr. 4n Thls 1r Abschn. 3e A. 820. 18 Gr. 2r Abschn. 799. 12 Gr. 3r Abschn. v. K. H. L. Pölitz. 3e A. 818. 12 Gr. 4r u. 5r Abschn. v. Demselb. 813, 17. 1 Rthlr. 18 Gr. Weidmann. 5 Rthlr. 6 Gr. (4r u. 5r Abschn. auch unt. d. Tit.: K. H. L. Pölitz, die europ. Völker u. Staaten am Ende des 18n u. Anfange d. 19n Jahrhunderts dargestellt. 2 Thle. 1 Rthlr. 18 Gr.)

— Dass. mit 101 Kpf. 4 Thle. (1r Thl. 3e A. 802. 2r Thl. 3e Aufl. 805. 3r — 4r Thl. 2e A. 792—99.) gr. 8. Leipz., Weidmann. 8 Rthlr. 4 Gr. Schreibpap. 10 Rthlr. Die Kpfr. apart 2 Rthlr. 16 Gr.

— allgemeine Weltgeschichte f. Kinder. 1r Thl. Alte Geschichte. 4te von K. H. L. Pölitz verb. u. verm. Aufl. 8. Leipz. Weidmann. 811.

— — dass. IV. 3ten Abschn. 3te von K. H. L. Pölitz verbess. u. verm. Aufl. 8. Ebend. 811.

— — dass. bearb. von K. H. L. Pölitz. IVr Thl. 4r Abschnitt, od. Ergänzungsband, welcher die neueste Geschichte d. europäischen Staaten enthält.
Auch unt. d. Titel:
Pölitz, K. H. L., die europ. Völker u. Staaten am Ende des 18ten u. am Anfange des 19ten Jahrh. 8. Ebend. 813.

— allgemeine Weltgeschichte für Kinder. 4n Theiles 5r Abschn., oder 2r Ergänzungsband, welcher die neueste Geschichte der europäischen Staaten enthält. 8. Leipzig, Weidmanns. 817.
Schreibpap.
Auch unter dem Titel:
Pölitz, K. H. L., die europäischen Völker und Staaten am Ende des achtzehnten und am Anfange des neunzehnten Jahrhunderts dargestellt. 2r Thl.

Schröckh, S. F., freymüthige Bemerkungen über Hamburg, Berlin rc. 8. Coburg, Meusel. 793.

Schröckh, ..., freimüth. Bemerkk. üb. Hamburg u. Berlin. 8. Coburg 793. Meusel. 12 Gr.

(SCHROECKH Samuel Jakob.: Allgemeines Adels-Lexikon der österreichischen Monarchie . . . in alphabetischer Ordnung . . . von . . . Allg. Correspondenz-Expedition. Wien 1784. 1 vol. 2 Bl. + 32 S.

— Anleit. zum kaufmänn. Briefwechsel. 8. Frankf. a. M. 769. N. A. 781. (Brönner). 12 Gr.

Schröckh, Sam. Jac., Anleit. z. kaufmänn. Briefwechsel. 8. Frankf. Keßler. (Bronner.) 781.

Schröckh, Sam. Jak., († ...) allgem. kaufmänn. Bibliothek. 1r Thl. 8. Frankf. a. M. 777.

Schröckh, Sam Jak.: „Einleitung zu einer allgemeinen Erkenntniss aller Handlungs-Wissenschaften", 3 Teile in 3 Bänden. Frankfurt a. M. 1769, 1770 (Bronner). — Vorh.: Preuß. StB Berlin, UB Königsberg, Com. Bibl Hamburg. — 2. Auflage, Frankfurt a. M. 1780—1785 (Brönner).

(Schroeckh, Sam. Jac.) Friedrich II. im Elysium. 8. Leipzig 1786. — 8. ibid. 1790.

— Frankfurter Handlungsschema. 8. Frankf. a. M. 777.

Schröckh, Samuel Jakob, s. Handlungszeitung, Leipziger.

— s. Joseph II. in Elysium.

— Frankfurter Meßschema, 8. Frankf. a. M. 777.

— s. Schriften, Meine kleinen.

Schröckh, Samuel Jakob, s. Schröckh, Joh. Matth.: Lehrbuch d. chr. Religions- u. Kirchengesch.

Schröckh, Sam. J.: „Taschen-Comtoirist, welcher die neuesten und zuverlässigsten Nachrichten von den Rechnungs- und Wechselsorten, Münzen . . . ., der vornehmsten Handlungsplätze und Länder in und außer Europa enthält", Leipzig 1787 (Schwickert).

— s. Wagen, Der rothe.

— Wörterbuch bei der Handlung, in d. Sprache d. Umgangs, d. Briefstyl u. d. gerichtl. Verfahren vorkommenden Redensarten, fremder Wörter u. Ausdrücke rc. 8. Leipz. 787. Schwickert. 8 Gr.

— Wörterbuch, s. Wörterbuch.

v. Schröckinger-Neudenberg, Jul. R., Reisegefährte durch Ober-Oestreichs Gebirgsland. Ein Wegweiser in Linz und seiner Umgebung, durch das Salzkammergut nach Ischl und Salzburg. Nebst Ausflügen nach Gastein, Aussee, Spital am Pyrhn und einem großen Theil des Traunkreises. 12. Linz 841, Fink. 7/12 Rthlr.

v. Schröckinger-Neudenberg, Jul. R., Reisegefährte durch Ober-Oesterreichs Gebirgsland. Ein Wegweiser in Linz und seiner Umgebung, durch das Salzkammergut nach Ischl und Salzburg. Nebst Ausflügen nach Gastein, Aussee, Spital am Pyhrn u. e. großen Theile d. Traunkreises. 2. umgearb. und verm. Aufl. 12. (XXIV u. 300 S.) Linz 846, Fink. (Leipzig, Hübner.) 22 ngr — 3. verb. u. verm. Aufl. 12. (XII u. 274 S. m. 1 Stahlst.) Ebd. 851. 24 ngr

Schröckinger-Neudenberg, Jul. R. v., Reisegefährte durch Ober-Oesterreichs Gebirgsland. Ein Wegweiser in Linz und seiner Umgebung, durch das Salzkammergut nach Ischl und Salzburg; nebst Ausflügen nach Bad Hall, Gastein, Aussee, Spital am Pyhrn und einen grossen Theil des Traunkreises. 4., verb. und verm. Aufl. 12. (VIII und 268 S.) Linz 856, Fink. (Leipzig, Haessel.) *

Schröckinger-Neudenberg, Jul. R. v., Reisegefährte durch Ober-Oesterreichs Gebirgsland. Ein Wegweiser in Linz und seiner Umgebung, durch das Salzkammergut nach Ischl und Salzburg; nebst Ausflügen nach Bad Hall, Gastein, Aussee, Spital am Pyhrn, Steier und einem grossen Theile des Traunkreises. 5., umgearb. und verm. Aufl. 12. (VIII und 275 S.) Linz 860, Fink. geb.

Schröckinger-Neudenberg, Jul. R. v., Reisegefährte durch Ober-Oesterreichs Gebirgsland. Ein Wegweiser in Linz u. seiner Umgebung, durch das Salzkammergut nach Ischl u. Salzburg; nebst Ausflügen nach Bad Hall, Gastein, Aussee etc. 6. Aufl. redig. u. verm. von Rud. Hinterhuber. Linz 867. Fink. 8. (XI, 332 S. mit 1 lithogr. Plane der Stadt Linz u. ihrer Umgebung.) geb. n. 1 Rthlr. 10 ngr.

Schröckenadel, J., f. Lehr- u. Gebetbuch zum würdigen Empfange der heil. Sakramente der Buße u. des Altars.

Schrod, Friedrich, aus Offenbach a. M.: Die Gruendung der Deutschordenskonturei Sachsenhausen. Ein Beitrag zur Geschichte der Herren von Münzenberg. Gießen 1904: v. Münchow. (37 S.) 8° [F.] ¶ (Aus: Mitteilungen des Oberhess. Geschichtsvereins 1905.)
Gießen, Phil. Fak., Ref. Oncken, Diss. v. 20. Sept. 1904
[Geb. 26. Mai 82 Offenbach; Wohnort: Offenbach; Staatsangeh.: Hessen; Vorbildung: Gymn. Offenbach Reife O. 00; Studium: Gießen 8 S.; Rig. 11. Juli 04.]

Schrod, K., Declamationsbüchlein für katholische Gesellen-Vereine. Mit einem Vorwort von S. Schäffer. Trier 866. Groppe. 16. (IV, 128 S.) n. 10 ngr.

Schrod, K., Kerngebete. Ein Taschen- u. Reisegebetbuch. 16. (III, 112 S. m. 1 Stahlst.) Saarlouis 891. F. Stein Nachf. n. — 35

Schrod, K., Kerngebete. Ein Taschen- u. Reisegebetbuch. 2. Aufl. (176 S.) 16. Saarlouis 904. F. Stein Nachf. n. — 55; geb. in Leinw. n. — 80.

Schrod, K., die geistliche Rose. Ein Unterrichts- u. Andachtsbüchlein f. die Verehrer d. heil. Rosenkranzes. 16. (382 S. m. eingedr. Holzschn. u. 2 Steintaf.) Einsiedeln 873. Benziger. — 70

Schroda [Schlagwort]

Schroda, Kreis, s.: Forstkarten. — Posen, Reg.-Bez.

Schroda, Kreis. Baron, Paul, Spezial-Karte des Kreises Schroda. Rev. von den zuständ. Behörden. 1:150,000. 35×29,5 cm. Farbdr. Lissa (901). F. Ebbecke. n. — 50

Schroda, Kreis. Baron, Paul, Spezial-Karte des Kreises Schroda in 5fachem Farbendr. Rev. v. den zuständ. Behörden. 1:150,000. 2. Aufl. 32×26 cm. Lissa (905). O. Eulitz. n. — 50; auf Leinw. in Taschenformat n. 1. —

— — Wandkarte des Kreises Schroda, entworfen nach den Messtischblättern der königl. preuss. Landes-Aufnahme. 1:50,000. 4 Blatt à 57,5×46 cm. Farbdr. Lissa (901). F. Ebbecke. n. 12. —; auf Leinw. m. Stäben n. 15. —

Schroedel's Atlas zum Religions- u. kirchengeschichtlichen Unterricht. Ausg. A. m. 9 (farb.) Karten. 8. Halle a. S. 891, H. Schroedel. • — 35

Schroedel's, H., Hefte f. den schriftlichen Verkehr. 1. Tl. 1. Hft., 2. Tl. u. 3. Tl. 1. Hft. 4. u. gr. 8. Halle a/S. 890. H. Schroedel. n.n. 1. 30
I. Zwei Posthefte f. den Schreibunterricht in allen Schulanstalten u. zum Privatgebrauch. Bearb. v. E. Steckel. Anleitung zur Anfertigg. der im Postverkehr vorkomm. Adressen m. den wichtigsten postal. Vorschriften. Neue verb. Aufl. [6.—14. Tausend.] 1. Hft. 4. (40 S.) n.n. — 25
II. Die äußere u. innere Einrichtung der Briefe u. amtlichen Schriftstücke [sogen. 3. Postheft] im Verkehr m. Personen aller Stände, der Gemeinde- u. Staatsbehörden m. vielen [darunter 3 lith.] Formularen. Bearb. v. E. Steckel. Mit e. Anh. üb. den schriftl. Verkehr d. Lehrers m. den vorgesetzten Behörden. gr. 8. (VII, 75 S.) n. — 80; Ausg. f. Schulen n. — 50
III. Deutsche Geschäfts-Aufsätze u. -Briefe im Zusammenhange. Stil- u. Schönschreib-Übgn. in Volks-, Bürger- u. Fortbildungsschulen, bearb. v. Frdr. Magnus. 1. Hft.: Aus dem Leben e. Handwerksmeisters. Mit 2 Normal-Alphabeten. gr. 8. (26 S.) n.n. — 25

Schroedel's, H., Hefte f. den schriftlichen Verkehr. 1. Tl. 2. Hft. 4. Halle a/S. 892. H. Schroedel. n.n. — 25
Zwei Posthefte f. den Schreibunterricht in allen Schulanstalten u. zum Privatgebrauch. Bearb. v. E. Steckel. Anleitg. zur Anfertigg. der im Postverkehr vorkomm. Adressen m. den wichtigsten postal. Vorschriften. Neue verb. Aufl. [6.—14. Taus.] 2. Hft. (20 S.)

dasselbe. 2. Tl. 8. Ebd 893. n.n. — 80
Die äußere u. innere Einrichtg. der Briefe u. amtl. Schriftstücke im Verkehr m. Personen aller Stände, den Gemeinde- u. Staatsbehörden m. vielen (darunter 3 lith.) Formularen. Bearb. v. E. Steckel. 2., verb. Aufl. Mit e. Anh. üb. den schriftl. Verkehr des Lehrers m. den vorgesetzten Behörden. (VII, 75 S.)

Schroedel's, H., Hefte f. den schriftlichen Verkehr. 1. Tl. 2 Post-Hefte f. d. Schreibunterr. in allen Schulanst. u. z. Privatgebrauch. Bearb. v. E. Steckel. Anleitg. zur Anfertigg. d. im Postverkehr vorkommenden Adressen m. d. wichtigsten postal. Vorschriften. 3., verb. Aufl. 1. Hft. 4. (20 Bl. m. 6 S. Text.) Ebd. 897. n.n. — 25

Schroedel's, H., Hefte f. den schriftlichen Verkehr. I. Tl. 2 Post-Hefte f. den Schreibunterricht in allen Schulanstalten u. zum Privatgebrauch. Bearb. von E. Steckel. Anleitung zur Anfertigung der im Postverkehr vorkomm. Adressen m. den wichtigsten postal. Vorschriften. 4., verb. Aufl. 2. Hft. 4. (II, 20 S. m. Text auf dem Umschlag.) Halle 902. H. Schroedel. n.n. — 25

Schroedel's, H., Hefte f. den schriftlichen Verkehr. I. Tl. 2 Post-Hefte f. den Schreibunterricht in allen Schulanstalten u. zum Privatgebrauch. Bearb. v. E. Steckel. Anleitung zur Anfertigg. der im Postverkehr vorkomm. Adressen nach den neuesten amtl. Vorschriften. 8., verb., bei der kaiserl. Oberpostdirektion in Magdeburg durchgeseh. Aufl. 1. Heft. (20 Bl. m. II S. Text u. Text auf dem Umschlag.) gr. 8. Halle 906. H. Schroedel. n.n. — 25

— dasselbe. II. Tl. Ausg. A. u. B. schmal. gr. 8. Ebd. n. 1. 80
Ratgeber bei Abfassung der Briefe u. amtl. Schriftstücke im Verkehr m. Personen aller Stände, den Gemeinde- u. Staatsbehörden, m. vielen (darunter 4 lith.) Formularen. Von E. Steckel. 3., verb. Aufl. Ausg. A (f. Lehrer). (VIII, 89 S.) 901. n. 1. —; Ausg. B (f. Haus u. Schule). (VII, 56 S.) n. — 80

— dasselbe. II. Tl. Ausg. A. 24×13,5 cm. Ebd. nn 1. 40
Ratgeber bei Abfassung der Briefe u. amtlichen Schriftstücke im Verkehr m. Personen aller Stände, den Gemeinde- u. Staatsbehörden, m. vielen (darunter 4 lith.) Formularen. Von E. Steckel. 4., verb. Aufl. Ausg. A (f. Lehrer.) (VIII, 108 S.) 905.

Schroedel's, H., Hefte f. den schriftlichen Verkehr. I. Tl. 2 Post-Hefte f. den Schreibunterricht in allen Schulanst. u. zum Privatgebrauch. Bearb. v. E. Steckel. Anleitung z. Anfertigg. d. im Postverkehr vorkomm. Adressen nach den neuesten amtl. Vorschriften. 10., verb. bei d. kaiserl. Oberpostdirektion in Magdeburg durchgeseh. Aufl. 1. Heft. (21 Bl. m. II S. Text u. Text auf dem Umschlag.) gr. 8. Halle 910. H. Schroedel. nn — 25

Schroedel's, H., Jahrbuch d. mittleren Schulen Preußens. I. Jahrg. 1909/1910. Hrsg. v. Frdr. Kirchert. (IV, 150 S.) 8. Halle 909. H. Schroedel. Geb. in Leinw. 3.—

— Jugendbibliothek. A. Historische Abtlg. Nr. 1—8. gr. 8. Ebd. 895. Kart. n. 6. 10
1. Scharnhorst. Ein Bild s. ruhmreichen Lebens u. Wirkens. D. deutschen Volke u. s. Jugend gewidmet v. Alb. Geyer. (III, 52 S.) n. — 60
2. Nettelbeck. E. Bürger u. e. Held. Ein Bild s. ruhmreichen Lebens u. Wirkens. Dem deutschen Volk u. s. Jugend gewidmet v. Alb. Geyer. M. 1 Plan v. Kolberg u. Umgebg. (III, 48 S. m. Bildn.) n. — 60
3. Hans Sachs. E. Auswahl s. Dichtgn. f. d. Volk u. d. reif. Jugend v. Rich. Staude. (VIII, 120 S. m. Titelbild.) n. 1.
4. Kaiser Wilhelm II. u. s. Familie. Für d. deutsche Jugend zur Erweckg. u. Kräftigg. d. Liebe zu Kaiser u. Reich. Von E. Müller-Schachwitz. (VIII, 85 S. m. Bildn.) n. — 80
5. York. Ein Bild s. ruhmreichen Lebens u. Wirkens. Der deutschen Jugend gewidmet v. Alb. Geyer. (II, 44 S. m. Bildn.) n. — 60
6. Blücher. Ein Bild s. ruhmreichen Lebens u. Wirkens. Der deutschen Jugend gewidmet v. Alb. Geyer. (45 S. m. Bildn.) n. — 60
7. Friedrich d. Große. Ein König, Held u. Vater. Ein Bild s. ruhmreichen Lebens u. Wirkens. D. deutschen Jugend gewidmet v. Alb. Geyer. (IV, 122 S. m. 2 Abb.) n. 1.
8. Gotthilf Heinrich v. Schubert u. Ernst Moritz Arndt. Zwei Lebensbilder v. Ad. Gründler. (III, 108 S.) n. — 90

— Lehr- u. Lesebuch f. den deutschen Geschichtsunterricht. Ausg. B f. Bürger- u. Mittelschulen. Bearb. v. R. Fritzsche u. E. Hase. gr. 8. (IV, 218 S.) Ebd. 892. n. 1. 35; geb. n. 1. 50

—— Lehrer-Kalender f. d. J. 1892. 2. verm. Jahrg. gr. 16. (24 S. m. Schreibpap.) Ebd. geb. in Leinw. * — 40

— Lehrer-Kalender u. pädagogisches Jahrbuch f. d. J. 1895 5., verm Jahrg. 16. (72 S.) Ebd. Kart. n. — 50

Schroedel's Lehrer-Kalender u. pädagog. Jahrbuch f. d. J. 1899. 9., verm. Jahrg. 16. (112 S.) Halle, H. Schroedel. Geb. n. — 30

— Lehrer-Kalender u. pädagogisches Jahrbuch für d. J. 1903. 13. verm. Jahrg. gr. 16. (112 S.) Ebd. Geb. in Leinw. n. — 50

Schroedel's, H., Lehrer-Kalender u. pädagogisches Jahrbuch f. d. J. 1907. 17. verm. Jahrg. (81 S.) schmal 8. Halle, H. Schroedel. Geb. in Leinw. n. — 50

— Lehrer-Kalender u. pädagogisches Jahrbuch f. d. J. 1910. 20., verm. Jahrg. (84 S.) 17,5×9 cm. Ebd. Geb. in Leinw. — 50

— Praxis d. Volksschule. Neue Monatshefte f. Lehrerfortbildg. u. Reformpflege. Mit d. Beilagen: „Pädagog. Klassiker" u. „Schrödels pädagog. Wegweiser". In Verbindg. m. e. großen Kreise prakt. Schulmänner hrsg. v. C. Rosenkranz. 7. u. 8. Jahrg. 1897—1898. à 12 Hfte. (à ca. 3 Bog.) gr. 8. Ebd. à Jahrg. n.n. 5.
Kann auch vierteljährlich bezogen werden.

— dasselbe, s. a.: Praxis der Volksschule.

— Praxis der Volksschule. Neue Monatshefte f. Lehrerfortbildg. u. Reformenpflege. Mit d. Beilagen: „Schrödels pädagog. Wegweiser" u. Gratis-Lehrerkalender. In Verbindg. m. e. großen Kreise prakt. Schulmänner hrsg. v. C. Rosenkranz. 9.—12. Jahrg. 1899—1902. à 12 Hfte. (VII, 512; VI, 512; VI, 512 u. VI, 512 S.) Ebd. à Jahrg. n. 4. 50; geb. n. 5. —

— Praxis der Volksschule. Neue Monatshefte f. Lehrerfortbildg. u. Reformenpflege. Mit den Beilagen: „Schrödels pädagog. Wegweiser" u. Gratis-Lehrerkalender. In Verbindg. m. e. großen Kreise prakt. Schulmänner hrsg. v. C. Rosenkranz. 13.—16. Jahrg. 1903—1906. à 12 Hefte. (VII, 520; VIII, 512; VII, 480 u. VI, 480 S.) gr. 8. Ebd. à Jahrg. n.n. 5. —

— Praxis der Volksschule. Neue Monatshefte für Lehrerfortbildg. u. Reformenpflege. Mit den Beilagen: „Schroedels pädagog. Wegweiser" u. „Gratis-Lehrerkalender". In Verbindg. m. e. Kreise prakt. Schulmänner hrsg. v. C. Rosenkranz. 17.—20. Jahrg. 1907—1910. à 12 Hefte. (IV, 480; IV, 480; IV, 480 u. V, 480 S.) gr. 8. Ebd. à Jahrg. nn 5. —

— Seminar-Kalender u. pädagogisches Jahrbuch f. d. J. 1903. 4. Jahrg. gr. 16. (XII, 112 S.) Ebd. Geb. in Leinw. n. — 50

— Seminar-Kalender u. pädagogisches Jahrbuch f. d. J. 1907. 8. Jahrg. (XII, 81 S.) schmal 8. Ebd.

Seminar-Kalender u. pädagogisches Jahrbuch f. d. J. 1910. 11. Jahrg. (XII, 84 S.) 17,5×9 cm. Ebd. Geb. in Leinw. — 50

Schroedel, Hermann (Ludwig)

— Preußens Entwickelung unter seinen Hohenzollern-Königen. Der deutschen Jugend am 18. I. 1901 erzählt. gr. 8. (10 S. m. Abbildgn.) Kart. — 30
Halle:H.Schroedel 1900.

Schroedel, Herm., u. Harry Moeller, Ernst d. Fromme, Herzog zu Sachsen-Gotha u. Altenburg, e. Pädagog unter den Fürsten. Eine Festgabe z. 300jähr. Wiederkehr seines Geburtstages am 25. XII. 1901. gr. 4. (VII, 72 S. m. 7 Abb.) Rittergut Friedrichshanneck 901. (Gotha, Thienemann's Hofbuchh.) n.n. 1. 20

Kurze Genealogie der Familie Schroedel. Zsgest. von Hermann Ludwig Schroedel. *Halle a. S. & Friedrichstanneck 1901.* (15 S.) 4° [F.] [illegible]

Kaiser Wilhelm II und Kaiserin Auguste Viktoria. Festschrift z. Feier d. silbernen Hochzeit Ihrer Majestäten am 27. Febr. 1906 f. Volk, Heer u. Schule. Von H(ermann) Schroedel-Tanneck u. C(arl Christian) Müller-Schochwitz. (Halle: H. Schroedel 1905.) (76 S.) 2° [F.] [illegible] 3

Schrödels, G., das heilige Kirchenjahr. Religiöse u. moral. Gedichte f. jeden Sonn-, Fest- u. Feiertag zur Erbaug. u. Belehrg. 12. (256 S.) München 889. (Ebentheuer.) cart. n.n. 2. —

Schröder, Friedr. Ludw. Ein Beitrag zur deutschen Litteratur- u. Theatergeschichte, s. Litzmann, Berth.

Friedr. Ludw. Schröder. Verewigt am dritten Sept. 1816. [Hamburg 1816.] 1 Bl. quer 4⁰ [Kopftit.]
Kl. 4078. Gedicht: „Des Todes Hammer brach den Erdenhaft, ..." 193.

Schroeder, Sophie, wie sie lebt im Gedächtniss ihrer Zeitgenossen und Kinder. Wien 1869. V: *Schmidt*, *Philipp Friedrich Moses Paul*. (schr) (ADB)

Schröder, Sophie, wie sie lebt im Gedächtniß ihrer Zeitgenossen u. Kinder. Wien 870. (Wallishausser'sche Buchh.) 8. (XVI, 250 S. mit 1 Kpfrst. u. 1 Steintaf. auf chin. Papier.) n. 2 ₰

Schröder, dynam. Abweichungen in d. Atmosphäre, als krankmach. Princip lebender Organismen, durch organ.-physikal. Untersuchungen in Bezug auf d. Aetiologie d. Cholera, gr. 8. (2¾ B.) Rostock 833, (Stiller.)

Schroeder, e. katholische Antwort auf den Giordano Bruno-Scandal. Rede, geh. in der Protest-Versammlg. der Kölner Katholiken am 7. Juli 1889. 1.—3. Aufl. gr. 8. (24 S.) Köln 889. Bachem. — 30

Schroeder, die Aufgaben der Landesversicherungsanstalten in der Arbeiterwohnungsfrage, s.: Zur Förderung des Arbeiterwohnungswesens.

Schröder, ..., (Pastor), s. Barthelemy, Anacharsis Reise, im Auszuge.

Schröder, Die Bedeutung der Getreidezölle, und wie es mit der Brotvertheuerung für den Arbeiter steht. Vortrag, geh. am 5. Nov. 1889 zu Berlin. 8⁰. Berlin, Germania, 1890. (65)

Schröder, Chinesen in Hamburg! oder Trummer contra Rotteck, s. Crayons des Hen-Schel I.

Schroeder, die Feier d. 50jährigen Bestandes der Union der evangel. Kirche Rheinhessens, geh. zu Worms am 2. Octob. 1872. Hrsg. im Auftrage d. Comite's. gr. 8. (40 S.) Worms 873. Rahke. n. — 45

Schröder's, (Dr.,) neuer praktischer Haus-Arzt, enthaltend: 321 bewährte Mittel. Nebst einem Anhange, enth.: einen Auszug aus Dr. C. Fränckel's: der bewährte Arzt für Unterleibskranke. 12. Hamburg 844, Niemeyer. 3/8 ₰

Schröder's neuer praktischer Haus-Arzt, enthaltend 321 bewährte Mittel gegen Bandwurm, Augen-, Brust-, Herzkrankheiten 2c. Nebst einem Anh. enthltd. einen Auszug aus Dr. E. Fränckel's: Der bewährte Arzt für Unterleibskranke. 3. (Titel-)Aufl. Hamburg 869. Verl.-Comptoir. 8. (XII, 156 S.) 10 ngr.

Schröder, großer illustrierter Haustierarzt. Die Verhütg. u. homöopath. Behandlg. der Krankheiten der Pferde, Rinder, Schafe, Schweine, Ziegen, Hunde u. des Geflügels. Unter sachverständ. Beirat vollständig neu bearb. u. vermehrt. 3. Aufl. (VIII, 565 S. m. 94 Abbildgn.) gr. 8. Leipzig 910. Dr. W. Schwabe. 6.—; geb. n 7.50

dasselbe, s.: Schwabe, Wilm.

Der berittene Infanterist. Anhaltspunkte f. s. Tätigkeit im Felde von **Schroeder**, Oberlt. im 1. Ostasiat. Inf.-Reg. Berlin: E. S. Mittler & Sohn 1904. (45 S.) 8° [8.] [illegible]

Schroeder's pharmaceutischer Katalog. Systematisches Bezugsquellen-Verzeichniss sämmtl. Arzenei- u. kosmet. Mittel, pharmaceut. Specialitäten, Chemikalien, pharmaceut., chem. u. medicin. Bedürfnisse, Apparate, Instrumente u. Maschinen, nebst einem Bäder-Lexikon. Ein Hilfs- u. Nachschlagebuch f. Apotheker, Aerzte, Chemiker, Droguisten etc. Begonnen v. M. Adf. Vomáčka, beendet v. M. Herm. Wuskraup. gr. 8. (III, 86 S.) Teschen 881. Schroeder. geb. n. 6. —

Schroeder, die evangelische Landeskirche in Gefahr. Rede, am 19. März 1894 geh. im Parochialverein Heilig-Kreuz. gr. 8. (13 S.) Berlin (894). Carlshorst, H. Friedrich. — 25

Schroeder: Ueber eine niederrheinische Mariendichtung des 12. Jhrhdt. 26 S. - Bedburg. Progr. 1863

Schröder, evangel. Monatsblatt, s. Monatsblatt.

Schröder's „Pfeil". Kursbuch f. den ges. Schnellzugsverkehr Deutschlands nebst Anschlüssen u. Verbindgn. nach d. gröss. Plätzen d. Auslandes. Bearb. nach den neuesten Eisenbahn- u. Dampfschiffs-Fahrplänen. Mit 1 Eisenbahnkarte. Sommer 1898. 12. (XVI, XIV, 175 S.) Berlin, R. Schröder. n. — 50

Schröder's „Pfeil". Kursbuch f. den gesammten Schnellzugsverkehr Deutschlands nebst Anschlüssen u. Verbindgn. nach den grösseren Plätzen des Auslandes. Bearb. nach d. neuesten Eisenbahn- u. Dampfschiffs-Fahrplänen. Mit 1 Eisenbahnkarte. Sommer 1899. 12. (16, XIV, 175 S.) Berlin, R. Schröder. n. — 50
Fortsetzung s.: Schnellzugs-Kursbuch.

Schroeder, rette deine Seele! Zur tägl. Erbaug., besonders zum Gebrauche während u. nach der hl. Mission. 3. Aufl. 8. (23 S.) Braunsberg 892. Huye. n. — 15

Schroeder, das Seerecht, s. Lewis, Will.

Schröder, A. Ueber die psychol. Bedeutung, welche das Gefühl beim Relig.-Unterrichte in den gelehrten Schulen haben muß. 28 S.
Progr. Brandenburg R. 1838

Schroeder, A., Conspectus chorographicus insignior. locor. e geographia veterum populorum delineatus, accentus graeci et syllabarum quantitatis diligent. cura habita. In us. scholar. composuit. 8 maj. (7½ B.) Sundiae 831, Trinius.

Schröder, A. Ueber den Einfluß der klass. Studien auf die Bildung eines künftigen Staatsmannes. 34 S. . . . .
Progr. Brandenburg R. 1833

Schröder, A., Festklänge f. Posaunenchöre, s.: Hager, A.

Schroeder, A., deutsche Geschichte in Merkversen. 12. (46 S.) Leipzig 890. Ellisson. n. — 50

Schröder, A., die Kanalisation der Grundstücke. Anleitung zur Ausführg. der Haus-Entwässerungsanlagen im Anschluss an den öffentl. Strassenkanal. gr. 8. (23 S. m. Abbildgn. u. 1 Taf.) Halberstadt 894. (J. Schimmelburg.) n.n. — 75

Schröder, A., erstes Lesebuch, s.: Heinemann, K.

Schröder, A. Oden, Elegien u. kl. Gedichte. 8. Brandenb. 804. Leich. 20 gl.

Schröder, A., Predigt auf dem 6. Protestantentage zu Osnabrück geh. gr. 8. (16 S.) Berlin 873. Leipzig, Barth. — 25

Schröder, A. De rebus Milesiorum part. I. 28 S.
Stralsund. Progr. 1827

Religion u. Theologie, s: Vorträge, protestantische.

Schröder, A., Scherz u. Ernst in lyrischen Dichtungen. 8. Stralsund, Löffler. 812.

Schröder, A. Untersuchungen über den Lichtäther. 21 S. u. Taf.
Progr. Stargard Po. 1881

Schröder, Adolf, Ass.-Arzt an d. medizin. Univ.-poliklinik zu Heidelberg, a. Altona (Elbe): Angina pectoris neben Arthritis urica und Diabetes mellitus. Straßburg 1905: C. Muh & Cie. (46 S.) 8°
Heidelberg, Med. Fak., Ref. Vierordt, Diss. v. 17. März 1905
Geb. 6. Juli 79 Altona; Wohnort: Heidelberg; Staatsang.: [illegible]; Vorbildung: Gymn. Wandsbek Reife O. 98; Studium: [illegible]; Coll. 15. Dez. 04; Approb. [illegible]

Schroeder, Adf., Erziehung zum Staatsbürger an den Lebensfragen der Nation. I. Die Flotte als notwend. Ergänzg. unserer nationalen Wehrmacht. Zur Massen- u. häusl. Lektüre in Volks-, Fortbildungs- u. höheren Schulen, in Lehrerbildungsanstalten u. den Schulen der Armee. (IV, 107 S.) 8. Leipzig 909. J. Klinkhardt. 1.—

dasselbe. (15 S.) gr. 8. Ebd. (910). — 30
Sonderabdruck aus: „Deutsche Schule".

Die Kolonien als notwendige Ergänzung unserer nationalen Wirtschaft. Zur Erziehg. e. zielbewußten Geschlechtes. (47 S.) 8. Berlin 908. Weimar, A. Duncker. — 75

Schroeder, Ad., Lehrplan f. d. Geschichtsunterricht. Einziger v. deutschen Lehrerverein u. v. Verein f. Verbreitg. von Volksbildg. preisgekr. Plan f. Geschichte. gr. 8. (IV, 29 S.) Leipzig 901. E. Wunderlich. n. — 40

Schrooder, *Franz* Albert *Hermann* [pr. Arzt]: Ueber sogenannte Atheromatose kleinerer Arterien, bes. d. arteria coronaria cordis ... Breslau, Druck d. Bresl. Gen.-Buchdr., 1892; 1 Bl., 30 S., 1 Bl. 8.
Breslau, Med. Fak., Inaug.-Diss. v. 28. März 1892

Schroeder, A. (Red.), s. Handwerkerblatt, Neues deutsches.

Schroeder, Albertvs (geb. am 26 Apr. 1841 in Attendorn Westf.): De intrepellationibvs [! *pro* interpolationibvs] in dvabvs Ciceronis orationibvs pro Sestio et pro Plancio habitis ... Bonnae, typ. F. Krvegeri (1865). 2 Bl., 24 S., 2 Bl. 8.
Bonn, Phil. Fak., Diss. v. 27 Juli 1865

Schröder, Alb., Katechismus f. die Meisterprüfung im Handwerk. (VI, 66 S.) gr. 8. Wiesbaden 903. P. Plaum. n. 1. —

Schroeder, Alb., u. Aug. Klapper, Unterrichtsstoff e. Vorbereitungskursus für die theoretische Meisterprüfung im Handwerk. 2. verm. u. verb. Aufl. 8. (VII, 168 S.) Wiesbaden 902. (P. Plaum.) Kart. n. 2. —

Schroeder, Alb., Verlöbniß u. Ehe, sow. d. Rechtsverhältnisse d. unehelichen Kinder, nach d. neuen bürgerl. Gesetzbuche f. d. deutsche Reich gemeinverständl. dargest. 8. (IV, 99 S.) Wiesbaden 897. Lützenkirchen & Bröcking. n. 1. 50

— Wegweiser zur Wahrg. d. Rechtsmittel u. Beobachtg. d. Fristen, Zeiten, Formen u. Verjährgn. nach d. wichtigsten Reichsgesetzen: Civil-, Straf-, Concurs-, Gewerbe- u. Wechselordng.; Unfall-, Kranken-, Invaliditäts- u. Alters-Versicherg.; Patent-, Genossenschafts-, Personenstands- u. Gerichtsverfassungs-Gesetz; Gewerbegerichts-, Verwaltungsstreit- u. Beschluß-Verfahren; Strafgesetzbuch u. Handelsgesetzbuch. Nebst Anh.: Preuß. Zuständigkeitsgesetz v. 1. VIII. 1883. gr. 8. (VII, 133 S.) Ebd. 897. n. 2. —

Schröder, Albert Christian Heinrich (Schwerin)
A. S. 128/10

Dissertatio inauguralis de iure creditorum allodalium intuitu feudi et concursus feudalis.
Präs. Johann August Hellfeld.
Jena (Schill) 12. IV. 1755. 46 S.

W. v.: Präs., Joachim Georg Darjes, Karl August Tittel (Opp.), I. F. Wagner (Opp.), I. P. Marggraf (Opp.), Friedrich von Zehmen, F. von Pritzbuer.

31455

Schröder, Albert [illegible] Ueber Hydrochinon [illegible] Berlin 1885 [illegible]
Berlin, Med. Diss. v. [illegible] Juli 1885

Die glücklichen Zeiten unter Friedrich dem Zweiten, bei dem Zweiten Jubelfeste des Königl. Academischen Gymnasii zu Alten Stettin. Im Jahre 1744 besungen, Im Nahmen der albier studierenden Jugend, Von Albrecht Heinrich Schröder, der Gottesgelahrtheit Beflissenen. Stettin, gedruckt bey Johann Friedrich Spiegeln. Königl. Regierungs- und Gymnasii-Buchdrucker.

Schröder, Albrecht Ludwig Peter

— üb. d. Einfluß d. Schauspiels auf die Bildung d. Jugend. 8. Gotha 894. Perthes. 14 K

— Grundsätze d. Christenthums z. Unterricht d. Confirmanden. 8. Frankf. a. M. 808. Herrmann. 2 K

Schröder, Albr. Ldw. Pt., Predigten, veranlaßt durch die Feier d. Reformationsfestes am 31. Oct. 1817 u. durch die an diesem Feste in d. Herzogth. Nassau geschlossene Vereinigung d. protestant. Kirche. gr. 8. Frankf. a. M. 818. Herrmann. 14 K

Schröder, Albrecht Ludwig Peter, s. Wilberforce, W.: Ansicht ...

Schröder, Alfred

Schröder, Alfr., s.: Archiv f. die Geschichte des Hochstifts Augsburg.

— Das Bist. Augsburg, historisch u. statistisch beschrieben (vorm. von Antonius v. Steichele). 58. Lfg. (7. Bd. IX. u. S. 561—645.) gr. 8. Augsburg 910. B. Schmid. 1.50 (1—58: 62. —)
Vergl.: Steichele, Antonius v.

Schrödor, Alfred, prakt. Arzt: Ueber **Carbolgangrän** und lokalen Carbolismus. *Königsberg i. Pr. 1902: O. Kümmel.* (43 S.) 8°
Königsberg, Med. Diss. v. 28. Mai 1902

— die Domkirche zu Augsburg. Ein Führer durch ihre Baugeschichte u. ihre Merkwürdigkeiten. gr. 8. (32 S. m. 1 eingedr. Grundriß u. 4 Taf.) Augsburg (900). (Literar. Institut v. Dr. M. Huttler.) n.n. — 50
Sonderabdruck aus: „Augsb. Postzeitg., Unterhaltungsbeilage".

SCHRÖDER, Alfred: Entwicklung des Archidiakonats bis zum elften Jahrhundert.- Augsburg: Kranzfelder 1890. VIII,124 S.
1.3.1690 - Chr 1889/90,25; Jv 1889/90,218
Diss. Ingolst.-Landsh.-Mchn.

Schroeder, Alfr., zur Erkenntnis des Weibes. (Freundesrettung.) Lustspiel in 5 Aufzügen. (III, 51 S.) 8. Dresden 904. E. Pierson. n. 1. 50; geb. n. 2. 50

Schröder, Alfr. (August Otto) (geb. Berlin 12. 11. 1857): Ueber zwei Fälle von vorzeitiger Synostosenbildung am Schädeln Neugeborner. Berlin (1886). (30 S.) 8°
Berlin, Med. Diss. v. 21. Juli 1886

— Geschichte der Stadt u. katholischen Pfarrei Kaufbeuren. (S. 250—493.) gr. 8. Augsburg 903. B. Schmid's Verl. n. 2. —
Sonderabdruck aus: „Steichele-Schröder, das Bist. Augsburg".

Die Herrschaftsgebiete im heutigen Regierungsbezirk Schwaben und Neuburg nach dem Stand um Mitte 1801. Aus archival. Quellen bearb. von Prof. Dr. Alfred **Schröder**, kartogr. dargest. von Hauptm. Hugo Schröder. (Masst. = 1:200.000.) Hrsg. v. Hist. Verein f. Schwaben u. Neuburg 1906. (Stuttgart 1906: Lith. Gebert & Veigel.) (1 Kartenbl. 72×98 cm.) [kol.]
— [Histor. Verein f. Schwaben u. Neuburg. **Vereinsgabe** f. 1905.] [illegible]

Die Herrschaftsgebiete im heutigen Regierungsbezirk Schwaben und Neuburg nach dem Stand um Mitte 1801. Aus archivalischen Quellen bearb. v. Alfred **Schröder**, kartographisch dargestellt von Hugo Schröder 1:200000. Stuttgart. 1906. 1 Bl. Gr.-Fol. 106×80 cm. = Zeitschrift des Historischen Vereins für Schwaben und Neuburg. Jg. 32. 1906.

Schroodor, Alfred, aus Danzig: **Anatomische Untersuchung** des Blattes und der Axe bei den Liparieae und Bossiaeae (Trib. Genisteae). *Cassel 1902: Gebr. Gotthelft.* (54 S.) 8°
*Aus: Botan. Centralblatt, Beih. Bd 11, H. 6.
Erlangen, Phil. Diss. v. 8. Febr. 1901

— Die staatsrechtlichen Verhältnisse im bayerischen Schwaben um 1801. Zugleich erläut. u. ergänz. Text zu der Karte: Die Herrschaftsgebiete im heut. Reg.-Bez. Schwaben u. Neuburg nach dem Stand um Mitte 1801 v. A. Schröder u. H. Schröder, 1906. (IV, 96 S.) gr. 8. Dillingen 907. J. Keller. 1.20
Sonderabdr. aus: „Jahrbuch des hist. Vereins Dillingen".

Schröder, Aemil Edw. Ph., s. Saint-Pierre, die indian. Strohhütte.

Schröder, Aemil Edw. Ph., Schauspiele für die erwachsene Jugend. (Enth.: Verliebt am meisten. — Die Geschwisterliebe. — Unverhofft, kommt oft. — Gleich u. Gleich gesellt sich gern. — Trau, schau, wem? — Es ist nicht alles Gold was glänzt.) 8. Andernach 802. Lassaulx u. H. 18 ⁄K

Schroeder, Andreas

Schroeder, A., F. W. Braut, Director des Gymnasiums zu Brandenburg. Abriss seines Lebens und Rede an seinem Sarge am 7. Decbr. 1863. gr. 8. (24 S.) Brandenburg 863, Müller. *

Schroeder, Anton [app. Arzt aus Bruchhausen '(Kr. Brilon)']: Aus d. chirurg. Klinik zu Kiel. Über die Behandlung in den Gallengängen sitzender Steine ... Kiel, Druck v. H. Fiencke, 1895: 33 S., 1 Bl. 8.
Kiel, Med. Fak., Inaug.-Diss. v. [14. Sept.] 1895

SCHROEDER, Anton (Vilshofen): Dissertatio inauguralis sistens differentias inter typhum putrem et nervosum.- Landishuti: Thomann 1811. 36 S.,1 Bl. Diss. Ingolst.-Landsh.-Mchn. 9.3.1809 - Pe 301; F 57

Schröder, Anton Christian: Die höhere Gewalt im internationalen Eisenbahnverkehr vom deutschen Standpunkte. Bern 1908. Spahr. VII, 261 S. 8° (Ersch. auch als Buch b. Francke, Bern in Komm.) Heidelberg, Jur. Diss. v. 3. Dez. 1908, Ref. Endemann

Schröder, Anton Christian. Die höhere Gewalt im internationalen Eisenbahnverkehr vom deutschen Standpunkte. VIII + 261 S. 8. Bern, Komm. A. Francke, 1908. [fr. 5. —]

Schroeder, Anton Heinr. [illegible]
Berlin, Med. Diss. v. 11. Aug. 185[illegible]

Schröder, Arnold (Adolf August)

—— der neue Gernäcker. Ein abenteuerl. Bilderbuch für Groß und Klein. 4. (70 S. mit eingedr. Holzschn.) [Leipzig 875, R. Schäfer.] München, Adlmanseder. *

Schröder, Arnold, des Königs Grenadiere. Historisches Volksstück [m. Gesang] in 4 Acten. gr. 8. (IV, 48 S.) Oldenburg 883. (Hintzen.) n. — 75

—— und Wilh. Schröder, Humoresken, s. Universal-Bibliothek Nr. 790 und 1178. 1575. 2706

— Humoresken-Bädeker f. die ganze Welt. gr. 8. (125 S.) Leipzig 875. R. Schäfer. n. 1. —

— der Lügner u. sein Sohn, s.: Universal-Bibliothek.

Schröder, Arnold Adph. August, das neue Oldenburger Ochsenlied. Jubel-Aufl. 25. Aufl. schmal Fol. (1 Bl. m. Holzschn.) Hamburg 883. (Schardius.) — 20

Schröder, Arnold, e. in Gedanken stehen gebliebener Regenschirm, s.: Universal-Bibliothek.

Schroodor, Arthur *Albert Reinhold* [aus Greifswald]: Ueber dio Arbeitsleistung der Kaumuskeln ... Greifswald, Druck v. J. Abel, 1890; 21 S., 1 Taf. 8.
Erlangen, Phil. Fak., Inaug.-Diss. v. 11. Dez. 1895

Schrödor, Arthur *Edmund Georg* [cand. theol.]: Geschichtsphilosophie bei Lotze ... Leipzig, F. A. Wilhelm, 1896; 101 S., 1 Bl. 8.
Leipzig, Phil. Fak., Inaug.-Diss. v. [14. Juli] 1896

Schröder, Arth., die Mitarboit der Laien am kirchlichen Leben. gr. 8. (IV, 73 S.) Oschatz 899. F. Oldocop's Erben. (Nur direkt.) n. 1. —

Schröder, August

Schröder, Aug., kurzer Abriß e. Geschichte d. hohen bischöfl. Stifts- u. Dom-Kirche u. des damit verbund. Dom-Capituls zu Burg Brandenburg, nebst Beschreib. der in Gegenwart Sr. Maj. d. Königs u. d. k. Hauses am 1. Oct. 1836 gefeierten Wiedereinweih. d. Kirche. Mit einigen auf d. Feier bezügl. Reden u. Predigten. Eingereicht sind die Weihe-Reden d. ev. Bischofs Dr. Neander. gr. 8. (5 B.) Brandenburg 836, Wiesike.

Schröder, August: Beiträge zur Kenntnis des Citrals und Citronellals. Halle a. S. 1899: C. A. Kaemmerer & Co. (39 S.) 8°
Halle, Phil. Diss. v. 1899

Schroeder, August, a. Straßburg i. E.: **Beiträge** zur Kenntnis einiger ausländischen Fette und Öle. Straßburg i. E. 1905: C. Müh. (67 S.) 8°
Straßburg, Math.-naturwiss. Fak., Ref. Schaer, Diss. v. 1905
[Geb. 9. Nov. 78 Schiltigheim b. Straßburg; Wohnort: Straßburg; Staatsangeh.: Elsaß-Lothringen; Vorbildung: Protest. Gymn. Straßburg Reife M. 95; Studium: Straßburg 4 S.]

Schröder, Aug., die Bekenntnißfrage in der nassauischen unirten Kirche. Mit besonderer Beziehung auf die Schrift des Herrn Prof. Nebe: „Der Bekenntnißstand der evangelischen Kirche in Nassau." Wiesbaden 867. Kreidel's Verlag. gr. 8. (38 S.) n. 7 ngr.

Eekbomblǟder. En lütte Gaf för den dütschen Nawaß ut d. Kinnergorn von Aug. **Schröder**-Plön. Kiel: R. Cordes 1905. (190 S.) 8° [ꝟ.] 05.10019

— die Gustav-Adolph-Stiftung, und die kirchl. Zustände der Protestanten in kathol. Ländern u. die Weltstellung des Protestantismus in neuerer Zeit. Nebst 3 Anhangen: Die Frankfurter u. Berliner Statuten der Gustav-Adolph-Stiftung u. die neuesten Cabinets-Ordres rc. (Aus der kirchl. Vierteljahresschrift 2. Heft 1841 besond. abgedr.) gr. 8. Berlin 841, Müller. n. 1/3 ꝑ

[ꝟ.] De sleswig-holsteensche Husfründ ... v. August Schröder. *Leipzig: O. Lenz (1899).* (160 S.) 1 Bd 8.
-- Schleswig-Holstein, Aus. Bd 1. [illegible]

Schröder, Aug., de sleswig-holsteensche Husfründ, s. o. Aus Schleswig-Holstein. 1. Bd.

Inselkönig und Herzogstochter. Schauspiel in 3 Akten von Aug. **Schröder**-Plön. Neustettin: (F. A. Eckstein in Comm. 1906). (82 S.) 8° [ꝟ.] 07.16911 9

—— die deutsch-kathol. Kirche, die Weltstellung des Protestantismus gegenüber dem Ultramontanismus in deutsch-kathol. Ländern u. der Gustav-Adolph-Verein. gr. 8. (6¾ B.) Berlin 845, Müller's Verlag.

Schröder, Aug., die Kirche und ihre Verfassung im Verhältniß zum Volk, Staat und Pietismus. Aus dem Standpunct des gebildeten Nationalbewußtseins betrachtet. Zur Begrüßung der verheißenen preuß. evangel. Landes-Synode. gr. 8. (131 S.) Potsdam 848, Stuhr'sche Buchh.

—— Kirchengut und Ablösung. Eine Stimme aus der Kirche zur Beurtheilung der Kammer-Verhandlungen nach den Grundsätzen des Kirchenrechts. 8. (62 S.) Brandenburg 850, Müller.

Schröder, Aug., die Augsburgische Confession ein Bekenntniß u. keine Formel. Zwei Sendschreiben an Hrn. Prof. Dr. Stahl zur Antwort u. Verständigung. gr. 8. Potsdam 846, Stuhr'sche Buchh. n. 1/3 ₰

Schröder-Plön, Aug., Luftaktien. Komödie in 3 Akten (4 Bildern). (73 S.) 8. Königsberg 908. Charlottenburg (Dankelmannstr. 47), Selbstverlag. — 75

Luftaktien. Komödie in 3 Akten (4 Bild.) von August **Schröder-Plön**. Königsberg i. Pr.: Theaterschule [1908]. (73 S.) 8° [F.] [08. 16328 10

Schröder, Aug., der moderne Pietismus und der christl. Glaube. Versuch einer Charakteristik und Kritik. 1., allgem. und histor. Thl.: Unsere Zeit und der Pietismus, wie er geworden. 3 Lfgn. gr. 8. (X und 377 S.) Potsdam 847, Stuhr'sche Buchh. Thlr.

— der Protestantenverein u. das positive Christenthum oder die positive, christlich-religiöse Tendenz der freien Richtung d. heut. Protestantismus. Vortrag, gehalten zu Elberfeld u. Wiesbaden am 23. Febr. u. 17. März 1870. Wiesbaden 870. (Limbarth.) 8. (32 S.) n. 4 ngr.

—— die evangel. Reformation u. die deutsch-kathol. Reform. Eine histor. theol. Parallele aus nationalem Gesichtspunkte. gr. 8. (15 1/4 B.) Potsdam 846, Stuhr'sche Buchh.

Schröder, Aug., die Religion in unsern Gymnasien und höheren Schulen und das Jugend- und Familienleben unserer Zeit. Pädagogisch-psycholog. Betrachtungen. gr. 12. (VI und 227 S.) Göttingen 856, Vandenhoeck und Ruprecht's Vrlgsh. *

Schröder, Aug., Schicksale der Protestanten in Frankreich u. drohende Gefahren. gr. 8. (39 S.) Gotha 871. F. A. Perthes. n. — 60

Schröder, Augustus, Bielefeldensis: De Philonis Alexandrini vetere testamento. Gryphiae 1907: J. Abel. (50 S.) 8°
Greifswald, Phil. Fak., Ref. Gercke, Diss. v. 20. März 1907
[Geb. 3. Mai 84 Oberhollenbeck (Bielefeld); Wohnort: Greifswald; Staatsangeh.: Preußen; Vorbildung: Gymn. Bielefeld Reife O. 02; Studium: Erlangen 2, Greifswald 5 S.; Rig. 21. Dez. 06.]

— die evangelische Union u. ihre Bedeutung f. die kirchliche Entwickelung der Gegenwart, mit besonderer Beziehg. auf das kirchl. Recht in Nassau. Vortrag geh. im Protestantenverein zu Wiesbaden am 10. März 1871. 8. (41 S.) Berlin 871. Leipzig, Barth. n. — 60

Schroeder, A., d. evang.-kirchl. Union in Nassau, s.: Firnhaber, C. G.

Schröder, August, prakt. Tierarzt, z. Z. Assistent am zootechn. Institut d. Königl. Tierärztl. Hochschule zu Dresden: Aus d. zootechn. Institut d. Königl. Tierärztl. Hochschule zu Dresden. Direktor: Med.-Rat Prof. Dr. Pusch. Untersuchungen über den Einfluß der Kühlung auf die Haltbarkeit und den Keimgehalt der Milch. Dresden 1908 (A. Schönfeld). (68 S.) 8°
Leipzig, Med. Fak., Ref. Pusch, Diss. v. 7. Aug. 1908
[Geb. 31. März 70 Lüneburg; Wohnort: Dresden; Staatsangeh.: Preußen; Vorbildung: Realgymn. Lüneburg Reife O. 88; Studium: Tierärztl. Hochsch. Hannover 8 S.; Coll. 13. März 08; Approb. W.-S. 1901/02.]

Schroeder, Aug., die Civil-Ehe, die Wiedertrauung Geschiedener und das geistliche Gewissen. Mit Hinblick auf die preuß. Kammerverhandlungen und die geistliche Praxis. 12. (VI und 107 S.) Gotha 860, F. A. Perthes. *

Schroeder, Augustus (Georg. Guil. Constantinus Adolph. geb. Crantz bei Prenzlau 23. 12. 1820): De exanthematis scrophulosis. Berolini 1844. (31 S.) 8°
Berlin, Med. Diss. v. 22. Aug. 1844

Schröder, Aug. A., Knospen! Lyrische Versuche. König Lothar! Dramatischer Versuch. (VII, 200 S.) 8. Dresden 901. E. Pierson. n. 2.50; geb. n. 3.50

Schröder, B., s.: Nicolai's, Otto, Tagebücher.

Schröder, B. C., s.: Sanct Brandan.

de **Schroeder**, B. G., praes. J. H. **Schulze**, De spasmo dolorifico, saepius remedio quam morbo. 29 pp. Hal. 4°. 1740

Schröder, Bernhard, aus Schwerin: Romanische Elemente in dem Latein der Leges Alamannorum. *Schwerin 1898: Bärensprung.* (72 S.) 8°
Rostock, Phil. Diss. v. [5. Aug.] 1898

Leopold Schmids Leben. Von Dr. Bernhard **Schroeder**. 2. Aufl. Mit e. Nachw. über die Nachwirkung Schmids in d. altkath. Kirchenbildung in d. Begründung d. Evang. Bundes u. in d. Deutschen Vereinigung von Friedrich Nippold. Bonn: Georgi 1909. XXXIV, 102 S. 8° [10. 706

Schröder, Bernh., Leopold Schmid's Leben u. Denken, s.: Schmid, L.

Schröder, Berth., Arbeiterloos! Dramat. Scene aus d. Arbeiterleben. gr. 8. (10 S.) Berlin (900). A. Hoffmann. — 30

Arbeiterloos! Dramat. Scene aus d. Arbeiterleben von Berthold **Schröder**. *Berlin: A. Hoffmann [1901].* (10 S.) 8° [F.] [03. 6920

Schroeder, Berthold, aus Danzig: Ueber Guanidine. Zür. Zürcher u. Furrer Dr. 1875. 2 Bl., 36 S. 8°.
Zürich. Phil. Diss. [v. 30. Juli 1875].

— Pumpgenie's. Lustspiel in 1 Akt. gr. 8. (22 S.) Ebd. (900). — 40

Pumpgenie's. Lustspiel in 1 Akt von Berthold **Schröder**. *Berlin: A. Hoffmann [1901].* (22 S.) 8° [F.] [03. 6921

— aus dunkler Zeit, s.: Hoffmann, Adph.

Schröder, Bogusl. Wlh. Chr., s. Ossian's Fingal.

Schroeder, Bruno, das Pflanzenplankton preuss. Seeen, s.: Seligo, Arth., Untersuchungen in d. Stuhmer Seeen.

Schröder Bruno [illegible] Separatabdruck

Schröder, Bruno, aus Rostock i. Meckl.: **Studien** zu den Grabdenkmälern der römischen Kaiserzeit. *Bonn 1901: C. Georgi.* (2 Bl.) 8° ¶ [Nur Titelblatt, Vita u. Thesen.]
Bonn, Phil. Diss. v. 5. Aug. 1901

Schröder, Bruno, aus Rostock i. M.: **Studien** zu den Grabdenkmälern der römischen Kaiserzeit. *Bonn 1902: C. Georgi.* (34 S.) 4°(8°) ¶ (Teil einer gröss. Arbeit.) --
Bonn, Phil. Diss. v. 5. Aug. 1901

Schröder, Bruno: Untersuchungen über Gallertbildungen der Algen. Heidelberg: C. Winter 1902. (VI, 58 S.) 8°
(Aus: Verhandl. d. Naturhist.-Med. Ver. zu Heidelberg. N. F. Bd 7. H. 2.)
Heidelberg. Naturw.-math. Diss. v. 1902

Die Victoria von Calvatone. Von Bruno **Schröder**. Mit 3 Taf. u. 7 Textabb. Berlin: G. Reimer 1907. (15, 6 S.) 4°
= **Programm** z. Winckelmannsfeste d. archäol. Gesellschaft zu Berlin. 67. [08. 950

Schröder, C., practisch-instructive Anleitung zur Fabrikation der vorzüglichsten Liqueure, Aquavite, Rum rc. nach den neuesten Erfahrungen in Hinsicht auf den Gesundheitszustand der Consumenten u. den Vortheil der Fabrikanten. Nordhausen 866. (Haacke.) 8. (24 S.) 5 ngr.

Schroeder, C., 12 Aufsätze üb. die Christliche Wissenschaft einschließlich e. Biographie der Entdeckerin. 2. Aufl. (II, 111 S.) gr. 8. Hannover (Eschestr. 24) 908. Zweigexpedit. d. deutsch. Monatsheftes f. christl. Wissenschaft. 3. —

Schroeder, C., das Buch vom menschlichen Auge, populär geschrieben für gebildete Laien. gr. 8. (176 S. mit 3 Holzschn. auf 1 Taf. und 1 Bl. Tafel-Erklärungen.) Stendal 881, Franzen und Große. *

Schroeder, C., s.: Feuchtersleben, Ernst Frhr. v., Aphorismen.

Schroeder, C., u. J. Reiß, Grammatik zur Ergänzung der direkten Methode (Berlitz-Methode), bearb. in deutscher Sprache. (79 S.) 8. Elberfeld 909. F. Burchard. Kart. 2.50

Schröder, C., Caplan, s. Hausfreund, der, des kathol. Bürgers u. Landmanns.

Schroeder, C., Hebbel-Brevier. (188 S.) kl. 8. Berlin 904. Schuster & Loeffler. n. 3. —; geb. n. 4. —

Schroeder, C., Isabel. Roman. 8. (324 S.) Breslau 883. Schottländer. n. 3. —; geb. n. 4. —

— verschlungene Pfade, s.: Auswahl v. Werken zeitgenössischer Schriftsteller. 3. Bd.

Schroeder, C., das Schloß am Meere. Roman. 8. (206 S.) Breslau 882. Schottländer. n. 3. —; geb. n. 4. —

Schröder, C., Lady Sibylle. Roman. 2 Bde. 8. (297 u. 302 S.) Dresden 895. C. Reißner. n. 7. —; geb. n. 9. —

— unter sengender Sonne. Roman. (385 S.) 8. Dresden (900). C. Heinrich. n. 4. —; geb. n. 5. —

Schroeder, C., im Wald u. auf der Heide. Roman. 8. (310 S.) Jena 893. H. Costenoble. n. 5. —; geb. n.n. 6.20

Schroeder, C. J., (Jen. 1705. 4.) de laceratione vestium apud Hebraeos usitata.

Schröder, C. W., Kubiktabellen f. runde u. vierkantige Hölzer nach neuem metrischen Maaßsystem m. Angabe d. Kubikinhalts in alten preuß. Kubikfußen. Nebst Reductionstabellen v. Metern in Fuße u. v. Kubikfußen in Kubikmeter u. Preisberechnungstabelle. Ein beim Ein- u. Verkauf v. Hölzern f. Holzhändler, Mühlenbesitzer, Zimmerleute, u. andere Holzarbeiter unentbehrl. Taschenbuch. gr. 16. (100 S.) Dommitzsch 872. (Torgau, Jacob.) geb. n. 1. 80

Schröder, C. W., Kubiktabellen f. runde u. vierkantige Hölzer nach neuem metrischen Maßsystem m. Angabe d. Kubikinhalts in alten preuß. Kubikfußen. Nebst Reductionstabellen v. Metern in Fuße u. v. Kubikfußen in Kubikmeter u. Preisberechnungstabelle. Ein beim Ein- u. Verkauf v. Hölzern f. Holzhändler, Mühlenbesitzer, Zimmerleute u. andere Holzarbeiter unentbehrl. Taschenbuch. 8. (104 S.) Dommitzsch 886. (Torgau, Jacob.) geb. n. 1. 80

Schröder, C. W., Kubiktabellen f. runde u. vierkantige Hölzer nach neuem metr. Maßsystem m. Angabe des Kubikinhalts in alten preuß. Kubikfußen. Nebst Reductionstabellen v. Metern in Fuße u. v. Kubikfußen in Kubikmeter u. Preisberechnungstabelle. Ein beim Ein- u. Verkauf v. Hölzern f. Holzhändler, Mühlenbesitzer, Zimmerleute u. andere Holzarbeiter unentbehrl. Taschenbuch. 2. Aufl. 12. (104 S.) Torgau 893 F. Jacob. Geb. n. 1. 80

Schröder, C. W., s.: Materialien zu Grundzügen einer Hamburger Landgemeindeordnung.

Schröder, Cäcilie Albertine, allgemeine deutsche Kochkunst für bürgerliche Haushaltungen. Ein unentbehrl. Leitfaden für angehende Hausfrauen, Haushälterinnen und Köchinnen. 16. (52 S.) Magdeburg 851, (Quednow.)

Schröder, Carl, s. Schröder, Karl.

Schröder, Caspar, s. Schröder, Kaspar.

Schröder, Catharina, s. Schröder, Katharina.

Schröder, Charles Frhr. v., Einiges üb. englische Fleischschafe. 8. (24 S.) Hamburg 873. (Boysen.) n. — 50

Schröder, Chr., kleine Geographie. Fortsetzung der Heimatkunde der Rheinprovinz für die Volksschulen des Reg.-Bez. Trier. (47 S.) 1880; 2. verb. Aufl. 8. (48 S.) Saarlouis 880, Hausen.

[F.] Kleine Geographie. Fortsetzung d. Heimatkunde d. Rheinprovinz f. d. Volksschulen d. Rgbz. Trier. Von Chr. **Schröder**, Kgl. Schulrat. 7. verb. Aufl. *Saarlouis: M. Hausen 1895.* (50 S.) 1 Bd 8.
— **Leitfaden**, Geogr., f. d. Volksschulen des Rgbz. Trier. T. II. [98. 4567 Bo

Schröder, Chr., Handbuch f. Kupferschmiede, s.: Höhne, F.

— kurzgefaßte Heimatkunde u. Geographie, f. die Volksschulen der Rheinprovinz bearb. 8. (72 S.) Ebend. 880. n. — 40

Schröder, Chr., kurzgefaßte Heimatkunde u. Geographie, f. die Volksschulen der Rheinprovinz bearb. 2. Aufl. 8. (71 S.) Saarlouis 884. Hausen. n. — 40

Schröder, Chr., kurzgefaßte Heimatkunde und Geographie, für die Volksschulen der Rheinprovinz bearb. 3. verb. Aufl. 8. (71 S.) Saarlouis 887, Hausen. *

Schröder, Chr. Kurzgefaßte Heimatkunde u. Geographie für d. Volksschulen d. Rheinprovinz. 4. verb. Aufl. 8. (78 S.) Saarlouis 890, Hausen. * — 40

[F.] Kurzgefasste Heimatkunde und Geographie für die Volksschulen der Rheinprovinz. Von Chr. **Schröder**, Kgl. Schulrat. 5. verb. Aufl. *Saarlouis: M. Hausen 1895.* (80 S.) 1 Bd 8. [98. 4568 Bo

Schroeder, Chr., kurzgefaßte Heimatkunde der Rheinprovinz, für die Volksschulen des Reg.-Bez. Trier bearb. 8. (42 S.) Saarlouis 878, Hausen. *

—— kurzgefaßte Heimatkunde der Rheinprovinz, für die Volksschulen des Reg.-Bez. Trier bearb. 2. verb. Aufl. 8. (40 S.) Ebendas. 880. *

[F.] Kurzgefasste Heimatkunde der Rheinprovinz f. d. Volksschulen des Rgbz. Trier. Von Chr. **Schröder**, Kgl. Kreisschulinsp. 7. verb. Aufl. *Saarlouis: M. Hausen 1892.* (45 S.) 1 Bd 8.
— **Leitfaden**, Geogr., f. d. Volksschulen des Rgbz. Trier. T. I. [98. 4566 Bo

Schröder, Ch., Klempner-Schule, s. Schauplatz, neuer, der Künste und Handwerke. 74.257.

Schröder, Ch., Klempner-Schule. Eine systematisch fortschreitende Konstruktionsschule f. Blecharbeiter. Enth. die wichtigsten Lehrsätze aus der darstellenden Geometrie, Projektionslehre, Entwickelung der Körpernetze, der Geisen, Modelle u. Schablonen aus dem Klein- u. Baugewerbe, sowie eine Anleitung zur Berechnung der Körper nach ihrem Flächen- u. Kubikinhalt. Zum Gebrauche f. Fortbildungsschulen, sowie insbesondere zum Selbstunterricht. 1. Folge. Nebst einem Atlas v. 25 (lith.) Foliotaf. m. 278 Beispielen. 8. (XVI, 180 S.) Weimar 882. B. F. Voigt. 6. 75

Schröder, Chr., Klempner-Schule. 2. Folge. Eine vollständ. u. ausführl. Konstruktionslehre f. geförderte Klempnergehilfen u. Meister. Enth. alle in der Klempnerei vorkomm. konstruktiven Aufgaben u. Lösgn., m. besond. Berücksicht. aller schwier. Aufgaben der Bauklempnerei. Zum Gebrauche f. Fortbildungsschulen, sowie insbesondere zum Selbstunterricht. Nebst e. Atlas v. 30 (lith.) Foliotaf. enth. 464 Hauptfig., sowie 10 Modellbogen m. Schnittfig. in natürl. Größe. 8. (XIV, 336 S.) Weimar 883. B. F. Voigt. 13. 50 (1. u. 2.: 20. 25)

Schröder, Ch., Klempner-Schule. Ein systematisch fortschreit. Konstruktionslehre f. Blecharbeiter. Enth. die wichtigsten Lehrsätze aus der darstell. Geometrie, Projektionslehre, Entwickelg. der Körpernetze, der Geisen, Modelle u. Schablonen aus dem Klein- u. Baugewerbe, sowie e. Anleitg. zur Berechng. der Körper nach ihrem Flächen- u. Kubikinhalt. Zum Gebrauche f. Fortbildungsschulen, sowie insbesondere zum Selbstunterricht. 1. Folge. Nebst e. Atlas von 27 Foliotaf. m. 327 Beispielen. 2., verb. Aufl. 8. (XX, 246 S.) Weimar 887. B. F. Voigt. 6. 75

Schröder's, Chr., Klempner-Schule. E. systemat. fortschreit. Konstruktionslehre f. Blecharbeiter. Enth. d. wichtigeren Lehrsätze d. ebenen u. d. darstell. Geometrie in ihren Anwendgn. b. Aufzeichnen d. verschied. Gegenstände d. Klein- u. d. Baugewerbes, d. Abwirken d. Körpernetze u. d. Modelle; ferner d. verschied. Arten d. Metalleindeckgn., d. Wichtigste üb. Riemen u. Abfallrohre, sow. e. Anleitg. zur Berechng. d. Körper nach ihrem Flächen- u. Kubikinhalt, nebst Inhaltstabellen. Z. Gebr. f. Fortbildungsschulen, sow. insbes. z. Selbstunterricht. 1. u. 2. Folge. 8. Weimar. Leipzig, B. F. Voigt. 18. 75

1. Nebst e. Atlas von 26 Foliotaf. mit gegen 400 Beispielen. 3., vollst. neubearb. Aufl. v. W. Müller. (XII, 258 S.) 895. 6. 75
2. Eine vollständ. u. ausführl. Konstruktionslehre f. geförderte Klempnergehilfen u. Meister. Enth. alle in d. Klempnerei vorkomm. konstruktiven Aufgaben u. Lösgn., m. bes. Berücksicht. aller schwier. Aufgaben d. Bauklempnerei. Zum Gebr. f. Fortbildungsschulen, sow. insbes. z. Selbstunterr. 2., vollst. neu bearb. Aufl. v. W. Müller. Nebst e. Atlas v. 32 Foliotaf., enth. 400 Hauptfig., sow. 8 Modellbog. m. Schnittfig. u. Teilzeichngn. in halber u. ganzer natürl. Größe. (XII, 314 S.) 896. 12. —

Schröder, Chr., der Klempner. I. u. II. Tl. Ein systemat.-fortschreit. Konstruktionslehre f. Blecharbeiter aller Art, nebst e. Anleitg. zur Inhaltsberechng. der Flächen u. Körper. Zum Selbstunterricht u. f. die Praxis neubearb. v. F. Hartmann. gr. 8. Leipzig, B. F. Voigt. 19.50; geb. 24. 50

I. 4. verb. u. erweit. Aufl. Mit e. Atlas v. 26 Folio-Taf., enth. 400 Fig. (29 · 24 cm.) (VIII, 171 S.) 907. 7.50; geb. 10. —
II. 3. verb. u. erweit. Aufl. Mit e. Atlas v. 32 Foliotaf., enth. üb. 400 Fig. u. 8 Modellbog. (29 · 24 cm.) (VIII, 199 S. m. Abbildgn.) 909. 12.—; geb. 14. 50

Schröder, Chr., geograph. Leitfaden f. die Volksschulen d. Reg.-Bez. Trier. 2 Tle. 8. Saarlouis, Hausen. à n. — 30

1. Kurzgefaßte Heimatkunde der Rheinprovinz. 6., verb. Aufl. (38 S.) 888.
2. Kleine Geographie. Fortsetzg. der Heimatkunde d. Rheinprov. f. die Volksschulen d. Reg.-Bez. Trier. 5., verb. Aufl. (45 S.) 887.

—— Leitfaden f. d. geogr. Unterricht. 2 Tle. 8. Ebd. à Tl. * — 30

1. Kurzgefaßte Heimatkunde der Rheinprovinz f. d. Volksschulen des Reg.-Bez. Trier. 7. verb. Aufl. (45 S.) 892.
2. Kleine Geographie. 6. verb. Aufl. (48 S.) 890.

Schröder, Chr., geographischer Leitfaden f. d. Volksschulen d. Reg.-Bez. Trier. 2 Tle. 7., verb. Aufl. 8. Saarlouis, M. Hausen. à n. — 30

1. Kurzgef. Heimatkunde d. Rheinprovinz. (45 S.) 892.
2. Kleine Geographie. Fortsetzg. d. Heimatkunde d. Rheinprovinz. (50 S.) 895.

SCHRODER, Chr., Poetischer Lust-Garten (oder Liebes- Lust- u. Schertz-Gedichte). 8⁰.

So ohne Orts- u. Jahresangabe angef. in d. Bibl. Kielmanns-Egg. I. Hamb. 1718. 8⁰. p. 931, zusammen mit andern poet. Schriften von ca. 1700. — Höchst selten!

Schröder, Chr., d. internat. Schachturnier d. Schachclubs Nürnberg, s.: Tarrasch, S.

Schroeder, Ch., | f. Schauplatz, neuer, der Künste und Handwerke. 62.
—— die Schule des Tischlers, |

— die Schule d. Tischlers. Eine systematisch fortschreit. Konstruktionslehre f. Holzarbeiter. Mit e. Atlas v. 25 (lith.) Foliotaf., teilweise in Farbendr. gr. 8. (XII, 285 S.) Ebend. 885. 8. -

— die Schule d. Tischlers. Eine systematisch fortschreit. Konstruktionslehre f. Holzarbeiter, enth. die wichtigsten Lehrsätze der darstell. Geometrie, der Projektionslehre u. Perspektive; die Entwickelgn. der Gehrgn., sowie Darstellung u. Beschreibg. aller im Holzgewerbe vorkomm. Holzverbindgn., ferner e. Anleitg. zur metr. Berechng. der Körper nach ihrem Flächen- u. Kubik-Inhalt. Zum Gebrauche f. Fortbildungsschulen, sowie insbesondere zum Selbstunterricht hrsg. Mit e. Atlas v. 25 Foliotaf., teilweise in Farbendr. 2. Aufl. gr. 8. (XII, 285 S.) Ebd. 889. 6. —

Schröder, Chr., die Tischlerschule. Leichtverständliche Darstellung der wichtigsten, theoret. u. prakt. Kenntnisse des Bau- u. Möbeltischlers. Zum Gebrauche f. Fortbildungsschulen, sowie zum Selbstunterricht neu bearb. v. Aug. Graef. Mit e. Atlas v. 16 Foliotaf. (in gr. 4). 3. vollständig neu bearb. Aufl. gr. 8. (VI, 194 S.) Leipzig 902. B. F. Voigt. 7. 50; geb. n. 10. —

Schröder, Chr., das Volksschulwesen in Frankreich. Dargestellt nach den jetzt gelt. gesetzl. Bestimmgn. unter Berücksicht. der geschichtl. Entwicklg. der Schulgesetzgebg. 1. Tl. gr. 8. Köln 884. Du Mont-Schauberg. n. 2. 50

Die Vorbildung, Prüfung u. gesetzliche Stellung der Volksschullehrer in Frankreich. (VIII, 192 S.)

— das Volksschulwesen in Frankreich. Dargestellt nach den jetzt gelt. gesetzl. Bestimmgn. unter Berücksicht. der geschichtl. Entwicklg. der Schulgesetzgebg. II. Tl. Die Volksschule in Frankreich. gr. 8. (VI, 236 S.) Köln 887. Du Mont-Schauberg. n. 3. 50 (1. u. 2.: n. 6. —)

SCHRÖDER, C[HR.] H[EINR.] A[UG.], De sominum Colchici autumnalis virtute et chemica et dynamica diss. inaug. Kiliæ. 1836. 4. P.

Schroeder, Christian David (Schwerin) A. S. 1365/12

Dissertatio iuridica de fine matrimonii, Von Dem Endzweck der Ehe. Präs. Johann Samuel Stryk. Halle (Hendel) 1739. 56 S.

Diss. IV. 1708.
W. v.: Präs. 31461

Schröder, Christian Friedrich

— Abhandl. v. dem Brocken u. den übrigen alpinischen Gebirgen des Harzes. Mit Kpf. u. 1 Karte. 1r Thl. gr. 8. Dessau 785. Mit n. T.: Leipz. 794. (Wienbrack). 20 gr — 1e Fortsetz., od. üb. die verschied. Höhenmessungen, zwei entdeckte Magnetfelsen rc. 8. Hannov. 796. Hahn. 6 gr

— Abhandl. v. Brocken u. d. übr. alpinischen Gebirgen d. Harzes, m. K. u. 1 Charte. 1r Thl. gr. 8. Dessau. (Gräff in Leipz.) 794.

Schröder, Chr. Fr., († d. 21. Febr. 1801.) Naturgeschichte u. Beschreib. d. Baumannshöhle u. besonders d. Bielshöhle. 8. Hildesh. 789. (Hahn in Hannov.) 4 gr. 2e Ausg. unt. d. T.: Naturgeschichte d. Baumanns- u. Bielshöhle, wie auch der Gegend d. Unterharzes. 8. Berl. 796. Vieweg in Braunschweig. 14 gr. (W. Nauck in Leipz.) 10 gr.

Schröder, C. F., Naturgeschichte u. Beschreib. d. Baumannshöhle. 8. Hildesheim, Tuchtfeld. (Hahn in Hann.) 789.

Naturgeschichte und Beschreibung der Baumans- und Bielshöhle wie auch der Gegend des Unterharzes. Von Christian Friedrich Schröder. Berlin: Vieweg 1796. 223 S. 8°

[Sondert.:] Bekker, Christian Friedrich: Die Jahrbücher der Bielshöhle oder Verzeichniß derer, welche die Bekkerbielsteinshöhle befahren haben. Th.1.Rübeland 1787.

Schröder's, Chrn. Phpp., Lebensbild, s.: Oppenau, F. v.

Schröder, Chr[istoph]: Blütenbiologische Beiträge. S. 3—9. 4.
Progr. Städt. Realschule *Itzehoe* 1901 (318).

Schröder, Christoph *Wilhelm Marcus* [aus Rendsburg]: Entwickelung der Raupenzeichnung und Abhängigkeit der letzteren von der Farbe der Umgebung ... M. 1 Taf. Berlin, R. Friedländer & Sohn, 1894; 67 S., 2 Bl., 1 Taf. 8.
Kiel, Phil. Fak., Inaug.-Diss. v. [2. Juni] 1894

Schroeder, Christoph v., die Gottheit Jesu Christi u. der moderne Mensch. Vortrag, geh. im Novbr. 1905 in Riga. (30 S.) gr. 8. Riga 906. Jonck & Poliewsky. n.n. — 60

Schröder, Christoph (Königsberg/Pr.) A. S. 1422/13

Dissertatio juris ecclesiastici de juramento simoniae a candidatis s. ministerii in consistoriis regni Prussiae praestando. Präs. Reinhold Friedrich Sahme. Königsberg (Reusner) VI. 1719. 40 S.

Gew.: Ludwig von Ostau. 31462

Schroeder, Ch. v., die Cur- und Wasserheilanstalt Sassenhof bei Riga. Bericht über die Thätigkeit derselben in den J. 1883—1885. Vortrag, geh. in der Versammlung der Gesellschaft pract. Aerzte zu Riga am 4. Dezbr. 1885. 8. (35 S.) Riga 886, Bruhns. *

Schroeder, Chrph. v., Studien über die Schreibweise Geisteskranker. Inaugural-Dissertation. gr. 8. (65 S. m. 4 autogr. S.) Dorpat 880. (Karow.) n. 1. 50

Schröder, Chrph. v., Wille u. Nervosität in Shakespeare's Hamlet. Ein Versuch, Hamlet's Naturell vom medicin. Standpunkte zu beleuchten. gr. 8. (II, 37 S.) Riga 893. (Jonck & Poliewsky.) n. 1. —

Schröder, Chr., s.: **Zeitschrift, allgem.,** f. Entomologie.

— s.: **Zeitschrift, illustr.,** f. Entomologie.

Schröder, Christoph, s.: **Zeitschrift** f. wissenschaftliche Insektenbiologie.

Schroeder, Christoph Gottfried (Lübeck) A. S. 297/16

De patria potestate. Präs. Georg Christian Gebauer. Göttingen (Schulz) 3. IV. 1751. 74 S.

Gew.: Stadt Lübeck.
W. v.: Präs., Chr. Fr. Georg Meister, Hermann Georg Bünekau (Opp.), Eberhard Andreas Alssen (Opp.), Eberhard Johann Kaspar Wiedemann (Opp.).

31463

Schröder, Conrad, s. Schröder, Konrad.

Schröder, D. W., chronolog. Uebersicht denkwürd. Begebenheiten rc., s. Hennig, E.

Schröder, Dominicus: Über den Verlauf des Welkens und die Lebenszähigkeit der Laubblätter. Göttingen 1909: Kaestner. 110 S. 8°
Göttingen, Phil. Diss. v. 21. Dez. 1009. Ref. Berthold
[Geb. 28. Aug. 86 Bremerhaven; Wohnort: Wangerooge; Staatsangeh.: Bremen Vorbildung: Gymn. Bremerhaven Reife O. 06; Studium: Göttingen 1, Berlin 1, Göttingen 2 S.; Rig. 7. Juli 09.]

Die schleswig-holsteinische Mission in Indien v. **E. Schröder.** Sonderabdruck aus dem Evang. Missions-Magazin. Basel. 1906 8°
[Umschlagt.:] Kurzer Ueberblick über die schleswig-holsteinische Mission in Indien v. E. Schröder Breklum

Schröder E. offenes Sendschreib. an d. Dampfkesselbesitzer in Preussen. Köln 1870

Schroeder, E. de, Succi gastrici humani vis digestiva, s. **Gruenewaldt.**

Fünfzig Ansichten von Berlin. Facsimiledrucke nach photogr. Orig.-Aufn. Mit kurzem Führer durch Berlin. (E. H. **Schroeder** publ.) *Berlin: P. Becker & Co. in Komm. [1900].* (18 S., 40 Taf.) quer-8° [01. 27] 11

Schroeder, E. L. Dissertatio inaug. medica de lapide Amazonico in epilepsiae sanatione adhibendo. Gottingae 1818. 8.

Schroeder, Eb. Ueber das Armenwesen, mit nöthigen Erläuterungen. *Hamburg, Hagmann.* 1792

Schroeder, Ed. Aug., das Christkindel, s. Theater-Mappe.

Schröder, Eduard, Gottfr. Zedler, Heinr. Wallau, das Mainzer Fragment vom Weltgericht, s.: Veröffentlichungen der Gutenberg-Gesellschaft. III.

Schröder, Eduard, Roland—Bismarck (815—1815) od. Michael, der Genius Deutschlands. **Ein vaterländ. Schauspiel in Versen, unter freier Verwendung Uhland'scher Lieder.** (76 S.) kl. 8. Halle a/S. (Merseburgerstr. 60 II) (905). Selbstverlag. n. — 75

Roland-Bismark, 815–1815 oder Michael, der Genius Deutschlands. Ein vaterländ. Schauspiel in Versen ... von Eduard **Schröder,** [Ger.Sekr. a. D.]. Halle [1905]: O. Hendel. (76 S.) 8° [F.] [05. 3307] 3

— eine Tagebuch Kaiser Wilhelms II. **1888—1902** nach Hof- u. anderen Berichten. (427 S.) gr. 8. **Breslau 903.** Berlin, S. Schottlaender's schles. **Verlagsanstalt.**
n. 4. —; geb. n. 5. —

— dasselbe. Nachtrag 1902—1906 nach **Hof- u. anderen** Berichten. (121 S.) 8. Ebd. 906. n. 2. —

Schroeder, Eduard Aug., der **Alkoholismus** u. die soziologischen Grenzen seiner Bekämpfung. Eine sozialwissenschaftl. Rechtsuntersuchg. (VII, 22 S.) gr. 8. Leipzig 907. Rossberg'sche Verlagsbuchh. — 75

— Craterellus-Arten. Über die Craterellus-Arten im allgemeinen u. den Craterellus nucleatus Schroeder (nußart. Craterelle, Ziegeneuter, Kozi cycki) im besonderen. Eine mykologisch-volkswirtschaftl. Studie. (11 S.) gr. 8. Wien 909. W. Frick. — 60
Sonderabdruck aus: „Zentralbl. f. d. ges. Forstwesen".

Schroeder, Ed. Aug., Fischerei-Wirtschaftslehre der natürlichen Binnengewässer. gr. 8. (VIII, 158 S.) Dresden 889. G. Schönfeld's Verl. n. 4. —

Schroeder, Ed. Aug., vier Freiheiturkunden. [Aus: „Das Recht der Freiheit".] gr. 8. (85 S.) Leipzig 901. Rossberg'sche Verlagsbuchh. n. 1. 50

Das Heimstättenrecht und seine Anwendbarkeit auf die mitteleuropäischen Staaten. Von Eduard August Schroeder. (Auszug aus: 'Das Recht der Wirtschaft'.) *Leipzig: F. Fleischer 1896.* (3 Bl., 33 S.) 1 Bd 8. [96. 1176

— Katechismus der künstlichen Fischzucht u. der Teichwirthschaft. Wirthschaftslehre der zahmen Fischerei. 8. (X, 168 S. m. 52 in den Text gedr. Abbildgn.) Leipzig 889. J. J. Weber. geb. n. 2. 50

—— künstl. Fischzucht, s. Weber's, J. J., illustr. Katechismen Nr. 126.

Schroeder, Ed. Aug., die politische Oekonomie. Als Grundlage nationalökonomischer Vorlesungen und Lehrbuch an Fachschulen, Repetitorium für Studierende der Staatswissenschaften, sowie für den Selbstunterricht. 2. durch ein Register verm. Aufl. 8. (X, 262 S.) Stuttgart 885, Brettinger. *

Die politische Ökonomie. Als Grundlage nationalökon. Vorlesgn ... Von Eduard August Schroeder. 3., umgearb. u. verm. Aufl. *Leipzig: F. Fleischer 1897.* (XVI, 415 S.) 1 Bd 8. [97. 6740

— die Pilze e. Volksnahrungsmittel. Ein nationalökonomisch-mykolog. Studie. Nebst d. Entwurfe e. österr. Gesetzes, betr. d. Marktverkehr m. Pilzen. [Aus: „Centralbl. f. d. ges. Forstwesen".] gr. 8. (13 S.) Wien 896. W. Frick. n. — 40

— E. A., Das Recht der Freiheit. Kritisch, systematisch u. kodifiziert. Sozialwissenschaftliche Rechtsuntersuchgn. gr. 8. (XIII, 657 S.) Leipzig, Rossberg & Berger. 1901. 16. —

Schroeder, Ed. Aug., das Recht im Irrenwesen, kritisch, systematisch u. kodifiziert. Mit Benützg. e. Nachricht üb. den Gesetzentwurf Leon Gambetta's. gr. 8. (XI, 152 S.) Zürich 890. Orell Füssli Verl. n. 4. —

Schroeder, Eduard August. Das Recht im Irrenwesen, kritisch, systematisch und kodifiziert. Sozialwissenschaftliche Rechtsuntersuchungen. 2. unveränderte Aufl. XVI + 152 S. 8. Zürich und Leipzig, Art. Institut Orell Füssli, 1904. [fr. 5. 35, M. 4. —]

Schroeder, Ed. Aug., das Recht in der geschlechtlichen Ordnung. Kritisch, systematisch u. kodifiziert. Sozialwissenschaftliche Rechtsuntersuchgn. gr. 8. (X, 390 S.) Berlin 893. Weimar, E. Felber. n. 12. —

— d. Recht d. geschlechtlichen Ordnung. Kritisch, systemat. u. kodifiziert. Sozialwissenschaftl. Rechtsuntersuchgn. 2., unveränd. (Titel-) Aufl. gr. 8. (X, 390 S.) Leipzig (893) 896. F. Fleischer's Verl. n. 12. —

— das Recht i. d. geschlechtl. Ordnung. Sozialwiss. Rechtsuntersuchgn. 2. Aufl. gr. 8. (X, 390 S.) Leipzig 896. [F. Fleischer.] RossbergscheVerlagsbuchh. n. 12. —

— das sanitäre Recht u. die Zukunft der Heilkunde vom socialwissenschaftlichen Standpunkte. [Aus: „Das Recht der Freiheit".] gr. 8. (VII, 68 S.) Leipzig 901. Rossbergsche Verlagsbuchh. n. 3. —

Das Recht der Wirtschaft. Kritisch, systematisch u. kodifiziert. Sozialwissenschaftl. Rechtsuntersuchgn v. Eduard August Schroeder ... *Leipzig: F. Fleischer 1896.* (XII, 408 S.) 1 Bd 8. [96. 1131

Das Recht der Wirtschaft kritisch, systematisch und kodifiziert. Sozialwiss. Rechtsuntersuchungen von Eduard August Schroeder. 2. unveränd. Ausg. *Leipzig: Roßberg 1904.* (XVI, 408 S.) 8° [04. 1994 6

— zur Reform d. Irrenrechtes. Sozialwissenschaftliche Rechtsuntersuchgn. gr. 8. (VIII, 69 S.) Zürich 891. Art. Institut Orell Füssli, Verl. n. 1. 50

Schroeder, Ed. Aug., Ein neues System landwirtschaftlicher Spar- und Darlehens-Genossenschaften. In Form eines Statuten-Entwurfes. gr. 8°. Wien, W. Braumüller, 1899. (25 S.)

— das Unternehmen u. der Unternehmergewinn vom historischen, theoretischen u. praktischen Standpunkte. gr. 8. (XII, 92 S.) Wien 884. (Gerold's Sohn.) n. 3. —

Schroeder, Ed. Aug., der Völkergerichtshof. [Aus: „Das Recht der Freiheit".] gr. 8. (IV, 19 S.) Leipzig 901. Rossbergsche Verlagsbuchh. n. 1. —

—— die Volkswirtschaftslehre, s. Handbibliothek der gesamten Handelswissenschaften.

Schröder, Edward: Das Anegenge. Eine litterarhistorische Untersuchung. (Sonderabdruck aus den Quellen und Forschungen zur Sprach- und Culturgeschichte der germanischen Völker, Heft XLIII [richtig XLIV]). Strassburg, Karl J. Trübner, 1881. 8. 55 S.

Schröder, E. das Anegenge, s. Quellen und Forschungen zur Sprach- und Culturgeschichte der german. Völker.

— Das Mainzer Fragment vom Weltgericht, s.: Veröffentlichungen der Gutenberg-Gesellschaft.

Schröder, Edward: Gedächtnisrede auf den hochseligen Rector magnificentissimus Se. Kgl. Hoheit den Prinzen Albrecht von Preussen Regenten des Herzogtums Braunschweig am 25. November 1906 im Namen der Georg-August-Universität gehalten. Göttingen (1906): Dieterich. (7 S.) 8°

Schröder, Edward, s.: Gedichte, die, des Königs v. Odenwalde.

Goethe und die Professoren. Akad. Kaisergeburtstagsrede von Edward Schröder. *Marburg: N. G. Elwert 1900.* (30 S.) 8°
= Reden. Marburger akademische. 1900, No 2. [01. 1891

— Heinrich v. Veldeke, s.: Kraus, Carl.

Schröder, Ed. (Hrsg.), s. Hunnius, Aegidius: Josephus. —— Ruth.

Schröder, Edward, s.: Jahrbuch des Geschichtsvereins f. Göttingen u. Umgebung.

Schröder, Edward, die Kaiserchronik e. Regensburger Geistlichen, s.: Monumenta Germaniae historica.

Schröder, Edward (Hrsg.), s. Lorichius, Joh.: Jobus.

Schröder, Edward: Die deutschen Personennamen. Göttingen 1907: Dieterich. (S. 1—15.) 8°
Göttingen, Festrede zur akadem. Preisverteilung 1907

— **die deutschen Personennamen. Festrede, zur akadem. Preisverteilg. am 5. VI. 1907 geh.** (22 S.) Lex. 8. **Göttingen 907. Vandenhoeck & Ruprecht.** — 40

— **s.: Rittermaeren, zwei altdeutsche.**

Schröder, Edward [Hrsg.], s. Scherer, Wilhelm: Geschichte d. dt. Litteratur.

Schröder, Edward: Schiller in dem Jahrhundert nach seinem Tode. Göttingen (1905): Dieterich. (21 S.) 8°
Göttingen, Rede am Geburtstage des Kaisers 1905

Schröder, Edward, Schiller in dem Jahrhundert nach seinem Tode. Rede, zur Feier des Geburtstages Sr. Maj. des Kaisers u. Königs am 27. I. 1905 im Namen der Georg-August-Universität geh. (21 S.) Lex.-8. Göttingen 905. Vandenhoeck & Ruprecht. n. — 40

— **dasselbe. 2. Abdr.** (23 S.) Lex.-8. Ebd. 905. n. — 50

Zu der am 20. Oct. 1889 ... stattfindenden feierlichen Einführung des neuen Rectors ... ladet ein d. z. Rector Richard Greeff, Dr. d. Med. u. Phil., o. Prof. d. Zool. u. vergl. Anat. - Inhalt: Jacob Schöpper von Dortmund und seine deutsche Synonymik von Edward Schröder, o. ö. Prof. d. deutschen Sprache u. Litt. ... Marburg. C. L. Pfeil'sche Univ.-Buchdr., 1889: 1 Bl. + 37 + 1 S. 4°

Schröder, Edw., Jacob Schöpper v. Dortmund u. seine deutsche Synonymik. gr. 4. (37 S.) Marburg 890. Elwert's Verl. n. 1. 20

Schröder, Edward (Hrsg.), s. Schottenius, Herm.: Ludus Martius.

Worte am Sarge Dr. Ludwig Bickell's von Edward Schröder. Marburg, d. 23. Oct. 1901. (Oberhess. Zeitung 25. Oct. 1901.) *o. O. 1901.* (3 Bl.) 8° [01. 11741 4

Schroeder, Edward, s.: Zeitschrift für deutsches Alterthum u. deutsche Litteratur.

Schröder, Edwin, a. Malchin (Kl. Methling): Dryden's letztes Drama. Love Triumphant or Nature will Prevail. Rostock 1905: Adler. (70 S.) 8°
Rostock, Phil. Fak., Ref. Lindner, Diss. v. 23. Nov. 1905
[Geb. 18. März 82 Kl.-Methling b. Gnoien; Wohnort: Rostock; Staatsangeh.: Preußen; Vorbildung: Gymn. Malchin Reife O. 02; Studium: Rostock 7 S.; Rig. 20. Nov. 05.]

Schroeder, Emil *August Matthias* [aus Düsseldorf a. Rh.]: Aus d. medizin. Klinik zu Bonn. Beitrag zur Kenntnis der Peritoneal-Tuberkulose ... Düsseldorf, Druck v. G. Jockwer, 1897; 35 S. 8.
Bonn, Med. Fak., Inaug.-Diss. v. [24. Juli] 1897

Schröder, [Emil]: Dante und die höhere Schule. *Köslin 1901: C. G. Hendess.* (S. 3—12.) 4°
Köslin, k. G, OP 1901 (149)

Schröder, Emil, appr. Arzt: Kehlkopf-Tuberkulose und Schwangerschaft. Freiburg i. B.: Hammerschlag & Kahle 1909. 19 S. 8°
Freiburg i. B., Med. Diss. v. 1910, Ref. Krönig
[Geb. 19. Okt. 82 Schalksmühle; Wohnort: Schalksmühle; Staatsangeh.: Preußen; Vorbildung: Gymn. Gütersloh Reife O. 04; Studium: Freiburg i. B. 7, Kiel 1, Wien 1, München 1, Berlin 1 S.; Coll. 26. Nov. 09.]
[U 10. 1882

Schröder, Emil, approb. Arzt aus Berlin: Die allgemeine Wundbehandlung des Galen. *Berlin (1901): G. Schade.* (29 S.) 8°
Berlin, Med. Diss. v. 9. Juli 1901

Schröder, Emilie

Schröder, E., Fürst Bismarck in s. Aussprüchen 1845—1894. 12. (VII, 42 S. m. Bildn.) Stuttgart 895. Deutsche Verlags-Anstalt. n. 1. -

Schröder, E., 95 Bismarck-Thesen. gr. 8. (10 S.) Berlin 892. E. Rentzel. n. — 20

[F.] Im Dienst des Vaterlands. Fürst Bismarck in seinen Aussprüchen ... Von E[milie] Schröder, Hrsg. v. Werken Friedrichs d. Grossen. *Breslau: S. Schottlaender 1898.* (170 S.) 1 Bd 8. [98. 6685

Schröder, E., Friedrich der Große, s.: Collection Spemann.

Schröder, E. Friedrich der Große üb. Religion, Erziehung u. Schule. 8. (12 S.) Berl. 892, Rentzel. — 30

—— s. Friedrich der Große in seinen Schriften.

[F.] Kaiser Friedrich im eigenen Wort ... Von E[milie] Schröder. Hrsg. v. Werken Friedrichs d. Grossen. *Breslau: S. Schottlaender (1898).* (91 S.) 1 Bd 8. [98. 6686

—— s. Friedrich des Großen ausgewählte Schriften.

Schröder, Emilie, vom alten Fritz. Denkwürdige Aussprüche aus seinen Werken gesammelt. 16. (VIII, 136 S.) Leipzig 876, O. Wigand.

Schröder, E., vom alten Fritz. Denkwürdige Aussprüche, aus seinen Werken gesammelt. 2. Aufl. 16. (VIII, 156 S.) Leipzig 886, O. Wigand. ℳ 1.50. geb. *

—— Deutsche Herzenswünsche. Zeitbilder in lust. Reimen, dem Fürsten Bismarck gewidmet. gr. 8. (6 S.) Ebd. 891. * — 20

—— vom Kaiser. 8. (28 S.) Berlin 878, Gebr. Gerstmann. *

—— Kaiser-Worte. Aussprüche des Kaiser Wilhelm, gesammelt. 8. (IV, 74 S.) Berlin 883, F. Luckhardt. *
Feine Ausg. *

Schröder, E., Kaiser-Worte. Aussprüche d. Kaiser Wilhelm. 3., verm. u. chronologisch geordnete Aufl. 8. (IV, 95 S.) Berlin 888. F. Luckhardt. geb. n. 2. —

— dasselbe. 4., chronologisch geordnete [Volks-]Ausg. 8. (IV, 79 S. m. Bild.) Ebd. 888. n. — 50

— Kaiser-Worte. Aussprüche Kaiser Wilhelm d. Großen. 5., verm. u. chronolog. geordn. Aufl. 8. (IV, 95 S.) Leipzig 896. F. Luckhardt. Geb. in Leinw. n. 1. —

— dasselbe. 6., als Gedenkgabe z. 100. Geburtstage Kaiser Wilhelm d. Großen erschien. Aufl. 8. (XII, 80 S. m. Bildn.) Ebd. 897. n. — 50

—— Lichtstrahlen aus Friedrichs des Großen Schriften. 12. (VIII, 160 S.) Halle 882, Schwetschke'scher Verlag. *

Schröder, E., Lichtstrahlen aus Friedrichs des Großen Schriften, gesammelt und übers. 2. systematisch und chronologisch geordnete Aufl. 8. (XI, 139 S.) Halle 886, Schwetschke. *
geb. **

— Königin Luise. E. Lebensbild in ihren Aussprüchen. 8. (VII, 60 S.) Ebd. 897. n. 1.

Ein Tagebuch Kaiser Wilhelms II. 1888–1902 nach Hof- u. anderen Berichten. Von E[milie] Schröder. *Breslau: S. Schottlaender 1903.* (427 S.) 8° [F.] 03. 1198

Schröder, E[milie] : Zwanzig Jahre Regierungszeit. Ein Tagebuch Kaiser Wilhelms II. Vom Antritt d. Regierung, 15. Juni 1888, bis z. 15. Juni 1908 nach Hof- u. anderen Berichten. 3 T. in 1 Bd. Berlin: Verl. deutscher Zeitschriften 1909. 424, 180, 264 S. 8°

— Kaiser Wilhelm II. Ein Herrscherbild in seinen Aussprüchen. 12. (VII, 44 S. m. Bildnis u. Fksm.) Stuttgart 893. Deutsche Verlags-Anstalt. n. 1. —

Schröder, Erich: Der Begriff der 'Erpressung' im Reichsstrafgesetzbuch. Berlin 1909: Streisand. 77 S. 8°
Heidelberg, Jur. Diss. v. 27. Juni 1909. Ref. v. Lilienthal
[Geb. 1. Jan. 79 Liepe a. O.; Wohnort: Wilmersdorf b. Berlin; Staatsangeh.: Preußen; Vorbildung: Gymn. Spandau Reife O. 01; Studium: Berlin 3, Königsberg 1, Berlin 1, Greifswald 2, Berlin 4 S.; Rig. 8. Juni 09.]

Schröder, Erich, Dilettantismus u. Amateurphotographie, s.: **Sanne, L.**

Schröder, Erich, Grundbuch-Entscheidungen. gr. 8. (102 S.) Colmar i/E. 902. Landger.-Rat Schröder. n. 2. —; geb. n. 2.40; m. Anh. f. Elsaß-Lothr. (122 S.) n. 2.40; geb. n. 2.80

Schroeder, Erich, Grundbuch-Entscheidungen, nebst Bemerkgn. aus der Praxis u. Verweisgn. auf die Literatur. II.—V. Bd. gr. 8. Leipzig, Dieterich. n. 14.90; geb. n. 17. — u. durchsch. n. 19.50
II. (X, 191 S.) 903. n. 3. —; geb. n. 3.50 u. durchsch. n. 4. —
III. (VIII, 1x6 S.) 904. n. 3. —; geb. n. 3.50 u. durchsch. n. 4. —
IV. (VIII, 294 S.) 905. n. 5.40; geb. n. 6. — u. durchsch. n. 7. —
V. (VII, 170 S.) 906. n. 3.50; geb. n. 4. — u. durchsch. n. 4.50

Schroeder, Erich, u. **Paul Albrecht**, Grundbuch-Entscheidgn. nebst Verweisungen auf die Literatur. VI. Bd. (VIII, 197 S.) Lex. 8. Leipzig 908. Dieterich. 4.—; geb. 4.50; u. durchsch. 5. —

— u. Ernst **Mugdan**, das deutsche Vormundschaftsrecht, unter Berücksicht. aller einschläg. Reichsgesetze u. der landesrechtl. Bestimmgn. in Preußen u. Elsaß-Lothringen, systematisch dargestellt v. Sch., u. hinsichtlich des preuß. Landesrechts v. M. gr. 8. (XVI, 690 S.) Berlin 900. R. v. Decker. n. 11. —; geb. n. 12. —; ermäß. Pr. n. 5. —

Schröder, Erich, das Vormundschaftsrecht in Elsaß-Lothringen. gr. 8. (XX, 464 S.) Straßburg i/E. 892. Straßburger Druckerei u. Verlagsanstalt. n. 9. —

Schröder, Ernst, Referendar in Trier: Der Abholungsanspruch der §§ 807 und 1005 des Bürgerlichen Gesetzbuches. Trier 1907: Paulinus-Druckerei. (58 S.) 8°
Leipzig, Jur. Fak., Diss. v. 20. Juli 1907
[Geb. 1. Aug. 83 Merzig (Saar); Wohnort: Trier; Staatsangeh.: Preußen; Vorbildung: Kaiser-Wilhelms-Gymn. Trier Reife O. 03; Studium: Bonn 3, Berlin 1, Bonn 2 S.; Rig. 27. Juli 07.]

Schröder, Ernst, Abriss der Algebra der Logik. Bearb. im Auftrag der deutschen Mathematiker-Vereinigg. v. Eug. Müller. (In 3 Tln.) 1. u. 2. Tl. gr. 8. Leipzig, B. G. Teubner. 5. 60
1. Elementarlehre. (V, 50 S. m. 4 Fig.) 909. 1. 60
2. Aussagentheorie, Funktionen, Gleichgn. u. Ungleichgn. (VI u. S. 51–159 m. Fig.) 910. 4. —

Schröder, Ernst, Abriss der Arithmetik u. Algebra f. Schüler an Gymnasien u. Realschulen. 1. Hft. Die 7 algebr. Operationen. gr. 8. (48 S.) Leipzig 872. Teubner. — 60

Schröder, Ernst, Abriss der Arithmetik und Algebra für Schüler an Gymnasien und Realschulen. 1. Heft: Die sieben algebr. Operationen. gr. 8. (48 S.) Leipzig 874, Teubner. — 60

Algebra und Logik der Relative. Von Ernst **Schröder**. Mit viel[!] Fig. Abt. 1. [Mehr nicht erschienen.] Leipzig: B. G. Teubner 1895. (VIII, 649 S.) 8°
= **Schröder**: Vorlesungen über d. Algebra d. Logik. Bd 3, Abt. 1. 6; 15,01

Schröder, Ernst, der kleine Aeskulap. Medicinischer Führer u. Verkehrs-Lexikon für Berlin. Mit besond. Berücksicht. d. X. internationalen medizin. Kongresses in Berlin. gr. 16. (38, 163 u. 66 S. m. 1 Plan.) Berlin 890. Schildberger. cart. n. 1. —

Die selbständige Definition der Mächtigkeiten 0, 1, 2, 3 und die explizite Gleichzahligkeitsbedingung v. Ernst Schröder, Prof. ... in Karlsruhe ... *Halle: Dr. v. E. Karras; In Comm. bei W. Engelmann in Leipzig 1898.* (14 S.) 4.
= Acta, Nova, Academiae Caes. Leopoldino-Carolinae Germ. naturae curiosorum. T. 71. No 7. 99. 1819

Schröder, Ernst, üb. zwei Definitionen d. Endlichkeit u. G. Cantor'sche Sätze,
— die selbständ. Definition d. Mächtigkeiten 0, 1, 2, 3 u. d. explizite Gleichzahligkeitsbedingung,
s.a. Acta, nova, academiae etc. naturae curiosorum 71. Bd., Nr. 6 u. 7.

Schröder, Ernst: Ueber zwei Definitionen der Endlichkeit und G. Cantor'sche Sätze. Halle: Dr. v. E. Karras: In Comm. bei W. Engelmann in Leipzig 1898. (62 S.) 4°
= Acta. Nova. Academiae Caes. Leopoldino-Carolinae Germ. naturae curiosorum. T. 71. No 6.

Schroeder, Ernst [aus Oberlahnstein a. Rh.]: Einwirkung der Chloride des Phosphors auf Ortho-, Meta-, und Paramethylsalicylsäure ... Bonn, Univ.-Buchdr. v. C. Georgi, 1893; 52 S., 3 Bl. 8.
Bonn, Phil. Fak., Inaug.-Diss. v. 28. Juli 1893

Dr. Ernst Schroder. Über die formalen Elemente der absoluten Algebra. 31 S. Baden, P 1874

Schröder, Ernst [aus Barmstedt in Holst.]: Ueber einige Fälle von Osteomalacie aus der Würzburger Kgl. Universitäts-Frauenklinik ... Barmstedt, Druck d. A. Christen'schen Buchdr., 1892; 50 S., 1 Bl. 8.
Würzburg, Med. Fak., Inaug.-Diss. v. 1892

— Lehrbuch der Arithmetik u. Algebra f. Lehrer u. Studirende. 1. Bd. Die 7 algebr. Operationen. gr. 8. (X, 360 S.) Ebend. 873. n. 8. —

Schröder, Ernst: An die Mitglieder des schweiz. Schulrathes ... Zürich 1868.

Schröder, Ernst, der Operationskreis des Logikkalkuls. gr. 8. (VI, 37 S.) Leipzig 877. Teubner. 1. 50

Schroeder, Ernst [app. Arzt aus Schlagtow '(Pomm.)']: Aus d. Universitätsfrauenklinik zu Kiel. Über eine leichte Puerperalfieberendemie in der Kieler Frauenklinik, nebst Untersuchgn über d. Verhalten d. Morbidität u. Mortalität in d. geburtshülfl. Abteilg während d. Jahre 1886—1892 ... Kiel, Druck v. L. Handorff, 1894; 63 S. 8.
Kiel, Med. Fak., Inaug.-Diss. v. [22. Febr.] 1894

Schröder, Ernst *Eugen Julius* [aus Wiesbaden]: Ueber Rachen- und Kehlkopferkrankungen beim Abdominaltyphus ... Berlin, C. Vogts Buchdr., *1895*; 31 S. 8.
Berlin, Med. Fak., Inaug.-Diss. v. 2. Juli 1895

Schröder, Ernst: Eine Verallgemeinerung der Mac-Laurin'schen Summenformel (nebst Beiträgen zur Kenntniss der Bernoulli'schen Function). Zür. Zürcher u. Furrer Dr. 1867. 1 Bl., 28 S. 4°.
Programm der Kantonsschule in Zürich 1867.

Vorlesungen über die Algebra der Logik (exakte Logik) von Dr. Ernst **Schröder**, Prof. zu Karlsruhe. Mit viel[!] Fig. Bd 1–3, Abt. 1. [Mehr nicht erschienen.] Leipzig: B. G. Teubner 1890–1905. 4 Bde 8°
1. 1890. 2. Abt. 1. 1891.
2, 2. Hrsg. im Auftr. d. deutschen Math.-Vereinigung von Dr. Eugen Müller, Prof. zu Konstanz. (Vorr.: J[akob] Lüroth.) Mit e. Bildn. Schröders. 1905.
3 = Algebra u. Logik d. Relative. Abt. 1. 1895. [o]: 15568

Schröder, Ernst, Vorlesungen über die Algebra der Logik [exakte Logik]. 1. Bd. gr. 8. (XII, 717 S. m. Fig.) Leipzig 890. Teubner. n. 16. —

Schröder, Ernst, Vorlesungen üb. die Algebra der Logik [exakte Logik]. 2. Bd. 1. Abtlg. gr. 8. (XIII, 400 S. m. Fig.) Leipzig 891. B. G. Teubner. n. 12. — (I u. II, 1.: n. 28. —)

Schröder, Ernst, Vorlesungen üb. die Algebra der Logik (exakte Logik). II. Bd. 2. Abtlg. Hrsg. im Auftrag der deutschen Mathematiker-Vereinigg. v. Eug. Müller. (XXIX u. S. 401–606 m. Fig. u. 1 Bildnis.) gr. 8. Leipzig 905. B. G. Teubner. n. 8. — (I–III, 1.: n. 52. —)

— Vorlesungen über die Algebra der Logik (exakte Logik). 3. Bd. Algebra u. Logik d. Relative. 1. Abtlg. gr. 8. (VIII, 649 S. m. Fig.) Leipzig 895. B. G. Teubner. n. 16. — (I, II, 1 u. III, 1: n. 44. —)
Die 2. Abtlg. d. II. Bds. ist noch nicht erschienen.

— üb. das Zeichen. Festrede bei dem feierl. Akte d. Direktorats-Wechsels an der grossh. bad. techn. Hochschule zu Karlsruhe am 22. Novbr. 1890. hoch 4. (24 S.) Karlsruhe 890. (Leipzig, G. Fock.) n. 1. —

Schroeder, Ernst C., aus Fürth: Zur Kenntnis der Verbindungen des Selens und des Tellurs. *Fürth 1898: A. Schröder.* (77 S.) 8°
München, Phil. Diss. v. 1898

Schroeder, Ernst Christian [Praes.], s. Haferung, Heinrich Gottfried: De immensitate et omnipraesentia dei.

Schroeder, E. C., de lingua evangelistarum authentica. Viteb. 1699; rec. 1702. 4.

Schroeder, E. C., de lingua Marci authentica. Viteb. 1699; rec. 1702. 4.

Schroeder, E. C., de lingua Matthaei authentica. Viteb. 1699; rec. 1702. 4.

Schroeder, Ernst Christian [Praes.], s. Müller, Daniel Gottlob: Veram eruditionis notionem.

Schroeder, Ernst Christian [Praes.], s. Schroeder, Ernst Gottfried Christ.: De iobelaeorum sociis A. c. sacrorum licita celebratione (dissertatio I.).

Schroeder, Ernst Christian [Praes.], s. Thon, Georg Adam: De caussis errorum potioribus.

Schroeder, Ernst Christian [Praes.], s. Thor-Specken, Jo. Kaspar: Doctrina de concursu divino eoque immediato.

Schroeder, Ernst Gottfried Christ. (Wittenberg) A. S. 1359/29

De iobelaeorum sociis A. c. sacrorum licita celebratione (dissertatio I.).
Präs. Ernst Christian Schröder (Vater).
Wittenberg (Hake) IX. 1755. 32 S. 31465

Schroeder, Ernst Gottfried Christian [Praes.], s. Krueger, Christian Gottlob: De Jobelaeorum sociis a. c. sacrorum licita celebratione.

Schröder, Ernst Gottlieb (Schwerin) A. S. 834/33

Dissertatio iuridica inauguralis, sistens, iurium singularium decades duas.
Präs. Joachim Heinrich Sibrand.
Rostock (Adler) 20. VI. 1724. 31 S. 31466

Schröder, Ernst Ludwig

Schroeder, Ern. Lud., de Gastritide chronica. Dissert. inaug. 8maj. (1¼ B.) Turici 835, Orellii, Fuesslini et Soc.

Schröder, Ernst Peter Moritz

Schroeder, Ernest(us) Petrus Mauritius: De spondylarthrocace. Halae (1827): Gebauer. 30 S. 8°
Halle-Wittenberg, Med. Diss. v. 8. Apr. 1827
Geb. Frohburg (Sachsen) 11. 11. 1804. V.

Schröder, F., auf Alsen, s. Bloch's, E., Dilettanten-Bühne.

Schröder, F., die ständische Basis der Mecklenburgischen Verfassung u. ihre Erhaltung. Eine Entgegng. auf die Schrift d. Freih. v. Maltzan auf Kl. Luckow: „Die ständische Basis". gr. 8. (66 S.) Leipzig 874. Duncker & Humblot. n. 1. 40

Schröder, F., über die moderne Bildung in ihrer geschichtlichen Entwickelung. Ein Vortrag. gr. 8. (48 S.) Rostock 862, Stiller'sche Hofbuchh.

Schroeder, F., preussische bürgerliche Gesetzsammlung, s.: Fischer, D.

Schröder, F., über den Verfall der Naturwissenschaft u. Schulbelehrung, die daher entstehenden, höchst verderblichen Folgen, so wie von den Mitteln u. Wegen, denselben zu beseitigen. Ein Wort f. Alle, zunächst aber f. Mecklenburg. gr. 8. (VIII u. 68 S.) Schwerin 847, Kürschner in Comm. (jetzt: Hildebrand.) n. 5/12 ₰

Schröder, F. A., die Rechtsunsicherheit der Volksschullehrer u. d. Schulbureaukratismus. Beleuchtet durch d. Fall Billig. gr. 8. (VIII, 136 S.) Leipzig 898. Alfr. Hahn. n. 1. 20

— Hofrat Dr. v. Steidle u. d. Wahrheit im Fall Billig in Würzburg. Entgegng. gr. 8. (62 S.) Ebd. 898. n. — 80

Schröder, F. F., zahnärztlicher Rathgeber u. Haus-Arzt f. gebildete Laien-Familien. 8. (32 S.) Berlin 875. Stuhr. n. — 75

Schroeder, F. H., die theoretischen Ackerbauschulen u. der einjährige Freiwilligen-Dienst. Nienburg 869. Bösendahl. gr. 8. (14 S.) n. 2½ ngr.

Schroeder, F. H., Elemente der rechnenden Krystallographie. gr. 8. (VII und 108 S. mit 5 Stnt. in gr. 4.) Clausthal 852, Schweiger'sche Buchh. *

Schröder, F. H., Elemente der Planimetrie und Stereometrie für den Unterricht an Gymnasien, Real- und Gewerbeschulen bearb. gr. 8. (VI und 136 S. mit 109 in den Text gedr. Holzschn.) Hannover 861, Hahn'sche Hofbuchh.

Schröder, F. H., Elemente der Planimetrie und Stereometrie für den Unterricht an Gymnasien, Real- und Gewerbeschulen. 2. verb. und verm. Aufl. gr. 8. (V, 138 S. mit 111 in den Text gedr. Holzschn.) Hannover 878, Hahn'sche Buchh.

— über zweckmäßige Ernährung des Rindviehs. Vortrag gehalten in der Generalversammlung des Landwirthschafts-Vereins zu Bremen am 8. März 1869. Bremen 869. Hampe. 8. (30 S.) n. 5 ngr.

Schröder, F. L., Preußens Liederkranz für Schule und Haus. Eine Sammlung der vorzüglichsten Lieder mit den beliebtesten Volksweisen, ein- und mehrstimmig. 1. Heft. 8. (64 S.) Gütersloh 856, Bertelsmann. *

Schröder, F. L., Preußens Liederschatz. Für Preußens Heer und Volk. Neue Ausg. Rahm 861. (Dortmund, Krüger.) 8. (112 S. u. 5 Lithogr.) n. 10 ngr.

Schröder, F. L. G.: Schreckliches Schicksal der Mannschaft des Schiffes: „Cerberus". welches durch Schiffbrand und Schiffbruch am 3. April 1834 über sie herbeigeführt wurde, und wunderbare Rettung des Lieutenants (Charles) de Lardogne nebst fünf andern seiner Unglücksgefährten, welche nach zahllosen Unglücksfällen ... sich selbst aus der furchtbaren Sclaverei der Araber glücklich befreiet, und am 17. März 1837 ihr langersehntes Vaterland wieder erreicht haben. Aus dem Französischen übersetzt und hrgg. Hamburg. [1837.] 8°

Schroeder, F. M.

Schroeder-Poggelow. Unsere Afrikapolitik in den letzten zwei Jahren. gr. 8. (130 S.) Berl. 890, Walther [u. Apolant]. * 1 50
Aus: Deutsches Wochenblatt, besonders abgedruckt.

Schröder, F. W., Luthers Bedeutung f. die deutsche Volksschule. 8. (31 S.) Berlin 883. Parisius. n. — 60

Schröder, F. W., s. P. J. Blom, Abhandl. über die Auscultation.

Schröder, F. W., das metrische Maß u. Gewicht u. die Decimalbruchrechnung. Für den Schulgebrauch u. zum Selbstunterricht bearb. Ducherow 870. Buchh. des Lehrerwaisenhauses. 8. (117 S.) n. 9 ngr.

Schröder, ostfriesische Miscellen, nützl. u. komischen Inhalts. 1r Bd. Mit 4 Kupf. 8. Leer 826. (Voaler in Halberst.)

Schröder, F. W., Ostfriesische Miscellen rc., s. Miscellen.

Schröder, F. W., der Oheim aus der Fremde, oder die Sitten unserer Zeit. Schspl. in 5 A. 8. Leer 824. (Vogler in Potsd.) 14 gr.

Schröder, F. W., s. Sebastian, A. A.: Über d. Ähnlichkeit zw. d. Arthristis u. d. Scrophulosis.

Schroeder, Felix von, Dr. phil.: Das Budgetrecht des Königreiches Sachsen. Leipzig: Veit & Co. 1906 (VI, 108 S.) 8°
Leipzig, Jur. Fak., Diss. v. 18. Mai 1906
[Geb. 18. Sept. 78 Tharandt; Wohnort: Leipzig; Staatsangeh.: Sachsen; Vorbildung: Gymn. Albertinum Freiberg Reife O. 01; Studium: Leipzig 6 S.; Rig. 5 Juli 04.]

Medea oder das Überweib aus der Vließstraße. Eine Reformtragödie, etwas frei nach Euripides von F[elix] S[chröder], Amtsrichter in Heiligenbeil]. (Als Ms. gedr.) *Königsberg i. Pr. 1903: Hartung.* (26 S.) 8° [Fr.] [04. 3311 10

Schroeder, Fel. v., das Reichs-Preßgesetz, s.: Handbibliothek, juristische.

Schroeder, Felix v.: Das Reichs-Preßgesetz vom 7. Mai 1874. F. d. Handgebrauch nach Rechtsprech. u. Literatur bearb. Leipzig 1910. 8°

Der Tolstoismus [Le Tolstoisme] von Félix **Schroeder**. Vom Verf. genehmigte Übers. Dresden: A. Beyer (1894). (XI, 118 S.) 8° [Fr.] [07. 7756 11

Schroeder, Fél., der Tolstoismus. Vom Verf. genehmigte Uebersetzg. 8. [Titel-]Aufl. 8. (XI, 118 S.) Dresden [894.] (901). Holze & Pahl. n. 1. —

Schroeder, Felix von: Die Verlegung der Büchermesse von Frankfurt am Main nach Leipzig. Leipzig: Jäh & Schunke 1904. (VI, 83 S.) 8° [= Volkswirtsch. u. wirtschaftsgesch. Abhandlungen, H. 9.]
Leipzig, Phil. Diss. v. 1904

Schröder, Ferdinand

Schröder, Ferd., die Beendigung des Kulturkampfes und die evangelische Kirche. Ein Vortrag. gr. 8. (31 S.) Gotha 879, F. A. Perthes. *

[F. u. Ant.] **Schröder**, Ferd. [kommiss. Lehrer Dr.]: Catulliana. Cleve, Druck d. Koch'schen Buchdr., 1892; 3—12 S. 4.
Cleve, k. G, P 1892 (427)

Schroeder, Ferd., das grenzstreitige Gebiet v. Moresnet s. g. Neutral-Moresnet. Eine Studie. Materialien u. Rechtsgutachten. gr. 8. (37 S.) Aachen 902. R. Barth, Verl. n. 1. —

Die Gerichtsferien. Von Ferdinand **Schroeder**, Landger.Dir. in Aachen. Aachen: R. Barth 1905. (63 S.) 8° [05. 10949

Schröder, Ferdinand: Zur Geschichte des Tabakwesens in der Kurpfalz. Berlin 1909: Kretschmer. 98 S. 8°
Heidelberg, Phil. Diss. v. 5. März 1909, Ref. Gothein
[Geb. 23. März 78 Plau i. M.; Wohnort: Plau; Staatsangeh.: Mecklenburg-Strelitz; Vorbildung: Realgymn. Bützow Reife O. 99; Studium: Leipzig 1, Berlin 1, Jena 2, Heidelberg 7 S.; Rig. 20 Dez. 07.] [U 09. 2021

Schroeder, Ferdinand. Ueber die Hydrazide der drei Pyridinmonokarbonsäuren. Diss. Phil. Basel. VI + 48 S. 8. Basel, R. Ehrich, 1902.

— vier Jahre Kulturkampf, s.: Zeitfragen des christlichen Volkslebens.

Schröder, Ferd., Maria Kunigunde v. Sachsen (1740—1826), letzte Aebtissin v. Essen. (47 S. m. 3 Taf.) gr. 8. Essen 907. Fredebeul & Koenen. 1.

Schroeder, Ferd., Thucydidis historiarum memoria quae prostat apud Aristidem, Aristidis scholiastas, Hermogenem, Hermogenis scholiastas, Aristophanis scholiastas. Dissertatio inauguralis. gr. 8. (58 S.) Göttingen 887, (Vandenhoeck und Ruprecht's Verlag.) *

—— der Dichter F. W. Rogge und seine Beziehungen zu dem Großherzog von Mecklenburg-Schwerin. Eine Beleuchtung des Buches: „Ein seltenes Leben, von Paul Welf". gr. 8. (46 S.) Leipzig 877, G. A. Koch's Verlagsh. *

Schröder, Fr., s. Bibliothek, ausgewählte, der Classiker des Auslandes, 17. Bd.

[F. u. Ant.] Das kostbare Blut, der Preis unserer Erlösung. Sieben Fastenpredigten. Von Fr. **Schroeder** p. e., Rector d. St. Josephsstifts in Sendenhorst ... *Münster i. W.: Alphonsus-Buchh. [1897]* (51 S.) 1 Bd 8. [98. 3952

Das kostbare Blut, der Preis unserer Erlösung. 7 Fastenpredigten. Von Fr. **Schroeder**, Rektor in Sendenhorst. 2. Aufl. Münster i. W.: Alphonsus-Buchh. 1900. (51 S.) 8° [Fr.] [00. 1353 G

Schroeder, Fr., das Keulenschwingen, s.: Scharf, O.

Schröder, Fr., das verborgene Leben in Christo. Dargestellt in Erzählungen, Betrachtungen, geschichtl. Bildern 2c. für Geistliche, Lehrer, bes. für Sonntagsschulen, sowie zur häusl. Erbauung. (In 8—10 Hftn.) 1.—4. Heft. 8. (VIII, 85; IV, 98; IV, 92; IV, 92 S.) Leipzig 886,87, Fr. Richter. cart. à Heft * 80 Pf. *

Schroeder, Fr., Lehrplan in der Naturbeschreibung, s.: Behrens, W.

Schroeder, Fr., Übungen für das Frauenturnen am Reck, 4 S., 8°.

Schröder, Fr., das Walten der Hausfrau im Kreise der Familie u. bei Festlichkeiten. Ein Lehrbuch m. 70 Illustr. f. Jedermann, welcher seine Thätigkeit im Haushalte hat. 8. (VII, 416 u. XXIII S.) Berlin (S.W. Wilhelmstr. 122) 899. Selbstverlag. 3.—; geb. in Leinw. 3. 50

Schröder, Fr. Enoch, s. Reinegg, Jakob: Beschreibung d. Kaukasus.

Schröder, Fr. Enoch (Hrsg.), s. Ruthenia.

Schröder, Fr. Enoch, († d. 12. April 1824.) neuester Wegweiser durch St. Petersburg. Mit 1 Plan u. Kpf. gr. 8. St. Petersb. 819. (Halle, Schwetschke u. S.) 2 ℳ 12 ℊ

Schröder, F. E., neuester Wegweiser durch St. Petersburg. Mit Plan u. Kupf. gr. 8. (Halle, Hemmerde und Schw. in Comm.)

Schröder, Fr. Heinrich

— Diss. inaug. de inventarii confectione ei, cui omnium bonorum usus fructus relictus est, inutiliter remissa. 4 Rostock 810.

Schröder, Fr. Hnr., an das schöne Geschlecht. 8. Rostock 815.

Schröder, Franz

Schröder, Frz., das Commodum bei der Erbschaftsklage. gr. 8. (91 S.) Heidelberg 876, C. Winter's Universitäts-Buchh. *

Schroeder, Franz: In der hiesigen medizinischen Klinik behandelte complicierte Fälle von Typhus abdominalis und dessen Therapie. *Greifswald 1898: J. Abel.* (36 S. 8°
Greifswald, Med. Diss. v. 26. März 1898

— zur Lehre v. den gesetzlichen Veräußerungsverboten. Eine civilist. Abhandlg. gr. 8. (IV, 192 S.) Heidelberg 875. C. Mohr's Verl. n. 2. 80

Schröder, F. Ausführlicher Lehrplan des Gymnasiums. Conitz, G., 1878. 35 S. 4. Progr.

Bad Neuenahr, seine Wirkungen, Orts- u. Kurverhältnisse von Franz Schroeder. 10. Aufl. Bonn [1905]: J. Bach Wwe. (29 S.) 8° [illegible]

—— das Notherbenrecht. Eine civilist. Abhandlung. 1. Abthl.: Das Recht vor der Novelle 115. gr. 8. (XVI, 591 S.) Heidelberg 877, C. Winter's Universitäts-Buchh. *

Schröder, Franz: Turn-Übungen für das Gerätturnen der Schüler höherer Lehranstalten. Zusgest., methodisch und logisch entwickelt und auf die einzelnen Klassen verteilt. Hildesheim: F. Borgmeyer (1897). (134 S.) 8°

Schröder, Frz., Turn-Uebungen f. d. Gerätturnen d. Schüler höh. Lehr-Anstalten. Zusammengest., method. u. logisch entwickelt u. auf d. einzelnen Klassen verteilt. 12. (135 S. m. Fig.) Hildesheim 898. F. Borgmeyer. Geb. n. 1. 20

Schröder, Franz, Verteilung des Turnlehrstoffes auf die einzelnen Klassen des Cösliner Gymnasiums, von Sexta aufwärts, und auf die einzelnen Stunden eines Semesters zu 40 Stunden gerechnet, Cöslin 1881, 32 S., Gr.-8°.

Schröder, Franz. Verteilung des Turnlehrstoffes auf die einzelnen Klassen des Cösliner Gymnasiums von Sexta aufwärts und auf die einzelnen Stunden eines Semesters zu 40 Stunden gerechnet. 32 S. Progr. *Cöslin* 1882

Schroeder, Franz [aus Danzig]: Die Wirkung der Cession einer Forderung auf das Rechtsverhältnis am Faustpfand ... Rostock, Univ.-Buchdr. v. Adler's Erben, 1894; 72 S. 8.
Rostock, Jur. Fak., Inaug.-Diss. v. [30. Aug.] 1894

Schröder, Franz Gustav. Beitrag zur Kenntnis der geometrisch isomeren α-Methylzimmtsäuren und ω-Methyl-ω-Bromstyrole. Leipzig, 1898. Giesecke & Devrient. (31 S.) Diss. v. 30. Nov. 1898.

Schroeder, Friedrich [Dr.]: Zur griechischen Bedeutungslehre. Gebweiler, Buchdr. v. J. Dreyfus, 1893; 36 S. 4.
Gebweiler, G, MP 1893 (500)

Friedrich Schroeder. Aesthetische Betrachtungen über alte und neue Bauart, gezeigt an Brandenburg-H. Leipzig: F. Leineweber 1908. (31 S.) 8°
Aus: Gesundheit. Zeitschrift f. Städtehygiene ... [08. 1333]

Schröder, Fr., der Brief Pauli an die Galater. Mit besond. Berücksicht. der darin enthaltenen Unterscheidungslehren. Zur Belehrung und Erbauung ausgelegt. gr. 8. (VIII, 131 S.) Heidelberg 882, C. Winter's Universitäts-Buchh. *

Chronik des Kirchspiels Wacken, hrsg. in Verbindung mit Friedrich Schröder, Pastor in Wacken, von Johannes Voß, Lehrer in Burg a. F. Burg a. F. & Wacken 1903: H. H. Nölke, Bordesholm. (VII, 174 S.) 8° [illegible]

Schröder, Frdr., üb. die Darstellung u. das Verhalten schwefelhaltiger Derivate d. Acetophenons. Inaugural-Dissertation. gr. 8. (40 S.) Görlitz 876. (Jena, Deistung.) n — 60

Schroeder, Frd. [illegible]
[illegible]
[illegible]

Schröder, Frdr., einst u. jetzt. Gespräch üb. einige wicht. Unterscheidungslehren. gr. 8. (30 S.) Mülheim 871. (Berlin, E. Beck.) n. — 30

Einst und Jetzt. Gespräch über einige wichtige Unterscheidungslehren. Von Dr. Friedr. Schröder, ev. Pfarrer. 2. verm. Aufl. Nebst e. Tagebuch (von Pierre Leclerc). Barmen: D. B. Wiemann [1891]. (77 S.) 8° [F.]
= Streitschriften, Freundschaftliche. No 32. [06. 15043]

Schroeder, Friedrich: 2 Fälle von Cystenniere. Leipzig 1900: B. Georgi. (23 S.) 8°
Leipzig, Med. Diss. v. (7. Dez.) 1900

Schröder, Frdr., altes Gold. Alttestamentliche Bibelstunden. (VII, 126 S.) 8. Gütersloh 910. C. Bertelsmann. 1.50; geb. 2. —

Schröder, Friedrich „Gründung der Anstalt (1871), ihre Geschichte bis 1896". pg. 49—69. 8°. Meschett & Hissiger.
Kitzingen, Progr. 1895/96

Schröder, Fr., de iteratis apud tragicos graecos, s. Dissertationes philologicae Argentoratenses.

Schröder, Friedr., die Culturpflanzen, ihr Anbau, ihre Cultur und Ernährung mit besond. Rücksicht auf den Kartoffelbau; die Ursachen der Krankheitserscheinungen an den Knollen, ihre nothwendige Entwickelung und Angabe von Mitteln zur Verminderung und Beseitigung des Uebels. gr. 8. (XII und 116 S.) Leipzig 856, Spamer. *

Schröder, Frdr., die Culturpflanzen, ihr Anbau, ihre Cultur und ihre Ernährung mit besonderer Rücksicht auf den Kartoffelbau; die Ursachen der Krankheitserscheinungen an den Knollen, ihre nothwendige Entwickelung und Angabe von Mitteln zur Verminderung und Beseitigung des Uebels. 2. unveränd. (Titel=)Aufl. Leipzig 859. Neumeister. (Hamm, Grote.) 8. (VIII, 116 S.) n. 15 ngr.

— das Leben d. hl. Aloysius Gonzaga, s.: Cepari, Virgilio.

Schröder, Friedr., erstes Lesebuch in Druck= und Schreibschrift für Elementarschulen methodisch geordnet und hrsg. 2 Abthlgn. gr. 8. (88 S.) Langensalza 859. 60, Schulbuchh. von Greßler.

—— erstes Lesebuch in Druck= und Schreibschrift für Elementarschulen. Methodisch geordnet und hrsg. 2 Abthlgn. gr. 8. Langensalza 864,66, Schulbuchh. von Greßler. [1. Abthl. 4. und 5. Aufl. (16 S.) 3/4 Ngr., 2. Abthl. (72 S.) 2 1/4 Ngr.]

Schröder, Friedr., Lesebuch für evangelische Volksschulen. Duisburg 865. Ewich. 8. (X, 436 S.) geb. n. 12 ngr.

Die Menschen-Satzungen in der katholischen Kirche. Zsgest. u. erläut. von Dr. Friedr. Schröder, ev. Pfarrer. *Gotha: F. A. Perthes 1896.* (VIII, 95 S.) 8° [F.] [01. 11178

-- Ohne Mich könnt ihr nichts tun! Blaukreuzandachten, im Auftrage des deutschen Bundes evangelisch-kirchl. Blaukreuz-Verbände hrsg. (VIII, 142 S.) 8. Hamburg (908). (Agentur des Rauhen Hauses.) 1.80; geb. 2.50

Schroeder, Friedrich [Dr.]: Die subjektlosen Sätze. Gebweiler, Buchdr. v. J. Dreyfus, 1889; 13 S. 4°
(Gebweiler, G, P 1889 (481)

Schröder, Friedr., Schreib= und Lesefibel für die untere Klasse der Elementarschule. Methodisch geordnet. 1. Abthl. 8. (20 S., wovon 4 lithogr.) Elberfeld 851. [Gütersloh, Bertelsmann.]

—— dass. — 2. Abthl. 8. (28 S.) Ebds. 851.

Schröder, Frdr., Schreib= u. Lesefibel f. die untere Klasse der Elementarschule. Methodisch geordnet. 2 Abthlgn. 8. (1: 20 S., wovon 4 lith. 2: 28 S.) Elberfeld 851. Friedrichs. (1: 1 1/2 ngr 2: 2 ngr) 3 1/2 ngr

Schröder, Friedrich August

Schröder, Friedr. Aug., neue pract. Anleitung zur Erlernung d. dänischen Sprache; od. Parallele üb. d. Uebereinstimmungen u. Verschiedenheiten der dän. u. d. deutschen Sprache. 8. (10 1/4 B.) Altona 830, Aue.

— s. Dinter und Harms. 1839.

SCHRÖDER, F[RIEDR.] A[UG.], Biblische Forschungen, vorläufig über die Mosaischen Schriften für denkende Bibelfreunde und Jugendlehrer. Lemgo. 1809. Meyer.

S(chroeder), F. A., Philosopheme über Gott, Welt u. Mensch. Als Hülfsbüchlein für fleißige Forscher nach Wahrheit abgefaßt. gr. 8. Altona (Dessau) 841, Aue. n. 11/12 rf

-- Biblischer Tugendspiegel oder Moral in biblischen Beispielen nach systematischer Ordnung. Ein Exempelbuch zum Schlesw.-Holst. Landeskatechismus. Itzehoe. 1831.

Schröder, Friedrich Josef Wilhelm

Schröder, Fr. Jos. Wlh. (+ d. 27. Oct. 1778.) medicin.=prakt. Abhandll.; aus d. Latein. mit d. Verf. eigenen Anmerkk. u. Zusätzen von Jh. Konr. Wendelstadt. 2 Stcke. 8. Rothenburg 778. (Brockhaus in Leipz.) 6 gr

Schröder, Fr. Jos. Wilh., medicin. prakt. Abhandlungen. 2 Stck. 8. Rothenb. Hermstädt. 778.

— die völlig geöffnete Alchymie od. höhere Naturwissenschaft; in e. deutl. Auflösung; als ein Anh. d. neuen alchymist. Bibliothek. 8. Cassel 774.

S[CHRÖDER, FRIEDRICH JOSEPH WILHELM].
Neue alchymistische Bibliothek für den Naturkundigen unsers Jahrhunderts ausgesucht und herausgegeben. Frankfurt und Leipzig, 1772. 2 vols., 12mo.
Vgl. B i b l i o t h e k ,...

SCHRÖDER, FRIEDRICH JOSEPH WILHELM.
Geschichte der ältesten Philosophie und Chemie oder sogenannten hermetischen Philosophie der Ægyptier. Marburg, 1775. 8vo.

POESIEN, Lyrische, Elegische und Epische, nebst einer kritischen Abhandlung einiger Anmerkungen über das Natürliche in der Dichtkunst und die Natur des Menschen (von *Friedr. Joseph Wilh. Schröder*). Halle, Hemmerde. 1759. 8°. (In Berlin: Yl 5531.) (15 Mk., schönes Expl. in Hfz., Götting. Antiqu. 1911, sowie Jos. Baer & Co., Frf. a. M., 1912.)
Vorr. u. 746 Seiten. Mit Musiknoten.

— Psalmen u. Threnodien. 1s Buch. Als Manuscript f. Freunde. 764. 2s u. 3s Buch, herausgg. v. J. N. Seip. 8. Rinteln u. Gotha 766 u. 775. Ettinger. 8 gr

— neue Samml. d. Bibliothek f. d. höhere Naturwissenschaft u. Chemie. 2 Bde. 8. Leipzig, Böhme. 775. (à 1 Rthlr. 12 gr.)

— neue Samml. der Bibliothek f. die höhere Naturwissenschaft u. Chemie. 2 Bde. 8. Leipz. 775. (Cnobloch). 3 rf

SCHRÖDER, FRIEDRICH JOSEPH WILHELM.
Neue Sammlung der Bibliothek für die höhere Naturwissenschaft und Chemie. Leipzig, 1775–76. 2 vols., 12mo. Vol. II in 2 parts. I, pp. [xii]–748; II, pp. 286–438–[xi].
Of vol. I a second edition was issued in 1779. The volume contains 17 treatises, including the following of interest to the historian:
Schröder's Geschichte der ältesten Chemie und Filosofie, oder sogenannten Filosofie der Egyptier. Vol. I, pp. 89–412.

Schroeder, Friedrich Joseph Wilhelm (Bielefeld)
A. S. 1398a/8

De taraxaco praesertim aquae eiusdem per fermentationem paratae eximio usu.
Präs. Heinrich Friedrich Delius.
Erlangen (Camerarius) VIII. 1754. 28 S.

Gew.: Christian Ernst Gf. von Stolberg. 31467

Schröder, Fr. J. W., resp. J. P. Schote, Diss. de temperamentis hominum. Marb. 4°. 1774

Schröder. Fr. Jos. Wilh., v. d. physikal. Theorie d. Empfindungen, Schmerzen rc. 8. Quedlinb. Ernst. 763. Rthlr.

Fried[rich] Josef Wilh[elm] Schröder, Von der fysikalischen Theorie der Empfindungen, Schmerzen und schmerzstillenden Mittel... Nebst e. Nachschr. Quedlinburg: Schwan 1764. 142 S. 8°

— de splenis usu morboque splenico ad Werlhofium liber, in quo simul virium physicarum, monadum, motus caloris et ignis occurrit praeliminariter, theoria metaphysica nova. 8. Guelpherbyti 761.

SCHRÖDER, Friedrich Joseph Wilhelm: Von den Wirkungen der Eicheln, Verstopfungen der Drüsen im menschlichen Körper aufzulösen, in einem Schreiben an Hrn. Prof. Baldinger zu Göttingen. - Göttingen, Gotha 1774. 2 1/2 Bg.

— Schreiben an Baldinger von d. Wirkungen d. Eicheln bei Verstopfungen. 8. Götting. 774. Dieterich. 2 gr.

Schröder, Friedrich Ludwig

Schröder, Friedr. Ludwig, Beytrag zur Kunde des Menschen rc. s. Meyer, F. L. W.

Schröder, Frdr. Ludw., s.: National-Litteratur, deutsche.

(Schröder, Fr. Ludw., Abhandlung über alte und neue Frei-Maurerei für Brr. Meister. Handschrift. ca. 1810. 4. 10 Bl.
Gedruckt mit Anmerkungen von Schneider in Wedekind's Baustücken 2. Sammlung.

Schroder's, Fr. Ldw., († d. 3. Sept. 1816.) angebl. Abschied von d. prakt. Schauspielkunst. 8. Altona 796. Bechtold. 3 gr.

Schröder, Friedr. Ludw. (Hrsg.). s. A c t e n der grossen Loge u. des Capitels von Heredon...

Schröder, Friedrich Ludwig, s. A d e l a i d e.

– s. A d j u t a n t, Der.

– s. d'A r i e n: D. Blinde u. d. Taube. – Dess. das Landmädchen.

Aufnahme des schottischen Meisters. [Hrsg. von Friedr. Ludw. Schröder. Rudolstadt ca 1805—1806: Geheimdr.] 94 S. 8°

Beigedr.: Acta rev. Ord. St. ⊥ Hier. Militaria. Noviciatus. S. 13—32.
Haltung e. Capitels u. Aufnahme. S. 33—48.
Von Admission e. Layen-Br. S. 49—54.
Succincta Historia Ordinis. S. 55—66.
Erklärung d. Hieroglyphen u. Ceremonien d. Frmr-Ordens. S. 67—94.

Tt. 1293. Nr 4 B. der Schröderschen Ritualsamml.; nur für die Geheimakten des Engbundes gedruckt. Hochgrade der Strikten Observanz.

— Beiträge zur deutschen Schaubühne. 3 Bde. (1r Bd. Enth.: a) Kinderzucht, od. das Testament. b) Der Vetter in Lissabon. c) Victorine. 1 Rthl. 20 gr. 2r Bd. a) Der Fähndrich. b) Der Ring; 1r Thl. c) Stille Wasser sind tief. 1 Rthl. 20 gr. 3r Bd. a) Der Ring, 2r Thl. b) Das Portrait der Mutter. c) Ehrgeiz u. Liebe. 1 Rthl. 20 gr.) 8. Berl. 786—90. Rottmann. 5 Rthl. 12 gr.

Bemerkungen für den Meister vom Stuhl in den Instruktionslogen derLehrlinge und Gesellen. [Von Friedr. Ludw. Schröder.] [Rudolstadt ca 1805—1806: Geheimdr.] 4 S. 8°

[Beigedr.:]
[1.] Aeltestes Ritual. 54 S.
[2.] Catechismus der Str. Obs. von 1764. 32 S. Darin: Catechismus aus der „zergliederten Freymaurerey".
[3.] Catechismus der alten franz. Logen. 22 S.
[4.] Frage-Bücher des Zinnendorfischen Systems. 76 S.

Selten. Zur Schröderschen Ritualsamml. gehörig; nur für die Geheimakten des Hamburger Engbundes gedruckt.

— Beverley, od. d. Spieler. Schspl. 8. Schwerin 791. (Andrä in Leipz.) 5 gr.

— das Blatt hat sich gewendet. Lstspl. 8. Leipz. 786. (Fr. Fleischer). 6 gr. 8. Ebd. 790. Schneider. 4 gr.

Schröder, F. L., Briefe an den Schauspieler Werdy, s.: Iffland, A. W.

Schroeder, Friedrich Ludwig

Der Diener zweier Herren. Lustspiel in 2 Aufzügen nach Carlo Goldoni von Friedrich Ludwig Schröder. Auf's Neue durchgesehen von Karl Panse. Neue Ausg. Leipzig: Weygand 1826. 142 S. 8°

Vgl. G o l d o n i, Carlo.

Schröder, F. L., die unglückliche Ehe durch Delikatesse, s. Theater-Bibliothek, classische.

— dasselbe. s.: Universal-Bibliothek.

— Ehrgeiz u. Liebe. Schspl. 8. Berl. 790. Rottmann. 6 gr.

— die Eifersüchtigen, oder keiner hat Recht. Lstspl. Aus d. Engl. d. Murphy. 8. Schwerin 790. Andrä in Leipz. 5 gr.

Erklårung des schottischen Meisters oder Ritters des heiligen Andreas zur Distel. [Von Friedr. Ludw. Schröder.] [Rudolstadt ca 1805—1806: Geheimdr.] 54 S. 8°

Tt. 1414. Nr 2 der Schröderschen Ritualsammlung, nur für die Geheimakten des Engbundes gedruckt. Nebst kurzer Geschichte des schottischen Meisters. 25 a. 215.

— der Fähndrich. Lstspl. 8. Berl., 786. Rottmann. 10 gr.

— der Fähndrich, od. der falsche Verdacht. Lstspl. 8. Hamb. 786. Matthießen. 7 gr. (Leipz., Fr. Fleischer). 8 gr.

Frage-Bücher des Zinnendorfischen Systems. [Hrsg. von **Friedr. Ludw. Schröder.**] [Rudolstadt ca 1805 bis 1806: Geheimdr.] 76 S. 8° [Zwischentit.]

[4.] in: Bemerkungen f. d. Mstr v. St. ca 1804—1806.
Neudr. in: Sammlung v. Katechismen. 1815 S. 90—156.
Selten. Nur für die Geheimakten des Hamburger Engbundes gedruckt.

Die Freymaurer. Ein Lustspiel in drey Aufzügen. [Von Friedr. Ludw. **Schröder.**] Aufgeführt auf dem K. K. Nationalhoftheater. Wien: Edler v. Kurzbek 1784. 50 S. 8°

cf. Z. 5 (1875) S. 60 (E. Besetzny).
Kl. 4027. 109.

Die Freimaurer, oder Das neugierige Frauenzimmer. Ein hier nie gesehenes Lustspiel in 3 Aufzügen, von [Friedr. Ludw.] **Schröder.** [Regensburg 1797.] 1 Bl. 4°.

Theater-Zettel. Facsimile-Wiedergabe in: BayrBbl. 10 (1909/10) Nr. 2. Beilage.

— s. Freunde, Die beiden.

Den 27sten Januar, 1797. Gedicht von Fr[iedr.] L[udwig] **Schröder** zum Besten des Freimaurerkrankenhauses. o. O. u. J. 1 Bl. 8°. [Kopftit.]

„Da bin ich auch, die Krankenpflegerin" ... 358a.

[Gedicht] Zum Besten des Krankenhauses für weibliche Dienstbothen [in Hamburg]. (Von Fr[iedr.] L[udw.] **Schröder.**) [Dat.:] 25. Januar 1799. 1 Bl. 8°. [Kopftit.]

„Seht in hoffnungsvoller Blüthe" .. 358a.

— s. Gefahren, Die, der Verführung.

Allgemeine Gesetze und Statuten für die Ritter von Osten und Jerusalem. [Hrsg. von Friedr. Ludw. **Schröder.**] [Rudolstadt ca 1805—1806: Geheimdr.] 24 S. 8°

Tt. 1014. Zu Nr 11 A Schröderschen Ritualsamml., nur für die Geheimakten des Engbundes gedruckt.

Gesetze und Statuten des Ordens der Freymaurer. [Hrsg. von Friedr. Ludw. **Schröder.**] [Buch 1]—6. [Rudolstadt ca. 1804—1806: Geheimdr.] 8°

[1.] 86 S.
2. 244 S.
3.—4. 110 S.
5. welches das enthält, was die St. Andreasloge betrifft. 128 S.
6. welches die Meister oder schottischen Brüder betrifft. 85 S.
Tt. 1329. Nr 13A—C der Schröderschen Ritualsammlung; nur für die Geheimakten des Engbundes gedruckt. Gesetze u. Rituale des neueren abgeänderten schwedischen (Ekleffschen) Systems, nach Ernennung des Herzogs v. Södermanland (1778) zum Grossmstr.

Schröder, F. L., Gold u. Ahnen, s. Liebhabertheater, 5. u. 6. Hft.

Französische Grade. [Hrsg. u. mit Anm. vers. von Friedr. Ludw. **Schröder.**] [Rudolstadt ca 1805—1806: Geheimdr.] 198 S. 8°

Tt. 1321. Nr 7 B der Schröderschen Ritualsammlung, nur für die Geheimakten des Engbundes gedruckt. Enth. die Übers. von Ritualen von 15 französischen Hochgraden mit Anmerk. von Schröder am Schlusse des Buches.

Grosofficiant, Ritter von Süden, Purpurband. [Hrsg. u. mit krit. Anm. vers. von **Friedr. Ludw. Schröder.**] [Rudolstadt ca 1804—1806: Geheimdr.] 45 S. 8°

Tt. 1332. Nr 11 C der Schröderschen Ritualsamml., nur für die Geheimakten des Engbundes gedruckt. Auszug aus dem Ritual des 8. Grades schwedischen Systems. 25a.

Gesetzmässige, verbesserte und vollkommene Handlungen des Freymaurer-Ordens, welche in allen gesetzmässigen, verb. und vollk. Logen geübt werden von allen gesetzmässig-verb. und vollk. Freymaurer-Brüdern, welche gewesen sind, sind, oder seyn werden, zerstreut oder vereinigt auf der Oberfläche der Erde. [Hrsg. von Friedr. Ludw. **Schröder.**] Buch 1—4. [Rudolstadt ca 1804—1806: Geheimdr.]. VI, 182 S. 8°

1. S. 1—60. 2. S. 61—135. 3. S. 136—154. 4. S. 155—182.
Tt. 1338. Nr 10 A der Schröderschen Ritualsammlung; nur für die Geheimakten des Engbundes gedruckt. Enth. die ersten drei Grade des altschwedischen Systems.

— die Heirath durch ein Wochenblatt. Posse. 8. Frankf. u. Leipz. 790. Hamb. 805. Gundermann. (Aue in Altona). 5 ℛ

— Jeder fege vor seiner Thüre. Dramat. Sprichwort in 2 A. 8. Ebd. 3 ℛ

— Incle u. Jariko, s. Colman.

— s. Irrthum auf allen Ecken.

—Juliane von Lindorak. Lstspl. 8. Hamb. 779. (Hannov., Hahn). 4 K

— dass. 8. Rostock 786. Stiller. 5 K

Catechismus der alten französischen Logen. [Hrsg. von Friedr. Ludw. **Schröder.** Rudolstadt ca 1805—1806: Geheimdr.] 22 S. 8°

[3.] in: Bemerkungen f. d. Mstr v. St. ca 1805—1806.

Neudr. in: Sammlung von Katechismen. 1815 S. 65—78.

Selten. Nur für die Geheimakten des Hamburger Engbundes gedruckt. Für die ersten 3 Grade. Dieses Ritual bildet die Grundlage des schwedischen Rituals.

Catechismus der str[icten] Obs[ervanz] von 1764. [Hrsg. von Friedr. Ludw. **Schröder.** Rudolstadt ca 1805 bis 1806: Geheimdr.] 12 S. 8° [Zwischentit.]

[2.] in: Bemerkungen f. d. Mstr v. St. ca 1805—1806.

Darin: Catechismus aus der zergliederten Freymaurerey.

Neudr. d. Katech. d. Str. Obs. in: Sammlung von Katechismen. 1815 S. 79—90.

Selten. Nur für die Geheimakten des Hamburger Engbundes gedruckt. Für die ersten 3 Grade. Aus diesem Ritual ist das der drei Weltkugeln entstanden.

— s. Miß Lee, Glück bessert Thorheit.

Das grosse **Licht** oder Folge des vollkommenen Baumeisters; enthält die Erklärung aller Mysterien der Freymaurerey vom Lehrlinge bis zum letzten Grade des Ritters vom Rosenkreuze. [Hrsg. von Friedr. Ludw. **Schröder.**] [Rudolstadt ca 1805—1806: Geheimdr.] 20 S. 8°

Tt. 1365. Erläuterungen zu den französischen Hochgraden (Grad 4—14). Bildet Nr 7A der Schröderschen Ritualsammlung; nur für die Geheimakten des Engbundes gedruckt.

—4 Lustspiele. Enth.: a) Jeder fege vor seiner Thür. b) Die Heirath durch ein Wochenblatt. c) Irrthum in allen Ecken. d) Der vernünftige Narr. 8. Hamb. 810. Gundermann. (Aue in Altona). 20 K

— Maas für Maas. Schspl. nach Shakspeare. 8. Schwerin 790. Andrä in Leipz. 7 K bei Köhler das. 8 K

(Schröder, Fr. Ludw.,) Materialien zur Geschichte der Freimaurerei seit ihrer Entstehung bis 1723. (Zweite Ausgabe.) Jena. Geheimdruckerei von Wesselhöft 1815. 4. Tit. 314 S.

Kloss 2844, wo als Jahr des Erscheinens fälschlich 1814 angegeben ist. — Die erste Auflage dieser Materialien erschien [illegible]. Die hier niedergelegten Forschungen waren nur für den Band der „Vertrauten Brüder" bestimmt.

Materialien zur Geschichte der Freymaurerey seit der Wiederherstellung der grossen Loge in London, 5717. [Von Friedr. Ludw. **Schröder.**] Th. 1—4. [Rudolstadt] o. J.: [Geheimdr.]. 8°

°1. [von 1717—1763.] [Dasselbe.] [2. veränd. Aufl.] 824 S. u. S. 161—248 der 1. Aufl. 1806.
2. [von 1764—1774.] 848 S. o. J.
3. [von 1775—1782.] 398 S. o. J.
4. [von 1783—1801.] 390 S. o. J.

Kl. 2843, Tt. 343. Sehr selten, da nur für die Geheimakten des Engbundes gedr. In Annalenform mit vielen Dokumenten. 23.

Materialien zu Zinnendorfs maurerischen Laufbahn und dessen System, als Beilage der Geschichte der Freymaurerey seit 1717. [Von Friedr. Ludw. **Schröder.**] [Rudolstadt ca 1803: Geheimdr.] 228 S. 8°

Tt. 458. Selten; nur in 50 Exemplaren gedr. Zu den Akten des Hamburger Engbundes gehörig. 23.

Schottischer **Meister** und Ritter des heiligen Andreas zur Distel. [Hrsg. von Friedr. Ludw. **Schröder.**] [Rudolstadt ca 1805—1806: Geheimdr.] 94 S. 8°

Tt. 1411. Nr 1 u. 3 der Schröderschen Ritualiensammlung; nur für die Geheimakten des Engbundes gedruckt. Enth. die ältern Hochgrade des Clermontschen Systems. 23. 215.

Schottischer **Meister-** und Ritter-Grad. [Hrsg. von Friedr. Ludw. **Schröder.**] [Rudolstadt ca 1805—1806: Geheimdr.] 38 S. 8°

Tt. 1412. Nr 14 der Schröderschen Ritualsammlung, nur für die Geheimakten des Engbundes gedruckt. Enth. den 5. u. 6. Grad, des um 1765 in Russland von Graf Melissino gestifteten Systems. 23.

Nachrichten und Berichtigungen von des [Tempelherren-]Ordens Stiftung und seinem unglücklichen Schicksale. [Hrsg. von Friedr. Ludw. Schröder] [Rudolstadt ca 1805—1806: Geheimdr.] 46 S. 8°

Tt. 824. Zu Nr 11 B der Schröderschen Ritualsamml.; nur für die Geheimakten des Engbundes gedr. Gesch. des Ordens, wie sie im 7. Grade des schwed. Systems mitgeteilt wird.

— der vernünftige Narr, oder keiner versteht den andern. Lstspl. 8. Hamb. 805. Gundermann. (Aue in Altona). 4 K

Odo. [Verf. von **Friedr. Ludw. Schröder.**] [Hamburg: ca 1800.] 1 Bl. 8° [Kopftit.]
Ohne Noten: „Wenn einst am Abend unsrer Tage . . .“ 193.

— s. Pilow: Der taube Liebhaber.

Plan des englischen Systems, unter dem Namen der alten Observanz. [Hrsg. von **Friedr. Ludw. Schröder.**] [Rudolstadt ca 1805—1806: Geheimdr.] 6 S. 8°
Zu Nr 7 A der Schröderschen Ritualsammlung, nur für die Geheimakten des Engbundes gedruckt. 25 a.

Schröder, F. L., das Portrait der Mutter, s. Theater-Bibliothek, classische.

— das Portrait der Mutter. Schspl. 8. Berl. 790. Rottmann. 12 gr

— s. Rache, Die.

—— der Ring, s. Theater-Bibliothek. — Universal-Bibliothek.

— der Ring. Schspl. 8. Berl. 786. Rottmann. 12 gr 2r Thl., oder d. unglückliche Ehe aus Delikatesse. Schspl. 8. Ebd. 789. 12 gr

Ritter von Osten u. Jerusalem. 6. [Hrsg. von **Friedr. Ludw. Schröder.**] [Rudolstadt ca 1804—1806: Geheimdr.] 32 S. 8°
Tt. 1385. Nr 11 A der Schröderschen Ritualsammlung; nur für die Geheimakten des Engbundes gedruckt. Ritual des 6. Grades schwedischen Systems. 25 a.

Aeltestes Ritual [nach welchem noch bis jetzt alle alte englische Logen in Grossbritannien, Asien, Afrika und Amerika arbeiten. Hrsg. von **Friedr. Ludw. Schröder.** Rudolstadt ca 1805 bis 1806: Geheimdr.] 54 S. 8° [Zwischentit.]
[1.] in: Bemerkungen f. d. Mstr v. St. ca 1805—1806.
Neudr. in: Sammlung von Katechismen. 1815 S. 1—44.
Selten. Nur für die Geheimakten des Hamburger Engbundes gedruckt. Für Grad 1—3.

Frankreich: **Ritual der drei Grade des grossen Orients von F[rankreich.** Hrsg. von **Friedr. Ludw. Schröder.**] [Rudolstadt ca 1805—1806: Geheimdr.] 108 S. 8°
Tt. 1390. Nr 8 der Schröderschen Ritualsammlung, nur für die Geheimakten des Engbundes gedruckt. Neues Ritual des Lehrlings-, Gesellen- u. Meistergrades des Grossorients von Frankreich. 23. 215.

Ritual des Wilhelmsbader Congresses. [Hrsg. von **Friedr. Ludw. Schröder.**] Rudolstadt ca 1805—1806: Geheimdr.] 156 S. 8°
Tt. 1387. Nr 6 A. der Schröderschen Ritualsammlung, nur für die Geheimakten des Engbundes gedruckt. Ritual des Lehrlings-, Gesellen- und Meistergrades, nach dem System des Lyoner Konvents von 1778 gearbeitet; 1782 von der Strikten Observanz angenommen. Hauptstifter des Lyoner Systems war J. B. Villermoz. 23.

[Schrödersche Rituale.] T. 1—3. o. O. u. J. 4°.
1. Ritual für den Lehrlingsgrad. 82 S.
2. Ritual für den Gesellengrad. 37 S.
3. Ritual für den Meistergrad. 33 S. 430.

[Ritualsammlung, hrsg. von Friedr. Ludw. Schröder. Nr 1—20. Rudolstadt ca 1805—1816: Geheimdr.] 8°
[1.] Schottisch. Meister u. Ritter d. heilig. Andr. z. Distel. 94 S.
[2.] Erklärung d. schottisch. Mstrs od. Ritters d. heilig. Andr. z. Distel. 54 S.
[3.] Ordo equestris hierosolymitanus. [Zwischentit.] S. 33—94.
[4 A.] Ceremoniel bei Eröfnung u. Haltung e. Lehrlings-Loge u. Reception e. Profanen. 68 S.
[4 B.] Aufnahme d. schottisch. Mstrs. 94 S.
[5.] Gedanken v. d. Beziehung d. Frmrey auf d. Orden d. Tempelherren u. ihrer Verbindung mit demselben. Geschrieben 1780. 72 S.
[6 A.] Ritual d. Wilhelmsbader Congresses. 156 S.
[6 B.] Ritual bei der Aufnahme z. Grade d. Waffenträgers (Armiger) i. Orden d. wohlthätigen Ritter. 56 S.
[6 C.] Rituel pour la réception au grade d'ecuyer de l'ordre des chevaliers bienfaisans. 48 S.
[7 A.] D. grosse Licht od. Folge d. vollk. Baumstrs. 20 S.
[7 B.] Franz. Grade. 198 S.
[8.] Ritual d. drei Grade d. grossen Orients v. F[rankreich]. 108 S.
[9 A.] [Koeppen, K. F.:] Introductionen u. Aufnahmen i. d. vier schottisch. Graden d. afrikan. Frmrey. 80 S.
[9 B.] [Koeppen, F. F.:] Geschichte d. Ordens nach d. afrikan. System. 46 S.
[10 A.] Gesetzmässige, verb. u. vollk. Handlungen d. Frmr-Ordens. Buch 1—4. VI, 182 S.
[10 B.] Handlungen d. freyen u. angen. Mr-Brr. Buch 5—6.
5. 50 S. 6. 60 S.
[11 A.] Ritter v. Osten u. Jerusalem. 6. 32 S.
[11 B.] Unterofficiant, Ritter v. Westen, Mstr v. Schlüssel. 7. 46 S.
[11 C.] Grossofficiant, Ritter v. Süden, Purpurband. 45 S.
[12.] Fromme Erklärung d. Frmrey v. e. dtschen Mstr. Erster Grad. [Neudr., ohne Anh.] 52 S.

[13 A—C.] Gesetze u. Statuten d. Ordens d. Frmr. [Buch 1]—6.
[1.] 86 S.
2. 244 S.
3—4. 110 S.
5. welches das enthält, was d. St. Andreasloge betrift. 128 S.
6. welches d. Mstr od. schottisch. Brr betrift. 35 S.
[14.] Schottisch. Meister- u. Ritter-Grad. 88 S.
[15.] Rosenkreuzerey. 101 S.
[16.] Verzeichniss d. Ritualien u. Ordensschriften d. Ritter u. Brr St. Joh. d. Evangelisten aus Asien i. Europa. 78 S.
[17.] Royal-Arch od. königl. Capitel d. Gewölbes i. Jerusalem. 56 S.
[18.] [Bode, J. J. Ch.:] Anbefohlnes pflichtmässiges Bedenken üb. d. höchstverehrl. provisor. Cirkulare Sr. Herzogl. Durchl. M. S. O. a Victoria [d. i. Ferdinand v. Braunschw.]. 112 S.
[19.] Acten d. Grossen Loge u. d. Capitels v. Heredon. 400 S.
[20.] Verhandlungen d. Vicariats d. Str. Obs[ervanz]. 82 S. 1816.

Rituel pour la réception au grade d'écuyer de l'ordre des chevaliers bienfaisans. [Braunschweig 1782: Kolb.] 15 S. 2° [Kopftit.]
Enth. den 5. Grad der Str. Observanz: Waffenträger oder Noviz der Ritter der Wohltätigkeit in franz. u. latein. Sprache, wie er auf dem Convent national des Gaules in Lyon 1778 angenommen wurde.
[Deutsche Übers. u. d. Tit.:]
Ritual bei der Aufnahme zum Grade des Waffenträgers (Armiger) im Orden der wohlthätigen Ritter. [Hrsg. von **Friedr. Ludw. Schröder.**] [Rudolstadt ca 1805—1806: Geheimdr.] 56 S. 8°
Beigedr.: Entwurf e. Rituals f. d. Wehrhaftmachung e. wohlthätigen Ritters d. heiligen Stadt. S. 38—56.
Tt. 1388. Nr 6 B der Schröderschen Ritualsammlung, nur für die Geheimakten des Engbundes gedr. Der deutschen Übersetzung sind die lateinischen Stellen beigefügt.

Rosenkreuzerey. [Bis S. 81 gesamm. und mit Noten begleitet von **Ignaz Aurel. Fessler**, hrsg. [u. S. 82—101] verf. von **Friedr. Ludw. Schröder.** [Rudolstadt ca 1805—1806: Geheimdr.] 101 S. 8°
Tt. 861. Nr 15 d der Schröderschen Ritualsammlung, nur für die Geheimakten des Engbundes gedruckt. Gesch., Gesetze der ältern Gold- u. Rosenkr., Rituale für den theor. R. C. das Junoriat u. die Tafelloge. 23.

Royal-Arch oder Königliches Capitel des Gewölbes in Jerusalem. [Hrsg. von **Friedr. Ludw. Schröder.**] [Rudolstadt ca 1805—1806: Geheimdr.] 56 S. 8° [Kopftit.]
Tt. 1400. Nr 17 der Schröderschen Ritualsammlung, nur für die Geheimakten des Engbundes gedruckt. 23.

Sammlung von Katechismen. Zum Gebrauch der verbundenen Logen der alten englischen Freimaurerei. [Hrsg. von **Friedr. Ludw. Schröder.**] Jena 1815: Wesselhöft. 180 S. 8°
Tt. 1401. Selten. 6 Katechismen. 23.

— Samml. von Schauspielen fürs Hamburger Theater. 4 Bde. (Enth.: 1r Bd. Die Eifersüchtigen, oder keiner hat Recht. — Maas für Maas. — Die Uebereilung. — Wer ist sie? 18 K 2r Bd. Beverley, oder der Spieler. — Leichtsinn u. gutes Herz. — Der Taubstumme. — Die 4 Vormünder. 16 K 3r Bd. Die beiden Freunde, oder d. Kaufmann aus Lyon. — Der Fürst u. sein Kammerdiener. — Luftschlösser. — That u. Reue. 16 K 4r Bd. Der Blinde u. der Taube. — Der Diener zweier Herren. — Incle u. Yariko. — Das Landmädchen. 20 K). 8. Schwerin 790—94. Bödner. 2 ℛ 22 K

— s. Shakespeare: Hamlet. — Dess. Heinrich der Vierte. — König Lear. — Maas für Maas.

—— stille Wasser sind tief, s. Theater-Bibliothek, classische.

— stille Wasser sind tief. Schspl. 8. Berl. 786. Rottmann. 16 K

— das Testament. Lstspl. 8. Leipz. 786. Barth. 8 K

— dass. 8. Münch. 786. Fleischmann. 5 K

— s. Theater, Hamburgisches.

— die Uebereilung. Lstspl.; aus d. Engl. d. Murphy. 8. Wismar 790. Bödner. 4 K

— der eifersüchtige Ungetreue. Lstspl. in 3 A.; aus d. Französ. d. Imbert. 8. Berl. 788 Maurers B. 4 K

Unterofficiant, Ritter vom Westen, Meister vom Schlüssel. 7. [Hrsg. von **Friedr. Ludw. Schröder.**] [Rudolstadt ca 1804—1806: Geheimdr.] 46 S. 8°
Tt. 1426. Nr 11 B der Schröderschen Ritualsammlung, nur für die Geheimakten des Engbundes gedruckt. Ritual des 7. Grades (Tempelherr) im schwedischen System, aus welchem die Unteroffizianten des Kapitels hervorgehen. 25 a.

Unterricht der Gesellen. [Entworfen von Friedr. Ludw. **Schröder** unter Mitarb. d. Brr Friedr. Ludw. Wilh. Meyer u. Voigt.] Jena 1815: Wesselhöft. 44 S. 8°

[Dasselbe.] Ebendas. 1828. 44 S. 8°
cf. Ridel, K. J. R.: Versuch e. alphab. Verzeichn. 1817 S. 171, 209.
Tt. 1427. Selten. Nur für die Geheimakten des Hamburger Engbundes gedruckt.

Unterricht für Lehrlinge. [Entworfen von Friedr. Ludw. **Schröder** unter Mitarb. der Brr Friedr. Ludw. Wilh. **Meyer u. Voigt.**] Jena 1815: Wesselhöft. 50 S. 8°

[Dasselbe.] Ebendas. 1828. 52 S. 8°
cf. Ridel, K. J. R.: Versuch e. alphab. Verzeichnisses. 1817 S. 171, 209.
Selten. Nur für die Geheimakten des Hamburger Engbundes gedruckt. 193. 358 a.

Unterricht får neuaufgenommene Meister. [Von Friedr. Ludw. **Schröder.**] Jena 1816: Wesselhöft. 55 S. 8°
Selten. Nur für die Geheimakten des Hamburger Engbundes gedruckt. Enth. Schröders Abhandlung üb. die alte u. neue Mrei mit Einl. Vorgedruckt ist eine Erklärung üb. den Gebrauch der Unterrichtsentwürfe. 193. 358 a.

Verhandlungen des Vicariats der Str[ikten] Obs[ervanz] mit den schwedischen Deputirten des erleuchteten Capitels; vom Sept. 1777 bis ult. April 1778. [Hrsg. von Friedr. Ludw. Schröder.] Jena 1816: Wesselhöft. 82 S. 8°
Tt. 835. Nr 20 der Schröderschen Ritualsammlung. Nur für die Geheimakten des Engbundes gedruckt; enth. F. L. v. Wurms Papiere. Als Beil. zu Schröders Materialien zur Gesch. der Frmrei 3 (o. J.) S. 52, 64, 78, 112, 125, 133—145 erschienen.

Verzeichniss der **Ritualien und Ordensschriften der Ritter und Brüder St. Johann des Evangelisten aus Asien in Europa.** [Hrsg. von Friedr. Ludwig **Schröder.** Rudolstadt ca 1805—1806: Geheimdr.] 78 S. 8°
Tt. 862. **Nr 16 der Schröderschen Ritualsamml., nur für die Geheimakten des Engbundes gedruckt. Enth. das Ritual zur Aufnahme eines dienenden Kapitelbrs des Ordens in die 1. Stufe des Brs zur goldnen Distel des Suchenden, nebst Teppicherklärung.** 358 a.

— der Vetter in Lissabon. Schspl. 8. Berl. 786. Rottmann. 10 gl

— dass. Ein Origin.-Lstspl. in 3 Aufz. 8. ... 786. (Fr. Fleischer in Leipz.) 4 gl (Fleischmann in Münch.) 6 gl

— Victorine. Schspl. 8. Berl. 786. Rottmann. 16 gl

Schröder, Fr. Ldw., die 4 Vormünder. Lstspl. 8. Wismar 791. Bödner. 4 gl

Der Weg zur Glückseligkeit. Rede von Friedr. Ludw. **Schröder,** gehalten am 2. Mai 1793 in der Loge Emanuel zur Maienblume in Hamburg. [Hamburg 1907: Radlemacher.] 9 S. 8° [Kopftit.]
Aus: HL. 40 (1906—1907) S. 77—85.
Anweisung, wahre Glückseligkeit zu erlangen. 65. 193. 358 a.

— wer ist sie? Lstspl. 8. Wism. 790. Bödner. Andrä in Leipz. 4 gl

Schröder, Friedr. Ludw., dramat. Werke. Hrsg. v. Ed. v. Bülow. Mit e. Einleit. v. L. Tieck. 1., vollständ. Ausg. 4 Bde. gr. 8. (103 B.) Berlin 831, Reimer.

Ceremoniel bei Eröffnung und Haltung einer Lehrlings-Loge und Reception eines Profanen. [Hrsg. von Friedr. Ludw. Schröder.] [Rudolstadt, ca 1805—1806: Geheimdr.] 68 S. 8°
Beigedr.: Ceremoniel bei Eröfnung und Haltung e. Gesellen-L. u. Aufnahme. S. 31—44; Ceremoniel bei Eröfn. u. Haltung e. Mstr-L. u. Aufnahme. S. 45—68.
Tt. 1306. Nr 4 A. der Schröderschen Ritualsammlung, nur für die Geheimakten des Engbundes gedruckt. Ritual der drei von Baron v. Hund ausgearb. Mrgrade der Strikten Observanz.

Ceremoniel **am eilften [!] März alten Styls, als den grossen Festtag sämmtlicher Tempel-Ritter. [Hrsg. von Friedr. Ludw. Schröder.] [Rudolstadt ca 1805—1806: Geheimdr.] 24 S. 8°**
Tt. 1307. **Zu Nr 11 C der Schröderschen Ritualsamml., nur für die Geheimakten des Engbundes gedruckt. Beschreibung der Kapitelfeier der Tempelritter schwedischen Systems zum Gedächtnis an Molays Hinrichtung** (18. März 1313).

— die Zufälle, s. Lee, Miß.

Schroeder, Friedrich Wilhelm, a. Rastenburg: Wielands „Agathon" und die Anfänge des modernen Bildungsromans. Königsberg i. Pr. 1904: Hartung. (61 S.) 8°
Königsberg, Phil. Fak., Ref. Baumgart. Diss. v. 26. Nov. 1904
[Geb. 26. Nov. 80 Rastenburg; Wohnort: Königsberg i. Pr.; Staatsangeh.: Preußen; Vorbildung: Herzog-Albrecht-Gymn. Rastenburg Reife O. 00; Studium: Königsberg 2, Freiburg i. B. 1, Königsberg 6 S.; Rig. 10. Nov. 04.]

Bericht über das 100jährige Stiftungsfest der Johannisloge Wittekind zur westfälischen Pforte im Or. Minden. Von [Friedr. Wilh.] Schröder. Minden [1886]: Köhler. 15 S. 8⁰ [Umschlagtit.]
Festvortrag von W. Thielemann: Üb. das Fundament u. die Säulen, die den Bau der Frmrei tragen. 23. 25.

Geschichte der Loge Wittekind im Or. Minden. Festgabe zur hundertjährigen Stiftungsfeier von [Friedr. Wilh.] Schröder. Minden, im Nov. 1886. Minden [1886]: Köhler. 30 S. 8⁰ [Umschlagtit.]
S. 29—30: Verzeichn. des M. v. St. u. zug. Mstr von 1731—1886.

Schröder, Friedrich Wilhelm Jul.

Schröder, Friedr. Wilh. Jul., das Amt. Antritts-Predigt, gehalten am 17. Septbr. 1848 vor der reform. Gemeinde zu Elberfeld. gr. 8. (15 S.) Elberfeld 848, Schmachtenberg.

—— von der christlichen Bruderliebe. Predigt über Evang. Joh. Cap. 13. V. 34. Gehalten am 26. Jan. 1851. gr. 8. Elberfeld 851. [Iserlohn,] Bädeker.

Schröder, Friedr. Wilh. Jul., das erste Buch Mose, s. Testament.

Schröder, Friedr. Wilh. Jul., das Deuteronomium, s. Bibelwerk, theologisch-homiletisches.

Einleitung zur Darlegung der Lehre unserer, nach Gottes Wort reformirten Kirche in Fragen und Antworten auf Grund des Heidelbergischen Katechismus. Die Religionen u. die Confessionen. Elberfeld 857. Bädeker. gr. 8. (X, 103 S.) n. 15 ngr.

Schröder, Fr. Wlh. Jul., vom Frieden. Gastpredigt am Sonntage nach Ostern 1844, vor der reformirten Gemeinde zu Leipzig gehalten. gr. 8. Berlin 844, Wohlgemuth. 1/8 ℛ

Schroeder, Fr. Wilh. Jul., der Prophet Hesekiel, s.: Bibelwerk, theologisch-homiletisches.

—— Johannis XI. Predigten über das 11. Capitel des Evangeliums Johannis, gehalten in den J. 1849—1850. 1. Sammlung. gr. 16. (IV und 90 S.) Elberfeld 853, Hassel. *

—— eine elberfelder Katechisirung d. i. Darlegung der Lehre unsrer nach Gottes Wort reformirten Kirche in Fragen und Antworten auf Grund des heidelberg. Katechismus. I. Den 1. Theil des Katechismus Fr. 1—11. enthaltend. gr. 8. (64 S.) Elberfeld 856, Bädeker'sche Buchh. *

—— eine elberfelder Katechisirung d. i. Darlegung der Lehre unsrer nach Gottes Wort reformirten Kirche in Fragen und Antworten auf Grund des heidelberger Katechismus. II. (Thl.) Den 2. Thl. des Katechismus Fr. 12—85 enthaltend. 1. Abthl. gr. 8. (96 S.) Elberfeld 858, Bädeker'sche Buchh. *

— eine Elberfelder Katechisirung d. i. Darlegung der Lehre unserer nach Gottes Wort reformirten Kirche in Fragen und Antworten auf Grund des Heidelberger Katechismus. II. den 2. Theil des Katechismus Frage 12—85 enth. 2 Abth. Ebend. 861. gr. 8. (S. 97—233.) n. 15 ngr.
A. m. d. T.: „Die reformirte Lehre in katechetischer Weise auf Grund des Heidelberger Katechismus."

Schroeder, Friedr. Wilh. Jul., Lieder aus verschiedenen Zeiten. 16. (45 S.) Elberfeld 875, Bädeker'sche Buchh. *
geb. *

—— die Schmach des Herrn. Passions-Predigt über Luk. 23, 32. 33. vor der reformirten Gemeinde zu Elberfeld gehalten am 25. März 1849. gr. 8. (16 S.) Elberfeld 849, (Hassel.)

—— die Seinen. Predigt gehalten am 21. Mai 1848 (zu Ober-Weistritz.) gr. 8. (12 S.) Elberfeld 848, Schmachtenberg.

Schröder, Friedr. Wilh. Jul., In drei Stufen, s. In drei Stufen.

— In drei Stufen. Auch eine Sammlung Gedichte. Elberfeld 853. Hassel. 16. (XVII, 265 S.) 1 ℛ

— In drei Stufen. Auch eine Sammlung Gedichte. 2. Ausg. 859. (XVI, 479 S.) n. 1 ℛ 10 ngr. — 3. Ausg. 860. n. 1 ℛ — 4. billige Volks-Ausg. 16. (XVI und 371 S.) Elberfeld 863, Bädeker.

Schröder, Friedr. Wilh. Jul., Aus vierzehn Tagen in Rom. I. Die Peterskirche und die Katakomben von San Calisto. Vorlesung ꝛc. Elberfeld 858. Bädeker. gr. 8. (36 S.) n. 5 ngr.

Schröder, Frdr. Wilh. Jul., Aus vierzehn Tagen in Rom. II. Septicollis. [Rom und Jerusalem in Parallele.] — III. Das Colosseum. Vorlesung, dem Barmer Gustav-Adolphs-Verein gehalten. Elberfeld 860, 61. Bädeker. gr. 8. (16 S.; 18 S.) Jede Nr. 3 ngr.

— s. Testament, das Alte.

—— Vesperklänge. Ein christl. Erbauungsbuch auf alle Tage im Jahr. 2 Bde. gr. 8. (53¾ B.) Berlin 846, (Enslin'sche Buchh.; Wohlgemuth's Buchh.) *
Bd. 1. Winter u. Frühling. Die Festzeiten.
" 2. Sommer u. Herbst. (Die Trinitatiszeit.)

—— „Wie reimen sich Stroh und Weizen zusammen? spricht der Herr." Jerem. 23, 28. Eine Abhandlung über den Kanon und die Apokryphen des alten Testaments. gr. 8. (15 S.) Elberfeld 851. [Iserlohn,] Bädeker.

—— die Wunder des Todes Jesu. Am Charfreitag 1855 gepredigt über Ev. Matthäi 27, 50—56. gr. 8. (15 S.) Elberfeld 853, Bädeker'sche Buchh. *

Schröder, Frdr. Wilh. Jul., Zeugnisse von der freien Gnade Gottes in Christo Jesu. Eine Sammlung Predigten. Nach dem Tode des Verf. auf Veranlassung vieler Freunde desselben hrsg. gr. 8. (XVIII, 356 S.) Elberfeld 878. (Barmen, Klein.) n. 3. —

Schroeder, Fritz. Handbuch der Bewegungsspiele f. Mädchen, s.: Schriften, kleine, des Zentralausschusses z. Förderg. d. Volks- u. Jugendspiele. 3. Bd. (Hermann, A.)

Schroeder, Fr., der Turnunterricht in der Volksschule u. in den unteren Klassen der höheren Lehranstalten. Ein Übungsbuch zur Benutzg. des amtl. Leitfadens. gr. 8. (III, 268 S. m. Abbildgn.) Berlin 902. [R. Gaertner.] Weidmann. n. 3. 50; geb. n. 4. —

Schroeder, G., Einfluss der Kieferdehnung auf das Naseninnere. Referat des Vortrags auf dem Laryngologen-Kongress in Heidelberg Juni 1905. (4 S.) 8. Leipzig 905. B. Konegen. n. 1. —
Sonderabdruck aus: „Reichs-Medizinal-Anzeiger".

Schroeder, G., s.: Hausbibliothek, neue, f. Stenographen.

Schröder, G., der Kampf um Wien 1683. Sein Verlauf und seine Bedeutung für die Geschichte des Festungskrieges. Ein Beitrag zur 200jähr. Gedächtnißfeier. gr. 8. (78 S. mit 1 lithogr. Taf.) Berlin 883, Mittler und Sohn. *
Aus: Archiv für die Artillerie- und Ingenieur-Offiziere des deutschen Reichsheeres, besonders abgedruckt.

Schröder, G., das verschanzte Lager v. Plewna u. der russisch-rumänische Angriff desselben vom 19. Juni bis 10. Dezbr. 1877. Allgemein militärisch u. eingehend fortifikatorisch betrachtet [nach den besten zur Zeit bekannten russ. u. a. Quellen]. Mit 2 (lith.) Blatt Zeichngn.: Situations-Skizze u. fortifikator. Detail. [Aus: „Archiv f. die Artill.- u. Ingen.-Offiziere d. deutschen Reichsheeres".] gr. 8. (IV, 88 S.) Berlin 878. Mittler & Sohn. n. 1. 60

Schröder, G. Der römische Limes und die streitenden Gelehrten. (Berlin 1892.) 8°. (Aus: Preuß. Jahrb.)

Schröder, G. Martini und die bastionirte Front. (Berlin 1891.) (Aus: Archiv usw.)

— Rimpler; Berichtigung e. Berühmtheit, s.: Beiheft zum Militär-Wochenblatt.

Schröder, G. Der Schipka-Pass i. J. 1877. Seine Befestigung u. die Kämpfe um denselben. (IV. 112) 8. M. 1 Krte, 1 Skizze. Berlin 1880. 1.60.

—— der Schipka-Paß im J. 1877. Seine Befestigung und die Kämpfe um denselben. gr. 8. (IV, 112 S. mit Operationskarte und Situationsskizze auf 1 Stnt.) Berlin 881, Mittler und Sohn. *
Aus: Archiv für die Artillerie- und Ingenieur-Offiziere des deutschen Reichsheeres, besonders abgedruckt.

Schröder, Maximilian Schumann. Leben u. Leistgn. Seine Bedeutg. f. d. Entwickelg. d. Panzerfrage in der Landbefestigg. [Aus: „Archiv f. d. Artillerie- u. Ingenieur-Offiziere".] gr. 8. (92 S. m. Bildn. u. 12 Holzschn.) Berlin 890. E. S. Mittler & Sohn. Nicht im Handel.

Schröder, Schumann u. die Panzer-Fortifikation. [Aus: „Archiv f. Artillerie- u. Ingenieur-Offiziere".] gr. 8. (III, 118 S. m. 2 Taf.) Berlin 890. Mittler & Sohn. n. 2. —

Schröder, G., Sonnenflecken-Beobachtungen im Januar 1861. Inaugural-Dissertation. gr. 8. (31 S. mit 4 Stnt. in gr. 8. und 4.) Göttingen 861, (Vandenhoeck und Ruprecht's Verlagsh.) **

Schroeder, G. Taccola u. die bastionierte Front. Berlin 1891. 19 S.

(Schröder, G.) Taccola und die bastionirte Front. (Berlin 1891.) 8°. (Aus: Archiv f. d. Artillerie- und Ingenieur-Offiziere.) — Angeb.: Schröder, G. Nochmals Taccola. (Berlin 1891.) (Aus: Archiv usw.) —

Schröder, G., Warnung vor d. gewöhnlichen Selbstbetrug d. Gesunden, Kranken u. Sterbenden. 8. Erl. Breuning. 744.

Schröder, G. A., Erzählungen aus der deutschen Geschichte, s.: Dreyer, L.

Schröder, G. A., De praecisis iurandi formis Graecorum et Romanorum. Pr. 1845. 12 8. 4°. Marienwerder. 1.20

Schröder, G.A.: De Graecorum juramentis interjective positis dissertatio prima. 25 S. – Marienwerder, Progr. 1859.

Schröder, G. A. De Romanis moribus palliatae fab. immixtis diss. I. II. · 19 u. 10 S.
Marienwerder, Progr. 1833, 1837

Schröder, G. A.: De Romanis moribus palliatae fabulae immutatis dissertatio tertia. 20 S.– Marienwerder, Progr. 1853.

Schröder, Georg: Über die Austrocknungsfähigkeit der Pflanzen ... Leipzig: Wilh. Engelmann, 1885; 6 + 51 S. 8°
Tübingen, Naturwiss. Fak., Inaug.-Diss. v. 1886.

Schröder, über die Austrocknungsfähigkeit der Pflanzen, s.: Untersuchungen aus dem botanischen Institut zu Tübingen.

Schroeder, Georg [aus Offenbach am Main]: Beiträge zur Kenntnis der Kobalt- und Nickeloxyde. . . . Berlin, Buchdr. v. Gustav Schade (Otto Francke) (1889); 53 + 1 S. + 1 Bl. 8°
Berlin, Phil. Fak., Inaug.-Diss. v. 2. Okt. 1889

— s.: Centralblatt, internationales, f. die gesamte Tuberkulose-Literatur.

Schroeder, die Einwirkungen des Höhenklimas auf den Menschen, s.: Determann.

Schröder, Georg: Über den Einfluss der Volksetymologie auf den Londoner slang-Dialekt ... Rostock: C. Boldt'sche Hof-Buchdr., 1893. 50 S., 1 Bl. 8°
Rostock, Phil. Fak., Inaug.-Diss. v. [20. Dez.] 1892

Schröder, Georg, Der tägliche und der jährliche Gang der Lufttemperatur. Basel, Realschule 1882.
Progr.

Schröder, Geo., Gedichte. (180 S.) 8. Strassburg 905. J. Singer. n. 3. —

Schröder, G., über Grundlagen u. Begrenzung der Heilstättenerfolge bei Lungenkranken. Nach e. auf der 18. allgemeinen Versammlg. des ärztl. Landes-Vereins in Stuttgart geh. Vortrag bearb. gr. 8. (17 S.) München 901. Seitz & Schauer. n. — 60

(8) Schroeder, G., Grundlagen etc. der Heilstättenerfolge bei Lungenkranken. 901. (KBL 32.) Jetzt: München, Verl. d. ärztl. Rundschau.

Schröder, G., s.: Handbuch der Therapie der chronischen Lungenschwindsucht.

Schröder, Geo., Handbuch für Zollbeamte u. Steuerpflichtige. 1. Aufl. (39 B.) 843. 1 Thlr. 15 Ngr. u. 2. Aufl. gr. 8. (45 1/4 B.) Cassel 846, Hotop.

Schröder, Geo., Handbuch für Zollbeamte und Steuerpflichtige. 3., verm. und verb. Aufl. gr. 8. (VIII und 583 S.) Cassel 851, Fischer.

Schröder, Geo., Handbuch für Zollbeamte u. Steuerpflichtige. 4., verb. u. verm. Aufl. 854. (4 Bl., 277, 176 S.) 1 Thlr. 15 Ngr. — 5. verm. etc. Aufl. Cassel 857. Fischer. gr. 8. (VIII, 280, 216 S.) 1 Thlr. 20 Ngr.

Schröder, Geo., Handbuch für Zollbeamte und Steuerpflichtige. 5. Aufl. 1857. und 6., verm. und verb. Aufl. gr. 8. (VIII und 494 S.) Cassel 860, Fischer.

Schröder, Geo., Handbuch für Zollbeamte und Steuerpflichtige. 7., verm. und verb. Aufl. gr. 8. (VIII und 514 S.) Cassel 863, Fischer. *

Über die Mischinfektion bei der chronischen Lungentuberkulose. Von Dr. med. G. Schröder u. Dr. med. Fr. Mennes, Ärzten ... zu Hohenhonnef a. Rh. ... M. Kurven u. Tab. im Text. *Bonn: F. Cohen 1898.* (3 Bl., 92 S.) 1 Bd 8. [98. 8655]

Nachrichten über die Stadt Neustadt in Holstein im Mittelalter. Von G. **Schröder**, Lehrer in Heide. Kiel [1900]: A. F. Jensen. (S. 89–201.) 8° [Umschlagt. F.]
Aus: Zeitschrift d. Gesellschaft f. Schlesw.-Holst. Geschichte. Bd 29. [05. 1036 8

Schulwandkarte des Kreises Oldenburg in Holstein gez. v. Georg **Schröder.** 1 : 37500. Heide i. H. 1896.

Schröder, Georg [aus Rathenow]: Aus d. Zoolog. Institut zu Kiel. Anatomisch-histologische Untersuchung von Nereis diversicolor, O. Fr. Müll. ... Rathenow, Carl Köppel, 1886; 1 Bl. + 41 + 1 S. + 1 Bl. u. 1 Taf. 8°
Kiel, Phil. Fak., Inaug.-Diss. v. 18. Febr. 1888

Schröder, Georg, aus d. Zoolog. Institut zu Kiel. **Anatomisch-histologische Untersuchung von Nereis diversicolor, O. Fr. Müll. Diss. Kiel 1888, Haeselersche Sort.-Buchh. 8°. 41 S. mit einer Taf.**

Schröder, Georg *Hermann Friedrich* [app. Arzt, aus Stade '(Prov. Hannover)']: **Über Veränderungen des Blutes in Görbersdorf bei Gesunden und Phthisikern. '(Die Untersuchgn wurden in d. Dr. Brehmer'schen Heilanstalt f. Lungenkranke ausgeführt.)' ... Halle a. S., Druck v. Wischan & Wettengel, 1894; 53 S., 1 Bl. 8.**
Halle, Med. Fak., Inaug.-Diss. v. 22. Aug. 1894

Schröder, Georg: W a n d k a r t e des Kreises Oldenburg in Holstein. Maßstab = 1:37500. 1896. Neustadt in Holst. o. J. Lithogr. 4 Bl. Gr.-Fol., 86/76 cm.
In vier verschiedenen Ausgaben:
schwarz mit ausgeschriebenen Namen;
schwarz mit abgekürzten Namen;
farbig mit ausgeschriebenen Namen, und
farbig mit abgekürzten Namen.

Schroeder, Geo. v., und Jul. v. Schroeder, Wandtafeln für den Unterricht in der allgemeinen Chemie und chemischen Technologie. Mit erläut. Text. (In 8—10 Lfgn.) 1. Lfg. Imp.-Fol. (5 Taf. à 2 Bl. mit Text 12 S. in gr. 8.) Kassel 884, Fischer. *
Einzelne Taf. à *
Für Aufziehen auf Leinw. mit Stäben à Taf. **

S c h r o e d e r, Geo. v., und Jul. v. S c h r o e d e r, **Wandtafeln** für den Unterricht in der allgemeinen Chemie und chemischen Technologie. Mit erläut. Text. 2. und 3. Lfg. Imp.-Fol. (à Lfg. 5 Taf. à 2 Bl. mit Text in gr. 8.) Kassel 885,87, Fischer. à Lfg. *M 6.—. *
Einzeln à Taf. *
Für Aufziehen auf Leinw. mit Stäben à Taf. **
1. Lfg. Ebendas. 1884. *M 6.—.

Schroeder, Geo. v., u. Jul. v. Schroeder, Wandtafeln **f. den Unterricht in der allgemeinen** Chemie u. chem. **Technologie. Fortgesetzt v. Aug.** Harpf u. Alfr. Schierl. **4. u. 5. Lfg. Imp.-Fol. (Taf. 16—25 à 2 farb. Bl.) Mit Erläutergn.** gr. 8. (26 u. 33 S.) Cassel 899. 900. Th. G. Fisher & Co. à n. 10. —;
auf Leinw. m. Stäben à n.n. 16. —

— — **dasselbe.** Fortgesetzt von Aug. Harpf u. Hugo **Krause. 7. u. 8. Lfg.** Imp.-Fol. (Taf. 31—40 à 2 farb. Bl.) **Mit Erläutergn.** gr. 8. (29 u. 34 S.) Ebd. 902.
à n. 10. —; auf Leinw. m. Stäben à n.n. 16. —
Lfg. 6 ist noch nicht erschienen.

Schroeder, Geo. v., u. Jul. v. Schroeder, Wandtafeln **f. den Unterricht in der allgemeinen Chemie u. chemischen Technologie. Fortgesetzt von Aug. Harpf u. Alfr. Schierl. 6. Lfg.** (Taf. 26—30.) 78,5×106,5 cm. Farbdr. Mit Erläutergn. (III, 27 S.) **Lex.-8. Kassel** 903. Wilmorsdorf, Th. H. Fisher & Co. n. 10.—;
auf Leinw. m. Stäben n.n. 16. —

Schroeder, Geo. v., u. Jul. v. Schroeder, Wandtafeln f. den Unterricht in der allgemeinen Chemie u. chemischen Technologie. Fortgesetzt v. Aug. Harpf u. Hugo Krause. 9. Lfg. (Taf. 41—45.) **101×78 u. 73×106 cm.** Farbdr. Mit Erläutergn. (39 S.) **Lex.-8. Charlottenburg** (904). Wilmorsdorf, **Th. G. Fisher & Co.**
n. 10.—; auf Leinw. m. Stäben **n.n. 16. —**

S c h r ö d e r, Geo., alphabet. Waaren-Verzeichniß. Enth. Angaben üb. Ursprung, Kennzeichen, Verwendung, Classification u. Verzollung d. Waaren ꝛc. unt. Zugrundlegung d. amtl. Waaren-Verzeichnisses z. Vereins-Zoll-Tarif, als Hülfsb. f. Zollbeamte u. Steuerpflichtige bearb. gr. 8. (33⅛ B.) Frankfurt a. M. 840, [Sauerländer's Verl.] *

— s.: Z e n t r a l b l a t t, **internationales, f. Tuberkulose-**Forschung.

Schröder, Georg Hermann

Schröder, ausführlicher Lehrplan f. die sechsklassigen Volksschulen f. Knaben im Lübeckischen Freistaate. gr. 8. (45 S.) Lübeck 887. Quitzow. n. — 80

Schröder, L e h r p l a n f. die achtklassigen Volksschulen f. Knaben im Lübeckischen Freistaate. (58 S.) gr. 8. Lübeck 904. Lübcke & Nöhring. n.n. — 50

Schröder, G., Sammlung der Lehrpläne f. die Seminarien, der Prüfungs-Ordnungen f. Lehrer an Volks- u. Mittelschulen, sowie für Lehrerinnen an Volksschulen, an mittleren u. höheren Mädchenschulen in Lübeck. gr. 8. (58 S.) Lübeck 889. Dittmer. n. — 80

S c h r ö d e r, G. Sammlung der Lehrpläne f. die Seminarien, der Prüfungs-Ordnungen f. Lehrer an Volks- u. Mittelschulen, sowie f. Lehrerinnen an Volksschulen, an mittleren u. höheren Mädchenschulen in Lübeck. gr. 8. (58 S.) Lübeck 889, Lübcke u. Hartmann. * — 80

Sammlung von Verfügungen der Ober-Schulbehörde, sowie von Verordnungen d. Polizeiamtes u. Dekreten d. Senats, die d. Schulwesen d. Freistaates Lübeck betreffen. Ostern 1903. Hrsg. von Schulrat Dr. [G e o r g H e r m a n n] **Schröder.** *Lübeck (1903): M. Schmidt.* (64 S.) 8° [F.]
[03. 10203

Schroeder, Georg. Leonard. (geb. Frankfurt a. M. 1818): De fistula stercoracea atque ano praeternaturali. Berolini (1842). (32 S.) 8°
Berlin, Med. Diss. v. 26. Juli 1842

Schröder, Georg Wilhelm (Bielefeld) A. S. 18/4

Dissertatio iuridica inauguralis de sententiis in rem iudicatam non transeuntibus.
Präs. Justus Henning Boehmer.
Halle (Grunert) 10. XI. 1713. 43 S.

W. v. : Präs. 31468

Schröder, Georg Wilhelm (Bielefeld) A. S. 821/2

Dissertatio iuridica inauguralis de sententiis in rem iudicatam non transeuntibus.
Präs. Justus Henning Boehmer. Rec.
Halle (Gruner) 1733. 43 S.

Diss. 10. XI. 1713.
W. v. : Präs. 31469

Schroeder, Georg Wilhelm (Bielefeld) A. S. 252/5

Dissertatio iuridica inauguralis de sententiis in rem iudicatam non transeuntibus.
Präs. Justus Henning Boehmer.
Halle (Grunert) 1739. 43 S.

Diss. 10. XI. 1713.
W. v. : Präs. 31470

Schroeder, Guido. Untersuchungen über die Jahresringe als Altersmerkmal der Cavicornier unter spezieller Berücksichtigung des Rindes. Aus dem zootechnischen Institut der Universität Bern... . Diss. Vet.-Med. Bern. [Mit 3 Abbildungen.] 93 S. 8. Egeln, Ferdinand Heyl, [1910]. [15.XI.1909]

Schröder, Gustav

Schröder, G., neuste komische Vorträge u. Scenen, Couplets u. Lieder f. heitere Kreise. 8. (93 S.) Köln 887. Büttmann. n. — 50

Schröder, (Dr.) H., über die Abbildungen des Demosthenes, mit Beziehung auf eine antike Bronzebüste im Herzogl. Museum zu Braunschweig. Mit 2 Taf. Abbild. gr. 4. Braunschweig 842, Oehme u. Müller. 1/2 ₰

Schröder, H.: 100. Hundert Aussprüche über wahres Christentum in erbaulichen Betrachtungen und Geschichten. Hamburg: J. G. Oncken Nachf [1893]. (46 S.) 8°

Schröder, H., u. W. Aßmann, die Stadt Braunschweig, s. Braunschweig.

Schroeder, H., Entwurf e. Mehl-, Stampf-, Oel- u. Saege-Mühle, s.: Scharrath, W.

Schroeder, H., die Gesunderhaltungspflege in der Ehe. 8 (IV, 140 S.) Leipzig 892. M. Spohr. n. 2. 40

— dasselbe. 2.—5., verm. u. verb. Aufl. gr. 8. (VIII, 160 S.) Ebd. 892—894. n. 2. 40

Schroeder, H., die Gesunderhaltungspflege in der Ehe. 6., verm. u. verb. Aufl. gr. 8. (VIII, 160 S.) Leipzig 897. M. Spohr. n. 2. 40

Schroeder, H., die Gesunderhaltungspflege in der Ehe. 8., verm. u. verb. Aufl. gr. 8. (VIII, 160 S.) Leipzig (902). M. Spohr. n. 2. 40

Schroeder, H., die Gesunderhaltungspflege in der Ehe. 10., verm. u. verb. Aufl. (VIII, 160 S.) 8. Leipzig (909). M. Spohr. 2. 40

Schröder, H., s. K. Chr. Fr. Krause's handschriftl. Nachlaß 2e Abthl.

Schröder, H., bremisches Liederbuch, s.: Kurth, H.

—— die junge Mutter, oder: praktischer Belehrer u. Rather der Frauen, vor u. nach ihrer Niederkunft, u. Mittheilung der bewährtesten Heilmittel bei Kinderkrankheiten. 8. (3 B.) Hamburg 843, Riemeyer.

Schröder, Dr., die junge Mutter, oder: practischer Belehrer und Rather der Frauen vor und nach ihrer Niederkunft, und Mittheilung der bewährtesten Heilmittel bei Kinderkrankheiten rc. 4. Aufl. 8. (43 S.) Hamburg 869, Verlags-Comptoir. — 75

Schroeder, H., der kirchliche Nothstand Berlins. Vortrag, im Berliner Unionsverein geh. am 20. März 1885. gr. 8. (28 S.) Berlin 885, Haack. *

Schröder, H., de gallorum vario apud veteres usu in Dom. de Hahn. gr. 4. Rostock, Koppe. 743.

—— Die Vorbeugung der Empfängniß aus Ehenoth. 1. u. 2. Aufl. gr. 8. (VIII, 111 S. m. 2 Abbildgn.) Ebd. 892. * 2 —; geb. * 2 60

— die Vorbeugung der Empfängniß aus Ehenoth. (10. [Umschlag-]Aufl.) gr. 8. (VIII, 118 S. m. 2 Abbildgn.) Ebd. (901). n. 2. —

— Die Vorbeugung der Empfängnis aus Ehenot. (Umschlag: 18. Aufl.) (VIII, 118 S. m. 2 Abbildgn.) 8. Ebd. (909). 2. —

Schröder, H., der Weg zum Himmel. Anleitung, wie man in den Himmel kommen kann. 2. Aufl. 16. (16 S.) Berlin 885. Deutsche Evangel. Buch- u. Tractat-Gesellschaft. n. — 10

Schröder, H., der Weg zum Himmel. 3. Aufl. 40. Taus. 12. (12 S.) Hamburg 893. J. G. Oncken Nachf. n. — 4
- Dass. 4.Aufl. Ebda. [1893]

Schröder, H., Der wirtschaftliche Wert. Begriff und Normen. gr. 8°. Berlin, Puttkammer und Mühlbrecht, 1893.

Schröder, H., der wirtschaftliche Wert. Begriff u. Normen. gr. 8. (IV, 103 S.) Berlin 894. Puttkammer & Mühlbrecht. n. 2. —

— Wertverteilung u. Rententheorie. gr. 8. (146 S.) Ebd. 894. n. 2. 40

Schröder, H., e. Zeugnis f. die Wahrheit des evangelischen Glaubens, nebst Beleuchtg. des religiös-sittl. Lebens der Gegenwart in Thesenform. gr. 8. (24 S.) Parchim 894. (H. Wehdemann.) n. — 50

Schröder, H. L.

— Beleuchtung des Menschen der Sünde und des Kindes des Verderbens II Thess. Cap. 2., v. 3 und 4. Plöen. 1834. P.

Schröder, H. L., Bemerkungen über das maneologische Bedenken des Prediger Oertling in Bornhöved, betreffend das Beerdigen wirklich verstorbener Personen in dicht verschlossenen Särgen. 8. Altona 831. Aue. 5 gl

— Erläuterungen über die im 7. Kap. des Propheten Daniels bekannt gemachten Zeiten; über den Stern, welcher im 9. Kap. der Offenbarung Johannis als König unter dem griechischen Namen Apollyon auf die Erde trat und die Sonne verfinsterte. Plön. 1833. P.

— Schlussschrift über das maneologische Bedenken des Hrn. Predigers Oertlings betreffende das Beerdigen etc. Plön. 1834. P.

Schröder, H. L., Einige Worte über die Anfangszeit der menschlichen Seele, nach Vernunft und Bibel. Plöen. 1832. P.

Schroeder, H. R. Paul, s.: Blätter f. Lebensmagnetismus.

Schroeder, H. R. Paul, Inez de Castro. Dichtung in 10 Gesängen u. e. Epilog. 12. (130 S. m. Bildnis.) Leipzig 895. A. Berger. Geb. in Celluloid u. Leinw. m. Goldschn. n. 3. —

Schroeder, H. R. Paul, Geschichte d. Lebensmagnetismus u. des Hypnotismus. Vom Uranfang bis auf d. heut. Tag. Mit Illustr. u. Bild. d. hervorrag. Vertreter obiger Methoden. (In 12 Lfgn.) 1. u. 2. Lfg. gr. 8. (S. 1—112.) Leipzig 899. A. Strauch. à n. 1. —

— Geschichte des Lebensmagnetismus u. des Hypnotismus. Vom Uranfang bis auf den heut. Tag. Mit Illustr. u. Bildern der hervorragendsten Vertreter obiger Methoden. 3.—12. Lfg. gr. 8. (S. 113—681.) Leipzig 899. A. Strauch. à n. 1. —; (kplt. geb. n. 14. —)

Schroeder, H. R. Paul. Die Heilmethode d. Lebensmagnetismus. Theorie u. Praxis, besprochen u. m. e. Nachweise üb. den wesentl. Unterschied zwischen Hypnotismus u. Heilmagnetismus versehen. 1. Aufl. (104 S. m. Portr.) 890; 2. verm. Aufl. gr. 8. (112 S. m. Portr.) Lpz. 891, Ed. Volkening. * 1 —

— d. Heilmethode d. Lebensmagnetismus. Theorie u. Praxis, besprochen u. m. e. Nachweise üb. den wesentl. Unterschied zwischen Hypnotismus u. Heilmagnetismus vers. 3., veränd. u. m. e. Anh. verseh. Aufl. gr. 8. (144 S. m. Bildn.) Leipzig 895. A. Berger. 1. 25

— dasselbe. 5. Aufl. gr. 8. (161 S. m. Bildn.) Leipzig 898. O. Mutze. n. 1. 50; geb. n. 2. —

— die Heilmethode des Lebensmagnetismus. Theorie u. Praxis besprochen u. m. e. Nachweise üb. den wesentl. Unterschied zwischen Hypnotismus u. Heilmagnetismus versehen. 7. Aufl. (14. Taus.) gr. 8. (161 S. m. Bildnis.) Leipzig 898. O. Mutze. n. 1. 50

Schicksale. Modernes Schauspiel in 4 Akten von H. R. Paul **Schroeder.** Leipzig: R. Gerstäcker 1895. (98 S.) 8° [F.]

Schröder, H. Th. E., Beiträge zur Auffindung der reinen Lehre Jesu Christi im Neuen Testament. 1. Heft. gr. 8. Lüneburg 841, Herold u. Wahlstab. 1/2 ₰

—— die Grundwahrheiten d. Christenthums, psycholog. entwick. u. histor. begründet. Ein Beitr. z. Beförder. e. allgem. Verständnisses d. Schleiermacherschen Ansicht. gr. 8. (5 1/2 B.) Hannover 839, Hahn'sche Hofbuchh. Thlr.

Schröder, H. Th. E., Vorschule deutscher Stylübungen. Ein Anh. z. 1. Curs. d. deutschen Lesebuchs v. Oltrogge. gr. 8. (9 1/2 B.) Hannover 839, Hahn'sche Hofbuchh.

Schröder, Hans Beziehungen auf Tagesereignisse und polemische Äufserungen in Horazens Satiren chronologisch verwertet. 8 (42 S.).
In: Teil II. der Festschrift zur Feier des 350jähr. Bestehens des prot. G. *Strassburg* 1888.
Nicht im Tauschverkehr
Progr.

SCHROEDER, Hans (Ludwigslust): Ueber das primäre Carcinom des Ductus choledochus.- Ludwigslust: Kober 1893. 32 S.
6.3.1893 - Chr 1892/93,17; Jv 1892/93,212
Diss. Ingolst.-Landsh.-Mchn.

Schröder, Hans, †(H. Dörscher,) Epigrammenlese, od. Rückblick auf weniger bekannte, verstorbene deutsche Dichter. 8. (15 1/2 B.) Itzehoe 828. (Altona, Aue.)

—— Glossar ꝛc. zu Rachels satyr. Gedichte, s. Rachel, J.

Schröder, Hans, Lexikon der hamburgischen Schriftsteller bis zur Gegenwart. Im Auftrage d. Vereins f. hamburgische Geschichte ausgearbeitet. 1—6. Hft. od. 1. Bd. 4 Hfte. Abaz — Dassovius. u. 2. Bd. 1. u. 2. Hft. Dassovius — Flemming. gr. 8. (1. Bd. 640 S. 2. Bd. S. 1 — 320.) Hamburg 849—52, Perthes-Besser & Mauke. (à n. 1/2 ₰) n. 3 ₰

Schröder, Hans, Lexikon der hamburgischen Schriftsteller bis zur Gegenwart. 6—8. Heft. oder 2. Bd. 2—4. Heft: v. Eitzen — Günther. gr. 8. (2. Bd. IV und S. 161—640.) Hamburg 852—54, (Perthes-Besser und Mauke.) *

—— dass. — 9—11. Heft. oder 3. Bd. 1—3. Heft: Günther — Janssen. gr. 8. (3. Bd. S. 1—480.) Ebds. 854—55. *
1. Bd. und 2. Bd. 1. Heft. Ebendas. 1849—52. * 2 Thlr. 15 Ngr.

Schröder, Hans, Lexikon der hamburgischen Schriftsteller bis zur Gegenwart. 12. Heft oder 3. Bd. 4. Heft. Janssen — Kleye. Mit des Herausgebers Leben als Vorrede. gr. 8. (XXXIV und S. 481 — 624.) Hamburg 857, (Perthes-Besser und Mauke.) *

—— dass. — Nach dessen Tode fortgesetzt von Friedr. Aug. Cropp. 13. Heft oder 4. Bd. 1. Heft. gr. 8. (S. 1—160.) (Ebendas. 858.) *
1—11. Heft. (Ebendas.) 1849—55. * 5 Thlr. 15 Ngr.

Schröder, Hans, Lexikon der hamburgischen Schriftsteller bis zur Gegenwart. Im Auftrage des Vereins für hamburg. Geschichte ausgearb. Fortgesetzt von C. R. W. Klose. 14.—18. Heft oder 4. Bd. 2.—4. Heft und 5. Bd. 1. und 2. Heft. gr. 8. (4. Bd. IV und S. 161—621 und 5. Bd. S. 1—336.) Hamburg 863—68, (Mauke Söhne.) à Heft * 15 Ngr. *
Das 14. Heft wurde von F. A. Cropp mit herausgegeben. — 1.—13. Heft. (Ebendas.) 1849—58. * 6 Thlr. 15 Ngr.

Schröder, Hans, Lexikon der hamburgischen Schriftsteller bis zur Gegenwart. Im Auftrage des Vereins für Hamburg. Geschichte ausgearb. Fortgesetzt von C. R. W. Klose. 19.—24. Heft oder 5. Bd. 3. und 4. Heft, und 6. Bd. 4 Hefte. gr. 8. (III, S. 337—656; 640 S.) Hamburg 868—73, (Mauke Söhne.) à Heft * ℳ 1,50. * 9 —

Schröder, Hans, Lexikon der hamburgischen Schriftsteller bis zur Gegenwart. Im Auftrage des Vereins für hamburg. Geschichte begründet. Fortgesetzt von A. H. Kellinghusen. 25.—28. Heft oder 7. Bd. gr. 8. (III, 640 S.) Hamburg 875—79, (Mauke Söhne.) à Heft * ℳ 1,50. * 6 —
1.—5. Bd. (à * ℳ 6.) à * ℳ 3.; 6. Bd. * ℳ 6. Ebendas. 1849—73.

Schröder, Hans, Lexikon der hamburgischen Schriftsteller bis zur Gegenwart. Im Auftrage des Vereins für hamburgische Geschichte begründet. Fortgesetzt von A. H. Kellinghusen. 26—29. Hft. [7. Bd. 2—4. (Schluss-) Hft. u. 8. Bd. 1. Hft.] gr. 8. (III u. S. 161—690 u. 100 S.) Hamburg 876—81. Mauke Söhne in Comm. à n. 1. 50

Schröder, Hans, Lexikon der hamburgischen Schriftsteller bis zur Gegenwart. Im Auftrage d. Vereins f. hamburg. Geschichte begründet. Fortgesetzt v. A. H. Kellinghusen. 30. (Schluss-) Hft. od. 8. Bd. 2. Hft. gr. 8. (III u. S. 161—258.) Hamburg 883. (Mauke Söhne.) n. — 75 (cplt.: n. 20. —)

—— Lexikon d. Schleswig-Holstein-Lauenburgischen u. Eutinischen Schriftsteller, s. Lübker, D. L.

Schröder, Hans, Nachträge und Register zu dem Lexikon der Schleswig-Holstein-Lauenburgischen Schriftsteller von 1796 bis 1828. Schleswig. 1831. (ſ. B. D. IV. 554).

Schröder, Hans: Lukrez und Thucydides. Eine Studie zum sechsten Buche des Lukrez. *Strassburg 1898: J. H. E. Heitz.* (36 S.) 8°
Strassburg, prot. G. MP 1898 (541)

Schröder, H., Johann Gottwerth Müller, Verfasser des Siegfried von Lindenberg, nach seinem Leben u. seinen Werken dargestellt. Nebst zwei Zugaben: I. Auswahl aus Briefen berühmter oder merkwürd. Männer an Müller. II. Müller als Knittelversdichter. 8. (9 B. u. 1 Tab.) Itzehoe 843. Hamburg, Niemeyer.

Schröder, *Friedrich Wilhelm* Hans [aus Stettin]: Ueber Nasenrachenfibrome ... Bonn, Druck v. J. F. Carthaus, 1891. 36 S., 1 Bl. 8.
Bonn, Med. Fak., Inaug.-Diss. v. [15.] Aug. 1891

Schroeder, Hans, Referendar: Die Rechtsbeziehungen zwischen dem Vermieter und dem Untermieter nach heutigem Rechte. Borna-Leipzig 1909: Noske. IX, 35 S. 8°
Leipzig, Jur. Diss. v. 25. Mai 1909
[Geb. 29. Mai 82 Nienburg a. S.; Wohnort: Erfurt; Staatsangeh.: Preußen u. Anhalt; Vorbildung: Gymn. Helmstedt Reife O. 01; Studium: Göttingen 2, Jena 1, München 1, Halle 6 S.; Rig. 28. April 09.] [U 09. 2680

— Versuch einer Geschichte des Münsterdorfischen Consistoriums im Herzogthum Holstein, so wie der 22 unter dasselbe gehörigen Kirchen und deren Prediger seit Einführung der Lutherischen Lehrverbesserung. 1—4. Lief. Altona. 1834—43. (Særtr. af Archiv für Staats- und Kirchengeschichte der Herzogthümer).

Schroeder, Harry, approb. Arzt aus Misburg i. Hann.: Aus d. psychiatr. u. Nervenklinik zu Kiel. Beitrag zur Lehre von der Thomsen'schen Krankheit. *Kiel 1903: Schmidt & Klaunig.* (19 S.) 8°
Kiel, Med. Diss. v. [2. Nov.] 1903

Ablautstudien. Von Heinrich **Schröder**. Heidelberg: Winter 1910. x, 108 S. 8°
(Schröder: Beiträge z. germanischen Sprach- u. Kulturgeschichte 2.)
(Germanische Bibliothek. Abt. 2, Bd 1, 2.) [10. 14456

Schröder, Heinr., die erste Anregung des Musiksinnes. Ein wohlgemeintes Wort an sorgsame Mütter und Kindergärtnerinnen. gr. 8. (44 S.) Weimar 873, Böhlau. * 1 —

Schroeder, Heinrich [app. Arzt aus Berge-Borbeck]: Beitrag zur Aetiologie und Statistik der Cholelithiasis ... Strassburg, Buchdr. C. Göller, 1892; 31 S., 1 Bl. 8.
Strassburg, Med. Fak., Inaug.-Diss. v. 1892

Freiwillige und unfreiwillige Beiträge zur Oberlehrerfrage von Gelehrten und Staatsmännern. Hrsg. von Heinrich **Schröder**. Kiel & Leipzig: Lipsius & Tischer 1900. (71 S.) 8° [F.] [03. 9003 B

— freiwillige u. unfreiwillige Beiträge zur Oberlehrerfrage v. Gelehrten u. Staatsmännern. Hrsg. v. Sch. 4., aufs neue verm. Aufl. gr. 8. (73 S.) Kiel 900. Lipsius & Tischer. n. 1. —

Beiträge zur germanischen Sprach- und Kulturgeschichte von Heinrich **Schröder**. 1. Heidelberg: C. Winter 1906. 8°
= **Bibliothek,** Germanische. Abt. 2, Bd 1. [06. 6980

Schröder, H., elf Briefe über die bürgerliche Freiheit. Als Beitrag zu der Frage der deutschen Gewerbe-Gesetzgebung. Mannheim 860. Löffler. (Segnitz.) gr. 8. (46 S.) n. 9 ngr.

Schröder, Heinr., das kleine Buch v. der Marine, s.: **Neudeck, Geo.**

Derselbe. 1. Die Bürgerschule in Preussen. S. 3—8. 2. Rede beim Schlussakt 1841. S. 9—17 des Jahresberichts. Mannheim, P 1842

Schröder, Heinrich, Hilfsarzt an der Großherzogl. Meckl. Landes-Irrenanstalt Sachsenberg: Zur Dauerheilung des Brustkrebses. Ergebnisse der in der Rostocker Chirurgischen Klinik 1875—1901 ausgeführten Operationen. Tübingen 1905: H. Laupp jr. (29 S.) 8° ¶ Aus: Beiträge zur klinischen Chirurgie Band XLV, Heft 3.
Rostock, Med. Fak., Ref. Müller, Ehrich, Diss. v. 15. Mai 1905
[Geb. 18. Apr. 80 Stargard i. M.; Wohnort: Rostock; Staatsangeh.: Meckl.-Schw.; Vorbildung: Gymn. Neubrandenburg Reife O. 99; Studium: Rostock 4, Tübingen 1, Berlin 1, Rostock 3 S.; Coll. 13. Febr. 04; Approb. 15. Jan. 05.]

Schröder, H[einrich]: Das D e i c h w e s e n in der Provinz Schleswig-Holstein. Deichgesetzliche Bestimmungen ... zsgest. Itzehoe. (1906.) 8°

Schröder, H., Dichtigkeitsmessungen. gr. 8. (15 S.) Heidelberg 874, Bassermann'sche Verlagsh. * — 40

Dr. Heinrich Schröder. **Dichtigkeitsmessungen fester Körper. 15 S. (in getrennter Beilage).** Mannheim, P 1873

Schröder, H., die Entwicklung der Naturwissenschaft als Ursprung und Quelle des Kulturfortschritts der neueren Zeit. Mannheim.
Schul-/Univ.-Schrift

Schröder H, an die Feuerversicherungs-Gesellschaften. Mannheim 1860

Schröder, Hnr., s. J. P. Flor, Rechenbuch.

Schroeder, Heinr., Der Schweriner Regierung Flucht in die Öffentlichkeit. Weiteres üb. höhere Schulen im dunkelsten Deutschland. 2. Aufl. Gelsenkirchen 1905. 8°. *[1. Aufl. 1905.]*

Der Schweriner Regierung Flucht in die Öffentlichkeit. Weiteres über 'höhere' Schulen im dunkelsten Deutschland. Von Dr. Heinrich **Schröder**. 2. Aufl. Gelsenkirchen: E. Kannengießer 1905. (88 S.) 8° [F.] [05. 3163

Schröder, Heinr., ausgleich. Gerechtigkeit, e. Pflicht d. Regierg. u. d. Volksvertretg. auch gegen d. Oberlehrer. Ein Wort in zwölfter Stunde. gr. 8. (32 S.) Kiel 897. Lipsius & Tischer. n. — 60

Zur Gleichstellung der höheren Beamten in Preußen insbesond. d. Philologen u. Juristen von Dr. Heinrich **Schröder**. Gelsenkirchen: E. Kannengießer 1907. (80 S.) 8° [F.] [07. 11743

Zur Gleichstellung der höheren Beamten in Preußen insbesond. d. Philologen u. Juristen von Dr. Heinrich **Schröder**. 2. Aufl. Gelsenkirchen: E. Kannengießer 1907. (80 S.) 8° [F.] [07. 11744

Zur Gleichstellung der höheren Beamten in Preußen, insbes. d. Philologen u. Juristen, von Dr. Heinrich **Schröder**. 3. Aufl. Kiel: R. Cordes 1907. (74 S.) 8° [F.] [08. 4089

Derselbe. **Grundriss und Beschreibung des Schulgebäudes. Jahresbericht S. 6 — 8. Mit 4 Tafeln.** Mannheim, P 1852

— **Justitia regnorum fundamentum.** Notgedrungene krit. u. antikrit. Beiträge zur Statistik des höheren Lehrerstandes in Preußen. 1.—4., durchges. Aufl. gr. 8. (à 80 S.)
Kiel & Lpz.: Lipsius & Tischer 1899.

Justitia regnorum fundamentum. Notgedrungene krit. u. antikrit. Beiträge z. Statistik d. höh. Lehrerstandes in Preußen. Von [Dr.] Heinrich **Schröder**, [Kiel]. 4. durchges. Aufl. Kiel & Leipzig: Lipsius & Tischer 1899. (80 S.) 8° [F. u. Ant.]
= (**Schröder**): Drei Schriften über d. Lage d. höh. Lehrerstandes. 3. [03. 9308

Im Kampf ums Recht. Ein Wort z. Verteidigung s. Person u. s. Schriften über d. Lage d. höh. Lehrerstandes gegen d. anonymen u. offenen Angriffe d. Herrn Geheimrats Lexis in Göttingen. Von Dr. Heinrich **Schröder**. Kiel & Leipzig: Lipsius & Tischer 1899. (81 S.) 8° [F.] [06. 10458

- Dass. 2.Aufl. Ebda.1899.
- Dass. 4.,durchges.Aufl. Ebda.1900.
- Dass. 5.,aufs neue durchges.Aufl. Ebda.1900.

— der höhere Lehrerstand in Preußen, seine Arbeit u. sein Lohn. Neue Untersuchgn. insbesondere üb. die Sterblichkeitsverhältnisse der höheren Lehrer. 1.—4., aufs neue durchges. Aufl. (1.—6. Taus.) gr. 8. (à IV, 94 S.) Ebd. 899. n. 1. —

Der höhere Lehrerstand in Preußen, s. Arbeit u. s. Lohn. Neue Untersuchungen insbes. über d. Sterblichkeitsverhältnisse d. höh. Lehrer. Von Dr. Heinrich **Schröder**, [Kiel]. 4. aufs neue durchges. Aufl. Kiel & Leipzig: Lipsius & Tischer 1899. (94 S.) 8° [F.]
= (**Schröder**): Drei Schriften über d. Lage d. höh. Lehrerstandes. 2. [03. 9098

Schröder, (Prof.) H., die Molecularvolume der chemischen Verbindungen im festen u. flüssigen Zustande. Lex.-8. Mannheim 843, Bassermann. 1 1/6 ₰

s.: Monatsschrift, germanisch-romanische.

Oberlehrer, Richter, Offiziere. Statist. Untersuchungen z. Lösung d. Gehaltaufbesserungsfrage. Von Dr. Heinrich **Schröder**, [Kiel]. 2. unter Benutzung d. neuesten, amtl. Materials bedeutend erw. Aufl. d. Schrift 'Oberlehrer u. Richter in Preußen'. Kiel & Leipzig: Lipsius & Tischer 1897. (71 S.) 8° [F.]
— (**Schröder**): Drei Schriften über d. Lage d. höh. Lehrerstandes. 1. [05. 918

[F.] Oberlehrer, Richter, Offiziere. Statistische Untersuchgn z. Lösg der Gehaltsaufbessergsfrage. Von Dr. Heinrich **Schröder** ... 3. unter bes. Berücks. der nichtstaatl. höheren Lehranstalten Preussens aufs neue erweit. Aufl. der Schrift 'Oberlehrer u. Richter in Preussen'. *Kiel & Leipzig: Lipsius & Tischer 1897.* (79 S.) 1 Bd 8. [97. 3368

— Oberlehrer u. Richter in Preußen. Statist. Untersuchgn. zur Lösg. der Gehaltsaufbesserungsfrage. gr. 8. (50 S.) Ebd. 896. n. 1.—

Schroeder, Heinrich, approb. Arzt: Die **Operationserfolge** bei angebornem Star. *Greifswald 1903: J. Abel.* (28 S.) 8°
Greifswald, Med. Diss. v. 10. Nov. 1903

Periculum in mora. Weiteres z. Oberlehrerfrage von Dr. Heinrich **Schröder**. *Schalke: E. Kannengiesser 1901.* (51 S.) 8° [Ant. u. F.] [01. 3461
- Dass. 3.Aufl. Ebda.1901.

Schröder, Heinrich, aus Mannheim: **1. 2-Pyronderivate** aus acetylierten Pyrazolinen. *Berlin (1902): G. Schade.* (53 S.) 8°
Berlin, Phil. Diss. v. 26. Febr. 1902

Schröder, Heinrich: Rede über Nationalökonomie. Mannheim 1864. 14 S.
Schul-/Univ.-Schrift

Derselbe. **Rede bei dem Schlussakt 1842. Jahresbericht 1843. S. 3—9.**
Mannheim, P 1843

Dr. Heinrich Schröder. **Rede beim Schlussakt 1850. Jahresbericht 1851. S. 3—12.**
Mannheim, P 1851

Rede beim Schlussakt 1857. Jahresbericht 1858. S. 1—12.
Mannheim, P 1858

Rede beim Schlussakt 1858. Jahresbericht 1859. S. 1—19
Mannheim, P 1859

Dr. Heinrich Schröder. **Rede beim Schlussakt 1859. Jahresbericht 1860. S. 1—11.**
Mannheim, P 1860

Dr. H. Schröder. **Rede beim Schlussakt 1862. Jahresbericht 1863. 10 S.**
Mannheim, P 1863

Schröder, H., das Salzregal und die Salzsteuer. Zweites Flugblatt des volkswirthschaftl. Vereines für Südwestdeutschland. 8. (32 S.) Mannheim 862, Löffler. *

Schlussrede bei der Preisverteilung 1863. Jahresbericht 1864. S. 3—15.
Mannheim, P 1864

Schlussrede bei der Preisverteilung 1866, und statistische Notizen in getrennter Beilage. 16 S. Mannheim, P 1867

Drei Schriften über die Lage des höheren Lehrerstandes in Preußen. Mit e. offenen Briefe den preuß. Hochschullehrern ganz ergebenst überreicht v. Verf. ([Dr.] Heinrich **Schröder**, [Kiel]). (1–3.) (Kiel & Leipzig: Lipsius & Tischer 1897–1899.) 3 Bde 8° [F.]
1 = Oberlehrer, Richter, Offiziere. 2. Aufl. 1897.
2 = Der höh. Lehrerstand in Preußen. 4. Aufl. 1899.
3 = Justitia regnorum fundamentum. 4. Aufl. 1899. [05. 918 8

Mecklenburgische 'höhere' Schulen. Ein Unkulturbild aus d. dunkelsten Deutschland von Dr. Heinrich **Schröder**, (Kiel). Gelsenkirchen: E. Kannengießer 1905. (30 S.) 8° [F.] [05. 931

Mecklenburgische 'höhere' Schulen. Ein Unkulturbild aus d. dunkelsten Deutschland von Dr. Heinrich **Schröder**. 3., mit e. Nachtrag versehene Ster.Aufl. Gelsenkirchen: E. Kannengießer 1905. (32 S.) 8° [F.] [05. 14040

Derselbe. **Schulordnung der höheren Bürgerschule in Mannheim. S. 3—10.**
Mannheim, P 1857

Schröder, H. (H.), die Siedhitze der chemischen Verbindungen als das wesentlichste Kennzeichen zur Ermittlung ihrer Componenten; nebst vollständ. Beweisen f. die Theorie der Molecularvolume der Flüssigkeiten. I. Thl., enthaltend: die Kohlenwasserstoffe u. Kohlenwasserstoffoxyde. Lex.-8. (9¼ B.) Mannheim 844, Bassermann. 1

Schröder, H[einrich]: Die Sortiments-Buchbinderei. Ratschläge f. Einrichtung u. Betrieb. T. 1/2. Berlin: Papier-Zeitung (1909). 8°
Aus: Paier-Zeitung.

Schröder, H: Die Sortiments-Buchbinderei. Berlin (1910?)

Schroeder, Heinrich, aus Laubenheim a. Rh.: Zur **Statolithentheorie** des Geotropismus. *Jena: G. Fischer 1904.* (20 S.) 8°
Bonn. Phil. Diss. v. 8. Febr. 1904

Streckformen. Ein Beitrag z. Lehre von d. Wortentstehung u. d. german. Wortbetonung von Heinrich **Schröder**. Heidelberg: C. Winter 1906. (XIX, 266 S.) 8°
— Schröder: Beiträge z. german. Sprach- u. Kulturgesch. Bd 1.
— **Bibliothek**, Germanische. Abt. 2, Bd 1, 1. [06. 6981

Derselbe. **Thesen zur Regelung der Verhältnisse der Bürgerschulen und Thesen über Lateinunterricht an Realschulen. S. 10—16.** Mannheim, P 1868

Schröder, H., über die Ursache von Ebbe und Flut, und einige bisher nicht beachtete wahrscheinliche Wirkungen derselben Ursache. gr. 8. (29 S. mit eingedr. Holzschn.) Mannheim 855, Bassermann'sche Vrlgsh.
Aus dem XXI. Jahresberichte des Vereins für Naturkunde zu Mannheim, besonders abgedruckt.

Schröder, Heinr., das Verhalten der Pupille im Tode, s.: Albrand, Walt.

Verzeichnis der Gesamtarmenverbände und deren Bestandteile im Geltungsbereich des Reichsgesetzes über den Unterstützungswohnsitz nebst e. Zusammenstellung d. Landarmenverbände. Auf Grund amtl. Materials bearb. von Stadtsekr. H[einrich] **Schroeder**, Tilsit. Tilsit: Reylaender 1910. 243 S. 8° [11. 14555 10

Schröder, Heinr., zur Waffen- u. Schiffskunde d. deutschen Mittelalters bis um das J. 1200. Eine kulturgeschichtl. Untersuchg. auf Grund der ältesten deutschen volkstüml. u. geistl. Dichtgn. gr. 8. (45 S.) Kiel 890. Lipsius & Tischer. n. 1.60
Kiel, Phil.Fak., Diss.v.23.Juni 1890.

— Ein Wort in zwölfter Stunde f. die Gleichstellg. der Philologen u. Juristen gegen die „Taktik" der Herren Mertens, Lortzing, Mellmann, Kannengiesser, Werner u. Genossen. (134 S.) 8. Kiel 907. R. Cordes. 1.20

Ein Wort in zwölfter Stunde für die Gleichstellung der Philologen und Juristen gegen die 'Taktik' der Herren Mertens, Lortzing, Mellmann, Kannengiesser, Werner u. Genossen. Von Dr. Heinrich **Schröder**. 2. Aufl. Kiel: R. Cordes 1907. (134 S.) 8° [08. 4090

Dr. Heinrich Schröder. **Chronologische Zusammenstellung der Gesetze und Verordnungen in Sachen der badischen Realgymnasien. 64 S. in getrennter Beilage.**
Mannheim, P 1871

Dr. Heinrich Schröder. **Über Zweck und Bestimmung der höheren Bürgerschulen und ihr Verhältnis zum Lyceum und der polytechnischen Schule. Programm S. 1—18.**
Mannheim, P 1841

Schroeder, Heinrich Eilhard (Lübeck) A. S. 270/26

De acceptilatione iuridica ad sacram redemtionis humanae doctrinam variis modis applicata dissertatio.
Präs. Jakob Wilhelm Feuerlein.
Göttingen (Schulz) 27. III. 1752. 55 S.

Gew.: Daniel Haecks, Franz Bernhard Rodde.
W. v.: Präs. 31474

Schroeder, Heinrich Ernst (Wernigerode) F. zf:24

Dissertatio inauguralis medica de retrocessione morbosa. (Präs. Heinrich Friedrich Delius). Erlangen (Walther) (15.)III. 1777. 32 S.

W. v.: Präs., Jakob Friedrich Isenflamm, Johann Christ. Daniel Schreber. 31475

Schröder, Heinr. Ernst, de retrocessione morbosa. 4. Erlang. Breuning. 777.

Schröder, Hnr. Er., de retrocessione morbosa. 4. Erlang. 777. (Heyder). 4 ℊ

Schröder, Heinrich Hans Martin: Itzehoensia. Gedichte zur Geschichte der Stadt Itzehoe. 2. Aufl. Itzehoe. (1892.) 8°

Schröder, H., Itzehoensia. Gedichte zur Geschichte der Stadt Itzehoe. 2., verm. Aufl. 16. (VII, 62 S.) Itzehoe 893. A. Nusser's Sort. Geb. in Leinw. n. 1.50

Schroeder, Heinrich Julius (Braunschweig) Misc. 180°/14

Dissertatio historica de augustae domus Brunsvigio-Luneburgensis meritis in rem literariam. Präs. Heinrich Johann Bytemeister. Helmstedt (Schnorr) 22. XII. 1725. 22 S.

Gew.: Dem kurfürstl. Regierungskollegium in Hannover.
W. v.: Polykarp Leyser. 31476

Schröder, Heinr. Petr., Disputatio philologica inauguralis, cont. quaestiones Isocrateas duas. gr. 8. (VIII und 103 S.) Utrecht 859, Kemink und Sohn. *

Schröder, H. P., Quaestiones Isokrateae duae. Diss. 1859. 201 S. 3.—

Schröder, Heinrich Wilhelm

SCHROEDER, HENR. GUIL., De conversione liberae Romanorum reipublicae in monarchiam diss. Kilonii. 1708. 4. [Praes. Jo. Burch. Maius].

Schröder, Helmuth, as'te de Garv givt. Plattdütsche Dichtes vor Lütt un Grot. 8. (224 S.) Güstrow 880, (Opitz und Comp.) *

Bi Kräuger Bolts. Van Helmuth **Schröder**. *Leipzig: O. Lenz [um 1903]*. (159 S.) 8° [F.]
— **Schröder**: Ut Mekelbörger Buerhüser. 1. [04. 4631

Ut Mekelbörger Buerhüser. Van Helmuth **Schröder**. 1. *Leipzig: O. Lenz [um 1903]*. 8° [F.] [04. 4630

Schröder, Helmuth, ut mekelbörger Buerhüser. I u. II. 8. Leipzig, O. Lenz. à n. 2.—; geb. à n. 3.—
I. Bi Kräuger Bolts. (159 S.) (901.)
II. Holzen Rike. En Vertellen ut de föftiger Johren int vörrig Johrhunnert. (176 S.) (905.)

— Ut Mekelbörger Buerhüser. III. Veer Vertellen. (VII, 175 S. m. Bildnis.) kl. 8. Leipzig (907). O. Lenz. 2.—; geb. 3.—

Ut minen lütten Gorden. Plattdütsche Lyrik van Helmuth **Schröder**. Ribnitz i. M.: Sülfstverl. 1909. 240 S. 8° [10. 2617 9

Holzen Rike. En Vertellen ut de föftiger Johren int vörrig Johrhunnert van Helmuth **Schröder**. Leipzig: O. Lenz [1905]. (176 S.) 8° [F.]
— **Schröder**: Ut Mekelbörger Buerhüser. 2. [05. 1690

Plattdütsche Kräns' un Strüz' van H[elmuth] **Schröder**-Völksbagen. Güstrow: Opitz & Co. in Komm. 1899. (90 S.) 8° [F.] [07. 17394 9

Veer Vertellen van Helmuth **Schröder**. Leipzig: O. Lenz [1907]. (175 S.) 8° [F.]
— **Schröder**: Ut Mekelbörger Buerhüser. 3. [07. 6303 9

Schröder, Henry

Marine und Süsswasser-Ablagerungen im Diluvium von Uetersen-Schulau. Vorläufige Mitteilung v. H. Schroeder und J. Stoller. Sonderabdruck a. d. Jahrbuch d. K. Pr. Geol. Landesanstalt für 1905. Bd. 26, H. 1. Berlin. 1905. 4°

Schröder, H., Beiträge zur Kenntniss der in ost- u. westpreussischen Diluvialgeschieben gefundenen Silurcephalopoden. Mit 3 (lith.) Taf. [Aus: „Schriften der physik.-oek. Gesellsch. zu Königsberg".] gr. 4. (43 S.) Königsberg 881. (Berlin, Friedländer & Sohn.) n. 2.40

— dasselbe. [Fortsetzung.] gr. 4. (20 S.) Ebend. 882. n. — 75

Schroeder, H., marine Fossilien in Verbindung m. permischem Glazialkonglomerat in Deutsch-Südwestafrika. (Briefliche Mitteilg.) (S. 694—697.) Lex. 8. Berlin (N. 4, Invalidenstr. 44) 908. Vertriebsstelle der kgl. geolog. Landesanstalt. nn — 30
Sonderabdr. aus: „Jahrb. d. kgl. preuss. geol. Landesanstalt".

Geologie und Paläontologie der subhercynen Kreidemulde. Von Henry **Schroeder** u. Johannes Boehm, Berlin. Mit 16 Taf. Berlin: Geol. Landesanst. 1909. 64 S. 8°
(Abhandlungen d. Kgl. Preuß. Geol. Landesanstalt. N. F. H. 56.) [10. 0135

Schroeder, Henry, senone Kreidegeschiebe der Provinzen Ost- und Westpreussen. Inaugural-Dissertation. gr. 8. (45 S.) Berlin 882. (Königsberg, Beyer's Verlag.) * 1 —
Aus: Zeitschrift der Deutschen geologischen Gesellschaft, besonders abgedruckt.

— üb. einige Makrolepidopteren aus der Umgegend v. Schwerin. [Aus: „Archiv d. Freunde d. Naturgeschichte in Meckl."] gr. 8. (12 S.) Güstrow 893. (Opitz & Co.) n. — 20

Schröder, Henry, Revision der Mosbacher Säugethierfauna. [Aus: „Jahrbb. des nass. Vereins für Naturkde."] gr. 8. (S. 211—230.) Wiesbaden 898. J. F. Bergmann. n. — 60

Schröder, H., neue u. seltene Schmetterlinge der mecklenburgischen Fauna. (S. 151—165.) 8. Güstrow (904). (Opitz & Co.) n. — 20
Sonderabdruck aus: „Archiv d. Ver. d. Freunde d. Naturgesch. in Meckl."

Diluviale marine und Süsswasser-Schichten bei Ütersen-Schulau v. H. Schroeder und J. Stoller. ⟨Hierzu Taf. 13—15.⟩ Sonderabdruck a. d. Jahrbuch d. K. Pr. Geol. Landesanstalt für 1906. Bd. 27. H. 3. Berlin. 1907. 4°

Schröder, H., Untersuchungen üb. silurische Cephalopoden, s.: Abhandlungen, paläontologische.

Die Wirbelthier-Fauna des Mosbacher Sandes. Von H[enry] **Schroeder**. 1. *Berlin: Kgl. Geol. Landesanst. 1903.* 4°(8°)
= Abhandlungen d. k. Preuß. geol. Landesanstalt. N. F. H. 18. [03. 13336

Schröder, Herbert: Gerbersysteme als Raumfachwerke. Diss. Braunschweig. Berlin 1910

Anleitung und Uebungen zum Partiturspiel mit zwei Instrumentations-Tabellen als Anh. von Hermann **Schröder**. Berlin-Gr. Lichterfelde: Ch. F. Vieweg [1906]. (49 S.) 4° [07. 12473

Schroeder, Hermann: J.-J. Rousseau's Brief über die Schauspiele. Berlin, R. Gaertner, 1894; 16 S. 4.
Berlin, Erste R, OP 1894 (110)

Schröder, Hermann: Vorübergehende Cerebralerscheinungen bei chronischer Bleivergiftung ... Berlin: Buchdr. v. Gustav Schade (Otto Francke) (1890). 29 + 1 S. + 1 Bl. 8°
Berlin, Med. Fak., Inaug.-Diss. v. 25. Jul. 1890

Schröder, Hermann, aus Verden a. Aller: **Die künstliche Deformation des Gebisses.** *Berlin 1898: A. Klartmann.* (123 S.) 8°
Erlangen, Phil. Diss. v. 13. Jan. 1898

Die künstliche Deformation des Gebisses. Eine zahnärztl.-ethnolog. Studie von Dr. Hermann **Schröder**, Privatd., Greifswald. Mit 23 Bild. u. 3 Taf. Greifswald: J. Abel 1906. (116 S.) 4° (06. 9937 9

Schröder, Herm., die künstliche Deformation des Gebisses. Jetzt: Berlin, Berlinische Verlagsanstalt.

Schroeder, Hermann, über Entzündung der Ohrspeicheldrüse nach Ovariotomie. Diss. Geifswald 1885, Jul. Bindewald. 8°. 42 S.

—— die Farbstoffe, s. Schützenberger, P.

Schröder, Hermann (Mainz)
Die Haftpflicht der Eisenbahnen aus dem Frachtgeschäfte nach dem allgemeinen deutschen Handels-Gesetzbuche und dem Betriebsreglement für die Eisenbahnen Deutschlands mit besonderer Berücksichtigung der Rechtssprechung des Reichsoberhandelsgerichts.
Mainz: Dietzel 1880. 49 S.
Diss. jur. Giessen 16.12.1880. vorh. 26. la. 11.

Schröder, Hermann, aus d. Prov. Pommern: **Über Haut- und Schleimhaut-Diphtherie.** *Greifswald 1899: H. Adler.* (42 S.) 8°
Greifswald, Med. Diss. v. 16. März 1899

Der Induktionsstrom als Diagnostikum in der zahnärztlichen Praxis von Prof. Dr. H[ermann] **Schröder** in Berlin. Mit 3 Textabb. u. 2 Taf. Leipzig: G. Thieme 1907. (33 S.) 4°(8°)
— **Zahnheilkunde**, Deutsche, in Vorträgen. H. 2. (07. 17811

Instrumentationslehre. Selbst-Unterrichts-Briefe, Methode Rustin. Bearb. von Prof. Hermann **Schröder** u. Hofkapellm. Alfred Thienemann. Hrsg. vom Rustinschen Lehrinst. f. briefl. Unterricht. Red. von Prof. Carl Ilzig. 3. Aufl. (In 8 Lfg.) Potsdam & Leipzig: Bonneß & Hachfeld [1909–10]. 256 S. 4°(8°)
(Das Konservatorium. Schule d. gesamt. Musiktheorie. Lfg. 8. 15. 25. 44. 47. 51. 52. 54.) (11. 11395

Kompendium der Ohrenheilkunde f. Ärzte u. Studierende. Von Dr. H[ermann] Schroeder, Ohrenarzt. M. 20 Abb. im Text. *Breslau: Preuss & Jünger 1896.* (VII, 150 S., 1 Bl.) 1 Bd 8. (96. 1314

Schröder, Herm. Die Kunst d. Violinspiels. Ein encyklopäd. Handbuch f. jeden Violinisten, insbesondere f. Lehrer u. Lernende. Lex.-8. (VI, 96 S. m. Abbildgn. u. 1 Tab.) Köln 887. (Lpz.-Reudnitz, Rühle.) • 1 —

Schröder, Herm., die Kunst des Violinspiels. Ein encyklopäd. Handbuch f. jeden Violinisten, insbesondere f. Lehrer u. Lernende. 11.—12. Taus. (IV, 96 S. m. 3 Abbildgn. u. 1 Tab.) Lex.-8. Leipzig 902. C. Rühle. n. 1. —; geb. n. 1. 60

Bismarck's Lieblingsblume. Ein volkstüml. Lied f. eine Singstimme mit Klav. comp. von Hermann **Schröder**. Op. 26. Orig.-Ausg. f. hohe Stimme. *Berlin: Freie Musikal. Vereinig. [1898].* (3 S.) 4° (00. 6331

Schroeder, Hermann (Hakenborn) A. S. 1199/11

Dissertatio medica inauguralis de medico nimis timido. Präs. Lorenz Heister.
Helmstedt (Schnorr) 23. VI. 1733. 32 S. 31477

Naturharmonien. Eine Abhandlung über Kombinationstöne u. ihre Verstärkung durch d. Violin-Vibrator sowie über ihre Wirkung auf Harmonie u. Tonfärbung mit e. prakt. Teile als Anh.: Zweistimm. Melodien f. d. Violine mit Vibrator von Hermann **Schröder**. Berlin-Gr. Lichterfelde: Ch. F. Vieweg & Sohn [1906]. (30, 11 S.) 4° (07. 1937

Schroeder, Hermann [app. Tierarzt aus Cottbus]: **Der Stoffwechsel der Kaninchen bei akuter Quecksilbervergiftung ... Würzburg, Becker's Univ.-Buchdr., 1893; 33 S. 8.**
Würzburg, Med. Fak., Inaug.-Diss. v. 1893

Ton und Farbe. System e. Charakteristik d. Töne u. d. Tonarten übertr. auf d. Gebiet d. Farben u. eine hieraus entstehende neue Farbenharmonie mit 7 Farbentaf. von Hermann **Schröder**. Berlin-Gr. Lichterfelde: Ch. F. Vieweg [1906]. (20 S.) 4° (07. 1938

Die symmetrische Umkehrung in der Musik. Ein Beitrag z. Harmonie- u. Kompositionslehre mit Hinweis auf die hier technisch notwendige Wiedereinführung antiker Tonarten im Style moderner Harmonik von Hermann **Schröder** [Prof., Musikalienhändler, Berlin]. *Leipzig: Breitkopf & Härtel 1902.* (128 S.) 8°
= Publikationen d. Internat. Musikgesellschaft. Beiheft 8. (02. 6818

Schröder, Herm. Untersuchungen üb. die sympathetischen Klänge der Geigeninstrumente u. e. hieraus folgende Theorie der Wirkg. d. Bogens auf die Saiten. gr. 8. (35 S.) Lpz.-Reudnitz 891, Rühle. * 1 20

Schroeder, Hermann, Rechtsanwalt in Potsdam: Die Voraussetzungen für die Anordnung der Nachlaßverwaltung. Borna-Leipzig 1908: R. Noske. (VIII, 44 S.) 8° [K.]
Rostock, Jur. Fak., Ref. Bernhöft, Diss. v. 30. Juli 1908
[Geb. 25. Nov. 81 Berlin; Wohnort: Potsdam; Staatsangeh.: Preußen; Vorbildung: Wilhelms-Gymn. Berlin Reife O. 00; Studium: Kiel 3, Berlin 1, München 1, Kiel 1 S.; Rig. 6. Juni 08.]

Schröder, Hermann Wilhelm

SCHROEDER, HERM. GUILL., Exanthemata arteficialia. Diss. inaug. Kiel. 1840. P.

SCHRÖDER, Hugo (Brückenau): Zur Antiseptik auf dem Schlachtfelde.- München: Wolf 1882. 33 S.
24.10.1882 - Urk (Titel: De methodo antiseptica in campus pugnarum adhibenda.); Chr 1882/83,17
Diss.Ingolst.-Landsh.-Mchn.

Schroeder, Hugo [pr. Arzt]: **Aus d. chirurg. Klinik zu Breslau. Beitrag zur Diagnose und Therapie der Pankreascysten ... Breslau, Druck v. O. Gutsmann, 1892; 48 S., 1 Bl. 8.**
Breslau, Med. Fak., Inaug.-Diss. v. 12. Jan. 1892

Schroeder, Hugo. Die Elemente der photographischen Optik. Enth. e. gemeinverständl. Darstellg. der Einrichtg. photograph. Linsensysteme sowie Angabe üb. Prüfg. derselben. Zugleich als Ergänzungsbd. zu Vogel's Handbuch der Photographie. 4. Aufl. gr. 8. (X, 220 S. m. 85 Textfig.) Berl. 891, Oppenheim. * 6 —
Vgl.: Vogel, H. W. Handbuch der Photographie.

Schroeder, Hugo: Ein Fall von primärem Krebs der Lunge. Heidelberg 1902: Moriell. (16 S.) 8°
Kiel, Med. Diss. v. [23. Okt.] 1902

Schroeder, H. Die Gendarmerie in Bayern. Mit 1 Unif.-Taf. u. 1 Plän. Augsburg 1900. 132 S.

Schröder, Hugo: Die Herrschaftsgebiete im heutigen Reg.-Bez. Schwaben u. Neuburg ..., s. Schröder, Alfred.

Schröder, J., Aufgaben f. den Unterricht in d. analyt. Geometrie der Ebene an höh. Schulen. (IV, 49 S. m. 2 Taf.) 8. Leipzig 910. B. G. Teubner. Geb. 1. 40

Schröder, J., v. d. letzten Dingen d. Menschen, s.: Dionysius d. Kartäuser.

Schröder, J.: Zur Gedenkfeier der Schlacht bei Hemmingstedt (17. Februar 1500) Itzehoe. 1900. 8°

—— und F. G. Honcamp, Bernh. Heinr. Honcamp, s. Honcamp, F. G.

Schröder J., (Polytechnisches Arbeitsinstitut in Darmstadt), illustrierter Katalog für Unterrichtsmodelle und Apparate. Darmstadt 1885

Schröder, J., Leben d. heil. Franziskus Solanus, d. Apostels v. Südamerika. Ein Büchlein zur Belehrg. u. Erbaug. gr. 8. (VIII, 182 S.) Regensburg 876. Manz. 2. —

Schröder, J., üb. die organische Leistung d. Kalium in der Pflanze. s.: Nobbe, F.

Schröder, J., Musterblätter über Bauschreiner- u. Zimmermanns-Arbeiten nebst zugehörendem Werkzeuge, Maschinen ꝛc. u. deren Anwendung. Zum Gebrauch für Architekten, Bauhandwerker und technische Anstalten mit erläuterndem Texte. 1.—3. Heft. Imp.-4. (Mit 12 Steindrucktafeln.) Darmstadt 844, 45, Frommann. à n. 5/6 ℛ

— Preisliste von Modellen. (Darmstadt 1854)

Schröder, J. Polytechnisches Arbeits-Institut Darmstadt, Preisliste für Unterrichts-Modelle und Apparate. 1895.

Schröder, J., Rechenbuch für Elementarschulen. 3 Hefte. 8. Soest 859. 60, Nasse'sche Verlagsbuchh. * —

Inhalt:
Heft 1. (IV und 51 S.) * 2½ Ngr.
- 2. (74 S. mit eingedr. Holzschn.) * 3 Ngr.
- 3. Auflösungen nebst praktischen Winken. (112 S.) * 8 Ngr.

Schröder, J., Civilprozeßordnung und Einführungsgesetz zur Civilprozeßordnung vom 30. Jan. 1877. Randtitel-Ausg. mit vollständ. Quellen- und Sachregister. gr. 8. (VIII, 295 S.) Augsburg 882, Schmid'sche Verlagsh. 3 —

Schröder, J. A. W., kleine holländ. Sprachlehre, besond. z. Gebrauch f. die deutschen Landschulen im Departement Ost-friesland (nach Weilands nederduitscher Spraakkunst bearb.). 8. Oldenb. 811. Schulze. 6 ggl.

— holländ.-deutsches Wörterbuch, s. J. G. A. Kirchhof.

Schröder, J. E., Trostgründe in mancherley Anliegen ꝛc. 8. Frankf. Bödner. 750.

Schroederi, J. C., Notarum et animadversionum in Senecae tragoedias vindiciae a distortionibus et calumniis alicujus ex editorum. Actor. erud. Lips. Delphis 730. 4.

Schröder, J. D., theoretisch-practischer Leitfaden zum Selbst-unterricht im Schön- u. Schnellschreiben. (25 lith. Blatter u. 8 Blätt. Text.) qu. ½ gr. 4. Hamburg 840. Berendsohn. 1 ℛ

Schröder, J. D., Leitfaden zum Unterrichte im Schön- und Schnellschreiben. 2., umgearb. Aufl. qu. 4. (4 S. Text und 24 lithogr. Bl.) Hamburg 847, Kittler.

Schröder, J. D., neue hamburger Vorschriften zum Schönschreiben für Schulen u. z. Selbstunterr. Eine Fortsetzung des theoretisch-prakt. Leitfadens z. Selbstunterricht im Schön- u. Schnellschreiben. qu. 4. (12 lith. Bl. u. ½ B. Text.) Hamburg 844, (Heroldsche Buchh.) * —

Schröder, J. F. L., Disputatio qua Socratis sententia de physicae disciplinae studio exponitur. S.-A. 1819. 71 S. 4°. 1.20

Schröder, J. F. L., Elementa matheseos purae. — Ps. I. Prolegomena de matheseos ratione, partibus atque methodo; quibus addita sunt praecepta nonnulla logica in us. eorum, qui matheseos studium cum logices et litterar. humanior. studio conjungunt. 8 maj. (35½ B.) Trajecti ad Rhen. 831, Altheer. (Lipsiae, Fr. Fleischer; Weigel.)

—— id. Ps. II. — E. s. t.: Elementor. arithmeticae purae. Vol. I. 8 maj. (89¼ B. u. 6 Tab. ½ qu. Fol.) Ibid. 834.

Schroeder, J. Fr., De olfactu diss. duae. Regiom. 4°. 1744

Schröder, J. G., der Apologist, oder: Der neue Apostel: Liebe, Glaube und Wahrheit. (Briefe aus dem Leben.) Ein Erbauungsbuch für jeden Christen. 1—3. Lfg. 8. (S. 1—96.) Dresden 856, Breyer. à Lfg. 2 Ngr.

Schröder, J. G., der Apologist, oder: der neue Apostel: Liebe, Glaube und Wahrheit. (Briefe aus dem Leben.) Ein Erbauungsbuch für jeden Christen. 4. und 5. Lfg. (Schluß.) 8. (S. 97—142.) Dresden 857, Breyer. à Lfg. 2 Ngr. Thlr.
1—3. Lfg. Ebendas. 1856. 6 Ngr.

—— Tugendpfad. Gute Lebensregeln für Jedermann wünschend dargebracht zum neuen J. 1860, allen Freunden der Wahrheit gewidmet. gr. 16. (IX und 116 S.) Schönebeck 860, (Berger.) *

Schröder, J. H., üb. die Entdeckungsreisen d. Skandinavier, s. Skandinavia.

Schröder, J. H., merkwürdige Reise nach Ostindien und versch. oriental. Inseln, od. d. Seefahrer. 8. Gotha, Mevius. 749.

Schröder, J. H. Reise nach Ostindien u. verschied. Oriental. Inseln, dar. Erzähl. des 1740 auf Java v. d. Chinesen erregten Aufstandes. 8. Leipzig 1749

Schroeder, J. Herm., Untersuchungen üb. das Blutgefäss-System d. äusseren Ohres. Diss. gr. 8. (31 S. m. 1 farb. Taf.) Jena 892. (H. Pohle.) n.n. 1.50

Schröder, J. W. L., s. W. Voigt, Predigten.

Jacob Schröder's Compendiöse in Tabellen vorgestellte Gold- und Silber-Rechnung. Hamb. 12. 1 Alph. 14 B. 8. 1788.

Schröder, Jak., compendiöse in Tabellen vorgestellte Silber- u. Goldrechnung. 12. Hamb. 801. Nestler. 3 ℛ Hbg. Pr. 2 ℛ

Schröder, Ida, Fräulein Doktor. (312 S.) kl. 8. Stuttgart 906. D. Gundert. Geb. in Leinw. n. 2.40

Schröder, Ida, der Welt Lohn. Eins ist not, s.: Sonntagsbibliothek. Nr. 20.

Schroeder, Joachim Heinrich (Rostock) A. S. 589/9a

Dissertatio inauguralis de iuribus ex statu militari Germanorum pendentibus. Präs. Georg Ludwig Boehmer.
Göttingen (Vandenhoeck) 2. IV. 1749. 152 S.

Gew.: Christian Adam Christoph von Müller.

31479

Schroeder, Joachim Heinrich (Rostock) A. S. 54/16

De iuribus ex statu militari Germanorum pendentibus, dissertatio. Präs. Georg Ludwig Boehmer. Ed. 2. rec.
Göttingen (Schmidt) 1750. 136 S.

Diss. 2. IV. 1749. 31480

Schröder, Joahnnes von: Der Brüggemann'sche Altar in der Domkirche zu Schleswig. Nach der Erklärung des Professors Hoyen. Schleswig. 1873. 8°

Dorf und Schloß Auerbach an der Bergstraße. Ein hist. Versuch. Zugl. als Führer durch d. Schloßruine. Mit e. Anh. u. 1 Bilde. Hrsg. von Johannes Schröder. Stuttgart: Strecker & Schröder 1905. (105 S.) 8° [F.] [05. 8105

Schroeder, Joh. (geb. Bodeleld in Westf. 22. 6. 1848): Die Behandlung oberflächlicher frischer Dammrisse durch Serres fines. Berlin (1874). (30 S.) 8°
Berlin, Med. Diss. v. 1. Aug. 1874

Schröder, Johannes [app. Arzt aus Hamburg]: Beitrag zur Casuistik des „Coloboma palpebrae congenitum“ ... Freiburg i. B., Universitätsbuchdr. v. Ch. Lehmann, 1893; 29 S., 1 Taf. 8.
Freiburg i. B., Med. Fak., Inaug.-Diss. v. 1893

Schröder, Johs., Beitrag zur Methodik des naturkundlichen Unterrichts. Zugleich e. Begleitwort zu des Verf. „Grundriß der Naturkunde“. (16 S.) 8. Güstrow 903. Opitz & Co. n. — 30

Schröder, Johannes: Beiträge zur Anwendung des graphischen Verfahrens im mathematischen Unterricht. Hamburg (1909): Schröder & Jeve. 38 S. 8°
Hamburg, OR vor d. Holstentore OP 1909 (983) [S 09. 417

Schröder, Johs. v., Darstellungen von Schlössern und Herrenhäusern der Herzogthümer Schleswig, Holstein und Lauenburg, vorzugsweise aus dem 15. u. 16. Jahrhundert. Hamburg 862. (Perthes-Besser &) Mauke. 4. (VII, 156 S. u. 46 Lithogr.) n. 6 ₰

Schröder, Johannes, a. Miltzow, Referendar in Berlin: Der Eintritt eines Gesellschafters in die offene Handelsgesellschaft. Borna-Leipzig 1906: R. Noske. (VIII, 31 S.) 8°
Erlangen, Jur. Fak., Ref. Sehling, Diss. v. 4. Okt. 1906
[Geb. 15. Febr. 81 Miltzow; Wohnort: Berlin; Staatsangeh.: Preußen; Vorbildung: Wilhelms-Gymn. Berlin Reife M. 00; Studium: Berlin 3, München 1, Berlin 2 S.; Rig. 5. Mai 05.]

Sohroeder, Iohannes [Silesivs]: De fragmentis Amphitrvonis Plavtinae (particvla prior). (Typis Breitkopfii & Haertelii Lipsiensium.) Argentorati, 1879. 8. 36 S.

Schröder, Johs. Der Fund am Grundensee. Eine Erzählg. aus dem niederlausitzer Dorfleben f. das deutsche Christenvolk. 8. (196 S.) Halle a. S. 892, Fricke's Verlag. * 2 —; geb. * 2 60

Schröder, Johannes von: Geschichte und Beschreibung der Stadt Schleswig. Mit einem Panorama, die Ansicht der Stadt von dem Mevenberge darstellend. Schleswig. 1827. 8°

Schröder, Johs., Brandenburgisch-preußische Geschichte nach Maßgabe der allgemeinen Bestimmgn. u. der jüngsten Erlasse. 2. Aufl. gr. 8. (VI, 124 S.) Paderb. 891, Heydeck. cart. * 1 —

Schröder, Johs., brandenburgisch-preußische Geschichte nach Maßgabe der Allgemeinen Bestimmungen u. der jüngsten Erlasse. 4. Aufl. gr. 8. (IV, 128 S.) Paderborn 894. F. Schöningh. Kart. n. 1. —

[F.] Brandenburgisch-preussische Geschichte nach Massgabe d. Allgem. Bestimmgn u. d. jüngsten Erlasse v. J[oh.] **Schröder,** Seminar-Oberl. 6., verb. Aufl. *Paderborn: F. Schöningh 1897.* (IV, 132 S.) 1 Bd 8. [98. 1443

Schröder, J., brandenburgisch-preußische Geschichte nach Maßgabe der Allgemeinen Bestimmgn. u. der jüngsten Erlasse. 8. Aufl. Mit 1 (farb.) Karte des brandenburgisch-preuß. Staates. gr. 8. (IV, 131 S.) Paderborn 900. F. Schöningh. Geb. in Leinw. n. 1. 40

Brandenburgisch-preussische Geschichte von J[ohannes] **Schröder.** 9. Aufl. Mit 1 Karte d. brandenb.-preuss. Staates. Paderborn: F. Schöningh 1904. (IV, 133 S.) 8° [F.] [07. 13631 6

Schröder's, J., brandenburg.-preußische Geschichte. 10., bedeut. verm. Aufl. Besorgt v. J. Schmitz. Mit 1 Karte d. brandenburg.-preuß. Staates. (IV, 181 S.) 8. Paderborn 907. F. Schöningh. Geb. 1. 80

Schröder, Johannes von: Grundriss der Stadt Itzehoe. (1:4700.) o. O. 1848. Farbendruck. 1 Bl. Fol., 49/64 cm.

Schröder, Johs., Grundriß der Naturkunde f. Volksschulen. 8. (137 S.) Güstrow 903. Opitz & Co. Kart. n. — 80

— Grundriß der Naturkunde f. Volksschulen. 2. Aufl. (137 S.) 8. Ebd. 904. Kart. n. — 80

Schröder, Johs., Grundriß der Naturkunde f. Volksschulen. 3. Aufl. (VI, 162 S. m. 76 Abbildgn.) 8. Berlin 908. P. Parey. Kart. 1. —

Schröder, Johs., prakt. Handbuch f. Kauf, Bebauung, Beleihung, Vermietung etc. v. Grundstücken. In gemeinverständl. Weise nach der einschläg. Gesetzgebg., Rechtsprechg., den vorgeschriebenen Formalitäten u. der geschäftl. Gepflogenheit zusammengestellt, erläutert u. hrsg. (92 S.) gr. 8. Münster 908. G. W. Visarius. 2. 50

Schröder, Johs., Handel u. Mission, f.: Flugschriften der hanseatisch-oldenburgischen Missions-Konferenz.

Schröder, J[oh.]: Hilfsbuch zum Katholischen Katechismus, zunächst f. d. Bistum Paderborn. T. 1–3. Paderborn: Jungfermann. 1900–01. 8°

— Hilfsbuch zum katholischen Katechismus, zunächst f. das Bist. Paderborn. 3 Tle. gr. 8. Paderborn, Junfermann. n. 6. 80; Einbde. in Leinw. à n. — 50
1. 2. verm. Aufl. (VIII, 285 S.) 902. n. 2. 60
2. 2. verm. Aufl. (III, 200 S.) 902. n. 2. —
3. (III, 224 S.) 901. n. 2. 20

Hilfsbuch zum Katholischen Katechismus, zunächst für das Bistum Paderborn, von J[ohannes] **Schröder.** 2. verm. Aufl. T. 1–3. *Paderborn: Junfermann 1902–03.* 3 Bde 8° [F.]
1. 2. 1902. 3. 1903. [04. 11378

— Hilfsbuch zum katholischen Katechismus, zunächst f. das Bist. Paderborn. 3 Tle. 8. Paderborn, Junfermann. n. 6. 86; geb. n.n. 8. 35; in 1 Halbleinw.-Bd. n. 7. 85
I. 3. Aufl., besorgt v. J. Gründer. (VIII, 205 S.) 905. n. 2. 60; geb. n. 3. 10
II. 3. Aufl. (III, 200 S.) 905. n. 2. —; geb. n.n. 2. 50
III. 2. verm. u. 3. Aufl. (IV, 232 S.) 903. 905. n. 2. 25; geb. n. 2. 75

Hilfsbuch zum Katholischen Katechismus, zunächst f. d. Bistum Paderborn, von J[ohannes] **Schröder,** Sem.Dir. 3. Aufl. besorgt von J. Gründer, Sem.Dir. T. 1–3. Paderborn: Junfermann 1905. 3 Bde 8° [F.] [06. 3766

Schröder's Hilfsbuch zum katholischen Katechismus, zunächst f. das Bist. Paderborn. I. Tl., neu bearb. v. J. Gründer. 4., vollständig umgearb. Aufl. (XII, 444 S.) 8. Paderborn 909. Junfermann. 4.—; geb. 4. 60

[F.] Hilfsbüchlein zum kleinen Katechismus zunächst der Diöcese Paderborn. Von J[ohannes] **Schröder** ... *Paderborn: Junfermann 1897.* (VIII, 228 S.) 1 Bd 8. [97. 7043

— Hilfsbüchlein zum kleinen Katechismus, zunächst der Diöcese Paderborn. 2., unter Berücksicht. der „Gebete u. Lehrstücke“ verm. u. verb. Aufl. 8. (XI, 252 S.) Ebd. 900. n. 2. 25; geb. in Leinw. n. 2. 75

Hilfsbüchlein zum kleinen Katechismus, zunächst d. Diöcese Paderborn, von J[ohannes] **Schröder,** Sem.Dir. 3. verb. Aufl. *Paderborn: Junfermann 1903.* (VIII, 256 S.) 8° [F.] [04. 3111 6

Hilfsbüchlein zum kleinen Katechismus, zunächst der Diöcese Paderborn von J[ohannes] **Schröder,** Sem.Dir. 4. verb. Aufl. Paderborn: Junfermann 1908. (VIII, 250 S.) 8° [F.] [08. 5309

Schroeder, Johann (Königsberg/Pr.) A. S. 821/44

Disputatio iuridica, de iure domuum, Vom Recht der Häuser. Präs. Peter Schwenner. Ed. 2. Königsberg (Reusner) 1724. 42 S.

Diss. 11. XII. 1703. 31485

Schroeder, Johann von: Zur **Kenntnis** des Gerbprozesses. Dresden: Steinkopff 1909. 57 S. 8° (Aus: Kolloidchem. Beihefte. Bd 1. Ersch. auch als Buch ebd.)
Leipzig, Phil. Diss. v. 6. Nov. 1909, Ref. Le Blanc, Beckmann
[Geb. 30. Nov./12. Dez. 84 Riga; Wohnort: Riga; Staatsangeh.: Rußland; Vorbildung: Stadtgymn. Riga Reife Juni 04; Studium: Dorpat 1, Leipzig 8 S.; Rig. 6. Juli 09.] [U 10. 3236

— kleine Kirchengeschichte zunächst f. Zöglinge der Seminarien u. ähnlicher Anstalten. gr. 8. (VIII, 129 S.) Paderborn 892. R. Heydel. Kart. n. 1. 50

Kleine Kirchengeschichte. Kirchengeschichtl. Bilder von J[ohannes] **Schröder**, Seminardir. 2., verb. Aufl. *Paderborn: F. Schöningh 1899.* (127 S.) 8° [F.] [00. 1556

— kleine Kirchengeschichte. Kirchengeschichtliche Bilder. 3. Aufl. gr. 8. (VI, 128 S.) Ebd. 901. n. 1. —

Kleine Kirchengeschichte. Kirchengeschichtl. Bilder von J[ohann] **Schröder**, Sem.Dir. 4. Doppelaufl. *Paderborn: F. Schöningh 1903.* (VI, 128 S.) 8° [F.] [04. 3885

Kleine Kirchengeschichte. Kirchengesch. Bilder von J[ohannes] **Schröder**, Sem.Dir. 5. Doppelaufl. Hrsg. von Dr. W[ilhelm] v. der Fuhr, Odenkirchen. Paderborn: F. Schöningh 1905. (VI, 135 S.) 8° [F.] [06. 596

— Kleine Kirchengeschichte. Kirchengeschichtl. Bilder. Von der 5. Doppelaufl. an hrsg. von W. v. der Fuhr. 7. Doppelaufl. (VIII, 144 S.) 8. Paderborn 909. F. Schöningh. Geb. 1. 50

Methodisches Lehrbuch der internationalen Hilfssprache Esperanto. Vollst. Formen- u. Satzlehre auf Grund d. deutschen Sprachlehre mit doppeltem Wörterverzeichn., Übersetzungsübungen u. Literaturangaben. Von Johann **Schröder**. Wien & Leipzig: A. Hartleben [1906]. (XI, 180 S.) 8° [F.]
— **Kunst**, Die, d. Polyglottie. T. 88.
(Bibliothek, [A. Hartlebens], d. Sprachenkunde.) [06. 7501

Schröder, Johs., münstersches Liederbuch. (144 S.) kl. 8. Münster 910. Aschendorff. — 40; geb. — 50

Schröder, Johann.
Pharmacopœia medico-chymica. Ulm, 1641. 4to.
Editio quarta. Ulm, 1655.
Editio septima. Coloniæ, 1687. Fol.
[Other editions], 1746, 1748.

Schröder, Johann: Pharmacopoeia universalis, das ist allgemeiner medicinisch-chymischer Artzney-Schatz. Nebst...darüber verfassten ...Anmerckungen von...Friedrich Hoffmann. 4.Aufl., in sechs Büchern: Bd 1–3, gbd., Abb.

Nürnberg: Stein & Raspe 1746 - 1748

JB 1.698

Schroeder, Johannes. Reaktionen von Metallsalzen in Pyridin. Giessen, 1901. E.Ottmann. (46 S.) Diss.

— Register der ersten 10 Bände des Staatsbürgerlichen Magazins über darin vorkommende 1) Sachen, 2) Namen, 3) Urkunden nach chronologischer Ordnung, 4) Literarische Recensionen und Anzeigen. Schleswig. 1834.

Schröder, Johannes von: Schleswig im Jahre 1823. (1:6400.) o. O. Kupferstich. 1 Bl. Imp.-Fol., 71/64 cm.

Schröder, Johannes von: Das Schröderstift und dessen nächste Umgebung. Hamburg. 1853. Lithographie. 1 Bl. 4°, 33/25,2 cm.

Schröder, Johs. v., Gemeinnütziges Schleswiger Taschenbuch 1832. Schleswig. 1832.

Hertugdømmet Slesvigs Topographi af Johannes v. Schröder. 2. Opl. Oversat v. Chr. Wollesen. Oldenborg ⟨i. H.⟩ 1854. 8°

Schröder, Johann von. Topographie von Holstein. Oldenburg (in Holstein) 1841. V (Hamburg): *Bueck, Friedrich Georg.* (schr I, 431)

v. **Schröder**, Johannes, Topographie des Herzogthums Holstein, des Fürstenthums Lübeck u. der freien u. Hanse-Städte Hamburg u. Lübeck. 2 Thle. A—Z. gr. 8. Oldenburg (in Holstein) 842. (Leipzig, Brauns.) n. $6^1/_2$ ₰

Schröder, Johs. v., und Herm. **Biernatzki**, Topographie der Herzogthümer Holstein und Lauenburg, des Fürstenthums Lübeck und des Gebiets der freien und Hanse-Städte Hamburg und Lübeck. 2. neu bearb., durch die Topographie von Lauenburg verm. Aufl. 1—3. Liefg. Oldenburg in H. 855, 56. (Leipzig, Brauns.) gr. 8. (1. Bd.: XI, 548 S.; 2 Bd.: S. 1—320 S.) complet Subscr.-Pr. n. 4 ₰. 15 ngr.; Ladenpreis n. 6 ₰.

Schröder, Johs. v., Topographie d. Herzogthums Schleswig. 2 Bde. 4. (ca. 120 B.) Schleswig 837. [Oldenburg, Fränkel.]

— Topographie des Herzogthums Schleswig. 2., neu bearb. Aufl. Oldenburg i. H. (853.) (Leipzig, Brauns.) Lex.-8. (6, LXXXIX, 623, 15 S.) n. 4 ₰. 5 ngr.

Schröder, Johs. v., Topographie des Herzogth. Schleswig. 2., neu bearb. Aufl. gr. 8. (XCV und 638 S.) Oldenburg in Holst. 854. (Leipzig, Brauns.) *

Schröder, Johannes: Das Verhalten des Aethyläthers beim Durchgang elektrischer Ströme. Greifswald 1910. Abel. 59 S. 8°
Greifswald, Phil. Diss. v. 25. April 1910, Ref. Mie

Schroeder, Johannes: Chemisches und physikalisch-chemisches Verhalten des Pyridins und von Metallsalzen zu und in Pyridin. Gießen 1904: Heppeler & Meyer. (58 S.) 8°
Gießen, Phil. Hab.-Schr. v. 1904

— **u. Kull**, biologische Wandtafeln zur Tierkunde. Taf. 1. 3. 5. 7. 11. 13. 17—19. 24—26. 31. 32. 34. 37. 41. 42. 48 u. 49. à ca. 86×106 cm. Farbdr. Mit je 1 Bl. Text. Lex.-8. Berlin (903—905). P. Parey. à n.n. 2. 50; auf Leinw. m. Stäben à n.n. 3. 50
1. **Hauskatze** (Felis domestica). — 3. Stein- od. Hausmarder (Mustela foina). — 5. Der Maulwurf (Talpa europaea). — 7. Gemeines Eichhörnchen (Sciurus vulgaris). — 11. Wildschwein (Sus scrofa). — 13. Reh (Cervus capreolus). — 17. Mäusebussard (Buteo vulgaris). — 18. Waldkauz (Strix aluco). — 19. Grosser Buntspecht (Picus major). — 24. Saatkrähe (Corvus frugilegus). — 25. Haus- od. Mehlschwalbe (Hirundo urbica). — 26. Haustaube (Columba domestica). — 31. Ringelnatter (Tropidonotus natrix). — 32. Grüner Wasserfrosch (Rana esculenta). — 34. Hecht (Esox lucius). — 37. Maikäfer (Melolontha vulgaris). — 41. Honigbiene (Apis mellifica). — 42. Rote Waldameise (Formica rufa). — 48. Regenwurm (Lumbricus terrestris). 49. Medizinischer Blutegel (Hirudo medicinalis).

— u. Kull, biolog. Wandtafeln zur Tierkunde. Taf. 2, 4, 6, 10, 14, 16, 23, 28—30, 38, 43—45 u. 50. à 106×86 cm. Farbdr. Mit je 1 Bl. Text. Lex. 8. Ebd. (906. 907). à nn 2.50; auf Leinw. m. Stäben à nn 3.50

2. Wolf (Canis lupus). — 4. Langohrige Fledermaus (Vespertilio auritus). — 6. Igel (Erinaceus europaeus). — 10. Hase (Lepus timidus). — 14. Pferd (Equus caballus). — 16. Sperber (Astur nisus). — 23. Star (Sturnus vulgaris). — 28. Weisser Storch (Ciconia alba). — 29. Wildente (Anas boschas). — 30. Gemeine Eidechse (Lacerta agilis). — 38. Grosser Kohlweissling (Pieris brassicae). — 43. Kreuzspinne (Epeira diademata). — 44. Flusskrebs (Astacus fluviatilis). — 45. Schnecken (Gastropoda). — 50. Kreuzotter (Pelias berus).

— — dasselbe. Serie VIII—X. à 5 Taf. Je 106×86 cm. Farbdr. Mit je 1 Bl. Text. Lex. 8. Ebd.
à Taf. nn 2.50; auf Leinw. m. Stäben nn 3.75;
à Serie nn 12.50; auf Leinw. m. Stäben nn 18.75

VIII. 9. Wasserratte (Arvicola amphibius). — 12. Rind (Bos taurus). — 33. Kammolch od. grosser Teichmolch (Triton cristatus). — 35. Brachsen (Abramis brama). — 46. Teichmuschel (Anodonta mutabilis). (908.)

IX. 8. Hausratte (Mus rattus) u. Wanderratte (Mus decumanus). — 21. Kohlmeise (Parus major). — 22. Sänger (Silviidae). — 27. Haushuhn (Gallus domesticus). — 40. Fliegen (Brachycera). (908.)

X. 15. Kuckuck (Cuculus canorus) 1/1. — 20. Buchfink (Fringilla coelebs) 3/4. — 36. Hering (Clupea harengus) 1/1. — 39. Ringelspinner (Gastropacha neustria) 2/1. — 47. Hakenbandwurm (Taenia solium) 20/1. (909.)

Schröder, Johannes [aus Hamburg]: Ueber den Zusammenhang der hyperelliptischen σ- und ϑ-Functionen. . . . Leipzig. Druck v. B. G. Teubner, 1890; 79 + 1 S. 8°
Göttingen, Phil. Fak., Inaug.-Diss. v. 18. Jul. 1889

Schröder, Johs., üb. den Zusammenhang der hyperelliptischen σ- u. ϑ-Functionen. Inaug.-Diss. gr. 8. (79 S.) Leipzig 890. (Göttingen, Vandenhoeck & Ruprecht's Verl.) n. 1.60

Schröder, Johann Adam Andreas

— ein Gebetbuch. 8. Schwabach 780.

Schröder, Jh. Adm. Andr., († d. 28. Dec. 1792.) histor. Handbuch d. Religion. 5 Bde. 8. Schwabach 780—84. Neuer Tit. 791. Mizler. 5 ₰

Schröder, J. A. A., histor. Handbuch d. Religion. 5 Bde. u. 6n Bds. 1r. 8. Schwabach, Mizler. 791.

Schröder, Johann Christian

Schroeder, Joh. Chr.: Succincta commentatio jur. ad art. 25. part. 3. tit. 1. statuti Rostochiensis sistens materiam de classificatione usurarum in concursu. Rostochii [um 1783].

Schröder Jh. Chr., († d. 19. Juni 1809.) Repertorium d. Rostockischen Rechts. 4. Rost. 784.

Schroeder, Johann Christian (Rostock) A. S. 1419/12

Dissertatio iuridica de retentione pignoris tam ob eadem quam ob diversa. Präs. Walter Vinzenz Wiese. Rostock (Adler) 31. III. 1780. 46 S.

Gew.: Stadt Rostock.
W. v.: Präs. 31486

Schröder, Joh. Ed., Predigten üb. d. 5 leidenden Sinne. 8. Leipz. 724.

Schröder, Johann Friedrich, 1770–1836, s. Schröter, Johann Friedrich.

Schröder, Johann Friedrich

Schröder, Jh. Fr., stylistische Aufgaben für die oberen Gymnasialclassen. 8. Quedlinburg 814, Ernst. 1 ₰

— s. Cicero's Bücher von dem Wesen der Götter.

Schröder, Johann Friedrich. Der Freiheitskampf der Sicilianer im Jahre 1282. Nach Michaele Amari. 2 Bde. Leipzig 1851. 8°.

Schröder, J(oh.) F(riedr.), Geschichte Karl's des Großen, s. Hausbibliothek, historische.

Schroeder, J. F. Geschichte Carls des Grossen. (319) 8. Leipzig 1852. — 3 Ausg. 8. ib. 1865. 3,00.

Schröder, Joh. Friedr., Geschichte Karl's des Großen. Neue (Titel-)Ausg. gr. 8. (319 S. mit dem Portr. Carl's nach Albr. Dürer in Stahlst.) Leipzig (850)65, Senf.

Schröder, J. F., Geschichte Karl's des Großen. 3. (Titel-) Ausg. gr. 8. (319 S. mit dem Portr. Karl's, in Stahlst., nach Albrecht Dürer.) Leipzig (865)69, Senf. 1 50

— Handbuch d. Geschichte d. christl. Kirche. gr. 8. Leipz 827. Cnobloch. 3 ₰

Schröder, Joh. Friedr., Harfenklänge aus Sion. Für gebild. Christen dem Urtexte nachgesungen. 8. (9 B.) Hildesheim 827, Gerstenberg.
Enthält Uebersetzungen v. den Propheten Joel, Habakkuk u. Nahum, u. einiger Psalmen.

—— nova scriptorum vet. testamenti sacror. Janua, i. e. vocum hebraicar. explicatio, cui notae, ad Gesenii Ewaldique grammaticas spectantes, aliaeque adnotationes, sensum locor. difficilior. eruendo servientes, sunt adjectae. Tom. I—III. 8 maj. Lipsiae, Fr. Fleischer. [I. (30 B.) 834., II. (30 B.) à 2 Thlr. 6 Gr., III. (28 B.) 835. 2 Thlr.]

—— deutsch. Index z. hebr.-deutsch. Schullex., s. unt. dess. „Schullexikon."

—— Lehrbuch d. christl. Kirchengeschichte f. d. obersten Klassen der Gymnasien. gr. 8. (11½ B.) Hannover 831, Helwing.

—— theoret.-prakt. Lehrbuch der Deklamation, enthalt. e. kurze systemat. Darstell. d. Deklamationslehre, nebst Uebungsstücken zum Deklamiren. 8. (28½ B.) Braunschweig 832, G. C. E. Meyer.

—— theoretisch-praktischer Leitfaden für den Deklamationsunterricht in den oberen Klassen der Gymnasien und höheren Schulanstalten. gr. 8. (XII und 54 S.) Bremen 851, Geisler.

—— die hebräischen Nomina, e. Beilage zu den hebr. Sprachlehren f. den Schulgebr., insbesond. aber f. Solche, welche sich selbst unterrichten wollen. gr. 8. (4 B.) Braunschweig 830, Vieweg. —

—— die kleineren Propheten. Uebers. u. erläut. 1. Bd. — A. u. d. T.: die Propheten Hoschea, Joel u. Amos. gr. 8. (26 B.) Leipzig 829, Vogel.
Vgl. Propheten, ...

—— Satzungen und Gebräuche des talmudisch-rabbinischen Judenthums. Ein Handbuch für Juristen, Staatsmänner, Theologen und Geschichtsforscher, so wie für Alle, welche sich über diesen Gegenstand belehren wollen. gr. 8. (XII und 678 S.) Bremen 851, Geisler. *

—— hebräisch-deutsch. Schul-Lexikon. Lex.-8. (16 B.) Hildesheim 831, Gerstenberg.

Schröder, Joh. Friedr., deutscher Index zum hebräisch-deutschen Schullexicon. Lex.-8. (8 B.) Hildesheim 831, Gerstenberg. Thlr.

— hebr. Uebungsbuch, enth. die evangel. Perikopen zum Uebersetzen aus d. Deutschen ins Hebräische mit d. nöthigen Phraseologie 2c. gr. 8. Leipz. 821. Enobloch. 15 gr

Schröder, Joh. Friedr., hebräisches Uebungsbuch, enth. d. evangel. Perikopen z. Uebersetzen aus d. Deutschen in's Hebräische, mit d. nöthigen Phraseologie u. beständ. Hinweisungen auf d. Grammatiken von Gesenius u. Ewald, nebst unpunkt. Wörtern u. Stücken z. Uebung in d. Vokalsetzung. 2., verb. u. verm. Aufl. gr. 8. (14 B.) Leipzig 838, Enobloch.

—— Uebungsstücke zum Uebersetzen aus d. Deutschen ins Griechische, f. d. beiden Klassen Media u. Sekunda am kgl. Andreanum in Hildesheim. 8. (10½ B.) Leipzig 828, Enobloch.

Schröder, Johann Fr. Washington u die Helden d Revol. Mit einem Anhang: die Dten in d anischen Revol. Von Fr. Kapp. 2v. NY, c. 1857.

Schröder, Joh. Friedr., Washington und die Helden der Revolution. Mit einem Anhang: Die Deutschen in der amerikanischen Revolution von Friedr. Kapp. Illustrirt mit Stahlst. nach Orig.-Gemälden von Alonzo Chappell. 1—8. Lfg. gr. 4. (S. 1—256 mit 8 Stahlst.) New-York 861. (Philadelphia, Schäfer und Koradi.) à Lfg. * 15 Ngr. *

Schröder, Joh. Friedr., Washington und die Helden der Revolution. Mit einem Anhang: Die Deutschen in der amerikan. Revolution von Friedr. Kapp. Illustrirt mit prachtvollen Stahlst. nach Orig.-Gemälden von Alonzo Chappell. 1.—35. Lfg. gr. 4. (1. Bd 644 S.; 2. Bd. S. 1—484.) New-York 879. (Philadelphia, Schäfer und Koradi.) * 14 —

Schröder, Joh. Frdr., das Wiederaufblühen der klassischen Studien in Deutschland im 15. und zu Anfang des 16. Jahrhunderts und welche Männer es befördert haben. Besonders für das Privatstudium der Schüler der oberen Gymnasialklassen und der Studirenden dargestellt. Halle 864. G. Schwetschke. gr. 8. (VIII, 286 S.) n. 1 Thlr 6 ngr

— deutsch-hebräisches Wörterbuch in 2 Bden. gr. 8. Leipz. 823. Enobloch. 4 Thlr

Schröder, Joh. Friedr., der Graf Zinzendorf und Herrnhut, oder Geschichte der Brüderunität bis auf die neueste Zeit und Schilderung ihrer Institute und Gebräuche. Für Gebildete aller Stände bearb. Nordhausen 857. Büchting. gr. 8. (IV, 364 S.) 1 Thlr. 15 ngr

—— der Graf Zinzendorf und Herrnhut, oder Geschichte der Brüderunität bis auf die neueste Zeit und Schilderung ihrer Institute und Gebräuche. Für Gebildete aller Stände bearb. gr. 8. (IV und 864 S.) Nordhausen 857. [Leipzig, Wilfferodt.]

—— der Graf Zinzendorf und Herrnhut, oder Geschichte der Brüderunität bis auf die neueste Zeit und Schilderung ihrer Institute und Gebräuche. Für Gebildete aller Stände bearb. 2. (Titel-)Aufl. gr. 8. (VIII und 364 S. mit dem Portr. des Grafen Zinzendorf in Stahlst.) Leipzig (857)63, Wilfferodt. *

Schroeder, Johann Georg. Merkwürdige Geschichte von einem Menschen, der mit dem Teufel in einen Bund getreten auf 18 Jahr und wieder durch Christum erlöset worden ist. Ephrata, 1790. HEH

Schröder, Johann Georg Fr.

Schröder, J. Geo. Fr.: Neueste Gesetzsamml. f. d. Herz. Mecklenb.-Schwerin- u. Güstrow'schen Lande seit d. letzten Viertheil d. jüngstverflossen. Jahrhunderts. 2 Thle. à 2 Bde. (*Schwerin*, Bärensprung.) *Rostock*, Stiller. 802. 4. (8 Thl.)

Schröder, Jh. Geo. Fr., († d. 6. Febr. 1813.) neueste Gesetz-Samml. f. d. Herzogl. Mecklenb.-Schwerin- u. Güstrowschen Lande. 2 Thle in 4 Lieferr. 4. Rost. 802—4. (Stiller). 8 Thlr

Schröder, Johann Heinrich Ludwig

— s. Baxter, R., der sichere Führer des Menschen zum Himmel. — dess., Ein Heiliger. — Familiengebete für jeden Morgen u. Abend. — Luther's, M., Auslegung der Epistel St. Pauli an die Galater. — dess., Schrift von der Freiheit des Christenmenschen. — Saat u. Ernte.

Schröder, Jh. H. L., Bemerkungen zu der Schrift des Dr. J. E. Hitzig: Votum über die Bildung eines Mäßigkeits-Vereins in Berlin. 8. Thorn 838. (Berlin, Wohlgemuth.) 1/12 Thlr

Schröder, Jh. Hnr. Ldw., das verachtete Lutherthum. In drei Unterredungen eines Christen der unirten Kirche mit einem Lutheraner dargestellt. 2. unveränd. Aufl. gr. 8. Culm 845. (Berlin, Wohlgemuth.) n. 12 ngr

— Predigten über die sieben Worte Jesu am Kreuz. 8. Thorn 839. (Berlin, Wohlgemuth.) 1/4 Thlr

Schröder, Joh. Henrik

Schroeder, Joh. Heinr., ad bullarium romano-sveogothicum a Magno von Celse et Porthan editum accessio nova. 4. (III und 18 S.) Upsala 854. 57. Stockholm, Bonnier. * —

Schröder, J. H., Catalogus numorum cuficorum in numophylacio academico Upsaliensi. 4. (6¼ B.) Upsaliae 827. (Lipsiae, Klinkhardt.)

Schröder, Jh. Hnr., fasti rectorum Regiae Acad. Upsaliensis. Upsal. 841. (Stockholm, Bonnier.) n. 1/3 Thlr

Schröder, Joh. Henr., Incunabula artis typographicae in Svecia. 4maj. (6¼ B.) Upsaliae 842, (Stockholm, Bonnier.) *

Schröder, Joh. Henr., Numismata angliae vetusta in Museo numario reg. acad. Upsaliensis adservata. Pt. I. II. 4. (9 B. u. 1 Stnt.) Upsaliae 833. (Stockholm, Bonnier.) *

Schröder, Johann Joachim

Jo. Joach. Schröder (resp. Jo. Dan. Schramm) diss. de hortis veterum Hebraeorum. Marburg. 1722. 4.

Schröder, Ioh. Ioach., hypomnemata historiae ecclesiasticae a Christo nato secund. saecul. ord. digesta. 8. Marb. Müller. 737.

Schröder, Joh. Joa. Dissertatio de Nebucadnezaro, Chaldaeorum rege. 4. Marburgi 1719.

— veterum oratorum graecorum orationes integrae selectae c. vers. lat. 8. ibid. 734.

— Veterum poëtarum Graecor. poëmata. Marb. 733. 8. 8 gr.

Schroeder, J. J., de precibus Hebraeorum. Marb. 1717. 4.

Schroeder, J. J., de precibus Hebraeorum. Marb. 1727. 4.

Schroeder, J. J., de vett. Hebrr. primogenitis et eor. praerogativis. Marb. 1741. 4.

— thesaurus linguae Armenicae antiquae et hodiernae. 4. Amsterdam. 711.

— dissertatio theologico-philologica de Urim et Thummim in pontificis Hebraeorum pectorale positis. 4. Marb. Kessler. 744.

Schröder, Johann Michael

Schröder, Jh. Mch., († d. 7. Nov. 1796.) Anweis. f. Eltern u. Schullehrer z. Religionsunterricht. 8. Leipz. 787. (Enobloch). 4 gr.

Schröder, Joh. Mich., Anweisung f. Eltern u. Schullehr. z. Religionsunterricht ꝛc. 8. Leipzig, Böhme. 787.

— s. Cicero, von d. Pflichten, d. 6 ersten Kapitel.

— paraphrast. Erklär. der 2 Briefe Petri u. der Briefe Judä, mit Anmerkk. 8. Schwabach 781. Mitzler. 5 gr

— Sonn-, Feiertags-, Passions-, Buß-, Erndte- u. Kirchweih-Predigten, üb. die gewöhnl. Evangelien, Episteln u. andere ausgesuchte Texte. 1r Thl. 8. Hildburgh. 784. (Er. Fleischer in Leipz.) 20 gr

— Sonn- Feyertags- Passions- Buß- Erndte- u. Kirchweih Predigten, üb. d. gewöhnl. Evangelia, Episteln u. andere ausgesuchte Texte. 1r Thl. 8. Hildburgh. Hanisch. 784.

— Trauer- u. Gedächtnißpredigt auf Kaiser Joseph II. 8. Coburg 790.

— die genaue Verbindung einer vor Gott lautern, reinen Gesinnung u. eines edlen Bewußtseins ꝛc. 8. Coburg 790. Ahl. 3 gr

— philosoph.-theolog. Winke u. Rathschläge fürs gesellschaftl. Leben. 8. Schweinfurth 795. Riedel. 1 ₰ 8 gr

— nützl. Zeitvertreib z. angenehmen Unterhaltung. 8 Coburg, Ahl. 793.

— nützl. Zeitvertreib z. angenehmen Unterhaltung. 8. Coburg 793. (Riemann). 18 gr

Schröder, Johann Wilhelm

— commentarius philologicus in Psalmum X., quo obscuriorum vocabulorum et phrasium tenebras, potissimum arabicae dialecti ope discutere, atque genuinum impeditioris carminis sensum ad planam atque perspicuam rationem perducere conatus est. 8. Gröning. 754.

Schröder, I. W., comment. philol. in Psalmum X. 8. Gröningen, Mortier. 755.

— Diss. philol. inaug. inquirens in caussas, quare dictio pure Graeca in N. T. plerumque praetermissa sit. Resp. auct. Jh. Chr. Bang. 4. Marb. 768.

— observationum philologicarum criticarumque in difficiliora quaedam Psalmorum loca fasciculus. 8. Leyd. 781.

Schröder, Jh. Wlh., († d. 8. März 1793.) Diss. inaug. (Praes. J. R. A. Piderit) de sanctitate in genere et quibusdam ejus speciebus, praecipue de sanctitate Dei. 4. Marb. 750.

— Sendschreiben an Hrn. Prof. Merxler in Cassel, worin er sich gegen die im 9n Stück d. Zugabe zu den Götting. gel. Anzeigen herausgg. Recensien seines Fasciculus observationum etc. vertheidigt. 8. Marb. u. Leipz. 782.

Schröder, Johanna, allgemeines Koch- und Wirthschaftsbuch nach den Angaben eines berühmten hannoverschen Kochs und eigenen langjähr. Erfahrungen hrsg. 2., verm. Aufl. mit einem Anhange enth. über 200 Recepte für Küche, Keller, Haus und Garten sowie Anleitung zur Bestellung eines Gemüsegartens. gr. 12. (VIII und 554 S.) Hannover 847, Schlüter.

Schröder, Johanna, allgemeines Koch- und Wirthschaftsbuch nach den Angaben eines berühmten hannoverschen Kochs u. eigenen langjähr. Erfahrungen herausg. 3. Aufl., verm. mit e. Anh., enthltd. über 200 Recepte für Küche, Keller, Haus und Garten, sowie Anleitung zur Bestellung eines Gemüsegartens. (Neue Titel-Ausg.) Hannover (847.) 855. Helwing. gr. 8. (XI, 454 S.) 1 ₰

Schröder, Johanna, allgemeines Koch- und Wirthschaftsbuch, nach den Angaben eines berühmten hannoverschen Kochs und eigenen langjährigen Erfahrungen herausg. 4., verb. Aufl. mit einem Anhang, enthaltend die bewährtesten Recepte für Küche, Keller, Haus und Garten, sowie eine Anleitung zur Bestellung eines Gemüsegartens. Hannover 863. Helwing. gr. 8. (520 S.) 1 ₰ 2⅓ ngr.

Schröder, Johannes, s. Schröder, Johann.

Darstellende Geometrie. Von Dr. J(ohn) Schröder, Oberlehrer. Mit Fig. T. 1. Leipzig: Göschen 1901. 8°
(Sammlung Schubert. 12.)

Schröder, J., darstellende Geometrie, s. Sammlung Schubert.

Bürgerlichrechtliche Fälle. Eine Sammlung prakt. Beispiele u. Fragen z. Schulung in d. jurist. Konstruktion u. Einprägung wichtiger Rechtsregeln. Von Dr. John Ulrich **Schroeder**, Ger.Ass. Rostock: C. J. E. Volckmann 1906. (VIII, 125 S.) 8° [F.]
— **Schroeder**: Rechtsfälle. Bd 1. [07. 14481 11

Strafrechtliche Fälle. Eine Sammlung prakt. Beispiele u. Fragen z. Schulung in d. jurist. Konstruktion u. Einprägung wichtiger Rechtsregeln. Von Dr. John Ulrich **Schroeder**, Landrichter. Rostock: C. J. E. Volckmann 1907. (97 S.) 8° [F.]
— **Schroeder**: Rechtsfälle. Bd 2. [07. 14482 11

Schroeder, John Ulrich: Zur Lehre von der Gewährleistung wegen Mängel der Kaufsache nach dem Bürgerlichen Gesetzbuche. (§§ 459–480.) (Rostock 1903: C. Hinstorff.) (142 S.) 8°
Halle, Jur. Diss. v. 9. Jan. 1903

Zur **Gewährleistung** für Sachmängel beim Kauf nach dem Bürgerlichen Gesetzbuche (§§ 459–480). Von Dr. iur. John Ulrich **Schröder**. *Berlin: Struppe & Winckler 1903.* (VI, 98 S.) 8°
[Ist Neudr. der u. d. T.: Zur Lehre v. d. Gewährleistung wegen Mängel d. Kaufsache ... 1903 erschien. Inaug.-Diss. von Halle.] [-4 399

Schroeder, John Ulr., Rechtsfälle. 2. u. 5. Bd. kl. 8. Rostock. Berlin, C. J. E. Volckmann Nachf. Kart. à 2.25
2. Strafrechtliche Fälle. Eine Sammlung prakt. Beispiele u. Fragen zur Schulg. in der jurist. Konstruktion u. Einprägg. wicht. Rechtsregeln. (VIII, 97 S.) 907.
5. Bürgerlichrechtliche Fälle. Neue Folge. Eine Sammlung prakt. Beispiele u. Fragen zur Schulg. in der jurist. Konstruktion u. Einprägg. wicht. Rechtsregeln. (VIII, 84 S.) 909.
Bd. 3 u. 4 sind noch nicht erschienen.

Unmöglichkeit und Ungewissheit. Eine Studie z. Begriffsentwickelung in d. Lehre von d. Unmöglichkeit d. Leistung u. d. Ungewissheit d. Erfüllung nach d. Recht d. BGB. f. d. Deutsche Reich. Von John Ulrich **Schroeder**, Ger.Ass. Rostock: H. Koch 1905. (70 S.) 8° [-4. 4147 6

Vorträge über bürgerlichrechtliche Fälle aus der Sammlung Rechtsfälle, Bd 1. Von Dr. John Ulrich **Schroeder**. Rostock: Volckmann 1907. VIII, 247 S. 8° [07. 12075 7

— Vorträge üb. bürgerlichrechtliche Fälle aus der Sammlung Rechtsfälle. Bd. V. (Neue Folge.) (VI, 157 S.) gr. 8. Ebenda. 1909. 4. 50.

Schröder, Josef

Schröder, Jos., Blätter der Erinnerung an Ludwig Windthorst. Aus der Mappe v. Sch. gesammelt v. Nik. Thoemes. (31 S. m. 1 Bildnis.) gr. 8. Münster 903. Alphonsus-Buchh. n. — 50

Blätter der Erinnerung an Ludwig Windthorst. Aus d. Mappe von Msgr. Prof. Dr. Jos. Schröder gesammelt von Dr. phil. Nik. Thoemes. Münster i. W.: Alphonsus-Buchh. [1904]. (31 S.) 8° [F.] [05. 1038

Schroeder, Jos., zur Erinnerung an Prälat Joseph Jessing, Gründer u. Leiter des „Waisenheims" u. des „Collegiums Josephinum" zu Columbus, Ohio (Nordamerika), geb. zu Münster i/W. am 17. XI. 1836, gest. zu Columbus am 2. XI. 1899. gr. 8. (31 S. m. 1 Bildnis.) Münster 899. Aschendorff. n. — 60

Schroeder, Jos., Geschichte u. Ziele d. „Deutschen Vereins vom heil. Lande". Rede, geh. auf der Generalversammlung des Vereins am 24. XI. 1901 zu Münster i. W. (14 S.) 8. Münster (901). Aschendorff. — 20

Das Kaiserwort vom Neujahrstage 1900. Festrede, geh. z. Feier d. Jahrhundertwende in d. Akad. zu Münster i. W. 1900 von Prof. Dr. [Josef] **Schroeder**. *Münster i. W.: Aschendorff 1900.* (29 S.) 8° [F.] [oi. 1880 6]

Schroeder, Jos., der Liberalismus in der Theologie und Geschichte. Eine theologisch-histor. Kritik der Kirchengeschichte des Prof. Dr. F. X. Kraus. gr. 8. (VIII, 181 S.) Trier 881, Paulinus-Druckerei. * 2 —

Schröder, Jos., Der Liberalismus in der Theologie u. Geschichte. Eine theologisch-historische Kritik der Kirchengeschichte von F. X. Kraus. Trier, Paulinus-Druckerei, 1883, gr. 8°, VIII, 181 S., 2 Mk.

Schröder, Jos., Oberammergau u. sein Passions-Spiel in Wort u. Bild. gr. 8. (96 S.) München 900. C. v. Lama's Nachf. 1. 50; engl. Ausg., translated from the German by A. L. O. M. (89 S.) 2. —

— Oberammergau u. sein Passionsspiel. Nach amtlichen Quellen bearb. (Führer nach u. durch Oberammergau.) 3. Aufl. Mit zahlr. Illustr. u. den Bildern der Hauptdarsteller. (184 S. m. 1 farb. Karte.) 8. München 910. C. v. Lama's Nachf. 1. 50

— dasselbe. Englische Ausg. Translated from the German by Reginald Maxse. (168 S. m. Abbildgn. u. 1 farb. Karte.) 8. Ebd. 910. 2. —

Schröder, Julius, zu Befehl, Herr Lieutenant! s. **Bloch's**, Ed., Theater-Korrespondenz, Nr. 42.

Schroeder, Julius *Theodor* [app. Arzt aus Hannover]: Aus d. Laboratorium d. pharmakognost. Sammlung in Kiel. Beitrag zur Kenntnis der Wirkung des Codeïnchlormethylat ... Kiel, Druck v. A. F. Jensen, 1896; 20 S., 1 Bl. 8.
Kiel, Med. Fak., Inaug.-Diss. v. [8. Febr.] 1896

Schroeder, v., üb. d. Beschädigg. d. Vegetation durch Rauch, e. Beleuchtg. d. Borggreve'schen Theorien u. Anschaugn. üb. Rauchschäden. Vortrag, geh. auf d. 40. Versammlg. d. sächs. Forstvereins zu Löbau in Sachsen, d. 1. Juli 1895. gr. 8. (35 S.) Freiberg 895. Craz & Gerlach. n. — 60

Schroeder, Jul. v., u. Carl **Reuss**, die Beschädigung der Vegetation durch Rauch u. die Oberharzer Hüttenrauchschäden. Unter Beihülfe d. kgl. preuss. Ministeriums f. Landwirthschaft, Domainen u. Forsten hrsg. Mit 5 Farbendr.-Taf. u. 2 (chromolith.) Karten. gr. 4. (VI, 333 u. Anh. XXXV S.) Berlin 883. Parey. n. 24. —

[F.] Gerberei-Chemie. Sammlg v. Aufsätzen Professors Dr. Julius v. **Schroeder**. Veröffentl. in d. Jahren 1886 bis 1895 in d. Deutschen Gerber-Zeitg. Hrsg. unter Zustimmg v. ... Schroeder's Erben v. F. A. Günthers Zeitgsverlag. *Berlin: F. A. Günther 1898.* (VIII, 672 S., 1 Portr.) 1 Bd 8. [98. 5671]

Schroeder, Jul., das Holz der Coniferen. Mit 11 (eingedr.) Holzschn. gr. 8. (67 S.) Dresden 872. Schönfeld's Verl. n. 1. 60

Schroeder, J. v., **einfache Methode zur Bewerthung der Gerbmaterialien. Praktische Anleitg. zur Untersuchg. u. Qualitätsbestimmg der Gerbmaterialien mittelst e. Brühmessers.** gr. 8. (III, 46 S. m. 8 Holzschn. u. 8 Tab.) Tharand 890. (Akadem. Buchhandlg.) n. 2. —

— Einfache Methode zur Bewerthg. d. Gerbmaterialien. Prakt. Anleitg. z. Untersuchung u. Qualitätsbestimmg. d. Gerbmaterialien mittelst e. Brühmessers. M. 8 Holzschnitten u. 8 Tabellen. gr. 8. (III, 47 S.) Tharandt 898. (Freiberg, Craz & Gerlach.) n n. 2. —

Schroeder, J. v., einfache Methode zur Bewertung d. Gerbmaterialien. Praktische Anleitung zur Untersuchung u. Qualitätsbestimmung der Gerbmaterialien mittels e. Brühmessers. 3. Tausd. In der Neuaufl. bearb. u. m. e. Anh. versch. v. W. **Appelius**. (IV, 58 S. m. 10 Holzschn. u. 9 Tab.) 8. Freiberg 908. (Craz & Gerlach). nn 2. —

Schroeder, v., über eine einfache Methode, nach welcher naturgetreue Abbildungen des Holzzuwachses hergestellt werden können. gr. 8. (9 S. mit 1 eingedr. Holzschn. und 6 Taf. Abbild.) Dresden 884, Schönfeld's Verlagsb. *
Aus: Tharander forstliches Jahrbuch, besonders abgedruckt.

Schroeder, J. v., über die Löwenthal'sche Methode, s. Bericht über die Verhandlungen der Commission zur Feststellung einer einheitlichen Methode der Gerbstoffbestimmung.

—— und A. **Schertel**, die Rauchschäden in den Wäldern der Umgebung der fiscalischen Hüttenwerke bei Freiberg. gr. 8. (28 S. mit 1 chromolithogr. Taf.) Freiberg 884, (Craz und Gerlach.) ** 1 —
Aus: Jahrbuch für das Berg- und Hüttenwesen im Königr. Sachsen, besonders abgedruckt.

Schröder, Jul., Untersuchung der chemischen Constitution des Frühjahrssaftes der Birke, seiner Bildungsweise u. weiteren Umwandlung bis zur Blattbildungsperiode. Gekrönte Preisschrift. [Aus: Archiv für die Naturkunde Liv-, Ehst- u. Kurlands.] Dorpat 865. (Gläser's Verlag.) gr. 8. (84 S. mit 4 Steintaft. in gr. 8. u. gr. Fol.) n. 24 *ngr.*

Schröder, Jul., forstchemische und pflanzen-physiologische Untersuchungen. 1. Heft. gr. 8. (IV, 118 S.) Dresden 878, Schönfeld's Verlag. * 3 —
Aus: Tharander forstliches Jahrbuch, besonders abgedruckt.

Schroeder, Jul. v., Wandtafeln für den Unterricht in der allgem. Chemie, s.: Schroeder, Geo. v.

— und Sawadski. Wörterbuch der wichtigsten gerberischen Kunstausdrücke. Deutsch-Russisch. (24 S) Berlin 1894

Schröder, Jürgen, der Käfersammler. Ausführliche Anleitg. zum Sammeln u. Präparieren der Käfer, zur Anlage e. Sammlg. u. zur Vergrösserung derselben durch Tausch od. Kauf. gr. 8. (16 S.) Plön (900). (Hahn.) n. — 50

Schröder, K., Heimatskunde der Herzogtümer Bremen und Verden und des Landes Hadeln, s. Diercke, C.

Schröder, K., Lehr- u. Stoffverteilungsplan f. die einklass. Volksschule d. Prov. Pommern, s.: **Wetzel**, Adf.

Schröder, K. Chr., Exulantenhistorie vertriebener Prediger. 8. Bautzen. 719.

Schröder, Karl

—— Gedächtnissrede auf ihn, s. Hofmeier M.-Löhlein, H.

Schröder, Carl, Mecklenburgs Antheil an der deutschen National-Litteratur bis zum Ende des 17. Jahrh. Ein Vortrag. gr. 8. (40 S.) Schwerin 894. Bärensprung'sche Hofbuchdr. n. 1 —

Schroeder, Karl, üb. Aetiologie u. intrauterine Behandlung der Deviationen d. Uterus nach vorn u. hinten, s.: Sammlung klin. Vorträge.

—— über Atropinkuren gegen Kurzsichtigkeit. gr. 8. (53 S.) Leipzig 874, Engelmann. * 2 —

Aufgaben und Ziele unseres Kampfes gegen Rom. Vortrag . . . v. **Karl Schröder.** Sonderabdruck aus dem „Schleswig-Holsteinischen Gustav Adolf-Boten". Preetz. 1903. 8°

Schröder, Carl, Barfüßchen od. Die drei Männer im Walde. Weihnachtsmärchen in 6 Bild. 16. (69 S.) München (898). Rubinverlag. n. 1. 50

Schröder, Carl, Gerichtsassessor: Beiträge zur Rechtsstellung juristischer Personen im internationalen Privatrecht. Greifswald 1910: Abel. 65 S. 8°
Greifswald, Jur. Diss. v. 3. März 1910, Ref. Frommhold
[Geb. 3. Aug. 80 Glogau; Wohnort: Heide, Holstein; Staatsangeh.: Preußen; Vorbildung: Gymn. Glogau Reife O. 99; Studium: München 2, Breslau 2, Greifswald 3 S.; Rig. 5. März 03.] [U 10. 1547

—— erster Bericht über die Augenklinik Nerothal zu Wiesbaden. gr. 8. (31 S. mit 1 chromolithogr. Taf.) Wiesbaden 872, Limbarth. * 1 20

Schröder, Karl, der Nonne von Engelthal Büchlein von der Genaden Überlast, s. Bibliothek des litterarischen Vereins in Stuttgart, Bd. 108.

Die neu-niederdeutsche Dichtung in Mecklenburg. Von Dr. Carl **Schröder.** Bremen: C. Schünemann [1904]. (72 S.) 8°
Aus: Halbmonatsschrift Niedersachsen. [05. 6570 B

Über die kirchliche Einwirkung auf die Jugend. Vortrag, geh. auf der 16. Eiderstedter Propsteisynode d. 12. Juli 1894 v. **Karl Schröder.** Garding. 1894. 8°

—— über die formalen Elemente der absoluten Algebra. gr. 8. (31 S. mit eingedr. Holzschn.) Stuttgart 874, Schweizerbart'sche Verlagsh. * — 80

— Johann Jacob Engel. Ein Vortrag. gr. 8. (67 S. m. 1 Bildn.) Schwerin 897. Bärensprung'sche Hofbuchdr. n. 2. –

Schroeder, Carl: Der deutsche Facetus. (T. 1. 2.) (Berlin: Mayer & Müller 1909.) 82 S. 8° ¶ (Ersch. vollst. als: Palaestra. H. 86.)
Berlin, Phil. Diss. v. 13. April 1909, Ref. Roethe
[Geb. 7. Mai 83 Berlin; Wohnort: Berlin; Staatsangeh.: Preußen; Vorbildung: Gymn. zum grauen Kloster Berlin Reife M. 01; Studium: Marburg 1, Berlin 8 S.; Rig. 5. März 08.]

Schroeder, Karl, e. Fall v. paranephritischem Carcinom. 4. (13 S. m. 1 Steintaf.) Kiel 874. v. Wechmar. n. — 80

Schröder, Carl, hervorragende Förderungsstätten des deutschen Handwerks. Beobachtungen, Erfahrungen und Vorschläge zur Hebung der Erwerbsfähigkeit unseres Handwerkerstandes, in Folge einer vom kgl. preuss. Handelsministerium unterstützten, im Herbst 1877 ausgeführten Reise bearb. und hrsg. Lex.-8. (III, 163 S. mit 4 Ansichten in Holzschn.) Dresden 879, Gilbers'sche Verlagsh. * geb. *

—— eine neue Form von Corticalstaar. 8. (8 S. mit 1 Chromolithogr.) Wiesbaden 872, Limbarth. * — 80
Aus: Jahresbericht, besonders abgedruckt.

Schröder, Karl, die gewerbliche Fortbildungsschule in ihrer Nothwendigkeit, zweckmäß. Organisation u. gedeihl. Wirksamkeit, dargestellt f. Behörden, Gewerbtreibende u. Lehrer zc. Unter Mitwirkg. v. P. Schwarz bearb. u. hrsg. gr. 8. (79 S.) Berlin 872. Stubenrauch. n. 1. —

Frei und fromm. Predigt v. **Karl Schröder.** Lunden. 1908. 8°

Schröder, Carl, Friedrich Franz III. Großherzog v. Mecklenburg-Schwerin. Aus s. Leben u. s. Briefen. gr. 8. (XIV, 377 S. m. 1 Bildn.) Schwerin 898. F. Bahn. n. 5. —; geb. in Leinw. n. 6. —; Fürstenausg. auf Kunstdr.-Pap. in Schweinsldr. n.n. 15. --

Schröder, Carl, Führer durch den Violoncell-Unterricht. Ein progressiv geordnetes Repertorium von ausgewählten instructiven, sowie Solo- und Ensemble-Werken für Violoncell als Wegweiser für Lehrer und Schüler, Künstler und Dilettanten. 12. (42 S.) Leipzig 880, Schuberth und Comp. geb. *

Schröder, Carl, Führer durch den Violoncell-Unterricht. Ein progressiv geordnetes Repertorium v. ausgewählten instructiven, sowie Solo- u. Ensemble-Werken f. Violoncell als Wegweiser f. Lehrer u. Schüler, Künstler u. Dilettanten. 2., verm. Aufl. 12. (48 S.) Leipzig 889. J. Schuberth & Co. Kart. n. 1. —

Schröder, C., Griseldis. Apollonius v. Tyrus, s.: Mittheilungen der deutschen Gesellsch. zur Erforschg. vaterländ. Sprache zc.

Schroeder, Karl, Handbuch der Krankheiten der weiblichen Geschlechtsorgane, s. Handbuch der speciellen Pathologie und Therapie. 10.

Handbuch der Krankheiten der weiblichen Geschlechtsorgane v. Carl **Schroeder.** 12. vielf. umgearb. Aufl. hrsg. v. Max Hofmeier, o. ö. Prof. . . . in Würzburg. M. 187 Abb. i. Text u. 5 Taf. *Leipzig: F. C. W. Vogel 1898.* (XII, 605 S., 5 Taf.) 1 Bd 8. [98. 5397 B

Schroeder, Karl, Handbuch der Krankheiten der weiblichen Geschlechtsorgane, 13. Aufl., s.: Hofmeier, M., Handbuch der Frauenkrankheiten.

Schroeder, Karl, Handbuch der Krankheiten der weiblichen Geschlechtsorgane, 14. Aufl., s.: Hofmeier, M., Handbuch der Frauenkrankheiten.

Schröder, Carl, Helmbrecht von Wernher dem Gartner. Die älteste deutsche Dorfgeschichte. Wien 864. Schönewerk. [Troppau, Kolck.] 12. (104 S.) cart. n. 20 ngr.

Schroeder, Karl, Iphigenia in Delphi. Dramatisches Gedicht. Berlin 854. Barthol. 16. (62 S.) n. 10 ngr.

Schröder, C., Caroline, Erbprinzessin v. Mecklenburg-Schwerin, geb. Prinzessin v. Sachsen-Weimar. gr. 8. (58 S. m. 1 Bildnis.) Schwerin (901). (Bärensprung'sche Hofbuchdr.) n. 1. 60

Schroeder, Carl, Katechismus des Dirigierens u. Taktierens, s.: Hesse's, Max, illustr. Katechismen. 14.

— Katechismus des Violinspiels, s.: Hesse's, Max, illustr. Katechismen. 12.

Schroeder, Carl, Katechismus des Violoncellspiels. s. a. Hesse's, Max, illustr. Katechismen. Nr. 13.

Schröder, Karl: Katechismus des Violoncellspiels. 2. umgeänd. Aufl. Leipzig: Hesse [1909]. 119 S. 8°
(Max Hesses illustr. Katechismen. Nr 13.)

—— die Krethiplethiade. Ein heroisch-komisch-romantisch-idyllisches Epos. 16. (111 S.) Berlin 855, Barthol. *

— Lehrbuch der Geburtshülfe mit Einschluss der Pathologie der Schwangerschaft und des Wochenbettes. 1. Aufl. (XVI, 632 S.) 1870. *M 10.; 2. umgearb. Aufl. (XVI, 680 S. mit 26 in den Text gedr. Holzschn.) 1871. *M 11.; 3. Aufl. (XIV, 698 S.) 1872. *M 12., und 4. neu durchgearb. Aufl. gr. 8. (XVI, 722 S. mit 107 in den Text gedr. Holzschn.) Bonn 873, Cohen und Sohn. * 14 —

— dasselbe. 4. neu durchgearb. Aufl. gr. 8. (XVI, 782 S.) Ebend. 873. n. 14. —

— Lehrbuch der Geburtshülfe mit Einschluss der Pathologie der Schwangerschaft und des Wochenbettes. 5. neu durchgearb. Aufl. gr. 8. (XII, 816 S. mit 113 in den Text gedr. Holzschn.) Bonn 877, Cohen und Sohn. * 15 —

— Lehrbuch der Geburtshülfe mit Einschluss der Pathologie der Schwangerschaft und des Wochenbettes. Mit 118 in den Text gedr. Holzschn. 6. auf's neue durchgearb. Aufl. (X, 828 S.) 1880; 7. auf's neue durchgearb. Aufl. (X, 830 S.) 1882 und 8. neu bearb. Aufl. gr. 8. (X, 847 S.) Bonn 884, Cohen und Sohn. * 15 —

— Lehrbuch der Geburtshülfe mit Einschluss der Pathologie der Schwangerschaft und des Wochenbettes. 9. neu bearb. Aufl. gr. 8. (X, 845 S. mit 151 in den Text gedr. Holzschn.) Bonn 886, Cohen und Sohn. *

— Lehrbuch der Geburtshülfe m. Einschluss der Pathologie der Schwangerschaft u. des Wochenbettes. 10. Aufl., neu bearb. v. R. Olshausen u. J. Veit. Mit 145 in den Text gedr. Holzschn. gr. 8. (X, 834 S.) Bonn 888. Fr. Cohen. n. 16. —

Schroeder, Karl, Lehrbuch der Geburtshülfe mit Einschluss der Pathologie der Schwangerschaft u. des Wochenbettes. 11. Aufl., neu bearb. v. R. Olshausen u. J. Veit. gr. 8. (XII, 892 S. m. 156 Holzschn.) Bonn 891. Fr. Cohen. n. 16. —; geb. n. 17. 25

— Lehrbuch der Geburtshülfe. 12. Aufl., neu bearb. v. R. Olshausen u. J. Veit. gr. 8. (XI, 925 S. m. 182 Holzschn.) Bonn 893. F. Cohen. n. 16. —; geb. in Halbfrz. n. n. 18. —

— Lehrbuch d. Geburtshülfe. 13. Aufl., s.: Olshausen, R., u. J. Veit.

Lehrbuch der Trichinen- und Finnenschau. Von Carl **Schroeder**. Mit 60 Abb. Magdeburg: Erika; Leipzig: O. Weber in Komm. 1910. 74 S. 8° [11. 4053

Schröder, Karl, Leitfaden beim Unterricht im geometrischen Freihandzeichnen. Für die unteren Klassen der Mittelschulen. Deutsche, verb. und stark verm. Ausg. hoch 4. (48 S. mit 11 lithogr. Taf. und 3 eingedr. Holzschn.) Budapest 872, Lampel's Verlag. cart. 3 —

— manual de las enfermedades de los órganos sexuales de la mujer. Traducido directamente de la VII. edicion alemana por A. Vincencio, e illustrado con 185 grabados, adornado con un retrato (fototyp.) del autor, i precedido de un prólogo de éste, escrito especialmente para la presente traduccion. gr. 8. (VIII, 647 S.) Leipzig 887. Volckmar. 15. —; geb. in Leinw. 16. 50; in Halbfrz. 18. —

Schröder, Karl [app. Arzt aus Marburg]: Mastitis in der Schwangerschaft ... Marburg, Köster & Schell, 1896; 29 S., 1 Bl. 8.
Marburg, Med. Fak., Inaug.-Diss. v. 6. Juni 1896

Schröder, Karl: Mecklenburg und die Mecklenburger in der schönen Literatur. Berlin: Süsserott 1909. VIII, 488 S. 8°
(Mecklenburgische Geschichte in Einzeldarstellungen. H. 11/12.)

Müssen wir die Konfirmation abschaffen? Vortrag geh. am 8. März 1910 von P. Karl **Schröder**-Kiel. Kiel: Cordes (1910). 35 S. 8° [10. 104…

— s.: Osterspiel, Redentiner.

Schröder, Karl, Referendar: Das Pactum reservati dominii in den Quellen des römischen Rechts. Borna-Leipzig 1910: Noske. X, 38 S. 8°
Rostock, Jur. Diss. v. 15. Febr. 1910, Ref. Bernhöft
[Geb. 14. Sept. 85 Helgoland; Wohnort: Nortorf; Staatsangeh.: Preußen; Vorbildung: Gymn. Stade Reife O. 04; Studium: Tübingen 4, Berlin 2, Kiel 1 S.; Rig. 14. Dez. 09.] [U 10. 3879

Schröder, Karl, der Flitterwochen Paradies u. Hölle! 12. (104 S.) Berlin 894. F. Stahn. n. 1. —

Schröder, Carl [aus Magdeburg]: Perforation des Darmes durch Ascaris lumbricoides .... Halle a. S., Druck d. Buchdr. Carl Colbatzky, 1887; 22 S. + 1 Bl. 8°
Halle, Med. Fak., Inaug.-Diss. v. 23. Dez. 1887

Schröder, Carl, Perforation des Darmes durch Ascaris lumbricoides. Diss. Halle 1887, Lippertsche Buchh. 8°. 22 S.

— Reineke de Vos, s. Dichtungen, deutsche, des Mittelalters.

Schröder Karl, über Resectionen und partielle Amputationen am Fusse mit besonderer Rücksicht auf fungös-tuberkulöse Knochen- und Gelenkerkrankungen. Diss. Würzburg 1886, Stahelsche Univ.-Buchh. 8°. 55 S.

— s.: Schip, dat nye, van Narragonien.

Schroeder, Carl, Schwangerschaft, Geburt und Wochenbett. Klinische Untersuchungen und Beobachtungen. gr. 8. (VIII und 248 S.) Bonn 867, Cohen und Sohn. *

Schröder, Carl, zur Statistik der croupösen Pneumonie. gr. 8. (36 S. m. 1 lith. Curventaf.) Kiel 882. Universitäts-Buchh. 1. 50

— kritische Untersuchungen über die Diagnose der Haematocele retrouterina, angeknüpft an einen Fall von Uterus und Vagina duplex mit Atresie und Verhaltung des Menstrualblutes der rechten Hälfte. gr. 8. (58 S.) Bonn 866, Cohen und Sohn.

Schroeder, Karl, der schwangere u. kreissende Uterus. Beiträge zur Anatomie u. Physiologie der Geburtskunde. Unter Mitwirkg. v. M. Hofmeier, C. Ruge u. C. H. Stratz. Mit 52 Holzschn. u. e. Atlas v. 6 Taf. gr. 8. (VII, 151 S.) Bonn 886. Cohen & Sohn. n. 48. —

— s. Van deme Holte des hilligen Cruzes.

— die Verschwörung des Catilina. Drama. 16. (285 S.) Berlin 855, Barthol. *

Schröder, Karl. Vorbereitungen auf den Katechismusunterricht in der Volksschule od. die schriftl. Ausarbeitgn. d. Lehrers f. diesen Unterricht. 2 Tle. in 1 Bde. 8. (IV, 84; 130 S.) Schwerin 892, (Bärensprung). cart. * 2 —

— Vruwenlof. — Van sunte Marinen, s. Vruwenlof.

Schröder, Karl: Ueber die desinficierende und fäulniswidrige Wirkung des Torfmulls. Marburg: Buchdr. O. Ehrhardt 1891. 37 S. 8°
Marburg, Med. Fak., Inaug.-Diss. v. [10. März] 1891

Schroeder, Carl [z. Z. einj.-freiw. Arzt in Schwerin i. Meckl.]: Ueber die Wirkung der Ueberosmiumsäure bei Epilepsie .... Schwerin i. M., Druck d. Bärensprungschen Hofbuchdr., 1888; 40 S. 8°
Kiel, Med. Fak., Inaug.-Diss. v. 15. Febr. 1888

— üb. die Wirkung der Ueberosmiumsäure bei Epilepsie. Inaug.-Diss. gr. 8. (47 S.) Kiel 888. (Lipsius & Tischer.) n. 1. —

Schroeder, Karl Adam (Mansfeld) A. S. 1262/6

Dissertatio solennis medica de aqua medicina universali. Präs. Friedrich Hoffmann.
Halle (Lehmann) X. 1712. 36 S. 31488

Schröder, Karl Chr., s. J. G. Gleditsch, Einleitung.

Schröder, Karl Franz (Übers.):

s.: Abhandlungen, Auserlesene vollständige, von der Colik von Poitou. Aus dem Lateinischen der Herren (Anton) de Haen, (Jan) Grashuys, (Théodore) Tronchin und (Karl) Strack. Kopenhagen: 1781

JB 4.921

Schröder, Karl Franz (Übers.):

s.: Fabre, (Pierre): Vollständige Abhandlung von der Erkenntniß und Cur der Venerischen Krankheiten. (Traité des maladies vénériennes. Nouvelle édition corrigée. Dt.) Mit Vorrede und Anmerkungen von Johan Clemens Tode. Kopenhagen: 1777

JB 4.634

Schröder, Karl Frz., s. Grashuys Abhandl.

Schröder, K(arl) F(ranz) (Übers.):

s.: Saxtorph, Matthias: Umriß der Entbindungswissenschaft für Wehmütter. (Kort Udtog af Foedselsvidenskaben. Dt.) Nach der neuesten Original-Ausgabe umgearb., und jetzt wieder...hrsg.von Johan Clemens Tode. Kopenhagen u.Leipzig: 1801

JB 3.929

Schröder, Karl Friedr., s. Psalmen, die.

Schroeder, Car. Frid. Gust. (geb. Ziesar 12. 2. 1838): De ulcere chronico ventriculi. Berolini (1865). (32 S.) 8°
Berlin, Med. Diss. v. 1. Apr. 1865

v. *Schröder*, Karl Hnr., († 1808.) observationes de commercio Russico in mare nigro. 8. Dorpat (805). (Leipz., Kummer). 4 ℊ

Schroeder, Carolus Hugo: De graviditatis tempore. Halae (1867): Ploetz. 28 S. 8°
Halle-Wittenberg, Med. Diss. v. 29. März 1867
Geb. Aschersleben 20. 5. 1840. V.

Schröder, Karl-Ludw., s.: Blätter, dramaturgische.

Schroeder, Karl Otto [Praes.], s. Janicke, Georg Friedrich: Institutionum jurisprudentiae naturalis lib. II. tit. 8. 9. 10. 11.

Schröder, Kaspar

— engl. Hausarzt, nebst d. Haber- Kräuter- u. Milchcur. 8. Erfurt. 719.

— Hausverwalter. 8. Ebend. 729.

SCHRÖDER, Caspar: Neue Lustige und Vollständige Jagd-Kunst, so wohl von den Vögeln als auch andern Thieren. Bestehend in V Theilen; darinnen im I. Von allerhand Garnen, Netzen, Lockvögeln etc. II. Vom Vogelstellen im Felde und aufm Wasser etc. III. Von denen Wald-Vögeln etc. IV. Von denen Falcken, wie solche zum Vogel- und Haasen-Fangen abzurichten seyn. Und im Anhang oder V. Eine zuverlässige Unterrichtung von denen hohen und niedern Jagden etc. - Frankfurt, Leipzig 1723. 512 u. 32 S.

— lustige und vollständige Jagdkunst von Vögeln und and. Thieren, m. Fig. 8. Frankf. 728.

Schröder, Casp., galantes u. nützl. vermehrtes Jungfer- Weiber- und Kinder-Apothekgen. 8. Frankfurt. 721.

Schröder: „Wohlzugerichteter, profitabler Landbauer", Erfurt 1715.

Schröder, Katharina

Schroeder, C., Falkenflug. Roman. 2 Tle. in 1 Bde. 8. (184 u. 209 S.) Berlin 901. O. Janke. n. 5. —

Flittergold? Novelle in Briefform von C(atharine) Schroeder. Mit Ill. von A. Lewin. Berlin, Leipzig: H. Hillger [1907]. (112 S.) 8° [F.]
= Bücherschatz, Kürschners. No 589. [08. 1206]

Schroeder, C., Flittergold?, s. Kürschner's Bücherschatz.

Rita. Erzählung f. junge Mädchen von C[atharina] Schroeder. Mit 6 Einschaltbild. von E. Rosenstand. Bielefeld & Leipzig: Velhagen & Klasing 1906. (331 S.) 8° [F.] [06. 4148

— Sonnenblume. Roman. 8. (408 S.) Bielefeld 899, Velhagen & Klasing. Geb. in Leinw. n. 5. 50

Schröder, Konrad

Schröder, Conr., Anleitung zum Gebrauch physikalischer Apparate. 8. (58 S.) Magdeburg 875. (Leipzig, Siegismund und Volkening.) cart. *

Schröder, Conr., Anleitung zum Gebrauch physikalischer Apparate. 2. Aufl. 8. (58 S.) Magdeburg 878. Kroening's Söhne. cart. n. 1. —

Schröder, C., Ergebnisse des physikalischen Unterrichts in der Elementarschule. 2. Aufl. Mit 10 Holzschn. 1872, und 3. verb. Aufl. gr. 8. (32 S. mit 12 eingedr. Holzschn.) Leipzig 874, Siegismund und Volkening. * 30 Pf.; geb. * — 35

—— Ergebnisse des physikalischen Unterrichts in der Elementarschule. 4. Aufl. gr. 8. (32 S. mit 12 eingedr. Holzschn.) Leipzig 876, Siegismund und Volkening. *

Schröder, Conr., Ergebnisse des physikalischen Unterrichts in der Elementarschule. 5. Aufl. (32 S.) 1880. * 30 Pf.; 6. verb. und verm. Aufl. gr. 8. (40 S. mit 63 eingedr. Holzschn.) Leipzig 883, Siegismund und Volkening. *

Schröder, Conr., Ergebnisse d. physikalischen Unterrichts in der Seminarschule. 8., verb. Aufl. gr. 8. (40 S. m. 63 Holzschn.) Leipzig 889. Siegismund & Volkening. n. — 40

Schröder, Conr., Führer durch die Lehrmittel Deutschlands, unter Mitwirkg. v. Schulmännern hrsg. 1. bis 4. Bd. gr. 8. Magdeburg, Friese & Fuhrmann. à n. 1. —
1. Schulgeräte. (IV, 82 S. m. Abbildgn.) 903.
2. Religion, Anschauungsunterricht, deutsche Sprache. (IV, 83 S. m. Abbildgn.) 904.
3. Geographie. (IV, 97 S. m. Abbildgn.) 905.
4. Geschichte, Physik u. Chemie. (IV, 84 S. m. Abbildgn.) 905.

Schröder, Conr., Führer durch die Lehrmittel Deutschlands, unter Mitwirkg. v. Schulmännern hrsg. 5.—7. (Schluß-)Bd. 8. Magdeburg, Friese & Fuhrmann. 4. 50
5. Naturgeschichte. (IV, 128 S. m. Abbildgn.) 907. 1. 50
6. Rechnen u. Geometrie. (IV, 120 S. m. Abbildgn.) 908. 1. 50
7. Zeichnen, Schreiben, Singen, weibl. Handarbeiten, Turnen, Farbenlehre, Zeichen- u. Malutensilien. (IV, 116 S. m. Abbildgn.) 910. 1. 50

Führer durch Magdeburgerforth u. Umgegend (Jerichow'er Schweiz). Von Conrad Schröder, Lehrer in Magdeburg. Mit 3 Abb. u. 1 Karte. *Magdeburg: J. Neumann 1897.* (40 S.) 8° [03. 4843]

Conrad Schröder's Handbuch für Lehrer enth. Schulrechtsfragen, pädagog. Literatur u. Materialien f. Volksunterhaltungs- u. Elternabende ... Hrsg. von Conrad Schröder, Lehrer em. Magdeburg: Friese & Fuhrmann 1910. 212 S. 8° [11. 3961]

—— Lehrmittel-Katalog. Systematisches Verzeichnis sämtlicher Lehrmittel für Elementar-, Mittel- und höhere Schulen. Ein Hülfs- und Nachschlagebuch für Schulbehörden, Schuldirigenten und Lehrer, sowie für den Sortimentsbuchhandel. 1. Lfg. gr. 8. (1. Abthl. S. 1—48; 2. Abthl. S. 1—131; 3. Abthl. S. 1—32 mit eingedr. Holzschn.) Magdeburg 880, Friese.
Nicht weiter erschienen.

Schröder, Conr., deutscher Lehrmittel-Katalog. 3. Aufl. gr. 8. (IV, 136 S.) Magdeburg 896. (J. Neumann.) n.n. 1. 20

— Leitfaden d. Experimentalphysik. E. Anleitg. z. Gebr. d. physikal. Apparate f. Volks-, Bürger- u. Fortbildungsschulen. gr. 8. (44 S. m. Abb.) Leipzig 895. Leipziger Lehrmittel-Anstalt v. Dr. O. Schneider. — 50

Schröder, Conr., Leitfaden der Experimentalphysik. Eine Anleitung zum Gebrauch d. physikal. Apparate f. Volks-, Bürger- u. Fortbildungsschulen. (Neue Aufl.) (48 S. m. 59 Fig.) gr. 8. Leipzig (903). Leipz. Lehrmittel-Anstalt. n. — 50

—— zwanzig Lektionen aus der Physik, s. Sammelmappe, pädagogische.

— 20 Lektionen aus der Physik. Für die einfachsten Schulverhältnisse m. Berücksichtigung der zu verwerth. Anschauungsmittel zusammengestellt. 8. (51 S.) Magdeburg 878. Kroening's Söhne. n. — 50

— zwanzig Lektionen aus der Physik. Für die einfachsten Schulverhältnisse m. Berücksicht. der zu verwert. Anschauungsmittel zusammengestellt. 2. Aufl. Mit 50 Abbildgn. gr. 8. (63 S.) Ebend. 883. n. — 60

Schröder, Conr., 20 Lektionen aus d. Physik. F. d. einfachsten Schulverhältnisse m. Berücksicht. d. zu verwert. Anschauungsmittel zusammengest. 3., verb. Aufl. gr. 8. (63 S. m. 50 Holzschn.) Leipzig 896. Leipziger Schulbücherverlag A. B. Zirrgiebel. n. — 60; geb. n. — 70

Schröder, Conr., Physik, s.: Siegismund & Volkening's kurzgefaßte Lehr- u. Lernbücher f. Volksschulen.

Die Rechenapparate der Gegenwart, gesammelt, geordnet, beschrieben u. begutachtet von Conrad Schröder, Lehrer in Magdeburg. Mit 36 Abb. *Magdeburg: J. Neumann 1901.* (112 S.) 8° [F.] [01. 3394]

— die Rechenapparate der Gegenwart gesammelt, geordnet, beschrieben u. begutachtet. (IV, 100 S. mit 36 Abbildgn.) gr. 8. Magdeburg 901. Friese & Fuhrmann. n. 2. —

— Die Rechenapparate der Gegenwart, gesammelt, geordnet, beschrieben u. begutachtet. I. Anh.: 1901—1907. (IV, 44 S. m. 22 Abbildgn.) 8. Ebd. 907. 1. —
Hauptwerk. Ebd. 901. 2.—.

Schröder, Conr., Übungen u. Beispiele für den Unterricht in der deutschen Rechtschreibung. 1. Hft.: Für die Unterstufe. 8. (24 S.) Halle 889. Heynemann'sche Buchdr. n. — 20

Schroeder, Conr. Frid. [illegible] Hargerode 24. [illegible] De adipis sanie et morbosi causis. Berolini 1822. 40 S. 8°
Berlin, Med. Diss. v. 24. Dez. 1822

Schroeder, Kurt: Platonismus in der englischen Renaissance vor und bei Lyly, nebst Neudruck von Sir Thomas Eliot's „Disputacion Platonike" of that knowlage whiche maketh a wise man, 1533. (Kap. 1–4.) (Berlin: Mayer & Müller 1907.) (XI, 76 S.) 8°
(Erscheint vollst. als „Palästra" 70.)
Berlin, Phil. Fak., Ref. Brandl, Diss. v. 21. Dez. 1907

Schröder, Kurt Rudolf: Textverhältnisse und Entstehungsgeschichte von Marlowes Faust. (Berlin 1909: Ebering.) 87 S. 8°
Berlin, Phil. Diss. v. 28. Mai 1909, Ref. Brandl
[Geb. 8. Okt. 85 Berlin; Wohnort: Berlin; Staatsangeh.: Preußen; Vorbildung: Luisenstädt. Realgymn. Berlin Reife O. 04; Studium: Berlin 2, Marburg 1, Berlin 5 S.; Rig. 21. Jan. 09.] [U 09. 280

Schröder, L: Berechnung von Accumulatoren für Elektricitätswerke. Berlin 1892

Schröder, L., Pforzheim. Kleiner Führer durch Stadt u. Umgegend. gr. 8. (16 S. m. Abb. u. 1 Plan.) Pforzheim 895. F. Hamberger. — 50

Schroeder, L. A. P., Richard Bentley's Emendationen zum Plautus aus s. Handexemplaren herausgezogen. 1.–3. Lief. 1880. 59 S. 1.50

Schröder, Leopold

Schroeder, L., Die Accentgesetze d. homer. Nationalcomposita, dargest. u. mit denen des Veda verglichen. Hab. 1877. 28 S. 1.50

Schroeder, L. v., Buddhismus u. Christenthum, was sie gemein haben u. was sie unterscheidet. 2 öffentl. Vorträge. gr. 8. (46 S.) Reval 893. F. Kluge. n. 1. —

[F.] Buddhismus und Christenthum, was sie gemein haben u. was sie unterscheidet. Zwei öffentl. Vortr. v. Dr. L[eop.] v. Schroeder, Prof. ... an d. Univ. Innsbruck. 2., verm. Aufl. *Reval: F. Kluge 1898.* (44 S.) 1 Bd 8. [98. 1444]

Schroeder, Leop. v. Dara od. Schah Dschehan u. seine Söhne. Historisches Trauerspiel in 5 Akten u. 1 Vorspiel. 8. (154 S.) Mitau 891. Behre. • 2 40; geb. • 3 60

Schröder, Leop. v., Dara oder Schah Dschehan u. seine Söhne. Histor. Trauerspiel in 5 Akt. u. 1 Vorspiel. 8. (154 S.) Mitau 891. Riga, C. J. Sichmann. n. 1. 60; geb. n. 2. 40

— Delhi, das indische Rom u. seine Campagna. gr. 8. (19 S.) Ebd. 891. n. — 60

Germanische Elben und Götter beim Estenvolke. Von Leopold v. Schroeder, Mitgl. d. Akad. Wien: A. Hölder in Komm. 1906. (92 S.) 8°
= Sitzungsberichte d. Kais. Akademie d. Wiss. in Wien. Phil.-hist. Kl. Bd 153, 1. [06. 11745 •]

Schroeder, Leop. v., germanische Elben u. Götter beim Estenvolke. (92 S.) gr. 8. Wien 906. (A. Hölder.) n. 2.20
Sonderabdruck aus „Sitzungsber. d. k. Akad. d. Wiss.“

— zur Entstehungsgeschichte des Kalewipoeg. Mittheilungen aus Briefen F. R. Kreutzwalds an die Herren Sachssendahl u. Pastor Reinthal, s.: Verhandlungen der gelehrten estnischen Gesellschaft zu Dorpat.

Schroeder, L., Führer durch die neue humoristische Gesangsliteratur [ein- u. mehrstimmig]. Ein unentbehrl. Handbuch f. Gesang- u. gesell. Vereine, Sänger u. Humoristen. Mit Anh.: Gelegenheits-Musik. 16. (144 S.) Berlin 891. Siegel & Schimmel. n. — 35

Schröder, L. v., Gedichte. 8. (229 S.) Berlin 889. [Teubner.] Bibliograph. Bureau. geb. m. Goldschn. n. 3. 60

Schroeder, Leop. v., griechische Götter und Heroen. Eine Untersuchung ihres ursprüngl. Wesens mit Hülfe der vergleichenden Mythologie. 1. Heft.: Aphrodite, Eros und Hephästos. gr. 8. (VII, 118 S.) Berlin 887, Weidmann'sche Buchh. *

— zwei neuerworb. Handschriften d. k. k. Hofbibliothek in Wien m. Fragmenten d. Kâthaka. [Aus: „Sitzungsberichte d. k. Akad. d. Wiss.“] gr. 8. (38 S. m. 2 Taf.) Wien 896. (C. Gerold's Sohn.) n. 2. —

Schröder, Leopold: Die grosse Havarie ... Berlin, Buchdr. G. Schenck Kgl. Hofbuchh., 1894; VIII, 123 S. 8.
Erlangen, Jur. Fak., Inaug.-Diss. v. 1894

Baltische Heimat-, Trutz- und Trostlieder von Leopold v. **Schroeder.** München: J. F. Lehmann 1906. (80 S.) 8° [d. 7667

Schröder, Leopold von: Herakles und Indra. Eine mythenvergleichende Untersuchung. 2 Tle.
Separatabdruck aus Denkschriften d. Kais. Akad. d. Wissensch. in Wien. Bd. 58. Nr. 3. 4.

—— die Hochzeitsbräuche der Esten und einiger anderer finnisch-ugrischer Völkerschaften in Vergleichung mit denen der indogermanischen Völker. Ein Beitrag zur Kenntniss der ältesten Beziehungen der finnisch-ugrischen und der indogermanischen Völkerfamilie. gr. 8. (VIII, 265 S.) Berlin 888, Asher und Comp. *

— Hochzeitsbräuche der Esten etc., Nachtrag, s.: Winter, A., üb. Hochzeitsbräuche der Letten.

Schroeder, L. v., die Tübinger Katha-Handschriften u. ihre Beziehg. zum Tâittirîya-Âranyaka. Hrsg. m. e. Nachtrage v. G. Bühler. [Aus: „Sitzungsber. d. k. Akad. d. Wiss.“] gr. 8. (126 S.) Ebd. 898. n. 2. 80

— s.: Kâthakam.

Leopold v. Schroeder. Aus meinem Leben. Wesen u. Ursprung d. Religion, ihre Wurzeln u. deren Entfaltung. Riga: Jonck & Poliewsky 1909. S. 121–167. 8°
(Aus baltischer Geistesarbeit 9.) [09. 8915

-- Aus meinem Leben. Wesen u. Ursprung der Religion, s. a. Aus baltischer Geisteswelt. IX.

— Indiens Literatur und Cultur in historischer Entwicklung. Ein Cyklus v. 50 Vorlesgn., zugleich als Handbuch der ind. Literaturgeschichte, nebst zahlreichen, in deutscher Uebersetzg. mitgetheilten Proben aus ind. Schriftwerken. gr. 8. (VII, 785 S.) Leipzig 887. Haessel. n. 18. —

—— s. Mâitrâyanî Samhitâ.

Mangoblüten. Eine Sammlung indischer Lieder u. Sprüche in deutscher Nachbildung, von Leopold v. **Schroeder.** Stuttgart: J. G. Cotta 1892. (198 S.) 8° [F.] [06. 16329

— Mysterium u. Mimus im Rigveda. (XI, 490 S.) 8. Leipzig 908. H. Haessel Verl. 10. --

Schroeder, L. v., über die Poesie des indischen Mittelalters. Vortrag, gehalten in der Aula der Universität zu Dorpat, den 20. Febr. 1882. gr. 8. (28 S.) Dorpat 882, Karow. * 1 —

—— Pythagoras und die Indier. Eine Untersuchung über Herkunft und Abstammung der pythagor. Lehren. gr. 8. (93 S.) Leipzig 884, O. Schulze. * 2 —

Schroeder, L. v. Pythagoras u. die Indier. gr. 8. Lpz. 884. Berl., Felber. * 2 --

— Sakuntala. Romantisches Märchendrama in 5 Akten u. e. Vorspiel, frei nach Kalidasa f. die deutsche Bühne bearb. 8. (XIV, 73 S.) München 903. Verlagsanstalt F. Bruckmann. n. 1. 70

—— eine estnische Sitte, s. Festgruss an Otto von Böhtlingk.

Schröder, L. v., St. Stilla, Gräfin v. Abenberg. 8. (48 S. m. Titelbild.) Regensburg (902). J. Habbel. n. -- 40

—— Der Templer u. das Kind der Berge. Episches Gedicht. 16. (60 S.) Mitau 892, E. Behre. * 1 —; geb. * 2 —

— der Templer u. d. Kind d. Berge. Episch. Gedicht. 16. (60 S.) Mitau 892. Riga, E. J. Sichmann. n. 1. —; geb. n. 1. 50

Schroeder, Leop., üb. die formelle Unterscheidung der Redetheile im Griechischen u. Lateinischen m. besond. Berücksicht. der Nominalcomposita. gr. 8. (VIII, 562 S.) Leipzig 874. K. F. Köhler. n. 6. —

— Wesen u. Ursprung der Religion, s.: Beiträge zur Weiterentwickelung der christl. Religion, 1. Hft.

-- Worte der Wahrheit — Dhammapadam --. Eine zum buddhist. Canon gehör. Spruchsammlg., in deutscher Uebersetzg. hrsg. 8. (XXII, 150 S.) Leipzig 892. H. Haessel. n. 3. —

Die Wurzeln der Sage vom heiligen Gral. Von Leopold v. **Schröder.** Wien: Hölder in Komm. 1910. 98 S. 8°
(Sitzungsberichte d. Kais. Akademie d. Wissenschaften in Wien. Philos.-hist. Kl. Bd 166, Abh. 2.) [10. 16236

-- Die Wurzeln der Sage vom heiligen Gral. S 166 2 . . . . 2.30
Separatabdruck

— s.: Zeitschrift, Wiener, f. die Kunde des Morgenlandes.

— Prinzessin Rose. Ein ind. Lustspiel in 4 Aufzügen nebst e. Vorspiel, frei f. die deutsche Bühne bearb. 8. (VIII, 70 S.) München 902. Verlagsanstalt F. Bruckmann. n. 1. 70

Schroeder, Lorenz Heinrich (Schwerin) A. S. 835/31

Dissertatione inaugurali differentias iuris Romani et Germanici in consensu connubiali extra patrem 1) matris ... respondebit ...
Präs. Johann Peter von Ludewig.
Halle (Krottendorff) 7. III. 1722. 64 S.

Gew.: Johann Schroeder (Vater). 31490

Schroeder, Ludw., casuistische Beiträge zur Lehre vom Diabetes insipidus. Inaugural-Dissertation. gr. 8. (56 S.) Göttingen 881, (Vandenhoeck und Ruprecht's Verlag.) * 1 40

[F.] Chronika van Saust. Miet vielen schoinen Billern. Von Ludwig **Schröder**. *Leipzig: O. Lenz (1896).* (VIII, 184 S.) 1 Bd 8.
= Chroniken niederdeutscher Städte. Bd 2.
= **Bibliothek** niederdeutscher Werke. Bd 17.

Schröder, Ludwig. Entwicklungsgeschichtliche und anatomische Studien über das männliche Genitalorgan einiger Scolytiden. Diss. Phil. Basel. Hierzu eine Tafel und zwei Abbildungen im Text. ([Separatabdruck aus:] Archiv f. Naturgesch[ichte. Jahrg. 68]. 1902.) 36 S. 8. Berlin, Nicolai, 1902.

Schroeder, Ludwig *Alfons* [aus Malmedy]: Aus d. Klinik f. Syphilis u. Hautkrankheiten zu Bonn. Ueber einen Fall von Tuberculosis cutis im Anschluss an Bubo suppurativus nach Ulcus molle ... Bonn, Druck v. E. Heydorn, *1894:* 39 S. 8.
Bonn, Med. Fak., Inaug.-Diss. v. [16. Juni] 1894

Schröder, Ludw., Ferdinand Freiligrath. Sein Leben u. Schaffen. Mit 3 Bildnissen, 2 Abbildgn. u. e. Briefe als Handschriftprobe. [Aus: „Ferd. Freiligrath's sämtl. Werke in 10 Bdn. Hrsg. v. Ludw. Schröder".] (119 S.) tl. 8. Leipzig (907). Hesse & Becker Verl. 1. 50

Schröder, Ludwig (Hrsg.), s. Freiligrath, Ferdinand: Sämtliche Werke.

Führer durch Iserlohn und Umgebung ⟨Dechenhöhle, Felsenmeer, Hönnethal etc.⟩ von Ludwig **Schröder**. Mit 10 Ansichts-Postkarten. Iserlohn: E. Bischoff [1902]. (40 S.) 8°

— die goldene Hochzeit, s. Universal-Bibliothek.

Schroeder, (Eduard) Ludov. (geb. Stargard in Pomm. 26. 5. 1815): De typho abdominali nonnulla. Berolini (1841). (25 S.) 8°
Berlin, Med. Diss. v. 30 Juli 1841

Schröder, Ludw., Rüggenbuogen. Siewen Geschichten. (142 S.) kl. 8. Essen 906. Fredebeul & Koenen. n. 2. —: geb. in Leinw. n. 2. 60

Schroeder, Ludwig: Versuche über die Innervation der Glandula Parotis. Diss. Dorpat 1868. 47 S. 8°

Schröder, Ludwig: Aus Westfalen. Bunte Bilder von d. roten Erde. Mit 14 Vollbild. u. 102 Text-Ill. Leipzig: O. Lenz (1899). (VII, 537 S.) 8°

Schröder, Ludwig **Hermann,** aus Hassloch: Experimentelle **Untersuchungen** über den Umfang der Eiweissverdauung im Magen des Menschen. ⟨Aus d. Laboratorium d. Herrn Privatdoc. Dr. J. Müller, Würzburg.⟩ *Würzburg 1902: A. Borst.* (27 S.) 8°
Würzburg, Med. Diss. v. 1902

Schröder, Ludwig Konrad

Schroeder, Lud. Conr.: De actione negatoria pro specie contravindicationis apud Romanos non habenda. Marpurgi Catt. 1750.

Schroeder, Ludwig Konrad (Marburg) A. S. 36/27

Specimen iuris Germanici de actionibus personalibus, quae ad rem petendem sunt comparatae, apud veteres Germanos in foro rei sitae instituendis.
Marburg (Müller) o. J. 28 S. [1748] 31491

— institutiones juris naturalis. 8. Gröning. 775.

Schröder, Lud. Conr., de natura et effectibus pignoris praetorii etc. 4. Marb. Müller. (Hermann. et. Brönner, Frcf.) 751.

Schröder, Ldw. Konr., († d. 25. Oct. 1801.) opusculum de natura et effectibus pignoris praetorii atque judicialis. 4. Marb. 751. (Brönner in Frankf.) 8 gr.

Schröder, Lud. Conr.: Opuscula de natura et effectibus pignoris praetorii et judiciarii. *Marb.* 757. 4.

— Oratio de praetoribus optimis in legibus interpret. juris civilis custodibus. 4. Groningen 766. 5 gr.

— Oratorum graecorum orationes integrae selectae cum vers. lat. 8. Francf. Hermann.

Schroeder, Ludwig Konrad (Marburg) A. S. 322/4

Dissertatio iuridica inauguralis de principe imperii citra testamentum de tutela filii sui disponente.
Marburg (Müller) 7. VIII. 1749. 80 S. 31492

Schroeder, Lud. Conr.: Programma, quo examinatur an actio hypothecaria adhuc creditori adversus debitorem, pignus possidentem, sit salva, postquam obligatio personalis fuit per praescriptionem exstincta. Marburgi Catt. 1750.

— de stipulationibus quibusdam emtioni venditioni apud Romanos adjici solitis. 4. Marb. 751.

Schroeder, Ludov. Rud. Carl (geb. Hoxter 24. 12. 1828): De typho. Berolini (1852). (33 S.) 8°
Berlin, Med. Diss. v. 16 Marz 1852

Schröder, Lukas (Güstrow) A. S. 1383/36

Dissertatio historica theologica, de episcopissis veteris ecclesiae. Präs. Johann Friedrich Mayer.
Greifswald (Starck) II. 1702. 8 Bl. 31493

Schröder, M., der Enthaltsamkeitsfreund, s. Enthaltsamkeitsfreund.

Schröder, M., die Obstsorten meiner Baumschule auf d. Burgfelde vor Hamburg. Theoret. u. prakt. bearb. 1. u. 2. Lfg. 8. Hamburg 828, (Perthes-Besser u. Mauke.)
Lfg. 1. Aepfel. (11½ B. u. 1 Stnt.) 828. 22 Gr.
» 2. Birnen. (10 B. u. 1 Kpfrt.) 829. 22 Gr.

Schröder, M., s. Volksblatt, Hannoversches.

Schröder, M. Dietrich (vgl. Schrödern, Dietrich)

— Beschreibung d. Stadt u. Herrschaft Wismar rc. 4. Ebd. 745.

— Wismarische Erstlinge, od. einige z. Erläut. d. Meklenb. Kirchenhistorie dienende Urkunden u. Nachrichten. 7 Thle. 4. Wismar, Bödner. 755.

Schröder, M. D., Kirchenhistorie des evangel. Mecklenburgs von 1518—1742. 2 Thle. 4. Rostock 788. Koppe. 5 ∻

— Wismarische Predigerhistorie. 4. Wismar, Schröder. 734.

Schröder, M. E., Palmenblätter, s.: Baltzer, Eduard.

Schröder, Mansuetus Diss. Bonn 1784/2

Dissertatio historico-ecclesiastica de patriarchatibus, primatibus ac dignitatibus metropoliticis.
Präs. Andreas Spitz.
Bonn (Abshoven) 1. VII. 1784. 58 S. 31494

Schroeder, Marie Louise Henriette, Gedichte. Bremen 870. Tannen. gr. 16. (IV, 145 S.) In engl. Einb. mit Goldschn. 1 ₰ 15 ngr.

Schröder, [Martin] : Die zunehmende Armuth in unserm Lande und die wahre Hülfe dagegen. Itzehoe. 1853. 8°

Schröder, M., Geschichte des Münsterdorfischen Kalands. Ein Vortrag gehalten in der Kalandsversammlung am 22. September 1856. Itzehoe 858. Nusser. gr. 8. (38 S.) n. 6 ngr.

SCHROEDER, Martin (Burtscheid-Aachen): Ueber Nekrose der platten Schädelknochen.- München: Wolf 1886. 22 S.
21.12.1886 - Chr 1886/87,12; Jv 1885/87,182
Diss. Ingolst.-Landsh.-Mchn.

Schroeder, Martin, über Nekrose der platten Schädelknochen. Diss. München 1886, A. Buchholz. 8°. 22 S.

Schröder, Mathilde, die geschickte rheinische Köchin. Neues auf Erfahrungen gegründetes Kochbuch für die bürgerl. und feinere Küche. Enthaltend über 2000 gründl. und verständl. Rezepte, nebst verschiedenart. Arrangements zu Frühstücks-, Mittags- und Abendessen. Für Hausfrauen und Köchinnen nach vieljähr. Erfahrungen bearb. 8. (VIII und 551 S.) Wesel 851, A. Bagel. Thlr.

Schroeder, Matth. Georg 4°Misc. 180k/7a

Dissert. de misanthropia eruditorum, Von Morösen Gelehrten.
In: Selectorum Litterariorum pentas continens dissertationes historico-morales ... Dissert. I.
Leipzig (Schede) 1730. S. 1-16.

Diss. 1717. 31495

Schroeder, Matth. Georg 4°Misc. 180k/7c

Dissert. de misocosmia eruditorum, Von Schmutzigen Gelehrten.
In: Selectorum litterariorum pentas continens dissertationes historico-morales ... Dissert. III.
Leipzig (Schede) 1730. S. 30-43.

Diss. Leipzig 1717. 31497

Schroeder, Matth. Georg 4°Misc. 180k/7b

Dissert. de misogynia eruditorum, Von Übelgesinnten Gelehrten gegen das weibliche Geschlechte.
In: Selectorum litterariorum pentas continens dissertationes historico-morales ... Dissert. II.
Leipzig (Schede) 1730. S. 17-30.

Diss. 1717. 31496

Schröder, Matthias, die Idee der Entwickelung und deren Bedeutung für die protestant. Kirche. gr. 8. (VIII und 104 S.) Hamburg und Gotha 848, F. und A. Perthes.

Schröder, Max, Aufnehmen der Modelle (Holzverbände). — Darstellende Geometrie, s.: Unterrichts-Werke (Methode Hittenkofer). Nr. 7. 8.

Schröder, Max, die Balkenlagen, s.: Unterrichtswerke (Methode Hittenkofer).

Schroeder, Max, approb. Arzt aus Straßburg i. E.: Beiträge zur Kenntnis der Stoffwechselprodukte des Bacillus lactis aërogenes. *Straßburg i. E. 1903: C. Müh & Co.* (22 S.) 8°
Straßburg, Med. Diss. v. 1902

Schröder, Dachausmittelungen, s.: Unterrichts-Werke. (Methode Hittenkofer.) Nr. 39.

Schröder, Max, Referendar a. Bromberg: Der Ersatz nicht vermögensrechtlichen Schadens. Leipzig 1907: A. Hoffmann. (65 S.) 8°
Leipzig, Jur. Fak., Diss. v. 8. Okt. 1907
[Geb. 19. Jan. 77 Bromberg; Wohnort: Berlin-Schöneberg; Staatsangeh.: Preußen; Vorbildung: Gymn. Pleß O.-S. Reife O. 97; Studium: Lausanne 1, Berlin 2, Breslau 5 S.; Rig. 2. März 07.]

— Der Hausbau, s.: Unterrichtswerke (Methode Hittenkofer).

Schröder, Max, s.: Hittenkofer, M., Unterrichtswerke. Nr. 7—9, 11, 16, 26, 35.

[F.] Schröder, Max [Referendar]: Das Klagerecht des Forderungspfandgläubigers gegen den Drittschuldner nach gemeinem Rechte ... Greifswald, Druck v. J. Abel, 1893; VIII, 30 S., 1 Bl. 8.
Greifswald, Jur. Fak., Inaug.-Diss. v. 1893

Schröder, Max, die Mitchell-Playfair'sche Mastkur in den Irren-Anstalten. gr. 8. (21 S.) Greifswald 887, Scharff Nachf.
Greifswald, Diss. v. 24. Juni 1887.

— Perspektive, s.: Unterrichtswerke (Methode Hittenkofer).

Schröder, vom Matrosen zum Künstler. Tagebuch-Blätter. Bearb. v. Paul Risch. Mit 24 Kunstbeilagen u. zahlreichen Text-Illustr. nach Originalen des Künstlers. 2. vollständig neubearb. Aufl. 6.—25. Tausf. (VIII, 188 S.) gr. 8. Berlin 908. C. A. Weller. Geb. in Leinw. 3. —

Schroeder, (Max Otto), Bürgermeister Dr. jur.: [Rede bei der Feier des 25jährigen Jubiläums der Anstalt 1897.] *Freiberg 1899: Gerlach.* (S. 5—6.) 4°
Freiberg, st. RG, OP 1899 (585)

Schroeder, Minna, Lehrbuch der Damenschneiderei. Praktisches Handbuch für Gewerbeschulen und zum Selbstunterricht in Familien, sowie zum besseren Verständniß der Muster aller Moden-Zeitungen. Praktische Lehrmethode über das Musterzeichnen, die Beurtheilung der Stoffe, das Zuschneiden ꝛc. Nebst vielen (lithogr.) Lehrmustertaf. und Fig. Nach prakt. Feststellungen. 6 Lfgn. gr. 8. (VIII, 112 S.) Hamburg 878, Kramer. à Lfg. 75 Pf. 4 50

Schroeder, Minna, Lehrbuch der Damenschneiderei. Praktisches Handbuch für Gewerbeschulen und zum Selbstunterricht in Familien, sowie zum besseren Verständniß der Muster aller Moden-Zeitungen. Praktische Lehrmethode über das Musterzeichnen, die Beurtheilung der Stoffe, das Zuschneiden ꝛc. Mit vielen Lehrmustertaf. und Fig. Nach prakt. Feststellungen. 2. durchgeseh. Aufl. 6 Lfgn. gr. 8. (VIII, 111 S.) Hamburg 881, Kramer. à Lfg. 75 Pf. 4 50

Schroeder, Nicolas: A u s l e s e aus deutschen Schriftstellern für die lernbegierige Jugend des Luxemburger Landes. Luxemburg: P. Brück 1880. – 490 S. 8°

Schroeder, Nicolas: A u s l e s e aus deutschen Schriftstellern für die lernbegierige Luxemburger Jugend gesammelt. Neue Auflage. Luxemburg: J. P. Nimax 1897. – 4, 456 S. 8°

Schroeder, Nicolas: A u s z u g aus der Schlußrede gehalten bei der Preiseverteilung an der Staatsackerbauschule zu Ettelbrück, den 12. August 1888. S. 90–94. Ettelbrück, Progr. 1889/90.

Schroeder, Nicolas: A u s z u g aus der Schlußrede gehalten bei der Preiseverteilung an der Staatsackerbauschule zu Ettelbrück, den 11. August 1889. S. 109–113. Ettelbrück, Progr. 1890/91.

Schroeder, Nicolas: Kurze B e t r a c h t u n g e n über die lauretanische Litanei von P. Eduard Ignatius Purbrick S. J. (Autorisierte Uebersetzung.) Luxemburg: J. Hary 1879. – IV, 214 S. 8°

Schroeder, Nicolas: B r u d e r s c h a f t vom heiligen Rosenkranze. Versehen mit der Approbation des Hochwürdigsten Herrn Apostolischen Provikars. Luxemburg: P. Brück 1862. – 11 S. 16°

Schroeder, Nicolas: Ueber C h a r a k t e r b i l d u n g. Rede gehalten bei der Preisevertheilung der Oberprimärschule zu Ettelbrück, am 30. August 1874. Luxemburg: P. Brück 1874. 14 S. 8°

Schroeder, Nicolas: Kleine deutsche G r a m m a t i k für die lernbegierige Jugend. Luxemburg: V. Bück 1875. – 59 S. 8°

Schroeder, Nicolas: Die englische H e e r s c h a a r oder Gürtel-Bruderschaft des heil. Thomas von Aquin. [Luxemburg: P. Brück.] 8 S. 16°

Schroeder, Nicolas: Kleine K i r c h e n g e s c h i c h t e für die lernbegierige Jugend des Luxemburger Landes. Luxemburg: J. Hary 1879. – 1, 52 S. 8°

Schroeder, Nicolas: M i l i t i a angelica. Die englische Streiterschaar oder die Bruderschaft vom Gürtel des hl. Thomas. Luxemburg: P. Brück 1862. – 10 S. 12°

Schroeder, Nicolas: N a t u r k u n d e. Leitfaden der Naturgeschichte, Physik und Chemie in der Luxemburger Ober-Primärschule. Mit Genehmigung der Königlich-Großherzoglichen Unterrichts-Commission. Luxemburg: Witwe M. Bourger 1876. – 200, 1 S. 8°

Schroeder, Nicolas: R e d e bei der Schlußfeier der Oberprimärschule von Ettelbrück. Luxemburg: P. Brück 1878. – 15 S. 8°

Schroeder, Nicolas: Der R e l i g i o n s u n t e r r i c h t in der Oberprimärschule. Rede gehalten bei der Preisevertheilung der Oberprimärschule zu Ettelbrück, am 31. August 1873. Luxemburg: P. Brück 1874. – 14 S. 8°

Schroeder, Nicolas: Pensionat S t. J o s e p h an der Ackerbau-Schule zu Ettelbrück. Luxemburg: J. Hary 1881. – 3 S. 8°

Schroeder, Nicolas: S c h l u ß r e d e gehalten bei der Preiseverteilung an der Staatsackerbauschule zu Ettelbrück, den 9. August 1891, S. 103–107. Ettelbrück, Progr. 1892/93.

Schroeder, Nicolas: S c h l u ß r e d e gehalten bei der Preiseverteilung an der Staatsackerbauschule zu Ettelbrück, den 7. August 1892. S. 93–96. Ettelbrück, Progr. 1893/94.

Schroeder, Nicolas: Ueber die S t r a f e n. Rede gehalten bei der Preisevertheilung der Oberprimärschule zu Ettelbrück. Luxemburg: P. Brück 1876. 15 S. 8°

Schroeder, Nicolas: W a s wird aus unsern Zöglingen im Leben? Rede gehalten bei der Preisevertheilung der Oberprimärschule zu Ettelbrück. Luxemburg: P. Brück 1875. – 12 S. 8°

Schroeder, Nicolas: Der Z w e c k der Oberprimär-Schule. Rede gehalten bei der Preisevertheilung der Oberprimärschule zu Ettelbrück. Luxemburg: P. Brück 1871. – 18 S. 8°

S c h r ö d e r, Nic. Wilh., institutiones ad fundamenta c h a l d a i s m i Biblici etc. vide I n s t i t u t i o n e s.

Schröder, Nik. Wlh., († d. 30. Mai 1798.) institutiones ad fundamenta linguae hebraeae. 8. Gröning. 766. Novis indic. auct. et emend. cum append., chaldaismi biblici praecepta continens, a J. F. Gaum. 8maj. Ulm 778. Ed. II. 785. Ed. III. 792. Stettin. 1 ₰ 16 gl — Appendix separat. 8maj. ibid. 787. Ed. II. 811. 8 gl

Schröder, Nik. Wilh.: Programma academicum, de antiqua linguae Arabicae o r i g i n e, et hinc fluente intima eius cum Hebraea consanguinitate. Marburgi Cattorum 1743.

Schröder, Nik. Wilh., s. S c h u l t e n s, A.: Sylloge ...

(Schröder, Niss Ankjer:) K a t a l o g der Bibliothek des Königl. Gymnasiums Johanneum zu Hadersleben. Hadersleben. 1898–1901. 4°

†Schröder, N[is] A[nkiär]: Katalog der Bibliothek des Königl. Gymnasiums Johanneum nebst Realschule zu Hadersleben. 2. Nachtrag für 1901—1907. VIII, 32 S. 8.
Progr. Kgl. Gymn. (Johanneum) nebst Realschule *Hadersleben* 1909.

Schröder, N. A., der Knivsberg u. die deutsch. Volksfeste im nördlichen Schleswig. s.a. Volksfeste, deutsche. 2.

Schröder, N. A.: Der Knivsberg und die deutschen Volksfeste im nördlichen Schleswig. Leipzig 1899. 13 S. (Flugschr. f. Volks- u. Jugendspiele. 2.)

Die Nationalitäts- und Sprachverhältnisse des Herzogtums Schleswig bis zum Jahre 1864. [Verf.: Nis Ankjær **Schröder**.] 1. 10. Taus. Itzehoe: Itzehoer Nachrichten 1908. (24 S.) 8° [Umschlagt. F.]
Aus: Itzehoer Nachrichten. 108. 14415 B

Schröder, N. A. (Hrsg.), s. N o r d m a r k, Die.

— die Veranstaltung v. Jugendfesten an höh. Schulen, s.a. Volksfeste, deutsche. 6.

Schröder, N. A.: Die Veranstaltung von Jugendfesten an höheren Schulen. Leipzig 1900. 14 S. (Flugschriften f. Volks- u. Jugendspiele. 6.)

Der Deutsche Verein für das nördliche Schleswig und das Bismarck-National-Denkmal auf dem Knivsberge. Eine kurze Darlegung d. Entstehung d. Vereins u. d. Erbauung d. Denkmals, als Festschrift z. Einweihungsfeier 1901 im Auftr. d. Festausschusses hrsg. von N. A. **Schröder**. Mit 6 Bild. u. 2 Beilagen. Hadersleben: R. Martens 1901. (42 S.) 8° [F.]
[Umschlagt.:] Festschrift z. Einweihung d. Bismarck-Denkmals auf d. Knivsberge. 107. 4097

— der deutsche Verein für das nördliche Schleswig u. das Bismarck-National-Denkmal auf dem Knivsberge. Eine kurze Darstellg. der Entstehg. des Vereins u. der Erbauung des Denkmals, als Festschrift zur Einweihungsfeier am 4. VIII. 1901, im Auftrage des Festausschusses hrsg. Mit 6 Bildern u. 2 Beilagen. 8. (42 S.) Hadersleben 901. J. Dreesen's Nachf. n. — 50

Schröder, O. v., Entwurf einer vereinfachten Exercirvorschrift für die Infanterie, mit Beseitigung der bis jetzt bestehenden Normalordnung und mit Berücksichtigung der in den neuesten Kriegen gemachten Erfahrungen. gr. 8. (30 S. mit 2 Stnt. in 4.) Stuttgart 861, Aue. *

Ratgeber für gesunde und kranke Frauen von Dr. med. O. **Schröder**. 2. völlig umgearb. Aufl. von Dr. Th. Sommerfeld 'Die Frauenkrankheiten u. d. Entwickelungsperioden d. weibl. Geschlechtes'. *Berlin: O. Nahmmacher [1900].* (VI, 114 S.) 8° [F.] [01. 7186

Schroeder, Octavio, das Seeschiff auf der Elbe u. im hiesigen Hafen. Die wichtigsten das nach Hamburg kommende Seeschiff u. dessen Entlöschg. betr. Rechtsbestimmgn. gr. 8. (52 S.) Hamburg 890. Herold's Verl. n. 1. —

Schröder, O., Das Seeschiff auf der Elbe und im hiesigen Hafen. II. Aufl. Hamburg 1900. 8°.

Schroeder, Octavio, seagoing vessels in the river Elbe and the harbour of Hamburg. Being a review of the principal laws relating to vessels bound to Hamburg and their discharge of cargo at the port. gr. 8. (34 S.) Hamburg 891. Herold's Verl. n. 1. —

Eine gestielte Acanthometride ⟨Podactinelius sessilis Ol. Schr. N. G. N. Sp.⟩ der deutschen Südpolar-Expedition 1901–1903 von Dr. Olaw **Schröder** ⟨Heidelberg⟩. Mit Taf. 14 u. 15. (Berlin: G. Reimer 1907.) (S. 227–236.) 4°
= **Südpolar-Expedition**, Deutsche, 1901–1903. Bd 9, H. 4, 2. [07. 6750

Schröder, Olaw: Beiträge zur Kenntnis der Bauchsinnesorgane ⟨Bauchaugen⟩ von Eunice viridis Gr. sp. ⟨Palolo-Wurm⟩. Mit zwei lithographierten Tafeln und zwei Figuren im Text. Leipzig: W. Engelmann 1905. (20 S.) 8°
(Aus: „Zeitschrift für wiss. Zoologie" Bd 79. H. 1.)
Heidelberg, Naturw.-math. Fak., Ref. Bütschli, Diss. v. 17. Mai 1905

Echinogromia multifenestrata nov. gen. n. sp. Eine neue, zu d. Rhabdamminiden gehörende Rhizopodenart. Von Dr. Olaw **Schröder** ⟨Heidelberg⟩. Mit Taf. 26. (Berlin: G. Reimer 1907.) (S. 345–348.) 4°
= **Südpolar-Expedition**, Deutsche, 1901–1903. Bd 9. Zoologie. Bd 1, H. 5, 2. [07. 10001

— **Unbekannte treibende Eier und Cysten.** — Sticholonche zanclea (R. Hertwig) und Wagnerella borealis (Mereschkowsky), s.: Südpolar-Expedition, deutsche, 1901–1903. X, 3.

Die Infusorien der deutschen Südpolar-Expedition 1901–1903. Von Dr. Olaw **Schröder** ⟨Heidelberg⟩. Mit Taf. 27. (Berlin: G. Reimer 1907.) (S. 351–300.) 4°
= **Südpolar-Expedition**, Deutsche, 1901–1903. Bd 9. Zoologie. Bd 1, H. 5. 3. [07. 16069

Eine neue Mesozoenart ⟨Buddenbrockia plumatellae n. g. n. sp.⟩ aus Plumatella repens L. und Pl. fungosa Pall. Von O. **Schröder** in Heidelberg. Heidelberg: Winter 1910. 8 S. 8°
(Sitzungsberichte d. Heidelberger Akad. d. Wiss. Math.-naturw. Kl. Jg 1910, Abh. 6.) [10. 5578

Neue Radiolarien ⟨Cytocladus gracilis und C. maior⟩ der deutschen Südpolar-Expedition 1901–1903 von Dr. Olaw **Schröder** ⟨Heidelberg⟩. Mit Taf. 11–13 u. 1 Abb. (Berlin: G. Reimer 1907.) (S. 209–223.) 4°
= **Südpolar-Expedition**, Deutsche, 1901–1903. Bd 9, H. 4, 1. [07. 6779

Schröder, Oscar: Ueber Cystrofibroide des Uterus, speciell über einen Fall von intra-uterinem Cystofibroid. Strassburg: J. H. Ed. Heitz. Univ.-Buchdr., 1873. 67 S. 8°

Schroeder, Oscar: Aus d. Univ.-Klinik zu Königsberg i. P. Über einen seltenen Fall von Muskelzerreißung. Königsberg i. P. 1908: Kümmel. 20 S. 8°
Königsberg, Med. Diss. v. 24. Dez. 1908, Ref. Lexer
[Geb. 18. Juni 81 Majorenhof b. Riga; Wohnort: Riga; Staatsangeh.: Rußland; Vorbildung: Stadt-Gymn. Riga Reife 02; Studium: Dorpat 6, Königsberg 6 S.; Rig. 9. Dez. 08.] [U 09. 2382

Schröder, Osk., Nana Weber-Bell: Stimmbildungslehre. Materialien zur Stimmerziehung. u. -schulg. f. Lehrer, Redner (Schauspieler, Prediger, Juristen, Parlamentarier, Offiziere, Unteroffiziere) u. Sänger. (42 S.) 8. Marienberg 910. F. A. Schreiber. 1. —

Schroeder, Osw., mit Camera u. Feder durch die Welt Schilderungen v. Land u. Leuten nach Reiseerlebnissen. 5 Bde. 8. Oetzsch-Gautzsch. [Wanderer-Verlag.] Berlin, Heilbrunn & Co. Geb. in Leinw. à n. 6. —; erh. Preis à n. 8. —

I. Norwegen, das Land der Mitternachtssonne. Mit 36 photograph. u. handkolor. Vollbildern u. 30 Handzeichngn. (IX, 174 S. m. 1. Karte.) Leipzig 904.
II. Aegypten, das Land der Pyramiden. Mit 36 photograph. u. handkolorierten Vollbildern u. 30 Handzeichnungen (VIII, 196 S. m. 1 Karte). Leipzig 905.
III. Eine Reise nach Ostasien, v. Osw. Schroeder u. Ernst Pflanz. Mit 36 photograph. u. handkolor. Vollbildern, 35 Handzeichngn. u. 1 Weltkarte. (VIII, 210 S.) Leipzig 905.
IV. Quer durch Amerika. Wanderungen in Kalifornien u. Kanada. Mit 36 photograph. u. handkolor. Vollbildern, 36 Handzeichngn. u. 1 Weltkarte. (IX, 226 S.) Leipzig 906.
V. Mexiko. Eine Reise durch das Land der Azteken. Mit 36 photograph. Vollbildern, wovon 18 handkoloriert u. 30 Handzeichngn. (VIII, 199 S.) Leipzig 905.

Schröder, Otto [aus Neuruppin]: Über die Arten der Handelsverträge … Glarus ([Umschlagt.:] & Leipzig), Buchdr. v. B. Vogel ([Umschlagt.:] Schweizer. Verl.-Anst.), 1896; 73 S., 2 Bl. 8.
Heidelberg, Phil. Fak., Inaug.-Diss. v. [8. Aug.] 1896

Aufnahme und Studium an den Universitäten Deutschlands. Auf Grund amtl. Quellen u. mit besond. Berücks. d. Frauenstudiums hrsg. von Otto **Schröder**, Sekr. d. Univ. Rostock. Halle a. S.: Waisenhaus 1908. (220 S.) 8° [F.] [08. 11598 2

Schroeder, Otto, Bemerkungen zum Hildebrandsliede. Inaugural-Dissertation. gr. 8. (32 S.) Berlin 880. (Jena, Deistung's Buchh.) * — 60
Vergriffen.

Schroeder, Otto, Bemerkungen zum Hildebrandsliede. [Aus: „Symbolae Joachimicae".] gr. 8. (32 S.) Berlin 880. (Calvary & Co.) n. 2. —

Schröder, Otto, Bericht über die Heilquelle Münchshofen in Niederbayern, während der Monate Juli, August u. Septbr. des Jahres 1843 und von den Jahren 1844 und 1845. 8. Straubing 846, Schorner'sche Buchh. 2 ngl

Schröder, (O[tto]), Stadtbaumeister: Beschreibung des Oberrealschulgebäudes. Oldesloe 1909: Schüthe. S. 5—7, 17—19. 4°
Oldesloe, OR P 1909 (400) [S 09. 419

Schröder, Otto, s.: „Bruder Studio".

Schröder, O., Die juristische Doktorwürde (Dr. utriusque juris) bezw. der Doktorgrad in den Staatswissenschaften (Dr. rerum politicarum) an den Universitäten Deutschlands. Mit e. Anh.: Enth. die gesetzl. Vorschriften üb. die erste jurist. Prüfg. Mit Textabdr. der amtl. Satzgn. hrsg. (90 S.) gr. 8. Halle, Buchh. des Waisenhauses. 1908 1. —

— Die medizinische Doktorwürde an den Universitäten Deutschlands. Mit e. Anhang, enth. die Vorschriften f. die ärztl. Vor- u. Hauptprüfg. Mit Textabdr. der amtl. Satzgn. hrsg. (Neue Ausg. m. den Andergn. der Universität Berlin vom 1. II. 1909.) (118 S.) 8. Ebd. 908. 1. 50

— Die philosophische Doktorwürde an den Universitäten Deutschlands. Mit Textabdr. der amtl. Satzgn. hrsg. (85 S.) gr. 8 Ebd. 908. 1. —

SCHROEDER, Otto (Landau): De cerebri emollitione.- Monachii: Giesser 1838. 16 S. 20.8.1838 - Urk (Titel: De emollitione cerebri.); F 64
Diss. Ingolst.-Landsh.-Mchn.

Die Erlangung der philosophischen Doktorwürde an den Universitäten Deutschlands. Mit e. Abdr. d. sämtl. Promotionsbestimmungen. Hrsg. von Otto **Schröder**, Sekr., Rostock. Leipzig: H. Beyer [1906]. (102 S.) 8° [06. 19481

Schröder, Otto: Die Erlangung der philosophischen Doktorwürde an den Universitäten Deutschlands. 2. Aufl. Leipzig (1908?)

Die Erteilung der Doktorwürde an den Universitäten Deutschlands. Mit Textabdr. d. amtl. Satzungen hrsg. von Otto **Schröder**, Sekr. d. Univ. Rostock. Halle a. S.: Waisenhaus 1908. (356 S.) 8° [5.] [o4. 17321 9

— Die Erteilung der theologischen Grade (Lic. theol. u. Dr. theol.) an den Universitäten Deutschlands. Mit Textabdr. der amtl. Satzgn. hrsg. (72 S.) gr. 8. Ebd. 908. 1. —

SCHRÖDER, Otto (Friedrichskoog): Ein Fall von circulärer Darmresection bei Anus praeternaturalis.- München: Fuller 1894. 45 S.
5.6.1894 - Chr 1893/94,14; Jv 1893/94,204
Diss. Ingolst.-Landsh.-Mchn.

— Γένοι' οἷος ἐσσὶ μαθών. Gel. 1899. 10 S.

Schroeder, Otto, heilig ist mir die Sonne. Montagsansprachen. gr. 8. (VI, 47 S.) Leipzig 901. B. G. Teubner. n. 1. 20

Schroeder, Otto: Das Hildebrandslied griechisch. S. 267—269. 8.
In: Novae symbolae Joachimicae. Festschrift aus Anlaß des 300 jähr. Jubil. veröffentl. v. d. Lehrer-Kollegium des Kgl. Joachimsthalschen Gymn. Berlin 1907.
Progr.

Schröder, Otto, s.: **Hochschul-Kalender**, allgem. deutscher.

— Das höhere Lehramt im Großherzogt. Mecklenburg-Schwerin. Bestimmungen üb. Studium, Ablegg. der Staatsprüfg., Promotion, Anstellg. u. Besoldg. m. besond. Berücksicht. d. Vorschriften f. das Studium u. die Prüfg. der Oberlehrerinnen. (96 S.) gr. 8. Wismar 910. Hinstorff's Verl. 1. 80

Schröder, Otto, a. Berlin: Marlowe und Webster. Halle a. S. 1907: H. John. (32 S.) 8°
Halle, Phil. Fak., Ref. Wagner, Diss. v. 26. Juni 1907
[Geb. 3. Sept. 84 Berlin; Wohnort: Halle a. S.; Staatsangeh.: Preußen; Vorbildung: Friedrichs-Realgymn. Dessau Reife O. 03; Studium: München 2, Leipzig 1, Halle 6 S.; Rig. 15. Febr. 07.]

Die Ordnung des Studiums für das Höhere Lehramt in Deutschland und die gesetzlichen Prüfungsbestimmungen in den einzelnen deutschen Bundesstaaten. Mit Stundenplänen u. mit d. Bestimmungen f. d. Erwerbung d. philos. Doktorwürde an allen deutschen Univ. Hrsg. von Otto **Schröder**, Sekr. d. Univ. Rostock. Leipzig: H. Beyer (1906). (VII, 400 S.) 8° [o6. 8133

— Die juristischen Prüfungen im Großherzogt. Mecklenburg-Schwerin u. das juristische Studium. Mit den Vorschriften üb. die Immatrikulation, dem Lehrplan u. den Promotionsvorschriften der jurist. Fakultät der Universität Rostock. (56 S.) gr. 8. Ebd. 910. 1. 40

Schroeder, Otto. Der Schulfriede v. 1890. Randbemerkungen zur Dezemberkonferenz. [Durch Neubergn. u. Zusätze erweit. Sonderdr. aus: „Grenzboten".] gr. 8. (29 S.) Berl. 891, Walther (u. Apolant). * — 50

Schroeder, Otto, vom papiernen Stil. gr. 8. (93 S.) Berlin 889. Walther & Apolant, Verl. n. 2. —; geb. n.n. 3. —

— Vom papiernen Stil. 1. Aufl. (93 S.) 889; 2. Aufl. (VI, 102 S.) 891; 3. durchgeseh. Aufl. gr. 8. (VIII, 102 S.) Ebd. 892. * 2 —; geb. * * 3 —

— vom papiernen Stil. 2. u. 3. durchgeseh. Aufl. gr. 8. (VIII, 102 S.) Ebd. 892. n. 2. —; geb. in Leinw. n.n. 3. —

Schroeder, Otto, vom papiernen Stil. 4., durchgeseh. Aufl. gr. 8. (VIII, 102 S.) Berlin 896. H. Walther. n. 2 —; geb. n.n. 3. —

Otto **Schroeder**. Vom papiernen Stil. 5. durchges. Aufl. Leipzig: B. G. Teubner 1902. (VIII, 102 S.) 8° [o3. 11655

Otto **Schroeder**. Vom papiernen Stil. 6. durchges. Aufl. Leipzig & Berlin: B. G. Teubner 1906. (VIII, 102 S.) 8° [o6. 939

Otto **Schroeder**. Vom papiernen Stil. 7. durchges. Aufl. Leipzig & Berlin: B. G. Teubner 1908. (VIII, 102 S.) 8° [o8. 1317

— Stipendien und Studienunterstützungen im Großherzogt. Mecklenburg-Schwerin und im Großherzogtum Mecklenburg-Strelitz. (VII, 84 S.) gr. 8. 1. 80
Wismar: Hinstorff 1910.

Schroeder, Otto, Studia Pindarica. gr. 4. (8 S.) Berlin 878, (Calvary und Comp.) * 1 —

Schröder, Otto Pindarica. S. 1—8. **Progr.** Joach. Berlin 1878.

Das Studium der Pharmazie u. d. gesetzl. Vorschriften f. d. Prüfung d. Apotheker im Deutschen Reich. Hrsg. von Otto **Schröder**, Sekr. d. Univ. Rostock. Halle a. S.: Waisenhaus 1910. (45 S.) 8° [10. 11038

Das Studium der Zahnheilkunde und die gesetzlichen Vorschriften für die Prüfung der Zahnärzte im Deutschen Reich. Hrsg. von Otto **Schröder**, Sekretär d. Univ. Rostock. Halle a. d. S.: Waisenhaus 1910. 46 S. 8° [10. 10313 9

SCHRÖDER, Otto (München): Über die Therapie der Netzhautablösung. (Titel nach der Urkunde) 29.7.1886 - Urk; Chr 1886/87,11 (Prom.-Datum 14.7.1886)
Diss. Ingolst.-Landsh.-Mchn.

Schroeder, Otto, Prof. Dr.: De tichoscopia Euripidis Phoenissis inserta. Berlin 1906: W. Büxenstein. (15 S.) 4°
Berlin, k. Joachimsthalsches G P 1906 (66)

Schroeder, Otto, de tichoscopia Euripidis Phoenissis inserta. (Eu. Phoen. 103—192.) Progr. (15 S.) Lex.-8. Leipzig 906. Buchh. G. Fock. n. 1. —

Schröder, Otto, s.: Universitäts- und Hochschul-Kalender, allgemeiner deutscher.

— s.: Universitäts-Kalender, Rostocker, u. Fremdenführer.

Otto **Schroeder**. Vorarbeiten zur griechischen Versgeschichte. Leipzig & Berlin: B. G. Teubner 1908. (VI, 166 S.) 8° [o8. 3600 9

— Die Vorgeschichte des Homerischen Hexameters. (S. 229—239.) gr. 8. München 907. G. Franz' Verl. — 20
Sonderabdr. a.: „Sitzungsber. d. bayer. Akad. d. Wiss."

Schroeder, Otto: Griechische Zweizeiler. S. 23—45. 8.
In: Novae Symbolae Joachimicae. Festschrift aus Anlaß des 300 jähr. Jubil. veröffentl. v. d. Lehrer-Kollegium des Kgl. Joachimsthalschen Gymn. Berlin 1907.
Progr.

— Griechische Zweizeiler. (23 S.) gr. 8. Halle 907. Buchh. des Waisenhauses. — 50
Sonderabdr. aus: „Novae symbolae Joachimicae".

Schroeder, P. R., de eo, quod justum est circa novi anni vota. Regiom. 1721. 4.

Schröder, P. Ri., origines praecipuarum iuris civilis materiarum. 4. Königsb. Hartung. 723.

Schröder, Paul, alarmiert, s.: Lustspiele f. Feuerwehren 3.

Schröder, Paul: Über chronische Alkoholpsychosen. Halle a. S.: C. Marhold 1905. (82 S.) 8°
Breslau, Med. Fak., Hab.-Schr. v. 24. Febr. 1905

Über chronische Alkoholpsychosen. Von Dr. Paul **Schröder**, Assist. zu Breslau. Halle a. S.: C. Marhold 1905. (82 S.) 8°
= **Sammlung** zwangloser Abhandlungen aus d. Geb. d. Nerven- u. Geisteskrankheiten. Bd 6, H. 2/3. 1-5. 4494 3

Schröder, Paul, Atlas des Gehirns. s.: Wernicke, C.

Landwirtschaftliche Betriebseinrichtung und Betriebsleitung. Von Paul **Schroeder**. Hannover: M. Jänecke 1908. (VIII, 103 S.) 8° [F.]
= **Bibliothek** d. gesamten Landwirtschaft. Bd 3. 10. 10,7 7

— der Brandstifter, s.: Mehratter. 1.

— König Dampf, s.: Lustspiele. 15.

Schröder, Paul, Einführg. in die Histologie u. Histopathologie des Nervensystems. 8 Vorlesgn. (VI, 101 S.) gr. 8. Jena 908. G. Fischer. 2. 80

Zur Erinnerung an den Heimgang des Herrn D. Dr. Otto Frick, Dir. d. Franckeschen Stiftungen. (Verf.: [Paul] **Schröder**.) Halle a. S.: Waisenhaus 1892. 32 S. 8°

Schroeder, Paul von: Über Erstarrung- und Quellungserscheinungen von Gelatine. Mit 7 Fig. im Text. Leipzig: W. Engelmann 1903. (47 S.) 8°
(Aus: Zeitschr. f. physikal. Chemie Bd 45, H. 1.)
Leipzig, Phil. Diss. v. 1903

— Feuerlärm, s.: Lustspiele f. Feuerwehren. 2.

— in Freud u. Leid. Lebende Bilder m. verbind. Text. (12 S.) 16. Frankenhausen (905). Leipzig, Rauh & Pohle. n. 1.—

— d. Getreuen v. Jever, s.: Lustspiele. 13.

Schröder, Paul (Wilhelm): Herzkrankheiten nach Scharlach und Diphterie ... Berlin: C. Vogts Buchdr., 1895. 71 S. 8°
Berlin, Med. Fak., Inaug.-Diss. v. 22. Febr. 1895

[illegible] Paul [illegible] zur [illegible]
[illegible] Halle-Wittenberg [illegible]
[illegible]
Progr.

— ihr Lieblingslied, s.: Lustspiele. 14.

Schroeder, Paul [pr. Arzt, aus Berlin]: Lungengangrän bei Perforation des Oesophagus durch verschluckte Fremdkörper ... Berlin, Druck v. E. Ebering, *1897*; 26 S., 1 Bl. 8.
Berlin, Med. Fak., Inaug.-Diss. v. 2. Aug. 1897

'Reitweinsche Merkwürdigkeiten'. Geschichte d. Dorfes Reitwein im Oderbruch von Paul **Schroeder**, Pfarrer in Reitwein. Mit 1 Karte d. Reitweiner Berge. (Reitwein: Selbstverl.; Berlin: G. Nauck in Komm. 1904. (VIII, 170 S.) 8° [F.] 07. 5148 11

Schroeder, [illegible]
[illegible]
Berl., Med. Diss. v. [illegible]

Schroeder, G[ustavus] A[lbertus] **Paul[us]**: • De Linguae Phoeniciae Proprietatibus. 48 S. 4° (2°)
Als Teildr. ersch. S. 1—30 u. 48 u. d. T.: Schroeder, Paulus: De linguae Phoeniciae proprietatibus. Part. 1. Halis (1867): Orphanotropheum. 28 S. 8°
Halle-Wittenberg, Phil. Diss. v. 23. März 1867
Geb. [Elsterwerda (Kr. Liebenwerda) 1. 2. 1844]
Im Buchhandel Halle: Anton 1867. 30 S. 8° — Ersch. umgearb. und erweit. (deutsch) u. d. T.: Die phönizische Sprache. Entwurf einer Grammatik nebst Sprach- und Schriftproben. Mit e. Anhang, enthaltend eine Erklärung der punischen Stellen im Pönulus des Plautus. Mit 22 Taf. Halle: Waisenhaus 1869. X, 342 S. 8°

Schröder, Paul, Streiflichter. Das Buch f. mein Püppchen. (168 S.) 8. Hamburg 903. O. Meißner's Verl.
Geb. in Leinw. n. 3. —

Schröder, P., Theorien über die willkürliche Hervorbringung d. Geschlechts beim Menschen. Eine krit. Studie. gr. 8. (47 S.) Berlin 890. Cassirer & Danziger. n. 1. 50

Schröder, Paul, die Typhusepidemie in Weende im Winter 1894/95. Diss. gr. 8. (48 S.) Göttingen 897. (Vandenhoeck & Ruprecht.) n. 1. 20

— wohlthätig ist d. Feuers Macht, s.: Lustspiele f. Feuerwehren. 1.

Schröder, Paul Friedrich

Schröder, Paul Frdr., Graf Götzen. Vaterländisches Schauspiel in 3 Aufzügen m. e. Nachspiel. gr. 8. (67 S. m. 1 Bildnis.) Oppeln 902. G. Maske. n. 1. 20

Die **Hexe** von Glatz. Ein geschichtl. Roman aus d. Jahrhundert d. dreissigjähr. Krieges. Von Paul Friedr. **Schröder**. *Oppeln: G. Maske 1902.* (263 S.) 8° [F.]

Schröder, Paul, Frdr., Zwergkönig Laurin. Freie Bearbeitg. des gleichnam. Spielmannsgedichtes aus d. Anfange des 13. Jahrh. 2. Aufl. (28 S.) 8. Bozen 906. (F. Moser.) —50

Schroeder, Pet., aus stillem Tale. Gedichte. (VIII, 219 S.) 8. Dresden (909). E. Pierson. 2.50; geb. n 3. 50

Schröder, Peter H.

Schröder, P. H., d. Karfunkelturm. E. Sage aus d. Tatra. 8. (117 S.) Leipzig 896. W. Friedrich. n. 2. —

Schröder, P. H., der Karfunkelturm. Eine Sage aus der Tatra. 2. [Titel-]Aufl. 8. (117 S.) Paderborn [896.] 899. „Westfalia". n. 2. —

Schröder, Philipp, prakt. Arzt in Gnoien: **Aus** d. Hygien. Institut zu Rostock. Der **Altersaufbau** der Bevölkerung der Stadt Rostock tabellarisch und graphisch dargestellt mit kurzen Erläuterungen. *Rostock 1899: C. Boldt.* (21 S.) 8°
Rostock, Med. Diss. v. [4. Okt.] 1899

Schröder, Philipp Georg

Schroeder, Ph. Ge., resp. Go. Phil. **Koch**, De apoplexiae ex praecordiorum vitiis origine analecta. 43 pp. Gött. 4°. *Vogel*, N. Bibl. VIII, 65. 1767

Schroeder, Ph. G., De convulsionibus ex haemorrhagia nimia oriundis. 46 pp. Marb. 4°.
1752

Schroeder, Philipp Georg [Praes.], s. Ebeling, Levin Arnold: De inflammatione diaphragmatis.

Schroeder, Philipp Georg [Praes.], s. Fein, Karl Heinrich: De indole ac sede phrenitidis et paraphrenitidis analecta.

Philipp Georg Schroeder

De Inflammatione diaphragmatis. [Resp.:] Levin Arnold Ebeling. Gottingae (1771:) Bieterich. 55 S. 8°

Göttingen, Med. Diss. v. 3. Jan. 1771

Schröder, Ph. Geo., († d. 14. März 1772.) opuscula medica. Collecta studio J. C. G. Ackermann. II Voll. 8maj. Nürnb. 778 u. 779. (Eichhorn). 3 ℔ 8 ℊ (Lauffer in Leipz.) 2 ℊ 16 ℊ

Schröder, P. G., opuscula medica studio Ackermann. II Vol. 8.maj. Nürnb. Grattenauer. 778–79.

Philippi Georgii Schroeder Opuscula medica antehac seorsim ed., nunc vero coll. studio Ioannis Christiani Gottl[ieb] Ackermann, Vol.1.2. Norimbergae: Lochner 1778–79. 8°

Schroeder, Ph. Ge., De sede et indole phrenitidis et paraphrenitidis. Gott. 4°. Opusc. I.
1766

Schröder, R., Die Erbsälzer zu Werl. Ein Beitrag zur Lehre vom Gesamteigentum und der Stammgutsnachfolge. Weimar, 1890. 35 S.

Schröder, R., Fachzeichnen f. Goldarbeiter, s.: Lehrhefte f. d. Fachzeichnen an gewerbl. Schulen. (Freter, J.)

Schröder, R.: Der Sportfreund. Handbuch für Ball- u. Rasenspiele u. volkstümlichen Sport. Berlin 1902. 48 S.

SCHRÖDER, R. Hugo (Landau): De blepharophthalmia blennorrhoica neonatorum.- Monachii: Giesser 1841. 2 Bl.,15 S.
31.3.1841 - Urk; F 65
Diss. Ingolst.-Landsh.-Mchn.

Schroeder, Reinhold, Referendar: Die rechtsgeschäftliche Entstehung des Sachnießbrauchs nach gemeinem Recht und Bürgerlichem Gesetzbuche. Borna-Leipzig 1908: Noske. VIII, 48 S. 8°
Breslau, Jur. Diss. v. 30. Okt. 1908, Ref. Leonhard-Schott
[Geb. 25. Febr. 83 Wien; Wohnort: Hirschberg i. Schl.; Staatsangeh.: Preußen; Vorbildung: Gymn. Eutin Reife O. 02; Studium: Freiburg i. B. 1, Berlin 3, Kiel 2 S.; Rig. 4. Juni 08.] [U 09. 519

Schröder, Reinhold Heinrich A. S. 272/11

Meditationes academicae de cura reipublicae circa alendos pauperes, sive Von Verpflegung der Armen. Präs. Christian Heinrich Güther. Königsberg/P. (Reusner) 9. VI. 1730. 33 S.

Gew.: Stadt Königsberg. 31498

Schröder, Richard

Schröder, Rich., die Anfangsgründe der Differentialrechnung u. Integralrechnung. Für Schüler v. höh. Lehranstalten u. Fachschulen sowie zum Selbstunterricht dargestellt. Mit zahlreichen Uebungsbeispielen u. 27 Fig. im Text. (VII, 131 S.) gr. 8. Leipzig 905. B. G. Teubner. Geb. n. 1. 60

Schroeder, R., Anleitung zur Anlage u. Konservierung v. Naturaliensammlungen. Für Schüler zusammengestellt. 8. (V, 32 S.) Halle 883. Buchh. d. Waisenhauses. n. – 50

Schröder, Richard [Rekt. Dr.]: Aufgabe und amtliche Stellung des Real-Progymnasiums. Naumburg a/S., Druck d. G. Pätz'schen Buchdr. (1890); S. 3–4; 4°
Naumburg a/S., st. RPG u. VS, OP 1890

Schröder, Richard, Direktor Dr.: Aufgaben zur Quadratur der Kegelschnitte. Für Primaner höherer Lehranstalten. Groß-Lichterfelde 1906: J. Unverdorben. (19 S.) 8°
Groß-Lichterfelde, OR OP 1906 (154)

SCHROEDER, RICHARD. Beiträge zur Kenntnis quaternärer Jodide der Pyrazolreihe. Jena, 1897. Diss.v.21.Nov.1896.

Schröder, Richard, s. Beiträge zum Wörterbuch der deutschen Rechtssprache. Richard Schröder zum 70. Geb. 1908.

Schroeder, s.: Bericht der Reichstags-Kommission üb. den Entwurf e. bürgerlichen Gesetzbuchs.

Schroeder, Rich., s. Bluhme, F., drei Abhandlungen zur Geschichte des deutschen Rechts.

Schroeder, Rich.: Historiae iuris Rhenani caput quoddam. Bonn 1871.
(in: Drei Abhandlungen z. Gesch. d. dt. Rechts. Festgruss aus Bonn für C. G. Homeyer.)

Schröder, Richard, (Direktor) Dr.: Die Cissoide des Diokles nebst Lehrsätzen, Formeln und Aufgaben. Für Primaner höherer Lehranstalten dargestellt. (Gr.-Lichterfelde) 1905: (Fr. Herrmann). (45 S.) 8°
Groß-Lichterfelde, OR OP 1905 (146)

—— s.o.Corpus juris civilis für das deutsche Reich und Oesterreich.

(Schröder, Rich.): Corpus iuris civilis für das Deutsche Reich u. Oesterreich. Sammlung der das bürgerl. Recht betr. deutsch. u. österreich. Spezialgesetze. Bonn.

Th. 1. Das Allgemeine deutsche Handelsgesetzbuch u. die Allgemeine deutsche Wechselordnung nebst den ergänzenden handels- u. seerechtl. Gesetzen. 3. Aufl. 1876.
„ 2. Die privatrechtl. Gesetze des deutschen Reichs u. Oesterreichs nebst dem preuß. allgem. Berggesetze u. d. Abweichungen der auf demselben beruhenden Berggesetze anderer deutscher Staaten. 1877.

Schröder, Rich., Corpus juris civilis für das Deutsche Reich und Oesterreich. Sammlung der das bürgerl. Recht betr. deutschen und österreichischen Specialgesetze. 1. Thl. A. u. d. T.: Das allgemeine deutsche Handelsgesetzbuch und die allgemeine deutsche Wechselordnung, nebst den ergänzenden handels- und seerechtl. Gesetzen für das Deutsche Reich und Oesterreich. Mit ausführl. Sachregister. 2. Ausg., bis zum J. 1880 ergänzt. 8. (X, 518 S.) Bonn 880, Weber's Verlag. cart. * 2 60

Schroeder, Rich. De dote secundum leges gentium Germanicarum antiquissimas. Berolini (1861) (110 S.) 8°
Berlin, Jur. Diss. v. 1. Febr. 1861

Schröder, Richard: Das Dreieck und seine Berührungskreise. Ein Übungsgebiet aus d. rechnenden Geometrie. T. 1. (Groß-Lichterfelde 1909: Herrmann.) 41 S. 8°
Groß-Lichterfelde, OR OP 1909 (173) [S 09. 420

Schröder, Richard: Das Dreieck und seine Berührungskreise. Ein Übungsgebiet aus der rechnenden Geometrie. Für Schüler höh. Lehranstalten dargest. T. 2. (Groß-Lichterfelde 1910: Herrmann.) 30 S. 8° ¶ (Forts. d. P-Beil. 1909.)
Gr.-Lichterfelde, OR OP 1910 (176) [S 10. 305

Schröder, Richard: Die Entwickelung und der Stand der Zentralheizungindustrie. Diss. Heidelberg. Berlin-Charlottenburg 1910

Schröder, Rich. Das Familiengüterrecht in dem Entwurfe e. bürgerlichen Gesetzbuches f. das Deutsche Reich, s. Beiträge zur Erläuterung u. Beurtheilung d. Entwurfes e. bürgerlichen Gesetzbuches f. das Deutsche Reich. 15.

Schröder, Rich., s.: Festschrift zur 50jähr. Doctorjubelfeier Karl Weinholds.

Schröder, Rich., s.: Festschrift f. den XXVI. deutschen Juristentag.

Schröder, Rich., üb. eigentüml. Formen d. Miteigentums im deutschen u. französ. Recht, s.: Festgabe z. Feier d. 70. Geburtstages d. Grossherzogs Friedrich v. Baden.

Schröder, Rich., die Franken und ihr Recht. gr. 8. (82 S.) Weimar 881, Böhlau. * 1 60
Aus: Zeitschrift der Savigny-Stiftung für Rechtsgeschichte, besonders abgedruckt.

Geschichte der Freimaurerei i. O. Naumburg an der Saale. Im Auftr. der g. u. v. St. Joh.-□ zu den drei Hammern dargest. von Rich. Schröder. Als Ms. f. Bbr. gedr. Naumburg a. d. S. 1896. 251 S. 8⁰
Recens: Bbl. 10 (1896) S. 514 (A. W. Sellin). Nebst Verzeichn. der Mitgl. von 1749—1896.
23. 281.

Schroeder, Rich., Geschichte des ehelichen Güterrechts in Deutschland. 1. Thl. Die Zeit der Volksrechte. Stettin 863. Saunier. gr. 8. (XV, 192 S.) 1 ℛ

Schroeder, Rich., Geschichte des ehelichen Güterrechts in Deutschland. 2. Thl. 1. Abthl. Das eheliche Güterrecht in Süddeutschland u. der Schweiz im Mittelalter. Stettin 868. Saunier's Buchh. gr. 8. (XIV, 234 S.) 1 ℛ 10 ngr.

Schroeder, Rich., Geschichte d. ehelichen Güterrechts in Deutschland. 2. Thl. 2. u. 3. Abth. gr. 8. Stettin 871. 74. Saunier. n. 16. 25 (I—II, 3.: n. 23. 25)
2. Das fränkische eheliche Güterrecht im Mittelalter. (XVI, 274 S.) 5. 75
3. Das eheliche Güterrecht Norddeutschlands u. der Niederlande im Mittelalter. (XVI, 428 S.) 10. 50

Schröder, Richard. Glaube und Aberglaube in den altfranzösischen Dichtungen. Diss. Göttingen 1886, Dieterichsche Univ.-Buchh. 8⁰. 36 S.

Schröder, Rich., Glaube u. Aberglaube in den altfranzösischen Dichtungen. Ein Beitrag zur Kulturgeschichte d. Mittelalters. gr. 8. (175 S.) Erlangen 886. Deichert. n. 2 60

Schröder, Richard [Dr., Dir.]: *Die Gründung der Realschule. Gr. Lichterfelde, J. Unverdorben, 1896;* 21—23 S. 4.
Grofs-Lichterfelde, R, P 1896 (130)

Schröder R, das eheliche Güterrecht Deutschlands in Vergangenheit, Gegenwart und Zukunft. (Zeit- und Streitfragen 59) Berlin 1875

— das eheliche Güterrecht Deutschlands in Vergangenheit, Gegenwart u. Zukunft, s. a. Zeit- u. Streit-Fragen, deutsche.

— d. eheliche Güterrecht nach d. Entwurf e. bürgerl. Gesetzbuchs, s. a. Sammlung v. Vorträgen üb. d. Entwurf e. bürgerl. Gesetzbuches, Hft. 2.

[F.] Das eheliche Güterrecht nach dem Entwurf eines Bürgerlichen Gesetzbuchs in der Fassung der dem Reichstag gemachten Vorlage. E. Darstellg u. Erläut. v. Dr. R[ichard] **Schröder,** Prof. ... an d. Univ. Heidelberg. *Berlin: J. Guttentag 1896.* (2 Bl., 30 S.) 1 Bd 8.
= **Sammlung** v. Vorträgen üb. d. Entwurf e. Bürgerl. Gesetzb. in d. Fassg der d. Reichst. gem. Vorlage. H. 2. [96. 7836

[F.] Das eheliche Güterrecht nach dem Bürgerlichen Gesetzbuche für das Deutsche Reich in seinen Grundzügen. Von Dr. R[ich.] **Schröder,** Prof. ... zu Heidelberg. *Berlin: J. Guttentag 1896.* (36 S.) 1 Bd 8.
= **Recht,** Das, d. Bürgerlichen Gesetzbuchs in Einzeldarstellgn. [No 2.] [97. 3607

Schröder, R[ichard]: Das eheliche Güterrecht nach dem Bürgerlichen Gesetzbuche für das Deutsche Reich in seinen Grundzügen. 2. völlig umgearb. Aufl. Berlin: J. Guttentag 1899. (78 S.) 8⁰
= Recht, Das, d. Bürgerl. Gesetzbuchs in Einzeldarstellungen. No 2.

Das eheliche Güterrecht nach dem Bürgerlichen Gesetzbuche für das Deutsche Reich in seinen Grundzügen. Von Dr. R[ichard] **Schröder,** Prof. zu Heidelberg. 3. verm. u. verb. Aufl. *Berlin: J. Guttentag 1900.* (91 S.) 8° [F.]
= **Recht** d. Bürgerl. Gesetzbuchs in Einzeldarstellungen. No 2. [01. 681

— das allgemeine deutsche Handelsgesetzbuch u. die allgemeine deutsche Wechselordnung, nebst den ergänz. handels- u. seerechtl. Gesetzen des deutschen Reiches. Mit ausführlichem Sachregister. [Aus: „Corpus juris civilis für das Deutsche Reich u. Oesterreich".] 4. Aufl. 8. (VI, 336 S.) Bonn 878. Weber. cart. n. 3. —

— dasselbe. 5. Aufl. 8. (VI, 345 S.) Ebend. 880. cart. n. 2. 60

Schröder, Rich., das allgemeine deutsche Handelsgesetzbuch u. die allgemeine deutsche Wechselordnung, nebst den Abweichgn. der schweizer. Wechselordng. u. den ergänz. handels- u. seerechtl. Gesetzen d. Deutschen Reiches. 6. Aufl. 8. (VI, 348 S.) Bonn 884. Weber. geb. n. 2. 80

Schröder, Rich., das allgemeine deutsche Handelsgesetzbuch u. die deutsche Wechselordnung, nebst den Abweichgn. der schweizer. Wechselordng. u. den ergänz. handels- u. seerechtl. Gesetzen d. Deutschen Reiches. Mit ausführl. Sachregister. 7. Aufl. gr. 8. (VI, 339 S.) Bonn 891. E. Weber. Geb. in Leinw. n. 3. —

— dasselbe. 7. Aufl. 2. Ausg. Mit e. Nachtrag, enth. I. Gesetz, betr. die Gesellschaften m. beschränkter Haftpflicht. II. Gesetz, betr. den Schutz v. Gebrauchsmustern. gr. 8. (VI, 339 u. 20 S.) Ebd. 892. Geb. in Leinw. n. 3. —

— d. allgem. deutsche Handelsgesetzbuch u. d. deutsche Wechselordnung, nebst d. Abweichgn. d. schweiz. Wechselordng. u. d. ergänz. handels- u. seerechtl. Gesetzen d. Deutschen Reiches. M. ausführl. Sachregister. 7. Aufl. 3. Ausg. II. Nachtrag. gr. 8. (S. 21—61.) Bonn 894. A. Marcus & E. Weber's Verl. Für Abnehmer d. Hauptwerks unberechnet.

— dasselbe, nebst den ergänz. Gesetzen des Deutschen Reiches. Mit ausführl. Sachregister. 8. Aufl. I. Thl.: D. Handelsgesetzbuch u. d. Wechselordng. II. Thl.: D. ergänz. Gesetze d. Deutschen Reiches. 8. (XXXVII, 184 u. 228 S.) Ebd. 896. Geb. in Leinw. n. 2. 50

Schröder, Richard, a. Stralsund: Handschriftenverhältnis und Text der altfranzösischen Achtsilbnerredaktionen der „Heirat Mariae". Greifswald 1908: H. Adler. (30 S.) 8°
Greifswald, Phil. Fak., Ref. Stengel, Diss. v. 20. Juni 1908
[Geb. 24. Sept. 82 Stralsund; Wohnort: Stralsund; Staatsangeh.: Preußen; Vorbildung: Realgymn. Stralsund Reife O. 03; Studium: Berlin 8, Greifswald 1 S.; Rig. 21 Dez. 07.]

Die deutsche Kaisersage. Akad. Rede ... am 21. Nov. 1891 beim Vortrage d. Jahresberichtes u. d. Verkündg d. akad. Preise geh. v. Dr. Richard **Schröder,** o. ö. Prof. d. deutschen Rechts, d. z. Prorector ... Heidelberg, Univ.-Buchdr. v. J. Hörning, 1891; 45 S. 4.

Schröder, Rich., die deutsche Kaisersage u. die Wiedergeburt des Deutschen Reiches. Zwei Vorträge. gr. 8. (63 S.) Heidelberg 893. C. Winter. n. 1. 80

Schröder R, die niederländischen Kolonien in Norddeutschland zur Zeit des Mittelalters. (Samml. gemeinverstandl. wissenschaftl. Vorträge 347) Berlin 1880

—— die niederländischen Kolonien in Norddeutschland zur Zeit des Mittelalters, s. a. Sammlung gemeinverständlicher wissenschaftlicher Vorträge.

Schröder, Richard [Dr.]: Die schalentragenden Landschnecken welche bei Naumburg a/S. am häufigsten vorkommen. ... Naumburg, Druck v. H. Sieling (1889); 16 S. 8⁰
Naumburg a S., RPG, OP 1889 (262)

Schröder, Rich. Lehrbuch der deutschen Rechtsgeschichte. gr. 8. (1. Abtl. 256 S. mit eingedr. Abbild. und 4 Karten.) Leipzig 887, Veit und Comp. *

Schröder, Rich. Lehrbuch der deutschen Rechtsgeschichte. gr. 8. (X, 868 S. m. 1 eingedr. Abbildg. u. 4 Taf.) Lpz. 889, Veit u. Comp. * 20 —; geb. * 22 50

— Lehrbuch der deutschen Rechtsgeschichte. 2., wesentlich umgearb. Aufl. Lex.-8. (VIII, 901 S. m. 1 Abbildg. u. 4 farb. Karten.) Leipzig 894. Veit & Co. n. 20. —; geb. in Halbfrz. n. 22. —

Lehrbuch der deutschen Rechtsgeschichte. Von Dr. Richard Schröder, Prof. in Heidelberg. 3., wesentl. umgearb. Aufl. Mit 1 Abb. im Text u. 5 Kt. *Leipzig: Veit & C. 1898.* (VIII, 944 S., 4 Taf.) 1 Bd 8.

— Lehrbuch der deutschen Rechtsgeschichte. 4., verb. Aufl. gr. 8. (XII, 970 S. m. 1 Abbildg. u. 5 farb. Karten.) Leipzig 902. Veit & Co n. 22. —; geb. in Halbfrz. n. 24. 50

Schröder, Rich., Lehrb. d. deutsch. Rechtsgeschichte. 5., verb. Aufl. (XII, 1016 S. m. 1 Abbildg. u. 5 farb. Karten.) gr. 8. Leipzig 907. Veit & Co. 24.—; geb. in Halbfrz. 26. 50

Ad avdiendam orationem de iis qvae a ivris Germanici peritis hodie desiderantvr pro aditv mvneris prof. ord. in ordine ivrecons. vniversitatis Fridericiae Gvilelmiae Rhenanae d. XVII m. Maii ... habendam ... invitat Ricardvs Schroeder ... — Inest specimen Libri sententiarvm Cliviensis. Bonnae, form. C. Georgi 1870. 16 S. 4.

— zur neuprovençalischen Litteratur. [Aus: „Voss. Zeitg.", Sonntagsbeilage.] 8. (32 S.) Berlin 896. Zehlendorf b/Berlin (Gartenstr. 10, I). Selbstverlag. n. 1. —

Schroeder, R., Namen- u. Sachregister, s.: Grimm, J., Weisthümer.

Schröder, Richard [Dr., Dir.]: Die Organisation und die Berechtigungen der Realschulen. E. Wort an Eltern. *Gr. Lichterfelde, J. Unverdorben, 1896;* 3—11 S. 4.
Groß-Lichterfelde, R, P 1896 (130)

Schroeder, Rich., Rechtskarte von Deutschland zur Veranschaulichung der auf dem Gebiete des Privatrechts herrschenden Rechtssysteme im J. 1870. Nebst Erläuterungen. [Aus Petermann's Geograph. Mittheilungen.] Fol. (Mit 4 Bl. Text in 4.) Gotha 870, J. Perthes. * — 80

Schröder, R., Germanische Rechtssymbolik auf der Marcussäule. S.-A. 8 S.

— s.: Stadtrechte, oberrheinische.

Schröder, Richard [Rekt. Dr.]: Die in der Saale bei Naumburg lebenden Unioniden. Für die Naumburger Schüler bearbeitet. (Forts. d. P-Beil. 1889: Die schalentragenden Landschnecken ... bei Naumburg a/S. ...) Naumburg a/S., Druck d. G. Pätz'schen Buchdr., 1890; 12 S. 8⁰
Naumburg a/S., st. RPG u. VS, OP 1890

Schroeder, Ricardus: Pterographische Untersuchungen. Halis Saxonum 1880: Gebauer-Schwetschke. 36 S. 8⁰
Halle-Wittenberg, Phil. Diss. v. 30. Nov. 1880
Geb. Wilsnack (Mark) 12. 11. 1855. V.
Aus: Zeitschrift f. d. ges. Naturwissenschaften. Bd 53. Berlin 1880. S. 549—584.

Schröder, Rich., Untersuchungen zu den fränkischen Volksrechten. Festschrift zur Feier des 50j. Doctorjubiläums H. Thöl's ... Würzburg 1879. Fol. . . . . . . (D.)

— Urkunden zur Geschichte d. deutschen Rechts, s.: Loersch, H.

Schroeder, Richard. Ein Wörterbuch der älteren deutschen Rechtssprache. (Sonderabdruck aus der Festschrift für den 26. Deutschen Juristentag dargebracht von J. Guttentag, Verlagsbuchhandlung, G. m. b. H.) S. 87—123. 8. [1902.]

Schröder, R., s.: Zeitschrift der Savigny-Stiftung f. Rechtsgeschichte.

Schröder, Robert

Schröder, Rob., die Aufschließung der mineralischen Verbindungen des Ackerbodens durch Schwefelsäure. Eine prakt. Anleitung zur Herstellung wirksamer Streudünger aus Schwefelsäure und Lehmerde, nebst Anweisung zur leichten Auflösung der stickstoffhalt. Abgänge der Wirthschaft als Knochen, Horn, Blut, Fleisch, Thierkadaver, Unkrautsamen, verdorbene Lupinenkörner &c. in Schwefelsäure, und deren Verarbeitung auf stickstoffhalt. Streudünger, sowie Anleitung zur Pflege und Düngung der Wiesen, zur Verjüngung der Luzern-, Klee- und Weideschläge. 4. verm. Aufl. 8. (128 S.) Oranienburg 884, Freyhoff's Verlag. * 3 50
1.—3. Aufl. erschienen im Selbstverlage des Verfassers.

Schröder, Robert: Die Drüsenepithelveränderungen der Uterusschleimhaut im Intervall und Prämenstruum. Mit 2 Taf. Berlin 1909: Schumacher. 44 S. 8⁰ (Aus: Archiv f. Gynäkol. Bd 88, H. 1.)
Rostock, Med. Diss. v. 2. Dez. 1909, Ref. Büttner, Sarwey

SCHRÖDER, ROBERT JOHANN. Ueber die Einwirkung von Monochloracetal auf einige isomere Xylenole und Aethylphenol, sowie über die Synthese einiger homologen Cumarone. Rostock. 1898. C.Hinstorff. (53 S.)
Rostock, Phil.Diss.v.10.Febr.1898.

Schröder, Rudolf: Ueber die normale Elektrizität der Atmosphäre. 16 S. 4. Progr. Gymn. i. E. *Friedenau* 1903 (80).

Schröder, Rud., das Hamburger Wasserwerk u. die Entwicklung seiner Maschinenanlagen. gr. 4. (35 S. m. Abb. u. 5 Taf.) Hamburg 902. O. Meissner's Verl. n. 6. —
Erweit. Sonderabdr. a.: „Ztschr. d. Vereins deut. Ingenieure".

Schröder, Rudolf Alexander

Schroeder, R.A. (Hrsg.), s. Almanach der Insel für 1900.

Schroeder, Rud. Alex., an Belinde. Gedichte. gr. 8. (343 S.) Leipzig 902. Insel-Verl. n. 5.—; geb. n. 6.—

Schroeder, Rud. Alex., Elysium. Ein Buch Gedichte. (68 S.) gr. 8. Leipzig 906. Insel-Verlag. Geb. in Perg. n. 8. —

— — Empedocles. Ein Gedicht. (Nur 50 num. Expll.) Leipzig 1901. 4⁰.

Schröder, Rud. Alex., Hama. Gedichte u. Erzählgn. (Die Titelvignette zeichnete Ernst Matthes.) (V, 120 S.) kl. 8. Leipzig 908. Insel-Verlag. 2.—; in Pappbd. 3. —

— s.: Hesperus.

— i.: Insel, die.

— Lieder an e. Geliebte. 8. (72 S.) Berlin 900. Leipzig, Insel-Verlag. Kart. n. 2. —; Luxusausg. n. 15. —

Schröder, Rudolf Alexander: L i e d e r an eine Geliebte. Berlin: Schuster & Loeffler 1900. (72 S.) 8°

— s.: Odyssee, die.

— s.: Schiffsräume, moderne, des norddeutschen Lloyd.

— Sonette zum Andenken an e. Verstorbene. (XVIII, 408 S.) Lex.-8. Ebd. 904. Geb. n. 20. —

— Sprüche in Reimen. 4. (75 S.) Ebd. 900. n. 3. 50; geb. n. 4. 50

— — Sprüche in Reimen. (Nur 30 Expll.) Berlin 1901. 4°. (2 Mk. 80 Pfg. der Vorige.)

— Unmut. Ein Buch Gesänge. 4. (75 S.) Berlin 899. Schuster & Loeffler. Geb. n. 4. —

SCHRÖDER, Rud. Alex. (in Bremen-Horn, geb. in Bremen 26. Jan. 1878), Unmut. Ein Buch Gesänge. Leipzig, Inselverlag. 1899. 4°. (3 Mk. Conr. Skopnik, Berlin. 1910.)

— — Die Zwillingsbrüder. Sonette. 1908. 4°. (10 Mk., Hpgt., der Vorige.)
Im Auftrag des Vorigen bei W. Drugulin in Leipzig in 100 Exemplaren gedruckt.

Schröder, S. E., der Findling. Eine Weihnachtsgeschichte f. Sonntagsschulen. Aus dem Holl. übers. v. Dora Hagmann. 12. (56 S.) Elberfeld 903. Buchh. der ev. Gesellschaft. n. — 25

Schroeder, S. J. J., de pseudoprophetis. Marb. 1720. 4.

SCHRÖDER, Severin, DIE FARBENHARMONIE IN DER DAMEN-TOILETTE. MIT . . . TAFELN . . . ORIGINALE VON HEINRICH LEFLER. WIEN 1897. VERLAG VON EMIL BERTÉ & CIE. UND S. CZEIGER. 8°. (Bibl. Lipperheide no. 3306:)
X + 47 S.; 7 Taf. (bez. I—VI, 1 unbez.) in Chromolithogr. u. color. Lithogr.

Briefe von Sophie **Schröder** (1813–1868). Gesammelt, hrsg. u. m. Einl. u. Erl. vers. von Heinrich Stümcke. Mit 2 Portr. u. e. Hs. Sophie Schröders. Berlin: Gesellsch. f. Theatergesch. 1910. XXI, 234 S. 8°
(Schriften d. Gesellschaft f. Theatergeschichte. Bd 16.) [11. 2171]

Sophie **Schröders** Testament. Zum 12. Mai 1907 in Druck gegeben f. d. 'Gesellsch. f. Theatergesch.' v. Geschäftsführenden Ausschuß ... mitgeteilt von Dr. Heinrich Stümcke. Berlin: Gesellsch. f. Theatergesch. 1907. (3 Bl.) 4° [F.] [07. 11763]

Schroeder, T., auctoritas Chr. ex baptismo Joannis demonstrata. Lips. 1711. 4.

Schröder, Th., Britzeln u. Beschüte. Erzählungen u. Gedichte nebst e. Sammlg. der gebräuchlichsten Sprichwörter in sauerländ (märk.) Mundart. 12. (IV, 167 S.) Paderborn 898. F. Schöningh. n. 1. 40

Schröder, Th., über ein. d. wichtigsten, f. d. prakt. Arzt in Betracht komm. Erkrankgn. d. Ohres. [Aus: „Aerztl. Monatschr."] gr. 8. (15 S.) Leipzig 898. H. Hartung & Sohn. n. — 50

Schröder, Th. H., Deklamir-Buch für Schulen. Eine Mustersammlung deutscher Dichtungen behuf deklamator. Vorträge. 8. (22 B.) Braunschweig 846, (47,) Rademacher. *

—— dass. Prachtausg. 4. (12½ B. u. 5 Stnt.) Ebds. 845, geb. m. Goldschn.

Schröder, Th. H., Deklamir-Buch für Schulen. Eine Mustersammlung deutscher Dichtungen behuf deklamatorischer Vorträge herausgegeben. 2 Thle. 2. gänzlich umgearb. Aufl. Wolfenbuttel 854. Holle. gr. 8. (XV, 396; XIV, 494 S.) 1.: 10 ngr; 2.: 15 ngr

Auflösung von Aufgaben aus der ebenen Geometrie. Mit vielen Figuren. — Von Theodor Schröder, G.-P. — 1900, Nürnberg, U. E. Sebald. — P. 5—28. (Herrn Geheimrat Dr. Iwan v. Müller, o. ö. Professor der klassischen Philologie an der Kgl. Ludwig-Maximilians-Universität in München etc. etc., zur Feier seines siebzigsten Geburtstages gewidmet.)
Progr. Nürnberg, K. Altes Gymn.

Schröder, Thdr., Auflösungen v. Aufgaben aus der ebenen Geometrie. Progr. gr. 8. (28 S. m. Fig.) Nürnberg 900. (J. L. Schrag.) n. — 60

Auflösungen von Aufgaben aus der Trigonometrie. — Von Theodor Schröder, G. P. — 1881, Nürnberg, ibid. — S. 3—36.
Progr. Nürnberg., K. Gymn.

Dasselbe, II. Teil, von demselben. — 1882, Nürnberg, ibid. — S. 3—40.
Progr. Nürnberg. K. Gymn.

Schröder, Thdr., **Auflösungen von Aufgaben aus der Trigonometrie. 1. und 2. Thl. 8. (36; 40 S.) Nürnberg 881,82, (Ballhorn.)**

— Beispiele u. Aufgaben aus der Algebra f. Gymnasien, Realschulen u. zum Selbstunterricht. (Ergänzung zu Dr. Wilh. Hechts u. Hans Lothers Buchstabenrechng., Nürnberg, Friedr. Korn — als 2. Tl. der Aufgabensammlg. aus der allgemeinen Zahlenlehre.) 11. Aufl. gr. 8. (VI, 160 S.) Nürnberg 903. F. Korn. Geb. in Leinw. n. 1. 20; Resultate. (49 S.) Kart. n. — 60

- dasselbe, Ergänzg., s.: Hecht, Wilh., u. Hans Lother, Beispiele u. Aufgaben aus der Buchstabenrechnung.

Schroeder, Thdr. v., Beitrag zur Kenntniss von Iritis syphilitica. Inaugural-Dissertation. gr. 8. (84 S. mit 3 Tab.) St. Petersburg 880. (Dorpat, Karow.) * 2 —

Schröder, Theodor, Experimentaluntersuchung über den Einfluss der Temperatur auf die elastische Nachwirkung. Diss. Strassburg i. Els. 1886. Trübners Buchh. u. Antiqu. (E. d'Oleire). 8°. 27 S. mit einer Taf.

Schroeder, Theodor [Landesrath in Cassel]: Grenzregulirung durch Staatsvertrag ... Cassel, Druck v. Weber & Weidemeyer, 1891; 2 Bl., II, 33 S. 8.
Göttingen, Jur. Fak., Inaug.-Diss. v. [9. Dez.] 1891

Schroeder, Thdr., Grenzregulirung durch Staatsvertrag. Diss. gr. 8. (II, 33 S.) Cassel 891. (Göttingen, Vandenhoeck & Ruprecht.) n. 1. —

Schroeder, Th. (E.), Lehrbuch der Planimetrie, mit Rücksicht auf Wöckels Sammlung geometr. Aufgaben bearb. 3. Aufl. der Planimetrie von Fischer. gr. 8. (VIII, 288 S. mit 6 lithogr. Fig.-Taf.) Nürnberg 882, Korn. * 3 60
Resultate (7 S.) * — 40

Schroeder, Th. (E.), s. a. Fischer, W. C. F., Lehrbuch der Planimetrie.

Mittelstandspolitik und Nationalliberale Partei. Rede d. Landesr. Dr. [Theodor] **Schröder**-Cassel, Mitgl. d. Preuß. Abgeordnetenh., geh. auf d. Nationallib. Parteitage 1910. Berlin: Buchh. d. Nationallib. Partei 1910. 30 S. 8° [11. 1193]

Schröder, Th.: Ueber die Q u a l i t ä t der Dezimalbrüche, welche echten gemeinen Brüchen gleich sind und die Reste, welche man bei der Verwandlung der letzteren in erstere erhält. 39 S. 4° – Ansbach. Progr. 1871.

Schröder, Theodor Adelbert

Schröder, Thdr. Adelb., Gedichte. gr. 8. Braunschweig 846, Leibrock. n. 5/6 ₰

Schröder, Theodor Wilhelm

Schröder, Thdr. Wlh., († d. 25. Aug. 1793.) Beantwortung d. Frage: Ob die Wasserscheu auch ohne vorhergegangene Ansteckung im menschl. Körper entstehen könne? 4. Götting. 779.

Schroeder, Th. W., Ob die Wasserscheu auch ohne vorhergegangene Ansteckung erfolgen könne? 10 S. Gött. 8°. 1779

— historia febris bilioso-pituitoso-putridae. 8maj. Götting. 784. Vandenhöck u. R. 2 gr

Schröder, T. G., de phthisi hepatica. Sect. I. Symptomatologiam sistens. 8. maj. Götting. Vandenhök et R. 783.

— Phthiseologiae systematicae Specim. I. 4. Götting. 791.

Schroeder, Theodor Wilhelm: Tractatus medicus de pleumonide eiusque speciebus. 73 S., gbd.

Goettingae: Vandenhoeck 1779

Schröder, Theophile, contes à l'usage de la jeunesse. gr. 16. (79 S.) Paderborn 884. (F. Schöningh.) n. — 50

Schröder, W., Aufgaben aus deutschen Dramen 2c., s.: Heinze, H.

Schröder, W., Aufgaben aus klassischen Dramen, Epen u. Romanen, s.: Heinze, H.

Schroeder, W., griechische Formenlehre nebst Uebungsaufgaben. 1. Thl. Cursus für Quarta. Köln 869. Du Mont-Schauberg. gr. 8. (X, 117 S.) n. 12½ ngr.

— — 2. Thl. Cursus für Tertia. Ebend. 869. gr. 8. (VIII, 207 S.) n. 20 ngr.

Führer für den Militärpflichtigen. Nach d. gesetzl. Bestimmungen dargest. von W. **Schröder.** Mit ausführl. Inhaltsverzeichnis, Formularen u. Sachreg. *Berlin: Vorwärts 1904.* (64 S.) 8° [F.]

Schröder, W., Rhein. Gärten, s.: Jung, H. R.

Schroeder's Lesebuch für gewerbliche Fortbildungsschulen. gr. 8. (X, 295 S.) Gotha 900. E. F. Thienemann. Geb. in Leinw. n. 1. 60

Schroeder's Lesebuch f. gewerbl. Fortbildungsschulen. 2., veränd. Aufl. In neuer Rechtschreibg. (X, 346 S.) gr. 8. Gotha 904. E. F. Thienemann. Geb. in Leinw. n. 2. —

Schroeder, W., Lesebuch f. die allgemeinen Klassen gewerbl. Fortbildungsschulen. 3., verb. Aufl. (VIII, 316 S.) gr. 8. Gotha 909. E. F. Thienemann. Geb. in Leinw. 2. —

Schröder, W.,
— neues deutsches Lesebuch f. höhere Lehranstalten, } s.: Heinze, H.

Schröder, W., De primordiis artis historicae apud Graecos et Romanos. Diss. 1868. : S. 1.20

Schröder, W.: Schuldirektor Bangs Reformvorschlag für die unterrichtliche Behandlung des Lebens Jesu. Bielefeld: A. Helmich [1898]. (15 S.) 8°
= Abhandlungen, Pädagogische. N. F. Bd III, H. 4.

— d. Heidelberger Schloss u. s. Gärten, s.: Jung, H. R.

Schröder, W., deutsches Sprachbuch für Gewerbe- u. Fortbildungsschulen. Für die Hand d. Schülers bearb. 2 Hfte. 8. Schwerin 897. Bärensprung'sche Hofbuchdr. Kart. n. — 90
1. (68 S.) n. — 40, — 2. (84 S.) n. — 50.

Schröder, W., Taschenbuch f. Holzhändler. Preis-Vergleichgs.-Tabellen f. d. engl. Kubikfuss m. Kubikmeter, 100 □ Fuss engl. m. rheinl. Länge, 10 □ Meter, 100 lauf. Fuss engl., 100 lauf. Meter v. den Dimensionen 3/8×10″, 1/2×10″, 5/8×10″, 3/4×10″, 7/8×10″, 1×10″, 1 1/8×10″, 1 1/4×10″, 1 3/8×10″, 1 1/2×10″, 1 5/8×10″, 1 3/4×10″, 1 7/8×10″, 2×10″, 2 1/2×10″, 3×10″, sow. sonst. prakt. Tabellen f. Holzhändler. 12. (43 S.) Münster (Lütkegasse 17 b) 897. Selbstverlag. Geb. in Leinw. n. 2. —

Schröder, W. C., s. **Bellenger,** nouvelles Conversations.

Schroeder, Waldemar, Referendar: Über die verbotenen Rechtsgeschäfte nach heutigem Recht. Leipzig-Reudnitz 1905: A. Hoffmann. (93 S.) 8°
Breslau, Jur. Fak., Ref. Jörs, Diss. v. 14. Apr. 1905
[Geb. 23. Juli 78 Bromberg; Heimatsort: Cosel O. S.; Staatsangeh.: Preußen; Vorbildung: Pro-Gymn. Cosel O/S., Gymn. Pless Reife O. 97; Studium: Lausanne 1, Berlin 2, Breslau 3 S.; Rig. 8. März 01.]

Snurrig Minschen. Lustige plattdütsche Rimels un Vertellsels. Von Walter **Schröder.** Anklam: R. Poettcke Nachf. 1907. (32 S.) 8° [F.]

Schröder, Walt., die Propaganda, s.: Zeitfragen, stenographische.

Schnickschnack. Lustige plattdütsche Vertellsels. Von Walter **Schröder.** Anklam: R. Poettcke Nachf. 1908. (32 S.) 8° [F.]

— Stenographie u. Schule, s.: Zeitfragen, stenographische.

Schröder, Werner [Kammergerichtsref.]: Die Regulierung der Beweislast im Falle der lex 10 D. de Verb. Obl. 45, 1 ... Berlin, gedr. in d. kgl. Hofbuchdr. v. E. S. Mittler & Sohn, 1897; 73 S. 8.
Erlangen, Jur. Fak., Inaug.-Diss. v. 1897

Schröder, Wilhelm

Schröder, W., **Album d. Gutenberg-Festes** zu Hannover im J. 1840. Hrsg. v. Gebrüder Jänecke. (Mit artist. Beiln. u. Vign.) gr. 8. (7½ B.) Hannover 840, Hahn'sche Hofbuchh. •

Schroeder, Wilhelm *(geb. Mirow in Meckl. 25. 12. 1851)*: Das Aneurysma cirsoides. Berlin 1876. (32 S.) 8°
Breslau, Med. Diss. v. 29. Juli 1876

Schröder, W., de plattdütsche Bismarck, s.: Spamer's, O., neue Volksbücher.

Schröder, Willem, de plattdütsche Bismarck. Dat is Bismarcks Leben un Dahten, mit Döntjes un Riemels darto. Vertellt van'n ohlen Jäger in'n Lüneberger Haidbuuren-Klubb. Mit 35 fine (eingedr. Holzschn.) Billers un en Titelbild (in Tondr.) uutstaffeert. 8. (VIII, 192 S.) Leipzig 878, Spamer. * 1 60
cart. * 2 —

Schröder, Wilh., **Diät u. Wegweiser** f. Geschlechtskranke; s.: Sammlung medizinischer Wegweiser.

Schröder, W., Diät und Wegweiser für Zuckerkranke, s. d. Sammlung medizinischer Wegweiser.

Schröder, Wilh., Diät u. Wegweiser f. Zuckerkranke. 5., 6. u. 7. Tausf. gr. 8. (71 S.) Berlin 900. H. Steinitz. n. 1. —

v. Schröder, Wilhelm: „Disquisitio politica vom absoluten Fürsten-Recht". Zuerst erschienen als Supplement zur „Schatz- und Rentkammer" Ausgabe 1713. In den späteren Ausgaben immer mit der „Fürstlichen Schatz- und Rentkammer" vereinigt.

v. Schröder, Wilh.: Disquisitio politica vom Absoluten Fürsten-Recht mit nöthigen Anmerkk. versehen u. s. w. *Leipz. u. Wolfenb.* 719.

Schroeder, [Wilh.], die Einführung der Reformation in Westfalen in dem Zeitraume von 1520—1540. Ein Beitrag zur Lutherfeier. 8. (IV, 79 S.) Minden 883, Bruns' Verlag. * 1 20

Schröder, Wilhelm, über die Ernährung 8 bis 15-jähriger Kinder. Diss. Rostock 1885, G. B. Leopolds Univ.-Buchh. 8⁰. 33 S.

Wilhelm **Schröder**. Humoristische Erzählungen. Münster i. W.: Aschendorff [1909]. 95 S. 8°
(Unsere Erzähler. Buch 7.) [10. 156]

Schröder, Wilh., humoristische Erzählungen, s. Erzähler, unsere.

— der Frauenarzt. Gemeinverständliche Darstellg. der Frauenkrankheiten, Wesen, Ursachen, Verhütg., Behandlg. 8. (234 S.) Berlin 893. H. Steinitz' Verl. n. 3. 50; geb. in Leinw. n. 4. 50

— der Frauenarzt. Gemeinverständliche Darstellg. der Frauenkrankheiten, Wesen, Verlauf, Ursachen, Verhütg. u. Behandlg. 2. Aufl. 8. (231 S.) Ebd. 900. n. 3. 50

Schröder, Wilh., deutsche Freiheitskämpfer und eine Tochter Hamburgs. Drama aus der Zeit von 1832—1835 in 4 Akten, mit einem Vorspiel. gr. 8. (88 S.) Leipzig 878, (C. A. Koch's Verlagsh.) * 1 —

Schröder, Führer durch die Stadt Minden und deren nächste Umgebung mit historischen Anmerkungen. 8. (38 S. mit 1 lithogr. Plane der Stadt.) Minden 885, Bruns' Verlag. **

Schröder, Wilh., s. **Grammaire turque.**

Schröder, Willem, Haideland un Waterkant. Plattdüdsche Geschichten un Gedichten. 5 Bdchn. 16. Berlin, Lipperheide.
à Bdchn. *
cart. à Bdchn. *
geb. in 1 Bd. *

Inhalt:
Bdchn. 1. De Tambur van Waterloo. Eene Dorpgeschicht van'n hannoverschen Jungen uut'r Lüneborger Haide. 2. Uplage. (117 S. mit 1 Titelbild in Holzschntaf. und 8 lütje Billers in eingedr. Holzschn. van H. Lüders.) 871.
" 2. Hinnerk Swinegel's Levensloop un Enne in'n Staate Muffrika. Eene putzige plattdüdsche Historie in 13 Kapitteln. 3. Uplage. (VI, 101 S. mit 1 Titelbild in Holzschntaf.) 871.
" 3. Kasper Wulkopp, de Bremer Schippsjung. Siene Erlewnisse un Abentüer bi de eerste Nordpohl-Eckspeditschoon. Van em sülvst vertellt. — Schoolmeesters Reis' nah'r Arvschaft. Eene Fahrt mit Hindernissen. (III, 91 S. mit 1 Titelbild in Holzschn. van C. Reinhardt.) 872.
" 4. Snaken un Snurren. (III, 105 S. mit 1 Titelbild in Holzschn. van C. Reinhardt un 5 lütgen Billern in eingedr. Holzschn. van Ludw. Richter.) 872.
" 5. Riemels un Döntjes. Spaßige Geschichten un Klöönkram. (VI, 99 S. mit 1 Titelbild in Holzschn. van H. Lüders.) 872.

Schröder, Wilh., Handbuch d. sozialdemokratischen Parteitage von 1863—1909. 19 Lfgn. (XIV, 591 S.) gr. 8. München 910. G. Birk & Co. à — 30

Handbüchlein für Brr Gesellen. Zum Gebrauch für die unter der Gr. National-Mutterloge „Zu den drei Weltkugeln" arbeitenden Logen von Wilh. **Schroeder.** Als Hs. f. Brr Frmr gedruckt. Berlin: Wunder 1909. 44 S. 8⁰
Recens: HL. 42 (1908—1909) S. 123 (K. Wahlstedt).
cf. Brh. 5 (1908) S. 237 (W. Kunis); BBur-Int. 6 (1908) S. 158; L. 31 (1908) S. 368 (P. Fischer); Bbl. 22 (1908) S. 652 (G. Diercks); S. 15 (1908) S. 110 (H. Frank); Z. 89 (1908 bis 1909) S. 111 (H. Glücksmann); Bh. 52 (1909) S. 260; FZ. 63 (1909) S. 55 (R. Bachmann); H. 20 (1909) Nr 1 (H. Berger).
Enth. in 62 Fragen u. Antworten Geschichtliches üb. den Gesellengrad, Eröffnung u. Schluss der Gesellen-Arbeitsloge, Erklärung des Gesellen-Unterrichts u. der Beförderungslogen.

Handbüchlein für Brr. Gesellen. Zum Gebrauch für die unter der Gr. National-Mutterloge „Zu den drei Weltkugeln" arbeitenden Logen von Wilh. **Schröder.** Als Hs. f. Brr. Frmr. gedruckt. 2. Aufl. Berlin: Wunder 1910. 44 S. 8⁰.

Handbüchlein für Brr Lehrlinge. Zum Gebrauch für die unter der Gr. National-Mutterloge „Zu den drei Weltkugeln" arbeitenden Logen von Wilh. **Schroeder.** Als Hs. f. Brr Frmr gedruckt. Berlin: Wunder 1908. 41 S. 8⁰

°[Dasselbe.] 2. Aufl. Ebendas. 1909. 41 S. 8⁰
Recens: FZ. 62 (1908) S. 207.
cf. f. 1. Aufl.: DrL. 38 (1907—1908) S. 321—322 (G. v. Gersdorff); Brh. 5 (1908) S. 237 (W. Kunis); L. 31 (1908) S. 192 (P. Fischer); S. 15 (1908) S. 66 (F. Rackhorst); Bh. 52 (1909) S. 24; R. 36 (1909) S. 15 (G. Schauerhammer).
cf. f. 2. Aufl.: Bbl. 23 (1909) S. 247 (G. Diercks).
Erklärung üb. den Ursprung, das Wesen, die Methode u. das Ritual der Frmrei.

Handbüchlein für Brr Meister. Zum Gebrauch für die unter der Gr. National-Mutterloge „Zu den drei Weltkugeln" arbeitenden Logen von **Wilh. Schroeder.** Als Hs. f. Brr Frmr gedruckt. Berlin: Wunder 1909. 49 S. 8°

cf. DrL. 39 (1908—1909) S. 188 (G. v. Gersdorff); HL. 42 (1908—1909) S. 190—191 (K. Wahlstedt); ML. 37 (1908—1909) S. 134 (J. Bluhm); Z. 39 (1908—1909) S. 260 (H. Glücksmann); Bh. 52 (1909) S. 280; Bbl. 23 (1909) S. 95 (G. Diercks); FZ. 63 (1909) S. 55 (R. Bachmann); L. 32 (1909) S. 68 (P. Fischer); S. 16 (1909) S. 30 (F. Rackhorst).

Geschichtliches üb. den Mstrgrad, Betrachtungen üb. Eröffnung, Schluss der Meisterloge, Beförderungsloge u. Meisterteppich.

Handbüchlein für Brr Meister. Zum Gebrauch für die unter der Gr. National-Mutterloge „Zu den 3 Weltkugeln" arbeitenden Logen von **Wilh. Schroeder.** Als Hs. f. Brr. Frmr. gedruckt. 2. Aufl. Berlin: Wunder 1910. 49 S. 8°. 1·

—— s. Hausschatz, humoristischer.

—— **Heidsnucken.** Plattdüdsche spassige Gedichten und Geschichten. br. 8. (X, 228 S.) Berlin 869, Hausfreund-Expedition. [Hamburg, L. M. Glogau.] (*M 2.)

—— und Arnold **Schröder**, Humoresken, s. Universal-Bibliothek Nr. 790 und 1178.

Schroeder, Wilh. und Arnold, Humoresken, s. Universal-Bibliothek Nr. 1575.

Schröder, Wilh., u. Arnold Schröder. Humoresken, s. Universal-Bibliothek Nr. 2706.

Aus der Kinderstube für Zeit und Ewigkeit. Eine Gabe f. junge u. alte Eheleute von Wilhelm Schröder, Pfarrer in Hohensolms. *Barmen: Wupperth. Trakt. Ges [1901].* (96 S.) 8° [75] [illegible] 5

Schröder, Wilh., aus der Kinderstube f. Zeit u. Ewigkeit. Eine Gabe f. junge u. alte Eheleute. 12. (III, 96 S. m. Titelbild.) Barmen (902). Wupperthaler Traktat-Gesellschaft. Geb. in Leinw. n. 1. 50

—— Kunstblatt z. hannov. Museum, s. Kunstblatt.

— **Swinegel's Lebensloop** un Enne in'n Staate Mussrika. Eene putzige plattdütsche Historie in 13 Kapitteln mit Bildern. Hannover 867. Schmorl & v. Seefeld. 4. (IV, 102 S. mit eingedr. Holzschn.) 15 ngr.

Schröder, Willem, plattdütsche Leeder un Döntjes, s. Universal-Bibliothek Nr. 928.

Schröder, Guilelmus: De Liemaro Hammaburgensi archiepiscopo et de legatione ecclesiae Hammaburgensis ad populos septentrionales. Halis (1869): Orphanotropheum. 68 S. 8°

Halle-Wittenberg, Phil. Diss. v. 26. Juli 1869

Geb. Halle a. d. S. 23. 2. 1845. V.

Schroeder, Guilelmus (geb. am 10 Jan. 1823 in Neuss): De lithotomia ... Bonnae, form. I. F. Carthausii 1853. 2 Bl., 32 [vielm. 33] S., 1 Bl. 8.

Bonn, Med. Fak., Diss. v. 17 Aug. 1853

Schröder, Wilhelm: Quantitative Messungen des Absorptionsvermögens des Natrium-Dampfes. Bremen 1909: Schünemann. 27 S. 8°

Kiel, Phil. Diss. v. 18. Okt. 1909, Ref. Dieterici

[Geb. 19. Jan. 85 Bremen; Wohnort: Bremen; Staatsangeh.: Bremen; Vorbildung: Gymn. Bremen Reife M. 04; Studium: Tübingen 3, Jena 1, Berlin 1, Kiel 5 S.; Rig. 31. Juli 09.] [U 10. 2533

—— hannover. Museum, s. Museum.

Schroeder. (Augustus) Guil. (geb. Bünde in Westf. 1828): De molluscorum gasteropodorum oculis et visu. Berolini (1853). (31 S.) 8°

Berlin, Med. Diss. v. 21. Jan. 1853

— **Jan Peck** de norddütsche Spaßmacher, s. Museum komischer Vorträge.

— **Jan Peik** de noorddütsche Spaßmaker. Sammlung plattdeutscher Humoresken, Schnurren, Gedichte ꝛc. Mit 23 Holzschn.-Illustr. von Arn. Schröder. Berlin 869. Janke. gr. 16. (VIII, 216 S.) n. 10 ngr.

Schröder, W., Das persönliche Regiment. Reden u. sonst. öffentl. Aeusserungen Wilhelms II. Zusammengestellt v. Sch. (206 S.) S. München, G. Birk & Co. 1. — 1907.

— **Swinegels Reise** nach Paris as Friedensstifter. Eene putzige plattdütsche Historje in 10 Kapitteln. Mit fine Billers (auf 4 Holzschntaff.) uutstaffeert van Ludw. Löffler. 1. u. 2. Aufl. Berlin 869,70. Hausfreund-Exped. 4. (106 S.) cart. n. 25 ngr.

—— **Swinegels Reise** nah Paris as Friedensstifter. Eene putz. plattdütsche Historje in tein Kapitteln. Mit fine Billers uutstaffeert van Ludw. Löffler. 1. und 2. Aufl. 4. (106 S. mit 5 Holzschntaf.) Berlin 870, Hausfreund-Expedition. [Hamburg, L. M. Glogau.] cart. (*M 2,50.) *

SCHRÖDER, W. *Swinegels* Reise nah Paris as Friedensstifter. Eene putzige plattdütsche Historje in tein Kapitteln van Dr. Willem Schröder ... Mit fine Billers uutstaffeert van LUDWIG LÖFFLER. Berlin, Hausfreund-Expedition (E. Graetz) (ca. 1870/71). 3 Bl. 106 S. 1 Bl. M. 6 ganzseit. Holzschnitten. 4°. Illustr. gelber Orig.-Karton m. Leinenrücken. — * 1. Ausg. Einband leicht benutzt. 18.—

Schröder, Wilh., s. **Ricard, Monsieur Mayeux.**

SCHRÖDER, WILHELM VON.

Fürstliche Schatz- und Rent-Kammer, nebst seinem nothwendigen Unterricht vom Goldmachen. Zu finden in Leipzig bey Thomas Fritschen, 1704. pp. [xxviii]-474-[lx].-[V]-70. 12°

v. Schröder, Wilhelm: „Fürstliche Schatz- und Rent-Cammer", Leipzig 1686. Weitere Ausgaben 1704, 1713, 1718, 1721, 1737, 1744, 1752.

Schröder, Wilhelm Freyh. von. Fürstliche Schatz- und Rentkammer. 8°. Leipzig, Gerdesius, 1686 etc. 8°. Leipzig, Thom. Fritsch, 1713.

— Zugabe Carl Frid. Poscherius. 8°. Leipzig, Boetius, 1713.

v. Schröder, Wlh., fürstl. Schatz- u. Rentkammer, nebst seinen Traktat v. Goldmachen. 8. Königsb. 752. Zeise. 12 gr.

Schröder, Wilh., De Plattdüdsche Sprückwörder-Schatz d. i. Dusend plattdüdsche Sprückwörders van A.-Z. Ostfresische, Oldenborgische, Hannoversche, Holsteensche, Mecklenbörgische u. A. En spaßig un lehrriek Book for lütge un groote Lühte. Leipzig. Reclam. ca. 1870.

Ist: Universal-Bibliothek. Nr. 491. . . . . (D.)

—— de plattdüdsche Sprüchwörder-Schatz, s. Universal-Bibliothek.

Schröder, Wilh.,
—— Studenten und Lützower, } s. Universal-Bibliothek.

— Nothwendiger Unterricht vom Goldmachen denen Buccinatoribus oder so sich selbst nennenden Foederatis Hermeticis auf ihre drey Episteln zur freundlichen Nachricht, 1705. pp. [vi]–70, 12mo.

Schroeder, W(ilhelm) [Oberl. Dr.]: Die älteste Verfassung der Stadt Minden. Minden, gedr. bei J. C. C. Bruns, 1890; S. 8—33; 4°
Minden, k. ev. G u. RG, OP 1890

Schröder, Wilh., die Vermählungsfeier s. k. H. des Kronprinzen Georg von Hannover mit der Durchlaucht. Prinzessin Marie von Altenburg, Herzogin zu Sachsen. Nach authent. Quellen. Lex.-8. (4½ B. u. 5 Stnt.) Hannover 845, Pockwitz. 7½ Ngr. Schreibp.

— dass. Prachtausgabe. 4. (Mit 5 lith. Abbild.) Ebend. 845. geb. mit Goldschnitt 1 ℛ

— vivat academia! Studentische Humoresken. 1. Bdchn. 8. (III, 64 S.) Leipzig 877. C. A. Koch. — 60

Schröder, Wilhelm [pract. Arzt aus Wilhelmsburg bei Soldin]: Ueber Vorteile und Nachteile der intrauterinen Behandlung .... Wurzburg, Paul Scheiner's Buchdr., 1887; 32 S. 8°.
Würzburg, Med. Fak., Inaug.-Diss. v. 1887.

Schröder, Wilhelm, über Vorteile und Nachteile der intrauterinen Behandlung. Diss. Würzburg 1887, Stahelsche Univ.-Buchh. 8°. 32 S.

— dat Wettloopen twischen den Swinegel un den Haasen up de lütje Haide bi Buxtehude. Plattdeutsches Volksmärchen. Neue einzig rechtmäß. Orig.-Ausg. Als Anh.: „de Bruutganter." Humoreske. Mit (eingedr.) Holzschn. nach Zeichnungen von Ludw. Richter. Hannover 868. Schmorl & v. Seefeld. gr. 8. (20 S.) 6 ngr.

Schröder, (Wilhelm): Zusammenhang des Religionsunterrichts mit dem griechischen und römischen Altertume und dessen Behandlung. (Umschlagt.: Der Religionsunterricht im Zusammenhange mit d. gr. u. röm. Alt. ...) Frankenstein 1902: H. Lonky. (27 S.) 4°
Frankenstein i. Schl., kath. PG, P 1902 (203)

Schröder, Wilhelm, Prof.: Zusammenhang des Religionsunterrichts mit den Naturwissenschaften, der Geschichte und dem Deutschen. Frankenstein 1906: Zeitungs- u. Druckerei-Gesellschaft. (23 S.) 4°
Frankenstein Schl., st. G i. E. P 1906 (230)

Schröder, Wilhelm Julius

Schröder, Wilh. Jul., Gedichte. 1. Aufl. 8. (11 B.) Köln 828, Bachem. 16 Gr., 2. A. gr. 12. (15⅓ B.) Carlsruhe 835. Marx.

Schröder, Wilh. Jul., s. Testament, das Alte.

Schröder, Woldemar von

Schröder, W. v., über die Bildungsstätte der Harnsäure im Organismus, s. Archiv für Anatomie und Physiologie.

Schröder, Woldemar von [Dr. scient. natural.]: Über die Bildungsstätte des Harnstoffs. Leipzig, Druck von J. B. Hirschfeld, 1882. 8. 39 S.

Schröder, Wolfgang: Platonische Staatserziehung. Leipzig 1907: J. Klinkhardt. (47 S.) 8°
Geestemünde, RG i. E. u. R OP 1907 (409)

SCHRÖDER-DEVRIENT, Wilhelmine. Aus den Memoiren einer Sängerin. Erster Theil. Bucareſt, Verlag von Jacob Caſanova, o. J. (vor 1900). Kl. 8°. 205 S.

— — Aus den Memoiren einer Sängerin (Wilhelmine Schröder-Devrient). Privatdruck. Amſterdam (1909). 2 Bände. 8°. 219 + 219 S. 800 numer. Expl.

Schroeder-Hanfstaengl, Marie, meine Lehrweise der Gesangskunst u. Elementartheorie in Wort u. Bild. gr. 4. (IV, 44 u. II, 90 S.) Mainz (902). B. Schott's Söhne. Geb. in Leinw. n.n. 6. —

Schroeder van der Kolk, J. L. C., kurze Anleitg. zur mikroskop. Krystallbestimmung. gr. 8. (VII, 60 S. m. Abb.) Wiesbaden 898. C. W. Kreidel. n. 2. —

Schroeder van der Kolk, J. L. C., Bau und Functionen der Medulla spinalis und oblongata und nächste Ursache und rationelle Behandlung der Epilepsie. Aus dem Holländ. übertragen von Friedr. Wilh. Theile. Lex.-8. (IX und 274 S. mit 8 Stnt. erläuternder Abbildungen.) Braunschweig 859, Vieweg und Sohn. *

Schroeder van der Kolk, J. L. C., die Pathologie und Therapie der Geisteskrankheiten auf anatomisch-physiolog. Grundlage. Lex.-8. (X und 217 S.) Braunschweig 863, Vieweg und Sohn. *

Schroeder van der Kolk, J. L. C., sur la présence de fibres élastiques dans les crachats des phthisiques comme signe certain d'une vomique. Traduit du Hollandais par Ploem. Avec un appendix sur l'examen chimique et microscopique de l'expectoration. gr. 8. (39 S. mit 1 lith. Taf.) Aix-la-Chapelle 850. (Mayer.) n. ⅓ ℛ

Schroeder van der Kolk, J. L. C., Seele u. Leib in Wechselbeziehung zu einander. Sechs Vorträge in der physikal. Gesellschaft zu Utrecht vor Aerzten u Laien gehalten. Braunschweig 865. Vieweg & Sohn. gr. 8. (IX, 192 S) n. 25 ngr.

— mikroskop. Studien üb. Gesteine aus d. Molukken, s.: Sammlungen d. geolog. Reichs-Museums in Leiden, V, 3.

Schroeder van der Kolk, J. L. C., mikroskop. Studien über Gesteine aus den Molukken, s.: Sammlungen des geolog. Reichs-Museums in Leiden. VI, 1 u. 2.

— Tabellen zur mikroskop. Bestimmung der Mineralien nach ihrem Brechungsindex. gr. 8. (48 S. m. 1 lith. Taf.) Wiesbaden 900. C. W. Kreidel. n. 2. —

Schroeder van der Kolk, J. L. C., Tabellen zur mikroskopischen Bestimmung der Mineralien nach ihrem Brechungsindex. 2., umgearb. u. verm. Aufl. v. E. H. M. Beckmann. (VI, 67 S. m. 1 lith. Taf.) gr. 8. Wiesbaden 906. C. W. Kreidel. Kart. n. 3. 60

Schröder van der Kolk, J. L. C., über d. Unterschied zwischen todten Naturkräften, Lebenskräften u. Seele. Eine Vorlesung. Nach der 2n holländ. Ausg. übers. Mit e. Vorrede vom Prof. Dr. J. F. H. Albers. gr. 8. Bonn 836. König u. van Borcharen. ⅓ ℛ

Schroeder-Poggelow, unsere Afrikapolitik in den letzten zwei Jahren. [Aus: „Deutsches Wochenblatt".] gr. 8. (130 S.) Berlin 890. Walther & Apolant, Verl. n. 1. 60

Schrödern, Dietr., kurze Beschreibung der Stadt und Herrschaft Wismar. 2. Aufl. (8 Liefgn.) Wismar 859—60. Gundlach. gr. 8. (619 S. u. 1 lith. Plan in Fol.) n. 2 ℛ 20 ngr.
Vgl. Schröder, M. Dietrich.

Schröders, Anna [Moskau (Russland)]: Chirurgische Operationen während der Gravidität. Zürich 1900. 51 S. 8°.
Zürich, Med. Diss. 1900, 1901.

Schroeders, B^m, Raul von, aus Valparaiso (Chile): **Über die Wirkung** des aus Fibrin erhaltenen glykolytischen Ferments auf verschiedene Zuckerarten. *Berlin (1904): G. Schade.* (28 S.) 8°
Berlin, Med. Diss. v. 13. Mai 1904

Die von grossen Monarchen aufgerichtete Gebäude, als wahre Denkmäler Ihrer Vorsorge für die Glückseeligkeit ihrer Unterthanen wurden an dem Namensfeste des Allerdurchlauchtigsten, Grossmächtigsten und Allergnädigsten Königes und Herren. Friederich des Zweiten, Königes von Preussen. Marggrafen zu Brandenburg, ... in der Königlichen Deutschen Gesellschaft bey einer öffentlichen Feier in Erwegung gezogen von CHRISTOFF HEINRICH von SCHRÖDERSS. Königsberg. 1750. den 5. März. ib. — fol.

Die Vorrechte der Preussischen Länder zur Handlung nach China, wurden von der Königlichen Deutschen Gesellschaft am erneuerten Gedächtnistage ihrer feyerlichen Stiftung in einer öffentlichen Rede erweislich gemacht von ERNST JOHANN von SCHRÖDERSS, ... Königsberg, den 21. des Wintermonats. 1750. Gedruckt in der Königl. Preussischen Hof- und Academischen Buchdruckerey. fol.

Schrodi, Jos., lobet den Herrn! Katholisches Gebet- u. Andachtsbuch f. den gemeinsamen u. privaten Gottesdienst m. Berücksicht. der im Bist. Straßburg übl. Andachten. Neue verm. Aufl. (607 S. m. Titelbild.) 10,5×7 cm. Einsiedeln (909). Eberle, Käli & Co. Geb. in Leinw. — 90; in Ldr. m. Goldschn. 1. 40

Schrödinger, Erwin, über die Leitung der Elektrizität auf der Oberfläche v. Isolatoren an feuchter Luft. (8 S. m. 3 Kurven.) gr. 8. Wien 910. A. Hölder. — 45
Sonderabdr. aus: „Sitzungsber. d. k. Akad. d. Wiss."

Der Blütenbau der zygomorphen Ranunculaceen und seine Bedeutung für die Stammesgeschichte der Helleboreen von Rudolf **Schrödinger**. Mit 95 Orig.Zeichn. in 24 Textfig. Jena: Fischer 1909. 63 S. 4°(8°)
(Abhandlungen d. K. k. Zool.-Bot. Gesellschaft in Wien. Bd 4, H. 5.) [09. 17771

Geschichte d. ev. Kirchengemeinde A. B. zu Pozsony-Preßburg. Der äußere Entwicklungsgang der Gemeinde. Von Josef **Schrödl**, Prof. zu Pozsony. Uebers. von Dr. Johann Pfeifer, Prof. zu Pozsony. Pozsony: Ev. Kirchengemeinde 1906. (XIII, 448 S.) 4°(8°) [F.]
= **Geschichte** d. evang. Kirchengemeinde A. B. zu Pozsony-Preßburg. Bd 1. [07. 3658

SCHRÖDL, Cajetan (München): Über einen Fall von sekundärer Naht des Nervus radialis mit Resektion eines Diaphysenstückes des Humerus.- München: Kübschmann 1910. 17 S.
11.2.1911 - Chr 1910/11,25; U 11.3728
Diss.Ingolst.-Landsh.-Mchn.

Schrödl, Karl von

Schrödl, C., Geschichte der Bayern und ihrer Fürsten, s. Geschichte.

Schrödl, Karl, Geschichte der Päpste u. der römischen Kirche in der Urzeit d. Christenthums od. den ersten 3 Jahrh. gr. 8. (393 S.) Mainz 873. Kirchheim. 4. —

Schrödl, Karl v., Geschichte der Päpste und der römischen Kirche in der Urzeit des Christenthums oder den ersten drei Jahrhunderten. 2. mit einem Register und Anhange verm. Ausg. gr. 8. (VII, 402 S.) Mainz (873)888, Kirchheim.

Schrödl, Karl, das erste Jahrhundert d. engl. Kirche, od. Einführ. u. Befestigung d. Christenthumes bei den Angelsachsen in Britannien. gr. 8. (23 B.) Passau 840, [Ambrosi's Buchh.]

Schrödl, Karl, die Nothwendigkeit der weltlichen Herrschaft und Souveränität des heil. Stuhles. gr. 8. (166 S.) Regensburg 862, Pustet.

Schrödl, Karl, Passiva sacra. Geschichte des Bisth. Passau bis zur Säkularisation des Fürstenth. Passau. gr. 8. (XII, 424 S.) Passau 879, Waldbauer's Buchh. * 6 —

— Passavia sacra. Nachträge, Erläutergn. u. Ergänzgn. gr. 8. (47 S.) Passau 888. Waldbauer. n. 1. — (Hauptwerk u. Nachträge: n. 7. —)

Schrödl, Karl, Votum des Katholicismus u. katholischer Weltconsens über die Wichtigkeit u. Nothwendigkeit der weltlichen Herrschaft u. Souveränität des Heiligen Stuhles sammt einer Geschichte der Entstehung des Kirchenstaates u. der weltlichen Souveränität der Päpste. Freiburg 867. Herder'sche Verlagsh. gr. 8. (VII, 176 S.) 18 *ngr.*

Schrödl, Norbert, Kronberger Liederbuch, s.: Müller v. der Leppe, Hans.

ALBERT SCHRODT, Zum Gedächtnis des entschlafenen Mitgliedes und vieljährigen Ordensrates des Pegnesischen Blumenordens, Herrn Johann Karl Konrad Heller, II. Pfarrers bei St. Lorenz, geschrieben im Namen und Auftrag des Ordens. Nürnberg 1886. Druck von J. L. Stich. 4°.

Schrodt, Aug. Chr.: Differentiam in genere inter pacta et contractus. apud Romanos, et quale detur apud Germanos inter pacta discrimen, paucis disquirit. Goettingae 1749.

Schrodt, Franz *Joseph*: Beiträge zur Kenntniss der Pliocänfauna Süd-Spaniens. . . . (Aus: Zeitschr. d. D. geol. Ges. XLII. 3 1890.) Berlin, Druck v. J. F. Starcke, 1890; S. 385 . . . 2 Bl., 2 Taf. 8°
Heidelberg, Phil. Fak. Inaug.-Diss. v. 9. Juli 1890

Schrodt, Jo. Heinrich

Dum ... Ioannes Heinricus Blanke, ... Collegii Carolini Brunovicensis prof. publ. ord., et gymnasii ibidem Martiniani conrector ... hanc posteriorem spartam cum alia superiore commutaturus, et fasces rectoris apud gymnasium Catharinianum Brunovicense propediem capessiturus, musis nostris publice valedicere, et ... orationem de bonis litteris sui neglectum vindicantibus d. 19. m. decembr. anni 1746 habere constituit, eam, posteaquam pauca quaedam, quam varia ac diversa censorum de scholarum rectore iudicia sint, praefatus est, indicit **Io. Heinr. Schrodt,** Collegii Carolini p. p. o. et Martinei Brunovicensis rector. (Dat. prid. Id. dec. 1746.) 8 S. 8° *Br LandschB*

Historiam belli tricennalis et pacis Westphalicae singularem, quantum nempe ad solas terras Brunovicenses ac Lunaeburgenses pertinet, ex actis publicis ... in huius anni saecularem memoriam recensere, et insuper recitationes suas publicas historicas in ... Collegio Carolino instante semestri brumali 1748 et 1749 habendas publica hac commentatione indicare voluit **Io. Heinr. Schrodt,** Collegii Carolini prof. ord. publ. et Martinei Brunovicensis rector. (Dat. 1748.) 47 S. 8° *Wolfenbüttel HzglB*

Programma quo methodum tractandi compendium historiae universalis civilis commonstrat, et scholas suas historicas in recens instituto Collegio Carolino Brunsvicensi sibi demandatas d. XIV. Octobr. 1745 aperit ... **Io. Heinr. Schrodt,** Colleg. Carolini prof. ord. et Martinei rector. (Dat. Id. Oct. 1745.) XII S. 4° *Br*

Schrodt, Josef Franz Lothar

Schrodt, **Jos. Frz. Lothar, († d. 25. Dec. 1777.) institutiones juris canonici ad ordinem decretal. Gregor. IX. P. M. Prs. I.—III. 4. Bamb. 769, 70. 4. Dresd. 770. Walther. 1 ℛ 16 ℊ**

Schrodt, F. L.: Systema juris gentium. ***Wirceburgi.*** **740. 4.**

Schrodt, Jos. Fr. Lothar: „Systema juris publici universalis et juris gentium", II Pts. Prag 1765, 1768 (= Disputation des Grafen Karl von Kaunitz). — 2. Auflage Bamberg 1780 (Dederichs).

— systema juris publici universalis et juris gentium. II Ptes. 4. Prag 765, 68. 8maj. Bamb. 780. Dederich. (Wesché in Frankf.) 1 ℛ 8 ℊ

Schrodt, Julius, das Farnsporangium und die Anthere. Untersuchungen über die Ursache des Oeffnens und Umrollens derselben. Diss. Kiel 1885. 8°. 40 S. mit einer Taf.
Sonder-Abdruck aus: Flora Jahrgang 1885. Regensburg, Verlagsanstalt.

Schrodt, Julius: Theses ... Kiliae, ex offic. Schmidt & Klaunig, 1885. 2 Bl. 4°

Schrodt, L., der neue Rechtsanwalt, s.: **Vereinstheater.**

Schrodt, Max

Schrodt, M., Anleitung zur Prüfung der Milch im Molkereibetriebe. Zusammengestellt im Auftrage d. milchwirthschaftl. Vereines. gr. 8. (29 S. m. Textabbildgn. u. 7 Taf.) Bremen 892. M. Heinsius Nachf. n. 1.—

Schrodt, M., Auszug aus dem Jahresberichte der milchwirthschaftlichen Versuchs-Station,
— amerikanisches Fleischmehl als Futtermittel für Milchkühe,
— über einen Fütterungsversuch mit Baumwollensamenkuchen bei Milchkühen. Vergleichende Versuche über die Verfütterung von Kleie u. Getreideschrot an Milchkühe,
— ein Fütterungsversuch mit Reismehl; Aufrahmung der Milch bei Oberkühlung,
s.: **Mittheilungen** aus der land- u. milchwirthschaftlichen Versuchs-Station in Kiel.

Jahresbericht der Milchwirthschaftlichen Versuchsstation (u. Lehranstalt) zu Kiel für das Meiereijahr 1878/79—1889/90 v. Max Schrodt. Kiel. 1879—91. 8°
Fortges. u. d. T.:
Jahres-Bericht der milchwirthschaftlichen und bakteriologischen Abtheilung der Landwirthschaftlichen Versuchsstation und der Milchwirthschaftlichen Lehranstalt in Kiel über das Meiereijahr 1890/91—1895/96 v. H. Weigmann. Kiel. 1895—97. 8°
Fortges. u. d. T.:
Jahres-Bericht der Versuchsstation (u. Lehranstalt) für Molkereiwesen der Landwirthschaftskammer für die Provinz Schleswig-Holstein in Kiel über das Meiereijahr ... v. H. Weigmann Kiel. 8°
1896/97. 1898.
1898/99. 1900.
1899/1900. 1901.

Schrodt, Max, vergleichende Knochenuntersuchungen, angestellt am Skelete e. Fleischfressers. Chemische Inauguraldissertation. gr. 8. (56 S.) Leipzig 876. (Jena, Deistung.) n. — 60

Schrodt, M., s.: **Mittheilungen** aus der land- u. milchwirthschaftlichen Versuchs-Station in Kiel.

— über Verfütterung von Molken an Milchkühe, s.: **Mittheilungen** aus der land- u. milchwirthschaftlichen Versuchs-Station in Kiel.

Schrödter, A., praktische Anleitung f. Klavierspieler zum Selbst-Stimmen u. zur Selbst-Ausführung kleiner Reparaturen d. Pianofortes. 12. (81 S.) Leipzig 890. Rühle. — 80

Schrödter, A., neue Muster für Schnur-Stickerei. qu. Fol. (6 lithochrom. Bl.) Frankfurt a. M. 851, Jügel's Verlag. *

Schrödter, A., Thaten und Meinungen des Herrn Piepmeyer, s. Thaten.

Schroedter, A. W., neues Verfahren zur vollständigen Verhütung der Kartoffelkrankheit u. zur Bereitung eines neuen inländischen, jeden auswärtigen ersetzenden Düngers, wodurch eine ganze Feldmark alljährlich besser als durch Guano, für 10—40 Sgr. der Morgen, gedüngt werden kann. Eine Abhandlung. Mit 1 (lith.) Taf. Abbildgn. (in Fol.) Breslau 856. Aland in Comm. gr. 8. (36 S.) n. 1 ℛ.

Schrödter, Adolf

Arabesken-Fries von A. Schrödter, vom Künstler selbst auf Stein gezeichnet. Düsseldorf. Fol.

Schrödter's, Ad., Bild von der Flasche. Humoristisch zu deuten gesucht von Karl Immermann u. W. Cornelius. 2. Aufl. gr. 8. Stralsund u. Berlin 840, Cornelius. n. 5/6 ℛ Chines. Papier n. 1 ℛ

Schrödter, A., Bild von der Flasche. Humoristisch zu deuten gesucht von Carl Immermann u. W. Cornelius. 2. Aufl. gr. 8. (1½ B. u. 1 radirtes Blatt in ½ gr. Fol.) Stralsund u. Berlin 840, [Danz.] * 20 Gr., chines. Pap. *

Schrödter, Ado., 30 Bilder zum Don Quixote. 1. Lfg. Fol. (3 radirte Blätter. Der lesende Don Quixote. — Die Waffenwacht. — Der Kampf mit den Windmühlen. Leipzig 844. [Mayer.] Ausgabe No. 1. 1 Thlr. 15 Ngr. — No. 2. 2 Thlr. — No. 3.

Schrödter, A., *Herbarium ornatum.* 1. Heft. gr. Fol. (6 Chromolithogr.) Karlsruhe 861, Velten.

Schrödter, Adf., illustrirtes **Kräuterbuch.** Aquarelle. 1. u. 2. Lfg. hoch 4. (à 8 Bl.) Bremen 871. 72. Müller. à n. 9. —

Schrödter, A., illustrirtes Kräuterbuch. 3 Lfgn. hoch 4. Bremen 871,73. Hamburg, Rudolphi. In Mappe 33 —

— Radirungen. 1. Heft. Inhalt: Des Künstlers Verlobungskarte. — Des Baron von Münchhausen ergötzlicher Entenfang. — Don Quixote. — Titelblatt zum Album deutscher Künstler. qu. gr. Fol. (4 Bl.) Düsseld. 842, Buddeus. n. 3 ℛ

—— Studien der Aquarell-Malerei mit besond. Beziehung auf Blumen, Ornamentik und Initialen, vorzügl. dem Selbstunterrichte der Damen gewidmet. Unter Mitwirkung von Alwine Schrödter und Angelika v. Woringen. 3 Lfgn. gr. Fol. (à 8 Bl. mit Text.) Ebendas. 871,72. à Lfg. (*ℳ 27.) *ℳ 30.; in Mappe.

Schrödter A, Triumphzug d. Königs Wein. Chromolitographien v. P Herwegen. (1 Bl 9 T) Imp In Mappe. München (1870)

— Triumphzug d. Königs Wein. Nach dessen Original-Gemälden chromolith. v. P. Herwegen. 1—3. Lfg. Imp.-Fol. (à 3 Taf.) München 871. 72. Bruckmann. à 36. —; einzelne Bl. à 15. —

—— Triumphzug des Königs Wein. Nach dessen Orig.-Gemälden chromolithogr. von P. Herwegen. 3 Lfgn. Imp.-Fol. (10 Taf.) München 871,72, Bruckmann's Verlag. à Bl. (à Lfg. ℳ 36.) ℳ 120.; in Mappe.

Berliner Volksscenen und characteristische Fuhrwerke nach der Natur gezeichnet. 10 Blatt Lithographien. Berlin. 4°.

Schrödter, A., das Zeichnen als ein aesthetisches Bildungsmittel vorzugsweise für die Erziehung des weiblichen Geschlechtes. gr. 8. (16 S.) Frankfurt a. M. 853, Literarische Anstalt.

Schrödter, Alwine, sechs Bilder zum Don Quixote. (Neuer Abdr.) Altona 863. Haendcke & Lehmkuhl. Fol. (6 Kpfrtaf.) n. 1 Thlr 15 ngr; chines. Pap. n. 2 Thlr; chines. Pap. in gr. Fol. n. 6 Thlr

Schrödter, Alwine, Blumensprache. 6 Lfgn. gr. 4. (25 Chromolithogr.) Lahr 881—83, Schauenburg. 1. Lfg. *M 4.; 2.—6. Lfg. à *M 3. * 19 —

— Fremde u. Heimat. Denksprüche in Wort u. Bild. Frankfurt a. M. 869. Sauerländer's Verl. Fol. (11 Chromolith. u. 1 Bl. Text.) In Mappe n. 11 Thlr 10 ngr.

—— in Freud und Leid. Denksprüche mit Initialen. 1. Sammlung. 1. Aufl. 1863. * 2 Thlr. und 2. Aufl. gr. 4. (10 Chromolithogr. mit 1 S. Text.) Frankfurt a. M. 863, Sauerländer's Verlag. In Carton. *

Schrödter, Alwine, in Freud und Leid. Denksprüche mit Initialen. 2. Sammlung. gr. 4. (9 Chromolithogr. und 1 S. Text.) Frankfurt a. M. 864, Sauerländer's Verlag. In Carton. *

— in Freud u. Leid. Denksprüche mit Initialen. (1. u. 2. Sammlung.) Pracht-Ausg. Ebend. 865. gr. 4. (19 Chromolith. u. 1 S. Text.) In Mappe. n. 6 Thlr 12 ngr.

Schrödter, Alwine, in Freud u. Leid. Denksprüche m. Initialen. 3. Aufl. gr. 4. (19 Bl. in Farbendr. u. 4 S. Text.) Frankfurt a. M. 871. Sauerländer's Verl. In Mappe. n. 19. 20

Schroedter, Alwine, das Gebet des Herrn. Ausgabe für Katholiken. Düsseldorf 864. Schulte. 4. (8 lith. Bl. in Farbendr.) n. 2 Thlr
Ausg. für Protestanten (9 Bl.) n. 2 Thlr

—— dass. — Ausg. für Protestanten. 4. (9 Chromolithogr.) Ebendas. 864. *

—— der Herr ist mein Hirte. 6 (chromolithogr.) Blumenkarten mit Sprüchen. 12. Leipzig 881, Böhme. * 1 —

— Jahresblüten 13 (lith.) Blätter in Farbendruck. Carlsruhe 869. Bielefeld. Fol. In Leinwandmappe. n. 11 Thlr 10 ngr.

— Kinder-Gebete alphabetisch geordnet u. illustr. Neue Prachtausg. Frankfurt 870. Voelcker. 4. (24 Chromolith.) n. 24 ngr.

—— Kinder-Gebete, alphabetisch geordnet und illustrirt. Neue Ausg. 16. (27 Chromolithogr.) Frankfurt a. M. 880, Völcker's Verlag. geb. mit Goldschn. * 3 —

—— um Lieb' und Kunst. Denksprüche mit Initialen. hoch 4. (12 Chromolithogr. und 1 Blatt Text.) Frankfurt a. M. 867, Sauerländer's Verlag. In Mappe. *

— Penaten. Imp.-4. (19 Steintaf., wovon 10 in Buntdr. m. lith. Titelbl.) Düsseldorf 871. Braumann & Co. geb. m. Goldschn. n. 36. —

—— Penaten. Imp.-4. (19 Stnt., wovon 10 in Buntdr. mit lithogr. Titelbl.) Düsseldorf 871, Breidenbach und Comp. geb. mit Goldschn. *

— Triumph der Blumenkönigin in Liedern, s.: Naebel, Th.

Schrödter, Carl, s. Schrödter, Karl.

Schrödter, E., s.: Stahl u. Eisen.

[A.] Festschrift zur Enthüllung des Denkmals für den Fürsten Bismarck in Düsseldorf am 10. Mai 1890. (Vf.: E[mil] Schrödter.) *Düsseldorf: Dr. u. A. Bagel (1899).* (18 S., 1 Bl., 1 Taf.) 1 Bd 4. [illegible]

Schrödter, Ernst, die Wunder der Vegetation, oder praktisch bewährte auf mehr als 100jähr. Erfahrung basirte Mittel zur unglaublichen Vermehrungskunst des Saatgetreides, der Bäume, Weinstöcke, Blumen und Pflanzen aller Art ohne die gewöhnliche Düngung, und somit Mittel zur unglaublich großen u. schnellen Verbesserung aller Landgüter, Land- und Gartenwirthschaften u. s. w. Naumburg (858.) (Garcke. (Tauerschmidt.) 16. verklebt 1 Thlr.

Schrödter, Frz., klassisches Deklamatorium. Eine Auswahl der gediegensten Vorträge für Familien- und gesellige Kreise. Ster.-Ausg. 16. (224 S.) Reutlingen 886, Enßlin und Laiblin. cart.

Schrödter, F., freudvoll u. leidvoll. Eine Sammlg. der schönsten Liebeslieder. 16. (96 S.) Reutlingen 887. Enßlin & Laiblin. — 50

Schrödter, Frz., freudvoll u. leidvoll. Eine Sammlg. der schönsten Liebeslieder. 2. Aufl. 16. (96 S.) Reutlingen 888. Enßlin & Laiblin. — 60; geb. — 80

Schrödter, Frz., Freudvoll u. Leidvoll. Eine Sammlg. der schönsten Liebeslieder. 4. Aufl. gr. 16. (96 S.) Reutlingen 899. Enßlin & Laiblin. — 50

Schrödter, Frz., die Tanzkommandos f. Contre-Danse (Française) u. Quadrille à la Cour (Lancier) m. Erläuterungen. Verb. Ausg. (16 S.) 32. Reutlingen (903). Enßlin & Laiblin. — 10

Schrödter, F., der Tanzmeister. Eine Sammlg. der wichtigsten Anstandsregeln auf Bällen, sowie e. Hilfsbüchlein f. solche, welche das Ausrufen d. Contretanzes [Française], der Quadrille à la cour u. des Lanciers, die Anordnung des Cotillon u. die Leitung aller modernen Salontänze auf Bällen, Gesellschaften ꝛc. übernehmen. 16. (64 S.) Reutlingen 887. Enßlin & Laiblin. — 50

Schrödter. Franz Adolf

— Christliches Andachtsbuch für die Neujahrsfeyer und die Konfirmationshandlung zum häuslichen Gebrauch ächter Religionsfreunde aus der gebildeten Volksklasse. Altona. 1802.

Hammerich.

SCHRÖDTER, FRANZ ADOLPH, Anleitung zu einem sokratischkatechetischen Unterricht über d. schleswig-holsteinischen Landeskatechismus in kurzen über die einzelnen Sätze desselben ausgearbeiten Entwürfen. Kiel. 1793. (U. B.).

— Anleit. zu e. sokrat. katechet. Unterricht üb. d. Schlesw.-Holstein. Landeskatechismus. gr. 8. Altona ... 2e verb. Aufl. 800. Hammerich. 1 Thlr 12 ßl (A. u. d. T.: Materialien in ausführl. Entwürfen zu sokrat. Gesprächen mit d. Jugend üb. die christl. Religion ꝛc.)

— 4—6. Ansprache an sämmtl. Mitglieder der Oldenburger Stadt- und Land-Gemeinde zu fernern Bibelbeiträgen für Bedürftige. Oldenburg. 1839—44.

Ansprache der Religion zur Beruhigung und Erheiterung, zur Erhaltung des Muthes und Belebung eines christlichen Sinnes an meine Zuhörer und Landsleute in den Zeiten der Kriege und Unruhen in einigen . . . öffentlichen Religionsvorträgen v. Franz Adolph **Schroedter.** Altona. 1811. 8°

Schrödter, F. A., Ansprache d. Religion z. Beruhigung u. Erheiterung, Belebung eines christl. Sinnes in den Zeiten d. Kriege. gr. 8. Ebend. 812.

— **Archiv der Harms'schen Thesen, oder Charakteristik der Schriften, welche für und gegen dieselben erschienen sind. Altona. 1818.** Hammerich.

Schrödter, A. F., Archiv der Harmsschen Thesen rc. s. Archiv.

— Aeuszerungen unserer christlichen Theilnahme an der heutigen Familienfreude uns. gottseligen Königshauses. Eine Predigt am 30. Aug. 1816. (Als vervielfält. Mscpt. gedruckt). Altona. 1816. P.

— Christi Bergpredigt; frey übersetzt, mit erklärenden Anmerkungen und einer Abhandlung: über den Werth der Bibel für unsere Zeiten begleitet. Altona. 1796. Hammerich.

Schrödter, Franz Adolph, Erndtepredigt am 14. Sept. 1831 über Luc. 21. v. 9—14 mit besonderer Rücksicht auf die Zeitumstände. Schleswig. 1831.

— Die Frage: Worin besteht das Wesentliche und die Hauptsache der christlichen Freiheit? in einer Predigt über Gal. 5, 13 untersucht und beantwortet. Altona (Kiel). 1793. P. (U. B.).

— erste Grundlinien der Welt- u. Staatengeschichte, als Leitfaden f. Landschullehrer. 8. Hamb. 798. (Aue in Altona). 4 gr.

— erste Grundlinien d. Welt- u. Staatengeschichte, als Leitfaden f. Landschullehrer. 8. Hamburg, Gundermann. 798.

— ausführl. sokratische Katechisationen üb. die Glaubenslehren. Mit d. Portr. d. Verf. 2 Bde. gr. 8. Altona 805 u. 809. Hammerich. 2 Rthlr. 16 gr. (A. u. d. T.: Ausführl. sokrat. Katechisationen üb. den Schleswig-Holstein. Landeskatechismus. 1r u. 2r Bd.)

Schrödter, Franz Ad., ausführl. sokrat. Katechisationen üb. Luthers Katechismus. Ein Hülfsbuch f. Freunde d. Jugend v. e. neuen Methode sie zu unterrichten u. zu bilden. 2 Bde. Auch unter dem Titel: Ausführl. sokrat. Katechisationen üb. den Schleswig-holstein. Landeskatechismus. 4r u. 5r Theil. gr. 8. Altona, Hammerich. 814.

Ausführliche sokratische Katechisationen über die gesammten Sätze (Bd. 2: Pflichten) unserer christlichen Sittenlehre. Ein Hülfsbuch für Freunde der Jugend . . . v. Franz Adolph **Schrödter.** Bd. 1, Th. 1. Altona. 1805. Bd. 2. ebd. 1803. 8°
Auch u. d. T.: Ausführliche **Katechisationen** über den schleswigholsteinischen Landeskatechismus. Bd. 1, Th. 1. Bd. 2. Altona. 1805. 1803. 8°

— ausführl. sokrat. Katechisationen üb. die Sittenlehren. gr. 8. Altona 805. Hammerich. 1 Rthlr. 12 gr. (A. u. d. T.: Katechisation üb. d. Schlesw.-Holstein. Landeskatechismus. 3r Bd.)

— mein Leitfaden beim Confirmandenunterricht, mit vorzügl. Rücksicht auf ausgewählte Lieder u. Verse des Schleswig-Holstein. Gesangbuchs. 8. Schlesw. 821. Koch. 2 gr.

— Materialien in ausführlichen Entwürfen zu sokratischen Unterredungen mit der Jugend über die Gleichniszreden Christi und einige Geschichten aus seinem Leben nach Henke sorgfältig ausgearbeitet. Altona. 1801. Hammerich.

— Religionsvorträge f. ächte Verehrer d. Christenthums. gr. 8. Hamb. 797. (Aue in Altona). 16 gr.

Schrödter, Frz. Ad., Religionsvorträge für ächte Verehrer d. Christenthums. gr. 8. Hamb. Gundermann. 797. Rthlr.

Rückerinnerungen an die Feier des 50jähr. Amtsjubiläums u. der Dienstentlassung des vormal. Hauptpastors der Gemeinde u. Kirchenprobsten der Probstei Oldenburg, Franz Adolph **Schroedter,** in Oldenburg, den 29. Sept. 1843. Mit 17 bezügl. Anl. u. der Abschiedspredigt. — Oldenburg 1844: Fränckel. 147 S. 8°

Schrödter, Frz. Ad., Rückerinnerungen an die Feier des 50jähr. Amtsjubiläums u. die Dienstentlassung. Mit 17 bezügl. Anlagen u. der Abschiedspredigt. 2. unveränd. Aufl. gr. 8. Oldenburg 845. (Leipzig, Stadler.) 5/12 Rthlr.

Schrödter, F. A., vollständ. Vergleichungstafeln d. preuß., brandenburg. u. sächs. Scheidemünze, als Handbuch f. Kaufleute, Banquiers rc. gr. 4. Bresl. 812. J. F. Korn. 8 gr.

— Versuch über die zweckmäszige Aufsicht der Bürgerschulen durch Schulkollegien nebst dem Entwurfe einer guten allgem. Schulverordnung für dieselben, und eine Beylage über die Verbesserung des Schulwesens der Holsteinischen Stadt Oldenburg. Ein Beytrag zur Verbesserung des Schulwesens. Altona. 1805.

— Versuch üb. die zweckmäß. Aufsicht d. Bürgerschulen, der Schulcollegien rc. gr. 8. Altona 806. Hammerich. 16 gr.

— Die christliche Vollkommenheit. Ein Vermächtnisz im Bibelwort und Bibelgeist für meine Konfirmanden. (Eutin). 1820. — 4. verm. u. verb. Aufl. Oldenburg. 1838. [2. Aufl. 1824; 3. Aufl. 1829 mglr. i K. B.].

— die christliche Vollkommenheit. Ein Vermächtniß im Bibelwort u. Bibelgeist für meine Confirmanden; zur Aufbewahrung in ihrem Herzen. 8. Lübeck, von Rohden (in Comm.) 820.

Schreibray.

Schrödter, (Frz. A.,) die christl. Vollkommenheit. Ein Vermächtniß in Bibelwort u. Bibelgeist für meine Confirmanden. 2e Ausg. 8. Altona 824, Busch.

Schrödter, Frz. Ado., die christl. Vollkommenheit. Ein Vermächtniß im Bibelwort u. Bibelgeist f. meine Konfirmanden; zur Aufbewahr. in ihrem Herzen, ihren Händen dargereicht in d. Abschiedsstunde. 3., verm. u. verb. Ausg. 8. (22 B.) Altona 829. (Aue.)

Schrödter, Frz. Ad., die christliche Vollkommenheit. Ein Vermächtniß im Bibelwort und Bibelgeist für meine Konfirmanden; zur Aufbewahrung in ihrem Herzen, ihren Händen dargereicht in der Abschiedsstunde. 4., verm. u. verb. Ausg. 8. (22½ B.) Altona 838. (Dessau, Aue.) *

— Was soll der Prediger wissen und thun, um vor der Welt und seinem Gewissen gut zu bestehen? Und wie kann er dazu gelangen? Altona. 1801.

— was soll der Prediger wissen u. thun, um vor der Welt u. seinem Gewissen gut zu bestehen? Mit e. Vorrede v. J. G. C. Adler. gr. Altona 802. Hammerich. 16 gr

SCHROEDTER, Franz Adolph 1767 -
Die allgemeine Weltgeschichte nach ihrem gemeinnützlichen Inhalte als ein brauchbares Lehrbuch für Landschullehrer bearbeitet, welche sich und andere in dieser Wissenschaft unterrichten wollen, von Franz Adolph Schroedter ...
Mit einem Bildnisse.
Altona: Hammerich. 1799. XVI, 567 S. 8°.
Universitätsbibliothek Kiel
Identisch mit d. nachfolgenden Nr.

SCHROEDTER, Franz Adolph 1767 -
Die allgemeine Weltgeschichte nach ihrem gemeinnützlichen Inhalte mit sorgfältiger Auswahl der zweckmäßigen Materialien als ein Lesebuch für den Bürger und Landmann bearbeitet von Franz Adolph Schroedter ...
Mit einem Bildnisse.
Altona. Hammerich. 1799. XVI, 567 S. 8°.
Universitätsbibliothek Kiel
Identisch mit d. voraufgehenden Nr.

Schrödter, Franz Barthold

SCHROEDTER, FRANC. BARTH., Diss. juridica de foemina tutrice, ad Auth. Matri et Aviae, quando mul. tutel. offic. fung. pot. junct. Nov. 118 cap. 5. Kilonii. 1709. 4. P. [Praes. Reinh. Frid. Salme].

Schroedter, Friedrich: Die Syphilis bei den Eingeborenen Südwestafrikas. Leipzig 1908: B. Georgi. (47 S.) 8°
Leipzig, Med. Fak., Ref. Hoffmann, Diss. v. 21. Febr. 1908

Schroedter, Hans, Hans im Glück, s.: Bilderbuch, das deutsche.

— Wie ist doch die Welt so schön, s.: Reinick, Rob.

Schrödter, Hugo, Kammergerichts-Ref. aus Berlin: Vergleichende Darstellung des Rechtes der Arrha (Draufgabe) nach dem gemeinen Recht und dem Bürgerlichen Gesetzbuche. *Berlin 1899: Goedecke & Gallinek.* (61 S.) 8° [K.]
Erlangen, Jur. Diss. v. 30. Apr. 1899

Schrödter, J. G., faßliche Anweisung zum gründlichen Unterrichte in der Algebra nach Beispielen aus den in Meier Hirsch's Sammlung enthalt. Gleichungen und Aufgaben. gr. 8. (X und 429 S.) Leipzig 850. Teubner.

Schrödter, Jos., (auch Damberger; Taurinius), See- u. Landreise nach Ostindien u. Aegypten in d. J. 1795—99 auf die Berge Sinai u. Horeb, nach Gaza etc. 8. Leipz. 800. (Schmidt). 1 rtl (Joachim). 1 rtl 4 gr

Schrödter, Jos., See- u. Landreise nach Ostindien und Aegypten in d. Jahren 1795–99. 8. Leipzig, Wolf. 800.

Schrödter, Karl

Schrödter, C. (Red.), s. Almanach, Deutsch-nautischer 1905.

— Entscheidungen des kaiserl. Oberseeamts u. der Seeämter zu Hamburg u. Bremerhaven aus d. J. 1904. Ergänzungsbd. des Jahrbuchs der Reedereien u. Schiffswerften. (VI, 74 S.) gr. 8. Hamburg 905. [Verlagsanstalt u. Druckerei.] Berlin, Boll & Pickardt. n. 2. 50

— dasselbe, u. der Seeämter zu Hamburg, Bremerhaven, Lübeck, Flensburg, Königsberg, Danzig, Stralsund u. Rostock aus dem J. 1905. 2. Jahrg. (171 S.) gr. 8. Boll & Pickardt. n. 4. —

— Entscheidungen des kaiserl. Oberseeamtes u. der Seeämter zu Bremerhaven, Danzig, Flensburg, Hamburg, Königsberg, Lübeck, Rostock, Stettin u. Stralsund aus den J. 1906 u. 1907. 3. u. 4. Jahrg. (VIII, 216 u. VII, 243 S.) gr. 8. Berlin 907. 08. Boll & Pickardt. à 6. —

Die englische Handelsschiffahrt von C[arl] Schroedter. Halle a. S.: Gebauer-Schwetschke 1906. (47 S.) 8°
= England in deutscher Beleuchtung. H. 2. [illegible]

Schroedter, Car. (geb. Nordhausen [illegible] 4. 1800): De lactationis impedimentis, quae matribus obstant. Berolini (1820). (51 S.) 8°
Berlin, Med. Diss. v. 5. Dez. 1820

Schroedter, Karl Friedrich Christian: Festrede zur Feier des Geburtstags der Herzogs Friedrich VIII. von Schleswig-Holstein, am 6. Juli 1864 gehalten in Rendsburg. Rendsburg. 1864. 8°

Schrödter, Malwina, Holzmosaik zum Verzieren feiner Holzgeräthe. 2. Aufl. gr. 4. (6 chromolithogr. Taf.) Carlsruhe 874, Veith. [Bielefeld's Hofbuchh.] In Mappe. *

SCHRÖDTER, MAX. Nitrosoverbindungen aromatischer Aminocarbonsäuren. Halle a. S., 1902. E.Karras. (54 S.)
Halle, Phil.Fak., Diss.v.1902.

Schrödter, Paul, Darstellung u. Begründung des zur Reposition einer luxatio iliaca eingeschlagenen Operationsverfahrens. Inaugural-Dissertation. Greifswald 868. (Bamberg.) 8. (38 S.) 7½ ngr.

Schroedter, Viktor, a. Hüttengrund: Der Wortschatz Kristians von Troyes bezüglich der Ausdrücke der Kampfesschilderung. Halle a. S. 1907: H. John. (196 S.) 8°
Leipzig, Phil. Fak., Ref. Birch-Hirschfeld u. Wülker, Diss. v. 12. April 1907
[Geb. 30. Jan. 84 Hüttengrund; Wohnort: Zwickau i. Sa.; Staatsangeh.: Sachsen; Vorbildung: Realgymn. Zwickau Reife O. 03; Studium: Leipzig 7 S.; Studium: 29. Nov. 06.]

Schroedter, Wolff Friedrich (Holstein) A. S. 572/11

Disputatio inauguralis iuridica de notione rusticorum Germaniae.
Göttingen (Vandenhoeck) IV. 1743. 31 S., 4 Bl.

Gew.: Franz Barthold Schroedter (Vater).
W. v.: Kai Rantzau, P. Matthiessen, Jo. Heinrich Engenhagen. 31507

Schröer: Lessing's dramaturgische Ansichten. Hagen 1865.
Schul-/Univ.-Schrift

Schröer, Adolf

Schröer, Adf., lateinische Formenlehre für die unteren Klassen der höheren Unterrichtsanstalten. Berlin 865. Weidmann'sche Buchh. gr. 8. (IV, 55 S.) n. 5 ngr.

Schröer, A. Nach welchem Princip ist die Syntax der lateinischen Sprache aufzubauen? 15 S. Progr. *Perleberg* 1881.

Schröer, Adf., Schulgrammatik der lateinischen Sprache. gr. 8. (VIII, 168 S.) Stendal 876. Franzen & Grosse in Comm. n. 2. —

—— **lateinisches Uebungsbuch für die unteren Klassen der höhern Unterrichtsanstalten. gr. 8. (VIII und 214 S.) Berlin 865, Weidmann'sche Buchh.**

Schröer, (M.M.) Arnold

—— Ueber Titus Andronicus. Zur Kritik der neuesten Shakspereforschg. gr. 8. (VI, 140 S.) Marb. i. H. 891, Elwert's Verlag. * 3 20

Schröer Arnold: Ueber die Anfänge des Blankverses in England. Diss. Wien. Univ.
D: Selbstverlag, 1880.
1880 PN 165 1908

Schroeer, M. M. Arnold (Hrsg.), s. B a l e , John: C o m e d y concernynge thre lawes.

Schröer, Arnold, de consuetudine monachorum, s. Studien, englische, 9. Bd. 2. Heft.

—— **Einleitung und Paradigmen zur Lehre von der Aussprache und Wortbildung. Mit einem Anhang, enth. Transscriptionsproben zu H. Bergers Lehrbuch der engl. Sprache. gr. 8. (VI, 34 S.) Wien 885, Hölder. ***

—— **dass. — mit einem Anhang, enth. Transscriptionsproben zu R. Sonnenburgs Grammatik der engl. Sprache. gr. 8. (VI, 34 S.) Ebendas. 885. ***

Schröer, Arnold, modernenglische Elementargrammatik (Laut- u. Formenlehre). Lex.-8. (20 S.) Stuttgart 902. P. Neff Verl. n. — 30
Sonderabdruck aus: „Grieb-Schröer, engl.-deutsches u. deutsch-engl. Wörterbuch".

(8) **Schröer,** Arnold, modernenglische Elementargrammatik. 902. (KVL 32.) Jetzt: Berlin-Schöneberg, Langenscheidt's Verl.

Schröer, M. M. Arnold, neuenglische Elementargrammatik. Lautlehre, Formenlehre, Beispielsätze, Wortbildungslehre m. phonet. Aussprachbezeichng. f. den prakt. Gebrauch an Hochschulen u. den Selbstunterricht Erwachsener. (VIII, 216 S.) 8. Heidelberg 909. Carl Winter.
Geb. in Leinw. 2. 40

Schröer, M. M. Arn. Ueber Erziehung, Bildung u. Volksinteresse in Deutschland u. England. 8. (IV, 99 S.) Dresd. 891, Damm. * 1 80; geb. m. Goldschn. * 3 —

— dasselbe. 2. unveränd. (Titel-)Aufl. 8. (IV, 99 S.) Ebd. 894. n. 1. 20

Schröer, Arnold, die Fortbildung der neusprachl. Oberlehrer u. das engl. u. französ. Seminar an der Handels-Hochschule in Cöln, s.: **Festschrift** zum 11. deutschen Neuphilologentage.

Grundzüge und Haupttypen der englischen Literaturgeschichte von Dr. M. M. Arnold **Schröer,** Prof. T. 1. 2. Leipzig: Göschen 1906. 8°
1. Von d. ältesten Zeiten bis Spenser.
2. Von Shakespeare bis z. Gegenwart.
(Sammlung Göschen. 286. 287.) [10. 1917 11]

— **Grundzüge u. Haupttypen** der englischen Literaturgeschichte, s. **Sammlung Göschen.**

— s.: Percy's reliques of ancient English poetry.

Schröer, A., die angelsächsischen Prosabearbeitungen der Benedictinerregel, s.: Bibliothek der angelsächsischen Prosa.

Schröer, M. M. Arnold, über den Unterricht in der Aussprache des Englischen. 2. wesentlich erweiterter Abdr., mit einem Anhang zum Vergleiche der Transscriptionen bei Walker, Degenhardt, Gesenius, Gurcke, Goegel, Plate, Imm, Schmidt, Sonnenburg, Vietor, Sweet. gr. 8. (VIII, 60 S.) Berlin 884, Springer.
Zuerst 1882 in: Zeitschrift für das Realschulwesen erschienen.

— die Wintoney-Version der Regula S. Benedicti, lateinisch u. englisch, m. Einleitg., Anmerkgn., Glossar u. e. Facsm. zum erstenmale hrsg. gr. 8. (XXVIII, 175 S.) Halle 888. Niemeyer. n. 5. —

— Wissenschaft u. Schule in ihrem Verhältnisse zur praktischen Spracherlernung. gr. 8. (64 S.) Leipzig 887. T. O. Weigel Nachf. n. 1. —

Schröer, Arnold, englisch-deutsches u. deutsch-englisches Wörterbuch, s.: Grieb, Chrph. Fr.

Schroeer, Burckhart Friedrich (Dresden) A. S. 577/93

Exercitatio iuridica quaestionem continens an intercessio foeminae post mortem mariti sine iuramento facta valeat.
Präs. Friedrich Gottlieb Zoller.
Leipzig (Breitkopf) 21. I. 1767. 12 S. 31508

Schröer, Christoph Traugott, s. A n w e i s u n g zu deutschen Briefen.

Schröer, Cph. Tr., († d. 17. März 1798.) Betrachtt. u. Lieder üb. die wichtigsten evangel. Glaubenswahrheiten. 8. Bunzlau 770.

Etwas von Allem, oder der schlesische Schriftsteller nach der Mode (von *Chp. Traugott Schröer*). Liegnitz 1753–55. Rar!
Anon.-Lex. II. p. 71 (nach Kayser).
Vgl. E t w a s ...

— Cantaten auf Sonn- u. Fest-Evangelien u. die wichtigsten Vorfälle im Gottesdienste. 8. Bunzlau 774.

— Vorsabbath d. Christen. 2e mit kurzen Fragen verm. Aufl. 8. Hirschb. 767.

Schroeer, G. S., de Christo lapide in ruinam et resurrectionem multorum posito. Viteb. 1734. 4.

Schroeer. Georg Friedrich [Praes.], s. B o e c k m a n n , Jo. Konrad: De capite ecclesiae.

Schroeer, Georg Friedrich (Rakith/Sa.) A. S. 606/65

Ex doctrina de archivis capita quaedam controversa.
Präs. Ernst Martin Chladen.
Wittenberg (Eichsfeld) 6. VI. 1765. 8 S. 31510

Schroeer. Georg Friedrich [Praes.], s. E l s w i c h , Jo. Hermann von: De jure episcoporum in Gallia a Papa ad concilium provocandi.

Schroeer. Georg Friedrich [Praes.], s. H a u c k , Bartholom.: De permissione dei.

Schroeer. Georg Friedrich [Praes.], s. J a n u s , Jo. Wilhelm: De jure decidendi controversias theologicas.

Schroeer, Georg Friedrich A. S. 2/13

Pater ex facto filii obligatus.
Präs. Johann Gottfried Krausius.
Wittenberg (Gerdes) 20. X. 1733. 30 S. 31509

Schroeer, Go. Fr., Diss. de spiritu. Viteb. 4°. **1703**

Schröer, Heinrich [Dir. Prof. Dr.]: *Bericht über die Feier des 25jährigen Amtsjubiläums des Provinzial-Schulraths Geh. Reg.-Rath D. Hermann Polte in Posen am 5. Jan. 1897.* Posen, Merzbach'sche Buchdr., 1897; S. 15. 4.
Posen, k. Marien-G, P 1897 (169)

[F.] Bericht des Berliner Turnraths über das vierte Jahrzehnt seiner Thätigkeit, 1888—1897. Als Festschr. z. F. d. 40j. Best. hrsg. v. Ausschuss, bearb. v. Heinrich **Schröer.** *Berlin: Dr. v. H. S. Hermann 1897.* (1 Bl., 100 S.) 1 Bd 8. (98 ca)

Schröer, Heinrich [Dir. Prof. Dr.]: *Zur Frage der Überbürdung der Schüler.* Posen, Merzbach'sche Buchdr., 1896; 27—29 S. 4.
Posen, k. Marien-G, P 1896 (166)

Schröer, Heinrich, Gesichtspunkte für die Ausgestaltung und Hebung des Schulturnens, Vortr., Berlin 1896, 16 S., 8°.

Methodik des Turnunterrichts. Ein Hilfsbuch f. Turnlehrer u. Turnlehrerinnen von H[einrich] **Schröer,** Turnwart in Berlin. Leipzig & Berlin: B. G. Teubner 1904. (IV, 102 S.) 8° [F.]
= **Methodik** d. Volks- u. Mittelschulunterrichts. 3, 4.

Schröer, Heinr., f.: Monatsschrift f. das Turnwesen.

Schröer, Heinr., wider die Schulsparkassen. gr. 8. (VII, 64 S.) Wittenberg 882, Herrosé Verlag. * 1 —

Schröer, Heinr., Spiele f. d. Volksschule, s.: Stangenberger, Johs.

Schröer, H.: Die Stabübungen. Wien & Leipzig 1895. 130 S. m. Abb.

— die Stabübungen. Eine Darstellg. ders. in Wort u. Bild f. Schulen u. Turnvereine. 12. (IX, 130 S. m. 100 Holzschn.) Wien 896. A. Pichler's Wwe. & Sohn. n. 1. 60; geb. in Leinw. n. 1. 80

Schroeer, Henricus (geb. am 5 Juli 1843 in Warmen Kr. Hamm Westf.): De stvdiis Anglicis in regno Siciliae et Alemanniae adipiscendo collocatis a. 1250—1257 . . . Bonnae, typ. C. Georgi (1867). 2 Bl., 47 S., 1 Bl. 8.
Bonn, Phil. Fak., Diss. v. 15 März 1867

— f.: Taschenkalender f. d. deutsche Turnerschaft.

Schröer, Heinrich, Das deutsche Turnspiel (Sonntagsbeil. d. „Vossischen Ztg.", 22. 5. 1892), Berlin 1892, 8 S., 8°.

— Turnspiele f. Turnvereine, Spielgesellschaften u. d. Oberklassen höh. Lehranst. 16. (128 S. m. 8 Abb.) Leipzig 895. J. Klinkhardt. Kart. n. — 80

— **Turnspiele f. Turnvereine, Spielgesellschaften, reifere Schüler u. Schülerinnen. 2., umgearb. Aufl. (150 S. m. 9 Abbildgn.) 16. Leipzig 906. J. Klinkhardt. Kart. n. 1. —**

— u. K. v. **Ziegler,** Übungen, Spiele, Wettkämpfe. Zur Erhöhg. der Nähr- u. Wehrkraft sowie zur Steigerg. des Schvermögens unseres Volkes, f. die reifere männl. Jugend zusammengestellt. (IV, 76 S. m. 43 Abb.) kl. 8. Leipzig 909. B. G. Teubner. 1. —

Schroeer, Heinr. Der geographische Unterricht auf dem Gymnasium. 21 S. **Progr.** *Ostrowo* 1876.

Schröer, H., f.: Verhandlungen, die, der 14. deutschen Turnlehrer-Versammlung.

Schröer, Heinr., die allgemeine Volksschule als Grundbedingung zur endgiltigen Lösung der Schulreform-Frage. 8. (III, 54 S.) Erfurt 891. Leipzig, Baemeister's Verl. n. — 80

Schröer, J. C., wohlerfahrner Kinderarzt, od. Unterricht v. d. Kinderzucht. 8. Frankf. 736.

Schröer, Jakob Samuel

— gottgeheiligte **Amtsreden üb. auserles. wichtige Texte der heil. Schrift, nebst einigen Casualschriften. 4. Hamb. 755. Ritter.** 1 ₰ 4 gr

Schröer, Jak. Sam., († ...) schriftmäß. Auslegung d. 5n Artikels d. Augsburg. Confession, vom gerechten u. seligmachenden Glauben ꝛc. 4. Wittenb. 752. (W. Vogel in Leipz.) 2 gr

SCHRÖER'S, Jac. Sam., Beweis, daß durch das Wort Macht, Cor. 11. v. 10 nicht der Weiber Herrschaft, sondern deren Unterthänigkeit zu verstehen sey. Leipzig, Löwe, 1756. 4⁰.
Cat. Monath. III. Nürnb. 1784. 8⁰. p. 670.

— **d. allzugroße Unterschied zwischen d. luther. u. kathol. Religion. 8. Wittenb. Zimmermann. 716.**

— der **allzugroße Unterschied zwischen der lutherischen u. kathol. Religion. 8. Wittenb. 753.**

Schröers, Jacob Samuel, Untersuchung des von Joh. Hartw. Kleeberg entdeckten Samuels. Lpz. 754. 8. Dazu: Nachmalige Erinnerung über Samuel. ebd. 756. 8.

— **angerathene Vorsichtigkeit z. göttl. Leben, üb. alle Sonn- u. Festtags-Evangelia erklärt. 4. Leipz. 756. (Brockhaus). 2 ₰ 8 gr**

— angerathene Vorsichtigkeit z. göttl. Leben, über alle Sonn- u. Festtagsevangelia erklärt. 4. Leipzig, Heinsius. (Gleditsch.) 756.

Schröer, Johann Friedrich

Schroeer, J. F., de aetate ἐπικλήσεως ad Sp. S. eucharisticae. Lips. 1723. 8.

Schröer, Ioh. Fr., imperium Babylonis et Nini ex monumentis antiquis. 8. Francf. Esslinger. 726.

Schroeer, Johann Gottfried (Dresden) A. S. 565/22

De lege Caecilia et Didia. Präs. Christian Gottlob Einert.
Leipzig (Langenheim) 4. II. 1769. 16 S.

Gew.: Christian Wilhelm von Nitzschwiz. 31513

Schröer, Johann Gottlob

Schröer, Jh. Glo., († d. 28. Mai 1788.) der Prophet Hosea, aus der bibl. u. weltl. Geschichte erläutert, mit krit. Anmerkk. gr. 8. Dessau 782. (Barth in Leipz.) 10 gr

— der Prophet Obadias aus der bibl. u. weltl. Historie, auch mit theolog. Anmerkk. erläutert. 8. Bresl. 766.

Schröer, Karl Julius

Schröer: Abenteuer eines ungarischen Schulmannes mit Göthe, Schiller u. Wieland. 8 S. – Pressburg OR., Progr. 1855

Schröer, Karl Jul., die Aufführung d. ganzen Faust auf dem Wiener Hofburgtheater. Nach dem ersten Eindruck besprochen. gr. 8. (XII, 58 S.) Heilbronn 883. Henninger. n. 1. 20

Schröer, K. J., ein Ausflug nach Gottschee. Beitrag zur Erforschg. der Gottscheewer Mundart. [Aus den Sitzungsber. der k. Akad. der Wiss.] Wien 869. (Gerold's Sohn.) Lex.-8. (124 S.) n. 20 *ngr.*

—— dass. — II. Thl. u. d. T.: Wörterbuch der Mundart von Gottschee. II. Weitere Mittheilungen über die Mundart von Gottschee. Lex.-8. (S. 125—244.) (Ebendas.) 870. * *
Vorstehende zwei Schriften sind aus: Sitzungsberichte der k. Akademie der Wissenschaften, besonders abgedruckt.

Schröer, K. J., Auswahl deutscher Gedichte für die 3. Classe der Realschule. Wien 864. Braumüller. gr. 8. (XII, 107 S.) n. 10 *ngr.*

Schröer, K. J., das Bauernhaus m. seiner Einrichtung u. seinem Geräthe, s.: Ausstellungs-Bericht, officieller.

Schröer, C(arl) J(ul.), Beitrag zur deutschen Mythologie und Sittenkunde aus dem Volksleben der Deutschen in Ungern. Als Aufmunterung zu gröszeren Sammlungen in den deutschen Gegenden Ungerns. (Abgedr. aus dem 5. Jahresprogramm der öffentl. Oberrealschule zu Presburg.) gr. 4. (II und 40 S.) Presburg 855, (Wigand.) * –

Schröer, Carl Jul., Beitrag zu einem Wörterbuche der deutschen Mundarten des ungrischen Berglandes. 2 Abthlgn. Lex.-8. (138 S.) Wien 858. 59, (Gerold's Sohn.) * *
Aus: Sitzungsberichte der k. Akademie der Wissenschaften, Jahrg. 1857 und 1858, besonders abgedruckt.

—— ein Bruchstück des Gedichtes Luarin oder der kleine Rosengarten. gr. 4. (12 S.) Presburg 857, (Wigand.) *
Aus dem „7. Jahresprogramme der presburger Oberrealschule" besonders abgedruckt.

Schröer, Karl Julius: Die Deutschen in Österreich-Ungarn und ihre Bedeutung für die Monarchie. Vortrag, gehalten im Deutschen Verein in Wien am 16. Jänner 1879. Berlin: Habel 1879. (Deutsche Zeit- und Streitfragen. Flugschriften zur Kenntnis der Gegenwart. Nr. 123.)

Schröer, Karl Jul., die Deutschen in Oesterreich und ihre Bedeutung für die Monarchie, s. Zeit- und Streit-Fragen, deutsche.

— die deutsche Dichtung d. 19. Jahrh. in ihren bedeutenderen Erscheinungen. Populäre Vorlesgn. gr. 8. (VI, 496 S.) Leipzig 875. F. C. W. Vogel. n. 9. –

—— die Dichtungen Heinrichs v. Mügeln (Mogelin) nach den Handschriften besprochen. Lex.-8. (70 S.) Wien 867, (Gerold's Sohn.) *
Aus: Sitzungsberichte der k. Akademie der Wissenschaften, besonders abgedruckt.

—— Goethe's äußere Erscheinung, s. Sammlung gemeinnütziger populär-wissenschaftl. Vorträge.

—— Festspiel zur Schillerfeier 1859. Presburg 859. Wigand in Comm. gr. 8. (16 S.) n. 4 *ngr.*

Schröer, Karl Julius. — Gedichte von — —. Wien, 1856. Druck und Verlag von L. C. Zamarski. Universitäts-Buchdruckerei (vormals J. P. Sollinger.) (3 Bl. 142 S. kl. 8.) geb.

—— Gedichte. 16. (174 S.) Wien 861, Braumüller's Sortiment.

—— Gedichte. 2., verm. Aufl. gr. 16. (VIII und 174 S.) Wien 862, (Braumüller.) *

—— Geschichte der deutschen Literatur. Ein Lehr- und Lesebuch für Schule und Haus. gr. 8. (IV, 314 und Anhang 191 S.) Pesth 853, Heckenast's Verlag.

— Goethe u. die Liebe. 2 Vorträge. 8. (XII, 78 S.) Ebend. 884. n. 1. 50

Schröer, K.J.: Erstes Heft eines deutschen Lesebuches für die oberen Klassen von Mittelschulen. 20 S. – Pressburg OR., Progr. 1854.

— die Laute der deutschen Mundarten des ungrischen Berglandes. (Aus den Sitzungsber. d. k. Akad. d. Wiss. abgedr.) Wien 864. Gerold in Comm. gr. 8. (78 S.). n. 12 *ngr.*

Schröer, K.J.: Vom Rechte die bestehende Orthographie zu verändern. 8 S. – Pressburg OR., Progr. 1853,55.

—— die deutsche Rechtschreibung in der Schule und deren Stellung zur Schreibung der Zukunft. Mit einem Verzeichnisse zweifelhafter Wörter. gr. 8. (XXIV, 132 S.) Leipzig 870, Brockhaus. *

Schröer, Karl Jul., Alpharts Tod, s.: Universal-Bibliothek.

— **Unterrichtsfragen. Für Freunde der Schule, Eltern, Lehrer u. Lehrerbildner gesammelte kleine Aufsätze.** 8. (VI, 191 S.) Wien 873. Graeser. n. 2. —

—— Unterrichtsfragen. Für Freunde der Schule, Eltern, Lehrer und Lehrerbildner gesammelte kleine Aufsätze. Neue (Titel-)Ausg. 8. (IV, 191 S.) Wien (873)76, [Sallmayer und Comp.] Graeser. * 1 20

Schröer, Karl Julius: Versuch einer Darstellung der dt. Mundarten des ungrischen Berglandes mit Sprachproben und Erläuterungen. — Wien: K. Akademie der Wiss.; Gerold in Komm. 1864. 186 S. mit 1 Kt.
Aus: Sitzungsberichte der k. Akademie der Wiss.

—— lateinisch-deutsches Vocabular von 1420, s. Vocabular.

Schröer, K.J.: Lateinisch deutsches Vocabular. 59 S. – Pressburg OR., Progr. 1859.

Schröer, K.J.: Vorschlag zur Einigung in den Grundsätzen der Rechtschreibung. 12 S. – Pressburg. OR., Progr. 1853, 55.

Schröer, K. J., Vorschläge zur Anbahnung einer Verständigung in der Rechtschreibung beim deutschen Sprachunterricht in den Volksschulen u. Mittelschulen Oesterreichs. Wien 867. Beck'sche Universitäts-Buchh. Lex.-8. (36 S.) 7½ *ngr.*

Schröer, Karl Julius: Deutsche Weihnachtsspiele in Ungarn.
Separatabdruck aus: Sitzungsber. d. Kais. Akademie d. Wissensch. in Wien. Bd. 23. S. 103.

Schröer, Carl Julius. Deutsche Weihnachtsspiele aus Ungarn. Geschildert und mitgetheilt von — —. *Wien* 1858. Druck und Verlag von *Keck & C.* VIII, 219 S. 8°.

—— deutsche Weihnachtspiele aus Ungern geschildert und mitgetheilt. 8. (VIII und 219 S.) Wien 858, (Lechner's Universitäts-Buchh.) * *

Schröer: Nachtrag zu den deutschen Weinachtsspielen aus Ungarn. 4 S. – Pressburg OR., Progr. 1858

—— Nachtrag zu den deutschen Weihnachtsspielen aus Ungern. 4. (14 S.) Presburg 858, (Wigand.) *

—— deutsche Weihnachtspiele aus Ungarn, geschildert und mitgetheilt. Neue (Titel-)Ausg. 8. (VIII und 219 S.) Wien (858)62, (Braumüller.) *

Schröer, Karl Julius (Hrsg.), s. W e i n s c h w e i g , Der.

— W ö r t e r b u c h d. Mundart v. Gottschee. II. Weitere Mittheilgn. üb. die Mundart v. Gottschee. [Aus: „Sitzungsber. d. k. Akad. d. Wiss."] Lex.-8. (S. 125—244.) Wien 870. Gerold's Sohn in Comm. n.n. 1. 80 (I. II.: n.n. 5. 80)
Den 1. Thl. bildet: S c h r ö e r, K. J., ein Ausflug nach Gottschee.

Schröer, Leopold, Referendar: Die allgemeinen strafrechtlichen Grundsätze in Platos 'Gesetzen'. (Posen [1910]: Merzbach.) 57 S. 8°
Münster, Rechts- u. staatsw. Diss. v. 27. Mai 1910, Ref. Rosenfeld, Erman
[Geb. 3. Mai 85 Ostrowo; Wohnort: Posen; Staatsangeh.: Preußen; Vorbildung: Marien-Gymn. Posen Reife O. 03; Studium: Bonn 1, München 1, Berlin 1, Münster 3 S.; Rig. 31. Jan. 10.]

Schröer, M. M. Arnold, s. S c h r ö e r , Arnold.

Schröer, Max: Die Anschauung im Französischen Anfangsunterricht. Besonders auf Grund d. Hölzelschen Jahreszeitenbilder im Anschluß an Dr. G. Ploetz Elementarbuch. Berlin-Schöneberg 1909: Sayffaerth. 43 S. 8° ¶[Ersch. vollst. als Buch b. Herbig, Berlin.]
Friedrichshagen, RG OP 1909 (124) [S 09. 421

Schröer, Max, die A n s c h a u u n g im französischen Anfangsunterricht. Besonders auf Grund der Hölzelschen Jahreszeitenbilder im Anschluß an G. Ploetz Elementarbuch. (88 S. m. 4 Taf.) 8. Berlin 909. F. A. Herbig. Geb. 1. 25

— W ö r t e r b u c h zu den Hölzelschen Jahreszeitenbildern nebst e. Anleitung zur Anfertigung französ. Aufsätze. (54 S. m. 4 Taf.) 8. Ebd. 909. Kart. — 70

Schröer, Rob. T a s c h e n k a l e n d e r für Weinbau und Kellerwirthschaft ... , s. B e r s c h , Jos.

Schröer, Rob. Der Weinbau u. die Weine Oesterreich-Ungarns. Eine Skizze. gr. 8. (60 S.) Wien 889, (Gerold's Sohn). * 1 60
Aus: Archiv f. Landwirthschaft, hrsg. v. Hugo H. Hitschmann, IX, besonders abgedruckt. —

Schröer, Robert: Der Weinbau und die Weine Oesterreich-Ungarns. Wien: Hitschmann 1889. 59 S. (Archiv für Landwirthschaft. 9.) -- 36.121*

S c h r o e e r , S., de sanctificatione seminis Mariae in actu conceptionis Chr. Lips. 1709. 4.

Schröer, Theodor: L e h r b u c h der Schönschnellschrift für Selbstunterricht m. Anleitgn u. Uebgstaf. ... Ausgeg. in 4 Theilheften. Th. 1–4. Bochum: W. Stumpf (1897) quer-2.
1. (1 Bl., 30 Taf.) 2. (31–64 Taf.) 3. 4. (65–137 Taf.)

Schröer, Thdr., Lehrbuch d. S c h ö n s c h n e l l s c h r i f t f. Selbstunterr. m. Anleitgn. u. Uebungstafeln. 4 Thle. qu. Fol. Bochum 898. W. Stumpf. n. 4. —
1. 2. (64 Taf. m. 2 S. Text.) à n. 1. — . 3. 4. (73 Taf.) n. 2. —

Neue Uebungsmethode der Schönschreibekunst. Entwurf u. Zusammenstellung durch Theodor **Schröer**. Cöln: W. Franken [1905]. (13 Bl.) 8° [Umschlagt.] [06. 12969

Schröer, Tobias Gottfried

Schröer, s. Oeser, Chr.

S c h r ö e r , Tob. Godofr., Archaeologia Graecorum et Romanorum. 8maj. (7½ B.) Posonii 813, Wigand.

Schröer, T. G., Blumenlese aus d. vorzügl. Werken deutscher Schriftsteller. 8. Preßb. 821. Wigand. 14 gr

S c h r ö e r , T. G., kurze Geschichte d. deutschen Poesie u. Prosa. Ein Leitfaden zu Vorlesn. u. zum Privatunterr. 8. (4 B.) Preßburg 830, Landes.

S c h r ö e r , G., Hauschronik eines deutschen Schulmeisters in Ungarn, s. L e b e n , deutsches.

—— Isagoge in eruditionem aestheticam. 8maj. (4½ B.) Posonii 812, Wigand.

— kurzgefaßte deutsche Sprachlehre f. Schulen u. Privatunterricht. 8. Preßb. 820. Landes. 2e Aufl. gr. 8. Ebd. 825. (Andrä in Leipz.) 9 gr

—— kurzgef. deutsche Sprachlehre f. Schulen u. Privatunterr. 2., verb. u. verm. Aufl. gr. 8. (5½ B.) Preßburg 825, Landes.

(——) Syntaxis latina, regulis perspicuis ac concinnis comprehensa, captui potissimum juventutis accommodata. Appendix cont. Exempla germanica latine reddenda et Prosodiam latinam. 8maj. (12 B.) Posonii 829. Landes.
Vgl. S y n t a x i s ...

Schröer, W.: Aufruf zum Turnen an Deutschlands Schulvorsteher und Schullehrer aus der Zeit von 1813. Wien 1886. 12 S. Sonderdr. aus: Zeitschr. f. d. Österr. Turnwesen. 1886.

Schröer, Wilhelm

Schröer, Wlh., griech. Blumen; ein Uebersetzungs-Versuch. 4. Berl. 803. Nauck. 9 gr

— zur Erinnerung seiner Waffenbrüder. 8. Königsb. 815. Nicolovius. 5 gr

— poet. Kleinigkeiten. 8. Frankf. a. d. O. 792. Kunze. 8 gr

— Kriegslieder. 8. Königsb. 815. Nicolovius. 4 gr

Schroefel, Ernestus: De optativi apud Dionysium Halicarnaseum usu. Vratislaviae 1909: Nischkowsky. 98 S. 8°
Breslau, Phil. Diss. v. 13. Sept. 1909, Ref. Förster
[Geb. 16. Jan. 86 Oberlangenau, Kr. Habelschwerdt; Wohnort: Habelschwerdt; Staatsangeh.: Preußen; Vorbildung: Gymn. Glatz Reife O. 05; Studium: Breslau 8 S.; Rig. 29. Mai 09.] [U 10. 638

Schroff, August, aus Weilheim: Zur Echtheitsfrage der vierten Rede des Andokides. *Erlangen 1901 [richt. 1902/03]: Junge & Sohn.* (53 S.) 8°
Erlangen, Phil. Diss. v. 24. Juli 1901

Schroff, Emanuel Stephan: Arzneimittellehre und Receptirkunde zum Behufe der Vorlesungen von E.S. Schroff und Karl Damian Schroff. 429 S., gbd.

Wien: Gerold 1833

S c h r o f f , Eman. Steph., und Karl Dam. Schroff, Taschenbuch d. Arzneimittellehre u. Receptirkunde, nach d. neuesten Standpunkte dies. Wissenschaften entworfen. — A. u. d. T.: Arzneimittellehre u. Receptirkunde, zum Behufe der Vorlesn. entworf. gr. 12. (18½ B.) Wien 833, Gerold.

S c h r o f f jun., Dr. Carl v., Beitrag zur Kenntniss des Aconit. gr. 8. (68 S.) Wien 871, Braumüller. (*M. 1,50.) * 1 60

S c h r o f f, Carl v. Historische Studie üb. Paris quadrifolia L. Ein Beitrag zur Geschichte der Arzneimittellehre. gr. 8. (VI, 185 S.) Graz 890, Leuschner u. Lubensky. * 4 50

S c h r o f f jun., Carl v., Untersuchungen über die Steigerung der Eigenwärme des Hundes nach Rückenmarksdurchschneidungen. [Aus dem Institute für experimentelle Pathologie in Wien.] Lex.-8. (11 S.) Wien 876, (Gerold's Sohn.) ** — 30
Aus: Sitzungsberichte der k. Akademie der Wissenschaften, besonders abgedruckt.

Schroff, Karl Damian: Arzneimittellehre und Receptirkunde zum Behufe der Vorlesungen. Wien: 1833

s.: Schroff, Emanuel Stephan

Schroff, Karl Damian: Arzneimittellehre mit besonderer Berücksichtigung der österr. Pharmakopoe vom Jahre 1836 und Receptirkunde zum Behufe der Vorlesungen. 2.verm.u. verbess. Aufl. 634 S.,gbd.

Wien: Gerold 1837
(Schroff, K.D.: Taschenbuch der Arzneimittellehre und Receptirkunde nach dem neuesten Standpunkte dieser Wissenschaften. 1.)

Schroff, Karl D. Ritter v., die Arzneiwaaren, s.: Ausstellungs-Bericht, officieller.

Schroff, Carl D., Dr., Bericht über die fünfhundertjährige Jubelfeier der Wiener Universität im Jahre 1865. Wien 1866.

Schroff, Karl D., das pharmacologische Institut der Wiener Universität. Aus Anlass der 500jähr. Jubelfeier dieser Universität beschrieben. Wien 865. Braumüller. gr. 8. (XI, 173 S.) n. 1 ₰ 10 ngr.

— Nachtrag zum pharmakologischen Institut der Wiener Universität. gr. 8. (36 S.) Wien 872. Braumüller. n. 1. — (Hauptwerk u. Nachtr.: n. 5. —)

Schroff, Carl D., Lehrbuch der Pharmacognosie. 2 Hälften. gr. 8. (X u. 638 S.) Wien 852, Braumüller. n. 3⅓ ₰; Ladenpreis n. 4 ₰

Schroff, Carl D., Lehrbuch der Pharmacognosie. gr. 8. (X und 638 S.) Wien 853, Braumüller. *

— Lehrbuch der Pharmacognosie mit besond. Berücksicht. der oesterreichischen Pharmacopoe vom J. 1869. 2.verm. Aufl. gr. 8. (XI, 665 S.) Wien 869, Braumüller.

Schroff, Dr. Karl D. — Lehrbuch der Pharmakologie. Mit besonderer Berücksichtigung der österreichischen Pharmakopöe vom Jahre 1855. Von — —. Wien, 1856. Druck von L. C. Zamarski. Wilhelm Braumüller. (VI. 661 S. 8.)

Schroff, Carl D., Lehrbuch der Pharmacologie mit besonderer Berücksichtigung der österreichischen Pharmacopoe vom Jahre 1855. 2., verm. Aufl. Wien 862. Braumuller. Lex.-8. (XVI, 718 S.) n. 4 ₰ 20 ngr.

— Lehrbuch der Pharmacologie mit besond. Berücksichtigung der österreich. Pharmacopoe vom J. 1869. 3., verm. Aufl Ebend. 868. Lex.-8. (XVI, 705 S.) n. 4 ₰ 20 ngr.

— u. Carl Ritter v. Schroff jr., Lehrbuch der Pharmacologie m. besond. Berücksicht. der österreich. Pharmacopoe vom J. 1869 u. der Pharmacopoea germanica 1872. 4. verm. Aufl. Lex.-8. (XIV, 730 S.) Ebend. 873. n. 18. —

Schroff, Karl Damian: Taschenbuch der Arzneimittellehre und Receptirkunde nach dem neuesten Standpunkte dieser Wissenschaften.

Wien: Gerold
1.) Schroff, K.D.: Arzneimittellehre mit besonderer Berücksichtigung der österr. Pharmakopoe vom Jahre 1836 und Receptirkunde zum Behufe der Vorlesungen. 2.Aufl. 1837

Schroff, Carl D., die Universität als Heilmittel. Rede gehalten beim Antritte des Rektorats an der wiener Hochschule. gr. Lex.-8. (17 S.) Wien 857, Braumüller's Verlags-Conto. *

Schroff, C. D., *Dr., k. k. Prof. etc.* Toxikologische Versuche über Arsen. *Wien* 1858. Druck u. Verl. v. *C. Gerold's S.* 26 S.

Van der Schroeff, Hendrikus Jacobus. Ueber die Permeabilität von Leukocyten und Lymphdrüsenzellen für die Anionen der Natriumsalze. Diss. Vet.-Med. Bern. II + 80 S. 8. Nijkerk, C. C. Callenbach, (1901).

Schroffenstein, die Familie. Trspl. in 5 A. (v. Hnr. v. Kleist) 8. Zürich 802. Geßner. 1 ₰

Schroffenstein, Die Familie. Ein Trauerspiel in fünf Aufzügen. Bern u. Zürich 1803. V: *Kleist, Heinrich Bernd Wilh. von.* (GGr) (Wolff, Jugendlustspiele v. Kleist. Oldenburg 1898. S. VIII.) (EF) (Mn) (MGT) (Ky) (Griesebach, Weltliteraturkat. Berlin 1898—1900. I, 261.)

Schröfl, Albin, s.: Rezeptblätter f. Lungenleidende.

SCHPOEFL, August (Zusmarshausen): Zur Casuistik der Syringomyelie.- München: Kastner & Lossen 1901. 36 S.
21.7.1899 - Chr 1899/1900,11: Jv 1901/02,279 (Prom.-Datum: 1901)
Diss.Ingolst.-Landsh.-Mchn.

SCHRÖFL, Matthäus Josef: Allgemeine Forstordnung nebst wichtigen Hinweisen für Förster und Forstbesitzer, vorzüglich das österreichische Forstwesen betreffend. - Wien 1807. - Neue Aufl. Wien, Triest 1815. 195 S., XVI S., Tab.

Schröfl, M. J., allgem. Forstordnung, vorzügl. f. die österr. Staaten. Neue, mit 1 Kpf. verm. Aufl. gr. 8. Wien 815. (Gerold). 1 ₰ Hbg. Pr. 12 gr.

Schroft, Richard

Schroft, R., Bureau u. Bureaukraten. Humoristische Skizzen aus dem Beamtenleben. 12. (163 S.) Wien 892. C. Konegen. n. 1. 60

Schroft, Rich., Die österreich-ungar. überseeische Culturarbeit u. Auswanderung. Ein patriotisches Mahnwort. gr. 8°. Wien, C. Konegen, 1894. (56 S)

Schrohe, Adam. üb. die Einwirkung v. concentrirter Schwefelsäure auf das Allylen. Inaugural-Dissertation. gr. 8. (28 S.) Tübingen 875. Fues. n. -- 40

Schrohe, A., Hefe, Gärung u. Fäulnis, s.: Delbrück, M.

Schrohe, Adam (Hrsg.), s.: Hefe, Gärung u. Fäulnis.

Schrohe, A., s.: Jahrbuch, gärungstechnisches.

Schrohe, Adam (Bretzenheim)
Untersuchungen über den Einfluss mechanischer Verletzungen auf die Entwicklung des Embryo im Hühnerei.
Giessen: W. Keller 1862. 31 S. u. 1 Taf.
Diss. med. 21.5.1862. vorh. 26. 7.

Schrohe, Heinr., Abriss der Geschichte des Grossherzogt. Hessen f. höh. Lehranstalten. Mit 1 histor. (farb.) Karte. (VI, 46 S.) gr. 8. Hannover 902. Manz & Lange. n. — 60

Schrohe, H., Abriss der Geschichte des Grossherzogt. Hessen f. höhere Lehranstalten. 2. Aufl. Mit 1 (farb.) histor. Karte. (III, 51 S.) 8. Hannover 910. Manz & Lange. — 80

Schrohe, Heinrich: Beiträge zur Geschichte des Erzbischofs Heinrichs III. von Mainz. Der providierte Bischof und der postulierte Administrator im Streite um das Stift (1328—1337). 32 S. 4.
Progr Großherz. Hess. Gymn. *Bensheim* 1902 (703).

— Zur Erinnerung an den hochwürdigsten Herrn Prälaten Prof. Dr. phil. et theol. Franz Falk. (88 S. m. 1 Bildnis.) gr. 8. Mainz 910. Kirchheim & Co. 1. 20

Schrohe, Heinr., Geschichte des Reichklaraklosters in Mainz. Nach ungedruckten u. seither unbenutzten Quellen dargestellt. (IV, 111 S.) 8. Mainz 904. Kirchheim u. Co. n. 1. 60

Schrohe, Heinrich: Der **Kampf** der Gegenkönige Ludwig und Friedrich um das Reich bis zur Entscheidungsschlacht bei Mühldorf. *Berlin [1902]: E. Ebering.* (217 S.) 8° • [Erschien 1902 mit Urkunden u. Inhaltsverz. als: Hist. Studien, H. 20.]
Strassburg, Phil. Diss. v. 1888

Der Kampf der Gegenkönige Ludwig und Friedrich um das Reich bis zur Entscheidungsschlacht bei Mühldorf. Nebst Exkursen z. Reichsgesch. d. Jahre 1292—1322. Von Dr. Heinrich Schrohe. *Berlin: E. Ebering 1902.* (XIV, 296 S.) 8°
= Studien, Historische. H. 29.

Kurmainz in den Pestjahren 1666–1667. Von Dr. Heinrich **Schrohe.** *Freiburg i. Br.: Herder 1903.* (XV, 133 S.) 8° [iF]
— Erläuterungen u. **Ergänzungen zu Janssens Geschichte d. deutschen Volkes.** Bd 3, H. 5. [03. 7784

Schrohe, H[einrich], Dr.: Emund Rokoch. Ein Mainzer Kaufmann und Beamter des 17. Jahrhunderts. T. 1. Mainz 1907: H. Prickarts. (93 S.) 8°
Mainz, großh. Oster-G OP 1907 (798)

Schrohe, H[einrich]: Edmund Rokoch. Ein Mainzer Kaufmann u. Beamter d. 17. Jahrh. T. 2. Mainz 1908: Prickarts. S. 99—160. 8° ¶[Forts. d. P-Beil. 1907.]
Mainz, großh. Oster-G P 1908 (832) [S 08. 429

Schrohe, H[einrich]: Emund Rokoch. Ein Mainzer Kaufmann u. Beamter d. 17. Jahrh. T. 3. Mainz 1909: Prickarts. S. 101—224. 8° ¶[Forts. d. P-Beil. 1907. 08.]
Mainz, großh. Oster-G m. VS OP 1909 (800) [S 09. 424

Schrohe, H[einrich]: Emund Rokoch. Ein Mainzer Kaufmann und Beamter d. XVII. Jhs. T. 4. Mainz 1910: Prickarts. S. 225—288. 8° ¶(Forts. d. P-Beil. 1907—09.)
Mainz, großh. Oster-G m. VS OP 1910 (876) [S 10. 396

Schroho, Heinrich, Dr.: Über die **Verbindung** des deutschen und lateinischen grammatischen Unterrichts auf der Unter- und Mittelstufe des Gymnasiums. T. 1. *(Darmstadt 1899: G. Otto.)* (36 S.) 4° [Kopft.] ¶ (T. 2 erschien als P-Beil. 1898.)
Bensheim, grossh. G. OP 1899 (670)

Schrohe, Heinrich: Über die **Verbindung** des deutschen und lateinischen grammatischen Unterrichts auf der Unter- und Mittelstufe des Gymnasiums. II. T. *(Darmstadt 1898: G. Otto.)* (26 S.) 4° ¶ (Theil 1 erscheint später.) [Kopft.]
Bensheim, grossh. G. P 1898 (663)

Schrohl, Otto, Pomeranus: **De Eryxia** qui fertur Platonis. *Gottingae 1901: L. Hofer.* (43 S.) 8°
Göttingen, Phil. Diss. v. [31. Okt.] 1901

Schroka, Daniel Gottlieb

Schroka, Dn. Gli., kurze Anleit. z. Feuerwerkerkunst f. diejenigen, die sich selbst kl. Feuerwerke machen wollen. Mit Kpf. gr. 8. Bresl. 790. J. F. Korn. 8 gl

Schroka, Daniel Gottlieb, s. Kaffee u. Tabak.

Schroka, D. G.: „System der Landwirthschaft", Breslau 1791 (Fr. Korn).

SCHROKA, Daniel Gottlieb: Von Verbesserung der Forsten. - Breslau 1791. 4 1/2 Bog.

— an den Verfaß der Beantwort. wichtiger Fragen, die Landwirthschaft betreff. 8. Bresl. 790. (J. F. Korn). 6 gl

Schröcknadl, J., die Geschichte der Schöpfung u. des Weltheilandes für die 1e, 2e u. 3e Klasse in Bürger- u. Landschulen. 8. Münch. 817. Lindauer. 4 gl

Schröcknadl, J., die Geschichte der Schöpfung und des Weltheilandes f. die 1. 2. 3te Klasse in Bürger u. Landschulen. 8. München, Lindauer. 818.

Die Zum Zweytenmahl höchst-feyerlichst geschwungene Sieges- und Freuden-Fahne, Uber den von dem Abendländischen Anti-Christ Erhaltenen herrlichen Triumph Lutheri, Als Selbige Den 31. Octobr. 1717. Welches ist das Andere große Jubel-Jahr, Nach der Christlichen Reformation der Kirchen, In Kiel Freudigst ausgestecket wurde, Hat auch mit seiner Hand berühren wollen, Nicolaus Schröling. (Kiel?) Gedruckt im selbigen Jahre (1717). 40

Schroll, Beda, die Feier des 1400jährigen Benedictiner-Jubiläums im Stifte St. Paul. gr. 8. (12 S.) Klagenfurt 880, (v. Kleinmayr.)
Aus: Carinthia, besonders abgedruckt.

Schroll Beda, Pater O. S. B.: Lebensverzeichnisse des Benediktinerstiftes St. Paul in Kärnten aus dem XV Jahrhunderte. Ar. 31 286 . . . . vgr.
Separatabdruck

Schroll, Beda, Hieronymus **Marchstaller,** Abt d. Benedictiner-Stiftes St. Paul im Lavantthale, päpstl. Protonotar, kaiserl. u. erzbischöfl. Rath etc. 1616—1638. Nach seinem Leben u. Wirken dargestellt. gr. 8. (VIII, 309 S. m. 1 Portr. in Heliograv.) Klagenfurt 891. (A. Raunecker.) n.n. 4. —

Schroll, Beda. Necrologium d. Kathedral - Capitels der regulirten Chorherren v. Gurk. Mitgetheilt v. B. S. Lex.-8. (50 S.) Wien 889, (Tempsky). * — 80
Aus: Sitzungsber. d. k. Akad. d. Wiss., besonders abgedruckt.

— Necrologium d. ehemaligen Benedictinerstiftes Milstat in Kärnten. [Aus: „Archiv f. österr. Geschichte".] Lex.-8. (53 S.) Wien 891. (F. Tempsky.) n. 1. 10

—— Necrologium des ehemaligen Benedictinerstiftes Ossiach in Kärnten. Lex.-8. (40 S.) (Ebendas.) 888. *

— Nekrologium des ehemaligen Benediktinerstiftes Ossiach in Kärnten. Ar. 73. 275 . —.70
Separatabdruck

Schroll, Beda, Necrologium d. ehemaligen Augustiner-Chorherrenstiftes St. Maria in Juna od. Eberndorf in Kärnten. Lex -8. (117 S.) Wien 886. (Gerold's Sohn.) n. 1. 80

Schroll, Beda, Necrologium des ehemaligen Augustiner-Chorherrenstiftes St. Maria in Juna oder Eberndorf in Kärnten. Lex.-8. (117 S.) Wien 886, (Tempsky.) *

— Nekrologium des ehemaligen Augustiner-Chorherrenstiftes St. Maria in Juna oder Eberndorf in Kärnten. Ar. 68. 80 . . . . K 1.80
Separatabdruck

— Necrologium d. ehemaligen Collegiatstiftes Spital am Pyrn in Oberösterreich. Mitgetheilt v. B. Sch. [Aus: „Archiv f. österr. Geschichte".] Lex.-8. (111 S.) Ebd. 888. n. 1. 60

Schroll, B., Urkundenbuch des Benediktiner-Stiftes St. Paul in Kärnten, s. Fontes rerum austriacarum. 39,

Schroll, Beda, Urkunden-Regesten des Augustiner-Chorherren-Stiftes Eberndorf im Jaunthale. gr. 8. (244 S.) Klagenfurt 870, (J. und F. Leon's Buchh.) * 4 —

— Urkunden-Regesten zur Geschichte d. Hospitals am Pyrn in Oberösterreich. 1190—1417. [Aus: „Archiv f. österr. Geschichte".] Lex.-8. (80 S.) Ebd. 888. n. 1.20

SCHROLL, Friedrich: Die literarischen Kenntnisse des Hans Sachs. — 1910. 210 Bl. Diss. Graz, Univ.

Schroll, Kaspar Melchior Balthasar

Schroll, Ksp. Melch. Balth., Beitrr. z. Kunst u. Wirthschaft der Aufbereitung d. Erze. Nebst 2 Anhängen: a) Beschreib. e. neuerbauten großen Treibmaschine; b) üb. die Mittel z. Erhaltung taugl. Berg- u. Hüttenarbeiter. gr. 8. Salzb. 802. Mayr. 1 ₰ 8 ℊ

Schroll, C. M. B., Beiträge z. Kunst u. Wirthschaft der Aufbereitung d. Erze. Nebst 2 Anhängen: a) Beschreibung e. neuerbauten großen Treibmaschine. b) üb. die Mittel z. Erhaltung taugl. Berg- u. Hütten-Arbeiter. gr. 8. Salzb. Mayr. 812.

Schroll, ...: „Gespräche zwischen einem Pfleger und einem Ortsvorsteher über einige wichtige Gegenstände der Landwirthschaft", Salzburg 1830.

Schroll, Kasp. Melch. Balth., Gespräche zwischen einem Pfleger und Ortsvorsteher über einige Gegenstände der Landwirthschaft &c. mit besond. Rücksicht auf das Herzogth. Salzburg. 2. (Titel-) Aufl. 8. (XVI und 278 S.) Salzburg 848, [Glonner.]

— Grundlinien e. Salzburg. Mineralogie. 8. Salzb. 786.

Schroller, Franz

Schroller, Frz., Bilder aus der Geschichte Schlesiens. Für Schule u. Haus. 1. u. 2. Bdchn. 8. (96 u. 136 S.) Oppeln 899. G. Maske. à n. — 60; cart. Pr. à n. — 40; in 1 Bd. geb. n. 1.—

Schroller, Frz., zur Charaktoristik dos schlesischen Bauorn, s.: Abhandlungon, gormanist., IX.

— in d. Heimat Rübezahls. Schlesien u. d. Riesengebirge, s.: Wanderungen durch deutsche Gaue.

— deutsches Lesebuch f. Mädchenschulen, s.: Ernst, A., u. J. Tews.

Schroller, Frz., Schlesien. Eine Schilderg. d. Schlesierlandes. 1. Bd. Mit 44 Stahlst. u. 51 Holzschn. v. Thdr. Blätterbauer. Lex.-8. (VIII, 384 S.) Glogau 885. Flemming. geb. n. 18.—

Schroller, F., Schlesien. Eine Schilderg. d. Schlesierlandes. 2. u. 3. Bd. Mit Stahlst. u. Holzschn. v. Th. Blätterbauer. Lex.-8. Glogau 887. 888. Flemming. geb. n. 31.50 (cplt.: n. 49.50)
2. Mit 27 Stahlst. u. 55 Holzschn. (VIII, 410 S.) n. 16.50
3. Mit 10 Stahlst. u. 46 Holzschn. (VIII, 415 S.) n. 15.—

[F.] [Umschlagt.:] Landwirtschaftliche Unterweisungen für die Oberstufe der Volksschule von Dr. Franz Schroller, Reg.- u. Schulrat. *Breslau: F. Hirt 1898.* (24 S.) 1 Bd 8. [58. 6940 Br

— landwirtschaftliche Unterweisgn. f. d. Oberstufe der Volksschule. 2. Aufl. gr. 8. (24 S.) Breslau 898. F. Hirt. n. — 20

Schroller, Franz (*geb. Plomnitz in Schles. 1. 2. 1849*): Die Wahl Sigmund's zum römischen Könige. Th. 1. Glatz 1875. (28 S.) 8° [*Vollst. 1875 bei Trewendt & Granier in Breslau*]
Breslau, Phil. Diss. v. (15., übergeklebt:) 19. Juli 1875

Schroller, F., die Wahl Sigmund's zum römischen Könige. Nach den Quellen bearb. 8. (62 S.) Breslau 875. Trewendt & Granier. n. 1. 60

Schrom, Josef: Tabellen, enthaltend die für jeden Tag des Jahres entfallenden Zinsen sämmtlicher im officiellen Wiener Coursblatte notirten (zinstragenden) Effecten. Wien: Beck's Verlag 1869. (15 S. u. 33 Tabellen.) 8°

Schrömbgens, Ernst, üb. hochmolekulare fett-aromatische Ketone. Diss. gr. 8. (33 S.) Heidelberg 891. (J. Hörning.) n. — 80

Schrömbgens, Heinrich: Das kaufmännische Zurückbehaltungsrecht, verglichen mit der Kompensationsbefugnis und dem Pfandrechte. Kaldenkirchen 1899: J. Giskes. (66 S.) 8°
Erlangen, Jur. Diss. v. 1898

Schroembgens, Iosephus: De cataracta Zonulari. Halis Saxonum (1865): Orphanotropheum. 30 S. 8°
Halle-Wittenberg, Med. Diss. v. 8. Nov. 1865
Geb. Kaldenkirchen (Rheinprov., Kr. Kempen) 19. 5. 1841. V.

Schroembgens, Josef, aus Kaldenkirchen: Über die Einwirkung von Benzylamin auf chlorierte Phosphorverbindungen. *Rostock 1900: C. Boldt.* (39 S.) 8°
Rostock, Phil. Diss. v. [23. Juli] 1900

Schromm, (A[nton]): Regelung der Nachtruhe im Schiffahrtsgewerbe. M. 1 Taf. Berlin: Siemenroth & Troschel 1898. (10 S., 1 Taf.) 8°
= Deutsch-Oesterr.-Ungar. Verband f. Binnenschiffahrt. Verbands-Schriften. No 38

Schromm, Franz

— I. Die Pothenot'sche Aufgabe. 21. II. Constructions-Aufgaben. 10. ibd. 1891.
Progr.

Schromm Franz: Der Ellipsograph. (5). Wien IV. R. 92.
Progr.

Schromm F.: Die Pleuel-Curve. (26.) Wien R. IV. 89.
Progr.

Schromm, Johann Friedrich (Crailsheim) A. S. 842/27

Dissertatio inauguralis medica de aethiope minerali. Altdorf (Meyer) 16. X. 1725. 32 S.

W. v.: Johann Jakob Baier, Johann Jakob Iantke, Johann Heinrich Schulze, Karl Moritz Hoffmann.

31577

Schromm, Johann Friedrich (Crailsheim)
U. S. Altdorf lose med.

Dissertatio inauguralis medica de aethiope minerali. Altdorf (Meyer) 16. X. 1725. 32 S.

Anderer Druck. 31578

Schrön, E., Polyhymnia, od. Versuch meiner Laune. 8. Frkf. 822. Beck. (J. Müller in Leipz.) 20 ℊ

— die Wege des Schicksals. Wahrheit im bedeckten Schleiergewande. 8. Frankf. 822. Bock. (J. Müller in Leipz.) 16 ℊ

Schroen, Egmont, die Guitarre u. ihre Geschichte. Ein Vortrag, gehalten im Leipziger Guitarre-Club. gr. 8. (23 S.) Leipzig 879. C. A. Klemm. n. -- 60

Schroen, Frdr., Dur u. Moll. Gedichte. (76 S.) 8. Würzburg 907. Memminger. 2. —

Schrön, Friedrich Ludwig

Schrön, F. L., offenes Bekenntniss über Heilkunst etc., s. Griesselich, L.

SCHROEN, Friedrich Ludwig (Hof): De digitali purpurea.- Monachii: Roesl (1829). 40 S. 14.7.1829 - Urk: F 59
Diss. Ingolst.-Landsh.-Mchn.

Schrön, F. L., die Hauptsätze der Hahnemann'schen Lehre, mit Rücksicht auf d. Praxis betrachtet. 8. (7½ B.) Erlangen 834, Palm'sche Vrlsbuchh.

—— die Naturheilprozesse u. d. Heilmethoden. Ein Beitr. z. gründl. Würdigung Beider u. z. Ermittelung ihres wesentl. Zusammenhanges. 2 Thle. gr. 8. (18½ u. 19¼ B.) Hof 837, Grau. à 1½ Thlr.

Sohroen, Friedrich W(ilhelm) Chr(istian) A(ndreas), prakt. Arzt in Öttingen, aus Kassel ⟨Prov. Hessen⟩: Historisches und Theoretisches zu der Lehre von den Schädelbrüchen, speziell den sog. Gegenbrüchen. *Würzburg 1902: C. J. Becker.* (82 S.) 8°
Würzburg, Med. Diss. v. 1902

Schrön, Ludw., Berechnung d. Alkoholgehalts im Weingeiste m. besond. Rücksicht auf das Abwägen u. den Einfluss der Wärme nebst den erforderl. Hülfstafeln. [Abdr. aus dem Archiv der Pharmacie, Bd. 62. Hft. 3. Juni 1850.] gr. 8. (50 S.) Hannover 850, Hahn. ⅓ Thlr.

Schrön, Ldw., stöchiometrische Hülfstafeln nebst einer Anweisung zu logarithmisch-stöchiometrischen Rechnungen. gr. 8. (Mit 2 Tab.) Hannover 846, Hahn'sche Hofbuchh. 1⅓ Thlr.

— meteorologisches Jahrbuch der Großherz. Sternwarte zu Jena, s. Acta nova phys.-med. Acad. Caes. Leop. Carol. XVIII. u. XVIII. Prs. II.

Schrön, Ludw., siebenstellige gemeine Logarithmen der Zahlen von 1 bis 108000 und der Sinus, Cosinus, Tangenten und Cotangenten aller Winkel des Quadranten von 10 zu 10 Secunden. 1—3. Ster.-Ausg. Gesammt-Ausg. in 3 Taf. Lex.-8. Braunschweig 860—62, Vieweg und Sohn. Thlr. * 1

Inhalt:

Taf. 1., 2. Siebenstellige gemeine Logarithmen der Zahlen von 1 bis 108000 und der Sinus, Cosinus, Tangenten und Cotangenten aller Winkel des Quadranten von 10 zu 10 Secunden. (XXVIII und 474 S.) * 1 Thlr. 7½ Ngr. (Taf. 1. Gemeine oder briggische Logarithmen der natürlichen Zahlen von 1 bis 108000. Einzeln * 20 Ngr.)

" 3. Interpolationstafel zur Berechnung der Proportionaltheile. (XVIII und 76 S.) * 15 Ngr.

Schrön's, Ludw., Logarithmen. 1—5. revid. Stereot.-Ausg. Braunschweig 860—64. Vieweg & Sohn. Lex.-8. 1 Thlr. 22½ ngr.

Inhalt: Taf. 1. 2. Siebenstellige gemeine Logarithmen der Zahlen von 1 bis 108000 und der Sinus, Cosinus, Tangenten und Cotangenten aller Winkel des Quadranten von 10 zu 10 Secunden. (XXXII, 474 S.) 1 Thlr. 7½ ngr. (Taf. 1. Gemeine oder briggische Logarithmen der natürlichen Zahlen von 1 bis 108000. einzeln 20 ngr.) — Taf. 3. Interpolationstafel zur Berechnung der Proportionaltheile. (XXIV, 76 S.) 15 ngr.

Schrön, Ludw., Logarithmen. 4.—9., revid. Ster.-Ausg. Lex.-8. Braunschweig 863—68, Vieweg und Sohn.

Inhalt:

Tafel 1. 2. Siebenstellige gemeine Logarithmen der Zahlen von 1 bis 108000 und der Sinus, Cosinus, Tangenten und Cotangenten aller Winkel der Quadranten von 10 zu 10 Secunden. (XXXVIII und 474 S.) 1 Thlr. 7½ Ngr. — (Taf. 1. Gemeine oder briggische Logarithmen der natürl. Zahlen von 1 bis 108000. Einzeln 20 Ngr.)

" 3. Iterpolationstafel zur Berechnung der Proportionaltheile. (XXIV und 76 S.) 15 Ngr.

Schrön, Ludw., Logarithmen. 6—10. revid. Ster.-Ausg. Braunschweig 865—70. Vieweg und Sohn. Lex.-8. 1 Thlr. 22½ ngr.

Tafel 1. 2. Siebenstellige gemeine Logarithmen der Zahlen von 1 bis 108000 u. der Sinus, Cosinus, Tangenten u. Cotangenten aller Winkel der Quadranten von 10 zu 10 Secunden. (XXXVIII, 474 S.) 1 Thlr. 7½ ngr. — (Taf. 1. Gemeine oder briggische Logarithmen der natürl. Zahlen von 1 bis 108000. Einzeln 20 ngr.)

Tafel 3. Interpolationstafel zur Berechnung der Proportionaltheile. (XXIV, 76 S.) 15 ngr.

Schrön, Ludw., Logarithmen. Taf. 1—3. 10.—14. revid. Ster.-Ausg. Lex.-8. Braunschweig 870—75, Vieweg und Sohn. (M. 5,25.) 6 —

Inhalt:

Taf. 1. 2. Siebenstellige gemeine Logarithmen der Zahlen von 1 bis 108,000 und der Sinus, Cosinus, Tangenten und Cotangenten aller Winkel des Quadranten von 10 zu 10 Secunden. (XXVII, 474 S.) (M. 3,75.) M. 4,20. —. [Taf. 1. Gemeine oder Briggische Logarithmen der natürl. Zahlen von 1 bis 108,000. Einzeln (M. 2.) M. 2,40.]

" 3. Interpolationstafel zur Berechnung der Proportionaltheile. (XVI, 76 S.) (M. 1,50.) M. 1,80.

—— dass. — Ungarisch. Taf. 1—3. 12. revid. Ster.-Ausg. hoch 4. Ebendas. 873. [Taf. 1 und 2. (VI, 474 S.) (M. 3,75.) M. 4,20.; Taf. 3. (VI, 76 S.) (M. 1,50.) M. 1,80.] (M. 5,25.) 6 —

— dasselbe. Tafel III. Interpolationstafel zur Berechng. der Proportionaltheile, zunächst f. seine 7 stell. Logarithmentafeln, dann auch zum allgemeinen Gebrauch. 15. rev. Ster.-Ausg. Lex.-8. (VIII, 88 S.) Ebend. 875. 1. 80

Schrön, Ludw., Logarithmen. 3 Taf. Lex.-8. Braunschweig, Vieweg und Sohn. 6 —

Inhalt:

Taf. 1. 2. Siebenstellige gemeine Logarithmen der Zahlen von 1 bis 108,000 und der Sinus, Cosinus, Tangenten und Cotangenten aller Winkel des Quadranten von 10 zu 10 Secunden. 15. revid. Ster.-Ausg. (VIII, 474 S.) 876; 16.—18. revid. Ster.-Ausg. (VIII, 498 S.) 877—79. *M. 4,20.

" 3. Interpolationstafel zur Berechnung der Proportionaltheile. 15. und 16. revid. Ster.-Ausg. (VIII, 76.) 876,77; 17. revid. Ster.-Ausg. (VIII, 12, 76.) 878. *M. 1,80.

Schrön, Ludw., siebenstellige gemeine Logarithmen der Zahlen von 1 bis 108000 und der Sinus, Cosinus, Tangenten und Cotangenten aller Winkel der Quadranten von 10 zu 10 Secunden. 19. revid. Ster.-Ausg. [Taf. I. und II. des Gesammtwerkes in 3 Taf.) Lex.-8. (VIII, 492 S.) Braunschweig 881, Vieweg und Sohn.

Schrön, Ludw., siebenstellige gemeine Logarithmen der Zahlen von 1 bis 108000. 20. revid. Ster.-Ausg. Taf. I. des Gesammtwerkes in 3 Taf. Lex.-8. (VIII, 22, 202 S.) Braunschweig 886, Vieweg und Sohn.

—— dass. — Taf. III: Interpolationstaf. zur Berechnung der Proportionaltheile, zunächst für seine siebenstelligen Logarithmentaf., dann auch zum allgemeinen Gebrauch. 20. revid. Ster.-Ausg. Lex.-8. (VIII, 12, 76 S.) Ebendas. 886. *

—— siebenstellige gemeine Logarithmen der Zahlen von 1 bis 108000 und der Sinus, Cosinus, Tangenten und Cotangenten aller Winkel der Quadranten von 10 zu 10 Secunden, nebst einer Interpolationstaf. 20. revid. Ster.-Ausg. Taf. I. und II. des Gesammtwerkes in 3 Taf. Lex.-8. (VIII, 22, 474 S.) Ebendas. 887.

—— dass. — Ungarisch. Taf. 1—3. 20. revid. Ster.-Ausg. Lex.-8. Ebendas. 888. [Taf. 1 und 2. (VI, 20, 474 S.) *M. 4.20.; Taf. 3. (VI, 12, 76 S.) *M. 1.80.] *
Taf. 1. (VI, 20, 202 S.) allein *

Schrön, Ludw., siebenstellige gemeine Logarithmen der Zahlen von 1 bis 108000. 21., rev. Ster.-Aufl. Taf. I d. Gesammtwerkes in 3 Taf. Lex.-8. (VII, 4; 20 u. 202 S.) Braunschweig 890. Vieweg & Sohn. n. 2. 40

— dasselbe u. der Sinus, Cosinus, Tangenten u. Cotangenten aller Winkel d. Quadranten von 10 zu 10 Secunden. 21., rev. Ster.-Ausg. Taf. I u. II d. Gesammtwerkes in 3 Tafeln. Lex.-8. (VIII, 20 u. 474 S.) Ebd. 890. 4. 20

— siebenstellige gemeine Logarithmen der Zahlen von 1 bis 108000. Taf. I. des Gesammtwerkes in 3 Taf. Ungarische Ausg. v. Jos. Sztoczek. Lex.-8. (VI. 4; 18 und 202 S.) Ebd. 893. 2. 40

Schrön, Ludw., Logarithmen. Taf. I. Lex.-8. Braunschweig 894. F. Vieweg & Sohn. 2. 40
Siebenstellige gemeine Logarithmen der Zahlen von 1 bis 108000. 22., rev. Ster.-Ausg. (VIII, 4, 20 und 202 S.)

— dasselbe. Taf. I u. II in 1 Bde. Lex.-8. Ebd. 894. 4. 20
Siebenstellige gemeine Logarithmen der Zahlen von 1 bis 108000 u. der Sinus, Cosinus, Tangenten u. Cotangenten aller Winkel des Quadranten von 10 zu 10 Secunden. 22., rev. Ster.-Ausg. (VIII, 4, 20, 474 S.)

— dasselbe. Taf. III. Interpolationstafel zur Berechng. d. Proportionaltheile, zunächst f. s. 7stell. Logarithmen, dann auch z. allgem. Gebrauch. 22., rev. Ster.-Aufl. Lex.-8. (VIII, 4, 8 u. 76 S.) Ebd. 895. 1. 80

Siebenstellige gemeine Logarithmen der Zahlen von 1 bis 108000 und der Sinus, Cosinus, Tangenten und Cotangenten aller Winkel des Quadranten von 10 zu 10 Secunden von Dr. Ludwig **Schrön**. Prof. zu Jena. 23. rev. Ster. Ausg. In 3 Taf. *Braunschweig: F. Vieweg & Sohn 1897.* 2 Bde 4°(8°)

Schrön, Ludw., Logarithmen. Taf. I. Siebenstell. gemeine Logarithmen der Zahlen v. 1—108000. 23., rev. Ster.-Ausg. Lex.-8. (VIII, 4, 20, 202 S.) Braunschweig 897. F. Vieweg & Sohn. 2. 40

Interpolationstafel zur Berechnung der Proportionaltheile, zunächst f. seine siebenstell. Logarithmentafeln, dann auch z. allgem. Gebr. Von Dr. Ludwig **Schrön**, Prof. zu Jena. 23. rev. Ster. Ausg. *Braunschweig: F. Vieweg & Sohn 1897.* (VI, 76 S.) 4°(8°)
= Schrön: Siebenstell. gemeine Logarithmen. Taf. 3. [illegible] 7

— dasselbe, nebst e. Interpolationstafel zur Berechng. der Proportionaltheile. Ungar. Ausg. v. Jos. Sztoczek. 5. Ster.-Aufl. 3 Tafeln. Lex.-8. Ebd. 6. —
Tafel I u. II. (VI, 4, 20 u. 474 S.) 899. 4. 20
Tafel III. (VI, 4, 8 u. 76 S.) 899. 1. 80

Schrön, Ludw., siebenstellige gemeine Logarithmen der Zahlen von 1 bis 108,000 u. der Sinus, Cosinus, Tangenten u. Cotangenten aller Winkel des Quadranten von 10 zu 10 Secunden. 24. rev. Ster.-Aug. Taf. I u. II des Gesammtwerkes in 3 Taf. Lex.-8. (VIII, 4, 20 u. 474 S.) Braunschweig 900. F. Vieweg & Sohn. 4. 20

Schrön, Ludw., siebenstellige gemeine Logarithmen der Zahlen von 1 bis 108000. 25., rev. Ster.-Ausg. Taf. I des Gesamtwerkes in 3 Taf. (VIII, 4, 20 u. u. 202 S.) Lex.-8. Braunschweig 904. Vieweg & Sohn. n. 2. 40

Schrön, Ludw., siebenstellige gemeine Logarithmen der Zahlen 1—108000. 27. rev. Ster.-Ausg. Taf. I des Gesammtwerkes in 3 Taf. (VIII, 4, 20 u. 202 S.) Lex. 8. Braunschweig 910. F. Vieweg & Sohn. 2.40; geb. 3. 60

Schrön, Ludw., Tafeln d. drei- u. fünfstell. Logarithmen bezügl. f. d. Zahlen 1—1400 u. 1—14000 geord. u. revidirt. 4. (2½ B.) Jena 838, Frommann. *

Schrön, O., Anleitung zur Aufstellung der Liquidation der Personen des Soldatenstandes u. der Beamten der kaiserl. Marine üb. Tagegelder, Fahrkosten u. Umzugskosten. Nach amtl. Material aufgestellt. Im Juli 1884. gr. 8. (55 S.) Berlin 884. Mittler & Sohn. n. 1. —

Schrön, Otto: Beitrag zur Kenntniss der Anatomie und Physiologie des Eierstocks der Säugethiere. Mit 3 Kupfertaf. Leipzig 1862. 22 S.
Aus: Zeitschrift für wissensch. Zoologie. Bd 12.

Schroen, Otto v., der neue Microbe der Lungenphthise u. der Unterschied zwischen Tuberkulose u. Schwindsucht. Ein demonstrativer Vortrag, geh. am 18. VI. 1904 vor der medizin. Fakultät der Universität Neapel m. 21 microphotograph. Abbildgn. (VII, 81 S. m. 2 Taf.) 8. München 904. [C. Haushalter.] Verlag d. süddtsch. Bauhütte. n. 2. —; Schlüssel zu den tech. Fachausdrücken. (18 S.) 904. n. — 20

Schrön, Wg. Ad., syntagma de rebus rusticis et oeconomicis e prioribus rei rusticae et aliis scriptoribus. 8. Erfurt, Homeyer. (Dieterich, Gött.) 735.

Schroener, Johann Gottlieb (Kolberg) A. S. 30/29

Specimen academicum continens tractationem brevem de successione coniugum in bonis constante matrimonio acquisitis.
Halle (Grunert) o. J. 16 S. 31516

Fern und leise ... Gedichte von Franz **Schrönghamer**. Münster i. W.: Alphonsus-Buchh. 1904. (128 S.) 8° [J.] [illegible]

Schroot, Ad., der Dampf, s. Collection Spemann.

Schroot, A., populäre Entwicklungsgeschichte der Erde. gr. 8. (144 S.) Bamberg (902). Handelsdruckerei u. Verlagsh. n. 1. 60

Schroot, A., Erscheinungen u. Ideen. 1. Thl.: Bekenntnisse eines Spiritualisten. Berlin 865. Uhtemann und Müller. gr. 8. (VI, 104 S.) n. 15 ngr.

Schroot, A., Grundlagen, Vorbedingungen und Grundzüge einer auf der freien natürlichen Erkenntniss beruhenden Lehre von der Sittlichkeit. gr. 8. (VII, 48 S.) Leipzig 883, Thiele. *

Schroot, A., des Menschen Leben und Gesundheit. Ein Haus- und Familienbuch. 1. und 2. Aufl. In 10 Lfgn. gr. 8. (VIII, 472 S.) Leipzig 885,88, C. A. Koch. à Lfg. * 50 Pf. * geb. *

Schroot, A., des Menschen Leben u. Gesundheit. Ein Haus- u. Familienbuch. Volks-Ausg. Mit Ergänzgn. v. J. Albu. 8. (484 S.) Dresden 895. C. A. Koch. n. 3. —; auch in 6 Lfgn. à — 50

— die jüdische Moral in alter u. neuer Zeit. Ein Beitrag zur Lösg. der Judenfrage. gr. 8. (16 S.) Leipzig 892. (C. Krause.) n. — 20

Schroot, Ad., s.: Universal-Ratgeber, der praktische.

Schroot, A., Wissenschaft u. Leben. Studien. Praktische Anwendgn. gr. 8. (VI, 372 S.) Hamburg 873. O. Meißner. n. 4. —

Schröpf, Georg —. Ist die Handels- und Gewerbefreiheit jetzt an der Zeit oder nicht? Von — —. Wien, 1856. Druck von L. C. Zamarski. (20 S. 8.)

Schröpfer, Friedrich, appr. Arzt aus Löbtau b. Dresden: Ueber die luetischen **Affektionen** der Papille und der Netzhaut. *Leipzig 1903: B. Georgi.* (43 S.) 8°
Leipzig, Med. Diss. v. (9. Juni) 1903

Schröpf-Köpfe ziehen nur, wo sie angebracht sind. O. O. 1801. V: *Grüner, Christoph Sigmund.* (BGE VII³, 221)

Schröpfl, L., s. Trōthan, B., Naturgesch. der Säugethiere.

Schropp's neuester Fremdenführer durch Berlin und Umgebung. Mit 1 (lith.) Plane von Berlin in Farbendr. (in Fol.) Berlin 863. Schropp. 16. (40 S.) 7½ ngr.

Schropp's **Karte der Gegend nördlich Berlin, Lindow-Joachimsthal** [Kreis Niederbarnim]. 1 : 125,000. Gezeichnet v. E. Platt. Farbendr. gr. Fol. Berl. 890, Schropp. * 3 —

Schropp, E.

— s. Augustin, des heil., Betrachtungen.

Schropp, E., s.: Reden zur Gedächtnisfeier der Schlacht bei Näfels.

SCHROPP, Eduard Joseph (Bamberg): De scarlatina.- Monachii: Wolf 1858. 14 S.
3.5.1857 - Urk; F 63
Diss. Ingolst.-Landsh.-Mchn.

Schropp, Jos., Predigten auf alle Sonntage eines kathol. Kirchenjahres, gehalt. an der bischöfl. Kathedrale zu Linz. 4 Bdchn. gr. 8. (51¼ B.) Linz 843, Fink.

Schropp, Ralph, das Museum Marcello u. seine Stifterin. Mit e. (photogr.) Portr. Marcello's [Herzogin v. Castiglione-Colonna]. 8. (27 S.) Zürich 883. Schmidt. n. 1. 20; ohne Portr. n. — 80

Schropp, Ralph, aus verschiedenen Welten. Novellen. 8. (367 S.) [Stuttgart 878.] Herzberg a. H., Simon. * 5 —

(**Schropp,** Simon,) Catalogue des cartes et ouvrages géographiques qui composent le cabinet de Simon Schropp & Comp. à Berlin 1810. 8. . . . . (D.)
—— —— Berlin 1817. gr. 8. . . . . (D.)

SCHROER, Hermann (Glan-Münchweiler): Ueber Trepanation bei traumatischer Epilepsie.- München: Schreiber 1890. 18 S.
7.3.1890 - Chr 1889/90,29; Jv 1889/90,230
Diss. Ingolst.-Landsh.-Mchn.

Schrör's, Peter, Ursprung u. Wachsthum des Preußischen Staates. Eine geschichtl. Abhandlung. gr. 8. Trier 841, Lintz'sche Buchh. ⅓ ₰

Schröring, Friedrich: Über einige Stellen im Buche der Richter. [Schulprogramm.] Wismar 1861.

Schröring, Fr. Über einige Stellen aus den Büchern Samuelis. 2. Heft. 20 S. [1: 1871.] Progr. *Wismar* 1876.

Schröring, Friedrich: Jesajanische Studien. Heft [I] III. [Schulprogramme.] Wismar 1845. 1852. 1857.

Schroers, Gustav Adolf, ein Fall von Sectio caesarea nach classischer Methode bei rhachitisch verengtem Becken aus der Marburger Klinik. Diss. Marburg 1887, N. G. Elwertsche Univ.-Buchh. 8°. 23 S.

Gedanken über zeitgemässe Erziehung und Bildung der Geistlichen. Von Heinrich **Schrörs** Paderborn: Schöningh 1910. VIII, 300 S. 8° [10. 3964 B

Gedanken über zeitgemäße Erziehung und Bildung der Geistlichen. Von Dr. Heinrich **Schrörs.** 2., gänzl. durchges. Aufl. Paderborn: Schöningh 1910. VIII, 312 S. 8° [10. 13693 B

Schrörs, Heinr., Hinkmar, Erzbischof v. Reims. Sein Leben u. seine Schriften. gr. 8. (XII, 588 S.) Freiburg i. Br. 884. Herder. n. 10. —

Kirche und Wissenschaft. Zustände an e. kath.-theol. Fakultät. Eine Denkschrift von Dr. Heinrich **Schrörs,** Prof., Bonn. Bonn: C. Georgi 1907. (168 S.) 8° [07. 14788 B

Kirchengeschichte und nicht Religionsgeschichte. Rede geh. beim Antritt d. Rektorates von Dr. Heinrich **Schrörs,** Prof., Bonn. Freiburg im Br.: Herder 1905. (48 S.) 8° [05. 3306

Schrörs, s.: Studien, kirchengeschichtliche.

Die Bonner Universitätsaula und ihre Wandgemälde. Von Prof. Heinrich **Schrörs.** Bonn: P. Hanstein 1906. (107 S.) 8°
Erw. akad. Festrede, Bonn. [06. 1625 B

Die **Schrotblätter** des Germanischen Nationalmuseums zu Nürnberg bearb. von Fritz Traugott Schulz, Konservator am Germ. Nationalmuseum. Mit e. Vorw. von Gustav v. Bezold. Mit 31 Taf. Strassburg: J. H. E. Heitz 1908. (V, 30 S.) 2°(4°)
= **Einblattdrucke** d. 15. Jahrhunderts. [11.] [08. 14237

Schröteler, Franz Josef

Schröteler, Frz. Jos., Apostologie. 50 Kanzelvorträge über die zwölf hl. Apostel. Anhang: Neue Gelegenheitsreden. gr. 8. (VI, 403 S.) Düsseldorf 878, Schwann. * 4 50

Schröteler, F. J. Blüthen christlicher Andacht. Mit Ornamenten aus Handschriften des Mittelalters; gezeichnet, gedruckt und herausgegeben von B. Carl Mathieu. Paris 1858. 8°.

Schröteler, F. J., vollständiger Unterricht über das heil. Sakrament der Firmung nebst Andachten bei der Ausspendung desselben. 4. Aufl. 12. (72 S. mit 2 Musikbeilagen in 4.) Köln und Neuß 852, Schwann'sche Vrlgsh. *

Schröteler, F. J., vollständiger Unterricht über das heilige Sakrament der Firmung, nebst Andachten bei der Ausspendung desselben. 10.—13. Aufl. 12. (72 S.) Düsseldorf 886,87, Schwann. *

Schröteler, F. J., vollständiger Unterricht üb. das heil. Sakrament der Firmung, nebst Andachten bei der Ausspendg. desselben. 11. Aufl. 12. (72 S.) Düsseldorf 886. Schwann. n. — 25

Schröteler, F. J., vollständiger Unterricht üb. das hl. Sakrament der Firmung, nebst Andachten bei der Ausspendg. desselben. 15. Aufl. 12. (72 S.) Düsseldorf 889. Schwann. n. — 25

Schröter. Kurzer Abriss der französischen Litteratur. 3 Teile. Lübben, H. B., 1851, 1853 u. 1856. 21, 21 u. 41 S. 4. **Progr.**

Schröter's schweizerischer **Apotheker-Kalender** f. d. J. 1909. Ein Hilfs- u. Nachschlagebuch f. den tägl. Gebrauch in der pharmazeut. Praxis. Bearb. v. Heinz Evers. 8. Jahrg. (IV, 192 S.) kl. 8. Zürich, A. Bürdeke. Geb. in Leinw. 1. 65
Fortsetzg., s.: Apotheker-Kalender, schweizer.

Schröter, Königr. Bayern, s.: Landes- u. Provinzialgeschichte. Hft. 15.

Schröter u. Bunte, Bericht über die vom 5—9 April 1880 ausgeführten Versuche an der von der Maschinenfabrik Augsburg gebauten 150pferdigen Compound-Dampfmaschine der Kammgarnspinnerei Augsburg. 4°. brosch. (21 S. mit 2 Tab.)

Schröter, Bilder aus der Geschichte der evangelischen Kirche, s. a. Günther, Friedr. Joach., und Strübing, preußischer Kinderfreund.

Schröter, Bilder aus der Geschichte der evangelischen Kirche. Anhang für evangelische Schulen zu Günther u. Strübing, preußischer Kinderfreund. II. Oberstufe. 8. (32 S.) Königsberg 880. Bon's Verl. n. — 10; geb. n. — 14

Schröter: Calendrier de menage, s. Schröter: Küchenkalender.

— schweizer. Drogisten-Kalender f. d. J. 1909. Ein Hilfs- u. Nachschlagebuch f. den tägl. Gebrauch in der drogist. Praxis. Sep.-Ausg. f. Drogisten des v. H. Evers hrsg. schweizer. Apotheker-Kalenders. 8. Jahrg. (II, 192 S.) kl. 8. Ebd. Geb. in Leinw. 1. 65
Fortsetzg., s.: Drogisten-Kalender, schweizer.

Schröter, Graf Ernst v. Basel. Schspl. in 3 A., nach d. Engl. bearb. gr. 8. Altenb. 807. Schnuphase. 18 gr

Schröter's Geschäfts-Kalender für 1881. Quer in-4°, 52 S. Zürich, Trüb'sche Buchhandlung. — 80

— Geschäftskalender 1882. In-4°. 52 S. Zürich, Trüb'sche Buchhandlung. — 80

Schröter's Geschäftskalender für 1888. In-4°, 52 S. Zürich, Schröter & Meyer. — 80

Schröter's Geschäfts-Kalender für 1890. 9. Jahrg. Gr. in-4°. 50 S. Zürich, Schröter & Meyer. 80

Schröter's Geschäfts-Kalender. 10. Jahrg. 1891. In-4°. 55 S. Zürich, Schröter & Meyer. — 80

Schröter's Geschäftskalender. 1907. (53 S.) Lex.-8. Zürich, Th. Schröter's Nachf. — 45

— Geschäftskalender 1910. (53 S.) Lex. 8. Ebd. — 50
Fortsetzg., s.: Geschäftskalender, schweizer.

Schroeter, Geschichte d. schlesischen Pionier-Bataillons Nr. 6 von seiner Gründung bis Ende 1886. Mit 1 (Lichtdr.-) Portr. u. 2 (farb.) Uniformbildern. 8. (VI, 77 S.) Berlin 887. Mittler & Sohn. cart. n. 1. 50

Schröter's Haushaltungsbuch. qu. schmal. Fol. (70 S.) Zürich (902). Th. Schröter. n. — 80

Schröter's Haus- und Geschäftskalender 1881—1885. 1.—5. Jahrg. gr. 4. (à Jahrg. ca. 53 S.) Zürich, Schröter. à Jahrg. *

Schröter's Haus- u. Geschäftskalender 1885. 5. Jahrg. gr. 4. (53 S.) Stuttgart, Schröter & Meyer. n. — 80

Schröter, glückl. Heilung d. Cholera asiatica, auf homöopath. Wege. Nach e. Schreiben an d. Versamml. homöopath. Aerzte zu Naumburg. gr. 8. (¼ B.) Leipzig 831, Glück.

Schröter, s.: Kalender f. Lehrer u. Lehrerinnen an deutschen höheren Mädchenschulen.

— s.: Kalender f. die Mitglieder des deutschen Vereins f. das höhere Mädchenschulwesen.

—— Küchen-Kalender 1881—1885. 1.—5. Jahrg. Hrsg. von der Redact. des schweizer. Familien-Wochenblattes. gr. 4. (à Jahrg. ca. 53 S.) à Jahrg. *
Zürich: Schröter.

— Küchen-Kalender für 1881. Quer in-4°, 52 S. Zürich, Trüb'sche Buchhandlung. — 80

Schröter's Küchenkalender 1882. In-4°. 52 S. Zürich, Trüb'sche Buchhandlung. — 80

Schröter's Küchen-Kalender. 6. Jahrg. 1886. 4. (52 S.) Zürich, Schröter. *

—— Küchen-Kalender. 7. Jahrg. 1887. Hrsg. von der Redaction des Schweizer. Familien-Wochenblatt. gr. 4. (52 S.) Stuttgart, Schröter und Meyer. *

—— dass. — 8. und 9. Jahrg. 1888 und 1889. 4. (à Jahrg. 53 S.) Zürich, Schröter und Meyer. à Jahrg. *
Französische Ausg. u. d. T.: Calendrier de ménage.

— Küchen-Kalender für 1890. Gr. in-4°. 54 S. Ebd. — 80

Schröter's Küchen-Kalender. Hrsg. von der Redaktion des Schweizer. Familien-Wochenblatt. 11. Jahrg. 1891. Gr. in-4°. 56 S. Zürich, Schröter & Meyer. — 80

— Küchen- u. Hauskalender f. 1907 m. täglichem Ratgeber. (53 S.) Lex.-8. Ebd. — 45

— Küchen- u. Hauskalender m. täglichem Ratgeber 1910. Hrsg. v. Adf. Bürdeke. (53 S.) Lex. 8. Ebd. — 50
Fortsetzg., s.: Küchen- u. Hauskalender, schweizer.

Schroeter, resp. M. F. Walburger, de lamiis eorq. processu criminali. Jen. 670. 707. 4.

Schröter's Merkbuch für Jedermann. 1900. Schmal kl. 8°. 69 S. Zürich. Th. Schröter. — 30

— Merkbuch f. Jedermann. 1903. 12. (71 S.) Ebd. n. — 30

— Merkbuch. Praktischer Notizkalender f. 1907. (72 S.) kl. 8. Ebd. Kart. — 30

— Merkbuch. Prakt. Notizkalender f. 1910, hrsg. v. Adf. Bürdeke. 11. Jahrg. (96 S.) kl. 8. Ebd. — 30
Fortsetzg., s.: Merkbuch, schweizerisches.

— schweizerischer Photographen-Kalender f. d. J. 1909. Hrsg. unter Mitwirkg. zahlr. Fachleute v. Adf. Bürdeke. 4. Jahrg. (IV, 191 S.) kl. 8. Ebd. Geb. in Leinw. 1. 65
Fortsetzg., s.: Photographen-Kalender, schweizer.

Schröter, Rede, gesprochen bei d. ersten Jahresfeier d. Enthaltsamkeits-Gesellschaft „Zur Königseiche" am 27. Juni 1841. 8. (½ B.) Berlin, (Wolff u. Comp.)

Schweizer. Zahnärzte-Kalender f. d. J. 1909. Ein Hilfsbuch f. Zahnärzte u. Zahntechniker. Hrsg. unter Mitwirkg. zahlr. Fachleute v. Adf. Bürdeke. 4. Jahrg. (IV, 142 S.) kl. 8. Zürich, A. Bürdeke. Geb. in Leinw. 1. 65
Fortsetzg., s.: Zahnärzte-Kalender, schweizer.

Schröter's Zeitungsmappe (mit Wandkalender), 1886. Zürich, Th. Schröter's Verlag. — 60

Schröter, A., Abschiedsgrüße von der königl. Strafanstalt zu Berlin 1882. [I. Confirmations-Rede in der Beamtenkirche am Palmsonntage. II. Abschieds-Predigt in der Gefangenenkirche am ersten Osterfeiertage. III. Abschieds-Predigt in der Beamtenkirche am zweiten Osterfeiertage.] gr. 8. (23 S.) Berlin 882, Wiegandt und Grieben. *

— die deutsche Auswanderung. Denkschrift. Hrsg. von dem Central-Ausschuß für die innere Mission der deutschen evangelischen Kirche. gr. 8. (48 S.) Hamburg 881. Agentur des Rauhen Hauses. n. — 75

Schröter, A., e. Bergmanns-Gemeinde in der westfälischen Diaspora, s.: Für die Feste u. Freunde des Gustav-Adolf-Vereins.

Schröter, A., die hundertjährige Geschichte der Einzelhaft. gr. 8. (24 S.) Hamburg 877, Agentur des Rauhen Hauses. * — 40
Aus: Fliegende Blätter des Rauhen Hauses, besonders abgedruckt.

—— Rathgeber für Auswanderer. 16. (32 S.) Ebendas. 881.

— die Sonntagsentheiligung u. das Verbrechen. gr. 8. (24 S.) Düsseldorf 877. (Barmen, Klein.) n. — 10

Schröter, A., die offene Thür. Predigt üb. Offenbarg. Johs. 3, 8 u. 9. geh. am Jahresfest d. Hauptvereins f. christl. Erbauungsschriften in der Parochial-Kirche zu Berlin am 11. Novbr. 1870. 8. (16 S.) Berlin 870. (E. Beck.) n. — 20

Schröter, A.: Die kirchl. Versorgung der Auswanderer. Gotha: F. A. Perthes 1890. 47 S. (Zimmers Handbibliothek der praktischen Theologie. Bd 11 - 14. Abt. 25.)

— die kirchliche Versorgung der Auswanderer, s.a. Zimmer's Handbibliothek der praktischen Theologie.

—— das Moabiter Zellengefängniß als Spiegelbild aus unserer Zeit. 8. (40 S.) Berlin 877, Wiegandt und Grieben. * — 50

Beiträge zur Geschichte der neulateinischen Poesie Deutschlands und Hollands von Adalbert Schroeter. Aus s. Nachlaß hrsg. Berlin: Mayer & Müller 1909. (IV, 331 S.) 8°
(Palaestra 77.) [09. 0331 4

Schroeter, Adalb., Beiträge zur Geschichte d. neulatein. Poesie Deutschlands u. Hollands, s.a. Palaestra. 77.

Elfride. Drama in 5 Aufz. von Adalbert Schroeter. *Berlin, Köln, Leipzig: A. Ahn 1900.* (VI, 96 S.) 8° [F.] [00. 11407

Schroeter, Adb., Geschichte der deutschen Homer-Uebersetzung im XVIII. Jahrh. 8. (VIII, 362 S.) Jena 882. Costenoble. n. 7. —

Schroeter, Adb., Lacrimae Christi. Roman. 8. (210 S.) Wiesbaden 895. Lützenkirchen & Bröcking. n. 3. — ; geb. in Leinw. n. 4. 50

Schroeter, Adb., Josef Lauff. Ein literar. Zeitbild. 8. (V, 159 S. m. 1 Bildnis.) Wiesbaden 899. R. Bechtold & Co. n. 2. —; geb. in Leinw. n. 3. —

Das Nibelungenlied. In d. Oktave nachgedichtet von Dr. Adalbert Schroeter. 2. Aufl. *Berlin: H. Costenoble 1902.* (XXIV, 259 S.) 8° [F.] [03. 10547

— s.a. Nibelungenlied, das.

Minnesangs Rosenzeit. Ausgew. Minnelieder des mittelhochdeutschen Orig. nachgedichtet von Adalbert Schroeter. (Bibliothekar). *Leipzig: H. Seemann (1898).* (XV, 123 S.) 8°
(Illustrierte Elzevir-Ausgaben.) [09. ...

— Minnesangs Rosenzeit, s.a. Elzevier-Ausgaben, illustrierte. XV.

Schroeter, Adb., York v. Wartenburg. Ein vaterländ. Heldengedicht. 8. (VIII, 223 S.) Jena 883. Costenoble. n. 3. — ; geb. n. 4. —

Schröter, Alfred, a. Leipzig: Arbeit aus dem botanischen Institut der Universität Leipzig. Über Protoplasmaströmung bei Mucorineen. München 1905: V. Höfling. (34 S.) 8°
¶ Aus: Flora 1905, Ergänzbd. H. 1
Leipzig, Phil. Fak., Ref. Pfeffer, Chun, Diss. v. 6. Okt. 1905
[Geb. 15. Okt. 77 Leipzig; Wohnort: Leipzig; Staatsangeh.: Sachsen; Vorbildung: Realgymn. Leipzig Reife O. 99; Studium: Leipzig 11 S.; Rig. 10. Febr. 05.]

Schroeter, Andr. Godofr. (geb. Barby an d. Elbe 20. 10. 1814). De dysenteria. Berolini (1842). (32 S.) 8°
Berlin, Med. Diss. v. 10. Dez. 1842

Schröter, Armgard. Gedichte. 1. u. 2. Aufl. Salzkotten 860. v. Sobbe. 16. (IX, 256 S.) n. 1 ₰; geb. n. 1 ₰ 15 ngr.

Schröter, Armgard, Gedichte. 1. Aufl. 1860. und 2. Aufl. 16. (IX und 256 S.) Salzkotten 860. [Paderborn, Wienand.] geb. * *

Die staatsbürgerliche Erziehung der kaufmännischen Jugend. Von Arthur Schröter, Oberl. a. d. öffentl. Handelslehranst. zu Leipzig. Leipzig: Poeschel 1910. 47 S. 8° [11. 1673

Schroeter, das Fleischbeschaugesetz nebst preußischem Ausführungsgesetz u. Ausführungsbestimmungen, zusammengestellt u. m. Anmerkgn. versehen. 2., neubearb. Aufl. (XVI, 551 S.) 8. Berlin 904. R. Schoetz. Geb. in Leinw. n. 6. 50
1. Aufl. (XV, 544 S.) 903. Geb. n. 6. 50.

Schroeter, Arth., Liederbuch der deutschen Marine, f. vierstimm. Männerchor hrsg. (XII, 248 S.) 14,5×19,5 cm. Neuwied (907). Heuser's Verl. Geb. in Lw. 2. —

Schroeter, August Heinrich A. S. 567/49a

Dissertatio inauguralis iuridica de vi et potestate clausulae codicillaris testamentis quae ex post infirmantur adiectae. Präs. Rudolph Christoph Henne. Erfurt (Nonne) 14. VII. 1773. 23 S. 31520

Schröter, August Wilhelm von

Schröter, Aug. Wilh. v., Bemerkungen über die beabsichtigte neue Ordnung der Rechtspflege in Mecklenburg-Schwerin und Strelitz. gr. 8. (98 S.) Rostock 850, Stiller'sche Hofbuchh.

de Schröter, A. Wlh., Observationes juris civilis. 8maj. Jena 826. Cröker. 12 ₰

Schröter, Aug. Guil. de, Commentatio de temporibus in integrum restitutionum. 8 maj. (1 B.) Jenae 834, (Cröker.)

v. Schröter, A. W., s. Zeitschrift für Civilrecht. . .

Schröter, Bernhard Heinrich, Das süsse Evangelium /// Oder // Die fröliche Botschafft // des // Weihnacht=Engels /// Von dem // Neugebornnen Bundes=Engel // Christo JESU // Aus Luc. II, 10-12. // In einer // Christnachts= // Predigt // Der Christl. Lutherischen Gemeine in // der Stadt=Kirche zu Rinteln /// Vormals vorgetragen // Von // Bernh. Henr. Schrötern /// Pred. daselbst. // RINTELN /// Gedruckt durch Herman=Augustin Enax / C. B. 1701. - 8 Blatt (nicht paginiert) Titelblatt und Widmung. - 63 S. -
E. S. T. 8°.650.

Schroeter, C. F., Observationes criticae in quosdam locos M. Fab. Quinctiliani. Diss. 1826. 40 S. 1.20

Schröter, Carina, s. Schröter, Karina.

Schröter, Carl, s. Schröter, Karl.

Schröter, Christian, Christian Schröters // Gründliche // Anweisung // zur deutschen // ORATORIE // nach dem hohen und Sinnreichen // Stylo // Der unvergleichlichen Redner // unsers Vaterlandes /// besonders // Des vortrefflichen // Herrn von Lohensteins // in seinem // Großmüthigen Hermann // und andern herrlichen // Schrifften. // LEIPZIG /// verlegts Johann Friedrich Gleditsch /// Im Jahr Christi 1704. - 8 Blatt (nicht paginiert) Titelkupfer, Titelblatt, Widmung und Vorrede. - 560 S. -

Christian Schroters // Gründliche // Anweisung // zur deutschen // ORATORIE. // Ander Theil. // Leipzig /// verlegts Johann Friedrich Gleditsch /// Anno 1704. - Titelblatt, 660 S. und noch 14 Blatt (nicht paginiert) Register und Druckfehler.

Schröter, Christian, Kurtze // Anweisung // zur // INFORMATION // Der // Adlichen Jugend /// entworffen // von // Christian Schrötern. // Leipzig /// verlegts Johann Friedrich Gleditsch /// Im Jahr 1704. - 30 S.

Festspiel zum hundertjährigen Stiftungsfest der Loge „Zur Harmonie" zu Chemnitz, am 11. Mai 1899, ein Zeitbild aus dem Ende des vorigen Jahrhunderts. Der Jubilarin als Festgabe gewidmet von Christian Schröter. Als Ms. gedr. [Chemnitz: Tetzner & Zimmer 1899.] 15 S. 8° [Umschlagtit.]
Handelt von der Gründung der Loge.

— politischer Redner, zeigend, wie die in Lohensteins Arminio enthaltenen Regeln zu appliciren. 8. Ebendas. 714.

Schröter, Christian Friedrich [Praes.], s. Frotscher, Karl Heinrich: Observationes criticae in quosdam locos M. Fab. Quinctiliani.

Schroeter, Christian Friedrich (Jena) A. S. 604/63

De vicesimo hereditatum positiones iuridicae.
Präs. Johann Philipp Slevogt.
Jena (Werther) XI. 1709. 24 S. 31524

Schroeter, Christian Friedrich (Jena) A. S. 136/27

Dissertatio juridica de citationis requisitis et efficacia, Von Der Gerichtlichen Vorladung, woraus sie bestehe, und was sie würcke.
Präs. Johann Philipp Slevogt.
Halle (Hendel) 1740. 56 S.

Diss. 1708. 31525

Schröter, Christian Friedrich [Praes.], s. Ritter, Lorenz Christoph: De iurata specificatione, Von der Anzeige derer Erb= und anderen Stücke, so vermittelst Eides geschehen muss.

Schröter, Christian Jo. [Praes.], s. Rassov, Johann Heinrich: De relaxatione juramentorum.

Schröter, Christoph Gottlieb

— deutl. Anweis. z. Generalbasse, in beständ. Veränderung des uns angebornen harmonischen Dreiklanges. 4. Halberst. 772. (W. Nauck in Leipz.) 1 ℛ 12 gl.

— Anweis. z. Generalbasse in Veränderung des Dreyklanges. 4. Halberst. Groß. (Sommer in Leipz.) 772.

Schröter, Cph. Gli., († im Nov. 1782.) letzte Beschäftigung mit musikal. Dingen. 4. Nordhausen, Nitzsche. 5 gl.

Schröter, Chr. G. Sendschreiben an . . . Lorenz Mizler . . . In welchem I. der bevorstehenden Reformation der Music, II. einer Aufgabe wegen der Temperatur, III. einiger nüzlicher Erfindungen gedacht, Und etliche nöthige Erinnerungen für die Tonkünstler . . . eingeschaltet worden. Nordhausen 1738. 16 S. Pgt. d. Z.
Eitner VII, 11.

Schröter, Chrysostomus Erdmann

C. E. Schröter's Anleitung zum rechnen, durchgängig verbessert und umgearbeitet von *Ch. F. Rüdiger.* Leipzig, Müllerische Buchhandlung. 364 S. 8. 1785.

— Anleit. z. Rechnen, durchgängig verb. v. Ch. Fr. Rüdiger. 8. Leipz. . . . Le A. . . . Joachim. 20 gl.

Chrysostomus Erdmann Schröter's Allzeit fertiger und auf allerley Fälle gerichteter Briefsteller, dabey Gründlicher und doch kurz abgefaßter Begriff der so edlen als höchstnöthigen Rechenkunst in 4 Classen. Leipz. 8. 1745

Schröter, Chrys. Erdm., Briefsteller. 8. Leipz. 792. Müller. (Joachim). 1 ℛ 4 gl.

Schröter, Chrysost. Erdm., Teutsch-Frantzösisch und Italienisches Titular-Buch. . . . 4. Aufl. Leipzig 1753. 8. . . . . 0.3

Schröter, Chrysostomus Wilhelm

Schroeter, C. G., praes. Jo. Pet. Eberhard, De actione narcoticorum in fluidum nerveum. 40 pp. Hal. 4°. 1762

Schroeter, Chrysost. Wilh., praes. A. E. Buechner, De diversa colica pictonum curandi methodo. 36 pp. Hal. 4°. 1768

Schröter, Corona, s. Schröter, Korona.

Schröter, Curt, s. Schröter, Kurt.

Schroeter, E. Handkarte vom Kreise Bernburg u. Umgegend. 1 : 100,000. Farbendr. 38×36,5 cm. Bernburg 891, A. Mehrhardt. * — 50; in Karton * — 60
Auf Leinw. * 1 —; m. Stäben * 1 25

Schroeter, E. Handkarte vom Mansfelder Gebirgskreis, zum Gebrauch in der Heimatskunde gezeichnet. 1 : 100,000. Farbendr. qu. Fol. Eisleben 890, (Kuhnt). * — 50

— Handkarte vom Mansfelder Seekreis. 1 : 100,000. Farbendr. Fol. (Ebd.) 890. ** — 50

Schröter, E., Staatsbürgerkunde, s.: Ebert.

Schroeter, Ed., offene Antwort auf den Hirtenbrief d. Bischofs Nikolaus zu Speyer v. 6. Jan. 1849. gr. 8. (36 S.) Worms 849, Rahke. — 2. Aufl. gr. 8. (36 S.) Ebd. 849. 3 ngr

Schröter, Ed. Eures Vaters Wohlgefallen ist es, Euch das Reich zu geben. Gastpredigt gehalten in d. Versammlung der Deutsch-Katholiken zu Worms am 30. Nov. 1845. 2. Aufl. 8. (1 B.) Worms 846, Rahke. *

Schröter, Ed., das deutsch-kathol. Princip allein ausreichend. Ein Wort zur Verständigung mit den ehrl. Feinden der heut. Kirchenreform. 8. Jena 846, Luden. n. 1/3 ₰

— die rechte Stillung des Seelendurstes. Gastpredigt gehalten am 18. Juni 1843. gr. 8. Osnabrück 843, Rackhorst. 1/8 ₰

—— 3 Vorträge, gehalt. vor d. Versammlg. d. deutschen Katholiken in Worms. gr. 8. (1 1/4 B.) Worms 846, Rahke.

Schröter, Ed., der alte Weihnachtsglaube und der freie Geist der neuen Zeit. Briefe über Noack's Geschichte Jesu. gr. 8. (VIII, 100 S.) Mannheim [Straßburg] 871, Schneider's Verlag. * 1 —

— die Welt u. ihr Urtheil über die Zeichen der Zeit. Predigt. Still innerlich, aber Angesichts der Zeiterscheinungen gehalten. gr. 8. Jena 845, Hochhausen. n. 1/12 ₰

Schröter, Ekkehard, Forstreferendar a. Leipzig: Die Rauchquellen im Königreiche Sachsen und ihr Einfluß auf die Forstwirtschaft. Mit 3 Karten. Berlin: P. Parey 1908. (219 S.) 8° [F.]
Leipzig, Phil. Fak., Ref. Bücher-Kirchner, Diss. v. 16. März 1908
[Geb. 4. Juli 81 Leipzig; Wohnort: Spechtshausen; Staatsangeh.: Sachsen; Vorbildung: Realgymn. Leipzig Reife O. 00; Studium: Forstakad. Tharandt 2, Univ. Leipzig 4 S.]

Die Rauchquellen im Königreiche Sachsen und ihr Einfluß auf die Forstwirtschaft von E. **Schröter**, Forstreferendar. Mit 3 Karten. Berlin: P. Parey 1908. (219 S.) 8° [F.]
=Sammlung von Abhandlungen über Abgase u. Rauchschäden. H. 2. 08.14410

Schröter, Ernst, Beitrag zur Entstehungsgeschichte der freien Gelenkkörper nach Traumen. Diss. Greifswald 1886, Jul. Bindewald. 8°. 22 S.

Schroeter, Ernst, Assistenzarzt bei III. Bataillon Infant.-Reg. Herzog Karl von Mecklenburg-Strelitz (6. Ostpr.) No. 43: Aus der Kgl. chirurgischen Universitäts-Klinik Königsberg i. Pr. Beiträge zur Rhachistovainisierung. Königberg i. Pr. 1906: O. Kümmel. (55 S.) 8°
Königsberg, Med. Fak., Ref. Lexer, Diss. v. 14. Juli 1906
[Geb. 1. Juli 81 Carmitten, Kr. Königsberg i. Pr.; Wohnort: Königsberg i. Pr.; Staatsangeh.: Preußen; Vorbildung: Friedr.-Colleg Königsberg i. Pr. Reife M. 00; Studium: Königsberg 9 S.; Coll. 5. Juli 06; Approb. 10. Jan. 06.]

Schroter, Ernst Die Munzen und Medaillen des Weißenfelser Herzogshauses. Ein Beitrag zur Geschichte des Herzogtums Sachsen-Weißenfels und des Fürstentums Sachsen-Querfurt. I. Teil. 32 S. 4 **Progr.** Oberrealschule *Weißenfels* 1909 (372).

Schroeter, Ernst, die Münzen u. Medaillen des Weißenfelser Herzogshauses. Ein Beitrag zur Geschichte des Herzogt. Sachsen-Weißenfels u. des Fürstent. Sachsen-Querfurt. 1. Tl. (36 S. m. 2 Münztaf.) Lex. 8. Weißenfels 909. M. Lehmstedt. nn 1.75

Die Schlacht bei Roßbach. Zur Erinnerung an d. 150. Wiederkehr d. Schlachttages (5. Nov. 1757) von Prof. Ernst **Schroeter**. (Mit Kartenskizze.) Weißenfels a. S.: R. Schirdewahn 1907. (30 S.) 8° [F.] 07. 16914

— Die Schlacht bei Roßbach. Zur Erinnerg. an die 150. Wiederkehr des Schlachttages. (5. XI. 1757.) (Mit Kartenskizze.) (31 S.) gr. 8. Weißenfels 907. A. Urlaub. — 50

Schröter, Ernst, Referendar in Wronke: Die Übernahme einer Hypothekenschuld in Anrechnung auf das Kaufgeld in § 416 des Bürgerlichen Gesetzbuches vom 18. August 1896 im Vergleich zu § 41 des preußischen Gesetzes über den Eigentumserwerb vom 5. Mai 1872. *Borna-Leipzig 1903: R. Noske.* (IX, 39 S.) 8°
Leipzig, Jur. Diss. v. 1903

Schröter, Ernst Friedrich [Praes.], s. Bülow, Johann Herbort von: De feudi alienatione.

SCHRÖTER, Ern. Fr.: Fasc. casuum in foro conscientiae juridice decisorum. *Jen.* 774. 4.

Schröter, Ernest. Frider. De Gabella detractionis atque emtionis, vom zehenden Pfennig. 4°. Lips. 1714.

Schröter, Ernst Friedrich [Praes.], s. Hoffmann, Gottfried: Patrocinium homicidarum.

Klaubartus, Wilh. (Penicensis Misnicus), auctor (praeside Ern. Friderico *Schroeter*), dissertatio inaug. jurid. de jure *repraesentationis*, oder: von der *Tretung der Kinder an ihrer Eltern Stelle.* Jenae, recus. litteris Hellerianis, 1760. 4°. Cart. 48 S. Einiges deutsch. — Ed. I. ibid. 1669.

Schröter, Ernst Friedrich [Praes.], s. Keyßner, Johann Lorenz: De competentia fori communis et privilegiati.

Schröter, Ernst Friedrich [Praes.], s. Schobiss, Bartholomaeus Friedrich: De divortio, Von Der Ehescheidung.

Schröter, Ernst Friedrich [Praes.], s. Seifart, Friedrich: De advocatis, Von Advocaten und ihren Rechten.

Schröter, Ernst Friedrich [Praes.], s. Strufer, Paul: De testamento.

Schröter, Ernst Friedrich [Praes.], s. Svanberger, Johann: De jure vicinitatis. Vom Nachbar Recht.

Schröter, Ernst Friedrich [Praes.], s. Walburger, Michael Paris: De lamiis earumque processu criminali. Von Hexen und dem Peinl. Process wider dieselben.

Schröter, F. Beiträge zur Erklärung der Mythen des Alterthums. 36 S.
Saarbrücken, Progr. 1838

Schröter, F., Die Conditionalsätze d. Lucrez. Diss. 1874. 24 S. 4° 2.—

Schröter, F., s. Lessing's hamburgische Dramaturgie.

Schröter, F. Quaestiones Horatianae. 33 S.
Saarbrücken, Progr. 1847

Schröter: Quaestiones Horatianae. P. II. 33 S. – Saarbrücken, Progr. 1856.

Schröter, F., Quaestiones Horatianae. P. III. 1864. 25 S. 4°. 1.—

Schroeter, F. W., die Schuld. Schauspiel in 1 Akt. 8. (48 S.) Weimar 902. H. Große. n. — 80

— Weimar u. sein Theater. Zeitgemäße Betrachtgn. e. Kunstfreundes. 8. (III, 143 S.) Ebd. 900. n. 1. —

Schröter, Fr., der homöopathische Federviehharzt oder: leicht verständl. Anweisung wie jeder Landwirth u. Züchter sein erkranktes Federvieh als Tauben, Hühner, Truthühner ꝛc. auf die einfachste, schnellste, sicherste ꝛc. Art auf homöopath. Wege selbst heilen kann ꝛc. Auf Grund langjähr. eigener Erfahrungen u. nach den besten Quellen bearb. Nordhausen 868. Büchting. 8. (70 S.) 7½ ngr.

Schröter, Fr., Der homöopathische Federviehharzt. S.-A. (VIII., 80 S.) Leipzig 86. Dr. W. Schwabe. M. 75.—, kart. M. 1.–

Schröter, F., der homöopathische Federviecharzt, s. a. Haus-Bibliothek, homöopathische.

Schröter, Fr. Verzeichnis sämtlicher Abiturienten der Anstalt. S. 21—26. **Progr.** *Lippstadt* 1883.

Schroeter, Franz [aus Kleinpaschleben '(Anhalt)']: Über Gastroenterostomie ... Leipzig, Druck v. J. B. Hirschfeld, 1894; 1 Bl., 32 S., 1 Bl. 8.
Berlin, Med. Fak., Inaug.-Diss. v. 2. Febr. 1894

Herz-Jesu-Büchlein. Gebete u. Gesänge zu Ehren d. heiligsten Herzens Jesu u. Mariä z. Gebrauch bei d. gemeinschaftl. Bruderschafts-Andachten. Gesammelt von Dr. Franz **Schröter,** Pfarrer. 2. Aufl. Danzig: F. Brüning (1904). (64 S.) 8° [F.] 1904. 10

Schroeter, Franz von, appr. Arzt aus Ringethal b. Mittweida: Ueber **Neubildung elastischer Fasern** in der Hautnarbe. *Leipzig 1902: B. Georgi.* (51 S.) 8°
Leipzig, Med. Diss. v. (13. Aug.) 1902

Schroeter, Frz., ad Thucydidis librum VII quaestiones philologicae. Dissertatio inauguralis. gr. 8. (30 S.) Königsberg 886, (Koch.) * 1 —

Schröter, Franz Martin Bemerkungen zu Strabo. 4 (S. 3—17). **Progr.** Rg. *Leipzig* 1887 (518).

Schröter, Frz. Mart., Bemerkungen zu Strabo. gr. 4. (17 S.) Leipzig 887, (Hinrichs'sche Buchh., Verlag.) * 1 —

Schröter, F. M., Geographie, s.: Seydlitz, E. v.

Schröter, F. M., De Strabonis itineribus. **Diss.** 1874. 22 S.

— Landeskunde d. Königr. Sachsen, s.: Lungwitz, O.

Schröter, Franz Theodor: De variis scriptis Adianeis eorumque auctoribus.
Halle-Wittenberg, Phil. Diss. v. 24. Febr. 1846
Geb. [Zörbig (Kr. Bitterfeld) 7. 6. 1821]
Ms. fehlt.

Schroeter, Friedrich: [Bericht über die fünfzigjährige Jubelfeier des neuen Arnoldinums.] S. 17—19. 4.
Fürstl. Bentheimsches Gymn. Arnoldinum mit Realklassen **Progr.** *Burgsteinfurt* 1904 (408).

Schröter, Friedr., über die Heimath des Hugo Falcandus. Ein Beitrag zur Geschichte Unter-Italiens. Inaugural-Dissertation. gr. 8. (68 S.) Eisleben 880. (Göttingen, Vandenhoeck & Ruprecht.) n. 1. 80

Schroeter, Friedrich (Lauban) A. S. 810/1

Dissertatio iuridica inauguralis de iure et statu hominum propriorum a servis Germaniae non Romanis de rivando, et de usu huius doctrinae.
Präs. Justus Henning Boehmer.
Halle (Gruner) 28. IX. 1716. 66 S. 31531

Schröter, Friedrich (Lauban) A. S. 11/5

Dissertatio iuridica inauguralis de iure et statu hominum propriorum a servis Germaniae, non Romanis derivando, et de usu huius doctrinae.
Präs. Justus Henning Böhmer.
Halle (Grunert) 1734. 66 S.

Diss. 28. IX. 1716. 31532

Schroeter, Fridericus. Als die Inaug.-Schrift vertretend wurde angenommen des Verf. Druckschrift: Incerti auctoris vulgo Sexti Aurelii Victoris Originis gentis Romanae liber. Recensuit, animadversionibus criticoexegeticis et antiquitatem Roman. illustrantibus indicibusque instructum edidit. Lipsiae: Lehnhold 1829. XXVI, 208 S. 8°
[Halle-Wittenberg, Phil. Diss. v. 1. Okt. 1829]
Geb. [Wünschendorf (Erzgebirge, Sachsen) 26. 5. 1802]

Schröter, Fr., s. a. 1) *Auctoris* incerti. 2) Aurelii *Victoris*, Sexti etc.

Schroeter, Friedrich (Lauban) A. S. 59/39

Dissertatio juridica de remissione tacita pignoris vel hypothecae per acceptionem chirographi novi aut fidejussoris. Präs. Christian Thomasius.
Halle (Salfeld) 19. IX. 1716. 29 S. 31530

Schröter, Friedrich August

Schröter, F. A.: „Neuer Rathgeber im Handel und Wandel", Erfurt 1795 (Keyser).

Schröter, Fr. Aug., der treue Rathgeber im Handel u. Wandel. 8. Erf. 795. Keyser. 10 gr.

Die Rechnung mit Decimalbrüchen und Logarithmen nebst dazu gehörigen ganz neu berechneten Tafeln. Ein vollständiges Handbuch zum allgemeinen Gebrauch für Rechner aus allen Classen. Von Friedrich August Schröter. Helmstädt 1799: Fleckeisen. 56[viele.54] , 171 S. 4°

— deutsche Sprachlehre f. das schöne Geschlecht, in Briefen. 8. Erf. 789. Keyser. 16 gr.

— Versuch e. Anleit. z. prakt. Rechenkunst. Mit Kpf. u. logarithm. Tabell. gr. 8. Halle 795. Hendel. 1 ß

— terminolog.-techn. Wörterbuch, od. Erklär. der in Reden u. Schriften häufig vorkomm. fremden Wörter u. Redensarten gr. 8. Erf. 788. (Anonym.) 2e A. 799, 800. 3e A. 803. Keyser. 4e Aufl. gr. 8. Ebd. 811. 3 ß

Schröter, Fritz, aus Breslau: Über **Kondensationen** von β-Oxy-α-naphtaldehyd mit Acetessigester und Analogen. *Breslau 1902: A. Strenzel.* (44 S.) 8°
Heidelberg, Naturw.-math. Diss. v. 1903

Schröter, Fritz: Über die elektrische Verstäubung der Metalle in flüssigem Argon und flüssigem Stickstoff. (Berlin 1909: G. Schade.) 65 S. 8°
Berlin, Phil. Diss. v. 15. Dez. 1909, Ref. E. Fischer
[Geb. 28. Dez. 86 Berlin; Wohnort: Berlin; Staatsangeh.: Preußen; Vorbildung: Dorotheenstädt. Realgymn. Berlin Reife O. 05; Studium: Lausanne 2, Berlin 2, Lausanne 1, Berlin 4 S.; Rig. 18. Nov. 09.] [U 10. 254

Schroeter, G., Chemie d. Kohlenstoffverbindungen, s.: Richter, V. v.

Schroeter, G., die Schule des Eisenbahndienstes. Ein Handbuch für die Prüfung zum Stations-Assistenten, Güter-Expedienten, Telegraphisten, sowie für das Zugbegleitungs-Personal. Auf Grund der ministeriellen Vorschriften über die Ausbildung und Prüfung der Stations- und Expeditions-Beamten der Staats-Eisenbahnen und der vom Staate verwalteten Privatbahnen in Fragen und Antworten, nach amtl. Materiale, sowie unter Mitwirkung mehrerer höheren Eisenbahn-Beamten zusammengestellt. 3. umgearb. und verm. Aufl. Lex.-8. (VIII, 240 S.) Aachen 884, Mayer. Subscr.-Pr. * Ladenpr. *

1. und 2. Aufl. erschienen im Selbstverlage des Verfassers.

Schroeter, G., die Schule des Eisenbahndienstes. Ein Handbuch für die Prüfung zum Stations-Assistenten, Stations-Vorsteher, Güter-Expedienten, Telegraphisten, sowie für das Zugbegleitungs-Personal. Auf Grund der ministeriellen Vorschriften über die Ausbildung und Prüfung der Stations- und Expeditions-Beamten der Staats-Eisenbahnen und der vom Staate verwalteten Privatbahnen, in Fragen und Antworten nach amtl. Materiale, sowie unter Mitwirkung mehrerer höheren Eisenbahn-Beamten zusammengestellt. 4. umgearb. und sehr verm. Aufl. gr. 8. (VII, 333 S. mit 54 in den Text gedr. Holzschn.) Aachen 888, J. A. Mayer. * 5

Schröter, G. H. von [wirkl. Name], s.a. R e t ö r c h , G. H. u. R ö t e r c h s [Pseud.].

Schröter, G. H. v., der souveraine Orden vom heiligen Johann von Jerusalem und seine Wiederbelebung. gr. 8. (92 S.) Münster 864, Theissing'sche Buchh.

Schröter, G. H., †(Retörsch; Wilderer,) die Revue d. Leipziger Communalgarde am 7. u. 8. Juni 1831, beschrieben. 8. (3¼ B.) Leipzig 831, (Wienbrack.)

v. Schröter, G. H., s. Runen, Finnische.

— Finnische Runen, finnisch u. deutsch. gr. 8. Upsala (Rostock) 821. Stiller. 21 gr.

Schröter, G. H., Sammlung von Liedern und Arien, s. Freund, der, des Gesanges.

—— Vergißmeinnicht. Ein Sonntagsblatt, s. V e r g i ß m e i n n i c h t.

Schroeter, Georg [aus Roitzsch]: Ueber die Einwirkung des Benzotrichlorids auf einige Phenole. . . . Halle a. S., S. Schlesinger's Buchdr., 1889; 29 S. + 1 Bl. 8°
Halle, Phil. Fak., Inaug.-Diss. v. [1. Febr.] 1890

Schröter, Georg: Ein F a l l von Hernia diaphragmatica bei einem Neugeborenen ... Königsberg in Pr.: Druck v. M. Liedtke, 1889. 22 S. + 3 Bl. u. 1 Taf. 8°
Königsberg, Med. Fak., Inaug.-Diss. v. 29. März 1889

Schröter, Geo. Ein Fall v. Hernia diaphragmatica bei e. Neugeborenen. gr. 8. (22 S. m. 1 Taf.) Königsb. 889, (Koch). * 1 —

Schroeter, Georg (Emil Viktor Bruno): Zur K e n n t n i s der Einwirkung von Phosphorpentachlorid auf Imide zweibasischer Säuren ... Bonn: Univ.-Buchdr. v. C. Georgi 1892. 1 Bl., 48 S., 1 Bl. 8°
Bonn, Phil. Fak., Inaug.-Diss. v. 22. Juli 1892.

Schroeter, Georg Ludwig Eduard (Hrsg.), s. H u m a n i s t , Der.

Schröter, Gbld., Groitzsch sonst u. jetzt. Historisch statist. Beschreibg. der Stadt Groitzsch m. e. Berichte üb. den Stand u. die Verwaltg. der Gemeinde-Angelegenheiten speziell in den J. 1889, 1890 u. 1891. Auf Grund amtl. Unterlagen bearb. Mit 1 Zeichng.: Groitzsch ums J. 1628 u. 1 (farb.) Stadtplane v. 1892. gr. 8. (IV, 246 S.) Groitzsch 892. P. Beirich. n. 3 —

Schroeter, Gustav

Schroeter: Der Akkusativ nach passiven Verben in der lateinischen Dichtersprache. 19 S. Gr. Glogau kath. G., Progr. 1870.

[F.] Schroeter, Gustav [Dir. Dr.]: Beiträge zur Geschichte des Neisser Gymnasiums. Neisse, Druck v. F. Bär, 1896; 1—16 S. 4.
Neisse, k. kath. G, OP 1896 (200)

Schroeter, Gust. Beiträge zur Kritik und Erklärung von Vergils Aeneis. II. Teil. 12 S. [I: Gr.-Strehlitz 1875.]
Progr. Kath. G. *Glogau* 1885.

Schroeter, Gustav Beiträge zur Kritik und Erklärung von Vergils Aeneis. III. Teil. 4 (S. 3—13).
Progr Kath. G. *Neisse* 1888 (185).

Schroeter, G., Der Dativ zur Bezeichn. der Richtung in der latein. Dichtersprache. Diss. 1873. 15 S. 4°. 1.—

Schröter, Gustav *Friedrich* [aus Mülheim a. d. Ruhr]: (Aus d. chirurg. Klinik d. Kgl. Charitékrankenhauses.) Über Orchitis und Epididymitis tuberculosa m. bes. Berücks. d. Ätiologie ... Berlin, Buchdr. v. G. Schade, *1895*; 34 S., 1 Bl. 8.
Berlin, Med. Fak., Inaug.-Diss. v. 14. Mai 1895

Schröter, Gustav Adolf

Schröter, Gust. Adph., Gedanken über das religiös-kirchliche Element auf den Gymnasien. Ein Nachklang der thüringer Kirchenconferenz vorigen Jahres in Gotha sowie v. dem bald darauf gefeierten Herderfeste in Weimar und Beitrag zur guten Sache der inneren Mission unserer evangel. Kirche. gr. 8. (40 S.) Arnstadt 851, Meinhardt. n. 1/6 Thlr.

Schroeter, H.: Bericht über eine Reise nach Kwang-si, im Herbst 1886 unternommen. Hongkong 1887. 97 S., 1 Krt. 8°. [II 2491

Schröter, H., Erfahrungen u. Gedanken e. L a n d w i r t s. 2. Aufl. gr. 8. (67 S. m. 2 Taf.) Bremen 897. Leipzig, M. Heinsius Nachf. n. 1, 50

Schröter, Heinrich (Eduard)

Schröter, H., De aequationibus modularibus. (Inaug.-Diss.) Regiomonti 1854. 4°. (46 S.)

Schröter, Heinrich Eduard: Ueber die Entwickelung der Potenzen der elliptischen Transcendenten ϑ und die Theilung dieser Funktionen. Breslau (1855). (25 S.) 4°
Breslau, Phil. Fak., Hab.-Schr. v. 20. Okt. 1855

Schroeter, H., **Grundzüge einer rein-geometrischen Theorie der Raumkurve 4. Ordnung 1. Species.** gr. 8. (VI, 100 S.) Leipzig 890. Teubner. n. 2. 80

Schröter, Heinr., der Liebe List über Alles. Lustspiel in 3 Akten. Frankfurt a. M. 858. (Küchler.) 8. (51 S.) n. 7 ngr.

Schröter, Henricus Eduardus: Problematis geometrici ad superficiem secundi ordinis per data puncta construendam spectantis solutio nova. Vratislaviae 1862. (22 S.) 8°
Breslau, Phil. Fak., Antr.-Progr. als ord. Prof. v. 3. Mai 1862

Schröter, H., die Theorie der Kegelschnitte gestützt auf projektive Eigenschaften, s.a. Steiner's J., Vorlesungen über synthetische Geometrie.

Schröter, Dr. H., Die Theorie der Kegelschnitte, gestützt auf projective Eigenschaften auf Grund von Univers.-Vorträgen und mit Benützung hinterlassener Manuscripte Jac. Steiner's. Leipzig 1867. 8°.

Schroeter, Heinr., die Theorie der ebenen Kurven 3. Ordnung. Auf synthetisch-geometr. Wege abgeleitet. gr. 8. (VIII, 295 S.) Leipzig 888, Teubner. * 8 —

Schröter, Heinr., Theorie der Oberflächen 2. Ordnung u. der Raumkurven 3. Ordnung als Erzeugnisse projectivischer Gebilde. Nach Jac Steiner's Prinzipien auf synthetischem Wege abgeleitet. gr. 8. (XV, 720 S.) Leipzig 880. Teubner. n. 16. —

Schröter, Heinrich Christian (Greiz) Altd. lose Jur.

Disputatio inauguralis juridica de auditoribus vulgo Von Auditeurn oder Regiments=Schultheissen. Rec. Altdorf (Kohles) 1700. 84 S.

Diss. 31. X. 1678. 31534

Schröter, Heinrich Rudolf

Schröter, Hnr. Rud., nach Meusel aber Jh. Rud., (Prof.). Beitr. zur Mecklenburg. Geschichtskunde. 1r Bd. 1s Heft: Rostock. plattdeutsche Chronik von 1310 bis 1314. — Specimen Diplomatarii Rostochiensis 1268—1322. gr. 4. Rostock 826. Stiller. 1 Thlr.

— Curarum in vetustiorem Scandinaviae historiam Part. I. 4. Rostock 821. Stiller. 8 gr

Schröter, Hnr. Rud., Feldpredigten. gr. 8. Weißenf. 795. Nerr. 16 gr

— Friderico Franciscum, od. Großherzogl. Mecklenburg. Alterthümer-Samml. aus d. altgerman. u. slavischen Zeit Mecklenburgs zu Ludwigslust. 1s Heft. Mit 6 Steintaf. gr. Fol. Rostock 823.

— Grundriß zu meinen Vorlesungen üb. die deutsche Geschichte; Handschrift f. Zuhörer. gr. 8. Rostock 820.

— methodus inveniendae areae absolutae triangulorum polygonorumque sphaericorum. 4. Rostock 821.

— Diss. critico-historica de Ragnaro Lodbrockio. 4. Rost. 820.

Schröter, J. A. K., patriotische Blätter, s. Blätter.

Schröter, J. H., kleiner bibl. Katechismus mit passenden Liederversen u. mit Hinweis. auf d. bisher. Braunschweig. Landes-Katechismus. Mit Luthers Bildn. 8. Helmst. 825. Fleckeisen. 4 gr

Schröter, J. K., Bibelglaube in Bibelwort. Der Lehrinhalt der heiligen Schrift mit ihren eigenen, zu einer geordneten Entwickelung verbund. Aussprüchen für Schule u. Leben dargestellt. gr. 8. (X u. 124 S.) Berlin 847, J. A. Wohlgemuth. 1/4 Thlr

Schröter, J. K., Erinnerung an die dritte Secular-Feier d. Reformation in d. Mark Brandenburg. Abendmahls-Rede u. Pred., am 31. Okt. u. am 1. Nov. 1839 geh. gr. 8. (2 B.) Schwedt 840. (Berlin, Logier.) Thlr.

Schröter, J. K., das Evangelium für den Jugendunterricht besonders für Konfirmanden. 8. Berlin 839. Logier. 1/6 Thlr

—— Weihestunden d. Religion in lieben Familienkreisen. — Taufreden. 1. u. 2. Bdchn. gr. 12. (6 u. 6 1/3 B.) Berlin 841, 42, (Logier.) à

Schröter, J. K., Weihestunden der Religion in lieben Familienkreisen. Taufreden 3. Bdchn. 12. (7 1/6 B.) Berlin 843, (Logier.)

1. u. 2. Bdchn. Ebendas. 1841, 42. à 15 Ngr.

Schroeter, Jakob: Zur russischen Fabrikschutzgesetzgebung und ihrer Geschichte. Darmstadt 1904: H. Uhde. (184 S.) 8°

Tübingen, Staatswiss. Diss. v. 1904

Bestimmung der Bahn des Cometen 1864 III von J[ens] Fr[edrik] Schroeter. Christiania: J. Dybwad in Comm. 1905. (35 S.) 4°(8°)

= Skrifter udg. af Videnskabs-Selskabet i Christiania. 1905. 1. Math.-naturv. Kl. No 1. [06. 10987 9

Schroeter, J. Fr., Catalog der in Norwegen bis Juni 1878 beobachteten Nordlichter, s.: Tromholt, Sophus.

Schroeter, J. Fr.: Meridian-Beobachtungen von Sternen ..., s. Geelmuyden, G.

Untersuchung über die Eigenbewegung von Sternen in der Zone 65°-70° nördlicher Declination von J[ens] Fr[edrik] Schroeter, Observator. *Christiania: W. C. Fabritius (1903).* (XXIII, 152 S.) 4°

(Publication d. Univ.-Observat. in Christiania.) [04. 2366 7

Schroeter, Johann

Die Bedeutung der Festungen in der großen Kriegführung auf Grundlage der Moltkeschen Operationsentwürfe für die Kriege mit Dänemark, Österreich und Frankreich. Von [Johannes] Schroeter, Major. Mit 5 Textskizzen u. 1 Karte. *Berlin: E. S. Mittler & Sohn 1904.* (VI, 200 S.) 8° [F.] [04. 9319

[F.] Die Festung in der heutigen Kriegführung. Von Schroeter, Hauptm. ... im Schles. Pionier-Bat. No 6. Abt. 1. 2. *Berlin: E. S. Mittler & Sohn 1897/98.* 2 Bde 8.

1. D. Wesen d. Festgsbaues. — D. Landesbefestigg. M. 14 Textsk. u. 7 Taf. in Steindr. 1897. (VI, 98 S., 6 Kt.)
2. D. Ortsbefestigg. M. 20 Textsk. u. 6 Taf. in Steindr. 1898. (1 Bl., VI, 134 S., 3 Kt., 3 Pl.) [98. 3569

— die Festung in der heutigen Kriegführung. 2. Aufl. 1. u. 2. Abtlg. gr. 8. Ebd. n. 7. 25; geb. n. 10. 25

1. Das Wesen des Festungsbaues. — Die Landesbefestigg. Mit 14 Textskizzen u. 8 Karten in Steindr. (VIII, 113 S.) 903. n. 3. 25; geb. n. 4. 75
2. Die Ortsbefestigg. Mit 20 Textskizzen u. 8 Taf. in Steindr. (VII, 161 S.) 905. n. 4. —; geb. n. 5. 50

Schroeter, die Festung in der heutigen Kriegführg. 3. Aufl. 1. Abtlg. gr. 8. Berlin 910. E. S. Mittler & Sohn. 4.50; geb. 6. —

Das Wesen des Festungsbaues. — Die Landesbefestigg. Mit 17 Skizzen im Text u. 2 Karten in Steindr. (VIII, 173 S.)

— moderne Festungen u. ihre Vertheidigg., s.: Beiheft z. Militär-Wochenblatt 1896, Hft. 2.

Port Arthur. Von [Johannes] Schroeter, Major. Mit 2 Karten. Berlin: E. S. Mittler & Sohn 1905. (VI, 61 S.) 8° [F.] [05. 0311

Schröter, Johann [Praes.], s. Wedell, Philipp Christian von: De delictis vasallorum, quae in personam domini committuntur.

Schröter, Johann [Praes.], s. Zahn, Georg Heinrich: De pecunia habitationis viduarum. Vom Hauss=Gelde derer Wittwen.

Schröter, Johann Adam [Praes.], s. Schulze, Johann Adam: De portione conjugum statutaria.

Schröter, Johann August

Schröter , Confirmationsrede, gehalt. am Sonntage Palmarum 1831. Meinen ersten Confirmanden zum Andenken. 8. (1 B.) Eisleben 831, Reichardt.

Schröter, Jh. Aug., Confirmationsrede, gehalten am Sonntag Palmare 1831. 8. Eisleben ... (Hermes in Berlin.) 1/12 Thlr

Schroeter, Ioannes Augustus: * De nexu philosophiae cum theologia. 28 Bl. 8° (4°)

Halle-Wittenberg, Phil. Diss. v. [9. Juli] 1829

Geb. [Tiefensee (Kr. Delitzsch) 3. 9. 1801]

Schröter, Joh. Aug., Predigt Dom. Jubilate, d. 16. Apr. 1837, als am Tage d. Einweih. d. restaur. St. Petri-Pauli-Kirche zu Eisleben, bei d. Nachmittagsgottesdienste geh. Nebst e. kurzen Nachricht üb. d. kirchl. Feier dieses Tages. 8. (1 B.) Eisleben. [Berlin, Hermes.] 1837.

Schröter, J. A., zwei Predigten, gehalten beim Amtswechsel. 8. (28 S.) Eisleben 849, Reichardt in Comm. n. 4 Ngr

— Taufreden, nebst einer Trau- u. einer Confirmationsrede u. einigen andern Casualreden. 2 Bdchn. 8. Eisleben 837, 40. (Hermes in Berlin.) 2/3 Thlr

Schröter, Joh. Aug., Taufreden nebst einigen anderen Casualreden. 3. Bdchn. 8. (9 B.) Eisleben 846, Reichardt.

1. u. 2. Bdchn. 1837, 40. [Berlin, Hermes.] 20 Ngr.

Schröter, Johann Christian [Praes.], s. B e u r m a n n , Johann Christoph: De his quae nobis invitis acquiruntur.

Schröter, Johann Christian [Praes.], s. B l o c k , Heinrich: De jure novo Hadrianeo in prima digestorum parte comprehenso.

Schröter, Johann Christian [Praes.], s. D a h n , Ludwig Konrad: De vasallo non statu imperii. Von denen Reichs=Vasallen, welche nicht zugleich vor Reichsstände zu halten.

Schröter, Johann Christian [Praes.], s. H a y n , Johann Adam: De autoritate domini qua consensum in alienando vel onerando feudo respicienda.

Schröter, Johann Christian [Praes.], s. H e i m b u r g , Johann Kaspar: De eo quod circa facta universitatum licita justum est.

Schröter, Johann Christian [Praes.], s. H e r t o g h e , Wilhelm von: De privilegio praescriptionis centum annorum ecclesiae Romanae non competente, ad nov. IX. & auth. quas actiones C. de SS. eccles. vers. sola Romana ecclesia gaudente centum annorum spacio vel privilegio.

Schröter, Johann Christian [Praes.], s. H e r t o g h e , Wilhelm von: De reformatione juris civilis circa causas matrimoniales a pontifice Romano per jus canonicum perverse tentata.

Schröter, Johann Christian [Praes.], s. H e y d e n r e i c h , Christ. August Heinrich: An stipendium familiae ei sit concedendum, qui ob praerogativam alterius illud durantibus annis academicis consequi haud potuit?

Schröter, Johann Christian [Praes.], s. H e y d e n r e i c h , Gottlob Heinrich: De austregis conventionalibus serenissimae domus Saxoniae.

Schröter, Johann Christian [Praes.], s. H e y d e n r e i c h , Leberecht Wilhelm Heinrich: De praerogativa portionis statutariae prae legitima, ejusque computatione ex bonis feudalibus noviter acquisitis.

Schröter, Johann Christian [Praes.], s. M ü l l e r , Georg Daniel: De pactis rem afficientibus.

Schröter, Johann Christian [Praes.], s. S c h e l h a s , Christian Adolph: De commodo vel incommodo ex alterius persona accidente, quod ex sua non habuisset.

Schröter, Johann Christian [Praes.], s. S c h e l h a s , Christian Wilhelm: De principum rescriptis eorumque usu moderno.

Schröter, Johann Christian [Praes.], s. S c h u l t h e s , Wilhelm Rudolph: De probatione per testes et praesumtiones itemque iuramento iudiciali et necessario in processu executivo locum habente.

Schröter, Johann Christian [Praes.], s. S c h u l t z e , Heinrich Gottlieb: De vero ac genuino iusti atque iustitiae conceptu.

Schröter, Johann Christian [Praes.], s. S c h w a l b e , Wilhelm Heinrich: De curatore feudi, Vulgo Vom Lehen=Träger.

Schröter, Johann Christian [Praes.], s. S e t t e l l e , Ferdinand Emanuel: De testium minus idoneorum habilitate.

Schroeter, Jo. Christian A. S. 3/30

De successoribus reliquatorum disputatio.
Jena (Müller) X. 1712. 39 S. 31538

Schröter, Johann Christian [Praes.], s. T a n n e r , Ludwig Gottfried: Dissertatio inauguralis iuridica exhibens differentiam iuris Romani et Germanici circa connubium impar.

Schröter, Johann Christian [Praes.], s. U l s e n h e i m e r , Paul Adam: Dissertatio inauguralis iuridica sistens quosdam collegiorum iuridicorum notabiles dissensus.

Schröter, Johann Christian [Praes.], s. W o l f f h a r d t , Paul Philipp: De dote in secundo matrimonio tacite renovata.

SCHRÖTER, Johann Christof: Curieuse Beschreibung des Eschenbaumes oder Fraxini, worinnen dieses Baumes Natur, Eigenschaft und Nutzen sowohl in der Medizin als auch in der Chirurgie deutlich dargestellt werden. - Frankfurt a.O. 1700. 56 Bl.

Schroeter, Johann Christoph (Gumpertshausen)
A. S. 234/30

Dissertatio inauguralis juridica de exceptionibus post sententiam opponi solitis.
Altdorf (Kohles) 13. IX. 1708. 24 S. 31544

Schröter, Johann Christoph Konrad

S c h r ö t e r, J. C. K.: „Theoretische und practische Abhandlung von der Lehnwaare, dem Handlohne, oder Allodial-Lehngelde". **2 Teile**, Berlin und Stralsund 1789 (Lange).

— theoret. u. prakt. Abhandl. von d. Lehnwaare u. and. Belehnungsgebühren; mit J. L. Eckard's Vorrede von d. Lehnträgerschaft. gr. 8. Berl. 789. (Reimer). 2 ß 12 gl

— Abhandll. üb. die Lehnträger u. Lehnvormünder. Mit e. Vorrede v. A. J. Schnaubert. gr. 8. Leipz. 801. (Brockhaus). 2 ß

Schröter, Joh. Chr. Conr., Abhandl. üb. die Lehnträger u. Lehnvormünder. gr. 8. Leipz. Heinsius. (Gleditsch.) 801. Rthlr.

Schröter, Jh. Chr. Konr., († d. 22. März 1798.) vermischte jurist. Abhandll., zur Erläuter. des deutschen Privat-, Kirchen- u. peinl. Rechts. 2 Bde. gr. 8. Halle 785 u. 786. Gebauer. 3 ß 12 gr

Schröter, Joh.Chr.Konr. (Hrsg.), s. A l m a n a c h , Juristischer.

SCHRÖTER, J. Chr. Conr.: Repertor. jur. consult. in praecipuas decisiones et responsa tam summorum per imperium romano-germ. eiusque status provinciales tribunalium, quam scabinatuum et facultatum juridic. ***Lipsiae,*** **(Fritsch.) Hahn. 793. 34. II Vol. 8maj.**

Schroeter, Johann Ernst [Praes.], s. F o e r t s c h , August Friedrich: De sumendo supplicio in loco ubi crimen perpetratum est ad L. 28. § 15. D. de poenis.

Schroeter, Johann Ernst: De juris communis et Germanici d i f f e r e n t i i s in doctrina de fideicommissis, s.a. H e i m b u r g , Johann Caspar: De compossessione juris lignandi.

Schroeter, Johann Ernst (Jena) A. S. 264/9

Dissertatio auspicialis sistens iuris communis et Germanici differentias in doctrina de fideicommissis.
Präs. Johann Kaspar Heimburg.
Jena (Ritter) 9. X. 1743. 96 S. 31546

Schroeter, Johann Ernst A. S. 80/36

De academiae iurisdictionis origine indole ac natura.
Erlangen (Becker) XI. 1746. 16 S.

Gew.: Karl Adolph Braun. 31547

Schroeter, Johann Ernst [Praes.], s. R a u , Erhard Anton: De actibus voluntariae jurisdictionis.

Schroeter, Johann Ernst [Praes.], s. Ruckdeschel, Christoph Friedrich: De exceptionibus quibus oppositis onus probandi eas actori iniungitur.

Schroeter, Johann Ernst [Praes.], s. Troeltsch, Johann Friedrich: De iurisdictione in genere eiusque a legis actione et reliquo iudicis officio differentia iure Romano.

Schroeter, Johann Ernst [Praes.], s. Wieninger, Ignaz: De litis reassumtione. P. III.

Schroeter, Johann Ernst [Praes.], s. Woehrlin, Karl Albert: De proprietatibus voluntariae iurisdictionis.

Schröter, Jh. Fr. I., († d. 6. April 1788.) s. 1) **Frauenzimmerbelustigungen**,
2) **Geschichte** d. amerikan. Völker u. Länder, (v. Jh. Fr. Schröter), mit 58 Kpf. u. e. Vorr. von S. J. Baumgarten. 3) **Leben** u. Begebenheiten Jos. Thomson's.

Johann Friedrich Schroeter
1770 - 1836

Das menschliche Auge nach der Darstellung des Herrn...Sömmering im Profildurchschnitt noch mehr vergrößert abgebildet u. mit e. kurzen Beschreibung vers. von Johann Friedrich Schröter. Mit e. Vorbericht von Johann Christian Rosenmüller. Weimar: Verl.d. Herzogl. Saechs. Priv. Landes-Industrie-Compt. 1810. 10 S. 2°

Schröter, J. F., das menschl. **Gefühl**, od. Organ des Getastes, nach den Abbildungen mehrere berühmter Anatomen, mit illum. Kupf. gr. Fol. Leipz. Kühn. 814.

Die menschliche Nase oder das Geruchs-Organ nach den Abbildungen des Herrn...Sömmering neu dargest. von Johann Friedrich Schröder [Schroeter]. Leipzig: Kühn 1812. 6 S. 2°

— das menschl. Ohr, nach d. Abbildd. d. Hrn. S. Th. Sömmerring, mehr vergrößert dargestellt auf 1 Kpftaf. mit Text. gr. Fol. Weimar 811. Landes Ind.-Compt. 1 ℛ

— s. Darst. Wie. Seiler, die Gehörmuster rc.

— die menschl. **Zunge**, od. das Geschmacksorgan, nach den Abbildungen des Hrn. S. R. Sömmering, neu dargestellt, mit illum. K. gr. Fol. Leipz. Kühn. 815.

Schröter, Jh. Gf., († d. 11. Sept. 1791.) das Leben d. Jubelpriester d. Stifts Merseburg, seit der Reformation bis auf unsere Zeit rc. 4. Merseb. 777.

STIRBT [illegible] von Joh. Heinr. Friedr. [illegible]
[illegible]

Schröter. Johann Hieronymus

Schröter, Joh. Hieronymus. Areographische Beiträge zur Kenntniss des Planeten Mars. Herausg. von H. G. van de Sande Bakhuyzen. Leiden 1881.

— **Beyträge** zu d. neuesten astronom. Entdeckungen, herausg. v. J. E. Bode, m. K. 1r Bd. gr. 8. Berl. Lange. 788.

— Beitrr. zu d. neuesten astronom. Entdeckungen, herausg. v. J. E. Bode. 1r Bd. Mit 8 Kpft. gr. 8. Berl. 788. (Reimer). 1 ℛ 12 gl. 2r u. 3r Bd. 1e u. 2e Abtheil. (mit 5 Kpf.) oder neue u. neueste Beitrr. z. Erweiter. d. Sternkunde. Mit Kpf. gr. 8. Götting. 798—800. Vandenhöck u. R. 8 ℛ 8 gl.

Beobachtungen und Bemerkungen über den großen Cometen von 1811. Von Johann Hieronymus Schroeter. Göttingen: Vandenhoek & Ruprecht in Komm. 1815. XXII,304 S. 8°

Schröter, Joh. Hieronymus. Beobachtungen des grossen Cometen von 1807. Göttingen 1811.

Schröter, Ritter Jh. Hier., († d. 29. Aug. 1816.) Beobachtt. u. Bemerkk. d. großen Kometen von 1807. Mit 3 Kpf. gr. 8. Götting. 812. Vandenhöck u. R. 2 ℛ 18 gl

— Beobachtt. üb. die sehr beträchtl. Gebirge u. Rotationen der Venus. Mit 3 Kpf. 4. Erfurt 793. Keyser. 12 gl (A. u. d. T.: Cytherriograph. Fragmente.)

— Beobachtungen üb. d. 3. neuen Planeten, Ceres, Juno, Pallas, m. K. gr. 8. Gött. Vandenhök. 805.

— Beobachtt. üb. die Sonnenfackeln u. Sonnenflecken. Mit 5 Kpft. gr. 4. Erf. 789. Keyser. 1 ℛ

Aphroditographische Fragmente, zur genauern Kenntniß des Planeten Venus; sammt beygefügter Beschreibung des Lilienthalischen 27 füßigen Telescops... Von Johann Hieronymus Schroeter. Helmstedt 1796: Fleckeisen. XVI,250 S. 8°

— aphroditograph. Fragmente zur genauen Kenntniß d. Planeten Venus, sammt Beschreib. des Lilienthal. 27füß. Teleskops. Mit 8 Kpft. gr. 4. Helmst. 796. (Vandenhöck u. R. in Götting.) 6 ℛ 12 gl

— hermograph. Fragmente zur genauen Kenntniß des Planeten Merkur, nebst d. Beobachtt. d. Planeten Vesta. 2r Thl. Mit 4 Kpf. gr. 8. Götting. 816. (Vandenhöck u. R.) 1 ℛ 8 gl Schrbp. 1 ℛ 20 gl (Der 1e Thl. befindet sich in dess. neuesten Beitrr rc. 1800).

— kronograph. Fragmente z. genauern Kenntniß des Planeten Saturn, seines Ringes u. seiner Trabanten. 1r Thl. Mit 2 Kpft. gr. 8. Götting. 808. Vandenhöck u. R. 2 ℛ 12 gl

Selenotopographische Fragmente zur genauern Kenntniss der Mondfläche, ihrer erlittenen Veränderungen und Atmosphäre, sammt den dazu gehörigen Specialcharten und Zeichnungen. Von Johann Hieronymus Schroeter. Lilienthal: Verf., Fleckeisen in Komm. 1791. XX,676 S. 4°

— selenotopograph. Fragmente zur genauern Kenntniß der Mondfläche rc. 2 Bde. Mit Kpf. gr. 4. Lilienth. u. Helmst. 791—802. (Götting.), Vandenhöck u. R. 37 ℛ (2r Bd. mit 32 Kpft.)

Schroeter, Johann Karl (Freiberg/Sa.) Tr. 0 659/2

De signis prognosticis, ex natura morbi, pulsu aliisque actionibus et habitu corporis desumptis.
Präs. Christian Vater.
In: Vater: Semiotica medica. II. Wittenberg (Koberstein) 1721. S. 25-62. 31549

Schroeter, Johann Martin (Eisenach) A. S. 182/34

Disputatio inauguralis de mendacio et in specie eo, quod in foro humano punitur. Präs. Karl Otto Reichenberg.
Leipzig (Breitkopf) 24. I. 1732. 36 S.

Gew.: Johann Franz Born. 31551

Schroeter, Johann Paul (Dresden) A. S. 61/15

De venditione rerum cum fundo adhuc cohaerentium ad l. XXXX. d. de act. empt. vendit.
Präs. Christoph Ludwig Crell.
Wittenberg (Scheffler) IV. 1743. 44 S. 31553

Schroeter, Johann Paul Ferdinand A. S. 608/50

Dissertatio inauguralis de dote ex feudo praestanda.
Präs. Johann Karl Gebhard Reinhard.
Wittenberg (Dürr) VI. 1775. 44 S.

W. v.: Präs., 31554

Schröter, Jh. Paul Fr., († im Nov. 1785.) fundamenta juris criminalis cambialis, ecclesiastici Protestantium et feudalis, in tabulis redacta; iisque praecipuae quaedam sanctiones legum Saxonicarum et Brandenburgicarum adjectae sunt. 4. Leipz. 776. (Cnobloch). 10 gl

Schröter, I. P. F., fundamenta juris criminalis cambialis etc. 4. Lips. Böhme. 776.

— fundamenta juris privati germanici hodierni. 4. Leipz. 777. Kummer. 16 gl

SCHRÖTER, J. Paul. Fr.: Fundamenta juris publ. germanici hodierni. *Lipsiae*, Kummer. 777. 4. (10 Gr.)

Schröter, Jh. Rud., s. Hnr. Rud. Schröter

Schröter, Johann Samuel

— Abhandl. üb. Gärtnerei u. Blumisterei. 8. Eisenberg 808. Schöne. 12 gl

— Abhandl. üb. d. wahren Ursprung d. Wohlthätigkeit; e. Preisschrift. 8. ... 770.

— Abhandll. üb. verschied. Gegenstände der Naturgeschichte. 2 Thle. Mit Kpf. gr. 8. Halle 776, 77. Gebauer. 3 rthl

— das Alter, u. untrügl. Mittel, alt zu werden, nebst Beispielen von sehr alten Personen etc. 8. Weimar 803. 2e verm Ausg. 8. Berl. 805. (Henning in Greiz). 2 rthl Nachträge 1e Liefer. 8. Ebd. 807. (Henning in Greiz). 6 gl

Die Aesthetik der Blumen oder ihre Philosophie. Von Johann Samuel Schröter. Weimar: Gädicke 1803. VI, 520 S. 8°

— üb. den innern Bau der See- u. einiger andern ausländ. Erd- u. Fluß-Schnecken. Mit 5 Kpf. 4. Frankf. a. M. 783. Varrentrapp. 1 rthl 14 gl ill. 3 rthl

Schroder, J. S. Beyträge zur Naturgeschichte, sonderlich des Mineralreichs, aus ungedruckten Briefen gelehrter Naturforscher und aufmerksamer Freunde der Natur. Erster Theil. Altenb. 1774. 8.

— s.: Bemerkungen u. Regeln. —

Schröter, Jh. Sam., Beschreib. einer Harlemmer Hyacintenflor von 1789. 8. Erfurt 789. Keyser. 2 gl

Schröter, Joh. Sam., Beschreib. e. Harlemer Hyacinthenflors v. 1789, nebst Anzeige einiger Vortheile bei ihrer Behandlung. 8. Erfurt, 1790. (Winkler.) — 2½

Schroter, J. S. Lithographische Beschreibung der Gegenden um Thangelstedt und Rettewitz in dem Weimarischen. Jena 1768. 8.

— lithograph. Beschreib d. Gegend v. Thangelstedt u. Rettewitz. 8. Jena 768. 2e A. 769. Hartung. 4 gl

Schröter, Johann Samuel, s. Colin, C.: Tagebuch.

Schröter J. S.: Allgemeine Einleitung in die Gartenkultur als Wissenschaft betrachtet. Berl. 1805. 225 S.

— allgem. Einleit. in d. Gartenkultur, als Wissenschaft betrachtet. 8. Berlin, 1805. (Greiz, Henning.) — 22½

— Einleitung in die Conchylienkenntniß nach Linné, m. K. 3 Bde. gr. 8. Halle, Gebauer. 783-86. (à 3 Rthlr.)

— vollständ. Einleitung in d. Kenntniß d. Steine u. Versteinerungen, m. K. 4 Bde. gr. 4. Altenb. Richter. (Akademische Buchh. in Jena.) 774-84. (I. 1 Rthlr. 18 gr. II. 3 Rthlr. 8 gr. III. 4 Rthlr. IV. 4 Rthlr. 8 gr.)

— vollständ. Einleit. in die Kenntniß u. Geschichte der Steine u. Versteinerungen. 4 Bde. Mit Kpf. gr. 4. Altenb. 774—84. (Hennings in Neisse). 13 rthl 12 gl

Schröter, Joh. S.: „Vollständige Einleitung in die Kenntniss und Geschichte der Steine und Versteinerungen", 4 Bände, Altenburg 1774—1786. — Vorh.: Preuß. Oberbergamt Dortmund — L. 9.

Schröter J. S.: Erfahrungen in meinem Blumen-, Obst- u. Gemüsgarten z. Gründung d. Aesthetik d. Gartenkunst v. neuem bearb. Weimar 1802. 277 S.

— Erfahrr. in seinem Blumen-, Obst- u. Gemüsegarten. 2 Thle. 8. Berl. 802, 7. Gädike. 2 rthl

— Etwas zum Nutzen u. Vergnügen aus d. Naturgeschichte. 8. Weimar 775.

— Generalregister üb. Martinis Conchylienkabinet, siehe F. H. W. Martini.

— Geschichte d. Flußconchylien, m. vorzügl. Rücksicht auf diejenigen, welche in d. Thüring. Wassern leben, m. K. gr. 4. Halle, Gebauer. 779.
mit illum. K.

— s. Hacquet: Von Versteinerungen.

Journal für die Liebhaber des Steinreichs und Konchyliologie. Von Johann Samuel Schröter. Bd 1-4. Weimar: Hoffmann 1773-77. 8°

Bd 1, St. 1-(4:) 1773-74.
1. 2: 1773.
3. (4:) 1774.
Bd 2: 1775.
Bd 3: 1776.
Bd 4: 1777.

— Journal für Liebhaber des Steinreichs und d. Conchyliologie, mit K. 6 Bde. 8. Weimar, Hoffmann. 774—780.

— Journal f. die Literatur u. Kenntniß d. Naturgeschichte, sonderlich der Conchylien u. Steine. 2 Bde. Mit Kpf. 8. Weimar 782. 1 rthl 2 gl

— s. Knorr, G. W.: Samml. ...

— s. Kreps: Bemerkungen.

— s. Linné: Termini conchyliolog.

Neue Literatur und Beyträge zur Kenntniß der Naturgeschichte vorzüglich der Conchylien und Foßilien. Von Johann Samuel Schröter. Bd 1-4. Leipzig: J.G.Müller 1784-87. 8°

Bd 1: 1784.
Bd 2: 1785.
Bd 3: 1786.
Bd 4: 1787.

— neue Litteratur. u. Beitr. z. Kenntniß d. Naturgeschichte, vorzügl. d. Conchylien u. Steine. 4 Bde. Mit Kpf. 8. Leipz. 784—87. (Fränkf. a. M., Varrentrapp). 6 ₰

— Namenregister üb. P. S. Pallas Charakteristik der Thierpflanzen, nebst mehrern Verbesserungen. gr. 4. Nürnb. 798. Bauer u. R. 8 ℊ

— Namenregister üb. P. S. Pallas Charakteristik d. Thierpflanzen, n. mehreren Verbesserungen ꝛc. gr. 4. Nürnberg, Raspe. 798.

— erste u. letzte Predigt b. Veränder. s. Amtes. gr. 8. Halle, Gebauer. 786.

– s. Ranft, J. F.: Bemerkungen.

— litholog. Real- u. Verbal-Lexikon, worin nicht nur die Synonymen deutsch, latein., französ. u. holländisch angeführt, sondern auch alle Steine u. Versteinerungen beschrieben werden. 8 Thle. 8. Frankf. a. M. 772—88. Varrentrapp. 9 ₰ 4 ℊ

Schröter, J. S. Lithologisches Real- und Verband-Lexicon, in welchem nicht nur die Synonymien angeführt und erläutert, sondern auch alle Steine und Versteinerungen ausführlich beschrieben werden. 8 Vol. Frankfurt a. M. 1779—1788. 8.

— Musei Gottwaldiani testaceorum, stellarum marinarum et coralliorum quae supersunt tabulae: die Conchylien, Seesterne u. Meergewächse der ehemal. Gottwald'schen Naturaliensamml. nach den vorhand. 48 Kpftaf., mit e. kurzen Erklär. begleitet. Fol. Nürnb. 782. Bauer u. R. 5 ₰

— Trostgründe b. den Gräbern unsrer Geliebten. gr. 8. Heilbronn, Claß. 795.

— Unterhalt. f. Conchylienfreunde u. f. Sammler d. Mineralien. 16 Stck. Mit Kpf. gr. 8. Erlang. 789.

Schröter, Jh. Sam., († d. 24. März 1808.) Versuch e. systemat. Abhandl. üb. die Erdconchylien um Thangelstedt. 8. Berl. 771. Hesse. 8 ℊ

— mineralog. u. bergmänn. Wörterbuch ꝛc. 2 Thle. gr. 8. Frkf. (Aue in Cöthen.) 789.

— mineralog. u. bergmänn. Wörterbuch. 1r u. 2r Thl. gr. 8. Frankf. a. M. 789—91. (Varrentrapp). 2 ₰ 16 ℊ

Schroeter, Johann Zacharias (Erfurt) A. S. 176/5

Dissertatio juridica de conjuge binubi vel binubae ex bonis hujus non plus capiente, quam aliquis liberorum prioris matrimonii minimam portionem accipiens, ad l. 6. c. de secundis nuptiis.
Präs. Rudolph Christoph Henne.
Erfurt (Hering) 9. VII. 1749. 40 S. 31556

Schroeter, Johann Zacharias A. S. 179/12

Dissertatio iuridica inauguralis de eo quod iustum est circa oppignorationem territoriorum Germaniae, eorumque reluitionem. Präs. Rudolph Christoph Henne.
Erfurt (Hering) 29. V. 1756. 32 S.

W. v.: Heinrich August Franck. 31557

Schroeter, Johannes, s. Schroeter, Johann.

Schröter, Josef

Schröter J.: Ueber die Beziehungen d. Pilze zum Obst- u. Gartenbau. 1882. [Rostr. Saml.].

Schröter, J., Myxothallophyta: Acrasieae, Phytomixineae, Myxogasteres; Fungi (Eumycetes, Pilze). — Chytridineae, Ancylistineae, Saprolegniineae, Monoblepharidineae, Peronosporineae, Mucorineae, Entomophthorineae, Hemiascineae, Protoascineae, Protodiscineae, Helvellineae, s.: Engler, A., u. K. Prantl, d. natürl. Pflanzenfamilien, 1. Thl., 1. Abth.

Schroeter, Joseph (geb. Patschkau in Schles. 14. 3. 1837): De paralysi cerebri progressiva. Berolini (1859). (32 S.) 8°
Berlin, Med. Diss. v. 5. Dez. 1859

— u. G. Lindau, Pezizineae, s.: Engler, A., u. K. Prantl, d. natürl. Pflanzenfamilien, 1. Thl., 1. Abth.

Schröter, J[osef]: Die Pilze Schlesiens. Hälfte 1. 2. Breslau: Kern 1889–1908. 8°
(Kryptogamen-Flora von Schlesien. Bd 3, Hälfte 1. 2.)

Schroeter, J., die Pilze Schlesiens, s. a. Kryptogamen-Flora v. Schlesien.

Schroeter, Isidor, aus Lodz: Synthese des 9-Aminophenanthrens. Darstellung d. 9-Amino-10-Oxyphenanthrens u. 9.10-Diaminophenanthrens. *(Berlin 1903): E. Ebering.* (36 S.) 8°
Berlin, Phil. Diss. v. 28. Febr. 1903

Schröter, Julius Erich, aus Borna: Pāśakakēvali. Ein indisches Würfelorakel. (Mit Einl. u. Anm. hrsg.) *Borna 1900: R. Noske.* (XXIV, 38 S.) 8° ¶ (Teil d. eingereichten Arbeit.)
Leipzig, Phil. Diss. v. [21. Juli] 1900

Schröter, Justus Hermann (Melle) A. S. 254/20

Dissertatio juris publici de aureae bullae mutatione.
Präs. Jakob Brunnemann.
Halle (Zeitler) 12. X. 1700. 43 S.

W. v.: Samuel Stryk. 31558

Schröter, K. (Hrsg.). s. Argovia

Schröter, C., Prof. Dr. Christian G. Brügger v. Churwalden. Nachruf. gr. 8. (32 S. m. 1 Bildnis.) Chur 899. (H. Stehli.) n. 1.—
Sonderabdruck aus: „Freie Rätier".

Der Schulstaub. Von K. Schröter, Lehrer in Halberstadt. *Bielefeld: A. Helmich [1897].* (11 S.) 8.
= Sammlung pädagogischer Vorträge. Bd IX. H. 12. [97. 6467

Schröter, K., Taschenbuch, s. Taschenbuch der historischen Gesellschaft des Kantons Aargau.

Schröter, K. August Wilhelm

— s. Cicero; oratio pro Licinio Archia poeta.

— Diss. inaug. de concursu delictorum formali. 4. Lpz. 812.

— de disputatione fori, partibus juris romani falso adnumerata commentatio pro munere in Acad. Caes. Dorp. professoris publici rite adeundo. 4. Dorp. 1821. (15 S.)

Schröter, K. A. W.: Handb. d. peinl. Rechts nach röm., canon. u. deutschen Reichsges. in ihrer heut. Anwend. *Lpz.*, Weygand. 1r. B. 817. gr. 8. (1 Thl. 4 Gr.)

Schröter, K. Aug. Wilh., Handbuch des peinlichen Rechts, nach römischen, canonischen und deutschen Reichs-Gesetzen in ihrer heutigen Anwendung. 1r Bd. 1ste Hälfte. gr. 8. Leipzig, Hinrichs. 818.

Schröter, Carina, die Schulsparcassen vom Standpunkte der Pädagogik u. National-Oeconomie. 8. (149 S.) Budapest 877. Leipzig, Haessel. n. 2. —

Schröter, C[arl]. Die Alpenflora. Vortrag. 8. Basel 1883.
(Oeffentliche Vorträge gehalten in der Schweiz. Band 7. Heft 11.)

Schröter, C., die Alpenflora, s.a.Vorträge, öffentliche, geh. in der Schweiz.

Schroeter, C[arl]. Die Alpenflora der Schweiz und ihre Anpassungserscheinungen. Kurzer Leitfaden, zusammengestellt von Dr. C. Sch', Professor ... in Zürich. 40 S. 8. Zürich, Albert Raustein, 1906. [fr. —. 75]

86. Neujahrsblatt, hrsg. von der Naturforschenden Gesellschaft Zürich auf das J. 1886, enthaltend: Der Bambus und seine Bedeutung als Nutzpflanze von Dr. C. Schröter. Zürich, Druck von Zürcher & Furrer. 1885.

— der Bambus u. seine Bedeutung als Nutzpflanze. gr. 4. (56 S. m. 1 Steintaf.) Basel 885. Georg. n. 2. —

Schröter, Carl: Bau und Leben der Grasfrucht. 1893.

Schröter, Karl, Assist. am Inst. f. landw. Pflanzenproduktionslehre d. Univ.: Ein Beitrag zur Kenntnis der Konstitution des Pseudoconhydrins. nebst Anh.: Über Azoxy-, Azo- und Hydrazostilbazole. Breslau: Fleischmann 1910. 87 S. 8°
Breslau, Phil. Diss. v. 24. März 1910, Ref. Buchner
[Geb. 24. Jan. 85 Breslau; Wohnort: Breslau; Staatsangeh.: Preußen; Vorbildung: Oberrealsch. Breslau Reife O. 03; Studium: Breslau 14 S.; Rig. 2. März 10.] [U 10. 639

Schröter, Carl. Beitrag zur Kenntniss des Malvaceen-Androeceums. 1880?

Schröter, Carl: Der Bruch des Altelsgletschers. Zürich 1895.

— die Coniferen u. Gnetaceen Mitteleuropas, s. Kirchner, Osk.

(Schröter, C[arl].) Zur Erinnerung an Otto Froebel. Geboren den 27. Dezember 1844. Gestorben den 28. August 1906. 8 S. 8. Zürich, Dr. der Neuen Zürcher-Zeitung, [1906].

Schröter, C[arl]. Eine Exkursion nach den Canarischen Inseln. Mit 31 Landschafts- und Vegetationsbildern auf 20 Tafeln. II + 66 S. 8. Zürich, Rascher & Cie, (1909). [geb. fr. 4. —]

Schröter, C[arl], und Rikli, M[artin]. Botanische Exkursionen im Bedretto-, Formazza- und Bosco-Tal. Mit [Figuren, Titelbild und] 10 Tafeln. (Arbeit aus dem botanischen Museum des eidgenössischen Polytechnikums. Separat-Abdruck aus: Atti della Società Elvetica di scienze naturali, Locarno 1903.) IV + 92 S. 8. Zürich, Albert Raustein, 1904. [fr. 3. —]
Botanische Exkursionen und pflanzengeographische Studien in der Schweiz. Hrg. von Dr. C[arl] Schröter.... Heft 1.

Schröter, Carl; Stocker, Franz August: Festalbum zur 400jährigen Jubiläumsfeier der Gründung der Schützengesellschaft Rheinfelden 1860. Frick, 1861. 2324

Schröter, C[arl]. Die Flora der Eiszeit. Mit einer Tafel [und 1 Tabelle]. 4. Zürich 1882.
Ausg. A (Njbl. Naturf. Ges. Zürich 1883.)
Ausg B [Sep.-Ausg. von: Njbl. Naturf. Ges. Zürich 1883.]

— die Flora der Eiszeit. Mit e. (lith.) Taf. 4. (41 S. m. 1 Tab.) Zürich 882. (Wurster & Co.) n. 2. —

Schröter, C[arl]. Die öffentlich rechtlichen Folgen der fruchtlosen Pfändung und des Konkurses in der Schweiz. Zusammengestellt von C. Schröter (Bern). IV + 83 S. 8. Bern, Schmid & Francke, 1902. [fr. 1. —]

— Führer durch die Quaianlagen in Zürich, s.: Usteri, A.

Schröter, C., die besten Futterpflanzen, s.: Stebler, F. G.

Schröter, Karl, Handbuch für die Lehrer zur Erteilung des Turnunterrichts an den Volksschulen. 8. (132 S. mit 6 Stnt.) Hof 883, [Grau und Comp.] Lion. *

Schröter, Carl, Hantelübungen in Gruppen zusammengestellt. gr. 8. (25 S.) Hof 880. Grau & Co. — 30

Schröter, Karl. Die Hantelübungen in Wort u. Bild, dargestellt f. Turnlehrer, Turner u. alle anderen Freunde e. kunstvollen u. gesunden Körperbewegg. 1. u. 2. Tl. 16. Hof 890, Lion. cart. * 8 —
Illustrationen d. 1. Tls. apart in Fächerform. gr. 8. (9 farb. Taf. auf Pappe.) * — 30
1. Allgemeine Übersicht u. Übungsgruppen f. Turnvereine u. Abteilungen höherer Schulen. (VII, 262 S. m. 57 Holzschn.) * 2 —.
2. Beschreibung der einzelnen Übungen u. Wochenzettel f. Zimmerturner. (III, 82 S. m. 44 Holzschn.) * 1 —.

Schröter, Carl: Oswald Heer. Nekrolog. Zürich 1883.

Schröter, Carl, Oswald Heer. Lebensbild eines schweiz. Naturforschers. O. Heers Forscherarbeit und dessen Persönlichkeit. Unter gefälliger Mitwirkung von Gust. Stierlin. gr. 8. (416 S. mit 1 Farbendr. und zahlreichen Holzschn. aus der „Urwelt der Schweiz" von O. Heer.) Zürich 888, Schulthess. * 5 —
Vgl.: Heer, Oswald.

(Schröter, [Carl].) Heer: (Oswald H. ... 1809 ... bis ... 1883). [Sep.-Abdr. aus: Allgemeine Deutsche Biographie. Band 50.] 10 S. 8. [Leipzig, Duncker & Humblot, 1905.]

Schröter, Carl. Professor Jakob Jäggi (1829—94). Zürich 1894.

Schroeter, Karl
Ilka. Ungarische Dorfgeschichte. Berlin 1867.
In: Roman-Zeitung, Deutsche. Bd 3.

Schröter, Carl, Ilka. Eine ungar. Dorfgeschichte. Berlin 868. Janke. 8. (IV. 256 S.) 1 ℛ

Schröter, Carl. Katalog der Spörry'schen Bambus-Sammlung aus Japan. Nach Notizen von Hans Spörry redigiert u. m. Zusätzen versehen. Zürich 1894.

— Lebensgeschichte der Blütenpflanzen Mitteleuropas, s.: Kirchner, O. v.

Schröter, Carl, Lieder aus Ungarn. Mit einem Nachwort an die Kaiserin Elisabeth von Oesterreich. gr. 16. (VII und 39 S.) Berlin 854, Herbig.

Schröter, Karl: Die bekannteren allgemeinen Methoden zur elementaren Bestimmung der Maxima und Minima von Funktionen mit einer veränderlichen Größe. Magdeburg 1904: E. Baensch. (S. 1—34.) 4°
Magdeburg, Pd zum Kloster Unser Lieben Frauen OP 1904 (284)

Schroeter, C., die Moore der Schweiz, s.: Früh, J.

Schröter, C[arl]. Nachruf an Dr. Carl Eduard Cramer, Professor der Botanik am eidgenössischen Polytechnikum in Zürich. 1831—1901. [Mit 1 Porträt-Tafel.] 20 S. gr.-8. Zürich, Druckerei der Neuen Zürcher Zeitung, 1902.

Schröter, Carl. Notiz über ein Taenidium aus dem Flysch von Ganey b. Seewis. Chur 1894.

Schröter, C[arl]. Die Palmen und ihre Bedeutung für die Tropenbewohner. Mit 2 Doppel-Tafeln [und Schlussvignette]. IV + 35 S. 4. Zürich, Zürcher & Furrer, Komm. Fäsi & Beer. (1901). [fr. 2. 50]
Neujahrsblatt der Naturforschenden Gesellschaft in Zürich auf das Jahr 1901. Stück 103.

Schroeter, C[arl]. Das Pflanzenleben der Alpen. Eine Schilderung der Hochgebirgsflora von Dr. C. Sch' ..., unter Mitwirkung von Dr. A[ugust] Günthart ..., Frau Dr. (Marie [Charlotte]) Brockmann-Jerosch (*Liefg. 1–3:* Frl. Marie [Ch'] Jerosch) ... und Professor Dr. P(aul) Vogler.... Mit 274 Abbildungen, 5 Tafeln [sowie 1 Stereoskop-Tafel] und 4 Tabellen. Zeichnungen von Ludwig Schroeter. (6 Lieferungen.) XVI + 808 S. 8. Zürich, Albert Raustein, (1904—)1908. [pro Liefg. fr. 3. 50; *cpl.* 21. —, geb. 25. —]

1. Liefg. [Mit 4 Tabellen und 6 Tafeln.] II S. + S. 1—124. 1904.
2. u. 3. Liefg. *je* II S. + S. 125—248 *u* S. 249—344. 1905 *u.* 1906.
4., 5. u. 6. (Schluss)-Liefg. II + XVI S. + S. 345—808. 1908.

Schröter, Carl. Über die Pflanzenreste aus der neolithischen Landansiedlung von Butmir in Bosnien. Wien 1895.

— neue Pflanzenreste aus der Pfahlbaute Robenhausen. [Aus: „Berichte d. schweiz. botan. Gesellsch."] gr. 8. (10 S. m. 2 Abbildgn.) Bern 894. K. J. Wyss. n. — 60

— les meilleurs plantes fourragères, s.: Stebler, F. G.

Das St. Antönierthal im Prättigau in seinen wirtschaftlichen und pflanzengeographischen Verhältnissen. Dargest. von Dr. C[arl] **Schröter,** Prof. Mit 1 Karte, 6 Taf. u. 34 Abb. Zürich: Orell Füßli 1895. (S. 133–272.) 8° [S.]
Aus: Landwirtschaftl. Jahrbuch d. Schweiz. Bd 9. [08. 10633]

Schröter, C[arl]. Das St. Antönierthal im Prättigau in seinen wirtschaftlichen und pflanzengeographischen Verhältnissen. Dargestellt von Dr. C. Sch' .... Mit 1 farbigen Karte, 5 Tafeln in Phototypie, 1 Tafel in Autotypie und 34 Abbildungen im Text. (Separat-Abdruck aus dem Landwirtschaftlichen Jahrbuch der Schweiz.... Band 9. 1895.) [Neue, Titel-Ausgabe.] IV S. + S. 133—272. gr.-8. Zürich, Orell Füssli, [1908]. [fr. 2. 50]

Schröter, Karl: Die Schützengesellschaft in Rheinfelden. 1460—1650. Rheinfelden. 1859. 2323

Die Schwebeflora unserer Seen. '(Das Phytoplankton.)' Von C[arl] **Schröter,** Prof. ... in Zürich. (M. 1 Tab. u. 1 Taf.) *Zürich: Dr. v. Zürcher u. Furrer 1896.* (57 S., 1 Bl., 1 Tab., 1 Taf.) 1 Bd 4.
= **Neujahrsblatt** d. Naturforschenden Gesellschaft in Zürich. 1897. [No] 99. [97. ...]

Schröter, C., die neolithische Station v. Butmir, s.: Radimský, W.

Schröter, Karl: Die Steuern der Stadt Nordhausen und ihre Bedeutung für die Gemeindefinanzen historisch dargestellt. Halle a. S. 1904: (Lippert & Co., Naumburg a. S.) (VIII, 53 S.) 8° (Ersch. vollst. als: Sammlung nationalökon. u. statist. Abhandl. d. staatswiss. Sem. zu Halle a. S., Bd 48.)
Halle, Phil. Fak., Ref. Conrad. Diss. v. 29. Okt. 1904

Die **Steuern** der Stadt Nordhausen und ihre Bedeutung für die Gemeindefinanzen, histor. dargest. von Dr. phil. K[arl] **Schröter,** Referendar in Nordhausen. *Jena: G. Fischer 1904.* (X, 94 S.) 8°
= **Sammlung** nationalökonomischer u. statist. Abhandlungen d. staatswiss. Seminars zu Halle. Bd 48. [04. 15297]

— Taschenflora des Alpenwanderers, s.: Schröter, Ludw.

Schröter, Carl, Trinkhallen und Bouillonküchen, s. Stadtklatsch, berliner.

Schröter, Karl, Turnspiele f. Schulen u. Vereine, unter Mitwirkg. mehrerer Lehrer hrsg. 16. (56 S.) Barmen 890. Wiemann. Kart. n. — 40

— dasselbe. 2., verb. u. verm. Aufl. 16. (X, 62 S.) Hof 893. R. Lion. Kart. n. — 50

Schröter, Karl, Turnspiele f. Schulen u. Turnvereine, unt. Mitwirkg. mehr. Lehrer hrsg. 3., verb. u. verm. Aufl. 16. (84 S.) Hof 896. R. Lion. In Leinw. kart. n. — 50

Schröter, Karl, Turnspiele f. Schulen u. Turnvereine, unter Mitwirkg. mehrerer Lehrer hrsg. 4. verb. u. verm. Aufl. (VIII, 94 S. m. Fig.) gr. 16. Hof 903. R. Lion. Geb. in Leinw. n. — 80

Schröter, Karl, Turnspiele f. Schulen u. Turnvereine, unter Mitwirkg. mehrerer Lehrer hrsg. 5. verb. u. verm. Aufl. (VIII, 108 S. m. Fig.) 16. Hof 907. R. Lion. Geb. — 80

Schrœter, C[arl]. Assistent und Privatdocent am eidg. Polytechnikum in Zürich [von Zürich]: Untersuchung über Fossile Hölzer aus der arctischen Zone. Mit 3 lithographirten Tafeln. [Oswald Heer: Flora fossilis arctica. Die fossile Flora der Polarländer. VI 1 iv]. Zür. J. Wurster u. Cie 1880. 38 S., 3 Taf. 4°.
[Zürich. Phil. Diss. v. 23. Nov. 1880].

Die Vegetation des Bodensees. Von Dr. C[arl] **Schröter,** Prof. in Zürich, u. Dr. O[skar] Kirchner, Prof. in Hohenheim. Mit Taf. u. mehr. Abb. T. [1.] 2. Lindau i. B.: J. T. Stettner in Komm. 1896–1902. 2 Bde 4°(8°)
2. (Enth. d. Characeen. Moose u. Gefässpflanzen.) Mit 1 Karte.
= Bodensee-Forschungen. Abschn. 9.
= **Schriften** d. Vereins f. Geschichte d. Bodensees u. s. Umgebung. H. 25, [Beil.] H. 31, [Beil.] [07. 16915]

Schröter, C., u. O. Kirchner, die Vegetation des Bodensees. M. 5, f. diese Abteilg. m. 2 Taf. in Phototypie u. mehr. in d. Text gedr. Abb. Der „Bodensee-Forschungen" 9. Abschn. 1. Hälfte. Lex.-8. (122 S.) Lindau 896. (J. Th. Stettner.) n.n. 2. 50
Die früheren Abschn. d. Bodensee-Forschungen sind einzeln nicht erschienen.

— u. O. Kirchner, die Vegetation des Bodensees. Der „Bodensee-Forschgn." 9. Abschn. 2. Tl. (enth. die Characeen, Moose u. Gefässpflanzen). Mit 3 Taf. in Phototyp., 1 Karte u. mehreren Abbildgn. im Text. (VIII, 86 S.) Lex.-8. Lindau 902. (J. Th. Stettner.) n.n. 2. 50

— über d. Vielgestaltigkeit d. Fichte. (Picea excelsa Link.) [Aus: „Vierteljahrsschr. der naturforsch. Gesellsch. in Zürich".] gr. 8. (130 S. m. 37 Abb. u. 1 Tab.) Zürich 898. Fäsi & Beer. n. 3. 60

Schröter, K. (Pfarrer). Zwei Volkslieder aus der Geschichte der Stadt Rheinfelden. Beilage zum Schulbericht 1881. Gr. in-8°, 13 S. Rheinfelden, Druck von U. Herzog.

Schröter, Carl, der Weltpostverein. Geschichte seiner Gründung u. Entwicklung in 25 Jahren. gr. 8. (VII, 341 S. m. 3 Taf.) Bern 900. K. J. Wyss. n. 4. —

Schröter, Karl August (Aschersleben) A. S. 1206/29

Dissertatio inauguralis medica sistens aegrotum asthmaticum usu radicis scillae sublevatum.
Präs. Johann Heinrich Schulze.
Halle (Hilliger) IX. 1735. 38 S. 31560

Schroeter, Karl Rud., 20 Jahre aus meiner ärztl. Praxis oder bewährte Erfahrungen in der glückl. Heilung der größten Verbrennungen; der Schwindsuchten; der schwachen Brust ꝛc. Ein treuer Rathgeber f. an solchen Uebeln Leidende. 12. (IV u. 44 S.) Birnbaum 846. (Leipzig, H. Fritzsche.) 6 ngl

Corona **Schröter.** Briefe und Zeugnisse. Zum 4. Dezember 1910. (Hrsg.: M[artin] B[reslauer].) (Leipzig) 1910: (Poeschel & Trepte). 23 S. 8° [11. 184]

Fünf und Zwanzig Lieder. In Musik gesetzt von Corona **Schröter.** (Hrsg.: Dr. Leopold Schmidt.) Weimar: Selbstverl.; Hoffmann in Comm. 1786. (Photolith. Neudr. Leipzig: Insel-Verl. 1907.) (32 S.) quer-8° (2°) [S.] [07. ...]

(Ilmenau, 25. Mai 1902.) Fünf Volkslieder comp. von Corona Schröter. Für Klavierbegl. in dr. von M[ax] Friedländer. Das Grabmal der Corona Schröter in Ilmenau von H[ugo] Burkhardt. *(Weimar 1902: Hofbuchdr.)* (7 Bl.) 8°

Schröter, Kurt: **Statistik der fieberhaften Puerperalprozesse der Giessener Frauenklinik** aus den Jahren 1894 bis 1897. *Giessen 1898: v. Münchow.* (44 S.) 8°
Giessen, Med. Diss. v. 1898

Schröter, Curt: Die Stellung der massgebenden Personen und Kreise **Preussens** zum badischen Kirchenstreite in den Jahren 1853 und 1854. Pr. Friedland 1900: Thimm. 76 S. 8°
Greifswald, Phil. Diss. v. 27. April 1909, Ref. Ulmann
[Geb. 31. Mai 85 Öls; Wohnort: Pr.-Friedland; Staatsangeh.: Preußen; Vorbildung: Gymn. Öls Reife M. 04; Studium: Breslau 7, Greifswald 1 S.; Rig. 28. Nov. 08.] [U 09. 1561

Schroeter. L.: Vermischte Aufsätze über streitige Rechtsmaterien des Allgemeinen Land-Rechts. Bd 1, H. 1. [einz.] Berlin 1835.
— 2. Ausg. [u. d. Tit.:] Civilistische Versuche im Geb. des Preussischen Rechtes. Bd 1, H. 1. [einz.] 1837.
Vgl. Schröter, L.: Vermischte Schriften ...

Schröter, L., das Eigenthum im Allgem. u. das geist. Eigenthum insbesond., f. Gelehrte u. Laien natur- u. rechtsgeschichtl. dargest. 8. (4½ B.) Breslau 840, G. P. Aderholz.

—— Handbuch d. gesammten materiellen u. formellen gem. Rechtes, mit d. wichtigsten Gegensätzen d. preuß. Gesetzgebung. 2 Lfgn. Das Obligationen-Recht, Familienrecht u. Erbrecht. gr. 8. (25¾ B.) Berlin 838, Jonas Vrlsbuchh.

—— Lehrbuch d. allgem. Landrechts. Dogmatisch u. histor. bearb. u. mit Belagstellen versehen. 3 Bde. gr. 8. Berlin, Heymann.
Bd. 1. Das Recht im Allgemeinen. (26¾ B.) 840. 2 Thlr.
Ist die 2., verb. Ausg. von dess., System d. allgem. Landrechts.
" 2. Das Recht d. Verträge. (23¾ B.) 840. 2 Thlr.
" 3. Das Recht aus Handlungen u. Verhältnissen. 3 Hfte.
Hft. 1. Familienrecht u. Quasikontrakte mit Einschluß d. Vormundschaftsrechts. (7¾ B.) 841. 16 Gr.
" 2. Erbrecht.
" 3. Von gemeinschaftl. Familienrechten, Familienstiftungen u. Fideikommissen. } Bearb. v. K. Schulz. (16 B.) 843. 1 Thlr. 8 Gr.

[Schröter, L.]: Repetitorium des Preußischen Kriminalrechts. Berlin : Heymann 1839.

— systematisches Repetitorium des Allgem. Landrechts, mit vollständ. Vergleichung des gemeinen Rechts; nach den neuesten Vorträgen herausg. mit Bewilligung des Verfass. von einem seiner Zuhörer. Ein Hülfsbuch zur Vorbereitung für die 2e u. 3e juristische Prüfung. 1e Lfrg. Preuß. Erbrecht. gr. 8. Berlin 837. Heymann. ½ ℔

— dass. 2e Lfrg. Vorträge welche einen Titel zum vollen Eigenthum geben. gr. 8. Ebd. 838. ½ ℔

— dass. Nachtrag zur 2n Lfrg. Enthaltend die Verträge, welche einen Titel zum Miteigenthum u. getheilten Eigenthum geben. gr. 8. Ebd. 839. ¼ ℔

— dass. 3e Lfrg. Verträge welche einen Titel zu dinglichen Rechten geben. gr. 8. Ebd. 838. ½ ℔

— dass. 4e Lfrg. Selbstständige Verträge mit Einschluß des Wechselrechts. gr. 8. Ebd. 838. ¾ ℔

— dass. 5e Lfrg. Von den Rechten aus Handlungen u. gesetzlichen Verhältnissen. gr. 8. Ebd. 839. ½ ℔

Schröter, L.: Systematisches Repetitorium des Allgemeinen Landrechts mit vollständiger Vergleichung des gemeinen Rechts. E. Hülfsbuch zur Vorbereitung für die 2. u. 3. jur. Prüfung. Berlin.
Lfg 1. Bearb. von K. Schultz. 1843.
" 2. 3. o. J.
" 4. 1838.

(——) systemat. Repetitorium d. preuß. Vormundschafts-Rechtes, mit vollständ. Vergleich. d. gem. Rechtes. gr. 8. (2¾ B.) Berlin 838, Heymann.

— s. a. Repetitorium des Preuß. Vormundschaftsrechts.

— vermischte Schriften über streitige Rechtsmaterien des allgemeinen Landrechts. 1r Bd. 1s Hft. 8. Berlin 835. Dümmler. n. 5/6 ℔
Vgl. Schröter, L.: Vermischte Aufsätze...

— System des Allgemeinen Landrechts. Dogmatisch u. historisch dargestellt. 1r Bd. 1s—3s Hft. gr. 8. Berlin 838. Heymann. ungetrennt 2 ℔ — 2e verb. Aufl. unter d. T.: Lehrbuch des allgem. Landrechts. Dogmatisch u. historisch bearb. u. mit Belegstellen versehen. 1r Bd. Das Recht im Allgemeinen. 3 Hfte. gr. 8. Ebd. 840. 2 ℔ — 2r Bd. Das Recht der Verträge. 3 Hfte. gr. 8. Ebd. 840. 2 ℔

—— System d. allgem. Landrechts. Dogmat. u. histor. dargest. 1. Bd. 3 Hfte. Das Recht im Allgemeinen. gr. 8. (26¾ B.) Berlin 838, 39, Heymann.

Schröter, L. Die Verbreitung der Lungenschwindsucht in der Schweiz nach Höhenlagen. Dissertation. Gr. in-8°. 30 S. Bern, Huber & Cie., 1889. — 75

Schröter, L., civilistische Versuche im Gebiete des Preußischen Rechtes. 1r Bd. 1s Hft. 2e verb. u. um das Doppelte verm. Ausg. gr. 8. Berlin 837. Heymann. 1 ℔

—— die Zinsfrage im Allgem. u. d. Zinsreduction insbesond., staatswirthschaftl. u. rechtsgeschichtl. f. Laien u. Gelehrte dargest. 8. (4 B.) Altona 840, [Dessau,] Aue. •

Wie können wir zum Glück unserer Kinder beitragen? Vortrag, geh. an e. Elternabende f. d. städt. Schulen Gothas von Louis **Schröter**, Lehrer. Oranienburg bei Berlin: W. Möller [1907]. (29 S.) 8° [F.]
— **Bibliothek**, Möller's, f. Gesundheitspflege, Erziehung u. Volksaufklärung. H. 53. [08. 6167

Schröter, Louis, wie können wir zum Glücke unserer Kinder beitragen? s. a. Möller's, Wilh., Bibliothek f. Gesundheitspflege u. Volksaufklärung.

Schröter, Louise, orientalische Toiletten-Geheimnisse. Die Schönheitspflege des weibl. Körpers. (88 S.) 8. Dresden (909). M. Fischer. 1. 20

Schröter, Lud. Hen., honoris monumentum, Ioh. Schröter pol. c. fig. 4. Lps. 758.

Schröter, Ludwig

Schröter, Ludw., Gartenbilder. Ideen zu leicht ausführbarer Verschönerung der **Hausgärten**, Gewächshäuser u. Zimmer. Zerbst 867. (Leipzig, Dörffling u. Franke.) 8. (VIII, 87 S.) 9 ngr.

—— die Hausgärten. Eine prakt. Anweisung die Gärten neben den Wohngebäuden auszuschmücken, zu unterhalten und zu benutzen, mit Rücksicht auf die Pflege der verwend. Obst- und Zierbäume, Frucht- und Ziersträucher, Gemüse und Blumen in Gewächshäusern und Mistbeeten. Ein Handbuch für Gartenbesitzer und angeh. Gärtner. 8. (XII und 278 S.) Leipzig 866, Dörffling und Franke.

— Leitfaden der Obstcultur. Für Schulen u. zum Selbstunterricht bearb. Cöthen 869. Schettler. 8. (VIII, 69 S.) 7½ ngr.

— die Nadelhölzer u. immergrünen Sträucher, welche mit oder ohne Schutz im Freien ausdauern. Ein prakt. Rathgeber für Gartenbesitzer, die sich besonders dafür interessiren. Zerbst 867. (Leipzig, Dörffling u. Franke.) 8. (VIII, 48 S.) 6 ngr.

— die Obstzucht in Töpfen u. Kübeln. Eine prakt. Anweisung Früchte an Obstbäumchen u. Fruchtsträuchern in Töpfen u. Kübeln zu ziehen, sowie eine Aufzählung u. Beschreibung der sich am besten hierzu eignenden Obstsorten, nebst einem Arbeitskalender für Obstfreunde. Leipzig 865. Dörffling u. Franke. 8. (VIII, 71 S.) 7½ ngr.

— die decorativen Pflanzen des Gartens. Eine Aufzählg. theils im Winter ohne Schutz verbleibender, theils unter demselben zu haltender decorativer Pflanzen für den Garten, mit Angabe ihrer Autoren, Synonyme, Formen x. Cöthen 868. Schettler. 8. (XI, 66 S.) 7½ ngr.

Schröter, Ludw., die Pflege hochstämmiger, in Pyramidenform, in Guirlanden u. an Spalieren gezogener Obstbäume in einfachster Weise. Mit besond. Rücksicht auf das neuerdings beim Pflanzen derselben übliche Verfahren x. Ein kurzgefaßter Rathgeber für Obstfreunde. Cöthen 868. Schettler. 8. (VII, 60 S.) 7½ ngr.

— der Privatgarten in moderner Weise. Eine Andeutg., die Privatgärten vermittelst der Zierbäume, Ziersträucher, Blumen- u. Blattpflanzen, Obstbäume, Fruchtsträucher u. Gemüse nach moderner Weise anzulegen x. Ebend. 870. 8. (XII, 211 S.) 20 ngr.

Schröter, L., Taschenflora d. Alpen-Wanderers. Colorirte Abbildgn. v. 115 verbreiteten Alpenpflanzen, nach der Natur gemalt. Mit Vorwort u. kurzem botan. Text, sowie Angabe der Pflanzennamen in latein., deutscher, franzos. u. engl. Sprache v. C. Schröter. gr. 8. (IV, 18 S. m. 18 Taf.) Zürich 889. Meyer & Zeller. geb. n. 5. —

— L. Taschenflora des Alpen-Wanderers. Color. Abbildungen von 115 verbreiteten Alpenpflanzen, nach der Natur gemalt. Mit kurzen botan. Notizen in deutscher, französ. u. englischer Sprache von *C. Schröter*. 2. Aufl. Mit 18 Taf. Gr. in-8°. 41 S. Zürich, Meyer & Zeller. 1890 Gebd. 5 —

Schröter, Ludw., Taschenflora d. Alpen-Wanderers. Colorirte Abbildgn. v. 170 verbreiteten Alpenflanzen, nach der Natur gemalt. Mit kurzen botan. Notizen in deutscher, französ. u. engl. Sprache v. C. Schröter. 3., umgearb. Aufl. gr. 8. (IV, 38 S. m. 18 Taf.) Zürich 892. A. Raustein. Geb. in Leinw. n. 6. —

— L. Taschenflora des Alpen-Wanderers. Color. Abbildgn. v. 170 verbreiteten Alpenpflanzen, nach der Natur gemalt mit kurzen botan. Notizen in deutscher, französ. u. engl. Sprache von *C. Schröter*. 4. Aufl. Gr. in-8°. 18 farb. Taf. m. 24 S. Text. Zürich, A. Raustein. geb. Lwd. 7 50 1894.

Schröter, Ludw., Taschenflora d. Alpen-Wanderers. Color. Abb. v. 170 verbreit. Alpenpflanzen (auf 18 Taf.), nach d. Natur gemalt. Mit kurzen botan. Notizen in deutscher, französ. u. engl. Sprache v. C. Schröter. 5. Aufl. gr. 8. (III, 38 S.) Zürich 896. A. Raustein. Geb. in Leinw. n. 4. 80

Schröter, Ludw. Taschenflora des Alpenwanderers. 207 colorirte u. 10 schwarze Abbildgn. von verbreiteten Alpenpflanzen nach der Natur gez. u. gemalt v. *L. S* Mit kurzen botan. Notizen in deutscher, französ. u. engl. Sprache v. *C. Schröter*. 6., vollst. umgearb. u. verm. Aufl. 8°. 26 Taf. mit Text u. VIII S. Index. Zürich, Alb. Raustein. 1899. Geb. 7 50

— Dasselbe. Französ. u. engl. Ausg. zu gleichem Preise.

Schröter, Ludw., Taschenflora des Alpen-Wanderers. 207 colorirte u. 10 schwarze Abbildgn. v. verbreiteten Alpenpflanzen (auf 26 Taf.), nach der Natur gezeichnet u. gemalt. Mit kurzen botan. Notizen in deutscher, französ. u. engl. Sprache v. C. Schröter. 6. u. 7. vollständig umgearb. u. verm. Aufl. gr. 8. (III, 52 u. VIII S.) Zürich (899. 900). A. Raustein. Geb. in Leinw. n. 6. —

Schröter, Ludwig. Taschenflora des Alpen-Wanderers. 207 colorirte und 10 schwarze Abbildungen von verbreiteten Alpenpflanzen [auf 26 Tafeln]. Nach der Natur gezeichnet und gemalt von L' Sch'.... Mit kurzen botanischen Notizen in deutscher, französischer und englischer Sprache von Dr. C[arl]Schröter, Professor.... (**Einband, illustr.:* Alpen-Flora von L. & Prof. C. Sch'.) 8. Zürich, Albert Raustein. [geb. *je* fr. 7. 50]

8. verbesserte Aufl. IV [+ 52] + VIII S. 1903.
9. verbesserte Aufl. IV [+ 52] + X S. 1904.

Schröter, Ludw., Taschenflora des Alpen-Wanderers. 207 color. u. 10 schwarze Abbildgn. von verbreiteten Alpenpflanzen, nach der Natur gezeichnet u. gemalt. Mit kurzen botan. Notizen in deutscher, französ. u. engl. Sprache v. C. Schröter. 10. u. 11. (Doppel-)Aufl. (26 [24 farb.] Taf. m. je 2 S. Text nebst III u. VIII S. Text.) 8. Zürich (907). A. Raustein. Geb. in Leinw. 6. —

Schröter, L[udwig], and Schröter, C[arl]. Coloured Vade-mecum to the Alpine Flora for the use of Tourists in Switzerland. 170 coloured Alpine Flowers [on 18 Plates]. Text in English, French and German. 4th Ed. (°*Umschlag:* Fleurs des Alpes. 5e Éd.). 8. Zurich, Genève [1894].

Schröter, Ludw., der Zimmergärtner. Eine kurzgefaßte praktische Unterweisung die bekanntesten und beliebtesten Pflanzen in Wohnzimmern anzuziehen, zu pflegen und zu unterhalten. Leipzig 864. Dörffling & Franke. 8. (125 S.) 12 ngr.

Schroeter, Ludwig August A. S. 263/33b

Selecta quaedam capita ex argumento de dominio directo in territorio alieno. Präs. Michael Heinrich Gribner. Wittenberg (Kreusig) 15. V. 1717. 30 S. 31561

Schröter, Ludwig Philipp

— Anweis., wie man verdorbenes Wasser trinkbar machen, u. die verdorbene Luft in überschwemmt gewes. Gegenden u. Wohnungen verbessern könne. 8. Rinteln 799.

Schröter, Ldw. Ph., († d. 17. April 1800.) Anweis., wie sich d. Landmann gegen die faulichten Gallenfieber präserviren u. selbst kuriren könne. 4. Rinteln 787. N. A. 791. Jülicher in Lingen. 1 ℛ

Schroeter, L. Ph., Bem. üb. d. Mutterkorn, u. was dabey in Ansicht der Gesundheit zu beobachten ist. Rint. 8°.
1792

— merkwürd. Beobacht. von den Wirkungen des Nenndorfer Schwefelwassers wider eine dreimonatl. Verstopfung d. Leibes. 8. Rinteln 798.

— Beschreib. der asphalt. kalten Schwefelquellen zu Nenndorf in Schaumburg. Mit 1 Kpf. 4. Bremen 788. gr. 8. Leipz. 790. (Aue in Altona). 4 gl.

Beschreibung der asphaltischen kalten Schwefelquellen zu Nendorf, in der Grafschaft Schaumburg. Von (L[udwig] P[hilipp]) Schröter. Leipzig: Jacobäer 1790. 38 S. 8°

— üb. die vorzügl. Heilkräfte d. Nenndorfer Schwefelwassers. 8. Rinteln 797.

— Nenndorfs asphalt. Schwefelquellen in d. Grafsch. Schaumburg, histor., physikal. u. chem. beschrieben. 8. Lingen 792.

Schröter, Ldw. Ph., Unterricht v. der gegenwärt. ungekünstelten Methode, die Blattern einzuimpfen. 8. Bremen 774. Cramer. 4 gl.

— Versuch e. histor. Nachricht von d. Anlagen u. Einrichtungen bei d. Schwefelquellen zu Nenndorf. gr. 8. Leipz. 792. (Aue in Altona). 3 gl.

— üb. die bestätigte Wirkungskraft d. Nenndorfer Schwefelwassers; nebst einigen Bemerkk. üb. die künstl. Schwefelbäder. 8. Rinteln 800.

— einige Worte üb. Nenndorfs Mineralquellen u. üb. die Schwefelbäder überhaupt. 8. Rinteln 794.

Schröter, Ludwig Wilhelm

Schröter, Ludw. Wilh., Gesänge des Wahren u. Edeln unter den Blumengewinden der Lyrik. 12. (9 B.) Zerbst 832, (Kummer.) Thlr.

Schröter, L. W.: „Die Handelspolitik im Allgemeinen und die Handelsfreiheit insbesondere, oder geschichtliche, kritische und dogmatische Widerlegung der Handelsfreiheit und alles dessen, was mit ihr zusammenhängt", Leipzig 1843. — Vorh.: Com. Bibl. Hamburg.

—— die Wissenschaft des Lebens. 1. Hft. gr. 8. (6¼ B.) Hamburg 810, Niemeyer. *

Enth. 1. Von d. Fortschritten d. Menschen-Geschlechtes. Ein Gespräch. 2. Die philosoph. Schule. Eine Erzähl. 3. Die Promenaden. Eine philosoph. Betrachtung. 4. Engl. Abgeschlossenheit. Eine Charakterzeichnung. 5. Lebensbeschreibung d. Verfassers.

—— dass. 2. Hft. gr. 8. (6½ B.) Stuttgart 811, [Griesinger'sche Buchh.]

Enth.: Der gewaltsame Diebstahl od. d. zerbroch. Sparbüchse. Eine jurist. Novelle. — Lebensbeschreibung d. Verf. (Fortsetz.) — Die Geschichte d. Müssigganges. — Parallelen. — Kleinigkeiten.

—— dass. 3. u. 4. Hft. gr. 8. Bremen 812, (Kaiser.) *

Hft. 3. Lebensgeschichte d. Verf. (Fortsetz.) — Die zerbrochene Sparbüchse. (Fortsetz.) — Amerika u. d. Amerikaner. (6⅛ B.)
„ 4. Die Einleitung zur Weltgeschichte d. Rechtes. (5⅛ B.)

Schröter, L. W., die Wissenschaft des Lebens. 5. Hft. A. u. d. Ttl.: Die Handelspolitik im Allgemeinen u. die Handelsfreiheit insbesonders, od. geschichtl., krit. u. dogmatische Widerlegung der Handelsfreiheit rc. gr. 8. (9⅛ B.) Leipzig 843, (Göz.?) *

1—4. Hft. 1840—42. * 1 Thlr. 20 Ngr. Vgl. 9. Bd. 2. Abthl. S. 268.

Schröter M, die gewerkschaftl. Tätigkeit der Buchdruckergehilfen Württembergs im 19. Jahrhundert. (320 S.) Stuttgart 1907

Schröter, Manfred: Der Ausgangspunkt der Metaphysik Schellings entwickelt aus seiner ersten philosophischen Abhandlung 'Über die Möglichkeit einer Form der Philosophie überhaupt'. München 1908: Wolf. 53 S. 8°

Jena, Phil. Diss. v. 15. Sept. 1908, Ref. Liebmann

[Geb. 29. Nov. 80 München; Wohnort: München; Staatsangeh.: Bayern; Vorbildung: Maximilians-Gymn. München Reife Juli 99; Studium: München Techn. Hochsch. 5, Halle 1, München 1, Jena 6 S.; Rig. 11. Juli 08.]

Schröter, Max, die doppelte Buchführung f. Aktiengesellschaften u. Kommanditgesellschaften auf Aktien. Theoretische u. praktische Anleitung zur Erlernung u. Ueberwachung der gesamten Buchführg. nebst Darstellg. der Erfordernisse u. des Hergangs bei Gründg. v. Aktiengesellschaften bezw. Umwandlg. besteh. privater Unternehmungen in Aktiengesellschaften. (VIII, 167 S.) gr. 8. Leipzig 906. G. A. Gloeckner. n. 3. 60; geb. in Leinw. n. 4. 25

von Schröter, Max: Heinrich Ferdinand Möller ein Schauspieldichter des XVIII. Jahrhunderts. . . . Berlin, Druck v. Reinhold Kühn, 1890; 47 S. 8°

Rostock, Phil. Fak., Inaug.-Diss. v. 13. Nov. 1889

Schröter, Moritz

Schroeter, M., Ueber die Aufstellung der Eisenbahnbrücke bei Neckarelz. (Denkschrift zur Geburtsfeier S. M. Wilhelm v. Württemberg.) Mit 5 Tfln. Stuttgart 1863. 4°.

Schröter, Mor., Beschreibung der Aufstellung der Eisenbahnbrücke bei Neckarelz. gr. 4. (15 S. mit 5 lithogr. Fig.-Taf., wovon 1 in Buntdr.) Stuttgart 863. (Tübingen, Fues'sche Sortimentsh.) *

Schröter, M., die Motoren der Kraft- u. Arbeitsmaschinen-Ausstellung in München. Vorträge. [Aus: „Bayer. Industrie- u. Gewerbebl."] Lex.-8. (72 S. m. Fig.) München 889. (Literarisch-artist. Anstalt.) n. 4. 20

— Untersuchungen an Kältemaschinen verschiedener Systeme. 1. Bericht an den Ausschuss d. polytechn. Vereins zu München. gr. 8. (171 S. m. eingedr. Fig.) München 887. Oldenbourg. n. 4. 50

—— Untersuchungen an Kältemaschinen verschiedener Systeme. 2. Bericht an den Ausschuss d. polytechn. Vereins zu München. gr. 8. Münch. 890, Oldenbourg. geb. ** 3 25

Vergleichende Versuche an Kältemaschinen, ausgeführt in der Versuchsstation d. polytechn. Vereins zu München. Mit 5 Lichtdr.-Bildern u. 21 Diagrammtaf. (VII, 54 S.)
1. Bericht. Ebd. 1887. * 4 50.

Schröter, M., Diesels ration. Wärmemotor, s.: Diesel, Rud.

Schröter, O., die Prüfung u. Unterhaltung d. Weichen, Kreuzgn. u. Bahnhofsgleise. Ein Hilfsbuch f. d. Eisenbahn-Betriebsinspektionen zur Anweisg. d. ihnen unterst. Personals, sow. e. Anleitg. f. alle m. d. Unterhaltg. u. Bedienung d. Bahnhofsoberbaues betrauten Eisenbahn-Bediensteten. gr. 8. (VII, 54 S. m. 25 Abb.) Wiesbaden 899. J. F. Bergmann. n. 1. 20

Schroeter, Otto, heimatskundliches Lesebuch f. mansfeldische Schulen. Anhang zu den Lesebüchern. 8. (VI, 64 S. m. 1 Abbildg.) Eisleben 890. Winkler. n. — 25; kart. n. — 35

Schröter, Otto, heimatkundliches Lesebuch f. mansfeldische Schulen. Anhang zu den Lesebüchern. 2. Aufl. gr. 8. (VI, 75 S. m. Titelbild.) Eisleben (899). E. Winkler. Kart. n.n. — 60; erm. Pr. n.n. — 45

Schröter, Otto, aus Craja: Über Pseudophenole aus p-Oxytriphenylcarbinol, Salicylaldehyd und o-Nitrophenol, sowie einige ihrer Umwandelungsprodukte. *Greifswald 1904: H. Adler.* (62 S.) 8°

Greifswald, Phil. Diss. v. 14. Mai 1904

Schröter, P., das Blaumännchen u. Frau Fichte, s.: Philippi, B.

Schroeter, P.: Wie die deutsche Landwirtschaft durch den Warenhandel ihrer Genossenschaften ruiniert wird. Berlin 1907.

Schroeter, Paul [aus Linden]: Beitrag zur Differential-Diagnose der Erkrankungen des Mittelohrs und des Labyrinths ... Göttingen, Druck d. Dieterichschen Univ.-Buchdr., 1893; 36 S. 8.
Göttingen, Med. Fak.. Inaug.-Diss. v. [3. Aug.] 1893

Schroeter, Paul, Beitrag zur Differential-Diagnose der Erkrankungen des Mittel-Ohrs u. des Labyrinths. Diss. gr. 8. (36 S.) Göttingen 893. (Vandenhoeck & Ruprecht.) n. — 80

Schröter, Paul (geb. Schönlanke in Posen 2. 10. 1853): Zur Dioptrik des Auges. Berlin (1870). (42 S.) 8°
Berlin, Med. Diss. v. 27. Juli 1870

Schroeter, Paul, Studien über Dampfspannkraftsmessungen. s.: Kahlbaum. Geo. W. A.

Schroeter, Paul. **Unfallschädigungen d. Sehvermögens u. ihre Abschätzung. Antritts-Vorlesg. am 11. Juli 1891 in der Aula der Universität Leipzig geh. gr. 8. (27 S.) Lps. 891, (Edelmann). — 60**

Schröter, **Paul, anthropologische Untersuchungen am Becken lebender Menschen. Inaugural-Dissertation. gr. 8. (82 S. mit 4 Tab. und 1 Stnt.) Dorpat 880, (Schnakenburg's Verlag.)**

Schröter, Paul, anthropologische Untersuchungen am Becken lebender Menschen. gr. 8. (82 S. m. 4 Tab. u. 1 Steintaf.) Dorpat 884. (Schnakenburg.) 1. 50

Schroeter, Paul Christian (Torgau) A. S. 763/18a

Ex jure publico, de burggraviis Magdeburgicis.
Präs. Kaspar Heinrich Horn.
Wittenberg (Kreusig) X. 1709. 96 S.

Gew.: Bernhard Zech, Johann Aegidius Alemann.
W. v.: Präs. 31565

Schroeter, Paul Christian (Torgau) A. S. 143/19

Dissertatio solemnis juridica de testamentaria patris circa feudum dispositione. Präs. Kaspar Heinrich Horn. Ed. 2.
Wittenberg (Gerdes) 1735. 78 S.
Diss. IV. 1712. 31566

Schröter, P. C., **de investitura ministrorum ecclesiae. Viteb. 1713. 4.**

Schröter, Paul Christian [Praes.], s. Koehler, Christ. Friedr.: Ex jure ecclesiastico de investitura ministrorum ecclesiae. Von Einweisung der Kirchen=Diener.

Schröter, Paul Christian [Praes.], s. Roehrensee, Samuel Christ.: De feudo ab uxore marito in dotem dato.

Schröter, Paul Karl: Der Leipziger **Nutzholzhandel** in der Organisation des deutschen Holzhandels. *Bleicherode [1901]: C. F. Köhler.* (78 S.) 8° [F.]
Leipzig, Phil. Diss. v. [30. Dez.] 1901

Ph. R. Schröter, Diss. de jure succini in regno Borussiae. Regiomon. 1772.

Schröter, Philipp v., Beweis, d. d. westl. od. pohlnische Preußen ein Großherzogthum sey. 4. Halle. 756.

Schröter, Philipp von, k. preuss. Lieutenant etc. Kriegsgeschichte der Preussen von dem Jahre 1655 bis 1763, herausgegeben mit der Lebensbeschreibung des Verfassers vermehrt und fortgesetzet von Johann Friedrich **Seyfart,** k. preussischer Regierungs-Referendarius. 8. Frankfurt u. Leipzig 1764.

— Kriegsgeschichte d. Preußen v. 1655—1763. gr. 8. Halle. (Graffé in Weißenfels.) 764.

Schroeter, R., Belehrungen f. d. Wartpersonal an Irrenanstalten. 8. (VIII, 53 S.) Ebd. 897. n. 1. --

Schröter, **R., die Gemüthsleiden, ihre rechtzeitige Erkennung und Behandlung. gr. 8. (VIII, 147 S.) Halle 877, Pfeffer. ***

Schroeter, **R., Lebens-Elixir, als sicheres Präservativ geg. pestartige u. and. Krankheiten. Ein Hausmittel f. Jedermann. 8. Berlin 832, Th. Brandenburg. Versiegelt**

Schröter, Reinhold, Prof. Dr.: Die **Argonautensage** und Verwandtes. Ein Beitrag zur prähistor. Mythologie. *Posen 1899: Merzbach.* (28 S.) 4°
Posen, k. Berger-RG, P 1899 (180)

Schröter, **Rhold.** Der Begriff der Heiligkeit im Alten u. Neuen Testament. gr. 8. (47 S.) Lpz. 892, Fock. * — 90

Schroeter, Reinholdus *(geb. Schönlanke in Pos. 8. 10. 1851)*: De draconibus Graecarum fabularum. Part. I. Vratislaviae (1876). (56 S.) 8° *[Forts. ist d. Gymn.-Progr. v. Rogasen 1880: „De Sphinge fabularum Graecarum".]*
Breslau, Phil. Diss. v. 18. März 1876

—— Das apostolische Glaubensbekenntnis in Kirche u. Schule. gr. 8. (31 S.) Erfurt 892, Villaret. * — 50

— die Persönlichkeit d. Heilandes. gr. 8. (12 S.) Erfurt 893. C. Villaret. n. — 20

Schröter, [Reinhold]: Die Reform des höheren Mädchenschulwesens. Norden 1908: Schmidt. S. 3—8. 8°
Norden, st. HM OP 1908 [204] [S 08. 428

—— Der schönste unter den Menschenkindern, s. Sammlung kleiner Volksschriften.

Schroeter, De Sphinge Graecarum fabularum. Rogasen 1880, 4°, 18 S., Progr. d. Gymn.

Schröter. Das Totenreich der Indogermanen. Ein Beitrag zur prähistorischen Mythologie. Wongrowitz, G., 1888. 47 S. **Progr.**

Schröter, [Reinhold]: Die Zukunft unserer Schule. Ein Wort an d. Elternhaus. Norden 1909: Soltau. S. 3—5. 8°
Norden, st. HM m. Knaben-VS OP 1909 [208] [S 09. 423

Schroeter, Richard

Schroeter, R., Aufgaben zum Kopfrechnen. Für die Volksschulen zusammengestellt. 2 Tle. 8. Wittenberg 888, R. Herrosé, Sep.-Cto. * 2 20
Inhalt:
Tl. 1. Der Rechenstoff der Unter- und Mittelstufe. (93 S.) *M 1.—.
„ 2. Der Rechenstoff der Oberstufe. (117 S.) *M 1.20.

Schroeter, R., Aufgaben zum Kopfrechnen. Für die Volksschulen zusammengestellt. 2 Tle. 8. Wittenberg 889. R. Herrosé, Sep.-Cto. n. 2. 20
1. Der Rechenstoff d. Unter- u. Mittelstufe. (93 S.) n. 1. —. — 2. Der Rechenstoff d. Oberstufe. (117 S.) n. 1. 20.

Schroeter, R., Aufgaben z. Kopfrechnen. Für d. Volksschulen zusammengest. 2 Tle. 2. Aufl. 8. Wittenberg 895. R. Herrosé. n. 2. 20
1. D. Rechenstoff d. Unter- u. Mittelstufe. (II, 96 S.) n. 1. --
2. D. Rechenstoff d. Oberstufe. (119 S.) n. 1. 20

Schroeter, R. Aufgaben a. d. Kranken-, Unfall-, Invaliditäts- u. Altersversicherg. f. Volks-, Mittel- u. Fortbildungsschulen. Eine Ergänzg. d. Aufgaben f. d. Tafelrechnen. 2. Aufl. 8. (20 S.) Wittenb. 893, Herrosé. * — 10

—— Aufgaben zum Tafelrechnen. Ausg. A für Stadtschulen und andere mehrklass. Volksschulen in 6 Heften. 8. Ebendas. 888. [1., 2., 4. und 5. Heft. (48; 40; 44; 40 S.) à Heft * 20 Pf.; 3. und 6. Heft. (52; 48 S.) à Heft * 25 Pf.] * 1 30

—— dass. — Antwortheft, verbunden mit kurzen method. Bemerkungen über die unterrichtl. Behandlung und die Gruppierung des Stoffes, der 6 Hefte. 8. Ebendas. 888. [1. und 2. Heft. (42 S.) * 40 Pf.; 3. Heft. (42 S.) * 40 Pf.; 4. Heft. (40 S.) * 40 Pf.; 5. und 6. Heft. (52 S.) * 50 Pf.] * 1 70

—— Aufgaben z. Tafelrechnen. Ausg. A. Für Stadtschulen u. andere mehrklass. Volksschulen in 6 Heften. 1.—5. Heft. 2. Aufl. 8. Ebd. [1. Heft. (50 S.) 892. * — 20; 2. Heft. (44 S.) 892. * — 20; 3. Heft. (58 S.) 892. * — 25; 4. Heft. (52 S.) 893. * — 20; 5. Heft. (59 S.) 893. * — 25.] * 1 10
6. Heft. Ebd. 1888. * — 25.

— dasselbe. Antworthefte, verbunden m. kurzen method. Bemerkgn. üb. die unterrichtl. Behandlg. u. Gruppierg. des Stoffes. Ausg. A. 1.—5. Hft. 2. Aufl. 8. Ebd. n. 1. 60
1. 2. (54 S.) 892. n. — 40. — 3. (52 S.) 892. n. — 40. — 4. (50 S.) 892. n. — 40. — 5. (37 S.) 893. n. — 40.

— Aufgaben zum Tafelrechnen. Ausg. A f. Stadtschulen u. andere mehrklass. Volksschulen in 6 Hftn. Ebd. n. 1. 45
1. 1. u. 2. Schulj. 3. Aufl. (50 S.) 894. n. — 25. — 2. 3. u. 4. Schulj. 3. Aufl. (44 S.) 894. n. — 25. — 3. (58 S.) 892. n. — 25. — 4. 2. Aufl. (52 S.) 892. n. — 20. — 5. 2. Aufl. (59 S.) 893. n. — 25. — 6. 8. Schulj. (48 S.) 888. n. — 25.

— Aufgaben z. Tafelrechnen. Ausg. A f. Stadtschulen u. andere mehrklass. Volksschulen in 6 Hftn. 1.—3. u. 5. Hft. 8. Ebd. n. — 90
1. Der Zahlenkreis von 1—100. (1. u. 2. Schulj.) 7. Aufl. (50 S.) 898. n. — 20
2. 3. u. 4. Schuljahr. 7. Ster.-Aufl. (44 S.) 897. n. — 20
3. 5. Schuljahr. 3. Ster.-Aufl. (58 S.) 896. n. — 25
5. Anwendg. d. Bruchrechng. auf Regeldetri u. Durchschnittsrechng.; zusammenges. Regeldetri, Zeitrechng.; Verhältnis- u. Prozentbestimmgn.; Kranken-, Unfall-, Invaliditäts- u. Altersversicherg. (Anh.: Raumberechnungen.) (7. Schulj.) 4. Aufl. (59 S.) 898. n. — 25

Schroeter, R., Aufgaben zum Tafelrechnen. Ausg. A f. Stadtschulen u. andere mehrklass. Volksschulen in 6 Hftn. 1.—4. u. 6 Hft. 8. Wittenberg, R. Herrosé. n. 1.15
1. Der Zahlenkreis von 1—100. (1. u. 2. Schulj.) 10. Aufl. (51 S.) (901.) n. — 20
2. Der Zahlenkreis bis 1000. Der höhere Zahlenkreis, die Grundfaktoren ɔc. (3. u. 4. Schulj.) 15. Aufl. (44 S.) (901.) n. — 20
3. Das Rechnen m. mehrfach benannten Zahlen. Durchschnittsrechnung. Regeldetri. (5. Schulj.) Vollst. umgearb. 10. Aufl. (71 S.) (902.) n. — 30; kart. n — 40
4. Die Bruchrechnung. (Anh.: Aufgaben für die Raumlehre.) (6. Schulj.) (52 S.) (899.) n. — 20
6. Die bürgerlichen Rechnungsarten (Zins-, Rabatt-, Termin-, Gesellschafts- u. Mischungsrechnung). (Anh.: A. Vermischte Aufgaben aus verschiedenen Gebieten. B. Raumberechnungen.) (8. Schulj.) 3. Aufl. (52 S.) (901.) n. — 25

Aufgaben zum Tafelrechnen für Stadtschulen und andere mehrklassige Volksschulen in 6 Heften von R[ichard] Schroeter, Seminarl. Ausg. A. H. 2. *Wittenberg: R. Herrosé 1903.* 8°

Aufgaben zum Tafelrechnen. Ausg. A f. Stadtschulen u. andere mehrklass. Volksschulen in 6 H. von R[ichard] Schroeter. H. 1. Wittenberg: R. Herrosé 1905. 8° [F.] 06. 9312 3

Schroeter, R., Aufgaben zum Tafelrechnen. Ausg. A f. Stadtschulen u. andere mehrklassige Volksschulen in 6 Heften. 1., 2. u. 4.—6. Heft. 8. Wittenberg, R. Herrosé. n. 1. 60; geb. n. 2. 10
1. Die Zahlenkreise von 1 bis 10, 1 bis 20 u. 1 bis 100. (1. u. 2. Schulj.) 14. Aufl. (50 S.) 906. n. — 25; geb. n. — 35
2. Der Zahlenkreis bis 1000; der höhere Zahlenkreis; die Grundfaktoren etc. (3 u. 4. Schulj.) 21. Aufl. (71 S.) (905.) n. — 35; geb. n. — 45
4. Die Bruchrechnung. (Anh.: Aufgaben f. die Raumlehre.) (6. Schulj.) 11. Aufl. (62 S.) 905. n. — 30; geb. n. — 40
5. Anwendung der Bruchrechnung auf Regeldetri u. Durchschnittsrechnung; erweiterte Regeldetri; Zeitrechnung; Kranken-, Unfall- u. Invalidenversicherung; Verhältnis- u. Prozentbestimmungen; Aufgaben aus der Flächen- u. Körperberechnung. 7. Schulj. Vollständig umgearbeitete 10. Aufl. (80 S.) (903.) n. — 35; geb. n. — 45
6. Die bürgerl. Rechnungsarten (Zins-, Rabatt-, Gesellschafts- u. Mischungsrechnung). Vermischte Aufgaben aus verschiedenen Gebieten. 8. Schulj. Vollständig umgearb. 7. Aufl. (80 S.) (903.) n. — 35; geb. n. — 45

— dasselbe. Antwortheft zum 2.—6. Heft. (36, 37, 31, 27 u. 26 S.) gr. 8. Ebd. (903). à n. — 40

Schroeter, R., Aufgaben zum Tafelrechnen. Ausg. A für Stadtschulen u. andere mehrklass. Volksschulen in 6 Heften. 8. Wittenberg, R. Herrosé. 1.90; geb. 2. 50
1. Die Zahlenkreise von 1 bis 10, 1 bis 20 u. 1 bis 100. (1. u. 2. Schulj.) 15. Aufl. (50 S.) (909.) — 25; geb. — 35
2. Der Zahlenkreis bis 1000; der höhere Zahlenkreis; die Grundfaktoren ɔc. (3. u. 4. Schulj.) 23. Aufl. (71 S.) (909.) — 35; geb. — 45
3. Das Rechnen m. mehrfach benannten Zahlen. Durchschnittsrechnung. Regeldetri. (5. Schulj.) 12. Aufl. (75 S.) (907.) — 30; geb. — 40
4. Die Bruchrechnung. (Anh.: Aufgaben für die Raumlehre.) 6. Schulj. 12. Aufl. (69 S.) (909.) — 30; geb. — 40
5. Anwendung der Bruchrechnung auf Regeldetri und Durchschnittsrechng.; erweiterte Regeldetri; Zeitrechng.; Kranken-, Unfall- u. Invalidenversicherung; Verhältnis- u. Prozentbestimmgn.; Aufgaben aus der Flächen- u. Körperberechng. (7. Schulj.) Vollständig umgearb. 11. Aufl. (80 S.) (907.) — 35; geb. — 45
6 Die bürgerlichen Rechnungsarten (Zins-, Rabatt-, Gesellschafts- u. Mischungsrechnung). Vermischte Aufgaben aus verschiedenen Gebieten. (8. Schulj.) Vollständig umgearb. 8. Aufl. (80 S.) 907. — 35; geb. — 45

— dasselbe. Ausg. B f. einfache Volksschulen in 3 Hftn. 8. Ebd. 888. n. — 80
1. (44 S.) n. — 20. — 2. (64 S.) n. — 25. — 3. (79 S.) n. — 35.

— dasselbe. Antwortheft zu den 3 Hftn. 8. (122 S.) Ebd. 888. n. 1. 20

Schroeter, R. Aufgaben z. Tafelrechnen. Ausg. B. Für einfache Volksschulen in 3 Heften. 2. Aufl. 8. Wittenb., Herrosé. [1. Heft. (50 S.) 892. * — 20; 2. Heft. (70 S.) 892. * — 25; 3. Heft. (100 S.) 893. * — 40.] * — 85

— dasselbe. Ausg. B f. einfache Volksschulen. Antwortheft. 2. Aufl. 8. (143 S.) Ebd. 893. n. 1. 20

— dasselbe. Ausg. B f. einfache Volksschulen in 3 Hftn. 1. u. 2. Hft. 8. Ebd. n. — 45
1. (1., 2. u. 3. Schulj.) 3. (ster.) Aufl. (50 S.) 895. n. — 20
2. (4., 5. u. 6. Schulj.) 7. Aufl. (70 S.) 898. n. — 25

Aufgaben zum Tafelrechnen. Von R[ichard] Schroeter. Ausg. B. 5. Ster.Aufl. Heft 1. *Wittenberg: R. Herrosé 1899.* 8° [F.]

— dasselbe. Ausg. B. f. einfache Volksschulen in 3 Hftn. 2. Hft. Der Zahlenkreis bis 1000, der höhere Zahlenkreis u. das Rechnen m. mehrfach benannten Zahlen; Durchschnittsrechng. u. Regeldetri. (4., 5. u. 6. Schulj.) 11. Aufl. 8. (70 S.) Ebd. (901.) n. — 25

— dasselbe. Ausg. B f. einfache Volksschulen in 3 Heften. gr. 8. Ebd. n. 1. 25; geb. n. 1. 60
1. Zahlenkreis von 1 bis 10, 1 bis 20 u. 1 bis 100. (1., 2. u. 3. Schulj.) Vollständig umgearb. 13. Aufl. (50 S.) 903. n. — 25; geb. n. — 35
2. Der Zahlenkreis bis 1000, der höhere Zahlenkreis u. das Rechnen mit mehrfach benannten Zahlen; Durchschnittsrechnung u. Regeldetri. (4., 5. u. 6. Schulj.) Vollständig umgearb. 14. Aufl. (104 S.) 903. n. — 40; geb. n. — 50
3. Die Bruchrechnung; Regeldetri u. Durchschnittsrechnung m. Brüchen; Verhältnis- u. Prozentbestimmungen; Zinsrechnung; Aufgaben aus der Rabatt-, Gesellschafts- u. Mischungsrechnung aus den Versicherungsgebieten, der Landwirtschaft, der Physik u. der Raumlehre. (7. u. 8. Schulj.) Vollständig umgearb. 6. Aufl. (140 S.) 903. n. — 60; geb. n. — 75

6

— dasselbe. Antwortheft. (98 S.) gr. 8. Ebd. 903. n. — 80

— dasselbe. Ausg. B für einfache Volksschulen in 3 Heften. 8. Ebd. 1.25; geb. 1. 60
1. Zahlenkreise von 1 bis 10, 1 bis 20 u. 1 bis 100. (1., 2. u. 3. Schulj.) 14. Aufl. (50 S.) (906.) — 25; geb. — 35
2. Der Zahlenkreis bis 1000, der höhere Zahlenkreis und das Rechnen m. mehrf. benannten Zahlen; Durchschnittsrechng. u. Regeldetri. (4., 5. u. 6. Schulj.) Vollständig umgearb. 15. Aufl. (104 S.) 907. — 40; geb. — 50
3. Die Bruchrechnung; Regeldetri u. Durchschnittsrechnung m. Brüchen; Verhältnis- u. Prozentbestimmungen; Zinsrechng.; Aufgaben aus der Rabatt-, Gesellschafts- u. Mischungsrechnung, aus den Versicherungsgebieten, der Landwirtschaft, der Physik u. der Raumlehre. (7. u. 8. Schulj.) (Vollständig umgearb.) 7. Aufl. (140 S.) 907. — 60; geb. — 75

— dasselbe. Ausg. f. die oberen Klassen der Mädchenschulen in Stadt- u. anderen mehrklass. Volksschulen. Anwendung der Bruchrechng. auf Regeldetri u. Durchschnittsrechng.; erweiterte Regeldetri; Zeitrechng.; Verhältnis- u. Prozentbestimmgn.; Kranken-, Unfall-, Invaliditäts- u. Altersversicherg.; Zins-, Rabatt- u. Gesellschaftsrechng.; Raumberechngn.; zusammengesetzte Aufgaben aus allen Gebieten. 7. u. 8. Schulj. 8. (75 S.) Ebd. 893. n. — 50
Besondere Hefte f. das 1.—6. Schuljahr sind in dieser Ausg. nicht erschienen.

— dasselbe. Ausg. f. die oberen Klassen d. Mädchenschulen in Stadtschulen u. anderen mehrklass. Volksschulen. Anwendg. d. Bruchrechng. auf Regeldetri u. Durchschnittsrechng.; erweiterte Regeldetri; Zeitrechng., Verhältnis- u. Prozentbestimmgn.; Versichergn.; Zins-, Rabatt- u. Gesellschaftsrechng.; zusammengesetzte Aufgaben aus allen Gebieten; Raumberechngn.; Aufgaben aus der Physik. 7. u. 8. Schulj. Vollständig umgearb. 2. Aufl. (80 S.) 8. Ebd. 907. — 50

Aufgabensammlung für den Rechenunterricht in den oberen Klassen der Lehrer-Seminare von R[ichard] **Schroeter**. 2. Aufl. *Wittenberg: R. Herrosé 1901.* (99 S.) 8° [F.] [01. 9199

—— Beiträge zur Methodik des Rechenunterrichts für die oberen Klassen der Seminare und für Volksschullehrer. gr. 8. (IV, 147 S.) Wittenberg 887, Herrosé Verlag. * 1 80

Methodische Bemerkungen über die unterrichtliche Behandlung und die Gruppierung des Rechenstoffes der in 6 Heften erschienenen Schroeterschen Tafelrechnen-Aufgaben. (Ausg. A.) Von R[ichard] **Schroeter**, Seminarl. *Wittenberg: R. Herrosé 1903.* (75 S.) 8° [F.] [04. 3143 3

Methodische Bemerkungen über die unterrichtliche Behandlung und die Gruppierung des Rechenstoffes der in 3 Heften erschienenen Schroeterschen Tafelrechnen-Aufgaben. (Ausg. B.) Von R[ichard] **Schroeter**, Seminarl. *Wittenberg: R. Herrosé 1903.* (55 S.) 8° [F.] [04. 3142 3

— Ergebnisse d. Raumlehre-Unterrichts. Ein Leitfaden f. Volksschulen u. Präparanden-Anstalten. Hft. A u. B. 8. (Mit eingedr. Fig.) Ebd. 888. à n. — 40
A. Raumformenlehre. (44 S.) — B. Raumlehre. (48 S.)

— Ergebnisse d. Raumlehre-Unterrichts. E. Leitfaden f. Volksschulen u. Präparanden-Anstalten. Hft. A u. B. 2. Aufl. 8. (Mit Fig.) Ebd. 895. à n. — 40
A. Raumformenlehre. (47 S.) — B. Raumlehre. (48 S.)

— d. Gartenbau in d. Schullehrer-Seminaren u. Volksschulen. Ein Handbuch f. Seminaristen u. Volksschullehrer. 2. Aufl. gr. 8. (IV, 63 S. m. 55 Abb.) Ebd. 897. n. 1. —

Schroeter, Rich. (geb. Schkeuditz bei Leipzig 26. 8. 1841): De habitu foetus vitioso. Berolini (1864). (31 S.) 8°
Berlin, Med. Diss. v. 17. März 1864

— die Methodik d. Rechenunterrichts f. die oberen Klassen der Seminare u. f. Volksschullehrer. 2., verm. u. verb. Aufl. der „Beiträge zur Methodik d. Rechenunterrichts". gr. 8. (IV, 209 S.) Wittenberg 892. R. Herrosé. n. 2. —

Die Methodik des Rechen- und Raumlehre-Unterrichts in der Volksschule. Ein Handbuch f. d. oberen Klassen d. Seminare... von R[ichard] **Schroeter**, Seminarlehrer. 3. vollst. umgearb. u. verb. Aufl. Wittenberg: R. Herrosé 1905. (VII, 372 S.) 8° [F.]
Die 1. Aufl. erschien u. d. T.: Beiträge z. Methodik d. Rechenunterr. f. d. oberen Klassen d. Seminare... von Schroeter. 1887. [05. 13611 3

— Rechenbuch f. d. oberen Klassen d. Lehrer-Seminare. 8. (99 S.) Ebd. 890. n. 1. —

— dasselbe. Antwortheft, verbunden m. kurzen Bemerkgn. üb. d. Gruppierg. d. Stoffes d. Rechenbuches. 8. (45 S.) Ebd. 890. n. — 60

Schroeter, R., Rechenbuch für die oberen Klassen der Lehrer-Seminare. Antwortheft zu d. Aufgabensammlung. 2. Aufl. gr. 8. (37 S.) Wittenberg 901. R. Herrosé. n. — 60

—— Rechenbuch f. d. oberen Klassen d. Mittelschulen. [Ergänzungsheft zu d. Aufgaben zum Tafelrechnen, Ausg. A.] 8. (75 S.) Ebd. 890. * — 60

—— dass. — Antwortheft, verbunden m. kurzen Bemerkgn. über die Gruppierg. d. Stoffes d. Rechenbuches. 8. (33 S.) Ebd. 890. * — 60

— Rechenbuch f. d. oberen Klassen d. Mittelschulen. (Ergänzungshft. zu d. Aufgaben z. Tafelrechnen, Ausg. A.) 2. Aufl. 8. (75 S.) Ebd. 898. n. — 60

Rechenbuch für Präparandenanstalten u. für die unteren Klassen der sechsklassigen Seminare. Von R[ichard] **Schroeter**. *Osterwieck: A. W. Zickfeldt 1901.* (VI, 128 S.) 8° [F.] [01 11179 3

Rechenbuch für Präparandenanstalten und für die unteren Klassen der sechsklassigen Seminare von R[ichard] **Schroeter**, Seminarl. 2., auf Grund d. Lehrplans f. d. Preuß. Präparandenanst. v. 1. Juli 1901 umgearb. Aufl. Osterwieck: A. W. Zickfeldt 1902. (VII, 220 S.) 8° [F.] [03. 4203

— Rechenbuch f. Präparandenanstalten u. f. d. unteren Klassen der 6klassigen Seminare. 4., verb. Aufl. (VIII, 274 S.) 8. Osterwieck 910. A. W. Zickfeldt. Geb. in Leinw. 3. —

Schroeter, R., Rechenfibel f. die Unterstufe, zugleich 1. Hft. der Schroeter'schen Tafelrechenhefte f. Stadtschulen (Ausg. A) u. f. einfache Volksschulen (Ausg. B). 1. u. 2. Schulj. 8. (35 S.) Wittenberg 891. R. Herrosé. n. — 20

— Rechenfibel für die Unterstufe, zugleich 1. Hft der Schroeter'schen Tafelrechenhefte f. Stadtschulen (Ausg. A.) u. f. einfache Volksschulen (Ausg. B.). Die Zahlenkreise von 1 bis 10, 1 bis 20 u. 1 bis 100. 1. u. 2. Schulj. 2. Aufl. 8. (35 S.) Wittenberg 898. R. Herrosé. n. — 20

— Rechenfibel f. die Unterstufe, zugleich 1. Heft der Schroeter'schen Tafelrechenhefte f. Stadtschulen (Ausg. A) u. f. einfache Volksschulen (Ausg. B). Die Zahlenkreise von 1 bis 10, 1 bis 20 u. 1 bis 100. 1. u. 2. Schulj. 6. Aufl. (35 S.) 8. Ebd. (906). n. — 20

— Rechenfibel für die Unterstufe, zugleich 1. Heft der Schroeterschen Tafelrechenhefte f. Stadtschulen (Ausg. A) u. f. einfache Volksschulen (Ausg. B). Die Zahlenkreise von 1 bis 10, 1 bis 20 u. 1 bis 100. 1. u. 2. Schuljahr. 7. Aufl. (35 S.) 8. Wittenberg (907). R. Herrosé. — 20

— Rechenwerk f. Lehrerbildungsanstalten. 2. u. 3. Tl. gr. 8. Osterwieck 904. A. W. Zickfeldt. Geb. in Leinw. n. 5. —
2. Sammlung von Kopfrechenaufgaben für Präparanden-Anstalten, zugleich ein Handbuch f. das Kopfrechnen zum Gebrauch in Fortbildungsschulen u. in den oberen Klassen v. Bürger- u. Mittelschulen. (VI, 181 S.) 902. n. 2. —
3. Rechenbuch f. die 3. u. 2. Seminarklasse. A. Arithmetik. — B. Trigonometrie. (IV, 256 S.) n. 3. —
Den 1. Tl. bildet das „Rechenbuch f. Präpar.-Anstalten".

Sammlung von Kopfrechenaufgaben für Präparanden-Anstalten, zugl. e. Handbuch f. d. Kopfrechnen z. Gebr. in Fortbildungsschulen u. in den oberen Klassen von Bürger- u. Mittelschulen von R[ichard] Schroeter. *Osterwieck/Harz: A. W. Zickfeldt 1902.* (VI, 181 S.) 8° [F.]
[03. 1080, 3

—— Stoffverteilungs- u. Wiederholungspläne f. d. Rechenunterricht in mehrklass. u. einklass. Schulen, nach Wochen, Monaten, Viertel jahren zusammengestellt u. mit einem einleit. Vorwort versehen. gr. 8. (23 S.) Ebd. 891. * — 30

Der landwirtschaftliche Unterricht in den Schullehrer-Seminaren. Ein Handbuch f. Seminaristen u. Volksschullehrer von R[ichard] Schroeter, Seminarl. Mit 55 Abb. 3. Aufl. *Wittenberg: R. Herrosé 1908.* (VI, 85 S.) 8° [F.]
[1. u. 2. Aufl. u. d. T.: Der Gartenbau in d. Schullehrer-Seminarien.]

Schröter, Rob., Kritik des Dunasch ben Labrat über einzelne Stellen aus Saadia's arabischer Uebersetzung des A. T. u. aus dessen grammt. Schriften, nach einem Codex des Prof. S. D. Luzzatto, zum ersten Male hrsg. u. mit krit. Anmerkungen versehen. 1. Heft. (Text.) Breslau 866. Schletter'sche Buchh. gr. 8. (XIV, 63 S.) n. 20 *ngr.*

Schroeter, Rob., quas formas nominum themata sigmatica in vocabulis compositis graecis induant. 8. (95 S.) Gotheno 883. (Leipzig, Hinrichs' Sort.) n. 1. —

Schroeter, Rob., quas formas nominum themata sigmatica in vocabulis compositis graecis induant. Dissertatio inauguralis philologica. 8. (95 S.) Cothene 884. (Leipzig, Hinrichs'sche Buchh.) *

Schroeter, Robertus Gustavus Feodorus *(g. b. Naumburg a. Qu. 16. 12. 1827)*: Gregorii Bar-Hebraei scholia in psalmum VIII, XL, XLI, L. e codice Berolinensi primum edita, cum codicibus Bodleiano, Florentino, Vaticanis collata, translata et annotationibus instructa. Vratislaviae (1857). (VIII, 43 S.) 8° *[Buchausg. 1857 bei Gosohorsky in Breslau.]*
Breslau, Phil. Diss. v. 15. Aug. 1857

Schröter, Rudolf: Syntaktische U n t e r s u c h u n g e n zu Blaise de Monlucs Commentaires et Lettres. Leipzig: G. Fock 1904. (54 S.) 8°
Leipzig, Phil. Diss. v. 1904

Schroeter, Sophie, a. Hanau a. M.: Jacob Cats' Beziehungen zur deutschen Literatur. 1. Teil: Die deutschen Uebertragungen seiner Werke. Heidelberg 1905: J. Hörning. (88 S.) 8°
Heidelberg, Phil. Fak., Ref. Neumann, Diss. v. 5. Dez. 1905
[Geb. 5. Jan. 74 Hanau a. M.; Wohnort: Heidelberg; Staatsangeh.: in Holland naturalisiert; Vorbildung: Amsterdam Diplom voor middelbaar Onderwys A und B Sommer 00; Studium: Amsterdam 4, Heidelberg 5 S.; Rig. 3. Juni 04.]

Schröter, Sophie, der natürl. Kunstgesang nach altitalien. Prinzip. 2., durchgeseh. u. erweit. Aufl., mit e. Vorwort versehen von Melanie Ebhardt. (32 S. m. Bildnis.) 8. Leipzig 908. Breitkopf & Härtel. — 50

Schröter, Th. Schweizer Familien-Kalender f. 1888, mit vielen Illustr. u. reichhaltigem Text. In-4°, 80 S. Zürich, Schröter & Meyer. — 40

Schröter, Th., siehe: *Familien-Wochenblatt.*

Schröter, Th. u. E., siehe: *Für Streben und Leben.*

Verlag von Th. Schröter, Zürich und Leipzig.... Empfehlenswerte Geschenkwerke, unterhaltende und nützliche Bücher. [Mit 2 Porträts.] [IV + 24 S.] 8. (Zürich, Th. Schröter, [1903].)

Schröter, Th., siehe: *Jahr-Buch, Tante Marie's.*

Verlag von Th. Schröter in Zürich und Leipzig. Empfehlenswerte Prachtwerke und Bücher. 16 S. 8. [1901.]

Schröter, Th., s.: Wie wir uns fanden.

Schröter, Th. (Hrsg.), s. W o c h e n b l a t t für Familie, Haushalt u. Küche.

Schroeter, Thdr., des Kindes liebstes Buch in Bildern und Verschen zur Anschauung und Belehrung. (11 Chromolithogr. mit 1 S. Text.); 2. Aufl. 4. (10 Chromolithogr. mit eingedr. Text auf Carton.) Chemnitz 881, Friese. geb. *

Geschichtliches der Freimaurerloge zum goldenen Apfel im Or. Dresden 1776—1901. [Von Theod. Schröter. Dresden 1901.] 39, 54 S. 1 Taf. 8° [Umschlagtit.]: Zur 125-jährigen Jubelfeier.
cf. Bbl. 16 (1902) S. 140 (G. Diercks).
Nebst Matrikel der Loge für 1876—1901, Verzeichn. der im 1. Grad gehaltenen Baustücke u. sonstigen statistischen Zsstellungen. 193.

Schroeter, Timon, für unser Heim! Bunte Spenden deutscher Dichter u. Denker der Gegenwart, f. das deutsche Schriftstellerheim in Jena zusammengetragen. (VII, 401 S. m. Abbildgn. u. Bildnistafeln.) 4. Leipzig (902). J. J. Weber. Geb. in Leinw. n. 20. —

Für unser Heim! Bunte Spenden deutscher Dichter u. Denker d. Gegenwart f. d. Deutsche Schriftstellerheim in Jena zsgest. von Dr. Timon Schroeter. (Vorr.: Otto v. Leixner.) *Leipzig (1902): J. J. Weber.* (399 S.) 4°

Schroeter, Timon, Spielkarte und Kartenspiel. Neue deutsche Spielkarten, erfunden und mit Versen begleitet. Mit Zeichnungen von Jac. Hirsch und Mart. Lämmel. gr. 4. (139 S. mit 56 chromolithogr., eingeklebten Kartenblättern.) Leipzig 884. (Jena, Bufleb's Verlag.) geb. *

Schroeter, Timon, Spielkarte u. Kartenspiel. Neue deutsche Spielkarten, erfunden u. m. Versen begleitet. Mit Zeichngn. v. Jac. Hirsch u. Mart. Lämmel. gr. 4. (139 S. m. 56 chromolith., eingeklebten Kartenblättern.) Leipzig 884. (Jena, Dabis.) geb. n. 12. —

Schroeter, Vict. v., das bei Vornahme der Reichstags-, Landtags-, Gemeinde- und Jagdgenossenschafts-Wahlen auf dem platten Lande zu beobachtende Verfahren. Nach den bestehenden gesetzl. Bestimmungen für den prakt. Gebrauch zusammengestellt. 1.—3. Aufl. gr. 8. (40 S.) Leipzig 883, Roßberg'sche Buchh. *

Schroeter, Vict. v., das Wahlverfahren im Königr. Sachsen, s.: Handbibliothek, Leipziger, juristische.

Schröter, W., die Aufgabe der Kirche gegenüber der socialistischen Bewegung. Vortrag auf der Jahresconferenz der Diener und Frauen der luther. Kirche zu Braunschweig am 11. Juli 1877 gehalten. 8. (36 S.) [Neu-Erkerode 877, Buchh. der Idioten-Anstalt.] Braunschweig, Buchh. für evangel. Theologie.

Schröter, W., die Aufgabe der Kirche gegenüber der socialistischen Bewegung. Vortrag auf der Jahresconferenz der Diener u. Frauen der lutherischen Kirche zu Braunschweig am 11. Juli 1877 geh. 8. (36 S.) Braunschweig 877. Wollermann. — 30

Schröter, W., Spiel u. Arbeit, s.: Elm, Hugo.

Schröter, W., s.: Zeitschrift für die Behandlung Schwachsinniger u. Epileptischer.

Schröter, Walther, aus Zablocie, Galizien: Beiträge zur Kenntnis der Indamine und Thiazine. Basel 1905. 38 S. 8°. [27. VI. 05.]
Zürich. Phil. Diss. II. S. 1904/1905.

Schröter, Walther. Beiträge zur Kenntnis der Indamine und Thiazine. Diss. Phil. [II.] Univ. Zürich. 38 S. 8. Basel, Kreis, 1905.

Schröter, Walter: Korea und die riasverwandten Küsten dieser Halbinsel. Leipzig 1904: Metzger & Wittig. (66 S.) 8°
Leipzig, Phil. Diss. v. 1904

Lageplan über die Stadt Borna mit den Gemeinden Altstadt Borna und Gnandorf. (Bearb. durch d. Vermessungsbureau. **Walter Schröter**, Geometer. Maaßst. 1 : 8,000.) [Mit 1 Nebenkarte.] (Mit e. Anh.: Aus Borna's Vergangenheit von Prof. Dr. [Adolf] Wenck.) *(Borna: R. Noske [1904]; Photolith. E. Gaebler, Leipzig.)* (1 Kartenbl. 37×40 cm, 4 Bl.) 8° [kol.]
[Umschlagt.:] Plan von Borna nebst Altstadt-Borna … 1904. 1490

Schröter, Wilhelm

Schröter, Wilh., s. a. Retcliffe, J.

Schröter, Wilh., die Amtsentsetzung d. Erzbischofs v. Cöln Droste v. Vischering, durch d. k. preuß. Regierung, nach d. Grundsatze e. ächt christl. Politik gewürdigt. gr. 8. (3⅛ B.) Leipzig 838, Wienbrack. Thlr.

Schröter, Wlh., Christianismus, Humanismus u. Nationalismus in ihrer Identität. Ideen z. Beurtheil. d. Reformation Luthers u. des in ihr wahrhaft Symbolischen. gr. 8. Leipz. 831. W. Vogel. 18 gr

Schroeter, Wilh., de Columella Vergilii imitatore. Dissertatio inauguralis. gr. 8. (40 S.) Jena 882, (Deistung's Buchh.) *

— Dräseke u. Schuderoff als Prediger. gr. 8. Altenb. 821, jetzt Literatur-Cptr.

Schröter, (W.,) Erinnerungen an J. P. Gabler, gewesenen ersten Lehrer d. Theologie. gr. 8. Jena 824, Mauke.

Schröter, Wilhelm, s. Für Christenthum.

—— Gedanken u. Urtheile Clemens XIV. üb. d. wichtigsten Gegenstände d. Lebens. Nebst den v. demf. erlaff. Breven u. Circularschreiben, die Aufhebung d. Jesuitenordens betreff. Wohlf. Ausg. gr. 12. (8½ B.) Leipzig 838, Wienbrack.

Schröder, Gedanken u. Urtheile Clemens XIV. üb. d. wichtigsten Gegenstände d. Lebens, s. a. Clemens XIV.

— üb. d. Geist der Unzucht; 5 Predigten, nebst e. Abhandl. üb. denselben Gegenstand. 8. Leipz. 822. Kollmann. 8 gr

— Gottesverehrung zu Groß-Schwabhausen u. Münchenroda am 18. Oct. 1815. gr. 8. Jena 815. Schreiber. (Schmid). 4 gr

— Karl August, Großherzog v. Sachsen. Was Er geistig war, u. wie Er es geworden. Ein psycholog. Versuch z. Erklär. seines äußern Lebens. gr. 8. Leipz. 829. Hinrichs. 16 gr Schrbp. 20 gr

Schröter, W[ilhelm]: Die deutsche Kleinstadt in der Dichtung. 22 S. 8.
Realschule (mit gymn. Nebenkursus in den 3 unt. Klassen)
Oschersleben 1906 (333).
Progr.

— Confirmationsrede, gehalten am Sonntage Palmarum 1831. 8. Eisleben 831. Reichardt. 2 gr

SCHRÖTER, Wilh., Die Königin der Flußpiraten oder: Die Hyäne des Urwaldes. Romantisches Räubergemälde. 2 Bde. Leipzig, Verlags-Contor (I), o. J. (c. 1865). 8.
160 u. 120 SS. — Auch m. d. Tit.: Romantische Lesebibliothek. Bd. 20—21. — Theil 1 stellenweise freien Inhalts.

Schroeter, Wilhelm
Die Königin der Flusspiraten oder: Die Hyäne des Urwaldes. Romantisches Räubergemälde. Von Wilhelm Schröter.
Leipzig: Verlags-Contor (um 1870). 12o S. 8°

— Lebens- u. Amtserfahrungen, in ihrem psycholrgisch-geschicbtl. Zusammenhange dargestellt. 1r Bd. gr. 8. Altona 827, Hammerich.

—— Lebens- u. Amtserfahrungen, in ihrem psycholog.-geschichtl. Zusammenhange dargest. u. zum Besten prakt. Geistlichen hrsg. 2. Bd. gr. 8. (24 B.) Altona 832, Hammerich.
1. Bd. Ebendas. 1827. 1 Thlr. 8 Gr.

—— Mittheilungen aus d. höheren Staats- u. Kirchenleben, zur Förderung e. rechten Menschen- u. Volkslebens. 1. u. 2. Bdchn. gr. 8. (12¼ u. 11 B.) Altona 832, 33, Hammerich. à

Schroeter, Guilelmus, Liegnitziensis: De Simonidis Cei melici sermone quaestiones. Lipsiae 1906: R. Noske. (85 S.) 8°
Leipzig, Phil. Fak., Ref. Lipsius, Marx, Diss. v. 21. April 1906
[Geb. 22. Jan. 83 Liegnitz; Wohnort: Dessau; Staatsangeh.: Anhalt; Vorbildung: Gymn. Dessau Reife O. 01; Studium: Tübingen 1, Leipzig 8 S.; Rig. 15. Jan. 06.]

—— der Raubmord zu Stadt-Sulza. Eine lehrr. Sittengeschichte f. Jedermann. Nebst Bemerkn. zu der Frage: Wie verhütet man Verbrechen u. bestraft Verbrecher — Menschen würdig? gr. 8. (3½ B.) Altona 832, Hammerich.
Aus dess. „Lebens- u. Amtserfahrungen ꝛc." 2. Bd. besond. abgedr.

— christl. Religionsvorträge. gr. 8, Altenb. 821. Hahn. 1 ß

—— am Saume des Urwaldes. Amerikanisches Lebensbild für die Jugend erzählt. br. 8. (IV und 148 S. mit 5 lithogr. und fein ill. Abbild.) Leipzig 861, Matthes. *

Schröter, Wilh., Am Saume des Urwaldes. Amerikanisches Lebensbild für die Jugend erzählt. Mit 5 (lith.) fein color. Abbildungen. Leipzig 862. Matthes. gr. 16. (IV, 148 S.) n. 25 ngr.

— des Pfarrers Tochter von Taubenhayn. Nach Bürgers Ballade bearb. Leipzig 862. Colditz. 8. (240 S.) 15 ngr.

Schröter, W., Des Pfarrers Tochter von Taubenhayn. Nach *Bürger's* Ballade bearbeitet. Leipzig 1868. 8°. (2 Mk. Franz Teubner, c. 1895.)

— die Uebereinstimmung der neuesten Altonaer Bibel-Ausgabe mit d. Geiste nicht nur der heil. Schrift selbst, sondern auch des protestant.-kirchl. Lehrbegriffs, in besond. Beziehung auf die dagegen öffentl. bekannt geword. Einwendungen. 8. Leipz. 817. (Hammerich in Altona). 1 ß 8 gr

Schröder, W., die Uebereinstimmung der neuesten Altonaer Bibelausgabe mit dem Geiste nicht nur der heiligen Schrift selbst, sondern auch des protest. kirchl. Lehrbegriffs in besond. Beziehung auf die dagegen öffentl. bekannt gewordenen Einwendungen dargest. 8. Leipz. Steinacker. 817.

— der Verein unter den Landgeistlichen. Ein treffl. Mittel, die Fortbildung derselben zu befördern u. zu erleichtern. gr. 8. Leipz. 818. Centr.-Compt. 16 ℊ (Schmid in Jena). 18 ℊ

Schröter, Wilh., der Verein unter den Landgeistlichen, ein treffliches Mittel, die Fortbildung derselben zu befördern und zu erleichtern. gr. 8. Jena. (Joachim in Leipz.) 818. —

— der Verein unter den Landgeistl., ein treffl. Mittel, die Fortbildung derselben zu befördern u. zu erleichtern. Neue Vorlesungen. gr. 8. Leipz. 823, Centr.-Compt.

Schröter, Wilh., von St. Malo nach dem Cap der guten Hoffnung. Seeabenteuer für die Jugend erzählt. br. 8. (IV und 156 S. mit 5 lithogr. und fein ill. Abbild.) Leipzig 861, Matthes.

— Von St. Malo nach dem Cap der guten Hoffnung. Seeabenteuer für die Jugend erzählt. Mit (5 lith.) fein color. Abbildungen. Leipzig 862. Matthes. gr. 16. (2 Bl., 156 S.) n. 25 ngr.

— Predigt: Was dünket euch um Christo? gr. 8. Altenb. 822. (Schnuphase). 3 ℊ

— was ist von d. Kritik der neuen preuß. Kirchenagende zu halten, welche bei Hermann in Frankfurt erschienen ist? Unbefangen untersucht u. freimüthig beantwortet. gr. 8. Jena 824. Mauke. 12 ℊ

—— Wissenschaft, Kunst u. Religion im innigen u. ewigen Bunde. Ideen, v. einem Vater, sein. Sohne mitgetheilt u. zum Besten auch anderer studir. Jünglinge hrsg. 1 Bdchn. gr. 8. (9¾ B.) Altona 834. Hammerich.

Schroeter, Wilhelmine, beim Feuerschein! Gedichte. (V, 98 S.) kl. 8. Dresden 906. E. Pierson. n. 2. —; geb. n. 3. —

Schroeter, Wilhelmine, wir, die wir suchen ... Gedichte u. Skizzen. (VI, 68 S. m. Bildnis.) 8. Dresden (907). E. Pierson. 1.50; geb. n 2.50

Schroeter, Wolfgang Heinrich (Chemnitz) A. S. 1117/7

Dissertatio inauguralis medica de oleo vitrioli dulci. Präs. Johann Schulze.
Halle (Hilliger) IV. 1735. 34 S.

W. v.: Paul Christian Müller. 31572

Schröter-Zuberbühler, E., s. Für Streben u. Leben.

SCHROTERS, Christ. Philip, Poetische Ergetzlichkeit. 1722. 8°.
So im Cat. libr. Hamb. 1. Aug. 1740. P. I. p. 84. — Sehr selten!

Schroth, Joh., der Naturarzt zu Lindewiese in k. k. österr. Schlesien, u. dessen Semmelkur. 12. (IX, 98 S.) Wien 850. M. Stern. 1. 8

Johann Schroth, der Naturarzt zu Lindewiese in k. k. österr. Schlesien u. dessen Semmelcur. Die ausgezeichnete Wirksamkeit dieser Cur gegen alle chron. Krankheiten, Hautausschläge aller Art, Syphilis, scrophulöse Geschwüre, Knochenfrass, Gicht, Rheumatismen, Unterleibsleiden, Leberleiden, Epilepsie, männl. u. weibl. Unfruchtbarkeit etc. auf einer leichtfassl. u. praktischen Weise dargestellt v. einem prakt. Arzt. 12°. (IX. 98 S.) Wien: M. Stern. 1886.

Schroth, Johann, der Naturarzt zu Lindewiese in k. k. österr. Schlesien u. dessen Semmelcur. Die ausgezeichnete Wirksamkeit dieser Cur gegen alle chron. Krankheiten, Hautausschläge aller Art, Syphilis, scrophulöse Geschwüre, Knochenfrass, Gicht, Rheumatismen, Unterleibsleiden, Leberleiden, Epilepsie, männl. u. weibl. Unfruchtbarkeit u. s. w. auf e. leicht fassl. u. prakt. Weise dargestellt v. e. prakt. Arzte. (IV, 80 S.) 8 Freiwaldau (902). A. Blažek. 1. —

Schroth, Johann, der Naturarzt zu Lindewiese in k. k. österr. Schlesien u. dessen Semmelkur. Die ausgezeichnete Wirksamkeit dieser Kur gegen alle chron. Krankheiten, Hautausschläge aller Art, Syphilis, skrophulöse Geschwüre, Knochenfrass, Gicht, Rheumatismen, Unterleibsleiden, Leberleiden, Epilepsie, männl. u. weibl. Unfruchtbarkeit u. s. w. auf e. leicht fassl. u. prakt. Weise dargestellt v. e. prakt. Arzte. 33. Aufl. (IV, 80 S. m. 1 Bildnis.) 8. Freiwaldau (904). A. Blažek. — 85

Schroth, Johann, der Naturarzt zu Lindewiese in k. k. österr. Schlesien u. dessen Semmelkur. Die ausgezeichnete Wirksamkeit dieser Kur gegen alle chron. Krankheiten, Hautausschläge aller Art, Syphilis, skrophulöse Geschwüre, Knochenfrass, Gicht, Rheumatismus, Unterleibsleiden, Leberleiden, Epilepsie, männl. u. weibl. Unfruchtbarkeit usw. auf e. leicht fassl. u. prakt. Weise dargestellt v. e. prakt. Arzte. Durchgesehen u. rev. v. Karl Schroth. (35. Aufl.) (IV, II, 82 S. m. 1 Bildnis.) 8. Freiwaldau-Gräfenberg (909). A. Blažek. — 90

Schroth, Eman., Johann Schroth, Gründer der Diätcur u. sein Lebenslauf, beschrieben v. seinem Sohne E. S. Im März 1890. gr. 8. (47 S. m. 1 Abbildg. u. 2 Portr. in Lichtdr.) Teschen 890. (Freiwaldau, A. Blažek.) n. 1. 20

Schroth, Erhard. Gravirte und geätzte Ornamente von Gegenständen des Königl. historischen Museums und der kunstgewerblichen Ausstellung zu Dresden vom Jahre 1875. Dresden 1876. Fol.

Schroth, Erhard, gravirte und geätzte Ornamente von Gegenständen des k. historischen Museums und der kunstgewerblichen Ausstellung zu Dresden vom J. 1875 gesammelt und unter Mitwirkung der Studirenden der k. Bauakademie zu Dresden in Orig.-Grösse gezeichnet. Hrsg. von den Studirenden der Bauakademie. Mit Unterstützung der Generaldirection der k. Sammlungen für Kunst und Wissenschaft. qu. Fol. (12 autogr. Bl.) Dresden 878, Gilbers'sche Verlagsh. In Mappe *

Schroth, Erhard, appr. Arzt a. Glumbowitz in Schlesien, Unterarzt im 3. Posenschen Inf.-Reg. Nr. 58: Über die Perityphlitis in der Armee und die Erfolge der operativen Behandlung. Berlin (1905): G. Schade. (30 S.) 8°
Berlin, Med. Fak., Ref. Hildebrand, Diss. v. 22. Apr. 1905
[Geb. 3. Apr. 79 Glumbowitz i. Schl.; Heimatsort: Glumbowitz; Staatsangeh.: Preußen; Vorbildung: Gymn. Wohlau Reife O. 99; Studium: Berlin, K. Wilh. Akad. 9 S.; Coll. 20. Apr. 05; Approb. 11. Apr. 05.]

Schroth, Georg, aus Grechwitz bei Grimma (Kgr. Sachsen): Zur Kenntnis synthetisch dargestellter Nitro-meta- und -ana-toluchinoline sowie einiger ihrer Derivate. *Freiburg i. B. 1898: C. A. Wagner.* (63 S.) 8°
Freiburg i. B., Phil. Diss. v. 1898

Schroth, J. T., s. Muster-Sammlung für d. röm. Schrift.

Schroth, Joh., Naturheillehre, s. Flotow, G. v. — Gerke, Fr. Clem.

Schroth's, Joh., des Naturarztes, Heilmethode und ihre ausgezeichneten Erfolge. Nebst kurzen Bemerkungen über die Mängel und Nachtheile der in Gräfenberg üblichen Wasserkur. Nach eigener Erfahrung u. langer Beobachtung zum Wohl der leidenden Menschheit getreu dargestellt von einem praktischen Arzte. Neuer unveränderter Abdruck. Leipzig 859. Brauns. 16. (VIII, 104 S.) 15 ngr.

Schroth, Karl, s.: Gicht u. Rheumatismus.

— s.: Heilkur, die gesamte Schroth'sche.

Schroth, K, Die gesamte Schrothsche Heilkur als letzte Lebensrettung. 31. Aufl. 8°. (73, 35, 24, 40, 39, 19 S. u. 3 Tafeln)
Freiwaldau: Blažek 1910. kart. K 3.60

— Johann Schroths diätetische Heil-Methode, s.: Cybulla, 26.

— s.: Hypochondrie u. Hysterie.

— Die Schroth'sche Kur u. ihre Durchführg. in Nieder-Lindewiese auf Grund der Erfahrungen während e. 20jähr. Tätigkeit. (24 S.) 8. Nieder-Lindewiese 910. (Freiwaldau, A. Blažek.) — 45

Schroth, Karl, s.: Lungenkrankheiten u. deren gründliche Heilung durch die Schroth'sche Heilkur.

Schroth, K., Lungenkrankheiten und deren gründliche Heilung durch die Schrothsche Heilkur. 8°. (40 S. u. 1 Tafel)
Freiwaldau: Blažek 1910. K —.80

Schroth, Carl, s.: **Wesen, das krankhafte, der Hämorrhoiden.**

SCHROTH, Otto: Untersuchungen über den Salzsäuregehalt des Mageninhaltes bei Chlorose.– München: Kastner & Lossen 1896. 29 S.
15.7.1895 – Chr 1895/96,7; Jv 1895/96,229 (Prom.-Datum: 1896)
Diss. Ingolst.-Landsh.-München.

Schroth, Werner, Referendar: Der Wandelungsanspruch nach B.G.B. Danzig 1909: Schroth. 64 S. 8°
Leipzig, Jur. Diss. v. 31. Dez. 1909
[Geb. 8. Mai 88 Danzig; Wohnort: Danzig; Staatsangeh.: Preußen; Vorbildung: Kgl. Gymn. Danzig Reife O. 06; Studium: Jena 2, Königsberg 1, Jena 1 S.; Rig. 18. Dez. 09.] [U 10. 2879

Schroth-Ukmar, Albine, Donausagen von Passau bis Wien. (123 S. m. 24 Abb.) gr. 8. Wien (903). H. Kirsch. n. 1.80

Schroth-Ukmar, Albine, aus des Lebens Wonnezeit. Gedichte. 8. (46 S. m. Bildnis.) Dresden 901. E. Pierson. n. 1.—; geb. n. 2.—

Schrott, A., der Dampf, s.: Collection Spemann.

Schrott, A., Grundlagen, Vorbedingungen u. Grundzüge e. auf der freien natürlichen Erkenntniss beruhenden Lehre v. der Sittlichkeit. gr. 8. (VII, 48 S.) Leipzig 883. Thiele. n. 1.—

— des Menschen Leben u. Gesundheit. Ein Haus- u. Familienbuch. gr. 8. (VIII, 472 S.) Leipzig 885. C. A. Koch. n. 5.—; geb. n. 6.—

Schrott, Adolf, aus Geisingen: **Pseudomelanosarkom der Nasenmuschel.** *Würzburg 1897: P. Scheiner.* (19 S.) 8
Würzburg, Med. Diss. v. 1897

Schrott, Anton Angelus: In nonnullos M. T. Ciceronis de Natura deorum Libri primi locos commentatus est. 1835 – S. 3–26.
Progr. Dillingen

Frage: In welche Jahre des jugendlichen Alters sollen die Gymnasial-Studien fallen? Psychologisch und pädagogisch gewürdiget. Von A. Schrott, R. u. G. P. – 1825. — S. 3—10.
Progr. Dillingen

De Tacito in Gymnasiis legendo, Commentatio, quam scrips. Ant. Ang. Schrott, R. et P. G. — 1830. — S. 3—21.
Progr. Dillingen

Schrott, H., Jakob Brunner. Ein Tiroler Roman. (248 S.) 8. Innsbruck 910. E. Sibler. 5.—; geb. 6.—

Schrott, J., scientia religionis, quam ex systemate J. Frint. in latin. compend. redegit. IV Tom. 8. Wien 824. Geistinger. (Gerold). 4 ℛ 11 gg. Pr. 2 ℛ

Schrott, (J.) scientia Religionis, quam ex Systemate J. Frint. in latin. comped. redegit. 4 Tom. 8. Vindob. 824, Geistinger. (Landsh., Krüll)

Schrott, Johs., Bienen. Lyrisches, Didaktisches u. Epigrammatisches. Augsburg 868. Kranzfelder'sche Buchh. gr. 16. (VII, 368 S.) n. 1 ℛ 10 ngr.

Schrott, Johs., Dichtungen. Mit einem Vorwort von Osc. v. Redwitz. Mainz 860. Kirchheim. 16. (XII, 204 S.) 1 ℛ

Schrott, Johs., s. Hildebold von Schwangau.

(*Schrott*, Johannes, die Mariensäule in München. Geschichtliches u. Beschreibendes gelegentl. ihrer neuesten Restaurirung. München, Dr. Wild'sche Buchdr., 1870. 8°. 29 S. Cart.
Jac. Balde besang die Mariensäule in 3 schönen lat. Oden, die in der Uebersetzung Schrott's S. 24 ff. beigegeben sind

Schrott, Johs., poetische Meditationen über das Vater unser, Ave und die zehn Gebote. Augsburg 858. Kollmann. 12. (IV, 186 S.) 18 ngr.

Schrott, Johs., poetische Meditationen üb. Das Vater unser, Ave u. die zehn Gebote. (Nebst e. Anh.: „Die großen Zeugen".) 2. Aufl. Mit e. Geleitswort. 12. (XX, 194 S. m. Bildnis.) Augsburg 900. Kranzfelder. n. 1.20; geb. in Leinw. m. Goldschn. n. 2.—

Schrott, Dr. Josef —. Der österreichische Aerarial-Rechnungsprozeß. 8. VI und 84 S. mit 6 Bl. Tabellen.) Wien. Verlag und Druck von Friedrich Manz. 1854.

Schrott, Jos., die Forderungen des Volkswohles an die Bankordnung. Kein Finanzproject, sondern: „Ein Wort für die Aufhebung des Zwangumlaufes der Banknoten." Prag 862. Mercy. Lex.-8. (39 S.) 10 ngr.

Schrott, Jos., Lehrbuch der Staats-Verrechnungskunde für die im Reichsrathe vertretenen Länder und für die den sämmtlichen Königreichen und Ländern gemeinsamen Angelegenheiten in der österreichisch-ungar. Monarchie. 3. verb. Aufl. gr. 8. (X, 291 S.) Wien 882, [Braumüller.] Manz'sche Hofverlagsh. *
1. und 2. Aufl. waren nicht im Handel.

Schrott, Dr. Josef — Lehrbuch der allgemeinen Verrechnungswissenschaft. Von — —. Im Manuskripte gedruckt zum Gebrauche bei den akademischen Vorträgen des Verfassers. Prag, 1856. Druck von Friedrich Rohlicek. (266 S. 2 Bl. 8.)

Schrott, Dr. Jos. Lehrbuch der Verrechnungswissenschaft. 1. Aufl. 1865. 2. umg. Aufl. gr. 8°. Wien, Braumüller, 1871.

Schrott, Jos., Lehrbuch der allgemeinen Verrechnungswissenschaft. 2. umgearb. Aufl. Wien 871. W. Braumüller. gr. 8. (X, 272 S.) n. 1 ℛ 20 ngr.

Schrott, Jos., Lehrbuch der Verrechnungswissenschaft. 4. verb. Aufl. gr. 8. (XIX, 558 S.) Wien 881, Braumüller. * 10 —
3. Aufl. erschien im Selbstverlage des Verfassers.

Schrott, Jos., Lehrbuch der Verrechnungswissenschaft. 5. Aufl. gr. 8. (XVI, 464 S.) Wien 886, Manz'sche Hof-Verlags- und Universitäts-Buchh. * 10 —

— Rede gesprochen in der Landtags-Wählerversammlung des Altstädter Wahlbezirks in Prag am 18. März 1861. Prag 861. (Credner.) gr. 8. (7 S.) n. 2 ngr.

— die Staatskassen im Kaiserthum Oesterreich. Mit 1 Münztafel (in Fol.). Ebend. 862. gr. 8. (XVI, 360 S.) n. 1 ₰ 22 ngr.

Schrott, Jos., die Staatskassen im Kaiserth. Oesterreich. gr. 8. (XVI und 360 S. mit 1 Münztaf. in qu. Fol.) Prag 863, Credner. *

Schrott, Jos., Versuch der Begründung eines Staatskassen-systems vom Standpunkte der Finanzwissenschaft. gr. 8. (IV und 78 S. mit 1 lithogr. Tab. in qu. gr. 4.) Meißen 855, Goedsche'sche Buchh. Thlr. *

Schrott, Ludwig, k. k. Oberlieut. Geschichte des k. k. österr. 59. L.-Inft.-Reg., Leopold Grossherzog von Baden. Aus: „Oesterr. milit. Zeitschrift". 8. Wien 1835.

Schrott, Ludwig, Oberlieut. im k. k. 47. Lin.-Inft.-Reg. Graf Anton Kinsky. Geschichte des k. k. österreichischen 9. Husaren-Regiments Nikolaus I., Kaiser von Russland. Aus der österreichischen militärischen Zeitschrift 1834 besonders abgedruckt. kl. 8. Wien 1834.

Schrott, Paul v., das elektrische Verhalten der allotropen Selenmodifikationen unter dem Einflusse von Wärme u. Licht. (90 S. m. 23 Fig.) gr. 8. Wien 906. (A. Hölder.) n. 3. —
Sonderabdruck aus: „Sitzungsber. d. k. Akad. d. Wiss."

— Isothermische Zustandsänderung [illegible] Drucke, Volumen und Gewichte mit 2 Text- [illegible] S. 120 [illegible] — 40
Separatabdruck

Schrott-Fiechtl, Hans, moderne Bergbauern. Kulturgeschichtliches aus Tirol. Mit 33 Illustr. v. B. Konrad. 1.—9. Taus. (321 S.) 8. Graz (907). Styria. Geb. in Leinw. 3. 60

— dasselbe, s.: Volksbücherei. 189/175.

Ich zwing's! Tiroler Roman von Hans Schrott-Fiechtl. Köln: J. P. Bachem [1907]. (272 S.) 8° [F.] [08. 12337]

— zwischen Joch u. Ach'n, s.: Geschichten, Tiroler.

Schrott-Fiechtl, Hans, zwischen Joch u. Ach'n. Tiroler Bergbauerng'schichteln. Mit 18 Illustr. von B. Konrad. (161 S.) kl. 8. Graz (906). Styria. Geb. in Leinw. n. 1. 80

— dasselbe, s.: Volksbücherei. Nr. 162—64.

Aus'n Tiroler Landl. Tiroler Bergbauerng'schichteln, Neue Folge von: Zwischen Joch u. Ach'n von Hans Schrott-Fiechtl. Mit 18 Ill. von B. Konrad. Graz & Wien: Styria [1907]. (163 S.) 8° [F.] [08. 344]

— dasselbe, s.: Volksbücherei.

SCHROTT-FIECHTL, Hans
(F) Das Oesterreichische Lebensmittelgesetz im Lichte der heimischen Milchwirtschaft. Eine social-politische Plauderei von Hans Schrott-Fiechtl. Wien. 1898. Verlag des österreichischen Centralvereines für Milchwirtschaft. [In Comm. Frick.] Gr.-8°. 229 S. fl. 1.20

Schrott-Fiechtl, Hans, das österreich. Lebensmittelgesetz im Lichte der heim. Milchwirthschaft, s.: Publikationen des österr. Centralvereines f. Milchwirthschaft. Nr. 6.

Schrott-Fiechtl, H., der ostholstein. Meierei-Verband, s.: Peterson, C.

— statist. Notizen üb. die deutsche Milchwirtschaft u. deren Bedeutg. gr. 8 (32 S.) Bremen 895. Leipzig, M. Heinsius Nachf. n. 1. —

— Der Spatz am Joch u. andere Erzählungen. Tiroler Berggeschichten. (279 S.) 8. Regensburg 910. F. Pustet. 1.80; geb. in Leinw. 2. 60

Schrottenbach, Heinr., die Auswanderer. Volksstück m. Gesang in 4 Akten. Musik v. J. Gauby. 16. (99 S.) München (898). Rubinverlag. n. 1. —

— Volkswahn. Volkskomödie in 4 Akten. 16. (103 S.) Ebd. (898.) n. 1. —

Schrotter, Gottfried

Schrotter, Gfried., religiös-sittliche Anreden. Vorgetragen für die studirende Jugend. gr. 8. (VIII und 295 S.) Graz 850, Damian und Sorge.) *

Schrotter, Godofridus, Historia sacra, quam in usum inventutis litterarum studiosae adornatam edidit. Linz, Danner, 1864. 8°. 2 Bde, XI, 450 u. 303 S.
Recens. (Wiener) Allg. Litt.-Ztg., Jahrg. 13, Nr. 3; (Würzburger) Chilianeum, Bd. VII (1865), S. 380—382.

Schrotter, Ignaz

Schrotter, Ign., Abriß der neuen österreichischen Maß- u. Gewichts-Ordnung. Mit Abbildgn. der neuen Maße u. Gewichte (in eingedr. Holzschn.) gr. 8. (16 S.) Wien 870. Hölder. n. — 40

Schrotter, Ign., Abriß der Münz- u. Geldlehre nebst authent. Münz-Abdrücken in Gold, Silber u. Kupfer für Schulen u. den Privatgebrauch. Wien 870. (Prandel.) gr. 8. (VI, 73 S. mit 4 Münztaff.) n. 20 ngr.

— Darstellung d. französischen metrischen Mass-Systems u. der neuen österreichischen metrischen Mass- u. Gewichts-Ordnung. hoch 4. (4 S.) Wien 871. Gronemeyer in Comm. n. — 40

Schrotter, Ignaz, Erläuterung der allgemeinen österreichischen Wechsel-Ordnung zum Gebrauche an Handels- und Gewerbeschulen, sowie zum Selbst-Unterrichte bearbeitet. gr. 8. (VIII u. 1[illegible] S.) Wien, Prandel in Comm. 1867 1 fl.

—— Erläuterung der allgem. österreich. Wechselordnung zum Gebrauche an Handels- und Gewerbeschulen, sowie zum Selbstunterrichte. gr. 8. (VIII, 170 S.)
Wien: Hölder 1870.

—— die Frakturschrift. qu. 4. Wien 870, Hölder. * — 80

—— Grundsätze der neuen österreich. Mass- und Gewichtsordnung. Auf Grund des Gesetzes vom 23. Juli 1871 für Schulen bearb. Fol. 1 Taf. Ebendas. 871. * — 40

—— die Kartenschrift. (Antiqua.) qu. 4. Ebendas. 870. * — 80

—— Leitfaden bei dem Unterrichte in der neuen Mass- und Gewichtsordnung der österreich.-ungar. Monarchie für Volks- und Mittelschulen. gr. 8. (IV, 79 S. mit 1 Taf.) Ebendas. 874. * 1 40

—— das neue metrische Mass im Portemonnaie. Nach den amtl. Verhältnisszahlen bearb. 1. und 2. Aufl. 64. (32 S.) Wien 872, Gronemeyer. * — 20
—— dass. — 3. Aufl. 64. (32 S.) Wien 874, Hölder. * — 20

— das neue metrische Mass im Portemonnaie. Nach den amtl. Verhältnisszahlen bearb. 3. Aufl. 64. (32 S.) Wien 873. Hölder. n. — 20

— die neuen Masse u. Gewichte der österreich-ungarischen Monarchie. Nach den von der k. k. Normal-Aichungs-Commission in Wien erlassenen Vorschriften. Chromolith. Imp.-Fol. Ebend. 873. n. 1. 60

— **die neue Mass- u. Gewichts-Ordnung der österreichisch-ungarischen Monarchie als Anschauungsmittel bearb. u. gezeichnet. Lith. Imp. Fol. Ebend. 873.** n. — 60

—— die neue Mass- und Gewichtsordnung der österreich.-ungar. Monarchie und das Rechnen mit Decimalen und den neuen Massen für Schulen und den Privatgebrauch. gr. 8. (II, 100 S. mit 1 Taf.) Ebendas. 874. * 2 —

— **das neue Mass-System der österreichisch-ungarischen Monarchie. Nach dem Gesetze vom 23. Juli 1871 u. den v. der k. k. Normal-Aichungs-Commission in Wien erlassenen Vorschriften bearb. Lith. Fol. Ebend. 873.** n. — 20

Schrotter, Ign., „das Meter." Darstellung des französischen metrischen Mass-Systems und der neuen oesterreichischen metrischen Mass- und Gewichts-Ordnung. hoch 4. (4 S.) Wien 871, (Gronemeyer.) [Hölder.] *

—— der kleine Metermaß-Verwandler. Nach amtl. Tabellen bearb. 64. (71 S.) Wien 874, Hölder. *

Schrotter, Ign., Münz-Kunde mit besonderer Rücksicht auf den österreichischen Kaiserstaat nebst einer Darstellung der Verfälschung der Münzen und des Papiergeldes und der Mittel, falsches Geld zu erkennen. Mit 1 Tab. (in Fol.) und authentischen Münz-Abdrücken in Gold und Silber (auf 4 Taf. in Congrevedr.). Graz 861. (Wien, Manz & Co.) Lex.-8. (VI, 80 S.) n. 1 ꝛc

—— Preisberechnung der alten Gewichts-Einheiten auf die neuen Gewichts-Einheiten und umgekehrt. Fol. 1 Taf. Ebendas. 871. *

—— die französische Rondeschrift [écriture ronde] mit erklärendem Texte. qu. 8. (6 S. und 11 Stnt.) Wien 871, (Gronemeyer.) [Hölder.] *

—— die englische Schrift in Wandtafeln. gr. qu. Fol. Wien 870, Hölder. *

—— die Gothische Schrift. qu. 4. Ebendas. 870. *

— **Schriften-Vorlagen f. Techniker aller Fächer. qu. 8. (21 lith. S.) Ebend. 871.** n. 3. —

—— das Schriften-Zeichnen für Gewerbe- und Industrie-Schulen. Mit erklärendem Texte. gr. qu. Fol. (VIII S. und 10 Bl. Vorlagen.) Ebendas. 873. *

— **deutsche u. englische Schriftvorlagen f. Real- u. Bürgerschulen, sowie f. die oberen Klassen der Volksschulen. qu. 8. (IV, 27 S. u. 23 Steintaf.) Ebend. 871.** n. 2. 50

Schrotter, Ignaz: Arithmetische Studie über die Effecten der Wiener Börse auf Grund des Gesetzes vom 20. Juni 1868, betreffend die Umwandlung der verschiedenen Schuldtitel der bisherigen allgemeinen Staatsschuld. Ein Beitrag zur Berechnung der Staats-Effecten. Mit 1 Tafel zur Umrechnung der Coupons der Staats-Obligationen nach dem Gesetze vom 20. Juni 1868. Wien: Prandel 1868. (27 S.) 8°

—— arithmetische Studie über die Effecten an der Wiener Börse auf Grund des Gesetzes vom 20. Juni 1868 betr. die Umwandlung der verschiedenen Schuldtitel der bisher. allgem. Staatsschuld. Ein Beitrag zur Berechnung der Staats-Effecten. Mit 1 Tafel zur Umrechnung der Coupons der Staats-Obligationen nach dem Gesetze vom 20. Juni 1868. gr. 8. (27 S.) Wien 870, Hölder. *

Schrotter, Ign., die neue österreichische Währung und das Rechnen mit derselben. Ein Handbuch für Schulen, Beamte, Handels- und Geschäftsmänner und Alle, welche sich mit dem Rechnen in der neuen Währung vertraut machen wollen. Lex. 8. (X und 84 S. mit 3 Tab. in gr. Fol. und qu. gr. Fol.) Graz 858, Kienreich. (Wien, Manz und Comp.) Thlr. *

Schrötter, ..., s. Gedichte, zwei, z. Feier d. Reform.-Festes.

v. Schrötter. Karte von Ost-Preussen nebst Preussisch-Litthauen und West-Preussen nebst dem Netzdistrict. Aufgenommen in den Jahren 1796–1802. Berlin 1803 bis 1810. 25 Bl. K. v.

v. Schrötter, Frhr. ..., Rede bei Eröffnung der interimist. Landes-Repräsentation am 21. Febr. 1814, nebst d. Antwort des General-Erb-Land-Postmeisters von Schlesien, Grafen v. Reichenbach-Goschütz. gr. 8. Berl. 814. Dümmler. 2 gr.

Schrötter, Frhr. v., Taschenbuch f. Offiziere, Sanitätsoffiziere, obere Militärbeamte u. Offiziersaspiranten des Beurlaubtenstandes, f. Offiziere z. D. u. a. D. (VIII, 253 S.) 16. Oldenburg 906. G. Stalling's Verl. Geb. in Leinw. n. 2. —

Schrötter, A. v., die Gefahren der Kohlenladungen. (40 S. m. 2 Fig.) gr. 8. Hamburg (903). Eckardt & Meßtorff. n. 1. —

Schrötter, Anton, Ritter v. Kristelli

— [illegible] ver.
Separatabdruck

— [illegible] ver.
Separatabdruck

Schrötter, A. [illegible] Kalk-[illegible]. (Aus der Zeitschrift für Physik und Mathematik.) Wien [illegible]. 8.

— [illegible] ver.
Separatabdruck

Schrötter, A. R. v., e. Apparat zur Bestimmung der Kohlensäure besonders im Leuchtgase. [Aus: „Sitzungsber. d. k. Akad. d. Wiss."] Lex.-8. (6 S.) Wien 871. (Gerold's Sohn.) n. — 20

— Aequivalentbestimmung des Phosphors, s.: Denkschriften der k. Akad. d. Wissensch. Mathemat.-naturwissenschaftl. Cl. IV. Bd. 2. Lfg.

— [illegible] Phosphor, Schwefel und Arsen [illegible] ver.
Separatabdruck

Schrötter, A., Andreas Frhr. v. Baumgartner. Eine Lebensskizze. [Aus dem Almanach der k. Akad. der Wiss.] Wien 866. (Gerold's Sohn.) 8. (53 S.) n. 6 ngr.

— ein Beitrag zur Geschichte d. Mangan-Legirungen. [Aus: „Sitzungsber. d. k. Akad. d. Wiss."] Lex.-8. (4 S.) Ebend. 871. — 15

— [illegible] ver.
Separatabdruck

— Ein [illegible] Beitrag zur [illegible] der Natur des amorphen Phosphors. [illegible] ver.
Separatabdruck

— **Beiträge zur Kenntniss d. Diamantes. [Aus: „Sitzungsber. d. k. Akad. d. Wiss."] Lex.-8. (9 S.) Ebend. 871** n. — 20

Schrötter, A., Bemerkungen zu Jacquelain's Aquivalentbestimmungen d. Phosphors. [Aus d. Sitzungsberichten 1852 d. kais. Akad. d. Wissensch. abgedr.] Lex. 8. (8 S.) Wien 852. (Braumüller. n. 2 ngr

Schrötter, A., Bemerkungen zu Jacquelain's Aequivalentbestimmungen des Phosphors. Lex.-8. (8 S.) Wien 852, (Gerold's Sohn.) *
Aus: Sitzungsberichte der k. Akademie der Wissenschaften J. 1852, besonders abgedruckt.

Schrötter, A., Bericht an die kaiserl. Akademie der Wissenschaften über eine mit deren Unterstützung nach England und Frankreich unternommene Reise. Im Auszuge vorgetragen in den Sitzungen der mathemat.-naturwissenschaftl. Classe am 21. Febr., 7. und 14. März 1850. Als Anhang zum Juli-Heft der Sitzungsberichte. gr. 8. (78 S.) Wien 850, Braumüller. *

— Bericht [illegible] die chemische Beschaffenheit einer unter einem Torflager bei Aussee gefundenen [illegible] Substanz. S. 3. [illegible] vgr.
Separatabdruck

— Bericht über die Beschaffenheit und den technischen Wert der im Kaisertum Österreich vorkommenden Braun- und Steinkohlen. 1. Mitteilung. S. 3. [illegible] vgr.
Separatabdruck

— Bericht über die Leistungen der kaiserlichen Akademie der Wissenschaften und die in derselben seit 30. Mai 1855 vor sich gegangenen Veranderungen. Wien 856. (Gerold.) gr. 8. (99 S.) n. 10 ngr.

Schrötter Anton Ritter von Kristelli, Dr.: Bericht über die Leistungen der Kaiserlichen Akademie der Wissenschaften und [illegible] in derselben seit 30. Mai 1855 vor sich [illegible] Ver[illegible]. F. S. 1856 . . . K 1.–
Separatabdruck

— Bericht über die Leistungen der Kaiserlichen Akademie der Wissenschaften und die in derselben seit 30. Mai 1856 stattgefundenen Veränderungen. F. S. 1857 . . 2.–
Separatabdruck

— Bericht [illegible] der Kaiserlichen Akademie der Wissenschaften und die in derselben seit 30. Mai 185[illegible] [illegible] Veränderungen. F. S. 1861 . . 2.–
Separatabdruck

— Bericht [illegible] Kaiserlichen Akademie der Wissenschaften und die in derselben seit 30. Mai 18[illegible] Veränderungen. F. S. 18[illegible] . . 1.60
Separatabdruck

— Bericht über die [illegible] Kristallsystem [illegible] und der [illegible] Verhältnisse [illegible] chemisch [illegible] Produkten. S. 24. [illegible] vgr.
Separatabdruck

Schrötter, A., *Prof.* Bericht über den gegenwärtigen Standpunkt der Erzeugung und Verarbeitung des Aluminiums in Frankreich. *Wien* 1858. *K. k. Hof- u. Staatsdr.* 7 S. 8°.
Aus dem 28. Bande Nr. 2, S. 171, Jhrg. 1858 der Sitzungber. der mathem.-naturw. Classe der k. Akad. d. Wissenschaften.

— Bericht uber den gegenwartigen Standpunkt der Erzeugung und Verarbeitung des Aluminiums in Frankreich. (Aus den Sitzungsberichten d. k. Akad. d. W.) Wien 858. Gerold in Comm. gr. 8. (7 S.) n. 2 ngr.

— Bericht [illegible] Veränderungen [illegible] Wirksamkeit der Kaiserlichen Akademie der Wissenschaften seit [illegible] am 2. Februar 1848 bis 29. Mai 1852. F. S. 1852 . . . –.80
Separatabdruck

Schrötter, Ant., Bericht uber die Wirksamkeit d. k. Akademie der Wissenschaften und die in derselben seit 30. Mai 1854 vor sich gegangenen Veranderungen. Erstattet in der feierlichen Sitzung am 30. Mai 1855. Wien 855. (Gerold.) 8. (106 S.) n. 15 ngr.

— [illegible] zu Halstatt. 1. [illegible] untersucht von [illegible] J. Wolf. 2. [illegible] untersucht [illegible] 3. Der [illegible] untersucht von J. F. Wolf [illegible] 4. Das [illegible] untersucht von E. [illegible] 5. Die [illegible] Johann [illegible] Veitsch[illegible] Von E. [illegible] 6. Die [illegible] aus der Schlaf[illegible] Von J. [illegible] S. 11. [illegible] vgr.
Separatabdruck

— und Pohl J. J.: Über die chemische Beschaffenheit zweier im Handel vorkommender Seesalze. S. 6. 224 . . . vgr.
Separatabdruck

—— die chemischen Bestandtheile der Bronzen in den Gräbern von Halstatt und ihre Beziehung zu deren Ursprung. Lex.-8. (11 S.) Wien 861, (Gerold's Sohn.) *

Schrötter Anton Ritter von Kristelli, Dr.: Die chemischen Bestandteile der Bronzen in den Grabern von Hallstatt und ihre Beziehung zu deren Ursprung. S. 37. 174 vgr.
Sep.-Abdr.

— Theoretische Betrachtungen über die Amidverbindungen des Quecksilbers. S. 2. 4 vgr.
Separatabdruck

— Über die Betrachtungsweise der Doppelverbindungen des Cyans. S. 2. [illegible] . . . vgr.
Separatabdruck

Schrötter, A., die Chemie nach ihrem gegenwärtigen Zustande, mit besonderer Berücksichtigung ihres technischen u. analytischen Theiles. 2 Thle. mit vielen in den Text eingedr. Holzschnitten. 1.—3. Hft. gr. 8. Wien 845, 46, Heubner; Gerold. à n. $^{11}/_{12}$ ß

Schrötter, A., die Chemie nach ihrem gegenwärtigen Zustande, mit besond. Berücksichtg. ihres technischen u. analytischen Theiles. 2 Thle. 1. Bd. (5 Hfte.) gr. 8. (47½ B. m. viel. eingedr. Holzschn.) Wien 845—47, [Gerold, Verl.] *

—— die Chemie nach ihrem gegenwärt. Zustande, mit besond. Berücksicht. ihres techn. und analyt. Theiles. 6—8. Heft. gr. 8. (2. Bd. S. 1—528.) Wien 848—49, Gerold, Verlag. à Heft * 27 Ngr. *
1. Bd. (5 Hefte.) Ebendas. 1847. * 4 Thlr. 15 Ngr.

— über das Gefrieren des Wassers im luftverdünnten Raume und die dabei durch das Verdunsten des Eises erzeugte Kälte. (Aus d. Sitzungsberichten d. k. Akad. d. W.) Wien 853. (Gerold.) gr. 8. (19 S. mit Holzschn. im Text.) n. 5 ngr.

— Über das Gefrieren des Wassers im luftverdünnten Raume und die dabei durch das Verdunsten des Eises erzeugte Kälte. Mit einem Nachtrage: „Notiz über die Kristallbildung des Eises." S. 10. [illegible] . . . –.50
Separatabdruck

— Ist die krystallinische Textur des Eisens von Einfluss auf sein Vermögen magnetisch zu werden? Mit 1 (lith.) Taf. Aus d. Sitzungsberichten d. k. Akad. d. W. Wien 857. Gerold in Comm. gr. 8. (12 S.) n. 4 ngr.

— [illegible] der österreichischen Monarchie von Seite der Kaiserlichen Akademie der Wissenschaften zu veranlassenden meteorologischen Beobachtungen. S. 2. [illegible] vgr.
Separatabdruck

— [illegible] der Kaiserlichen Akademie der Wissenschaften [illegible] Untersuchung der Braun- und Steinkohlen Österreichs. S. [illegible] vgr.
Separatabdruck

— Dr. Justus Freih. v. Liebig. Eine Denkrede geh. bei der feierl. Sitzg. der kaiserl. Akademie der Wissenschaften am 30. Mai 1873. 8. (18 S.) Ebend. 873. n. — 40

— Dr. Justus Freiherr von Liebig. F. S. 1873 . . . –.40
Separatabdruck

— [illegible] Äquivalente des Phosphors [illegible] S. 5. [illegible] vgr.
Separatabdruck

— [illegible] Die [illegible] S. [illegible] II. 28 . . . vgr.
Separatabdruck

— Notiz über die [illegible] bei der volumetrischen Bestimmung des Stickstoffes. S. 31. 27 . . . –.10
Separatabdruck

Schrotter, Dr. A. R. von. Karl Ludwig Freiherr von Reichenbach. Eine Lebensskizze. (Separat-Abdruck aus dem Almanach der kaiserlichen Akademie der Wissenschaften, XIX. Jahrgang 1869. 8. (45 S.) Wien, Gerold in Comm. 1869 30 kr.

— Revision der vorhandenen [illegible] krystallisierten Körpern. Vorwort von A. Schrötter. [illegible] 2. Die [illegible] von einer Basis [illegible] S. 33. [illegible] vgr.
Separatabdruck

—— aus einem Schreiben des Herrn Lewis M. Rutherfurd. Lex.-8. (4 S.) Wien 866, (Gerold's Sohn.)

— Aus einem Schreiben des Herrn Lewis M. Rutherford an denselben. S. 53. II. 191 . . . . vgr.
Separatabdruck

Schrötter, Anton: Über mehrere in den Braunkohlen- u. Torflagern vorkommende harzige Substanzen. (Aus Pogg. Ann.) Leipzig. 1843. 8°

— über die Ursache des Leuchtens gewisser Körper beim Erwärmen. [Aus d. Sitzungsberichten 1852 d. k. Akad. d. Wissenschaften abgedr.] Lex. 8. (8 S.) Wien 852. (Braumüller.) n. 2 ngr

—— über die Ursache des Leuchtens gewisser Körper beim Erwärmen. Lex.-8. (8 S.) Wien 853, (Gerold's Sohn.) *
aus: Sitzungsberichte der k. Akademie der Wissenschaften, besonders abgedruckt.

— Über die Ursache des Leuchtens gewisser Körper beim Erwärmen. (Auszug.) S. 9. 411 . . . . —.20
Separatabdruck

— über die Ursache des Tones bei der chemischen Harmonika. (Aus d. Sitzungsberichten d. k. Akad. d. W.) Wien 857. Gerold in Comm. gr. 8. (8 S.) n. 2 ngr

— über e. merkwürdige Veränderung der Oberfläche e. Glasplatte durch e. plötzliche u. heftige Erschütterung. [Aus: „Sitzungsber. d. k. Akad. d. Wiss."] Lex.-8. (5 S.) Ebend. 871. n. — 20

— Über [illegible] direktem Wege darstellbaren Verbindungen des Phosphors mit den Metallen. S. 2. [illegible] . . . . vgr.
Separatabdruck

—— über ein vereinfachtes Verfahren das Lithium, Rubidium, Cäsium und Thallium aus den Lithionglimmern zu gewinnen. Lex.-8. (17 S.) Wien 865, (Gerold's Sohn.) *
aus: Sitzungsberichte der k. Akademie der Wissenschaften, besonders abgedruckt.

— Über ein neues Vorkommen von Zirkoniumoxyd. S. 14. 352 . . . . vgr.
Separatabdruck

— Ueber das Vorkommen des Ozons im Mineralreiche. (Aus den Sitzungsb. d. k. Akad.) Wien. 1860. 8.

— Über das Vorkommen [illegible] Glimmer aus Zinnwald. S. 48. II. 73 . . . . vgr.
Separatabdruck

— über e. Vorschlag v. G. G. Stokes, die schädlichen Wirkungen der Quecksilberdämpfe ganz od. theilweise zu beseitigen, u. üb. das Verhalten v. Jod u. Schwefel zu diesen Dämpfen. [Aus: „Sitzungsber. der k. Akad. d. Wiss."] Lex.-8. (10 S.) Ebend. 872. n. — 20

Schrötter, A., *Professor*. Ein Vortrag über das Aluminium, gehalten am 1. Febr. 1858. *Wien* 1858. Druck u. Verlag von *Carl Gerold's S.* VI, 36 S. 8°. 30 kr.

— Zurückweisung der von Herrn [illegible] Ansprüche [illegible] Teilnahme an der [illegible] Phosphors. S. 27. [illegible] . . —.20
Separatabdruck

— Über die [illegible] Metalloxyden. S. 1. 1[illegible] . . . . vgr.
Separatabdruck

— über einen neuen allotropischen Zustand des Phosphors. [Aus d. 1. Bd. der Denkschriften der mathemat.-naturwissenschaftl. Classe der kais. Akad. d. Wissensch. abgedr.] hoch 4. (21 S. m. eingedr. Holzschn.) Wien 848. (Braumüller.) n. 4 ngr (siehe auch: Denkschriften der k. Akad. d. Wissensch. Mathemat.-naturwissenschaftl. Cl. 1. Bd.)

Schrötter Anton Ritter von Kristelli, Dr. Über einen neuen allotropischen Zustand des Phosphors. (Auszug.) S. 1. [illegible] . . . . vgr.
Separatabdruck

Schroetter, B. Frhr. v., politische und rechtliche Bedenken gegen den Gesetzentwurf, betr. die Grenzen des Rechts zum Gebrauche kirchl. Straf- und Zuchtmittel. 1. und 2. Aufl. gr. 8. (56 S.) Leipzig 873, Roßberg'sche Buchh. * 1 —

— Gedanken e. Christen zu den Gesetzentwürfen üb. die Vorbildung u. Anstellung der Geistlichen, üb. die kirchl. Disciplinargewalt u. die Errichtg. d. königl. Gerichtshofes f. kirchl. Angelegenheiten, u. betr. den Austritt aus der Kirche. gr. 8. (147 S.) Aachen 873. Jacobi & Co. 1. 50

Schrötter, C. W, Commentatio de vestigiis linguae graecae in constitutionibus Imperatorum scriptisque juris consultorum romanorum. Gel. 1817. 16 S. 4°.

Schroetter, Eberhard Frh. von

Schroetter, Frhr. v., Geschichte des 7. Rheinischen Infanterie-Regiments Nr. 69. 1860—1885. gr. 8. (VII, 135 S. mit 1 Marschkarte und 8 Skizzen im Text.) Berlin 885, Mittler und Sohn. * 3 50

Schroetter, Frhr. v., Geschichte des 7. rheinischen Infanterie-Regiments Nr. 69 1860—1909. Vom Feldzug 1870/71 an fortgeführt v. Coster. 2. Aufl. Mit 3 Bildern, 1 Marschkarte u. 8 Skizzen im Text. (VI, 152 S.) gr. 8. Berlin 909. E. S. Mittler & Sohn. 4.—; geb. n 5. 25

Schrötter, Elisab. Freifrl. v., s.: Berge, Felicitas vom.

Schrötter, Erich v., Österreicher. Literarische Essays. (III, 124 S.) 8. Wien (909). K. Graeser & Co. Geb. 2. —

Schrötter, Franz Ferdinand Edler von

— Abhandl. vom Sitz- u. Stimmrechte d. Krone Böheim bei d. Reichstagsberathschlagungen u. dem dieser Krone hierin gebührenden Rang. 4. Wien 769.

v. Schrötter, Edler Frz. Fd., († im Juli 1780.) Abhandll. aus d. österreich. Staatsrechte v. Freiheitsbriefen, Titeln u. Reichsämtern, Erbhuldigungen u. Kleinodien, von d. vorzügl. Rechten, von d. Erbfolgs-Ordnung u. der Vormundschaft 2c. 5 Thle. 8. Wien 762—66. Kraus. 2 ℛ 16 gr

— Anmerkk. üb. Jh. Steph. Pütter's patriot. Gedanken, in Absicht d. k. u. Reichskammergericht u. dessen Visitation betreff. Fragen. 4. Frankf. u. Leipz. 768. Fortgesetzte Anmerkk. 2c. 4. Ebd. 769.

— Beobachtt. üb. J. St. Pütter's Versuch e. richtigen Bestimmung d. Ratificationsrechts bei Schlüssen reichsständ. Versammll. 2c. 4. Frankf. u. Leipz. 770.

v. *Schrötter*, Edler Frz. Fd., collectio Dissertationum historiam imp. rom. germ. illustr. II Tom. 8maj. Wien 776 u. 777. (Cnobloch in Leipz.) 2 ℛ 20 gr

— Collectio Dissertationum historiam imp. rom. germ. ill. II Tmi. gr. 8. Vienn. Lehn. (Bohme, Lips.) 776—77. (I. 1 Rthl. 12 gr. II. 1 Rthlr. 8 gr.)

Schrötter, Franz Ferd. von, Hofrath, Unpartheyische Gedanken über verschiedene Fragen bey Gelegenheit der Succession in die von dem verstorbenen Kurfürsten Maximilian Joseph rückgelassene Länder und Güter. (Wien) 1778. 4. (146 S.)
— Dasselbe. Anderer Druck.

Schrötter, Franz Ferdin. von, Hofrath, Zusätze zu den unpartheyischen Gedanken über verschiedene Fragen bey Gelegenheit der Succession etc. Heft 1. 1778. 4.

— Heft 2. Vollkommene Aufklärung der Reichslchussache von Baiern den Grundsätzen des teutschen Lehnssistems und den Observanzen hoher Häuser gemäss, dem unbefangenen Reiche vorgelegt 1779.

— Heft 3. Hauptsächlich die verwegne sog. Darstellung der Betrügereien, und der Nachricht von dem Leben Hrn. Michael von Priest, Probstes zu Boleslaw, und Kaiser Sigmunds Protonotarii betreffend. 1779. 4.

— österreich. Geschichte. 3 Thle. (3r Thl. ausgearb. v. Abv. Rauch u. de Luca). gr. 8. Wien 779—81. (Heubner). 5 ₰ 8 ℊ

— Grundriß d. österr. Staatsrechts. gr. 8. Wien, Kurzböck. (Camesina.) 775.

— diatribe de jurisprudentia veterum Persarum. 8. Wien 757.

SCHROETTER Franz Ferdinand Edler von. – . . . Hinterlassenes Manuskript von Pfalzgrafen. Ueberarbeitet und mit dem Leben des . . . Verfassers, hrsg. von Franz Dischendorf. Sonnleithner u. Horling, Wien 1784. 1 vol. 48 + 96 S.

— hinterlaff. Manuscript v. Pfalzgrafen, hersgg. v. Frz. Dischendorfer. 8. Wien 784. (Heubner). 12 ℊ

— hinterl. Manuscript von Pfalzgrafen, herausgeg. von F. Dischendorfer. 8. Wien, Hörling. (Camesina.) 784.

— Ratio studii juridici in Univ. Vindobon. 8. Wien 774. (Heubner). 6 ℊ

— Ratio studii iuridici in Univ. Vindobon. 8. Vien. Kurzböck. (Camesina.) 774.

— Versuch einer österr. Staatsgeschichte, von d. Ursprunge an bis nach dessen Erhöhung in ein Herzogthum. 8. Wien 771. Kraus. 20 ℊ

von Schroetter, Friedrich Frh. [aus Köln am Rhein]. Beiträge zur brandenburgisch-preufsischen Heeresverfassung unter dem Grofsen Kurfürsten . . . [Erschien vollst. u. d. T.: Die brand.-preuss. Heeresverfassung unt. d. Gr. Kurfürsten = Staats- u. Socialwiss. Forsch., Bd. XI Heft 5.] Leipzig, Duncker & Humblot, 1892; 35 S., 1 Bl. 8.
Berlin, Phil. Fak. Inaug.-Diss. v. 1. Okt. 1892

Schrötter, Frdr. Frhr. v., Beschreibung der neuzeitl. Münzen des Erzstifts u. der Stadt Magdeburg 1400—1682. Im Auftrage des Magistrats der Stadt Magdeburg bearb. (X, 171 S. m. 36 Lichtdr.-Taf.) 31×23,5 cm. Magdeburg 909. E. Baensch. Geb. in Leinw. 20. —

— Sächsische Heeresgeschichte, s. Eisenschmidt's Büchersammlung f. Unteroffiziere u. Mannschaften der Armee u. Marine.

Schroetter, Dr. Friedrich Freiherr v. Die brandenburgisch-preussische Heeresverfassung unter dem Grossen Kurfürsten. (1640—1688.) Aus: „Staats- und socialwissenschaftliche Forschungen". Herausgegeben von Gustav Schmoller. XI. Bd. 5. Heft. Der ganzen Reihe 50. Heft. 8. Leipzig 1892.

— Die brandenburg.-preussische Heeresverfassung unter dem Grossen Kurfürsten, s. Forschungen, staats- u. socialwissenschaftl.

Schrötter Frhr. v., Leitfaden für den Unterricht in der Geschichte u. Geographie für Unteroffizier- u. Regiments-Schulen. 1. u. 2. Aufl. Berlin 869. Mittler & Sohn. 8. (V, 35 S.) n. 3 ngr.

Schrötter, Frhr. v., Leitfaden f. den Unterricht in der Geschichte u. Geographie f. Unteroffiziere u. Regiments-Schulen. 4. Aufl. 8. (47 S.) Berlin 872. Mittler & Sohn. n. — 30

Schrötter, Frhr. v., Leitfaden für den Unterricht in der Geschichte u. Geographie für Unteroffizier- u. Kapitulanten-Schulen. 5. Aufl. 8. (47 S.) Berlin 878. Mittler & Sohn. — 30

Schrötter, Frhr. v., Leitfaden für den Unterricht in der Geschichte und Geographie für Unteroffizier- und Kapitulanten-Schulen. 6. Aufl. 8. (47 S.) Berlin 884. Mittler und Sohn. — 30

Schroetter, Frhr. v., Leitfaden f. den Unterricht in d. Geschichte u. Geographie f. Unteroffizier- u. Kapitulanten-Schulen. 7. Aufl. 8. (54 S.) Berlin 890. Mittler & Sohn. n. — 35

[F.] Leitfaden für den Unterricht in der Geschichte und Geographie für Unteroffizier- und Kapitulanten-Schulen v. [Friedrich] Frh. v. Schroetter, Generalmajor . . . 8. Aufl. *Berlin: E. S. Mittler & Sohn 1897.* (55 S.) 1 Bd 8. [98. 4298

[F.] Fürst Leopold von Anhalt-Dessau. Von [Friedrich] Frhr. v. Schroetter. M. 2 Abb. *Berlin: R. Eisenschmidt 1895.* (60 S.) 8. = Büchersammlung, Eisenschmidt's, f. Unteroffiziere u. Mannschaften d. Armee u. Marine. Abth. III. [No] 9. [96. 1315

— Fürst Leopold v. Anhalt-Dessau, s. a. Eisenschmidt's Büchersammlung f. Unteroffiziere u. Mannschaften der Armee u. Marine, III, 9.

— Die Münzen v. Trier, s.: Publikationen der Gesellschaft f. rheinische Geschichtskunde. XXX. 2.

— u. G. Schmoller, die Münzverwaltung der Könige Friedrich I. u. Friedrich Wilhelm I., s.: Acta borussica.

Schrötter, Friedr. Frhr. v. : Das Preußische Münzwesen im 18. Jahrhundert. s. Acta Borussica.

— der preußische Soldat der schlesischen Kriege, s.: Eisenschmidt's Büchersammlung.

Schroetter, Geo., s.: Festgabe, Karl Theodor v. Heigel gewidmet.

Schrötter, Geo., Geschichte der Stadt Nürnberg. (VII, 391 S. m. 185 Abb.) gr. 8. Nürnberg (909). C. Koch. Geb. in Leinw. 6. 50

Schrötter, Georg [aus Ginglmühl]: Dr. Martin Mair. E. biograph. Beitr. z. Geschichte d. polit. u. kirchl. Reformfrage d. 15. Jhs . . . München, kgl. Hof- u. Univ.-Buchdr. v. Dr. C. Wolf & Sohn, 1896; 2 Bl., 111 S. 8.
München, Phil. Fak., Inaug.-Diss. v. 1897

Die Nürnberger Malerakademie und Zeichenschule im Zusammenhang mit dem Kunstleben der Reichsstadt von der Mitte des 17. Jahrhunderts bis 1821. Nach literar. u. archival. Quellen dargest. von Georg Schrötter. Würzburg: H. Stürtz 1908. (94 S.) 8° [F.] = Neujahrsblätter. Hrsg. von d. Gesellsch. f. Fränk. Geschichte. 3. [08. 5199

Schrötter, Helene v., des Kindes Chronik. Ein Merkbuch des Lebens v. Mutterhand begonnen, zur späteren eigenen Fortsetzg. aus prakt. Erfahrg. zusammengestellt. (208 S.) gr. 8. Stuttgart (903). Deutsche Verlags-Anstalt. Geb. in Leinw. n. 5. —

Schrötter, Hermann, Ritter v. Kristelli

Schrötter, Herm. v., Bemerkungen üb. die Bedeutung e. systematischen Studiums des Skleromes. Mit 1 Kartenskizze im Text. gr. 8. (40 S.) Jena 901. G. Fischer. n. 1.20
Sonderabdruck aus: „Klin. Jahrb."

Schrötter, Herm. v., Beobachtgn. üb. physiolog. Veränderungn. der Stimme etc., } s.: Heller, Rich.
— die Carina Tracheae, } s.: Heller, Rich.

Schrötter v. Kristelli, Herm. Ritter, üb. den Farbstoff des Arillus v. Afzelia Cuanzensis Welwitsch u. Ravenala Madagascariensis Sonnerat, nebst Bemerkgn. üb. den anatom. Bau der Samen. [Aus: „Sitzungsber. d. k. Akad. d. Wiss."] Lex.-8. (41 S. m. 2 Taf.) Wien 893. (F. Tempsky.) n. 1. 20

Hygiene der Aëronautik von Dr. phil. et med. Hermann v. **Schrötter**. Leipzig, Berlin, München, Paris: Grethlein [1909]. 62 S. 8° [illegible]

Zur Kenntnis der **Bergkrankheit** von Dr. phil. et med. Hermann v. **Schrötter**. (Aus der III. medicin. Klinik von Hofrath v. Schrötter in Wien.) Mit 2 Figuren und 1 graphischen Darstellung im Texte. [Beiträge zur klinischen Medicin und Chirurgie herausgegeben vom Redactions-Comité der „Wiener klinischen Wochenschrift", den Herren Professoren Drs. Ernst Fuchs, Karl Gussenbauer etc. Heft 21.] Wien und Leipzig. 1899. Braumüller. Gr.-8°. 84 S. fl. 1.—

Klinik der Bronchoskopie von Hermann v. **Schrötter**, Wien. Mit 4 Taf. u. 72 Abb. Jena: G. Fischer 1906. (X, 688 S.) 4°(8°) [illegible]

— Luftdruck-Erkrankungen, s.: Heller, Rich.

Schrötter, Herm. v., s.: Pathologie, die chem., der Tuberculose.

— der Sauerstoff in der Prophylaxe u. Therapie der Luftdruckerkrankungen. (IV, 278 S. m. 39 Fig.) Lex.-8. Berlin 906. A. Hirschwald. n. 6.—
Erweit. Sonderabdr. aus: „M. Michaelis, Sauerstofftherapie".

— Untersuchungen über die Blutcirculation beim Menschen, s.: Loewy, A.

Schrötter, Hermann v.: Hygienische Vorschriften ..., s. Heller, Rich.

Schrötter, Hugo

— Beiträge zur Kenntnis der Albu[illegible] 1. Mitteilung. S. 102. IIb. [illegible] . . . . . vgr
— — 2. Mitteilung. S. 104. IIb. [illegible] . . . . . vgr
— — 3. Mitteilung. S. 105. IIb. [illegible] . . . . . vgr.
— — 4. Mitteilung. S. 107. IIb. [illegible] . . . . . vgr
Separatabdruck

— und Witt, R. Beiträge zur Kenntnis des [illegible] und der Cholalsäure und über ein [illegible] S. 117. IIb. [illegible] . . . . . vgr
Separatabdruck

Schrötter, Hugo: Beiträge zur Kenntniss des Camphers und seiner Derivate. Halle 1882: (Georgi in Bonn). 75 S. 8°
Halle-Wittenberg, Phil. Diss. v. [27. Dez.] 1882
Geb. Olmütz (Mähren) 11. 9. 1856. V.

Schrötter, Hugo: Über das Cholesterin. I. Mitteilung.
Separatabdruck aus: Sitzungsber. d. K. Akad. d. Wissensch. in Wien. Bd. 112. IIb. S. 69.

— Über die [illegible] Zuckersäure. S. 97. IIb. [illegible] . . . . . vgr
Separatabdruck

Schrötter, Hugo u. R. Weitzenböck: Über die Natur u. Konstitution der Rhizocholsäure.
Sep.-Abdruck aus: Sitzungsber. d. K. Akad. d. Wissensch. in Wien. Bd 117. IIb. S. 463.

Schrötter, Hugo [illegible] S. 83. II [illegible] . . . vgr
Separatabdruck

— und Floch [illegible] Vorläufige Mitteilung. S. [illegible] IIb. [illegible] . . . vgr.
Separatabdruck

— und Weitzenböck, R. [illegible] S. 117. IIb. [illegible]

Schrötter, Joh., Exedra ecclesiastica sive conciones dominicales et festivales. VI Ptes. 4. Augsburg, M. Rieger. 728.

Schrötter, Josef Adalbert

Schroetter, J. A., das preußische Eisenbahnrecht in seiner heutigen Gestalt, umfassend das Gesetz über die Eisenbahn-Unternehmungen vom 3. Novbr. 1838, nebst den dasselbe ergänzenden und abändernden Landes- und Reichs-Gesetzen, unter Berücksicht. der Erlasse der zuständ. Centralbehörden, der Entscheidungen des vormal. Ober-Tribunals und Reichs-Ober-Handelsgerichts und der Rechtsprechung des Reichsgerichts und Ober-Verwaltungsgerichts. Mit chronolog. und Sach-Register hrsg. gr. 8. (VIII, 275 S.) Berlin 883, H. W. Müller. * 5 —

Schrötter, Jos. Adalb., das ostpreußische Provinzial-Recht unter Berücksichtigung der späteren Gesetze, Verordnungen, Ministerial-Reskripte u. Entscheidungen des Obertribunals. Braunsberg 866. Huye. gr. 8. (136 S.) n. 20 ngr.

Schroetter, J. A., die rechtliche Stellung der katholischen Bischöfe in Preußen seit Emanation u. im Geltungsbereiche d. allgemeinen Landrechts. Lex.-8. (IV, 41 S.) Berlin 875. C. Heymann's Verl. n. 1. —

Schroetter, J. A., die Civilprozeß-Ordnung f. das deutsche Reich nebst Einführungs-Gesetz. Unter Berücksicht. der Entscheidgn. d. Reichsgerichts u. der neueren Gesetzgebg. zum prakt. Handgebrauche bearb. 8. (X, 379 S.) Düsseldorf 887. Schwann. n. 3. 50; geb. n. 4. 20

Schrötter Karl: Erinnerung und Association.
H. 1910 PN 2933 Diss. Wien. Univ.

Schrötter, Karl (Preßburg)
Mineralogische und chemische Untersuchung des Graphit nächst Schweine in Mähren.
Olmütz 1855.
[Zur Promotion eingereicht.]
Dr. phil. Giessen 28.11.1856. 26 Kriegsverlust.

Schrötter, C.: Mineralogische u. chemische Untersuchung d. Graphits nächst Schweine in Mähren. Zs. 8 S.– Olmütz OR., Progr. 1855, 1856.

Schrötter, Leopold, Ritter v. Kristelli

— **Robert Kochs** Bedeutung f. die Bekämpfung der **Tuberkulose**. (11 S.) gr. 8. Berlin 903. J. Goldschmidt.
Sonderabdruck aus: „Deut. mediz. Presse". n. 1.—

Schrötter, L., Beitrag zur Behandlung der Larynx-Stenosen. Mit 1 chromolith. Taf. u 5 (eingedr.) Holzschn. gr. 8. (III, 47 S.) Wien 876. Braumüller. n. 2. 40

Schrötter, Leop. v., **Beobachtungen** über eine Bewegung der Trachea und der grossen Bronchien mittelst des Kehlkopfspiegels. Eine physiolog. Studie. Lex.-8. (7 S.) Wien 872, (Gerold's Sohn.) *
Aus: Sitzungsberichte der k. Akademie der Wissenschaften, besonders abgedruckt.

Erkrankungen der Gefässe. Von Prof. L. von **Schrötter**. I. Hälfte. Erkrankungen der Arterien. Mit 55 Abbildungen. Wien. 1899. Hölder. Gr.-8°. VIII, 307 S. fl. 5.50

61

Erkrankungen der Gefässe. Von Prof. L[eopold] v. **Schrötter** in Wien. (In 3 H.) *Wien: A. Holder 1899–1901.* (VIII, 569 S.) 4°(8°)
Hälfte 1, Abt. 1. 2. Erkrankungen d. Arterien. 1899–1900.
2. Erkrankungen d. Venen. 1901.
— Pathologie, Specielle, u. Therapie. Bd 15, Th. 3. [illegible]

Schrötter, [Leopold] v.: Erkrankungen des Herzbeutels. Wien 1894. 84 S.

(Specielle Pathologie u. Therapie. Hrsg. von H. Nothnagel. Bd XV, 2.)

Schrötter, L., Erkrankungen des Herzbeutels, s. Pathologie u. Therapie, specielle.

— Fremdkörper im Kehlkopfe m. Perforation der Cart. thyr. u. Abscessbildung nach aussen. [Aus: „Monatsschr. f. Ohrenheilkde.“] gr. 8. (4 S.) Berlin 893. O. Coblentz. n. 1. —

— Handbuch der Krankheiten d. Circulations-Apparates, s.: Handbuch der speciellen Pathologie u. Therapie.

Schrötter, Leop. v., Hygiene der Lunge, s.: Bibliothek der Gesundheitspflege. 8. Bd.

—— Jahresbericht der Klinik für Laryngoskopie an der Wiener Universität. 1870. gr. 8. (IV, 144 S. mit 1 Stnt.) Wien 871, Braumüller. *

—— s. Illness, the, of the emperor Frederick III.

— chirurgische Instrumente, s.: Ausstellungs-Bericht, officieller.

Schrötter, Leopold von, s. Krankheit, Die, Kaiser Friedrich III.

—— Ueber die Lungentuberculose u. die Mittel zu ihrer Heilung. Ueber das Koch'sche Heilverfahren der Tuberculose. 2 Vorträge. gr. 8. (28 S.) Wien 891, Gerold's Sohn. * — 40

—— Mittheilung über ein von der Herzaction abhängiges, an der Lungenspitze einzelner Kranker wahrnehmbares Geräusch. Lex.-8. (4 S.) Wien 872, (Gerold's Sohn.)
Aus: Sitzungsberichte der k. Akademie der Wissenschaften, besonders abgedruckt.

—— laryngologische Mittheilungen. Jahresbericht der Klinik für Laryngoskopie an der Wiener Universität 1871—73. gr. 8. (VIII, 161 S. mit 1 xylograph. Taf. in qu. 4.) Wien 875, Braumüller. *

— s.: Monatsschrift f. Ohrenheilkunde.

Schrötter, L. v., über die Temperaturverhältnisse bei der croupösen Pneumonie. [Mit 21 (lith.) Taff. (in qu.-Fol.)] [Aus den Sitzungsber. der k. Akad. der Wiss.] Wien 869. (Gerold's Sohn.) Lex.-8. (69 S.) n. 3 M

— s.: Tuberculose, die.

Schrötter, L., Vorlesungen über die Krankheit des Kehlkopfes, der Luftröhre, der Nase und des Rachens. 1.—3. Lfg. gr. 8. Wien, Braumüller. [1. Lfg. (S. 1—48 mit 13 Holzschn.) 887. *M 1.40.; 2. Lfg. (S. 49—116 mit 11 Holzschn.) 887. *M 1.40.; 3. Lfg. (S. 117—194 mit 13 Holzschn.) 888. *M 1.80.] * 4 60

Schrötter, L. Vorlesungen üb. die Krankheiten d. Kehlkopfes, der Luftröhre, der Nase u. d. Rachens. 1. Bd. Krankheiten d. Kehlkopfes. 4.—6. Lfg. (Schluss d. 1. Bds.) gr. 8. Wien, Braumüller. [4. Lfg. (S. 195—261 m. 29 Holzschn.) 889. * 1 40; 5. Lfg. (S. 263—369 m. 36 Holzschn.) 891. * 3 —; 6. Lfg. (VIII, S. 371—482 m. 11 Holzschn.) 892. * 3 —.] * 7 40
1.—3. Lfg. Ebd. 1887,88. * 4 60.

— dasselbe. 1. Bd. Krankheiten des Kehlkopfes. 2., neu durchgesch. Aufl. gr. 8. (VIII, 484 S. m. 111 Holzschn.) Ebd. 893. n. 12. —

Vorlesungen über die Krankheiten der Luftröhre v. Prof. Dr. L[eopold] Schrötter in Wien. M. 53 Abb. *Wien & Leipzig: W. Braumüller 1896.* (4 Bl., 105 S.) 1 Bd 8.
= Schrötter, Leopold: Vorlesungen. Bd II. [96. 5734]

— über die Wirkung der Digitalis u. Tct. Verati viridis auf die Temperaturverhältnisse bei der croupösen Pneumonie. [Mit 5 (lith.) Taf. (in qu. Fol.)] [Aus: „Sitzungsber. d. k. Akad. d. Wiss.“] Lex.-8. (34 S.) Wien 870. (Gerold's Sohn.) n. 3. —

— über die Wirkung d. Tartarus emeticus u. d. Chininum bisulfuricum auf die Temperaturverhältnisse bei der croupösen Pneumonie. [Mit 5 (lith.) Taf. in qu. Fol.] [Aus: „Sitzungsber. d. k. Akad. d. Wiss.] Lex.-8. (35 S.) Ebend. 871. n. 3. 20

— s.: Zeitschrift f. klin. Medicin.

— s.: Zur Casuistik d. Fremdkörper in d. Luftwegen.

Schroetter, Oscar von: Der Nießbrauch an Forderungen nach römischem, gemeinem Rechte und dem Rechte des Bürgerlichen Gesetzbuchs. Greifswald 1903: J. Abel. (56 S.) 8°
Greifswald, Jur. Diss. v. [14. Mai] 1903

Schrötter, Rob. Frhr. v., der deutsche insbesondere d. preuß. Adel im 19. Jahrh. u. die deutsche Adelsgenossenschaft. Vortrag, geh. in der Versammlg. der Landesabteilg. Thüringen der deutschen Adelsgenossenschaft am 30. XI. 1907 zu Weimar. (46 S.) gr. 8. Neudamm (908). (J. Neumann.) 1. —

Beiträge zur Geschichte der Freiherrlich von Schrötterschen Familie. Von Robert Frh. v. **Schrötter**, Gen.Major z. D. Berlin 1905: Gebr. Unger. (VII, 114 S.) 8° [F.] [05. 3164

Schroetter, Wilhelm, prakt. Arzt aus Berlin: Zur Antitoxin-Behandlung des Tetanus traumaticus. *Greifswald 1900: J. Abel.* (27 S.) 8°
Greifswald, Med. Diss. v. 22. Dez. 1900

Schrötter, Wilibald, a. Frankfurt a. M.: Ovid und die Troubadours (Teildruck). Marburg 1908 (Halle a. S.: E. Karras). (49 S.) 8° ¶ (Erscheint vollst. b. M. Niemeyer, Halle a. S.)
Marburg, Phil. Fak., Ref. Wechßler-Maaß, Diss. v. 17. Juli 1908
[Geb. 2. Jan. 83 Cöln-Deutz; Wohnort: Marburg; Staatsangeh.: Preußen; Vorbildung: Gymn. Cöln, Wetzlar, Friedberg i. H., Wöhler-Realgymn. Frankfurt a. M. Reife O. 04; Studium: Marburg 2, München 1, Marburg 2, Handels-Akad. Frankfurt 1, Univ. Marburg 2 S.; Rig. 29. Jan. 08.]

Schrötter, Wilib., Ovid u. die Troubadours. (IV, 111 S.) gr. 8. Halle 908. M. Niemeyer. 3. —

Schroetteringk, Adolphus: De osteopalinclasi. Halae 1844: Ploetz. 30 S. 8°
Halle-Wittenberg, Med. Diss. v. 14. Febr. 1844
Geb. Hamburg [25. 12.] 1818. V.

SCHRÖTTERINGK, GEORG (autor), Diss. inaug. med. de hydrope. Kilonii. 1756. 4. P.

Schrötteringk, Martin Wolder

Demonstratio theorematis parallelarum, auctore M. W. Schrötterinck. Hamburg, Mayn. 1790. 30 Seiten. gr. 8.

Schrötteringk, Martin Wolder, s. Gedanken üb. Quarantaine-Anstalten.

Schrötteringk, Martin Wolder (Hamburg) A. S. 351/17

Dissertatio de pluribus hominibus personam unam gerentibus. Präs. Johann Nikolaus Hertius. Giessen (Müller) XII. 1709. 40 S.

W, v, : Präs, , L, Binder, B, G, Hintz (Opp.), Georg Jakob Hoefft (Opp.), Johann Hieronymus Kirchoff, C. A. von Voigt (Opp.), G. A. Schmid. 31574

— de obaerato tam naturaliter tali, an et quatenus jure Hamburgensi valide contrahere et in judicio agere possint. 4. Götting. 791. Brose. 4 gr

Schrötteringk, Martin Wolder
Dissertatio inauguralis juridica de dominii reviviscentia, occasione Part. II. Tit. 5. Art. 3. Statut. Hamburg.
Giessae Hass. April 1711: haer. J.R. Vulpii. 56 S. 4°
pro summis in utroque jure honoribus ... capessendis.

Schrotzenberger, Rob., Bretzelhans und Kuchenliesel. Ein Kindermärchen. gr. 4. (20 ill. Stnt. mit Text.) Frankfurt a. M. 853, Lizius.

Schrotzenberger, R., Bretzelhans u. Kuchenliesel. Ein Kindermärchen. Frankfurt a. M. (853.) (Constanz, Meck.) gr. 4. (20 lith. u. color. Taf. m. Text.) 1 ₰.

Schrotzenberger, Rob., Francofurtensia. Aufzeichnungen zur Geschichte von Frankfurt a. M. gr. 8. (64 S.) Frankfurt a. M. 881, (Diesterweg.) * 1 —

Schrotzenberger, R., der Tölpel-Peter, s. Tölpel-Peter.

(——) der Tölpel-Peter. Geschichten in Bildern zur belehrenden Unterhaltung für die Jugend. 3. Aufl. gr. 4. (24 ill. Stnt. mit Text.) Frankfurt a. M. 853, Lizius. *

Haushaltungsschule Schrozberg. Denkschrift zur Jubiläumsfeier 1881-1906. (32 S) Gerabronn (1906)

Schrüfer, Theodor: Über die Juraformation in Franken. (Aus Bamberg's nat. Jahresb.) Bambeg. 1861. 8°

Das Keuper- und Liasgebiet östlich von Bamberg. Geognostisch-oroplastische Skizze mit Rücksicht auf die Vegetationsverhältnisse. — Von Dr. Theodor Schrüfer, L.-P. — 1887, Bamberg — S. 3—64.
Progr. Bamberg, K. Lyceum

Bamberg's Untergrund und dessen Wasserführung. — Von Dr. Theod. Schrüfer, L. P. — 1878. Bamberg, — S. 3—52.
Progr. Bamberg, K. Lyceum

Schrüfer: Von den Wirkungen des Wassers auf und in der Erde. 31 S.—Bamberg, Progr. 1868

Schruff, Anton (geb. Müllenborn 8. 3. 1805): De sterilitate sexus sequioris. Berolini (1831) (30 S.) 8°
Berlin, Med. Diss. v. 10. Febr. 1831

Schrvff, Rvdolphvs (geb. 1837 in Hillesheim in d. Eifel): De typho primo in Evropa apparente ... Bonnae, form. F. Krvegeri (1861). 28 S., 2 Bl. 8.
Bonn, Med. Fak., Diss. v. 6 Aug. 1861

SCHRÜFFER, Alexander (Dresden): Die Bodenzinsfrage im bayerischen Landtag.- München: Kastner & Callwey 1907. 77 S.- Im Buchhandel: München: Lindauer.
12.12.1906 - Chr 1906/07,22; Jv 1907/08,512
Diss. Ingolst.-Landsh.-Mchn.

Schrüffer, Alex., die Bodenzinsfrage in Bayern. (V, 77 S.) gr. 8. München 907. J. Lindauer. 1.50

Schrullen vom Verfasser von Adam contra Eva. Breslau 1878. V: *Oertzen, Georg Freiherr von.* (Russell III, 716)

Schrullen, vom Verfasser von Adam contra Eva. 8. (III, 134 S.) Breslau 878. Trewendt. n. 3. —

Schrum, Eggert, Tierarzt aus Rendsburg (Holstein), in Hannover: Ueber Hundetuberkulose. (Aus dem Hygienischen Institut der Königl. Tierärztlichen Hochschule in Hannover. Professor Dammann.) Bern 1910. II + 62 S. 8°. [21. II. 10.]
Bern. Vet.-med. Diss. 1909/10.

Schrum, Eggert. Ueber Hundetuberkulose. Aus dem Hygienischen Institut der Königl. Tierärztlichen Hochschule in Hannover.... Diss. Vet.-Med. Bern. II + 62 S. 8. Bern, H. Jent & Co., 1910.

Schrumpf, Christian

Schrumpf, Chr., Jésus-Christ, sa vie — son œuvre sous forme de méditations journalières à l'usage du culte de famille. gr. 8. (XI, 387 S.) Strassburg 884, (Vomhoff.) geb. ** ℳ 5.; in Leinw. ** 6 50

Schrumpf, Chrn., südafrikanische Cap- und atlantische See-Bilder. Mit Anhang: Die Bassuto wie sie sind. 8. (60 S.) Straßburg 861, (Wwe. Berger-Levrault und Sohn.) *

—— süd-afrikanische Missions-Bilder für Jung und Alt. Nach eigener Anschauung dargestellt. 12. (60 S.) Straßburg 859, (Wwe. Berger-Levrault und Sohn.) *

—— süd-afrikanische Reise-Bilder. Tagebuch meiner Rückreise aus dem Innern Süd-Afrika's nach der Capstadt, in den Monaten Oktbr., Novbr. und Dezbr. 1857. 12. (84 S.) Straßburg 859, Wwe. Berger-Levrault und Sohn.

Schrumpf, Pierre, a. Mülhausen i. E.: Über die als Protozoen beschriebenen Zelleinschlüsse bei Variola. Berlin 1905: G. Reimer. (17 S.) 8°
Straßburg, Med. Fak., Ref. v. Recklinghausen, Diss. v. 8. März 1905
[Geb. 9. Juli 82 Neuweiler, Kr. Molsheim; Wohnort: Straßburg; Staatsangeh.: Elsaß-Lothringen; Vorbildung: Gymn. Marburg a. L. Reife O. 00; Studium: Freiburg i. B. 1, Straßburg 4, Berlin 1, Straßburg 2 S.; Coll. 12. Jan. 05; Approb. 24. Dez. 04.]

Schrutek: Die Lehre der Situations-Zeichnung, s. Dits.

Schruter A.: Beitrag z. Pathologie d. Morbus maculosus equorum. Diss. Zür. 1909. 70 S. 2 Tvl.

Schrutka-Rechtenstamm, Emil von

Schrutka-Rechtenstamm, E. v., zur Dogmengeschichte u. Dogmatik der Freigebung fremder Sachen im Zwangsvollstreckungsverfahren. Dogmengeschichtlicher Thl. 2 Hälften. gr. 8. Berlin, C. Heymann's Verl. n. 4. —
1. Bis zur Reception. (S. 1—125.) 888. n. 2. 50
2. Seit der Reception. (IV, S. 127—205.) 889. n. 1. 50

Schrutka-Rechtenstamm, E. v., zur Dogmengeschichte u. Dogmatik der Freigebung fremder Sachen im Zwangsvollstreckungsverfahren. Dogmatischer Thl. gr. 8. (III, 217 S.) Berlin 893. C. Heymanns Verl. n. 4. — (kplt.: n. 8. —)

Schrutka-Rechtenstamm, E. v., praktische Fragen d. österreichischen civilgerichtlichen Verfahrens. 8. (VI, 79 S.) Prag 884. Tempsky. — Leipzig, Freytag. n. 1. 60

—— Grundriss zu Vorlesungen über österreichischen Civilprocess. Für das Bedürfniss seiner Zuhörer bestimmt. gr. 8. (44 S.) Ebendas. 888. * 1 80

Grundriss des Zivilprozeßrechts. Von Dr. Emil Schrutka Edlem v. Rechtenstamm, Prof. Leipzig: Duncker & Humblot 1909. XII, 290 S. 4°(8°)
(Grundriss d. österreich. Rechts. 2. Bearb. Bd 2, Abt. 1.) [09. 12628 7

Schrutka Edler v. Rechtenstamm, Emil, Grundriß des Zivilprozeßrechts, s. a. Grundriß des österreichischen Rechts. II, 1.

– über das Jus novorum in der Berufungsinstanz, s.: Festschrift z. 70. Geburtstage Dr. Joseph Ungers.

Schrutka-Rechtenstamm, Emil v., die Compensation im Concurse nach österreichischem Rechte und mit Berücksicht. concursrechtl. Normen des Deutschen Reichs. gr. 8. (VII, 130 S.) Berlin 881, C. Heymann's Verlag. * 2 50

Schrutka-Rechtenstamm, E. v., Die Richtigkeit der Forderungen als Voraussetzung der Compensation. gr. 8. (30 S.) Wien 1900, Manz. —. 80.

—— über den Schlusssatz in Cap. XXI legis Rubriae de Gallia Cisalpina. Lex.-8. (16 S.) Wien 884, (Gerold's Sohn.) * — 40
Aus: Sitzungsberichte der k. Akademie der Wissenschaften, besonders abgedruckt.

— die Umgestaltung der Gerichtsverfassung durch den Entwurf e. Gesetzes üb. die Ausübung der Gerichtsbarkeit u. die Zuständigkeit der ordentlichen Gerichte in bürgerlichen Rechtssachen. [Aus: „Zeitschr. f. Notariat in Österr."] gr. 8. (VII, 136 S.) Ebd. 894. n. 2. —

Schrutka-Rechtenstamm, Emil v., Zeugnisspflicht und Zeugnisszwang im österreichischen Civilprocesse. gr. 8. (VII, 260 S.) Wien 879, Manz'sche Hofbuchh. *

Schrutka Edler v. Rechtenstamm, Emil, die neue österr. Civilprocessgesetzgebung. Text-Ausg., unt. Einfügg. d. unberührt bleib. ält. Vorschriften, m. Bezeichng. d. zusammenhäng. Stellen, Verweisgn. auf d. Entwürfe u. e. Sachregister. 8. (X, 780 S.) Wien u. Prag 896. F. Tempsky. — Leipzig, G. Freytag. Geb. in Leinw. n. 7. —

Schrutka, Dr. Emil, Edler von Rechtenstamm, Die neue österreichische Civilproceß-Gesetzgebung. Text-Ausgabe, unter Einfügung der unberührt bleibenden älteren Vorschriften, mit Bezeichnung der zusammenhängenden Stellen, Verweisungen auf die Entwürfe, und mit einem Sachregister. 2. Auflage. Ergänzt durch das Gerichts-Organisations-Gesetz, die Gewerbe-Gerichts-Ordnung, die Geschäfts-Ordnung für die Gerichte und die Durchführungs-Vorschriften von Dr. Josef Eckstein. 8. (X, 1463 S.) In Lnwd. geb. 7.50
Ebda. 1898.

— dasselbe. Ergänzungsbd., enth. d. Advocatentarif, d. Gebürenverordngn. u. die Erläutergn. des Justizministeriums zu den Civilprocessgesetzen. 8. (III, 258 S.) Ebd. 898. Geb. in Leinw. n. 3. —

Schrutka Edler v. Rechtenstamm, Loth., über die Auflösung linearer Quaternionengleichungen. (37 S.) 8. Wien 906. (A. Hölder.) n. 1. 10
Sonderabdruck aus: „Sitzungsber. d. k. Akad. d. Wiss."

Schrutz, Demetrius

Schrutz, Demetr., die Anna-Liese od. Bürgermädchen u. Fürstensohn, nach Herm. Hersch eingerichtet, s.: Heidelmann's, A., Theaterbibliothek.

Schrutz, Demetr., Ballzauber. Einaktige Plaudereien. (12 S.) kl. 8. Flöha 906. A. Peitz & Sohn. n. 1. —

— Die Blinde v. Paris, s.: Meißner's Schaubühne.

Damen-Humor. Heitere Deklamationen u. Vorträge f. Damen. Ausgew. u. hrsg. von Demetrius Schrutz. *Mühlhausen i. Th.: G. Danner [1903].* (112 S.) 8° [F.] [03. 13916 3

Schrutz, Demetrius, Deklamationsbuch für Damen. Ernste Gedichte. Heit. Vorträge. Dialekt-Dichtgn. Größ. Soloscherze. Leb. Bilder. Damen-Lustspiele. Gesammelt u. hrsg. 8. (VIII, 296 S.) Mühlhausen i/Th. 898. G. Danner. n. 2. —

— Deklamatorium f. Haus u. Welt. Auserlesene Vortragsdichtgn. ernsten u. heiteren Inhalts aus d. deutschen u. ausländ. Literatur. Mit e. Einleitg. „Üb. den Vortrag" hrsg. 7.—12. Taus. Neue, durchgeseh. u. verm. Ausg. (800 S.) kl. 8. Leipzig (910). M. Hesse. 2.—; geb. 2.40; in Geschenkbd. 3. —

— Goldene Dichterklänge. Ein deutscher Balladenborn. (287 S.) 8. Bonn 909. A. Heidelmann. 1.50; geb. 2. —

— Dir wie mir, od.: Dem Herrn e. Glas Wasser! Schwank in 1 Aufz. nach d. Franz. 8. (24 S.) Berlin (897). M. Böhm. 1. 50

[F.] Dir wie mir, oder: dem Herrn ein Glas Wasser! Schwank in 1 Aufz., nach d. Französ., v. Demetrius Schrutz . . . *Berlin: M. Böhm [1898?].* (24 S.) 1 Bd 8. [98. 8272

Das Dorfgretel. Liederspiel in 1 Akt nach e. älteren Stoffe von Demetrius Schrutz. Musik von Otto Waldmeister. *Mühlhausen i. Th.: G. Danner [1903].* (24 S.) 8° [F.]
= Thalia. 106. [04. 2368

— Dornröschen, s.: Heidelmann's, A., lebende Bilder.

— Dornröschen, s.: Heidelmann's, A., Theaterbibliothek.

— Einer muß heiraten, nach A. Wilhelmi, s.: Heidelmann's, A., Theaterbibliothek.

Schrutz, D., Emil und Emilie, s. Universal-Bibliothek Nr. 1788.

— d. Engel der Mitternacht, } s.: Bibliothek der Gesamtlitteratur des In- u. Auslandes.

— der Erste — der Zweite. Bluette in 1 Akte nach schwed. Stoffe. (18 S.) kl. 8. Flöha 906. A. Peitz & Sohn. n. 1. —

— des Sängers Fluch, s.: Uhland, Ludw.

— Frauen-Liebe u. Leben, s.: Chamisso, Adelb. v.

— hohe Gäste oder Excellenz u. Elefant, s.: Belly, G.

Genoveva, die unglückliche Pfalzgräfin am Rhein. Volksspiel in 5 Akten, nebst e. Vorspiel: Siegfrieds Abschied. Nach Christoph v. Schmids gleichnamiger Erzählung von Demetrius Schrutz. *Bonn: A. Heidelmann [1903].* (38 S.) 8° [F.]
= Theaterbibliothek, A. Heidelmann's. II. 83. [04. 1178

— Genoveva, die unglückliche Pfalzgräfin am Rhein, nebst e. Vorspiel: Siegfrieds Abschied, s.: Heidelmann's, A., Theaterbibliothek.

— Andreas Hofer, der Sandwirt v. Passeyer. Nebst e. Vorspiel: Der Kommandant v. Tirol, s.: Heidelmann's, A., Theaterbibliothek.

Ich lade den Major ein! Lustspiel in 1 Aufzug. Nach d. Franz. von Demetrius Schrutz. *Mühlhausen i. Th.: G. Danner [1900].* (40 S.) 8° [F.]
= Thalia. 65. [00. 9814

Ida von Toggenburg. Schauspiel in 5 Aufz. nach Christoph v. Schmid f. d. Volksbühne eingerichtet u. bearb. von Demetrius Schrutz. (2. Aufl.) *Paderborn: B. Kleine [1901].* (36 S.) 8° [F.]
= Theater, Kleines. H. 301. [03. 9039

— Kasperl-Komödien, s.: Pocci, Frz. Graf.

[F.] Katechismus für Liebhaber-Bühnen und Anfänger in der Darstellungskunst. Winke zu erfolgreicher Aufführg e. Stückes sowie über Einstudieren, Schminken, Kostümieren, Aufbau d. Bühne etc. v. Demetrius **Schrutz.** M. 9 preisgekr. Dekorationsentwürfen v. Prof. C. Schleising ... u. 3 Bühnenpl. *Halle a. S.: O. Hendel [1898].* (VIII, 104 S., 9 Taf.) 1 Bd 8.
= **Bibliothek** d. Gesamtlitteratur d. In- u. Auslandes. No 1123 1126.
98. 8974

— **das Käthchen von Heilbronn, nach Heinr. v. Kleist für den Bühnengebrauch eingerichtet, s.: Bibliothek der Gesamtlitteratur.**

— **Klingimsland. Heitere Gedichte u. anderes. 8. (VI, 111 S. m. Bildnis.) Halle (901). (O. Hendel.) n. 1.—**

— **das Lied von der Glocke, s.: Schiller, Frdr. v.**

[F.] Der Löwentöter. Lustspiel in 1 Akt. Frei nach d. Ital. v. Demetrius **Schrutz** ... *Mühlhausen i. Th.: G. Danner [1897].* (47 S.) 1 Bd 8.
= **Thalia.** [No] 21.
[98. 9941

[F.] Der Märchenprinz. Lustspiel in 1 Aufz. Frei nach d. Französ. v. Demetrius **Schrutz.** *Mühlhausen i. Th.: G. Danner [1897].* (39 S.) 1 Bd 8.
= **Thalia.** [No] 26.
[98. 9946

— Die Nonne v. Wyl, s.: Danner's, G., deutsche Volksbühne.

— Die Schillschen Offiziere, s.: Theaterbibliothek.

Die schnarchende Ordonnanz. Schwank in 1 Aufzug frei nach d. Franz. von Demetrius **Schrutz.** *Berlin: E. Bloch (1896).* (21 S.) 8° [F.]
= **Militär-Festmappe,** Ludwig Blochs, f. vaterl. Gedenktage ... H. 51.
[01. 11302

— d. schnarchende Ordonnanz, s. a. Bloch's, Ludw., Militär-Festmappe, Nr. 51.

[F.] Ein bekehrter Othello. Schwank in 1 Akt. Nach d. Französ. v. Demetrius **Schrutz.** *Mühlhausen i. Th.: G. Danner [1898].* (64 S.) 1 Bd 8.
= **Thalia.** [No] 36.
[98. 9481

Schrutz, D., Perlen f. den Vortrag, s.: Bibliothek der Gesamt-Litteratur d. In- u. Auslandes.

— **der Blumen Rache, s.: Freiligrath, Ferd.**

Die beiden Raubmörder. Posse in 1 Aufz. Nach Alexander Bergen's 'Mord in d. Kohlmessergasse'. Für Herrenaufführung eingerichtet von Demetrius **Schrutz.** *Mühlhausen i. Th.: G. Danner [1902].* (36 S.) 8° [F.]
= **Herren-Bühne,** G. Danner's. No 35.
[03. 696

— **die beiden Raubmörder, s. a. Danner's, G., Herren-Bühne. Nr. 35.**

Romanlieschen. Lustspiel in 1 Aufzuge. Frei nach d. Französ. v. Demetrius **Schrutz.** *Mülheim a. d. Ruhr: J. Bagel [1896].* (52 S.) 1 Bd 8.
= **Liebhaber-Theater.** Bdch. 60.
[98. 11590

Rosa von Tannenburg. Volksschauspiel in 5 Aufz. Nach Christoph v. Schmid's gleichnamiger Erzählung von Demetrius **Schrutz.** (2. Aufl.) *Paderborn: B. Kleine [1901].* (39 S.) 8° [F.]
= **Theater,** Kleines. H. 305.
[03. 9043

— Das Rosenwunder der hl. Elisabeth, s. a. Heidelmann's, A., lebende Bilder.

— **das Rosenwunder der hl. Elisabeth, s. a. Heidelmann's, A., Theaterbibliothek.**

Das Rosenwunder der heiligen Elisabeth. Von Demetrius **Schrutz.** (Zur Darstellung mit 1 lebenden Bilde eingerichtet.) Bonn: A. Heidelmann [1904]. (4 S.) 8° [F.]
= **Theaterbibliothek,** A. Heidelmann's. H. 142.
[06. 2626

Schrutz, Demetrius [Bearb.], s. Sailer, Karl Gg. Jak.: Die Nonne von Wyl.

— Schneewittchen u. die sieben Zwerge od. Die Schicksale e. verstoßenen Königstochter, s. a. Heidelmann's, A., lebende Bilder.

— **Schneewittchen u. die sieben Zwerge, s. a. Heidelmann's, A., Theaterbibliothek.**

Schneewittchen und die sieben Zwerge oder Die Schicksale e. verstoßenen Königstochter. In 8 lebenden Bildern. Begleit. Text von Demetrius **Schrutz.** Bonn: A. Heidelmann [1904]. (8 S.) 8° [F.]
= **Theaterbibliothek,** A. Heidelmann's. H. 118.
[06. 2662

— Der Schuster als Prinz, s.: Meißner's Schaubühne.

Schrutz, Demetr., Schwarz-Gelb u. Blau-Weiß. Heiteres Deklamatorium in österreich. u. bayr. Mundart, nebst e. Anh.: Ernste Dialektgedichte. (229 S.) 8. Bonn (910). A. Heidelmann. Geb. in Leinw. 2. —

— **Im Sommer des Lebens. Mären, Schwänke u. Lieder. Mit 1 Bildnis u. 2 Handschriftsproben des Dichters. (366 S.) 8. Ebd. 909. 3.—; geb. 4. —**

Eine Tasse Thee. Lustspiel in 1 Akt. Nach dem Franz. von Demetrius **Schrutz.** *Mühlhausen i. Th.: G. Danner [1900].* (37 S.) 8° [F.]
= **Thalia.** 62.
[00. 9811

[F.] Das Theater im Salon. E. Sammlg leichter Stücke z. Aufführg in Gesellschaftskreisen, sowie auf öffentl. Bühnen. Bearb. v. Demetrius **Schrutz.** Ser. 1. Bd 1—5. *Halle a. d. S.: O. Hendel [1897].* 8.
= **Bibliothek** d. Gesamtlitteratur d. In- u. Auslandes. No 1074—1083.
[97 7966

Die Tochter des Regiments. Militärisches Lustsp. mit Gesang in 3 Akten. Nach Donizettis gleichnamiger Oper bearb. von Demetrius **Schrutz.** Musikarrangement von Max Schmidt. *Mühlhausen i. Th.: G. Danner [1900].* (64 S.) 8° [F.]
= **Mohrakter.** No 5.
[00. 8257

— **der Ueberbrettl-Deklamator. 100 humorist. Vorträge v. unfehlbarer Wirkung. Gesammelt u. hrsg. 8. (96 S.) Mühlhausen i/Th. 901. G. Danner. n. — 60**

— **Der Überbrettl-Deklamator. 100 humorist. Vorträge u. Kabarett-Verse v. unfehlbarer Wirkg. Gesammelt u. hrsg. 2. veränd. Aufl. (96 S.) 8. Mühlhausen i/Th. (908). G. Danner. — 60**

— **Allgemeines Volksliederbuch. Zur Benutzg. bei Gesangsvorträgen in Vereinen u. gesell. Kreisen. Enth. ernste u. heitere Volks-, Vaterlands-, Liebes- usw. Lieder usw. in Hochdeutsch u. Dialekt. I. Abtlg.: Ernste Lieder. II. Abtlg.: Frohe Weisen. III. Abtlg.: Lieder in Mundart. (257 S.) 8. Bonn (910). A. Heidelmann. Geb. in Leinw. — 50**

— **die beiden Waisen, s.: Dennery.**

— **das Weihnachtsgeschenk. Lustspiel-Kleinigkeit in 1 Aufzuge. (12 S.) kl. 8. Flöha (906). A. Peitz & Sohn. n. 1. —**

Wenn Frauen weinen. Lustspiel in 1 Aufzug. Nach d. Franz. von Demetrius **Schrutz.** *Mühlhausen i. Th.: G. Danner 1900.* (47 S.) 8° [F.]
= **Thalia.** 67.
[00. 9816

Wenn man seinen Hut vergisst! Lustspiel in 1 Aufzug. Frei nach e. franz. Stoffe von Demetrius **Schrutz.** *Mühlhausen i. Th.: G. Danner [1901].* (32 S.) 8° [F.]
= **Vereinstheater.** 99.
[01. 8585

— Wer war's? od.: Eine Ohrfeige um jeden Preis. Lustsp. in 1 Akt. Nach e. französ. Stoffe frei bearb. 3. Aufl. 8. (19 S.) Berlin (897). M. Böhm. 1. 50

[S.] Wer war's? oder: E. Ohrfeige um jeden Preis. Lustspiel in 1 Akt. Nach d. franz. Stoffe frei bearb. v. Demetrius Schrutz ... 3. Aufl. *Berlin: M. Böhm [1888?].* (19 S.) 1 Bd 8.

In der Windmühle. Lustspiel in 1 Akt. Nach Paul de Kock u. Mélesville von Demetrius Schrutz. *Mühlhausen i. Th.: G. Danner [1898.]* (74 S.) 8° [S.]
= Vereinstheater. 76.

Schryver, Samuel Barnett [aus London]: Untersuchungen ueber die Oxydationsproducte von Terpentinöl und die Derivate derselben ... Leipzig, Druck v. Metzger & Wittig, 1893: 47 S. 8.
Leipzig, Phil. Fak., Inaug.-Diss. v. [7. Aug.] 1893

Schtreus, F., Lustpartie d. Weilnerschen Familie nach Eppstein. Taschenbuch f. 1815, mit K. 12. Frankfurt, Schäfer.

Schtschedrin, N., s.a.Tschedrin, N.

Schtschedrin, s.a.Saltykow, M. E.

Schtschedrin (Saltikoff), s. Aus dem Volksleben Rußlands.

†Schtschedrin, N. [M. J. Saltykow], „des Lebens Kleinigkeiten". Bilder und Typen aus dem russ. Leben. Autoris. Uebersetzung von Joh. Eckardt. 8. (XXXV, 277 S.) [Hamburg 888, Gebr. Behre's Verlag.] Mitau, E. Behre's Verlag. * 3 60

Schtscherbatow, s.a.Tscherbatow.

Schtscherbatowo, Mich., russ. Geschichte, v. d. ält. Zeiten an, a. d. Russ. v. Hase. 2 Thle. gr. 8. Danzig, Flörke. (Sommer in Leipz.) 778.

Schtscherbatowo, Fürst Michael. Russische Geschichte von den ältesten Zeiten an. Aus dem Russischen übersetzt von Christian Heinrich Hase. (2 Thle.) 8. Danzig 1779.

Schtscherbatskoi, Th. v., über das Haihayendracarita des Harikavi. Lex.-8. (III, XI, 112 S.) St. Petersburg 900. (Leipzig, Voss' Sort.) n. 3. —
Sonderabdruck aus: „Mémoires de l'acad. imp. des sciences de St.-Pétersbourg".

Schtschogoleff, Tobias, appr. Arzt aus Russland (Simferopol) Ueber die Beteiligung der einzelnen Muskelgruppen an den Lähmungen und Kontrakturen bei der cerebralen Hemiplegie. *Erlangen 1900: A. Vollrath.* (75 S.) 8°
Erlangen, Med. Diss. v. 27. Juli 1900

Schtschurowsky, geolog. Reise nach dem Altai, siehe: Bulletin de la Société Imp. des Naturalistes de Moscou. Tome XXI. 2 partie. Tome XXII. 1. partie.

Schu, Matthias

Schu, M., die Aussöhnung d. Sünders m. Gott durch das Sakrament der Buße nach der Lehre der kathol. Kirche. gr. 8. (VIII, 296 S.) Paderborn 872. Junfermann in Comm. n. 2. —

Schu, Matth., die heilige Eucharistie, das Opfer des neuen Bundes, die Seelenspeise der Gläubigen, der Gnadenthron Gottes in der Mitte seines Volkes. Trier 868. Lintz's Verl. gr. 8. (327 S.) 1 rß

Schu, Matthias, mein Gebet zu meinem Herrn und meinem Gott. Andachtsbuch für kathol. Christen. Nebst 2 Bildern. gr. 12. Saarlouis 840. (Trier, Lintz'sche Buchh.) 1/2 rß

Schu, Matthias, Gebet- u. Gesangbuch f. d. kathol. Schuljugend. 8. (33 1/2 B.) Trier 843, (Lintz'sche Buchh.)

—— de horis canonicis diatriba, concernens praeter breviarium romanum praecipue illud dioecesis Trevirensis, sed et Coloniense pariter ac Monasteriense. gr. 8. (XIV und 651 S.) Trier 864, Grach. *

—— die Leiden Jesu des Lammes Gottes in ihrer Vorhersagung und Erfüllung, in ihren Ursachen, Folgen und den aus denselben für die Erlöseten sich ergeb. Verpflichtungen, dem gläub. Volke zur Belehrung und Erbauung vorgestellt. gr. 8. (XVI und 209 S.) Trier 867, Lintz's Verlag.

Schu, M., die biblischen Lesungen der katholischen Kirche in dem Officium und der Messe de tempore. gr. 8. (VIII und 477 S.) Trier 861, Grach'sche Buchh.

Schub, Carl: Beitrag zur Kenntniss des Phenacetin als Nervinum ... Würzburg: Köhl & Hecker'sche Buchdr., 1888. 22 S. 8°
Würzburg, Med. Fak., Inaug.-Diss. v. 1888

SCHUBACH, FRANC. ARN., Diss. inaug. de furto tertio. Kiliae. 1828.

Schubach, Matth.

Schubach, M.: Über die Briefe des h. Hieronymus als Quelle der Geschichte des 4. und 5. Jahrhunderts und als erbauende Lectüre. 23 S. - Coblenz, Progr. 1855.

Schubach: De S. Patris Gregorii Nazianzeni Carminibus. 27 S. - Coblenz, Progr. 1865.

Schubach, Matth., de b. patris Gregorii Nazianzeni theologi carminibus commentatio patrologica duabus constans ex partibus, quarum prima propria carminum illorum natura describitur, altera notabiliores quidam eorum loci explicantur. gr. 8. (III, 59 S.) Coblenz 871. Hölscher. n. 1. 20

Schubach, M., für den systematischen Religionsunterricht an den deutschen Gymnasien. Zur Abwehr gegen Prof. Dr. Alb. Stöckl's: „Der moderne Religionsunterricht an den deutschen Gymnasien". gr. 8. (20 S.) Coblenz 880, Schuth. — 50

Schubach, Matth. Die Zahlangaben Genesis V und XI. Nach dem hebräischen Texte und den Siebenzig in ihrer Verwendung für die universale Chronologie. S. 75—98. Progr. G. *Coblenz 1882

Schuback, E., Leitfaden zum Unterricht in der deutschen Grammatik. 3. verm. und verb. Aufl. 8. (VIII, 103 S.) Düsseldorf 883, Schaub'sche Buchh. 1 20
1. und 2. Aufl. erschienen 1874 und 1875 anonym.

Schuback, E. W.: Grasbrook 1825. o. O. Lithographie. 1 Bl. Quer-Fol. (zusammengeklebt). ca 38/76 cm.

Schuback, E. W.: Grundriss der Pachtgüter der löblichen Kämmerei. (Hamburg.) 1840. Lithographie. 1 Bl. Quer-Fol., 48/69 cm.

Schuback, E. W.: Charte von der Mündung der Elbe bis Cuxhaven. Anno 1815. (1:82500.) Hamburg. o. J. Kupferstich. 1 Bl. Fol., 49/58 cm.

Schuback, E. W.: C h a r t e von der Mündung der Elbe und Weser nebst einem Theile der Nordsee. (1:100 000.) Hamburg. 1825. Kupferstich. 1 Blatt Imp.-Fol., 83,5/66 cm. Mit 3 Nebenkärtchen: Grundriss des Cuxhavner, des Fetterwarder und des Leher Hafens, und 3 Ansichten von Helgoland.

Schuback, E. W., Charte von den Mündungen der Elbe u. Weser, nebst einem Theile der Nordsee. Herausgegeben von der hochlöbl. Schifffahrts- und Hafen-Deputation in Hamburg, und unter Leitung des Herrn Woltmann zusammengetragen und gezeichnet 1831. M. 1 : 100000. Hamburg 1831. . . . . (HC.)

Schuback, E. W.: C h a r t e von der Norder-Elbe von der Buntenhäuser Sandspitze bis nach der Doven-Elbe. Aufgemessen v. J. H. Baxmann im Jahre 1780, ergänzt, berichtigt und auf Stein gezeichnet. ... im Jahre 1824. (ca. 1:7500.) Hamburg. 1 zusammengeklebtes Bl. Quer-Fol., 38/107 cm.

Schuback, E. W.: K a r t e des Steinwärders. Hamburg. 1853. Lithographie. 1 Bl. Quer-Fol., 42/79,5 cm.

Schuback, E. W.: C h a r t e von einem Theile der Norderelbe mit den Häfen von Hamburg und Altona am rechten Elbe-Ufer. (1:4000.) Hamburg. 1819. Lithographie, teilw. kol. 1 zusammengeklebtes Bl. Quer-Fol., 29,7/85,2 cm.

—— und F. E. **Schuback,** Charte der Unter-Elbe. Herausgeg. von der hochlöbl. Schifffahrts- u. Hafen-Deputation in Vereinbarung mit der Commerz-Deputation zu Hamburg. 1837. Unter der Leitung des Herrn Woltmann nach dem Massstabe der Beautemps-Beaupré'schen Charte (1 : 101780) aus Mittheilungen des Herrn Schumacher u. Herrn Niemeyer zusammengetragen und gezeichnet. Gestochen von Jacck in Berlin. Mit 5 Ansichten, gestochen von Joh. Bapt. Hössel. 1 Blatt von 42 Zoll Rhein. Länge u. 13 Zoll Höhe. Hamburg 1837. . . . . (HC.; RPA.; Br. Mus.)

Schuback, Emil, Aufgepaßt! Bilder-Alphabet. Breslau 865. Trewendt. 4. (25 Blatt mit eingedr. Holzschn.) cart. 1 ℛ

Schuback, Emil, Sammlung von Charakter-Köpfen. 32 (lith.) Vorlagen. Nach der Natur gezeichnet. Hamburg 864. O. Meißner. Lex.-8. 1 ℛ 15 ngr.

Schuback, Emma, Künstlers Erdenwallen. Roman. 8. (184 S.) Dresden 903. E. Pierson. n. 2. 50; geb. n. 3. 50

Schuback, Emma: Frauencharakter und Frauenbildung. Vortrag, gehalten im Bildungsverein zu Düsseldorf am 4. März 1891. — Düsseldorf: Voß 1891. 16 S. 8°

Schuback, F. J., Grundriß der christl. Religion nach Luthers Katechismus. gr. 8. Hamb. ... 2e A. 818. Perthes u. B. 9 gr.

— die Vertheilung d. Bibel ohne Auslegung u. Abkürzung durch die Bibelgesellschaften. Freier Auszug aus einer Rede d. Hrn. Prof. Stapfer. Verdeutscht u. mit e. Vorworte versehen. gr. 8. Hamb. 824. Perthes u. B. 3 gr.

Schuback, F. J., s. W e r t der ältern Bibelübersetzungen.

Schuback, Fr. Eugen

Schuback, F. E., der kleine Geometer, des kleinen Mathematiker 2. Thl., oder Anweisung, in ganz kurzer Zeit die Mathematik ohne Lehrer leicht und gründlich zu erlernen. Mit 132 Abbildungen. 16. (64 S. mit 9 Stnt. in qu. gr. 8. und 1 Tab. in 4.) Hamburg 853, B. S. Berendsohn.

Schuback, Fr. Eugen: C h a r t e der Unterelbe, s. S c h u b a c k, E. W.

—— kurze Lebensbeschreibung der im Kalender vorkommenden Heiligen. 8. (20 S.) Hamburg 853, Nestler und Melle.

Melchior Lorichs Flensburgensis Holsatus Antiqvitatis Studiosissim: faciebat anno Christ: MDLXVIII Calend: Mart: Nach dem, im Hamb. Stadt-Archiv befindlichen Original auf den 4fach kleineren Maasstab reduzirt von FR. EUGEN SCHUBACK, 1843. Lith: Speckter & Co. Hamburg.

Es giebt auch eine colorierte Ausgabe. Erläuterungen zu dieser Elbkarte, von J. M. LAPPENBERG verfasst.

Schuback, F. E., der kleine Mathematiker od. Anweisung, in ganz kurzer Zeit die Mathematik ohne Lehrer leicht u. gründlich zu erlernen. 16. (IV u. 124 S.) Hamburg 852, Berendsohn. 1/4 ℛ

Schuback, Fr. Eugen: P l a n von Hamburg und Altona. 1:12000. Hamburg. 1857. Farbendruck. 1 Bl. Imp.-Fol., 50/67,5 cm. Dass. Hamburg. 1861.

Schuback, F. E. Plan von **Hamburg, Altona** und Umgegend als Barmbeck, Billwärder, Borgfelde, Eilbeck, Eimsbüttel, Eppendorf, Harvestehude, Hamm, Hohenfelde, Horn, Mühlenkamp, Ottensen, Pöseldorf, Steinwärder, Uhlenhorst, Veddel, Wandsbeck, Winterhude. 1 : 12 000. Hamburg 1886. 1 Bl. c. 1..

—— hamburgischer Staatskalender, s. Staats-Kalender.

[**Schuback, Jacob.**] Von der musicalischen Declamation. Göttingen 1775.

Schuback, Jakob (Hamburg) A. S. 183/18

Dissertatio inauguralis iuridica de iure litoris vom Strand=Recht.
Göttingen (Vandenhoeck) 23. VI. 1750. 20 S.

Gew.: Johann Klefeker.
W. v.: G. Rentzel, Johann Friedrich Schweinitz.

31501

Schuback, Jak., († d. 15. Mai 1784.) Diss. inaug. de jure littoris: vom Strandrechte. 4. Götting. 750. Umgearb. unt. d. Tit.: Commentarius de jure littoris. 4. Hamb. 751. — Deutsch unt. d. T.: Abhandl. v. Rechte des Strandes, aus d. Latein. übers. von Jh. Chr. Greiling. 4. Ebd. 767. 2r Thl. Verbesserr., Zusätze u. Beilagen von J. Chr. Greiling; nebst Kpf. zum In Thl. 4. Ebd. 781.

Schuback, Jacob, Vom Strandrechte. I. und II. Theil. Aus dem Lateinischen übersetzt. Herausgegeben von Johann Christian Greilich. Hamburg 1767, 1781. (9167)

SCHUBACK, J.: Commentarius de jure litoris, v. Strandrechte. *Hamb.* 751. 4. Ins Teutsche übers. v. WAKARCH. 768.

Schuback, Jak., nur der redliche hat Muth. Schspl. in 3 A. 8. Hamb. 771.

Schuback, Jakob (Hamburg) A. S. 297/4

Dissertatio epistolaris de origine statutorum Hamburgensium non Susatensi.
Göttingen (Vandenhoeck) 10. III. 1749. 23 S.

Gew.: Johann Julius Surland. 31580

S c h u b a c k, Iac., de Saxonum transportatione sub Carolo M. facta. 4. Gött. Vandenhök 748.

Schuback, Johann (Mitarb.), s. A b h a n d l u n g e n, Zwei, über Geld u. Münze, Banken u. Banknoten.

[SCHUBACK, JOH., und PHIL. GABR. HENSLER], Zwei Abhandlungen über Geld und Münze, Banken und Banknoten. Altona. 1787. (paa Omsl. 1788).

Schuback, Johann, s. Schriften, Drei, von Geld u. Banken.

Weber, Imm. [Präs.] u. Nik. Schuback (Bremen) [Resp.]
Dissertatio inauguralis de licito per querelam nullitatis ad summa imperii dicasteria recursu, in causis aliàs vel per privilegium vel per legem ab illorum jurisdictione exemptis.
Giessae Jan. 1725: Joh. Reinh. Vulpius. 104 S. 4°
pro obtinenda summorum in jure obtinendorum honorum licentia.

Schuband, Gf., Buch d. Weisheit Salomonis, griech. und mit critisch. Anmerkungen. 8. Magdeburg, Scheidhauer 735. Rithir.

Schubar, L. [Pseud.], s.o. Lubarsch, Rudolph

Schubar, L. (Lubarsch), ein Ahnherr Victor Emanuel's. Historischer Roman. Detmold 867. Meyer'sche Hofbuchh. gr. 8. (204 S.) n. 1 Thlr

Schubar, L., (Lubarsch), Nikolaus Bibi. Roman. 8. (256 S.) Lemgo 852, Meyersche Hofbuchh.

— das schwarze Buch. (Roman.) 2 Bde. 8. (320 u. 229 S.) Ebd. 849. 2 Thlr

— Erzählungen u. Novellen. 2 Bde. 8. 1. Die Prophezeihung. Der Fälscher. (293 S.) 2. Das Wort des Königs. Die heimliche Ehe. (290 S.) Berlin 850, Gebauer. 2¼ Thlr

Schubar, L., [Lubarsch], Fürst u. Volk. Historischer Roman aus der Berliner März-Revolution. 2 Thle. 8. (255 u. 344 S.) Berlin 849, Sacco. 2 Thlr

—— der Günstling oder: Keine Jesuiten mehr! Original-Lustspiel in 4 Akten. 8. (210 S.) Berlin 847, Fernbach jun.

Schubar, L. (Lubarsch), die Kinder Israel. Frei nach einem französ. Stoffe bearb. 3 Bde. Berlin 856. Preußisches Literatur-Comptoir. (Bergemann.) 8. (829 S.) 2 Thlr. 20 Ngr.

Schubar, L., Louise. Aus den Papieren eines Staatsmannes. 8. (16¼ B.) Berlin 843, Heymann.

— die März-Tage. Histor. Roman aus der Berliner-März-Revolution. [Fortsetzg. des Romans Fürst u. Volk.] 8. (344 S.) Berlin 850, Sacco. 1¼ Thlr

—— Memoiren eines Edelmannes. 2 Bde. gr. 12. (17⅙ B.) Berlin 843, Heymann.

—— Memoiren eines Verurtheilten. 8. (14¾ B.) Berlin 842, Heymann.

—— Mysterien von Berlin. 12 Bde. 8. (147½ B.) Berlin 844, 45, Heymann.

—— gesammelte Novellen. 3 Bde. 8. (55⅝ B.) Berlin 844, Heymann.

—— Regierungsgeschichte Napoleon III., s. Bonaparte.

—— St. Truyen. 2 Bde. 8. (37⅝ B.) Berlin 844, Heymann.

— gesammelte Schriften. (Vollständig in 21 Bdn. oder 5 Liefg.) 1. Liefg. (od. 1.—4. Bd.) 1. u. 2. Bd. Mysterien von Berlin. — 3. u. 4. Bd. St. Truyen. 8. Ebend. 846. à Bd. n. ⅓ Thlr

— gesammelte Schriften. V—XXI. Bd. Mysterien von Berlin. 3—12. Bd. — Memoiren eines Edelmanns. 2 Bde. — Louise. Aus den Papieren e. Staatsmannes. — Gesammelte Novellen. 3 Bde. — Memoiren e. Verurtheilten. 8. Berlin 847, Heymann. à n. ⅓ Thlr (21 Bde. n. 7 Thlr)

Schubar, L., die Sprache d. Blumen in Gedichten. Nebst 100 kurzen Stammbuch-Aufsätzen, theilweise aus beliebten Classikern entlehnt. 16. (4½ B.) Quedlinburg 841, Basse.

—— der preußische Staatsbürger. Universal-Handbuch für alle Stände, insbesond. für Kaufleute, Gewerbtreibende, Kapitalisten ꝛc. Enth. die zuverlässigsten Rathschläge in allen Rechts- und Proceß-Angelegenheiten, Kontrakts-, Testaments-Verhältnissen ꝛc. 6., stark verm. Aufl. 3 Bde. in 40 Lfgn. 8. (XI und 816 S., III und 788 S., 838 S.) Berlin 865,66, Mode's Verlag. à Lfg. 5 Ngr.

Schubard, Karl Gottfried (Dresden) A. S. 6/15

Observationes iuridicae de iuramento subiectionis specialimque in eventum praestari solito occas. art. XI. §. 7. pac. Osnabr.
Präs. Justus Georg Chladenius.
Wittenberg (Gerdes) 17. IX. 1727. 22 S.

W. v.: Präs. 31583

Schubart, Chrn. Frdr. Dan., in seinem Leben u. seinen Werken, s.: Hauff, G.

Schubart. Sammlung Schubart, früher Dresden, jetzt München. Eine Auswahl v. Werken alter Meister aus dieser Sammlg., reproduziert in Heliogravüre u. Phototypie. Mit e. Vorwort des Besitzers u. m. erläut. Text v. Cornelis Hofstede de Groot. gr. Fol. (24 Taf. in Heliograv. m. VIII, 54 S. Text u. 18 Phototyp.) München 894. Verlagsanstalt f. Kunst u. Wissenschaft. Geb. in Halbfrz. n. 100. —

Schubart: Zur Gesch. d. Gymnas. in Budissin. 1. Th. Bautz. 1863. Dass. Th. 2. Ebda. 1864. (36 S.)
Schul- Univ.-Schrift

Schubart, Ueb. d. II. u. III. Hauptabschnitt d. Platon. Theätet. Pr. 1869. 22 S. 4°.

Schubart, ..., die Juden, was sie sind u. sein sollen. 8. Wien 787.

Schubart, Dr., s. Zeitschrift des Vereins f. hess. Geschichte.

Schubart, A., Novalis' Leben, Dichten und Denken. Auf Grund neuerer Publikationen im Zusammenhang dargestellt. 8. (XII, 466 S.) Gütersloh 887, Bertelsmann. * 5 —
geb. * 6 —

Schubart, A., über die Wurzelbildung der Cerealien, beobachtet bei Ausspülungen derselben in ihren verschiedenen Lebensperioden. Ueber das Tiefackern. Zwei Abhandlgn. Mit 8 (lith.) Taf. Abbildgn. Leipzig 857. Hoffmann. 4. (17 S.) n. 10 Ngr.

Schubart, Arth., Erinnerungen aus meiner Heimat. (V, 205 S.) 12. Stuttgart 904. A. Bonz & Co. n. 2. 60; geb. in Leinw. n. 3. 60

Die Forelle und ihr Fang. Eine naturgeschichtl. u. sportl. Monogr. von Arthur **Schubart**, München. Mit 75 Textabb. u. 1 Farbendrucktaf. Berlin: P. Parey 1903. (VIII, 172 S.) 8° [F.] 08. 3207

— Hochlandskämpfe. Geſchichten. (VII, 202 S.) kl. 8. Ebd. 907. n. 2.60; geb. in Leinw. n. 3.60

— Neues aus meiner Heimat. Hochlandsgeſchichten. (VII, 239 S.) kl. 8. Ebd. (905). n. 2.60; geb. in Leinw. n. 3.60

— aus St. Hubertus Reich. (128 S.) 12. Ebd. 904. n. 1.20; geb. in Leinw. n. 2.40

Schubart, Arthur, approb. Arzt aus Dresden: **Aus d. psychiatr. u. Nervenklinik d. Universität Kiel. Über psychische Störungen bei Chorea minor.** *Kiel 1903: Schmidt & Klaunig.* (26 S.) 8°
Kiel, Med. Diss. v. [13. Juni] 1903

Schubart, Arth., Wildwaſſer. Hochlandsroman. (339 S.) 8. Stuttgart 910. A. Bonz & Co. 3.80; geb. in Leinw. 4.80

Schubart, Barb. Eliſab., Jeſum liebender Seelen geiſtl. Herzenszufriedenheit. 12. Arnb. Feisecker. 716.

Schubart, C., De Hermesianactis elegis. Pr. 1858. 22 S. 4°. 1.20

Schubart, Christian (Wittenberg) A. S. 834/11

Dissertatio iuridica de licita et illicita usurarum exactione huiusque poenis.
Präs. Johann Friedrich Wernher.
Wittenberg (Gerdes) X. 1724. 35 S.

Gew.: Johann Friedrich Schlegel, Ludwig August Schroeter. 31585

Schubart, Christian Friedrich Daniel

Schubart's, Chrn. Frdr. Dan., († d. 10. Octbr. 1791), Leben in ſeinen Briefen. Geſammelt, bearb. u. hrsg. von Dav. Frdr. Strauß. 2 Bde. Mit Schubart's Portrait u. Facſimile (in Kpfrſt.) 8. (XVIII u. 920 S.) Berlin 849, A. Duncker. 5 ß 24 gr

Schubart's, Chriſt. Friedr. Dan., Leben, ſ. a. Strauß, Dav. Friedr.

Schubart, Ch. F. D., Leben u. Geſinnungen, ſ.: Meyer's Volksbücher.

— die Badecur. 8. Ulm, Bartholomäi. (Stettin.) 767.

— ſchwäbiſche Beitrr. zu Gellert's Epicedien. 8. Stuttg. 770.

— deutſche Chronik auf 1774—78. 37 Stcke. (fortgeſ. von Jh. Mart. Miller). 8. Ulm, (v. Jeniſch u. St. in Augsb.) 8 ß 20 gr

— deutſche Chronik auf 1774—78. 37 Stck. 8. Augsburg, Stage.

Friedrich der Einzige. Ein Obelisk von Schubart. Stuttgart, gedruckt in der Buchdruckerei der Herzoglichen Hohen Carlsschule, 1786 im Oktober. 8.

— Friedrich der Große. Ein Hymnus. 8. Münch. ... Fleiſchmann. ½ gr

Friedrich der Grosse Ein Hymnus von Schubart auf Hohenasperg. Berlin 1786. 8.

— der gute Fürſt; eine Ode auf Antonius Ignatius, Probſt zu Elwangen. 4. ... 762.

— die Fürſtengruft, in lat. Verſe überſ., v. J. W. Niethammer, ſ. a. Schiller, Fr. v., Lied v. d. Glocke ꝛc.

— die Fürſtengruft. 8. Berl. 786.

Schubart's, Chr. Fr. Dan., Gedichte, ſ. Univerſal-Bibliothek Nr. 1821—1824.

— Gedichte, herausgg. von ſeinem Sohne, Ldw. Schubart. 2 Bde. Mit Kpf. 8. Frankf. a. M. 802 u. 3. Hermann. 2 ß Poſtp. 2 ß 16 gr

Gedichte von Christian Fr[iedr.] Dan. **Schubart**. Ausgew. u. mit e. Einl. vers. von Heinrich Solger. Mit d. Bilde d. Dichters. *Halle a. S.: O. Hendel (1900).* (80 S.) 8° [F.]
(Bibliothek d. Gesammtlitteratur d. In- u. Auslandes. No 1423.) [01. 12096

Schubart, Chrn. Fr. Dan., Gedichte, ſ. a. Bibliothek der Geſamtlitteratur...

— Gedichte aus d. Kerker. Mit e. Vorrede v. Ch. Kausler. 8. Zürich 785. Orell. 16 gr

— ſämmtl. Gedichte, von ihm ſelbſt herausgg. 2 Bde. Mit Kpf. 8. Stuttg. (Frankf. a. M.) 787. Hermann. 1 ß 8 gr

Schubart, (C. Fr. D.,) ſämmtl. Gedichte. 3 Bde. 16. Frankf. 825, Hermann.

Schubart, Chrſt. Friedr. Dan., ſämmtl. Gedichte. Neue verb. Aufl. 3 Bde. 16. (61½ B.) Frankfurt a. M. 829, [Kettembeil.]

Schubart's, C. F. D., ſämmtliche Gedichte. 2 Bde. Mit 2 Stahlſt. kl. 16. Stuttgart 842, Scheible, Rieger u. Sattler. 2⅜ ß

Schubart, Christian Friedrich Daniel, s. Geschichte, Neueste, der Welt.

– s. Herel: Satyren.

Schubart, Ch. Fr. D., Ideen zu einer Aeſthetik der Tonkunſt, herausgeg. von Ludw. Schubart. gr. 8. Wien, Degen. 806.

Schubart, Chr. Fr. Dn., († d. 10. Oct. 1791.) Ideen zu einer Aeſthetik der Tonkunſt, hrsgg. v. Ldw. Schubart. gr. 8. Wien 806. (Mörſchner u. J.); (a. v. Mösle). 20 gr

– s. Klopstock, F. G.: Kl. poet. u. pros. Werke.

Schubart, Magister, Leben des Freyherrn v. Ickstadt (!), Churfl. Bairischen Geheimden Raths. Ulm bey Aug. Leberecht Stettin. — *A. E.*: Gedr. bey Joh. Jak. Schuhmacher, Kanzley- u. Zeitungsbuchdr., 1776. 8°. Ppb.
7 Bll., 140 S. Dem Churfürsten Max Joseph gewidmet.

Schubart, C. F. D. Leben und Gesinnungen von ihm selbst im Kerker aufgesetzt. Stuttgart 1791—93. V (Th. 2): *Schubart, Ludwig.* (Ky)

— Leben und Geſinnungen, von ihm ſelbſt im Kerker aufgeſetzt, m. K. 2 Thle. 8. Stuttgart, Erhard (a. Metzler.) 791—93. (à 20 gr.)

– s. Leben Clemens XIV.

—kurzgefaßtes Lehrbuch der schönen Wissenschaften. 8. Münst. 777. 2e (v. Hißmann) umgearb. Aufl. 781. (Coppenrath). 10 gr

Schubart, Christian Friedrich Daniel. Kurzgefasstes Lehrbuch der schönen Wissenschaften. 2. Aufl. 1781. H: *Hissmann, Michael.* (Ky)

— Lehrbuch d. schön. Wissenschaften. 8. Münster, Perrenon. (Coppenrath.) 781.

—Lobrede auf Papst Clemens XIV. 8. . . . 774.

—Neujahrsschilde, in Versen ausgehängt, im Jenner 1775. 8. Augsb. 775. v. Jenisch u. St. 2 gr (NB. Sollen nicht von ihm sein.)

— Neujahrsschilde in Versen ausgehängt im Jenner 1775. 8. Augsb. Stage.

— Ode auf das Absterben Kaisers Franz I. Fol. Ulm 766.

Schubart, Chr. Fr. Dn., Ode auf d. Tod Thom. Abbt's. gr. 4. Ulm 767. Bartholomäi. 4 gr

Schubart, Chr. Fr. Dn., Thaliens Opfer; ein Vorspiel. 8. Ulm 776. (v. Jenisch u. St. in Augsb.) 2 gr

— Originalen. 8. Augsb. (Bartholomäi in Ulm.) 780.

— Originalien. 8. Augsb. 780. (Streng in Frankf.) 12 gr (Hinrichs in Leipz.) 3 gr

— — dies. 8. Wien, Wucherer.

— s. Reisenden, die glücklichen.

—musikal. Rhapsodien. 3 Hefte. 8. Frankf. a. M. 786.

Schubart's, des Patrioten Chr. Fr. Dan., gesammelte Schriften u. Schicksale. 1r—4r Bd. A. u. d. T.: Schicksale. 2 Bde. — Sämmtliche Gedichte. 1r u. 2r Bd. Mit dem Bildnisse Schubart's. 16. Stuttgart 839. Scheible. (à ½ Thlr) 2 Thlr — 5r—8r Bd. A. u. d. T.: Ideen zu einer Aesthetik der Tonkunst. Herausgeg. von Ludw. Schubart. — Vermischte Schriften Herausgeg. von demselben. 1r — 3 Bd. 16. Ebd. 839, 40. (à ½ Thlr) 2 Thlr

Schubart, Chrstn. Friedr. Dan., gesammelte Schriften u. Schicksale. 8 Bde. 16. (162½ B. u. S's. Bildn.) Stuttgart 839, 40, [Scheible, Rieger u. Sattler.]

A. u. d. Titln.:

Thl. 1., 2. Schubart's Schicksale. 2 Bde.
„ 3., 4. Sämmtl. Gedichte. 2 Bde.
„ 5. Ideen zu ein. Aesthetik d. Tonkunst.
„ 6—8. Vermischte Schriften. (Hrsg. v. sein. Sohne Ludw. Schubart.) 3 Bde.

— vermischte Schriften, hersgg. von sm. Sohne, Ldw. Schubart. 2 Bde. 8. Zürich 812. Geßner. 3 Thlr 12 gr

— Todesgesänge. 12. Ulm 767. Geringere Ausg. in 8. Ebd. 767. (J. F. Korn in Bresl.) 12 gr wohlf. Ausg. 8. Ulm 776. Stettin. 6 gr — Dies. mit d. T.: Der Christ am Rande des Grabes. Mit 1 Kpf. 8. Augsb. 778 u. 800. v. Jenisch u. St. 12 gr

— — dies. mit Kupfern. 8. Augsburg, Stage. 800.

— Todtenglocke der europ. Politik, Wetterleuchten üb. Europa am Ende d. 18n Jahrh. 8. Bern 800. Typogr. Soc. 6 gr

— Franz v. Trenk, s. a. Trenk.

— Franz v. d. Trenk, Pandurenobersten, Familiengeschichte. 3 Thle. 8. Stuttgart. (Gräff, Lpz.) 789.

— Vaterlandschronik v. 1787—1791. 8. Stuttg. (Alle Wochen ½ Bogen.)

– s. Vereinigung der christl. Religionspartheien.

Schubart. Vorlesungen über Malerey, Kupferstecherkunst, Bildhauerkunst, Steinschneidekunst und Tanzkunst. Herausgegeben von einem seiner ehem. Zuhörer. Münster 1777. 8°.

— Vorlesungen üb. die Malerei, Kupferstecher- u. Bildhauerkunst ꝛc. 8. Münst. 777. Perrenon. 3 gr

— — Dasselbe. Mit Portrait. Augsburg 1777. 8° min. Starkes Papier. (20 Mk., mit 3 ähnl. Beibdn. desselb. Vf., Heinr. Kerler, Ulm. 1905.)
Seltener Miniaturdruck.

Schubart, C. F. D. Vorlesungen über Mahlerey, Kupferstecherkunst, Bildhauerkunst . . . Augsburg 1777. H: *Ebner, Christian Gottlob.* (GGr)

Schubart, C. F. D. Vorlesungen über die schönen Wissenschaften für Unstudierte . . . Augsburg 1777. H: *Ebner, Christian Gottlob.* (GGr)

[Schubart, Christian Friedrich Daniel.] Das Wetterleuchten über Europa am Ende des Jahrhunderts gesehen im Jahr 1788 (*Umschlag*: Die Todtenglocke der Europæischen Politik. Oder das W. über Europa). ⟨Aus den Papieren eines verstorbenen Geistersehers.⟩ Mit beyläufigen Anmerkungen und Zusätzen [sowie 1 Vignette]. 8. Maltha und Cairo [*d. i.* Düsseldorf] 1799 (*Umschlag*: 1788–1799).

ZAUBEREIEN (von *Chrn. Frdr. Dan. Schubart*). Mit originellen Holzschnitten. Ulm, 1766. bei Albrecht Friederich Bartholomäi. 8°. 47 S., 1 S. Inh. Rar! (14 Mk. 50 Pfg., schönes unbeschn. Expl., Max Perl's Berliner Oct.-Auct. 1907, no. 853.)

— Zaubereien. 8. Ulm 767. Bartholomäi. 3 gr

Schubart, Christoph Andreas (Halle) A. S. 20/21
Disputatio inauguralis juridica. De catastri revisione. Präs. Friedrich Wilhelm Leyser. Ed. nova. Wittenberg (Gerdes) 1735. 48 S.

Diss. Erfurt 7. IV. 1685.
W. v.: Diet. Wilhelm Matthiae, Georg Heinrich Brückner, Georg Lohmeier. 31590

Schubart, Erich, Referendar: Die Untermiethe nach Bürgerlichem Gesetzbuch und nach gemeinem Recht. *Greifswald 1900. J. Abel.* (62 S.) 8°
Greifswald, Jur. Diss. v. [24. Dez.] 1900

Schubart, Fr., Athanasia, ein Lehrgedicht. 8. Berlin, Dieterici. 804.

— Athanasia; ein Lehrgedicht. 8. Berl. 804. (Mittler). 8 gr

Schubart, Fr[iedrich]: Fünf Abhandlungen über den Zustand und die Verbesserung des weiblichen Schulwesens, dem Königl. Ministerium d. Unterrichts vorgelegt. — Berlin: Eichler 1832. VII, 149 S. 8°

Schubart, Fr[iedrich]: Beiträge zur weiblichen Erziehungslehre. H. 1. [Mehr nicht ersch.] — Berlin: Dümmler 1832. VI, 134 S. 8°

—— u. Friedr. Richter, Bibliothek der Unterrichts-Lectüre, s. Bibliothek.

—— Darstellungen aus dem Leben der Säugethiere, s. Bibliothek der Unterrichts-Lectüre.

— Elementarbuch der Weltgeschichte. 3 Bdchn. — 1s Bdchn.: geographisch-chronolog. Ansicht des Weltlebens. 2s Bdchn.: Darstellung der Weltgeschichte. 3s Bdchn.: Die Verknüpfung der Europäischen Ländergeschichte. 8. Berlin 840. Hayn (à 1/3 ℛ) 1 ℛ

Schubart, Fr., Elementar-Lehrbuch der Weltgeschichte. Zunächst f. mittlere Klassen weiblicher Lehranstalten, so wie zu allgem. Lehrgebrauch. 3 Bdchn. A. u. d. Tiln.: Darstellungen aus der Weltgeschichte. — Geschichte der Länder Europas. — Geographisch-chronologische Umrisse der Weltgeschichte. gr. 12. (22½ B.) Berlin 842. Hayn.

Schubart, Friedr., Erfurt im Jahr 1848. Volksbewegung und Preußentreue. Nach eigenen Erlebnissen und authentischen Mittheilungen geschildert. Erfurt 857. (Otto.) 8. (2 Bl., 246 S. u. 2 Lithogr. in 8. u. 4.) n. 15 ngr.

— — 2. ansehnlich verm. Aufl. Langensalza 858. Klinghammer in Comm. 12. (XX, 304 S. u. 2 Lithogr.) n. 20 ngr.

—— belehr. Erzählungen f. gute Kinder. 12. (3 B. u. 6 ill. Kpfr.) Berlin 832, Bethge.

Schubart, Friedrich: Erzählungen u. Beschreibungen aus Amerika. s. Bibliothek der Unterrichtslectüre.

--Das weibliche Erziehungs-Haus in seinen Beziehungen z. Familienleben. M. e. Hinweisung auf die v. d. Verf. geleitete Anstalt. — Berlin: Hayn 1839. 30 S. 8°

— deutsche Fibel für d. ersten Lehr-Unterricht, mit angehängtem Katechismus. gr. 8. Berl. 831. Bethge. 4 gr.

—— die Gedächtnißschule, f. den ersten Unterr. in den Gedächtnißübungen gesamm. u. zusammengestellt. gr. 12. (5½ B.) Berlin 833, Eichler.

— die Gedächtnißschule, für den ersten Unterricht in den Gedächtnißübungen gesammelt u. zusammengestellt. gr. 12. Berlin 833. Eichler. 1/3 ℛ

— anschauliche Geographie von Europa in Original-Reise-Gemählden, aus den besten Reise-Schriftstellern zusammengestellt u. durch Uebersichten verbunden. Ein reichhaltiges Hülfs- u. Lesewerk zur Belebung des Unterrichts in der Geographie zur Selbstbelehrung über die einzelnen geograph. Erscheinungen unseres Welttheils, u. zu vielfacher interessanter Unterhaltung. Mit e. Vorworte vom Prof. Dr. Zeune. 1r Bd. Gemählde der Bodenbildung Europa's. 1e—3e Lfrg. breit gr. 8. Hildburghausen u. Meiningen 839, 40. Kesselring. à n. 1/3 ℛ

— anschauliche Geographie von Europa in Original-Reise-Gemählden rc. 1. Bd. — A. u. d. T.: Gemählde der Bodenbildung Europa's. 4.—8. Liefg. Lex.-8. Hildburghausen 840, 41. (Leipzig, Kummer.) à n. 1/3 ℛ

— Geschichte d. griech. Staaten, s. Bibliothek d. Unterrichtslectüre.

—— Lehrbuch d. Erdbeschreibung. Ein Ausz. d. ersten Elemente d. Erdbeschreib. v. Heinr. Berghaus, mit angefügter polit. Geographie. Für d. früh. Stufen d. geograph. Unterr. eingerichtet. 8. (16 B.) Berlin 836, G. Reimer.

Schubart, Fr., Französ. Lesebuch m. Vorgrammatik u. schriftl. Aufgaben zum Schulgebrauch. 1. Cursus. 12. (192 S.) Erfurt 847, Körner. n. 12 ngr.

— livre pour former à la conversation française et au style. Hülfsbuch bei dem Unterrichte im französ. Gespräch mit Stylübung u. Lection verbunden, für weibl. Bildungs-Anstalten. 8. Berlin 840. Hayn. 2/3 ℛ

— Manuel de la Conversation française, avec des Exercices de style et de lecture. A l'usage des Institutions de jeunes personnes. — A. u. d. T.: Hülfsbuch bei dem Unterricht im französischen Gespräch, verbunden mit Stylübungen und Lectüre. Zum Gebrauch in weiblichen Lehr-Anstalten. 8. Berlin 842, Hayn. 2/3 ℛ

(Schubart,) [Friedrich]: Ausführliche Nachricht über die weibliche Bildungs-Anstalt ⟨bestehend aus Lehr- u. Erziehungs-Anstalt⟩ des Director Schubart i. Berlin. ⟨Georgenstr. Nr. 17.⟩ — Berlin 1836: (Hayn). 30 S. 8°

Schubart, Friedrich: Die Schule der weiblichen Jugend. — Berlin: Riemann 1828. XXIII, 128 S. 8°

—— die Schule der weibl. Jugend. 8. (9½ B.) Berlin 828, [Jonas's Vrlgsb.]

— faßl. deutsche Sprachlehre f. Bürgerschulen. u. mittlere Klassen von Gymnasien. 8. Berl. 831. Bethge. 14 gr.

—— deutsche Styl- u. Redeschule z. e. leichteren u. wirksam. Styl-Unterr. in höh. Lehranstalten beiderlei Geschlechts. gr. 8. (30½ B.) Berlin 837, Crantz.

— s. Studium, das ernste.

—— Vorschule der Geschichte Europas, durch e. Erzählung in geograph.-chronolog. Verknüpfung mit einleit. Uebersicht d. asiat. Geschichte. Zur Grundlage d. geschichtl. Unterr. in höh. weibl. Lehranstalten u. zu allgemeinerem Unterrichtsgebr. 8. (30 B.) Berlin 834, Enslin'sche Buchh.

Schubart, Fr[iedrich]: Zweck und Absicht des wissenschaftlichen Unterrichts für das weibliche Geschlecht. Eine pädag. Abhandlung. — Berlin: Besser 1841. 45 S. 8°

Schubart, F[riedrich] W[infrid]: Kurzer Bericht über die Altertümer aus Vergangenheit und Geschichte von Ballenstedt f. d. 32. Hauptversamml. d. Harzver. f. Geschichte u. Altertumskunde in Ballenstedt 1899, gesammelt u. als Festgruss dargeb. Ballenstedt (1899): Berg. 18 S. 8°

Schubart, F. W., „bringt ihn her zu Mir!" Festpredigt, gehalten am 20. Septbr. 1885 zur Jahresfeier der Thüringer Konferenz für innere Mission in der Augustinerkirche zu Gotha. 1. und 2. Aufl. gr. 8. (20 S.) Gotha 885, Schloeßmann. * — 30
Aus: Pastoralbibliothek, besonders abgedruckt.

Friedrike Caroline Juliane Herzogin zu Anhalt-Bernburg, geborene Prinzessin zu Schleswig-Holstein-Sonderburg-Glücksburg. (Verf.: [Friedrich Winfrid] Schubart, Hofpred. u. Superint.) *Dessau: C. Dünnhaupt 1901.* (57 S.) 4° [01. 1091]
Dass. (2. Aufl.) Ebda. 1901.

Schubart, s. Friederike Caroline Juliane Herzogin zu Anhalt-Bernburg.

Schubart, Frdr. Winfr., d. Glocken im Herzogt. Anhalt. Ein Beitrag zur Geschichte u. Altertumskunde Anhalts u. zur allgem. Glockenkunde. M. 300 Abb., gezeichnet von W. Peters. gr. 8. (XVIII, 579 S.) Dessau 896. P. Baumann. Kart. n. 28. —; geb. n. 30. —; in Prachtbd n. 35. —

Hathuwi die erste Äbtissin der Frauenabtei S. Ciriaci zu Gernrode nebst e. Anh. Gernröder Inschriften und Denksteine von F. W. Schubart, Hofpred. in Ballenstedt. *Dessau 1900: C. Dünnhaupt.* (43 S.) 8° [F.] [00. 9085]

Schubart, F. W., Hathuwi, die erste Äbtissin der Frauenabtei S. Ciriaci zu Gernrode, nebst e. Anh. Gernröder Inschriften u. Denksteine. gr. 8. (43 S.) Dessau 900. (Ballenstedt, E. Luppe.) n. — 60

Schubart, Frdr. Winfr., o rex gloriae, Christe, veni cum pace. Amen. Ein uraltes Glockengebet, s.: Allotria, ernste.

– stärke uns den Glauben! Predigt, bei d. 9. allgem. luther. Konferenz am 25. VIII. 1898 im Dom zu Braunschweig geh. gr. 8. (11 S.) Braunschweig 898, H. Wollermann. n. — 20

Schubart, Frdr. Winfrid, wie starb Martin Luther, s.: Vorträge f. Freunde d. Evangelischen Bundes.

Schubart, Fritz, der Messias-Glaube der ersten Jünger Jesu in seiner Entwicklung, auf Grund des synoptischen Selbstzeugnisses Jesu untersucht. Ein Beitrag z. Jesus-Forschg. (VIII, 93 S.) gr. 8. Leipzig (907). Dörffling & Franke. 1.60

Schubart, Georg. Epistolae et Praefationes. Jenae 1717. H: *Acker, Johann Heinrich.* (Adel)

Schubart, G.: (Exercitatt. tres de fatis jurisprud. Rom. *Jena*, 714.) De fatis jurisprudentiae Rom. lib. — Ed. n. per summaria paragraphis praeposita et ind. adject. accomm., cur. Ch. Gf. Tilling. *Leipz.*, Breitkopf u. Härtel. 791. 8. (1 Thlr.)

Schubart, Geo., de fatis jurisprudent. Romanae liber. 8maj. Leipz. ... Ed. nova ed. Chr. Gf. Tilling. 8maj. ibid. 797. Breitkopf u. H. 1 ₰

Schubart, Georg: De ludis equestribus vulgo Thurnier- und Ritter-Spielen, commentatio historica cum additamentis eiusdem et Burcard Gotthelf Struvii primum editis recensuit brevemque de vita et scriptis B. Schubarti narrationem praemisit D. E. D. Halae Magdeburgicae 1725. 184 S.

Schubart, Geo., Rechte u. Pflichten der Ehefrau nach dem neuen bürgerl. Recht, s.: Volksschriften, Dresdner. 6.

Schubart, Gust. Heinrich IV. in Canossa. 37 S. Kö. Rg. *Berlin* 1882. Progr.

Schubart, H. W., griech. Schulvorschriften. Lith. qu. 4. (3 B.) Bielefeld 837, [Helmich's Verl.]

Schubart, H. W., griechische Schulvorschriften. 2. Ausg. qu. 4. (10 lithogr. Bl.) Bielefeld 849, Helmich. *

Beziehungen zwischen der wirtschaftlichen Lage und der Wehrkraft eines Staates. Von Hartwig Schubart, Hauptm. a. D. (Vortrag.) Berlin: Simion 1910. 27 S. 8° [10. 7006]

Schubart, Henriette, s. 1) Bibliothek engl. Romane. 2) Eremit v. Wintermeere. 3) Agnes Musgrave. 4) Sullivan, der Einsiedler.

Schubart, Henriette, s. 1) Geschichte d. Befreiung d. Miß Spencer (Smith). 2) W. Scott, schottische Lieder u. Balladen, u. dess. Jungfrau am See.

Schubart, Henriette [Bearb.]
s. Opie, Amelia Alderson: Darstellungen aus dem wirklichen Leben. 1816.

Schubart, Henriette [Übers.]
s. Parker, Emma: Der Guerilla-Anführer. 1817.

Schubart, Henriette
Die Jungfrau vom See. Frei nach Walter Scott. Leipzig: Brockhaus 1819. 228 S. 8°

Schubart, J. E.

— — Bekanntschaft der Seelen nach dem Tode. Jen. 746. 4.

Schubart, J. E., von Erscheinung der Seelen nach dem Tode. Jen. 746. 4.

Schubart, Jo. Chph., et Paul. Nic. Einert, diss. de potentia Diaboli in sensus. Erf. 707. 4.

Schubart, J. C., de potentia diaboli in sensus. Jen. 1707. 4.

Schubart, Joan., De congestione ejusque ab inflammatione differentiis causis et cura diss. inaug. Kiliae. 1829. 4. P.

Schubart, Johann (Coburg) A. S. 743/17
Dissertatio inauguralis juridica, de infamiae justitia. Präs. Johann Heinrich Meier. Erfurt (Müller) 9. VIII. 1701. 24 S.
Gew.: Adrian Beier, Georg Schubart. 31593

Schubart, Johann Adam (Zeitz) U. S. Erfurt 1716, 5
Disputatio inauguralis botanico-practica, de aquilegia scorbuticorum asylo. Präs. Johann Philipp Eysel. Erfurt (Grosch) 25. I. 1716. 27 S.
W. v.: Georg Christoph Petri von Hartenfels.
31594

Schubart, Joh. Chr. Programma de Cyro. 4. Coburg 1743.

Schubart, Johann Gottfried (Eilenburg) A. S. 834/7
Dissertatio iuridica qua tacitam eamque particularem emancipationem iure domestico fundatam ... defendet ... Präs. Gottfried Reinhold Koeselis. Wittenberg (Gerdes) X. 1724. 32 S. **31597**

Schubart, Johann Heinrich Christian

Schubart, Joh. Heinr. Chrn., Bruchstück zu einer Methodologie der diplomatischen Kritik. gr. 8. (VI und 106 S.) Cassel 855, Bertram.

Schubart, Die Handschriften des Pausanias. Gel. 1853. 13 S. 4°.

Schubart, Jh. Hnr. Chr., s. **Pausaniae** descriptio Graeciae.

Schubart, Io. Henr. Chrst., Quaestiones genealogicae historicae in antiquitatem heroicam graecam. Cum praefatione Frid. Creuzeri. 8 maj. (14 B.) Marburgi 832, Elwert.

Schubart, Johann Rudolf

Schubart, Jh. Rud., Bienenbuch, worinnen von d. Bienenordnung, Wartung, Vermehrung u. gutem Nutzen gehandelt wird. 8. Züllichau 754. Frommann in Jena. 3 ℛ

Schubart, L., die Gegend v. Gera u. Weida in d. deutschen Vergangenheit. Nebst e. Anh. m. Erklärg. u. Ortsnamen aus dem Ostmitteldeutschen. (18 S.) U. 8. Weida 907. H. Aderhold. — 30

Schubart, L. E., neues Recept-Buch. Anleitung mehr als 200 der nützlichsten Gegenstände für den Haus- und Geschäftsbedarf auf die einfachste und billigste Weise herzustellen. 12. (XII und 120 S.) Dresden 856, Schäfer's Sortimentsh.

Schubart, Louis H. [aus New York]: Ueber p- und o-Bromobenzenylamidoxim und Abkömmlinge derselben. ... Berlin, A. W. Schade's Buchdr. (L. Schade), 1889. 36 S. + 1 Bl. 8°
Berlin, Phil. Fak., Inaug.-Diss. v. 31. Dez. 1889

Schubart. Ludwig Albrecht. s. B e t r a c h t u n g e n über das Staatsinteresse d. europ. Höfe.

Schubart. Ludwig Albrecht. s. B e t r a c h t u n g e n über die Weltlage.

Schubart, Ludwig, engl. Blätter, s. Blätter.

— **Charakter Chr. Fr. Dn. Schubarts.** 8. Nürnb. 789. Riegel u. W. 12 ℛ

Schubart. Ludwig Albrecht: C h a r a k t e r Chr. Fr. Dan. Schubarts. Nürnberg: Riegel 1798.

— **Charaktere od. Gemählde n. d. Leben.** 8. Berlin, K. u. Ind. Comt. 810.

Schubart, L., Charaktere oder Gemählde nach dem Leben. 8. 810. Hat jetzt Schlesinger in Berlin u. d. Pr.

— **literarische Fragmente.** 1e Samml. 8. Nürnb. 790. Felssecker. 14 ℛ

– s. G a l l e r i e ausgezeichn. Handlungen.

– s. H i s t o i r e de George de Browne.

– s. H u t t e n , Ulr.

— **Leben und Charakter Ulrichs von Hutten.** 2te unveränderte Ausg. gr. 8. Leipzig, Jacobäer. 817.

– s. L e b e n des Herzogs v. Orleans.

L e b e n d e r K ö n i g i n M a r i e A n t o i n e t t e v o n F r a n k r e i c h (von *Ludw. Albrecht Schubart*). Cöln (Nürnberg) 1789.
— — Dasselbe. 2. Ausgabe. 1791.
Anon.-Lex. III. p. 14 (nach Meusel, Weller, Goedeke).
(Weller, fing. Druckorte, I. p. 142, hat als 2. Ausg. „1793".)

Vgl. L e b e n ...

1.— **LIBUSSA,** d i e H e r z o g i n v o n B ö h m e n. Eine Geschichte .... (von *Ludw. Albrecht Schubart*). Leipzig 1823.
Anon.-Lex. III. p. 57 (nach Goedeke, Meusel, Kayser).

Schubart, L. A., s. Libussa, Herzogin v. Böhmen.

– s. O s s i a n : Gedichte.

– s. R e d n e r der französ. Generalstände.

Schubart. Ludwig Albrecht. s. S c h u b a r t , Chrn. Frdr. Dan.: Gedichte. – Ideen zu einer Ästhetik der Tonkunst. – Leben u. Gesinnungen. – Ges. Schriften u. Schicksale. Bd. 5–8.

– s. S e n d s c h r e i b e n in d. Lütticher Angelegenheit.

— Sendschreiben üb. P o s s e l t s Leben u. Charakter. 8. München, Scherer. (Fleischmann.) 805.

Schubart, L. A., s. Shakspeare, Othello.

– s. T h o m p s o n : Jahreszeiten.

– s. V a l o i s : Vertheidigung.

Schubart, Mart., François de Théas Comte de Thoranc, Goethes Königsleutenant, Dichtg. u. Wahrheit, 3. Buch. Mitteilgn. u. Beiträge. gr. 8. (VII, 183 S. m. 7 Photograv., 6 Lichtdr. u. 1 Chromolith.) München 896. Verlagsanstalt F. Bruckmann. Geb. in Leinw. n. 15. —; in Ldr. n. 25. —; auf Japanpap. n. 40. —

Rede von einem Mitgliede des Ehrwürdigen Freymaurer Ordens [d. i. Nikol. Henr. **Schubart**], gehalten am ersten Versammlungstage [3. März 1770] in der Loge zu den drey goldenen Rosen in Hamburg. [Hamburg] 1770: Haller. 8 S. 4⁰ [Umschlagtit.]
cf. Kneisner, F.: Gesch. d. Provinzialloge v. Niedersachsen. 1902 S. 46—48.
Kl. 890. Sehr selten. Zweck, Wert d. Frmrei; Aufgabe d. Mrs.

Schubart, Paul

Schubart, P., die Verfassung u. Verwaltung des Deutschen Reiches u. des Preußischen Staates in gedrängter Darstellung. Als Leitfaden für Subalternbeamte, insbesondere für Eisenbahnbeamte. 1. u. 2., verm. Aufl. gr. 8. (VI, 119 S.) Breslau 879. Korn. cart. n. 1. 50

Schubart, P., die Verfassung und Verwaltung des deutschen Reiches und des Preußischen Staates in gedrängter Darstellung. 4. neu bearb. Aufl. 8. (IV, 208 S.) Breslau 886, Korn. cart. *M 1.50.; geb. * 2 —

—— dass. — Nebst einem Abdruck der deutschen und der preuß. Verfassungsurkunde. 5. neu durchges. Aufl. (IV, 244 S.) 887; 6. neu durchges. Aufl. 8. (IV, 256 S.) Ebendas. 888. cart. *M 1.50.; geb. * 2 —

Schubart, P. Die Verfassung u. Verwaltung d. Deutschen Reiches u. d. Preußischen Staates in gedrängter Darstellung. Nebst e. Abdruck der deutschen u. der preuß. Verfassungsurkunde u. d. Allerh. Erlasses vom 4. Jan. 1882. Mit alphabet. Sachregister. 7. Aufl. (IV, 260 S.) 889; 8. Aufl. (IV, 204; 44 S.) 891; 9. neu durchgeseh. Aufl. 8. (IV, 206; 43 S.) Bresl. 892. Korn. cart. * 1 50; geb. * 2 —

— dasselbe. 10., neu durchgeseh. Aufl. 8. (IV, 212 u. 44 S.) Ebd. 894. Kart. n. 1. 50; geb. in Leinw. n. 2. —

Schubart, P., d. Verfassung u. Verwaltg. d. Deutschen Reiches u. des Preuß. Staates in gedrängter Darstellg. Nebst e. Abdruck der deutschen u. preuß. Verfassungsurkunde u. des Allerhöchsten Erlasses v 4. Jan. 1892. Mit alphabet. Sachregister. 11., neu durchgeseh. Aufl. 8. (IV, 206 u. 41 S.) Breslau 895. W. G. Korn. Kart. n. 1. 60; geb. in Leinw. n. 2. —

[F.] Die Verfassung und Verwaltung des Deutschen Reiches und des Preussischen Staates in gedrängter Darstellg. Nebst e. Abdr. d. Deutschen u. d. Preuss. Verfassgsurkunde u. d. Allerh. Erlasses v. 4. Jan. 1882. M. alphabet. Sachreg. Von Dr. jur. P[aul] Schubart, Geh. Seehandlgsr. a. D. 12. neu durchges. Aufl. Abgeschl. Juli 1896. *Breslau: W. G. Korn 1896.* (IV, 212, 40 S.) 1 Bd 8. [96. 5415]

— dasselbe. 13., neu durchgeseh. Aufl. Abgeschlossen Novbr. 1898. 8. (IV, 215 u. 40 S.) Ebd. 898. Geb. n. 1. 60

Die Verfassung und Verwaltung des Deutschen Reiches u. des Preussischen Staates in gedrängter Darstellung. Nebst e. Abdruck d. Deutschen u. d. Preuss. Verfassungsurkunde u. d. Allerhöchsten Erlasses v. 4. Jan. 1882. Mit alphabet. Sachreg. Von Dr. jur. P[aul] Schubart, Geh. Seehandlungsrath a. D. 14. neu durchges. Aufl. Abgeschlossen Aug. 1899. *Breslau: W. G. Korn 1899.* (IV, 214, 42 S.) 8° [F.] [99. 5777]

Schubart, P, Die Verfassung u. Verwaltung des Deutschen Reiches u. des Preussischen Staates in gedrängter Darstellung. Nebst e. Abdr. der deutschen u. der preuss. Verfassungsurkunde u. des Allerhöchsten Erlasses vom 4. I. 1882. Mit alphabet. Sachregister. 15 Aufl. Abgeschlossen Oktbr. 1900. 8. (IV, 210 u. 42 S.) Breslau, W. G. Korn. 1900 Geb. 1. 60.

Schubart, P., Die Verfassung u. Verwaltung des Deutschen Reiches u. des Preussischen Staates in gedrängter Darstellung. 16. Aufl. Abgeschlossen Oktbr. 1901. 8. (IV, 210 u. 42 S.) Breslau '01, W. G. Korn. Geb. 1. 60.

Die Verfassung und Verwaltung des Deutschen Reiches und des Preussischen Staates in gedrängter Darstellung. Nebst e. Abdr. d. Deutschen u. d. Preuss. Verfassungsurkunde ... Mit alph. Sachreg. Von Dr. jur. P[aul] Schubart, Geh. Seehandl.-R. a. D. 17. neu durchges. Aufl. Abgeschlossen Aug. 1902. *Breslau: W. G. Korn 1902.* (IV, 210, 42 S.) 8° [F.] [02. 6068]

Die Verfassung und Verwaltung des Deutschen Reiches und des Preußischen Staates in gedrängter Darstellung. Nebst e. Abdr. d. Deutschen u. d. Preuß. Verfassungsurkunde u. d. Allerh. Erlasses v. 4. Jan. 1882. Mit alphab. Sachreg. Von Dr. P[aul] Schubart, Geh. Seehandlungsrat a. D. 18. neu durchges. Aufl. Abgeschlossen Jan. 1904. Breslau: W. G. Korn 1904. (IV, 214, 42 S.) 8° [F.] [05. 1587]

Die Verfassung und Verwaltung des Deutschen Reiches und des Preußischen Staates in gedrängter Darstellung. Nebst e. Abdr. d. Deutschen u. d. Preuß. Verfassungsurkunde u. d. Allerh. Erlasses v. 4. Jan. 1882. Mit alphab. Sachreg. Von Dr. jur. [Paul] Schubart, Geh. Seehandlungsrat a. D. 19. neu durchges. Aufl. Abgeschlossen Dez. 1904. Breslau: W. G. Korn 1904. (IV, 214, 42 S.) 8° [F.] [06. 2624]

Schubart, P., Die Verfassung u. Verwaltung des Deutschen Reiches und des Preussischen Staates in gedrängter Darstellung. Nebst e. Abdr. der deutschen u. der preuss. Verfassungsurkunde u. des Allerhöchsten Erlasses vom 4. I. 1882. Mit alphabet Sachregister. 20. neu durchgeseh. Aufl. Abgeschlossen Ende Juni 1906. (IV, 214 u. 42 S.) 8. Breslau, W. G. Korn. 1906. Geb. in Leinw. 1. 60.

Die Verfassung und Verwaltung des Deutschen Reiches und des Preußischen Staates in gedrängter Darstellung. Nebst e. Abdr. d. Deutschen u. d. Preuß. Verfassungsurkunde u. d. Allerh. Erlasses v. 4. Jan. 1882. Mit alphab. Sachreg. Von Dr. jur. P[aul] Schubart. 21. neu durchges. Aufl. Abgeschl. Nov. 1907. Breslau: W. G. Korn 1907. (IV, 214, 42 S.) 8° [F.] [08. 3868]

Schubart, P., Die Verfassung u. Verwaltung des Deutschen Reiches u. des Preussischen Staates in gedrängter Darstellung. Nebst e. Abdr. der deutschen u. der preuss. Verfassungsurkunde u. des Allerhöchsten Erlasses vom 4. I. 1882. Mit alphabet. Sachregister. 22. neu durchges. Aufl. Abgeschlossen Dezbr. 1908. (IV, 217 u. 42 S.) kl. 8. Breslau, G. W. Korn. Geb. in Leinw. 1. 60. 1909

Schubart, P., die Verfassung u. Verwaltung des Deutschen Reiches u. des Preußischen Staates in gedrängter Darstellung. Nebst e. Abdr. der deutschen u. der preuß. Verfassungsurkunde u. des Allerhöchsten Erlasses vom 4. I. 1882. Mit alphabet. Sachregister. 23. neu durchgeseh. Aufl. Abgeschlossen Apr. 1910. (IV, 216 u. 42 S.) kl. 8. Breslau 910. W. G. Korn. Geb. in Leinw. 1. 60

Schubart, Paul. Rich. (geb. Berlin 23. 10. 1845): De mutuo brevi manu contrahendo. Berolini (1868). (68 S.) 8°
Berlin, Jur. Diss. v. 7. Nov. 1868

Schubart, Paul. Richard., de mutuo brevi manu contrahendo. Dissertatio inauguralis. 8. (100 S.) Berlin 868, (Puttkammer und Mühlbrecht.) *

Schubart, Philipp, aus Berlin: **Synthese isomerer Indigodisulfosäuren.** *Halle a. S. 1902: E. Karras.* (64 S.) 8°
Halle, Phil. Diss. v. 1902

Schubart, Rudolph August (Leipzig) A. S. 833/42
Decas quaestionum ex jure cambiali.
Präs. Augustin Leyser.
Helmstedt (Schnorr) 6. XI. 1724. 58 S. 31599

Schubart, Rudolph August A. S. 797/2
De dimidia investitura rei immobilis allodialis, quae fit inter conjuges.
Präs. Karl Friedrich Romanus.
Leipzig (Titius) 7. V. 1720. 30 S. 31598

Schubart, Tobias Heinrich

Schubart, Tob. Heinr., Botschaften an Christi Statt, in Predigten. 4. Hamb. König. 730. Rthlr.

— das gesegnete Haus d. Gerechten, in Predigten. 4. Ebend. 747.

Schubart, Tob. H., erlautertes Nein, die Einführ. d. allgem. Beichte betreffend, hrsgg. v. ... Degenkolb. gr. 8. Leipz. 787. Gnobloch. 1¼ Rt

Schubart, Tobias Heinrich. T. H. Schubarts /// [illegible] an S. Mich. // zu Hamburg /// [illegible] geschehener // Arbeit / // in unterschiedlichen // Gedichten /// und // Uebersetzungen /// der // [illegible] // und dem // Dienste des Nach- [illegible] // [illegible] // [illegible] /// [illegible] Christoph Kisners. // 173[illegible]. - 16 Blatt (nicht paginiert) Titelkupfer, Titelblatt, Vorbericht und Untertitel. - [illegible] S. und [illegible] Blatt (nicht paginiert) Register und Druckfehler.

- - , Tob. Henr. Schubarts /// Predigers an St. Michael. // zu Hamburg /// Fortgesetzte // Ruhe nach geschehener // Arbeit/ // in unterschiedlichen // Gedichten /// der // Ehre GOttes // und dem Dienste des Nächsten // gewidmet. // Hamburg /// bey sel. T. C. Felginers Wittwe 1735. // Mit Stromerschen Schrifften. - 16 Blatt (nicht paginiert) Titelkupfer, Titelblatt, Widmung, Vorbericht und Untertitel. - 232 S. und noch 3 Blatt (nicht paginiert) Register und Druckfehler.

Schubart, Tob. H., fortgesetzte Ruhe nach geschehener Arbeit ꝛc. 8. Hamburg. 735. Jetzt Verl. v. Herold d. j.

— noth. Sorge f. d. Seele. 8. Hamb. König. 740.

— Weide der Heerde Christi, in Predigten. 4. Hamb. Brand. 742.

Schubart, Traugott, Samml. ein. Reden üb. versch. Sonn- und Festtags-Evangel. gehalten. gr. 8. Lpz. Hilscher. (Comt. f. Litt.) 753.
Vgl. Schubarth, Melchior Traugott.

Schubart, W., Quaestiones de rebus militaribus quales fuerint in regno Lagidarum. Diss. 1900. 66 S. 1.—

Schlaglichter. Novellist. Essays von Waldtraut Schubart. Berlin: A. Duncker 1910. VII, 220 S. 8° (11. 2383

Schubart, Waldtraut, aus dem Tagebuche e. Königs v. Rom. (558 S.) 8. Berlin 904. A. Duncker. n. 5.—; geb. in Leinw. n. 6.—

Schubart, Wilhelm

Schubart, W., neue Bruchstücke d. Sappho u. d. Alkaios. gr. 8. (15 S. m. 1 Taf.) Berlin 902. (G. Reimer.) n. —50
Sonderabdruck aus: „Sitzungsber. d. preuss. Akad. d. Wiss."

Das Buch bei den Griechen und Römern. Eine Studie aus d. Berliner Papyrussammlung von Wilhelm Schubart. Mit 14 Abb. Berlin: G. Reimer 1907. (159 S.) 8°
— Handbücher d. Kgl. Museen zu Berlin. 12. (07. 10640

Schubart, W., s.: Didymos' Kommentar zu Demosthenes.

— Elephantine-Papyri, s.: Urkunden, ägyptische, aus d. kgl. Museum in Berlin. Sonderheft. (Rubensohn, O.)

— Ein Fragment des Pastor Hermae aus der Hamburger Stadtbibliothek, s.: Schmidt, Carl.

— Ägyptische Goldschmiedearbeiten, s.: Schäfer, Heinr.

— s.: Hierokles' ethische Elementarlehre.

— s.: Klassikertexte, Berliner. (Fragmente, griechische epische u. elegische.)

— s.: Klassikertexte, Berliner. (Texte, altchristliche.)

— s.: Kommentar, anonymer, zu Platons Theaetet.

Schubart, Guilelmus, Silesius: Quaestiones de rebus militaribus, quales fuerint in regno Lagidarum. *Trebnitz i. Schl. (1900): Maretzke & Märtin.* (66 S.) 8°
Breslau, Phil. Diss. v. 18. Apr. 1900

Schubart, Guilelmus Adolphus: De valoribus analyticarum facultatum, quorum elementa aut evanescunt, aut imaginariam formam exhibent, determinandis specimen.
Halle-Wittenberg, Phil. Diss. v. 26. Juni 1847
Geb. [Sömmerda 14. 12. 1822]
Ms. fehlt. — Verf. erlebte die Diplomerneuerung 1897 als Professor a. D am Kadettenkorps in Zoppot b. Danzig, auch das 60 jährige Dr.-Jubiläum.

Schubart, Wolfgang (Nürnberg) A. S. 600/2
Dissertatio praevia de adornanda in posterum Germania sacra medii aevi. Präs. Johann Christoph Gatterer. Altdorf (Hessel) 10. IV. 1752. 70 S.
W. v.: Präs., Johann Christoph Martini (Opp.), Georg Christoph Schwarz (Opp.), Jo. Bernhard Hoffer, Johann Friedrich Tunzel. 31602

Schubart, Zacharias Altd. Ahg. 8/38a
Syndyasis tes themistophilias kai Ellenolexias ... Altdorf (Meyer) 24. V. 1713. 20 S. griech. u. lat.
Mit. lat. Titel: Oratio commendatitia de linguae Graecae et iurisprudentiae studio coniungendo.
W. v.: Christoph Sonntag. 31603

Schubart Edler von Kleefeld, Joh. Chr. Dresden u. Leipz. 1841. V: *Rockstroh*, *Amtmann*. (Hauptkat. d. Univ.-Bibl. Tübingen. K. S. 113.)

Schubart, v. Kleefeld, Joh. Chrstn., eine dess. Andenken gewid., von d. ökonom. Gesellschaft im Königr. Sachsen gekr. u. von ihr hrsg. Preisschr. gr. 8. (10¾ B. u. S's. Bildn.) Dresden u. Leipzig 841, Arnoldische Buchh.

Schubart v. Kleefeld, Joh. Chr., eine dessen Andenken gewidmete, v. d. ökonomischen Gesellschaft im Königr. Sachsen gekrönte u. v. ihr hrsg. Preisschrift. Neue Ausg. gr. 8. (11¼ B. u. Portr.) Leipzig 846, Arnoldische Buchh. *

Schubart von Kleefeld, Johann Christian: „Abhandlung über die verschiedenen Eigenschaften und den vortheilhaftesten Anbau der Futterkräuter", Beantwortung einer 1783 gestellten Preisfrage der Berliner Akademie.

Schubart v. Kleefeld, Jh. Chr., († d. 24. April od. 1. Mai 1787.) ökonom. Briefwechsel, 4 Hfte. Mit Kpf. gr. 8. Leipz. 786, 87. (Joachim). 1 ℛ 12 𝔤𝔯 (Müller)

Schubart von Kleefeld, Joh. Chr. Edler: „Oekonomisch-cameralistischer Briefwechsel, als Fortsetzung der Schriften ...", 4 Hefte, Leipzig 1786—1788.

Herrn Hofrats J[ohann] C[hristian] Schubart [Edler von Kleefeld] Praktischer Erweis, daß alle Schäfereien one die äusserst nachteilige Trift und Hutung bestehen können, und diese abzuschaffen, die Fütterung der Schafe aber in Horden auf dem Felde, im Hofe und im Stalle einzufüren sei. Ein nötiger Pendant ... zu seiner Abhandlung: Hutung, Trift und Brache... - Leipzig: Joh. Gottfr. Müller 1783. 30 S. 8°

Hutung, Trift und Brache; die grösten Gebrechen und die Pest der Landwirtschaft. Ein wichtiges Wort, durch besondre Tatsachen veranlasset u. abgenötiget in einem Schreiben an Prof. Leske von Hofrat [Johann Christian] Schubart [Edler von Kleefeld]. - Leipzig: Joh. Gottfr. Müller 1783. 23 S. 8°

— Hutung, Trift u. Brache; die größten Gebrechen u. die Pest der Landwirthschaft. An Prof. Leske. 8. Leipz. 783. (Joachim). 2 𝔤𝔯

— Kern seiner sämmtl. ökonom. Schriften. 8. Prag 787. Schönfeld. 8 𝔤𝔯

— Kern d. sämmtlichen ökonomischen Schriften. Prag u. Wien 1787. 114 S.

Schubart von Kleefeld, J. C. S.: „Landwirthschaftslehre zum gemeinen Gebrauch für Landwirthe", Leipzig 1797 (Andreä).

— Landwirthschaftslehre z. gem. Gebr. f. Landwirthe. 8. Lpz. Kleefeld. (Bauer.) 797.

— ökonom. cameralist. Schriften, nebst seiner gekr. Preisschrift, üb. d. Futterbau. 6 Thle. Mit Kpf. gr. 8. Leipz. 783—86. Müller. (Joachim). 3 ₰ 8 ℊ

Schubart von Kleefeld, Johann Christian S.: „Oekonomisch-cameralistische Schriften, nebst seiner gekrönten Preisschrift über den Futterbau", 6 Bände, Leipzig 1785 (Joachim). Neue Auflage ebenda 1786.

Schubart von Kleefeld, Joh. Chr. Edler: „Oekonomisch cameralistische Schriften, mit Zeugnissen über die Nothwendigkeit der Abschaffung der Hut, Trift und Brache und Einführung der Horden- und Stallfütterung und des Kleebaues", 6 Teile, Leipzig 1783—1786. — Neue Auflage, 1.—3. Teil, herausgegeben von Professor Leske, Leipzig 1786.

Schubart v. Kleefeld J. C. v.: Ökonomisch-kameralistische Schriften. 3. sehr verm. u. verb. Aufl. 6 Th. (2 Vol.). Leipz. 1786. (12, 1114) S. 5 Tvl. Forf.s Portr.

— Zuruf an die Fürsten u. alle hohe Herrschaften, besond. in d. k. k. Staaten von dem Krankenbette. 8. Würzb. 785. ...

— gutgemeinter Zuruf an alle Bauern, die Futtermangel leiden, besond. die kursächsischen. Nebst einer Anleit., wie sie leicht u. häufig dazu gelangen, folglich auch wohlhabend werden können. 8. Leipz. 782. 5e rechtm. Ausg. 8. Ebd. 785. (Joachim). 3 ℊ (Bresl., W. G. Korn). 4 ℊ

Schubart v. Kleefeld: Gutgemeinter Zuruf an alle Bauern, die Futtermangel leiden, besonders an die kursächsischen ... 5.... Aufl. Leipz. 1786. 48 S. P.

Schubarth. Vide: Beitrag zur Arbeiter-Wohnungsfrage.

Schubarth und G. v. Viebahn, amtlicher Bericht über die allgemeine pariser Ausstellung im J. 1855, s. Bericht, amtlicher.

Schubarth: Principatus Silesiae Saganensis in suoscirculos ... divisi. s. Wieland.

Schubarth B.J. Auszug des 1. Berichtes der kgl. grossbritannischen Commissäre für die Industrie-Ausstellung im Jahre 1851. 4° Regensburg 1852

Schubarth, E. O., über **Asphalt und Asphaltstrassen.** Vortrag, gehalten am 27. Febr. 1888 im polytechn. Vereine zu München. Lex.-8. (21 S.) München 888, (Literarisch-artist. Anstalt.) * — 60
Aus: Bayerisches Industrie- und Gewerbeblatt, besonders abgedruckt.

Schubarth, E. O., über **Asphalt-Strassen.** Nebst 1 (chromolithogr.) Plane von Berlin mit Angabe der asphaltirten Strassen. gr. 8. (52 S.) Berlin 881, Polytechn. Buchhandlung. * 1 —

Schubarth, E. O., vergleichende Betrachtungen üb. Asphalt-, Holz- u. Steinpflaster. [Aus: „Zeitschr. f. Transportwesen u. Strassenbau".] gr. 4. (11 S.) Berlin 894. (J. Engelmann.) n. — 50

— die Feldeisenbahnen, insbesondere Spalding's Feldeisenbahn-System, im Dienste der Waldwirthschaft. 8 (31 S.) Ebend. 881. n. — 60

— die Feldeisenbahnen, insbesondere Spalding's Feldeisenbahn-System, im Dienste der Waldwirthschaft. 8. (31 S.) Ebendas. 884. * — 60

SCHUBARTH, E. O.: Die Feldeisenbahnen insbesondere Spalding's Feldeisenbahn-System im Dienste der Waldwirthschaft. - Berlin 1884. 31 S. - Essen 1885. 31 S.

— zur **Financirung** gemeinnütziger Unternehmungen [Eisenbahnen, Canäle etc.]. Vorschläge aus der Praxis. gr. 8. (31 S.) Berlin 881. Puttkammer & Mühlbrecht. n. 1. —

— üb. Holzpflaster insbesondere üb. die m. demselben in Berlin gemachten Erfahrgn. nach den amtl. Jahresberichten d. Berliner Magistrats üb. die städt. Bauverwaltg. gr. 8. (27 S.) Berlin 891. Polytechn. Buchhandlg. n. — 50

— die Melioration der oberen Neers-Niederung von den Quellen bis unterhalb der Stein's Mühle. gr. 4. (18 S. mit 1 chromolithogr. Karte.) Berlin 883, Polytechn. Buchhandlung. * 1 —

— über **Strassenbahnen.** gr. 4. (III, 24 S.) Ebendas. 883. * 1 —
Aus: Secundärbahn-Zeitung, besonders abgedruckt.

Schubarth, E. O., Berlior's pneumatisches System. Ein Beitrag zur Städtereinigungs-Frage. Mit 3 Taf. Abbildgn. gr. 8. (IX, 31 S.) Berlin 883. Polytechn. Buchh. n. 1. 50

Schubarth, Ernst Ludwig

Schubarth, Ernst Ludw., über die v. (H. F.) Link verfasste **Antikritik** meiner Beurtheil. d. neuen preuss. Pharmakopöe v. 1827. gr. 8. (1½ B.) Berlin 828, Reimer.
Aus dem „Archiv f. med. Erfahrung etc." besond. abgedruckt.

Schubarth, Ernst Ludw., **Beiträge** z. nähern Kenntniß d. Runkelrübenzucker-Fabrikation in Frankreich, gesamm. auf e. rc. Reise. gr. 4. (8¾ B. u. 6 Kpfrt.) Berlin 836, [Rücker u. Püchler.]
Nachtrag hierzu, s. unten:
Die Runkelrübenzucker-Fabrikation...

— **Elemente** der techn. Chemie, zum Gebr. beim Unterr. im Kgl. Gewerbinstitut u. den Provinzial-Gewerbschulen. 2 Bde. (od. 3 Abthln.) gr. 8. Berlin, (Rücker u. Püchler.) [1. 1. (34 B., 6 Kpfrt. qu. ½ gr. Fol. u. 1½ B. Tab. gr. Fol.) 4 Thlr., 2. (34 B. u. 6 Kpfrt. qu. ½ gr. Fol.) 831. 3 Thlr. 18 Gr., 2. (46½ B., 4 Kpfrt. qu. gr. Fol. u. 2 B. Tab.) 833. 4 Thlr. 6 Gr.] Thlr.

Schubarth, Ernst Ludw., **Elemente** der techn. Chemie etc. 2 Bde. (od. 3 Abthln.) 2., sehr verm. Aufl. M. 20 Kpfrt. (qu. ½ gr. Fol. u. 3 Bl. Erklär.) gr. 8. (112 B. u. 3½ B. Tab. gr. Fol.) Berlin 835, (Rücker u. Püchler.) Thlr.

— **Handbuch** d. techn. Chemie. Zum Gebr. beim Unterr. im k. Gewerbinstitut u. d. Provinzial-Gewerbschulen d. preuss. Staats. 3 Bde. 3., verm. Ausg. gr. 8. (115¾ B., 20 Kpfrt. m. ¼ B. Text u. 3½ B. Tab.) Berlin 839, 40, [Rücker u. Püchler.] •

Schubarth, Ernst Ludw., Handbuch der technischen Chemie u. chemischen Technologie. 4. umgearb. u. sehr verm. Ausgabe. 3 Bde. Mit 20 Kpfrtaf. (in qu. Fol.) gr. 8. (XX u. 1644 S.) Berlin 851, Rücker & Püchler in Comm. 12 ₰

— Handbuch der Zoopharmakologie. s.: Ratzeburg, Chr.

— Lehrbuch d. theoret. Chemie. gr. 8. Berl. 822. 2e Aufl. 824. 3e A. 826. 4e A. 829. 5e A. 2 Abtheill. 832. Rücker. 4 ₰

Schubarth E. L.: Lehrbuch d. theoretischen Chemie ... 3. durchaus umgearb. u. verm. Ausg. Berl. 1827. 746 S.

Lehrbuch der theoretischen Chemie. Behufs seiner Vorträge und zum Selbstunterricht. Dritte Ausgabe. Berlin, 1827.
Vierte Auflage. Berlin, 1829. pp. xiv–818, 8vo.

—— Lehrbuch d. theoret. Chemie. Behufs sein. Vorträge u. zum Selbstunterr. entworfen. 4., umgearb. u. verb. Ausg. (52 B.) 829., 5., verb. A. in 2 Abthln. (54 B.) gr. 8. Berlin 832, [Rücker u. Püchler.] à

Schubarth, Er. Ludw., Lehrbuch der theoretischen Chemie. Behufs seiner Vorträge u. zum Selbstunterricht. 6e verb. Ausg. gr 8. Berlin ... Rücker u. Püchler. 4 1/3 ℛ

(Schubarth, Ernst Ludwig): Vergleichende Nomenklatur der vorzüglichsten Pharmacopöen der deutschen und angrenzenden Länder. 44 S., gbd.

Berlin: Rücker 1821
in: Schubarth, E.L.: Receptirkunst und Recepttaschenbuch für practische Aerzte. 1821

— vergleich: Nomenclatur d. vorzügl Pharmacopöen d. deutschen u. d. angränzenden Länder. 2e Aufl. 8. Berlin 822, Rücker.

Ernestus Ludovicus Schubarth: De maxillae inferioris monstrosa Parvitate et defectu. Berolini (1818:) Starck. 34 S. 4°

Berlin, Med. Diss. v. 17. Nov. 1818

— de maxillae inferioris monstrosa parvitate et defectu Commentatio; acced. II tabb. aen. 4maj. Frankf. a. d. O. 819. Hoffmann. (Rücker in Berl.) 18 gℛ

Schubarth, Ernst Ludwig: De maxillae inferioris monstrosa parvitate et defectu. Acc. 2 tab. Francofurthi a. V. 1819. 32 S.

Ueber die neue preussische Pharmakopöe von 1827. Eine kritische Beurtheilung mit Berücks. der frühern Ausg. von 1813, vom [Ernst Ludwig] Schubarth. Berlin: Reimer 1828. 64 S. 8°

Aus: Archiv für mediz. Erfahrung.Jg 1828.

Schubarth, [Ernst Ludwig]: Über die neue preussische Pharmakopöe von 1827. E. krit. Beurtheilung mit Berücks. d. frühern Ausg. von 1813. 2. verm. Aufl. Berlin 1828. 73 S.

Schubarth, Ernst Ludw., Neue Pharmakopöe für Tierärzte. Eine Auswahl der einfachsten, brauchbarsten u. wohlfeilsten Arzneimittel f. d. grösseren Haustiere. 16. Berlin 20. Nauck. M. 2.-

— neue Pharmakopöe für Thierärzte. 12. Berl. 820. Rücker. 10 gℛ Schrbp. 16 gℛ

Schubarth E. L.: Neue Pharmakopoe f. Thierärzte . . . Berl. 1820. 118 S.

Schubarth, Ernst Ludwig: Rezeptierkunst und Recepttaschenbuch für practische Aerzte. 564 S., gbd.

Berlin: Rücker 1821
beigedr.: (Schubarth, E.L.): Vergleichende Nomenclatur der vorzüglichsten Pharmacopöen der deutschen und angrenzenden Länder. 1821

—— Receptirkunst u. Recepttaschenbuch f. prakt. Aerzte. 2., verm. u. verb. Aufl. 8. (42 B.) Berlin 828, [Rücker u. Püchler.]

—— und G. Reich, die Runkelrübenzucker-Fabrikation in Frankreich. Ein Nachtr. zu d. im vorigen Jahre geschrieb. Abhandl. üb. dens. Gegenstand. gr. 8. (3½ B. u. 1 Kpfrt.) Berlin 837, Nicolaische Buchh.
Hauptwerk, s. oben: Dess., Beiträge.

—— Sammlung physikal. Tabellen. Zum Gebr. beim Vortr. üb. Physik am k. Gewerbinstitut u. d. Provinzial-Gewerbschulen zusammengestellt. 3., verm. Ausg. gr. 12. (6⅔ B.) 836. ⅚ Thlr., u. 4., verm. A. 8. (17 B.) Berlin 841, Rücker u. Püchler.

—— Sammlung physikalischer Tabellen. Zum Gebrauch beim Vortrage über Physik zusammengestellt. 5., verb. und verm. Ausg. gr. 12. (IV und 200 S.) Berlin 849, (Rücker und Püchler.)

Schubarth, Ernst Ludwig, s. Verhandlungen d. Vereins zur Beförderung d. Gewerbfleißes.

Schubarth, (F.), Repertorium der technischen Literatur die J. 1823 bis einschl. 1853 umfassend. Zum Gebrauche der königl. techn. Deputation für Gewerbe bearb. 1—6. Lfg. (Abdampfen — Zwirn.) Lex.-8. (XXIV und S. 1 — 1049.) Berlin 854—56, Deckersche geheime Ober-Hofbuchdr. à Lfg. 1 Thlr.

Schubarth, Frz. Commentatio de Horati carminibus quattuor. 5 S. Progr. *Grabow* 1880.

Schubarth, Franz [aus Grabow i. Meckl. Schwerin]: Nephrectomie bei Hydronephrose. (1 Fall aus der Greifswalder chir. Klinik . . . Greifswald, Druck v. Julius Abel. 1889. 31 S. 8°
Greifswald, Med. Fak., Inaug.-Diss. v. 11. März 1889

Schubarth, Friedrich Moritz

Schubarth, F. M., daß der evang. Landmann in alltägl. Erfahrungen seines Berufs ein sehr wirksames Schutzmittel habe gegen die Neuerungssucht auf dem Gebiete seines Glaubens u. seiner Kirche. Aerndtepredigt. gr. 8. Grimma 845, Gebhardt. 3 ngl

Schubarth, Frdr. Mor., das Eherecht des Entwurfs eines bürgerlichen Gesetzbuchs für das Königreich Sachsen in landeskirchlicher Beziehung. Predigerconvents-Vortrag vom 9. April 1861. Mit Beigabe einer Uebersicht des betreffenden Abschnitts im Entwurf u. besonders wichtiger Paragraphen desselben. Leipzig 861. Dörffling & Franke. 8. (16 S., n. 3 ngr.

Schubarth, Friedr. Mor., fünf Casualreden, eine Predigt und ein Synodalgebet. 8. (VI und 44 S.) Leipzig 857, Hinrichs'sche Verlagsh.

—— das menschliche Leben. Perlen aus Johs. Lassenius heil. Perlenschatz, neugeordnet und dargeboten. 1. Bdchn. 8. (VIII und 221 S.) Eisleben 858. (Berlin, Beck.) geb.

— das menschliche Leben. Perlen aus Johs. Lassenius heiligem Perlenschatz, neu geordnet u. dargeboten. 1. Bdchn. Eisleben 858. Christlicher Verein. 8. (VIII, 221 S.) 9 ngr.

— Saat u. Ernte. Predigten, am Sonntage Rogate u. am Erntefeste gehalten. Leipzig 861. Hinrichs. 8. (IV, 62 S.) n. 10 ngr.

— — Nebst fünf Casualreden, einer Reformationspredigt u. einem Synodalbußgebet. Ebend. 861. 8. (IV, 105 S.) n. 18 ngr.

Schubarth, F. M., Was ist von Seiten der Diener am Wort gegen Einsegnung ehebrecherischer Verbindungen zu thun? Conferenzvortrag gehalten zu Dresden, den 13. Aug. 1846. 8. (23 S.) Leipzig 856, Dörffling und Franke.

Schubarth, Heinrich

Schubarth, Heinr., Anbau der Feldgewächse. als: d. Getreides, der Hülsenfrüchte, der Wurzel- u. Knollengewächse, u. der verschied. Abthln. d. Handelspflanzen. Deren Behandlung während der Vegetation, Beschütz. vor Unfällen, ihre Erndte, Zugutmachung u. Bereitung zu Kaufmannswaare, u. Aufbewahr. ders. 2 Thle. 8. (59 B. u. 1 Kpfrt. gr. 4.) Leipzig 831, Baumgärtner.
Aus der „Allgem. Encyklopädie d. gesammt. Land- u. Hauswirthschaft rc., hrsg. v. Putsche" besond. abgedruckt.

— Anweisung zum Anbau der bekanntesten, in Deutschland akklimatisirten Handelsgewächse, welche sich vorzüglich zum Anbau auf dem Felde im Großen eignen, u. zu deren Bereitung als Kaufmannswaare. 8. Leipz. 825, Hinrichs.

— die vortheilhafteste Einrichtung d. Sommer- u. Winterfütterung d. Rind- u. Schaafviehes. gr. 8. Leipz. 823. Baumgärtner. 8 gr.

—— Die vortheilhafteste Einrichtung d. Sommer- u. Winterfütterung d. Rind- u. Schafviehes ... Leipz. 1823. 68 S. P.

Schubarth, (H.) über Feldwirthschaftseinrichtungen nach d. Verschiedenheit der Bodenarten u. Localverhältnisse. Nebst einem Anhange von der Viehzucht. Als Einleitung in den wissenschaftl. Unterricht der Landwirthschaft; nach neuern Ansichten für weniger unterrichtete prakt. Landwirthe. 8. Leipz. 824, Hinrichs.

Schubarth H.: Ueber Feldwirthschaftseinrichtungen nach der Verschiedenheit d. Bodenarten u. Lokalverhältnisse. Nebst e. Anh. v. der Viehzucht ... Leipz. 1824. 380 S.

Schubarth, Heinr., Gewerbeblatt f. Sachsen, s. Gewerbeblatt.

Schubarth, Heinr., Henricus IV. imperator exemplum turbatae reipublicae. 4. Halae. 727.

— üb. d. Kauf kleiner Güter u. was dabei zu beobachten, hauptsächl. f. angehende Landwirthe. 8. Leipz. 823. Hinrichs. 14 gr.

—— Mittheilungen gemachter Erfahrungen u. Beobachtn. üb. Flachscultur u. Flachsbereitung, nebst Beschreib. u. Abbild. e. neu erfund. Flachsbereitungsmaschine. gr. 8. (10 B. u. 1 Kpfrt. gr. Fol.) Leipzig 829, Baumgärtner.

Schubarth H.: Mittheilungen gemachter Erfahrungen u. Beobachtungen üb. Flachscultur u. Flachsbereitung ... Leipz. 1829. 148 S. 1 Tvl.

—— Universalblatt f. d. Land- u. Hauswirthschaft, s. Universalblatt rc.

—— über Verbesserung d. Bauerwirthschaft rc., s. Ueber.

Schubarth, Heinrich, s. Verbesserungen d. Bauernwirthschaften.

Schubarth, Heinrich, s. Volks- u. Gewerbe blatt.

—— Vorschläge z. Verbesserung d. Landwirthschaft mit besond. Rücksicht auf Sachsen. gr. 8. (4 B.) Dresden u. Leipzig 835, Arnoldische Buchh. Thlr.

Schubarth, Johann Andreas (Zerbst) A. S. 307/4
Dissertatio iuridica inauguralis de pacto successorio cum paciscentis persona interveniente.
Präs. Gebhard Christian Bastineller.
Wittenberg (Gaeberdt) 1. VII. 1727. 40 S. 31606

Schubarth, Ioh. Gottfr., examen apologiae pro nepote eiusque chiliasmo. 4. Giessen. 727.

Schubarth, Johann Gottfried (Trossin) A. S. 602/67
De pignoratione et custodia animalium pauperiem facientium. Präs. Karl Ferdinand Hommel.
Leipzig (Walther) 7. IV. 1774. 47 S. 31607

Schubarth, Karl Ernst

Schubarth, K. E., üb. geschichtl. Analysis u. Synthesis. Auf Veranlass. d. Schubarthschen Abhandl. üb. d. Hauptrichtungen d. menschl. Geistes. gr. 8. (3 B.) Hirschberg 837, [Resener.] *

Schubarth, K. E., Antiprolegomena zur Philosophie der Geschichte unserer Tage; nebst Grundzügen zu einer Einleitung über das Verhältniß der neuern Geschichte zum Mittelalter. 1. Heft. gr. 8. Hirschberg 841, Krahn. 3/4 Thlr.

Schubarth, Karl Er., zur Beurtheil. Göthe's mit Beziehung auf verwandte Literatur u. Kunst. 2 Bde. 8. Bresl. 817. 2e A. 820. Max u. C. 3 Thlr. 12 gr. Velinp. 5 Thlr.

Schubarth, K. E., üb. die Eintheilung der Geschichte, mit Beziehung auf den Hauptvorgang der geschichtl. Entwickelung des Menschen als Einleitung in die Geschichte überhaupt. Ein Grundriß. gr. 8. (XVI u. 55 S.) Leipzig 847, Dyk. 12 ngr.

(Schubarth, Karl Ernst,) Erklärung in Betreff der Recension d. Hrn. Prof. Hegel in d. letzten Nrn. der „Jahrbücher f. wissenschaftl. Kritik" vom vorigen Jahre. (Ueber Philosophie überh. rc. v. K. E. Schubarth u. K. A. Carganico.) gr. 8. (1 B.) Berlin 830, Enslin'sche Buchh.
Vgl. Erklärung...

—— Erläuterungen u. Zugaben zu der Schrift: Ueber d. Streben der Menschheit zur Einheit, mit Bezieh. auf religiöse Einigung uns. Tage. gr. 8. (7½ B.) Berlin 829, Enslin'sche Buchh.

—— über Goethe's Faust. Vorlesn. 8. (25 B.) Berlin 830, Enslin'sche Buchh.

Schubarth, K. E. Ueb. Goethe's Faust, als Einleit. zu Vorträgen darüber. 32 S.
Hirschberg. Progr. 1833

Schubarth, K. E. Ein Fragment über die Reformation. 17 S. Forts. 14 S.
Hirschberg. Progr. 1848. 1850

— s. Friedrich des Großen, Versuch über die Regierungsformen.

— Ideen üb. Homer u. sein Zeitalter. 8. Bresl. 821. Max u. C. 1 Thlr. 12 gr.

Schubarth, K. E. Palaeophron und Neoterpe. Eine Schrift in zwanglosen Heften ästhetisch-kritischen Inhalts, bezüglich auf Kunst und Sitte, Religion und Wissenschaft. Berlin 1823 und 1824. 8°.
Vgl. Palaeophron...

—— und K. A. Carganico, üb. Philosophie überh., u. Hegel's Encyclopädie d. philosoph. Wissenschaften insbesond. Ein Beitr. zur Beurtheil. der letztern. gr. 8. (15½ B.) Berlin 829, Enslin'sche Buchh.

—— gesammelte Schriften, philosoph., ästhet., histor., biograph. Inhalts. 8. (20 B.) Hirschberg 835, Resener.

—— über d. Streben der Menschheit zur Einheit, mit Bezieh. auf religiöse Einigung uns. Tage. Eine Abhandl. d. Universal-Kirchengeschichte, als Beitrag zur richtigern Bestimm. d. Begriffs kirchl. Einheit. gr. 8. (5½ B.) Hirschberg 829, Lachmann.
Vgl. oben dess. „Erläuterungen u. Zugaben rc."

— üb. d. Unvereinbarkeit d. Hegel'schen Staatslehre mit d. obersten Lebens- u. Entwickelungsprinzip d. preuß. Staats. gr. 8. (2 B.) Breslau 839, G. P. Aderholz.

Schubarth, Melchior Traugott, vgl. Schubart, Traugott.

Schubarth, Melch. Trgtt., († d. 7. Juli 1804.) Samml. einiger Reden üb. verschied. Sonn- u. Festtags-Evangelien gehalten. gr. 8. Leipz. 753. Hilscher. (Compt. f. Litt.) 12 ℊ

Schubarth, Richard, appr. Arzt a. Plauen i. V.: Die operative Behandlung der Scheiden-Gebärmuttervorfälle und drei Fälle von ausgeführter Ventrofixation nebst Colporrhaphia ant. et post. München 1904: C. Wolf & Sohn. (54 S.) 8°

München, Med. Fak., Ref. v. Winckel, Diss. v. 18. Aug. 1904

[Geb. 1. Sept. 78 Plauen i. V.; Wohnort: Plauen; Staatsangeh.: Sachsen; Vorbildung: Gymn. Plauen Reife O. 98; Studium: Leipzig 2, Kiel 2, Freiburg i. B. 1, Montpellier 2, München 4 S.; Coll. 14. Juli 04; Approb. 11. Juni 04.]

Schubauer, die treuen Köhler. Operette. 8. Münch. 786. Jos. Lindauer. 6 ℊ

Schubauer, Fr. Darstellung der Königlich Sächsischen Armee nach ihren verschiedenen Waffengattungen ... nach Originalzeichnungen. Leipzig, Pietro del Vecchio 1832.
9 Taf. in kol. Lithogr. 2°.

Schubauer, F. Darstellung der Königlich Sächsischen Armee nach ihren verschiedenen Waffengattungen. (9 Bll.) gr.-qu.-fol. Leipzig 1833. [del Vecchio.]

Antiröschlaub. [Verf.: Lukas Schubauer.] H.1. o.O. 1803. 8°

H.1: 1803.

Schubaur, Dr., s. Anti-Röschlaub.

Schubaur, Sohnland, mein Vermächtniß an Bayern. gr. 8. (23 B.) Leipzig 831, (Volckmar.)

Schubaur, Sohnland, *Mein Vermächtniss an Bayern's König u. Volk.* (Motto aus Klopstock.) Aarau, in Kommiss. bey J. J. Christen. 1834. Gr. 8°. Braun. Hersb.
XVI—416 S., 1 Bl.

Schubaur, Sohnland, der Vorkampf auf dem Wege zum Ziele! [Rückerinnerungen an Bayerns frühere Zustände.] Mein Vermächtniß. Gesammelte Schriften. (Neue Titel-Ausg.) gr. 8. (VIII u. 416 S.) München (831) 848, Franz. n. 1 ℛ 2 ℊ

Schubaur, Sohnland, mein Vermächtniß an Bayern's König u. Volk. Sibyllinische Bücher: als Leitfaden aus dem Labyrinthe der Zeit. 2. (Titel-)Ausg. München (1848) 868. (Fritsch.) gr. 8. (XL, 416 S.) n. 1 ℛ

Schubaur, Sohnland, *Weihe-Denkmale der Urältern-Tugend* (d. i. altdeutscher Namen-Schatz). Aus den Schankungs(!!)-Urkunden der Mönche (vom 7. bis zu Ende d. 12. Jahrhunderts). Unter d. Mitwirkung eines Sprachforschers (Dr. *Alex. Vollmer*) gesammelt, mit e. Vorrede u. Einweisung hrsg. von —. München 1851. Druck von Joh. Deschler. 8°. Ppb.
IV—59 S., sämmtl. m. verziert. Einfass.

— Weihe-Denkmale der Urältern-Tugend. Aus d. Schankungs-Urkunden der Mönche [vom 7. bis zu Ende d. 12. Jahrhunderts.] Unter Mitwirkung eines Sprachforschers gesammelt, m. e. Vorrede u. Einweisung. gr. 8. (XXXII u. 59 S.) München 851. (Leipzig, H. Fritzsche.) n. 12 ℊ

Schubbaeus, Jo. Ado., utrum Diabolus possit producere substantiam. Susati 710. 4.

Schubbe, Adm. Th., über den Umgang mit geliebten Todten. Eine Kanzelrede. 8. Dorpat 808. (56 S.)

Schubbert, Paul, üb. e. Probe-Heizen im städtischen Schlachthause zu Frankfurt a. M. Bericht, im Auftrage der Kommission f. das Probe-Heizen erstattet. [Aus: „Zeitschr. d. Verbandes d. Dampfkessel-Ueberwachungs-Vereine".] gr. 8. (22 S. m. 2 Tab. u. 2 Taf.) Frankfurt a/M. 892. (J. Alt.) n. 1. —

Schube, Theodor: Aus der Baumwelt Breslaus und seiner Umgebungen. Mit 25 Abb. Breslau 1908: Graß, Barth & Co. 77 S. 8°
Breslau, st. RG am Zwinger OP 1908 (279) [S 08 430

Schube, Theodor *(geb. Breslau 8. 10. 1860)*: Beiträge zur Kenntnis der Anatomie blattarmer Pflanzen mit besonderer Berücksichtigung der Genisteen. Breslau 1885. (28 S., 2 Taf.) 8° *[Buchausg. 1885 bei Kern in Breslau.]*
Breslau, Phil. Diss. v. 11. März 1885

Schube, Thdr., Beiträge zur Kenntniss der Anatomie blattarmer Pflanzen, mit besond. Berücksicht. der Genisteen. Inaugural-Dissertation. gr. 8. (30 S. mit 2 color. Stnt.) Breslau 885, (Köhler.) * 1 —

Schube, Thdr., Beiträge zur Kenntnis der Verbreitung der Gefäss-Pflanzen in Schlesien. Festgruss, dem XIII. deutschen Geographentage dargebracht v. der schles. Gesellschaft f. vaterländ. Kultur. (Ergänzungsheft z. 78. Jahresbericht der schles Gesellschaft f. vaterländ. Cultur.) gr. 8. (36 S. m. 4 Karten. Breslau 901. (G. P. Aderholz.) n. 2. —

Beiträge zur Kenntnis der Verbreitung der Gefäss-Pflanzen in Schlesien von **Theodor Schube.** (Mit 4 Karten.) Festgruss dem XIII. Deutschen Geographentage dargebr. von d. Schles. Ges. f. vaterl. Kultur. *Breslau: C. T. Wiskott 1901.* (36 S.) 8°
= **Jahresbericht** d. Schles. Gesellschaft f. vaterl. Kultur. 78, Erg. H. [01. 1201] 2

Flora von Schlesien preußischen und österreichischen Anteils. Bearb. von Prof. Dr. Theodor **Schube.** Breslau: W. G. Korn 1904. (VIII, 456 S.) 8° [05. 1368

Schube, Th., zur Geschichte der schlesischen Floren-Erforschung bis zum Beginn d. 17. Jahrh., s.: Jahresbericht, 68., der schles. Gesellschaft f. vaterländ. Cultur. Ergänzungshft.

Schube, Theodor [Dr.]: Schlesiens Kulturpflanzen im Zeitalter der Renaissance. Breslau, Druck v. Grass, Barth & C., 1896; 1 Bl., 63 S. 8.
Breslau, RG am Zwinger, OP 1896 (215)

Die Verbreitung der Gefässpflanzen in Schlesien preussischen und österreichischen Anteils. Festgabe, der Schlesischen Gesellschaft für vaterländische Kultur zur Hundertjahrfeier ihres Bestehens dargebracht von THEODOR SCHUBE. (Auf dem Umschlag: Pteridophyta, Gymnospermae, Monocotyledones, Dicotyledones Archichlamydeae.) (Mit 1 Tafel.) Berlin 1903. Druck von R. Nischkowsky. 8°.

— **die Verbreitung der Gefässpflanzen in Schlesien preuss. u. österreich. Anteils.** Festgabe, der schles. Gesellschaft für vaterländ. Kultur zur Hundertjahrfeier ihres Bestehens dargebracht. (Pteridophyta, Gymnospermae, Monocotyledones, Dicotyledones Archichlamydeae.) (IV, 240 S. m. 1 Karte.) gr. 8. Breslau 903. (G. P. Aderholz.) n.n. 4. —

Die Verbreitung der Gefässpflanzen in Schlesien nach dem gegenwärtigen Stande unserer Kenntnisse. Von **Theodor Schube.** *Breslau: Dr. v. Grass, Barth & C. 1898.* (100 S., 1 Kt.) 1 Bd 8. [98. 1163

Waldbuch von Schlesien. Nachweis d. beachtenswerten u. zu schützenden Bäume u. Sträucher Schlesiens nebst e. Charakteristik s. wichtigsten Holzgewächse. Mit 42 Abb. Hrsg. auf Veranl. d. Minist. f. Landwirtsch. von d. Schles. Gesellschaft f. vaterl. Kultur. Bearb. von Prof. Dr. Theodor **Schube.** Breslau: W. G. Korn 1906. (180 S.) 8° [07. 1049

Schube, Thdr., Breslauer Waldbüchlein. Wandergn. durch die Baumwelt Breslaus u. seiner Umgebgn. Nebst e. Anh., enth. einige Streifzüge durch entferntere Waldgebiete Schlesiens. (96 S. m. 30 Abb.) 8. Breslau 909. W. G. Korn. — 75

Schubeck, A., die Lautentwicklung in der Elementarklasse der Volksschule. (30 S.) 8. München (907). (M. Kellerer.) — 80

— Der sprechtechnische Unterricht u. seine Beziehgn. zum Schreiblesen u. zum Rechtschreiben. Unter besond. Berücksicht. der süddeutschen Mundarten u. m. Bezugnahme auf die Hoffmann- u. die Münchener Fibel. Mit 1 Lauttafel. (VII, 118 S.) gr. 8. München 909. R. Oldenbourg. 2.—; geb. n 2.35

Schübel, Franz *Max Cyprian* [pr. Arzt aus Miedar '(Oberschles.)']: Über das tuberöse Hautsyphilid ... Berlin, Buchdr. v. G. Schade, *1895*; 30 S., 1 Bl. 8.
Berlin, Med. Fak., Inaug.-Diss. v. 15. Aug. 1895

Schübel, Hans, a. München: Aufstellung von nicht-euklidischen Minimalflächen. München 1906: F. Straub. (47 S.) 8°
München, Phil. Fak., Ref. Lindemann, Diss. v. 13. Juli 1906
[Geb. 19. Febr. 83 Stadtsteinach; Wohnort: München; Staatsangeh.: Bayern; Vorbildung: Maximilians-Gymn. München Reife Juli 01; Studium: München T.H. 1, Univ. 7 S.; Rig. 13. Juli 06.]

25 Jahre Peitschen Gamaschen von Ignaz Schübel, Berlin. (Verf.: Ignaz Schübel.) — Berlin: Selbstverl. o. J. 7 S. 8°

Schübel, Johann Martin Benedikt (Aalen) F, n:14
Disputationum symbolic. VII. de tribus symbolicis oecumenicis theses selectas continuans.
Präs. Kaspar Jakob Huth.
Erlangen (Camerarius) 28. VII. 1753. S. 50-56.
31645

Schübel, Konrad: Zur Kenntnis des Protocatechualdehyds, insbesondere seiner Kohlensäurederivate. Würzburg 1909: Staudenraus. 90 S. 8°
Würzburg, Phil. Diss. v. 14. Mai 1909, Ref. Manchot
[Geb. 27. Juni 85 Stadtsteinach; Wohnort: Würzburg; Staatsangeh.: Bayern; Vorbildung: Oberrealsch. Nürnberg Reife Juli 08; Studium: Würzburg 11 S.; Rig. 5. März 09.] [U 09. 4174

Schübeler, der Langenberg bei Langen, e. Grabhügel der älteren Bronzezeit. Vortrag, geh. auf der Morgenstern-Versammlg. in Hermanns Hotel zu Bremerhaven am 8. XII. 1909. (38 S. m. Abb. u. 1 Taf.) 8. Hannover 910. E. Geibel. 1.20
Sonderabdr. aus: „Jahresber. d. Männer v. Morgenstern".

Schübeler, Fr. Chr.

— Pflanzengeographische Karte üb. das Königreich Norwegen. Christ. 1873. 1 m. st. Kt.

Schübeler, F. C.: Die Culturpflanzen Norwegens. Mit einem Anhange über die alt norwegische Landwirthschaft. Herausgegeben auf Veranlassung des academischen Collegiums, als Universitäts-Program für das 1ste Semester 1862, mit einem Vorwort von Chr. Boeck. Mit Karte, Tabellen und Planchen. Christiania 1862. VII, 197 S., 21 Tf., 2 Krt. 4°. [F 2209

Schübeler, F. C.: Die Pflanzenwelt Norwegens. Ein Beitrag zur Natur- und Culturgeschichte Nord-Europas. Bd. 1. Allgemeiner Theil. Mit 15 Karten und Illustrationen. Bd. 2. Specieller Theil. Herausgegeben auf Veranlassung des academischen Collegiums als Universitäts-Program. Christiania 1873—1875. 2 Bde. VIII, 468 S. 4°. [F 2212

Schübeler, Fr. Chr., über die geographische Verbreitung der Obstbäume und beerentragenden Gesträuche in Norwegen. (Abdr. a. d. Hamburger Garten- u. Blumenzeitung.) Hamburg 857. Kittler. gr. 8. (40 S. m. Holzschn. im Text.) n. 6 ngr

Schübeler, Paul: De Syracusarum oppugnatione quaestiones criticae. Geestemünde 1910: Remmler. XXVIII S. 4°
Geestemünde, Reform-RG u. R OP 1910 (433) [S 10. 397

Schübeler, Paul: De Syracusarum oppugnatione quaestiones criticae. XXVIII S. 4. Realgymn. u. Realschule *Geestemünde* 1910
I. In Syracusarum oppugnatione describenda quae ratio intercedat inter Polybium et Livium. II. In Syracusarum oppugnatione describenda quae ratio intercedat inter Polybium et Plutarchum. III. De aliis Syracusarum oppugnationis auctoribus. A. De Diodoro Siculo. B. De Dione Cassio-Zonara (IX c. 4. 5). C. De Appiani ἐκ τῆς Σικελικῆς libr. c. 3. 4. D. De Valerio Maximo. (III 2 ext. 9 de Harmonia; III 3 ext. 5 de Theodoto torto. IV. 1. 4 de Marcello flente; VIII 7 de Archimedis morte). E. De Frontino (III 3. 2). F. De Polyaeno (VIII 11). G. De nonnullis aliis scriptoribus. H. De Silio Italico. I. De Tzetze (Chil. II 103—156).
Progr.

Schubelin, Christian Friedrich (Lauffen) A. S. 1372/11
De dogmatibus Thaletis Milesii et Anaxagorae Clazomenii, principum scholae Ionicae philosophorum.
Präs. Gottfried Ploucquet.
Tübingen (Schramm) IX. 1763. 46 S.
5 Resp. 31609

Schübelin, Eug., illustr. Führer durch Blaubeuren u. Umgebg. 8. (VI, 78 S. m. 1 Lichtdr., 15 Bild. u. 1 farb. Karte.) Blaubeuren 896. F. Mangold. n. —80

Schuber, H., Diätetik der Kinder im gesunden und kranken Zustande für zärtliche Mütter populär dargestellt. gr. 8. (VIII und 159 S.) Wien 866, (Czermak.) *

Schuber, H., der Kurort Hall in Ober-Oesterreich m. seinen jod- u. bromhalt. Quellen. 8. (74 S.) Wien 873. Czermak in Comm. n. 2. —

Schuber, H., der Kurort Bad-Hall in Ober-Oesterreich mit seinen jod- und bromhaltigen Quellen. 2. verm. Aufl. 8. (99 S. mit 1 lithogr. Grundriss.) Wien 881, (Toeplitz und Deuticke.) * 2 —

Schuber, H., der Kurort Bad-Hall in Ober-Oesterreich m. seinen Jod- u. Brom-haltigen Quellen. 3., umgearb. u. verm. Aufl. Mit 3 Ansichten in Autotypie, 1 Plane u. 1 Karte. 12. (IX, 90 S.) Wien 892. W. Braumüller. In Leinw. kart. n. 2.—

Schuber, Marie, Maria! Die heil. Jungfrau. Ein vollständ. Gebetbuch zum tägl. Gebrauche f. die zarten Verehrer Mariae. gr. 16. (VIII u. 256 S. m. 1 Stahlst.) Gratz 852. (Ferstl.) n. 16 ngr

Schuber, Maria, meine Pilgerreise über Rom, Griechenland und Egypten durch die Wüste nach Jerusalem und zurück. Vom 4. Octbr. 1847 bis 25. Septbr. 1848. Lex.-8. (XII und 508 S.) Gratz 850, Ferstl. Wien, Mechitaristen-Congregations-Buchh.

Schuber, W., über die traurigen Wirkungen der paritätischen Schulen in Oesterreich. gr. 8. (8 S.) Langenberg 879, Joost.

Schuberg, A., Handbuch der Artillerie-Wissenschaft mit besond. Rücksicht auf das Materielle der grossherzogl. badischen Artillerie. Mit 101 Zeichnungen. Lex.-8. (XX und 610 S. mit 33 Stnt. in qu. Fol.) Karlsruhe 856, Malsch und Vogel. *

Schuberg, August

Schuberg, Aug., s.: Arbeiten aus d. zoologisch-zootom. Institut in Würzburg.

Schuberg, August: Über den Bau und die Funktion der Haftapparate des Laubfrosches ... Wiesbaden: C. W. Kreidel's Verl., 1891. 62 S., 2 Taf. 8°
Würzburg, Phil. Fak., Hab.-Schr. v. 1891

— Berichtigg., betr. die Coccidien des Hühnereies, s.: Pfeiffer, L., d. Protozoen als Krankheitserreger.

Schuberg, A., s.: Centralblatt, zoologisches.

— die Coccidien aus dem Darme der Maus. [Aus: „Verhandlgn. des naturhist.-med. Vereins zu Heidelberg".] gr. 8. (30 S. m. 1 Taf.) Heidelberg 896. C. Winter. n. 1.60

Einführung in die Technik des zoologischen Laboratoriums. Von Prof. Dr. August **Schuberg**. Mit 177 Abb. Leipzig: W. Engelmann 1910. XII, 478 S. 8°
(Schuberg: Zoologisches Praktikum. Bd 1.) [10. 6221

Schuberg, A., üb. Coccidien d. Mäusedarmes. [Aus: „Sitzungsber. d. Würzb. phys.-med Gesellsch."] gr. 8. (8 S.) Würzburg 892. Stahel. n. — 30

SCHUBERG, August (Karlsruhe): Ein Fall von Laugenvergiftung mit secundären tödtlichem Empyem.- Nürnberg: Korn 1888. 24 S.
9.3.1888 - Chr 1887/88,20; Jv 1887/88,215
Diss. Ingolst.-Landsh.-Mchn.

Schuberg, A., Über einige Organisationsverhältnisse d. Infusorien d. Wiederkäuermagens. S.-A. (15 S.) Würzburg 92. Stahel. M. —.50

— üb. einige Organisationsverhältnisse der Infusorien d. Wiederkäuermagens [Aus: „Sitzungsber. d. Würzb. phys.-med. Gesellsch."] gr. 8. (15 S.) Ebd. 892. n. — 50

Schuberg, Aug., zoologisches Praktikum. (In 2 Bdn.) 1. Bd. Einführung in die Technik des zoolog. Laboratoriums. (XII, 478 S. m. 177 Abb.) gr. 8. Leipzig 910. W. Engelmann. 11.—; geb. in Leinw. 12.20

— Carl Semper †. Mit e. Portr. in Heliograv. nach dem Orig.-Gemälde von Maria Lübbes in München. Imp.-4. (XIX S.) Wiesbaden 895. C. W. Kreidel. n. 3. —

— Carl Semper, Professor der Zoologie u. vergleich. Anatomie an der k. Universität Würzburg. Vortrag, geh. in der physikal.-medicin. Gesellschaft zu Würzburg. Mit dem Bildnis Semper's u. e. chronolog. Verzeichnis der Semper'schen Schriften. gr. 8. (28 S.) Ebd. 893. n. 2. 60

Schuberg, A., s.: Zentralblatt, zoologisches.

— üb. Zusammenhang v. Epithel- u. Bindegewebszellen. [Aus: „Sitzungsber. d. Würzb. phys.-med. Gesellsch."] gr. 8. (70 S.) Ebd. 891. n. — 30

Schuberg, Karl

Schuberg, K., zur Betriebsstatik im Mittelwalde. Untersuchgn. u. Erfahrgn. Mit zahlr. tabellar. Nachweisen. gr. 8. (VI, 130 S.) Berlin 898. P. Parey. n. 4. —

Schuberg, K., Formzahlen u. Massentafeln f. die Weißtanne. Auf Grund der vom Verein deutscher forstl. Versuchsanstalten erhobenen Materialien bearb. u. hrsg. gr. 8. (VIII, 105 S. m. 8 lith. Taf.) Berlin 891. P. Parey. Kart. n. 6. —

SCHUBERG, Karl: Die Forschungsaufgaben im Walde. - Karlsruhe 1889. 19 S. Festrede

Schuberg, K., über die Kulminationszeit des Zuwachses bei Bäumen und Beständen, f. Forst- und Jagd-Zeitung, allgemeine.

SCHUBERG, Karl: Die Nutzholzwirtschaft im Femelschlag- und Femelbetrieb. - Berlin 1896. 56 S.

— die Rotbuche im natürlich verjüngten geschlossenen Hochwalde, s. a. Aus deutschen Forsten.

SCHUBERG, Karl: Die Rotbuche im natürlich verjüngten geschlossenen Hochwalde. Nach den Aufnahmen in badischen Waldungen bearbeitet. - Tübingen 1894. 204 S., 51 Tab., 4 graph. Darst. - (=Tl. 2 v.: Aus deutschen Forsten. Mitt. ü. d. Wuchs u. Ertrag d. Waldbest. i. Schluß u. Lichtstande)

Schuberg [K.], Transportwesen, f. Handbuch der Forstwissenschaft.

Schuberg, Karl, die Waldstreufrage und die Mittel zu ihrer Lösung. 8. (86 S.) Stuttgart 869, Schweizerbart'sche Buchh. *
(Supplement-Heft zur Monatschrift für das Forst- und Jagdwesen.)

Schuberg, Karl, der Waldwegbau u. seine Vorarbeiten. 2 Bde. gr. 8. Berlin 873—75. Springer's Verl. à n. 8. —
1. Die Instrumente, die allgemeinen Grundsätze u. die Vorarbeiten. Mit zahlreichen in den Text gedr. Holzschn., e. lith. Taf. u. e. Anh. (VIII, 323 S.)
2. Die Bauarbeiten, Kostenüberschläge u. der Gesammtbau im wirthschaftl. Betriebe. Mit zahlreichen in den Text gedr. Holzschn., 4 lith. Taf. (in qu. 4., gr. 4. u. Fol.) u. e. Anh. (VIII u. S. 325—576.)

—— die Weißtanne bei der Erziehung in geschlossenen Beständen, s. a. Aus deutschen Forsten.

SCHUBERG, Karl: Die Weißtanne bei der Erziehung in geschlossenen Beständen. Nach den Aufnahmen in badischen Waldungen bearbeitet. - Tübingen 1888. XII, 154 S., 30 Tab., 12 graph. Darst. - (=Tl. 1 v.: Aus deutschen Forsten. Mitt. ü. d. Wuchs u. Ertrag d. Waldbest. i. Schluß- u. Lichtstande)

Schuberg, Philipp

Schuberg, Ph., s.: Zeitschrift f. chemische Apparatenkunde.

Schuberszky, Carl v., der Mahovos als Mittel zur Verminderung der Bau- u. Betriebskosten der Eisenbahnen. Wien 864. (Gerold's Sohn.) Lex.-8. (III, 31 S. mit 1 Steintaf. in qu. Fol.) n. 12 *ngr.*

Schubert, Franz. Zürich [1867]. V: *Weber, Heinrich.* (Cat. d. Stadtbibl. Zürich. Zürich 1864—97.)

Schubert, Georgine. Erinnerungsblatt, f. Glümer, Claire v.

Schubert's Album deutscher Staaten- u. Städtewappen. Abbildgn. sämtl. deutscher Staaten- u. 306 der wichtigsten deutschen Städtewappen in feinem lithogr. Farbendr. Zeichngn. v. C. Koch. (246 Taf. in Leporelloform.) 25,5×16 cm. Coburg (907. 08). R. Schubert. 6.—; geb. 6.50; erm. Pr. 4.25

Schubert. Dänische Brückenkopf-Befestigungen bei Missunde. 1:8000. 1864.

Schubert: André Chénier. 26 S.–Anclam, Progr. 1857

Schubert: Geographie u. Geschichte im Gymnasium. 25 S.–Leutschau ev., Progr. 1867

Schubert (Bearb.), s. Lange, Henry: Karte der Umgebung von Wernigerode. [Neue Ausgabe.]

Schubert, ..., f. Jos. Riepel, Baßschlüssel.

Schubert: Ueber den Unterricht in der Geschichte. 24-29 S.–Leutschau ev., Progr. 1861

Schubert: Untersuchung über die Leistungen eines Bourdon'schen Metallbarometers. S. 14 - 30. Leutschau ev., Progr. 1864.

Schubert A.: Nachruf für Dir. Josef Straßner. 4 Brüx 899. Progr.

Schubert, A., neue allgemeine deutsche Skat-Ordnung. Im Auftrage des Vorstandes des deutschen Skat-Verbandes verf. Angenommen vom VI. deutschen Skat-Kongreß in Altenburg am 28. IX. 1903. (36 S.) 12. Altenburg 904. R. Fuchs. — 30; Plakatausg. — 40; m. Randleisten — 60

Schubert, A., der regelrechte Skatspieler. Eine Anweisung, in kurzer Zeit regelrecht Skat spielen zu lernen. Mit 4 ausführl. Skatberechnungstaf. 8. neubearb. Aufl. Nach den bewährten Regeln der deutschen Skatordnung. (VI, 42 S.) 8. Leipzig (909). Ernst. — 50

— Das Skat-Wettspiel. Kurzgefaßte u. leichtverständl. Anleitg. zur Abhaltg. v. größ. u. kleineren Preis-Skaten. (34 S.) kl. 8. Altenburg 904. R. Fuchs. — 40

Schubert, A., Taschenbuch f. preuß. Militair-Aerzte. Enth. die bei Untersuch. u. Beurtheil. d. Waffenfähigkeit u. Invalidität zu befolg. Grundsätze, u. e. alphabet. Uebersicht der bei d. Untersuchungsgeschäft in Betracht komm. Krankheiten u. Abnormitäten. Bearb. nach der v. Dr. v. Wiebel, d. Militär-Aerzten gegeb. Instruction v. 14. Juli 1831. gr. 16. (9 B.) Leipzig 840, Fort. (?)

Schubert, A. Taschenbuch für preuß. Militär-Ärzte. Bearb. nach der v. Dr. v. Wiebel gegeb. Instruktion. Leipzig 1840. 132 S.

Schubert, A. J., der gewandte Clavier-Stimmer. Leichte, unfehlbare, am pariser Conservatorium bewährte Stimm-Methode, wornach ein Jeder sein Piano in Zeit von 1/2 Stunde rein stimmen kann. Nebst Regeln, wie man Instrumente halten soll, damit sie lange in gutem Zustande bleiben. Mit 20 Notenbeispielen. 16. (2 1/2 B.) Wesel 843, Bagel.

Schubert, Adolf Iccius und Grosphus. Eine Studie zu Horaz. 15 S. Progr. *Anclam* 1879

— das heimische Naturleben in seinen Beziehungen zur Vaterlandsliebe, s.: Sammlung pädagogischer Vorträge. Bd. 6.

Schubert A., Pflanzenkunde für höhere Mädchenschulen und Lehrerinnen-Seminare. 1. Tl. [1. und 2. Kursus.] gr. 8. (VI, 168 S. mit 104 in den Text gedr. Holzschn.) Berlin 888, Parey. geb. *

Schubert, Adf. Pflanzenkunde f. höhere Mädchenschulen u. Lehrerinnen-Seminare. II. Tl. 3. u. 4. Kursus. gr. 8. (XVI, 315 S. m. 267 in den Text gedr. Holzschn.) Berl. 889, Parey. geb. * ' 2 50
1. Tl. Ebd. 1888. geb. * 2 —.

Schubert, A., das Rechnen an den Fingern u. Maschinen, s.: Abhandlungen, allgemeinverständl. naturwissenschaftl.

Schubert, Adolf: Der deutschen Mütter Teil an deutscher Lande Heil. Sozialpädagogischer Beitrag zur Frauenfrage unserer Zeit. — Berlin: Oehmigke 1892. 48 S. 8°

Schubert, Adf., der deutschen Mütter Teil an deutscher Lande Heil. Sozial-pädagog. Beitrag zur Frauenfrage unserer Zeit. 2. (Titel-)Aufl. gr. 8. (48 S.) Berlin 895. L. Oehmigke's Verl. n. — 60

Schubert, Alfred

Schubert, Alfr., Anleitung zur Ausführung ländl. Bauten m. Berücksicht. v. Kleinbauernhöfen im südlich. Deutschland. Mit 115 Orig.-Abb. u. 5 Musterbauplänen des Verf. (auf 29 Taf.) (VI, 96 S.) gr. 8. Stuttgart 910. E. Ulmer. Geb. in Leinw. 3. —

Schubert, Alfr., der Bau der Eiskeller, s.: Menzel, C. A.

Schubert, Alfr., des Landmanns Baukunde. E. Ratgeber üb. Einrichtg., Bauart, Baumaterialien u. s. w. bei Neu- u. Reparaturbauten im landwirtschaftl. Kleinbetriebe. Zum Gebrauch f. Landleute u. ländl. Techniker. Mit 22 Taf. Orig.-Abb. d. Verf. 12. (V, 68 S.) Stuttgart 896. E. Ulmer. Kart. n. 1. —

— dasselbe, s. a.: Landmanns, des, Winterabende, 68.

— u. G. Meyer, landwirtschaftliche Baukunde, s.a. Thaer-Bibliothek. 9. Bd.

Schubert, Alfr., landwirtschaftliche Baukunde. Ein Taschenbuch, enth. techn. Notizen, sowie Tabellen u. Kostenangaben zum unmittelbaren Gebrauch beim Entwerfen u. Veranschlagen der wichtigsten landwirtschaftl. Bauten f. Techniker, techn. Schulen u. Landwirte. 2. verb. u. verm. Aufl. (V, 96 S.) 8. Leipzig 904. B. F. Voigt. Kart. 1. 80

— Diemenschuppen u. Feldscheunen, ihre zweckmäß. Konstruktion, Ausführg. u. deren Kosten, f. Landwirte u. Techniker. Mit 20 Textillustr. u. 8 Taf. gr. 8. (V, 24 S.) Leipzig 900. B. F. Voigt. 1. 80

— d. Dungstätte, ihre zweckmäß. Anlage u. Ausführg., s.: Landmanns, des, Winterabende, Nr. 61.

Einzelheiten des Landwirtschaftlichen Bauwesens. Ein Sonderabdr. eigener Publikationen aus Fachschriften. Zum Gebr. f. Landwirte u. Techniker von Prof. Alfred Schubert in Cassel. 29 Abh. mit 61 Abb. *Leipzig: A. Schumann; [Berlin: E. Freyhoff] 1898.* (VII, 180 S.) 8°

— Entwürfe zumeist ausgef. landwirtschaftl. Gebäude aller Art. Zum prakt. Gebrauch f. Landwirte, Architekten, Baubeamte, Bauunternehmer, Techniker, techn. u. landwirtschaftl. Schulen u. s. w. Fol. (56 Taf. m. Text 26 S.) Stuttgart 896. 97. E. Ulmer. In Mappe: n. 23. —
Erschien auch in 7 Lfgn. à n. 3. —.

— schmiedeeiserne Firmenschilder im Style der Renaissance u. des Barock. E. prakt. Motiven- u. Vorlagenwerk f. Kunstschlosser, Architekten, Zeichner, Kunstgewerbeschulen etc. Imp.-4. (33 Taf. m. IV S. Text.) Leipzig 898. A. Schumann's Verl. In Mappe n. 12. —

— landwirtschaftl. Gebäude, s.: Schmitt, Ed.

Schubert, Alfr., die Geflügelställe, ihre bauliche Anlage u. innere Einrichtung. 8. (134 S. m. 123 Text-Abbildgn.) Berlin, Parey. geb. 1890. n. 2. 50

Die Geflügelställe, ihre bauliche Anlage und innere Einrichtung. Von Prof. A[lfred] Schubert, Cassel. 2. vollst. neubearb. u. verm. Aufl. Mit 161 Abb. *Berlin: P. Parey 1902.* (157 S.) 8° [Fr.]
= Thaer-Bibliothek. Bd 75.

Die Geflügelställe, ihre bauliche Anlage und innere Einrichtung. Von Alfred Schubert, Prof. in Cassel. 3., vollst. neubearb. u. verm. Aufl. Mit 190 Textabb. Berlin: P. Parey 1908. (183 S.) 8° [Fr.]
= Thaer-Bibliothek. [75.]

— schmiedeeiserne Gitter im Style der Renaissance u. Gothik. Leicht u. wohlfeil ausführbare Orig.-Entwürfe zu einfachen u. reichen Grabgeländern. Mit den Werkzeichngn. in natürl. Grösse. 6 Taf. nebst 12 Detailbogen. Fol. Berlin 888. Claesen & Co. In Mappe. n. 10. —

Schubert, Alfr., schmiedeeiserne Grabgitter im Style d. Renaissance u. Gothik. Leicht u. wohlfeil ausführbare Orig.-Entwürfe zu einf. u. reichen Grabgeländern m. d. Werkzeichngn. in natürl. Grösse. 2. [Titel-]Aufl. schmal Fol. (6 Taf. nebst 12 Detailbog. in Farbendr.) Berlin (888) 896. B. Hessling. In Mappe n. 10. —

— Handbuch d. landwirtschaftl. Bauwesens, s.: Engel, Fdr.

— schmiedeeiserne Hausthür-Füllungen in mod. Stylarten. 36 leicht u. wohlfeil ausführbare Orig.-Entwürfe zu einfachen u. reicheren Hausthür-Füllungen nebst Werkzeichngn. in natürl Grösse, m. genauen Preis- u. Gewichtsberechngn. nebst Angabe der Eisendimensionen. Fol. (VI S. Text.) Düsseldorf 899. F. Wolfrum. In Mappe n. 18. —

—— Alte Kunstschmiedearbeiten aus dem XVI., XVII. u. XVIII. Jahrh. Nach den Originalen aufgenommen. 20 Taf. (in Lichtdr.) Fol. Berl. 889, [Claesen u. Comp.]. Hessling u. Spielmeyer. In Mappe * 20 —

— alte Kunstschmiedearbeiten aus dem XVI., XVII. und XVIII. Jahrh. Thore, Gitter, Grab- und Treppengeländer, Grabkreuze, Oberlichte, Bekröngn., Füllgn., Bänder, Schlüsselschilder, Thürklopfer, Geräthe etc. Nach den Originalen aufgenommen. 20 Taf. (in (Lichtdr.). Fol. Ebd. 889. In Mappe. n. 20. —

— westdeutsche Kunstschmiede-Arbeiten d. 18. Jahrh., aufgenommen u. gezeichnet v. S. hoch 4. (20 lith. Taf.) München 896. G. Schlee. n. 4.

Leitfaden der landwirtschaftlichen Baukunde für Baugewerkschulen und verwandte technische Lehranstalten von Alfred **Schubert**, Prof. in Cassel. Mit 60 Originalfig. Leipzig & Berlin: B.G. Teubner 1907. (80 S.) 8°
= **Unterricht**, Der, an Baugewerkschulen. 10. {07. 4339

Schubert, Alfred, Ober-Postprakt.: Postscheck und Postscheckvertrag nach dem Scheckgesetze vom 11. März 1908 und nach der Postscheckordnung vom 6. November 1908. Borna-Leipzig 1909: Noske. IX, 63 S. 8°
Leipzig, Jur. Diss. v. 29. Sept. 1909
[Geb. 5. Okt. 76 Danzig; Wohnort: Kiel; Staatsangeh.: Preußen; Vorbildung: Städt. Gymn. Danzig Reife M. 96; Studium: Berlin 2, Kiel 4, Berlin 1, Kiel 1 S.; Rig. 29. Sept. 09.] [U 10. 2880

Schubert, Alfr., Postscheck u. Postscheckvertrag nach dem Scheckgesetze v. 11. III. 1908 u. nach der Postscheckordnung v. 6. XI. 1908. (VII, 64 S.) gr. 8. Kiel 909. W. G. Mühlau. 1. 50

— der Rindviehstall, seine Anlage u. Einrichtung, s.: Rörner, C., praktische Rindviehzucht.

Schubert, Alfr., s.: Schlosser- u. Schmiede-Kalender deutscher.

Schubert, Alfred (Bearb.), s. Schubert, Friedrich Karl: Landwirtschaftl. Baukunde.

— kleine Stallbauten. Ihre Anlage, Einrichtg. u. Ausführung. Handbuch f. Baugewerksmeister, Bautechniker u. Landwirte. Mit 97 Textfig. u. 3 Kostenanschlägen. gr. 8. (V, 89 S.) Leipzig 900. B. F. Voigt. 2. 50

Schubert, Alfr., Taschenbuch der landwirtschaftlichen Baukunde. Eine Sammlg. techn. Notizen, Tabellen u. Kostenangaben zum unmittelbaren Gebrauch beim Entwerfen u. Veranschlagen der wichtigsten landwirtschaftl. Bauten. 12. (V, 83 S.) Weimar 893. B. F. Voigt. Kart. 1. 80

— eiserne Thore u. Geländer. Musterbuch f. Schlosser, Architekten, techn. und Fortbildungsschulen. (In 12 Hftn.) 1. u. 2. Hft. gr. 4. (à 4 autolith. Taf.) Leipzig 890. Scholtze. à n. 1. —

— eiserne Thore u. Geländer. Musterhefte f. Schlosser. 3.—12. (Schluß-)Hft. gr. 4. (à 4 autolith. Taf. m. 20 S. Text.) Leipzig 891. C. Scholtze. à n. 1. —
(kplt. in Mappe: n. 12. —)

— wie baut der Landmann seine Ställe praktisch u. billig?, s.: Landmann's, des, Winterabende. 77. Bdchn.

— wie baut man Schweineställe am zweckmäßigsten u. billigsten?, s.: Arbeiten der Vereinigung deutscher Schweinezüchter. 3. Hft.

Schubert A.: Wie baut man Schweineställe am zweckmässigsten u. billigsten? ... Berl. 1903. 30 S. Fig. 5 Tvl. 4°.
(Arbeiten d. Vereinigung deutscher Schweinezüchter. H. 3).

— d. Ziegenstall, s. zweckmäß. Anlage u. Ausführg., s.: Landmann's, des, Winterabende, 60. Bdchn.

Schubert, Alwin, a. Hannover: Löslichkeitsbestimmungen an schwerlöslichen Salzen seltener Erdmetalle. Bonn 1908: A. Broch. (83 S.) 8°
Bonn, Phil. Fak., Ref. Anschütz, Diss. v. 27. Febr. 1908
[Geb. 30. Aug. 80 Schwöbber; Wohnort: Bramburg; Staatsangeh.: Preußen; Vorbildung: Gymn. Celle Reife O. 03; Studium: Techn. Hochsch. Hannover 2, Univ. Bonn 6 S.; Rig. 12. Febr. 08.]

Schubert, Alwin: Ueber Mediastinaltumoren bei Kindern ... Jena: Frommannsche Buchdr. (Herm. Pohle) 1887. 34 S. 8°
Jena, Med. Fak., Inaug.-Diss. v. 1887

Schubert, Amandus (Max Lippmann), ein Muster-Institut des sozialist. Zukunftsstaates od. Wie es in der gemeinsamen Orts-Krankenkasse zugeht! Zur Aufklärung f. Arbeitgeber u. Arbeitnehmer. (31 S.) 8. Chemnitz (907). R. Graubner. — 50

Schubert, Amandus, Ein Muster-Institut des socialistischen Zukunftsstaates, oder wie es in der gemeinsamen Orts-Krankenkasse zugeht! Zur Aufklärung für Arbeitgeber und Arbeitnehmer. 8°. Chemnitz, P. Trinks; Leipzig, P. Stiehl, 1907.

Schubert, Anna, aus Moskau (Russland): Die Psychologie von Bonnet und Tetens mit besonderer Berücksichtigung des methodologischen Verfahrens derselben. Historisch-psychologische Studie. Zürich 1909. IV + 124 S. 8°. [9. VI. 09.]
Zürich Phil. Diss. I. S. 1908/09

Schubert, Anna. Die Psychologie von (Charles) Bonnet und (Johann Nicolas) Tetens, mit besonderer Berücksichtigung des methodologischen Verfahrens derselben. Historisch-psychologische Studie. Diss. Phil. ⟨I.⟩ Univ. Zürich. IV+124 S. 8. Zürich, J. J. Meier. 1909.

Schubert, Anton: *De temporis inter verbum finitum et participium aoristi aequalitate apud Graecorum poetas tragicos.* .... Bambergae. typ. W. Gärtner (D. Siebenkees). 1889. 2 Bl. + 53 S. 8°
Erlangen, Phil. Fak., Inaug.-Diss. v. 1889

Schubert, Anton [Dr.]: De temporis inter verbum finitum et participium aoristi aequalitate apud Graecorum poetas tragicos. Bamberg, W. Gärtner's Buchdr. (D. Siebenkees), 1889; 1 Bl., 53 S. 8°
Bamberg, k. StA, P 1889 •

Das Deutschtum im Wirtschaftshaushalte Österreichs. ⟨Ein Ausbauversuch d. Schrift 'Deutschböhmen als Wirtschaftsgroßmacht' f. ganz Österreich.⟩ Vom Verf. von 'Das allgemeine Wahlrecht'... (d. i. Dr. Anton **Schubert**). Mit zahlr. Text- u. Sondertaf. Reichenberg: R. Gerzabek & Co. 1905–07. 3 Bde 8° [F.]
1. Der Besitzstand der Deutschen in Österreich. 1905.
2. Die Abgabenleistungen d. Deutschen in Österr. an d. Staat. Mit Ausnahme der schon in T. 1 behandelten Grundsteuer-, Gebäudesteuer- u. Staatsbahneneinnahmen-, sowie Staatsbahnensteuer-Leistung. 1906.
3. Die Leistungen d. Staates an d. Deutschen Österreichs. ⟨Mit e. Sichtung d. gesamten deutschen Unterrichtswesens in Österr. in budgetärer u. völkischer Hinsicht.⟩ 1907. {08. 16910

Schubert, Ant., das Deutschtum im Wirtschaftshaushalte Österreichs. 3. Tl.: Die Leistg. des Staates an die Deutschen Österreichs. (Mit e. Sichtung des gesamten deutschen Unterrichtswesens in Österreich in budgetärer u. völk. Hinsicht.) Mit zahlreichen Text- u. 37 Sondertaf. (VI, 220 S.) 8. Reichenberg i/B. 907. Rud. Gerzabek & Co. (Nur direkt.) 1.53 (Vollst., erm. Pr. 4.42)

Zur Frage der Errichtung einer deutschen Universität für Mähren und Schlesien. Von Dr. Anton Schubert. Brünn. 1901. Winiker. Lex.-8°. 22 S. K—60.

Zur Frage der Errichtung von staatlichen Volksbildungsbüchereien in Oesterreich. Von Dr. Anton Schubert. Brünn. 1901. Winiker. Gr.-8°. 51 S. K 1.40

Urkunden-Regesten aus den ehemaligen Archiven der von Kaiser Joseph II. aufgehobenen Klöster Böhmens. Von Dr. Anton Schubert. Mit Unterstützung der „Gesellschaft zur Förderung der deutschen Wissenschaft, Kunst und Literatur in Böhmen" gedruckt. Innsbruck. 1901. Wagner. 4°. XXVII, 300 S. K 16.60

Schubert, Anton: Versuch einer grammatischen Untersuchung der in den sogenannten St. Emmeramer Urkunden der Jahre 740–1002 enthaltenen deutschen Namen.
Phil. Diss., Prag 1892/93

Die Wiegendrucke der k. k. Studienbibliothek zu Olmütz vor 1501. Von Dr. Anton Schubert. Mit Unterstützung der „Gesellschaft zur Förderung deutscher Wissenschaft, Kunst und Literatur in Böhmen" gedruckt. Olmütz. 1901. Kullil. Lex.-8°. X, 690 S. K 22.50

Schubert, Ant., die Wiegendrucke der k. k. Studienbibliothek zu Olmütz vor 1501. Mit Unterstützg. der „Gesellschaft zur Förderung deutscher Wissenschaft, Kunst u. Literatur in Böhmen" gedruckt. Lex.-8. (X, 690 S.) Olmütz 901. (Leipzig, O. Harrassowitz.) n.n. 20.—

Ziffern zur Frage des niederösterreichischen Tschecheneinschlages. Von Dr. Anton Schubert. Wien. Bund d. Deutschen in Niederösterreich 1900. [illegible] S. 8° [illegible]

— Ziffern zur Frage des niederösterreich. Tschecheneinschlages. (100 S.) gr. 8. Wien 909. (F. Schalk.) nn 1.50

Schubert, Anton (geb. Berlin [illegible]) De [illegible] Berolini (1831) [illegible] S. 8°
Berlin, Med. Diss. v. 26. Apr. 183[illegible]

Schubert, Arthur. Ueber die Einwirkung der Jodwasserstoffsäure auf Chinin und Chinidin. (Basel) Chemnitz [1891].

Schubert, Arthur. Die Feuerbestattung. Leipzig. Albert Otto Paul, Verlag für Kunst und Wissenschaft. Miniaturbibliothek. Nr. 733. 1907. (47 S. m. Abb)

Schubert A. und Skraup Zd. H. Das Verhalten von [illegible] und Chinin gegen Jodwasserstoff. S. [illegible] II5. [illegible] Separatabdruck

Schubert, August

Schubert, (Dr.) Aug., die allein wahre Methode, Krankheiten zu heilen. Ein Schreiben an den Hrn. Dr. Bicking, in Berlin. 12. Berlin 844, Aug. Hirschwald. n. 1/6 ℛ

Schubert, Aug., Musée de la Conversation française à l'usage des Allemands et des Français, etc. 1. livr.: I. Des circonstances du lieu et du temps. — II. De l'état militaire. gr. in-8. Breslau 842, Günther. n. 5/6 ℛ — dass. A. u. d. T.: Museum der französ. Umgangssprache zum Gebrauch für Deutsche u. Franzosen. gr. 8. Ebend. 844, Kern. 1 ℛ

—— sämmtliche kurzen Sätze und Bemerkungen. Hrsg. von C. F. Nieprasch. 8. (16 S.) Berlin 849, G. Bethge.

Schubert, August. Sämmtliche kurzen Sätze und Bemerkungen, herausgegeben von C. F. Nieprasch. 2. Aufl. Berlin, G. Bethge (1849). 16 S. 8.

Schubert, Aug., Nieswurz f. Demokraten in kleinen Dosen den politischen Patienten unserer Zeit verschrieben. Der kurzen Sätze u. Bemerkungen A. Schubert's 3. verm. Aufl., hrsg v. Verleger. 8. (16 S.) Berlin 849, G. Bethge. 1 1/2 ngl

Schubert, B., kaufmännische Unterrichtsbriefe. 7 Briefe. (VI, 800 S.) gr. 8. Hannover 903. Dr. M. Jänecke. In Leinw.-Mappe n. 16.—

Schubert, Bernhard, Tierarzt aus Rüddingshausen: Versuche über Wertbemessung des Sobernheim'schen Milzbrandserums. *Borna-Leipzig 1903: R. Noske.* (IV, 29 S.) 8°
Gießen, Veterinär-med. Diss. v. 1903

Schubert, Berthold

Schubert, B., Frau Henriette Jordan, geb. Raab, s.: Saatkörner aus der evangelisch-lutherischen Kirche. Nr. 15.

Kaspar Neumann 1648–1715. Ein Zeit- u. Lebensbild. Von B[erthold] Schubert, Pastor in Düsseldorf. Elberfeld: Luth. Bücherverein 1903. (140 S.) 8° [F.] [x. 6. 1469]

Schubert, Bruno, die Fremde, s.: Dürr's deutsche Bibliothek. 14. Bd.

Schubert, Bruno: Ueber die Parenchymscheiden in den Blättern der Dicotylen. M. 1 Taf. Cassel 1897: Gebr. Gotthelft. (60 S. mit Taf.) 8° (Aus: Botanisches Centralblatt. Bd 71.)
Berlin, Phil. Diss. v. 2. Okt. 1897

Schubert, Carl, s. Schubert, Karl.

Schubert, Chr. Benjamin

— Antrittspredigten im Jahr 1751 üb. d. Satz: „Der Schöpfer Himmels u. der Erden ist kein Urheber des Bösen. 4. Bresl. 751. W. G. Korn. 4 gr

— Lehrgedichte. 8. Bresl. 751.

Schubert, Chr. Benj., (✝ ...) geistl. Oden. 8. Bresl. 755. (Wojoborsky). 3 gr

— Predigten über Wahrheiten der christl. Lehre. 8. Bresl. 751. Pietsch. 8 gr

— Reden von geistl. Dingen. 8. Bresl. 751. (Gosoborsky). 8 gr

— Reden v. geistl. Dingen. 8. Bresl. Meyer. 751.

— das freudige Sterbebette eines Gerechten, in e. Predigt am 2n Weihnachtsfeiertage 1759. 4. Bresl. 760. W. G. Korn. 3 gr

Schubert, Chr. Fr., Etwas aus der Naturlehre für Landkinder von reiferem Alter, zu Ausrottung des Aberglaubens. Gera 784. 8.

Schubert, Chr. Fr., Etwas aus der Naturlehre für Landkinder zur Ausrottung des Aberglaubens. 2 Thle. 8. Gera 784. Beckmann. 4 gr

Schubert, Chr. Fr. D., vermischte Schriften. Herausgeg. von s. Sohn, Ludw. Schubert. 2 Bde. 8. Zürich, Geßner. 812. (Ir 2 Rthlr. IIr 1 Rthlr. 12 gr.)

Schubert, Christ. Heinrich

Schubert, Chr. Hnr., Perianther v. Corinth, Strafbild des Meineides. 4. Berl. 765. Haude u. Sp. 4 gl

Schubert, Christian (Breslau) A.S. 807/41
De actionibus hominis naturalibus. Dissertatio moralis. Präs. Christian Gottlieb Gottwalt.
Leipzig (Titius) 28. VI. 1719. 32 S. 31611

Schubert, Christian (Breslau) A.S. 350/35
Dissertatio inauguralis juridica, an promissor facti liberetur praestando id, quod interest ?
Präs. Christian Thomasius.
Halle (Hilliger) 19. IV. 1721. 40 S.
-- Dass. Rec. Halle (Hilliger) 1736. A.S. 11/29
31613

Schubert, Christian A.S. 310/4
Romulus observationibus varii generis illustratus.
Präs. Georg Christian Gebauer.
Leipzig (Titius) 9. XII. 1719. 32 S. 31612

Schubert, Christ(ianus) Aug(ustus): De carbunculo contagioso. [Praeses:] Carolus Henr[icus] **Dzondi.** Halae (1827): Baentsch. 28 S. 8°
Halle-Wittenberg, Med. Diss. v. 17. Dez. 1827
Geb. Sandersleben (Anhalt) [15.] 12. 1807.

Verf. war von 1817/85 der zweitjüngste Hallische Dr. med.

Schubert, Cläre, s. Schubert, Kläre.

Schubert, Conrad, s. Schubert, Konrad.

Schubert, Curt, s. Schubert, Kurt.

Schubert, Dan. Prosp., explicatio epist. cathol. 6 Iudae ad D. et F. applicat. 4. Nrnb. 709.

Schubert, Edgar, ich grüße dich! Ein Liederbuch. 12. (55 S. m. Bildn.) Roßwein 898. J. H. Pflugbeil.
Geb. in Leinw n. 1. 25

Schubert, (Johannes Karl) Edmund: Ueber Sarkome der Gelenke ... Berlin: Buchdr. O. Lange 1890. 32 S. 8°
Berlin, Med. Fak., Inaug.-Diss. v. 11. Okt. 1890

Schubert, Eduard

Schubert, Ed., der rationelle Brennereibetrieb, s. Stammer, K., Wegweiser in der Branntweinbrennerei.

Schubert, Ed., der rationelle Brennereibetrieb, nebst Darstellung eines neuen, auf rationellen Grundsätzen beruhenden Einmaischverfahrens, nach dem in jedem Brennereiverhältnisse ein mindestens um 1/8 höherer Spiritusertrag erzielt wird, als alle die bisher bekannten Einmaischmethoden gewähren. Bearb. und mit gründlicher Anweisung zur Bereitung der Preßhefe, der bewährten Kunsthefe, des Filzmalzes und Schaufelmalzes ꝛc. versehen. Mit einem Vorw. von Fr. Jul. Otto. Braunschweig 857. Vieweg. 8. (XIV, 134 S.) n. 25 ngr.

Schubert, Ed., der rationelle Brennereibetrieb. Enthaltend gründliche Anweisung zur Ausführung der besten Einmaischmethoden, wodurch der größtmöglichste Vergährungsgrad der Maische, mithin der größte Spiritusertrag ꝛc. erzielt wird, sowie zur Bereitung bewährter Kunsthefen ꝛc.; nebst Darstellung eines in neuester Zeit zweckmäßig construirten Destillir-Apparates. Nach eigenen langjährigen Erfahrungen bearb. Mit einem Vorwort von Fr. Jul. Otto. Mit in den Text gedr. Holzschn. 2. umgearb. u. verm. Aufl. Braunschweig 861. Vieweg & Sohn. 8. (XV, 238 S.) n. 1 ₰

Schubert. Ed., der rationelle Brennereibetrieb. Enthltd. gründl. Anweisung zur Ausführung der besten Einmaischmethoden, wodurch der größtmöglichste Vergährungsgrad der Maische, mithin der größte Spiritusertrag u. zwar von einigermaaßen gutem Materiale allermindestens 10% Alkohol vom Quartmaischraum erzielt wird ꝛc. nebst Darstellung eines in neuester Zeit zweckmäßig construirten Destillir-Apparates. Mit einem Vorwort von Fr. Jul. Otto. 3., verb. Aufl. Braunschweig 865. Vieweg u. Sohn. 8. (XV, 226 S. mit in den Text eingedr. Holzst.) n. 1 ₰

Schubert, Ed., und Karl Sudhoff, Paracelsus-Forschungen. 1. Heft: Inwiefern ist unser Wissen über Theophrastus v. Hohenheim durch Friedr. Mook und seinen Kritiker Heinr. Rohlfs gefördert worden? gr. 8. (VI, 89 S.) Frankfurt a. M. 887, [Könitzer's Sortiment.] Reitz und Koehler. *

Schubert, Ed., u. Karl Sudhoff. Paracelsus-Forschungen. 2. Heft. gr. 8. Frankf. a. M. 889, Reitz u. Koehler. * 8 —
Handschriftliche Documente zur Lebensgeschichte Theophrasts v. Hohenheim. Mit 3 Taf. in Lichtdr. (in 4.). (VI, 181 S.)
1. Heft. Ebd. 1887. * 2 50.

—— praktisches Recept-Taschenbuch für Destillation. 750 Recepte zur Bereitung aller Sorten Liqueure, der Doppel- und Einfach-Branntweine auf warmem wie auf kaltem Wege; Bereitung des Schweizer-Absynth, der Magen-Tropfen ꝛc. Mit Anleitung zur Destillation ꝛc. nebst Darstellung der gebräuchlichsten Destillirapparate ꝛc. Zum Gebrauche für Branntweinbrenner, Destillateure, Kaufleute ꝛc. 8. (XLII und 218 S. mit in den Text gedr. Holzschn. und 1 Reductions-Tab. für österreich. Maaß und Gewicht.) Braunschweig 861, Vieweg und Sohn. *

Schubert, Ed., praktisches Recept-Taschenbuch für Destillation. 756 Recepte zur Bereitung aller Sorten Liqueure, der Doppel- und Einfach-Branntweine auf warmem wie auf kaltem Wege; Bereitung des Schweizer-Absynth, der Magen-Tropfen ꝛc. Mit Anleitung zur Destillation ꝛc. nebst Darstellung der gebräuchlichsten Destillirapparate ꝛc. Zum Gebrauche für Branntweinbrenner, Destillateure, Kaufleute ꝛc. Mit einem Vorwort von Fr. Jul. Otto. 2., verm. Aufl. 8. (XLII und 220 S. mit in den Text gedr. Holzst. und 1 Reductions-Tab. für österreich. Maaß und Gewicht.) Braunschweig 865, Vieweg und Sohn. *

Schubert, Ed., praktisches Recept-Taschenbuch f. Destillation. 859 Recepte zur Bereitung aller Sorten Liqueure, der Doppel- u. einfachen Branntweine auf warmem wie auf kaltem Wege; Bereitung des Schweizer Absynth, der Magen-Tropfen-Essenzen u. -Elixire, der Punsch- u. Grog-Extracte, der Fruchtweine, der Rum's, Arac's, Cognac's u. Franzbranntweine, der Fruchtsäfte, der aromat. Essenzen, -Sprite u. -Wasser, der wohlriechenden Essenzen, der Eau de Cologne, Toilettenwasser, Räuchermittel, Riechmittel, Zahnpulver, Zahntincturen, Pomaden, Haaröle u. Toilettseifen. Mit Anleitung zur Destillation ꝛc., nebst Darstellung der gebräuchl. Destillirapparate, sowie des in neuester Zeit construirten Fein-Sprit-Apparates. Zum Gebrauche für Branntweinbrenner, Destillateure, Kaufleute, Conditoren, Gast- u. Schenkwirthe. Mit einem Vorwort von Fr. Jul. Otto. 3., verm. u. verb. Aufl. v. H. Beckurts. Mit in den Text eingedr. Holzst. u. einer Reductions-Tabelle für österreich. Maaß u. Gewicht. 8. (XLVI, 288 S.) Braunschweig 877. Vieweg & Sohn. n. 4.—

Schubert, Eduard: Studien mit künstlich in vitro erzeugten Antigenen und Antikörpern. Erlangen 1908: Junge. 35 S. 8°
Erlangen, Med. Diss. v. 23. Dez. 1908, Ref. Heim

Schubert, Emil, Geschichte des Allgemeinen Turnvereins zu Schönefeld v. J. 1857 bis zur 50jähr. Jubelf. i. J. 1907, Festschr., Leipzig 1907, 8°.

Schubert, Erhard: Die juristische Natur des Hinterlegungsverhältnisse zwecke Schuldbefreiung nach §§ 372 ff. B.G.B. Leipzig 1904: Grimme & Trömel. (VI, 28 S.) 8°
Leipzig, Jur. Fak., Diss. v. 24. Nov. 1904

Schubert, Ernst: Aus der Königlichen Universitäts-Frauenklinik in Königsberg i. Pr. Ein Beitrag zur Symptomatologie der Uterusmyome. Königsberg i. Pr. 1905: O. Kümmel. (65 S.) 8°
Königsberg, Med. Fak., Ref. Winter, Diss. v. 8. März 1905
[Geb. 13. Nov. 81 Königsberg i. Pr.; Wohnort: Cranz; Staatsangeh.: Preußen; Vorbildung: Wilhelms-Gymn. Königsberg i. Pr. Reife O. 00; Studium: Kiel 1, Königsberg 8 S.; Coll. 6. März 05; Approb. 15. Febr. 06.]

Schubert, Stadtbaumeister: Beschreibung des neuen Realschulgebäudes. Herne 1904: C. Th. Kartenberg. (S. 12—16.) 4°
Herne, R. m. PG i. E. P 1904 (446)

Schubert, Ernst, das Eisenbahn-Bauwesen, s.: Susemihl, A. F.

Schubert, Ernst, Erheiterungen f. Winterabende. 2 Thle. 8. (29½ B.) Leipzig 833, Lauffer.

Schubert, E., die Fortschritte d. Eisenbahnwesens, insbesondere f. den prakt. Dienst u. zur Vorbereitg. f. die Prüfg. d. Bahnmeisters. (Nachtrag I zu „Susemihl's Eisenbahnbauwesen, 4. Aufl.") Mit 7 Taf. u. 151 Text-Abbildgn. 8. (XII, 147 S.) Wiesbaden 888. Bergmann. n. 2. 40

—— Katechismus für den Bahnwärter-Dienst. 1. und 2. Aufl. (VII, 48 S.); 3. verm. Aufl. 8. (VII, 56 S.) Ebendas. 885. cart. *

Schubert, Ernst. Katechismus f. den Bahnwärter-Dienst. Ein Lehr- u. Nachschlagebuch f. Bahnwärter, Hülfswärter u. Schrankenwärter, sowie f. Vorarbeiter bezw. Rottenführer. 4. verm. Aufl. (VII, 82 S. m. 41 Abbildgn.) 889. cart. * 1 —; 5. sehr verm. Aufl. 8. (V, 96 S. m. 56 Abbildgn.) Wiesb. 892, Bergmann. cart. * 1 25

Schubert, Ernst, Katechismus f. den Bahnwärter-Dienst. 6., gemäß den Bestimmgn. des Herrn Reichskanzlers vom 5. Juli 1892 üb. die neue Signalordng., sowie die neue Bahn- u. Betriebsordng. verb. u. verm. Aufl. 8. (VI, 107 S. m. 56 z. Tl. farb. Abbildgn.) Wiesbaden 894. J. F. Bergmann. Kart. n. 1. 25

— Katechismus f. d. Bahnwärter-Dienst. 8., nach d. neuesten Vorschriften ergänzte Aufl. 8 (V, 115 m. 65 Abb.) Wiesbaden 898. J. F. Bergmann. Kart. n. 1.25

Schubert, E., Katechismus f. den Bahnwärter-Dienst. 9. nach den neuesten Vorschriften ergänzte Aufl. 8. (VII, 119 S. m. 65 Abbildgn.) Wiesbaden 900. J. F. Bergmann. Kart. n. 1. 25

— Katechismus f. den Bahnwärterdienst. 11. Aufl. Nach den neuesten Vorschriften ergänzt durch R. v. Zabiensky. (VII, 148 S. m. 102 Abbildgn.) 8. Wiesbaden 906. J. F. Bergmann. Kart. n. 1. 60

Schubert, E., Katechismus f. den Bahnwärter-Dienst. 12. Aufl. Nach den neuesten Vorschriften ergänzt durch R. v. Zabiensky. (VII, 157 S. m. 109 Abb.) kl. 8. Wiesbaden 908. J. F. Bergmann. Kart. 1.70

— Katechismus f. den Bremser-Dienst. Ein Lehr- u. Nachschlagebuch f. Bremser, Hülfsbremser u. Bremser-Anwärter. 8. (V, 151 S. m. 82 Abbildgn.) Ebd. 894. Kart. n. 2. —

— dasselbe f. den Bremser-Dienst. Ein Lehr- u. Nachschlagebuch f. Bremser, Wagenwärter, Wagenmeister u. deren Anwärter. 2. nach d. neuesten Vorschriften ergänzte Aufl. 8. (VIII, 188 S. m. 103 Abb.) Ebd. 902. Kart. n. 2.25

— Katechismus f. den Bremser- u. Schaffnerdienst. Ein Lehr- u. Nachschlagebuch für Schaffner bei Güterzügen u. bei Personenzügen, Bremser, Wagenwärter, Wagenmeister u. deren Anwärter. 3. Aufl. Nach den neuesten Vorschriften ergänzt durch R. v. Zabiensky. (VIII, 195 S. m. 106 Abb.) 8. Ebd. 907. Kart. n. 2. 40

— Katechismus f. d. Bremser- u. Schaffner-Dienst. Ein Lehr- u. Nachschlagebuch f. Schaffner bei Güterzügen u. bei Personenzügen, Bremser, Wagenwärter, Wagenmeister u. deren Anwärter. 4. Aufl. Nach den neuesten Vorschriften ergänzt durch R. v. Zabiensky. (VIII, 196 S. m. 114 Abbildgn.) kl. 8. Ebd. 908. Kart. 2. 40

— Katechismus f. d. Eisenbahn-Schranken-Dienst. 8. (40 S. m. 23 Abb.) Ebd. 896. n. — 60

—— Katechismus für den Weichensteller-Dienst. 1. und 2. Aufl. 8. (V, 65 S. mit 1 lithogr. Taf. und 2 Holzschn.) Ebendas. 886. cart. *

—— Katechismus f. den Weichensteller-Dienst. Ein Lehr- u. Nachschlagebuch f. Weichensteller, Hülfsweichensteller u. Eisenbahn-Vorarbeiter, bezw. Rottenführer. 3. u. 4. Aufl. (VI, 105 S. m. 54 Abbildgn.) 890; 5. verm. Aufl. 8. (VI, 111 S. m. 57 Abbildgn.) Ebd. 892. cart. * 1 40

— Katechismus f. den Weichensteller-Dienst. Ein Lehr- u. Nachschlagebuch f. Weichensteller, Hülfsweichensteller u. Eisenbahn-Vorarbeiter, bezw. Rottenführer. 6., gemäß den Bestimmgn. des Herrn Reichskanzlers vom 5. Juli 1892 verb. u. ergänzte Aufl. 8. (VIII, 130 S. m. 76 Abbildgn.) Ebd. 894. Kart. n. 1. 40

— Katechismus f. d. Weichensteller-Dienst. E. Lehr- u. Nachschlagebuch f. Weichensteller, Hülfsweichensteller u. Eisenbahn-Vorarbeiter, bezw. Rottenführer. 9., nach d. neuesten Vorschriften ergänzte Aufl. 8. (VIII, 135 S. m. 79 Abb.) Ebd. 899. Kart. n. 1. 40

— dasselbe f. den Weichensteller-Dienst. Ein Lehr- u. Nachschlagebuch f. Weichensteller, Hülfsweichensteller u. Eisenbahn-Vorarbeiter, bezw. Rottenführer. 11. nach den neuesten Vorschriften ergänzte Aufl. 8. (VIII, 155 S. m. 99 Abbildgn.) Ebd. 902. Kart. n. 1. 40

— Katechismus für den Weichensteller-Dienst. Ein Lehr- u. Nachschlagebuch für den Stellwerkswärter, Weichensteller, Hilfsweichensteller u. Rottenführer. 14. Aufl. Nach d. neuesten Vorschriften ergänzt durch R. v. Zabiensky. (VIII, 176 S. m. 101 Abb.) 8. Ebd. 906. Kart. n. 1,60

— Katechismus f. den Weichensteller-Dienst. Ein Lehr- u. Nachschlagebuch f. Stellwerkswärter, Weichensteller, Hilfsweichensteller u. Rottenführer. 17. Aufl. Nach den neuesten Vorschriften ergänzt von R. v. Zabiensky. (VIII, 186 S. m. 111 Abb.) kl. 8. Wiesbaden 909. J. F. Bergmann. Kart. 1.70

Schubert, Ernst, Graf Ladroni, od. d. Todtenkrone. Histor.-romant. Gemälde aus d. Zeiten d. 30jähr. Krieges. 2 Bde. 8. (26½ B.) Leipzig 841, Lauffer.

— Linienführung u. Bahngestaltung im Eisenbahn-Bau d. Gegenwart, s.: Paul.

Schubert, E., Oberbau u. Gleisverbindungen, s.: Eisenbahn-Technik d. Gegenwart.

— Planum, Bettung u. Schwellenform d. Eisenbahngleises. [Aus: „Organ f. d. Fortschritte d. Eisenbahnwesens in techn. Beziehg."] gr. 8. (12 S. m. 3 Taf.) Wiesbaden 897. C. W. Kreidel. n. 1. 40

Unsere Predigt vom auferstandenen Heiland. Streitlichter u. Richtlinien von Dr. Ernst Schubert, Botschaftspred. in Rom. Gießen: Töpelmann 1910. VI, 85 S. 8°
(Studien z. praktischen Theologie. Bd 4, H. 1.) Ju. 4287

—— die Prüfung des Bahnmeisters. Ein Fragebuch zu Susemihl's Eisenbahn-Bauwesen. 8. (V, 68 S. mit 18 Abbild.) Ebendas. 889. *

—— Schneewehen und Schneeschutzanlagen. Ein Beitrag zur theoret. Entwickelung und pract. Lösung der Schneeschutzfrage. 8. (VII, 107 S. mit 51 Fig. im Text und 7 Taf.) Ebendas. 888. *

Schubert, E[rnst]. Schutz der Eisenbahnen gegen Schneeverwehungen und Lawinen. Mit 103 Abbildungen im Text und einem Atlas von 38 Abbildungen [auf 22 Tafeln]. VI + 63 S. gr.-8. Leipzig, Wilhelm Engelmann, 1903. (M. 5. —)
Fortschritte der Ingenieurwissenschaften. Dritte Gruppe. Heft 1.

— Schwellenquerschnitt, Schwellenabstand u. Bettungsstoff im Eisenbahngleise. [Aus: „Zeitschr. f Bauwesen".] Imp.-4. (31 S. m. 22 Abb. u. 3 Kpfrtaf.) Berlin 897. W. Ernst & Sohn. n. 5. —

— die Sicherungswerke im Eisenbahnbetriebe. Beschreibung u. Anleitg. zum Gebrauche der elektr. Telegraphen, Läutewerke, Contact-Apparate, Block-Einrichtungen, Signal- u. Weichenstellwerke. (Nachtrag II zu „Susemihl's Eisenbahnbauwesen, 4. Aufl.") Mit 1 Taf. u. 173 Text-Abbildgn. 8. (XI, 157 S.) Ebd. 888. n. 1. 80

— d. Sicherungswerke im Eisenbahnbetriebe. E. Lehr- u. Nachschlagebuch f. Eisenbahn-Betriebsbeamte u. Studirende d. Eisenbahnwesens, enth. elektr. Telegraphen, Läutewerke, Contact-Apparate, Block-Einrichtgn., Signal- u. Weichenstellwerke u. sonst. Sicherheitseinrichtgn. 2, umgearb. u. erweit. Aufl. gr. 8. (XI, 207 S. m. 285 Abb. u. 1 Taf.) Wiesbaden 895. J. F. Bergmann. n. 3. 80

— die Sicherungswerke im Eisenbahnbetriebe. Ein Lehr- u. Nachschlagebuch f. Eisenbahn-Betriebsbeamte u. Studirende des Eisenbahnwesens, enth. electr. Telegraphen, Fernsprechanlagen, Läutewerke, Contact-Apparate, Block-Einrichtgn., Signal- u. Weichenstellwerke u. sonst. Sicherheitseinrichtgn. 4. umgearb. u. erweit. Aufl. gr. 8. (XV, 336 S. m. 449 Abbildgn. u. 2 lith. Taf.) Ebd. 903. n. 6. —; geb. in Leinw. n. 6. 60
3. Aufl. (XII, 312 S. m. 427 Abb. u. 1 Taf.) 900. n. 6. —.

Schubert, Ernst *August Wilhelm* [aus Görlitz]: Die Staatslehre Johanns von Salisbury. E. Beitr. z. Staatsphilosophie d. Mittelalters ... Berlin, 1897; 58 S., 1 Bl. 8.
Erlangen, Phil. Fak., Inaug.-Diss. v. 30. Apr. 1897

— s.: Susemihl, A. J., das Eisenbahn-Bauwesen f. Bahnmeister u. Bauaufseher.

— die Umbildungen d. Planums u. der Bettung e. Eisenbahngeleises während d. Betriebes. [Aus: „Zeitschrift f. Bauwesen".] gr. 8. (34 S. m. 2 Blatt Zeichngn.) Berlin 890. Ernst & Korn. cart. n. 2. 80

— die Umbildungen u. die Tragfähigkeit d. Planums v. Eisenbahn-Dämmen bei Verwendung verschiedener Oberbau-Systeme. [Aus: „Zeitschr. f. Bauwesen".] gr. 8. (35 S. m. 3 Bl. Zeichngn.) Berlin 891. Ernst & Sohn. n. 2. 80

Schubert, Ernst u. Hugo v. Rothkirch, Uranus etc., s. Uranus.

Schubert, Er., Weihnachtsgaben, in Erzählungen aus dem Gebiete der Christbescherung, Freunden deutscher Muse dargebracht. 1r Thl. Der Weihnachtsbaum. — Aepfel u. Nüsse. — 2r Thl. Der Christstollen. — Der Pfefferkuchen. — Der Fastnachtsdienstag. 8. Leipz. 827. Lauffer. 2 ℛ︀ 6 𝔤𝔤

Schubert, F., die Branntwein-Brennerei und ihr neuester pract. Betrieb. gr. 12. Königsberg 845, Theile. 1/3 ℛ︀

Schubert, F., des Sängers Buch, enth. 252 Volks-, Vaterlands-, Turner- ꝛc. Lieder, Operngesänge, geistliche u. Concertlieder. Nebst Angabe der Dichter u. Componisten. 16. (224 S.) Berlin 881. Bolm. cart. n. — 50

Schubert, F., Lehrbuch der technischen Chemie. Lex.-8. (VIII und 530 S. mit 208 eingedr. Holzschn.) Erlangen 854, Enke's Vrlgsh. *

Schubert, F., Lehrbuch der technischen Chemie für Schulen u. zum Selbstunterricht. 2., verb. u. verm. Aufl. Erlangen 866. Enke's Verl. gr. 8. (XI, 600 S. mit 216 eingedr. Holzschn.) n. 2 ℛ︀ 28 ngr.

Schubert, F., Lehrbuch der Mineralogie für Schulen, mit kurzem Ueberblick der Petrographie u. Geognosie u. mineralogischem Wörterbuch. Mit 20 Holzschn. (im Text). Erlangen 863. Enke. gr. 8. (VI, 109 S.) n. 15 ngr.

Schubert, F., All-Deutschlands Taschen-Liederbuch, enthaltend 527 Volks-, Vaterlands-, Turner-, Schützen-, Studenten-, Trink- und Gesellschafts-Lieder, Operngesänge, geistl. und Concertlieder. Nebst Angabe der Dichter und Componisten. 1. und 2. Aufl. 16. (XVI, 464 S.) [Berlin 880, Bolm's Verlag.] Leipzig, Litterarische Gesellschaft. cart. * 1 —

Schubert, F., All-Deutschlands Taschen-Liederbuch, enthaltend 527 Volks-, Vaterlands-, Turner-, Schützen-, Studenten-, Trink- und Gesellschafts-Lieder, Operngesänge, geistl. und Concertlieder. Nebst Angabe der Dichter und Componisten. 10. Aufl. 16. (XVI, 464 S.) Berlin 885, Mode's Verlag. cart. *

Schubert, F., All-Deutschlands Taschen-Liederbuch. Enth. 527 Volks-, Vaterlands-, Turner-, Schützen-, Studenten-, Trink- u. Gesellschaftslieder, Operngesänge, geistl. u. Concertlieder. Nebst Angabe der Dichter u. Componisten. 14. Aufl. 16. (464 S.) Berlin 889. Mode's Verl. cart. n. 1. —

Schubert, F., All-Deutschlands Taschen-Liederbuch. Enth. 527 Volks-, Vaterlands-, Turner-, Schützen-, Studenten-, Trink- u. Gesellschaftslieder, Operngesänge, geistl. u. Concertlieder. Nebst Angabe der Dichter u. Componisten. 19. Aufl. 16. (XVI, 464 S.) Berlin 893. S. Mode's Verl. Kart. n. 1. —

Schubert, F., All-Deutschlands Taschen-Liederbuch. Enth. 527 Volks-, Vaterlands-, Turner-, Schützen-, Studenten-, Trink- u. Gesellschaftslieder, Operngesänge, geistl. u. Concertlieder. Nebst Angabe d. Dichter u. Componisten. 22. Aufl. 16. (XVI, 464 S.) Berlin (901). S. Mode. Kart. n. 1. —

—— kleines Taschen-Liederbuch, enthaltend 252 Volks-, Vaterlands-, Turner-, Schützen-, Trink- und Gesellschafts-Lieder, Operngesänge, geistl. und Concertlieder. Nebst Angabe der Dichter und Componisten. 1.—5. Aufl. 16. (224 S.) Berlin 880—81, Mode's Verlag. cart. * — 50

—— kleines Taschen-Liederbuch, enthaltend 252 Volks-, Vaterlands-, Turner-, Schützen-, Studenten-, Trink- und Gesellschafts-Lieder, Operngesänge, geistl. und Concertlieder. Nebst Angabe der Dichter und Componisten. 10. Aufl. 16. (224 S.) Ebendas. 885. cart. *

— kleines Taschen-Liederbuch, enth. 252 Volks-, Vaterlands-, Turner-, Schützen-, Studenten-, Trink- u. Gesellschafts-Lieder, Operngesänge, geistl. u. Concertlieder. Nebst Angabe der Dichter u. Componisten. 14. Aufl. 16. (224 S.) Ebd. 889. cart. n. — 50

— kleines Taschen-Liederbuch, enth. 252 Volks-, Vaterlands-, Turner-, Schützen-, Studenten-, Trink- u. Gesellschafts-Lieder, Operngesänge, geistl. u. Concertlieder. Nebst Angabe der Dichter u. Componisten. 19. Aufl. 16. (224 S.) Ebd. 893. Kart. n. — 50

Schubert, F., kleines Taschen-Liederbuch, enth. 252 Volks-, Vaterlands-, Turner-, Schützen-, Studenten-, Trink- u. Gesellschafts-Lieder, Operngesänge, geistl. u. Concertlieder. Nebst Angabe d. Dichter u. Componisten. 22. Aufl. 16. (224 S.) Berlin 897. S. Mode's Verl. Kart. n. — 50

— kleines Taschen-Liederbuch, enth. 252 Volks-, Vaterlands-, Turner-, Schützen-, Studenten-, Trink- u. Gesellschafts-Lieder, Operngesänge, geistl. u. Concertlieder. Nebst Angabe der Dichter u. Componisten. 25. Aufl. 16. (224 S.) Ebd. (901). Kart. n. — 50

Schubert, F., kleines Taschen-Liederbuch, enth. 252 Volks-, Vaterlands-, Turner-, Schützen-, Studenten-, Trink- u. Gesellschafts-Lieder, Operngesänge, geistl. u. Concertlieder. Nebst Angabe der Dichter u. Componisten. 27. Aufl. (224 S.) 16. Berlin (907). S. Mode. Kart. — 50

—— württembergisches Taschen-Liederbuch, enthaltend 527 Volks-, Vaterlands-, Turner-, Schützen-, Studenten-, Trink- und Gesellschafts-Lieder, Operngesänge, geistl. und Concertlieder. Nebst Angabe der Dichter und Componisten. 16. (XVI, 464 S.) Stuttgart 881, Ullrich. cart. * 1 —

Schubert, F. L., die drei Artikel des christlichen Glaubens im Zusammenhange disponirt und mit gegenübergesetzten bibl. Beweis- und Erläuterungsstellen versehen zum Gebrauche beim Katechismus-Examen, Confirmanden- und höheren Volksschulunterrichte. gr. 8. (63 S.) Leipzig 855, Löschke. *

Schubert, F. W., die freie Gemeinde des Wislicenus in Halle. Eine Stimme aus der gemäßigten Partei an die freisinnigeren Protestanten, die aber Christen bleiben wollen. gr. 8. Grimma 846, Verlags-Compt. n. 1/3 ℛ

Schubert, F. W., die freien Gemeinden unserer Zeit. Eine Stimme aus der gemäßigten Partei an die freisinnigeren Protestanten, die aber Christen bleiben wollen, gerichtet. 2., verb. Aufl. gr. 8. (III und 65 S.) Grimma 850. [Wurzen, Verlags-Comptoir.

—— die Zeichen der Zeit. Gedanken über die Nothwendigkeit einer Reform der Kirche. Mit Berücksicht. der freien Gemeinden. 8. (VI und 222 S.) Neustadt a. d. Orla 848, Wagner.

Schubert, Feodor: 6 F ä l l e von Episio-Perineoraphie nach Sänger (Lawson Tait) ... Greifswald: Druck v. Julius Abel 1888. 22 S. 8⁰
Greifswald, Med. Fak., Inaug.-Diss. v. 17. Mai 1888

Schubert, Ferdinand

Schubert, Ferd. Anweisung zur Miniaturmalerei. Zum Selbstunterr. 8. (4½ B.) Quedlinburg 832, Basse. Thlr.

Schubert, Ferd. *Dir. a. d. k. k. Unterreal- & Norm.-Hptsch. zu St. Anna etc.* Aufgaben zum deutschen Sprachunterricht. Für Lehrer u. Schüler der II. u. III. Volksschulkl. Eine Beigabe zu dem „kleinen deutschen Sprachschüler". *Wien* 1858. Verl. v. *Mayer & C.* 125 S., 2 Bl., 8⁰. 36 kr.

Schubert, Mart. Ldw. Fd., aktenmäß. Darstell. d. Criminalprocesses gegen d. k. Ober-Postsecretair A. Götz in Cöln. 2 Hfte. gr. 8. Cöln 820. Rommerskirchen. 1 ℛ

Schubert, Ferd.: Actenmäßige Darstellung des Criminal-Prozesses gegen den Königl. Ober-Post-Secretär Arn. Götze, wegen Entwendung von Diamanten u. Tresorscheinen. Köln 1821.

Schubert, Ferdinand. Kurzgefaßte Darstellung des österreichischen Kaiserstaates. Zum Gebrauche für die Jugend. 5. Aufl. des „kleinen Oesterreichers". 8. (182 S. 1 Bl.) Wien, Sallmayer und Komp. Druck von Leop. Sommer, 1853.

Schubert, Ferdinand —. Kurzgefaßte Darstellung des österreichischen Kaiserstaates. Zum Gebrauche für Volks- und Unter-Realschulen von — —. Sechste verbesserte Auflage, mit Zugrundlegung der neuesten politischen Eintheilung vom Jahre 1854. 8. (1 Blatt, 178 S.) Wien. Druck von Leopold Sommer. Sallmayer und Komp. 1855.

Schubert, Ferdinand, *Direkt. d. k. k. Wiener Norm.-Haupt- u. Unt.-Realsch.* Kurzgefasste Darstellung des österr. Kaiserstaates. Zum Gebrauche für Volks- u. Unter-Realschulen. VII. verb. Aufl. mit Zugrundeleg. d. neuesten pol. Eintheil. *Wien* 1858. *Sallmayer & C.* 150 S. 1 Bl. kl. 8⁰. 48 kr.

Schubert, Ferdinand, kurzgefaßte Darstellung des österreichischen Kaiserstaates. Zum Gebrauche für Volks- u. Unterrealschulen. Herausg. von Carl Schubert. 8. verb. u. mit geschichtlichen Skizzen verm. Aufl. 8. (146 S.) Wien, Sallmayer & Comp. 1865 84 kr.

Schubert's, Ferd., kurzgefaßte Darstellung des österreichischen Kaiserstaates. Zum Gebrauche für Volks- und Unter-Realschulen hrsg. von Karl Schubert. 9., verb. und mit geschichtl. Skizzen verm. Aufl. (IV, 172 S.) 1870, und 10. verb. Aufl. gr. 8. (IV, 176 S.) Wien 872, Sallmayer und Comp. *

Schubert, Ferd., kurzgefaßte Darstellung des österreichischen Kaiserstaates. Zum Gebrauche für Volks- und Unter-Realschulen hrsg. von Karl Schubert. 11. verb. und mit geschichtlichen Skizzen verm. Aufl. gr. 8. (IV, 172 S.) Wien 873, Graeser. *

Schubert, Ferdinand: Skizzirte D a r s t e l l u n g der österr. Gebirge. Wien 1829. 8⁰

Schubert, Ferdin. *Direktor der k. k. Wiener Normal-Haupt- und Unter-Realschule St. Anna etc.* Elemente der Geographie, oder: Erster Unterricht in der Erdbeschreibung. Zur Selbstbelehrung für Jedermann, insbesondere für Volks- u. Töchterschulen verfasst von — —. Die Erde im Allgemeinen. V. Aufl. Mit Illustrationen. *Wien* 1857. Verl. v. *L. W. Seidel.* Druck v. *A. Schweiger.* VI u. 121 S. 8⁰.

Schubert, Fd. (Lehrer ꝛc.), der kleine Feldmesser, als erster Unterricht in der Geometrie, mit 4 Steintaf. ... Wien 831. (Mayer u. Comp.) 1/2 ℛ

— der kleine Geograph. 2 Bde. Mit Kpfrn. 8. Wien 833. (Mayer u. Comp.) 2 2/3 ℛ

Schubert, Ferd., Geschichte, Religionsgrundsätze u. staatsbürgerl. Verhältnisse d. Juden. 8. Köln, Du Mont Schauberg. 820.

Schubert, Ferd., Grundzüge d. allgem. Wasser-Heilkunde. gr. 12. (1 B.) München 840, Fleischmann.

Schubert, Ferd., Handbuch der Forstchemie. Mit eingedr. Holzschnitten. 5 Hfte. gr. 8. (XVI u. 732 S.) Leipzig 847. 48, Brockhaus. (à n. 16 ngr) n. 2 2/3 ℛ

Schubert, Ferdinand A. S. 310/6
Tullius Hostilius observationibus varii generis illustratus. Präs. Georg Christian Gebauer. Leipzig (Titius) 13. IV. 1720. 35 S. 31614

Schubert Ferd. Kirchenlieder und Meßgesänge, wie sie von den Schülern der k. k. Normal-Haupt- und Unter-Realschule in Wien bei St. Anna gesungen werden. Für 2 Knabenstimmen mit Baßbegleitung in Musik gesetzt. 8. (48 S.) Wien, Mechitaristen 1853.

— Kirchenlieder und Meßgesänge, wie sie von den Schülern der k. k. Normal-Haupt- u. Unter-Realschule in Wien bei St. Anna gesungen werden. Für 2 Knabenstimmen mit Baßbegleitung in Musik gesetzt rc. Wien 853. (Sallmayer u. Co.) gr. 8. (48 S.) n. 8 ngr

Schubert, Ferdin. —, *Dir. der k. k. Norm.-Haupt- und Unter-Realschule etc.* Kirchenlieder und Messgesänge, wie sie von den Schülern der k. k. Normal-Haupt- und Unter-Realschule St. Anna in Wien gesungen werden. Dreistimmig für Sopran, Alt und Bass in Musik gesetzt von — —. Dritte verb. Aufl. *Wien* 1857. Druck von *A. Schweiger*. 46 S. gr. 8°.

—— zweistimmige Kirchenlieder und Meßgesänge für Volks-, Bürger- und Mittelschulen. 4. verm. und verb. Aufl., mit Orgelbegleitung von Gottfr. Preyer. 8. (64 S.) Ebendas. 877. *

— der kleine fleißige Kopfrechner. 2e verm. Aufl. 8. Wien 832. (Mayer u. Comp.) 1/3 rf

—— erstes Lesebuch. Eine Umarbeitung des ehemal. Namenbüchleins für die Elementarschulen in den k. k. Staaten. gr. 12. (105 S.) Wien 852, (Sallmayer und Comp.) *

Schubert, Ferdinand —. Melodien zu den Liedern des I. Sprach- und Lesebuches für die österreichischen Volksschulen. (Ein-, zwei- und auch dreistimmig zu singen.) Componirt und herausgegeben von — —. Wien. 1855. Druck von Ant. Schweiger. (24 S. 8.)

— Sängers Morgenroth, e. Samml. poet. Versuche. 8. Cöln 816. Schmidt. 16 gr

Schubert, Sängers Morgenroth; eine Sammlung poetischer Versuche. 8. Cölln, Spitz. 816.

Schubert, (Mart. Ldw.) Fd., Sängers Morgenroth. 8. Cöln 818. (Gaul u. Tonger.) 1/2 rf

SCHUBERT, FERD. UND CARL. *Illustrirte Naturgeschichte* für die Jugend. 3. gänzlich umgearb. Aufl. Mit mehr als 200 [hand]colorierten Abbildungen [auf 24 Tafeln]. Wien, Sallmayer u. Comp., 1856. IV, 252 SS. Kl.-8°. Orig.-Pappband (Rücken erneuert). 26.—
Entzückend illustr. Werk mit Tier-, bes. Vogelbildern, Pflanzentafeln u. Mineralien. — Einige unbed. Fl.

—— und Carl Schubert, Naturgeschichte für Volks- und Töchterschulen. 3., gänzl. umgearb. Aufl. 8. (IV und 252 S.) Wien 856, Sallmayer und Comp. *

Schubert, Ferd., u. Karl Schubert, illustrirte Naturgeschichte für die Jugend. 4., gänzlich umgearb. Aufl. Mit mehr als 200 kolor. Abbildgn. (auf 27 lith. Taf.) Wien 859. Sallmayer & Co. 8. (IV, 248 S.) n. 1 rf 20 ngr

—— —— Naturgeschichte für Volks- und Töchterschulen. 4., gänzl. umgearb. Aufl. 8. (IV und 248 S.) Wien 859, Sallmayer und Comp. *

—— und Carl Schubert, Naturgeschichte für Volks- und Töchterschulen. 5.—7., verb. und verm. Aufl. 8. (237 S.) Wien 862—67, Sallmayer und Comp. *

—— und Karl Schubert, Naturgeschichte für Volks- und Töchterschulen. 8. und 9. verb. und verm. Aufl. (300 S. mit 11 in den Text gedr. Holzschn.) 8. Ebendas. 873,74. *
cart. *

—— —— illustrirte Naturgeschichte der drei Reiche für Schule und Haus. Neue Ausg. der 9. verb. und verm. Aufl. 8. (295 S. mit 134 Abbild. und 11 Holzschn.) Ebendas. 877.
cart. *

— der kleine Oesterreicher, od. kurzgefaßte Darstellung des österreich. Kaiserstaates. Zum Gebrauche f. die Jugend. 4. verb. Aufl. Wien 853. Sallmayer u. Co. 8. (215 S.) n. 16 ngr

—— de methodi endermaticao ratione nec non applicatione. 12maj. (3⅓ B.) Aschaffenburgi 841, Pergay.

— Vater Sommers Reise nach Berlin, zur Erheiterung u. Belehr. d. Jugend. 16. Cöln 820. Rommerskirchen.
2e Aufl. Mit 7 ill. Steindr. 8. Cöslin 829. Hendeß.

Schubert, Ferd., die Reise nach Berlin; zur Erheiterung u. Belehr. f. d. Jugend. 2. Ausg. 8. (19 B. u. 7 ill. Abbild.) Coeslin 830, Hendeß.

Schubert, Ferdinand — Neueste Richtschnur für jene Privatschüler, welche ihre Prüfungen an der k. k. Normalhaupt- und Unterrealschule bei St. Anna abzulegen wünschen. Wien, 1856. Gedruckt bei Leopold Grund. (27 S. 8.)

Schubert, Ferdinand —. Der kleine Sänger. — Eine Sammlung von zweistimmigen Liedern mit Baßbegleitung. Von — —. 1. Heft. (S. 1—16.) 8. Wien. Mechitharisten-Buchdruckerei. 1854.

Schubert Ferdinand — Der kleine Sänger. Eine Sammlung von zweistimmigen Liedern mit Baßbegleitung. Von — —. 3tes Heft. Wien, 1856. Mechitharisten Buchdr. (S. 33—66. 8.)

—— Schattenspiele d. Lebens u. d. Liebe. 1. Bdchn. — A. u. d. T.: Das Kind der Liebe u. Liebe aus Pflicht. Zwei Erzähln. 8. (13½ B.) Cöslin 829, Hendeß.

—— dass. 2. Bdchn. — A. u. d. T.: Eduard u. Marie, od.: die Liebenden unter den Wilden. Erzähl. 8. (10⅓ B.) Ebds. 830.

—— dass. 3. Bdchn. — A. u. d. T.: Die Kukkuksmühle, e. Novelle. Nebst Gedichten launigen Inhalts. 8. (11¾ B.) Ebds. 832.

—— dass. 4. Bdchn. — A. u. d. T.: Das Christkind, od.: Ende gut: Alles gut! und: Merkwürd. Schicksale zweier Liebenden in Frankreich während d. Revolution. Zwei Novellen. 8. (15¾ B.) Ebds. 832.

Schubert, F., Schul-Atlas f. den ersten Unterricht in der Erdbeschreibg. 5 gänzlich umgearb. u. verm. Aufl. qu. gr. 4. (14 color. Steintaf.) Wien 875. Dirnböck. n. 1. —

Schubert, F., Schul-Atlas für den ersten Unterricht in der Erdbeschreibung. 6. gänzlich umgearb. und verm. Aufl. qu. gr. 4. (14 lithogr. und color. Karten.) Wien 877, Perles. * 1 —

—— Schul-Atlas für die Unterrichts-Anstalten des österreichischen Kaiserstaates mit erklärendem Text. qu. 4. (14 lithogr. und ill. Karten mit 20 S. Text.) Wien 857, Dirnböck.

Vgl. Schubert, Karl.

Schubert, Ferdinand — Der kleine, deutsche Sprachschüler, oder erster Unterricht in der deutschen Sprache. Ein Hülfsbüchlein für Lehrer und Schüler der 2ten und 3ten Volksschulklasse. Verfaßt und dem neuesten Unterrichtsplane angepaßt von — —. 3te, gänzlich umgearbeitete und vermehrte Auflage. Wien, 1857. Verlag von A. Wendelin. Gedruckt bei A. Pichlers Witwe und Sohn. (IV. 114 S 1 Bl. 8.)

Schubert's Ferdinand. kleiner deutscher Sprachschüler, oder: Erster Unterricht in der deutschen Sprache. Für Lehrer und Schüler in der 2. und 3. Volksschulclasse. Neu bearb. von Carl Schubert. 1. Abth.: Das Sprachbuch. 4. verm. und verb. Aufl. 8. (93 S.) Wien, Sallmayer & Comp. 1861. 36 kr.
— — derselbe 2. Abth.: Das Aufgabenbuch. 8. (VI. 118 S.) Ebds. 1861 50 kr.

—— kleiner deutscher Sprachschüler, oder: erster Unterricht in der deutschen Sprache. Für Lehrer und Schüler der 2. und 3. Volksschulklasse. Neu bearb. von Karl Schubert. 2 Abthlgn. 8. Wien 867, Sallmayer und Comp. *
Inhalt:
Abthl. 1. Das Sprachbuch. 6., verb. Aufl. (V und 96 S.) * 8 Ngr.
" 2. Das Aufgabenbuch des kleinen deutschen Sprachschülers. 2., verb. Aufl. (VI und 120 S.) * 10 Ngr.

—— kleiner deutscher Sprachschüler, oder: erster Unterricht in der deutschen Sprache. Für Lehrer und Schüler der 2. und 3. Volksschulklasse. Neu bearb. von Karl Schubert. 2 Abthlgn. 8. Ebendas. *
Inhalt:
Abthl. 1. Das Sprachbuch des kleinen deutschen Sprachschülers. 7. verb. Aufl. (96 S.) 870. * 72 Pf.
" 2. Das Aufgabenbuch des kleinen deutschen Sprachschülers. 3. und 4. verb. Aufl. (120 S.) 873. * ℳ 1.

– der kleine Stereometer oder erster Unterricht in d. Körpermessung. Mit 1 Steintaf. ... Wien 822. (Mayer u. C.) ½ ℛ

—— prakt. Unterricht in d. Aquarell- u. Gouache-Malerei, nebst Anweisn. zum perspectiv. Zeichnen, Tuschen, Farbenmischen, Coloriren 2c. Für Anfänger u. Dilettanten. 8. (3½ B. u. 1 Abbild.) Quedlinburg 832, Basse.

Schubert, Ferd., prakt. Unterricht in der Aquarell- u. Gouache-Malerei, nebst Anweisungen zum perspectiv. Zeichnen, Tuschen, Farbenmischen, Coloriren 2c. 2. Aufl. 8. (3½ B. u. 1 Abbild.) Quedlinburg 845, Basse.

—— vollständ. Unterr. in d. Oelmalerei, nebst prakt. Anweis. zum Portraitiren. 8. (8½ B. u. 3 Taf. Abbild. qu. Fol.) Quedlinburg 832, Basse.

—— die Vergeltung. Eine Erzähl. 8. (16 B.) Cöslin 833, Hendeß.

Schubert, Ferdinand u. Karl Schubert
—— —— Versuch einer Naturgeschichte für Volksschulen. 2., verb. Aufl. 8. (III und 212 S.) Wien 853, Sallmayer und Comp. *

Schubert, Ferdinand Dr. (Lehrer der Chemie) „Ueber die Weingährung". pg. 3 — 55. 4°. Carl Anton Zürn.
Würzburg, Progr. 1847/48

Schubert, F., über die Weingährung. gr. 4. (55 S.) Würzburg 849, Halm in Comm. n. 14 ngr

Schubert, Fr., die häufig vorkommenden leichteren Erkrankungsfälle u. deren rasche Heilung durch die wichtigsten homöopathischen Arzneimittel, nebst einem Anh. über Vergiftungen. Nach den neuesten Erfahrungen kurz zusammengefaßt. Dessau 867. (Berlin, Schotte & Co.) 8. (59 S.) n. 5 ngr

Schubert, Fr., Handbuch für die sächsischen Börsen, s. Seifert, W.

Schubert, Fr. Ad., s.: Subert, Fr. Ad.

Schubert, Fr. W., Atlas antiquus. Historisch-geograph. Schulatlas der alten Welt. Bearb. und mit erläut. Texte versehen. Lex.-8. (24 color. Karten mit 30 S. Text.) Wien 887, Hölzel. * 1 80

Schubert, F. W., Derselbe, böhmische Ausgabe. Ebd. fl. —.90.
— — Derselbe, kroatische Ausgabe. Ebd. fl. —.90. 1887.

Schubert, Fr. W. und Schmidt, W., Historicko-zeměpisný atlas školní věku středního. Upravil Dr. Jar. Vlach. Wien. Ed. Hölzel. (Min.-Erl. v. 11. August 1896, Z. 19651.) —.80, geb. 1.10
1896.

Schuberta, F., a Schmidta. V., Historicko-zeměpisný atlas školní nového věku. Upravili Dr. Jar. Vlach a Dr. Frant. Kameníček. Wien. Ed. Hölzel. 1898. —.80

Schubert, Fr. W., Elementi di geografia universale per le classi inferiori dei ginnasi e delle scuole reali. Traduzione ital. fatta sulla. 3. ediz. dell' orig. 8. (VIII und 103 S. mit eingedr. Holzschn. und 2 Stnt.) Wien 861, Gerold's Sohn. *

Schubert, Fr. G., Elementi di geografia universale per le classi inferiori dei ginnasi e delle scuole reali compilati. Traduzione ital. fatta sulla quarta ediz. dell' originale. 8. (IX und 86 S. mit eingedr. Holzschn. und 2 Stnt.) Wien 866, Gerold's Sohn. *

Schubert, Fr. W., mathematische Geographie. Als Suppl. zu den „Grundzügen der allgemeinen Erdkunde" für die 4. Gymnasialklasse bearb. Wien 866. Gerold's Sohn. 8. (VII, 55 S. mit eingedr. Holzschn.) n. 10 ngr

Schubert, Fr. W. — Grundzüge der allgemeinen Erdkunde, für die unteren Klassen der Gymnasien und Realschulen bearbeitet von — —. Mit zwei lithographirten Tafeln und mehreren Holzschnitten. Wien, 1856. Druck und Verlag von Carl Gerolds Sohn. (VIII. 92 S. 8.)

Schubert, Fr. W., Grundzüge der allgemeinen Erdkunde, für die unteren Klassen der Gymnasien und Realschulen bearb. Mit 2 lith. Taf. und mehreren Holzschn. (im Text.) 2. revid. Aufl. Wien 856. Gerold. 8. (VIII, 92 S.)

—— Grundzüge der allgemeinen Erdkunde, für die untern Klassen der Gymnasien und Realschulen bearb. 2. Aufl. 1858. und 3., verb. Aufl. 8. (VIII und 103 S. mit 2 Stnt.) Wien 860, Gerold's Sohn. *

—— Grundzüge der allgemeinen Erdkunde, für die unteren Klassen der Gymnasien und Realschulen bearb. 4., verb. Aufl. 8. (IV und 112 S. mit eingedr. Holzschn. und 3 Stnt.) Wien 865, Gerold's Sohn.

Schubert, Fr. W., die Heimat. Ein Handbuch für Volksschullehrer zur Selbstbelehrung u. zum Unterrichte hauptsächlich in der Naturbeschreibung, Natur- u. Himmelskunde bearb. u. mit zahlreichen (eingedr.) Holzschn. u. 2 (lith.) Karten (in qu. Fol.) versehen. Pest 864. Heckenast. 8. (XVI, 534 S.) 1 ℛ 7½ ngr

Schubert, Fr W., u. W. Schmidt. Historisch-geographischer Schulatlas des Mittelalters. Bearb. u. m. erläuterndem Texte versehen. gr. 8. (19 farb. Karten m. 37 S. Text.) Wien 889, Hölzel. * 1 50

Schubert, F. W. und W. Schmidt, Historisch-geograph. Schul-Atlas der Neuzeit. Mit erläuterndem Text. (39 S.) 17 Karten. 4. Gebrochen. Broschirt —.90
Wien: Hölzel 1895.

Historisch-geographischer Schul-Atlas der alten Welt, des Mittelalters und der Neuzeit. Bearbeitet von F. W. Schubert und W. Schmidt. Mit 60 Haupt- und 53 Nebenkarten. Ausgabe für Gymnasien. Approbiert mittelst hohem Erlass des k. k. Ministeriums für Cultus und Unterricht vom 6. März 1899. Zahl 5062. Wien. [1899.] Hölzel. Lex.-8°. Cart. fl. 1.60

Historisch-geographischer Schul-Atlas der alten Welt, des Mittelalters und der Neuzeit. Bearbeitet von F. W. Schubert und W. Schmidt. Mit 60 Haupt- und 53 Nebenkarten. Ausgabe für Realschulen. Approbiert mittelst hohem Erlass des k. k. Ministeriums für Cultus und Unterricht vom 6. März 1899. Zahl 5062 Wien. [1899.] Hölzel. Lex.-8°. Cart. * fl. 1.60

Schubert-Schmidt, Historisch-geographischer Schulatlas der alten Welt, des Mittelalters und der Neuzeit. 2. Aufl. Gr.-8°. 60 Haupt- und 64 Nebenkarten geb. K 3.40
Wien: Hölzel 1909.

Schubert, Franz

Schubert, Frz. s. Gumprecht, Otto, musikalische Lebens- und Charakterbilder.

Schubert's, Franz, Leben und Werke, s. Niggli, A.

—— Biographie von A. Niggli, s. Universal-Bibliothek Nr. 2521. [Musiker-Biogr. 10. Bd.]

Schubert, Franz, vgl. Reissmann, Aug.

Die Allmacht (J. L. Pyrker) von Franz Schubert (Op. 79, No 2) orchestriert von J[ulius] O[tto] Grimm. Ausg. f. hohe Stimme (Original). *Münster i. W.: F. Bisping [1891].* (11 S.) 4°

Schröders Andenken. Gefeiert am 30sten Christmonats 1816 in der von der □ zum goldenen Apfel Or. Dresden, gehaltenen Trauerloge. Musik von [Franz] Schubert. [Dresden 1816.] 2 Bl. 4° [Umschlagtit.]
Lied ohne Noten: „Trauerbotschaft! Todeskunde!" 193.

Schubert F.: Kaiser Josef II. Bemühungen um die Hebung des österreichischen Handels. 27. Wien R. V. 80.
Progr.

Schubert Franz: Die Coleopteren-Fauna von Proßnitz und Umgebung. 25. Proßnitz R. 05.
Progr.

Schubert, Frz., Fierrabras, s.: Breitkopf & Härtel's Textbibliothek. Nr. 189.

Schubert, Frz., die darstellende Geometrie an maschinentechnischen Lehranstalten, Gewerbe- u. Fachschulen. Als Wegweiser f. Lehrende u. Lernende nach den Formalstufen bearb. (In 3 Tln.) 1. u. 2. Tl. A u. B. gr. 8. Mittweida, Polytechn. Buchh. Geb. in Leinw. n. 15. —
1. Das geometr. Zeichnen. (III, 176 S. m. Fig.) 899. n. 4. —
2. A. Die darstell. Geometrie, einschliesslich der Elemente der Projektionslehre, Schattenlehre, Axonometrie u. Perspektive. (Stereometrisches Linearzeichnen.) (254 S. m. 280 Fig.) (899.) n. 5.50
2. B. Dasselbe (S. 259–559 m. Fig.) (901.) n. 5.50

— Gesänge zur Feier d. heil. Meßopfers. Musik v. F. Sch. Zweistimmig gesetzt v. Ferd. Schubert. gr. 8. (8 S.) Wien 890. Manz. —8

Schubert, Frz., u. Hans Bara, Geschichte des k. b. 13. Infanterie-Regiments Kaiser Franz Joseph v. Oesterreich. 1. Bd. 1806–1851. Nach archival. Quellen bearb. zur Jahrhundertfeier des Regiments. Mit e. Kartenskizze im Text. (XXI, 724 S.) gr. 8. München 906. J. Lindauer. n. 14. —; geb. in Leinw. n. 16. —

Schubert, Frz., deutsches Hochamt. 8. (6 S.) Wien 888, Pichler's Wwe. und Sohn. *

—— Illustrationen zu Liedern, s. Stieler, Rob.

Schubert, Franz, die Kranken-, Unfall-, Invaliditäts- u. Altersversicherung. Auf Grund d. Reichsgesetze, Ausführungs-Verordngn. u. ergang. Entscheidgn. unt. bes. Berücksicht. d. Verhältnisse im Königr. Sachsen, zum Gebrauche f. Arbeitgeber u. Versicherte bearb. 8. (194 S.) Leipzig 898. Sächs. Volksschriften-Verlag. n. 1.20

Schubert, Frz., der häusliche Krieg, s. Breitkopf und Härtel's Text-Bibliothek Nr. 242.

Der häusliche Krieg. Oper in 1 Akt von I[gnaz] F[ranz] Castelli. Musik von Franz Schubert. Text d. Gesänge. Leipzig: Breitkopf & Härtel [1898]. (15 S.) 8°
= Textbibliothek, Breitkopf & Hartels. No 360.

Die drei Lichter. Von Franz Schubert. [Dresden 1818.] 1 Bl. 38×24 cm. [Lithogr.] [Kopftit.]
in: Maur. Mittheilung aus d. L. z. goldn. Apf., Dresden. 5 (1818), Beil. [Text S. 18 bis 19]. 215.

[Lied.] Zum 2. Nov. 1817. Vor dem Mahl. Von Franz Schubert. 1 Bl. quer 2° [Lithogr.] [Kopftit.]
in: Mrische Mittheilung f. Brr d. L. z. gold. Apfel, Dresden. 4 (1817) Beil.
Mit Noten: „Rief uns in geweihte Hallen ..."

Drey Lieder von Franz Schubert. 2 Bl. o. O. [1817]. quer 2° [Lithogr.] [Kopftit.]
Abgedr. in: Mrische Mittheilung f. Brr aus d. Loge z. gold. Apfel, Dresden. 3 (1817) Beil.
Mit Noten. 1. Die Lebensgefährten. 2. Dem Weltenbaumstr. 3. Worte des Friedens.

Franz Schubert. Lieder und Gesänge. Ausgew. u. m. e. Vorw. vers. v. Robert Franz. *Leipzig: Breitkopf & Härtel [1895].* (2 Bl., 225 S., 1 Portr., 2 Bl. Facs.) 1 Bd 4.
= Volksausgabe Breitkopf & Härtel. No 1518.

Große Messe (Es-Dur) komp. von Franz Schubert. Aufgeführt durch d. Musikalische Akademie. [Textbuch.] (Königsberg i. Pr. [um 1895]: Hartung.) (2 Bl.) 8° [F. u. Ant.] 10

Schubert, Frz., die schöne Müllerin, s. e. Müller, Wilh.

—— die schöne Müllerin. Gedichte von W. Müller. Illustrirt von R. Schuster und A. Baumann. Musik von F. S. Imp.-4. (V, 124 S. mit eingedr. Holzschn.) Stuttgart 880, [Hallberger.] Deutsche Verlagsanstalt. cart. * 12 —
geb. mit Goldschn. * 18 —

Schubert, Frz., die schöne **Müllerin.** Gedichte v. Wilh. Müller. Cyclus f. e. Singstimme m. Begleitg. des Pianoforte in Musik gesetzt u. Herrn Carl Frhrn. v. Schönstein gewidmet v. Sch. op. 25. Textbuch. gr. 8. (14 S.) Leipzig (901). E. Eulenburg. n. — 20

Die gefesselte Phantasie. Orig.-Zauberspiel in 2 Aufz. von Ferdinand Raimund. Musik von Franz **Schubert.** Mit Benutzung d. Kompositionen zu d. Zauberspiel 'Die Zauberharfe' u. anderer Schubertscher Motive bearb. von Felix Mottl. Köln: Ahn 1909. 57 S. 8°
(Ahns Operntext-Bibliothek. Nr 139.) [10. 9737

Schubert, Frz., s. Raphaels Darstellungen.

— Franz: Prof. Josef Rossner. †. 4. Wien V. R.891.
Progr.

Die Verschworenen. '(Der häusliche Krieg.)' Komische Oper in 1 Act. Text v. I[gnaz] J. [vielm.: Franz] Castelli. Musik v. **Franz Schubert.** Clavierausz. m. Text u. vollst. Dialog. Nach d. Part. bericht. u. neu bearb. v. Richard Kleinmichel. *Leipzig: B. Senff [1897].* (126 S.) 1 Bd 4. [97. 4820

Franz Schubert's Werke. (1.) Kritisch durchges. Gesammtausg. Ser. 1, Bd 1. 2—7, Bd 1. 2. 8. 9, Bd 1 3. 10—13, Bd 1 2. 14. 15, Bd 1—7. 16—20, Bd 1—10. 21. [Nebst] Revisionsbericht. *Leipzig: Breitkopf & Härtel 18(84)—97.* 4. 1 Bd 8.

1. Symphonien f. Orchester. Part. Bd 1. 2.
   1. No 1—4 ... (1884.) (1 Bl., 250 S.)
   2. No 5—8 ... (1885.) (1 Bl., 260 S.)
2. Ouverturen u. andere Orchesterwerke. Part. No 1—10 ... (1886.) (1 Bl., 154 S.)
3. Oktette. Part. No 1—3 ... (1889.) (1 Bl., 82 S.)
4. Quintett f. Streichinstr. Part. (1890.) (1 Bl., 44 S.)
5. Quartette f. Streichinstr. Part. No 1—15 ... (1890.) (1 Bl., 280 S.)
6. Trio f. Streichinstr. Part. (1890.) (1 Bl., 4 S.)
7. Pianof.-Quintett, -Quartett u. -Trios. Part. u. Stimmen. Bd 1. 2.
   1. No 1. 2 ... (1886.) (1 Bl., 77; 12, 12, 10, 8; 4, 4, 4 S.)
   2. No 3—5 ... (1886.) (1 Bl., 117; 12, 12; 14, 12; 2, 2 S.)
8. F. Pianof. u. ein Instr. Part. (u. Stimmen). No 1—8 ... (1886.) (1 Bl., 101; 58 S.)
9. F. Pianof. zu vier Händen. '(In 3 Bdn.)' Bd 1—3.
   1. No 1—7 ... (1888.) (117 S.)
   2. No 8—18 ... (1888.) (220 S.)
   3. No 19—32 ... (1888.) (250 S.)
10. Sonaten f. Pianof. No 1—15 ... (1888.) (203 S.)
11. Phantasie, Impromptus u. a. Stücke f. Pianof. No 1—16 ... (1888.) (109 S.)
12. Tänze f. Pianof. No 1—31 ... (1889.) (101 S.)
13. Messen. [Bd 1. 2.]
   [1.] No 1—4 ... (1887.) (252 S.)
   [2.] No 5—7 ... (1887.) (341 S.)
14. Kleinere Kirchenmusikwerke. Part. A. M. Begleitg. No 1—17 ... B. Ohne Begleitg. No 18—21 ... C. Anh. No 22 ... (1888.) (1 Bl., 227 S.)
15. Dramat. Musik. Part. Bd 1—7.
   1. D. Teufels Lustschloss ... (1888.) (2 Bl., 341 S.)
   2. D. vierjähr. Posten ... Fernando ... D. Freunde v. Salamanka ... (1888.) (2 Bl., 383 S.)
   3. D. Zwillingsbruder ... D. Verschworenen ... (1889.) (2 Bl., 357 S.)
   4. Musik zu Hofmann's dreiakt. Zauberspiele: Die Zauberharfe. Musik zu H. v. Chezy's vieraktk. Schausp. Rosamunde ... (1891.) (2 Bl., 450 S.)
   5. Alfonso u. Estrella ... (1892.) (2 Bl., 531 S.)
   6. Fierrabras ... (1886.) (2 Bl., 557 S.)
   7. Claudine v. Villa Bella. D. Spiegelritter. D. Bürgschaft. Adrast. Zwei Einlagen zu Herolds Oper: D. Zauberglöckchen ... (1893.) (2 Bl., 418 S.)
16. F. Männerchor. Part. (1891.) (2 Bl., 226 S.)
17. F. gemischten Chor. Part. (1892.) (2 Bl., 250 S.)
18. F. Frauenchor m. Pianofortebegl. Part. No 1—6 ... (1891.) (1 Bl., 35 S.)
19. Kleinere drei- u. zweistimm. Gesänge. Part. (1892.) (1 Bl., 67 S.)
20. Lieder u. Gesänge. Bd 1—10.
   1. 1811—1814. No 1—38. (1894.) (XXII, 224 S., 1 Portr.)
   2. Jan. bis Juli 1815. No 39—104. (1894.) (2 Bl., 215 S.)
   3. Aug. bis Ende 1815. No 105—182. [Nebst] Beil. [u. d. T.:] Hagars Klage. D. Erwartg. Ritter Toggenburg. 3 Gesänge m. Claverbegl. v. J. R. Zumsteeg. Als Muster zu F. Schubert's gleichnam. Gesängen neu hrsg. v. Eusebius Mandyczewski. (1895.) (1 Bl., 231 S., 1 Bl., 13 S.)
   4. 1816. No 183—288. (1895.) (1 Bl., 265 S.)
   5. 1817 u. 1818. No 289—349. (1895.) (1 Bl., 238 S.)
   6. 1819—1821. No 350—400. (1895.) (2 Bl., 217 S.)
   7. 1822 bis z. 'schönen Müllerin' 1823. No 401—452. (1895.) (1 Bl., 186 S.)
   8. Zwischen d. 'schönen Müllerin' u. d. 'Winterreise' 1823—1827. No 453—516. (1895.) (1 Bl., 277 S.)
   9. Von d. 'Winterreise' bis z. 'Schwanengesang'. 1827 u. 1828. No 517—567. (1895.) (1 Bl., 185 S.)
   10. Anhang. No 568—603. (1895.) (1 Bl., 137 S.)
21. Suppl. Instr.-Musik. No 1—31. Gesang-Musik. No 32—41. (1897.) (2 Bl., 349 S.)

Revisionsbericht. (Vf.: J[ohann] N[epomuk] Fuchs, Ignaz Brüll, Jul. Epstein u. Eus. Mandyczewski.) (In 9 Lfgn.) 1890—97. (2 Bl., 90. 6. 43. 12, 6. 40. 8 S., 1 Bl., 15. 12, 120, 3, 6 S.) [97. 1321

Schubert's, Frz., **Werke.** Kritisch durchgesch. Gesammtausg. Revisionsberichte zu I.—XXI. Serie. Lex.-8. Leipzig, Breitkopf & Härtel. n. 12.50

I. VIII. Instrumentalmusik. (III, 90 S.) 890. 3.50
IX. Für Pianoforte zu 4 Händen. XII. Tänze f. Pianoforte. XV. Dramatische Musik. XXI. Supplement. (M. d. Haupttitel u. Inhalt nebst e. Nachtrag zu Serie 20.) (III, 6, 6, 2, 3 u. 6 S.) 897. 1.—
X. Sonaten f. Pianoforte. Hrsg. v. Jul. Epstein u. Euseb. Mandyczewski. (13 S.) 893. 1.50
XI. Phantasie, Impromptus u. andere Stücke f. Pianoforte. Hrsg. v. Jul. Epstein u. Euseb. Mandyczewski. (12 S.) 894. —.0
XIII. Messen. Hrsg. v. Euseb. Mandyczewski. (40 S.) 887. 1.50
XIV. Klein. Kirchenmusikwerke. Hrsg. v. Euseb. Mandyczewski. (8 S.) 890. —50
XVI. Für Männerchor. Hrsg. v. Euseb. Mandyczewski. (15 S.) 891. —50
XVII.—XIX. Mehrstimm. Gesangwerke. Unt. Mitwirkg. v. Jos. Gänsbacher hrsg. v. Euseb. Mandyczewski (12 S.) 892. —50
XX. Lieder u. Gesänge. Hrsg. v. Euseb. Mandyczewski. (120 S.) 894. 3.

— die **Winterreise.** Ein Cyclus v. 24 Gedichten v. Wilh. Müller. Für e. Singstimme m. Begleitung des Pianoforte comp. v. Sch. op. 89. (Textbuch.) gr. 8. (8 S.) Ebd. 901. n. — 20

Schubert, F(ranz) L(udw.), ABC der Tonkunst oder das Wissenswürdigste für Musiker und Freunde der Tonkunst. gr. 16. (118 S.) Leipzig 862, Merseburger.

Schubert, F(ranz) L(udwig), ABC der Tonkunst oder das Wissenswürdigste für Musiker und Freunde der Tonkunst. Einfach dargestellt. 2. Aufl. gr. 16. (118 S.) Leipzig 871, Merseburger.

Schubert, F. L., ABC der Tonkunst oder das Wissenswürdigste für Musiker und Freunde der Tonkunst. Einfach dargestellt. 3. Aufl. gr. 16. (118 S.) Leipzig 879, Merseburger.

Schubert, F. L., ABC der Tonkunst od. das Wissenswürdigste f. Musiker u. Freunde der Tonkunst. Einfach dargestellt. 4. Aufl. 12. (118 S.) Leipzig 894. C. Merseburger — 90

Schubert, F(ranz) L(udw.), faßliche Anleitung im Klavierstimmen zum Selbstunterricht. Nach Erfahrungen u. Quellen erläutert. Leipzig 865. Siegel. 8. (33 S.) 7½ ngr.

— die Blechinstrumente der Musik. Ihre Geschichte, Natur, Handhabung u. Verwendung in der Instrumental-, Gesangs-, Militär- u. Tanzmusik erläutert. Leipzig 866. Merseburger. gr. 16. (VII, 112 S.) 9 ngr.

Schubert, F. L., die Blechinstrumente der Musik. Deren Geschichte, Natur, Handhabg. u. Verwendg. in der Instrumental-, Gesangs-, Militär- u. Tanzmusik. 2. Aufl. 12. (VII, 112 S.) Leipzig 883. Merseburger. — 90

— **Concordia.** Anthologie classischer Volkslieder für Pianoforte u. Gesang. 3 Bde. 3. verb. Aufl. Leipzig 863. C. Schäfer. gr. 8. (XXIV, 1058 S.) 6 ℳ
Vgl. Schubert: Sammlung classischer Volkslieder...

— Concordia. Anthologie class. Volkslieder für Pianoforte u. Gesang. 4., verm. Aufl. 3 Bde. Leipzig 867. M. Schäfer. gr. 8. (XXIV, 1058 S.) 6 ℳ

— — 5. Aufl. 1. Bd. Ebend. 867. gr. 8. (VIII, 351 S.) 2 ℳ

Schubert, F(ranz) L(udwig), Concordia. Anthologie classischer Volkslieder für Pianoforte und Gesang. 1. Bd. 5. Aufl. 1870, und 6. Aufl. gr. 8. (VIII, 351 S.) Leipzig 872, M. Schäfer. 6 —
—— dass. — 7. verb. Aufl. 1.—28. Lfg. Lex.-8. (1. Bd. 351 S.; 2. Bd. VIII, 351 S.; 3. Bd. S. 1—128.) Ebendas. 874,75. à Lfg. 50 Pf. 14 —

— dasselbe. 7. Aufl. 1—28. Lfg. Lex.-8. (1. Bd. 351, 2. Bd. 351 u. 3. Bd. S. 1—128.) Ebend. 874. à — 50

—— Concordia. Anthologie klassischer Volkslieder für Pianoforte und Gesang. 8. verb. Aufl. 3 Bde. Lex.-8. (VIII, 352; 351; 356 S.) Leipzig 877, M. Schäfer. geb.

Musikalische Formenlehre von F. L[ouis] Schubert. 3., gänzl. umgearb. Aufl. von Carl Kipke. Leipzig: C. Merseburger 1908. (165 S.) 8° [F.]

Schubert, F(ranz) L(udw.), Gut Heil! Allgemeines deutsches Turn-Liederbuch, in einer großen Auswahl von 128 Turnliedern mit alten und neuen Melodieen. gr. 16. (112 S. mit 1 Holzschntaf.) Leipzig 863, Schuberth und Comp. cart. *

— Harmonia. Auswahl der beliebtesten Volkslieder für Pianoforte u. Gesang. 12 Liefgn. Ebend. 866,67. gr. 8. (354 S.) Jede Liefg. 5 ngr

— die Hülfsmittel des musikalischen Effects. Ein Hinweis für schaffende u. ausübende Künstler. Auf Erfahrung gegründete Mittheilungen. Leipzig 863. Matthes. 8. (122 S.) 15 ngr

—— die Instrumentalmusik in ihrer Theorie und ihrer Praxis oder die Hauptformen und Tonwerkzeuge der Concert-, Kammer-, Militär- und Tanzmusik wissenschaftlich und historisch erläutert für Tonkünstler und Musikfreunde. gr. 8. (VIII und 247 S.) Leipzig 865, M. Schäfer. *

— Instrumentationslehre nach den Bedürfnissen der Gegenwart. Faßlich dargestellt. Leipzig 862. Merseburger 16. (131 S.) 9 ngr

—— Instrumentationslehre nach den Bedürfnissen der Gegenwart. Faßlich dargestellt. gr. 16. (131 S.) Leipzig 863, Merseburger.

— Instrumentationslehre nach den Bedürfnissen der Gegenwart faßlich dargestellt. 2. Aufl. Leipzig 869. Merseburger. 16. (133 S.) 9 ngr

— Instrumentationslehre nach den Bedürfnissen der Gegenwart. Faßlich dargestellt. 3. Aufl. gr. 16. (134 S.) Leipzig 876. Merseburger. — 90

Schubert, F. L., Instrumentationslehre nach den Bedürfnissen der Gegenwart. Faßlich dargestellt. 4. Aufl. 12. (148 S.) Leipzig 885, Merseburger.

— Instrumentationslehre nach den Bedürfnissen der Gegenwart. Faßlich dargestellt. 5., verm. u. verb. Aufl., bearb. v. Carl Kipke. 12. (IV, 131 S.) Ebd. 893. — 90

Instrumentationslehre nach den Bedürfnissen der Gegenwart. Faßlich dargest. von F. L. Schubert. 6. Aufl. bearb. von Carl Kipke. Leipzig: C. Merseburger 1903. (IV, 131 S.) 8° [F.]

—— Jocosus. Alte und neue Scherzlieder. Mit Pianoforte-Begleitung. Lex.-8. (IV und 168 S.) Leipzig 862, Wengler's Nachfolger.

— Katechismus der musikalischen Formenlehre, oder die Lehre von den Vokalformen der Kirchenmusik, dramatische Musik, Kammermusik u. des Volks- u. Naturgesanges, sowie die Instrumentalmusikformen der Concert-, Salon-, Tanz- u. Militairmusik, mit Bezugnahme auf ihre historische Entwickelung faßlich u. einfach dargestellt Leipzig 863. Merseburger. 16. (118 S.) 9 ngr

— Katechismus der musikalischen Formenlehre od. die Lehre v. den Vokalformen der Kirchenmusik, dramat. Musik, Kammermusik u. d. Volks- u. Naturgesanges, sowie die Instrumentalmusikformen der Concert-, Salon-, Tanz- u. Militairmusik m. Bezugnahme auf ihre histor. Entwickelg. faßlich u. einfach dargestellt. 2. Aufl. gr. 16. (120 S.) Ebend. 876. — 90

—— Katechismus der Gesanglehre als Leitfaden beim Gesangunterricht in seinem ganzen Umfange nach den besten Quellen bearb. gr. 16. (IV und 124 S.) Leipzig 865, Merseburger.

—— Katechismus der Gesanglehre als Leitfaden beim Gesangunterricht in seinem ganzen Umfange nach den besten Quellen bearb. 2. und 3. Aufl. gr. 16. (IV, 124 S.) Ebendas. 877,78.

Katechismus der Gesanglehre als Leitfaden beim Gesangunterricht, in s. ganzen Umfange nach d. besten Quellen bearb. von F. L. Schubert. 3., verm. u. verb. Aufl. mit Litteratur-Anh. bearb. von Carl Kipke. Leipzig: C. Merseburger 1896. (IV, 124 S.) 8° [F.]

—— Katechismus der Musikinstrumente, s. Weber's, (J. J.), illustrirte Katechismen.

Schubert, F. L. Katechismus der Musik-Instrumente. Leipzig 1862.

Schubert. Katechismus der Musikinstrumente oder Belehrung über Gestalt, Tonumfang, Notirungsweise, Klang, Wirkung, Orchester- und Sologebrauch der verbreitetsten musikalischen Instrumente. (Aus: „J. J. Weber's Illustrierte Katechismen" Nr. 47.) Leipzig 1869.

— Katechismus der Musikinstrumente. 4., verb. u. verm. Aufl. bearb. von Rob. Musiol. Mit 62 in den Text gedr. Abbildungen. 8. (VIII, 114 S.) Leipzig 882. Weber. geb. n. 1. 50

—— kleine Kinder-Gesangschule oder der erste Gesangunterricht für Kinder auf Naturgesetze begründet und in 59 kleinen Uebungen und 56 Liedern zusammengestellt. 8. (IV und 36 S.) Leipzig 864, Klinkhardt.

Schubert, F. L., Deutsches Liederbuch für Schulen. Nach der Stufenfolge in 3 Abthlgn. geordnet. Mit einer Einleitung v. Carl Ramshorn. 2 Bdchn. 8. 1. Bdchn. f. untere Classen. (VIII u. 101 S.) 2. Bdchn. f. mittlere Classen. (VI u. 127 S.) Leipzig 852, Ph. Reclam. (à n. 4 ngr) n. 8 ngr

—— der praktische Musikdirektor oder Wegweiser für Musik-Dirigenten. Auf Erfahrung gestützte Bemerkungen. gr. 16. (IV und 80 S.) Leipzig 864, Merseburger.

—— der praktische Musikdirector oder Wegweiser für Musik-Dirigenten. Auf Erfahrungen gestützte Bemerkungen. 2. Aufl. gr. 16. (IV, 80 S.) Leipzig 873, Merseburger. — 75

—— der praktische Musikdirektor oder Wegweiser für Musik-Dirigenten. Auf Erfahrung gestützte Bemerkungen. 3. verm. Aufl. 12. (IV, 98 S.) Leipzig 882, Merseburger. — 90

Der praktische Musikdirektor oder Wegweiser f. Musikdirigenten. Auf Erfahrung gestützte Bemerkungen von F. L. Schubert. 4., verm. u. verb. Aufl., bearb. von Carl Kipke. Leipzig: C. Merseburger 1894. (121 S.) 8° [F.]

— die Orgel, ihr Bau, ihre Geschichte u. Behandlung. Leipzig 867. Merseburger. gr. 16. (III, 145 S.) 9 ngr

—— die Orgel, ihr Bau, ihre Geschichte und Behandlung. 2. Aufl. 8. (145 S.) Ebendas. 874. 1 20

[F.] Die Orgel, ihr Bau, ihre Geschichte und Behandlung. Von F. L. Schubert. 3., verm. u. verb. Aufl., bearb. v. Dr. Rudolf Schwartz. *Leipzig: C. Merseburg 1893.* (2 Bl., 158 S.) 1 Bd 8.

—— Partiturenkenntniß und Partiturenspiel. Ein Handbüchlein für Musikstudirende und Musikfreunde. 8. (91 S.) Leipzig 864, Matthes. *

—— das Pianoforte und seine Behandlung. Ein Taschenbuch für Clavierlehrer und Clavierspieler. gr. 16. (IV und 116 S.) Leipzig 864, Merseburger.

— das Pianoforte u. seine Behandlung. Ein Taschenbuch f. Clavierlehrer u. Clavierspieler. 2. Aufl. gr. 16. (IV, 116 S.) Leipzig 871. Merseburger. — 90

— das Pianoforte u. seine Behandlung. Ein Taschenbuch f. Klavierlehrer u. Klavierspieler. 3. verb. u. in der Litteratur verm. Aufl. 12. (IV, 120 S.) Ebend. 885. — 90

— Pianoforteschule für die Jugend. Leichtfassliche theoret. u. prakt. Anleitung zum Pianofortespielen mit progressiven melod. Uebungsstücken. 2. Aufl. Leipzig 867. M. Schäfer. gr. 4. (61 S.) 1 ₰

—— Pianoforte-Schule für die Jugend. Leichtfassliche theoret. und prakt. Anleitung zum Pianofortespielen. Mit progressiven melod. Uebungsstücken. 4. verm. Aufl. Fol. (61 S.) Leipzig 873, M. Schäfer. 3 —

SCHUBERT, F. L. — Sammlung classischer Volkslieder für Pianoforte und Gesang. Hrsg. und bearb. von —. 3 Bde. Leipzig 1863—64. Gr. 8⁰.
1: 1864. (3. Aufl.) 351 S. 2: O. J. (3. Aufl.) 351 S. 3: 1863. 356 S.
Vgl. Schubert: Concordia.

Schubert, F. L. Die Tanzmusik, dargestellt in ihrer historischen Entwickelung nebst einer Anzahl von Tänzen aus alter und neuer Zeit ... Leipzig 1867. Verlag von C. Merseburger VI + 98 S. 8°.

—— die Violine. Ihr Wesen, ihre Bedeutung und Behandlung als Solo- und Orchester-Instrument. gr. 16. (IV und 128 S.) Leipzig 865, Merseburger.

—— die Violine. Ihr Wesen, ihre Bedeutung und Behandlung als Solo- und Orchester-Instrument. 2. Aufl. gr. 16. (IV, 128 S.) Leipzig 873, Merseburger. — 90

— die Violine. Ihr Wesen, ihre Bedeutung u. Behandlung als Solo- u. Orchester-Instrument. 3. Aufl. 12. (IV, 122 S.) Ebend. 881. — 90

—— die Violine. Ihr Wesen, ihre Bedeutung und Behandlung als Solo- und Orchester-Instrument. 3. Aufl. 12. (IV, 122 S.) Ebendas. 882. — 90

Die Violine. Ihr Wesen, ihre Bedeutung u. Behandlung als Solo- u. Orchester-Instrument. Von F. L. **Schubert**. 4. Aufl., vollst. umgearb. u. mit e. Literatur-Anh. versehen von Richard Hofmann. Leipzig: C. Merseburger 1892. (IV, 124 S.) 8° [F.] [07. 5604

— Vorschule zum Componiren, zugleich als Compositionslehre für Dilettanten faßlich erläutert. Ebend. 863. 16. (VIII, 120 S.) 9 *ngr.*

—— Vorschule zum Componiren, zugleich als Compositionslehre für Dilettanten faßlich erläutert. 2. Aufl. gr. 16. (VIII, 120 S.) Ebendas. 869. — 90

— Vorschule zum Componiren, zugleich als Compositionslehre f. Dilettanten faßlich erläutert. 3. Aufl. gr. 16. (VIII, 120 S.) Ebend. 876. — 90

— Vorschule zum Componiren, zugleich als Compositionslehre f. Dilettanten faßlich erläutert. 4. Aufl. 12. (VIII, 120 S.) Ebend. 884. — 90

Schubert, F. L., Vorschule zum Komponieren, zugleich als Kompositionslehre f. Dilettanten faßlich erläutert. 5. Aufl. 12. (VIII, 120 S.) Leipzig 893. C. Merseburger. — 90

Vorschule zum Komponieren, zugl. als Kompositionslehre f. Dilettanten faßlich erl. von F. L. **Schubert**. 6. Aufl. Leipzig: C. Merseburger 1903. (VIII, 120 S.) 8°. [F.] [07. 9605

Vorschule zum Komponieren (Kompositionslehre f. Dilettanten), von F. L[ouis] **Schubert**. 7. erw. u. vollst. umgearb. Aufl. mit 31 Übungsaufgaben von Carl Kipke. Leipzig: C. Merseburger 1909 (1908). (152 S.) 8° [F.] [08. 16330

Schubert, **F(ranz) L(udw.), Wegweiser in der Gesangs-Literatur für den Solo- und Chorgesang. Nach pract. Erfahrungen zusammengestellt. 16. (94 S.) Leipzig 861, Wengler.** Thlr.

—— **Wegweiser in der Musikliteratur für Pianofortespieler nach geordneter Schwierigkeitsfolge. 1. und 2., verb. und verm. Aufl. 16. (120 S.) Leipzig 861, Wengler.**

—— **vollständiges Wörterbuch für Pianofortespieler oder Erklärung der wichtigsten Kunstausdrücke in der Technik und dem Vortrage beim Pianofortespiel, sowie der Harmonielehre, der Kunstformen und der übl. Instrumente. Alphabetisch zusammengestellt. 8. (152 S.) Leipzig 863, Matthes.**

Schubert, Friedrich Analecta Sophoclea. A. Zur Kritik und Erklärung einiger Stellen der Trachinierinnen. B. Zur Würdigung des Verhältnisses von cod. Paris. A (2712) und cod. Laurent. XXXII. 9. 8 (S. 3—16).
Progr. Deutsch. Oberg. der Kleinseite *Prag* 1886.

Schubert, Friedrich: *Ansprache an die Mitglieder des Lehrkörpers bei der Vertheilung der anlässl. des Allerhöchst. 50jähr. Regierungsjubil. gestifteten Erinnerungsmedaille für Civilbedienstete.* 8 (S. 71—75).
Progr. K. k. deutsches Oberg. der Kleinseite *Prag* 1899

Schubert: Beitrag zu einer zusammenfassenden Darstellung der Eigentümlichkeiten der sophokleischen Diktion. 16 S.–Prag N., Progr. 1868

Schubert, Friedrich: Beiträge zur Anatomie des Herzens der Haussäugetiere. Mit 13 Abb. Dresden 1909: Franke. 95 S. 8⁰
Leipzig, Veterinär-Med. Diss. v. 2. April 1909, Ref. Baum

Schubert, Fr. Textkritische Bemerkungen zum Philoktet des Sophokles. 28 S. 8. **Progr.** Kleins. *Prag* 1884.

Schubert, Friedrich: Die Darstellung des Glykols aus Isobutyraldehyd und Kuminol und sein Verhalten gegen verdünnte Schwefelsäure.
Separatabdruck aus: Sitzungsber. d. K. Akademie d. Wissensch. in Wien. Bd. 112. IIb. S. 105.

— Textkritische und exegetische Erörterungen zu den Trachinierinnen des Sophokles. 26 S. 8. **Progr.** Kleins. *Prag* 1885.

Schubert, Fr., textkritische u. exegetische Erörterungen zu den Trachinierinnen d. Sophokles. gr. 8. (21 S.) Prag 885. (Wien, Pichler's Wwe. & Sohn.) n. — 50

Schubert, Friedr., eine neue Handschrift der Orphischen Argonautika. Lex.-8. (39 S.) Wien 881, (Gerold's Sohn.) * — 60
Aus: Sitzungsberichte der k. Akademie der Wissenschaften, besonders abgedruckt.

Schubert, Friedr., Miscellen zum Dialekte Alkmans. Lex.-8. (77 S.) Wien 879, (Gerold's Sohn.) *
Aus: Sitzungsberichte der k. Akademie der Wissenschaften, besonders abgedruckt.

Schubert, Friedrich (Hrsg.), s. Sophocles: Ajas. – Antigone. – Elektra.

Schubert, Fr.: Syntaktisches zu Sophokles. 27 S. 4⁰. – Prag Kl. OG., Progr. 1872.

Schubert, Friedrich Zur mehrfachen präfixalen Zusammensetzung im Griechischen. 8 (64 S.).
Progr. K. k. deutsches Oberg. der Kleinseite *Prag* 1893.
Auch in Xenia Austriaca I (1893) S. 190—256.

Schubert, Friedr. Aug., pract. Handbuch f. Volksschullehrer beim Gebr. d. Schubert'schen geograph. Leitfadens, auch f. Privatlehrer, so wie z. Selbstunterr. u. zur nützl. Unterhalt. f. jeden wißbegier. Bürger u. Landmann bearb. 8. (18 B.) Meißen 839, Goedsche.

—— das Nothwendigste aus d. Gebiete d. Geographie, e. Leitfaden beim geograph. Unterr. f. Kinder in sächs. Elementar-Volksschulen, nebst e. Anh. üb. Palästina. 2., verb. u. verm. Aufl. 8. (4½ B.) Meißen 836, Goedsche.

—— das Unentbehrlichste beim Rechnen, nebst d. nöthigsten Kopfrechnenregeln, z. Auswendiglernen f. Kinder in sächs. Elementarschulen zusammengest. 2., verb. Aufl. 8. (1¼ B.) Meißen 837, Goedsche.

Schubert, Friedr. Bernh., die Combinations- oder Sicherheits-Schlösser, s. Schauplatz, neuer, der Künste und Handwerke. 165.

Schubert, Frdr. Bernh., die Combinations- od. Sicherheits-Schlösser der Neuzeit u. ihre Construction u. Verwendung. Mit einem Anh.: Der Geldschrank u. seine Bauart. 2. Aufl. von St. Theiner's Combinationsschlössern, in vollständiger Neubearbeitung hrsg. Mit einem Atlas von 30 (lith.) Taf. (in gr. 4), enth. 254 Abbildungen. 8. (XII, 99 S.) Weimar 880. B. F. Voigt. 6. —

Schubert, Friedrich Karl

Schubert, F. C., Bau und Einrichtung ländlicher Arbeiterwohnungen in gesundheitlicher Rücksicht. 4⁰. Bonn 1869.

Schubert, Friedr. Carl, der deutsche Bauernkrieg, s. Universal-Bibliothek.

Schubert's landwirtschaftliche Baukunde. 6. Aufl., vollständig neu bearb. v. A. Schubert. 8. (VIII, 248 S. m. 179 Holzschn.) Berlin 889. Parey. geb. n. 2. 50

[Friedr. Karl] Schubert's Landwirtschaftliche Baukunde. 6. Aufl., vollst. umgearb. von G[ustav] Meyer, Dir. d. Baugewerkschule zu Buxtehude. M. 189 Textabb. *Berlin: P. Parey 1898.* (VIII, 239 S.) 8° [F.]
= Thaer-Bibliothek. Bd 9. [00. 8505]

[Friedrich Karl] Schuberts Landwirtschaftliche Baukunde [Handbuch d. landw. Baukunde]. 7. Aufl., neubearb. von G[ustav] Meyer, Reg.R. in Magdeburg. Mit 189 Textabb. Berlin: P. Parey 1905. (VIII, 228 S.) 8°
= Thaer-Bibliothek. Bd 9. [06. 3417]

Schubert, Friedr. Carl, durch Sturm zum Frieden, s. Reiselectüre.

Schubert, Dr. F. C., Entwürfe von kathol. Dorfkirchen. Mit 12 Tfln. Abbild. Halle 1869. q. Folio.

Schubert, F. C., Entwürfe von Stallgebäuden. Mit 12 (lith.) Taff. Abbildungen. Halle 868. Knapp's Verl. Fol. (6 S.) n. 2 ℛ

Schubert, Friedr. Carl, Gedichte. gr. 16. (XVI und 178 S.) Augsburg 866, Rieger'sche Buchh. * —

Schubert, F. C., Handbuch der landwirthschaftlichen Baukunde, } s. Thaer-Bibliothek.

Schubert, F. C., Handbuch der landwirthschaftlichen Baukunde für Landwirthe u. Bauleute. Mit vielen in den Text eingedr. Holzschn. 859. (VIII, 212 S.) n. 1 ℛ 10 ngr.
— 2., vielfach verm. u. verb. Aufl. Berlin 864. Wiegandt & Hempel. 8. (VIII, 232 S.) n. 1 ℛ 15 ngr.

Schubert, F. C., Handbuch der landwirthschaftl. Baukunde für Landwirthe und Bauleute. 8. (VIII und 212 S. mit vielen in den Text gedr. Holzschn.) Berlin 860, [Wiegandt und Hempel.] *

Schubert, F. C., Handbuch der landwirthschaftlichen Baukunde. 3. Aufl. vollständig umgearb. m. Berücksicht. d. neuen, metr. Maß- u. Gewichtssystems. Mit 300 in den Text gedr. Holzschn. gr. 8. (X, 321 S.) Berlin 872. Wiegandt, Hempel & Parey. n. 4. —

Schubert, F. C., Handbuch der Vermessungskunde, s.: Büchersammlung, gärtnerische.

—— die Jagd nach dem Glücke. Roman. 3 Bde. 8. (190; 196; 150 S.) Leipzig 873, E. J. Günther. 7 50
Vgl. Schubert, Karl.

Schubert, Friedr. Carl, drei Küsse. Vaterländisches Schauspiel in 5 Aufzügen. 8. (128 S.) Leipzig 880, Mutze. * 2 —

Schubert, Friedrich Karl —. Melnik und seine Denkwürdigkeiten von — —. Prag, 1856. Druck von Friedrich Rohlicek im fürst-erzbischöflichen Seminär. (58 S. 8.)

—— Napoleon I. oder eines großen Schicksals Fluth und Ebbe. Charakterbild in 5 Aufzügen. gr. 8. (80 S.) München 882, Franz'sche Buchh. * 1 —

—— aus der Praxis der ländlichen Baukunde. I.—III. Fol. Halle [Leipzig], Knapp's Verlag.
Inhalt:
I. Entwürfe von Stallgebäuden. (6 S. mit 12 lithogr. Taf. Abbild.) 868. *ℳ 6.
II. Entwürfe von Landschulgebäuden. (4 S. Text mit 14 lithogr. Taf. Abbild.) 869. *ℳ 6.
III. Entwürfe von katholischen Dorfkirchen. (2 S. Text mit 12 lithogr. Taf. Abbild.) 869. *ℳ 8.

Schubert, F. C., aus der Praxis der ländlichen Baukunde. 3 Bde. Fol. Halle 868,69. Leipzig, Spohr. 20 —

— Rath- u. Pfarrhäuser, Kirchen, Kapellen u. Schulen. Entwürfe ausgeführter u. projectirter Kommunal-Bauten. 1. u. 2. Hft. à 10 lith. Taf. gr. 4. (4 S. Text.) Leipzig 874. 75. Scholtze. à n. 6. —

Schubert, F. C., das landwirthschaftliche Rechenwesen, s. Thaer-Bibliothek.

Schubert's landwirtschaftliches Rechenwesen. Mathematisches Vademecum f. Landwirte, Kulturtechniker, Forst- u. Bauleute. 4. Aufl., vollständig neu bearb. v. H. Kutscher. 8. (IV, 192 S. m. 172 Holzschn.) Berlin 891. P. Parey. Geb. in Leinw. n. 2. 50

Schubert, Friedr. Carl, der Sieg des Lichtes, s. Universal-Bibliothek Nr. 647.

—— Und sie bewegt sich doch, s. Universal-Bibliothek Nr. 1311 und 1312.

—— Und sie bewegt sich doch! Roman. 2 Bde. 8. (232; 228 S.) Hannover 870, Rümpler. 6 —

— mathematisches Vademecum oder arithmetische u. geometrische Formeln u. deren Anwendung zur Lösung prakt. Aufgaben der Landwirthschaft für Landwirthe, Forstleute u. Baubeflissene populär dargestellt. Mit vielen in den Text gedr. Holzschn. Berlin 858. Bosselmann. 16. (2 Bl., 69 S.) n. 16 ngr.

—— mathematisches Vademecum oder arithmetische und geometrische Formeln und deren Anwendung zur Lösung prakt. Aufgaben der Landwirthschaft für Landwirthe, Forstleute und Baubeflissene populär dargestellt. br. 8. (III und 69 S. mit vielen in den Text gedr. Holzschn.) Berlin 858, [Wiegandt und Hempel.] *

— mathematisches Vademecum. Praktischer Leitfaden d. gesammten Rechenwesens f. Landwirthe, Forstleute u. Bauhandwerker. Mit steter Berücksicht. d. neuen metr. Maass- u. Gewichts-Systems nebst ausführl. Preisvergleichungstab. u. e. Anh. üb. Feldmessen u. Nivelliren. 2. vollständig umgearb. u. verm. Aufl. Mit 130 in den Text gedr. Holzschn. 8. (III, 220 S.) Berlin 871. Wiegandt, Hempel & Parey. n. 2. 50

Schubert, F. C., landwirthschaftliche Vermessungskunde. Ein Handbuch für Landwirthschafts- und Bau-Schulen, sowie zum Selbstunterricht für Landwirthe, Bautechniker und Forstleute. gr. 8. (VI, 168 S. mit 121 in den Text gedr. Fig. und 3 lithogr. Taf. Zeichnungen zum Anhange.) [Bonn 883, Strauß.] Braunschweig, Gebr. Haering. geb. * 4 50

Schubert, F. C., landwirtschaftl. Vermessungskunde. gr. 8. Bonn 883. Berlin, Grundmann. geb. * 4 50

—— landwirthschaftlicher Wasserbau. Handbuch für Land- und Forstwirthe, Cultur- und Bautechniker. gr. 8. (X, 226 S. mit 164 in den Text gedr. Holzschn.) Berlin 879, [Wiegandt, Hempel und Parey.] Parey. * ℳ 6.; geb. *

—— landwirthschaftlicher Wege- und Brückenbau. Handbuch für Landwirthe, Kulturtechniker, Forstwirthe, Bauleute und Gemeindevorstände. gr. 8. (X, 276 S. mit 224 in den Text gedr. Holzschn. und 4 lithogr. Taf.) Ebendas. 878. *
geb. *

Schubert, F. C., Welche Art der Dachdeckung ist für landwirthschaftliche Gebäude die zweckmäßigste? Coblenz 857. Hölscher. gr. 8. (27 S.) 5 ngr.

—— Wlasta oder der Mägdekrieg. Tragödie in 5 Aufzügen. [Den Bühnen gegenüber Mscr.] 8. (107 S.) Leipzig 874, Mutze. * 2 —

Schubert, Frdr. Carl, Wlasta. Roman. 8. (VIII, 411 S.) Prag 875. Verl. d. Bohemia 6. —

Schubert, Frdr. Carl, Ziska. Tragödie in 5 Akten. 8. (80 S.) Leipzig 848, Naumburg. ½ ℛ

Schubert, Friedrich Theodor

Schubert, F. T. v., General-Major. Anleitung zu den Berechnungen einer trigonometrischen Aufnahme und zu den Arbeiten des topographischen Bureaus, nebst den dazu gehörigen Hilfstafeln. Verfasst für die Offiziere des Corps der Topographen. (Mit 4 Taf.) (In deutscher u. russ. Sprache.) 8. St. Petersburg 1826.

Schubert, Friedrich Theodor. Anleitung zu der astronomischen Bestimmung der Länge und Breite, zum Gebrauche der Herren Officiere vom Generalstabe, auf Befehl Sr. Kaiserl. Majestät entworfen. 2. verm. Ausgabe. 8. St. Petersburg 1803.

— Anleit. zu astronom. Beobachtt., um die Länge u. Breite der Orte zu bestimmen, zum Gebr. für Officiere etc. Mit 2 Kpf. 4. St. Petersb. 803. 2 ℛ 2e A. Mit 2 Kpf. 4. Ebd. 806. (Fr. Fleischer in Leipz.) 2 ℛ

— Anleitung z. astronom. Bestimmung d. Länge u. Breite etc., hat Benj. Fleischer in Leipz. in Comm.

Schubert, Friedr. Theod., Anleitung zu d. astronom. Bestimmung d. Länge u. Breite, z. Gebr. d. Offiziere v. General-Stabe, auf Befehl Sr. kaiserl. Majestät entworfen. 3., verm. Ausg. gr. 4. (12 B. u. 2 Stnt.) St. Petersburg 818, (Eggers u. Comp.)

Schubert, Fr. Th., populäre Astronomie, mit Kupfern. 1r Th. gr. 8. Petersburg. (Hartknoch in Leipzig.) 804.

Schubert, Fr. Thdr., († d. 9. Oct. 1825.) populäre Astronomie. 3 Thle. (Mit Erläuterr. v. Grafen Geo. v. Bouquoi). Mit 14 Kpft. gr. 8. St. Petersb. 804—10. (Schwetschke u. S. in Halle). 8 ℛ

Schubert, Fr. Th., populäre Astronomie, mit K. 3 Thle. 1r Geschichte d. Astronomie. 2r theoret. Astronomie. 3r phys. Astronomie. gr. 8. Petersb. (Halle, Hemmerde u. Schw. in Comm.) 804—10.

Schubert, Friedr. Theod., populäre Astronomie. 3 Thle. Neue, wohlf. Ausg. gr. 8. (72¾ B. u. 14 Kpfrt. gr. 4.) Hamburg 834, [Perthes-Besser u. Mauke.] 8 Thlr., hrbgs. Pr.

— theoret. Astronomie. 3 Thle. Mit 8 Kpft. gr. 8. St. Petersb. 798. (Schwetschke u. S. in Halle). 10 ℛ 16 gr

Schubert, Fr. Th., theoret. Astronomie. 3 Thle. gr. 4. St. Petersburg. (Halle, jetzt Hemmerde u. Schw. in Com.) 798.

Schubert, Frdr. Thdr, Geschichte der Astronomie. Petersburg 1804. 8.

— vermischte Schriften. 4 Bde. gr. 8. Stuttg. 823—26. v. Cotta. 5 ℛ 20 gr

—— vermischte Schriften. 5—7. Bd. Neue Folge. 1—3. Bd. 8. (62¼ B. u. S's. Bildn.) Leipzig 840, Brockhaus. *
Enth.: Astronomie. — Physik. — Miscellen.
1—4. Bd. Stuttgart 823—26, Cotta'sche Buchh. 5 Thlr. 20 Gr.

— traité d'astronomie théoretique. III Toms. gr. 4. St. Petersb. 822. (Halle, Schwetschke u. S.) 10 ℛ

Schubert, (Fr. Th.,) Traité d'astronomie théoretique. 3 Tom. gr. 4. St Petersburg 824. (Halle, Hemmerde.)

—— Traité d'astronomie théoretique. III Ts. Nouv. Edit. gr. in-4. (178¼ B. u. 8 Kpfrt.) Hambourg 834, Perthes-Besser et Mauke. 12 Thlr., hrbgs. Pr.

Schubert, Friedrich Wilhelm

Schubert, F. W., drei historische und statistische Abhandlungen aus den Jahren 1851—1853. Aus den Neuen Preußischen Provinzial-Blättern abgedr. Königsberg 853. (Schubert u. Seidel.) gr. 8. (20, 33, 24 S.) n. 10 ngr.

Schubert, Friedr. Wilh., histor. u. literar. Abhandlungen d. kgl. deutsch. Gesellschaft zu Königsberg etc., s. Abhandlungen etc.

SCHUBERT, Friedrich Wilhelm: Ackerbau, Gartenbau und Weinbau, Viehzucht, Seidenbau und Bienenzucht, Waldstandt und Jagd, Fischerei, Bergbau. - Königsberg 1848. 248 S. - (=Bd. 2, Hälfte 1 v.: Handbuch d. allgem. Staatsk. d. preuss. Staates)

—— de Romanorum aedilibus lib. IV. Quibus praemittuntur de similibus magistratibus apud potentiores populos antiquos dissertat. duae. 8maj. (55½ B.) Regiomontii 828, Fratr. Bornträger.

Schubert, Fr. Wlh. Preußens erstes polit. Auftreten unter Friedrich Wilhelm d. Großen. 8. Königsb. 823. Bornträger. 6 gr

v. Schubert, Fr. Wlh. (Prof. in Greifsw.,) de authentia atque indole infantiae Jesu Christi a Matthaeo et Luca exhibitae. Comment. 8maj. Greifsw. 815. (Mauritius). 16 gr

—— Beiträge zur Geschichte d. deutschen Ordens in Preußen. 1. Hft. 8. (6¼ B.) Königsberg 831, (Gebr. Bornträger.)

– s. Bibliothek d. wichtigst. Geschichtswerke d. Auslandes, 18. u. 19. Bd.

— Luthers Denkmal in Wittenberg u. dessen religiöse Weihe am 31. Octbr. 1821. Ansichten, Geschichte u. Beschreibung. gr. 8. Berl. 824. Maurers B.; (a. Heinemann in Stolp.) 6 Gr.

— Luthers Denkmal in Wittenberg u. dessen religiöse Weihe am 3. Octbr. 1825. Ansichten, Geschichte, Beschreibung. gr. 8. Berlin 823. Jetzt Heymann. 1/4 Thlr.

— Diss. qua in sermonem, quo evangel. Matthaei conscript. fuerit, inquiritur. 4. (Greifsw.) 810. Mauritius. 8 Gr.

— Gastpredigten. gr. 8. Berl. 824. Maurers B.; (auch Heinemann in Stolp.) 12 Gr.

v. Schubert, Fr. Wlh. Gastpredigten. gr. 8. Berlin 822. Jetzt Heymann. 1/2 Thlr.

Schubert, Friedr. Wilh., Handbuch d. allgem. Staatskunde v. Europa. 1. Bd. 1—4. Thl. u. 2. Bd. 1. Thl. gr. 8. Königsberg, Gebr. Bornträger. *

Bd. 1. Thl. 1. Die allgem. Einleitung u. d. russ. Reich. (24½ B.) 835. * 1 Thlr. 16 Gr.

- 2. Frankreich u. das britische Reich. (43½ B.) 836. * 2 Thlr. 20 Gr.
- 3. Die Reiche Spanien u. Portugal. (32 B.) 836. * 2 Thlr. 4 Gr.
- 4. Die italien. Staaten Neapel u. Sicilien, Sardinien, d. Kirchenstaat, Toscana, Parma, Modena, Lucca u. S. Marino. (48¼ B.) 839. * 3 Thlr. 8 Gr.
- 2. Thl. 1. Handbuch d. allgem. Staatenkunde des Kaiserthums Oesterreich. (36 B.) 842. * 2 Thlr. 8 Gr.

Schubert, Friedr. Wilh., Handbuch d. allgem. Staatskunde v. Europa. 2. Abthl. Deutsche Staaten. 2. Thl. A. u. d. Tl: Handbuch d. allgem. Staatskunde d. Preuss. Staats. 1. Bd. gr. 8. (36½ B.) Königsberg 846, Gebr. Bornträger. *

1. Abthl. u. 2. Abthl. 1. Thl. Ebendas. 1835–42. * 12 Thlr. 10 Ngr.

Schubert, Frdr. Wilh., Handbuch der allgemeinen Staatskunde von Europa. 2. Abth.: Deutsche Staaten. II. Thl. [Der Preuss. Staat.] 2. Bd. 1. Hälfte oder des ganzen Werks 7. Bd. 1. Hälfte. A. u. d. T.: Handbuch der allgemeinen Staatskunde des Preuss. Staats. 2. Bd. 1. Hälfte: Ackerbau, Gartenbau u. Weinbau, Viehzucht, Seidenbau u. Bienenzucht, Waldstand u. Jagd, Fischerei, Bergbau. gr. 8. (VIII u. 248 S.) Königsberg 848, Gebr. Bornträger. n. 1⅓ Thlr. (I—VII, 1.: n. 16 Thlr. 2 Ngr.)

Schubert, F. W.: „Ostpreussens Handel"; 2) Friedländer, E. V.: „Können wir nichts thun, um die Lage unserer Provinz zu verbessern?" Königsberg 1826. — Vorh.: Preuß. Staatsbibliothek Berlin.

– dass, s.a. Friedlaender, Eberhard David

Schubert, F. W., Zur sechshundertjährigen Jubelfeier der Stadt Königsberg. Historische Erinnerungen an Königsberg's Zustände seit seiner Erbauung. gr. 8. (92 S.) Königsberg 855, Schubert und Seidel. *

— s. Kant's, Im., sämmtl. Werke.

— Schwedens Kirchen-Verfassung u. Unterrichtswesen, nach früherem u. gegenwärt. Zustande etc. 2 Bde. 8. Greifsw. 820, 21. Kunike. (Stralf., Löffler). 3 Thlr. 12 Gr.

Schubert, Fr. Wilh. v., Schwedens Kirchen-Verfassung und Unterrichtswesen, nach früherem u. gegenwärt. Zustande etc. 1r u. 2r Band. 8. Greifswald, Kunike. 821. (Stralsund, Löffler.)

— über christliches Kirchen- u. Schulwesen. 3 Hefte. (1s 2s H. à 14 Gr. 3s H. 1 Thlr. 4 Gr.) gr. 8. Berlin, Maurersche Buchh. 816. 17.

Vgl. Kirchenwesen, ...

—— und J. F. Herbart, das Krönungsfest d. preuß. Staates, gefeiert in d. Kgl. deutschen Gesellschaft zu Königsberg in d. J. 1830 u. 1831 durch drei Vorträge. 8. (8½ B.) Königsberg 831, Unzer.

– s. Lindenblatt, Jh.: Jahrbücher.

– s. Lundblad, J. F.: Schwed. Plutarch.

— Diss. histor.-exegetica; de Romanorum aedilibus prodromus. 8maj. Königsb. 825. Bornträger. 4 Gr.

— Reise durch Schweden, Norwegen, Lappland, Finnland u. Ingermannland in d. J. 1817, 18 u. 20. 3 Bde. Mit Kpf. u. Kart. gr. 8. Leipz. 823, 24. Hinrichs. 7 Thlr. (1r Thl. A. u. d. T.: Reise durch d. südl. u. östl. Schweden, od. durch Schonen, Bleckingen, Smaland etc. in d. J. 1817. Mit 1 Kpf. u. 1 Karte 823. 2 Thlr. 2r Thl. A. u. d. T.: Reisen nach d. nördl. Schweden u. Lappland etc. Mit 1 Kpf. 2 Thlr. 12 Gr. 3r Thl. A. u. d. T.: Reise durch d. westl. Schweden, Finnland u. Ingermannland etc. in d. J. 1818—21. Mit 1 Kpf. 824. 2 Thlr. 12 Gr.)

Schubert, Dr. F. W., Culturhistorische Uebersicht der Entwicklung des Seidenbaues und der Seidenmanufacturen in Europa mit besonderer Beziehung auf Preussen. (Vortrag gehalten 18/1 1836). 8°. brosch.

—— die Verfassungsurkunden und Grundgesetze der Staaten Europa's etc., s. Verfassungsurkunden und Grundgesetze.

Schubert, Frdr. Wilh. Ueber die Wechselwirkungen der Staatsschulden auf Staatsverwaltung im Mittelalter und in der neueren Zeit mit besonderer Beziehung auf Preussen. 8°. s. l. 1834.

Schubert, G., Knospen u. Blüten. Gedichte f. Geist u. Herz. Gesammelt u. hrsg. Reich illustriert. (96 S. m. farb. Titelbild.) 8. Reutlingen (905). Enßlin & Laiblin.
Geb. in Leinw. m. Goldschn. 1.80

Schubert, G., d. württemberg Malzsteuervorschriften nach d. Stand v. 1. März 1896. M. e. Abdr. d. Gesetzes v. 8. Apr. 1856 u. d. Vollzugsverfügg. hiezu v. 9. Apr. 1856 in d. ursprüngl. Form u. m. Berücksicht. d. seither eingetret. Ändergn. u. e. Anh. üb. d. örtl. Verbrauchsabgabe v. Bier. gr. 8. (VII, 233 S.) Stuttgart 896. W. Kohlhammer. Kart. n. 3.

Schubert, G. (Hrsg.), s.a. Malzsteuervorschriften, Die württembergischen, ...

Ratgeber für Steuerpflichtige. Enth. Preussische Staats-Steuern, sowie die Preuss. Gemeinde-Einkommensteuer nebst einschläg. Gesetzen in Fragen u. ausführl. Antworten mit vielen Beispielen von G. Schubert, Verw.Ass. *Düsseldorf: J. B. Gerlach & Co. [1901].* (IV, 81, VIII S.) 8° [F.]
[01. 7730 5

Schubert, G., Übungsbuch f. den grammatischen Unterricht im Lateinischen, s.: Oehler, W.

Schubert, G., das württemberg. Umgeld. Die üb. die Besteuerg. des Weines u. Obstmostes in Württemberg gelt. Bestimmgn., nach dem neuesten Stande f. die Steuer- u. Kontrollepflichtigen dargestellt. Mit e. wörtl. Abdr. des Wirtschaftsabgaben-Gesetzes in der Fassg. vom 4. VII. 1900. 12. (79 S.) Stuttgart 901. E. Ulmer. Kart. n. —80

Schubert, G. M., Katechismus d. deutschen Sprachlehre, mit prakt. Beispielen. 8. (9½ B.) Kempten 829, Dannheimer. Thlr.

Schubert, G. W., allgem. Repertorium der im Königr. Sachsen gültigen Sportel- u. Stempelimpost-Gesetze, ingl. der in d. Gerichtswesen einschlag. hauptsächl. gesetzl. Dispositionen. Nebst e. beachtenswerthen Anh. Nach alphab. Ordn., u. mit besond. Rücksicht auf d. Markgrafth. Oberlausitz. gr. 4. (10¼ B.) Leipzig 828, (Hinrichs.)

— Umrisse der Justizverfassung 2c., s. G. E. Treitschke.

Schubert, Georg Adolph, s. Schuberth

Schubert, Geo. Max, Deutschland am Scheidewege. (2. Aufl.) (S. 3—82.) gr. 8. Leipzig (906). Verlag des deutschen Nationalbundes. — 30

Schubert, Georg Sebastian [d. i. Joh. Christoph Dn. Sinner]

Schubert, Geo. Seb., goldener Hausschatz oder 302 neuentdeckte Geheimnisse aus der Technik, Chemie, Gewerbekunde 2c. Eine Sammlung der nützlichsten Recepte zur Herstellung von Firnissen, Lacken, Farben 2c. u. vielen Hausmitteln bei allerhand Krankheiten bei Menschen u. Thieren u. Hilfe bei Scheintodten, Verunglückten u. Vergifteten. Nebst vielen anderen prakt. Rathschlägen 2c. 4., verb. (Titel-)Aufl. Berlin (846)869. Mode. 8. (XIV, 198 S.) 20 ngr.

Schubert, G. S., (Jh. Cph. Dn. Sinner,) der ökonom. Künstler, od. Geheimnisse f. Künstler, Professionisten, Jäger, Haus- u. Landwirthe. 8. Koburg 800. Sinner. 1 ℛ

Schubert, Georg Sebast., d. ökonomische Künstler. Oder unentdeckte Geheimnisse f. Künstler, Professionisten, Jäger, Haus- u. Landwirthe. Nebst Anleit. v. zweckmäßigen Wiederbelebungs- u. Rettungsmitteln bei Scheintodten, Verunglückten u. Vergifteten. 3., verb. Aufl. 8. (13⅓ B.) Koburg 846. [Leipzig, Brauns.] * —

Schubert, Geo. Sebast., der ökonomische Künstler. Oder unentdeckte Geheimnisse für Künstler, Professionisten, Jäger, Haus- u. Landwirthe. Nebst Anleitung von zweckmäßigen Wiederbelebungs- und Rettungsmitteln bei Scheintodten, Verunglückten und Vergifteten. 3., durchaus verb. Aufl. 8. Koburg 846, Sinner'sche Hofbuchh. n. 5/12 ℛ

Schubert, G. S.: „Oekonomischer Rathgeber in allerlei Vorfällen des Stadt- und Landlebens, zum Besten des Hauss- und Landwirthes gesammelt und herausgegeben", Frankfurt a. M. 1797 (und Coburg: Sinner).

— ökonom. Rathgeber in allerlei Vorfällen des Stadt- u. Landlebens. 8. Kob. 797. Sinner. 20 gl; (a. Meusel u. S.) 16 gl

Schubert, Gottfried

Schubert, Godofredus: De variis unde Paulus apostolus doctrinae christianae cognitionem haurire potuerit fontibus. Accedit praesidis (Davidis Schulz) ad libelli auctorem epistola de eadem re disserens. Vratislaviae (1812). (IV, 29 S.) 4°

Breslau, Disput.-Progr. d. akad. ev.-theol. Gesellsch. v. 3. März 1812

Schubert, Gotthard, approb. Arzt aus Petrigau: Über eine frei bewegliche Schrotkugel im Glaskörper und Einheilung von Blei im Augeninnern. *Namslau 1904: O. Opitz.* (21 S.) 8°

Leipzig, Med. Diss. v. (18. Mai) 1904

Schubert, Gotthilf Heinrich von: Nach der Abendglocke. s. Jugend- u. Volksbibliothek, Deutsche.

— Abriss der Mineralogie, auch als 2. Band der neuen Aufl. der Gesch. der Natur. Mit 8 Kpfrtfln. Erlangen 1853. 8°.

v. Schubert, Ritter Gtth. Hnr., Ahndungen einer allgem. Geschichte des Lebens. 1r u. 2r Thl. 1r u. 2r Bd. gr. 8. Leipz. 806—820. Reclam. 7 ℛ

— Ahn. e. allg. Gesch. d. Lebens. 1r Bd. u. 2n Bds. 1s. gr. 8. Leipz. Reclam. 806—7.

v. Schubert, Gtthilf Hnr., über Ahnen u. Wissen. Ein Vortrag im Museum zu München im December 1846. gr. 8. München 847, Literar.-artist. Anstalt. n. ⅓ ℛ

v. Schubert, Gotth. Hnr., die Alter der Kunst. Besonders abgedruckt aus d. Verfassers Geschichte der Seele. 2e Aufl. gr. 8. München 833. Literarisch-artist. Anstalt. ⅓ ℛ

Ghf. H. Schubert: Altes u. Neues a. d. Gebiete d. innern Seelenkunde. *Lpz.*, Reclam. (816.) 2e A. 825. 8° 1 ℛ 12 gl 2r Bd. 825. 1 ℛ 12 gl 3r Bd. *Erlang.*, Heyder. (833.)

— Altes u. Neues aus d. Gebiete der Seelenkunde. 8. Leipz. 817. Reclam. 1 ℛ 12 gl 1r Bd. 2e Ausg. u. 2r Bd. 8. Leipz. 824 u. 25. Reclam. 3 ℛ 3r Bd. 8. Erlang. 833. Heyder. 18 gl Daraus apart: 1) Leben des Jh. Jak. Fabricius. Neu bearb. 8. Ebd. 4 gl 2) Das Leben d. Obrist Gardiner; nach d. Engl. bearb. 8. Ebd. 4 gl 3) Mittheill. aus d. Reiche. 8. Ebd. 4 gl

— Altes u. Neues aus dem Gebiet d. innren Seelenkunde. 3. Bd. 8. (24¼ B.) Erlangen 833, Heyder.

1. Bd. 2. Aufl. u. 2. Bd. Leipzig, Reclam. 1824, 25. 3 Thlr.

Schubert, Gthi. Heinr., Altes u. Neues aus d. Gebiet d. innren Seelenkunde. 3. u. 4. Bd. 1. u. 2. Abthl. 8. Erlangen, Heyder. [3. 2. Aufl. (24½ B.) 838. ¾ Thlr., 4. 1. 1. u. 2. A. (à 14 B.) 837, 41., 2. (12½ B.) 841. à ½ Thlr.]

1. u. 2. Bd. Leipzig 824, 25, C. H. Reclam sen. 3 Thlr.

Schubert, Gtthi. Heinr. v., Altes u. Neues aus d. Gebiet der inneren Seelenkunde. 5. Bd. 8. (14 B.) Erlangen 841, Heyder.

1—4. Bd. 1824—41. 4 Thlr. 22½ Ngr. Vgl. 9. Bd. 2. Abthl. S. 269.

— dass. — 4. Bd. 2. Abthl. 2. Aufl. 8. (VIII und 188 S.) Erlangen 847. [Frankfurt a. M., Heyder und Zimmer.]

3. Bd. 2. Aufl. 1838. 22½ Ngr., 5. Bd. Ebendas. 1844. 15 Ngr.

Schubert, Ghilf. Heinr. v., Altes und Neues aus dem Gebiete der innern Seelenkunde. 1. und 2. Bd. 3., verb. Aufl. gr. 12. (XIV und 572 S.) Leipzig 849, C. H. Reclam sen.

Schubert, Ghilf. Heinr. v., Altes und Neues aus dem Gebiete der innern Seelenkunde. 3. Aufl. Neue Folge. 1. Bd. 8. (VIII und 528 S.) Frankfurt a. M. 856, Heyder und Zimmer.

Schubert, Ghilf. Heinr. v., Altes und Neues aus dem Gebiete der innern Seelenkunde. 3. Aufl. Neue Folge. 2. Bd. 8. (XI und 364 S.) Frankfurt 859, Heyder und Zimmer.

Neue Folge 1. Bd. Ebendas. 1856. * 1 Thlr. 7½ Ngr.

— Ansichten von der Nachtseite d. Naturwissenschaft. Mit 2 Kpf. gr. 8. Dresd. 808. Arnold.

— Ansichten von der Nachtseite der Naturwissenschaft. Mit 2 Kupf. Neubearbeitete u. wohlfeilere Aufl. gr. 8. Dresden, Arnold. 817.

Schubert, G. H. Ansicht von der Nachtseite der Naturwissenschaften. Neu bearbeitete Aufl. Dresden. 1818. 8.

— Ansichten v. d. Nachtseite d. Naturwissenschaften. 3e Aufl. Mit 2 Kpfrn. gr. 8. Dresden 827, Arnold.

Schubert, Gthi. Heinr. v., Ansichten von d. Nachtseite d. Naturwissenschaft. 4., umgearb. u. verm. Aufl. gr. 8. (18⅛ B.) Dresden u. Leipzig 840, Arnoldische Buchh. Thlr.

— Ansichten von der Nachtseite der Naturwissenschaft. 4., großentheils umgearb. und verm. Aufl. 2. (Titel-)Ausg. gr. 8. (VIII und 282 S.) Leipzig 849, Arnoldische Buchh. —

— Ansichten von der Nachtseite der Naturwissenschaft. 4. großentheils umgearb. u. sehr verm. Aufl. 2. (Titel-) Ausg. gr. 8. (VIII u. 282 S.) Leipzig (840) 850, Arnold. 3/4 ℛ︁

— Diss. von der Anwendung des Galvanismus bei Taubgebornen; aus d. Latein. 8. Leipz. 805. (Dresd., Arnold). 4 𝒢

— v. d. Anwend. d. Galvanismus b. Taubgebornen, a. d. Lat. 8. Lpz. Weigel. 806.

Schubert, G. H. v., Asmus. Der Meister in allerlei Teig. D. kleine Friedensbote. | s.: Erzählungen, christliche, Nr. 7.

Schubert, Gthilf. Heinr. v., die Ausreißer. Eine Erzählg. Neue Ausg. 12. (63 S.) Konstanz (901). C. Hirsch. Kart. — 20

Schubert, G. H. v., der Bauer v. Kobisko. Eine Erzählg. 12. (12 S.) Berlin 894. Deutsche evangel. Buch- u. Tractat-Gesellschaft. n. — 4

—— Bei Gott ist kein Ding unmöglich, s. Jugend- und Volksbibliothek, deutsche.

— bei Gott ist kein Ding unmöglich. Robert der Soldat. 2 Erzählungen. [Abdr. aus den Jugendblättern XXIII. u. XXIV.] 12. (106 S.) Stuttgart 848, J. F. Steinkopf. — 2. Aufl. 12. (111 S.) Ebd. 851. 1/4 ℛ︁

— Bei Gott ist kein Ding unmöglich. Robert der Soldat. Zwei Erzählungen. Abgedr. aus den Jugendblättern. 3. Aufl. Stuttgart 858. J. F. Steinkopf. 8. (104 S.) 7½ ngr

Schubert, Gotth. Heinr. v. Bei Gott ist kein Ding unmöglich. — Robert d. Soldat. Zwei Erzählgn. 12. (120 S.) Herborn 891, Buchh. d. Nassauischen Colportagevereins. * 40
—— dass. — u. Der Meeresstrom. Drei Erzählgn. 12. (165 S.) Ebd. 891. * — 60; geb. * 1 —

— bei Gott ist kein Ding unmöglich. Erzählung. Neue Ausg. 12. (64 S.) Konstanz (902). C. Hirsch. Kart. — 25

— bei Gott ist kein Ding unmöglich. Robert der Soldat. Der Meeresstrom. Drei Erzählgn. 2. Aufl. (141 S.) 12. Herborn 903. Buchh. des nass. Colportagevereins. n. — 60; geb. in Bibliotheksbd. n. — 90; in Leinw. n. 1. —

—— Berichte e. Visionärs üb. d. Zustand d. Seelen nach d. Tode. Aus d. Nachlasse Joh. Friedr. Oberlin's, gewes. Pfarrers im Steinthale, nebst e. Fragment: Die Sprache d. Wachens. gr. 8. (7 B.) Leipzig 836, Brockhaus.
Besonderer Abdruck d. Anhangs aus: Dess., Symbolik d. Traumes.

—— Beschäftigungen f. d. Jugend, s. Beschäftigungen.

Schubert, G. Hr., Bibliotheca Castellana Portuguesa y Provenzal. II Tmo. 8. Hamb. Rink. (Hinrichs, Lps.) 809.
Vgl. Bibliotheca ...

—— Bilder aus d. heil. Lande, s. Bilder.

Schubert, Dr. Gotthilf Heinr. v. (Hofrath u. Prof. d. Naturgeschichte a. d. Univers. München), *Biographieen u. Erzählungen.* 4 Bde. (in 2 voll.). Bd. 1—3. Erlangen, Carl Heyder, 1847, 48, 49; Bd. 4. Ebd., J. J. Palm u. Ernst Enke, 1850. 8°. Hfrzbde.
1: XIV–306 S. Dem Kronprinzen Maximilian v. Bayern, K. H., gewidmet.

—— Biographien und Erzählungen. 1. und 2. Bd. gr. 8. (XXVI und 640 S.) Erlangen 847. [Frankfurt a. M., Heyder und Zimmer.] à Bd. 1 Thlr.

—— dass. — 3. Bd. A. u. d. T.: Beispiele von merkwürd. Errettungen aus äußeren Gefahren. gr. 8. (XII und 316 S.) Ebds. 848.

Schubert, Gthilf. Heinr. v., | s. Jugend- und Volksbibliothek, deutsche.
—— grüne Blätter, |

Schubert, Gotthilf Heinrich von, s. Bunyan, J.: Des Christen Wallfahrt nach d. himml. Stadt.

Schubert, G. H. v., Herzog Christoph v. Württemberg, s.: Schriften, kleine.

— Kapitän Demetrio, s.: Koehler's Bibliothek f. Alle.

—— üb. d. Einheit im Bauplane d. Erdveste. Eine Rede geh. zu München in d. öffentl. Sitzung d. k. Akad. d. Wissenschaften z. Feier ihres 76. Stiftungstages am 28. März 1835. gr. 4. (3¼ B.) München 835, Literar.-artist. Anstalt.

Schubert, Gthlf. Heinr. v., ein Erbteil aus dem Hause der Großeltern u. andere Erzählungen. Neue Ausg. (63 S.) kl. 8. Konstanz (905). Zürich, Christl. Buch- u. Kunstverlag C. Hirsch. Kart. n. — 30

— Erinnerungen aus dem Leben Ihrer Königl. Hoh. Helene Louise, Herzogin von Orleans, geb. Prinzessin von Mecklenburg-Schwerin. Nach ihren eigenen Briefen zusammengestellt. Mit 1 Portr. (in Stahlst.) 1—3. unveränd. Abdr. 859. (XIV, 254 S.) — 4. u. 5. unveränd. Abdr. Mit einem Anhang. München 859. Literar.-artist. Anstalt. Lex.-8. (XIV, 282 S.) n. 1 ℛ︁ 18 ngr.
Anhang zur 1—3. Aufl. (S. 255—282.) n. 4 ngr.

— — Mit 1 (photograph.) Portr. 6. verm. u. verb. Aufl. 860. — 7. Aufl. Ebend. 862. 8. (XVI, 252 S.) n. 1 ℛ︁ 4 ngr.

—— Erinnerungen aus dem Leben Ihrer königl. Hoh. Helene Louise Herzogin v. Orleans, geb. Prinzessin von Mecklenburg-Schwerin. Nach ihren eigenen Briefen zusammengestellt. 7. Aufl. 8. (XVI und 202 S. mit 1 Portr., Photogr.) München 862. [Stuttgart, Cotta'sche Buchh.] *
geb. mit Goldschn. *

Schubert, Gotthilf Heinr. v., Erinnerungen aus dem Leben Ihrer königl. Hoh. Helene Louise Herzogin von Orleans, geb. Prinzessin v. Mecklenburg-Schwerin. Nach ihren eigenen Briefen zusammengestellt. Mit einem (lith.) Portr. 8. Aufl. 8. (XVI, 219 S.) Stuttgart 877. Cotta. n. 4. —; geb. n. 5. —

—— Erinnerungen an Bernard Overberg, gewes. Director am geistl. Seminar u. Lehrer d. Normalschule zu Münster, u. Georg Michael Wittmann, gewes. Direct. am geistl. Seminar u. ernanntem Bischoff zu Regensburg. 8. (7 B.) Erlangen 835, Heyder.

—— der Erwerb aus einem vergangenen und die Erwartungen von einem zukünftigen Leben. Eine Selbstbiographie. 1. Bd. A. u. d. T.: Meine Jugendgeschichte. gr. 8. (XII und 406 S.) Erlangen 854, Palm und Enke. *

—— dass. — 2. Bd. 2 Abthlgn. gr. 8. (XVI und 518 S.) Ebds. 855. *

—— dass. — 3. Bd. (2 Abthlgn. Schluß.) gr. 8. (XIV und 750 S.) Ebds. 856. *

— Erzählungen, s.: Universal-Bibliothek f. die Jugend.

—— Erzählungen. 1. u. 2. B. gr. 8. (30¾ u. 33¼ B.) Erlangen 840, 41, Palm u. Enke. à

—— Erzählungen. 3. Bd. gr. 8. (27 B.) Erlangen 844, Palm u. Enke.]
1. u. 2. Bd. Ebendas. 1840, 41. à 1 Thlr. 17½ Ngr.

—— dass. — 4. Bd. gr. 8. (XVI und 428 S.) Ebds. 850.
Wurde auch u. d. T.: „Seebilder. Ein Buch zur Unterhaltung und Belehrung" ausgegeben.
1. Bd. 1840. 1 Thlr. 17½ Ngr. und 3. Bd. 1844. Ebendas. 1 Thlr. 12½ Ngr.

—— Erzählungen. 2. Bd. 2., neu durchgeseh. Aufl. gr. 8. (VIII und 523 S.) Erlangen 848, Palm und Enke. 1

— Erzählungen. 3. Bd. Neue Aufl. Erlangen 856. Palm u. Enke. 8. (X, 419 S.) 1 ℛ. 12 ngr.

Schubert, Gotthilf Heinr. v., acht Erzählungen, s. Jugend- und Volksbibliothek, deutsche.

Schubert, Ghilf. Heinr. v., ausgewählte Erzählungen. 3. Aufl., eingeleitet und durchges. von Rich. Lauxmann. Wundersame Wege. Erzählungen für das Volk und seine Jugend. 8. (V, 400 S. mit 4 Abbild.) Erlangen 887, Palm und Enke. cart. *

— ausgew. Erzählungen. Der Schatzgräber. — Bei Gott ist kein Ding unmöglich. — D. ungleiche Sohn u. d. gleichart. Enkel. — D. Krüppel v. Rottenstein. Neue illustr. Ausg. m. 8 Farbendr.-Bildern. 8. (200 S.) Konstanz 898. C. Hirsch. Geb. 1. —

— ausgewählte Erzählungen. Die Schatzgräber. Bei Gott ist kein Ding unmöglich. Der ungleiche Sohn u. der gleichart. Enkel. Der Krüppel v. Rottenstein. Neue illustr. Ausg. m. 8 Farbendr.-Bildern. (200 S.) 8. Konstanz (906). Zürich, Christl. Buch- u. Kunstverlag C. Hirsch. Geb. in Leinw. n. 1. 50

—— drei Erzählungen, s. Jugend- und Volksbibliothek, deutsche.

— Erzählungen f. die Jugend. Neue Ster.-Ausg. 8. (96 S. m. 4 Farbdr.) Reutlingen (900). Enßlin & Laiblin. Geb. — 75

— dasselbe. 5. Aufl. — Staffelstein, Anna, Dämmerstunden. Neue Märchen. gr. 8. (96 u. 96 S. m. 8 Farbdr.) Ebd. (900). Geb. 1. 50

— Erzählungen f. die Jugend. 4. Aufl. (96 S.) kl. 8. Reutlingen (904). Enßlin & Laiblin. Kart. — 25

— kleine Erzählungen (D. Schatzgräber. Muttertreue. Bei Gott ist kein Ding unmöglich), s: Volksbibliothek f. Stadt u. Land.

—— kleine Erzählungen für die Jugend. 2 Bde. gr. 8. Erlangen, Palm und Enke. [1. (VI und 250 S.) 2. (III und 255 S.) 852. à Bd. * 24 Ngr.] *

—— kleine Erzählungen für die Jugend. 1. Bd. 2. Aufl. gr. 8. (VI, 250 S.) Erlangen 872, Palm und Enke. * 2 40

—— kleine Erzählungen für die Jugend. 2 Bde. gr. 8. Erlangen 876, Palm und Enke. [1. Bd. Neue Ausg. der 2. Aufl. (VI, 249 S.); 2. Bd. 2. Aufl. (254 S.)] à Bd. * ℳ 2,40. * 4 80

—— kleine Erzählungen für die Jugend. 2 Bde. Neue unveränd. (Titel-)Ausg. der 2. Aufl. gr. 8. (VI, 250; 255 S.) Erlangen 882, Palm und Enke. à Bd. * ℳ 2,40. * geb. à Bd. * ℳ 2,80. *

—— Erzählungen aus dem Morgenland, s. Beispiele des Guten.

— sieben Erzählungen für meine jungen Freunde. (Abdr. aus den Jugendblättern.) Stuttgart 856. J. F. Steinkopf. 8. (104 S.) 7½ ngr.

— sieben Erzählungen für meine jungen Freunde. 2. Aufl. Stuttgart 859. J. F. Steinkopf. 8. (106 S.) 7½ ngr.

—— vier Erzählungen. Meinen jungen Freunden gewidmet. 8. (173 S.) Stuttgart 854, J. F. Steinkopf. *

— vier Erzählungen. Meinen jungen Freunden gewidmet. Abdr. aus den Jugendblättern. 2. Aufl. Stuttgart 858. J. F. Steinkopf. 8. (175 S.) 10 ngr.

— von einem Feststehen in der Geschichte der sichtbaren Natur u. des in ihr wohnenden Menschen. Eine Anrede, gehalten nach d. Rückkehr von seiner Reise in das Morgenland. gr. 8. Stuttgart 837. Balz. ¼ ℛ.

—— von ein. Feststehen in d. Gesch. d. sichtbaren Natur u. des in ihr wohnenden Menschen. Eine Anrede, geh. nach d. Rückkehr von seiner Reise in d. Morgenland, u. bei d. Wiederbeginn seiner Vorlesn. gr. 8. (2 B.) Stuttgart 837, [Verl.-Buchh. Zu Guttenberg.]

— Flavius und Pelagia. Eine Erzählung aus den Zeiten der Christenverfolgungen unter dem röm. Kaiser Diocletian. Ein Weihnachts- und Neujahrsbüchlein. 8. Kaiserswerth a/R. (Berlin, Grobe, Crefeld, Funcke.) n. 6¼ ngr.

—— Flavius u. Pelagia. Eine Erzählung aus d. Zeiten der Christenverfolgungen unter dem römischen Kaiser Diocletian. Ein Weihnachts- u. Neujahrsbüchlein. 8. (4½ B.) Kaiserswerth a. R. 844, (Berlin, Grobe.) *

—— Fragen und Antworten über das Diesseits und das Jenseits, in Briefen. Der Vorhof der Heiden und Israel's Tempel. Neue (Titel-)Ausg. des 1. Bds. der „vermischten Schriften". gr. 8. (248 S.) Erlangen 882, Palm und Enke. *

— der unerwartete Gast. 12. (32 S.) Berlin 894. Deutsche evangel. Buch- u. Tractat-Gesellschaft. n. — 10

—— die Geschichte von Bayern für Schulen. Neue, verm. Ausg. 8. (XII und 166 S.) München 860, (J. A. Finsterlin.) *

— die Geschichte von Bayern für Schulen. 3., verm. Ausg. München 864. (J. A. Finsterlin.) 12. (VI, 162 S.) 6 ngr.

— die Geschichte von Bayern für Schulen. 4., verb. u. verm. Aufl. München 865. Central-Schulbücher-Verl. 12. (VI, 162 S.) cart. 4½ ngr.

— Geschichte d. Herrn v. Hochwarten, s.: Volksbücher.

(——) kurze Geschichte d. Reformation etc. in Schottland, s. Schriften, kl., z. Beförderung d. christl. Glaubens etc. No. 15.

—— die Geschichte d. Natur, als 2., gänzl. umgearb. Aufl. d. allgem. Naturgeschichte. 3 Bde. od. (4 Thle.) gr. 8. Erlangen, Palm u. Enke. [1. (37¼ B.) 835. 2½ Thlr., 2. 1. (17 B. u. 8 Stnt.) 836. 1⅓ Thlr., 2. (39 B. u. 12 Zinktaf.) 836. 1¾ Thlr., 3. (37½ B.) 837. 2⅚ Thlr.]

—— die Geschichte der Natur als 3., gänzlich umgearb. Aufl. der allgemeinen Naturgeschichte. 1. Bd. A. u. d. T.: Das Weltgebäude, die Erde, und die Zeiten des Menschen auf der Erde. gr. 8. (XVIII und 704 S.) Erlangen 851(52,) Palm und Enke. *

—— die Geschichte der Natur als 3., gänzlich umgearb. Aufl. der allgemeinen Naturgeschichte. 2. Bd. A. u. d. T.: Abriß der Mineralogie. gr. 8. (X und 387 S. mit 8 Kpfrt.) Erlangen 853, Palm und Enke. *
1. Bd. (3. Aufl.) Ebendas. 1852. * 2 Thlr. 24 Ngr.

—— die Geschichte d. Seele. 1. Aufl. (57 B.) 830., 2., verm. u. verb. A. (62 B. u. 8 Stnt.) gr. 8. Stuttgart 833, Cotta. à

Schubert, G. H. v.: Geschichte der Seele. 3. Aufl. München 1838. 971 S.

Eb.: d. Geschichte d. Seele. *Stuttg.* u. *Tüb.*, Cotta. B. (830-38.) 4e sehr vm. u. vb. A. 847. 2 Bde. gr 8° 4 ℛ 8 gℓ

—— die Geschichte der Seele. 4., neu bearb. viel verm. Aufl. 2 Bde. gr. 8. (XXXII und 1355 S. mit 8 Stnt.) Stuttgart 850, Cotta'sche Buchh. *

—— die Geschichte der Seele. 5. unveränd. Aufl. 2 Bde. gr. 8. (XIV, 352; XVI, 574 S. mit 8 lithogr. Taf.) Stuttgart 878, Cotta'sche Buchh. * 15 —

— die Geschichte des Jakob Werner. Ein Bild aus dem 30jähr. Kriege. Neue Ausg. (64 S.) 8. Ebd. (903). Geb. n. — 25

— Geschichten f. jung u. alt. Neue Ster.-Ausg. 12. (90 S. m. 4 Farbdr.) Ebd. (902). Geb. — 50

— dasselbe. — Dorn, Käthe, An Gottes Hand. 3 Erzählgn. f. die Jugend. Neue Ster.-Ausg. 8. (96 u. 96 S. m. 8 Farbdr.) Ebd. (902). Geb. 1. 50

— Geschichten f. jung u. alt. Neue Ster.-Ausg. (96 S.) kl. 8. Reutlingen (905). Enßlin & Laiblin. Kart. — 80

— Jules Verne, Chr. v. Schmid, u. O. Glaubrecht, goldenes Geschichtenbuch. Sammlung bester Erzählgn. f. Jugend u. Volk. Mit 4 Einschalt-Bildern von G. A. Stroedel. 4 Tle. in 1 Bde. (III, 80, 103, 82 u. 79 S.) 8. Berlin (905). Meidinger's Jugendschr.-Verlag. Geb. in Leinw. 3. —

— Handbuch d. Naturgeschichte zum Gebr. bei Vorlesungen. (1r Thl. A. u. d. T.: Handbuch d. Mineralogie. 816. 1 ℛ 21 gℓ 2r Thl. A. u. d. T.: Handbuch d. Geognosie u. Bergbaukunde. 813. 2 ℛ 12 gℓ gr. 8. Nürnb. 816 u. 13. Schrag. 4 ℛ 3r Thl. 1e u. 2e Abtheil. A. u. d. T.: G. A. Goldfuß, Handbuch der Zoologie. 1e u. 2e Abtheil. Mit 4 Taf. gr. 8. Ebd. 820. 6 ℛ 15 gℓ 4r Thl. 1e u. 2e Abtheil. A. u. d. T.: Nees v. Esenbeck, C. G., Handbuch der Botanik. 2 Bde. gr. 8. Ebd. 820, 21. 5 ℛ 21 gℓ 5r Thl. A. u. d. T.: Handbuch der Kosmologie. gr. 8. Nürnb. 823. Schrag. 2 ℛ (Die 5 Thle dieses Handbuchs d. Naturgesch. werden zusammen für 12 ℛ erlassen.)

Schubert, (Gotth. Heinr.,) Handbuch d. Naturgeschichte. 4r Thl. 2e Abtheilung. — A. u. d. T.: Nees v. Esenbeck, Handbuch d. Botanik. 2r Bd. gr. 8. Nürnberg 822, Schrag. Rthlr.

Handbuch der Kosmologie. Von G[otthilf] H[einrich von] Schubert. Nürnberg: Schrag 1823. XXIV,496 S. 8°
(= Schubert: Handbuch der Naturgeschichte.Th.5.)

– s. Held, A.: Demonstrative Naturgeschichte.

—— Herbstrosen, s. Jugend- und Volksbibliothek, deutsche.

—— Histoire naturelle du règne végétal. Fol. (V und 42 S. mit 52 ill. Stnt.) Esslingen 865, Schreiber. cart.

Schubert (G. H.). Histoire naturelle du règne végétal. Esslingen, [1866]. fol.

Schubert, Gotthilf Heinrich von: Vor 100 Jahren, s. Volksbücher.

— Johann Georg I., Kurfürst v. Sachsen, s.: Schriften, kleine.

—— meine Jugendgeschichte. Neue unveränd. (Titel-)Ausg. gr. 8. (XII, 406 S.) Erlangen 882, Palm und Enke. *

— aus meiner Jugendgeschichte u. Schuld u. Strafe. 2 Erzählgn. Neue Ausg. 12. (64 S.) Ebd. (901). Kart. — 25

— der kleine Jussuff. Eine Erzählg. 12. (28 S.) Berlin 894. Deutsche evangel. Buch- u. Tractat-Gesellschaft. n. – 8

Kalenderhistörchen. Von Dr. Gotthilf Heinrich v. Schubert, weil. Hofr. in München. *Ziegenrück: Ziegenr. Kolport.-Ver. 1895.* (48 S.) 8° [F.]
= Haus- u. Herzbücher. 5. [02. 2417

—— Johann Tobias Kießling und einige seiner Freunde nach ihrem Leben und Wirken. gr. 12. (VI und 207 S.) Leipzig 850, C. H. Reclam sen.
Aus des Verf.: Altes und Neues 2c., besonders abgedruckt.

Schubert, Gtth. Hnr., s. Kirche, die, u. die Götter.

Schubert, Gotthilf Heinrich von: Die Kraft des Glaubens, s. Schriften, Kleine.

— die Krankheiten und Störungen der menschl. Seele (ein Nachtrag zu des Verf. Geschichte der Seele.) gr. 8. Stuttgart 845, Cotta'sche Buchh. 1 2/3 ℛ

— der Krüppel v. Rottenstein, s.: Beispiele d. Guten in Erzählungen u. Lebensbildern.

— der Krüppel v. Rottenstein, s.: Edelweiß 54.

– d. Krüppel v. Rottenstein; d. Vaters Segen baut den Kindern Häuser, s.: Erzählungen, christliche, Nr. 1.

— der Krüppel v. Rottenstein, s.: Jugend- u. Volksbibliothek, deutsche.

— der Krüppel von Rottenstein. Eine Erzählung. Auf Verlangen abgedruckt aus den Jugendblättern XI. 8. Stuttgart 843, J. F. Steinkopf'sche Buchh. 1/12 ℛ

—— der Krüppel v. Rottenstein. Eine Erzählung. 1—4. Aufl. 8. (à 2 B.) Stuttgart 1842—47, J. F. Steinkopf. à
Aus: Jugendblätter 11. Bd. besond. abgedruckt.

— der Krüppel von Rottenstein. Eine Erzählung. 4. Aufl. (31 S.) Stuttgart 847, J. F. Steinkopf. 1/12 ℛ

— der Krüppel von Rottenstein. Eine Erzählung. 5. Aufl. (Abdr. aus den Jugendblättern.) Stuttgart 854. J. F. Steinkopf. 8. (31 S.) n. 2 ngr.

Schubert, Gtthlf. Heinr. v., der Krüppel von Rottenstein. Eine Erzählung. 6. Aufl. [Aus: Jugendblätter.] Stuttgart 867. J. F. Steinkopf. gr. 16. (31 S.) 2 ngr.

— der Krüppel v. Rottenstein. Eine Erzählg. 12. (40 S.) Ebd. 894. n. — 10

Der Krüppel von Rottenstein. Erzählung von Dr. G[otthilf] H[einrich] v. Schubert. Mit Bild. Barmen: Wuppertaler Traktat-Gesellsch. [1906]. (32 S.) 8° [F.]
— Tannenzweige. H. 35. [07. 11146

— die Landpartieen des alten Weichgemuth. gr. 8. (VII und 87 S.) Ludwigsburg 858, (Balmer und Riehm.) *

— Leben des Joh. Jac. Fabricius. Neu bearb. 8. (3½ B.) Erlangen 833, Heyder.
Aus dess. „Altes u. Neues ꝛc." 3. Bd. besond. abgedruckt.

— das Leben des Joh. Jac. Fabricius, Prediger zu Schwelm. Nebst einem Anh. enth. Züge aus dem Leben von Dr. Heinr. Müller, Pred. u. Prof. der Theologie in Rostock. (Bremen 860. Verlag des Traktat-Hauses.) 16. (62 S.) n. 5¼ ngr.

— das Leben d. Oberst Gardiner, s.: Volksbücher.

— das Leben des Obrist Gardiner. Nach d. Engl. Orig. neu bearb. 8. (4½ B.) Erlangen 833, Heyder.
Aus dess. „Altes u. Neues ꝛc." 3. Bd. besond. abgedruckt.

— das Leben des Oberst Gardiner. Nach d. engl. Orig. bearb. [Abgedr. aus des Verf. Werk: „Altes u. Neues aus dem Gebiet der innern Seelenkunde, 3. Bd."] 3. Aufl. 8. (66 S.) Erlangen 851, Heyder & Zimmer. ⅙ Thlr.

— s. Leben Dr. Mart. Luther's.

— s. Lebensspiegel.

— Lehrbuch d. Menschen- u. Seelenkunde, z. Gebr. f. Schulen u. z. Selbststud. 1. Aufl. (16 B.) 838. ¼ Thlr., 2., verb. u. verm. A. 8. (18 B.) Erlangen 842, Heyder.

— Lehrbuch d. Naturgesch. 8. Erlang. 823. 3e A. 827. 5e A. 830. 6e A. 832. Heyder. 9 gl. Mit Kpf. 1 Thlr. 9 gl. ill. 2 Thlr. 1 gl.

— Lehrbuch der Naturgeschichte f. Schulen u. zum Selbstunterr. 4., verm. u. verb. Aufl. (20 B.) 828., 5., verm. u. verb. A. (20½ B.) 830. à 8 Gr., 6., verm. u. verb. A. (22¼ B.) 832. 9 Gr., 7., u. 8., verm. u. verb. A. (à 24 B.) 8. Erlangen 833, 34, Heyder. à

— Lehrbuch d. Naturgeschichte, f. Schulen u. z. Selbstunterr. 9—11., verm. u. verb. Aufl. (à 24½ B.) 836—39., 12., verb. A. (25 B.) 840. u. 13., verb. u. verm. A. 8. (26½ B.) Erlangen 842, Heyder. à

— Lehrbuch der Naturgeschichte, f. Schulen u. zum Selbstunterricht. 14. Aufl. (27 B.) 844. 12½ Ngr. u. neue Aufl. (Ausg.) gr. 8. (29¼ B. u. 12 Kpfrt.) Erlangen 846, Heyder. * 1 Thlr. Mit ill. Kpfrn. * 1 Thlr. 25 Ngr. Die Kupfer apart * 15 Ngr. ill. *

Schubert, Gthilf. Heinr. v., Lehrbuch der Naturgeschichte für Schulen und zum Selbstunterricht. 16. Aufl. (499 S.) 1849. und 17., verm. und verb. Aufl. 8. (X und 503 S.) Frankfurt a. M. 851, Heyder und Zimmer. Thlr. —

— Lehrbuch der Naturgeschichte für Schulen und zum Selbstunterricht. 18. verm. ꝛc. Aufl. Frankfurt a. M. 856. Heyder u. Zimmer. 8. (X, 501 S.) 12½ ngr.

— Lehrbuch der Naturgeschichte für Schulen und zum Selbstunterricht. 19., verb. Aufl. 8. (X und 503 S.) Frankfurt a. M. 859, Heyder und Zimmer.

— Lehrbuch der Naturgeschichte für Schulen und zum Selbstunterricht. 20., verb. Aufl. durchgesehen von Fr. Pfaff. 8. (X und 504 S.) Frankfurt a. M. 864, Heyder und Zimmer.

— Lehrbuch der Naturgeschichte f. Schulen u. zum Selbstunterricht. 21. verb. Aufl. durgesehen v. Fr. Pfaff. 8. (X, 504 S.) Frankfurt a. M. 871. Heider & Zimmer. 1. 50

— Lehrbuch der Sternkunde, f. Schulen u. zum Selbstunterrichte. 8. Münch. 831. Weber. 8 gl. 2e verm. A. 8. Ebd. 832. 12 gl.

— Lehrbuch der Sternkunde, f. Schulen u. zum Selbstunterr. 1. Aufl. (9¼ B.) 831. 8 Gr., 2., verm. u. verb. A. (16¼ B.) 8. München 832, [Bayer.]

— Lehrbuch der Sternkunde für Schulen und zum Selbstunterrichte. 3., großentheils ganz umgearb. Aufl. gr. 8. (XVI und 254 S.) Erlangen 847. [Frankfurt a. M., Heyder und Zimmer.]

— Lehrbuch der Sternkunde für Schulen und zum Selbstunterrichte. 3., großentheils ganz umgearb. Aufl. 2., verb. Ausg. gr. 8. (XVI und 254 S.) Frankfurt a. M. 857, Heyder und Zimmer.

— der organische Leib und die Sprache, s. Steinbeck, Alb., Dichter u. Seher.

— lettres originales de Madame la Duchesse d'Orleans, Hélène de Mecklenbourg-Schwerin et souvenirs biographiques. Seule édit. franç. autorisée par l'auteur. Basel 859. Georg. Lex.-8. (X, 251 S. mit Portr. in Stahlst.) n. 1 Thlr. 18 ngr.

— Mährchen und Erzählungen für das kindliche Alter als Zugabe zu den kleinen Erzählungen für die Jugend. 1. Aufl. (III und 152 S.) 1853. und neue verm. Aufl. 8. (III und 175 S.) Erlangen 854(55,) Palm und Enke. *

Schubert, Gthilf. Heinr. v., Mährchen u. Erzählungen f. das kindliche Alter. 3. Aufl. 8. (III, 171 S. m. 1 Chromolith.) Erlangen 883. Palm & Enke. geb. n. 1. 80

— Märchen u. Erzählgn. f. d. kindl. Alter. 4., durchgesch. Aufl. 8. (III, 171 S. m. farb. Titelbild.) Erlangen 895. Palm & Enke. n. 1. 40; geb. n. 2. —

— s. Martini, F. H. W.: Systemat. Conchylien-Kabinet.

— s. Mathesius, J.: Leben Dr. M. Luthers.

— Meereswogen, s.: Erzählungen, christliche, Nr. 2.

— dass. — s. Beispiele des Guten.

— dasselbe, s.: Edelweiß. 57.

— der Meeresstrom. Eine Erzählung für die Jugend. (Besonders abgedruckt aus den „Beschäftigungen für die Jugend.") 8. Stuttgart 835. Balz. ⅛ Thlr. — 2e Aufl. Mit Titelkupfer. gr. 12. Ebd. 836. ⅙ Thlr.

— der Meeresstrom. Eine christl. Erzähl. f. d. Jugend. 1. Aufl. 8. (3½ B.) 835. ⅛ Thlr., 2. Aufl. gr. 12. (2½ B. u. Titkpfr.) Stuttgart 836, [Verl.-Buchh. zu Guttenberg.]

— der Meeresstrom. Eine christl. Erzählung f. die Jugend. 3. Aufl. 8. (3⅜ B.) Stuttgart 846, Becher's Verl.

— der Meeresstrom. Ein christl. Erzählung für die Jugend. Neue Ausg. mit 10 Holzschn. 4. Aufl. gr. 16. (68 S. mit Titelbild.) Stuttgart 847, Becher. ¼ Thlr.

— der Meeresstrom. Eine christl. Erzählung für die Jugend. Neue Aufl. mit Bildern. gr. 16. (59 S. mit 2 ill. Stnt.) Stuttgart 855, Thienemann's Verlag.

— der Meeresstrom. Eine Erzählung für die Jugend. gr. 16. (48 S.) Basel 878, Spittler. * — 20

— der Meeresstrom. Eine Erzählung für die Jugend. 12. (48 S.) Basel 880, Spittler. *

— der Meeresstrom. Eine Erzählg. f. Jung u. Alt. 12. (47 S.) Herborn 891. Buchh. d. Nassauischen Colportage-Vereins. n. — 15

Schubert, G. H. v. Der Meeresstrom. 8. Aufl. In-16°. 48 S. Basel, Jäger & Kober. 1894. — 25

— dasselbe. Eine Erzählg. f. die Jugend. 12. (48 S.) Berlin 894. Deutsche evangel. Buch- u. Tractat-Gesellschaft. — 15

— der Meeresstrom. Eine Erzählg. f. die Jugend. 4. Aufl. 12. (46 S.) Basel 899. (Missionsbuchh.) n. — 15

— Herr Stephan Mirbel. Eine Erzählung für die reifere Jugend und ihre Freunde. Aus der 2. Aufl. der „Erzählungen 3. Bd." abgedr. Erlangen 856. Palm u. Enke. 8 (122 S.) n. 12 ngr.

Herr Stephan Mirbel. Erzählung von Dr. Gotthilf Heinrich v. Schubert. *Ziegenrück: Ziegenr. Kolport.-Ver. 1896.* (128 S.) 8° [F.]
— Haus- u. Herzbücher. 7. 8.

—— Mittheilungen aus dem Reiche. 8. (16¾ B.) Erlangen 833, Heyder.
Aus dess. „Altes u. Neues ꝛc." 8. Bd. besond. abgedruckt.

— Mittheilungen aus dem Reiche. 2. Aufl. (Abdr. aus „Altes u. Neues." 1. Bd.) Frankfurt a. M. 856. Heyder u. Zimmer. 8. (IV, 224 S.) 12½ ngr.

— Mittheilungen aus dem Reiche. [Aus: „Sch., Altes u. Neues".] 67. Gabe d. evang. Vereins f. d. Pfalz. 2 Bdchn. 8. Bellheim 888. Kaiserslautern, Buchh. d. ev. Vereins f. d. Pfalz. Kart. à n. — 50
1. (IV, 224 S.)
2. Zerstreute Blätter. (III u. S. 225—528.)

— Muttertreue od. die unsichtbare Schutzwache. 2 Erzählgn. Neue Ausg. 12. (64 S.) Konstanz (901). C. Hirsch. Kart. — 25

Schubert, G(otthilf) H(einrich von): Allgemeine Naturgeschichte oder Andeutungen zur Geschichte und Physiognomik der Natur. 1296 S., gbd.

Erlangen: Palm & Enke 1826

– s. Naturgeschichte der Amphibien.

—— s. Naturgeschichte des Tier-, Pflanzen- und Mineralreiches.

Schubert G H, Naturgeschichte des Tier-, Pflanzen- und Mineralreichs in kolorierten Bildern nebst erläuterndem Text. I. Abteilung: Naturgeschichte des Tierreichs. 8. Aufl. (91 T 120 S) 4° II. Abteilung: Naturgeschichte des Pflanzenreichs nach dem Linné'schen System. 4. Aufl. bearb. v. M Willkomm. (54 T 93 S) 4° III. Abteilung: Naturgeschichte des Mineralreichs: 1. Mineralogie von A Kenngott. 4. Aufl. (24 T u Text) 2. Geologie und Palaeontologie. (18 T u 6 geologische Landschaftsbilder) mit Text von Fr Rolle. 4° Esslingen

— Naturgeschichte d. Tier-, Pflanzen- u. Mineralreichs in kolor. Bildern m. erläut. Text f. Schule u. Haus. Suppl.-Bd. Zugl. deren 4. Abtlg. Fol. Ebd. 895. Geb. n. 4. 50
Der Bau d. menschl. Körpers. Anatom. Beschreibg. d. Menschen f. Schule u. Haus. 19 Doppeltaf. in Farbendr. m. üb. 100 Abb. u. erläut. Text. Nach Entwürfen v. P. Ebenhöch. Neu bearb. u. hrsg. v. Th. Himmelein. (VII, 24 S.)

— Naturgeschichte der drei Reiche. Neue Ausg. 1.—52. Lfg. Fol. 119 farb. Taf. m. 192 S. z. Tl. farbig illustr. Text.) Eßlingen 893. 894. J. F. Schreiber. à n. — 50
Frühere Ausg. u. d. T.: Naturgeschichte d. Tier-, Pflanzen- u. Mineralreichs.

— Naturgeschichte d. drei Reiche. Neue Ausg. 96 Lfgn. Fol. (91 farb. Taf. m. 202 S. Text.) Eßlingen 895—896. J. F. Schreiber. à Lfg. n. — 50

– s. Naturgeschichte der Vögel.

– s. Naumann, J. G.: Jugendgeschichte.

– s. Oetinger, F. C.: Selbstbiographie.

—— Parabeln aus dem Buche der sichtbaren Werke. 8. (X und 334 S.) München 858, Literarisch-artistische Anstalt. geb. *

— ein irdisches Paradies, u. dennoch e. Heimwehkranker darin. Eine Erzählg. 12. (24 S.) Berlin 894. Deutsche evangel. Buch- u. Tractat-Gesellschaft. n. — 7

——, Peurbach u. Regiomontan die Wiedergründer e. selbstständ. u. unmittelbar. Erforschung der Natur in Europa. Eine Anrede an studier. Jünglinge. 8. (8 B.) Erlangen 828, Palm u. Enke.

— Reise durch das südl. Frankreich u. Italien. 1r Bd. gr. 8. Erlangen 827, Palm u. E. 2 Rthl. 4 gr. Fein Pap.

—— Reise durch d. südl. Frankreich u. durch Italien. 2. (letzt.) Bd. gr. 8. (30½ B.) Erlangen 831, Palm u. Enke. 2 Thlr. 4 Gr., f. Vlnp.
1. Bd. Ebendas. 1827. 2 Thlr. 4 Gr., f. Vlnp. 2 Thlr. 16 Gr.

—— Reise nach dem südlichen Frankreich und durch die südlichen Küstengegenden von Piemont nach Italien. 2. Aufl. 2 Bde. gr. 8. Erlangen, Palm und Enke. [1. (VI und 250 S.) 852., 2. (III und 284 S.) 853. à Bd. * 1 Thlr.] *

— Reise nach dem südlichen Frankreich und durch die südlichen Küstengegenden von Piemont nach Italien. 2. Aufl. 2 Bde. Erlangen 853. Palm u. Enke. gr. 8. (VI, 250; 285 S.) n. 2 ℛ.

—— Reise in das Morgenland in d. Jahren 1836 u. 1837. 3 Bde. gr. 8. Erlangen, Palm u. Enke. [1. 1. u. neue Aufl. (à 34½ B.) 838, 40., 2. (38 B.) à 2½ Thlr., 3. (37½ B. u. 1 Karte nebst Grundr. v. Jerusalem auf 1 Bl.) 839. 2⅚ Thlr.]
Titelkupfer hierzu, s. Ansichten ꝛc.

— Martin Reiser, s.: Hausbibliothek.

— der neue Robinson, s.: Familienbibliothek, Calwer. Bd. 9.

— der neue Robinson od. die Schicksale Philipp Ashtons unter Seeräubern u. auf der Insel Ruatan, s.: Universal-Bibliothek f. die Jugend.

— der neue Robinson oder die Schicksale des Philipp Ashton, während seines erzwungenen Aufenthaltes unter den Seeräubern u. auf der unbewohnten Insel Roatan. Eine wahre Geschichte. Für die deutsche Jugend bearb. 12. (XII u. 347 S. m. 1 Holzschn.) Calw 849. Stuttgart, J. F. Steinkopf in Comm. — 2. verb. u. verm. Aufl. gr. 16. (XII u. 339 S. m. 1 Holzschn.) Ebd. 849. n. 13 ngr.

—— der neue Robinson oder die Schicksale des Philipp Ashton, während seines erzwungenen Aufenthaltes unter den Seeräubern und auf der unbewohnten Insel Roatan. Eine wahre Geschichte. Für die deutsche Jugend bearb. 3. Aufl. 12. (343 S. mit 1 Holzschnt.) Calw 853. (Stuttgart, J. F. Steinkopf.) *

— der neue Robinson oder die Schicksale des Phil. Ashton während seines erzwungenen Aufenthaltes unter den Seeräubern und auf der unbewohnten Insel Roatan. Eine wahre Geschichte. Für die deutsche Jugend bearb. 4. Aufl. 12. (354 S. mit 3 Holzschnt.) Calw 857. Stuttgart, (J. F. Steinkopf.) *

— der neue Robinson oder die Schicksale Philipp Ashtons während seines erzwungenen Aufenthalts unter den Seeräubern und auf der unbewohnten Insel Ruatan. Für die deutsche Jugend bearb. 5. Aufl. 8. (324 S. mit eingedr. Holzschn. und 3 Holzschntaf.) Stuttgart 869, (J. F. Steinkopf.) cart. * 1 30

— der neue Robinson oder die Schicksale Philipp Ashtons unter Seeräubern u. auf der Insel Ruatan. Für die deutsche Jugend bearbeitet. 6. Aufl. 8. (336 S.) Calw 878. Vereinsbuchh. cart. n. 1. 40; geb. n.n. 2. —

Der neue Robinson oder die Schicksale Philipp Ashtons unter Seeräubern u. auf d. Insel Ruatan. Von Gotthilf Heinrich v. **Schubert**. Für d. Jugend von 10–12 Jahren. *Langensalza: F. G. L. Gressler 1899.* (138 S.) 8° [F.]
= Jugendbücherei, F. G. L. Gresslers Neue. Bd 2. [01. 8go.o

Der neue Robinson oder die Schicksale Philipp Ashtons unter Seeräubern und auf der Insel Ruatan. Von Gotthilf Heinrich v. **Schubert**. 2. Aufl. Langensalza: F. G. L. Greßler 1904. (155 S.) 8° [F.]
= Jugendbücherei, F. G. L. Greßlers Neue. Bd 2.

— der neue Robinson od. die Schicksale Philipp Ashtons unter Seeräubern u. auf der Insel Ruatan, s. Greßler's, F. G. L., neue Jugendbücherei. 2. Bd.

– s. Rohatzsch, R. H.: Des Menschen Körperleben.

Schubert, Gotthilf Heinrich von, s. Roos, M. F.: Christl. Hausbuch.

Schubert, Gtilf. Heinr. v., die Ruhestunden eines alten Auswanderers. Kaiserswerth 858. (Berlin, Evangelische Buchhdlg.) 8. (62 S.) nn. 6 ngr.

— die Ruhestunden eines alten Auswanderers. 8. (62 S.) Kaiserswerth 858. (Berlin, Beck.) * *

Schubert, Gotthilf Heinrich von, s. Saint-Martin: Von d. Geist u. Wesen der Dinge.

— die Schatzgräber. Eine Erzählung. Aus der 2. Aufl. der „Erzählungen 3. Bd." abgedr. Erlangen 856. Palm u. Enke. 8. (91 S.) n. 8 ngr.

— die Schatzgräber. Eine Erzählung. 2. Aufl. gr. 8. (91 S.) Erlangen 877, Palm und Enke. * 1 20

— die Schatzgräber. Eine Erzählung. Neue unveränd. (Titel-)Ausg. der 2. Aufl. gr. 8. (91 S.) Erlangen 882, Palm und Enke. * ℳ 1,20.; geb. *

— die Schatzgräber. Eine Erzählg. 12. (90 S.) Herborn 892. Buchh. d. Nassauischen Colportage-Vereins. n. — 80

— die Schatzgräber. E. Erzählg. 12. (84 S.) Leipzig 895. Göttingen, F. Wunder. Kart. — 60; geb. in Leinw. m. Goldschn. n. — 70

— die Schatzgräber. Eine Erzählg. 2. Aufl. 12. (80 S.) Berlin (901). L. Lewin. Kart. 60

— dasselbe. Erzählung. Neue Ausg. 12. (64 S.) Konstanz (902). C. Hirsch. Kart. — 25

— die Schatzgräber. Eine Erzählg. Mit Titelbild v. G. A. Stroedel. 3. Aufl. (80 S.) 8. Berlin (905). Meidinger's Jugendschr.-Verlag. Geb. — 75

– s. Schicksale reisender Personen.

— unter Gottes Schirm. Wunderbare Lebensführung e. Arztes. Neue illustr. Ausg. m. 8 Farbendr.-Bildern. (192 S.) 8. Konstanz (903). Zürich, Christl. Buch- u. Kunstverlag C. Hirsch. Geb. n. 1. —

Schubert, Gotthilf Heinrich von: Maria Elisabeth v. Schönberg, s. Schriften, Kleine.

Schubert, Gtilf. Heinr. v., erzählende Schriften für christlich gebildete Leser jeden Standes u. Alters. Wohlf. Ausg. 7 Bde. in 29 Liefgn. Erlangen 865—67. Palm & Enke. gr. 8. Jede Liefg. n. 6 ngr.

1. Bd. Seebilder. (430 S.) n. 24 ngr.
2. Bd. Die Auswanderer. Der Meeresstrom. Des Vaters Segen baut den Kindern Häuser. Hansel von Dietfurt. Züge aus dem Leben der Morgenländer. Die Türken von ihrer Licht- u. Schattenseite. (523 S.) n. 1 ß
3. Bd. 1. Abthl. Kleine Erzählungen. (250 S.) n. 12 ngr.
3. Bd. 2. Abthl. — — (255 S.) n. 12 ngr.
4. Bd. 1. Abthl. Fragen u. Antworten über das Diesseits u. Jenseits. — Der Vorhof der Heiden u. Israels Tempel. (249 S.) n. 12 ngr.
4. Bd. 2. Abthl. Vorbilder u. Bilder aus dem Leben. (II, 330 S.) n. 18 ngr.
5. Bd. Spiegel der Natur. (476 S.) n. 24 ngr.
6. Bd. 1. Abthl. Reise nach dem südlichen Frankreich u. durch die südlichen Küstengegenden von Piemont u. Italien. I. (250 S.) n. 12 ngr.
6. Bd. 2. Abthl. — — II. (285 S.) n. 12 ngr.
7. Bd. Wanderbüchlein eines reisenden Gelehrten nach Salzburg, Tirol u. der Lombardei. Mit der Reise über das Wormser Joch nach Venedig. (335 S.) n. 18 ngr.

— erzählende Schriften für christlich gebildete Leser jeden Standes und Alters. Neue unveränd. (Titel-)Ausg. 7 Bde. gr. 8. (IV, 428; VIII, 523; 255, 255, 248; VIII, 339; IV, 473; III, 250; 285; III, 334 S.) Ebendas. 882. *

Schubert, Gtilf. Heinr. v., vermischte Schriften. Mit Nachträgen zu des Verf. Selbstbiographie. 1. Bd. gr. 8. (IX und 248 S. mit dem in Stahl gest. Bildnisse des Verf.) Erlangen 857, Palm und Enke. Thlr. *

— vermischte Schriften. Als Nachlese auf einem herbstl. Arbeitsfelde. 2. Bd. gr. 8. (VIII und 339 S.) Erlangen 860, Palm und Enke. *

— die alte Schuld. Eine Erzählung für die reifere Jugend und ihre Freunde. Aus der 2. Aufl. der „Erzählungen 3. Bd." abgedr. Erlangen 856. Palm u. Enke. 8. (139 S.) n. 12 ngr.

— die alte Schuld. Eine Erzählung für die reifere Jugend und ihre Freunde. 2. Aufl. gr. 8. (139 S.) Erlangen 877, Palm und Enke. * 1 20

— die alte Schuld. Eine Erzählung für die reifere Jugend und ihre Freunde. Neue unveränd. (Titel-)Ausg. der 2. Aufl. gr. 8. (139 S.) Ebendas. 882. *
geb. *

— d. alte Schuld. Eine Erzählg. f. d. Jugend u. ihre Freunde. 12. (142 S.) Herborn 895. Buchh. des Nassauischen Colportagevereins. n. — 60; in Bibliotheksbd. n. — 90; eleg. geb. n. 1. —

— die alte Schuld. Erzählung. Neue illustr. Ausg. m. 4 Farbendr.-Bildern. 12. (143 S.) Ebd. (901). Geb. — 75

— Christian Friedrich Schwartz der Sendbote des Evangeliums in Indien. (Aus dem 2. Bde. der „vermischten Schriften" abgedr.) Ebend. 860. gr. 8. (V, 88 S.) n. 12 ngr.

— Christian Friedrich Schwartz, der Sendbote des Evangeliums in Indien. Neue unveränd. (Titel-)Ausg. gr. 8. (V, 88 S.) Ebend. 882. n. 1. 20

—— Seebilder. Ein Buch zur Unterhaltung und Belehrung. Neue unveränd. (Titel-)Ausg. gr. 8. (IV, 428 S.) Ebendas. 882. *

— d. ungleiche Sohn u. d. gleichart. Enkel. D. Krüppel v. Rottenstein. Sechs kleinere Erzählgn., s.: Jugend- u. Volksbibliothek, deutsche.

— der ungleiche Sohn u. der gleichartige Enkel. Erzählung. (Aus d. Jugendblättern. XIV.) kl. 8. Stuttgart 843, J. F. Steinkopf. 1/6 ℛ

— der ungleiche Sohn u. der gleichartige Enkel. Eine Erzählung. 2. Aufl. 8. (79 S.) Stuttgart 847, J. F. Steinkopf. — 3. Aufl. 8. (73 S.) Ebd. 852. n. 1/6 ℛ

— der ungleiche Sohn u. der gleichartige Enkel. Eine Erzählung. 4. Aufl. Stuttgart 859. J. F. Steinkopf. 8. (73 S.) n. 5 ngr

— der ungleiche Sohn u. der gleichartige Enkel. Eine Erzählg. 12. (66 S.) Berlin 894. Deutsche evangel. Buch- u. Tractat-Gesellschaft. — 15

— der ungleiche Sohn u. der gleichartige Enkel. Erzählung. Neue Ausg. 12. (64 S.) Ebd. (902). Kart. — 25

— ein verlorener Sohn. (Geschichte e. Armenfreundes.) Erzählung. Neue Ausg. (63 S.) kl. 8. Konstanz (905). Zürich, Christl. Buch- u. Kunstverlag C. Hirsch. Kart. n. — 25

Schubert, G. H. v., das Sonntagskind. — Muttertreue. — Der unerwartete Gast. 3 Erzählgn. (64 S.) kl. 8. Konstanz (910). Christl. Buch- u. Kunstverlag C. Hirsch. Geb. — 25

— Spiegel der Natur, ein Lesebuch zur Belehrung und Unterhaltung. gr. 8. Erlangen 845, Palm u. Enke. 1 1/8 ℛ

—— Spiegel der Natur ein Lesebuch zur Belehrung und Unterhaltung. 2., neu überarb. und verb. Aufl. gr. 8. (XX und 473 S.) Erlangen 854, Palm und Enke.

— der schöne Stein, s.: Vergißmeinnicht-Erzählungen.

Schubert, Gotthilf Heinrich von: Ein Stückchen aus meiner Jugendgeschichte. s. Erzählungen. Christliche. Nr. 6.

— üb. d. Studium d. Medicin, s. Briefe über d. Studium rc.

— Symbolik des Traumes. gr. 8. Bamb. Kunz. 814.

Die Symbolik des Traumes. Von G[otthelf] H[einrich von] Schubert. 2., verb. u. verm. Aufl. Bamberg: Kunz 1821. 272 S. 8°

— die Symbolik des Traumes. gr. 8. Bamb. 814. N. A. gr. 8. Leipz. 822. Brockhaus. 1 ℛ 4 𝒢

— die Symbolik d. Traums. Neue Aufl. gr. 8. Leipzig 824, Brockhaus.

— die Symbolik des Traumes. Neue Ausg. Mit e. (neuen) Anhange. gr. 8. Leipzig 837. Brockhaus. 1 1/2 ℛ — 3e verb. u. verm. Aufl. mit e. Anhange aus d. Nachlasse eines Visionairs des J. Fr. Oberlin u. einem Fragment: über die Sprache des Wachens. gr. 8. Ebd. 840. 1 1/2 ℛ — Der Anhang auch einzeln u. d. T.: Berichte eines Visionärs über den Zustand der Seelen nach dem Tode. Aus dem Nachlasse Johann Friedrich Oberlin's, gewes. Pfarrers im Steinthale, nebst einem Fragment: Die Sprache des Wachens. gr. 8. Ebd. 836. 1/2 ℛ

Schubert, Gotthilf Heinr. v., die *Symbolik des Traumes*. Mit e. *Anhang*: die Sprache des Wachens. Ein Fragment. 4. Aufl. Nach d. Tode d. Verf. († 1. Juli 1860) hrsg. von Dr. *Frdr. Heinr. Ranke*, Consistorialrath in Ansbach (Schwiegersohn Schubert's). Leipzig, Brockhaus, 1862. 8°. Ppb.
XVIII—242 S., 1 Bl. Inh. — Die erste Ausgabe dieses beliebten Buches erschien 1814, die 3. (mit e. Anhange aus d. Nachlasse d. Visionärs J. F. Oberlin) ebd. 1840.

— die Symbolik des Traumes. Neudr. nach der 5. Aufl. (163 S.) gr. 8. Weimar (903). R. Leutloff. n. 2. 40; geb. n. 3. —

—— Tagewerk und Feierabend, s. Jugend- und Volksbibliothek, deutsche.

—— the twin brothers, s. Library, english, for the young.

— Untersuchungen üb. die Verhältnisse d. Größen u. Excentricitäten der Weltkörper. Mit 2 Kpft. gr. 8. Dresd. 808. Arnold. 1 ℛ 4 𝒢

— die Urwelt u. die Fixsterne. Eine Zugabe zu den Ansichten von d. Nachtseite der Naturwissenschaft. gr. 8. Dresden 822, Arnold.

—— die Urwelt u. die Fixsterne. 2., zum Theil umgearb. Aufl. gr. 8. (19 3/4 B.) Dresden u. Leipzig 839, Arnoldische Buchh.

—— die Urwelt und die Fixsterne. 2., zum Theil umgearb. Aufl. 2. (Titel-)Ausg. gr. 8. (VIII und 298 S.) Leipzig 849, Arnoldische Buchh.

— die Urwelt u. die Fixsterne. 2. zum Theil umgearb. Aufl. 2. (Titel-) Ausg. gr. 8. (VIII u. 298 S.) Leipzig (839) 850, Arnold. 3/4 ℛ

—— von dem Vergehen u. Bestehen d. Gattungen u. Arten in d. organ. Natur. Eine Rede. gr. 4. (2 1/2 B.) München 830, [Bayer.]

— von dem Vergehen u. Bestehen der Gattungen u. Arten in d. organ. Natur. Eine Rede. gr. 4. Münch. 830. 2e A. 832. Weber. 6 𝒢; bei Franz. 5 𝒢

— Verschollen, bearb. v. Ed. Wunderlich u. E. Zipser, s.: Pichler's Jugendbücherei. Bd. 60

—— Volksbilderbibel rc., s. Volksbilderbibel.

—— Vorbilder und Bilder aus dem Leben. Kapitän Hedley Vicars. Sir Henri Havelock. Livingstone und Murchison. Gregorius Lopez. Chr. Fr. Schwartz. Chr. G. Krafft und David Spleiß. Joh. Rud. Roth. Neue (Titel-)Ausg. des 2. Bds. der „vermischten Schriften". gr. 8. (VIII, 339 S.) Erlangen 882, Palm und Enke. *

— Wanderbüchlein eines reisenden Gelehrten nach Salzburg, Tyrol u. der Lombardei. gr. 12. Erlangen 823, Palm u. E.

—— Wanderbüchlein e. reisenden Gelehrten nach Salzburg, Tirol u. d. Lombardey. 2. Ausg., mit der Reise üb. d. Wormser Joch nach Venedig. 12. (17 B.) Erlangen 834, Palm u. Enke.

—— Wanderbüchlein eines reisenden Gelehrten nach Salzburg, Tirol und der Lombardei. 3. Aufl., mit der Reise über das wormser Joch nach Venedig. gr. 8. (X und 334 S.) Erlangen 848, Palm und Enke.

– Jakob Weller, der treue Hofprediger, s. Schriften, Kleine.

– Wer beten kann, ist selig dran, s. Schriften, Kleine.

— die Zaubereisünden in ihrer alten und neuen Form betrachtet. 1. u. 2. unveränd. Abdr. Erlangen 854. Palm u. Enke. gr. 8. (VIII, 42 S.) n. 6 ngr.

—— die Zeichen des Lebens. Die beiden Inder. Zwei Erzählungen nebst einer Anzahl Kalenderhistörchen. gr. 8. (69 S.) Erlangen 856, Palm und Enke. *

—— die Zeichen des Lebens. Die beiden Inder. Zwei Erzählungen, nebst einer Anzahl Kalenderhistörchen. Neue unveränd. (Titel-)Ausg. gr. 8. (69 S.) Ebendas. 882. *

— Züge aus Gellert's Leben. Aus dem Gellerts-Album abgedruckt. Dresden 854. Naumann. 8. (30 S.) n. 4 ngr.

—— Züge aus Gellert's Leben. (Aus dem Gellerts-Album abgedr.) 8. (30 S.) Dresden 855, Naumann. *

—— Züge aus Gellert's Leben. 2. Aufl. 8. (31 S.) Bern 873, Mann und Bäschlin. cart. * — 40

—— Züge aus dem Leben des sel. Johann Tobias Kießling in Nürnberg. 3., verm. Aufl. 8. (124 S. mit 1 Kpfrst.) Leipzig und Dresden 859, Naumann. *

— Züge aus dem Leben d. seligen Joh. Tobias Kießling in Nürnberg. 3. verm. Aufl. Mit e. Titelbilde (in Kpfrst.) 16. (124 S.) Leipzig 871. J. Naumann. — 75

– s. Züge aus d. Leben Fel. Neffs.

—— Züge aus dem Leben von Johann Friedr. Oberlin, s. Jugend-Bibliothek, neue deutsche.

Schubert, Gthi. Heinr. v., Züge a. d. Leben d. J. F. Oberlin rc., s. Schriften, kl., z. Beförderung d. christl. Glaubens rc., No. 1.

— Züge aus dem Leben des Joh. Fr. Oberlin, gewes. Pfarrers in Steinthal bei Straßburg. 8. Nürnb. . . . 2e A. 828. 3e A. 829. 4e A. 832. Raw. 5 gGr.

— Züge aus dem Leben des J. F. Oberlin rc. 6e verm. Aufl. 8. Nürnberg 838. Raw. 5 gGr.

v. Schubert, Gtthilf Hnr., Züge aus dem Leben des Jh. Fr. Oberlin, gewes. Pfarrers in Steinthal. 7. Aufl. kl. 8. Nürnberg 842, Raw'sche Buchh. 6 1/4 ngr.

—— Züge aus dem Leben des Johann Friedr. Oberlin, gewesenen Pfarrers im Steinthal. 9. Aufl. 8. (VIII und 128 S.) Nürnberg 855, Raw'sche Buchh.

—— Züge aus dem Leben d. Johann Friedr. Oberlin, gewesenen Pfarrers im Steinthal. 11. Aufl. 12. (IV, 124 S.) Nürnb. 890, Raw. * — 60

— die Zwillinge, s.: Himmelsblumen. Nr. 19.

– die Zwillinge, s.: Volks-Bibliothek, allgem.

— die Zwillinge, eine Erzählung. kl. 8. Hamburg 842, Agentur d. Rauhen Hauses. 1/4 Thlr — 2. Aufl. 8. Ebd. 842. 1/8 Thlr

—— die Zwillinge, eine Erzählung. 1. Aufl. 1842. u. 2. Aufl. 8. (à 4 B.) Hamburg 846, [Agentur des Rauhen Hauses.]

—— die Zwillinge, eine Erzählung. 4. Aufl. gr. 12. (60 S.) Hamburg 850, Agentur des Rauhen Hauses.

—— die Zwillinge. Eine Erzählung. 5. Aufl. 12. (52 S.) Hamburg 859, Agentur des Rauhen Hauses.

– die Zwillinge. Eine Erzählg. 16. Aufl. schmal. 8. (59 S.) Hamburg 870. Agentur d. Rauhen Hauses. n. — 50

—— Die Zwillinge. Eine Erzählg. gr. 16. (60 S.) Herborn 892, Buchh. d. Nass. Colportage-Vereins. * — 15
—— dass. — u. die Schatzgräber. Zwei Erzählgn. 12. (140 S.) Ebd. 892. * — 60; geb. * — 75; eleg. geb. * 1 —

— dasselbe u. andere Geschichten. Neue Ster.-Ausg. 12. (64 S.) Reutlingen (902). Enßlin & Laiblin. Kart. — 30

— die Zwillinge u. andere Geschichten. Neue Ster.-Ausg. (64 S.) 8. Reutlingen (903). Enßlin & Laiblin. — 20

Schubert, Gottlieb Martin (Leipzig) A. S. 815/4
Disputatio inauguralis juridica, de tutela dativa.
Präs. Johann Heinrich Meier.
Erfurt (Grosch) 19. VIII. 1711. 14 Bl. 31615

Schubert, Gust., das 12. [königl. sächsische] Armee-Korps während der Einschließung v. Paris im Kriege 1870—71, m. besond. Berücksicht. der beiden Schlachten bei Villiers. Mit 2 (lith.) Plänen. (in Fol.) gr. 8. (VII, 220 S.) Dresden 875. Höckner. n. 5. —

Heinrich Barth, der Bahnbrecher der deutschen Afrikaforschung. Ein Lebens- u. Charakterbild, auf Grund ungedruckter Quellen entworfen v. Gustav v. **Schubert**, Kgl. Sächs. Gen.-Lieut. z. D. *Berlin: D. Reimer 1897.* (1 Bl., x, 184 S., 3 Portr., 1 Porträttaf., 6 Facs.) 1 Bd 8. [97.4147

Schubert, Ob. Die Betheiligung des 12. kön. sächs. Armee-Corps an der Schlacht bei Gravelotte - St. Privat den 18. August 1870. 8. M. Pl. Berlin 1872. 0.80.

Schubert, Gust., die Betheiligung des 12. [königl. Sächsischen] Armee-Corps an der Schlacht bei Sedan, den 1. Septbr. 1870. Mit Ordre de bataille und (lithogr.) Plan des Schlachtfeldes. gr. 8. (28 S.) Berlin 874, Schneider und Comp. * 1 20
Aus: Jahrbücher für deutsche Armee und Marine, besonders abgedruckt.

Lebenserinnerungen von Gustav v. **Schubert**, Sächs. Gen.Lt. Aus d. Nachlaß hrsg. von Dr. Hans v. Schubert, Prof., Heidelberg. Mit 1 Bildnis G. v. Schuberts. Stuttgart & Leipzig: Deutsche Verl.-Anst. 1909. (IX, 536 S.) 8° [J.] [08.18433

Mozart und die Freimaurerei. Zum hundertjährigen Todestage des grossen Meisters 5. Dez. 1891. Den hochverehrten Leitern der Grossen Loge von Preussen, gen. Royal York zur Freundschaft [in Berlin] Heinrich, Prinz zu Schönaich-Carolath und seinen Vertretern J[oh.] F[riedr. Aug.] Flohr und B[runo] A[lwin] Wagner gewidmet von Gust. Schubert. Berlin: Bibliographisches Bureau [1891]. 55 S. 8°

Schubert, Gustav Wilhelm

Schubert, G. W., Chronik der alten berühmten Geschlechter Frenzel und Schlotter. Dresden 1843. 4. Nicht im Handel.

Schubert, G. W., der Führer im Labyrinthe der bisher erschienenen Briefmarken ꝛc. aller Länder, oder specielles Verzeichniß der auf den Briefmarken u. Couverts vorkommenden Sinnbilder, Porträts u. anderer Gebilde, ꝛc., behufs leichterer Erkennung u. sicherer Einschaltung derselben in die Markensammlungen. Dresden 867. (Burdach.) gr. 8. (48 S.) n. 8 ngr.

Schubert, G. W., Gedenk- und Erinnerungs-Blätter an die im deutsch-französischen Kriege 1870/1871 auf dem Felde der Ehre gefallenen bez. verwundeten Kgl. Sächs. Offiziere ꝛc. auf Grund der amtl. Verlustlisten und sonst. öffentl. Nachrichten in alphabet. Folge zusammengestellt. gr. 8. (26 S.) Dresden 871, Burdach. ** — 50

—— dass. — auf Grund der amtl. Verlustlisten und sonst. öffentl. Nachrichten resp. in alphabet. Ordnung zusammengestellt. 2. mit Nachträgen und Berichtigungen versehene Ausg. gr. 8. (30 S.) Ebendas. 871. ** — 70

Schubert, G. W., der Weinbau in der Parochie Kötzschenbroda nach Alter, Rufe u. Umfange, nebst historischen Notizen über den königl. sächs. Weinbau überhaupt, u. über die Rebenkultur im Meißnischen insbesondere. Ein Beitrag [u. Probeheft] zur Chronik derselben Parochie. Meist auf Grund urkundlicher ꝛc. Nachrichten. Dresden 862. (Schönfeld.) Lex.-8. (VI, 24 S.) n. 6 ngr.

Schubert, G[ustav] W[ilhelm]: Der Weinbau in der, den Marktflecken Kötzschenbroda nebst Dörfchen Fürstenhain, die Hof- und Niederlößnitz, Nauendorf, Zitzschewig und Lindenau umfassenden, Parochie Kötzschenbroda nach Alter, Rufe und Umfange, nebst historischen Notizen über den Königl. Sächs. Weinbau überhaupt, und über die Rebenkultur im Meißnischen insbesondere. Ein Beitrag (und Probeheft) zur Chronik derselben Parochie. Meist auf Grund urkundlicher etc. Nachrichten. Dresden: Verf. 1862. 24 S. -- 14.N 1°

Schubert, G. W., die Wirksamkeit der Dresdner Stadtverordneten im J. 1848. Nebst eingeschaltetem Geschäftskatechismus für deren Amtsnachfolger. gr. 8. (XII u. 66 S.) Dresden 848, Adler & Dietze in Comm. n. n. 1/4 ℛ

Schubert, H., der Morgen- u. Abendstern, s.: Greßler, F. G. L.

Schubert, H., die Tageszeiten. Fol. (4 Farbendr.) Teplitz 892. Willner & Pick. n. 3. 50; einzelne Blätter 1. 20

Schubert, H., Ulanenliebe. Roman. 8. (255 S.) Berlin 887, Eckstein Nachf. *

Schubert, H. A., die kaufmännische Buchführung, s.: Vorträge üb. Gesetzeskunde u. Verwaltung. 3. u. 4. Hft.

— das Registratur- u. Aktenwesen, s.: Vorträge üb. Gesetzeskunde u. Verwaltung. 22. u. 23. Hft.

Schubert, Hanna, Geister u. Stimmen d. Ode. Zeit- u. Zukunftsroman. 8. (203 S.) Leipzig 896. C. Wild. n. 2. 50

Schubert, Hans v., Ansgar u. die Anfänge der schleswig-holstein. Kirchengeschichte. Vortrag, geh. auf der 5. Generalversammlg. des Vereins f. schleswig-holstein Kirchengeschichte am 4. VII. 1901 in Kiel. gr. 8. (30 S.) Kiel 901. R. Cordes. n. — 80
Sonderabdruck aus: „Beiträge u. Mitteilgn. des Vereins f. schlesw.-holst. Kirchengeschichte".

— die heutige Auffassung u. Behandlung der Kirchengeschichte, Fortschritte u. Fordergn. (Ein Konferenz-Vortrag.) gr. 8. (III, 33 S.) Tübingen 902. J. C. B. Mohr. n. — 75

— Aufgaben u. Aussichten der evangelischen Mission u. die Verantwortung der lutherischen Kirche. Eine Umschau u. e. Weckruf an der Wende des Jahrhunderts. Vortrag, geh. auf der 3. schleswig-holstein. Missions-Konferenz zu Schleswig am 25. X. 1899. gr. 8. (24 S.) Schleswig 900. J. Bergas Verl. n. — 40

Schubert, Hans v., s.: Beiträge zur Reformationsgeschichte.

— Bekenntnisbildung u. Religionspolitik 1529/30 (1524—1534). Untersuchgn. u. Texte. (VI, 280 S.) 8. Gotha 910. F. A. Perthes. 6. —

Die Beteiligung der dänisch-holsteinischen Landesfürsten am hamburg. Kapitelstreit und das Gutachten Martin Bucers vom Jahre 1545. Von Dr. H[ans] v. Schubert, Prof. Dem Hansischen Geschichtsverein u. d. Verein f. Niederdeutsche Sprachforschung 1904 als Festgabe überreicht v. Verein f. Schlesw.-holstein. Kirchengeschichte. Preetz 1904: Hansen. 64 S. 8°
Aus: Schriften d. Ver. f. Schlesw.-holstein. Kirchengeschichte. Reihe 2. Bd 3, H 1. A 12. 1624 I

Bündnis und Bekenntnis 1529/1530. Vortrag geh.... von Hans v. Schubert. Leipzig: Ver. f. Reformationsgesch. 1908. (35 S.) 8° [F.]
= Schriften d. Vereins f. Reformationsgeschichte. No 98, [1.] [08. 17716 3

Schubert, Hans von. Calvin. Rede bei der akademischen C'-Gedächtnisfeier in ... Heidelberg am 11. Juli 1909 gehalten von H' von Sch'. 39 S. 8. Tübingen, J. C. B. Mohr, 1909. [M. —. 80]

— Das älteste german. Christentum od. der sogen. „Arianismus" der Germanen. Vortrag. (IV, 36 S.) gr. 8. Ebd. 909. — 80

— die Entstehung der Schleswig-Holsteinischen Landeskirche. Vortrag, geh. auf der theolog. Conferenz zu Kiel. [Aus: „Zeitschr. f. Geschichte der Herzogthümer Schleswig-Holstein".] gr. 8. (44 S.) Kiel 895. Universitäts-Buchh. n. 1. —

Feiern wir Gustav Adolf mit Recht als evangelischen Glaubenshelden? Von Dr. Hans v. Schubert, Prof. in Kiel. *Halle a. S.: Ver. f. Reformationsgesch. 1904.* (26 S.) 8° [F.]
= Schriften f. d. deutsche Volk. 40. [04. 16337 4

— Die deutsche Frage in Ungarns Ostmark. Ein Wort f. d. Siebenbürger Sachsen. (Lpz.) '00. 20 S. Aus: Die Grenzboten. 1900, 22 u. 23.

Schubert, Hans v., Kaiser Friedrich. Rede, zur Feier der Beisetzg. am 18. Juni 1888 im Rauhen Hause geh. gr. 8. (16 S.) Hamburg 888. Agentur d. Rauhen Hauses. n. — 20

Schubert, Hans v., kurze Geschichte der christlichen Liebestätigkeit. 1. u. 2. durchgeseh. Aufl. (40 S.) 8. Hamburg 905. Agentur des Rauhen Hauses. n. — 75

Grundzüge der Kirchengeschichte. Ein Ueberblick von Hans v. Schubert, Prof., Kiel. Tübingen & Leipzig: J. C. B. Mohr 1904. (VII, 304 S.) 8° [04. 5017 8

Grundzüge der Kirchengeschichte. Ein Ueberblick von Hans v. Schubert, Prof. in Kiel. 2. Aufl. Tübingen & Leipzig: J. C. B. Mohr 1904. (VII, 304 S.) 8° [05. 314 11

Grundzüge der Kirchengeschichte. Ein Ueberblick von Hans v. Schubert, Prof., Heidelberg. 3. verb. Aufl. Tübingen: J. C. B. Mohr 1906. (VII, 304 S.) 8°

Grundzüge der Kirchengeschichte. Ein Ueberblick von Hans v. Schubert, Geh. Kirchenrat, Prof. 4. verb. Aufl. Tübingen: Mohr 1909. VII, 306 S. 8° [11. 0356 4

— Roms Kampf um die Weltherrschaft, s.: Schriften d. Vereins f. Reformationsgeschichte.

Kirchengeschichte Schleswig-Holsteins auf Grund von Vorlesungen an d. Kieler Univ. Von Hans v. Schubert. 1. Kiel: R. Cordes in Komm. 1907. 8°
= Schriften d. Vereins f. schleswig-holstein. Kirchengeschichte. Reihe 1, H. 3. [07. 12933

Schubert, Hans v., die Composition des pseudopetrinischen Evangelien-Fragments (m. e. synopt. Tabelle als Ergänzungsheft). gr. 8. (XII, 196 S.) Berlin 893. Reuther & Reichard. n. 4. 50

Schubert, Hans von: Die deutsch-dänischen Kriege um Schleswig-Holstein. Vortrag vor den Zöglingen des Pensionats (des Rauhen Hauses) zum Abschluss des Übungsmarsches nach Schleswig-Holstein den 14. Juli 1887. (Als Manuskript gedruckt.) (Hamburg. 1887.) 8°

Schubert, Hans v., Lehrbuch der Kirchengeschichte, s.: Moeller, Wilh.

Schubert, Hans v., das Petrusevangelium. Synoptische Tabelle, nebst Übersetzg. u. krit. Apparat. gr. 8. (IV, 31 S.) Berlin 893. Reuther & Reichard. n. — 50

Der sogenannte Praedestinatus. Ein Beitrag z. Gesch. d. Pelagianismus von Dr. Hans v. **Schubert**, Prof., Kiel. *Leipzig: J. C. Hinrichs 1903.* (147 S.) 8°
— **Texte** u. Untersuchungen z. Geschichte d. altchristl. Literatur. Bd 24, H. 4. [03. 7724

Schubert, Hans, a. Düsseldorf: Eine Lütticher Schriftprovinz nachgewiesen an Urkunden des elften und zwölften Jahrhunderts. Marburg 1908: R. Friedrich. (84 S.) 8° ¶ (Erscheint vollst. b. N. G. Elwert, Marburg.)
Marburg, Phil. Fak., Ref. von der Ropp-Brackmann, Diss. v. 20. Febr. 1908
[Geb. 22. Aug. 84 Militsch (Schlesien); Wohnort: Düsseldorf; Staatsangeh.: Preußen; Vorbildung: Städt. Gymn. Düsseldorf Reife O. 03; Studium: Heidelberg 1, Berlin 1, Erlangen 2, Marburg 4 S.; Rig. 27. Febr. 07.]

Eine Lütticher Schriftprovinz nachgewiesen an Urkunden des elften und zwölften Jahrhunderts. Von Hans **Schubert**, Dr. phil. Marburg: N. G. Elwert 1908. (114 S.) 8°
[Ein T. erschien als Inaug.-Diss. Marburg 1908.] [08. 7307 4

v Schubert Hans *Georg Wilhelm* Ein pädagogisches Schriftstück aus der Reformationszeit. 4 (7 S.).
Paulinum Prg. u. höh. Bürgersch *Horn bei Hamburg* 1891 (729)
Lazarus Spengler an seinen Sohn.
Progr.

Schubert, Hans von (Hrsg.), s. Schubert, Gustav von: Lebenserinnerungen.

Siebenbürgen. 3 Vorträge über d. siebenbürgischen Sachsen von Hans v. **Schubert**, Prof. in Kiel. *Tübingen & Leipzig: J. C. B. Mohr 1900.* (68 S.) 8° [F.] [00. 11637

— Staat u. Kirche von Constantin bis Karl den Grossen. Rede zur Feier des Geburtstages Sr. Maj. des deutschen Kaisers Königs v. Preussen Wilhelm II., geh. an der Christian-Albrechts-Universität am 27. I. 1906. (20 S.) gr. 8. Kiel 906. (Lipsius & Tischer.) n. — 60

Schubert, Hans v. Die evangelische Trauung, ihre geschichtliche Entwicklung u. gegenwärtige Bedeutung. gr. 8. (XIV, 158 S.) Berl. 890, Reuther u. Reichard. * 3 60

Schubert, Hans, Referendar: Die Unterscheidung des Erfinder- und Urheberrechts. Borna-Leipzig 1907: R. Noske. (IX, 32 S.) 8°
Breslau, Jur. Fak., Ref. Dahn-Fischer, Diss. v. 6. Dez. 1907
[Geb. 9. Juni 83 Breslau; Wohnort: Breslau; Staatsangeh.: Preußen; Vorbildung: König-Wilhelms-Gymn. Breslau Reife M. 02; Studium: Breslau 7 S.; Rig. 1. Aug. 07.]

Schubert, Hans v., die Unterwerfung der Alamannen unter die Franken. Kritische Untersuchg. gr. 8. (IX, 222 S.) Strassburg 884. Trübner. n. 5. —

— was Luther ins Kloster hinein- u. wieder hinausgeführt hat, s. a. Schriften f. d. deutsche Volk, Nr. 30.

[F.] Was Luther ins Kloster hinein- und wieder hinausgeführt hat. Von Dr. H[ans] v. **Schubert**, Prof. in Kiel. *Halle a. S.: Ver. f. Reformationsgesch.; (Comm.-V. v. M. Niemeyer) 1897.* (27 S.) 1 Bd 8.
= **Schriften** f. d. deutsche Volk hrsg. v. Ver. f. Reformationsgesch. [No] 30. [98. 2784

— Kaiser Wilhelm. Gedächtnisrede, zur Trauerfeier im Rauhen Hause am 22. März 1888 geh. gr. 8. (16 S.) Hamburg 888. Agentur d. Rauhen Hauses. n. — 20

Schubert, Harold, Fehde. Gedichte. (79 S.) kl. 8. Leipzig 906. Verl. f. Literat., Kunst u. Musik. 1.—; geb. n 1.50

Schubert, Heinrich

Schubert, Heinr., Beschreibung u. Geschichte der Burg Kinsberg in Schlesien. Nach urkundl. Material bearb. 2., verb. Aufl. 8. (VI, 63 S. m. 1 Grundriß.) Breslau 900. M. Woywod. n. — 50

Schubert, Heinr., Beschreibung u. Geschichte der Burg Kinsberg in Schlesien. Nach urkundl. Material bearb. 3., verb. Aufl. (VIII, 52 S. m. 1 Grundriß.) 8. Breslau 910. F. Goerlich. — 50

Schubert, Heinr. Beschreibung und Geschichte der Burg Kynast im Riesengebirge. Nach urkundl. Material bearb. 12. (55 S. m. 3 Abbildgn.) Bresl. 890, Woywod. * — 60

Schubert, Heinr., erbaulich. Briefwechsel mit v. Platen. 8. Halle, Waisenh. 749.

Schubert, Hnr., († ...) evangel. Bußpredigten üb. verschied. Texte der heil. Schrift. 4. Halle 751. Waisenhaus-B. 1 ♂ 8 gr

[F.] Geschichte der Bolkoburg bei Bolkenhain. Nach archival. Quellen bearb. v. Heinrich **Schubert**, Lehrer ... in Breslau. *Schweidnitz: G. Brieger (1895).* (2 Bl., 65 S.) 1 Bd 8. [96. 2133

— Geschichte v. Schlesien, s.: Morgenbesser, Mich.

Schubert, Heinr., urkundliche Geschichte der Stadt Steinau an der Oder. gr. 8. (IV, 236 S.) Breslau 885, Woywod. *

— Burg Kinsberg in Schlesien. Beschreibung u. Geschichte derselben nach urkundl. Material bearb. 8. (V, 72 S. m. 1 Grundriß.) Ebend. 886. n. — 80

— Land-Kirchen- u. Hauspostille üb. d. Epist. 4. Ebd. 789.

— Land-, Kirchen- u. Hauspostille üb. die sonn- u. festtägl. Evangelien. 4. Halle 748. 9e A. 825. Waisenhaus-B. 1 ♂ 12 gr

— — — über die Evangelia. 4. Ebend. 805.

Schubert, H., Land-, Kirchen-, u. Haus-Postill. Das ist: Kurzgefaßtes Zeugniß von der Gnade u. Wahrheit in Christo rc. 10e Aufl. 4. Halle 837. Waisenhaus Buchh. $1^1/_2$ ♂

Eine Predigt von der Ewigen Verdammnis von Heinrich **Schubert**, Pred. zu Potsdam. Herausgenommen aus seinem Evangelien-Predigtbuch[!]. [Bogen 1; mehr nicht gedruckt.] Memel: Holz & Szernus Nachf. 1904. (16 S.) 8° [F.] [05. 7317 10

Schubert, Heinrich *Karl* [pr. Arzt in Kostenthal O.-Schl.]: Zur Statistik und Pathogenese der embolischen Lungenkrankheiten ... Leipzig, Druck v. A. Edelmann Univ.-Buchdr., *1897*: 32 S., 1 Bl. 8.
Leipzig, Med. Fak., Inaug.-Diss. v. 9. Jan. 1897

Schubert, Heinr., Unrichtigkeiten in der schlesischen Geschichte u. ihre Berichtigung, nebst e. vorangestellten kurzen Abrisse der schles. Geschichte. (23 S.) gr. 8. Breslau 905. Priebatsch. n. — 50

Schubert, H., Prediger z. Heil. Geist in Potsdam, Zeugniß von der Gnade und Wahrheit in Christo. In einigen Predigten. Magdeburg 1733. 4°. 714 S. u. Reg. (6 Mk. Max Jaeckel, Potsdam, 1910.)

— Zeugniß v. d. Gnade u. Wahrheit in Christo, in Predigten üb. auserles. Texte. 4. Magdeburg. 733.

— — — in Predigten üb. d. Evangelia u. Episteln an den Sonntagen in der Fasten u. an d. Apostel- u. Bußtagen. 4. Ebend. 745.

— Zeugniß von der Gnade u. Wahrheit in Christo, in Predigten über alle sonn- u. festtägl. Evangelien. 4. Halle 741. 4e A. 769. Waisenhaus-B. 2 ß

— — — in Predigten üb. alle Sonn- u. Festtagsepist. 4. Halle, Waisenhbch. 766.

[S.] Die Zillerthaler in Schlesien. E. histor. Erzählg f. jung u. alt v. Heinrich Schubert. *Schweidnitz: G. Brieger [1895].* (107 S.) 1 Bd 8.
[54. 1134

Schubert, Heinrich Friedrich Wilhelm

Schubert, Hnr. Fr. Wlh., Grammatik der hebräischen Sprache, in möglichster Kürze u. Vollständigkeit zum Schulgebrauche bearb. 8. Schneeb. 830. (Rein in Leipz.) 1 ß

Schubert, Hnr. Fr. Wlh., Grammatik der hebräischen Sprache in möglichster Kürze und Vollständigkeit zum Schulgebrauche bearb. Neue unveränd. Ausg. 8. Leipzig 835. Böhme. 2/3 ß

Schubert, Heinr. Friedr. Wilh., Grammatik d. hebrä. Sprache in möglichster Kürze u. Vollständigkeit z. Schulgebr. bearb. Neue, unveränd. Ausg. 8. (20 B.) Leipzig 835, [Geuther.]

— 4 Reden bei der Vorbereitung auf das heil. Abendmahl, vor sämmtl. Schülern des Lyceums gehalten. gr. 8. Leipz. 826. Hartmann; (a. Lehnhold). 6 K

Schubert, Helmut, Referendar: Die Bedeutung der Aufrechnungslage nach heutigem Reichsrecht. Borna-Leipzig 1909: Noske. VI, 51 S. 8°
Breslau, Jur. Diss. v. 5. März 1909. Ref. Fischer-Schott
(Geb. 24. Sept. 85 Barottwitz, Kr. Breslau; Wohnort: Breslau; Staatsangeh.: Preußen; Vorbildung: Maria-Magdalenen-Gymn. Breslau Reife O. 03; Studium: Breslau 2, München 1, Breslau 3 S.; Rig. 12. Jan. 07. [illegible]

Schubert, Hermann: Niedere Analysis. T. 1. 2. Leipzig: Göschen 1902–03. 8°
1. Kombinatorik, Wahrscheinlichkeitsrechnung, Kettenbrüche u. diophantische Gleichungen. 1902.
2. Funktionen, Potenzreihen, Gleichungen. Mit 3 Fig. 1903.
(Sammlung Schubert. 5. 45.)

Schubert, Hermann: Niedere Analysis. 2. Aufl. Leipzig
T. 1. Kombinatorik, Wahrscheinlichkeitsrechnung, Kettenbrüche und diophantische Gleichungen. 1908
T. 2. Funktionen, Reihen, Gleichungen. 1911
(Samml. Schubert. Bd 5 u. 45)

Schubert, Herm., niedere Analysis, s. a. Sammlung Schubert.

Arithmetik und Algebra von Dr. Hermann Schubert, Prof. 2., durchges. Aufl. Neudr. Leipzig: Göschen 1904. 171 S. 8°
(Sammlung Göschen. 47.) [11. 1396] 11

— Arithmetik u. Algebra, s. e. Sammlung Göschen.

Elementare Arithmetik und Algebra von Dr. Hermann Schubert, Prof. Leipzig: Göschen 1899. VI, 230 S. 8°
(Sammlung Schubert. 1.)

— Element. Arithmetik u. Algebra, s. e. Sammlung Schubert. I.

— u. Adf. Schumpelick, Arithmetik f. Gymnasien. Zugleich 5. Aufl. v. Schuberts Sammlg. v. Aufgaben usw. 2 Hefte. 8. Leipzig, G. J. Göschen. 6. 20
1. Für mittlere Klassen. (VII, 189 S.) 907. 1.80; geb. 2.25; ausgew. Resultate. (26 S.) — 60
2. Für obere Klassen. (VI, 251 S.) 908. 2.80; geb. 3.25; ausgew. Resultate. (41 S.) 1. —

Schubert, Herm. (Frid. Paulus) (geb. Meseritz 10. 7. 1847): De Anglosaxonum arte metrica. Berolini (1870). (54 S.) 8°
Berlin, Phil. Diss. v. 1. Juli 1870.

Schubert, Herm., de Anglosaxonum arte metrica. Dissertatio inauguralis. Berlin 870. (Calvary & Co.) 8. (55 S.) n. 12 ngr.

Schubert, Herm. Aufgaben aus d. Arithmetik u. Algebra f. Real- u. Bürgerschulen. Ein Auszug aus der Sammlg. v. arithmet. und algebr. Fragen u. Aufgaben. 8. (IV, 104 S.) Potsd. 892, Stein. * 1 —

Schubert, Herm., Aufgaben aus der Arithmetik u. Algebra f. Real- u. Bürgerschulen. Ein Auszug aus der Sammlg. v. arithmet. u. algebr. Fragen u. Aufgaben. 1. u. 2. Hft. gr. 8. (IV u. S. 1—194.) Potsdam 892. 893. A. Stein. à n. 1. —

— Aufgaben aus der Arithmetik u. Algebra f. Real- u. Bürgerschulen. 1. Hft. 2. Aufl. 8. (IV, 101 S.) Potsdam 899. A. Stein. Kart. n. 1. 20; m. Resultaten. (IV, 122 S.) n. 1. 70

— Auslese aus meiner Unterrichts- u. Vorlesungspraxis. 1.—3. Bd. (239 S. m. 17 Fig., 218 S. u. 250 S. m. 18 Fig.) kl. 8. Leipzig 905. 906. G. J. Göschen. Geb. in Leinw. à n. 4. —

— Beispiel-Sammlung zur Arithmetik u. Algebra, s.: Sammlung Göschen.

— elementare Berechnung der Logarithmen, e. Ergänzg. der Arithmetik-Bücher. (87 S.) gr. 8. Leipzig 903. G. J. Göschen. n. 1. 60

Schubert, Herm., theoretische Entscheidung über das Boß Puzzle-Spiel. Allgemein verständlich dargestellt, mit Anleitung zur schnellen Bildung lösbarer und unlösbarer Aufgaben. 12. (16 S.) Hamburg 880, Kriebel. *

— die Ganzzahligkeit der algebraischen Geometrie. Den Teilnehmern der 48. Versammlg. deutscher Philologen u. Schulmänner zu Hamburg 1905 als Festgabe dargeboten v. dem Ortskomitee. (58 S.) Lex.-8. Hamburg 905. (Herold.) n. 2. —

Schubert, Herm. Zum Gebrauch der Temporalkonjunktionen bei Plautus. 22 S. Progr. *Lissa* 1881

Schubert, H., zwölf Geduldspiele, Zauberquadrate, Rösselsprung-Bildungen, Boss-Puzzle, Nonnenspiel, Spaziergänge der Pensionatsdamen, Umfüllungs-Aufgaben, Rundreise-Spiele u. s. w., für Nicht-Mathematiker zum Zwecke der Unterhaltg. historisch u. kritisch beleuchtet. gr. 8. (152 S. m. Fig.) Berlin 895. F. Dümmler's Verl. n. 1. 80; geb. n. 2. 40

— zwölf Geduldspiele, Zauberquadrate, Rösselsprung-Bildungen, Boss-Puzzle, Nonnenspiel, Spaziergänge der Pensionatsdamen, Umfüllungs-Aufgaben, Rundreise-Spiele u. s. w., für Nicht-Mathematiker zum Zwecke der Unterhaltung historisch u. kritisch beleuchtet. Neue [Titel-]Ausg. gr. 8. (152 S. m. Fig.) Leipzig (895). 899. G. J. Göschen. Kart. n. 2. —

— das Jubel-Denkmal in Dessau. Erläutert. Dessau 867. Baumgarten & Co. gr. 8. (12 S.) n. 2 ngr.

Schubert, ewiger Kalender. (Ohne Rechnen u. ohne Schieber.) gr. 4. (2 Bl. auf Pappe.) Hamburg 890. Herold's Verl. n. — 80

— neuer ewiger Kalender zur Bestimmung des Wochentags für jedes beliebige Datum nach und vor Christi Geburt, m. Berücksicht. der Ausnahmejahre 42 vor bis 4 nach Christi Geburt u. zur Bestimmung der Daten der christlichen Feste. gr. 8. (5 S.) Ebd. 902. n. — 50

— Kalkül der abzählenden Geometrie. gr. 8. (VII, 349 S.) Leipzig 879. Teubner. n. 9. 60

Schubert, Herm. a) Lösung des auf die trilineare Verwandtschaft ausgedehnten Projektivitätsproblems. b) Elementarer Beweis des Feuerbachschen Satzes. 39 S. u. Taf.
Progr. Joh. Gel. *Hamburg* 1882

—— I. Lösung des auf die trilineare Verwandtschaft ausgedehnten Projectivitätsproblems. II. Elementarer Beweis des Feuerbach'schen Satzes. gr. 4. (39 S. mit 1 lithogr. Fig.-Taf.) Hamburg 882, (Nolte.) **

Morse-Signalzeichen und Abkürzungen f. Einübung u. Gebrauch d. Signalflaggen auf Grund d. Entwurfes d. Fl. V. zsgest. von [Hermann] **Schubert**, Hauptm., Neisse. 2. Aufl. Neisse: J. Graveur (1907). (11 S.) 8° [J.]
— Leitfaden f. d. Unterricht über Truppendienst auf d. Kgl. Kriegsschulen. 12. Aufl. Anlage. [06. 3986

Morse-Signalzeichen und Abkürzungen für Einübung und Gebrauch der Signalflaggen zsgest. von **Schubert**, Major. 3., vervollst. Aufl. Neisse: Graveur [1910]. 11 S. 8° [10. 9436 2

Mathematische **Mussestunden**. E. Sammlg v. Geduldspielen, Kunststücken u. Unterhaltgs-Aufgaben mathematischer Natur. Von Dr. Hermann **Schubert**, Prof. . . . in Hamburg. *Leipzig: G. J. Göschen 1898.* (IV S., 1 Bl., 286 S.) 1 Bd 8. [98. 3570

— mathematische Mussestunden. Eine Sammlg. v. Geduldspielen, Kunststücken u. Unterhaltungsaufgaben mathemat. Natur. 2., stark verm. Aufl. 3 Bde. 8. Ebd. 900. Geb. in Leinw. à n. 4. —
1. Zahl-Probleme. (VIII, 199 S.) — 2. Anordnungs- und Wahrscheinlichkeitsprobleme. (IV, 247 S. m. Fig.) — 3. Reise-Probleme u. geometrische Probleme. (III, 265 S. m. Fig.)

— dasselbe. Kleine Ausg. 2., durchgesch. Aufl. (306 S.) 8. Ebd. 904. Geb. in Leinw. n. 5. —

— mathematische Mussestunden. Eine Sammlung v. Geduldspielen, Kunststücken u. Unterhaltungsaufgaben mathemat. Natur. Grosse Ausg. 3. Aufl. 1. Bd. Zahl-Probleme. (VIII, 200 S.) kl. 8. Leipzig 907. G. J. Göschen. Geb. in Leinw. n. 4. —

— dasselbe. Kleine Ausg. 3. Aufl. (306 S.) kl. 8. Ebd. 907. Geb. in Leinw. 5. —

— Mathematische Mussestunden. Eine Sammlg. v. Geduldspielen, Kunststücken u. Unterhaltungsaufgaben mathemat. Natur. Grosse Ausg. 3. Aufl. 2. u. 3. Bd. kl. 8. Leipzig, G. J. Göschen. Geb. in Leinw. à 4. —
2. Anordnungs- u. Wahrscheinlichkeitsprobleme. (IV, 247 S. m. Fig.) 909. Geb. in Leinw. 4. —
3. Reise-Probleme u. geometrische Probleme. (III, 265 S. m. Fig.) 909. Geb. in Leinw. 4. —

Schubert, Herm., Panchronist, e. Kalender aller vergangenen u. aller künftigen Jahre. Tabelle m. 2 bewegl. Streifen. qu. 4. Leipzig 888. Spohr. — 75

— die Quadratur d. Zirkels in berufenen u. unberufenen Köpfen, s.: Sammlung gemeinverständl. wissenschaftl. Vorträge. NF 67.

— Salta, das neue Brettspiel, f. Anfänger erläutert. 8. (39 S. m. Diagrammen.) Leipzig 899. [G. J. Göschen.] Grethlein & Co. n. — 60; Luxusausg. n. 2. 50

— Salta, das neue Brettspiel, f. Anfänger erläutert. 2., unveränd. Aufl. (39 S. m. Diagr.) 8. Leipzig 908. Grethlein & Co. — 60

—— Sammlung von arithmetischen und algebraischen Fragen und Aufgaben, verbunden mit einem systematischen Aufbau der Begriffe, Formeln und Lehrsätze der Arithmetik, für höhere Schulen. 2 Hefte. gr. 8. Potsdam 883, Stein's Verlagsh. à Heft *M 1,80. *
Inhalt:
Heft 1. Für mittlere Klassen. (VIII, S. 1—222.)
" 2. Für obere Klassen. (IV, S. 225—448.)

Schubert, Herm., Sammlung v. arithmetischen u. algebraischen Fragen u. Aufgaben, verbunden m. e. systemat. Aufbau der Begriffe, Formeln u. Lehrsätze der Arithmetik, f. höhere Schulen. 2 Hfte. gr. 8. (VIII, 448 S.) Potsdam 883. Stein. à n. 1. 80; geb. à n. 2. —
1. Hft. 2. Aufl.

Schubert, Herm., Sammlung von arithmetischen und algebraischen Fragen und Aufgaben, verbunden mit einem systematischen Aufbau der Begriffe, Formeln und Lehrsätze der Arithmetik, für höhere Schulen. Ausgewählte Resultate zu beiden Heften. 8. (77 S.) Ebendas. 884. *

—— Sammlung von arithmetischen und algebraischen Fragen und Aufgaben, verbunden mit einem systemat. Aufbau der Begriffe, Formeln und Lehrsätze der Arithmetik, für höhere Schulen. 2 Hefte. 2. Aufl. gr. 8. Potsdam, Stein. à Heft *M 1.80. *
Inhalt:
Heft 1. Für mittlere Klassen. (VIII, S. 1—224.) 886.
" 2. Für obere Klassen. (IV, S. 225—452.) 888.

—— Sammlung v. arithmetischen u. algebraischen Fragen u. Aufgaben, verbunden m. e. systemat. Aufbau der Begriffe, Formeln und Lehrsätze der Arithmetik f. höhere Schulen. 1. Heft: Für mittlere Klassen. 3. Aufl. gr. 8. (VIII, 224 S.) Ebd. 890. * 1 80; geb. * 2 —
2. Heft. Ebd. 1888. * 1 80; geb. * 2 —.

— s.: Sammlung Schubert.

—— das Skatspiel im Lichte der Wahrscheinlichkeitsrechnung. 12. (49 S.) Hamburg 887, [J. F. Richter.] Verlagsanstalt und Druckerei. geb. *

—— System der Arithmetik und Algebra als Leitfaden für den Unterricht in höheren Schulen. 8. (VIII, 222 S.) Potsdam 885, Stein. *M 1.80.; geb. *

— fünfstellige Tafeln u. Gegentafeln f. logarithm. u. trigonometr. Rechnen. gr. 8. (VI, 157 S.) Leipzig 897. B. G. Teubner. Geb. in Leinw. n. 4. —

Vierstellige Tafeln und Gegentafeln für logarithmisches und trigonometrisches Rechnen in 2 Farben zsgest. von Dr. Hermann **Schubert**, Prof. 3., verb. Aufl. Leipzig: Göschen 1908. 128 S. 8°
(Sammlung Göschen. 81.) [11. 14310 II

— vierstell. Tafeln u. Gegentafeln f. logarithm. u. trigonometr. Rechnen, s. d. Sammlung Göschen.

Schubert, H[ermann]: Als die Inaug.-Schrift vertretend wurde angenommen des Verf. Druckschrift: Zur Theorie der Charakteristiken. (Berlin 1870: Reimer.) 22 S. 4°
[Halle-Wittenberg, Phil. Diss. v. 22. Juli 1870]
Geb. [Potsdam 22. 5. 1848]
Aus: Journal f. reine u. angewandte Mathematik. Bd. 71. Berlin 1870. S. 366—386.
Der Verf. hatte ausserdem eingereicht 2 gedruckte Aufsätze aus der Zeitschrift f. Mathematik u. Physik. Bd 14. 1869.

— Theorie des Schlick'schen Massen-Ausgleichs bei mehrkurbeligen Dampfmaschinen. gr. 8. (132 S. m. Fig.) Leipzig 901. G. J. Göschen. n. 12. —

Raffael's Werke. Von Rektor [Hermann] Schubert. Vortrag zu e. Serie von 67 Laternbildern. *Düsseldorf: E. Liesegang 1900.* (40 S.) 8°
— Projektionsvorträge aus d. Kunstgeschichte. H. 4. [00. 7157

— Zählen und Zahl, s. Sammlung gemeinverständlicher wissenschaftlicher Vorträge. NF II, 13.

— Zeitunterschiede, e. alphabet. Tabelle der mitteleurop. Zeit, Ortszeit u. Einwohnerzahl aller deutschen Orte üb. 10000 Einwohner. 8. (16 S.) Hamburg 892. O. Meißner's Verl. n. — 80

Schubert, Hermine, s. a. Hermann, H.

[F.] Märchen aus dem 19. Jahrhundert. Von H. Hermann [d. i. Hermine Schubert]. *Breslau: S. Schottlaender 1896.* (148 S.) 1 Bd 8.
— Unterwegs und Daheim. (Ser.) 1. (Bd) 9. [97. 698

[F.] Märchen aus dem 19. Jahrhundert. Von H. Hermann [d. i. Hermine Schubert]. Letzte Folge. *Breslau: S. Schottlaender 1897.* (128 S.) 1 Bd 8.
(Unterwegs u. Daheim.) [97. 6468

Reitend – reizend. Roman von Hans Hermann [d. i. Hermine Schubert]. Neudr. Breslau: Schles. Verlagsanst. 1905. (407 S.) 8° [F.]
(Collektion Schottlaender.) [5. 15418

Schubert, Hugo, Abhandlungen, Dispositionen u. Aufgaben zu deutschen Aufsätzen aus d. Gebiete d. Baumaterialien-Lehre. Zum Gebrauch b. Unterricht in Baugewerk-Schulen zusammengest. gr. 8. (55 S.) Stadt-Sulza 897. E. Rost. — 60

Der schwarze Dämon. Eine Erzählung aus d. Indianerkämpfen Nordamerikas von Hugo Schubert. *Erfurt: F. Bartholomäus [1903].* (128 S.) 8° [F.]
(Kollection Buffalo-Bill. No 6.) [03. 7434

— Compendium d. Baurechts u. d. Baupolizei im eng. Sinne, sow. d. sozialpolit. Gesetzgebnng m. bes. Berücksicht. d. Baugewerbes. Zum prakt. Gebrauch f. Bautechniker, Bauhandwerker, Bauschulen etc. gr. 8. (VIII, 232 S.) Leipzig 897. Halle. L. Hofstetter. Geb. in Leinw. n. 3. —

Schubert, Hugo: Compendium des Baurechts und der Baupolizei im engeren Sinne sowie der sozialpolitischen Gesetzgebung mit besond. Berücks. d. Baugewerbes. Leipzig: A. Schumann [Halle a. S.: L. Hofstetter 1899]. (VIII, 232 S.) 8°

— kurzgef. Lehrbuch d. Baumaterialienkunde f. Bautechniker, Bauhandwerker u. Baugewerk- u. Gewerbeschulen. M. 80 Abb. gr. 8. (250 S.) Ebd. 897. Geb. in Leinw. n. 3. —

Schubert, Hugo: Kurzgefasstes Lehrbuch der Baumaterialienkunde für Bautechniker, Bauhandwerker u. Baugewerk- u. Gewerbeschulen. Mit 80 Abb. Leipzig: A. Schumann (übergekl.: Halle a. S.: L. Hofstetter [1899]). (250 S.) 8°

Schubert, Hugo, Lehrbuch der deutschen Sprache zum Unterricht in Baugewerk- u. sonstigen technischen Fachschulen, zugleich Kontor-Handbuch f. Baugewerksmeister u. Bautechniker. Geschäfts-Briefe, Berichte, Bau- u. Lieferungsverträge etc., Erläuterungsberichte, Gutachten, Submissionen, Buchführg., Wechsellehre etc. Rechtschreibung u. Grammatik. gr. 8. (X, 407 S.) Wittenberg 896. R. Herrosé. Geb. in Leinw. n. 3. —

Schubert Hugo: Luxemburg, Wittelsbach und Habsburg in der Zeit von 1308—58. 18. 26. Mähr. Ostrau 899.900.
Progr.

Schlangenfuß. Eine Erzählung aus d. Indianerleben d. fernen Westens von Hugo Schubert. *Erfurt: F. Bartholomäus [1904].* (143 S.) 8° [F.]
(Kollektion Buffalo-Bill. No 10.) [04. 13610 3

Schubert, J. G., vierstimmiges Choralbuch zu der neuen Ausgabe des Bollhagen'schen Gesangbuches mit Berücksichtigung der übrigen in den evangel. Gemeinden Pommerns eingeführten Gesangbücher. 5 Liefgn. Cöslin 866,67. Hendess. qu. 4. (IV, 232 S.) Jede Liefg. 15 ngr.

Schubert, J. G., vierstimmiges Choralbuch zu der neuen Ausg. des Bollhagen'schen Gesangbuches mit Berücksichtigung der übrigen in den evangelischen Gemeinden Pommerns eingeführten Gesangbücher. 2. verb. und mit einem Nachtrage versch. Aufl. qu. gr. 4. (VIII, 232 S.) Köslin 875, Hendess. 9 —

Schubert, J. G., vierstimmiges Choralbuch zu der neuen Ausgabe d. Bollhagenschen Gesangbuches m. Berücksicht. der übrigen in den evangelischen Gemeinden Pommerns eingeführten Gesangbücher. 3., verb. u. m. e. Nachtrage versehene Aufl. qu. gr. 4. (IV, 236 S.) Cöslin 883. Hendess. 9. —

Schubert, J. G. Vierstimmiges Choralbuch zu der neuen Ausgabe d. Bollhagenschen Gesangbuches m. Berücksicht. der übrigen in d. evangelischen Gemeinden Pommerns eingeführten Gesangbücher. 4. verb. u. m. e. Nachtrag verseh. Aufl. qu. gr. 4. (VIII, 226, VIII S.) Cöslin 891, Hendess. * 6 —

Schubert, J. G., vierstimmiges Choralbuch zu der neuen Ausg. des Bollhagenschen Gesangbuches m. Berücksicht. der übrigen in den evangelischen Gemeinden Pommerns eingeführten Gesangbücher. 5. verb. u. m. e. Nachtrag verseh. Aufl. qu. gr. 4. (VII, 226 u. VIII S.) Cöslin (900). C. G. Hendess. Geb. in Leinw. n. 7. 50

— 150 Choral-Melodien mit untergelegtem Texte, in der Form, wie sich dieselben in den evangel. Gemeinden Pommerns und Brandenburgs (also fast alle nach Kühnau) eingebürgert haben, nebst einem Anh.: Neun zweistimm. geistl. Lieder und die Responsorien der Liturgie (3stimmig) enth. Zum Gebrauche in Kirche, Schule und Haus. qu. 8. (VIII und 68 S.) Cöslin 862, Bolger. *

— 150 Choral-Melodien m. untergelegtem Texte, in der Form, wie sich dieselben in den evangel. Gemeinden Pommerns u. Brandenburgs [also fast alle nach Kühnau] eingebürgert haben, nebst e. Anh., 13 zweistimm. geistl. Liedern, die Responsorien der Liturgie (4 stimmig) u. die Psalmentöne nebst Erläuterg. derselben enth. Zum Gebrauche in Kirche, Schule u. Haus. 2. verb. u. verm. Aufl. qu. gr. 8. (VIII, 84 S.) Cöslin 873. Schulz. — 60

— 150 Choral-Melodien mit untergelegtem Texte, in der Form, wie sich dieselben in den evangel. Gemeinden Pommerns und Brandenburgs [also fast alle nach Kühnau] eingebürgert haben, nebst einem Anhang: 16 zweistimmige geistl. Lieder, die Responsorien der Liturgie [vierstimmig] und die Psalmentöne, nebst Erläuterung derselben enth. Zum Gebrauche in Kirche, Schule und Haus hrsg. 3. Aufl. qu. 8. (VIII, 84 S.) Köslin 879, Schulz. * — 75

— 150 Choral-Melodieen m. untergelegtem Texte, in der Form, wie sich dieselben in den evangel. Gemeinden Pommerns u. Brandenburgs (also fast alle nach Kühnau) eingebürgert haben, nebst e. Anh., 16 2stimm. geistl. Lieder, die Responsorien der Liturgie (4stimmig) u. die Psalmentöne nebst Erläuterg. derselben enth. Zum Gebrauche in Kirche, Schule u. Haus hrsg. 4. Aufl. qu. 8. (VIII, 84 S.) Cöslin 889. Weimar, A. Schulz. n. — 75; geb. n. — 95

Schubert, J. G., De proxenia Attica. Diss. 1881. 86 S.

— Schul-Choralbuch, enth. die Melodieen zu dem v. G. A. Klix hrsg. „Christlichen Gesangbuche f. Gymnasien u. höhere Unterrichts-Anstalten" f. gemischten Chor u. f. Orgel u. Harmonium. qu. gr. 8. (IV, 76 S.) Ebend. 883. n. — 60

Schubert, Johann

Schubert, J., Anleitung f. die Ausführg., Aufzeichng. u. Berechng. der Beobachtgn. auf dem forstlich-meteorologischen Versuchsfelde Karzig-Neuhaus. Hrsg. v. der Hauptstation des forstl. Versuchswesens Eberswalde. gr. 8. (15 S. m. Fig.) Neudamm 899. J. Neumann. n. 1. 50

Schubert, Joh., die Blumen des Himmels. Gebet- u. Andachtsbuch für katholische Christen. Neuhaus 866. Landfraß & Sohn. 8. (320 S. mit 5 Stahlst.) n. 12 ngr.

Schnbert, J., Einfluss der Wälder u. der Bodenerhebungen auf die Hagelschläge. (Sonder-Abdr.) Eberswalde 1894. (18601)

— Ueber die Ermittelung der Temperatur- und Feuchtigkeits-Unterschiede zwischen Wald und Feld. (Sonderabdruck.) Berlin 1893. (16019)

Schubert, Formulare f. Vermessungs-Übungen. 8. (48 S.) Neudamm 897. J. Neumann. n. — 80

Schubert, Formulare f. Vermessungs-Übungen. 2. Aufl. 8. (48 S.) Neudamm 901. J. Neumann. Kart. n. — 80

—— —— 3. Aufl. u. d. T.: Feldbuch für Vermessungs-Übungen. - ebd. 1910. 32,4 S. - 4. Aufl. ebd. 1919. 32,4 S.

[F.] Frauengestalten aus der Zeit der deutschen Romantik. Von Dr. Joh. Schubert. *Hamburg: Verlagsanst. u. Dr. A.-G. 1898.* (26 S.) 8.
= Sammlung gemeinverständl. wiss. Vorträge. N. F. Ser. 12. H. 285. [98. 2514

— der jährliche Gang der Luft- u. Bodentemperatur im Freien u. in Waldungen u. der Wärmeaustausch im Erdboden. gr. 8. (VI, 53 S.) Berlin 900. J. Springer. n. 2. 40

Schubert, J., d. philosoph. Grundgedanken in Goethes Wilhelm Meister. gr 8. (III, 155 S.) Leipzig 896. C. G. Naumann. n. 2. 50

Schubert, Joh.: Naturwissenschaftliche Grundlagen unserer Weltanschauung. Vortrag in Eberswalde 1904 geh. Eberswalde: H. Langewiesche 1904. (16 S.) 8°

Benekes Heimkehr. Ein Festspiel von Dr. Johannes Schubert. Danzig: Kafemann 1910. 15 S. 8° [Umschlagt.] [10. 9004

Schubert, Joh., über die Integration der Differentialgleichung $\frac{d^2 U}{d x^2} + \frac{d^2 U}{d y^2} + k^2 U = 0$ für Flächenstücke, die von confocalen Ellipsen und Hyperbeln begrenzt werden. Inaugural-Dissertation. gr. 8. (52 S. mit 1 Taf.) Danzig 886. (Königsberg i. Pr., Koch's Antiqu.) **

Schubert, J., Dr., Das Klima von Eberswalde. (Sonder-Abdruck a. d. Z. f. Forst- und Jagdwesen.) 1892. Berlin. (15283)

Schubert, Joh.: Das Klima des Harzgebirges. Eberswalde: (Jancke) 1909. 34 S. 8°
[Sondert.:] Übersicht über die Pflanzenverbreitung im Harz. Von Dr. Al[fred] Dengler.
[Umschlagt:] Klima u. Pflanzenverbreitung im Harz. Von Dr. Schubert u. Dr. Dengler.

Das Klima von Ostpreussen. Von Dr. Johannes Schubert, Prof., Eberswalde. Eberswalde: W. Jancke 1908. (18 S.) 8° [08. 13324 2

— Das Klima v. Ostpreussen. (18 S. m. 1 Karte.) 8. Eberswalde 908. (H. Langewiesche.) — 35

SCHUBERT, Johannes: Das Klima im Gebiet Vogelsberg-Spessart-Mainebene. - Eberswalde 1909. 14 S.

Schubert, Johannes: Adam Smith's Moralphilosophie. . . . (Aus: Wundt, Philos. Studien, VI. Bd., 4. H.) Leipzig: W. Engelmann 1890. 57 S. 8°
Leipzig, Phil. Fak., Inaug.-Diss. v. [23. Sept.] 1890

Die Neuordnung des forstlichen Studiums in Preußen. Von Dr. Johannes Schubert, Prof., Eberswalde. o. O. [1908]. (2 Bl.) 8° [Kopft. F.] [08. 14142

Schubert, J., mathematisches Repetitorium f. Studirende d. Forstwissenschaft. 8. (IV, 55 S.) Berlin 890. Springer. cart. n. 1. 20

— Klimatische Schutzwirkung des Waldes in Nordamerika. (Sonder-Abdr.) Eberswalde 1894. (18602)

— Temperatur und Feuchtigkeit der Luft auf dem Felde und im Kiefernwalde. (Sonder-Abdruck). Eberswalde 1895. (17203)

Vergleichende Temperatur- und Feuchtigkeitsbestimmungen. Bericht über meteorol. Beobachtungen d. Hauptstation f. d. forstliche Versuchswesen in Preussen. Von [Joh.] Schubert (in Eberswalde). *Berlin: A. Asher & Co. 1901.* (20 S.) 4°
= Abhandlungen d. Kgl. Preuss. Meteorol. Instituts. Bd 1, No 7. [01. 110]

Umtrieb, Durchforstung und Reinertrag. Mit graph. Darstellung. Von Dr. J[ohannes] Schubert, Prof., Eberswalde. Berlin: J. Springer (1907). (21 S.) 8° [F.]
Aus: Zeitschrift f. Forst- u. Jagdwesen. 1907, H. 1. [07. 13179 S

Schubert, J[oh.]: Wald und Niederschlag in Schlesien. Mit e. Regenkarte d. Versuchsfeldes Proskau im Reg. Bez. Oppeln. Eberswalde 1904: (C. Jancke). (6 Bl.) 4°

Wald und Niederschlag in Westpreußen und Posen. Von Prof. Dr. J[ohannes] Schubert, [Eberswalde]. Eberswalde: C. Jancke 1905. (15 S.) 8° [05. 16459

Bericht d. Meteorol. Abt. d. forstl. Versuchswesens in Preussen. Wald und Niederschlag in Westpreussen und Posen und die Beeinflussung d. Regen- u. Schneemessung durch d. Wind. Von Dr. J[ohannes] Schubert, Prof., Eberswalde. Berlin: J. Sptinger (1906). (S. 728–735.) 8° [F.]
Aus: Zeitschrift f. Forst- u. Jagdwesen. 1906, H. 11. [07. 13180 S

Der Wärmeaustausch im festen Erdboden, in Gewässern und in der Atmosphäre von Dr. Johannes Schubert, Prof., Eberswalde. Mit 9 Taf. *Berlin: J. Springer 1901.* (30 S.) 8° [01. 6694

Meteorologische Werte von Eberswalde zsgest. von Dr. J[ohannes] Schubert, Prof. d. Forstakad. Eberswalde 1907: (W. Jancke). (20 S.) 8° [07. 14484 9

— Meteorologische Werte v. Eberswalde. (Beilage zu den Mitteilgn. des Vereins f. Heimatkunde zu Eberswalde 1907. 2. Heft.) (20 S.) 8. Eberswalde 907. R. Schmidt. — 50

— Wirkung der Waldbrande in Nordamerika auf atmosphärische Zustände. (Sonder-Abdr. aus der Zeitschrift für Forst- u. Jagdwesen, XXVIII. Jahrg.) Eberswalde 1895. (19313)

Die Witterung in Eberswalde in den Jahren 1898 bis 1902. Von Dr. J[ohannes] Schubert, Prof. Berlin: J. Springer 1906. (16 S.) 8° [F.] [07. 5149

Schubert, Johs., Zeugnisse der Wahrheit. In Briefen u. Gedichten. Basel 867. (Riehm.) gr. 8. (III, 87 S.) n. 16 ngr.

Schubert, Johann Adolf

Schubert, Joh. Adph., die asiatische Cholera und ihre durch die Erfahrung bestätigte homöopath. Heilung und Verhütung. 2., vervollständ. und verb. Aufl. gr. 8. (56 S.) Leipzig 848, O. Wigand.

Heilung und Verhütung der Cholera morbus. Von Johann Adolph Schubert. Leipzig: Reclam 1830. VIII, 47 S. 8°

Jo. Adolph. Schubert historia anatomica systematis absorbentis corporis humani, diss. inaug. Lips. 1821. 4.

—— kann d. genaue Kenner der Homöopathie mit gutem Gewissen rein homöopath. verfahren? Ein Beitr. zur Würdigung des dies. Heillehre neuerdings gemacht. Vorwurfs der Unzulänglichkeit. Nebst 2 Beiln. üb. d. Studium d. reinen Arzneimittellehre u. üb. d. neueste Princip: aequalia aequalibus curantur. gr. 8. (5 B.) Leipzig 833, Friese.

Schubert, Joh. Alex., slavnostní řeč. sepsána a na hrobě Havlíčkově držána dne 16. června 1861. Prag 861. (Silber.) 16. (8 S.) n. 1 ngr.

Schubert, Johann Andreas

Schubert, Joh. Andr., Beitrag zur Berichtigung der Theorie der Turbinen. Mit 4 (lith.) Figurentaf. (in qu. Fol.) gr. 8. (VIII u. 113 S.) Dessau 850, Katz. n. 1 ₰

Schubert, Joh. Andr., Elemente der Maschinenlehre. I. Abthl. Vom Materiale der Maschinentheile u. deren Construction, oder von den Hölzern u. Metallen, vom Formen, von den Gussmodellen und vom Giessen der Metalle, vom Verzinnen u. Löthen u. von den Verbindungen, von den Formen u. der Construction d. wichtigsten Maschinentheile. gr. 8. (29 ½ B. u. 20 Stnt. in gr. Fol.) Dresden u. Leipzig 842, Arnoldische Buchh. Ladenpreis

—— dass. 2. Abthl. Von der Bearbeitung fester Körper im Allgemeinen, von den einfachen Werkzeugen u. von den Werkzeugsmaschinen. gr. 8. (23 ½ B. u. 35 Stnt. in gr. Fol.) Ebds. 844. *

Schubert, Joh. Andr., Elemente der Maschinenlehre. Mit 57 Steindrucktaf. (in Imp.-Fol.) 2. (Titel-)Ausg. Leipzig (844.) 856. Arnold. gr. 8. (XVIII, 470; VIII, 368 S.) 3 ₰.

Schubert, J. A., F. Jähkel u. H. Schubarth, Gewerbeblatt, s. Gewerbeblatt.

Schubert, Jh. Andr., Handbuch d. Mechanik f. Praktiker, oder: die Grundlehren der Mechanik auf die Konstruktion d. Maschinen u. auf die Baukunst bezogen; zunächst f. seine Vorlesungen bearb. 1r Bd. Statik fester Körper. Mit 3 Kpft. 8. Dresd. u. Leipz. 821. Arnold. 1 ₰ 12 gr 2r Bd. „Die Verzahnung der Räder x." u. die gebräuchl. Bewegmethoden. Mit 4 Kpft. 8. Ebd. 832. 1 ₰ 12 gr

Schubert, Joh. Andr., Handbuch der Mechanik f. Praktiker, od.: die Grundlehren d. Mechanik auf d. Konstruktion d. Maschinen u. auf d. Baukunst bezogen; zunächst f. seine Vorlesn. bearb. 1. Bd. Statik fester Körper. 8. (19 ¼ B. u. 3 Kpfrt.) Dresden 832, Arnold.

—— Sammlung von mathematischen, namentlich von Differential- u. Integral-Formeln, nebst den Gleichungen etc. jener krummen Linien, die am häufigsten Anwendung finden. 1. Ausg. 1842. 1 Thlr. u. 2. Ausg. 8. (à 11 ¼ B.) Dresden u. Leipzig 845, Arnoldische Buchh. *

— u. T. Franke, die polytechn. Schule, siehe: Franke, T.

Schubert, J. A., Ueber freie u. vorgeschriebene Stützlinien u. über die Fortpflanzung des Druckes durch feste Körper als Einleitung zu einer Theorie der Wölbbögen. (Progr. der Dresdener technischen Bildungsanstalt u. der Baugewerkschule für 1845.) Dresden (Teubner.) 8°.

Schubert, Jh. Andr., Theorie der Construction steinerner Bogenbrücken. 1. Thl. Nebst 22 Figurentaf. gr. 8. Leipzig 846, Arnold. n. 5 ⅓ ₰

—— Theorie der Construction steinerner Bogenbrücken. 1. Thl. gr. 8. (XXII und 430 S. mit 22 Stnt. in Fol.) Leipzig 847, Arnoldische Buchh. *

—— mathemat. Uebungs-Aufgaben u. deren Auflösn., zum Gebr. f. Lehrer u. Lernende. 1. u. 2. Bd. gr. 8. Dresden, Arnold.
Bd. 1. Zahlen-Rechnung. 2 Abthln.
1. Abthl. Uebungs-Aufgaben. (9 ½ B.) 829. 12 Gr.
2. „ Auflösungen. (22 ½ B.) 830. 1 Thlr. 12 Gr.
„ 2. Buchstaben-Rechnung u. Algebra. 2 Abthln. 833.
1. Abthl. Uebungs-Aufgaben. (17 B.) 1 Thlr.
2. „ Auflösungen. (23 ½ B.) 1 Thlr. 12 Gr.

— mathemat. Uebungs-Aufgaben u. deren Auflösungen, zum Gebrauche f. Lehrer u. Lernende. 1r Bd. Zahlen-Rechnung. gr. 8. Dresd. u. Leipz. 830. Arnold. 12 gr Auflösungen dazu. gr. 8. Ebd. 830. 1 ₰ 12 gr 2r Bd. Buchstaben-Rechnung u. Algebra. gr. 8. Ebd. 831. 1 ₰ Auflösungen dazu. 833. 1 ₰ 12 gr

Schubert, Joh. Andr., mathemat. Uebungs-Aufgaben f. Lehrer u. Lernende. 1. Bd. Zahlen-Rechnung. 1. Abthl. Uebungs-Aufgaben. 2. Aufl. gr. 8. (9 B.) Dresden u. Leipzig 839, Arnoldische Buchh.
1. Bd. 2. Abthl. u. 2. Bd. 2 Abthln. Ebendas. 1830—33. 4 Thlr.

Schubert, Joh. Andr., mathematische Uebungs-Aufgaben u. deren Auflösungen zum Gebrauche für Lehrer u. Lernende. 1. Bd. Zahlenrechnung. 3. Aufl. gr. 8. (9 B.) Leipzig 846, Arnoldische Buchh. Thlr.

—— dass. 1. Bd. Zahlenrechnung. 2. Abthl. Auflösungen. gr. 8. (22 B.) Ebds. 846.

—— Versuch einer neuen Begründung der Grundlehren der Mechanik. gr. 8. (4 ½ B. u. 2 Figurentaf.) Leipzig 842, Arnoldische Buchh.

—— s. Willoughby de Eresby, Beschreibung des Verfahrens bei dem Pressen des Torfes.

Schubert, Joh. Baptist, Anspruch bei d. „Dtschn. Lehrerversammlung in Berlin", s. Männerchor komp. v. Norbert Hoft, 11 S., 8°.

Der Deutsche Lehrerverein, seine Aufgaben und seine Ziele. Von J. B. Schubert, Oberl. in Augsburg. Bielefeld: Helmich [1910]. 20 S. 8° [Umschlagt.]
(Pädagogische Abhandlungen. N. F. Bd 14, H. 9.) A 12. 7903

Schubert, J. B., der deutsche Lehrerverein, seine Aufgaben u. seine Ziele, s. Abhandlungen, pädagogische. XIV, 9.

Schubert, Joh. Bapt., s.: Repertorium der Pädagogik.

Schubert, J. B.: Uebungs-Gruppen für das Turnen an der wagrechten Leiter in Volks- u. Mittelschulen beiderlei Geschlechts. Hof um 1900. 37 S.

Schubert, J. B., Uebungs-Gruppen f. das Turnen an der wagrechten Leiter in Volks- u. Mittelschulen beiderlei Geschlechts. (V, 37 S. m. Abbildgn.) 8. Hof (904). R. Lion. Geb. n. 1. 25

Schubert, Johann Christian (Zittau) A. S. 1253/9
Disputatio inauguralis medica de vesiculis seminalibus mulierum. Präs. Heinrich Heinrici.
Halle (Zeitler) II. 1712. 26 S. 31617

Schubert, Johann Ernst

— histor. theolog. Abhandl. v. d. Thaten Carls d. Gr. bey den Römern, a. d. Latein. v. Buchholz. 8. Leipzig, Gräff. 789.

— histor.-theolog. Abhandl. von den Thaten Karls des Gr. bei den Römern; aus d. Latein. von Mt. Jh. Buchholz. 8. Leipz. 789. (Wienbrack). 8 gr

— Abhandl. von der heil. Schrift u. deren Kanon. 8. Halle 774. Schwetschke u. S. 6 gr

— Anweis. zur geistl. Beredsamkeit. 8. Jena 743. N. A. 750. Melchior. (Gröker). 20 gr

— Bedenken von den Pajonismus. 4. Jena 755. Gabler. Neue Aufl. mit e. Vorrede u. Anmerkk. (v. E. A. Bertling). 4. Danzig 756.

Schubert, Johann Ernst.

Bedenken von dem Pajonismus. Neue Aufl. Danzig 1756. H: *Bertling, Ernst Aug.* (Ky)

— Betrachtungen üb. d. Leiden u. Sterben J. C. 2 Thle. 8. Halle, Hemmerde u. S. 773.

— Betrachtt. üb. das Leiden u. Sterben Jesu Christi. 2 Thle. 8. Halle 773. Schwetschke u. S. 16 gr.

— überzeugender Beweis, daß die christl. Religion die wahre sey. Nebst e. Vertheidigung wider die Ungläubigen. 4. Jena 744. 2e verb. A. 757. Melchior. 1 rthl. 8 gr.

— überzeugender Beweis v. d. Wahrheit d. christl. Religion. 4. Jena, Melchior. 756.

— commentatio historico-theologica de jurisdictione Pontif. rom. 4. Halae, Hemmerde et S. 764.

— commentatio historico-theologica de jurisdictione pontif. rom. in terris principum romano-catholicorum. 4. Halle 764. Schwetschke u. S. 1 rthl. 4 gr.

— compendium theologiae dogmaticae. 8. Halae, Hemmerde et S. 761.

— compendium theologiae dogmaticae. 8. Halle 761. Schwetschke u. S. 22 gr.

Schubert, Jh. Er., († d. 19. Aug. 1774.) consideratio articulorum fidei. 8. Helmst. 751. Melchior. 6 gr.

— elementa logices. 8. Greifsw. 767. Röse. (Cnobloch in Leipz.) 3 gr.

— Schwedens Errettung; e. feierl. Rede. 4. Greifsw. 773.

— erläut. Frage: ob ein Mensch seinem Schicksale entgehe? mit Anmerkk. 8. Jena 751. (Leipz., Cnobloch). 8 gr.

— erläut. Frage: ob e. Mensch seinem Schicksal entgehe? m. Anmerk. 8. Jena, Melchior. (Gabler.) 751.

— Gedanken v. d. Auferstehung d. Todten. 4. Jena, Melchior. 768.

— Gedanken v. d. Bekehrung e. Sünders vor Gott. 4. Ebend. 745.

— Gedanken von der göttl. Dreifaltigkeit. 4. Jena 751. (Cröker). 16 gr.

— — von dem Ende der Welt. 4. Ebend. 746.

— Gedanken von dem Erlöser des menschl. Geschlechts Jesu Christi. 4. Jena 752. (Cröker). 1 rthl. 12 gr.

— — vom Fall d. Menschen u. v. d. Erbsünde. 4. Ebend. 748.

— Gedanken von der Freyheit d. menschl. Seele. 4. Halle, Hemmerde u. S. 763.

— Gedanken von der Freiheit der menschl. Seele. 4. Halle 763. Schwetschke u. S. 12 gr.

— — v. jüngsten Gericht. 4. Jena, Melchior. 746.

— Gedanken vom göttl. Gnadenruf. 4. Jena 755. Melchior. 18 gr.

— Gedanken von d. Gnadenwahl. 4. Jena 754. Melchior. 14 gr.

— — v. d. allgem. Judenbekehrung u. d. tausendjähr. Reich. 4. Ebend. 747.

— Gedanken v. d. ewigen Leben u. d. Zustand d. Seelen nach d. Tode. 4. Ebend. 747.

— Gedanken von der Prädestination d. Juden. 4. Halle, Hemmerde u. S. 763.

— Gedanken von den Quellen der Gottseligkeit nach d. Lehrbegriffe der Protestanten. 4. Halle 762. Schwetschke u. S. 2 rthl.

— Gedanken von den bischöfl. Rechten der Landesobrigkeit. 4. Halle 763. Schwetschke u. S. 12 gr.

— schriftm. Gedanken v. d. Erneuerung d. Wiedergebornen. 4. Ebend. 746.

— schriftmäß. Gedanken von den Sacramenten. 4. Halle 761. Schwetschke u. S. 2 rthl. 12 gr.

— Gedanken v. d. Seligkeit derer, d. außer d. wahren Kirche leben. 4. Ebend. 748.

— Gedanken v. Tode. 4. Jena, Melchior. 749.

— vernünftige Gedanken von der Rechtfertigung e. Sünders vor Gott. 4. Jena 744 u. 756. (Cnobloch in Leipz.) 1 rthl. 16 gr.

Schubert, Joh. Ernst, Gedanken v. d. Rechtfertigung. 4. Jena, Melchior. (Gabler.) 756. Zthlr.

— Gedanken von d. Ewigk. der Hollenstrafen ic. 4. Jena, Melchior. 748.

Schubert, J. E., vernünftige und schriftmäßige Gedanken von der Ewigkeit der Hollenstrafen. Jena (748.) 753. 4.

Schuberts, J. E., vernunft- und schriftmäßige Gedanken von den Engeln. Jena 748. 4.

— vernünft. u. schriftm. Gedanken v. d. heil. Schrift. 2 Thle. 4. Jena, Melchior. 746.

— Gedanken von der Wahrheit der christl. Religion. 4. Liegnitz 756. (Heymann in Glogau). 1 rthl. 8 gr.

— Gedanken v. d. Wahrheit d. christl. Religion. 4. Liegnitz, Siegert. 756.

— Gedanken v. d. letzten Zeiten. 4. Ebend.

Schubert, Johann Ernst [Praes.], s. Gerstener, Daniel Gottlob: De vario hominum statu morali.

— Geschichte d. Pabsts Virgilius, nebst Betracht. über die Päbste, Concilia u. Glaubensformeln. 8. Halle, Hemmerde u. S. 769.

— Gesch. des Papstes Vigilius, nebst Betrachtt. üb. die Päpste, Concilia u. Glaubensformeln. 8. Halle 769. Schwetschke u. S. 14 gr

— historiae philosophiae P. I. 8. Ienae, Cröcker. 742.

— institutiones metaphysicae. 8. Halle 739 u. 761. Schwetschke u. S. 1 ℛ 4 gr

— institutiones metaphysicae. 8. Halae, Hemmerde et S. 761.

— institutiones theologiae dogmaticae. 8. Jena 749. Ed. II. 753.

— institution. theologiae moralis. 8. Jena 766. Cröker. 18 gr

— institutiones theologiae polemicae. IV Tmi. 8. Jena 755—761. Cröker. 3 ℛ

— theologia polemica. IV Tom. 8. ibid. 760-61.

— introductio in theologiam revelatam. 8. Jena 762. (Cnobloch in Leipz.) 1 ℛ 16 gr

— introductio in theologiam revelatam. 8. Ienae, Melchior. (Gabler.) 762.

— ius principis circa sacra, methodo scientifica delineatum. 8. Vitteb. Knoch. 739.

— Casual-Predigten. 8. Jena 744 u. 757. (Cröker). 16 gr

— Casual-Predigten. 8. Jena, Melchior. (Cröker.) 757.

Schubert, Johann Ernst [Praes.], s. Kraudy v. Saaros, Samuel: De lege.

— logica practica. 8. Vitteb. 742.

Schubert, Johann Ernst [Praes.], s. Magnus, Philipp: De impossibilitate mundi aeterni.

Schubert, Joh. Ernst: „De Obligatione plenipotentiarii erga principem et rempublicam, Von der Pflicht, die ein Bevollmächtigter gegen seinen Fürsten und das gemeine Wesen beobachten muß", 1741. — Vorh.: StB Nürnberg.

— universa philosophia practica in usum auditorii ordine scientifico conscripta. 4. Ienae. 740.

— Predigt v. d. Verdiensten des dreyeinigen Gottes. 4. Jena, Melchior. 751.

— Rede v. d. Gottesfurcht eines Rechtsgelehrten. 8. Jena, Melchior. 747.

— Rede v. d. Verlangen d. abgeschiedenen Seelen. 4. Ebend. 748.

— Rede v. d. Zeitvertreib d. Seelen nach d. Tode. 4. Ebend. 751.

Schubert, Jh. Er., heil. Reden. 2 Thle. 8. Jena 743, 744. (1r Thl. 2e A. 755.) Cröker. 1 ℛ 14 gr

— — — auf außerordentliche Fälle. 8. Halle, Hemmerde u. S. 765.

— heil. Reden auf außerordentl. Fälle. 8. Halle 765. Schwetschke u. S. 6 gr

— Samml. einiger Festpredigten. 8. Jena 754. Cröker. 16 gr

— Schlüsse wider das Papstthum. 8. Jena 756. Cröker. 2 gr

Schubert, Johann Ernst [Praes.], s. Schubert, Wilhelm Julius Ludwig: De investitura per annulum et baculum imperio injuste extorta.

— Sonn- u. Festtags-Predigten üb. d. Evangelien. 2 Thle. gr. 8. Halle, Hemmerde u. S. 770 71. (I. 1 Rthlr. 18 gr. II. 2 Rthlr. 6 gr.)

Schuberts, Joh. E., Trauerrede von der Erscheinung der Seelen nach dem Tode. Jena 746. 8.

— Trauerreden. 8. Halle, Hemmerde u. S. 762.

Schubert, Johann ERnst, s. Unsterblichkeit der Seelen.

— Unterricht v. d. göttl. Kraft d. heil. Schrift. 4. Jena, Melchior. 753.

— Unterricht in der Religion für die Jugend. 8. Helmst. 762. Verm. Aufl. 764. 3e A. 8. Halle 774. Schwetschke u. S. 6 gr

— v. Ursprunge u. Vollkommenheit d. ersten Menschen. 4. Jena, Melchior. 748.

— von der Verbindung d. wahren Gottseligkeit mit der Rechtfertigung. 8. Jena, Crocker. 757.

— de veritate relig. christ. methodo scientif. proposita. 8. Vitteb. Zimmermann. 737.

Schubert, Johannes Ernestus Guilielmus (geb. Thomaswaldau bei Bunzlau 22. 12. 1792): De diabete. Vratislaviae (1817). (24 S.) 4°
Breslau, Med. Diss. v. 25. Juni 1817

Schubert, Johann Fr.

Schubert, Jh. Fr., neue Singschule, od. gründl. u. vollständ. Anw. z. Singkunst. Leipz. 804. Breitkopf u. H. 2 ℛ 16 gr

Schubert, Johannes Georg: Die Aussteuer nach dem Bürgerlichen Gesetzbuche für das Deutsche Reich. Bornau-Leipzig 1905: R. Noske. (VII, 99 S.) 8°
Leipzig, Jur. Fak., Diss. v. 14. Dez. 1905

Schubert, Johann Georg Andreas (Kronstadt/Rum.)
A. S. 586/3
Zoesius redivivus sive institutionum imp. Justiniani cum notis et additionibus theoretico-practicis juris Romani ... liber I. Präs. Leonhard Carlier, Würzburg (Kleyer) 29. IV. 1741. 172 S., 7 Bl.
W. v.: Georg Melchior Strahl, Karl Christoph Löven.

31618

Schubert, Johann Gottlob

Schubert, Jh. Glo., (†1807.) kurze Betrachtt. über die Sonn- u. Festtags-Evangelien. 8 Hefte. 8. Dresd. 792, 793. (W. Nauck in Leipz.) 1 ℳ 4 gℓ

Schubert, J. G., kurze Betrachtungen üb. d. Sonn- u. Festtags-Evangelien. 8. Leipz. Sommer. 793. 1 4

Schubert, J. G., ein Wort zur Erneuerung u. Befestigung des Andenkens an ihn selbst, geredet an seine gewesene Gemeinde, von e. Prediger, welcher beinahe 4 Jahre lebendig begraben war. gr. 8. Dresd. 808. Arnold. 2 gℓ

Das Gebot der Gottesliebe von Johann Valerian Schubert, Lehrer zu Würzburg. 2. Aufl. Paderborn: F. Schöningh 1906. (XVI, 109 S.) 8° [J.]
= Schubert: Katechesen f. kath. Volksschulen. 1. [07. 13155]

Das Gebot der Nächstenliebe von Johann Valerian Schubert, Lehrer zu Würzburg. Paderborn: F. Schöningh 1906. (VII, 181 S.) 8° [J.]
= Schubert: Katechesen f. kath. Volksschulen. 2. [07. 13156]

Schubert, Joh. Valerian, Katechesen f. kathol. Volksschulen. I u. II. 8. Paderborn, F. Schöningh. n. 3.60
I. Das Gebot der Gottesliebe. 2. [Titel-]Aufl. (XVI, 109 S.) [904] 906. n. 1.60
II. Das Gebot der Nächstenliebe. (XVI, 181 S.) 906. n. 2.—

Zur Reform des Katechismus und der Katechese. Von Johann Valerian Schubert, Lehrer. Paderborn: F. Schöningh 1906. (127 S.) 8° [J.] [07. 73188]

Schubert, Johanne Juliane, geb. May, Gedichte. 8. Reichenbach 810. 2e Aufl. mit deren Bildn. 8. Bresl. 812. W. G. Korn. 16 gℓ; (a. Hermann in Glogau). 1 ℳ

— Nachlese einiger Gedichte. 8. Bresl. ... Grass, B. u. C. 3 gℓ

— meine Reise nach Breslau, Leuthen u. Neumarkt, angetreten d. 15. Septbr. u. vollendet d. 1. Octbr. 1808. 8. Bresl. 812. (Grass, B. u. C.) 3 gℓ

Schubert, Johanne Juliane, meine Reise nach Breslau, Leuthen u. Neumarkt, angetreten d. 15. Sept. u. vollendet d. 1. Oct. 1808. 8. Bresl. Holäufer. 812.

Schubert, Johannes, s. Schubert, Johann.

Schubert, Josef

Schubert, J., der Aderlass in therapeutischer Beziehung. Vortrag, geh. auf dem XV. Balneologen-Kongresse zu Berlin. gr. 8. (36 S.) Wien 898. M. Perles. n. 1.—

Die Blutentziehungskuren. Ihre Gesch., Theorie, Indication, Technik u. Nachbehandlg. F. Ärzte u. Studier. v. Dr. med. Josef Schubert, Besitzer des Sanat. Bad Nerothal in Wiesbaden ... *Stuttgart: A. Zimmer 1896.* (VIII, 152 S.) 1 Bd 8. [96. 7845]

Schubert, Jos., die Feld- u. Gebirgs-Artillerien der europäischen Staaten im J. 1890. Imp.-4. (47 S. m. 16 Fig.-Taf. in qu. Fol.) Wien 890. Seidel & Sohn. n. 12.—

Schubert, Jos., Genossen heraus, es brennt im eigenen Haus! (Die Lehren der Socialdemokraten v. ihnen selbst widerrufen.) 8. (III, 81 S.) Graz 900. Styria. n. —50

Schubert, Jos., ein Mißverständnis. Morgens — Mittags — Abends in der Wirtschaft „Zum roten Ochsen“, s.: Vereinstheater, neues.

Schubert, Jos., die Opfer ihrer Moral. Novellen. (V, 194 S.) 8. Dresden 905. E. Pierson. n. 3.—; geb. n. 4.—

— die Theorie der Blutentziehungen u. ihre eminente Bedeutung f. die gesammte Therapie. [Aus: „Wiener med. Wochenschr.“] gr. 8. (20 S.)
Wien: Perles 1894

Schubert, Josef Johann — Der fromme Waller nach dem Gnadenorte Maria Zell in Steiermark. Ein Wallfahrtbuch aus bewährten Kirchenschriftstellern entnommen und für die Wiener Prozession eingerichtet von — —. 2te verbesserte und vermehrte Auflage. Wien. Druck von Josef Stöckholzer von Hirschfeld. Bei Jakob Wallner. (479 S. 8. Mit einem Titelkupfer.) 1857.

Schubert, Julius

Schubert, J., 40 Choral-Melodien f. den Schulunterricht. Anh. zum deutschen Liederschatze. 3., unveränd. Ster.-Aufl. gr. 8. (20 S.) Breslau 889. Woywod. n. — 15

Schubert, Jul., 40 Choral-Melodien f. den Schulunterricht. Anh. zum deutschen Liederschatze v. J. S. 4. unveränd. Aufl. gr. 8. (20 S.) Breslau 894. M. Woywod. n. — 15; kart. n. — 25

[J.] Vierzig Choral-Melodien für den Schulunterricht. Anhang z. Deutschen Liederschatze v. Julius Schubert. 6. nach d. Melodienbuche f. d. evang. Gemeinden Schlesiens verb. Aufl. *Breslau: M. Woywod 1898.* (20 S.) 1 Bd 8. [98. 19943]

Schubert, Jul., deutscher Liederschatz für Mädchenschulen. 3 Hefte. 8. Breslau 880, Trewendt und Granier. *

Inhalt:
Heft 1. Singen nach dem Gehör. (24 S.) * 30 Pf.
" 2. Singen nach Noten. (32 S.) * 40 Pf.
" 3. Zweistimmige Lieder. (52 S.) * 50 Pf.

—— deutscher Liederschatz. 4 Hefte. gr. 8. Breslau, Woywod. * cart. *

Inhalt:
Heft 1. Singen nach Gehör. 2. und 3. Aufl. (24 S.) 883,84. * 30 Pf.; cart. * 40 Pf.
" 2. Singen nach Noten. 2. und 3. Aufl. (36 S.) 883,84. * 40 Pf.; cart. * 50 Pf.
" 3. Zweistimmige Lieder. 2. Aufl. Ausg. für Knabenschulen. (60 S.) * 40 Pf.; Ausg. für Mädchenschulen. (56 S.) 882. * 40 Pf.; 3. Aufl. (56 S.) 884. * 50 Pf.; cart. * 60 Pf.
" 4. Zwei- und dreistimmige Gesänge. 1. und 2. verm. Aufl. (III, 84 S.) 882,84. * 70 Pf.; geb. * 80 Pf.

—— dass. — Anhang. 40 Choral-Melodieen für den Schulunterricht. gr. 8. (19 S.) Ebendas. 883. * cart. *

—— dass. — Anhang, s. Choralmelodien, vierzig, für den Schulunterricht.

—— dass. — 3. Heft. Ausg. für Knabenschulen. 3. Aufl. 8. (60 S.) Ebendas. 885. * — 50

Schubert, Jul., deutscher Liederschatz. 2. Heft. 4. unveränd. Aufl. 8. (36 S.) Breslau 887, Woywod. * — 40

—— dass. — 3. Heft. Ausg. für Mädchenschulen. 4. Aufl. 8. (56 S.) Ebendas. 888. * — 50
1. und 4. Heft. Ebendas. 1884. cart. * ℳ 1.20.

— dasselbe. 4. Hft. [2- u. 3stimm. Gesänge.] 3., verm. Aufl. 8. (96 S.) Ebd. 889. n. — 70

Schubert, Jul. Deutscher Liederschatz. 1.—4. Heft. gr. 8. Bresl., Woywod. * 1 90; cart. * 2 30
1. Singen nach Gehör. 4. Aufl. (24 S.) 888. * — 30; cart. * — 40. — 2. Singen nach Noten. 5. Aufl. (36 S.) 891. * — 40; cart. * — 50. — 3. Zweistimmige Lieder. Ausg. f. Knabenschulen. 4. Aufl. (60 S.) 889. * — 50; cart. * — 60; 3. Dass. — f. Mädchenschulen. 5. Aufl. (56 S.) 891. * — 50; cart. * — 60. — 4. Zwei- u. dreistimmige Gesänge. 4. Aufl. (96 S.) 892. * — 70; cart. * — 80.

— deutscher Liederschatz. 1.—4. Hft. [Singen nach Noten.] gr. 8. Ebd. n. 2. 40; kart. n. 2. 90
1. Singen nach Gehör. 5. unveränd. Aufl. (24 S.) 893. n. — 30; kart. n. — 40
2. 5. unveränd. Aufl. (36 S.) 891. n. — 40; kart. n. — 50
3. (2stimmige Lieder.) Ausg. f. Knabenschulen. 5. unveränd. Aufl. (60 S.) 894. n. — 50; kart. n. — 60
3. Ausg. f. Mädchenschulen. 5. unveränd. Aufl. (56 S.) 891. n. — 50; kart. n. — 60
4. [2- u. 3stimmige Gesänge.] 4. unveränd. Aufl. (96 S.) 892. n. — 70; kart. n. — 80

— Deutscher Liederschatz. 2.—4. Hft. gr. 8. Ebd. n. 1. 60; kart. n. 1. 90
2. (Singen nach Noten.) 7., unveränd. Aufl. (36 S.) 898. n. — 40; kart. n. — 50
3. (Zweistimmige Lieder.) 6., unveränd. Aufl. Ausgabe f. Mädchenschulen. (56 S.) 895. n. — 50; kart. n. — 60
4. (Zwei- u. dreistimmige Gesänge.) 5., unveränd. Aufl. (96 S.) 896. n. — 70; kart. n. — 80

Schubert, Jul., deutscher Liederschatz. 2.—4. Hft. 8. Breslau, M. Woywod. n. 1. 60; kart. n. 1. 90
2. (Singen nach Noten.) 8. Aufl. (36 S.) 902. n. — 40; kart. n. — 50
3. (Zweistimmige Lieder.) 8. Aufl. Ausg. f. Mädchenschulen. (56 S.) 902. n. — 50; kart. n. — 60
4. (2- u. 3stimm. Gesänge.) 7. Aufl. (96 S.) 901. n. — 70; kart. n. — 80

Schubert, Jul., deutscher Liederschatz. 4. Heft. (Zwei- u. dreistimm. Gesänge.) 8. Aufl. (96 S.) gr. 8. Breslau 908. M. Woywod. n. — 70; kart. n. — 80

Deutscher Liederschatz. Hrsg. von Julius **Schubert**. 10. Aufl. H. 4. Breslau: M. Woywod 1907. 8° [F.] 08. 5536 2

Schubert, Jul., deutscher Liederschatz. I., III. u. IV. Heft. 8. Breslau. Bielefeld, M. Woywod. Kart. 1. 80
I. (Singen nach Gehör.) 8. Aufl. (24 S.) 907. Kart — 40
III. Zweistimmige Lieder.) 9. Aufl. Ausg. f. Mädchenschulen. (56 S.) 907. — 50; kart. — 60
IV. (Zwei- u. dreistimmige Gesänge.) 11. Aufl. (96 S.) 908. Kart. — 80

Deutscher Liederschatz. Hrsg. von Julius **Schubert.** H. 1–4. Breslau: Woywod 1907–10. 8°
1. ⟨Singen nach Gehör⟩. 8. Aufl. 1907. 2. ⟨Singen nach Noten⟩. 10. Aufl. 1910. 3. ⟨Zweistimmige Lieder⟩. 9. Aufl. 1907. 4. ⟨Zwei- u. dreistimmige Gesänge.⟩ 10. Aufl. 1907. 11. 5558

Schubert, K.: Das Anerbenrecht nach dem Gesetze vom 2. Juli 1898. Ein Überblick über d. Gesetz nebst Erl. Soest: P. G. Capell 1899. (38 S.) 8°

Schubert, K., das Anerbenrecht nach dem Gesetze vom 2. VII. 1898. Ein Ueberblick üb. das Gesetz nebst Erläutergn. Mit Genehmigg. der königl. General-Commission zu Münster hrsg. gr. 8. (38 S.) Soest 899. Ritter. n. — 60; kart. n. — 80

Schubert, K., Staphylinidae, s.: Coleopterorum catalogus. (Bernhauer, M.)

Schubert, Karl —. Die Anfangsgründe der allgemeinen und besonderen Geographie. Für Volks- und Töchterschulen bearbeitet von — —. Mit in den Text gedruckten Holzschnitten. 8. (IV, 108 S.) Wien. Gedruckt bei Leopold Sommer. Sallmayer und Komp. 1854.

Schubert, Karl, Anfangsgründe der allgemeinen u. besonderen Geografie. Ein Leitfaden für den ersten Unterricht in der Erdbeschreibung. Mit in den Text gedr. Holzschn. 2., umgearb. Aufl. Wien 863. Sallmayer & Co. 8. (2 Bl., 87 S.) n. 8 ngr.

— Anfangsgründe der allgemeinen und besonderen Geographie. Ein Leitfaden für den ersten Unterricht in der Erdbeschreibung. Mit in den Text gedruckten Holzschnitten. 4. verbesserte Auflage. 8. (87 S.) Wien, Sallmayer & Comp. 1869.

Schubert, Karl, Anfangsgründe der allgemeinen und besonderen Geografie. Ein Leitfaden für den ersten Unterricht in der Erdbeschreibung. 6.—9. verb. Aufl. (IV, 87 S.) 1870—72. 40 Pf., und 10. verb. und verm. Aufl. gr. 8. (IV, 96 S. mit in den Text gedr. Holzschn.) Wien 872, Sallmayer und Comp. * — 50

Schubert, Karl, Anfangsgründe der allgemeinen u. besonderen Geografie. Ein Leitfaden f. den ersten Unterricht in der Erdbeschreibg. Mit in den Text gedr. Holzschn. 10. verb. u. verm. Aufl. 8. (IV, 96 S.) Wien 872. Graeser. n. — 50

Schubert, Karl, Anfangsgründe der allgemeinen und besonderen Geografie. Ein Leitfaden für den ersten Unterricht in der Erdbeschreibung. 11.—13. verb. und verm. Aufl. gr. 8. (IV, 96 S. mit in den Text gedr. Holzschn.) Wien 873—76, Graeser. * — 64

Schubert, Karl, Anfangsgründe der Geographie für Volksschulen. [Zunächst für das 6.—8. Schuljahr der vier- und fünfclass. und für das 5.—8. Schuljahr der sechsclass. Volksschulen]. 14. [für vier-, fünf- und sechsclass. Volksschulen] umgearb. Aufl. gr. 8. (IV, 127 S. mit in den Text gedr. Holzschn.) Wien 881, Graeser. geb. **

— Anfangsgründe der Naturlehre. Für die oberen Klassen der Volks- u. Töchterschulen leichtfaßlich dargestellt. 2. gänzl. umgearb. Aufl. Mit in den Text gedr. Holzschnitten. 853. (IV, 144 S.) — 3. verb. etc. Aufl. Wien 855. Sallmayer u. Co. 8. (IV, 157 S.) n. 15 ngr

Schubert, Carl, Anfangsgründe der Naturlehre. Für die oberen Klassen der Volks- und Töchterschulen leichtfaßl. dargestellt. 4., verb. und verm. Aufl. 8. (158 S. mit in den Text gedr. Holzschn.) Wien 859, Sallmayer und Comp. *

Schubert, Karl, Anfangsgründe der Naturlehre für die oberen Klassen der Volks- u. Töchterschulen leichtfaßlich dargestellt. 5. verb. u. verm. Aufl. Mit in den Text gedr. Holzschnitten. 8. (142 S.) Wien, Sallmayer & Comp. 1863 70 kr.

—— Anfangsgründe der Naturlehre. Für die oberen Klassen der Volks- und Töchterschulen leichtfaßlich dargestellt. 6., verb. und verm. Aufl. 8. (146 S. mit in den Text gedr. Holzschn.) Wien 867. Sallmayer und Comp.

Schubert, Karl, die Anfangsgründe der Naturlehre [Physik u. Chemie.] Für die Oberklassen der Volks- u. die Mittelklassen der Bürgerschulen. 9. verb. u. verm. Aufl. Mit 70 in den Text gedr. Holzschn.) gr. 8. (202 S.) Ebend. 874. n. 1. 90

—— die Anfangsgründe der Naturlehre [Physik und Chemie]. Für die Oberklassen der Volks- und die Mittelklassen der Bürgerschulen. 10. unveränd. Aufl. gr. 8. (202 S. mit 70 in den Text gedr. Holzschn.) Ebendas. 879. cart. * 1 20

Schubert, K., die Anfangsgründe d. Realien. Eine übersichtliche Darstellung des Wissenswerthesten aus der Geographie, Geschichte, Menschenkunde, Naturgeschichte u. Naturlehre f. d. Oberclassen d. Volks- u. Töchterschulen und f. Wiederholungsschulen. 8. (192 S.) Wien, Dirnböck. 1860.

Schubert, Carl, die Anfangsgründe der Realien. Eine übersichtl. Darstellung des Wissenswertesten aus der Geografie, Geschichte, Menschenkunde etc. Für die Oberklassen gehobener Volks- und Töchterschulen, sowie für Wiederholungs- und Fortbildungsschulen. 2., umgearb. Aufl. Mit in den Text gedr. Holzschn. 3 Thle. 8. Wien 866, Dirnböck's Buchh. à Thl. * 8 Ngr.

Inhalt:
Thl. 1. Das Wichtigste aus der Geografie und Geschichte. (VIII und 120 S.)
" 2. Das Wichtigste aus der Menschenkunde und Naturgeschichte. (120 S.)
" 3. Das Wichtigste aus der Naturlehre und Chemie. (116 S.)

—— die Anfangsgründe der Realien. Eine übersichtl. Darstellung des Wissenswertesten aus der Geographie, Geschichte, Menschenkunde, Naturgeschichte, Naturlehre und Chemie. Für die Oberklassen der Volks- und Mittelklassen der Bürgerschulen. 3.—8. verb. Aufl. Mit in den Text gedr. Holzschn. 3 Thle. gr. 8. Wien 866—74, Dirnböck's Buchh. à Thl. 80 Pf. 2 40

Inhalt:
Thl. 1. Das Wichtigste aus der Geographie und Geschichte. (135 S.)
„ 2. Das Wichtigste aus der Menschenkunde und Naturgeschichte. (128 S.)
„ 3. Das Wichtigste aus der Naturlehre und Chemie. (116 S.)

—— die Anfangsgründe der deutschen Sprachkenntnis. Eine übersichtliche Darstellung des Wissenswertesten aus der Grammatik und Stilistik. 2 Thle. 8. Wien 865, Sallmayer und Comp. *

Inhalt:
Thl. 1. Abthl. 1. Der Satz und die Satzzeichen. (VII und 96 S.) Einzeln * 8 Ngr.
„ 1. „ 2. Das Wort und dessen Schreibung. (143 S.) Einzeln * 10 Ngr.
„ 2. Die schriftliche Darstellung der Gedanken. (126 S.) Einzeln * 10 Ngr.

—— die Anfangsgründe der deutschen Sprachkenntnis. Eine übersichtl. Darstellung des Wissenswertesten aus der Grammatik und Stilistik. 2., verb. Aufl. 1. Thl. 2 Abthlgn. gr. 8. Wien 870, Sallmayer und Comp. * 1 80

Inhalt:
Abthl. 1. Der Satz und die Satzzeichen. (VI, 97 S.) * 80 Pf.
„ 2. Das Wort und dessen Schreibung. (143 S.) * M 1.

Schubert, Karl, theoretisch-praktische Anleitung zum Gebrauche des Lesebuches in der Volks- und Bürgerschule. Für Lehramtszöglinge, Lehrer und Lehrerinnen bearb. 2 Thle. gr. 8. Wien 885, Perles. à Lfg. * 60 Pf. * 6 60

Inhalt:
Thl. 1. Die Behandlung des Lesestoffes in der Volks- und Bürgerschule. 5 Lfgn. (XII, 228 S.) * M 3.—.
„ 2. Die Verwertung des Lesestoffes in der Volks- und Bürgerschule. 6 Lfgn. (V, 221 S.) * M 3.60.

Schubert, Karl Theoretisch-praktische Anleitung z. Gebrauche d. Lesebuches in der Volks- u. Bürgerschule. 2 Thle. 2. (Titel-)Aufl. 10 Lfgn. gr. 8. Wien 890, Perles. à Lfg. * — 60; * 6 —
1. Thl. Die Behandlung d. Lesestoffes. 5 Lfgn. (228 S.) — 2. Thl. Die Verwertung d. Lesestoffes. 5 Lfgn. (224 S.)

—— Aufgaben zum Unterricht in der Arithmetik. Für die Hand der Schüler an Volks- und Bürgerschulen. 1.—3. Bdchn. gr. 8. Wien 875, Dirnböck's Buchh. * 1 20

Inhalt:
Bdchn. 1. Für die 6. Klasse der 8klass. Volks- und Bürgerschulen und die 1. Klasse der selbständ. 3klass. Bürgerschulen. (VIII, 149 S.)
„ 2. Für die 7. Klasse der 8klass. Volks- und Bürgerschulen und die 2. Klasse der selbständ. 3klass. Bürgerschulen. (IV, 107 S.)
„ 3. Für die 8. Klasse der 8klass. Volks- und Bürgerschulen und die 3. Klasse der selbständ. 3klass. Bürgerschulen. (IV, 117 S.)

Schubert, Karl, Aufgaben zum Unterrichte im Rechnen. Für die Hand der Schüler an Volks- und Bürgerschulen. 1.—5. Bdchn. 8. Wien 873, Dirnböck's Buchh. *

Inhalt:
Bdchn. 1. [2. Schuljahr.] (IV, 65 S.) * 50 Pf.
„ 2. [3. Schuljahr.] (IV, 98 S.) * 75 Pf.
„ 3. [4. Schuljahr.] (IV, 87 S.) * 75 Pf.
„ 4. [5. Schuljahr.] (IV, 82 S.) * 75 Pf.
„ 5. [6. Schuljahr.] (IV, 80 S.) * 75 Pf.

—— Aufgabensammlung für mündliche und schriftliche Uebungen in der Muttersprache. (Für die 4. Klasse der Hauptschulen.) gr. 8. (IV und 172 S.) Wien 856, Prandel und Meyer. *

— Aufgabensammlung für mündliche und schriftliche Uebungen in der Muttersprache. Für die Oberklassen der Volksschulen u. die Unterklassen der Mittelschulen. 3., verb. Aufl. Wien 865. Prandel. gr. 8. (VI, 176 S.) n. 16 ngr.

—— Aufgabensammlung für mündliche und schriftliche Uebungen in der Muttersprache. Für die Oberklassen der Volksschulen und die Unterklassen der Mittelschulen. 4. Aufl. 1870, und 5. verb. Aufl. gr. 8. (VIII, 184 S.) Wien 873, (Gronemeyer.)

— die Aufsatzübungen in der Volksschule. Ein Kommentar beim Gebrauche der „Musterbeispiele u. Aufgabenstoffe für den Elementarunterricht im schriftl. Aufsatze." Wien 868. Sallmayer & Comp. gr. 8. (VIII, 237 S.) n. 20 ngr.

Schubert, Karl, deutsche Beispiel-Grammatik. Geordnete Sammlung von Musterbeispielen aus dem deutschen Sprichwörterschatze und den Werken deutscher Dichter und Prosaiker. Ein Hilfsmittel bei Ertheilg. d. Unterrichtes in der Satzlehre f. die Oberclassen der Volks- u. Bürgerschulen, f. Mittelschulen, Lehrer- u. Lehrerinnen-Bildungsanstalten. gr. 8. (XII, 315 S.) Wien 883. Pichler's Wwe. & Sohn. n. 4. —

Schubert, Karl, deutsche Beispiel-Grammatik. Geordnete Sammlg. von Musterbeispielen aus dem deutschen Sprichwörterschatze u. den Werken deutscher Dichter u. Prosaiker. Ein Hilfsmittel bei Ertheilg. des Unterrichtes in der Satzlehre f. die Oberclassen der Volks- u. Bürgerschulen, f. Mittelschulen, Lehrer- u. Lehrerinnen-Bildungsanstalten. 2., unveränd. Aufl. gr. 8. (XII, 315 S.) Wien 899. A. Pichler's Wwe. & Sohn. n. 3. —

Schubert, Karl [pr. Arzt]: Ein Beitrag zur Casuistik des congenitalen Radiusdefectes ... Leipzig, Druck v. A. Edelmann, Univ.-Buchdr., 1895; 25 S. 8.
Leipzig, Med. Fak., Inaug.-Diss. v. 10. Juli 1895

Schubert, Carl. Experimentelle Beiträge zur Toxikologie des Phosphors und des Arseniks. Bonn, 1889. (35 S.)
Diss.v.26.3.1889.

Schubert, Carl: Beiträge zur Kenntnis der Dissoziation einiger Oxyde, Karbonate und Sulfide. 1910. 72 S. 8° ¶ Ermittelte Dissoziationstemperaturen in: Zeitschrift f. Elektrochemie u. angewandte phys. Chemie. Jg. 18. 1912.
Dresden, Dr.-Ing.-Diss. v. 2. 11. 1910

—— das Dezimalrechnen in den unteren drei Klassen der Volks- und Bürgerschulen. Ein Beitrag zur Methodik des Rechenunterrichtes. gr. 8. (82 S.) Wien 877, Pichler's Wwe. und Sohn. — 80

von Schubert, Carl, Referendar: Der Eintritt eines Gesellschafters in die offene Handelsgesellschaft. Berlin 1904: E. Streisand. (X, 87 S.) 8°
Heidelberg, Jur. Fak., Ref. Schröder, Diss. v. 20. Dez. 1904
[Geb. 15. Okt. 82 Berlin; Wohnort: Berlin; Staatsangeh.: Preußen; Vorbildung: Wilhelmsgymn. Berlin M. 00; Studium: Bonn 4, Berlin 3 S.; Rig. 10. Juni 04.]

—— das Flächenmodell beim Unterrichte in der geometrischen Formenlehre. Ein Beitrag zur Förderung des Unterrichtes in der Elementar-Geometrie. gr. 8. (III, 47 S. mit eingedr. Holzschn.) Ebendas. 879. * — 80

Schubert, C., u. H. Ficinus, Flora der Gegend um Dresden, siehe: Ficinus, H.

Schubert, Carl [aus Dresden]: Über den primären Gallenblasenkrebs und seine Beziehungen zu Gallensteinen ... Leipzig, Druck v. M. Hoffmann, 1893; 61 S. 8.
Freiburg i. B., Med. Fak., Inaug.-Diss. v. 1893

Schubert, Carl, üb. den primären Gallenblasenkrebs u. seine Beziehungen zu Gallensteinen. Diss. gr. 8. (61 S.) Leipzig 893. (Tübingen, A. Moser.) n.n. 1 20

Schubert, Karl, kurzgefaßte Geschichte der [illegible] archie. Für Volks- und Bürgerschulen herausgegeben. [illegible] Auflage des Werkchens „Oesterreich und seine Geschichte" [illegible] Karl. 8. [illegible] Wien, [illegible] 1870 [illegible]

Schubert, Karl, kurzgefaßte Geschichte der österreichisch-ungarischen Monarchie für Volks- und Bürgerschulen. 4. neu bearb. Aufl. 8. Wien 878, Dirnböck's Buchh. * — 80

—— Geschichte für Volks- und Bürgerschulen. 1. Thl.: Für die 6. Klasse. 8. Ebendas. 876. * — 80

— Grundriß der allgemeinen u. besonderen Geografie. Für Schule u. Haus leichtfaßlich dargestellt. Mit in den Text gedr. Holzschn. Wien 862. Sallmayer & Co. 8. (2 Bl., 212 S.) 18 ngr.

—— Grundriß der allgemeinen und besonderen Geografie. Für Schule und Haus leichtfaßlich dargestellt. 2., verb. und verm. Aufl. 8. (III und 230 S. mit in den Text gedr. Holzschn.) Wien 866, Sallmayer und Comp.

—— Grundriß der allgemeinen und besondern Geografie. Für Schule und Haus leichtfaßlich dargestellt. 3., verb. Aufl. gr. 8. (IV, 236 S.) Ebendas. 869. *

— Grundriß der Weltgeschichte. Für Schule und Haus leichtfaßlich dargestellt. Wien 866. Prandel. gr. 8. (VIII, 244 S.) n. 24 ngr.

—— Grundriß der Weltgeschichte. Für die Oberklassen der Bürgerschulen und höheren Töchterschulen. 2., verm. und verb. Aufl. gr. 8. (VIII, 248 S.) Wien 871, Gronemeyer. *

— Handbuch zur Ergänzung u. Belebung d. Unterrichts in den Realien. Eine Beigabe f. den Lehrer beim Gebrauche der Anfangsgründe der Realien. 3 Thle. 2. Aufl. gr. 8. Wien 873. Dirnböck. à n. 1. 60

1. Skizzen u. Bilder aus der Geographie u. Geschichte. (266 S.)
2. Skizzen u. Bilder aus der Menschenkunde u. Naturgeschichte. (275 S.)
3. Skizzen u. Bilder aus der Naturlehre u. Chemie. (285 S.)

Dass.Th.2.3.(1.Aufl.)Ebda.1868.1870.

—— Heimathskunde des Herzogthums Oesterreich unter der Enns. Für Volks- und Bürgerschulen Niederösterreichs bearb. 2. verm. und verb. Aufl. 8. (143 S.) Wien 873. Graeser. * 1 —

Schubert, Karl

Die Jagd nach dem Glucke. Roman. Bd 1-3. Leipzig: Gunther 1872. 8°

Vgl.Schubert,Friedr.Karl.

— Lehrbuch der Geometrie f. Bürgerschulen u. die Oberklassen der erweiterten Volksschule. 3 Thle. gr. 8. Wien 874. Hölder. n. 4. 60

1. Mit 174 in den Text gedr. Holzschn. (168 S.) n. 1. 50
2. Mit 245 in den Text gedr. Holzschn. (159 S.) n. 1. 80
3. Mit 93 in den Text gedr. Holzschn. (93 S.) n. 1. 30

— Leitfaden der geometrischen Formenlehre. Für die Oberklassen der allgemeinen Volksschule. Mit 112 in den Text gedruckten Holzschnitten. 8. (IV u. 90 S.) Wien, Dirnböck's B. (Georg Traudt) 1867.

Schubert, Karl, Leitfaden der geometrischen Formenlehre. Für die Oberklassen der allgemeinen Volksschule. 2. verbesserte Auflage. Mit 112 in den Text gedruckten Holzschnitten. 8. (IV u. 90 S.) Wien. Dirnböck's B. (G. Traudt.) 1870

- Leitfaden der geometrischen Formenlehre. Für Volks- u. Bürgerschulen. 4. gänzlich umgearb. Aufl. 1. Abth. Die eckigen Körper. Mit 130 in den Text gedr. Holzschn. 8. (IV, 97 S.) Wien 876. Dirnböck. n. — 80

—— deutsches Lesebuch für Volks- und Bürgerschulen. 1.—5. Thl. gr. 8. Ebendas. 874,75. *

Inhalt:

Thl. 1. [Für das 2. Schuljahr.] (IV, 114 S.) * 47 Pf.
" 2. [Für das 3. Schuljahr.] (VI, 170 S.) * 80 Pf.
" 3. [Für das 4. Schuljahr.] (VI, 194 S.) * M. 1.5.
" 4. [Für das 5. Schuljahr.] (VI, 252 S.) * M. 1.35.
" 5. [Für das 6. Schuljahr.] (VIII, 328 S.) * M. 1.50.

— deutsches Lesebuch f. Volks- u. Bürgerschulen. 5 Thle. gr. 8. Wien 874. 76. Hölder. n. 5. 17

1. [Für das 2. Schulj.] (IV, 114 S.) n. — 47. — 2. [Für das 3. Schulj.] (VI, 170 S.) n. — 80. — 3. [Für das 4. Schulj.] (VI, 194 S.) n. 1. 5. — 4. [Für das 5. Schulj.] (VI, 252 S.) n. 1. 35. — 5. [Für das 6. Schulj.] (VIII, 328 S.) n. 1. 50.

—— deutsches Lesebuch für Volks- und Bürgerschulen. 7 Thle. gr. 8. Wien, Hölder. cart. ** 6 52

Inhalt:

Thl. 1. Für das 2. Schuljahr. 2. umgearb. Aufl. (VI, 87 S.) 877. ** 56 Pf.
" 2. Für das 3. Schuljahr. 2. umgearb. Aufl. (VI, 136 S.) 877. ** 72 Pf.
" 3. Für das 4. Schuljahr. 2. umgearb. Aufl. (VI, 182 S.) 877. ** 92 Pf.
" 4. Für das 5. Schuljahr. 2. umgearb. Aufl. (VI, 196 S.) 877. ** M. 1.
" 5. Für das 6. Schulj. 2. umgearb. Aufl. (VI, 282 S.) 877; 3. verb. Aufl. (VI, 218 S.) 879. ** M. 1,08.
" 6. Für das 7. Schuljahr. (VII, 216 S.) 878. ** M. 1,12.
" 7. Für das 8. Schuljahr. (VII, 215 S.) 878. ** M. 1,12.

—— deutsches Lesebuch für Volks- und Bürgerschulen. 6. und 7. Thl. 2. Aufl. gr. 8. Wien 879, Hölder. à Thl. * M. 1,12. *

Inhalt:

Thl. 6. Für das 7. Schuljahr. (VII, 199 S.)
" 7. Für das 8. Schuljahr. (VII, 205 S.)
1.—5. Thl. Ebendas. 1877—79. * M. 4,28.

—— deutsche Lesestücke in unterrichtlicher Behandlung und Verwertung. Zunächst als Commentar zu den im k. k. Schulbücherverlage in Wien erschienenen Lesebüchern für österreich. Volksschulen. 6 Bde. gr. 8. Wien, Pichler's Wwe. und Sohn. * 28 —

Inhalt:

Bd. 1. Die Lesestücke der Schreiblese- und der Normalwörter-Fibel, des 1. Thls. des fünftheil. und jene 62 Lesestücke aus dem 1. Thle. des dreitheil. Lesebuches, welche auch in der letztgenannten Fibel und im 1. Thle. des fünftheil. Lesebuches vorkommen. (V, 219 S.) 885. * M. 2.80.
" 2. Die Lesestücke im 2. Thle. des acht- und des fünftheil., nebst den correspondierenden Nummern aus dem 1. und 2. Thle. des dreitheil. Lesebuches und den nur im 1. Thle. des letzteren vorkommenden Stücken. (415 S.) 886. * M. 5.20.
" 3. Die Lesestücke im 3. Thle. des acht- und des fünftheil., nebst den correspondierenden Nummern aus dem 2. und 3. Thle. des dreitheil. Lesebuches und den nur im 2. Thle. des letzteren vorkommenden Stücken. (370 S.) 886. * M. 4.80.
" 4. Die Lesestücke im 4. Thle. des achttheil. und die mit ihnen correspondierenden Nummern aus dem 4. Thle. des fünftheil., sowie aus dem 2. und 3. Thle. des dreitheil. Lesebuches. (IV, 374 S.) 887. * M. 4.80.
" 5. Die Lesestücke im 5. Thle. des achttheil. und die mit ihnen correspondierenden Nummern aus dem 4. und 5. Thle. des fünftheil., sowie aus dem 2. und 3. Thle. des dreitheil. Lesebuches. (V, 355 S.) 888. * M. 4.80.
" 6. Die im achttheil. Lesebuche nicht vorkommenden Lesestücke aus dem 4. und 5. Thl. des fünftheil. und aus dem 3. Thle. des dreitheil. Lesebuches. (28 Bog.) 889. * M. 5.60.

Schubert, (C.,) Lichenes exsiccati etc., s. Reichenbach, H.G.L.

— die neuen österreichischen Maße u. Gewichte u. das Rechnen mit denselben. Für die Oberklassen der Volks- u. Bürgerschulen, wie auch f. den Selbstunterricht dargestellt. Mit 13 in den Text gedr. Holzschn. gr. 8. (87 S.) Wien 873. Dirnböck. n — 80

— Materialien für den Anschauungsunterricht in der Unterklasse (auch für den sachlichen Unterricht in der 2. u. 3. Klasse.) Bearb. nach dem „Stoff zur Anschauung." Wien 857. Sallmayer u. Co. 8. (IV, 208 S.) n. 16 ngr.

—— Materialien für den Anschauungsunterricht in der Unterklasse (auch für den sachl. Unterricht in der 2. und 3. Klasse). Bearb. nach dem „Stoff zur Anschauung". 2., verb. Aufl. 8. (VIII und 196 S.) Wien 864, Sallmayer und Comp. *

— Materialien für den Anschauungsunterricht in der Unterklasse. 3., verb. u. verm. Aufl. Wien 869. Sallmayer & Comp. gr. 8. (III, 210 S.) n. 16 ngr.

—— Materialien für den Anschauungsunterricht in der Unterklasse. 4. verb. und verm. Aufl. gr. 8. (223 S.) Wien 879, Graeser. * 2 —

— Materialien f. die Schulpraxis u. Lehrerfortbildung, s.: Hofer, J.,

Schubert, Karl: Musikalien-Notizbuch. Leipzig: Hug 1906. (117 S.) 16°

—— Musterbeispiele und Aufgabenstoffe für den Elementarunterricht im schriftlichen Aufsatze. 3 Hefte. 8. Wien 867, Sallmayer und Comp. *

Inhalt:
Heft 1. Die Unterstufe. (Für die 2. Klasse der Volksschule.) (IV und 80 S.) * 8 Ngr.
" 2. Die Mittelstufe. (Für die 3. Klasse der Volksschule.) (142 S.) * 14 Ngr.
" 3. Die Oberstufe. (Für die 4. Klasse der Volksschule.) 2 Abthlgn. [1. Abthl. (88 S.) * 8 Ngr., 2. Abthl. (105 S.) * 10 Ngr.] * 18 Ngr.

—— dass. — Ausg. für den Lehrer. gr. 8. (X und 416 S.) Ebendas. 867. *

— Musterbeispiele u. Aufgabenstoffe f. den Elementarunterricht im schriftlichen Aufsatze. 3. Hft.: Die Oberstufe. [Für die oberen Klassen der Volksschule.] 1. u. 2. Abth. 2. verb. Aufl. 8. (88 u. 104 S.) Wien 872. 74. Graeser. n.n. 1. 80

—— und Ferd. Schubert, Naturgeschichte, s. Schubert, Ferd.

—— Nieder-Oesterreich. Kleine Heimathskunde. 5. Aufl. 8. (24 S.) Wien 877, Pichler's Wwe. und Sohn. * — 80

—— Niederösterreich. Kleine Heimatskunde. Übersichtlich zusammengestellt. 6. Aufl. 8. (35 S.) Wien 881, Pichler's Wwe. und Sohn. *

Schubert, Karl, Niederösterr. kleine Heimatskunde 7. Aufl. 8. (35 S.) geb. 10 kr. Ebda. 1882.

— Niederösterreich. Kleine Heimatskunde. Uebersichtlich zusammengestellt. 8. Aufl. 8. (35 S.) Ebend. 885. n. — 20

— Niederösterreich. Kleine Heimatskunde. Übersichtlich zusammengestellt. 9. Aufl. gr. 8. (35 S.) Ebd. 888. n.n. — 20

Schubert, Karl, Niederösterreich. Kleine Heimatskunde. Übersichtlich zusammengestellt. 11. Aufl. 8. (86 S.) Wien 894. A. Pichler's Wwe. & Sohn. n. — 20

Schubert, Karl, Niederösterreich Kleine Heimatskunde. Uebersichtlich zusammengest. 12., verb. Aufl. gr. 8. (36 S.) Wien 897. A. Pichler's Wwe. & Sohn. n. — 20

SCHUBERT, Karl 372
(F) Niederösterreich. Kleine Heimatskunde. Übersichtlich zusammengestellt von Karl Schubert. 13., verbesserte Auflage. Wien. 1900. Pichler's W. & S. 8°. 36 S. K —.20

Schubert, Carl. der Park v. Abbazia, seine Bäume u. Gesträuche. Mit e. Schilderg. der Vegetation der Umgebg. v. Abbazia von Günther Ritter v. Beck u. 1 Plane der dort. Südbahn-Gartenanlagen, nebst 16 Abbildgn. 12. (XII, 113 S.) Wien 894. A. Hartleben. Geb. in Leinw. n. 2. —

Schubert, Carl, a. Barmen: Der Pflegesohn ⟨nourri⟩ im Französischen Heldenepos. Marburg 1906: R. Noske, Borna-Leipzig. (53 S.) 8°
Marburg, Phil. Fak., Ref. Wechssler, Diss. v. 19. Okt. 1906
[Geb. 28. Aug 82 Barmen; Wohnort: Barmen; Staatsangeh.: Preußen; Vorbildung: Gymn. Barmen Reife O. 02; Studium: Bonn 1, Berlin 2, Marburg 4 S.; Rig. 25. Nov. 05.]

Der Pflegesohn ⟨nourri⟩ im Französischen Heldenepos. Von Carl Schubert, Dr. phil. Marburg: N. G. Elwert 1906. (53 S.) 8° [07. 3045 4

— die Raumrechnung in der Volksschule. Eine Beigabe zu den Lehr- u. Uebungsbüchern f. den elementaren Rechenunterricht. Mit besond. Berücksicht. der neuen Maß- u. Gewichtsordng. 8. (IV, 114 S.) Wien 873. Dirnböck. n. 1. —

— 430 Rechnungsaufgaben aus der Elementar-Naturlehre. Eine Beigabe zu den Lehr- und Hilfsbüchern der Naturlehre für Unter-Realschulen und Unter-Gymnasien. Mit in den Text gedr. Holzschn. Wien 854. Sallmayer u. Co. 8. (IV, 116 S.) n. 12 ngr.

— Rechnungsaufgaben aus der Physik und Chemie. Eine Beigabe zu d. Lehr- u. Hilfsbüchern d. Naturlehre u. Chemie f. Unter-Realschulen. Mit in d. Text gedr. Holzschn. 2 verb. u. verm. Aufl. 8. Wien, Sallmeyer & Comp. 1860 - 70 kr.

—— die deutsche Satzlehre in Verbindung mit der Lehre von den Wortarten. Für die Oberklassen der Hauptschulen und die Unterklassen der Realschulen. 1. Aufl. 1859. und 2., verb. Aufl. 8. (IV und 134 S.) Wien (861)62, Sallmayer und Comp. * — 14

—— die deutsche Satzlehre in Verbindung mit der Lehre von den Wortarten. Für die Oberklassen der Hauptschulen und die Unterklassen der Realschulen. 3. Aufl. 1865. und 4., verb. Aufl. 8. (V und 135 S.) Wien 867, Sallmayer und Comp. *

—— die deutsche Satzlehre in Verbindung mit der Lehre von den Wortarten. Für die Oberklassen der Hauptschulen und die Unterklassen der Realschulen. 5. und 6. verb. Aufl. 8. (136 S.) Wien 874, Graeser. * 1 28

Schubert, Karl (Bearb.), s. Schubert, Ferd.: Kl. dt. Sprachschüler.

Schubert Karl. Schulatlas für die Unterrichts-Anstalten des österreichischen Kaiserstaates mit erklärendem Text (Wien, 1857. Josef Dirnböcks Verlag. kl. Querf.)
Vgl. Schubert, Ferd.

Schubert, Carl, Skizzen u. Bilder aus der Geographie u. Geschichte. Wien 867. Dirnböck's Buchh. 8. (IV, 266 S.) n. 20 ngr.
2. Aufl. s. Schubert: Handbuch... Th. 1.

—— ausgeführte Stilarbeiten auf Grundlage poetischer Musterstücke. Eine Ergänzung der Anleitungen zur Behandlung der Lesebücher und eine Handreichung für Lehramtszöglinge, Lehrer und Lehrerinnen bei der stilist. Verwertung des poet. Lesestoffes. gr. 8. (X, 432 S.) Ebendas. 881.

Schubert, Karl, ausgeführte Stilarbeiten [nebst Entwürfen und Themen] auf Grundlage deutscher Musterstücke. Eine Ergänzung der Anleitungen zur Behandlung der Lesebücher und eine Handreichung für Lehramtszöglinge, Lehrer und Lehrerinnen bei der stilist. Verwertung des Lesestoffes. 2 Bde. gr. 8. Wien 884, Pichler's Wwe. und Sohn. * 5 60

Inhalt:
Bd. 1. Für die Unter- und Mittelstufe. (VI, 156 S. * M 1,60.
" 2. Für die Oberstufe. [2. (Titel-)Ausg.] (X, 432 S.) * M 4.

— ausgeführte Stilarbeiten auf Grundlage deutscher Musterstücke. Eine Ergänzg. der Anleitgn. zur Behandlg. der Lesebücher u. e. Handreichung f. Lehramtszöglinge, Lehrer u. Lehrerinnen bei der stilist. Verwertg. d. Lesestoffes. II. Bd.: Für die Oberstufe. 2. Aufl. gr. 8. (VIII, 432 S.) Ebd. 890. n. 4.

— ausgeführte Stilarbeiten (nebst Entwürfen u. Themen) auf Grundlage deutscher Musterstücke. Eine Ergänzg. der Anleitgn. zur Behandlg. der Lesebücher u. e. Handreichg. f. Lehramtszöglinge, Lehrer u. Lehrerinnen bei der stilist. Verwertg. des Lesestoffes. 1. Bd. Für die Unter- u. Mittelstufe. 2., durchgeseh. Aufl. gr. 8. (VI, 156 S.) Ebd. 893. n. 1. 60

Schubert, Carl, Stoffe zu deutschen Aufsätzen. Für die Unterclassen an Mittelschulen und verwandten Lehranstalten. 8. (223 S.) Wien 860, Sallmayer und Comp. Thlr.

— Stoffe zu deutschen Aufsätzen. Für die Unterklassen an Mittelschulen u. verwandten Lehranstalten. 2., verb. u. verm. Aufl. Wien 868. Sallmayer & Comp. 8. (VII, 216 S.) n. 20 ngr.

—— Stoffe zu deutschen Aufsätzen. Für die Oberklassen der Volks- und Bürgerschulen. 3. verb. und verm. Aufl. gr. 8. (IV, 219 S.) Wien 879, Pichler's Wwe. und Sohn. 2 —

— Stoffe zu deutschen Aufsätzen. Für die Oberclassen der Volks- u. Bürgerschulen. 4., verb. Aufl. gr. 8. (IV, 219 S.) Ebd. 893. n. 2. 40

Schubert, Carl, Tabelle zur Berechnung des Cubikinhalts v. Bauhölzern, enth. auf 126 Taf. die unter Zugrundelegung der meisten im Baufach vorkomm. Holzstärken, sowie der Längen von 0,01—0,99, 1—100, 200, 300, 400 u. 500 m sich ergeb. Cubikziffern, leicht auffindbar durch eigenart Registeranordng. (Tripelregister). Ein prakt. Handbuch f. Sägewerke. Holzhandlgn., Architekten, Zimmermeister, Baugeschäfte, Baubureaus grösserer industrieller Werke etc. Bearb. u. hrsg. unter Mitwirkg. v. Max Sonnenberger. gr. 8. (IV, III, 126 S.) Essen 902. C. Schubert. Geb. in Leinw. n. 4. —

Schubert, Carl, Tabelle zur Berechnung des Kubikinhalts v. Bauhölzern, enth. auf 144 Taf. die unter Zugrundelegung der meisten im Baufach vorkomm. Holzstärken (besonders der v. den Behörden u. vom Verband deutscher Baugewerksmeister 1897 zu Leipzig festgesetzten u. vorgeschriebenen Normalprofile) sowie der Längen von 0,01—0,99, 1—100, 200, 300, 400 u. 500 m sich ergeb. Kubikziffern, leicht auffindbar durch eigenart. Registeranordng. (Tripelregister). 2. erweit. Aufl. Bearb. u. hrsg. unter Mitwirkg. v. Max Sonnenberger. (V, III, 144 S.) 8. Essen 905. C. Schubert. Geb. in Leinw. n. 4. —

— Tabelle zur Berechnung nordischer Tannen- sowie Pitchpine-Hobeldielen, nebst Umrechnungs-Tabellen v. engl. Quadratfuss in Quadratmeter u. umgekehrt, sowie engl. Cubikfuss in Cubikmeter u. umgekehrt; ferner e. tabellarisch geordnete Berechnung der f. jede vorkomm. Zimmerbreite erforderl. Stückzahl Hobeldielen. Tabelle zur Berechng. v. Rundhölzern (nach Wassermass laut oberrhein. Handelsusance) u. sonst. wissenswerte Notizen. Ein prakt. Handbuch f. Hobel- u. Sägewerke, Holzhandlgn., Baugeschäfte, Bauschreinereien etc. Bearb. u. hrsg. unter Mitwirkg. v. Max Sonnenberger. gr. 8. (V, XVIII, 103 S.) Ebd. 901. Kart. n. 3. 50

Schubert, Carl —, *Lehrer an der k. k. Unter-Realschule zu St. Thekla auf der Wieden.* Die sprachlichen Uebungen in der dritten Hauptschulclasse. Für Lehrer und Schüler. — Auf Grundlage der Sprachübungen des zweiten Sprach- und Lesebuches bearbeitet von — —. *Wien* 1858. *Sallmayer & C.* Gedruckt bei *Leop. Sommer.* VIII, 192 S. 8°.

—— die sprachlichen Übungen in der 3. Hauptschulklasse. Für Lehrer und Schüler. Auf Grundlage der Sprachübungen des 2. Sprach- und Lesebuches bearb. 3., verb. und verm. Aufl. 8. (VII und 184 S.) Wien 867, Sallmayer und Comp. *

—— Versuch einer Naturgeschichte rc., s. Schubert, Ferd.

Schubert, Karl, üb. die Wertschätzung der Gerste. Vorsichten beim Gersteneinkauf f. Brauer u. Landwirte. gr. 8. (30 S.) Worms 891. (H. Kräuter.) n. 1.50

Schubert, Karl, die Zucht u. Pflege der fremdländischen Prachtfinken u. des Wellensittichs. (40 S.) kl. 8. Leipzig (910). G. Schnurpfeil. — 30

Schubert, Karl Adolf

Fest-Rede zur Saecular-Feier der St. Johannis-Loge Julius zu den 3 empfindsamen Herzen im Or. Anklam, gehalten vom Br. [Karl Adolf] **Schubert.** Am 10. April 1876. Anklam [1876]: Poettcke. 18 S. 8° [Umschlagtit.]

S. 1—9 Rückblick auf die Gesch. der Loge, dann Betrachtungen üb. das Verhältnis der Frmrei zu den geistlichen u. weltlichen Mächten. 23.

Schubert, Karl Emil

VROWENLOB's, Meister Heinr., Die zwar fürchterlichen, aber auch erfreulichen Abentheuer, so zwoen Schwestern, Gertraud und Engelbertin auf einer Winterreise begegnet, zur Lehre und Trost gedichtet von — (verfasst von *Carl Emil Schubert*). Breslau, Gutsch, 1773. 8°. Zahm.

Cat. Monath IV. Nürnb. 1785, p. 343; Anon.-Lex. I, p. 7 (nach Meusel). — Zuerst gedr. in: Das Kränzel . . . Ibid. eod. a. 8°. S. 153—168. Rarl

Vgl. Abenteuer, ...

Schubert, Karl Aemil, († d. 9. Jan. 1803.) Blumensträußchen f. meine Freundinnen. 8. Bresl. 775.

Schubert, Karl Emil, s. Dramaturgie, Breslauer.

— Ode an mein Vaterland. 4. Bresl. 786. W. G. Korn. 2 gr.

Schubert, Karl Aem., Schauspiele mit Gesängen. 8. Bresl. 779. Gutsch. 12 gr.

Schubert, Karl Fr., († d. 28. Dec. 1800.) s. Welling im Auszuge.

Schubert, Karl Friedr., die Poesie im neuen Deutschland. Studie. 1. und 2. Abdr. gr. 8. (51 S.) Leipzig 872, Knobloch. *

Schubert, Karl Frdr., die Poesie im neuen Deutschland. Studie. 2. Abdr. gr. 8. (51 S.) Leipzig 872. Halle, Gesenius. n. 1. —

Schubert, Karl Friedrich (Zeitz) A. S. 80/30
Dissertatio iuridica de praesumtionibus iuris et de iure contrarii probationem admittentibus.
Präs. Gottfried Ludwig Mencken.
Leipzig (Langenheim) 2. XI. 1747. 24 S.
Gew.: Johann Georg Pertsch, Benjamin Acoluthus.

31619

Schubert, Car. Frid.: Problema histor.-jur. an ex L. Julia Augusti poena adulterii fuerit mortis. Progr. Helmstadii 1748.

Schubert, C. F., Commentatio historico-critica de ritibus Romanorum celebrandi dies natales. Oel. 1750. 86 S. 4⁰. 1.50

Schubert, Kläre, s.a. S c h u b e r t - Feder, Kläre.

Schubert, Clære, aus Liegnitz, Schlesien [von Wien]: Die Brunnen in der Schweiz, Denkmäler der Kunst- und Culturgeschichte. Frauenfeld J. Huber Dr. [u. Verl.] 1885. 2 Bl., 74 S., 1 Bl., 1 Bl. Vita. 8⁰.
Zürich, Phil. Diss. I. S. v. [18.] Juli 1885.

Einige Aufgaben der Kinderforschung auf dem Gebiete der künstlerischen Erziehung. Vortrag ... Von Conrad **Schubert**, Rektor, Altenburg. Langensalza: H. Beyer & Söhne 1905. (27 S.) 8⁰
= **Beiträge** z. Kinderforschung. H. 11. [06. 6498 3

Schubert, C[onrad]: Die E i g e n a r t des Kunstunterrichts. Vortrag. Langensalza: Beyer 1907. 31 S. 8⁰
(Pädagogisches Magazin. H. 291.)

Die Schülerbibliothek im Lehrplan. Von Rektor C. **Schubert** in Lauscha. *Langensalza: H. Beyer & Söhne 1902.* (16 S.) 8⁰
= Magazin, Pädagogisches. H. 187. [02. 10537 3

— die Werke der bildenden Kunst in der Erziehungsschule, s.: Zur Pädagogik der Gegenwart. 12. Hft.

Schubert, Kurt

Schubert, C., Anleitung zur Erlernung fremder Sprachen m. e. Vokabularium in 5 Sprachen. 2. Aufl. gr. 8. (31 S.) Cottbus (Dresdnerstr. 154) 899. C. Schubert. 1. —

Schubert, Kurt: Das E r b b a u r e c h t des Bürgerlichen Gesetzbuchs. Borna-Leipzig 1906: R. Noske. (VIII, 49 S.) 8⁰
Leipzig, Jur. Fak., Diss. v. 19. Jan. 1906

Schubert, Cürt, a. Cassel, Provinz Hessen-Nassau: Aus der Psychiatrischen und Nerven-Klinik zu Kiel. Ein Fall von hysterischer Aphasie im Kindesalter. Kiel 1905: H. Fiencke. (24 S.) 8⁰
Kiel, Med. Fak., Ref. Siemerling, Diss. v. 5. Mai 1906

Schubert, Kurt: Clemens Brentanos weltliche Lyrik. Kap. 6—10. Breslau 1910: Nischkowsky. 44 S. 8⁰ (Ersch. vollst. als: Breslauer Beiträge z. Literaturgesch. H. 20.)
Breslau, Phil. Diss. v. 16. März 1910, Ref. Koch
[Geb. 15. Mai 80 Mittel-Leisersdorf; Wohnort: Mittel-Leisersdorf; Staatsangeh.: Preußen; Vorbildung: Städt. Gymn. Liegnitz Reife M. 03; Studium: Berlin 2, Leipzig 1, München 1, Berlin 2, Breslau 2 S.; Rig. 10. Nov. 09.] [U 10. 640

Clemens Brentanos weltliche Lyrik. Von Dr. Kurt **Schubert**. Breslau: Hirt 1910. 81 S. 8⁰
[Ein T. erschien als Inaug.-Diss. Breslau 1910.]
(Breslauer Beiträge z. Literaturgeschichte. H. 20.) [10. 8681

Schubert, Kurt, Musterbriefe. Aus der Praxis, f. die Praxis. Anleitg. zur engl. Handels-Korrespondenz. Zusammengestellt u. hrsg. (VIII, 71 S.) 8. Halle 907. H. Gesenius. Kart. 1.—; Schülerausg. (IV, 52 S.) 907. Kart. — 80

— dasselbe. Anleitung zur französ. Handels-Korrespondenz. Zusammengestellt u. hrsg. 2., verm. u. verb. Aufl. (VI, 74 S.) 8. Ebd. 907. Kart. 1.—; Ausg. f. Schüler. (IV, 53 S.) Kart. — 80

— dasselbe. Anleitung zur span. Handels-Korrespondenz. (VII, 122 S.) 8. Ebd. 908. Kart. 2. —

Schubert, L. W., die theolog. Streitigkeiten in d. protestant. Kirche, od. d. Lehren d. Rationalisten u. Mystiker uns. Zeit. Für Gebild. jed. Standes u. besond. f. Volksschullehrer unparthei. auseinandergesetzt. gr. 8. (12 B.) Weimar 835, Voigt. Thlr.

Schubert, L[ouis]: Die V o r t e i l e der Invaliditäts- u. Altersversicherung gemeinverst. dargest. 2. Aufl. Erfurt: Keyser (1901). (24 S.) 8⁰

Schubert, Ludwig, Einfluß des Turnens auf die Gesundheit (S. Abdr. a. Nr. 101—103 d. „Leitmeritzer Ztg.“ 1880), 16 S., 8⁰.

Schubert, Ludwig (Hrsg.), s. S c h u b e r t , Chr. Fr. D.: Vermischte Schriften.

Schubert, Ludw., Verzeichniß der Bürgermeister, Räthe und Gemeindebevollmächtigten der Stadt Schweinfurt in den J. 1554 bis 1888. Mit einem Vorworte, Erläuterungen und ordentl. Beschreibung der Stadt Schweinfurth, Schutzherrn, Reichsschultheisen, Amtmänner, Reichsvögte und gefreyte Richter, wie solche vom J. 1323—1806 einander succedirt und gefolget. gr. 8. (43 S.) Schweinfurt 888, (Stoer.) ** — 70

Schubert, M., s.: Adressbuch der Dampfkesselbesitzer Deutschlands.

Schubert, M., Bergluft. qu. 8. (20 S. m. farb. Bildern.) Berlin 889. H. J. Meidinger. cart. m. Goldschn. n. 1. 50

— aus Feld u. Flur. Liederauswahl v. M. Sch. qu. 8. (20 S. m. farb. Bildern.) Ebd. 889. cart. m. Goldschn. n. 1. 50

— L. Amberg, C. Rost, „Glück auf“. Kochbuch f. die gute bürgerliche Küche. Als Handbuch allen unseren lieben Schülerinnen, sowie Anfängerinnen in der Kochkunst gewidmet. gr. 8. (VI, 372 S.) Gotha 901. F. A. Perthes. Geb. in Leinw. n. 3. 60

Schubert, M., L. Amberg, C. Rost, „Glück auf“. Kochbuch f. die gute bürgerl. Küche. Als Handbuch allen unseren lieben Schülerinnen, sowie Anfängerinnen in der Kochkunst gewidmet. 2. [Titel-]Aufl. (VI, 372 S.) gr. 8. Gotha [901] 903. F. A. Perthes. Geb. in Leinw. n. 2. 50

Schubert, M., Koch- u. Haushaltungsbuch, s.: A m b e r g, L.

— Meeresrauschen. qu. 8. (20 S. m. farb. Bildern.) Ebd. 889. cart. m. Goldschn. n. 1. 50

— zur Sommerzeit. 4. (24 S. m. farb. Bildern.) Ebd. 889. geb. n. 2. 50

— mit Stromeswellen. qu. 8. (20 S. m. farb. Bildern.) Ebd. 889. cart. m. Goldschn. n. 1. 50

Schubert, Margarethe, Hans u. Hannchen. Ein Bilderbuch f. art. Kinder. gr. 4. (12 farb. Taf. m. Text.) Stuttgart 890. (Leipzig, G. Fock.) Kart 3. —

Schubert, Martin [aus Althaldensleben]: Complikation von Carcinom beider Ovarien und des Peritoneums mit Gravidität. . . Halle a. S., Heynemann'sche Buchdr. (F. Beyer), 1889; 2 Bl. + 32 S. + 2 Bl. 8⁰
Halle, Med. Fak., Inaug.-Diss. v. 28. Nov. 1889

Schubert, Martin Ludwig Ferdinand, s. S c h u b e r t , Ferdinand

Schubert, Max, die Cellulosofabrikation. Practisches Handbuch f. Papier- u. Cellulosotechniker, kaufmänn. Directoren, Werkführer, sowie zum Unterricht in Fachschulen. 8. (VIII, 230 S. m. 61 Illustr.) Berlin 892. Fischer's technolog. Verl. (Fischer & Heilmann.) Geb. in Leinw. n. 5. —

Die Cellulosefabrikation '(Zellstofffabrikation)'. Prakt. Handb. f. Papier- u. Cellulosetechniker, Kaufmänn. Direktoren, Werkführer, sowie z. Unterr. in Fachschulen. M. 107 Ill. v. Max **Schubert**, ... Privatdoz. ... zu Dresden. 2. umgearb. u. vervollst. Aufl. *Berlin: M. Krayn 1897.* (XI, 239 S.) 1 Bd 8. [97. 8474]

Die Cellulosefabrikation (Zellstofffabrikation). Prakt. Handbuch f. Papier- u. Cellulosetechniker ... Mit 135 Ill. von Max **Schubert**, Prof. zu Dresden. 3. umgearb. u. vervollst. Aufl. von Th. Knösel, Ziviling. Berlin: M. Krayn 1906. (XII, 301 S.) 8° [07. 8505]

[F.] Die Holzstoff- oder Holzschliff-Fabrikation. Vom techn. sowie geschäftl. Standpunkte aus unt. Erwähng d. Calculationsberechng. Abwässer- u. Fabrikationswasser-Reinigg. M. 94 Ill. Von Max **Schubert**, ... Prof. ... zu Dresden. *Berlin: Fischer 1898.* (2 Bl., 158 S., 3 Bl.) 1 Bd 4.(8.) [99. 5318]

Schubert, Max, die Holzstoff- u. Holzschliff-Fabrikation. Vom techn. wie geschäftl. Standpunkte aus unter Erwähng. der Berechng. der Herstellungskosten u. der Wasserkräfte, Abwässer- u. Fabrikationswasser-Reinigg. 2. verm. u. verb. Aufl. v. Th. Knösel. (XII, 203 S. m. 107 Abb.) Lex. 8. Berlin 909. M. Krayn. 5.—; geb. 6.50

Schubert, Max, Fabrikdir.: Ueber die Lagerung der Fasern im Papier. [1896.] 13 S., 1 Taf. 4° ¶ Aus: Papier-Zeitung. Jg. 21, Halbj. 1.
Dresden Te. H., Hab.-Schr. v. S.-S. 1896

Schubert, Max [Arzt aus Anclam (Pomm.)]: Zur Morphologie der Tubercelbacillen ... Freiburg i. B., Buchdr. H. Epstein, 1895; 30 S. 8.
Freiburg i. B., Med. Fak., Inaug.-Diss. v. 1895

Schubert, M.: Die Papierverarbeitung. Berlin
1. Die Kartonnagen-Industrie. 1900
2. Die Buntpapier-, Tapeten-, Briefumschlag-, Düten- oder Papiersack-, Papierwäsche- und photographische Papier-Fabrikation. 1901

Schubert, Max, die Papierverarbeitung. I u. II. gr. 8. Berlin, M. Krayn. à n. 10. —; geb. à n. 11.50
I. Die Kartonnagen-Industrie. Praktisches Handbuch für Techniker, Papier-, Kartonnagen-Fabrikanten u. Buchbinder. Mit 479 Illustr. u. 2 Musterbeilagen. (IX, 311 S.) 900.
II. Die Buntpapier-, Tapeten-, Briefumschlag-, Düten- oder Papiersack-, Papierwäsche- u. photograph. Papier-Fabrikation. Praktisches Handbuch f. Techniker, Buntpapier-, Tapeten- u. Dütenfabrikanten, Direktoren. Mit 215 Illustr. (IV, 250 S.) 902.

[F.] Die Praxis der Papierfabrikation m. bes. Berücks. d. Stoffmischgn u. deren Calculationen. Prakt. Handb. f. Papierfabrikanten, technische u. kaufm. Dir., Werkführer, sow. z. Unterr. in Fachschulen. M. 135 Ill. u. 5 Taf. v. Max **Schubert** ... Privatdoz. ... zu Dresden. *Berlin: M. Krayn 1898.* (4 Bl., 388 S., 5 Taf.) 1 Bd 4. [98. 1443]

Schubert, Max [einj.-freiw. Arzt]: Über den Stickstoff- und Chlornatriumumsatz während der Bildung und nach der Punktion des Ascites bei Lebercirrhose ... Breslau, Druck d. Bresl. Gen.-Buchdr., 1895; 36 S., 1 Bl. 8.
Breslau, Med. Fak., Inaug.-Diss. v. 30. Feb. 1895

Schubert, Max, üb. d. Stickstoff- u. Chlornatriumumsatz währ. d. Bildg. u. nach d. Punktion d. Ascites bei Lebercirrhose. Diss. gr. 8. (36 S.) Breslau 895. (Schletter.) n. — 50

Geschichte der Kirchengemeinde Dommitz-Odena. Vom derzeitigen Pfarrer Max Alfred Richard **Schubert**. (Dommitz: Verf. 1910.) [illegible]

Schubert, Max Wilhelm, appr. Arzt, a. Dresden: Ueber Atresia ani congenita. Leipzig 1906: B. Georgi. (38 S.) 8°
Leipzig, Med. Fak., Ref. Trendelenburg, Diss. v. 28. März 1906
[Geb. 5. Okt. 77 Dresden; Wohnort: Olbernhau; Staatsangeh.: Sachsen; Vorbildung: Gymn. Zittau Reife O. 98; Studium: Leipzig 10 S.; Coll. 28. März 06; Approb. 17. Febr. 05.]

Schubert Maximilian: Johann David Ferdinand Koreff und seine Werke.
II. 1910 PN 2981 Diss. Wien Univ. 367

Schubert, O., Quaestionum de anthologia codicis Salmasiani pars I: De Luxorio. Diss. 1875. 88 S. 1.20

Schubert, O., Symbolae ad Terentium emendandum. Pr. 1878. 17 S. 4°. 1.50

Die das Impfwesen im Regierungsbezirk Trier betreffenden Gesetzlichen u. s. w. Bestimmungen. Zsgest. von Dr. [Otto] **Schubert**, Kreisphys. in Saarbrücken. *St. Johann-Saarbrücken: Selbstverl.; [Trier: H. Stephanus] 1898.* (56 S.) 8° [F.] [01. 10119]

SCHUBERT, Otto (Schwölln): Ein Fall von latenter Syphilis mit folgendem Diabetes insipidus im kindlichen Alter.- München: Wolf 1891. 18 S.
6.3.1891 - Chr 1890/91,20; Jv 1890/91,236
Diss. Ingolst.-Landsh.-Mchn.

Schubert, Otto (geb. Essen 1. 11. 1853): Ueber Fremdkörper in der vorderen Augenkammer. Berlin (1877) (31 S.) 8°
Berlin, Med. Diss. v. 29. März [vielmehr Mai] 1877

Geschichte des **Barock** in Spanien von Otto **Schubert**. Mit 292 Abb. u. 1 Doppeltaf. Esslingen a. N.: P. Neff 1908. (XXIV, 424 S.) 4°(8°)
= **Burckhardt**, Jakob: Geschichte d. neueren Baukunst. Bd 8. [08. 14416]

Schubert, Otto, Reg.-Baumeister: Herrera und seine Zeit. [1906.] 58 S., 1 Taf. 4° ¶ Teilabdr.; vollst. u. d. T.: Geschichte des Barock in Spanien. (J. Burckhardt: Geschichte d. neueren Baukunst. Bd 8.) Esslingen: Neff 1908.
Dresden, Dr.-Ing.-Diss. v. 24. 7. 1907

Zusätzliche Verfügungen betreffend das Hebammenwesen im Regierungs-Bezirk Trier. Zsgest. von Dr. [Otto] **Schubert**, Kreis-Phys. *[Trier: H. Stephanus] 1898.* (11 S.) 8° [F.] [01. 10110]

Schubert-Schüttarschen, Ottokar, und Paul**Pogatschnigg-Peinenbach**: Die dt. Mark am Südmeer. Schilderungen aus vergangenen Zeiten mit Bezug auf die historische Stellung des Dtm im österreichischen Küstenlande und im italienischen Friaul. Neue Aufl. — Triest: Südmark-Männer-Ortsgruppe 1910. 100 S. [1. Aufl.: Bischofteinitz: Selbstverl. 1902.]

(F) **Schubert, O.,** Die Radbusa und ihre Nebenläufe mit besonderer Berücksichtigung der Fischereiverhältnisse. [Arbeiten der deutschen Sektion des Landeskulturrates für das Königreich Böhmen. Heft 6.] Lex.-8°. (96 S. mit 1 Karte.) † K 2.—
Wien: Frick 1904.

Schubert, Ott., die Radbusa u. ihre Nebenläufe m. besond. Berücksicht. der Fischerei-Verhältnisse, s. Arbeiten der deutschen Sektion des Landeskulturrates f. das Königr. Böhmen. VI.

Schubert, Ottok., die Teichwirtschaft m. besond. Berücksicht. der kleinbäuerlichen Verhältnisse, s.: Sammlung gemeinnütziger Vorträge. Nr. 342

Schubert, Paul, über syphilitische Augenkrankheiten. Nach Beobachtungen aus der Augenklinik von Herm. Cohn in Breslau. gr. 8. (VIII, 140 S.) Berlin 881. Letto. n. 3. 60

Schubert, Paul, üb. die hygienische Bedeutung der senkrechten Schulschrift. [Aus: „Pädagog. Blätter f. Lehrerbildg."] gr. 8. (13 S.) Gotha 893. E. F. Thienemann's Verl. n. — 30

Schubert, Paul, s.: **Bericht** üb. den I. internationalen Kongress f. Schulhygiene.

Schubert, Paul, üb. die **Einwirkung** v. Chloral auf Aldehydcollidin. Diss. gr. 8. (31 S.) Breslau 893. (L. Köhler.) n. 1. —

Schubert, Paul: Aus d. Kgl. Univ.-Frauenklinik zu Königsberg i. Pr. Direktor Prof. Dr. G. Winter. Die Folgen von Hydramnios für die foetalen Organe. Königsberg i. Pr. 1907: O. Kümmel. (31 S.) 8°
Königsberg, Med. Fak., Ref. Winter, Diss. v. 18. Mai 1908
[Geb. 27. Aug. 83 Königsberg i. Pr.; Wohnort: Königsberg i. Pr.; Staatsangeh.: Preußen; Vorbildung: Kneiphöf. Gymn. Königsberg i. Pr. Reife M. 01; Studium: Königsberg 10 S.; Coll. 6. März 07; Approb. 1. Mai 08.]

Schubert, P., üb. Heftlage u. Schriftrichtung. Mit e. Fig.- u. 2 Schrifttaf. nebst e. Holzschn. im Text. [Aus: „Zeitschrift f. Schulgesundheitspfl."] gr. 8. (28 S.) Hamburg 890. Voss. n. — 80

Das Schularztwesen in Deutschland. Bericht über d. Ergebnisse e. Umfrage bei d. größeren Städten d. Deutschen Reiches von Hofrat Dr. med. Paul **Schubert**, Nürnberg. Hamburg & Leipzig: L. Voß 1905. (IV, 168 S.) 8°
Aus: Zeitschr. f. Schulgesundheitspflege. Abt.: Der Schularzt. Jg. 1903 u. 1904. [05. 3165

Schubert, Paul, Vorschläge zum weiteren Ausbau des Schularztwesens. Nach e. im Jan. 1899 im Verein f. öffentl. Gesundheitspflege zu Nürnberg geh. Vortrag. gr. 8. (36 S.) Hamburg 899. L. Voss. n. — 60
Sonderabdruck aus: „Zeitschr. f. Schulgesundheitspflege".

[Schubert, R.] Die Gespenster Oesterreichs. Gesammelte Correspondenzen über die gegenwärtige politische Situation. Vom Verfasser von „Was uns Noth thut". 8. Bern 1869.

Schubert, R., die Gespenster Oesterreichs. Gesammelte Correspondenzen vom Jahre 1867 bis auf den heutigen Tag. 3. verm. Aufl., **welche ein klares Bild vom trügerischen politischen Gewebe Europa's entwirft. Bern 869. (Berlin, Kortkampf.)** gr. 8. (110 S.) 15 ngr.

Schubert, R., der Patronenschatz. Musterbilder für die Schaft-Weberei, enth.: Eine Sammlung von ca. 4000 Bindungen für 4- bis 16 schäft. Waaren. 25 Lfgn. gr. 4. (160 farb. Steintaf.) Greiz 886. 887. Bredt Nachf. à Lfg. n. 3. —

Schubert, R., der Patronenschatz. Musterbilder f. die Schaft-Weberei enth.: Eine Sammlg. v. ca. 4000 Bindgn. f. 4- bis 16 schäft. Waaren. gr. 4. (160 farb. Taf.) Greiz 886—890. Altona, A. Send. n. 30. —; geb. n. 33. —

Schubert. Dr. R. (Verf. von „Was uns Noth thut", „Gerlach's Licht u. Bismarck's Finsterniss"), der Sieg der Wahrheit. *Politische Briefe* vom Jahre 1867 bis zum Ausbruche des Krieges. In 4. Aufl. in meinem Selbstverlage erschienen. Nürnberg, W. Tümmel's Buchdr., 1870. 8°. 110 S. Cart.
Früher m. d. Titel „die österreichischen Gespenster" in 3 Auflagen erschienen, nachdem die Briefe zuerst im Mannheimer Journale gestanden hatten. Voll starker Ausfälle gegen die österreichische Regierung u. Pfaffenwirthschaft.

Schubert, R., was Ihr wollt! Wissenschaftliche Studien u. **Betrachtgn.** (III, 70 S.) 8. Leipzig (904). Verlagsanstalt M. Minde. n. 2. —

Schubert, R. J., Quos Cicero in libro I et II de re publica auctores secutus esse videatur. Diss. 1883. 51 S.

Schubert, Reinoldus: De Lucretiana verborum formatione. Halae (1865): Ploetz. 31 S. 8°
Halle-Wittenberg, Phil. Diss. v. 10. Juli 1865
Geb. Zerbst 11. 9. 1842. V.

Schubert, Richard *(geb. Neiße 22. 9. 1851)*: Beiträge zur Casuistik der progressiven perniciösen Anämie. Breslau 1881. (32 S.) 8° *(Im Buchhandel 1881 bei Köhler in Breslau)*
Breslau, Med. Diss. v. 20. Juli 1881

Geologischer Führer durch Dalmatien von Dr. Richard **Schubert**. Mit 18 Abb. u. geol. Übersichtskärtchen. Berlin: Bornträger 1909. XXIII, 170 S. 8°
(Sammlung geologischer Führer. 14.) [09. 911. 7

Schubert, Rich., geologischer Führer durch Dalmatien, s. **a.** Sammlung geologischer Führer. XIV.

Schubert, Richard: Aus dem geselligen Leben in den Bürgerbriefen Deutschlands in der 2. Hälfte des 18. Jahrhunderts.
Phil. Diss., Prag 1889/90

Probleme der historischen französischen Formenlehre. Von Richard **Schubert**. T. 1. Berlin: E. Ebering 1907. 8°
= **Studien**, Romanische. H. 7. [08. 7814 2

Schubert, Richard J.: Über die Foraminiferen des nordmährischen Miöcentegels.
Diss., Prag 1900-1901.

Schubert, Rob., Elementar-Lesebuch geordnet für den Schreib-Leseunterricht, unter Berathung mit mehreren Schulmännern hrsg. 8. (82 S.) **Naumburg 848, (Cursch. n. 3 ngr — 2. verb. Aufl.** 8. (96 S.) **Naumburg 852. (Domrich.) baar n. 4 ngr**

Schubert, Rob., Elementar-Lesebuch geordnet für den Schreib-Leseunterricht, unter Berathung mit mehreren Schulmännern hrsg. 3. Aufl. 8. (96 S.) Naumburg 854, (Domrich.) **

Schubert, Rob., der Zahlenraum von 1—100. — Reichsmünze — Reichsmaß — Reichsgewicht. — Rechenbuch f. die ersten Schuljahre. 5. Aufl. gr. 8. (79 S.) Naumburg 874. Sieling. n. — 40

Schubert, Rob. Gust., **de quatuor stadiis** quibus legi cuidam naturae generali convenienter hominum, animalium et plantarum majoris ordinis genesis ac formatio absolvitur. 8maj. (3 B.) Schleiz 842, (lib. Bockelmann's Hofbuchh.) *

Schubert, Rob. Gust., de quatuor stadiis quibus legi cuidam naturae generali convenienter hominum, animalium et plantarum majoris ordinis genesis ac formatio absolvitur. 8maj. Schleizae 842, (libr. Wagner.) n. 1/3 ℔

Schubert, Rud., s. a. Rudolph, Gust.

Schubert, Rudolf: Herbarts didaktische Anschauungen und die Interpretationen der Konzentrationsidee. *Leipzig 1898: Brückner & Niemann.* (62 S.) 8°
Leipzig, Phil. Diss. v. [22. Jan.] 1898

Schubert, Rud., die Vorschenhexe. Eine Sage. (112 S.) **kl. 8. Leipzig 908. Verlag f. Literatur, Kunst u. Musik. 2.—; geb. n 3. —**

Schubert, R., De Croeso et Solone fabula. Diss. 1868. 43 S.

Schubert, Rud., de Croeso et Solone fabula. Dissertatio philologica. Königsberg 869. (Hübner & Matz.) gr. 8. (43 S.) n. 7½ ngr.

Schubert, Rud. **Herodots Darstellung der Cyrussage. gr. 8. (III, 85 S.) Bresl. 890, Koebner. * 2 40**

Schubert, Rud., Geschichte d. Agathokles. Neu untersucht u. nach den Quellen dargestellt. gr. 8. (V, 210 S.) Breslau 887. Koebner. n. 5. —

Schubert, Rud., Geschichte der Könige v. Lydien. gr. 8. (132 S.) Breslau 884. Koebner. n. 3. —

Schubert, Rud., Geschichte des Pyrrhus. Neu untersucht u. nach den Quellen dargestellt. gr. 8. (IV, 288 S.) Königsberg 894. W. Koch. n. 7. —

Schubert, R., die Quellen Plutarchs in den Lebensbeschreibungen des Eumenes, Demetrius und Pyrrhus. gr. 8. (190 S.) Leipzig 878, Teubner. * 5 —
Aus: Jahrbuch für classische Philologie, besonders abgedruckt.

Untersuchungen über die Quellen zur Geschichte Philipps II. von Macedonien. Von Dr. Rudolf Schubert, Prof., Königsberg. *Königsberg i. Pr.: Grafe & Unzer 1904.* (68 S.) 8° [04. 2367]

Schubert, Rudolf: Das Verhältnis des Urhebers und seines Verlegers zu einander hinsichtlich der Rechte aus §§ 42, 43 des Urheberrechtsgesetzes vom 10. Juni 1901 und die Geltendmachung dieser Rechte im Zivil- und Strafprozess. Berlin 1909: Goedecke & Gallinek. (56 S.) 8°
Heidelberg, Jur. Diss. v. 22. Juli 1909, Ref. Heinsheimer
[Geb. 24. Dez. 82 Berlin; Wohnort: Heidelberg; Staatsangeh.: Preußen; Vorbildung: Kolln. Gymn. Berlin Reife O. 03; Studium: Freiburg i. B. 1, München 2, Berlin 4, München 1, Heidelberg 1 S.; Rig. 16. Juni 09.] [U 09. 1901]

Schubert, Rudolf, a. Zwickau: i. Sa.: Versuche zur Darstellung neuer hetero- und karbocyklischer Verbindungen aus 4—4' Diamidodiphenylmethan. Weida i. Thür. 1905: Thomas & Hubert. (45 S.) 8°
Leipzig, Phil. Fak., Ref. Hantzsch, Beckmann, Diss. v. 11. Nov. 1905
[Geb. 23. Jan. 79 Zwickau; Wohnort: Leipzig; Staatsangeh.: Sachsen; Vorbildung: Thomassch. Leipzig Reife O. 98; Studium: Freiburg i. B. [illegible], Leipzig 10 S.; Rig. 8. Juli 05.]

Schubert [illegible]
Separatabdruck

— [illegible]
Separatabdruck

Schubert, T. F. v., [illegible] Aufnahme. Petersburg 1826. Zum Theil russisch.

Schubert, T. F. de, Essai d'une détermination de la véritable figure de la terre, s. Mémoires de l'acad. imp. des sciences de St.-Pétersbourg.

—— Exposé des travaux astronomiques et géodésiques exécutés en Russie dans un but géographique jusqu'à l'année 1855. Avec un atlas (6 lll. Karten in Kpfrst. und in qu. Imp.-Fol.) et un supplement (168 S. in gr. 4.) gr. 4. (XVI und 878 S.) St. Petersburg 858. Leipzig, Voss. * *

Schubert, T. F. de, Exposé des travaux astronomiques et géodésiques exécutés en Russie dans un but géographique jusqu'à l'année 1855. 2me Supplément, contenant un régistre alphabétique des noms, en langue russe, de toutes les positions données au chapitre V. gr. 4. (161 S.) St. Petersburg 862. Leipzig, Voss.
Das Hauptwerk erschien ebendas. 1855. * 11 Thlr. 3 Ngr.

—— Monnaies et médailles russes d'après l'état donné par le cabinet de l'auteur. (En 2 parties.) 1. Partie: Monnaies. hoch 4. (XIII und 459 S. mit 1 Stnt. in qu. Fol.) Leipzig 858, M. Schäfer. *

—— Monnayes russes des derniers trois siècles, depuis le czar Joan Wasiliewicz Groznyi jusqu'à l'empereur Alexandre II. 1547—1855. Avec un Atlas. gr. Lex.-8. (XIV und 331 S. und Atlas 37 Bl. in Congrevedr. mit chromolithogr. Titel und 1 Bl. Erklärungen in qu. gr. Fol.) Leipzig 857, M. Schäfer. *
Mit Atlas in Mappe *

Die Entstehung der Planeten-, Sonnen- und Doppelsternsysteme und aller Bewegungen in denselben aus den Elementen ihrer Bahnlinien nachgewiesen von Theodor Schubert. *Bunzlau: G. Kreuschmer 1905.* (82 S.) 8° [illegible]

Schubert, Thdr., Entwurf neuer Pläne f. die auswärtige Politik u. f. die innere Verwaltg. d. Deutschen Reiches. (39 S.) gr. 8. Berlin 908. Herm. Walther. — 50

Schubert, Theod., Entwurf neuer Pläne für die auswärtige Politik und für die innere Verwaltung des deutschen Reiches. Berlin 1909. 8°.

Schubert, Thdr., üb. d. Gewissen. [Aus: Ernste Allotria.] gr. 8. (13 S.) Dessau 896. P. Baumann. n. — 30

Schubert, Thdr., Grundlinien des Konfirmandenunterrichts nach Martin Luthers kleinem Katechismus. gr. 8. (IV, 36 S.) Halle a/S. 893. R. Mühlmann's Verl. n. — 60

Schubert, Thdr., Grundzüge d. deutschen Weltpolitik. gr. 8. (32 S.) Berlin 898. H. Schildberger. n. — 50

— Predigt, geh. am 3. Adventssonntag, den 11. Dezbr. 1892, zur Einweihung der erneuerten Klosterkirche St. Trinitatis zu Frose. 8. (12 S.) Dessau 893. R. Kahle's Verl. n. — 20

Die Ursachen aller Bewegungen der Himmelskörper gesetzmäßig nachgewiesen von Theodor Schubert. Bunzlau: G. Kreuschmer 1904. (47 S.) 8° [illegible] 2

Schubert, Thdr., das Weltsystem nach den Forschungen des Th. Sch. Mit 9 den Text erläut. (lith.) Zeichnungen. gr. 8. (VII, 51 S.) Ruda O/Schl. 882. (Beuthen O/S., Waeldner.) cart. n. 1. 50

Schubert, Vincent, Referendar a. D.: Das elterliche Erziehungsrecht nach dem Bürgerlichen Gesetzbuch. *Berlin 1903: W. Pilz.* (VIII, 112 S.) 8°
Rostock, Jur. Diss. v. [10. Sept.] 1903

Schubert, W.: Barometrische Höhenmessungen in der Umgegend von Oberschützen. (Aus dem Programm der öffentlichen evangelischen Lehranstalt zu Oberschützen. 1856/57.) Wien. 1857. 4°

Schubert W.: Die Inseln des Mittelmeeres in ihrem Verhältnisse zu den umliegenden Continenten. 18. Bielitz 879.
Progr.

Schubert, W., unsere Landesmutter. E. Lebensbild Ihr. Maj. d. Königin Carola v. Sachsen. Mit d. neuesten Bildn. d. Königin. gr. 8. (68 S.) Leipzig 897. A. Hahn. n. 1. —; geb. n. 1. 50

— dasselbe, s.: Festreden f. Schulen u. patriot. Vereine zur Geburtstagsfeier Sr. Maj. d. Königs Albert v. Sachsen.

Schubert: Die Stellung der Inseln zu den Kontinenten und die Bedeutung der ersteren in geologischer und ethnologischer Hinsicht mit Anwendung auf die historisch-geographische Methode. Oberschütz. Progr. 1854 1856. 1859

Schubert, W.: Zwei Wasserscheiden der Donau. S. 11 - 33. Bielitz G., Progr. 1873.

Schubert, Walter, approb. Arzt aus Oelsnitz i. V.: Beitrag zur Exstirpation des Ganglion semilunare (Gasseri) nach Krause. *Leipzig 1901: B. Georgi.* (39 S.) 8°
Leipzig, Med. Diss. v. (19. Sept.) 1901

Schubert, Walter: Über die Resistenz exsiccatortrocknerer pflanzlicher Organismen gegen Alkohol und Chloroform bei höheren Temperaturen. Jena: Fischer 1909. 53 S. 8°
Leipzig, Phil. Diss. v. 28. Sept. 1909, Ref. Pfeffer, Chun

Schubert, Walter F., Referendar: Der Thronverzicht. Breslau 1909: Breslauer Genossensch.-Buchdr. XIV, 78 S. 8°
Breslau, Jur. Diss. v. 22. Juni 1909. Ref. Brie-Dahn
[Geb. 9 Aug. 83 Schrimm; Wohnort: Görlitz; Staatsangeh.: Preußen; Vorbildung: Gymn. Fraustadt Reife O. 03; Studium: München 1, Berlin 3, Breslau 4 S.; Rig. 16 Dez. 08.] [U 09. 32]

Schubert, Werner: Die sachenrechtliche Transportfunktion des Orderlagerscheins. (Berlin) 1910: (Blanke). 54 S. 8°
Heidelberg, Jur. Diss. v. 21. April 1910, Ref. Schröder

Schubert, Wilhelm

Schubert, (Wilh.) Guil., de Gregorio Bersmano, philologo et poëta, Prof. Lips. olim celeberrimo illustris gymnasii Servestani Rectore primo. Commentatio historica literaria. 8maj. (VIII und 71 S.) Servestae 853. [Leipzig,] Wallerstein.

Schubert, Wilh., Christenlehre nach Luther und Melanchthon. Ein Katechismus vom J. 1599 aus der anhalt. reform. Landeskirche mit geschichtl. Einleitung. gr. 8. (40 S.) Dessau 860, Neubürger. * *

Schubert, Wlh., (Jh. Wlh. Ldw.,) Darstell. u. Erklär. meiner Verwerfung als Mitglied der großherzogl. Hess. Landstände im J. 1826. Straßb. 826.

— Erwiederung auf eine Injurie. Straßb. 828.

Freimaurerlied. Gedichtet von Wilh. Schubert. [Freiburg i. B.: 1862.] 3 S. 8° [Kopftit.]
Ohne Noten: „In Finsterniss begraben ..." 147.

Schubert, Wlh., Gebet und Lied. Eine Sammlung kurzer, christl. Andachten zur häuslichen Erbauung. 8. Zerbst 815, Kummer. 2/3 ℛ

—— Gebet und Lied. Eine Sammlung kurzer christl. Andachten zur häusl. Erbauung. 2. (Titel-)Ausg. 8. (VII und 366 S.) Leipzig (845)58, Violet. 15 Ngr.; geb. * –

Schubert, Wilh., D. Joh. Dan. Kluge, Superintendent des Fürstenth. Anhalt-Zerbst. Ein Lebensbild aus der Kirche des 18. Jahrh. Nebst zwei, bisher noch ungedr., schätzbaren Briefen von Chr. F. Gellert. gr. 8. (IV u. 59 S.) Zerbst 848, Kummer. 1/4 ℛ

— Lasset das Wort Christi unter euch reichlich wohnen in aller Weisheit! Predigt bei der Jahresfeier der Anhalt-Dessauischen Bibelgesellschaft am 8. Juli 1862 in der Schloß- u. Stadtkirche zu Dessau gehalten, Leipzig 862. Klinkhardt. gr. 8. (13 S.) 3 ngr.

—— Licht und Liebe. Ein Liederkranz zur Feier der 50jähr. theol. Doctorwürde des Prof. Jul. Aug. Ludw. Wegscheider in Halle. Nebst einer Composition von Fr. Schneider (in 4.) gr. 8. (32 S.) Zerbst 847, Kummer'sche Buchh.

Schubert, Wilhelm: Über Malariafieber in den Tropen. Straßburg i. E. 1904: C. Müh & Co. (64 S.) 8°
Straßburg, Med. Diss. v. 1904

SCHUBERT, Wilh. (in Layenhof bei Mainz), Phantasien, Meinungen, Ansichten, Scherze, Possen und Albernheiten; unter Bitte um gütige Entschuldigung, dass letztgenannte auch vorliegendem Exemplare einverleibt sind. Ein gedrucktes Manuscript. Mit Portrait d. Vf., 3 Lithogr. (Harlekinbilder) u. Vign. (vom Maler Becker aus Darmstadt). O. O. u. J. (1836). Gr. 8°. 551 S. (2 Mk. 25 Pfg. Heberle, Cöln, c. 1875; 2 Mk. 50 Pfg., wasserfl., Bernh. Liebisch, Lpz., 1909.)
Viel auf Zustände im Grossherzogthum Hessen bezüglich.

PHANTASIEN, Meinungen, Ansichten, Scherze, Possen u. Albernheiten (von *Wilhelm Schubert*). Ein gedrucktes Manuscript. Mit Portrait u. 3 lithogr. Caricaturen (wovon eine Napoleon darstellt). O. O. u. J. (1840). 8°. 550 S. (3 Mk. 50 Pfg. I. St. Goar, Frkf. a. M., 1909.)
Fehlt im Anon.-Lex.

— Predigt zur 3. Säcularfeier des Todes Dr. Mart. Luthers am 22. Februar 1846 gehalten. gr. 8. Zerbst 846, (Leipzig, Hunger.) n. 1/12 ℛ

Schubert, W., die Ruhe, die dem Volke Gottes noch vorhanden ist. Eine theolog. Betrachtg. nach Hebr. VI, 9. 10. 8. (19 S.) Leipzig 870. Klinkhardt. — 30

Tempelklänge für Harmonium komponiert und seiner gel. Loge zum Morgenstern in Hof verehrungsvoll gewidmet von Wilhelm Schubert. Hildburghausen o. J.: Gadow & Sohn. 12 S. 8°. 358.
Musikstücke ohne Text.

—— Vom Herzen zum Herzen. Christgabe. 1. Aufl. (III und 115 S.) 1854. 1 Thlr. und 2., verm. Aufl. 8. (VIII und 136 S. mit 1 Stnt.) Zerbst 854(55.) [Leipzig,] Wallerstein. Prachtausg.

—— vom Herzen zum Herzen. Christgabe. 3. Aufl. 1857. und 4., verm. Aufl. 16. (VIII und 138 S. mit 1 Stahlst.) Leipzig 859, [Klinkhardt.] 15 Ngr.; geb.

Schubert, Wilh., vom Herzen zum Herzen. Christliche Liebesgabe. 5., verm. Aufl. 8. (VIII und 168 S. mit 1 lithogr. Titelbilde in Farbendr.) Leipzig 864, Klinkhardt. geb. mit Goldschn. *

Schubert, Wilhelm Fr.

Schubert, W. Fr., gemeinnütz. Blätter f. Freunde d. Vaterlandes. 1r bis 7r Jahrg. 4. Neustadt a. d. Orla, Wagner. (Fr. Bruder in Lpz.) 803–09. (à 2 Rthlr.)
Vgl. Blätter, ...

Schubert, W. F., über den Gebrauch der großen Buchstaben vor den Hauptwörtern der deutschen Sprache. 8. Neustadt a. d. O., Wagner. 817.

Schubert, (W. F.,) die Geschichte der Griechen, von den ältesten bis auf die neuest.n Zeiten, zur Unterhaltung für allerlei Leser. 8. Neustadt 822, Wagner.

— die Geschichte des Hussitenkrieges, als Lesebuch. 8. Neust. 825, Wagner.

— die Geschichte d. Türken v. ihrem ersten Erscheinen bis auf unsere Zeiten. 8. Neust. 821, Wagner.
Vgl. Geschichte...

— Predigt am Erndtefest 1806. Jena, Stahel. 3 gr.

— d. Vaterlandsfreund, e. Volksschrift. 4 Hefte. 8. Neustadt a. d. Orla, Wagner. 805.

Schubert, Wlh. Fr., üb. d. pflichtmäß. Verhalten gegen unsere kranken u. leidenden Nebenmenschen. Eine Predigt, nebst e. Anh. üb. die Einrichtung einer Krankenkasse in Landgemeinden. 8. Neust. a. d. O. 800. Wagner. 3 gr.

Schubert, Wilhelm Julius Ludwig

Denkrede auf Gustaf den Dritten, abgelesen in der Versammlung der Freimaurer zu Greifswald am 7ten May 1792 vom Br. W[ilh.] J[ul.] L[udw.] S[chubert]. Greifswald [1792]: Rös. 24 S. 4⁰ [Umschlagtit.]
Kl. 1399 b. Selten. 193.

Schubert, Wilhelm Julius Ludwig (Helmstedt) A. S. 604/44
Dissertatio historico-theologica de investitura per annulum et baculum imperio injuste extorta.
Präs. Johann Ernst Schubert.
Greifswald (Röse) 7. XII. 1773. 38 S.
Gew.: Friedrich Karl Gf. von Sinclair. 31620

Schubert, Willy, Referendar: Der Mangel ehelicher Abkömmlinge als Voraussetzung der Annahme an Kindesstatt. Borna-Leipzig 1909: Noske. VIII, 24 S. 8°
Leipzig, Jur. Diss. v. 3. Mai 1909

Schubert, Zacharias, Theologia polemica. Partes II. Oppaviae, 1739.

Schubert-Feder, Kläre, s.a. Schubert, Kläre.

Schubert-Feder, Cläre: Das Leben der Studentinnen in Zürich. — Berlin: Reimer 1893. 29 S. 8⁰

— dasselbe. 2. u. 3. Aufl. gr. 8. (28 S.) Berlin 893. 894. R. Boll. — 25

Schubert-Soldern, Egon Ritter v., die Sequestration nach österreichischem Rechte, systematisch dargestellt m. besond. Berücksicht. der Entscheidgn. d. Obersten Gerichtshofes. gr. 8. (XII, 331 S.) Wien 894. A. Hölder. n. 7. —

Die Zwangsverwaltung und die Verwahrung nach Exekutionsrecht. Ein Spezialkommentar z. österr. Exekutions-Ordnung vom 27. Mai 1896 mit Berücks. d. deutschen Gesetzgebung, insbes. d. Reichsgesetzes v. 24. März 1897. Von Dr. Egón R' v. Schubert-Soldern. *Leipzig: Duncker & Humblot 1903.* (XII, 593 S.) 8°

Schubert-Soldern, Fortunat v., Betrachtungen üb. das Wesen der Kunst. (52 S.) kl. 8. Dresden 910. G. Kühtmann. 1. —

— s.: Jahrbuch, Dresdner.

Schubert-Soldern, Fortunat v., von Jan van Eyk bis Hier. Bosch, s.: Studien zur deutschen Kunstgeschichte. 46. Hft.

— Das radierte Werk des Anders Zorn. Mit 1 Orig.-Radierg. u. 20 Lichtdr.-Taf. (XI, 60 S.) Lex. 8. Dresden 905. E. Arnold. Kart. 30. —

Die soziale Bedeutung der ästhetischen Bildung. Vortrag geh. von Dr. [Richard] v. Schubert-Soldern, Prof. Leipzig: Seele 1897. 14 S. 8°
(Hochschul-Vorträge f. Jedermann. H. 2.)

— d. soziale Bedeutg. d. ästhet. Bildg., s. w. Hochschul-Vorträge f. Jedermann, Hft. 2.

Über den Begriff der allgemeinen Bildung. Antritts-Vorlesung geh. an d. Univ. Leipzig von Prof. R[ichard] v. Schubert-Soldern. Leipzig: H. Haacke 1896. (16 S.) 8°

Schubert, Ritter von Soldern, Richard: Chronik des Gymnasiums in Görz vom Jahre 1849 bis zum Jahre 1901. (Umschlagtitel: Der (!) Staatsgymnasium in Görz von 1849—1901.) S. 3 bis 25. 8. Progr. K. k. Staatsgymn. *Görz* 1901.

Schubert-Soldern, Rich. v., die menschliche Erziehung. Versuch e. theoret. Grundlegg. der Pädagogik. (VIII, 197 S.) gr. 8. Tübingen 905. H. Laupp. n. 3. 60

Schubert v. Soldern, Richard: Das Staatsgymnasium in Görz von 1849—1901. [T. 1. 2.] Görz '01—02. Görz, Staats-G., Jahresb. 1901. 02.

Erwiderung auf Prof. Wundt's Aufsatz 'Ueber naiven u. krit. Realismus'. Von R[ichard] v. Schubert-Soldern. Leipzig: W. Engelmann 1897. (S. 305–317.) 8°
Aus: Philos. Studien. Bd 13, H. 2. [os. 6390 9

Die menschliche Erziehung. Versuch e. theoret. Grundlegung d. Pädagogik. Von Prof. Dr. Richard v. Schubert-Soldern. Tübingen: H. Laupp 1905. (VIII, 197 S.) 8° [F.]

— das menschliche Glück u. die soziale Frage. [Aus: „Zeitschr. f. d ges. Staatswiss.] gr. 8. (XXXIV, 351 S.) Tübingen 896. H. Laupp. n. 7. 60

Schubert-Soldern, Rich. v., Grundlagen einer Erkenntnisstheorie. gr. 8. (IV, 349 S.) Leipzig 884, Fues's Verlag. * 7 20

Schubert-Soldern, Rich. v., Grundlagen zu einer Ethik. gr. 8. (IV, 168 S.) Leipzig 887, Fues' Verlag. * 3 60

Schubert-Soldern, Rich. v., Reproduction, Gefühl u. Wille. gr. 8. (XV, 135 S.) Leipzig 887. Reisland. n. 3. —

—— über Transcendenz des Objects und Subjects. gr. 8. (IV, 97 S.) Ebendas 882. * 2 40

— s.: Zeitschrift f. immanente Philosophie.

Schubert-Soldern, Vict. v., die Borgias u. ihre Zeit. gr. 8. (398 S.) Dresden 902. E. Pierson. n. 3. —; geb. n. 4. —

Schubert-Soldern, Vict. v., Mademoiselle Clairon, Schauspielerin des Théatre français. Roman nach ihren Memoiren. (VI, 284 S.) 8. Dresden (908). E. Pierson. 3.50; geb. n 4. 50

Schubert-Soldern, Vict. v., ein Dämon. Roman. (267 S.) 8. Dresden 905. E. Pierson. n. 3. —; geb. n. 4. —

— Der Ehrlose. Roman. (276 S.) 8. Ebd. (907). 3.—; geb. n 4. —

— die Höfe v. Paris u. Madrid zur Zeit Elisabeths u. Don Carlos. gr. 8. (98 S.) Ebd. 900. n. 2. —

Memoiren eines Unbekannten 1818–1862. Von Victor v. Schubert-Soldern. Dresden: Pierson 1905. 298 S. 8° A 12.1963

Schubert, Prof. Zdenko, Ritter von Soldern, Die Baudenkmale von Samarkand. Architektonischer Reisebericht. (Sep.-Abdruck aus der „Allgem. Bauzeitung", Heft 2. 1898 Mit 19 in den Text gedruckten Abbildungen und 12 Tafeln. Gr.-8. (58 S.) 1.50
Wien: Spielhagen & Schurich 1898.

Schubert-Soldern, Zdenko Ritter v., ein Beitrag zur Charakteristik der Stilgesetze. Vortrag, gehalten in der Wochenversammlung des Architekten- und Ingenieur-Vereines in Böhmen am 30. Novbr. 1881. gr. 8. (49 S. mit eingedr. Fig.) Prag 882, Dominicus. * 1 —
Aus: Mittheilungen des Architekten- und Ingenieur-Vereines in Böhmen, besonders abgedruckt.

SCHUBERT v. SOLDERN, Zdenko Ritter von
Bochars. Architektonische Reiseskizzen von Prof. Zdenko Rittter Schubert v. Soldern. Separat-Abdruck aus der „Allgem. Bauzeitung." Heft 3, 1899. Mit 24 in den Text gedruckten Abbildungen und 12 Tafeln. Wien. 1899. Spielhagen & Schurich. Gr.-8°. 59 S. fl. 1.50

Schubert von Soldern, Zdenko Ritter. Architektonische Formenlehre. 2 Teile. 8. Zürich, Orell Füssli, (1907[—1909]).
Teil 1: Die Säulenordnungen der Griechen und Römer und der Meister der Renaissance. Mit 200 Abbildungen. VIII + 178 S. (1907.) [fr. 3.60, geb. 5. —]
Teil 2: Die Wand und ihre Durchbrechungen. Mit 195 Abbildungen. VIII + 199 S. [1909.] [fr. 4. —, geb. 5. 50]

Die Sprache des Ornaments. Von Zdenko R' **Schubert** v. Soldern, Prof. . . . in Prag. M. 57 in d. Text eingedr. Abb. Ergänzgsh. zu Th. 1. Bd 3 des 'Handb. d. Architektur' . . . *Darmstadt: A. Bergsträsser 1896.* (33 S.) 4. (6.)
— **Fortschritte** auf d. Gebiete d. Architektur. No 9. [96. 494]

— das Stilisieren der Natur-Formen. gr. 8. (VII, 169 u. IV, 222 S. m. 280 Abb.) Zürich (896). Art. Institut Orell Füssli. n. 6. —

Schubert v. Soldern, Zdenko Ritter, das Stilisieren der Pflanzen. Mit 134 Abbildgn. gr. 8. (VII, 169 S.) Zürich 888. Orell Füssli Verl. n. 3. 80

Schubert v. Soldern, Zdenko Ritter, das Stilisieren der Thier- u. Menschen-Formen. gr. 8. (V, 222 S. m. 146 Illustr.) Leipzig 892. E. A. Seemann. n. 4.—

Schubert-Ausstellung k. k. Reichshaupt- und Residenzstadt Wien, verbunden m. e. Ausstellg v. Werken d. Maler Moriz v. Schwind, Josef Danhauser u. Leopold Kupelwieser. (Vorr. Dr. Karl Glossy.) *Wien: Kunstlerhaus 1897.* (XII, 229 S., 11 Portr. u. Taf.) 1 Bd 8. [98. 3033]

Schubert-Ausstellung d. k. k. Reichshaupt- u. Residenzstadt Wien, verbund. m. e. Ausstellg. v. Werken d. Maler Moritz v. Schwind, Josef Danhauser u. Leopold Kupelwieser. 8. (XII, 229 S. m. 11 Taf.) Wien 897. (Leipzig, Literar. Anstalt, A. Schulze.) n. 1. —

Schuberth. – Carl Schuberth in St. Petersburg. s. Schuberth, Julius.

Schuberth, die häuslichen Arbeiten der Schüler. Berlin. 1867
Schul-/Univ.-Schrift

[**Schuberth**] : Kurze historische Darstellung des gegenwärtigen Zustandes des armenischen Volkes. St. Petersburg 1831.

v. Schuberth, Ritter, s. Darstell. d. Zustandes des armen. Volkes.

Jünglingsvereine auf dem Lande. Hrsg. von Pastor **Schuberth**-Ringenwalde. Berlin: Ostdeutscher Jünglingsbund 1904. (50 S.) 8° [F.]
= **Arbeit**, Aus d., f. d. Arbeit. Bdch. 8. [05. 3917]

Schuberth, Jünglingsvereine auf dem Lande, s. a. Aus der Arbeit f. die Arbeit. 8. Bdchn.

Ratschläge zur Gründung und Belebung von Jünglingsvereinen. Hrsg. von Pastor **Schuberth**-Ringenwalde. *Berlin: Ostdeutscher Jünglingsbund (1900).* (55 S.) 8° [F.]
— **Arbeit**, Aus der, f. d. Arbeit. Bdch. 5. [01. 3776]

Schuberth, Ratschläge zur Gründg. u. Belebg. v. Jünglingsvereinen, s. a. Aus der Arbeit f. die Arbeit. 5. Bdchn.

Schuberth: 350 Rätsel und Scherzfragen. Z. Gebr. f. evangel. Jünglingsver. u. Ver. verwandter Art. Berlin: Buchh. d. Ostdeutschen Jünglingsbundes [1898]. (47 S.) 8°
= Arbeit, Aus der, f. d. Arbeit. Bdch. III.

Schuberth, 350 Rätsel u. Scherzfragen, s. a. Aus d. Arbeit f. d. Arbeit. 3. Bdchn.

Schuberth, 400 Rätsel u. Scherzfragen, s.: Aus der Arbeit f. die Arbeit. 3. Bdchn.

Schuberth, A. C., Beitr. zur Würdigung d. weibl. Geschlechts. 8. Darmst. 807.

Schuberth Alfred: Über die Nothwendigkeit eines Verkehres zwischen Schule und Haus. 8. Wien XVI. R. 900.
Progr.

Schuberth, Carl, s. Schuberth, Karl.

Schuberth, Chr., Rechenbüchlein für die Oberklassen der Landschulen. Im Anschluß an den oberfränk. Kreislehrplan bearb. 8. (20 S.) Hof 881, [Grau und Comp.] Lion. * — 15

Schuberth, D., Anleitung ohne Hülfe eines Musiklehrers in acht Stunden die schönsten Volkslieder singen u. mit der Guitarre begleiten zu lernen. Neuwied 862. Heuser. qu. 8. (30 S.) n. 10 ngr.

Schuberth, D., der Selbstunterricht im Clavierspielen. Eine pract. Clavierschule. Nach einer ganz neuen Methode in zwölf Lectionen ohne Lehrer 60 Volksmelodien spielen zu lernen. Nebst einem Anh. zur ferneren Fortbildung des Clavierspielers. Mit 80 Clavierstücken. 4. Aufl. Neuwied 867. Heuser's Verl. qu. 4. (68 S.) 27 ngr.

Reichenberg St. M. Sch. (St. G.): Katalog der Lehrerbibl. 898. 99. v. Friedrich Schuberth. 46. 29.
Progr.

Schuberth, G., kurze Anleitung im Pianofortespielen f. d. ersten Anfänger, nach Cramer, Czerny, Hummel etc. Neue, verb. u. verm. Aufl. Lex.-8. (3/4 B.) Hamburg 833, Schuberth u. Niemeyer.

Schuberth, G., kurze Anleitung im Pianofortespielen f. d. ersten Anfänger, nach Cramer, Czerny, Hummel etc. bearb. Neue, verb. u. verm. Ausg. 1/2 gr. 4. (1 1/2 B.) Hamburg 835, [Schuberth u. Comp.]

Schuberth, G. F., allgemeine Thierseelenkunde. Psychologische Betrachtungen über das Thierreich. Ein Unterhaltungsbuch für Jedermann. (Neue Titel-Ausg.) 8. (VI und 321 S.) Leipzig (854)63, Wilfferodt. —

Schuberth, G. H., der Messiasfreund. Für die Bekenner u. Nachfolger Jesu Christi. 8. St. Petersb. 818. Iversen. (Leipz., Cnobloch). 16 gr.

Schuberth, Georg Adolph: De avo paterno ad alimenta nepoti illegitimo praestanda non obligato. s. Mencke, Gottfried Ludwig

Schuberth, Georg Adolph [Praes.], s. Born, Jacob Heinrich: De curiis imperatorum et regum Germanicorum sollemnibus spec. de earum a comitiis imperii differentia agens.

Schuberth, Georg Adolph [Praes.], s. Diez, David Gottfried: De emenda Saxonica injuste incarcerato praestanda. Von der Sachsen=Buße.

Schuberth, Georg Adolph [Praes.], s. Gerdes, Ludolph Anton: De adhaesione appellationis ab alio interpositae.

Schuberth, Georg Adolph [Praes.], s. Graff, Johann Jacob: De redintegratione potestatis patriae.

Schuberth, Georg Adolph [Praes.], s. Hartmann, Johann Zacharias: De consensu temporario domini directi in hypothecam feudi.

Schuberth, Georg Adolph [Praes.], s. Heydenreich, Leberecht Wilhelm Heinrich: De valida feudi absque domini consensu a vasallo facta alienatione.

Schuberth, Georg Adolph (Leipzig) A. S. 209/23
De jure locandi vasallorum.
Leipzig (Titius) 16. IV. 1715. 35 S. 31621

Schuberth, Georg Adolph [Praes.], s. Languth, Joh. Jac.: De consensu agnatorum et simultanee investitorum temporario in hypothecam feudi.

Schuberth, Georg Adolph [Praes.], s. Ludovicus, Gottfr. Thom.: Judicis partes in revocando jurejurando purgatorio et suppletorio.

Schuberth, Georg Adolph [Praes.], s. Petsch, Johann Jakob: De venditione inofficiosa.

Schuberth, Georg Adolph [Praes.], s. Thomasius, Gottlob: De condemnatione in expensas iuris iurandi purgatorii comite ad rescriptum regium et elector. de an. MDCCXVII.

Schuberth, Gustav [Dr., Dir.]: Allgemeines *über die Realschule.* Grossenhain, Druck v. H. Starke, *1894;* 3—5 S. 4.
Grossenhain, R m. PG, P 1894 (569)

— u. **Scholtze,** d. Altertum, s.: Leitfaden d. Geschichte.

Schuberth, Gustav, Prof. Dr., Dir.: [Die **Bedeutung** und der Einfluss der Schule in der Gegenwart.] *Grossenhain (1899): Starke & Sachse.* (S. 3—4.) 4°
Grossenhain, R m. PG, P 1899 (601)

—: [**Bericht über den Anbau an das Schulgebäude und die Feier seiner Einweihung.**] S. 5—7. 4.
Progr. Realschule mit Progymn. *Großenhain* 1905 (682).

Schuberth, Gustav, Prof. Dr., Dir.: [**Bericht** über die Feier des 25jährigen Jubiläums der Anstalt.] *Grossenhain (1901): Baumert & Ronge.* (S. 7—9.) 4°
Grossenhain, R m. PG, P 1901 (617)

Schuberth, Gustav (W.) Chronik der Stadt Großenhain v. J. 1088 bis auf die Gegenwart. Illustr. v. Camillo Ehregott Zschille. gr. 4. (426 S. mit 58 Lichtdr.-Taf. und Subscribenten-Verzeichn. IX S.) Großenhain 887—92, (Hentze). geb. ** 18 —

Schuberth, G., Chronik der Stadt Großenhain mit Zugrundelegung der Chronik von Chladenius vom J. 1240 bis auf die Gegenwart. Illustriert von C. E. Zschille. 1.—26. Lfg. 4. (à ca. 12 S.) Großenhain 888—890. (A. Hentze.) à Lfg. n. — 50

—— u. P. Markus. Chronik d. ländlichen Ortschaften in d. kgl. Amtshauptmannschaft Großenhain u. Stadt Radeburg. Mit zahlreich. Abbildgn. in Lichtdr. Hrsg. u. illustr. v. Ehregott Tschille. 1.—9. Lfg. gr. 8. (S. 1—144 m. 9 Taf.) Ebd. 890. à Lfg. ** — 30; ** 2 70
Nicht weiter erschienen.

Schuberth, Gustav: Nicolaus von Clemanges als Verfasser der Schrift: de corrapto ecclesiae statu . . . Großenhain: Druck v. Herrrmann Sterke (Plasnick & Starke), 1888. 1 Bl. + 38 S. + 1 Bl. 8°
Leipzig, Phil. Fak., Inaug.-Diss. v. 21. Febr. 1888

— Nicolaus v. Clemanges als Verfasser der Schrift: de corrupto ecclosiae statu. Inaug.-Diss. gr. 8. (38 S.) Großenhain 888. (Leipzig, Fock.) n. — 75

Schuberth, Gustav: Die logische Einkerbung. S. 3—4. 4.
Progr. Realschule mit Prorealgymn. *Großenhain* 1906 (709).

[F.] **Schuberth,** Gustav [Dr.]: **Die wichtigsten Ergebnisse der Chronik von Grossenhain.** Grossenhain, Druck v. H. Starke, 1897; 2 Bl., 64 S., 1 Taf. 8.
Grossenhain, R m. PG, P 1897 (589)

Schuberth, Gustav [Dr., Dir.]: *Über den für das Gedeihen einer Anstalt nothwendigen guten Geist.* Grossenhain, Druck v. H. Starke, *1897;* 3—4 S. 4.
Grossenhain, R m. PG, P 1897 (589)

Schuberth, G(ustav) [des. Dir., Dr.]: Gvozdec = Großenhain ein Beitrag zur ältesten Geschichte des Hauses Wettin und der Mark Meißen. Herausgegeben im Jubiläumsjahre 1889. Großenhain, Druck u. Verl. v. H. Starke (1889); 1 Bildertit., 1 Bl., II, 84 S., 1 Bl. 8°
Großenhain, R m. PG, OP 1890

— Gvozdec = Großenhain, ein Beitrag zur ältesten Geschichte d. Hauses Wettin u. der Mark Meißen. Hrsg. im Jubiläumsj. 1889. gr. 8. (II, 34 S. m. lith. Titelbl.) Großenhain 889. (Hentze.) n.n. — 75

Schuberth, Gustav, Prof. Dr.: Die ersten 25 **Jahre** der Realschule mit Progymnasium zu Grossenhain. (Umschlagt.: **Bericht über die ...**) *(Grossenhain 1900: H. Starke.)* (64 S.) 8°
Grossenhain, R m. PG, OP 1900 (607)

Schuberth, Gust. Ist Nikolaus von Clemanges der Verfasser des Buches: de corrupto ecclesiae statu? 48 S. **Progr.** *Grossenhain* 1882.
Vgl. des Verf. Inauguraldiss. Nik. v. Cl. als Verf. der Schrift: de corrupto ecclesiae statu. (38 S.) 8. Ebda 1888 (Leipzig, Fock) 75 Pf.

Schuberth, G(ustav Wilhelm), Prof. Dr., Dir.: **Einheitliche Lehre** vom Gebrauch der Satzkerbe. *Großenhain 1903: Starke & Sachse.* (IV, 58 S.) 8° [F. u. Ant.]
Großenhain, R m. PG, P 1903 (650)

Schuberth, G., einheitliche Lehre vom Gebrauch der Satzkerbe. (IV, 58 S.) 8. Leipzig 903. Dürr'sche Buchh. n. — 60

Schuberth, Gustav: [Über die **Pflege** idealen Sinnes durch Schüleraufführungen.] *Grossenhain (1898): Baumert & Ronge.* (3—4 S.) 4°
Grossenhain, R m. PG, P 1898 (594)

Schuberth, Gustav [Dr., Dir.]: *Über den Religionsunterricht in der Realschule.* Grossenhain, Druck v. H. Starke, *1892;* 3—4 S. 4.
Grossenhain, R m. PG, P 1892 (564)

Schuberth, Gustav: Deutsche Satzbilder. Großenhain 1908: Starke & Sachse. S. 3—8. 4°
Großenhain, R u. RPG P 1908 (747) [S 08. 431

Schuberth, Gustav [Dr., Dir.]: *Über den Unterricht in der deutschen Sprache.* Grossenhain, Druck v. Starke & Sachse, *1896*; 3—4 S. 4.
Grossenhain, R m. PG, P 1896 (578)

Schuberth, Gustav [Dr., Dir. des.]: Zweck und Einrichtung der Schule. Grossenhain, Druck v. H. Starke, 1890; S. 3—4; 4°
Grossenhain, R m. PG, OP 1890

Schuberth, H. (I.), das Aetzen der Metalle für kunstgewerbliche Zwecke. Nebst einer Zusammenstellung der wichtigsten Verfahren zur Verschönerung geätzter Gegenstände. Nach eigenen Erfahrungen unter Benützung der besten Hilfsmittel bearb. 8. (VI, 231 S. mit 24 Abbild.) Wien 888, Hartleben. * 8 25

Schuberth H. das Ätzen der Metalle für kunstgewerbliche Zwecke. (Bibliothek, Chemisch-technische 162) Wien 1888

Schuberth, H., das Aetzen der Metalle f. kunstgewerbliche Zwecke. Nebst e. Zusammenstellg. der wichtigsten Verfahren zur Verschönerg. geätzter Gegenstände. Nach eigenen Erfahrgn. unter Benützg. der besten Hilfsmittel bearb. 2. Aufl. (VI, 222 S. m. 30 Abbildgn.) 8. Wien 905. A. Hartleben. 3. 25; geb. 4. 05

Bausteine zu einer Geschichte der St. Johannis-Freimaurer-Loge „Zu den drei Eisernen Bergen" im Or. zu Siegen. Als Festgabe zum Andenken an die 75jährige Jubelfeier der Loge in Siegen gesamm. und im Auftr. der Loge hrsg. von H. Schuberth. Siegen 1897: [Buchholz]. 61 S. 8°
Recens: Bbl. 12 (1898) S. 295—296.
Nebst Darstellung der Entwicklung der Vermögensverhältnisse der Loge von L. Balzer; Bestandliste vom 4. Jan. 1823; Übersicht der Mitgl. von 1822—1897/8; Verzeichn. der M. v. St. u. Ehrenmitgl. von 1822—1897.

Schuberth, H., die Elemente des geometrischen Zeichnens mit Rücksicht auf praktische Anwendung. Den Bedürfnissen gewerbl. Bildungsanstalten, insbesondere der Handwerkerschulen entsprechend bearb., in Verbindung mit 30 (lithogr.) Wandtafelskizzen geometr. Constructionen und Flachornamente. 8. (IV, 34 S.) Miltenberg 880, Halbig. In Mappe * 2 50
Color. Ausg. * 3 —

Schuberth, H., Grundzüge des preußischen und deutschen Staatsrechtes. Zum Gebrauche an Fortbildungsschulen und zur Belehrung für jeden Staatsbürger bearb. gr. 8. (76 S.) Siegen 875, [Heuser'sche Buchh.] Montanus. * 1 50

—— Hand- und Hülfsbuch für Metallarbeiter. 15 Lfgn. gr. 8. (XIV, 719 S. mit 300 Text-Illustr. und 15 in Farben- und Tondr. ausgeführten Taf.) Wien 882, Hartleben's Verlag. à Lfg. — 60
compl. ℳ 8,10.; geb. 10 —

-- Illustriertes Hand- und Hilfsbuch für den praktischen Metallarbeiter. Wien 1883

— **Hand- u. Hilfsbuch** f. den prakt. Metallarbeiter. **Lehrbuch zum Selbstunterricht** in der gesamten Metallverarbeitg. f. den Praktiker. Nebst zugehör. Hilfswissenschaften. Mit 80 Taf. u. etwa 800 Abbildgn. 2., vollständig neu bearb. Aufl. (In 30 Heften.) 1.—19. Heft. (S. 1—608.) Lex.-8. Ebd. (906). à — 50

Schuberth, H., Hand- u. Hilfsbuch f. den prakt. Metallarbeiter. Lehrbuch zum Selbstunterricht in der gesamten Metallverarbeitg. f. den Praktiker. Nebst zugehör. Hilfswissenschaften. Mit 30 Taf. u. 784 Abb. 2., vollständig neu bearb. Aufl. 20.—30. Heft. (VIII u. S. 609—975.) Lex. 8. Wien (907). A. Hartleben. à — 50 (Vollst. 15.—; geb. in Halbfrz. 18. —)

—— illustrirtes Hand- und Hülfsbuch der Flächen- und Körperberechnung. Für den Schul- und Selbstunterricht bearb. Mit 150 vollständig berechneten der Praxis entnommenen Aufgaben. gr. 8. (VI, 163 S. mit 177 Fig. auf 9 lithogr. Taf.) Berlin 881, Horrwitz. * 3 —

Schuberth, H. (II.), illustrirtes Hand- und Hülfsbuch der Flächen- und Körperberechnung. Für den Schul- und Selbstunterricht bearb. 2. (Titel-)Ausg. gr. 8. (VI, 163 S. mit 150 vollständig berechneten, der Praxis entnommenen Aufgaben und 177 Fig. auf 9 lithogr. Taf.) Berlin 889, Cronbach. * 3 —

Schuberth, H., das Lichtpausverfahren od. die Kunst, genaue Copien m. Hilfe d. Lichtes unter Benützg von Silber-, Eisen- u. Chromsalzen herzustellen. Auf Grund eigener Erfahrgn. bearb. Mit 4 Abbildgn. 8. (III, 102 S.) Wien 883. Hartleben. 1. 50

Schuberth, H., Das Lichtpaus-Verfahren oder die Kunst, genaue Copien mit Hilfe des Lichtes unter Benützung von Silber-, Eisen- und Chromsalzen herzustellen. Auf Grund eigener Erfahrungen bearbeitet. Mit 7 Abbildungen. Zweite, vermehrte Auflage. 8. (VIII, 135 S.) [Chemisch-technische Bibliothek. Band 108. Zweite Auflage]
Wien: Hartleben 1893. —.80
Dasselbe, gebunden (nur fest) 1.25

Schuberth, H., die Vorübergänge der Venus vor der Sonnenscheibe insbesondere der Vorübergang der Venus am 9. Decbr. 1874. Eine populär-astronom. Monographie. gr. 8. (32 S. mit 14 Fig. in eingedr. Holzschn.) Leipzig 874, Brandstetter. (* 50 Pf.) *

—— 60 (lithogr.) Wandtafel-Skizzen geometrischer Constructionen und Flachornamente, zum Gebrauche an gewerbl. Fortbildungsschulen, Gewerbe-, Real- und gehobenen Volksschulen. Imp.-Fol. Miltenberg 880, Halbig. In Mappe * 15 —

Schuberth, Hans, wie kommt der Gläubiger zu seinem Guthaben? Gemeinverständliche Darstellg. des amtsgerichtl. Verfahrens an Beispielen u. Formularien von der Klage bis zur Pfändg. 2. verm. Aufl. (79 S.) gr. 8. München 908. Halle, A. H. Müller. 1. 20

Schuberth, H., Wie kommt der Gläubiger zu seinem Guthaben? Gemeinverständliche Darstellg. des amtsgerichtl. Verfahrens an Beispielen u. Formularien von der Klage bis zur Pfändg. 3. umgearb. Aufl. nach der Zivilprozessnovelle vom 1. IV. 1910. (75 S.) gr. 8. München, Buchdruckerei u. Verlagsanstalt C. Gerber. 1910 1. 20.

Schuberth, J., Gesangunterricht an den Volksschulen. Im Anschlusse an das neu erschienene Volksschulliederbuch „Singt!" bearb. (20 S.) 8. Nürnberg (909). C. Koch. — 25

MINNELIEDER eines Klosterbruders. (Kathol., nicht erot. Poesieen von *J. Schuberth*, ord. Capuc.) Schaffhausen, Fr. Hurter, 1857. 12°. (2 Mk. Frdr. Klüber, München, 1904.)
4 Bll. u. 184 S. „Sr. Hochw. Hrn. Ludw. Mehler, kgl. Prof. am Gymnas. zu Regensburg, s. geliebtesten Lehrer u. Freunde in Dankbarkeit der Verf."

Schuberth, J. C., de agapis vett. Judaeorum. Gorlic. 1761. 4.

– Singt! Volksschulliederbuch. 3 Tle. Ebd. (909). 1. 90
1. Für die 3 ersten Klassen. Zeichnungen v. A. Reich. (48 S.) 8. (909.) — 15
2. Liederbuch f. Schule u. Haus. Für die Mittel- u. Oberklassen. Zeichnungen v. Alb. Reich. (S. 1—16 a u. 17—153.) 8. (909.) — 50
3. Ein-, zwei- u. dreistimmige Lieder, Arien u. Balladen f. höh. Lehranstalten u. fürs Haus. (III, 128 S.) gr. 8. (909.) 1. 25

Schuberth, Johann Michael Heinrich

Schuberth, Jh. Mich. Hnr., († d. 2. Aug. 1807.) histor. Versuch üb. die geistl., weltl., Staats- u. Gerichtsverfassung des Hochstifts Bamberg. Mit 2 Kpft. gr. 8. Erlang. 790. Palm. 20 gr — Nachträge. gr. 8. o. O. (Bamb.) 792. (Wesché in Frankf. a. M.) 9 gr

— — Nachträge zu demselben. gr. 8. Bamb. Göbhard. 792.

Schuberth, Julius

Schuberth, Jul., kleiner Atlas der alten Welt, nebst einem Abriss der biblischen Geographie von Petersen. qu. Imp.-4. (4 in Kpfr. gest. und ill. Bl. und 22 S. Text in 8.) Hamburg 851, Schubert und Comp. *

Schuberth's, Jul., kleiner Atlas der alten Welt, nebst einem Abriss der biblischen Geographie von (H.) Petersen. (22 S. 12.) 2. Aufl. qu. Fol. (4 in Kpfr. gest. und ill. Bl.) Hamburg 852, Schuberth und Comp. *

Schuberth, Jul., neuester Atlas der alten u. neuen Geographie über alle Theile der Erde. 3. verb. Aufl. qu. Fol. (20 col. Karten.) Hamburg 845, Schuberth u. Co. n. 1 1/3 ℛ

—— neuester Atlas der alten und neuen Geographie über alle Theile der Erde zum Gebrauch für Schulen und zum Selbstunterricht. 4. Aufl. 1849. * 1 Thlr. 10 Ngr., 5. Aufl.? und 6. Aufl. Imp.-4. (26 ill. Karten in Kpfrst.) Hamburg 851, Schubert und Comp. *

—— Blätter f. Musik u. Literatur, s. Blätter.

—— neues Etui-Liederbuch, s. a. Etui-Liederbuch.

—— neues Etui-Liederbuch, enth. eine Auswahl von über 600 der besten und beliebtesten Gesänge und Trinksprüche für gesellige Kreise. Neue wohlf. Ster.-Ausg. 32. (XVI und 288 S.) Leipzig 863, Schuberth's Buchh.

Schuberth, Jul., neues Etui-Liederbuch, enth. e. Auswahl v. üb. 600 der besten u. beliebtesten Gesänge u. Trinksprüche f. gesell. Kreise. 10. wohlfeile Ster.-Ausg. 16 (XVI, 288 S.) Leipzig 874. Schuberth & Co. — 40

—— musikalisches Fremdwörterbuch zum Gebrauch für Tonkünstler u. Musikfreunde. 2., verm. u. verb. Aufl. 16. (6 B.) Hamburg 843, Schuberth u. Comp.

—— vollständiges erklärendes Fremdwörterbuch aller in der Musik gebräuchlichen Ausdrücke. Nebst einer Einleitung mit den Elementarlehren und Regeln, welche jedem Musik-Unterricht als Grundlage dienen. 4. Aufl. (XVI und 128 S.) 1852. und 5., verb. Aufl. 32. (XII und 132 S.) Hamburg 855, Schuberth und Comp. *

—— vollständiges erklärendes Fremdwörterbuch aller in der Musik gebräuchl. Ausdrücke. 6., verb. Aufl. 16. (XIV und 138 S.) Leipzig 863, (Schuberth's Buchh.) *

— vollständiges erklärendes Fremdwörterbuch aller in der Musik gebräuchlichen Ausdrücke. Nebst e. kurzen Einleitg. üb. die Elementarlehre der Musik. 9. verb. Aufl. 16. (XIV, 138 S.) Ebend. 874. — 40

Schuberth, Jul., vollständig erklärendes Fremdwörterbuch aller in der Musik gebräuchlichen Ausdrücke, nebst einer kurzen Einleitung über die Elementarlehre der Musik. 10.—15. von R. Musiol verm. und verb. Aufl. 16. (XVI, 138 S.) Ebendas. 880,81. geb. 1 —

Schuberth's, Jul., vollständig erklärendes Fremdwörterbuch aller in der Musik gebräuchlichen Ausdrücke, nebst einer kurzen Einleitung über die Elementarlehre der Musik. 16.—18. von R. Musiol verm. und verb. Aufl. 16. (XVI, 138 S.) Leipzig 882—88, Schuberth und Comp. geb. 1 —

Schuberth's, Jul., vollst. erklär. Fremdwörterbuch aller in d. Musik gebräuchlichen Ausdrücke, nebst e. kurzen Einleitg. üb. d. Elementarlehre d. Musik, verm. u. verb. v. R. Musiol. 20. Aufl. 16. (XVI, 138 S.) Leipzig (894). J. Schuberth & Co. In Leinw. kart. 1. —

— neuester Hand-Atlas der alten u. neuen Geographie über alle Theile der Erde in 60 Karten. 1—20. Lfg. Fol. (40 in Kpfr. gest. u. color. Karten.) Ebd. 847—52. (à n. 1/4 ℛ) n. 5 ℛ

— neuester Hand-Atlas der alten und neuen Geographie über alle Theile der Erde in 60 Karten. 21—30. Liefg. Ebend. 853—55. Fol. Jede Liefg. von 2 in Kpfr. gest. Bl. n. 7 1/2 ngr

—— dass. — in 60 (in Kpfr. gest. und ill.) Karten. 2., revid. Aufl. Fol. (2 S. Text.) Ebds. 856. *
Einzelne Karten *

Schuberth, Jul., musical hand-book for musicians and amateurs. A miniature encyclopedia, cont. explanation of all the technical terms used in music, together with biographical and critical notices of composers, singers, executive artists etc. 4. Edition. 16. (XVI und 289 S.) Hamburg 859. [Leipzig,] Schuberth's Buchh. *
geb. mit des Verf. Portr. in Stahlst. *

—— musikalisches Hand-Buch. Eine Encyclopädie für Tonkünstler und Musikfreunde, enthaltend das Wichtigste aus der Elementar-Musikwissenschaft, die Biographien berühmter Componisten, Virtuosen etc., und Erklärung aller in Compositionen vorkommenden Fremdwörter. 5., verb. und stark verm. Aufl. br. 8. (319 S.) Leipzig 860, Schuberth's Buchh.

—— vollständiges kurzerklärendes Handbuch der Fremdwörter, welche in der deutschen Schrift- und Umgangssprache vorkommen, nebst Aussprache. 1. und 2. (Titel-)Aufl. gr. 12. (385 S.) Hamburg 851, Schuberth und Comp.

— vollständiges kurzerklärendes Handbuch der Fremdwörter, welche in der deutschen Schrift- u. Umgangssprache vorkommen, nebst Aussprache. gr. 12. (385 S.) Ebd. 851. 1 ℛ — 2. (Titel-) Aufl. 12. (IV u. 383 S.) Ebd. (851) 852. n. 1/2 ℛ

—— musikalisches Handbüchlein für Künstler und Kunstfreunde. Eine Miniatur-Encyclopädie enth. das Nothwendigste aus der Musikwissenschaft, Erklärung aller Fremdwörter, biograph. Skizzen über die ausgezeichnetsten Tonkünstler etc. 3. Aufl. 32. (XII und 196 S.) 1848. 10 Ngr. und 4., verb. und stark verm. Aufl. 16. (XVI und 248 S.) Hamburg 852, Schuberth und Comp. *

Schuberth, Juls, Musikalisches Handbüchlein für Künstler und Kunstfreunde. . . 3. stark verm. Aufl. Leipzig 1848. 32.
——, —— 4. verb. u. stark verm. Aufl. Ebda 1852. 16.
Später: Schuberth, Kleines mus. Conversationslexikon.

— neueste Karte der Verein. Staaten v. Nord-Amerika, mit Texas nebst Angabe aller Eisenbahnen u. Canäle. Imp. 4. Stahlst u. color. Ebd. 848. n. 6 ngr

Schuberth, Jul., kleines musikalisches Conversations-Lexikon, ein encyklopädisches Handbuch enth. das Wichtigste aus der Musikwissenschaft, die Biographien aller berühmten Componisten etc. Für Tonkünstler u. Musikfreunde. 6. verb. u. stark verm. Aufl. (In 6 Heften.) 1. Heft. 1. Hälfte. Leipzig 864. Schuberth & Co. 8. (S. 1—32.) n. 2 *ngr.*

Schuberth, Jul., kleines musikalisches Conversations-Lexikon. Ein encyklopoed. Handbuch enth. das Wichtigste aus der Musikwissenschaft, die Biographien aller berühmten Componisten, Virtuosen, Dilettanten etc., sowie Beschreibung aller Instrumente und Erklärung der in der Musik vorkommenden Fremd- und Kunstwörter. Für Tonkünstler und Musikfreunde. 8. verb. und stark verm. Aufl. In 10 Heften. 8. Leipzig 870, Schuberth und Comp. à Heft 30 Pf.

Schuberth, Jul., kleines musikalisches Conversations-Lexikon. Ein encyclopäd. Handbuch, enthaltend das Wichtigste aus der Musikwissenschaft, die Biographien aller berühmten Componisten, Virtuosen, Dilettanten etc., sowie Beschreibung aller Instrumente und Erklärung der in der Musik vorkommenden Fremd- und Kunstwörter. Für Tonkünstler und Musikfreunde. 9. und 10. Aufl. 8. (544 S.) Leipzig 873,77, Schuberth und Comp. 8 —

Schuberth's, Jul., musikalisches Conversations-Lexikon, hrsg. v. Emil Breslaur. 11., gänzlich umgearb. u. bedeutend verm. Aufl. 8. (XV, 650 S.) Leipzig 890. J. Schuberth & Co. Geb. in Halbleinw. m. Ergänzgn. v. 1894. (S. 651—664.) 6 —

Schuberth, Julius. Musikalisches Conversations-Lexikon, herausgegeben von Professor Emil Breslaur. 11. Auflage. Leipzig (1893). — Ergänzungen und Berichtigungen — Ende Oktober 1894 von Bernhard Vogel.

— dassolbe. Ergänzungen u. Berichtiggn. (Fortgeführt bis Ende Oktbr. 1894 v. Bernh. Vogel.) 8. (S. 651—664.) Ebd. 894. — 15

—— Kriegs-Atlas, betreffend den Oesterreich.-Sardin.-Französ.-Feldzug. Fol. (8 ill. Bl. in Stahlst.) Hamburg 859. [Leipzig,] Schuberth's Buchh. Einzelne Bl.

—— Rathgeber und Führer für Auswanderer nach den vereinigten Staaten von Nord-Amerika, nebst einem Anhange über Californien. 1. Aufl. (VIII und 136 S.) 1848. und 2., verm. Aufl. 12. (VIII und 142 S. mit 1 in Kpfr. gest. Karte der verein. Staaten und chemityp. Stadt-Plan von New-York in Fol.) Hamburg 852, Schuberth und Comp.

[Schuberth, Julius.] Carl Schuberth in St. Petersburg. Lebens-Skizze, verfasst vom Herausgeber der „Kleinen Musik-Zeitung". Hamburg und Leipzig (1847)

Schuberth, Jul., Schul-Atlas der neuesten Erdbeschreibung über alle Theile der Erde nach den letzten Staatsveränderungen. 7. Aufl. Imp. 4. (22 in Kpfr. gest. u. color. Bl.) Hamburg 852, Schuberth & Co. n. 1 1/3 ℛ; cart. n. 1 1/2 ℛ; geb. n. 1 2/3 ℛ

— **Schul-Atlas der alten und neuen Geographie über alle Theile der Erde nach den letzten Staats-Veränderungen. 8. revid. u. verm. Aufl. Ebend. (853.) Fol. (26 color. in Kpfr. gest. und lith. Karten.)** n. 1 ℛ. 15 *ngr.*

SCHUBERTH, Carl (München): Ueber Entfernung adenoider Vegetationen im Nasenrachenraum mittels gerader Zange.- München: Kastner & Lossen 1899. 24 S.
3.3.1899 - Chr 1898/99,14; Jv 1899/1900,208
Diss.Ingolst.-Landsh.-Mchn.

Schuberth, Louis, gründl. Unterricht in der Theorie der Tonsetzkunst. 1. Thl. Die Generalbaßlehre, theoret.-praktisch dargest. zum Selbst-Unterricht. gr. 12. (6 1/4 B.) Hamburg 845, Schuberth u. Comp. -

Schuberth, Max, Holzbearbeitungs-Maschinen u. ihr Schutz. (30 S. m. Abbildgn.) 8. Stuttgart 905. (P. Mähler.) n. — 85

Schuberth, Max: Holzbearbeitungsmaschinen und ihr Schutz. 2. Aufl. Stuttgart 1905

Schuberth, Max, Schutzvorrichtungen an Pressen u. Walzen. (In 18 Blättern.) (23 S. m. Abb.) 81,5×23,5 cm. Berlin 908. Polytechn. Buchh. A. Seydel. — 75
Erweit. Sonder-Abdr. aus: „Sozial-Technik".

Schuberth, Michael Heinrich, s. Schuberth, Johann Michael Heinrich.

Schuberth, Otto [aus Grottkau]: Beiträge zur vergleichenden Anatomie des Genitalapparates von Helix m. bes. Berücks. d. Systematik ... M. 6 lithogr. Taf. (Aus: Arch. f. Naturgesch. 1892.) Berlin, Nicolaische Verl.-Buchh., 1891; 66 S., 6 Taf. 8.
Rostock, Phil. Fak., Inaug.-Diss. v. [25. März] 1891

Schuberth, Wilhelm

Schuberth, W., die allgemeinen Bestimmungen über die Prüfungen der preußischen Mittelschullehrer und der Rectoren, mit den darauf bezüglichen Ministerial-Bestimmungen ausführlich erläutert. Nebst einem Anhang: Die Prüfungs-Ordnungen der Schulvorsteherinnen, der wissenschaftl. und techn. Lehrerinnen. gr. 8. (88 S.) Berlin 879, Schlesier. 1 50

— **Leitfaden für den Unterricht in der Heimatskunde von Berlin u. der Mark Brandenburg. Mit einer (lith. u. color.) Karte der Provinz. 2., verb. Aufl. 8. (32 S.) Berlin 882. Le Coutre. n. — 30; ohne Karte n. — 20; Karte ap. n. — 10**

Schuberth, Wilh., Leitfaden für den Unterricht in der Heimatskunde von Berlin und der Mark Brandenburg. Mit 1 (lithogr. und color.) Karte der Provinz. 1.—6. verb. Aufl. 8. (32 S.) Berlin 881—83, Le Coutre. * — 30
Ohne Karte * — 20
Karte allein * — 10

—— dass. — 7. Aufl. 8. (40 S. mit 1 lithogr. und color. Karte.) Ebendas. 884. * — 30
Karte allein * — 10

Schuberth, Wilh., Leitfaden für den Unterricht in der Heimatskunde von Berlin und der Mark Brandenburg. 8.—13. Aufl. 8. (40 S. mit 1 lithogr. und color. Karte.) Berlin 885—88, Le Coutre. * 30 Pf.; Karte allein * — 10

Schuberth, Wilh., Leitfaden f. den Unterricht in der Heimatskunde v. Berlin u. der Mark Brandenburg. 9. Aufl. 8. (40 S. m. 1 lith. u. color. Karte.) Berlin 885. Le Coutre. n. — 30; Karte ap. n. — 10

Schuberth, W., Leitfaden f. den Unterricht in der Heimatskunde v. Berlin u. der Mark Brandenburg. 12., verb. Aufl. 8. (40 S. m. 1 Karte.) Berlin 887. Le Coutre. n. — 30

Schuberth, Wilh. Leitfaden f. den Unterricht in der Heimatskunde v. Berlin u. der Mark Brandenburg. 15. u. 16. Aufl. 8. (40 S. mit 1 Karte.) Berl. 891,92, Le Coutre. * — 30

Schuberth, Wilh., Leitfaden f. d. Unterricht in d. Heimatskunde v. Berlin u. d. Mark Brandenburg. M. 1 (farb.) Karte d. Prov. Brandenburg. 19. Aufl. gr. 8. (39 S.) Berlin 897. Nicolai's Verl. n.n. — 30

Schuberth, Wilh., Leitfaden f. den Unterricht in der Heimatskunde v. Berlin u. der Mark Brandenburg. Mit 1 (farb.) Karte der Prov. Brandenburg. 20. Aufl. gr. 8. (39 S.) Berlin 901. Nicolai's Verlag. n.n. — 30

— Berlinisches Lesebuch, s.: Schulz, Otto.

—— **ausführliches Wörterverzeichnis, nach der vom kgl. preuß. Kultus-Ministerium festgesetzten neuen Orthographie bearb. 8. (84 S.) Berlin 880, [Schlesier.] Liebel'sche Buchh.** * — 75

Schüberth, Fr. C. K., der Ritus der anglikanischen Kirche u. die neun u. dreißig Artikel, Lateinisch u. Deutsch, nebst einer histor. Einleitung. gr. 8. (5½ B.) Berlin 842, Hermes.

Schubert-Kalender f. 1910. 12 Lieder v. Frz. Schubert. Mit Illustr. v. Hans Printz. (28 S. m. 12 [6 farb.] Taf.) Lex. 8. Wien, M. Munk. 6.—

Schubfächer, v. F. Rosenthal. 2 Thle. 8. Dessau, Müller. (Vollmer in Hamb.) 793.

Schubhard, Georg

SCHUBHARD, G.: Comment. de Austraegis S. R. I., s. instantia privilegiata, qua status S. R. I. fruuntur. *Wetzlar*, Winkler. 754. 4. (20 Gr.)

Schubiger, P. Anselm. Die Antonier und ihr Ordenshaus zu Uznach, im ehemaligen Bisthum Constanz. [Mit 1 Ansicht. A.] 8. [Einsiedeln 1879.]

Schubiger, Anselm, katholisches Gesang- u. Gebetbuch für das Volk, enth. drei- u. vierstimmige Lieder nebst einer Zugabe der gewöhnlichsten lateinischen Choralgesänge zum öffentlichen Gottesdienste, sammt den gebräuchlichen Andachtsübungen. Neu umgearb. u. gesammelt. 2., verm. Ausg. Mit (3) Stahlst. Einsiedeln 860. Gebr. Benziger. 12. (XX, 356 S.) 27 ngr.

Schubiger, Anselm, katholisches Gesang- und Gebetbuch, enth. drei- und vierstimm. Lieder nebst einer Zugabe der gewöhnlichsten latein. Choralgesänge zum öffentl. Gottesdienste, sammt den gebräuchlichsten Andachtsübungen. Neu umgearb. und gesammelt. 5. Aufl. 8. (876 S. mit 2 Stahlst.) Einsiedeln 868, Gebr. Benziger.

Schubiger, Anselm, Heinrich III. v. Brandis, Abt zu Einsiedeln u. Bischof zu Constanz, u. seine Zeit. gr. 8. (XI, 378 S. m. 1 genealog. Tab.) Freiburg i/Br. 879. Herder. n. 6. —

Schubiger, Anselm., VI Hymni sacri de sanctissimo sacramento a IV vocibus. 12. Einsiedeln 845, Gebr. Benziger. 1/8 ℔

Schubiger, Anselm, der Kesselflicker. Liedersp. in 2 Aufzügen f. Soli u. Chor m. Pianofortebegleitg. Zuerst in Musik gesetzt v. Sch. Umgearb. u. hrsg. von F. X. Engelhart. Textbuch. 8. (35 S.) Regensburg 898. A. Coppenrath's Verl. — 30

Schubiger, Anselm, Laudate Dominum! Lobet den Herrn! Lobgesänge aus christlicher Vorzeit in 21 Hymnen auf die heil. Zeiten u. Feste der katholischen Kirche in latein. u. deutscher Sprache für 4 Singstimmen ohne Begleitung in Musik gesetzt. qu. gr. 8. (40 lith. S.) Einsiedeln 852, Gebr. Benziger. 13 ngr.

Schubiger, Anselm., Laudate dominum! Lobet den Herrn! Lobgesänge aus christl. Vorzeit in 21 Hymnen auf die heiligen Zeiten u. Feste der katholischen Kirche in latein. u. deutscher Sprache für vier Singstimmen ohne Begleitung in Musik gesetzt. 4. Aufl. Ebend. 867. qu. 4. (36 S.) 13 ngr.

— siehe: Lob Gottes, das, im Munde der Unschuld.

—— Maria die Königin der Heerschaaren, des Sieges u. des Friedens, 3 Lieder zu 4 Männerstimmen 2c. Partitur u. Stimmen. qu. gr. 8. (1 B.) Einsiedeln 846, Gebr. Benziger.

— Marienrosen, eine Sammlung mehrstimmiger Lieder ohne Begleitung, zur Verehrung der sel. Jungfrau in Kirche und Haus. qu. gr. 8. Ebend. 845. ½ ℔ — 2. mit 3 Liedern verm. Aufl. Ebend. 846. ½ ℔

—— Marienrosen, eine Sammlung mehrstimm. Lieder ohne Begleitung zur Verehrung der seligsten Jungfrau in Kirche und Haus. 3. Aufl. qu. gr. 8. (52 S.) Einsiedeln 849, Gebr. Benziger.

Schubiger, Anselm, Marienrosen, eine Sammlung mehrstimm. Lieder ohne Begleitung zur Verehrung der seligsten Jungfrau in Kirche u. Haus. 4. Aufl. 853. — 5. Aufl. 855. — 6. Aufl. Einsiedeln (857.) Benziger. qu. 8. (VIII, 50 S.) 15 ngr.

— Marienrosen, eine Sammlung mehrstimmiger Lieder ohne Begleitung zur Verehrung der seligsten Jungfrau in Kirche u. Haus. 7. Aufl. 859. — 8. Aufl. Ebend. 860. qu. gr. 8. (VIII, 50 S.) 15 ngr.

—— Marienrosen. Eine Sammlung mehrstimm. Lieder ohne Begleitung zur Verehrung der seligsten Jungfrau in Kirche und Haus. 9.—11. Aufl. qu. 4. (X und 50 S.) Einsiedeln 864 —68, Gebr. Benziger.

Schubiger, Anselm, die Pflege d. Kirchengesanges u. der Kirchenmusik in der deutschen kathol. Schweiz. Eine musikalisch histor. Skizze. hoch 4. (60 S.) Einsiedeln 873. Benziger in Comm. n. 2. —

—— die Sängerschule St. Gallens vom 8. bis 12. Jahrh. Ein Beitrag zur Gesanggeschichte des Mittelalters. gr. 4. (VII und 157 S. mit 8 chromolithogr. Facs. und Beispielen.) Einsiedeln 858, Gebr. Benziger.

Schubiger, Anselm, die Sängerschule St. Gallens vom achten bis zwölften Jahrhundert. Ein Beitrag zur Gesanggeschichte des Mittelalters. gr. 4. (96 S. mit 35 Facs. in Gold- und Farbendr. und 60 S. Notenbeispielen.) Einsiedeln 888, Benziger und Comp. geb. * 12 —

Musikalische Spicilegien über das liturgische Drama, Orgelbau und Orgelspiel, das außerliturgische Lied und die Instrumentalmusik des Mittelalters von P. Anselm Schubiger, Benedictiner d. Stiftes Einsiedeln. Berlin: L. Liepmannssohn 1876. (VIII, 168 S.) 8°
= Publikation älterer prakt. u. theor. Musikwerke. Jg. 4, 2. (Bd 5.) [07. 10471]

Schubiger, Ferdinand, med. pract. von Solothurn: Aus der medizinischen Klinik der Universität Zürich. Über Sklerodaktylie. Mit einer Tafel. [S.A. aus: Monatshefte f. prakt. Dermatologie. Bd 24, S. 397—415.] Hamburg L. Voss 1897. 23 S., 1 Taf. 8°.
Zürich, Med. Diss. [v. 5. April 1897].

Schubiger, J. F., Kantonsschule und Wälderverkauf, s. Höfliger.

(Schubiger, [Johannes].) Die Wasserzinsfrage im Kanton St. Gallen. Bericht des Justizdepartements an den Regierungsrat. Vom 22. März 1903. [Sep.-Abdr. aus dem Amtsblatt für den Kanton St. Gallen. Jahrg. 79, Bd. 1. Nr. 14, 1. April 1904.] 42 S. 8. [St. Gallen, Buchdr. der «Ostschweiz», 1904.]

Schubiger, R. Beitrag zur Kenntnis der Aetiologie und Therapie der Trostitis uberosa chronica. In-8°. 42 S. Basel, (Georg & Co.). These. 1894.

Schubiger-Hartmann, F., gesunde Kinder, s.: Mitteilungen der Töpfer-Gesellschaft Solothurn. Nr. 2.

Schubin [Schlagwort]

— s. a.: Forstkarten.

Schubin, Kreis. Baron, Paul, Spezial-Karte des Kreises Schubin. Neueste Ausg., rev. v. den zuständ. Behörden. 1 : 150,000. 30,5×38 cm. Farbdr. Ebd. (900). n. — 50

Schubin, Kreis. Baron, Paul. Spezial-Karte des Kreises Schubin in 5fachem Farbendr. Rev. v. den zuständ. Behörden. 1 : 150,000. 2. Aufl. 27×35,5 cm. Lissa (905). O. Eulitz. n. — 50; auf Leinw. in Taschenformat n. 1. —

Schubin, Kreis. Spezialkarte des Kreises Schubin in 5fachem Farbendr. Rev. v. den zuständ. Behörden. 3. Aufl. 1 : 100,000. 39×54 cm. Lissa (910). O. Eulitz. — 50; auf Leinw. in Etui 1. —

Schubin [Verfasser]

Schubin, Ossip [Lola Kirschner], Asbeïn. Aus dem Leben eines Virtuosen. 1. und 2. Aufl. 8. (368 S.) Braunschweig 888, Westermann. * 8 —

Schubin, Ossip (Frl. Lola Kirschner), Asbeïn. Aus dem Leben e. Virtuosen. 4. durchgeseh. Aufl. 8. (368 S.) Braunschweig 901. G. Westermann. n. 6. —; geb. n. 7.25

Blanche. Von Ossip Schubin [d. i. Lola Kirschner]. Berlin: (H. Neelmeyer [1905].) (S 33–50.) 8° [F.]
= Bücherei, Deutsche. Bd 25, [2.]

†Schubin, Ossip. [Lola Kirschner]. Blubička. Erzählung aus dem slav. Volksleben. gr. 8. (V, 174 S.) Braunschw. 890, Westermann. * 3 —; geb. ** 4 —

Schubin, Ossip, Bravo rechts! Eine lustige Sommergeschichte. 8. (VIII, 443 S.) Jena 885. Costenoble. n. 7. 50

— Bravo rechts. Eine lust. Sommergeschichte. 2. Aufl. 8. (VIII, 443 S.) Jena 888. Costenoble. n. 7. 50; geb. n. 8. 70

Bravo rechts! Eine lustige Sommergeschichte von Ossip Schubin [d. i. Lola Kirschner]. 2. Aufl. *Jena: H. Costenoble [1896].* (443 S.) 8° [F.] [03. 10498

Schubin, Ossip (Lola Kirschner), Bravo rechts! Eine lust. Sommergeschichte. 3. Aufl. 8. (VIII, 443 S.) Jena 898. H. Costenoble. n. 7. 50; geb. n. 8. 70

Bravo rechts! Eine lustige Sommergeschichte von Ossip Schubin [d. i. Lola Kirschner]. 4. Aufl. *Berlin: H. Costenoble 1902.* (VIII, 443 S.) 8° [F.]
(Romane u. Novellen neuzeitl. Schriftsteller. Ausg. Costenoble.) [03. 9837

— Dolorata. Novelle. 2. Aufl. 12. (106 S.) Berlin 888. Gebr. Paetel. n. 2. —; geb. m. Goldschn. n. 3. —

—— dass. — s. Paetels Miniatur-Ausgaben-Collection.

†Schubin, Ossip [Lola Kürschner], Ehre. Roman. 1. und 2. durchges. Aufl. 8. (380 S.) Dresden 883,84, Minden. * 4 —
geb. * 5 —

—— Ehre. Roman. 3. und 4. durchges. Aufl. 8. (380 S.) Dresden 885,87, Minden. *ℳ 4.—; geb. ** 5 —

—— Ehre. Roman. 5. u. 6. Tausend. 8. (380 S.) Dresd. 889,91, Minden. * 4 —; geb. ** 5 —

Schubin, Ossip, Ehre. Roman. 7. Taus. 8. (380 S.) Dresden 893. H. Minden. n. 4. —

— Ehre. Roman. 8. Taus. 8. (320 S.) Ebd. 896. n. 4. —

— Ehre. Roman. 9. u. 10., neu durchgeseh. Aufl. 8. (à 320 S.) Dresden (899. 902). H. Minden. n. 4. —; geb. n.n. 5. —

— Erinnerungen eines alten Oesterreichers. Drei Erzählungen. 12. (163 S.) Jena 888. Costenoble. n. 3. —; geb. n. 4. —

Schubin, Ossip (Frl. Lula [Aloisia] Kirschner), Erlachhof, s.: Engelhorn's allgemeine Roman-Bibliothek.

—— Erlachhof. Roman. 2 Bde. (258; 261 S.) Stuttgart 887, Deutsche Verlags-Anstalt. *ℳ 8.—; geb. * 9 —

—— Erlachhof. Roman. 2. Aufl. 2 Bde. 8. (V, 258; 261 S.) Stuttg. 890, Deutsche Verlags-Anstalt. * 8 —; geb. * 9 —

— Erlachhof. Roman. 3. Aufl. 2 Bde. 8. (258 u. 261 S.) Stuttgart 897. Deutsche Verlags-Anstalt. n. 8. —

— „Es fiel e. Reif in der Frühlingsnacht". Novellen. 2. Aufl. 8. (170 S.) Berlin 888. Gebr. Paetel. n. 4. —; geb. n. 5. 50

—— „Es fiel e. Reif in der Frühlingsnacht". Novellen. 3. Aufl. 8. (176 S.) Berl. 892, Gebr. Paetel. * 4 —; geb. ** 5 50

— „Es fiel ein Reif in der Frühlingsnacht". Novellen. 4. Aufl. 8. (149 S.) Ebd. 901. n. 4. —; geb. in Leinw. n. 5. —

—— Etiquette. Eine Rococo-Arabeske. 12. (105 S.) Berlin 887, Gebr. Paetel. *ℳ 2.—; geb. mit Goldschn. * 3 —

— Etiquette. Eine Rococo-Arabeske. 2. Aufl. 12. (105 S.) Berlin 894. Gebr. Paetel. Geb. in Leinw. m. Goldschn. n. 3. —

—— dass. — s. Paetels Miniatur-Ausgaben-Collection.

Finis Poloniae. Roman. Von Ossip Schubin [d.i. Lola Kirschner].
Dresden, Leipzig: Minden 1893. 216 S. 8°

— dasselbe. 2. u. 3. Taus. 8. (216 S.) Ebd. 894. n. 3. 50

— con fiocchi! Roman. 3. Taus. 8. (240 S.) Dresden-Blasewitz 897. H. Minden. n. 3. 50

[F.] Gebrochene Flügel. Roman v. Ossip Schubin [d. i. Lola Kirschner]. *Stuttgart, Leipzig, Berlin, Wien: Deutsche Verlags-Anst. 1894.* (3 Bl., 370 S.) 1 Bd 8. [97. 7309

Schubin, Ossip (Lola Kirschner), gebrochene Flügel. Roman. 2. Aufl. 8. (370 S.) Stuttgart 895. Deutsche Verlags-Anstalt. n. 6. —; geb. in Leinw. n.n. 7. —

— gebrochene Flügel. Roman. 3. Aufl. 8. (370 S.) Stuttgart 899. Deutsche Verlags-Anstalt. n. 6. —; geb. n.n. 7. —

Gebrochene Flügel. Roman von Ossip **Schubin** [d. i. Lola Kirschner]. 4. Aufl. Berlin: Gebr. Paetel 1908. (307 S.) 8° [F.] [08. 11271

— toter Frühling. Erzählung. 2 Bde. 2. unveränd. Aufl. 8. (254 u. 248 S.) Braunschweig 893. G. Westermann. n. 10. —; geb. n.n. 12. —

— toter Frühling. Erzählg. 2 Bde. 3. unveränd. Aufl. 8. (254 u. 248 S.) Braunschweig 899. G. Westermann. n. 6. —

— ein Frühlingstraum. Novelle. 8. (84 S.) Augsburg 884. Reichel. n. 2. —; geb. m. Goldschn. n. 3. —

Schubin, Ossip (Frl. Lola Kirschner), im gewohnten Geleis, s.: Engelhorn's allgem. Romanbibliothek.

— im gewohnten Geleis. Roman. 8. (316 S.) Stuttgart 901. J. Engelhorn. n. 6. —; geb. in Leinw. n. 7. —

— die Geschichte des Erstlingswerks, s.: Franzos, Karl Emil.

—— die Geschichte eines Genies, s. Novellenschatz, neuer deutscher.

—— die Geschichte eines Genies. Die Galbrizzi. Novellen. 8. (255 S.) Berlin 884, Gebr. Paetel. * 5 — geb. * 6 50

— die Geschichte e. Genies. Novelle. 2. Aufl. 8. (163 S.) Berlin 890. Gebr. Paetel. n. 3. —; geb. n. 4. 50

— unheimliche Geschichten. 8. (179 S.) Dresden 889. Minden. n. 2. —; geb. n. 3. —

— unheimliche Geschichten. 2. Aufl. 8. (VII, 179 S.) Dresden 891. H. Minden. n. 2. —, geb. n.n. 3.

—— „Gloria victis!" Roman. 3 Bde. 8. (160; 208; 164 S.) Berlin 885, Gebr. Paetel. * ℳ 10.—.; geb. in 1 Bd. * 12 —

—— dass. — Roman in 4 Büchern. 2. Aufl. 2 Bde. 8. (215; 176 S.) Ebendas. 887. * ℳ 8.—.; geb. in 1 Bd. * 10 —

Schubin, Ossip, „Gloria victis!" Roman in 4 Büchern. 3. Aufl. 8. (432 S.) Berlin 892. Gebr. Paetel. n. 8. —; geb. in Leinw. n.n. 9. 50

— „Gloria victis!" Roman in 4 Büchern. 4. Aufl. 8. (361 S.) Berlin 902. Gebr. Paetel. n. 8. —; geb. in Leinw. n. 9. —

Der Gnadenschuß. Von Ossip **Schubin** [d. i. Lola Kirschner]. Berlin: Gebr. Paetel 1905. (198 S.) 8° [F.] [05 10797

— Heil dir im Siegerkranz! Erzählung. 8. (236 S.) Braunschweig 890. Westermann. n. 5. —; geb. n.n. 6. —

— Heil dir im Siegerkranz! Erzählung. 8. (V, 236 S.) Braunschweig 891. G. Westermann. n. 5. —; geb. n.n. 6. —

— Heil dir im Siegerkranz! Erzählung. 3. unveränd. Aufl. 8. (236 S.) Braunschweig (899). G. Westermann. n. 3. —

— die Heimkehr. Roman. 8. (373 S.) Stuttgart 897. J. Engelhorn. n. 6. —; geb. in Leinw. n. 7. —

— dasselbe, s.: Engelhorn's allgem. Romanbibliothek, 14. Jahrg.

— ein müdes Herz. Erzählung. 2. Aufl. 16. (158 S.) Stuttgart 892. Deutsche Verlags-Anstalt. n. 2. 50; geb. n. 3. 50

— ein müdes Herz. Erzählg. 3. Aufl. gr. 16. (158 S.) Stuttgart 896. Deutsche Verlags-Anstalt. n. 2. 50; geb. n.n. 3. 50

— ein müdes Herz. Erzählung. 4. Aufl. gr. 16. (158 S.) Stuttgart 899. Deutsche Verlags-Anstalt. n. 2. 50; geb. n.n. 3. 50

[F.] Gräfin Erikas Lehr- und Wanderjahre. Roman v. Ossip Schubin [d. i. Lola **Kirschner**]. 3 Bde. Bd 1—3. *Braunschweig: G. Westermann 1892.* 3 Bde 8.
1. 2. unveränd. Aufl. (4 Bl., 293 S.) 2. (2 Bl., 304 S.) 3. (2 Bl., 330 S., 1 Bl.) [97. 7310

---- Gräfin Erikas Lehr- u. Wanderjahre. Roman. 3 Bde. 2. Aufl. 8. (293; 304; 330 S.) Braunschw. 892, Westermann. * 18 —; geb. ** 21 —

— dasselbe. 3 Bde. 3. unveränd. Aufl. 8. (293, 304 u. 330 S.) Ebd. 893. n. 12. —; geb. n. 15. —

— Gräfin Erikas Lehr- u. Wanderjahre. Roman. 3 Bde. 4. unveränd. Aufl. 8. (293, 304 u. 330 S.) Braunschweig (899). G. Westermann. n. 9. —

---- Boris Lensky. Roman in 6 Büchern. 3 Bde. 1. u. 2. Aufl. 8. (IV, 295; 272; 207 S.) Berl. 889, Gebr. Paetel. * 14 —; geb. * 17 —

— Boris Lensky. Roman in 6 Büchern. 3. Aufl. 3 Bde. 8. (301, 276 u. 211 S.) Berlin 897. Gebr. Paetel. n. 11. —; geb. in Leinw. n. 17. —

— slavische Liebe. 2 Erzählgn. 8. (231 S.) Braunschweig 900. G. Westermann. n. 4. —; geb. n. 5. —

— Mal' occhio u. andere Novellen. 8. (336 S.) Berlin 884. Schorer. n. 5. —; geb. n. 6. 25

—— Mal' occhio. Novelle. 2. Aufl. 12. (106 S.) Ebendas. 888. * ℳ 2.—.; geb. mit Goldschn. * 3 —

—— dass. — s. Paetels Miniatur-Ausgaben-Collection.

— Marška. Erzählung. 8. (156 S.) Stuttgart 902. J. Engelhorn. n. 2. —; geb. in Leinw. n. 3. —

— Marška. Erzählung. (Engelhorns allgemeine Romanbibliothek. Salon-Ausg.) (156 S.) kl. 8. Stuttgart 906 J. Engelhorn. Geb. in Halbleinw. n. 2. —

— dasselbe, s.: Engelhorn's allgem. Roman-Bibl. XIX. 4.

— Maximum, s.: Engelhorn's allgem. Roman-Bibliothek. XX. 5. (

— Maximum. Roman aus Monte Carlo. 8. (332 S.) Stuttgart 896. Deutsche Verlags-Anstalt. n. 6. —; geb. n.n. 7. —

— Maximum. Roman aus Monte Carlo. 2. Aufl. 8. (332 S.) Stuttgart 899. Deutsche Verlags-Anstalt. n. 6. —; geb. n.n. 7. —

— Miserere nobis u. andere Geschichten. 2. Aufl. (188 S.) 8. Ebd. 909. 3.—; geb. in Leinw. 4.—

Der arme Nicki. Die Geschichte eines aus d. Reihe gefallenen. Erzählt von Ossip **Schubin** [d. i. Lola Kirschner]. Bd 1. 2. Berlin: Gebr. Paetel 1906. 2 Bde 8° [F.] [07. 4300]

— der arme Nicki. Die Geschichte eines aus der Reihe gefallenen. 2 Bde. (223 u. 192 S.) 8. Berlin 906. Gebr. Paetel. n. 5.—; geb. in Leinw. n. 7.—

— „o du mein Oesterreich!" Roman. 3 Bde. 8. (V, 248; 259 u. 238 S.) Stuttgart 890. Deutsche Verlags-Anstalt. n. 10.—; geb. n. 13.—

— „O du mein Oesterreich!" Roman. 3 Bde. 2. Aufl. 8. (V, 248; 259; 238 S.) Ebd. 890. * 10 —; geb. ** 13 —

— „O du mein Oesterreich!" Roman. 3. Aufl. 3 Bde. 8. (248, 259 u. 238 S.) Ebd. 897. n. 10.—; geb. n n. 13.—

— Peterl. Eine Hundegeschichte. 1.—10. Tausend. (à 132 S.) 8. Berlin 900—902. Gebr. Paetel. n. 2.—; geb. in Leinw. n. 3.—

Primavera. Novelle von Ossip Schubin [d. i. Lola **Kirschner**]. Berlin: Gebr. Paetel 1908. (127 S.) 8° [F.] [08. 8673]

— Refugium peccatorum. Roman. 1.—3. Tausend. (378 S. 8. Ebd. 908. n. 5.—; geb. in Leinw. n. 6.—

— Schatten, s.: Engelhorn's Romanbibliothek.

— Thorschlußpanik. Erzählung. 1.—3. Tausend. 8. (257 S.) Dresd. 892, Minden. * 4 —; geb. ** 5 —

— Thorschlußpanik. Erzählung. 4. [Titel-] Aufl. 8. (257 S.) Dresden-Blasewitz (892) 895. H. Minden. n. 4.—; geb. n.n. 5.—

Thorschlusspanik. Erzählung von Ossip Schubin [d. i. Lola Kirschner]. 4. Aufl. *Dresden & Leipzig: H. Minden [1898].* (257 S.) 8° [F.] [03. 4??]

— Torschlußpanik. Erzählung. 5., neu durchgeseh. Aufl. (258 S.) 8. Dresden (903). H. Minden. n. 4.—; geb. n.n. 5.—

Die Tragödie eines Idealisten. Roman von Ossip **Schubin** [d. i. Lola Kirschner]. 2. Aufl. Bd 1. 2. Berlin: Gebr. Paetel 1910. 8° [10. 5??]

— Die Tragödie e. Idealisten. Roman. 2 Bde. (232 u. 176 S.) 8. Ebd. 910. 8.—; geb. in Leinw. 10.—

— „Unter uns". Roman in 3 Büchern. 2 Bde. 8. (170; 260 S.) Berlin 884, Gebr. Paetel. * 8 —
geb. in 1 Bd. ** 9 50

— „Unter uns". Roman in 3 Büchern. 2. Aufl. in 1 Bd. 8. (328 S.) Ebend. 885. n. 6.—; geb. n. 7. 50

— „unter uns". Roman in 3 Büchern. 3. Aufl. 8. (328 S.) Berlin 888. Gebr. Paetel. n. 6.—; geb. n. 7. 50

— „Unter uns". Roman in 3 Büchern. 4. Aufl. 8. (328 S.) Berl. 892, Gebr. Paetel. * 6 —; geb. ** 7 50

— „Unter uns". Roman in 3 Büchern. 5. Aufl. 8. (328 S.) Berlin 898. Gebr. Paetel. n. 6.—; geb. in Leinw. n. 7. 50

— „Unter uns". Roman in 3 Büchern. 6. Aufl. (328 S.) 8. Ebd. 910. 6.—; geb. in Leinw. 7.—

— Vollmondzauber, s.: Engelhorn's allgemeine Romanbibliothek. XV. 17. 18.

— Vollmondzauber. Roman. 8. (316 S.) Stuttgart 899. J. Engelhorn. n. 6.—; geb. in Leinw. n. 7.—

— wenn's nur schon Winter wär'! Roman. 4. Aufl. 8. (336 S.) Stuttgart 898. Deutsche Verlags-Anstalt. n. 6.—; geb. n.n. 7.—

Wenn's nur schon Winter wär'! Roman von Ossip **Schubin** [d. i. Lola Kirschner]. 2. Aufl. Bd 1. 2. Berlin: Gebr. Paetel 1910. 8° [10. 1??]

— Wenn's nur schon Winter wär'! Roman. 2. Aufl. 2 Bde. (231 u. 208 S.) 8. Ebd. 910. 8.—; geb. in Leinw. 10.—

— woher tönt dieser Mißklang durch die Welt? Roman. 3 Bde. 8. (275, 214 u. 330 S.) Braunschweig 894. G. Westermann. n. 12.—; geb. n.n. 15.—

— woher tönt dieser Mißklang durch die Welt? Roman in 3 Bdn. 3. unveränd. Aufl. 8. (275, 214 u. 330 S.) Braunschweig 899. G. Westermann. n. 9.—

Schubkarren des Essighändlers. Ein Lustspiel in drey Aufzügen. Aus dem Französischen des Herrn Mercier. Wien 1775. O. O. [München] 1776. Wien 1803. V: *Brahm, Moritz von.* (GGR V/313, Nr. 36/6) (KY 7/90 »Frankfurt 1776«) (L. Rosenthal 142/223) (BiblPort)

— der, d. Essighändlers. Lustsp. in 3 A. v. Mercier. a. d. Frz. 8. Wien, Wallishauser.

Schubkarren, der, des Essigkrämers. Drama nach Mercier, (v. Moriz v. Brahm). 8. Frankf. 776. Eichenberg. 6 gr.

— Vergl. Mercier.

Schübler, Adolf

Schübler, A., der Bau der Brückenträger, — calcul et constructions des pont métalliques, } s.: Laissle, Fr.

— über Eisenbahnen v. localem Interesse, insbesondere Vizinal- u. Industrie-Bahnen. gr. 8. (80 S.) Stuttgart 872. Neff. n. 3.—

— über Selbstkosten und Tarifbildung der deutschen Eisenbahnen. gr. 8. (VI, 87 S.) Stuttgart 879, Neff. * 3 —

Schübler, Chr. Ludwig

— Anleit. zur Kubikrechnung u. zu deren Anwendung auf Körpermessungen. Mit 2 Kpft. 8. Stuttg. 816. Löflund. 20 gr. Hbg. Pr. 12 gr.

Schübler, C. L., Nachtrag zur Anleitung zur Kubikrechnung u. zu Körper-Ausmessungen mit geometr. Zeichnungen. 8. Stuttgart, Löflund. 817.

— vollständ. Anleit. der Reesischen Rechnung. 8. Heilbr. 798. Claß. 18 gl

— Belehrungen in d. Geometrie. 8. Gmünd 813. (Ritter). 16 gl

— Betrachtt. über den Conusschnitt der Hyperbel. Mit Kpf. 3 Stcke. 8. Manh. 793. Schwan u. G. 14 gl

Neue Erforschungen in der Geometrie, welche mit unter verschiedene, bisher noch nicht berechnete Tafeln mit Decimalen und den Logarithmen dazu enthalten, von *Chr. L. Schübler.* Frankfurt und Leipzig. 108 S. 4. 1790.

— neue Erforschungen in d. Geometrie. 4. Frankfurt, Hermann. 790.

— überzeugende Gründe der Rechenkunst. 8. Heilbronn, Claß. 795.

Raisonnements über wichtige Anwendungen der Algeber in Geometrie und Trigonometrie, von *Ch. L. Schübler.* Leipz. 152 S. 8. 1788.

— Räsonnements üb. wichtige Anwendung d. Algebra in d. Geometrie u. Trigonometrie. 8. Nürnb. Grattenauer. 788.

— Räsonnements über wichtige Anwendungen der Algeber. 8. Nürnberg. 788. Jetzt Eichhorn.

Schübler, Chr. Ludwig, s. Revision der ... Schwierigkeiten in der Lehre von der Elektrizität

Ueber Newtons Scharfsinn, insbesondre über dessen Sagacität in Analysis, von *C. L. Schübler.* Apicem, et latera ardua cernant, Atlantis, cinctum assidue cui nubibus — Caput - - - Virgil. Mit eingezeichneten geometrischen Figuren. Leipzig. 8. 188 S. 1794.

— über Newtons Scharfsinn, besond. üb. dessen Sagacität in d. Analysis. 8. Leipz. 794. (Metzler in Stuttg.) 14 gl

Schübler, Chr. Ldw., († d. 14. April 1820.) Versuch der Einrichtung des menschl. Erkenntnißvermögens durch Algeber nachzuspüren. 8. Heidelb. 788. (Braun). 16 gl

Schübler, C. L., Versuch durch Algebra d. Einrichtung d. menschl. Erkenntnißvermögens nachzuspüren. 8. Heidelberg, Pfähler. (Braun.) 788.

Versuch der Einrichtung unseres Erkenntnisvermögens durch Algeber nachzuspüren durchgehends mit Rücksicht auf die Kantische Philosophie von *Ch. L. Schübler.* Leipzig 264 S. 8. 1788.

Schübler, C. L., prakt. Vortheile d. Decimalrechnung mit bestimmt. Anwendungen rc. 8. Heilbronn, Claß. 799. Rthlr.

Schübler, Ed., über Abänderungen u. Ergänzungen der Gemeinde- u. Amtskörperschafts-Gesetze in Württemberg. Nach den Vorschlägen einer von dem Königl. Ministerium des Innern einberufenen Commission. Mit Bemerkungen des Herausgebers. Stuttgart 859. Neff. gr. 8. (71 S.) n. 8 ngr

Schübler, Ed., die Gemeindeordnung Württembergs und anderer deutschen Staaten. gr. 8. (51 S.) Stuttgart 856, Neff.

— die Gesetze über Niederlassung und Verehelichung in den deutschen Staaten; nebst Kritik und Vorschlägen. Für Rechtsanwälte, Staatsbeamte, Geschäftsmänner u. gesetzgebende Behörden zusammengestellt. Stuttgart 855. J. B. Müller. (Leipzig, C. F. Winter.) gr. 8. (X, 200 S.) 21 ngr

Schübler, E., üb. Gesetze in verschied. Staaten. gr. 8. Stuttg. 824. (Brodhag). 6 gl

Schübler, (E.,) über Gesetze in verschiedenen Staaten. gr. 8. Stuttg. 824. Franckh.

— Gewerbefreiheit und Gewerbeordnung in Deutschland. gr. 8. (IV und 67 S.) Stuttgart 860, Neff.

Schübler, Ed., das allgemeine deutsche Handels-Gesetz u. die Einführungsgesetze in Württemberg. Was dem Gewerbsmanne aus demselben zu wissen nöthig ist. Stuttgart 865. Aue. 8. (23 S.) n. 5 ngr

Schübler, Ed., die Heirathen der Mittellosen mit besond. Beziehung auf Württemberg. 12. (25 S.) Schwäbisch Hall 848, Haspel'sche Buchh.

Schübler, E., über d. Credit-Gesetze der oriental., griech., röm. u. german. Staaten. 8. (2½ B.) Schw. Hall 833, Haspel.

Schübler, E., üb. d. Credit-Gesetze d. oriental., griech., röm. u. german. Staaten. 8. (2½ B.) Hall 838, Haspel'sche Bh.

— Normaltestamente. Ein Mittel, dem Stand der Landwirthe und Bauern Wohlstand und Achtung zu sichern. gr. 8. (15 S.) Stuttgart 857, Neff.

— die Noth der Handwerker und Arbeiter. 8. (33 S.) Stuttgart 851, Sonnewald'sche Buchh.

— das Polizeystrafgesetz f. d. Königr. Württemberg v. 2. Oct. 1839. Durch Beispiele erläut., u. dess. nähere Kenntniß jed. Bürger als nothwendig dargest. 8. (1¼ B.) Hall 840, Haspel'sche Buchh.

— die Radicalreform der Staatsverwaltung und Verfassung Württembergs vom Standpunkt des Volks. Hrsg. vom Volksverein in Stuttgart. 8. (21 S.) Stuttgart 849, (Lindemann.)

— die Radicalreform der Staatsverwaltung u. Verfassung Württembergs vom Standpunkt des Volks. Hrsg. v. Volksverein in Stuttgart. 8. (21 S.) Stuttgart 849, A. Wagner in Comm. 3 ngr

— die bürgerlichen Rechte der Württemberger aus den einheimischen u. fremden Gesetzen zusammengestellt. Mit Inhaltsanzeige, Vorrede u. Register u. einem Anh. über die neuen Justizgesetze. 2. verb. Aufl. Stuttgart 870. (Grüninger.) gr. 8. (VII, 170 S.) n. 20 ngr

— die Rechte d. Pfleger, Pfleglinge u. Minderjährigen in Württemberg, aus ält. u. neu. Gesetzen zusammengest. 8. (4⅛ B.) Hall 838, Haspel'sche Buchh.

— Reform der deutschen Bundesakte. gr. 8. (16 S.) Stuttgart 859, Neff.

— der organische Staat. 8. (VIII und 333 S.) Stuttgart 847, Franckh'sche Vrlgsh.

Schübler, Gustav, s. A l b e r t i , Fr. v.: Die Gebirge d. Königr. Würtemberg.

— Bemerkungen über den Einfluss des Mondes auf die Witterung, in näherer Beziehung auf die hierher gehörigen Untersuchungen von Bouvard und Flaugergues. (Aus: Archiv für Chemie und Meteorologie. B. 4, H. 1).

Schübler, Beobachtungen über das Nordlicht, angestellt zu Stuttgart und zu Tübingen; in letztgenannter Stadt von —. (Aus: Archiv für Chemie und Meteorol., Bd. 3, Heft 1.)

— Diss. inaug. (praes. C. F. Kielmeyer) sistens experimenta quaedam ad influxum electricitatis in sanguinem et respirationem spectantia. 8. Tübing. 810.

—— und Geo. v. Martens, Flora v. Würtemberg. M. 1 Charte d. Umgebungen v. Tübingen (u. d. mittleren Theils d. schwäb. Alp. Fol. Nebst e. Vorr. v. Kern, e. kurze Biographie Schübler's enthalt.) gr. 12. (30½ B.) Tübingen 834, Osiander.

Schübler's Grundsätze der Agriculturchemie, s. Schulze, Frz., Lehrbuch der Chemie für Landwirthe.

SCHÜBLER, Gustav: Grundsätze der Agriculturchemie in näherer Beziehung auf land- und forstwirthschaftliche Gewerbe. - Leipzig 1831. XVI, 512 S., 2 Taf. - 2. Aufl. ebd. 1838. durchges. v. K. L. Krutzsch. 2 Tl. - Tl. 1: Agriculturchemie. 270 S. - Tl. 2: Agronomie. 266 S.

Schübler, Gust., Grundsätze d. Agricultur-Chemie in näherer Beziehung auf land- u. forstwirthschaft. Gewerbe. 2 Thle. 8. (35 B. u. 2 Kpfrt. Fol. u. 8.) Leipzig 831, Baumgärtner.
Aus der „Allgem. Encyklopädie d. gesammt. Land- u. Hauswirthschaft, hrsg. v. Putsche," besond. abgedruckt.

Schübler, G., Grundsätze d. Agricultur-Chemie in näh. Bezieh. auf land- u. forstwirthschaftl. Gewerbe. 2. Aufl., durchges. u. verb. v. K. L. Krutzsch. 2 Thle. gr. 8. (35 B., 2 Kpfrt. u. Tabn.) Leipzig 838, Baumgärtners Buchh.

—— Grundzüge d. Meteorologie in näherer Bezieh. auf Deutschlands Clima. M. 8 Kpfrt., e. vergleich. Thermometer-Scale (Fol.) u. mehr. (z. Theil eingedr.) Tab. 8. (18½ B. u. 1 Tab. Fol.) Leipzig 831, Baumgärtner.
Aus der „Allgem. Encyklopädie d. gesammt. Land- u. Hauswirthschaft, hrsg. v. Putsche," besond. abgedruckt.

Schübler G.: Grundsätze d. Meteorologie in näherer Beziehung auf Deutschlands Clima. Leipz. 1831. 206 S. 8 Tvl. 1 gr. Tvl.
(Ein integrirender Th. d. allgem. Encykl. d. gesammten Land- u. Hauswirthsch. d. Deutschen).

Schübler, (G.), Grundsätze der Meteorologie in näherer Beziehung auf Deutschland's Klima. Neu bearb. v. G. A. J a h n. Mit 9 Stahl- u. Kupferst., einer vergleich. Thermometerscala, mehreren Tabellen u. (eingedr.) Holzschn. gr. 8. (XII u. 244 S.) Leipzig 849, Baumgärtner. 1⅓ ℛ

Schübler, Gustav: Nachrichten über die Verhältnisse des Weinbaues in Würtemberg, vom Jahr 1236-1830 und wichtigere sich hierauf beziehende Witterungs-Erscheinungen. Stuttgart & Tübingen: Cotta 1831. 50 S. Aus: Correspondenzblatt des landwirthschaftl. Vereins. 1831. -- 21°
Weber: Nachrichten über die Verhältnisse des Weinbaues in Würtemberg vom Jahre 1236-1830, ...

— s. S c h w a b , Gust.: Die Neckarseite ...

— Topographie der Stadt Stuttgart, s. Gust. Cleß.

Schübler, G., Uebersicht der für die Vegetation wichtigsten Eigenschaften d. obersten Erdschichten u. Ackererden. 1 Tab. in Fol. Stuttgart, Metzler. 821.

— s. U e b e r s i c h t des Pflanzenreichs.

—— Untersuchungen üb. den Einfluss d. Monds auf d. Veränderungen uns. Atmosphäre, mit Nachweisn. der Gesetze, nach welchen dies. Einfluss erfolgt. Mit mehr. Tabn. u. 2 Kpfrt. gr. 8. (6¼ B. incl. Tabn.) Leipzig 830, Baumgärtner.

— Ueber Gronau's Untersuchungen über den Einfluss des Mondes auf die Witterung. (Als Fortsetzung der vorstehend aufgeführten Mittheil.). (Aus: Archiv f. Chemie u. Meteorol. B. 4, H. 2).

SCHÜBLER, Gustav: Untersuchungen über die pflanzengeographischen Verhältnisse Deutschlands. - Tübingen 1827. 40 S., 1 Übers.

Schuebler, Gust.: U n t e r s u c h u n g e n über die mittlere Zeit der Blütenentwicklung mehrerer vorzüglich in der Flora Deutschlands einheimischer Pflanzen in der Gegend von Tübingen. Diss. Tübingen 1831. 8°

Schübler, Ueber die Verschiedenheit der Elektricität atmosphärischer Niederschläge je nach den verschiedenen Windrichtungen. (S. 5600)

— s. V e r z e i c h n i ß der bei Tübingen ... wachsenden Gewächse.

Schübler, Gustav, Die Zugvögel als Witterungspropheten. (Aus: Archiv für Chemie und Meteorologie. B. 4, H. 3).

Schübler, Johann Daniel (Lichtenau) A. S. 126/26
De potestate judiciaria statuum imperii Romano Germanici generatim serenissimorum Hassiae landgraviorum inprimis Damstadiensium speciatim.
Präs. Friedrich Wilhelm Tafinger.
Tübingen (Sigmund) 10. IV. 1772. 46 S. 31646

Schübler, Joh. Jacob Amor, vehementer quidem flagrans, artificiose tamen celatus, de Pantalonis custodiaque triumphans, intentato certamine prudentum stultorum. Sive Arlechin viva pictura ridiculusque cupido.
Augustae Vindelicorum, sumptibus Joann Michael Probst.
Die zwar hefftig entflammte / doch aber künstlich verborgene und über Pantalons Aufsicht thriumphirende Amor, bey angestelltem Wett-Streit Kluger Phantasten.
Oder Arlechin das lebendige Gemählde und lächerliche Cupido. Augsburg, In Verlag bey Johann Michael Probst [1729].
12 Bl. m. 12 Kupferst. 2°.
Zeichner: Joh. Jacob Schubler. Stecher: Joh. Balth. Probst. Text lateinisch u. deutsch
Graesse I 106

Neue und deutliche Anleitung zur practischen Sonnen-Uhr-Kunst... Mit e. Zugabe Von etlichen universalen Uhren: u. e. Unterrichte, wie grosse Sonnen-Uhren in Fresco zu mahlen seyn. Ausgefertiget u. durch viele saubere Fig. erkläret von Johann Jacob Schüblern [Schübler]. Nürnberg: Weigel 1726. 197 S., 42 Taf. 8°

— Anleit. zur prakt. Sonnenuhrkunst. Mit 43 Kpf. gr. 8. Nürnb. 778. Schneider u. W. 1 ℛ

— nützl. Anweis. zur Zimmermannskunst. Mit 44 Kpf. Fol. Nürnb. 781. Schneider u. W. 3 ℛ 8 gl 2e Abtheil. von der Treppenbaukunst ꝛc. Mit 30 Kpf. Fol. Ebd. 782. 3 ℛ

— nützl. Anweis., Probe als Modelle z. d. nöth. Lehrbegriffen d. vollständ. Civilbaukunst, m. K. gr. Fol. Ebend. 805.

— nützl. Anweisungs-Proben, als Modelle zu den nöthig. Lehrbegriffen der vollständ. Civilbaukunst ꝛc. Mit 5 Kpft. gr. Fol. Nürnb. ... N. Aufl. 805. Schneider u. W. 20 gl

Die aus denen antiquen principiis naturalibus Numerorum eröfnete Arithmetica compendiosissima, oder die durch blosses Aufschlagen in einem bequemen Rechnungs-Lexicon sich selbst rechnende Rechen-Kunst, Mit welcher alle Menschen, so nur die Zahlen kennen, vermögend seynd, die mögliche Fälle der ganzen Rechenkunst, wobey gebrochene oder ganze Zahlen vorkommen, behend aufzulösen, und was die regula detri und andere Exempel mit ihren vortheilhaften Auffätzen von nützlicher Proportionirung in sich fassen, leicht ausüben, und ohne Erlernung des sogenannten Einmal Eins und der gewöhnlichen fünf Specierum, wie auch sonder gegebenes Facit, alles ausrechnen können. Zum gemeinen Besten ausgefertiget von *Joh. Jacob Schübler*, Math. Arch. P. et S. wie auch der königl. Preuss. Societät der Wissenschaften Mitgliede. Nürnberg, zu finden bey Johann Michael Seitz und Christoph Conrad Zelle. Gedruckt bey Johann Heinrich Gottfried Bieling. 4. 501 S. 1739.

Schübler, Jh. Jak., ars inveniendi, seu metathesis numerorum. Fol. Nürnb. 751. Weigel.

Schübler, Johann Jacob: Kurtz verfasste Delineation der proportionirten Säulenordnungen, bey mancherley Begebenheiten u. Erfindungen der gründlichen Civil-Baukunst zu gebrauchen etc. Nürnberg 1749. 4.

J. J. Schübler's Erfindungskunst mit und ohne die logarithmische Linie die geometrische Proportion zu erlangen. Nürnb. fol. m. K. (3 Rthlr. 8 gr.) 1734.

— neu fassonirte Fensterverkleidungen, m. Kupf. Fol. Ebend.

— d. Fortification, m. 53 K. Fol. Ebend.

Gartenbelustigungen, perspectivische, bestehend in Zierrathen v. Sommerlusthäusern u. c. kunstl. Verschönerung d. Garten, (v. Joh. Jak. Schübler). Mit 18 Kpf. Fol. Nürnberg, 1755. (Bauer u. Raspe.) 1.

— Grabsteine, m. 6 K. Fol. Nrnb. Schneider u. W.

— Jagd-, Feld-, Marsch- u. Lager-Oefen. Fol. Ebend.

Schübler, Joh. Jac., Intérieurs und Mobiliar des 18. Jahrh., nach Erfindung des J. J. Sch. Nachbildungen der Orig.-Stiche in Facs.-Lichtdr. Mit einer Einleitung von Alb. Ilg. Fol. (4 S. Text mit 25 Taf.) Wien 885, Schroll und Comp.
In Mappe * 25 —

14. Ausgab seines vorhabenden Wercks, worinnen vorgestellet werden neu-erfundene Camine u. ausserordentliche Stuben-Ofen ... Augsp. [17**]. 6 Tvl. Fol.

— Livre de Lavemains, m. 6 K. Fol. Ebend.

— nouveaux Livres des Cheminées (Kamin od. Schornstein), avec autres Ornéments et diverses Meubles à la moderne. II Pt., av. XII fig. Fol. Nürnb. 789. Schneider u. W. 8 gr.

— neu fassonirte Orgelverkleidungen und Wandkanzeln, m. 6 K. Fol. Ebend.

— Panneaux f. Maler u. Künstler, m. 6 K. Fol. Ebend.

— neu inventirte Perrons u. Gartenprospecte. Mit Kpf. Fol. Ebend. 1750. — 5

— perspectiva geometrica practica, c. XXXV tabb. aen. Fol. Nürnb. 735. Schneider u. W. 2 th 8 gr. — id. lib. c. tabb. aen. Nürnb. 769. Stein. 4 th

Perspectiva - Pes Picturae. Das ist: Kurtze und Leichte Verfassung der practicabelsten Regul zur Perspectivischen Zeichnungs-Kunst. Erster Theil. — von *Johann Jacob Schübler.* Nürnberg, In Verlag Johann Christoph Weigels, Kunsthändlers. In Regalfolio, 1 Titelkupfer, 1 Titelblatt, 2 Bl. Zuschr. Vorr. noch 1 allegor. Blatt, mit 1 Bl. Erklärung, 43 Seiten, 23 Kupfertafeln. 1719.

Perspectiva Pes Picturae — zweyter Theil — von *Johann Jacob Schübler.* Nürnberg — 1 Titelkupfer, 57 Seiten, 3 Seiten Register zu beyden Theilen, mit 24 Kupfertafeln. 1720.

— Pes Picturae. 1r Thl., worin Alles, was in die Architektur in Perspectiv zu bringen etc. Mit 25 Kpf. gr. Fol. Nürnb. 749. Schneider u. W. 2 th 12 gr. 2r Thl., v. Sonnen- u. Flammenlicht, Vertical- u. Horizontal-Perspectiv etc. Mit 25 Kpf. gr. Fol. Ebd. 2 th 12 gr.

— Schnitzwerk u. Wagenverzierungen, m. K. Fol. Ebend.

Schübler, Joh. Jacob. Sciagraphia artis tignariae oder nützliche Eröffnung zu der sichern fundamentalen Holtzverbindung bey dem Gebrauch der unentbehrlichen Zimmermannskunst etc. Nürnberg 1736. Fol.

Schübler, Joh. Jacob. Synopsis architecturae civilis eclecticae oder kurtzer Entwurff von den nöthigen Partialbegriffen, welche in der antiquen Geometria elementari durch das nützliche diagramma quadrangulare den gantzen Umfang der Civil-Baukunst vorstellig machen. (5 Abtheilungen.) Nürnberg 1732-35. 1 Bd. Fol. (6948)

Schübler, Jo. Jak., 8 Tabellen von der alt. Civilbaukunst. Mit Kpf. Fol. Nürnb. 783. Schneider u. W. 8 gr.

— neu fassonirte Tische u. Tischlerarbeit, m. K. 2 Thle. Fol. Ebend. 738.

— deutl. Unterricht von holzsparenden Stuben-Oefen nach allen ihren Theilen u. nach der gehörig. Ordnung in d. Civil-Baukunst etc. Mit 30 Kpftaf. Fol. Nürnb. 789. Schneider u. W. 1 th 8 gr.

Schübler, Johann Jakob, s. Unterricht zur prakt. Rechenkunst.

— u. Rost, Unterricht z. prakt. Rechenkunst, s. J. T. Mayer

SCHÜBLER, Johann J.: Nützliche Vorstellung und Unterricht von zierlichen, bequemen und holzersparenden Stubenöfen. - Nürnberg 1728. 42 S., 24 Taf. - Neue Aufl. ebd. 1783. - Neue Aufl. u. d. T.: Deutlicher Unterricht von holzsparenden Stuben-Oefen nach allen ihren Theilen und nach der gehörigen Ordnung in der Civilbaukunst beschrieben und in Grundrissen und Profilen abgebildet, nebst einem Anhang von Feld- und Reise-Oefen, Zelt-Betten ... ebd. 1789. 11 Bg., 30 Taf.

— Vorstellung, wie man bequeme Repositoria, compend. Comtoirs, Medaillenschränke ordiniren kann, m. 20 K. Fol. Nrnb. Schneider u. W. 751.

— architekton. Werke, worinnen von der vollständ. Säulenordnung Unterricht gegeben wird. Mit 52 Kpf. Fol. Nürnb. 786. Schneider u. W. 2 th — Anhang. Mit 6 Kpf. Fol. Ebd. 786. 8 gr — Architekton. Werke, als Fortsetz. d. Säulen. Mit Kpf. 3 Thle. Fol. Ebd. 786. 3 th Hbg. Pr. 1 th 16 gr

Schübler, Joh. Jak., Anhang z. seiner Säulenordnung od. Risse z. Gartenportalen. Mit 6 Kpf. Fol. Nürnberg, 1786. (Bauer u. Raspe.) — 10

Schübler, Valentin

Schübler, V., Geld und Kapital. Beitrag zu einer deutschen Bankordnung. gr. 8. (XV und 182 S. mit 1 Tab. in gr. 4.) Stuttgart 858, Neff.

Schübler, V., Gold und Getreide oder die Lösung der Goldfrage an der Hand der Erfahrung, der Wissenschaft und der Gesetzgebung. gr. 8. (VIII und 167 S.) Stuttgart 855, Neff.

SCHÜBLER, Valentin: Die Holznoth und die Mittel zu ihrer Beseitigung. - Stuttgart 1861. 58 S.

Schübler, V., der Kampf der Eisenhüttenwerke mit Holzkohlenbetrieb gegen die Hüttenwerke mit Steinkohlenbetrieb. gr. 8. (VI u. 56 S.) Stuttgart 852, Neff. n. 8 ngl

Schübler, V., die Lehre vom Wechselkurs aus dem Engl. übersetzt u. auf die deutsch-österreichischen Geldverhältnisse angewendet. Stuttgart 862. Neff. gr. 8. (XI, 94 S.) 18 ngr.

—— Metall und Papier. Zur Lehre vom Gelde und zur Orientirung in der gegenwärtigen Geldkrisis. Für Staatsmänner und Kaufleute. gr. 8. (XV und 208 S.) Stuttgart 854, Neff.

—— Metall- oder Zettel-Bank. Zum Vortheil der Gewerbe oder der Bankunternehmer mit besonderer Beziehung auf Württemberg. gr. 8. (VIII und 59 S.) Stuttgart 856, Neff. *

Schübling-Bote (Nro. 1 für das Jahr 1902). Publikationsorgan für die Interessen der Schaffhauser Feuerwehr. Erscheint ... dieses Jahr zur Sauserzeit. (Chefredaktion: Fr. Gypser zum Vegetarianer.) [Mit Vignetten.] [4 S.] 4. [Schaffhausen, H. Meier & Cie.] fr. —.20

Schübling-Bote. Publikationsorgan für die Interessen der Schaffhauser Feuerwehr. Jahrg. 2. (Nro. 2 für das Jahr 1903. Redaktion: Fritz Zingg.) [Mit Vignetten.] [4 S.] 4. [Schaffhausen, H. Meier & Cie.] fr. —. 20

Schübling-Bote. Publikationsorgan für die Interessen der Schaffhauser Feuerwehr (*Jahrg. 4 u. 5:* und damit verwandte Berufszweige). [Mit Vignetten.] fol. [Schaffhausen, H. Meier & Cie.] *je* fr. —.20
Jahrg. 3. (No. 3 für das Jahr 1904.) [4 S.]
Jahrg. 4. (Nr. 4 für das Jahr 1906.) [4 S.]
Jahrg. 5. ([Nr. 5 für das Jahr] 1907.) [4. S]

Schübling-Bote. Publikationsorgan für die Interessen der Schaffhauser Feuerwehr und damit verwandte Berufszweige. Jahrg. 6, 1908. [Mit Vignetten.] [4 S.] fol. [Schaffhausen, H. Meier & Cie.] fr. —.20

Schubmann, Wilhelm, a. Hildesheim: Aus dem Zoologischen Institut in Marburg. Über die Eibildung und Embryonalentwicklung von Fasciola hepatica L. ⟨Distomum hepaticum Retz.⟩ Marburg 1905: (Lippert & Co., Naumburg a. S.) (34 S.) 8° ¶(Aus: Zoolog. Jahrbücher, Bd 21, Abt. f. Anatomie. 1905.)
Marburg, Phil. Fak., Ref. Korschelt, Diss. v. 17. Mai 1905
[Geb. 31. Aug. 78 Hildesheim; Wohnort: Hildesheim; Staatsangeh.: Preußen; Vorbildung: Andreas-Realgymn. Hildesheim Reife f. Prima O. 97; Studium: Hannover Tierärztl. Hochsch. 8, Marburg 4 S.; Rig. 27. Juli 04.]

Schubmehl, Friedrich, prakt. Arzt aus Baumholder ⟨Rheinprov.⟩ Ueber Dermoide des Mundbodens. *St. Wendel 1901: K. Müller.* (26 S.) 8°
Freiburg i. B., Med. Diss. v. 1901

Schubmehl, Petr. Joseph. (geb. Baumholder im Rheinl. 24. 11. 1839): De partu praematuro artificiali. Berolini (1864). (32 S.) 8°
Berlin, Med. Diss. v. 1. Aug. 1864

Schubotz, Hermann, a. Potsdam: Beiträge zur Kenntnis der Amoeba blattae Bütschli und Amoeba proteus ⟨Pall.⟩. ⟨Mit 2 Tafeln.⟩ Jena: G. Fischer 1905. (40 S.) 8°
Heidelberg, Naturw.-math. Fak., Ref. Bütschli, Diss. v. 5. Juni 1905
[Geb. 25. Mai 81 Potsdam; Wohnort: Ratzeburg; Staatsangeh.: Preußen; Vorbildung: Realgymn. Potsdam Reife O. 00; Studium: Heidelberg 3, Berlin 2, Heidelberg 2 S.; Rig. 31. Okt. 04.]

Bemerkungen über Intercellularstrukturen und die Cuticula der Amphibienlarven. Von H[ermann] **Schubotz**. ⟨Aus d. Zool. Inst. d. Univ. Berlin.⟩ Hierzu Taf. 28. Berlin: R. Friedländer & Sohn in Komm. 1906. (S. 353–364.) 4°
= **Archiv** f. Biontologie. Bd 1, H. 3, 3. 106. 12461 3

Schubotz, H., Bemerkgn. üb. Intercellularstrukturen u. die Cuticula der Amphibienlarven. (Aus dem zoolog. Institute der Universität Berlin.) (S. 353—356 m. 1 Taf.) Lex. 8. Berlin 906. (R. Friedländer & Sohn.) Sonderabdruck aus. „Archiv f. Biontologie". nn 2. —

— s.: Ergebnisse, wissenschaftliche, der deutschen Zentral-Afrika-Expedition unter Führung Adolf Friedrichs, Herzog zu Mecklenburg.

Schubotz, W. E., Adreßbuch von Erfurt, s. Adreßbuch.

Schubring, Friedrich

Αὐτολύκου περὶ κινουμένης σφαίρας καὶ περὶ ἐπιτολῶν καὶ δύσεων rec. Rich. Hoche. 8 S. Progr. Joh. Gel. *Hamburg* 1877.

Schubring, Friedr., Geschichte des Berliner Turnlehrer-Vereins 1856—1881. Eine Festschrift zum 25jähr. Stiftungsfeste, im Namen des Vereins bearb. 1. und 2. Aufl. gr. 8. (II, 78 S.) Berlin 881, Angerstein. ** 1 30

Schubring, F., Geschichte des Berliner Turnlehrervereins 1856—1881. 2. Aufl. gr. 8. Berlin 881. Hof, Lion. * — 40

Schubring, Friedr. Die Philosophie des Athenagoras. 26 S. Progr. Kölln. G. *Berlin* 1882.

—— die Philosophie des Athenagoras. 4. (26 S.) Berlin 882, [Weidmann'sche Buchh.] Gaertner's Verlag. * 1 —

Schubring, Gust., Agende für christliche Gemeinden des evangel.-luther. Bekenntnisses. Aus den luther. Agenden der königl. preuß. Provinz Sachsen zusammengestellt u. für den Gebrauch in Kirche u. Haus geordnet. Halle 857. Mühlmann. gr. 8. (VIII, 332 S.) n. 1 nf.

Schubring, Gust., s.a. Agende...

Schubring, Gustav [Prof.]: Der Anfangs-Unterricht in der Trigonometrie gegründet auf praktische Aufgaben. E. Beitr. z. Methodik d. mathemat. Unterr. Erfurt, Druck v. F. Bartholomäus, 1894; 1 Bl., 1—12 S. 8.
Erfurt, k. RG, Festschr. 1894 (262)

Schubring, Gust., die Bedeutung der Rechtfertigungslehre für die Beantwortung der jetzt in der Kirche schwebenden Fragen. Synodalrede zur 66. Jahresversammlung der anhalt-deßauischen Pastoral-Gesellschaft gehalten am 13. Juli 1853. gr. 8. (23 S.) Leipzig 853, Dörffling und Franke. **.

Schubring, G., die Einführung der reformirten Confession in Anhalt. [Abdr. aus der Zeitschr. für die gesammte luther. Theol. u. Kirche, hrsg. v. H. G. Rudelbach u. H. E. F. Guericke. Jahrg. 1848. Hft. 2—4.] gr. 8. (134 S.) Leipzig 848, Dörffling & Franke. 12 ngl

Schubring, Gust. Gleichgewicht einer Kette in einem besonderen Falle. 29 S. u. Taf. Progr. Rg. *Erfurt* 1880.

Schubring, Gustav, Prof.: Das neue **Jahrhundert** und der christliche Kalender. *Erfurt 1900: F. Bartholomäus.* (8 S.) 4°
Erfurt, k. RG, P 1900 (273)

[Schubring, Gustav]: Zweiter Nachtrag zum Katalog der Schülerbibliothek. Ostern 1896 bis Ostern 1906; Zugangskatalog 6014 bis 7035. 19 S., 1 S. ung. 8 Progr. Kgl. Realgymn. *Erfurt* 1906 (315).

Schubring, Gustav: Königliches Realgymnasium zu Erfurt. Katalog der Schüler-Bibliothek. Abgeschlossen im März 1909. Erfurt (1909): Bartholomäus. 71 S. 8°
Erfurt, k. RG P 1909 (318) [S 09. 425

[Umschlagt.:] **Schubring,** Julius [Dr., Dir. u. Prof.]: Bemerkungen über den Neubau und die Schulbänke. Lübeck, Druck v. Gebr. Borchers, 1892; 78—82 S., 1 Doppeltaf. 4.
Lübeck, Katharineum, OP 1892 (738)

Schubring, J(ul.), Bemerkungen über die Nichtzulassung des königsberger Deputirten Rupp zur Gustav-Adolf-Hauptversammlung in Berlin. Votum auf der Versammlung des dessauischen Zweigvereins am 21. April 1847. gr. 8. (16 S.) Dessau 847, Hofbuchdruckerei. *

Schubring, Jul., ein Blick in das ewige Leben. Predigt über Offenbarung St. Joh. 7, 9—14. am 7. deutschen evangel. Kirchentag zu Frankfurt a. M. gehalten. gr. 8. (16 S.) Frankfurt a. M. 854, Völcker. *

Schubring, Jul., Briefwechsel zwischen Felix Mendelssohn Bartholdy u. Julius Schubring, zugleich e. Beitrag zur Geschichte u. Theorie d. Oratoriums. gr. 8. (VIII, 227 S.) Leipzig 892. Duncker & Humblot. n. 4. 40; geb. n. 5. 40

Schubring, (Joh.) Jul., de Cypselo Corinthiorum tyranno. Dissertatio. Gottingen 862. (Dieterich.) gr. 8. (3 Bl., 69 S.) n. 12 ngr.

Schubring, J., Festpredigt bei der Feier der 50jährigen Regierung Sr. Hoheit des Herzogs Leopold Friedrich von Anhalt gehalten in der St. Georgen-Kirche zu Dessau am 11. Aug. 1867. Dessau 867. Baumgarten & Co. gr. 8. (15 S.) n. $2\frac{1}{2}$ ngr.

Schubring, Julius [Dr., Dir. u. Prof.]: *Oberlehrer Dr. Heinrich Hupe, gest. am 24. Dec. 1892.* Lübeck, Druck v. Gebr. Borchers, 1893; 87—89 S. 4.
Lübeck, Katharineum, OP 1893 (740)

Schubring, Jul., der Irrweg der protestant. Freunde. gr. 8. Dessau 845, Aue. n. $\frac{1}{6}$ ₰

Schubring, Jul., Leitfaden beim Unterricht in d. deutschen Sprache f. mittl. Gymnasial-Klassen u. höh. Bürgerschulen. 8. ($3\frac{3}{4}$ B.) Dessau 836, Hofbuchdruckerei. *

— **Machet euch Freunde mit dem ungerechten Mammon. Leipzig 858. Bredt. 16. (50 S.)** 6 ngr.

Schubring, J., Die Nike-Inschrift aus Olympia. S.-A. 1877. 9 S. 4°.

—— **Predigt (über Hiob 33, 29. 30.) während des achten evangel. Kirchentages zu Lübeck am 9. Septbr. 1856 gehalten. gr. 8. (19 S.) Lübeck 856, Dittmer'sche Buchh.**

Schubring, Jul., deutscher Sang und Klang. 65 vaterländ. und Volkslieder, für gemischten Chor zum Gebrauch an höheren Lehr-Anstalten und in Gesang-Vereinen. 8. (VI, 130 S.) Berlin 878, Wiegandt und Grieben. cart. * 1 20

Schubring, Jul., deutscher Sang und Klang. 68 vaterländische und Volks-Lieder, für gemischten Chor zum Gebrauch an höheren Lehr-Anstalten und in Gesang-Vereinen gesetzt. 2. Aufl. 8. (IV, 134 S.) Berlin 884, Wiegandt und Grieben. cart. * 1 20

Schubring, Jul., deutscher Sang und deutscher Klang. 68 vaterländ. und Volks-Lieder, für gemischten Chor zum Gebrauch an höheren Lehranstalten und in Gesang-Vereinen gesetzt. 3. Aufl. 12. (134 S.) Berlin 888, Wiegandt und Grieben. cart. *

— deutscher Sang und Klang. 68 vaterländ. u. Volks-Lieder, f. gemischten Chor zum Gebrauch an höheren Lehr-Anstalten u. in Gesang-Vereinen gesetzt. 4. Aufl. 12. (IV, 134 S.) Berlin 893. Wiegandt & Grieben. Kart. n. 1. 20

Schubring, Jul., deutscher Sang u. Klang. 68 vaterländ. u. Volks-Lieder, f. gemischten Chor zum Gebrauch an höh. Lehr-Anstalten u. in Gesang-Vereinen gesetzt. 5. Aufl. 12. (IV, 134 S.) Berlin 899. Wiegandt & Grieben. Geb. n. 1.20

Schubring, Jul., deutscher Sang u. Klang. 68 vaterländ u. Volks-Lieder, f. gemischten Chor zum Gebrauch an höh. Lehr-Anstalten u. in Gesang-Vereinen gesetzt. 7. Aufl. (IV, 184 S.) kl. 8. Berlin 905. Wiegandt & Grieben. Kart. n. 1. 20

Schubring, Julius, Dr., Dir. u. Prof.: [Turnlehrer Carl **Schramm,** gest. am 30. Juni 1898.] *Lübeck 1899: Gebr. Borchers.* (S. 79—82.) 4°
Lübeck, Katharineum, OP 1899 (768)

Schubring, J., Histor.-geograph. Studien üb. Altsicilien. Gela. Phintias. Die Sikeler. S.-A. 1873. 76 S. u. 2 Kart.

Schubring, Julius [Dr., Dir. u. Prof.]: *Oberlehrer Dr. Johann Heinrich Timpe, gest. am 23. März 1895.* Lübeck, Druck v. Gebr. Borchers, 1896; 71—72 S. 4.
Lübeck, Katharineum, OP 1896 (759)

Schubring, Jul., historische Topographie von Akragas in Sicilien während der klassischen Zeit. Mit 2 unedirten (lith. u. color.) **Karten** (in Fol.). **Leipzig 870.** Engelmann. gr. 4. (VIII, 80 S.) n. 2 ₰ 10 ngr.

Schubring. Jul., historische Topographie v. Panormus. 1. Thl. Mit 2 unedirten (lith.) **Karten** (in Fol.) **4. (42 S. Lübeck 870. (Bolhoevener.)** n. 4. —

—— **Die Verdienste der Lübeckischen Gesellschaft zur Beförderung gemeinnütziger Thätigkeit um Erziehung u. Unterricht. Festschrift zur Feier ihres 100jähr. Bestehens im Namen des Katharineums überreicht. gr. 8. (III, 124 S.) Lübeck 889, (Quitzow).** cart. * 1 60

Altichiero und seine Schule. E. Beitr. z. Gesch. d. oberital. Malerei im Trecento. Von Paul **Schubring.** *Leipzig: K. W. Hiersemann 1898.* [Th. l erschien als Leipz. Diss. 1898.] (X, 144 S., 10 Taf.) 1 Bd 8. 98.

Schubring, Paul, s.: **Beiträge, kunstwissenschaftliche.**

Schubring, Paul, Berlin. I. Das Kaiser Friedrich-Museum. (Moderner Cicerone.) (XII, 407 S. m. 276 Abbildgn. u. 2 Grundrissen.) kl. 8. Stuttgart 905. Union. Geb. in Leinw. n. 4. 50

Paul **Schubring.** Unter dem Campanile von San Marco. Ein Nachruf z. Erinnerung an Venedigs stolze Tage. Mit 3 Abb. u. 7 Taf. *Halle a. S.: Gebauer Schwetschke 1902.* (43 S.) 8° [K. u. Ant.]

—, s.: **Donatello, des Meisters Werke.**

— **Florenz.** I. Die Gemälde-Galerien der Uffizien u. des Palazzo Pitti. Moderner Cicerone. 12. (VIII, 152 S. m. 100 Abbildgn.) Stuttgart (902). Union. Geb. in Leinw. m. Goldschn. n. 2.50

— **Florenz. II. Bargello, Domopera, Akademie, kleinere Sammlgn.** (Moderner Cicerone.) **(VII, 192 S. m. 134 Abbildgn.) 12. Ebd. (903). Geb. in Leinw. 2. 50 (I u. II in 1 Leinw.-Bd.: n. 4. 50)**

— **Florenz. I u. II. kl. 8. Stuttgart, Union.** Geb. in Leinw. m. Goldschn. à 3.—; beide Tle. in 1 Bd. geb. 5. 50
I. Die Gemälde-Galerien der Uffizien u. des Palazzo Pitti. Moderner Cicerone. 2. verm. u. verb. Aufl. (VIII, 187 S. m. 137 Abb. u. 2 Grundrissen.) (908.)
II. Bargello. Domopera. Akademie. Kleinere Sammlgn. (Moderner Cicerone.) 2. verm. u. verb. Aufl. (VIII, 207 S. m. 158 Abb. u. 2 Grundrissen.) (909.)

— s.: Gemälde-Galerie, die, der königl. Museen zu Berlin.

Das italienische Grabmal der Frührenaissance von Paul Schubring. Mit 40 Taf. u. 50 Abb. *Berlin: O. Baumgärtel 1904.* (33 S.). 4°

— s.: Grünewald-Mappe.

Schubring, Paul, Hilfsbuch zur Kunstgeschichte. Heiligenlegenden, Mythologie, Technik, Zeittafeln. (VIII, 171 S. m. eingedr. Kartenskizzen.) 8. Berlin 909. K. Curtius. Geb. in Leinw. 2. 50

Schubring, Paul, das Kaiser Friedrich-Museum zu Berlin, s.: Clemen, Paul.

— Die sixtinische Kapelle. (147 S. m. 138 Abbildgn.) Lex. 8. Rom 909. Frank & Co. Geb. in Leinw. 4. —

Mailand und die Certosa di Pavia von Dr. Paul **Schubring**. Mit 244 Abb. u. 4 Grundrissen. Stuttgart, Berlin, Leipzig: Union (1904). (382 S.) 8°
= Cicerone, Moderner. [4.] [05. 20182

Hans von Marées. Vortrag geh. im Elberfelder Museumsverein von Paul Schubring. Elberfeld: Baedeker 1904. (20 S.) 8° [F.] [05. 933

— Hans v. Marées. Vortrag, geh. im Elberfelder Museumsverein. (20 S. m. 8 Taf.) gr. 8. Elberfeld 904. A. Martini & Grüttefien. — 50

Pisa. Von Paul **Schubring**. (Mit 140 Abb.) *Leipzig: E. A. Seemann 1902.* (182 S.) 8° [F.]
— Kunststätten, Berühmte. No 16.

Die Plastik Sienas im Quattrocento von Paul **Schubring**. Mit 143 Abb. Berlin: G. Grote 1907. (256 S.) 4° [07. 17395

Rembrandt. Von Dr. Paul **Schubring**, Prof. Mit 1 Titelbild u. 49 Textabb. Leipzig: B. G. Teubner 1907. (82 S.) 8° [F.]
= Natur, Aus, u. Geisteswelt. Bdch. 158. [07. 10831

— Rembrandt, s. a. Aus Natur u. Geisteswelt.

Schubring, Paul (Hrsg.), s. Rembrandt: Radierungen.

Luca della Robbia und seine Familie. Von Paul **Schubring**. Mit 172 Abb. Bielefeld & Leipzig: Velhagen & Klasing 1905. (155 S.) 4°(8°) [F.]
= Künstler-Monographien. 74. [05 3419

Schloss- und Burgbauten der Hohenstaufen in Apulien von Paul Schubring. *Berlin & Stuttgart: W. Spemann [1901].* (14 S., 6 Taf.) 2°
— Baukunst, Die. Ser. 2, H. 5.

Schubring, Paulus [cand. theol. Vodamontanus]: Theses theologicae ... ad licentiati in theologia evangelica honores impetrandos ... Bonnae, typ. C. Georgi, typogr. acad., *1892*; 2 Bl. 8.
Bonn, Ev.-theol. Fak., Thes. v. 30. Juli 1892

Urbano da Cortona. Ein Beitrag z. Kenntnis d. Schule Donatellos u. d. Sieneser Plastik im Quattrocento. Nebst e. Anh.: Andrea Guardi. Von Paul Schubring. Mit 30 Abb. *Straßburg: J. H. E. Heitz 1903.* (91 S.) 4°
— Kunstgeschichte. Zur, d. Auslandes. H. 15. [03. 23787

Urbino von Paul Schubring. Mit 58 Abb. Leipzig: Klinkhardt & Biermann [1909]. 118 S. 8°
(Stätten d. Kultur. Bd 22.) [09. 13882

— Urbino, s. a. Stätten der Kultur.

Schubring, Walth., Acārānga-Sūtra, s.: Abhandlungen f. die Kunde d. Morgenlandes. XII, 4.

Schubring, Walther, a. Lübeck: Das Kalpa-Sūtra, die alte Sammlung jinistischer Mönchsvorschriften. Einleitung, Text, Anmerkungen, Übersetzung, Glossar. Leipzig 1905: G. Kreysing. (71 S.) 8° ¶(Erscheint demnächst im Buchh. als H. 2 der Sammlung „Indica" unter Prof. Ernst Leumann's Leitung.)
Straßburg, Phil. Fak., Ref. Leumann, Diss. v. 1. Aug. 1904
[Geb. 10. Dez. 81 Lübeck; Wohnort: Lübeck; Staatsangeh.: Lübeck; Vorbildung: Gymn. Lübeck Reife O. 00; Studium: München, Berlin, Straßburg 5 S.; Rig. 1. Aug. 04.]

Schubring, Walth., s.: Kalpa-sutra, das.

Schubring, Wilh., das Beste fürs Land. Ein Ratgeber bei Beschaffg. guter Bücher u. Bilder f. die Landbevölkerg. Im Auftrage des deutschen Vereins f. ländl. Wohlfahrts- u. Heimatpflege bearb. Mit e. Einleitg. v. Busch. Mitarbeiter: Albrecht-Dürer-Haus, Berlin. — L. Ahrens. — Behr u. a. (126 S.) 8. Berlin 908. Deutsche Landbuchhandlung. 1. —

— Religion u. Wirtschaftsleben. Vortrag, geh. im Bremer Protestantenverein. (29 S.) 8. Berlin-Schöneberg 910. Protestant. Schriftenvertrieb. — 40
Sonderabdruck aus: „Protestantenbl."

Schubuth Karl: Über die Gliederung der Spruchtöne Walthers von der Vogelweide in metrische Gruppen. 41. Kremsier R. 96
Progr.

Schubuth, Karl: Katalog der Lehrerbibliothek. 14 S. Kremsier, LOR., Progr. 1899

Schuch (Hrsg.), s. Turnzeitung

Schuch, A., Myrtenstrauß. Eine Sammlg. v. Polterabend- u. Hochzeits-Gedichten. (In 5 Lfgn.) 1. Sammlg. gr. 16. (VI, 42 S.) Domanze 891. A. Schuch. — 30

Schuch, Christian Theophil

Schuch, Chr. Theoph., Aussprache, Accente u. Prosodie d. französ. Sprache, nebst e. Abriß d. französ. Verskunst u. einigen Mustergedichten. Zum Gebr. öffentl. Schulen, nach d. Franz. d. M. Radaud (Prononciation classiq. de la langue franç., à Bonne 1838), bearb. 8. (4 B.) Heidelberg 838, Groos.

Schuch, Chr. Theoph., das Großherz. Baden, geographisch, historisch u. statistisch geschildert. Ein Hand- u. Lesebuch f. die reifere Jugend u. Freunde der Vaterlandskunde. gr. 12. (4 1/6 B.) Karlsruhe 844, Bielefeld.
Aus:
Hist.-top. Gemälde d. Großherz. Baden.

Curae boum ex corpore Gargilii Martialis. Texte und kritische und sachliche Bemerkungen. 47 S. Donaueschingen, P 1856

Schuch, Chr. Theoph., Curae boum ex corpore Gargilii **Martialis**. (47 S.) Donaueschingen 57. Aldenhoven. M. —.80

Schuch, Chr. Teophil., curae boum ex corpore Gargilii Martialis. Alter räthselhafter u. neugestalteter Text mit kritischen wie sachlichen Bemerkungen aus dem Gebiete der Alterthumskunde u. Naturwissenschaft u. gelegentlichen Verbesserungen verdorbener Stellen bei den Alten. Beitrag zur landwirthschaftl. Thierheilkunde. Donaueschingen 857. Schmidt. gr. 8. (47 S.) n. 8 ngr.

— A. W. Schlegels Elegie auf Rom, s. Schlegel.

Schuch, Chr. Theoph., Encyklopädie d. klass. Alterthumskunde. Mit e. Vorw. v. Friedr. Creuzer. 1. u. 2. Hft. gr. 8. (10 1/4 B.) Heidelberg 834, A. Oßwald.

Schuch, Chr. Theoph., histor.-topograph. Gemälde des Großherz. Baden, mit ausführl. Gründungsgeschichte u. Beschreibung der Sehenswürdigkeiten von Karlsruhe. gr. 12. (Mit 9 Stahlst. u. 2 Plänen.) Karlsruhe 843, Bielefeld. n. 2 ₰
Hieraus ist abgedruckt:
das Großherz. Baden, geographisch, historisch u. statistisch geschildert. Ein Hand- und Lesebuch für die reifere Jugend und Freunde der Vaterlandskunde. gr. 12. Ebend. 843.

Christ. Theoph. Schuch. Die Gemüse und Salate der Alten in gesunden und kranken Tagen. I. Abt. 40 S.
Derselbe. Die Gemüse und Salate der Alten. II. Abt. 36 S.
Donaueschingen, P 1853. 1854

Schuch, Theophil, Gemüse u. Salate d. Alten in gesunden u. kranken Tagen. 1. Abth. Blattgemüse u. Salate. gr. 8. Rastatt, 1853. (Donaueschingen. Schmidt.) — 8

—— Gemüse und Salate der Alten in gesunden und kranken Tagen. I. Abthl.: Blattgemüse und Salate. Botanisch-philolog. Abhandlung. gr. 8. (76 S.) Rastatt 854. (Donaueschingen, Schmidt'sche Hofbuchh.) *

—— politische u. Kirchengeschichte von Ladenburg u. der Neckarpfalz. Aus den Quellen bearb. gr. 8. (12⅝ B.) Heidelberg 843, (K. Winter.) * —

Schuch, Chr. Theoph., die Klein-Kinder-Schule als wichtiger Anfang v. Unterr.- u. Lebensbildung. Freundlich dringender Rath f. Eltern, Lehrer u. Erzieher. Mit e. Zuschr. v. F. H. C. Schwarz. gr. 12. (8½ B.) Heidelberg 834, A. Oßwald. Thlr.

Christian Theophil Schuch. Der Objektskasus oder Accusativus der lateinischen, besonders poetischen Sprache. 104 S. Bruchsal, P 1844

—— der Objectscasus oder Accusativus der lateinischen, besonders poetischen Sprache. gr. 8. (6½ B.) Carlsruhe 844. (Mannheim, Bensheimer.) *

— s. L. Oettinger, Vorschule der latein. Sprache.

— die latein. Präpositionen, zum Gebrauche für gelehrte Schulen. 8. Heidelberg 831. (Mannheim, Bensheimer.) ¼ ₰

Schuch, Ch. Th., die latein. Präpositionen zum Gebr. für gelehrte Mittelschulen. 8. Heidelb. 831. Oßwald. 6 gr.

—— Privatalterthümer, oder wissenschaftliches, religiöses u. häusl. Leben der Römer. Ein Lehr- u. Handbuch f. Studirende u. Alterthumsfreunde. gr. 8. (48¼ B.) Karlsruhe 842, Groos.

— Privatalterthümer oder wissenschaftliches, religiöses u. häusliches Leben der Römer. Ein Lehr- u. Handbuch für Studirende u. Alterthumsfreunde. 2. (Titel-) Ausg. gr. 8. (XXX u. 760 S.) Karlsruhe (842) 852, Groos. n. 1⅓ ₰

Christ. Theoph. Schuch. De poesis latinae rythmis et rimis, praecipue monachorum. 50 S. Donaueschingen, P 1851

Schuch, Chr. Theoph., de poësis latinae rhythmis et rimis, praecipue monachorum. 8maj. (92 S.) Donaueschingae 851, Schmidt'sche Hofbuchh.

Schuch, F. W., die Cultur der Rose in ihrem ganzen Umfange, nebst Anatomie und Physiologie der Pflanzen, Beschreibung der schädl. und nützl. Thiere. 8. (V, 104 S. mit 25 Abbild. auf 2 lithogr. Taf.) [Leipzig 880, Johannssen's Verlag.] Ilmenau, Schröter's Verlag. * 1 80

Schuch, F. W., die Cultur der Rose in ihrem ganzen Umfange, nebst Anatomie und Physiologie der Pflanzen, Beschreibung der schädlichen und nützlichen Thiere und 25 Abbild. auf 2 Taf. 2. (Titel-) Aufl. 8. (V, 104 S.) Ilmenau 888, Schröter. *

Schuch, F. W., die Kultur der Rose in ihrem ganzen Umfange, nebst Anatomie u. Physiologie der Pflanzen, Beschreibg. der schädl. u. nützl. Tiere u. 25 Abbildgn. auf 2 (1) Taf. 8. (Umschlag: 4.) Aufl. (98 S.) 8. Ilmenau (905). A. Schröter. n. 1. 80

Schuch, Friedrich

Begründung der Grundformeln der niedern Analysis, eine Vorlesung über die §§. 15, 16, 17, 18 des vorgeschriebenen mathematischen Lehrbuches, von F. Schuch, P. der Math. — 1838. Ebend. — S. 3—10.
Progr. Landshut

Einiges über Versicherungs-Vereine von Friedrich Schuch, Prof. der Math. u. Phys. — 1856. Ebend. — S. I—VII.
Progr. Landshut

Schuch, Friedrich von, Referendar in Dresden: Der Handlungsagent nach dem Deutschen Handelsgesetzbuch von 1897. Leipzig: O. Wigand 1907. (112 S.) 8°
Leipzig, Jur. Fak., Diss. v. 30. Juli 1907
[Geb. 15. Jan. 82 Dresden; Wohnort: Niederlößnitz b. Dresden; Staatsangeh.: Österreich; Vorbildung: Gymn. Kremsmünster (Oberösterr.) Reife Juni 00; Studium: Wien 1, Leipzig 3, München 1, Leipzig 3 S.; Rig. 9. Juli 04.]

Schuch, G. Abhandlung üb. d. Vorteile, welche einem Staate aus Errichtg d. Findel- u. Entbindgshäuser zuwachsen. Frankfurt 1789.

Georg Daniel Schuch dreihundertjährige Urkunde, Zeit- und Namenregister, anzeigend: wenn und wer bei dem Collegio der Chirurgorum und Barbiere als Aldermänner und Mitglieder sind aufgenommen worden in Hamburg von 1442 bis 1742. Hamburg 1742. 4.

Schuch, H., vaterländische Erzählungen. 1. Tl.: Wjetoslawa. Eine Erzählung aus altpommerell. Vergangenheit. gr. 8. (124 S.) Danzig 886, Th. Bertling. *

Schuch, H., Nachrichten üb. Lapiu u. andere Hospitalgüter v. Danzig, s.: Abhandlungen zur Landeskunde der Prov. Westpreussen.

Schuch, Hans, aus Stadtamhof: Ueber die Einwirkung von Hydrazinhydrat und Semicarbazidchlorhydrat auf Oxymethylencampher. *Heidelberg 1902: J. Hörning.* (33 S.) 8°
Heidelberg, Naturw.-math. Diss. v. 1902

Kant, Schopenhauer, Jhering. Die Gedanken-Motivation als d. Problem d. Willens-Freiheit von Hermann Schuch. München: Haus Sachs-Verl. 1907. (87 S.) 8° [08. 2337

Schuch, Johann Fr.

Schuch, Jh. Fr., († d. 27. März 1796.) Lehrgedichte, der Gütigkeit Gottes. 8. Frankf. a. M. 774. Andreä. 7 gr.

— Samml. einiger Predigten. gr. 8. Frankf. a. M. 791. Hermann. 20 gr.

— Versuch üb. die Gestalt e. Schulmannes. 8. Zweibr. 770.

Schuch, Karl

— Beiträge zur Kenntnis des Gmundner Sees. 15.
Progr. Gmunden 1899.

Schuch, L., (Prem.-Lieut.,) Grundzüge der reinen Geographie nach den neuern Ansichten. Als Leitfaden zum geograph. Unterrichte, sowohl in Gymnasien, als Militärschulen zusammengestellt. gr. 8. Koblenz 829. Bädeker. 20 gr.

Schuch, Ludwig: Über das Lesen. 15 S. 8.
Progr. Steiermärk. Landes-Oberrealschule *Graz* 1903
Was sollen wir lesen? Wie sollen wir lesen?

Schuch, Ludwig: Eduard Mörike. Sein Leben und Dichten. S. 3 bis 24. 8. Progr. Steiermärkische Landes-Oberrealschule *Graz* 1907.

Schuch, Magda, dies u. das, s.: Weichert's Wochen-Bibliothek.

Schuch, Th., Friede u. Freude im Herrn. Predigten aus den J. 1887—1890. 8. (VIII, 155 S.) Leipzig 890. Fr. Richter. n. 2.—; geb. n. 3.—

Schuch, Th., Gedächtnispredigt nach d. am 25. VII. 1896 geschch. Heimgange d. Archidiakonus Dr. Karl Theodor Binkau, geh. Dom. IX. p. Trin. (2. VIII.) 1896. gr. 8. (8 S.) Leipzig 897. Fr. Richter. n. —20

Schuch, W., s.: **Aus Studienmappen deutscher Meister.**

Schuch, W., das Firmaschild. 30 Taf., davon 6 Taf. in farb. Ausführg., enth. 90 diverse Arten Firma-Schilder f. jedes Gewerbe. Vollständige kleine Zeichngn. m. Schrift, Verziergn. etc., sowie Angabe d. Materials, der Farbe u. der Regeln üb. die Schatten der Schriften. Nebst e. Anh.: Firma-Bänder u. Wappen-Schilder. Ein Hülfsbuch f. Schildermaler, Decorationsmaler, Anstreicher, Lackirer etc. 2. Aufl. qu. hoch 4. (4 S. Text.) Leipzig 891. Jüstel & Göttel. n.n. 5.—

— dasselbe. Ergänzungs-Hft. zur 1. Aufl. qu. hoch 4. (11, davon 6 farb. Taf. m. 4 S. Text.) Ebd. 890. n.n. 2. 50

— dasselbe. 36 Taf., enth. 100 diverse Arten Firma-schilder, (davon 6 in farb. Ausführg.) etc. Vollständige Zeichngn. im Kleinen m. Schriften, Verziergn. etc., sowie Angabe des Materials, der Farbe u. der Regeln üb. die Schatten u. Konturen der Schriften. 3. Aufl. qu. gr. 4. (4 S. Text.) Ebd. 893. n. 6.—

Schuch, W., das **Firmaschild.** 40 (6 farb.) Taf., enth. 120 diverse Arten Firmaschilder (davon 6 m. farb. Ausführg.), 1 Taf. Fahnen-Schilder, 2 Taf. Schaufensterschriften m. Schnörkel, 2 Taf. Embleme f. alle Gewerbe, 1 Taf. Eckverziergn. f. Schilder etc., 3 Taf. Firma-Bänder, 36 verschied. Wappenschilder m. div. Emblemen. Vollst. Zeichngn. im Kleinen, m. Schriften, Verziergn. etc., sowie Angabe d. Materials, d. Farbe u. d. Regeln üb. d. Schatten u. Konturen d. Schriften. Ein Hilfsbuch f. Schildermaler, Dekorationsmaler, Zeichner, Anstreicher, Lackirer etc. 4. Aufl. qu. gr. 4. (2 Bl. Text.) Leipzig 898. Jüstel & Göttel. n. 6.—

Schuch, W., das **Firmaschild.** 40 Taf., enth. 120 diverse Arten Firmaschilder (davon 6 in farb. Ausführg.), 1 Taf. Fahnen-Schilder, 2 Taf. Schaufensterschriften m. Schnörkel, 2 Taf. Embleme f. alle Gewerbe, 1 Taf. Eckverziergn. für Schilder etc., 3 Taf. Firma-Bänder, 36 verschiedene Wappenschilder m. div. Emblemen. Vollständ. Zeichngn. im Kleinen, m. Schriften, Verziergn. etc., sowie Angabe des Materials, der Farbe und der Regeln über die Schatten und Konturen der Schriften. Ein Hilfsbuch f. Schildermaler, Dekorationsmaler, Zeichner, Anstreicher, Lackirer etc. 5. Aufl. qu. gr. 4. (4 S. Text.) Leipzig (902). Jüstel & Göttel. n. 6.—

Schuch, W., das Firmaschild. 40 Taf., enth. 120 diverse Arten Firmaschilder (davon 6 in farb. Ausführg.), 1 Taf. Fahnen-Schilder, 2 Taf. Schaufensterschriften m. Schnörkel, 2 Taf. Embleme f. alle Gewerbe, 1 Taf. Eckverziergn. f. Schilder etc., 3 Taf. Firma-Bänder, 36 verschied. Wappenschilder m. div. Emblemen. Vollständige Zeichngn. im Kleinen, m. Schriften, Verziergn. etc., sowie Angabe des Materials, der Farbe u. der Regeln üb. die Schatten u. Konturen der Schriften. 6. Aufl. (4 S. Text.) 23×30,5 cm. Leipzig (909). Jüstel & Göttel. 6.—

Schuch, W., der schwarze Kaspar, neues lust. Bilderbuch m. Versen. 4. (20 Bl. m. farb. Bildern.) Frankfurt a/M. 897. W. Kreuzkam. Kart. 1. 80

— **Schildereien** u. Umrahmungen im modernen Styl. 10 Taf., enth. 50 verschiedene, prakt. Entwürfe von Firmaschildern, Plakaten, Geschäftskarten etc. Ein Hilfsbuch f. Schildermaler, Dekorationsmaler, Lackirer, Zeichner etc. (V S. Text.) qu. gr. 4. Ebd. (902). n. 2.—

— dasselbe. Sowie die dazugehör. Schriften im modernen Styl. 5 Taf., enth. 11 ausgewählte, geschmackvolle, neue Alphabete. qu. gr. 4. (V S. Text.) Ebd. (902). n. 2.50

Schuch, W., Schildereien u. Umrahmungen im modernen Styl. 12 Taf., enth. 65 verschiedene, prakt. Entwürfe v. Firmaschildern, Plakaten, Geschäftskarten etc. Ein Hilfsbuch f. Schildermaler, Dekorationsmaler, Lackierer, Zeichner etc. 2. verm. Aufl. (V S. Text.) qu. gr. 8. Leipzig (904). Jüstel & Göttel. n. 2.—

— dasselbe. Sowie die dazugehör. Schriften im modernen Styl. 5 Taf., enth. 11 ausgewählte, geschmackvolle, neue Alphabete. 2. verm. Aufl. (V S. Text.) qu. gr. 8. Ebd. (904). n. 2. 50

— **Schriften** im modernen Styl. 5 Taf., enth. 11 ausgewählte, geschmackvolle, neue Alphabete. Ein Hilfsbuch f. Schildermaler, Lackirer, Zeichner, Graveure etc. qu. gr. 4. Ebd. (902). n. 1.—

— **Schriften** im modernen Styl. 5 Taf., enth. 11 ausgewählte, geschmackvolle, neue Alphabete. Ein Hilfsbuch f. Schildermaler, Lackierer, Zeichner, Graveure etc. 2. Aufl. qu. gr. 8. Ebd. (904). n. 1.—

— moderner **Schriften-Atlas.** 18 Taf., enth. 18 Alphabete im modernen Styl. Ein Hülfsbuch f. Schilder- u. Dekorationsmaler, Lackirer, Zeichner, Graveure etc. Fol. Ebd. (903). In Mappe n. 5.—

SCHUCH, Wilhelm: Ueber "Speichel-Steine".- München: Kastner & Lossen 1897. 34 S.
22.7.1897 - Chr 1897/98,18; Jv 1897/98,219
Diss. Ingolst.-Landsh.-Mchn.

Mein Skizzenbuch. Gedichte von Margarete v. **Schuch**-Mankiewicz. (Vorr.: Hermann Bahr.) Wien & Leipzig: C. Fromme 1908. (84 S.) 8° [illegible]

(**Schüch**, k. k. Hauptm. im Generalstab.) Das Heerwesen des sardo-italienischen Königreiches Ende Mai 1866. Von S. (Separat-Abdruck aus der „Oesterr. milit. Zeitschrift", Jahrg. 1866, II. Bd.) 8. Wien 1866.

Schüch, Ignaz

Schüch, Ign., Handbuch zu den Vorlesungen aus der Pastoral-Theologie. 2 Bde. (Als Mscr. gedr.) Linz 865,66. (Wien, Mayer & Co.) gr. 8. (IV, 584 S.) n. 3 ℛ

Schüch, P. Ignaz, Handbuch zu den Vorlesungen aus der Pastoral-Theologie. 1. Band. 2. vermehrte und verbesserte Auflage. gr. 8. (XVII u. 360 S.) Linz, Ebenhöch'sche B. (M. Quirin.) 1870 2 fl.

— **Handbuch** zu den Vorlesungen aus der Pastoral-Theologie. 2. Bd. 2. verm. u. verb. Aufl. gr. 8. (X, 540 S.) Linz 870. Ebenhöch. n. 5. 80 (cplt.: n. 9. 40)

Schüch, Ign., Handbuch zu den Vorlesungen aus der Pastoral-Theologie. 1. Bd. und 2. Bd. 2 Abthlgn. 2. verm. und verb. Aufl. gr. 8. Linz 870,71, Ebenhöch'sche Buchh. [1. Bd. (XVIII, 360 S.) *ℳ 3,60.; 2. Bd. (X, 540 S.) *ℳ 5,80.] *

Schüch, Ign., Handbuch der Pastoraltheologie. 3. verm. und verb. Aufl. 6 Lfgn. gr. 8. (XXII, 905 S.) Linz 875, Quirein. à Lfg. *M 2. * 12 —

Schüch, Ign., Handbuch der Pastoraltheologie. 3. verm. u. verb. Aufl. gr. 8. (XXII, 905 S.) Linz 876. Quirein. n. 12. —

Schüch, Ign., Handbuch der Pastoral-Theologie. 4. Aufl. 7 Lfgn. gr. 8. (XXIII, 926 S.) Linz 879, Quirein's Verlag. à Lfg. *M 1,50. * 10 50

Schüch, Ign., Handbuch der Pastoral-Theologie. 5. Aufl. 7 Lfgn. (XXIII, 936 S.) 1880; 6. Aufl. gr. 8. (XXIII, 952 S.) [Linz 882, Quirein.] Innsbruck, F. Rauch's Buchh. Subscr.-Pr. à Lfg. * 1 50 compl. * 11 —

Schüch, Ign., Handbuch der Pastoral-Theologie. 7. Aufl. gr. 8. (XXIII, 988 S.) Innsbruck 885. F. Rauch. n. 10. 80

Schüch, J., Handbuch der Pastoral-Theologie. 8. Aufl. gr. 8. (XXIII, 998 S.) Innsbruck 889. F. Rauch. n. 10. 80

Schüch, Ign., Handbuch der Pastoral-Theologie. 9. Aufl. gr. 8. (XXIII, 1004 S.) Innsbruck 893. F. Rauch. n. 10. 80

Schüch, Ign., O. S. B., Handb. d. Pastoral-Theologie. Neu hrsg. v. Virgil Grimmich, O. S. B. 10., verb. u. verm. Aufl. Mit Schüch's Bildn. gr. 8. (XVIII, 1032 S.) Innsbruck 896. F. Rauch. n. 10. 80; geb. in Halbfrz. n.n. 12. 80

Schüch, Ign., O. S. B., Handbuch der Pastoraltheologie. Neu hrsg. v. Virgil Grimmich, O. S. B. 12., verb. u. verm. Aufl. gr. 8. (XXIV, 1041 S.) Innsbruck 902. F. Rauch. n. 10. 80
11. Aufl. (XXIV, 1017 S.) 899. n. 10.80.

Schüch, Ign., O. S. B., Handbuch der Pastoraltheologie. Fortgeführt v. Virgil Grimmich, O. S. B., neu hrsg. v. Amand Polz, O. S. B. 13., neu durchgeseh. u. verm. Aufl. (XXVIII, 1054 S.) Lex.-8. Innsbruck 905. F. Rauch. n. 10. 80

Schüch, Ign., O. S. B., Handbuch der Pastoraltheologie. Begründet u. besorgt in 9 Auflagen v. Sch., fortgeführt in 3 Auflagen v. Virgil Grimmich, O. S. B., besorgt das 2. mal v. Armand Polz, O. S. B. 14. u. 15. umgearb. u. verm. Aufl. (XIII, 898 S.) Lex. 8. Innsbruck 910. F. Rauch. 9.20; geb. 12. —

Schuchard, Johann Bernhard

Disputatio physica de antlia pneumatica.
Präs. Martin Gotthelf Loescher.
Wittenberg (Gerdes) 7. IV. 1714. 16 S. 31624

Schuchard, Johann Bernhard (Greussen) A. S. 1157/10
Dissertatio inauguralis. Decas II. observationum anatomicarum. Präs. Adam Brendel.
Wittenberg (Creusig) 7. IV. 1718. 32 S. 31625

Schuchard, K. Fr., die Religion als das einzige wahre Mittel, die Fürsten und die Staaten zu sichern und zu beglücken. gr. 8. Cassel 840. Luckhardt. 1/6 ℔

—— die starken Warnungen uns. Zeit vor Gottesvergessenheit, Pred. gr. 8. (1 B.) Cassel 840, Luckhardt'sche Buchh.

Schuchard, Carl Jos., die Stadt Liegnitz. Ein deutsches Gemeinwesen bis zur Mitte des 15. Jahrh. Auf Grundlage des Urkundenbuches der Stadt von Schirmacher. Mit einem Anh.: Das Buch der Verfestungen [1339 bis 1354]. gr. 8. (IX, 179 S.) Berlin 868, Mittler und Sohn. * 2 80

Schuchard, C. J. Wenzel I., Herzog von Liegnitz. 4. Berlin 1867.

Schuchard, (Carl Diedrich Friedr.) Rud. (geb. Hannover 18. 9. 1860): Ueber die Schwierigkeit der Diagnose und die Häufigkeit der Uterusruptur bei fötaler Hydrocephalie. Berlin (1884). (36 S.) 8°
Berlin, Med. Diss. v. 15. Aug. 1884

Schuchard, Rudolf Friedrich

Nonnulla de cicuta officin. Gottingae (1818). 38 S. 8°
Göttingen. Med. Diss. v. 21. Sept. 1818

Schuchardt, zu den Waffen! Mahnworte üb. d. Vaterlandes Noth u. schwere Zukunft. gr. 8. (68 S.) Berlin 893. H. Lüstenöder. n. 1. —

Schuchardt, Anton Otto (Hirschfeld) A. S. 134/26
Dissertatio juridica de fucato et aculeato quorundam causidicorum stylo. Präs. Johann Heinrich Meier.
Erfurt (Grosch) V. 1713. 12 Bl. 31627

Zur Geschichte der Anwendung des Höhenklimas (Gebirgsklimas) behufs Heilung der Lungenschwindsucht (Lungentuberkulose). Von Dr. Bernhard Schuchardt. *Erfurt: C. Villaret 1898.* (49 S.) 8°
Aus: Jahrbücher d. K. Akad. gemeinnütz. Wiss. zu Erfurt. N. F. H. 24. [-3.66] 4

Schuchardt, Bernh., Handbuch der allgemeinen und speciellen Arzneimittellehre und Receptirkunst. Lex.-8. (XXII und 778 S.) Braunschweig 858, Vieweg und Sohn. *

Schuchardt, Bernh., die Kola-Nuss, in ihrer commerciellen, kulturgeschichtlichen u. medicinischen Bedeutung geschildert. 2., verm. Aufl. gr. 8. (96 S.) Rostock i/M. 891. (H. Koch.) n. 1. —

Schuchardt B.: Die Loco-Krankheit (Loco disease) d. Pferde u. d. Rindviehs. Eine Futterkrankheit auf den Hochsteppen d. Innern v. Nord-Amerika. [1892]. (28) S. (Særtr.). P.

Biographische, bibliographische und statistische Mittheilungen über die v. 1. Okt. 1887 bis 30. Sept. 1897 im Herzogthum Gotha thätig gewesenen Aerzte v. Dr. Bernhard Schuchardt, ... Ober-Medicinalr. zu Gotha. *Gotha: Dr. v. R. Wagner Sohn, Weimar 1897.* (47 S.) 1 Bd 8. 198. 2228

—— die Rohn'sche jod- und bromhaltige Soolquelle bei Göttingen. Eine balneologische Skizze. gr. 8. (16 S.) Göttingen 857, Vandenhoeck und Ruprecht's Verlagsh.

Schuchardt, Bernh., Untersuchungen über die Anwendung des Magnesiahydrats als Gegenmittel gegen arsenige Säure und Quecksilberchlorid. gr. 8. (VI und 60 S.) Göttingen 852, Vandenhoeck und Ruprecht's Vrlgsh. *.

Schuchardt, B., die Vergiftungen in gerichtsärztlicher Beziehung, s. Handbuch der gerichtlichen Medicin.

Schuchardt, Bernhard (Hrsg.), s. Zeitschrift für Epidemiologie u. öffentl. Gesundheitspflege.

Schuchardt, Christian

Schuchardt, Chrn., sechs Blätter nach Werken von Lucas Cranach, s. Blätter.

Schuchardt, Chr., Blumen zu Vorlegeblättern nach der Natur gezeichnet, in Kpfr. geäzt von Wilh. Müller. 1 u. 2. Hft. gr. 16. (à 12 Bl.) Weimar 852. (Landes-Industrie-Comptoir.) baar (à 1/2 ₰) 1 ₰

— die Goethestiftung u. die Goethe'schen Preisaufgaben. Mit einem Blick auf die neueste Kunstrichtung. Weimar 861. Böhlau. gr. 8. (39 S.) 7½ ngr.

— Catalog der Kunstwerke im Museum zu Leipzig. Nebst biograph. Mittheilungen über die Künstler. 8. (VIII und 225 S.) Leipzig 857, G. Wigand.

Schuchardt, Chr. Goethe's Kunstsammlungen. 3 Bde. Jena 1848—1849. 8°.

— Lucas Cranach des Aeltern Leben u. Werke. Nach urkundl. Quellen bearb. 2 Thle. Mit 1 Monogrammentaf. (in Holzschn.) gr. 12. (XXII u. 676 S.) Leipzig 851, Brockhaus. n. 4 ₰

Schuchardt, Chrn., Lucas Cranach, des Aeltern Leben und Werke. Nach urkundl. Quellen bearb. 3. Thl. 8. (X, 309 S.) Leipzig 871, Brockhaus. * 6 —
1. und 2. Thl. Ebendas. 1851. *ℳ 12.

Schuchardt, Chrn., Goethe's italienische Reise. Mit Einleitung u. Bericht über dessen Kunststudien u. Kunstübungen bis zum Antritt derselben. 2 Bde. Stuttgart 862, 63. Cotta. gr. 8. (XIX, 634 S.; XII, 544 S.) 4 ₰

Schuchardt, Chrn., Goethe's italiänische Reise. Mit Einleitung und Bericht über dessen Kunststudien und Kunstübungen bis zum Antritt derselben. 2 Bde. gr. 8. (XIX und 634 S., XII und 544 S.) Stuttgart 863, Cotta'sche Buchh. à Bd. 2 Thlr.

— Revision der Acten über die Frage: Gebürt die Ehre der Erfindung des Papierabdruckes von gravirten Metallplatten den Deutschen oder den Italienern. Mit einem Papierabdr. von einem Schwefelabguss. gr. 8. (IV und 45 S.) Leipzig 858, R. Weigel. *
Aus: Archiv für die zeichnenden Künste, IV. Jahrg., von Naumann, besonders abgedruckt.

Schuchardt, Eduard: *De Spartae interitu. 50 S. 2°
Halle-Wittenberg, Phil. Diss. v. 11. Apr. 1859
Geb. [Grosswelsbach (Kr. Langensalza) 30. 5. 1834]

Schuchardt, Ernst, 6 Monate Arbeitshaus. Erlebnisse eines wandernden Arbeiters. gr. 8°. Berlin, H. Seemann Nachf., 1907. (Grossstadt-Dokumente, Bd. 33.) (112 S)

Sechs Monate Arbeitshaus. Erlebnisse e. wandernden Arbeiters von Ernst Schuchardt. Gotha. Berlin: H. Seemann Nf. 1908. (110 S.) 8° [5.]
= Großstadt-Dokumente. Bd 33.

Schuchardt, F., s.: Bericht üb. die psychiatr. Literatur.

Schuchardt, F.: Ueber die anatomischen Veränderungen bei Dementia paralytica in Beziehung zu den klinischen Erscheinungen. Bonn, Universitäts-Buchdruckerei von Carl Georgi, 1880. 8. 54 S.

Schuchardt, F. H., annotata quaedam de spina ventosa cum annexa singulari hujus morbi observatione. 8maj. Marb. 819. Krieger. 3 ℊ

Schuchardt, Georg [app. Arzt]: Einige Untersuchungen über das Vorkommen von Tuberkelbacillen in der Butter ... Marburg, Buchdr. v. J. Hamel, 1896; 18 S. 8.
Marburg, Med. Fak., Inaug.-Diss. v. 17. Jan. 1896

Schuchardt, Gustav

Schuchardt, G., praktische Anleitung zum Photometrieren. (49 S. m. 23 Abbildgn.) gr. 8. Berlin 909. M. Krayn. 2. 50

— Die Kontrolle industrieller Betriebe. Praktische Anleitg. zur Durchführg. e. modernen Betriebskontrolle. (III, 25 S. m. 15 Formularen.) gr. 8. Ebd. 907. 1. 60

Der praktische Lohnrechner. Handbuch f. jede Lohnberechnung von G. **Schuchardt**. Berlin: M. Krayn 1905. (30 Bl.) 8°

— **Rechen-Hilfsbuch**. Berechnungstabellen f. Handel u. Industrie, insbesondere f. jede Lohn- u. Akkordberechng. D. R. G. M., nach langjähr. Erfahrg. hrsg. (IV, 200 S.) 8. Ebd. 906. Kart. n. 5. —

Rechen-Hilfsbuch. Berechnungstabellen f. Handel u. Industrie ... nach langjähr. Erfahrung hrsg. von G. **Schuchardt**. 2. verb. Aufl. Berlin: M. Krayn 1907. (99 gez. Bl.) 8°

Schuchardt, Heinrich, a. Adamshof b. Bischofsburg, Referendar am Kgl. Amtsgericht zu Königsberg i. Pr.: Bestandteil und Zubehör unter besonderer Berücksichtigung des Eigentumsvorbehalts. Königsberg i. Pr. 1908: Karg & Manneck. (72 S.) 8°
Erlangen, Jur. Fak., Ref. Binder, Diss. v. 3. Juli 1908
[Geb. 11. März 83 Adamshof (Kr. Rössel); Wohnort: Königsberg; Staatsangeh.: Preußen; Vorbildung: Wilhelms-Gymn. Königsberg Reife O. 01; Studium: Königsberg 6 S.; Rig. 26. Mai 08.]

Schuchardt, Herm., Dienstbereitschaft. Gedanken üb. Jesu Dienst an uns u. unsern Dienst f. Ihn (aus den Rundbriefen an die Brüder des Brüderhauses „Hephata" bei Treysa). 2. Aufl. (119 S.) 8. Cassel (909). (F. Lometsch.) 1. 50

Schuchardt, Hermann [app. Arzt aus Ziegenruck]: Die Nebenwirkungen der Antipyretica. . . . Wittenberg, gedr. v. F. Wattrodt, 1890; 1 Bl., S. 6—31; 8°
Freiburg i. B., Med. Fak., Inaug.-Diss. v. 1890

Schuchardt, Hugo

Schuchardt, H., aus Anlass d. Volapüks. 8. (48 S.) Berlin 888. [Oppenheim.] Strassburg, Karl Trübner's Verl. n. 1. —

Baskisch und Romanisch. Zu de Azkues baskischem Wörterbuch 1. Band von Hugo **Schuchardt**. Halle a. S.: M. Niemeyer 1906. (61 S.) 8°
= Zeitschrift f. romanische Philologie. Beihefte. 6.

Schuchardt, Hugo, über die Benguelasprache. Lex.-8. (14 S.) Wien 883, (Gerold's Sohn.) ** — 30
Aus: Sitzungsberichte der k. Akademie der Wissenschaften, besonders abgedruckt.

Schuchardt, H., Bericht üb. die auf Schaffung e. künstlichen internationalen Hilfssprache gerichtete Bewegg. (18 S.) 8. Wien 904. (A. Hölder.) n. — 50
Sonderabdruck aus: „Almanach d. kais. Akad. d. Wiss."

Schuchardt, Hugo, üb. d. passiven Charakter d. Transitivs in d. kaukas. Sprachen. [Aus: „Sitzungsberichte d. k. Akad. d. Wiss."] Lex.-8. (91 S.) Wien 895. (C. Gerold's Sohn.) n. 2. —

Schuchardt, Hugo, die iberische Deklination. (90 S.) gr. 8. Wien 907. A. Hölder. 1. 80
Sonderabdr. aus: „Sitzungsber. d. k. Akad. d. Wiss."

— romanische Etymologieen. I. [Aus: „Sitzungsber. d. k. Akad. d. Wiss."] gr. 8. (82 S.)
Wien: Gerold's S. 1898.

Schuchardt, Hugo, romanische Etymologieen. II. gr. 8. (222 S.) Wien 899. (C. Gerold's Sohn.) n. 3.10
Sonderabdruck aus: „Sitzungsber. d. k. Akad. d. Wiss".

Schuchardt, Hugo, über einige Fälle bedingten Lautwandels im Churwälschen. Habilitations-Schrift. gr. 8. (51 S.) Gotha 870, (Thienemann.) * 1 —

Über das Georgische. Von Hugo Schuchardt. *Wien: Selbstv.; Dr. v. A. Holzhausen 1895.* (16 S.) 1 Bd 4.

— über die Lautgesetze. Gegen die Junggrammatiker. gr. 8. (VI, 39 S.) Berlin 885. Oppenheim. n. — 80

Schuchardt, H., s.: Leiçarraga's, I., baskische Bücher.

An August Leskien zum 4. Juli 1894 von Hugo Schuchardt. (Graz: Styria 1894.) (7 S.) 4°

Hugo Schuchardt. An Adolf Mussafia. Graz: (Leuschner & Lubensky) 1905. (40 S.) gr. 2°

(Schuchardt, Hugo): Ritornell und Terzine. Th. 1. Halle: Lippert 1874. IV, 66 S. 4°
Halle-Wittenberg, Festschrift d. Univ. z. 60jähr. Dr. phil.-Jubil. v. Karl Witte am 10. April 1874

Schuchardt, Hugo, Ritornell u. Terzine. Begrüssungsschrift der Universität Halle-Wittenberg zum 60jähr. Doctorjubiläum d. Herrn Karl Witte. gr. 4. (IV, 146 S.) Halle 875. Lippert'sche Buchh. n. 8. —

Schuchardt, Hugo, Ritornell und Terzine. Begrüssungsschrift der Universität Halle-Wittenberg zum 60jährigen Doctorjubiläum des Herrn Prof. Dr. Karl Witte. gr. 4. (IV, 146 S.) Halle 875, Niemeyer. *

— Romanisches u. Keltisches. Gesammelte Aufsätze. gr. 8. (VII, 439 S.) n. 7. 50; geb. n. 8. 50
Berlin 1886 [Oppenheim]

Schuchardt, H. Romanisches u. Keltisches. gr. 8. Berl. 886. Strassb., Trübner, Verlag. + 7 50

— sind unsere Personennamen übersetzbar? Lex.-8. (11 S.) Graz 895. Selbstverl. Nicht im Handel.

— Slawo-Deutsches u. Slawo-Italienisches. Dem Hrn. Frz. v. Miklosich zum 20. Novbr. 1883. hoch 4. (140 S.) Graz 884. Leuschner & Lubensky. n. 10. —

Schuchardt, Hugo, baskische Studien. I. Über die Entstehg. der Bezugsformen des bask. Zeitworts. [Aus: „Denkschr. d. k. Akad. d. Wiss."] Imp.-4. (82 S.) Wien 893. (F. Tempsky.) n. 3. 50

—— kreolische Studien. I—VI. Lex.-8. Wien, (Gerold's Sohn.) ** 2 70
Inhalt:
I. Ueber das Negerportugiesische von S. Thomé [Westafrika]. (31 S.) 882. ** 50 Pf.
II. Ueber das Indoportugiesische von Cochim. (20 S.) 883. ** 40 Pf.
III. Ueber das Indoportugiesische von Diu. (18 S.) 883. ** 40 Pf.
IV. Ueber das Malaiospanische der Philippinen. (42 S.) 883. ** 70 Pf.
V. Ueber das Melaneso-Englische. (13 S.) 883. ** 30 Pf.
VI. Ueber das Indoportugiesische von Mangalore. (26 S.) 884. * 40 Pf.
Aus: Sitzungsberichte der k. Akademie der Wissenschaften, besonders abgedruckt.

—— kreolische Studien. VII. und VIII. Lex.-8. Wien 888, (Tempsky.) *
Inhalt:
VII. Ueber das Negerportugiesische von Annobom. (36 S.) * 60 Pf.
VIII. Ueber das Annamito-Französische. (10 S.) * 30 Pf.
I—VII. Ebendas. 1882,84. * ℳ 2.70.
Aus: Sitzungsberichte der k. Akademie der Wissenschaften, besonders abgedruckt.

Schuchardt, Hugo. Kreolische Studien. IX: Über das Malaioportugiesische v. Batavia u. Tugu. Lex.-8. (256 S.) Wien 891, (Tempsky). * 4 50
Aus: Sitzungsber. d. k. Akad. d. Wiss., besonders abgedruckt. I—VIII. (Ebd.) 1882-88. * 3 60.

Schuchardt, Hugo (geb. am 4 Febr. 1842 in Gotha): De sermonis Romani plebei vocalibus ... Bonnae, form. Carthausianis (1864). 21 S., 1 Bl. 8. ¶ *Am Ende:* Commentatio, cuius hanc exiguam partem ut specimen typis excudi iussi, tota postea foras dabitur. — So erschienen 1866—68 die 3 Bde Vokalismus d. Vulgärlateins.
Bonn, Phil. Fak., Diss. v. 21 Mai 1864

— der Vokalismus des Vulgärlateins. 3 Bde. Leipzig, Teubner. gr. 8. [1. Bd. (XII, 476 S.) 866. n. 3 ℛℳ 6 ngr., 2. Bd. (530 S.) 867. n. 3 ℛℳ 18 ngr., 3. Bd. Nachträge u. Register. (IV, 356 S.) 868. n. 2 ℛℳ 8 ngr.] n. 9 ℛℳ 2 ngr.

— „Weltsprache u. Weltsprachen". An Gustav Meyer. gr. 8. (54 S.) Strassburg 894. K. J. Trübner, Verl. n. 1. 40

Schuchardt, Jo. Christian (Arnstadt) A. S. 1336/1
De necessitate atque utilitate experimentorum circa moralem hominis naturam dissertatio.
Präs. Johann Friedrich Mai.
Leipzig (Breitkopf) 13. III. 1743. 30 S. 31629

Schuchardt, Johann (Nürnberg) A. S. 219/26
Dissertatio inauguralis iuridica de successione coniugum ex universali bonorum communione secundum statuti Norici tit. XXXIII leg. III et V.
Altdorf (Hessel) 31. X. 1755. 48 S.
Gew.: Stadt Nürnberg.
W.v.: Jo. Heumann, Georg Friedrich Deinlin, Wolfgang Alber Spis, Wilhelm Friedrich Link, Johann Bernhard Hoffer. 31628

Schuchardt, Johann Jonas (Nürnberg) U. S. Altdorf lose Jur.
Commentationis de fontibus et oeconomia legum civilium sectio II. Präs. Johann Heumann.
Altdorf (Hessel) 29. IX. 1753. S. 33-64.
Gew.: Johann Karl Welser, Christoph Wilibald Harsdoerffer. 31630

Schuchardt, Julio, Geburtstags-Grüsse. Mit Citaten aus Rückert's u. Longfellow's Werken, gesammelt v. J. S. Zum Einschreiben f. Freunde u. Freundinnen. 12. (V, 213 S.) Tübingen 886. Laupp. geb. m. Goldschn. n. 3. —

Schuchardt, Karl, zur pathologischen Anatomie der Discisionen. Inaugural-Dissertation. gr. 8. (31 S. mit 1 Stnt.) Göttingen 878, (Vandenhoeck und Ruprecht's Verlag.) *

Schuchardt, Karl: Beiträge zur Entstehung der Carcinome aus chronisch entzündlichen Zuständen der Schleimhäute und Hautdecken. Leipzig 1885: Breitkopf & Härtel. 48 S. 4° (8°)
Halle-Wittenberg, Med. Hab.-Schr. v. [9. Juli] 1885
Aus: Sammlung klinischer Vorträge. Nr. 257.
Im Buchhandel 1885 bei Breitkopf & Härtel, 48 S.; auch als: Sammlung klinischer Vorträge Nr. 257 (Chirurgie Nr. 80.) 44 S.

Schuchardt, Karl, Referendar a. Thorn: Die Empfangsberechtigung des mittelbaren Besitzers einer verloren gegangenen Sache. Nach d. Recht d. Bürgerlichen Gesetzbuches dargestellt. Berlin [1907]: G. Auerbach. (54 S.) 8° [J. u. Ant.]
Jena, Jur. Fak., Ref. Thon, Diss. v. 30. Aug. 1907
[Geb. 10. Okt. 86 Osterode (Ostpr.); Wohnort: Thorn; Staatsangeh.: Preußen; Vorbildung: Gymn. Thorn Reife O. 04; Studium: Berlin 4, Königsberg 2 S.; Rig. 10. Juli 07.]

Schuchardt, Karl, die Gelenkwassersucht. gr. 8. (V, 69 S.) Jena 892. G. Fischer. n. 2. 50

—— der äussere Kehlkopfschnitt und seine Bedeutung bei der Behandlung der Kehlkopfgeschwülste, } s. Sammlung klinischer Vorträge.

Schuchardt, Karl, die Krankheiten d. Knochen u. Gelenke, s.a. Chirurgie, deutsche, Lfg. 28.

Schuchardt, Karl: Die Krankheiten der Knochen und Gelenke (ausschließlich der Tuberkulose). Mit 138 Abb. im Text u. 2 Taf. in Farbendr. Stuttgart 1899. CXXXVI, 338 S.
(Deutsche Chirurgie. Lfg 28.)

— üb. die tuberkulöse Mastdarmfistel. } s.: Sammlung klinischer Vorträge.

Schuchardt, Karl, über die paravaginale Methode der Exstirpatio uteri u. ihre Enderfolge beim Uteruskrebs. gr. 8. S. 744—796.) Berlin (901). S. Karger. n. 1.20
Sonderabdruck aus: „Monatsschrift f. Geburtshilfe".

—— Ueber das Wesen der Ozaena, nebst einigen Bemerkungen üb. Epithelmetaplasie, s. Sammlung klinischer Vorträge.

Schuchardt, Ludwig: Quantitative Bestimmung von Kalk-, Magnesia- u. Phosphorsäure-Ausscheidung im Harn Osteomalacischer vor und nach den therapeutischen Eingriffen. (Castration, Porro, künstl. Frühgeburt). *Würzburg 1897: P. Scheiner.* (56 S.) 8°
Würzburg, Med. Diss. v. 1897

Amyntas. Dramat. Dichtung in 5 Aufz. von Max **Schuchardt**. Frankfurt a. M.: Gebr. Knauer [1904]. (134 S.) 8° [F.] [05. 6751

Der Menschliche Staat als Glied der Naturentwicklung. Grundlinien einer auf d. Prinzipien d. Deszendenztheorie sich stützenden Innenpolitik. Von Max **Schuchardt**. *Darmstadt: A. Bergsträsser 1903.* (XXV, 479 S.) 8° [F.] [04. 6437

— aus alten u. neuen Tagen. Gedichte. (VIII, 190 S.) 8. Frankfurt a/M. 906. Gebr. Knauer. n. 2. 50; geb. in Leinw. n. 3. 50

Schuchardt, O. Zu Lessings Minna von Barnhelm. S. 5—13. *Schleiz* 1879. Progr.

Schuchardt, Riccaut de la Marlinière. Ein Beitrag zur Erklärung von Lessing's Minna von Barnhelm. 4. (9 S.) Schleiz 879. (Lämmel.) * 1 —

Schuchardt, Otto, Nikomachos. Eine archäolog. Studie. Weimar 866. Böhlau. 8. (47 S. mit 1 Taf. Abbild. in Kpfrst. u. in 4.) n. 10 ngr.

Schuchardt, Ottom., Zur Charakteristik der modernen Frauenbewegung. 8°. Dresden, Zahn u. Jaensch, 1908.

Schuchardt, Ottom., zur Charakteristik der modernen Frauenbewegg. (31 S.) 8. Dresden 909. v. Zahn & Jaensch. — 80

Schuchardt, Ottomar, Constantin Frantz, Deutschlands wahrer Real-Politiker. 8. (31 S.) Melsungen 896. W. Hopf. — 50

Schuchardt, Ottom., die deutsche Politik der Zukunft. 2. u. 3. Bd. gr. 8. Celle. Hannover u. Celle, Schulbuchh. n. 5.50; (kplt. n. 8.—)
2. (IV, 327 S.) 900. n. 2.50. — 3. (VIII, 384 S.) 902. n. 3.—
Bd. 1. s.: Frantz, Constant., u. Ottom. Schuchardt.

(B) — Die deutsche Politik d. Zukunft. 900. 902. (KBL 32.) Jetzt: Dresden, v. Zahn & Jaensch.

Umrisse einer Staatsverfassung für das mittlere Europa. Eine Erg. z. Politik d. Zukunft von Ottomar **Schuchardt**. Dresden: v. Zahn & Jaensch 1905. (93 S.) 8° [F.] [05. 9453 4

SCHUCHARDT, PAUL. Untersuchungen über Leichenalkaloide. (Marburg) Leipzig, 1884.

Schuchardt, Richard: Die Negation im Beowulf. (Kap. 1.) (Berlin 1910: Ebering.) 74 S. 8° ¶ (Ersch. vollst. als: Berliner Beiträge z. german. u. roman. Philol. 38. German. Abt. Nr 25.) *)
Berlin, Phil. Diss. v. 9. März 1910, Ref. Brandl
[Geb. 7. Sept. 75 Wannsee; Wohnort: Wannsee; Staatsangeh.: Preußen; Vorbildung: Friedrichs-Werdersche Oberrealsch. Reife M. 05; Studium: Berlin 9 S.; Rig. 25. Nov. 09.] [U 10. 255

Die Negation im Beowulf. Von Dr. Richard **Schuchardt**. Berlin: Ebering 1910. 149 S. 8°
(Berliner Beiträge z. german. u. roman. Philologie. 38. German. Abt. Nr 25.) [10. 7097 2

Schuchardt, Rich. (geb. Kunzendorf in Westpr. 15. 2. 1848): Ueber die Unterbindung der Gefässe mit carbolisirten Darmsaiten (antiseptischen Catgut). Berlin (1872). (32 S.) 8°
Berlin, Med. Diss. v. 1. Aug. 1872

Schuchardt, Thdr., orientalische Reise-Bilder. Andeutungen u. Anleitungen um in kurzer Zeit u. für wenig Geld recht viel Orientalisches kennen zu lernen. Leipzig 864. Leiner. gr. 8. (319 S.) n. 1 ₰ 10 ngr.

Schuchardt. Thilo, Versuche mit dem Ehrhardt'schen Atmometer. Diss. Halle 1887, Lippertsche Buchh. 8°. 32 S. mit 3 Taf.

Schuchardt & Schütte: Moderne Werkzeug-Maschinen. Berlin 1898—1899. Fol.

Schuchart, Adph., die Anforderungen, welche an die Grobbleche des Handels gestellt werden dürfen, deren Prüfung und Verwendung, nebst einer Zusammenstellung der hauptsächlichsten Lieferungsbedingungen deutscher und ausländ. Behörden und Vereine. Für techn. Behörden, Fabriken, Ingenieure, Händler etc. 2. verm. Aufl. gr. 8. (IV, 95 S. mit 1 Stat.) Berlin 884, Polytechn. Buchhandlung. *
Erschien zuerst in Annalen für Gewerbe und Bauwesen.

Schuchart d. Ält., Adph., die Selbstkostenberechnung f. Hüttenwerke, insbesondere f. Eisen- u. Stahlwerke. Für Ingenieure, Kaufleute, Rechnungsbeamte, Handelslehrer etc. (76 S.) gr. 8. Düsseldorf 909. Verlag Stahleisen. 3. —

SCHUCHART, LOUIS H. Ueber p- und o-Homobenzenylamidoxim und Abkömmlinge derselben. Berlin, 1889.

Schuchart, Theodor, Diplom-Ingenieur: Die volkswirtschaftliche Bedeutung der technischen Entwicklung der deutschen Zuckerindustrie. Leipzig [1907]: J. Klinkhardt. (173 S., 2 Taf.) 8° ¶ (Erschien vollst. als: Technisch-volksw. Monographien Bd 1, 1908.)
München, Staatswirtsch. Fak., Ref. Brentano, Diss. v. 28. Juni 1907
[Geb. 1. Okt. 81 Duisburg; Wohnort: Mülheim a. Ruhr; Staatsangeh.: Preußen; Vorbildung: Gymn. Mülheim a. Ruhr Reife O. 00; Studium: Maschinenbau Techn. Hochsch. München 2, Hannover 2, München 4, Hannover 2, Staatsw. Univ. München 4 S.; Rig. 28. Juni 07.]

Die volkswirtschaftliche Bedeutung der technischen Entwicklung der deutschen Zuckerindustrie. Von Theodor **Schuchart**. Mit 3 Taf. Leipzig: Klinkhardt 1908. 267 S. 8°
[Ein T. erschien als Inaug.-Diss. München 1907.]
(Technisch-volkswirtschaftl. Monographien. Bd 1.) 09. 18317

Schuchhard, Anna, Anleitg. z. selbständ. Anfertigung. sämmtl. Leib- u. Bettwäsche nach jahrelanger pract. Erfahrg. gr. 8. (36 S. m. 16 Taf.) Hannover 896. (Hahn.) n. 3. 50

Schuchhard, Anna, Anleitung zur selbständigen Anfertigg. sämmtlicher Leib- u. Bettwäsche nach jahrelanger pract. Erfahrung. 2. verb. Aufl. Mit 15 Taf. Schnittmustern. gr. 8. (38 S.) Hannover 899. Hahn. 2. 50

Schuchhardt, F., & Co.: Die »Schwert«-Spiritus-Glühlicht-Lampe. Berlin (1898)

Aliso. Führer durch d. röm. Ausgrabungen bei Haltern. Verf. von Dr. C[arl] **Schuchhardt**. Hrsg. vom Alterthumsver. zu Haltern. *Haltern: [Selbstverl. d. Ver.; Münster: H. Mitsdörffer in Komm.] 1902.* (32 S. 8° [Ant. u. F.]

Aliso. Führer durch d. röm. Ausgrabungen bei Haltern. Verf. von Dr. C[arl] **Schuchhardt**. Hrsg. vom Alterthumsver. zu Haltern. (2. Aufl.) *Haltern: [Selbstverl. d. Ver.; Münster i. W.: H. Mitsdörffer in Komm.] 1903.* (32 S.) 8° [Ant. u. F.]

Aliso. Führer durch d. Ausgrabungen bei Haltern. Verf. von Dr. C[arl] **Schuchhardt**. Hrsg. v. Altertumsverein zu Haltern. (3. Aufl.) Haltern: (Altertumsverein) 1906. (50 S.) 8° [F.] 08. 5601 6

Schuchhardt, C., Aliso. Führer durch die Ausgrabgn. bei Haltern. Hrsg. v. Altertumsverein zu Haltern. (3. Aufl.) (54 S. m. Abb. u. 1 Plan.) 8. Haltern 906. (Münster, H. Mitsdörffer.) n. 1. —

Aliso. Führer durch d. Ausgrabungen bei Haltern. Verf. von Dr. C[arl] **Schuchhardt**. Hrsg. v. Altertumsver. zu Haltern. (4. Aufl.) Haltern; [Münster i. W.: Mitsdörffer] 1909. 56 S. 8° 10. 6093

Schuchhardt, Carl, Atlas vorgeschichtl. Befestigungen in Niedersachsen. Orig.-Aufnahmen u. Ortsuntersuchgn., im Auftrage des histor. Vereins f. Niedersachsen m. Unterstützg. des königl. preuss. Ministeriums der geistl., Unterrichts- u. Medicinal-Angelegenheiten u. des hannov. Provinziallandtags bearb. IV. Hft. Fol. (S. 19—40 m. Abbildgn., 8 farb. Plänen u. 1 farb. Karte.) Hannover 894. Hahn. n. 5. —
s.: Oppermann, Aug. v.

Schuchhardt, Carl, Atlas vorgeschichtl. Befestigungen in Niedersachsen. Orig.-Aufn. u. Ortsuntersuchgn., im Auftr. d. histor. Vereins f. Niedersachsen m. Unterstützg. d. hannov. Prov.-Landtags bearb. V. u. VI. Hft. Fol. (à 8 farb. Pläne m. illustr. Text. S. 41—56.) Hannover 896. 98. Hahn. à n. 5. —

— Atlas vorgeschichtlicher Befestigungen in Niedersachsen. Orig.-Aufnahmen und Ortsuntersuchgn., im Auftrage des histor. Vereins f. Niedersachsen m. Unterstützg. des hannov. Prov.-Landtags bearb. VII. Hft. Fol. (10 farb. Pläne m. illustr. Text S. 57—84.) Hannover 902. Hahn. n. 5. —

— **Atlas vorgeschichtlicher Befestigungen in Niedersachsen. Orig.-Aufnahmen u. Ortsuntersuchgn., im Auftrage des histor. Vereins f. Niedersachsen m. Unterstützg. des hannov. Prov.-Landtags bearb. VIII. Heft. (10 farb. Pläne.) gr. 4. Hannover 905. Hahn. n. 8. —**

Schuchhardt, Carl. Schliemann's Ausgrabungen in Troja, Tiryns, Mykenä, Orchomenos, Ithaka, im Lichte der heutigen Wissenschaft dargestellt. 1. Aufl. Mit 2 Portraits, 6 Karten u. Plänen u. 290 Abbildgn. (XII, 371 S.) 890; 2. verm. Aufl. Mit 2 Portraits, 7 Karten u. Plänen u. 321 Abbildgn. gr. 8. (XII, 405 S.) Lpz. 891, Brockhaus. 8 —; geb. 9 50

— **vorläufiger Bericht über die Arbeiten zu Pergamon**, s.: Conze, Alex.

Schuchhardt, C., **Vorläufiger Bericht über eine Bereisung der pergamenischen Landschaft.** Ak. 1888. 8 S. 4°.

Schuchhardt, Carl, die hannoverschen Bildhauer der Renaissance. (VII, 175 S. m. Abb. u. 50 Lichtdr.-Taf.) Lex. 8. Hannover 909. Hahn. Geb. in Leinw. 12. —

— **römisch-german. Forschung in Nordwestdeutschland. Vortrag, geh. auf der 45. Versammlg. deutscher Philologen u. Schulmänner zu Bremen am 27. IX. 1899. Lex.-8. (30 S. m. 18 Abbildgn. u. 1 Karte.) Leipzig 900. B. G. Teubner.** n. 1. —
Sonderabdruck aus: „Neue Jahrbb. f. d. klass. Altertum".

Schuchhardt, Carl, d. Inschriften v. Pergamon, s.: Fränkel, Max.

— **Max Klinger's „Kreuzigung" in Hannover.** Vortrag, im hannov. Künstlerverein am 24. IV. 1899 geh. gr. 8. (32 S.) Hannover 899. (Schmorl u. v. Seefeld Nachf.) n. — 50

— das Römercastell bei Haltern an der Lippe. gr. 8. (14 S. m. 1 Taf.) Berlin 900. (G. Reimer.) n. — 50
Sonderabdruck aus: „Sitzungsber. d. preuss. Akad. d. Wiss."

Schuchhardt, C., s.: Zeitschrift, praehistorische.

Schuchmacher, Otto Chr., († d. 29. März 1793.) Antrittspredigt in Hamburg gehalten. 4. Hamb. 771.

Schuchmacher, Otto Chr., s. Liebrecht, J. M.: Predigten.

—Nachr. von d. Leben, Charakter u. der Amtsführung des sel. Jh. Matth. Liebrecht, gewes. Predigers zu St. Michaelis in Hamburg. 8. Hamb. 777.

Schuchmann, F. D., le médecin malgré lui. Comédie en un acte, en vers. 8. (2¼ B.) Créveld 841, Schuller.

Schuchmann, Jo. Günther (Schwartzburg) A. S. 29/32
Dissertatio iuris feudalis de feudo foemineo proprio.
Präs. Jo. Gottlieb Siegel.
Leipzig (Langenheim) 12. XI. 1745. 32 S. 31635

Schuchmann, [Ludwig]: Die Konzentration des Unterrichts und ihre Anwendung in der Quarta des Gymnasiums. Metz 1908: 'Le Messin'. 60 S. 4°
Metz, L P 1908 (680) [S 08. 432

Schüchner, Georg *(geb. Breslau 2. 2. 1863)*: Ueber die Einwirkung von Chromoxychlorid auf Cymol und Orthonitrotoluol. Breslau 1885. (30 S.) 8° *[Im Buchhandel 1885 bei Köhler in Breslau.]*
Breslau, Phil. Diss. v. 5. Juni 1885

Schucht, Arthur, approb. Arzt aus Braunschweig: **Ueber die Behandlung gangränöser Hernien unter besonderer Berücksichtigung von 30 in der Chirurgischen Universitätsklinik von Herrn Geh. Med.-Rat Prof. Dr. Trendelenburg zu Leipzig behandelten Fällen ⟨Jg. 1896—1900⟩.** *Leipzig 1902: B. Georgi.* (36 S.) 8°
Leipzig, Med. Diss. v. (3. März) 1902

Schucht, Friedrich, aus Oker am H.: **Beitrag zur Geologie der Wesermarschen.** *Halle a. S. 1903: E. Karras.* (80 S. — Ohne Karte.) 8°
Rostock, Phil. Diss. v. [9. Febr.] 1903

Schucht (F.), Ueber die säkulare Senkung der deutschen Nordseeküste. Hannover 1910. 18 S.
Aus: Jahresber. d. Männer vom Morgenstern. Jg. 11. Vereinsj. 1908/09.

Schucht, F., d. geolog. Verhältnisse d. Stadt Jever. [Aus: „Jeversches Wochenblatt."] gr. 8. (14 S.) Jever 898. (Mettcker & Söhne.) n.n. — 60

Schucht, H., Chronik u. Heimatskunde des Hüttenortes Oker. 8. (188 S.) Harzburg 888. Stolle. n. 3. — geb. n. 4. —

Schucht, H. Geognosie d. Okerthals. Geognost. Bild der Umgegend v. Oker zwischen der Radau u. Innerste, nebst e. Verzeichnisse der daselbst gefundenen Versteinergn. m. Angabe der Fundorte. Mit 1 geognost. Profil v. Oker. 12. (43 S.) Harzb. 889, Stolle. cart. * 1 —

Schucht, Henricus *Theodorus* [Liebwaldensis]: De documentis oratoribus atticis insertis et de litis instrumentis prioris adversus Stephanum orationis Demosthenicae ... Regimonti, ex offic. Erlatisiana, 1892; 88 S., 1 Bl. 8.
Königsberg, Phil. Fak., Inaug.-Diss. v. 19. März 1892

Schucht, Heinr. De documentis oratoribus atticis insertis et de litis instrumentis prioris adversus Stephanum orationis Demosthenicae. Diss. gr. 8. (88 S.) Königsb. i. Pr. 892, (Gräfe u. Unzer). * 1 20

Die polnische Frage. Vortrag geh. in d. Ortsgruppe Briesen Westpr. d. Ver. z. Förderung d. Deutschtums von Dr. Heinrich **Schucht**. Briesen Westpr. 1899: P. Gonschorowski. (20 S.) 8° [F.] [illegible] 10

Schucht, J., Ludwig van Beethoven, s.: Welt der Jugend.

Schucht, J., Friedrich Chopin u. seine Werke. gr. 8. (III, 72 S.) Leipzig 880. Kahnt. 1. 50; geb. n.n. 2. 50

— Grundriss e. praktischen Harmonielehre. Ein Leitfaden beim Unterricht u. zum Selbststudium. 8. (VIII, 174 S.) Leipzig 876. Kahnt. 2. 40

Schucht, J. Andrew Johnson, Präsident der Vereinigten Staaten, und die Kämpfe seiner Zeit. Ein Beitrag zur neuesten Geschichte Nord-Amerika's. 8. (VI, 247 S.) Leipzig 879. Schlicke. *

— Meyerbeer's Leben u. Bildungsgang, seine Stellung als Operncomponist im Vergleich zu den Tondichtern der Neuzeit. Nebst noch ungedr. Briefen Meyerbeer's. Ebend. 869. 8. (XV. 404 S.) 1 *ℛ* 20 *ngr.*

Schucht, J., Lehrbuch der Astronomie. Nebst e. Theorie üb. die Rotation der Planeten um die Sonne, sowie üb. die Centripetal- u. Centrifugalkraft der Weltkörper. Ein Leitfaden f. Bewunderer d. Sternenhimmels. Nebst (eingedr. Holzschn. u. e. (lith.) Sternkarte d. nördl. Himmels (in 4.) 16. (VIII, 208 S.) Leipzig 872. Matthes. 1. 50

Schucht, J., Lehrbuch der Physik. Ein Leitfaden für Studirende u. Freunde der Naturkunde. Leipzig 870. Matthes. gr. 16. (V, 184 S.) 15 *ngr.*

— Wegweiser in die Tonkunst. Lexikon für Künstler u. Kunstfreunde. Ebend. 869. gr. (IV, 228 S.) 15 *ngr.*

Schucht, Karl Ed., die Conditorei u. feinere Koch- u. Einmachekunst in ihrem ganzen Umfange; nebst e. Anleit. z. Zubereit. aller künstl. Getränke, Obstweine u. Extracte. 8. (15 B.) Sondershausen 835. Eupel.

Schucht, Ludw., die chemische Düngerindustrie. Ein Leitfaden f. Studierende u. angeh. Chemiker. (VII, 164 S. m. 27 Abbildgn. u. 2 Tab.) gr. 8. Braunschweig 906. F. Vieweg & Sohn. n. 5. —; geb. n. 6. —

Schucht, Ludw., die Fabrikation des Superphosphates u. Thomasphosphatmehls. Ein Hilfsbuch f. den Düngerchemiker im Betriebe u. Laboratorium. gr. 8. (VII, 189 S. m. 66 Abbildgn.) Braunschweig 894 F. Vieweg & Sohn. n. 7. 50

Die Fabrikation des Superphosphats mit Berücks. d. anderen gebräuchl. Düngemittel. Ein Handbuch f. d. Düngerchemiker im Betriebe u. im Laboratorium von Ludwig **Schucht**. Dir., Vienenburg. 2. verm. u. verb. Aufl. Mit 4 Taf. u. eingedr. Abb. *Braunschweig: F. Vieweg & Sohn 1903.* (IX, 336 S.) 8°

Schucht, Ludw., die Fabrikation des Superphosphats m. Berücksicht. der anderen gebräuchl. Düngemittel. Ein Handbuch f. den Düngerchemiker im Betriebe u. im Laboratorium. 3. verm. u. verb. Aufl. (VIII, 460 S. m. 153 Abbildgn. u. 4 Taf.) gr. 8. Braunschweig 909. F. Vieweg & Sohn.

Schucht, Ludw., über Phosphate. Vortrag, geh. im oberrhein. Bezirksverein des Vereins deutscher Chemiker in Mannheim am 7. IV. 1900 an Hand v. Karten u. Schaustücken. gr. 8. (40 S.) Leipzig 900. (Buchh. G. Fock.) n. 2. —

Schucht, Oskar: Die Rechtsverhältnisse der Grenzanlagen nach dem B.G.B. für das Deutsche Reich im Rahmen der §§ 921/922 unter teilweiser Berücksichtigung des vor der Herrschaft des B.G.B. geltenden Rechtes. Borna-Leipzig 1905: R. Noske. (XIV, 101 S.) 8°
Leipzig, Jur, Fak., Diss. v. 28. Juli 1905

Schucht, Richard [aus Braunschweig]: Beiträge zur Lehre vom Ileus. . . . Göttingen, Druck d. Dieterichschen Univ.-Buchdr., 1891: 34 S. 8°
Göttingen, Med. Fak., Inaug.-Diss. v. [15. Jul.] 1891

Schucht, Rich. Beiträge zur Lehre vom Ileus. Diss. gr. 8. (34 S.) Gött. 891, (Vandenhoeck u. Ruprecht). * — 80

Schucht, Rich., die Wildspitze, s.: Gipfelführer, alpine. XI.

Schuchter, Josef Die gegenseitige Abhängigkeit der religiösen und ethischen Vorstellungen in den Epen Homers. 8 (32 S.).
Progr. Privat-G. am Semin. Vincent. *Brixen* 1889.

Schuchter, *Josef* Der Begriff der Seele in der empirischen Psychologie. 8 (39 S.).
Progr. F. B. Privat-G. am Seminarium Vincentinum *Brixen* 1895.
Nicht im Tauschverkehr.

Schuchter, Jos., d. Begriff d. Seele in d. empir. Psychologie. Progr. 8. (39 S.) Brixen 895. (Buchh. d. kath.-polit. Pressvereins.) — 75

Schuchter, Jos. Herbart und die Psychologie an den österreichischen Gymnasien. 37 S. 8. **Progr.** Bisch. G. *Brixen* 1880.

Schuchter, Jos., Empirische Psychologie vom Standpunkte seelischer Zielstrebigkeit aus bearbeitet. Brixen, Buchh. d. kath.-pol. Preßvereins, 1897, gr. 8°, 269 S., 2,50 Mk.

Schuchter, Jos., kurzgefaszte empirische Psychologie. (In neuer Rechtschreibung.) gr. 8. (IV, 176 S.) Wien 902. A. Hölder. Geb. in Leinw. n. 2. 30

Schüchtermann & Kremer: Baumschützer aus Streckmetall. Dortmund (1901)

Schüchtermann & Kremer: Brechwalzwerk für Kohle und Koke. Dortmund (1903?)

Schüchtermann & Kremer: Brikett-Pressen mit doppelter Pressung. System Couffinhal. Dortmund (1902)

Schüchtermann & Kremer: Desintegratoren. Dortmund (1903?)

Schüchtermann & Kremer: Eis- und Kühlmaschinen. Dortmund (1897)

Schüchtermann & Kremer: Federhämmer mit Riemenbetrieb. Dortmund (1903?)

Schüchtermann & Kremer: Praktischer Führer zur Aufstellung und Leitung der Eismaschinen mit wasserfreier schwefliger Säure. System Pictet. Dortmund 1903

Schüchtermann & Kremer: Katalog über gelochte Bleche. Dortmund (1903?)

Schüchtermann & Kremer: Kreisel-Wipper mit mechanischem Antriebe. Dortmund (1903?)

Schüchtermann & Kremer: Quetsch-Walzwerke oder Walzenmühlen. Dortmund (1903?)

Schüchtermann & Kremer: Borgmann-Emde'scher Rost. Dortmund (1903?)

Schüchtermann & Kremer: Steinbrecher mit verstellbarer Brechspaltweite und veränderlichem Hub. Dortmund (1903?)

Schüchtermann & Kremer: Streckmetall. Dortmund (1903?)

Schüchtermann & Kremer: Laue's Tafel-Schwingsieb. Dortmund (1903?)

Schüchtermann & Kremer: Kolde'sches Tafelsieb. Dortmund (1903?)

Schüchtermann & Kremer: Ventilatoren (System Rateau). Dortmund 1896

Schüchtermann & Kremer: Verzeichniß der gelieferten Kohlenwäschen. Dortmund (1903?)

Schüchtermann & Kremer: Verzeichnis der gelieferten Schwefligsäure-Kompressions-Kälteerzeugungsmaschinen. Dortmund (1903?)

Schüchtermann & Kremer: Verzeichnis der seit 1896 bis jetzt gelieferten Ventil-Dampfmaschinen mit »Neuer Collmann-Präcisions-Steuerung«. Dortmund (1903?)

Schüchtermann & Kremer. Centrifugal Pumpen. Dortmund (1903?)

Schüchternheit, f.: **Miniaturbibliothek.**

Schuck, A., die fünf Säulenordnungen, nebst der Construction d. architekton. Glieder, auf 9 lith. Taf. dargest., mit e. erklär. Texte. Zum Gebr. f. Gewerbsschulen, Studirende, angehende Baukünstler u. Kunstliebhaber. 1., u. 2., verb. Aufl. (à 1 B.) gr. 4. Aschaffenburg 832, 34, Pergay. à

Schuck, A., die fünf Säulenordnungen nebst der Construction der architektonischen Glieder, auf 9 lith. Tafeln dargestellt mit erklär. Texte. 3. Aufl., neu gezeichnet u. verb. v. P. Ammelung. 4. (1 B. Text.) Aschaffenburg 845, Pergay. *

Schuck, Chr. Fr.

— Fest- u. Gelegenheitsreden u. Predigten. 8. Ronneb. 823. Literar. Compt. 1 ₰ 8 𝔤𝔯

Schuck, C. F., Lehre von d. göttl. Vorsehung, d. Bestimmung des Menschen ꝛc. 8. Hildburgshausen, Hanisch. 812.

— Lehre von d. göttl. Vorsehung, d. Bestimmung des Menschen ꝛc. 8. Hildburgh. 812. (Taubert in Leipz.) 19 𝔤𝔯

— unterhalt., belehr. u. erbaul. Lesebuch, enthalt. die Lehre von der göttl. Vorsehung, Bestimmung des Menschen ꝛc. 8. Leipz. 817. Barth. 12 𝔤𝔯

— Musterbriefe moral. Inhalts f. die Jugend, zur Erlernung des Briefstyls. gr. 8. Coburg 819. Sinner. 16 𝔤𝔯

Schuck, Chr. Fr., Schutzgeist d. Jugend, od. Religions-, Tugend- u. Klugheitslehre in geordneten, kurzen, gereimten Denksprüchen. 8. Hildburgh. 825. Kesselring. 12 𝔤𝔯; (a. Barth in Leipz.) 6 𝔤𝔯 Schrbp. 10 𝔤𝔯

Schuck, Fr., Beitrag z. Geschichte d. Landwirthschaft. 8. Linz, Eurich. (Leipz. Schmidt in Comm.) 810.

Schuck, Fr., Versuch einer Theorie d. Pfluges, m. 2 K. 4. Wien, Kupfer u. W. 809.

Schuck, Fr., Versuch e. Theorie des Pfluges. Mit 2 Kpf. 4. Wien 809. Wimmer. 12 𝔤𝔯

Schuck, Scheh P. (geb. Wilna ... 1851) Ueber die Schwankungen der Fiebertemperatur bei Fieberkrankheiten. Berlin (1877). 120 S. 8°
Berlin, Med. Diss. v. 15. Aug. 1877

Schück: Commentarii περι ὑψους argumentum (von Longinus) 30 S. — Breslau M. M. Progr. 1855.

Schück, Ueber die Sklaverei bei den Griechen. Pr. 1875. 32 S. 4°.

Schück, Ueber die Sklaverei bei den Griechen. 8°. Breslau 1875.

Schück, Albert

Schück, A., Beiträge zur Meereskunde. III (Fortsetzg.). Zur Kenntnis der Wirbelstürme. Bahnen. (Westindien, Ind. Ozean, Süd- u. Nord-Ost Pacific.) (Mit 28 Karten u. 3 Darstellgn. im Druck.) (S. 49—83.) gr. 4. Hamburg (25 Bürgerweide 20), 906. Selbstverlag. n. 9. —

Schück, A., magnet. Beobachtungen an d. deutschen Bucht d. Nordsee, angest. i. J. 1894 v. Sch., u. Elemente d. Erdmagnetismus an festen Stationen Europas i. d. J. 1885, 1890 u. 1893. gr. 8. (22 S.) Hamburg (St. G., bei dem Strohhause 27, II) 895. Selbstverlag. n. 1. —

Schück, A[lbert]: Magnetische Beobachtungen an d. Hamburger Bucht. Deutsche Bucht der Nordsee, mittlerer Theil angestellt i. J. 1896 v. A. Schück. Hamburg. M. Karten; u. jährliche Aenderung der Elemente des Erdmagnetismus an festen Stationen Europa's i. d. Jn 1893–96 v. A. Schück. Hamburg: Selbstv., Dr. v. E. Korff 1898. (46 S., 6 Taf.) 8°

Schück, A., magnetische Beobachtungen auf der Nordsee, angestellt in den J. 1884 bis 1886, 1890 u. 1891. gr. 4. (III, 68 S. m. 5 Taf.) Hamburg 898. A. Schück's Selbstverl., St. G. Hühnerposten 17, IV. 6. —

Schück, A., magnetische Beobachtungen an der deutschen Ostseeküste, westlicher Tl.: Schleswig-Holstein, Mecklenburg u. Darsserort, angestellt in d. Jn. 1897 u. 1898. (30 S. m. 2 Karten.) 8. Hamburg (24. Angerstr. 22 III) 899. Selbstverlag. 2. 50

Schück, A., magnetische Beobachtungen an der deutschen Ostseeküste, II, mittlerer u. östlicher Tl., sowie an der Küste des südlichen Norwegen. Angestellt in den J. 1898 u. 1900. gr. 4. (37 S. m. 4 Karten.) Hamburg (-St. Georg, Langereihe 40 IV) 901. A. Schück. n.n. 4.—

— dasselbe, IIa. Tafeln, auch zu magnet. Beobachtgn. an der Hamburger Bucht; sowie jährl. Änderung der Elemente des Erdmagnetismus an festen Stationen Europa's i. d. J. 1895—1900. gr. 4. (14 S. m. 10 Taf.) Ebd. 902. n. 4. 50

— magnetische Beobachtungen an der Unterelbe. Angestellt im J. 1893. gr. 8. (16 S.) Ebd. 894. n. 1. —

Schück, A., Beobachtungen der Missweisung, Inklination und Schwingungszeit der Magnetnadel auf der Elbe und der Nordsee zwischen Hamburg und Rouen 1884 und 1885, London und Hamburg 1886. gr. 4. (40 S. mit 4 Tab. und 3 Karten.) Hamburg 886, Friederichsen und Comp. *
Aus: Abhandlungen aus dem Gebiete der Naturwissenschaften, besonders abgedruckt.

Zwei magnetische Beobachtungen vor der Westküste Norwegens im Jahre 1902. Beiträge z. Meereskunde. 1. Ältere Mitteilungen u. Kärtchen über Ergebnisse d. Fischfanges in d. Nordsee. ⟨Mit 2 Taf. u. Tab.⟩ 2. Beobachtungen von Wärme, Salzgehalt u. spezif. Gewicht d. Meerwassers westind. Gewässer. ⟨Mit 4 Taf., 3 Abb. u. e. Journal-Ausz.⟩ 3. Zur Kenntnis d. Wirbelstürme. Häufigkeit, Bahnen, einige Richtungswinkel u. Barometerkurven in Taifunen. ⟨Mit 15 Taf., 2 Abb. u. Journal-Auszügen.⟩ Von A[lbert] Schück, Hamburg. Hamburg: Selbstverl. 1905. (29, 26, 48 S.) 4° [05. 5106

— Bestimmg. d. spezifischen Gewichts d. Moorwassers mittelst Aräometer. [Aus: „Zeitschr. f. Naturwissenschaft."] gr. 8. (8 S.) Leipzig 896. C. E. M. Pfeffer. n. — 30

— das Horometer, e. älteres Instrument der mathematischen Geographie. (S. 269—283 m. Abbildgn. u. 1 Taf.) gr. 8. München (904). (Hamburg, Bürgerweide 20 III, Selbstverlag.) n. — 50
Sonderabdruck aus: „Mittlgn. d. geograph. Gesellsch. zu München".

Der Jakobsstab. Von A. Schück in Hamburg. München 1896: F. Straub. (S. 93-174.) 8°
Aus: Jahresbericht d. Geogr. Gesellsch. in München 1894/95 [05. 9318

Alte Schiffskompasse und Kompassteile im Besitz Hamburger Staatsanstalten ⟨mit 11 Taf. u. 3 Abb. im Text⟩ von A[lbert] Schück. Hamburg: Selbstverl. 1910. 47, IV S. 8° [10. 4897

— die Stabkarten der Marshall-Insulaner. Fol. (37 S. m. 11 Taf.) Hamburg 902. (H. O. Persiehl.) n. 5. —

Schück, A., die Wege d. Oceans f. Segelschiffe nebst 2 (lith.) Weltkarten (in qu. gr. Fol.) in Merkator-Projection zur Veranschaulichg. derselben. [Aus: „L. Friederichsen's 2. Jahresber. der geograph. Ges. in Hamburg."] gr. 8. (19 S.) Hamburg 875. Friederichsen & Co. n. — 60

—— s. Weltverkehr, der, und seine Mittel.

Schück, A., die Wirbelstürme oder Cyclonen m. Orkangewalt, nach dem jetzigen Standpunkt unserer Kenntniss derselben in Form eines Handbuches gemeinfasslich dargestellt. gr. 8. (XII, 124 S. m. 11 Steintaf.) Oldenburg 881. Schulze. geb. n. 6. —

Schück, Bernhard, a. Berlin: Zur Kenntnis der Verbindungen des Äthylendiamins. Neuwied 1900: Heuser. (69 S.) 8°
Münster, Phil. Fak., Ref. Salkowski, Diss. v. 25. April 1900
[Geb. 23. Mai 81 Berlin; Wohnort: Münster; Staatsangeh.: Preußen; Vorbildung: Kaiser Wilh.-Gymn. Berlin Reife O. 00; Studium: München T.H. 1, Charlottenburg T.H. 9, Berlin 1, Münster 1 S.; Rig. 23. Febr. 00.]

Schück, Bernh., neue analytische Trennungsmethoden des Nickels vom Kobalt, Zink u. Eisen, s.: Sammlung berg- u. hüttenmänn. Abhandlungen. (Grossmann, Herm.)

Schück, C. E., s. Schück, Karl Eduard.

Grundsteuerfrage (Zur) mit besonderer Beziehung auf das platte Land in Schlesien. Von v. E. (Ed. Schück). gr. 8°. Breslau, Korn in Comm., 1850.

Schück, Elisabeth

Schück, E., das Buch der schönsten Räthsel. Eine Sammlung von 320 Räthseln, Charaden, Räthselfragen und Aufgaben von Schleiermacher, Körner, Hebel etc. Nebst Orig.-Beiträgen. 8. (128 S.) Berlin 879, Mode's Verlag. *

[F.] Das Buch der schönsten Räthsel. E. Sammlg v. 320 Räthseln, Charaden, Räthselfragen u. Aufgaben v. Schleiermacher, Körner, Hebel ... Nebst Originalbeitr. v. E[lisabeth] Schück. 6. Aufl. *Berlin: S. Mode [1896].* (128 S.) 1 Bd 8. [97. 8148

Schück, Elisab., sein guter Engel. (Collection „Olla potrida.") 8. (78 S.) Coserow 896. Gebr. Schlechter. n. — 75

Schück, Elisabeth, s. Erich.

—— die Kunst der Schönheitspflege. Praktische Winke und Rathschläge, um Schönheit und Gesundheit zu erlangen und zu bewahren. Nebst vielen erprobten Vorschriften und Recepten. 8. (93 S.) Ebendas. 876. *

— die Kunst der Schönheitspflege. Praktische Winke u. Rathschläge, um Schönheit u. Gesundheit zu erlangen u. zu bewahren. Nebst vielen erprobten Vorschriften u. Rezepten. 8. (93 S.) Ebend. 879. n. 1. —

Schück, E., die Kunst der Schönheitspflege. Praktische Winke u. Rathschläge, um Schönheit u. Gesundheit zu erlangen u. zu bewahren. Nebst vielen erprobten Vorschriften u. Rezepten. 6. Aufl. 8. (93 S.) Berlin 893. S. Mode's Verl. n. 1. —

[F.] Lebensgeschichte von M. F. Drögmund. Nach mündl. Berichten bearb. v. E. Schück. *Seebad Coserow: Gebr. Schlechter 1896.* (105 S.) 1 Bd 8.
(Collection 'Olla potrida'. [No 4.]) [97. 649

Schück, Elis., der blöde Matthias. Frei nach dem Engl. erzählt. 12. (51 S.) Basel 887. Spittler. n. — 30

Schück, Elis., Aennchens frische Schneeglöckchen. Frei nach dem Engl. erzählt. 12. (40 S.) Basel 886. Spittler. n. — 20

—— ernste und launige Stammbuchverse und Acrosticha über die gebräuchlichsten Frauennamen. 8. (104 S.) Ebendas. 876. *

— ernste u. launige Stammbuchverse u. Acrosticha über die gebräuchlichsten Frauennamen. 8. (104 S.) Ebend. 879. n. 1. —

Schück, E., ernste u. launige Stammbuchverse u. Acrosticha üb. die gebräuchlichsten Frauennamen. 7. Aufl. 8. (104 S.) Berlin 887. Mode's Verl. n. 1. —

— ernste u. launige Stammbuchverse u. Acrosticha üb. die gebräuchlichsten Frauennamen. 10. Aufl. 8. (104 S.) Ebd. 893. n. 1. —

Schück, E., ernste u. launige Stammbuchverse u. Acrosticha üb. die gebräuchlichsten Frauennamen. 13. Aufl. 8. (104 S.) Berlin (900). S. Mode's Verl. n. 1. —

[F.] Zwei Tage in Cadenabbia. Von Elisabeth Schück. *Coserow: Gebr. Schlechter 1896.* (49 S.) 1 Bd 8.
(Collection 'Olla potrida'. [No 2.]) [96. 8533

[96. 8533

[F.] Der letzte Troubadour. Von Elisabeth Schück. *Coserow: Gebr. Schlechter 1897.* (60 S.) 1 Bd 8.
(Collection 'Olla potrida' [No 5.]) [97. 947

Schück, Emanuel *(geb. Oberglogau 15. 8. 1843)*: Zur Pathogenie und Aetiologie der sogenannten Tuberculose. Breslau (1868). (24 S.) 8°

Breslau, Med. Diss. v. 4. Aug. 1868

Schück, Erich, **aus Ratibor: Erstreckt sich nach dem B.G.B. die Hypothek auf die vom Grundstücke getrennten Erzeugnisse, wenn ein Nießbrauch am Grundstücke bestellt ist, welcher der Hypothek im Range nachsteht? Berlin 1905: W.** Pilz. **(VII, 46 S.) 8°**

Erlangen, Jur. Fak., Diss. v. 1. März 1905

[Geb. Ratibor; Staatsangeh.: Preußen; Rig. 1. März 05.]

Schück, F., Führer v. **Misdroy** u. Umgegend. 8. (27 S. m. Abb. u. 2 Karten.) Misdroy 896. R. Schück. n. 1. 20

Schück, F., Führer v. Misdroy u. Umgegend. 3. verm. u. verb. Aufl. gr. 8. (36 S. m. Abbildgn. u. 3 [2 farb.] Karten.) Misdroy 899. R. Schück. 1. 20

Schueck, Franz Theod. Leop., die preußische Konkurs-Ordnung in ihrer neuesten Gestalt mit besond. Berücksichtigung des Gesetzes vom 28. Dezbr. 1840 bearb. gr. 8. (XV und 272 S.) Berlin 847, C. Heymann. *

—— die preuß. Straf-Prozeß- und Polizei-Gerichts-Ordnung für die östlichen Provinzen in ihrer neusten Gestalt, mit Berücksicht. der Verordnungen vom 2. und 3. Jan. 1849 und des rhein. Verfahrens. Für den prakt. Gebrauch bearb. gr. 8. (XII und 317 S.) Berlin 849, C. Heymann.

Schück, Fritz: Ein Frühling in Potsdam. Gedichte. Potsdam: R. Müller [1904]. (31 S.) 8°

Schück, H., Karlsruhe, ein Rhein-Hafenplatz. Projekte e. Schiffahrtverbindung der Residenz m. dem Rhein; nebst Entwürfen f. e. maschinelles Schiffshebewerk v. C. Hoppe, Maschinenfabrik in Berlin, Gutehoffnungshütte, Aktienverein f. Bergbau u. Hüttenbetrieb in Oberhausen, F. Krupp, Grusonwerk in Magdeburg. Lex.-8. (101 S. m. 11 Planbeilagen.) Karlsruhe 893. Macklot. Kart. n. 17 —

Schück, H., die Korrektion d. Landgrabens in den Gemarkungen Karlsruhe u. Mühlburg. Ausgeführt in den J. 1877—1885. Mit 13 Fig. im Text u. 14 Beilageblättern. Lex.-8. (IV, 57 S.) Karlsruhe 885. (Macklot.) cart. n.n. 7. —

— die Schwemmkanalisation in Karlsruhe. Mit 14 Textfig. u. 8 Beilagen. Lex.-8. (IX, 80, 3 u. 2 S. m. 6 Taf.) Ebd. 893. n. 10. —

Schück, H. Verbindung der Residenz Karlsruhe m. dem Rhein durch e. Schiffahrtskanal. Gegenwärtiger Stand der Frage. Im Auftrag d. Stadtrats bearb. gr. 8. (42 S.) Karlsr. 892. Macklot. * — 50

Schück, Henrik, Geschichte der schwedisch-dänischen Literatur. 2. verb. Aufl. (III u. S. 924—940) gr. 8. Strassburg 904. K. J. Trübner. n. — 60

Sonderabdruck aus: „Paul's Grundr. d. german. Philol."

Schück, J., s. Hartmann, Ph. Karl, Glückseligkeitslehre.

Schück, J., s.: Kinderfreund, neuester.

Schück, J. J., siehe: Sammlung von Abhandlungen üb. den Gebrauch des kalten Wassers.

Schück, J. P., 3- u. 4stimmige Pilgerlieder, d. christl. Jugend gewidmet. 4. Aufl. qu. gr. 8. (IV, 12 S.) Stuttgart 896. (J. F. Steinkopf.) n. — 30

— Psalmen u. and. Bibelstellen, f. gemischten Chor in Musik gesetzt. 3. Aufl. qu. gr. 8. (16 S.) Ebd. 896. n. — 30

Schück, Joh., ein-, zwei- und dreistimmige Singübungen [mit Text] und Lieder für Schulen. Nach acht gesonderten Jahreskursen geordnet, vom vierten Jahre an für die Hand der Schüler eingerichtet. 4 Hefte. 8. Heidelberg 872, Weiß. * 1 40

Inhalt:

Heft 1. [1., 2. und 3. Schuljahr.] (XII, 44 S.) * 50 Pf.
" 2. [4. Schuljahr.] (20 S.) * 20 Pf.
" 3. [5. und 6. Schuljahr.] (50 S.) * 30 Pf.
" 4. [7. und 8. Schuljahr.] (56 S.) * 40 Pf.

— dasselbe. 1. Hft. Sonderausg. der Lieder f. Schüler. 8. (23 S.) Ebend. 872. — 15

Schück, Joh., ein-, zwei- und dreistimmige Singübungen [mit Text] und Lieder für Schulen. Nach acht gesonderten Jahreskursen geordnet, vom 4. Jahre an für die Hand der Schüler eingerichtet. 4 Hefte. 8. Heidelberg, Weiß. *

Inhalt:

Heft 1. [1., 2. und 3. Schulj.] 2. verb. und verm. Aufl. (24 S.) 878. * 12 Pf.
" 2. [4. Schulj.] 2. und 3. verb. und verm. Aufl. (20 S.) 875.78. * 18 Pf.
" 3. [5. und 6. Schulj.] 2. verb. und verm. Aufl. (50 S.) 876. * 30 Pf.
" 4. [7. und 8. Schulj.] 2. verb. und verm. Aufl. (60 S.) 876. * 36 Pf.

Schück, Joh., ein-, zwei- und dreistimmige Singübungen [mit Text] und Lieder für Schulen. Nach acht gesonderten Jahreskursen geordnet, vom 4. Jahre an für die Hand der Schüler eingerichtet. 4 Hefte. 8. Heidelberg, Weiß' Verlag. *

Inhalt:

Heft 1. [1., 2. und 3. Schuljahr]. 3. verb. und verm. Aufl. (24 S.) 882. * 12 Pf.
" 2. [4. Schuljahr]. 4. verb. und verm. Aufl. (20 S.) 882. * 18 Pf.
" 3. [5. und 6. Schuljahr]. 3. verb. und verm. Aufl. (50 S.) 881. * 30 Pf.
" 4. [7. und 8. Schuljahr]. 3. verb. und verm. Aufl. (56 S.) 881. * 36 Pf.

Schück, Joh., ein-, zwei- u. dreistimmige Singübungen [m. Text] u. Lieder für Schulen. Nach 8 gesonderten Jahreskursen geordnet, vom 4. Jahre an für die Hand der Schüler eingerichtet u. hrsg. 1 Hft. [1., 2. u. 3 Schulj.] Sonder-Ausg. der Lieder für die Schüler. 3., verb. u. verm. Aufl. 8. (24 S.) Heidelberg 882. Weiß' Verl. n. — 12

Schück, Joh., ein-, zwei- u. dreistimmige Singübungen [m. Text] u. Lieder f. Schulen. Nach 8 gesonderten Jahreskursen geordnet, vom 4. Jahre an f. die Hand der Schüler eingerichtet u. hrsg. 1., 3. u. 4. Hft. 8. Heidelberg, Weiß' Verl. n. 1. 26

1. 2. Aufl. (39 u. 24 S.) 884. n. — 60
3. 4. Aufl. (50 S.) 883. n. — 30
4. 4. Aufl. (36 S.) 886. n. — 36

— dasselbe. 1. Hft. (1., 2. u. 3. Schulj.) (Lehrer-Ausg.) 2., verb. u. verm. Aufl. 8. (89 u. 24 S.) Ebd. 884. n. — 60

— dasselbe. 1. Hft. Sonder-Ausg. der Lieder f. die Schüler. 4. Aufl. 8. (24 S.) Ebend. 886. n. — 12

Schück, Joh., ein-, zwei- und dreistimmige Singübungen [mit Text] und Lieder für Schulen. Nach acht gesonderten Jahrescursen geordnet, vom 4. Jahre an für die Hand der Schüler eingerichtet. 4 Hefte. 8. Heidelberg, Weiß' Verlag. *

Inhalt:

Heft 1. [1., 2. und 3. Schuljahr.] 4. verb. und verm. Aufl. (24 S.) 886. * 12 Pf.
" 2. [4. Schuljahr.] 5. verb. und verm. Aufl. (20 S.) 887. * 18 Pf.
" 3. [5. und 6. Schuljahr.] 4. verb. und verm. Aufl. (50 S.) 886. * 30 Pf.
" 4. [7. und 8. Schuljahr.] 4. verb. und verm. Aufl. (56 S.) 886. * 36 Pf.

Schück, Joh. Ein-, zwei- u. dreistimmige Singübungen (m. Text) u. Lieder f. Schulen. 1. u. 3. Heft. 5. Aufl. 8. Heidelb. 891, G. Weiß Verlag. [1. Heft. Sonderausg. d. Lieder f. Schüler. (24 S.) * — 12; 3. Heft. (50 S.) * — 30.] * — 42

2. u. 4. Heft. Ebd. 1886,87. * — 54.

Schück, Joh., ein-, zwei- u. dreistimmige Singübungen (m. Text) u. Lieder f. Schulen. Nach 8 gesonderten Jahreskursen geordnet, vom 4. Jahre an f. die Hand der Schüler eingerichtet u. hrsg. 1. u. 3. Hft. 8. Heidelberg, vorm. Weiß'sche Univ.-Buchh. n. — 42
1. (1., 2. u. 3. Schulj.) Sonder-Ausg. der Lieder f. die Schulen. 6. Aufl. (24 S.) 900. n. — 12
3. (5. u. 6. Schulj.) 6. Aufl. (50 S.) 902. n. — 30

JULIUS SCHÜCK, Zur Charakteristik der italienischen Humanisten des 14. und 15. Jahrhunderts. — ROBERT TAGMANN, Petrus Vincentius, der erste Schulen-Inspector in Breslau. Ein Beitrag zur Kulturgeschichte Schlesiens. (Der 17. Versammlung deutscher Philologen, Schulmänner und Orientalisten gewidmet von den Mitgliedern des wissenschaftlichen Vereins in Breslau: Adler, Baucke ...) Breslau 1857. Druck von Robert Nischkowsky. 8⁰.

Schück, Jul., Aldus Manutius und seine Zeitgenossen in Italien und Deutschland. Im Anhang: Die Familie des Aldus bis zu ihrem Ende. gr. 8. (X und 151 S.) Berlin (861)62, Dümmler's Verlagsh. *

Schück, (Augustus) Julius (geb. Breslau 10. 10. 1820): De scholiis ad Platonis civitatem pertinentibus. Vratislaviae (1845). (36 S.) 8⁰
Breslau, Phil. Diss. v. 26. Febr. 1845

Schück, Karl Eduard

Schück, Carl Ed., die Einzelhaft und ihre Vollstreckung in Bruchsal und Moabit. gr. 8. (IV und 152 S. nebst Grundrissplänen in Stndr. und 2 Tab. in Fol. und gr. Fol.) Leipzig (861)62, Barth. *

Schück, C. E., Handbuch für Gefangen-Aufseher. Gekrönte Preisschrift mit einem Vorwort von R. Schulze. 8. (64 S.) Berlin 863, Rauh. geb. *

Schück, C. E.: Handbuch für Gefangen-Aufseher. Preisschrift mit e. Vorw. von R. Schultze. 2. Aufl. Düsseldorf 1864.

Schück, C. E., Handbuch f. Gefangen-Aufseher. Mit e. Vorwort v. R. Schultze. 2., von Neuem durchgeseh. u. veränd. Aufl. 8. (56 S.) (Barmen 872. Klein.) — 75

Reminiscenzen der Loge Friedrich z. goldenen Zepter [in Breslau] von C[arl] E[du.] Schück auf den Wunsch der Br. Br. zum Druck befördert durch die betheiligte Loge. [Haynau] 1864: [Raupbach]. 14 S. 8⁰
Mitteil. üb. einige bedeutende Mitgl. der Loge aus dem letzten Jahrzehnt des 18. Jh.: Prinz Eugen v. Württemberg, Prof. Hillmer, Prorektor Schummel, Zerboni, Bischofswerder, Wöllner, J. Wendt, Fessler, v. Kloeber u. a. m. 23.

Schück, Carl Leop., Erdmann Fitzner's Leben und Ende. Eine merkwürd. Kriminal-Geschichte neuester Zeit. gr. 8. (40 S.) Wohlau 848, Mütze.

Schück, Otto, Referendar, aus Görlitz: Die Auflösung der Körperschaft nach dem Bürgerlichen Gesetzbuch. *Göttingen 1898: W. F. Kästner.* (51 S.) 8⁰
Göttingen, Jur. Diss. v. [23. Sept.] 1898

Schück, P., zwei-, drei- und vierstimmige Lieder für christliche Vereine. 2., verm. Aufl. gr. 16. (30 S.) Stuttgart 850, (J. F. Steinkopf.)

Schück, P., XII drei- und vierstimmige Pilgerlieder der christl. Jugend gewidmet. qu. 4. (12 S.) Stuttgart 849, (J. F. Steinkopf.) Thlr.
Vgl. Schück, J. P.

Schück, Paul, über das Wesen und die Entstehung des Angioma arteriale racemosum. Diss. Berlin 1886, Mayer & Müller. 8⁰. 98 S.

Schück, R., über die Erneuerung der deutschen Handelsverträge. Ein Vortrag, geh. im Herbst 1879. gr. 8. (16 S.) Berlin 880. Burmester & Stempell. n. — 25

—— zur Währungsfrage. Lex.-8. (14 S.) Ebendas. 880. *

Schück, R. (Hrsg.), s. Zeitschrift f. dt. Volkswirtschaft.

Schück, Rich., der Belagerungskrieg, f. Soldaten-Freund, der.

Schück, Richard (geb. Oppeln 7. 1. 1859): Gegensatz des römischen und des deutschen Rechts in der Lehre vom Fruchterwerbe. (Oppeln 1881.) (XII, 63 S.) 8⁰
Breslau, Jur. Diss. v. 26. Nov. 1881

—— Brandenburg-Preußens Kolonial-Politik unter dem Gr. Kurfürsten u. seinen Nachfolgern (1647—1721). Mit e. Vorrede v. Paul Kayser. 2 Bde. gr. 8. (XXXI, 406; XII, 602 S.) [Lpz. 889, (Grunow.)] Berl., C. Heymann. 24 —

— u. Geo. Crusen, Kommentar z. preuß. Erbschaftssteuergesetz v. 19. Mai 1891 / 31. Juli 1895, nebst e. systemat. Darstellg. d. Erbschaftssteuerrechts. gr. 8. (XVIII, 400 S.) Berlin 896. J. J. Heine. n. 8. —; geb. in Leinw. n.n. 9. —

Schück, Rich., Organisation der Privatarmenpflege. Eine kurze Anleitung für die Praxis. gr. 8⁰. Merseburg, Garcke, 1855. (VIII, 96 S.)

Schueck, Rich., die Religionsfreiheit in Preußen wie sie war, ist, und sein wird. gr. 8. (IV und 234 S. mit 4 S. Tab.) Berlin 848, [Wiegandt und Grieben.] *

Schück, Rich., Civilprozeßpraktikum. Zum Selbststudium, sowie zum Lehrgebrauche bei den Gerichten. gr. 8. (VIII, 64 S.) Berlin 892. C. Heymanns Verl. Kart. n. 1. 50

[F.] Civilprozess- und Konkursrechtspraktikum. Z. Selbststud., sowie z. Lehrgebr. bei d. Gerichten. Von ... Richard Schück, Landrichter in Berlin. 2. verm. Aufl. *Berlin: C. Heymanns 1896.* (VIII, 159 S.) 1 Bd 8. [96. 2277

Schück, Rich., Civilrechtspraktikum. Zum Selbststudium u. zum Lehrgebrauche. gr. 8. (V, 106 S.) Berlin 899. [J. J. Heine.] J. Guttentag. Kart. n. 2. —

Schück, Rich., Zivilrechtspraktikum. Zum Selbststudium u. zum Lehrgebrauche. 2., verm. u. verb. Aufl. (160 S.) gr. 8. Berlin 908. J. Guttentag. Kart. 3. —

Schück, Rich., Civilrechtspraktikum, Lösgn., s.: Mosel, Heinr. v. der.

Schück, Robert

Schück, R., Führer durch die anthropologische Sammlung der naturforschenden Gesellschaft in Danzig, s. Lissauer.

ROBERT SCHÜCK, Die Naturforschende Gesellschaft in Danzig. Danzig 1880. Druck von A. W. Kafemann. 8⁰.

Schück, Rud., Taschenbuch für den telegraphischen Verkehr von Hamburg nach sämmtlichen Telegraphen-Stationen Europa's. gr. 16. (III und 64 S.) Hamburg 856, F. Schuberth. Thlr.

Schück, Salamon. Tekanot Utfilot. Die kirchl. u. bürgerl. Gesetze d. Judenthums vom J. 2449 bis 5631, nach den Quellen geordnet u. erörtert. (Hebräisch.) 4. (200 S.) Munkács 890. (Wien, Lippe.) * 1 60

Schück, Th., Ober-Schlesien, s. Gewerbe-Statistik von Preußen.

Schuckall, Agnes

Schuckall, A. Der Apfelbaum. Eine Kindergeschichte. Mit Titelbild. In-12°. 90 S. Basel, Jäger & Kober. 1897. — 60

Schuckall, A[gnes]. In den Bergen. Eine Geschichte aus der Sommerfrische. 127 S. 8. Basel, Kober, 1903. [fr. —. 75, geb. fr. 1. 25]

Schuckall, A[gnes]. Boten Gottes. Geschichten für Kinder. 31 S. 8. Basel, Kober, 1901. [fr. —. 25]

Schuckall, A[gnes]. Von da und dort. Geschichten für Kinder. 38 S. 8. Basel, Kober, 1901. [fr. —. 25]

— Gottes Finger. Fünf Erzählgn. f. d. Jugend u. ihre Freunde. 12. (46 S.) Ebd. 898. n. — 25

Schuckall, A. Fuchs und Füchslein. Eine Kindergeschichte. Mit 1 Abb. In-12°. 38 S. Basel, Jäger & Kober. 1896. — 25

Schuckall, A. Füchslein im Walde. E. Kindergeschichte. In-12°. 62 S. Basel, Jäger & Kober. 1897. — 35

Schuckall, A., hinter Gott-Erbarm. Eine Kindergeschichte. 12. (112 S.) Basel 899. Kober. n. — 60

Schuckall, A[gnes]. Zwei Hühnergeschichten. [Mit illustriertem Umschlag.] 31 S. 8. Basel, Kober, 1904. [fr. —. 25]

Schuckall, A[gnes]. Jakob und Jakobus. Eine Erzählung für die Jugend und ihre Freunde. 218 S. 8. Basel, Kober, 1901. [br. fr. 1. 50, geb. fr. 2. 50]

Schuckall, A. Korbflicker's Kinder. Eine Erzählung. 12°. 88 S. Basel, Kober C. F. Spittler's Nachf. — 50 1900.

— d. Lejewolf. E. Weihnachtsgeschichte. 12. (70 S. m. 1 Abb.) Ebd. 896. n. — 40

Schuckall, A[gnes]. Für kleine Leute. Drei Geschichten. 40 S. 8. Basel, Kober, 1903. [fr. —. 25]

Schuckall, A. Einfältige Leutlein. 2 Geschichten f. Kinder. (Ein Denkzettel. Kikeriki-Männchen.) In-12°. 30 S. Basel, P. Kober. 1897. — 25

Schuckall, A[gnes]. Lisel und ihre Freunde. Eine Geschichte aus dem Böhmerland. 101 S. 8. Basel, Kober, 1905. [fr. 1. —, geb. 2. —]

Schuckall. A. Der Park-Lepus. Eine Erzählung für Kinder. 67 S. Basel, Kober C. F. Spittler's Nachf. 1900. — 35

— der wilde Toni. E. Kindergeschichte. 12. (76 S. m. 3 Bild.) Ebd. 898. n. — 40

SCHUCKALL, Friedrich (München): Ueber einen seltenen Fall von Gallertkrebs des Colon mit Ascites chylosus.- München: Wolf 1894. 17 S.
1.3.1894 - Chr 1893/94,13; Jv 1893/94,204
Diss. Ingolst.-Landsh.-Mchn.

Schuckburg, Erwin, praktische Anweisung zur richtigen Behandlung und Regulirung aller Thurm-, Wand-, Stutz- und Taschenuhren, sowie zur Pflege und Erhaltung der Augen, der rechtzeitigen Anschaffung und Auswahl der jedem Auge entsprechenden Brillen-, Lorgnetten-, Augen- oder Ferngläser rc. 12. (62 S.) Nordhausen 847, [Büchting.]

Schuckburg, Erwin, prakt. Anweisung zur richtigen Behandlung u. Regulirung aller Thurm-, Wand-, Stutz- u. Taschenuhren, sowie zur Pflege u. Erhaltung der Augen, der rechtzeitigen Anschaffung u. Auswahl der jedem Auge entsprechenden Brillen-, Lorgnetten-, Augen- oder Ferngläser rc. 12. (62 S.) Nordhausen 847, Fürst. 1/3 ℔

Schücke, Carl, die Massenfabrikation der elektr. Präzisionsapparate, s.: Handbuch der elektrotechn. Praxis. 1. Bd

Schuckelt, die Wirkungsweise u. Anwendg. der Moorbäder. Gemeinverständlich dargestellt. 8. (23 S.) Schmiedeberg (Bezirk Halle a/S.) 892. (Leipzig, Kößling.) n. — 50

Schuckelt, d. Wirkungsweise u. Anwendg. d. Moorbäder. 10. Hundert. 8. (23 S.) Schmiedeberg 897. (Leipzig, Kößling.) n. — 30

Schücker, Zdenko, drei Reden, geh. im österr. Abgeordnetenhause in d. 11. u. 23. Sitzg. d. XIV. Session v. 21. IV. u. 3. VI. 1898 u. in der Delegation des österreichischen Reichsrathes 2. Sitzg. d. XXXIV. Session. 23. V. 1898. 8. (99 S.) Leipzig 898. R. Friese, Sep.-Cto. n. — 80

Schuckert & Co.: Internationale Elektrotechnische Ausstellung zu Frankfurt a. M. 1891. 2. Aufl. (Nürnberg 1891)

Schuckert & Co.. Die städtischen Elektricitätswerke in Düsseldorf (Nürnberg) 1891

Schuckert u. Co., Nuremberg: World's Columbian exhibition Chicago 1893. (Nuremberg 1893)

Schuckert's, S., Fabrik dynamo-elektrischer Maschinen, elektrischer Lampen, Regulir-Apparate u. Kontroll-Instrumente. Verzeichniss der bis März 1887 ausgeführten elektrischen Beleuchtungs-Einrichtungen. Nach Zeit u. Industriezweigen geordnet. 4 Hefte (in 1 Bde.). O. O. u. J. (Gedr. Leipzig, bei C. G. Röder, 1887.) Roy.-8°. Braun. Hrsb.
30, 28, 28, 32 S. Lat Lett. Mit Hlzsch.-Abbildungen.

Schuckford, Sam., Abhandl. von der Schöpfung u. dem Fall Adams; aus d. Engl. (von H. A. Pistorius). 8. Hamb. 755. 8 gl.

Schuckford, Sam., Harmonie d. heil. u. Profanscribenten in d. Geschichten d. Welt, a. d. Engl. v. Th. Arnold. 3 Thle. 4. Berlin. 731–38.

Der Fall [Lothar] Schücking in der Presse. Berlin-Schöneberg: Hilfe (1908). 48 S. 8°

Schücking, die Messiasweihe am Jordan. Ein Beitrag zur Würdigung der neuen Bekenntnisse vom christl. Standpunkte. gr. 8. (2 1/4 B.) Bremen 845, Geisler. *

Schücking, ..., s. Seneca, von der Standhaftigkeit der Weisen.

Schücking, Adrian, Bad Pyrmont. Ein Führer f. Curgäste u. Fremde. 8. (69 S.) Pyrmont 884. Uslar. — 75

Schücking, Adrian, Bad Pyrmont. Ein Führer für Curgäste und Fremde. 2. Aufl. 8. (75 S.) Pyrmont 887, Uslar. *

Schücking, Bad Pyrmont. Ein Führer f. Curgäste u. Fremde. 5., verm. Aufl. 8. (90 S. m. 1 Plan u. 1 Karte.) Pyrmont 898. G. Uslar. n. 1. 20

Schücking, A., Bad Pyrmont. (84 S.) 8. Berlin 909. A. Hirschwald. 1. 50

Schücking, Adrian, türkische Erlebnisse u. russische Schicksale. Geschichte eines Mitgenommenen. 8. (296 S.) Wien 879. Manz. n. 4. —

Schücking, Adrian: Aus d. Chir. Klinik d. Univ. Bonn. Ueber Heilversuche mit Radiumemanation. Bonn 1910: Foppen. 29 S. 8°
Bonn, Med. Diss. v. 30. Juli 1910, Ref. Garrè
[Geb. 1. April 83 Pyrmont; Wohnort: Pyrmont; Staatsangeh.: Waldeck; Vorbildung: Gymn. Hameln Reife O. 04; Studium: Göttingen 1, Würzburg 2, Halle 3, Berlin 2, Bonn 2 S.; Coll. 22. Dez. 09; Approb. 1. Juli 10.] [U 10. 334

Schücking, Adrian. Die neue Mala, s. Universal-Bibliothek.

Schücking, Adrian, die neue Wala, s.: Universal-Bibliothek.

— das Wesen der Bleichsucht. gr. 8. (68 S.) Ebd. 888. n. — 70

Schücking, Christoph Bernhard

Schücking, Cph. Bhrd., († d. 8. Mai 1778.) Sinngedichte; e. Versuch. 8. Münster 775.

Schücking, Christoph Bernhard Josef

Schücking, Cph. Bhrd. Jos., († d. 26. Jan. 1780.) pensées d'un Cosmopolite à un ami. 8. Münster 773.

Schücking, Christoph Bernhard Josef, s. Sammlung auserlesener Schriften ...

Schücking, Carl, aus Recklinghausen (Westfalen): Zur Kenntnis der Oxoniumsalze. Zürich-Selnau 1905. 67 S. 8°. [19. IV. 05.]
Zürich. Phil. Diss. II. S. 1904/1905.

Schücking, Carl. Zur Kenntnis der Oxoniumsalze. Diss. Phil. [II.] Univ. Zürich. 67 S. 8. Zürich-Selnau, Gebr. Leemann & Co., 1905.

Schuecking, Levin

Eines Kriegsknechts Abenteuer. Hist. Novelle. Von Levin Schücking. Th. 1,2.
Wien: Markgraf 1861. 8°
(Album. Bibliothek dt. Originalromane. Jg. 16, Bd 23.24.)

Schücking, Levin, eines Kriegsknechts Abenteuer, s. Album. Bibliothek deutscher Originalromane.

Eines Kriegsknechts Abenteuer. Der Nachrichter. Kulturhist. Novellen von Levin Schücking. 3. Aufl. Münster i. W.: E. Obertüschen 1905. (447 S.) 8° [Fr.]
— Schücking: Novellen. [1.] [05. 14040

Schücking, Levin, eine Actiengesellschaft. Erzählung. 3 Bde. Hannover 863. C. Rümpler. 8. (677 S.) 3 ℛ

Schücking, Levin, der Bauernfürst. Roman. 2 Bde. 8. (XII. 387 u. 416 S.) Leipzig 851, Brockhaus. 4 ℛ

—— Bilder aus Westfalen. gr. Lex.-8. (III und 88 S.) Elberfeld 860, Friderichs. Thlr.

Schücking, Levin, Briefe, s.: Droste-Hülshoff, Annette v.

Schücking, Levin, geneanomische Briefe. gr. 12. (III und 139 S.) Frankfurt a. M. 855, Brönner. *

— Paul Bronckhorst oder die neuen Herren. Roman. 3 Thle. Leipzig 858. Brockhaus. 8. (VI, 289; 3 Bl., 316; (3 Bl., 283 S.) n. 4 ℛ.

Schücking, Levin, seltsame Brüder. Roman. 3 Thle. 8. (199; 182; 177 S.) Leipzig 881, Brockhaus.

— s.: Buch, das, zum Vorlesen.

—— die Rheider Burg, s. Album. Bibliothek deutscher Originalromane.

· Die Rheider Burg, s.: Universal-Bibliothek.

·· Der Dämon. Die Bestechung, s.: Hausbücherei, rheinische.

Schücking, Levin, der Dom zu Köln u. seine Vollendung. gr. 12 (5⅓ B.) Köln 842, J. u. W. Boisserée. Thlr.

—— der Doppelgänger. Roman. 8. (258 S.) [Stuttgart 876.] Herzberg a. H., Simon. *

—— Schloß Dornegge oder der Weg zum Glück. Roman in 4 Büchern. 4 Thle. 8. (III, 281; III, 258; III, 254; III, 327 S.) Leipzig 868, Brockhaus. 16 50

—— Annette v. Droste. Ein Lebensbild. 8. (161 S.) Hannover (861)62, C. Rümpler. *

— Annette v. Droste. Ein Lebensbild. 2. Aufl. 8. (161 S.) Hannover 871. Rümpler. geb. n. 2. —

—— eine Eisenbahnfahrt durch Westfalen. 8. (IV und 168 S.) Leipzig 855, Brockhaus. *
Aus: Brockhaus' Reise-Bibliothek.

— der Erbe von Hornegg. Roman. 3 Bde. 8. (288, 290 u. 326 S.) Hannover 878. Rümpler? 15. —

— gesammelte Erzählungen und Novellen. 4 Thle. Hannover 859. Rümpler. 8. (3 Bl., 266; 3 Bl., 243; 3 Bl., 237; 3 Bl., 248 S.) n. 3 ℛ. 10 ngr.

Schücking, Levin, gesammelte Erzählungen und Novellen. 5. und 6. Thl. 8. (X und 520 S.) Hannover 866, Rümpler. *
1.—4. Thl. Ebendas. 1859. * 3 Thlr. 10 Ngr.

—— etwas auf dem Gewissen, s. Collection Spemann.

Schuecking, Levin

Etwas auf dem Gewissen. Novelle. Von Levin Schükking. Mit einer Einleitung von Joseph Kürschner.
Stuttgart: Spemann (um 1882). 207 S. 8°

—— und L. v. Gall, Familienbilder, s. Album. Hrsg. von J. L. Kober.

— ein Familiendrama, s.: Bibliothek f. Haus u. Reise.

—— ein Familiendrama. 8. (306 S.) Berlin 881, A. Goldschmidt. *

— ein Familiendrama. Erzählung. 12. (219 S.) Berlin 882. Goldschmidt. n. 1. —

— und v. Gall, Familiengeschichten, } s. Album. Bibliothek deutscher Originalromane ꝛc.

Schücking, Levin, Festgesang z. Feier d. gold. Hochzeit d. Herrn Geheimenraths Joh. v. Riese u. seiner Gemahlin Frau C. L. v. Riese, geb. Machenhauer. Am 13. Mai 1838. Lex.-8. (½ B. farb. Druck mit Einfass., u. 1 Musikbeil.) Coesfeld 838, [Riese's Verl.]

— Feuer u. Flamme. Roman. 3 Bde. 8. (259, 217 u. 220 S.) Stuttgart 875. Simon. n. 13. 50

— Filigran. 8. (V, 331 S.) Hannover 870, Rümpler. (*M.* 3,75.) 1 50
Inhalt:
G. Krüger. Der gefangene Dichter. Die Novizen. Die schwarz-weiße Perle.

— dass. — Neue Folge. 8. (479 S.) Ebendas. 872. (*M.* 4,50.) 1 50
Inhalt:
Die Thurmschwalbe. Pulver und Gold.

— aus der Franzosenzeit, s. Album. Bibliothek deutscher Originalromane.

Schücking, Levin. Aus der Franzosenzeit. Erzählungen. (Gespenster in den Ardennen. — Landeron.) 16. (128 u. 144 S.) Wien 1864, Markgraf. 90 kr.

— Frauen und Räthsel. Roman. 2 Thle. 8. (VI und 656 S.) Leipzig 865, Brockhaus.

— die drei Freier, s.: Universal-Bibliothek.

— ein Freund in der Noth, s.: Reiselectüre.

— Heinrich v. Gagern. Ein Lichtbild. gr. 8. (168 S.) Köln 849, Du Mont-Schauberg'sche Buchh. -

— Gedichte. 8. (18 B.) Stuttgart 846, Cotta'sche Buchh.

Agathens Geheimnis. Roman von Levin Schücking. Ill. von Walter Roßner. Berlin-Leipzig: Buchverl. fürs Deutsche Haus 1905. (302 S.) 8° [5.-]
— Bücher, Die, d. Deutschen Hauses. Reihe 2, Bd 27.

— die Geschwornen und ihr Richter. Roman. 3 Thle. 8. (955 S.) Hannover 861, C. Rümpler.

— Die drei Großmächte, s.: Volksbücher der deutschen Dichter-Gedächtnis-Stiftung. 14.

— Günther von Schwarzburg, s. Album. Bibliothek deutscher Originalromane ꝛc.

— Günther von Schwarzburg, s. Hausbibliothek deutscher Novellen.

— Günther von Schwarzburg. Historischer Roman in 2 Bdn. 16. (454 S.) Prag 857. [Wien, Markgraf.]

— hart am Rande. Deutsche Eroberungen, s.: Hesse's, Max, Volksbücherei.

— die Heiligen u. die Ritter. 4 Bde. 8. (291, 283, 320 254 S.) Hannover 873. Rümpler. 19. 50

Schücking, Levin, Heimatlaub. Novellen. 2 Bde. 8. Herzberg a. H. 884. Simon. n. 9. —
1. Das Fräulein v. Thoreck. Die Wippinger Tretta. Eine treue Seele. (390 S.)
2. Bruderpflicht. Dem Genius treu. (343 S.)

Schücking, L., Heimathlaub. Novellen. 2 Bde. 8. Herzberg 884. Gera, Köhler. geb. 9 —

— der Held der Zukunft, s. Album. Hrsg. von J. L. Kober.

— der Held der Zukunft. Roman. 2. verb. Aufl. Prag 859. Kober & Markgraf. (Hamburg, Richter.) 8. (2 Bl., 288 S.) n. 1 *ß* 6 *ngr.*

— Helvetia, s. Helvetia.

— Helvetia. Natur, Geschichte, Sage im Spiegel deutscher Dichtung. Neue wohlf. (Titel-)Ausg. Frankfurt a. M. (851.) 857. Jügel's Verlag. 12. (VIII, 509 S.) 22½ *ngr.*

— die Herberge der Gerechtigkeit. Roman. 2 Thle. 8. (230; 236 S.) Leipzig 879, Brockhaus.

— s. Herzog, Adf. Die gnädige Frau.

— s. Jahrbuch, Rheinisches.

Schücking, L., Immortellen. Novellen. [Hart am Rande. Märtyrer oder Verbrecher. Deutsche Eroberungen. Ein Freund in der Noth.] 8. (294 S.) Breslau 887. [Schottländer.] Schlesische Verlags-Anstalt. n. 4. 50; geb. n. 5. 50

— Italia, s. Italia.

— Italia. Deutsche Dichter als Führer jenseits der Alpen. Gewählt u. herausg. Neue wohlf. (Titel-)Ausg. Ebend. (851.) 857. 12. (5 Bl., 693 S. u. 1 Stahlst.) 1 *ß*.

— deutsche Kämpfe. Zwei Erzählgn. 2. Bd. 8. (234 u. 212 S.) Leipzig 871. E. J. Günther. 4. 50

— das Capital, s.: Bibliothek f. Haus u. Reise.

— alte Ketten. Roman. 2 Bde. 8. (264 u. 272 S.) Breslau 883. Schottländer. n. 6. —; geb. n. 8. —

— die Königin der Nacht. Roman. 8. (351 S.) Leipzig 852, Brockhaus. *

— Krieg u. Frieden. Novellenbuch. 3 Bde. 8. (228, 219 u. 194 S.) Ebend. 872. 7. 50

— e. Kulturkämpfer. Erzählung. 2. Aufl. 8. (112 S.) Berlin 888. Alb. Goldschmidt. n. — 50

— eine Künstler-Leidenschaft. Novelle. Hannover 867. Rümpler. 8. (260 S.) 1 *ß*

— Landeron, s. Album. Bibliothek deutscher Originalromane.

— Herrn Didier's Landhaus. Roman. 3 Bde. 8. (III, 225; III, 246 u. III, 260 S.) Hannover 872. Rümpler. 13. 50

— Lebenserinnerungen. 2 Bde. 8. (252 u. 357 S.) Breslau 886. Schottländer. n. 8. —; geb. n. 10. —

— in der Löwen-Apotheke, s.: Ueberraschungen.

— Luther in Rom. Roman. 3 Bde. 1. Aufl. 1870. *M.* 13,50., und 2. Aufl. 8. (VII, 252; VII, 260; VII, 320 S.) Hannover 872, Rümpler. 12 —

Schücking, Levin, die Malerin aus dem Louvre. Roman. 4 Bde. 8. (VII, 251; 231; V, 275; 327 S.) Hannover 869, Rümpler. (M 15.) 6 —

— ein ehrlicher Mann. Humoristische Erzählg. 12. (108 S.) Berlin 884. Goldschmidt. n. — 50

Ein ehrlicher Mann. Humorist. Erzählung von Levin Schücking. 5. Aufl. Berlin: A. Goldschmidt 1899. (108 S.) 8° [F.]
— Bibliothek, Goldschmidts, f. Haus u. Reise. Bd 80. [00. 10146

Schücking, Levin, ein ehrlicher Mann, s.a. Goldschmidt's Bibliothek f. Haus u. Reise.

Schücking, Levin, Marienthal. Erzählung. Eine frühere Ausg. dieser Erzählg. erschien u. d. T.: „Ein Gründer". 2. Aufl. 12. (96 S.) Berlin 883. Goldschmidt. n. — 50

— die Marketenderin von Köln. Roman. 3 Thle. 8. (XV und 754 S.) Leipzig 861, Brockhaus. *

— große Menschen. Roman. 3 Bde. 8. (248, 218 u. 256 S.) Breslau 884. Schottländer. n. 13. 50; geb. n. 16. 50

— wunderliche Menschen. Drei Erzählungen. [Ein Kulturkämpfer. Ein Gründer. Ein ehrlicher Mann.] 8. (328 S.) Berlin 881, A. Goldschmidt. *M 3.; geb. *

— die Mündel des Papstes, s. Universal-Bibliothek Nr. 1116.

— Der Nachrichter, s.: Volksbücher, Wiesbadener.

— in dunkler Nacht. Novelle. 12. (104 S.) Berlin 886. Goldschmidt. n. — 50

— Novellen. 2 Bde. 8. (40⅞ B.) Pesth 840, Heckenast. Leipzig, Geo. Wigand. *

Schuecking, Levin
Novellen. Von Levin Schücking. Minden i. Westf.: Bruns 1889. 166 S. 8°
Inhalt:
Die Herrin von Arbolt. - Römische Geschichten.

Levin Schücking. Novellen. [1.] Münster i. W.: E. Obertüschen 1905. 8° [F.] [05. 14041

— neue Novellen. [Welt-Bibliothek.] 8. (185 S.) Berlin 868, Lesser. [Leipzig, Schulze und Comp.] 1 —

— zwei Novellen. [Virago. In dunkler Nacht.] 8. (128 u. 104 S.) Ebend. 885. n. 4. —

— Novellenbuch. 2 Bde. 8. (288; 292 S.) Hannover 877, Rümpler. *M 8.; geb. *

— Pulver u. Gold, s.: Hesse's, Max, Volksbücherei.

— das Recht des Lebenden. Roman. 3 Thle. 8. (V, 206; V, 268; V, 297 S.) Leipzig 880, Brockhaus.

— Recht u. Liebe. Roman. 8. (256 S.) Breslau 886. Schottländer. n. 4. —; geb. n. 5. —

— ein Redekampf in Florenz. Dramatisches Gedicht in vier Aufzügen. 16. (162 S.) Berlin 854, Schindler. *

Schücking, Levin, s. Rhein, Der. 1859.

Schücking, Levin, ausgewählte Romane. 12 Bdchn. gr. 16. Leipzig 864.65, Brockhaus. à Bdchn. 15 Ngr. geb. in 7 Bde. *

Inhalt:
Bdchn. 1—3. Die Marketenderin von Köln. Roman. 3 Thle. 2., verb. Aufl. (XV und 519 S.)
„ 4—6. Paul Bronckhorst oder die neuen Herren. 3 Thle. 2., verb. Aufl. (IX und 641 S.)
„ 7. 8. Die Rheider Burg. Erzählung. 2 Thle. 2., verb. Aufl. (VI und 279 S.)
„ 9—11. Die Ritterbürtigen. Roman. 3 Thle. 2., durchaus umgearb. Aufl. (XI und 519 S.)
„ 12. Die Sphinx. Roman. 2., verb. Aufl. (III und 253 S.)

— ausgewählte Romane. 2. Folge. 12 Bdchn. gr. 16. Leipzig, Brockhaus. *M 24.; geb. in 5 Bdn. * 29 —

Inhalt:
Bdchn. 1—3. Verschlungene Wege. Roman. 2. durchaus verb. Aufl. 3 Thle. (266; 291; 251 S.) 874. *M 6.; geb. *M 7.
„ 4—7. Schloß Dornegge. Roman in 4 Büchern. 2., völlig umgearb. Aufl. 4 Thle. (226; 240; 221; 246 S.) 875. *M 8.; in 2 Bde. geb. *M 10.
„ 8—11. Die Malerin aus dem Louvre. Roman. 2. verb. Aufl. 4 Thle. (159; 145; 174; 210 S.) 875. *M 8.; geb. in 1 Bde. *M 9.
„ 12. Der Kampf im Spessart. Erzählung. 2. durchges. Aufl. (242 S.) 875. *M 2.; geb. *M 3.

Schücking, Levin, ausgewählte Romane. 2. Folge. 1—12. Bdchn. gr. 16. Leipzig 874—76. Brockhaus. à n. 2. —
1—3. Verschlungene Wege. Roman. 2. durchaus verb. Aufl. 3 Thle. (266, 291 u. 251 S.)
4—7. Schloß Dornegge. Roman in 4 Büchern. 2., völlig umgearb. Aufl. 4. Thle. (226, 240, 221 u. 246 S.) in 2 Bde. geb. n. 10. —
8—11. Die Malerin aus dem Louvre. Roman. 2. verb. Aufl. 4 Thle. (159, 145, 174 u. 210 S.) in 1 Bd. geb. n. 9. —
12. Der Kampf im Spessart. Erzählung. 2. durchgesch. Aufl. (242 S.) geb. n. 3. —

— eine Römerfahrt. 8. (XIV und 387 S.) Coblenz 848, Hölscher.

— eine Römerfahrt. 2, wohlfeilere (Titel-)Aufl. 8. (XIV und 387 S.) Coblenz (848)60, Hölscher. *

— Jean Jaques Rousseau. Zwei Episoden aus seinem Leben. Leipzig 870. E. J. Günther. 8. (192 S.) 20 ngr.

Levin Schücking. Der Schatz des Kurfürsten. Münster i. W.: Aschendorff [1909]. 94 S. 8°
(Unsere Erzähler. Buch 5.) [10. 3550

— Der Schatz des Kurfürsten, s.a. Erzähler, unsere.

— ein Schloß am Meer. Roman. 2 Thle. 12. (22⅝ B.) Leipzig 842, Brockhaus.

— ein Schloß am Meer. Roman. 2 Thle. 12. Leipzig 843, Brockhaus. 3 ℛ

— Sklaven des Herzens. Viola. Zwei Novellen. 8. (283 S.) Berlin 879, Goldschmidt.

— Sklaven d. Herzens. Novelle. 2. Aufl. 8. (116 S.) Berlin 885. Goldschmidt. n. — 50

— der Sohn eines berühmten Mannes, s. Album. Hrsg. von J. L. Kober.

— ein Sohn des Volkes. Roman. 2 Thle. gr. 12. (448 u. 429 S.) Leipzig 849, Brockhaus. 4 ℛ

— die Sphinx. Roman. 8. (III und 357 S.) Leipzig 856, Brockhaus. *

— ein Staatsgeheimniß. Roman. 3 Thle. Leipzig 854. Brockhaus. 8. (4 Bl., 309; 3 Bl., 350; 3 Bl., 335 S.) 5 ℛ

— s. Stroobant, Fr., der Oberrhein.

—— aus heißen Tagen. Geschichten. 8. (274 S.) Stuttgart 874, Simon. * 5 —
Inhalt:
Die Diamanten der Großmutter. Die Visitenkarte.

— Aus den Tagen der großen Kaiserin. Historische Novellen. 2. Aufl. Prag 859. Kober & Markgraf. (Hamburg, Richter.) 8. (3 Bl., 332 S.) n. 1 ₰ 6 ngr.

—— aus den Tagen der großen Kaiserin. Historische Novellen. Neue Folge. 8. (V und 368 S.) Wien 862, Markgraf. [Berlin, Mecklenburg.]
(1. Folge) vgl.: Passagier, der blinde.

—— dass. — s. Album. Bibliothek deutscher Originalromane.
Vgl. auch: Riefstahl, W., Bilder aus Westfalen.

Schuecking, Levin

Eine dunkle Tat. Roman. Von Levin Schücking. Mit Vorwort von Lothar Engelbert Schücking.
Leipzig: Reclam jun. (um 1896). 246 S. 8°

Eine dunkle Tat. Roman von Levin **Schücking**. Mit e. Vorw. von Lothar Engelbert Schücking. Leipzig: Reclam [1908]. 223 S. 8°
(Universal-Bibliothek. 5057. 5058.) [09. 3460

Eine dunkle Tat, s. a. Universal-Bibliothek.

— Die Turmschwalbe, s.: Hesse's, Max, Volksbücherei.

— Viola, s.: Ueberraschungen.

— Virago. Roman. 12. (128 S.) Berlin 886. Goldschmidt. n. — 50

—— Von Minden nach Köln. Schilderungen und Geschichten. 8. (IV und 104 S.) Leipzig 856, Brockhaus. *
Aus: Brockhaus' Reise-Bibliothek.

— verschlungene Wege. Roman. 3 Bde. Hannover 867. Rümpler. 8. (1124 S.) 5 ₰

— s. a. Westphalen, das malerische u. romantische.

— das maler. u. romant. Westphalen, s. a. Freiligrath, Fd.

Schücking, L., u. F. Freiligrath, das malerische u. romantische Westfalen. 3. Aufl. Neu bearb. v. L. Brungert. Mit 20 Stahlst., 10 Lichtdr.-Bildern, 5 Autotypieen u. zahlr. Text-Illustr., m. Kopfleisten u. Initialen. 14 Lfgn. gr. 8. (X, 481 S.) Paderborn 889. F. Schöningh. à n. — 60

Schücking, Levin, u. Ferd. Freiligrath, das maler. u. romant. Westfalen. Neu bearb. v. Levin Ludw. Schücking. 4. Aufl. Mit 22 Stahlst., 8 Lichtdr., 5 Autotyp. u. 131 Textbild. gr. 8. (VIII, 472 S.) Paderborn 898. F. Schöningh. n. 9. —; geb. in Leinw. m. Goldschn. od. in Halbfrz. n. 12. —

— Wilderich. — In der Löwen-Apotheke, s.: Bibliothek f. Haus u. Reise.

Schücking, Levin, Wilderich. 2. Aufl. 12. (123 S.) Berlin 884, A. Goldschmidt. *

— aus alter u. neuer Zeit, s. Album. Bibliothek deutscher Originalromane.

—— Zeiten u. Sitten. I—III. A. u. d. Ttl.: Die Ritterbürtigen. Roman. 3 Bde. 12. (39⅓ B.) Leipzig 846, Brockhaus.

—— dass. (IV.) A. u. d. Ttl.: Eine dunkele That. Roman. 12. (20⅔ B.) Leipzig 846, Brockhaus.

Schücking, Levin Ludwig

Schücking, Levin Ludw., s.: Böowulf.

Die Grundzüge der Satzverknüpfung im Beowulf. Von Levin Ludwig **Schücking**. T. 1. *Halle a. S.: M. Niemeyer 1904.* 8°
= **Studien** z. englischen Philologie. H. 15. [04. 968] 2

— Lieder u. Balladen. (Umschlag- u. Orig.-Einbd.-Zeichng. v. Bernh. Pankok.) (VI, 103 S.) 8. Berlin 909. E. Fleischel & Co. 2.—; geb. 3. —

Beowulfs Rückkehr. Eine krit. Studie von Dr. Levin Ludwig **Schücking**, Priv.-Doz., Göttingen. Halle a. S.: M. Niemeyer 1905. (74 S.) 8°
= **Studien** z. englischen Philologie. H. 21. [05. 6034] 3

— Die vertauschten Schäfer. Ein Faschingsspiel. (62 S.) 8. Heidelberg 909. C. Winter, Verl. Kart. 1. —

Shakespeare im literarischen Urteil seiner Zeit von Levin Ludwig **Schücking**. Privatd. Heidelberg: C. Winter 1908. (VIII, 196 S.) 8° [08. 1553] 7

Schücking, Levin Ludw., der Sommerkönig. E. erzähl. Gedicht. 12. (139 S.) Göttingen 898. L. Horstmann. n. 2. —; geb. n. 3. —

Schücking, Levin Ludwig, aus Münster i. W.: **Studien** über die stofflichen Beziehungen der englischen Komödie zur italienischen, bis Lilly. *Halle a. S. 1901: E. Karras.* (35 S.) 8° ¶ [Erschien vollst. 1901 als: Studien zur engl. Philologie, H. 9.]
Göttingen, Phil. Diss. v. [18. Juni] 1901

Studien über die stofflichen Beziehungen der englischen Komödie zur italienischen bis Lilly von Levin Ludwig **Schücking**. *Halle a. S.: M. Niemeyer 1901.* (109 S.) 8°
= **Studien** z. englischen Philologie. H. 9. [01. 7731] 2

Schücking, Lothar (Engelbert)

Schücking, Loth. Engelb., demokratische Betrachtungen. (61 S.) 8. München (909). A. Langen. — 80

Schücking, Loth., das Gericht d. westfälischen Kirchenvogts. (900—1200.) E. Beitrag zu d. deutschen Gerichtsverfassung u. d. Gerichtsverfahren im Mittelalter. Diss. gr. 8. (44 S.) Münster 897. (Regensberg.) n. 1. —

— Die Mißregierung der Konservativen unter Kaiser Wilhelm II. (VII, 85 S.) 8. 1. —
München: A. Langen 1909.

Die Fürstentümer Münster und Osnabrück unter französischer Herrschaft. Kulturgeschichtl. Bilder nach Magistratsakten, Zeitungen u. Familienpapieren von Lothar Engelbert **Schücking**. Münster: E. Obertüschen 1904. (48 S.) 8° [F.] [05. 14397

s. a. Reaktion, die, in der inneren Verwaltung Preußens.

Die Reaktion in der inneren Verwaltung Preußens v. Bürgermeister X. Y. [d. i. Lothar **Schücking**] in Z. [d. i. Husum]. Berlin-Schöneberg. 1908. 8°

Die Reaktion in der inneren Verwaltung Preußens von Lothar Engelbert **Schücking** (Bürgermeister X. Y. in Z.). 3. Aufl. Berlin-Schöneberg: 'Hilfe' 1908. (137 S.) 8° [F.] [08. 16911 7

Schuecking, Lothar Engelbert [Vorw.]
s. Schücking, Levin: Eine dunkle Tat. 1896.

Schücking, Bürgermeisters, Verteidigung u. die Anschuldigungsschrift der preußischen Regierung. Dokumente zur Reaktion in d. inneren Verwaltg. Preußens, hrsg. v. Otto Nuschke. (144 S.) kl. 8. Berlin-Schöneberg 908. Buchverlag der „Hilfe". 1. 80

Schuecking, Louise [Frauenname]
s. Gall, Louise Freiin von [Mädchenname]

Das Anklagematerial der Königlichen Regierung gegen den Bürgermeister Dr. Lothar Schücking in Husum. Hrsg. von Dr. Walther **Schücking**, Prof. Berlin-Schöneberg: Hilfe 1908. (29 S.) 8° [F.] (08. 13039

— s.: Arbeiten aus dem juristisch-staatswissenschaftlichen Seminar der königl. Universität Marburg.

Schücking, Walther: Das Küstenmeer im internationalen Rechte (im Völkerrechte, wie im internationalen Privat- und Strafrechte). Eine von der juristischen Facultät der Universität Göttingen gekrönte Preisschrift. *Göttingen 1897: Dieterich.* (VIII, 87 S.) 8°
Göttingen, Jur. Diss. v. [11. Aug.] 1897

Das Nationalitätenproblem. Eine polit. Studie über d. Polenfrage u. d. Zukunft Österreich-Ungarns von Dr. jur. Walther **Schücking**, Prof., Marburg. Dresden: v. Zahn & Jaensch 1908. (79 S.) 8° [F.]
— **Zeit-** u. Streit-**Fragen**. Neue, hrsg. v. d. Gehestiftung. Jg. 5, H. 2. 3. (08. 931

— Das Nationalitätenproblem, s. a. Zeit- u. Streitfragen, neue. XIV, 2. 3.

Die Nichtigkeit der Thronansprüche des Grafen Alexander von Welsburg in Oldenburg von Dr. Walter **Schücking**, Prof. Marburg a. L.: O. Ehrhardt 1905. (112 S.) 8°
— **Arbeiten** ausd. jur.-staatswiss. Seminar d. kgl. Univ. Marburg. H. 2. (05 5609

Die Organisation der Welt. Von Walther **Schücking**, Prof. Leipzig: Kröner 1909. 84 S. 8° (09. 10849

— dasselbe, s.: Abhandlungen, staatsrechtliche, Festgabe f. Paul Laband.

Quellensammlung zum Preußischen Staatsrecht. Zsgest. u. bearb. von Dr. Walther **Schücking**, Prof. Leipzig: C. L. Hirschfeld 1906. (XIII, 417 S.) 8° [F.]
— **Quellensammlungen** z. Staats-, Verwaltungs- u. Völkerrecht. Bd 4. (06. 960

Schücking, Walth., der Regierungsantritt. Eine rechtsgeschichtl. u. staatsrechtl. Untersuchg. 1. Buch. Die Urzeit u. die Zeit der ost- u. westgerman. Stammesreiche. gr. 8. (XVI, 202 S.) Leipzig 899. Veit & Co. n. 5. 60

— der Staat u. die Agnaten. gr. 8. (V, 60 S.) Jena 902. G. Fischer. n. 1. 50

— die preußische Verfassungsurkunde. Textausg. m. Gesetzesverweisgn. u. Anlagen. (42 S.) 8. Leipzig 904. [C. L. Hirschfeld.] Tübingen, J. C. B. Mohr. n. 1. —; geb. n. n. 1. 30

Schuckman, Hermann Albert: De triplici Algebrae Cartesianae Algorithmo, s. a. Beselin, Lucas [Praes.]

Schuckman, Hermann Albert (Güstrow) A. S. 1317/42
Dissertatio de triplici algebrae Cartesianae algorithmo. Präs. Lukas Beselin.
Halle (Krebs) I. 1701. 36 S., 1 Taf. 31637

Schuckman, Hermann Albrecht (Güstrow) A. S. 812/48
Dissertatio juridica inauguralis de repetendo testium examine. Präs. Johann Joachim Schoepffer.
Rostock (Weppling) XI. 1702. 48 S. 31638

Schuckmann, Friedrich Frhr. von

v. Schuckmann, Prüfende Bemerkungen über des von Hrn. Reg.-Raths v. Raumer Schrift: Das Brittische Besteuerungssystem u. s. w. Berlin u. Stettin, 1810.

Schuckmann, Frhr. Fr. v. Bemerkungen über v. Raumer's Schrift: Das britische Besteuerungssystem, insb. die Einkommensteuer dargestellt. 8°. Berlin, Nicolai, 1810.

Schuckmann, Friedrich [aus Bechtolsheim (Hessen)]: Ueber die Einwirkung von Aldehyden auf Orthodiamine ... Erlangen, Druck v. A. Vollrath's k. b. Hofbuchdr., 1892; 22 S. 8.
Erlangen, Phil. Fak., Inaug.-Diss. v. 1892

Schuckmann, Fr. v., Ideen üb. Finanzverbesserungen. 8. Tübing. Cotta. 808. — 6

v. Schuckmann, Frhr. Fr., (Kön. Preuß. Staatsminister,) († d. 17. Sept. 1834.) Ideen über Finanzverbesserungen. 8. Tübing. 809. v. Cotta. 6 gr

Schuckmann, H. v., Waidmann's Wörterbuch zu Nutz und Frommen für Dianen's junge Schüler. gr. 16. (59 S.) Leipzig 879, Schmidt und Günther. *

Schuckmann, H. W. v., Waidmanns-Wörterbuch, zu Nutz und Frommen für Diana's angehende Jünger gereimt. 12. (VII, 112 S.) Berlin 882, Parey. geb. *

Schuckmann, J. v., Nachrichten über die Familie von Schuckmann von 1582–1888. Nur vom Verfasser zu beziehen.

Schuckmann, Johann Heinrich (Güstrow) A. S. 1153/15
Centuria thesium anatomico-physiologicarum.
Präs. Georg Christoph Detharding.
Greifswald (Starck) 3. VII. 1726. 15 S. 31642

Schuckmann, Johann Heinrich (Güstrow) A. S. 1194/32
Disputatio medico-chirurgica inauguralis de keletomias absque castratione instituendae nova methodo.
Präs. Wilhelm Huldreich Waldtschmid.
Kiel (Lüders) VI. 1730. 18 S.
W. v.: David Sandow. 31643

Schuckmann, Johann Heinrich (Güstrow) A. S. 1204/8
Specimen manuductionis ad vitam longam quod tradit regulas generales circa superfluorum excretionem, hominibus observandas. Wie überhaupt in Reinigung ...
Präs. Georg Detharding.
Rostock (Adler) 22. I. 1724. 16 S. 31641

Schuckmann, Moritz von: Aphorismen über die Veränderung im Geldwesen der Königlich-dänischen Staaten. Kopenhagen: Bonnier 1813. 8°

— kurze Darstell. des Wachsthums d. Mark Brandenburg, während des 400jähr. Besitzes des Hauses Hohenzollern. 8. Berl. 814. Dümmler. 4 gr

— Janus, od. mein Glaubensbekenntniß üb. den Ausgang des großen Kampfes um Selbstständigkeit u. Freiheit d. Staaten rc. 8. Kopenh. 813. Bonnier. 8 gr

Schuckmann, Moritz von, s. Platon. Eine Zeitschrift ...

— Platons Traum. 8. Hamb. 806. Campe. 12 gr

Schuckmann, M. v. Platons Traum. 8°. Hamburg 1806.
Enth.: Armut; Armee-Assekuranz; Besteuerungswesen; Theuerung.

Schuckmann, Mor. v. Vorschlag zur Tilgung der Mecklenburg-Schwerinschen Schulden. 8°. Kopenhagen, Bonnier, 1813.

Schuckmann, Waldemar von: Über die Einwirkung niederer Temperaturen auf den Fortgang der inneren Metamorphose bei der Puppe von Vanessa urticae. Mit 4 Fig. u. 1 Taf. Leipzig: W. Engelmann 1909. 47 S. 8° ¶(Aus: Archiv f. Entwicklungsmechanik. Bd 27.)
Freiburg i. B., Phil. Diss. v. 1. Juni 1909, Ref. Weismann
[Geb. 11. Aug. 83 Krefeld; Wohnort: Krefeld; Staatsangeh.: Preußen; Vorbildung: Prinz-Heinrichs-Gymn. Schöneberg Reife O. 03; Studium: Freiburg i. B. 3, Leipzig 1, Berlin 1, Freiburg i. B. 5 S.; Rig. 11. Dez. 08.]
[U 09. 1044

Schuckmann, Walter von: Die bakteriologische Kontrolle von Wasserwerken mit Filtrationsanlagen. Breslau 1900: Bresl. Genossenschafts-Buchdr. (31 S.) 8°
Breslau, Med. Diss. v. 22. März 1900

von Schuckmann, Wilhelm, a. Schwerin: Verbotene Eigenmacht und Selbsthülfe beim Besitz nach dem Bürgerlichen Gesetzbuch. Schwerin i. M. 1904: E. Herberger. (40 S.) 8°
Rostock, Jur. Fak., Ref. Bernhöft, Diss. v. 5. Febr. 1905
[Geb. 24. Dez. 73 Schwerin i. M.; Wohnort: Hagenow; Staatsangeh.: Mecklenburg-Schw.; Vorbildung: Gymn. Fridericianum Schwerin Reife O. 93; Studium: Jena, Bonn, Rostock; Rig. 19. Nov. 04.]

Schuckus. Franc. Xav. Phil.: Tractatus specialis de furto tertio. Jenae 1799.

Schüddekopf, Albert, Sprache und Dialekt des mittelenglischen Gedichtes William of Palerne. Ein Beitrag zur mittelenglischen Grammatik. Diss. Göttingen 1886, Dieterichsche Univ.-Buchh. 8°. 57 S.

Schüddekopf, Alb., Sprache u. Dialekt d. mittelengl. Gedichtes William of Palermo. Ein Beitrag zur mittelengl. Grammatik. gr. 8. (111 S.) Erlangen 886. Deichert. n. 2. —

Schüddekopf, Carl (Hrsg.), s. Briefe. – Berliner Briefe.

Schüddekopf, Carl, Briefe v. u. an Johann Nikolaus Götz, s.: Götz, Joh. Nik.

Schüddekopf, Carl. Aus dem Briefwechsel zwischen (S[alomon]) Gessner und [Carl Wilhelm] Ramler. [A.] 8. [Berlin 1892.]

Schüddekopf, Karl, s.: Briefwechsel zwischen Gleim u. Heinse.

Schüddekopf, Carl, s: Freundesgaben f. Carl August Hugo Burkhardt.

Schüddekopf, Carl, s.: Gleim, Joh. Ludw. Wilh., u. Ramler, Briefwechsel.

— s.: Gleim u. Uz, Briefwechsel.

— s.: Goethe u. die Romantik.

· s.: Goethe-Kalender.

Schüddekopf, C., Wilhelm Heinse und Klamer Schmidt. (S.-A.) 8°. 36 S. (1 Mk. 50 Pfg. der Vorige.)

— s.: Lichtenberg's, G. C., Briefe.

Schüddekopf, Karl (Hrsg.), s. Mörike, Eduard: Miss Jenny Harrower.

Schüddekopf, Carl, Karl Wilhelm Ramler bis zu seiner Verbindung mit Lessing. Diss. Leipzig 1886, Gustav Fock. 8°. VI, 85 S.

— e. Scherzgedicht auf d. Einweihg. d. Universität Halle, s.: Beiträge zur Kulturgeschichte.

— Goethes Tod. Dokumente u. Berichte der Zeitgenossen. (184 S. m. 8 Taf. u. 8 Faksms.) 8. Leipzig 907. Insel-Verlag. 4.—; geb. 5. —

Schüddekopf, Karl (Hrsg.), s. Wieland, Chrph. Martin: Gesch. d. Prinzen Biribinker.

Schüddekopf, Karl (Hrsg.), s. Zeitschrift f. Bücherfreunde.

Schudel, Bertold: Über den Propylidendipropyläther.
Separatabdruck aus: Sitzungsber. d. K. Akad. d. Wiss. in Wien. Bd. 90. II.S. 7.

Schüdel, Hugo, über Ischias scoliotica. Inaugural-Dissertation. gr. 8. (55 S. mit 1 Taf.) Berlin 888. (Bern, Huber und Comp.) *
Aus: v. Langenbeck's Archiv, besonders abgedruckt.

Schuder, Kurt, Friedrich Hebbel, Denker, Dichter, Mensch. (68 S.) 8. Leipzig (909). O. Weber. 1. —

Schuder, W. A., vollständ. Anweis., bunte Papiere zu machen rc. 8. Leipz. 803. Joachim. 12 gl (Friese in Pirna). 4 gl

Schüder: Weitere Versuche mit dem Ozon als Wassersterilisationsmittel im Wiesbadener Ozonwasserwerk.
s. Proskauer

Schüder, Heinrich: Beitrag zur methodischen Behandlung des deutschen Sprachunterrichts besonders in den unteren Gymnasialclassen. Altona. 1865. 4°. Gymn.-Progr.

Schüder, Paul

Schüder, Bericht üb. die Tätigkeit der Wutschutzabteilung am königl. preuss. Institut f. Infektionskrankheiten zu Berlin im J. 1902. (22 S. m. 2 Taf.) gr. 8. Jena 904. G. Fischer. n. 1.20

Schüder, Bericht üb. die Tätigkeit der Wutschutzabteilung am königl. preuss. Institut f. Infektionskrankheiten zu Berlin im J. 1903. (28 S. m. 2 farb. Karten.) gr. 8. Jena 904. G. Fischer. n. 2. —
Sonderabdruck aus: „Klin. Jahrb."

— dasselbe, Fortsetzg., s.: Meinicke.

— die Tollwut in Deutschland u. ihre Bekämpfung. Insbesondere für Aerzte, Tierärzte u. Verwaltungsbeamte. (VII, 112 S. m. 2 Karten.) gr. 8. Hamburg 903. L. Voss. n. 2. 50

Schüder, s.: Volksseuchen.

Schüder, Paul, über die Wirkung des Acetophenon. Diss. Würzburg 1886, Stahelsche Univ.-Buchh. 8°. 33 S.

Schuderoff, Ed., das Amt des evangelischen Geistlichen, dessen Kreuz, Freude u. Krone, ein Spiegel für Geistliche u. Nichtgeistliche in drei Gesängen, nebst einer poetischen Epistel. Lex.-8. Leipzig 840. Schreck. n. 1/3 Thlr.

Schuderoff, Ed., Vaterlandsbüchlein f. den deutschen Bürger u. Landmann, od. kurze Belehrung üb. das, was dem deutsch. Volke, besond. in constitut. Staaten, in polit. Hinsicht Noth thut. Gegeb. in 6 Capit. 12. (3 B.) Ilmenau 833, [Weimar,] Voigt.

Schuderoff, (Joh. Georg) Jonathan

Schuderoff an Hrn. Jonathan in Ronneburg, Vorfechter im Kirchenthume. 8. Leipzig, Hartmann. 818.

Schuderoff an Hrn. Jonathan in Ronneburg, Vorfechter im Kirchenthume. 8. Leipz. 818. (Lehnhold). 8 Gr.

Schuderoff, J., Altarreden bey Pfarreinführungen nebst einigen Kanzelvorträgen. 8. Ronneburg, Comm.-Compt. 819.

Schuderoff, Jonath., Altarreden bei Pfarreinführungen, nebst einigen Kanzelvorträgen. 8. Ronneb. 820. (Weber). 1 Thlr. 4 Gr.

— Annalen der Fortschritte d. religiösen Kultur des 19. Jahrh., s. unten: Journal.

Schuderoff, Jonath., Annalen der Fortschritte d. religiösen Cultur d. 19ten Jahrh. rc. 1r—6r Jahrg. jed. in 2 Bdn. u. jed. Bd. in 3 Stück. gr. 8. Altenb. Lit. Comtoir. 802—7. (jed. Bd. à 1 Rthlr. 12 gr.)

— — Fortsetz. dess. od. Annalen f. d. öffentl. Religions- und Schulwesen. 1r—4r Jahrg. jed. in 2 Bdn. u. jed. Bd. in 3 Stück. gr. 8. Ebend. 808—11. (jed. Bd. à 1 Rthlr. 12 gr.)

Schuderoff, Jonath., Annalen f. das öffentl. Religions- u. Schulwesen. 5r u. 6r Jahrg. jed. in 2 Bdn. u. jed. Bd. in 3 Stück. gr. 8. Altenb. Lit. Comt. 812, u. 813. (jed. Bd. à 1 Rthlr. 12 gr.)

— Ansichten u. Wünsche, betreff. das protestant. Kirchenwesen u. d. protestant. Geistlichkeit. gr. 8. Leipz. 814. Barth. 9 Gr.

Schuderoff, Jonath., über d. Aussicht zu e. neuen Kirchenrechte mittels einer in d. Predigerbibliothek Bd. 15. H. 5. befindl. Deduction. gr. 8. (2 B.) Neustadt a. d. O. 833, Wagner.

SCHUDEROFF, Jonath. (1760—1843), Badebelustigungen. Tübingen 1810. 8°. (In München: P. o. germ. 1347p.)

— Beitr. z. Beförder. zweckmäß. Kanzelvorträge. 8. Braunschw. 796. Thomas. 12 Gr. N. Aufl. 8. Hamb. 808. (Leipz., W. Nauck). 12 Gr.; bei Schmidt. 10 Gr.

— Beitrr. zur Berichtigung der Urtheile, betreff. eine Religionslehre. 8. Jena 797. (Cnobloch in Leipz.) 12 Gr.

— — z. Bericht. d. Urtheile betreff. eine Religionslehre. 8. Jena, Gabler. 797.

— klarer Bericht an das deutsche Volk üb. die Befreiung d. protestant. Geistlichkeit von den bürgerl. Lasten. 8. Altenb. 816. Brockhaus. 14 Gr.

— wissenschaftl. Beurtheilung der Recension einiger Schriften über das Verhältniß des Staates zur Kirche in der Leipz. Lit. Zeit. 8. Ebend. 819.

— wissenschaftl. Beurtheilung der Recension einiger Schriften üb. das Verhältniß des Staates zur Kirche in der Leipz. Lit.-Zeitung. 8. Ronneb. 820. (Weber). 8 Gr.

SCHUDEROFF, Jth.: Klarer Beweis an d. deutsche Volk üb. d. Befreyungen d. protest. Geistlichk. v. bürgerl. Leistungen u. Lasten. *Lpz.*, Brockhaus. 816. 8. (14 Gr.)

— Briefe üb. moral. Erziehung in Hinsicht auf d. neueste Philosophie. 8. Leipz. Benj. Fleischer. 792.

— Briefe über moral. Erziehung in Hinsicht auf die neueste Philosophie. 8. Leipz. 792. Fr. Fleischer. 12 Gr.

— Briefe üb. das protestant. Kirchen-Unwesen. (Aus d. Nemesis. 3r Bd. 4s Stck. besond. abgedr.) gr. 8. Weim. 815. Indust.-Compt. 8 Gr.

— Ehrenrettung der Protestanten gegen J. Chr. v. Aretins Beschuldigungen im Morgenboten u. d. Plane Napoleons u. seiner Gegner. 8. Leipz. 810. Gr. Fleischer. 12 Gr.

— Ehrenrettung d. Protestanten gegen des Freyherrn Joh. Chr. v. Aretin Beschuldigungen im Morgenboten u. d. Plane Napoleons u. seiner Gegner. 8. Lpz. Gerh. Fleischer. 810.

— Etwas zur Beherzigung für Mütter vornehmen Standes. 8. Jena, Gabler. 798.

— etwas zur Beherzigung für Mütter vornehmen Standes. 8. Jena 798. (Cnobloch in Leipz.) 16 Gr.

— Fest- u. Gelegenheitsreden u. Predigten. 8. Ronneb. 827. (Weber). 1 Thlr. 8 Gr.

— zum Frieden in der Kirche. (Aus d. neuest. Jahrbb. für Religions-, Kirchen- u. Schulwesen VIII. 3. besond. abgedr.) gr. 8. Neust. a. d. O. 831. Wagner. 4 Gr.

Schuderoff, Jonath., für Frohsinn u. Lebensweisheit. Vorlesn. 8. (12 1/4 B.) Leipzig 838, [Festsche Brlsh.] 1 Thlr., hrbgs. Pr.

Jth. Schuderoff für Frohsinn u. Lebensweish.; Vorless. *Lpz.*, Wuttig. 838. 8° 1 Thlr.

— Gelegenheitsreden u. Predigten. gr. 8. 821, Leipz. Hartmann.

— Gelegenheitsreden u. Predigten. gr. 8. Altenb. 821. (Leipz., Lehnhold). 1 Thlr. 3 Gr.

Schuderoff, Jonath., Glaube u. Vernunft in ihren Verzweigungen. 8. (7 1/4 B.) Neustadt a. d. O. 843, Wagner.

SCHUDEROFFS, Jth.: Grundzüge z. evangel. protest. Kirchenverfass. u. z. evangel. Kirchenrechte. *Lpz.*, Barth. 816. gr. 8. (16 Gr.)

SCHUDEROFF, J.: Grundzüge zur evangel.-protestant. Kirchenverfassung und zum evangel. Kirchenrechte. *Lpz.*, Barth. 817. gr. 8. (15 Gr.)

— Gutachten üb. die Vereinigung der beiden protestant. Bekenntnisse. gr. 8. Leipz. 817. Barth. 3 Gr.

—— an den Hrn. Consistorialr. u. Generalsuperint. Dr. Hesekiel in Altenburg üb. das an d. gesammte Prediger- u. Schullehrerschaft d. Hrzth. Altenburg erlass. Consistorialrescript v. 13. Nov. 1838. 2. Aufl. 8. (2 3/4 B.) Leipzig 839, [Köhler'sche Brlsh.]

— über die oberbischöfl. Hoheit der Regenten. Ein Kapitel aus dem allgem. Kirchenrechte. 8. Ronneb. 826. Fr. Schumann; (a. Weber). 8 Gr.

—— Jahrbücher f. Religions-, Kirchen- u. Schulwesen, s. a. Jahrbücher ꝛc.

—Journal für Veredlung des Prediger- u. Schullehrerstandes. 1r—6r Jahrg. od. 1r—12r Bd. A. u. d. T.: Annalen d. Fortschritte der religiösen Kultur des 19n Jahrh., à Jahrg. in 2 Bdn. gr. 8. Altenb. 802—7. 18 ℛ (Barth in Leipz.) 6 ℛ — Neues Journal ꝛc., od. Annalen für das öffentl. Religions- u. Schulwesen. 1r—7r Jahrg. à 2 Bde (oder 7r—13r Jahrg. 13r—26r Bd.). gr. 8. Ebd. 808—14. 21 ℛ Leipz., Barth. 7 ℛ — Neue Zeitschrift, od. Jahrbücher f. das öffentl. Religions- u. Schulwesen. 8r—25r Jahrg. (od. 27r—50r Bd. d. Ganzen) 1815—26. gr. 8. Ebd. 21 ℛ 12 gl Hbg. Pr. 12 ℛ — 26r—31r Jahrg. od. 51r—61r Bd. oder neueste Jahrbücher. 1r—11r Bd. gr. 8. Neust. a. d. O. 827—32. Wagner. 16 ℛ 12 gl Hbg. Pr. 8 ℛ 6 gl

—die Juristen in d. protestant. Kirche, nach Luther; noch eine Zugabe zum Ref.-Jubelfeste. 8. Zeitz 817. Webel. 6 gl

Schuderoff, Jonath., üb. Kirchenzucht; mit besond. Hinsicht auf die protestant. Kirche. 8. Altenb. 809. (Barth in Leipz.) 8 gl

— üb. Kirchenzucht, mit besond. Hinsicht auf d. protestantische Kirche. 8. Altenb. W. C. Richter. 809.

— Communionbuch f. gebild. Christen aus allen Ständen. 8. Altenb. Lit. Comtoir. 801.

— Communionbuch für gebildete Christen aus allen Ständen. N. A. 8. Leipzig, Brockhaus. 816.

—— über d. Consistorial-Verfassung in d. deutsch-protestant. Kirche, nebst e. Beurtheil. des auf dieselbe bezügl. Abschnittes d. Grundgesetzes f. d. Herzogth. Sachsen-Altenburg. gr. 8. (5½ B.) Neustadt a. d. O. 831, Wagner.

Schuderoff, J., f. Landesverschönerung. 8. Altenburg, 1825. Lit.-Compt. — 20

Schuderoff, Jonathan, s. Magazin, Neues, von Fest-, Gelegenheits- u. and. Predigten.

MÄRCHEN, Die, der Liebe .... (von *Jonathan Schuderoff*). Berlin 1805.
Anon.-Lex. III. p. 101 (nach Meusel).

MARTYRER, Die, der Liebe. Hrsg. v. J. S. (verfasst von *Joh. Geo. Jonathan Schuderoff*, 1766—1843). 1805. 8°.
VIII u. 212 SS. Zahm. Inh.: 1. Rechtern's letztes Lebensjahr. (In Briefen.) 2. Karolinens Briefwechsel.
Anon.-Lex. III. p. 202 (nach Kayser, Engelmann, Goedeke u. dem Neuen Nekrolog).
Vgl. Märtyrer, ...

Schuderoff, Jonathan, s. Materialien zur Beantwort. d. Preisfrage: Soll man Kinder ...

—— Musterpredigten, s. Musterpredigten...

— Nebenstunden. 2 Bdchen. 8. Ronneb. 823—825. Fr. Schumann; (a. Weber). (1s Bdchn. 1 ℛ 3 gl 2s Bdchen. 1 ℛ) 2 ℛ 3 gl

— Predigerspiegel für Geistliche u. Laien. 1r Thl. gr. 12. Leipz. 800. Rabenhorst. 18 gl

— Predigt am Dankfeste für den bei Leipzig erfochtenen Sieg; am Weihnachtstage gehalten. 8. Ronneb. 814.

—— Predigt am 1. Sonnt. nach Trinit. 1829, nach e. Doppelbrande in Ronneburg, in d. dasigen Stadtkirche gehalt. gr. 8. (1¼ B.) Neustadt a. d. O. 829, Wagner.

— Predigten. gr. 8. Münst. 787. N. A. 807. Theissing. 1 ℛ 12 gl

— Predigten. gr. 8. Münster, Waldeck. 807.

— einige Predigten zur Erinnerung an des Vaterlandes Drang u. sorgenvollste Zeit. gr. 8. Leipz. 814. W. Vogel. 1 ℛ 4 gl

— Predigten üb. die Evangelien der Sonn- u. Festtage des Jahres. 1802. 2 Bde. gr. 8. Altenb. 803. 2e A. 809. (Hinrichs in Leipz.) 2 ℛ

— Predigten üb. d. Evangelien d. Sonn- u. Festtage d. Jahres 1802. 2 Bde. gr. 8. Altenb. Rink. (Hinrichs in Leipzig.) 809.

— Predigten üb. die sonn- u. festtägl. Evangelien d. ganz. Jahres. gr. 8. Neust. a. d. O. 820. Wagner. 2 ℛ 12 gl Hbg. Pr. 1 ℛ 18 gl

— Predigten f. Freunde der reinen Sittenlehre. 2 Bde. gr. 8. Jena 799—801. (Knobloch in Leipz.) 2 ℛ 16 gl

— Predigten f. Freunde d. reinen Sittenlehre. 2 Bde. gr. 8. Jena, Gabler. 799-801. (à 1 Rthlr. 8 gr.)

— vier Predigten vom Gutenbergs- bis zum Amts-Jubel-Feste 1840. gr. 8. Neustadt 840. Wagner. ¼ ℛ

—— vier Predigten vom Gutenbergs- bis z. Amts-Jubel-Feste 1840. gr. 8. (3¾ B.) Neustadt a. d. O. 841, Wagner.

— Predigten in d. neuesten Zeit gehalten. gr. 8. Leipz. 810. Gr. Fleischer. 2 ℛ

—— üb. den Protestantismus in seiner ursprüngl. Bedeutung, insbesond. f. d. christl. Kirche. gr. 8. (6 B.) Neustadt 842, Wagner.

— moral.-religiöse Reden über bibl. Texte. 8. Halle 794. Renger. 16 gl

RICHARD und Augusta. Ein Roman in Briefen (von *Joh. Geo. Jonathan Schuderoff*, 1766—1843). Schneeberg 1805. 8°.
Goedeke VI, 394, 28, 2; Anon.-Lex. III. p. 384 (nach Meusel, dem Neuen Nekrolog, Engelmann, Kayser).
Vgl. Richard...

— Samml. einiger Kanzel- u. Altarreden. gr. 8. Neust. a. d. O. 826. Wagner. 1 ℛ 12 gl Hbg. Pr. 1 ℛ

—— kleine Schriften kirchenrechtl. u. religionsphilosoph. Inhaltes. gr. 8. (12 B.) Lüneburg 837, Herold u. Wahlstab.

—— Symboloklasmus od. Symbololatrie. gr. 8. (2¼ B.) Neustadt a. d. O. 831, Wagner.

—— über allgem. Union d. christl. Bekenntnisse. gr. 8. (2½ B.) Neustadt a. d. O. 829, Wagner.
Aus dess. „Jahrbücher f. Religions-, Kirchen- u. Schulwesen" abgedruckt.

Jth. **Schuderoff** üb. die sich wiederholenden Unterhaltungen in Gesellschaften u. d. vornehmste Quelle ders. *Jena*, Gabler. 795. 8° 9 gl

— üb. die sich wiederholende Unterhaltungen in Gesellschaften. 8. Jena u. Leipz. 795. (Knobloch). 9 gl

— Versuch e. Kritik der Homiletik. 8. Gotha 797. Perthes. 8 gl

—— Vorlesungen z. Feststellung einiger Begriffsbestimmungen u. z. Beurtheil. einiger gangbaren Maximen. 8. (9 B.) Hildburghausen 830, Kesselring'sche Hof-Buchh.

— werdet nicht der Menschen Knechte. Zwei Kanzelreden über 1. Cor. 7, 23. am 18. u. 31. Oct. 1817 gehalt. 8. Ronneb. 817.

Schuderoff, J.: Ueber d. innerl. nothwendigen Zusammenhang d. Staats- u. Kirchenverfass.; nebst einem Sendschreiben an Hrn. Fr. v. Bülow. *Ronneburg*, Commiss.-Compt. 818. 8. (9 Gr.)

Ueber den dermaligen Zustand der deutschen Freimaurerei und des deutschen Logenwesens. Vier Vorlesungen vom Br. Jonathan Schuderoff. Ronneburg: Literarisches Comptoir 1824. XIV, 96 S. 8⁰

— üb. den dermal. Zustand der deutsch. Freimaurerei u. des deutschen Logenwesens. 4 Vorlesungen. 8. Ronneb. 824. Fr. Schumann; (a. Weber). 15 ℊ

Schudt, Jos. Leod. Barth. Summarisch doch ausführlich historische Nachricht von dem Sarganser Land, worinnen dieses Landes Herkommen, Regierungsform, Kriegs Unruhen. (36) 4. Feldkirch 1736.

Schudig, J. J., einige Predigten. 8. Dessau.

Schudt, Bernhard Jakob (Frankfurt a. M.) ["Author"]
Dissertatio inauguralis juridica, continens decades aliquot positionum ex jure publico, feudali, camerali, civili et canonico depromptarum.
Giessae 30. März 1733: Eb. Henr. Lammers. 20 S. 4°
pro summis in utroque jure honoribus ac privilegiis doctoralibus rite consequendis.

Schudt, Ernst [app. Arzt aus Hühnerhof '(Hessen-Nassau)']: Ein Beitrag zur Lehre vom Trichterbecken ... Marburg, *Druck v. W. Engel in Schotten, Hessen*, 1896; 48 S. 8.
Marburg, Med. Fak., Inaug.-Diss. v. 21. Dez. 1896

Schudt, F.

— baths of Homburg and environs, s.: Towns and landscapes.

Schudt, F., Bad Homburg vor der Höhe u. seine Umgebung, s.: Städtebilder u. Landschaften.

Schudt, Georg

Schudt, G., Zur Erinnerung an Homburg, s. a. Zur.

Schudt, Geo., zur Erinnerung an Homburg. Poetische Bilder, Geschichten und Sagen, zusammengestellt. Mit 1 Ansicht (in Stahlst.). Homburg 856. Fraunholz. 16. (IV, 203 S.)
n. 24 ngr.

Schudt, Geo., Homburg und seine Umgebungen. Ein Handbuch für Fremde und Einheimische. 3., umgearb. Aufl. 8. (IV und 203 S.) Homburg (861)62, Fraunholz.

— Taunus-Bilder in Geschichten, Sagen und Liedern aus dem Munde älterer u. neuerer Dichter. Ebend. 859. 16. (IV, 203 S.) 18 ngr.

—— Taunus-Bilder, s. a. Taunus-Bilder.

Schudt, Hermann, aus Rockenberg: Über die elektrochemische Reduktion einiger Nitrophenoläther. *Gießen 1902: v. Münchow.* (56 S.) 8°
Gießen, Phil. Diss. v. 1902

Schudt, Johann Jakob

— Commentatio in Psalmum XC. 8. ibid. 718.

—, *Jüdisches Franckfurter u. Prager Freuden-Fest*, wegen der höchstglücklichen Geburth des Durchläuchtigsten Käyserl. Erb-Printzens (*Leopold*, erstgeb. Sohn Karl's VI., geb. d. 27. Apr. 1716, † 4. Octob. 1716), vorstellend mit was Solennitäten die *Franckfurter Juden* selbiges celebrirt, auch ein besonders Lied, mit Sinn-bilder (!) u. Devisen (auch Abdr. d. hebr. Orig.-Inschriften), darauff verfertigt: So dann den curieusen kostbahren, doch recht possirlichen Auffzug, so die *Prager Juden* gehalten: Zu des curieusen Lesers sonderbahren Belustigung auss dem Hebräisch- ins Hochteutsche übersetzt, mit nöthigen Anmerckgn. erklährt, u. mit e. Vorrede samt *Anhang von unterschiedenen jüdischen Auffzügen* bekleidet (sic). Franckfurt a. Mayn, gedr. u. zu finden bey Matthias Andreä, Anno 1716. Kl. 8⁰. Eleg. weiss. Hpgmtb.
Sehr selten! 84 S. m. TKpf. (in Doppelformat) u. einigen Hlzschn. im Texte.

— genius et indoles linguae S. sive comment. grammaticus criticus. 8. ibid. 713.

Schudt, I. Io., Iudaeus Christicida peccans. 8. Frncf. Eslinger. 703.

Neue Franckfurter Jüdische Kleider-Ordnung, Deßgleichen wie es bey ihren Verlöbnüssen, Hochzeiten, Beschneidungen, Gevatterschafften und anderen Vorfallen hinführo soll gehalten werden .... Aus dem Hebräischen ins Hochteutsche übersetzet, und mit nöthigen Anmerkungen versehen Von Johann Jacob Schudt ... Franckfurt am Mayn, Gedruckt und zu finden bey Matthias Andreä, Anno 1716. Kl. 8⁰. (Bibl. Lipperheide no. 3343.)
Titelkupfer, 62 S. (S. 15. 16 in der Zählung ausgelassen.)

SCHUDT, Joh. Jac. (des Gymnasii Moeno-Francof. Con-Rector, 1664—1722), Jüdische Merckwürdigkeiten, vorstellende was sich Curieuses .... mit denen in alle IV. Theile der Welt, sonderlich durch Teutschland, zerstreuten Juden zugetragen. Sammt einer vollständigen Franckfurter Juden-Chronick .... Benebst einigen .... Kupffern u. Figuren. 4 Thle., 3 Continuationen u. Anhang. Mit Portr. d. Vf. u. 12 Kpfrn. Franckfurt u. Leipzig (o. Adresse), Anno MDCCXIV—XVII. (1714—17.) 4⁰.
I: 12 Bll., 582 S., 1 Bl. Err. II. 1—2: 4 Bll., 432 u. 383 S., 1 S. Err. Besonders beachtenswerth II. 1. S. 58 das Portr. Vinc. Fettmilch's (Rädelsführer im Frankf. Aufruhr 1614); S. 256 Abbild. d. berücht. Spottbildes auf d. Juden unter dem Frankf. Brücken-Thurm. III: 4 Bll., 358 S., 1 Bll. Err., 30 Bll. Reg. Suppl. (1717): 48 S.
Das interess., noch jetzt von den Juden gefürchtete, durch Aufkaufen immer seltener werdende Werk, handelt u. a. ausführl. über der Frankfurter Juden „Wucher u. Schacherey, listige Betrüglichkeit, verachteter Zustand, Üppigkeit u. Übermuth, Unzucht, Hochmuth, Gestanck, Verhalten gegen bekehrte Juden" etc.
Ganz cplte. Expl. sehr selten! Ein solches offerirte 1883 Isaac St. Goar in Frkft. a. M. für Mk. 40, später (c. 1904) Ernst Frensdorff in Berlin für Mk. 55.—.
Vgl. Hayn, Hugo, Thesaurus libror. Phil. Pfister, Monacensis. München 1888, no. 2307.

— jüdische Merkwürdigkeiten. 4 Thle. 4. Ebendaselbst. 717—18.

Schudt, Jh. Jak., monita paterna, cum versione teutonica Erdm. Gotth. Mülleri. 8. Frankf. a. M. 760. Varrentrapp. 4 ℊ

Joh[annis] Jacob[i] Schudt Libri 2 de probabili mundorum Pluralitate. Cum App. De Nihilo. Francofurti ad M.: Stock 1721. 82 S. 8°

Schudt, J. J., Vita Hug. Grotii. Francof. 722. 8.

— vita Iephtae. 8. ibid. 701. — 9

Schué, C., s.: Festgabe usw. Heinrich Finke gewidmet.

Schue, Johann Baptist

Schue, Jh. Bapt., Abhandl. über das kaiserl. Ausschließungsrecht. 8. Wetzlar 793. Winckler. 8 ℊ

Schue, J. Bt.: „Staatsrechtliche Abhandlungen über die Reichs- kriegs- und andere Steuern, mit Hinsicht auf den Geist der Reichsgesetze und des Reichsschlusses von 1793; oder staatsrechtlicher Beweis, dass die Steuerbefreyten auch in diesem Kriege nach dem Besitzstande beurtheilt werden müssen", Gießen 1801 (Heyer).

Schue, ...: „Rechtliche Entwickelungen einiger Materien in Betreff der Landeshoheit, nebst Abhandlung über die Exemtion", Frankfurt a. M. und Leipzig 1795. — Vorh.: Bibl. des Oberlandesgerichts Celle — Qa. 398.

—— Rechtl. Entwickelung einiger Materien, in Betreff der Landeshoheit, nebst Abhandl. üb. d. Exemtion. *Marburg*, Krieger's V. II. in *Cassel*. 795. gr. 8. (20 Gr.)

— etwas üb. die Einrichtung zweckmäß. Quartierämter. 8. Gießen 814. Tasché. 8 gl.

Schue, Jh. Bapt., über die Einrichtung zweckmäßiger Quartierämter. 8. Gießen 814. (Fr. Fleischer in Leipzig.) 1/3 Thlr.

— Gedanken üb. die Rechtsbeständigkeit der neuest. kaiserl. Wahlcapitulation rc. 8. Wetzlar 792. Winckler. 4 gl.

— üb. einige Paragraphen der Wahlcapitulation. 8. Marb. 794. Krieger. 3 gl.

— Prüfung der Verträge zwischen Landesherren u. Unterthanen. 8. Wetzlar 792. Winckler. 8 gl.

Schuegraf, J. R. Cham u. der bayerische Wald im 30jähr. Kriege v. Jahr 1633—1651. Regensburg 1849. 40 S.

Schuegraf, Josef Max(imilian)

Schuegraf, Jos. Max., der Wäldler. Gedichte in der Mundart des bayer. Waldes. gr. 16. (XVI und 181 S.) Würzburg 868, (Kellner.)

Schuegraf, Josef Rudolf

Schuegraf, Jos. Rud., kurze Abhandlung über die Frage: Warum wurden ehemals in Bibliotheken die Bücher an eiserne Ketten gelegt? gr. 8. (2 B.) Regensburg 844, Manz.

Schuegraf, (J. R.,) Biographien von berühmten Männern aus Baiern. 1s Heft. 8. Passau 821, Pustet.

Schuegraf, J. R., Geschichte d. Buchdruckkunst in Regensburg, s. Pangkofer, J. A.

Schuegraf, Jos. Rud. (pens. Oberlieut. etc.), *Geschichte des Domes von Regensburg* u. der dazu gehörigen Gebäude, grösstentheils aus Original-Quellen bearb. u. hrsg. von dem histor. Verein von Oberpfalz u. Regensburg. 2 Thle. (in 1 Bde.). Mit 8 + 10 lithogr. Taf. (*A. Kapeller* del.) u. 1 Stahlstich (in Doppelformat, *Grueber* fec.). Regensburg 1847—48. Gedr. b. Jul. Heinr. Demmler. (Auch tit.: Verhandlungen d. histor. Vereines von Oberpfalz u. Regenburg. Bd. 11, 12.) Gr. 8⁰. Das 1. Bl. etw. fleckig, sonst wie neu. Eleg. roth. Hlwdb.

Schuegraf, Jos. Rud., Geschichte des Domes von Regensburg und der dazu gehörigen Gebäude. Größtentheils aus Original-Quellen bearb. und hrsg. von dem histor. Verein von Oberpfalz und Regensburg. 2 Thle. gr. 8. (XXXII und 585 S. mit 2 Stahlst. und 18 lithogr. Abbildungen.) Regensburg 848, Manz.

Schuegraf, Jos. Rud., Geschichte des Domes von Regensburg u. der dazu gehörigen Gebäude. Größtentheils aus Original-Quellen bearb. u. hrsg. von dem histor. Verein von Oberpfalz u. Regensburg. 2 Thlr. Mit [2 Stahlst. u.] 18 lith. Abbildgn. gr. 8. (XXXII u. 585 S.) Regensburg 849, Manz. n. 3 Thlr.

Schuegraf, J. R., das Haus zum Riesen Goliath Lit. F. Nro. 20 in Regensburg. Regensb., Neubauer, 1840. 8⁰. 30 S. Cart.
Auf Umschlag-Rückseite ein auf dieses Haus mit dem (bereits im J. 1763 von Mart. Bozberger gemalten) Freskobilde bezügl. Zeitungs-Ausschnitt geklebt.

— das Haus zum Riesen Goliath. Lit. F. Nr. 20. in Regensburg. gr. 8. Regensburg 840, (München, Franz.) 1/8 Thlr.

Schuegraf, J. R. Das französische Lager bei Hengersberg 1742. Landshut 1859. 46 S.

— s. Sachs, Hans, ein Lobgedicht.

Schuegraf, J. R., Stammtafel des Bruders Berhtolt v. Regensburg, s. Bibliothek der gesammten deutschen National-Literatur. 11r Bd. 1r Thl.

—— kritische Untersuchung über den Ursprung des Straubing'schen Stadtwappens mit dem Pflug, u. das Rathsgeschlecht der Straubinger von Regensburg. 8. (3 B. u. 2 Taf. Abbild.) Regensburg 844. (München, Franz.)

— meine Wanderungen üb. die Rusel im baier. Walde. 8. Straubing 824, Schorner.

Schuegraf, M., München. Beschreibung seiner Entstehung u. seiner Gegenwart m. besond. Berücksicht. d. Sehenswürdigkeiten. Mit zahlr. Illustr. u. dem neuesten Stadtplan v. L. Wenng. 12. (12 u. IV, 170 S.) München 889. (Litterarisch-artist. Anstalt.) n. 1. -

Schuegraf, Max., der arme Sepp. Eine Falkenstein-Geschichte. 12. (125 S.) Füssen 897. (M. Endter.) n. 1, 25

Schuegraf, Rudolf (J.)

Schuegraf, R. J, grammatische Aufgaben f. Präparanden- u. Mittelschulen. 8. (64 S.) Regensburg 884. Pustet. n. — 40

Schuegraf, R. J. Grammatische Übungen f. Präparanden- u. Mittelschulen. 2. verm. Aufl. 8. (80 S.) Regensb. 889, Pustet. * — 50

Schuegraf, R. J., grammatische Aufgaben f. Mittelschulen. 3., verm. u. verb. Aufl. gr. 8. (160 S.) Regensburg 894. F. Pustet. n. — 80; geb. in Halbleinw. n. 1. —

Schuegraf, Rud., grammatische Aufgaben f. Mittelschulen. 4., verm. u. verb. Aufl. gr. 8. (176 S.) Regensburg 900. F. Pustet. — 80; geb. in Halbleinw. n. 1. —

Schuegraf, Rud., deutscher grammatischer Uebungsstoff f. Mittelschulen. 5., verb. Aufl. (200 S.) 8. Regensburg 905. F. Pustet. n. — 90; geb. n. 1. 20

Schuegraf, Rud., deutscher grammatischer Übungsstoff f. Mittelschulen. 6., verb. Aufl. (11.—14. Taus.) (200 S.) 8. Regensburg 908. F. Pustet. — 90; geb. 1. 20

Schüelein, Karl, Chiron; für Deutschlands Jugend. 1r Bd. 1s Heft. gr. 8. Nördlingen 817. Beck. 12 gl. 2e Aufl. 827. Ebd. 8 gl.

— Chiron, der angenehme Erzähler. Ein Unterhaltungsbuch f. d. Jugend. gr. 8. Nordl. 827, Beck.

De Sophistarum indole et moribus. Scrips. Car. (Ludov.) Schuelein. — 1836. Speyer, Daniel Kranzbühler. — S. 25—48.
Progr. Speier.

Kann eine Gelehrtenschule zugleich Realschule sein? Von Karl Schuelein, k. P. u. Kreissch. — 1832. Sp., Kranzbühler sen. — S. 3—13.
Progr. Speier.

Schüelein, (Carl,) Muster- u. Uebungsblätter zur Bildung des Ausdrucks u. Geschmacks. Mit einer Methodik als Anhang. gr. 8. Heidelb. 825, Oßwald.

Schüelein, Karl: O r a t i o , qua Georgio Jaegero August. Bavarorum Regis a consiliis aulicis Lycei et G. Spirensis Rectori solennia muneris scholastici quina vicennalia d. VIII. Mart. MDCCCXXX. gratulatus est. Spirae, typis Kolbianis. – S. 1–12.
Progr. Speier.

— Wort- u. Sachregister zu Gesenius hebräischer Grammatik. Für alle Aufl. brauchb. u. mit d. Seitenzahl der 7n versehen. gr. 8. Heidelb. 826, Oßwald.

Schüepp, Hermann, aus Frauenfeld: Die Bewegungsänderungen starrer Körper bei plötzlichen Fixierungen. [Mit acht Figuren im Text.] Zürich 1910. 43 S. 8°. [4. IV. 10.]
Zürich, Univ. Phil. Diss. II. 8. 1909/10.

Schüerhoff, August [approb. Arzt aus Soëst]: Zur Aetiologie der spontanen Hirnblutungen . . . . München, Druck v. M. Ernst (vorm. Georg Pollner), 1887; 24 S. 8°
München, Med. Fak., Inaug.-Diss. v. 1887

Schuffelhauer, Gustav: Die Busse und ihre Behandlung im Reichsstrafrecht. Berlin 1909: Streisand. 71 S. 8°
Heidelberg, Jur. Diss. v. 1909, Ref. v. Lilienthal
[Geb. 30. Jan. 84 Berlin; Wohnort: Charlottenburg; Staatsangeh.: Preußen; Vorbildung: Wilhelms-Gymn. Berlin Reife M. 03; Studium: Archit. Berlin Techn. Hochsch. 3, Jura München 2, Berlin 1, München 1, Berlin 2 S.; Rig. 10. Febr. 09.] [U 09. 1902

Schuffenhauer, E.: Ausgeführte ... L a n d h ä u s e r in Facaden u. Grundrissen, s. S c h u f f e n h a u e r , W.

Schuffenhauer, Johann Karl August

Schuffenhauer, Jh. Karl Aug., Anleit., wie man Kinder in d. Anfangsgründen der Religion unterrichten muß ꝛc. 8. Leipz. 810. Verfasser. 4 gl

Meine Ansichten und Erfahrungen in dem Freymaurer-Orden. Von dem Verf. des Praktischen Handbuchs für Freymaurer nach den Bedürfnissen unsers Zeitalters [d. i. Joh. Karl Aug. Schuffenhauer]. o. O. 1821. XII, 92 S. 8⁰
[Nebentit.:] Der zwar oft verkannte, aber immer wieder erkannte Werth des Freymaurer-Ordens aus der Geschichte seines Zeitalters dargest. Den ältern BBr. zur Beherzigung, den jüngern zur Belehrung, den irrenden zur Berathung.
Kl. 619. Apologetische Schrift. Allgem. Gesch. der Frmrei, Gesch. in England, Frankreich u. Deutschland; Wert u. Nutzen der frmrischen Symbole; allgem. Einrichtung, Grundsätze u. Zweck des Bundes.

— kurze geograph. Beschreib. v. Palästina; nebst e. Nachrr. von merkwürd. Oertern aus d. alt. Geographie. 8. Leipz. 803. Verf.

— kurze Erläuter. der symbol. Bücher f. Ungelehrte. 8. Leipz. 803. Verfass.

— über moral. u. religiöse Erziehung. 8. Leipz. 810. Verf. 2 gl

Schuffenhauer, Johann Karl August [Praes.], s. G r e n z , Gotthelf Christian: De vi religionis in salutem publicam pars I. Adumbr. quaest. histor.

Praktisches Handbuch für Freymaurer nach den Bedürfnissen unsers Zeitalters abgefasst von einem Ord.Br. [d. i. Joh. Karl Aug. Schuffenhauer. H. 1]—4. Leipzig: Selbstverl. 1801—1804. 8⁰
[1.] XVIII, 80 S. 1801; 2. XIV, 98 S. 1802; 3. 106 S. 1803; 4. 109 S. 1804.
Kl. 549 **23.**

— Inbegriff aller Wissenschaften. 8. Leipz. 810. Verf. 10 gl

— Communionbuch f. junge Christen, welche zum ersten Male z. Abendmahl gehen, nebst Anh. von d. Pflichten der Eltern gegen ihre Kinder nach dem Abendmahlsgenuß. 8. Leipz. 810. Verfass. 4 gl

— Unterricht f. junge Christen, welche z. erstenm. d. Abendm. genießen. 8. Ebend. 810.

— Weltgeschichte in den alten u. neuen Zeiten ꝛc. 8. Leipz. 810. Verfasser.

— üb. den Werth der Bibel. 8. Leipz. 809. Verf. 6 gl

Schuffenhauer, W., Façadenbuch, s. Façadenbuch.

Schuffenhauer, W., Façadenbuch. Sammlung von Façaden neu ausgeführter Wohnhäuser u. Orig.-Entwürfe, nebst Grundrissen u. Details. 3. Aufl. (In 24 Liefgn.) Leipzig 870. Scholtze. 4. Jede Liefg. (5 Steintaf.) n. 10 ngr.

Schuffenhauer, W., Façadenbuch. Sammlung von Façaden neu ausgeführter Wohnhäuser und Orig.-Entwürfe, nebst Grundrissen und Details. 4. Aufl. In 4 Sammlungen oder 24 Lfgn. 4. (à 5 Stnt.) Leipzig 873, Scholtze. à Lfg. einzeln * 1 60
Jede Sammlung in 6 Lfgn. oder geb. *M. 7. * 28 —
—— dass. — 4. Aufl. Fortgesetzt von Blocht. 5. Sammlung. 7 Hefte. 4. (à 5 Stnt.) Ebendas. 875. à Heft *M. 1,20. * 8 40

Schuffenhauer, W., Façadenbuch. Sammlung von Façaden neu ausgeführter Wohnhäuser und Original-Entwürfe nebst Grundrissen und Details. 5. Aufl. 1.—24. Heft. [1.—4. Sammlung.] 4. (à Heft 5 Stnt.) Leipzig 875, Scholtze. à Heft * M. 1,20.; geb. à Sammlung *

—— dass. — 25.—31. Heft. [5. Sammlung.] 4. (35 Stnt. mit 8 S. Text.) Ebendas. 877. à Heft * M. 1,20.; geb. *
Die 5. Sammlung erschien a. u. d. T.: Blocht, Ed., Façaden-Album.

Schuffenhauer, W., Façadenbuch. Sammlung von Façaden neu ausgeführter Wohnhäuser u. Orig.-Entwürfe, nebst Grundrissen u. Details. 5. Aufl. 25—31. Hft. [5. Sammlg.] 4. (37 Steintaf. m. 8 S. Text.) Leipzig 877. Scholtze. à n. 1. 20
(5. Sammlg. cart.: n. 8. 40)

Schuffenhauer, W., und Blocht, Façaden-Buch. Sammlung von Façaden neu ausgeführter Wohnhäuser und Orig.-Entwürfe, nebst Grundrissen und Details. 52 Hefte oder 5 Sammlungen. 4. (155 Taf.) Leipzig 881, Scholtze. [1.—4. Sammlung. (120 Stnt.) geb. à M 7,20.; 5. Sammlung. (35 Stnt.) geb. M 9.] Subscr.-Pr. à Heft
Ladenpr. compl. geb.

— u. **Blocht,** Façaden-Buch. Sammlung von Façaden neu ausgeführter Wohnhäuser u. Orig.-Entwürfe, nebst Grundrissen u. Details. 6. Aufl. (52 Hfte.) 4. (à 3 Steintaf.) Ebend. 881. Subscr.-Pr. à — 30;
Ladenpr. cplt.: 37. 20

—— Grabdenkmäler in Cement und Stein. Fol. (12 Stnt. in Tondr.) Berlin 866. [Leipzig, Scholtze.] *

—— und E. Schuffenhauer, ausgeführte und zur Ausführung bestimmte herrschaftliche Landhäuser in Façaden und Grundrissen. Fol. (6 Holzschntaf. und 8 S. Text.) Berlin 874. (Leipzig, Scholtze.) *

—— kleine Land-Häuser u. Villen. Orig.-Entwürfe, nebst Bau-Anschlägen u. Berechnungen. Zum prakt. Gebrauche für Architekten, Bauhandwerker, Maurer u. Bau-Unternehmer. 1. Liefg. Leipzig 870. Scholtze. gr. Fol. (10 S. mit 6 Steintaff.) n. 1 ₰ 15 ngr.

—— kleine Landhäuser und Villen. Orig.-Entwürfe nebst Bau-Anschlägen und Berechnungen. Zum prakt. Gebrauche für Architekten, Bau-Handwerker, Maurer und Bau-Unternehmer. 2. Aufl. Fol. (6 Stnt. mit 10 S. Text.) Ebendas. 876. *

Schuffenhauer, W., kleine Landhäuser und Villen. Orig.-Entwürfe, nebst Bau-Anschlägen und Berechnungen. Zum prakt. Gebrauche für Architekten, Bauhandwerker, Maurer, Bau-Unternehmer. 3. Aufl. Fol. (6 Lichtdr.-Taf. mit 10 S. Text.) Leipzig 888, Scholtze. *

Schuffenhauer, W., kleine Landhäuser u. Villen. Orig.-Entwürfe, nebst Bau-Anschlägen u. Berechngn. Zum prakt. Gebrauch f. Architekten, Bauhandwerker, Maurer u. Bau-Unternehmer. 4. Aufl. Fol. (6 Steintaf. m. 10 S. Text.) Leipzig 894. K. Scholtze. n. 4. 80

Johann Wolffgang Schäffer's Kurze doch gründliche Anweisung zur edlen Rechenkunst. Anspach. 8. 1736. — 1 Alph. 13 B. 8. (10 gr.) 1738.

Schuttert, *Karl* Alexanders des Grofsen indischer Feldzug. 4 (15 S.). **Progr.** Domg. u. Rg. *Colberg* 1886 (117

Schuffner, M. Ammianus Marcellinus in rerum gestarum libris quae de sedibus ac moribus complurium gentium scripserit, quibus rebus differant ab aliis auctoribus, quibus cum iis congruant, exponitur. 19 S. Progr. G. *Meiningen* 1877.

Schüffner, Meta, Grüsse aus der Natur. qu. 8. (6 Chromolithogr.) Leipzig 879, Scholtze. *

Schüffner, W., klinische Abbildungen, s.: Curschmann, H.

Schufft, A., Uebungsbuch für das schriftliche Rechnen, s. Völcker, H.

Schufftan, Georg: Studien über die gewerbliche Entwickelung des Gast- und Schankwirtswesens in Deutschland. *Breslau 1903: Th. Schatzky.* (104 S.) 8° ¶ (Teil einer größeren Arbeit.)
Heidelberg, Phil. Diss. v. 1903

Schufftan, Max: Die Lage der Pharmazie im XIX. Jahrhundert, mit besonderer Berücksichtigung der chemisch-pharmazeutischen Großindustrie. *Breslau 1903: Th. Schatzky.* (83 S.) 8°
Heidelberg, Phil. Diss. v. 1903

Schüfftan, Leopold, approb. Arzt aus Elbing: Über Spontanfrakturen im Anschluss an einen in der berufsgenossenschaftlichen Unfallstation Berlin IV vom Roten Kreuz beobachteten Fall. *Leipzig 1902: A. Edelmann.* (22 S.) 8°
Leipzig, Med. Diss. v. (21. Juli) 1902

Schufner, Jo. [Praes.], s. Motschmann, Jo. Philipp: Diatribe Academica de multitudine librorum.

Schuft, Adolf

Schuft, Adf., die Auslöffelung des Staars. Ein neues Verfahren. Berlin 860. Peters. gr. 8. (18 S. mit Holzschn.) 7½ ngr.
Vgl.: Waldau, A.

—— zur Lehre von der Wirkung und Lähmung der Augenmuskeln. (Uebersetzung der Inaugural-Dissertation.) gr. 8. (III und 80 S. mit eingedr. Holzschn.) Berlin 858, Peters. *

Schult, G. F. Versuch, jugendliche Figuren nach Zeichnungen verschiedener Kunstler in Kupfer zu stechen. Berlin o. J. [um 1780].
8 Bl. in Kupferst. 4°.
Zeichner: B. Rode. F. C Krüger. F. G. Glume 1 Bl. aus einer Handwerkerfolge 1789

Leitfaden der Botanik für Mediciner. (Repetitorium für Pharmaceuten.) Von Dr. Adolf **Schuftan**. Mit 2 Fig. Breslau: Schletter 1895. (193 S.) 8°
= [**Mentor**, Günther's, f. d. Tentamen physicum. 4.] [95. 15917

Schuftan, Ad., Leitfaden d. Botanik f. Mediciner (Repetitorium f. Pharmaceuten). gr. 8. (VI, 193 S. m. 12 Holzschn.) Breslau 895. Berlin, M. Günther. n. 2. 80; geb. n. 3. 40

Schuftan, **Adf.**, Leitfaden der Botanik f. Mediciner. (Repetitorium f. Pharmaceuten.) (Neue [Titel-]Ausg.) (VI, 193 S. m. 12 Fig.) gr. 8. Berlin [895] (903). M. Günther. n. 2. 80

Schuftan, **Adf.**, **Leitfaden der Botanik f. Mediziner.** (Repetitorium f. Pharmazeuten.) **2. verb. u. neubearb.** Aufl. (VI, 186 S. m. 12 Fig.) gr. 8. **Berlin 909.** M. Günther. **3.50; geb. 4. 25**

Schuftan, Adolf [aus Breslau]: Aus d. chem. Institut d. Univ Breslau. Ueber Meta-Nitro-α-Stilbazol, seine Reductionsproducte und über Anisilidenpyridylalkin. . . . Breslau, Druck v. P. Cohn, 1890: 39 S., 1 Bl. 8°
Breslau, Phil. Fak., Inaug.-Diss. v. 20. Nov. 1890

Schuftan, Adf., üb. Meta-Nitro-α-Stilbazol, seine Reductionsproducte u. üb. Anisilidenpyridylalkalin. Diss. gr. 8. (39 S.) Breslau 890. (L. Köhler.) n. 1. —

Schuftan, Adolf, Dr phil., in d. Schweiz approb. Arzt, deutscher Apotheker u. vereideter Gerichtschemiker aus Freiburg (Schl.: Über **Sublamin** und dessen toxische Wirkung im Vergleich zu der des Sublimats. *Berlin (1902): G. Schade.* (40 S.) 8°
Berlin, Med. Diss. v. 15. Aug. 1902

Schuftan, Georg [aus Berlin]: Ueber die Einwirkung von Phosgen und Thiophosgen auf Säure- und Harnstoffderivate des α-Naphtylhydrazin's. . . . Breslau, Druck v. P. Cohn, 1891; 2 Bl., 37 S. 8°
Erlangen, Phil. Fak., Inaug.-Diss. v. 1891

Schug, s. Fibel nach der analytisch-synthetischen Methode.

Schug, Josef: Dös waar zum Lacha! Humorist. Gedichte in oberbayer. Mundart mit e. Anh.: 'Redoutenlust u.-Leid'. München: Heindl [1909]. 96 S. 8°

Schug, Jos., dös waar zum Lacha! Humoristische Gedichte in oberbayer. Mundart m. e. Anh.: „Redoutenlust u. -Leid". (96 S.) 8. München (909). (W. Foth Nachf.) 2.—; geb. in Leinw. 3. —

Schugam, Alexander: Die kombinierten Systemerkrankungen des Rückenmarks speziell in Bezug auf die Beteiligung der Gefässe. Berlin 1909: Ebering. 84 S. 8°
Berlin, Med. Diss. v. 13. Aug. 1909, Ref. Ziehen
[Geb. 5. März 79 Petersburg; Wohnort: Zarizyn; Staatsangeh.: Rußland; Vorbildung: Gymn. Nischni-Nowgorod Reife O. 98; Studium: Phil. Petersburg 1, Med. Berlin 10 S.; Rig. 7. Aug. 09.] [U 09. 104

Schugt, *Friedrich* Zur Methode des französischen Unterrichts, insbesondere auf der Höheren Bürgerschule. 4 (S. 3—30). **Progr.** Höh. Bürgersch. *Koln* 1886 (449).

Schugt, Heinrich (geb. am 15 Apr. 1859 in Heimersheim a. d. Ahr): Ueber die Methoden zur Unterscheidung der peripheren und centralen Erkrankungen des Gehörorganes ... Bonn, Hauptmann'sche Buchdr. 1885. 29 S. 8.
Bonn, Med. Fak., Diss. v. 5 Aug. 1885

Schugt, J. G., Hülfsbuch bei d. Gesangunterricht f. Schulen u. z. Selbstunterr. In Fragen u. Antworten. 16. (7¼ B.) Köln 838, [Renard.?]

Schuh [Sachl. Ordnungswort]

Schuh, Der, heroisch-komisches Gedicht. Hannover 1772. V: *Rathlef*, *Ernst Lorenz Michael*[?]. (BGE)

Schuh u. Leder. Kampffmeyer'sche Zeitg. Organ f. die Veröffentlichgn. des „Verein deutscher Gerber". Organ f. die Veröffentlichgn. des „Verband deutscher Schuhwarenhändler". Red.: Carl Schmalfeldt. Mit der Unterhaltungs-Beilage: Für die bessere Hälfte. Red.: Paul Schettler. 48. u. 49. Jahrg. 1905 u. 1906. à 52 Nrn. (à ca. 100 u. 16 S. m. Abbildgn.) 4. Berlin, Kampffmeyer'scher Verlag. à Jhrg. n. 14. —

Schuh u. Leder. Kampfmeyersche Zeitg., vereinigt m. Der Schuhhändler, Internationale Schuh- u. Lederbörse, Deutsche Schuh- u. Leder-Welt, Internationale Lederbörse. Offizielles Organ d. Verbandes deutscher Schuhwarenhändler u. seiner Ortsvereine usw. Verantwortlich: Alfons Borchardt; f. die Veröffentlichgn. des Vereins der Interessenten d. Schuhgrosshandels: A. Pelckmann. Mit der illustr. Unterhaltungs-Beilage: Für d. bessere Hälfte. Red.: Paul Vetter. 50.—53. Jahrg. 1907—1910. à 52 Nrn. (à ca. 90 u. 8 S. m. Abb. in 33×25 cm.) 33×23,5 cm. Berlin, Schuh & Leder. à Jahrg. 14. —

Schuh [Verfasser]

Schuh, v., Stand d. Donau-Main-Kanalprojektes im Frühj. 1898, s.: Verbands-Schriften d. deutsch-österr.-ungar. Verbandes f. Binnenschiffahrt Nr. XXXVII.

Schuh, A.: Katalog der Lehrerbibliothek. 30 S. Jägerndorf, St. R., Progr. 1899

Schuh, Adam: Der Krieg in Böhmen im Jahre 1467. Phil. Diss., Prag 1902/1903.

Schuh A[dam]. Römisches Kriegswesen nach dem „bellum Judaicum" des Josephus Flavius, mit gelegentlichen vergleichenden Hinweisen auf unsere modernen Heeresverhältnisse. S. 3—12. 8. **Progr.** K. k. Staatsgymn. *Mähr.-Weißkirchen* 190?

Schuh Adam: Für Schule und Haus. Ein kleiner Beitrag zur Verbreitung und Förderung schulhygienischer Bestrebungen. 42. Marburg R. 05. **Progr.**

Schuh, August, Tierarzt a. Hildesheim: Untersuchungen des Fleisches an Backsteinblattern erkrankter Schweine auf das Vorhandensein virulenter Rotlaufbazillen. (Hannover [1908] A. Eberlein. (35 S.) 8°
Gießen, Veterinär-Med. Koll., Ref. Olt, Diss. v. 11. Mai 1908
[Geb. 3. Mai 83 Hildesheim; Wohnort: Hannover; Staatsangeh.: Preußen. Vorbildung: Gymn. Göttingen Reife M. 01; Studium: Tierärztl. Hochsch. München 4, Hannover 6 S.; Rig. 22. Nov. 07.]

Schuh, Benjamin

Schuh, Benj., die Mission auf der Insel Java oder Schilderungen aus meinem Leben. Straßburg 863. Berger-Levrault. 12. (VII, 80 S.) n. 8 ngr.

Schuh, Bernhard [app. Arzt aus Mannheim]: Ein Beitrag zur Pathologie der Quertrennungen der Cauda equina ... Tübingen, F. Pietzcker, 1893; 30 S. 8.
Tübingen, Med. Fak., Inaug.-Diss. v. 1893

Schuh, E., Pro u. Contra. E. hygien. Studie üb. das Radfahren. 8. (38 S. m. Vignetten.) Wien 897. Gesellschaft f. graph. Industrie. n.n. — 75

Schuh, Franz

Schuh, Frz., Abhandlungen aus dem Gebiete der Chirurgie und Operationslehre. Nach des Verf. Tode gesammelt. gr. 8. (VII und 931 S. mit 1 Stnt. in qu. 4. und eingedr. Holzschn.) Wien 867, Braumüller.

Schuh, über die Einklemmung der Unterleibsbrüche und ihre Behandlung. gr. 8. (57 S.) Wien 860, (Seidel und Sohn.) *
Aus: Wiener medizin. Wochenschrift, besonders abgedruckt.

Schuh, Frz., über die Erkenntniss der Pseudoplasmen. gr. 8. (IV und 356 S.) Wien 851, Seidel. *

Schuh, F., Dissertat. inaug. med., sistens experimenta de influxu venenor. nonnullor. in oeconomiam animalem. 8 maj. (2½ B. u. 1 Stnt.) Vindobonae 831, Wimmer.

—— über Gesichtsneuralgien und über die Erfolge der dagegen vorgenommenen Nervenresectionen. Lex.-8. (VIII und 124 S.) Wien 858, Seidel und Sohn. *

Schuh, Prof. Dr. — Die Hypertrophie der Vorsteherdrüse. Von — —. (Separat-Abdruck aus der österr. Zeitschrift für praktische Heilkunde. 1855.) Wien. 1855. Druck von L. C. Zamarski. (20 S. 8.)

Schuh, Dr. Franz —. Pathologie und Therapie der Pseudoplasmen, von — —. 8. (X, 480 S.) Wien. Druck von J. P. Sollinger's Witwe. Wilhelm Braumüller. 1854.

Schuh, *Prof.* Galvanocaustische Versuche im Schuljahre 1858. *Wien* 1858. Typ.-lit.-art. Anst. *(L. C. Zamarski, C. Dittmarsch & C.)* 24 S. 8°.
Separat-Abdruck aus der »österreichischen Zeitschrift f. praktische Heilkunde« 1858. Nr. 42—44.

Schuh, Fritz. Untersuchungen über die Pyometra des Pferdes. (Aus dem pathologisch-anatomischen Institute der Königl. Bayer. Tierärztlichen Hochschule zu München....) Diss. Vet.-Med. Bern. [Mit Figuren.] Sonderabdruck aus «Monatshefte für praktische Tierheilkunde». Band 21. IV + 34 S. 8. Stuttgart, Union Deutsche Verlagsgesellschaft, 1910.

Schuh, G.

Schuh: Über den Jotacismus der griechischen Sprache. Zs. 84 S. München M., Progr. 1862,63.

Schuh, Geo., Curiosa im 19. Jahrhundert od. e. offener Brief an die hohe Kammer der Abgeordneten d. bayer. Volkes. 2. Aufl. gr. 8. (40 S.) München 874. Hoepfner & Grammer in Comm. — 40

Die Stadt Nürnberg im Jubiläumsjahre 1906 von deren 1. rechtskundigen Bürgermeister Dr. G[eorg] v. **Schuh.** Nürnberg: G. P. J. Bieling Dietz 1906. (XVI, 647 S.) 4° [06. 11]

Schuh (Georg) v., die Stadt Nürnberg im Jubiläumsj. 1906. (XVI, 647 S.) Lex.-8. Nürnberg 906. (J. L. Schrag.) Geb. in Leinw. n. 20. —; erm. Pr. n. 12. —

Schuh, Hans, aus Nürnberg, appr. Arzt: Zur Diagnose und Pathologie der Perikarditis. Mit Berücks. d. Pulsus paradoxus. *Nürnberg 1901: U. E. Sebald.* (46 S.) 8°
Erlangen, Med. Diss. v. (4. Dez.) 1901

Schuh, Heinrich: Beiträge zur Kenntnis der Unterphosphorsäure. 1911. 57 S., 1 Taf. 8⁰
München, Dr.-Ing.-Diss. v. 23. 12. 1910

Schuh, Heinrich, a. Sigmaringen: Elektrische Untersuchungen: I. Über oscillatorische Kondensatorentladungen. II. Über die Leitfähigkeit von explodierenden Gasgemischen. Marburg 1905: M. Liehner, Sigmaringen. (87 S.) 8°
Marburg, Phil. Fak., Ref. Richarz, Diss. v. 1. Febr. 1906
[Geb. 13. Okt. 77 Trier; Wohnort: Sigmaringen; Staatsangeh.: Preußen; Vorbildung: Gymn. Sigmaringen Reife M. 98; Studium: München 1, Würzburg 3, Marburg 8 S.; Rig. 20. Juli 04.]

Schuh, Hermine, Vorlagen zum Ausstechen und Nachnähen für Haus und Kindergarten. gr. 8. (32 autogr. Taf. mit 1 S. Text.) Wien 878, Pichler's Wwe. und Sohn.

Schuh, J., Sehprobe zur Constatierg. v. Simulation. gr. 8. (1 Taf. m. 1 Bl. Text.) Schliersee 897. A. Finsterlin. n. 1. 50

— **Wissenschaft,** Naturheilkunde u. Kurpfuscherei. gr. 8. (36 S.) Leipzig 898. Benno Konegen, Verlag. n. — 80

Schuh, Joh., kathol. Gebet- u. Gesangbuch. Zum Gebrauche d. Schuljugend u. Erwachsener zusammengestellt. 16. (IV, 366 S. m. farb. Titelbild.) Eger 897. J. Kobrtsch & Gschihay. n. 1. —; geb. n. 1. 40

Schuh Karl: Über die Erweiterung der geogr. Kenntnisse durch die Kreuzzüge. 8. Gmunden 897.
Progr.

— Der Neubau des Kommunal-Obergymnasiums in Gmunden und seine feierliche Eröffnung am 19. Sept. 1901. 32 und 2 Pläne. ibd. 02.
Progr.

Schuh Karl: Vorgeschichte der Anstalt. 7. Gmunden 98.
Progr.

SCHUH, Karl: Über Wirthschaftsregeln in der Forstwirthschaft. - Darmstadt 1890. 29 S., 2 Bl. - Diss. Univ. Tübingen 1890

— Der Zubau des Kommunal-Obergymnasiums in Gmunden; seine Einweihung und feierliche Eröffnung am 14. 12 1903. 14. ibd. 04.
Progr.

Schuh, Karl Gottlob

Schuh, Karl Glob., die Macht des gläubigen Gebets. Eine Sammlung von wohlverbürgten Gebets-Erhörungen, umfassend: Die Errettung des Sünders von seinen Sünden, sowie Gottes wunderbare Errettung, Erlösung, Befreiung und Hülfe in allen Lagen des Lebens, als Antwort auf gläub. Gebete. Wie Gott die Gebete Seiner Kinder erhört, Denen hilft, die ihr Vertrauen allein auf Ihn setzen, und alle Seine Verheißungen heute noch erfüllt an Denen, die sie sich zu eigen machen. Nebst Abhandlungen über die verschiedenen Formen, Bestandtheile und Geheimnisse des gläub. Gebets. 8. (158 S.) Gernsbach 884, Christl. Kolportage-Verein. cart. **

Schuh, Karl Glob., die Macht d. gläubigen Gebetes. Eine Sammlg. v. wohlverbürgten Gebets-Erhörungen, umfassend: Die Errettg. d. Sünders v. seinen Sünden, sowie Gottes wunderbare Errettg., Erlösg., Befreig. u. Hülfe in allen Lagen des Lebens, als Antwort auf gläub. Gebete. Nebst Abhandlgn. üb. die verschied. Formen, Bestandtheile u. Geheimnisse d. gläub. Gebets. (160 S.) 11. 8. Neu-Ruppin (907). F. W. Bergemann. Geb. — 70

Schuh, Laurenz

Schuh, L., Behandlg. d. Lesebuches f. d. Oberklassen in 3 Jahresläufen. 1. Tl.: 1. u. 2. Jahr. gr. 8. (VIII, 291 S.) Paderborn 896. F. Schöningh. n. 2. 80

Schuh, L., Behandlung des Lesebuches f. die Oberklassen in 3 Jahresläufen. 2. Tl.: 3. Jahr. (7. u. 8. Schulj.) (VIII, 329 S.) 8. Paderborn 906. F. Schöningh. n. 3. 20 (vollst. n. 6. —)

Schuh, L., Lehrproben üb. Lesestücke f. die Mittelstufe der Volksschule m. angeschlossenen Aufsätzen. Zugleich e. Versuch zur verständnismäß. Verarbeitg. d. gesamten Lesestoffes durch Gruppierg. desselben um Musterstücke. gr. 8. (VIII, 134 S.) Paderborn 893. F. Schöningh. n. 1. 40

Schuh, M., s. Bem, J.: Erfahrungen. ...

Schuh, M., die Feuerwaffen der kön. baier. Infanterie u. Kavallerie. Ein Handbuch für d. Unterricht in d. Kenntniß, Erhaltung u. d. Gebrauche derselben. Nebst e. Anh., üb. d. Anwendung d. Knall-Pulvers zu Kriegs-Feuer-Gewehren. Mit 3 Steintaf. 8. Münch. 825. (Lindauer). 20 gr

Schuh, M. Die Feuer-Waffen der k. bayer. Infanterie u. Kavallerie. Mit Tab. zc. München 1825. 188 S.

— **Rückblick auf die Kriegsereignisse um Nürnberg im J. 1632, zwischen Gustav Adolph u. Wallenstein. 8. Nürnb. 824. Campe. 8 gr**

Schuh, M. Rückblick auf die Kriegsereignisse um Nürnberg i. J. 1632 zwischen Gustav Adolf u. Wallenstein. Mit 1 Portr. u. 1 Pl. Nürnberg 1824. 51 S.

SCHUH, Martin (Landshut): Die Krankheiten des Mastdarmes.- München: Wolf 1881. 52 S. 20.5.1881 - Urk (Titel: De intestini recti morbis.); Chr 1880/81,15
Diss.Ingolst.-Landsh.-Mchn.

Schuh, Maximilian, aus Trier: Histologische Untersuchungen über das Amputationsneurom. *Sigmaringen 1901: M. Liehner.* (25 S.) 8°
Würzburg, Med. Diss. v. 1901

Schuh, Paul Eug., Crefelder Wanderbuch. Wanderungen am Niederrhein, an der unteren Ruhr u. im Bergischen Lande, m. e. Anh.: „Eine Wanderfahrt in die Eifel (Urfttal-Sperre bei Gmünd)". (182 S.) 8. Crefeld 905. W. Greven. n. 1. 20

Schuh, Paul Eug., Crefelder Wanderbuch. Wanderungen am Niederrhein, an der unteren Ruhr u. im Bergischen Lande. Mit e. Wanderkarte. 2. verb. Aufl. (169 S.) 8. Crefeld 907. W. Greven. 1. 50

Schuh, P. Wenzel —. Kurzer Leitfaden zur katechetischen Erklärung der evangelischen Pericopen an den Sonn- und vorzüglichsten Festtagen des Kirchenjahres, nebst Erläuterung der kirchlichen Ceremonien. Zum Besten der Volksschulen, so wie zu Nutz und Frommen eines jeden rechtschaffenen Christenmenschen zusammengestellt von — —. 8. (148 S. und 2 Blätter). Saaz. Ritter v. Schönfeld'sche Buchdruckerei. 1854.

Schuh- und Leder-Adreßbuch des Deutschen Reiches. 1905. Berlin: Schuh- u. Leder-Adreßb. f. d. Dtsch. Reich (1905). (XXII, 1082 S.) 8° [05.13036

Schuh- u. Leder-Adressbuch des Deutschen Reiches einschliessl. d. deutschen Kolonien u. d. Grossherzogt. Luxemburg 1910. (XXII, XVIII, 1384 S.) gr. 8. Berlin, Salomonsche Verlagsanstalt. Geb. in Leinw. 12. —

Schuh-Anzeiger. 1897-1900. 4° Artern 1897-1900

Schuh-Anzeiger, der. Fachzeitschrift f. die Interessen des Schuhwaarenhandels, der Schuhindustrie u. verwandte Geschäftszweige. Red.: Geo. Walter. 13. Jahrg. 1901. 52 Nrn. gr. 4. (à ca. 16 S. m. Abbildgn.) Hannover (Odeonstr. 17), G. Walter. 6. —

Schuh und Leder Anzeiger: 1890 - 1902

Trade journal. Monthly, 1890 - 92; weekly, 1893 - 94; semi-monthly, 1895 - 1902. Large quarto, each 42 - 96 pages. Absorbed Schuh und Leder Journal. Circulation: 1895, 5000; 1902, 2500. Edited & published by Henry Sues, 1890 - 92; edited by Maurice Weber, & published by Press Publishing Co., 1893 - 1902.
Chicago, IL

Schuhardt, Wilhelm

Schuhardt, W. Dion. (14) 4. Halberstadt 1875.

Schuhardt, *Wilhelm* [Prof.]: Zur Geschichte und Methodik des Lateinunterrichts an der Anstalt. Halberstadt, Druck v. C. Doelle & Sohn, *1895;* 1—8 S. 4.
Halberstadt, RG, Festschr. 1896 (207)

Schuhardt, Wilhelm: Die Gleichnisse in Vergils Äneis. 59 S. 8.
Progr. Realgymn. *Halberstadt* 1904 (303).

Schuhbauer, Thom. Joach., († d. 17. Dec. 1812.) Entwurf zu d. öffentl. Vorlesungen über die Aesthetik an d. hochfürstl. Akademie zu Passau rc. gr. 8. Passau 786.

(Schuhbauer, Thomas Joachim:) Kindermord in der Oberpfalz. (Göttingen 1783.)

Schuhbauer, Thomas Joachim, s. Lob- u. Ehrenrede auf die Inquisition.

Rede eines alten Novizenmeisters aus dem Franciskanerorden an seine Zöglinge am Tage ihrer Klosterprofession bey den heutigen verdorbenen Zeitumständen (von *Thom. Joach. Schuhbauer*). (Typ. Ornam. u. Zierleiste.) O. O. 1782. 8°.
Titel u. 94 S. Stellenweise derb-komisch. — Anon.-Lex. III. p. 342 (nach Meusel) hat „München 1782".

— sittl.-gemeinnützl. Sonntagsblatt f. Jedermann, vorzügl. f. Eltern u. Kinder. 8. Wien 795.

Schuh- u. Lederbörse, internationale. Organ für die Schuh- u. Schäftefabrikation, den Schuh- u. Schäftehandel, die Lederfabrikation, den Lederhandel, den Häute-, Fell- u. Rauchwarenhandel, die Schuh- u. Gerbereimaschinenfabrikation u. alle einschläg. Bedarfsartikel der Schuh- u. Lederbranche. Publikations-Organ f. den Verein der Interessenten des Schuhgrosshandels Deutschlands Sitz Berlin. Red.: Fr. Hattmeier u. P. Ohr. Jahrg. 1906. 52 Nrn. (à ca. 20 S. m. Abbildgn.) 4. Frankfurt a/M., Verlag der internationalen Schuh- u. Lederbörse. n.n.n. 10. —
Nicht durch den Buchhandel zu beziehen.

Schuhbranche, die. Zeitschrift f. den Lederhandel u. die Schuhindustrie. 2. Jahrg. 1885. 24 Nrn. (2 B.) Fol. Berlin, Streisand. n. 2. —

—— dass. — 3.—5. Jahrg. 1886—88. à Jahrg. 24 Nrn. (à Nr. 2 Bog.) Fol. Ebendas. à Jahrg. *

Schuhbranche, die. Zeitschrift f. den Lederhandel u. die Schuhindustrie. Red.: A. Schönfeld. 4.—7. Jahrg. 1887—1890. à 24 Nrn. (B.) Fol. Berlin, Streisand. à Jahrg. n. 4. —

Schuhbranche, die. Zeitschrift f. den Lederhandel u. die Schuhindustrie. 8.—11. Jahrg. 1891—1894. à 24 Nrn. (Bog.) Fol. Berlin, E. Streisand. à Jahrg. n. 4. —

Schuhe, Die pucefarbenen, oder: Die schöne Schusterin. Ein komisches Singspiel in zwey Aufzügen. Aus dem Französischen übersetzt. Wien 1795. Prag 1779. V: *Stephanie, Gtlieb d. J.* (Böhmische Litteratur auf das Jahr 1779. Prag 1779. S. 319, Nr. 34) (KY 7/90 »Wien 1800«) (BiblPort)

— die pücefarbenen, od. d. schöne Schusterin. Singspl. in 2 A. 8. Wien 800. Wallishausser. 5 K

Schuhe, Die seidenen, ein Lustspiel in zwei Akten. Leipzig 1781. V: *Kretschmann, Carl Friedrich.* (JL)

— d. seidenen. Lustsp. v. Kretschmann. 8. Lpz. Dyk.

Schuhe, die seidenen. Ein dialogisirt. Familiengem. (v. Familie Hausmann). 8. Leipz. 803. Rein. 16 K

Schuhe, Johann Baptist, s. Schue, Johann Baptist.

Schuhflicker, der, übers. v. J. Buhr, s.: Esser's, J., Sammlung leicht aufführbahrer Theaterstücke.

Schuhflicker, Der. Lustspiel in drei Aufz. A. d. Ital. . . . Paderborn 1894. V: *Blandini, Gaetano.* (Berl)

Schuhflicker-Mädchen, Das galante und artige, oder Liebes-Streiche und Begebenheiten der Jungfer Fanfiche . . . Frankfurt u. Leipzig 1749. V: *Bonneval, Gimat de.* (BGE) (Hayn, Vorschl. zu e. Lesebibl. f. Frauenzimmer. Borna-Leipzig 1889.)

Schuhflickermädchen, das galante u. artige, od. Begebenheiten der J. Fansische. 2 Thle. 8. Frankf. 749.

Schuh-Industrie-Zeitung, deutsche. Fachblatt für alle Zweige der Schuhmacherei. Organ und Eigenthum des Vereins selbstständ. Schuhmacher Deutschlands. Hrsg. von der Zeitungskommission durch W. Ebel. Redig. von G. Kehler. Jahrg. 1879. 52 Nrn. (à ½—1 Bog.) Mit 12 Mode- oder Schnittmusterbeilagen. gr. 4. Berlin, Expedition. *
Die frühern Jahrgänge erschienen u. d. T.: Schuhmacher-Zeitung, neue deutsche.

Schuh-Industrie-Zeitung, deutsche. Fachblatt für alle Zweige der Schuhmacherei. Organ und Eigenthum des Vereins selbstständ. Schuhmacher Deutschlands. Hrsg. von der Zeitungskommission. Redig. von G. Kehler. 6. Jahrg. 1880. 52 Nrn. (à Nr. 1—1½ Bog.) Mit 12 Mode- oder Schnittmusterbeilagen und Unterhaltungsblatt: „Deutsches Heim". Jahrg. 1880. 52 Nrn. (à Nr. 2 Bog.) gr. 4. Berlin, Expedition. **

—— dass. — Hrsg. durch die Zeitungskommission. Redig. von G. Kehler und E. Friedrichs. 7. Jahrg. 1881. 24 Nrn. (à Nr. 2 Bog. mit Mode- oder Schnittmusterbeilagen.) Fol. Ebendas. *

—— dass. — Fachblatt für alle Zweige der Schuhmacherei. Organ der Vereine selbstständ. Schuhmacher Deutschlands. Redig. von G. Kehler. 8. und 9. Jahrg. 1882 und 1883. à Jahrg. 24 Nrn. (à Nr. 2 Bog. mit Mode- oder Schnittmusterbeilagen.) Fol. Berlin, (Burmester und Stempell.) à Jahrg. *

—— dass. — Offizielles Organ des deutschen Schuhmacher-Innungs-Bundes und der Vereine selbstständ. Schuhmacher. Redig. von G. Kehler. 10. Jahrg. 1884. 24 Nrn. (à Nr. 1 1/2 Bog. mit Mode- oder Schnittmusterbeilagen.) Fol. (Ebendas.) *

Schuh-Industrie-Zeitung, deutsche. Fachblatt für alle Zweige der Schuhmacherei. Offizielles Organ des deutschen Schuhmacher-Innungs-Bundes und der Vereine selbstständ. Schuhmacher. Redig. von G. Kehler. 11. und 12. Jahrg. 1885 und 1886. à Jahrg. 24 Nrn. (à Nr. 1 1/2 Bog. mit Mode- oder Schnittmusterbeilagen.) Fol. Berlin, (Burmester und Stempell.) à Jahrg. *

Schuh-Industrie-Zeitung, deutsche. Fachblatt f. alle Zweige der Schuhmacherei. Offizielles Organ d. deutschen Schuhmacher-Innungs-Bundes. Red. v. G. Kehler. 13.—16. Jahrg. 1887—1890. à 24 Nrn. (1 1/2 B. m. Mode- u. Schnittmusterbeilagen.) Fol. Berlin, (E. Mecklenburg's Buchhandlg.). à Jahrg. n. 8.—

Schuh-Industrie-Zeitung, deutsche. Fachblatt f. alle Zweige der Schuhmacherei. Offizielles Organ d. deutschen Schuhmacher-Innungs-Bundes. Red. v. G. Kehler. 17.—20. Jahrg. 1891—1894. à 24 Nrn. (1 1/2 Bog. m. Schnittmusterbeilage.) Fol. Berlin, E. Mecklenburg. à Kahrg. n. 8.—

Schuh-Industrie-Zeitung, deutsche. Fachblatt f. alle Zweige der Schuhmacherei. Offiz. Organ des deutschen Schuhmacher-Innungs-Bundes. Red. v. G. Kehler. 21.—24. Jahrg. 1895—1898. à 24 Nrn. (à 8 S. m. Schnittmusterbeilage.) Fol. Berlin (E. Mecklenburg). à Jahrg. n. 8.—
Kann auch vierteljährlich bezogen werden.

Schuh-Industrie-Zeitung, deutsche. Fachblatt f. alle Zweige der Schuhmacherei. Fachzeitschrift f. die Schuhindustrie u. verwandten Berufszweige. Offizielles Organ d. Bundes deutscher Schuhmacher-Innungn. Red. v. G. Kehler. 25.—27. Jahrg. 1899—1901. à 24 Nrn. Fol. (à ca. 8 S. m. Taf.) Berlin (Wickisch & Co.). à Jahrg. n. 8.—
Fortsetz. s.: Schuhmacher-Zeitung, deutsche.

Schuh und Leder Journal : 18[illegible]
[illegible] published by Schuh und Leder Journal Co.
Chicago, IL

Schuhknecht, Paul, a. Leipzig: Untersuchungen über ultraviolette Fluorescenz durch Röntgen- und Kathodenstrahlen. Taucha-Leipzig 1905: E. Porzig. (30 S.) 8°
Leipzig, Phil. Fak., Ref. Wiener u. Des Coudres, Diss. v. 15. Apr. 1905
[Geb. 25. Dez. 76 Leipzig; Wohnort: Leipzig; Staatsangeh.: Sachsen; Vorbildung: Sem. Rochlitz Wahlfähigkeitsprüf. Nov. 99; Studium: Leipzig 6 S.; Rig. 15. Dez. 04.]

Schuhkraf(f)t, Eberhard Ludwig

Schuhkraft, Eberh. Ludw. (Hrsg.). s. Armenfreund, Der.

— Erhebungen f. das Herz, in religiös. u. moral. Gedichten. Ein Auszug aus d. geistl. Gesängen 2c. 8. Stuttg. 812. 2e ... 8e Aufl. 818. Verfass. 6 gr.

— Erhebungen für das Herz, in religiösen u. moralischen Gedichten. 8te verm. Aufl. 8. Carlsruhe, Marx. 818.

— moral. u. geistl. Gesänge. ... 4e A. 8. Pforzheim 809. 5e A. ... 6e A. 8. Eßling. 814. Verf. in Stuttg. 16 gr. Schrbp. 20 gr.

Schuhkrafft, L., geistl. Gesänge. 6te Aufl. 8. Eßling. Fischdorff u. Kl. 814.
Schreibp.

— allgem. Hülfsbuch f. alle Stände. 12 Bdchen. 8. Reutling. 823 u. ff. (Verf.) 3 ₰ 8 gr.

Schuhkraf(f)t, Eberhard Ludwig, s. Industrieschule d. Deutschen.

Schuhkrafft, Ebhrd. Ldw., Communionbuch. 8. Stuttg. 808. 7e Aufl. mit e. Anh. f. d. ersten Communikanten. 8. Karlsr. 812. Marx. N. A. 8. Stuttg. 818. (Sonnewald). 8 gr. 10e Aufl. 8. Stuttg. 821. Verfass. 9 gr.

— Kommunionbuch. 4te mit e. Anhange verm. Aufl. m. K. 8. Leipz. Sommer. 816.

Schuhkrafft's, L., Communionbuch. 7te Aufl. mit einem Anh. für die ersten Communikanten. 8. Carlsruhe, Marx. 818.

— — Dasselbe. Nebst einem Anhange f. d. ersten Communikanten. Mit 1 Titelkupfr. 8. Leipzig, Sommer. 820.

— — Dasselbe, für Christen aller Confession. 10te Aufl. 8. Stuttgart. (Leipzig, Herbig in Comm.) 819.

Schuhl, Gustavus: De elephantiasi anaesthetica. Halis Saxonum (1866): Gebauer-Schwetschke. 29 S. 8°
Halle-Wittenberg, Med. Diss. v. 19. März 1866
Geb. Horstdorf (Anhalt) 21. 9. 1842. V.

Schuhl, Moïse, sentences et proverbes du Talmud et du Midrasch, suivis du traité d'Aboth. gr. 8. (XII, 546 S.) Paris 878. (Frankfurt a/M. Baer & Co.) n.n. 12.

Schuhle, M. und H. Dobler, die Gerichtskostenordnung. (1576 S.) Göppingen 1907

Studien zu Posidonius Rhodius. — Von Franz Schühlein, Ass. — 1886, Freising, ebenda. — S. 1—80.
Progr. Freising, K. Lyzeum und Gymnasium

Schühlein, Franz: Zu Posidonius Rhodius. (Prüfung d. Ueberlieferung bei Suidas. Allgem. Untersuchungen üb. d. Werke *περὶ ὠκεανοῦ* u. *ἱστορίαι*.) (Forts. d. Progr. 1886.) Freising, Buchdr. v. Dr. F. P. Datterer, 1891; S. 1—35; 8°
Freising, StA, P 1891

Schühlein, Franz: **Untersuchungen** über des Posidonius Schrift Περὶ ὠκεανοῦ (Geophysischer Teil). 1. *Freising 1900: A. Fellerer.* (44 S.) 8° ¶ (Vgl. P-Beil. 1891.)
Freising, k. humanist. G, P 1900*

Schühlein, Franz: **Untersuchungen** über des Posidonius Schrift Περὶ ὠκεανοῦ (Geophysischer Teil). 2. *Freising 1901: A. Fellerer.* (S. 45—99.) 8° ¶ [Forts. d. P-Beil. 1900. — T. 1 u. 2 = Phil. Diss. Erlangen 1900.]
Freising, k. humanist. G, P 1901*

Schühlein, Franz, aus Baunach: **Untersuchungen** über des Posidonius Schrift περὶ ὠκεανοῦ (Geophysischer Teil). *Freising 1901: A. Fellerer's Wtw.* (99 S.) 8° ¶ [S. 1—44 erschien 1900 als Progr. d. humanist. Gymn. Freising.]
Erlangen, Phil. Diss. v. 18. Juli 1900

Schühly, Franz: Die Beweislast bei der auflösenden Bedingung und beim Vorbehalt. Karlsruhe i. B.: Braun 1910. 60 S. 8°
[Ein T. erschien als Inaug.-Diss. Heidelberg 1910.]

Schuhmacher [Sachl. Ordnungswort]

Schuhmacher, der. Unentbehrliches Unterhaltungs- und Geselligkeits-Taschenbuch für den Schuhmacher. 16. (VIII und 240 S.) Burg 856, Hopfer.

Schuhmacher, der frohe. Ein Liedercyclus nach bekannten Volksmelodien. Barmen 864. Bornefeld. 16. (14 S.) 1½ ngr.

Schuhmacher, der kleine, oder des Waisenknaben Sieg. gr. 16. (220 S. mit eingedr. Holzschn. und 6 Holzschnt.) Cincinnati 859. (Philadelphia, Schäfer und Koradi.) geb. *

Schuh- u. Stiefelmacher, der, in seines Gewerbes größter Vollkommenheit. Mit Berücksichtigung aller neuen Erfindungen 2c. Mit 1 Kpf. 8. Ilmenau 824. Voigt. 18 gl.

Der Schuh- und Stiefelmacher in seines Gewerbes grösster Vollkommenheit, oder ausführliche Anweisung zur Verfertigung aller Arten ... Schuhe ... 2. durchaus umgearbeitete Aufl. Weimar, Bernhard Friedrich Voigt 1863.
XVI – 310 S. 6 Taf. 8°
(Neuer Schauplatz der Künste und Handwerke Bd. II)

Schuh- und Stiefelmacher, der. s. a. Schauplatz, neuer, der Künste und Handwerke. 11. Bd.

Schuhmacher, süddeutscher. Fachblatt f. alle Zweige der Schuhmacherei. Red. v. Frdr. Dengler. 1. Jahrg. Juli—Dezbr. 1899. 26 Nrn. m. vierteljährl. Mode-Beilagen. gr. 4. (à ca. 8 S.) Leutkirch, J. Bernklau. n. 3.—

— dasselbe. Publikations-Organ des süddeutschen Schuhmacher-Verbandes, sowie der Inngn. Bamberg, Cannstatt, Heilbronn usw. Red. v. Frdr. Dengler. 2.—4. Jahrg. 1900—1902. à 52 Nrn. m. vierteljährl. Mode-Beilagen. gr. 4. (à ca. 8 S.) Ebd. à Jahrg. n. 6.—

Schuhmacher, süddeutscher. Fachblatt f. alle Zweige der Schuhmacherei. Publikations-Organ der Inngn. Freising, Heilbronn, Herzogenaurach usw. Red. v. Ign. Fluck. 5. Jahrg. 1903. 52 Nrn. m. Mode-Beilagen. (à ca. 8 S.) gr. 4. Leutkirch, J. Bernklau. n. 4.—

Schuhmacher, d. zwey ungleichen. 8. Bayr. Lübeck. 800.

Schuhmacher [Verfasser]

— vergl. Schumacher.

Geologische Karte der Umgegend von Strassburg, bearbeitet von Schuhmacher. Nebst Erläuterungen. Strassburg, 1883.

Schuhmacher, Andr. — Begrüßung Ihrer königlichen Hoheit Elisabeth Amalie Eugenie, Prinzessin in Baiern der durchlauchtigsten Braut Sr. Apost. Majestät Kaiser Franz Joseph I. von Oesterreich. Der Ertrag ist dem allgemeinen Wiener Wohlthätigkeits Vereine gewidmet. 8. (2 Blätter.) Wien. Druck und Verlag von Leopold Grund 1854.

Schuhmacher, Andreas — Der Prinz von Lothringen. Ein Gemälde des Hof-, Kriegs- und Volkslebens aus den Tagen Leopold I. 3 Theile. Von —. 1ter Theil. Wien, 1856. Druck und Verlag von J. Ludwig und A. Zang. (48 S. 8.)

Der siebenjährigen Isis [in Reval] Gnoti Seauton und Maurerinnen. Erste Forts. der drey Säulen der Unbekannten im Lande. [Von Balthas. Gerh. Schuhmacher.] Reval u. Leipzig: Albrecht 1782. 92 S. 8° [Umschlagtit.]
Recens: Archiv f. Frmr u. Rosenkreuzer. 2 (1785) S. 387.
Kl. 437. Selten. 3 Reden. 138.

Schuhmacher, F.: Geometrie der Kreise einer Kugel. 1889. 8°
Diss. Straßburg.

Schuhmacher, F., Die starken Präsenzstämme des Lateins in ihrer Entwicklung im Französischen. Diss. 1901. 112 S. 1.25

Schuhmacher, F., Quaestiones Persianae. Diss. 1878. 30 S. 2.—

Schuhmacher, G., Beleuchtung der Dietlein'schen Kritik des Gutachtens über die vier- und achtklassige Schule. gr. 8. (24 S.) Gütersloh 879, Bertelsmann.
Aus: Evangelisches Schulblatt, besonders abgedruckt.

Schuhmacher, H., Bilder-Atlas der Frühlingsblumen. 156 farb. Abb. nach der Natur auf 36 Taf. (in Leporelloform). Zur leichten Auffindg. der Namen nach Farben u. Standorten geordnet. Nebst erläut. Text. (24 S.) 8. Ravensburg (910). O. Maier. Geb. u. geh. 3.—

Schuhmacher, H. Zur Frage der Binnenschiffahrtsabgaben. Berlin 1901.

Schuhmacher, Heinrich Christian

Schuhmacher, (H. C.,) astronom. Abhandlungen. 1s — 3s Heft. Mit Kupf. gr. 4. Altona 823—25. 1s H. 1 Rthl. — 2s 2 Rthl. 12 gr. 3s H. 1 Rthl. 16 gr.

Schuhmacher, Heinrich Christian: Bericht über den Plan von Altona. Mit der Ansicht von Altona und 1 Kupfertafel. Kopenhagen. 1839. 4°

— astronomische Hülfstafeln f. Zeit- u. Breitenbestellungen. 3r Thl. gr. 8. Copenhagen 822, (Hamb., Perthes u. B.)

— dieselben f. d. J. 1823—27. gr. 8. Ebd. (Ebd.) à 1 Rthl. 8 gr.

— astronomische Nachrichten. 1r — 6r Bd. gr. 4. Altona 822—26, (Hamb., Perthes u. B.) à 4 Rthl.

— Planetentafeln f. d. J. 1822 u. 23, gr. 8. Ebd. (Ebd.)

— Samml. v. astronom. Hülfstafeln. 1s u. 2s Heft. 2s H. A. u. d. T.: Tafeln z. Reduction der in der: histoire céleste enthalt. Beobachtt. gr. 8. Copenh. 822—25, (Ebd.)

— Schreiben an W. Olbers in Bremen, enthaltend eine Nachricht über den Apparat, dessen er sich zur Messung d. Basis bei Braack im J. 1820 bedient hat; mit 2 Steindr. gr. 4. Ebend. 822. (Ebd.)

Schuhmacher, Herbert

Schuhmacher, Hbrt. Das Wildgatter, seine Anlage im Allgemeinen, nebst specieller Darstellung der gebräuchlichsten u. empfehlenswertesten Konstruktionen. Thore u. Einsprünge. Mit 32 Abbildgn. darunter 19 in den Text gedr. Taf. Im Auftrage des allgemeinen deutschen Jagdschutz-Vereins herausg. Neudamm 1890. gr. 8.

Schuhmacher, J., An sub depressione cranii, hujus elevatio per manualem operationem chirurgicam sit necessaria? Ob es nöthig sey, daß man die eingebogene Hirnschale müsse wieder aufheben? 14 pp. Rost. 4°.

1732

Johann Georg Schuhmacher. **Von der Bildung und Erziehung der Jugend zur Religion und Sittlichkeit.** Lahr, P 1813

Johann Georg Schuhmacher. Über den Einfluss der häuslichen Erziehung auf die öffentlichen Schulanstalten. Lahr, P 1807

Johann Georg Schuhmacher. Der Unterricht in der Naturgeschichte als Mittel, die Jugend zur Humanität zu bilden. Lahr, P 1810

Schuhmacher, K., der seinen Gott betrachtende Christ. 8. Augsb. Doll. 799.

Schuhmacher, C., neuester Faulenzer, worin hauptsächlich enthalten ist, die Fruchtrechng. nach Gulden u. Kreuzern u. Mark u. Pfennigen u. s. w. 8. (112 S.) Reutlingen 875. Baur. n. — 50

Schuhmacher, K., Cubikrechnung, oder Tabellen zur Berechnung des Kubik-Inhalts runder u. beschlagener Hölzer, sowie des Geldwerthes von 1—100 Kubikschuh, wenn 1 Klafter Holz von 6 bis 24 fl kostet, mit Berücksichtigung verschiedener Holzgattungen. Reutlingen 863. Rupp & Baur. 8. (36 S.) n. 4 ngr.

Schuhmacher, L., Quaest. crit. Sophocl. spec. I: Manus II, a Dindorfio litera S signata codicis Laurentiani, quam auctoritatem habeat ad Sophoclem emendandum. Diss. 1868. 60 S. 1.—

Schuhmacher, Ludwig. Trauerrede auf Martinus von Balthasar, den Hochwürdigen... Herrn Abt... des... freyen Stiftes St. Urban.... Gehalten am Tag der Todtenfeyer des Hochseligen, den 3ten Herbstmonats, 1792. 8. Luzern 1792.

Schuhmacher, Pet. Der Schütze v. Baden. 12. (11 S.) Halle a. S. 891, Kaemmerer u. Comp. cart. * — 50

—— dass. — u. d. T.: Die Londoner Ausstellungsballade od. P. Sch.'s Warnruf an seine Landsleute, die zur deutschen Ausstellg. nach London kommen. 12. (13 S.) Ebd. 891. cart. * — 50

SCHUHMACHER (= Schumacher), W., Der grosse Eremit, oder Liebesabenteuer des Frhrn. Leopold v. Lilienfeld. Ein satyrisch-launiger (zahmer) Roman. Danzig 1826. 8⁰. 234 S. (2 Mk. Frdr. Klüber, München, c. 1902; 3 Mk. Isaak St. Goar, Frf. a. M., 1909.)

Schuhmacher, W., Die sichersten Mittel wider die Gefahr beim Eintritte der Rindviehseuche. Mit 1 Kpfr. Berlin 793.

— Weibliche Schaam u. Entartung. Ursachen des Mangels an brauchbaren Dienstboten. Danzig 1826. 8⁰. Selten!

Schuhmacher, Wilhelm

Schuhmacher, Dr. W., Die Chemie in ihrer Anwendung auf Agricultur u. Pflanzenphysiologie. Berlin 1864—67. 8°.
Bd. 1: Die Physik des Bodens in ihren theoret. u. prakt. Beziehungen zur Landwirthschaft. Mit 17 Holzschn. i. Text.
Bd. 2: Die Physik der Pflanze. Mit 37 Holzschn. i. Text.

SCHUHMACHER, Wilh.: Die Diffusion in ihren Beziehungen zur Pflanze. Theorie der Aufnahme, Vertheilung und Wanderung der Stoffe in der Pflanze. Ein Beitrag zur Lehre von der Ernährung der Pflanze. - Leipzig, Heidelberg 1861. 288 S.

Schuhmacher-Bibliothek, illustrirte, zum Nutzen und Vergnügen für Meister und Gesellen hrsg. von einem Jünger der Fußbekleidungskunst. (In 5—6 Heften.) 1. Heft. 8. (48 S. mit eingedr. Holzschn.) Arnstadt 853, Verlags-Comptoir.

Schuhmacher-Börse, die. Central-Insertions-Organ f. die gesammte Schuhwaaren-Branche. Organ des Vereins selbständ. Schuhmacher Berlins u. deren Verkaufshalle rc. Hrsg. im Auftrage des Vorstandes von L. Schumann. 3.—5. Jahrg. 1900—1902. à 52 Nrn. gr. 4. (à ca. 8 S.) Rosenbaum & Hart. à Jahrg. 3. —

Schuhmacher-Börse, die. Central-Insertions-Organ f. die gesammte Schuhwaaren-Branche. Organ des Vereins selbstständ. Schuhmacher Berlins u. deren Verkaufshalle usw. Red.: Ludw. Emanuel. 6.—9. Jahrg. 1903 bis 1906. à 52 Nrn. (à ca. 8 S.) gr. 4. Berlin, Rosenbaum & Hart. à Jhrg. n. 3. —

Schuhmacher-Börse, die. Zentral-Insertions-Organ f. die ges. Schuhwaren-Branche. Organ der Börsen-Magazin-Genossenschaft selbständ. Schuhmacher, eingetragene Genossenschaft m. beschränkter Haftpflicht, Sitz zu Berlin usw. Red.: Gust. Höhn u. Ludw. Emanuel. 10.—13. Jahrg. 1907—1910. à 52 Nrn. (à ca. 8 S.) 33,5×25 cm. Berlin, Rosenbaum & Hart. à Jahrg. 3. —

Schuhmacher-Fachblatt. Organ f. d. fachtechn. Interessen d. Schuhmachergewerbes. 1. Jahrg. April—Dezbr. 1897. 18 Nrn. (Bog. m. Abb. u. Taf.) gr. 4. Gotha, W. Bock. n. 3. —

— dasselbe. 2. Jahrg. 1898. 24 Nrn. (Bog. m. Abb. u. Taf.) gr. 4. Ebd. n. 4. —
Kann auch vierteljährlich bezogen werden.

Schuhmacher-Fachblatt, Fachzeitschrift. Organ f. die fachtechn. Interessen des Schuhmachergewerbes. 3.—6. Jahrg. 1899—1902. à 24 Nrn. gr. 4. (à ca. 8 S. m. Abbildgn. u. Taf.) Gotha (R. Schmidt). à Jahrg. n.n. 4. —

Schuhmacher-Fachblatt, Fachzeitschrift. Organ f. die fachtechn. Interessen des Schuhmachergewerbes. 7. Jahrg. 1903. 24 Nrn. (à ca. 8 S. m. Taf.) gr. 4. Gotha (R. Schmidt). n.n. 4. —
Nicht mehr im Buchhandel.

Schuhmacherfachblatt: Schweiz. Schuhmacherfachblatt

① 1. Untertitel: Organ für die Interessen der in der Schweiz. Schuhindustrie und Schuhmacherhandwerk beschäftigten Arbeiter und Arbeiterinnen (1. 1. 1907—1. 6. 1908) ② Schweiz. Lederarbeiter-Zeitung (1. 7. 1908—21. 6. 1919). Schweiz. Lederarbeiter-Zeitung - Journal des ouvriers sur cuir - Giornale degli operai del cuoio (5. 7. 1919 — 20. 12. 1919. 12. 2. 1921 — 30. 12. 1922). Schweiz. Lederarbeiter-Zeitung - Giornale degli operai del cuoio (3. 1. 1920 —29. 1. 1921). Bekleidungs- und Lederarbeiter (13. 1. 1923—14. 5. 1938) ③ Einigkeit (Fusion (1923) ④ Der Ausrüster (Be) (Abspaltung 5. 9. 1930) ⑤ 1. 1. 1907—14. 5. 1938 ⑥ 4° (1. 1. 1907—21. 6. 1919. 8. 11. 1924—24. 12. 1927); 2° (5. 7. 1919—1. 11. 1924. 6. 1. 1928—14. 5. 1938) ⑦ Monatsblatt (1. 1. 1907—1. 6. 1910. 19. 9. 1914—9. 12. 1916); alle 14 Tage (2. 7. 1910—22. 8. 1914. 6. 1. 1917 —1. 11. 1924. 3. 1. 1925—14. 5. 1938); Wochenblatt (5. 11. 1923—27. 12. 1924) ⑧ Winterthur-Töß: Buchdruckerei der »Arbeiter-Zeitung« (1. 1. 1907—1. 9. 1909); Bern: Unionsdruckerei (Genossenschaft) (1. 10. 1909—30. 12. 1922); Zürich Unionsdruckerei (Genossenschaft) (13. 1. 1923—17. 10. 1936); Basel: Genossenschaftsbuchdruckerei (31. 10. 1936—14. 5. 1938) ⑨ L'ouvrier du vêtement et sur cuir. Organe pour les intérêts des ouvriers et ouvrières occupés dans l'industrie suisse du vêtement et du cuir (Tailleurs. Lingères. Coiffeurs. Modistes. Casquetières etc. ainsi Cordonniers. Pelletiers. Tanneurs. Selliers. Gantiers. Portefeuillistes, (13. 1. 1923—1. 11. 1924: 2°: tous les 15 jours). Für die Frauen (13. 1. 1923—20. 9. 1924: 2°: Monatsbeilage) ⑩ Schweizer. Schuhmacher-Verband (1. 1. 1907—1. 6. 1908). Schweizer. Lederarbeiterverband (1. 7. 1908—30. 12. 1922). Schweizer. Bekleidungs- und Lederarbeiter-Verband (13. 1. 1923—14. 5. 1938) ⑪ Dionys Zimmer. Winterthur, später Zürich (1. 1. 1907—23. 10. 1926). Otto Schurter (11. 1. 1923—19. 5. 1923). Jean Kammerer (2. 6. 1923—12. 4. 1930). Redaktionskommission des Zentralvorstandes (26. 4. 1930—31. 12. 1932). Jos. Züsli, Zürich (12. 1. 1933—14. 5. 1938) ⑫ Gewerkschaftsblatt mit vorwaltender sozialdemokratischer Tendenz. Seit 1928 kommunistische Tendenzen, weshalb es zur Abspaltung eines Organes des Gewerkschaftsbundes »Der Ausrüster« kommt ⑬ Im neuen Gewande. »Schweiz. Lederarbeiter-Zeitung« Nr. 14 v. 5. 7. 1919. Im neuen Gewande. »Bekleidungs- und Lederarbeiter«, Nr. 1 v. 13. 1. 1923. Zum Geleit. »Der Ausrüster« Nr. 1 v. 5. 9. 1930. Stirb und Werde. »Bekleidungs- und Lederarbeiter« Nr. 9 v. 14. 5. 1938 ⑭ Bs: WA (1913—1938); Be: L; Zh: SSA (1910—1938).

Schuhmacher-Kalender, schweizerischer, und Massbuch. Taschen-Notizbuch für Schuhmacher. Red. v. *J. Scheidegger*. 1. Jahrg. 1894. M. 1 Bild u. 2. Kart. Gr. in-16⁰. 336 S. Bern, Michel & Büchler. 2 50

Schuhmacher-Kalender, schweizerischer, u. Maßbuch. Taschen-Notizbuch f. Schuhmacher. Red. v. H. Mieli. 3. Jahrg. 1896. gr. 16. (252 S. m. 1 Bild.) Bern, Büchler & Co. Geb. in Leinw. n. 2. —

Schuhmacher-Maß-Notizbuch. Hrsg. v. der Deutschen Schuhmacher-Zeitung (F. A. Günther) in Berlin. 12. (10 S. m. 6 Fig. u. Formularen.) Berlin 893. F. A. Günther's Zeitungsverl. Geb. in Leinw. n. 1. —

Schuhmacher-Maß-Notizbuch. Hrsg. von der Deutschen Schuhmacher-Zeitg. (F. A. Günther) Berlin. 12. (10 S. m. 4 Fig. u. Formularen.) Berlin 896. F. A. Günther's Zeitungsverl. Geb. in Leinw. n. 1. —

[F.] **Schuhmacher-Mass-Notizbuch** für ... Hrsg. v. d. 'Dtsch. Schuhmacher-Zeitg' ... (Vorr.: R. Pape.) *Berlin: F. A. Günther & Sohn [1897].* 1 Bl 8. [97. 2106

Schuhmacher-Zeitung, allgemeine, vormals Wiener allgem. Schuhmacher-Zeitung. Organ f. d. Interessen d. Schuhmachergewerbes. Gegründet v. Ferd. Kaufner. Red.: Ferd. M. Laa. 26. Jahrg. 1910. 24 Nrn. (à ca. 20 S. m. Abb. u. Taf.) 31,5×23 cm. Wien, Spielhagen & Schurich. 8. —

Schuhmacher-Zeitung, Berliner illustrirte. Organ für Fußbekleidungskunst und Schuh-Moden-Journal. Redact. und Hrsgbr.: Emil F. Seyferth. 1. und 2. Jahrg. 1880 und 1881. à Jahrg. 24 Nrn. (à Nr. 1—1½ Bog. mit eingedr. Holzschn. und Stnt.) Fol. Berlin, (Burmester und Stempell.)
Jahrg. 1880 * 5 —
Jahrg. 1881 * 6 —

Daran schließt sich:

—— Leipziger illustrirte. Organ für Fussbekleidungskunst und Schuh-Moden-Journal. Hrsg. von der Fachschulkommission der Schuhmacher-Innungen zu Leipzig. Chef-Redact.: Emil Seyferth. 1.–30. Jahrg. Oktbr. 1881—1910. à Jahrg. 24 Nrn. (à Nr. 2 Bog. mit Stnt.) Fol. Leipzig, (Stauffer.) à Jahrg. * 8 —

Schuhmacher-Zeitung, Deutsche. Organ für künstlerische, gewerbliche u. geistige Interessen der Schuhmacher-Industrie. Redig. ... von F. A. Günther. Jhg. 1–5. 1869–73. (Mit eingedr. Holzschn. u. Mustern, mit Beilagen.) Berlin 1872. Fol.
——, —— (wie oben.) Organ des von der Westdeutschen Versicherungs-Actien-Bank in Essen garantirten Feuer-Versicherungs-Verbandes für die deutsche Leder-Industrie. Red. ... von F. A. Günther. Jhg. 6—7. 1874–75. Ebda. Fol.
——, —— (wie oben.) Central-Organ sämmtlicher deutschen Schuhmacher-Vereine. Red. von F. A. Günther. Jhg. 8. 1876.
——, —— Organ des Verbandes deutscher Schuhmacher-Vereine. Red. von F. A. Günther. Jhg. 9. 1877.
——, —— Organ des Vereins selbständiger Schuhmachermeister Deutschlands. Red. von F. A. Günther. Jhg. 10—13. 1878–81. Berlin. gr. 4.
——, —— Organ für die künstlerischen, gewerblichen und geistigen Interessen der Schuh-Industrie. Organ des ... Feuer-Versicherungs-Verbandes für die deutsche Leder-Industrie. Organ des Vereins selbständiger Schuhmachermeister Deutschlands. Red. von W. Dust. Jhg. 14–26. 1882–91. Mit Beiblatt: Sorgenfrei. Berlin. gr. 4.

Schuhmacher-Zeitung, deutsche. Organ für die künstler., gewerbl. und geist. Interessen der Schuh-Industrie. Redig. unter Mitwirkung intelligenter Schuhindustrieller Deutschlands von F. A. Günther. 1.—4. Jahrg. 1869—1872. à Jahrg. 26 Nrn. (Bog. mit eingedr. Holzschn. und Mustern.) Mit Beilagen. Fol. Berlin 872, Günther. à Jahrg. * 6 80
—— dass. — 5. Jahrg. 1873. 52 Nrn. (Bog. mit eingedr. Holzschn. und Mustern.) Mit Beilagen. Fol. Ebendas. * 10 —
—— dass. — Organ des von der Westdeutschen Versicherungs-Actien-Bank in Essen garantirten Feuer-Versicherungs-Verbandes für die deutsche Leder-Industrie. Redig. unter Mitwirkung intelligenter Schuhindustrieller Deutschlands von F. A. Günther. 6. und 7. Jahrg. 1874 und 1875. à Jahrg. 52 Nrn. (Bog. mit eingedr. Holzschn. und Mustern.) Mit Beilagen. Fol. Ebendas. à Jahrg. * 10 —

Schuhmacher-Zeitung, deutsche. Organ für die künstler., gewerbl. und geist. Interessen der Schuh-Industrie. Organ des von der Westdeutschen Versicherungs-Actien-Bank in Essen garantirten Feuer-Versicherungs-Verbandes für die deutsche Leder-Industrie. Central-Organ sämmtl. deutschen Schuhmacher-Vereine. Redig. unter Mitwirkung intelligenter Schuhindustrieller Deutschlands von F. A. Günther. 8. Jahrg. 1876. 52 Nrn. (à 1—1½ Bog.) Fol. Mit Beiblatt: Sorgenfrei. Wochenschrift für Unterhaltung und Belehrung. 2. Jahrg. 1876. 52 Nrn. (Bog.) gr. 4. Berlin, Günther. *

—— dass. — Organ des Verbandes deutscher Schuhmacher-Vereine. Redig. unter Mitwirkung intelligenter Schuhindustrieller Deutschlands von F. A. Günther. 9. Jahrg. 1877. 52 Nrn. (à 1—1½ Bog.) Fol. Mit Beiblatt: Sorgenfrei. Wochenschrift für Unterhaltung und Belehrung. 3. Jahrg. 1877. 52 Nrn. (Bog.) gr. 4. Ebendas. *

—— dass. — Organ des Vereins selbständ. Schuhmachermeister Deutschlands. Redig. von F. A. Günther. 10. und 11. Jahrg. 1878 und 1879. à Jahrg. 52 Nrn. (à 1—1½ Bog.) Fol. Mit Beiblatt: Sorgenfrei. Wochenschrift für Unterhaltung und Belehrung. 4. und 5. Jahrg. 1878 und 1879. à Jahrg. 52 Nrn. (Bog.) gr. 4. Berlin, Günther. * 10 —

Schuhmacher-Zeitung, deutsche. Organ für die künstler., gewerbl. und geist. Interessen der Schuh-Industrie. Organ des von der Westdeutschen Versicherungs-Actien-Bank in Essen garantirten Feuer-Versicherungs-Verbandes für die deutsche Leder-Industrie. Organ des Vereins selbständ. Schuhmachermeister Deutschlands. Redig. von M. Günther. 12. und 13. Jahrg. 1880 und 1881. à Jahrg. 52 Nrn. (à Nr. 1—1½ Bog.) Fol. Mit Beiblatt: Sorgenfrei. Wochenschrift für Unterhaltung und Belehrung. 6. und 7. Jahrg. à Jahrg. 52 Nrn. (Bog.) gr. 4. Berlin, Günther's Zeitungsverlag. à Jahrg. *

—— dass. — Redig. von W. Dust. 14.—16. Jahrg. 1882—1884. à Jahrg. 52 Nrn. (à Nr. 1—1½ Bog.) Fol. Mit Beiblatt: Sorgenfrei. Wochenschrift für Unterhaltung und Belehrung. 8.—10. Jahrg. à Jahrg. 52 Nrn. (Bog.) gr. 4. Berlin, Günther's Zeitungsverlag. à Jahrg. * 10 —

Schuhmacher-Zeitung, deutsche. Organ für die künstler., gewerbl. und geist. Interessen der Schuh-Industrie. Organ des von der Westdeutschen Versicherungs-Actien-Bank in Essen garantirten Feuer-Versicherungs-Verbandes für die deutsche Leder-Industrie. Organ des Vereins selbständ. Schuhmachermeister Deutschlands. Redig. von W. Dust. 17.—19. Jahrg. 1885—1888. à Jahrg. 52 Nrn. (à Nr. 1—1½ Bog.) Fol. Mit Beiblatt: Sorgenfrei. Wochenschrift für Unterhaltung und Belehrung. 11.—13. Jahrg. à Jahrg. 52 Nrn. (Bog.) gr. 4. Berlin, F. A. Günther. à Jahrg. * 10 —

Schuhmacher-Zeitung, [F. A. Günther's] deutsche. Organ f. die künstler., gewerbl. u. geist. Interessen der Schuh-Industrie. Red. v. W. Dust. 19.—22. Jahrg. 1887—1890. à 52 Nrn. (à 1—1½ B.) Fol. Mit Beiblatt: Sorgenfrei: Wochenschrift f. Unterhaltg. u. Belehrung. 13.—15. Jahrg. à 52 Nrn. (B.) gr. 4. Berlin, F. A. Günther. à Jahrg. n. 10. —

Schuhmacher-Zeitung, F. A. Günther's deutsche. Organ f. die künstler., gewerbl. u. geist. Interessen der Schuh-Industrie. Organ d. v. der Westdeutschen Versicherungs-Aktien-Bank in Essen garantirten Feuer-Versicherungs-Verbandes f. die deutsche Leder-Industrie. Organ d. Vereins selbständ. Schuhmachermeister Deutschlands. Red.: W. Dust. Fachred.: C. Alb. Müller. 23.—26. Jahrg. 1891—1894. à 52 Nrn. (à ca. 1½ Bog. m. 1 Taf.) Fol. Mit Beiblatt: Sorgenfrei. Wochenschrift f. Unterhaltg. u. Belehrg. 17.—20. Jahrg. à 52 Nrn. (Bog.) gr. 4. Berlin, F. A. Günther. à Jahrg. n. 10. —

Schuhmacher-Zeitung (F. A. Günther's), deutsche. Organ f. d. künstler., gewerbl. u. geist. Interessen der Schuh-Industrie. Organ d. v. d. Westdeutschen Versicherungs-Aktien-Bank in Essen garant. Feuer-Versicherungs-Verbandes f. d. deutsche Leder-Industrie. Organ d. Vereins selbständ. Schuhmachermeister Deutschlands. Red.: Jul. Litten. 27. Jahrg. 1895. 52 Nrn. (à ca. 6 S. m. 1 Taf.) Fol. Mit Beiblatt: Sorgenfrei. Wochenschrift f. Unterhaltg. u. Belehrg. 21. Jahrg. 52 Nrn. (à ca. 12 S.) gr. 4. Berlin, F. A. Günther. n. 8 50

Das 1. Quartal kostete n. 2. 50, das 2.–4. je n. 2. —.

— dasselbe. Red.: Rich. Pape. 28.—30. Jahrg. 1896—1898. à 52 Nrn. (à ca. 8 S.) Fol. Mit Beiblatt: Sorgenfrei. Wochenschrift f. Unterhaltg. u. Belehrung. Red.: Eug. Engelbrecht. 22.—24. Jahrg. à 52 Nrn. (Bog.) gr. 4. Ebd. à Jahrg. n. 8. —
Kann auch vierteljährlich bezogen werden. — Der komplette Jahrg. kostet brosch. n.n. 10. —; geb. n.n. 11. 50.

Schuhmacher-Zeitung, (F. A. Günther's) deutsche. Organ f. die künstler., gewerbl. u. geist. Interessen der Schuh-Industrie. Organ des v. der Westdeutschen Versicherungs-Aktien-Bank in Essen garantierten Feuer-Versicherungs-Verbandes f. die deutsche Leder-Industrie. Aeltestes Organ der Schuh-Industrie u. Schäfte-Branche Deutschlands. Red.: Rich. Pape. 31. Jahrg. 1899. 52 Nrn. Fol. (à ca. 8 S. m. Schnittbog.) Mit Beiblatt: Sorgenfrei. Wochenschrift f. Unterhaltung u. Belehrg. Red.: Hans Klimke. 25. Jahrg. 52 Nrn. gr. 4. (à 8 S.) Berlin, F. A. Günther's Zeitungsverlag. n. 8. —

Schuhmacher-Zeitung, (F. A. Günther's) deutsche. Organ f. die künstler., gewerbl. u. geist. Interessen der Schuh-Industrie. Organ des v. der Westdeutschen Versicherungs-Aktien-Bank in Essen garantierten Feuer-Versicherungs-Verbandes f. die deutsche Leder-Industrie. Aeltestes Organ der Schuh-Industrie u. Schäftebranche Deutschlands. Red.: C. Alb. Müller. 32. u. 33. Jahrg. 1900 u. 1901. à 52 Nrn. Fol. (à ca. 8 S. m. Abbildgn.) Mit Beiblatt: Sorgenfrei. Wochenschrift f. Unterhaltung u. Belehrg. Red.: Hans Klimke. 26. u. 27. Jahrg. à 52 Nrn. gr. 4. (à 8 S. m. Abbildgn.) Berlin, F. A. Günther's Zeitungsverl. à Jahrg. n. 4. —

— dasselbe. Vereinigt m. der „Deutschen Schuh-Industrie-Zeitg." Organ f. die künstler., gewerbl. u. geist. Interessen der Schuhindustrie. Offizielles Organ des Verbandes „Bund deutscher Schuhmacher-Inngn." Red.: Wilh. Herbach. 34. Jahrg. 1902. 52 Nrn. Fol. (à ca. 8 S. m. Abbildgn.) Mit Beiblatt: Sorgenfrei. Wochenschrift f. Unterhaltg. u. Belehrg. Red.: Hans Klimke. 28. Jahrg. 52 Nrn. gr. 4. (à 8 S. m. Abbildgn.) Ebd. n. 4. —

Schuhmacher-Zeitung, F. A. Günther's deutsche, Fortsetzg., s.: Günther, F. A.

— Leipziger illustrirte. Organ für Fussbekleidungskunst u. Schuh-Moden-Journal. Hrsg. von der Fachschulkommission der Schuhmacher-Innungen zu Leipzig. Chef-Red.: Emil Seyferth. 1. u. 2. Jahrg. Oktbr. 1881 — Septbr. 1883. à 24 Nrn. (2 B. m. Steintaf.) Fol. Leipzig, Stauffer in Comm. à Jahrg. n. 8. —

Vorh.unt.d.T.:Berliner illustrirte Schuhmacher-Zeitung.

— Leipziger, illustrirte. Organ f. Fussbekleidungskunst u. Schuh-Moden-Journal. Hrsg. v. der Fachschulkommission der Schuhmacher-Inngn. zu Leipzig. Chef-Red.: Emil Seyferth. 3. Jahrg. Oktbr. 1883—Decbr. 1884. à 30 Nrn. (2 B. m. Steintaf.) Fol. Leipzig, (Stauffer). à Jahrg. 10. —

— dasselbe. 4. u. 5. Jahrg. 1885 u. 1886. à 24 Nrn. Ebend. à Jahrg. n. 8. —

—— Leipziger illustrirte. Organ für Fußbekleidungskunst und Schuh-Moden-Journal. Hrsg. von der Fachschulkommission der Schuhmacher-Innungen zu Leipzig. Redact.: Emil Seyferth. 5. Jahrg. 1885. 24 Nrn. (à Nr. 2 Bog. mit Stnt.) Fol. Leipzig, (Stauffer.) * 8 —

—— dass. — Organ für Fußbekleidungskunst und Schuh-Moden-Journal. Redact.: Emil Seyferth. 6. Jahrg. 1886. 24 Nrn. (à Nr. 2 Bog. mit Stnt.) Fol. (Ebendas.) * 8 —

—— dass. — Fachblatt für alle Zweige der Schuhindustrie und Schuh-Moden-Journal. Redact.: Emil Seyferth. 7. und 8. Jahrg. 1887 und 1888. à Jahrg. 24 Nrn. (à Nr. 2 Bog. mit Stnt.) Fol. (Ebendas.) à Jahrg. * 8 —

—— Leipziger illustrirte. Zentralblatt der Schuhbranche. Hrsg. v. Emil Seyferth. 9.—12. Jahrg. 1889—1892. à Jahrg. 24 Nrn. (à Nr. 2 Bog. m. Steintaf.) Fol. Lpz., (Stauffer). à Jahrg. * 8 —

— Leipziger illustrirte. Zentralblatt der Schuhindustrie. Mit regelmäß. Muster- u. Modebild, wie Schnittmuster- u. sonst. techn. Beilagen. Hrsg. von Emil Seyferth. 11.—14. Jahrg. 1891—1894. à 24 Nrn. (2 Bog. m. Steintaf.) Fol. Leipzig, (Th. Stauffer). à Jahrg. n. 8.—

— Leipziger illustr. Zentralblatt d. Schuhindustrie. M. Moden- u. Musterbeilagen. Hrsg. v. Emil Seyferth. 15.—18. Jahrg. 1895—1898. à 24 Nrn. (à ca. 18 S. m. 1 Taf.) Fol. Leipzig (Th. Stauffer). à Jahrg. n. 8. —
Kann auch vierteljährlich bezogen werden.

— Leipziger illustrirte. Centralblatt der Schuhindustrie u. Schuhmoden-Journal. Hrsg. v. Em. Seyferth. 19.—22. Jahrg. 1899—1902. à 24 Nrn. Fol. (à ca. 20 S. m. Taf.) Leipzig (Th. Stauffer). à Jahrg. n. 8. —

— Leipziger illustrirte. Centralblatt der Schuhindustrie u. Schuhmoden-Journal. Hrsg. v. Em. Seyferth. 23. bis 26. Jahrg. 1903—1906. à 24 Nrn. (458, 468, 478. u. 480 S. m. Abb. u. je 24 Taf.) Fol. Leipzig (Th. Stauffer). à Jahrg. n. 8. —

— Leipziger illustrierte. Zentralblatt der Schuhindustrie u. Schuhmoden-Journal. Organ d. Vereinigg. selbständ. Schuhmacher v. Leipzig u. Umgegend. Gegründet v. Em. Seyferth. Red.: W. Liehr. 27.—30. Jahrg. 1907—1910. à 24 Nrn. (480, 544, 812 u. 1010 S. m. Abb. u. 24, 24, 24 u. 26 Taf.) 37×25,5 cm. Leipzig (Th. Stauffer). à Jahrg. 8. —

Schuhmacher-Zeitung, neue deutsche. Organ des Vereins selbständ. Schuhmacher Deutschlands. Hrsg. vom Central-Ausschuß durch Wilh. Bierberg. 1. und 2. Jahrg. 1875 und 1876. à Jahrg. 52 Nrn. (Bog.) Mit Mode-Abbildungen und Schnittmustern. Fol. Berlin, (Stahl und Aßmann.) à Jahrg. * 8 —
—— dass. — Organ und Eigenthum des Vereins selbständ. Schuhmacher Deutschlands. Hrsg. von der Zeitungs-Commission durch W. Ebel. Redig. von G. Kehler. 3. Jahrg. 1877. 52 Nrn. (Bog.) Mit Mode-Abbildungen und Schnittmustern. Fol. Ebendas. * 8 —
—— dass. — 4. Jahrg. 1878. 52 Nrn. (Bog.) Mit Mode-Abbildungen und Schnittmustern. Fol. Nebst Gratisbeilage: Deutsches Heim. 52 Nrn. (Bog.) gr. 4. Berlin, Exped. * 10 —
Die Fortsetzung erschien u. d. T.: Schuh-Industrie-Zeitung, deutsche.

— neue Wiener. Organ der Wiener Schuhmacher-Genossenschaft. Bezweckend die Hebg. d. Schuhmacher-Handwerkes in moral. u. materieller Beziehg. Red.: Rob. Knöfel. 1. Jahrg. 1875. 24 Nrn. (B. m. lith. Modebildern.) gr. 4. Wien. Leipzig, Mentzel in Comm. n. 8. —

— dasselbe. 2. Jahrg. 1876. 24 Nrn. (à 2—3 B. m. lith. Modebildern.) Fol. Ebend. n. 8. —; Modelle apart. n.n. 5.

Schuhmacher-Zeitung, neue Wiener. Organ der Wiener Schuhmacher-Genossenschaft. Bezweckend die Hebung des Schuhmacher-Handwerkes in moralischer u. materieller Beziehung. Chef-Red. u. Hrsg.: Rob. Knöfel. 3—7. Jahrg. 1877—1881. à 24 Nrn. (à 2—3 B. m. lith. Modebildern od. Musterbeilagen.) Fol. Wien. Leipzig, E. Schmidt in Comm. à Jahrg. n. 8. —; mit Modellen n.n. 12. —

— dasselbe. 8. Jahrg. 1882. 24 Nrn. (à 2—3 B. m. lith. Modebildern od. Musterbeilagen.) Fol. Ebend. n. 8. —

— neue Wiener. Organ f. die Interessen der Schuhmacher. Bezweckend die Hebg. d. Schuhmacherhandwerkes in moral. u. materieller Beziehg. Chef-Red. u. Hrsg.: Rob. Knöfel. 9—12. Jahrg. 1883—1886. à 24 Nrn. (à 2—3 B. m. lith. Modebildern od. Musterbeilagen.) Fol. Wien. (Leipzig, Ed. Schmidt.) à Jahrg. n. 8. —

— neue Wiener. Organ f. die Interessen der Schuhmacher. Bezweckend die Hebg. d. Schuhmacherhandwerkes in moral. u. materieller Beziehg. Gegründet v. R. Knöfel. Hrsg. v. E. Knöfel. Red.: W. H. Salinger. 13.—16. Jahrg. 1887—1889. à 24 Nrn. (à 2—3 B. m. lith. Modebildern od. Musterbeilagen.) Fol. Wien. (Leipzig, Ed. Schmidt.) à Jahrg. n. 8. —; m. Modellen n.n. 12. —

— neue Wiener. Organ f. die Interessen der Schuhmacher. Redact.: W. H. Salinger. 15.—18. Jahrg. 1889—1892. à Jahrg. 24 Nrn. (à Nr. 2—3 Bog. m. lithogr. Modebildern od. Musterbeilagen.) Fol. Wien. (Lpz., Ed. Schmidt.) à Jahrg. * 8 —
Mit Modellen à Jahrg. * 12 —

— neue Wiener. Organ f. die Interessen der Schuhmacher. Gegründet 1874 v. Rob. Knöfel. Vereinigt m. der „Schuhmacher-Zeitg.", Organ der fortschrittl. Meister Oesterreich-Ungarns. Hrsg. v. E. verw. Knöfel u. Wilh. Mörbitz. Red.: Alfr. Czepiczka. Fachred.: Ign. Fluck 17.—20. Jahrg. 1891—1894. à 24 Nrn. (à ca. 2 Bog. m. lith. Modebild.) Fol. Wien. (Leipzig, Ed. Schmidt.) à Jahrg. n. 8. —: m. Modellen n.n. 12. —

Schuhmacher-Zeitung, neue Wiener, s. Knöfel, Rob.

— Wiener allgemeine. Organ f. die Interessen d. Schuhmacherei. Hrsg. u. red. v. F. Kaufner. Verantw. Red.: J. Opletal. 1.—6. Jahrg. 1885—1890. à 24 Nrn. (B. m. Illustr. u. 1 Taf.) gr. 4. Wien, (Spielhagen & Schurich). à Jahrg. n. 8. —

— Wiener allgemeine. Organ f. die Interessen der Schuhmacherei. Gegründet v. Ferd. Kaufner. Verantw. Red.: A. Bösel. 7.—10. Jahrg. 1891—1894. à 24 Nrn. (Bog. m. 1 Taf.) gr. 4. Wien, (Spielhagen & Schurich). à Jahrg. n. 8. —

— Wiener allgemeine. Organ f. d. Interessen d. Schuhmacherei. Gegründet v. Ferd. Kaufner. Red.: A. Bösel. 11.—14. Jahrg. 1895—1898. à 24 Nrn. (à ca. 16 S. m. Abb. u. Taf.) gr. 4. Wien (Spielhagen & Schurich). à Jahrg. n. 8. —
Kann auch vierteljährlich bezogen werden.

— Wiener allgemeine. Organ f. die Interessen d. Schuhmacherei. Gegründet v. Ferd. Kaufner. Red.: Ant. Grubischitz. 15.—18. Jahrg. 1899—1902. à 24 Nrn. gr. 4. (à ca. 18 S. m. Taf.) Wien (Spielhagen & Schurich). à Jahrg. n. 8. —
Die Jahrgge. 15—17 sind v. A. Bösel redigiert.

— Wiener allgemeine. Organ f. die Interessen der Schuhmacherei. Gegründet v. Ferd. Kaufner. Red.: Ant. Grubischitz. 19.—22. Jahrg. 1903—1906. à 24 Nrn. (à ca. 16 S. m. Abb. u. Taf.) gr. 4. Wien (Spielhagen & Schurich.) à Jhrg. n. 8. —

— Wiener allgemeine. Organ f. die Interessen d. Schuhmacherei. Gegründet v. Ferd. Kaufner. Red.: Anton Grubischitz. 23.—25. Jahrg. 1907—1909. à 24 Nrn. (à ca. 16 S. m. Abb. u. Taf.) 30,5×23 cm. Wien, Spielhagen & Schurich. à Jahrg. 8. —
Fortsetzg., s.: Schuhmacher-Zeitung, allgemeine.

Schuhmann, vgl. Schumann.

Schuhmann: Eine neue Tangentenboussole. 32 S. – Königsberg A., Progr. 1862.

Schuhmann, A. A. C.: Über die Einführung der Seidenzucht in Bayern in Beziehung auf das Staatsprinzip. Nürnberg 1830.

Schuhmann, F. W., Kuriositäten. Eine Sammlung von komischen Aufsätzen rc. 8. Weimar 832. (Hennings u. Hopf in Gotha.)

Schuhmann, H. Ch. G., Antwort auf die Rede des Hrn. v. Florencourt. gr. 8. (1½ B.) Berlin 846, Trautwein'sche Buchh.

Schuhmann, Karl, approb. Arzt aus München: Ueber einen Fall von embolischer Septico-Pyämie im Anschluß an ein Empyem des Antrum Highmori. *München 1904: C. Wolf & Sohn.* (18 S.) 8°
München, Med. Diss. v. 1904

Schuhmann, P. C.: Erläuterungen zu dem Gesetze, betr. die Ablösung der Reallasten und die Regulirung der gutsherrlichen und bäuerlichen Verhältnisse vom 2. März 1850. Berlin 1850.

Schuhmann, P. L., Erläuterungen zu dem Gesetze, betreff. die Ablösung der Reallasten und die Regulirung der gutsherrl. und bäuerl. Verhältnisse vom 2. März 1850. Unter Benutzung amtl. Quellen mit Genehmigung des k. preuß. Ministeriums für landwirthschaftl. Angelegenheiten hrsg. gr. 8. (IV und 111 S.) Berlin 850, Deckersche geheime Ober-Hofbuchdr.

Schuhmann, Samuel Kaspar (Gehren) A. S. 1161/21
De vera morborum sede. Präs. Friedrich Hoffmann. Halle (Zeitler) X. 1715. 32 S. 31725

Schuhmann, Sophie, geb. Junghans
s. **Junghans,** Sophie. 10. 1104

Schuhmann, Theod., vergleichende Darstellung der Wasserfälle etc., s. Darstellung.

Schuhmann, Th., Vorlege-Blätter zum Thierzeichnen. Heft I. qu. gr. 4. (12 sauber lith. Blätter.) Carlsruhe 841, Müller'sche Hofbuchh. n. 5/6 ℳ

— ders. Heft II. qu. gr. 4. (13 sauber lith. Blätter.) Ebend. 841. n. 1 1/6 ℳ — In Thondruck n. 1 1/3 ℳ

Schuhmann, W. (Hrsg.), s. Almanach der Vereinigten Theater.

Schuhmaschinen u. ihre Pflege. (20 S.) 8. Berlin (909). Schuh u. Leder. 1. —

Schuhmeier, Franz, s. Glühlichter-Almanach.

Schuhmeier, Frz., aus e. k. u. k. Militärspital. Der Fall Hangler. Nach den stenograph. Protokollen des Abgeordnetenhauses dargestellt. (31 S.) gr. 8. Wien 905. Wiener Volksbuchh. n. —16

Schuhmeier, Franz, In elfter Stunde. An alle Arbeiter und Arbeiterinnen. 8°. Wien, „Volkstribüne" u. „Arbeiter-zeitung", 1892.

Schuhmeier, Frz., aus der Werkstatt des Clericalismus. Gegen Jesuitismus, Pfäfferei u. Aberglauben! Rede, geh. in der 72. Sitzung der XV. Session des österreich. Abgeordnetenhauses. gr. 8. (32 S.) Wien (901). Wiener Volksbuchh. n. —10

Schuhmeister, J., Bestimmung magnetischer und diamagnetischer Constanten von Flüssigkeiten und Gasen in absolutem Masse. Lex.-8. (18 S.) Wien 881, (Gerold's Sohn.) * — 40
Aus: Sitzungsberichte der k. Akademie der Wissenschaften, besonders abgedruckt.

Schuhmeister, J., Untersuchungen über die Diffusion der Salzlösungen. Lex.-8. (24 S. mit 3 eingedr. Holzschn.) Wien 879, (Gerold's Sohn.) ** — 45

— Versuche über das Wärmeleitungsvermögen der Baumwolle, Schafwolle und Seide. Lex.-8. (20 S.) (Ebendas.) 877. * — 40
Vorstehende zwei Schriften sind aus: Sitzungsberichte der k. Akademie der Wissenschaften, besonders abgedruckt.

Schuhmoden-Album. 1. Ausg. 1886. 12. (12 Stnt.) Leipzig, (Stauffer.) geb. * 1 —
Vergriffen und nicht weiter erschienen.

Schuhr's landwirtschaftliche Bibliothek. Hrsg. auf Veranlassung. d. Bundes der Landwirthe. 1.-3. Bd. 12. Berlin, G. Schuhr. à n. 1. —
1. Das Recht des Gesindes in allen Bundesstaaten des Deutschen Reiches v. Karl Suchsland. (175 S.) 895.
2. Das Recht d. landwirthschaftl. Beamten u. Arbeiter in allen Bundesstaaten des Deutschen Reiches v. Karl Suchsland. (121 S.) 895.
3. Aus d. Fragekasten d. Bundes d. Landwirthe. Fragen u. Antworten aus d. Gebiete d. prakt. Landwirthschaft. Von Paul Holdefleiß. (XIII, 125 S.) 897.

Schuhr's volkstümlich erläuterte Gesetzsammlung. 1. u. 2. Heft. 12. Berl. 891, [Ißleib.] Schuhr. cart. à Heft * 1 —
1. Landgemeinde-Ordnung f. die 7 östlichen Provinzen der preußischen Monarchie. Ergänzt 2c. v. Max Horn. (IV, 132 S.)
2. Gesetz betr. die preußische Einkommen-Steuer vom 24. Juni 1891. Ergänzt 2c. v. Rud. Krause. (XXIV, 93 S.)

Schuhr's Sammlung volkstümlicher Vorträge auf d. Gebiete der Gesundheitspflege, der körperlichen Erziehung der Unfallverhütung. 1. u. 2. Hft. gr. 8. Berlin, Ißleib. à n. — 50
1. Über den physischen u. moralischen Einfluß der Mutter auf ihr Kind vor der Geburt. Von Klara Muche. 1.—5. Aufl. (32 S.) 889.
2. Die moderne Erziehung u. ihre Folgen in körperlicher u. sittlicher Beziehung. Ein Weck- u. Mahnruf v. G. A. Weiß. (48 S.) 890.

— Sammlung volkstümlicher Vorträge auf dem Gebiete der Gesundheitspflege, der körperlichen Erziehung u. der Unfallverhütung. 2.—6. Hft. gr. 8. Ebd. à n. — 50
2. Die moderne Erziehg. u. ihre Folgen in körperl. u. sittl. Beziehg. Ein Weck- u. Mahnruf v. G. A. Weiß. 3. Aufl. (48 S.) 890.
3. Das Fieber u. seine Behandlg. Von E. Köhler. (21 S.) 891.
4. Gesunder Körper durch gesunden Geist. Eine volksverständl. Darlegg. d. Einflusses e. gesunden Geistes auf die Gesundheit d. Körpers. Verf. v. G. Kalb. 2.—4. Aufl. (34 S.) 892.
5. Die Ursachen der Familien-Tragödien. Von G. A. Weiß. 2. Aufl. (44 S.) 892.
6. Schlaf, Schlaflosigkeit u. Schlafmittel. 1.—3. Aufl. Von A. Kühner. (43 S.) 894.

— Sammlung volkstümlicher Vorträge auf d. Gebiete d. Gesundheitspflege, der körperl. Erziehung u. der Unfall-Verhütung. 7. u. 8. Hft. gr. 8. Ebd. 898. à n. — 50
7. Die Pflege d. weiblichen Brüste u. d. Stillen d. Säuglinge. Von Hugo Sperling. (19 S.)
8. Anwendungsformen d. naturgem. Gesundheitspflege u. Krankenpflege. Von Hugo Sperling. (21 S.)

Schuhr's Sammlung volkstümlicher Vorträge auf dem Gebiete der Gesundheitspflege, der körperlichen Erziehung u. der Unfall-Verhütg. 9. Hft. gr. 8. Berlin [G. Schuhr]. W. Möller. n. — 50
Die Lageveränderungen der Gebärmutter u. ihre naturgemäße Behandlg. (ohne Operation) durch Massage nach Thure Brandt. (Nach e. im Verein f. Pflanzenheilkunde geh. Vortrage.) Von Appelius. (17 S.) 900.
Hft. 1—8 jetzt Ebd. 889—898. à n. — 50.

Schuhr's, Gust., elektrotechnisches Adressbuch für 1893. Eine Sammlg. v. Adressen der Elektrotechniker u. elektrotechn. Firmen d. In- u. Auslandes, geordnet in 8 Thln. nach Namen, Orten u. e. Bezugsquellen-Verzeichnis. 8. (V, 271 S.) Berlin, G. Schuhr. Kart. n. 5. —

Schuhr, Gust. Thdr., ... und es will Abend werden. Menschliches in 12 Liedern. 4. (49 S. m. Kopfleisten.) Berlin 900. H. Walther. n. 2. —

... und es will Abend werden. Menschliches in 12 Liedern von Gustav Theodor Schuhr. 2. Aufl. *Berlin: H. Walther 1900.* (26 Bl.) 4° [F.] [00. 8009

Schuhr, Wilhelm, approb. Arzt aus Bremen: Aus d. Kgl. chirurg. Klinik zu Kiel. Ueber Fracturen und Luxationen des Talus. *Kiel 1901: P. Peters.* (43 S.) 8°
Kiel, Med. Diss. v. [7. Mai] 1901

Schuh-Schaufenster, m. photograph. Abbildgn. u. Beschreibgn. Zusammengest. u. hrsg. v. Schuh & Leder. (127 S. m. 1 farb. Taf.) 24×33 cm. Berlin (908). Kampffmeyer'scher Verl. Geb. in Leinw. 5. —

Schuh- u. Leder-Zeitung, Leipziger. Organ f. Leder, Schuhfabrikation u. -Handel, Schuhmacherei und verwandte Branchen. 4. Jahrg. (16. Jahrg. v. Krahmer's Zeitg. f. Schuhhandel u. Schuhmacherei.) 1906. 52 Nrn. (896 S. m. Abb.) 4. Leipzig. Osw. Kahnt. n. 6. —

Schuh- u. Leder-Zeitung, Leipziger. Fachblatt f. das Schuhmacherhandwerk. Organ f. die Schuhindustrie, d. Schuh- u. Lederhandel. Obligatorisches Organ des Verbandes selbständ. Schuhmacher Deutschlands usw. Red.: G. H. Paul Hilger. 8./20. Jahrg. 1910. 52 Nrn. (à ca. 16 S.) 33,5×23 cm. Leipzig-R. (F. Mäser.) 6. —

Schult, Mart., die Waldkönigin. Kinderoperette in 2 Aufzügen. Text u. Musik v. Sch. Deutsche Übersetzung des Textes von Hugo v. der Amstel. Vollständiges Text- u. Regiebuch. 8. (58 S.) Leipzig (900). C. F. W. Siegel. 1. —

Schuir, H., s.: Realienbuch f. einfache Schulverhältnisse.

Schuirling, Fr., Jobst v. Hagen, der Barchenthändler von Meiningen, s. Volksbücher, deutsche.

Schuirling, Fr., Jobst v. Hagen, der Barchenthändler von Meiningen, s.: Vom Jahrmarkt d. Lebens.

Schuirling, Fr., Jobst v. Hagen der Barchenthändler v. Meiningen. Ein Bild aus dem Leben d. Bürgerstandes um 1600. 8. (77 S.) Wolfenbüttel 874. Zwißler. n. 1. —

Schuirmann, Christian, prakt. Arzt: Über compensatorische Muskelhypertrophie bei Darmstenose. *Würzburg 1892 [rieltn. 1901/02]: J. M. Richter.* (17 S.) 8°
Würzburg, Med. Diss. v. 1892

Schuirmann, Gerad, und Geo. Thaulow, die Errichtung eines Erziehungsinstituts in Deutschland zur Vor- und Heranbildung junger Leute für das Seefach. Eine Vorlage für die deutschen Regierungen und alle Private, die sich für deutsche Schiffahrt interessiren. 2. und verb. Aufl. gr. 8. (45. S.) Stuttgart 861, Cotta'sche Buchh. *

Schuirman, Gerad, u. Geo. Thaulow, die Errichtung eines Erziehungsinstituts in Deutschland zur Vor- u. Heranbildung junger Leute für das Seefach. Eine Vorlage für die deutschen Regierungen u. alle Private, die sich für deutsche Schiffahrt interessiren. 2. u. verb. Aufl. Stuttgart 861. Cotta. gr. 8. (45 S.) n. 4 ngr.

Schuiski, Fürst Skopin, siehe: Lese-Cabinet, belletrist., 501—508. Lfg.

Schuk, Johann Gottfried (Plauen) A. S. 1212/8
Exercitatio medica practica de febre petechiali seu purpurata. Präs. Georg Ernst Stahl. Rec.
Halle (Henckel) 1706. 27 S.
Diss. I. 1685. 31731

Schuk, Johann Gottfried (Plauen) A. S. 841/23
Exercitatio medica practica de febre petechiali seu purpurata. Cum brevissimis animadversionibus praesidis rec.
Halle (Henckel) 1714. 16 Bl.
Diss. I. 1685. 31732

Schuk, Pankraz, der König der Panduren, s.: Pohl's allgemeine Volksbücherei deutsch-österreichischer Schriftsteller.

— Thomas Rotts Traum. Geschichte e. Vaters. (171 S.) kl. 8. Ravensburg (908). F. Alber. 1.20

Schukewitsch, J., Ergebnisse der meteorologischen Beobachtungen des physikalischen Central-Observatoriums zur Zeit der Sonnenfinsterniss am 9. August (28. Juli) 1896. (33 S.) Petersburg 1898. gr. 4°. (1183)

Schuknecht, Aug., Geschichten u. Lehren aus d. heil. Schrift alt. u. neu. Testam., z. Gebr. in Schulen bearb. 1. Aufl. 8. (18⅛ B.) 836. 7 Gr., 2., verm. u. verb. Aufl. gr. 8. (18 B. u. 1 Karte) Darmstadt 836, Diehl. Thlr. *

Schuknecht, Aug., Geschichten u. Lehren aus der heil. Schrift A. u. N. Testaments, zum Gebrauche in Schulen bearb. 7. Aufl. gr. 8. (17½ B., 1 Zeittafel u. 1 Karte v. Palestina.) Darmstadt 843, Diehl. *

Schuknecht, Aug., Geschichten u. Lehren aus der heil. Schrift alten u. neuen Testaments, zum Gebr. in Schulen bearb. 9. mit einer Zeittafel u. einer (lith.) Karte von Palästina (in 4.) verseh. Aufl. 8. (278 S.) Darmstadt 848, Diehl. n. ¼ ℛ — 10. mit einer Zeittaf. u. einer (lith.) Karte von Palästina (in 4.) versehene Aufl. 8. (278 S.) Ebd. 852. n. 8 ngl

Schuknecht, Aug., Geschichten und Lehren aus der heil. Schrift alten und neuen Testaments zum Gebrauche in Schulen bearb. 11., mit einer Zeittafel und einer (lithogr.) Karte von Palästina (in 4.) vers. Aufl. gr. 8. (278 S.) Darmstadt 855, Diehl. *

Schuknecht, Aug., Geschichten u. Lehren aus der heiligen Schrift alten u. neuen Testaments, zum Gebrauche in Schulen bearb. 13., mit einer Zeittafel u. 1 Karte von Palästina versehene Aufl. Darmstadt 863. Diehl. gr. 8. (278 S.) n. 8 ngr.

Schuknecht, Jh. Chr., († d. 17. Febr. 1803.) s. 1) Anfangsgründe der Arithmetik
2) Geometrie, kleine, od. Meßkunst.

Schukowa-Florensowa, Marie. Die Viscosität des Blutes der Kinder, besonders der Mundatmer. Diss. Med. Bern. [Mit 1 Figur.] 22 S. 8. Bern, H. v. Kamp-Berger, 1910.

Schukowitz Johann: Don Pedro Calderon de la Barca und die deutschen Romantiker. Eine literarhistorische Untersuchung.
II. 1893 PN 776 Diss. Wien Univ.

Schukraft, Karl, die Einkommensteuer-Erklärung, s.: Schlegel, Fritz.

Schükri, Emirzadé Muhammed, s.: Awetarantan, Johs.

Schulalmanach,

—— baltischer, für die J. 1864—67. 3.—6. Jahrg. Mit Benutzung amtl. Quellen hrsg. von C. Mickwitz und A. Riemschneider. gr. 16. (à Jahrg. ca. 200 S.) Dorpat, (Hoppe.) à Jahrg.

—— Für das Jahr 1868. 7. Jahrg. Mit Benutzung amtl. Quellen hersg. von C. Mickwitz u. A. Riemschneider. Dorpat 867. (Gläser's Verl.) gr. 16. (X, 78 S.) n. 7½ ngr.

Schul-Almanach, baltischer, für die J. 1869—1871. 8.—10. Jahrg. Mit Benutzung amtl. Quellen hrsg. von C. Mickwitz und A. Riemschneider. gr. 16. Dorpat, Gläser. [Schnakenburg.] à Jahrg. *

Schul-Almanach, baltischer, f. d. J. 1872. 11. Jahrg. Mit Benutzg. amtl. Quellen hrsg. v. C. Mickwitz u. C. Treffner. 16. (X, 153 S. m. 2 Tabellen in qu. 8. u. 4.) Dorpat 872. Schnakenburg. n. 1. 60

Schul-Almanach, baltischer, für die J. 1884 und 1885. Mit Benutzung amtl. Quellen hrsg. von J. Hollan und Ch. Lundman. gr. 16. (IV, 73, 130; 99, 113 S.) Dorpat, Krüger. geb. à Jahrg. * 2 —

Danziger Schulalmanach für Eltern und Lehrer mit Berücks. d. wichtigsten Schulanstalten Westpreußens. Bearb. von P[aul] Gehrke, Rektor. (1.) 1905. Danzig: Schwital & Rohrbeck (1905). 8° [F.] 1o7. 10G5o10

Schulalmanach, Danziger, f. Eltern u. Lehrer mit Berücksicht. der wichtigsten Schulanstalten Westpreussens. Bearb. v. P. Gehrke. Ausg.: Ostern 1906. (VIII, 158 S. m 3 Taf.) 8. Danzig (L. Saunier). — 60

Schulalmanach, Danziger, f. Westpreussen. Von P. Gehrke. 1910. 6. Jahrg. (XV, 114 S. m. 2 Bildnissen.) 8. Danzig, L. G. Homann & F. A. Weber. 1. —

Schul-Almanach des Dorpatschen Lehrbezirks für das Jahr 1863. 2. Jahrg. Mit Benutzung amtlicher Quellen herausg. von C. Mickwitz u. A. Riemschneider. Dorpat 862. Glaser. 16. (VIII, 211 S.) n. 18 ngr.

Schul-Almanach, preußischer, für die Zeit von Ostern 1860 bis Ostern 1862. 9. und 10. Jahrg. Mit Benutzung amtl. Quellen hrsg. von Ed. Mushacke. 16. Berlin, Winckelmann und Söhne. [9. Jahrg. (VI und 820 S.) 10. (VI und 346 S.)] à Jahrg.
Durchschossen à Jahrg. -

—— Preußischer, für die Zeit von Ostern 1862 bis Ostern 1863. 11. Jahrg. Mit Benutzung amtl. Quellen hrsg. von Ed. Mushacke. 16. (X und 364 S.) Berlin, Winckelmann und Söhne. geb.
Durchschossen -

— für Lehrer an den höheren Unterrichts-Anstalten Deutschlands u. der Schweiz. Von Ostern 1863 — Ostern 1864. 12. Jahrg. Mit Benutzung amtlicher Quellen herausg. von Ed. Mushacke. Berlin 863. W. Schultze. 16. (XIV. 352 S.)
Fortsetzung s. Schul-Kalender . . .

Schulalmanach, Steyermärkischer, auf das Jahr 1798 für Aufseher, Katecheten, und Lehrer . . . I. Jg. Grätz 1798. H: *Kunitsch (Kunits, Kunics), Michael von.* (GGr)

SCHUL- UND CHRISTENLEHRALMANACH. Wiener – . . . (hrsg. von Johann Ignaz von Felbiger) auf das Schuljahr . . . Verlagsgewölbe der Deutschen Schulanstalt bei St. Anna. Wien Jg. 1780. Jg. 1781.

Schulandacht, die neue, od. Gebet- u. Gesangbuch mit Melodien f. Stadt- u. Landschulen &c. Nebst e. Anh. von Liedern vor u. nach dem Christenlehrunterrichte. gr. 8. Brünn 812. Gastl. 6 gl. Melodien dazu. 8 gl.

Schulandacht, Die neue, oder: Gebeth- und Gesangbuch mit Melodien für Stadt- und Landschulen . . . Brünn 1812. N. A. 1816. H: *Jahn, Engelbert Joseph.* (GGr)

Schul-Anekdoten, für gebild. Freunde des Witzes u. der fröhl. Laune, besond. aber für Lehrer bestimmt, (v. J. E. Großer). 1e Liefer. 12. Bresl. 830. (Hentze). 3 ℊ

Schulanecdoten für gebildete Freunde des Witzes und der fröhlichen Laune . . . Breslau 1830. V: *Grosser, Joh. Eman.* (Ky) (Nowack, Schles. Schriftst.-Lex. Bresl. 1836—43. VI, 38.)

Schul-Anekdoten f. gebild. Freunde d. Witzes u. der fröhl. Laune, besond. aber f. Lehrer gesammelt (v. J. E. Großer). 1. Lfg. Neue Ausg. 12. (1½ B.) Breslau (830,) 834, [Hentze.]

Schul-Anekdoten für gebildete Freunde des Witzes u. der fröhlichen Laune, besonders aber für Lehrer gesammelt (von J. E. Großer). 1e Lfrg. Neue Ausg. 12. Breslau 834. Pelz. 1/8 ℛ

Schulantrag, der, des Centrums [Antrag Windthorst] im preußischen Abgeordnetenhause. Wörtlicher Abdruck des amtl. Stenogramms der Verhandlgn. v. 27. Febr. 1889. 12. (179 S.) Paderborn 889. Bonifacius-Druckerei. — 40

Schul-Anzeiger für Mittelfranken. Redact.: K. Knab. Jahrg. 1883 und 1884. à Jahrg. 12 Nrn. (à Nr. 1½ Bog.) gr. 8. Nürnberg, Korn'sche Buchh. à Jahrg. ** 2 —

Schul-Anzeiger für Mittelfranken. Redact.: K. Knab. Jahrg. 1885. 12 Nrn. (à Nr. ¾—1½ Bog.) gr. 8. Nürnberg, Korn'sche Buchh. * 2 —

—— dass. — Jahrg. 1886—1888. à Jahrg. 24 Nrn. (à Nr. ¾—1½ Bog.) gr. 8. Ebendas. à Jahrg. * 2 —

Schul-Anzeiger f. Niederbayern. Red.: A. Hofbauer. 10. u. 11. Jahrg. Juli 1894—Juni 1896. à 24 Nrn. (Bog.) gr. 8. Straubing (C. Attenkofer). à Jahrg. n.n. 2. 50

— dasselbe. 12. u. 13. Jahrg. 1896—1897. à 24 Nrn. (à ca. 1 Bog.) gr. 8. Ebd. à Jahrg. n.n. 2. 50

— dasselbe. 14. Jahrg. 1898. 24 Nrn. (à ca. 1 Bog.) gr. 8. Ebd. n.n.n. 2. —

—— für Oberbayern. Hrsg. vom Ausschusse des oberbayer. Kreis-Lehrervereins. Redact.: Wilh. Beer. 2. Jahrg. 1886. 39 Nrn. (à Nr. ½ Bog.) gr. 8. München, (Kellerer.) * 2 —

— f. Oberbayern. Hrsg. vom Ausschusse d. oberbayer. Kreis-Lehrervereins. Red.: W. Beer. 3.—6. Jahrg. 1887—1890. à 36 Nrn. (½ B.) gr. 8. München, Oldenbourg, Abteilg. f. Schulbücher. à Jahrg. n. 2. —

Schul-Anzeiger f. Oberbayern. Red.: Wilh. Beer. 7.—10. Jahrg. 1891—1894. à 36 Nrn. (½ Bog.) gr. 8. München, R. Oldenbourg, Abteilg. f. Schulbücher. à Jahrg. n. 2. —

— für Oberbayern. Red.: Wilh. Beer. 11.—14. Jahrg. 1895—1898. à 36 Nrn. (à ca. 8 S.) gr. 8. München, R. Oldenbourg. à Jahrg. n. 2. —
Kann auch halbjährlich bezogen werden.

Schulanzeiger, oberbayerischer. Eigentum des oberbayer. Kreislehrervereins. Red.: Ludw. Lochbrunner. 14. Jahrg. 1899. 36 Nrn. gr. 8. (à ca. 16 u. 12 S.) Landsberg a/L., Redaktion. n.n.n. 2. —
Nicht durch den Buchhandel zu beziehen.

Schul-Anzeiger f. Oberfranken. Red.: Gg. Heinr. Bock. 1. Jahrg. 1876. 52 Nrn. (à ½—1 B.) gr. 8. Bayreuth 876. (Gießel.) n. 2. —

Schul-Anzeiger für Oberfranken. Red.: Gg. Heinr. Bock. 2. Jahrg. 1877. 12 Nrn. (à ½—1 B.) gr. 8. Bayreuth, (Gießel). n. 2. —

— dasselbe. 3—7. Jahrg. 1878—1882. à 12 Nrn. (à ½—1 B.) gr. 8. Ebend. à Jahrg. n.n. 2. 50

— für Oberfranken. Red.: Gg. Heinr. Bock. 8—11. Jahrg. 1883—1886. à 12 Nrn. (à ½—1 B.) gr. 8. Bayreuth, (Gießel). à Jahrg. n.n. 2. —

Schul-Anzeiger f. Oberfranken. Red.: B. Groß. 12.—15. Jahrg. 1887—1890. à 12 Nrn. (à ½—1 B.) gr. 8. Bayreuth, (Gießel). à Jahrg. n.n. 2. —

— für Oberfranken. Red.: B. Groß. 16.—19. Jahrg. 1891—1894. à 12 Nrn. (½—1 Bog.) gr. 8. Bayreuth, (C. Gießel). à Jahrg. n.n. 2. —

— für Oberfranken. Red.: B. Groß. 20. u. 21. Jahrg. 1895—1896. à 12 Nrn. (Bog.) gr. 8. Bayreuth (C. Gießel). à Jahrg. n.n. 2. —

— dasselbe. Red.: Hch. Weiß. 22. u. 23. Jahrg. 1897—1898. à 12 Nrn. (Bog.) gr. 8. Ebd. à Jahrg. n.n.n. 2. —

— f. Oberfranken. Red.: Hch. Weiß. (24.—27. Jahrg.) 1899—1902. à 12 Nrn. gr. 8. (à ca. 16 S.) Bayreuth (C. Gießel). à Jahrg. n. 2. 80

Schul-Anzeiger f. Oberfranken. Red.: Hch. Weiß. 28. bis 31. Jahrg. 1903—1906. à 12 Nrn. (à ca. 16 S.) gr. 8. Bayreuth (C. Gießel). à Jhrg. n. 2 —

Schul-Anzeiger f. Oberfranken. Red.: Hch. Weiß. 32.—34. Jahrg. 1907—1909. à 12 Nrn. (à ca. 16 S.) gr. 8. Bayreuth, (C. Gießel jun.). à Jahrg. 2. —
Nicht mehr im Buchhandel.

Schul-Anzeiger, Oberpfälzer. Hrsg. v. L. Hirschmann u. L. Reisinger. 7. u. 8. Jahrg. 1885 u. 1886. à 12 Nrn. (B.) Lex.-8. Regensburg, Pustet. à Jahrg. n.n. 2. —

— Oberpfälzer. Hrsg. v. L. Hirschmann u. L. Reisinger. 9. Jahrg. 1887. 12 Nrn. (B.) Lex.-8. Regensburg, (Pustet). n.n. 2. —

— dasselbe. Hrsg. v. L. Reisinger u. F. Zahn. 10.—12. Jahrg. 1888—1890. à 12 Nrn. (B.) Lex.-8. Ebd. à Jahrg. n.n. 2. —

— Oberpfälzer. Hrsg. v. L. Reisinger u. Frdr. Zahn. 13.—15. Jahrg. 1891—1893. à 12 Nrn. (Bog.) Lex.-8. Regensburg, (F. Pustet). à Jahrg. n.n. 2. —

— oberpfälzer. Hrsg. v. L. Reisinger u. Frdr. Zahn. 18. u. 19. Jahrg. 1896 — 1897. à 12 Nrn. (Bog.) gr. 8. Regensburg, F. Pustet. à Jahrg. n. 2. —

— dasselbe. 20. Jahrg. 1898. 12 Nrn. (Bog.) gr. 8. Ebd. n.n.n. 2. —

— oberpfälzer. Hrsg. v. L. Reisinger u. Frdr. Zahn. 21. u. 22. Jahrg. 1899 u. 1900. à 12 Nrn. gr. 8. (à ca. 16 S.) Regensburg, F. Pustet. à Jahrg. n.n. 2. —

— dasselbe. Hrsg. v. L. Reisinger u. Frdr. Zahn. Red.: Leonh. Reisinger. 23. u. 24. Jahrg. 1901 u. 1902. à 12 Nrn. gr. 8. (à ca. 16 S.) Ebd. à Jahrg. n.n. 2.20

— oberpfälzer. Hrsg. v. L. Reisinger. u. J. Lindner. Red.: J. Lindner. 25. u. 26. Jahrg. 1903 u. 1904. à 12 Nrn. (IV, 204 u. IV, 196 S.) gr. 8. Regensburg (F. Pustet). à Jhrg. n.n 2.20

— dasselbe. 27. u. 28. Jahrg. 1905 u. 1906. à 24 Nrn. (IV. 276 u. IV, 240 S.) gr. 8. Ebd. à Jhrg. n.n. 2.40

— oberpfälzer. Begründet v. L. Reisinger u. L. Hirschmann. Hrsg. v. J. Lindner u. J. Leißl. 29.—32. Jahrg. 1907—1910. à 24 Nrn. (232, 212, 204 u. 188 S.) Lex. 8. Regensburg, (F. Pustet). à Jahrg. nn 2.40

—— schwäbischer. Eigentum der schwäb. permanenten Schulausstellung zu Augsburg. Redact.: L. Bauer. 1.—3. Jahrg. Oktbr. 1882—Decbr. 1885. à Jahrg. 15 Nrn. (à Nr. 3/4 Bog.) gr. 8. Augsburg, (Schmid'sche Verlagsh.) à Jahrg. ** 1 80

Schul-Anzeiger, schwäbischer. Eigentum der schwäb. permanenten Schulausstellung zu Augsburg. Redact.: L. Bauer. 4. und 5. Jahrg. 1886 und 1887. à Jahrg. 24 Nrn. (Bog.) gr. 8. Augsburg, (Schmid's Verlag.) à Jahrg. ** 2 50

— dasselbe. 6.—8. Jahrg. 1888—1890. à 24 Nrn. (B.) gr. 8. Ebd. à Jahrg. n.n. 2.60

— schwäbischer. Eigentum der schwäb. permanenten Schulausstellg. zu Augsburg. Red.: L. Bauer. 9.—12. Jahrg. 1891—1894. à 24 Nrn. (à ca. 1 Bog.) gr. 8. Augsburg, (B. Schmid's Verl.). à Jahrg. n.n. 2.60

— schwäbischer. Eigentum der schwäb. permanenten Schulausstellg. zu Augsburg. Red.: L. Bauer. 13. u. 14. Jahrg. 1895—1896. à 24 Nrn. (à ca. 1 Bog.) M. Beilage: Mitteilgn. aus d. schwäb. Schulausstellg. Zugl. Anzeiger neuer Erscheingn. f. d. Volksschulen u. Vereinsblatt d. Schulausstellg. 3. u. 4. Jahrg. gr. 8. Augsburg (B. Schmid's Verl.). à Jahrg. n.n. 2.60

— dasselbe. Red.: L. Bauer u. Link. 15. u. 16. Jahrg. 1897—1898. à 24 Nrn. (à ca. 1 Bog.) gr. 8. Mit Beilage: Mitteilungen rc. 5. u. 6. Jahrg. gr. 8. Ebd. à Jahrg. n. 2.60

— schwäbischer. Eigentum der schwäb. permanenten Schulausstellung zu Augsburg. Red.: L. Bauer. 17. u. 19. Jahrg. 1899—1901. à 24 Nrn. gr. 8. (à ca. 12 S.) Mit Beilage u. Katalog der pädagog. Bibliothek der ev. Lehrer in Augsburg. Mitteilgn. aus der schwäb. Schulausstellung. Zugleich Anzeiger neuer Erscheingn. f. die Volksschulen u. Vereinsblatt der Schulausstellg. gr. 8. (à 16 S.) Augsburg, Schulausstellg. n. 2.—

— dasselbe. Red.: J. V.: Andr. Schulz. 20. Jahrg. 1902. 24 Nrn. gr. 8. (à ca. 16 S.) Ebd. n. 2.—

— schwäbischer. Eigentum der schwäb. permanent. Schulausstellg. zu Augsburg. Schriftleiter: Andr. Schulz. 21. bis 24. Jahrgang. 1903—1906. à 24 Nrn. (IV, 408; IV, 472; IV, 496 u. IV, 520 S.) gr. 8. Augsburg, Schwäb. permanent. Schulausstellg. à Jhrg. n.n. 2.—

— schwäbischer. Eigentum des bayer. Schulmuseums — Augsburg. Schriftleiter: Andr. Schulz. 25.—28. Jahrg. 1907—1910. à 24 Nrn. (552, 580, 560 u. 596 S.) gr. 8. Augsburg, Bayer. Schulmuseum. à Jahrg. nn 2.—

—— für Unterfranken und Aschaffenburg. Redact.: Gr. Fischer. 1.—11. Jahrg. 1874—1884. à Jahrg. 24 Nrn. (à Nr. 1/2—1 Bog.) gr. 8. Würzburg, (Stahel'sche Universitäts-Buchh.) à Jahrg. ** 2 —

—— für Unterfranken und Aschaffenburg. Hrsg. von Gr. Fischer in Verbindung mit Frz. Erbshäuser. 12.—14. Jahrg. 1885—1887. à Jahrg. 24 Nrn. (à Nr. 1/2—1 Bog.) gr. 8. Würzburg, (Stahel'sche Universitäts-Buchh.) à Jahrg. ** 2 —

— dasselbe. Hrsg. v. Frz. Erbshäuser in Verbindg. m. Adb. Weber. 15.—17. Jahrg. 1888—1890. à 24 Nrn. (à 1/2—1 B.) gr. 8. Ebd. à Jahrg. n.n. 2.—

— für Unterfranken u. Aschaffenburg. Hrsg. v. Frz. Erbshäuser in Verbindg. m. Adb. Weber. 18.—21. Jahrg. 1891—1894. à 24 Nrn. (à ca. 1 Bog.) gr. 8. Würzburg, (Stahel). à Jahrg. n.n. 2.—

— dasselbe. Repertorium, s.: Kuhn, Konst.

Schul-Anzeiger f. Unterfranken u. Aschaffenburg. Hrsg. v. Frz. Erbshäuser in Verbindung m. Adb. Weber. 22.—25. Jahrg. 1895—1898. à 24 Nrn. (Bog.) gr. 8. Würzburg (Stahel'sche Verlagsanstalt). à Jahrg. n.n. 2.—

Schulanzeiger f. Unterfranken u. Aschaffenburg. Hrsg. von Frz. Erbshäuser in Verbindg. m. Adb. Weber. 26. u. 27. Jahrg. 1899 u. 1900. à 20 Nrn. gr. 8. (à ca. 16 S.) Würzburg (Stahel's Sort.). à Jahrg. n.n. 2.—

— dasselbe. Hrsg. v. Frz. Erbshäuser in Verbindung m. Adb. Weber. Red.: Frz. Erbshäuser. 28. u. 29. Jahrg. 1901 u. 1902. à 20 Nrn. gr. 8. (à ca. 16 S.) Ebd. à Jahrg. n.n. 4.—

— für Unterfranken u. Aschaffenburg. Hrsg. v. Frz. Erbshäuser u. Ign. Griebl. Red.: Frz. Erbshäuser. 30. bis 33. Jahrg. 1903—1906. (338, 370, 342 u. 338 S.) gr. 8. Würzburg (Stahel's Sort.) à Jhrg. n.n. 4.—

— für Unterfranken u. Aschaffenburg. Hrsg. v. Frz. Erbshäuser u. Ign. Griebl. Red.: Frz. Erbshäuser. 34.—37. Jahrg. 1907—1910. à 24 Nrn. (VIII, 360; VIII, 376; VIII, 376 u. VIII. 360 S.) gr. 8. Würzburg, Stahel's Sort. à Jahrg. nn 5.—

Schul-Archiv für das Herzogthum Meiningen. Herausg.: C. F. Hartmann. (1.) Jahrg. 1858. 24 Nrn. (à 1/2 Bgn.). Meiningen. (Brückner u. Renner.) gr. 8. n. 20 ngr.

Schul-Archiv für das Herzogth. Meiningen. Redig. von C. F. Hartmann. Jahrg. 1858—61. à Jahrg. 24 Nrn. (1/2 Bog.) gr. 8. Meiningen, (Brückner und Renner.) à Jahrg. Thlr. * Jahrg. 1859 **

Schul-Archiv für das Herzogth. Meiningen. Redact.: Hartmann. Jahrg. 1862. 24 Nrn. (1/2 Bog.) gr. 8. Meiningen, (Brückner und Renner.) *

Schul-Archiv für die sächsischen Herzogthümer. Red.: Hartmann. 2—6. Jahrg. 1859—63. à 24 Nrn. (à 1/2 Bgn.) Meiningen, (Brückner & Renner.) gr. 8. Jeder Jahrg. n. 25 ngr.

—— dass. — Redact.: Hartmann. 7.—11. Jahrg. 1864—68. à Jahrg. 24 Nrn. (1/2 Bog.) gr. 4. Salzungen, Scheermesser. à Jahrg. * —

—— dass. — 12. Jahrg. 1869. I. Quartal. 6 Nrn. (à 1/2 Bog.) 4. Ebendas. *

—— daſſ. — 12. Jahrg. 1869. II.—IV. Quartal. 18 Nrn. (à ½ Bog.) 4. Ebendaſ. *

—— daſſ. — 13. Jahrg. 1870. 24 Nrn. (à ½ Bog.) 4. Ebendaſ. *

Schularchiv, schweizerisches. Organ der schweizer. Schulausstellung in Zürich. Redact.: A. Koller und O. Hunziker. 1.—5. Jahrg. 1880—1884. à Jahrg. 12 Nrn. (à Nr. 1½ Bog.) gr. 8. Zürich, Orell, Füssli und Comp.
Jahrg. 1880—1882 à 1 50
Jahrg. 1883 und 1884 à * 2 —

—— dass. — Beilage dazu, s. Pestalozzi-Blätter.

Schularchiv, schweizerisches. Organ der schweizer. Schulausstellung in Zürich. Redakt.: A. Koller und O. Hunziker. 6. Jahrg. 1885. 12 Nrn. (à Nr. 1½ Bog.) gr. 8. Zürich, Orell, Füssli und Comp., Verlag. * 2 —

—— dass. — Redact.: O. Hunziker, Schuster und Stifel. 7. und 8. Jahrg. 1886 und 1887. à Jahrg. 12 Nrn. (à Nr. 1½—2 Bog.) gr. 8. Ebendas. à Jahrg. * 2 —

Schularchiv, schweizerisches. Organ der schweizer. Schulausstellung in Zürich. Redigirt v. *O. Hunziker*, *Stifel*, *F. Graberg* u. *R. Fischer*. 9. Bd. 1888. 12 Nrn. gr. in-8°. Zürich, Orell Füssli & Cie. Jährlich 2 —

Schularchiv, schweizerisches. Organ der schweizer. Schulausstellg. in Zürich. Redact.: O. Hunziker, Stifel u. R. Fischer. 10. u. 11. Jahrg. 1889 u. 1890. à Jahrg. 12 Nrn. (à Nr. 1½—2 Bog.) gr. 8. Zür., Orell, Füssli u. Comp. Verlag. à Jahrg. * 2 —
Erscheint nicht mehr. — Vgl.: Fortbildungsschule, die gewerbliche.

— für Thüringen. Red.: Hartmann. 13. Jahrg. 1870. 24 Nrn. (½ Bgn.) Ebend. 4 n. 20½ ngr.

Schul-Archiv f. Thüringen u. Franken. Red.: G. Lomler. 14. u. 15. Jahrg. 1871 u. 1872 à 24 Nrn. (½ B.) 4. Salzungen, Scheermeſſer. à Jahrg. 2. 5

— daſſelbe, Red.: G. Stoll. 16. Jahrg. 1873. 24 Nrn. (à ½—1 B.) 4. Ebend. n. 2. 80

Schularzt, der, s.: Zeitschrift f. Schulgesundheitspflege.

Schulatlanten, s.a. Atlanten.

Schulatlas

— 19 Karten in gr. 4. ohne eingeſchrieb. Namen, nebſt e. Hülfsbuche von Strack. Berl., Winkelmann u. S. 21 gr.

— 19 Blatt in Steindruck, nach d. Einrichtung des Gaspariſchen, nebſt e. geograph. Lehrbuch v. Strack. 4. Düſſeld. 819. Arnz. 18 gr.

Schulatlas, Duodez, v. R. v. L., I u. II. Abthlg. 50 color. Bl. in Steindr. gr. 4. Berlin 825. Lüderiß.

Schulatlas, Duodez, v. R. v. L., s. Rühle v. Lilienſtern.

Allgemeiner Schul-Atlas von R. v. L. Berlin 1826 bey C. G. Lüderitz, Königsstrasse Nro. 37. 30 Bl. und ein Titelbl.

Schul- u. Hand-Atlas, allgem., üb. alle Theile d. Erde in 27 Karten. Nach A. v. Roon Leitfaden u. d. neuesten geograph. Karten bearb. v. J. Arnz. Imp.-4. Düsseldorf ..., Arnz u. Comp.

— allgemeiner, über alle bis jetzt bekannten Theile der Erde in 15 Blättern. 2e Aufl. qu. gr. 4. Nürnberg 836. Schneider u. Weigel. (Merz.) n. 7/12 ℛ

— allgemeiner, über alle bis jetzt bekannten Theile der Erde, in 15 Blättern. (In Kupferſtich u. illum.) 6. Aufl. (Verm. mit der Karte von Sachſen.) qu. gr. 4. Nürnberg 841, Bauer u. Raspe. (Jul. Merz.) ⅔ ℛ

— derſ. größere Ausgabe, vermehrt durch die Zugabe der Karten: Oeſterreich, Preußen, Griechenland, Schweiz und die europ. Türkei. (21 Blätter in Kupferſt. u. illum.) qu. gr. 4. Ebend. 841. ⅚ ℛ

— allgemeiner, über alle Theile der Erde nach dem neueſten Zuſtande. Gänzlich umgearb. u. verb. Aufl. (in 32 ill. Karten.) (½ Bog. Text.) qu. gr. 4. Augsburg 840. Walch. (Matth. Rieger.) 1⅙ ℛ

— für die alte Erdbeſchreib. in 15 Karten, zur allgem. Encyklopädie gehörig, (edirt v. J. H. G. Heuſinger). gr. Fol. Braunſchw. 809. Schulbuchh. 2 ℛ N. Aufl. Fol. Ebd. 819. 2 ℛ — Der latein. Text dazu: ſ. Kirchaub, Elementarwerk.

Schulatlas f. die alte Erdbeſchreibung, beſtehend in 15 Charten, z. allgem. Schulencyklopädie gehörig. Neue Aufl. gr. Fol. Braunſchw. Schulbuchh. 812.

— d. neuern Erdbeſchreibung, ſ. Stieler.

— der neueſten Erdbeſchreibung in 32 illum. Karten. Neu corrig. u. verb. Aufl. qu. gr. 4. Augsburg 843, Walch. ¾ ℛ

Schul-Atlas der neuesten Erdbeschreibung in 20 Karten. Chromolith. 1. u. 2. nach den neuesten Bestimmungen verb. Aufl. Langensalza 866. Verlags-Comptoir. qu. gr. 4. 24 ngr.

Schul-Atlas der neuesten Erdbeschreibung in 20 Karten. 2., nach den neuesten Bestimmungen verb. Aufl. qu. 4. Langensalza 868, Beyer und Söhne. 2 40

—— der ganzen Erde in 20 (in Kpfr. gest. und ill.) Blättern. qu. Fol. Weimar 858, Geographisches Institut. *

Schul-Atlas der ganzen Erde in 20 (in Kpfr. gest. u. color.) Blättern. Weimar (858.) Landes-Industrie-Comptoir. qu. gr. 4. n. 1 ℛ

—— der neueren Erdkunde, ſ. Vogel, K.

Schul- u. Hand-Atlas, geograph., üb. alle Theile d. Erde nach d. gegenwärt. Zustande u. d. neuesten u. zuverläss. Quellen entworf. 1. Lfg. Fol. (8 Karten entworf. v. F. W. Spehr) Braunschweig (834), Spehr. ill.

——, geograph., üb. alle Theile der Erde, nach d. gegenwärt. Zustande u. d. neuesten u. zuverläss. Quellen entworfen. 2. Lfg. von 8 Kart. (Kpfrst. u. ill.) Fol. Braunschweig (835,) Spehr.
1. Lfg. Ebendas. (1834.) 16 Ggr.

— geograph.-hiſtor., bearb. vom Major Dr. Streit u. Andern, mit erläuterndem Rand-Text von e. prakt. Schulmanne. 1.—4. Liefg. Fol. (à 7 illum. Karten.) Berlin 843, 44, Heymann. à n. ⅔ ℛ

— hiſtor., od. Ueberſicht der allgem. Weltgeſchichte in 14 v. Hauptmann Benicken entworfenen Karten u. Tafeln; als Verſinnlichungsmittel beim Gebrauch hiſtor. Lehrbücher, zumal derer des Prof. v. Dreſch. Roy.-Fol. Weim. 820. Ind.-Compt. 3 ℛ 6 gr. Velinp. 4 ℛ 6 gr.

Schul- u. Hand-Atlas, historisch-geographischer, der alten Welt (von C. Ohmann). gr. Fol. (10 in Kpfr. gest. u. color. Karten m. 4 S. Text.) Mit Text: Die alte Geographie. Abrisslich dargestellt. gr. 8. (VIII u. 164 S.) Berlin 850, Kortmann. (Leipzig, Rein.) n. 1 1/6 ₰

Schul-Atlas in 9 (color.) Karten (in Stahlst.). 860. n. 24 ngr. — 2. verm. Aufl. Mit einem Vorwort von Reuschle. Nurnberg 861. Serz & Co. qu. Fol. n. 16 ngr.

— in 36 illum. Karten. Nach d. neuest. Territorial-Bestimmungen entworfen. qu. 4. Nürnb. ... N. A. 826 u. 830. Walch. (Leipz., Hinrichs). 1 ₰ 14 gr.

— der kleine, v. 18 Karten. Nürnb., Fembo. 3 ₰ 10 gr. geb. 5 ₰

— kleiner, der neuest. Erdbeschreib., in 9 ill. Karten. gr. qu. 4. Darmst., Leske. 12 gr. schwarz 8 gr.

—— kleiner, der neuesten Erdkunde in 8 (lithogr. und ill.) Karten. 1—5. Aufl. 1847—50. und 6. Aufl. qu. Imp.-4. Wolfenbüttel 851, Holle'sche Buchh. *

— kleiner, der neuesten Erdkunde in 8 (lith. u. col.) Karten. qu. gr. 4. Wolfenbüttel 847, Holle. — (2 u. 3. Aufl.?) — 4. verb. Aufl. qu. Imp. 4. Ebd. 848. — 6. Aufl. qu. Imp. 4. Ebd. 851. n. 6 ngr.

Aus: Vollständ. Schulatlas der neuest. Erdkunde.

Schul-Atlas, kleiner histor. in 12 Blättern. Zunächst zu Fr. Stegers Weltgeschichte für das deutsche Volk bearbeitet, aber auch zu jedem andern Lehrbuche der allgem. Weltgeschichte passend. qu. 4. Leipzig 845, G. Mayer. 1 ₰

— kleiner, von 24 ill. Kärtchen über alle Theile der Erde. qu. gr. 16. Magdeburg 844, Baensch. n. 1/3 ₰

Schul-Atlas, kleiner, in 24 (in Kpfr. gest. und ill.) Karten. qu. 4. Leipzig 845, Schreiber's Erben. Thlr.

— kleiner, über alle Theile der Erde, s. **Stieler**.

—— kleiner, mit erläuterndem Text hrsg. von einem Lehrerverein. 1. Aufl. 1853. und 3. Aufl. qu. 4. (9 lithochrom. Karten und 28 S. Text.) Langensalza 855, Schulbuchh. des thüringer Lehrer-Vereins.

— kleiner, mit erläuterndem Text herausg. von einem Lehrerverein. 1—4. Aufl. Langensalza 853—58. Schulbuchhandlung. 4. (9 lith. Bl. in Farbendr. u. 28 S. Text.) 7 1/2 ngr.

— kleiner, mit erläuterndem Text herausg. von einem Lehrerverein. 1—8. Aufl. Langensalza 859—64. Gressler. qu. 4. (9 lith. Karten in Farbendr. mit 28 S. Text.) 7 1/2 ngr.

— kleiner, mit erläut. Text hersg. von einem Lehrerverein. 9—11. Aufl. Langensalza 865—68. Schulbuchh. von Gressler. qu. 4. (9 chromolith. Karten u. 28 S. Text.) 7 1/2 ngr.

——, kleiner, für d. geograph. Unterricht in d. Volksschulen. Mit d. nothwendigsten geograph., statist. u. geschichtl. Notizen üb. d. Erde. qu. gr. 16. (8 lith. Karten u. 3 B. Text.) Zweibrücken 841, Ritter'sche Buchh. 2 1/2 Gr., ill.

— kleiner, für den geographischen Unterricht in den Volksschulen. Mit den nothwendigsten geograph., statist. u. geschichtlichen Notizen über die Erde. qu. gr. 16. (8 lithogr. Karten u. Text.) Zweibrücken 842, Ritter'sche Buchh. 3 ngr. — Illum. 1/6 ₰

Schul-Atlas, kleiner, für die einfache Volks- und Landschule auf Veranlassung prakt. Schulmänner zusammengestellt aus Amthor und Issleib's Volks-Atlas. 16 Karten in Farbendr. 2. verb. Aufl. Gera 878, Issleib und Rietzschel. * — 50

Schul-Atlas, kleiner, für die einfache Volks- und Landschule, ausgewählt und zusammengestellt aus Amthor und Issleib's Volks-Atlas. 16 Karten in Farbendr. 3. verb. Aufl. gr. 4. Gera 880, Issleib und Rietzschel. * — 50

— kleiner, d. alten Welt, (z. Chrestomathie aus röm. Klassikern gehörig). 4. Stuttg. 825. (Metzler). 6 gr.

— kleiner, enthltd. das Wesentlichste für Land- u. Bürgerschulen. Nebst einem geograph. Wegweiser. 2. u. 3., nach den neuesten Bestimmungen verb. u. verm. Aufl. Langensalza 867,68. Verl.-Comptoir. qu. 4. (8 chromolith. Karten mit 40 S. Text.) 7 1/2 ngr.

—— kleiner, enth. das Wesentlichste für Land- und Bürgerschulen. Nebst einem geograph. Leitfaden von F. Mann. 3., gänzlich umgearb. nach den neuesten Bestimmungen verb. Aufl. qu. 4. (8 Karten und 32 S. Text.) Ebendas. 868. — 75

[II.] Sala's Methodischer Schul-Atlas zum Kartenzeichnen. 14 Flussnetzkt. m. Ang. d. Städte, Flüsse. Kanäle ohne Namensbezeichnungen, ferner d. Längen-, u. Breitengrade, Grenzen d. Länder u. Staaten, z. Einzeichnen d. Gebirge u. z. Bezeichng d. Namen d. Städte, Flusse u. s. w. ... Grosse Ausg. *Berlin: H. Sala [1898].* (1 Bl., 14 Kt.) 1 Bd quer-4. 1,50 567)

— der Naturgeschichte. Zur Belebung und Forderung der vergleichenden Anschauung in den Gebieten der drei Reiche der Natur. Ein Ergänzungsband zu jedem Hand- und Lehrbuche der Naturgeschichte. Mit nahe an 1200 Abbildgn. (Holzschn.) aus dem Thier-, Pflanzen- u. Mineralreiche. Breslau (858.) Hirt. Lex.-8. (XIV, 78, 54, 35 S.) n. 1 ₰ 15 ngr.

—— der Naturgeschichte. Zur Belebung und Förderung der vergleichenden Anschauung in den Gebieten der drei Reiche der Natur. Ein Ergänzungsbd. zu jedem Hand- und Lehrbuche der Naturgeschichte. Lex.-8. (XIV und 167 S. mit nahe an 1200 Abbild. in eingedr. Holzschn. aus dem Thier-, Pflanzen- und Mineralreiche.) Breslau 859, Hirt's Verlag. geb. *

— der Naturgeschichte. Für Gymnasien, Realschulen 2c. 48 color. Taff. Abbildungen aus dem Thier- u. Pflanzenreiche mit der Nomenclatur in deutscher, lateinischer, böhmischer, polnischer u. ungarischer Sprache 2. Aufl. Wien 866. Dirnböck's Buchh. gr. 8. (18 S. Text.) cart. n. 2 ₰

— naturgeschichtlicher, zum Gebrauche an den k. k. Gymnasien und Realschulen. 3. Aufl. Olmütz (858.) Hölzel. gr. 8. (16 S. u. 48 lith. u. color. Taf. nebst Anh.: Funf morphologische Tafeln zur Naturgeschichte des Pflanzenreiches fur Gymnasien u. Realschulen. Von K. B. Heller.) n. 2 ₰. 15 ngr.

Auch mit polnischem, ungarischem, böhmischem u. italienischem Texte zu gleichem Preise zu haben.

— neuer, zum Elementarunterricht in d. Geographie, in 20 Blättern, nebst e. Erklär. d. Karten. Gezeichn. u. verfaßt von Th. Wolf. Nürnb., 812. Fembo. geb. 2 ₰ 6 gr. — Dass. 1e Abtheil. in 10 Bl., nebst Erklär. geb. 1 ₰ 3 gr.

— neuer, d. Erdbeschreibung. Nach d. neuesten u. besten Karten verkleinert. 17 Bl. color. qu. 4. Halberstadt 827, Brüggemann.

Schulatlas, neuer, der Erdbeschreib. Nach d. neuest. u. besten Karten verkleinert. 17 Bl. color. qu. 4. Halberst. 827. (Erraud in Neuhaldensleben). 1 ₰

— neuer kleiner, mit besond. Rücksicht auf die geograph. Lehrbücher v. C. G. D. Stein. 3 Lieferr. 4. Leipz. 814—17. 5e A. 830. Hinrichs. 1 ₰

—— neuer kleiner, mit besond. Rücksicht auf d. geograph. Lehrbücher v. Chr. G. D. Stein. 5., verm. u. bericht. Aufl. 18 (ill.) Karten. qu. Fol. Leipzig 830, Hinrichs.

- neuer methodischer, in 30 Blättern, z. jeden Lehrbuche d. Geographie. Fol. Kempten 822, Dannheimer.

— neuer methodischer, in 32 Blättern, zu jedem Lehrbuche d. Geographie. Fol. Kempt. 822. Dannheimer. 1 ₰ 4 ggl.

— neuer, über alle Theile der Erde nach dem neuesten Stande der Wissenschaft bearb. von Bach, C. Baur, Gross, Imle. Revid. von Heinr. Berghaus. 27 Blätter in Farbendruck ausgeführt (u. 4 S. Text). Stuttgart 862. Malte. (E. Jäger.) qu. Fol. n. 1 ₰ 15 ngr.

—— neuer, über alle Theile der Erde nach dem neuesten Stande der Wissenschaft bearb. von Bach, C. Baur, Gross, Imle. Revid. von Heinr. Berghaus. 27 Blätter in Farbendr. ausgeführt. qu. Fol. (4 S. Text.) Stuttgart (861)62, [Nitzschke.] *

——, neuester, besteh. aus d. 2 Erdkugeln, d. 5 Erdtheilen, 1 Karte v. nordöstl. Deutschland u. d. Verzeichn. d. Hauptstädte, Flüsse u. Gebirge Europa's etc. Lithogr. kl. 4. Magdeburg 836, Robrahn u. Comp.

— neuester, v. 36 illum. Karten. Neue Ausg. qu. 4. Augsb. 826, Walch. (Hinrichs in Leipz.)

Schul-Atlas des Pflanzen- u. Mineralreichs. Zur Belebung u. Förderung der vergleichenden Anschauung. (Abdr. aus dem Schul-Atlas der Naturgeschichte der drei Reiche.) Ein Ergänzungsband zu jedem Hand- und Lehrbuche der Botanik u. Mineralogie. Breslau 859. Hirt. Lex.-8. (X, 89 S. mit Holzschn.) n. 22½ ngr.

— polit.-histor., der alten Geographie, s. F. C. L. Sickler.

— politisch-histor, der alten Geographie. (v. F. C. L. Sickler.) 4 Lieferungen. qu. gr. Fol. Kassel 824—26, Bohné.

— von Preußen, in 3 Lfrgg. — 1e u. 2e Lfrg.: Die Provinzen Sachsen, Brandenburg, Ost-Preußen, Schlesien, Pommern, Posen. In ihrer reinen Begrenzung u. der Beschaffenheit ihrer Bodenfläche. 6 lithogr. u. ill. Blätter in gr. Fol. Erfurt 839. Muller. n. 1 ₰

— von Preußen. 3. (letzte) Liefg.: Die Provinzen West-Preußen, Westphalen, Rhein, und Uebersichts-Karte. 4 lithogr. u. illum. Blätter in Fol. Erfurt 842, Müller'sche Buchh. n. ⅔ ₰ (1.—3. n. 1⅔ ₰)

—— von Preussen. In 9 Provinz- u. 1 Uebersichtskarte. Lith. u. ill. gr. Fol. Erfurt 845, Müller'sche Buchh. —

—— des preussischen Staats, s. Atlas, kleiner, des preuss. Staats.

— des Preussischen Staats. Gotha 858. J. Perthes. qu. gr. 4. (9 color. Bl. in Stahlst.) n. 15 ngr.

— des Preussischen Staates. 2. Aufl. Berlin 859. Th. Grieben in Comm. qu. 4. (12 lith. Bl.) n. 7½ ngr.; color. n. 9 ngr.

—— über alle Theile der Erde, s. Stieler, A.

Schul-Atlas über alle Theile der Erde nach dem neuesten Zustande u. über das Weltgebäude. Nach Stieler's Hand-Atlas verkleinert. 12e, 13e, 14e, 15e, 16e, 17e, 18e verb. u. verm. Aufl. 833—38. 19e verb. u. verm. Aufl. 838. 20e verb. Aufl. 840. qu. gr. 4. Gotha, J. Perthes. 1½ ₰ — Supplement, 5 Karten zur physikal. Erdkunde von Berghaus. qu. gr. 4. Ebd. 840. ⅓ ₰

— über alle Theile der Erde nach dem neuesten Zustande u. über das Weltgebäude. Nach Stieler's Hand-Atlas verkleinert. 21. verb. u. verm. Aufl. (In 27 Karten, wovon 25 illum. sind.) qu. gr. 4. Gotha 841, J. Perthes. n. 1⅙ ₰ — 22. verb. u. verm. Aufl. (27 Karten in Kupferstich, wovon 26 illum. sind, nebst Erläuterungen.) qu. gr. 4. Ebend. 842. n. 1⅙ ₰ — 23. verb. Aufl. qu. Imp. 4. Ebend. 843. n. 1⅙ ₰ — 24. Aufl. Ebend. 844. n. 1⅙ ₰ — 25. verb. Aufl. Ebend. 845. n. 1⅙ ₰

Schul-Atlas über alle Theile der Erde nach dem neuesten Zustande, und über das Weltgebäude. Nach Stieler's Hand-Atlas verkleinert. 29. und 30. Aufl. 1849—50. und 31., verb. und verm. Aufl. qu. Imp.-4. (30 ill. Bl. in Kpfrst.) Gotha 851, J. Perthes. *

Schul-Atlas über alle Theile der Erde nach dem neuesten Zustande, u. über das Weltgebäude. Nach Stieler's Hand-Atlas verkleinert. 29. verb. u. verm. Aufl. qu. Fol. (28 in Kpfr. gest. u. color. Bl.) Gotha 849, J. Perthes. — 30. verb. u. verm. Aufl. qu. Imp. Fol. (30 in Kpfr. gest. u. col. Karten.) Ebd. 851. — 31. verb. u. verm. Aufl. qu. Imp. Fol. (30 in Kpfr. gest. u. col. Karten.) Ebd. 852. n. 1⅙ ₰ (Supplement, siehe: Berghaus, Heinr., Supplement.)

— über alle Theile der Erde nach dem neuesten Zustande, und über das Weltgebäude. Nach Stieler's Hand-Atlas verkleinert. 32—36. verb. u. verm. Aufl. Gotha (853—56.) J. Perthes. qu. Fol. (32 Bl. in Kpfrst.) n. 1 ₰. 5 ngr.

– über alle Theile der Erde nach dem neuesten Zustande, u. über das Weltgebäude. Nach Stieler's Hand-Atlas verkleinert. 37—44. Aufl., verb. u. verm. von Herm. Berghaus. Gotha 858—64. J. Perthes. qu. Fol. (32 color. Bl. in Kpfrst.) n. 1 ₰ 5 ngr.

—— des Thierreichs. Zur Belebung und Förderung der vergleichenden Anschauung. Ein Ergänzungsbd. zu jedem Hand- und Lehrbuche der Zoologie. Lex.-8. (VIII und 78 S. mit eingedr. Holzschn.) Breslau 859, Hirt's Verlag. * –
Aus: Schul-Atlas der Naturgeschichte der drei Reiche, besonders abgedruckt.

— für den ersten Unterricht in der Geographie. Halle, Dreißig. 8 ggl.

— vollständ., der neuest. Erdbeschreib., mit vorzügl. Berücksichtigung der durch histor. Ereignisse merkwürd. Orte. In 27 ill. Blättern. Darmst., Leske. 1 ₰ 12 ggl. schwarz 1 ₰

Schul-Atlas, vollständ., d. neuest. Erdbeschreibung üb. alle Theile d. Erde. Bearb. nach Stieler, Streit, Reichard, Liechtenstern etc. in 30 (lith.) Bl. (wovon 29 ill.) qu. 4. Ulm 841, Ebner'sche Buchh.

—— vollständiger, der neuesten Erdbeschreibung über alle Theile der Erde in 30 (ill.) Blättern. 4. Aufl. 4. Ulm 845, Fr. Ebner, Verl. *

—— vollständiger, der neuesten Erdbeschreibung über alle Theile der Erde. Bearb. nach Stieler, Kiepert, Lichtenstein, Lange etc. in 30 (lithogr. und) ill. Bl. 6. (Titel-)Aufl. qu. 4. Tuttlingen (845)59, Kling.

—— vollständiger, der neuesten Erdkunde in circa 26 Karten. In 4 Liefgn. I. Lfg. qu. Roy.-4. (6 lith. u. ill. Blätter.) Wolfenbüttel 846, (47,) Holle'sche Buchh. *
Einzelne Karten à ¼ Ngr.

—— vollständiger, der neuesten Erdkunde in 27 (lithogr. und ill.) Karten. 2—6. Aufl. 1848—50. und 7., verb. Aufl. qu. Imp.-4. Ebds. 851. *

— vollständ., der neuesten Erdkunde in 25 (lith. u. color.) Karten. Ausgeführt im geograph.-lithograph. Institut von L. Holle. 2—4. Lfg. qu. Imp. 4. (19 lith. u. color. Karten.) Ebd. 847. à 1/6 ₰ (compl. 2/3 ₰ — (2. Aufl.?) — 3. verb. Aufl. qu. Imp. 4. Ebd. 848. n. 2/3 ₰ — in 27 (lith. u. col.) Karten. 6. vielfach verb. Aufl. qu. Imp. 4. Ebd. 850. — 7. vielfach verb. Aufl. qu. Imp. 4. Ebd. 851. n. 2/3 ₰

—— der alten Welt, s. Hoffmann, S. F. W., Orbis terrar. antiq.

— s. auch Atlas antiquus.

— der alten Welt, siehe: Orbis terrarum antiquus.

—— der alten Welt, s. Stieler, A.

— d. alten Welt. Nach Mannert, Ukert, Reichard, Kruse u. a. 12 Bl. 4e Aufl. Real 4. Gotha 827, Perthes.

— der alten Welt. Nach Mannert, Ukert, Reichard, Kruse, Wilhelm u. A. bearbeitet. 8e verm. Aufl. (14 Karten in Kupferstich, wovon 13 illum. sind.) qu. Fol. Gotha 833. J. Perthes. 1 ₰ — 10e verm. Aufl. (6 Blätter Text.) qu. gr. 4. Ebd. 836. 1 ₰ (Die Karten sind auch einzeln à 1/12 ₰ zu haben.)

Schul-Atlas, Wupperthaler. Sonderausgabe v. Rich. Andree's allgemeinem Volksschul-Atlas. Ausgeführt in der geograph. Anstalt v. Velhagen u. Klasing in Leipzig. gr. 4. (31 farb. Kartens.) Bielefeld 890, Velhagen u. Klasing. * 1 —; cart. * 1 30
geb. * 1 50

Schulaufsatz, der, unserer Achtjährigen. 132 Orig.-Aufsätze. Mit e. Vorwort v. Rob. Scheu. Nebst dem 6. Jahresbericht des Mädchenlyzeums der Frau Dr. Eugenie Schwarzwald in Wien (I. Kohlmarkt 6) u. e. Abhandlg. v. Leo Bloch: „Zur Frage der latein. Stilübgn." (111 S.) 8. Wien 908. H. Heller & Co. — 80

— dasselbe. 155 Orig.-Aufsätze. Aus dem 6. Jahresberichte des Mädchenlyzeums v. Frau Eugenie Schwarzwald in Wien. Mit e. Geleitwort v. Rob. Scheu. 2., verm. Aufl. (X, 52 S.) 8. Ebd. 909. 1. —

Schulaufsicht, die geistliche. Von Scholastikus. (48 S.) 8. Trier 904. Paulinus-Druckerei. n. — 60

Schulaufsicht und Kirche. Eine Osterpredigt der Schule an die Kirche. Von D. in F. gr. 8. (20 S.) [Berlin 883.] Brandenburg a. d. H., F. E. Keller. * — 40
Aus: Deutsche Schulzeitung, besonders abgedruckt.

Schulaufsicht u. Kirche. Eine Osterpredigt der Schule an die Kirche. Von D. in F. gr. 8. (20 S.) Brandenburg 883. Ennis. n. — 40

Schulaufsicht und Kirche. Eine Osterpredigt der Schule an die Kirche. Von D. in F. gr. 8. Berlin 883, H. Spamer. * — 40

Schulaufsicht u. Lehrerbildung in Bayern. Beiträge zur Reform d. Volksschulwesens. Von e. Schulmann. gr. 8. (46 S.) Würzburg 874. Stuber. n. — 60

Die Schulaufsicht und die Rektoren in Langermannscher Beleuchtung. Abwehr, Richtigstellung, krit. Studie u. Abrechnung. Hrsg. im Auftr. d. Vereins Barmer Rektoren. Elberfeld: S. Lucas in Komm. [1904]. (100 S.) 8° [8.] 1cs. 1569

Die Schulaufsicht über die höhere Schule. Von e. Direktor. Berlin: Hobbing [1910]. 35 S. 8°
(Beiträge z. konservativer Politik u. Weltanschauung. H. 9.) 10. 17907

Schulaufsicht, die, üb. die höhere Schule, s. a. Beiträge zu konservativer Politik u. Weltanschauung.

Schulaufsichtsfrage, die. Hrsg. vom württemberg. Volksschullehrerverein. gr. 8. (86 S.) Stuttgart 897. A. Bonz & Co. n. — 20

Schulaufsichtsfrage, die! Geschichtlich u. grundsätzlich dargestellt v. e. Schulfreunde. (II, 160 S.) kl. 8. Fulda 910. Fuldaer Actiendruckerei. — 80

Schulaufsichts-Kalender, allgemeiner, f. die Schulaufsichtsbeamten d. höheren u. niederen Unterrichtswesens in Deutschland, Oesterreich u. der Schweiz auf d. J. 1876. Mit dem Portr. d. Cultusministers Falk. (Holzschntaf.) Hrsg. v. H. Mouillard. gr. 16. (VIII, 201 S.) Berlin 875. Bichteler & Co. geb. n. 2. —

Schulaufsichts-Kalender, allgemeiner, für die Schulaufsichtsbeamten des höheren und niederen Unterrichtswesens in Deutschland, Oesterreich und der Schweiz auf das J. 1876. Mit dem Portr. des Cultusministers Dr. Falk (Holzschntaf.). Hrsg. von H. Mouillard. gr. 16. (VIII, 201 S.) Berlin 875, Imme. geb. * 2 —

Schulausflüge. Beiträge zur Heimatkunde v. Berlin u. Umgebung. Eine Handreichg. f. Schule u. Haus zur lehrreichen Gestaltg. der Spaziergänge. Hrsg. v. der naturwissenschaftl. Vereinigg. des Berliner Lehrer-Vereins. 1.—4. Hft. gr. 8. Berlin, L. Oehmigke's Verl. à n. — 50
1. 2. umgearb. Aufl. (VII, 92 S.) 900. — 2. 2. umgearb. Aufl. (104 S.) 900. — 3. (91 S.) 899. — 4. (104 S.) 902.

Schulausflüge. Beiträge z. Heimatkunde von Berlin u. Umgegend. Eine Handreichung f. Schule u. Haus z. lehrreichen Gestaltung d. Spaziergänge. Hrsg. von d. Naturw. Vereinigung d. Berliner Lehrer-Vereins. (Vorr.: H. Schmidt.) 2. umgearb. Aufl. H. 1. *Berlin: L. Oehmicke 1900.* 8° [01. 1049

Schul-Ausgabe Shakspearescher Dramen. — School-Edition of Shakspeare's Plays, arranged by J. Foelsing. Vol. I. and II. gr. 12. Berlin 840, Vossische Buchh. *
Vol. I. Julius Caesar. — The Tempest. (7¾ B.)
- II. King Richard II. — Merchant of Venice. (8¾ B.)

Schul-Ausgabe Shakspearescher Dramen. School-edition of Shakespeare's plays arranged by J. Fölsing. 2 Vols. 2. Edition. 12. Berlin 852, Th. Enslin. à Vol. 6 Ngr.
Inhalt:
Vol. 1. Julius Caesar. The tempest. (IV und 179 S.)
- 2. King Richard II. Merchant of Venice. (IV und 205 S.)

Schul-Ausgaben, deutsche, v. H. Schiller u. V. Valentin. Nr. 1—7. 12. Dresden 894. L. Ehlermann. à n. — 50; 1—6 geb. in Leinw. à n. n. — 70
1. Götterglaube u. Göttersagen der Germanen. Von Wolfg. Golther. (IV, 66 S.)
2. Deutsche Heldensage. Von Wolfg. Golther. (IV, 76 S.)
3. Dichtung u. Wahrheit. Von Joh. Wolfg. v. Goethe. Hrsg. v. Herm. Schiller. 1. Tl. Aus des Dichters Jugend bis zum Übergang auf die Universität Leipzig. (120 S. m. Abbildgn.)
4. — dasselbe. 2. Tl. Des Dichters Urteile üb. die deutsche Litteratur bis zum J. 1775. Mit dem Bildnis des Dichters nach Juel. (86 S.)
5. Iphigenie auf Tauris. Ein Schauspiel. Von Joh. Wolfg. v. Goethe. Hrsg. v. V. Valentin. (81 S.)
6. 7. Laokoon od. üb. die Grenzen der Malerei u. Poesie. 1. Tl. Von G. E. Lessing. 1766. Hrsg. v. V. Valentin. (XXIV, 136 S. m. Abbildgn.)

Schul-Ausgaben, deutsche, v. H. Schiller u. V. Valentin. Nr. 8—30. 12. Dresden, L. Ehlermann.
In Leinw. kart. à n. — 50; Einbde. in Leinw. à n.n. — 20

8. 9. Das Nibelungenlied. Mit Benutzung v. Simrock's Uebersetzg., hrsg. v. G. Rosenhagen. (IV, 188 S.) 895.
10. 11. Hamburg. Dramaturgie (1767—1769) v. G. E. Lessing (Auszug). Hrsg. v. P. Primer. (VIII, 152 S.) 895.
12. 13. Die Jungfrau v. Orleans. Eine romant. Tragödie. Von Frdr. v. Schiller. Hrsg. v. Veit Valentin. (II, 166 S.) 895.
14. Antigone. Eine Tragödie v. Sophokles. Uebers. u. hrsg. v. Veit Valentin. (III, 68 S. m. 3 Fig.) 895.
15. 16. Quellenbuch f. die griech. Geschichte. Hrsg. v. H. Butzer. (VIII, 183 S.) 895.
17. 18. Die höfische Lyrik d. Mittelalters. Hrsg. u. z. Teil übers. v. Gust. Ettner. (VI, 156 S.) 895.
19. Die Dichtung der Befreiungskriege (Auswahl). Von Jul. Ziehen. Mit Rauchs Grabdenkmal d. Königin Luise. (IV, 88 S.) 896.
20. Die Braut v. Messina od. d. feindl. Brüder. Ein Trauerspiel m. Chören. Von Frdr. v. Schiller. Hrsg. v. Veit Valentin. (II, 95 S.) 896.
21. 22. Homers Odyssee. Uebers. v. Joh. Heinr. Voß. In verkürzter Gestalt hrsg. v. Jul. Ziehen. (VIII, 167 S.) 897.
23. Hermann u. Dorothea. Von Wolfg. v. Goethe. Hrsg. v. Veit Valentin. (72 S.) 896.
24. Luthers deutsche Schriften (Auswahl). Hrsg. v. Ernst Schlee. (III, 90 S.) 897.
25. 26. Erläuterung zu Goethes Faust. Von Veit Valentin. (II, 172 S.) 897.
27. Minna v. Barnhelm od. d. Soldatenglück. E. Lustspiel in 5 Aufzgn. Von Ghold. Ephr. Lessing. Hrsg. v. Veit Valentin. (II, 104 S.) 897.
28. Philotas. Ein Trauerspiel. Von Ghold. Ephr. Lessing. Hrsg. v. A. Zernial. (III, 47 S.) 897.
29. Ueb. naive u. sentimentalische Dichtung. Von Frdr. v. Schiller. Hrsg. v. Paul Geyer. (II, 98 S.) 897.
30. Herderbuch. Reisejournal-Shakespeare-Ossian-Volkslieder. In Auswahl. Von J. Loeber. (IV, 98 S.) 898.

Schul-Ausgaben, deutsche, v. Veit Valentin. (Begründet v. H. Schiller u. Veit Valentin.) Nr. 31—33. 12. Dresden, L. Ehlermann. Kart. à n. — 50

31. 32. Makbeth. Eine Tragödie. Von William Shakespeare. Nach der Schlegel-Tieckschen Übersetzg. neu bearb. u. hrsg. von Veit Valentin. (II, 126 S.) 899.
33. Fabelbuch. Eine Auswahl deutscher Fabeldichtgn., eingeleitet u. in geschichtl. Anordng. zusammengest. Von Jul. Ziehen. (81 S.) 900.

Schulausgaben, deutsche. (Begründ. v. Schiller u. Valentin.) Hrsg. v. J. Ziehen. Nr. 8, 9, 19 u. 34—43. kl. 8. Dresden, L. Ehlermann. Kart. u. geb. n. 13. 00

Dannemann, Frdr., Quellenbuch zur Geschichte der Naturwissenschaften in Deutschland. (158 S.) (906.) (Nr. 39.) Geb. n. 1. 20
Frauenbriefe, deutsche. Ausgewählt u. hrsg. v. Ernst Wasserzieher. (161 S.) (906.) (Nr. 40.) Geb. n. 1. 20
Goethe's Gedanken-Lyrik. Hrsg. v. Paul Lorentz. (162 S.) (905.) (Nr. 35.) Geb. n. 1. 40
Hebbelbuch. Auswahl von Gedichten u. Prosa. Hrsg. v. Paul Lorentz. (160 S.) (905.) (Nr. 37.) Geb. n. 1. 20
Homer's Ilias. Uebers. v. Joh. Heinr. Voß. In verkürzter Gestalt hrsg. v. Jul. Ziehen. (191 S.) (906.) (Nr. 38.) Geb. n. 1. 45
Körner, Thdr., Zriny. Ein Trauerspiel in 5 Aufzügen. Hrsg. v. Hugo Schladebach. Mit 2 Illustr. u. 1 Fksm. der Orig.-Handschrift. (101 S. m. 2 Taf.) (905.) (Nr. 36.) Geb. n. — 80
Nibelungenlied, das. Hrsg. v. G. Rosenhagen. 2. umgearb. Aufl. (192 S.) (906.) (Nr. 8. 9.) Geb. n. 1. 20
Schiller, Wilhelm Tell. Ein Schauspiel. Hrsg. v. P. Hellwig. Vorausgeschickt ist e. Einleitg.: Ueber das Wesen der dramat. Poesie. (170 S. m. 1 Karte.) (906.) (Nr. 41.) Geb. n. 1. 20
Shakespeare, William, Julius Cäsar. Hrsg. v. Ernst Wasserzieher. (95 S.) (906.) (Nr. 43.) Geb. n. — 80
— König Lear. Hrsg. v. Ernst Wasserzieher. (160 S.) (906.) (Nr. 42.) Geb. n. 1. 20
Ziehen, Jul., die Dichtung der Befreiungskriege (Auswahl). Mit 1 Abbildg. v. Rauchs Grabdenkmal der Königin Luise. 2., verm. Aufl. (VI, 101 S.) 904. (Nr. 19.) Kart. n. — 80
— Quellenbuch zur deutschen Geschichte von 1815 bis zur Gegenwart. (152 S.) (905.) (Nr. 34.) Geb. n. 1. 45

Schulausgaben, deutsche. Hrsg. v. J. Ziehen. Nr. 3. 8. 9. 14. 17—19. 21. 22. 24. 27. 30. 34—36. 38. 41 u. 44—68. kl. 8. Dresden, L. Ehlermann. Geb. 42. 05

Bismarck's Reden u. Briefe in Auswahl. Hrsg. v. E. Stutzer. Mit 1 Bildnis. (119 S.) (907.) (Nr. 45.) Geb. 1. —
Ettner, Gust., höfische Lyrik des Mittelalters. Neu bearb. v. G. Rosenhagen. 2. Aufl. (121 S.) (908.) (Nr. 17. 18.) Geb 1. 20
Goebel, Heinr., neudeutsche Prosadichtung. Meisterstücke moderner Erzählungskunst. m. method. Einführg. u. Charakteristiken der Dichter hrsg. Wilhelm Raabe, Theodor Fontane, Detlev v. Liliencron, Prinz Schoenaich-Carolath, Gustav Frenssen. (120 S. m. 5 Bildnissen.) (910.) (Nr. 68.) Geb. 1. —
Goethe in Briefen. Eine Auswahl v. Goethe-Briefen. Hrsg. v. Rich. Jonas. (104 S.) (908.) (Nr. 53.) Geb. — 90
Goethe, Joh. Wolfg. v., Dichtung u. Wahrheit. Hrsg. von Herm. Schiller. 1. Tl. Aus des Dichters Jugend bis zum Übergang auf die Universität Leipzig. Mit vielen Abbildgn. 4. durchgeseh. Aufl. (127 S.) (908.) (Nr. 3.) Geb. — 90
— Gedanken-Lyrik. Hrsg. v. Paul Lorentz. 2. verb. Aufl. (162 S.) (907.) (Nr. 35.) Geb. 1. 40
— Aus Goethes Prosa. Kleine Dichtgn. u. Aufsätze. Ausgewählt u. erläutert v. Karl Kinzel. Mit 2 Abbildgn. im Text u. 4 Kunstdr.-Beilagen. (192 S.) (907.) (Nr. 49.) Geb. 1. 45
— italienische Reise. In verkürzter Gestalt hrsg. v. Jul. Ziehen. (224 S. m. Abbildgn. u. 1 Taf.) (908.) (Nr. 50.) Geb. 1. 60
— Torquato Tasso. Ein Schauspiel. Hrsg. v. Mart. Wohlrab. (116 S.) (908.) (Nr. 55.) Geb. 1. —
Goethe-Gespräche. Hrsg. v. Paul Lorentz. (194 S. m. 5 Vollbildern.) (908.) (Nr. 57.) Geb. 1. 50
Grillparzer, Frz., Sappho. Ein Trauerspiel in 5 Aufzügen. Hrsg. v. E. Petersen. (104 S. m. Bildnis.) (908.) (Nr. 51.) Geb. — 90
Hebbel, Frdr., Agnes Bernauer. Ein deutsches Trauerspiel. Hrsg. v. Berth. Schulze. (119 S.) (908.) (Nr. 58.) Geb. 1. —
— Herodes u. Mariamne. Eine Tragödie in 5 Akten. Hrsg. v. Heinr. Deckelmann. (126 S.) (909.) (Nr. 63.) Geb. 1. —
— Die Nibelungen. Ein deutsches Trauerspiel in 3 Abtlgn. Hrsg. v. Arnold Zehme. (210 S.) (909.) (Nr. 61.) Geb. 1. 45
Herderbuch. Reisejournal — Shakespeare — Ossian — Aus den Horen (Homer e. Günstling der Zeit; Homer u. Ossian.) In Auswahl v. J. Loeber. 2. Aufl. (112 S. m. Titelbild.) (908.) (Nr. 30.) Geb. — 95
Homer's Ilias. Übers. v. Joh. Heinr. Voß. In verkürzter Gestalt hrsg. v. Jul. Ziehen. 2. Aufl. (191 S.) (908.) (Nr. 38.) Geb. 1. 45
— Odyssee. Übers. v. Joh. Heinr. Voß. In verkürzter Gestalt hrsg. v. Jul. Ziehen. 3. Aufl. (172 S.) (908.) (Nr. 21. 22.) Geb. 1. 20
Hüter, Ludw., Quellenbuch zur römischen Geschichte. I. Bd. Königszeit u. Republik. (144 S. m. Titelbild, 16 Abbildgn. u. 2 Karten.) (910.) (Nr. 64.) Geb. 1. 20
— dasselbe. II. Bd. Kaiserzeit. (141 S. m. Titelbild, 15 Abb. u. 2 Karten.) (910.) (Nr. 65.) Geb. 1. 20
Kinzel, Karl, Begleitstoffe zur Betrachtung der deutschen Literaturgeschichte des 16.—18. Jahrh. Ausgewählt u. eingeleitet. 2. Aufl. (192 S.) (908.) (Nr. 46.) Geb. 1. 45
Kleist, Heinr. v., die Hermannsschlacht. Ein Schauspiel. Hrsg. v. H. Barckhausen. (II, 112 S. m. Titelbild.) (910.) (Nr. 66.) Geb. 1. —
— Prinz Friedrich v. Homburg. Ein Schauspiel. Hrsg. v. J. Hartung. (96 S. m. Bildnis.) (908.) (Nr. 54.) Geb. — 85
Körner, Thdr., Zriny. Ein Trauerspiel in 5 Aufzügen. Hrsg. v. Hugo Schladebach. Mit 3 Illustr. u. e. Fksm. der Orig.-Handschrift. 3. Aufl. (101 S.) (910.) (Nr. 36.) Geb. — 80
Lessing, Ghold. Ephraim, Minna v. Barnhelm od. Das Soldatenglück. Ein Lustspiel in 5 Aufzügen. Hrsg. v. Veit Valentin. 2., m. Bildern nach Chodowieckis Kupfern vom J. 1770 verseh. Aufl. (112 S.) (908.) (Nr. 27.) Geb. — 90
— Emilia Galotti. Ein Trauerspiel in 5 Aufzügen. Hrsg. v. Wilh. Schröder. (96 S.) (908.) (Nr. 59.) Geb. — 85
— Nathan der Weise. Ein dramat. Gedicht in 5 Aufzügen. 1779. Hrsg. v. Ferd. Lamey. (152 S.) (908.) (Nr. 52.) Geb. 1. 20
List, Frdr., geschichtliche Einzeldarstellungen aus dem nation. System der polit. Ökonomie. Hrsg. v. Osk. Steinel. (112 S.) (908.) (Nr. 60.) Geb. 1. —
Lutherlesebuch. Hrsg. v. Ernst Schlee. 3. Ausg. (96 S. m. Titelbild.) (908.) (Nr. 24.) Geb. — 60
Nibelungenlied, das. Hrsg. v. G. Rosenhagen. 4. Aufl. (192 S.) (908.) (Nr. 8. 9.) Geb. 1. 20
Rückert's Gedichte. In Auswahl hrsg. v. Hugo Schladebach. Mit dem Bildnis des Dichters u. e. Fksm. seiner Handschrift. (128 S.) (907.) (Nr. 44.) Geb. 1. —
Schiller, Maria Stuart. Ein Trauerspiel. Hrsg. v. H. Kloevekorn. (144 S. m. Vollbildern.) (910.) (Nr. 67.) Geb. — 80
— Wilhelm Tell. Ein Schauspiel. Hrsg. v. P. Hellwig. Vorausgeschickt ist e. Einleitg.: Über das Wesen der dramat. Poesie. 2. Aufl. (168 S.) (908.) (Nr. 41.) Geb. 1. 20
Sophokles, Antigone. Übers. u. hrsg. v. Veit Valentin. 2., durchges. Aufl. (72 S.) (908.) (Nr. 14.) Geb. — 70
— Elektra. Übers. v. Geo. Schwandke. (72 S. m. Bildnis.) (908.) (Nr. 58.) Geb. — 70
— König Ödipus. Übers. v. Mart. Wohlrab. (72 S.) (907.) (Nr. 47.) Geb. — 60
Stutzer, E., Lesebuch zur deutschen Staatskunde. (168 S.) (907.) (Nr. 48.) Geb. 1. 20
Ziehen, Jul., die Dichtung der Befreiungskriege. (Auswahl.) Mit e. Abbildg. v. Rauchs Grabdenkmal der Königin Luise. 4. Aufl. (112 S.) (908.) (Nr. 19.) Geb. — 80
— Quellenbuch zur deutschen Geschichte von 1815 bis zur Gegenwart. 2. Aufl. (208 S.) (907.) (Nr. 34.) Geb. 1. 45
Ziehen, Ludw., deutsche politische Reden des 19. Jahrh. Ausgewählt u. hrsg. (176 S.) (909.) (Nr. 62.) Geb. 1. 45

— deutsche, hrsg. v. H. Gaudig u. G. Frick. 8. Leipzig, B. G. Teubner.

Homer's Ilias in Auswahl nach der Uebersetzung v. Joh. Heinr. Voß. Für den Schulgebrauch hrsg. v. Geo. Finsler. (175 S.) 906. n. — 80; geb. n. 1. —
— Odyssee, in Auswahl nach der Uebersetzung v. Joh. Heinr. Voß. Für den Schulgebrauch hrsg. v. Geo. Finsler. (132 S.) 906. n. — 60; geb. n. — 80

Schulausgaben, deutsche, hrsg. v. H. Gaudig u. G. Frick. 8. Leipzig, B. G. Teubner.

Goethe, Wolfg. v., Dichtung u. Wahrheit. Für Schulgebrauch u. Selbstunterricht hrsg. v. O. Kästner. (219 S.) 907. 1.20; geb. 1. 50

— Egmont. Ein Trauerspiel in 5 Aufzügen. Zum Schulgebrauch u. Selbstunterricht hrsg. v. G. Frick. (112 S.) 907. —60; geb. — 80

— Iphigenie auf Tauris. Ein Schauspiel. Für Schulgebrauch u. Selbstunterricht hrsg. v. G. Frick. (76 S.) 908. —50; geb. — 70

— Torquato Tasso. Ein Schauspiel. Für Schulgebrauch u. Selbstunterricht hrsg. v. G. Frick. (120 S.) 907. —60; geb. — 80

Kleist, Heinr. v., Prinz Friedrich v. Homburg. Ein Schauspiel. Für Schulgebrauch u. Selbstunterricht hrsg. v. H. Gaudig. (VI, 127 S.) 908. —80; geb. 1. —

Schiller, Frdr. v., Don Karlos, Infant v. Spanien. Ein dramat. Gedicht. Für Schulgebrauch u. Selbstunterricht hrsg. v. G. Frick. (242 S.) 907. 1.20; geb. 1. 50

— Kabale u. Liebe. Ein bürgerl. Trauerspiel. Zum Schulgebrauch u. Selbstunterricht hrsg. v. G. Frick. (125 S.) 907. —70; geb. — 90

— Wilhelm Tell. Schauspiel in 5 Aufzügen. Für Schulgebrauch u. Selbstunterricht hrsg. v. H. Gaudig. 2. Aufl. (144 S. m. 1 Karte.) 909. —40; geb. n — 65

Schmidt, Otto Eduard, Lieder der Deutschen aus den Zeiten der Freiheitskriege u. der Kämpfe um die nationale Einheit. Für Schule u. Haus zusammengestellt u. erläutert. 2. Aufl. (VI, 125 S.) 909. —75; geb. 1. —

Sophokles' Antigone. Übers. v. Johs. Geffcken u. Jul. Schultz. (II, 43 S.) 907. —85; geb. — 60

Wolfram v. Eschenbach, Parzival. Ein höf. Epos. Übers. v. Karl Simrock. Für Schulgebrauch u. Selbstunterricht hrsg. v. Johs. Spitzner. (V, 144 S.) 907. 1.—; geb. 1. 25

Schulausgaben deutscher Klassiker. Mit vielen Fragen und Aufgaben behufs Anleitung zum Selbstdenken und Selbstfinden, sowie zur Anregung tieferen Eindringens in das Verständniß des Inhalts versehen. I.—IV. 8. Trier 885, Stephanus. cart. * 2 70

Inhalt:

I. Goethes Hermann und Dorothea. Hrsg. von Heinr. Leineweber. (85 S.) 60 Pf.
II. Schillers Wilhelm Tell. Hrsg. von Heinr. Leineweber. (122 S. mit 1 Karte.) 70 Pf.
III. Lessings Minna von Barnhelm. Hrs. von J. G. Schumann. (120 S.) 70 Pf.
IV. Schillers Maria Stuart. Hrsg. von Konr. Fischer. (144 S.) 70 Pf.

Schulausgaben deutscher Klassiker. 5—9. 8°. Trier 889,90, Stephanus' Verlag. cart. * 3 30

5. Schiller, Friedr. v. Die Jungfrau v. Orleans. Hrsg. v. Heinr. Engelen. (136 S.) * — 70.
6. Goethe, Joh. Wolfg. v. Torquato Tasso. Hrsg. v. Werner Werther. (124 S.) * — 70.
7. —— Iphigenie auf Tauris. Hrsg. v. Heinr. Engelen. (79 S.) * — 60.
8. Schiller's Braut v. Messina od. die feindlichen Brüder. Hrsg. v. J. Treutler. (114 S.) * — 70.
9. Lessing, Ghold. Ephr. Emilia Galotti. Ein Trauerspiel in 5 Aufzügen. Hrsg. v. Jos. Pirig. (90 S.) * — 60.

— deutscher Klassiker. X. 8. Trier 893. H. Stephanus. Kart. n. 1. 20

Wallenstein. Ein dramat. Gedicht von Frdr. v. Schiller. Mit vielen Fragen u. Aufgaben behufs Anleitg. zum Selbstdenken u. Selbstfinden, sowie zur Anregg. tieferen Eindringens in das Verständnis des Inhaltes versehen v. Max Müller. Wallensteins Lager. — Die Piccolomini. — Wallensteins Tod. [illegible]

— deutscher Klassiker. XI. u. XII. 8. Trier, H. Stephanus. Kart. n. 1. 70

XI. Götz v. Berlichingen mit d. eisernen Hand. E. Schausp. in 5 Akten von W. v. Goethe. M. kurzen Erläutergn., Fragen u. Aufgaben zur Anregg. tief. Eindringens in d. Verständnis des Inhalts vers. v. Konr. Fischer. (143 S.) 894. n. — 70
XII. Volks- u. Kunstepen d. ersten klass. Blütezeit. Für d. Unterricht an Gymnasien, Realschulen, höheren Mädchenschulen u. Seminaren in Prosa erzählt v. Konr. Fischer. (VII, 147 S.) 895. n. 1. —

— deutscher Klassiker. I. 8. Trier, H. Stephanus. Kart. n. — 60

Goethe's Hermann u. Dorothea. Mit Fragen u. Aufgaben zur Anregg. tieferen Eindringens in das Verständnis des Inhaltes versehen von Heinr. Leineweber. 3. Aufl. (90 S.) 899.

— deutscher Klassiker. II. u. V. kl. 8. Trier, H. Stephanus. Kart. à n. — 70

II. Wilhelm Tell. Schauspiel in 5 Aufzügen. Von Frdr. v. Schiller. Mit Fragen u. Aufgaben zur Anregg. tieferen Eindringens in das Verständnis des Inhaltes versehen v. Heinr. Leineweber. 3. Aufl. (136 S.) 904.
V. Die Jungfrau v. Orleans. Eine romant. Tragödie. Von Frdr. v. Schiller. Mit vielen Fragen u. Aufgaben zur Anregg. tieferen Eindringens in das Verständnis des Inhalts versehen v. Heinr. Engelen. 2. Aufl. (136 S.) 905.

Schulausgaben französischer Klassiker. Hrsg. v. F. L. Kobányi. 8. Wien 874. (F. Beck.) n. — 80.

Paul et Virginie par Bernardin de Saint-Pierre (150 S.)

— pädagogischer Classiker. Hrsg. v. Thdr. Tupetz. 1.—5. Hft. 8. Wien u. Prag 896. F. Tempsky. — Leipzig, G. Freytag. n. 3. 30

1. Vinc. Ed. Milde, allgem. Erziehungskunde. Hrsg. v. Thdr. Tupetz. (XI, 131 S.) n. — 70
2. J. J. v. Felbiger, Methodenbuch. (XI, 140 S. m. Bildn.) n. — 75
3. Chr. G. Salzmann, Krebsbüchlein. (IV, 110 S.) n. — 60
4. J. H. Pestalozzi, wie Gertrud ihre Kinder lehrt. (III, 146 S. m. Titelbild.) n. — 75
5. A. Comenius, Orbis pictus. (IV, 92 S. m. 36 Textbild.) n. — 50

— pädagogischer Classiker. Hrsg. v. Thdr. Tupetz. 6. u. 7. Hft. Wien, F. Tempsky. — Leipzig, G. Freytag. n. 1. 20

6. Emil od. Über die Erziehung. Von J. J. Rousseau. Hrsg. v. Thdr. Tupetz. Mit 1 Titelbild. (II, 116 S.) 899. n. — 70
7. Ameisenbüchlein. Noch etwas üb. die Erziehung. Von Chrn. Gtlf. Salzmann. Hrsg. v. Thdr. Tupetz. (II, 86 S.) 900. n. — 50

— pädagogischer Klassiker. Hrsg. v. Thdr. Tupetz. 6. Heft. 8. Wien 905. F. Tempsky. — Leipzig, G. Freytag. Geb. n. 1. 20

Emil od. Ueber die Erziehung. Von J. J. Rousseau. Hrsg. v. Thdr. Tupetz. Mit 1 Titelbild. 2. Abdr. der 1. Aufl. in neuer Rechtschreibg. (112 S.)

— pädagogischer Klassiker. Hrsg. v. Thdr. Tupetz. 4. Heft. 8. Wien 910. F. Tempsky. — Leipzig, G. Freytag. Kart. 1. 20

Wie Gertrud ihre Kinder lehrt. Von J. H. Pestalozzi. Hrsg. v. Thdr. Tupetz. Mit 1 Titelbild. 2. Aufl. (162 S.)

— englischer u. französischer Schriftsteller. 1.—3. Bdchn. 8. Bremen 895. G. Winter. Kart. n. 2. —

1. 40 englische Gedichte. Für den Schulgebrauch hrsg. v. A. Bremer. (IV, 56 S.) n. — 80
2. The prisoner of Chillon by Lord Byron. Paradise and the Peri by Thomas Moore. Für den Schulgebrauch hrsg. v. A. Bremer. (36 S.) n. — 60
3. The rime of the ancient mariner and other poems by Sam. Taylor Coleridge. Für den Schulgebrauch hrsg. v. C. Rodeck. (82 S.) n. — 60

— englischer u. französischer Schriftsteller. 1., 4. u. 5. Bdchn. 8. Bremen, G. Winter. 2. 60

1. Englische Gedichte. Für den Schulgebrauch hrsg. von A. Bremer. 2. Aufl. (IV, 56 S.) 898. Geb. n. — 80
4. 40 französ. Gedichte. Für den Schulgebrauch hrsg. von A. Bremer. 2. Aufl. (IV, 55 S.) 898. Geb. n. — 80
5. The Lady of the Lake. By Sir Walter Scott. Für den Schulgebrauch hrsg. v. A. Bremer. (72 S. m. 1 Karte.) 895. Kart. n. 1. —

— englischer u. französischer Schriftsteller. 2. Bdchn. 8. Bremen, G. Winter. Geb. n. — 60

The prisoner of Chillon. By Lord Byron. — Paradise and the Peri. By Thom. Moore. Für den Schulgebrauch hrsg. v. A. Bremer. 2. Aufl. (36 S.) 902.

Schulausgaben englischer u. französischer Schriftsteller. 4. Bdchn. 8. Bremen, G. Winter. Geb. n. — 80

40 französische Gedichte. Für den Schulgebrauch hrsg. von A. Bremer. 3. Aufl. (IV, 55 S.) (903.)

Schulausgaben englischer u. französischer Schriftsteller. 1., 2. u. 4. Bdchn. 8. Bremen, G. Winter, Verl. Kart. 2. 20

Bremer, A., 40 englische Gedichte. Für den Schulgebrauch hrsg. 3. Aufl. (IV, 56 S.) (908.) (1. Bdchn.) Kart. — 80

— 40 französische Gedichte. Für den Schulgebrauch hrsg. 4. Aufl. (IV, 55 S.) (910.) (4 Bdchn.) Kart. — 80

Byron, Lord, the prisoner of Chillon. — Moore, Thom., Paradise and the Peri. Für den Schulgebrauch hrsg v. A. Bremer. 3. Aufl. (30 S.) 908. (2. Bdchn.) Kart. — 60

— ausgewählter klassischer Werke m. vollständigen Commentaren. 1. Reihe. Die Meisterwerke der klass. Periode. Bearb. v. Jul. Naumann u. J. Buschmann. 3 Bdchn. 8. Leipzig 875. Siegismund & Volkening. n. 2. 20

1. Lessing's „Minna v. Barnhelm" od. „das Soldatenglück." Mit vollständ. Commentar f. den Schulgebrauch u. des Privatstudium v. Jul. Naumann. (112 S.) n. — 60
2. Schiller's „Jungfrau v. Orleans." Eine romant. Tragödie. Mit vollständ Commentar f. den Schulgebrauch u. das Privatstudium. (144 S.) n. — 80
3. Schiller's „Wilhelm Tell". Schauspiel in 5 Aufzügen. Mit vollständ. Commentar f. den Schulgebrauch u. das Privatstudium v. Jul. Naumann. (140 S. m. 1 lith. Karte in 4.) n. — 80

—— ausgewählter klassischer Werke mit vollständigen Commentaren. 1. Reihe: Die Meisterwerke der klass. Periode. Bearb. von Jul. Naumann. 2. Bdchn.: Schiller's „Jungfrau von Orleans". Eine romant. Tragödie. Mit vollständ. Commentar für den Schulgebrauch und das Privatstudium. 8. (144 S.) Leipzig 875, Siegismund und Volkening. *

—— dass. — Bearb. von Jul. Naumann und J. Buschmann. 3. Bdchn.: Schiller's „Wilhelm Tell". Schauspiel in 5 Aufzügen. Mit vollständ. Commentar für den Schulgebrauch und das Privatstudium von Jul. Naumann. 8. (140 S. mit 1 lithogr. Karte in 4.) Ebendas. 876. *

—— dass. — Bearb. von Jul. Naumann und Friedr. Fr. Rückert. 4. Bdchn.: Schiller's „Don Carlos". Ein dramat. Gedicht in 5 Akten. Mit vollständ. Commentar für den Schulgebrauch und das Privatstudium von Friedr. Fr. Rückert. 8. (216 S.) Leipzig 879, Siegismund und Volkening. *

Schulausgaben ausgewählter klassischer Werke mit vollständigen Kommentaren. 1. Reihe: Die Meisterwerke der zweiten klass. Periode. 1., 3. und 5. Bdchn. 8. Leipzig, Siegismund und Volkening. *ℳ 2.; geb. * 2 90

Inhalt:

Bdchn. 1. Lessing's, Gthold. Ephr., Minna von Barnhelm oder das Soldatenglück. Mit vollständ. Kommentar für den Schulgebrauch und das Privatstudium von Jul. Naumann. 2. verb. Aufl. In neuer Schreibweise. (112 S.) 881. * 60 Pf.; geb. * 90 Pf.

» 3. Schiller's, Friedr. v., Wilhelm Tell. Schauspiel in 5 Aufzügen. Mit vollständ. Kommentar für den Schulgebrauch und das Privatstudium hrsg. von Jul. Naumann. 2. Aufl. (140 S. mit 1 Karte.) 884. * 80 Pf.; geb. *ℳ 1,10.

» 5. Goethe's, Wolfg. v., Hermann und Dorothea. Mit vollständ. Kommentar für den Schulgebrauch und das Privatstudium von A. Lundehn. (128 S.) 880. * 60 Pf.; geb. * 90 Pf.

2. und 4. Bd. Ebendas. 1875,79. *ℳ 1,80.; geb. *ℳ 2,40.

— dasselbe. 2 Reihe. Die Klassiker d. Mittelalters. Bearb. v. J. W. O. Richter u. W. U. Jütting. 1. Bdchn. 8. Ebend. 875. n. 1. —

Einführung in die deutsche Literatur d. Mittelalters. Ein Hülfsbuch f. höhere Schulen, sowie zum Privatgebrauch. Von J. W. Otto Richter. (128 S.)

—— dass. — 3. Reihe. 1. und 2. Bd. gr. 8. Ebendas. * 1 80; geb. * 2 40

Inhalt:

Bd. 1. Scott, Sir Walter, Tales of a Grandfather. Ausgewählt und mit ausführl. Anmerkungen und Erläuterungen zum Schul- und Privatgebrauch versehen von Heinr. Loewe. (VI, 122 S.) 883. *ℳ 1.; geb. *ℳ 1,30.

» 2. Bulwer, Ed. Lytton, Athens, its Rise and Fall. Für Oberklassen höherer Lehranstalten ausgewählt und mit Biographie und Noten hrsg. von Thdr. Weischer. (99 S.) 884. * 80 Pf.; geb. *ℳ 1,10.

—— dass. — 4. Reihe. 1. Bd.: Histoire de Charles XII. par Voltaire. Für den Schul- und Privatgebrauch eingerichtet und erklärt von Heinr. Loewe. 8. (174 S.) Ebendas. 884. *ℳ 1,20.; geb. * 1 50

—— dass. — 5. Reihe. 1. Bd.: Memorie per l'istoria della sua vita e del suo teatro di Carlo Goldoni. 8. (143 S.) Ebendas. 884. *ℳ 1.; geb. * 1 30

— dasselbe. 4. Reihe: Die Klassiker d. Auslandes. 1. Bdchn. 8. Ebend. 886. n. 1. 20

Histoire de Charles XII par Voltaire. Für den Schul- u. Privatgebrauch eingerichtet u. erklärt v. Heinr. Loewe. (174 S.)

—— ausgewählter klassischer Werke mit vollständigen Kommentaren. 1. Reihe: Die Meisterwerke der zweiten klass. Periode. Bearb. von Jul. Naumann u. a. 7. und 8. Bdchn. 8. Leipzig, Siegismund und Volkening. * 1 60; geb. * 2 20

Inhalt:

Bdchn. 7. Goethes „Götz v. Berlichingen" mit der eisernen Hand. Ein Schauspiel. Mit vollständ. Kommentar für den Schulgebrauch und das Privatstudium von E. Reymar. (127 S.) 885. * 60 Pf.; geb. * 90 Pf.

» 8. Kleist's, Heinr. v., Prinz Friedrich v. Homburg. Ein Schauspiel. Für Schule und Haus erläutert von L. Zürn. (167 S.) 888. *ℳ 1.—.; geb. *ℳ 1.30.

1.—5. Bdchn. Ebendas. 1875—84. *ℳ 3.80.; geb. *ℳ 5.30. — Das 6. Bdchn. ist noch nicht erschienen.

—— ausgewählter klassischer Werke. III. Reihe: Die Klassiker d. Auslandes. 1. Bdchn.: Sir Walter Scott's tales of a grandfather. Ausgewählt etc. v. Heinr. Loewe. 2. verb. Aufl. 8. (128 S.) Lpz. 889, Siegismund u. Volkening. * 1 —; geb. * 1 30

— ausgewählter klassischer Werke m. vollständigen Kommentaren. I. Reihe. Die Meisterwerke der klass. Periode. 3. Bdchn. 8. Leipzig, Siegismund & Volkening. n. — 80; geb. n. 1. 10

Schiller's „Wilhelm Tell". Schauspiel in 5 Aufzügen. Mit Kommentar f. den Schulgebrauch u. das Privatstudium von Jul. Naumann. 3. durchgeseh. Aufl. (148 S. m. 1 Karte.) 899.

Schulausgaben classischer Werke zum Gebrauche an österreichischen Unterrichts-Anstalten. Unter Mitwirkung mehrerer Fachmänner hrsg. von J. Neubauer. Nr. 1—13. gr. 8. Wien, Graeser. * 8 88

Inhalt:

Nr. 1. Goethe, Wolfg. v., Iphigenie auf Tauris. Ein Schauspiel. Mit Einleitung und Anmerkungen von J. Neubauer. (XIII, 69 S.) 884. * 60 Pf.

» 2. —— Hermann und Dorothea. Mit Einleitung und Anmerkungen von Adf. Lichtenheld. (XVI, 62 S.) 884. * 48 Pf.

» 3. Shakespeare, Will., Coriolanus. Ein Trauerspiel. Nach der Übersetzung von L. Tieck bearb. und mit Einleitung und Anmerkungen versehen von Engelbert Nader. (VIII, 110 S.) 884. * 60 Pf.

» 4. —— Julius Cäsar. Ein Trauerspiel. In der Übersetzung von A. W. Schlegel hrsg. und mit Einleitung und Anmerkungen versehen von Jos. Resch. (XII, 74 S.) 884. * 60 Pf.

» 5. Lessing, Gthold. Ephr., Minna von Barnhelm oder das Soldatenglück. Ein Lustspiel. Mit Einleitung und Anmerkungen von J. Neubauer. (XV, 87 S.) 884. * 60 Pf.

» 6. —— Laokoon oder über die Grenzen der Malerei und Poesie. In ausgewählten Stücken mit Einleitung und Anmerkungen versehen von Karl Jauker. (XVI, 68 S.) 884. * 60 Pf.

» 7. Schiller, Friedr. v., die Jungfrau von Orleans. Eine romant. Tragödie. Mit Einleitung und Anmerkungen von Hans Kny. (XVI, 112 S.) 884. * 72 Pf.

» 8. —— Don Carlos, Infant von Spanien. Ein dramat. Gedicht. Mit Einleitung und Anmerkungen von Ferd. Khull. (XVI, 208 S.) 884. *ℳ 112.

» 9. —— über naive und sentimentalische Dichtung. Mit Einleitung und Anmerkungen von Jos. Egger und Karl Rieger. (XVII, 142 S.) 885. *ℳ 1.

» 10. Goethe, Wolfg. v., Götz von Berlichingen mit der eisernen Hand. Ein Schauspiel. Mit Einleitung und Anmerkungen von Leo Smolle. (XIV, 98 S.) 884. * 60 Pf.

» 11. —— Torquato Tasso. Ein Schauspiel. Mit Einleitung und Anmerkungen von J. Neubauer. (XVI, 104 S.) 884. * 60 Pf.

» 12. Schiller, Friedr. v., Wilhelm Tell. Ein Schauspiel. Mit Einleitung und Anmerkungen von Frz. Prosch. (XVI, 108 S. mit 2 Kärtchen.) 884. * 64 Pf.

» 13. —— Maria Stuart. Ein Trauerspiel. Mit Einleitung und Anmerkungen von Emerich Müller. (XVI, 126 S.) 884. * 72 Pf.

— classischer Werke zum Gebrauche an österreichischen Unterrichts-Anstalten. Unter Mitwirkg. mehrerer Fachmänner hrsg. v. J. Neubauer. Nr. 1—24. gr. 8. Wien Graeser. n. 16. 78

1. Iphigenie auf Tauris. Ein Schauspiel v. Wolfg. v. Goethe. Mit Einleitg. u. Anmerkgn. v. J. Neubauer. 2. Aufl. (XIII, 69 S.) 886. n. — 60
2. Hermann u. Dorothea von Wolfg. v. Goethe. Mit Einleitg. u. Anmerkgn. v. Adf. Lichtenheld. 2. Aufl. (XVI, 62 S.) 886. n. — 48
3. Coriolanus. Ein Trauerspiel v. Will. Shakespeare. Nach der Übersetzg. v. L. Tieck bearb. u. m. Einleitg. u. Anmerkgn. versehen v. Engelbert Nader. (VIII, 110 S.) 884. n. — 60
4. Jul. Cäsar. Ein Trauerspiel v. Will. Shakespeare. In der Übersetzg. v. A. W. Schlegel hrsg. u. m. Einleitg. u. Anmerkgn. versehen v. Jos. Resch. (XII, 74 S.) 884. n. — 60

5. Minna v. Barnhelm od. das Soldatenglück. Ein Lustspiel v. Gthold. Ephr. Lessing. Mit Einleitg. u. Anmerkgn. v. J. Neubauer. 3. Aufl. (XV, 87 S.) 886. n. — 60
6. Laokoon od. üb. die Grenzen der Malerei u. Poesie v. Ghold. Ephr. Lessing. In ausgewählten Stücken. Mit Einleitg. u. Anmerkgn. versehen v. Karl Jauker. 2. Aufl. (XVI, 68 S.) 886. n. — 60
7. Die Jungfrau v. Orleans. Eine romant. Tragödie v. Frdr. v. Schiller. Mit Einleitg. u. Anmerkgn. v. Hans Kny. (XVI, 112 S.) 884. n. — 72
8. Don Carlos, Infant v. Spanien. Ein dramat. Gedicht v. Frdr. v. Schiller. Mit Einleitg. u. Anmerkgn. v. Ferd. Khull. (XVI, 208 S.) 884. n. 1. 12
9. Über naive u. sentimentalische Dichtung. Von Frdr. v. Schiller. Mit Einleitg. u. Anmerkgn. v. Jos. Egger u. Karl Rieger. (XVII, 142 S.) 884. n. 1. —
10. Götz v. Berlichingen m. der eisernen Hand. Ein Schauspiel v. Wolfg. v. Goethe. Mit Einleitg. u. Anmerkgn. v. Leo Smolle. (XIV, 98 S.) 881. n. — 60
11. Torquato Tasso. Ein Schauspiel von Wolfg. v. Goethe. Mit Einleitg. u. Anmerkgn. v. J. Neubauer. (XVI, 104 S.) 884. n. — 60
12. Wilhelm Tell. Ein Schauspiel von Frdr. v. Schiller. Mit Einleitg. u. Anmerkgn. v. Frz. Prosch. Mit 2 Kärtchen. (XVI, 108 S.) 884. n. — 64
13. Maria Stuart. Ein Trauerspiel v. Friedr. v. Schiller. Mit Einleitg. u. Anmerkgn. v. Emerich Müller. (XVI, 126 S.) 886. n. — 72
14. Klopstock's Oden in Auswahl. Mit Einleitg. u. Anmerkgn. v. Adf. Lichtenheld. (XII, 88 S.) 885. n. — 64
15. Macbeth. Ein Trauerspiel von Will. Shakespeare. In der Übersetzg. v. L. Tieck, hrsg. u. m. Einleitg u. Anmerkgn. versehen v. Vict. Langhans. (XX, 76 S.) 885. n. — 64
16. Emilia Galotti. Ein Trauerspiel v. Gotth. Ephr. Lessing. Mit Einleitg. u. Anmerkgn. v. A. Rebhann. (XVI, 76 S.) 885. n. — 64
17. Die Hermannsschlacht. Ein Drama in 5 Aufzügen v. Heinr. v. Kleist. Mit Einleitg. u. Anmerkgn. v. Adf. Lichtenheld. (XIII, 95 S.) 885. n. — 64
18. Schiller's Gedichte. Ausgewählt, einbegleitet u. erläutert v. Ambros Mayr. (X, 134 S.) 885. n. — 80
19. Nathan der Weise. Ein Drama v. Gotth. Ephr. Lessing. Mit Einleitg. u. Anmerkgn. v. Frz. Prosch. (XVIII, 141 S.) 886. n. — 90
20. Die Braut v. Messina od. die feindlichen Brüder. Ein Trauerspiel m. Chören v. Frdr. Schiller. Mit Einleitg. u. Anmerkgn. v. J. Trötscher. (XVI, 96 S.) 885. n. — 72
21. Wolfg. v. Goethe: Dichtung u. Wahrheit. In Auswahl. Mit Einleitg. u. Anmerkgn. v. Leo Smolle. (XIV, 62 S.) 886. n. — 60
22. Wieland's Oberon. Ein episches Gedicht. Mit Einleitg. u. Anmerkgn. v. R. Hanke. (XV, 180 S.) 886. n. 1. 12
23. Miß Sara Sampson. Ein Trauerspiel in 5 Aufzügen v. G. E. Lessing. Mit Einleitg. u. Anmerkgn. v. J. Neubauer. (XVI, 79 S.) 886. n. — 60
24. Der Cid. Nach span. Romanzen besungen von Joh. Gfr. v. Herder. Mit Einleitg. u. Anmerkgn. v. Karl Jauker. (XII, 66 S.) 887. n. — 60

Schulausgaben classischer Werke, s. a. Graeser's Schulausgaben classischer Werke.

Schulausstellung. Deutsche Lehrer-Versammlung Dortmund. Pfingsten 1908. Dortmund: Strauch (1908). 175 S. 8°
[Umschlagt.]

Schulbach, Richard: De animi partibus secundum Platonem. Berolineni [!] (1861): Hoffschlaeger. 54 S. 8°
Halle-Wittenberg, Phil. Diss. v. 5. [vielmehr: 6.] Aug. 1861
Geb. [Thorn 1836]

Schulbank, Neue hygieinische. Buchs 1891. V: *Wanner-Burckhardt, Christian.* (Cat. d. Stadtbibl. Zürich. Zürich 1864—97.)

Niederrheinischer Verein für öffentliche Gesundheitspflege. — Schul-Gesundheitspflege.
DAS SCHULGEBÄUDE. (Ohne bes. Titelblatt. Düsseldorf 1870.) 4°.
ZUR SCHULBANKFRAGE. (Mit Tafeln. Ohne bes. Titelblatt.) 4°.

[Hebr.] Ōṣar haš-šorāšim. 'A. p. Ben-Zeēb. Mēēt Mōše Śwlbwjm (**Schulbaum**). (Lemberg: H. Schlag; 3 ff.: M. Wolf 1880–1900.) 5 Bde 8°
1. Ōṣar lešōn 'ibrit (Hebr.-Deutsches Wörterbuch). (1898.)
2 — Schulbaum, Mōše: Ōṣar lešōn arāmit. (1900.)
3 — Schulbaum: Ōṣar ham-millim hak-kelāli. (1880.)
4 — Schulbaum: Deutsch-Hebr. Wörterbuch. 1881.
5 — Schulbaum: Ōṣar haš-šemōt. 1881.
[Nebent.:] Hebräisch u. Chaldäisches Woerterbuch vel verbis J. L. Bensew Ozar haschoraschim in 5 Theilen ... bearb. von Moses Schulbaum. [o6. 14183

Schulbaum, Moses, hebräisch u. chaldäisches Wörterbuch vel verbis J. L. Bensewi Ozar Haschoraschim. (In 5 Thln.) 1. Thl. Hebräisch-deutsches Wörterbuch. (Deutsch in hebr. Lettern.) gr. 8. (VI, 412 S.) Lemberg 898. (Frankfurt a/M., J. Kauffmann.) 6. —

[Hebr.] Ōṣar ham-millim hak-kelāli. Mēēt Mōše Śwlbwjm (**Schulbaum**). (Lemberg: M. Wolf 1880.) (IV, 299 S.) 8°
[Nebent.:] Allgem., vollständiges neuhebräisch-deutsches Wörterbuch, mit Inbegriff aller in d. talmud. Schriften u. in d. neuen Lit. vorkommenden Fremdwörter von Moses Schulbaum.
— [**Schulbaum**, Mōše: Ōṣar haš-šorāšim. 3.] [o6. 14185

Schulbaum, Moses, allgemeines, vollständiges neuhebräisch-deutsches Wörterbuch, mit Inbegriff aller in den talmud. Schriften und in der neuen Literatur überhaupt vorkommenden Fremdwörter. (In hebr. Sprache.) gr. 8. (IV, 299 S.) Lemberg 880. (Wien, Lippe.) *

Neues, vollständiges deutsch-hebräisches Woerterbuch mit Berücks. d. talmud. u. neuhebr. Lit. von Moses **Schulbaum**. Lemberg: M. Wolf 1881. (VI, 468 S.) 8°
— (**Schulbaum**, Mōše): Ōṣar haš-šorāšim. 4. [o6. 14186

Schulbaum, Moses, neues, vollständiges deutsch-hebräisches Wörterbuch mit Berücksicht. der talmudischen und neuhebräischen Literatur. gr. 8. (VI, 468 S.) Lemberg 881. (Wien, Lippe.) * 5 —

Schulbaum, Moses, neues, vollständiges deutsch-hebräisches Wörterbuch mit Berücksichtigung der talmudischen u. neuhebräischen Literatur. gr. 8. (VI, 468 S.) Lemberg 881. (Wien, D. Löwy.) n. 5. —

Neues vollständiges deutsch-hebräisches Handwörterbuch von Moses **Schulbaum**. 2., vielfach verm. Aufl. Lemberg: H. Schlag 1904. (Getr. Pag.) 8° [o6. 7668

Schulbauordnung f. d. evangelischen Volksschulen i. Herzogtum Oldenburg. (20 S. m. 2 Taf. à 76,5×89 cm.) 8. Oldenburg (908.) A. Littmann. 1. —

UEBER SCHULBAUTEN von dem Standpunkte der öffentlichen Gesundheitspflege. Gutachten des ärztlichen Vereines in Frankfurt am Main. Frankfurt a. M. 1869. Comm. von J. D. Sauerländer's Verlag. 4°.

Schulbedarf, vollständ., aus d. franz. Grammatik, s. Grammaire.

Schulbedarfgesetz vom 28. Juli 1902 mit Einl., Erl. u. Vollzugsvorschriften hrsg. von Gustav Seiler, Bezirksamtsass. in Hofheim. (In 5 Lfgen.) *München: C. H. Beck 1902.* (XIII, 594 S.) 8° [F.] [o3. 7009

Schulbericht. [Riga 1828.]
V: *Ulmann, Carl Christian.* (R-N)

Schulbericht der Landwirtschaftlichen W i n t e r s c h u l e in Apenrade. Winterhalbjahr ...
1. ff. 1898/99 ff. Apenrade. 1899 ff. 4°

Schulberichte, die, aus d. Kanton Uri v. 1799, s. **Neujahrs=Blatt**, histor., hrsg. v. der Gesellschaft f. Geschichte u. Alterthümer d. Kantons Uri, 1897.

Schulberichte. Die Sch' aus dem Kanton Uri von 1799. ⟨Aus dem Bundes-Archiv (veröffentlicht)⟩. (Histor. Njbl. Uri 1897 [Theil 3].) kl.-4. (Altdorf.)

Schulbesuche. Für Prediger in der Schule u. Schullehrer selbst. 1s Stück. 8. (Darmstadt, Leske in Comm.) 821.
Auch unter dem Titel:
Sokrates bey Kindern. 1s Heft.

Schulbesuche für Prediger in der Schule und für Schullehrer selbst . . . 1. Heft. Darmst. 1824. H: *Hoffmann (Hofmann), Frdr. Joh. Phil.* (MGT) (HS) (Ky)

Schulbibel, s. Hofmann, Rud.

Schulbibel, s. Zerrenner.

Schulbibel, ein Auszug aus der heil. Schrift alten u. neuen Testaments, nach Luthers deutscher Uebersetzung. 1e Abtheil. Die histor. Bücher des alt. Testam. 8. Ansb. 832. (Gassert). Subscr.=Pr. 8 gr.

Schulbibel, e. Auszug aus d. heil. Schrift alten u. neuen Testaments, nach Luthers deutscher Uebersetz., hrsg v. Gtfr. Alb Gemmerli. 8. (76 B.) Leipzig 834, Weidmann.

Schulbibel. Die Bibel im Auszug f. die Jugend in Schule u. Haus, bearb. im Auftrage der Bremischen Bibelgesellschaft. gr. 8. (IV, 454 u. II, 312 S. m. 6 farb. Karten.) Bremen 894. (J. Morgenbesser.) Geb. in Ledertuch. n. 2. —

Schulbibel. Die Bibel im Auszug f. die Jugend in Schule u. Haus bearb. im Auftrage der brem. Bibelgesellschaft. 10. Aufl. 241.—265. Tausend. (IV, 461 u. II, 320 S. u. X S. m. Abbildgn. u. farb. Karten.) 8. Bremen 908. (J. Morgenbesser.) Geb. in Leinw. 2. —

Schulbibel mit den vollständigen Anmerkungen oder die hl. Schrift des Alten und Neuen Testamentes. Aus der Vulg. mit Bezug auf den Grundtext neu übers. und mit Anmerkungen erläutert. Mit Approbation des hl. apostol. Stuhles und den Empfehlungen vieler hohen Kirchenfürsten. Regensburg. Pustet. 1885. 8°. 3 Bände (1102 u. 1212 u. 966 S.). 9 Mk. 10. Stereotyp-Ausg.

Schulbibel, d. i. Erklärung u. Auslegung d. heil. Schrift rc. v. J. Friedr. Theod. Wohlfarth, s. Schrift, die heilige.

Schul- u. Haus-Bibel, kleine, von Jak. Auerbach, s. Auerbach, Jak.

Schul- u. Haus-Bibel, kleine. Geschichten u. erbaul. Lesestücke aus den heiligen Schriften der Israeliten. Nebst e. Auswahl aus den Apokryphen u. der Spruchweisheit der nachbibl. Zeit. 2 Abthlgn. Hrsg. v. Jak. Auerbach. gr. 8. Lpz., Brockhaus.
à Abthl. * 2 —; * 4 —; geb. à Abthl. * 2 50; * 5 —
1. Biblische Geschichte. Nach dem Grundtexte bearb. Mit e. Anh.: Auszüge aus dem Buche Tobia u. den beiden ersten Büchern der Makkabäer, u. 1 (chromolithogr.) Karte v. Palästina. 9. durchgeseh. Aufl. (X, 421 S.) 890.
2. Lesestücke aus den Propheten u. Hagiographen. Aus dem Grundtexte übertr. Mit e. Anh.: I. Auszüge aus dem Buche der Weisheit Salomos u. den Weisheitssprüchen Sirachs. II. Eine Sammlg. v. Lehren u. Sprüchen der nachbibl. Zeit. 6. neu durchgeseh. u. 7. Aufl. (XI, 285 S.) 889,92.

Schul= u. Volksbibel, kleine, s. Evangelienbuch f. die Sonn= u. Festtage des Jahres.

Schul= und Volksbibel, s. Cannabich.

Schulbibliothek, od. Samml. guter Lehrbücher f. d. Jugend aller Stände. 2 Thle. 8. Frkf. a. M. 779. Keßler. 14 gr.

— eine Samml. v. Schul= u. Volksschriften f. Lehrer u. Lernende protestant. Confession, verfaßt v. G. F. Seiler u. and. Gelehrten, in 39 Abtheil. 8. Erlang. 824. (Heyder). 7 ∉ (Vergl. G. F. Seiler.)

Schul= u. Hausbibliothek, allgem., f. d. deutsche Jugend. 1. Abthl. Erzählungen u. Mährchen. 1. Bdchn. — A. u. d. T.: Der Erdbeerkönig. Ein Kindermährchen f. d. liebe Jugend zur Erdbeerzeit, geschrieben v. Severin Anselmus. 16. (2 B. u. 2 Kpfr.) Dresden 834, Grimmer. Thlr.

—— dies. 2. Abthl. Lehrbücher. 1—4. Bdchn. — A. u. d. T.: Vollständ. Einleitung in d. Geographie u. Staatenkunde, zur Jugendbildung u. als Hülfsbuch beim öffentl. u. Privat=Unterr., hrsg. v. Carl Ludw. Schwabe. 1—4. Thl.: Geschichte d. Geographie. — Mathemat. Geographie. M. 4 Figurentaf. (4.) — Physische Geographie. — Polit. Geographie. 16. (18 B.) Ebds. 834, 35.

Schulbibliothek, französische und englische. Hrsg. von Otto E. A. Dickmann. 1.—12. Bd. gr. 8. Leipzig, Renger'sche Buchh.
Inhalt.
Bd. 1. Michaud, Jos.-Franç., Siége d'Antioche et prise de Jérusalem. Für den Schulgebrauch erklärt von Frz. Hummel. (X, 86 S. mit 3 eingedr. Karten.) 883. * 90 Pf. [Aus: Histoire des croisades, besonders abgedruckt.]
» 2. Duruy, Vict., Histoire de France de 1560—1643. Mit 3 Kartenskizzen und 1 Spezialkarte Frankreichs. Für den Schulgebrauch erklärt von Alfr. G. Meyer. (VII, 92 S.) 883. * ℳ 1,5. [Aus: Histoire de France, besonders abgedruckt.]
» 3. Montesquieu, Considérations sur les causes de la grandeur des Romains et de leur décadence. [Chapitre I–XV.] Für den Schulgebrauch erklärt von B. Longnick. (VIII 107 S.) 883. * ℳ 1,10.
» 4. Irving, Washington, Christmas. Für den Schulgebrauch erklärt von Gust. Tanger. (VIII, 69 S.) 883. * 70 Pf. [Aus: The sketch book, besonders abgedruckt.]
» 5. Southey, Rob., the life of Nelson. Für den Schulgebrauch erklärt von M. Theilkuhl. (VIII, 93 S. mit 2 Plänen und 1 Illustr.) 883. * ℳ 1.
» 6. Hume, David, the reign of queen Elizabeth. Für den Schulgebrauch erklärt von L. Berkenbusch. (VII, 100 S.) 883. * ℳ 1,5. [Aus: History of England, besonders abgedruckt.
» 7. Macaulay, Thomas Babington, State of England in 1685. [History of England, chapter III.] Mit 1 (eingedr.) Plane von London. Für den Schulgebrauch erklärt von Adf. Kressner. (VII, 120 S.) 883. * ℳ 1,15.
» 8. Ausgewählte Reden englischer Staatsmänner. Für den Schulgebrauch erklärt von J. C. A. Winkelmann. 1. Heft: [W. Pitt der Aeltere, Rede über die Stempelakte; Rede über den Krieg mit Amerika. — W. Pitt der Jüngere, Rede über den Sklavenhandel]. (64 S.) 883. * 60 Pf.
» 9. Scott, Sir Walter, History of France from 1325—1380. Für den Schulgebrauch erklärt von Herm. Fehse. (XI, 113 S. mit 1 Karte, 2 Plänen und 3 Stammtaf.) 884. * ℳ 1,25. [Aus: Tales of a grandfather, besonders abgedruckt.]
» 10. Michaud, Jos.-Franç., Mœurs et coutumes des croisades. Für den Schulgebrauch erklärt von Frz. Hummel. (VIII, 100 S.) 884. * ℳ 1. [Aus: Histoire des croisades, besonders abgedruckt.]
» 11. Ausgewählte französische Kanzelreden [Bossuet, Fléchier, Massillon.] Für den Schulgebrauch erklärt von Adf. Kressner. (VIII, 95 S.) 884. * ℳ 1.
» 12. Lanfrey, Pierre, Campagne de 1806—1807. Für den Schulgebrauch erklärt von Jos. Vict. Sarrazin. (XII, 117 S.) 884. * ℳ 1,25. [Aus: Histoire de Napoléon, besonders abgedruckt.]

Schulbibliothek, französische und englische. Hrsg. von Otto E. A. Dickmann. 13.—45. Bd. gr. 8. Leipzig, Renger'sche Buchh. * 35 15

Inhalt:

Bd. 13. Michaud, Jos. Franç., Influence et résultats des croisades. Für den Schulgebrauch erklärt von Frz. Hummel. (VIII, 96 S.) 885. * 90 Pf. [Aus: Histoire des croisades, besonders abgedruckt.]

» 14. Thiers, Expédition de Bonaparte en Égypte. Für den Schulgebrauch erklärt von Karl Foth. (XII, 116 S. mit 3 Kartenskizzen auf 1 Stnt.) 888. *ℳ 1.15. [Aus: Histoire de la révolution française und Histoire du consulat et de l'empire, besonders abgedruckt.]

» 15. Hume, Dav., History of Charles I. and of the commonwealth. Für den Schulgebrauch erklärt von F. J. Wershoven. (VIII, 121 S. mit 1 lithogr. und color. Karte.) 885. *ℳ 1.15.

» 16. Macaulay, Thom. Babington, Lord Clive. An essay. Für den Schulgebrauch erklärt von Adf. Kressner. (VIII, 96 S. mit 1 lithogr. Karte.) 885. *ℳ 1.—

Bd. 17. Gibbon, Edward, History of the first and fourth crusades. Für den Schulgebrauch erklärt von Frz. Hummel. (VIII, 118 S. mit 2 eingedr. Karten.) 885. *ℳ 1.15. [Aus: History of the decline and fall of the roman empire, besonders abgedruckt.]

» 18. Lamartine, A. de, Captivité, procès et mort de Louis XVI. Für den Schulgebrauch erklärt von Bernh. Lengnick. (XII, 91 S. mit 2 Plänen und 1 Abbild.) 885. *ℳ 1.05. [Aus: Histoire des Girondins, besonders abgedruckt.]

» 19. Thierry, Amédée, Histoire d'Attila. Für den Schulgebrauch erklärt von F. J. Wershoven. (VIII, 99 S. mit Karte.) 885. *ℳ 1.05.

» 20. Barante, M. de, Histoire de Jeanne Darc. Für den Schulgebrauch erklärt von K. Mühlefeld. (XII, 115 S. mit 2 Plänen und 2 Karten.) 885. *ℳ 1.15. [Aus: Histoire des ducs de Bourgogne de la maison de Valois, besonders abgedruckt.]

» 21. Macaulay, Thom. Babington, Warren Hastings. An essay. Für den Schulgebrauch erklärt von Adf. Kressner. (VIII, 115 S. mit 1 Karte.) 885. *ℳ 1.15.

» 22. Hume, Dav., The foundation of english liberty. From the accession of John to the death of Richard III. a. D. 1199—1485. Für den Schulgebrauch erklärt von K. Bohne. (XII, 104 S. mit 2 Karten.) 885. *ℳ 1.25.

» 23. Ausgewählte Reden englischer Staatsmänner. Für den Schulgebrauch erklärt von J. C. A. Winkelmann. 2. Heft: Burke, Edm., Rede über die ostind. Bill des Charles J. Fox. (XV, 93 S. mit 1 Karte.) 886. * 90 Pf.

» 24. Macaulay, Thom. Babington, The Duke of Monmouth. Für den Schulgebrauch erklärt von Otto Werner. (VIII, 103 S. mit 1 Karte. 886. *ℳ 1.05. [Aus: History of England, besonders abgedruckt.]

» 25. Swift, Jonathan, Gulliver's travels into several remote nations of the world. Part I: A voyage of Lilliput. Für den Schulgebrauch erklärt von Frz. Hummel. (VIII, 55 S.) 886. * 60 Pf.

» 26. Souvestre, Emile, Confessions d'un ouvrier. Für den Schulgebrauch erklärt von Otto Josupeit. (VIII, 107 S.) 886. *ℳ 1.05.

» 27. Daudet, Alphonse, ausgewählte Erzählungen. Für den Schulgebrauch erklärt von Ernst Gropp. (XV, 91 S.) 886. * 90 Pf.

» 28. Guizot, Histoire de la révolution d'Angleterre (1641—1649). Für den Schulgebrauch erklärt von Aug. Althaus. (XII, 119 S. mit 1 Karte.) 886. *ℳ 1.25.

» 29. —— Histoire de la civilisation en Europe depuis la chute de l'empire romain jusqu'à la révolution française. Auswahl. Für den Schulgebrauch erklärt von Adf. Kressner. (VIII, 117 S.) 886. *ℳ 1.15.

» 30. Lanfrey, Pierre, Campagne de 1809. Für den Schulgebrauch erklärt von Jos. Vict. Sarrazin. (XII, 116 S. mit 3 Plänen.) 886. *ℳ 1.25. [Aus: Histoire de Napoléon I., besonders abgedruckt.]

» 31. Swift, Jonathan, Gulliver's travels into several remote nations of the world. Part. II: A voyage to Brobdingnag. Für den Schulgebrauch erklärt von Frz. Hummel. (VIII, 54 S.) 886. * 60 Pf.

» 32. Gardiner, Historical biographies. Für den Schulgebrauch erklärt von G. Wolpert. (V, 94 S. mit 1 Kärtchen.) 886. * 90 Pf.

» 33. Scott, Sir Walther, Bart., Sir William Wallace and Robert the Bruce. Für den Schulgebrauch erklärt von Herm. Fehse. (IX, 77 S. mit 1 Karte von Schottland.) 887. * 90 Pf. [Aus: Tales of a grandfather — 1st series, besonders abgedruckt.]

» 34. Voltaire, Guerre de la succession d'Espagne. Für den Schulgebrauch erklärt von Rud. Foss. (XV, 107 S.) 887. *ℳ 1.15. [Aus: Siècle de Louis XIV, besonders abgedruckt.]

» 35. Mignet, A., Histoire de la terreur. Für den Schulgebrauch erklärt von Adf. Ey. (XII, 108 S. mit 1 Plan von Paris.) 887. *ℳ 1.25. [Aus: Histoire de la révolution française, besonders abgedruckt.]

» 36. The life and exploits of Robin Hood. Prosabearbeitung nach alten Balladen. Für den Schulgebrauch erklärt von Wilh. Heymann. (VI, 86 S.) 887. * 75 Pf.

» 37. Marryat, Frederick, The children of the new forest. Für den Schulgebrauch erklärt von G. Wolpert. (VIII, 131 S.) 887. *ℳ 1.15.

» 38. Irving, Washington, Tales of the Alhambra. Ausgewählt und für den Schulgebrauch erklärt von Hugo Wernekke. (XI, 96 S.) 887. * 90 Pf.

» 39. Thiers, Louis-Adolphe, Campagne d'Italie en 1800. Für den Schulgebrauch erklärt von Aug. Altharus. (XI, 111 S. mit 1 Karte und 2 Plänen.) 887. *ℳ 1.25.

» 40. Voltaire, Histoire de Charles XII. Für den Schulgebrauch bearb. und erklärt von K. Mühlefeld. (XVI, 103 S. mit 1 Übersichtskarte und 2 Plänen.) 888. *ℳ 1.15.

» 41. Ségur, Comte de, Napoléon à Moscou und Passage de la Bérésina. Für den Schulgebrauch erklärt von Adf. Hemme. (XV, 124 S. mit 4 Plänen.) 888. *ℳ 1.25. [Aus: Histoire de Napoléon et de la grande armée pendant l'année 1812, besonders abgedruckt.]

Bd. 42. Lamé-Fleury, Histoire de la découverte de l'Amérique. Für den Schulgebrauch erklärt von Max Schmidt. (VIII, 112 S.) 888. *ℳ 1.—.

» 43. Erckmann-Chatrian, Histoire d'un conscrit de 1813. Für den Schulgebrauch bearb. und erklärt von Gust. Strien. (VIII, 118 S. mit 2 Karten.) 888. *ℳ 1.40.

» 44. Mignet, F. A. M., Essai sur la formation territoriale et politique de la France depuis la fin du 11me siècle jusqu'à la fin du 15me. Für den Schulgebrauch erklärt von A. Korell. (XII, 91 S. mit 1 Karte.) 888. *ℳ 1.30.

» 45. Dhombres, G., und Gabriel Monod, Biographies modernes. Für den Schulgebrauch erklärt von H. Bretschneider. (VII, 82 S.) 888. *ℳ 1.05. [Aus: Récits et biographies historiques, besonders abgedruckt.]

Schulbibliothek, französische u. englische. Hrsg. v. Otto E. A. Dickmann. Serie A: Prosa. 2., 5., 6., 18., 27., 33.—52., 54. u. 55. Bd. gr. 8. Leipzig, Renger. geb. n.n. 34. 40

Inhaltsübersicht in alphabet. Ordnung:

Addison, J., Sir Roger de Coverley [aus: „The Spectator"]. Mit e. Kärtchen v. London. Für den Schulgebrauch erklärt v. H. Fehse. (XII, 57 S.) 889. (49. Bd.) n.n. — 90

Barrau, Th. H., scènes de la révolution française [aus: „Histoire de la révolution française"]. Mit 2 Plänen u. 2 Kärtchen. Für den Schulgebrauch erklärt v. B. Lengnick. (VII, 125 S.) 889. (47. Bd.) n.n. 1. 50

Daudet, Alph., ausgewählte Erzählungen. Für d. Schulgebrauch erklärt v. E. Gropp. 2., verb. Aufl. (XVI, 96 S) 889. (27. Bd.) n.n. 1. 10

Dhombres, G., u. G. Monod, biographies modernes [aus: „Récits et biographies historiques"]. Für d. Schulgebrauch erklärt v. H. Bretschneider. (VII, 82 S.) 888. (45. Bd.) n.n. 1.—

Duruy, V., histoire de France de 1560—1643 [aus: „Histoire de France"]. Für den Schulgebrauch erklärt v. A. G. Meyer. 2., verb. Aufl. (XVI, 112 S. m. 3 Kartenskizzen u. 1 Specialkarte.) 888. (2. Bd.) n.n. 1. 40

Franklin. The life of Benjamin Franklin. Franklin's autobiography with the continuation by Jared Sparks. Für den Schulgebrauch erklärt v. F. Wüllenweber. (VI, 122 S. m. 1 Karte.) 890. (52. Bd.) n.n. 1. 30

Erckmann-Chatrian, histoire d'un conscrit de 1813. Für den Schulgebrauch bearb. u. erklärt v. G. Strien. (VIII, 118 S. m. 2 Karten.) 888. (43. Bd.) n.n. 1. 40

— Waterloo, suite du Conscrit de 1813. Für d. Schulgebrauch erklärt v. J. Aymeric. (VIII, 122 S.) 890. (51. Bd.) n.n. 1. 40

Frédéric le Grand, Correspondance avec Voltaire. Für den Schulgebrauch ausgewählt u. erläutert v. O. Hoffmann. (VIII, 120 S.) 889. (46. Bd.) n.n. 1. 30

Guizot, Washington. Für den Schulgebrauch erklärt v. C. Klöpper. (XVII, 83 S. m. 1 Karte.) 890. (50. Bd.) n.n. 1. 20

Hood. The life and exploits of Robin Hood. Prosabearbeitg. nach alten Balladen. Für den Schulgebrauch erklärt v. Wilh. Heymann. (VI, 86 S.) 887. (36. Bd.) n.n. 1.—

Irving, W., tales of the Alhambra. Ausgewählt u. f. den Schulgebrauch erklärt v. Hugo Wernekke. (XI, 96 S.) 887. (38. Bd.) n.n. 1. 10

— American tales [aus: „The Sketch-Book"]. Für d. Schulgebrauch erklärt v. G. Wolpert. (VII, 76 S.) 889. (48. Bd.) n.n. — 80

Hume, D., the reign of Queen Elizabeth [aus: „History of England"]. Mit 1 Karte. Für den Schulgebrauch erklärt v. A. Fritzsche. (XI, 114 S. m. 2 genealog. Taf.) 890. (6. Bd.) n.n. 1. 30

Lamartine, A. de, captivité, procès, mort de Louis XVI et de sa famille [aus: „Histoire des Girondins"]. Mit 2 Plänen u. 1 Abbildg. Für den Schulgebrauch erklärt v. B. Lengnick. 2., verm. u. verb. Aufl. (XII, 119 S.) 890. (18. Bd.) n.n. 1. 30

Lamé-Fleury, histoire de la découverte de l'Amérique. Für den Schulgebrauch erklärt v. Max Schmidt. 2., verb. Aufl. (VIII, 113 S.) 890. (42. Bd.) n.n. 1. 20

Marryat, Fr., the children of the new forest. Für den Schulgebrauch erklärt v. G. Wolpert. (VIII, 131 S.) 887. (37. Bd.) n.n. 1. 40

Mignet, A., essai sur la formation territoriale et politique de la France depuis la fin du XIe siècle jusqu'à la fin du XVe. Mit 1 Karte Frankreichs von 1100—1500. Für d. Schulgebrauch erklärt v. A. Korell. (XII, 91 S.) 889. (44. Bd.) n.n. 1. 30

— histoire de la terreur [aus: „Histoire de la révolution française]. Mit 1 Plan v. Paris. Für den Schulgebrauch erklärt v. Adf. Ey. (XII, 108 S.) 887. (35. Bd.) n.n. 1. 50

Robertson, W., Charles V. and Francis I. from 1521—1527. [Aus: „The history of the reign of the Emperor Charles V."] Für den Schulgebrauch erklärt v. H. Bahrs. (XI, 104 S.) 890. (55. Bd.) n.n. 1. 20

Scott, W., Ivanhoe. A romance. Für den Schulgebrauch erklärt v. E. Penner. (XV, 136 S.) 890. (54. Bd.) n.n. 1. 40

— Sir William Wallace and Robert the Bruce [aus: „Tales of a grandfather — 1. series"]. Mit 1 Karte v. Schottland. Für den Schulgebrauch erklärt v. H. Fehse. (IX, 77 S.) 887. (33. Bd.) n.n. 1. 10

Ségur, Comte de, Napoléon à Moscou u. Passage de la Bérésina [aus: „Histoire de Napoléon et de la grande armée pendant l'année 1812"]. Mit 4 Plänen. Für d. Schulgebrauch erklärt v. A. Hemme. (XV, 124 S.) 888. (41. Bd.) n.n. 1. 50

Southey, R., the life of Nelson. Mit 4 Schlachtskizzen, 1 Mittelmeerkärtchen u. 1 Schiffsbilde. Für den Schulgebrauch erklärt v. W. Parow. 2. Aufl. (VIII, 127 S.) 890. (5. Bd.) n.n. 1. 50

Thiers, L. A., campagne d'Italie en 1800. Mit 1 Karte u. 2 Plänen. Für den Schulgebrauch erklärt v. A. Altharus. (XI, 111 S.) 887. (39. Bd.) n.n. 1. 50

Voltaire, guerre de la succession d'Espagne [aus: „Siècle de Louis XIV"]. Für d. Schulgebrauch erklärt v. R. Foss. (XV, 107 S.) 887. (34. Bd.) n.n. 1. 40

— histoire de Charles XII. Mit 1 Übersichtskarte u. 2 Plänen. Für den Schulgebrauch bearb. u. erklärt v. K. Mühlefeld. (XVI, 103 S.) 888. (40. Bd.) n.n. 1. 40

Schulbibliothek, französische u. englische. Hrsg. v. Otto E. A. Dickmann. Reihe A.: Prosa. 1., 2., 7., 10., 12., 14., 16., 19., 20., 27., 29., 30., 32., 35., 41.—43., 45., 51., 53., 56.—85., 87. u. 88. Bd. 8. Leipzig, Renger. Geb. in Leinw. n.n. 62. 90

Inhaltsübersicht in alphabetischer Ordnung:

Aymeric, Jos., de Leipsic à Constantinople. Journal de route 1892. (VI, 105 S. m. 1 Karte.) 893. (72. Bd.) n.n. 1. 10
Barande, M. de, histoire de Jeanne Darc. [Aus: „Histoire des ducs de Bourgogne de la maison de Valois".] Für den Schulgebrauch erklärt v. K. Mühlefeld. 2., verb. Aufl. (XII, 113 S. m. 2 Plänen u. 2 Karten.) 892. (20. Bd.) n.n. 1. 40
Boz, s.: Dickens, Charles.
Burnett, Frances Hodgson, little Lord Fauntleroy. Für den Schulgebrauch bearb. v. G. Wolpert. (VI, 112 S.) 1894. (77. Bd.) n.n. 1. 10
Conteurs modernes. Ausgewählte Erzählgn. v. Simon, Theuriet, Moret, Révillon, Richebourg. Für den Schulgebrauch erklärt v. Jos. Vict. Sarrazin. (VII, 92 S.) 893. (69. Bd.) n.n. — 90
Coppée, Franç., ausgewählte Erzählungen. Für den Schulgebrauch erklärt v. A. Gundlach. (VII, 88 S.) 893. (67. Bd.) n.n. 1. —
Daudet, Alph., ausgewählte Erzählungen. Erklärt v. Ernst Gropp. 4. Aufl. (XVI, 96 S.) 894. (27. Bd.) n.n. 1. 10
— Tartarin de Tarascon. Bearb. u. erklärt v. Jos. Aymeric. 2., verb. u. verm. Aufl. (X, 99 S.) 894. (56. Bd.) n.n. 1. —
Defoe, Dan., Robinson Crusoe (aus: The life and surprising adventures of Robinson Crusoe of York, mariner). Für den Schulgebrauch bearb. v. Karl Foth. (X, 86 S.) 893. (75. Bd.) n.n. 1. —
Dhombres, G., et Gab. Monod, biographies historiques. Für den Schulgebrauch erklärt v. H. Bretschneider. 3., verb. Aufl. (VII, 81 S.) 893. (45. Bd.) n.n. 1. —
Dickens, Charles, sketches. Mit 1 Plan v. London. Für den Schulgebrauch ausgewählt u. erklärt v. Emil Penner. (XI, 84 S.) 894. (88 Bd.) n.n. 1. —
Duruy, George, biographies d'hommes célèbres des temps anciens et modernes. Für den Schulgebrauch erklärt v. Karl Penner. (VII, 91 S.) 892. (63. Bd.) n.n. 1. —
Duruy, Vict., histoire de France de 1560—1643 (aus: Histoire de France). Mit 3 Kartenskizzen u. 1 Spezialkarte Frankreichs. Für den Schulgebrauch erklärt v. Alfr. G. Meyer. 3., verb. Aufl. (XVI, 111 S.) 894. (2. Bd.) n.n. 1. 40
Erckmann-Chatrian, histoire d'un conscrit de 1813. Für den Schulgebrauch erklärt v. Gust. Strien. 2., verb. Aufl. (VIII, 118 S. m. 2 Karten.) 891. (43. Bd.) n.n. 1. 40
— Waterloo. Suite du Conscrit de 1813. Für den Schulgebrauch erklärt v. Jos. Aymeric. 2. Aufl. (IX, 125 S. m. 1 Karte.) 893. (51. Bd.) n.n. 1. 40
Gardiner, historical biographies. Für den Schulgebrauch erklärt v. G. Wolpert. 2. Aufl. (IV, 98 S.) 892. (32. Bd.) n.n. 1. 10
Guizot, Fr. P. Guill., histoire de la civilisation en Europe depuis la chute de l'empire romain jusqu'à la révolution française. Auswahl. Erklärt v. Adf. Kressner. 2. Aufl. (VIII, 119 S.) 894. (29. Bd.) n.n. 1. 40
Halévy, Lud., l'invasion. Souvenirs et récits. Im Auszuge hrsg. v. Jos. Vict. Sarrazin. (VIII, 95 S. m. 3 Kartenskizzen.) 894. (84. Bd.) n.n. 1. —
d'Hérisson, comte, journal d'un officier d'ordonnance juillet 1870— février 1871. Auswahl. Mit 1 Karte der Umgegend v. Paris u. 1 Plane v. Paris. Für den Schulgebrauch bearb. v. Ulr. Cosack. (VIII, 138 S.) 894. (81. Bd.) n.n. 1. 30
Irving, Wash., English sketches [Aus: The sketch-book]. Mit 1 Plan der Westminsterabtei. Erklärt v. Geo. Wolpert. (VIII, 68 S.) 891. (60 Bd.) n.n. — 90
Klapperich, J., tales and stories from modern writers. 1. Bdchn. Für den Schulgebrauch bearb. (VIII, 126 S.) 894. (76. Bd.) n.n. 1. 20
Lamé-Fleury, histoire de la découverte de l'Amérique. Erklärt v. Max Schmidt. 4., verb. Aufl. (VIII, 117 S.) 894. (42. Bd.) n.n. 1. 20
— histoire de France de 406—1328 [aus: Histoire de France]. Für den Schulgebrauch bearb. v. J. Hengesbach. (VI, 98 S.) 893. (73. Bd.) n.n. 1. —
Lanfrey, Pierre, campagne de 1806—1807 (aus: Histoire de Napoléon I.). Ausgewählt u. erklärt v. Jos. Sarrazin. 4., verb. Aufl. (XII, 120 S. m. 2 Karten u. 4 Plänen.) 894. (12. Bd.) n.n. 1. 50
— Campagne de 1809 [aus: Histoire de Napoléon Ier]. 2., verb. Aufl. Für den Schulgebrauch erklärt v. Jos. Vict. Sarrazin. (X, 118 S. m. 5 Karten u. Plänen.) 892. (30. Bd.) n.n. 1. 50
Leitritz, Johs., la France. Anthologie géographique. Bearb. u. erklärt v. Johs. Leitritz. (X, 256 S. m. 19 Abbildgn.) 894. (83. Bd.) n.n. 2. —
— Paris et ses environs. (X, 174 S. m. 13 Abbildgn., 1 Karte u. 1 Stadtplan.) 894. (82. Bd.) n.n. 1. 60
Macaulay, Thom. Babington, Lord Clive. An Essay. Erklärt v. Ad. Kressner. 2., verb. Aufl. (VIII, 95 S. m. 1 Karte.) 890. (16. Bd.) n.n. 1. 20
— state of England in 1685 (history of England, chapter III.). Mit 1 Plane v. London. Für den Schulgebrauch erklärt v. Adf. Kressner. 2., verb. Aufl. (VIII, 131 S.) 894. (7. Bd.) n.n. 1. 40
Marryat, Masterman Ready or the wreck of the Pacific. Für den Schulgebrauch ausgewählt u. erklärt v. Adf. Mager. (VI, 131 S.) 892. (61. Bd.) n.n. 1. 30
Mérimée, Prosper, Colomba. Für den Schulgebrauch erklärt v. Johs. Leitritz. (XII, 130 S.) 892. (65. Bd.) n.n. 1. 30
Michaud, Jos. Franç., moeurs et coutumes des croisades. [Aus: „Histoire des croisades"]. Erklärt v. Frz. Hummel. 2., verb. Aufl. (X, 114 S. m. 5 Abbildgn.) 893. (10. Bd.) n.n. 1. 20
— siège d'Antioche et prise de Jérusalem. [Aus: „Histoire des croisades".] Für den Schulgebrauch erklärt v. Frz. Hummel. 3. Aufl. (X, 89 S. m. 3 Karten u. 4 Abbildgn.) 892. (1. Bd.) n.n. 1. 20
Mignet, A., histoire de la terreur. (Aus: „Histoire de la révolution française"). Mit 1 Plan v. Paris. 2., verb. Aufl. Für den Schulgebrauch erklärt v. Adf. Ey. (XII, 121 S.) 892. (35. Bd.) n.n. 1. 50
— vie de Franklin. Für den Schulgebrauch erklärt v. H. Voss. (X, 88 S. m. 1 Karte.) 892. (64. Bd.) n.n. 1. —
Monod, Gabr., biographies histor., s.: Dhombres, G.
Moret, s.: Conteurs modernes.
Passy, Fréd., le Petit Poucet du XIXe siècle, Georges Stephenson et la naissance des chemins de fer. Bearb. u. erklärt v. Benno Röttgers. (XII, 104 S. m. 10 Abbildgn.) 894. (85. Bd.) n.n. 1. 20
Révillon, s.: Conteurs modernes.
Richebourg, s.: Conteurs modernes.
Sarcey, Francisque, le siège de Paris. Impressions et souvenirs. Auswahl. Mit 1 Karte der Umgegend v. Paris. Erklärt v. U. Cosack. (IX, 142 S.) 891. (59. Bd.) n.n. 1. 50
Scott, W., Kenilworth. Für den Schulgebrauch erklärt v. Alfr. Mohrbutter. (X, 135 S.) 894. (87. Bd.) n.n. 1. 20
— scenes from Old-Scottish life. [Aus: „The fair maid of Perth".] Für den Schulgebrauch erklärt v. Hugo Bahrs. (XV, 110 S. m. 1 Karte.) 892. (62. Bd.) n.n. 1. 10
— Mary Stuart. [Aus: „Tales of a Grandfather".] Erklärt v. Arth. Fritzsche. (XV, 101 S. m. 1 Karte.) 893. (71. Bd.) n.n. 1. 20
Ségur, Comte de, Napoléon à Moscou u. Passage de la Bérézina, aus: Histoire de Napoléon et de la grande armée pendant l'année 1812. Erklärt v. Adf. Hemme. 2. Aufl. (XVI, 124 S. m. 4 Plänen.) 891. (41. Bd.) n.n. 1. 50
Simon, s.: Conteurs modernes.
Taine, H., les origines de la France contemporaine. Für den Schulgebrauch ausgewählt u. erklärt v. Otto Hoffmann. 2., verm. Aufl. (VIII, 124 S.) 893. (57. Bd.) n.n. 1. 20
Theuriet, André, s.: Conteurs modernes.
— les enchantements de la forêt (Auswahl). Für den Schulgebrauch bearb. v. Ludw. E. Rolfs. (VIII, 76 S.) 894. (80. Bd.) n.n. — 90
— ausgewählte Erzählungen. Für den Schulgebrauch erklärt v. Adf. Gundlach. (VII, 110 S.) 894. (79. Bd.) n.n. 1. 10
— la princesse verte. Für den Schulgebrauch bearb. v. Ludw. E. Rolfs. (VIII, 90 S.) 894. (78. Bd.) n.n. 1. —
Thierry, Amédée, histoire d'Attila. Für den Schulgebrauch erklärt v. F. J. Wershoven. 2., verb. Aufl. (VII, 102 S. m. 1 Karte.) 892. (19. Bd.) n.n. 1. 30
Thierry, Augustin, Guillaume le Conquérant. [Aus: „Histoire de la conquête de l'Angleterre par les Normands".] Für den Schulgebrauch erklärt v. Johs. Leitritz. (XII, 115 S. m. 1 Karte.) 891. (58. Bd.) n.n. 1. 40
Thiers, expédition de Bonaparte en Égypte. [Aus: „Histoire de la révolution française u. histoire du consulat et de l'empire".] Für den Schulgebrauch erklärt v. Karl Foth. 3. Aufl. (XII, 122 S. m. 3 Kartenskizzen.) 891. (14. Bd.) n.n. 1. 50
Verne, Jules, Christophe Colomb. Für den Schulgebrauch erklärt v. Otto Mielck. (VIII, 82 S. m. 1 Karte.) 893. (68. Bd.) n.n. 1. —
Vigny, Alfr. de, la canne de jonc et Le cachet rouge. Für den Schulgebrauch erklärt v. W. Kasten. (VII, 82 S.) 893. (74. Bd.) n.n. — 90
— Cinq-Mars ou une conjuration sous Louis XIII. Bearb. u. erklärt v. Gust. Strien. (XII, 116 S.) 893. (70. Bd.) n.n. 1. 20
Villemain, Abel Franç., histoire du protectorat de Cromwell. Erklärt v. A. Gundlach. (XII, 104 S.) 891. (58. Bd.) n.n. 1. 10
Yonge, Miss, the book of golden deeds. Auswahl. Für den Schulgebrauch erklärt v. G. Wolpert. (IV, 90 S.) 892. (66. Bd.) n.n. 1. —

Schulbibliothek, französische u. englische. Hrsg. v. Otto E. A. Dickmann Reihe A.: Prosa. 5. 6. 10. 12.—14. 16. 18. 26. 27. 30. 32. 33. 35. 37.—43. 45. 47. 51. 54. 56. 57. 59. 63. 69. 73. 77. 81. 82. 84. 86. u. 89.—117. Bd. 8. Leipzig, Renger. Geb. in Leinw. n.n. 83. 80

Inhaltsübersicht in alphabetischer Ordnung:

Arago, Dominique François, Histoire de ma jeunesse. Für d. Schulgebrauch erklärt v. Otto Klein. (IX, 108 S.) 895. (Bd. 90.) n.n. 1. 20
Barrau, Théod. H., Scènes de la révolution française. [Aus: Histoire de la révolution française.] M. 2 Plänen u. 2 Kärtchen. Erklärt v. Bernh. Lengnick. 2., verb. u. verm. Aufl. (VIII, 132 S.) 897. (Bd. 47.) n.n. 1. 50
Bruno, G., Francinet. Im Ausz. F. d. Schulgebrauch erklärt v. Jos. Vict. Sarrazin. (VII, 101 S.) 895. (Bd. 97.) n.n. 1. —; Wörterbuch (32 S.) n. — 30
— Le tour de la France. Für d. Schulgebrauch ausgew. u. erklärt v. Ludw. E. Rolfs. (VI, 112 S. m. 1 Karte.) 899. (Bd. 115.) n.n. 1. 20
Burnett, Frances Hodgson, little Lord Fauntleroy. Für den Schulgebrauch bearb. v. G. Wolpert. 3. Aufl. (VI, 109 S.) 898. (Bd. 77.) n.n. 1. 10; Wörterbuch dazu (18 S.) n. — 20
Cladel, Foley, Normand, Nouvelles choisies. Ausgew. u. erklärt v. Adf. Kressner. (VI, 92 S.) 897. (Bd. 105.) n.n. 1. 10

Conteurs modernes. Ausgew. Erzählgn. v. Simon, Theuriet, Révillon, Moret, Richebourg. Für d. Schulgebrauch erklärt v. Jos. Vict. Sarrazin. 2., verb. Aufl. (VIII, 88 S.) 898. (Bd. 69.) n.n. — 90

Cornish, F. W., M. A., Life of Oliver Cromwell. Mit e. Karte. F. d. Schulgebrauch bearb. u. erklärt v. K. Deutschbein. (IX, 149 S.) 898. (Bd. 113.) n.n. 1.50

Daudet, Alph., ausgew. Erzählungen. F. d. Schulgebrauch erklärt von Ernst Gropp. 5. Aufl. (XVI, 96 S.) 896. (Bd. 27.) n.n. 1.10

— Le petite chose. Erklärt v. Jos. Aymeric. (VIII, 131 S.) 896. (Bd. 94.) n.n. 1.30; Wörterbuch (16 S.) n. — 20

— Tartarin de Tarascon. Für den Schulgebrauch bearb. u. erklärt von Jos. Aymeric. 3., verb. u. verm. Aufl. (X, 100 S.) 897. (Bd. 56.) n.n. 1. —

Day, Thom., the history of little Jack u. The history of Sandford and Merton (im Auszuge). F. d. Schulgebrauch erklärt v. Hugo Gruber. (VIII, 103 S.) 897. (Bd. 111.) n.n. 1.20; Wörterbuch dazu (32 S.) n. — 30

Deschaumes, Edm., Journal d'un lycéen de 14 ans pendant le siège de Paris (1870—1871). Auswahl. M. 3 Kartenskizzen, e. Plan v. Paris u. e. Karte d. Umgebg. v. Paris. Zum Schulgebr. hrsg. v. R. Kron. (X, 158 S.) 899. (Bd. 117.) n.n. 2. —

Dhombres, G., u. Gabr. Monod, Biographies historiques. [Aus: Récits et biographies historiques.] Für d. Schulgebr. erklärt v. H. Bretschneider. 5., verb. Aufl. (VIII, 81 S.) 898. (Bd. 45.) n.n. 1. —

Dickens, Charles, a christmas carol in prose, being a ghost story of christmas. Erklärt von Benno Röttgers. (XII, 107 S.) 896. (Bd. 98.) n.n. 1.10

— David Copperfield's school-days. [Aus: David Copperfield]. F. d. Schulgebrauch erklärt v. Hugo Bahrs. (XIV, 120 S.) 895. (Bd. 95.) n.n. 1.20

— The cricket on the hearth. A fairy tale of home. Für d. Schulgebrauch erklärt v. Benno Röttgers. (XII, 114 S.) 895. (Bd. 93.) n.n. 1.20

Duruy, George, Biographies d'hommes célèbres des temps anciens et modernes. Für den Schulgebrauch erklärt von Karl Penner. 2., verm. u. verb. Aufl. (VIII, 102 S.) 895. (Bd. 63.) n.n. 1. —; Wörterbuch v. O. Hofer (20 S.) n. — 20

Duruy, Vict., Règne de Louis XIV. [Aus: Histoire de France.] M. 1 Karte. Ausgew. u. erklärt v. Herm Müller. (XIV, 144 S.) 897. (Bd. 106.) n.n. 1.80; Wörterbuch dazu v. O. Hofer (16 S.) n. — 20

— Règne de Louis XVI et la révolution française. [Aus: „Histoire de France."] M. e. Karte u. e. Plane v. Paris. Für d. Schulgebrauch ausgew. u. erklärt v. Herm. Müller. (XII, 198 S.) 898. (Bd. 116.) n.n. 2. —

Erckmann-Chatrian, französ. Erzählungen, s.: Souvestre, E.

— Histoire d'un conscrit de 1813. Mit 2 Karten. Für den Schulgebrauch erklärt v. Gust. Strien. 4. Aufl. (X, 119 S.) 897. (Bd. 43.) n.n. 1.40; Wörterbuch. (28 S.) n. — 30

— Waterloo. Suite du Conscrit de 1813. Für d. Schulgebr. erklärt v. Jos. Aymeric. 3. Aufl. (IX, 125 S.) 898. (Bd. 51.) n.n. 1.40

Figuier, L., Scènes et tableaux de la nature. (Auswahl.) Bearb. v. Ludw. E. Rolfs. (VI, 120 S.) 897. (Bd. 103.) n.n. 1.30

Foley, Nouvelles choisies, s.: Cladel.

Forbes, Archibald, my experiences of the war between France and Germany. (Auswahl.) M. 1 Karte d. Umgegend v. Paris. Für d. Schulgebrauch erklärt v. Wilh. Heymann. (XII, 132 S.) 895. (Bd. 89.) n.n. 1.30

Gardiner, Historical biographies. Für d. Schulgebrauch erklärt v. G. Wolpert. 3., verb. Aufl. (VI, 99 S.) 896. (Bd. 32.) n.n. 1.10

Grimm, frères, contes choisis. (Auswahl.) Für d. Schulgebrauch erklärt v. Ludw. E. Rolfs. (VI, 101 S.) 895. (Bd. 96.) n.n. 1. —; Wörterbuch dazu v. O. Hofer (27 S.) n. — 25

— and W. Hauff, Fairy tales. Ausgew. u. erklärt v. Emil Penner. (VI, 91 S.) 897. (Bd. 108.) n.n. 1.10; Wörterbuch dazu (20 S.) n. — 20

Halévy, Ludovic, L'Invasion. Souvenirs et récits. Mit 3 Kartenskizzen. Im Auszuge hrsg. v. Jos. Vict. Sarrazin. 2. Aufl. (VIII, 94 S.) 897. (Bd. 84.) n. 1.60

Hauff, W., Fairy tales, s.: Grimm, Brothers.

D'Hérrisson, Comte, Journal d'un officier d'ordonnance juillet 1870 — février 1871. (Auswahl.) Mit 1 Karte d. Umgegend v. Paris u. 1 Plane v. Paris. Bearb. v. Ulr. Cosack. 2., verb. Aufl. (VIII, 151 S.) 897. (Bd. 81.) n.n. 1.50

Hume, Dav., the reign of Queen Elizabeth. [Aus: History of England.] M. 1 Karte. Bearb. v. A. Fritzsche. 2., verb. Aufl. (XII, 114 S. m. 2 genealog. Tab.) 897. (Bd. 6.) n n. 1.30

Irving, Washington, Tales of the Alhambra. Auswahl. F. d. Schulgebr. erklärt v. Hugo Wernekke. 2. Aufl. (XII, 100 S.) 894. (Bd. 38.) n.n. 1.10

Lamartine, A. de, Captivité, procès, mort de Louis XVI et de sa famille. [Aus: „Histoire des Girondins".] Mit 2 Plänen u. 2 Abb. F. d. Schulgebr. bearb. v. Bernh. Lengnick. 3., verb. Aufl. (XII, 121 S.) 897. (Bd. 13.) n.n. 1.30

Lamé-Fleury, Histoire de la découverte de l'Amérique. Bearb. v. Max Schmidt. 5., verb. Aufl. (VIII, 119 S.) 897. (Bd. 42.) n.n. 1.20

— Histoire de France de 406 — 1328. [Aus: Histoire de France.] F. d. Schulgebr. bearb. v. J. Hengesbach. 2., verb. Aufl. (VI, 98 S.) 897. (Bd. 73.) n.n. 1. —; Wörterbuch dazu (38 S.) 893. n. — 40

— Dasselbe de 1328—1862. [Aus: Histoire de France.] (Auswahl.) Bearb. v. J. Hengesbach. (VIII, 125 S. m. 1 Karte.) 897. (Bd. 107.) n.n. 1.40; Wörterbuch dazu (34 S.) n. — 30

Lanfrey, Pierre, Campagne de 1806—1807. [Aus: Histoire de Napoléon Ier.] M. 2 Karten u. 4 Plänen. Ausgew. u. erklärt v. Jos. Sarrazin. 5., verb. Aufl. (X, 126 S.) 897. (Bd. 12.) n.n. 1.50

— Campagne de 1809. [Aus: Histoire de Napoléon Ier.] Mit 5 Karten u. Plänen. F. d. Schulgebr. ausgew. u. erklärt v. Jos. Sarrazin. 2., verb. Aufl. (X, 117 S.) 897. (Bd. 30.) n.n. 1.50; Wörterbuch z. Campagne de 1806—1807 u. Campagne de 1809 v. O. Hofer (31 S.) n. — 30

Leitritz, Johs., Paris et ses environs. F. d. Schule hrsg. Mit 26 Abb., 1 Karte u. 1 Stadtplan. 2., verm. u. verb. Aufl. (XIV, 207 S.) 897. (Bd. 82.) n.n. 1.80

— London and its environs. M. 23 Abb. u. 2 Plänen. (XII, 268 S.) 897. (Bd. 100.) n.n. 2.50; Wörterbuch dazu v. O. Hofer (39 S.) n. — 40

Littré, Emile v., comment j'ai fait mon dictionnaire de la langue française. Causerie. F. d. Schulgebr. erklärt v. J. Imelmann. (VIII, 55 S.) 895. (Bd. 91.) n.n. — 80

Macaulay, Thom. Babington, Lord Clive. An essay. Mit 1 Karte. F. d. Schulgebr. erklärt v. Adf. Kressner. 3., verb. Aufl. (VIII, 95 S.) 898. (Bd. 16.) n n. 1.20

Marryat, Frederick, the children of the new forest. F. d. Schulgebr. erklärt v. G. Wolpert. 2. Aufl. (VIII, 135 S.) 894. (Bd. 37.) n n. 1.40

— the three cutters. M. erklär. Anmerkgn. hrsg. v. Reginald Miller. 2., gänzl. umgearb. Aufl. (III, 59 S.) 896. (Bd. 99.) n.n. — 80

Michaud, Jos. — François, Influence et résultats des croisades. [Aus: Histoire des croisades.] F. d. Schulgebrauch erklärt v. Frz. Hummel. 2., verb. Aufl. (X, 101 S.) 895. (Bd. 13.) n.n. 1.10; Wörterbuch dazu (22 S.) n. — 25

— Moeurs et coutumes des croisades. [Aus: Histoire des croisades.] M. 5 Abb. F. d. Schulgebr. erklärt v. Frz. Hummel. 3. Aufl. (X, 114 S.) 897. (Bd. 10.) n.n. 1.20; Wörterbuch dazu v. O. Hofer (18 S.) n. — 20

Mignet, A., Histoire de la terreur. [Aus: Histoire de la Révolution française.] M. e. Plan v. Paris. F. d. Schulgebrauch erklärt v. Adf. Ey. 3., verb. Aufl. (XIV, 125 S.) 898. (Bd. 35.) n.n. 1.50; Wörterbuch dazu (16 S.) n. — 20

Monod, Gabr., Allemands et Français. Souvenirs de campagne. Metz. — Sédan. — La Loire. Auswahl. M. 3 Kartenskizzen u. 1 Karte v. Nordfrankreich. Für d. Schulgebr. erklärt v. Walth. Kirschten. 2. Aufl. (VIII, 68 S.) 898. (Bd. 92.) n.n. — 90

— Biographies historiques, s.: Dhombres, G.

Moret, s.: Conteurs modernes.

Normand, Nouvelles choisies, s.: Cladel.

Perrault, Charles, Contes de fées. Erklärt v. Alfr. Mohrbutter. (XVI, 85 S.) 896. (Bd. 101.) n.n. 1. —; Wörterbuch dazu (22 S.) n. — 25

Révillon, s.: Conteurs modernes.

Reybaud, Mme. Charles, französ. Erzählungen, s.: Souvestre, E.

Richebourg, s.: Conteurs modernes.

Saintine, Picciola. Auswahl. M. 1 Kartenskizze. F. d. Schulgebr. erklärt v. Bernh. Lengnick. (XIII, 120 S.) 898. (Bd. 86.) n.n. 1.20

Sarcey, Francisque, le siège de Paris. Impressions et souvenirs. Auswahl. M. 1 Plane v. Paris u. 1 Karte d. Umgegend. F. d. Schulgebr. erklärt v. U. Cosack. 4. Aufl. (X, 156 S.) 897. (Bd. 59.) n.n. 1.50; Wörterbuch dazu (42 S.) n. — 30

Scott, Walt., Ivanhoe. A romance. Erklärt v. Emil Penner. 2., verb. Aufl. (XIV, 136 S.) 897. (Bd. 54.) n.n 1.40

— Quentin Durward. Im Auszuge. Erklärt v. Fel Pabst. (XVI, 144 S.) 897. (Bd. 104.) n.n. 1.50; Wörterbuch dazu (36 S.) n. — 30

— Sir William Wallace and Robert the Bruce. [Aus: „Tales of a grandfather" — I. series.] M. 2 Skizzen im Text u. 1 Karte v. Schottland. F. d. Schulgebr. erklärt v. Herm. Fehse. 2., verb. Aufl. (X, 84 S.) 895. (Bd. 33.) n.n. 1.10

Ségur, M. Comte de, Napoléon à Moscou u. Passage de la Bérésina. [Aus: Histoire de Napoleon et de la grande armée pendant l'année 1812.] M. 4 Plänen. F. d. Schulgebr. erklärt v. Adf. Hemme. 4. Aufl. (XVI, 124 S.) 898. (Bd. 41.) n.n. 1.50

Seymour, Mary, Chaucer stories. Ausgew. u. erklärt v. Clem. Klöpper. (VIII, 87 S.) 897. (Bd. 109.) n.n. 1.10

— Shakespeare stories. F. d. Schulgebr. ausgew. u. erklärt v. Clem. Klöpper. (VII, 90 S.) 898. (Bd. 110.) n.n. 1. —; Wörterbuch dazu v. O. Hofer (22 S.) n. — 30

Simon, s.: Conteurs modernes.

Southey, Rob., the life of Nelson. M. 4 Schlachtskizzen, e. Mittelmeerkärtchen u. e. Schiffsbilde. F. d. Schulgebr. erklärt v. Walt. Parow. 2. Aufl. (VIII, 127 S.) 898. (Bd. 5.) n.n. 1.50

Souvestre, Emile, Confessions d'un ouvrier. F. d. Schulgebr. erklärt v. Otto Josupeit. 2., verb. Aufl. (VIII, 120 S.) 895. (Bd. 26.) n.n. 1.10

— Erckmann-Chatrian, Mme. Charles Reybaud, französ. Erzählgn. Ausgew. u. erklärt v. G. Wolpert. (X, 90 S.) 896. (Bd. 102.) n.n. 1. —

Taine, H., les origines de la France contemporaine. F. d. Schulgebr. ausgew. u. erklärt v. Otto Hoffmann. 4. Aufl. (VIII, 124 S.) 898. (Bd. 57.) n.n. 1.20

Theuriet, s.: Conteurs modernes.

Thiers, Louis-Adolphe, Campagne d'Italie en 1800. Mit 1 Karte u. 2 Plänen. F. d. Schulgebr. bearb. v. Aug. Althaus. 2., verb. Aufl. (XII, 115 S.) 897. (Bd. 39.) n.n. 1.50

— Expédition de Bonaparte en Égypte. [Aus: Histoire de la révolution française u. Histoire du consulat et de l'empire.] M. 3 Kartenskizzen. F. d. Schulgebr. erklärt v. Otto Klein. 5. Aufl. (X, 124 S.) 898. (Bd. 14.) n.n. 1.50

Voltaire, Histoire de Charles XII. M. 1 Uebersichtskarte u. 2 Plänen. F. d. Schulgebrauch bearb. u. erklärt v. K. Mühlefeld. 2. Aufl. (XI, 108 S.) 893. (Bd. 40) n.n. 1.40

Wershoven, F. J., english history. M. 4 Karten u. 3 Plänen. F. d. Schulgebrauch ausgew. u. erklärt. (VI, 116 S.) 897. (Bd. 112.) n.n. 1. 40; Wörterbuch (52 S.) n. — 40

— Lectures historiques. M. 4 Karten u. 2. Plänen. F. d. Schulgebr. ausgew. u. erklärt. (VI, 113 S.) 898. (Bd. 114.) n.n. 1. 30; Wörterbuch (40 S.) n. — 40

Schulbibliothek, französische u. englische. Hrsg. v. Otto E. A. Dickmann. Reihe A: Prosa. 1., 12., 14., 20., 21., 24., 27., 32., 37., 38., 42., 43., 45., 47., 52., 54., 56., 57., 59., 63., 65., 67., 69., 70., 76., 77., 79., 81.—84., 92., 94., 95., 97., 99., 106., 107., 112., 114. u. 118.—138. Bd. 8. Leipzig, Renger. Geb. in Leinw. n.n. 77. 70

Inhaltsübersicht in alphabetischer Ordnung:

Andersen, Contes. Traduits du danois par D. Soldi. Für den Schulgebrauch ausgewählt u. erklärt v. Emil Penner. (VIII, 91 S.) 900. (Bd. 122.) n.n. 1. —; Wörterbuch dazu. (23 S.) n. — 25

Barante, M. de, Histoire de Jeanne Darc. (Aus: Histoire des ducs de Bourbogne de la maison de Valois.) Mit 2 Plänen u. 2 Karten. Für den Schulgebrauch erklärt v. K. Mühlefeld. 3. Aufl. (XII, 117 S.) 902. (Bd. 20.) n.n. 1. 40

Barrau, Théod. H., Scènes de la révolution française. [Aus: Histoire de la révolution française.] Mit 2 Plänen u. 2 Karten. Für den Schulgebrauch erklärt v. Bernh. Lengnick. 3. verb. Aufl. (VIII, 135 S.) 900. (Bd. 47.) n.n. 1. 50

Bruno, G., Francinet. Im Auszuge. Für den Schulgebrauch erklärt v. Jos. Vict. Sarrazin. 2. verb. Aufl. (VI, 99 S.) 900. (Bd. 97.) n.n. 1. —

Burnett, Frances Hodgsons, Little Lord Fauntleroy. Für den Schulgebrauch bearb. von G. Wolpert. 6. Aufl. (VI, 109 S.) 902. (Bd. 77.) n.n. 1. 10

Chambers's English history from the earliest to the present time. Für den Schulgebrauch erklärt. Mit 5 Kartenskizzen im Text u. e. Grafschaftskarte v. England. (VII, 102 S.) 902. (Bd. 132.) n.n. 1. 30; Wörterbuch von Alb. v. Roden. (39 S.) n. — 40

Conteurs modernes. Ausgewählte Erzählgn. von Simon, Theuriet, Révillon, Moret, Richebourg. Für den Schulgebrauch erklärt v. Jos. Vict. Sarrazin. 3. Aufl. (VIII, 73 u. 15 S.) 902. n.n. 1. —; dasselbe. Avec un choix de notes à l'usage de l'enseignement par Jos.-Vict. Sarrazin. 3. éd. (VI, 73 u. 16 S.) 902. (Bd. 69.) n.n. 1. —

Coppée, François, ausgewählte Erzählungen. Für d. Schulgebrauch erklärt von A. Gundlach. 3. verb. Aufl. (VIII, 91 S.) 901. (Bd. 67.) n.n. 1. —

Daudet, Alphonse, le petit chose. Für den Schulgebrauch erklärt v. Jos. Aymeric. 2. verb. Aufl. (VIII, 130 S.) 900. (Bd. 91.) n.n. 1. 30

— ausgewählte Erzählungen. Für den Schulgebrauch erklärt v. Ernst Gropp. 7. Aufl. (XVI, 98 S.) 901. (Bd. 27.) n.n. 1.10

— Lettres de mon moulin. Für den Schulgebrauch ausgewählt u. erklärt von Johs. Hertel. Autoris. Ausg. (XIV, 109 S.) 902. (Bd. 135.) n.n. 1. 30

— Tartarin de Tarascon. Für den Schulgebrauch bearb. u. erklärt v. Jos. Aymeric. 5. verb. u. verm. Aufl. (X, 78 u. 25 S.) 902. n.n. 1. 20; dasselbe. Avec un choix de notes à l'usage des classes par Jos. Aymeric. 5. éd. allemande. (1. éd. française.) (VIII, 78 u. 23 S.) 902. (Bd. 56.) n.n. 1.20

Desèze, Raymond, Défense de Louis XVI. Prononcée à la barre de la convention nationale. Für d. Schulgebrauch erklärt v. Otto Klein. (XII, 98 S.) 900. (Bd. 123.) n.n. 1.10; Wörterbuch bearb. von Otto Klein. (23 S.) n. — 25

Dhombres, G., u. Gabr. Monod, Biographies historiques. Für d. Schulgebrauch erklärt v. H. Bretschneider. 6. verb. Aufl. (VIII, 81 S.) 900. (Bd. 45.) n.n. 1. —

Dickens, Charles, David Copperfield's school-days. [Aus: David Copperfield.] Für den Schulgebrauch erklärt v. Hugo Bahrs. 2. Aufl. (XV, 120 S.) 900. (Bd. 95.) n.n. 1. 20

Dickmann, Otto E. A., u. Jos. Heuschen, französ. Lesebuch f. d. mittleren Klassen höherer Lehranstalten. (VIII, 222 S.) 902. (Bd. 134.) n.n. 1. 80; Wörterbuch. Bearb. v. Gisbert van Moll. (79 S.) n. — 60

Duruy, George, Biographies d'hommes célèbres des temps anciens et modernes. Für den Schulgebrauch erklärt von Karl Penner. 3. verm. u. verb. Aufl. (VII, 104 S.) 900. (Bd. 63.) n.n. 1. 20

Duruy, Vict., Règne de Louis XIV. (Aus: Histoire de France.) Mit e. Karte. Für den Schulgebrauch ausgewählt u. erklärt v. Herm. Müller. 2. verb. Aufl. (XII, 148 S.) 902. (Bd. 106.) n.n. 1. 80

Erckmann-Chatrian, Histoire d'un conscrit de 1813. Mit 2 Karten. Für den Schulgebrauch erklärt von Gust. Strien. 5. Aufl. (X, 119 S.) 900. (Bd. 43.) n.n. 1. 40

Gardiner, Historical biographies. Für den Schulgebrauch erklärt von G. Wolpert. 4. verb. Aufl. (VI, 103 S.) 900. (Bd. 32.) n.n. 1. 10

Goerlich, Ewald, Géographie de la France. Für d. Schulgebrauch bearb. (VII, 96 S.) 900. (Bd. 124.) n.n. 1. 10

— Geography of the British Empire. Für den Schulgebrauch bearb. (VIII, 102 S.) 901. (Bd. 129.) n.n. 1. 10

Halévy, Ludovic, L'invasion. Souvenirs et récits. Mit 3 Kartenskizzen. Im Auszuge zum Schulgebrauch hrsg. von Jos. Vict. Sarrazin. 3. Aufl. (VIII, 95 S.) 900. (Bd. 84.) n. 1.60

Henty, G. A., When London burned. A story of restoration times and the great fire. Mit 1 Karte. Für d. Schulgebrauch bearb. u. erklärt v. G. Wolpert. (VIII, 149 S.) 900. (Bd. 126.) n.u. 1. 50

Henty, G. A., When London burned. A story of restoration times and the great fire. Mit 1 Karte. Für d. Schulgebrauch bearb. u. erklärt v. G. Wolpert. (VIII, 149 S.) 900. (Bd. 126.) n.u. 1. 50

d'Hérisson, Comte, Journal d'un officier d'ordonnance juillet 1870—février 1871. Auswahl. Mit e. Karte der Umgegend v. Paris u. e. Plane v. Paris. Für d. Schulgebrauch bearb. v. Ulr. Cosack. 3. verb. Aufl. (VIII, 157 S.) 900. (Bd. 81.) n.n. 1. 50

Irving, Washington, Bracebridge hall or the humorists. Auswahl. Für den Schulgebrauch erklärt v. G. Wolpert. (VIII, 119 S.) 902. (Bd. 138.) n. 1. 20

— Tales of the Alhambra. Auswahl. Für den Schulgebrauch erklärt von Hugo Wernekke. 3. Aufl. (XII, 100 S.) 900. (Bd. 38.) n.n. 1. 10

Klapperich, J., Recent travel and adventure. Livingstone, Stanley, Emin Pascha, Gordon, Greely, Nordenskiöld. Mit Karten v. Mittel-Afrika u. dem Nordpolargebiet. Für den Schulgebrauch zusammengestellt u. hrsg. (VI, 80 S.) 900. (Bd. 120.) n.n. 1. —

Lamé-Fleury, Histoire de la découverte de l'Amérique. Für den Schulgebrauch bearb. v. Max Schmidt. 6. verb. Aufl. (VIII, 122 S.) 899. (Bd. 42.) n.n. 1. 20

— Histoire de France de 1328—1862. [Aus: „Histoire de France".] (Auswahl.) Mit 1 Karte. Für den Schulgebrauch erklärt von J. Hengesbach. 2. Aufl. (VIII, 126 S.) 901. (Bd. 107.) n.n. 1. 40

Lanfrey, Pierre, Campagne de 1806—1807. [Aus: „Histoire de Napoléon I."] Mit 2 Karten u. 4 Plänen. Für d. Schulgebrauch erklärt v. Otto Klein. 7., verb. Aufl. (X, 134 S.) 901. (Bd. 12.) n.n. 1. 50

Leitritz, Johs., La France. Anthologie géographique. Mit 24 Abbildgn. u. 1 Karte v. Frankreich. Zum Schulgebrauch hrsg. 2. verb. Aufl. (XI, 244 S.) 901. (Bd. 83.) n.n. 2. 20

— Paris et ses environs. Für die Schule hrsg. Mit 27 Abb., 1 Karte u. 1 Stadtplan. 3. verb. Aufl. (XIV, 221 S.) 901. (Bd. 82.) n.n. 2. —

Life, the, of Benjamin Franklin. Franklin's autobiography with the continuation by Jared Sparks. Mit 1 Karte. Für den Schulgebrauch erklärt von F. Wüllenweber. 2. verb. Aufl. (VIII, 132 S.) 899. (Bd. 52.) n.n. 1. 30

Macaulay, Thom Babington, The Duke of Monmouth. (Aus: History of England.) Mit 1 Karte. Für den Schulgebrauch bearb. von Otto Werner. 2. verb. Aufl. (VIII, 100 S.) 899. (Bd. 24.) n.n. 1. 30

— James the Second's descent on Ireland and the siege of Londonderry in 1689. (Aus: History of England.) Für den Schulgebrauch erklärt von Otto Hallbauer. (XII, 128 S.) 902. (Bd. 137.) n.n. 1. 30

— Warren Hastings. An essay. Mit 1 Karte. Für d. Schulgebrauch erklärt v. Adf. Kressner. 2. verm. u. verb. Aufl. (VIII, 122 S.) 899. (Bd. 21.) n.n. 1. 40

Marryat, Frederick, The children of the new forest. Für den Schulgebrauch erklärt von G. Wolpert. 3. verb. Aufl. (VII, 136 S.) 900. (Bd. 37.) n.n. 1. 40

— The three cutters. Mit e. Karte von Plymouth u. Umgegend. Für den Schulgebrauch bearb. v. Reginald Miller. 3. verb. Aufl. (VI, 68 S.) 899. (Bd. 99.) n.n. — 80

— The settlers in Canada. Für den Schulgebrauch bearb. v. Jos. Heuschen. (VI, 104 S.) 900. (Bd. 127.) n.n. 1. 20; Wörterbuch. (30 S.) n. — 40

Mérimée, Prosper, Colomba. Für den Schulgebrauch erklärt v. Johs. Leitritz. 2. verb. Aufl. (XII, 135 S.) 901. (Bd. 65.) n.n. 1. 30

Michaud, Jos.-Franç., Histoire de la troisième croisade. [Aus: „Histoire des croisades".] Für den Schulgebrauch erklärt v. Otto Klein. Mit 2 Karten u. 1 Plan. (X, 111 S.) 902. (Bd. 130.) n.n. 1. 30; Wörterbuch. (28 S.) n. — 30

— Siège d'Antioche et prise de Jérusalem. (Aus: Histoire des croisades.) Mit 3 Karten u. 4 Abbildgn. Für d. Schulgebrauch erklärt v. Frz. Hummel. 4. Aufl. (VIII, 92 S.) 899. (Bd. 1.) n.n. 1. 20

Mirabeau, Discours choisis. Für d. Schulgebrauch erklärt v. Otto Klein. (X, 78 S. m. Bildnis.) 899. (Bd. 118.) n.n. 1. —; Wörterbuch. (26 S.) (900.) n. — 30

Monod, Gabr., Allemands et Français. Souvenirs de campagne Metz — Sedan — La Loire. Auswahl. Mit 3 Kartenskizzen u. 1 Karte von Nordfrankreich. Für den Schulgebrauch erklärt v. Walth. Kirschten. 3. Aufl. (VIII, 68 S.) 902. (Bd. 92.) n.n. — 90; dasselbe. A l'usage des écoles par Walth. Kirschten. 3. éd. (VIII, 68 S.) 902. n.n. — 90

Porchat, Jean-Jacques, Le berger et le proscrit. Für den Schulgebrauch erklärt von Jos. Heuschen. (VIII, 90 S.) 902. (Bd. 136.) n.n. 1. —; Wörterbuch. (38 S.) n. — 30

Regel, Ernst, English letters. Mit Anmerkgn. zum Schulgebrauch hrsg. (X, 100 S.) 899. (Bd. 119.) n.n. 1. 10

Sarcey, Francisque, Le siège de Paris. Impressions et souvenirs. Auswahl. Mit e. Plane von Paris u. Umgebg. Für den Schulgebrauch erklärt von Ulr. Cosack. 5. Aufl. (X, 162 S.) 900. (Bd. 59.) n.n. 1. 50

Scott, Sir Walt., Ivanhoe. A romance. Für den Schulgebrauch erklärt v. Emil Penner. 3. verb. Aufl. (XIV, 146 S.) 901. (Bd. 54.) n.n. 1. 40

Souvestre, Emile, Au coin du feu. Für den Schulgebrauch erklärt v. Alfr. Mohrbutter. (VIII, 90 S.) 900. (Bd. 128.) n. 1. 10; Wörterbuch (31 S.) n. — 40

Taine, H., Les origines de la France contemporaine. Für den Schulgebrauch ausgewählt u. erklärt v. Otto Hoffmann. 5. Aufl. (VIII, 124 S.) 901. (Bd. 57.) n.n. 1. 20; Wörterbuch. (32 S.) n. — 30

Tales and stories from modern writers. 1. Bdchn. Für den Schulgebrauch bearb. v. J. Klapperich. 2. umgearb. Aufl. (VIII, 112 S.) 899. (Bd. 76.) n.n. 1. 20

Theuriet, André, ausgewählte Erzählgn. Für den Schulgebrauch erklärt v. Adf. Gundlach. 2. Aufl. (VII, 107 S.) 901. (Bd. 79.) n.n. 1. 10

Thiers, Expédition de Bonaparte en Egypte. [Aus: „Histoire de la révolution française" u. „Histoire du consulat et de l'empire".] Mit 3 Kartenskizzen. Für den Schulgebrauch erklärt v. Otto Klein. 6. Aufl. (VIII, 128 S.) 901. (Bd. 14.) n.n. 1.50; Wörterbuch. (35 S.) (899.) n. —30

Vigny, Cte. Alfr. de, Cinq-Mars ou une conjuration sous Louis XIII. Für den Schulgebrauch bearb. u. erklärt von Gust. Strien. 2. Aufl. (XII, 118 S.) 901. (Bd. 70.) n.n. 1.20

Wershoven, F. J., Ascensions, voyages aériens, évasions. Für den Schulgebrauch ausgewählt u. erklärt. Mit 6 Abb. (VI, 114 S.) 902. (Bd. 131.) n.n. 1.30; Wörterbuch. (32 S.) n. —30

— English history. Für den Schulgebrauch ausgewählt u. erklärt. Mit 4 Karten u. 3 Plänen. 2., verb. Aufl. (VI, 144 S.) 902. (Bd. 112.) n.n. 1.40

— English school life. Für den Schulgebrauch hrsg. Mit 7 Abb. (VII, 97 u. 20 S.) 902. (Bd. 133.) n.n. 1.30; Wörterbuch (40 S.) n. —40; — dasselbe. Adapted for the use of schools. With 7 illustr. (VII, 97 u. 20 S.) 902. n.n. 1.30

— Lectures historiques. Für den Schulgebrauch ausgewählt u. erklärt. Mit 4 Karten u. 2 Plänen. 2., verb. Aufl. (VI, 136 S.) 902. (Bd. 114.) n.n. 1.30

— Molière et le théâtre en France. Zum Schulgebrauch hrsg. Mit e. Bildnis Molières (VI, 93 S.) 900. (Bd. 121.) n.n. 1.10

— Shakespeare and the England of Shakespeare. Zum Schulgebrauch hrsg. Mit 3 Abbildgn., 3 Grundrissen u. 1 Plan v. London. (VI, 88 S.) 900. (Bd. 125.) n.n. 1.10

Schulbibliothek, französische u. englische. Hrsg. v. Otto E. A. Dickmann. Reihe A: Prosa. 2., 7., 12., 14., 16., 27., 29., 30., 32., 33., 35., 37., 41.—43., 45., 47., 51., 54., 56., 57., 59., 63., 64., 69., 73., 77., 79., 81., 84., 87., 92., 94.—96., 100., 106., 107., 117., 132., 134. u. 139.—151. Bd. 8. Leipzig, Renger. Geb. in Leinw. n.n. 72.40

Barrau, Théod. H., Scènes de la révolution française. (Aus: Histoire de la révolution française.) Mit 2 Plänen u. 2 Kärtchen. Für den Schulgebrauch erklärt v. Bernh. Lengnick. 5. Aufl. (VIII, 135 S.) 905. (Bd. 47.) n.n. 1.50; 4. éd allemande (1. éd française). (VIII, 135 S.) 904. n.n. 1.50

Boissonnas, Mme. B., Une famille pendant la guerre 1870 et 1871. Ouvrage couronné par l'académie française. Für den Schulgebrauch bearb. v. Max Banner. (VIII, 116 S.) 903. (Bd. 142.) n.n. 1.30

Bulwer, Edward Lytton, Harold, the last of the Saxon kings. Für den Schulgebrauch bearb. v. Fritz Mayer. (X, 110 S.) 906. (Bd. 149.) n.n. 1.20; Wörterbuch (37 S.) n. —40

Burnett, Frances Hodgson, Little Lord Fauntleroy. Für den Schulgebrauch bearb. v. G. Wolpert. 7. u. 8. Aufl. (VI, 110 S.) 904. 906. (Bd. 77.) n. 1.10

Chambers's English history from the earlist to the present time. Für den Schulgebrauch erklärt von A. v. Roden. Mit 5 Kartenskizzen im Text u. 1 Grafschaftskarte v. England. 2. Aufl. (VII, 107 S.) 905. (Bd. 132.) n.n. 1.30

Chuquet, La guerre 1870—1871. Im Auszug. Für den Schulgebrauch erklärt v. Karl Quossok. Mit 5 Kartenskizzen im Text u. 5 Karten im Anh. (VIII, 114 S.) 906. (Bd. 151.) n. 1.40

Conteurs modernes. Ausgewählte Erzählgn. v. Simon, Theuriet, Rêvillon, Moret, Richebourg. Für den Schulgebrauch erklärt v. Jos. Vict. Sarrazin. 4. Aufl. (VIII, 73 u. 16 S.) 905. (Bd. 69.) n.n. 1.—

Daudet, Alphonse, Le petit chose. Für den Schulgebrauch erklärt v. Jos. Aymeric. 3. Aufl. (VIII, 130 S.) 904. (Bd. 94.) n.n. 1.50

— ausgewählte Erzählungen. Für den Schulgebrauch erklärt v. Ernst Gropp. 8. Aufl. (XVI, 99 S.) 905. (Bd. 27.) n. 1.10

— Tartarin de Tarascon. Für den Schulgebrauch bearb. u. erklärt v. Jos. Aymeric. 6. Aufl. (VIII, 104 S.) 904. (Bd. 56.) n.n. 1.20

Deschaumes, Edmond, Journal d'un lycéen de 14 ans pendant le siège de Paris (1870—1871). Auswahl. Mit 3 Kartenskizzen, e. Plan v. Paris u. 1 Karte der Umgebg. v. Paris. Zum Schulgebrauch bearb. v. R. Kron. 2. Aufl. (X, 165 S.) 904. (Bd. 117.) n.n. 1.80

Dhombres, G., u. Gabr. Monod, Biographies historiques. Für den Schulgebrauch erklärt v. H. Bretschneider. 7. u. 8. verb. Aufl. (VIII, 82 S.) 904.906. (Bd. 45.) n. 1.—

Dickens, Charles, David Copperfield's school-days. (Aus: David Copperfield.) Für den Schulgebrauch erklärt v. Hugo Bahrs. 3. u. 4. Aufl. (XIV, 122 S.) 904.906. n. 1.20; Ausg. m. Einleitg. u. Anmerkgn. in engl. Sprache. (XII, 122 S.) 906. (Bd. 95.) n. 1.20

Dickmann, Otto E. A., u. Jos. Heuschen, französisches Lesebuch f. die mittleren Klassen höherer Lehranstalten. 2. Aufl. (XII, 252 S.) 905. (Bd. 134.) n. 2.—

Duruy, George, Biographies d'hommes célèbres des temps anciens et modernes. Für den Schulgebrauch erklärt v. Karl Penner. 4. Aufl. (VII, 102 S.) 906. (Bd. 63.) n. 1.20

Duruy, Vict., Histoire de France de 1560—1643. (Aus: Histoire de France.) Mit 3 Kartenskizzen u. 1 Spezialkarte Frankreichs. Für den Schulgebrauch erklärt v. Alfr. G. Meyer. 4. verb. Aufl. (XIV, 113 S.) 903. (Bd. 2.) n.n. 1.40

— Règne de Louis XIV. (Aus: Histoire de France.) Für den Schulgebrauch ausgewählt u. erklärt v. Herm. Müller. Mit e. Karte. 3. Aufl. (XII, 118 S.) 906. n. 1.60; Ausg. m. Einleitg. u. Anmerkgn. in französ. Sprache. (XII, 87 u. 30 S.) 906. (Bd. 106.) n. 1.80

Erckmann-Chatrian, Histoire d'un conscrit de 1813. Mit 2 Karten. Für den Schulgebrauch erklärt v. Gust. Strien. 7. verb. Aufl. (X, 121 S.) 905. (Bd. 43.) n.n. 1.40

— Waterloo. Suite du conscrit de 1813. Für den Schulgebrauch erklärt v. Jos. Aymeric. 4. Aufl. (IX, 126 S.) 904. (Bd. 51.) n.n. 1.40

Freeman, Edward A., A short history of de Norman conquest of England. Für den Schulgebrauch bearb. v. Fritz Meyer. Mit 2 Karten. (X, 114 S.) 905. (Bd. 148.) n.n. 1.40; Wörterbuch. (22 S.) n. —25

Gardiner, Historical biographies. Für den Schulgebrauch erklärt v. G. Wolpert. 5. verb. Aufl. Mit 4 Abbildgn. (VIII, 101 S.) 904. (Bd. 32.) n.n. 1.10

Grimm, frères, Contes choisis. Auswahl. Für den Schulgebrauch erklärt v. Ludw. E. Rolfs. 2. Aufl. (VI, 100 S.) 905. (Bd. 96.) n.n. 1.—

Gros, Jules, Récits d'aventures et expéditions au pôle nord. Mit 1 Karte der Nordpolarregion. Für den Schulgebrauch hrsg. v. Ludw. Hasberg. (VII, 98 S.) 903. (Bd. 140.) n.n. 1.10; Wörterbuch (41 S.) n. —40

Guizot, Franç. Pierre Guillaume, Historire de la civilisation en Europe depuis la chute de l'empire romain jusqu'à la révolution française. Auswahl. Für den Schulgebrauch erklärt v. Adf. Kressner. 3. Aufl. (VIII, 119 S.) 903. (Bd. 29.) n.n. 1.40

Halévy, Ludovic, L'Invasion. Souvenirs et récits. Mit 3 Kartenskizzen. Im Auszuge zum Schulgebrauch hrsg. v. Jos. Vict. Sarrazin. 4. Aufl. (VIII, 95 S.) 904. (Bd. 84.) n. 1.60

Henty, G. A., Yarns of the beach. A bundle of tales. Für den Schulgebrauch erklärt v. Rob. Eule. (VIII, 93 S.) 904. (Bd. 143.) n.n. 1.10; Wörterbuch. (31 S.) n. —30

d'Hérisson, Comte, Journal d'un interprète en Chine. Für den Schulgebrauch erklärt v. Arnold Krause. (IX, 129 S.) 903. (Bd. 139.) n.n. 1.30

— Journal d'un officier d'ordonnance, juillet 1870—février 1871. Auswahl. Mit 1 Karte der Umgegend v. Paris u. 1 Plan v. Paris. Für den Schulgebrauch bearb. v. Ulr. Cosack. 4. Aufl. (VIII, 158 S.) 905. (Bd. 81.) n.n. 1.50

Lamé-Fleury, Histoire de la découverte de l'Amérique. Für den Schulgebrauch erklärt v. Max Schmidt. 7. u. 8. verb. Aufl. (VIII, 125 S.) 902.906. (Bd. 42.) n. 1.20

— Histoire de France de 406—1328. (Aus: Histoire de France.) Für den Schulgebrauch bearb. v. J. Hengesbach. 3. Aufl. (IV, 98 S.) 903. (Bd. 73.) n.n. 1.—

— Histoire de France de 1328—1562. (Aus: Histoire de France.) (Auswahl.) Mit 1 Karte. Für den Schulgebrauch erklärt v. J. Hengesbach. 3. u. 4. Aufl. (VIII, 126 S.) 904. 906. (Bd. 107.) n. 1.40

Lanfrey, Pierre, Campagne de 1806—1807. (Aus: Histoire de Napoléon Ier.) Mit 2 Karten u. 4 Plänen. Für den Schulgebrauch erklärt v. Otto Klein. 9. Aufl. (X, 98 u. 37 S.) 906. n. 1.50; Ausg. m. Einleitg. u. Anmerkgn. in französ. Sprache. 9. éd. revue et corrigée. (X, 93 u. 36 S.) 906. (Bd. 12.) n. 1.50

— Campagne de 1809. (Aus: Histoire de Napoléon Ier.) Mit 3 Karten u. 2 Plänen. Für den Schulgebrauch erklärt v. Otto Klein. 3. verb. Aufl. (XII, 127 S.) 903. (Bd. 30.) n.n. 1.50

Leitritz, Johs., The British isles. A geographical reader. Mit 11 Bildern im Text, 9 Einschaltbildern u. e. Karte v. Grossbritannien. Zum Schulgebrauch hrsg. (VIII, 235 S.) 904. (Bd. 141.) n. 3.—

— London and its environs. Für den Schulgebrauch bearb. Mit 20 Abbildgn. u. 2 Plänen. 2. verb. Aufl. (X, 209 S.) 905. (Bd. 100.) n.n. 2.20

Loti, Pierre, Pêcheur d'Islande. Für den Schulgebrauch erklärt v. Otto E. A. Dickmann. (VIII, 103 u. 9 S.) 906. (Bd. 150.) n. 1.60; Wörterbuch bearb. v. Gisbert van Moll. (34 S.) n. —40

Macaulay, Thomas Babington, Lord Clive. An essay. Mit 1 Karte. Für den Schulgebrauch erklärt v. Adf. Kressner. 4. verb. Aufl. (VIII, 96 S.) 904. (Bd. 16.) n.n. 1.20

— State of England in 1685. (History of England, chapter III.) Mit e. Plane v. London. Für den Schulgebrauch erklärt v. Adf. Kressner. 3. verb. Aufl. (VIII, 132 S.) 906. n. 1.40; Ausg. m. Einleitg. u. Anmerkgn. in engl. Sprache. (VIII, 131 S.) 906. (Bd. 7.) n. 1.40

Marbot, Général Baron de, Retraite de la grande armée et bataille de Leipzig. [Aus: „Mémoires".] Für den Schulgebrauch erklärt v. A. Stange. Mit 2 Karten. (VIII, 87 S.) 904. (Bd. 144.) n.n. 1.10

Marryat, Frederick, The children of the new forest. Für den Schulgebrauch erklärt v. G. Wolpert. 4. verb. Aufl. (VIII, 136 S.) 904. (Bd. 37.) n.n. 1.40

Mignet, A., Histoire de la terreur. (Aus: Histoire de la révolution française.) Mit e. Plane v. Paris. Für den Schulgebrauch erklärt v. Adf. Ey. 4. Aufl. (XII, 122 S.) 906. (Bd. 35.) n. 1.50

— Vie de Franklin. Mit 1 Karte. Für den Schulgebrauch erklärt v. H. Voss. 2. Aufl. (VIII, 88 S.) 905. (Bd. 64.) n.n. 1.—

Monod, Gabr., Allemands et Français. Souvenirs de campagne. Metz — Sedan — La Loire. Auswahl. Mit 3 Kartenskizzen u. 1 Karte v. Nordfrankreich. Für den Schulgebrauch erklärt v. Walth. Kirschten. 4. Aufl. (VIII, 68 S.) 904. (Bd. 92.) n.n. —90

Musset, Alfred de. Auswahl. Für den Schulgebrauch bearb. v. Ernst Dannheisser. (VIII, 97 S.) 905. (Bd. 145.) n.n. 1.10

Porchat, Jean Jacques, Les deux auberges (l'ours et l'ange). Für den Schulgebrauch erklärt v. Fritz Strohmeyer. Mit 1 Kartenskizze. (IX, 90 S.) 905. (Bd. 147.) n.n. 1.—; Wörterbuch (39 S.) n. —40

Sarcey, Francisque, Le siège de Paris. Impressions et souvenirs. Auswahl. Mit 1 Plane v. Paris u. Umgebg. Für den Schulgebrauch erklärt v. Ulrich Cosack. 6. u. 7. Aufl. (à X, 162 S.) 902. 906. (Bd. 59.) 1.50

Scott, Sir Walter, Ivanhoe. A romance. Für den Schulgebrauch erklärt v. Emil Penner. 4. Aufl. (XIV, 156 S.) 905. (Bd. 54.) n.n. 1.40

— Kenilworth. Für den Schulgebrauch erklärt v. Alfr. Mohrbutter. Mit 1 Abbildg. 2. Aufl. (X, 123 S.) 906. (Bd. 87.) n. 1.20

— Sir William Wallace and Robert Bruce. (Aus: Tales of a grandfather 1. series.) Mit 2 Skizzen im Text u. 1 Karte v. Schottland. Für den Schulgebrauch erklärt v. Herm Fehse. 3. verb. Aufl. (X, 84 S.) 905. (Bd. 33.) n.n. 1.10

Ségur, Général Comte de, Napoléon à Moscou u. Passage de la Bérézina. (Aus: Histoire de Napoléon et de la grande armée pendant l'année 1812.) Mit 4 Plänen. Für den Schulgebrauch erklärt v. Adf. Hemme. 5. Aufl. (XVI, 124 S.) 903. (Bd. 41.) n.n. 1.50

Taine, H., Les origines de la France contemporaine. Für den Schulgebrauch ausgewählt u. erklärt v. Otto Hoffmann. 7. Aufl. (VIII, 125 S.) 905. (Bd. 57.) n.n. 1.20

Tales, six, by modern English authors. With a preface and notes ed. by Fr. Lotsch. (VIII, 94 S.) 905. (Bd. 146.) n.n. 1.—; Wörterbuch (43 S.) n. —40

Theuriet, André, ausgewählte Erzählungen. Für den Schulgebrauch erklärt v. Adf. Gundlach. 3. Aufl. (VII, 107 S.) 906. (Bd. 79.) n. 1.10

Thiers, Expédition de Bonaparte en Égypte. (Aus: Histoire de la révolution française u. Histoire du consulat et de l'empire.) Mit 3 Kartenskizzen. Für den Schulgebrauch erklärt v. Otto Klein. 7. Aufl. (VIII, 128 S.) 905. (Bd. 14.) n.n. 1.50

Schulbibliothek, französische u. englische. Hrsg. v. Otto E. A. Dickmann. Reihe A: Prosa. 7., 10., 12., 14., 16., 21., 27., 30., 32., 35., 37., 40., 41., 43., 45., 47., 54., 56., 57., 59., 60., 65., 67., 70., 73., 77., 81., 82., 84., 85., 94., 95., 97., 98., 101., 102., 106., 107., 112., 114., 115., 121., 125., 127., 128., 132., 134., 135., 152.—162. u. 164. Bd. 8. Leipzig, Renger. Geb. in Leinw. 77.95

Barrau, Théod. H., scènes de la révolution française. (Aus: Histoire de la révolution française.) Mit 2 Plänen u. 2 Kärtchen. Für d. Schulgebrauch erklärt v. Bernh. Lengnick. 7. Aufl. (VI, 135 S.) 910. (47. Bd.) Geb. 1.50; Reform-Ausg. 2. éd. annotée en français. (VI, 136 S.) 907. Geb. 1.50; Wörterbuch (42 S.) (908.) —40

Bruno, G., Francinet. Im Auszuge. Für den Schulgebrauch erklärt v. Jos. Vict. Sarrazin. 3. verb. Aufl. (IV, 99 S.) 907. (97. Bd.) Geb. 1.—

— Le tour de la France. Für den Schulgebrauch ausgewählt u. erkl. v. Ludwig E. Rolfs. Mit 1 Kärtchen. 4. Aufl. (IV, 112 S.) 909. (116. Bd.) Geb. 1.20; Wörterbuch (35 S.) 910. —30

Burnett, Frances Hodgson, little Lord Fauntleroy. Für den Schulgebrauch bearb. v. G. Wolpert. 9. Aufl. (VI, 110 S.) 908. (77. Bd.) Geb. 1.10

Chambers's English history from the earliest to the present time. Für den Schulgebrauch erklärt v. A. v. Roden. Mit 5. Kartenskizzen im Text u. 1 Grafschaftskarte v. England. 8. Aufl. (IV, 111 S.) 907. (132. Bd.) Geb. 1.30

Compayré, Gabr., Yvan Gall, le pupille de la marine. Für den Schulgebrauch ausgew. u. erkl. v. E. Wirtz. Mit 10 Abbildgn. (IV, 128 S.) 907. (154. Bd.) Geb. 1.50; Wörterbuch. (55 S.) —40

Conteurs modernes. II. Ausgew. Erzählgn. v. Godet, Du Bois-Melly, Vallette, Chatelain, Maystre, Warnéry, Rod, Blondel, Vadier, Pradez, Gladès, Céresole. Für den Schulgebrauch bearb. v. Osk. Heinr. Lüssy. (IV, 115 S.) 909. (159. Bd.) Geb. 1.10; Wörterb. (34 S.) —30

Coppée, François, ausgewählte Erzählungen. Für den Schulgebrauch erkl. v. A. Gundlach. 5. Aufl. (VI, 90 S.) 908. (67. Bd.) Geb. 1.—; Wörterbuch. (47 S.) (908.) —40

Craik, Mrs., Cola Monti or the story of a Genius. Für den Schulgebrauch bearb. v. Eduard Rall. (III, 78 S. m. 1 Abbildg.) 909. (160. Bd.) Geb. —80; Wörterbuch. (36 S.) 910. —30

Daudet, Alphonse, le petit chose. Für den Schulgebrauch erklärt v. Jos. Aymeric. 4. Aufl. (VIII, 130 S.) 907. (94. Bd.) Geb. 1.30; Wörterbuch. (48 S.) (909.) —40

— Ausgewählte Erzählungen. Für den Schulgebrauch erklärt v. Ernst Gropp. 9. Aufl. (XIV, 99 S.) 909. (27. Bd.) Geb. 1.10

— Lettres de mon moulin. Für den Schulgebrauch ausgewählt u. erklärt v. Johs. Hertel. Autoris. Ausg. 2. Aufl. (XII, 109 S.) 908. (135. Bd.) Geb. 1.30; Wörterbuch. Bearb. v. P. Faber. (39 S.) —40

— Tartarin de Tarascon. Für den Schulgebrauch bearb. u. erklärt v. Johs. Aymeric. 8. Aufl. (VI, 104 S.) 910. (56. Bd.) Geb. 1.20

Dhombres, G., u. Gebr. Monod, Biographies historiques. Für d. Schulgebrauch erkl. v. H. Bretschneider. 9. verb. Aufl. (VI, 82 S.) 909. (45. Bd.) Geb. 1.—

Dickens, Charles, a christmas carol in prose, being a ghost story of christmas. Für den Schulgebrauch erkl. v. Benno Röttgers. 2. bericht. u. ergänzte Aufl. (X, 110 S.) 907. (98. Bd.) Geb. 1.10

— David Copperfield's school-days. (Aus: David Copperfield.) Für den Schulgebrauch erklärt v. Hugo Bahrs. 7. Aufl. (XII, 123 S.) 910. (95. Bd.) Geb. 1.20

Dickmann, Otto E. A., u. Jos. Heuschen, französ. Lesebuch f. die mittleren Klassen höh. Lehranstalten. 3. Aufl. (VIII, 274 S.) 909. (134. Bd.) Geb. 2.—

— — Französisches Lesebuch. Bearb. v. Gisb. van Moll. (93 S.) (910.) (134. Bd.) —65

Duruy, Vict., règne de Louis XIV. (Aus: „Histoire de France".) Für den Schulgebrauch ausgewählt u. erkl. v. Herm. Müller. Mit 1. Karte. 4. Aufl. (X, 87 u. 31 S.) 909. (106. Bd.) 1.60

Erckmann-Chatrian, histoire d'un conscrit de 1813. Mit 2 Karten. Für den Schulgebrauch erklärt v. Gust. Strien. 8. verb. Aufl. (VIII, 121 S.) 907. (43. Bd.) Geb. 1.40

Gardiner, historical biographies. Für d. Schulgebr. erklärt v. G. Wolpert. 6. verb. Aufl. Mit 4 Abildgn. u. 1 Stammtaf. (VI, 104 S.) 907. (32. Bd.) Geb. 1.10

Halévy, Ludov., l'invasion. Souveniers et récits. Mit 3 Kartenskizzen. Im Auszuge z. Schulgebrauch hrsg. v. Jos. Vict. Sarrazin. 5. Aufl. (VIII, 95 S.) 910. (84. Bd.) Geb. 1.60

d'Hérisson, Comte, journal d'un officier d'ordonnance juillet 1870—Février 1871. Auswahl. Mit 1 Karte d. Umgegend v. Paris u. 1 Plane v. Paris. Für den Schulgebrauch bearb. v. Ulr. Cosack. 5. Aufl. (VI, 158 S.) 907. (81. Bd.) Geb. 1.50; Wörterbuch. (53 S.) (908.) —40

Hollard, Henriette, pauvre garçon. Für den Schulgebrauch bearb. v. Aug. Eckermann. (VI, 116 S. m. 2 Karten.) 909. (158. Bd.) Geb. 1.60; Wörterb. (38 S.) —40

Hunt, William, the American war of independence. Extracts from the political history of England, vol. X. Für den Schulgebrauch bearb. v. Weber. Mit 2 Karten. (IV, 109 S.) 908. (156. Bd.) Geb. 1.10

Irving, Washington, tales from the sketch-book. Für den Schulgebrauch erklärt v. Geo. Wolpert. (VIII, 90 S.) 906. (60. Bd.) Geb. 1.10

Lamé-Fleury, histoire de France de 406—1328. (Aus: Histoire de France.) Für den Schulgebr. bearb. v. J. Hengesbach. 4. Aufl. (IV, 98 S.) 907. (73. Bd.) Geb. 1.—

— dasselbe. 1328—1862. (Aus: „Histoire de France".) (Auswahl.) Mit 1 Karte. Für den Schulgebrauch erkl. v. J. Hengesbach. 5. Aufl. (VI, 126 S.) 909. (107. Bd.) Geb. 1.40

Lanfrey, Pierre, campagne de 1806—1807. (Aus: Histoire de Napoléon I.) Für den Schulgebrauch erklärt von Otto Klein. Mit e. Übersichtskarte. 10. Aufl. (VIII, 98 u. 37 S.) 907. (12. Bd.) Geb. 1.50

— dasselbe. 1809. (Aus: Histoire de Napoléon I.) Mit 3 Karten u. 2 Plänen. Für den Schulgebrauch erklärt v. Otto Klein. 4. verb. Aufl. (VIII, 128 S.) 908. (30. Bd.) Geb. 1.50

Laurie, André, le capitaine Trafalgar. Für den Schulgebrauch bearb. u. erklärt v. Benno Diederich. (VI, 108 S.) 908. (157. Bd.) Geb. 1.20; Wörterbuch. (31 S.) —30

Leitritz, Johs., Paris et ses environs. Für die Schule hrsg. Mit 27 Abb., 1 Karte u. 1 (eingedr.) Stadtplan. 4. verb. Aufl. (XII, 220 S.) 909. (82. Bd.) Geb. 2.—

Lindenstead, A., the heroes of English history and what are understood as such. From Egbert to Edward I. (827—1272.) (III, 92 S.) 907. (153. Bd.) Geb. 1.—

Macaulay, Thom. Babington, Warren Hastings. An essay. Für d. Schulgebrauch erklärt v. Adf. Kressner. 3. Aufl. (VI, 122 S. m. 1 Karte.) 910. (21. Bd.) Geb. 1.40

— Lord Clive. An essay. Für den Schulgebrauch erkl. v. Adf. Kressner. 5. Aufl. Mit 1 Karte. (VI, 96 S.) 909. (16. Bd.) Geb. 1.20

— State of England in 1685. (History of England, chapter III.) Mit 1 Plane v. London. Für den Schulgebrauch erklärt v. Adf. Kressner. 4. Aufl. (VI, 132 S.) 910. (7. Bd.) Geb. 1.40

Marryat, Frederick, the children of the new forest. Für den Schulgebrauch erklärt v. G. Wolpert. 5. verb. Aufl. (VI, 136 S.) 909. (37. Bd.) Geb. 1.40

— The settlers in Canada. Für d. Schulgebrauch bearb. v. Jos. Heuschen. 2. Aufl. (IV, 104 S.) 910. (127. Bd.) Geb. 1.20

Mérimée, Prosper, Colomba. Für den Schulgebrauch erklärt v. Johs. Leitritz. 3. verb. Aufl. (XII, 135 S.) 906. (65. Bd.) Geb. 1.30; Wörterbuch (46 S.) (908.) —40

Michaud, Joseph-François, mœurs et coutumes des croisades. (Aus: Histoire de croisades.) Mit 5 Abbild. Für den Schulgebrauch erklärt von Frz. Hummel. 4. Aufl. (VIII, 116 S.) 907. (10. Bd.) Geb. 1.20

Mignet, A., histoire de la terreur. (Aus: Histoire de la révolution française. Mit 1 Plane v. Paris. Für den Schulgebrauch erklärt v. Adf. Ey. 5. Aufl. (XII, 122 S.) 910. (35. Bd.) Geb. 1.50

Nodier, Charles, souvenirs de la révolution et de l'Empire. Für den Schulgebrauch erklärt von Johs. Rönnberg. (XIV, 125 S.) 910. (162. Bd.) 1.30; Wörterbuch. (65 S.) —60

Passy, Frédéric, le petit poucet du XIX. siècle. Georges Stephenson et la naissance des chemins de fer. Für den Schulgebrauch bearb. u. erklärt von Benno Röttgers. 2. Aufl. Mit 10 Abb. (X, 103 S.) 907. (85. Bd.) Geb. 1.20; Wörterbuch. Bearb. v. Wilh. Gaedicke. (24 S.) —25

Perrault, Charles, contes de fées. Für den Schulgebrauch ausgewählt u. erklärt v. Alfr. Mohrbutter. 2. Aufl. (XIV, 85 S.) 908. (101. Bd.) Geb. 1.—

Pitman's the Victorian era or the years of progress 1837—1901. Für den Schulgebrauch bearb. von Paul Gehring. (VIII, 121 S. m. 4 farb. Karten.) 910. (161. Bd.) Geb. 1.30; Wörterbuch. (30 S.) —30

Pressensé, Mad. E., Rosa. Im Auszuge f. den Schulgebrauch bearb. v. E. Kluth. Autoris. Ausg. (VII, 112 S.) 910. (164. Bd.) Geb. 1.20; Wörterbuch. (29 S.) —30

Sarcey, Francisque, le siège de Paris. Impressions et souvenirs. Auswahl. Mit 1 Plane v. Paris u. Umgebung. Für den Schulgebrauch erklärt von Ulrich Cosack. 8. Aufl. (VIII, 160 S.) 910. (59. Bd.) Geb. 1.50

Scott, Walter, Ivanhoe. A romance. Für den Schulgebrauch erklärt von Emil Penner. 5. Aufl. (XI, 146 S.) 907. (54. Bd.) Geb. 1.40; Wörterbuch (48 S.) (910.) — 60

Ségur, Comte de, Napoléon à Moscou u. Passage de la Bérézina. (Aus: Histoire de Napoléon et de la grande armée pendant l'année 1812.) Mit 4 Plänen. Für d. Schulgebrauch erklärt v. Adf. Hemme. 6. Aufl. (XVI, 124 S.) 907. (41. Bd.) Geb. 1.50; Wörterbuch (40 S.) (909.) — 30

Smiles, Sam., self-help. With illustrations of conduct and perseverance. Hrsg. v. A. v. Roden. (VII, 122 S.) 907. (155. Bd.) Geb. 1.40

Souvestre, Émile, au coin du feu. Für den Schulgebrauch erkl. v. Alfr. Mohrbutter. 2. Aufl. (VI, 90 S.) 907. (128. Bd.) Geb. 1.10

— Erckmann-Chatrian, Mme. Charles Reybaud, französische Erzählungen. Für den Schulgebrauch ausgewählt u. erklärt v. G. Wolpert. 2. Aufl. (VIII, 90 S.) 909. (102. Bd.) Geb. 1.—; Wörterbuch (38 S.) — 40

Taine, H., les origines de la France contemporaine. Für den Schulgebrauch ausgewählt u. erklärt v. Otto Hoffmann. 9. Aufl. (VI, 125 S.) 909. (57. Bd.) Geb. 1.20

Thiers, expédition de Bonaparte en Égypte. [Aus: „Histoire de la révolution française u. Histoire du consulat et de l'empire".] Mit 3 Kartenskizzen. Für den Schulgebrauch erklärt v. Otto Klein. 8. Aufl. (VI, 128 S.) 907. (14. Bd.) Geb. 1.50

Vigny, Cte. Alfr. de, Cinq-Mars ou une conjuration sous Louis XIII. Für den Schulgebrauch bearb. und erklärt v. Gust. Strien. 3. Aufl. (X, 118 S.) 907. (70. Bd.) Geb. 1.20

Voltaire, histoire de Charles XII. Mit 1 Übersichtskarte u. 2 Plänen. Für den Schulgebrauch bearb. u. erkl. v. K. Mühlefeld. 3. Aufl. (X, 109 S.) 909. (40. Bd.) Geb. 1.40

Wershoven, F. J., English history. Für den Schulgebrauch ausgewählt u. erklärt. Mit 4 Karten u. 3 Plänen. 3. Aufl. (IV, 142 S.) 907. (112. Bd.) Geb. 1.40

— Lectures historiques. Für den Schulgebrauch ausgewählt u. erkl. Mit 4 Karten u. 2 Plänen. 3., verb. Aufl. (VI, 140 S.) 908. (114. Bd.) Geb. 1.30

— Molière et le théatre français. Zum Schulgebrauch hrsg. Mit 1 Portr. u. 1 Plan v. Paris. 2. Aufl. (IV, 96 S.) 909. (121. Bd.) Geb. 1.20; Wörterbuch (47 S.) (908.) — 40

— Shakespeare and the England of Shakespeare. Zum Schulgebrauch hrsg. Mit 7 Abb., 3 Grundrissen u. 1 Plan von London. 2., verm. u. verb. Aufl. (IV, 102 S.) 911. (125. Bd.) Geb. 1.10

Zola, Émile, la bataille de Sedan. Für den Schulgebrauch erklärt v. Frdr. Lotsch. Mit 1 Karte. (XIV, 83 S.) 906. (152. Bd.) Geb. 1.40; Wörterbuch (36 S.) (907.) — 30

Bd. 163 ist noch nicht erschienen.

—— dass. — Wörterbücher zum 1., 6., 27., 33., 37., 38., 40., 42., 45., 51. u. 56. Bd. 8. Ebd. 889—92. * 2 47

1. Michaud. Siège d'Antioche et prise de Jérusalem. (20 S.) * — 20.
6. Hume, Dav. The reign of Queen Elizabeth. (22 S.) * — 25.
27. Daudet, Alph. Ausgewählte Erzählungen. (14 S.) * — 20.
33. Scott, Sir Walter. Sir William Wallace and Robert the Bruce. (30 S.) * — 25.
37. Marryat, Fred. The children of the New Forest. (32 S.) * — 30.
38. Irving, Washington. Tales of the Alhambra. (8 S.) * — 12.
40. Voltaire. Histoire de Charles XII. Bearb. v. M. A. Thibaut. (32 S.) * — 20.
42. Lamé-Fleury. Histoire de la découverte de l'Amérique. (39 S.) * — 30.
45. Dhombres, G., u. Gabr. Monod. Biographies historiques. (22 S.) * — 25.
51. Erckmann-Chatrian. Waterloo. (16 S.) * — 20.
56. Daudet, Alph. Tartarin de Tarascon. (16 S.) * — 20.

Schulbibliothek, französische u. englische. Hrsg. v. Otto E. A. Dickmann. Reihe A. Wörterbücher zum 1., 6., 27., 32., 33., 37., 38., 40., 42., 45., 51., 56., 67., 69., 71., 72., 76., 82. u. 84. Bd. 8. Leipzig, Renger. n. 4.42

Inhaltsübersicht in alphabetischer Ordnung:

Aymeric, Jos., de Leipsic à Constantinople. (16 S.) 893. (72. Bd.) n. — 20
Conteurs, modernes. (15 S.) 893. (69. Bd.) n. — 20
Coppée, François, ausgewählte Erzählungen. (15 S.) 893. (67. Bd.) n. — 20
Daudet, Alph., ausgewählte Erzählungen. (14 S.) 892. (27. Bd.) n. — 20
— Tartarin de Tarascon. (16 S.) 892. (56. Bd.) n. — 20
Dhombres, G., et Gabr. Monod, biographies historiques. (22 S.) 892. (45. Bd.) n. — 25
Erckmann-Chatrian, Waterloo. (16 S.) 892. (51. Bd.) n. — 20
Gardiner, historical biographies. (16 S.) 893. (32. Bd.) n. — 20
Halévy, Lud., l'invasion. Souvenirs et récits. (15 S.) 894. (84. Bd.) n. — 20
Hume, Dav., the reign of Queen Elizabeth. (22 S.) 892. (6. Bd.) n. — 25
Irving, Wash., tales of the Alhambra. (8 S.) 892. (38. Bd.) n. — 12
Klapperich, J., tales and stories from modern writers. 1. Bdchn. (29 S.) 894. (76. Bd.) n. — 30
Lamé-Fleury, histoire de la découverte de l'Amérique. (39 S.) 892. (42. Bd.) n. — 40
Leitritz, Johs., Paris et ses environs. (34 S.) 894. (82. Bd.) n. — 30

Marryat, Fred., the children of the New Forest. (32 S.) 892. (37. Bd.) n. — 30
Michaud, siège d'Antioche et prise de Jérusalem. (20 S.) 892. (1. Bd.) n. — 20
Scott, W., Mary Stuart. (23 S.) 893. (71. Bd.) n. — 25
— Sir William Wallace and Robert the Bruce. (20 S.) 892. (33. Bd.) n. — 25
Voltaire, histoire de Charles XII. Bearb. v. M. A. Thibaut. (32 S.) 892. (40. Bd.) n. — 20

Schulbibliothek, französische u. englische. Hrsg. v. Otto E. A. Dickmann. Reihe A. Wörterbücher zum 36., 68., 75., 79., 83. u. 87. Bd. 8. Leipzig, Renger. n. 1.70

36. Life and exploits, the, of Robin Hood. Wörterbuch m. Präparation zu S. 1—4 des Textes. Bearb. v. O. Hofer. (22 S.) 897. n. — 30
68. Christophe Colomb par Jules Verne. (27 S.) (893.) n. — 25
75. Robinson Crusoe v. Daniel Defoe. (22 S.) (893.) n. — 25
79. Ausgew. Erzählgn. v. André Theuriet. (16 S.) (894.) n. — 20
83. La France. Anthologie géographique. (54 S.) 895. n. — 40
87. Kenilworth v. Walter Scott. (40 S.) 895. n. — 30

Schulbibliothek, französische u. englische. Hrsg. v. Otto E. A. Dickmann. Reihe A: Prosa. Wörterbücher zu Bd. 74 u. 115—117. 8. Leipzig, Renger. n. 1.05

74. La canne de jonc et le cachet rouge. Par Cte. Alfr. de Vigny. Bearb. v. W. Kasten. (19 S.) 902. n. — 20
115. Le tour de la France. Par Bruno. (26 S.) (899.) n. — 25
116. Règne de Louis XVI. et la révolution française. Par Vict. Duruy. Bearb. v A. Stalmann. (23 S.) (902.) n. — 30
117. Journal d'un lycéen de 14 ans pendant le siège de Paris (1870—1871). Par Edmond Deschaumes. Bearb. v. R. Kron. (32 S.) (899.) n. — 30

Schulbibliothek, französische u. englische. Hrsg. v. Otto E. A. Dickmann. Reihe A: Prosa. Wörterbücher zu Bd. 86. 99. 109 u. 126. 8. Leipzig, Renger. n. — 95

86. Picciola. Par Saintine. (24 S.) (905.) n. — 25
99. The three cutters. By Captain Marryat. Hrsg. v. Reginald Miller. (18 S.) (905.) n. — 20
109. Stories. By Chaucer. Von Mary Seymour. (15 S.) (904.) n. — 20
126. When London burned. A story of restoration times and the great fire. By G. A. Henty. (20 S.) (903.) n. — 30

Schulbibliothek, französische u. englische. Hrsg. v. Otto E. A. Dickmann. Reihe A: Wörterbücher. 18., 20., 29., 39., 64., 126., 136., 142. u. 151. Bd. 8. Leipzig, Renger. 3.10

Barante, Jeanne d'Arc. [Bd. 20.] (35 S.) (910.) — 30
Boissonnas, une famille pendant la guerre 1870—1871. [Bd. 142.] (44 S.) (909.) — 40
Chuquet, la guerre 1870/71. [Bd. 151.] (88 S.) 907. — 40
Guizot, histoire de la civilisation. [Bd. 29.] (36 S.) (908.) — 30
Henty, G. A., when London burned. A story of restoration times and the great fire. [Bd. 126.] (28 S.) (908.) — 30
Lamartine, captivité, procès et mort de Louis XVI. et de sa famille. [Bd. 18.] (48 S.) (909.) — 40
Mignet, vie de Franklin. [Bd. 64.] (39 S.) (908.) — 40
Porchat, Jean-Jacques, le berger et le proscrit. Bearb. v. Gisbert van Moll. [Bd. 136.] (38 S.) (907.) — 30
Thiers, A., campagne d'Italie en 1800. [Bd. 39.] (36 S.) (910.) — 30

Schulbibliothek, französische u. englische. Hrsg. v. Otto E. A. Dickmann. Poesie u. Drama. 1. Bd. gr. 8. Leipzig 886. Renger. geb. n. 1.80
Auswahl französischer Gedichte. Für den Schulgebrauch zusammengestellt v. Ernst Gropp u. Emil Hausknecht. (XI, 224 S.)

—— dass. — Serie B: Poesie. gr. 8. Ebendas. geb. *

Inhalt:

Bd. 1. Gropp, Ernst, und Emil Hausknecht, Auswahl französischer Gedichte. Für den Schulgebrauch zusammengestellt. 2. Aufl. (XI, 225 S.) 887. geb. * ℳ 1.80.
» 2. Corneille, Le Cid. Tragédie. Für den Schulgebrauch erklärt von Wilh. Knörich. (XXXII, 76 S.) 888. * ℳ 1.05.
» 3. Racine, Jean, Britannicus. Tragédie. Für den Schulgebrauch erklärt von B. Lengnick. (XXII, 68 S.) 887. * 75 Pf.

Schulbibliothek, französische u. englische. Hrsg. v. Otto E. A. Dickmann. Serie B: Poesie. 1.—17. Bd. gr. 8. Leipzig, Renger. geb. n.n. 22. 60

Inhaltsübersicht in alphabet. Ordnung:

Byron, Childe Harold's pilgrimage. Ausgewählt u. f. den Schulgebrauch erklärt von R. Werner. (XX, 98 S.) 889. (10. Bd.) n.n. 1. 40

Corneille, le Cid. Tragédie. Für den Schulgebrauch erklärt v. W. Knörich. (XXXII, 76 S.) 888. (2. Bd.) n.n. 1. 30

— Cinna. Tragédie. Für den Schulgebrauch erkl. v. P. Schmid. (XXVI, 64 S.) 890. (17. Bd.) n.n. 1.—

Delavigne, C., Louis XI. Tragédie. Für den Schulgebrauch erklärt v. Ph. Plattner. (XXVI, 160 S.) 887. (8. Bd.) n.n 1. 80

Gropp, E., u. E. Hausknecht, Auswahl englischer Gedichte. Für den Schulgebrauch zusammengestellt. (XII, 245 S.) 887. (11. Bd.) n. 2.—; feine Ausg. n.n. 3.—

— — Auswahl französischer Gedichte. Für den Schulgebrauch zusammengestellt. 3. Aufl. (XII, 227 S.) 889. (1. Bd.) n.n. 1. 80; feine Ausg. n.n. 4.—

Molière, le misanthrope. Comédie. Für den Schulgebrauch erklärt v. C. Humbert. (XXVII, 83 S.) 887. (4. Bd.) n.n. 1. 20

Piron, A., la métromanie. Comédie. Für den Schulgebrauch erklärt v. Adf. Kressner. (XVI, 115 S.) 887. (7. Bd.) n.n. 1. 50

Racine, J., Athalie. Für den Schulgebrauch erklärt v. Frz. Hummel. (XXIV, 75 S.) 887. (6. Bd.) n.n. 1. 20

— Britannicus. Tragédie. Für den Schulgebrauch erklärt v. B. Lengnick. (XXII, 68 S.) 887. (3. Bd.) n.n. 1.—

— Phèdre. Tragédie. Für den Schulgebrauch erklärt v. A. Kressner. (XXIII, 63 S.) 889. (14. Bd.) n.n. 1. 10

Shakespeare, Julius Caesar. A tragedy. Für den Schulgebrauch erklärt v. E. Penner. (XLVI, 92 S.) 889. (15. Bd.) n.n. 1. 50

— Macbeth. A tragedy. Für den Schulgebrauch erklärt v. E. Penner. (LVI, 91 S.) 887. (9. Bd.) n.n. 1. 60

— the merchant of Venice. A comedy. Für den Schulgebrauch erklärt v. Otto E. A. Dickmann. (XXVIII, 94 S.) 889. (16. Bd.) n.n. 1. 20

Voltaire, Mérope. Tragédie. Für den Schulgebrauch erklärt v. R. Mahrenholtz. (XXIV, 59 S.) 887. (5. Bd.) n.n. 1.—

— Tancrède. Tragédie. Für den Schulgebrauch erklärt v. R. Mahrenholtz. (XXV, 63 S.) 887. (13. Bd.) n.n. 1.—

— Zaïre. Tragédie. Für den Schulgebrauch erklärt v. K. Mahrenholtz. (XXVI, 63 S.) 887. (12. Bd.) n.n. 1.—

—— dass. — Serie B. Poesie. 1., 10., 11., 14.—19. Bd. 8. Ebd. 889—92. geb. ** 12 50

1. Auswahl französischer Gedichte. Zusammengestellt v. Ernst Gropp u. Emil Hausknecht. 5. Aufl. (XII, 231 S.) ** 1 60.
   Vgl.: Gropp, E., u. E. Hausknecht. Kommentar.
10. Byron, Lord. Childe Harold's pilgrimage. Ausgewählt u. f. den Schulgebrauch erklärt v. R. Werner. (XX, 98 S.) ** 1 40.
11. Auswahl englischer Gedichte. Zusammengestellt v. Ernst Gropp u. Emil Hausknecht. 2. verm. Aufl. (XII, 278 S.) ** 2 —.
14. Racine. Phèdre. Tragödie. Erklärt v. A. Kressner. (XXIII, 63 S.) ** 1 10.
15. Shakespeare. Julius Caesar. A tragedy. Erklärt v. Emil Penner. (XLVI, 92 S.) ** 1 50.
16. —— The merchant of Venice. A comedy. Erklärt v. Otto E. A. Dickmann. (XXVIII, 94 S.) ** 1 20.
17. Corneille. Cinna. Tragédie. Erklärt v. Paul Schmid. (XXVI, 64 S.) ** 1 —.
18. Regnard, Jean-François. Le joueur. Comédie. Erklärt v. Otto Boerner. (XX, 100 S.) ** 1 30.
19. Molière. L'avare. Comédie. Erklärt v. W. Mangold. (XX, 87 S.) ** 1 20.

Schulbibliothek, französische u. englische. Hrsg. v. Otto E. A. Dickmann. Reihe B: Poesie. 1., 4., 11., 18.—23. Bd. 8. Leipzig, Renger. Geb. in Leinw. n.n. 12. 10

1. Auswahl französischer Gedichte. Zusammengestellt v. Ernst Gropp u. Emil Hausknecht. 7. Aufl. (XII, 231 S.) 894. n.n. 1. 80
4. Le Misanthrope. Comédie par Molière. Für den Schulgebrauch erklärt v. W. Mangold. (XXXI, 84 S.) 894. n.n. 1. 20
11. Auswahl englischer Gedichte. Für den Schulgebrauch zusammengestellt v. Ernst Gropp u. Emil Hausknecht. 3., verm. Aufl. (XII, 278 S.) 894. n.n. 2.—
18. Le joueur. Comédie par Jean-François Regnard. Erklärt v. Otto Boerner. (XX, 100 S.) 891. n.n. 1. 30
19. L'avare. Comédie par Molière. Erklärt v. W. Mangold. (XX, 87 S.) 891. n.n. 1. 20
20. Le bourgeois gentilhomme par Molière. Für den Schulgebrauch erklärt v. W. Mangold. (XX, 88 S.) 893. n.n. 1. 20
21. Horace. Tragédie par Corneille. Für den Schulgebrauch erklärt v. Paul Schmid. (XXX, 65 S.) 893. n.n. 1. 10
22. Le gendre de Monsieur Poirier. Comédie en 4 actes par Émile Augier et Jules Sandeau. Für den Schulgebrauch erklärt v. Jos. Vict. Sarrazin. (VIII, 90 S.) 893. n.n. 1. 10
23. Mademoiselle de la Seiglière. Comédie en 4 actes par Jules Sandeau. Für den Schulgebrauch erklärt v. Jos. Vict. Sarrazin. (IX, 112 S.) 893. n.n. 1. 20

— dasselbe. Reihe B: Poesie. 1., 2., 6., 11., 19. u. 22.—26. Bd. 8. Ebd. Geb. in Leinw. n.n. 14. 30

1. Auswahl französ. Gedichte. Für den Schulgebrauch zusammengest. Von Ernst Gropp u. Emil Hausknecht. 37. bis 45. Taus. (XIV, 246 S.) 898. n.n. 2.—
2. Le Cid. Tragédie. Par Corneille. Bearb. v. Wilh. Mangold. 2. Aufl. (XXXVI, 88 S.) 897. n.n. 1. 30
6. Athalie. Par Jean Racine. F. d. Schulgebrauch erklärt v Frz. Hummel. 2. Aufl. (XXVI, 75 S.) 896. n.n. 1. 20
11. Auswahl engl. Gedichte. F. d. Schulgebr. zusammengest. Von Ernst Gropp u. Emil Hausknecht. 6. Aufl. (XII, 278 S.) 898. n.n. 2.—
19. L'Avare. Comédie. Par Molière. F. d. Schulgebrauch bearb. v. W. Mangold. 2. Aufl. (XX, 86 S.) 897. n.n. 1. 20
22. Le gendre de Monsieur Poirier. Comédie en 4 actes. Par Émile Augier et Jules Sandeau. Erklärt v. Jos. Vict. Sarrazin. 2. Aufl. (VIII, 81 S.) 897. n. 1. 60
23. Mademoiselle de la Seiglière. Comédie en 4 actes. Par Jules Sandeau. Erklärt v. Jos. Vict. Sarrazin. 2. Aufl. (X, 94 S.) 897. n. 1. 60
24. Les femmes savantes. Comédie par Molière. Erklärt v. W. Mangold. (XXXVI, 90 S.) 896. n.n. 1. 20
25. The Lady of the Lake. A poem in 6 cantos by Sir Walter Scott. Gekürzt u. erklärt v. R. Werner. (XVIII, 100 S. m. 1 Karte.) 896. n.n. 1. 20
26. Chants d'écoles. Par Ludw. E. Rolfs et Barthel Müller. (VIII, 55 S.) 897. n.n. 1.—

— dasselbe. 11. Bd. Kommentar. 8. Ebd. 893. n. 1. 50; geb. n.n. 1. 80

Kommentar zur Auswahl englischer Gedichte v. Ernst Gropp u. Emil Hausknecht. I. Tl. Auswahl metr. Übersetzgn. (IV, 163 S.)

— dasselbe. 11. Bd. Kommentar. 2. Tl. 8. Ebd. 897. Geb. in Leinw. n. 1. 60

Auswahl engl. Gedichte Von Ernst Gropp u. Emil Hausknecht. Kommentar. 2. Tl. Erklärg. d. Gedichte. (VII, 87 S.) (1. u. 2.: n.n. 3. 40)

— dasselbe. Reihe B: Poesie. 1., 3., 4., 9., 11., 15., 20., 22.—24., 27.—29. u. Kommentar zum 1. Bde. 8. Ebd. Geb. in Leinw. n.n. 20. 40

1. Auswahl französischer Gedichte. Für den Schulgebrauch zusammengestellt. Von Ernst Gropp u. Emil Hausknecht. 55.—63. Taus. (XIV, 246 S.) 902. n.n. 2.—; dasselbe. Kommentar. Nebst e. Abriss der französ. Verslehre u. e. Auswahl metr. Übersetzgn. 3. Aufl. (VIII, 215 S.) 902. n. 2. 20
3. Britannicus. Tragédie. Par Racine. Für den Schulgebrauch erklärt v. B. Lengnick. 2. verb. Aufl. (XXV, 71 S.) 900. n.n. 1.—
4. Le Misanthrope. Comédie. Par Molière. Für d. Schulgebrauch erklärt v. W. Mangold. 2. Aufl. (XXXI, 84 S.) 902. n.n. 1. 20
9. Macbeth. A tragedy. By Shakespeare. Für den Schulgebrauch erklärt v. Emil Penner. 2. verb. Aufl. (XXIII, 99 S.) 900. n.n. 1. 40
11. Auswahl englischer Gedichte. Für den Schulgebrauch zusammengestellt. Von Ernst Gropp u. Emil Hausknecht. 9. Aufl. (XII, 307 S.) 902. n.n. 2. 20
15. Julius Caesar. A tragedy. By Shakespeare. Für den Schulgebrauch erklärt von Emil Penner. 2. verb. Aufl. (XXVI, 99 S.) 900. n.n. 1. 30
20. Le bourgeois gentilhomme. Par Molière. Für d. Schulgebrauch erklärt v. W. Mangold. 2. Aufl. (XX, 88 S.) 900. n.n. 1. 20
22. Le gendre de Monsieur Poirier. Comédie en 4 actes. Par Émile Augier et Jules Sandeau. Für d. Schulgebrauch erklärt v. Jos. Vict. Sarrazin. 3. Aufl. (VIII, 83 S.) 899. n.n. 1. 60
23. Mademoiselle de la Seiglière. Comédie en 4 actes. Par Jules Sandeau. Für den Schulgebrauch erklärt v. Jos. Vict. Sarrazin. 4. Aufl. (X, 96 S.) 900. n.n. 1. 60
24. Les femmes savantes. Comédie. Par Molière. Für den Schulgebrauch erklärt v. W. Mangold. 2. Aufl. (XXXVI, 92 S.) 900. n.n. 1. 20
27. Le verre d'eau. Comédie en 5 actes et en prose. Par Eugène Scribe. Für den Schulgebrauch bearb v. L. E. Rolfs. (XIV, 101 S.) 899. n.n. 1. 10
28. Les précieuses ridicules Comédie. Par Molière. Für den Schulgebrauch erklärt v. W. Mangold. (XXXII, 44 S.) 901. n.n. — 90
29. Coriolanus. A tragedy. By Shakespeare. With introduction and explanatory notes for use in schools by Emil Penner. (XXI, 128 S. m. 1 Abbildg.) 902. n.n. 1. 50

— dasselbe. Reihe B: Poesie. 1., 3., 4., 11., 15., 19., 20., 22.—24. u. 31. Bd. 8. Ebd. Geb. in Leinw. 16. 30

Augier, Émile, et Jules Sandeau, le gendre de Monsieur Poirier. Comédie en 4 actes. Für den Schulgebrauch erklärt v. Jos. Vict. Sarrazin. 5. Aufl. (VI, 82 S.) 908. (22. Bd.) Geb. 1. 60; Wörterbuch (24 S.) (910.) — 25

Gropp, Ernst, u. Emil Hausknecht, Auswahl engl. Gedichte. Für den Schulgebrauch zusammengestellt. 49.—54. Taus. (XII, 299 S.) 910. (11. Bd.) Geb. 2. 20

— — Auswahl französ. Gedichte. Für d. Schulgebrauch zusammengestellt. 106.—114. Taus. (XVI, 268 S.) 910. (1. Bd.) Geb. 2. 20

Molière, l'Avare. Comédie. Für den Schulgebrauch erklärt v. W. Mangold. 4. Aufl. (XVIII, 87 S.) 907. (19. Bd.) Geb. 1. 20

— Le bourgeois gentilhomme. Für den Schulgebrauch erklärt v. W. Mangold. 3. Aufl. (XX, 89 S.) 907. (20. Bd.) Geb. 1. 20

— Les femmes savantes. Comédie. Zum Schulgebrauch hrsg. v. W. Mangold. 4. Aufl. (XXXII, 92 S.) 907. (24. Bd.) Geb. 1.20; Wörterbuch (27 S.) (908.) — 20

— Le missanthrope. Comédie. Für den Schulgebrauch erklärt v. W. Mangold. 3. Aufl. (XII, 84 S.) 910. (4 Bd.) Geb. 1. 20

Racine, Britannicus. Tragédie. Für den Schulgebrauch erklärt v. B. Lengnick. 3. verb. Aufl. (XXIII, 72 S.) 909. (3. Bd.) Geb. 1. —

Rostand, Edmond, la princesse Lointaine. Pièce en 4 actes en vers. Édition abrégée avec notes à l'usage des classes par Fr. Kraft et L. Marchand. 2. éd. (XV, 105 S.) 910. (31. Bd.) Geb. 1.60; Dictionnaire explicatif (28 S.) 907. — 30

Sandeau, Jules, Mademoiselle de la Seiglière. Comédie en 3 actes. Für den Schulgebrauch erklärt v. Jos. Vict. Sarrazin. 5. Aufl. (VIII, 95 S.) 907. (23. Bd.) Geb. 1.60; Wörterbuch (26 S.) (909.) — 25

Shakespeare, Julius Caesar. A tragedy. Für d. Schulgebrauch erklärt v. Emil Penner. 3. verb. Aufl. (XXVI, 99 S.) 910. (15. Bd.) Geb. 1. 30

— dasselbe. Reihe B: Poesie. 1., 2., 6. u. 11. Bd. 11. Bd. Kommentar 2 Tle., 14., 16., 19., 22.—24. u. 30. Bd. 8. Leipzig, Renger. Geb. in Leinw. n.n. 20. 40

Augier, Emile, et Jules Sandeau, Le gendre de Monsieur Poirier. Comédie en 4 actes. Für den Schulgebrauch erklärt v. Jos. Vict. Sarrazin. 4. Aufl. (VIII, 82 S.) 903. (Bd. 22.) n.n. 1.10

Corneille, Le Cid. Tragédie. Für den Schulgebrauch bearb v. Wilh. Mangold. 4. Aufl. (XXXVI, 92 S.) 906. (Bd. 2.) n.n. 1. 30. — 3. éd. allemande. (1. éd. française.) (XXXVI, 93 S.) 904. n.n. 1. 30

Gobineau, Comte de, Alexandre le Macédonien. Tragédie en 5 actes. Für den Schulgebrauch erklärt v. Bernh. Völcker. (XIX, 85 S.) 901. (Bd. 30.) n.n. 1. 10

Gropp, Ernst, u. Emil Hausknecht, Auswahl englischer Gedichte. Für d. Schulgebrauch zusammengestellt. 11. Aufl. (XII, 307 S.) 906. (Bd. 11.) n.n. 2. 20. — Kommentar I. Tl. Auswahl metr. Uebersetzungen. 2. Aufl. (IV, 172 S.) 906. n.n. 2.—. — II. Tl. Erklärung der Gedichte. 2. Aufl. (VII, 112 S.) 906. n. 1. 40; m. dem I. Tl. in 1 Bd. geb. n. 3 —

— — Auswahl französ. Gedichte. Für den Schulgebrauch zusammengestellt. 82.—87. Taus. (XIV, 246 S.) 906. (Bd. 1.) n.n. 2.—

Molière, L'Avare. Comédie. Für den Schulgebrauch bearb. v. W. Mangold. 3. Aufl. (XIX, 87 S.) 904. (Bd. 19.) n.n. 1. 20

— Les femmes savantes. Comédie. Zum Schulgebrauch hrsg. v. W. Mangold. 3. Aufl. (XXXIV, 92 S.) 904. (Bd. 24.) n.n. 1. 20

Racine, Jean, Athalie. Für den Schulgebrauch erklärt v. Frz. Hummel. 3. Aufl. (XXIV, 76 S.) 906. (Bd. 6.) n.n. 1. 20

— Phèdre. Tragédie. Für den Schulgebrauch erklärt v. A. Kressner. 2. Aufl. (XXII, 63 S.) 903. (Bd. 14.) n.n. 1. 10

Sandeau, Jules, Mademoiselle de la Seiglière. Comédie en 4 actes. Für den Schulgebrauch erklärt v. Jos. Vict. Sarrazin. 4. Aufl. (X, 95 S.) 901. (Bd. 23.) n.n. 1. 60

Shakespeare, The merchant of Venice. A comedy. Erklärt v. Otto E. A. Dickmann. 2. verb. Aufl. (XXI, 98 S.) 901. (Bd. 16.) n.n. 1. 20

— dasselbe. Serie C. Für Mädchenschulen. Prosa u. Poesie. 1.—12. Bd. 12. Ebd. Geb. in Leinw. n.n. 9. 50

1. Le petit paresseux. — Premier voyage du petit Louis. D'après Mme. de Witt, née Guizot. — Histoire d'une petite fille heureuse. Par Mme. Bersier. Bearb. v. M. Mühry. (65 S.) 892. n.n. — 70
2. Les Myrtilles par Mme. Bersier. Für den Schulgebrauch bearb. v. M. Mühry. (79 S.) 892. n.n. — 70
3. Les deux moineaux par Mlle. S. Cornaz. — La petite cerise par Mlle. S. Cornaz. — Le petit prince Ulrich par Mme. Colomb. — La bonne Mitche par Mme. Colomb. — Monsieur le Vent par Paul de Musset. — Robert par Mme. de Bawr. Für den Schulgebrauch bearb. v. M. Mühry. (102 S.) 892. n.n. — 80
4. La fille de Carilès par Mme. Colomb. Für den Schulgebrauch bearb. v. M. Mühry. (82 S.) 892. n.n. — 70
5. Little Susy's little servants by Mrs. E. Prentiss. — Story told in one syllable words by E. Bakewell. — The true history of Mr. and Mrs. Mouse by G. E. Brunefille. — Topo by G. E. Brunefille. Für den Schulgebrauch bearb. v. B. Mühry. (103 S.) 892. n.n. — 80
6. Poor Nelly by the author of „Mr. Burke's nieces" and „Two fourpenny bits". Für den Schulgebrauch bearb. v. B. Mühry. (83 S.) 892. n.n. — 70
7. Black beauty by Anna Sewell. Bearb. v. B. Mühry. (112 S.) 893. n.n. — 85
8. King Lear and his three daughters. From Percy's reliques. — Grace Darling, the heroine of the Farne Islands. By Eva Hope. Some eminent women of our times. By Mrs. Henry Fawcett. Florence Nightingale. — Elizabeth Fry. Bearb. v. B. Mühry. (85 S.) 893. n.n. — 70
9. Petit Bleu par Gyp. Hrsg. v. A. Seedorf. (91 S.) 894. n.n. — 85
10. Romain Kalbris par H. Malot. Bearb. v. M. Mühry. (118 S. m. 1 Kärtchen.) 894. n. 1. —
11. What Katy did at school, by Susan Coolidge. Hrsg. v. A. Seedorf. (103 S.) 894. n.n. — 90
12. In the forest, or pictures of life and scenery in the woods of Canada, by Mrs. Traill. Bearb. v. Clem. Klöpper. (80 S.) 894. n.n. — 80

— dasselbe. Reihe C: Für Mädchenschulen. Prosa u. Poesie. 1., 3., 4., 6., 13.—28. Bd. 8. Leipzig, Renger. In Leinw. kart. n.n. 18. 40

Inhaltsübersicht in alphabetischer Ordnung:

Altgelt, M., Sprachstoff zu d. Bildern f. d. Anschauungs- u. Sprachunterricht v. F. Strübing. 1. Bdchn.: Der Bauernhof — der Wald — die Ernte — der Herbst. (VII, 38 S.) 897. (Bd. 24.) n.n. — 80

— Dasselbe 2. Bdchn.: Der Winter — der Hafen — die Mühle — e. Gebirgsgegend. (168 S.) 897. (Bd. 27.) n. 1. 20

d'Aunet, Léonie Mme., le Spitzberg, s.: Nouvelles, deux petites.

Bawr, Mme. de, Robert, s.: Cornaz.

Bersier, Mme., Histoire d'une petite fille heureuse, s.: Paresseux, le petit.

Camp, Du, Maxime, Le grand Saint-Bernard — Le voyage des trois mouches, s.: Nouvelles, deux petites.

Candy, Emily J., first days in England or talk about English life. Hrsg. v. Emily J. Candy. (IV, 127 S.) 897. (Bd. 25.) n.n. 1. 30

Carraud, Mme., Contes. Für den Schulgebrauch bearb. v. Clem. Klöpper. (82 S.) 895. (Bd. 14.) n.n. — 80

Colomb, Mme., la fille de Carilès. F. d. Schulgebrauch bearb. v. M. Mühry. 3. Aufl. (96 S.) 898. (Bd. 4.) n.n. — 90

— Le petit prince Ulrich. — La bonne Mitche, s.: Cornaz.

Corbet-Seymour, M., Only a shillings. A story of curious wanderings and odd adventures. F. d. Schulgebr. bearb. v. Clem. Klöpper. (80 S.) 896. (Bd. 20.) n.n. — 70

Cornaz, S., les deux moineaux. — Cornaz, S., la petite cerise. — Colomb, le petit prince Ulrich. — Colomb, la bonne Mitche. — Musset, Paul de, Monsieur le Vent. — Bawr, de, Robert. F. d. Schulgebrauch bearb. v. M. Mühry. 2. Aufl. (102 S.) 897. (Bd. 3.) n.n. — 80

Dalgleish, W. Scott, life of Queen Victoria. Rechtmäss. Ausg. F. d. Schulgebr. hrsg. u. erklärt v. Clem. Klöpper. (162 S. m. Abb.) 897 (898). (Bd. 26.) n.n. 1. 30

Fleuriot, Zénaïde, plus tard ou le jeune chef de famille. F. d. Schulgebrauch bearb. v. Frdr. Meyer. (103 S.) 898. (Bd. 28.) n.n. 1. 10

Girardin, J., récits de la vie réelle. F. d. Schulgebrauch bearb. v. Karl Zwerg. (IV, 92 S.) 895. (Bd. 16.) n.n. — 80

Hanson, Charles Henry, stories of King Arthur. Für den Schulgebr. bearb. v. Clem. Klöpper. (142 S.) 896. (Bd. 21.) n. 1. —

Juranville, Clarisse, et Pauline Berger, ausgew. Erzählgn. Aus: Voyage en France par deux soeurs. F. d. Schulgebr. bearb. v. Clem. Klöpper. (63 S.) 896. (Bd. 19.) n.n. — 70

Macé, Jean, la France avant les France. Mit Wörterbuch hrsg. v. K. Zwerg. (94 S) 896. (Bd. 23.) n.n. — 80

Maistre, Xavier de, la jeune Sibérienne. (1763—1852.) F. d. Schulgebr. bearb. v. Jos. Sarrazin. (VII, 118 S.) 895. (Bd. 15.) n. 1. —

Malot, Hector, sans famille. F. d. Schulgebrauch bearb. v. A. Seedorf. (202 S.) 895. (Bd. 17.) n.n. 1. 30

Musset, Paul de, Monsieur de Vent, s.: Cornaz.

Nelly, poor, by the author of Mr. Burke's nieces etc. F. d. Schulgebr. bearb. v. Bertha Mühry. (2. Aufl.) (83 S.) 898. (Bd. 6.) n.n. — 80

Nouvelles, deux petites: Le grand Saint-Bernard. Le voyage des trois mouches. Aus: Bons coeurs et braves gens par Maxime Du Camp. Le Spitzberg. Aus: Voyage d'une femme au Spitzberg par Léonie d'Aunet. Für d. Schulgebrauch m. Wörterbuch hrsg. v. Clem. Klöpper. (98 S.) 896. (Bd. 22.) n.n. — 80

Paresseux, le petit. Witt, Mme., de, née Guizot, premier voyage du petit Louis. Bersier, Histoire d'une petite fille heureuse. F. d. Schulgebrauch bearb. v. M. Mühry. 2. Aufl. (66 S.) 897. (Bd. 1.) n.n. — 70

Spyri, Johanna, réseli aux roses. Bastien et Franceline. [Aus: Courts récits.] F. d. Schulgebrauch bearb. v Clem. Klöpper. (84 S.) 895. (Bd. 13.) n.n. — 80

Stahl, P.-J., Maroussia. F. d. Schulgebrauch bearb. v. M. Mühry. (VI, 98 S.) 895. (Bd. 18.) n.n. — 80

Witt, de, premier voyage du petit Louis, s.: Paresseux, le petit.

Schulbibliothek, französische u. englische. Hrsg. v. Otto E. A. Dickmann. Reihe C. (Für Mädchenschulen.) Prosa u. Poesie. 2.—4., 6., u. 29.—36. Bd. 8. Leipzig, Renger. In Leinw. kart. n.n. 11. 50

2. Les myrtilles. Par Mme. Bersier. Für d. Schulgebrauch bearb. v. M. Mühry. (2. Aufl.) (79 S.) 899. n.n. — 70
3. Stufe III. Les deux moineaux. Par Mlle. S. Cornaz. — La petite cerise. Par Mlle. S. Cornaz. — Le petit prince Ulrich. Par Mme. Colomb. — La bonne Mitche Par Mme. Colomb. — Monsieur le Vent. Par Paul de Musset. Für den Schulgebrauch bearb. v. M. Mühry. (73 S.) 901. n.n. — 80
4. Stufe IV. La fille du Carilès. Par Mme. Colomb. Für den Schulgebrauch bearb. v. M. Mühry. 5. Aufl. (96 S.) 901. n.n. — 90
6. Nelly, poor, by the author of Mr. Burke's nieces etc. Für den Schulgebrauch bearb. v. Bertha Mühry. 7.—9. Taus. (83 S.) 902. n.n. — 80
29. Stories of English girlhood. By Ascott R. Hope. Für den Schulgebrauch bearb. v. J. Klapperich. (VIII, 133 S.) 899. n.n. 1. 10
30. Françaises illustres. Biographien hervorragender französ. Frauen. Für d. Schulgebrauch bearb. u. erklärt. Von F. J. Wershoven. (VII. 112 S.) 900. n. 1. 20
31. The secret of the old house. By Evelyn Everett-Green. Für den Schulgebrauch bearb. v. Elisab. Taubenspeck. (V, 118 S.) 899. n. 1. 20

32. Christie's old organ or home, sweet home. By Mrs. Walton. — Daddy Darwin's dovecot. By Mrs. Ewing. Für den Schulgebrauch hrsg. v. A. Bückmann. (82 S.) 900. n.n. — 80
33. Agnes Hopetoun's schools and holidays. The experiences of a little girl. By Mrs. Oliphant. Für den Schulgebrauch bearb. v. Elisab. Taubenspeck. (89 S.) 900. n. 1.—
34. Erzählungen aus dem französischen Schulleben. Für Mädchenschulen bearb. Von F. J. Wershoven. (VII,

— dasselbe. Reihe C. (Für Mädchenschulen.) Prosa u. Poesie. 1.—4., 6., 20. u. 37.—42. Bd. 8. Ebd. In Leinw. kart. n.n. 10. 30

1. Stufe I. Paresseux, le petit. — Premier voyage du petit Leonis. Par Mme. de Witt, née Guizot. — Histoire d'une petite fille heureuse. Par Mme. Bersier. Für den Schulgebrauch bearb. v. M. Mühry. 7.—9. Taus. (66 S.) 903. n.n. — 70
2. Stufe II. Les Myrtilles. Par Mme. Bersier. Für den Schulgebrauch bearb. v. M. Mühry. (Neue Aufl.) (78 S.) 903. n.n. — 70
3. Stufe III. Les deux moineaux. Par Mlle. S. Cornaz. — La petite cerise. Par Mlle S. Cornaz. — Le petit prince Ulrich. Par Mme. Colomb. — La bonne Mitche. Par Mme. Colomb. — Monsieur le Vent. Par Paul de Musset. Für den Schulgebrauch bearb. v. M. Mühry. (Neue Aufl.) (73 S.) 903. n.n. — 80
4. Stufe IV. La fille de Carilès. Par Mme. Colomb. Für den Schulgebrauch bearb. v. M. Mühry. 6. u. 7. Aufl. (à 96 S.) 903. n.n. — 90
6. Nelly, pour, by the author of Mr. Burke's nieces etc. Für den Schulgebrauch bearb. v. Bertha Mühry. 10.—12. Taus. (83 S.) 906. n. — 80
20. Only a shilling. A story of curious wanderings and odd adventures. By M. Corbet-Seymour. Für den Schulgebrauch bearb. v. Clem. Klöpper. 2. Aufl. (IV, 84 S.) 904. n.n. — 70
37. Sons, prosable, by the author of Eric's good news (Amy le Feuvre). Für den Schulgebrauch bearb. v. Elisab. Dickmann. (IV, 110 S.) 904. n.n. 1. 10
38. What Katy did. By Susan Coolidge. Für den Schulgebrauch bearb. v. E. Merhaut. (88 S.) 904. n.n. — 10
39. Becky Sharp. From vanity fair. By William M. Thackeray. Für d. Schulgebrauch bearb. v. E. Merhaut. (120 S.) 904. n. 1.—
40. Contes, trois, pour les petites filles. Histoire du petit Paul. Par Mme. J. Malassez. — Lénette. Par Marie Delorme. — Les petits sauvages, d'après Desbordes-Valmore. Hrsg. v. F. Lotsch. (V, 57 S.) 904. n.n. — 70
41. Tom and Maggie. From the mill on the floss. By George Eliot. Für den Schulgebrauch bearb. v. E. Merhaut. (97 S.) 904. n.n. — 90
42. Les deux côtés du mur. Par M. Bertin. Für den Schulgebrauch bearb. v. E. Martens. (IV, 108 S.) 905. n.n. 1. 10

Schulbibliothek, französische u. englische Hrsg. v. Otto E. A. Dickmann. Reihe C (f. Mädchenschulen). 1.—4. 10. 11. 13. 18. 20. 25. 29. 31. u. 43. Bd. kl. 8. Leipzig, Renger. In Leinw. kart. 12. 30

Bersier, Mme, histoire d'une petite fille heureuse, s.: Paresseux, le petit.
— Les myrtilles. Für den Schulgebrauch bearb. v. M. Mühry. 3. Aufl. (78 S.) 909. (2. Bd.) Kart. — 70
Candy, Emily J., first days in England, or talk about English life. Für den Schulgebrauch bearb. v. Emily J. Candy. 2. Aufl. (IV, 124 S.) 910. (25. Bd.) Kart. 1. 30
Colomb, Mme., la fille de Carilès. Für den Schulgebrauch bearb. v. M. Mühry. 10. Aufl. (96 S.) 909. (4. Bd.) Kart. — 90
— le petit prince Ulrich. La bonne mitche, s.: Cornaz, S.
Coolidge, Susan, what Katy did at school. Hrsg. v. A. Seedorf. 2. Aufl. (110 S.) 907. (11. Bd.) Kart. 1. —
Corbet-Seymour, M., only a shilling. A story of curious wanderings and old adventures. Für den Schulgebrauch bearb. v. Clem. Klöppen. 3. Aufl. (II, 84 S.) 910. (20. Bd.) Kart. — 70
Cornaz, Mlle. S., les deux moineaux. La petite cerise. — Colomb, Mme., le petit prince Ulrich. La bonne mitche. — Musset, Paul de, Monsieur le vent. Für den Schulgebrauch bearb. v. M. Mühry. 2. Aufl. (73 S.) 909. (3. Bd.) Kart. — 80
Everett-Green, Evelyn, the secret of the old house. Für den Schulgebrauch bearb. v. Elisab. Taubenspeck. 3. Aufl. (118 S.) 909. (31 Bd.) Kart. 1. 20
Hope, Ascott R., stories of English girlhood. Für den Schulgebrauch bearb. v. J. Klapperich. Mit Genehmigg. des Verf. 3. Aufl. (VI, 133 S.) 909. (29. Bd.) Kart. 1. 10
Lichtenberger, André, Line. Für den Schulgebrauch bearb. v. AnnaKüsel. Alleinberechtigte Ausg. (120 S.) 910. (43. Bd.) Kart. 1. —
Malot, H., Romain Kalbris. Für den Schulgebrauch bearb. v. M. Mühry. 2. Aufl. Mit 1 Karte. (123 S.) 907. (10. Bd.) Kart. 1. 20
Musset, Paul de, Monsieur le vent, s.: Cornaz, S.
Paresseux le petit. — Witt, Mme. de, née Guizot, premier voyage du petit Louis. — Bersier, Mme., histoire d'une petite fille heureuse. Für den Schulgebrauch bearb. v. M. Mühry. 4. Aufl. (66 S.) 907. (1. Bd.) Kart. — 70
Spyri, Johanna, Réseli aux roses. Bastien et Franceline. Aus: Courts récits. Für den Schulgebrauch bearb. v. Clem. Klöpper. 2. Aufl. (84 S.) 908. (13. Bd.) Kart. — 80
Stahl, P.-J., Maroussia. Für den Schulgebrauch bearb. v. M. Mühry. 2. Aufl. (IV, 98 S.) 907. (18. Bd.) Kart. — 90
Witt, premier voyage du petit Louis, s.: Paresseux, le petit.

Schulbibliothek, israelitische, ein Centralorgan für Synagoge, Schule und Haus. In Verbindung mit mehreren Gelehrten herausg. von K. Klein. 1. Bd. 12 Hefte (à 2 Bgn. mit Musikbeilagen). Mainz (858.) Le Roux. gr. 8. n. 2 ℛ.

Schul- u. Jugendbibliothek, israelitische, ein Centralorgan für Synagoge, Schule u. Haus. Mit Beiträgen von S. Adler, Aub, Jak. Auer &c. u. dem Herausg. H. Klein. 2. Bd. Jahrg. 1859. 12 Hefte. (à 2 Bgn.) Mainz, Le Roux. gr. 8. n. 2 ℛ

Schul- u. Hausbibliothek, katholische. 1.—4. Bdchn. 12. München, Leitenberger & Pitzer. à — 30; in 1 Bde. 1. —

1. 8 Erzählungen. Von O. Leitenberger. (96 S.) (904.)
2. 6 Erzählungen. Von O. Leitenberger. (96 S.) (904.)
3. 9 Erzählungen. Von O. Leitenberger. (96 S.) (904.)
4. 9 Erzählungen. Von O. Leitenberger. (96 S.) (904.)

— französischer u. englischer Prosaschriften aus der neueren Zeit. Mit besond. Berücksicht. der Fordergn. der neuen Lehrpläne hrsg. v. L. Bahlsen u. J. Hengesbach. I. Abtlg.: Französische Schriften. 1.—15. Bdchn. gr. 8. Berlin, R. Gaertner. Geb. in Leinw. n. 21. 10

1. Paris, ses organes, ses fonctions et sa vie dans la seconde moitié du XIXe siècle par Maxime du Camp. Im Auszuge f. den Schulgebrauch hrsg., m. Anmerkgn. u. e. Anh. versehen v. Thdr. Engwer. (VIII, 174 S. m. 1 Plan.) 894. n. 1. 50
Excursions et voyages. Ausgewählt u. m. Anmerkgn. f. den Schulgebrauch hrsg. v. K. Sachs. I. Ch. Dufayard, comment on voyageait dans l'ancienne France. II. H. Meyer-Derriey, la première ascension du Kilimandjaro. III. J. Fleury, la traversée de la Manche. (VII, 88 S.) 894. n. 1. —
3. Journal d'un officier d'ordonnance. Par le Comte d'Hérisson. Im Auszuge u. m. Anmerkgn. zum Schulgebrauch hrsg. v. J. Hengesbach. Mit 1 Karte v. Paris u. Umgebg. (VIII, 134 S.) 894. n. 1. 50
4. Naturwissenschaftliche Abhandlungen (Traités d'atmosphérologie) der Revue des deux mondes. Im Auszuge entnommen u. f. den Schulgebrauch erklärt v. W. Kasten. (VII, 88 S.) 894. n. 1. —
5. La navigation transatlantique et les navires à vapeur par Maurice Demoulin. Im Auszuge m. Anmerkgn. f. den Schulgebrauch hrsg. u. m. e. alphabet. Verzeichnis aller Fachausdrücke versehen v. G. van Muyden. (VII, 77 S.) 894. n. — 90
6. En France par Onésime Reclus. Im Auszuge m. Anmerkgn. f. den Schulgebrauch hrsg. v. Karl F. Th. Meyer. (VII, 142 S.) 894. n. 1. 40
7. Lectures sur les principales inventions industrielles et les principales industries par P. Maigne. Ausgewählt, f. den Schulgebrauch hrsg. u. erklärt v. Ew. Goerlich. (VIII, 142 S.) 894. n. 1. 40; Questionnaire. (31 S.) n. — 30; Wörterbuch. (50 S.) n. — 50
8. Voyageurs et inventeurs célèbres. Für den Schulgebrauch ausgewählt u. erklärt v. F. J. Wershoven. (V, 172 S. m. 2 Abbildgn.) 894. n. 1. 50; Vorbereitungen u. Wörterbuch dazu. (67 S.) n. — 60
9. Le théâtre français sous Louis XIV par Eugène Despois. Im Auszug u. f. den Schulgebrauch hrsg. u. m. Anmerkgn. versehen v. Geo. Erzgraeber. (VI, 109 S.) 894. n. 1. 20
10. Napoléon Bonaparte. Aus H. Taine's Les Origines de la France contemporaine. Ausgewählt u. f. den Schulgebrauch erklärt v. A. Schmitz. (VII, 144 S.) 895. n. 1. 40
11. Le Montblanc et sa première ascension. Aus Voyages dans les Alpes v. H.-B. de Saussure. Für die Schule bearb. v. Eugène Peschier. (VII, 155 S. m. 1 farb. Karte.) 895. n. 1. 50
12. Francinet par G. Bruno. Im Auszuge f. den Schulgebrauch hrsg. u. erklärt v. H. Bretschneider. (VIII, 168 S.) 895. n. 1. 50; Vorbereitungen u. Wörterbuch. (64 S.) n. — 50
13. Traités de chimie. Der „Revue des deux mondes" im Auszuge entnommen u. m. Anmerkgn. f. den Schulgebrauch hrsg. v. K. Sachs. Vorausgeschickt ist als Einleitung: Histoire abrégée de chimie. Anh.: Vokabular der selteneren, besonders der wissenschaftl. Ausdrücke. (VIII, 103 S.) 895. n. 1. —
14. Pierre Loti, aus fernen Ländern u. Meeren. Aus Loti's Schriften zusammengestellt u. m. Anmerkgn. f. den Schulgebrauch hrsg. v. U. Cosack. (VII, 120 S.) 895. n. 1. 20
15. Voyage aux Pyrénées par H. Taine. In e. Auswahl m. Anmerkgn. zum Schulgebrauche hrsg. v. Rich. Faust. (132 S.) 895. n. 1. 20

Schulbibliothek französ. u. engl. Prosaschriften aus der neueren Zeit. M. bes. Berücksicht. d. Fordergn. d. neuen Lehrpläne hrsg. von L. Bahlson u. J. Hengesbach. I. Abtlg.: Französ. Schriften. 1., 3., 8., 10. u. 16.—34. Bdchn. gr. 8. Berlin, R. Gaertner. Geb. in Leinw. n. 30. 50

Inhaltsübersicht in alphabetischer Ordnung:

Amicis, Edmondo de, du coeur. Ausgew. f. d. Schulgebr. hrsg. u. erklärt v. Gust. Strien. (VIII, 112 S.) 895. (16. Bdchn.) n. 1. 20; Wörterbuch. (38 S.) n. — 40

Barante, M. de, Histoire de Jeanne d'Arc. Nach der neuen Volksausg. des Werkes f. deutsche Schulen bearb., m. erklär. Anmerkgn., e. genealog. Tabelle, e. Karte von Nord- u. Mittelfrankreich im J. 1429 u. e. Beiheft versehen von H. Müller. (XXIII, 179 S. m. 2 Karten.) 896. (24. Bdchn.) n. 1. 50

Boissonnas, B., une famille pendant la guerre 1870—1871. (Ouvrage couronné par l'académie.) Im Auszuge u. mit Anmerkgn. hrsg. v. H. Bretschneider. M. 2 Kartenskizzen. 2. Aufl. (VI, 118 S.) 897. (19. Bdchn.) n. 1. 20; Vorbereitgn. u. Wörterbuch. (48 S.) n. — 40

Camp, Maxime du, Paris, ses organes, ses fonctions et sa vie dans la seconde moitié du XIX. siècle. Im Auszuge f. d. Schulgebr. hrsg., m. Anmerkgn. u. e. Anh. versehen v. Thdr. Engwer. M. 1 Plan v. Paris u. m. 3 Abb. 2., verb. Aufl. (VIII, 174 S.) 897. (1. Bdchn.) n. 1. 50; Vorbereitungen u. Wörterbuch dazu v. Emile Besson (67 S.) n. — 50; Questionnaire dazu v. Emile Besson. (52 S.) n. — 50

Claretie, Jules, s.: Maitres conteurs.

Coppé, François, Oeuvres. (Prosa- u. poet. Erzählgn., sow. Dramatisches.) Ausgew. m. Biographie, Anmerkgn. u. Wörterbuch z. Schulgebrauch hrsg. v. Karl Sachs. (XVI, 190 S. m. Bildn.) 896. (20. Bdchn.) n. 1. 20; Wörterbuch von Rud. Schoening (29 S.) n. — 30

— le passant, s.: Théâtre moderne.

— s.: Maitres conteurs.

Daudet, Alph., s.: Maitres conteurs.

Engwer, Thdr., Lettres françaises. Nach Privatbriefen u. verschiedenen Sammlgn. u. Ausgaben f. d. Schulgebrauch hrsg., m. Anmerkgn. u. e. Anh. vers. (VII, 152 S.) 896. (22. Bdchn.) n. 1. 40; Wörterbuch dazu von Rud. Schöning. (18 S.) n. — 20

— Orateurs français depuis la révolution jusqu'à nos jours. Hrsg., m. Anmerkgn. u. e. Anh. vers. (XII, 139 S.) 897. (31. Bdchn.) n. 1. 40; Wörterbuch von Rud. Schöning (24 S.) n. — 25

Ferry, Gabr., contes choisis. F. d. Schulgebr. bearb. u. erklärt v. Johs. Péronne. (VIII, 112 S.) 897. (28. Bdchn.) n. 1. 20; Wörterbuch (53 S.) n. — 50

Figuier, Louis, les grandes inventions modernes dans les sciences, l'industrie et les arts. Im Auszuge u. f. d. Schulgebrauch hrsg. u. m. Anmerkgn. vers. von Otto Boerner. (XII, 173 S.) 895. (18. Bdchn.) n. 1. 50; Vorbereitg. u. Wörterbuch dazu (52 S.) n. — 50

— Scènes et tableaux de la nature. Ausgew. u. mit Anmerkgn. zum Schulgebrauche hrsg. v. W. Klingelhöffer u. J. Leidolf. (VI, 117 S.) 898. (32. Bdchn.) n. 1. 20; französisch-deutsches Wörterbuch dazu, zusammengest. v. J. Leidolf. (48 S.) 898. n. — 40

— Simples lectures, s.: Garrigues-Monvel.

Fromentin, Eugène, un été dans le Sahara. Im Ausz., m. e. Übersicht üb. die französ. Kolonien u. m. Anmerkgn. hrsg. v. Geo. Nölle. (VII, 111 S.) 897. (29. Bdchn.) n. 1. 40; Wörterbuch (16 S.) n. — 20

Garrigues-Monvel et L. Figuier, Simples lectures scientifiques et techniques. Aus d. Werken v. G.-M. u. F. ausgewählt, m. Anmerkgn. vers. u. zur Schul- u. Privatlektüre, wie auch als Material f. Sprachübgn. hrsg. v. Arth. Peter. (IX, 113 S.) 896. (21. Bdchn.) n. 1. 20; Wörterbuch dazu (47 S.) n. — 40; Questionnaire dazu (24 S.) n. — 25

Goncourt, E. et J., Histoire de Marie-Antoinette. Im Auszuge f. den Schulgebr. hrsg. u. erklärt v. A. Mühlan. (VII, 168 S. m. Bildn.) 895. (17. Bdchn.) n. 1. 50; Wörterbuch (35 S.) n. — 30

d'Hérisson, Comte, Journal d'un officier d'ordonnance. Im Auszuge u. m. Anmerkgn. z. Schulgebrauch hrsg. v. J. Hengesbach. M. 1 Karte von Paris u. Umgegend. 2., durchgeseh. Aufl. (VIII, 136 S.) 896. (3. Bdchn.) n. 1. 50; Wörterbuch dazu, zusammengest. v. W. Weber. (48 S.) n. — 40

Hugo, Vict., Préface de Cromwell. F. d. Zwecke d. Schule verkürzt u. erklärt von O. Weissenfels. (VI, 96 S.) 896. (27. Bdchn.) n. 1.

Legouvé, Ernest, Souvenirs de jeunesse. (Aus: Soixante ans de souvenirs.) F. d. Schulgebr. verkürzt u. erklärt v. R. Scherffig. (XII, 115 S.) 898. (34. Bdchn.) n. 1. 20

Lemaitre, Jules, s.: Maitres conteurs.

Maitres conteurs. 9 Erzählgn. von Alph. Daudet, Jules Claretie, Guy de Maupassant, François Coppée, Jules Lemaitre. Für die Schule ausgew., bearb. u. erklärt von J. Hengesbach. (XI, 110 S.) 898. (33. Bdchn.) n. 1. —; Wörterbuch dazu, zusammengestellt v. W. Peters. (52 S.) n. — 50

Maupassant, Guy de, s.: Maitres conteurs.

Pailleron, Ed., L'Étincelle, s.: Théâtre moderne.

Pigeonneau, H., Histoire du commerce de la France. Im Auszuge bearb. u. erläut. v. Wilh. Greif. (X, 146 S.) 897. (30. Bdchn.) n. 1. 40; Wörterbuch dazu (45 S.) n. — 40

Rousset, la guerre franco-allemande 1870—71. Im Auszuge u. m. Anmerkgn. z. Schulgebrauche hrsg. v. R. Foss. (VIII, 144 S. m. 6 Plänen.) 897. (26. Bdchn.) n. 1. 40; Wörterbuch dazu, zusammengestellt v. F. Adler. (24 S.) n. — 25

Schuré, Édouard, sites et paysages historiques. (La Grand-Chartreuse, le Mont-Saint-Michel et la Bretagne.) Extraits de Les grandes légendes de France. F. d. Schulgebr. bearb. u. erklärt v. Gerh. Hellmers. (115 S. m. 4 Abb.) 896. (23. Bdchn.) n. 1. 20; Wörterbuch dazu (38 S.) n. — 30

Taine, H., Napoléon Bonaparte. Aus Les Origines de la France contemporaine. Ausgew. u. f. d. Schulgebr. erklärt v. A. Schmitz. 2., durchgeseh. Aufl. (VIII, 145 S.) 898. (10. Bdchn.) n. 1. 40

Théâtre moderne, drei moderne französ. Lustspiele. François Coppée: Le passant. — Éd. Pailleron: L'Étincelle. — André Theuriet: Les fraises. Mit biographisch-litterar. Einleitg., e. französ. Fussnoten-Kommentar u. deutschen Sacherklärgn. hrsg. v. R. Kron. (167 S.) 896. (25. Bdchn.) n. 1. 50

Theuriet, André, les fraises, s.: Théâtre moderne.

Wershoven, F. J., voyageurs et inventeurs célèbres. F. d. Schulgebr. ausgew. u. erklärt. M. 3 Abb. 2. Aufl. (VII, 175 S.) 898. (8. Bdchn.) n. 1. 50

— französischer u. englischer Prosaschriften aus der neueren Zeit. Mit besond. Berücksicht. der Forderungen der neuen Lehrpläne hrsg. v. L. Bahlsen. u. J. Hengesbach. I. Abtlg.: Französische Schriften. 6., 17., 19., 33. u 35.—48. Bdchn. gr. 8. Berlin [R. Gaertner.]. Weidmann. Geb. in Leinw. n. 23. —

6. En France. Par Onésime Reclus. Im Auszuge m. Anmerkgn. f. den Schulgebrauch hrsg. von Karl F. Th. Meyer. 2. verb. Aufl. Mit 1 Karte v. Frankreich. (VII, 159 S.) 901. n. 1. 40

17. Histoire de Marie-Antoinette. Par E. Goncourt et J. Goncourt. Im Auszuge f. den Schulgebrauch hrsg u. erklärt v. A. Mühlan. Mit e. Bildnisse der Marie-Antoinette. 2. Aufl. (VIII, 173 S.) 901. n. 1. 50

19. Une famille pendant la guerre 1870—1871. Par B. Boissonnas. (Ouvrage couronné par l'académie.) Im Auszuge u. m. Anmerkgn. zum Schulgebrauch hrsg. von H. Bretschneider. Mit 2 Kartenskizzen. 3. verb. Aufl. (VI, 112 S.) 900. n. 1. 20

33. Maitres conteurs. Neun Erzählgn. v. Alphonse Daudet, Jules Claretie, Guy de Maupassant, François Coppée, Jules Lemaitre, f. die Schule ausgewählt, bearb. u. erklärt. Von J. Hengesbach. 2. Aufl. (XI, 110 S.) 901. n. 1. —

35. Contes et nouvelles modernes. Für die Schule bearb. u. erklärt v. J. Dorr. (VII, 119 S.) 899. n. 1. 20; Wörterbuch (46 S.) 899. n. — 40

36. Les trois petits mousquetaires. Par Emile Desbeaux. Auswahl. Zum Schulgebrauch hrsg. v. R. Kron. (VIII, 116 S.) 899. n. 1. —; Wörterbuch. Zusammengestellt von E. Hegener. (32 S.) 900. n. — 30

37. Histoire de la révolution française. Hrsg. u. erklärt. Von F. J. Wershoven. Mit 6 Abbildgn. u. 1 Plan v. Paris. (VII, 156 S.) 900. n. 1. 50

38. La vie de collège en France. Erzählungen aus dem französ. Schulleben. Ausgewählt u. f. den Schulgebrauch erklärt. Von Wershoven u. Koesebiter. (VII, 109 S. m. 1 Plan.) 899. n. 1. 20; Wörterbuch von F. J. Wershoven. (50 S.) 900. n. — 40

39. Lectures choisies. Par Camille Flammarion. Für den Schulgebrauch ausgewählt u. erklärt v. W. Elsässer. Mit dem Bildnis Flammarions. (VIII, 130 S.) 900. n. 1. 20; Wörterbuch. Zusammengestellt v. Rud. Schöning. (25 S.) n. — 25

40. Conteurs contemporains. 9 Erzählgn. v. André Theuriet; Anatole France, Pierre Loti, Victorien Sardou, Emile Zola. Für die Schule ausgewählt, bearb. u. erklärt von J. Hengesbach. Mit 1 Plan. (XII, 136 S.) 900. n. 1. 40; Wörterbuch. Zusammengestellt v. J. Hengesbach. (50 S.) n. — 40

41. Lettres sur l'histoire de France. Par Augustin Thierry. Auswahl. Zum Schulgebrauch hrsg. u. m. Anmerkgn. versehen v. Karl Beckmann. (XVI, 112 S.) 900. n. 1. 20

42. La guerre de 1870—71. Mit Anmerkgn. f. den Schulgebrauch hrsg. Von J. Hengesbach. Mit 4 Kärtchen. (VII, 147 S.) 901. n. 1. 40

43. Histoire de France. Depuis l'avènement des Capétiens jusqu'à la fin des Valois (987—1589). Für d. Schulgebrauch bearb. u. m. Anmerkgn. hrsg. Von Heinr. Gade. (VIII, 111 S.) 901. n. 1. 20; Wörterbuch (41 S.) n. — 40

44. Dasselbe. II. Depuis l'avènement de Henri IV jusqu'à nos jours (1589—1871). Für den Schulgebrauch bearb. u. m. Anmerkgn. hrsg. (VIII, 127 S.) 902. n. 1. 20; Wörterbuch. (42 S.) n. — 40

45. Épisodes historiques. Récits authentiques de quelques évasions célèbres dans l'histoire de France au XIXe siècle, publiés et annotés par Arnold Krause. Avec 5 portr. (VIII, 147 S.) 902. n. 1. 50; Wörterbuch. (48 S.) n. — 40

46. Hommes illustres de la France. Recueil de biographies, publié et annoté. Par Herm. Flaschel. Avec 6 portr. (VII, 128 S.) 902. n. 1. 40; Wörterbuch. (42 S.) n. — 40

47. Sainte-Hélène. L'histoire de Napoléon Ier depuis Waterloo jusqu'à sa mort. Publiée et annotée. Par A. Mühlan. Avec un portr. de Napoléon. (VIII, 96 S.) 903. n. 1. —; Wörterbuch (39 S.) n. — 40

48. L'Empire 1805—1809. L'Allemagne napoléonienne. Par Lavisse u. Rambaud. Aus der Histoire générale für den Schulgebrauch ausgewählt, bearb. u. m. Anmerkgn. hrsg. v. Thdr. Haas. Mit 2 Kärtchen. Rechtmässige Ausg. (VIII, 158 S.) 903. n. 1. 50; Wörterbuch. Zusammengestellt v. Thdr. Haas. (23 S.) 903. n. — 25

Schulbibliothek französischer u. englischer **Prosaschriften** aus der neueren Zeit. Mit besond. Berücksicht. der Fordergn. der neuen Lehrpläne hrsg. v. L. Bahlsen u. J. Hengesbach. I. Abtlg.: Französische Schriften. 3. 10. 19. 20. 33. 36.—38. 40. u. 49.—57. Bdchn. 8. Berlin, Weidmann. Geb. in Leinw. n. 24. 40

Au lycée. Erzählungen aus dem französ. Schulleben. Ausgewählt u. f. den Schulgebrauch erklärt von F. J. Wershoven u. O. Keesebiter. 2. Aufl. v. „La vie de collège en France". (VII, 90 S. m. 1 Plan.) 904. (38. Bdchn.) n. 1. —; Wörterbuch. Von F. J. Wershoven. (49 S.) (903.) n. — 40

Bastier, Paul, Trois comédies modernes. Le village par O. Feuillet. — L'œillet blanc par A. Daudet. — Gringoire par Th. de Banville. Recueil de commentaires explicatifs, précédés d'une courte introduction littéraire. (V, 78 S.) 906. (57. Bdchn.) n. 1. —

Boissonnas, H., Une famille pendant la guerre 1870—1871. (Ouvrage couronné par l'Académie.) Im Auszuge u. m. Anmerkgn. zum Schulgebrauch hrsg. von H. Bretschneider. Mit 1 Uebersichtskarte u. 2 Skizzen. 5. verb. Aufl. (VI, 114 S.) 906. (19. Bdchn.) n. 1. 20; Vorbereitungen u. Wörterbuch dazu. (50 S.) 906. n. — 40

Bornecque, Henri, et A. Mühlan, Les provinces françaises. Mœurs, habitudes, vie. (VII, 156 S.) 906. (56. Bdchn.) n. 1. 60; Wörterverzeichnis. Zusammengestellt v. A. Mühlan. (53 S.) n. — 50

Conteurs contemporains. 9 Erzählgn. v. André Theuriet, Anatole France, Pierre Loti, Victorien Sardou, Émile Zola. Für die Schule ausgewählt, bearb. u. erklärt v. J. Hengesbach. Mit 1 Plan. 2. sorgfältig durchgesch. Aufl. (XIV, 136 S.) 905. (40. Bdchn.) n. 1. 40; Wörterbuch. Zusammengestellt v. J. Hengesbach. (52 S.) 905. n. — 40

Coppée, François, Oeuvres. (Prosa u. poet. Erzählgn., sowie Dramatisches.) Ausgewählt, m. Biographie, Anmerkgn. u. Wörterbuch zum Schulgebrauch hrsg. von Karl Sachs. Mit dem Bilde v. F. Coppée. 3. durchgeseh. Aufl. (XVIII, 120 S.) 904. (20. Bdchn.) n. 1. 20; Wörterbuch. Zusammengestellt v. Rud. Schoening. (29 S.) 906. n. — 30

Desbeaux, Émile, Les trois petits mousquetaires. Auswahl. Zum Schulgebrauch hrsg. von R. Kron. 2. Aufl. (VIII, 116 S.) 903. (36. Bdchn.) n. 1. —; Wörterbuch. Zusammengestellt v. E. Hegener. (32 S.) n. — 30

Figuier, Louis, Vie et mœurs des insectes (hyménoptères). Ausgewählt u. f. den Schulgebrauch erklärt v. Fritz Strohmeyer. Mit 6 Abbildgn. (X, 100 S.) 906. (55. Bdchn.) 1. 20; Wörterbuch. (49 S.) n. — 50

Guillaumin, E., Tableaux champêtres. Für den Schulgebrauch ausgewählt u. in französ. Sprache erklärt v. J. Haas. (X, 156 S.) 904. (52. Bdchn.) n. 1. 60; Wörterbuch. (61 S.) n. — 50

d'Hérisson, Comte, Journal d'un officier d'ordonnance. Im Auszuge u. m. Anmerkgn. zum Schulgebrauch hrsg. v. J. Hengesbach. Mit 1 Karte v. Paris u. Umgegend. 4. durchgeseh. Aufl. (XII, 136 S.) 901. (3. Bdchn.) n. 1. 50

Jurien de la Gravière, E., pour l'empire des mers! Extrait de guerres maritimes sous la république et l'empire. Ausgewählt u. erklärt v. J. Hengesbach. Mit 1 Bildnis Nelsons, 2 Schlachtplänen u. 1 Abbildg. (XII, 165 S.) 903. (50. Bdchn.) n. 1. 60; Wörterbuch. Zusammengestellt von Frdr. Schmidt. (41 S.) 904. n. — 40

Lavisse u. Rambaud, L'empire 1813—1815. L'Allemagne anti-napoléonienne. Aus der Histoire générale f. den Schulgebrauch ausgewählt, bearb. u. m. Anmerkgn. hrsg. von Thdr. Haas. Mit 1 Karte u. 2 Plänen. (VIII, 168 S.) 905. (51. Bdchn.) n. 1. 80; Wörterbuch. Zusammengestellt von Thdr. Haas. (38 S.) 905. n. — 40

Leroux-Cesbron, C., Souvenirs d'un maire de village. (Extraits.) Avec avant-propos de M. René Bazin. Éd. scolaire, annotée par H. Klinghardt. (IX, 155 S. m. Bildnis.) 903. (49. Bdchn.) n. 1. 60

Maitres conteurs. 9 Erzählgn. v. Alphonse Daudet, Jules Claretie, Guy de Maupassant, François Coppée, Jules Lemaitre. Für die Schule ausgewählt, bearb. u. erklärt von J. Hengesbach. 3. Aufl. (XI, 111 S.) 906. (33. Bdchn.) n. 1. —

Médaillons. Biographies de quelques françaises d'autrefois. (Einbd.: Biographies de femmes françaises.) Éd. scolaire avec un commentaire et une carte par Th. Sance et M. Bondois. (VII, 180 S.) 904. (54. Bdchn.) n. 1. 60; Wörterbuch. Von F. Benner. (58 S.) n. — 50

Taine, H., Napoléon Bonaparte. Aus: Les origines de la France contemporaine. Ausgewählt u. f. den Schulgebrauch erklärt von A. Schmitz. 3. Aufl. (VIII, 146 S.) 905. (10. Bdchn.) n. 1. 40

Tulou, François, Enfants célèbres. (Auswahl.) Mit Anmerkgn. zum Schulgebrauch hrsg. v. Ernst Dannheisser. (VII, 115 S.) 905. (53. Bdchn.) n. 1. 20; Wörterbuch. (30 S.) 905. n. — 30

Wershoven, F. J., Histoire de la révolution française. Hrsg. u. erklärt. Mit 6 Abb. u. 1 Plan v. Paris. 2. verb. Aufl. (VII, 160 S.) 905. (37. Bdchn.) n. 1. 50

— **französischer u. englischer Prosaschriften** aus der neueren Zeit. Mit besond. Berücksicht. der Fordergn. der neuen Lehrpläne hrsg. v. L. Bahlsen u. J. Hengesbach. I. Abtlg.: Französische Schriften. 8. 17. 18. 25. 28. 33. 36. 40. 44. 46. 48. u. 58.—60. Bdchn. 8. Berlin, Weidmann. Geb. 21. 50

Chalamet, A., à travers la France. In gekürzter Fassg. u. m. Kommentar hrsg. v. Max Pflänzel. Mit 1 Karte u. 12 Bildern. 2. Aufl. (X, 109 S.) 909. (58. Bdchn.) Geb. 1. 40; Wörterbuch. (42 S.) — 40

Chrestomathie dramatique. Le gendre de M. Poirier par E. Augier et J. Sandeau. — Le fils de Giboyer par E. Augier. — Le monde ou l'on s'ennuie par E. Pailleron. — Cabotins par E. Pailleron. Extraits reliés par des analyses narratives. Précédés d'une introduction littéraire et suivis d'un commentaire explicatif par Paul Bastier. (XV, 232 S.) 909. (25. Bdchn.) Geb. 2. 20

Desbeaux, Emile, les trois petits mousquetaires. Auswahl. Zum Schulgebrauch hrsg. v. R. Kron. 3. Aufl. (VIII, 121 S.) 908. (36. Bdchn.) Geb. 1. 20; Wörterbuch. Bearb. v. E. Hegener. (32 S.) 907. — 30

Ferry, Gabr., vier Erzählungen. Für d. Schulgebrauch hrsg. u. erklärt v. Péronne. 2. Aufl. (VIII, 112 S.) 908. (28. Bdchn.) Geb. 1. 20

Figuier, Louis, le grandes inventions modernes dans les sciences, l'industrie et les arts. Im Auszuge u. f. den Schulgebrauch hrsg. u. m. Anmerkgn. versehen v. Otto Boerner. 2. Aufl. (XII, 173 S.) 907. (18. Bdchn.) Geb. 1. 60

Flaschel, Herm., hommes illustres de la France. Recueil de biographies, publié et annoté. Avec 6 portraits. 2. éd. (VII, 128 S.) 909. (46. Bdchn.) Geb. 1. 40; Wörterbuch. (42 S.) — 40

France, Anatole, pages choisies. Hrsg. J. v. F. Le Bourgeois. Mit e. (farb.) Plan v. Paris. (XII, 210 S.) 908. (59. Bdchn.) Geb. 2. 20; Wörterbuch. (64 S.) — 50

Gade, Heinr., histoire de France. II: Depuis l'avènement de Henri IV jusqu'à nos jours (1589—1871). Für den Schulgebrauch bearb. u. m. Anmerkgn. hrsg. 2. verb. Aufl. (VIII, 127 S.) 910. (44. Bdchn.) Geb. 1. 40

Goncourt, E., et J. Goncourt, histoire de Marie-Antoinette. Im Auszuge f. den Schulgebrauch hrsg. u. erklärt v. A. Mühlan. Mit e. Bildnisse der Marie-Antoinette. 3. Aufl. (VIII, 174 S.) 908. (17. Bdchn.) Geb. 1. 60; Wörterbuch. (35 S.) 909. — 35

Hengesbach, J., conteurs contemporains. 9 Erzählgn. v. André Theuriet, Anatole France, Pierre Loti, Victorien Sardou, Émile Zola. Für die Schule ausgewählt, bearb. u. erklärt. Mit 1 Plan. 3. Aufl. (XIV, 136 S.) 909. (40. Bdchn.) Geb. 1. 40; Wörterbuch. (52 S.) 910. — 40

— Maitres conteurs. 9 Erzählgn. v. Alphonse Daudet, Jules Claretie, Guy de Maupassant, François Coppée, Jules Lemaitre. Für die Schule ausgewählt, bearb. u. erklärt. 4. Aufl. (XII, 111 S.) 909. (33. Bdchn.) Geb. 1. 20; Wörterbuch. Bearb. v. W. Peters. (64 S.) 907. — 50

Lavisse u. Rambaud, l'empire 1805—1809. L'Allemagne Napoléonienne. Aus der Histoire générale f. den Schulgebrauch ausgewählt u. m. Anmerkgn. hrsg. v. Thdr. Haas. Mit 2 Karten. 2., verb. Aufl. (VIII, 160 S.) 909. (48. Bdchn.) Geb. 1. 60; Wörterbuch. (46 S.) 910. — 40

Strohmeyer, Fritz, leçons de choses. Zusammengestellt u. hrsg. Mit 12 Abb. (XV, 143 S.) 909. (60. Bdchn.) Geb. 1. 60; Wörterbuch. (52 S.) 908. — 50

Wershoven, F. J., voyageurs et inventeurs célèbres. Für den Schulgebrauch ausgewählt u. erklärt. Mit 3 Abb. 4. Aufl. (VII, 176 S.) 907. (8. Bdchn.) Geb. 1. 50; Wörterbuch. (64 S.) — 60

Schulbibliothek französischer u. englischer **Prosaschriften** aus d. neueren Zeit. Mit besond. Berücksicht. d. Forderungen d. neuen Lehrpläne hrsg. v. L. Bahlsen u. J. Hengesbach. I. Abtlg.: Französische Schriften. 1. Bdchn. Wörterbuch. gr. 8. Berlin [R. Gaertner]. Weidmann. n. — 50

Paris, ses organes, ses fonctions et sa vie dans la seconde moitié du XIX. siècle. Par Maxime du Camp. Vorbemerkungen u. Wörterbuch, zusammengestellt von Emile Besson. 2. durchgeseh. u. verb. Aufl. (65 S.) (901.)

— dasselbe. **Wörterbücher** z. 4., 6. u. 15. Bdchn. gr. 8. Ebd. 896. n. 1. 10

4. Traités d'atmosphérologie (naturwissenschaftl. Abhandlungen aus d. Revue des deux Mondes.) Zusammengest. v. W. Kasten. (16 S.) n. — 20
6. O. Reclus, en France. Von Karl Meyer. (73 S.) n. — 60
15. H. Taine, voyage aux Pyrénées. Von R. Faust. (38 S.) n. — 30

Schulbibliothek französischer u. englischer **Prosaschriften** aus der neueren Zeit. I. Abtlg.: Französische Schriften. Wörterbücher zum 6. 18. u. 21. Bdchn. 8. Berlin, Weidmann. n. 1. 50

6. En France. Par O. Reclus. Von K. Meyer. 2. Aufl. (72 S.) 905. n. — 60
18. Les grandes inventions modernes. Par Louis Figuier. Vorbereitung u. Wörterbuch. Zusammengestellt v. Otto Boerner. (52 S.) 905. n. — 50
21. Simples lectures scientifiques et techniques. Von Garrigues-Monvel u. Louis Figuier. Vollständiges französisch-deutsches Wörterbuch. Von Arth. Peter. 2. Aufl. (43 S.) 905. n. — 40

Schulbibliothek französischer u. englischer Prosaschriften aus der neueren Zeit. Wörterbuch z. 14. Bdchn. 8. Berlin, Weidmann. — 30
14. Aus fernen Ländern u. Meeren. Von Pierre Loti. Bearb. v. A. Hilka. (23 S.) 907.

Schulbibliothek französ. u. engl. Prosaschriften aus d. neueren Zeit. M. besond. Berücksicht. d. Fordergn. d. neuen Lehrpläne hrsg. v. L. Bahlsen u. J. Hengesbach. I. Abtlg. Beihoft z. 24. Bdchn. gr. 8. Berlin 896. R. Gaertner. n. — 80
Ergänzgn. zur deutschen Schulausgabe v. Barante's histoire de Jeanne d'Arc. Materialien f. Selbststudium u. zur Benutzg. d. Lehrers v. H. Müller. (83 S.)

Schulbibliothek französischer u. englischer Prosaschriften aus der neueren Zeit. Mit besond. Berücksicht. der Fordergn. der neuen Lehrpläne hrsg. v. L. Bahlsen u. J. Hengesbach. II. Abtlg.: Englische Schriften. 1.—4. u. 6.—13. Bdchn. gr. 8. Berlin, R. Gaertner. Geb. in Leinw. n. 15. 80

1. Fragments of science by John Tyndall. Ausgewählt u. f. den Schulgebrauch erklärt v. W. Elsässer u. P. Mann. Mit Genehmigg. v. John Tyndall. (VIII, 132 S.) 894. n. 1.20
2. Selections from John William Draper's history of the intellectual development of Europe. Für den Schulgebrauch ausgewählt u. erklärt v. H. Löschhorn. Rechtmässige Ausg. (VII, 100 S.) 894. n. 1. —
3. Modern England. Eine Sammlg. v. Monographien nach J. R. Green's A short history of the English people. Zusammengestellt u. erläutert v. K. Bödeker. I. Parlament u. Presse. II. England u. Irland. III. Kirche u. Gesellschaft. Rechtmässige Ausg. Mit 1 Karte v. Irland. (IV, 160 S.) 891. n. 1.60
4. England. Its people, polity, and pursuits by Thomas Hay Sweet Escott. Im Auszug u. m. Anmerkgn. zum Schulgebrauch hrsg. v. Ernst Regel. Rechtmässige Ausg. (VII, 128 S.) 894. n. 1. 20
6. The Crimean war. Aus Justin Mc Carthy's History of our own times ausgewählt u. f. den Schulgebrauch erklärt v. W. Gebert. Rechtmässige Ausg. (VII, 128 S. m. 1 Karte.) 894. n. 1.40
7. Wanderings in South America by Charles Waterton. Im Auszuge f. den Schulgebrauch hrsg. v. Clem. Klöpper. Rechtmässige Ausg. (VI, 89 S.) 894. n. 1. —; Vorbereitungen u. Wörterbuch. (66 S.) n. — 50
8. Industrial biography by Samuel Smiles. Für den Schulgebrauch bearb. u. erklärt v. F. Glauning. Mit dem Bildnis v. Samuel Smiles. Von dem Verf. u. der Verlagshandlg. John Murray genehm. Ausg. (VIII, 111 S.) 891. n. 1.20; Vorbereitungen u. Wörterbuch. (63 S.) n. — 50
9. Society in London. By a foreign resident. Ausgewählt u. f. den Schulgebrauch erklärt v. Gerh. Budde. Mit 1 Karte v. London. Rechtmässige Ausg. (VII, 66 S.) 894. n. — 80
10. A tour in the Scottish highlands. Aus Mr. Pisistratus Brown, in the highlands by William Black. Für den Schulgebrauch erklärt v. Hugo Bahrs. Rechtmässige Ausg. (V, 99 S. m. 1 Karte.) 894. n. 1. —
11. Great explorers and inventors. Biographien, f. den Schulgebrauch ausgewählt u. erklärt v. F. J. Wershoven. (VII, 146 S. m. 2 Abbildgn. u. 1 eingedr. Karte.) 894. n. 1. 40; Vorbereitungen u. Wörterverzeichnis. (56 S.) 895. n. — 50
12. Stories of English schoolboy life by Ascott R. Hope. Ausgewählt u. f. den Schulgebrauch erklärt v. J. Klapperich. Mit Genehmigg. des Verf. (VIII, 116 S.) 895. n. 1. 20
13. On English life and customs. Structure of English society. — Popular amusements. — On some conventionalities. — Social pleasures. — Modern changes of English social life. — In the country. Aufsätze aus verschiedenen engl. Schriften, zusammengestellt u. erläutert v. Hermann Conrad. (VIII, 143 S.) 895. n. 1. 40

— dasselbe. II. Abtlg.: Englische Schriften. 5., 12. u. 14.—34. Bdchn. Ebd. Geb. in Leinw. n. 29. —

Inhaltsübersicht in alphabetischer Ordnung:

Barker, Lady, South Africa. Sketches, s.: Trollope.
— Station life in New Zealand. Ausgew. u. erklärt v. J. Hengesbach. Rechtmässige Ausg. (VIII, 147 S. m. 1 farb. Karte.) 895. (20. Bdchn.) n. 1. 50
Wörterbuch dazu. (44 S.) n. — 40; Questions. (22 S.) n. — 20
Besant, Walt., London, past and present. Auszug aus The History of London. Für d. Schulgebr. hrsg. u. ergänzt, sow. m. e. Anh. vers. v. Herm. Flaschel. Beigegeben sind 5 Abb. u. 1 Plan v. d. heut. London. 2., verb. Aufl. Rechtmäss. Ausg. (VIII, 127 S.) 898. (14. Bdchn.) n. 1. 40
Wörterbuch. (41 S.) n. — 40
Brewster, David, Newton. Im Auszug u. m. Anmerkgn. zum Schulgebr. hrsg. v. E. Schenck u. L. Bahlsen. M. 1 Bildn. Newtons u. erläut. Illustr. (XI, 126 S.) 895. (5. Bdchn.) n. 1. 20
Corbet-Seymour, M., romantic tales of olden times. Mit Anmerkgn. z. Schulgebr. hrsg. v. Clem. Klöpper. M. Genehmigg. d. Verf. (VIII, 78 S.) 895. (18. Bdchn.) n. — 90
Wörterbuch dazu. (38 S.) n. — 30
Darwin, Charles, Edward Whymper and others, modern travels and explorations. F. d. Schulgebr. hrsg. u. erläut. v. Herm. Krollick. (140 S. m. 5 Abb.) 898. (20. Bdchn.) n. 1. 20. Wörterbuch. (49 S.) n. — 40
Dickens' christmas carol. With an analytical introduction and explanatory notes by Th. Hegener. 2. ed. (VII, 148 S.) 898. (28. Bdchn.) n. 1. 40
Wörterbuch, zusammengest. v. J. Hengesbach. (34 S.) n. — 30
Ellinger, Joh., english letters. Nach Privatbriefen u. verschied. Ausgaben u. Sammlgn. f. d. Schulgebrauch hrsg. u. m. Anmerkgn. vers. (VII, 130 S.) 898. (33. Bdchn.) n. 1. 20
Wörterbuch. (27 S.) n. — 30
Froude, J. A., South Africa. Sketches, s.: Trollope.
Fyfe, Hamilton, history of commerce. F. d. Schulgebrauch bearb. u. erläut. v. J. Péronne. Rechtmäss. Ausg. (VIII, 120 S.) 895. (19. Bdchn.) n. 1. 20
Wörterbuch dazu. 2. Aufl. (75 S.) n. — 60
— The world's progress. F. d. Schulgebr. hrsg. u. erklärt v. J. Ottens. Rechtmäss. Ausg. (VIII, 133 S.) 895. (17. Bdchn.) n. 1. 20
Wörterbuch nebst e. alphabet. Verzeichnis d. Eigennamen u. ihrer Aussprache, zusammengest. v. Johs. Aye. (70 S.) n. — 50
— Triumphs of invention and discovery in art and science. M. Anmerkungen z. Schulgebrauch hrsg. v. Jul. Leidolf. Rechtmäss. Ausg. (X, 125 S.) 895. (16. Bdchn.) n. 1. 20
Wörterbuch. (67 S.) n. — 50
Gordon, W. J., London life and institutions. Selected chapters from „How London lives". Bearb. u. erläut. v. R. Ackermann. Rechtmäss. Ausg. M. 1 Plane v. London. (VIII, 104 S.) 897. (26. Bdchn.) n. 1. 20
Home Rule. 5 Reden zur 3. Lesg. d. Home Rule Bill v. 1893. Nach d. Bericht d. Times hrsg. u. m. Erläutergn. vers. v. G. Wendt. (VIII, 109 S.) 895. (21. Bdchn.) n. 1. 20
Hope, Ascott R., Holiday stories. Ausgew. u. erklärt v. J. Klapperich. M. Genehmigg. d. Verf. (VIII, 126 S.) 897. (21. Bdchn.) n. 1. 20
Vorbereitungen u. Wörterverzeichnis. (64 S.) n. — 50
— stories of English schoolboy life. Ausgew. u. f. d. Schulgebr. erklärt v. J. Klapperich. M. Genehmigg. d. Verf. 2. Aufl. (VIII, 116 S.) 897. (12. Bdchn.) n. 1. 20
Markham, one century of English history (1758—1858) aus History of England. F. d. Schulgebrauch erklärt v. Hugo Bahrs. Rechtmäss. Ausg. (VIII, 116 S.) 898. (32. Bdchn.) n. 1. 20
Wörterbuch. (34 S.) n. — 30
Mason, Ch. M., the counties of England. Ausgew. u. erklärt v. Otto Badke. Rechtmäss. Ausg. M. 5 Abb. (VII, 185 S.) 895. (27. Bdchn.) n. 1. 60
Wörterbuch bearb. v. Karl Köhler. (54 S.) n. — 50
Mill, John Stuart, on liberty. F. d. Schulgebr. hrsg. u. erklärt v. Karl Wehrmann. M. e. Begleitwort v. Fr. Paulsen (XII, 100 S. m. Bildn.) 897. (23. Bdchn.) n. 1. 20
Rost, Woldem., the Heroes of English literature. Aus engl. Originalen ausgew. u. f. d. Schulgebr. erklärt. M. 5 Dichterbildn. (VIII, 131 S.) 898. (30. Bdchn.) n. 1. 40
Smith, Goldwin, D. C. L., a trip to England. M. Anmerkgn. hrsg. v. G. Wendt. Rechtmäss. Ausg. (VIII, 119 S.) 895. (31. Bdchn.) n. 1. 20
Trollope, A., J. A. Froude and Lady Barker, South Africa. Sketches. M. Anmerkgn. hrsg. v. Karl Feyerabend. Rechtmäss. Ausg. (VII, 151 S.) 895. (25. Bdchn.) n. 1. 50
Twain, Mark, the prince and the pauper. Im Auszug m. Anmerkgn. f. d. Schulgebr. hrsg. v. E. Lobedanz. Nebst 1 Karte v. Alt-London. M. Genehmigung d. Verf. (VI, 166 S.) 895. (15. Bdchn.) n. 1. 50
Wörterbuch. (43 S.) n. — 40
Useful knowledge. Materialien zu Sprechübgn. u. zur Lektüre. M. Anmerkgn. f. d. Schulgebrauch hrsg. v. F. J. Wershoven. (VIII, 111 S.) 896. (22. Bdchn.) n. 1. 20
Wörterbuch. (49 S.) n. — 50; Questions. (29 S.) n. — 30
Wershoven, F. J., great English women. Biographien hervorrag. engl. Frauen. F. d. Schulgebr. bearb. u. erklärt. M. d. Bildniss d. Königin Elisabeth. (VII, 87 S.) 898. (31. Bdchn.) n. 1.
Wörterbuch. (41 S.) n. — 40
Whymper, Edward, modern travels and explorations, s.: Darwin, Charles.

— dasselbe. II. Abtlg.: Englische Schriften. 12., 15. u. 35.—41. Bdchn. gr. 8. Ebd. Geb. in Leinw. n. 11. 50

12. Stories of English schoolboy life. By Ascott R. Hope. Ausgew. u. f. den Schulgebrauch erklärt v. J. Klapperich. Mit Genehmigg. d. Verf. 3. Aufl. (VIII, 116 S.) 900. n. 1.20
15. The prince and the pauper. By Mark Twain. Im Auszug u. m. Anmerkgn. f. d. Schulgebrauch hrsg. v. E. Lobedanz. Nebst e. Karte v. Alt-London. Mit Genehmigg. des Verf. 2. Aufl. (VIII, 162 S.) 901. n. 1. 50
35. Chapters on art. A selection from the works by John Ruskin. Für den Schulgebrauch bearb., erklärt u. eingeleitet v. S. Saenger. Mit dem Bildnis v. John Ruskin. Rechtmässige Ausg. (XII, 82 S.) 899. n. 1. —
36. Social transformations of the Victorian age. By Thom. Hay Sweet Escott. Im Auszuge u. m. Anmerkgn. zum Schulgebr. hrsg. v. Ernst Regel. (VIII. 104 S.) 900. n. 1. —
37. Greater Britain. India — Canada — Australia — Africa — The West Indies. Ausgewählt u. f. den Schulgebrauch erklärt von J. Klapperich. Rechtmässige Ausg. Mit 1 Karte u. 4 Kartenskizzen. (VIII. 142 S.) 900. n. 1 50; Wörterbuch. (64 S.) n. — 50
38. Queen Victoria, her time, and her people. To which is added a chapter, continuing the story from 1895 to 1901. By C. S. Dawe, B. A. Mit Anmerkgn. f. den Schulgebrauch bearb. u. hrsg. v. Arth. Peter. Rechtmässige Ausg. Mit 6 Abbildgn. (VIII, 114 S. m. 1 Tab.) 901. n. 1. 50; Wörterbuch. Zusammengestellt von A. Peter u. B. Assmann. (65 S.) n. — 50

39. Modern English novels. Ausgewählt u. m. Anmerkgn. f. den Schulgebrauch hrsg. von Alfr. Mohrbutter. (VII, 140 S.) 902. n. 1.40; Wörterbuch. (46 S.) n. — 40
40. In the far east. Tales and adventures. By R. Kipling, G. Boothby and F. A. Steel. Hrsg. von Karl Feyerabend. (V, 153 S.) 902. n. 1.40; Wörterbuch. (42 S.) n. — 40
41. Sketches, naval, by various authors. Charakterbilder aus dem Seekriegswesen, m. Erläutergn. f. den Klassenunterricht hrsg. v. R. Kron. (VIII, 90 S.) 903. n. 1.—; Wörterbuch. (2) S.) n. — 30

— dasselbe. II. Abtlg. Englische Schriften. 12. 19. 22. 24. 27. 37. u. 42.—45. Bdchn. 8. Ebd. Geb. in Leinw. n. 13.80

Fyfe, Hamilton, History of commerce. Für den Schulgebrauch bearb. u. erläutert von J. Péronne. Rechtmässige Ausg. 2. Aufl. (VIII, 120 S.) 902. (19. Bdchn.) n. 1.20; Wörterbuch. (75 S.) n. — 60

Hope, Ascott R., Holiday stories. Ausgewählt u. f. den Schulgebrauch erklärt v. J. Klapperich. Mit Genehmigg. des Verf. 2. Aufl. (VIII, 126 S.) 904. (24. Bdchn.) n. 1.20
— Stories of English schoolboy life. Ausgewählt u. f. den Schulgebrauch erklärt v. J. Klapperich. Mit Genehmigg. des Verf. 4. Aufl. (VIII, 116 S.) 902. (12. Bdchn.) n. 1.20; Vorbereitungen u. Wörterverzeichnis. (58 S.) n. — 50

Jerome, Jerome K., Fact and fiction. Sketches, tales and a play in prose. Edited with explanatory notes by Kurt Schladebach. (XI, 144 S.) 904. (42. Bdchn.) 1.40; Wörterbuch. (66 S.) n. — 60

Kingsley, Charles, Hereward the Wake. Für den Schulgebrauch hrsg. v. Fritz Meyer. (XII, 149 S.) 906. (45. Bdchn.) n. 1.60; Wörterbuch. (44 S.) n. — 40

Klapperich, J., Greater Britain. India — Canada — Australia — Africa — The West Indies. Ausgewählt u. f. den Schulgebrauch erklärt. Rechtmässige Ausg. Mit 1 Karte u. 4 Kartenskizzen. 2. verm. u. verb. Aufl. (X, 150 S.) 906. (37. Bdchn.) 1.50; Wörterverzeichnis. 2. Aufl. (66 S.) 906. n. — 50

Köhler, Karl, English history in biographies, with a synopsis of the history of England from the Norman conquest to the time of George I. (1066—1714). Zusammengestellt u. erklärt. (VII, 144 S.) 905. (44. Bdchn.) n. 1.40; Wörterbuch. (54 S.) n. — 50

Mason, Ch. M., The counties of England. Ausgewählt u. erklärt v. Otto Badke. Rechtmässige Ausg. Mit 5 Abbildgn. u. 1 Karte v. England. 2. sorgfältig durchgeseh. Aufl. (VII, 190 S.) 904. (27. Bdchn.) n. 1.60; Wörterbuch bearb. von Karl Köhler. (54 S.) 906. n. — 50

Seeley, Sir J. R., The growth of Great Britain. Being a selection from the author's 'Expansion of England' and 'Growth of British policy'. Für den Schulgebrauch hrsg. u. erläutert v. K. Fahrenberg. (XII, 156 S.) 905. (43. Bdchn.) n. 1.50; Wörterbuch. (33 S.) 905. n. — 30

Wershoven, F. J., Useful knowledge. Materialien zu Sprechübgn. u. zur Lektüre. Mit Anmerkgn. f. den Schulgebrauch hrsg. 2. Aufl. (VIII, 110 S.) 906. (22. Bdchn.) n. 1.20

— dasselbe. II. Abtlg.: Englische Schriften. 4. 11. 12. 15. 22. 23. 32. 39. u. 46.—53. Bdch. 8. Ebd. Geb. 21.10

Escott, Thom. Hay Sweet, England. Its people, polity, and pursuits. Im Auszuge u. m. Anmerkgn. z. Schulgebrauch hrsg. v. Ernst Regel. Rechtmässige Ausg. 3. Aufl. (VIII, 128 S.) 907. (4. Bdchn.) Geb. 1.40

Fraser, J. Nelson, England. Hrsg. v. Otto Badke. Einzige autoris. Ausg. f. deutsche Schulen. (VIII, 146 S.) 907. (48. Bdchn.) Geb. 1.50; Wörterbuch. Bearb. v. E. Lange. (56 S.) 908. — 50

Gardiner, S. R., England in former times. B. C. 55—A. D. 1066. 1485—1603. Aus Outline of English history ausgewählt u. erklärt v. Adf. Schmidt. Rechtmässige Ausg. (X, 88 S. m. 4 Kartenskizzen.) 907. (46. Bdchn.) Geb. 1.—; Wörterbuch. (44 S.) — 40
— Modern English history from 1837 to the 20th century. Aus Outline of English history ausgewählt u. erklärt v. Adf. Schmidt. Rechtmässige Ausg. (XI, 86 S. m. 2 Kartenskizzen u. 1 farb. Karte.) 907. (47. Bdchn.) Geb. 1.—; Wörterbuch. (52 S.) — 50

Gaskell, Elizab. C., the moorland cottage. Mit biograph. Einleitg. u. Anmerkgn. hrsg. v. A. Cummins u. J. Hengesbach. (XII, 148 S.) 908. (51. Bdchn.) Geb. 1.60; Wörterbuch. Bearb. v. E. Busch. (31 S.) 909. — 30

Hope, Ascott R., stories of English schoolboy life. Ausgewählt u. f. d. Schulgebrauch erklärt v. J. Klapperich. 5. Aufl. (VIII, 116 S.) 909. (12. Bdchn.) Geb. 1.20

Maclaren, Jan (John Watson), young barbarians. Eine Erzählg. aus dem brit. Schülerleben. Im Auszuge u. m. Anmerkgn. zum Schulgebrauch hrsg. v. A. Knobbe. Rechtmässige Ausg. Mit dem Bildnis v. Maclaren. (XV, 135 S.) 908. (50. Bdchn.) Geb. 1.60; Wörterbuch v. A. Knobbe u. W. Schock. (36 S.) 909. — 40

Markham, one century of English history (1758—1858) aus M.'s history of England. Für den Schulgebrauch erklärt v. Hugo Bahrs. 2. Aufl. (VIII, 116 S.) 907. (32. Bdchn.) Geb. 1.20; Wörterbuch. (34 S.) — 30

Mill, John Stuart, on education. Reformausg. (m. Einleitg. u. Anmerkgn. in engl. Sprache) v. A. Knobbe. Mit dem Bildnis v. John Stuart Mill. (VII, 98 S.) 909. (53. Bdchn.) Geb. 1.20; Wörterbuch v. Max Kullnick. (63 S.) 909. — 60
— On liberty. Für den Schulgebrauch bearb. u. erklärt v. Karl Wehrmann. Mit e. Begleitwort v. F. Paulsen. 2. Aufl. (XII, 100 S. m. Bildnis.) 910. (23. Bdchn.) Geb. 1.20

Mohrbutter, Alfr., modern English novels. Ausgewählt u. m. Anmerkgn. f. den Schulgebrauch hrsg. 2. Aufl. (VII, 140 S.) 907. (39. Bdchn.) Geb. 1.40; Wörterbuch. 2. Aufl. (48 S.) 907. — 40

Roosevelt, Theodore, the North-Amerikan wilderness and its game. Ausgewählt v. Max Kullnick. Mit 1 Portr. Autoris. Ausg. (X, 126 S.) 909. (52. Bdchn.) Geb. 1.40; Wörterbuch. (63 S.) — 60.

Tales and stories from American authors. Für den Schulgebrauch hrsg. v. Fritz Meyer. (XI, 115 S.) 908. (49. Bdchn.) Geb. 1.20; Wörterbuch. (61 S.) — 50

Twain, Mark, the prince and the pauper. Im Auszug u. m. Anmerkgn. für den Schulgebrauch hrsg. v. E. Lobedanz. Mit Genehmigg. des Verf. 3. Aufl. Nebst 1 Karte v. Alt-London. (VIII, 162 S.) 909. (15. Bdchn.) Geb. 1.60; Wörterbuch. 2. Aufl. (48 S.) 909. — 40

Wershoven, F. J., great explorers and inventors. Biographien. Für den Schulgebrauch ausgewählt u. erklärt. Mit 2 Abbildgn. u. 2 Karten. 3. Aufl. (VII, 147 S.) 907. (11. Bdchn.) Geb. 1.40
— Useful knowledge. Materialien zu Sprechübgn. u. z. Lektüre. Mit Anmerkgn. f. den Schulgebrauch hrsg. 2. Aufl. (VIII, 110 S.) 906. (22. Bdchn.) Geb. 1.20

Schulbibliothek franz. u. engl. Prosaschriften aus d. neueren Zeit. M. besond. Berücksicht. d. Forderg. d. neuen Lehrpläne hrsg. v. L. Bahlsen u. J. Hengesbach. II. Abtlg.: Engl. Schriften. Wörterbücher zum 1., 4. u. 10. Bdchn. gr. 8. Berlin, R. Gaertner. n. 1.25
1. Wörterbuch zu John Tyndall's fragments of science. Zusammengest. v. Paul Mann. (58 S.) 896. n. — 50
4. Wörterbuch zu Thomas Hay Sweet Escott's England, its people, polity, and pursuits, bearb. v. H. Emecke. (53 S.) 898. n. — 50
10. Wörterbuch zu A tour in the Scottish highlands by W. Black. Von H. Bahrs. (25 S.) 896. n. — 25

Schulbibliothek französischer u. englischer Prosaschriften aus d. neueren Zeit. Mit besond. Berücksicht. der Forderungen d. neuen Lehrpläne hrsg. v. L. Bahlsen u. J. Hengesbach. II. Abtlg.: Englische Schriften. 6., 13. u. 25 Bdchn. Wörterbücher. gr. 8. Berlin [R. Gaertner.]. Weidmann. n. 1.20
6. The Crimean war. By Justin McCarthy. [Aus: History of our own times.] Wörterverzeichnis von W. Gebert. (28 S.) (902.) n. — 30
13. On English life and customs. (Bearb. von H. Conrad.) Wörterbuch, bearb. v. K. Köhler. (54 S.) (902.) n. — 50
25. South Africa. By A. Trollope, J. A. Froude and Lady Barker. Wörterbuch zusammengestellt v. K. Feyerabend. (47 S.) 900. n. — 40

— **dasselbe.** Wörterbücher zum 4. u. 11. Bdchn. 8. Ebd. n. 1.—
4. England, its people, polity, and pursuits. By Thomas Hay Sweet Escott. Bearb. von H. Emecke. 2. Aufl. (53 S.) 906. n. — 50
11. Great explorers and inventors. Von F. J. Wershoven. Vorbereitungen u. Wörterbuch. 2. durchgeseh. u. verb. Aufl. (57 S.) 907. n. — 50

Schulbibliothek französischer u. englischer Prosaschriften aus der neueren Zeit. Wörterbuch zum 16., 20. u. 28. Bdchn. 8. Berlin, Weidmann. 1.35
Barker, Lady, station life in New Zealand. Von J. Hengesbach. 2. Aufl. [20. Bdchn.] (41 S.) 907. — 40
Dickens christmas carol. Zusammengestellt von J. Hengesbach. [28. Bdchn.] (31 S.) 909. — 35
Fyfe, Hamilton, triumphs of invention and discovery in art and science. Zusammengestellt von Jul. Leidolf. [16. Bdchn.] (67 S.) 909. — 60

— **Stolze-Schrey.** Hrsg. v. C. Blootz. I.—VI. Bd. (à 24 S) kl. 8. Berlin 905. Frz. Schulze. à n. — 15
Amicis, Edmondo de, von den Apenninen zu den Anden. Eine Erzählg. f. die Jugend aus „Herz". (Bd. VI.)
Andersen, 3 Märchen. 1. Das Feuerzeug. 2. Der fliegende Koffer. 3. Die roten Schuhe. (Bd. IV.)
Ebner-Eschenbach, Marie v., Krambambuli. — Riese, der, ohne Herz. Ein norweg. Volksmärchen. (Bd. II.)
Schalk, Gust., Beowulfs Heldenfahrt. (Bd. V.)
Volkmann-Leander, Rich. v., Träumereien an französischen Kaminen. a) Pechvogel u. Glückskind, b) Der verrostete Ritter, c) Die künstl. Orgel. (Bd. I.)
Weisflog, Karl, der Pudelmütze 26. Geburtstag. (Bd. III.)

Schul-Bilderbibel, in 30 (lith.) Bildern alten u. neuen Testaments, herausgeg. von Pfarrer Th. Fliedner. Fol. (Berlin 844, Grobe.) n. 4 ℳ

Schul-Bilderbibel, in 40 (lith.) Bildern Alten u. Neuen Testaments, hrsg. v. Th. Fliedner. 2 Hfte. Fol. Kaiserswerth 849. (Leipzig, Gebhardt & Reisland.) n. 3½ ℳ

Schul-Bilderbibel, in 40 (lith.) Bildern m. d. Zugabe e. Stahlstiches, alten u. neuen Testaments, hrsg. v. Th. Fliedner. (4. Aufl.) gr. Fol. Kaiserswerth (884). Buchh. d. Diakonissen-Anstalt. n. 8. —;
Verse dazu. 12. (19 S.) n. — 12

Das Schulblatt 1865 1920
Published in the interest of Lutheran parochial schools by the Teacher's Seminary in Addison.
Addison, IL

Schulblatt, Aargauer. Organ des aargauischen freien Schulvereins. Red.: G. Keller in Zofingen. VI. Jahrg. 1880. 26 Nummern in-4°. Lenzburg, Druck und Exp. von J. H. Oechslin. Per Jahr 2 50

Schul-Blatt, Aargauer. Organ für die Lehrerschaft der Kantone Aargau, Baselland und Solothurn. Neue Folge, 10. Jahrg. 1891. (26 N°). Red. von *R. Hunziker*. N° 1. In-4°. 8 S. Aarau, Buchdr. G. Keller. Jährlich 2 50

— allgemeines. Organ des allgemeinen Lehrervereins im Reg.-Bez. Wiesbaden. 42.—45. Jahrg. 1891—1894. 36 Nrn. (Bog.) gr. 4. Wiesbaden, R. Bechtold & Co.

Vgl. Schulblatt, Allgem., f. d. Reg.-Bez. Wiesbaden.

— allgemeines. Organ d. allgem. Lehrervereins im Reg.-Bez. Wiesbaden. 46.—47. Jahrg. 1895—1896. à 36 Nrn. (à ca. 8 S.) gr. 4. Wiesbaden, R. Bechtold & Co. à Jahrg. 4. 50

— dasselbe. 48. u. 49. Jahrg. 1897—1898. à 36 Nrn. (Bog.) gr. 4. Ebd. à Jahrg. 4. 50

Schulblatt, allgemeines. Organ des allgemeinen Lehrervereins im Reg.-Bez. Wiesbaden. 50.—53. Jahrg. 1899—1902. à 36 Nrn. gr. 4. (à ca. 8 S.) Wiesbaden, R. Bechtold & Co. à Jahrg. 4. 50

Schulblatt, allgemeines. Organ des allgemeinen Lehrervereins im Reg.-Bez. Wiesbaden. 54.—57. Jahrg. 1903—1906. à 36 Nrn. (à ca. 8 S.) gr. 4. Wiesbaden, R. Bechtold & Co. à Jhrg. n. 4. 50

Schulblatt, allgemeines. Organ des allgemeinen Lehrervereins im Reg.-Bez. Wiesbaden. 58.—61. Jahrg. 1907—1910. à 36 Nrn. (à ca. 12 S.) Lex. 8. Wiesbaden. R. Bechtold & Co. à Jahrg. 4. 50

— allgemeines nassauisches. Unter Leitung des herzogl. Schul-Collegiums in Wiesbaden. 1. und 2. Jahrg. Schuljahr 1850—51. 52 Nrn. (Bog.) Fol. Wiesbaden 851, Friedrich's Verlag. *

— dass. — Redig. von G. Seebode. 3. Jahrg. 1852. 46 Nrn. (Bog.) gr. 4. Wiesbaden, Friedrich's Verlag. *

— allgemeines, für Norddeutschland. Red.: E. Moller. 1. Jahrg. 1863. April—Decbr. 18 Nrn. (à 1 Bgn.) Göttingen, Gebr. Hofer. gr. 4. n. 24 ngr

Schulblatt, allgemeines, für Volks- und Mittelschulen. [Neue Folge des Preuß. Schulblattes.] Hrsg. von L. W. Seyffarth. Organ des Landesvereins der preuß. Volksschullehrer, sowie mehrerer Pestalozzi- und Lehrervereine. 1. und 2. Bd. [Der ganzen Reihe 7. und 8. Bd.] Jahrg. 1874. 12 Hefte. gr. 8. (à Heft ca. 60 S.) Leipzig, Siegismund und Volkening. *
Vgl.: Schulblatt, preußisches.

Schulblatt, allgemeines, für Volks- und Mittelschulen. [Neue Folge des Preuß. Schulblatts.] Begründet von L. W. Seyffarth und fortgesetzt von Emil Wolff. 3.—6. Bd. [Der ganzen Reihe 9.—12. Bd.] Jahrg. 1875 und 1876. à Jahrg. 12 Hefte. gr. 8. (à Heft ca. 64 S.) Leipzig, Siegismund und Volkening. à Jahrg. * 9 —
Nicht weiter erschienen.

— allgemeines, für den Reg.-Bez. Wiesbaden. 36.—39. Jahrg. 1885—1888. à Jahrg. 36 Nrn. (Bog.) gr. 4. Wiesbaden, Bechtold und Comp. à Jahrg. 4 50

Schulblatt, allgemeines, f. den Reg.-Bez. Wiesbaden. 40.—43. Jahrg. 1889—1892. à Jahrg. 36 Nrn. (Bog.) gr. 4. Wiesb., Bechtold u. Comp. à Jahrg. 4 50
Vgl. Schulblatt, Allgemeines.

Schulblatt, amtliches (des Kantons Bern). — Feuille officielle scolaire (du Canton de Berne). 1. Jahrg. April 1897—März 1898. 24 N^os^. In-8°. Bern, Staatlicher Lehrmittelverlag. 2 —

Schulblatt, amtliches. Feuille officielle scolaire. 1. Jahrg. April 1897—März 1898. 24 Nrn. (à ca. 24 S.) 8. Bern, P. Haller. n.n. 2. —

— dasselbe. 2. Jahrg. 1898. 24 Nrn. (à ca. 24 S.) 8. n.n. 2. —

— amtliches. Feuille officielle scolaire. 3.—6. Jahrg. 1899—1902. à 24 Nrn. 8. (à ca. 12 S.) Bern, P. Haller. à Jahrg. n.n. 2. —

— amtliches. Feuille officielle scolaire. 7.—10. Jahrg. 1903—1906. à 16 Nrn. (256, 296, 276 u. 284 S.) 8. Bern, P. Haller. à Jhrg. n.n. 2. —

Amtliches **Schulblatt,** Verordnungsblatt f. d. Verwaltungsbez. d. Kgl. Regierung, Abt. f. Kirchen- u. Schulwesen in Cassel. Jg. 1. Cassel 1908: Hof- u. Waisenhaus-Buchdr. 4°
[Erschien bis 1. 4. 1908 als Beilage z. 'Amtsblatt d. Kgl. Reg. zu Cassel' u. d. T. Schulverordnungsblatt.]

Amtliches **Schulblatt** für den Regierungs-Bezirk Allenstein. Jg. 1, No 1. (Allenstein: Kgl. Reg., Abt. f. Kirchen- u. Schulwesen) 1906. 4° [F.] (07. 1148)

Schulblatt, amtliches, f. den Reg.-Bez. Arnsberg. Hrsg. v. der königl. Regierg., Abtheilg. f. Kirchen- u. Schulwesen. 1.—3. Jahrg. Apr. 1891—März 1894. à 12 Nrn. (Bog.) gr. 8. Arnsberg, F. W. Becker. à Jahrg. — 75

— dasselbe. 4. Jahrg. Apr.—Dezbr. 1894. 9 Nrn. (Bog.) gr. 8. Ebd. — 75

— amtliches, f. d. Reg.-Bez. Arnsberg. Hrsg. v. d. kgl. Regierg., Abtheilg. f. Kirchen- u. Schulwesen. 5.—8. Jahrg. 1895—1898. à 12 Nrn. (Bog.) gr. 8. Arnsberg, F. W. Becker. à Jahrg. — 75

— amtliches, f. den Reg.-Bez. Arnsberg. Hrsg. v. der königl. Regierg., Abtheilg. für Kirchen- u. Schulwesen. 9.—12. Jahrg. 1899—1902. à 12 Nrn. gr. 8. (à ca. 12 S.) Arnsberg (F. W. Becker). à Jahrg. — 75; erhöht. Pr. d. 12. Jahrg. n. 1. —

— amtliches, f. den Reg.-Bez. Arnsberg. Hrsg. v. der königl. Regierg., Abteilg. f. Kirchen- u. Schulwesen. 13.—16. Jahrg. 1903—1906. à 12 Nrn. (à ca. 16 S.) gr. 8. Arnsberg (F. W. Becker). à Jhrg. n. 1. —

— amtliches, f. den Reg.-Bez. Arnsberg. Hrsg. v. der königl. Regierg., Abteilg. für Kirchen- und Schulwesen. 17.—20. Jahrg. 1907—1910. à 12 Nrn. (127, 182, 175 u. 152 S.) gr. 8. Arnsberg, (F. W. Becker). à Jahrg. 1. —

Amtliches Schulblatt für den Regierungsbezirk Aurich. (Hrsg. von d. Kgl. Regierung in Aurich.) Jg. 1, Nr 1. Aurich: Tapper 1908. 8°

Amtliches Schulblatt für die Regierungsbezirke Danzig und Marienwerder. (Red. im Bureau d. Kgl. Regierung.) Jg. 1. Marienwerder 1903: R. Kanter. 4° [F.] [06. 6026 10

Amtliches Schulblatt für den Regierungsbezirk Düsseldorf. Jg. 1, Nr 1. (Düsseldorf: Bagel) 1908. 4° [10. 5364

Amtliches Schulblatt für den Regierungs-Bezirk Gumbinnen. Jg. 1. Gumbinnen 1896: W. Krauseneck. 4° [07. 15633

Amtliches Schulblatt für den Regierungsbezirk Hannover. Jg. 1. (Hannover: Jürgens 1904.) 8°

— amtliches, f. den Reg.-Bez. Hildesheim. Hrsg. v. der königl. Regierg. in Hildesheim. 1. Jahrg. April—Dezbr. 1904. 18 Nrn. (147 S.) gr. 8. Hildesheim, A. Lax. n.n. 1.30

— dasselbe. 2. u. 3. Jahrg. 1905 u. 1906. à 24 Nrn. (147 u. 151 S.) gr. 8. Ebd. à Jhrg. n.n. 1.50

— amtliches, f. den Reg.-Bez. Hildesheim. Hrsg. v. der königl. Regierg. in Hildesheim. 4.—6. Jahrg. 1907—1909. à 24 Nrn. (à ca. 8 S.) gr. 8. Hildesheim, A. Lax. à Jahrg. nn 1.50
Nicht durch den Buchhandel zu beziehen.

Amtliches Schulblatt für den Regierungsbezirk Köslin. Jg. 1. Köslin 1898: A. L. Budack's Erben. 4° [F.] [07. 14789

Amtliches Schulblatt für d. Regierungs-Bezirk Liegnitz. Jg. 1. (Liegnitz) 1899: (Heinze). 4° [09. 7371

Amtliches Schulblatt für den Regierungsbezirk Lüneburg. (Jg. 1.) (Lüneburg: Stern) 1904. 4°

— amtliches, f. den Reg.-Bez. Merseburg. Hrsg. v. der königl. Regierg. 1.—3. Jahrg. April 1890—März 1893. à Jahrg. 12 Nrn. gr. 4. (à Nr. ½—1 Bog.) Merseb., Stollberg à Jahrg. 1 —

Schulblatt, amtliches, f. den Reg.-Bez. Merseburg. Hrsg. v. der königl. Regierg. 2.—5. Jahrg. April 1891—März 1895. à 12 Nrn. (à ca. 1 Bog.) gr. 4. Merseburg, Fr. Stollberg. à Jahrg. n. 1. —

— amtliches, f. d. Reg.-Bez. Merseburg. Hrsg. v. d. kgl. Regierg. 6.—9. Jahrg. Apr. 1895—März 1899. à 12 Nrn. (à ca. 4 S.) gr. 4. Merseburg, Fr. Stollberg. à Jahrg. n. 1. —

— amtliches, f. den Reg.-Bez. Merseburg. Hrsg. v. der königl. Regierg. 10.—12. Jahrg. April 1899—März 1902. à 12 Nrn. gr. 4. (à ca. 4 S.) Merseburg, F. Stollberg. à Jahrg. n. 1. —

— dasselbe. 13. Jahrg. April—Dezbr. 1902. 9 Nrn. gr. 4. (à ca. 8 S.) Ebd. n. — 75

— amtliches, f. den Reg.-Bez. Merseburg. Hrsg. v. der königl. Regierg. 14.—17. Jahrg. 1903—1906. à 12 Nrn. (IV, 56; IV, 60; IV, 88 u. IV, 95 S.) Lex.-8. Merseburg, F. Stollberg. à Jhrg. n. 1. —

— amtliches f. den Reg.-Bez. Merseburg. Hrsg. v. der königl. Regierg. 18.—21. Jahrg. 1907—1910. à 12 Nrn. (IV, 96; IV, 122; IV, 94 u. IV, 86 S.) Lex. 8. Merseburg, F. Stollberg. à Jahrg. nn 1.20

Amtliches Schulblatt für den Regierungsbezirk Minden. Hrsg. von d. Kgl. Regierung. Jg. 1. *Minden i. W.: J. C. C. Bruns (1897).* 8° [F.] [03. 6807 6

— amtliches, f. den Reg.-Bez. Minden. Hrsg. von der königl. Regierg. 6. Jahrg. Mai 1902—April 1903. gr. 8. (à ca. 12 S.) Minden, J. C. C. Bruns. n.n. — 90

— amtliches, f. den Reg.-Bez. Minden. Hrsg. von der königl. Regierg. 7.—10. Jahrg. Mai 1903—April 1907. à 12 Nrn. (V, 92; VI, 83; VI, 124 u. VI, 82 S.) gr. 8. Minden, J. C. C. Bruns. à Jhrg. n. 1. —

— amtliches, f. den Reg.-Bez. Minden. Hrsg. von der königl. Regierg. 11.—14. Jahrg. Mai 1907—April 1911. à 12 Nrn. (VI, 108; VI, 112; VI, 100 u. VI, 100 S.) gr. 8. Minden, J. C. C. Bruns. à Jahrg. 1. —

Schulblatt, amtliches, f. den Reg.-Bez. Münster. Hrsg. v. der königl. Regierg. 1.—4. Jahrg. 1903—1906. à 12 Nrn. (à ca. 16 S.) gr. 8. Münster, Univers.-Buchh. F. Coppenrath. à Jhrg. n. 1. —

— amtliches, f. den Reg.-Bez. Münster. Hrsg. von der königl. Regierg. 5. u. 6. Jahrg. 1907 u. 1908. à 12 Nrn. (à ca. 12 S.) gr. 8. Münster, Universitäts-Buchh. F. Coppenrath. à Jahrg. nnn 1. —
Nicht mehr im Buchhandel.

Amtliches Schulblatt für den Regierungsbezirk Osnabrück. Jg. 1, Nr. 1. Osnabrück: (J. G. Kisling) 1908. 8° [F.] [08. 16097 7

— amtliches, des Kantons St. Gallen. N. F. Band II. 1880. 12 Nummern in-8°. St. Gallen, Zollikofer'sche Buchdruckerei. Per Jahr 1 —

— Amtliches, des Kantons St. Gallen. N. F. 6. Band. 1891. (12 N°). N° 1. (S. 169—180). St. Gallen, Zollikofer'sche Buchdr. Jährlich — 80

— amtliches, f. den Reg.-Bez. Schleswig. Red. bei d. königl. Regierg., Abteilg. f. Kirchen- u. Schulwesen. 2. Jahrg. 1909. 24 Nrn. (à ca. 8 S.) Lex. 8. Schleswig, Königl. Regierg. nnn 2.40
Nicht durch den Buchhandel zu beziehen.

— amtliches, f. den Reg.-Bez. Trier. Hrsg. v. der königl. Regierung. 1. Jahrg. Juli 1906—Juni 1907. 12 Nrn. (à ca. 8 S.) Lex.-8. Trier, F. Lintz. n. 2. —

— amtliches, f. den Reg.-Bez. Trier. Hrsg. v. d. königl. Regierg. 2.—5. Jahrg. Juli 1907—Juni 1911. (à ca. 10 S.) Lex. 8. Trier, F. Lintz. à Jahrg. 2.—

— amtliches, für den Reg.-Bez. Wiesbaden. 1. u. 2. Jahrg. 1909 u. 1910. à 24 Nrn. (à ca. 8 S.) Lex. 8. Wiesbaden, R. Bechtold & Co. à Jahrg. 1.50

Schulblatt, Amtliches, des Kts. Zürich 1886–95.

Schulblatt, amtliches, des Kantons Zürich. 1. Jahrg. In monatlichen Nummern. Jeweilen mit Beilage, enthaltend die Gesetze u. Verordnungen des Kantons Zürich betr. das Unterrichtswesen. Verlag der Erziehungsdirektion. 1886. 1 70

— Amtliches, des Kantons Zürich. 6. Jahrg. 1891. (12 N°). N° 1. In-8°. 8 S. Zürich, Kantonaler Lehrmittelverlag. Jährlich 1 70

Schulblatt: Basellandschaftliches Schulblatt

① Herausgegeben von Basellandschaftlichen Schullehrern ② Monatsblatt für Schule und Erziehung - Des Basellandschaftlichen Schulblatts Jahrgang 2 (seit 22. 4. 1846. Beilage zur Neuen Basellandschaftlichen Zeitung) ⑤ 16. 1. 1845 —29. 8. 1846 (Probeblatt vom 5. 11. 1844. Unterbrechung des Erscheinens vom Anfang des Jahres 1846 bis zum 22. 4. 1846) ⑥ 4° ⑦ alle 14 Tage (1845); Monatsblatt (1846) ⑧ Liestal: W. Honegger ⑩ Johann Jakob Müller ⑪ Johann Jakob Müller ⑫ liberal ⑭ Bs: Bibl. des Kantonalen Lehrerseminars.

Schulblatt, Berner. Organ der freisinnigen bern. Lehrerschaft. Redact.: R. Scheuner. 13.—17. Jahrg. 1880—1884. à Jahrg. 52 Nrn. (à Nr. 1/2—3/4 Bog.) gr. 4. Bern, (Huber und Comp.) à Jahrg. *

Schulblatt, Berner. Organ der freisinn. bern. Lehrerschaft. Red.: R. Scheuner. 17—19. Jahrg. 1884—1886. à 52 Nrn. (à 1/2—3/4 B.) gr. 4. Bern, Huber & Co. à Jahrg. n. 7. - -

— Berner. Organ der freisinn. bernischen Lehrerschaft. Red.: R. Scheuner. 20.—22. Jahrg. 1887—1889. à 52 Nrn. (à 3/4—1 B.) gr. 4. Bern, (Huber & Co.). à Jahrg. n. 7. —

— dasselbe. Red.: J. Grünig. 23. Jahrg. 1890. 52 Nrn. (B.) gr. 4. Ebd. n. 7. 20

Schulblatt, Berner. Organ der freisinnigen bernischen Lehrerschaft. 24. Jahrg. 1891. (52 N°). Red. von *J. Grünig.* In-8°. Bern, J. Schmidt. Jährlich 5 20

— Berner. Organ der freisinn. bernischen Lehrerschaft. Red.: J. Grünig. 24.—27. Jahrg. 1891—1894. à 52 Nrn. (Bog.) gr. 8. Bern, (H. Körber). à Jahrg. n. 7. 20

— Berner. Organ d. freisinn. bern. Lehrerschaft. Red.: J. Grünig. 28. Jahrg. 1895. 52 Nrn. (Bog.) gr. 8. Bern (H. Körber). n. 7. 20

— Berner. Organ d. freisinn. bern. Lehrerschaft. Red.: Samuel Jost. 35. Jahrg. 1902. 52 Nrn. gr. 8. (à ca. 16 S.) Bern (H. Körber). n. 7. 20

Schulblatt, Berner. Organ der freisinn. bern. Lehrerschaft. Red.: Samuel Jost. 36.—38. Jahrg. 1903 bis 1905. à 52 Nrn. (à ca. 16 S.) gr. 8. Bern (H. Körber). à Jhrg. n. 7. 20

— dasselbe. 39. Jahrg. 1906. 52 Nrn. (à ca. 16 S.) gr. 8. Bern, Büchler & Co. n.n. 4. 20

— Berner. Organ der freisinn. bern. Lehrerschaft. Red.: Samuel Jost. 40.—43. Jahrg. 1907—1910. à 52 Nrn. (à ca. 16 S.) gr. 8. Bern, Büchler & Co. à Jahrg. nn 4. 20

Schulblatt f. d. Prov. Brandenburg, hrsg. v. Otto Schulz, F. L. Striez, u. H. W. Ule. 1—7. Jahrg. 1836—42. à 4 Hfte. gr. 8. Berlin, (L. Oehmigke.) à J. *

Schulblatt für die Provinz Brandenburg, hrsg. von Otto Schulz, F. L. Striez, H. W. Ule. 8—12. Jahrg. 1843—47. gr. 8. Berlin, (L. Oehmigke.) [8—11. Jahrg. à 4 Hfte. à J. * 1 Thlr. 10 Ngr., 12. J. 12 Hfte. * 1 Thlr. 25 Ngr. *
1—7. Jahrg. 1836—42. Ebendas. à J. * 1 Thlr. 10 Ngr.

Schulblatt für die Provinz Brandenburg, hrsg. von F. L. Striez, H. W. Ule und K. Bormann. 13—17. Jahrg. 1848—52. à Jahrg. 12 Hefte. (à 4—5 Bog.) gr. 8. Berlin, (L. Oehmigke.) à Jahrg. *
Der 13. und 14. Jahrg. wurde von Otto Schulz, F. L. Striez und H. W. Ule redigirt.

Schulblatt für die Provinz Brandenburg, hrsg. von F. L. Striez, H. W. Ule, C. Bormann. 18. Jahrg. 1853. 12 Hefte. gr. 8. Berlin, (L. Oehmigke's Verlag.) *

—— dass. — hrsg. von F. L. Striez, C. Bormann, Reichhelm. 19. und 20. Jahrg. 1854 und 1855. à Jahrg. 12 Hefte. gr. 8. Ebds. à Jahrg. *

—— dass. — hrsg. von F. L. Striez, C. Bormann, Reichhelm. 21. Jahrg. 1856. 12 Hefte. gr. 8. (1. und 2. Heft 128 S.) Berlin, (Wiegandt und Grieben.) *

Schulblatt, für die Provinz Brandenburg, hrsg. von F. L. Striez, C. Bormann, Reichhelm. 22—26. Jahrg. 1857—61. à Jahrg. 12 Hefte. gr. 8. (à Heft 60—70 S.) Berlin, (Wiegandt und Grieben.) à Jahrg. *

—— für die Provinz Brandenburg, hrsg. von F. L. Striez, K. Bormann und C. Reichhelm. 27.—30. Jahrg. 1862—65. à Jahrg. 12 Hefte. gr. 8. (à Heft 60—70 S.) Berlin, (Wiegandt und Grieben.) à Jahrg. *

—— dass. — hrsg. von K. Bormann, C. Reichhelm, C. Hohenhorst. 31. und 32. Jahrg. 1866 und 1867. à Jahrg. 12 Hefte. gr. 8. (à Heft 60—70 S.) (Ebendas.) à Jahrg. *

—— für die Provinz Brandenburg, hrsg. von K. Bormann, C. Reichhelm, C. Hohnhorst. 33.—38. Jahrg. 1868—1873. à Jahrg. 12 Hefte. gr. 8. (à Heft ca. 48—64 S.) Berlin, (Wiegandt und Grieben.) à Jahrg. *

—— dass. — hrsg. von K. Bormann, C. Reichhelm und Conditt. 39. Jahrg. 1874. 12 Hefte. gr. 8. (à Heft ca. 48—64 S.) (Ebendas.) *

—— für die Provinz Brandenburg hrsg. von K. Bormann, C. Reichhelm und Conditt. 40. Jahrg. 1875. 12 Hefte. gr. 8. (à Heft ca. 40—50 S.) Berlin, (Wiegandt und Grieben.) * 5 50
—— dass. — Hrsg. von K. Bormann, C. Reichhelm und Schaller. 41.—44. Jahrg. 1876—1879. à Jahrg. 12 Hefte. gr. 8. (à Heft ca. 40—50 S.) (Ebendas.) à Jahrg. * 5 50

—— für die Prov. Brandenburg, hrsg. von K. Bormann, C. Reichhelm und Schaller. 45. Jahrg. 1880. 12 Hefte. gr. 8. (à Heft ca. 36 S.) Berlin, (Wiegandt und Grieben.) *

—— dass. — hrsg. von K. Bormann, Schumann und Schaller. 46. und 47. Jahrg. 1881 und 1882. à Jahrg. 12 Hefte. gr. 8. (à Heft ca. 36 S.) (Ebendas.) à Jahrg. *

—— dass. — hrsg. von Schumann und Schaller. 48. Jahrg. 1883. 12 Hefte. gr. 8. (à Heft ca. 36 S.) (Ebendas.) *

—— dass. — hrsg. von Schumann. 49. Jahrg. 1884. 12 Hefte. gr. 8. (à Heft ca. 36 S.) (Ebendas.) *

—— für die Prov. Brandenburg, hrsg. von Schumann. 50. Jahrg. 1885—1888. à Jahrg. 12 Hefte. gr. 8. (à Heft ca. 7—8 Bog.) Berlin, (Wiegandt und Grieben.) à Jahrg. *

—— für d. Prov. Brandenburg. Unter Mitwirkg. v. Schaller, Ruete, Schultze, Trinius hrsg. v. Schumann. 54.—57. Jahrg. 1889—1892. à Jahrg. 6 Doppelhefte. gr. 8. (à Doppelheft ca. 100 S.) Berl., (Wiegandt u. Grieben). à Jahrg. * 5 50

— f. die Prov. Brandenburg. Unter Mitwirkg. v. Ruete, Schultze, Trinius, Mühlmann hrsg. v. Schumann. 56.—59. Jahrg. 1891—1894. à 6 Doppelhfte. gr. 8. (à Doppelhft. 112 S.) Berlin, (Wiegandt & Grieben). à Jahrg. n. 5. 50

— f. d. Prov. Brandenburg. Unt. Mitwirkg. v. Gast, Ruete, Schultze, Trinius hrsg. v. Schumann. 60.—63. Jahrg. 1895—1898. à 6 Doppelhfte. (à ca. 7 Bog.) gr. 8. Berlin (Wiegandt & Grieben). à Jahrg. n. 5. 50

— für die Prov. Brandenburg. Unter Mitwirkg. von Gast, Schultze, Trinius hrsg. von Schumann. 64.—67. Jahrg. 1899—1902. à 6 Doppelhfte. gr. 8. (à Doppelheft ca. 112 S.) Berlin (Wiegandt & Grieben). à Jahrg. n.n. 5. 50

— für die Prov. Brandenburg. Unter Mitwirkung von Gast, Schultze, Trinius hrsg. von Schumann. 68. bis 71. Jahrg. 1903—1906. à 6 Doppelhefte. (656, 656, 656 u. 592 S.) gr. 8. Berlin (Wiegandt & Grieben). à Jhrg. n.n. 5. 50

— für d. Prov. Brandenburg. Unter Mitwirkg. v. Gast, Schultze, Trinius hrsg. v. Schumann. 72. u. 73. Jahrg. 1907—1908. à 6 Doppelhefte. (576 u. 592 S.) gr. 8. Berlin (Wiegandt & Grieben). à Jahrg. nn 5. 50.
Erscheint nicht mehr.

— für die Herzogtümer Braunschweig u. Anhalt. Vereinsorgan d. braunschweig. Landes- u. d. anhalt. Lehrer-Vereins. Schriftleiter: M. Salomon. 20.—23. Jahrg. 1907—1910. 24, 24, 24 u. 36 Nrn. (628, 652, 700 u. 772 S.) gr. 8. Braunschweig, E. Appelhans & Co. à Jahrg. 4. —
Vgl. Schulblatt, Neues braunschweig.

— Bremer. Schriftleiter: H. Lüdemann. 1.—4. Jahrg. Oktbr. 1895—Septbr. 1899. à 12 Nrn. (Bog.) gr. 4. Bremen, E. Hampe. à Jahrg. n. 2. —

— Bremer. Schriftleiter: H. Lüdemann. 5.—8. Jahrg. Oktbr. 1899—Septbr. 1903. à 12 Nrn. gr. 4. (à ca. 8 S.) Bremen, E. Hampe. à Jahrg. n. 2. —

— Bremer. Leitung: H. Lüdemann. 9.—12. Jahrg. Oktbr. 1903—Septbr. 1907. à 12 Nrn. (108, 106, 86 u. 96 S.) gr. 4. Bremen, E. Hampe. à Jhrg. 2. —

— Bremer. Leitung: H. Lüdemann. 13.—16. Jahrg. Oktbr. 1907—Septbr. 1911. à 12 Nrn. (à Jahrg. 96 S.) Lex. 8. Bremen, E. Hampe. à Jahrg. 2. —

—— deutsches, und pädagogisches Literaturblatt, hrsg. von Werner Werther. 1. Jahrg. 1878. 12 Hefte. (à 3 Bog.) Lex.-8. Mannheim, Bensheimer. 8 —
Nicht weiter erschienen.

— elsässisches. Spezial-Organ f. Erziehg., Unterricht u. amtl. Berichte. Unter Mitwirkg. v. Lehrern u. Schulmännern hrsg. v. Theoph. Hatt. 1. Jahrg. 1871. April—Dezbr. 18 Nrn. (B.) hoch 4. Straßburg, (Schmidt.) n. 6. 40

— dasselbe. 2. u. 3. Jahrg. 1872 u. 1873 à 24 Nrn. (2 B.) hoch 4. Ebend. à Jahrg. n. 8. 60

— dasselbe. 4. Jahrg. 1874. 24 Nrn. (2 B.) hoch 4. Straßburg, Schultz & Co. n. 8. —

—— elsässisch-lothringisches. Central-Organ für Erziehung, Unterricht und amtl. Berichte in Elsaß-Lothringen. Unter Mitwirkung von Schulmännern hrsg. von Theophil Hatt. 5.—9. Jahrg. 1875—1879. à Jahrg. 24 Nrn. (à 2—4 Bog.) hoch 4. Straßburg, Schultz und Comp.
Jahrg. 1875—1878 à * ℳ 8.; Jahrg. 1879 * 6 40

—— elsässisch-lothringisches. Central-Organ für Erziehung, Unterricht und amtliche Berichte in Elsaß-Lothringen. Unter Mitwirkung von Schulmännern hrsg. von Theophil Hatt. 10.—12. Jahrg. 1880—1882. à Jahrg. 24 Nrn. (à Nr. 1—1½ Bog.) Lex.-8. Straßburg, Schultz und Comp. à Jahrg. *

— Elsaß-Lothringisches. Central-Organ f. Erziehg., Unterricht u. amtl. Berichte in Elsaß-Lothringen. Begründet v. Theophil Hatt u. unter Mitwirkg. v. Bock, v. Cöllen, Dehmelt ꝛc. fortgeführt v. Paul Zänker u. Ewald Bauch. 13—16. Jahrg. 1883—1886. à 24 Nrn. (à 1—1½ B.) Lex.-8. Straßburg 883. Schultz & Co. à Jahrg. n.n. 6. 40

— Elsaß-Lothringisches. Central-Organ f. Erziehg., Unterricht u. amtliche Berichte in Elsaß-Lothringen. Special-Organ des Elsaß-Lothring. Lehrerwaisenstifts. Begründet v. Th. Hatt u. unter Mitwirkg. namhafter Schulmänner hrsg. v. P. Zänker. 17. 18. Jahrg. 1887. 1888. à 24 Nrn. (à 1—1½ B.) Lex.-8. Straßburg, Straßburger Druckerei u. Verlagsanstalt. à Jahrg. n.n. 6. 40

— dasselbe. 19. Jahrg. 1889. 24 Nrn. (à 1—1½ B.) Lex.-8. Ebd. n.n. 8. —

— dasselbe. 20. Jahrg. 1890. 24 Nrn. (à 1—1½ B.) Lex.-8. Ebd. n.n. 6. 40

— Elsaß-Lothringisches. Central-Organ f. Erziehg., Unterricht u. amtliche Berichte in Elsaß-Lothringen. Spezial-Organ d. Elsaß-Lothring. Lehrerwaisenstifts. Begründet v. Theophil Hatt u. unter Mitwirkg. namhafter Schulmänner hrsg. v. Paul Zänker. 21.—24. Jahrg. 1891—1894. à 24 Nrn. (à ca. 1½ Bog.) Lex.-8. Straßburg i/E., Straßburger Druckerei u. Verlagsanstalt. à Jahrg. n.n. 6. 40

— Elsaß-Lothringisches. Central-Organ f. Erziehg., Unterricht u. amtl. Berichte in Elsaß-Lothringen. Spezial-Organ d. Elsaß-Lothring. Lehrerwaisenstifts. Begründ. v. Theophil Hatt u. unt. Mitwirkg. namhafter Schulmänner hrsg. v. Paul Zänker. 25.—28. Jahrg. 1895—1898. à 24 Nrn. (Bog.) Lex.-8. Straßburg, Straßburger Druckerei u. Verlagsanstalt. à Jahrg. n.n. 6. 40

— elsaß-lothringisches. Central-Organ f. Erziehung, Unterricht u. amtl. Berichte in Elsaß-Lothringen. Special-Organ des elsaß-lothring. Lehrerwaisenstifts. Begründet v. Theophil Hatt u. unter Mitwirkg. namhafter Schulmänner hrsg. v. Paul Zänker. 29. Jahrg. 1899. 24 Nrn. Lex.-8. (à ca. 16 S.) Straßburg, Straßburger Druckerei u. Verlagsanstalt. n.n. 6. 40

— dasselbe. Begründet v. Theophil Hatt, fortgeführt von Paul Zänker u. unt. Mitwirkg. namhafter Schulmänner hrsg. v. Bruno Stehle. 30.—32. Jahrg. 1900—1902. à 24 Nrn. Lex.-8. (à ca. 16 S.) Ebd. à Jahrg. n.n. 5. —

— elsaß-lothringisches. Zentral-Organ f. Erziehung, Unterricht u. amtl. Berichte in Elsaß-Lothringen. Spezial-Organ des elsaß-lothr. Lehrerwaisenstifts u. des Vereins f. Zeichen- u. Kunstunterricht. Begründet von Theophil Hatt, fortgeführt v. Paul Zänker u. unter Mitwirkung namhafter Schulmänner hrsg. v. Bruno Stehle. 33. bis 36. Jahrg. 1903—1906. à 24 Nrn (à ca. 20 S.) Lex.-8. Straßburg, Straßburger Druckerei u. Verlagsanstalt. à Jhrg. n.n. 5. —

— elsaß-lothringisches. Zentral-Organ f. Erziehg., Unterricht u. amtl. Berichte in Elsaß-Lothringen. Spezial-Organ des elsaß-lothring. Lehrerwaisenstifts. Begründet v. Theophil Hatt, fortgeführt v. Paul Zänker u. unter Mitwirkg. namhafter Schulmänner hrsg. von Bruno Stehle. 37.—40. Jahrg. 1907—1910. à 24 Nrn. (IV, 498; V, 524; IV, 530 u. IV, 534 S.) Lex. 8. Straßburg, Straßburger Druckerei u. Verlagsanstalt. à Jahrg. nn 5. —

— evangelisches. In Verbindung mit Landfermann, Back, Zahn ꝛc. herausg. von Frdr. Wilh. Dörpfeld. 5—8. Bd. Jahrg. 1861—64. à 12 Nrn. (à 2 Bgn.) Gütersloh, Bertelsmann in Comm. gr. 8. Jeder Jahrg. n. 1 ℛ

Vgl.: Schulblatt, evangel., für Rheinland u. Westphalen.

— evangelisches. In Verbindung mit Landfermann, Back, Zahn ꝛc. hrsg. von Friedr. Wilh. Dörpfeld. 9. u. 10. Bd. Jahrg. 1865 u. 66. à Jahrg. 12 Nrn. (à 2 Bgn.) Gütersloh, (Bertelsmann's Verl.) gr. 8. 9. Bd. n. 1 ℛ; 10. Bd. n. 1 ℛ 10 ngr

—— dass. — In Verbindung mit Landfermann, Zahn, Hasse hrsg. von Friedr. Wilh. Dörpfeld. 11. Bd. Jahrg. 1867. 12 Hefte. (à ca. 2 Bog.) gr. 8. Ebendas. *

—— evangelisches. In Verbindung mit Landfermann, Zahn, Hasse ꝛc. hrsg. von Friedr. Wilh. Dörpfeld. 12. und 13. Bd. Jahrg. 1868 und 1869. à Jahrg. 12 Hefte. (à ca. 2 Bog.) gr. 8. Gütersloh, Bertelsmann's Verlag. à Jahrg. *

— evangelisches, begründet v. Fr. W. Dörpfeld. In Verbindg. m. Heine, Rein, Brandt ꝛc. hrsg. v. D. Horn u. A. Hollenberg. 38. Jahrg. 1894. 12 Nrn. (à ca. 2½ Bog.) gr. 8. Ebd. n. 6. —

— evangelisches, begründet v. Fr. W. Dörpfeld. In Verbindg. m. Heine, Rein, Lettau ꝛc. hrsg. v. D. Horn, A. Hollenberg u. G. v. Rohden. 39.—42. Jahrg. 1895—1898. à 12 Nrn. (à ca. 3 Bog.) gr. 8. Gütersloh, C. Bertelsmann. à Jahrg. n. 6. —

— evangelisches, begründet v. Fr. W. Dörpfeld. In Verbindg. m. Heine, Rein, Lettau u. a. hrsg. von D. Horn, A. Hollenberg u. G. v. Rohden. 43.—46. Bd. Jahrg. 1899—1902. à 12 Nrn. gr. 8. (à ca. 56 S.) Gütersloh, C. Bertelsmann. à Jahrg. n. 6. —

— dasselbe. Inhaltsverzeichnis üb. d. ersten 40 Bde. Zusammengestellt v. A. Hollenberg. gr. 8. (46 S.) Ebd. 899. n. — 80

— evangelisches, begründet von Fr. W. Dörpfeld. In Verbindung m. A. Hollenberg, G. v. Rhoden, Achinger u. a. hrsg. v. Dietr. Horn. 47.—50. Bd. Jahrg. 1903—1906. à 12 Nrn. (536, 518, 528 u. 532 S.) gr. 8. Gütersloh, C. Bertelsmann. à Jhrg. n. 6. —

Schulblatt, evangelisches, begründet v. Fr. W. Dörpfeld. In Verbindg. m. E. Hindrichs, C. Flotz, G. v. Rhoden u. a. hrsg. v. C. Achinger. 51.—54. Bd. Jahrg. 1907—1910. à 12 Nrn. (532, 528, 532 u. 528 S.) gr. 8. Gütersloh, C. Bertelsmann. à Jahrg. 6. —

—— evangelisches. Zugleich Organ des evangel. Schulvereins in Bayern. Redact.: Weigel. 6.—8. Jahrg. Juli 1872—Juni 1875. à Jahrg. 52 Nrn. (à ½ Bog.) gr. 8. Nürnberg, Löhe. 6. und 7. Jahrg. à *
8. Jahrg. *

—— evangelisches. Zugleich Organ des evangel. Schulvereins in Bayern. Redact.: Weigel. 9.—13. Jahrg. Juli 1875—Juni 1880. à Jahrg. 52 Nrn. (à ½ Bog.) Nürnberg, Löhe's Buchh. à Jahrg. * 3 60

Schulblatt, evangelisches. Zugleich Organ des evangel. Schulvereins in Bayern. Redact.: Weigel. 14.—18. Jahrg. Juli 1880—Juni 1885. à Jahrg. 24 Nrn. (à Nr. ½ Bog.) Nürnberg, Löhe's Buchh. à Jahrg. **

— evangelisches. Organ des evangel. Schulvereins in Bayern. Red.: Werlin. 42. u. 43. Jahrg. 1908 u. 1909. à 12 Nrn. (à ca. 12 S.) 8. Rothenburg o/T. (J. P. Peter.) Nicht im Buchhandel. à Jahrg. nnn 2. —

— evangelisches, für Rheinland und Westphalen. In Verbindung mit Landfermann, Back, Zahn, Bühring ꝛc. redig. von A. Kötter und F. W. Dörpfeld. 1. Jahrg. Juli—Decbr. 1857. 6 Nrn. (à 1 Bgn.). Gütersloh, Bertelsmann. Lex.-8. n. 12½ ngr

— — 2. Jahrg. 1858. 12 Nrn. (à 1—1½ Bgn.). Ebend. Lex.-8. n. 25 ngr

— evangelisches, für Rheinland u. Westphalen. In Verbindung mit Landfermann, Back, Zahn ꝛc. redigirt von A. Kötter u. F. W. Dörpfeld. 3. u. 4. Jahrg. 1859 u. 60. à 12 Nrn. (à 1—1½ Bgn.) Gütersloh, Bertelsmann in Comm. gr. 8. Jeder Jahrg. n. 25 ngr

Fortsetzung hiervon s. Schulblatt, evangelisches.

— evangelisches, für die Provinz Sachsen. Redact.: Jul. Richter. Jahrg. 1865. Juli bis Dezbr. 13 Nrn. (Bgn.) Osterburg, Doeger. gr. 8. n. 20 ngr

— evangelisches, u. deutsche Schulzeitung. In Verbindg. m. Landfermann, Zahn, Hasse ꝛc. red. v. Frdr. Wilh. Dörpfeld u. Dietr. Horn. 15—20. Bd. Jahrg. 1871—1876 à 24 Nrn. (à ca. 2 B.) gr. 8. Gütersloh, Bertelsmann. à Jahrg. n. 4. 50

—— dass. — und deutsche Schulzeitung. Hrsg. von denselben. 14.—18. Bd. Jahrg. 1870—1874. à Jahrg. 24 Nrn. (à ca. 2 Bog.) gr. 8. Ebendas. à Jahrg. *

— evangelisches, u. deutsche Schulzeitung. In Verbindung mit Landfermann, Zahn, Ziller ꝛc. red. von F. W. Dörpfeld u. Dietr. Horn. 21—23. Bd. Jahrg. 1877—1879. à 18 Nrn. (à 1—2½ B.) gr. 8. Gütersloh, Bertelsmann. à Jahrg. n. 4. 50

—— evangelisches, und deutsche Schulzeitung. In Verbindung mit Landfermann, Zahn, Ziller ꝛc. revid. von Fr. Wilh. Dörpfeld. 24.—26. Bd. Jahrg. 1880—1882. à Jahrg. 18 Nrn. (à Nr. 1—3 Bog.) gr. 8. Gütersloh, Bertelsmann. à Jahrg. *

—— dass. — In Verbindung mit Zahn, Finger, Heine ꝛc. revid. von Fr. Wilh. Dörpfeld. 27. und 28. Jahrg. 1883 und 1884. à Jahrg. 18 Nrn. (à Nr. 1—3 Bog.) gr. 8. Ebendas. à Jahrg. *

—— evangelisches, und deutsche Schulzeitung. In Verbindung mit Zahn, Finger, Heine ꝛc. redig. von Fr. Wilh. Dörpfeld. 29. Jahrg. 1885. 18 Nrn. (à Nr. 1—3 Bog.) gr. 8. Gütersloh, Bertelsmann. *

Schulblatt, evangelisches, und deutsche Schulzeitung. In Verbindung mit Zahn, Finger, Heine ꝛc. redig. von Fr. Wilh. Dörpfeld. 30.—32. Jahrg. 1886—1888. à Jahrg. 12 Nrn. (à Nr. 2½ Bog.) gr. 8. Gütersloh, Bertelsmann. à Jahrg. * 6 —

— evangelisches, u. deutsche Schulzeitung. Redig. v. Fr. Wilh. Dörpfeld. 33.—36. Jahrg. 1889—1892. à Jahrg. 12 Nrn. (à Nr. 2½ Bog.) gr. 8. Gütersloh, Bertelsmann. à Jahrg. * 6 —
Vgl. Schulblatt, Evangelisches.

— evangelisch-lutherisches. Monatliche Zeitschrift für Sachen der Erziehung u. des Unterrichts. Herausg. von der Schullehrer-Conferenz des westl. Districts der deutschen evangel.-luther. Synode von Missouri, Ohio u. a. St. Red. von J. C. W. Lindemann. 2. Jahrg. 1868. 12 Hefte (à ca. 2 Bgn.). St. Louis, Mo. (Philadelphia, Schäfer & Koradi.) gr. 8. n. 2 ₰ 10 ngr.

Schulblatt, evangelisch-lutherisches. Monatsschrift für Erziehung und Unterricht. Hrsg. von der deutschen evangel.-luther. Synode von Missouri, Ohio und anderen Staaten. Revid. von J. C. W. Lindemann und C. A. T. Selle. 3.—9. Jahrg. 1868—1874. à Jahrg. 12 Hefte. (à ca. 2 Bog.) gr. 8. St. Louis, Mo. (Dresden, Naumann.) à Jahrg. *

— evangelisch-lutherisches. Monatsschrift für Erziehung und Unterricht. Hrsg. von der deutschen evangelisch-luther. Synode von Missouri, Ohio u. a. Staaten. Redig. von J. C. W. Lindemann und C. A. T. Selle. 10. und 11. Jahrg. 1875 und 1876. à Jahrg. 12 Hefte. (à ca. 2 Bog.) gr. 8. St. Louis, Mo. (Dresden, J. H. Naumann.) à Jahrg. * 9 —
— dass. — Redig. vom Lehrer-Collegium des Seminars in Addison. 12.—14. Jahrg. 1877—1879. à Jahrg. 12 Hefte. (à 2 Bog.) gr. 8. St. Louis, Mo. (Ebendas.) Jahrg. 1877 * ℳ 9.; Jahrg. 1878 und 1879 à * 10 —

— evangelisch-lutherisches. Monatsschrift für Erziehung und Unterricht. Hrsg. von der deutschen evangelisch-luther. Synode von Missouri, Ohio u. a. Staaten. Redig. vom Lehrer-Collegium des Seminars in Addisson. 15.—19. Jahrg. 1880—1884. à Jahrg. 12 Hefte. (Bog.) gr. 8. St. Louis, Mo. (Dresden, H. J. Naumann.) 1880 und 1881 à Jahrg. * 1882—1884 à Jahrg. *

— dasselbe. 20. u. 21. Jahrg. 1885 u. 1886. à 4 Hfte. (3 B.) gr. 8. Ebend. à Jahrg. n. 4. —

— evangelisch-lutherisches. Monatsschrift f. Erziehg. u. Unterricht. Hrsg. v. der deutschen ev.-luth. Synode v. Missouri, Ohio u. a. St. Redig. im Namen d. Lehrerkollegiums d. Seminars in Addison v. E. A. W. Krauß. 24.—27. Jahrg. 1889—1892. à Jahrg. 12 Hefte. (à Heft 2 Bog.) gr. 8. St. Louis, Mo. (Dresd., H. J. Naumann.) 24. Jahrg. * 8 —; 25.—27. Jahrg. à * 7 —

— evangelisch-lutherisches. Monatsschrift f. Erziehg. u. Unterricht. Hrsg. v. der deutschen ev.-luth. Synode v. Missouri, Ohio u. a. St. Red. im Namen des Lehrerkollegiums des Seminars in Addison v. E. A. W. Krauß. 26.—28. Jahrg. 1891—1893. à 12 Hfte. (à ca. 2 Bog.) gr. 8. St. Louis, Mo. (Zwickau, Schriftenverein.) à Jahrg. n. 7. —

— evangelisch-lutherisches. Monatsschrift f. Erziehg. u. Unterricht. Hrsg. v. d. deutschen ev.-luth. Synode v. Missouri, Ohio u. a. St. Red. im Namen d. Lehrerkollegiums d. Seminars in Addison v. E. A. W. Krauß u. F. Lindemann. 30.—33. Jahrg. 1895—1898. à 12 Hfte. (à Hft. ca. 32 S.) gr. 8. St. Louis, Mo. (Zwickau, Schriftenverein.) à Jahrg. n. 7. —

— evangelisch-lutherisches. Monatsschrift f. Erziehg. u. Unterricht. Hrsg. v. der deutschen ev.-luth. Synode v. Missouri, Ohio u. a. St. Red. im Namen des Lehrerkollegiums des Seminars in Addison v. E. A. W. Krauß u. F. Lindemann. 34.—37. Jahrg. 1899—1902. à 12 Hfte. gr. 8. (à ca. 32 S.) St. Louis, Mo. (Zwickau, Schriften-Verein.) à Jahrg. n. 7. —

— evangelisch-lutherisches. Monatsschrift f. Erziehg. u. Unterricht. Hrsg. v. der deutschen ev.-luth. Synode v. Missouri, Ohio u. a. St. Im Namen des Lehrerkollegiums des Seminars in Addison red. v. F. Lindemann. 38.—41. Jahrg. 1903—1906. à 12 Hefte. (à Jahrg. IV, 384 S.) gr. 8. St. Louis, Mo. (Zwickau, Schriften-Verein.) à Jhrg. n. 7. —

— evangelisch-lutherisches. Monatsschrift f. Erziehg. u. Unterricht. Hrsg. v. der deutschen ev.-luth. Synode v. Missouri, Ohio u. a. St. Red. v. dem Lehrerkollegium des Seminars in Addison. 42.—45. Jahrg. 1907—1910. à 12 Hefte. (à Jahrg. IV, 384 S.) gr. 8. St. Louis, Mo. (Zwickau, Schriften-Verein.) à Jahrg. 6. —

— evang.-luth. f. Schleswig-Holstein u. and. deutsche Landesteile. Schriftleitung: J. G. Asmussen. 3. Jahrg. 1897. 52 Nrn. (à ca. 6 S.) hoch 4. Flensburg, Buchhdlg. d. ev.-luth. Schulblattes. n. 4. —

— evang.-luth., e. Wochenschrift zur Förderung bibl. Pädagogik. Schriftleitg. J. G. Asmussen. 4. Jahrg. 1898. 52 Nrn. (à ca. 12 Sp.) hoch 4. Flensburg, Buchh. d. ev.-luther. Schulblattes. n. 4. —
Kann auch vierteljährlich bezogen werden.

— evang.-luth., e. Wochenschrift zur Förderg. bibl. Pädagogik. Schriftleitung: J. G. Asmussen. 5.—7. Jahrg. 1899—1901. à 52 Nrn. hoch 4. (à 8—12 Sp.) Flensburg, Buchh. des ev.-luth. Schulblatts. à Jahrg. n. 4. —

— evang.-luth., e. Monatsschrift zur Förderung bibl. Pädagogik. Organ des deutschen evang.-luth. Schulvereins. In Verbindung mit J. v. Barm, Beißenherz, L. Bernsdorf u. a. hrsg. von J. G. Asmussen. 8. Jahrg. Juli 1902 - Juni 1903. 12 Hefte. (IV, 240 S.) 8. Flensburg. Rendsburg, Schulblattvereinigg. n. 4. 50

— dasselbe. 9. Jahrg. Juli 1903—Dezbr. 1904. 18 Hefte. (IV. 360 S.) 8. Ebd. n. 6. 75

— dasselbe. 10. u. 11. Jahrg. 1905 u. 1906. à 12 Hefte. (à Jahrg. IV, 240 S.) 8. Ebd. à Jhrg. n. 4. 50

— evang.-luth., e. Monatsschrift zur Förderg. bibl. Pädagogik. Organ d. deutschen evang.-luth. Schulvereins. In Verbindg. m. Bernsdorf, M. Th. Christiansen, Cornelius u. a. hrsg. v. J. G. Asmussen. 12. Jahrg. 1907. 12 Hefte. (à ca. 20 S.) 8. Flensburg. Rendsburg, Expedition. (Nur direkt.) 4. 50
Fortsetzg., s.: Kirchen- u. Schulblatt, schleswig-holstein-lauenburgisches.

— für Franken. Herausg. von J. H. Lutz. (1.) Jahrg. Juli —Decbr. 1856. 6 Nrn. (à ½ Bgn.). Erlangen. (Ansbach, Seybold.) gr. 8. n. 7½ ngr.

— freisinniges, aus Süd-Deutschland. Eine Vierteljahrsschrift für das Volksschulwesen, hrsg. von Geo. Lutz. 1.—3. Jahrg. 1870—1872. à Jahrg. 4 Hefte. (à Heft 80 S.) gr. 8. Kempten, Dannheimer. à Jahrg.

— für die Gemeindeschulen des Herzogth. Braunschweig in Stadt und Land. Unter Benutzung amtl. Quellen und Mitwirkung mehrerer Lehrer und Freunde der Volksschule hrsg. von C. Hirsche. Jahrg. 1861. 6 Hefte. (à 2—3 Bog.) gr. 8. Braunschweig, Leibrock. *

— für die Gemeindeschulen des Herzogth. Braunschweig in Stadt und Land. Unter Benutzung amtl. Quellen und Mitwirkung mehrerer Lehrer und Freunde der Volksschule hrsg. von K. Hirsche. 2. und 3. Jahrg. 1862 und 1863. à Jahrg. 6 Hefte. (à 2—3 Bog.) gr. 8. Braunschweig, Leibrock. à Jahrg. *

—— dass. — Begründet von K. Hirsche, fortgesetzt von E. Stausebach. 4.—7. Jahrg. 1864—67. à Jahrg. 6 Hefte. (à 2½—3 Bog.) gr. 8. Ebendas. à Jahrg. *

—— für die Gemeindeschulen des Herzogthums Braunschweig in Stadt und Land. Unter Benutzung amtl. Quellen und Mitwirkung mehrerer Lehrer und Freunde der Volksschule, begründet von K. Hirsche, fortgesetzt von E. Stausebach. 8.—12. Jahrg. 1868—1872. à Jahrg. 6 Hefte. (à 2½—3 Bog.) gr. 8. Braunschweig, Wreden. à Jahrg. *

—— gothaisches. Zeitschrift f. die gesamte Thüringer Lehrerschaft. Vereins-Organ d. Gothaischen Landeslehrer Vereins. 13. Jahrg. 1890. 24 Nrn. u. 14. Jahrg. 1.—3. Quartal. 1891. Jan. bis Septbr. 18 Nrn. (à Nr. ½—1 Bog.) gr. 4. Gotha, Glaeser.
13. Jahrg. * 2 40; 14. Jahrg. 1.—3. Quartal * 2 25
Fortsetzung f. u. d. T.: Schul-Blatt, Thüringer. — Frühere Jahrgänge: Friedrichroda, bei J. Schmidt u. Comp.

-- Hagenauer. Im Auftrage u. unter Mitwirkg. der Lehrer u. Lehrerinnen d. Kreises Hagenau [Elsaß] hrsg. v. Joh. Vok. 1. Jahrg. 1884. 24 Nrn. (⅓ B.) gr. 8. Hagenau, Selbstverl. d. Herausgebers. n. 3. —
Forts.unt.d.T.:Reichsländische Lehrerzeitung.

—— hamburger. Hrsg. vom schulwissenschaftl. Bildungsverein. Redig. von C. H. Wichmann. 1—3. Jahrg. 1850—52. à Jahrg. 24 Nrn. (Bog.) gr. 4. Hamburg, Heroldsche Buchh. à Jahrg. *
Der 1. Jahrg. wurde von C. H. Wichmann, der 2. von G. Gurcke und der 3. Jahrg. von Thdr. Hoffmann redigirt.

—— hamburger. Hrsg. vom schulwissenschaftl. Bildungsverein. Redig. von Thdr. Hoffmann. 4—7. Jahrg. 1853—56. à Jahrg. 24 Nrn. (à ½—1 Bog.) gr. 4. Hamburg, [Nolte und Köhler.] à Jahrg. Thlr. *
1—3. Jahrg. 1850—52. Ebendas. à Jahrg. * 24 Ngr.

—— hamburger. Hrsg. vom schulwissenschaftl. Bildungsverein. Redig. von Thdr. Hoffmann. 8—12. Jahrg. 1857—61. à Jahrg. 24 Nrn. (à ½—1 Bog.) gr. 4. Hamburg, [Nolte.] à Jahrg. *

—— Hamburger. Hrsg. vom schulwissenschaftl. Bildungsverein. Redact.: Thdr. Hoffmann. 13.—18. Jahrg. 1862—67. 24 Nrn. (à ½—1 Bog.) gr. 4. Hamburg, Nolte. à Jahrg. *

—— Hamburger. Hrsg. und redig. von Thdr. Hoffmann. 19.—22. Jahrg. 1868—1871. à Jahrg. 24 Nrn. (à ½—1 Bog.) gr. 4. Hamburg, Nolte. à Jahrg. *

—— dass. — Hrsg. von einem Kreise hamburger Lehrer unter Redaction von Matth. Lorenz. 23.—25. Jahrg. 1872—1874. à Jahrg. 24 Nrn. (à ½ Bog.) hoch 4. Ebendas. à Jahrg. *

— hannoversches, zur Verständigung zwischen Schule u. Haus über Fragen des Unterrichts u. der Erziehung. Herausg. von F. Callin. 1—4. Jahrg. April 1863 bis März 1867. à Jahrg. 24 Nrn. (½ Bgn.) Hannover, (Hahn'sche Hofbuchh.) gr. 8. Jeder Jahrg. n. 20 ngr.

—— für das Großherzogth. Hessen, im Vereine mit Diehl, Lippert, Meininger, Schnaffnit u. Schmitt hrsg. v. E. Schaumann. 1—3. Jahrg. 1844—46. à 12 Hfte. gr. 8. Offenbach, André. à J. *

—— für das Großherzogth. Hessen. Redig. von Merz und Engel, Schmitt und Treuttel. 4. und 5. Jahrg. 1847 und 1848. à 12 Hefte. Mit dem Beiblatt: Blätter für Schule und Haus. 12 Nrn. gr. 8. Darmstadt. Worms, (Schmidt.) à Jahrg. *
Die Blätter für Schule und Haus allein à Jahrg. * —

—— dass. — Redig. von J. Schmitt. (6. und 7.) Jahrg. 1850 und 1851. à Jahrg. 52 Nrn. (½ Bog.) 4. Darmstadt, (Kern.) à Jahrg. *

—— dass. — Redig. von Dems. (8.) Jahrg. 1852. 52 Nrn. (½ Bog.) 4. Darmstadt, (Dietsch.) *
Der 1—3. Jahrg. 1844—46. à Jahrg. * 1 Thlr. 6 Ngr. erschien bei André in Offenbach.

— für das Fürstenthum Hildesheim u. die angrenzenden Landestheile. Red.: F. Jansen. 1. Jahrg. Aug. 1864 bis Juli 1865. 24 Nrn. (à 1 Bgn.) Hildesheim, Lax. gr. 8. n. 25 ngr.

Schulblatt, Kärntisches. Klgft., Bertschinger. Leon. 1868—95. Folio. 28 Jgg. (1881—86: Stimmen, Pädagogische; 1887—95: Schulblatt, Kärntner.)

—— kärntisches. Organ und Eigenthum des kärnt. Lehrervereins. Redact.: Jos. Brandl. 1.—5. Jahrg. 1868—1872. à Jahrg. 24 Nrn. (à ½—1 Bog.) gr. 8. Klagenfurt, (Bertschinger und Heyn.) à Jahrg. *

—— dass. — Redact.: Gfried. Nickl. 6. und 7. Jahrg. 1873 und 1874. à Jahrg. 24 Nrn. (à ½—1 Bog.) gr. 8. (Ebendas.)
1873. *
1874. *

—— kärntisches. Organ und Eigentum des kärnt. Landes-Lehrervereins. Redact.: Gfried. Nickl. 8. Jahrg. 1875. 24 Nrn. (à ½—1 Bog.) gr. 8. Klagenfurt, [Bertschinger und Heyn.] Heyn's Buchh. * 6 —
—— dass. — Redact.: Emen. Rosenberg. 9.—12. Jahrg. 1876—1879. à Jahrg. 24 Nrn. (à ¾—1 Bog.) gr. 8. Ebendas. à Jahrg. * 6 —

Schulblatt, Kärntner. St. Veit a. d. Glan. Schlick. 1901—. Quart. (V. auch: Schulblatt, Kärntisches.)

Schulblatt, casselsches, zur Verständigung zwischen Elternhaus u. Schule. Redig. von H. Gräfe. 1. u. 2. Jahrg. 1845 u. 1846. gr. 8. Cassel, Hotop. [1845. Octob. bis Decbr. 7 Nrn. 3¾ Ngr., 1846. 25 Nrn. (½ B.) * 15 Ngr.] Thlr. * —

Schulblatt, katholisches. Eine Quartalschrift zur Förderung des Elementarschulwesens und religiös-sittlicher Erziehung. Hrsg. von den Lehrern des königl. kathol. Schullehrer-Seminars zu Ober-Glogau. 1. und 2. Jahrg. 1855 und 1856. à Jahrg. 4 Hefte. gr. 8. Breslau, (Leuckart.) à Jahrg. * —

—— katholisches. Eine Quartalschrift zur Förderung des Elementarschulwesens und religiös-sittl. Erziehung. Hrsg. von den Lehrern des königl. kathol. Schullehrer-Seminars zu Ober-Glogau. 3—5. Jahrg. 1857—59. à Jahrg. 4 Hefte. gr. 8. (à Heft 80 S.) Breslau, (Leuckart.) à Jahrg. * —

—— dass. — 6. und 7. Jahrg. 1860 und 1861. à Jahrg. 4 Hefte. gr. 8. (à Heft 80 S.) Ober-Glogau, Handel. à Jahrg. * —

—— katholisches. Eine Quartalschrift zur Förderung des Elementar-Schulwesens und religiös-sittl. Erziehung. Hrsg. von den Lehrern des Königl. kathol. Schullehrer-Seminars zu Ober-Glogau. 8.—10. Jahrg. 1862—64. à Jahrg. 4 Hefte. gr. 8. (à Heft ca. 80 S.) Ober-Glogau, Handel. à Jahrg. * —

— katholisches. Organ der königl. kathol. Schullehrer-Seminare Schlesiens zur Förderung des Elementar-Schulwesens u. religiös-sittl. Erziehung. 11—16. Jahrg. 1865—70. à Jahrg. 4 Hefte (à ca. 80 S.). Ober-Glogau, Handel. gr. 8. Jeder Jahrg. n. 22½ ngr.

— katholisches. Organ der königl. kathol. Schullehrer-Seminare Schlesiens zur Förderg. d. Elementar-Schulwesens u. religiös-sittl. Erziehg. 17—22. Jahrg. 1871—1876 à 8 Hfte. gr. 8. (à Hft. 48 S.) Ober-Glogau, Handel. à Jahrg. n. 3. —

— katholisches. Organ der königl. kathol. Schullehrer-Seminare Schlesiens zur Förderung des Elementar-Schulwesens u. religiös-sittlicher Erziehung. 23—28. Jahrg. 1877—1882. à 8 Hfte. (3 B.) gr. 8. Ober-Glogau, Handel. à Jahrg. n. 3. —

— katholisches. Zur Förderung des Elementar-Schulwesens und religiös-sittl. Bildung. 26.—30. Jahrg. 1880—1884. à Jahrg. 8 Hefte. (à Heft 3 Bog.) gr. 8. Ober-Glogau, Handel. à Jahrg. *

— katholisches. Zur Förderung des Elementar-Schulwesens und religiös-sittlicher Bildung. 31. Jahrg. 1885. 8 Hefte. (à Heft 3 Bog.) gr. 8. Ober-Glogau, Handel. * 3 —

— dass. — Organ der königl. kathol. Schullehrer-Seminare Schlesiens zur Förderung des Elementar-Schulwesens und religiös-sittl. Bildung. Hrsg. von F. Schmidt. 32. Jahrg. 1886. 8 Hefte. (à Heft 3 Bog.) gr. 8. Ebendas. * 3 —

— katholisches. Organ der königl. kathol. Schullehrer-Seminare Schlesiens, zur Förderg. d. Elementar-Schulwesens u. religiös-sittlicher Bildung. Hrsg. v. F. Schmidt. 33.—36. Jahrg. 1887—1890. à 12 Hfte. (2 B.) gr. 8. Breslau, Handel's Verl. à Jahrg. n. 3. —

— katholisches. Organ der königl. kathol. Schullehrer-Seminare Schlesiens, zur Förderg. d. Elementar-Schulwesens u. religiös-sittl. Bildg. Hrsg. v. F. Schmidt. 37.—40. Jahrg. 1891—1894. à 12 Hfte. (2 Bog.) gr. 8. Breslau, H. Handel's Verl. à Jahrg. n. 3. —

— katholisches. Organ d. königl. kathol. Schullehrer-Seminare Schlesiens, zur Förderg. d. Elementar-Schulwesens u. religiös-sittl. Bildg. Hrsg. v. F. Schmidt. 41.—44. Jahrg. 1895—1898. à 12 Hfte. gr. 8. (à Hft. 2 Bog.) Breslau, H. Handel. à Jahrg. n. 3. —
D. 44. Jahrg. war von R. Sendler herausgegeben.

Schulblatt, katholisches. Organ d. kgl. kathol. Schullehrer-Seminare Schlesiens, zur Förderg. des Elementar-Schulwesens u. religiös-sittl. Bildg. Hrsg. von R. Sendler. 45.—48. Jahrg. 1899—1902. à 12 Hfte. gr. 8. (à ca. 32 S.) Breslau, H. Handel. à Jahrg. n. 3.20

— katholisches. Organ der königl. kathol. Schullehrer-Seminare Schlesiens, zur Förderung des Elementar-Schulwesens u. religiös-sittl. Bildg. Hrsg. v. R. Sendler. 49.—52. Jahrg. 1903—1906. à 12 Hefte. (IV, 408; IV, 422; IV, 412 u. IV, 410 S.) gr. 8. Breslau, H. Handel. à Jhrg. n. 3.20

— katholisches. Organ der königl. kathol. Schullehrer-Seminare Schlesiens, zur Förderg. d. Elementar-Schulwesens u. religiös-sittl. Bildg. Hrsg. v. R. Sendler. 53. u. 54. Jahrg. 1907 u. 1908. à 12 Hefte. (424 u. 430 S.) gr. 8. Breslau, H. Handel. à Jahrg. 3.20

— dasselbe. Organ der königl. kathol. Lehrerseminare der östl. Provinzen der Monarchie z. Förderg. d. Elementar-Schulwesens u. religiös-sittl. Bildg. Hrsg. v. R. Sendler unter Mitwirkg. v. Br. Stein u. R. Wolff. 55. u. 56. Jahrg. 1907 u. 1910. à 12 Hefte. (448 u. 446 S.) gr. 8. Ebd. à Jahrg. 4. —

Katholisches Schulblatt : Jahrgang 1—2, Mar. 1, 1864—Feb. 1, 1866.
Roman Catholic monthly. Sub-title: Monatsschrift für Volkserziehung und Völkerunterricht. Unter Mitwirkung von geistlichen und weltlichen Schulmännern. Octavo, each issue 32 pages; title-page and contents, 4 pages.
Edited by G. Miettinger, Mar. 1—Aug. 1864; by H. Johanning, Oct. 1, 1864—Aug. 1865. Published by Jos. A. Hemann, Mar. 1, 1864—Jan. 1866; by Gebrüder Benzinger, Feb. 1, 1866. Cincinnati, OH

— katholisches. Monatsschrift für Volkserziehung und Volksunterricht. Unter Mitwirkung von geistl. und weltl. Schulmännern. Hrsg. von Jos. A. Hemann, redig. von G. Miettinger. 1. Jahrg. 1864. 12 Hefte. (à 2 Bog.) gr. 8. Cincinnati. (Philadelphia, Schäfer und Koradi.) *

Katholisches Schulblatt : 1870?—? Detroit, MI
Roman Catholic weekly.

— katholisches. Organ d. Vereins kathol. Lehrer der Pfalz. Redact.: Antoni. 1. Jahrg. Octbr. 1891 — Septbr. 1892. 52 Nrn. (à Nr. ½ Bog.) hoch 4. Ingenheim. (Speyer, Jäger.) * 2 40

— katholisches. Organ d. Vereins kathol. Lehrer der Pfalz. Red.: Antoni. 1. Jahrg. Octbr.—Dezbr. 1892. 13 Nrn. (½ Bog.) hoch 4. Ingenheim. (Speyer, Jäger.) n. — 60

— dasselbe. 2. u. 3. Jahrg. 1893. 1894. à 52 Nrn. (½ Bog.) hoch 4. Ebd. à Jahrg. n. 2. 40

— katholisches, f. das Eichsfeld u. die Diaspora. Redact.: F. Knie. 1. Jahrg. Septbr. 1891 — Aug. 1892. 24 Nrn. (à Nr. 1—2 Bog.) gr. 4. Dingelstädt, Wetzel. * 4 —

— kirchliches, für die ganze Gemeinde. Hrsg. von J. D. Klemm. 9. Jahrg. des Schulblattes für das bayer. Volksschulwesen 1867. 6 Hefte (à 2 Bgn.). Nürnberg, Raw'sche Buchh. gr. 8. n. 18 ngr
Vergl. Schulblatt für das bayer. Volksschulwesen.

— für d. Lehrer an d. Bürger- u. Landschulen im Hrzth. Braunschweig. Hrsg. v. A. Ludewig. 1. u. 2. Jahrg. 1841 u. 42. à 12 Hfte. 8. Wolfenbüttel, Albrecht's Buchh. (Leipzig, Klinkhardt.) à J. *

— f. die Lehrer an den Bürger- u. Landschulen im Herzogth. Braunschweig. Hrsg. v. A. Ludewig. 3—6. Jahrg. 1843—46. 8. Wolfenbüttel, (Holle'sche Buchh.) [3—5. J. à 12 Hfte à * 1 Thlr. 15 Ngr., 6. J. 6 Hfte. * 1 Thlr. 5 Ngr.] *
1. u. 2. Jahrg. 1841, 42. Ebendas. à * 2 Thlr.

Schulblatt, lutherisches, zunächst für den Consistorialbezirk Stade u. das Land Hadeln, herausg. von Carl Ferd. Cooper. 1—3. Jahrg. (1855—57.) à 4 Hefte (à 4 Bgn.). Verden, Tressan. gr. 8. Jedes Heft n. 5 ngr

— lutherisches, zunächst für den Consistorialbezirk Stade und das Land Hadeln, in Vierteljahrheften, hrsg. von Carl Ferd. Cooper. (Jahrg. 1855.) 4 Hefte. gr. 8. (183 S.) Verden, Tressan. * —

— lutherisches, zunächst für den Consistorialbezirk Stade und das Land Hadeln, in Vierteljahrheften, hrsg. von Carl Ferd. Cooper. 2. und 3. Jahrg. à Jahrg. 4 Hefte. gr. 8. (à Heft ca. 63 S.) Verden 857,58. Tressan. à Heft * 5 Ngr. à Jahrg. *
Ist nicht fortgesetzt worden.

— Luxemburger, herausg. von mehreren Schullehrern des Großherzogthums. 1. u. 2. Jahrg. 1863 u. 64. à 24 Nrn. (à 1 Bgn.) Luxemburg, Heintze. gr. 8. Jeder Jahrg. n. 1 ₰

— Luzernisches. 7. Jahrg. 1890/91. (12 N°). N° 1. In-8°. 16 S. Luzern, J. L. Bucher. Jährlich 2 20

— mährisches. Hrsg. vom Brünner Lehrervereine. Redig. von Leop. Schmerz. 9.—13. Jahrg. 1880—1884. à Jahrg. 24 Nrn. (à Nr. 1 Bog.) 8. Brünn, Administration. à Jahrg. **

— meklenburgisches. Redig. von G. Wächtler, W. Wilbrandt. 1—3. Jahrg. 1850—52. à Jahrg. 52 Nrn. (½ Bog.) gr. 8. Ludwigslust, Hinstorff'sche Hofbuchh. à Jahrg. *

— meklenburgisches. Redig. von G. Wächtler. H. Kliefoth. 4—7. Jahrg. 1853—56. à Jahrg. 52 Nrn. (½ Bog.) gr. 8. Ludwigslust, Hinstorff'sche Hofbuchh. à Jahrg. *
1—3. Jahrg. 1850—52. Ebendas. à Jahrg. * 1 Thlr. 10 Ngr.

— mecklenburgisches. Redig. von C. Wulff. 8—12. Jahrg. 1857—61. à Jahrg. 52 Nrn. (½ Bog.) gr. 8. Ludwigslust, Hinstorff'sche Hofbuchh. à Jahrg. *

— Mecklenburgisches. Unter Mitwirkung von F. Werner, W. Tolzien und W. Sellin hrsg. von C. Wulff. 13.—18. Jahrg. 1862—67. à Jahrg. 52 Nrn. (à ½ Bog.) gr. 8. Ludwigslust, Hinstorff'sche Hofbuchh. à Jahrg. *

— mecklenburgisches. Hrsg. von Kliefoth, Wulff und Held. 31. und 32. Jahrg. 1880 und 1881. à Jahrg. 52 Nrn. (à Nr. ½—1 Bog.) gr. 8. Ludwigslust, Hinstorff'sche Hofbuchh. à Jahrg. *

— dass. — Hrsg. von Kliefoth und Wulff. 33. und 34. Jahrg. 1882 und 1883. à Jahrg. 52 Nrn. (à Nr. ½—1 Bog.) gr. 8. Ebendas. à Jahrg. *

— mecklenburgisches. Hrsg. v. Kliefoth u. Ebeling. 35. Jahrg. 1884. 52 Nrn. (à ½—1 B.) gr. 8. Ludwigslust. (Wismar, Hinstorff's Verl.) n. 4. —

— mecklenburgisches. Hrsg. von Kliefoth, Ullerich und Lembcke. 36.—39. Jahrg. 1885—1888. à Jahrg. 52 Nrn. (à Nr. ½—1 Bog.) gr. 8. Ludwigslust, Hinstorff'sche Hofbuchh. à Jahrg. 4 —

— mecklenburgisches. 40.—43. Jahrg. 1889—1892. à Jahrg. 52 Nrn. (à Nr. ½—1 Bog.) gr. 8. Ludwigslust, Hinstorff. à Jahrg. * 4 —

— mecklenburgisches. Hrsg. v. Kliefoth u. Lembcke. 46.—49. Jahrg. 1895—1898. à 52 Nrn. gr. 8. (à Nr. 8 S.) Ludwigslust, Hinstorff. à Jahrg. n. 4. —
Kann auch vierteljährlich bezogen werden.

— mecklenburgisches. Hrsg. v. Lembcke. 50. Jahrg. 1899. 52 Nrn. gr. 8. (à ca. 12 S.) Ludwigslust, Hinstorff. n. 4. —

— für die Großherzogthümer Mecklenburg-Schwerin u. Strelitz u. für d. Herzogthümer Schleswig u. Holstein. In Verbindung mit mehren Schulmännern aus d. genannten Ländern herausg. v. Gymnasial-Director Dr. Johannes Zehlicke. 1r Bd. 6 Hfte. 8. Parchim u. Ludwigslust 837. Hinstorff. n. 2 ß — 2r Bd. 6 Hfte. 8. Ebd. 838, 39. n. 2 ß (Vgl. Kirchen- u. Schulblatt.)

— für das Herzogthum Nassau. 1. Jahrg. 1848. Juli—Decbr. 52 Nrn. und 2. Jahrg. 1849. 24 Nrn. (Bog.) br. gr. 8. Wiesbaden, Kreidel. [1. Jahrg. * 22½ Ngr., 2. * 1 Thlr. 15 Ngr.] *
1. Jahrg. redig. von Firnhaber, 2. Jahrg. von Welcker.

— neues braunschweigisches. Hrsg.: Schaarschmidt. 1.—3. Jahrg. 1887/88, 1888/89, 1889/90. à 24 Nrn. (1½ B.) gr. 8. Braunschweig, Bruhn's Verl. à Jahrg. n. 3. —

— neues braunschweigisches. Organ d. Landes-Lehrer-Vereins. Hrsg.: G. Schaarschmidt. 4.—7. Jahrg. 1891—1894. à 24 Nrn. (Bog.) gr. 8. Braunschweig, Appelhans & Pfenningstorff. à Jahrg. n. 3. —

— neues braunschweigisches. Organ d. Landes-Lehrer-Vereins. Hrsg. v. G. Schaarschmidt. 8.—11. Jahrg. 1895—1898. à 24 Nrn. (Bog.) gr. 8. Braunschweig, E. Appelhans & Co. à Jahrg. n. 3. —
Kann auch vierteljährlich bezogen werden.

— neues braunschweigisches. Organ d. Landes-Lehrer- u. des Landes-Lehrerinnenvereins. Hrsg.: G. Schaarschmidt. 12.—15. Jahrg. 1899—1902. à 24 Nrn. gr. 8. (à ca. 24 S.) Braunschweig, E. Appelhans & Co. à Jahrg. n. 3. —
Vgl. Schulblatt f. d. Herzogtümer Braunschweig u. Anhalt.

— neues braunschweigisches. Organ des Landes-Lehrer- u. des Landes-Lehrerinnenvereins. Hrsg.: K. Ernst. 16. u. 17. Jahrg. 1903 u. 1904. à 24 Nrn. (IV, 492 u. IV, 556 S.) gr. 8. Braunschweig, E. Appelhans & Co. à Jhrg. n. 3. —

— dasselbe. Schulblatt f. die Herzogtümer Braunschweig u. Anhalt. Vereinsorgan des braunschweig. Landes-Lehrer- u. des Landes-Lehrerinnenvereins, sowie des anhalt. Lehrervereins. Schriftleiter: M. Salomon. 18. u. 19. Jahrg. 1905 u. 1906. à 24 Nrn. (VI, 686 u. VI, 620 S.) gr. 8. Ebd. à Jhrg. n. 4. —

— Oldenburgisches. Herausg. von D. Sägelken u. L. Ballauff. 1—3. Jahrg. 1850—1852. 1. Jahrg. 4 Hfte. 2 u. 3. Jahrg. à 9 Hfte. gr. 8. Oldenburg, Schmidt. (1: n. 28 ngr 2 u. 3: à n. 1⅓ ß) n. 3 ß 18 ngr

— Oldenburgisches. Herausg. von D. Sägelken und L. Ballauff. 4. Jahrg. 1853. — Herausg. von L. Ballauff. 5. Jahrg. 1854. à 8—10 Hefte (à ca. 2 Bgn.). Oldenburg, Schmidt. gr. 8. Jeder Jahrg. n. 1 ß. 10 ngr.

— — 6. u. 7. Jahrg. 1855 u. 56. — 8. u. 9. Jahrg. 1857 u. 58. Red.: H. Glander. à 26 Nrn. (à ½—1 Bgn.). Ebend. gr. 8. Jeder Jahrg. n. 1 ß. 10 ngr.

— oldenburgisches. Organ für Volksschulwesen, insbesond. des nordwestl. Deutschlands. Redig. von J. A. Havekost. 8—12. Jahrg. 1857—61. à Jahrg. 26 Nrn. (à ½—1 Bog.) gr. 8. Oldenburg, Schulze'sche Buchh. à Jahrg. *

— Oldenburgisches. Organ für Volksschulwesen, insbesond. des nordwestl. Deutschlands. Redact.: J. A. Havekost. 13.—17. Jahrg. 1862—66. à Jahrg. 26 Nrn. (à ½—1 Bog.) gr. 8. Oldenburg, Schulze'sche Buchh. à Jahrg. *

— dass. — Redact.: C. H. Kröger. 18. Jahrg. 1867. 26 Nrn. (à ½—1 Bog.) gr. 8. Ebendas. *

— Oldenburger. Organ für Lehrer u. Schulfreunde, sowie für den Oldenburger Lehrer- u. Pestalozzi-Verein. Red.: F. Poppe. 19—21. Jahrg. 1868—70. à Jahrg. 52 Nrn. (½ Bgn.) Ebend. gr. 8. Jeder Jahrg. n. 1 ß 10 ngr.

— Oldenburger. Organ für Lehrer und Schulfreunde, sowie für den Oldenburger Lehrer- und Pestalozzi-Verein. Redact.: F. Poppe. 19. und 20. und Neue Folge 1. Jahrg. 1868—1870. à Jahrg. 52 Nrn. (à ½ Bog.) gr. 8. Oldenburg, Schulze'sche Buchh. à Jahrg. *

— dass. — Redact.: F. K. Eilers. Neue Folge. 2. Jahrg. 52 Nrn. (à ½ Bog.) gr. 8. Ebendas. *

— dass. — Redact.: H. Lahrssen. Neue Folge. 3.—5. Jahrg. 1872—1874. à Jahrg. 52 Nrn. (à ½ Bog.) 8. Ebendas. à Jahrg. *

— oldenburgisches. Unter Mitwirkg. der Stedinger Lehrerconferenz hrsg. v. E. Rost. 1. Jahrg. 1876/77. 26 Nrn. (B.) 4. Oldenburg, Bültmann & Gerriets. n. 4. 60

— oldenburgisches. Eigenthum des oldenburger Lehrervereins. Im Auftrage der Landes-Lehrerconferenz hrsg. von E. Rost. 2—6. Jahrg. 1877/82. à 26 Nrn. (B.) gr. 4. Oldenburg, Bültmann & Gerriets in Comm. à Jahrg. n. 4. 60

— oldenburgisches. Eigenthum d. oldenburger Landes-Lehrervereins. Im Auftrage d. Vereins-Vorstandes hrsg. v. E. Rost. 7—10. Jahrg. 1882/86. à 24 Nrn. (B.) gr. 4. Oldenburg, (Bültmann & Gerriets). à Jahrg. n. 4. —

— oldenburgisches. Eigenthum des oldenburger Landes-Lehrervereins. Im Auftrage d. Vereins-Vorstandes hrsg. v. E. Rost. 11.—14. Jahrg. 1886/87, 1887/88, 1888/89, 1889/90. à 52 Nrn. (½ B.) gr. 4. Oldenburg, (Bültmann & Gerriets). à Jahrg. n. 4. —

— oldenburgisches. Eigentum d. oldenburger Landes-Lehrervereins. Im Auftrage d. Vereins-Vorstandes hrsg. v. E. Rost. 15. u. 16. Jahrg. Oktbr. 1890—Septbr. 1892. à 52 Nrn. (½ Bog.) gr. 4. Oldenburg, (Bültmann & Gerriets). à Jahrg. n. 4. —

— dasselbe. 17. Jahrg. Oktbr. 1892—Septbr. 1893. 52 Nrn. (½ Bog.) gr. 4. Ebd. n. 5. 60

— oldenburgisches. Eigentum des Oldenburger Landes-Lehrervereins. Im Auftrage des Vereins-Vorstandes hrsg. v. B. Grapo. 28. Jahrg. 1903. 52 Nrn. (332 S.) hoch 4. Oldenburg, R. Sussmann. n.n.n. 4. —
Nicht im Handel.

Schulblatt, ostfriesisches. Redact.: F. W. Lüpkes. 15. und 16. Jahrg. 1875 und 1876. à Jahrg. 12 Nrn. (à 1—2 Bog.) gr. 8. Emden, Verlag des ostfries. Lehrervereins. à Jahrg. *

—— dass. — Redact.: van der Laan und Uphoff. 17. und 18. Jahrg. 1877 und 1878. à Jahrg. 12 Nrn. (à 1—2 Bog.) gr. 8. Emden, Haynel. à Jahrg. *

—— dass. — Redact.: van der Laan. 19. Jahrg. 1879. 12 Nrn. (à 1—2 Bog.) gr. 8. Ebendas. *

—— ostfriesisches. Redact.: van der Laan. 20. und 21. Jahrg. 1880 und 1881. à Jahrg. 12 Nrn. (à Nr. 1—2 Bog.) gr. 8. Emden, Haynel. à Jahrg. *

—— dass. — Organ des ostfries. Lehrervereins. Redact.: van der Laan. 22.—24. Jahrg. 1882—1884. à Jahrg. 12 Nrn. (à Nr. 1—2 Bog.) gr. 8. Ebendas. à Jahrg. *

—— ostfriesisches. Organ des ostfries. Lehrervereins. Redact.: van der Laan. 25.—28. Jahrg. 1885—1888. à Jahrg. 12 Nrn. (à Nr. 1—2 Bog.) gr. 8. Emden, Haynel. à Jahrg. * 2 —

Schulblatt, ostfriesisches. Organ d. ostfries. Lehrervereins. Redact.: van der Laan. 29.—32. Jahrg. 1889—1892. à Jahrg. 12 Nrn. (à Nr. 1—2 Bog.) gr. 8. Emden, Haynel. à Jahrg. * 2 —

— ostfriesisches. Organ d. ostfries. Lehrervereins. Red.: van der Laan. 31.—33. Jahrg. 1891—1893. à 12 Nrn. (à 1—2 Bog.) gr. 8. Emden. W. Haynel. à Jahrg. n. 2. —

— dasselbe. 34. Jahrg. 1894. 12 Nrn. (à 1—2 Bog.) gr. 8. Leer, M. Willens, Buchdr. n. 2. —

Schulblatt, pfälzisches. Jahrg. 1861. 26 Nrn. (à 1 Bgn.) Speyer, Lang. 4. n. 1 ℳ

—— pfälzisches. Organ für das pfälzische Volksschulwesen. 2.—7. Jahrg. 1862—67. à Jahrg. 52 Nrn. (½ Bog.) gr. 4. Speyer, Lang. à Jahrg. *

—— pfälzisches. Organ für das pfälzische Volksschulwesen. 8.—14. Jahrg. 1868—1874. à Jahrg. 52 Nrn. (à ½ Bog.) gr. 4. Speyer, Lang. à Jahrg. *

—— pommersches, zur Stärkung und Förderung der pommerschen Lehrer, sowie für die Zwecke des pommerschen Lehrerbundes und zum Besten seiner Hülfskasse, in Verbindung mit einem Freundeskreise pommerscher Pastoren, Seminar- und Volksschullehrer hrsg. von W. Quistorp. 1. und 2. Jahrg. 1866 und 1867. à Jahrg. 12 Nrn. (Bog.) 8. Stettin. (Anclam, Dietze.) à Jahrg. * * —

—— pommersches, zur Stärkung und Förderung der pommerschen Lehrer, sowie für die Zwecke des pommerschen Lehrerbundes. Hrsgbr.: W. Quistorp. 3.—5. Jahrg. 1868—1870. à Jahrg. 12 Nrn. (Bog.) gr. 8. Berlin, (Beck.) à Jahrg. *

—— dass. — Unter Mitredaction von Trinius und Sperber hrsg. von Stürmer. 6.—9. Jahrg. 1871—1874. à Jahrg. 12 Nrn. (Bog.) gr. 8. (Ebendas.) à Jahrg. *

—— pommersches. Unter Mitredact. von Sperber und Klopsch hrsg. von Stürmer. 10. und 11. Jahrg. 1875 und 1876. à Jahrg. 12 Nrn. (Bog.) gr. 8. Ducherow. (Berlin, Beck's Verlag.) à Jahrg. *

—— dass. — Redact.: Kindermann unter Mitwirkung von Sperber und Klopsch. 12. Jahrg. 1877. 12 Nrn. (Bog.) gr. 8. Ducherow. (Ebendas.) *
Nicht weiter erschienen.

— preußisches. Organ d. Pestalozzi-Verein der Provinz Brandenburg. Red. v. L. W. Seyffarth. (Jahrg. 1871 od.) 1. u. 2. Bd. à 6 Hfte. gr. 8. (à Hft. 64 S.) Berlin, G. W. F. Müller. à Bd. n. 3. —

— dasselbe. 3. u. 4. Bd. od. Jahrg. 1872. 12 Hfte. gr. 8. (1. Hft. 64 S.) Ebend. à Bd. n. 4. 50

—— preußisches, hrsg. von L. W. Seyffarth. Organ des Landes-Vereins der preuß. Volksschullehrer, sowie des Pestalozzi- und des Lehrervereins der Prov. Brandenburg. 5. und 6. Bd. oder Jahrg. 1873. 12 Hefte. gr. 8. (à Heft ca. 64 S.) Leipzig, Siegismund und Volkening. à Bd. *
Vgl.: Schulblatt, allgemeines, ...

—— preußisches. Organ des westpreuß. Provinzial-Lehrer-, sowie des preuß. Lehrer-Sterbekassen-Vereins. Redact.: A. C. Kutsch. 2. Jahrg. 1880. 52 Nrn. (à Nr. 1—1½ Bog.) gr. 4. Danzig, Axt. *

—— dass. — Redact.: Boese. 3. Jahrg. 1881. 52 Nrn. (à Nr. 1—1½ Bog.) gr. 4. Danzig, Homann's Buchh. *

—— dass. — Redact.: Paul Opitz. 4. Jahrg. 1882. 52 Nrn. (à Nr. 1—1½ Bog.) gr. 4. Danzig, Axt. **

—— dass. — Redact.: Paul Opitz. 5. und 6. Jahrg. 1883 und 1884. à Jahrg. 52 Nrn. (à Nr. 1—1½ Bog.) Mit Gratisbeilage: Illustrirtes Sonntagsblatt. à Jahrg. 52 Nrn. (à Nr. ½ Bog.) gr. 4. Ebendas. à Jahrg. *

—— preußisches. Organ des westpreuß. Provinzial-Lehrer-, sowie des westpreuß. Lehrer-Sterbekassen-Vereins rc. Redact.: Paul Opitz. 7. Jahrg. 1885. 52 Nrn. (à Nr. 1—1½ Bog.) Mit Gratisbeilage: Illustriertes Sonntagsblatt. 52 Nrn. (à Nr. ½ Bog.) gr. 4. Danzig, Axt. ** 4 —

—— dass. — 8. Jahrg. 1886. 52 Nrn. (à Nr. 1—1½ Bog.) Mit Gratisbeilagen: Illustriertes Sonntagsblatt und Schul-Verordnungsblatt. gr. 4. Ebendas. ** 4 —

— preußisches. Organ d. westpreuß. Provinzial-Lehrer-, d. westpreuß. Lehrer-Sterbekassen-Vereins rc. Red.: P. Opitz. 9.—12. Jahrg. 1887—1890. à 52 Nrn. (à 1—1½ B.) Mit Gratisbeilage: Illustriertes Sonntagsblatt. gr. 4. Danzig, Axt. à Jahrg. n.n. 4. —

— preußisches. Organ d. westpreuß. Provinzial-Lehrer- u. westpreuß. Lehrer-Sterbekassen-Vereins rc. Red.: Paul Opitz. 13.—16. Jahrg. 1891—1894. à 52 Nrn. (à 1—1½ Bog.) Mit Gratisbeilage: Illustr. Sonntagsblatt. gr. 4. Danzig, F. Axt. à Jahrg. n.n. 4. —

— preußisches. Organ d. westpreuß. Provinzial-Lehrer- u. westpreuß. Lehrer-Sterbekassen-Vereins ꝛc. Red.: Paul Spitz. 17. u. 18. Jahrg. 1895—1896. à 52 Nrn. (à ca. 12 S.) M. Gratisbeilage: Illustr. Sonntagsblatt. gr. 4. Danzig, F. Axt. à Jahrg. n.n. 4. —

Schulblatt, rheinisches. Hrsg. von Th. Voigt. 1.—3. Jahrg. 1880—1882. à Jahrg. 12 Nrn. (à Nr. 1—2 Bog.) 4. Trier, Lintz'sche Buchh. à Jahrg. * 4 —
Nicht weiter erschienen.

— der Provinz Sachsen. Eine pädagogische Zeitschrift für Lehrer an Volks- u. Bürgerschulen, herausg. von W. Dietlein u. A. Krieg. Jahrg. 1862. 10 Hefte. (à 2—3 Bgn.) Quedlinburg, Huch. gr. 8. n. 2 ₰

— — Organ des Provinzial-Pestalozzi-Vereins. Herausg. von W. Dietlein u. A. Krieg. 2. Jahrg. 1863. 24 Nrn. (à 1 Bgn.) Ebend. gr. 8. n. 1 ₰ 10 ngr.

— dass. — In Verbindung mit R. Tittel, R. Sinnewald, R. Dietlein, F. E. Mettin hrsg. von W. Dietlein. 3.—5. Jahrg. 1864—66. à Jahrg. 24 Nrn. (Bog.) gr. 4. Ebendas. à Jahrg. *

— dass. — Hrsg. von R. Sinnewald, R. Dietlein und W. Dietlein. 6. Jahrg. 1867. 24 Nrn. (Bog.) gr. 4. Ebendas. *

— der Provinz Sachsen. [Organ des Provinzial-Pestalozzi-Vereins.] Begründet von W. Dietlein und hrsg. von Volksschullehrern der Provinz. (7.—10.) Jahrg. 1868—1871. à Jahrg. 26 Nrn. (Bog.) gr. 4. Quedlinburg, Huch. à Jahrg. *

Schulblatt der Provinz Sachsen. [Organ des Provinzial-Lehrer- und Provinzial-Pestalozzi-Vereins.] Begründet von W. Dietlein und fortgeführt unter Mitwirkung von Volksschullehrern der Provinz von Ernst Lausch. (11.—13.) Jahrg. 1872—1874. à Jahrg. 24 Nrn. (Bog.) gr. 4. Quedlinburg, Huch. 1872. * 4 —
1873 und 1874. à * 4 50

— der Provinz Sachsen. [Organ des Provinzial-Lehrer- und Provinzial-Pestalozzi-Vereins.] Begründet von W. Dietlein und fortgeführt unter Mitwirkung von Volksschullehrern der Provinz von Ernst Lausch. (14.) Jahrg. 1875. 24 Nrn. (Bog.) gr. 4. Quedlinburg, Huch. *

— dass. — (15.—17.) Jahrg. 1876—1878. à Jahrg. 24 Nrn. (Bog.) gr. 4. Ebendas. à Jahrg. *

— dass. — Begründet von W. Dietlein und fortgeführt unter Mitwirkung von Volksschullehrern der Provinz von Ernst Lausch und Wießner. 18. Jahrg. 1879. 24 Nrn. (Bog.) gr. 4. Ebendas. *

— der Prov. Sachsen. [Organ des Provinzial-Pestalozzi- und Provinzial-Lehrer-Vereins.] Begründet von W. Dietlein und fortgeführt unter Mitwirkung von Volksschullehrern der Provinz von Ernst Lausch und Ed. Wießner. 19.—22. Jahrg. 1880—1883. à Jahrg. 24 Nrn. (Bog.) gr. 4. Quedlinburg, Huch. à Jahrg. * 4 60
— dass. — Begründet von W. Dietlein und fortgeführt unter Mitwirkung von Volksschullehrern der Provinz von Ernst Lausch. 23. Jahrg. 1884. 26 Nrn. (Bog.) gr. 4. Ebendas. * 4 60

— der Prov. Sachsen. [Organ des Provinzial-Pestalozzi- und Provinzial-Lehrer-Vereins.] Begründet von W. Dietlein und fortgeführt unter Mitwirkung von Volksschullehrern der Provinz von Ernst Lausch. 24.—27. Jahrg. 1885—1888. à Jahrg. 26 Nrn. (Bog.) gr. 4. Quedlinburg, Huch. à Jahrg. * 4 60

— der Prov. Sachsen. [Organ d. Provinzial-Pestalozzi-, Lehrer- u. Emeritenkassen-Vereins.] Begründet v. W. Dietlein. Redig. v. C. Hering. 28.—31. Jahrg. 1889—1892. 28.—30. Jahrg. à 26 Nrn.; 31. Jahrg. 52 Nrn. (Bog.) gr. 4. Quedlinb., Huch.
28.—30. Jahrg. à * 4 60; 31. Jahrg. * 5 —

— dasselbe. 32. Jahrg. Jan.—März 1893. 18 Nrn. (Bog.) gr. 4. Ebd. n.n. 1. 25

— dasselbe. Red. v W. Curths. 32. Jahrg, Apr.—Dezbr. 1893. 30 Nrn. (Bog.) gr. 4. Ebd. n.n. 4. 50

— dasselbe. Red.: W. Curths. 33. Jahrg. 1894. 48 Nrn. (Bog.) gr. 4. Ebd. n.n. 6. —

Schulblatt d. Prov. Sachsen. [Organ d. Provinzial-Pestallozzi-, Lehrer- u. Emeritenkassen-Vereins.] Begründ. v. W. Dietlein. Red.: W. Curths. 34. Jahrg. 1895. 48 Nrn. à ca. 8 S.) gr. 4. Quedlinburg, H. C. Huch. n.n. 6. —

— dasselbe. Hrsg. v. Lehrer-Verein Magdeburg. Red.: P. Mackeprang. 35.—37. Jahrg. 1896—1898. à 52 Nrn. (à ca. 1 Bog.) gr. 4. Magdeburg, Heinrichshofen's Sort. à Jahrg. n.n. 6. —
Kann auch vierteljährlich bezogen werden.

— der Prov. Sachsen. Organ des Lehrerverbandes, des Pestalozzivereins etc. in der Prov. Sachsen. Begründet von W. Dietlein. Hrsg. vom Lehrer-Verein Magdeburg. Red.: P. Mackeprang. 38.—41. Jahrg. 1899—1902. à 52 Nrn. gr. 4. (à ca. 8 S.) Magdeburg (Heinrichshofen's Sort.). à Jahrg. n.n. 6. —

— der Prov. Sachsen. Organ des preuss. Lehrervereins, des Lehrerverbandes, des Pestalozzivereins usw. in der Prov. Sachsen. Begründet von W. Dietlein. Hrsg. vom Lehrer-Verein Magdeburg. Beilagen: 1. Literarischer Wegweiser. 2. Jugendschriften-Warte. 3. Rechtsbeilage. Red.: P. Mackeprang. 42.—45. Jahrg. 1903—1906. à 52 Nrn. (IV, 598; IV, 586; IV, 612 u. IV, 634 S.) gr. 4. Magdeburg (Heinrichshofen's Sort.). à Jhrg. n.n. 6. —

— der Prov. Sachsen. Organ d. preuss. Lehrervereins, des Lehrerverbandes, des Pestalozzivereins usw. in der Prov. Sachsen. Begründet v. W. Dietlein. Hrsg. vom Lehrer-Verband der Prov. Sachsen. Beilagen: 1. Literarischer Wegweiser. 2. Jugendschriftenwarte. 3. Rechtsbeilage. Red.: P. Mackeprang. 46.—49. Jahrg. 1907—1910. à 52 Nrn. (à ca. 16 S.) 32×23 cm. Magdeburg, Heinrichshofen's Sort. à Jahrg. nn 6.—

— schlesisches, hrsg. vom schles. Landeslehrerverein. Redact.: Val. Koschut. 1. und 2. Jahrg. 1872 und 1873. à Jahrg. 24 Nrn. (Bog.) gr. 4. Troppau. (Buchholz und Diebel.)

— schlesisches, hrsg. vom schles. Landeslehrerverein. Red.: Val. Koschut. 5. Jahrg. 1876. 24 Nrn. (B.) gr. 4. Troppau, (Wien, Buchholz & Diebel.) n. 4. —

— schlesisches, hrsg. vom schlesischen Landeslehrervereine.

Red.: Valentin Koschut. 6—11. Jahrg. 1877—1882. à 24 Nrn. (B.) gr. 8. Troppau, (Buchholz & Diebel). à Jahrg. n. 4. —

— schlesisches, hrsg. v. schles. Landes-Lehrervereine. Red.: Alois Meixner. 12—15. Jahrg. 1883—1886. à 24 Nrn. (B.) gr. 8. Troppau, (Buchholz & Diebel). à Jahrg. n.n. 4. —

— schlesisches, hrsg. vom schles. Landes-Lehrervereine. Red.: A. Meixner. 16.—19. Jahrg. 1887—1890. à 24 Nrn. (B.) gr. 8. Troppau, (Buchholz & Diebel). à Jahrg. n.n. 4. —

schlesisches, hrsg. vom schles. Landes-Lehrervereine. Red.: Alois Meixner. 20.—23. Jahrg. 1891—1894. à 24 Nrn. (Bog.) gr. 8. Troppau, (Buchholz & Diebel). à Jahrg. n.n. 4. —

— schlesisches, hrsg. v. schles. Landes-Lehrervereine. Red.: Alois Meixner. 24.—27. Jahrg. 1895—1898. à 24 Nrn. (ca. 12 S.) gr. 8. Troppau (Buchholz & Diebel). à Jahrg. n.n. 4. —

— schlesisches. Hrsg. u. Schriftleiter: Ferd. Heinz. 28.—31. Jahrg. 1899—1902. à 24 Nrn. gr. 8. (à ca. 16 S.) Troppau (Buchholz & Diebel). à Jahrg. n.n. 4. —

— schlesisches. Hrsg. u. Red.: Ferd. Heinz u. seit 1905: Carl Schiller. 32.—35. Jahrg. 1903—1906. à 24 Nrn. (à ca. 16 S.) Lex.-8. Jägerndorf. (Troppau, Buchholz & Diebel.) à Jhrg. n. 5. —

— schlesisches. Hrsg. u. Red.: Carl Schiller. 36.—39. Jahrg. 1907—1910. à 24 Nrn. (à Jahrg. 284 S.) Lex. 8. Jägerndorf, Redaktion. à Jahrg. 5. —

Schleswig-Holsteinisches Schulblatt. Herausgeg. von C[ARL] N[IC.] KÄHLER. 1. Jahrg. Oldenburg in Holstein. 1839. — 2. Jahrg. Herausgeg. von C. N. KÄHLER und C[ARL] C[HR.] TADEY. Sm. St. 1840. (Fortsættes).

——, schleswig-holsteinisches, e. Quartalschr. f. Stadt- u. Landschulen. Hrsg. v. Asmussen, C. Chr. Tadey, H. F. Langfeldt u. N. Nissen, unt. Mitwirk. v. mehr. and. Schulmännern. 1—4. Jahrg. 1839 — 42. à 4 Hfte. 8. Oldenburg in Holstein, Fränckel. * 2 Thlr., hrdgs. Pr. zusamm. genomm. *

— Schleswig-Holsteinisches, herausgeg. von C. N. Köhler u. C. Chr. Tadey. 1r u. 2r Jahrg. 1839 ... u. 1840. 4 Hfte. gr. 12. Oldenburg, Fränckel. (Leipzig, Lehnholdsche Buchh.) n. 2 ℛ

—— schleswig-holsteinisches, Quartalschrift f. Stadt- u. Landschulen. In Verbindung mit Langfeldt u. Nissen hrsg. von Asmussen. 5.—9. Jahrg. 1843—47. à 4 Hfte. 8. Oldenburg, Fränckel. (Leipzig, Brauns.) à J. *
1—4. Jahrg. 1839—42. Ebendas. Hrdgsf. Pr. zusammengenommen * 1 Thlr. 10 Ngr.

— Schleswig-Holsteinisches, eine Monatsschrift für Stadt- u. Landschulen. In Verbindung mit Langfeldt u. Nissen herausg. von Asmussen. 9. Jahrg. 1847. 4 Hfte. 10—12. Jahrg. 1848—1850. à 12 Hfte. 8. — Hrsg. v. H. F. Langfeldt. 13 u. 14. Jahrg. 1851 u. 1852. à 12 Hfte. 8. Oldenburg in Holstein. Leipzig, Brauns in Comm. 1847: n. 2 ℛ 1848—1852: à n. 2½ ℛ

— Schleswig- und Holsteinisches, eine Monatsschrift für Stadt- und Landschulen. Herausg. von H. F. Langfeldt. 15. u. 16. Jahrg. 1853—54. à 6 Doppelhefte (à 7—9 Bgn.). Oldenburg i. H. (Leipzig, Brauns.) Jeder Jahrg. n. 2 ℛ 15 ngr.

— Schleswig- und Holsteinisches, und pädagogische Dorfzeitung; zur Förderung der Erziehung und des Unterrichts in Schule und Haus; herausg. von P. F. Kirchmann. 17. Jahrg. 1855. 6 Doppelhefte (à 6—8 Bgn.). Oldenburg in H. (Leipzig, Brauns.) 8. n. 2 ℛ 15 ngr.

— für die Herzogthümer Schleswig und Holstein. Eine pädagogische Monatsschrift für Stadt- und Landschulen. Unter Mitwirkung von C. N. Kähler herausg. von H. F. Langfeldt, Fr. Harder und Chr. Saggau. 18—20. Jahrg. 1856—58. à 12 Hefte (à 3—4 Bgn.). Oldenburg i. H. (Leipzig, Brauns.) gr. 8. Jeder Jahrg. n. 2 ℛ 12 ngr.

— für die Herzogthümer Schleswig u. Holstein. Eine pädagogische Monatsschrift für Land- u. Stadtschulen. Unter Mitwirkung von C. N. Kähler herausg. von H. F. Langfeldt, Fr. Harder u. Chr. Saggau. 21. Jahrg. 1859. 12 Hefte. (à 3—4 Bgn.) Oldenburg in Holstein, Fränckel. — Leipzig, Brauns in Comm. gr. 8. n. 2 ℛ 15 ngr.

— — 22. Jahrg. 1860. Herausg.: Fr. Harder. 12 Hefte. (à 4 Bgn.) Ebend. gr. 8. n. 2 ℛ 15 ngr.

— Schweizer. evangelisches. Organ des Evangel. Schulvereins der Schweiz. 1. Jahrg. (Der „Blätter für die christliche Schule" 26. Jahrg.) 1891. (52 Nº). Red. von *J. Howald*. Nº 1. Gr. in-8º. 12 S. Bern, Comm.-Verlag von Huber & Co. Jährlich 4 20

— schweizerisches evangelisches. Organ d. evangel. Schulvereins der Schweiz. Früher: Blätter f. die christl. Schule. Red.: J. Howald. 26.—29. Jahrg. 1891—1894. à 52 Nrn. (à ½—1 Bog.) gr. 8. Bern, (H. Körber). à Jahrg. n. 4. —
f. a.: Blätter für die christl. Schule.

— schweizerisches evangelisches. Organ d. evang. Schulvereins d. Schweiz. Früher: Blätter f. d. christl. Schule. Red.: J. Howald. 30.—33. Jahrg. 1895—1898. à 52 Nrn. (à ca. 12 S.) gr. 8. Bern (H. Körber). à Jahrg. n. 4. —

— schweizerisches evangelisches. Organ des evangel. Schulver. d. Schweiz. Früher: „Blätter f. d. christl. Schule". Red.: J. Howald. 34.—37. Jahrg. 1899—1902. à 52 Nrn. gr. 8. (à ca. 16 S.) Bern (H. Körber). à Jahrg. n. 4. —

— schweizerisches evangelisches. Organ des evangel. Schulvereins der Schweiz. Früher: „Blätter f. die christl. Schule". Red.: J. Howald. 38.—41. Jahrg. 1903—1906. à 52 Nrn. (à ca. 12 S.) Lex.-8. Bern (H. Körber). à Jhrg. n. 4. —

— schweizerisches evangelisches. Organ des evangel. Schulvereins der Schweiz. Früher: „Blätter f. die christl. Schule". Red.: J. Howald. 42. Jahrg. 1907. 52 Nrn. (à ca. 12 S.) Lex. 8. Bern, (Maillard & Co.) 4. —

—— der evangelischen Seminare Schlesiens, im Verein mit den Lehrer-Collegien der k. Seminare zu Bunzlau, Münsterberg und Steinau ꝛc. hrsg. von Bock und Jungklaaß. 1—3. Jahrg. 1851—53. à Jahrg. 6 Hefte. gr. 8. Steinau. (Breslau, Hirt's Verlag.) à Jahrg. **

—— dass. — hrsg. von Bock und Jungklaaß. 4—6. Jahrg. 1854—56. à Jahrg. 6 Hefte. gr. 8. Ebds. [4. Jahrg. ** 1 Thlr., 5. und 6. à ** 1 Thlr. 10 Ngr.] **

—— der evangelischen Seminare Schlesiens, im Verein mit den Lehrer-Collegien der königl. Seminare zu Bunzlau, Münsterberg und Steinau ꝛc. hrsg. von Bock und Jungklaaß. 7—11. Jahrg. 1857—61. à Jahrg. 6 Hefte. gr. 8. (à Heft ca. 80 S.) Breslau, (Hirt's Sortiment.) à Jahrg. **

Schulblatt der evangelischen Seminare Schlesiens, im Vereine mit den Lehrer-Collegien der Königl. Seminare zu Bunzlau, Münsterberg und Steinau ꝛc. hrsg. von Bock und Jungklaaß. 12. Jahrg. 1862. 6 Hefte. gr. 8. (à Heft ca. 80 S.) Breslau, (Hirt's Verlag.) *

—— der evangelischen Seminare Schlesiens, hrsg. von Bock und Jungklaaß. 13. und 14. Jahrg. 1863 und 1864. à Jahrg. 6 Hefte. gr. 8. (à Heft ca. 80 S.) (Ebendas.) à Jahrg. *

— der evangelischen Seminare Schlesiens, hersg. von Jungklaaß u. Menges. 15. Jahrg. 1865. 6 Hefte (à ca. 80 S.) Breslau, Hirt's Verl. gr. 8. n. 1 ℛ 10 ngr.

—— dass. — hrsg. von Menges, Schumann, Semerák ꝛc. 16. und 17. Jahrg. 1866 und 1867. à Jahrg. 6 Hefte. gr. 8. (à Heft ca. 80 S.) Breslau, (Dülfer.) à Jahrg. *

—— der evangelischen Seminare Schlesiens, hrsg. von Menges, Semerák, Schneider, Lang und Wendel. 18. und 19. Jahrg. 1868 und 1869. à Jahrg. 6 Hefte. gr. 8. (à Heft 80 S.) Breslau, (Dülfer's Verlag.) à Jahrg. * 3 50

—— dass. — hrsg. von Wendel, Semerák, Schneider, Lang und Holtsch. 20. und 21. Jahrg. 1870 und 1871. à Jahrg. 6 Hefte. gr. 8. (à Heft 80 S.) (Ebendas.) à Jahrg. * 3 50

—— dass. — hrsg. von Wendel, Semerák, Lang, Holtsch und Seidel. 22. Jahrg. 1872. 6 Hefte. gr. 8. (à Heft 80 S.) Ebendas. * 3 50

—— dass. — hrsg. von Wendel und Lang. 23. und 24. Jahrg. 1873 und 1874. à Jahrg. 6 Hefte. gr. 8. (à Heft 80 S.) (Ebendas.) 1873. * 3 75
1874. * 3 80

—— der evangelischen Seminare Schlesiens, hrsg. von Wendel und Lang. 25. Jahrg. 1876. 6 Hefte. gr. 8. (à Heft 64 S.) Breslau, (Dülfer's Verlag.) *

—— dass. — 26.—29. Jahrg. 1876—1879. à Jahrg. 6 Hefte. gr. 8. (à Heft 64 S.) (Ebendas.) à Jahrg. *

—— der evangelischen Seminare Schlesiens, hrsg. von Wendel und Lang. 30.—32. Jahrg. 1880—1882. à Jahrg. 6 Hefte. (à Heft 4 Bog.) gr. 8. Breslau, (Dülfer's Verlag.) à Jahrg. * 3 75
Nicht weiter erschienen.

Schulblatt, Solothurner. I. Jahrg. 1879. Erscheint jeden Mittwoch in Nrn. à 4 S. hoch in-4⁰. Solothurn, Zepfel'sche Buchdruckerei. Per Jahr 3 —

— **Solothurner.** II. Jahrg. 1880. Erscheint jeden Mittwoch in Nrn à 4 S. hoch in-4⁰. Solothurn, Zepfel'sche Buchdruckerei. Per Jahr 3 20

— für Thüringen u. Franken. Organ d. meining. Lehrervereins. Red.: G. Stoll. 1. Jahrg. 1874. 24 Nrn. (½ B.) 4. Hildburghausen, Kesselring. n. 3. 60

— dasselbe. Jahrg. 1875 u. 1876 à 24 Nrn. (B.) gr. 4. Ebend. à Jahrg. n. 3. 40

— für Thüringen u. Franken. Organ des meining. Lehrervereins. Red.: G. Stoll. Jahrg. 1877. 24 Nrn. (à ½—1 B.) gr. 4. Eisfeld. Hildburghausen, Kesselring in Comm. n. 3. 50

—— dass. — Redact.: T. Rotteck. Jahrg. 1878 und 1879. à Jahrg. 24 Nrn. (à ½ Bog.) gr. 4. Camburg, (Schreyer.) à Jahrg. *

—— für Thüringen und Franken. Organ des meining. Lehrervereins. Redact.: T. Rotteck. Jahrg. 1880—1884. à Jahrg. 24 Nrn. (à Nr. ½ Bog.) gr. 4. Camburg, (Schreyer.) à Jahrg. * 3 40

—— für Thüringen u. Franken. Organ des meining. Lehrervereins. Redact.: T. Rotteck. Jahrg. 1885—1892. à Jahrg. 24 Nrn. (à Nr. ½ Bog.) gr. 4. Kamburg, (Schreyer). à Jahrg. * 3 40

— f. Thüringen u. Franken. Organ des meining. Lehrervereins u. der Pestalozzi-Heine-Stiftg. Red.: Tuiskon Rotteck. 37. Jahrg. 1894. 24 Nrn. (Bog.) Fol. Camburg, R. Schreyer. n.n.n. 3. 45
Nur noch durch die Post zu beziehen.

— für Thüringen u. Franken. Organ d. meining. Lehrervereins u. d. Pestalozzi-Heine-Stiftg. Red.: Tuiskon Rotteck. 38. Jahrg. 1895. 24 Nrn. (Bog.) Fol. Camburg, R. Schreyer. n.n.n. 4. 60

— dasselbe. Im Auftr. d. allgem. meining. Lehrervereins hrsg. v. Tuiskon Rotteck u. Ludw. Greiner. Red.: Tuiskon Rotteck. 39.—41. Jahrg. 1896—1898. à 24 Nrn. Fol. (à ca. 4 S. m. Bildn.) Pößneck, Leipzig, R. Böhm. à Jahrg. n. 4. —
Kann auch vierteljährlich bezogen werden.

— für Thüringen u. Franken. Organ des allgemeinen meining. Lehrervereins u. der Pestalozzi-Heine-Stiftung. Im Auftrage des allgemeinen meining. Lehrervereins hrsg. u. red. v. Tuiskon Rotteck u. Ludw. Greiner. 42.—45. Jahrg. 1899—1902. à 24 Nrn. Fol. (à ca. 8 S.) Pößneck. (Leipzig, R. Böhm.) à Jahrg. n. 4. —

— f. Thüringen u. Franken. Gegründet im J. 1858. Organ des allgem. meining. Lehrervereins u. der Pestalozzi-Heine-Stiftung. Im Auftrage des allgem. meining. Lehrervereins hrsg. u. red. v. Tuiskon Rottek u. Ludw. Greiner. 46.—49. Jahrg. 1903—1906. à 24 Nrn. (à Jahrg. IV, 192 S.) Fol. Pößneck. (Leipzig, R. Böhm.) à Jhrg. n. 4. —

Schulblatt für Thüringen u. Franken. Gegr. im J. 1858. Organ des allgemeinen meining. Lehrervereins u. der Pestalozzi-Heine-Stiftg. Im Auftrage des allgemeinen meining. Lehrervereins hrsg. u. red. v. Ludw. Greiner. 50.—53. Jahrg. 1907—1910. à 24 Nrn. (à ca. 8 S.) 35,5×23,5 cm. Pößneck, H. Schneider Nachf. à Jahrg. 4. —

—— Thüringer. Zeitschrift f. die gesamte Thüringer Lehrerschaft. Vereins-Organ d. Gothaischen Landeslehrer-Vereins. Schriftleiter: H. Böttner. 14. Jahrg. 4. Quartal. Oktbr.—Dezbr. 1891. 6 Nrn. u. 15. Jahrg. 1892. 24 Nrn. (à Nr. ½—1 Bog.) gr. 4. Gotha, Glaeser. 14. Jahrg. 4. Quartal — 75; 15. Jahrg. 3 —
Frühere Jahrg. u. Quartale s. u. d. T.: Schulblatt, gothaisches.

— Thüringer. Zeitschrift f. d. ges. Thüringer Lehrerschaft. Vereins-Organ d. Gothaischen Landeslehrer-Vereins zc. Schriftleiter: H. Böttner. 18.—21. Jahrg. 1895—1898. à 24 Nrn. (à ca. 8 S.) gr. 4. Gotha, E. Glaeser. à Jahrg. n. 3.
Kann auch vierteljährlich bezogen werden.

— Thüringer. Zeitschrift f. die gesamte Thüringer Lehrerschaft. Vereins-Organ des gothaischen Landeslehrer-Vereins u. des Schwarzburg. Landeslehrer-Vereins zu Schwarzburg-Sondershausen. Red.: H. Böttner. 22.—25. Jahrg. 1899—1902. à 24 Nrn. Fol. (à ca. 8 S.) Gotha, R. Schmidt. à Jahrg. n. 3. —

— Thüringer. Zeitschrift für die gesamte Thüringer Lehrerschaft. Vereins-Organ des gothaischen Landeslehrer-Vereins u. des Landeslehrer-Vereins zu Schwarzburg-Sondershausen. Red.: H. Böttner. 26.—29. Jahrg. 1903—1906. à 24 Nrn. (196, 192, 192 u. 192 S.) Fol. Gotha, [R. Schmidt.] R. Wöpke. à Jhrg. n. 3. —

— Thüringer. Zeitschrift f. die gesamte Thüringer Lehrerschaft. Vereins-Organ d. gothaischen Landeslehrer-Vereins, des Landeslehrer-Vereins zu Schwarzburg-Sondersh. und des Lehrer-Vereins im Herzogt. Coburg. Red.: B. Hofmann. 33. Jahrg. 1910. 36 Nrn. (VI, 502 S.) 32×24,5 cm. Eisenach, Hofbuchdruckerei Eisenach H. Kahle. 4. —

—— Tiroler. Redact.: Joh. Schuler. 1. Jahrg. 1875. 24 Nrn. (Bog.) gr. 8. Innsbruck, Wagner'sche Universitäts-Buchh. **

— Tiroler. Red. u. Hrsg.: Joh. Schuler. 3. u. 4. Jahrg. 1877 u. 1878. à 24 Nrn. (B.) gr. 8. Innsbruck, Wagner. à Jahrg. n.n. 5. —

—— dass. — 2.—4. Jahrg. 1876—1878. à Jahrg. 24 Nrn. (Bog.) gr. 8. Ebendas. à Jahrg. **
Nicht weiter erschienen.

— Triersches. Red.: P. Stürmer. 9. u. 10. Jahrg. 1857 u. 58. à 52 Nrn. (à 1 Bgn.). Trier, (Braun.) 4. Jeder Jahrg. n. 1 ℛ.

—— trier'sches. Hrsg. vom Lehrer-Vereine in Trier, redig. durch Stürmer. 14.—19. Jahrg. 1862—67. à Jahrg. 52 Nrn. (Bog.) gr. 4. Trier, (Groppe.) à Jahrg. *

—— Trier'sches. Hrsg. vom Lehrer-Vereine in Trier, redig. von Stürmer. 20. Jahrg. 1868. 52 Nrn. (Bog.) gr. 4. Trier, (Groppe.) * 3 —

Schulblatt für das bayerische Volksschulwesen, mit besonderer Berücksichtigung der Schulgesetzgebung u. Verwaltung Bayerns u. anderer Länder. Herausg. von J. D. Klemm. 1—6. Jahrg. 1859—1864. à 12 Hefte. (à 2 Bgn.) Nürnberg, Raw. gr. 8. Jeder Jahrg. 1 ℛ 6 ngr.

Schulblatt für das bayerische Volksschulwesen, mit besonderer Berücksichtigung der Schulgesetzgebung u. Verwaltung Bayerns u. anderer Länder. Herausg. von J. D. Klemm. 7. u. 8. Jahrg. 1865 u. 66. à Jahrg. 12 Hefte. (à 2 Bgn.) Nürnberg, Raw'sche Buchh. gr. 8. Jeder Jahrg. 1 ℛ 6 ngr.
Vergl. Schulblatt, kirchliches, für die ganze Gemeinde.

—— waldeckisches, für Eltern, Lehrer und Schulfreunde. Jahrg. 1850—52. à Jahrg. 26 Nrn. (½ Bog.) 4. Mengeringhausen. (Arolsen, Speyer.) à Jahrg. *
Der 1. Jahrg. wurde von H. Köhler und die beiden folgenden von C. Schneider herausgegeben.

—— waldeckisches, für Eltern, Lehrer und Schulfreunde. Hrsg. von C. Schneider. Jahrg. 1853 — 56. à Jahrg. 26 Nrn. 4. Mengeringhausen. (Arolsen, Speyer.) à Jahrg. *

—— waldeckisches. Hrsg. von C. Schneider. 9—13. Jahrg. 1857—61. à Jahrg. 26 Nrn. (½ Bog.) 4. Mengeringhausen. (Arolsen, Speyer.) à Jahrg. *

—— waldeckisches. Hrsgbr.: C. Schneider. 14. und 15. Jahrg. 1862 und 1863. à Jahrg. 26 Nrn. (½ Bog.) 4. Mengeringhausen. (Arolsen, Speyer.) à Jahrg. *
Vgl.: Kirchen- und Schulblatt.

— westpreußisches. Organ f. d. Interessen d. westpreuß. Prov.-Lehrervereins. Schriftleiter: G. Backhaus. 1. Jahrg. Oktbr. 1896—Septbr. 1897. 52 Nrn. (Bog.) gr. 4. Konitz, W. Dupont. n. 4. —

— dasselbe. Organ d. westpreuß. Prov.-Lehrer-Vereins, d. Pestalozzi-Vereins f. d. Prov. Westpreußen u. d. westpreuß. Lehrer-Emeriten-Unterstützungs-Vereins. 2. u. 3. Jahrg. Oktbr. 1897—Septbr. 1899. à 52 Nrn. (Bog.) gr. 4. Ebd. à Jahrg. n.n. 5. —
Kann auch vierteljährlich bezogen werden.

— westpreußisches. Organ des westpreuß. Prov.-Lehrer-Vereins, des Pestalozzi-Vereins f. die Prov. Westpreußen, des westpreuß. Lehrer-Emeriten-Unterstützungs-Vereins u. d. Sterbekasse f. d. Lehrer d. Prov. Westpreußen. Red.: Hinz. 4.—7. Jahrg. Oktbr. 1899—Septbr. 1903. à 52 Nrn. gr. 4. (à ca. 8 S.) Konitz, W. Dupont. à Jahrg. n.n. 5. —
Der 4. Jahrg. ist v. G. Backhaus redigiert.

— westpreußisches. Organ des westpreuß. Prov.-Lehrer-Vereins, des Pestalozzi-Vereins f. die Prov. Westpreußen, des westpreuß. Lehrer-Emeriten-Unterstützungs-Vereins u. der Sterbekasse f. die Lehrer der Prov. Westpreußen. Red.: P. Hinz. 8. Jahrg. Oktbr. 1903—Septbr. 1904. 52 Nrn. (à ca. 8 S.) gr. 4. Konitz, W. Dupont. n.n. 5. —
Erscheint nicht mehr.

Westpreussisches **Schulblatt**. Organ d. Westpreuss. Prov. Lehrer-Vereins... Jg. 1–8. 1896/97–1903. (Jg. 6ff. nebst Beil.: Jugendschriften-Warte.) Konitz: W. Dupont 1897–(1903). 8 Bde 4° [J.]
1–6. 1896/97–1902/03. 1897–1903. 8. 1903.
Forts. s. u. d. T.: Westpreuss. Schulzeitung. 1904. 10

— Wiener stenographisches. Hrsg. vom deutsch-österreich. Stenographenbunde. Schriftleitung und Schrift: Rud. Krejcarek. Jahrg. 1910. 12 Nrn. (92 S.) 8. Wien (H. Kirsch). 1. 20

Schulblätter. Zeitschrift f. Unterr. u. Erziehung, zunächst mit Rücksicht auf die Volksschulen Baierns. 1r Bd. 1s—4s Hft. gr. 8. Münch. 829—832. (Krüll in Landsh.; a. Thomann). (à 7 gGr) 1 ℛ 4 gGr

Schulblätter. Zeitschr. f. Unterr. u. Erzieh., zunächst mit Rücksicht auf d. Volksschulen Bayerns. 1—5. Hft. gr. 8. (32¼ B.) München 829—33. (Regensburg, Manz.)

Schulblätter, allgem. schweizerische, hrsg. v. J. J. Kraft, G. Spengler, J. W. Straub u. J. Heer. 1. u. 2. Hft. gr. 12. Aarau, [Sauerländer's Verl.] [1. (6⅔ B.) 835. ½ Thlr., 2. (3 B.) 836. ¼ Thlr.]

—— allgem. schweizerische, hrsg. v. J. Heer, A. Keller, G. Spengler u. J. W. Straub. 1—8. Jahrg. 1835—42. à 6 Hfte. gr. 8. Baden. Zürich, Höhr. à J. *

Schulblätter, badische. Organ für die Interessen der Erziehung und des Unterrichts. Korrespondenzblatt für das bad. Mittelschulwesen. Hrsg. unter Mitwirkung mehrerer badischer Schulmänner. Redact.: Bihler. 1. Jahrg. April 1884—März 1885. 12 Nrn. (à Nr. 1—1½ Bog.) Lex.-8. Karlsruhe 884, Reuther. * 4 —

Schulblätter, badische. Organ für die Interessen der Erziehung und des Unterrichts. Korrespondenzblatt für das bad. Mittelschulwesen. Hrsg. unter Mitwirkung mehrerer bad. Schulmänner. Redact.: Bihler. 2. und 3. Jahrg. 1885 und 1886. à Jahrg. 12 Nrn. (à Nr. 1—1½ Bog.) Lex.-8. Karlsruhe, Reuther. à Jahrg. * 4 —

Schulblätter, badische. Organ f. die Interessen der Erziehg. u. d. Unterrichts. Korrespondenzblatt f. das bad. Mittelschulwesen. Hrsg. unter Mitwirkg. mehrerer bad. Schulmänner. Red.: Bihler. 4. Jahrg. 1887. 12 Nrn. (à 1—1½ B.) Lex.-8. Pforzheim, Flammer. n. 4. —

— dasselbe. Organ d. Vereins akademisch gebildeter Lehrer an den bad. Mittelschulen. Red.: Keim u. Greule. 5. u. 6. Jahrg. 1888. 1889. à 12 Nrn. (à 1—1½ B.) gr. 8. Karlsruhe, J. Bielefeld's Verl. à Jahrg. n. 4. —
Fortsetzg.: Schulblätter, Südwestdeutsche.

Schulblätter, deutsche. Unter Mitwirkung mehrerer Schulmänner hrsg. von J. Friedr. Graef und Andr. Homner. 1. Jahrg. 1879/80. 24 Nrn. (Bog.) 4. Bistritz, Brucker. *

Schulblätter, hessische. Blätter f. christl. Erziehg. in Schule u. Haus. Organ des kathol. Lehrervereins im Großherzogt. Hessen. 5. Jahrg. (der Blätter f. christl. Erziehg.). 1893. 24 Nrn. (Bog.) Lex.-8. Mainz, J. P. Haas. n. 3. 60
s.: Blätter f. christliche Erziehung in Schule u. Haus.

Schulblätter, hessische. Blätter f. christl. Erziehg. in Schule u. Haus. Organ d. kathol. Lehrervereins im Großherzogt. Hessen. 7. Jahrg. (d. Blätter f. christl. Erziehg.). 1895. 24 Nrn. (à ca. 12 S.) Lex.-8. Mainz, J. P. Haas. n.n. 3. 60

Schulblätter, kurhessische, Redakt. W. Bang. 1846, Octbr.—Decemb. 13 Nrn. (½ B.) gr. 8. Kassel, Luckhardt'sche Bh. *

—— dass. 2. Jahrg. 1847. 52 Nrn. (½ B.) gr. 8. Ebds.

Schulblätter, kurhessische. Redakt. und Verleger: W. Bang. 3. Jahrg. 1848. 52 Nrn. (½ Bog.) gr. 8. Kassel, (Hotop.)
1. Jahrg. 1846. erschien bei Luckhardt in Cassel und kostet * 12 Ngr., der 2. Jahrg. 1847. bei Hotop und kostet * 2 Thlr.

— südwestdeutsche. Organ der Vereine akademisch gebildeter Lehrer an den bad., [grossh.] hess. u. elsass-lothring. höheren Lehranstalten. Red.: Keim u. Greule. 7. Jahrg. 1890. 12 Nrn. (à 1—1½ B.) gr. 8. Karlsruhe, (Gutsch). n. 4. —
Jg.1-6 s.:Schulblätter, Badische.

— südwestdeutsche. Organ der Vereine akademisch gebildeter Lehrer an den bad., [grossh.] hess. u. elsass-lothring. höheren Lehranstalten. Red.: Keim u. Greule. 8.—10. Jahrg. 1891—1893. à 12 Nrn. (à ca. 1½ Bog.) Karlsruhe, (F. Gutsch). à Jahrg. n. 4. —

— südwestdeutsche. Organ d. Vereine akadem. gebild. Lehrer an d. bad., [grossh.] hess. u. elsass-lothring. höh. Lehranst. Red.: Keim u. Greule. 12.—15. Jahrg. 1895—1898. à 12 Nrn. (à ca. 20 S.) gr. 8. Karlsruhe. (F. Gutsch.) à Jahrg. n. 4. —; einz. Nrn. n. — 40

Schulblätter, südwestdeutsche. Organ der Vereine akademisch gebildeter Lehrer in Baden u. Hessen, sowie des Gymnasiallehrervereins in Württemberg. Red.: Keim u. Stark. 16.—19. Jahrg. 1899—1902. à 12 Nrn. gr. 8. (à ca. 32 S.) Karlsruhe (F. Gutsch). à Jahrg. n. 4.—

Schulblätter, südwestdeutsche. Organ des Vereins der akademisch gebildeten Lehrer in Baden, des hess. Oberlehrervereins, sowie des Gymnasiallehrervereins in Württemberg. Red.: O. Armbruster u. H. Cramer. 20.—23. Jahrg. 1903—1906. à 12 Nrn. (VIII, 428; VIII, 476; VIII, 472 u. IX, 540 S.) gr. 8. Karlsruhe (F. Gutsch). à Jhrg. n. 4. —

Schulblätter, südwestdeutsche. Organ des bad. Philologenvereins, des hess. Oberlehrervereins, sowie des württemberg. Philologenvereins. Red.: Osk. Armbruster, L. Heddaeus, Reik. Verantwortlich: O. Armbruster. 24.—27. Jahrg. 1907—1910. à 12 Nrn. (X, 512; IX, 524; VIII, 412 u. X, 500 S.) gr. 8. Karlsruhe. F. Gutsch. 24.—26. Jahrg. à 4.—; 27. Jahrg. 5. —

Schulbote, der Badische. Eine Zeitschrift für Erziehung u. Unterricht. Herausg. unter Mitwirkung e. Vereines prakt. Schulmänner von Karl Gruber. 1. Jahrg. 1846. 52 Nrn. oder 12 Hefte. gr. 4. Carlsruhe, Herder'sche B. n. 2 Thlr 12 ngr

Schulbote, der Badische. Eine Zeitschrift für Erziehung u. Unterricht. Hrsg. von Karl Gruber unter Mitwirkung vieler Schulmänner. 2. Jahrg. 1847. 52 Nrn. gr. 4. (B.) Carlsruhe, Herder. n. 2 Thlr 12 ngr
Forts.s.:Schulbote, Neuer badischer,...

-- Badischer. Red.: v. Langsdorff, Hauck, Pflüger und Hepting. 7—9. Jahrg. 1856—58. à 52 Nrn. (à ½—1 Bgn.). Pforzheim, Flammer. gr. 4. Jeder Jahrg. n. 1 Thlr 26 ngr.
Jg.1-6 s.:Schulbote, Neuer bad.,..

Schulbote, Badischer. Red. von v. Langsdorff, Hauck, Pflüger u. Gartenhauser. (10—12) Jahrg. 1859—61. à 52 Nrn. (à ½—1 Bgn.) Pforzheim, Flammer. gr. 4. Jeder Jahrg. n. 1 Thlr 26 ngr.

—— braunschweigischer. Zeitschrift für Förderung des Erziehungswesens in Schule und Familie. Hrsg. von J. H. Ch. Schmidt. 1—5. Jahrg. 1852—56. à Jahrg. 12 Nrn. (Bog.) gr. 8. Braunschweig, Leibrock. à Jahrg. *

Schulbote, braunschweigischer. Zeitschrift für Förderung des Erziehungswesens in Schule und Familie. Hrsg. von J. H. Ch. Schmidt. 6. und 7. Jahrg. 1857 und 1858. à Jahrg. 12 Nrn. (Bog.) gr. 8. Braunschweig, Leibrock. à Jahrg. Thlr. *
Ist nicht fortgesetzt worden.

Schulbote, der christliche, aus Hessen. 1. Jahrg. 1863. 52 Nrn. (½ Bog.) Lex.-8. Marburg, (Ehrhardt.) **

Schulbote, der christliche, aus Hessen. Eine theoretisch-praktische Zeitschrift für das deutsche Volksschulwesen u. christl. Erziehung überhaupt. 2—5. Jahrg. 1864—67. à Jahrg. 52 Nrn. (à ½—1 Bgn.) Marburg, (Elwert'sche Universitäts-Buchh.) gr. 8. Jeder Jahrg. n. 1 Thlr 10 ngr

— — 6. u. 7. Jahrg. 1868 u. 1869. Redig. von J. H. Leimbach. Marburg, Koch. gr. 8. Jeder Jahrg. n.n. 1 Thlr

Schulbote, der christliche, aus Hessen. Eine theoretisch-prakt. Zeitschrift für das deutsche Schulwesen und christl. Erziehung überhaupt. Redig. von Joh. Heinr. Leimbach. 6.—11. Jahrg. 1868—1873. à Jahrg. 52 Nrn. (à ½ Bog.) Lex.-8. Marburg, Sipmann. 1868—1872. à ** 3 —
1873. ** 4 —

—— dass. — 12. Jahrg. 1874. 52 Nrn. (à ½ Bog.) Lex.-8. Marburg, Elwert's Verlag. * 4 —

Schulbote, der christliche. Theoretisch-pract. Zeitschrift für das deutsche Schulwesen und christl. Erziehung überhaupt. Redact.: C. L. Leimbach. 13. und 14. Jahrg. 1875 und 1876. à Jahrg. 52 Nrn. (à ½ Bog.) Lex.-8. Hannover, Feesche. à Jahrg. *
Erschien früher u. d. T.: Schulbote, der christliche, aus Hessen.

—— dass. — Wochenschrift für das deutsche Schulwesen und christl. Erziehung überhaupt. Redact.: C. L. Leimbach. 15.—17. Jahrg. 1877—1879. à Jahrg. 52 Nrn. (à ½ Bog.) gr. 8. Ebendas. à Jahrg. *

Schulbote, der christliche. Wochenblatt für das deutsche Schulwesen und christl. Erziehung überhaupt. Redact.: C. L. Leimbach. 18. Jahrg. 1880. 52 Nrn. (à Nr. ½ Bog.) gr. 8. Wolfenbüttel, Zwißler. * 4 —

—— dass. — Wochenblatt für evangelische Lehrer und Lehrerinnen Deutschlands. Redact.: C. L. Leimbach. 19.—21. Jahrg. 1881—1883. à Jahrg. 52 Nrn. (Bog.) gr. 8. Goslar. (Leipzig, Böhme.) Jahrg. 1881 und 1882 à * 4 —
Jahrg. 1883 * 6 —

—— dass. — Nebst Beilage: Des Lehrers Feierabend. Redact.: K. Leimbach. 22. Jahrg. 1884. 52 Nrn. (à Nr. 2—2½ Bog.) gr. 4. Hannover, Weichelt. * 6 —

Schulbote, der christliche. Wochenblatt für evangel. Lehrer und Lehrervereine Deutschlands. Nebst Beilage: Des Lehrers Feierabend. Redact.: K. Leimbach. 23. Jahrg. 1885. 52 Nrn. (à Nr. 2—2½ Bog.) gr. 4. Leipzig, G. Wigand. * 6 —

—— dass. — 24. Jahrg. 1886. 52 Nrn. (à Nr. 2—2½ Bog.) gr. 4. Leipzig, Dürr'sche Buchh. * 7 20

Schulbote, der christliche. Wochenblatt f. evangel. Lehrer u. Lehrervereine Deutschlands. Nebst Beilage: Des Lehrers Feierabend. Red.: K. Leimbach. 25. Jahrg. 1887. 52 Nrn. (à 2—2½ B.) gr. 4. Goslar 887. Koch. n. 8. —

—— dass. — Wochenblatt für evangel. Lehrer und Lehrervereine Deutschlands. Redact.: K. Leimbach. 26. Jahrg. 1888. Jan.—Oktbr. 39 Nrn. (Bog.) gr. 4. Ebendas. * 3 60
Nicht weiter erschienen.

— der deutsche, eine kathol.-pädagogische Zeitschrift f. Schulmänner geistl. u. weltl. Standes, dann aber auch f. alle kathol. Familien u. Jugendfreunde. Im Vereine mit mehr. bewährten Schulmännern hrsg. v. M. Sir u. M. Heißler. 1. Jahrg. 1842. 4 Hfte. gr. 8. Augsburg, (Lampart u. Comp.) *

— der Deutsche, eine katholisch-pädagogische Zeitschrift für Schulmänner geistl. u. weltl. Standes, dann aber auch für alle kathol. Familien und Jugendfreunde. Im Vereine mit mehrern bewährten Schulmännern herausgeg. von M. Sir, M. Heißler u. G. Floßmann. 1.—5. Jahrg. 1842—1846. à 4 Quartalhefte. gr. 8. Augsburg, Rieger'sche B. à n. 1 ß

— dass. 2—6. Jahrg. 1843—47. à 4 Hfte. Hrsg. von Denselben. gr. 8. Augsburg, Rieger'sche Buchh. à J. 1 Thlr.

— der deutsche. Eine kathol.-pädagog. Zeitschrift. Hrsg. von G. Floßmann und M. Heißler. 7—11. Jahrg. 1848—52. à Jahrg. 4 Hefte. gr. 8. Augsburg, Rieger'sche Buchh. [7. und 8. Jahrg. à * 1 Thlr., 9. Jahrg. * 1 Thlr. 15 Ngr. und 10. und 11. Jahrg. à * 1 Thlr.] *

1—6. Jahrg. 1842—47. Ebendas. à Jahrg. * 1 Thlr.

Schulbote, der deutsche. Eine katholisch-pädagogische Zeitschrift. Unter Mitwirkung von A. Büschl, M. Heißler rc. hrsg. von Maurit. Moritz. 12—15. Jahrg. 1853—56. à Jahrg. 4 Hefte. gr. 8. Augsburg, Rieger'sche Buchh. à Jahrg. Thlr. *

— der deutsche. Eine katholisch-pädagog. Zeitschrift für Schulmänner geistl. und weltl. Standes, dann aber auch für alle kathol. Familien und Jugendfreunde. Unter Mitwirkung von A. Büschl und mehreren andern Schulmännern rc. hrsg. von Maurit. Moritz. 16—18. Jahrg. 1857—59. à Jahrg. 4 Hefte. gr. 8. (à Heft ca. 96 S.) Augsburg, Rieger'sche Buchh. à Jahrg. *

— dass. — Eine katholisch-pädagog. Zeitschrift für Erziehung und Unterricht. Unter Mitwirkung mehrerer Schulmänner und Schulfreunde hrsg. von Maurit. Moritz und Valent. Ulrich. 19. und 20. Jahrg. 1860—61. à Jahrg. 4 Hefte. gr. 8 (à Heft ca. 94 S.) Ebendas. à Jahrg. *

— der deutsche. Eine katholisch-pädagog. Zeitschrift für Schulmänner geistl. und weltl. Standes. Hrsg. von Maurit. Moritz und Valent. Ulrich. 21.—24. Jahrg. 1862—65. à Jahrg. 4 Hefte. gr. 8. (à Heft 96 S.) Augsburg, Rieger'sche Buchh. à Jahrg. *

Schul- u. Ephoral-Bote, der, aus Sachsen, Wochenblatt f. vaterländ. Kirchen- u. Schul-Wesen, unter allgem., freier Mitwirk. hrsg., v. Ferd. Philippi. Beiblatt zur „Ameise." Jahrg. 1833. 104 Nrn. (½ B.) 4. Dresden, Arnold.

— dass., hrsg. v. dems. Jahrg. 1834 u. 35. à 104 Nrn. (½ B.) 4. Grimma, Vrls.-Comtoir. à J.

Schul- u. Ephoral-Bote, der, aus Sachsen, Wochenbl. f. vaterl. Kirchen- u. Schul-Wesen u. Archiv f. Mittheiln. sächs. Schulvorstände in Stadt- u. Land, unt. allgem., freier Mitwirk. hrsg., v. Ferd. Philippi. Jahrg. 1836—40. à 104 Nrn. (à ½ Bog.) 4. Grimma, Verlags-Comptoir. à J. *

Schulbote, evangelischer. Organ d. evang. Lehrervereine Oesterreichs. Redaction. Beilage d. „Oesterr. Protestant." Hrsg. u. Schriftleiter: Johs. Wachowski. 2. u. 3. Jahrg. 1896—1897. à 12 Nrn. (Bog.) gr. 4. Klagenfurt (J. Heyn). à Jahrg. n. 2. —

— dasselbe. 4. Jahrg. 1898. 24 Nrn. (Bog.) gr. 4. Ebd. 3.

Schulbote, evangelischer. Organ der evang. Lehrervereine Österreichs. Herausgeber u. Schriftleiter: Johs. Wachowski. 5. u. 6. Jahrg. 1899 u. 1900. à 24 Nrn. gr. 4. (à ca. 8 S.) Wiener-Neustadt, Dir. J. Wachowski. à Jahrg. n.n.n. 3. —
Nicht mehr durch den Buchhandel zu beziehen.

Schulbote, der, aus Franken. Herausg. von J. P. Scheuenstuhl. 1—4. Jahrg. 1847—1850. 1847. 48 u. 50 à 12 Hefte. 1849: 24 Nrn. gr. 8. Ansbach, Gummi. à Jahrg. 1 ß 6 kr

— der freimüthige u. unparteil. schweizerische. 1. Jahrg. 1831. Hrsg. v. J. H. Kaltschmidt. gr. 8. (29½ B.) Winterthur, Steiner.
Fortsetzung u. d. T.:
Der schweizer. Schulbote.

— für Hessen. Organ der Ludwig- und Alicen-Stiftung. Redact.: Schmitt. 9. Jahrg. 1868. 24 Nrn. (Bog.) gr. 4. Darmstadt, Schlapp. * 2 40

— dass. — Organ für die Angelegenheiten des hess. Landeslehrer-Vereins und der Ludwig- und Alicen-Stiftung. Redact.: J. Schmitt. 10.—12. Jahrg. 1869—1871. à Jahrg. 24 Nrn. (Bog.) gr. 4. (Ebendas.) à Jahrg. * 2 40

— dass. — 13. und 14. Jahrg. 1872 und 1873. à Jahrg. 24 Nrn. (Bog.) gr. 4. Darmstadt, (Schmitt.) à Jahrg. * 2 40

— dass. — 15. Jahrg. 1874. 24 Nrn. (Bog.) 4. Darmstadt. (Leipzig, Siegismund und Volkening.) ** 3 50

— für Hessen. Organ des hess. Landeslehrer-Vereins und der Ludwig- und Alice-Stiftung. Redact.: J. Schmitt. 16.—20. Jahrg. 1875—1879. à Jahrg. 24 Nrn. (Bog.) gr. 4. Darmstadt. (Tauberbischofsheim, Lang.) à Jahrg. *

— für Hessen. Organ des hess. Landeslehrer-Vereins und der Ludwig- und Alice-Stiftung. Redact.: J. Schmitt. 21.—23. Jahrg. 1880—1882. à Jahrg. 24 Nrn. (Bog.) gr. 4. Darmstadt. (Tauberbischofsheim, Lang.) à Jahrg. * 3 60

— dass. — 24. und 25. Jahrg. 1883 und 1884. à Jahrg. 24 Nrn. (Bog.) gr. 4. Darmstadt. (Gießen, Roth.) à Jahrg. ** 3 60

— für Hessen. Organ des hess. Landeslehrer-Vereins und der Ludwig- und Alice-Stiftung. Redact.: J. Schmitt. 26.—29. Jahrg. 1885—1888. à Jahrg. 24 Nrn. (Bog.) gr. 4. Darmstadt. (Gießen, Roth.) à Jahrg. ** 3 60

— f. Hessen. Organ d. hess. Landeslehrer-Vereins u. der Ludwig- u. Alice-Stiftg. Red.: J. Schmitt. 28.—31. Jahrg. 1887—1890. à 24 Nrn. (B.) gr. 4. Darmstadt. (Gießen, Roth.) à Jahrg. n.n. 3. 60

Schulbote für Hessen. Organ d. hess. Landeslehrer-Vereins u. der Ludwig- u. Alice-Stiftg. Red.: J Schmitt. 32.—34. Jahrg. 1891—1893. à 24 Nrn. (Bog.) gr. 4. Darmstadt (Giessen, E. Roth.) à Jahrg. n.n. 3. 60

— dasselbe. Red. i. V.: K. Backes. 35. Jahrg. 1894. 24 Nrn. (Bog.) gr. 4. Ebd. n.n. 3. 60

Schulbote f. Hessen. Organ d. hess. Landeslehrer-Vereins u. d. Ludwig- u. Alice-Stiftung. Red.: H. Scherer. 36. Jahrg. 1895. 24 Nrn. (Bog.) gr. 4. Darmstadt. (Giessen, E. Roth.) n.n. 3. 60

— dasselbe. 37.—39. Jahrg. 1896—1898. à 24 Nrn. (Bog.) gr. 4. Ebd. à Jahrg. n.n. 4. —

— f. Hessen. Organ des hess. Landeslehrervereins u. der Ludwig- u. Alice-Stiftg. Red.: H. Ruppel. 40.—43. Jahrg. 1899—1902. à 24 Nrn. gr. 4. (à ca. 8 u. 4 S.) Giessen, E. Roth. à Jahrg. n.n. 4. —
Der 40. Jahrg. ist von K. Scherer redigiert.

Schulbote f. Hessen. Organ des hess. Landes-Lehrervereins u. der Ludwig- u. Alice-Stiftg. Red.: K. Mink. 44.—47. Jahrg. 1903—1906. à 24 Nrn. (VIII, 296; VIII, 300; VIII, 320 u. VIII, 390 S.) gr. 4. Giessen, E. Roth. à Jhrg. n.n. 4. —

Schulbote f. Hessen. Vereinsblatt des hess. Landes-Lehrervereins u. der Ludwig- u. Alice-Stiftg. Schriftleitung: K. Mink. 48.—51. Jahrg. 1907—1910. 24, 24, 52 u. 52 Nrn. (VII, 408; VII, 534; VIII, 632 u. VIII, 674 S.) Lex. 8. Giessen, E. Roth.
à Jahrg. nn 5. —

Schul- und Kirchenbote (1—10: für das Sachsenland). Hrsg. u. Red. Franz Obert. Jg. 1–50. Hermannstadt (1886 ff.: Kronstadt) 1866–1915.

Schul- u. Kirchen-Bote für das Sachsenland. Hrsgbr.: Frz. Obert. 1. u. 2. Jahrg. 1866 u. 67. à Jahrg. 12 Nrn. (à 1—1½ Bgn.) Hermannstadt, Filtsch. gr. 8. 1. Jahrg. n.n. 1 ₰ 10 ngr.; 2. Jahrg. n.n. 1 ₰ 20 ngr.

Schul- und Kirchenbote für das Sachsenland. Hrsgbr.: Frz. Obert. 3.—6. Jahrg. 1868—1871. à Jahrg. 12 Nrn. (à 1½—2 Bog.) gr. 8. Hermannstadt, (Filtsch.) à Jahrg. *
—— —— dass. — 7.—9. Jahrg. 1872—1874. à Jahrg. 12 Nrn. (à 1½—2 Bog.) gr. 8. Hermannstadt, (Michaelis.)
à Jahrg. *

Schul- und Kirchen-Bote für das Sachsenland. Hrsgbr.: Frz. Obert. 10. Jahrg. 1875. 12 Nrn. (à 1½—2 Bog.) gr. 8. Hermannstadt, (Michaelis.) *

—— —— dass. — 11. und 12. Jahrg. 1876 und 1877. à Jahrg. 12 Nrn. (à 1½—2 Bog.) gr. 8. Hermannstadt, Filtsch.
à Jahrg. **

Schul- und Kirchen-Bote. Hrsgbr.: Frz. Obert. 13. und 14. Jahrg. 1878 und 1879. à Jahrg. 12 Nrn. (à 1½—2 Bog.) gr. 8. Ebendas. à Jahrg. **

Schul- und Kirchen-Bote. Hrsgbr.: Frz. Obert. 15.—18. Jahrg. 1880—1884. à Jahrg. 12 Nrn. (à Nr. 1½—2 Bog.) gr. 8. Hermannstadt, Filtsch. à Jahrg. ** 5 50

Schul- und Kirchenbote. Hrsg. von Frz. Obert. 20.—23. Jahrg. 1885—1888. à Jahrg. 12 Nrn. (à Nr. 1½—2 Bog.) gr. 8. Kronstadt, Albrecht und Zillich. à Jahrg. ** 4 80

— dasselbe. Hrsg. v. E. Morres. 24. u. 25. Jahrg. 1889. 1890. à 24 Nrn. (B.) gr. 8. Kronstadt, Zeidner.
à Jahrg. n.n. 4. 80

Schul- u. Kirchenbote. Begründet v. Frz. Obert. Hrsg. v. Ed. Morres. 26.—29. Jahrg. 1891—1894. à 24 Nrn. (Bog.) gr. 8. Kronstadt, H. Zeidner. à Jahrg. n.n. 4. 80

Schul- u. Kirchenbote. Begründ. v. Frz. Obert. Hrsg. v. Ed. Morres. 30. Jahrg. 1895. 24 Nrn. (Bog.) gr. 8. Kronstadt, H. Zeidner. n.n. 5.

— dasselbe. 31.—33. Jahrg. 1896—1898. à 12 Nrn. (à ca. 24 S.) gr. 8. Ebd. à Jahrg. n.n. 5.

Schul- u. Kirchenbote. Begründet v. Frz. Obert. Hrsg. v. Ed. Morres. 34.—37. Jahrg. 1899—1902. à 12 Nrn. gr. 8. (à ca. 24 S.) Kronstadt, H. Zeidner. à Jahrg. n. 5.—

Schul- u. Kirchenbote. Begründet v. Frz. Obert. Hrsg. von Eduard Morres u. K. H. Hiemesch. 38.—41. Jahrg. 1903—1906. à 12 Nrn. (IV, 356; IV, 348; IV, 384 u. IV, 392 S.) gr. 8. Kronstadt, H. Zeidner. à Jhrg. n.n. 5.—

Schul- u. Kirchenbote. Begründet v. Frz. Obert, fortgeführt v. Ed. Morres. Unter Mitwirkg. v. Rd. Brandsch hrsg. v. Karl Heinr. Hiemesch. 42.—45. Jahrg. 1907—1910. 12, 12, 12 u. 24. Nrn. (IV, 376; IV, 384; IV, 408 u. IV, 412 S.) gr. 8. Kronstadt, H. Zeidner.
à Jahrg. nn 5. —

Schulbote: Der liberale Schulbote v. Zürcherischer Schulfreund.

— neuer Badischer, für beide Konfessionen. Red.: v. Langsdorff u. Hauck. (1—3.) Jahrg. 1850—1852. à 52 Nrn. hoch 4. (½—¾ B.) Pforzheim, Flammer. Stuttgart, Scheitlin in Comm. 1850: n. 1 ₰ 1851 u. 52: à n. 1 ₰ 12 ngr.
Vorh.unt.d.T.:Der bad.Schulbote.

Schulbote, neuer badischer. Redig. von v. Langsdorff und Hauck. (4—6.) Jahrg. 1853—55. à Jahrg. 52 Nrn. (à ½—1 Bog.) gr. 4. Pforzheim, Flammer. à Jahrg. * 1 Thlr. 12 Ngr. *
1—3. Jahrg. 1850—52. Ebendas. * 3 Thlr. 12 Ngr.
Die Fortsetzung erschien unter dem Titel:
Badischer Schulbote.

—— neuer schlesischer. Ein Schulblatt zur Förderung und Hebung des prakt. Volksschulwesens im Verein von Schulmännern hrsg. von A. Hinke I. Jahrg. 1860 und 1861. à Jahrg. 6 Hefte. (à 4—5 Bog.) gr. 8. Breslau, Maruschke und Berendt. à Jahrg. *

—— neuer schlesischer. Hrsgbr.: Chr. G. Scholz. 3.—5. Jahrg. 1862—64. à Jahrg. 6 Nrn. (à 3 Bog.) gr. 8. Breslau, Maruschke und Berendt. à Jahrg. *

— neuer schlesischer. Hrsgbr.: E. Pflüger u. Fr. Dietrich. 6. Jahrg. 1865. 6 Nrn. (à 4 Bgn.) Breslau, Maruschke & Berendt. gr. 8. n. 1 ₰ 10 ngr.

—— dass. — Hrsgbr.: Fr. Dietrich. 7. und 8. Jahrg. 1866 und 1867. à Jahrg. 6 Nrn. (à 4 Bog.) gr. 8. Ebendas. à Jahrg. *

—— neuer schlesischer. Hrsgbr.: Fr. Dietrich. 9. Jahreswanderung. 1868. 8 Lfgn. (à 4 Bog.) gr. 8. Breslau, Maruschke und Berendt. * 4 —

— der österreichische. Herausg.: A. Krombholz u. M. A. Becker. 1 u. 2. Jahrg. 1851 u. 1852. à 52 Nrn. gr. 4. (Bog.) Wien, Seidel. à Jahrg. n. 2 ₰

—— österreichischer. Hrsg. von A. Krombholz und M. A. Becker. (3—6. Jahrg.) 1853—56. à Jahrg. 52 Nrn. (Bog.) Mit Beilagen. gr. 4. Wien, Seidel. à Jahrg. *
1. und 2. Jahrg. 1851 und 1852. Ebendas. à Jahrg. * 2 Thlr.

—— österreichischer. Hrsg. von A. Krombholz und M. A. Becker. (7—9.) Jahrg. 1857—59. à Jahrg. 52 Nrn. (Bog.) Mit Beilagen. gr. 4. Wien, Seidel und Sohn. à Jahrg. * *

—— dass. — Hrsg. unter Mitwirkung von M. A. Becker, G. Bozděch, J. Czermak rc. Redig. von Adf. Ritsche. 10. und 11. Jahrg. 1860 und 1861. à 52 Nrn. (Bog.) Mit Beilagen. gr. 4. Ebendas. à Jahrg. * *

—— österreichischer. Hrsg. unter Mitwirkung von M. A. Becker, G. Bozděch, J. Czermak, A. Hermann rc. Red.: Adf. Nitsche. 12. Jahrg. 1862. 52 Nrn. (Bog.) Mit Beilagen. gr. 4. Wien, Seidel und Sohn. *

—— dass. — Wochenschrift für die Interessen der Volksschule. Redig. von Adf. Nitsche. 13. Jahrg. 1863. 52 Nrn. (Bog.) gr. 4. Ebendas. *

Schulbote, österreichischer. Wochenschrift für die Interessen der Volksschule. Redigirt von Adolf Nitsche. 14. Jahrg. 1864. 52 Nrn. gr. 4. (à 1 Bg.) Wien, Seidel & Sohn.

Schulbote, österreichischer. Zeitschrift für die Interessen der Volksschule. Verantw. Redacteur: Dr. F. K. Hillardt. 15. Jahrg. 1865 52 Nrn. gr. 4. (à 1 Bg. u. Beilage.) Wien, Seidel & Sohn.

Schulbote, österreichischer. Zeitschrift für die Interessen der Volksschule. Verantw. Redacteur: Dr. F. K. Hillardt. 16. Jahrg. 1866. 52 Nrn. gr. 4. (à 1 Bg. u. ½ Bg. Beilage.) Wien, Seidel & Sohn. 3 fl.

Schulbote, österreichischer. Zeitschrift für die Interessen der Volksschule. Verantwortlicher Redakteur: Dr. F. K. Hillardt. 17. Jahrg. 1867. 52 Nrn. gr. 4. (à 1 Bg. u. Beilage.) Wien, Seidel & Sohn. 3 fl.

— österreichischer. Zeitschrift für die Interessen der Volksschule. Redact.: F. K. Hillardt. 15—20. Jahrg. 1865—70. à Jahrg. 52 Nrn. (Bgn.) Mit Beilagen. Wien, Seidel & Sohn. gr. 4. Jeder Jahrg. n. 2 ℳ

—— der österreichische. Zeitschrift für die Interessen der Volksschule. Redact.: F. K. Hillardt. 18.—21. Jahrg. 1868—1871. à Jahrg. 52 Nrn. (Bog.) Mit Beilagen. hoch 4. Wien, Seidel und Sohn. à Jahrg. * 6 —

—— dass. — Redact.: Rob. Niedergesäß. 22. Jahrg. 1872. 52 Nrn. (Bog.) Mit Beilagen. hoch 4. Ebendas. * 6 —

—— dass. — Organ der österreich. Lehrer-Bildungs-Anstalten. Redact.: Rob. Niedergesäß. 23. und 24. Jahrg. 1873 und 1874. à Jahrg. 24 Hefte. gr. 8. (à Heft 32—48 S.) Wien, Pichler's Wwe. und Sohn. à Jahrg. * 8 —

Schulbote, der österreichische. Zeitschrift für die Interessen der Volksschule. Redig. von J. Kreß und F. Branky. Unter Mitwirkung von Adf. Bekk, Jul. K. Brauneiß, Joh. Nep. Burbaum rc. 25. Jahrg. 1875. 24 Hefte. (à 2 Bog.) gr. 8. Wien, Pichler's Wwe. und Sohn. *

—— dass. — Redig. von J. Kreß und F. Branky. 26. Jahrg. 1876. 24 Hefte. (à 1½—2 Bog.) gr. 8. Ebendas. *

— der österreichische. Zeitschrift für die Interessen des österreichischen Schulwesens. Red. von W. P. Wolff. 27—30. Jahrg. 1877—1880. à 24 Hfte. (à 1½—2 B.) gr. 8. Wien, Pichler's Wwe. & Sohn. à Jahrg. n. 8. —

— dasselbe. Red.: Frz. Pichler jun. 31. Jahrg. 1881. 24 Nrn. (à 1½—2 B.) gr. 8. Ebend. n. 8. —

— dasselbe. Red.: Frz. Frisch-Klagenfurt. 32. Jahrg. 1882. 24 Nrn. (à 1½—2 B.) gr. 8. Ebend. n. 8. —

— der österreichische. Zeitschrift f. die Interessen d. österr. Schulwesens. Red.: Frz. Frisch-Klagenfurt. 33—36. Jahrg. 1883—1886. à 24 Nrn. (à 1½—2 B.) gr. 8. Wien, Pichler's Wwe. & Sohn. à Jahrg. n. 8.

—— österreichischer. Zeitschrift für die Interessen des österreich. Schulwesens. Redact.: Frz. Frisch-Klagenfurt. 36. Jahrg. 1886. 24 Nrn. (à Nr. 1½—2 Bog.) gr. 8. Ebendas. * 8 —

— österreichischer. Zeitschrift f. die Interessen d. österr. Schulwesens. Red.: F. Frisch-Klagenfurt. 37.—39. Jahrg. 1887—1889. à 24 Nrn. (à 1½—2 B.) Nebst Beilage: Wegweiser durch die pädagog. Literatur. à 12 Nrn. gr. 8. Wien, Pichler's Wwe. & Sohn. à Jahrg. n. n. 8. —

— dasselbe. 40. Jahrg. 1890. 12 Nrn. (à 2½—3 B.) Nebst Beilage: Wegweiser durch die pädagog. Literatur. 12 Nrn. gr. 8. Ebd. n. 7. 20

Schulbote, österreichischer. Zeitschrift f. die Praxis der österr. Volks- u. Bürgerschule. Red.: Frz. Frisch. 41.—44. Jahrg. 1891—1894. à 12 Nrn. (à ca. 2½ Bog.) Nebst Beilage: Wegweiser durch die pädagog. Litteratur. à 12 Nrn. gr. 8. Wien, A. Pichler's Wwe. & Sohn. à Jahrg. n. 7. 20

— österreichischer. Zeitschrift f. die Praxis d. österr. Volks- u. Bürgerschule. Red.: Frz. Frisch. 45.—48. Jahrg. 1895—1898. à 12 Nrn. (à ca. 3 Bog.) Nebst Beilage: Wegweiser durch d. pädagog. Literatur. à 12 Nrn. gr. 8. Wien, A. Pichler's Wwe. & Sohn. à Jahrg. n. 7. 20
Kann auch vierteljährlich bezogen werden.

— österreichischer. Zeitschrift f. die Praxis der österr. Volks- u. Bürgerschule. Schriftleiter: Frz. Frisch. 49.—52. Jahrg. 1899—1902. à 11 Nrn. (à ca. 48 S.) Nebst Beilage: „Wegweiser durch d. pädagog. Literatur". 12 Nrn. gr. 8. Wien, A. Pichler's Wwe. & Sohn. à Jahrg. n. 7. 20

— österreichischer. Zeitschrift f. die Praxis der österr. Volks- u. Bürgerschule. Schriftleiter: Frz. Frisch. 53.—56. Jahrg. 1903—1906. à 11 Nrn. (VI, 504; VI, 520; VI, 484 u. VIII, 470 S.) gr. 8. Wien, A. Pichler's Wwe. & Sohn. à Jhrg. n. 7. 20

— österreichischer. Zeitschrift f. die Praxis d. österreich. Volks- u. Bürgerschule. Schriftleiter: Frz. Frisch. 57.—60. Jahrg. 1907—1910. à 11 Nrn. (VI, 488; VI, 482; VI, 456 u. V, 488 S.) gr. 8. Wien, A. Pichler's Wwe. & Sohn. à Jahrg. 7. 20

Schulbote, der pädagogische, s. Hand- u. Taschen-Bibliothek.

—— für Rhein und Main. Redig. von Chr. Friedr. Will. Jahrg. 1861. 24 Nrn. (Bog.) gr. 4. Darmstadt, Will. *

— für Rhein und Main. Unter Mitwirkung von Adam, Büttner, Groß u. A. herausg. von Joh. Schmitt. Jahrg. 1861 u. 62. à 24 Nrn. (à 1 Bgn.) Darmstadt, Will. gr. 4. Jeder Jahrg. n. 25 *ngr*

— der rheinische, zugleich Organ des Provinzial-Vereins der rheinischen Volksschullehrer. Red.: J. Schweitzer. (1—3.) Jahrg. 1849—1851. à 24 Nrn. Imp. 4. (B.) Köln, Lengfeld in Comm. à Jahrg. n. 2 ℳ

——, der, aus Sachsen. Sächs. Schul-Zeitung f. Schullehrer u. Schulfreunde, hrsg. v. Eduin Bauer. 1. u. 2. Jahrg. 1841 u. 42. à 104 Nrn. (½ Bog.) 4. Grimma, Verlags-Comptoir. à J. *

—— der, aus Sachsen. Sächsische Schul-Zeitung f. Schullehrer u. Schulfreunde. Redakt. Eduin Bauer. 3. u. 4. Jahrg. 1843 u. 1844, à 104 Nmrn. 4. Grimma, Verlags-Comptoir. à J. *
Die Fortsetzung s. Schulzeitung f. Schullehrer.

—— der schlesische, eine pädagog. Zeitschrift u. Schullehrer-Bibliothek. Im Vereine mit mehr. Geistlichen u. Schulmännern hrsg. v. Chr. Gottl. Scholz. 1. Abtheil. Allgemeine Grundsätze des Unterrichts u. der Erziehung. 12—14. Bdchn. 8. Neisse, Hennings. *

A. u. d. Ttln.:
Bdchn. 12. Leben u. Wirken des Valentin Friedland, genannt Trozendorf. Ein Beitrag zur Geschichte der schlesischen Schulen im 16. Jahrhundert. Von Carl Jul. Löschke. (7¼ B.) 842. * 16 Ngr.
» 13., 14. Ueber die Entwickelung des preuß. Volksschulwesens während der Regierung Friedrich Wilhelms III., bearb. v. A. Hentz. (17 B.) 843. * 22½ Ngr.
1—11. Bdchn. Ebendas. 1831—39. * 7 Thlr. 23¾ Ngr.

— ders. III. Abtheil. Pädagogisches Allerlei. 19.—21. Bdchn. A. u. d. T.: Sprechsaal des schriftl. Vereins vaterländ. Schulmänner rc. Von Chr. Gottl. Scholz. 19.—21. Bdchn. 8. Ebend. 841—43. à n. ⅓ ℳ

— dass. 3. Abth. Pädagogisches Allerlei. 21. Bdchn. — A. u. d. Tl.: Sprechsaal des schriftl. Vereins vaterländ. Schulmänner ꝛc. Von Chr. Gottl. Scholz. 21. Bdchn. 8. (8¾ B.) Ebds. 843. *
1—20. Bdchn. Ebendas. 1831—42. * 6 Thlr. 16¼ Ngr. Vgl. Hand- u. Taschen-Bibliothek, Pädagog.

— der schweizerische. 1r—3r Jahrg. 1831—1833. gr. 4. Schaffhausen, Hurter'sche Buchh. à 1¾ ℳ
Vgl. Schulbote, Der freimüthige...

— dass. 4r Jahrg. 1834. 30 Numm. gr. 4. Aarau, Christen. 1¾ ℳ

— süddeutscher, e. Zeitschr. f. Volks-Schullehrer. 1—6 Jahrg. 1837—42. à 26 Nrn. (Bog.) Schmal gr. 4. Stuttgart, Belser'sche Buchh. Thlr. à J. *
1—5. Jahrg. redig. v. Stoß, 6. Jahrg. v. Völter.

— süddeutscher. Zeitschrift f. das deutsche Schulwesen. Redakt. Völter. 7—11. Jahrg. 1843—47. à 26 Nrn. (Bog.) 4. Stuttgart, Belser'sche Buchh. à J. *
1—6. Jahrg. 1837—42. Ebendas. à J. * 1 Thlr.

— süddeutscher. Eine Zeitschrift für das deutsche Schulwesen. Redig. von Völter. 12—16. Jahrg. 1848—52. à Jahrg. 26 Nrn. (Bog.) 4. Stuttgart, Belser'sche Buchh. à Jahrg. *

— süddeutscher. Eine Zeitschrift für das deutsche Schulwesen. Redig. von L. Völter. 17—20. Jahrg. 1853—56. à Jahrg. 26 Nrn. (à 1—1½ Bog.) 4. Stuttgart, J. F. Steinkopf. à Jahrg. *

— süddeutscher. Eine Zeitschrift für das deutsche Schulwesen. Redig. von L. Völter. 21—25. Jahrg. 1857—61. à Jahrg. 26 Nrn. (à 1—1½ Bog.) gr. 4. Stuttgart, J. F. Steinkopf. à Jahrg. *

— süddeutscher. Eine Zeitschrift für das deutsche Schulwesen. Redact.: L. Völter. 26.—31. Jahrg. 1862—67. à Jahrg. 26 Nrn. (à 1—1½ Bog.) gr. 4. Stuttgart, J. F. Steinkopf. à Jahrg. *

— süddeutscher. Eine Zeitschrift für das deutsche Schulwesen. Redact.: L. Völter. 32.—35. Jahrg. 1868—1871. à Jahrg. 26 Nrn. (Bog.) 4. Stuttgart, J. F. Steinkopf. à Jahrg. * 3 40
— dass. — Redact.: F. Kübel. 36.—38. Jahrg. 1872—1874. à Jahrg. 26 Nrn. (Bog.) 4. Ebendas. 1872 und 1873. à * 3 60
1874. * 4 —

— süddeutscher. Eine Zeitschrift für das deutsche Schulwesen. Redact.: F. Kübel. 39.—43. Jahrg. 1875—1879. à Jahrg. 26 Nrn. (Bog.) gr. 4. Stuttgart, J. F. Steinkopf. à Jahrg. *

— süddeutscher. Eine Zeitschrift für das deutsche Schulwesen. Redact.: F. Kübel. 44.—48. Jahrg. 1880—1884. à Jahrg. 26 Nrn. (Bog.) gr. 4. Stuttgart, J. F. Steinkopf. à Jahrg. * 4 —

— süddeutscher. Eine Zeitschrift für das deutsche Schulwesen. Redact.: F. Kübel. 49.—52. Jahrg. 1885—1888. à Jahrg. 26 Nrn. (Bog.) gr. 4. Stuttgart, J. F. Steinkopf. à Jahrg. * 4 —

— süddeutscher. Eine Zeitschrift f. das deutsche Schulwesen. Redact.: F. Kübel. 53.—55. Jahrg. 1889—1891. à Jahrg. 26 Nrn. (Bog.) gr. 4. Stuttg., J. F. Steinkopf. à Jahrg. * 4 —
Nicht weiter erschienen.

— thüringer. Hrsg. im Verein mit mehreren Schulmännern von Ch. E. C. Rost. Jahrg. 1852—56. à Jahrg. 52 Nrn. (½ Bog.) 4. Neustadt. (Sondershausen, Eupel's Verlag.) à Jahrg. *

— thüringer. Hrsg. von mehreren Schulmännern. Redig. von Ch. E. C. Rost. 9. Jahrg. 1857. 52 Nrn. (½ Bog.) 4. Gehren. (Sondershausen, Eupel's Verlag.) *

— thüringer. Hrsg. von mehreren Schulmännern. 10. und 11. Jahrg. 1859 und 1860. à Jahrg. 52 Nrn. (½ Bog.) gr. 8. Weimar, Kühn. *

— ungarischer. Zeitschrift für das gesammte vaterländische Volksschulwesen. Hrsg. und redig. von Joh. H. Schwicker und Jos. Rill. 1.—4. Jahrg. 1868—1871. à Jahrg. 24 Nrn. (Bog.) Lex.-8. Pest, Aigner. à Jahrg. * 6 —

Schulbote, ungarischer. Zeitschrift für das gesammte vaterländ. Volksschulwesen. Hrsg. und redig. von Joh. H. Schwicker und Jos. Rill. 5. Jahrg. 1872. 52 Nrn. (Bog.) gr. 8. Ebendas. * 8 —
— dass. — Hrsg. und redig. unter Mitwirkung namhafter Schulmänner von Jos. Rill. 6. und 7. Jahrg. 1873 und 1874. à Jahrg. 52 Nrn. (Bog.) gr. 8. Pest, Gebr. Rosenberg. à Jahrg. * 8 —

— ungarischer. Zeitschrift für das gesammte vaterländische Volksschulwesen. Zugleich amtliches Organ des „Landesbündnisses der Lehrervereine Ungarns". Hrsg. u. red. von Jos. Rill, unter Mitwirkung namhafter Schulmänner. 10 Jahrg. 1877. 52 Nrn. (¾ B.) Lex.-8. Budapest, Kókai in Comm. n. 8. —

— dass. — Pädagogische und literar. Wochenschrift für Volksschullehrer. Redact.: Jos. Rill. 11. Jahrg. 1878. 52 Nrn. (à ¾ Bog.) Lex.-8. Budapest, (Grill's Hofbuchh.) *

— dass. — 12. Jahrg. 1879. 52 Nrn. (à ¾—1 Bog.) Lex.-8. Budapest, Schulbuchh. *

Schulbote, ungarischer. Pädagogische und literar. Wochenschrift für Volksschullehrer. Redig. und hrsg. von Jos. Rill. 13.—17. Jahrg. 1880—1884. à Jahrg. 48 Nrn. (Bog.) gr. 8. Budapest, Schulbuchhandlung. à Jahrg. * 12 —

Schulbriefe aus den Bergkantonen; nebst einer Anleitung zum Briefschreiben. Von einem Landmann C. T. Einsiedeln 1813. V: *Tanner, Conrad.* (Zuwzür)

Schulbrüder, die christlichen. I. Einrichtung der christl. Schulen durch Joh. Bapt. de La Salle. II. Regeln u. Constitutionen des Instituts der Brüder der christl. Schulen. Aus dem Franz. von dem Uebersetzer der Pilgerreise Geramb's nach Jerusalem ꝛc. mit e. Vorw. von Ferd. Herbst. 12. (12½ B. u. 1 Stnt.) Augsburg 844, Kollmann'sche Buchh. * —

Schulbuch, deutsches, für Oberclassen deutscher Töchterschulen zur Förderung des religiösen Sinnes, zur Veredlung des Gemüths, zur Festigung des sittl. Charakters und Willens, beim Unterrichte in allem Guten, Nützlichen und Wissenswerthen, hrsg. von einem Vereine süddeutscher Lehrer und Schulfreunde. 1. Aufl. 1851. * 12 Ngr. und 2. (Titel-)Aufl. 8. (XX und 447 S.) Grimma 852. [Wurzen,] Verlags-Comptoir. *

Schulbuch, Deutsches, für Oberklassen deutscher Töchterschulen. Grimma 1852. V: *Krömer, Joseph.* (Haan)

— neu eingerichtetes Berlinisches, in 3 Thlen, (v. J. F. Hähn). 3e Aufl. 1r Thl. neu eingerichtetes Berlin. ABC-, Buchstabir- u. Lesebüchlein, von Chr. Zimmermann. N. A. 8. Berl. 790 u. 809. Reimer. 4 gl. 2r Thl. 8. Ebd. 775. 12 gl. 3r Thl. oder Anmerkk. üb. den Gebr. des 1n Theils. 3e Aufl. v. Chr. Zimmermann. 8. Ebd. 792. 10 gl.

Schulbuch, Neu eingerichtetes Berlinisches. Berlin 1790. V: *Hähn, Joh. Frdr.* (Ky)

— neu eingerichtetes Berlinisches, 1r Th. s. a. Zimmermanns ABC.

— — — 5r Th. s. a. Zimmermanns Anmerkungen.

— neu eingerichtetes f. d. Jugend. 8. Hamb. 775. Gleditsch. 3 gl.

Schulbuch, das erste, für den Unterr. im deutschen Lesen. A. u. d. T.: dieß ABC-Buch soll allein für gute fleißige Kinder seyn (v. A. Moser). 8. Leipz. 822, Lauffer. 2 gr. mit schw. Kpf. 5 gr., ill.

— das erste, s. a. A. Moser, dies ABC-Buch soll allein rc.

Schulbuch, erstes, für Elementar-Schüler. Neue Bearbeitung des „Erstes Lesebuch für Elementar-Schüler" von hess. Lehrern. 1. und 2. durchges. Aufl. 8. (88 S. mit eingedr. Holzschn.) Oppenheim 882,83, Kern. geb. * — 50

— erstes, d. Geographie, nach e. ganz neuen Lehrart rc. m. 2 Kart. 8. Cleve, Hannesmann. (F. C. W. Vogel in Lpz.) 802.

— erstes, f. den Schreib-Lese-Unterricht. Hrsg. von den Lehrern d. kath. Inspections-Bezirks Siegen. 2. verb. Aufl. 8. (48 S.) Neuwied 873. Heuser. n. — 40

Schulbuch, Erstes, für den Schreib-Lese-Unterricht. Neuwied 1875. V: *Steinhoff, C.* (Kussell VIII, 1019)

— der Geometrie. Von einem Vereine von Lehrern. 1. Linien-Geometrie. Mit 9 Steintafeln. gr. 8. Offenbach 838. Wächtershäuser, jetzt Heinemann. n. 1/4 rß

Schul- u. Gesangbuch f. d. Singanstalt zu Freiburg in Breisgau. (v. C. C. Buttinger u. J. Lang.) 2 Bde. 4. Freiburg 827, Herder.

Schul- u. Hausbuch, z. Beförderung christl. Sinnes u. Frohsinnes, im dichterischen Gewande, herausgg. v. K. H. Krause. 8. Berlin 826, Enslin.

Schulbuch, des Kindes erstes. Nach der Schreiblesemethode bearb. mit besond. Berücksicht. des Sprach- und Anschauungs-Unterrichts. 9. unveränd. Aufl. 8. (98 S.) Kassel 875, (Baier und Comp.) *

— des Kindes erstes. Nach der Schreiblesemethode bearb. m. besond. Berücksicht. d. Sprach- u. Anschauungs-Unterrichts. 9. unveränd. Aufl. 8. (98 S.) Kassel 875. (Junemann & Co.) n. — 35

—— des Kindes zweites. Zunächst für die Elementarklassen der allgem. Bürgerschule zu Leipzig bestimmt. (Von Vater und Erler.) Hrsg. von (Carl) Vogel. 8. (IV und 188 S.) Leipzig 848, Fr. Fleischer. *
Vgl.: Vogel, Carl.

Schulbuch, Das kleine, zur Erlernung einer nützlichen Kenntniss der Welt. Erfurt 1785. V: *Nitsch, Paul Friedrich Achat.* (Ky) (ML)

— das kleine, zur Erlernung einer nützl. Kenntniß der Welt, (v. P. F. A. Nitsch). 8. Erfurt 785. Keyser. 10 gl

—— kleines, f. Anfänger im Lesen u. Denken, s. a. Junker, F. A.

Schulbuch, Kleines, für Anfänger im Lesen und Denken. Braunschweig 1786. V: *Junker, Frdr. Aug.* (Ky)

— kleines, für Anfänger im Lesen u. Denken, (v. F. A. Junker). 8. Braunsch. 786. 40e Aufl. 830. Schulbuchh. 2 gl.

— — dasselbe. 8. Halle, Waisenhausbuchhdl. 806.

— — — 8. Magdeb. Pansa. (Heinrichshofen.) 809.

Schulbuch, kleines, f. Anfänger im Lesen u. Denken (v. F. A. Junker). 8. Braunschw. Schulbuchhdl. 810.

Schulbuch, kleines, für Anfänger im Lesen u. Denken. N. A. wobey eine Anleitung zum Unterricht aus diesem Buche zu haben. 8. Braunschw., Schulbuchh. 819. 25 Expl. Rthlr.

— kleines, für Anfänger im Lesen u. Denken. (v. Junker.) 29e Aufl. 8. Braunschw. 826, Schulbuchh.

Schulbuch, Kleines, für Anfänger im Lesen und Denken. Husum 1792. V: *Ingwerssen, Broder & Andere.* (Kordes, Schlesw.-holst. u. eutin. Schriftst. Schleswig 1797. Nachtr.)

Kleines Schulbuch für Anfänger im Lesen und Denken. Im Verlage der Husumschen Freyschule. Kiel. 1792. — 2. verm. Aufl. Husum. 1819.

Schulbuch, Kleines, für Anfänger im Lesen und Denken. Husum 181? 2. Aufl. 1819. V: *Lübker, Detlev Lorenz.* (LS) (Ky) (MGT)

—— kleines, od. Anweisung f. Kinder, welche geschwinde wollen lesen lernen. 8. (1½ B.) Glatz 831. (Neiße, Hennings.)
Fortsetzung, vgl. Sammlung v. Sittenlehren rc.

— kleines, zum Lesen u. Denken f. d. Stadt- u. Landjugend. Mit Kpf. 8. Nürnb. 802, 809 u. 811. Schneider u. W. 8 gl Illum. 12 gl

— kleines, f. Stadt- u. Landkinder nach Basedow'scher Lehrart rc. m. 24 illum. K. 8. Nrnb. Schneider u. W. 802.

— kleines, od. Leseübungen für die Anfänger im Lesen. 8. Quedlinb. Ernst. 806.

— kleines, od. Leseübungen f. Anfänger im Lesen. 4te Aufl. 8. Quedlinb. Ernst. 816.

— d. i. Leitfaden zum Unterr. in den gemeinnütz. Kenntnissen, welche außer d. Religionsunterrichte in d. niedern Schulen in d. Meining. Lande vorgetragen werden, (v. Th. G. K. Reißner). 8. Meining. 800.

Schulbuch, das ist, Leitfaden zum Unterrichte in den gemeinnützlichsten Kenntnissen ... Meiningen 1800. V: *Keissner, Theodor Gottlieb Carl.* (Ky) (MGT)

— neues französ., f. die untern Klassen, nebst e. vollständ. Wörterbuche. 8. Halle 809. Waisenhaus=B. 10 gr. 9e A. 8. Ebd. 829. 10e A. 832. 10 gr.

— neues franz., f. Anfänger ꝛc. 6te verb. Aufl. 8. Halle, Waisenhausbuchh. 813.

— neues französisches, für Anfänger u. Schulklassen. Nebst Wortregister. 7te Aufl. 8. Halle, Waisenhaus. 820.

— neues Französisches, f. Anfänger u. untere Classen v. Schulen. Nebst Wortregister. 8e Aufl. 8. Halle 825, Waisenhaus-Buchhandl.

Schulbuch, neues franz., f. Anfänger u. unt. Schulclassen. Nebst e. vollständ. franz.-deutschen Wortregister. 9., unveränd. Aufl. 8. (13½ B.) Halle 829, Buchh. d. Waisenhauses.

Schulbuch, neues französ., für Anfänger u. untere Schulclassen. 11te verb. Aufl. 8. Halle 836. Waisenhaus=Buchh. 5/12 ℳ

Schul= u. Lesebuch, neues, f. d. Schweizerjugend v. 11–14 Jahren. gr. 8. Bern, Typogr. Societ. 808.

— u. Lese=, neues, f. die Schweizerjugend von 11—14 Jahren aller Religionsgemeinden, neue von Stephani u. W. Huber bearb. Aufl. 8. Bern, Walthard. (Palm, Sauerländer in Comm.) 811.

Schulbuch für die Normalschule, oder die zwote und höhere Klasse der teutschen Schulen ... Mindelheim 1787. V: *Fischer, Egidius.* (MGT)

Schulbuch, erstes, für Primarschulen. 3., illustr. Ausg. Einsiedeln 866. Gebr. Benziger. 8. (48 S. mit eingedr. Holzschn.) cart. n. 2 ngr.

Schulbuch, erstes u. zweites, f. die Primarschulen, mit vielen (eingedr.) Holzschn. gr. 16. Einsiedeln 871. Benziger. n. — 60
1. 7. illustr. Ausg. (48 S.) n. — 20. — 2. 2. Aufl. (96 S.) n. — 40.
3. u. 4. Schulbuch f.: Lesebuch, illustrirtes.

——, erstes, f. d. Primarschulen d. Kantons St. Gallen. 1. u. 2. Thl. 8. St. Gallen, Scheitlin u. Zollikofer. [1. (2 B.) 841. 1½ Gr., 2. (4 B.) 812. 2 Gr.]

—— erstes, für die evangel. Primarschulen des Kantons St. Gallen. 2. Thl. 2., veränd. Aufl. 8. (64 S.) St. Gallen 849, Scheitlin und Zollikofer. *

—— dass. — 3. Thl. (Neue Aufl.) 8. (96 S.) Ebds. 851.

Schulbuch, zweites, f. die Primarschulen des Kantons St. Gallen. 1. Thl. 8. (9 B. u. 1 B. Schreibschrift.) St. Gallen 843, Scheitlin u. Zollikofer. *

Schulbuch, erstes, für schweizerische Primarschulen. 3. Aufl. 8. (62 S. mit zahlreichen Illustr.) Einsiedeln 886, Benziger und Comp. cart. * — 35

Schulbuch. ...Sch' für Schweizerische Primarschulen (*Umschlag: ... Sch' für die P' des Kantons Luzern). Mit zahlreichen Illustrationen. 8. Einsiedeln *etc.*, Benziger & Co. A. G. (*Umschlag: Kantonaler Lehrmittelverlag Luzern), 1904.
Erstes Sch'... 95 S. ([geb.] fr. —. 40)
Zweites Sch'... 144 S. ([geb.] fr. —. 50)

Schulbuch. Drittes Sch' für Schweizerische Primarschulen (*Umschlag: für die P' des Kantons Luzern). Mit zahlreichen Illustrationen. 271 S. 8. Einsiedeln *etc.*, Benziger & Co. A. G. (*Umschlag: Kantonaler Lehrmittelverlag Luzern), 1905. ([geb.] fr. —. 80)

Schulbuch, 1.—4., f. die Primarschulen d. Kantons Schwyz. Im Auftrage d. Erziehungsrathes. 8. Einsiedeln 889. 890. Benziger & Co. cart. n. 2. —
1. (62 S.) n.n. — 35. — 2. (78 S.) n.n. — 40. — 3. (110 S.) n.n. — 45. — 4. (252 S. m. 1 Karte u. Illustr.) n.n. — 80.

Schulbuch, viertes, f. Primarschulen (d. Kantons Schwyz). Im Auftr. d. Erziehungsrates. M. zahlr. Illustr. 8. (252 S.) Einsiedeln 897. Verlagsanstalt Benziger & Co. Kart. n.n — 80

Schulbuch, fünftes, für die Primarschulen des Kantons Schwyz. Einsiedeln 864. Gebr. Benziger. 8. (232 u. 32 lithogr. S.) cart. 7½ ngr.

—— fünftes, für die Primarschulen des Kanton Schwyz. 2., vielfach umgearb. Aufl. 8. (352 S. mit eingedr. Holzschn.) Ebendas. 874. geb. * 1 —
3. und 4. Schulbuch, f. Lesebuch, illustrirtes.

— fünftes, f. Primarschulen d. Kantons Schwyz. Im Auftr. d. Erziehungsrates. 8. (398 S. m. Abb.) Ebd. 895. Kart. n.n. 1. 20

— zweites, für die Primarschulen der Vereinigten Staaten von Amerika. Ebend. 865. 8. (96 S. mit eingedr. Holzschn.) cart. n. 4 ngr.

Schulbuch f. den ersten Unterr. im Buchstabiren u. Lesen. Nach den neuern Methoden bearb. 8. Hannov. 819. Hahn. 2e A. 830. Bremen, Kaiser. 6 gr.

—— für den ersten Unterr. im Buchstabiren u. Lesen. Nach d. neueren Methoden bearb. 3. Aufl. 8. (7½ B.) Bremen 833, Kaiser.

—— f. den ersten Unterricht im Buchstabiren u. Lesen. Nach den neueren Methoden bearb. 5. Aufl. (5 B.) 842. * 7½ Ngr., u. 6. Aufl. gr. 12. (8 B.) Bremen 844, Kaiser. *

—— für den ersten Unterricht im Buchstabiren und Lesen. Nach den neueren Methoden bearb. 7. Aufl. 8. (120 S.) Bremen 851(52,) Kaiser. *.

Schulbuch, viertes, für höhere Klassen katholischer Volksschulen. 8. (429 S. mit eingedr. Holzschn.) Einsiedeln 868, Gebr. Benziger. geb. *

Schulbüchel für Anfänger oder Trivialisten, oder die erste und niedere Klasse der teutschen Schulen ... Mindelheim 17?? V: *Fischer, Egidius.* (MGT)

Christliche Schulbücher, no. 1: erstes Lesebuch für Sonntag-Schulen. Cleveland, 1876.

Schulbücher, landwirthschaftliche. 1. Abth.: Landwirthschaftliche Fibel. Herausg. von Trier'schen Lehrern. 1. u. 2. Aufl. Trier 853. Braun. 8. (32 S.) 1⅓ ngr.

Schulbücher, Wallersteinische, 1s 2s u. 3s Buch. 8. Wallerstein (Beck in Nördl.) (1s 1 gr. 2s 3 gr. 3s 8 gr.)

Schulbüchlein, neueingerichtetes, 8. Jena, Cröcker. 776.

Schul-Büchlein zum Gebrauch der Schulen in der Graffschaft Rantzau. Altona. 1794. — Schul-Buch etc. Neu aufgelegt. Barmstedt (Altona). 1809.

Schulbüchlein, kleines, für Anfänger im ABC., Buchstabiren u. Lesen. gr. 12. Karlsruhe 838. Groos. 1 ℛ

Schulbüchlein, kleines, zur ersten Uebung im Lesen u. Denken, s. **Fibel**, neue.

Schulbüchlein d. deutschen Stilbildung u. Rechtschreib., nebst e. Anh. v. 16 Sprachtafeln zur Betreibung d. Formen- u. Satzlehre. Für Schüler v. 10. bis 14. Jahre in Volks- u. Bürger-Schulen, so wie auch f. Schüler in den unt. Klassen d. gelehrten Schulen. 16. (8½ B.) Karlsruhe 831, Braun.
Aus der „Sprachschule od. d. 5. Abthl. d. Sprachbuchs v. Stern u. Gersbach" mit theilweisen Verbesserungen abgedruckt.

Schulbüchlein zur ersten Übung im Lesen und Denken . . . Berlin 1804. V: *Zöllner*, *Johann Friedrich*. (Ky)

— z. ersten **Uebung** im Lesen u. Denken, m. e. Buchstabirtafe (v. Joh. Fr. Zöllner) 8. Berlin, Realschulbuchhdl. 804.
mit 10 schw. Kupfern
mit 10 illum. Kpfrn

— — Anleitung z. Gebrauch desselben, s. J. F. **Zöllner**.

Schulbüchlein zur ersten Uebung im Lesen und Denken. 1ste u. 2te Abth. N. Aufl. 8. Berlin, Reimer. 820.

Schul- u. Vereinsbühne, christliche. Sammlung v. Theaterstücken f. Schulen, Institute, Vereine u. Dilettantenbühnen. 1.—12. Bdchn. 12. Linz-Urfahr 902. Verlag des kathol. Preßvereines. n. 3. 30; Nr. 1—6 in 1 Bd. n. 1. 40; Nr. 7—12 in 1 Bd. n. 1. 50

1. Das sterbende Jahr. Ein Märchen in 2 Aufzügen. Von Alois **Rennerstorfer**. (20 S.) n. — 20
2. Die ersten Wunder v. Lourdes. Schauspiel f. Mädchen in 3 Aufzügen. Von Anna **Fasching**. (26 S.) n. — 25
3. Der steinerne Jäger. Dramatisirte Sage aus den Ennsbergen in 3 Aufzügen. Von Alois **Rennerstorfer**. (32 S.) n. — 30
4. Im Kuchlzimmer od.: Herrisch u. bäurisch. Schwank in 2 Aufzügen. Von Jos. **Himberger**. (31 S.) n. — 30
5. Das Marienkind. Schauspiel f. Mädchen in 3 Aufzügen. Von Anna **Fasching**. (26 S.) n. — 25
6. Der Spitalbau od. Der Haderlump! Lustspiel in 3 Aufzügen. Von Alois **Rennerstorfer**. (32 S.) n. — 30
7. Der verwunschene Schloßbarbier. Schwank in 1 Akt. Von Ludw. J. **Bermanschläger**. (26 S.) n. — 25
8. Führe uns nicht in Versuchung. Ein Bild aus dem Arbeiterleben unserer Tage. Von Ludw. J. **Bermanschläger**. (20 S.) n. — 20
9. Eine Christbescherung. Dramatischer Scherz in 1 Akt. Von L. J. **Bermanschläger**. (20 S.) n. — 20
10. Unter der Asche. Volksstück in 3 Akten. Von L. J. **Bermanschläger**. (48 S.) n. — 35
11. Treu dem Kaiser. Volksstück in 3 Akten. Von Ludw. Jos. **Bermanschläger**. (40 S.) n. — 35
12. Kuno v. Höllenstein u. die Fluderwirtin, od. der Sieg des deutschen Durstes. Lustspiel in 5 Akten. Von L. J. **Bermanschläger**. (64 S.) n. — 45

— — christliche. Sammlung v. Theaterstücken f. Schulen, Institute, Vereine u. Dilettantenbühnen. Nr. 13—68. kl. 8. Linz, Preßverein. n. 17. 30

Aegidia, die alte Hanne. Lustspiel in 2 Aufzügen. Bearb. nach dem gleichlaut. Stück von Elsa v. Sanden. (16 S.) 904. (Nr. 19.) — 20
Angerhofer, Jos., die Küche der Kleinen. Dramolette für 3 Personen. (14 S.) 906. (Nr. 67.) — 20
— zur rechten Stunde. Leichtes, gemütlbild. Schülerspiel für Knaben u. Mädchen. Mit mehreren Liedern. Auch f. Erwachsene brauchbar. (59 S.) 903. (Nr. 14.) — 60
— Weihnachtsegen. Weihnachtsspiel f. Knaben u. Mädchen mit 2 Liedern. (31 S.) 903. (Nr. 13.) — 45
— der Wurzngraba Veit. Aelplerisches Schülerspiel, m. 5 Liedern v. Adalb. Broschko f. Knaben. u. Mädchen. 2. Aufl. (52 S.) 905. (Nr. 39.) — 60
Bermanschläger, Ludw. J., das Bild der toten Mutter. Schauspiel in 5 Akten. (38 S.) 906. (Nr. 64.) — 35
— Immakulata. Dramatischer Bilderzyklus in 5 Akten. Ein Weihegeschenk, der Unbefleckten gewidmet. 2. Aufl. (61 S.) 905. (Nr. 54.) — 50
— Mutterlos u. doch nicht verwaist. Festspiel f. Mädchenbühnen. (16 S.) 904. (Nr. 24.) — 20
Bromberger, Jos., Kunigunde Schmerzenreich od.: Kuriert. Schwank in 2 Aufzügen. (29 S.) 905. (Nr. 44.) — 30
Corsina, drei Weihnachtsabende. Drama in 4 Akten m. Gesang. (58 S.) 905. (Nr. 62.) — 50
Ernestine, Maria unser Morgenstern. Ein Huldigungs-Festspiel zu Ehren der unbefleckt empfangenen Gottesmutter Maria. (14 S.) 905. (Nr. 53.) — 20
— am Scheideweg des Lebens. Festspiel f. Marienkinder. (19 S.) 904. (Nr. 23.) — 20
Ernst, das neue Kleid. Ein heiteres Schauerdrama in 2 Aufzügen. (16 S.) 905. (Nr. 52.) — 20
— der Regenschirm. Ein lustiger Zweiakter. (15 S.) 904. (Nr. 48.) — 30
— keine Sommerfrische. Lustspiel in 3 Akten. (9 weibl. Rollen.) (47 S.) 905. (Nr. 49.) — 30
Faigl, Joh. Nep., Zigeunerin u. Bettelweib. Schauspiel in 6 Aufzügen. (62 S.) 905. (Nr. 50.) — 50
Fasching, Anna, der Hirtenmädchen Weihnacht. Krippenspiel in 2 Aufzügen. (15 S.) 904. (Nr. 17.) — 20
— Zufriedenheit macht glücklich. Lustiges Märchenspiel in 3 Aufzügen. (34 S.) 904. (Nr. 18.) — 35
Gruber, Ludw., List über List od. Der neue Herr Adjunkt. Schwank in 1 Aufzug. (24 S.) 904. (Nr. 28.) — 25
Guppenberger, Lambert, die Geburt Jesu Christi. Ein Weihnachtsspiel m. Liedern (in 3 Akten.) (43 S.) 905. (Nr. 40.) — 50
Hanrieder, Norb., Kelle — oder Kreuz oder Freimaurer u. Jesuiten. Schauspiel nach Bolanden. (48 S.) 904. (Nr. 32.) — 35
Hiebl, Joh., das Bundesfest. Einakter für Mädchen-Vereine. (14 u. Musikbeilage 2 S.) 904. (Nr. 20.) — 25
— ein Viertelstündchen bei den Wilchern. Lustige Szene. (15 S.) 904. (Nr. 21.) — 20
Inzignerl, Frz., auf der Naglalm. Lustiges Volksmärchen in 3 Akten. Für kath. Gesellenvereinsbühnen bearb. (46 S.) 904. (Nr. 37.) — 35
Kainerstorfer, Clotilde, Natur u. Romantik od. Schöne Träume. Lebensbilder in 5 Abtlgn. (76 S.) 901. (Nr. 25.) — 60
Kauth, Ant., Erufels. Schauspiel aus dem 16. Jahrh. in 5 Aufzügen. (64 S.) 906. (Nr. 68.) — 60
Leitner, A., 's Krautschasierl. Schwank in 3 Aufzügen. (24 S.) (904.) (Nr. 31.) — 25
Leitner, Alois, der Jahreswechsel. Ein Silvesternachtsspiel. (16 S.) 904. (Nr. 27.) — 20
Nömaier, Jos., zwei Freunde od. Das Wiederfinden in der Christnacht. Ein Weihnachtsspiel in 3 Aufzügen. (42 S.) 904. (Nr. 15.) — 45
Pailler, Wilh. v., im Hirtental. Weihnachtsspiel m. Liedern in 3 Abtlgn. Aus dem Nachlasse. (30 S.) 905. (Nr. 41.) — 30
Petrus, der Neujahrswunsch m. Hindernissen. — Vorspruch zu Paillers Krippenspiel, s.: **Schindlauer**, Jos., das ist der Fluch d. bösen Tat.
— das Waldkreuz. Schauspiel in 2 Akten. (20 S.) 904. (Nr. 33.) — 25
Prückl, Anna, unter Disteln u. Dornen. Volksstück in 5 Akten. (60 S.) 905. (Nr. 60.) — 50
— Hermelin u. Bettelstab. Schauspiel in 5 Aufzügen. (Nach dem Raupach'schen „Die Schule des Lebens".) (39 S.) 905. (Nr. 51.) — 45
— am Kreuzweg. Schauspiel in 5 Aufzügen f. weibl. Rollen. (45 S.) 905. (Nr. 61.) — 35
— das Rubinenkreuz. Schauspiel in 1 Vorspiel u. 4 Akten. Mit Musikbeilage. (61 S.) 904. (Nr. 38.) — 60
— fatale Verwechslung od. Zwei Briefe. Schwank in e. Akt f. Mädchenbühnen. (Mit teilweiser Benützg. v. „Christbescherung" v. L. J. Bermanschläger.) (16 S.) 905. (Nr. 56.) — 20
Reinhold, Tidacus, Abrahams Opfer. Biblisches Schauspiel in 2 Akten. (19 S.) 904. (Nr. 35.) — 20
Rennerstorfer, Alois, die böse Schloßfrau. Lustspiel in 5 Aufzügen. (22 S.) 905. (Nr. 58.) — 25
— die Teufelsmühle am Spielberg od. Die Schwarzen sind an Allem Schuld! Lustspiel in 4 Aufzügen. (24 S.) 904. (Nr. 30.) — 25
Roman, Vetter, zum Namenstag. Schwank in 3 Aufzügen. (43 S.) 906. (Nr. 65.) — 35
Rudisch, Ludf., die Wunderdoktorin. Lustspiel in 1 Aufzuge m. durchgehends weibl. Rollen. (18 S.) 904. (Nr. 16.) — 20
Schindlauer, Jos., das ist der Fluch der bösen Tat! Einakter, nach einer bekannten Geschichte bearb. (4 Mädchenrollen.) Im Anh. **Petrus**: Der Neujahrswunsch mit Hindernissen u. **Petrus**: Vorspruch zu Paillers Krippenspiel. (16 S.) 905. (Nr. 46.) — 20
Schindlauer, Jos., Kindesgebet u. Kindesopfer. Ein Spiel in 1 Aufzug. (12 S.) 904. (Nr. 34.) — 20
— Maria v. der immerwährenden Hilfe. Spiel in 2 Aufzügen. (20 S.) 904. (Nr. 29.) — 20
— „O, hast du noch e. Mütterchen!" Spiel in 2 Aufzügen f. Kinder. (15 S.) 905. (Nr. 55.) — 20
Schmid, Christoph v., der kleine Kaminfeger. Schauspiel in 1 Aufzug. (32 S.) 904. (Nr. 26.) — 35
Stibler, G., das Christgeschenk. Weihnachtsspiel in oberösterr. Mundart. (16 S.) 905. (Nr. 50.) — 20
Therese, die zwölf Monate des Jahres. Allegorisches Spiel. (15 S.) 904. (Nr. 22.) — 20

— durchs Weihnachtslicht ans Mutterherz. Weihnachtsspiel in 2 Aufzügen. (22 S.) 905. (Nr. 63.) — 20
Tippner, Antonie, die Erdbeeren. Schauspiel in 1 Akt. Nach dem Ital. (20 S.) 905. (Nr. 42.) — 20
— Marie, das Waisenkind. Schauspiel in 2 Aufzügen, besonders f. die Weihnachtszeit. (22 S.) 905. (Nr. 47.) — 25
Ull, Rosa, im Vermittlungs-Bureau. Schwank in e. Aufzuge f. Mädchenbühnen. (23 S.) 905. (Nr. 57.) — 25
Wechner, Alois, Notburga, „die Perle v. Tirol". Geschichtliches Schauspiel f. Mädchen in 3 Akten m. Gesang. (34 S.) 905. (Nr. 43.) — 30
— die Zauberringlein oder Geschwisterliebe. Ein Weihnachtsmärchen f. Mädchen. (26 S.) 905. (Nr. 45.) — 30
Zeuner, M., Kasperl als Photograph. Schwank in 1 Akt. Für Knaben umgearbeitet von Bonifaz Kuen, O. S. B. (15 S.) 906. (Nr. 68.) — 20
Zweig, Betti, Katharina v. Alexandrien oder der Stern des Heiles. Spiel in 4 Aufzügen. (16 S.) 904. (Nr. 36.) — 20

Schul- u. Vereinsbühne, christliche. (Sammlung v. Theaterstücken f. Schulen, Institute, Vereine und Dilettantenbühnen.) 4., 38., 43. u. 69.—116. Bdchn. kl. 8. Linz, Preßverein. 16. 20

Ägidia, Schwester, Wohltun trägt Zinsen. Mädchenspiel in 1 Aufzug. (21 S.) 908. (105. Bdchn.) — 25
Bermanschläger, Ludw. J., um des Kindes willen. (Das Stiefkind.) Drama in 5 Akten. (76 S.) 908. (99. Bdchn.) — 60
— Der Ruhm des Kreuzes. Festspiel in 1 Akt. (13 S.) 907. (90. Bdchn.) — 20
— Im Schatten des Kreuzes. Dramatische Szene. (14 S.) 907. (89. Bdchn.) — 20
Corsina, Schwester, Blumenfestspiel zum Namenstage e. Geistlichen. (15 S.) 908. (94. Bdchn.) — 20
— Christkinds Postamt. Kinderspiel. (13 S.) 908. (95. Bdchn.) — 20
— Fräulein Doktor. Lustspiel m. Gesang in 3 Akten. (31 S.) 910. (108. Bdchn.) — 35
— Das Gespenst des Schneebergs od.: Der Meineid in der Christnacht. Volksstück m. Gesang in 5 Akten u. 1 Vorspiel. (57 S.) 908. (96. Bdchn.) — 60
— Die Probe im Märchenwald. Kinderspiel in 2 Akten. (16 S.) 911. (115. Bdchn.) — 20
— Der Traum in der hl. Nacht od. Gottes Wille u. Menschen Plan! Drama m. Gesang in 7 Akten. (64 S.) 911. (103. Bdchn.) — 60
— Weihnacht der Verstoßenen. Spiel f. Mädchen. (53 S.) 908. (97. Bdchn.) — 50
Ernst, H. H. Rud., der überlistete Geizhals. Lustspiel in 2 Aufzügen. (13 S.) 911. (114. Bdchn.) — 20
Gastrecht, das, od. der Gruftgeist. Schauspiel in 5 Aufzügen. Nach Ziegler bearb. v. K. (57 S.) 907. (70. Bdchn.) — 50
Gruber, der Reisebund. Schwank in 3 Aufzügen. (32 S.) 907. (85. Bdchn.) — 35
Halusa, Tezelin, O. Cist., die Empfindliche. Charakterstück f. Mädchen in 3 Akten. Nach dem Ital. bearb. (31 S.) 910. (106. Bdchn.) — 35
Harttmann, Gr. v., Mariazell. Volksstück in 3 Akten. (28 S.) 907. (82. Bdchn.) — 25
Himberger, Jos., im Kuchlzimmer od. Herrisch u. bäurisch. Schwank in 2 Aufzügen. 3. Aufl. (31 S.) 910. (4. Bdchn.) — 30
In d' Studi. Tragikomische Szene in 1 Aufzuge nach der gleichnam. Erzählg. im „Ave Maria", 5. Jahrg., v. St. Für die Kinderbühne bearb. von F. v. S. (13 S.) 909. (104. Bdchn.) — 20
Kind, das, der Straße od. Das Opfer der Verleumdung. Weihnachts-Drama in 5 Akten v. Schw. Corsina. (47 S.) 910. (109. Bdchn.) — 30
Konradi, Kreuz u. Knute od. Gerettet aus Kosakenhand. Leichtes Volksschauspiel in 6 Aufzügen f. Vereine, Kinder, Volksbühnen. Nach e. geschichtl. Tatsache aus den poln. Freiheitskämpfen verf. (20 S.) 907. (92. Bdchn.) — 25
Kuen, Bonifaz, O. S. B., die Flucht u. Rückkehr der hl. Familie. Nach e. Stück v. Wilh. J. Viesten. Ueberarb. f. Knaben. (20 S.) 907. (77. Bdchn.) — 25
— Der Franzl in der Fremd'! Lustspiel f. die Weihnachtszeit in 4 Aufzügen. Nach e. alten Mskr. (11 S.) 907. (78. Bdchn.) — 20
— Der Klausner. Nach e. Mskr. umgearb. (112 S.) 909. (110. Bdchn.) — 20
— Schutzgeists Walten. Nach e. Stück v. F. X. Himmelstein, bearb. f. Knabenbühnen. (20 S.) (909.) (87. Bdchn.) — 25
Maganna, Paul, der Fahnlbua. Schauspiel in 5 Akten nach der Erzählg. v. Reimmichl. (Mit Notenbeigabe.) (40 S.) 908. (69. Bdchn.) — 35
— Die zwei ungleichen Nachbarn od.: Was man verredet, zu dem kommt man. Schauspiel in 3 Akten. (24 S.) 908. (93. Bdchn.) — 25
— Der Tharerwirt od. Ein Held der Kindesliebe. Schauspiel in 5 Aufzügen. (Mit e. Musikbeilage.) (85 S.) 907. (73. Bdchn.) — 30
Marienkapelle, die, im Walde od. Im Bann des Bösen. Weihnachtsspiel m. Gesang in 3 Akten u. 1 Vorspiel. (52 S.) 911. (116. Bdchn.) — 45
Martina, die Friseurin. Lustspiel in 2 Aufzügen. (13 S.) 906. (72. Bdchn.) — 20
Mauracher, M., 's Burgerl im Pensionat. Schwank in 2 Aufzügen. (16 S.) 906. (74. Bdchn.) — 20
— Halskette u. Rosenkranz. Spiel in 5 Aufzügen. (22 S.) 907. (76. Bdchn.) — 25
— Ein halbes Stündchen in der Küche. Schwank. (18 S.) 909. (107. Bdchn.) — 25
Max an der Klause, es lebe der 1. Mai. Einaktiges Lustspiel f. männl. Rollen. (32 S.) 909. (113. Bdchn.) — 35
Minks, M., die Kräuter-Veserl im Rabenbachgraben. Lustspiel in 3 Akten. Nur weibl. Rollen. (69 S.) 908. (83. Bdchn.) — 60
Prückl, Anna, für den Glauben unser Leben. Trauerspiel in 3 Akten. (32 S.) 909. (100. Bdchn.) — 35
— Das Rubinenkreuz. Schauspiel in 1 Vorspiel u. 4 Akten. Mit Musikbeilage. 2. Aufl. (56 S.) 911. (38. Bdchn.) — 60
— Sonnenwende. Schauspiel in 1 Vorspiel u. 4 Akten. (48 S.) 909. (111. Bdchn.) — 35
— Sonntagskinder. Phantastisches Märchen in 1 Vorspiel u. 3 Akten. (48 S.) 908. (98. Bdchn.) — 35
Rak, Therese, Reserls Pflegemütter. Weihnachtsspiel in 2 Aufzügen. (15 S.) 909. (112. Bdchn.) — 20
Rennerstorfer, Alois, heimliche Freuden. Eine moderne Katzengeschichte in 3 Aufzügen. (38 S.) 908. (102. Bdchn.) — 35
— Land pfui! Stadt hui! Ein modernes Dienstbotenstück in 4 Akten. (35 S.) 907. (91. Bdchn.) — 35
Roman, Vetter, modern od. Frohes Wiedersehen. Schwank in 2 Aufzügen m. e. Tableau. (40 S.) 907. (81. Bdchn.) — 35
— Der Narr v. Lancaster. Schwank in 3 Akten. 11 männliche Rollen. (32 S.) 907. (86. Bdchn.) — 35
Schindlauer, Jos., St. Germana od. Die Blume der Provence. Spiel in 4 Aufzügen. (23 S.) 910. (101. Bdchn.) — 25
— Licht um Licht. Ein Mädchen-Schauspiel in 5 Aufzügen. (29 S.) 908. (88. Bdchn.) — 35
Therese, Schwester, des Mutterherzens Weihnachtsfreude. Weihnachtsspiel in 1 Aufzug. (23 S.) 907. (80. Bdchn.) — 25
Wechner, Alois, Notburga, „die Perle v. Tirol". Geschichtliches Schauspiel f. Mädchen in 3 Akten m. Gesang. 2. Aufl. (28 S.) 910. (43. Bdchn.) — 30
— Die verzauberte Schloßfrau. Humoristisches Schauspiel f. Mädchen in 2 Aufzügen m. Gesang. (Mit Musikbeilage.) (35 S.) 907. (71. Bdchn.) — 50
Wer wischt 's Kochpfandl aus od. Eine seltsame Krankheit. Schwank nach e. Erzählung v. W. Pailler in 2 Aufzügen v. Schwester A. (11 S.) 907. (75. Bdchn.) — 20
Wunderblumen, drei. Festspiel f. die Jugend v. E. R. (11 S.) 906. (79. Bdchn.) — 20
Zweig, Betty, Liebe um Liebe. Einakter f. Erstkommunikanten. (10 S.) 907. (84. Bdchn.) — 20

Schul- u. Vereinsbühne. Eine Sammlg. leicht aufführbarer Theaterstücke f. die studier. Jugend. Hrsg. v. Bern. Arens, S. J. 1.—5. Bdchn. Freiburg i/B., Herder. à n. 1.20

1. Johann v. La Valette. Schauspiel in 5 Aufzügen. Von G. Longhaye, S. J. Nach dem Franz. v. Bern. Arens, S. J. (VIII, 133 S.) 900.
2. Vitus. Trauerspiel in 4 Aufzügen. Von H. Tricard, S. J. Nach dem Franz. des T. v. Bern. Arens, S. J. (VIII, 139 S.) 901.
3. Hektor v. Loc'h Maria. Trauerspiel aus der großen Revolution. In 3 Aufzügen. Von V. Delaporte, S. J. Nach dem Franz. des D. v. Bern. Arens, S. J. (VIII, 137 S.) 901.
4. Kämpfe u. Kronen. Trauerspiel aus der Zeit des Kaisers Domitian. In 5 Aufzügen. Von G. Longhaye, S. J. Nach dem Franz. v. Bernard Arens, S. J. (VII, 128 S.) 902.
5. Garcia Moreno. Trauerspiel in 5 Aufzügen. Von H. Tricard, S. J. Nach dem Franz. v. Bernard Arens, S. J. (VII, 117 S.) 902.

Schul- u. Vereinsbühne. Hrsg. v. Bernard Arens, S. J. 6. (Schluß-)Bdchn. 8. Freiburg i/B., Herder. n. 1.20
Canossa. Schauspiel in 3 Aufzügen. Von G. Longhaye, S. J. Nach dem Franz. v. Bernard Arens, S. J. (VII, 103 S.) 903.

Schulcatechismus. s. Schulkatechismus.

Schulchan Aruch. s.a. Sulchan Arukh.

Schulchan Aruch. s.a. Caro, Josef

Schulchan Aruch, s.a. Creizenach, M.

Schulchanaruch, Der, oder die vier jüdischen Gesetzbücher, ins Deutsche übertragen von Heinrich Georg F. Löwe. Hamburg 1837—40. H: *Caro, Joseph.* (KGBerlin I, 165)

Schulchan aruch, der, oder die vier jüdischen Gesetz-Bücher, in's Deutsche übertragen. 1s Buch, od. des 1n Thls. 1e Abthl., Eben haaser, enthält: Alle Gesetze über die Ehe im ausgebreit. Sinne des Worts. Mit e. Anhange, enthaltend eilf Formulare jüdischer Contrakte, worunter d. Scheidebrief mit seinen Eigenthümlichkeiten in der Ursprache u. in d. Uebersetzung, von Heinr. Georg F. Löwe, sen. Mit 1 lithogr. Schrifttaf. gr. 8. Hamburg 837. (Perthes-Besser u. Mauke.) n. 1 ℛ

— dass. 2s Buch, oder des 1n Thls. 2e Abthl. Choschen hamischpat, oder das Privat-Recht. 1e Hälfte. Mit e. Anhange, enthaltend die Antikritik einer Recension über die Uebersetzung des 1n Abschnitts vom babylon. Talmud, Hamburg 1836, und am Schlusse derselben einige einfache religiöse Betrachtungen, von Heinr. Georg F. Löwe, sen. gr. 8. Ebd. 838. n. 1 ℛ

— dass. 2s Buch 2e Hälfte. Fortsetzung v. Schluß der bürgerlichen Verfassung der Israeliten, in's Deutsche übertragen. Nebst e. Anhange, enthaltend die 613 Ge- u. Verbote, nämlich 248 Gebote u. 365 Verbote. gr. 8. Ebd. 838. n. 1 ℛ

— dass. 3s u. vorletztes Buch, genannt: Orach Chajim oder der Weg zu (jenem) Leben, die kirchl. Verfassung enthaltend. Mit 1 Abbildung der Kopftphilin (Gebetriemen) u. des Schophers (Blashorn am Neujahr), nebst Beschreibung mehrerer Merkwürdigkeiten aus andern Rabbinischen Schriften, in's Deutsche übertragen von Heinr. Georg F. Löwe, sen. Mit 2 Anhängen, die 365 Verbote u. Agadoth aus dem Jerusalem. u. Babylon. Talmud enthaltend. gr. 8. Ebd. 839. n. 1 ℛ

— dass. 4s (letztes) Buch, genannt: Joreh Dea (Zeiger, Lehrer der Wissenschaft), Verfolg der kirchl. Verfassung. Ins Deutsche übertragen u. mit Anmerkk. u. Citaten aus alten u. neuern Rabbinischen Schriften versehen, von Heinr. Georg F. Löwe, sen. gr. 8. Ebd. 840. 1 ℛ (1r—4r Bd. 5 Abthll. 5 ℛ)

Schulchan-Aruch od. d. vier jüdischen Gesetzbücher. Uebers. v. Heinr. Geo. F. Löwe sen. 2 Bde. 2. Aufl. gr. 8. (XLIV, 402 u. 754 S.) Wien (VII/2, Mechitharistengasse 4) 896. Mechitharisten-Buchdruckerei. n.n. 15. —

Schulchan aruch oder die 4 jüdischen Gesetzbücher. Übers. von Heinr. Georg F. Löwe sen. [Hsg. von Joseph Deckert.] 2. Aufl. Wien 1896. V: *Karo, Joseph.* (Berl)

Schulchan Orach, Eben Ha-Eser [de mulieribus]. Cum commentariis Ber Hetob et Pitche Teschuba. (In hebr. Sprache.) 2 Voll. Berlin 862. Adolf & Co. gr. 8. (991 S.) n. 4 ℛ

Schulchan Orach, Eben Ha-Eser (de mulieribus). Cum commentariis Ber Heteb et Pitche Teschuba. (In hebr. Sprache.) 2 Vol. gr. 8. (991 S.) Berlin 862, Cohn. *

Schulchan Aruch Jore Deha. Ad commentarios editionum priorum accesserunt annotationes Elia Wilna, Jos. Teomim, Akiba Eger et filii Salomonis, Jehuda Bacharach. 2 Partes. Berlin 859. Adolf & Co. Fol. (XI, 1044 S. mit lith. Portr. u. 1 lith. Taf.) n. 10 ℛ

Schulchan Aruch. 2. Thl. Jore Deah in deutscher Uebersetzung. Die religiösen Satzgn., Vorschriften, Sitten u. Bräuche des Judenthums. Zum Handgebrauche f. Rabbiner, Lehrer, Cantoren, Gemeinde-Beamte u. Synagogen-Vorsteher. Nach den Quellen zum ersten Male bearb. u. hrsg. v. Ph. Lederer. gr. 8. (92 S.) Pilsen (Kopernikgasse 25), Ph. Lederer. 1900 2. —

Schulchan Aruch, Megine Erez. ערוך אורח חיים כבר שלחן. Mit allen Beigaben der Prager Ausgaben v. 1785, u. דגול מרבבה von dem berühmten Prager Rabbinen Ezechiel Landau, so wie auch: חק יעקב über das Passaritual. gr. Fol. Prag 840. Landau; Leipzig, Fritzsche. 5 1/4 ℛ Velinp. 7 7/8 ℛ

Schulchan Oruch Orach Chajim oder Ceremonial-Gebräuche d. Israeliten. Für Haus u. Synagoge mit vielen neuen Anmerk. gr. 8. (43 1/8 B.) Danzig 845, (Anhuth.)

— 1. Thl. Orach Chajim in deutscher Uebersetzg. Die religiösen Satzgn., Vorschriften, Sitten u. Bräuche d. Judenthums in Synagoge, Schule u. Haus, nebst vollst. System d. synagogalen Kalenders. Zum Handgebr. f. Rabbiner, Lehrer, Cantoren, Synagogen-Vorsteher u. alle, welche sich m. d. Gesetzen u. Normen d. Religion vertraut machen wollen. Nach d. Quellen bearb. v. Ph. Lederer. gr. 8. (108 S.) Frankfurt a/M. 897. (J. Kauffmann.) n. 2. —

Schul-Choralbuch. Nach den Grundsätzen des Hrn. Prof. Dr. Faißt zusammengestellt. Mit besond. Rücksicht auf die Bedürfnisse von Kirche und Schule bearb. Hrsg. von den beiden Unterstützungs-Vereinen der württemberg. evangel. Volksschullehrer. 3 Tle. 8. Eßlingen 883, (Weismann.) cart. ** — 90

Inhalt:

Tl. 1. Einstimmige Choräle. (40 S.) ** 20 Pf.
= 2. Choräle für zwei und drei Kinderstimmen. (64 S.) ** 35 Pf.
= 3. Choräle für zwei Kinderstimmen und für zwei Kinderstimmen und für eine Männerstimme. (64 S.) ** 35 Pf.

Schul-Choralbuch für die Provinz Brandenburg. In 2 Heften. (Texte nach dem „Gesangbuch zum gottesdienstlichen Gebrauch für evangel. Gemeinen. Berlin.") 1. Heft, enth. die Choräle für die Unter- und Mittelklasse. A. und B. 8. (48 S.) Berlin 852, K. W. Krüger. à *

—— dass. — 2. Heft, enth. die Choräle für die Oberklasse. A. und B. 8. (32 S.) Ebds. 852. à *

Schulchoralbuch m. kurzgef. Gesangschule f. d. Hand der Schüler. Hrsg. v. d. württ. evang. Schullehrer-Unterstützungsverein. 5., umgearb. Aufl. 8. (64 S.) Stuttgart 897. (A. Bonz & Co.) n.n. — 25

Schulchoralbuch m. kurzgefaßter Gesangschule f. die Hand der Schüler. Hrsg. v. dem württemb. evang. Schullehrer-Unterstützungsverein. 7. Aufl. (64 S.) 8. Stuttgart (905). A. Bonz & Co. n.n. — 25

Schulchoralbuch m. kurzgefaßter Gesanglehre f. die Hand der Schüler. Hrsg. v. dem württ. evang. Lehrer-Unterstützungsverein. 9. Aufl. (64 S.) 8. Stuttgart 910. A. Bonz & Co. nn — 25

Schul-Choralbuch f. die Prov. Sachsen. [Auszug aus dem Choralmelodienbuch.] Amtliche Ausg. 8. (48 S.) Wittenberg 887. R. Herrosé Verl. n. — 25

— f. d. Prov. Sachsen. (Auszug aus d. Choralmelodienbuch.) Amtl. Ausg. 8. (48 S.) Wittenberg 898. R. Herrosé. n. — 20

Schul-Choralbuch für die Provinz Sachsen. ⟨Auszug aus d. Choralmelodienbuch.⟩ Amtl. Ausg. *Wittenberg: R. Herrosé 1903.* (48 S.) 8°
[03. 11975 3

Schul-Choralbuch für die Provinz Sachsen. ⟨Auszug aus d. Choralmelodienbuch.⟩ Amtl. Ausg. [Neue Ausg.] Wittenberg: R. Herrosé [1908]. (48 S.) 8° [F.]
[08. 11318

— f. das Herzogt. Sachsen-Altenburg. (Auszug aus dem Altenburger Choralbuch.) Amtliche Ausg. (64 S.) 8. Altenburg 903. Leipzig, B. G. Teubner. n.n. — 25

Schul-Choralbuch für die Provinz Schlesien, insbesondere für die Oberlausitz. Zum Gebrauche für die deutschen Kirchen- und Schulgemeinden. Hoyerswerda (853.) Erbe. 8. (2 Bl., 24 lith. S.) n. 2 ngr.

Schul-Chronik, s. a. Chronik der Schule.

Schul-Chronik v. Bahn. 1—4. Jahrg. 1844—47. à 26 Nrn. (Bog.) Mit einem Beiblatt u. Schul-Anzeiger für die Rheinprovinz u. Westphalen. gr. 8. Meurs, Rhein. Schul-Buchh. Thlr. à J. *
Der Schulanzeiger besonders à Jahrg. 15 Ngr.

Schul-Chronik. Hrsg. von Frz. Ludw. Bahn. 5. Jahrg. 1848. 36 Nrn. (ca. 30 Bog.) gr. 8. Meurs. [Wesel, Bagel.] *

—— dass. — Hrsg. von Dems. 6. Jahrg. 1849. 52 Nrn. (½ Bog.) Mit Beigabe von 12 Nrn. der Dorf-Chronik. gr. 8. Ebds. *

—— dass. — Hrsg. von Dems. 7. und 8. Jahrg. 1850 und 1851. à 52 Nrn. (Bog.) gr. 8. Fild. (Wesel, Bagel.) à Jahrg. *
1—4. Jahrg. 1844—47. Meurs. à Jahrg. * 1 Thlr. 10 Ngr.

Schulconferenzen, s. Schulkonferenzen.

Schulez-Ferencz, Gerona, s. Denkmäler der Baukunst.

Schuld, die, Trauersp. in 4 Akten, v. A. Müllner. 8. Leipz. Göschen. 816.

Schuld, die, Trauerspiel von A. Müllner. 4te Aufl. 8. Leipzig, Göschen. 821.
Veilnpapier.

Schuld, die alte. 16. (24 S.) Straßburg 878. (Hannover, Schulbuchh.) — 30

Schuld u. Edelmuth, v. Regina Frohberg, mit K. 8. Wien, Pichler. 815.

Schuld, die erlassene, od. e. königl. Belohng. f. die Aufopferg. d. Jungfrau v. Orleans. Aus dem Franz. 8. (24 S.) Elberfeld 871. (Barmen, Klein.) n. — 30

Schuld, gleiche, gleiche Strafe, s. Schmidt, (F. L.)

Schuld, unsere. 8. (42 S.) Leipzig 893. Fr. Richter. n. 1. —

Schuld, Heinrich [aus Stettin]: Das Verhältnis der Handschriften des Girart de Viane. . . . Halle a. S., Druck v. F. Hessenland in Stettin (1889); 103 S. 8°
Halle, Phil. Fak., Inaug.-Diss. v. [21. Sept.] 1889

Schuld, Heinr. Das Verhältnis der Handschriften d. Girart de Viane. Diss. gr. 8. (102 S.) Halle a. S. 889. (Lpz., Fock.) * 2 —

Schuld-Arrest, der, in Berlin. Skizze aus dem Leben mit einem Anhange, enthltd.: die Gesetze, Verordnungen 2c. über die Schuldhaft. Gläubigern und Schuldnern und solchen, die es werden wollen oder gewesen sind, zur Erheiterung, Belehrung und Ermahnung gewidmet von Dr. Jemand. Berlin 855. Lassar. 8. (40 S.) 6 ngr.

Schuldbriefverkehr, Der, und das zürcherische Notariatswesen . . . Zürich 1869. V: *Farner*, *Gfr.* (Cat. d. Stadtbibl. Zürich. Zürich 1864—97.)

Schuldbuch d. schlechten Aerzte, bekannt gemacht durch einen Freund d. Wahrheit. gr. 8. Sulzbach, Seidel. 809.

Schuldbuch, Der schlechten Ärzte. Sulzbach 1810. V: *Osterhausen*, *H. C. A.* (BGG) »1809« *Ostho*ff, *Hnr. Chph Aug.* (Call)

Schuldbuch, das Rigische [1286—1352]. Hrsg. v. Herm. Hildebrand. gr. 4. (LXXIX, 153 S. m. e. Tab. in qu. Fol.) St. Petersburg 872. Leipzig, Voss. n. 6. 20

[Sch]uldbuch-Ordnung der Stadt Frankfurt am Main vom 19. August 1904. [F]rankfurt am Main 1904.

Schuldbuchordnung der Stadt Mülheim a. d. Ruhr. Mülheim a. d. Ruhr 1910.

Schuldbuchordnung des Provinzialverbandes Ostpreußen. Königsberg 1909.

Schulden ohne Geld zu bezahlen. Lustsp. v. Leo. 8. Frkft. Macklot. (Gebhardt u. K.) 791.

Schulden, üb. die öffentl., aus d. Kriege u. dem allgem. Landesindult in Mecklenburg-Schwerin. 8. Rostock 809. Stiller. 12 ß.

Schuldenbuch, d., od. Anweis. wie man Gelder erborgen, und mit Sicherheit verborgen soll. 1ste Abtheil. 8. Weimar. (Gädicke in Berl.) 803.

Schuldenbuch, das, od. Anweis., wie man Gelder erborgen u. mit Sicherheit verborgen soll. 1e Abtheil. 8. Weim. 803. (Henning in Greiz). 12 ß.

Friedrichstädter **Schul-Denkmal.** Im Verlage dasiger Real- und Armenschule, und zum Besten armer verlassner Kinder. Friedrichstadt 1785: Gerlach. XVI, 103 S. 8° [Kupfertit.]
Enth. Nachricht üb. das Schulwesen zu Friedrichstadt von J. G. Feilgenhauer, sowie Reden u. Lieder. 281.

Schuldenmachen, das, der Justizbeamten. Beleuchtung der allgem. Verfügung des Hrn. Justiz-Minister Mühler vom 24. Jan. 1843. Gewidmet allen nicht etatsmäßigen Justizbeamten! gr. 8. (3 B.) Berlin 843, Veit u. Comp.

Schuldenmachen, Das, der Officiere und Gemeinen. Kaiserliche Verordnung. Fol. Wien 1753.

Schuldenmacher, Der. Ein Lustspiel in drey Aufzügen. Zweite vermehrte und verbesserte Auflage. (Zweite Auflage von »Die Kunst auf Kosten der Leute zu leben«). Wien 1776 V: *Klemm*, *Chn. Gottlob.* (Taschenbuch des Wiener Theaters 1777, S. 104, 139, 137) (Vgl. GGr V/310, Nr. 8/24) (BiblPort)

Der pfandrechtlich gesicherte **Schuldenstand** im Grossherzogtum Baden auf 1. Januar 1903. Hrsg. v. Statist. Landesamt. Karlsruhe: C. F. Müller 1910. XXIII, 247 S. 4°
(Beiträge z. Statistik d. Großherzogt. Baden. N. F. H. 15.) [10. 14303 4

Schuldentilgung und Kantonalbank. (Aufschlüsse und Erklärungen. [Hrg. von] der K' Schwyz.) 15 S. 8. Einsiedeln, Eberle, Kälin & Cie., 1902.

Schuldentriebfrage, die, im Kt. Schwyz. Schwyz 1866.

Schuldenwesen, üb. das, des kursächs. Adels, u. das beste Mittel, ihn wider fernern Verfall zu sichern, (v. K. H. v. Römer). 8. Leipz. 787. Hilscher. 14 ℊ

Schuldenwesen (Ueber das) der sächsischen Bauern. (Von F. H. M. Kersten.) 8°. Leipzig, Hilscher, 1789.

Schuldenwesen (Ueber das öffentliche). gr. 8°. Leipzig, Barth, 1810.

Schuldes, Frz. Xav., der heil. Wenzel dargestellt im Geiste der Wahrheit. 8. (199 S. und 1 Stahlst.) Wien 848, (Jasper's Witwe und Hügel.)

Schuldes, Frz. Xav., der heil. Wenzel dargestellt im Geiste der Wahrheit. 8. (199 S. m. 1 Stahlst.) Wien 848. (Manz.) 18 nℊ

Schuldes, Jul., Bardenlied. 2. vollständig umgearb. Aufl. (VII, 103 S.) kl. 8. Wien 905. W. Braumüller. n. 1. —

— zur Geschichte des Verfalls der Literatur. (16 S.) gr. 8. Wien (904). Das literar. Deutsch-Oesterreich. n. — 50

Schuldes, Jul., Iduna. Gedichte. 8. (163 S.) Tetschen 883. Selbstverl. n. 1. 25

Schuldes, Julius: Nordböhmische Volkssagen in ihrer Bedeutung für die germanische Mythologie und die Geschichte des Landes. (Th. 1.) — Tetschen: Selbstverl. 1882. III, 90 S.

Schuldheis, Carl, der Güter-Expeditionsdienst der großh. badischen Staats-Eisenbahnen. Ein Lehrbuch f. Anwärter d. Eisenbahn-Expeditionsdienstes u. sonst. angeh. Eisenbahn-Beamte, zugleich auch e. Nachschlagebuch f. ältere Beamte, e. Informationsmittel f. Kaufleute, Spediteure u. überhaupt Alle, welche m. dem Güterdienst in Berührg. kommen. Nach offiziellen Quellen zusammengestellt u. bearb. Lex.-8. (XI, 287 S. m. 3 Steintaf. in qu. Fol.) Karlsruhe 875. Braun. n. 5. —

Schuldiarium, od. Klassen- u. Tagebuch auf 1814, f. Schüler d. Volksschulen. 4. Berl. 814. Decker. 10 ℊ

— Dass., f. Schüler in gelehrt. Schulen. 4. Berl. 814. Decker. 7 ℊ

Schuldiarium (auf 4 Jahre). Fol. (100 S. Tabellen.) Blaubeuren 848, Mangold. n. 16 nℊ

Schuldiarium, Tabellarisches. Leipzig 1831. V: *Schulze, Glob. Lebrecht.* (Ky)

— tabellarisches, (von G. L. Schulze). Fol. Leipz. 831. Herbig. (in Dupplo) 1 ℊ

Schul-Diarium, s. Schulze, G. L.

(F) Der Schuldichter. Gesammelte Declamationen für alle Schulfeierlichkeiten und Lehrerfeste mit zahlreichen Originalbeiträgen hervorragender Dichter herausgegeben vom katholischen Pressvereine in Linz. Linz-Urfahr. [1901.] Presverein. Gr.-8°. 164 S. K 1.80

Schuldichter, der. Gesammelte Declamationen f. alle Schulfeierlichkeiten, s. a. Fest- u. Gelegenheitsgedichte. 6.

Schuldig? Nichtschuldig! Ein Beitrag zur Critik der Schwurgerichte. Mußestunden eines Juristen. gr. 8. (34 S.) Wesel 850, Bagel. 1/6 ℛ

Schuldigkeit, Guter Christen und Treugehorsamster Unterthanen, ... Bresl. 1700. V: *Neumann, Caspar.* (Kat. d. Druckschr. üb. Breslau. Breslau 1903. S. 9.)

Schuldigkeit, Die, des ersten und fürnehmsten Gebottes ... Salzb. 1767. V: *Wimmer, Jacob Anton.* (Hr)

Schuldigkeit d. Menschen z. Andacht auf alle Sonntage, a. d. Engl. 8. Meinungen. 728.

Die **Schuldigkeit** und Pflichten eines Frey-Mäurers, aus denen alten glaubwürdigen Urkunden der Logen über dem Meere, und derer, so sich in Engelland, Schottland und Irrland [!] befinden, herausgezogen zum Gebrauch der Brüderschafften und Logen in Londen [!]. Damit selbige bey der Aufnahme der neuen Brüder, oder wenn es der Meister verordnet, gelesen werden können. o. O. [ca. 1750]. 32 S. 4°.
Sehr selten.

Schuldigkeit, Christlicher Unterthanen ... Breslau 1700. V: *Herrmann, Christian.* (Kat. d. Druckschr. üb. Breslau. Breslau 1903. S. 9.)

Schuldisciplin, über, Ideen u. Vorschläge für Schullehrer. gr. 8. Leipz. 819. Barth. 6 ℊ

Schuldisciplin über die. Verhandlungen der Schullehrer-Conferenz-Gesellschaft zu Cappeln. Zum Schluß gebracht am Ende des Jahres 1835. 8. Münster 837. Regensberg. 1/4 ℛ

Schul-Disciplin f. Landschulen. gr. 8. (1 B.) Danzig 836, [Gerhard'sche Buchh.]

Schuldner, der, u. die ihm gegen sein. Gläubiger zusteh. Rechte u. Rechtswohlthaten. Von e. prakt. Juristen. 8. (5 B.) Berlin 828, Herbig.

Schul-Dramen. Dramat. Spiele zur Aufführg. in Schulen. 1. Bdchn. 8. Frankfurt a/M. 897. Gebr. Knauer. n. — 60
Joseph d. Sohn Jakobs. E. Schauspiel. Von Veit Valentin. (31 S.)

Schul-Dramen. Dramatische Spiele zur Aufführung in Schulen. 2. u. 3. Bdchn. 8. Frankfurt a/M., Gebr. Knauer. à n. — 60
2. Aschenbrödel. Ein Märchenspiel. Von Veit Valentin. (32 S.) (900.)
3. Schneeweißchen. Von Veit Valentin. (44 S.) (900.)

Schuldramen in den Piaristenschulen im 17. u. 18. Jahrhundert. 22 S.–Krems, Progr. 1854

Katalog ausgewählter und hervorragender Kunstsachen, Mobilien, Einrichtungs-Gegenstände etc. aus d. Nachlasse d. Rentners Hrn Abraham Philipp Schuldt zu Hamburg. Versteigerung zu Hamburg 1893 durch J. M. Heberle. Köln 1893: M. DuMont-Schauberg. (64 S.) 4° [illegible]

Schuldt, Claus, a. Frestedt (Kr. Süderdithmarschen): Die Bildung der schwachen Verba im Altenglischen. Kiel 1905: Lüdtke & Martens. (30 S.) 8° ¶ (Ersch. vollst. in: Kieler Stud. z. engl. Philol.)

Kiel, Phil. Fak., Ref. Holthausen, Diss. v. 27. Mai 1905

[Geb. 6. Juni 78 Frestedt, Kr. Süderdithmarschen; Wohnort: Meldorf; Staatsangeh.: Preußen; Vorbildung: Gymn. Meldorf Reife O. 00; Studium: München 2, Halle 1, Kiel 6 S.; Rig. 17. Dez. 04.]

Die Bildung der schwachen Verba im Altenglischen von Dr. Claus Schuldt. Kiel: R. Cordes 1905. (65 S.) 8°
= Studien, Kieler, z. englischen Philologie. N. F. H. 1. [illegible]

Schuldze, Christoph (Hamburg) A. S. 1372/30
Dissertatio philologica de curribus bellicis in Oriente usitatis ad illustranda varia Scripturae V. T. oracula. Präs. Johann Christoph Wichmannshausen. Wittenberg (Gerdes) 31. III. 1722. 54 S. 31734

Schule [Sachl. Ordnungswort]

Die Schule: 1889–? Detroit, MI
Monthly.

Schule, die, des Bäckers. Leipzig 857. Hennings. (Lehmann.) 8. Jeder Bd. 1 Thlr.

1. Bd.: Die Schwarz- und Weißbrodbäckerei. Eine Uebersicht aller während der letzten 10 Jahre gemachten Fortschritte und Vervollkommnungen, namentlich Belehrung über die neuesten und vortheilhaftesten Backöfen zur Holz-, Kohlen- und Dampfheizung, die Verfälschungen des Mehls, der Milch ꝛc. und deren Erkenntniß, die anwendbarsten Surrogate des Getreidemehls ꝛc. Von Salomon Reideleiter. Mit 26 Abbildgn. (auf 3 lith. Taf. in 4.) (VI, 255 S.)
2. Bd.: Die Kuchen- und Zuckerbäckerei. (Conditorei.) Eine Zusammenstellung durch eigene Versuche erprobter Anweisungen zur Anfertigung aller Arten von Torten, Kuchen, Lebkuchen, Aufläufen, Confecten, Marcipan ꝛc. sowie zum Candiren und Einmachen der Früchte, der Bereitung der Fruchtsäfte, Gelées ꝛc. Nebst einem die Chocolade-Fabrikation enthaltenden Anhange. Von Pietro Zuani. Mit 18 Abbildgn. (auf 2 lith. Taf. in 4.) (XX, 259 S.)

Großherzogl. Badische polytechnische **Schule** zu Karlsruhe. (Aufnahmsbedingungen und Lehrgegenstände der einzelnen Klassen und Fachschulen. Programm der Vorschule.) Studienj. 1843-1844—1858-1859.

Schule, Bataillons-, u. Linienevolutionen a. d. Reglement f. d. franz. Infanterie v. 1. Aug. 1791. a. d. Franz. v. Michel. gr. 8. Basel, Levrault. 801.

— die, der Baukunst. Ein Handbuch für Architekten, Bau- und Gewerbschulen, und zum Selbstunterricht für Bauhandwerker und Bauunternehmer. Leipzig, Spamer. 8.

2. Bd. 1. Abth.: Die Schule des Zimmermanns. Praktisches Hand- und Hülfsbuch für Architekten und Bauhandwerker, so wie für Bau- und Gewerbschulen. Bearbeitet von B. Harres. 1. Thl.: Hochbauten. 855. (VIII, 186 S.) n. 25 ngr. — 2. verb. Aufl. Mit 236 Abbildgn. (im Text) nach Zeichngn. des Verf. in Holz geschnitten. 858. (X, 182 S.) n. 1 Thlr.
2. Bd. 2. Abth.: Die Schule des Maurers. Ein praktisches Hand- und Hülfsbuch für Architekten u. Bauhandwerker, so wie für Bau- und Gewerbschulen. Bearb. von B. Harres. Mit 230 Abbildgn. (im Text), nach Zeichnungen des Verf. in Holz geschnitten. 856. (VI, 249 S.) n. 1 Thlr.
2. Bd. 3. Abth.: Die Schule des Steinmetzen. Ein praktisches Hand- und Hülfsbuch für Architekten und Bauhandwerker, sowie für Bau- und Gewerbschulen. Bearb. von B. Harres. Mit 280 Abbildgn. (im Text), nach Zeichnungen des Verf. in Holz geschnitten. 857. (VIII, 209 S.) n. 1 Thlr.
3. Bd. 1. Abth.: Die Schule des Bautischlers. Ein praktisches Hand- und Hülfsbuch für Architekten und Bauhandwerker, sowie für Bau- und Gewerbschulen. Bearb. von F. Fink. Mit 285 Abbildgn. (im Text), nach Zeichnungen des Verf. in Holz geschnitten. 858. (VIII, 256 S.) n. 1 Thlr.

1. Bd. s. Bergmann, L., die Schule der Baukunst.

— die, der Baukunst. Ein Handbuch für Architekten, Bau- und Gewerbschulen, sowie zum Selbstunterrichte von Bauhandwerkern und Bauunternehmern. Vorschule. (In 3 Thln.) 1. Thl. und 2. Thl. 1. Hälfte; — 2. Bd. 1. Abthl. 1. und 2. Thl., 2. Bd. 2. Abthl. 1. Thl., 2. Bd. 3. Abthl. und 3. Bd. 1. und 2. Abthl. 1. und 2. Thl. gr. 8. Leipzig 857—61, Spamer. Thlr. *

Inhalt:

Thl. 1.	Vorschule. Das technische Zeichnen. Praktische Anleitung für Architekten, Techniker, Mechaniker und Bauhandwerker ꝛc. Bearb. von Guido Schreiber. Mit zahlreichen (eingedr.) Holzschn.-Illustr., nebst 1 Titelbilde (in Holzschn. und Tondr.) nach Zeichnungen des Verf. 1. Thl.: Das lineare Zeichnen. (VI und 186 S.) 860. * 25 Ngr.
„ 2. Hälfte 1.	— dass. — 2. Thl.: Das projektive Zeichnen. 1. Hälfte. (IV und S. 1—160 mit 1 Holzschnt.) (861)62. * 20 Ngr.
Bd. 2. Abthl. 1. Thl. 1.	Harres, B., die Schule des Zimmermanns. Ein praktisches Hand- und Hülfsbuch für Architekten und Bauhandwerker, so wie für Bau- und Gewerbschulen. 1. Thl.: Hochbauten. 2., verb. Aufl. (X und 182 S. mit 236 eingedr. Abbild., nach Zeichnungen des Verf. in Holz geschn.) 859. * 1 Thlr.
„ 2. „ 1. „ 2.	— dass. — 2. Thl.: Brückenbau. (VIII und 198 S. mit 232 eingedr. Abbild., nach Zeichnungen des Verf. in Holz geschn.) 860. * 1 Thlr.

Schule, die, der Baukunst. Ein Handbuch für Architekten, Bau- und Gewerbschulen, und zum Selbstunterricht für Bauhandwerker und Bauunternehmer. (In 4 Abthlgn.) Leipzig, Spamer. br. 8.

Vorschule. Das technische Zeichnen. Praktische Anleitung für Architekten, Techniker, Mechaniker u. Bauhandwerker ꝛc. Bearb. von Guido Schreiber. Mit zahlreichen (eingedr.) Holzschn.-Illustr., nebst 1 Titelbilde (in Holzschn.) nach Zeichnungen des Verf. n. 3 Thlr. 15 ngr.

1. Thl.: Das lineare Zeichnen. 859. (VI, 186 S.) n. 25 ngr.
2. Thl.: Projectives Zeichnen. 1. Abth.: Die Projectionslehre. Mit 85 Abbildgn. 864. (X, 100 S.) n. 15 ngr. — 2. Abth.: Spezielle darstellende Geometrie. Mit 300 Illustr. nebst 1 Titelbilde in Holzschn. 864. (VIII, 648 S.) n. 2 Thlr. 5 ngr.

1. Bd. 2. Abth.: Die Baustyle, Praktische Anleitung zur Kenntniß derselben u. ihres Werthes für das künstlerische Schaffen des Architekten u. Bauhandwerkers. Bearb. von Carl Busch. [2. Aufl. der „Säulenordnungen u. Baustyle" von L. Bergmann in vollständiger Umgestaltung.]

1. Thl.: Das baukünstlerische Schaffen. Der griechische u. römische Baustyl. Das Zeichnen der Säulenordnungen. Mit 430 Abbildgn. 864. (VIII, 234 S.) n. 1 Thlr.

2. Bd. 1. Abth.: Die Schule des Zimmermanns. Praktisches Hand- u. Hülfsbuch für Architekten u. Bauhandwerker, so wie für Bau- u. Gewerbschulen. Bearb. von B. Harres. 2 Thle. Jeder Theil n. 1 Thlr.

1. Thl.: Hochbauten. 3. verb. Aufl. Mit 245 Abbildgn. 863. (XI, 186 S.) — 2. Thl.: Brückenbau. Mit 232 Abbildgn. 861. (VIII, 198 S.)

2. Bd. 2. Abth.: Die Schule des Maurers. Praktisches Hand- u. Hülfsbuch ꝛc. Bearb. von B. Harres. 2. verm. u. verb. Aufl. 1. Thl. Mit 235 Abbildgn. 860. (VIII, 240 S.) n. 1 Thlr.
3. Bd. 2. Abth.: Die Schule des Bauschlossers. Praktisches Hand- u. Hülfsbuch ꝛc. Bearb. von F. Fink. 2 Thle. 859, 60. (1. Thl.: VIII, 252 S. mit 300 Abbildgn. — 2. Thl.: VIII, 232 S. mit 252 Abbildgn.) Jeder Theil n. 1 Thlr.
4. Bd. 3. Abth.: Die Lehre von den Baumaterialien u. den im Baufache zur Verwendung kommenden technischen Erzeugnissen. Lehr- u. Handbuch für Bau- u. Gewerbschulen, Architekten ꝛc. Von Jul. Wenck. 863. (X, 232 S.) n. 25 ngr.

Schule, die, der Baukunst. Ein Handbuch für Architekten, Bau- und Gewerbschulen, sowie zum Selbstunterrichte von Bauhandwerkern und Bauunternehmern. Vorschule. 2. und 3. Thl. 1.—4. Bd. gr. 8. Leipzig 863—69, Spamer. *

Inhalt:

Vorschule. Das technische Zeichnen. Praktische Anleitung für Architekten, Techniker, Mechaniker und Bauhandwerker rc. Bearb. von Guido Schreiber.

Thl. 2. Abthl. 2. Das projektive Zeichnen. 1. Hälfte. (S. 161—320 mit zahlreichen eingedr. Holzschn. und Illustr. rc.) 863. * 20 Ngr.

Hieraus einzeln:

Die Projektionslehre. (X und 100 S. mit 85 in den Text gedr. Abbild., nach Zeichnungen des Verf.) 865. * 15 Ngr.

" 2. " 2. —— dass. — 2. Hälfte. Spezielle darstellende Geometrie. (VIII und S. 321—648 mit 300 Illustr., nebst 1 Titelbilde, in Holz geschn. nach Zeichnungen des Verf.) 865. * 1 Thlr. 10 Ngr. (2. Abthl. compl. * 2 Thlr. 5 Ngr.)

" 2. " 3. —— dass. — 2. Thl.: Projektives Zeichnen. 3. Abthl.: Linienperspektive. (VIII und 210 S. mit 130 Illustr. und 1 Titelbilde in Holzschn. nach Zeichnungen des Verf.) 867. * 1 Thlr.

" 2. " 4. —— dass. — 2. Thl.: Projektives Zeichnen. 4. Abthl.: Die Schattenlehre. (VIII und 261 S. mit 116 in den Text gedr. Abbild. und 7 lithogr. Tondrucktaf. nach Zeichnungen des Verf.) 867. * 1 Thlr. 10 Ngr.

" 3. —— dass. — 3. Thl.: Die Farbenlehre. (VIII und 148 S. mit 15 in den Text gedr. Abbild. in Holzschn. und 8 lithogr. Farbentaf. nach Zeichnungen des Verf.) 868. * 1 Thlr. 15 Ngr.

Bd. 1. Abthl. 1. Busch, Carl, die Baustyle. Praktische Anleitung zur Kenntniß derselben und ihres Werthes für das künstler. Schaffen des Architekten und Bauhandwerkers. (2. Aufl. der „Säulenordnungen und Baustyle" von L. Bergmann in vollständ. Umgestaltung.) 1. Thl. Das baukünstlerische Schaffen. Der griech. und röm. Baustyl. Das Zeichnen der Säulenordnungen. (VIII und 234 S. mit 430 in den Text gedr. Abbild., nach Zeichnungen des Verf. in Holz geschn.) 864. * 1 Thlr.

" 1. " 2. —— dass. — 2. Thl.: Die Baukunst des Mittelalters: der altchristliche, romanische und gothische Baustyl. (VIII und 376 S. mit 524 in den Text gedr. Abbild., nach Zeichnungen des Verf. rc. in Holz geschn.) 868. * 1 Thlr. 10 Ngr.

" 2. " 1. Harres, B., die Schule des Zimmermanns. Prakt. Hand- und Hülfsbuch für Architekten und Bauhandwerker, so wie für Bau- und Gewerbschulen. 1. Thl.: Hochbauten. 3. Aufl. 1863. und 4., verb. und verm. Aufl. (X und 214 S. mit 293 eingedr. Abbild., nach Zeichnungen des Verf. in Holz geschn.) 869. * 1 Thlr.

" 2. " 2. —— dass. — 2. Thl.: Brücken- und Wehrbau. 2., verb. und verm. Aufl. (VIII und 220 S. mit 268 eingedr. Abbild., nach Zeichnungen des Verf. in Holz geschn.) 869. * 1 Thlr. (1. und 2. Thl. geb. in 1 Bd. * 2 Thlr. 10 Ngr.)

" 2. " 3. —— die Schule des Steinmetzen. Praktisches Hand- und Hülfsbuch für Architekten und Bauhandwerker, sowie für Bau- und Gewerbeschulen. 2., verm. und verb. Aufl. (VI und 210 S. mit 330 eingedr. Abbild., nach Zeichnungen des Verf. in Holz geschn.) 866. * 1 Thlr.

" 3. " 1. Fink, F., der Bautischler oder Bauschreiner und Fein-Zimmermann. Praktisches Hand- und Hülfsbuch für Bautischler, Zimmerleute, Architekten rc. 1. Thl. enth. Materialien, Handwerkzeuge rc. 2., verm. und verb. Aufl. (VIII und 248 S. mit 310 Abbild., nach Zeichnungen des Verf. in Holz geschn.) 867. * 1 Thlr.

" 3. " 1. —— dass. — 2. Thl. enth. Werkzeugmaschinen für die Holzbearbeitung rc. (VIII und 244 S. mit 270 Abbild. in eingedr. Holzschn. nach Zeichnungen des Verf.) 869. * 1 Thlr.

Bd. 3. Abthl. 2. Fink, F., der Bauschlosser. Ein praktisches Hand- und Hülfsbuch für Architekten und Bauhandwerker, sowie für Bau- und Gewerbschulen. 1. Thl. Materialien, Werkzeuge, Verbände, Rohrarbeiten, Fenster-, Thür- und Thorbeschläge, Schlösser, Geländer, Vergitterungen, Thore rc. 2., verm. und verb. Aufl. (VIII und 266 S. mit 520 Abbild., nach Zeichnungen des Verf. in eingedr. Holzschn.) 866. * 1 Thlr.

" 3. " 3. —— der Tüncher, Stubenmaler, Stukkator und Gypser. Praktisches Hand- und Hülfsbuch für genannte Gewerbe, für Architekten und Bauhandwerker, sowie für Bau- und Gewerbschulen. (VI und 306 S. mit 226 Abbild., nach Zeichnungen des Verf. in Holz geschn.) 866. * 1 Thlr. 10 Ngr.

" 4. " 2. Harres, B., die landwirthschaftliche Baukunst. Praktisches Handbuch für Architekten und Bauhandwerker, sowie für Bau- und Gewerbschulen, Land- und Forstwirthe. (VIII und 256 S. mit 212 Abbild. in eingedr. Holzschn. nach Zeichnungen des Verf.) 868. * 1 Thlr. 10 Ngr.

" 4. " 3. Wenck, Jul., die Lehre von den Baumaterialien und den im Bausache zur Verwendung kommenden technischen Erzeugnissen. Lehr- und Handbuch für Bau- und Gewerbschulen, Architekten rc. (X und 232 S.) 863. * 25 Ngr.

Schule, die, der Baukunst. Ein Handbuch für Architekten, Bau- u. Gewerbschulen, sowie zum Selbstunterrichte von Bauhandwerkern u. Bauunternehmern. Ebda.

2. Bd. 4. Abthl. Harres, B., die Schule des Steinmetzen. Praktisches Hand- u. Hülfsbuch für Architekten u. Bauhandwerker, sowie für Bau- u. Gewerbschulen. 2., verm. u. verb. Aufl. (VI, 210 S. mit 330 eingedr. Abbild., nach Zeichnungen des Verf. in Holz geschn.) 866. n. 1 ₰

2. Bd. 5. Abthl. Heinzerling, F., Die Brücken in Eisen. Baumaterial, techn. Entwicklung, Konstruktion u. stat. Berechnung der eisernen Brücken. Für Ingenieure, Eisenbautechniker u. technische Lehranstalten bearb. Mit über 1000 Abbildgn. nach den Zeichngn. des Verf. in Holz geschn. (XVIII, 515 S.) 870. n. 3 ₰

Schule, die, der Baukunst. Handbuch für Architekten, Ingenieure und techn. Schulen, sowie zum Selbstunterricht für Bautechniker, Bauhandwerker und Bauunternehmer. 2. Bd. (in 5 Abthlgn.) 1., 2. und 4. Abthl.; 3. Bd. 2. Abthl. und 4. Bd. 8. Leipzig, Spamer. * 25 —

Inhalt:

Bd. 2. 1. Abthl.: Die Schule des Zimmermanns. Praktisches Hand- und Hülfsbuch für Architekten und Bauhandwerker, sowie für Bau- und Gewerbschulen. Bearb. unter Berücksicht. des neuen Metermaßes und Gewichtes von B. Harres. 1. Thl.: Hochbauten. 5. verb. und verm. Aufl. (VIII, 222 S. mit 310 eingedr. Abbild., nach Zeichnungen des Verf. in Holz geschn.) 875. *ℳ 3,50. — 2. Abthl.: Die Schule des Maurers. Praktisches Hand- und Hülfsbuch für Architekten und Bauhandwerker, sowie für Bau- und Gewerbschulen. Von B. Harres. In 3. Aufl. hrsg. von dessen Sohn Ed. Harres. 3. verm. und verb. Aufl. 1. Thl. (VIII, 248 S. mit 295 Abbild. nach Zeichnungen der Verf. in Holz geschn.) 869. (868?) *ℳ 3,50. — 4. Abthl.: Die Brücken in Eisen. Baumaterial, techn. Entwicklung, Konstruktion und statist. Berechnung der eisernen Brücken. Für Ingenieure, Eisenbautechniker und techn. Lehranstalten bearb. von F. Heinzerling. Mit über 1000 Abbild. nach den Zeichnungen des Verf. in Holz geschn. (1. Abthl. VIII, 240 S.) 869. (*ℳ 9.) *ℳ 10.

" 3. 2. Abthl.: Der Bauschlosser. Praktisches Hand- und Hülfsbuch für Architekten und Bauhandwerker, sowie für Bau- und Gewerbschulen. Bearb. von F. Fink. 2. Thl. 2. verm. und verb. Aufl. (VIII, 224 S. mit 334 Abbild., nach Zeichnungen des Verf. in Holz geschn. in der artist. Anstalt von Otto Spamer.) 871. (*ℳ 3.) *ℳ 3,50.

" 4. Die Bauführung. Hand- und Hülfsbuch für die Praxis der Bautechniker und Bauhandwerker. Unter Zugrundelegung des Metermaßes, des neuen Gewichtes und der neuen Reichswährung bearb. von C. Busch. 1. Aufl. 1871. *ℳ 4., und 2., wesentlich verm. Aufl. (VIII, 320 S. mit zahlreichen in den Text gedr. Abbild. in Holzschn. nach Zeichnungen des Verf.) 875. *ℳ 4,50.; geb. *ℳ 5.

Schule, die, der Baukunst. Ein Handbuch für Architekten, Bau- und Gewerbschulen, sowie zum Selbstunterricht für Bauhandwerker und Bauunternehmer. 3. Bd. 1. Thl.: Der Bautischler oder Bauschreiner und der Fein-Zimmermann. Praktisches Hand- und Hülfsbuch für Bautischler, Zimmerleute, Architekten rc. Bearb. von F. Fink. 1. Thl.: Enth. Materialien, Handwerkzeuge, Holzverbände rc. 3. verm. und verb. Aufl. Mit 319 Abbildungen (in eingedr. Holzschn.) nach Zeichnungen des Verf. gr. 8. (VIII, 254 S.) [Leipzig 877, Spamer.] Berlin, Toeche. * [uncertain]

Schule, Die, des Bautechnikers. Hrsg. von F. Stade. Leipzig
Bd 1. Bohr, A: Die Arithmetik und Algebra. 1900
Bd 2. Bohr, A: Die Planimetrie. 1900
Bd 3. Killmann, P: Die Stereometrie. 1900
Bd 4. Killmann, P: Die Trigonometrie. 1900
Bd 5. Bohr, A: Die Physik. 1899
Bd 6. Geigenmüller, R: Die Mechanik. 1899
Bd 7. Hummel, L: Die Festigkeitslehre. 1902
Bd 8. Killmann, P: Die Graphostatik. 1902
Bd 9. Gläser, F. W: Das geometrische Zeichnen. 1900
Bd 10. Albert, F: Die Vermessungskunde. 1900
Bd 11. Albert, F: Die Perspektive. 1903
Bd 12. Stade, Franz: Die Steinkonstruktionen. (1907)
Bd 13. Stade, F: Die Holzkonstruktionen. 1904
Bd 14. Vogel, R: Architektonische Formenlehre. 1903
Bd 15. Albert, Franz: Die Eisenkonstruktionen und die Eisenbetonweise im Hochbau. (1908)
Bd 16. Wilcke, F: Die Feuerungs-, Lüftungs- u. Beleuchtungsanlagen. Leipzig 1906
Bd 17. Albert, F: Die Baumaterialienlehre. 1902
Bd 18. Thalheim, F: Die Kostenanschläge oder das Veranschlagen von Hochbauten. 1903
Bd 19. Slawinsky, A: Die einfache und doppelte Buchhaltung und Wechselkunde. 1902

Schule, Die beste, zu Zwickau, ehedem eine der berühmtesten Schulen Sachsens. [Dresden 1813.] V: *Engelhardt, Carl August.* (MGT)

Schule, die, in ihren Beziehungen zur Kirche rc., f. a. Stimmen, kathol.

Schule, Die, in ihren Beziehungen zur Kirche, zum Staate und zur Freiheit. 6. Aufl. Wien u. Gran 1868. V: *Déchamps, Adolphe.* (EB)

—— die, des Böttchers, f. Bibliothek, technologische, 5. Bd.

Schule, Bukowiner. Zeitschrift f. das Volksschulwesen. Schriftleiter: Max Kaindl. 1. u. 2. Jahrg. 1904 u. 1905. à 4 Hefte. (256 u. 256 S.) gr. 8. Czernowitz, H. Pardini. à Jhrg. n. 4.—

— dasselbe. Unter Mitwirkung. v. Fachmännern hrsg. u. red. v. Max Kaindl. 3. Jahrg. 1906. 4 Hefte. (à ca. 64 S.) gr. 8. Czernowitz, Bukowiner Vereinsdruckerei. (Nur direkt.) n.n.n. 4. —
Nicht durch den Buchhandel zu beziehen.

Schule, die christliche. Pädagogische Studien u. Mitteilgn. Organ des Landesverbandes der kathol. geistl. Schulvorstände Bayerns. Hauptred.: Geo. Wohlgemuth. Red.-Komitee: Geo. Wunderle, Joh. B. Götz, Jak. Nist, Ludw. Nusser. 1. Jahrg. April—Dezbr. 1910. 9 Hefte. (à ca. 48 S.) gr. 8. Eichstätt, Ph. Brönner. 4. 50

Schule, die teutsche, e. allgem. Zeitung f. Unterr., Schulwesen u. Pädagogik überh. Hrsg. v. K. C. F. Beck. 1. Jahrg. 1832. Oct.—Dec. 12 Nrn., u. 2. J. 1833. 104 Nrn. (½ Bog.) gr. 4. Leipzig, Expedition. (Schmidt.)

Schule, die deutsche. Central-Organ f. sämmtl. Fragen der deutschen Schule u. ihrer Lehrer. In Verein m. vielen Schulmännern Deutschlands, Oesterreichs u. der Schweiz hrsg. von Chrn. Nostiz. 1. Jahrg. 1875. 12 Hfte. Lex.-8. (à Hft. 64 S.) Neuwied, Heuser. n. 7. 20

— dasselbe. 2. Jahrg. 1876. 12 Hfte. Lex.-8. (à Hft. 68 S.) Ebend. n. 8. —

Schule, die deutsche. Centralorgan für sämmtliche Fragen der deutschen Schule u. ihrer Lehrer. Im Verein mit vielen Schulmännern Deutschlands, Oesterreichs u. der Schweiz hrsg. von Chrn. Nostiz. 3. Jahrg. 1877. 12 Hfte. Lex.-8. (1. Hft. 72 S.) Neuwied, Heuser's Verl. n. 8. —

— dasselbe. 4. Jahrg. 1878. 12 Hfte. Lex.-8. (1. Hft. 72 S.) Wittenberg, Herrosé Verl. n. 10. —

—— dass. — 5. Jahrg. 1879. 36 Nrn. (à 1—1½ Bog.) Lex.-8. Siegen, Montanus. *

Schule, die deutsche. Zentralorgan für sämmtl. Fragen der deutschen Schule und ihrer Lehrer. Hrsg. im Verein mit vielen Schulmännern Deutschlands, Oesterreichs und der Schweiz von Chrn. Nostiz. 6.—8. Jahrg. 1880—1882. à Jahrg. 52 Nrn. (à Nr. 1—1½ Bog.) Lex.-8. Siegen, Montanus. à Jahrg. * 8 —
Nicht weiter erschienen.

— die deutsche. Monatsschrift. Hrsg. im Auftr. d. deutschen Lehrervereins v. Rob. Rissmann. 1. u. 2. Jahrg. 1897—1898. à 12 Hfte. (à ca. 4 Bog.) gr. 8. Leipzig, J. Klinkhardt. à Jahrg. n. 8. —
Kann auch halbjährlich bezogen werden.

Schule, die deutsche. Monatsschrift. Hrsg. im Auftrage des deutschen Lehrervereins v. Rob. Rissmann. 3.—6. Jahrg. 1899—1902. à 12 Hfte. gr. 8. (IV, 804; IV, 800; IV, 788 u. IV, 792 S.) Leipzig, J. Klinkhardt. à Jahrg. n. 8. —; geb. n. 9. 25

— die deutsche. Monatsschrift. Hrsg. im Auftrage des deutschen Lehrervereins von Rob. Rissmann. Verantwortlich: Rissmann. 7.—10. Jahrg. 1903—1906. à 12 Hefte. (800, 804, 804 u. 800 S.) 8. Leipzig, J. Klinkhardt. à Jhrg. n. 8. —

Schule, die deutsche. Monatsschrift. Hrsg. im Auftrage d. deutsch. Lehrervereins v. Rob. Rissmann. Verantwortlich: Rissmann. 11.—14. Jahrg. 1907—1910. à 12 Hefte. (IV, 804; IV, 804; IV, 791 u. IV, 808 S.) gr. 8. Leipzig, J. Klinkhardt. à Jahrg. 8. —

Die Deutsche Schule im Auslande. Monatsschrift. Hrsg. von Hans Amrhein. Jg. 1, ... Antwerpen: Deutsche Schule im Ausl. (1901). 8° [03-13433

Die deutsche Schule im Auslande. (Jg. 1, 7 ff.: Organ d. Ver. dt. Lehrer i. Ausl.) Monatsschr. Hrsg. v. Hans Amrhein. Jg. 1—13. 1901—14. Antwerpen (2 ff.: Wolfenbüttel).

Die Dt. Schule im Ausl. Monatsschr. für dt. Erziehung in Schule und Familie. Jg 1 ff. -- Wolfenbüttel: Heckner 1902—1914; 1922 ff.

— die deutsche, im Auslande. Organ des Vereins deutscher Lehrer im Auslande. Monatsschrift f. nationale Erziehg. in der deutschen Schule u. Familie. Unter Mitwirkg. von H. Balde, Böringer, v. Braunschweig u. a. hrsg. v. Hans Amrhein. 6. Jahrg. 1906. 12 Hefte. (VI, 576 S.) 8. Wolfenbüttel, Heckner. n.n. 6. —

— die deutsche, im Auslande. Organ des Vereins deutscher Lehrer im Auslande. Monatsschrift f. nationale Erziehg. in der deutschen Schule u. Familie. Unter Mitwirkg. v. Balde, Bayer, Blümel u. a. hrsg. v. Hans Amrhein. 6.—9. Jahrg. 1907—1910. à 12 Hefte. (V, 576; V, 576; V, 583 u. VI, 579 S.) 8. Wolfenbüttel, Heckner. à Jahrg. 6. —

Schule, Die, des Edelmanns, oder Magazin für junge Cavaliers . . . A. d. Franz. Berl. u. Leipz. 1759. V: *Maubert de Gouvest, Jean Henri.* (AarK)

Schule, die, glücklicher Ehen. Lstsp. v. Clemens. 8. Preßb. Mahler. 790.

SCHULE, Die, des Ehestandes oder die Geschichte Herrn Jacob Jessamy und Miss Jenny Jessamys von dem Verfasser der Geschichte der Elisabeth Thougtless. Aus d. Engl. Drey Theile in 1 Bde. Lüneburg, bey J. F. W. Lemke 1777. 752. S. 8°.
Max Perl's Berliner April-Auct. 1911, no. 945

Schule, die, des Ehestandes, oder die Geschichte Herrn Jakob Jeßamys und Miß Jenny Jeßamys, aus dem Engl., 3 Theile, zweyte Aufl. 8. Lüneburg, 797. Herold. 1 Rthl. 5 sgl.

Schule, d., des Ehestandes, od. d. Gesch. J. Jessamy u. Miß J. Jessamys, a. d. Engl. 3 Thle. 8. Lüneburg, Lemke. (Herold u. W.) 797.

Die eidgenössische polytechnische Schule in Zürich. Herausgegeben im Auftrage des schweizerischen Bundesrates bei Anlass der Weltausstellung in Paris 1889. Zürich 1889.
Progr.

Schule, Die, der Eifersucht oder Liebe hasst allen Zwang. Ein Singspiel in zwei Aufzügen von Hrn. Pr. Zehnmark. Köln a. Rh. 1787. V: *Mazzola, Caterino.* Ü: *Zehnmark, Ludwig Eduard.* (G. G. Sonneck, Catalogue of Opera Librettos. Washington 1914. Bd. I, S. 979 »Wien 1783«) (Fr. Kratter, Briefe über den itzigen Zustand Galiziens 1/42) (BiblPort)

— die der Eleganz. Posse in 3 Aufz. v. Meyer, m. K. 8. Berl. Schüppel. 834.

Schule, Die, der Ältern in drey moralischen Erzehlungen, a. d. Franz. Leipzig 1768. V: *Sabatier, Antoine.* (Milchs)

— d., der Eltern, in drey moral. Erzählungen. 8. Leipzig, Crusius. (W. Vogel.) 768.

—— und Elternhaus, s. Elternhaus.

— u. Elternhaus. Halbmonatsschrift f. Eltern u. Erzieher. Mit 2 Gratis-Beilagen: Deutsche Kinderzeitg. Literar. Monatsblätter. Hrsg. u. Red.: Hugo C. Jüngst. 1. Jahrg. Oktbr. 1910—Septbr. 1911. 24 Hefte. (à ca. 16 S. u. 8 S. in gr. 8.) 31×23,5 cm. Dresden, A. Neuer & Co. 7.20

SCHULE, Die entdeckte, der listigen Weiber, voll von geheimen Liebes-Geschichten. Mit TKpf. Frankfurt u. Leipzig (Celle, Gsellius) 1751. 8°.
16 Bog. Ungemein rar! Haydinger's Bibl. I. 2. no. 901.

Schule u. Erfahrung. Ein biograph. Fragment. Aus den Papieren eines schweizerischen Theologen, hrsg. v. Heinr. Gelzer. gr. 16. (13½ B.) Zürich 844, Höhr. -

Die Schule der Erfahrung für alle denen Zufriedenheit, Leben und Gesundheit werth sind. ...Th.1.2. Berlin: Maurer 1798-99. 1 Bd 8°

— — derselben 2te z. Volks- u. Jugendbuche umgearbeitete wohlfeilere Ausgabe. d. verbund. 1ten u. 2ten Theils. 8. Ebend. 800. - Schreibp. -

— — 2r Thl. oder d. erste Aufl. 3r Thl. 8. Ebend. 801. - Schreibp. -
(h. a. d. Titel: durch Schaden wird man klug. 2r.)

— — 3r Thl. oder d. ersten Aufl. 4r Thl. 8. Ebend. 803. - Schreibp. -
(h. a. d. beyden Titel: durch Schaden wird man klug 2r. und: Werdet glücklich durch mein Unglück.)

— die, d. Frauen. Lustsp. in 5 Akten v. Kotzebue. 8. Lpz. Kummer. 805.

Schule, die, des Frauenzimmers. Lstspl. 8. Berl. 752. (Reimer). 2 K

— die, des Frauenzimmers. Lstsp. 8. Berl. Lange. 752.

SCHULE, Die, junger Frauenzimmer, oder die Geschichte der Constantia. (Zahmer Roman aus d. Französ.) 4 Thle. Mit Portrait (ganze Figur: Trachtenbild) u. TVign. Breslau u. Leipzig 1754. 8°. (4 Mk. Kühl, Berlin, c. 1882.)
Orig. in Wolfenb.: L'école des filles, ou les mémoires de Constance. T. I. II. P. 1. 2. Londres (Paris) 1753. 12°. (Cat. Muchsack.) — Le même titulo: L'école des demoiselles, ou mémoires de Constance. 4 pts. Amsterdam 1753. 8°. 112. 102. 112. 78 pp. (6 Mk. 50 Pfg., veau, bel expl., Frdr. Klüber, München, c. 1905.)

— d., junger Frauenzimmer, od. Gesch. der Constantia. 4 Thle. 8. Bresl. Pietsch. 754.

— die freie. Zeitschrift für Unterricht u. Erziehung. Red.: Frz. Heidrich. Jahrg. 1868. 18 Nrn. (Bgn.) Wien, C. A. Müller. Lex.-8. n. 2 ₰ 15 ngr.

— „freie". Hrsg. vom Vereine „Freie Schule". (79 S.) 8. Wien 905. (Central-Antiquariat u. Buchh.) n. — 30

— freie. Mitteilungen des Vereins „Freie Schule" in Wien. Hrsg.: Verein „Freie Schule". Red.: Paul Speiser. 2.—5. Jahrg. 1907—1910. à 12 Nrn. (à ca. 24 S.) Lex. 8. Wien, Mor. Stern. à Jahrg. 4.—; geb. 5.25

— freie deutsche. Polit. Schul-, volksthüml. Erziehungs- u. Unterrichts-Blatt. Hrsg.: Rud. Rehling. 1. Jahrg. Mai—Dezbr. 1897. 15 Nrn. (à ca. 12 S.) gr. 4. Wien (XIV/1, Neubaugürtel), H. Jäger. n.n. 2.50; einz. Nrn. n. — 40

— dasselbe. 2. Jahrg. 1898. 24 Nrn. (à ca. 1 Bog.) gr. 4. Ebd. n. 4.—; einzelne Nrn. n. — 40
Kann auch halbjährlich bezogen werden.

— freie deutsche. Polit. Schul-, volksthüml. Erziehungs- u. Unterrichts-Blatt. Hrsg.: Rud. Rehling. 3. u. 4. Jahrg. 1899 u. 1900. à 24 Nrn. gr. 4. (à ca. 10 S.) Wien, Verlag „Freie deutsche Schule". à Jahrg. n.n. 4.50

— im Freien, zugleich Sammlg. v. Aufgaben zu schriftl. Aufsätzen u. mündl. freien Vorträgen. 8. (70 S.) Langensalza 873. Schulbuchhandlung. — 75

Schule, Die, der Freygeister. Ein deutsches Originallustspiel in Prosa, von drey Aufzügen. Wien 1772. V: *Weidmann, Paul.* (BrMm) (Jahrb. d. Grillp.-Ges. XIII.)

— die, der Freygeister. Lustsp. in 5 Aufz. v. Weidmann. 8. Wien, Wallishausser.

Schule, Die, der Freiheit. Lustspiel in drei Aufzügen. Wien 1775. V: *Weidmann, Paul.* (GGr V/313, Nr. 28/21) (biblPort)

— die, der Freunde. Lstspl. 8. Frankf. 752. (Zelle, Gsellius). 3 K

Schule, Die, der Freundschaft. Aus d. Französ. Frankf. u. Leipzig 1759. V: *Tribouville.* (BGE VII[3], 227)

— d, der Freundschaft. 2 Thle. 8. Frankf. u. Lpz. Delnser. 759.

Schule, Die, der Freundschaft. Familien-Gemälde in 5 Aufzügen. Brünn 1790. V: *Schletter, Salomo Fch.* (Friedrich Meyer 87/738 »Brünn 1787«; 79/640 »Brünn 1787«) (Neue Ausgabe. Brünn 1791) (Ky 7/88) (GGr V/323, Nr. 54/15) (biblPort)

— die, der Freundschaft. Familiengemälde v. Schletter. 8. Brünn. (Gräff in Lpz.) 790.

Schule, die, zur Frömmigkeit, od. kurze Lebensgeschichten frommer Kinder, Jünglinge u. Jungfrauen, erzählt z. Belehr. u. Erbau. christl. Jugend von e. Geistlichen d. Bisthums Augsburg. 12. (7 B. u. Ttlbild.) Thannhausen 838. (Augsburg, Kollmann'sche Buchh.)

—— die, der Frömmigkeit, oder kurze Lebensgeschichten frommer Kinder, Jünglinge und Jungfrauen, erzählt zur Belehrung und Erbauung christlicher Jugend von einem Geistlichen des Bisthums Augsburg. 2. Ausg. Nebst einer Auswahl der schönsten Gebete für die katholische Jugend. 12. (XVI und 254 S. mit 1 Stahlst.) Thannhausen 854. (München, Finsterlin.) *

— die, des Gärtners. Hrsg. vom „Bund der Gärtner" unter Mitwirkg. wissenschaftl. Fachmänner zur allgem. Durch- u. Fortbildg. junger Fachgenossen. Schriftleitg.: C. H. Katzer. 1. u. 2. Jahrg. 1907 u. 1908. à 24 Nrn. (à ca. 8 S. m. Abbildgn. u. farb. Taf.) 31,5×24 cm. Dresden-Gohlis. (Karlshorst-Berlin, H. Friedrich.) à Jahrg. 3. —

— die, des Gärtners u. Landwirts. Lehrgang zum Selbstunterricht, sowie zum Gebrauch an höheren Gärtnerlehranstalten u. landwirtschaftl. Schulen, in allen Gebieten des Gartenbaus u. der Landwirtschaft u. den dazu gehör. Hilfswissenschaften. Hrsg. von E. Pfyffer v. Altishofen. 1. Bd. 8. Berlin, W. Werner. Geb. in Leinw. n. 2. 50
Die Chemie des Gärtners u. Landwirts oder Was muß der Gärtner u. Landwirt v. der Chemie, Pflanzenernährg., Bodenkunde u. Düngerlehre wissen? Ein Lehrbuch zum Selbstunterricht für Gärtner, Landwirte, Gutsbesitzer u. Forstleute, sowie zum Gebrauch an höh. Gärtnerlehranstalten u. landwirtschaftl. Schulen. Von Pfyffer v. Altishofen. 1. Bd.: Allgem. Chemie. Anorgan. Chemie. (IX, 303 S. m. Abbildgn.) 905.

— die, des Gekreuzigten. Betrachtungen über das bittere Leiden und Sterben Jesu nach P. Ignatius, nebst einer Einleitung nach A. Rodriguez und einem Gebetsanhange. 24. (384 S. mit 2 Stnt.) Einsiedeln 880, Gebr. Benziger. — 65

Schule und Gemeinde, [hrsg. von d.] Rhein. Centrumspartei. Köln o. J. 4°. [Kopftit.]
(Rhein. Centrumspartei. Flugbl. Nr 2.)

Schule, Die, der evangelischen Gemeinde A. C. in Pest. Pest 1816. V: *Schedius, Ludwig von.* (KU) (Pk)

Friedrich Gerhard's Deutsch-Amerikanische Schule des Volkes: 1869–? New York, NY

Schule, Die gute. Predigt, gehalten von einem Pfarrer im Kanton Luzern. Luzern 1832. V: *Banz, Johann Baptist.* (Bibliogr. d. Schweiz. Landeskunde. Bern 1892ff. V, 10e.)

Schule und Handwerk. Kronstadt 1884. V: *Obert, Franz.* (Trausch IV, 328)

— die, des Handwerkers. 1. Thl.: Vorträge über das Wissenswürdigste aus den gewerblichen Hülfswissenschaften. Von Osk. Friedrich u. Gust. Heppe. 1. Bd. Zwickau 865. Döhner. 8. (VIII, 212 S.) n. 10 ngr.

Schule, die, des Handwerkers. 1. Bd.: Lehrbuch der Zuschneide- und Bearbeitungskunst für Klempner [Spengler, Blecharbeiter] jeden Standes. hoch 4. Dresden 881, Expedition der Europ. Modenzeitung. * 2 —

Schule, die, des Handwerkers. 1. Bd. hoch 4. Dresden 881. C. Weiß. n. 2. —
Lehrbuch der Zuschneide- u. Bearbeitungskunst für Klempner [Spengler, Blecharbeiter] jeden Standes. Zum Selbstunterricht, sowie als Handbuch für Fachschulen. Hrsg. von Thdr. Krämer. (32 S. mit 20 Taf. in Zinkätzung.)

— u. Haus. Briefe über Kinderpflege u. Kinderzucht. (Frei nach dem Journal des enfants.) 1. Heft. Bleicherode 865. Ruediger. 8. (43 S.) 5 ngr.

Schule und Haus. Organ des christlich-conservat. Lehrerbundes. Hrsg. von Gubalke. 3. Jahrg. 1868. 12 Nrn. (Bog.) gr. 4. Grünberg, (Weiß.), *

—— —— dass. — 4. und 5. Jahrg. 1869 und 1870. à Jahrg. 6 Nrn. (Bog.) gr. 4. Diesdorf. Breslau, (Dülfer's Verlag.) à Jahrg. *

— — Organ des christl.-conserv. Lehrerbundes. Hersg. von Gubalke. 3—5. Jahrg. 1868—70. à Jahrg. 12 Nrn. (Bgn.) Grünberg. (Weiß.) gr. 4. Jeder Jahrg. n. 12 ngr.
Vergl. Wächter für Zeit u. Ewigkeit.

— u. Haus. Ein Blatt f. christliche Volksschullehrer. Hrsg. v. Gubalke. 6. Jahrg. 1871. 6 Nrn. (3/4 B.) gr. 4. Diesdorf. Breslau, Dülfer in Comm. n. — 75

Schule und Haus: 1870?–1872. Newark, NJ
Weekly.

Schule und Haus. Blätter für Erziehung u. Unterricht. Sprechsaal für Lehrer und Schulfreunde. Red.: *L. Jost* in Wildhaus und *E. Imhof* in Schiers. 1 Jg. In-4°. Chur, Chr. Senti. 1879/80.

—— und Haus. Blätter für Erziehung und Unterricht. Sprechsaal für Lehrer und Schulfreunde. Redact.: L. Jost und E. Imhof. 1. Jahrg. Octbr. 1879—Septbr. 1880. 24 Nrn. (Bog.) 4. Chur. (Kellenberger'sche Buchh.) * 4 —

—— und Haus. Blätter für Erziehung und Unterricht. Sprechsal für Lehrer und Schulfreunde. Redact.: L. Jost und E. Imhof. 2. und 3. Jahrg. Octbr. 1880—Septbr. 1882. à Jahrg. 24 Nrn. (Bog.) gr. 4. Zürich, Orell, Füßli und Comp. à Jahrg. * 8 —
Nicht weiter erschienen.

—— und Haus. Von einem süddeutschen Schulmanne. gr. 8. (39 S.) Straßburg 883, Trübner. * — 80

— u. Haus. Zeitschrift zur Förderg. der Erziehg. u. des Unterrichtes. Hrsg. unter Mitwirkg. hervorrag. Fachleute v. Ed. Jordan. 8.—10. Jahrg. 1891—1893. à 12 Nrn. (à ca. 2 Bog.) gr. 8. Wien, (Sallmayer'sche Buchh.). à Jahrg. n. 4. —; halbjährlich n. 2. 20

Schule und Haus. Elternzeitung zur Förderung der Erziehung und des Unterrichtes. Herausgegeben unter Mitwirkung hervorragender Fachleute von Eduard Jordan. XI. Jahrg. 1894. 12 Nrn. Gr.-8. 2 —, pro Semester Ebda. 1.10

Schule u. Haus. Elternzeitung zur Förderg. d. Erziehg. u. d. Unterrichtes. Hrsg. unt. Mitwirkg. hervorrag. Fachleute v. Ed. Jordan. 12.—15. Jahrg. 1895—1898. à 12 Nrn. (à ca. 2 Bog.) gr. 8. Wien (Schworella & Heick). à Jahrg. n. 4. —; einz. Nrn. n. — 60
Kann auch halbjährlich bezogen werden.

— u. Haus. Elternzeitg. zur Förderg. der Erziehg. u. des Unterrichtes. Geleitet unter Mitwirkg. hervorrag. Fachleute von Ed. Jordan. 16.—19. Jahrg. 1899—1902. à 12 Nrn. gr. 8. (à ca. 24 S.) Wien (Schworella & Heick). à Jahrg. n. 4. —; halbjährlich n. 2. 20

— u. Haus. Elternzeitung zur Förderg. der Erziehg. u. des Unterrichtes. Geleitet unter Mitwirkung hervorrag. Fachleute v. Eduard Jordan. 20.—23. Jahrg. 1903 bis 1906. à 12 Nrn. (à Jhrg. IV, 456 S.) gr. 8. Wien (Schworella & Heick). à Jhrg. n. 4. —

— u. Haus. Elternzeitung zur Förderg. der Erziehg. u. des Unterrichtes. Geleitet unter Mitwirkg. hervorrag. Fachleute v. Eduard Jordan. 24.—27. Jahrg. 1907—1910. à 12 Nrn. (IV, 328; IV, 328; VI, 340 u. VI, 350 S.) gr. 8. Wien, Schworella & Heick. à Jahrg. 4.—; halbj. 2. 20

— — Populäre Vorträge, geh. an den Eltern-Abenden des k. k. Mariahilfer-Gymnasiums in Wien. Unter Mitwirkg. v. Frdr. Umlauft, Ferd. Dressler, Eman. Feichtinger u. Karl Haas hrsg. v. Vikt. Thumser. gr. 8. (III, 88 S.) Wien 902. F. Deuticke. n. 1. 80

— die, des Herzens. Ein Hilfs- und Lehrbuch für Christen mit krankem und gesundem Herzen. Aus dem Latein. übers. von einem Weltpriester. Linz 858. Haslinger in Comm. gr. 8. (X, 311 S.) 18 ngr.

— die, des Herzens. Ein Hilfs- u. Lehrbuch f. Christen m. krankem u. gesundem Herzen. (Von Bened. Haeften.) Aus d. Lat. übers. v. e. Weltpriester. Neue [Titel-] Ausg. gr. 8. (X, 311 S.) Linz (858). Verl. d. kathol. Preß-vereins. n. 1. 40

Schule, Die, des Herzens. Ein Hilfs- und Lehrbuch für Christen mit krankem und gesundem Herzen. Gr.-8. (X, 311 S.)

Linz—Urfahr: Kath.Pressverein 1897.

—— hohe. Sportl. Plaudertouren in wechselnder Gangart. Von Max Rusticus. gr. 8. (VIII, 149 S.) Berlin 882, Wilhelmi. * 2 —

UNZUCHT, Die hohe Schule der. Budapest 1908. 8°. Verb. d. Ldg. III Berlin A. 4 J. 197/12.

Schule, die, Jesu, des Gekreuzigten, nach Ignatius von der Seitenwunde Jesu, Passionist. Betrachtungen über das bittere Leiden unseres Herrn Jesu Christi. Nebst e. Anh. v. Gebeten. 2., verb. u. verm. Aufl. (Von J. Schleinkofer, C. Ss. R.) (536 S. m. Abbildgn.) gr. 16. Regensburg 904. F. Pustet. n. 1. 40; geb. in Leinw. n. 1. 80; in Lor. m. Goldschn. n. 2. 60

— die, Jesu des Gekreuzigten, nach P. Ignatius von der Seitenwunde Jesu, Passionist. Betrachtungen über das bittere Leiden unseres Herrn Jesu Christi. Mit einem Gebets-Anhange. Aus dem Englischen frei bearb. 16. (446 S. mit 1 Stahlst.) Regensburg 877. Pustet. 1. 20

Schule, die, ist aus. Ausgestanzt. gr. 4. (14 S. m. 3 Tl. farb. Bild.) Nürnberg 896. Th. Stroefer. Kart. 1. —

Schule, Die, der Jugend; ein Singspiel a. d. Franz. Frankf. a. M. 1774. Ü: *Faber, Johann Heinrich.* (ML)

— die, der Jugend. Singsp. in 3 A. v. Anseaume, aus dem Frz. 8. Frkf. Andreä. 774.

Die Schule u. die Jugendspiele, Leipzig 1891, 4 S., 8°.

—— die junggermanische. Ziel und Grundsätze derselben dargelegt von ihr selbst. 1. und 2., verb. Aufl. gr. 8. (28 S.) Altona 858. 59, Verlags-Bureau.

—— die katholische. Blätter f. die Interessen der Schule u. d. Lehrstandes. 1. u. 2. Jahrg. 1890 u. 1891. à Jahrg. 52 Nrn. (à Nr. 1½ Bog.) 4. M.-Gladbach, Riffarth. à Jahrg. * 4 —
Folg. Jahrg. s. u. d. T.: Schulkunde, katholische.

-- die, des Kaufmanns. Herdg. von Franz, Katte, Bischoff, Schöbs. Unter Mitwirkung von H. Lüders, O. Vollmer, R. Gellert rc. 1. Bd. 2 Abtheilgn. u. 2. Bd. Leipzig 866. O. Wigand. gr. 8. 6 ₰ 22½ ngr.
1. Thl. 1. Abthl. Theorie des Handels. (VIII, 670 S.) 2 ₰ 20 ngr.
1. Thl. 2. Abthl. Die Praxis des kaufmännischen Geschäfts. (IX, 470 S.) 1 ₰ 25 ngr.
2. Thl. Das Manufakturwaarengeschäft, Fabrikation u. Vertrieb (XI, 568 S. mit eingedr. Holzschn.) 2 ₰ 7½ ngr.
Erschien in Liefgn. unter dem Titel „Der Manufacturist."

—— gemeinnütziger Kenntnisse u. Wissenschaften. Ein Handb. f. Aeltern, Lehrer u. Schüler zum Gebr. beim öffentl. u. Privatunterr., so wie z. Selbststudium f. Erwachsene. 8 Abthln. 1. Aufl. 831, 32., u. 2. A. 8. Leipzig 835, G. Wigand. 2 Thlr. 10 Gr., hrbgs. Pr.
Abthl. 1. Kurzgefaßte Naturgeschichte. (8 B. u. 1 ill. Abbild.) 8 Gr., hrbgs. Pr. 6 Gr.
" 2. Kurzgefaßte Naturlehre. (6 B. u. Abbildn.) 6 Gr., hrbgs. Pr. 4 Gr.
" 3. Kurzgef. Technologie, od. Darstell. d. Gewerbe u. Künste. (6⅓ B.) 6 Gr., hrbgs. Pr. 4 Gr.
" 4. Kurzgef. Anthropologie, od. Lehre v. dem Menschen. Nebst: Anweis. zur Erhaltung d. Gesundheit. (6 B.) 6 Gr., hrbgs. Pr. 4 Gr.
" 5. Kurzgef. Lehrbuch d. Geographie. (8¾ B.) 10 Gr., hrbgs. Pr. 6 Gr.
" 6. Abriß d. allgem. Weltgeschichte. (10¾ B.) 10 Gr., hrbgs. Pr. 6 Gr.
" 7. Kurzgef. deutsche Sprachlehre, mit e. Anleit. zur Abfassung schriftl. Aufsätze. (6 B.) 6 Gr., hrbgs. Pr. 4 Gr.
" 8. Die Arithmetik mit d. gemeinen Feldmeßkunst. (6½ B. u. viele Abbildn.) 6 Gr., hrbgs. Pr. 4 Gr.

—— die, der göttlichen Kindheit f. innige Seelen. Eine Sammlg. geistl. Lieder u. Gedichte. Hrsg. zum Bau d. Reiches Gottes auf Erden. Von H. W. [2. verb. u. sehr verm. Aufl.] 16. (XIV, 272 S.) Barm. 890. (Bonn, Schergens.) cart. * 1 —; geb. m. Goldschn. * 1 75

[F.] Die konfessionelle Schule. *Paderborn: F. Schöningh 1898.* (145—160 S.) 8.
= Broschüren-Cyclus f. d. kathol. Deutschland. Jg. 33. H. 10. [98. 10936

Schule, Die confessionelle und die nationale (christlich-germanische). Ein Wort zur Schulfrage von einem Deutschnationalen. 8. (15 S.) Nur fest oder baar —.20
Wien: Amonesta 1889.

Konfessionelle oder weltliche Schule? 3 Ansprachen in d. Deutschen Gesellschaft f. ethische Kultur (Abt. Berlin) 14. Okt. 1904. Berlin: Verl. f. eth. Kultur [1904]. (32 S.) 8° [F.] 105. 7004

— konfessionelle oder weltliche? 3 Ansprachen in der deutschen Gesellschaft f. eth. Kultur (Abteilg. Berlin) am 14. X. 1904. (32 S.) 8. Berlin 904. (L. Simion Nf.) n. — 30

-- confessionslose, s. Stimmen aus der Berliner Lehrerwelt.

Schule, Die, der schönen und bildenden Künste, ein Taschenbuch zum Geschenk . . . für Liebhaber und angehende junge Künstler . . . Eisleben 1828. V: *Wölffer, Marius.* (Ky)

—— die, der schönen u. bildenden Künste, e. Taschenbuch zum Geschenk u. Selbstunterr. f. Liebhaber u. angeh. junge Künstler, so wie auch f. Zeichen-Lehrer, in botan. Hinsicht aber vorzügl. f. Apotheker, Aerzte u. Kräuter-Sammler, von e. Verehrer d. schönen u. bild. Künste. 2 Abthln. 16. (23½ B., 66 ill. u. 66 schw. lith. Zeichn.) Eisleben 823, Reichardt.

— die, des Lebens oder Fall und Erhebung, s. Abendunterhaltungen, lehrreiche rc.

—— die, des Lebens, s. Abendunterhaltungen, christliche. 2. Bdchn.

——, die, des Lebens. Belehrungen f. d. Jugend üb. d. nöthigsten Bildungs-, Sitten-, Gesundheits- u. Lebensregeln. 16. (7 B.) Luzern. (Augsburg 841, v. Jenisch u. Stage'sche Buchh.; Regensburg, Manz.) *

Programm, Viertes — des k. k. Gymnasiums zu Temesvar am Schlusse des Schuljahres 1854. 4. (32 S.) Temesvar. Buchdruckerei von Beichel's Erben.
Inhalt: Schule und Leben, als organisch ergänzende Theile des Menschen. — Schulnachrichten.

— u. **Leben**. Eine Erzählg. aus der Gegenwart v. der Verf. v. „Mathilden's Genesg." 16. (120 S.) Basel 873. Spittler. n. — 80

—— und Leben. Eine Erzählung aus der Gegenwart von der Verf. von „Mathilden's Genesung". 2. Aufl. 12. (116 S.) Basel 883, Spittler. cart. * — 70

(F) Schule und Leben. Unbefangene Betrachtungen von einem Oesterreicher. Brünn und Wien. 1900. Karafiat & Sohn. 8°. 57 S. K —.80

Schule und Leben. Unbefangene Betrachtungen von einem Österreicher. Wien u. Brünn 1906. V: *Sosnosky*, *Theodor v.* (EB)

Aus **Schule** und Leben. Beiträge z. Pädagogik u. allgem. Bildung. Hrsg. von Karl König, Kreisschulinsp., Mülhausen i. E. H. 1. Strassburg: i. E.: Bull 1910. 8° [illegible]

Schule des geistlichen Lebens für die Laienbrüder und Oblaten des Servitenordens. Innsbruck 1896. V: *Mayr*, *Beniz Maria*. (EB)

—— die, des geistlichen Lebens in Schriften und Wandel der Heiligen. 1—4. Bd.: Das Leben des heil. Vincenz von Paul, Stifters und ersten Superiors der Congregation der Mission und der Töchter der christl. Liebe von Ludw. Abelly. Aus dem französ. Original übers. und mit Anmerkungen versehen von Carl v. Brentner. 8. Regensburg, Pustet. [1. Bd. (311 S.) 859. 18 Ngr., 2. (394 S.) 859. 20 Ngr., 3. (388 S.) 860. 20 Ngr., 4. (335 S.) 860. 21 Ngr.]

—— die, des geistlichen Lebens in Schriften und Wandel der Heiligen. 5. und 6. Bd. 8. Regensburg 860,63, Pustet.
Inhalt:
Bd. 5. Das Leben des heil. Vincenz von Paul, Stifters und ersten Superiors der Congregation der Mission und der Töchter der christlichen Liebe von Ludw. Abelly. Aus dem französ. Orig. übers., und mit Anmerkungen versehen von Carl v. Brentner. 5. (Schluß-) Bd. (368 S. mit 1 Stahlst.) 21 Ngr.
" 6. Leben des heil. Gotthard, Bischofs und Patrons der Diözese Hildesheim. Kritisch bearb. von Frz. Xav. Sulzbeck. (320 S.) 18 Ngr.
1.—4. Bd. Ebendas. 1859,60. 2 Thlr. 19 Ngr.

— die, des **Lebens** u. ihre Lektionen. Ein Vortrag, geh. in der Zentrale f. theosoph. Propaganda f. Deutschland, Sitz in Nürnberg. (17 S.) kl. 8. Nürnberg (908). J. Th. Heller. — 20

Für **Schule** und Lehrer. H. 1. Eilenburg: Offenhauer [1910]. 8° [illegible]

—— die, im Lichte der socialen Forderungen der Gegenwart. Ein Beitrag zur Lösung der Schulfrage. 8. (III, 52 S.) Hamburg 882, Berendsohn. * 1 —

— der Liebe, od. Betracht. üb. d. wahre Liebe bei Besuchung des heil. Kreuzweges. 12. Augsb. 795. A. Doll.

— **die, der Liebe. Mit Kupf. 8. Erfurt u. Gotha 800. Hennings. 1 ₰ (A. u. d. T.: Faublas, Abentheuer ꝛc.)**

SCHULE, Die, der Liebe oder Aufrichtige Gespräche zweier Mädchen über die wichtigsten Gegenstände. Rom und Paris 1855. Kl. 8°. 108 S., 4 S. Ankündigung erotischer Schriften.
[E. VII, 227.]
Verb. d. AG. Leipzig VI 102/90.

Schule, Die, der Liebe oder aufrichtige Geständnisse zweier Mädchen über die wichtigsten Gegenstände. Rom u. Paris [ca. 1875]. V: *Helot* oder *Mililot* (?). (BGE VII², 227)

— die, der reinen Liebe Gottes, s. Leitsterne, neue.

Schule, Die, der reinen Liebe Gottes oder das wunderbare Leben d. Armella Nicolas. A. d. Franz. . . . Augsb. 1802. V: *Echallard*, *Oliv.* (AarK)

Schule, die, der reinen Liebe Gottes, oder das wunderbare Leben der Armella Nicolas; aus d. Französ. von Jos. Starck. 8. Augsb. 802.

Schule, die, der reinen Liebe Gottes. Oder: das wunderbare Leben der gottseligen Armella Nicolas. Neue deutsche Ausg. (2 Thle. in 1 Bd.) von Mich. Sintzel. gr. 8. (XXVI u. 276 S.) Sulzbach 847, v. Seidel (jetzt: Regensburg, Pustet). 1 ₰

Schule, Die, der Liebhaber oder die Wahl eines Ehemannes. Ein Lustspiel in drei Aufzügen. [Nach d. Engl. des Whitehead.] Wien [1765]. B: *Klemm*, *Christian Gottlob*. (GGr)

Schule, Die, der Liebhaber, ein Schauspiel a. d. Engl. Hamb. 1772. V: *Whitehead*, *William*. Ü: *Bode*, *Joh. Joach. Chph.* (JL)

— die, der Liebhaber. Lustsp. von Whiteherd. 8. Hamb. Bohn. 772.

— der **Lotterie**. Das Lotteriespiel in 15 verschiedenen u. vorzüglichsten Spielmethoden, nach 15erlei Art u. Weise systematisch berechnet ꝛc. Alles leicht faßlich dargestellt. Ein unentbehrliches Handbüchlein für alle Lottospieler. Verfaßt von C. W. Gratz 861. Ludewig & Wohlfarth in Comm. gr. 8. (116 S.) n. 20 ngr.

— die, der Malerei; aus d. Französ. v. Chr. Fr. Prange. Mit 2 ill. Kpf. gr. 8. Halle 782. 2e Ausg. 787. Hendel. 12 ₰

Die Schule des Maschinentechnikers, Lehrhefte für den Maschinenbau und dessen Hilfswissenschaften, herausgegeben von G. Weitzel. Leipzig, 1894 ff. (im Erscheinen). Hierin:
Bd. I. Arithmetik und Algebra, von Vieweger und Behr.
" II. Planimetrie, von A. Behr.
" III. Trigonometrie, von P. Killmann.
" IV. Stereometrie, von P. Killmann.
" V. Geometrisches Zeichnen, von Stade und Seidel.
" VI. Physik, von A. Nagl.
" VII. Mechanik, von R. Geigenmüller.
" VIII. Festigkeitslehre, von L. Hummel.
" IX. Differential- und Integral-Rechnung, von demselben.
" X. Maschinen-Elemente. I. Theil. Text und Tafeln, von A. Pohlhausen.
" XI. Graphostatik, von P. Killmann.

Die Schule des Maschinentechnikers, Lehrhefte für den Maschinenbau und dessen Hülfswissenschaften, herausgegeben von G. Weitzel. Hierin:
Bd. X. Maschinen-Elemente. II. Theil. von A. Pohlhausen.
„ XII. Die Dampfkesselanlagen, von demselben.
„ XIII. Die Hebemaschinen, von demselben.
„ XIV. Die hydraulischen Motoren, von C. G. O. Deckert.
„ XV. Die Dampfmaschinenlehre, von L. Hummel

— d., d. **Menschen**, od. Betracht. d. Todes in Sinnbildern. 5 Thle. 4. Lpz. Hilscher (Comt. f. Litt.) 771–73.

— der Menschenkenntniß, f. Albertus d. Großen, Kunst, die Menschen kennen zu lernen.

SCHULE der Menschenkenntniß. Ein Taschenbuch auf das Jahr 1806. Mit 48 Kupfern. Leipzig, Joachim, 1805. 8°. (1½ Rthl.) Rar!

Schule der **Menschenkenntniss oder charakteristische Parallelköpfe . . . Leipz. 1806. V:** ***Albertus Magnus* & *Joh. Bapt. Porta.*** **(Mp)**

— die, der **Naturwissenschaften** in der Erziehg. Hrsg. v. K. T. Fischer. gr. 8. Leipzig, B. G. Teubner.
Alt, Heinr., Schülerübungen zur Einführung in die Physik. Ein prakt. Hilfsbuch f. den Lehrer. (VIII, 106 S. m. 53 Abb.) 910. 2.20; geb. in Leinw. 2.60

Schule, die **neue deutsche**. Monatsschrift f. Begründg. e. dem Zeitbedürfnis entsprech. Jugendbildg. In Verbindg. mit v. Esmarch, W. Preyer, Paul Möbius u. C. Schmelzer hrsg. v. H. Göring. Organ d. Allgemeinen Deutschen Vereins für Schulreform. 1. Jahrg. April 1889—März 1890. 12 Hfte. (4 B.) gr. 8. Berlin, A. Hofmann & Co. n. 9. —; einzelne Hfte. à n. 1. —

— dasselbe. 2. Jahrg. April 1890—März 1891. 12 Hfte. (3 B.) gr. 8. Hamburg, Verlagsanstalt u. Druckerei, A.-G. n. 9. —; einzelne Hfte. à n. 1. —

Schule, die neue deutsche. Monatsschrift f. Begründg. e. dem Zeitbedürfnis entsprech. Jugendbildg. In Verbindg. m. v. Esmarch, W. Preyer, L. Bauer u. C. Schmelzer hrsg. v. Hugo Göring. 3. Jahrg. April 1891—März 1892. 12 Hefte. (à Heft 3 Bog.) gr. 8. Lpz., Th. Grieben. * 9 —; einzelne Hefte à * 1 —
Nicht weiter erschienen. — 1. Jahrg. erschien bei A. Hofmann u. Comp. in Berlin; 2. Jahrg. in der Verlagsanstalt u. Druckerei in Hamburg.

— **neue deutsche**. Ein Elternblatt, begründet von Hugo Göring. Schriftleiter: Rich. Urban. 1. Jahrg. Oktbr. 1906—Septbr. 1907. 12 Hefte. (à ca. 32 S.) gr. 8. Leipzig, Deutscher Kulturverlag. n. 4. —

— neue **deutsche**. Monatsschrift f. pädagog. Reform. Chefred.: Hans Winterfeld. Neue Folge. 1. Jahrg. Juli 1908—Juni 1909. 12 Hefte. (à ca. 40 S.) gr. 8. Charlottenburg (Hardenbergstr. 19), Freie Schulgemeinde.
Erscheint nicht mehr. 6. —

C. W. U. D. M. Die neue Schule Der Libertiner Durch deutlichen Erweiß. Daß nicht ein jeder, in einer jeden Religion könne seelig werden, Wieder Erici Fridlibii Nichtige Einwendungen, Gründlich gezeigt von C. W. U. D. M. Frankfurt & Leipzig, M. Rohrlachs Witwe und Erben, 1709. 4°. 128 S. Lose in Umschlag.
Anlaß zu dieser scharfen Polemik gab eine Schrift des bekannten Juristen Jakob Friedrich Ludovici (1671—1723), damals Professor in Halle, die er unter dem Pseudonym E. Fridlib mit dem Titel: „Untersuchung des Indifferentismi der Religionen, da man meinet, es könne ein jeglicher selig werden, er habe einen Glauben oder Religion welche er wolle" herausgegeben und dem Thomasius gewidmet hatte. Der unbekannte Verfasser C. W., zweifellos ein orthodoxer Lutheraner, zieht nicht nur gegen Fridlibs Schrift, sondern gegen den Indifferentismus überhaupt und den Pietismus (den er für den Erreger des Indifferentismus hält) zu Felde und versucht bei dieser Gelegenheit, Spener, Arnold, Petersen, die Socinianer, Arminianer sowie die Thomasius'sche und andere Aufklärungslehren zu widerlegen.

·neue, der Weisheit u. Tugend in belehr. Beispielen, Erzähll. u. Fabeln f. die Jugend, von dem Verf. der neuen Bilderschule. Mit 12 Kpf. gr. 8. Stuttg. 818. Sattler. (Hofmann). Mit schwarz. Kpf. 16 gl. Mit ill. Kpf. 21 gl.

Schule --- , Neu-eröffnete // Schule /// vor das noch ledige // Frauenzimmer; // Worinnen, // durch 45. schön-erfundene // Sinn-Bilder, // aufs Beste angewiesen wird: // Wie sich selbe in ehrbarer Liebe zu ver= //halten / und auch alle ungebührliche Nei= //gungen zu meiden haben. // Zu finden: // Auf denen Franckfurter und Leipziger // Messen. - Mit Kupfern. - 11o S.
Verfasser ist Jakob Cats.
B. S. T. 8°.28.

SCHULE, Neu-eröffnete, vor das noch ledige Frauenzimmer; Worinnen durch 45. schön-erfundene Sinn-Bilder (emblemat. Kpf.-Vignetten [sämmtl. unsign.] in Umrahmungen, mit latein. Sentenzen), aufs Beste angewiesen wird: Wie sich selbe in ehrbarer Liebe zu verhalten, und auch alle ungebührliche Neigungen zu meiden haben. (Kpfr.-Vign. mit d. Unterschrift:)
Siehe dich um und auf! es ist ein langer Kauff.
Zu finden: Auf denen Franckfurter und Leipziger Messen. O. J. (c. 1720). 8°.
Höchst seltenes Curiosum! Poet. Gespräch (in stellenw. derbnaiven u. pikanten Reimen) zwischen Phillis u. Anna. 110 S. (incl. Titel u. 19 S. Vorst.). Auf S. 10 eine Vignette mit der Bezeichnung: „Auf der Jungfrauen Wappen."

— **neueröffnete,** f. lediges **Frauenzimmer**, 45 Sinnbilder. Nknd. 730.

—— **neueste.** Erzählung der Erzählungen mitgetheilt aus dem Bundesbuche von Kamil Maria Schlechta (Camillo Hell.) 1—3. Thl. 8. (VIII und 438 S.) Leipzig 856, Kollmann.

Schule, Nützliche und angenehme, zum ersten Unterricht für Stadt- und Landkinder. Bayreuth 1790. V: ***Klinger, Johann Siegmund.*** (MGT) **»nützliche u. allgemeine«** (Ky)

— nützl. u. angenehme, zum ersten Unterricht f. Stadt- u. Landkinder, (von J. S. Klinger). 2 Thle. 8. Bayr. 790. 2e Aufl. 804. (Grau in Hof).

— nützliche u. angenehme, z. ersten Unterricht für Stadt- und Land-**Kinder**. 2 Thle. 8. Bayreuth, Lübeck. 804.

Schule, **nützliche** u. angenehme, zum Unterrichte für Stadt- u. Landkinder. 2 Bde. 3te verb. u. mit Lese-, Declamir-, Sing-, Rechen- u. Schreibeübungen verm. Aufl. 8. Leipz. Hinrichs. 813.

—— die **paritätische**, überhaupt und im Reg.-Bez. Marienwerder insbesondere. Von Philalethes. gr. 8. (24 S.) Marienwerder 880, [Nax.] Stannius. * — 50

Schule, Die Passmann'sche, in Hamburg 1683 bis 1883. Hamburg 1883. V: ***Gädechens, C. F.*** **(ADB 25, 194)**

— die **Passmann'sche**, in Hamburg 1683 bis 1883. Eine Festgabe zum 24. Mai 1883. 4. (IV, 48 S. m. 2 Taf. u. 1 farb. Ansicht.) Hamburg 883. (C. Boysen.) n. 1.20

— d. Patrouillendienstes, s. e. Braumüller's militär. Taschenbücher, Bd. 2.

Schule des Patrouillendienstes. Wien 1895. V: ***Schönowsky, Maximilian von.*** (EB)

— der Pharmacie. Hrsg. v. J. Holfert, H. Thoms, E. Mylius, K. F. Jordan. 5 Bde. gr. 8. Berlin, J. Springer. Geb. in Leinw. n. 25. —
1. Praktischer Theil. Bearb. v. E. Mylius. (VIII, 213 S. m. 120 Abbildgn.) 893. n. 4. —
2. Chemischer Theil. Bearb. v. Herm. Thoms. (VIII, 444 S. m. 101 Abbildgn.) 893. n. 7. —
3. Physikalischer Theil. Bearb. v. K. F. Jordan. (VII, 182 S. m. 101 Abbildgn.) 893. n. 3. —
4. Botanischer Theil. Bearb. v. J. Holfert. (X, 299 S. m. 465 Abbildgn.) 893. n. 5. —
5. Warenkunde. Bearb. v. H. Thoms u. J. Holfert. (V, 373 S. m. 194 Abbildgn.) 894. n. 6. —

— der Pharmacie. Hrsg. v. J. Holfert, H. Thoms, E. Mylius, K. F. Jordan. I. u. II. Thl. 2., verb. Aufl. gr. 8. Berlin 898. J. Springer. Geb. in Leinw. n. 11. —
I. Prakt. Theil. Von E. Mylius. M. 120 in d. Text gedr. Abb. (VIII, 256 S.) n. 4. —
II. Chemischer Theil. Von Herm. Thoms. M. 108 in den Text gedr. Abb. (VIII, 456 S.) n. 7. —

— der Pharmazie. Hrsg. v. J. Holfert, H. Thoms, E. Mylius, K. F. Jordan. II.—V. Thl. gr. 8. Berlin, J. Springer. Geb. in Leinw. n. 22. —
II. Chemischer Teil. Von Herm. Thoms. Mit 83 in den Text gedr. Abbildgn. 3. verb. Aufl. (VIII, 492 S.) 903. n. 7. —
III. Physikalischer Theil. Von K. F. Jordan. Mit 142 in den Text gedr. Abbildgn. 2., sehr verm. u. verb. Aufl. (VIII, 265 S.) 898. n. 4. —
IV. Botanischer Theil. Von J. Holfert. 2., verm. u. verb. Aufl. Mit 465 in den Text gedr. Abbildgn. (XI, 316 S.) 899. n. 5. —
V. Waarenkunde. Von H. Thoms u. J. Holfert. Mit 194 in den Text gedr. Abbildgn. 2. verm. u. verb. Aufl. (VII, 391 S.) 899. n. 6. —

— der Pharmazie. Hrsg. von J. Holfert, H. Thoms, E. Mylius, E. Gilg, K. F. Jordan. I—V. gr. 8. Berlin, J. Springer. Geb. in Leinw. n. 32. —
I. Praktischer Teil. Von E. Mylius. 3. verb. Aufl. (VIII, 260 S. m. 122 Abbildgn.) 903. n. 4. —
II. Chemischer Teil. Bearb. v. Herm. Thoms. 4., verb. Aufl. (IX, 526 S. m. 81 Abbildgn.) 906. n. 8. —
III. Physikalischer Teil. Von K. F. Jordan. 3., verm. u. verb. Aufl. Mit 145 in den gedr. Abbildgn. (VII, 281 S.) 905. n. 4. —
IV. Botanischer Teil. Von Ernst Gilg. 3., stark verm. u. verb. Aufl. (XIV, 463 S. m. 576 Abbildgn.) 904. n. 8. —
V. Warenkunde. Von H. Thoms u. E. Gilg. 3., völlig umgearb. u. verb. Aufl. Mit 216 in den Text gedr. Abbildgn. (VII, 336 S.) 905. n. 8. —

— der Pharmazie. Hrsg. v. J. Holfert, H. Thoms, E. Mylius, E. Gilg, K. F. Jordan. I u. IV. gr. 8. Berlin, J. Springer. Geb. in Leinw. 12. —
I. Praktischer Tl. Bearb. v. E. Mylius. 4., verm. u. verb. Aufl. (VIII, 250 S. m. 137 Abb.) 910. Geb. 4. –
IV. Botanischer Tl. Bearb. v. Ernst Gilg. 4., verb. Aufl. (XII, 409 S. m. 559 Abb.) 909. Geb. 8. –

— die physiognom., od. lustiges Bilder-Cabinet, welches die mannichfaltigst. Zusammensetzungen darbietet. Pirna, Friese. 12 gr.

Schule, Die, der Prüfung, oder das Informatorleben . . . Berlin 1789. V: *Weitsch, Johann Christian.* (Ky) (MGT)

— die, der Prüfung, oder das Informatorleben, (von J. Chr. Weitsch). 8. Berl. 789. (Warschau, Wilke). 10 gr.

Schule, Die, der göttlichen Religion Jesu Christi. Eine kurzgefasste Erklärung des Katechismus . . . Innsbruck 1853—55. V: *Pider, Franz Xaver.* (margr)

— die, der göttlichen Religion Jesu Christi. Eine kurzgefaßte Erklärung des Katechismus zur Wiederholung und Neubelebung des genossenen Schul- und Kirchen-Unterrichtes für christkatholische Familien, besonders für die reifere Jugend. Von Fr. X. P. 2 Bdchn. Innsbruck 853, 55. F. Rauch. 16. Jedes Bdchn. n. 1 ngr. 4 ngr
1. Bdchn. Die Einleitung; dann die zwei ersten Hauptstücke des Katechismus: von dem Glauben und der Hoffnung des katholischen Christen. (XXXII, 666 S.)
2. Bdchn. Das dritte Hauptstück: von der christlichen Liebe. (XVI, 700 S.)

— die, der göttlichen Religion Jesu Christi. Eine kurzgefaßte Erklärung des Katechismus, zur Wiederholung u. Neubelebung des genossenschaftlichen Schul- u. Kirchen-Unterrichtes für christkatholische Familien, besonders für die reifere Jugend. Von Joh. Pircher, als Fortsetzung u. Schluß desselben Werkes von weiland Fr. X. Pircher. 3. Bdchn.: Das vierte Hauptstück: Von den heiligen Sakramenten, u. das fünfte Hauptstück: Von der christlichen Gerechtigkeit. Innsbruck 864. F. Rauch. 12. (XXIV, 374 S.) 16 ngr.

— die, des Schnittzeichnens u. Kleidermachens nach d. System d. „Wiener Mode". In 3 Bdn. 1. u. 3. Bd. hoch 4. Wien, Gesellschaft f. graph. Industrie. In Leinw. kart. à n. 2. 50
1. D. Schnittzeichnen. Red. v. A. Meertz. (V, 67 S. m. Abb. u. 1 Taf.) 895.
3. Kindergarderobe u. Leibwäsche. Von A. Meertz u. Regine Ullmann. (V, 76 S. m. Fig.) 893.
Der 2. Bd. bildet: Francis, Renée, d. Schule d. Kleidermachens. 896.

Schule des Schnittzeichnens und Kleidermachens nach dem System der „Wiener Mode" in 3 Bdn. I. Schnittzeichnen redig. von A Meertz. (67 S 1 T) 4° Wien (1898)

— die, des Seifensieders, s. Bibliothek, technologische.

— Soldaten u. Peloton-, f. d. franz. Infanterie, aus dem Reglem. v. 1. Aug. 1791. a. d. Frz. v. Mechel. m. K. gr. 8. Straßb. Levrault. 799.

— Soldaten u. Peloton-, f. d. franz. Infanterie, m. K. gr. 8. Basel, Decker. 802.

Schule, Die, in Sonderburg. Aus Briefen zweier Freunde . . . [Schleswig 1811.] V: *Larsen, Christian Heinrich Peter.* (LS)

— die, als Staatsanstalt. [Abdr. aus dem „Oldenburgischen Schulblatte."] gr. 8. (16 S.) Oldenburg 851, Schmidt. 3 ngr

— die, des Stickens in allen seinen Zweigen, oder Anweis. zum Blondiren od. Stopfen, z. Durchziehen mit Garn od. Schnürchen u. zum Auszählen im Spitzengrund, so wie zum Sticken mit Plattstich ꝛc. erläutert durch 36 ganz leichte geschmackvolle Muster in allen Arten d. Stickerei. qu. gr. 8. Pirna 830. Friese. In Etuis. 12 gr.

Schule, Die, der Störche, oder so macht die Natur. O. O. [1825]. V: *Rixen, Claus.* (LS)

Schule und Technik. Spezialorgan f. moderne Schultechnik. Hrsg. von Rektor Herm. Lemke. Jg. 1. 2, H. 1–9. Berlin: Verl. f. Fachlit. (2: Friedenau: Weiß) 1908–09. 4° [Umschlagt.]

— u. Technik. Spezialorgan f. moderne Schultechnik. Schriftleiter: Herm. Lemke. 2. Jahrg. April 1909—März 1910. 12 Hefte. (à ca. 56 Sp. m. Abb.) Lex. 8. Friedenau, [Schule u. Technik]. Leipzig, F. Wichterich. 6. —
Wurde mit dem „Lehrmittelmarkt" verschmolzen.

Schule und Tempel für Jungfrauen die nach der christlichen Vollkommenheit streben. Katholisches Lehr- und Gebetbuch in 5 Abthlgn.: I. Tugendschule. II. Lehrschule. III. Berufsschule. IV. Lebensschule. V. Tempel für Jungfrauen. Bearb. nach des hl. Franz v. Sales „Philothea", des hl. Alph. v. Liguori „Braut Jesu Christi" und den besten kirchl. approb. Andachtsbüchern für Jungfrauen. Vom Verf. des Missionsbuches. Mit 5 (lith.) Bildern u. Ziertitel. Einsiedeln 855. Benziger. 12. (IV, 580 S.) 18 ngr

—— und Tempel für Jungfrauen, die nach der christlichen Vollkommenheit streben. Katholisches Lehr- und Gebetbuch in 5 Abthlgn. Vom Verf. des Missionsbuches. 7.—10. Aufl. gr. 16. (588 S. mit 4 lithogr. Bildern und lithogr. Ziertitel.) Einsiedeln 862—67, Gebr. Benziger.

Feine Ausg.

— u. **Tempel** f. **Jungfrauen.** Kathol. Lehr- u. Gebetbuch nach des hl. Frz. v. Sales „Philothea", d. hl. Alphons v. Liguori „Braut Jesu Christi" u. a. Mit c. empfehl. Vorworte v. Jos. Ant. Keller. 25. (Jubel-) Ausg. 75.—78. Taus. gr. 16. (576 S. m. Titel u. Titelbild in Stahlst.) Einsiedeln 895. Verlagsanstalt Benziger & Co. Geb. in Leinw. n. 1. 35

Schule und Tempel für Jungfrauen. Kath. Lehr- u. Gebetbuch nach des hl. Franz von Sales 'Philothea', des hl. Alphons von Liguori 'Braut Jesu Christi' u. a. Mit e. empfehlenden Vorw. von Dr. Jos. Ant. Keller. 16. Aufl. *Einsiedeln, Köln: Benziger & Co. [um 1902].* (576 S.) 8° [F.] [09. 13908]

— für Töchter, od. Geschichte d. Miß Charlotte Sidney, in Briefen; aus d. Engl. 8. Leipz. 775. (Brockhaus). 12 gr

— die, für Töchter, oder die Geschichte der Miß Charlotte Sidney, in Briefen, aus dem Engl. 8. Leipzig, 775. Feind. 15 sgl.

— f. Töchter, oder Geschichte d. Miß Charlotte Sidney in Briefen, a. d. Engl. 8. Lpz. Gleditsch. 775.

—— die, der **Tugend.** Eine Sammlung der schönsten Denk- und Sittensprüche zu Gedächtniß-Uebungen für die Jugend und ihre Bildner. Ausgewählt, nach den Stoffen geordnet, und hrsg. von einem thüringer Lehrer-Verein. gr. 8. (IV und 64 S.) Erfurt 860, Körner's Verlag.

— die, der Tugend in lehrreichen Erzählungen. 8. Quedlinb. 775. Ernst. 5 gr

SCHULE, Die, der Verliebten, oder Anweisung zu Liebes-Briefen, sowohl zum Unterricht als Zeitvertreibe für beyderley Geschlechte, nebst einer Anweisung zu allen Briefen überhaupt. Mit Titelkpfr. (Barockstyl, unten: „Die Liebe gehet irre"). Hamburg (o. Adresse), 1771. 8°. (2 Mk. 40 Pfg. M. Hauptvogel, Gotha, 1905.)

Titel mit Bordüre, 6 Bll. Vorr., 232 S. — Rares Curiosum!

Die Schule des Volks: Band 1—2, no. 15, 1858—1860.

Issued weekly, in „Lieferungen von 3 bis 4 Bogen". Band 1, no. 1—20; Band 2, no. 1—15. Illustrated, including portraits, plates [one colored in each Band]. Edited & published by Christian Schmidt, Band 1; by Martin W. Siebert, Band 2. Subscription held by Harmony Society. Sub-title: Eine Zeitschrift zur Verbreitung gemeinnütziger Kenntnisse. Mit Illustrationen und artistischen Beilagen, on title-page of Band 1; caption sub-title: Eine illustrirte Wochenschrift zum theoretischen und praktischen Selbstunterricht in Wissenschaften und Künsten, für Nutzwenden im täglichen Leben, wie in jeder Art von Gewerben und zur Unterhaltung für Leser aller Stände, Band 1, no. 1. Band 2 lacks title-page; caption sub-title of no. 1: Eine Zeitschrift zur Verbreitung gemeinnütziger Kenntnisse. Mit Illustrationen und artistischen Beilagen. Quarto, each issue 24 pages.
New York, NY

—— die, des **Volks.** Eine illustrirte Wochenschrift, zum theoret. und prakt. Selbstunterricht in Wissenschaften und Künsten, für Nutzanwendung im tägl. Leben, wie in jeder Art von Gewerben und zur Unterhaltung für Leser aller Stände. 1. Bd. (Jahrg. 1858.) 52 Nrn. (à 3—4 Bog.) Mit Abbildungen. gr. 4. New-York. (Philadelphia, Schäfer und Koradi.)

Schule, die, des Volks. Eine Zeitschrift zur Verbreitung gemeinnütziger Kenntnisse. Mit Illustr. und artist. Beilagen. Hrsg. von M. W. Siebert. 2. Bd. 20 Lfgn. (à 3 Bog.) gr. 4. New-York 859. (Philadelphia, Schäfer und Koradi.) Thlr. *

Schule des Volks: 1869?

Literary weekly. Large quarto, each issue 16 pages. Edited & published by Friedrich Gerhard.
New York, NY

—— des **Wehrmannes.** (Instruction f. Infanteristen.) 16. (8⅛ B. u. 1 Stnt.) Basel 846, Schweighauser'sche Buchh.

Schule, Die, der Weisheit. Den Freunden wahrer Weisheit und Menschenbildung gewidmet. Leipzig 1830. V: *Garve, Carl Bernhard.* (GGr)

—— die, der Weisheit. Poesie u. Prosa. Den Freunden wahrer Weisheit u. Menschenbildung gewidmet. 8. (5 B.) Leipzig 830, Kummer.

— der Weisheit u. Tugend. Eine Auswahl vorzügl. schöner Parabeln u. and. moral. Erzähll. f. d. Jugend 2c., (von Cph. L. Lotter). 8. Stuttg. 805. Steinkopf. 12 gr 2e A. Mit 2 Kpf. u. e. Vorr. v. J. L. Ewald. 2 Thle. 8. Ebd. 814. 3e Aufl. 819. 1 ₰

Schule der Weisheit... 1805. H: *Lotter, Chph. Ludw.*, nicht: *R. Ch. Lossius.* Vgl. M., G. T. 14, 461; Kayser 3, 591a—5, 171a. (DARP)

— der Weisheit u. Tugend. Eine Auswahl vorzügl. schöner Parabeln u. and. moral. Erzählungen. Ein Geschenk f. die Jugend. Mit e. Vorrede von J. L. Ewald. 2 Thle. 2te verm. Aufl. mit 2 Kupf. u. einer Erklärung der im Buche vorkommenden fremden Wörter. 8. Stuttg. Steinkopf. 814.

Schule der Weisheit u. Tugend; eine Auswahl vorzüglich schöner Parabeln u. anderer moralischer Erzählungen; mit e. Vorrede von J. L. Ewald. 2 Theile mit 2 Kupf. 3te verm. Aufl. 8. Stuttgart, Steinkopf. 820.

— der Weisheit u. Tugend, in neuen gemüthl. Erzähll., Fabeln, Parabeln, Liedern, Kern- u. Sittensprüchen. Mit 4 ill. Kpf. 16. Augsb. 829. Schlosser. 12 gr

— des menschl. Wissens. 8. Leipz. 801. Linke. 3 gr

SCHULE, Die wohlaufgerichtete Hohe, des Ehe-Standes, oder Unterricht wie Schulen vor lediges Frauenzimmer beschaffen seyn, auch worinnen, und wie sie unterwiesen werden, ingleichen, wie sie ihre Freyer prüfen sollen, und einer unglücklichen Ehe entgehen können. Franckfurt und Leipzig (Copenhagen) 1740. 8°. 1 Alphab. 9 Bog.

Cat. univ. d. Buchh. d. Waisenh. in Züllichau (174*); Hartungs cat. univers. Königsb. 1746. p. 148; Cat. Meissner II.

Schule, die, der Wundarzneikunst, s. Kunst, die Krankheiten d. Menschen 2c. 5r u. folg.

— die, der Wundarzneikunst. Ein Leitfaden zum zweckmäß. Unterricht der Lehrlinge. 3 Thle. Mit Kpf. gr. 8. Gotha 820. Hennings. 3 ₰ 12 gr

Schule, Die, der Wundarzneikunst . . . Gotha 1820—23. V: *Krügelstein, Franz Chn Carl.* (Call)

— die, des Zeichnens für Kinder von 4 bis 6 Jahren, enthalt. ganz einfache Abbild. solcher Gegenstände, die das Kind täglich vor Augen hat. 1s 2s 3s Heft. 12. Leipzig, Müller. 817. à 8 Gr.

— die, der **Zukunft.** (Von Chrph. Ludw. Pochlmann.) gr. 8. (19 S.) Leipzig (901). (Jordan u. Co.) n. — 30

Schule [Verfasser]

Schule, F. H: Katalog über Maschinen für Reisbearbeitung. **Hamburg 1901**

Schüle, der Obstbau. [Aus: „Lehrb. f. d. landw. Wintersch. Elsaß-Lothr."] (63 S. m. Abbildgn.) gr. 8. Gebweiler 910. R. Boltze. — 80

Schüle, Adolf

Schüle, A., über die **Bedeutung** der Oedeme in der Diagnostik u. Therapie innerer Krankheiten. gr. 8. (8 S.) München 900. Seitz & Schauer. n. — 60

(S) **Schüle,** (A.), Bedeutung der Oedeme. 900. — Behandlg. d. chron. Magenkrankheiten. 901. — Über d. nervöse Dyspepsie. 902. (KBL 32.) Jetzt: München, Verlag d. ärztl. Rundschau.

Schüle, über die diätetische Behandlung der Magen-Darmkrankheiten. (24 S.) 8. München 906. Seitz & Schauer. n. — 60

— über die diätetische **Behandlung** der chronischen Magenkrankheiten. gr. 8. (11 S.) Ebd. 901. n. — 60

— über die nervöse (s. funktionelle) **Dyspepsie.** gr. 8. (14 S.) Ebd. 902. n. — 80
3 Sonderabdrucke aus: „Deutsche Praxis".

Ueber einige Errungenschaften der modernen Magendiagnostik. Von Prof. [Adolf] **Schüle.** Freiburg i. B. Berlin: Fischer (1907). (22 S.) 8°
= **Klinik,** Berliner. H. 228. (07. 944)

Schüle, Adolf: Ist die „spastische Spinalparalyse" eine Krankheit sui generis? ... Strassburg i. E.: Buchdr. C. Goeller. 1891. 67 S. 8°
Heidelberg, Med. Fak., Inaug.-Diss. v. [4. Febr.] 1891

Schüle, Adolf: Untersuchungen über die Secretion und Motilität des normalen Magens ... '(Hierzu e. Taf.)' (Aus: Zeitschr. f. klin. Med., Bd XXVIII u. XXIX.) Berlin, gedr. bei L. Schumacher, 1895. 87 S., 1 Taf. 8°
Freiburg i. B., Med. Fak., Hab.-Schr. v. 1895

Wesen und Behandlung der Achylia gastrica. Von Prof. A[dolf] **Schüle.** Halle a. S.: Marhold 1910. 44 S. 8°
(Sammlung zwangloser Abhandlungen aus d. Geb. d. Verdauungs- u. Stoffwechsel-Krankheiten. Bd 2, H. 8.) (11. 4517 3

Schüle, Ernst. Beitrag zur Perityphlitis im Kindesalter. Diss. Med. Univ. Zürich. *Kopftitel:* Mitteilungen aus dem Kinderspital Zürich. — [Mit 4 Tabellen.] 115 S. 8. Zürich, Juchli & Beck, 1902.

Schüle, F[rançois]. Biegeversuche mit gewalzten und genieteten Trägern, unter besonderer Berücksichtigung der Grey-Träger. [Vorgenommen an der] Eidg. Materialprüfungs-Anstalt Zürich. [Illustriert.] Sonder-Abdruck aus der Schweiz. Bauzeitung, Bd. 43, Nr. 21 und 22. II + 7 S. 4. Zürich, Ed. Raschers Erben, 1904. [fr. —. 50]

Schüle, F., der Einfluss der Armierung u. der maximalen Druckspannungen auf den Sicherheitsgrad v. Eisenbetonbalken, s.: Mitteilungen der eidg. Materialprüfungsanstalt am schweiz. Polytechnikum in Zürich. 13, I.

Schüle, F[rançois]. Die Festigkeit und Formänderung von Verbundbalken. Von F. Schüle, Professor ... in Zürich. ([Mit 13 Figuren, nebst] Anhang.) Sonder-Abdruck aus « Beton & Eisen » 1903, Heft 1 ([und] 2). II + 8 + 2 S. 4. Wien, Selbstverlag des Verfassers, Dr. von R. Spies & Co., 1903.

— **Résistance** et déformations du béton armé sollicité à la flexion. (Laboratoire fédéral d'essai des matériaux.) (10 S. m. Abbildgn. u. 1 Taf.) hoch 4. Ebd. 902. n. — 80
Sonderabdruck aus: „Schweiz. Bauzeitg."

Schüle, F., Resultate der Prüfung v. Portlandcementen u. hydraulischen Kalken schweiz. Herkunft. (14 S. m. 2 Tab.) 81,5×23,5 cm. Zürich 907. (E. Speidel.) 1. 50
Sonderabdr. aus: „Mittlgn. d. eidg. Materialprüfgsanst."

Schüle, F[rançois]. Resultate der Untersuchung von armiertem Beton auf reine Zugfestigkeit und auf Biegung, unter Berücksichtigung der Vorgänge beim Entlasten, bearb. von F. Sch'..., Professor.... Mit 7 Lichtdrucktafeln und 70 Textfiguren. VIII + 141 S. 4. Zürich, Selbstverlag der Anstalt, Komm. E. Speidel, Druck F. Lohbauer, 1906. [fr. 10. —]
Mitteilungen der eidgen. Materialprüfungsanstalt am schweiz. Polytechnikum in Zürich. Heft 10.

Schüle, F[rançois]. Resultate der Untersuchung von Eisenbetonbalken, ausgeführt im Auftrage der Schweiz. Kommission des armierten Beton, und Ergebnisse der Prüfung von Portlandcementen und hydraul. Kalken. Bearb. von F. Sch'.... Mit [2 Tabellen,] 4 Lichtdrucktafeln und 24 Textfiguren. IV + 88 S. 4. Zürich, Selbstverlag der Anstalt, Komm. E. Speidel, Buchdr. Aschmann & Scheller, 1907. [fr. 7.—]
Mitteilungen der eidgen. Materialprüfungsanstalt am schweiz. Polytechnikum in Zürich. Heft 12.

Schüle, F[rançois]. Versuche für die schweiz. Kommission des armierten Beton: Untersuchung des Einflusses der Druckspannungen in Eisenbetonbalken und der Breite bei Druckplatten — Längenänderungen von Mörtel und Beton beim Erhärten. Bearb. von F. Sch' .... Mit 25 Figuren und 3 Tafeln. IV + 86 S. 4. Zürich, Selbstverlag der Anstalt, Komm. E. Speidel, Buchdr. Aschmann & Scheller, 1909. [fr. 7.—]
Mitteilungen der eidgen. Materialprüfungsanstalt am schweiz. Polytechnikum in Zürich. Heft 13.

— **Vorschriften** üb. Bauten in armiertem Beton, aufgestellt v. der schweiz. Kommission des armierten Beton, nebst Erläutergn. (39 S. m. Fig.) 8. Zürich 909. (E. Speidel.) — 80; franz. Ausg. (38 S. m. Fig.) — 80

SCHÜLE, GOTTHILF. Ueber Normalpentylmalonsäure, eine neue, isomere Korksäure und deren Aminsäure. (Erlangen) Reutlingen, 1885.

Schüle, Heinrich

Schuele, Heinr., die dysphrenia neuralgica. Eine klin. Abhandlung. Nach Beobachtungen an weiblichen Kranken bearb. Carlsruhe 867. Müller. gr. 8. (XII, 152 S.) n. 27 *ngr.*

Schüle, H. Festrede m. Ausblick auf einige psychiatrische Gegenwarts-Fragen u. Zukunfts-Aufgaben. Lex.-8. (84 S. m. 1 Lichtdr.-Bilde.) Heidelb. 892, C. Winter. * 2 —
Aus: Festschr. z. 50jähr. Jubiläum der Anstalt Illenau, besond. abgedruckt.

— **dasselbe, s.: Illenau.** Festschrift etc.

Schüle, Heinr., über die Frage des Heiratens v. früheren Geisteskranken. Vortrag, geh. auf der Jahresversammlung der deutschen Psychiater in Göttingen am 26. IV. 1904. (26 S.) gr. 8. Leipzig 904. S. Hirzel. n. — 60

— dasselbe. II. (Geisteskrankheit u. Ehe) Anlegung d. statist. Tabellen üb. Erblichkeit. — Klinische u. biolog. Fragestellgn. — Genealog. Stammbäume v. 20 zykl. Geisteskranken (m. Tabelle). — Vorschläge zur Prophylaxe. Erweit. Vortrag f. die Versammlg. der deutschen Irrenärzte in Dresden am 23. IV. 1905. (46 S. m. 11 Taf.) gr. 8. Berlin 905. G. Reimer. n. 1. 20

Schüle, Heinr., Handbuch der Geisteskrankheiten, s.: Handbuch der speciellen Pathologie u. Therapie.

Schüle, Heinrich: Klinische Psychiatrie. Spec. Pathologie u. Therapie d. Geisteskrankheiten. Mit 3 Abb. 3. völlig umgearb. Aufl. Leipzig 1886. XX, 543 S.
(Handbuch der spec. Pathologie u. Therapie, hrsg. von H. v. Ziemssen. Bd 16.)

Schüle, H., klinische Psychiatrie, s. Handbuch der speciellen Pathologie und Therapie.

Schüle, H., Sectionsergebnisse bei Geisteskranken nebst Krankheitsgeschichten u. Epikrisen. gr. 8. (VIII, 248 S. m. 4 Steintaf.) Leipzig 874. Duncker & Humblot. n. — 60

Schüle, O., Aufgaben bei den niederen Verwaltungsdienstprüfungen 1888—1910, s.: Sibert, H.

Schülé, Rudolf, aus Zürich: Zur Kenntnis des 2,5-Dichlorbenzaldehyds. — Ueber einige Derivate der Benzaldehyd-Ortho-Sulfosäure. Zür. J. Schabelitz Dr. 1897. 61 S., 1 Bl. 8°.
Zürich, Phil. Diss. [v. 26. Oct. 1897].

Schüle, Wilhelm

Schüle, W., technische Wärmemechanik. Die f. den Maschinenbau wichtigsten Lehren aus der Mechanik der Gase u. Dämpfe u. der mechan. Wärmetheorie. (XII, 364 S. m. 118 Fig. u. 4 Taf.) gr. 8. Berlin 909. J. Springer. Geb. in Leinw. 9. —

SCHÜLEIN, David (Beohhofen): Von den Ursachen der Entzündungshaut.- München: Hübschmann 1843. 16 S.
28.8.1843 - Urk (Titel: De crustae inflammatoriae causis.); F 66
Diss.Ingolst.-Landsh.-Mchn.

SCHUELEIN, Heinrich (Wittelshofen): Syphilis und haemorrhagische Diathese, Syphilis haemorrhagica.- München: Wolf 1882. 23 S.
17.2.1882 - Urk (Titel: De syphilide haemorrhagica.); Chr 1881/82,8
Diss.Ingolst.-Landsh.-Mchn.

Schülein, Hermann: Die Rechtsform der Kartelle. München 1910: Schön. 46 S. 8°
Erlangen, Jur. Diss. v. 26. April 1910, Ref. Sehling
[Geb. 24. Jan. 84 München; Wohnort: München; Staatsangeh.: Bayern; Vorbildung: Luitpold-Gymn. München Reife 03; Studium: München 3, Berlin 1, Erlangen 4 S.; Rig. 24. Febr. 10.] [U 10. 760

Schülein, Julius, a. München, Rechtsprakt. am kgl. Landgerichte zu München: Die Prokura des neuen Handelsgesetzbuches. Borna-Leipzig 1907: R. Noske. (VI, 69 S.) 8°
Erlangen, Jur. Fak., Ref. Sehling, Diss. v. 7. März 1907
[Geb. 24. Dez. 81 München; Wohnort: München; Staatsangeh.: Bayern; Vorbildung: Luitpold-Gymn. München Reife M. 01; Studium: München 4, Erlangen 4 S.; Rig. 20. Juli 06.]

Schuelein, Karl, Muster- u. Uebungsblätter z. Bildung d. Ausdrucks u. Geschmacks. Mit e. Methodik als Anh. Wohlf. Schul-Ausg. gr. 8. (23 B.) Heidelberg 836, [C. F. Winter.]

De maturo praeparando eloquentiae studio ejusque cum philosophia conjunctione pauca praefatus est Car. Schuelein, L. P. — 1825. Spirae, in off. Kranzbühler sen. — S. 3—15.
Progr. Speier.

SCHÜLEIN, Max (Eschenau): Ueber die Einwirkung der Gallensauren Salze auf den Verdauungskanal von Hunden.- München: Oldenbourg 1877. 23 S. - S.-Abdr.aus: Zeitschrift für Biologie.
26.7.1876 - Urk (Titel: De vi et effectu acidorum cholinorum in tractum intestinales canum.); Chr 1876/77,9
Diss.Ingolst.-Landsh.-Mchn.

Schülein, Wilh. (geb. Berlin 27. 6. 1849): Ueber das Verhältniss der peripheren zur centralen Temperatur im Fieber. Berlin (1875). (16 S.) 8°
Berlin, Med. Diss. v. 31. Juli 1875

Schulek, J., Grammatica Latina cum interpretatione occurrentium exemplorum Slavico-Hungarico-Germanica, usibus et captui scholasticae juventutis ita accommodata, ut sine libro Donati faciliori modo et breviori tempore scopum consequi liceat. 8. (12½ B.) Szakolczae 833. (Tirnau, Wachter.)

— erster Unterricht in d. christl. Religion für Kinder des evangel.-luther. Glaubensbekenntnisses. 8. Tirnau 830. Wachter. 1 gr.

Schulek, Johann Michael: Taschenbuch der Verbandlehre für angehende und praktische Wundärzte. 208 S., gbd., 11 Taf.

Wien: Lechner 1834

JB 3.495

Schulek, Wilhelm (Hrsg.), s. Beiträge, Ungarische, zur Augenheilkunde.

Schulemann, Darstellung der Goplo-Bachorze-Montwey-Melioration in historischer, technischer u. ökonomischer Beziehung. Hierzu: 1 (lith. u. color.) Uebersichtskarte (in Fol.) Berlin 861. Bosselmann. (Wiegandt & Hempel.) gr. 8. (78 S.) n. 20 ngr.

Schulemann, Zacharias David 4° Thl. XV, 219a/7
Dissertatio saecularis theologico-historica sistens providentiam dei circa progressus scientiae sanctioris.
Präs. Jesaias Friedrich Weissenborn.
Jena (Ritter) 28. III. 1738. 36 S.
Gew.: Georg Heinrich Gerken.
W. v.: Präs., Gottlieb Stolle. 31735

Schulen [Sachl. Ordnungswort]

— üb. die, in Baiern, in Bezug auf den neu zu erwartenden Studienplan; Von e. prakt. Schulmanne. gr. 8. Passau 828. Pustet. 10 gr.

Ueber deutsche hohe Schulen im Mittelalter. Von G. H. Salzburg 1885. 8.

Schulen u. Schulgemeinden, deutsche, in Südbrasilien. Hrsg. v. der „Blumenau-Stiftg.", Berlin W. 62, Lutherstraße 5. Dezbr. 1903. (VI, 128 S.) gr. 4. Berlin 903. (Leipzig, R. Friese.) n. 2. —

Schulen, den deutschen, e. deutscher Bezirksschulrath! Denkschrift d. deutschen Vereines f. städt. Angelegenheiten in Prag. M. e. Anh.: Die unverfälschte Wahrheit üb. d. Verhältnisse an den öffentl. Prager deutschen Volks- u. Bürgerschulen. gr. 8. (27 S.) Prag 896. H. Dominicus. n. — 20

Schulen, die höheren, und das bevorstehende Unterrichtsgesetz in Preussen, s. Sammelmappe, pädagogische.

Schulen, die höheren, u. das bevorstehende Unterrichtsgesetz in Preussen. Von e. Gymnasiallehrer. gr. 8. (77 S.) Leipzig 874. Siegismund & Volkening. n. — 80

Die höheren Schulen u. d. bevorstehende Unterrichtsgesetz in Preußen, v. e. Gymnasiallehrer, 2. Ausg., Leipzig 1878, 77 S., 8°.

Schulen, üb. die, der Augsburg. Confessionsverwandten in Polen, (v. Jh. Chr Kaulfuß). Mit e. Vorr. von J. G. Rosenmüller. 8. Leipz. 790. Barth. 12 gr.

Schulen der Menschheit. 5 Theile. Mit Kupf. gr. 8. Berlin, Duncker u. Humblot. 816—18.
1r Thl. enthält: England u. Frankreichs Armenschulen. 1s—3s Heft. 816.

— — — 2r u. 3r Thl. Neue Unterrichts-Methoden. 1s u. 2 Heft mit Kpf. u. Tab. (2r Thl. 2 Thlr. 3r Thl. 1 Thlr. 16 Gr.)

— — — 4r Theil, enth.: Darstellung der von Fellenbergischen Armen-, Erziehungs- u. Industrie-Schulanstalten in Hofwyl.

— — — 5r Thl. Geist einer Nationalerziehung f. d. deutsche Jugend. gr. 8. Ebend. 818.

Schulen der Menschheit. 5 Thle. mit Kpf. gr. 8⁰. Wien (Gerold) 1816—18. 1. Thl.: Englands und Frankreichs Armenschulen. 3 Hefte. 1816. 2. u. 3. Thl.: Neue Unterrichts - Methoden. 2 Hefte. 4. Thl.: Darstellung der v. Fellenbergischen Armen-, Erziehungs- und Industrie-Schulanstalten in Hofwyl. 5. Thl.: Geist einer Nationalerziehung für die deutsche Jugend. 1818.

Schulen, die, in Nürnberg m. besond. Berücksicht. des städt. Schulwesens. Hrsg. vom Stadtmagistrat. (VII, 367 S. m. Abbildgn. u. 31 Taf.) Lex. 8. Nürnberg 906. (Heerdegen-Barbeck. — F. Korn.) 3. —

Die Schulen in Nürnberg mit bes. Berücks. d. städt. Schulwesens. Hrsg. v. Stadtmagistrat. Nürnberg 1906: J. L. Stich. (VII, 367 S.) 4⁰(8⁰)

Schulen in Rheinfelden. Schluss-Bericht 1900 auf 1901. II + 15 S. 8. Rheinfelden, G. Zimmermann, 1901.

Schulen in Rheinfelden. Schluss-Bericht des Schuljahres 1901 auf 1902. II + 24 S. 8. Rheinfelden, U. Herzog, 1902.

Schulen in Rheinfelden. Schluss-Bericht des Schuljahres 1902 auf 1903. II + 24 S. 8. Rheinfelden, G. Zimmermann, 1903.

Darin S. 16—20: [Nekrolog von] † Johann Rudolf Ausfeld, (ehem.) Lehrer an der Bezirksschule,)... 1822 bis ... 1902.

— u. Schulgesundheitspflege in Nürnberg. Festschrift, dem I. internationalen Kongress für Schulhygiene in Nürnberg vom 4.—9. IV. 1904 gewidmet vom Ortsausschuss. 2. Aufl. (V, 187 S. m. Abbildgn.) 4. Nürnberg 904. (J. L. Schrag.) Geh. in Leinw. n. 6. —

Schulen und Universität in Basel. Aufklärungen. Basel 1851. V: *Christ, Adolf.* (BSchwLk V, 10c)

Schulen [Schlagwort]

Schulen, s.: Unterrichtsanstalten.

Schülen, Friedrich „Zum fünfundsiebzigjährigen Bestand der Schule". pg. 45 bis 54. 8⁰. C. H. Beck.
Nördlingen, Progr. 1910/11

Schülen, Friedrich „Der Geschichtsunterricht in der dritten Klasse der Realschule". pg. 3—39. 8⁰. C. H. Beck.
Nördlingen, Progr. 1909/10

Beyträge zur Dioptrik und Geschichte des Glases, nebst beygefügter Nachricht von einer am Fixsternenhimmel wahrgenommenen äusserst merkwürdigen Begebenheit; Mitgetheilet von ***Maximilian Ludwig Christoph Schülen*****,** Diener des göttlichen Worts bey der Evangelischen Gemeine zu Esslingen in Schwaben. Nördlingen, bey Carl Gottl. Becken, 67 Octavseiten. (5 gr.) 1782.
Vgl. Schülin, Max. Ludw. Chrph.

Schulenberg, Heinrich: Beiträge zur Kenntnis des Menthens und Menthenons. Hildesheim 1899: A. Lax. (63 S.) 8⁰
Göttingen, Phil. Diss. v. [25. Sept.] 1899

Schulenberg, Heinr., Beiträge zur Kenntnis des Menthens u. Menthenons. Diss. gr. 8. (63 S.) Hildesheim 899. (Göttingen, Vandenhoeck & Ruprecht.) n. 1. 60

Schulenburg, v. der, die Brandgefahr. (14 S.) 8. Herford (905). (Berlin, J. Guttentag.) n. — 30
Sonderabdruck aus: „Ztschr. f. Polizei- u. Verwaltungsbeamte".

Schulenburg, Graf v. der, Geschichte des Magdeburgischen Dragoner-Regiments Nr. 6, auf Veranlassung des Regiments geschrieben, unter Mitwirkung von Briesen. gr. 8. (VIII, 225 S. mit 1 Portr., 1 Skizze und 3 Karten.) Berlin 885, Mittler und Sohn. * 6 50

Schulenburg, A., eine letzte Liebe. Epos mit e. krit.-geograph. u. e. herald. Anmerkung. 8. (2¾ B.) Wesel 839, Klönne.

Schulenburg, Adolf von der

Schulenburg, Adf. von der, die Auflösung der Gleichungen fünften Grades. Halle 861. Schmidt's Verlag. gr. 8. (IV, 36 S.) n. 12 ngr.

Schulenburg, A. v. der, die Gleichungen der drei ersten Grade. Berlin 868. (Wiesbaden, Schellenberg.) gr. 8. (VIII, 111 S.) n.n. 1 ₰

Schulenburg, A. von der, die Gleichungen der drei ersten Grade. gr. 8. (VIII, 144 S.) Altona 871. Verlagsbureau. 3. —

— die Gleichungen d. 4. u. 5. Grades. gr. 8. (VIII, 49 S.) Ebend. 875. n. 3. —

Schulenburg. Albrecht v. d., Einige neue Actenstücke über die Veranlassung des siebenjährigen Krieges und der in Folge desselben entstandenen Allianzen. — Aus den Papieren eines Staatsmannes. (Mit Anmerkungen.) Leipzig 1841. 8. 88 Seiten.

von der Schulenburg, Albrecht Graf [Dr.]: Fürstin Chiang und ihre beiden Söhne. E. Erzählg aus d. Tso-Chuan. Leiden, E. J. Brill, 1895; 48 S. 8.
München, Phil. Fak., Hab.-Schr. v. 1895

v. d. **Schulenburg,** *Albrecht* C Graf: Grammatik der Sprache von Murray Island. . . . *Leipzig, Druck v. Brückner & Niemann, 1891:* 8 Bl., 77 S., 1 Bl. 8⁰
Berlin, Phil. Fak., Inaug.-Diss. v. 7. [statt 8.] Aug. 1891

Schulenburg, A. Graf v. d. Grammatik, Vocabularium u. Sprachproben der Sprache v. Murray Island, s. Einzelbeiträge zur allgemeinen u. vergleichenden Sprachwissenschaft.

Schulenburg, [Albrecht] Graf von der: Nordsteimke und die von Steimker. Ein Beitrag z. Braunschweig. Orts- u. Familiengesch. München 1899: H. Kutzner. (103 S.) 8⁰

Schulenburg, Graf v. der, Nordsteimke u. Die v. Steimker. Ein Beitrag zur braunschweig. Orts- u. Familiengeschichte. gr. 8. (III, 103 S. m. Abbildgn.) München 899. (Braunschweig, H. Wollermann.) n. 2. 50

— die Sprache der Zimshian-Indianer in Nordwest-America. gr. 4. (16, VIII, 372 S.) Braunschweig 894. R. Sattler. n.n. 60. —

Schulenburg, Albr. Graf v. der, die Sprachwissenschaft, s.: Gabelentz, Geo. v. der.

Schulenburg, Albr. Graf v. der, über d. Verschiedenheiten d. menschlichen Sprachbaues. Eine Studie üb. d. Work d. James Byrne: Principles of the Structure of Language. gr. 8. (20 S.) Leipzig 895. O. Harrassowitz. n. 1. 20

Schulenburg, Alex. v. der, weil. Fürstl. Sächs. u. nachher Churfürstl. Brandenburg. Land-Rath im Herzogth. Magdeburg, Erbherr auf Altenhausen, Hohenwarsleben u. Betzendorf, (1616 bis 1681) Lebenslauf, von ihm selbst geschrieben, nebst Beilagen und einem Anh. Aus dem Gräfl. v. d. Schulenburgschen Archive zu Altenhausen mitgetheilt durch Fritz Schwerin. Halle 858. Fricke. gr. 8. (VII, 191 S.) n. 15 ngr.

Schulenburg, Alfred, aus Hannover, Referendar am Kgl. Landger. zu Dortmund: **Ueber den Schutz** des Besitzes an Sachen nach dem Bürgerlichen Gesetzbuch. *Dortmund 1899: W. Crüwell.* (47 S.) 8°
Erlangen, Jur. Diss. v. 24. Apr. 1899

Schulenburg, August Chr. Graf von der

Schulenburg, de, Portefeuille des honnêtes gens, ou pensées morales etc. 8. Berlin, Maurer. 796.

Schulenburg, August Chr. Graf von der, s. Staatskalender, Mecklenburg-Strelitzer.

Kriegserfahrungen. Von B[ernhard] Graf v. d. **Schulenburg**, Oberstlt. a. D. *Braunschweig 1900; [Rathenow: M. Babenzien in Komm.]* (58 S.) 8° [F.] [00. 8014

v. d. Schulenburg, E. Gräfin, Malwina oder die drei Schwestern. Gemälde aus dem Familienleben zur Bildung d. weiblichen Herzens. Für Töchter beim Eintritt in die Welt. Mit 1 Portr. in Stahlst. u. 3 (lith.) Abbildungen. 8. (VIII u. 156 S.) Leipzig 852, Baumgärtner. In Engl. Einb. m. Goldschnitt 1 ℛ

Schulenburg, Christian Christoph (Hannover) A. S. 774/40
Exercitatio inauguralis de periodis et conversionibus hierarchiae ecclesiasticae.
Präs. Valentin Ernst Loescher.
Wittenberg (Gerdes) 6. IX. 1708. 24 Bl. 31736

Schulenburg, E., s.: Parlamentsreden, französische.

Schulenburg, Emil [aus Rostock]: **Die Spuren des Brautraubes, Brautkaufes und ähnlicher Verhältnisse in den französischen Epen des Mittelalters** ... Rostock, Univ.-Buchdr. v. Adler's Erben, 1894; 48 S., 1 Bl. 8.
Rostock, Phil. Fak., Inaug.-Diss. v. [2. Juni] 1894

Schulenburg, Ernst Aug. Christoph Ludw. von der, Gedächtniss-Rede bei der Beerdigung des Hrn. Carl Sigismund von Blumenthal, Königl. Preuss. Majors von der Infanterie — — — welcher am Neu-Jahrs-Tage 1757 zu Ostritz durch die Oestreicher erschossen wurde, — — — gehalten d. 5. Jan (Nebst Grabschrift.) Franckfurth a. d. O. 1757. 4. (8 S.)

v. d. Schulenburg, E. A. Ch. L. Gedächtnissrede bey der Beerdigung des Herrn Christoph v. Götze, Major des Printz Heinrich Reg. Fusiliers, der den 20. Febr. 1757 bey Vertheidigung v. Hirschfeldau niedergehauen ward. (8.) 4. Zittau (1757).

Schulenburg(-Klosterroda), Friedrich Albrecht Graf v. (Hrsg.), s. Asseburg, Achatz Ferdinand Frhr. v.: Denkwürdigkeiten.

(Schulenburg-Klosterrode, Fr. Albr. von d.,) Denkwürdigkeiten des Freih. Achaz Ferdin. von der Asseburg, s. a. Denkwürdigkeiten.

v. d. Schulenburg, Graf Friedr. Alb., († d. 17. Sept. 1853), Verf. von: Die Herzogin v. Ahlden, siehe a. Herzogin.

Ahlden, Die Herzogin von (Sophia Dorothea), Stammutter der Königlichen Häuser Hannover und Preußen (vom Grafen *v. Schulenburg-Klosteroda*). Leipzig 1852. 8°. (In Berlin: Tu 674; auch in Hannover, Stadtbibl.) (24 Sgr.) (3 Kr. Franz Malota, Wien, 1908.)

(v. d. **Schulenburg**.) Leben und Denkwürdigkeiten des Johann Matthias Reichsgrafen v. d. Schulenburg, Erbherrn auf Emden und Delitz, Feldmarschalls in Diensten der Republik Venedig. 2 Tle. (57¼ B.) 8. M. 4 Plän. Leipzig 1834. 14,25.

Schulenburg, F. A. Graf v. d., Stammtafeln des Schulenburgischen Geschlechts. Nebst Anhang: Geschichtliche Angaben in 4 Abschnitten. Mit vielen Tfln. Wien 1821—26. fol. Nicht im Handel.

Schulenburg, Gebhard Werner von der, s. Schulenburg, Werner von der.

Das Offizier-Korps des Infanterie-Regiments Prinz Louis Ferdinand von Preußen ⟨2. Magdeb.⟩ Nr. 27 am 7. März 1905, dem Tage d. 90jähr. Bestehens d. Regiments. Zsgest. durch Georg v. der **Schulenburg**, Oberlt. Berlin: R. Eisenschmidt 1905. (64 S.) 4° [F.]
— **Lessel**, Max v.: Gedenkblätter [d. Offizier-Korps Inf.-Regts... No 27]. Folge 2. [07. 11437

Schulenburg, Gust. v. der, Erinnerungen e. flotten Offiziers [1863—1874]. 12. (V, 121 S.) Leipzig 892. J. Hobeda. n. 1. —

— **Taschenchronik des Krieges 1870/71.** Nach dem Generalstabswerke zusammengestellt. 16. (77 S.) Leipzig 893. R. Claussner. — 50

— Waffenthaten deutscher Soldaten im Kriege 1870/71. (2. Tl. d. Werkes „Heldenthaten" von H. v. Bülow.) Nach den Mittheilgn. alter Mitkämpfer bearb. gr. 8. (400 S.) Berlin 893. Bruer & Co. n. 3. 50; geb. in Leinw. n. 4. 50; auch in 15 Lfgn. à n. — 30

Schulenburg, H., aus der Drangsalszeit des südafrikanischen Lüneburg, s.: Missionsschriften, kleine Hermannsburger. Nr. 41.

v. d. Schulenburg, H., s. Teubner, Berliner Feuerwehr.

Leitfaden zur Kenntnis der Arbeiterschutzbestimmungen für Arbeitgeber und Arbeiter der Cigarrenindustrie. Zsgest. von [Hugo] v. d. **Schulenburg**, Amtmann. *Bielefeld-Gadderbaum: W. Bertelsmann (1900).* (47 S.) 8° [F.] [01. 98]

Pastor Dr. Georg Schmidt als Genealoge. Ein krit. Beitrag z. Entstehung d. neuen Aufl. d. Geschichte d. Geschlechts v. d. Schulenburg, von Danneil. Von Hugo v. d. **Schulenburg**, Herford, u. Werner v. d. Schulenburg, Herford-Leipzig. [Nebst] Nachtrag. Herford: Gebr. Heidemann (1906). (34 S., 2 Bl.) 8° [F.] [06. 8134 3

Schulenburg, I. C., Schola prophetica ex G. Calixti in IV Proph. maj. praelect. et I. Musaei praelect. in Micham. et Ioëlem. II Part. 4. Quedlinb. 713—19.

— unvorgreifl. Vorschlag z. Vereinigung d. Festzeit auf alle Ostern künft. Zeiten. 4. Frkf. u. Lpz. 724.

Schulenburg, K. A. v., „Haidekraut". Waidmanns-Humoresken. 2. Aufl. 8. (140 S.) Leipzig 888. Verlag der Illustrirten Jagdzeitung. 2. —

Schulenburg, Levin Friedrich von der A. S. 607/58
Dissertatio juridica, de actionibus bonae fidei et stricti juris. Präs. Gottfried Strauss.
Wittenberg (Goderitsch) I. 1701. 16 Bl.
W. v.: Präs. 31743

Schulenburg's, Graf Matthias v. der, Lebensbild, s.: Varnhagen v. Ense.

Schulenburg, Matthias de (Eques Magdeburg.)
Dissertatio de privilegiis ac praerogativis nobilium mediatorum in Germania.
Giessae 11. Aug. 1733: Eb. Henr. Lammers. (2), 64 S. 4°
solenni eruditorum examini

Schulenburg, Matthias von — A. S. 157/18
Dissertatio iuridica de privilegiis ac praerogativis nobilium mediatorum in Germania.
Wittenberg (Haken) 1746. 62 S.
Diss. Giessen 11. VIII. 1733. 31744

Schulenburg, M., de privilegiis et praerogativis Nobil. mediatorum in Germania lib. sing. 4. Frcf. Hochtel. 749.

Schulenburg, Otto [aus Rostock]: Die Vertreibung der mecklenburgischen Herzöge Adolf Friedrich und Johann Albrecht durch Wallenstein und ihre Restitution. Ein Beitr. z. Geschichte Mecklenburgs im dreissigj. Kriege ... Rostock, Univ.-Buchdr. v. Adler's Erben, 1892; 133 S. 8.
Rostock, Phil. Fak., Inaug.-Diss. v. [4. Mai] 1892

Schulenburg, Richard, a. Soest (Westf.): Versteigerung. Soest (Westf.) 1907: M. Hoffmann. (46 S.) 8°
Heidelberg, Jur. Fak., Ref. Endemann, Diss. v. 1908
[Geb. 7. April 80 Soest; Wohnort: Soest; Staatsangeh.: Preußen; Vorbildung: Archigymn. Soest Reife O. 00; Studium: Tübingen 1, Leipzig 1, München 1, Berlin 1, Kiel 2, Münster 1, Heidelberg 1 S.; Rig. 22. Okt. 07.]

Schulenburg, Th[eodor]: Gründung und Entwicklung der Realschule zu Rostock. S. 3—25, 34—40. 4.
Progr. Realschule *Rostock* 1902.

Schulenburg, Th[eodor], Direktor: Weitere Entwicklung der Realschule zu Rostock seit Ostern 1902. (cf. Programm von Ostern 1902 S. 3—11.) Rostock 1907: C. Boldt. (S. 3—21.) 4° [F.]
Rostock, R OP 1907 (831)

[F.] **Schulenburg,** *Friedrich Conrad* Th. [Kondir.]: Nachruf *für Director Dr. Karl Ernst Hermann Krause, gest. am 28. Mai 1892.* Rostock, Druck v. Adler's Erben, *1893;* 11—13 S. 4.
Rostock, G u. RG, OP 1893 (648)

Schulenburg, Wern. v. der, die Chronik der Stadt Söderburg. Ein Kleinstadt-Roman. (232 S.) 8. Berlin (908). Concordia. 2.50; geb. 3. 50

Schulenburg. Werner von der: Pastor Dr. Georg Schmidt als Genealoge, s. Schulenburg, Hugo von der.

Schulenburg, Gebhard Werner v. der, a. Pinneberg in Holstein, Referendar am Kgl. Amtsgericht in Hofgeismar: Die staatsrechtliche Stellung des Fürstentums Oels in seiner rechtsgeschichtlichen Entwickelung. Oels 1908: Ludwig. (XIV, 110 S.) 8°
Erlangen, Jur. Fak., Ref. Rieker, Diss. v. 25. April 1908
[Geb. 9. Dez. 81 Pinneberg; Wohnort: Hofgeismar (Hessen-Nassau); Staatsangeb.: Preußen; Vorbildung: Realgymn. Wiesbaden Reife O. 04; Studium: München 1, Straßburg 2, Leipzig 3, Marburg 2 S.; Rig. 14. Jan. 08.]

Eine Winterfahrt durch die Provence von Werner v. der **Schulenburg.** Buchschmuck von Lelée. (Berlin: Concordia [1910].) 119 S. 8° (10. 13937

Schulenburg, Wilib. v., der Spreewald und der Schlossberg bei Burg, s. Virchow, R.

— wendische Volkssagen u. Gebräuche aus dem Spreewald. 8. (XXIX, 312 S.) Leipzig 880. Brockhaus. n. 6. —; geb. n. 7. 20

— wendisches Volksthum in Sage, Brauch u. Sitte. gr. 8. (X, 208 S.) Berlin 882. Nicolai's Verl. n. 4. —

Schulenburg-Altenhausen, Karl Ludw. Graf v. der, Lebensbild, s. Appuhn, A. W.

Schulenburg-Oeft, G. Graf v. der, e. Wort zur Schulfrage. Vortrag, geh. am 3. Oktbr. 1894 zu Frankfurt a/M. auf dem 2. Congreß der Deutschen Rechtspartei. gr. 8. (12 S.) Leipzig 894. Verl. d. akad. Buchh. (W. Faber). n. — 80

Schulenburg-Bitzenburg, Graf v. der, die weltlichen Stände u. der Aufbau des Reiches Gottes, s.: Kirchlich-positiv.

Schulenburg-Wolfsburg, H. Graf v., die Ausbildung der österreichischen Feld-Artillerie, s.: Sammlung militärwissenschaftlicher Vorträge u. Aufsätze.

Schulenburg-Wolfsburg, Helene Gräfin v. d., geb. v. Kaufmann, **Briefe vom Aequator.** (135 S.) 8. Berlin 909. Charlottenburg, B. Baumann. 1. 50

Schulenburgius, Comes, in campis elysiis. Poema dramaticum. Viennae 1754. V: *Roman, Joseph.* (Jes)

Schul-Entlassungs-Andenken, 60, f. evangelische Schulen. Mit entsprech. Bibelsprüchen. qu. Fol. Leipzig 896. Siegismund & Volkening. n. 1. 60

Schul-Entlassungs-Andenken, 60. 3. Aufl. 12 verschiedene Blätter m. stets wechselnden Bibelsprüchen. qu. gr. 4. Leipzig (902). Siegismund & Volkening. 1. 80

Schuler

— Hygieine, Balneologie, s. Bericht über Gruppe 31 der schweiz. Landesausstellung Zürich 1883.

Schuler, Via sanctae crucis. Kreuzweg-Andacht. 12. (35 S.) Solothurn 897. Buch- u. Kunstdr. Union. n. — 20

El derecho mercantil, de cambio, de quiebra y maritimo del Paraguay. Das Handelsrecht, Wechselrecht, Konkursrecht und Seerecht von Paraguay. Bearb. von A. **Schuler,** Advokat, übers. von Joaquin Giralt, Rechtsanw. Berlin: R. v. Decker 1907. (34, 34 S.) 4°(8°)
— **Handelsgesetze,** Die, d. Erdballs. Ausg. D. Paraguay. (07. 13990

A. Schuler. Herodots Vorstellung vom Neid der Götter 04 S. Offenburg, P 1869

Schuler, Über Herodots Vorstellung von den Orakeln. Donaueichingen 1879, 4°, 26 S., Progr. d. Progymn.

Schuler, Ad., das fürstl. Haus Zähringen-Baden. Genealogie in 2 Stammtafeln nebst e. kurzen geschichtl. Darstellg. (14 S.) 8. Karlsruhe 906. J. Lang. n — 90

Schuler, Bernh., Credo. Die kathol. Glaubenswahrheiten. Eine Dogmatik f. Laien. Nach Goussel u. Anderen neu bearb. (XVI, 438 S.) gr. 8. München 905. (C. v. Lama's Nachf.) Geb. in Leinw. (urspr. Pr. 8. —)

— Erklärung der Psalmen des Officium parvum beatae Mariae virginis. Zumeist dem im Herder'schen Verlag erschienenen fünfbänd. Werke „Psallite sapienter" des Erzabtes Dr. P. Maurus Wolter, O. S. B., entnommen. (VI, 406 S. m. Titelbild.) 16. Trier 908. Paulinus-Druckerei. Geb. 2. —

Schuler, Bernh. Dante's göttliche Komödie, in erzählender u. beschreibender Form dargestellt. gr. 4. (XXII, 152 S. m. Fig. u. Abbildgn.) Münch. 892, Briennerstr. 28a, B. Schuler. geb. ** 7 —

— Dantes göttliche Komödie in erzählender Form. 40. bis 45. Taus. Verm., verb. u. m. Anmerkgn. verseh. Ausg. (XXXII, 304 S.) 8. München (Theatinerstr. 35) 905. A. & B. Schuler. Geb. in Leinw. 3. —

Schuler, C. F. von, s. Folgen, Die, od. Begebenheiten.

– s. Helene, od. die Wirkung.

NACHTWACHEN, Humoristische, des ehemaligen brittischen Majors Humphrey Ravelin Esq., nach d. Englischen . . . (von *C. F. v. Schuler*). Cassel, 1825. 8°. VII u. 369 S. (2 Mk. 40 Pfg. Taussig, Prag, 1907.)

– s. Nachtwachen, Humoristische.

– s. Walker, Geo.

Schuler, C. J., s. Schuler, K. J.

Schuler, Ch. L., methodische Anleitung zum richtigen Gebrauche der Fibel und zur Ertheilung des Unterrichts im Schreiblesen, Sprechen, Lesen, Schön- und Recht-Schreiben in den drei ersten Schuljahren. Stuttgart 855. Gb. Hallberger. 8. (103 S.) 15 ngr.

Schuler, Ch. L., neue Auswahl 3- u. 4-stimmiger Lieder für die oberen Klassen der verschiedenen Lehranstalten (Gymnasien, Real-, Bürger-, Töchter- u. Volks-Schulen). Stuttgart 866. Nitzschke. 8. (54 S.) n. 4 ngr.

Schuler, C. L., Fibel oder erstes Schreiblese- u. Leseschreibbuch. 2 Abthlgn. 8. 1. Abth. Der Schreibleseschüler. (22 lith. S.) 2. Abth. Der Leseschreibschüler. (48 S.) Reutlingen 852, Fleischhauer & Spohn. (1: 4 ngr. 2: 2 ngr.) 6 ngr.

– erster Gesangunterricht u. nothwendige Vorschule zu allen Schul-Liedersammlungen, enthltd. Treffübungen u. Lieder nebst method. Winken für die Lehrer zur Erzielung sichern Treffens, guter Tonbildung u. richtiger Aussprache. Stuttgart 870. Schaber. 8. (32 S.) n. 2 ngr.

Schuler, Ch. L., erster Gesangunterricht u. notwendige Vorschule zu allen Schul-Liedersammlungen, enthaltend Treffübungen u. Lieder nebst methodischen Winken für die Lehrer zur Erzielung sichern Treffens, guter Tonbildung u. richtiger Aussprache. 2., verb. Aufl. 8. (32 S.) Stuttgart 877. Schaber. n. — 25

– ausgewählte biblische Geschichten. Für die drei ersten Schuljahre bearb. Stuttgart 866. Belser'sche Verlag. 8. (184 S.) 9 ngr.

Schuler, C. L., erster Lehrgang des Rechenunterrichts in 20 Uebungsstufen nebst einem dazu gehörigen Apparat (in 4. auf Pappe.) F. Elementarkl. an Latein., Real- u. Volksschul. gr. 8. (2 B.) Reutlingen 846, Kalbfell-Kurtz.

– erstes Lesebuch für Schulen u. zum Privatunterricht, zugleich als Grundlage für den orthograph. u. sprachlichen Unterricht. Stuttgart 866. Lindemann. 8. (118 S., wovon 16 lithogr.) geb. n. 8 ngr.

Schuler, Ch. L., erstes Lesebuch f. Schulen u. zum Privatunterricht, zugleich als Grundlage f. den orthograph. u. sprachl. Unterricht. 2. Aufl. 8. (118 S.) Stuttgart 871. Lindemann. geb. n. — 80

– dasselbe. 3. veränd. u. verm. Aufl. 8. (IV, 160 S.) Ebend. 875. geb. n.n. 1. —

Schuler, Ch. L., erstes Lesebuch f. Schulen u. zum Privatunterricht, zugleich als Grundlage f. den orthograph. u. sprachl. Unterricht. 7., umgearb. Aufl. 8. (VI, 176 S.) Calw 888. Vereinsbuchhandlg. geb. n.n. 1. 20

Schuler, Ch. L., erstes Lesebuch f. Schulen u. zum Privatunterricht, zugleich als Grundlage f. den orthograph. u. sprachl. Unterricht. 8., verb. Aufl. 8. (IV, 176 S.) Calw u. Stuttgart 893. Vereinsbuchh. Geb. n.n. 1. —

Schuler, Ch. L., erstes Lesebuch f. Schulen u. zum Privatunterricht, zugleich als Grundlage f. den orthograph. u. sprachl. Unterricht. 9., durchgeseh. Aufl. 8. (IV, 172 S.) Calw u. Stuttgart 900. Vereinsbuchh. Geb. n.n. 1. 20

Schuler, Ch. L., erstes Lesebuch f. Schulen u. zum Privatunterricht, zugleich als Grundlage f. den orthographischen u. sprachlichen Unterricht. 10. verb. Aufl. m. der neuen Rechtschreibg. (IV, 172 S.) 8. Calw & Stuttgart 903. Vereinsbuchh. Geb. n.n. 1. 20

– zwölf Lesetafeln in deutscher und lateinischer Druckschrift, zur Vermittlung eines leichten Uebergangs von der Schreibschrift zur Druckschrift. Stuttgart 857. Metzler. gr. Fol. (12 Bgn.) n. 1 ℛ 4 ngr.

– Sammlung gereimter Denksprüche aus der Sitten- u. Religionslehre f. Elementarkl. u. Kleinkindersch. in 2 Abthl. 12. (2 B.) Reutlingen 846, Kalbfell-Kurz. *

– das Sprachheft des Elementarschülers. 8. (32 S.) Stuttgart 851, Beck & Fränkel. 3 ngr.

Schuler, C. L., das Sprachheft des Elementarschülers. 8. (32 S.) Stuttgart 851, [Oetinger.]

Schuler, Ch. L., Sprachheft des Elementarschülers. 3., gänzlich umgearb., verm. u. verb. Aufl. Stuttgart 860. Lindemann. 8. (48 S.) 3 ngr.

Schuler, Ch. L., Sprachheft des Elementarschülers. 4. u. 5., verm. u. verb. Aufl. Stuttgart 865,70. Lindemann. 8. (48 S.) geb. 3 ngr.

– Sprachheft des Elementarschülers. 6.—8. Aufl. 8. (48 S.) Stuttgart 872—79, Knapp. cart. * — 30

– Sprachheft d. Elementarschülers. 10., verm. Aufl. 8. (64 S.) Ebd. 893. Kart. n. — 40

– neue Vorschriften für die Elementarklassen an lateinischen und Realschulen, sowie für höhere Töchteranstalten. Stuttgart (856.) Oetinger. 4. (32 lith. Bl.) n. 6 ngr.

Schuler, E.: Darstellungen aus Homer's Iliade u. Odyssee, nach den Zeichnungen von John Flaxman. (Karlsruhe.) 1829. 8°

Schuler, E. H., biblische Geschichte für katholische Volksschulen. Neu bearb. 8. (XII, 160 S.) Freiburg i/Br. 880. Herder. n. — 50

E. H. Schuler. Über Wortfolge und Betonung. Konstanz 1866. Meersburg, P 1866

Schuler, Ed., s. 1) Collection de Gravures. 2) Testament, das neue.

Schuler, Ernst Christian Engelhard (Wetzlar) A. S. 28/25

Dissertatio iuridica inauguralis, de eo, quod iustm(!) est in induciis moratoriis.

Giessen (Lammers) (12.) X. 1747. 86 S. 31751

Schuler, Eugen

Schuler, Eug. Dislocations-Karte der italien. Armee. 1 : 1,500,000. Farbendr. 79×70,5 cm. Nebst tabellar. Uebersicht der Ordre de bataille u. der Armeeverhältnisse im Frieden u. im Kriege. 45,5×69 cm. Wien 891, Artaria u. Comp. * 3 20

Schuler, Eug. Dislocationskarte der russischen Armee [im europäischen Reichstheile], nebst tabellar. Übersicht der „Ordre de Bataille" u. der Armeeverhältnisse im Frieden, in der Mobilisirung u. im Kriege u. der wicht. Verändergn. im J. 1888 u. Anfangs 1889. Nach dem officiellen russ. Truppen-Verzeichnisse „Rosspissanie" bearb. 1 : 4,500,000. 2. Aufl. Chromolithogr. Imp.-Fol. Wien 889, Artaria u. Comp. * 4 80

Schuler, Eug. Dislocations-Karte der indo-britischen Streitkräfte in Ost-Indien u. der russischen Streitkräfte in Asien. Farbendr. 90×71 cm. Nebst tabellar. Uebersicht der Organisation dieser Streitkräfte im Frieden u. im Kriege. 60×81 cm. Wien 892, Artaria u. Comp. * 4 —

Schuler, Eug., s.: **Evangelien**, die vier, u. die Apostelgeschichte in d. Duala-Sprache.

— **Melodien** zu d. Duala-Liedern f. d. Christengemeinden in Kamerun. Eine Ergänzg. zu d. Choralbuch f. Württemberg. 8. (VI, 72 S.) Basel 897. Missionsbuchh. Geb. n. 2. —

Schuler, E., Italiens Wehrkraft. gr. 8. (VII, 286 S.) Wien 889. Seidel & Sohn. n. 5. —

S(chuler), E. Russlands Wehrkraft. Mit 2 Karten. 8. Wien 1887.

Dr. Fridolin Schuler. Erinnerungen eines Siebenzigjährigen. Mit Schulers Porträt [Tafel] und dem Verzeichnis seiner Veröffentlichungen. IV + 160 S. 8. Frauenfeld, Huber & Co., 1903. [geb. fr. 3. —]

Schuler, über die **Ernährung** der Fabrikbevölkerung und ihre Mängel. Erstes Referat für die Jahresversammlung der schweiz. gemeinnütz. Gesellschaft den 19. Sept. 1882 in Glarus. gr. 8. (54 S.) Zürich 883, (Herzog's Verlagsh.) *

— Die Ernährungsweise der arbeitenden Klassen in der Schweiz und ihr Einfluss auf die Ausbreitung des Alkoholismus. Im Auftrage des Departements des Innern der schweizerischen Eidgenossenschaft verf. gr. 8⁰. Bern (Dalp) 1884.

—— die **Ernährungsweise** der arbeitenden Klassen in der Schweiz und ihr Einfluss auf die Ausbreitung des Alkoholismus. Im Auftrage des Departements des Innern der schweiz. Eidgenossenschaft verfasst. gr. 8. (39 S.) Bern 884, (Schmid, Francke und Comp.) **

Schuler. Die Ernährungsweise d. arbeitenden Klassen i. d. Schweiz u. ihr Einfluss auf d. Ausbreitung d. Alkoholismus. Im Auftr. d. Departements d. Innern d. schweiz. Eidgenossenschaft. In-8⁰, 39 S. Bern, Stämpfli. 1884

Zur Alkoholfrage. Die Ernährungsweise der arbeitenden Klassen in der Schweiz und ihr Einfluß auf die Ausbreitung des Alkoholismus (Im Auftrage des Departements des Innern der schweizerischen Eidgenossenschaft verfaßt.) 8⁰. 39 S. Bern. 1884.

Schuler: Ernährungsweise, Die, der arbeitenden Klassen. . . s.a. Alkoholfrage.

Schuler, F[ridolin]. Die schweizerische Hausindustrie. Separatabdruck aus der «Zeitschrift für schweizerische Statistik», Jahrg. 1903 [*d. i.* 40, 1904]. 42 S. 4. [Bern, Stämpfli & Cie, 1903.]

— die schweizerische **Hausindustrie.** (42 S.) gr. 4. Bern 904. (A. Francke). n. 1. 50
Sonderabdruck aus: „Ztschr. f. schweiz. Statistik"

Schuler (Mollis). Die Leguminosen als Volksnahrung. Gutachten, abgegeben im Auftrage der schweizer. gemeinnützigen Gesellschaft. In-8⁰, 16 S. Zürich, Druck von Zürcher & Furrer. 1885.

Schuler: Question de l'alcoolisme. Des divers modes d'alimentation des classes ouvrières en Suisse et de leur influence sur le développement de l'alcoolisme. (Rapport rédigé au nom du Département fédéral de l'intérieur.) 8⁰. 52 p. Schmidt. Berne. 1884.

Schuler, F[ridolin]. Die Nachtarbeit der Frauen in der Schweiz. Bericht der Schweizer Sektion an das internationale Arbeitsamt. Referat des Alt-Fabrikinspektors Dr. F. Schuler, ⟨Mollis⟩. [Mit 2 Anhängen. — Sep.-Abdr. aus: Die gewerbliche Nachtarbeit der Frauen. Berichte ... hrg. von Prof. Dr. Stephan Bauer ... in Basel.] 27 S. 8. [Jena, Gustav Fischer, 1903.]

S. 10—18: Anhang I: Die Frauennachtarbeit in der Stickerei-Industrie des Kantons Appenzell Ausser-Rhoden, mit Berücksichtigung der Hülfsindustriezweige.... Bericht ... von Pfarrer H[oward] Eugster, Hundwil.
S. 19—27: Anhang II: Frauenarbeit und Frauennachtarbeit in der Uhrenindustrie der Schweiz. Bericht ... von Gottlieb Vogt.

Schuler, Fridolin. Ausgewählte Schriften von Fabrikinspektor Dr. F. Sch. [†]. Auf Veranlassung von Freunden desselben hrg. von Dr. H[einrich] Wegmann, eidgenössischer Fabrikinspektor in Mollis ⟨Schweiz⟩. [Mit Porträt-Tafel.] VIII + 281 S. 8. Karlsruhe i. B., G. Braun, 1905. [M. 6. —]

Schuler, F., u. A. E. Burckhardt, Untersuchungen üb. die **Gesundheitsverhältnisse** der Fabrikbevölkerung in der Schweiz, m. besond. Berücksicht. d. Krankenkassenwesens. gr. 8. (V, 180 S.) Aarau 889. Sauerländer. n. 2. 40

Schuler, G.

Schuler, das Hohelied. Ein Singspiel. Metrisch übers. und erläutert. 8. (164 S.) Würzburg 858, Goldstein'sche Buchh.

Schuler, G., Ueber die Stellung der Naturwissenschaften zur Philologie am Gymnasium. Pr. 1874. 11 S. 4⁰. —.80

Schuler, Georg Konrad (Nürnberg) A. S. 50/19
Dissertatio inauguralis iuridica de vasallorum delictis amissionem feudorum ingerentibus.
Altdorf (Meyer) VII. 1734. 39 S. 31752

Schuler, Georg Michael

Schuler, G. M., Alles schon dagewesen, s.: Compaß f. das katholische Volk.

Schuler, Georg Michael: Bajonett u. Gewissen, s. Compaß f. d. kath. Volk.

Schuler, G. M., Eginhard u. Emma. Ein Romanzencyklus. 8. (111 u. IV S.) Dresden 900. E. Pierson. n. 1. 50; geb. n. 2. 50

— Etwas f. Dich. Poetisches Quodlibet. 2. verm. Aufl. — Balladen u. Burlesken. Episches Buch. 8. (197 u. 144 S.) Leipzig (901). (Woerl's Reisebücher-Verl.) Geb. in Leinw. m. Goldschn. 3. —

Schuler, G. M., aus meinem Garten. (XII, 363 S.) 8. Regensburg (904). Verlagsanstalt vorm. G. J. Manz n. 3. — ; geb. in Leinw. n. 4. 80

Schuler, Geo. Mich., Giebt es denn wirklich ein anderes Leben? Der religiöse Irrtum der Socialdemokratie. Kempten, Kösel, 1878, gr. 8°, 1.–4. Heft, à 35 Pf.

1. Menschen-Ehre u. Menschen-Glück fordern unsere Unsterblichkeit. 32 S.
2. Die Unsterblichkeit der Seele ist eine Forderung der Vernunft u. der Natur des Menschen. S. 33—66.
3. Der Mensch ist unsterblich, so wahr es einen Gott giebt. S. 67—102.
4. Mit euren Einwendungen gegen das ewige Leben ist es nichts. S. 103–154.

Recens. (Linzer) Theol.-prakt. Quartalschr. 1879, S. 835—7.

Schuler, G. M., Giebt es wirklich einen Gott? Der religiöse Irrtum der Socialdemokraten beleuchtet. (Aus „Kanzelstimmen".) Würzburg, Bucher, 1882, gr. 8°, 30 S., 30 Pf.

Schuler, Mich., die Hauptübel unserer Zeit u. deren Heilung. Dargestellt in einem Cyklus von 9 Fastenvorträgen. Augsburg 864. Kollmann. gr. 8. (VI, 158 S.) 18 ngr.

Schuler, G. M., Die Intoleranz der kathol. Kirche mit besonderer Bezugnahme auf die päpstliche Encyklika vom 8. Dec. 1864 (unter Berücksichtigung der im Syllabus errorum verzeichneten Sätze 3, 4, 15–8, 21, 77—9) vor dem Spiegel der Wahrheit beleuchtet. Augsburg, Kollmann (jetzt Regensburg. Verlagsanst.), 1865, 8°, 94 S., 90 Pf.

Allgem. Littztg 1865, S. 360. Litt. Handw. 1866, S. 61.

— die Intoleranz der katholischen Kirche mit besonderer Bezugnahme auf die päpstliche Encyclica vom 8. Decbr. 1864 (unter Berücksichtigung der im Syllabus errorum verzeichneten Sätze 3, 4, 15—18, 21, 77—79) vor dem Spiegel der Wahrheit beleuchtet. Augsburg 866. Kollmann'sche Buchh. 8. (94 S.) 9 ngr.

Schuler, G. M., s.: Kanzelstimmen.

(Schuler, Mich.,) Römisch-kath. Katechismus von Dr. Martin Luther, weiland Prof. zu Wittenberg. Würzburg, Bucher, 1883, 16°, 48 S., 20 Pf.

Stellt aus den von Luther selbst noch in d. Jahren 1518—41 veröffentl. Schriften solche Stellen zusammen, welche sich für die kath. K. u. ihr Oberhaupt, für d. Anrufung d. Heiligen u. d. Verehrung d. Bilder, für d. Fegfeuer, d. Bußsakrament u. d. Ohrenbeichte, für d. Anbetung des allerheil. Sakr. sowie für d. Sakr. d. Ehe aussprechen. Litt. Handw. 1883, S. 481, u. 1891, S. 122 (H. Rolfus). Vgl. Der kathol. Lutheraner, s. S 88.

Schuler, G. M., die Kirche hat nichts zu befehlen. | s.: Compaß f. das katholische Volk.

Schuler, [Georg] M[ichael]: Shakespeare's Confession. Berlin: Germania (1898). (42 S.) 8°
= Flugschriften, Katholische, zur Wehr u. Lehr. No 134.

— s.: Krankentrost.

— der moderne „Culturkampf", was er ist u. was er nützt, | s.: Compaß f. das katholische Volk.

Schuler, Mich., Die Landlügen der Döllinger-Sekte wider die lehramtliche Unfehlbarkeit des Papstes. Zur religiösen Aufklärung allseitig beleuchtet. Zehn Einwände in 10 Hefte eingeteilt. Heft 1. München, Lentner'sche Buchh. (Stahl), 1871, 8°, VIII, 188 S., 1,20 Mk.

Mehr nicht erschienen. Kölner Pastoralbl. 1871, S. 96.

— deutsches Landsturm-Büchlein. Patriotische Lieder. Augsburg 862. Schlosser. 16. (VIII, 71 S.) 12 ngr.

Schuler, G. M., Landolin Schwabs Lehrerfreuden oder die Emancipation der Volksschule. Eine einfache Geschichte aus unseren Tagen. Augsburg 864. Schmid. 8. (118 S.) 6 ngr.

Schuler, G. M., Landolin Schwab's Lehrfreuden od. die Emancipation der Volksschule. Eine einfache Geschichte aus unseren Tagen. 2. Ausg. 8. (118 S.) Augsburg 871. Schmid. — 60

— die Leugnung der Gottheit ist der Selbstmord der Menschheit. Der politische Atheismus u. die sociale Barbarei. Ein Beitrag zur religiösen Aufklärung. Brixen 870. Weger. gr. 8. (211 S.) n. 20 ngr.

[F.] Lombroso. Oder: Die menschl. Willensfreiheit. Von M. Schuler. *Berlin: Germania (1898).* (48 S.) 1 Bd 8.
= Flugschriften, Kathol., z. Wehr u. Lehr'. No 129. [98. 1124]

Lust und Leid. Lyrisches u. Episches von G[eorg] M[ichael] Schuler. Würzburg: Bucher [1909]. VIII, 248 S. 8° A 12. 10667

Schuler, Gg. Mich. Die Martyrer d. Beichtsiegels, in 8 Lebensbildern vorgeführt. 12. (III, 126 S.) Würzb. 892, Bucher's Verlag. * — 50

— die Martyrer des Beichtsiegels, in 9 Lebensbildern vorgeführt. Neue, verm. Aufl. gr. 16. (II, 128 S.) Würzburg (899). F. X. Bucher. n. — 50

— Die Martyrer des Beichtsiegels, in 15 Lebensbildern vorgeführt. 3., verm. Aufl. (XII, 155 S.) kl. 8. Ebd. (907). — 75; geb. 1. —

Schuler, G. M., der Materialismus. Gewürdigt durch Darlegg. u. Widerlegg. [Zur Wehr' u. Lehr'.] gr. 8. (295 S.) Berlin 890. Germania. 3. —

Palmen. Religiöse Gedichte. Von G[eorg] M[ichael] Schuler. Geistl. R. *Münster i. W.: Alphonsus-Buchh. [1901].* (125 S.) 8° [F.] [01. 11015]

Schuler, G. M., Der Pantheismus. Gewürdigt durch Darlegung u. Widerlegung. Würzburg, Bucher, 1884, gr. 8°, 135 S., 2 Mk.

— Thomas Plantagenet, Graf v. Lancaster. Historische Erzählg. Frei nach engl. Motiven u. älteren Vorlagen. 8. (557 S.) Mainz 899. F. Kirchheim. n. 3. — ; geb. n. 4. 20

— poetische Purzelbäume. Humor u. Satire. 8. (IV, 165 S.) Leipzig (902). Woerl's Reisebücher-Verl. 1. 50; geb. in Leinw. m. Goldschn. 2. —

Schuler, Geo. Mich., Sind Menschen- und Tierseele einander gleich? Eine nötige Antwort auf eine unnötige Frage. Würzburg, Woerl, 1875, 8°, 30 S., 20 Pf. (Kath. Studien, Jahrg. I. Heft 12.)

— sind Menschen- u. Thierseele einander gleich? s. a. Studien, katholische.

— der Sklavenjäger v. Sansibar. Poetische Erzählung aus Afrika. 2. Aufl. 12. (92 S.) Würzburg 900. Göbel & Scherer. n. 1. 50; geb. in Leinw. m. Goldschn. n. 2. —

— die Trennung der Moral von der Religion ist die Vernichtung der Moral. Ein Beitrag zur Aufklärung religiöser Fragen der Gegenwart. Innsbruck 870. Vereins-Buchh. gr. 8. (36 S.) n. 6 ngr.

Schuler, M., Virchow's Urtheil üb. Louise Lateau, die Stigmatisirte v. Bois d'Haine, | s.: Compaß f. das katholische Volk.

Schuler, G. M., Die Verfolgung der kath. Kirche, ein deutliches Kennzeichen, daß sie die wahre Kirche ist. Würzburg, Woerl, 1877, 8°, 26 S., 20 Pf. (Kompaß f. d. kath. Volk Nr. 55.)

Schuler, Georg Michael: Die Verfolgung d. kath. Kirche, .. s.a. Compaß f. d. kath. Volk.

Schuler, G. Mich., Was ist ein Altkatholik? Erzählung für das Volk in 4 Abkapitelungen. Würzburg, Woerl, 1872, 8°, 45 S., 30 Pf. (Kompaß f. d. kath. Volk Bd. 1, Heft 4.)

Schuler, G. M., was sind die Gottesleugner eigentlich für Leute? Ein Beitrag zur religiösen Aufklärung. Köln 868. Bachem. 8. (III, 112 S.) 6 ngr.

Schuler, Mich., Was verdankt die Welt dem vielgeschmähten Papsttume? Würzburg, Woerl, 1873, 8°, 22 S., 20 Pf. (Kompaß f. d. kath. Volk Nr. 19.)

Schuler, Georg Michael: Was verdankt d. Welt d. vielgeschmähten Papsttum?, s.a. Compaß f. d. kath. Volk.

Der Wotanismus. Oder 'Los von Rom'. Von S. [Verf.: Geistl. Rat G. M. Schuler.] Munster i. W.: Alphonsus-Buchh. 1900. (52 S.) 8° [J.] [01. 1891 6

Schuler, Hans: Die Concurrence déloyale und ihre Beziehungen zu Name, Firma, Marke, Fabrik- u. Geschäftsgeheimnis im französischen, schweizerischen und deutschen Recht. Zür. Orell Füssli Dr. [Raustein Verl.] 1895. 209 S. 8°
Zürich, Jur. Diss. [v. 25. Mai 1895].

Schuler, Hans. Der Entwurf eines Bundesgesetzes betreffend die Kranken- und Unfallversicherung. Referat, gehalten in der 45. Sitzung der Schweizerischen Handelskammer vom 2. März 1907. Sonderabdruck aus dem Protokoll [der ... Sitzung.... Herausgeber:] Schweizerischer Handels- und Industrie-Verein. 15 S. 4. Zürich, Berichthaus, 1907.

Schuler, Hans. Der Entwurf eines Bundesgesetzes betreffend die Kranken- und Unfall-Versicherung. vom 10. Dezember 1906. Referat gehalten in der Versammlung der Schweizerischen gemeinnützigen Gesellschaft in Baden, am 28. Mai 1907. Sep.-Abz. a. d. Schweiz. Zeitschr[ift] f. Gemeinnütz[igkeit], Heft 3, [Jahrg. 46,] 1907. S. 212–232. 8. [Zürich, Gebr. Leemann & Co.]

Schuler, Hans. Zur Frage der obligatorischen Mobiliarversicherung in der Schweiz. Referat für die 52. Sitzung der Schweizerischen Handelskammer. Dezember 1909. [Herausgeber:] Schweizerischer Handels- und Industrie-Verein. 11 S. 4. Zürich, Berichthaus, 1909.

Schuler, Hans: Die öffentlichrechtliche Körperschaft. Eine Begriffsstudie. München 1908: Wild. (67 S.) 8°
Erlangen, Jur. Fak., Ref. Rieker, Diss. v. 16. Juli 1908

Schuler, Kranken-, Unfalls- u. Invaliditätsversicherung und ihre Verbindung. 8°. Bern 1891.

Schuler, Hans. Wie Handelsverträge werden. Separatabdruck aus dem «Taschenkalender für Kaufleute für das Jahr 1906». 19 S. 8. Zürich. Aschmann & Scheller, 1905.

Schuler, Heinrich, approb. Arzt aus Kappel: Ueber traumatische Exostosen. *Tübingen 1903: H. Laupp Jr.* (15 S.) 8° (Aus: Beiträge zur klinischen Chirurgie, Bd 33, H. 2.)
Tübingen, Med. Diss. v. 1902

Schuler, Heinr., die Stiftskirche zu Wimpfen i. Th. Großherzogth. Hessen. Dargestellt in 26 Orig.-Aufnahmen. gr. Fol. (26 Photogr.) Darmstadt 890. (Aigner.) In Karton. n.n. 50.—

Schuler, Henr., Tobiades seu mira virtutum exempla ex celebri historia Tobiae deprompta. Carmen, studiosae juventuti dedicatum. 8. Augsb. 805. Doll. (Landsh., Krüll).

Schuler, Heinrich Gottlob (Dresden) A. S. 626/25
Dissertatio iuris feudalis de divisione feudi successionem simultanee investitorum non restringente.
Präs. Johann Gottlieb Siegel.
Leipzig (Langenheim) 20. XII. 1748. 31 S.
Gew.: Karl Wilhelm Gaertner. 31753

Schuler, Hubert. Hochverratsähnliche Handlungen gegen befreundete Staaten. 8. Bern, Stämpfli & Cie., 1909.
Ausg. A: Diss. Jur. Bern. IV + 199 S.
Ausg. B: Von Dr. H' Sch'. II + 199 S. [fr. 4.—]

Schuler, J., ueber einige Ferridoyanverbindungen. [Aus: „Sitzungsber. d. k. Akad. d. Wiss."] Lex.-8. (9 S.) Wien 878. Gerold's Sohn in Comm. n.n. — 25

— über einige Kobaltidoyanverbindungen. [Aus: „Sitzungsber. d. k. Akad. d. Wiss."] Lex.-8. (9 S.) Ebend. 879. n.n. — 25

Schuler J und H Freytag, Ratgeber für Handwerker. Deutsches Gewerberecht usw. zur Vorbereitung auf die Meisterprufung. (168 S) Tübingen 1910

Schuler, J., Reductions-Tabellen der gebräuchlichsten Maaße u. Gewichte nebst deren Eintheilung. Zunächst eingerichtet zum Gebr. bei Reductionen auf würtemberg. Maaße u. Gewichte. gr. 8. (2 B.) Rottweil 841. (Villingen, Förderer.)

— über eine Synthese der Pimelinsäure, s.: Bauer, A.

Schuler, J. Baptist: Hypochondriasis, s. Zuccarini, Franc.

Schuler, J. G. C., Einführung in das heutige Englisch, s.: Regel, E.

Schuler, J. J., neu ausgerechnetes Fruchtbüchlein, sammt e. Interesse-Rechnung. 8. Mannh. 785. Löffler. 12 kr.

Schuler, Ida, Ernst u. Scherz für's Kinderherz. 8. (VIII, 87 S. m. Abbildgn.) Zürich (900). Th. Schröter. Geb. in Leinw. n. 1. 60

Schuler, Ida. Ernst und Scherz für's Kinderherz. [Gedichte. Illustriert.] [VIII +] 87 S. 8. Zürich und Leipzig, Th. Schröter. [1901]. [geb. fr. 2. —]

Schuler, Johs., gesammelte Schriften. Nebst einem kurzen Lebensabrisse des Verstorbenen. Herausg. von seinen Freunden. Innsbruck 861. Wagner. gr. 8. (LIX, 296 S.) n. 1 Thlr 10 ngr.

Schuler, J., Jakob Stainer, s. National-Bibliothek, deutsch-österreichische.

Schuler, J. Jakob Stainer, s. Stainer, Jak.

Schuler, Johann Melchior. Das Andenken [Ulrich] Zwingli's. in einer Synodal-Predigt zu Glarus den 27ten May 1807. Zur Feyer des von Zwingli vor 300 Jahren angetretenen Lehrer-Berufs. 8. Glarus 1807.

[Schuler, Johann Melchior.] Beschreibung der Schicksale und Umwandlungen des Klosters Konigsfelden. [Mit 1 Ansicht und 1 Tafel.] (Njbl. Brugger Bezirksges. für vaterl. Cultur 1819.) kl.-4. *o. O.* P

[Schuler, Johann Melchior.] Aargau's Geschichte unter den Deutschen Kaisern und Burgundischen Konigen von Karl dem Grossen bis auf Rudolf von Habsburg. [Mit 1 Ansicht und 1 Tafel.] (Njbl. Brugger Bezirksges. für vaterl. Cultur 1825.) kl.-4. *o. O.*

—— Geschichte u. Beschreib. d. Landes Glarus. Ein Auszg. aus d. vollst. Gesch. d. Landes Glarus. Für d. Jugend in Schule u. Haus. 8. (..B.) Zürich 837, Schultheß.

Schuler, Melch., Geschichte der Eidgenossen unter der französisch-helvetischen Herrschaft. 1. Bd.: Erster Zeitraum. Vom Beginn der helvet. Republik bis zum Krieg mit Oesterreich. Vom 12. April 1798 bis 1. März 1799. gr. 8. (IV u. 685 S.) Zürich 852, Schultheß. 1 Thlr 24 ngr

Schuler, Joh. Melch., Geschichte d. Landes Glarus. 8. (..B.) Zürich 836, Schultheß.

— die Geschichte d. letzten Jahrh. der alten Eidgenossenschaft. (In 2 Bdn.) 1. Bd. 8. Ebend. 845. 1 ß 1 ngl (Aus obig. Handbuche rc. abgedr.)

— Geschichte d. letzten Jahrhunderts d. alten Eidgenossenschaft. 2. Bd. (Aus „Die Thaten u. Sitten der Eidgenossen" abgedr.) gr. 8. (IV u. 867 S.) Ebd. 847. 1 ß 14 ngl

[Schuler, Johann Melchior.] Geschichte der Häuser Lenzburg und Habsburg bis auf Kaiser Rudolf I. [Mit 1 Ansicht und 2 Tafeln.] (Njbl. Brugger Bezirksges. für vaterl. Cultur 1826.) kl.-4. *o. O.*

[Schuler, Johann Melchior.] Geschichte des Klosters Muri. [Mit 1 Ansicht und 1 Tafel.] (Njbl. Brugger Bezirksges. für vaterl. Kultur 1829.) kl.-4. *o. O.*

— Geschichte der Revolution u. des Untergangs der alten Eidgenossenschaft bis zum Beginn d. helvetischen Republik. (Separ.-Ausg. von: Die Thaten u. Sitten der Eidgenossen. 5. Bd.) gr. 8. (VI u. 544 S.) Ebd. 851. 1 1/3 ß

[Schuler, Johann Melchior.] Aargaus Kirchen- und Sittengeschichte bis auf Rudolf von Habsburg. [2 Hefte. Mit 2 Ansichten und 1 Tafel.] (Njbl. Brugger Bezirksges. für vaterl. Kultur 1827 *u.* 1828.) kl.-4. *o. O.*

[Heft 1. Mit 1 Ansicht.] (Njbl. .. 1827.)
[Heft 2.] ‹Beschluss. 8. Jahrgang 1826 [*d. i.* 1827].› [Mit 1 Ansicht und 1 Tafel.] (Njbl. .. 1828.)

—— Lesebuch f. Schweizerkinder v. 10—14 Jahren z. Schul- u. Hausgebrauch. 2 Bdchn. 8. (..B.) Zürich 837, Schultheß.

Bdchn. 1. Gleichnisse u. Erzählungen. Stoff zu Denk- u. Schreibübungen. 4 Gr.
" 2. Vaterländische Erzählungen. 5 Gr.

Schuler, Johann Melchior. Die Linth-Thaler, beschrieben von J. M. Sch.... 8. Zürich 1814. Orell

— Prüfung unserer Freiheit. In e. Rede an das Volk d. Freistaates Glarus rc. am 22. Mai 1814. 8. Glarus 814.

Schuler, Joh[ann] Melchior. Die Thaten und Sitten der Eidgenossen.... [7 Theile.] 8. 1809 (1857).

[Theil 1 *u.* 2] *u. d. T.:* Die Thaten und Sitten der alten Eidgenossen.... 2 Abtheilungen.
[Abtheilung 1.] Die Th. und S. ... erzählt von Joh. M. Sch.... (Bis zum Jahre 1500.) *o. O.* 1809.
Abtheilung 2. Die Th. und S. ... erzählt für die vaterländische Jugend in Schule und Haus von M. Sch. — *A. u. d. T.:* Die Th. und S. der Eidg. im sechszehnten Jahrhundert, beschrieben von M. Sch. Zürich 1838.
[Theil 3] *u. d. T.:* Die Th. und S. der Eidg. im XVII Jahrhundert und bis zum Schluss des Tokenburgerkriegs, beschrieben von M. Sch. Z. 1841.
[Theil 4] *u. d. T.:* ‹*Bd. 1:* Die› Geschichte des letzten Jahrhunderts der alten Eidgenossenschaft ‹*Bd. 1:* erzählt› von M. Sch. 2 Bände. Z. 1845—1847.

Schuler, J. M., die Thaten und Sitten der alten Eidgenossen in 37 Erzählungen. 8. Zürich. (Leipzig, Fr. Fleischer in Comm.) 809.

— die Thaten u. Sitten d. alten Eidgenossen. 8. Zürich, Geßner. 811.

Schuler, Joh. Melch., die Thaten u. Sitten d. alten Eidgenossen, erzählt f. d. vaterländ. Jugend in Schule u. Haus. 1. Abthl. 2., umgearb. Ausg. 8. (16½ B.) Zürich 831, Schultheß.

—— die Thaten u. Sitten d. alten Eidgenossen, erzählt f. d. vaterländ. Jugend in Schule u. Haus. 1—3. Bd. 8. Zürich, Schultheß. Thlr.

A. u. d. Tiln.:
Bd. 1. Die Thaten u. Sitten d. Eidgenossen vor d. Reformation. 3., neu bearb. u. verm. Aufl. 1. Abdruck. (31 B.) 839. 18 Gr. 2. Abdr. (31 B.) 842. 20 Gr.
" 2. Die Thaten u. Sitten d. Eidgenossen im 16. Jahrh. (.. B.) 842. 16 Gr.
" 3. Die Thaten u. Sitten d. Eidgenossen im 17. Jahrh. u. bis zum Schluß d. Tockenburgerkrieges. (43 B.) 841. (43.) 1 Thlr.

Schuler, Joh. Melch., die Thaten u. Sitten der Eidgenossen. Ein Handbuch der Schweizergeschichte. 1. Bd. 4 Lfgn. Der 3., neu bearb. u. verm. Aufl. 2. Ausg. 8. (31 B.) Zürich 842, Schultheß.

Schuler, [Johann] Melchior. Die Thaten und Sitten der Eidgenossen. Ein Handbuch der Schweizergeschichte. 7 Bände. 8. Zürich 1842–(1857).

Band 1—3. Der 3., neu bearbeiteten und vermehrten Auflage zweite Ausg. 1842—1843.
Des Bandes 4 Abtheilung 1 *u.* 2 der 3. neu bearb' und verm' Auflage. 1845—1847.
Band 5 *u.* 6. 1851—1852.
Band 7. (2 Abtheilungen.) 1856(–1857).

— die Thaten u. Sitten der Eidgenossen. Ein Handbuch der Schweizergeschichte. 3. neu bearb. u. verm. Aufl. 19—24. Lfg. (IV. Bd. 2. Abth.) gr. 8. (IV u. 867 S.) Ebd. 847. (à 6 1/4 ngl) 5/6 ß — 5. Bd. gr. 8. (VIII u. 544 S.) Ebd. 851. 1 1/3 ß (1—5: 6 1/3 ß)

—— die Thaten und Sitten der Eidgenossen. Ein Handbuch der Schweizergeschichte. 7. Bd. A. u. d. T.: Geschichte der Eidgenossen unter der französisch-helvetischen Herrschaft. 2. Bd. 2. Zeitraum. Vom Beginn des Krieges mit Oesterreich bis zur Auflösung der helvet. Räthe. Vom 1. März 1799 bis 7. Aug. 1800. gr. 8. (VIII und 414 S.) Zürich 856, Schultheß.

Den 6. Bd. dieses Werkes bildet der vorstehende 1. Bd. von des Verf.: Geschichte der Eidgenossen.

Schuler, Melch., die Thaten und Sitten der Eidgenossen. Ein Handbuch der Schweizergeschichte. 7. Bd. 2. Abthl. A. u. d. T.: Geschichte der Eidgenossen unter der französisch-helvetischen Herrschaft. 2. Bd. 2. Zeitraum. Vom Beginn des Krieges mit Oesterreich bis zur Auflösung der helvet. Räthe. Vom 1. März 1799 bis 7. Aug. 1800. 2. Abthl. gr. 8. (S. 415—895.) Zürich 857, Schultheß.

1—6. Bd. Ebendas. 1842—56. 9 Thlr. 10 Ngr.

— Vertheidigung der Reformationsfeyer und der schweizerischen Reformationsgeschichte. gr. 8. Leipzig, Fr. Fleischer. 819.

Schuler, J[ohann] M[elchior]. Vertheidigung der Reformationsfeyer und der Schweizerischen Reformationsgeschichte. 8. Leipzig. Zürich 1820. Schultheß

— Huldreich Zwingli. Geschichte seiner Bildung zum Reformator d. Vaterlandes. Mit Zwingli's Bildn. u. Vignette Wildhaus vorstellend. 8. Zürich 818. 2e A. 819. Schulthess. 1 ß 12 gl

Schuler, J. A. M., Huldreich Zwingli. Geschichte seiner Bildung zum Reformator d. Vaterlandes. 2te verb. Ausg. Mit Zwingli's Bildniß u. Vignette Wildhaus vorstellend. 8. Zürich. (Leipzig, Fr. Fleischer in Comm.) 819.

— s. Zwingli, Ulr., Werke.

Schuler, Johannes, s. Schuler, Johann.

Schuler, Josef

Schuler, Jos., s. Dr. ... Fabre, die Cholera in Paris.

Schuler, Jos., Sankt Fridolin. Sein Leben u. s. Verehrg. (Andenken an die Rückkehr d. Katholiken in die St. Fridolins- u. Pfarrkirche zu Säckingen.) M. 3 Bildern u. e. Anh. v. Gebeten. 12. (XVI, 327 S.) Säckingen 884. (Exped. d. Säckinger Volksblattes, H. Straß.) Geb. n.n. 1.20

Schuler, Jos[eph]. Kleines Rituale für die Pastoration der Italiener. Enthaltend: Ritus der hl. Sakramente der Taufe, Busse, Eucharistie, letzten Oelung und Ehe samt italienischen Gebeten vor und nach deren Empfang, Beichtspiegel und Eheunterricht. Zusammengestellt von Jos. Sch', Pfarrer zu Istein in Baden.... [Mit Vignetten und 1 Tafel.] 258 S. 8. Einsiedeln *etc.*, Benziger & Co. A.G., 1908. [geb. fr. 2.50 *u.* 3.75]

Schuler, Josef: Synthese von Polypeptiden. Derivate des Isoleucins. (Berlin 1910: Ebering.) 48 S. 8°
Berlin, Phil. Diss. v. 13. Aug. 1910, Ref. E. Fischer
[Geb. 17. Nov. 83 Schwyz; Wohnort: Schwyz; Staatsangeh.: Schweiz; Vorbildung: Gymn. Schwyz Reife Juli 05; Studium: Zürich 1, Genf 1, Berlin 7 S.; Rig. 21. Juli 10.] [U 10. 250

Schuler, K. J., der Frühling. Fortsetzung des Winters. 18. Mannheim 844, Löffler. 1/3 ℛ

Schuler, K. J., Gedichte. gr. 12. (12⅚ B.) Mannheim 838, Löffler.

—— Gedichte. 2., verm. Aufl. 12. (14⅚ B.) Mannheim 844, Löffler.

— der Herbst, Fortsetzung des „Sommers." 16. Stuttgart 836. Brodhag. 1/2 ℛ

—— der Herbst. Fortsetz. des „Sommers." 16. (8 B.) Stuttgart 836, [Scheible, Rieger u. Sattler.]

Schuler, K. J., die Jahreszeiten. Verb. Gesammt-Ausg. 8. (VI, 230 S.) Würzburg 869, Stuber. ℳ 2,60.; geb. *

—— Kleist. (Gedichte.) gr. 12. (7⅓ B.) Zweibrücken 841, Ritter'sche Buchh.

Schuler, K. J., der Sommer. Versuch e. Fortsetz. v. Kleist's „Frühling." (Gedicht.) gr. 8. (1¼ B.) München 833, Jaquet.

—— der Winter. Fortsetz. d. Herbsts. (Gedicht.) 12. (3¾ B.) Mannheim 838, Löffler.

Schuler, Karl Freiherr von, a. Darmstadt, Badearzt in Bad Petersthal-Freyersbach: (Aus dem „Evang. Krankenhause" zu Gelsenkirchen i. W.). Die Behandlung des Typhus abdominalis mit besonderer Berücksichtigung des Lactophenins. Freiburg i. B. 1904: H. M. Poppen & Sohn (35 S.) 8°
Freiburg i. B., Med. Fak., Ref. Thomas, Diss. v. 1904
[Geb. 5. Sept. 76 Darmstadt; Wohnort: Bad Petersthal; Staatsangeh.: Hessen; Vorbildung: Gymn. Wiesbaden Reife O. 95; Studium: Berlin 5, Gießen 4 S.; Coll. 27. Febr. 00.]

Schuler, Carl, ein Beitrag zu den Fybrocysten des Uterus. Inaugural-Dissertation. gr. 8. (26 S.) Tübingen 878, (Fues'sche Sortimentsh.) * — 60

Schuler, K. Bossuet und seine Stellung zur Universalgeschichte. Rawicz, R., 1870. 14 S. 4. Progr.

— Essai sur les discours de Bossuet. Gr.-Strehlitz, Pg., 1872. 8 S. 4. Progr.

Schuler, C. Friedrich I. und die Kurie. (30) 8. Rawicz (Jena) 1869.

Schuler, Karl, Schulreden. 8. (39 S.) Groß-Strehlitz 876, Dannehl. — 60

Schuler, C[aspar]. Bericht über die kulturtechnischen Arbeiten im Kanton St. Gallen in den Jahren 1884 bis und mit 1906. Bearb. im Sommer 1907 von C. Sch'.... [Mit 1 Karte.] (Separat-Abdruck aus dem Landwirtschaftlichen Jahrbuch der Schweiz. [Jahrg. 21.] 1907. II + 42 S. 8. Bern, K. J. Wyss, 1907.

Schuler, L. d. 60 j. Bestehen d. Firma L Schuler i. Göppingen. (33 S) Göppingen (1899)

. Schuler L, Werkzeugmaschinenfabrik, Göppingen. Geschichte des Etablissements etc. Göppingen 1895

Schuler, L: Haupt-Preisbuch der Werkzeug-Maschinen-Fabrik und Gießerei. Göppingen (1893)

Schuler, L: Preislisten über Werkzeugmaschinen usw. 1908 ff. Göppingen

Schuler, M. G., kleine praktische Meßkunst f. Feiertags- u. gewerbliche Fortbildungsschulen. Ein Leitfaden für Schüler wie Lehrer, sowie zum Selbstunterricht. 8. (V, 80 S. m. 6 Steintaf.) Kempten 877. Kösel. n. — 90

Schuler, Matthias: Die Besetzung der Deutschen Bistümer in den drei rheinischen Kirchenprovinzen in den ersten Jahren Papst Bonifaz' VIII. (1295—1298). Kap. 1. Die Besetzung der Bistümer bis auf Bonifaz VIII. (Berlin 1909: Blanke.) 56 S. 8° ¶ (Ersch. vollst. als Buch.)
Berlin, Phil. Diss. v. 14. Okt. 1909, Ref. Tangl
[Geb. 26. Okt. 76 Riveris; Wohnort: Berlin; Staatsangeh.: Preußen; Vorbildung: Gymn. Prüm Reife O. 96; Studium: Trier Priestersem. 8, Berlin 8 S.; Rig. 22. Juli 09.] [U 10. 257

Schuler, Melchior, s. Schuler, Johann Melchior.

Schuler, Michael, s. Schuler, Georg Michael.

Schuler, Osk., nette Kollegen! Begebenheiten im Dienste der Rechtspflege. Der Urkunden-Abschriften I. Tl., der Oeffentlichkeit unterbreitet. (XX, 176 S.) gr. 8. Zürich 908. [C. Schmidt.] Schweizer Druck- u. Verlagshaus. n. 5. —

Schuler, Ph. Heinrich

Schuler, Ph. Hnr., († d. 11. Sept. 1814.) Beitrr. zur Gesch. der Veränderung des Geschmacks in Predigen unter den Protestanten ꝛc. gr. 8. Halle 799. Gebauer. 18 gr

Schuler, Ph. Heinrich, s. Beschreib. des kirchl. Zustandes.

— lutherische Blumenlese, oder Auswahl der freymüthigen Urtheile d. Mannes ꝛc. 8. Tubing. Heerbrand. 792.

— s.a. Blumenlese, Lutherische.

— Geschichte des katechet. Religionsunterrichts unter d. Protestanten; von d. Reformation bis auf die Berliner Preisaufgabe v. Jahr 1762 (1766.) gr. 8. Halle 802. Gebauer. 1 ℛ 9 gr

— Geschichte d. populairen Schrifterklär. unter d. Christen. 2 Thle. 8. Tübing. Heerbrand. 787.

— Geschichte der populären Schrifterklärung unter den Christen. 2 Thle. 8. Tübing. 787. (Osiander). 20 gr

— Geschichte der Veränderungen des Geschmacks im Predigen, insonderheit unter den Protestanten in Deutschland ꝛc. 3 Thle. gr. 8. Halle 792—794. Gebauer. 3 ℛ 21 gr (3r Thl. A. u. d. T.: neueste Gesch. d. Veränderungen d. Geschmacks im Predigen.)

— Repertorium bibl. Texte für Casualfälle. gr. 8. Halle 797. 2e A. 808. 3e Aufl. neu bearb. u. verm. v. Wagnitz. 820. Waisenhaus-B. 1 ℛ 8 gr

Schuler, Ph. H., Repertorium bibl. Texte und Ideen für Casualpredigten u. Reden, nebst Winken ꝛc. 3te Aufl. neu bearb. u. verm. v. Wagnitz. gr. 8. Halle, Waisenh. 820.

Schuler, Ph. H., Repertorium bibl. Texte u. Ideen f. Casualpredigten u. Reden, nebst Winken zur zweckmäß. Einrichtung ders. u. hierher gehör. geschichtl. u. literar. Notizen. 4. Ausg. Neu bearb. u. verm. v. H. B. Wagnitz. gr. 8. (31½ B.) Halle 829, Buchh. d. Waisenhauses.

Schuler, M. Ph. Heinr., Repertorium bibl. Texte u. Ideen für Casualpredigten u. Reden, nebst Winken zur zweckmäß. Einrichtung derselben u. geschichtlichen u. literarischen Notizen. 5. neu bearb. u. verm. Ausg. Von K. Ch. Lbr. Franke. gr. 8. (XVIII u. 462 S.) Halle 847, Buchhandlung d. Waisenhauses. 1 ℛ 12 ngr

Schuler, Phil. Heinr., Repertorium biblischer Texte, Neubearbeitg., s.: Römer, Christian, Textbuch f. Prediger.

— die königl. Würtemberg. Verordnn. in Schulsachen für evangel.-luther. Kirchen- u. Schullehrer. gr. 8. Stuttg. 810. Metzler. 6 gr

— was ist popul. Schrifterklärung. 8. Tübingen, Heerbrand. 788.

— was ist populäre Schrifterklärung? 8. Tübing. 788. (Osiander). 8 gr

Schuler, Th., s. Beschreib. des Straßburg. Münsters.

Schuler, Th., neue jüdische Briefe, od. Darstell. aus d. Leben Jesu. 2 Bdchen. Mit 2 Kpf. gr. 8. Straßb. 826. Pfähler u. C.

Schuler, Th., Handbüchlein für Vogel-Liebhaber. Oder prakt. Anleitung wie man Vögel fangen, zähmen, füttern und lange erhalten kann. Nach vieljähr. Erfahrung hrsg. 16. (51 S.) Tübingen 851, Riecker. (Stuttgart, Lindemann.)

Schuler, Th., Handbüchlein für Vogel-Liebhaber. Oder prakt. Anleitung wie man Vögel fangen, zähmen, füttern u. lange erhalten kann. Nach vieljähr. Erfahrungen hrsg. 16. (51 S.) Tübingen 851, Riecker. (Ulm, Gebr. Nübling.) 4 ngr

Schuler, Th. Das Strassburger Münster. Neue, völlig umgearbeitete, mit 6 Kupfern gezierte Auflage. Strassburg 1817. 8°.

— kurze Reformationsgeschichte für die protestant. Jugend. 12. Straßb., Heitz.

Schuler, (J.) Theophile, Bilder zue Arnold's Pfingst-Mondä. Componiert unn grawiert vom e Strosburjer Burrjerskind. Imp. 4. (41 lith. Bl.) Straßburg 850. (Treuttel & Würtz.) n. $3^1/_3$ ß

Schuler, Theoph., die Schlitter und Holzhauer aus den Vogesen, s. Grün, A.

Schuler, Willy, aus Trier: Versuche über die Empfindlichkeit der spectralanalytischen Reactionen. *Coblenz 1901: Görres-Druckerei.* (50 S.) 8° [J.]
Bonn, Phil. Diss. v. 25. Apr. 1901

Schuler-Libloy, Frdr., Abriß der europäischen Staats- u. Rechtsgeschichte. gr. 8. (VIII, 265 S.) Leipzig 874. Koschny. n. 5. —

Schuler-Libloy, Frdr., über Ausschreitungen im Güterverbrauche u. deren Einfluß auf das Volks- u. Staatsleben. [Vorgetragen im Hermannstädter Bürger- u. Gewerbeverein.] Hermannstadt 869. (Michaelis.) 8. (18 S.) n. 2 ngr

— altgermanische Bilder u. die Zeit Karls d. Großen s.: Bibliothek, historisch-politische.

— offener Brief üb. Gewerbe- u. Genossenschafts-Wesen. [Aus „Hermannstädter Zeitg."] gr. 8. (15 S.) Hermannstadt 860. (Schmiedicke.) n. — 20

Schuler v. Libloy, Friedr. Statuta jurium municipalium Saxonum in Transsilvania. Das Eigen-Landrecht der Siebenbürger Sachsen, bearbeitet nach seiner legalen Ausbildung. 1. Buch: Das 1. Buch der Statuten: Siebenbürger Sächsische Gerichtsordnung sammt Cridal- und Fallitennorm. 8. (96 u. 48 S.) Hermannstadt, Jos. Drotleff 1853.

Schuler v. Libloy, Friedrich. Das Eigen-Landrecht der Siebenbürger Sachsen, bearbeitet nach seiner legalen Ausbildung als Grundriß für akademische Vorlesungen. Statuta jurium municipalium Saxonum in Transsilvania. Zweite Lieferung: Das zweite Buch der Statuten; Siebenbürgisch-Sächsisches Handelsrecht. Dritte Lieferung: Das dritte Buch der Statuten; Siebenbürgisch-Sächsisches Obligationen-Recht und im Anhange das vierte Buch der Statuten: Siebenbürgisch-Sächsisches Strafrecht. (97—266 S. u. Titel.) gr. 8. Hermannstadt 1853. Druck und Verlag von Jos. Drotleff.

Schuler v. Libloy, Friedr., über die Entwicklung der staatsbürgerlichen Freiheit in Oesterreich. [Rectoratsrede, gehalten bei der Universitätsfeier am 4. Octbr. 1878.] gr. 8. (14 S.) Czernowitz 878, Pardini. — 30

Schuler v. Libloy, Frdr., üb. die Entwicklung der staatsbürgerlichen Freiheit in Oesterreich. (Rectoratsrede, geh. bei der Universitätsfeier am 4. Octbr. 1878.) 2. u. 3. Aufl. gr. 8. (15 resp. 14 S.) Czernowitz 891. 894. H. Pardini. — 30

Schuler v. Libloy, Frdr., Festrede zur Eröffnungsfeierlichkeit der k. k. Franz-Josefs-Universität in Czernowitz am 4. Octbr. 1875. gr. 8. (14 S.) Czernowitz 890. Pardini. n. — 30

Schuler von Libloy, Prof. Fr. — Erste Grundzüge der theoretischen Diplomatik, von — —. Hermannstadt, 1855. Lithogr. bei F. N. Krabs. (68 S. 4.) geh.

Schuler von Libloy, Friedrich. Merkwürdige Municipal-Constitutionen. s.: Taschenausgabe d. siebenbürg. Landesgesetze Nr. 6.

— merkwürdige Municipal-Constitutionen der Siebenbürger Sekler, s. Landes-Gesetze, siebenbürgische.

— politische Oeconomie. Volkswirthschaftliche Hauptbegriffe u. Grundlehren, m. Rücksicht auf das gewerbl. Bedürfniß. gr. 8. (VI, 170 S.) Hermannstadt 871. Filtsch in Comm. n. 3. 20

— deutsche Rechtsgeschichte. 1. Aufl. 1863. und 2., theilw. verm. und verb. Aufl. gr. 8. (VIII und 196 S. mit 3 chromolithogr. historisch-polit. Karten.) Wien 868, Braumüller.

Schuler v. Libloy, Friedrich —. Siebenbürgische Rechtsgeschichte. Ein Leitfaden für die Vorlesungen über I. Geschichte der siebenbürgischen Rechtsquellen. II. Geschichte der siebenbürgischen Rechtsinstitute. Von — —. Erste Lieferung: Geschichte der siebenbürgischen Rechtsquellen. (Aeußere Rechtsgeschichte.) Compendiarisch dargestellt von — —. 8. (3 Blätt. 164 S.) Hermannstadt. Gedruckt und im Verlage bei Georg v. Closius. 1854.

Schuler von Libloy Friedrich — Siebenbürgische Rechtsgeschichte. Ein Leitfaden für die Vorlesungen über 1. Geschichte der siebenbürgischen Rechtsquellen. 2. Geschichte der siebenbürgischen Rechtsinstitute von — —. 4. Lieferung. Erster Theil der inneren Rechtsgeschichte. C. Die Mittelgewalt der Stände als des staatsrechtlichen Volkes. D. Die Mittelgewalt der einzelnen Nationen. E. Das Unterthanwesen. Hermannstadt. Gedr. bei Georg v. Closius. (S. 373—464 und Titelblatt. 5 Bl. und 4 S. Einleitung. 8.) (1855.)

Schuler v. Libloy, Friedr., siebenbürgische Rechtsgeschichte. Compendiarisch dargestellt. 1. Bd. u. 2. Bd. 1. Liefg. Hermannstadt 855, 56. (Kronstadt, Nemeth.) gr. 8. n. 3 ℛ. 5 ngr.
1. Bd.: Aeußre Rechtsgeschichte u. öffentliches Recht. (X, 463 S.) n. 2 ℛ. 15 ngr.
2. Bd.: Das Privatrecht der Siebenbürger Ungarn und Sekler im systematischen Grundrisse. 1. Liefg. (S. 1—182.) n. 20 ngr.

Schuler von Libloy, Friedrich — Siebenbürgische Rechtsgeschichte. Ein Leitfaden für die Vorlesungen über: 1. Geschichte der siebenbürgischen Rechtsquellen. 2. Geschichte der siebenpürgischen Rechtsinstitute. Von — —. 2ter Band. 2te Lieferung. Hermannstadt, 1856. Gedr. und im Verlag von Georg von Closius. (8.)

Schuler v. Libloy, Friedr. *o. ö. Prof. a. d. k. k. Rechtsakad. zu Hermannstadt etc.* Das Privatrecht der Siebenbürger Deutschen (Sachsen) im systematischen Grundrisse. *Hermannstadt* 1858, gedruckt und im Verl. bei *Geo. v. Closius.* S. 341—522 u. VIII S. 8°.
Der „Siebenbürgischen Rechtsgesch.“ II. Bds. III. Lief.

— Siebenbürgische Rechtsgeschichte. 3 Bde. Hermannstadt 867. (Filtsch.) gr. 8. Jeder Bd. n. 2 ℛ 10 ngr.
1. Bd. Einleitung, Rechtsquellen u. Staatsrecht. 2., durchgehends verm. Aufl. (VIII, 484 S.)
2. Bd. Die siebenbürgischen Privatrechte. Im Anhange: Das sächsische Statutar-Gesetzbuch. 2., durchgehends verm. Aufl. (XI, 336 S.)
3. Bd. Die siebenbürgischen Proceßrechte u. das Strafrecht im systemat. Grundrisse. Im Anhange: Die wichtigsten Gesetzartikel von 1848. (XXIV, 352 S.)

—— Siebenbürgische Rechtsgeschichte. 3 Bde. gr. 8. Hermannstadt 867, (Steinhaussen's Buchh.) à Bd. * 2 Thlr. 10 Ngr. *
Inhalt:
Bd. 1. Einleitung, Rechtsquellen und Staatsrecht. 2., durchgehends verm. Aufl. (VIII und 484 S.)
» 2. Die siebenbürgischen Privatrechte. Im Anhange: Das sächsische Statutar-Gesetzbuch. 2., durchgehends verm. Aufl. (XI und 336 S.)
» 3. Die siebenbürgischen Proceßrechte und das Strafrecht im systemat. Grundrisse. Im Anhange: Die wichtigsten Gesetzartikel von 1848. (XXIV und 352 S.)

— über wichtige Rechtsschöpfungen der Neuzeit. [Rectoratsrede, geh. bei der Universitätsfeier am 4. Octbr. 1890.] gr. 8. (15 S.) n. — 30
Czernowitz: Pardini 1890.

— über wichtige Rechtsschöpfungen der Neuzeit. Rectoratsrede, geh. bei der Universitätsfeier am 4. Octbr. 1890.) 2. Aufl. gr. 8. (15 S.) Ebd. 894. — 30

— der Socialismus u. die Internationale nach ihren hervorragendsten Erscheinungen in Literatur u. Leben, s. a. Bibliothek, historisch-politische.

Schuler-Libloy, Frdr., Der Socialismus und die Internationale nach ihren hervorragendsten Erscheinungen in Literatur und Leben. 3 Vorträge. Leipzig 1875. (Aus Histor.-politische Bibliothek. gr.-8°. Leipzig, Koschny, 1864—76.)

— das ungarische Staatsrecht. Ein Handbuch für Lehre u. Beruf. Wien 870. Gerold's Sohn. gr. 8. (VIII, 159 S.) n. 1 ℛ 4 ngr.

—— aus der Türken- und Jesuitenzeit vor und nach dem J. 1600, s. a. Bibliothek für Wissenschaft und Literatur.

— aus der Türken- u. Jesuitenzeit vor u. nach dem J. 1600. Historische Darstellgn., zumal Fürsten- u. Volksgeschichte in den Karpathenländern. gr. 8. (V, 268 S.) Berlin 877. Grieben. n. 5. —

— aus der Türken- u. Jesuitenzeit vor u. nach dem Jahre 1600. Historische Darstellungen, zumal Fürsten- u. Volksgeschichte in den Karpathenländern. 2. (Titel-)Ausg. gr. 8. (V, 268 S.) Berlin 879. Th. Hofmann. n. 5. —

Schuler v. Libloy, Friedrich — Kurzer Ueberblick der Literaturgeschichte Siebenbürgens von der ältesten Zeit bis zu Ende des vorigen Jahrhunderts. Sylvestergabe für Gönner und Freunde von — —. Hermannstadt, 1857. Gedr. und im Verlage bei Georg v. Klosius. (II. 112 S. 8.)

— kurzer Ueberblick der Literaturgeschichte Siebenbürgens von der ältesten Zeit bis zu Ende des vorigen Jahrhunderts. Sylvestergabe für Gönner und Freunde. Hermannstadt 857. (Filtsch.) gr. 8. (II, 112 S.) 15 ngr.

— über das Verhältniß der Klein- u. Großgewerbe mit Beziehung auf das Volksleben. [Vorgetragen in dem Hermannstädter Bürger- u. Gewerbeverein.] Hermannstadt 869. Michaelis. 8. (15 S.) n. 2 ngr.

Schüler [Sachl. Ordnungswort]

Schüler, der artige, e. Geschenk f. d. christl. Jugend. (Gedichte.) 32. (80 Seit.) Bacha 839, Schmitt u. Müller. (?)

Fahrender Schüler. Ill. Zeitschrift f. Deutschlands Jugend (Monatsschrift). Amtl. Organ d. Wandervogel A. f. S. Jg. 1, No 1. Charlottenburg: (Fahrender Schüler) 1907. 8° [F.] 07. 1111

Schüler, fahrender. Illustrierte Zeitschrift f. Deutschlands Jugend. Red.: Rolph Basbach. 1. Jahrg. Juli—Dezbr. 1907. 9 Nrn. (152 S. m. 5 Taf.) 8. Berlin, H. J. Lieck. 3. —
Erscheint nicht mehr.

Schüler, Dr. Gottlieb Christian, Oberappellations-Gerichtsrath u. ordentl. Prof. der Rechte zu Jena, Abgeordneter bei der constituir. Nationalversammlung in Frankfurt a. M. Ein Lebensbild. Mit Schüler's nach einer Photographie gez. (u. lith.) Portrait. [Aus J. Günther's „Zeitgenossen“ abgedr.] 4. (16 S.) Jena 849, Mauke. 3 ngr.

Schüler, Der höfliche. Augspurg 1741. V: *Graf, Andreas Chph.* (ML) (BB)

— der höfliche. 8. Nürnb. ... 2e verb. Aufl. herausgg. v. J. P. Voit. 8. Ebd. 786. 3e A. 792. Mit folg. T.: Sittenbuch für junge Leute. 8. Ebd. 796. 4e A. 802. Schneider u. W. 6 gr. Mit Kpf. 8 gr. illum. 12 gr.

— d. höfliche, s. a. Voit.

— der höfliche. Verfaßt von einem Freunde der Jugend. 2e Aufl. 12. Grätz 817. Kienreich. 5 gr.

Schüler, der höfliche. Ein Geschenk f. die kathol. Jugend. 3e Aufl. 18. Rotweil 822, Herder.

Schüler, der höfliche, verb. Aufl. gr. 12. (1 B.) Carlsruhe 829, Velten.

Schüler, der höfliche, od.: Wohlanständigkeits-Lehre in Denksprüchen f. d. Jugend. Neueste, verb. Aufl. 12. (1 B.) Ellwangen 834, Schönbrod. Thlr.

— der höfliche. Sitten- u. Anstandslehren für d. Jugend. Neueste verb. Aufl. 16. Rotweil 837. Herdersche Buchh. 1/6 ℛ

Schüler, Der höfliche. Sêr ferbesserte und fermêrte auflage; nebenbei als laitfaden zum widergebrauch der richtigen alten schrift unserer sprâche. Konstanz 1844. V: *Schönberg, Matthias von.* (BSCHWL V, 10c, 3, S. 120)

Schüler, der höfliche. Ein Geschenk f. d. Jugend. 10. verb. Aufl. 32. (80 S.) Mainz 851, Wirth & Sohn. 3 ℛ

Schüler, der höfliche. Ein Geschenk für die Jugend. Neu bearb. und verm. von einem Freunde der Jugend. 12. (79 S.) Regensburg 884, Manz. *

Biogr. Nachr. von d. Rentier J. G. Schüler, welcher d. hies. gelehrte Schule zur Universalerbin seines Vermögens (laut Testament vom 2. Juni 1811, publ. 22. Juli 1823) einsetzte. 24 S. Sorau, P 1831

Schüler, Der kleine, oder kurzer Auszug aller Gegenstände für die Teutschen Schulen ... Mindelheim 1782. V: *Mayr, Isidor.* (ML) (MGT)

— der lernbegierige, oder neuestes A. B. C. u. Lesebuch zum Unterricht u. zur Erholung für fleißige Kinder. Mit Beigabe kleiner Aufsätze, Denksprüche u. Erzählungen zur Uebung des Gedächtnisses. Mit 8 illum. Kpfrn. 8. Wien 833. Pfautsch. (Leipzig, Liebeskind.) n. 1 ℛ

——, der lernbegierige, neuestes ABC- u. Lesebuch z. Unterr. u. z. Erholung f. fleiß. u. art. Knaben u. Mädchen v. 6—10 Jahren. 2., verb. u. verm. Aufl. 8. (6 B. u. 7 ill. Bild.) Wien 841, [Pfautsch u. Voß.]

— der lernbegierige. Neuestes ABC- u. Lesebuch zum Unterricht u. zur Erholung für fleißige u. artige Knaben u. Mädchen von 5 bis 8 Jahren. 3., verb. u. verm. Aufl. Mit 7 color. Bildrn. 8. (86 S.) Wien 847, Pfautsch & Voß. 24 ngr

Schüler, der lernbegierige. Neuestes ABC- u. Lesebuch zum Unterricht u. zur Erholung für fleißige u. artige Knaben u. Mädchen von fünf bis acht Jahren. 4., verb. u. verm. Aufl. Wien 863. Pfautsch. 8. (96 S. mit 7 color. Bildern.) n. 16 ngr

Schüler, Der, d. Natur, s. a. Beaurieu, Gaspard Guillard de

Schüler, der, der Natur; aus d. Französ. 8. Leipz. 765. Jacobäer. 12 gl.

Schüler, der, der Natur. Wanderungen durch die Reiche der Natur. 1—3. Bdchn. Halle 857. Hendel. 12. 1 ℛ 25 ngr
1. Bdchn.: Die Käfer. Eine Anleitung zur Kenntniß der in Deutschland vorkommenden Käfer und zur Einrichtung von Käfersammlungen. Von Gust. Bernhardt. Mit 72 color. Abbildgn. (auf 5 lith. Taf.) 3. verb. Aufl. (3 Bl., 136 S.) 20 ngr
2. Bdchn.: Die Schmetterlinge. Eine Anleitung zur Kenntniß der Schmetterlinge und Raupen, welche in Deutschland vorkommen, wie auch Schmetterlings- und Raupensammlungen anzulegen. Von Gust. Bernhardt. Mit 34 color. Abbildgn. (auf 6 lith. Taf.) 3. verb. Aufl. (VIII, 128 S.) 20 ngr
3. Bdchn.: Die Welt der Steine. Gemeinfaßliche Darstellung des Gesammtgebietes der Mineralogie, nebst einer Geschichte der Entstehung und Fortbildung der Erde in kurzem Ueberblicke, eine Anleitung zur Einrichtung von Steinsammlungen und einer Skizze: Der Bergbau in Vorzeit und Gegenwart bearb. von F. Teichmann. Mit 1 illum. Titel-Kpfr., 1 Lithogr. und 11 in den Text gedr. Holzschn. (XX, 95 S.) 15 ngr

— der neue höfliche, oder Sitten- u. Lebensregeln f. junge Leute, mit Kupfern. 8 Augsb. 823, Engelbrecht.

—— der neue höfliche. N. Ausg. 8. (... u. 6 ill. Kpfr.) Augsburg 832, [Schlosser.] 20 Gr., hrbgs. Pr.

—— der neue höfliche, 3. Aufl. gr. 12. (1½ B. u. 15 Bild.) Carlsruhe 835, [Nöldeke.] 16 Gr., hrbgs. Pr.

— der neue höfliche, 3e Aufl. Mit 15 Bildern verziert. gr. 12. Carlsruhe 835. Velten. ⅔ ℛ

— d. sich selbst in d. Schreibkunst übende, m. K. 4. Leipz. 747.

Ein Schüler Voltaire's (Friedrich II., Biographische Skizze. 8°. 111 S.) Prag, Steinhauser. 1886

Schüler, Ein, Voltaires. Geschichtliches Charakterbild nach Quellen dargestellt. Prag, o. J. (c. 1890). 8°. 151 S. (2 Mk., br. im Orig.-Umschl., E. Frensdorff, Berlin, 1910.)
Scharfe Schrift gegen Friedrich d. Gr.

Schüler, Der, im Westen. Zweite Abteilung. Erstes Lesebuch. Ed: Ev Synode des Westens. St Charles, Mo, 1872.

Schüler, d. wohlunterwiesene griechische 2c. 8. Breslau. 739.

Schüler [Verfasser]

Schueler, die Feldbefestigung in Beispielen für Offiziere aller Waffen. 1. und 2. Aufl. gr. 8. (III, 82 S. mit 33 in den Text gedr. Holzschn. und 6 Stnt.) Berlin 886, Mittler und Sohn. * 8 —

Schüler, Geschichte des schwarzburg-rudolstädtischen Contingents in den Kriegsjahren von 1807 bis 1815. 8. (X, 88 S.) Rudolstadt 1874, (Bock.) *

Schueler. Geschichte des schwarzburg-rudolstädtischen Kontingents in den Kriegsjahren von 1807 1815. Rudolstadt 1883. 87 S.

Schueler, Leitfaden für den Unterricht in der Befestigungskunst an den königl. Kriegsschulen. Auf Befehl der General-Inspektion des Militär-Erziehungs- und Bildungs-Wesens ausgearb. 4. (146 S. mit 20 eingedr. Holzschn.-Abbildungen.) Berlin 878, Mittler und Sohn. * 4 —

Schueler, Hauptm., Leitfaden für den Unterricht in der Befestigungskunst an den königl. Kriegsschulen. Auf Befehl der General-Inspektion des Militär-Erziehungs- und Bildungs-Wesens ausgearb. Mit (eingedr.) Abbild. und (3 lithogr.) Taf. 2. Aufl. (VIII, 167 S.) 1880; 3. Aufl. (VIII, 166 S.) 1882; 4. Aufl. 4. (VIII, 168 S.) Berlin 884, Mittler und Sohn. *

—— Leitfaden für den Unterricht in der Befestigungslehre und im Festungskrieg an den königl. Kriegsschulen. Auf Veranlassung der General-Inspektion des Militär-Erziehungs- und Bildungswesens ausgearb. 5. Aufl. 4. (VIII, 167 S. mit Abbild. und Taf.) Ebendas. 886. * 5 —

Schueler. Leitfaden für den Unterricht in der Befestigungskunst an den kgl. Kriegsschulen. Auf Befehl der General-Inspektion des Militär-Erziehungs- u. Bildungs-Wesens ausgearb. Mit Abb. Berlin 1878. 146 S. 4°
— 2. Aufl. 1880. 4°
4. Aufl. u. d. Tit.: Leitfaden i. d. U. i. d. Befestigungskunst u. im Festungskrieg. 1884. 4°
5. Aufl. 1886. 4°

Schüler, Adolf, a. Berlin: Über Biphenylderivate aus Oxyhydrochinontrimethyläther und über die Einwirkung von Salpetersäure auf Oxyhydrochinontrimethyläther. (Berlin 1907: M. Driesner.) (39 S.) 8°
Berlin, Phil. Fak., Ref. Gabriel, Diss. v. 9. März 1907
[Geb. 4. Dez. 75 Berlin; Wohnort: Berlin; Staatsangeh.: Preußen; Vorbildung: Friedrichs-Realgymn. Berlin Reife O. 03; Studium: Berlin 9 S.; Rig. 14. Febr. 07.]

Schueler, (*Franz*) Adolf [aus Goldap in Ostpr.]: Ein Fall von Sarcoma pancreaticum haemorrhagicum ... Greifswald. Druck v. J. Abel, 1894: 22 S. 8.
Greifswald, Med. Fak., Inaug.-Diss. v. 10. Mai 1894

[Schüler, Albert]

Briefe vom Gurnigel nebst praktischen Notizen in deutscher und französischer Sprache, einem Panorama und 2 Karten. In-8°, 160 S. Bern, J. Dalp. 1883 2 50

Schüler, Alb., der Erfindungsschutz, seine Berechtigung und Nothwendigkeit in der Schweiz. Ein offenes Wort an das Schweizervolk. 8. (VI, 64 S.) Bern 887, Nydegger und Baumgart. * — 50
Französische Ausgabe zu gleichem Preise.

Schüler, Albert: Offizielle Festzeitung für das eidgen. Schützenfest 1885 in Bern. Bern, 1885. 606

[Schüler, Albert, und Balmer, Hans Friedrich.] La Rive droite du lac de Thoune, de Thoune à Interlaken, et le chemin de touristes à côté de la grande route. Illustré de nombreuses gravures sur bois. 8. Berne 1885.

[Schüler, Albert, und Balmer, Hans Friedrich.] Auf der Rechtsseitigen Thuner-Strasse (*Umschlag:* Thuner-Strasse auf dem rechtsseitigen Ufer) von Thun nach Interlaken und Touristenpfade abseits der Heerstrasse. Reich illustrirt. 8. Bern 1885.

Schüler, Alfred, Referendar: Die Verhinderung des rechtzeitigen Zugehens einer Willenserklärung durch den Empfänger. Breslau 1910: Freund. x, 44 S. 8°
Breslau, Jur. Diss. v. 19. Mai 1910, Ref. Leonhard, Schott
[Geb. 8. Febr. 88 Bereut; Wohnort: Neurode; Staatsangeh.: Preußen; Vorbildung: Elisabeth-Gymn. Breslau Reife M. 06; Studium: Breslau 6 S.; Rig. 10. Dez. 09.] [U 10. 535

Schüler, Arno, aus Roitzsch (Kr. Bitterfeld): Über einige Derivate des 2-Oxy-5-Amino-ω-Chloracetophenons und einige Cumaranone. *Rostock 1903: C. Hinstorff.* (55 S.) 8°
Rostock, Phil. Diss. v. [2. Febr.] 1903

Schüler, August

Schüler, Aug., zwanzig Gedichte. 8. (64 S.) Berlin 850, Reimarus (jetzt: Ernst & Korn). n. 1/3 ℳ

Schüler, Aug., aus der Kinderwelt für die Kinderwelt. In Reimen. gr. 16. (48 S. mit 6 Illustr. in Stnt. von W. Schäfer.) Berlin 874, Oehmigke's Verlag. cart. *

Schüler, Aug., aus der Kinderwelt. Für die Kinderwelt. In Reimen. Mit 6 (chromolithogr.) Illustr. und 4 (eingedr.) Holzschn. von W. Schäfer u. A. 2. verm. Aufl. 16. (106 S.) Berlin 876, Oehmigke's Verlag. cart. * 1 50

Schüler, Aug., deutscher Volksspiegel. Gedichte aus deutscher Sage und Geschichte. 8. (VII, 216 S.) Bremen 882, Müller's Verlagsh. *
geb. **

Schüler, Aug., deutscher Volksspiegel. Gedichte aus deutscher Sage u. Geschichte. 2., verm. Aufl. 8. (VI, 216 S.) Berlin 896, Buchh. d. deutschen Lehrer-Zeitg. n. 2. 40; geb. in Leinw. n. 3. —

Schüler, Aug., wie soll mein Kindchen sein? Aus der Kinderwelt. Für die Kinderwelt. In Reimen u. Prosa. Mit 6 farb. u. üb. 100 schwarzen Illustr. 4. Aufl. 12. (122 S.) Nürnberg 898. Th. Stroefer. Kart. n. 1. 50; auch in 2 Bdchn. kart. à n. — 75 u. in 6 Bdchn. à n. — 30

Schüler, C., Ergänzungen zum Lesebuch für Volksschulen, s. Ricken, W. M.

Schüler, C., Katechismus d. christl. Glaubens. Nach d. Erfordernissen d. Wissenschaft u. d. religiös. Lebens in der Gegenwart zum allgem. Gebr. ausgearbeitet. gr. 12. (6¼ B.) Leipzig 832, Baumgärtner.

Schüler, C., und W. M. Ricken, Lesebuch für Volksschulen, s. Ricken, W. M.

—— kalligraphische Muster zu Geschäfts-Aufsätzen nebst angehängter Aufgabensammlung für Volks-, Mittel- und Fortbildungsschulen. 1. und 2. Aufl. 4. (28 S.) Ruhrort 874, Andreae und Comp. *

— kalligraphische Muster zu Geschäfts-Aufsätzen, nebst angehängter Aufgabensammlung f. Volks-, Mittel- u. Fortbildungsschulen. 3. Aufl. 4. (28 S., wovon 20 lith.) Ruhrort 877. Andreae & Co. in Comm. n.n. — 30

Schueler, C., Quaestt. Vergilianae. Diss. 1883. 59 S.

Schüler, C. Fr., Erinnerung an Josephshöhe bei Stolberg a. Harz. gr. 4. (1 B. u. 1 Stnt.) Nordhausen 837, Köhne.

Schüler, C. Fr. Chr., Baltzer's Amtsentsagung oder Gewissen u. Willkühr. gr. 8. (19 S.) Stolberg a. H. 847, Schlegel. n. 4 ngr

— Wislicenus Amtsentsetzung durch das K. Consistorium der Provinz Sachsen, beurtheilt. (Abdr. aus dem „Lichtfreund.") gr. 8. (24 S.) Ebd. 847. n. 4 ngr

—— Wislicenus Amtsentsetzung durch das k. Consistorium der Provinz Sachsen, beurtheilt. gr. 8. (24 S.) Stollberg a. H. 847. [Nordhausen, Fischer.] *

Schüler, C. Fr. Ch., das Bild des wahr. Christen in religiösen Streitigkeiten. Pred. am Sonnt. Judica. gr. 8. (1 B.) Stolberg a. H. 846, Schlegel.

Schüler, C. Fr. Chr., Buchstabe und Geist oder über den wahren Charakter der evangel. Kirche. 8. Stolberg 846, Schlegel. 12 ngr

— Buchstabe u. Geist oder üb. den wahren Charakter der evang. Kirche. Fortsetzung. A. u. d. T.: Die Lebensfragen der evang. Kirche im Zusammenhange betrachtet. gr. 12. (XII u. 168 S.) Nordhausen 850, Büchting. 3/4 ℳ

Schüler, C. Fr. Chr., Humanismus. Eine vorläuf. Schrift. — A. u. d. T.: Natur, Thier, Mensch, Engel, Gott. Philosoph. betrachtet. gr. 8. (13 B.) Leipzig 829, Lehnhold.

Schüler, C. Fr. Chr., der Schiffbruch der Iduna auf dem atlantischen Ocean in der Nacht am 9. Aug. 1847 nebst der Rettung des Buchhändlers Zeitz u. seiner Gattin nach den Briefen derselben veröffentlicht. 8. (22 S.) Stolberg a. H. 847, Schlegel. n. 1/12 ℳ

—— der Schiffbruch der Iduna auf dem atlant. Ocean in der Nacht am 9. Aug. 1847 nebst der Rettung des Buchhändlers Zeitz und seiner Gattin nach den Briefen derselben veröffentlicht. 8. (22 S.) Stolberg a. H. 847. [Nordhausen, Fischer.] *

— Sind die Rationalisten unter den Geistlichen freche Lügner? Ein Bekenntniß auf den Abdruck der Rede des Hrn. von Florencourt. gr. 8. Stolberg a. H. 845, Kleinecke's Buchhdlg. n. 2 ngr

—— warum starb Dr. Martin Luther nicht den Märtyrertod? Predigt am Sonnt. Estomihi zum Andenken herausg. 8. (1 B.) Stolberg a. H. 846, Schlegel.

— die reißenden Wölfe in Schaafskleidern. Predigt üb. Matth. VII, 15—23. Am VIII. Sonnt. nach Trin. 1849 gehalt. gr. 8. (7 S.) Nordhausen 849, Büchting. 1½ ngr

Schüler, Carl, s. Schüler, Karl.

Schüler, Chr., aus der Geschäftspraxis der Verlagsbuchhandlung August Scherl, G. m. b. H., in Berlin. gr. 8. (31 S.) Frankfurt a/M. 901. Ch. Schüler. — 50

Schüler, Christian Heinrich (Bleesern) A. S. 155/28
Observationes de privilegio sementis et seminum Vom Rechte der Aussaat und des Saamengetreydes ad 1. XII. pr. D. de instructo vel instrum. legat.
Präs. Christoph Ludwig Krell.
Wittenberg (Scheffler) V. 1752. 24 S. 31647

Schüler, Christian Michael (Stendal) U. S. Halle 1760/5
De testamento nuncupativo in scripturam redacto.
Präs. Daniel Nettelbladt. Rec.
Halle (Hendel) 1760. 36 S.
Diss. 9. IV. 1753.
W. v.: Präs. 31648

Schüler, Curt, s. Schüler, Kurt.

Schüler, Erich, die Konservierung der Futtermittel. Wirtschaftliche Bedeutg., Wesen u. Praxis der Futter-Ensilage. 8. (26 S.) Schöneberg-Berlin 899. [F. Telge.] Berlin, Deutsche Tageszeitung. n. — 80

Schüler, Erich. Konservierung von Versandmilchproben ohne Schädigung der Tuberkelbazillen durch Formalin, Borsäure und Antiformin. Aus dem bakteriologischen Institute der Landwirtschaftskammer für die Rheinprovinz. Diss. Vet.-Med. Bern. 34 S. 8. Berlin, R. Trenkel, 1910.

Schüler, Erich, Referendar: Das Rücktrittsrecht wegen mora solvendi. *Greifswald 1903: J. Abel.* (59 S.) 8°
Greifswald, Jur. Diss. v. [8. Aug.] 1903

Schüler, Ernst. Der schönste Eintritt in die Schweiz: Die Reise von Basel nach Biel durch den bernischen Jura. [Mit 1 Tabelle und illustriertem Umschlag.] 8. Biel, im Frühjahr 1847.

Schüler, Ernst. La plus belle Entrée de la Suisse, où Course de Bâle à Bienne à travers le Jura bernois, par Ernest Schuler. Traduite en français par Fr[ançoi]s Contat. [Avec 15 planches.] 8. Bienne 1848.

Schüler, Ernst. Der Bernische Jura und seine Eisenbahnen, Land, Volk und Cultur. Mit vielen schönen Illustrationen und einer Eisenbahnkarte des Jura. 8. Biel 1876 (*Umschlag*: 1877).

Schüler, Ernst. Le Jura bernois et ses chemins de fer, sa population, son histoire et ses institutions. Ouvrage orné de gravures et complété par une carte des chemins de fer du Jura. Par Ernest Schuler. 8. Bienne 1877.

Schüler, Ernst. Die Regierung der Republik Bern, und die Verfolgten der Könige. Als Vertheidigung gegen eine Anklage auf „Hochverrath" vor den Gerichten und der oeffentlichen Meinung. Ein Beitrag zur Geschichte Berns im Jahre 1836. 8. Biel 1837.

Schüler, Ernst Friedrich

Schüler, Er. Fr., kurzer Unterricht zur Obstpflege für d. Landmann. 8. Hildburgh. 799. (Er. Fleischer; auch Taubert in Leipz.) 4 gr.

Schüler, E. F., Unterricht zur Obstpflege für d. Landmann. 8. Hildburgh. Hanisch. 799.

Schüler, F., die Tarife in ihren Beziehungen zum Concessionswesen der Eisenbahnen in Oesterreich-Ungarn. gr. 8. (60 S.) Wien, Waldheim. 1870 80 kr.

Schüler, F. K., über Pisébau oder Erdstampfen. Die billigste, dauerhafteste, wärmste u. gesundeste Bauart von Allen! Salzungen 866. Scheermesser. 8. (VII, 30 S. mit 1 Steintaf. in Fol.) 6 ngr.

[Gedicht. Unterz.:] F. W. **Schüler.** o. O. [1830]. 1 Bl. 8°
„Sey mir gegrüsst, des Jahres erster Morgen, . . ." 281.

Schueler, G. Bericht an das fürstl. Wallachische Ministerium des Inneren über die Erdspaltungen und sonstigen Wirkungen des Erdbebens v. 11./23. Januar 1838, nebst einem Versuche zur Erklärung dieser Erscheinungen. Bukarest. 1838. Folio.

Schüler, G., die griechischen unregelmäßigen Verba, in alphabet. Anordng. zusammengestellt. Ein Anh. zu jeder griech. Schulgrammatik. gr. 8. (49 S.) Stade 899. A. Pockwitz. n. — 60

SCHUELER, GEORG. Ueber einige Derivate des Anthracen's. Freiburg i. B., 1883.

Schueler, Georg [prakt. Arzt aus Mohrungen]: Ueber den plastischen Ersatz von Defecten, insonderheit über Sehnenplastik . . . . Berlin, Buchdr. v. Gustav Schade (Otto Francke) (1888): 34 S. + 1 Bl. 8°
Berlin, Med. Fak., Inaug.-Diss. v. 12. Mai 1888

Schüler, Gottlieb August

Schüler, Glieb. Aug., die Judenfrage. Eine Frage an das deutsche Volk u. die deutschen Juden. 1. u. 2. Aufl. gr. 8. (87 S.) Marburg 880. Elwert's Verl. n. 1. —

Schüler, Glieb. Aug., kurze Rechtfertigung der glaubenstreuen, sogen. renitenten hessen-darmstädtischen Geistlichen und Gemeinden vor der Kirche auf Grund des heiligen Evangeliums, zugleich Bemerkungen über die Grundzüge der wahren Kirchenordnung und ein Maßstab für die neuen Verfassungen der deutschen evangel. Kirche. 2. Aufl. gr. 8. (III, 48 S.) [Frankfurt a. M. 875, Zimmer'sche Buchh.] Heilbronn, Gebr. Henninger. * 1 —

— Todes-Zeichen in der preußischen Landes-Kirche. 1. u. 2. unveränd. Aufl. 8. (IV, 92 S.) Leipzig 878. Bidder. n. 1. 20

— die Wurzeln der Judenfrage. Christen und Juden, zunächst den Studenten Deutschlands dargelegt. gr. 8. (IV, 60 S.) Berlin 881, Deutsche evangel. Buch- und Tractat-Gesellschaft. *

Schüler, Gottlieb Christian

Schüler, G(ottl.) C(hristn.), juristische Abhandlungen, s. Abhandlungen.

Schüler, G. C., Beyträge z. Beurtheilung d. Criminalgesetzbuchs f. d. Königr. Sachsen. gr. 8. (7 B.) Jena 839, Frommann.

Schüler, G. C., kritische Bemerkungen zu dem Entwurfe des Strafgesetzbuchs f. die k. preuß. Staaten. I. Hft. den 1. Thl. betreffend. gr. 8. (7¼ B.) Leipzig 844, Otto Wigand. *

Schüler, G. C., Betrachtungen über die anzustrebende Einheit Deutschlands. Berlin 859. Schlingmann in Comm. 8. (92 S.) n. 12 ngr.

(Schüler, G. C.), Flüchtige Gedanken eines Deutschen über eine Centralbehörde für Deutschland. Jena, C. Hochhausen, 1848. 16 S. 8°.

— flüchtige Gedanken eines Deutschen, s. Gedanken.

SCHÜLER, Grete (Elberfeld): Ueber Pankreasapoplexie mit Ausgang in Cystenbildung nebst Bemerkungen über Pankreas- und Fettgewebsnekrose. Mit Abb. - München: Wolf 1903. 16 S.
23.7.1903 - Chr 1903/04,16; Jv 1903/04,332
Diss. Ingolst.-Landsh.-Mchn.

Andacht und Freude. Lieder u. Gedichte von Gustav **Schüler.** ⟨1–3. Taus.⟩ Schmargendorf bei Berlin: Renaissance 1903. (62 S.) 8° [F.] [03. 3609

Schüler, Guſt., Andacht u. Freude. Lieder u. Gedichte. (1.—3. Tauſ.) (62 S.) 8. Schmargendorf-Berlin 905 Verlag „Renaiſſance". n. 1. —; geb. n. 1. 50

Schüler, Guſt., Balladen. (140 S.) 8. Leipzig 909. F. Eckardt. 3.—; geb. 4. —

Schüler, (Johann Friedrich) Gustav (Hermann), wiss. Hülfsl.: De Catulli carmine LXII. Part. 1. *Stade (1899): A. Pockwitz.* (S. 3—20.) 4°
Stade, k. G, OP 1899 (339)

Schüler, (Johann Friedrich) Gustav (Hermann), wiss. Hülfsl.: De Catulli carmine LXII. Part. 2. *Stade (1900): A. Pockwitz.* (S. 3—20.) 4° ¶ [Forts. d. P-Beil. 1899.]
Stade, k. G, OP 1900 (343)

— meine grüne Erde. Gedichte. (184 S.) 8. Dresden 904. E. Meißner. n. 2. —; geb. in Leinw. n. 3. —

Schueler, Gust., de ferro ochraceo viridi (Grüne Eisenerde. W.) et aliis quibusdam fossilibus hoc nomine comprehensis praecipue vero de hypochlorite. Dissertat. 8 maj. (2 B.) Jenae 832, Frommann.

Schüler, Guſt., Gedichte. gr. 8. (112 S.) Schmargendorf-Berlin 900. Verlag Renaiſſance. n. 2. —

— Gottſucher-Lieder. (114 S.) kl. 8. Ebd. (908). Kart. 1.80; geb. in Ldr. 3. —

— Hornrufe. Lieder u. Gedichte. (1.—5. Taus.) (Buchschmuck von Fidus.) (16 S.) kl. 8. Schmargendorf-Berlin 904. Verlag „Renaissance". n. — 30

— die Leichenwürmer. Eine Komödie 12 Schuh unter der Erde. In 1 Akt. (Bildſchmuck u. Titelzeichng. von Casberg-Krauſe.) (60 S.) kl. 8. Ebd. 904. Kart. n. — 50

— Vergeſſene Lieder. Ein Beitrag zur Geſchichte der deutſchen Lyrik. Hrsg. v. Sch. (133 S.) kl. 8. Ebd. (909). Kart. 1.80; geb. in Ldr. 3. —

— Prinz Emil v. Schoenaich-Carolath als Menſch u. Dichter. (121 S. m. 1 Bildnis.) 8. Leipzig 909. G. J. Göſchen. 2.—; geb. 2. 50

— Auf den Strömen der Welt zu den Meeren Gottes. Gedichte. (199 S.) 8. Leipzig 908. F. Eckardt. 4.50; geb. in Leinw. 5. 50

Schüler, H. (Hrsg.), s. Vorwärts.

Schüller, Heinr., Brasilien v. heute. Ein Rückblick auf die Regierungszeit des Präsidenten Dr. Campos Salles. (215 S. m. 1 Bildnis.) gr. 8. Berlin (904). D. Dreyer & Co. 2. —; geb. in Leinw. 3. —

(B) **Schüller,** Heinr., Brasilien v. he[illegible]04. (KBL 31.) Jetzt: Berlin, B. Blaurock.

Schüler, Heinr., die Literarum obligatio des älteren römiſchen Rechts. Nach den Rechtsquellen beleuchtet u. in ihrem Zuſammenhange mit dem Obligationen-Recht der juſtinianiſchen Zeit dargeſtellt. gr. 8. (6½ B.) Breslau 842, Hirt's Verl. *

Schüler, Hermann

Schüler, Herm., Choralbuch für die Prov. Sachsen, nach den von der Provinzial-Synode bestimmten Lesarten der Melodien für die Orgel bearb. Op. 4. qu. gr. 4. (XI, 225 S.) Magdeburg 888, Rathke. *
geb. *

Schüler, Hermann, approb. Arzt aus Dietenhausen: Aus d. chirurg. Klinik zu Kiel. Ein Fall von schwerer narbiger Kieferklemme. *Kiel 1904: Schmidt & Klaunig.* (19 S.) 8°
Kiel, Med. Diss. v. [11. Juni] 1904

Schüler, Hermann [pr. Arzt aus Marburg]: Primärer und secundärer Fruchtwassermangel ... Marburg, Univ.-Buchdr. (R. Friedrich)', 1892; 50 S., 1 Bl. 8.
Marburg, Med. Fak., Inaug.-Diss. v. [25. Aug.] 1892

[illegible]er, Hermanus *(geb. Oppeln 3. 1. 1843)*: De polypis laryngeis. Vratislaviae (1866). (42 S.) 8°
Breslau, Med. Diss. v. 21. März 1866

Schüler, Johannes: Über die Ernährungsbedingungen einiger Flagellaten des Meerwassers. Kiel 1910: Schmidt & Klaunig. 21 S. 4° ¶ (Aus: Wissensch. Meeresuntersuchungen. Abt. Kiel. Bd 11.)
Kiel, Phil. Diss. v. 22. März 1910, Ref. Reinke
[Geb. 12. Mai 86 Bornicke, Osthavelland; Wohnort: Kiel; Staatsangeh.: Preußen; Vorbildung: Realgymn. Potsdam Reife O. 06; Studium: Berlin 2, Kiel 5 S.; Rig. 18. Dez. 09.] [U 10. 2534

Schüler, Johann Christian (Quedlinburg) A. S. 832/32
Dissertatio inauguralis. Differentiae iuris communis et Saxonici in simultanea investitura Der Gesamten Hand. Präs. Johann Peter von Ludewig.
Halle (Gruner) 1. VIII. 1722. 40 S.
Gew.: Friedrich Wilhelm Posadovski Fhr. von Postelwiz. 31649

Schüler, Johann Christian (Quedlinburg) A. S. 19/16
Dissertatio inauguralis qua differentias iuris communis et Saxonici in simultanea investitura Der Gesamten Hand ... defendit ...
Präs. Johann Peter von Ludewig. Rec.
Halle (Grunert) 1736. 42 S.
Diss. 1. VIII. 1722. 31650

Schüler, Johann Friedrich Gustav Hermann, s. Schüler, Gustav.

Schüler, Johann Gottfried (Dresden) A. S. 1328/30
Io. Lockii sublestae de ratione sententiae.
Präs. Christilieb Gottwald Wabst.
Wittenberg (Kreusig) 20.X. 1714. 8 Bl. 31651

Schüler, Julius *Wilhelm Lorenz* [pr. Arzt in Hochstadt bei Hanau am Main]: Über die Behandlung der subkutanen Querbrüche der Kniescheibe ... Leipzig, Druck v. A. Edelmann, Univ.-Buchdr., *1894*; 47 S. 8.
Leipzig, Med. Fak., Inaug.-Diss. v. 28. Juli 1894

Schüler, K. F., Unterricht nebſt Betrachtgn. u. Gebetsweiſen f. den Kindheit-Jeſu-Verein. 16. (XIV, 256 S. m. 1 Chromolith.) Donauwörth 888. Auer. cart. n. — 80; geb. n. 1. —

Schüler, Carl, ſ. a.: Herrmann, Carl.

Staatsanwalt Alexander. Schauspiel in 4 Aufz. von Carl **Schüler**. 2. Aufl. Berlin: D. Dreyer & Co. [1907]. (128 S.) 8° [F.] [07. 12137

Staatsanwalt Alexander. Schauspiel in 4 Akten von Carl **Schüler**. 5. Aufl. Mit e. Portr. Adolf Klein's in d. Titelrolle. Berlin: D. Dreyer & Co. [1908]. (121 S.) 8° [F.] [08. 16911 II

Staatsanwalt Alexander. Schauspiel in 4 Aufz. von Carl **Schüler**. Leipzig: Reclam (1910). 77 S. 8°
(Universal-Bibliothek. 5212.) [11. 11.63

— dasselbe, s.a. Universal-Bibliothek.

— Bärbe Amelung. Lustspiel in 3 Aufzügen. (128 S.) kl. 8. Berlin (903). D. Dreyer & Co. 1.75; geb. 2.50

Carl Herrmann (auf d. Umschl.: Carl **Schüler**). Frau Blaubart. Roman. Berlin: D. Dreyer & Co. 1907. (280 S.) 8° [F.] [07. 18138

Schüler, Carl, die Diakonissin. (276 S.) 8. Berlin (905). D. Dreyer & Co. 2.—; erm. Pr. — 60

Eduard und Theodor. Die Geschichte zweier Buben in lustigen Versen erzählt von Carl **Schüler**. Ill. von Rudolf Braun 1.–10. Taus. Berlin: D. Dreyer & Co. [1906]. (56 S.) 8° [F.] [07. 18139

Schüler, K., üb. e. Fall v. Uterus duplex septus cum vagina septa. Inaug.-Diss. gr. 8. (29 S.) Kiel 890. (Gnevkow & v. Gellhorn.) n. 1.—

— Mizzi Fischer. Roman. Illustr. v. Max Tilke. (214 S.) 8. Ebd. (905). 2.—; erm. Pr. — 60

— Lockere Frauen. 2 Novellen. Illustr. v. Max Tilke u. Rud. Braun. (421 S.) kl. 8. Ebd. (907). 2.—; geb. 3.—

— Glacé. Novelle. (287 S.) 8. Ebd. (905). 2.—; erm. Pr. — 60

— Ein Herz — keine Krone. Schauspiel in 5 Aufzügen. (167 S.) kl. 8. Ebd. (904). 1.—

— Kamillen-Konrad. Eine Erzählg. aus dem Berliner Verbrecherleben. (196 S.) 8. Ebd. (904). 2.—; erm. Pr. — 60

— der Fall Krische. Kriminalroman. (286 S.) 8. Ebd (905). 2.—; erm. Pr. — 60

Carl **Schüler**. Zwei Männer und eine Frau. Roman. Berlin: D. Dreyer & Co. [1904]. (320 S.) 8° [F.] [05. 10893

Schüler, Karl, bacc. iur., Referendar: Das Miteigentum an Grundstücken. Nach dem Bürgerlichen Gesetzbuch. Neu-Ruppin 1909: Buchbinder. VIII, 80 S. 8°
Leipzig, Jur. Diss. v. 18. März 1909
[Geb. 15. Febr. 84 Niemegk; Wohnort: Neu-Ruppin; Staatsangeh.: Preußen; Vorbildung: Gymn. Wittenberg Reife O. 03; Studium: Erlangen 1, Berlin 1, Kiel 1, München 1, Kiel 2 S.; Rig. 2. Aug. 06.] [U 09. 2682

Zum Protest. Novelle von Carl **Schüler**. *Berlin: D. Dreyer & Co. [1903].* (207 S.) 8° [F.]
= [Bibliothek, Dreyer's, moderner Schriftsteller. Jg. 1, Bd 2.] [04. 3333

— Schleppe u. Schminke. Eine Erzählg. aus dem Nachtleben Berlins. (Dreyer's Bibliothek moderner Schriftsteller.) (196 S.) kl. 8. Ebd. (902). — 50; geb. — 75

Carl **Schüler**. Schleppe und Schminke. Eine Erzählung aus d. Nachtleben Berlins. *Berlin: D. Dreyer & Co. [1904].* (196 S.) 8° [F.]
= Bibliothek, Dreyer's, moderner Schriftsteller. Jg. 2, Bd 1. [04. 3363

— eine Tändelei der gnädigen Frau. Roman. (205 S.) 8. Ebd. (902). 2.—; erm. Pr. — 60

Schüler, Karl Friedrich Wilhelm

Car. Frid. Guil. **Schüler** diss. inaug. sistens antiquitates lithotomiae. Halae 1797. 8.

Schüler, Karl Heinrich Friedrich Wilhelm

Schueler, Car. Henr. Frid. Guil. (geb. Stargard in Pomm. 1810): De tartaro stibiato. Berolini (1832). (95 S.) 8°
Berlin, Med. Diss. v. 22. Dez. 1832

Schüler, Karl Rob., üb. Begründung u. Erhaltung e. innigen Liebesverhältnisses in der Schule. gr. 8. (58 S.) Hornburg 892. (Leipzig, H. G. Wallmann.) n. — 60

Schüler, Curt, d. Champignonzucht als landwirtschaftl. Nebenbetrieb. gr. 8. (53 S. m. 6 Abb.) Frankfurt a/O. 898. Trowitzsch & Sohn. Kart. n. 1.—

Die Champignonzucht als landwirthschaftlicher Nebenbetrieb. Von Curt **Schüler**. Mit 8 Abb. 2., verb. Aufl. *Frankfurt a. O.: Trowitzsch & Sohn 1900.* (57 S.) 8° [F. u. Ant.] [01. 6061

Schüler, Curt, die Champignonzucht als landwirtschaftlicher Nebenbetrieb. 3., verb. Aufl. gr. 8. (67 S. m. 20 Abb.) Frankfurt a/O. 902. Trowitzsch & Sohn. n. 1.—

Die Champignonzucht als landwirtschaftlicher Nebenbetrieb von Curt **Schüler**. Mit 30 Abb. 4., verb. Aufl. Frankfurt a. d. O.: Trowitzsch & Sohn 1905. (71 S.) 8° [F.] [06. 1003

Schüler, Curt, die Champignonzucht als landwirtschaftlicher Nebenbetrieb. 5., verb. Aufl. (IV, 69 S. m. 33 Abbildgn.) gr. 8. Frankfurt a/O. 908. Trowitzsch & Sohn. 1.—

Schüler, Kurt: Welche Handlungen können den Gegenstand einer Auslobung bilden? Göttingen 1909: Hofer. 83 S. 8°
Göttingen, Jur. Diss. v. 6. Sept. 1909, Ref. Detmold
[Geb. 20. Juli 86 Stettin; Wohnort: Stettin; Staatsangeh.: Preußen; Vorbildung: Obergymn. Meran Reife Juni 04; Studium: Leipzig 1, München 1, Göttingen 2 S.; Rig. 28. Juli 09.] [U 10. 1351

Schueler, [Laurent-Bernard]. Dissertation sur les eaux savonneuses, & en particulier sur celles de Bonn au Canton de Fribourg...; contenant leur Analyse, leurs Propriétés..., les Guérisons les plus remarquables qu'elles ont opérées depuis l'année 1750, &c. &c. 8. Fribourg en Suisse 1779.

Schüler, Leonhard [aus Bochum]: Aus d. chirurg. Klinik zu Bonn. Stichverletzungen des Darmes und der Blase ... Bonn, Buchdr. v. A. Henry, 1896; 32 S., 2 Bl. 8.
Bonn, Med. Fak., Inaug.-Diss. v. [24.] Febr. 1896

Schüler, Martin, approb. Arzt aus Zieblingen: Über funktionelle Albuminurie. *Kiel 1903: Schmidt & Klaunig.* (36 S.) 8°
Kiel, Med. Diss. v. [16. März] 1903

Schüler, Martin, aus Waltersdorf: Quellenforschung zu Scott's Roman 'Rob Roy'. *Leipzig 1901: Pöschel & Trepte.* (59 S.) 8°
Leipzig, Phil. Diss. v. [2. Aug.] 1901

Schüler, Max Josef, der landschaftliche Curort Neuhaus bei Cilli in Untersteiermark. Wien 862. Braumüller. 8. (VIII, 68 S.) n. 10 ngr.

Schüler, Max. Jos., der Curort Rohitsch-Sauerbrunn in Steiermark. 8. (IV, 159 S. mit 2 lithogr. Taf. in 4.) Graz 877, Leuschner und Lubensky. * 2 40

Schüler, Max Jos., der steiermärkisch-ständische Curort Tobelbad. Gratz 856. (Hesse.) 8. (VI, 79 S.) n. 16 ngr.

Schüler, Dr. Max Josef, Der landschaftliche Curort Tobelbad bei Gratz in Steiermark. 2. vollständig umgearb. Aufl. 8. (VI. 69 S.) Wien, Braumüller. 1864 50 kr.

Schüler, Meier, Sir Thomas Malorys 'Le morte d'Arthur' u. die englische Arthurdichtung des XIX. Jahrh. Diss. gr. 8. (207 S.) Strassburg 900. J. Singer. n. 4.—

Schüler, [Moritz], Referendar: Der Begriff der geschlossenen Gesellschaft (unter hauptsächlicher Berücksichtigung des preußischen Rechts.) Greifswald 1904: J. Abel. (36 S.) 8°
Greifswald, Jur. Fak., Ref. Stoerk, Diss. v. 7. Dez. 1904
[Geb. 21. Okt. 80 Glowitz i. Pom.; Wohnort: Rügenwalde; Staatsangeh.: Preußen; Vorbildung: Gymn. Stolp Reife O. 00; Studium: Freiburg i. B. 1, München 3, Greifswald 3 S.; Rig. 3. März 04.]

Schüler, O. [pract. Arzt]: Die Topographie des interstitiellen Bindegewebes im weiblichen Becken. Strassburg, Druck von Christian Wurst, 1884. 8. 37 S.

Schüler, Oscar, Gerichtsass.: Das sog. Beamtenkündigungsrecht des § 570 B.G.B. Sondershausen 1909: Eupel. IV, 40 S. 8°
Leipzig, Jur. Diss. v. 5. Okt. 1909
[Geb. 30. Juni 80 Großenehrich; Wohnort: Tennstedt; Staatsangeh.: Preußen; Vorbildung: Gymn. Sondershausen Reife O. 99; Studium: Halle 5, Berlin 1, München 1 S.; Rig. 28. März 03.] [U 10. 2881

Schüler, Oskar: Nette Kollegen! Begebenheiten im Dienste d. Rechtspflege ... der Öffentlichkeit unterbreitet. Der Urkunden-Abschriften T. 1–3 [nebst] Nachschrift v. 21. Juni 1905. Zürich: C. Schmidt 1903–05. 3 Bde 8°. 1 Bd 4° (2°)
1–3. 1903. Nachschrift 1905.

Schüler, Otto, aus München: Ueber die Bestandteile des Safrans, der Blütennarben von Crocus sativus L. *Erlangen 1899: E. Th. Jacob.* (59 S.) 8°
München, Phil. Diss. v. 1899

Schüler, Otto, Touristen-Hygiene. Ein rascher Ratgeber auf Gebirgswandergn., Militärmärschen, Radtouren, Jagden u. Sportplätzen. (19 S.) 16. München 906. E. Scherzer. n. — 40

Schüler, P. Tagebuch eines Schweizers während der Belagerung von Paris 15 Sept. 1870 – 30 Jan. 71, von P. Schuler.... [Titelblatt illustriert.] 8. Biel (1871).

Schüler, P., Tagebuch e. Schweizers während der Belagerung v. Paris von 15. Sept. 1870—30. Jan. 1871. 8. (VII, 394 S. m. 1 Steintaf.) Basel 872. (Schweighauser.) n. 3. 60

Schüler, Paul [aus Berlin]: Ueber die Bedeutung des Satzes Tutor personae, non rei vel causae datur. . . . Göttingen, Druck d. Univ.-Buchdr. v. W. F. Kästner, 1890; 2 Bl., 35 S. 8°
Göttingen, Jur. Fak., Inaug.-Diss. v. [30. Okt.] 1890

Schüler, Paul, üb. die Bedeutung d. Satzes: Tutor personae, non rei vel causae datur. Diss. gr. 8. (35 S.) Göttingen 890. (Vandenhoeck & Ruprecht.) n. 1. —

Schüler, Paul: Ueber die Beziehungen der cavernösen Räume im Bindegewebe der Anodonta zu dem Blutgefässsystem. Halle a. S. 1885: Plötz. 21 S. 8°
Halle-Wittenberg, Med. Diss. v. 7. März 1885
Geb. Kolberg (Pommern) 31. 3. 1862. V.
Vom Verf. üb. dasselbe Thema: Archiv für mikroskopische Anatomie Bd 25. Bonn 1885. S. 84—88.

Schüler, Paul, ein wahres Glück. Roman. (276 S.) 8. Dresden (910). H. Minden. 3.—; geb. n 4. —

Wilhelm Kraft. Novelle von Paul Schüler. *Breslau: S. Schottlaender [1900].* (162 S.) 8° [F.]
— Unterwegs und Daheim. [7. u.] [01. 1298

Schüler, Paul, Nachtstücke. 3 Einakter. (135 S.) 8. Breslau 907. Berlin, S. Schottlaender's schles. Verlags-Anstalt. n. 2. —

[F.] Bad Santum. Von Paul Schüler. *Breslau: S. Schottlaender [1898].* (164 S.) 1 Bd 8.(4.)
(Unterwegs und Daheim.) 98. 6456

Schüler, Paul, a. Apolda: Synthese des Bihydropulegenons und des α, γ-Dicyklopentanonacetessigesters. Hildesheim 1906: A. Lax. (86 S.) 8°
Göttingen, Phil. Fak., Ref. Wallach, Diss. v. 22. Febr. 1907
[Geb. 5. Juli 81 Stotternheim, Großh. Sachsen; Wohnort: Apolda; Staatsangeh.: Sachsen-Weimar; Vorbildung: Oberrealsch. Halle a. S. Reife O. 01; Studium: Halle 4, Göttingen 7 S.; Rig. 18. Dez. 06.]

Schüler, R., die Preußische Handwerks-Gesetzgebung. Systematische Darstellung der über Handwerksmeister, Fabrikanten, Gesellen etc. ergangenen Gesetze, Verordnungen, Reglements etc. mit Berücksichtigung der für Berlin geltenden Spezial-Bestimmungen. Berlin 861. (Geelhaar.) gr. 8. (XII, 372 S.) n. 1 ⅓ 10 ngr

Schüler, Rudolf

Schüler, Rud., Maßnahmen in Futternotjahren, s.: Merkblätter, landwirtschaftliche.

— Wandtafel üb. Bodenbearbeitung. Mit Text am Fusse. 101×80,5 cm. Stuttgart (907). E. Ulmer. 3. —

Schüler, Salomon [aus Hassfurt]: Die Uebersetzung der Categorieen des Aristoteles von Jacob von Edessa '(nach e. Handschrift d. Bibliothèque nationale zu Paris u. einer d. Kgl. Bibliothek zu Berlin)' hrsg., m. e. Einl. vers. u. m. d. griech. Handschriften verglichen ... Berlin, Druck v. H. Itzkowski, 1897; 31 S. 8.
Erlangen, Phil. Fak., Inaug.-Diss. v. 7. Juli 1896

Schüler, S. (Hrsg.), s.a. Aristoteles: Categorieen.

Schueler, Samuel [illegible]
[illegible] 8°
Berlin, Med. Diss. v. 2[illegible] Dez. [illegible]

Schüler, Theodor

Ueber Freimaurerei und Odd-Fellowtum. Von Theod. Schüler. Berlin: Engländer 1895. 46 S. 8°
Recens: L. 18 (1895) S. 200; Bh. 39 (1896) S. 112 (C. Gotthold); FZ. 50 (1896) S. 40 (K. Pilz).
cf. S. 2 (1895) No 16 (J. G. Findel).
Gibt Aufschluss üb. Gesch., Verirrungen, Entwicklungen, Organisation u. Wesen des Frmrbundes u. Odd-Fellowordens. Der frmrische Teil ist bearb. nach Henne-Am Rhyn, O.: D. Buch d. Mysterien. (Bd 1 Nr 3825.) 23. 25.

Schüler, Th., Geschichte der Stadt Hochheim a. Main. Auf Anregg. d. Hrn. Bernh. Walch verf. gr. 8. (VI, 165 S. m. 8 Taf.) Hochheim a/M. 887. (Mainz, Frey Verl.) n. 3. —

— s.: Gesundheitsregeln, häusliche.

— die Gründung u. Entwickelung Schlangenbads, seine illustren Gäste u. die Spielbanken hier u. in Schwalbach. Eine geschichtliche Nachlese. gr. 8. (III, 65 S.) Wiesbaden 888. Rodrian. n. 1. —

Schüler, Thdr., das Lichtheilverfahren. gr. 8. (22 S.) Leipzig (899). A. Strauch. n. 1. —

Schüler, Valentin Dr. „Von der Berechnung der Kreislinie, Kreisfläche und Kugel". pg. 3—11. 4°. Jul. Volkhart.
Fürth, Progr. 1841/42

Schüler, Val. Dr. „Ueber die Berechnung des Cylinders, in dessen Anwendung auf das praktische Leben". pg. 3—12. 4°. Jul. Volkhart.
Fürth, Progr. 1846/47

Schüler, Valentin Dr. „Berechnungen der Fässer". pg. 3—8. 4°. Gedr. mit Volkhart'schen Schriften.
Fürth, Progr. 1835/36

Schüler, Walter, appr. Arzt: Zur Kenntnis der angeborenen hypertrophischen Pylorusstenose. Halle a. S. 1908: Hohmann. 31 S. 8°
Halle, Med. Diss. v. 29. Sept. 1908, Ref. Eberth
[Geb. 16. Juni 81 Brandenburg a. H.; Wohnort: Brandenburg; Staatsangeh.: Preußen; Vorbildung: Ritter-Akad. Brandenburg Reife O. 02; Studium: Bonn 3, Halle 3, München 1, Halle 3 S.; Coll. 19. Dez. 07; Approb. 20. Sept. 08.]
[U 09. 1621

Schüler, Wilhelm, approb. Arzt aus Bochenbeuren: Aus d. Freiburger Universitäts-Augenklinik (Prof. Axenfeld). Über operative Ablösung der Aderhaut. *Freiburg i. B. 1902: K. Henn.* (85 S.) 8°
Freiburg i. B., Med. Diss. v. 1902

Schüler, Wilhelm [Repetent an d. Sem. Philippinum]: Der pseudocyprianische Tractat de rebaptismate nach Zeit und Ort seiner Entstehung untersucht ... (Enth. nur Th. 1 d. eingereichten Abh.) *Altenburg, Pierer'sche Hofbuchdr.*, 1897; 58 S., 1 Bl. 8.
Marburg, Theol. Fak., Inaug.-Diss. v. 4. Aug. 1897

Schüler, Wilhelm Friedrich

Schüler, Wilh Frdr., die Arithmetik u. Algebra in philosophischer Begründung. Vorlesungen. [In 3 Thln.] 1. Thl. gr. 8. Leipzig 873. Teubner. n. 4. —
1. Die 4 Species m. ganzen u. gebrochenen positiven u. negativen Grössen u. die Determinanten (140 S.)

Schüler, W. Fr., das Axiom v. der Winkelsumma im Dreieck. gr. 8. (IV, 51 S.) Ansbach 890. (Leipzig, Fock.) n. 1. 20

Schüler, Wilh. Frdr., die allgemeine Derivation e. neuer Grundbegriff der Funktionenrechnung, hier insbesondere der Differentialrechnung. Eine Festschrift zum 500jähr. Jubiläum der Ruperto-Carola. gr. 8. (X, 94 S.) Ansbach 886. Brügel & Sohn. 3. —

Schüler, Wilh. Friedr., die Fallinie und die Planetenbahnen als involutorische Punktreihen, auf Grund des Prinzips der Erhaltung der Kraft elementar behandelt. 2. verm. und verb. Aufl. gr. 8. (IV, 35 S.) Freising 882. (Ansbach, Brügel und Sohn.)
Die 1. Aufl. erschien als Schulprogramm.

Schüler, Wilh. Friedr. „Grundprinzipien der kosmischen Mechanik". 1 Bl und pg. 1—40. 8°. Mit Textfiguren. C. Brügel & Sohn.
Ansbach, Progr. 1887/88

Schüler, Wilh. Friedr. „Das Imaginäre in der analytischen Geometrie und das Problem der stationären Strömung in der unendlichen Ebene". 1 Blatt und pg. 1—29. 8°. Anton Fellerer.
Freising, Progr. 1881/82

—— das Imaginäre in der analytischen Geometrie und das Problem der stationären Strömung in der unendlichen Ebene. gr. 8. (IV, 29 S.)
Freising 1882.(Ansbach: Brügel & S.)

Schüler, Wilh. Frdr., Lehrbuch der analytischen Geometrie d. Punktes, der Geraden u. der Kegelschnitte, dann der Strahlbüschel u. Punktreihen [projectiv. Geometrie] m. Uebungsaufgaben. Mit 4 Taf. in Steindr. gr. 8. (XI, 237 S.) München 879. Th. Ackermann. n. 4. 80

Schüler, W. Fr., Lehrbuch der unbestimmten Gleichungen d. ersten Grades. [Diophantische Gleichgn.] Sammlung v. 874 Zahlen-, Buchstaben- u. Textaufgaben in vollständig gelöster Form u. zahlreichen Erklärgn. u. Erläutergn. Nebst den Abhandlgn. d. Bachez de Méziriac, im französ. Originale m. beigefügter deutscher Uebersetzg. Für das Selbststudium u. zum Gebrauche an Lehranstalten bearb. zum Tl. nach System Kleyer. 1. Buch. gr. 8. (VIII, 176 S.) Stuttgart 891. J. Maier. n. 4. 50

Schüler, W. Fr. „Das Princip der Erhaltung der Kraft, und die Planetenbahnen als involutorische Punktreihen". pg. 1—24. 8°. Anton Fellerer.
Freising, Progr. 1880/81

— das Princip der Erhaltung der Kraft u. die Planetenbahnen als involutorische Punktreihen. gr. 8. (24 S.) Freising 881. (Datterer.) n.n. 1. —

Schüler, W. Fr. „Ueber den Satz von der Winkelsumme im Dreieck". I—IV und pg 1—51. 8°. Ansbach 1891. C. Brügel & Sohn.
Ansbach, Progr. 1889/90

Schüler, W. Fr., üb. d. Satz v. d. Winkelsumme im Dreieck. Progr. gr. 8. (IV, 51 S.) Ansbach 891. (Leipzig, Buchh. G. Fock.) n. 1. 20

Schüler, Wilh. Friedr. „Neue Theorie des Imaginären in der Funktionenrechnung und der Analytischen Geometrie". pg. 1—56. 4°. Mit einer Tafel. Franz Paul Datterer.
Freising, Progr. 1877/78

— neue Theorie d. Imaginären in der Functionenrechnung u. der analytischen Geometrie. gr. 4. (56 S. m. 1 autogr. Taf.) Freising 878. (München, Th. Ackermann.) n. 4. —

Schüler-Album des Dorpatschen Gymnasiums von 1804 bis 1879. — Dorpat 1879. Mattiesen. 264 S. mit 1 Tab.

Schüler-Album 1880—1904/5 des König Albert-Gymnasiums (bis 1900 königl. Gymnasium) in Leipzig. (143 S.) gr. 8. Leipzig (905). (J. C. Hinrichs' Verl.) n. 1. —

Schüler-Almanach. Notiztaschenbuch für Schüler für die J. 1878—1880. 16. (53, 127; 48, 127; IV, 48, 103 S.) Leipzig, Fest. Jahrg. 1878 und 1879 cart. à * — 60
geb. à * — 75
Jahrg. 1880 cart. * 40 Pf.; geb. * — 60

Schüler-Almanach. Notiztaschenbuch für Schüler für das J. 1881. 16. (IV, 103 S.) Leipzig, Fest. cart. *
geb. *

—— dass. — für die J. 1882 und 1883. 16. (à Jahrg. IX, 151 S.) Ebendas. geb. à Jahrg. *
Nicht weiter erschienen.

Schülerarbeiten der königl. Kunst-Gewerbe-Schule Dresden, Ostern 1881—1882. Fol. (60 Lichtdr.-Taf. mit 1 Bl. Text.) Dresden 883, Gilbers'sche Hofverlagsh. In Mappe *

Schülerarbeiten aus gewerbl. Fortbildungsschulen in Württemberg nach Zeichnungen v. Schülern d. Kunstgewerbeschulen d. Ver. Königreichs. (40 T) grfol (Orig.-Zeichn.)

— der Königlichen polytechnischen Schule in Stuttgart aus den Jahren 1854-65. (Ingenieur-Arbeiten) (101 Bl) In Mappe.

— aus der Stroganoff'schen Schule für techn. Zeichnen in Moskau. Imp In 2 Mappen.

Schüler-Bibliothek, s. Freund, W

Schülerbibliothek, die. Organ f. Prüfg. u. Verbreitg. v. Jugendschriften im Sinne d. amtl. österreich. Vorschriften. Hrsg.: Karl Bornemann. I. u. II. Jahrg. 1896 u. 1898. à 8 Nrn. (Bog.) gr. 8. Znaim, Fournier & Haberler. à Jahrg. n. 1. 20

Schüler-Bibliothek, englische. Hrsg. von A. Wiemann. 1. und 2. Bdchn. 16. Gotha 875, Schloeßmann.
à Bdchn. * 60 Pf. * 1 20
Inhalt:
Bdchn. 1. Wiemann, A., Biographien berühmter Männer. Mit einem Verzeichniß der Redensarten. (VIII, 116 S.)
„ 2. —— das Zeitalter der Stuarts. Mit einem Verzeichniß der Redensarten. (V, 100 S.)

Schüler-Bibliothek, englische. Hrsg. von A. Wiemann. 1.—21. Bdchn. 16. Gotha, Schloeßmann. *

Inhalt:

Bdchn. 1. Biographieen berühmter Männer. 2. Aufl. (VIII, 117 S.) 881. * 60 Pf.
- 2. Das Zeitalter der Stuarts. 2. Aufl. (V, 100 S.) 881. * 60 Pf.
- 3. Fünf Erzählungen von W. Irwing's Alhambra. 1. und 2. Aufl. (120 S.) 880,81. * 60 Pf.
- 4. Cola Monti. Mit einem Verzeichnis der Redensarten. 1. und 2. Aufl. (VI, 185 S.) 880,84. * ℳ 1.
- 5. Scott, Sir Walter, Tales of a grandfather. 6. Kapitel. Mit einem Verzeichnis der Redensarten. 1. und 2. Aufl. (VII, 127 S.) 880,84. * 60 Pf.
- 6. Marryat, Captain, the three Cutters. Mit einem Verzeichnis der Redensarten. (109 S.) 881. * 60 Pf.
- 7. Markham's, Mrs., History of England. 6 Kapitel. Lesebuch nebst Formenlehre. (VII, 96 S.) 881. * 60 Pf.
- 8. Cooper, C., die Abenteuer des Cortes und des Pizarro. Mit einem Verzeichnis der Redensarten. (112 S.) 882. * 60 Pf.
- 9. Lamb, Charles, five tales from Shakespeare. Mit einem Verzeichnis der Redensarten. (121 S.) 881; 2. Aufl. (V, 121 S.) 884. * 60 Pf.
- 10. Lebensbilder aus Samuel Smiles' Self-Help. Mit einem Verzeichnis der Redensarten. (116 S.) 881. * 60 Pf.
- 11. Dickens, Charles, a child's history of England. 8 Kapitel. Mit einem Verzeichnis der Redensarten. (114 S.) 881. * 60 Pf.
- 12. Byron, Lord, Marino Faliero. Mit einem Verzeichnis der Redensarten. (140 S.) 882. * 60 Pf.
- 13. Cooper, E., Columbus. Mit einem Verzeichnis der Redensarten. (120 S.) 882. * 60 Pf.
- 14. Knatchbull-Hugessen, Stories for my children. Mit einem Verzeichnis der Redensarten. (116 S.) 882. * 60 Pf.
- 15. Sammlung englischer Gedichte für Schule und Haus. (IV, 106 S.) 883; 2. Aufl. (VIII, 121 S.) 884. * 60 Pf.
- 16. Holdcroft, Thom., deaf and dumb. An historical drama, in 5 acts. Mit einem Verzeichnis der Redensarten. (100 S.) 883. * 60 Pf.
- 17. Bulwer, a sketch of the life of Schiller. Mit einem Verzeichnis der Redensarten. (123 S.) 883. * 60 Pf.
- 18. Maria Stuart. Aus Scott's Tales of a grandfather. Mit einem Verzeichnis der Redensarten. (132 S.) 883. * 60 Pf.
- 19. Dance, Ch., the Bengal tiger. — Brough, Will., Apartments. Mit einem Verzeichnis der Redensarten. (95 S.) 883. * 60 Pf.
- 20. Creasy, Sir Ed., the battle of Waterloo. Mit einem Verzeichnis der Redensarten. (143 S.) 884. * 60 Pf.
- 21. Swift, J., Gulliver's voyage to Lilliput. Mit einem Verzeichnis der Redensarten. (115 S.) 884. * 60 Pf.

—— dass. — Wörterverzeichnis zum 1.—11. und 13.—15. Bdchn. 16. (38; 30; 32; 39; 32; 19; 23; 28; 36; 37; 40; 32; 31; 46 S.) Ebendas. 883—86. à Bdchn. *
12. Bdchn. ist noch nicht erschienen.

Schüler-Bibliothek, englische. Hrsg. von A. Wiemann. 3., 5., 6., 9., 11., 22.—29. Bdchn. 16. [Gotha, Schloeßmann.] Berlin, Wiegandt und Schotte. *

Inhalt:

Bdchn. 3. Fünf Erzählungen aus W. Irvings Alhambra. Mit einem Verzeichnis der Redensarten. 3. Aufl. (120 S.) 885. * 60 Pf.
- 5. Scott, Sir Walter, tales of a grandfather. 6. Kapitel. Mit einem Verzeichnis der Redensarten. 3. Aufl. (127 S.) 885. * 60 Pf.
- 6. Marryat, the three cutters. Mit einem Verzeichnis der Redensarten. 2. Aufl. (110 S.) 885. * 60 Pf.
- 9. Lamb, Ch., tales from Shakespeare. I. Mit einem Wörterverzeichnis der Redensarten. 3. Aufl. (121 S.) 886. * 60 Pf.
- 11. Dickens, Charles, a child's history of England. 8 Kapitel. Mit einem Verzeichnis der Redensarten. 2. Aufl. (115 S.) 887. * 60 Pf.
- 22. Napoleon Bonaparte I. Mit einem Verzeichnis der Redensarten. (124 S.) 885. * 60 Pf.
- 23. Creasy, drei Entscheidungsschlachten des 18. Jahrh. Mit einem Verzeichnis der Redensarten. (126 S.) 885. * 60 Pf.
- 24. Sechs Erzählungen aus A book of golden deeds. Mit einem Verzeichnis der Redensarten. (99 S.) 885. * 60 Pf.
- 25. Napoleon Bonaparte II. Mit einem Verzeichnis der Redensarten. (114 S.) 885. * 60 Pf.
- 26. Swift, J., Gulliver's voyage to Brobdingnag. Mit einem Verzeichnis der Redensarten. (107 S.) 885. * 60 Pf.
- 27. Golden deeds. II. Mit einem Verzeichnis der Redensarten. (112 S.) 885. * 60 Pf. (886?)
- 28. Miss Mulock, a Hero. Mit einem Verzeichnis der Redensarten. (185 S.) 887. * ℳ 1.—.
- 29. Lamb, Charles, five tales from Shakespeare. II. Mit einem Verzeichnis der Redensarten. (132 S.) 887. * 60 Pf.

—— dass. — Wörterverzeichnis zum 8., 9., 12., 18., 22.—24. Bd. 16. (à Bdchn. 30—40 S.) Ebendas. 885—87. à Bdchn. *

Schülerbibliothek, englische. Hrsg. v. A. Wiemann. 30. Bdchn. 16. Berlin 891. Carlshorst, H. Friedrich. In Wachstuch kart. n. — 60
E. Tournier um d. J. 1200. Von Walter Scott. [Aus: Ivanhoe.] M. e. Verzeichnis d. Redensarten. (110 S.)

Schülerbibliothek, englische. II. Serie. 1. Bdchn. 8. Berlin-Carlshorst, H. Friedrich. Kart. n. — 80
Sara Crewe. By Frances Hodgson Burnett. Mit Anmerkgn. zum Schulgebrauch versehen v. F. Mersmann. (63 S.) 901. n. — 80; Anmerkgn. (19 S.) n. — 20; Wörterbuch (23 S.) n. — 20

Schülerbibliothek, englische. II. Serie. 1. Bdchn. kl. 8. Paderborn, F. Schöningh. Geb. u. geh. n. 1. 20
Sara Crewe. By Frances Hodgson Burnett. Mit Anmerkgn. zum Schulgebrauche versehen von F. Mersmann. 2. verb. Aufl. (63, 20 u. 18 S.) 905.

Schülerbibliothek, englische. II. Serie. 1.—7. Bdchn. kl. 8. Paderborn, F. Schöningh. Geb. u. geh. 10. 40

Burnett, Frances Hodgson, Sara Crewe. Mit Anmerkgn. zum Schulgebrauch u. e. Wörterbuch versehen v. F. Mersmann. 4. Aufl. (63, 18 u. 19 S.) (910.) (1. Bdchn.) Geb. u. geh. 1. 20

Dickens, Charles, a christmas carol in prose. Mit Anmerkgn. zum Schulgebrauch u. e. Wörterbuch versehen v. Th. Hillenkamp. 2. Aufl. (136, 86 u. 20 S.) (909.) (3. Bdchn.) Geb. u. geh. 1. 60

— Florence and her little brother. (Dombey and son.) Mit Anmerkgn. zum Schulgebrauch u. e. Wörterbuch versehen v. Th. Hillenkamp. (157 u. 81 S.) (909.) (6. Bdchn.) Geb. u. geh. 1. 50

Finn, Francis J., his first and last appearance. Mit Anmerkgn. zum Schulgebrauch u. e. Wörterbuch versehen v. F. Mersmann. (146, 28 u. 31 S.) (908.) (4. Bdchn.) Geb. u. geh. 1. 60

Shakespeare, William, Julius Caesar. A tragedy. Mit Anmerkgn. zum Schulgebrauch u. e. Wörterbuch versehen von Mater Ignatia Breme, S. S. U. (122, 26 u. 19 S.) (908.) (5. Bdchn.) Geb. u. geh. 1. 20

Sharp, Evelyn, the other boy. Mit Anmerkgn. zum Schulgebrauch u. e. Wörterbuch versehen v. F. Mersmann. (128, 15 u. 24 S.) (907.) (2. Bdchn.) Geb. u. geh. 1. 50

Yonge, Charlotte Mary, Countess Kate. Mit Anmerkgn. zum Schulgebrauch u. e. Wörterbuch versehen v. Th. Hillenkamp. (VI, 176 u. 99 S.) 909. (7. Bdchn.) Geb. u. geh. 1. 80

— französische. I. Serie. 1. Bdchn. 8. Ebd. Geb. n. 1. 20
La petite princesse. Par Jeanne Mairet. Mit Anmerkgn. zum Schulgebrauch versehen v. F. Mersmann. (135 S.) 902. n. 1. 20; Anmerkgn. (27 S.) n. — 20; Wörterbuch. (23 S.) n. — 20

Schülerbibliothek, französische. I. Serie. 1. bis 3. Bdchn. kl. 8. Paderborn, F. Schöningh. Geb. u. geh. n. 4. 10

1. La petite princesse. Par Jeanne Mairet. Mit Anmerkgn. zum Schulgebrauch versehen v. F. Mersmann. 2. Aufl. (135, 23 u. 27 S.) (905.) Geb. u. geh. n. 1. 60
2. Louis XVII. Sa vie, sa mort. Auszüge aus dem Werke von A. de Beauchesne. Mit Anmerkgn. zum Schulgebrauch versehen von F. Mersmann. (110, 35 u. 15 S.) (906.) Geb. u. geh. n. 1. 50
3. Marmiton! Par Ctesse L. de Courville. Mit Anmerkgn. zum Schulgebrauch versehen von F. Mersmann. (66 u. 24 S.) (906.) Geb. u. geh. n. 1. —

— französische. I. Serie. 1. u. 3.—12. Bdchn. kl. 8. Paderborn, F. Schöningh. Geb. u. geh. 14. 90

Blandy, S., Désirée et Violette. (Fortsetzung v. Mont Salvage.) Mit Anmerkgn. zum Schulgebrauch u. e. Wörterbuch versehen v. F. Mersmann. (118, 18 u. 27 S.) (907.) (5. Bdchn.) Geb. u. geh. 1. 50

— Mont Salvage. Mit Anmerkgn. zum Schulgebrauch u. e. Wörterbuch versehen v. F. Mersmann. (164, 22 u. 31 S.) (907.) (4. Bdchn.) Geb. u. geh. 1. 60

Contes d'auteurs modernes. Mit Anmerkgn. zum Schulgebrauch u. e. Wörterbuch versehen v. A. Mühlan. (87, 34 u. 12 S.) (908.) (7. Bdchn.) Geb. u. geh. 1. 20

Courville, Ctesse-L. de, Amitiés d'enfants. Mit Anmerkgn. (u. Wörterbuch) zum Schulgebrauch versehen v. F. Mersmann. (85, 21 u. 20 S.) (910.) (11. Bdchn.) Geb. u. geh. 1. 20

— Marmiton! Ouvrage couronné par l'Académie française et par la Société d'encouragement au bien. Mit Anmerkgn. zum Schulgebrauch versehen v. F. Mersmann. 2. Aufl. (66, 8 u. 16 S.) (909.) (3. Bdchn.) Geb. u. geh. 1. —

Lavergne, Julie, quatre nouvelles. Mit Anmerkgn. zum Schulgebrauch u. e. Wörterbuch versehen v. F. Mersmann. (78, 15 u. 16 S.) (907.) (6. Bdchn.) Geb. u. geh. 1. 20

Mairet, Jeanne, la petite princesse. Mit Anmerkgn. zum Schulgebrauch versehen v. F. Mersmann. 4. Aufl. (135, 27 u. Wörterbuch 24 S.) (910.) (1. Bdchn.) Geb. u. geh. 1. 60

Molière, l'Avare. Comédie en 5 actes. Mit Anmerkgn. zum Schulgebrauch u. e. Wörterbuch versehen v. A. Mühlan. (117, 21 u. 27 S.) (908.) (10. Bdchn.) Geb. u. geh. 1. 40

Monlaur, A. R., le rayon. Scènes évangéliques. Im Auszuge nach der 53. Aufl. zum Schulgebrauch bearb. u. m. Anmerkgn. u. e. Wörterbuch versehen. Bearb. v. F. Mersmann. (70, 10 u. 22 S.) (908.) (8. Bdchn.) Geb. u. geh. 1. 20

Petri, H., prose célèbre du XIXe siècle. (VIII, 271 S.) (910.) (12. Bdchn.) Geb. 1. 80

Racine, J., Athalie. Tragédie en 5 actes. Mit Anmerkgn. zum Schulgebrauch u. e. Wörterbuch versehen von A. Mühlan. (X, 88, 16 u. 28 S.) (908.) (9. Bdchn.) Geb. u. geh. 1. 20

Schüler-Bibliothek des Herzogl. Friedrichs-Gymnasiums zu Dessau. 1898. 8 (1 Bl., 46 S.).

Progr. Herz. Friedrichs-G. *Dessau* 1898.

Nicht im Tauschverkehr.

— goldene. Wie werde ich versetzt? Hilfsmittel zur Erzielg. guter Haus- u. Klassenarbeiten u. um die Prüfg. in die höhere Klasse zu bestehen. 1.—6. 8.—14. u. 16.—21. Bd. schmal gr. 8. Kattowitz (906). C. Siwinna. à n. 1. —

Eisenreich, G., Geschichte der neueren Zeit von 1517—1789. Für Obertertianer, Untersekundaner, Obersekundaner, Unterprimaner, Oberprimaner u. Abiturienten. Gedrängte, zusammenhäng. Darstellg. des Lernstoffes. (60 S.) (Bd. 8.)

— Geschichte der neuesten Zeit von 1789 bis zur Gegenwart. Für Untersekundaner, Obersekundaner, Unterprimaner, Oberprimaner u. Abiturienten. Gedrängte, zusammenhäng. Darstellg. des Lernstoffes, leichtfaßlich u. klar. (79 S.) (Bd. 20.)

Frank, Walt., Englisch. Für Schüler der Untertertia, Obertertia, Untersekunda, Obersekunda, Unterprima, Oberprima u. Abiturienten sowie Schülerinnen höh. Schulen. Regeln u. Grundsätze in leicht fassl. Form an übersetzten Satzbeispielen erläutert. (67 S.) (Bd. 4.)

Frantz, A., alte Geschichte (orientalische Völker, Griechen u. Römer). Für Quartaner, Untertertianer, Obertertianer, Untersekundaner, Obersekundaner, Unterprimaner, Oberprimaner u. Abiturienten. (108 S.) (Bd. 6.)

— Geschichtsdaten. Für Sextaner, Quintaner, Quartaner, Untertertianer, Obertertianer, Untersekundaner, Obersekundaner, Unterprimaner, Oberprimaner u. Abiturienten. Knappgefaßte u. übersichtl. Stofforbng., leichtfaßlich u. klar. (94 S.) (Bd. 21.)

— Griechisch. Für Untertertianer, Obertertianer, Untersekundaner, Obersekundaner, Unterprimaner, Oberprimaner u. Abiturienten. (100 S.) (Bd. 1.)

— Lateinisch. Für Sextaner, Quintaner, Quartaner, Untertertianer, Obertertianer, Untersekundaner, Obersekundaner, Unterprimaner, Oberprimaner u. Abiturienten. (94 S.) (Bd. 2.)

Goldschmidt, M., Französisch. Für Sextaner, Quintaner, Quartaner, Untertertianer, Obertertianer, Untersekundaner, Obersekundaner, Unterprimaner, Oberprimaner u. Abiturienten. Regeln in leichtfaßl. Form m. übersetzten Musterbeispielen. Vorzügliches Hilfsmittel zur Erzielg. guter Arbeiten. (63 S.) (Bd. 3.)

Hünecken, G., Dispositionen f. deutsche Aufsätze. Für Obertertianer, Untersekundaner, Obersekundaner, Unterprimaner, Oberprimaner u. Abiturienten. 105 Dispositionen nebst Anleitg. zum Anfertigen v. Aufsätzen. (138 S.) (Bd. 18. 19.)

Koenig, A., Arithmetik u. Algebra I. Für Quartaner, Untertertianer, Obertertianer u. Untersekundaner. (94 S.) (Bd. 10.)

— dasselbe II. Für Sekundaner, Unterprimaner, Oberprimaner u. Abiturienten. Leichte Erlerng. der Gesetze u. Erläuterg. an Musterbeispielen. Anweisung zur Vermeidg. häufig vorkomm. Fehler. (92 S.) (Bd. 11.)

— planimetrische Konstruktionsaufgaben I. Für Quartaner, Untertertianer, Obertertianer u. Untersekundaner. Sachgemäße, kurze u. übersichtliche Anleitg. zur Lösg. v. Konstruktionsaufgaben; erschöpfend u. leicht faßlich klargelegt an der Hand mehrerer 100 gelöster Musterbeispiele u. unter Beigabe v. üb. 100 Fig. (88 S.) (Bd. 12.)

— dasselbe II. Für Untertertianer, Obertertianer, Untersekundaner u. Obersekundaner. Erschöpfend u. leichtfaßlich klargelegt an der Hand mehrerer 100 gelösten Musterbeispielen u. unter Beigabe v. 87 Fig. (75 S.) Bd. 13.)

— dasselbe III. Für Untersekundaner, Obersekundaner, Unterprimaner, Oberprimaner u. Abiturienten. An der Hand von einigen Hundert gelösten Musterbeispielen u. 50 Fig. erschöpfend u. leichtfaßlich klargelegt. Für Schüler aller höheren Lehranstalten bearb. (100 S.) (Bd. 14.)

— bürgerliche Rechnungsarten. Für Schüler der Quinta, Quarta, Untertertia, Obertertia u. Untersekunda. Mit Winken für das prakt. Rechnen mit zahlr. Musterbeispielen. (60 S.) (Bd. 9.)

— Trigonometrie I. Hauptsächlich f. Unter- u. Obersekundaner, aber auch als Repetitorium f. Primaner u. Abiturienten. Geschickte u. übersichtl. Gruppierg. des Stoffes, sachgemäße Erklärg. unter Beifügg. zahlreicher Musterbeispiele m. Figuren. (68 S.) (Bd. 16.)

— dasselbe II. Für Obersekundaner, Primaner u. Abiturienten. (113 S.) (Bd. 17.)

Mensch, E., deutsche Literaturgeschichte. Für Schüler aller höheren Lehranstalten, wie Gymnasien, Realgymnasien, Oberrealschulen, Realschulen, Seminarien, höhere Bürgerschulen, Kadettenschulen, militär. Vorbereitungsanstalten u. Privatlehranstalten bearb. (55 S.) (Bd. 5.)

Die Bde. 7 u. 15 sind noch nicht erschienen.

Schülerbibliothek, goldene. Wie werde ich versetzt? Hilfsmittel zur Erzielg. guter Haus- u. Klassenarbeiten u. um die Prüfg. in die höhere Klasse zu bestehen. 15. 18. 19. 24. 27.—29. 41. u. 42. Bd. 23,5×12 cm. Kattowitz, Phönix-Verlag. à 1. —

Hünecken, G., Dispositionen f. deutsche Aufsätze. Für Obertertianer, Untersekundaner, Obersekundaner, Unterprimaner, Oberprimaner u. Abiturienten. 155 Dispositionen nebst Anleitg. zum Anfertigen v. Aufsätzen. (2. Aufl.) (138 S.) (909.) (Bd. 18. 19.) Geb. 2. 50

Koenig, A., Planimetrie. Für Schüler aller höheren Schulen. Alle wicht. Lehrsätze, leicht faßlich bewiesen, nebst Hinweisen auf ihre prakt. Verwendg. zur Lösg. v. Aufgaben. Unter Beigabe v. 150 übersichtl. Fig. (123 S.) (909.) (Bd. 41. 42.)

— Planimetrische Verwandlungs- u. Teilungsaufgaben. Für Tertianer, Sekundaner, Primaner u. Abiturienten. Geschickte u. übersichtl. Gruppierg. des Stoffes, sachgemäße Erklärg. unter Beifügg. zahlreicher Musterbeispiele m. Fig. (85 S.) (907.) (Bd. 15.)

— Rechnen. Für Sextaner, Quintaner, Quartaner, Unter- u. Obertertianer. Kurzgefaßter Lehrgang des element. Rechnens nebst nützl. Winken f. das Kopfrechnen. Für Schüler aller höheren Lehranstalten bearb. (93 S.) (907.) (Bd. 24.)

Neumann, K., deutsche Aufsätze I—III. Für Schüler aller höheren Lehranstalten, wie Gymnasien, Realgymnasien, Oberrealschulen, Realschulen, Seminarien, höhere Bürgerschulen, Kadettenschulen u. Privatlehranstalten. Aufsätze der verschiedensten Art nebst Anleitg. zur Abfassg. v. Aufsätzen. (169 u. 96 S.) (909.) (Bd. 27—29.) Geb. n 3. 75

Bd. 30—40 sind noch nicht erschienen.

Schüler-Bibliothek. Realgymnasium Grunewald. Halensee (1909): Zipplitt. 80 S. 8°

Grunewald, RG P 1909 (125)** [S 09. 426

— stenographische. Hrsg. v. Jos. Rochus. 1. Bd. kl. 8. Wolfenbüttel (904). Heckner. n.n. — 40

Schülerlist u. Lehrertücke. Humoreske. Von Paul Lemcke. Mit Genehmigg. der Verleger in Gabelsberg. Stenographie übertr. v. Jos. Rochus. Schrift v. A. Schöttner. (40 S.)

Schülerbriefe üb. die Mittelschule, hrsg. v. Rob. Scheu, s.a. Aus der Mittelschulenquête der kulturpolitischen Gesellschaft. I.

Schülerbriefe über die Mittelschule. Aus d. Mittelschulenquête d. Kulturpolit. Gesellsch. (v. 13. Nov. 1906 bis z. 18. Jänner 1907). Briefe von Schülern, Maturanten, im Berufsleben stehenden Personen u. Mittelschulprof. als Antworten auf d. Fragebogen. Hrsg. im Auftr. d. Kulturpolit. Gesellsch. von Dr. Robert Scheu. Wien: M. Perles 1907. (VIII, 221 S.) 8°

— Mittelschulenquête, Die, d. Kulturpolitischen Gesellschaft. T. 1. [07. 9951]

Schülerbuch für den Geschichtsunterricht in den oberen Klassen der Volksschulen und für Fortbildungsschulen. Im Anschlusse an das Lese- und Sprachbuch für die oberen Klassen der Volksschulen. Bearb. von mehreren öffentl. Lehrern. 2. verb. und ergänzte Aufl. 8. (154 S.) München 886, Oldenbourg, Abteilung für Schulbücher. cart. **

Schülerbuch f. die Mittelklassen der katholischen Volksschulen. Deutsche Sprache. Welt-, Vaterlands- u. Naturkunde. Mit 1 Karte v. Bayern. Zunächst im Anschlusse an das Lese- u. Sprachbuch f. die Mittelklassen der Volksschulen. 116.—119. Aufl. 8. (64 S.) Münch. 891, Oldenbourg. cart. ** — 20; f. protestant. Volksschulen. ** — 20

Schülerbuch f. die Mittelklassen der katholischen Volksschulen. Deutsche Sprache, Welt-, Vaterlands- u. Naturkunde. Mit 1 Karte v. Bayern. Zunächst im Anschlusse an das Lese- u. Sprachbuch f. die Mittelklassen der Volksschulen. 125. Aufl. 8. (64 S.) München, R. Oldenbourg, Abteilg. f. Schulbücher. Ebd. 893. n.n. — 20; kart. n.n. — 30; f. protestant. Volksschulen zu gleichem Preis.

Schülerbuch f. die Mittelklassen der kathol. Volksschulen. Deutsche Sprache, Welt-, Vaterlands- u. Naturkunde. Mit 1 Karte von Bayern. Zun. im Anschlusse an das Lese- u. Sprachbuch f. d. Mittelklassen d. Volksschulen. 130., durchgeseh. u. der amtl. eingef. Rechtschreibg. angepaßte Aufl. 8. (64 S.) München 898. R. Oldenbourg. n. — 20; kart. n.n. — 30

Schülerbuch f. die Mittelklassen der kathol. Volksschulen. Deutsche Sprache, Welt-, Vaterlands- u. Naturkunde. Mit 1 Karte von Süd-Deutschland. 134. durchgesch. Aufl. 8. (64 S.) München (902). R. Oldenbourg. n.n. — 20; kart. n.n. — 30

Schülerbuch für die Mittelklassen der katholischen Volksschulen. Deutsche Sprache, Welt-, Vaterlands- u. Naturkunde. Mit 1 (farb.) Karte v. Süd-Deutschland. 137. Aufl. **(64 S.) 8. München** (905). R. Oldenbourg. n.n. — 20; kart. n.n. — 35

Schülerbuch f. die **Mittelklassen der katholischen Volksschulen.** Deutsche Sprache, **Welt-, Vaterlands- u. Naturkunde.** Mit 1 (farb.) Karte v. **Süddeutschland.** 138. unveränd. Aufl. (64 S.) 8. **München** (909). **R. Oldenbourg.** nn — 20; kart. nn — 35

Schülerbuch für den naturkundlichen Unterricht in der Oberklasse der Volksschule und in der Fortbildungsschule. Bearb. von mehreren öffentl. Lehrern. 8. (148 S.) München 877, Expedition des k. Central-Schulbücherverlag. ** 35 Pf.; cart. ** — 47

—— **für den naturkundlichen Unterricht in der Oberklasse der Volksschule und in der Fortbildungsschule. Bearb. von mehreren öffentl. Lehrern. 2. durchges. und der amtlich eingeführten Rechtschreibung angepaßte Aufl. 8. (VIII, 136 S.) Ebendas. 881.** ** 40 Pf.; geb. **

Schülerbuch für den Unterricht in der deutschen Sprache. Im Anschlusse an das Lese- und Sprachbuch für die Oberklassen der Volksschulen bearb. von mehreren öffentl. Lehrern. 5. Aufl. 8. (119 S.) München 882, Expedition des k. Zentral-Schulbücher-Verlags. ** 40 Pf.; geb. **

Schülerfeste, vaterländische, an d. Realanstalt am Donnersberg, I. Armin, der Befreier Deutschlands. gr. 8. (38 u. **Musikbeilage 4 S. m. 1 Abb.)** Kirchheimbolanden 897. C. Thieme. n. — 50

Schülerfeste, vaterländische, an der Realanstalt am Donnersberg. II.—IV. gr. 8. Kirchheimbolanden, Thiemesche Druckereien. n. 4. 50
- II. **Karl der Grosse, der erste Einiger der deutschen Stämme, der Förderer u. der Begründer der Kultur in Deutschland, der Erneuerer des abendländ. Kaisertums. (28 u. Musikbeilage 12 S. m. 1 Bildnis.) 897.** n. 2. —
- III. **Kaiser Konrad II., der Gründer der Abtei Limburg an der Hart, sowie des Domes zu Speyer u. das mittelalterliche Kaisertum auf dem Höhepunkt seiner Machtstellung. (27 S. m. Abbildgn.) 899.** n. 2. —
- IV. Kaiser Friedrich der Rotbart. (35 S.) 902. — 50

Schüler-Feste, vaterländische, an der Realanstalt am Donnersberg. V.—VIII. 8. Kirchheimbolanden, Thiemesche Druckereien. 1. 80
- V. Die Begründg. des pfälz. Kurstaates. (16 S. m. 2 Taf.) 907. — 20
- VI. Freie Städte. Süddeutsche Städtebündnisse u. die Hansa. (16 S. m. 1 Taf.) 908. — 20
- VII. Der Beginn der neuen Zeit in der Pfalz. (31 S. m. 2 Taf.) 909. — 40
- VIII. Karl Ludwig, der Wiederhersteller der Pfalz, die Liselotte u. der Große Kurfürst. (22 S. m. 2 Bildnissen.) 910. nn 1. —

Schülerfreund, Berliner. Notizkalender f. Gymnasiasten u. Realschüler f. 1891. Hrsg. v. F. Koch. 15. Jahrg. 16. (XVI, 316 S. m. Abbildgn.) Leipzig 890. Siegismund & Volkening. geb. n. 1. —

Schülerfreund, Berliner. Notizkalender f. Gymnasiasten u. Realschüler f. 1894. Hrsg. v. Fr. Koch. 18. Jahrg. Ausg. m. Wochentagen. 16. (XVIII, 320 S. m. eingedr. u. 1 Stahlst.-Portr.) Leipzig, Volkening & Co. Geb. n. 1. —

— dasselbe. 18. Jahrg. Ausg. ohne Wochentage. 16. (XVIII, 320 S. m. eingedr. u. 1 Stahlst.-Bildnis.) Ebd. Geb. in Leinw. n. 1. —

Schülerfreund, Berliner. Notizkal. f. Gymnasiasten u. Realschüler f. 1896. Hrsg. v. Fr. Koch. 20. Jahrg. Ausg. m. Wochentagen. gr. 16. (XVI, 336 S. m. eingedr. u. 1 Stahlst.-Bildn.) Leipzig, E. Volkening. Geb. in Leinw. n. 1. —

Schülerfreund, bremischer. 17. Jahrg. 1893. kl. 8. (324 S.) Brem., Drewes. * 1 —
Erscheint alljährlich.

— **Bremischer.** Notizkalender f. die Schüler aller Schulen u. Lehrinstitute in Bremen, Bremerhaven u. Vegesack 1895. 19. Jahrg. Ausg. m. Wochentagen. 16. (XVI, 320 S. m. eingedr. u. 1 Stahlst.-Bildnis.) Bremen, Heinr. Drewes. Geb. in Leinw. n. 1. —

— **Bremischer.** Notizkal. f. d. Schüler aller Lehranst. in Bremen, Bremerhaven u. Vegesack f. 1898. 22. Jahrg. 3. Aufl. Ausg. m. Wochentagen. 16. (XXIV, 336 S. m. eingedr. u. 1 Stahlst.-Bildn.) Bremen, H. Drewes. Geb. in Leinw. n. 1. —

Schülerfreund, deutscher. Blätter zur Belehrung und Unterhaltung für Zöglinge höherer Lehranstalten. Redact.: A. Krüger. 1. Jahrg. 1874. 52 Nrn. (à 2 Bog.) hoch 4. Leipzig 874, A. Krüger. *

Schülerfreund, deutscher. Blätter zur Belehrg. u. Unterhaltg. f. Zöglinge höherer Lehranstalten. Red.: A. Krüger. 1. Jahrg. 1874/75. 52 Nrn. (2 B.) hoch 4. Leipzig, A. Krüger's Sep.-Cto. n. 6. —

Schülerfreund, deutscher. Notizkalender für Gymnasiasten und Realschüler für 1877. Hrsg. von H. Petersilge. Mit dem Portr. des Dr. Ernst Eckstein (Holzschntaf.). 16. (312 S.) Leipzig, Siegismund und Volkening. geb. * 1 —
—— dass. — 1878. Hrsg. von H. Petersilge. 2. Jahrg. Mit dem Portr. Karl Simrock's (in Stahlst.). 16. (296 S.) Ebendas. geb. * 1 —
—— dass. — 1879. 3. Jahrg. Mit dem Portr. des Prinzen Wilhelm von Preußen (in Stahlst.). 16. (308 S.) Ebendas. geb. * 1 —
—— dass. — 1880. 4. Jahrg. Mit dem Portr. Schiller's (in Stahlst.). 16. (305 S.) Ebendas. geb. * 1 —

Schülerfreund, deutscher. Notizkalender für Gymnasiasten und Realschüler für 1881. Hrsg. von F. Koch. 5. Jahrg. Mit dem (Stahlst.-)Portr. Goethe's. 16. (313 S.) Leipzig, Siegismund und Volkening. geb. *

—— dass. — 1881/82. 5. Jahrg. Mit dem (Stahlst.-)Portr. Schiller's. 1.—3. Aufl. 16. (305 S.) Ebendas. geb. *

—— dass. — für 1882. 6. Jahrg. Mit dem (Stahlst.-)Portr. Lessing's. 16. (IV, 311 S.) Ebendas. geb. *

Schülerfreund, deutscher. Notizkalender f. Gymnasiasten u. Realschüler für 1883. Hrsg. von F. Koch. 7. Jahrg. Mit dem (Stahlst.-)Portr. Lessings. 16. (IV, 311 S.) Leipzig, Siegismund & Volkening. geb. n. 1. —

—— dass. — Ausg. vom 1. April 1883 bis 1. April 1884. 7. Jahrg. Mit dem (Holzschn.-)Portr. und der Biographie Körner's. 16. (IV, 308 S.) Ebendas. geb. *

—— dass. — für 1884. 8. Jahrg. Mit dem (Stahlst.-)Portr. und der Biographie Luther's. 1. und 2. Aufl. 16. (IV, 310 S.) Ebendas. geb. *

—— dass. — Ausg. vom 1. April 1884 bis 1. April 1885. 8. Jahrg. 16. (308 S. mit 1 Portr.) Ebendas. geb. *

Schülerfreund, deutscher, für 1885. 9. Jahrg. 16. (320 S. mit 1 Stahlst.) Leipzig, Siegismund und Volkening. Ausg. mit oder ohne Wochentagen. geb. à * 1 —

Schülerfreund, deutscher, von Ostern 1885 bis Ostern 1886. Hrsg. von F. Koch. 16. (VI, 311 S. mit 1 Stahlst.-Portr.) Leipzig, Siegismund und Volkening. geb. *

—— dass. — Notizkalender für Gymnasiasten und Realschüler für 1886. Hrsg. von F. Koch. 10. Jahrg. [Ausg. mit Wochentagen.] 16. (VIII, 305 S. mit dem Stahlst.-Portr. und der Biographie E. M. Arndt's.) Ebendas. geb. *
Ausg. ohne Wochentage *

—— dass. — von Ostern 1886 bis Ostern 1887. 16. (IV, 311 S. mit 1 Stahlst.) Ebendas. geb. *

Schülerfreund, deutscher, für 1887. Hrsg. von F. Koch. 11. Jahrg. [Ausg. mit Wochentagen.] 1.—3. Aufl. 16. (328 S. mit 1 Stahlst.) Leipzig, Siegismund und Volkening. geb. *
Ausg. ohne Wochentage *

—— dass. — von Ostern 1887 bis Ostern 1888. Hrsg. von F. Koch. 11. Jahrg. 16. (322 S. mit Rückert's Stahlst.-Bild.) Ebendas. geb. *

—— dass. — 1888. Hrsg. von F. Koch. 12. Jahrg. [Ausg. mit Wochentagen.] 16. (320 S. mit Chamisso's Stahlst.-Bild.) Ebendas. geb. *
Ausg. ohne Wochentage *

—— dass. — von Ostern 1888 bis dahin 1889. Hrsg. von F. Koch. 12. Jahrg. 16. (320 S. mit Chamisso's Stahlst.-Bild.) Ebendas. geb. *

—— dass. — für 1889. Hrsg. von F. Koch. 13. Jahrg. [Ausg. mit Wochentagen.] 16. (XVI, 320 S. mit Uhland's Stahlst.-Bild.) Ebendas. geb. *
Ausg. ohne Wochentage *

— deutscher. Notizkalender f. Gymnasiasten u. Lehrer f. 1891. Hrsg. v. F. Koch. 15. Jahrg. (Ausg. m. Wochentagen.) 1. u. 3. Aufl. gr. 16. (320 S. m. Portr. in Stahlst.) Ebd. geb. n. 1. —

— dasselbe. 2. Aufl. (Ausg. ohne Wochentage.) gr. 16. (320 S. m. Portr. in Stahlst.) Ebd. 890. geb. n. 1. —

—— deutscher. Notizkalender f. Gymnasiasten u. Realschüler f. 1893. Hrsg. v. F. Koch. 17. Jahrg. (Ausgabe m. Wochentagen.) 16. (XIV, 354 S. m. eingedr. u. 1 Stahlst.-Portr.) Lpz., Volkening u. Comp. geb. * 1 —
Erscheint alljährlich in 2 Ausg.: 1. Vom 1. Jan. bis 31. Decbr. 2. Von Ostern bis Ostern.

— deutscher. Notizkalender f. Gymnasiasten u. Realschüler f. 1894. Hrsg. v. Fr. Koch. 18. Jahrg. Ausg. m. Wochentagen. gr. 16. (XVIII, 320 S. m. Abbildgn. u. Portr. in Stahlst.) Leipzig, Volkening & Co. Geb. n. 1. —

— dasselbe. Ausg. ohne Wochentage. 16. (XVIII, 320 S. m. eingedr. u. 1 Stahlst.-Portr.) Ebd. Geb. n. 1. —

— dasselbe, f. 1895. 19. Jahrg. Ausg. m. Wochentagen. gr. 16. (XVI, 320 S. m. Abbildgn. u. Bildnis in Stahlst.) Ebd. Geb. n. 1. —

— deutscher. Notizkalender f. Gymnasiasten u. Realschüler f. Michaelis 1897 bis dahin 1898. Hrsg. von Fr. Koch. 22. Jahrg. 16. (XI, 320 S. m. eingedr. u. 1 Stahlst.-Bildn.) Leipzig, E. Volkening.
Geb. in Leinw. n. 1. —

— dasselbe f. Ostern 1898 bis dahin 1899. 22. Jahrg. 16. (XXIV, 336 S. m. Abb., eingedr. u. 1 Stahlst.-Bildn.) Ebd. Geb. in Leinw. n. 1. —

— dasselbe. (Ausg. m. Wochentagen.) 16. (XXIV, 224 S. u. S. 273—336 m. Abb., eingedr. u. 1 Stahlst.-Bildn.) Ebd. Geb. in Leinw. n. 1. —

— dasselbe f. 1899. Hrsg. von Fr. Koch. 23. Jahrg. Ausg. m. Wochentagen. 2. u. 3. Aufl. gr. 16. (XVIII, 333 u. XVIII, 344 S. m. Abb. u. 1 Stahlst.-Bildn.) Ebd. Geb. in Leinw. à n. 1. —

Schülerfreund, deutscher. Notizkalender f. Gymnasiasten u. Realschüler f. d. J. 1902. Hrsg. v. Fr. Koch. 26. Jahrg. 5. u. 6. Aufl. Ausg. m. Wochentagen. gr. 16. (à XVI, 224 u. 80 S. m. eingedr. u. 1 Stahlst.-Bildnis.) Leipzig, E. Volkening. Geb. in Leinw. n. 1. —

— dasselbe f. Ostern 1902 bis dahin 1903. Hrsg. v. Fr. Koch. 26. Jahrg. 7. Aufl. gr. 16. (XVI, 344 S. m. eingedr. u. 1 Stahlst.-Bildnis.) Ebd. Geb. in Leinw. n. 1. —

— dasselbe f. Michaelis 1902 bis Sylvester 1903. Hrsg. v. Fr. Koch. 27. Jahrg. Ausg. ohne Wochentage. gr. 16. (XII, 319 S. m. eingedr. u. 1 Stahlst.-Bildnis.) Ebd. Geb. in Leinw. n. 1. —

Schülerfreund, deutscher. Notizkalender f. Gymnasiasten u. Realschüler. 30. Jahrg. f. d. J. Ostern 1906/07. Begründet v. Fr. Koch. Ausg. m. Wochentagen. (XVI, 224 u. 94 S. m. eingedr. u. 1 Stahlst.-Bildnis.) 16. Leipzig, E. Volkening. Geb. in Leinw. n. 1. —

— dasselbe. 31. Jahrg. f. d. J. Michaelis 1906/07 (Kalendarium bis Sylvester 1907). Ausg. ohne Wochentage. (IX. 352 S. m. eingedr. u. 1 Stahlst.-Bildnis.) 16. Ebd. Geb. in Leinw. n. 1. —

— dasselbe. 31. Jahrg. f. d. J. 1907 (Kalendarium bis Ostern 1908). Ausg. m. Wochentagen. (XVI, 224 u. 96 S. m. eingedr. u. 1 Stahlst.-Bildnis.) 16. Ebd.
Geb. in Leinw. n. 1. —

Schülerfreund, deutscher. Notizkalender f. Gymnasiasten u. Realschüler. 35. Jahrg. f. d. J. 1911. (Kalendarium bis Ostern 1912.) Begründet v. Fr. Koch. Ausg. m. Wochentagen. (XVI, 224 u. 80 S. m. eingedr. Bildnissen u. 1 Stahlst.-Bildnis.) 16. Leipzig, E. Volkening.
Geb. in Leinw. 1. —

— dasselbe. Ausg. ohne Wochentage. (XVI S., Schreibkalender u. 71 S. m. Abbildgn. u. 1 Stahlst.-Bildnis). 16. Ebd. Geb. in Leinw. 1. —

— Dresdner, f. 1896. 20. Jahrg. Ausg. m. Wochentagen. gr. 16. (XVI, 336 S. m. eingedr. u. 1 Stahlstichbildn.) Ebd. Geb. in Leinw. n. 1. —

— stenographischer. Monatsblatt f. Stenographen nach dem System Scheithauer. Organ der Briefwechsel-Vereinigg. f. Schüler öffentl. Lehranstalten. Schriftleiter: E. Gosselk. (1.) Jahrg. Oktbr. 1899—Septbr. 1900. 12 Nrn. gr. 8. (à 8 autogr. S.) Hildesheim (H. Olms). n. 1. 50

— dasselbe. Zeitschrift f. Schüler öffentl. Lehranstalten. Hrsg. und Schriftleiter: Ernst Gosselk. (2.) Jahrg. Oktbr. 1900—Septbr. 1901. 12 Nrn. gr. 8. (à 8 autogr. S.) Ebd. n. 1. 50
Fortsetzung s.: Stenographenfreund, deutscher.

Schuler-Gebirge [Schlagwort]

Schuler-Gebirge. Franzl, O., Terrain- u. Wegkarte d. Schuler-Gebirges, f. die Section Kronstadt d. siebenbürg. Karpathenvereines auf Grund der Waldvermessg. vom J. 1885 u. 1886 ausgeführt. 1 : 30,000. Photolith. u. color. Fol. Kronstadt 888. Albrecht & Zillich. n. 1. 20

Schülerheft zur Landeskunde des Herzogt. S.-Gotha. Bearb. und hrsg. von E. Bechstein, W. Henze, C. Langbein, H. Pabst, F. Paetz, E. Poppe. gr. 8. (32 S.) Gotha 885, Thienemann. *

Der freiwillige Schülerhilfsdienst, Lehrgang für Jungmannreferenten in Stuttgart, Vorträge m. Aussprachen:
1. May, D. freiwill. Schülerhilfsdienst im Großherzogtum Baden.
2. Bracher, Freiwill. Schülerhilfsdienst, Schule u. Jugendverbände, ein Bild aus dem Königr. Württemberg.
3. Schöler, Schadenersatzfragen b. freiwill. Schülerhilfsdienstes.
4. Hahn, Mitwirkung d. städtischen Schuljugend b. Transport v. Holz, Kohlen usw.
5. Kroeber, Ein Vorschlag für d. Verwendung d. Jungmannenfonds.
6. Gottschalk, Schüler-Etappen-Kommandos, 2°.

Schüler-Jahrbuch, deutsches, für 1881. Hrsg. von Max Vogler. 16. (207 S.) Leipzig, [Schneider.] Lemme. cart. — 50 geb. — 75

—— dass. — auf das J. 1882. Mit Gust. Freytag's Portr. in Lichtdr. 16. (181 S.) Leipzig, Lemme. cart. * — 50 geb. * — 75

—— dass. — 1883 und 1884. Hrsg. von Max Vogler. 16. (181; 164 S. mit 1 Portr.) Leipzig, Thiel. cart. à Jahrg. * — 50 geb. à Jahrg. * — 75

—— dass. — für 1885. 16. (192 S. mit 9 Text-Abbild. und 1 Titelbild.) Leipzig, Spamer. cart. * — 75

Schüler-Jahrbuch, deutsches, 1886. Hrsg. v. Max Vogler. 10. Jahrg. Mit 1 Titelbilde. 16. (176 S.) Leipzig 885. Spamer. cart. n. — 60

Schüler-Jahrbuch, deutsches, für die J. 1887—1889. Hrsg. von Max Vogler. 11.—13. Jahrg. 16. (à Jahrg. ca. 240 S.) Gera, Th. Hofmann. cart. à Jahrg. *
Erscheint nicht weiter. — Frühere Jahrge. s. Jahrbuch für Zöglinge deutscher Gymnasien.

Schüler-Jahrbuch, deutsches, f. 1890. Begründet v. M. Vogler. Neu hrsg. v. F. Koch. gr. 16. (XVI, 320 S. m. Illustr.) Leipzig, Siegismund & Volkening. geb. n. 1. —

Schüler-Jahrbuch, deutsches. 1898. Ein Notizkal. u. Nachschlagebuch besond. f. Gymnasiasten, Realschüler u. Kadetten v. Frz. Lange. 16. (Schreibkalender u. 97 S. m. Fig.) Groß-Lichterfelde, B. Gebel. Geb. in Leinw. n. — 80

— dasselbe. Ostern 1898 bis Ostern 1899. 16. (Tagebuch u. 99 S.) Ebd. Geb. in Leinw. n. — 80

— dasselbe. 1899. (Oktbr. 1898 bis Dezbr. 1899.) Begründet von Frz. Lange. Hrsg. v. namhaften Schulmännern. 16. (Schreibkal. u. 96 S.) Ebd. Geb. in Leinw. n. — 80

Schüler-Jahrbuch, deutsches. 1903. (Oktbr. 1902 bis Dezbr. 1903.) Notizkalender u. Nachschlagebuch besonders f. Gymnasiasten, Realschüler u. Kadetten. Begründet v. Frz. Lange. Hrsg. v. Alb. Fischer. 8. Jahrg. gr. 16. (Schreibkalender u. 114 S.) Groß-Lichterfelde, B. W. Gebel. Geb. in Leinw. n. — 80

Schüler-Jahrbuch, deutsches. 1906—1907. (Ostern 1906 bis Ostern 1907.) Notizkalender u. Nachschlagebuch für die Schüler sämtl. höh. Lehranstalten. Hrsg. v. Alb. Fischer. 11. Jahrg. (V S., Schreibkalender u. 140 S.) 16. Groß-Lichterfelde, B. W. Gebel. Geb. in Leinw. n. — 80

— dasselbe. 1906—1907 (Oktober 1906—Dezember 1907). 12. Jahrg. (XVI S., Schreibkalender u. 164 S.) 16. Ebd. Geb. in Leinw. n. — 80

Schüler-Jahrbuch, deutsches. 1910—1911. Ostern 1910—Ostern 1911. Notizkalender u. Nachschlagebuch f. die Schüler sämtl. höherer Lehranstalten. Hrsg. v. Alb. Fischer. 15. Jahrg. (XXXVI S., Schreibkalender u. 180 S.) 16. Groß-Lichterfelde, B. W. Gebel. Geb. in Leinw. — 80

Schüler-Jahrbuch, deutsches. 1910—1911. Oktbr. 1910 bis Dezbr. 1911. 16. Jahrg. (XXXVI S., Schreibkalender u. 150 S.) 16. Groß-Lichterfelde, B. W. Gebel. Geb. in Leinw. — 80

Schülerin, die kleine. Bilderbuch für fleißige Mädchen. Nürnberg (857.) Geißler. 4. (12 lith. u. color. Bl.) 1¼ ngr.

Schülerinnen-Jahrbuch, deutsches, f. 1890. Begründet v. M. Vogler. Neu hrsg. v. F. Koch. gr. 16. (XVI, 320 S. m. Illustr. u. Stickmusterbeilagen.) Leipzig, Siegismund & Volkening. geb. n. 1. —

Schülerinnen-Jahrbuch, deutsches. 1903. (Oktbr. 1902 bis Dezbr. 1903.) Notizkalender u. Nachschlagebuch f. Schülerinnen höherer Lehranstalten. Hrsg. v. Hedw. Schulte-Busch. 3. Jahrg. gr. 16. (III S., Schreibkalender und 94 S.) Ebd. Geb. in Leinw. n. — 80

Schülerinnen-Jahrbuch, deutsches. 1906—1907. (Ostern 1906—Ostern 1907.) Notizkalender u. Nachschlagebuch f. die Schülerinnen sämtl. höh. Lehranstalten. Hrsg. v. Marie Tancke. 6. Jahrg. (V S., Schreibkalender u. 110 S.) 16. Ebd. Geb. in Leinw. n. — 80

— dasselbe. 1906—1907 (Oktober 1906—Dezember 1907). 7. Jahrg. (XII S., Schreibkalender u. 108 S.) 16. Ebd. Geb. in Leinw. n. — 80

Schülerinnen-Jahrbuch, deutsches. 1910—1911. Ostern 1910—Ostern 1911. Notizkalender u. Nachschlagebuch f. die Schülerinnen der höheren Lehranstalten. Hrsg. v. Marie Tancke. 10. Jahrg. (XIX S., Schreibkalender u. 109 S.) 16. Ebd. Geb. in Leinw. — 80

— dasselbe. 1910—1911. Oktbr. 1910 bis Dezbr. 1911. 11. Jahrg. (XXII S., Schreibkalender u. 111 S.) 16. Ebd. Geb. in Leinw. — 80

(Heinrich) Schöningh's Schülerinnen-Kalender für Munster und das Münsterland. 1. Ausg. Schuljahr 1906–1907. Munster i. W.: H. Schöningh 1906. 8° [Umschlagt.]

Schülerinnen-Kalender für Schülerinnen höherer Töchterschulen auf das J. 1885. (1. Jahrg.) Hrsg. von Adelheid Wildermuth. 16. (V, 234 S.) Lahr, Schauenburg. cart. — 60

Schülerinnen-Kalender für höhere Töchterschulen auf das J. 1888. Hrsg. von Adelheid Wildermuth. 16. (XII, 224 S.) Lahr, Schauenburg. cart. geb. *

Schülerinnenkalender f. d. J. 1893. Hrsg. v. K. E. Ettlinger. gr. 16. (XII, 232 S.) Lahr, Schauenburg. cart. — 60; geb. 1 —
Erscheint alljährlich.

Schülerinnenkalender f. d. J. 1895. Hrsg. v. Adf. Mang. 16. (XXVIII, 216 S.) Lahr, M. Schauenburg. Kart. — 60; geb. 1. —

Schülerinnenkalender f. d. Schulj. 1898/99. Hrsg. v. Ad. Sütterlin. gr. 16. (272 S.) Lahr, M. Schauenburg. Kart. — 60; geb. in Leinw. 1. —

Schülerinnenkalender f. d. Schulj. 1902/1903. Hrsg. v. Adf. Sütterlin. 19. Jahrg. (Spätjahrsausg.) gr. 16. (Schreibkalender u. 92 S.) Lahr, M. Schauenburg. Geb. — 60

— dasselbe f. d. Schulj. 1903/1904. 19. Jahrg. Jan.-Ausg. gr. 16. (Schreibkalender u. 92 S.) Ebd. Geb. — 60

Schülerinnenkalender f. d. Schulj. 1906/1907. Hrsg. von Adf. Sütterlin. 23. Jahrg. Oster-Ausg. (Schreibkalender u. 90 S.) 16. Lahr, M. Schauenburg. Geb. — 60

— dasselbe. Spätjahr-Ausg. (Schreibkalender u. 89 S.) 16. Ebd. Geb. — 60

— dasselbe f. d. Schulj. 1907/1908. 24. Jahrg. Januar-Ausg. (Schreibkalender u. 89 S.) 16. Ebd. Geb. — 60

Schülerinnenkalender f. d. Schulj. 1909/1910. Hrsg. von Adf. Sütterlin. 26. Jahrg. Oster-Ausg. (Schreibkalender u. 89 S.) 16. Lahr, M. Schauenburg. Geb. nnn — 40

— dasselbe 1910/1911. 27. Jahrg. Jan.-Ausg. (Schreibkalender u. 89 S.) 16. Ebd. Geb. nnn — 40

— dasselbe. 1910/1911. 27. Jahrg. Spätjahr-Ausg. (Schreibkalender u. 89 S.) 16. Ebd. Geb. nnn — 40

Schüler-Kalender, allgemeiner deutscher, m. Taschen-Notizbuch 1903. (Schreibkalender u. 32 S. m. 1 Karte.) gr. 16. Leipzig-Neustadt, A. Henze. Kart. n. — 40

Schülerkalender

— u. Aufgabenbuch f. d. J. 1900. 12. (120 S.) Stuttgart, A. Bonz & Co. Geb. in Leinw. n. — 60

—— baltischer, für 1880 und 1881. 1. und 2. Jahrg. 16. (174; 181 S.) Riga, Helms. geb. à Jahrg. 1 20
Nicht weiter erschienen.

—— dass. — für das J. 1885. (1. Jahrg.) 16. (185 S.) Mitau, Behre's Verlag. geb. * 1 —

Schülerkalender, baltischer, für die J. 1886—1889. 2.—5. Jahrg. 16. (à Jahrg. ca. 190 S.) Mitau, Behre's Verlag. geb. à Jahrg. *

Schüler-Kalender, deutscher. 1877—1879. 5.—7. Jahrg. Hrsg. von Max Vogler. 16. (à Jahrg. ca. 160—190 S.) Leipzig, G. Körner. à Jahrg. cart. * 50 Pf.; geb. à * — 75

—— deutscher, nebst Aufgabenbuch für 1888/89. 16. (160 S.) Dortmund, Hermann Meyer. cart.

— deutscher. Taschenbuch f. Schüler höh. Lehranst. auf d. J. 1899. (4. Jahrg.) Hrsg. von F. Metscher u. K. Hoerenz. 16. (336 S. m. 1 Abb. u. farb. Taf.) Dresden, H. Morchel. Geb. in Leinw. n. 1. —

— dasselbe. Mit Beilage f. evang. Schüler: Vorberg, Max: Johann Wolfgang v. Goethe. — Hoerenz, Karl: August Hermann Francke. 16. (336 S. m. 1 Abb. u. 2 farb. Taf. u. 32 S. m. 2 Bildn. u. 1 Taf.) Ebd. Geb. in Leinw. u. geh. n. 1. —

Schülerkalender, deutscher. Taschenbuch f. Schüler höherer Lehranstalten. (Begründet v. E. Metscher.) 8. Jahrg. 1903. gr. 16. (305 S.) Berlin, Th. Fröhlich. Geb. in Leinw. n. 1. —

— deutscher. Taschenbuch f. Schüler höherer Lehranstalten. (Begründet v. E. Metscher.) 12. Jahrg. 1907. (289 S.) 16. Berlin, Th. Fröhlich's Nachf. Geb. in Leinw. n. 1. —

Schülerkalender, deutscher. Taschenbuch f. Schüler höh. Lehranstalten. (Begründet v. E. Metscher.) 15. Jahrg. 1910. (293 S.) 16. Berlin, Th. Fröhlich's Nachf. Geb. in Leinw. 1. —

— deutscher, als Aufgabenbuch. Vom unterrichtl. u. erzieherischen Standpunkte aus zusammengestellt. (Schreibkalender u. 22 S.) kl. 8. Dresden (904). G. Herlich. Geb. — 50

— f. Hamburg u. die Städte der Umgegend. 1. Jahrg. gr. 16. (IV, 184 u. 64 S.) Hamburg 890. Herold's Verl. geb. n. 1. —; kleine Ausg. (IV, 64 S.) geb. n. — 60

Schülerkalender. Kaiser's Neuer Schweizer Schülerk' für das Jahr 1908. Jahrg. 1. [Mit Illustrationen und 1 Porträt-Tafel.] V + 224 [+ 16 leere] S. 8. Bern, Kaiser & Co. [geb. fr. 1. 50]

Schülerkalender. Kaiser's Neuer Schweizer Schülerk' ⟨Pestalozzi-Schülerk'⟩. Jahrg. (2.) 1909. [Mit Illustrationen, 5 Tafeln und 1 Beilage.] V + 272 + *Anhang* 40 S. 8. Bern, Kaiser & Co. [geb. fr. 1. 50]

Schülerkalender. Kaiser's Neuer Schweizer Schülerk' ⟨Pestalozzi-Kalender⟩. Jahrg. (3.) 1910. [Mit Illustrationen, 5 Tafeln und 1 Beilage.] V + 272 + *Anhang* 52 S. 8. Bern, Kaiser & Co. ([geb.] fr. 1. 50)

(F) Österreichischer Schülerkalender für das Schuljahr 1905/1906. 3. Jahrg. 8°. (62 S.) geb. K —.60
Böhmisch-Leipa: Joh.Künstner 1905.

Österreichischer Schülerkalender für das Schuljahr 1907/1908. 5. Jahrg. 8°. (96 S.) Ebda.1907. geb. K —.40

Schüler-Kalender [Notizkalender] für Schüler höherer Lehranstalten auf die J. 1883—1885. (1.—3. Jahrg.) 16. (à Jahrg. ca. 200 S.) Lahr, Schauenburg. cart. à Jahrg. — 60
geb. à Jahrg. * 1 —

— f. Schüler höherer Lehranstalten auf d. J. 1888. 16. (260 S.) Lahr, Schauenburg. cart. — 60; geb. n. 1. —

—— f. Schüler höherer Lehranstalten auf d. J. 1893. gr. 16. (272 S.) Lahr, Schauenburg. cart. — 60; geb. 1 —
Erscheint alljährlich in 2 Ausg.: 1. Mit Januar beginnend. 2. Mit Oktober beginnend.

Schülerkalender f. Schüler höherer Lehranstalten f. d. J. 1895. 16. (272 S.) Lahr, M. Schauenburg. Kart. — 60; geb. 1. —

Schülerkalender f. Schüler höh. Lehranst. f. das Schulj. 1898/99. Hrsg. von Ad. Sütterlin. gr. 16. (272 S.) Ebd. Kart. — 60; geb. in Leinw. 1. —
Beim Jahrg. 1897/98 war Ad. Mang Mitherausgeber.

— für Schüler höherer Lehranstalten f. d. Schulj. 1902/1903. Hrsg. v. Adf. Sütterlin. 21. Jahrg. (Spätjahrsausg.) gr. 16. (Schreibkalender u. 96 S.) Lahr, M. Schauenburg. Geb. — 60

— dasselbe f. d. Schulj. 1903/1904. 21. Jahrg. (Jan.-Ausg.) gr. 16. (Schreibkalender u. 96 S.) Ebd. Geb. — 60

— für Schüler höherer Lehranstalten f. d. Schulj. 1906/1907. Hrsg. v. Adf. Sütterlin. 25. Jahrg. Oster-Ausg. (Schreibkalender u. 90 S.) 16. Lahr, M. Schauenburg. Geb. — 60

— dasselbe. Spätjahr-Ausg. (Schreibkalender u. 90 S.) 16. Ebd. Geb. — 60

— dasselbe f. d. Schulj. 1907/1908. 26. Jahrg. Januar-Ausg. (Schreibkalender u. 90 S.) 16. Ebd. Geb. — 60

f. Schüler höherer Lehranstalten f. d. Schulj. 1909/1910. Hrsg. v. Adf. Sütterlin. 28. Jahrg. Oster-Ausg. (Schreibkalender u. 90 S.) 16. Lahr, M. Schauenburg. Geb. nnn — 40

- dasselbe 1910/1911. 29. Jahrg. Jan.-Ausg. (Schreibkalender u. 90 S.) 16. Ebd. Geb. nnn — 40

— dasselbe. 1910/1911. Hrsg. v. Adf. Sütterlin. 29. Jahrg. Spätjahr-Ausg. (Schreibkalender u. 90 S.) 16. Ebd. Geb. nnn — 40

Schülerkalender

—— schweizerischer, für die Zöglinge der Mittel- und Kantonschulen, Seminarien, Institute etc. 1879. Hrsg. von R. Kaufmann-Bayer. (1. Jahrg.) gr. 16. (172; 184S.) Frauenfeld, Huber. à Jahrg. * 1 20

—— schweizerischer, für die Zöglinge der Mittel- und Kantonsschulen, Seminarien, Institute etc. auf die J. 1880—1885. 2.—7. Jahrg. Hrsg. von R. Kaufmann-Bayer. 16. (192; 184; 172; 176; 192; 196 S.) Frauenfeld, Huber.
Jahrg. 1880—1884 à * 1 20
Jahrg. 1885 * 1 —

—— **schweizerischer, für die Zöglinge der Mittel- und Kantonsschulen, Seminarien, Institute etc. auf das J. 1886. 8. Jahrg. Hrsg. von R. Kaufmann-Bayer. 16. (196 S. mit 1 Titelbilde in Stahlst.: Das Winkelried-Denkmal in Stans von Arnold Schlöth.) Frauenfeld, Huber. geb. ***

—— **dass. — auf das J. 1887. 9. Jahrg. Hrsg. von R. Kaufmann-Bayer. 16. (208 S. mit dem Titelbilde: „Der Bundesschwur im Rütli 1307" nach einem Gemälde von L. Vogel.) Ebendas. geb. ***

—— **dass. — auf die J. 1888 und 1889. 10. und 11. Jahrg. Hrsg. von R. Kaufmann-Bayer. 16. (200; 208 S. mit je 1 Schweizerkarte.) Ebendas. geb. à Jahrg. ***

—— **schweizerischer, f. die Zöglinge der Mittel- u. Kantonsschulen, Seminarien, Institute etc. auf d. J. 1890—1893. 12.—15. Jahrg. Hrsg. v. R. Kaufmann-Bayer. Mit 1 Taf. der schweiz. Kantonswappen in Farbendr. gr. 16. (208 S.) Frauenf., Huber's Verlag. geb. à Jahrg. * 1 20**

— schweizerischer, f. die Zöglinge der Mittel- u. Kantonsschulen, Seminarien, Institute etc. auf d. J. 1895. 17. Jahrg. Hrsg. v. R. Kaufmann-Bayer. gr. 16. (Schreibkalender u. 54 S. m. 1 Lichtdr.) Frauenfeld, J. Huber, Verl. Geb. in Leinw. n. 1. 20

Schüler-Kalender, schweizerischer, für die Schüler und Schülerinnen der Real-, Sekundar- und Bezirksschulen, Kantonsschulen, Seminarien und Institute auf das Jahr 1896. 18. Jahrgang. Red. von *R. Kaufmann-Bayer*. Mit Titelbild. (St. Jakobsdenkmal in Basel.) In-12°. 220 S. Frauenfeld, J. Huber. 1 40

Schüler-Kalender, schweizer., für die Schüler und Schülerinnen der Real-, Sekundar- und Bezirksschulen, Kantonsschulen, Seminarien u. Institute auf d. J. 1897. 19. Jahrg. Herausg. von *R. Kaufmann-Bayer*. Mit 1 Lichtdruck u. 5 Textabb. In-12°. VIII, 54 S. Frauenfeld, J. Hubers Verlag. Leinw. 1 40

Schüler-Kalender, schweizerischer, f. die Schüler u. Schülerinnen der Real- etc. Schulen a. d. Jahr 1898. 20. Jahrg. Hrsg. v. *R. Kaufmann-Bayer*. Gr. in-16°. 192 S. mit 6 Abb. und 1 Lichtdr. Frauenfeld, J. Huber. Geb. in Lwd. 1 40

— **schweizerischer**, f. d. Schüler u. Schülerinnen d. Real-, Sekundar- u. Bezirksschulen, Kantonsschulen, Seminarien u. Institute auf das J. 1899. 21. Jahrg. Hrsg. v. R. Kaufmann-Bayer. gr. 16. (200 S. m. 8 Abb. u. 1 Lichtdr.) Frauenfeld, J. Huber. Geb. in Leinw. n. 1. 20

Schüler-Kalender, schweizer. Notizkalender für die Schüler und Schülerinnen an den Oberklassen der Volksschule, an Real-, Sekundar- und Bezirksschulen, Kantonsschulen, Seminarien u. Instituten auf das Jahr 1900. 22. Jahrg. Hrsg. v. *R. Kaufmann-Bayer* u. *Carl Führer*, Kl. 8°. 216 S. Text. Frauenfeld. J. Huber's Verlag. Geb. 1 40

Schülerkalender. Schweizerischer Schüler-Kalender. Notizkalender für die Schüler und Schülerinnen an den Oberklassen der Volksschule, an Real-, Sekundar- und Bezirksschulen, Kantonsschulen, Seminarien und Instituten auf das Jahr 1901. Jahrg. 23. Hrg. von R[obert] Kaufmann-Bayer... und Carl Führer... [Mit Illustrationen, 1 Tafel und 1 Beilage.] (*zus.* 257 S.) 8. Frauenfeld, J. Huber. [fr. 1. 40]

Schülerkalender. Schweizerischer Schüler-Kalender. Notizkalender für die Schüler und Schülerinnen an den Oberklassen der Volksschule, an Real-, Sekundar- und Bezirksschulen, Kantonsschulen, Seminarien und Instituten auf das Jahr 1902. Jahrg. 24. Hrg. von R[obert] Kaufmann-Bayer... und Carl Führer.... [Mit Illustrationen, 1 Tafel und 1 Beilage.] V + 224 [+ 32 leere] S. 8. Frauenfeld, J. Huber. [geb. fr. 1. 40]

Schülerkalender. Schweizerischer Schüler-Kalender. Notizkalender für die Schüler und Schülerinnen an den Oberklassen der Volksschule, an Real-, Sekundar- und Bezirksschulen, Kantonsschulen, Seminarien und Instituten auf das Jahr 1903. Jahrg. 25. Hrg. von R[obert] Kaufmann-Bayer ... und Carl Führer.... [Mit Illustrationen, 1 Tafel und 1 Beilage.] (*zus.* 277 S.) 8. Frauenfeld, Huber & Co. [geb. fr. 1. 50]

Schülerkalender. Schweizerischer Schüler-Kalender. Notizkalender für die Schüler und Schülerinnen an den Oberklassen der Volksschule, an Real-, Sekundar- und Bezirksschulen, Kantonsschulen, Seminarien und Instituten auf das Jahr 1904. Jahrg. 26. Hrg. von R[obert] Kaufmann-Bayor... und Carl Führer.... [Mit Illustrationen, 1 Tafel und 1 Beilage.] (*zus.* 281 S.) 8. Frauenfeld, Huber & Co. [geb. fr. 1. 50]

Schülerkalender. Schweizerischer Sch'-K'. Notizkalender für die Schüler und Schülerinnen an den Oberklassen der Volksschule, an Real-, Sekundar- und Bezirksschulen, Kantonsschulen, Seminarien und Instituten auf das Jahr 1905. Jahrg. 27. Hrg. von R[obert] Kaufmann-Bayer ... und Carl Führer.... [Mit Illustrationen, 1 Tafel und 1 Beilage.] (*zus.* 285 S.) 8. Frauenfeld, Huber & Co. [geb. fr. 1. 50]

Schülerkalendor. Schweizerischer Sch'-K'. Notizkalender für die Schüler und Schülerinnen an den Oberklassen der Volksschule, an Real-, Sekundar- und Bezirksschulen, Kantonsschulen, Seminarien und Instituten auf das Jahr 1906. Jahrg. 28. Hrg. von R[obert] Kaufmann-Bayer ... und Carl Führer.... [Mit Illustrationen, 1 Porträt-Tafel und 1 Beilage.] (*zus.* 281 S.) 8. Frauenfeld, Huber & Co. [geb. fr. 1. 50]

Schülerkalender. Schweizerischer Sch'-K'. Notizkalender für die Schüler und Schülerinnen an den Oberklassen der Volksschule, an Real-, Sekundar- und Bezirksschulen, Kantonsschulen, Seminarien und Instituten auf das Jahr.... Hrg. von R[obert] Kaufmann-Bayer ... und Carl Führer.... [Mit Illustrationen und 1 Beilage.] 8. Frauenfeld, Huber & Co. [geb. fr. 1. 50]
... 1907. Jahrg. 29. [Mit 1 Porträt-Tafel.] IV + 208 [+ 34 + *Anhang* 40] S.
... 1908. Jahrg. 30. [Mit 1 Tafel.] IV + 212 [+ 34 + *Anhang* 36] S.

Schülerkalender. Schweizerischer Sch'-K'. Notizkalender für die Schüler und Schülerinnen an den Oberklassen der Volksschule, an Real-, Sekundar- und Bezirksschulen, Kantonsschulen, Seminarien und Instituten auf das Jahr 1909. Jahrg. 31. Hrg. von R[obert] Kaufmann-Bayer ... und Carl Führer.... [Mit Illustrationen, 1 Tafel und 2 Beilagen.] V + 208 [+ 48 + *Anhang* 40] S. 8. Frauenfeld, Huber & Co. [geb. fr. 1. 50]

Schülerkalender. Schweizerischer Sch'-K'. Notizkalender für die Schüler und Schülerinnen an den Oberklassen der Volksschule, an Real-, Sekundar- und Bezirksschulen, Kantonsschulen, Seminarien und Instituten auf das Jahr.... Hrg. von R[obert] Kaufmann-Bayer ... und Carl Führer.... [Mit Illustrationen und 1 Beilage.] 8. Frauenfeld, Huber & Co. [geb. fr. 1. 50]
... 1910. Jahrg. 32. [Mit 25 Tafeln.] VI + 232 + 40 S.

— schweizerischer. Notizkalender f. die Schüler u. Schülerinnen an den Oberklassen der Volksschule, an Real-, Sekundar- u. Bezirksschulen, Kantonsschulen, Seminarien u. Instituten auf d. J. 1911. 33. Jahrg. Hrsg. v. R. Kaufmann-Bayer u. Carl Führer. (272 u. 46 S. m. 24 Abbildgn. u. Titelbild.) 16. Frauenfeld, Huber & Co. Geb. in Leinw. 1. 20

Schüler-Karte des Kantons Aargau. Hrg. von der Erziehungsdirektion des K' A'. Bearb. von H. Kümmerly & Frey, Geograph. Anstalt, Bern, 1905. 1 Bl. fol., *zus.-gefaltet mit illustr. Titel* 8. [auf Papyrolin fr. 1. 40]

Titel auf dem Blatt: Karte des K' A'. Massstab 1 : 100 000. 572/577 mm. Geogr. artistische Anstalt H. Kümmerly & Frey, Bern.

Schüler-Kommentare zu griechischen u. lateinischen Klassikern im Anschluß an die Teubner'schen Textausgaben. Hft. I, II, III, 1 u. IV, 1. 8. Leipzig, Teubner. cart. à n. — 80

I. Anleitung zur Vorbereitung auf P. Ovidii Nasonis metamorphoseon delectus Siebelisianus v. F. Polle. (132 S.) 888.
II. Anleitung zur Vorbereitung auf Cornelius Nepos v. F. O. Stange. (VI, 90 S.) 889.
III. 1. Anleitung zur Vorbereitung auf C. Jul. Cäsar's gallischen Krieg v. A. Proksch. 1. Bdchn.: Buch I—III. (VI, 72 S.) 890.
IV. 1. Anleitung zur Vorbereitung auf Xenophon's Anabasis von Ad. Schirmer. 1. Bdchn.: Buch I u. II. (VIII, 82 S.) 890

Schüler-Kommentare zu griechischen u. lateinischen Klassikern im Anschluß an die Teubner'schen Textausgaben. Hft. III, 2. 3. Bdchn., Hft. IV, 2. Bdchn., Hft. V, 1.—4. Bdchn. 12. Leipzig, B. G. Teubner. In Leinw. kart. à Bdchn. n. — 80

III, 2. Anleitung zur Vorbereitung auf C. Jul. Cäsars gallischen Krieg v. A. Prock sch. 2. Bdchn.: Buch IV—VI. (VI, 64 S.) 892.
3. — dasselbe. 3. Bdchn.: Buch VII u. VIII. (VI, 61 S. m. 3 Abbildgn. u. 4 Plänen.) 893.
IV, 2. Anleitung zur Vorbereitung auf Xenophons Anabasis v. Adf. Schirmer. 2. Bdchn.: Buch III, IV u. V. (VI, 81 S.) 892.
V, 1. Anleitung zur Vorbereitung auf Homers Odyssee v. C. Hentze. 1. Bdchn.: Gesang I—VI. (VI, 129 S.) 891.
2. — dasselbe. 2. Bdchn.: Gesang VII—XII. (116 S.) 891.
3. — dasselbe. 3. Bdchn.: Gesang XIII—XVIII. (111 S.) 893.
4. — dasselbe. 4. Bdchn.: Gesang XIX—XXIV. (118 S.) 893.

Schüler-Kommentare zu griechischen u. lateinischen Klassikern im Anschluß an die Teubnerschen Textausgaben. 1. Hft., 3. Hft. 1. Bdchn. u. 6. Hft. 1. Bdchn. 12. Leipzig, B. G. Teubner. Kart. à n. — 60

1. Anleitg. zur Vorbereitg. auf P. Ovidii Nasonis Metamorphoseon delectus Siebelisianus. Von Frdr. Polle. 2. Aufl. v. Otto Stange. (VI, 143 S.) 893.
3. 1. Anleitg. zur Vorbereitg. auf C. Julius Cäsars Gallischen Krieg. Von A. Prock sch. 1. Bdchn.: Buch I—III. 2. Aufl., gänzl. umgearb. v. J. Lange. (VI, 100 S.) 897.
6. 1. Anleitg. zur Vorbereitg. auf Homers Odyssee. Von C. Hentze. 1. Bdchn.: Gesang I—VI. 2., berichi. Aufl. (VI, 132 S.)

Schüler-Lesebuch für National-Stenographen. Liegnitz: Verl. f. Nationalstenogr. 1906. (16 S.) 8° [Umschlagt.] [Text stenogr.]

Schülerliebe. Dichtung in 7 Gesängen v. E. P. 8. (77 S.) Riga 886. Mellin & Neldner. n.n. 1. 50; geb. n.n. 2. 70

Schüler-Novellen. 1. Bdchn.: Schülerliebe. — Der verlorene Sohn. — Erinnerungen aus dem Tagebuch eines Gymnasiasten. 1. und 2. Aufl. 12. (136 S.) Leipzig 882,83, Rasch und Comp. *ℳ 1.; geb. * 1 30

Schüler-Novellen. 1. u. 2. Bdchn. 12. Leipzig 886. Rasch & Co. à 1. —; geb. à 1. 30

1. Schülerliebe von Frz. Frhrn. v. Gaudy. Der verlorene Sohn von Frz. Frhrn. v. Gaudy. Erinnerungen aus dem Tagebuche e. Gymnasiasten v. A. H. Eberhard. 5. Aufl. (136 S.)
2. Junge Liebe v. Vict. Blüthgen. Schulerinnerungen v. Geo. Bötticher. Mit 7 Zeichngn. v. J. Kleinmichel. (120 S.)

Königliche Kunst-Academie in Düsseldorf. Schüler-Ordnung nebst Nachricht über Zweck und Einrichtung der Anstalt nach dem Regiement vom 24. November 1831 und den später ergangenen Bestimmungen. Düsseldorf 1863. 8°.

Schülerpräparationen zu latein. u. griech. Schriftstellern. 1. u. 2. Hft. gr. 8. Stuttgart 897. W. Kohlhammer. à n. — 40

1. Präparation zu Lhomond, viri illustres. Von Kirschmer 1. Hft.: Gruppe 1—4; Nr. I—XL. (32 S.)
2. Dasselbe. 2. Hft.: Gruppe 5—7; Nr. XLI—LXIV. (S. 33—72.)

Schülerreisen, Berner. [Zürich 1890.] V: *Finsler, Georg.* (zuwzür 12, 1908, II, S. 58)

Schüler-Taschenbuch, deutsches, f. d. J. 1910/11. Unter Mitwirkg. v. Kollegen bearb. v. Ed. Ebner. 3. Jahrg. (VIII S., Schreibkalender u. 86 S. m. Abbildgn.) kl. 8. Nürnberg, C. Koch. Geb. in Leinw. — 50

— elsaß-lothringisches. 1910—1911. 3. Jahrg. Bearb. v. Wilh. Hoffmeister. (VIII, 148 S.) kl. 8. Straßburg 910. J. Singer. Geb. in Leinw. — 40

Schülertuch-Rechnung ... [Basel]. [*je* 2 S.] fol.

... vom Jahre 1900. [Basel.] Rotationsdr. «National-Zeitung», 1901.
... vom Jahre 1901. (Basel, Wackernagel, 1902.)
... vom Jahre 1902. (Basel.) Basler Druck- und Verlags-Anstalt, 1903.)

Bibliothek Schüler-Versetzung. Der versetzte Schüler. Hülfsbuch f. d. Anfertigung guter Arbeiten zu Hause u. in d. Klasse, Erreichung d. Versetzung in d. nächsthöh. Klasse u. Bestehen jedes Schülerexamens. Bdch. Nr. 1. Berlin-Schöneberg: Mentor-Verl. [1905]. 8° [F.]

Schüler-Verzeichnis der kathol. Schule zu .... Fol. (40 S.) Hildesheim (893). F. Borgmeyer. Kart. n.n. 1. 25

„Schülerwarte", Zeitschrift d. Schülervereine f. „Vereinf. Stenographie" (System Schrey-Johnen-Socin). Hrsg. v. d. Werbeausschuss d. Schülervereine f. „V. St." Schriftleiter: H. Hoffmann u. Fr. Mönig. 7. Jahrg. 1897. 12 Nrn. (à ca. 2 Bog.) gr. 8. Hildburghausen (Kesselring). n.n. 3. —

— dasselbe. (Einigungs-System Stolze-Schrey.) Schriftleiter: H. Hoffmann. 8. Jahrg. 1898. 12 Nrn. (à ca. 2 Bog.) gr. 8. Ebd. n.n. 3. —

Kann auch halbjährlich bezogen werden.

„Schülerwarte". Zeitschrift der Schülervereine für „Vereinfachte Stenographie". (Einigungs-System Stolze-Schrey.) Hrsg. v. dem Werbeausschuss der Schülervereine. Schriftleiter: H. Hoffmann u. P. Otto. 9. Jahrg. April 1899—März 1900. 12 Nrn. gr. 8. (à ca. 16 u. Beilage 16 S.) Hildburghausen (Kesselring). n.n. 3. —

Fortsetzung, s.: Warte, die.

Schüler-Zeitung, deutsche. Zeitschrift für Gymnasiasten und Realschüler. Redact.: A. Seifert. 1. Jahrg. Oktbr. 1882—Septbr. 1883. 52 Nrn. (à Nr. ½ Bog.) gr. 4. Klosterlausnitz, Seifert. * 4 —

Nicht weiter erschienen.

Schülerzeitung, deutsche. Zeitschrift f. Schüler der oberen Klassen höherer Lehranstalten. Hrsg. v. Karl Krebs u. Walt. Möschke. 1. Jahrg. Juli 1891—Juni 1892. 24 Nrn. (Bog.) gr. 4. Leipzig, (M. Hesse). n. 4. —

— dasselbe. Zeitschrift f. Schüler der mittleren u. oberen Klassen höherer Lehranstalten. Hrsg. v. Fr. Koch. 2.—4. Jahrg. Oktbr. 1892—Septbr. 1895. à 24 Nrn. (Bog.) gr. 4. Leipzig, Volkening & Co. à Jahrg. n. 4. —

Schülerzeitung, deutsche. Zeitschrift f. Schüler d. mittl. u. oberen Klassen höh. Lehranst. Hrsg. v. Fr. Koch. 6. Bd. Mai 1897—April 1898. 24 Nrn. (à ca. 2 Bog.) gr. 4. Leipzig, E. Wolkening. n. 4. —
Kann auch vierteljährlich bezogen werden.

Schülerzeitung, illustr. schweizerische. Der Kinderfreund. Hrsg. v. e. Verein v. Kinderfreunden. Chefred.: Eug. Sutermeister u. Frau Mühlberg. 22. Jahrg. April 1906 bis März 1907. 12 Nrn. (à ca. 16 S.) gr. 8. Bern, Büchler & Co. n. 2. 10
Vergl.: Kinderfreund, der.

Schülerzeitung, illustrierte schweizerische. Der Kinderfreund Hrsg. v. e. Verein v. Kinderfreunden. Chefred.: Eug. Sutermeister u. Frau Mühlberg. 23.—26. Jahrg. April 1907—März 1911. à 12 Nrn. (à Jahrg. IV, 191 S.) gr. 8. Bern, Büchler & Co. à Jahrg. 2. 10

Schüler-Zeitung, norddeutsche. Eine frische Quelle für Herz, Wissen u. Leben der heranwachsenden deutschen Jugend beiderlei Geschlechts. In Gemeinschaft mit mehreren Schleswig-Holstein. Lehrern herSg. von C. Trede. 1—3. Jahrg. 1865—67. à Jahrg. 52 Nrn. (½ Bog.) Altona, (Lehmkuhl & Comp.) gr. 4. Jeder Jahrg. n. 1 ₰ 6 ngr.

Deutsche **Schulerziehung,** hrsg. von W[ilh.] Rein. 2 Bde. München, Lehmann 1907.
1: Wilh. Rein: Einleitung. Zur Organisation des Knabenschulwesens. Gertr. Bäumer: zur Organisation des Mädchenschulwesens. Thrandorf: Religionsunterricht. Fr. W. Förster: ethische Jugendlehre. Paul Ziertmann: philosoph. Propadeutik. H. Landmann und F. Neubauer: Geschichtsunterricht. E. Schulz: Heimatkunde und Heimatleben. C. Götze: Zeichnen und Modellieren. Pabst: Handarbeitsunterricht. C. Schubert: bildende Kunst und Schulen. Andrae: Gesang. Vogl: korperliche Schulerziehung.
2: Ernst Weber: Muttersprache und Deutschunterricht in Volks- und Fortbildungsschulen. Gaudig: Muttersprachunterricht in der hoheren Madchenschule. Joh. Gg. Sprengel: Der deutsche Unterricht als Mittelpunkt der hoheren Knabenschule. G[erh]. Michaelis: Die alten Sprachen, ihre Stellung und Bedeutung in den hoheren Schulen. E[mil] Hausknecht: Neuere Sprachen. H. Lietz: Schulleben. Lembke: Die nationale Erziehung der schulentlassenen Jugend auf dem Lande. J[ul]. Ziehen: Die nationale Erziehung der aus der Volksschule entlassenen Jugend in der Stadt. Preuss: Erziehung und Bildung im Heer. Lenz: Die nationale Schulerziehung der Deutschen im Ausland. Wilkens: Danische Schulerziehung. M. E. Sadler: Nationale Erziehung in England. Tsuji: Japanisches Bildungswesen. C. G. Jonescu: Was tut die rumanische Schule, um die nationale Erziehung zu heben? M[ax] Griebsch: Nationale Erziehung in den Vereinigten Staaten von Nordamerika.

Schulerziehung, deutsche. In Verbindg. m. Andreae, Gertr. Bäumer, Förster u. a. hrsg. v. W. Rein. 2 Bde. (XIII, 266 S. u. S. 267—634.) gr. 8. München 907. J. F. Lehmann's Verl. 9.—; in 1 Bd. geb. 10.—

Schulfeier, Die. Vorfeier des Kaiserfestes gehalten in der Synagoge zu Szegedin am 13. Mai 1857. Pest 1857. V: *Löw, Leop.* (KU)

Schulfestrede zur Feier der Vermählung des Kronprinzen Rudolf u. der Prinzessin Stefanie von Belgien. 8. (4 S.) 15 kr.
Wien: Sallmayer 1881.

Schulfestreden, drei, zum Regierungs-Jubiläum Sr. Maj. d. Kaisers Franz Josef I. Hrsg. v. F. Frisch. gr. 8. (23 S.) Wien 888. Pichler's Wwe. & Sohn. n. — 50

Schulfibel, neu eingerichtete u. erprobte 2c., zur großen Erleichterung d. Lesenlernens 2c., (v. H. Cph. W. Heinzelmann.) 2 Abtheill. Nebst Tabb. 8. Stendal 809. Franzen u. Gr. 10 ℊ

Schulfibel, Neu eingerichtete und erprobte, zur grossen Erleichterung des Lesenlernens . . . Stendal 1809. V: *Heinzelmann, Hnr. Chph Wilh.* (Ky)

— neu eingerichtete, im Stufengange blos einsylbiger Wörter mit Lesebuch, zur Gültigmachung einer weit kürzern u. vortheilhaftern Art des Lesenlernens 2c., (v. H. Cph. W. Heinzelmann). Nebst e. hieroglyph. Bildertafel d. ABC 2c. 8. Stendal 817. Franzen u. Gr. 3 ℊ

Schulfibel, Neu eingerichtete, im Stufengange blos einsylbiger Wörter mit Lesebuch . . . Stendal 1817. V: *Heinzelmann, Hnr. Chph Wilh.* (Ky)

Schul- und Haus-Fibel, neue, nach sorgfältig geprüften und verbesserten Lehr- und Lese-Methoden. Neue Aufl., mit Zusätzen. 12. (108 S. mit eingedr. Holzschn.) New-York 853. (Philadelphia, Schäfer und Koradi.) *

Nordostdeutsche **Schulflora.** Tabellen z. Bestimmung d. wildwachsenden u. der häufiger angebauten Blüten- u. Farnpflanzen d. Prov. Brandenburg, Pommern, Posen, Ost- u. Westpreußen, u. Sachsen ⟨Nordhälfte⟩, d. Großherzogtümer Mecklenburg u. d. Herzogt. Anhalt nach d. Flora d. Nordostdeutschen Flachlandes von P[aul] Ascherson u. P[aul] Graebner unter Mitw. der Verf. bearb. von R[udolf] Beyer, Prof., Berlin. Mit 12 Abb. *Berlin: Gebr. Borntraeger 1902.* (VI, 344 S.) 8° [02. 10874

Schulfrage, Die. Ein Beitrag zur Beurtheilung derselben bei ihrer zweiten Verhandlung in der deutschen Reichsversammlung . . . Frankf. a. M. 1848. V: *Sepp, Joh. Nep.* (Wa) (Th) (Ky) V: *Annegarn, Jos.* (Rass II, 6)

Schulfrage, die. Ein Beitrag zur Beurtheilung derselben bei ihrer zweiten Verhandlung in der deutschen Reichsversammlung, von einem Mitgliede dieser Versammlung (Sepp aus München). gr. 8. (32 S.) Frankfurt a. M. 848, Sauerländer. n. ⅙ ₰

Schulfrage, die. Beleuchtung derselben aus dem Gesichtspunkt voller Freiheit u. ächter Bildg. Bernstadt 870. (Stuttgart, Aue.) 8. (36 S.) n. 4 ngr.

Schulfrage, die, od. was muß u. soll die Schule sein? Ein Büchlein f. Jedermann. gr. 16. (100 S.) Paderborn 876. Bonifacius-Druckerei. — 45

Schulfrage, die eidgenössische, od. zur pädagog. Union d. Schweiz. Zur Jubiläumsfeier Pestalozzis v. Frommuth Volksfreund. gr. 8. (44 S.) Biel 895. E. Kuhn. n. — 60

— die in Ostfriesland zur Streitfrage gewordene. Eine unparteiische Beleuchtung der darüber beim Amtsblatt erschienenen Beiblätter, f. Prediger, Lehrer, Deputirte, u. überhaupt für's ganze Volk; hrsg. v. e. Volksfreunde. 8. (80 S.) Aurich 849, Prätorius & Seyde. 6¼ ngr.

Schulfrage, die, im Großherzogthum Hessen. Was wollen die Lehrer? Was wollen die Fortschrittsmänner? Was sollen die katholischen Geistlichen? Ein Wort eines Lehrers an seine Standesgenossen und alle Schulfreunde. Hrsg. und mit Zusätzen verm. von einem Geistlichen des Bisthums Mainz. gr. 8. (IV und 55 S.) Frankfurt a. M. 863, Verlag für Kunst und Wissenschaft. *

Schulfrage, die, der gegenwärt. Zeit. Ein Dialog. 8. (4 B.) Berlin 836, Logier.

[F.] Schul- und Erziehungsfragen in den Ständekammern des Grossherzogtums Baden. Von e. deutschen Schulmanne. *Berlin: Deutsche Lehrerztg 1896.* (16 S.) 1 Bd 8. [97. 595

Schulfrau, die. 4. Bresl. 758. Pietsch. 2 ℊ

Schulfreund,

— der, ein Lehr- u. Lesebuch f. d. mittlern Klassen d. Volksschulen. 8. München 824. (Landshut, Krüll.)

Schulfreund, der, e. Lehr- u. Lesebuch f. d. mittleren Classen d. Volksschulen. 8. (11 B.) München (828,) 831. (Regensburg, Manz.)

– der, ein Lehr- u. Lesebuch für die mittlern Classen der Volksschulen. 8. München 835. (Landshut, Thomann.) 1/8 Thlr.

Schulfreund, der, oder fliegende Blätter über Altes u. Neues im Schulwesen. 1r Jahrg. 1835. 1r Bd. 25 Numm. gr. 8. Berlin, L. Oehmigke. n. 2 Thlr.

——, der, od. fliegende Blätter üb. Altes u. Neues im Schulwesen. gr. 8. (25 B.) Berlin (835,) 836, L. Oehmigke.

— der, (herausg. von Jos. Seb. Richter in Gelting.) 1s—4s Hft. gr. 8. München 838 - 840. (Fleischmann.) (à 1/4) 1 Thlr.

Schulfreund, der. Eine Quartalschrift zur Förderg. d. Elementarschulwesens u. der Jugenderziehung. Im Vereine mit Schulmännern u. Jugendfreunden hrsg. v. J. H. Schmitz. 3 u. 4. Jahrg. 1847 u. 1848. à 4 Hfte. gr. 8. Prüm. Aachen, Kneuertz in Comm. à Jahrg. n. 5/6 Thlr. — 5–8. Jahrgang. 1849–1852. à 4 Hfte. gr. 8. Trier, Gall. à Jahrg. 1 Thlr.

—— dass. — Im Vereine mit Schulmännern und Jugendfreunden hrsg. von J. H. Schmitz und L. Kellner. 12. Jahrg. 1856. 4 Hefte. gr. 8. Ebds.

Schulfreund, der. Eine Quartalschrift zur Förderung des Elementarschulwesens und der Jugenderziehung. Im Vereine mit Schulmännern und Jugendfreunden hrsg. von J. H. Schmitz und L. Kellner. 13–17. Jahrg. 1857–61. à Jahrg. 4 Hefte. gr. 8. (à Heft 90–100 S.) Trier, Gall's Verlag. à Jahrg. Thlr. Einzelne Hefte *

Der 16. und 17. Jahrg. wurden von J. H. Schmitz allein herausgegeben.

Schulfreund, der. Eine Quartalschrift zur Förderung des Elementarschulwesens und der Jugend-Erziehung. Im Vereine mit Schulmännern und Jugendfreunden hrsg. von J. H. Schmitz und L. Kellner. 18.—23. Jahrg. 1862—67. à Jahrg. 4 Hefte. gr. 8. (à Heft ca. 90—110 S.) Trier, Lintz' Verlag. à Jahrg. *

Jahrg. 1862 und 1863 wurden von Schmitz allein herausgegeben.

Schulfreund, der. Eine Quartalschrift zur Förderung des Elementarschulwesens und der Jugenderziehung. Im Vereine mit Schulmännern und Jugendfreunden hrsg. von J. H. Schmitz und L. Kellner. 24.—28. Jahrg. 1868—1872. à Jahrg. 4 Hefte. gr. 8. (à Heft 96–120 S.) Trier, Lintz' Verlag. à Jahrg. *

—— dass. — hrsg. von J. H. Schmitz. 29. und 30. Jahrg. 1873 und 1874. à Jahrg. 4 Hefte. gr. 8. (à Heft 116–124 S.) Ebendas. à Jahrg. *

Schulfreund, der. Eine Quartalschrift zur Förderung des Elementarschulwesens und der Jugenderziehung. Im Vereine mit Schulmännern und Jugendfreunden hrsg. von J. H. Schmitz. 31.—35. Jahrg. 1875—1879. à Jahrg. 4 Hefte. gr. 8. (à Heft ca. 100 S.) Trier, Lintz'sche Buchh. à Jahrg. *

Schulfreund, der. Eine Quartalschrift zur Förderung des Elementarschulwesens und der Jugenderziehung. Im Vereine mit Schulmännern und Jugendfreunden hrsg. von J. H. Schmitz. 36.—40. Jahrg. 1880—1884. à Jahrg. 4 Hefte. gr. 8. (à Heft ca. 100 S.) Trier, Lintz'sche Buchh. à Jahrg. * 3 —

Schulfreund, der. Eine Quartalschrift zur Förderung des Elementarschulwesens und der Jugenderziehung, begründet von J. H. Schmitz. Im Vereine mit Schulmännern und Jugendfreunden fortgesetzt von L. Kellner. 41.—44. Jahrg. 1885—1888. à Jahrg. 4 Hefte. gr. 8. (à Heft ca. 100 S.) Trier, Lintz'sche Buchh. à Jahrg. * 3 —

Schulfreund, der. Eine Quartalschrift zur Förderg. d. Elementarschulwesens u. der Jugenderziehg., begründet v. H. Schmitz. Im Vereine m. Schulmännern u. Jugendfreunden fortgesetzt v. L. Kellner. 43.—46. Jahrg. 1887—1890. à 4 Hfte. gr. 8. (à Hft. ca. 96 S.) Trier, Lintz. à Jahrg. n. 3.—

Schulfreund, der. Eine Quartalschrift zur Förderg. des Volksschulwesens u. der Jugenderziehg., begründet v. H. Schmitz, fortgesetzt v. L. Kellner. Neue Folge. Hrsg. v. C. Aug. Beck u. K. Schumacher. 47.—50. Jahrg. 1891—1894. à 4 Hfte. gr. 8. (à Hft. ca. 90 S.) Trier, F. Lintz. à Jahrg. n. 3.—

Schulfreund, der. E. Quartalschrift z. Förderg. d. Volksschulwesens u. d. Jugenderziehg., begründ. v. H. Schmitz, fortgesetzt von L. Kellner. Neue Folge. Hrsg. von C. Aug. Beck u. K. Schumacher. 51.—54. Jahrg. 1895—1898. à 4 Hfte. (à ca. 6 Bog.) gr. 8. Trier, J. Lintz. à Jahrg. n. 3.—

Schulfreund, der. Zeitschrift zur Förderg. des Volksschulwesens u. der Jugenderziehung, begründet v. H. Schmitz, fortgesetzt v. L. Kellner. Neue Folge. Hrsg. v. C. Aug. Beck u. K. Schumacher. 55.—57. Jahrg. 1899—1901. à 6 Hfte. gr. 8. (à ca. 3 Bog.) Trier [F. Lintz]. Hamm, Breer & Thiemann. à Jahrg. n. 3.—

— dasselbe. Monatsschrift zur Förderg. des Volksschulwesens u. der Jugend-Erziehg. Begründet v. H. Schmitz, fortgesetzt v. L. Kellner u. a. Neu hrsg. v. e. Vereinigg. prakt. Schulmänner. Red.: H. J. Frenken. 58. Jahrg. Oktbr. 1902—Septbr. 1903. 12 Hfte. gr. 8. (à ca. 3 Bog.) Hamm, Breer & Thiemann. n. 6.—

Schulfreund, der. Monatsschrift zur Förderg. des Volksschulwesens u. der Jugend-Erziehung. Begründet v. H. Schmitz, fortgesetzt v. L. Kellner u. a. Neu hrsg. v. e. Vereinigg. prakt. Schulmänner. Red.: H. J. Frenken. 59.—62. Jahrg. Oktbr. 1903—Septbr. 1907 à 12 Hefte. (VII, 728; VII, 695; VII, 620 u. VII, 582 S.) gr. 8. Hamm, Breer & Thiemann. à Jhrg. n. 6.—

Schulfreund, der. Monatsschrift zur Förderg. des Volksschulwesens u. der Jugend-Erziehg. Begründet v. H. Schmitz, fortgesetzt v. Lor. Kellner u. a. Neu hrsg. v. e. Vereinigg. prakt. Schulmänner. Red.: A. Thiemann. 63.—66. Jahrg. Oktbr. 1907—Septbr. 1911. à 12 Hefte. (à ca. 56 S.) gr. 8. Hamm, Breer & Thiemann. à Jahrg. 6.—

— der. Praktisch-theoretische Zeitschrift für Lehrer an Bürger- u. Volksschulen. Herausg. von L. Schmidt. 1. Jahrg. 1862. 8 Hefte (à 3 Bgn.). Hoyerswerda, Erbe. gr. 8. n. 1 Thlr.

—— der. Eine freie pädagog. Zeitschrift für Elsaß-Lothringen. Unter Mitwirkung von Lehrern und Schulmännern. Hrsg. von Fr. Jos. Orth. 1.—3. Jahrg. 1871—1873. à Jahrg. 24 Nrn. (Bog.) gr. 4. Straßburg, Bensheimer. à Jahrg. *

—— dass. — Eine pädagogische Wochenschrift für Elsaß-Lothringen. Unter Mitwirkung von K. Schenk und anderen prakt. Schulmännern und Pädagogen hrsg. von Fr. Jos. Orth. 4. Jahrg. 1874. 52 Nrn. (Bog.) 4. Mannheim, Bensheimer. *

—— der. Eine pädagog. Zeitschrift für Elsaß-Lothringen. Unter Mitwirkung von prakt. Schulmännern und Pädagogen. Hrsg. von Fr. Jos. Orth. 6.—10. Jahrg. 1875—1879. à Jahrg. 12 Nrn. (Bog.) gr. 8. Straßburg, Schneider. à Jahrg. *

—— der. Pädagogische Zeitschrift für Elsaß-Lothringen. Organ des Lothring. Lehrervereins und der Unterstützungsgenossenschaft. Hrsg. von H. Nigetiet. 18. Jahrg. 1888. 24 Nrn. (à Nr. 1½ Bog.) gr. 4. Metz, Gebr. Even. * 5 50

Erschien von 1871—1880 in Forbach im Selbstverlage des Hrsgbrs. Becker; seit 1881 unter der Redaktion von H. Nigetiet bei Gebr. Even in Metz.

— der. Pädagogische Zeitschrift f. Elsaß-Lothringen. Organ d. lothring. Lehrervereins u. der Unterstützungsgenossenschaft. Hrsg. v. H. Nigetiet. 19.—22. Jahrg. 1889—1892. à Jahrg. 24 Nrn. (à Nr. 1—1½ Bog.) gr. 4. Metz, (Even). à Jahrg. * 5 —

— dasselbe. Hrsg. v. G. Sedelmayr. 23. u. 24. Jahrg. 1893. 1894. à 24 Nrn. (à 1—1½ Bog.) gr. 4. Ebd. à Jahrg. n. 5. —

— der. Pädagogische Zeitschrift f. Elsaß-Lothringen. Organ d. lothring. Lehrervereins u. der Unterstützungsgenossenschaft. Hrsg. v. G. Seydelmayr. 25.—28. Jahrg. 1895—1898. à 24 Nrn. (à ca. 12 S.) gr. 4. Metz (P. Even). à Jahrg. n.n. 5. 50

— der. Pädagogische Zeitschrift f. Elsaß-Lothringen. Organ des lothring. Lehrervereins u. der Unterstützungsgenossenschaft. Hrsg. v. G. Sedelmayr. 29.—32. Jahrg. 1899—1902. à 24 Nrn. gr. 4. (à ca. 12 S.) Metz (P. Even). Postfrei à Jahrg. n.n. 5. 50

— der. Pädagogische Zeitschrift f. Elsaß-Lothringen. Organ des lothr. Lehrervereins u. der Unterstützungsgenossenschaft. Unter Mitwirkg. v. mehreren Schulmännern hrsg. v. Nigetiet. 33.—36. Jahrg. 1903—1906. à 24 Nrn. (II, 244; III, 400; III, 492 u. III, 472 S.) gr. 8. Metz (P. Even). Postfrei à Jhrg. n.n. 5. 50

— der. Pädagogische Zeitschrift f. Elsaß-Lothringen. Organ d. Unterstützungsgenossenschaft d. Lehrer u. Lehrerinnen Lothringens. Unt. Mitwirkg. v. mehreren Schulmännern hrsg. v. Nigetiet. 37.—40. Jahrg. 1907—1910. à 24 Nrn. (à ca. 20 S.) Lex. 8. Metz (P. Even). à Jahrg. nn 5. 50

Schulfreund,

— der. Taschenbüchlein f. Schüler u. Schülerinnen. 16. (24 S. nebst Notizblättern.) Brieg 887. Bänder. In Ledertuch cart. — 10

Schulfreund,

— der. (Früher: „Pädagogischer Anzeiger".) Süddeutsche Blätter f. erzieh. Unterricht. Unter Mitwirkg. der Pädagog. Gesellschaft in Württemberg u. der Freunde der Pädagogik Herbart-Zillers in Bayern, hrsg. v. J. L. Jetter. 3. Jahrg. 1894. 12 Nrn. (Bog.) gr. 8. Eßlingen, W. Langguth. n. 2. —
 i.: Anzeiger, pädagogischer.

— der. Süddeutsche Blätter f. erzieh. Unterricht. Unt. Mitwirkg. d. Pädagog. Gesellschaft in Württemberg u. d. Herbartvereinigg. in Unterfranken (Bayern), hrsg. v. J. L. Jetter. 4. u. 5. Jahrg. 1895—1896. à 12 Nrn. (Bog.) gr. 8. Eßlingen. Würzburg, Th. Memminger. à Jahrg. n. 2. —

— dasselbe. Freimüt. Organ f. d. ges. Interessen d. Schule u. des Lehrerstandes. 6. u. 7. Jahrg. 1897—1898. à 12 Nrn. (à ca. 1 Bog.) gr. 8. Würzburg, Th. Memminger. à Jahrg. n.n. 2. —
 Kann auch halbjährlich bezogen werden.

— der. Süddeutsche Blätter f. erzieh. Unterricht. Mit e. Beilage: Pädagogischer Anzeiger. Hrsg. von J. L. Jetter u. M. Glück. 8.—11. Jahrg. 1899—1902. à 12 Nrn. gr. 8. (à ca. 16 S.) Cannstatt, G. Hopf. à Jahrg. n.n. 2. —

— der. Süddeutsche Blätter f. erzieh. Unterricht. Mit e. Beilage: Schul-Anzeiger. Hrsg. v. J. L. Jetter u. M. Glück. 12. u. 13. Jahrg. 1903 u. 1904. à 12 Nrn. (à Jhrg. 192 S.) gr. 8. Cannstatt, G. Hopf. n.n. 2. —

Schulfreund, der. Organ für neue Schulkunst. Hrsg. u. Schriftleiter: J. L. Jetter. 14. u. 15. Jahrg. 1905 u. 1906. à 12 Nrn. (à ca. 16 S.) Lex.-8. Lorch, K. Rohm. à Jhrg. n. 2. —

— der. Organ f. neue Schulkunst. Hrsg.: J. L. Jetter. 16.—19. Jahrg. 1907—1910. à 12 Nrn. (à ca. 16 S.) gr. 8. Lorch, K. Rohm. à Jahrg. 3. —

Schulfreund, der baiersche, s. a. Stephani, Heinrich von.

— der Baierische, e. Zeitschr. Hrsg. v. H. Stephani. 21—26. Bdchn. — A. u. d. T.: Der Schulfreund f. d. deutschen Bundesstaaten. 11—16. Bdchn. 8. Erlangen, Palm'sche Vrls.-buchh. [21. (11 B.) 828., 22. (13 B. u. 1 Stnt.) 829., 23. (13½ B.) 830., 24 u. 25. (à 13 B.) 831, 32. à 16 Gr., 26. Register. (10 B.) 833. 10 Gr.]
 1—20. Bdchn. Ebendas. 1811—27. à 16 Gr.
 Fortsetzung, vgl. Stephani, H.

Schulfreund, bayerischer. Wochenblatt für Elementar-Schulwesen und Organ der oberbayer. Lehrervereine. Hrsg. von Mich. Oechsner. Jahrg. 1860. 52 Nrn. (½ Bog.) Lex.-8. München, (Lentner'sche Buchh.) *

— dass. — Centralblatt für Elementar-Schulwesen und Organ der bayer. Lehrer-Pensionsvereine. Hrsg. von Demselben. Jahrg. 1861. 52 Nrn. (½ Bog.) Mit Beilagen. Lex.-8. (Ebendas.) *

— Bayerischer. Centralblatt für Elementar-Schulwesen und Organ der bayer. Lehrer-Pensionsvereine. Hrsg.: Joh. Bapt. Fürg. [3.] Jahrg. 1862. 52 Nrn. (à ½ Bog.) Lex.-8. München, (Weiß.) *

— dass. — Hrsg.: Mich. Oechsner. [4.—8.] Jahrg. 1863—67. à Jahrg. 52 Nrn. (à ½ Bog.) Lex.-8. Ebendas. 4.—7. Jahrg. à * 28 Ngr. 8. Jahrg. *

— bayerischer. Centralblatt für vaterländ. Volks-Schulwesen. Redact.: M. Oechsner. 16.—20. Jahrg. 1875—1879. à Jahrg. 52 Nrn. (à ½ Bog.) Lex.-8. München, (J. A. Finsterlin.) à Jahrg. *

— bayerischer. Centralblatt für vaterländ. Volks-Schulwesen. Redact.: M. Oechsner. 21. und 22. Jahrg. 1880 und 1881. à Jahrg. 52 Nrn. (à Nr. ½ Bog.) Lex.-8. München, (J. A. Finsterlin.) à Jahrg. ** 8 —
 Nicht weiter erschienen.

— Berner, 12 Hfte. (à 2 Bog.) Oktober 1834 2c. gr. 4. Burgdorf, Langlois. (Leipz., Köhler.) 1 ℛ — dass. 1836. Ebd. 1¼ ℛ

Schulfreund, Der, Böhmens. Quartalschrift. H (1816—1820): *Pařizek* (*Parzizek*), *Alex Vincenz.* (A. J. Raz: Biographie Parizek. Prag 1822. S. 26) (Vgl. GGR VI/728, Nr. 14/27) (Bibl Port)

Schulfreund für die deutschen Bundesstaaten. Der Bd. 1—16. Erlangen 1816—33. 16.
 A. u. d. T.: Der Baierische Schulfreund. Herausg. von H. Stephani. Bdchn 11—26.

Schulfreund,

— der Hannoversche, e. Zeitschr. f. Schulmänner, denen ihr Amt theuer ist; hrsg. v. Frz. Geo. Ferd. Schläger. 1—7. Jahrg. 1828—34. à 4 Hfte. 8. Hameln. (Hannover, Helwing.) à 3.

—, neuer hannoverscher, e. Zeitschr. f. Schulmänner, denen ihr Amt theuer ist. Hrsg. v. Frz. Geo. Ferd. Schläger. 1. u. 2. Jahrg. à 4 Hfte. 8. Hannover 1835, 36, Hahn'sche Hofbuchh. à 3. *

Der Schul- und Hausfreund: Mar. 9—Dec. 15, 1853.
Lutheran semi-monthly. Edited & published by Conrad Bär.
Buffalo, NY

Schul- und Hausfreund. Hrsg. von Conr. Baer. 1. Jahrg. März 1853—Febr. 1854. 26 Nrn. (½ Bog.) Lex.-8. Buffalo 854. (Philadelphia, Schäfer und Koradi.) *

— katholischer. Eigenthum u. Organ d. Vereines zur Heranbildg. kathol. Lehrer (Werk des sel. Johann Baptist de la Salle). M. d. Beilage „D. kathol. Jüngling" nach d. Vorbilde des hl. Aloisius v. Gonzaga. Hrsg.: Jos. Janauschek. Red.: Frz. Eckardt. Verantwortlich: Jos. Vogl. 1. u. 2. Jahrg. 1896—1897. à 12 Nrn. (u. ca. 16 S. m. Abb.) Lex.-8. Wien (Mayer & Co.). à Jahrg. n. 2. —

— dasselbe. 3. Jahrg. 1898. 12 Nrn. (à ca. 20 S. m. Abb.) Lex.-8. Nebst: D. brave Schulkind. 1. Jahrg. (à Nr. ca. 8 S. m. Abb.) 12. Ebd. n. 2. —

— katholischer, m. der Beilage: „Der katholische Jüngling" nach dem Vorbilde des hl. Aloisius v. Gonzaga. Eigenthum u. Organ des Vereins zur Heranbildg. kathol. Lehrer (Werk des hl. Johann Baptist de la Salle). Hrsg.: Jos. Janauschek. Red.: Jos. Vogl. 4.—7. Jahrg. 1899—1902. à 12 Nrn. Lex.-8. (à ca. 8 u. 8 S. m. Abbildgn.) Nebst: Das brave Schulkind. 5. Jahrg. 12. (à Nr. ca. 8 S. m. Abbildgn.) Wien (Mayer & Co.). à Jahrg. n. 2. —

— katholischer, m. der Beilage: „Der katholische Jüngling" nach dem Vorbilde des hl. Aloisius von Gonzaga. Eigentum u. Organ des Vereins zur Heranbildg. kathol. Lehrer (Werk des hl. Johann Baptist de la Salle). Red.: Jos. Vogl. 8.—11. Jahrg. 1903—1906. à 12 Nrn. (290, 306, 302 u. 288 S. m. Abbildgn.) Lex.-8. Nebst: Das brave Schulkind. 7. Jahrg. (à 8 S. m. Abbildgn.) 8. Wien (Mayer & Co.) à Jhrg. n. 2. —

— katholischer. Eigentum u. Organ des Vereins zur Heranbildg. kathol. Lehrer (Werk des hl. Johann Baptist de la Salle). Hrsg.: Jos. Mattis. Red.: Athanasius Maria Münch. 12.—15. Jahrg. 1907—1910. à 12 Nrn. (à ca. 16 S. m. Abb.) Lex. 8. Nebst: Das brave Schulkind. 13. Jahrg. (à ca. 8 S. m. Abb.) 8. Wien (Mayer & Co.). à Jahrg. 2. 60

—— der kleine, e. lehrr. Lesebuch f. 7—9jähr. Kinder, in Verbind. mit e. Schullehrer-Vereine hrsg. v. J. C. A. Böhme. 8. (7½ B.) Leipzig 830, [Künzel.] 6 Gr., Blnp.

Schulfreund, Neuer hannoverscher, s. Schulfreund, Der Hannoversche.

Schulfreund, der schwäbische. Eine pädagogische Wochenschrift. Hrsg. im Verein mit Mehreren unter Verantwortlichkeit des F. J. Hindelang. 1. Jahrg. 1848. 12 Hfte. od. 52 Nrn. gr. 8. (½ Bg.) Kempten, Kösel. ¾ ₰

— der stenographische. Nachrichten- u. Unterhaltungs-Blatt f. Roller'sche Schüler-Vereine. Organ des Propaganda-Ausschusses des allgemeinen Verbandes Roller'scher Stenographen. Red.: C. Tolle. 1. Jahrg. 1894. 12 Nrn. (½ Bog.) gr. 8. Berlin N., Müllerstr. 180, H. Roller. n. 1. 20

— der stenographische. Nachrichten- u. Unterhaltungs-Blatt f. Roller'sche Schüler-Vereine. Organ des Propaganda-Ausschusses des allgem. Verbandes Rollerscher Stenographen. Red.: C. Tolle. 3. u. 4. Jahrg. 1896—1897. à 12 Nrn. (à ca. 8 S.) gr. 8. Berlin (N., Müllerstr. 180), H. Roller. à Jahrg. n.n. 1. 20

Schulfreund, der südteutsche, ein Lese- u. Unterrichtsbuch für kathol. Schulen. 3., unveränd. Aufl. gr. 12. (13½ B.) Freiburg 842, Herder'sche Vrlgsh. * .

— der Südteutsche. Ein Lese- u. Unterrichtsbuch f. untere Klassen der Volksschulen. Von e. kathol. Geistlichen. 8. (VIII u. 143 S.) Freiburg im Br. 852, Wagner. 4 ngl

—— tiroler. Redact. und Hrsgbr.: Konr. Fischnaler. 1. und 2. Jahrg. 1880 und 1881. à Jahrg. 12 Nrn. (à Nr. 2 Bog.) gr. 8. Innsbruck, Wagner'sche Universitäts-Buchh.
Jahrg. 1880 ** 5 —
Jahrg. 1881 ** 4 —

—— dass. — Organ des Tiroler-Landes-Lehrervereines. Redact.: Hugo Platter. 3. und 4. Jahrg. 1883 und 1884. à Jahrg. 24 Nrn. (Bog.) gr. 8. (Ebendas.) à Jahrg. * 6 —

—— dass. — Organ der Tiroler Bundes-Lehrervereins. Redakt.: Konr. Fischnaler, Jos. Wassermann und Hugo Platter. 3. Jahrg. 1882. 24 Nrn. (Bog.) gr. 8. Innsbruck, F. J. Gaßner und Comp. * 5 —

—— dass. — Redakt.: Hugo Platter. 4. Jahrg. 1883. 24 Nrn. (Bog.) gr. 8. Ebendas. * 6 —

—— dass. — Redakt.: H. Platter, L. Ostheimer, J. Wassermann. 5. Jahrg. 1884. 24 Nrn. (Bog.) gr. 8. Ebendas. * 6 —

— tiroler. Red.: J. Wassermann. 6.—8. Jahrg. 1885—1887. à 24 Nrn. (B.) gr. 8. Innsbruck, F. J. Gaßner & Co. à Jahrg. n. 6. —

—— dass. — Organ des Bundeslehrervereins von Tirol und Vorarlberg. Redakt.: J. Wassermann. 9. Jahrg. [Neue Folge. 1. Jahrg.] 1888. 24 Nrn. (Bog.) gr. 8. Ebendas. 5 —

—— Westpreußischer, hrsg. v. Fr. Lange u. mehr. Schulfreunden. 1. Hft. 8. (7 B.) Graudenz 830. (Berlin, Enslin'sche Buchh.)

Schulfreund: Zürcherischer Schulfreund
② Der liberale Schulbote (12. 1. 1844—29. 12. 1848) ③ Der pädagogische Beobachter (?) ⑤ 30. 12. 1842—29. 12. 1848 ⑦ Wochenblatt ⑧ Zürich: Zürcher & Furrer ⑩ zürcherische Volksschullehrer (Schulverein) ⑪ zürcherische Volksschullehrer (Boßhard u. a.) ⑫ liberal ⑭ Zb: Z; Be: L (30. 12. 1842, 1844—1848).

Schulfreund, Franz Xaver

Schulfreund, Frz. X., der Religionsunterricht in der preuß. Volksschule. (60 S.) 8. Paderborn 909. F. Schöningh. — 60

Schulfreunde, die; ein Schausp. in 1 Aufz. für die Jugend. 8. Salzb. Mayr. 815.

Schulfreundin, deutsche. Jahrbuch f. Schülerinnen auf d. J. 1898. Hrsg. v. Fr. Koch. 21. Jahrg. 16. (X, 224 u. 64 S. m. Abb., eingedr. u. 1 Stahlst.-Bildn.) Leipzig, E. Volkening. Geb. in Leinw. n. 1. —

— dasselbe. (Ausg. m. Wochentagen.) 16. (X, 224 u. 64 S. m. Abb., eingedr. u. 1 Stahlst.-Bildn.) Ebd. Geb. in Leinw. n. 1. —

— dasselbe f. Ostern 1898 bis dahin 1899. 21. Jahrg. 16. (X, 224 u. 64 S. m. Abb., eingedr. u. 1 Stahlst.-Bildn.) Ebd. 898. Geb. in Leinw. n. 1. —

Schulfreundin, deutsche. Jahrbuch f. Schülerinnen f. Michaelis 1902 bis Sylvester 1903. Hrsg. v. Fr. Koch. 26. Jahrg. gr. 16. (VIII, 224 u. 64 S. m. Abbildgn., eingedr. u. 1 Stahlst.-Bildnis.) Leipzig, G. Volkening. Geb. in Leinw. n. 1. —

— dasselbe f. d. J. 1903. 26. Jahrg. gr. 16. (IX, 224 u. 80 S. m. Abbildgn., eingedr. u. 1 Stahlst.-Bildnis.) Ebd. Geb. in Leinw. n. 1. —

Schulfreundin, deutsche. Jahrbuch f. Schülerinnen. 30. Jahrg. f. d. J. Michaelis 1906/07 (Kalendarium bis Sylvester 1907). Begründet v. Fr. Koch. (IX, 224 u. 64 S. m. Abbildgn., eingedr. u. 1 Stahlst.-Bildnis.) 16. Leipzig, E. Bolkening. Geb. in Leinw. n. 1. —

— dasselbe. 30. Jahrg. f. d. J. 1907. Ausg. m. Wochentagen. (IX, 224 u. 64 S. m. Abbildgn., eingedr. u. 1 Stahlst.-Bildnis.) 16. Ebd. Geb. in Leinw. n. 1. —

Schulfreundin, deutsche. Jahrb. f. Schülerinnen. 32. Jahrg. f. Michaelis 1908/09. Begründet v. Fr. Koch. (IX, 224 u. 64 S. m. Abb., eingedr. u. 1 Stahlst.-Bildnis.) 16. Leipzig, E. Bolkening. Geb. in Leinw. 1. —

— dasselbe. 32. Jahrg. auf d. J. 1909 (Kalendarium bis Ostern 1910). (Ostern 1909—10.) (IX, 224 u. 64 S. m. Abb., eingedr. u. 1 Stahlst.-Bildnis.) 16. Ebd. Geb. in Leinw. 1. —

— s. a.: Jahrbuch f. Schülerinnen.

Schulfreundin, meine kleine. 12. (12 S.) Berlin 894. Deutsche evangel. Buch- u. Tractat-Gesellschaft. n.n. — 5

Schulfuchs, Der, von C. E. S. Frankf. u. Leipz. 1790. V: *Balzac, Honoré.* II: *Simonetti, Christian Ernst.* (ML) (Ky)

Schulfuchs, der. (Eine Uebersetzung v. Balzac's Barbon u. e. Satyre auf die Pedanterei.) Hrsgg. v. C. E. S. (Simonetti). 8. Frankf. 790. . . . 2 g!

Schulgarten, der. Illustrierte Zeitschrift f. das gesammte Schulgartenwesen. Hrsg. unter der Red. v. Frz. Langauer. 1. Jahrg. 1886. 12 Nrn. (à ½—1 B.) gr. 8. Wien, Pichler's Wwe. & Sohn. n. 3. —

— der. Pläne m. erläut. Text. Preisgekrönte Arbeiten, hrsg. vom schweizer. landwirtschaftl. Verein. gr. 8. (134 S. m. 4 chromolith. Plänen.) Zürich 886. Hofer & Burger. n. 3. 20

Schul- u. Hausgarten, der. Zeitschrift zur Belehrg. in der Pflanzen- u. Blumenzucht f. Jung u. Alt. Hrsg. v. C. Becher u. A. Bode. 1. Jahrg. Oktbr. 1893—Septbr. 1894. 12 Nrn. (Bog.) gr. 8. Altenburg, R. Hiller. n. 1. —

Schul- u. Hausgarten, der. Zeitschrift zur Belehrg. in d. Pflanzen- u. Blumenzucht f. Jung u. Alt. Hrsg. von C. Becher u. A. Bode. 2.—5. Jahrg. Oktbr. 1894—Septbr. 1898. à 12 Nrn. (Bog. m. Abb.) gr. 8. Altenburg. Berlin, E. Kundt. à Jahrg. n. 1. —

— dasselbe. Zeitschrift zur Belebg. u. Förderg. d. Schulgartenfrage rc. Begründet v. C. Becher u. A. Bode. Unt. Mitwirkg. namhafter Schulmänner u. prakt. Gärtner hrsg. v. Herm. Tauscher. 6. Jahrg. Oktbr. 1898—Septbr. 1899. 12 Nrn. (à ca. 1 Bog.) gr. 8. Ebd. n. 2. —
Kann auch halbjährlich bezogen werden.

Schul- u. Hausgarten, der. Zeitschrift zur Belebung u. Förderg. der Schulgartenfrage u. zur Belehrung in der Pflanzen- u. Blumenzucht f. jung u. alt. Begründet v. C. Becher u. A. Bode. Unter Mitwirkung namhafter Schulmänner u. prakt. Gärtner hrsg. v. Herm. Tauscher. 7. Jahrg. Oktbr. 1899—Septbr. 1900. 12 Nrn. gr. 8. (à ca. 16 S.) Altenburg, O. Bonde. n. 2. —
Erscheint nicht mehr.

Schulge, Albert Otto Ferd. (geb. Berlin 11. 9. 1822): De crystallinis sulphatibus quibusdam duplicibus. Berolini (1847). (41 S.) 8°.
Berlin, Phil. Diss. v. 24. Febr. 1847

Niederrheinischer Verein für öffentliche Gesundheitspflege. — Schul-Gesundheitspflege.
DAS SCHULGEBÄUDE. (Ohne bes. Titelblatt. Düsseldorf 1870.) 4°.
ZUR SCHULBANKFRAGE. (Mit Tafeln. Ohne bes. Titelblatt.) 4°.

Schulgebäude, neuere. Ausgeführte und projektirte Entwürfe in Façaden-Ansichten, Grundrissen, Quer- und Durchschnitten, Details etc. Von H. Flügel-Bremen, X. Hittenkofer-Buxtehude, H. Müller-Zittau etc. Redact.: Hittenkofer. hoch 4. (7 Stnt., 8 lithogr. Beilagebogen in qu. gr. Fol. und 8 S. Text mit eingedr. Holzschn.) Leipzig 879, Scholtze. *
Aus: Scholtze's Façaden-Entwürfe, besonders abgedruckt.

Schul-Gebetbuch, neues vollständiges, in 471 Nummern zum Gebrauche für Bürger- u. Landschulen, nebst e. Anhange von 20 metr. Umschreibungen des Vaterunsers f. die Schule; hrsg. v. e. prakt. Schulmanne. 8. (16 B.) Neustadt a. d. O. 844, Wagner. Thlr. *

Schul-Gebetbuch, vollständiges, herausg. von einem Lehrervereine. 2. Aufl. Langensalza 854. Schulbuchhandlung. 8. (XII, 238 S.) 15 ngr.

Schul-Gebetbuch, vollständiges. 3., neu bearb. Aufl. (Von C. H. Kramm.) 8. (XVI und 244 S.) Langensalza 858, Schulbuchhandlung von Greßler.

Schulgebetbüchlein. Luzern 1840. V: *Sigrist, Georg.* (Kn)

Schulgebete, zum Besten d. Waldenser im Piemontesischen, herausgegeben v. M. Rothe u. Ed. Jacobi. 8. Leipz. 826, Mag. f. Ind.

Schulgebete. Hrsg. v. e. Schulmanne. 24. (35 S.) Wiesensteig 848, Schmid. 8 ngr.

Schulgebete zum Gebrauch für Bürgerschulen; zunächst für die Rathsfreischule in Leipzig. Leipzig 1795. 1817. V: *Plato, Carl Gottlieb.* (Winer)

Schulgebete, z. Gebrauch f. Bürgerschulen. 8. Lpz. Barth. 795.

Schulgebete zum Gebrauch in Bürgerschulen. Zunächst für die Freyschule zu Leipzig. 2te Aufl. 8. Leipzig, Barth. 817.

Schulgebete, gemeinschaftliche, für Lehrer und Schüler katholischer Schulen, nach den Bedürfnissen der Schule eingerichtet von einem katholischen Schulvikar. Nebst einem Anhang von Meß-, Beicht-, Communion-, Ablaßgebeten u. einer Maiandacht für Schule u. Haus. Coesfeld 863. Wittneven. 16. (96 S. u. 1 Lithogr.) n. 3 ngr.; mit Anhang (75 S.) n. 5 ngr.

Schulgebete, kurze, nebst Gesängen f. kathol. Schulen, mit Berücksichtigung d. Kirchenfeste. 8. (3 B.) Arnsberg 837, Ritter.

— f. katholische Schulen im Geiste der heil. Schrift u. im Sinne der kathol. Kirche. Von e. Schul- u. Kinderfreunde, ehemal. Schul-Insp. R. S(oob). 24. (VIII u. 280 S. m. eingedr. Holzschn. u. 1 Lith.) Einsiedeln 850, Gebrüder Benziger. 8 ngr.

— u. Schullieder, gesammelt v. Scheffler. 8. Cöslin 827. Hendeß. 8 g!

Schulgeheimnisse. Von e. sächs. Schulmann. (78 S.) gr. 8. Leipzig 908. O. Gracklauer. 1. 20

Die Freie Schulgemeinde. Organ d. Bundes f. freie Schulgemeinden u. d. freien Schulgemeinde Wickersdorf. Jg. 1, H. 1. Jena: Diederichs 1910. 8°

Schulgemeinde, unsre. I. Der Jubilar. II. Der Jubeltag. Eine Jubelschrift der am 9. Jan. 1806 gegründeten höhern weiblichen Bildungsanstalt in Lübeck, herausg. von ihrem gegenwärtigen Director A. Meier. Lübeck 856, 57. v. Rohden. gr. 8. (XII, 93 S. u. lith. Portr.; 2 Bl., 96 S.) Jedes Heft 9 ngr

—— dass. — II. Der Jubeltag. Eine Jubelschrift der am 9. Jan. 1806 gegründeten höhern weiblichen Bildungsanstalt in Lübeck. Von A. Meier. gr. 8. (III und 96 S.) Ebds. 856.

Schulgemeinde, unsre. III. Joh. Heinr. Meiers Jugendjahre. Autobiographie eines Schulmannes. Herausg. von A. Meier. Lübeck 861. v. Rohden. gr. 8. (X, 141 S.) n. 10 ngr.

Schulgen, Wilhelm

— kalligraph. Blätter. 1s, 2s Heft. qu. Roy.-Fol. Bonn 824, Marcus.

Schulgen, W., kalligraph. Vorlegeblätter. 1s u. 2s Hft. für den ersten Unterr. in deutsch. u. engl. Schrift. gr. 4. Bonn 825, 827. Habicht. (à 10 gr) 20 gr 3s Hft. für d. höhern Unterr. (21 Kpft. u. 1 Bl. Text.) gr. 4. Ebd. 832. 2 ₰ 12 gr

Schulgen, W. Kalligraphische Vorlegeblätter. Bonn. 1826–1827.

Schulgen, (W.) kalligraph. Vorlegeblätter. 2 Hefte. 4. Bonn 825 u. 27, Marcus. à 10 gr.

Schulgen, Wilh., kalligraph. Vorlegeblätter. 3. Hft. (2 Abtheiln.) Für den höh. Unterr. qu. gr. 4. (21 Bl. Kpfrst. u. 1 Bl. Text.) Bonn 834, Habicht. 2 Thlr. 12 Gr., hrbgs. Pr. 1. u. 2. Hft. Ebendas. 1825, 27. 20 Gr.

Schul-Geographie von Deutschland. Bearb. auf Grund der v. Seydlitz'schen Geographie. Unter Hinweis auf „das deutsche Land. Von Dr. J. Kutzen." Zur Förderung der Vaterlandskunde. Illustr. durch in den Text gedr. geograph. Skizzen (in Holzschn.). 1. Aufl. 1869. * ℳ 1,20., und 2. verb. Aufl. gr. 8. (XVI, 95 S.) Breslau 871, Hirt's Verlag.

Schulgeographie, Hinlängliche, vor die Schule, auf eine Art vorgetragen . . . dass junge Leute mehr ergötzt als beladen werden . . . Salzburg 1743. V: *Desing, Anselm.* (Lindner)

Schulgeographie, Hinlängliche, vor junge Leuthe . . . Salzb. 1750. 3. A. 1761. V: *Desing, Anselm.* (Hr)

Schulgeographie, kleine. Leitfaden f. den geograph. Unterricht in der Volksschule. Zugleich e. Hilfsbüchlein beim Gebrauch e. jeden Schulatlas. 11., neu bearb. Aufl. v. Ißleibs kleiner Schulgeographie. 8. (VIII, 134 S.) Gera 885. Th. Hofmann. n. — 40

Schul-Geographie, kleine, mit besond. Berücksicht. Deutschlands. Für Volks-Schulen bearb. von einem Verein von Lehrern. 1.—7. verm. und verb. Aufl. gr. 16. (32 S.) Potsdam 872—74, Rentel. (10 Pf.) * — 15
Mit (lithogr. und color.) Uebersichts-Karte des deutschen Reiches. (* 15 Pf.) * — 20

Schul-Geographie, kleine, mit besond. Berücksicht. Deutschlands. Hrsg. von einem Vereine von Lehrern. 8.—11. verm. und verb. Aufl. gr. 16. (34 S.) Potsdam 876—78, Rentel's Buchh. *

Schul-Geographie, kleine, m. besond. Berücksicht. Deutschlands. Hrsg. v. e. Vereine v. Lehrern. 20., verm. u. verb. Aufl. 12. (68 S.) Potsdam 896. Berlin, J. Rentel. n.n. — 15

Schulgesangbuch. Hrsg. v. G. Seebode. 2. Aufl. 8. . . . Hildesheim 832, Gerstenberg.

Schulgesangbuch. 1878. 8. (45 S.) Danzig 878. Anhuth. geb. n.n. — 50

Schulgesangbuch. Auswahl von 245 geistl. Liedern für Schulandachten und zum Auswendiglernen. 8. (X, 172 S.) Riga 880, Kymmel. cart. * 1 —

Schulgesangbuch. Eine Auswahl von 150 Liedern im Anschluß an das Evangelisch-Lutherische Gesangbuch f. Kirche, Schule u. Haus. Mit Singweisen. 12. (XIII, 168 S.) Mitau 884. Lucas'sche Buchh. geb. n. — 60

— dasselbe. Ausg. ohne Singweisen. 2., verb. Aufl. 12. (VIII, 150 S.) Ebd. 888. cart. n. — 50

Schulgesangbuch. E. Auswahl v. 150 Liedern, im Anschluß an das evang.-luther. Gesangbuch f. Kirche, Schule u. Haus. 3. Aufl. 12. (VIII, 150 S.) Riga 892. L. Hoerschelmann. Kart. n.n. — 70

Schulgesangbuch. Eine Auswahl v. 150 Liedern, im Anschluß an das evangelisch-luther. Gesangbuch f. Kirche, Schule u. Haus. 4. Aufl. 8. (VIII, 150 S.) Mitau 900. F. Besthorn. Kart n. 1. —

Schulgesangbuch. Sammlung v. 60 evangel. Kernliedern m. beigedr. Melodien, nebst Luthers kleinem Katechismus u. Spruchbuch, sowie e. Gebetbüchlein für Schulen u. Unterrichtsanstalten. 2. nach der rev. Bibel verb. Aufl. in neuer Rechtschreibg. (85 S.) 8. Flensburg 904. A. Westphalen. Geb. n.n. — 50

Schulgesangbuch, allgemeines, der Francke'schen Stiftungen. (Hrsg. von Herm. Adalb. Daniel.) 8. (14½ B.) Halle 846, Buchh. des Waisenhauses. *

Schulgesangbuch, Allgemeines, der Franckeschen Stiftungen. Halle a. S. 1859. H: *Daniel, Hermann Adalbert.* (Russell V, 84)

— f. das Herzogt. Anhalt. gr. 8. (84 S.) Dessau (894). C. Dünnhaupt. n.n. — 20; geb. n.n.n. — 30

—— Berliner. Enth.: die 80 allgemein eingeführten Kirchenlieder. Ausg. A., abgedruckt nach dem Gesangbuche zum gottesdienstlichen Gebrauch für evangel. Christen, Berlin bei Decker; mit Angabe der Namen, Geburts- und Sterbe-Orte sowie -Jahre der Verf., dem Verzeichnisse der Evangelien und Episteln auf alle Sonn- und Festtage, Dr. Mart. Luthers kleinem Katechismus, Fragestücken, Taufbund und Gebet des Herrn, Tabelle der Münzen, Maaße und Gewichte, sowie dem großen Einmaleins. 3. Aufl. (58 S.) 1878. * 15 Pf.; 4. Aufl. (64 S.) 1879. * 15 Pf.; 5. Aufl. 16. (89 S.) Berlin 879, H. R. Mecklenburg. *

—— Berliner. Ausg. A. 6. und 7. in genauem Anschluß an den Lehrplan vom 17. Jan. 1879 erweit. Aufl. 16. (89 S.) Berlin 880, H. R. Mecklenburg. ** 15 Pf.; geb. ** — 23

—— dass. — Nach dem Berliner Gesangbuch für evangel. Gemeinden. 8. und 9. Aufl. Neue Ausg. 12. (85 S.) Ebendas. 884. * — 20

— dasselbe. Ausg. A. 8., in genauem Anschluß an den Lehrplan vom 17. Jan. 1879, erweit. Aufl. 16. (85 S.) Ebend. 882. n. — 20

—— Berliner. Ausg. A. nach dem Berliner Gesangbuch für evangel. Gemeinden. 11.—13. erweit. und verb. Aufl. 12. (95 S.) Berlin 886,87, H. R. Mecklenburg. * — 20

— dasselbe. Ausg. B., abgedr. nach dem Urtexte im verm. Porst'schen Gesangbuche, mit Angabe der Verf., ihrer Geburts- u. Sterbeorte, sowie -Jahre, dem Verzeichnisse der Evangelien u. Episteln auf alle Sonn- u. Festtage, Dr. Mart. Luthers kleinem Katechismus u. Fragestücken. 16. (68 S.) Ebend. 878. n. — 20

—— dass. — Ausg. B., abgedr. nach dem Urtexte im verm. Porst'schen Gesangbuche, mit Angabe der Verf., ihrer Geburts- und Sterbeorte sowie Jahre, dem Verzeichnisse der Evangelien und Episteln auf alle Sonn- und Festtage, Dr. Mart. Luthers kleinem Katechismus und Fragestücken. 3. Aufl. 16. (68 S.) Ebendas. 879. *

Schulgesangbuch, Berliner. Ausg. B. 4. verb. und verm. Aufl. 12. (95 S.) Berlin 882, H. R. Mecklenburg. * — 20

— f. die Prov. Brandenburg m. dem gesamten religiösen Unterrichtsstoff, f. ein- bis sechsklass. evangel. Volksschulen in Stadt u. Land, zur Auswahl zusammengestellt. 6., verb. u. verm. Aufl. 12. (123 S.) Berlin 887. H. R. Mecklenburg. — 30; geb. n. — 40

Schulgesangbuch f. die Prov. Brandenburg m. dem gesamten religiösen Unterrichtsstoff, für ein- bis sechsklass. Volksschulen in Stadt u. Land zur Auswahl zusammengestellt. 7., verm. Aufl. 12. (128 u. 8 S. m. 1 Karte.) Berlin 891. H. R. Mecklenburg. n.n. — 20; geb. n.n. — 30

Schulgesangbuch f. die Prov. Brandenburg m. dem gesamten religiösen Unterrichtsstoff, für ein- bis sechsklass. Volksschulen in Stadt u. Land zur Auswahl zusammengestellt. 11. Aufl. 12°. (128, 8 S. m. 2 Karten.) Berl. 891, H. R. Mecklenburg. ** — 20; geb. ** — 30

— f. d. Prov. Brandenburg m. d. ges. religiösen Unterrichtsstoff f. 1- bis 6 klass. evang. Volksschulen in Stadt u. Land, zur Auswahl zusammengest. 15. Aufl. 12. (128 u. 10 S. m. 2 farb. Karten.) Berlin 894. H. R. Mecklenburg. n.n. — 20; geb. in Leinw. n.n. — 30

— f. die Prov. Brandenburg m. dem gesamten religiösen Unterrichtsstoff f. 1- bis 6klassige evangelische Volksschulen in Stadt u. Land, zur Auswahl zusammengestellt. 29. Aufl. 12. (IV, 128 u. 10 S. m. 2 farb. Karten.) Berlin 899. H. R. Mecklenburg. n.n. — 20; geb. in Leinw. n.n. — 30

—— für Bürgerschulen. Hrsg. von d. Lehrern d. höh. Bürgerschule zu Lippstadt. 8. (4 B.) Lippstadt 840, Lange. * —

—— christliches, mit 2stimmigen Melodieen. Hrsg. von dem Calwer Verlagsverein. 12. (9½ B.) Calw 843. (Stuttgart, J. F. Steinkopf.) *

— evangelisches. Zusammengestellt zunächst f. das Gymnasium zu St. Maria Magdalena zu Breslau. 8. (80 S.) Breslau 874. Morgenstern. n. — 50

Schul-Gesangbuch, evangelisches. Zum Gebrauche an höheren u. Mittelschulen zusammengestellt. 8. (VIII, 139 S.) Kassel 874. Kay. n. — 75

— evangelisches. 50 geistl. Lieder für den Schulgebrauch. Dazu ein Anhang, enthaltend: 1) Biograph. Notizen über die Dichter, nebst Disposition der Lieder und Angabe bibl. Beweisstellen; 2) den kleinen Katechismus Lutheri mit Spruchbuch. 4. verb. Aufl. 8. (VI, 72 S.) Straßburg 887. Heitz. ** — 60

— evangelisches. 50 geistl. Lieder f. den Schulgebrauch. Dazu e. Anh., enth.: 1) Biographische Notizen üb. die Dichter, nebst Disposition der Lieder u. Angabe bibl. Beweisstellen; 2) den kleinen Katechismus Lutheri m. Spruchbuch. 5. Aufl. 8. (VI, 72 S.) Straßburg i/E. 890. Heitz. n.n. — 60

—— evangelisches. Zusammengestellt f. die Schulen der Stadt Nordhausen. 8. (VI, 170 S.) Nordhausen 892, Haacke. geb. * — 50

[F.] Evangelisches Schulgesangbuch. Zsgest. f. d. Schulen d. Stadt Nordhausen. *Nordhausen: C. Haacke 1895.* (VI, 170 S.) 1 Bd 8. [96. 379

— evangelisches. 8. (V, 134 S.) Nordhausen 902. C. Haacke. Geb. n.n. — 50; m. Anh. (16 S.) n.n. — 55

— evangelisches. Melodieen u. Texte im Anschluß an das neue evang. Kirchen-Gesangbuch f. Rheinland u. Westfalen. 3. Aufl. 12. (76 S.) Essen 894. G. D. Baedeker. n. — 25

— dasselbe. Ausg. f. den Reg.-Bez. Arnsberg. (Hrsg. v. Pröbsting.) 2. Aufl. 12. (112 S.) Ebd. 894. n. — 30; kart. n. — 40

Schulgesangbuch, Evangelisches. Ausgabe für den Regierungs-Bezirk Arnsberg. 2. Aufl. Essen 1894. H: *Pröbsting, Frdr.* (Ky)

— evangelisches. Melodieen u. Texte im Anschl. an d. neue evang. Kirchen-Gesangbuch f. Rheinland u. Westfalen. 5. Aufl. 12. (II, 83 S.) Essen 898. G. D. Baedeker. n. — 25; kart. n. — 35

— evangelisches. Melodien u. Texte im Anschluß an das neue evangel. Kirchen-Gesangbuch für Rheinland u. Westfalen. 8. Aufl. (83 S.) kl. 8. Essen 905. G. D. Baedeker. Kart. n. — 40

Evangelisches Schulgesangbuch. 150 Lieder nach d. Ev. Gesangbuch f. d. Prov. Sachsen nebst 20 geistl. Volksliedern. *Halle a. S.: Waisenhaus 1903.* (123 S.) 8° [F.] [03. 11976 8

Evangelisches Schulgesangbuch. 150 Lieder nach d. Ev. Gesangbuch f. d. Prov. Sachsen nebst 20 geistl. Volksliedern. *Halle a. S.: Waisenhaus 1903.* (162 S.) 8° [F.] [04. 14013

Schulgesangbuch, evangelisches. 150 Lieder nach dem ev. Gesangbuch f. d. Prov. Sachsen nebst 20 geistl. Volksliedern. 3. Aufl. (123 S.) 8. Halle 907. Buchh. d. Waisenhauses. — 40; geb. — 70; m. Katechismus u. Sprüchen (165 S.) — 60; geb. — 90

— evangelisches. (Ausg. f. Westpreußen.) (Neue Aufl.) (156 S.) kl. 8. Königsberg 907. J. H. Bon's Verl. Kart. nn — 30

— evangelisches, f. Elsaß-Lothringen. Die religiösen Lieder d. Normal-Lehrplans f. die Elementarschulen enth. 8. (VIII, 56 S.) Straßburg 875. Schmidt. geb. n. 60

Evangelisches Schulgesangbuch, enthaltend die 80 Kirchenlieder, erg. durch e. Auswahl Lieder älteren u. neueren Ursprungs. *Posen: W. Decker & Co. 1898.* (95 S.) 8° [F.] [03. 799 9

Schulgesangbuch, evangelisches, für höhere Lehranstalten. 8. (VIII, 95 S.) Bielefeld 871, Velhagen und Klasing. geb. * — 75

—— evangelisches, für höhere Lehranstalten. 2. Aufl. (VIII, 103 S.) 1876. cart. * 75 Pf.; 3. durchges. Aufl. 8. (VIII, 109 S.) Bielefeld 883, Velhagen und Klasing. cart. * — 80

— evangelisches, f. höhere Lehranstalten. 4., durchgeseh. u. verm. Aufl. 8. (VIII, 116 S.) Bielefeld 890. Velhagen & Klasing. cart. n. — 80

— evangelisches, f. höhere Lehranstalten. 2., verm., nach dem Gesangbuche f. evangel. Gemeinden Schlesiens neu bearb. Aufl. 8. (VI, 92 S.) Breslau 889. Morgenstern's Verl. n. — 50

— evangelisches, f. höhere Lehranstalten. 3. verm. Aufl., nach dem Melodieenbuche f. evangel. Gemeinden Schlesiens v. Max Thomale neu bearb. 12. (92 S.) Breslau 900. E. Morgenstern, Verlag. Kart. n.n. — 65

Evangelisches Schulgesangbuch für Ostpreußen im Einverständnis mit d. Kgl. Konsist. u. d. Kgl. Regierungen zu Königsberg u. Gumbinnen hrsg. vom Kgl. Prov.-Schul-Kollegium zu Königsberg i. Pr. *Königsberg i. Pr.: Ostpr. Dr. u. Verlagsanst. [1903].* (130 S.) 8° [F.] 03. 8491 10

— evangelisches, f. Ostpreußen. Im Einverständnis m. dem königl. Konsistorium u. den königl. Regiergn. zu Königsberg u. Gumbinnen hrsg. vom königl. Prov.-Schul-Kollegium zu Königsberg i. Pr. (156 S.) 12. Königsberg 903. Gräfe & Unzer, Buchh. Geb. n.n. — 30

Evangelisches Schulgesangbuch für Ostpreußen. Im Einverständnis mit d. Kgl. Konsist. u. den Kgl. Regierungen zu Königsberg u. Gumbinnen hrsg. vom Kgl. Prov.-Schul-Koll. zu Königsberg i. Pr. *Königsberg i. Pr.: Hartung 1903.* (156 S.) 8° [F.] 03. 8073 10

Evangelisches Schulgesangbuch für Ostpreussen. Im Einverständnis mit d. Kgl. Konsist. u. d. Kgl. Regierungen zu Königsberg u. Gumbinnen hrsg. vom Kgl. Prov.-Schul-Koll. zu Königsberg i. Pr. *Königsberg i. Pr.: W. Koch 1903.* (156 S.) 8° [F.] 03. 3193 10

—— evangelisches, für die Provinz Preußen oder die im J. 1851 durch das königl. Provinzialschulkollegium in Uebereinstimmung mit dem königl. Konsistorium und mit Zustimmung der königl. Regierungen ausgewählten, zum Erlernen in den Seminarien und Elementarschulen vorzugsweise sich eignenden Kirchenlieder im Urtexte. 16. (72 S.) Insterburg 854, Reinert.

— zunächst für das evangelische Gymnasium zu Osnabrück. 2. verm. Aufl. Osnabrück 862. Rackhorst. gr. 8. (IV, 123 S.) n. 11 ngr.

—— für Gymnasien, Realschulen und ähnliche Lehranstalten. 3. verb. Aufl. gr. 8. (IV, 132 S.) Osnabrück 870, Rackhorst'sche Buchh. * 1 —

— f. Gymnasien, Realschulen u. ähnliche Lehranstalten. 6. Aufl. (IV, 131 S.) gr. 8. Osnabrück 908. Rackhorst. Geb. nn 1. 20

—— des kgl. evangel. Gymnasiums zu Glogau. Anhang. Lex.-8. (1¼ B.) Glogau 845, Reisner'sche Buchh.

Schulgesangbuch die achtzig in den Regulativen vom 1., 2. u. 3. Octbr. 1854 ausgewählten Kernlieder enthaltend. Magdeburg 855. Heinrichshofen. gr. 8. (55 S.) n. 2 ngr.

Schulgesangbuch die achtzig in den Regulativen vom 1., 2. u. 3. Octbr. 1854 ausgewählten Kernlieder enthaltend. Neuer Abdr. Magdeburg 862. Heinrichshofen. gr. 8. (55 S.) n. 3½ ngr.

Schulgesangbuch, kleines, f. die Prov. Brandenburg. Auszug aus dem größeren „Schulgesangbuch f. d. Prov. Brandenburg". 1.—3. Aufl. 16. (69, 12 S.) Berl. 891,92. H. R. Mecklenburg. ** — 10

— kleines, f. d. Prov. Brandenburg. Auszug aus d. größeren „Schulgesangbuch f. d. Prov. Brandenburg". 14. Aufl. 12. (69 u. 10 S.) Ebd. 895. n.n. — 10; geb. in Leinw. n.n. — 20

— kleines, f. die Prov. Brandenburg. Auszug aus dem größeren Schulgesangbuch f. die Prov. Brandenburg. 41. u. 42. Aufl. 12. (IV, 70 u. 10 S.) Ebd. 900. n.n. — 10; geb. in Leinw. n.n. — 20

— dasselbe. Ausg. m. Spruchbuch. 8. Aufl. 12. (IV, 70 u. 18 S.) Ebd. 900. Geb. in Leinw. n.n. — 25

Schulgesangbuch, enth. 132 Lieder nach d. bekanntesten kirchl. Melodien f. alle im Schulleben gewöhnl. Veranlassungen. 8. (2¾ B.) Stargard 831, Hendeß.

—— neues, f. die allgemeinen Volksschulen des Kantons Zürich. 3 Hfte. 1. Aufl. 1844. u. 2. Aufl. 8. (à 18½ B.) Zürich 845, Meyer u. Zeller. à Aufl. *

—— neues, für die allgem. Volksschulen des Kanton Zürich. Partitur zu 3. Heft: Choräle. Partitur. qu. 4. (20 S.) Zürich 847, Meyer und Zeller.
1—3. Heft. (2. Aufl.) Ebendas. 1845. 11¼ Ngr.

——, neues vollständ., f. d. protestant. Deutschland, in 535 Nrn., mit Rücksicht auf alle im Jugend- u. Schulleben vork. Fälle, so wie mit sorgfält. Auswahl d. Beßten u. Erhabensten d. deutsch. Liederpoesie, so weit sie d. Jugend angemessen ist. Hrsg. v. e. prakt. Schulmanne Sachsens. 8. (14½ B.) Neustadt a. d. O. 840, Wagner.

—— neuestes, mit beigefügt. 2- u. 3stimm. Choral-Melodieen. Für Land- u. Bürgerschulen, so wie f. d. untern Classen d. Gymnasien nach d. Inhalte d. Dinter'schen Unterredn." bearb. Nebst e. Anh., Casual-Lieder enthalt. Hrsg. v. e. Vereine deutscher Volkslehrer. 8. (7 B. u. 4½ B. Musikbeiln. 4.) Neustadt a. d. O. 834, Wagner.

Schulgesangbuch, St. Gallisches. 1. Thl. (Ein- und zweistimm. Lieder.) br. 8. (68 S. mit Melodien.) St. Gallen 850, Huber und Comp. *

—— dass. — 2. Thl. (Zwei-, drei- und vierstimm. Lieder.) br. 8. (118 S. mit Melodien.) Ebds. 850. *

Schulgesangbüchlein. Auswahl von geistl. Liederversen für Schulandachten. 4. Aufl. 8. (144 S.) Reval 886, Kluge's Verlag. cart. * 1 —

Schul-Gesangbüchlein, zunächst für die Unter- u. Mittelclasse einer Volksschule, dann aber auch in der oberen Classe noch zu gebrauchen rc. in Ziffern gesetzt. qu. 32. Grimma 845. Verlags-Compt. n. 1/12 ₰

Schul-Gesänge bei der feierlichen Entlassung der Confirmanden. Oschatz 852. Oldecop. 8. (8 S.) ½ ngr.

Schulgesänge u. Gebete f. das Gymnasium zu Corbach. 8. (62 S.) Mengeringhausen 850. (Arolsen, Speyer.) n. 8 ngr.

Schulgesänge für die Jugend, s. Meß- und Schulgesänge.

Schulgeschichten aus d. alten Görlitzer Kloster, hrsg. v. Bernh. Meth. (XI, 189 S. m. 1 Plan u. 6 Taf.) gr. 8. Berlin 909. Trowitzsch & Sohn. 4.50; geb. in Lw. 5.50

Schulgeschichten, Kurze, aus der Mädchenschule zu Indersdorf für kleinere Mädchen. München 1803. V: *Stickl, Franz Xaver.* (Ky)

Schulgeschichten, kurze, aus d. Mädchenschule zu Indersdorf, (v. F. X. Stickl). Für kleinere Mädchen. gr. 8. Münch. 803. N. A. 805. (Thomann in Landsh.) 8 gr — Fortsetz. f. Mädchen von reiferem Alter. 3 Bdchen. gr. 8. Ebd. 806. (Thomann in Landsh.) 9 gr

Schulgeschichten, kurze, für kleine Mädchen. gr. 8. München, Fleischmann. 805.

Schulgesetz des Kts. Basel-Stadt. 1880.

Schulgesetz, das bayrische, in der hohen Kammer der Reichsräthe. Die ausführl. Referate des Bischofs von Dinkel und des Correferenten Präsidenten v. Harleß, nebst den in der Kammer gefaßten Beschlüssen. gr. 8. (308 S.) Augsburg 869, Schmid's Verlag. 1 80

Schulgesetz, das neue, und die Schulreform im Herzogthum Gotha, beurtheilt von einem Laien. Gotha 864. F. A. Perthes. gr. 8. (57 S.) 7½ ngr.

Schulgesetz, Das neue zürcherische. [Basel 1888.] V: *Pestalozzi, F. Otto.* (zuwzür 1910)

Sculgesetz, Ein neues. Die bisherigen zürcherischen Schulverhältnisse und Beleuchtung des Entwurfes der Erziehungsdirektion zu einem Gesetz über das Unterrichtswesen des Kantons Zürich. Zürich 1871. V: *Zollinger, Salomon.* (BSCHWL V, 10c, S. 212)

—— ein neues. Die bisherigen zürch. Schulverhältnisse und Beleuchtung des Entwurfes der Erziehungsdirektion zu einem Gesetz über das Unterrichtswesen des Kantons Zürich. gr. 16. (79 S.) Zürich 872, Verlags-Magazin. * — 40
Aus: Zürcher Samstags-Zeitung, besonders abgedruckt.

Schulgesetz für das Hzgt. O l d e n b u r g vom 4. Februar 1910. Oldenburg: Schulze (1910).

Schulgesetz des Kantons Unterwalden nid dem Wald. ⟨vom 10. September 1879.⟩ 28 S. 8. Stans, Ad. & P. von Matt, 1905.

Schulgesetze. Kempten, Kösel. 1 fl.

Schul-Gesetze. Plakat. Fol. Kaiserslautern 882, Gotthold's Verlagsh. ** — 15
Ausg. auf Pappe * — 50

Schulgesetze. 1.—9. Hft. Amtliche Handausg. 1902. gr. 8. Darmstadt (G. Jonghaus). n.n. 1. 90
1. Gesetz, die Gehalte der Volksschullehrer betr. Vom 9. III. 1878. Mit Berücksicht. der durch spätere Gesetze u. s. w. eingetretenen Änderga. (16 S.) n.n. — 25
2. Gesetze, die Pensionierung der Volksschullehrer betr. Vom 1. X. 1870, 16. IX. 1899 u. 28. IX. 1901. (9 S.) n. — 20
3. Instruktion f. die Kreis-Schulkommissionen. Vom 21. IX. 1874. (24 S.) n.n. — 30
4. Instruktion für die Schulvorstände. Vom 21. IX. 1874. (17 S.) n.n. — 25
5. Lehrplan f. den evangelischen Religions-Unterricht in den Volksschulen. Vom 7. VII. 1876. (14 S.) n.n. — 25
6. Bekanntmachung, den Lehrplan der großherzogl. Schullehrerseminarien betr. Vom 29. XI. 1897. (2 S.) — 15
7. Verordnung, die Prüfungen f. das Lehramt an Volksschulen betr. Vom 29. XI. 1897. (1 S.) — 10
8. Gesetz, die Witwen- u. Waisenkasse der Volksschullehrer betr. Vom 21. VII. 1900. (8 S.) — 15
9. Lehrplan der Oberrealschule. (8 S.) n.n. — 25

Schulgesetze. 10. Heft. Amtliche Handausg. 1904. 8. Darmstadt (G. Jonghaus). n. — 20
Bekanntmachung, die Bestimmungen üb. den Bau- u. die Einrichtung der Schulräume u. Lehrerwohnungen betr. Vom 4. VI. 1904. (10 S.)

Schulgesetze für das Collegium Carolinum. [Wahrscheinlich 1872.] Braunschweig.

Schulgesetze der G e l e h r t e n s c h u l e in Glückstadt. Glückstadt den 14. März 1825. Glückstadt. (1825.) 4°

Schulgesetze für das Gymnasium zu Lemgo. Eb. 820. 4. (24 Seiten).

Schulgesetze f. d. Hand d. Kinder in Volksschulen, nebst einigen Schul-Morgen- u. Abendgebeten. 16. (15 S.) Blaubeuren 848, Mangold. n. 1 ngr

Schulgesetze, Die neuen. Dargestellt in Briefen eines Stadtlehrers an einen Gemeindevorsteher. Innsbruck 1872. V: *Schneller, Christian.* (MARGR)

Die neuen Schulgesetze für Niederösterreich. [Manz'sche Gesetzausgabe. Nr. 19 VIIa.] 8°. (90, 43 S.) K 1.—, kart. K 1.20
Wien: Manz 1905.

— die neuen, f. Niederösterreich, s. a. Gesetz-Ausgabe, Manzsche.

Schulgesetze für die S c h ü l e r der Domschule in Schleswig (v. 28. Febr. 1826. Schleswig. 1826.) 4°

Schul-Gesetze für die Schüler und Zuhörer der polytechnischen Schule zu Hannover. Vom 18. u. 27. 6. 1861. [Folgt:] Haus-Ordnung für die polytechnische Schule. ¶ Abgedr. in: Verfassung d. Polytechn. Schule zu Hannover. 1863

Schulgesetze für die Studirenden und Zuhörer der Kgl. polytechnischen Schule zu Hannover. [Folgt:] Hausordnung. [1877.]

Schulgesetze betr. das äuszere Verhalten der Schüler. Doberan, Druck v. H. Rehse & C., 1893; 22—23 S. 4.
Doberan, grossh. G Friderico-Francisceum, OP 1893 (645)

Schulgesetze nebst Verordnungen und Instructionen über das Schulwesen im Großherzogthum Hessen. Amtliche Handausg. 1. Bd. gr. 8. (159 S.) Darmstadt 875, (Jonghaus'sche Hofbuchh.) **

Schulgesetze für die Volksschulen in den k. k. Erbstaaten. Fol. (1 Bl.) Preis 2 kr. C. M.
Wien: Vlg.d.Schulbücher-Verschleiß-Administration.1855.

Schulgesetze für die Volksschulen im Kaiserthume Oesterreich. 8. (14 S.) Wien. Gedruckt bei Leopold Grund. 1853. Gebunden 2 kr. C. M.
Vlg.d.Schulbücher-Verschleiß-Administr.

— f. das Land Vorarlberg, enth. 1. Gesetz vom 28. VIII. 1899, betr. die Schulaufsicht. 2. Gesetz vom 28. VIII. 1899, betr. die Errichtg., die Erhaltg. u. den Besuch der öffentl. Volks- u. Bürgerschulen. 3. Gesetz vom 28. VIII. 1899, betr. die Rechtsverhältnisse des Lehrerstandes an den öffentl. Volks- u. Bürgerschulen. 12. (64 S.) Bregenz (899). J. N. Teutsch. n. — 60

Schulgesetz-Entwürfe, die christlich-sozialen, zur Beseitigung der staatlichen Schulaufsicht. Zusammengestellt auf Grund der Vorlagen des niederösterreich. Landesausschusses u. der endgilt. Beschlüsse des niederösterreich. Landtages vom 25. u. 26. X. 1904. (34 S.) Lex.-8. Wien 904. (Wiener Volksbuchh.) n. 1. —

Schulgesetz-Sammlung, deutsche. Central-Organ für das gesammte Schulwesen im deutschen Reiche, in Deutsch-Oesterreich und in der Schweiz. Redig. von Fr. Ed. Keller. 1.—3. Jahrg. 1872—1874. à Jahrg. 52 Nrn. (Bog.) gr. 4. Berlin, (Oppenheim.) à Jahrg. * 9 —

Schulgesetz-Sammlung, deutsche. Central-Organ für das gesammte Schulwesen im deutschen Reiche, in Oesterreich und in der Schweiz. Redig. von Fr. Ed. Keller. 4.—6. Jahrg. 1875—1877. à Jahrg. 52 Nrn. (Bog.) gr. 4. Berlin, (Oppenheim.) à Jahrg.

—— dass. — 7. und 8. Jahrg. 1878 und 1879. à Jahrg. 52 Nrn. (Bog.) gr. 4. Berlin, Keller. à Jahrg. *

Schulgesetz-Sammlung, deutsche. Central-Organ für das gesammte Schulwesen im Deutschen Reiche, in Oesterreich und in der Schweiz. Redig. von Fr. Ed. Keller. 9.—12. Jahrg. 1880—1883. à Jahrg. 52 Nrn. (Bog.) gr. 4. Berlin, Keller. à Jahrg. * 9 —

—— dass. — 13. Jahrg. 1884. 52 Nrn. (Bog.) gr. 4. Berlin, Oehmigke's Verlag. * 9 —

Schulgesetz-Sammlung, deutsche. Central-Organ für das gesamte Schulwesen im Deutschen Reiche, in Österreich und in der Schweiz. Redig. von R. Schillmann. 14.—17. Jahrg. 1885—1888. à Jahrg. 52 Nrn. (Bog.) gr. 4. Berlin, Oehmigke's Verlag. à Jahrg. * 10 —

Schulgesetz-Sammlung, deutsche. Central-Organ f. das gesamte Schulwesen im deutschen Reiche, in Österreich u. in der Schweiz. 18. u. 19. Jahrg. 1889 u. 1890, redig. v. R. Schillmann. 20. u. 21. Jahrg. 1891 u. 1892, redig. v. L. Krämer. à Jahrg. 52 Nrn. (à Nr. ½—1 Bog.) gr. 4. Berl., L. Oehmigke's Verlag. à Jahrg. ** 9 —

Schulgesetz-Sammlung, deutsche. Central-Organ f. das gesamte Schulwesen im Deutschen Reiche, in Österreich u. in der Schweiz. Red. v. L. Krämer. 20.—23. Jahrg. 1891—1894. à 52 Nrn. (à ca. 1 Bog.) gr. 4. Berlin, L. Oehmigke's Verl. à Jahrg. n.n. 9. —

Schulgesetz-Sammlung, deutsche. Central-Organ f. das ges. Schulwesen im Deutschen Reiche, in Oesterreich u. in d. Schweiz. Red. v. C. Hellermann. 24.—27. Jahrg. 1895—1898. à 52 Nrn. (à ca. 4 S.) gr. 4. Berlin, L. Oehmigke's Verl. à Jahrg. n.n. 9. —
Kann auch vierteljährlich bezogen werden. — Bis zum 1. April 1897 war L. Krämer Redakteur.

Schulgesetz-Sammlung, deutsche. Central-Organ f. das gesamte Schulwesen im Deutschen Reiche, in Österreich u. in der Schweiz. Red. v. O. Janke. 28.—31. Jahrg. 1899—1902. à 52 Nrn. gr. 4. (VI, 432; VIII, 488; VIII, 416 u. VI, 408 Sp.) Berlin, L. Oehmigke's Verlag. à Jahrg. n.n. 9. —

Schulgesetz-Sammlung, deutsche. Zentral-Organ f. das gesamte Schulwesen im Deutschen Reiche, in Oesterreich u. in der Schweiz. Red. v. O. Janke. 32.—35. Jahrg. 1903 bis 1906. à 52 Nrn. (1903—1905 à Jhrg. 408 Sp.) gr. 4. Berlin, L. Oehmigke's Verl. à Jhrg. n n. 9. —

Schulgesetz-Sammlung, deutsche. Zentral-Organ f. das gesamte Schulwesen im Deutschen Reiche, in Österreich u. in der Schweiz. Red. v. Przygodda. 36.—39. Jahrg. 1907—1910. à 52 Nrn. (à ca. 8 Sp.) 32×23 cm. Berlin, L. Oehmigke's Verl. à Jahrg. nn 9. —
Erscheint nicht mehr.

Schulgesetz-Tafel, od. Gesetze f. Schulkinder. Fol. (1 B.) Grimma 837, (Verlags-Comptoir.) * .

Schulgesetztafel. 1 Bl. Imp. 4. Blaubeuren 848, Mangold. n. 1 ngr

Zur Schulgesundheitspflege. Veröffentlichung der Hygiene-Sektion des Berliner Lehrer-Vereins. Berlin 1886. 126 S. m. Abb.

Schulgin, M. A., Phylogenesis des Vogelhirnes. Inaugural-Dissertation. gr. 8. (36 S. mit 2 lithogr. Taf.) Jena 885, (Neuenhahn.) * 1 —

Schul(-glöcklein): Das Schul- und Hausglöcklein
v. Intelligenzblatt für Rapperswyl und seine Umgebung.

Schulgrammatik, deutsche, für höhere Schulen. Herausg. von Lehrern der Königl. Realschule zu Annaberg. In 3 Kursen. Buchholz 854. Adler. (Annaberg, Nonne.) 8.
1. Kursus herausg. von Mor. Spieß für e. einjährigen Unterricht in der untersten Klasse berechnet. (XII, 67 S.) n. 5 ngr
2. Kursus herausg. von Bruno Berlet für den Unterricht in den mittleren Klassen berechnet. (XII, 67 S.) n. 6½ ngr

Schulgrammatik, deutsche, für höhere Schulen. Hrsg. von Lehrern der Realschule zu Annaberg. In drei concentrisch sich erweiternden Kursen. 1. Kursus für den Unterricht in unteren Klassen berechnet. Hrsg. von Mor. Spieß und Bruno Berlet. 2., verb. Aufl. 8. (XI und 60 S.) Annaberg 858, Nonne. *

Schulgrammatik, deutsche. Hrsg. v. Lehrern der Realschule zu Annaberg. In 3 „koncentrisch sich erweit." Kursen. 1. u. 2. Kursus. Hrsg. v. Mor. Spieß u. Bruno Berlet. 4. Aufl. 8. Hildburghausen 872. 73 Kesselring. à — 60
1. Für den Unterricht in unteren Klassen. (XII, 60 S.)
2. Für den Unterricht in mittlern Klassen. (VIII, 80 S.)

—— deutsche, für höhere Schulen. Hrsg. von Lehrern der Realschule zu Annaberg. In drei koncentrisch sich erweit. Kursen. 2. Kursus, für den Unterricht in mittleren Klassen berechnet. Hrsg. von Mor. Spieß und Bruno Berlet. 4. Aufl. 8. (VIII, 80 S.) Hildburghausen 873, Thüringer Schulbuchh. [Kesselring'sche Hofbuchh.] * — 60

Schulgrammatik, französische, f. höhere Lehranstalten. Von C. Ehrhart, H. Planck u. G. Lachenmaier. 1. u. 2. Tl. gr. 8. Stuttgart [P. Neff Verl.]. A. Bonz & Co. n. 4. —; geb. n. 4. 80
1. Elementarbuch der französischen Sprache f. die mittleren Klassen höh. Lehranstalten. Von G. Lachenmaier. (XII, 244 S.) 899. n. 2. 40; geb. n. 2. 80
2. Syntax der französischen Sprache f. die oberen Klassen höh. Lehranstalten. Von C. Ehrhart u. H. Planck. Ausg. f. lateinlose Schulen v. Otto Gilnter. (XII, 211 S.) 899. n. 1. 60; geb. n. 2. —

Schulgrammatik d. latein. Sprache, (von Schulz.) 8. Halle, Waisenhausbuchh. 815. .

Schulhalten, über das, der Mönche. 8. Münch. 783. (Fleischmann). 4 gr

Schulhalten, über das, d. Mönche. 8. München, Strobl. 783.

Schulhandkarte für den Sternberger Bezirk Un aufgezogen * —.15
Sternberg: Hitschfeld 1892.

Schulhaus, das. Zentralorgan f. Bau, Einrichtung u. Ausstattg. der Schulen u. verwandten Anstalten nach den Anfordergn. der Neuzeit. In Verbindg. m. namhaften Fachleuten hrsg. u. geleitet v. Ludw. Karl Vanselow. Jahrg. 1899. (Juli—Dezbr.) 6 Hfte. gr. 8. (à ca. 48 S. m. Abbildgn. u. Grundriss.) Grossenhain [Baumert & Ronge]. Berlin-Tempelhof, Schulhaus-Verlag. 3. —

— dasselbe im Sinne neuzeitl. Fordergn. Hrsg. v. Karl Vanselow. 2.—4. Jahrg. 1900—1902. à ca. 12 Hfte. gr. 8. (à ca. 60 S. m. Abbildgn.) Berlin-Tempelhof, Schulhaus-Verlag. à Jahrg. 6. —
Der 2. Jahrg. erschien noch in Grossenhain.

Schulhaus, das. Zentralorgan f. Bau, Einrichtg. u. Ausstattg. der Schulen u. verwandten Anstalten im Sinne neuzeitl. Fordergn. Hrsg.: Karl Vanselow. Red.: M. Sebaldt. 5.—8. Jahrg. 1903—1906. à 12 Hefte. (5. Jhrg. 396 S. m. Abbildgn. u. Taf.) Lex.-8. Berlin, Schulhaus-Verlag. 5.—7. Jhrg. à n. 6. —; 8. Jhrg. n. 8. —

Schulhaus, das. Zentralorgan f. Bau, Einrichtg. u. Ausstattg. d. Schulen u. verwandten Anstalten im Sinne neuzeitl. Fordergn. Hrsg. unter Mitwirkg. namhafter Fachleute v. Karl Vanselow. Red.: R. Blankenburg. 9.—12. Jahrg. 1907—1910. à 12 Hefte. (à ca. 56 S. m. Abb.) Lex. 8. Werder, Schulhaus-Verlag. à Jahrg. 8. —
Erschien bis Mai 910 noch in Berlin.

Schulhaus, Das, der Gumpendorfer Oberrealschule. Wien 1882. V: *Kauer, Anton.* (EB)

Transportables **Schulhaus** mit Schulzimmer, Zeichensaal u. Schularztzimmer. Zum 2. internat. Kongress f. Schulhygiene zu London 1907 in d. Londoner Univ. errichtet u. ausgestattet durch d. Firmen Christoph & Unmack, A.-G. Niesky O/L., London, u. P. Johannes Müller, Charlottenburg. o. O. (1907). (20 S.) 8° [07. 12163 3

Schulhausbau. Der Schulhausbau in Aarburg. ... Bericht und Antrag des Gemeinderathes (*3. Bericht:* von) Aarburg an die Schulgemeinde. 8. Aarburg, Buchdr. Aarburg.
Neuer Bericht.... (1901 November.) 15 S. 1901.
Dritter Bericht.... (1902 Mai 15.) 17 S. 1902.

Schulhausbau-Vorschriften, dann neue Baupläne f. Schulhäuser, nebst Erläuterg. Redactionelle Beilage des kärntn. Gemeindeblattes 1894. gr. 8. (16 S. m. 8 Taf.) Klagenfurt 894. (F. v. Kleinmayr.) n. — 84

Schulhäuser, die g l a r n e r i s c h e n und die Anforderungen der Gesundheitspflege. 36 Stn. 8. Glarus: F. Schmid'sche Buchdruckerei. 1875.

Schulhäuser. Neuere Sch' und Wohlfahrts-Einrichtungen der Stadt Bern. Bearb. von der Städtischen Schul- und Baudirektion in Bern. [Mit Figuren und 5 Tafeln.] (Separat-Abdruck a. d. Jahrbuch der Schweiz. Gesellschaft für Schulgesundheitspflege, Jahrg. 5, 1904, Teil 2.) II + 23 S. 8. Zürich, Zürcher & Furrer, 1904.

Schulhäuser u. -T u r n h a l l e n, m. 35 Taf. Abb. u. beschreibendem Text (Samml. übergedruckter Musterzeichnungen, bearb. v. Großherz. Hess. Landesgewerbever.), 1. Aufl., Darmstadt 1888, 52 cm.

S c h u l h e i m, Hiazinth v., Gedichte. gr. 8. (9 B.) Graz 836, Damian u. Sorge.

Schulhof, F., Aufsätze im Anschlusse an d. Dürkensche Lesebuch f. die katholischen Volksschulen. 2 Tle. 8. Paderborn, F. Schöningh. 3. 30
I. Mittelstufe. (XV, 108 S.) 909. 1. 50
II. Oberstufe. (XII, 137 S.) 910. 1. 80

Schulhof, F., B e g l e i t w o r t zur Lesemaschine „Borgmeyer-Schulhof". D. R. G. M. A. (18 S. m. Abbildgn.) 8. Hildesheim 904. F. Borgmeyer. n. — 20

— D i k t a t e zur Einübung der Orthographie u. Grammatik (152 S.) 8. Ebd 904. n. 1. — ; geb. in Leinw. n. 1.40

Schulhof, F., M a t e r i a l i e n f. d. Schönschreib-Unterricht. 8. (77 S.) Osnabrück 897. Karlsruhe, G. Pillmeyer. n. — 60

Der Kreis Melle (Grönegau). Bearb. von F. **Schulhof**. Lingen a. d. Ems: R. v. Acken 1908. (164 S.) 8° [F.]
= **Beiträge** z. Heimatkunde d. Regierungsbezirks Osnabrück. H. 2. [08. 13640

Schulhof, Hugo, Referendar am Amtsgericht Geestemünde: Die **Gewährleistung** für Rechtsmängel beim Kauf nach dem Rechte des bürgerlichen Gesetzbuchs. *Osnabrück 1899: Meinders & Elstermann.* (46 S.) 8°
Göttingen, Jur. Diss. v. [17. März] 1900

Schulhof, Hugo, die Gewährleistung f. Rechtsmängel beim Kauf nach dem Rechte des bürgerl. Gesetzbuchs. Diss. gr. 8. (46 S.) Göttingen 899. (Vandenhoeck & Ruprecht.) n. 1. 10

Schulhof, Josef, Staatsgüter- u. Grossgrundbesitz in der österr. Monarchie. Vorschlag zur Hebung des Gütererträges durch Einführung des Verpachtungs-Systemes. gr. 8. (69 S.) Wien, Gerold in Comm. 1862 80 kr.

S c h u l h o f, Jos., Staatsgüter und Grossgrundbesitz in der österreichischen Monarchie. Vorschlag zur Hebung des Gütertrages durch Einführung des Verpachtungs-Systemes. gr. 8. (69 S.) Wien 863, (Gerold's Sohn.) *

SCHULHOF, LEO. Ueber das Camphylamin. (Basel) Zürich, 1887.

Schulhof, Leop., Bahnbestimmung d. Planeten (108) Hecuba. [Aus: „Sitzungsber. d. k. Akad. d. Wiss."] Lex.-8. (10 S.) Wien 871. (Gerold's Sohn.) n. — 40

Schulhof, Max, prakt. Arzt aus Osnabrück: **Dauerresultate der Gottschalk'schen rein intraperitonealen Fixierung des Uterus** von der Scheide aus zur Heilung der Retroflexio uteri. *Berlin (1900): G. Schade.* (40 S.) 8°
Berlin, Med. Diss. v. 10. Aug. 1900

Schulhöfer, Louis [aus Stuttgart]: Über einige neue Derivate des Zimmtalkohols. . . . Stuttgart, Buchdr. v. R. Glaser & Co., 1890. 39 S. 8°
Heidelberg, Naturw.-math. Fak., Inaug.-Diss. v. [30. Okt.] 1890

Schul-Homer, s. H a u s- und S c h u l-H o m e r, deutscher.

Schul-Humor. Schnacken u. Schnurren f. Jung u. Alt. Hrsg. v. Hans Stillvergnügt. 16. (78 S.) Leipzig 890. Claussner. — 50

Schulli, M., der Materialismus. Kurze Darstellg. u. Beurteilg. dieser Weltanschaug. Messina u. der Vorsehungsglaube. 2 Vorträge, geh. im Schützengarten in St. Gallen am 14. u. 28. II. 1910. (47 S.) gr. 8. St. Gallen 910. Fehr. — 60
Sonderabdr. aus: „Schweiz. theol. Ztschr."

Schullatschenko, A. R., über die Einwirkung des **Meerwassers auf hydraulische Cemente.** Vorgelegt dem **internationalen Kongress der Materialprüfungstechniker zu Paris am 10. VII. 1900.** (10 S.) hoch 4. Stuttgart 900 Freiburg i/B., J. Bielefeld n. 2. —
Sonderabdruck aus: „Baumaterialienkunde".

Schulig, Heinrich

S c h u l i g, H., Bilder aus der Geschichte Oesterreichs. Ein Hilfsbuch bei Ertheilung des vaterländ. Geschichtsunterrichtes an Volks- und Bürgerschulen. gr. 8. (VIII, 170 S.) Troppau 882, Buchholz und Diebel. * 2 40

Schulig, Heinr., Orslaw u. Jutta, s.: **V o l k s- u. J u g e n d-Bibliothek.**

Schulig, Heinr., durch Jessan nach dem Lande d. räuber. Felsen-Tubu, s.: J e s s e n's, A. Ch., Volks- u. Jugend-Bibliothek, Nr. 99.

Das Evangelium in Jägerndorf. SA. aus d. Jahrb. d. Gesellsch. f. d. Gesch. d. Protestantismus in Oesterr. Jg. XIII, H. 1 III ... Von Oberl. H e i n r i c h **Schulig**. M. Zustimmg d. Vfs hrsg. v. d. Evangel. Gemeinde in Jägerndorf ... *Wien: Presbyterium d. ev. Gemeinde Jägerndorf 1892.* (2 Bl., 61 S., 2 Bl.) 1 Bd 8. [98. 9396

Schulig, H., und **Nießner, A.,** Höhenschichtenkarte des Herzogthumes Schlesien. Für den heimatskundlichen Unterricht bearbeitet. 1881. Unaufgespannt 2.80.

(F) **Schulig, H.,** Quer durch den Sudan. **Aus den Reiseerlebnissen des berühmten Afrikaforschers Gustav Nachtigal. [Pichler's Jugendbücherei. Bd 4.]** 8°. (66 S.) geb. K 1.—
Wien: Pichler 1904.

Schulig, H., quer durch den Sudan, s. Pichler's Jugendbücherei.

Schulin, **Friedr.: Ueber einige Anwendungsfälle der Publiciana in rem actio. E. civilist. Abh. Marburg 1873.**

Schulin, Frdr., üb. einige Anwendungsfälle der Publiciana in rem actio. Eine civilist. Abhandlg. gr. 8. (VII, 211 S.) Marburg 874. Braun. n. 3. 50

— ad pandectarum titulum de origine juris commentatio. gr. 4. (31 S.) Basel 876. (Meyri.) n. 1. 20

Schulin, F., Lehrbuch der Geschichte d. römischen Rechtes. 8. (XII, 628 S.) Stuttgart 889. Enke. n. 11. —; geb. n. 12. —

Schulin, Friedrich: Zur Lehre vom Erfüllungsort und vom Gerichtsstand der Obligationen nach römisch. Recht. Basel 1879. 4°

— über Resolutivbedingungen u. Endtermine. Eine civilist. Abhandlg. gr. 8. (IV, 215 S.) Marburg 875. Elwert's Verl. n. 4. 20

Schulin, F., das griechische Testament verglichen m. dem römischen Programm zur Rectoratsfeier der Universität Basel. gr. 4. (60 S.) Basel 882. (Detloff.) n. 2. —

—— drei akademische Vorträge rechtsgeschichtlichen Inhalts, gehalten zu Basel. gr. 8. (77 S.) Basel 881, [Bahnmaier's Verlag.] Detloff's Verlag. * 1 90

Schulin, **F[riedr.]: Drei akademische Vorträge rechtsgeschichtlichen Inhalts, gehalten zu Basel. Basel 1881.**

1. Ueber das Wesen des Rechtes, wie sich solches aus der Geschichte des römischen Rechtes erkennen läßt. Rektoratsrede 1876.
2. Zur Erinnerung an Friedrich Carl v. Savigny. Vortrag 1879.
3. Ueber römische Municipien und Colonien. Vortrag 1881.

Schulin, Johann Friedrich Gabriel (Erlangen) A. S. 173/17

Meditationes ad selectas quadam differentias juris communis et Brandenburgico-Baruthini in materia de concursu creditorum.
Mainz (Alef) (19.) VII. 1787. VIII, 52 S. 31754

Schulin, Johann Heinrich (Prichsenstadt) U. S. Altdorf lose thl.

... seu disputatio exegetico-dogmatica de imagine diaboli loco divinae ad Genes. III. com. XXII. XIII. XXIV. Präs. Gustav Georg Zeltner.
(Altdorf (Kohles) V. 1714. 48 S. 31755

Schulin, Johann Philipp (Hrsg.). s. Anzeigen. Wetzlarische.

Schulin, Jo. Ph.: Beitrag z. teutschen Gesandtschaftsrecht in Briefen. 1. Bd. *Frankf. u. Leipz.* 774. 8.

Schulin, Jh. Ph., s. Blendung, die.

Schulin, Johann Philipp. s. Diarium d. Wahl u. Kr. Leopolds II.

— s. Labat: Reisen.

— s. Pfeffel v. Kr.: Chronolog. Auszug.

— s. Real: Staatskunst.

— s. Vattel v.: Völkerrecht.

Schulin, Philipp Friedrich

Schulin, Ph. F., Acten d. Parlaments von Großbritannien u. Irland. 7 u. 8. Georg IV. c. 15 u. 9. Georg IV. c. 24. Vom 24. April 1827 u. 19. Juni 1828. Mit Uebersetzungen u. Anmerkk. in Bezug auf d. neuest. Stand des engl. Wechselrechts. Als Nachtr. zu der im J. 1826 veranstalt. Herausgabe d. niederländisch. u. großbritann. Wechsel- u. Münzgesetze &c. gr. 8. Frankf. a. M. 829. Varrentrapp. 8 gGr Schrbp. 10 gGr

***Ders.*: Ueb. d. 46. Art. d. Frankf. Wechselordn. *Ebend.* 824.**

Schulin: Einige Bemerkk. z. Frankf. Wechselordn. *Frankf.* 826.

Schulin, Phil. Fried., de Dionysio Halicarnasseo historico, praecipuo historiae juris Romani Fonte. 8maj. Heidelbergae, Groos. 820.

Schulin, P. F., De Dionysio Halicarnasseo historico, praecipuo historiae juris Romani fonte. Diss. 1820. 96 S. 4°.

Schulin, F. Ph.: De Dionysio Halic. Historico, praecip. hist. Juris rom. fonte; diss. inaug. in acad. Heidelberg. praem. orn. *Heidelb.*, Groos. 821. gr. 4. (20 Gr.)

***Ders.*: Entwurf ein. Wechselordn. f. d. fr. Stadt Frankfurt. Nach d. 1827 im Druck erschien. „Entwurf ein. erneuert. u. erweit. Wechsel- u. Merkantil-Ordn. f. d. fr. St. Frankf.", mit Hinweis. auf denselb., in systemat. Ordn. bearb. *Frankf.*, Varrentrapp. 829. gr. 8. (8 Gr.)**

Schulin, Phpp. Frdr., d. **Frankfurter Landgemeinden.** Hrsg. auf Veranlassg. u. aus d. Mitteln d. Dr. J. Fr. Böhmer'schen Nachlass-Administration v. Rud. Jung. M. 1 Siegeltaf. gr. 8. (XXV, 321 S.) Frankfurt a/M. 895. K. Th. Völcker. n. 4. —

— Ueberblick der wesentl. Punkte, worin der, von d. löbl. Handelskammer d. freien Stadt Frankfurt a. M. abgefaßte Entwurf e. erneuert. u. erweit. Wechsel- u. Merkantil-Ordnung f. d. Stadt Frankfurt von d. dermal. Frankfurter Gesetzgebung abweicht. gr. 8. Frankf. a. M. 827. Varrentrapp. 6 gGr

Schulin, (Ph. Fr.,) Niederländische u. Großbritannische Wechsel- u. Münzgesetze. Nebst d. neuen Dän. Wechselgesetzen. Mit 3 lithogr. Tafeln. gr. 8. Frankf. a. M., Varrentrapp. 2 Rthl. 15 gr. Schreibpap.

Schulin, Ph. Fr.: Niederländische und Großbritannische Wechsel- und Münzgesetze. Mit Übers. u. Anm. Nebst den neuen dänischen Wechselgesetzen. Frankfurt a. M. 1827—29.

Schülin, Johann Heinrich

Schüllin, Joh. Hch. Leben und Geschichte Georgs des Frommen, Markgrafen zu Brandenburg. 8. Frankfurt u. Leipzig 1729.

Schülin, Joh. Sal.: Theatrum conscientiosum criminale, oder: Gewissenhafte Rechts-gegründete Anweisung, wie ein auf einem Cent-Ambt stehender Beambter gewissenhaft u. legal verfahren solle. Th. 1. 2. Franckfurt a. M. (Th. 2:) u. Leipzig 1732. 33.

Schülin, J. S., Theatrum conscientiosum criminale, oder Anleitung, wie ein Richter in peinl. Sachen verfahren solle. 2 Thle. nebst Forts. 4. Frkf. Brenner. 732. 33.

Schuelin, Johann Soph. Joseph Hermann (Heidenheim)
Altd. Phs. 38/14
Observationum atque emendationum metaphysicarum specimen I. idque criticum de authentia et inscriptione librorum Aristotelis metaphysicorum.
Präs. Jakob Wilhelm Feuerlin.
Altdorf (Meyer). 23. III. 1720. 16 S. 31653

Schuelin, Johann Sophonias Joseph Hermann
(Heidenheim) Altd. Phs. 38/23
Theses logicae metaphysicae et morales de veritate.
Präs. Jakob Wilhelm Feuerlin.
Altdorf (Meyer) 27. VI. 1721. 4 Bl. 31654

Schülin, Maximilian Ludwig Christoph,
s.a. Schülen, Maximilian Ludwig Christoph

Schülin, Max. Ldw. Cph., (+ 1790.) Beitrr. zur Dioptrik u. Gesch. des Glases ꝛc. gr. 8. Nördling. 782. Beck. 5 gr

SCHULING, Johann Heinrich (Vestrup): De purgatorii existentia. (Titel nach der Urkunde)
27.8.1835 - Urk: F 43
Diss. Ingolst.-Landsh.-Mchn.

Das Schul-Institut der Gr. Landes-Loge der Freimaurer von Deutschland zu Berlin in den ersten fünf und zwanzig Jahren seiner Wirksamkeit. Denkschrift für die Brüderschaft. [Hrsg. von der Schul-Kommission.] Berlin 1844: Mittler. 32 S. 8°
Recens: Archiv f. Frmrei. 3, 1 (1845) S. 119 bis 123. 23. 25.

Schul- u. Christenlehr-Institut, neues, zur Bildung d. Jugend, für Eltern u. Lehrer auf d. Lande. 8. Basel 800. Thurneisen. 4 gr

Schulinus, Hugo

Schulinus, H., Untersuchungen über die Vertheilung des Weingeistes im thierischen Organismus. Dorpat. 57 S. 1865. Diss.

Schulinus, Jo. Heinrich [Praes.], s. Schmidt, Johann Friedrich: De Elia corvorum alumno.

Schulirrthümer, widerlegt vom Schullehrer d. 19. Jahrh. (Von Kloker.) 1—4. Hft. gr. 8. Hamburg, Heubel. à 1/4 Thlr.
Hft. 1. Schulirrthümer d. Hrn. Inspect. M. Wagner in Brühl. Nebst ausführl. Erklär. üb. d. Religionsunterr. (4½ B.) 840.
„ 2. Grundirrthümer in Bezieh. auf d. Bürgerschule u. d. Sprachunterr. in ders., nebst e. Schema d. deutschen Sprachlehre. } (7¼ B.) 841.
„ 3. Vollständiges Schema d. deutschen Sprachlehre auf alle Sprachen anwendbar. }
„ 4. Die Krebsschule od.: Dreihundertjährige Rückschritte u. nothwendige Fortschritte z. klass. Alterthume. Bücherkunde. (5½ B.) 842.
Bildet zu: Der Schullehrer d. 19. Jahrh., 5—7. Supplem. — Vgl. Schultagebuch.

— dass. 3. Heft. Oder: Der Schullehrer des 19. Jahrhunderts. 7. Supplementh., enthaltend: Die Krebsschule u. Bücherkunde. gr. 8. Ebend. 843. 1/4 rf (1—3: 1 rf)

Schulirrthümer, einige, widerlegt vom Schullehrer des 19. Jahrhunderts. 2. unveränd. doch wohlfeilere (Titel-) Ausg. 8. (IV u. 260 S.) Hamburg (840—43) 851, Heubel. 12 ngr

Schuljugend, die — der k. k. Kreis-Hauptschule zu Bregenz am Ende des Schuljahres 1853 nach ihrem allgemeinen Fortgange geordnet. 4. (12 S.) Bregenz. Gedr. bei Julius Aug. Hild's sel. Witwe.

Schuljugend, Die — der k. k. Kreishauptschule zu Bregenz am Ende des Schuljahres 1855 nach ihrem allgemeinen Fortgange geordnet. Bregenz. Gedruckt bei Jul. August Hild's sel. Wwe. (5 Bl. 4.)

Schuljugend, die — der vierklassigen Hauptschule und der mit ihr vereinigten Unterrealschule zu Bregenz am Ende des Schuljahres 1856 nach ihrem allgemeinen Fortgange geordnet. Bregenz, gedruckt bei Julius August Hilds seligen Witwe. (5 Bl. 4.)

Schuljugend — die, der vierklassigen Hauptschule und der mit ihr vereinigten Unterrealschule zu Bregenz am Ende des Schuljahres 1857, nach ihrem allgemeinen Fortgange geordnet. Bregenz, gedruckt bei H. Flatz. (6 Bl. 4)
(Enthält nur Unterrichtsdaten.)

Schulius, Friedrich Wilhelm

Schulius, Fr. Wlh., (psdn.) üb. die Herrnhuter. 8. Zweibr. 790. (Creutz in Magdeb.) 6 gr

Schulkalender,

— allgem. deutscher, s.: Lehrer-Kalender, oberschles.

Schul-Kalender, badischer, für 1887. Redig. von Remigius Baur. gr. 16. (IV, 326 S.) Bühl, Konkordia, Aktiengesellschaft. geb. * 1 20

—— dass. — für 1888. Redig. von Remigius Baur. gr. 16. (IV, 254 S.) Ebendas. geb. * — 90

Schul-Kalender, badischer, f. 1890—1892. Redig. v. Remig. Bauer. 12. (à Jahrg. ca. 290 S.) Bühl, Konkordia, A.-G. geb. à Jahrg. * * 1 20

Schul-Kalender, badischer, f. 1894. X. Jahrg. Red. v. Remig. Baur. 12. (IV, 282 S.) Bühl, Konkordia. Geb. in Leinw. n.n. 1. 10

Schul-Kalender, badischer, f. 1898. 14. Jahrg. Red. v. Remig. Baur. 12. (IV, 294 S.) Bühl, Konkordia. Geb. in Leinw. n.n. 1. —

Schul-Kalender, badischer, f. 1901. 17. Jahrg. Red. v. Remig. Baur. 12. (IV, 310 S.) Bühl, Konkordia. Geb. in Leinw. n. 1. 40

Schul-Kalender, badischer, f. 1906. 22. Jahrg. Red. v. Remig. Baur. (IV, 308 u. XXVI S.) kl. 8. Bühl, Konkordia. Geb. in Leinw. n. 1. 40

Schul-Kalender, badischer, f. 1910. 26. Jahrg. Red. v. Alfr. Baur. (IV, 352 u. XXXIII S.) kl. 8. Bühl, Konkordia. Geb. in Leinw. nn 1. 25

Schulkalender, baltischer, für die J. 1883—1885. (1.—3. Jahrg.) gr. 16. (63; 103; 87 S.) Riga, Kymmel. geb. à Jahrg. * 1 60

—— baltischer, für die J. 1886—1889. 16. (87; 119; 115; ... S.) Riga, Kymmel's Verlag. geb. à Jahrg. * 1 60

—— baltischer, f. d. J. 1890—1892. gr. 16. (à Jahrg. 11 S. u. Schreibkal.) Riga, Kymmel's Verlag. geb. à Jahrg. * 1 50

-- **baltischer, f. d. J. 1893. gr. 16. (Schreibkalender u. 14 S.) Riga, N. Kymmel's Verl. Geb. in Leinw.** n. 1. 50

Schulkalender, bernischer, für 1880. II. Jahrgang. Kl. in-8, 208 S. Biel, W. Gassmann. 2 —

— deutscher, s.a.Rücker, Jul.

—— deutscher, für 1874. 23. Jahrg. 2 Thle. Mit Benutzung amtl. Quellen hrsg. von Herm. Mushacke. 8. (1. Thl. 240 S.) Leipzig, Teubner. * 4 —
Vgl.: Mushacke, Ed. — Universitäts- und Schul-Kalender.
Vgl.Schulkalender f.Lehrer...

Schulkalender, deutscher, für Lehrer höherer Unterrichtsanstalten. Zusammengestellt und hrsg. von Ed. Turnbach. 1880. (1. Jahrg.) gr. 16. (228 S.) Eisleben, Mähnert. *
geb. *

—— deutsch-österreichischer, f. d. Schulj. 1892/93. Bearb. v. C. Ludw. Mussil. 16. (82 S. m. Handkatalog, 1 Bildnis, 1 Abbild. u. 1 Taf.) Korneuburg, J. Kühkopf. geb. * 1 60

— aus Franken für 1861. Zum Besten des unterfränkischen Schullehrer-Unterstützungs-Vereins unter Mitwirkung von Lehrern u. Schulfreunden herausg. vom Verwaltungsausschusse. 1.Jahrg. Würzburg 861. (Goldstein.) Lex.-8. (128 S. u. 8 lith. S. Musikbeilagen.) n. 10 ngr.

—— für die oesterreichischen Gymnasien, Real-Gymnasien und Real-Schulen im Schulj. 1871—72. Hrsg. von Frz. Hochegger. 16. (VI, 354 S.) Wien 871, Gerold's Sohn. geb. * 3 60

Schulkalender, Kärntischer. Hg. v. Johann Lach. Klgft., v. Kleinmayr, 1872. 266 S.

—— **kärntischer, für die J. 1875—1877. Hrsg. von der Leitung des kärnt. Landes-Lehrervereines. 1.—3. Jahrg. gr. 16. (XLVII, 49; 172; 188 S.) Klagenfurt, [Bertschinger und Heyn.] Heyn's Buchh. Jahrg. 1875 geb. *
Jahrg. 1876 und 1877 geb. à ***
Nicht weiter erschienen. — Die Fortsetzung bildet:
Brugger, M., Schematismus des sämmtlichen Lehrer-Personales der Volksschulen im Kronlande Kärnten. 12. (48 S.) Ebendas. 880. *M. 1,60.

Schul-Kalender für Lehrer und Schulvorsteher. 1. Jahrg. 1853. 12. (XXIV und 132 S.) Köln 852, Du Mont-Schauberg'sche Buchh. *

Schul-Kalender auf die Zeit vom 1. Januar 1864 bis 31. März 1865 für Lehrer an den höheren Unterrichts-Anstalten Deutschlands und der Schweiz. 13. Jahrg. Mit Benutzung amtlicher Quellen herausg. von Ed. Mushacke. Berlin 864. W. Schultze. 16. (XII, 386 S.) n. 17½ ngr.
Vgl.: Schul-Almanach...

Schul-Kalender auf die Zeit vom 1. Jan. 1865 bis 31. März 1867 für Lehrer an den höheren Unterrichts-Anstalten Deutschlands u. der Schweiz. 14. u. 15. Jahrg. Mit Benutzg. amtl. Quellen hersg. v. Ed. Mushacke. Berlin, W. Schultze. 16. Jeder Jahrg. (XII, 386 S.) n. 20 ngr.; geb. n. 25 ngr.; geb. u. durchschossen n. 1 Thlr.

—— auf das J. 1867 für Lehrer an Gymnasien, Lyceen, Pädagogien etc. nebst astronom. Kalender für den Meridian von Berlin. 16. Jahrg. Mit Benutzung amtl. Quellen hrsg. von Ed. Mushacke. 16. (V und 454 S.) Berlin, W. Schultze. * 20 Ngr.; geb. *
geb. und durchschossen *

Schul-Kalender auf die Zeit vom 1. Jan. 1868 bis 31. März 1869 für Lehrer an Gymnasien, Lyceen, Pädagogien etc. nebst astronom. Kalender. 17. Jahrg. Mit Benutzung amtl. Quellen hrsg. von Ed. Mushacke. 16. (V, 559 S.) Berlin 868, W. Schultze. *M. 2,50.; geb. *
geb. und durchschossen *

—— dass. — auf die Zeit vom 1. Oktbr. 1868 bis 31. März 1870 nebst astronom. Kalender für den Meridian von Berlin. 18. Jahrg. Mit Benutzung amtl. Quellen hrsg. von Ed. Mushacke. 2 Thle. 16. (1. Thl. IV, 104 S.) Ebendas. 869. *M. 2,50.; geb. *
geb. und durchschossen *
Vgl.Schulkalender, Deutscher.

Schul- u. Lehrer-Kalender für das Jahr 1866. Im Anh.: Die neue württembergische Schulgesetzgebung. Stuttgart, (Aue.) 8. (84 S.) n.n. 7½ ngr.

—— dass. — für das J. 1867. Im Anh.: Die württembergische Schulgesetzgebung vom J. 1865—66. 8. (64 S.) (Ebendas.) *

—— dass. — für das J. 1868. Im Anh.: Die württembergische Schulgesetzgebung vom J. 1866—67. 8. (64 S.) (Ebendas.) *

Schul- und Lehrer-Kalender für das J. 1868. Im Anhang: Anleitung zu einer einfachen Buchführung für den Gewerbsmann. Die württemberg. Schulgesetzgebung vom J. 1868—69. 8. (64 S.) Stuttgart 869, (Aue.) * — 80
—— dass. — für das J. 1870. Im Anhang: I. Badisches Gesetz, betr. den Elementar-Unterricht vom 8. März 1868. II. Oestreichische Schul-Gesetze. gr. 16. (64 S.) Ebendas. * — 80
—— dass. — für die J. 1871—1874. Im Anhang: Württembergische Schul-Gesetze von den J. 1868—1873. gr. 16. (à Jahrg. 64 S.) Ebendas. à Jahrg. * — 80
—— dass. — für das J. 1875. Im Anhang: Allgemeine Bestimmungen des K. Preuß. Kultusminist. vom 15. Oktbr. 1872, betr. das Volksschulwesen, und Württemberg. Schulgesetze von 1873—74. 8. (65 S.) Ebendas. * — 80

Schul- und Lehrer-Kalender für die J. 1876—1880. Im Anhang: Württembergische Schulgesetze von 1874—1879. gr. 16. (à Jahrg. 64 S.) Stuttgart, (Aue.) à Jahrg. *

Schul- und Lehrer-Kalender für das J. 1881. Im Anhang: Württembergische Schulgesetze von 1880. 12. (64 S.) Stuttgart, (Aue.) * — 80
—— dass. — für die J. 1882—1885. gr. 16. (à Jahrg. ca. 80—100 S.) (Ebendas.) geb. à Jahrg. * 1 —

Schul- und Lehrer-Kalender für die J. 1886—1888. gr. 16. (110; 117; XXXII, 96 S.) Stuttgart, Aue's Verlag.
geb. à Jahrg. * 1 —

—— dass. — für das J. 1889. gr. 16. (XXXII, S. 97—137.) Stuttgart, Bonz und Comp. geb. * 1 —

Schul- u. Lehrer-Kalender f. d. J. 1890—1893. gr. 16. (à Jahrg. 100—112 S.) Stuttg., (Bonz u. Comp.) geb. à Jahrg. * 1 —

Schul- u. Lehrer-Kalender f. d. J. **1895. gr. 16.** (96 S.) Stuttgart, A. Bonz & Co. Geb. in Leinw. n. 1. —

Schul- u. Lehrer-Kalender f. d. J. 1899. gr. 16. (96 S.) Stuttgart (A. Bonz & Co.) Geb. in Leinw. n. 1. —

Schul- u. Lehrer-Kalender f. d. J. **1903. gr. 16.** (127 S.) Stuttgart (A. Bonz & Co.). Geb. in Leinw. n.n. 1.20

Schul- u. Lehrerkalender f. d. J. 1907. (143 S.) 8. Stuttgart. (A. Bonz & Co.) Geb. in Leinw. n.n. 1.20

Schul- u. Lehrerkalender f. d. J. 1911. (144 S. m. Abb.) 11. 8. Stuttgart, A. Bonz & Co. Geb. in Leinw. nn 1.20

Schul-Kalender d. Reg.-Bez. Magdeburg m. d. Grafschaft Wernigerode, s. a.: Lehrer-Almanach.

— des Reg.-Bez. Magdeburg m. d. Grafsch. Wernigerode f. Behörden, Schulinspektoren, Schulleiter, Lehrer u. Lehrerinnen. 8. Jahrg. 1898/99. M. Genehmigg. d. Hrn. Regierungs-Präsidenten zu Magdeburg unt. Benutzg. amtl. Quellen zusammengest. v. H. Wahnschaffe. 8. (VIII, 464 S.) Magdeburg, Faber. Kart. n. 4. 50

— des Reg.-Bez. Magdeburg mit dem Kreis Grafsch. Wernigerode f. Behörden, Schulinspektoren, Schulleiter, Lehrer u. Lehrerinnen. 9. Jahrg. 1900/1901. Mit Genehmigg. des Hrn. Reg.-Präsidenten zu Magdeburg unter Benutzg. amtl. Quellen zusammengestellt v. H. Brandt. 8. (VI, 386 S. m. 1 Bildnis.) Magdeburg 901. Faber'sche Buchdr. Kart. n.n. 3. 75

— des Reg.-Bez Magdeburg m. dem Kreis Grafsch Wernigerode f. Behörden, Schulinspektoren, Schulleiter, Lehrer u. Lehrerinnen. 12. Jahrg. 1907/08. Mit Genehmigg. des Hrn. Reg.-Präsidenten zu Magdeburg unter Benutzg. amtl. Quellen zusammengestellt u. hrsg v. H. Brandt. (XVI, 309 S.) kl. 8. Magdeburg (Heinrichshofen's Sort. — K. Peters). Kart. n.n. 2. 30; geb. n.n. 3. —

— des Reg.-Bez. Magdeburg m. dem Kreis Grafsch. Wernigerode f. Behörden, Schulinspektoren, Schulleiter, Lehrer u. Lehrerinnen. 13. Jahrg. 1911/12. Mit Genehmigg. d. Regierungspräsidenten zu Magdeburg, unt. Benutzg. amtl. Quellen zusammengestellt u. hrsg. v. Herm. Brandt. (XIV, 291 S.) 8. Magdeburg (K. Peters). Geb. nn 3.—; in Leinw. nn 3. 75

— 1899 für d. Reg.-Bez. Minden. Mit e. Verzeichnis sämtl. Schulen, Lehrpersonen u. Schulbeamten. Unt. Benutzg. amtl. Quellen. gr. 16. (144 S.) Minden, J. C. C. Bruns. Geb. in Leinw. n. 1. —

— dasselbe, s. a.: Schematismus üb. alle Schulen ꝛc.

— 1908 f. den Reg.-Bez. Minden. Mit e. Verzeichnis sämtl. Schulen, Lehrpersonen u. Schulbeamten. Unter Benutzg. amtl. Quellen. gr. 16. (180 S.) Minden, J. C. C. Bruns. Geb. in Leinw. n. 1. —

— 1907 f. den Reg.-Bez. Minden. Mit e. Verzeichnis sämtl. Schulen, Lehrpersonen u. Schulbeamten. Unter Benutzg. amtl. Quellen. (191 S.) kl. 8. Minden, J. C. C. Bruns. Geb. in Leinw. n. 1. —

— 1911 f. den Reg.-Bez. Minden. Mit e. Verzeichnis sämtl. Schulen, Lehrpersonen u. Schulbeamten. Unter Benutzg. amtl. Quellen. (206 S.) 16. Minden, J. C. C. Bruns. Geb. in Leinw. 1. —

Schul-Kalender, österreichischer, für die J. 1870—1874. 1.—5. Jahrg. gr. 16. (VIII, 180; XL, 112; LIV, 75; LXVIII, 84; LXVIII, 84 S.) Wien, Pichler's Wwe. und Sohn. 1870 und 1871. à ℳ 2.; geb. à * 2 80
1872—1874. à * ℳ 1,60.; geb. à * 2 40

Schul-Kalender, österreichischer, für die J. 1875 und 1876. 6. und 7. Jahrg. gr. 16. (à Jahrg. ca. 100 S.) Wien, Pichler's Wwe. und Sohn.) à Jahrg. * geb. à Jahrg. *

—— dass. — und Notizbuch für Lehrer an Volks- und Bürgerschulen, sowie an Lehrerbildungs-Anstalten für das Schulj. 1877/1878. 8. Jahrg. gr. 16. (75 und 128 S.) Ebendas. cart. * ℳ 1,80.; geb. *

—— dass. — und Hand-Katalog für Lehrer an Volks- und Bürgerschulen. Für die Schulj. 1878/1879 und 1879/1880. Des Schulkalenders 9. und 10. Jahrg. gr. 16. (42, 167; 46, 167 S.) Ebendas. geb. à Jahrg. *

—— österreichischer, und Hand-Katalog für Lehrer an Volks- und Bürgerschulen. Für das Schulj. 1880—1881. Des Schulkalenders 11. Jahrg. 12. (68, 164 S.) Wien, Pichler's Wwe. und Sohn. geb. * 2 40
Nicht weiter erschienen.

Schulkalender, Oesterreichischer für das Schuljahr 1882—1883. 8. (31 S. mit Stundenplan und Schulkatalog) geb. 50 kr.
Wien: Pichler 1882.

—— preußischer, für Geistliche und Lehrer an Universitäten, Gymnasien, Realschulen, Provinzial-Gewerbeschulen, Progymnasien, Seminarien ꝛc. für 1854 nebst astronom. Kalender. Mit Benutzung amtl. Quellen hrsg. von Ed. Mushacke. 8. (128, 144 und 59 S.) Braunschweig 853, Westermann. *
Die Fortsetzung erschien unter dem Titel:

—— preussischer, für 1855 und 1856. Für Geistliche und Lehrer an Universitäten, Akademien, Gymnasien etc. nebst astronom. Kalender. 4. und 5. Jahrg. Mit Benutzung amtl. Quellen hrsg. von Ed. Mushacke. 16. Berlin, Decker-sche geheime Ober-Hofbuchdr. [4. Jahrg. (CLXXX und 180 S.) * 20 Ngr., 5. (CCIV und 208 S.) * 25 Ngr.] *

—— dass. — für 1857. 6. Jahrg. 2 Thle. 16. (XI und 544 S.) Ebds. 856. *

—— preussischer, für 1858 und 1859. Für Geistliche und Lehrer an Universitäten, Akademien, Gymnasien etc. nebst astronom. Kalender. 7. und 8. Jahrg. Mit Benutzung amtl. Quellen hrsg. von Ed. Mushacke. 16. Berlin 857. 58, Decker'sche geheime Ober-Hofbuchdruckerei. [Jahrg. 1858. (IV und 347 S.) 1859. (IV und 403 S.)] à Jahrg. * —
Vgl.: Schul-Almanach, ...

— preußischer, f. Lehrer u. Lehrerinnen f. d. J. 1903. III. Jahrg. Bearb. u. hrsg. v. A. Görgen. 12. (VI, 246 S.) Trier, F. Lintz. Geb. in Leinw. n. 1. —
Früher unter dem Titel:
Schulkalender, Trierischer,...

— preußischer, f. Lehrer u. Lehrerinnen f. d. J. 1904 IV. Jahrg. Bearb. u. hrsg. v. A. Görgen. (V, 192 S.) 12. Trier, F. Lintz. Geb. in Leinw. n. 1. —
Erscheint nicht mehr.

—— für die deutschen Privat-Erziehungs-Institute, Handels-, Kloster- und Töchterschulen, mit einem ausführl. Verzeichniss dieser Institute. Bearb. von Ludw. Dietrich. 1. Jahrg. 1. Thl. 16. (100 S.) Miltenberg 880, Halbig. geb. *
Den 2. Thl. bildet: Dietrich, L., Verzeichniß der deutschen Privat-Erziehungsinstiture ꝛc. 2. Abthl. * 80 Pf.

—— dass. — 2. Jahrg. 1881. 2 Thle. 12. (72; V, 101 S.) Ebendas. geb. und geh. *
Die Fortsetzung bildet:

—— für höhere Unterrichts-Anstalten. Bearb. von Ludw. Dietrich. 3.—5. Jahrg. 1882—1884. à Jahrg. 2 Thle. 12. (100, XV, 140; III, 64, XVI, 148; 68, XVI, 148 S. und Ergänzungen und Berichtigungen zum Verzeichniss der Privat-Erziehungsinstitute, bea[rb.] von Ludw. Dietrich, 16 S.) Ebendas. geb. und geh. à Jahrg. *
Nicht weiter erschienen.

—— schlesischer, für die J. 1874—1878. Hrsg. von Gust. Zeynek. 1.—5. Jahrg. 8. (à Jahrg. ca. 160—190 S.) Teschen, Prochaska. cart. à Jahrg. * ℳ 2.; geb.
Die Fortsetzung bildet:
Schulkalender f.österreich.Volksschullehrer. Jg.1879 ff.

Trierischer Schul-Kalender für Lehrer und Lehrerinnen. Nach amtl. Material bearb. u. hrsg. von A[dam] Görgen. Jg. [1.] 2. *Trier: F. Lintz [1900–01].* 2 Bde 8° [F.]
1. Für d. J. 1901. 2. Für d. J. 1902.
Forts. s. u. d. T.: Preußischer Schul-Kalender ... 1903 ff. [04. 18935]

— trierischer, f. Lehrer u. Lehrerinnen f. d. J. 1902. II. Jahrg. Nach amtl. Material bearb. u. hrsg. v. A. Görgen. 12. (IV, 204 S.) Ebd. Geb. in Leinw. n.n. 1. —

— für höhere Unterrichts-Anstalten. Boarb. v. Ludw. Dietrich. 3. Jahrg. 1882. 2 Tle. 12. (100 u. XV, 140 S.) Miltenberg, Halbig. geb. u. geh. à n. 1. —

Vgl.Schulkalender f.d.dt.Privat-Erziehungs-Institute,...

— für höhere Unterrichts-Anstalten. Bearb. v. Ludw. Dietrich. 5. Jahrg. 1884. 1. Tl. gr. 16. (68 S.) Miltenberg, Halbig. cart. n. — 90; geb. n. 1. —

—— für österreichische Volksschullehrer. 1879 und 1880. Hrsg. von Gust. Zeynek. gr. 16. (à Jahrg. ca. 170 S.) Troppau, Buchholz und Diebel. geb. à Jahrg. *

Jg.1874-78 s.:Schulkalender, Schles.

—— für österreichische Volksschullehrer. 1881—1883. Hrsg. von Gust. Zeyneck. 7.—9. Jahrg. 12. (229; 244; 244 S.) Troppau, Buchholz und Diebel. geb. à Jahrg. * 2 40

—— dass. — 1884. Hrsg. vom Central-Ausschusse des österreichisch-schles. Landes-Lehrervereines. 10. Jahrg. gr. 16. (139 S.) Ebendas. geb. * 2 40

—— dass. — 1885. 11. Jahrg. 12. (V, 80, 122 S.) Freudenthal, Krommer. geb. *

—— für österreichische Volksschullehrer 1886—1889. Hrsg. vom Central-Ausschusse des österr.-schles. Landes-Lehrervereines. 12.—15. Jahrg. gr. 16. (à Jahrg. ca. 175 S.) Freudenthal, Krommer. geb. à Jahrg. * 2 —

Schulkalender für österreichische Volksschullehrer. 1891. Herausgegeben vom Central-Ausschusse des österreichisch-schlesischen Landes-Lehrer-Vereines. XVI. Jahrgang. Mit Porträt. 16. (65 S. und Notizblätter.) Geb. 1.—

Troppau: Zenker.

—— wiener, für die J. 1862 und 1863. Hrsg. von Adf. Nitsche. 1. und 2. Jahrg. gr. 8. Wien, Seidel und Sohn. [1. Jahrg. (XXII und 106 S.) * 14 Ngr., 2. Jahrg. (XVI und 156 S.) * 12 Ngr.] *

Schulkamerad, deutscher. Taschenbuch f. Schüler f. d. J. 1898. Hrsg. v. Fr. Koch. 16. (105 u. 48 S. m. eingedr. u. 1 Titelbildn.) Leipzig, E. Volkening. Kart. n. — 60

— dasselbe f. Ostern 1898 bis dahin 1899. 16. (Schreibkal. u. 46 S. m. 1 Bildn.) Kart. n. — 60

Schulkamerad, deutscher. Taschenbuch f. Schüler f. Ostern 1902 bis dahin 1903. Hrsg. von Fr. Koch. gr. 16. (IX S., Schreibkalender u. 46 S. m. Abb.) Leipzig, E. Volkening. Kart. n. — 60

— dasselbe f. Michaelis 1902 bis Sylvester 1903. Hrsg. v. Fr. Koch. gr. 16. (VIII S., Schreibkalender u. 48 S. m. 1 Bildnis.) Ebd. Kart. n. — 60

— dasselbe f. d. J. 1903. gr. 16. (VIII S., Schreibkalender u. 48 S. m. Abb. u. 1 Bildnis.) Ebd. Kart. n. — 60

Schulkamerad, deutscher. Taschenbuch f. Schüler f. d. J. Ostern 1906/07. Begründet v. Fr. Koch. (XVI, 208 u. 80 S. m. eingedr. u. 1 Stahlst.-Bildnis.) 16. Leipzig, E. Volkening. Kart. n. — 60

— dasselbe f. d. J. Michaelis 1906/07 (Kalendarium bis Sylvester 1907). (XI, 208 u. 48 S. m. Bildnissen.) 16. Ebd. Kart. n. — 60

Schulkamerad, deutscher. Taschenbuch f. Schüler auf d. J. 1909 (Kalendarium bis Ostern 1910). Begründet v. Fr. Koch. (Für Ostern 1909—10.) (XVI, 208 u. 96 S. m. eingedr. u. 1 Stahlst.-Bildnis.) 16. Leipzig, E. Volkening. Geb. — 60

Schul- und Spielkamerad, der. Taschenbuch für Schule, Spiel- und Jugendsport. Hrsg. von Carl Wesing und E. A. Wesche. 16. (96 S.) Bremen 884, Rocco. * geb. *

Schul- u. Spielkamerad, der. Notiztaschenbuch f. Schule, Spiel und Jugendsport f. d. Schulj. Ostern 1884/1885. Hrsg. v. Carl Wesing u. E. A. Wesche. 16. (158 u. 100 S. m. Stahlst.-Portr. d. Kronprinzen d. Deutschen Reichs.) Bremen, Rocco. cart. n. — 60

Schulkameraden, die drei, eine Erzählung für Alt u. Jung, vorzugsweise in dem Gewerbstande. Vom Verf. des: „Dorf Schöngrund." 8. (5⅟₄ B.) Zwickau 842. (Leipzig, Klinkhardt.)

Schulkameraden, die drei. E. Deklamation f. evang. Jünglingsvereine. 12. (14 S.) Stuttgart 895. Holland & Josenhans. n.n. — 15

Schulkameradin, deutsche. Taschenbuch f. Schülerinnen f. d. J. Ostern 1906/07. Begründet v. Fr. Koch. (IX, 208 u. 64 S. m. eingedr. u. 1 Stahlst.-Bildnis.) 16. Ebd. Kart. n. — 60

Schulkameradin, deutsche. Taschenbuch f. Schülerinnen f. Michaelis 1908/09. Begründet v. Fr. Koch. (IX, 208 u. 80 S. m. Abb., eingedr. u. 1 Stahlst.-Bildnis.) 16. Leipzig, E. Volkening. Kart. — 60

— dasselbe auf d. J. 1909 (Kalendarium bis Ostern 1910). Begründet v. Fr. Koch. (Oster-Ausg.) (IX, 208 u. 64 S. m. eingedr. u. 1 Stahlst.-Bildnis.) 16. Ebd. Kart. — 60

Schul-Kärtchen des Königr. Bayern nach seinem neuesten Umfange. qu. 4. Nürnberg 874, Lotzbeck. * — 20

Schulkarte von Africa. Imp. Fol. Lith. u. color. Augsburg 850, Walch. ¼ Thlr.

— v. Asien. Imp. Fol. Lith. u. color. Ebd. 850. ¼ Thlr.

— vom Großherzogth. Baden. Lithogr. kl. Fol. Karlsr. 832. (Heidelb., Winter). 1½ Ngr.

Schulkarte von Baden und Württemberg. 1 : 200,000. 4 Bl. 11. Aufl. Chromolithogr. gr. Fol. Karlsruhe 888, J. Bielefeld's Verlag. * 8 —

Auf Leinw. mit Stäben ** 11 —

— von Deutschland. In 4 (color.) Blättern. Roy.-Fol. Ebend. 841. ¾ Thlr.

— v. Deutschland in 4 Blättern. 3. Aufl. Imp. Fol. Lith. u. col. Ebd. 850. ¾ Thlr.

Schulkarte von Deutschland nach der neuesten Eintheilung. Neuhaldensleben Eyraud. 1845. Lith. qu. Fol.

— von Deutschland u. den angränz. Ländern. 4 lithogr. u. illum. Bl. in gr. Imp.-Fol. Münch. 831. (Literar.-Artist. Anstalt). 1 Thlr. 16 Gr.

Schulkarte von Deutschland und den angrenzenden Ländern. M. 1:1225000. München Literarisch-Artistische Anstalt 1838. 4 lithogr. u. kolor. Bll. in gr. Imp.-Fol. [illegible]

— von Deutschland, Preußen u. der Schweiz, 4 lith. u. col. Blätter in Imp.-Fol. Weimar 841, Geograph. Inst. 1½ Thlr.

Schulkarte von Deutschland, Preussen u. der Schweiz. Weimar, Landes-Industrie-Comptoir. 1854. 4 lith. u. kolor. Bll. in Imp.-Fol. 1 [illegible]

Schulkarte v. Europa, nach d. besten Quellen entworfen u. ausgeführt. 4 Bl. in Imp.-Fol. Münch. 830. v. Cotta. 1 Thlr. 16 Gr.

— von Europa, nach den besten Quellen entworfen. 4 Blätter in Imp.-Fol. Ebd. 836. Auf Leinwand u. in e. Mappe n. 2⅚ ℳ

— von Europa. 2. sehr verb. Aufl. 4 lith. u. illum. Blätter. Imp.-Fol. Rothenburg a. d. Tauber 842. (Beck.) n. 1 ℳ

— v. Europa. 4 lith. u. color. Bl. Imp. Fol. Ebd. 847. — Neue verm. u. verb. Ausg. Ebd. 850. n. 1 ℳ

— des Oesterreich. Kaiserstaates in 4 Blättern. Lith. u. col. Roy.-Fol. Augsburg 845, Walch'sche Kunsth. n. 1 ℳ

Schulkarte, kleine, von Europa. 1 : 11,000,000. Chromolithogr. qu. gr. Fol. Zürich 876, Keller. ** — 50

— von den großherzogl. u. herzogl. sächs. u. fürstl. schwarzburg u. reußisch. Ländern. 2 lithogr. u. illum. Blätt. in Roy.-Fol. Weimar 831, Geograph. Institut. 16 ℊ

Schulkarte von Liv-, Est- und Kurland. Chromolithogr. Fol. Dorpat 876, Schnakenburg's Verlag.

Schulkarte, neueste, vom Königreich Bayern, nach seinen neuesten Kreiseintheilungen. Imp.-Fol. (2 lith. u. illum. Blätter.) Augsburg 843, Walch. 3/8 ℳ

— neueste, v. Königr. Bayern. Nach seinen neuesten Kreiseintheilungen. 6. verm. u. verb. Aufl. 2 lith. u. color. Bl. Imp. Fol. Ebd. 850. n. 12 ngr

Neueste Schulkarte der Provinz Schlesien. Maßstab. 1 : 1,500,000. *Gr.-Strehlitz: A. Wilpert [1903].* (1 Kartenbl. 32 × 22 cm.) quer 8°

— von Palästina nach den neuesten Quellen entworfen. 4 Blätter. Roy.-Fol. Ebend. 846. 1½ ℳ

— des Herzogthums Schleswig u. Stifts Funen. — Skolekort over Hertugdömmet Slesvig og Fyens Stift. qu. gr. 4. Altona 837. Aue. Kupferstich u. illum. n. 5 ℊ

Schulkarte der Schweiz. Eigentum der Topogr. Anstalt Winterthur, J. Schlumpf. *5 Ausgaben. je* 392/589 mm. *je* 1—2 Bl. fol., *mit illustriertem Titel* 8. [1902.]

Titel auf den Blättern: Schweiz — Suisse — Svizzera. Massstab — Echelle — Scala 1 : 600.000. Topogr. Anstalt Winterthur. J. Schlumpf.

(Ausgabe) A: (Politische Karte mit Kantonscolorit, ohne Terrainbild, für I. Stufe der Landesgeographie.) 1 Bl. (fr. —. 60)

(Ausgabe) B: (Politische Karte mit Relieftönen u. Kantonscolorit, für II. Stufe der Landesgeographie.) 1 Bl. (fr. —. 80)

(Ausgabe) C: (Doppelkarte: 1.) Politische Karte mit Kantonscolorit ohne Terrainbild, 2.) Orohydrographische Karte mit Terrainbild, ohne Schrift, für gewerbl, Fortbildungsschulen u. Selbststudium.) 2 Bl. (fr. 1. 30)

(Ausgabe) D: (Reliefkarte der Schweiz für Mittelschulen.) 1 Bl. (fr. —. 80)

(Ausgabe) E: (Stumme Reliefkarte mit Angabe der Bahnen, Strassen u. Ortschaften für Vorbereitung zur Rekrutenprüfung.) 1 Bl. (fr. —. 70)

— des Preuß. Staats in 4 Blättern. Lith. u. col. Imp.-Fol. Ebend. 845. n. 1 ℳ

Schulcatechismus, Systematisch-römisch-katholischer. Cöln 1802. V: *Kronenberger, Ernst.* (schmal)

Schülke, Albert

Schülke, A., Drei mathematische Abhandlungen über Logarithmentafeln und über die Dezimaltheilung des Winkels. 8°. (16567)

Aufgaben-Sammlung aus der Arithmetik (2: Arithmetik, Geometrie, Trigonometrie u. Stereometrie) nebst Anwendungen auf d. bürgerl. Leben, Geometrie u. Physik (2: Astronomie ...). Von Dr. A[lbert] **Schülke**, Prof. Mit Fig. T. 1. [2.] Leipzig & Berlin: B. G. Teubner 1902–06. 2 Bde 8° [F.]

1. Für d. mittleren Klassen höh. Schulen. 1906.

[2.] Für d. oberen Klassen höh. Schulen. 1902.

Aufgaben-Sammlung aus der Arithmetik, Geometrie, Trigonometrie und Stereometrie nebst Anwendungen auf Astronomie, Feldmessung, Nautik, Physik, Technik, Volkswirtschaftslehre f. d. oberen Klassen höh. Schulen von Dr. A[lbert] **Schülke**, Prof. zu Osterode. Mit 45 Fig. *Leipzig & Berlin: B. G. Teubner 1902.* (X, 193 S.) 8° [F.] (03. 6900

Schülke, A., Aufgaben-Sammlung aus der reinen u. angewandten Mathematik. 2. Tl. f. die oberen Klassen höh. Schulen. 2. Aufl. (X, 186 S. m. 47 Fig.) gr. 8. Leipzig 910. B. G. Teubner. Geb. in Lw. 2. 40

Schülke, Alb., die Bewegung eines Rotationskörpers in einer inkompressibeln Flüssigkeit. Inaugural-Dissertation. gr. 8. (38 S. mit 8 Stnt.) Greifswald 882. (Königsberg, Beyer's Verlag.) *

Schülke, A[lbert], Prof. Dr.: Differential- und Integralrechnung im Unterricht. Leipzig 1907: B. G. Teubner. (30 S.) 8° [F.]
Königsberg Pr., k. OR auf d. Burg P 1907 (25)

Schülke, *Albert* [Dr.]: Electricität und Magnetismus nach den neueren Anschauungen für höhere Schulen dargestellt. I. Teil. Osterode Ostpr., Buchdr. v. C. E. Salewski, 1890; 20 S., 1 Taf. 4°
Osterode in Ostpreussen, st. RG, OP 1890

Schülke, *Albert* [Dr.]: Electricität und Magnetismus nach den neueren Anschauungen für höhere Schulen dargest. II. Tl. Electrische Ströme. (Forts. d. P-Beil. 1890.) Osterode Ostpr., Buchdr. v. C. E. Salewski, 1891; 16 S., 1 Taf. 4°
Osterode in Ostpr., st. RG, OP 1891 (21)

[Umschlagt.:] **Schülke**, Albert [Dr.]: Vierstellige Logarithmen für den Schulgebrauch. Osterode Ostpr., gedr. in d. Buchdr. v. F. Albrecht, 1897; 2—7 S. 4.
Osterode in Ostpr., st. RG, OP 1897 (13)

Schülke, A., vierstell. Logarithmen-Tafeln, nebst mathemat., physikal. u. astronom. Tabellen. Für d. Schulgebrauch zusammengest. 2., vorb. Aufl. Lex.-8. (IV, 18 S.) Leipzig 897. B. G. Teubner. Kart. n. — 60

— vierstellige Logarithmen-Tafeln, nebst mathemat., physikal. u. astronom. Tabellen. Für den Schulgebrauch zusammengestellt. 3. verb. Aufl. Lex.-8. (II, 18 S.) Ebd. 900. n. — 60

Schülke, A., vierstellige Logarithmen-Tafeln, f. den Schulgebrauch zusammengestellt. 5. Aufl. (II, 18 S.) Lex.-8. Leipzig (905). B. G. Teubner.
Geb. in Leinw. n.n. — 90

Vierstellige Logarithmen-Tafeln. Von Dr. A[lbert] **Schülke**, Prof. 6. verb. Aufl. Berlin & Leipzig: B. G. Teubner 1907. (VI, 22 S.) 4° (07. 7319

— Vierstellige Logarithmen-Tafeln. 7. vert. Aufl. (VI, 22 S. m. Fig.) Lex. 8. Ebd. 909. — 60; geb. n — 90

Schülke, A., trigonometrische Tafel. gr. 8. (1 Blatt.) Leipzig 898. B. G. Teubner. — 10

Schülke, Herm., gesunde Wohnungen. Eine gemeinverständl. Darstellung der Einwirkungen des Lichtes, der Wärme, der Luft, des Wassers und des Untergrundes der Gebäude und ihrer Umgebung auf die Gesundheit der Bewohner. gr. 8. (VIII, 218 S. mit 44 eingedr. Holzschn. und 5 lithogr. Taf.) Berlin 880, Springer. *

Schülke, Kurt: Beiträge zur Kenntnis der Friedel und Crafts'schen Reaktion. Weida i. Th. 1909: Thomas & Hubert. 58 S. 8°
Leipzig, Phil. Diss. v. 1. Febr. 1909, Ref. Beckmann, Hantzsch.

Schülke, O., Schiffs- u. Havareipapiere. Eine seerechtl. Besprechg. der Rechte u. Pflichten e. Schiffsführers in Havarei- u. anderen Geschäftssachen f. Kapitäne u. Schiffsoffiziere. 8. (VII, 119 S. m. 4 Formularen.) Hamburg 902. Eckardt & Messtorf. Geb. in Leinw. n. 2. 40

Schülke, O., Schiffs- u. Havareipapiere. Eine seerechtl. Besprechg. der Rechte u. Pflichten e. Schiffsführers in Havarei- u. anderen Geschäftssachen f. Kapitäne u. Schiffsoffiziere. 2. Aufl. (VIII, 124 S. m. 7 Formularen.) 8. Hamburg 905. Eckardt & Messtorff. Geb. in Leinw. n. 2. 50

Schülke, O., **Schiffs- u. Havareipapiere. Eine seerechtl.** Besprechg. der Rechte u. Pflichten e. Schiffsführers in Havarei- u. and. Geschäftssachen f. Kapitäne u. Schiffsoffiziere. 3. Aufl. (VIII, 124 S. m. 4 Formularen.) 8. Hamburg 908. Eckardt & Messtorff. Geb. in Lw. 2.50

Schulkind, das andächtige. Ein vollständiges Gebetbüchlein für die liebe Jugend. Von einem Priester der Diöcese Basel. 32. (197 S. m. 1 Steintaf.) Einsiedeln 879. Benziger. — 18

Das Andächtige Schulkind. Ein vollst. Gebetbüchlein f. d. liebe Jugend. Von e. Priester d. Diocese Basel. *Einsiedeln, Köln: Benziger & Co. [um 1902].* (200 S.) 8° [F.] [03. 1319]

Schulkind, das betende. Vollständ. Gebetbüchlein f. die kathol. Jugend. Von e. Priester der Diözese Straßburg. 16. (192 S. m. Titelbild.) Einsiedeln (900). Eberle, Kälin & Co. Geb. von — 30 bis — 60

Schulkind, das, in seinor körperlichen u. geistigen Entwicklung, dargestollt v. Lucy Hoesch-Ernst u. Ernst Meumann. I. Tl. Lex.-8. Leipzig, O. Nemnich. n. 18. —; gob. n. 20. —; f. Abnehmor dor „Exporimentollen Pädagogik" n.n. 13. 50; geb. n.n. 15. —
Anthropologisch-psycholog. Untersuchungen an Züricher Schul-Kindern, nebst e. Zusammenstellg. der Resultate der wichtigsten Untersuchgn. an Schulkindern in andern Ländern. Von Lucy Hoesch-Ernst. (165 S. m. 29 farb. u. schwarzen Kurventaf.) 906.

Schulkind, das fromme. Gebet- u. Liederbuch f. die Schuljugend der Wiener Erzdiözese. Mit e. farb. Titelbild, 5 Vollbildern u. 21 kleineren Bildern. (XVI, 480 S.) 16. Wien 908. St. Norbertus. Geb. in Leinw. 1. 20

DER POLNISCHE SCHULKINDERSTREIK vor dem Abgeordnetenhause am 14. und 15. März 1907. Herausgegeben vom Deutschen Ostmarkenverein. Berlin. (1907 Druck von Wilhelm Issleib.) 8°.

Schulkonferenzen,

— üb. die in Vorschlag gebrachten, in Würtemberg, (von G. H. Scholl). 8. Tübing. 798.

Schulconferenzen, Die, des Kirchspiels Ulmenhayn. Neustadt a. d. O. 1821. V: *Dinter, Gustav Friedrich.* (MGT) »Heilbronn 1829« (Ky)

Schul-**Conferenzen, die, des** Kirchspiels Ulmenhayn, (von Dinter). Mit Anmerkk. von e. Schullehrer in Süddeutschland. (Den Verfass. von Ad Ultimum: Wahrheit ohne Schminke.) gr. 8. Heilbr. 829. Drechsler. 12 gr. (Vergl. Dinter.)

Schulkongreß, der deutsche evangelische; seine Zwecke u. Ziele, zugleich e. Einladungsschrift zum 2. evangel. Schulkongresse in Kassel [24—27. Septbr. 1883.] gr. 8. (15 S.) Barmen 883. Wiemann. n. — 50

Schulkrebs, der, u. seine Heilung. Ein offenes Wort der steir. Lehrer an die Eltern ihrer Schüler, insbesondere an alle Ortsschulräthe, Gemeinderäthe u. Bezirksvertretgn. Hrsg. v. e. Compromiß-Comité steir. Lehrer. 8. (36 S.) Wien 901. (Graz, P. Cieslar.) n. — 35

Schulkunde, katholische. **Central-Organ f. die Interessen der Schule u. des Lehrstandes. Hrsg.** unter Mitwirkg. hervorrag. Pädagogen des In- u. Auslandes v. Rob. Kiel. 1.—3. Jahrg. 1892—1894. (3.—5. Jahrg. der „Katholischen Schule".) à 52 Nrn. (à ca. 1½ Bog.) gr. 4. Mit monatl. Gratisbeilage: Bücherschau, u. vierteljährl. Beigabe e. Musikbeilage. Heiligenstadt, F. W. Cordier. à Jahrg. n. 5. —
f.: Schule, katholische.

Schulkunde, katholische. Central-Organ f. d. Interessen d. Schule u. d. Lehrstandes. Hrsg. unt. Mitwirkg. hervorrag. Pädagogen des In- u. Auslandes v. Rob. Kiel. 4. Jahrg. 1895. (6. Jahrg. der „Katholischen Schule".) 52 Nrn. (à ca. 2 Bog. u. Musikbeilage 4 S.) 4. Mit monatl. Gratisbeilage: Bücherschau. Heiligenstadt, F. W. Cordier. n. 5. —

— dasselbe. 5. Jahrg. 1896. (7. Jahrg. d. „Katholischen Schule".) 52 Nrn. (à ca. 2 Bog.) 4. M. Gratisbeilagen: Bücherschau (12 Nrn.) u. Musikbeilage [Red.: P. Piel] (4 Nrn.). Ebd. n. 5 —

— dasselbe. 6. u. 7. Jahrg. 1897—1898. (8. u. 9. Jahrg. d. „Katholischen Schule".) à 52 Nrn. (à ca. 2 Bog.) 4. M. Gratisbeilagen: Litterarischer Wegweiser (je 26 Nrn.) u. Musikbeilage [Red.: P. Piel] (je 4 Nrn.). Ebd. à Jahrg. n. 5. —
kann auch vierteljährlich bezogen werden.

Schulkunde, katholische. **Central-Organ f. die Interessen der Schule u. des Lehrstandes. Hrsg.** unter Mitwirkg. hervorrag. Pädagogen geistl. u. weltl. Standes. (Begründet v. Rob. Kiel.) 8.—11. Jahrg. 1899—1902. (10.—13. Jahrg. der „Katholischen Schule".) à 52 Nrn. (à ca. 8 S.) Lex.-8. Mit Gratisbeilagen: Litterarischer Wegweiser (26 Nrn.) u. Musikbeilage [Red.: P. Piel] (4 Nrn.). Heiligenstadt, F. W. Cordier. à Jahrg. n. 5. —

Schulkunde, katholische. Central-Organ f. die Interessen der Schule u. des Lehrstandes. Begründet v. Rob. Kiel. Hrsg. unter Mitwirkg. hervorrag. Schulmänner geistl. u. weltl. Standes v. A. Görgen. 12. Jahrg. 1903. (14. Jahrg. der „Kathol. Schule".) 52 Nrn. (à ca. 8 S.) Lex.-8. Mit 2 Monats-Beilagen: 1. „Krit. Wegweiser". 2. „Litterar. Führer u. schulrechtl. Ratgeber" (12 Nrn). Vierteljährl. „Musikbeilage" [Red.: P. Piel] (4 Nrn.). Heiligenstadt, F. W. Cordier. n. 5. —
Fortsetzg., f.: Zeitschrift, kathol., f. Erziehung u. Unterricht.

Schüll, Hermann, über den Verlauf von Wunden unter dem antiseptischen Dauerverbande. Erläutert an den Fällen der chirurgischen Kliniken zu Freiburg und Würzburg (Juni 1882 — April 1883 — Weihnachten 1885). Diss. Würzburg 1886, Stahel'sche Univ.-Buchh. 8°. 31 S.

Schüll, Johann Christoph Wilhelm A. S. 156/4
Herbipolis historico-juridica sive historia de episcopis, S. R. I. principibus Herbipolensibus, et Franciae orientalis ducibus.
Präs. Johann Joachim Schüll (Bruder).
Würzburg (Kleyer) 18. IX. 1700. 112 S. 31657

Schüll, Johann Joachim [Praes.], s. Schüll, Johann Christoph Wilhelm: Herbipolis historico-juridica sive historia de episcopis, S. R. I. principibus Herbipolensibus, et Franciae orientalis ducibus.

Schüll, Otto Helmuth, Referendar in Berlin: Die Wirkung konkursrechtlicher Grundsätze auf das Rechtsinstitut der Einziehung. Borna-Leipzig 1905: R. Noske. (IX, 43 S. 8° [F.]
Leipzig, Jur. Fak., Diss. v. 26. April 1905
[Geb. 2. Febr. 82 Duren; Wohnort: Duren; Staatsangeh.: Preußen; Vorbildung: Gymn. Duren Reife O. 01; Studium: Heidelberg, Berlin, Bonn; Rig. 1. Aug. 04.]

Schulle, M., Choral-Melodienbuch, s.: **Kunze, C.**

Schulle, W., bedarf unser Konfirmandenunterricht e. Umgestaltung? 8. (36 S.) Gr. Lichterfelde-Berlin (902). E. Runge. n. — 75

Aus unserem Schulleben. Vom Lehrerkollegium der Städtischen Realschule zu Haspe. Haspe 1909: Kannengiesser. 114 S. 8°
Haspe, st. R P 1909 (517) [S 09. 428

Schullehrer,

— der höhere, des neunzehnten Jahrhunderts, oder wissenschaftl. Darstellung d. Unterrichts in d. Bürgerschule. Eine Zeitschrift für fortschreitende Väter u. Lehrer, in 1/4jähr. Heften. 1r Bd. Sprach- u. Religionslehre. 1s Hft. Einleitung in die deutsche Sprachlehre. — Dr. Strauß und sein Gegner, Prof. E. Osiander. gr. 8. Stuttgart 837. Brodhag. 1/4 Thlr.

—— der höhere, d. 19. Jahrh., od. wissenschaftl. Darstell. d. Unterr. in d. Bürgerschule. Eine Zeitschr. f. fortschreit. Väter u. Lehrer, in 1/4jähr. Hftn. 1. Bd. Sprach- u. Religionslehre. 1. Hft. Einleit. in d. deutsche Sprachlehre. — Dr. Strauß u. sein Gegner, Prof. E. Osiander. gr. 8. (4 B.) Stuttgart 837, [Scheible, Rieger u. Sattler.]

Schullehrer, der, des 19. Jahrh. Od. leichtfaßl., aber wissenschaftl. begründ. Darstellung d. Anschauungs-Unterrichts, wodurch die Kinder wahrhaft gebildet u. in Jahresfrist zu Abfassung e. guten Aufsatzes gebracht werden. Eine Zeitschr. f. Väter u. Lehrer, in 1/4jähr. Hftn. — 1—13. Hft. gr. 8. (à ca. 4 B.) Stuttgart 831—35, Brodhag. à

Schullehrer, der, des 19. Jahrh., od. Darstell. d. gesammt. Unterr., wie er von Stunde zu Stunde ertheilt werden soll. Zeitschr. f. Väter u. Lehrer. (Von Kloker.) 14—18. Hft. gr. 8. (22 5/8 B. u. 3 Stnt.) Stuttgart 835—37, [Scheible, Rieger u. Sattler.] à Thlr.
1—13. Hft. Ebendas. 1831—35. à 6 Gr.

Schullehrer, der, des 19ten Jahrhunderts. Oder Darstellung des gesammten Unterrichts, wie er von Stunde zu Stunde ertheilt werden soll. Eine Zeitschrift f. Väter u. Lehrer. 20 Hfte. (oder 1r—3r u. 4r Bd. 1s u. 2s Hft.) gr. 8. Stuttgart 831—840. Brodhag. (à 1/4 Thlr.) 5 Thlr.

—— dass. 19—23. Hft. od. 5. Bd. (4 Hfte.) u. 6. Bd. 1. Hft. enth.: Anfänge d. Lateinischen, in Verbindung m. d. Anschauungsunterr. bis zum Lesen u. Uebersetzen d. Disticha rc. gr. 8. Hamburg 839—42, Heubel. [5. (17 1/2 B.), 6. 1. (3 B. u. 1 Tab.) à H. 1/4 Thlr.]
Supplement hierzu, 1—7. Hft., vgl. Schulirrthümer. — Schultagebuch.

Schullehrer, der, des 19. Jahrhunderts, oder Darstellung des gesammten Unterrichts für Väter u. Lehrer. 5. Bd. Enthält: Anfänge des Lateinischen in Verbind. mit d. Anschauungsunterricht bis zum Lesen u. Uebersetzen der Distichen nebst Schema der latein. Sprachlehre. gr. 8. Hamburg 842, Heubel. (à) 1 Thlr.

— dass. 21. u. 22. Heft oder 5. Bd. 3. u. 4. Heft: Schema der lateinischen Sprachlehre. gr. 8. Ebend. 842. à 1/4 Thlr.

— dass. 23. Heft, oder 6. Bd. 1. Heft. Enthaltend: Schluß vom Schema der lateinischen Sprachlehre und eine Tabula Grammatices Latinae. gr. 8. Ebend. 842. 1/4 Thlr.

— dass. 1s Supplementheft: Allgem. Schultagebuch für 1836. Mit genauester Eintheilung der Lectionen in der Vorschule, Volks- u. Bürgerschule u. den wichtigsten Anweisungen zur Schulführung überhaupt, vom Schullehrer des 19. Jahrhunderts. gr. 8. Ebd. 835. 1/4 Thlr.

— dass. 2s Supplementheft. A. u. d. T.: Allgem. Schultagebuch für 1837. Fortsetzung des vorigen mit einem erklär. Register über d. ersten 8 Hefte des Schullehrers des 19. Jahrh., u. einige Stellen in späteren Heften, betreffend die Bewahr- u. die Vorschulen vom Schullehrer des 19. Jahrh. gr. 8. Ebd. 837. 1/4 Thlr.

— dass. Allgem. Schultagebuch für 1838. Vom Schullehrer des 19. Jahrh. gr. 8. Ebd. 838. 1/4 Thlr. — dass. für 1839, oder 4s Supplem.-Hft. Nebst Schleiermachers Catechismus. gr. 8. Ebd. 839. 1/4 Thlr.

Schullehrer, der, des 19. Jahrhunderts rc. 4 Bde. (od. 1—18. Hft.) 2., verb. u. verm. Aufl. gr. 8. Ebds. à Bd. 1 Thlr.
Bd. 1., 2. Die Vorschule od. der Anschauungsunterricht. 2 Thle.
Thl. 1. Die Bewahrschule. (16 1/4 B. u. 1 lith. Tab.) 839.
" 2. Die erste Erziehung in d. Pestalozzischen Familie. (18 B.) 839.
" 3., 4. Die Volksschule, od. d. wissenschaftl. Anschauungsunterricht. 2 Thle. (31 3/4 B. u. 4 Stnt.) 840.

Schullehrer, der, des 19. Jahrhunderts, oder Darstellung des gesammten Unterrichts f. Väter u. Lehrer, wie er von Stunde zu Stunde ertheilt werden soll. Neue verb. u. verm. Aufl. 8 Lfgn. oder 4 Bde. gr. 8. (66 B. 4 Stnt. u. 1 Tab.) Stuttgart 843, [Rieger'sche Vrlgsb.] à L. 7 1/2 Ngr.

Schullehrer, der, des XIX. Jahrhunderts od. Darstellung des Unterrichts in der Volksschule, mit besond. Berücksicht. d. Anschauungsunterrichts. 2 Bde. gr. 8. 1. Bd.: Der Anschauungsunterricht in der Elementarklasse [Vorschule]. Neu bearb. von Emil Otto. 3. durchaus verb. Aufl. (VI u. 314 S.) 2. Bd.: Der Sachunterricht u. die Wissenschaften f. die Volksschule. Neu bearb. v. Emil Otto. 3. durchaus verb. Aufl. (318 S.) Stuttgart 851, Rieger. (à 21 Ngr.) 1 Thlr. 12 Ngr.

Schullehrer, Der liebenswürdige und glückliche, auf dem Lande. Hamb. 1777. V: *Lihme, Martin Friedrich.* (Ky) (MGT) (Kordes, Schlesw.-holst. u. eutin. Schriftst. Schleswig 1797.)

— ein liebenswürd. u. glückl. auf dem Lande, e. Lesebuch, (von M. F. Lihme). 8. Hamb. 777. Bohn. (Campe). 12 gr.

— d. neue, s. Küchelbecker, F.C.H.

Schullehrer, der neue, zu Collbach. 8. Gießen, Müller. 811.

Schullehrer, Sachsens. Eine Zeitschrift für Volksschullehrer, zur Beförderung d. Volksschulwesens u. der wissenschaftl. Fortbildung der Lehrer. Herausg. vom Schullehrerverein der Ephorie Leipzig, redigirt vom dermal. Direktor desselben, M. J. G. Hanschmann. (1r Jhrg. 1834.) 4 Hfte. 8. Leipz., Berger. n. 1 Thlr.

— dass. 2r Bd. (Jahrg. 1835) in 9 Lfrgg. u. 3r u. 4r Bd. (Jahrg. 1836), 12 Hfte. 8. Leipzig, Fort. à 1 1/2 Thlr.

Schullehrer, H. S., (J. G. Hamann,) neue Apologie des Buchstaben H, od. außerordentl. Betrachtt. über die Orthographie d. Deutschen. 8. Pisa (Frankf. a. M.) 773. (Hermann). 3 gr.

Schullehrer-Bibel, die, od. einige Ideen u. Winke zu Anlegung e. Schrift, die dem Schullehrer beim Lesen d. Bibel in Schulen als Hülfsmittel dienen kann. 8. Leipz. 827. Cnobloch. 6 gr.

Schullehrer-Bibel. Neust. a. O. 1824—28. V: *Dinter, Gustav Frdr.* (winer)

Schullehrer-Bibel des Alten-Testaments. 2r Thl. 2e, in Dinters Geiste umgearb. Aufl. Lex.-8. Neustadt 834. Wagner. — 3e Aufl. 5 Bde. Lex.-Form. Ebd. 833—36. Preis für d. ganze Alte Testam. n. 4 Thlr. Velinp. n. 5 1/3 Thlr.

—— v. G. F. Dinter, s. **Dinter.**

Schullehrer-Bibel, evangel., v. Chr. Phil. Heinr. Brandt, s. **Schrift**, die heil. (N. Test.)

Schullehrer-Bibel, neue. Das neue Testament; zum Gebrauche für Schullehrer erläutert u. mit katechet. Fragen versehen von Glob. Euseb. Fischer. 1—8. Hft. gr. 8. (73 B.) Eisleben 844—46, Reichardt. à Hft. * 10 Ngr. *

Schullehrer-Bibliothek. Mit Genehmigung der fürsterzbischöflichen Schulcommission in Breslau. Breslau 1804—5. H (I, 1—6): *Kieslig, Ant. Mor.* (Ky) (MGT)

Schullehrer-Bibliothek, krit., in Verbindung mit mehr. Pädagogen u. Lehrern hrsg. v. H. Gräfe. 1. u. 2. Bd. (od. Jahrg. 1830 u. 31. à 6 Hfte.) 8. Quedlinburg, Basse. à B.

Schullehrer-Konferenzen, die, s.: Flugschriften, schulpolitische.

Schullehrer-Seminar, das jüd., in Berlin. Eröffnet am 18. Nov. 1840. gr.8. (2½ B.) Berlin 840, Veit u. Comp.

Schullehrer-Seminar, das königl., in Pr. Eylau. Festschrift zur Feier d. 100jähr. Bestehens der Anstalt. gr. 8. (83 S.) Königsberg 874. Gräfe & Unzer. n. 1. —

Schullehrerseminar, Das landesherrliche, für das Grossherzogthum Mecklenburg-Schwerin gegenwärtig in Aukloster. Schwerin 1882. V: *Schnell.* (Bachmann, Mecklenburg. Güstrow 1882. S. 363.)

Schullehrer-Seminare [Schlagwort]

Schullehrer - Seminare u. Präparanden - Anstalten, preuss., s.: Preussen, Ziemann & Bokowski.

Schullehrer-Spiegel zur Lehre und Warnung ... Ilmenau 1828. V: *Weingart, Johann Friedrich.* (Ky)

—— zur Lehr' u. Warnung. Vom Hrsgeb. der „Literaturzeitung f. Deutschlands Volksschullehrer" (J. F. Weingart). gr. 16. (9½ B.) Ilmenau 828, [Weimar,] Voigt.

Schullehrer-Spiegel sowohl f. solche, die es bereits sind, als noch werden wollen; so wie auch f. Laien. 8. (4 B.) Neustadt a. d. O. 830, Wagner.

Schullehrer - Witwen und Waisen Kasse, Die allgemeine evangelische, der Provinz Schlesien. [Breslau] 1825. V: *Sohr, Wilhelm Heinrich.* (Nowack, Schles. Schriftst.-Lex. Bresl. 1836—43. I, 138.)

Schullehrer - Wittwencassen (Ueber), besonders in Schleswig, Holstein, Lauenburg. 8⁰. Kiel, Bünsow, 1834.

Schullehrer-Zeitung, Schlesische. Herausgeber: Chr. Glo. Scholz. Jahrg. 1843—1846. 26 Numm. (Bog.) Breslau, Scholz. 1843, 44 à 1⅙ ₰ 1845, 46 à n. 1⅓ ₰

Schullehrer-Zeitung, Schlesische. Redact. Chr. G. Scholz. (5—9.) Jahrg. 1847—1851. 1847 u. 48 à 26 Nrn. gr. 8. (Bog.) 1849. 52 Nrn. gr. 8. (½ Bog.) 1851. 24 Nrn. Lex. 8. (Bog.) Breslau, Scholz. à Jahrg. n. 1⅓ ₰

— dies. Im Verein m. evangel. u. kathol. Schulmännern hrsg. von Chr. G. Scholz. 10. Jahrg. 1852. 24 Nrn. Lex. 8. (Bog.) Breslau, Leuckart. n. 1⅓ ₰

Schullehrer-Zeitung, schlesische. Im Verein mit evangel. und kathol. Schulmännern hrsg. von Chr. G. Scholz. 11. Jahrg. 1853. 26 Nrn. (Bog.) Lex.-8. Breslau, Leuckart. *

Schulleitung, die, durch Rektoren und Hauptlehrer. Denkschrift f. Schulleiter u. Lehrer, hrsg. v. e. Schulmanne. 8. (40 S.) Wiesbaden (900). R. Bechtold & Co. n. — 50

Schullektüre, französische u. englische. Hrsg. v. F. K. Schwalbach. Nr. 1—4. 8. Hamburg, O. Meissner's Verl. geb. n. 3. 80

1. Ausgewählte Reden v. Mirabeau, Desèze u. Chateaubriand. Hrsg. v. F. K. Schwalbach. (IV, 88 S.) 888. n. 1. —
2. William the Conqueror u. Queen Elisabeth. Von D. Hume. Hrsg. v. F. K. Schwalbach. (VI, 130 S.) 888. n. 1. 20
3. Athalie. Tragédie, tirée de l'Écriture Sainte 1691. Par J. Racine. Hrsg. v. Herm. Holfeld. (IV, 70 S.) 890. n. — 80
4. Histoire de la révolution française depuis 1780 jusqu'en 1814. Par Mignet. Hrsg. von G. Tiede. 1. Tl. (IV, 110 S.) 890. n. — 80

Schullektüre, französische u. englische. Nr. 5. 8. Hamburg 893. O. Meissner's Verl. Kart. n. 1. —; geb. n. 1. 20

Histoire de la révolution française depuis 1780 jusqu' en 1814 par Mignet. Hrsg. v. G. Tiede. II. Tl. (III, 132 S.)

SCHULLEMS, A.

Magyarisches Sprach- und Lesebuch für Volksschulen mit deutscher Unterrichtssprache. Von Dr. A. Schullems. 1. Theil. Hermannstadt. 1900. Krafft. 8°. 87 S. Cart. K —.50

Schullems, A., Magyarisches Sprach- und Lesebuch für Volksschulen mit deutscher Unterrichtssprache. 2. Teil. 3. Aufl. 8°. (334 S.) Ebda. 1907. K 2.–

Schuller, Johann Karl, und die Gräfin Anna Amadei. Hermannstadt 1896. V: *Müller, Friedrich.* (Trausch IV, 311)

Schuller, A., Bilder aus d. vaterländischen Geschichte, s.: Teutsch, Frdr.

Schuller, A.: Neues Leben 1830—1848. *Hermannstadt 1896.*
in: Jahre, Hundert, sächsischer Kämpfe. Zehn Vortr.

Schuller, Ant., Handbuch der Gesetze über ausschließende Privilegien auf neue Erfindungen, Entdeckungen u. Verbesserungen im Gebiete der Industrie, enthalt. den Originaltext der in den bedeutend. Staaten dießfalls geltenden Gesetze ꝛc., mit nebenstehender deutscher Uebersetzung jener, die in fremden Sprachen erlassen wurden, u. erläut. Anmerk. (1. Abthl.) Lex.-8. (12⅝ B.) Wien 843, (Gerold, Verl.) *

Schuller C. les oiseaux. (15 kolorierte T) grfol In Mappe. Berlin (1880)

Schuller, C., les oiseaux. Etudes. gr. Fol. (15 Chromolith.) Berlin 885. Claesen & Co. In Mappe. n. 45. —

Schuller, Friedrich

— Bilder aus d. vaterländ. Geschichte, s.: Teutsch, Frdr.

— Einwanderung d. Sachsen nach Siebenbürgen. Aus e. Cyklus v. Vorlesgn. üb. d. siebenbürg.-sächs. Geschichte. Geh. im großen Hörsaale d. ev. Gymnasiums in Hermannstadt in d. Wintermonaten v. 1894. gr. 8. (18 S.) Hermannstadt 895. (G. A. Seraphin.) n. — 40

[F.] Aus sieben Jahrhunderten. Acht Vorträge aus d. siebenbürg.-sächs. Geschichte v. Dr. Fr. Schuller. *Hermannstadt: W. Krafft 1895.* (3 Bl., 206 S.) 1 Bd 8.
— Volksschriftenverlag Hermannstadt. H. 6—13.

— Kanon der zu erlern. Geschichtszahlen der alten, mittl. u. neueren Geschichte. 8. (23 S.) Ebd. (896). n. — 40

Schuller, Frdr., Kurhaus auf der „Hohen Rinne". Zur Erinnerg. an das 10jähr. Bestehen des Kurhauses. Hrsg. unter Mitwirkg. mehrerer Freunde der Anstalt. (79 S. m. Titelbild.) 8. Hermannstadt 904. (W. Krafft.) n. — 85

Schuller, Frdr., s.: Lehr- u. Lesebuch f. Gewerbe-Lehrlingsschulen.

— aus dem Märchen- u. Sagenschatze der Siebenbürger Sachsen. Ausgewählt f. Schule u. Haus. 8. (VI, 120 S. m. Abbildgn.) Wien 895. Hermannstadt, W. Krafft. Geb. in Leinw. n.n. — 85

Schuller, Fr. Die Reaktion gegen d. Josefinischen Reformen u. d. Regulation 1790—1805. *Hermannstadt 1896.*
in: Jahre, Hundert, sächsischer Kämpfe. Zehn Vortr. [96. 5635

Schuller, Fr[iedrich]: Regesten zur Geschichte der siebenbürgigischen Landesteile Ungarns von der Schlacht bei Mohács (29. August 1526) bis zum Tode Johann Zapolyas (21. Juli 1540). [Aus dem Archiv der Stadt Nagyszeben (Hermannstadt) und der sächsischen Universität.] 1 Bl., 33 S. 4.
Ev. Gymn. A. B. u. verb. Realschule *Nagyszeben (Hermannstadt)* 1907.
Progr.

Schuller, Frdr., Schriftsteller-Lexikon d. Siebenbürger Deutschen. IV. Bd. (Ergänzungsband zu J. Trausch, Schriftsteller-Lexikon od. biographisch-literär. Denkblätter der Siebenbürger Deutschen.) gr. 8. (XI, 575 S.) Hermannstadt 902. W. Krafft. n.n. 7. 23
Vergl.: Trausch, Jos.

Schuller, Friedrich [aus Hermannstadt]: Volksstatistik der Siebenbürger Sachsen ... Halle, *Druck d. Union Deutsche Verlagsges. in Stuttgart,* 1895; 35 S. 8.
Halle, Phil. Fak., Inaug.-Diss. v. [17. Aug.] 1895

Schuller, Friedrich: Volksstatistik der Siebenbürger Sachsen. Stuttgart 1895. 33 S. = Forschungen zur deutschen Landes- und Volkskunde Bd 9. Heft 1. S. 23 -55 8°.
[F. 1830

— Zeittafeln z. Geschichte Ungarns. 8. (15 S.) Hermannstadt 896. W. Krafft. n.n. — 30

— Zeittafel zur Geschichte Ungarns. 2. Aufl. 8. (15 S.) Ebd. 902. n.n. — 26

Schuller, Georg

Schuller: Volkstümlicher Glaube und Brauch bei Tod und Begräbnis im Siebenbürger Sachsenlande. Beitrag zur Kulturgeschichte. I. 67. II. 78 S. 8° - Schässburg.ev Gym Progr. 1863, 1865

Schuller, Georg Adolf

Schuller, G. A., Dorfheimat. Lebensbilder aus d. Jüngstvergangenheit e. siebenbürger Sachsendorfes. Erinnergn. e. ehemal. Pfarrersjungen. (XI, 152 S.) 8. Hermannstadt 908. W. Krafft. 1.30; geb. in Leinw. 2. 10

— Elisabethstadt. Hermannstadt '06. 16 S. Aus: Siebenb.-Dt. Tageblatt. 9769—70.

— Der Grunderwerb durch die Raiffeisenvereine. Vortr. Hermannstadt '06. 16 S.

(**Schuller**, G[eorg] A[dolf]:) Johannes *Höchsmann.* ⟨Gest. am 15. Febr. 1905⟩. (Hermannstadt '05.) 20 S. Aus: Kirchl. Blätter. 8, 43—45.

— Innerkolonisation und Raiffeisenvereine. Vortr. ([Hermannstadt] '09.) 25 S. Aus: Verbandstag d. ländl. Spar- u. Vorschussver. 23.

(F) **Schuller**, G. A. und **Nemenz**, R., Aus dem Leben der Gemeinde Groß-Alisch. Festschrift. [Volksschriftenverlag Hermannstadt. Bd. 24—26.] Gr.-8°. (63 S.) K —.60
Hermannstadt: Krafft 1903.

— u. Rud. Nemenz, aus dem Leben der Gemeinde Groß-Alisch, s. A. Volksschriften-Verlag Hermannstadt. 24.—26. Hft.

Schuller, Georg Adolf: Quellen der Heimatkunde. Ein Vortr. geh. in d. Schässburger u. Hermannstädter Bezirkslehrerversammlg.
Aus: Kirchl. Blätter. Jg. 10, 1906.
Hermannstadt: Krafft 1906. (41 S.)

Schuller, G[eorg] A[dolf]: Schlussstein-Urkunde für das Bankgebäude der Genossenschaftsbank in *Elisabethstadt.* (Elisabethstadt '05.)

Schuller, G. A., aus der Vergangenheit der siebenbürgisch-sächsischen Landwirtschaft. Dem sieb.-sächs. Landwirtschaftsvereine zur Feier s. 50jähr. Bestandes gewidmet. gr. 8. (130 S.) Ebd. 895. n.n. — 80

Schuller, G[eorg] A[dolf]: Die soziale Wirksamkeit der Raiffeisenvereine im Siebenbürger Sachsenlande. Hermannstadt '08. 75 S. Aus: Verbandstag d. ländl. Spar- u. Vorschussver. 21.

[F.] Der siebenbürgisch-sächsische Bauernhof und seine Bewohner. E. kulturhist. Skizze. Im Auftr. d. Hermannstädter Komitates vf. v. Gustav Schuller, Prof. ... in Hermannstadt. *Hermannstadt: Buchdr. v. J. Drotleff 1896.* (1 Bl., 41 S., 1 Taf.) 1 Bd 8. [96. 6238

Schuller, Gust., d. siebenbürgisch-sächsische Bauernhof u. s. Bewohner. E. kulturhistor. Skizze. Im Auftr. des Hermannstädter Komitates verf. gr. 8. (41 S. m. Abb.) Hermannstadt 896. (L. Michaelis.) n. — 80

Schuller, Gust., s.: Lehr- u. Lesebuch f. Gewerbe-Lehrlingsschulen.

Schuller, G., Leitfaden der Erdbeschreibung f. die untersten Klassen der Mittelschulen, sowie f. Bürger- u. Volksschulen. 8. (III, 51 S.) Hermannstadt 890. Michaelis. n. — 60

Schuller, Gust. Leitfaden der Erdbeschreibung f. die untersten Klassen der Mittelschulen, sowie f. Bürger- u. Volksschulen. (III, 49 S.) 889; [2. Aufl.] 8. (II, 56 S.) Hermannst. 892, F. Michaelis. cart. * — 70

Schuller, Gust., Leitfaden f. den Unterricht in der Geographie v. Oesterreich-Ungarn zum Gebrauche an Gewerbeschulen. gr. 8. (38 S.) Hermannstadt 881. Michaelis. n. — 70

— Meister Lukas. Ein Bild aus der Vorzeit der Siebenbürger Sachsen. 2. Aufl. 12. (IV, 125 S.) Hermannstadt 888. Michaelis & Seraphin. geb. 2. 50

Schuller, Gust. Zur Pädagogik außer der Schule. 26 S. *Hermannstadt* 1885.
Progr.

— Reinold. Ein Bild aus den Karpathen. 2. Aufl. 8. (96 S.) Wien 884. Graeser. n. 1. 60; cart. n. 1. 80; geb. n. 2. 40

Schuller, Gustav *Friedrich*: Geschichte des evangelischen Gymnasiums A. B. in Mediasch. 8 (127 S.).
Progr. Ev. G. A. B. *Mediasch* 1896.

Schuller, Gust. Fr. Hervorragende Mängel unserer gegenwärtigen Gymnasialorganisation. 56 S. 8. **Progr.** *Mediasch* 1876.

Schuller, Gust. Fr., hervorragende Mängel unserer gegenwärtigen Gymnasial-Organisation. gr. 8. (55 S.) Mediasch 876. (Hermannstadt, Michaelis.) n. 1. 35

Die bei der Installation des Rektors gehaltenen Reden. 1. Rede ... des ... Lokalschulinspektors Joh[ann] C[arl] Lehrer. 2. Rede des scheidenden Direktors Gustav Fr[iedrich] Schuller. 3. Antrittsrede des Direktors Ludwig Leutschaft. S. 3—13. 4.
Progr. Ev. Gymn. A B. *Medgyes* (*Mediasch*) 1906.

Schuller, Hedw. (geb. v. Oberleithner), Schatzkästlein der Kochkunst. 1500 erprobte, vorzügl. Küchenrezepte, nebst e. Anh. m. prakt. Ratschlägen f. d. Haushalt. (X, 496 S.) 8. Wien 908. W. Braumüller. Geb. in Leinw. 5.—

Schuller, Hermann Beiträge zu einer Lebensbeschreibung des Freiherrn Samuel von Brukenthal. 4 (22 S.).
Progr. Ev. G. A. B., Rsch. u. ev. Elementarsch. *Hermannstadt* 1886.

—, Richard Wolfgang Forster. Bistritzer Stadtgeschichten aus dem Anfang des 16. Jahrhunderts. 4 (S. 3—41).
Progr. Ev. G. A. B. u. verb. Lehranstalt. *Schässburg* 1890.

Schuller, Hermann: Lesebuch aus Livius zur römischen Staatsverfassung. Für den Schulgebrauch herausgegeben von H. Sch. Erster Teil. Die Bürgerschaft. 3 Bl., 80 S. 4.
Progr. Ev. Gymn. A. B. *Medgyes (Mediasch)* 1908.

Schuller, J. C. — Zur Geschichte der Ringmauern von Hermannstadt. Sylvestergabe den Beförderern und Freunden siebenbürgischer Geschichtsforschung gewidmet von — —. 8. (16 S.) Sine loc. typ. et anni indic.

Schuller, Joh. Georg, *Syndicus des Hermannstädter Capitels und evangel. Pfarrer zu Girelsau.* Das Reformationsfest der evangelischen Landeskirche A. B. in Siebenbürgen. Zum Gebrauche in den Christenlehren. *Kronstadt* 1858. Gedruckt und in Verlag bei *Joh. Gött.* 29 S. 8°.

Schuller, Joh. Karl, Archiv f. d. Kenntniß v. Siebenbürgen, s. Archiv.

Schuller, Jo. Karl, Archiv für die Kenntniß Siebenbürgens Vorzeit u. Gegenwart. 1s u. 2s Hft. gr. 8. Hermannstadt 840. v. Hochmeisters Buchh. à 1¼ ℛ

Schuller, Joh. Karl, Kloster Argisch, eine romänische Volkssage. Urtext, metrische Uebersetzung und Erläuterung. Sylvestergabe. Hermannstadt 858. Steinhaussen. gr. 8. (2 Bl., 21 S.) 6 ngr.

Schuller, Joh. Carl, Aus der Walachei, s. Aus der Walachei.

Schuller, Joh. Carl, Beiträge zu einem Wörterbuche der siebenbürgisch-sächsischen Mundart. (Beigegeben ist: Necrolog des Verf. von J. Ranniger.) gr. 8. (XI und 91 S.) Prag 865, Credner. *

Schuller, Joh. Carl, Beiträge zu einem Wörterbuche der siebenbürgisch-sächsischen Mundart. (Beigegeben ist: Necrolog des Verf. von J. Ranniger.) Prag 865. Fuchs. gr. 8. (XI, 91 S.) n. 20 ngr.

Schuller, Joh. Carl, Beleuchtung der Klagschrift gegen die sächsische Nation, welche die beiden walachischen H.H. Bischöfe auf dem Landtage von 1841—1843 den Ständen des Großfürstenth. Siebenbürgen überreicht haben. gr. 8. (9¼ B.) Hermannstadt 844. v. Hochmeister'sche Buchh. –

— Bericht über die neuesten Erscheinungen der siebenbürgisch-deutschen Literatur, welche die Landeskunde zum Gegenstande haben, und über den gegenwärtigen Zustand des Vereines für siebenbürgische Landeskunde. (Aus d. Sitzungsberichten d. k. Akad. d. W.) Wien 852. (Gerold.) gr. 8. (19 S.) n. 4 ngr.

Schuller, Rector Jh. Karl, argumentorum pro Latinitate linguae Valachiae s. Rumunae epicrisis. Addita sunt etymologiarum Valachicarum specimina. 8. Cibinii 831. Thierry. (Leipz., Weygand). 12 ℊ

—— Zur Frage über die Herkunft der Sachsen in Siebenbürgen. Sylvestergabe für Gönner und Freunde siebenbürg. Landeskunde. gr. 8. (37 S.) Hermannstadt 856. (Kronstadt, Németh.) *

—— zur Frage über die Herkunft der Sachsen in Siebenbürgen. Für Gönner und Freunde siebenbürg. Landeskunde. 2., verb. Aufl. 8. (57 S.) Prag 866, Credner. *

— zur Frage über den Ursprung der Romänen u. ihrer Sprache. Sylvestergabe für Gönner u. Freunde etc. Hermannstadt 855. (Kronstadt, Németh.) gr. 8. (20 S.) n. 8 ngr.

Schuller, Johann Karl, s. Gedichte in siebenbürg.-sächs. Mundart.

— zur Geschichte der Familie Zabanius Sachs von Harteneck. Sylvestergabe für Freunde u. Gönner. Hermannstadt 864. (Steinhaussen's Buchh.) 8. (16 S.) n. 4 ngr.

Schuller, Joh. Carl, Herodes. Ein deutsches Weihnachtsspiel aus Siebenbürgen. Mit einleitenden Bemerkungen über Festbräuche der Sachsen in Siebenbürgen. Sylvestergabe für Gönner und Freunde. gr. 8. (VIII und 27 S.) Hermannstadt 859, Steinhaussen.

—— Kolinda. Eine Studie über román. Weihnachtslieder. Neujahrsgabe. gr. 8. (30 S.) Hermannstadt 860, Steinhaußen.

—— zur Kunde siebenbürgisch-sächsischer Spottnamen und Schelten. Sylvestergabe für Gönner und Freunde siebenbürg. Landeskunde. 8. (24 S.) Hermannstadt 862, Steinhaussen's Buchh.

—— das Lied vom Pfarrer. Parodie auf Schillers „Lied von der Glocke." Freunden harml. Laune gewidmet. 8. (1¼ B.) Hermanstadt 831, Thierry.

—das Lied vom Pfarrer. Parodie auf Schillers Lied von der Glocke. Freunden harmlos. Laune gewidmet. 8. Leipz. 831. (Weygand). 4 ℊ

—— das Lied vom Pfarrer. Parodie auf Schillers Lied von d. Glocke. 2., umgearb. Aufl. gr. 8. (1¼ B.) Hermannstadt 841, v. Hochmeister'sche Buchh.

—— Maria Theresia und Freiherr Samuel von Brukenthal. Eine Studie. gr. 8. (34 S. mit dem Abdr. der Handschrift Maria Theresia's und Brukenthals und dem lithogr. Portr. des Freiherrn.) Hermannstadt 863, (Steinhaussen's Buchh.)

– s. Moore, Th.: Gedichte.

—— aus vergilbten Papieren. Ein Beitrag zur Geschichte von Hermannstadt und der sächs. Nation in den J. 1726 und 1727. Sylvestergabe für Freunde und Gönner. gr. 8. (30 S.) Hermannstadt 863, Steinhaussen's Buchh.

Schuller, Joh. Karl, Aus den Papieren eines alten Versemannes. Hermannstadt 862. Steinhaussen. 16. (VIII, 130 S.) 15 ngr.

— Georg Reicherstorffer und seine Zeit. Ein Beitrag zur Geschichte von Siebenbürgen in den Jahren 1527—1536. (Aus dem Archiv für Kunde österreich. Geschichtsquellen abgedr.) Wien 859. Gerold in Comm. gr. 8. (69 S.) n. 7 ngr.

Schuller, Joh. Carl, Schulreden während seines Conrectorates am evangel. Gymnasium A. C. in Hermannstadt gehalten. gr. 8. (IV und 44 S.) Hermannstadt 834, [Steinhaussen.] *

— Siebenbürgen vor Herodot und in dessen Zeitalter. Ar. 14. 95 . . . . Ngr.
Separatabdruck

—— aus alten Stammbüchern von Siebenbürger Sachsen. Sylvestergabe für Gönner und Freunde. gr. 8. (28 S.) Hermannstadt 864, Steinhaussen's Buchh.

—— der Hermannstädter Stuhl, s. Oesterreich, d. pittor., Nr. 8.

Schuller, Johann Karl: Der Hermannstädter Stuhl im Großfürstenthum Siebenbürgen, s. Ackner, Michael Johann

—— Umrisse u. krit. Studien z. Gesch. v. Siebenbürgen. Mit besond. Berücksichtig. d. Gesch. d. deutschen Colonisten im Lande. 1. Hft. 8. (8¾ B.) Hermannstadt 840, v. Hochmeister'sche Buchh.

Schuller, J(oh). C(arl), Umrisse und kritische Studien zur Geschichte von Siebenbürgen. Mit besond. Berücksicht. der Geschichte der deutschen Colonisten im Lande. 2. Heft. 8. (VI und 194 S.) Hermannstadt 851, v. Hochmeister'sche Buchh.
1. Heft. Ebendas. 1840. 20 Ngr.

Schuller, J. K., Umrisse und kritische Studien zur Geschichte von Siebenbürgen. Mit besond. Berücksicht. der Geschichte der deutschen Colonisten im Lande. 3. Heft. 8. (71 S.) Hermannstadt 872, Schmiedicke. * 1 40
1. und 2. Heft. 1840,51. *ℳ 4,20.

—— die Verhandlungen von Mühlbach im J. 1551 und Martinuzzi's Ende. gr. 8. (VI und 74 S.) Hermannstadt 862, Steinhaussen's Buchh.

—— romänische Volkslieder, s. Volkslieder.

— romänische Volkslieder. Metrisch übers. und erläutert. Ebend. 859. 8. (XX, 113 S.) 16 ngr.

—— über einige merkwürdige Volkssagen der Romänen. Sylvestergabe. gr. 8. (22 S.) Hermannstadt 857, Steinhaussen.

—— der Freiherr Nicolaus Wesselényi, A. de Gerando, u. die Sachsen in Siebenbürgen. Apologet. Bemerkung. gr. 8. (3 B.) Hermannstadt 846, v. Hochmeister'sche Buchh.

Schuller, Josef

Schuller, Jos., Kronstadt. Neuer illustr. Führer durch d. Stadt u. deren Umgebg. M. 1 Stadtplane. gr. 16. (VI, 116 S. m. Fahrplan.) Kronstadt 898, H. Zeidner. n. 1. —; geb. n. 1. 60

Schuller, Ludwig, v.: Wagner, Josef.

Schuller, Mart., Rede zur Fahnenweihe. Gehalten auf dem Schlachtfelde bei Fontana Fredda d. 7. u. 8. April 1823. 8. Grätz 824. Miller. 2 gr.

Schuller, Mathias „Der Mensch als Herr und Meisterstück der Schöpfung mit seinem wirksamen und selbstschöpferischen Geiste". pg. 1—17. 4°. Joh. B. v. Zabuesnig.
Landshut, Progr. 1860/61

Schuller, Der Mensch als Herr und Meisterstück der Schöpfung. Landshut, 1861—62, 4°, Progr. der Gewerbeschule.

Schuller, Mich., Treue im Beruf. Vier Betrachtgn. (32 S.) 8. Hermannstadt 904. (W. Krafft.) n. — 23
Sonderabdruck aus: „Kirchl. Blätter".

Schuller, Richard: Georg Paul *Binder* als Lehrer. Vortr. geh. in d. Lehrerversamml. d. Schäßburger ev. Kirchenbezirkes A. B. am 29. Mai 1900. Hermannstadt '00. 37 S. Aus: Kirchl. Blätter. 4.

SCHULLER, Richard
(F) Theodor Fabini. Ein sächsischer Heldenjüngling aus grosser Zeit. Von Dr. Richard Schuller. Hermannstadt. 1900. Krafft. Gr.-8°. 77 S. mit 1 Tafel Geb. K 2.

— dasselbe, s.: Volksschriften-Verlag Hermannstadt.

Schuller, Rich., Geschichte d. Schässburger Gymnasiums. Progr. 2 Thle. gr. 8. (V, 176 u. 173 S.) Schässburg 896. 97. Ev. Gymnasium A. B. à n. 1. —

Schuller, *Richard*: Schulreise nach Rom und Neapel. 4 (S. 22—42 d. Schuln.). Ev. G. A. B. u. verbund. Lehranstalten *Kronstadt* 1898
Progr.

Das Evangelium. Eine Nachdichtung von Rudolf **Schuller**. Wien: Konegen 1910. XXVI, 101 S. 8° [11. 2120

Schüller, Antonius, aus Herdecke a. d. Ruhr: Über den Einfluß von Silicium und Kohlenstoff auf den Schwefel im Eisen. Mit 6 Abb. im Text. *Gießen 1903: v. Münchow.* (46 S.) 8°
Gießen, Phil. Diss. v. 1903

Aus d. Röntgenlaboratorium d. k. k. allgem. Krankenhauses in Wien. Die Schädelbasis im Röntgenbilde, nebst e. Anh.: Über die Nähte, Gefäßfurchen u. traumat. Fissuren d. Schädels von Dr. Arthur **Schüller** in Wien. (Mit e. Vorw. von Doz. Dr. Guido Holzknecht.) Mit 6 Taf., 6 Skizzenbl. u. 30 Abb. *Hamburg: L. Gräfe & Sillem 1905.* (VI, 73 S.) 4°
— Archiv u. Atlas d. normalen u. pathol. Anat. in typ. Röntgenbildern. Bd 11.
— **Fortschritte** auf d. Gebiete d. Röntgenstrahlen. Erg. Bd 11. [04.13261

Schueller, August: Mehrere Fälle von Ichthyosis palmaris et plantaris (Keratoma palmare et plantare hereditarium). Straßburg i. E. 1903: C. Müh & Co. (34 S.) 8°
Straßburg, Med. Diss. v. 1903

Schüller, Bernhard: Carl Friedrich Mohr. Coblenz 1907: Scheid. 42 S. 8°
Koblenz, st. Kaiser Wilhelms-G. u. R. i. E., in Festschr. z. Feier d. Einweihung d. neuen Schulgebäudes 1907, P 1908 (624)** [S 08. 433

Schüller, C. L., Voorlezing over den Don Quijote, gehouden in het Lesemuseum te Utrecht, den 10. Febr. 1842. gr. 8. Utrecht 842, Kemink en Zoon. n. ⅝ ℛ

Schüller, C. M., Adreßbuch von Crefeld, s. Adreßbuch.

Schüller, Carl, s. Schüller, Karl.

Schüller, Christian

Schüller, Chrn., Handbüchlein zur Erklärung des kleinen u. mittleren Diözesan-Katechismus. Wien 867. Mayer & Comp. gr. 8. (VIII, 360 S.) 1 ℛ

Schüller, Chrn., Verzeichnis der neueren Lehrbücher und Unterrichtsmittel auf dem Gebiete des gesamten (gewerblichen, kaufmännischen u. ländlichen) Fortbildungsschulwesens. 8. (34 S.) Hannover (902). F. Cruse. n. — 20

Schüller, Eduard

Schüller, (Ed.), Bruder-Krieg? s. Bruder-Krieg.

— Durch! Geschrieben in den Tagen des Einzugs unserer siegreichen Armee in Berlin. Berlin 866. Nicolai's Verl. gr. 8. (24 S.) 5 ngr.

Marot, Sam.: [Lithogr.] Zur Erinnerung an die Aufnahme des Br. Marot in den Maurer-Bund am 25sten Febr. 1790. [Unterz.:] E[du.] **Schüller.** [Berlin] o. J. 1 Bl. 8° [Kopftit.]
Lied ohne Noten. 23.

Schüller, Ed., die Freunde, lyrisch-dramat. Dichtung in 4 Abtheill. gr. 12. Frankf. a. M. 823. Varrentrapp. 16 gr.

Schüller, E.: Der Garten der Drei-Weltkugel-Loge am 24. Juni 1857. [Berlin.] 2 Bl. 4°. [Steindr.] [Gedicht.] „Feierlich treten hinein" . . . 358a.

An meine Brüder. Eine Geisterstimme vom ewigen Osten. Gedichtet vom Br. [Edu.] Schüller zum Stiftungsfest der Loge zur Verschwiegenheit am 5. Sept. 1869. [Berlin 1869]: Janke. 2 Bl. 8⁰ [Umschlagtit.] 23.

Schüller, Ed., Jugend-Erinnerungen, nebst e. Nachtrag d. Hrsg. gr. 8. (III, 165 S.) Leipzig 876. Grunow. n. 3. —

Cantate zur Feier des Geburtstages Sr. Majestät des Königs Friedrich Wilhelm III. Von [Edu.] Schüller, in Musik gesetzt vom Br. [Friedr. Ludw.] Seidel, und aufgeführt in der Grossen ☐ R[oyal] Y[ork] zur Freundschaft [in Berlin]. Berlin o. J.: Dieterici. 2 Bl. 8⁰ [Umschlagtit.]
Ohne Noten: „In der Völker jauchzende Chöre, . . .“ Üb. Friedrich Wilhelm s. Allgem. Deutsche Biographie Bd 7 1878 S. 700 bis 729 (v. Hartmann); Paulig: Friedrich Wilhelm III. 2. Aufl. 1905; Treitschke: Deutsche Geschichte Bd 1 1879.

Cantate zur Feier des Geburtstages Sr. Majestät des Königs Friedrich Wilhelms III. Vom Br. [Edu.] Schüller, in Musik gesetzt vom Br. [Friedr. Ludw.] Seidel, und aufgeführt in der Grossen ☐ R. Y. zur Freundschaft [in Berlin]. Berlin 1824: Amelang. 2 Bl. 8⁰ [Umschlagtit.]
Ohne Noten.

[Lied.] Zum 94sten Geburts-Feste des Br. Marot am 11. Dec. 1864. [Unterz.:] [Edu.] **Schüller.** [Berlin 1864: Büxenstein.] 2 Bl. 2⁰ [Umschlagtit.]
Ohne Noten: „Vierundneunzig Jahre führen . . .“ 65.

Sam. Marot der Senior der Maurerei. Von Edu. **Schüller.** Mit einem Facs. Berlin: Selbstverl. 1866. 100 S. 8⁰ 23. 25.

—— das Pfarrhaus von Sesenheim. Liederspiel in 3 Aufzügen. (Den Bühnen gegenüber als Mscr. gedr.) gr. 16. (108 S.) Berlin 858, Nicolai'sche Verlagsbuchh.

— das Pfarrhaus von Sesenheim. Ein Liederspiel in 3 Aufzügen. Neue (Titel-)Ausg. Ebend. (858)866. gr. 16. (108 S. mit einem photogr. Titelbilde von Wilh. v. Kaulbach.) cart. mit Goldschn. n. 1 ₰

— Don Quixote und Falstaff. Novelle. Berlin 858. Nicolai'sche Verlhdlg. 8. (II, 226 S.) 1 ₰.

Rede gehalten in der gemeinschaftlichen Trauerloge der drei preussischen Grosslogen für Se. Majestät den König Friedrich Wilhelm IV. am 19. Jan. 1861 von [Edu.] **Schüller.** Berlin [1861]: C. Schultze. 8 S. 8⁰ [Umschlagtit.]
Aus: Gemeinschaftl. Trauerloge d. drei preussischen Grlogen am 19. Jan. 1861 S. 4—7.
Abgedr. in: A. 23 (1862) S. 195–201. 253.

Ein Sängerkampf von [Christian Jul. Leop.] Pulvermacher und [Edu.] Schüller. Zur Erinnerung an den 3. Aug. 1858. in Erdmannsdorf. Hirschberg [1858]: Krahn. 4 Bl. 8⁰ [Umschlagtit.]
Abgedr. in: FZ. 12 (1858) S. 374—376.
In Versen. Vom Wesen u. Streben d. Frmrs.
358 a.

Schüller, Ed., W. v. Kaulbach's Shakspeare-Album in photographischen Abbildungen erläutert. Berlin 859. Nicolai'sche Verlhdlg. gr. 8. (28 S.) n. 5 ngr.

Schüller, F., Handbuch f. die Infanterie-, Jäger- u. Cavallerie-Pionniere, s.: Friedl, H.

Schüller, Felix: Ueber die Umwandlung der Kohlehydrate während der Jahresperiode in den Halbsträuchern und perennierenden Kräutern. *Leipzig-Reudnitz 1898: A. Hoffmann.* (53 S.) 8⁰
Leipzig, Phil. Diss. v. [13. Sept.] 1898

Schüller, Franz: Aus der chirurgischen Klinik zu Bonn. Die Resultate der Heilung unter dem Blutschorf bei ausgedehnten Entblössungen von Sehnen. *Bonn 1898: J. Bach Wwe.* (25 S.) 8⁰
Bonn, Med. Diss. v. [30.] Juli 1898

[F.] Die persische Post u. die Postwerthzeichen v. Persien u. Buchara v. Friedrich **Schüller.** M. Marken-Abb. auf 4 Taf. im Lichtdr. . . . (*Wien:) Selbstv.; Dr. v. Guberner & Hierhammer (1893).* (90 S., 2 Bl., 4 Taf.) 1 Bd 4.(8.) [illegible]

Schüller, Georg (geb. Zabrze in Schles. 19. 12. 1856) Beiträge zur Pathologie des Sehnerven. Berlin (1881). (31 S.) 8⁰
Berlin, Med. Diss. v. 21. Juli 1881

Schueller, Hanns: (Vorst.: Posselt.) Über Lupus lymphangiomatosus. Wiesbaden: Bergmann 1910. 14 S. 8⁰
(Aus: Frankfurter Zeitschrift f. Pathol. Bd 4, H. 2.)
München, Med. Diss. v. 17. Mai 1910, Ref. v. Bauer

Die Incorporation von Kirchenämtern mit bes. Berücks. von Österreich von Dr. Heinrich **Schueller.** *Wien: Manz 1900.* (X, 107 S.) 8⁰ [F.] [illegible]

Schüller, Hermann: Gallensteine als Ursache der Darmobstruktion . . . Strassburg: Buchdr. C. Goeller 1891. 63 S. 8⁰
Strassburg, Med. Fak., Inaug.-Diss. v. 1891

Schüller, Johannes, Referendar in Oschatz: Begriff und Wirkung der Stundung nach geltendem Rechte insbesondere ihre Stellung zur Einrede des B.G.B. Leipzig 1904: E. Hedrich Nachf. (44 S.) 8⁰
Leipzig, Jur. Fak., Diss. v. 6. Okt. 1904
[Geb. 15. Nov. 78 Wermsdorf b. Oschatz; Wohnort: Leipzig; Staatsangeh.: Sachsen; Vorbildung: Gymn. Zwickau Reife O. 99; Studium: Leipzig 6 S.; Rig. 1. Juli 03.]

Schüller, Joh., Begriff u. Wirkung der Stundung nach geltendem Rechte, insbesondere ihre Stellung zur Einrede des B. G. B. Diss. (IV, 44 S.) 8. Leipzig 904. B. Franke. n. 1. —

Schüller, Johann [Oberl. Dr.]: Versuche über die Spannkraft der Dämpfe einiger Salzlösungen. (Umschl.-Tit.: . . . 1. Teil.) Aachen, Druck v. F. N. Palm (1890); S. 3—24; 4°
Aachen, Kaiser-Karls-G, P 1890

Schüller, Johann [Oberl. Dr.]: Versuche über die Spannkraft der Dämpfe einiger Salzlösungen. II. Tl. (Forts. d. P-Beil. 1890.) Aachen, Druck v. F. N. Palm, *1892;* 3—22 S. 4.
Aachen, Kaiser-Karls-G, P 1892 (420)

Schüller, Johann Georg (Hermannstadt/Siebenb.)
A. S. 1411/6
Dissertatio inauguralis medica de morbo endemio Hagymaz, addito in fine novo et specifico remedio in hoc morbo patriae usuali.
Präs. Michael Alberti.
Halle (Hendel) IX. 1726. 34 S., 6 Bl.
W. v.: Präs., Johann Juncker, Peter Herrmann.
31659

Schüller, Joh. Hub. (geb. am 5 März 1842 in Kleinbouslar bei Erkelenz): Untersuchungen über die specifischen Wärmen der Flüssichkeitsgemische [I] . . . Bonn, Druck v. F. Krüger 1869. 2 Bl., 62 S., 2 Bl., 1 Taf. 8. ¶ Wieder abgedr. in Poggendorffs Ann. d. Phys. u. Chem. Erg.-Bd V 1871 S. 116 ff. 192 ff.
Bonn, Phil. Fak., Diss. v. 22 Dez. 1869

Schüller, Karl: G. Fr. Ungers Hypothese über das Feldherrnbuch des Cornelius Nepos. (Eine Nachlese nach den Entgegnungen von B. Lupus und J. Rosenhauer.) 8 (S. 3—38).
Progr. K. k. Staatsg. *Görz* 1897.

Schüller Karl: **De libro qui de excellentibus ducibus exterarum gentium inscribitur, eiusque auctore.**
1893 PN 786 Diss. Wien, Univ. 1512

Schüller, Carl, die bimetallistische Propaganda, vom Goldwährungs-Standpunkt aus beleuchtet. gr. 8. (36 S.) Leipzig 886. Klinkhardt. n. — 50

Schüller, Max

Schüller, M. (Hrsg.), s. Abhandlungen a.d. Gebiete der Krebsforschung.

Schüller, Max, die chirurgische Anatomie in ihrer Beziehung zur chirurgischen Diagnostik, Pathologie u. Therapie. Ein Handbuch f. Studirende u. Aerzte. 1. Hft. Die obere Extremität. Mit Holzschn. gr. 8. (X, 367 S.) Berlin 885. G. Reimer. n. 7. —

Schüller, Max, üb. die Ausführung der Guajacol-Jodoforminjectionen bei tuberkulösen Localerkrankungen. [Aus: „Zeitschr. f. ärztl. Landpraxis".] gr. 8. (22 S. m. 19 Fig.) Frankfurt a/M. 893. J. Alt. n. — 80

Schüller, Max. Eine neue Behandlungsmethode der Tuberkulose besonders der chirurg. Tuberkulosen. gr. 8. (X, 84 S.) Wiesb. 891, Bergmann. 2 80

Parasitäre Krebsforschung und der Nachweis der Krebsparasiten am Lebenden. Von Prof. Dr. **Max Schüller** in Berlin. Mit Abb. *Berlin: Vogel & Kreienbrink 1903.* (44 S.) 8°
— Abhandlungen aus d. Gebiete d. Krebsforschung u. verwandten Gebieten. H. 1. (03. 11396)

Schüller, Max, über die Localbehandlung des chronischen Blasenkatarrhs. Ein Beitrag zur Chirurgie der Harnorgane. gr. 8. (IV, 52 S. mit 7 in den Text eingedr. Holzschn.) Berlin 877, G. Reimer.
Aus: Deutsche medicinische Wochenschrift, besonders abgedruckt.

Schueller, Max, die Parasiten im Krebs u. Sarkom des Menschen. gr. 8. (IV, 128 S. m. 64 Abbildgn. u. 3 Taf.) Jena 901. G. Fischer. n. 6.—

Schüller, M., die Pathologie u. Therapie der Gelenkentzündungen. gr. 8. (VI, 93 S.) Wien 887. Urban & Schwarzenberg. n. 3. —

— Polyarthritis chronica villosa u. Arthritis deformans. Nach e. in der Hufeland'schen Gesellschaft zu Berlin am 6. VII. 1899 geh., m. Demonstration v. Abbildgn. u. mikroskop. Präparaten begleiteten Vortrage. gr. 8. (43 S.) Berlin 900. A. Hirschwald. n. 1.—
Sonderabdruck aus: „Berliner klin. Wochenschrift".

Schüller, Maxim., kriegschirurgische Skizzen aus dem deutsch-französischen Kriege 1870/71. gr. 8. (124 S.) Hannover 871. Schmorl & v. Seefeld. n. 3. —

— in den Südstaaten Nordamerikas. Erinnerungen u. Eindrücke. gr. 8. (64 S. m. Abbildgn.) Berlin 898. F. Dümmler's Verl. n. 1. —

Schüller, Max: Die Tracheotomie, Laryngotomie und die Exstirpation des Kehlkopfes. Mit 22 Holzschn. Stuttgart 1880. XXIV, 228 S.
(Deutsche Chirurgie. Lfg 37.)

— die Tracheotomie, Laryngotomie u. Exstirpation des Kehlkopfes, s.a. Chirurgie, deutsche.

— experimentelle u. histologische Untersuchungen über die Entstehung u. Ursachen der skrophulösen u. tuberkulösen Gelenkleiden. Nebst Studien über die tuberkulöse Infection u. therapeut. Versuchen. Mit 30 (Holzschn.-)Abbildungen im Texte. gr. 8. (VII, 236 S.) Stuttgart 880. Enke. n. 7. —

Schüller, Otto, a. Cöln a. Rhein: Lautlehre von Aelfric's „Lives of Saints". Bonn 1908: C. Georgi. (63 S.) 8°
Bonn, Phil. Fak., Ref. Bülbring, Diss. v. 29. Juli 1908
[Geb. 27. Juni 85 Cöln; Wohnort: Cöln; Staatsangeh.: Preußen; Vorbildung: Realgymn. Cöln Reife O. 05; Studium: Bonn 6 S.; Rig. 3. Juni 08.]

Schüller, P.: Aus d. Augenklinik in Bonn. Zur Embolie der Arteria centralis Retinae ohne Betheiligung der macularen Gefässe . . . . Rheinbach, Buch- & Notendr. v. J. Heuser, 1888; 37 + 1 S + 1 Bl. u. 1 Taf. 8°
Bonn, Med. Fak., Inaug.-Diss. v. 11. Jul. 1888

Schüller, Paul *(geb. Gleiwitz 26 7 1858)*: Psychosen nach Kopfverletzungen. Aus der Provinzial-Irrenheilanstalt zu Leubus. Leipzig 1882. (43 S.) 8° *(Im Buchhandel 1882 bei Köhler in Breslau)*
Breslau, Med. Diss. v. 15. Apr. 1882

Schüller, Rich., die klassische Nationalökonomie u. ihre Gegner. Zur Geschichte d. Nationalökonomie u. Socialpolitik seit A. Smith. gr. 8. (V, 71 S.) Berlin 895. C. Heymann's Verlag. n. 1. 60

Schüller, Dr. Richard, Das Schuhmachergewerbe in Wien. Schriften d. Vereins f. Socialpolitik, Bd. 71. gr. 8°. Leipzig 1896.

Schutzzoll und Freihandel. Die Voraussetzungen u. Grenzen ihrer Berechtigung. Von Dr. Richard Schüller, Privatd., Wien. Wien: F. Tempsky; Leipzig: G. Freytag 1905. (304 S.) 8° (05. 6531)

Schüller, Rich., die Wirthschaftspolitik der histor. Schule. gr. 8. (VII, 131 S.) Berlin 899. C. Heymann. n. 2.40

Schüller, Sigmund, die natürliche Höhe der Eisenbahn-Tarife. Theoretische Entwickelung der Transport-Selbstkosten der Bahnen und prakt. Vorschläge zur Lösung der Tariffrage. gr. 8. (IV, 159 S. mit 1 Tab. in Imp.-Fol.) Wien 872, Hölder. 5 —

Schüller, Siegm., die Schule des Feuerlöschwesens. Leipzig 865. Weber. 8. (VIII, 221 S. mit 83 in den Text gedr. Holzschn.) n. 1 ℳ

—— Versuch einer vergleichenden grafischen Statistik der österreich. und ungar. Eisenbahnen während der J. 1866, 1867, 1868, 1869. hoch 4. (48 S. mit 35 chromolithogr. Taf. in 4. und Imp.-4. und 1 lithogr. Karte in Imp.-Fol.) Wien 871, Lehmann und Wentzel. * 7 20

Schüller, Stanislaus

—: Bericht über die Schaffung des „Kaiser Franz Joseph-Jubiläumsfonds der ehemaligen Schüler des Iglauer Gymnasiums". S. 11 bis 13. 8. **Progr.** K. k. Staatsgymn. *Iglau* 1909.

—: Die Feier des 60jährigen Regierungsjubiläums Seiner Majestät des Kaisers. S. 3—10. 8.
Progr.

Schüller, Stanislaus: † Professor Dr. Ludwig Lauter. S. 46—47. 8. **Progr.** K. k. Staatsgymn. *Iglau* 1908.

Schüller, Stanislaus: † Professor Johann Plehan. S. 56. 8. **Progr.** Staatsgymn. mit deutscher Unterrichtssprache *Brünn* 1910.

Schüller, T. F.: Farbenringe in aus einaxigen Krystallen senkrecht zur Axe geschnittenen Platten bei Anwendung von linear und elliptisch polarisirtem Lichte. 47 S. 8° – Auspitz, UR., Progr. 1873.

Schüller Thomas: Zur Chronik der Anstalt mit Rücksicht auf den 25jährigen Bestand derselben. 22. Auspitz R. 95.
Progr.

Schüller, Thomas: Katalog der Lehrerbibliothek d. L. U. R. Auspitz. (28 S.)
Progr. Auspitz 1898.

Schüller, Th., Sagen aus Mähren. Zur Weckung u. Belebung der Heimatsliebe zusammengestellt u. f. Jugend- u. Volksbibliotheken bearb. 8. (IV, 220 S.) Brünn 888. Winiker. cart. n. 2. 40

Schüller, Werner Jos. Arithmetik u. Algebra f. höhere Schulen u. Lehrerseminare, besonders zum Selbstunterricht. In engster Verknüpfg. m. der Geometrie zur Versinnlichg. der Zahlbegriffe, Theorien, Operationen, Lehrsätze u. Auflösg. v. Aufgaben systematisch bearb. gr. 8. (XIX, 452 S. m. Fig.) Lpz. 891, Teubner. * 4 —

Schüller, Werner Jos., ausführl. Lehrbuch d. Arithmetik u. Algebra f. höh. Schulen u. Lehrerseminare, bes. zum Selbstunterr. In engster Verknüpfg. m. d. Geometrie z. Versinnlichg. der Zahlbegriffe, Theorien, Operationen, Lehrsätze u. Auflösg. v. Aufgaben systemat. bearb. 2., um d. Logarithm. verm. Ausg. gr. 8. (XXV, 478 S. m. 54 Fig.) Leipzig 897. B. G. Teubner. Geb. n. 2. 50

Schüller, W. J., Rechenbuch f. Präparandenanstalten. 1. Tl.: Das Rechnen m. ganzen Zahlen, Dezimalzahlen u. gemeinen Brüchen. (Neue [Titel-]Ausg. v. H. Dreßler u. W. J. Schüller, Rechenbuch.) (IV, 286 S.) gr. 8. Breslau [904] 905. F. Hirt. n. 3. —

— dasselbe, s.: Dreßler. H.

Schüllermann, Alfr., prakt. Berechnungs-Tabellen f. Taglohnschichten, m. e. Anh. üb. Berechng. des Rindenentganges beim Eichenstammholze. (27 S.) gr. 8. Marktsteinach 904. (Schweinfurt, E. Stoer.) n.n. — 50

Schüllermann, Wilhelm

Schüllermann, W., Das Jagdrecht in Bayern diesseits des Rheines nach dem bayerischen Jagdausübungsgesetze, der bayerischen allerh. Verordnung üb. Ausübung u. Behandlung der Jagden, dem bayerischen Wildschadensgesetze u. sonstigen einschlägigen gesetzlichen Bestimmungen insbesondere derjenigen des bürgerlichen Gesetzbuches, dann des Einführungsgesetzes u. des bayerischen Ausführungsgesetzes hiezu, unter Berücksicht. der Rechtssprechg. der Gerichte u. des Verwaltungsgerichtshofes, sowie unter Behandlg. der Frage des Jagdausübungsrechtes in ausmärk. Bezirken. Mit 1 Jagdkalender u. 4 Farbentaf. 12. (VIII, 308 S.) Bamberg 1900, Handels-Druckerei u. Verlagsh.
Geb. in Leinw. 2. 50.

— der Wald u. die neue Gesetzgebung. Eine Zusammenstellg. der Abändergn. u. Ergänzgn. des bayer. Forstgesetzes durch das bürgerl. Gesetzbuch u. einige andere neue Gesetze. 8. (50 S.) Schweinfurt 900. (E. Stoer.) Kart. n. — 75

SCHÜLLERMANN, Wilhelm: Der Wald und die neue Gesetzgebung. Eine Zusammenstellung der Abänderungen und Ergänzungen des bayerischen Forstgesetzes durch das Bürgerliche Gesetzbuch und einige andere neue Gesetze. - Schweinfurt 1901. 50 S.

Schullern, Ant. v., Gedichte. Aus dem Nachlasse gesammelt u. hrsg. v. seinen Freunden. 8. (167 S. m. Vignetten.) Leipzig 890. Liebeskind. n. 2. 50

SCHULLERN, Heinrich von
(F) Die Aerzte. Roman von Heinrich Schullern. Linz. Wien. Leipzig. [1901.] Oesterr. Verlagsanstalt. Gr.-8°. 410, IV S. K 4.—

Schullern, H., Ärzte. Roman. 4. Aufl. Gr.-8°. (410 S.)
Ebda. 1903. K 4.—, geb. K 5.—

Schullern, Heinr. v., Aerzte. Roman. 7. Aufl. (410 S.) 8. Wien 904. [Oesterreich. Verlagsanstalt] C. Konegen. n. 3. 40; geb. n. 4. 20

(F) **Schullern**, H. v., Ärzte. Roman. 8. Aufl. Gr.-8°. (410 S.)
Ebda. 1904, K 4.—

— Genußmenschen. 3 Einakter. (Tante Julchens Diamanten. Die Sirene. Satisfaktion.) (127 S.) 8. München 906. G. Müller. n. 2. —

[F.] Helldunkel. Bilder u. Lieder v. Heinrich v. Schullern. *Wien: Lesk & Schwidernoch (1892).* (2 Bl., 106 S., 1 Bl.) 1 Bd 8. [97. 3309]

Schullern, Heinr. v., Jung-Österreich. Roman e. Burschenschafters. 2 Bde. (431 u. 434 S. m. Bildnis.) 8. München 910. G. Müller. 10. —

Schullern, Heinr. v., s.: Jungtirol.

— Katholiken. Roman. 2. Aufl. (264 S.) 8. Wien (904). C. Konegen. n. 3. 50; geb. n. 4. 50

— Medici. Romanzo, tradotto della VIII. ed. tedesca col consenso dell' autore da Maccani e con prefazione del G. B. Ughetti. (VII, 248 S.) 8. Triest 907. M. Quidde. 2. 50

(F) Neues Skizzenbuch von Heinrich v. Schullern. Linz. Wien. Leipzig. 1900. Oesterreichische Verlagsanstalt. 8°. 139, V S. K 2 40, geb. K 3.—

— Streiflichter, s.: Bohl's allgemeine Volksbücherei.

(F) Im Vormärz der Liebe. Roman aus der Gegenwart von Heinrich v. Schullern. Linz und Leipzig. 1900. Oesterreichische Verlagsanstalt. 8°. 293 S. K 3.60

SCHULLERN zu SCHRATTENHOFEN, Hermann Ritter von
Die Beseitigung des Bostiftungszwanges und der Wuchergesetze. Von Dr. Hermann Ritter von Schullern zu Schrattenhofen. Separatabdruck aus dem zur Feier des Regierungs-Jubiläums Sr. Majestät des Kaisers Franz Josef I. herausgegebenen Werke: „Geschichte der österreichischen Land- und Forstwirtschaft und ihrer Industrien 1848 bis 1898". Wien. 1899. In Comm. Perles. Lex.-8°. 75 S. fl. 1.20

SCHULLERN zu SCHRATTENHOFEN, Hermann
Geschichtliche Darstellung der Besteuerung der Land- und Forstwirtschaft. Von Dr. Hermann Ritter von Schullern zu Schrattenhofen. Separatabdruck aus dem zur Feier des Regierungs-Jubiläums Sr. Majestät des Kaisers Franz Joseph I. herausgegebenen Werke: „Geschichte der österreichischen Land- und Forstwirtschaft und ihrer Industrien 1848 bis 1898". Wien. 1899. In Comm. Perles. Gr.-8°. 94 S. fl. 1.50

— die österreich. Landwirthschaft in ihren socialen Beziehungen, s.: Verwaltung, sociale, in Oesterreich 1, 5.

Schullern-Schrattenhofen, Herm. v., die theoretische Nationalökonomie Italiens in neuester Zeit. gr. 8. (IX, 214 S.) Leipzig 891. Duncker & Humblot. n. 4. 60

Schullern zu Schrattenhofen, H. v: Regesten der Urkundensammlung des Geschlechtes v. Schullern zu Schrattenhofen 1438—1867. Wien 1903

Schullern-Schrattenhofen, H. v., Untersuchungen üb. Begriff u. Wesen der Grundrente. gr. 8. (168 S.) Leipzig 889. Fock. n. 4. —

Schullerus, Adolf

Schullerus, Adf., Michael Albert. Sein Leben u. Dichten. [Aus: „Archiv d. Vereins f. siebenb. Landeskde."] gr. 8. (206 S.) Hermannstadt 898. W. Krafft. n.n. 1. —

Alltags-Christentum. Predigten geh. ... von Adolf **Schullerus**. Göttingen: Vandenhoeck & Ruprecht 1910. 101 S. 8°
(Moderne Predigt-Bibliothek Reihe 7, H. 4) 7

— s.: Aus dem Schatzhause der hl. Schrift.

Schullerus, Adf., Bemerkungen zur Schweizer Familienbibel, s.: Magazin, pädagogisches.

Schullerus, Adf., die Bergpredigt. Für die Gemeinde erläutert. (120 S.) 8. Hermannstadt 906. W. Krafft. n.n. 1. 25

— Bilder aus d. vaterländ. Geschichte, s.: Teutsch, Frdr.

Schullerus, A.: Unsere geistige Entwickelung seit den 50-er Jahren. *Hermannstadt 1896.*
in: Jahre, Hundert, sächsischer Kämpfe. Zehn Vortr.

— s.: Forschungen zur Volkskunde der Deutschen in Siebenbürgen.

Schullerus, Adolf: Franz Gebbel, s. Schullerus, Josef.

SCHULLERUS, Adolf
(F) Handbuch für den magyarischen Sprachunterricht an Volksschulen mit deutscher Unterrichtssprache. Von Dr. Adolf Schullerus. 1. Heft. Hermannstadt. 1901. Krafft. Gr.-8°. 96 S. 1. u. 2. Heft K 2.—

— Methodisches Handbuch f. den magyarischen Sprachunterricht an Volksschulen m. deutscher Unterrichtssprache. 2., m. Rücksicht auf den neuen Lehrplan f. den magyar. Sprachunterricht erweit. Aufl. (269 S.) 8. Nagyszeben (Hermannstadt) 909. W. Krafft. Geb. 2. 70

— christliche Haustafel. Betrachtungen üb. das 4. u. 6. Gebot. (60 S.) 8. Ebd. 904. n. — 43

— Jerusalem u. Korinth, s.: Capesius, J.

— s.: Kalender des siebenbürger Volksfreundes.

Schullerus, Adolf, zur Kritik des Altnordischen Valhollglaubens. Diss. Leipzig 1886. 8°. 51 S.
Sonder-Abdruck aus: Beiträge zur Geschichte der deutschen Sprache und Litteratur, hrsg. von Herm. Paul. und Wilh. Braune. XII. Band 2. Heft. Halle, Max Niemeyer. 6 M.

— Gellerts Leben u. Werke, s.: Meyer's Volksbücher.

— Lehrgang u. Methodik des magyarischen Sprachunterrichts in unsern Volksschulen. Vortrag, geh. in der Lehrerversammlung des Hermannstädter ev. Kirchenbezirks. gr. 8. (16 S.) Hermannstadt 902. W. Krafft. n.n. — 17
Sonderabdruck aus: „Schul- u. Kirchenbote".

Schullerus, Adf. Die deutsche Mythologie in der Erziehungsschule. s. Magazin, pädagogisches.

Schullerus, Adf., magyarisches Sprach- u. Lesebuch f. städtische Elementarvolksschulen m. deutscher Unterrichtssprache. gr. 8. (104 S.) Hermannstadt 902. W. Krafft. Kart. n.n. — 51

— magyarisches Sprach- u. Lesebuch f. städtische Elementarvolksschulen m. deutscher Unterrichtssprache. 2. Aufl. (104 S.) gr. 8. Ebd. 903. Kart. n.n. — 51

— Magyarisches Sprach- u. Lesebuch f. städt. Elementarvolksschulen m. deutscher Unterrichtssprache. 3. Aufl. (176 S.) 8. Hermannstadt 906. W. Krafft. Geb. 1. 20

— magyarisches Sprach- u. Lesebuch f. Volksschulen m. deutscher Umgangssprache. 1. u. 2. Tl. gr. 8. Ebd. Kart. n.n. 1. 88
1. 1.—14. Tauf. (88 S. m. Abb.) 902. n.n. — 43
2. (284 S. m. Abbildgn.) 901. n.n. 1. 45

— dasselbe f. Volksschulen m. deutscher Unterrichtssprache. 1. u. 2. Tl. 3. Aufl. gr. 8. Ebd. 903. Kart. n.n. 1. 88
1. (88 S. m. Abb.) — 43. — 2. (285 S. m. Abb.) 1. 45.

— dasselbe f. Volksschulen m. deutscher Unterrichtssprache. 2. Tl. 3., erweit. Aufl. (334 S. m. Abb.) 8. Ebd. 907. Kart. 1. 70

Schullerus, A., Des Heilands Todesgang. Sechs Passions-Betrachtungen. [Sonderabdr. a. „Kirchliche Blätter" Nr. 43—48, 1903.] 8°. (32 S.) K —.40
Hermannstadt: Krafft 1903.

— unsere Volkskirche. Vortrag. [Aus: „Kirchl. Blätter".] 8. (42 S.) Hermannstadt 898. W. Krafft. n.n. — 40

(F) **Schullerus**, A., Warum durch Gleichnisse? Referat a. d. Pastoralkonferenz des Schenker Kirchenbezirkes. (19.—21. Oktober 1903.) 8°. (65 S.) K —.50
Hermannstadt: Krafft 1904.

— s.: Wörterbuch, siebenbürgisch-sächsisches.

Himwih. Kleine sächs. Erzählungen von Anna **Schullerus**. Mit Lichtdruckbild. nach Gemälden d. Malers Prof. Fritz Schullerus. *Hermannstadt: W. Krafft 1904.* (79 S.) 8° [F.]

Schullerus, Anna, dä Olden. Sazesch Vulksstäck mät Gesang än drä Afzäjen. (74 S.) 8. Hermannstadt 908. W. Krafft. — 75

Schullerus, G. A., die Augen auf! Aus dem sächs. Volk f. das sächs. Volk. 8. (196 S.) Hermannstadt 893. (L. Michaelis.) n. 2. —

Schullerus, G. A., Predigten über die Evangelien älterer Reihe der meisten Fest- u. Sonntage des Jahres zum Gebrauche in Landgemeinden. gr. 8. (III, 357 S.) Mediasch 881. (Wien, Perles.) n. 6. —

— Predigten üb. Evangelien neuer Reihe zum Gebrauche in Landgemeinden. gr. 8. (XVI, 244 S.) Hermannstadt 898. W. Krafft. n. 5. —; geb. n. 6. —

Schullerus, Josef Entwurf eines Lehrbuches der Botanik für die untern Klassen einer Mittelschule. 4 (S. 3—50). Progr. Ev. G. A. B. u. verb. Lehranst. *Sächsisch-Regen* 1889.

Volksschriften-Verlag Hermannstadt. Heft 2—3. Inh.: Josef u. Adolf Schullerus, Franz Gebbel. Ein Gedenkblatt. 8. (44 S.) —.20
Hermannstadt: Krafft 1893.

— u. Adf. Schullerus, Franz Gebbel, s. a. Volksschriften-Verlag Hermannstadt.

Schullerus, Josef Keimungsgeschichte von Euphorbia Lathyris *L.* 4 (S. 3—28). Ev. G. A. B. u. verb. Lehranst. *Sächsisch-Regen* 1886. Progr.

Schullerus, Josef Das Kochsalz, Natriumchlorid als erster Körper im mineralogisch-chemischen Unterricht der dritten Klasse einer Mittelschule. 4 (S. 3—58). (Fortsetzung und Schluss aus dem Schulprogramm 1890/1). 4 (S. 3—55, 1 S. Inhalt). 4 klass. ev. G. A. B. u. damit verbund Lehranstalten *Sächsisch-Regen* 1891. 1892. Progr.

Schullerus, Jos. Das Kochsalz, Natriumchlorid, als erster Körper im mineralogisch-chemischen Unterricht der 3. Klasse e. Mittelschule. 1. Abtl. gr. 4. (58 S.) Hermannst. 891, W. Krafft. * 1 20

Schullerus, Jos., das Kochsalz, Natriumchlorid, als erster Körper im mineralogisch-chem. Unterricht der 3. Klasse e. Mittelschule. 2. Abtlg. (Progr.) 4. (56 S.) Ebd. 892. n. 1. 20

Schullerus, Jos., Materialien f. den Unterricht in Chemie in Form e. Lehrganges. Für Volks-, Bürger-, Mädchen-, Mittelschulen u. Seminarien zusammengestellt. (VIII, 198 S.) gr. 8. Nagyszeben (Hermannstadt) 910. (F. Michaelis.) 3. -

Schullerus, Jos., der Volks-Schulgarten nach s. Anlage, wirtschaftl. u. pädagog. Ausnützung im Auftr. der Oberverwaltung des siebenbürgisch-sächs. Landwirtschafts-Vereins. Für d. Hand d. Lehrer an Volksschulen, d. Schüler in Seminaren, Mittel-, Landwirtschafts- u. Fortbildungsschulen, sow. zum Selbstunterricht. gr. 8. (X, 106 S.) Ebd. 895. n. n. 2. —

Schullerus, Pauline, rumänische Volksmärchen aus dem mittleren Harbachtal, im Anh. aus d. Alttal. Gesammelt u. übers. Hrsg. v. Ausschuß des Vereins f. siebenbürg. Landeskunde. (V, 306 S.) gr. 8. Hermannstadt 907. (W. Krafft.) 2. 50

Schul-Lesebuch rc., s. a. Wetzel, F., Menzel u. Richter.

Schul-Lesebuch. Bearb. und hrsg. von F. Wetzel, H. Menges, J. Menzel, C. Richter. 1. Aufl. 1855., 2. und 3. Aufl. und 4. Aufl. (Ster.-Ausg.) gr. 8. (IX und 518 S.) Berlin 856(57,) Stubenrauch und Comp. * –
Der Anhang einzeln

Schul-Lesebuch. Ausg. A. Bearb. und hrsg. von F. Wetzel, H. Menges, J. Menzel, C. Richter. 5—10. Aufl. (Ster.-Ausg. auf Schreibp.) gr. 8. (IX und 518 S.) Berlin 857—60, Stubenrauch und Comp. Thlr. *

Schul-Lesebuch. Ausg. A. Bearb. und hrsg. von F. Wetzel, H. Menges, J. Menzel, C. Richter. 14.—20. (der umgearb. Ster.-Ausg. 2.) Aufl. gr. 8. (VIII und 504 S.) Berlin 863—67, Stubenrauch. *

Schul-Lesebuch, Ausg. A. Bearb. u. hersg. von F. Wetzel, H. Menges, J. Menzel, C. Richter. 15—23. Aufl. Berlin 865—69. Stubenrauch. gr. 8. (VIII, 535 S.) n. 11 ngr.; geb. n. 14 ngr.

Schul-Lesebuch. Ausg. A. Bearb. und hrsg. von F. Wetzel, H. Menges, J. Menzel und C. Richter. 21.—23. Aufl. gr. 8. (XXIV, 535 S.) Berlin 868,69, Stubenrauch. (*M 1,10.) *

—— dass. — Ausg. B. Bearb. und hrsg. von F. Wetzel, J. Menzel, C. Richter. 2. und 3. Aufl. (Ster.-Ausg. auf Schreibp.) gr. 8. (VI und 412 S.) Ebendas. 860. * -

—— dass. — Ausg. B. Bearb. und hrsg. von F. Wetzel, J. Menzel, C. Richter. 6.—13., verm. Aufl. (Ster.-Ausg.) gr. 8. (XX und 412 S.) Ebendas. 863—67. *

— — Ausg. B. Bearb. u. hersg. von F. Wetzel, J. Menzel, C. Richter. 7—17., verm. Aufl. (Ster.-Ausg.) Ebend. 865—69. gr. 8. (XX, 443 S.) n. 9½ ngr.; geb. n. 12½ ngr.

—— dass. — Ausg. B. Bearb. und hrsg. von F. Wetzel, J. Menzel und C. Richter. 14.—17. Aufl. gr. 8. (XX, 443 S.) Ebendas. 869. (* 95 Pf.) *

—— dass. — Vorstufe. Für die Mittelklassen mehrklass. Schulen. Bearb. und hrsg. von Denselben. 5. Aufl. (Ster.-Ausg. auf Schreibp.) gr. 8. (VIII und 248 S.) Ebendas. 860. *

—— dass. — Vorstufe. Für die Mittelklassen mehrklass. Schulen. Bearb. und hrsg. von F. Wetzel, J. Menzel und C. Richter. 9.—17. Aufl. (Ster.-Ausg.) gr. 8. (VIII und 248 S.) Ebendas. 863—67. *

— Vorstufe. Für die Mittelklassen mehrklass. Schulen. Bearb. u. hersg. von F. Wetzel, J. Menzel u. C. Richter. 10—23. Aufl. (Ster.-Ausg.) Ebend. 865—69. gr. 8. (VIII, 248 S.) n. 6 ngr.; geb. n. 8 ngr.

—— dass. — Vorstufe. Für die Mittelkassen mehrklass. Schulen. Bearb. und hrsg. von F. Wetzel, J. Menzel und C. Richter. 18.—23. Aufl. [Ster.-Ausg. auf Schreibp.] gr. 8. (VIII, 248 S.) Ebendas. 869. * 60 Pf.; geb. *

—— dass. — für die Provinz Pommern. Bearb. und hrsg. von F. Wetzel, J. Menzel, C. Richter. 25. Aufl. (Ster.-Ausg.) gr. 8. (X und 464 S.) Ebendas. 867. *

—— dass. — für die Prov. Pommern. Bearb. und hrsg. von F. Wetzel, J. Menzel und C. Richter. 26.—30. Aufl. gr. 8. (X, 495 S.) Ebendas. 869. (*M 1,5.) *

— — Poetischer Anhang. [Sammlung deutscher Gedichte.] Ebend. 869. gr. 8. (80 S.) n. 2½ ngr.

Schul-Lesebuch, bayerisches. 1. Thl.: Lese-, Lehr- und Uebungsbuch für die Schüler im 2. Schuljahre. Mit einem Anh. sprachl. und arithmet. Uebungen zur Selbstbeschäftigung der Schüler. 12. (IV und 156 S. mit 24 eingedr. Holzschn.) München 866, Central-Schulbücher-Verlag. cart. * -

Schul-Lesebuch, elsaß-lothringisches. Bearb. v. Schulmännern des Reichslandes. Mit Abbildgn. Mittel- u. Oberstufe. Evangelische Ausg. gr. 8. Straßburg 899. F. Bull.
Geb. in Halbldr. n. n. 1.70; in 1 Bd. geb. n. n. 1.50
Mittelstufe. (V, 186 u. 6 S.) n. n. — 80
Oberstufe. (VI, 338 S.) n. n. — 90

— dasselbe. Katholische Ausg. gr. 8. Ebd. 899.
Geb. in Halbldr. n.n. 1.70; in 1 Bd. geb. n.n. 1.50
Mittelstufe. (V, 186 S.) n.n. — 80. — Oberstufe. (VI, 332 S.) n.n. — 90.

— dasselbe. Bearb. f. kathol. Volksschulen. Mittelstufe. 3. Aufl. (V, 192 S. m. Abb.) gr. 8. Ebd. 903. Geb. n.n. — 80

— dasselbe. Oberstufe. 3. Aufl. (VI, 375 S. m. Abbildgn.) 8. Ebd. 904. Geb. in Halbldr. n.n. 1.10

— dasselbe. Oberstufe. 4. Aufl. (VI, 375 S. m. Abbild.) 8. Ebd. 906. Geb. nn 1.10

Schul-Lesebuch, elsaß-lothringisches. Bearb. v. Schulmännern des Reichslandes. Evangelische Ausg. Mittelstufe. 3. Aufl. (VI, 191 S. m. Abbildgn.) 8. Straßburg 905. F. Bull. Geb. n.n. — 80

— dasselbe. Oberstufe. 3. Aufl. (VI, 384 S. m. Abbildgn.) 8. Ebd. 905. Geb. n.n. 1.10

Schul-Lesebuch, elsaß-lothring. Bearb. v. Schulmännern d. Reichslandes. Mittelstufe. Für jüd. Schulen. (VI, 191 S. m. Abb.) 8. Straßburg 907. F. Bull. Geb. nn — 80

— dasselbe. Oberstufe. (VI, 386 S. m. Abb.) 8. Ebd. 908. Geb. nn 1.25

— dasselbe. Evangelische Ausg. Mittelstufe. 4. Aufl. (VI, 191 S. m. Abb.) 8. Ebd. 908. Geb. nn — 80

— dasselbe. Oberstufe. 4. Aufl. (VI, 384 S. m. Abbild.) 8. Ebd. 908. Geb. nn 1.25

— dasselbe. Bearb. f. kathol. Volksschulen. Mittelstufe. 5. Aufl. (V, 192 S. m. Abbildgn.) 8. Ebd. 909. Geb. nn — 80

Schul-Lesebuch, elsaß-lothring. Bearb. v. Schulmännern d. Reichslandes. Mittelstufe. 3. Aufl. (VI, 191 S. m. Abb.) 8. Straßburg 909. F. Bull. Geb. nn — 80

Schullexicon, lateinisch-deutsches und deutsch-lateinisches. Sondersh. 818. 2 Thle. 8. 2 rthlr.

Schullexicon, Lateinisch-deutsches und deutsch-lateinisches, für Anfänger ... Sondershausen 1819. V: *Weingart, Johann Friedrich.* (MGT)

Schullexicon, lateinisch-deutsches, u. deutsch-lateinisches, für Anfänger der Gelehrten. 2 Theile. 8. Sondershausen, Voigt. 819.

Schullexicon, neues französ.-deutsches u. deutsch-französ. f. den ersten Unterricht. 2 Bde. 8. Leipz. 811. Er. Fleischer. 1 ß

Schullexikon, neues franz.-deutsches u. deutsch-franz., f. den ersten Unterricht. 2 Bde. 8. Leipz. Gerh. Fleischer. 811.

Schullied, Neufreiburgisches. In Freiburger Mundart. [Thun.] 1850. V: *Dübi, Adolf.* (BSchwLk V, 10c)

Schullieder, 1. Lfg. 12. (24 S. m. Melodien.) Elberfeld 851, Friederichs. 1/24 ß

Schullieder. 1. Lfg. 12. (24 S.) Gütersloh 853, Bertelsmann.

Schullieder. Hrsg. zum Besten der Lehrer-Wittwen- u. Waisen-Unterstützungs-Kasse für die Kreise Lippstadt, Soest, Arnsberg u. Meschede. 2., gänzlich umgearb. Aufl. v. „Jugendsang u. Jugendlust". 8. (IV, 108 S.) Lippstadt 881. Harlinghausen. n. — 50; geb. n. — 60

—— 58 ein- u. zweistimmige. Method. geordnet u. hrsg. v. einem Primarlehrer des K. St. Gallen. 8. (2 B.) St. Gallen 843, Huber u. Comp. *.

— als Anleit. zum Gesang, nach Nägeli, für Elementarschulen. Ulm, Ebner. 2 gr.

Schullieder aus der Anleitung zum Gesang f. Elementarschulen nach Nägeli. 2., verb. Aufl. 16. (7½ B.) Ulm 842, Friedr. Ebner, Verl.

Schullieder, Hundert, von H. v. F. Mit bekannten Volksweisen versehen ... Leipz. 1848. H: *Hoffmann genannt von Fallersleben, Aug. Hnr.* (GGr)

Schul- und Kirchenlieder. Pesth 1856. H: *Haller, Jacob.* (KU) (Pk)

SCHUL- und Kirchenlieder. Deutsch und ungarisch. Pesth 1856: Emil Müller. 25, 23 S. - 32°

Schullieder, zunächst f. die Schulen des Herzogth. Nassau bestimmt; in Musik gesetzt von J. Kunz. 4. Wiesb. 820. (Ritter). 18 kr

Schul-Liederbuch. 2 Stücke. 2. Aufl. qu. gr. 8. Bromberg 835, Hirschberg. (Leipzig, Wienbrack.) -
Stück 1. Musik-Heft. (3½ B.) 5 Gr.
" 2. Text-Buch. (1 B.) 1½ Gr.

Schul-Liederbuch. Eine Sammlung von 254 der schönsten deutschen Lieder für die Jugend zum Gebrauch in Kirche, Schule und Haus. 16. (126 S.) Hoyerswerda 856, Erbe.

Schulliederbuch. Eine Sammlung ein- und mehrstimmiger Lieder in stufenmäßiger Folge, hrsg. von der „Pestalozzi-Stiftung". in Spandau. 3 Hefte. 8. Spandau 884, Jürgens. [1. Heft. (24 S.) * 15 Pf.; 2. Heft. (38 S.) * 20 Pf.; 3. Heft. (63 S.) * 30 Pf.] *

—— Eine Sammlung ein- und mehrstimmiger Lieder in stufenmäßiger Folge, hrsg. von Gesanglehrern Spandaus. 1.—3. Heft. 2. Aufl. 8. Spandau, Jürgens. [1. Heft. (24 S.) 886. * 15 Pf.; 2. Heft. (38 S.) 886. * 20 Pf.; 3. Heft. (68 S.) 888. ** 30 Pf.] ** — 65

—— Eine Sammlung ein- und mehrstimmiger Lieder in stufenmäßiger Folge, hrsg. von Gesanglehrern Spandaus. 3 Hefte. 8. Spandau, Jürgens. [1. Heft. 3. Aufl. (24 S.) 890. ** — 15; 2. Heft. 4. Aufl. (38 S.) 891. ** — 20; 3. Heft. 3. Aufl. (68 S.) 891. ** — 30.] ** — 65

— Eine Sammlg. 1- u. mehrstimm. Lieder in stufenmäß. Folge, hrsg. v. Gesanglehrern Spandaus. 3 Hfte. gr. 8. Spandau, C. Jürgens. n.n. — 65
1. 3. Aufl. (24 S.) 890. n.n. — 15. — 2. 6. Aufl. (38 S.) 894. n.n. — 20. — 3. 3. Aufl. (68 S.) 891. n.n. — 30.

— Eine Sammlung ein- u. mehrstimm. Lieder in stufenmäß. Folge, hrsg. v. Gesanglehrern Spandaus. 1.—3. Hft. gr. 8. Spandau 898. Neugebauer. n.n. — 65
1. 7. Aufl. (24 S.) n.n. — 15
2. 8. Aufl. (40 S.) n.n. — 20
3. 5. Aufl. (68 S.) n.n. — 30

— Eine Sammlung ein- u. mehrstimm. Lieder in stufenmäß. Folge, hrsg. v. Gesanglehrern Spandaus. 3 Hfte. gr. 8. Spandau 902. Neugebauer. n.n. — 80
I. 8. Aufl. (33 S.) n.n. — 20. — II. 9. Aufl. (54 S.) n.n. — 25. — III. 6. Aufl. (68 u. 17 S.) n.n. — 35.

— Eine Sammlg. ein- u. mehrstimm. Lieder in stufenmäß. Folge, hrsg. v. Gesanglehrern Spandaus. 3 Hefte. 8. Spandau, Neugebauer. n.n. — 80
1. 9. Aufl. (35 S.) 906. n. — 20. — 2. 11. Aufl. (58 S.) 906. n.n. — 25. — 3. 8. Aufl. (63 u. 17 S.) 905. — 35.

— Eine Sammlung ein- u. mehrstimm. Lieder in stufenmäß. Folge, hrsg. v. Gesanglehrern Spandaus. 3 Hefte. 8. Spandau, Neugebauer. nn 1.10
I. 13. Aufl. (95 S.) nn — 40. — II. 10. Aufl. (95 S.) 910. nn — 35. — III. 9. Aufl. (95 S.) 907. nn — 35.

Schulliederbuch. Enthaltend 58 ein- und zweistimmige Volkslieder, welche durch Verfügung königl. Regierung zu Düsseldorf vom 13. April 1887 zur Einübung in ein- und mehrklassigen Volksschulen vorgeschrieben sind. Hrsg. von einem Schulmanne. 8. (51 S.) Wesel 887, Fincke und Mallinckrodt. * — 20

— Enth. 58 Lieder, welche v. der königl. Regierung zu Düsseldorf durch Verfügg. vom 13. April 1887 zur Einübg. in den Volksschulen d. Regierungs-Bezirks vorgeschrieben sind. 2. Aufl. 8. (55 S.) Wesel 889. Fincke & Mallinckrodt. n. — 20

— Enth. 58 Lieder, welche v. d. kgl. Regierg. zu Düsseldorf durch Verfügg. v. 13. April 1887 zur Einübg. in d. Volksschulen d. Regierungs-Bezirks vorgeschrieben sind, nach d. v. derselben festgest. Fassg. d. Liedertexte, sow. d. Wichtigste aus der Musiklehre f. Volksschulen, Vor- u. Elementarübgn. u. ein. beim Singen zu beacht. Regeln. Hrsg. v. e. Schulmanne. 3. Aufl. 8. (55 S.) Wesel 893. Fincke & Mallinckrodt. n. — 20

Schulliederbuch. Enth. 58 Lieder, v. der königl. Regierg. zu Düsseldorf durch Verfügg vom 13. IV. 1887 zur Einübg. in den Volksschulen des Regierungs-Bezirks vorgeschrieben. Hrsg. v. e. Schulmanne. 6. Aufl. (51 S.) 8. Wesel 906. Fincke & Mallinckrodt. n.n. — 25

Schulliederbuch. Sammlung v. 1- u. mehrstimm. Liedern. 2 Tle. 8. Breslau 894. E. Morgenstern, Verl. n. — 75
1. Lieder f. das 1.—3. Schulj. (68 S.) n. — 25
2. Lieder f. das 4.—8. Schulj. (IV, 156 S.) n. — 50

Schulliederbuch. Sammlg. v. ein- u. mehrstimm. Liedern. Hrsg. v. e. Kommission Breslauer Schulmänner. 2 Tle. 8. Breslau 897. E. Morgenstern, Verl. Geb. n.n. — 80
1. Lieder f. d. 1.—3. Schulj. 3. Aufl. (VIII, 72 S.) n.n. — 30
2. Lieder f. d. 4.—8. Schulj. (IV, 161 S.) n.n. — 50

— Sammlung v. ein- u. mehrstimm. Liedern. Hrsg. v. e. Kommission Breslauer Schulmänner. 2 Tle. 8. Breslau 901. E. Morgenstern, Verl. Geb. n.n. — 80
1. Lieder f. das 1.—3. Schulj. 5. Aufl. (VIII, 72 S.) n.n. — 30
2. Lieder f. das 4.—8. Schulj. 6. Aufl. (IV, 164 S.) n.n. — 50

Schulliederbuch. Sammlung von ein- u. mehrstimm. Liedern. Hrsg. von e. Kommission Breslauer Schulmänner. 6. Aufl. T. 1. 2. *Breslau: E. Morgenstern 1901–03.* 2 Bde 8° [F.]
1. Lieder f. d. 1. bis 3. Schulj. 1903. 2. Lieder f. d. 4. bis 8. Schulj. 1901. (04. 437) 2

Schulliederbuch. Sammlung v. ein- u. mehrstimm. Liedern. Hrsg. v. e. Kommission Breslauer Schulmänner. 2 Tle. 8. Breslau, E. Morgenstern, Verl. Kart. n.n. — 80
1. Lieder f. das 1. bis 3. Schulj. 7. Aufl. (VIII, 72 S.) 906. — 30
2. Lieder f. das 4. bis 8. Schulj. 7., durchgeseh. u. verm. Aufl. (IV, 172 S.) 903. — 50

Schulliederbuch. Sammlung v. ein- u. mehrstimm. Liedern. Hrsg. v. e. Kommission Breslauer Schulmänner. 2 Tle. 8. Breslau, E. Morgenstern, Verl. Kart. nn — 95
I. Lieder f. das 1. bis 3. Schulj. 8. Aufl. (VIII, 72 S.) 908. — 35
II. Lieder f. das 4.—8. Schulj. 10. Aufl. (IV, 172 S.) 910. nn — 60

Schulliederbuch, Geraer. Zusammengestellt und bearb. von den Gesanglehrern der Bürgerschulen zu Gera. 1.—3. Heft. Gera 885, (Bauch.) *
Inhalt:
Heft 1. Unterstufe, enthaltend: Lieder, Choräle und method. Übungen für die ersten 2 Schuljahre. (24 S.) * 20 Pf.
" 2. Mittelstufe, für das 3. und 4. Schuljahr. (48 S.) * 30 Pf.
" 3. Oberstufe A. für das 5. und 6. Schuljahr. (146 S.) * 60 Pf.

— Geraer. Zusammengestellt u. bearb. v. den Gesanglehrern der Bürgerschulen zu Gera. 1—3. Hft. Gera 885. (Burow.) n. 1. 10
1. Unterstufe enth.: Lieder, Choräle u. method. Übgn. f. die ersten 2 Schuljahre. (24 S.) n. — 20
2. Mittelstufe f. das 3. u. 4. Schuljahr. (48 S.) n. — 30
3. Oberstufe A. f. das 5. u. 6. Schulj. (146 S.) n. — 60

— Geraer. Enth. Lieder, Choräle u. method. Übgn. Zusammengestellt u. bearb. v. den Gesanglehrern der Bürgerschulen zu Gera. 8. Gera, (K. Bauch). n. 1. 85
1. Unterstufe, f. die ersten 2 Schuljahre. 2. Aufl. (24 S.) 892. n. — 20
2. Mittelstufe, f. das 3. u. 4. Schulj. 8. Aufl. (48 S.) 893. n. — 30
3. Oberstufe A. f. das 5. u. 6. Schulj. 7. Aufl. (146 S.) 889. n. — 60
4. Oberstufe B, f. das 7. u. 8. Schulj. 4. Aufl. (152 S.) 885. n. — 75

Schulliederbuch. 2.—4. Hft. Zusammengestellt u. bearb. v. Geraer Gesanglehrern. 8. Gera (M. Lange). Kart. n.n. 1.70
2. Mittelstufe, enth.: Lieder, Choräle u. method. Übgn. f. das 3. u. 4. Schulj. 13.—15. Taus. (64 S.) 901. n.n. — 30
3. Oberstufe A, enth.: Lieder, Choräle u. method. Übgn. f. das 5. u. 6. Schulj. 9. Aufl. (IV, 148 S.) 899. — 60
4. Oberstufe B, enth.: Lieder, Choräle u. method. Übgn. f. das 7. u. 8. Schulj. 6. Aufl. (164 S.) 900. n.n. — 80

— Leipziger, s. a. Liederbuch, deutsches.

—— Leipziger. Im Auftrage des Leipziger Lehrervereins ausgearb. von einer Kommission Leipziger Lehrer. 3 Hefte. 8. Leipzig, (Hinrichs'sche Buchh.) geb. **
Inhalt:
Heft 1. Unterstufe, enthaltend 91 Lieder, 19 Choräle und 144 methodische Übungen für die ersten vier Schuljahre. 1.—3. in den Chorälen nach dem neuen Landeschoralbuche für Sachsen abgeänd. Aufl. (IV, 89 S.) 882—84. ** 40 Pf.
" 2. Mittelstufe, enthaltend 88 Lieder, 19 Choräle und 96 methodische Übungen für das fünfte und sechste Schuljahr. 1. und 2. Aufl. (110 S.) 883,84. ** 40 Pf.
" 3. Oberstufe, enthaltend 100 Lieder, 14 Choräle und 22 methodische Übungen für das siebente und achte Schuljahr. (166 S.) geb. ** 50 Pf.

— Leipziger. Im Auftrage d. Leipziger Lehrervereins ausgearb. v. e. Kommission Leipziger Lehrer. 3 Hfte. 8. Leipzig, (Hinrichs' Sort.). geb. n.n. 1. 30
1. Unterstufe, enth. 91 Lieder, 19 Choräle u. 144 method. Übgn. f. die ersten 4 Schuljahre. 4., in den Chorälen nach dem neuen Landeschoralbuche f. Sachsen abgeänderte Aufl. (IV, 89 S.) 886. n. — 40
2. Mittelstufe, enth. 88 Lieder, 18 Choräle u. 96 method. Übgn. f. das 5. u. 6. Schulj. 3. Aufl. (110 S.) 885. n. — 40
3. Oberstufe, enth. 100 Lieder, 14 Choräle u. 22 method. Übgn. f. das 7. u. 8. Schuljahr. 2., verb. Aufl. (166 S.) 885. n.n. — 50

—— Leipziger. Im Auftrage des Leipziger Lehrervereins ausgearb. von einer Kommission Leipziger Lehrer. 3 Hefte. 8. Leipzig 885—88, (Hinrichs'sche Buchh., Sortiment.) geb. **
Inhalt:
Heft 1. Unterstufe, enthaltend 100 Lieder, 19 Choräle und 63 method. Übungen für die ersten 4 Schuljahre. 5. völlig umgearb. und 6. mit der 5. gleichlautende Aufl. (IV, 91 S.) ** 30 Pf.
" 2. Mittelstufe, enthaltend 88 Lieder, 18 Choräle und 96 method. Übungen für das 5. und 6. Schuljahr. 3.—5. Aufl. (110 S.) ** 40 Pf.
" 3. Oberstufe, enthaltend 100 Lieder, 14 Choräle und 22 method. Übungen für das 7. und 8. Schuljahr. 2.—4. Aufl. (166 S.) ** 50 Pf.

— Leipziger. Im Auftrage d. Leipziger Lehrervereins ausgearb. v. e. Kommission Leipziger Lehrer. 3 Hfte. 8. Leipzig, (Hinrichs' Sort.). geb n.n. 1. 20
1. Unterstufe, enth. 100 Lieder, 19 Choräle u. 63 method. Übgn. f. die ersten 4 Schuljahre. 8. Aufl. m. der 5., völlig umgearb., gleichlautend. (IV, 91 S.) 888. n. — 30
2. Mittelstufe, enth. 88 Lieder, 18 Choräle u. 96 method. Übgn. f. das 5. u. 6. Schulj. 6. Aufl. (110 S.) 889. n.n. — 40
3. Oberstufe, enth. 100 Lieder, 14 Choräle u. 22 method. Übgn. f. das 7. u. 8. Schuljahr. 4. Aufl. (166 S.) 888. n.n. — 50

—— Leipziger. Im Auftrage d. Leipziger Lehrervereins ausgearb. v. e. Kommission Leipziger Lehrer. 3 Hefte. 12. Lpz. 892, (Hinrichs' Sort.). geb. ** 1 20

1. Unterstufe, enth. 100 Lieder, 19 Choräle u. 63 method. Übgn. f. die ersten 4 Schuljahre. 10., m. der 5. gleichlaut. Aufl. (IV, 91 S.) ** — 30.
2. Mittelstufe, enth. 88 Lieder, 18 Choräle u. 96 method. Übgn. für das 5. und 6. Schuljahr. 8. Aufl. (110 S.) ** — 40.
3. Oberstufe, enth. 100 Lieder, 14 Choräle u. 22 method. Übgn. für das 7. und 8. Schuljahr. 6. Aufl. (166 S.) ** — 50.

Alle 3 Hefte auch mit Choralmelodien z. Braunschweig. Gesangbuche (10 S.) zu gleichem Preise.

— Leipziger. Im Auftrage d. Leipziger Lehrervereins ausgearb. v. e. Kommission Leipziger Lehrer. 3 Hfte. 12. Leipzig, (J. C. Hinrichs' Sort.). Geb. n.n. 1 20

1. Unterstufe, enth. 100 Lieder, 19 Choräle u. 63 method. Übgn. f. die ersten 4 Schuljahre. 11., dem Lehrplane f. Leipzigs Volksschulen entsprechend umgearb. Aufl. (IV, 91 S.) 893. n.n. — 30
2. Mittelstufe, enth. 88 Lieder, 17 Choräle u. 96 method. Übgn. f. das 5. u. 6. Schuljahr. 9. Aufl. (110 S.) 893. n.n. — 40
3. Oberstufe, enth. 100 Lieder, 14 Choräle u. 22 method. Übgn. f. das 7. u. 8. Schuljahr. 6. Aufl. (166 S.) 892. n.n. — 50

— Leipziger. Im Auftrage d. Leipziger Lehrervereins ausgearb. v. e. Kommission Leipziger Lehrer. 3 Hfte. Ausg. A. 12. Leipzig (Dürr'sche Buchh.). Kart. n.n. 1. 20

1. Unterstufe, enth. 100 Lieder, 19 Choräle u. 63 method. Uebgn. f. d. ersten 4 Schuljahre. 18. Aufl. (V, 96 S.) 897. n.n. — 30
2. Mittelstufe, enth. 88 Lieder, 17 Choräle u. 203 method. Uebgn. f. d. 5. u. 6. Schulj. 15. Aufl. (111 S.) 898. n.n. — 40
3. Oberstufe, enth. 100 Lieder, 16 Choräle u. 100 method. Uebgn. f. d. 7. u. 8. Schulj. 10. Aufl (168 S.) 897. n.n. — 50

— dasselbe. Ausg. B. Für einfachere Schulverhältnisse. 150 Lieder u. e. Anzahl method. Gehör- u. Notenübgn. enth. Im Auftr. d. Comeniusstiftg. bearb. v. Alfr. Kleine. 2. Aufl. 8. (IV, 140 S.) Ebd. 898. Kart. n.n. — 50

— Leipziger. Im Auftrage des Leipziger Lehrervereins ausgearb. v. ein. Kommission Leipziger Lehrer. 3 Hfte. Ausg. A. 12. Leipzig (Dürr'sche Buchh.). Kart. n.n. 1.20

1. Unterstufe, enth. 100 Lieder, 19 Choräle u. 63 method. Übgn. f. die ersten 4 Schuljahre. 22. Aufl. (V, 96 S.) 900. n.n. — 30
2. Mittelstufe, enth. 85 Lieder, 17 Choräle u. 203 method. Übgn. f. das 5. u. 6. Schulj. 20. Aufl. (111 S.) 902. n.n. — 40
3. Oberstufe, enth. 100 Lieder, 16 Choräle u. 100 method. Übgn. f. das 7. u. 8. Schulj. 14. Aufl. (II, 153 S.) 902. n.n. — 50

— Leipziger. Im Auftrage des Leipziger Lehrervereins ausgearb. v. e. Kommission Leipziger Lehrer. 2. Heft. Ausg. A kl. 8. Leipzig (Dürr'sche Buchh.) Kart. n.n. — 40

Mittelstufe, enth. 88 Lieder, 17 Choräle u. 203 method. Uebgn. f. das 5. u. 6. Schulj. 21. Aufl. (111 S.) 903.

— dasselbe. Ausg. B. Für einfachere Schulverhältnisse. 150 Lieder u. e. Anzahl method. Gehör- u. Notenübgn. enth. Im Auftrage der Comeniusstiftg. bearb. v. Alfr. Kleine. 4. Aufl. (IV, 140 S.) 8. Ebd. 901. Kart. n.n. — 50

Schulliederbuch,

—— pfälzisches, für deutsche Volksschulen. Beliebte, teils in Noten, teils in Ziffern gesetzte Melodien und auserlesene Texte von ein- und mehrstimmigen Liedern aus dem pfälz. Volksschullesebuche für die 1.—7. Schulklasse oder für das 1.—7. Schuljahr. Gesammelt und bearb. von mehreren pfälz. Lehrern. 1. Heft. 8. (VII, 79 S.) Kaiserslautern 887, Kayser. *

— Schwarzburg-Rudolstädter. Hrsg. von dem Landes-Lehrerverein. 5. Aufl. (III, 156 S.) Rudolstadt 885. Hofbuchdruckerei. n. — 50; geb. n. — 90

Schullze, (J.) Eduard

Schullze, J. E., De dochmio. Diss. 1877. 44 S.

Schullze, *Eduard* [Prof. Dr.]: Zum Gedächtnis des Professors *Adolf* Geyer, gest. 18. 7. 1896. Auszug aus d. Rede, geh. bei d. Gedächtnisfeier am 10. Sept. 1896. Berlin, Buchdr. O. Lange, 1897; 31—34 S. 4.
Berlin, Dorotheenstädt. RG, P 1897 (93)

Schullze, Eduard Ein geographischer und antiquarischer Streifzug durch Capri. 8 (S. 1–38).
In: Festschrift z. 50jähr. Jubil. des Dorotheenstädt. Rg. *Berlin* 1886.
Nicht im Tauschverkehr. **Progr.**

Schullze, Ed., ein geographischer und antiquarischer Streifzug durch Capri. gr. 8. (38 S. mit 1 Karte.) Berlin 886, Gaertner's Verlag. *
Aus: Festschrift des Dorotheenstädt. Realgymnasiums, besonders abgedruckt.

Schul- u. Predigt-Magazin, israelitisches. Homiletisch-pädagog. Zeitschrift, unt. Mitwirkg. v. namhaften Predigern u. Schulmännern hrsg. v. M. Rahmer. 1. Jahrg. 1896. 4 Hfte. (à ca. 5 Bog.) gr. 8. Magdeburg. (Berlin, M. Poppelauer.) n. 6. —; einz. Hfte. n. 1. 50
Weiter nicht erschienen.

Schulman, Hj., vergleichende Untersuchungen üb. die Trigeminus-Musculatur d. Monotremen, s.: Denkschriften der medicinisch-naturwissenschaftlichen Gesellschaft zu Jena. VI, 2. III.

Schulmann [Sachl. Ordnungswort]

Schulmann, der. Pädagogische Zeitschrift für Elementarlehrer u. ihre Freunde. Herbg. von einem Verein kathol. Lehrer. 1—4. Jahrg. 1864—67. à Jahrg. 4 Hefte (à 4 Bog.) Crefeld, Klein. gr. 8. Jeder Jahrg. n. 20 ngr.

Schulmann, der. Pädagogische Monatsschrift für Lehrer und Freunde. [Organ des niederrhein. Lehrervereins.] Hrsg. von einem Vereine kathol. Lehrer. Redact.: G. Baurmann. 5.—11. Jahrg. 1868—1874. à Jahrg. 12 Nrn. (à 1½ Bog.) 4. Crefeld, Klein. 1868—1872. à * 2 25
1873 und 1874. à * 3 —

Schulmann, der. [Organ des niederrheinischen Lehrervereins.] Redact.: G. Baurmann. 12. und 13. Jahrg. 1875 und 1876. à Jahrg. 12 Nrn. (à 1½ Bog.) gr. 8. Crefeld, Klein. à Jahrg. *

—— dass. — Redact.: P. Baders. 14. Jahrg. 1877. 12 Nrn. (à 1½ Bog.) gr. 8. Ebendas. *
Nicht weiter erschienen.

— der deutsche. Magazin für die Praxis in den Seminarien, Präparandenanstalten, Mittel-, höheren Mädchen-, Volks- u. Fortbildungsschulen. Red. unter Mitwirkung namhafter Pädagogen u. Schulmänner v. Fr. Ed. Keller. 1. Jahrg. April—Decbr. 1878. 30 Nrn. (B.) 4. Berlin, Keller. n. 4. 50

—— der deutsche. Magazin für die Praxis in den Seminarien, Präparandenanstalten, Mittel-, höheren Mädchen-, Volks- und Fortbildungsschulen. Redig. unter Mitwirkung namhafter Pädagogen und Schulmänner von Fr. Ed. Keller. 1. Jahrg. 1878 — April 1879. 40 Nrn. (Bog.) 4. Berlin, Keller. *

—— dass. — 2. Jahrg. 1879. 36 Nrn. (Bog.) 4. Ebendas. *

Schulmann, der deutsche. Magazin für die Praxis in den Seminarien, Präparandenanstalten, Mittel-, höheren Mädchen-, Volks- und Fortbildungsschulen. Redig. unter Mitwirkung namhafter Pädagogen und Schulmänner von Fr. Keller. 3.—7. Jahrg. 1880—1884. à Jahrg. 36 Nrn. (Bog.) 4. Berlin 880, Keller. à Jahrg. *

Schulmann, der deutsche. Halbmonatsschrift f. d. Interessen d. Volksschule u. d. verw. Lehranst. M. d. monatl. Beilage „Für Mußestunden". Hrsg.: Johs. Meyer. 1. Jahrg. Septbr.—Dezbr. 1898. 6 Nrn. (à ca. 48 Sp.) 4. Essen, G. D. Baedeker. n. 1. 20

Schulmann, der deutsche. Halbmonatsschrift f. die Interessen der Volksschule und der verwandten Lehranstalten. Mit der monatl. Beilage „Für Mußestunden". Hrsg.: Johs. Meyer. 2. Jahrg. 1899. 24 Nrn. 4. (à ca 48 Sp) Essen, G. D. Baedeker. n. 4. 80

— dasselbe. Pädagogisches Monatsblatt. Unter Mitwirkg. v. K. O. Beetz u. H. Wigge hrsg. von Johs. Meyer. 3.—5. Jahrg. 1900—1902. à 12 Hfte. gr. 8. (à ca. 52 S.) Berlin, Gordes & Hödel. à Jahrg. n. 7. 20
Das „Pädagog. Monatsblatt" wurde hiermit vereinigt. Die Jahrgg. 3 u. 4 erschienen in Dessau.

Schulmann, der deutsche. Pädagogisches Monatsblatt. Unter Mitwirkg. v. H. Wigge hrsg. v. Johs. Meyer. Verantwortlich f. die schulpolit. Rundschau: H. Wigge, f. alles übrige: Johs. Meyer. 6.—9. Jahrg. 1903—1906. à 12 Hefte. (IV, 670; IV, 666; XIV, 680 u. XVI, 656 S.) Lex.-8. Berlin, Gerdes & Hödel. à Jhrg. n. 7. 20

Schulmann, der deutsche. Pädagog. Monatsblatt. Unter Mitwirkg. v. H. Wigge hrsg. v. Johs. Meyer. Verantwortl. f. die schulpolit. Rundschau: H. Wigge, f. alles übrige: Johs. Meyer. 10.—12. Jahrg. 1907—1909. à 12 Hefte. (X, 656; VIII, 660 u. VIII, 656 S.) Lex. 8. Berlin, Gerdes & Hödel. à Jahrg. 7.20
Fortsetzg., s.: Blätter f. die Fortbildung des Lehrers u. der Lehrerin.

Schulmann, Der geplagte. Augspurg 1741. V: *Graf, Andreas Christoph.* (Ml.)

Schulmann, Der praktische, ein auf Erfahrungen gegründeter Beitrag zur zweckmässigen Volkserziehungs-Methode ... Neustadt 1834. V: *Grehl.* (Ky)

Schulmann, der prakt., ein auf Erfahrn. gegründ. Beitrag zur zweckmäß. Volkserziehungs-Methode u. gemeinnütz. Schullehrer-Wirksamkeit. Mit e. Vorr. v. (Chr. T.) Otto. 8. (15 B.) Neustadt a. d. O. 834, Wagner.

Schulmann, der practische. Archiv für Materialien zum Unterricht in der Real-, Bürger- und Volksschule. Hrsg von Friedr. Körner. 1. Jahrg. (Bd.) 1. Aufl. 1852. und 2., unveränd. Aufl. gr. 8. (XVI und 538 S.) Leipzig 853, Brandstetter.

—— dass. — Hrsg. von Dems. 2—5. Jahrg. (Bd.) à 8 Hefte. gr. 8. Ebds. 853—56. à Jahrg. *

Schulmann, der praktische. Archiv für Materialien zum Unterricht in der Real-, Bürger- und Volksschule. Hrsg. von Aug. Lüben. 6—10. Bd. (Jahrg. 1857—61.) à Jahrg. 8 Hefte. gr. 8. (à Heft ca. 70—90 S. theilweise mit 1 Stahlst.) Leipzig, Brandstetter. à Jahrg. *
Der 6. Jahrg. wurde von Friedr. Körner herausgegeben.

—— der praktische. Archiv für Materialien zum Unterricht in der Real-, Bürger- und Volksschule. Hrsg. von Aug. Lüben. 11.—16. Bd. (Jahrg. 1862—67.) à Jahrg. 8 Hefte. gr. 8. (à Heft 70—90 S., theilweise mit 1 Stahlst.) Leipzig, Brandstetter. à Jahrg. *

Schulmann, der praktische. Archiv für Materialien zum Unterricht in der Real-, Bürger- und Volksschule. Hrsg. von Aug. Lüben. 17.—22. Bd. oder Jahrg. 1868—1873. à Jahrg. 8 Hefte. gr. 8. (à Heft 72—96 S. mit Portr. in Stahlst. oder Photogr.) Leipzig, Brandstetter. à Jahrg. *

—— dass. — Hrsg. von Alb. Richter. 23. Bd. oder Jahrg. 1874. 8 Hefte. gr. 8. (à Heft ca. 92 S., mit 1 Photogr.) Ebendas. *

—— der praktische. Archiv für Materialien zum Unterricht in der Real-, Bürger- und Volksschule. Hrsg. von Alb. Richter. 24.—28. Bd. Jahrg. 1875—1879. à Jahrg. 8 Hefte. (à ca. 6 Bog.) gr. 8. Leipzig, Brandstetter. à Jahrg. *

—— der praktische. Archiv für Materialien zum Unterricht in der Real-, Bürger- und Volksschule. Hrsg. von Alb. Richter. 29.—33. Bd. Jahrg. 1880—1884. à Jahrg. 8 Hefte. (à Heft ca. 6 Bog.) gr. 8. Leipzig, Brandstetter. à Jahrg. *

Schulmann, der praktische. Archiv für Materialien zum Unterricht in der Real-, Bürger- und Volksschule. Hrsg. von Alb. Richter. 34.—37. Bd. Jahrg. 1885—1888. à Jahrg. 8 Hefte. (à Heft ca. 6 Bog.) gr. 8. Leipzig, Brandstetter. à Jahrg. *

Schulmann, der praktische. Archiv f. Materialien zum Unterricht in der Real-, Bürger- u. Volksschule. Hrsg. v. Alb. Richter. 38.—41. Bd. Jahrg. 1889—1892. à Jahrg. 8 Hefte. (à Heft ca. 6 Bog.) gr. 8. Lpz., Fr. Brandstetter. à Jahrg. * 10 —

Schulmann, der praktische. Archiv f. Materialien zum Unterricht in der Real-, Bürger- u. Volksschule. Hrsg. v. Alb. Richter. 40.—43. Bd. Jahrg. 1891—1894. à 8 Hfte. (à ca. 6 Bog.) gr. 8. Leipzig, F. Brandstetter. à Jahrg. n. 10. —

— d. praktische. Archiv f. Materialien z. Unterr. in d. Real-, Bürger- u. Volksschule. Hrsg. v. Alb. Richter. 44.—47. Bd. Jahrg. 1895—1898. à 8 Hfte. (à ca. 7 Bog. m. Bildn.) gr. 8. Leipzig, F. Brandstetter. à Jahrg. n. 10. —
Der 47. Bd. war von Frdr. Sachse redigiert.

— der praktische. Archiv f. Materialien zum Unterricht in der Real-, Bürger- u. Volksschule. Hrsg. v. Rud. Schmidt. 48.—51. Bd. à 8 Hfte. gr. 8. (à ca. 6 Bog. m. Bildniss.) Leipzig 899—902. F. Brandstetter. à Bd. n. 10.—
Die Bde. 48—50 sind v. Frd. Sachse hrsg.

— der praktische. Archiv f. Materialien zum Unterricht in der Real-, Bürger- u. Volksschule. Hrsg. v. Rud. Schmidt. 52.—55. Bd. à 8 Hefte. (IV, 772; IV, 768; IV, 784 u. IV, 760 S. m. Abb. u. je 1 Bildnis.) gr. 8. Leipzig 903—906. F. Brandstetter. à Jhrg. n. 10. —

— der praktische. Archiv f. Materialien zum Unterricht in der Real-, Bürger- u. Volksschule. Hrsg. v. Rud. Schmidt. 56.—59. Bd. à 8 Hefte. (IV, 770; IV, 774; IV, 768 u. IV, 780 S. m. je 1 Bildnis.) 8. Leipzig 907—10. F. Brandstetter. à Jahrg. 10. —

Schulmann, rheinischer. Evangelische Zeitschrift für Erziehung und Unterricht in Schule und Haus, unter Mitwirkung von Beck, K. Becker I., Bezzenberger rc. hrsg. von G. Schumann und A. Bode. 1. und 2. Jahrg. 1883 und 1884. à Jahrg. 26 Nrn. (à Nr. 2½ Bog.) gr. 8. Neuwied, Heuser's Verlag. à Jahrg. *

—— rheinischer. Evangel. Zeitschrift für Erziehung und Unterricht in Schule und Haus, unter Mitwirkung von Beck, K. Becker I., A. Bode rc. hrsg. von G. Schumann. 3.—6. Jahrg. 1885—1888. à Jahrg. 12 Hefte. (à Heft 3 Bog.) gr. 8. Neuwied, Heuser's Verlag. à Jahrg. *

—— rheinischer. Evangelische Zeitschrift für Erziehg. und Unterricht in Schule u. Haus, unter Mitwirkg. von K. Beck, K. Becker, A. Bode rc. hrsg. von G. Schumann. 7.—10. Jahrg. 1889—1892. à Jahrg. 12 Hefte. (à Heft 2½ Bog.) gr. 8. Neuwied, Heuser's Verlag. à Jahrg. * 4 —

— rheinischer. Vierteljahrsschrift f. Erziehg. u. Unterricht in Schule u. Haus, unter Mitwirkg. hervorrag. Pädagogen hrsg. v. G. Schumann. 11. Jahrg. 1893. 4 Hfte. (à ca. 4½ Bog.) gr. 8. Ebd. n. 3. —

— der schwäbische. Hrsg. v. Jos. Karlmann Brechenmacher. 1. u. 2. Heft. Lex. 8. Stuttgart (Hallbergerstraße 2), J. K. Brechenmacher. — 90
Brechenmacher, Jos. Karlmann, Friedrich der Große u. der Müller v. Sanssouci. Schürfungen auf dem Grenzrain von Geschichte u. Sage. (20 S.) 910. (Heft 2.) — 50
König, Ant., württembg. kathol. Lehrer als Dichter u. Schriftsteller. (36 S.) 910. (Heft 1.) — 40

Schulmann [Verfasser]

Schulmann, (C.): Eine moderne Pädagogin. Eine philosophisch-pädag. Studie. — Trier: Paulinus-Dr. 1903. 72 S. 8°

Schulmann, s. a. Pädagogin, e. moderne.

Die Volksschule vor und nach Luther. Eine hist. Studie von Dr. C. **Schulmann**. *Trier: Paulinus-Dr. 1903.* (106 S.) 8° [F.] 04. 7048

v. Schulmann, E., Auszug u. Verzeichniß der im Livländ. Amtsblatte von 1830—1837 incl. erschien. obrigkeitl. Verordnungen, Gesetzesvorschriften u. andern gemeinnütz. Bekanntmachungen, in alphabet. Reihenfolge. gr. 8. Dorpat 838. (Severin.) n. 5/12 Thlr.

Schulmann, E. v., deutsch-russisches Inhalts-Verzeichniß des in der Druckerei der II. Abth. der Kanzlei Sr. kais. Majestät im Jahre 1844 erschienenen Wort- u. Sachregisters zum Swod der Gesetze des russischen Reichs. gr. 8. (3 B.) Mitau 846, Reyher's Vrlgs.-Conto.

— Verzeichniß der Livländ. Gouvernements-Regierungs-Patente vom Jahre 1836, 1837 u. 1838. Nebst alph. Register. gr. 8. Ebend. 838, 39. 1836, 37. à n. 1/4 Thlr. 1838. n. 5/12 Thlr.

Schulmann, Ernst, offner Brief an den Leipziger Lehrerverein. (16 S.) 8. Leipzig 909. G. Wigand. — 15

— s.: Opera, non verba!

Schulmann, F. Die Arbeiter-Versicherungen. In elementarer Form besprochen f. die oberste Abteilg. der Volksschule, für Fortbildungsschulen, sowie f. den einfachen Arbeiter. 8. (19 S.) Dortmund 891, Crüwell. • * — 15

Schulmann, J. G., Materialien zu schriftl. Aufsätzen in 200 Aufgaben, vom Leichtern zum Schweren geord., als Uebung im Rechtschreiben f. Kinder in Landschulen. 8. (4½ B.) Eisenberg 832, Schöne.

Schulmann, J. G., Materialien zu schriftl. Aufsätzen, in 200 Aufgaben in möglichst geord. Stufenfolge von d. einfachsten Uebungen bis z. Anfertigen v. Briefen u. a. Geschäftsaufsätzen. Ein Hilfsb. f. Lehrer in Volksschulen, nebst e. kleinen Rechtschreibelehre f. d. Handgebr. d. Kinder. 2., verb. Aufl. 8. (1¼ B.) Eisenberg 839, Schöne'sche Buchh.

—— kleine Rechtschreibelehre f. d. Handgebr. d. Kinder in Volksschulen, als besond. Erleichterungsmittel vorsteh. Materialien. 8. (3 B.) Eisenberg 839, Schöne'sche Buchh.

Die Vorbereitung auf die erste heilige Kommunion. Ein Büchlein z. Belehrung u. Erbauung f. Erstkommunikanten von Johannes **Schulmann**, Rektor. Kevelaer: Butzon & Bercker [1905]. (432 S.) 8° [F.] 06. 4470

Schulmann, Johs., die Vorbereitung auf die erste hl. Kommunion. Ein Büchlein zur Belehrg. u. Erbaug. f. Erstkommunikanten. 2., verb. Aufl. (384 S. m. 1 Stahlst.) 16. Kevelaer (907). Butzon & Bercker. Geb. in Leinw. — 80

SCHULMANN, JOHANN CHRISTOPH: Beurlaubungsrede an die gesammten Pfarrkirchen des zur königl. erzherzogl. Herrschaft Hungarisch Altenburg angehörigen Markts Ragendorf. Oedenburg 1780. Gedr. bey Johann Joseph Sieß. 16 S. - 8°

(Schulmann, Kalmann, vermischte hebräische Aufsätze.) עצת ברורה gr. 8. (48 S.) Wilna 847. (Leipzig, C. L. Fritzsche.) Thlr. *

Schulmann, L., s. a. Justus, L.

Schulmann, Ludw., dat Böökerlied. 5. Uplage. gr. 8. (8 S.) Hannover 878. Kniep's Verl. n. — 10

Schulmann, Ludw., talmudische Klänge. Gedichte. Hildesheim 856. Fincke. 16. (96 S.) n. 15 ngr.

—— norddütsche Stippstörken un Legendchen. gr. 16. (VII und 168 S.) Hildesheim 856, Fincke'sche Buchh. *

Schulmann, Ludw., norddütsche Stippstörken und Legendchen. 2. Aufl. 16. (V und 168 S.) Hildesheim 858, Fincke'sche Buchh.

Schulmann, Ludw., norddütsche Stippstörken un Legendchen. Tweite Roge. Hildesheim 859. Gerstenberg. 12. (VII, 183 S.) n. 15 ngr.

Schulmann, Ludw., norddütsche Stippstörken un Legendchen. 2. Aufl. 8. (VI, 335 S.) Hildesheim 900. Gerstenberg. n. 2. —; geb. n. 2. 75

Schulmann, S. Bacteriologische Untersuchung d. Dorpater Universitätsleitungswassers. Diss. gr. 8. (51 S. m. 2 S. Fig.) Dorp. 891, (Karow). * 1 —

Schulmann, T., Untersuchungen üb. die Structur d. elastischen Gewebes der gesunden u. kranken Arterienwand. Diss. gr. 8. (25 S.) Jurjew (Dorpat) 892. (E. J. Karow.) n. 1. —

Schulmeister [Sachl. Ordnungswort]

Der von seinem unglücklich gewählten Schüler abgefertigte Schulmeister. Augsb. 775. 8.

Schulmeister, der alte, und der in der Pädagogik vorherrschende Geist. 1. und 2. Discussion. gr. 16. (51 S. und III und 67 S.) Duisburg 855, Ewich. à Discussion * 5 Ngr. *

Schulmeister, der alte, ꝛc., s. a. Discussion.

Schulmeister, der, von Haselwang, oder die Wahlversammlung in der Wirthsstube. Eine Dorfgeschichte. Wien 865. Sommer. — F. Klemm. 8. (IV, 58 S.) n. 8 ngr.

—— der, von Hügeldorf, oder Gott macht Alles aus Nichts. Eine wahre Lebensgeschichte. 8. (60 S.) Berlin 851, (J. A. Wohlgemuth.) *

Schulmeister, Karl Ludw., s. Dieffenbach, L. F.

Schulmeister, Der, von Karumsebes; eine Satyre. O. O. 1782. V: *Wende, J. Ch.* (Behrisch, Wiener Autoren. 1784.)

Schulmeister, der politische, für den Bürger und Landmann, oder Beantwortung der Frage, ob Republik oder constitutionelle Monarchie vorzuziehen sei, nebst deutl. Erklärung der verschied. Regierungen und Verfassungen, als Monarchie, constitutionelle Monarchie ꝛc., so wie von andern in der Politik häufig vorkomm. Ausdrücken. gr. 12. (24 S.) Crefeld 849, Klein.

Schulmeister, der, v. Stockach. (Von e. Krämersfrau erzählt.) 12. (4 S.) Basel 893. Jaeger & Kober. 10 Stück n. — 16

Unsere **Schulmeister**. Leipzig: Körner 1892. 35 S. 8°
(Die Schäden d. Zeit. [Bd 1.]) III. 4433

Schulmeister, Der, wie er berufen wird nach seinen Verhältnisse gegen die Kirche . . . Chemnitz 1779. V: *Stössner, Carl Benedict.* (Ky)

Schulmeister, der, wie er berufen wird nach seinen Verhältnisse gegen die Kirche ꝛc., (von K. B. Stößner). 8. Chemnitz 779. (Starke). 5 gl.

Schulmeister, der, wie er berufen wird ꝛc. 8. Chemnitz, Stößel (Mauke) 779.

Schulmeister, d. württembergische, am Ende d. 19. Jahrhunderts od. d. Berechtigg. d. Wünsche uns. Volksschullehrer. Von Sincerus Verus. gr. 8. (113 S.) Stuttgart 896. (Strecker & Schröder.) n. — 80

Schulmeister [Verfasser]

Schulmeister, Franz, Militär-Rechnungs-Official bei der 15. Abtheilung des k. u. k. Reichs-Kriegs-Ministeriums. Normalien-Sammlung für das k. u. k. Heer umfassend die Zeitperiode vom Jahre 1754 bis Ende 1899. 2. umgearbeitete und vervollständigte Auflage. I. Bd. Nr. 1—1349. II. Bd. Nr. 1350—3137. (1. u. 2 Bd. in 1 Bd.). — Normalien-Sachregister zur 1. und 2. Auflage der Normalien-Sammlung für das k. und k. Heer, dann zu den bis Ende 1899 erschienenen Normal-Verordnungs- und Beiblättern des k. und k. Reichs-Kriegs-Ministeriums. Mit 2 Beilagen, und zwar: als Anhang I: „Auszug aus den Stempel- und Gebührengesetzen", als Anhang II: Nummernregister über die in der Normalien-Sammlung enthaltenen Erlasse, Verordnungen etc." Mit Rücksichtnahme auf die Bedürfnisse der dienstlichen Praxis verfasst. (1 Bd.) — I.—IV. Nachtrag, Nr. 4044—5189. (Mit zugehörigem Sachregister samt Anhang I und II, sowie I.—4. Berichtigung.) (4 Bde.) (Im ganzen 6 Bde.)
8. Wien 1900—1904.

Schulmeister, Marie, s.: Wandtafeln, Wiener, f. den Unterricht in weiblichen Handarbeiten.

Schulmeister, W., Steiermark, s.: Renaissance, deutsche, in Oesterreich.

Schulmeister-Bibliothek: Helvetische Schulmeister-Bibliothek
① Allen Schullehrern und Freunden des Schulwesens gewidmet von Joh. Rudolf Steinmüller, Pfarrer in Gaiß und Mitglied des Erziehungs-Raths vom Kanton Säntis ⑤ 1801 ⑥ 8° ⑦ halbjährlich ⑧ St. Gallen, Joh. Zollikofer (?), angegeben: Huber & Compagnie ⑨ Joh. Rud. Steinmüller ⑬ Klages (Zeitschriften) Nr. 16 ⑮ SG: Va; Be; L.

Schulmeistergespräche über Unterthanenplage und Aufklärung. Frankfurt a. M. 1789. V: *Kessel, Johann Gottfried.* (MI.) (Ky)

Schulmeistergespräche über Unterthanenplage u. Aufklärung. 8. Frkf. Eßlinger. 789.

Schulmeistergespräche üb. Unterthanenplage u. Aufklärung, (v. J. G. Kessel). 8. Frankf. a. M., (Schäfer). 16 gr

Schulmeisterconferenzen, üb. die in Vorschlag gebrachten, in Würtemberg. 8. Tübing. 799. Osiander. 3 gr

SCHULMEISTERS Sohn (sic), Der, oder die wunderbare Geschichte Rudolph von Senzion. Franckfurt und Leipzig, 1760. 8°. (Besitzt Prof. Dr. Ullrich.)
Tit., 2 unbez. Bll. Vorr., 224 S. — Ullrich, Robinsonaden. S. 165, no. 65.

Schulmeister-Verse, auf Vernunft und Bibel, nebst Schlusz-Entherzigung in gebundner und ungebundner Rede. Altona. 1825. P.

Schulmeisters-Wahl, Die, zu Blindheim oder Ist das Volk mündig? Schauspiel in vier Aufzügen. 2. Aufl. Tübingen 1824. V: *Wagner, Glieb. Frdr.* (GGr)

Schulmeisterwahl, die, zu Blindheim, od. ist das Volk mündig? Schspl. in 4 A. 2e verm. Aufl. Mit Erklär. d. schwäb. Idiotismen u. e. kl. Sprachlehre nach schwäb. Mundart. 8. Tübing. 825. (Leipz., Kummer). 8 gr

Schulmeisters-Wahl, die, zu Blindheim oder Ist das Volk mündig? Schauspiel in 4 Aufzügen. 3. Aufl. Mit einer Erklärung der schwäbischen Idiotismen u. einer kleinen Sprachlehre nach schwäb. Mundart. 8. (118 S.) Tübingen 879. Fues n. 1. 60

Schulmeister-Wahlen; ein Roman. 8. Zwickau 805. Schumann. 16 gr

Schul-Mentor f. Septbr. bis Decbr. 1894 u. auf d. J. 1895. 24. (VI, 64 S.) Elberfeld 894. S. Lucas. Kart. — 20

Schul-Mentor f. Septbr. bis Decbr. 1895 u. auf d. J. 1896. 24. (VI, 64 S.) Elberfeld, S. Lucas. Kart. n. — 20

— bayerischer, s. u. Koch.

— **bayerischer,** f. d. Schulj. 1894/95. III. Jahrg. Bearb. v. Karl Küffner. 16. (176 S. m. 1 Bildnis.) Nürnberg, C. Koch. — 40

Schulmesse. (Zusammengestellt v. B. P.) (8 S.) gr. 16. Augsburg (903). Kranzfelder. n.n. — 03

Schulmesse, auch zum Einzelgebrauche aus mehreren Gebetbüchlein zusammengestellt von einem geistlichen Kinderfreunde. 16. (16 S.) Donauwörth 880. Buchh. des kathol. Erziehungsvereins. pro 100 Explre. n. 2. —

Schulmesse, auch zum Einzelgebrauche aus mehreren Gebetbüchlein zusammengestellt v. e. geistl. Kinderfreunde. 10. Aufl. (16 S.) 7,9×11,6 cm. Donauwörth (908). L. Auer. p — 03

— die, in gemeinsamem Gebete. [Aus: „Gebetbüchlein für die lieben Kleinen".] 16. (14 S.) Landsberg a/L. 880. Verza. pro 12 Explre. n. — 50

Schulmessen zum Gebrauche d. Schulkinder. Enth. 5 Schulmessen, 1 vollständ. Meßandacht, 1 Kommunionmesse, 2 Kommunionandachten, Beichtgebete m. Beichtspiegel, Kind-Jesu-Andacht u. einige Ablaßgebete. (Neuausg.) (64 S.) 16. Diessen 908. J. C. Huber. — 10

Schulmodelle, Die, für Ornamentzeichnen von Louis Wethli in Zürich. Frauenfeld [1875]. V: *Schoop, Ulrich.* (Cat. d. Stadtbibl. Zürich. Zürich 1864—97.)

Schulmonopol, Das, unter der Zwangsjacke des modernen Staates ... Amberg 1876. V: *Pachtler, Michael.* (so)

Schulmuseum, das. Litterarisch-krit. Zeitschrift auf dem Gebiete d. Erziehungs- u. Unterrichtswesens. Organ d. Schulmuseums zu Gotha. Schriftleitung: C. Angermeyer. 2. Jahrg. 1891. 12 Nrn. (Bog.) gr. 4. Gotha, Gläser. * 1 60

— dass. – Organ d. Schulmuseums u. d. Jugendschriften-Commission zu Gotha. 3. Jahrg. 1892. 12 Nrn. (Bog.) gr. 4. Ebd. * 2 40
Der 1. Jahrg. erschien als Beiblatt zum Gothaischen Schulblatt.

Schulmuseum, das. Litterarisch-krit. Zeitschrift auf dem Gebiete des Erziehungs- u. Unterrichtswesens. Organ des Schulmuseums u. der Jugendschriften-Commission zu Gotha. Schriftleitung: C. Angermeyer. 2. Jahrg. 1892. 12 Nrn. gr. 4. (à ca. 8 S.) Gotha, C. Gläser. n. 2. —

— dasselbe. 3. Jahrg. 1893. 12 Nrn. gr. 4. (IV, 82 S.) n. 2. —
Vom 4. Jahrg. an erscheint das Schulmuseum als Beilage zum Thüringer Schulblatt.

Schulmuseum, deutsches. Literarische Beilage zur Pädagog. Zeitg. Red. v. dem Komitee f das „deutsche Schulmuseum" d. deutschen Lehrervereins, Bezirksverband Berlin, durch Rob. Gohr. 1. Jahrg. 1876. 12 Nrn. (½ B) hoch 4. Berlin 876. Denicke in Comm. n. 2. —

Schulmuseum, deutsches. Literarische Beilage zur Pädagog. Zeitung. Redig. von dem Komitee für das „deutsche Schulmuseum" des deutschen Lehrervereins, Bezirksverband Berlin, durch Rob. Gohr. 1. Jahrg. 1876. 12 Nrn. (à ½ Bog.) hoch 4. Berlin, Verlag der Pädagog. Zeitung. * 2 —
—— dass. — Redig. durch H. Gallee. 2.—4. Jahrg. 1877—1879. à Jahrg. 12 Nrn. (Bog.) hoch 4. Ebendas. à Jahrg. * 2 —

Schulmuseum, deutsches. Literar. Beilage zur Pädagog. Zeitung. Redig. von dem Komitee für das „deutsche Schulmuseum" des deutschen Lehrervereins. Bezirksverband Berlin, durch H. Gallee. 5.—9. Jahrg. 1880—1884. à Jahrg. 12 Nrn. (à Nr. ½—1 Bog.) hoch 4. Berlin, (Th. Hofmann.) à Jahrg. *

Schulnachrichten aus Freysingen. [Erfurt 1798—99.] V: *Baader, Clemens Alois.* (MGT)

Schulnachrichten (über das C a t h a r i n e u m in Lübeck). (1861–62.) Lübeck. 1862. 4°

Schulnachrichten, monatliche, v. Otto Schulz. (I. Jahrg.) 1846. 12 Nrn. (Bog.) gr. 8. Berlin 846, Ludw. Oehmigke, Vrlgsh. *

Schulneuerung, die, in Bayern. Worte der Belehrung u. Ermahnung an das christl. Volk von einem Priester des Bisthums Regensburg. Regensburg 867. Pustet. 16. (48 S.) 2 ngr.

— die, in Bayern u. ihre Vortheile. Worte an seine Mitbürger besonders an die Landleute von einem Familienvater, dem auch was an der Erziehg. seiner Kinder liegt. 3. Aufl. Würzburg 868. (Stuber.) gr. 16. (32 S.) n. 2 ngr.

K i e l e r **Schul-Notizbuch** überreicht v. Lipsius & Tischer. Schuljahr 1906–07. (Kiel. 1906.)

Schul-Notizbuch für Lehrer 1881. Sommer-Semester. 12. (63 S.) Potsdam, Rentel's Verlag. geb. *

Schul-Notizbuch für Lehrer 1881—82. Winter-Semester. 12. (63 S.) Potsdam, Rentel's Verl. geb. n. — 50

—— dass. — 1883. Sommer-Semester. 12. (63 S.) Ebendas. geb. *

Schul-Notizbuch f. Lehrer. Winter-Semester 1883—84. 12. (63 S.) Potsdam, Rentel's Verl. geb. n. — 50

Schul-Notizbuch f. Lehrer. Winter-Semester 1890—91. 12. (50 S.) Potsdam, Rentel. geb. n. — 50

Schul-Notizbuch f. Lehrer. gr. 16. (50 S.) Potsdam 892, Rentel's Verlag. geb. * — 50
Erscheint jährlich 2 mal, für das Sommer- und Winter-Semester.

Schul-Notizbuch f. Lehrer. Sommer-Sem. 1894. 12. (50 S. u. Schreibkalender.) Potsdam, J. Rentel's Verl. Geb. in Leinw. n. — 50

Schul-Notizbuch f. Lehrer. Sommerausg. 1898. 12. (49 S.) Berlin, J. Rentel. Geb. in Leinw. n. — 50

— dasselbe. Oktbr. 1898—April 1899. gr. 16. (51 S.) Ebd. Geb. in Leinw. n. — 50

Schul-Notizbuch f. Lehrer u. Lehrerinnen 1901/1902. 12. (62 S.) Berlin, J. Rentel. Geb. n. — 60
Erscheint nicht mehr.

Schul-Notiz-Kalender, allgemeiner, für das J. 1886 und das 1. Quartal 1887, hrsg. von G. Noack. 4. Jahrg. gr. 16. (49 S.) Leipzig, Urban. geb. *

—— dass. — für das J. 1887 mit einem Datumzeiger für die Monate Oktbr.—Dezbr. 1886 und Jan.—April 1888, hrsg. von G. Noack. 5. Jahrg. 16. (128 S.) Leipzig, Wartig's Verlag. geb. *

Schul-Notiz-Kalender, allgemeiner, f. d. J. 1888 m. e. Datumzeiger f. die Monate Oktbr.—Dezbr. 1887 u. Jan.—April 1889, hrsg. v. G. Noack. 6. Jahrg. 16. (117 S.) Herford. (Leipzig, Wartig's Verl.) geb. n. — 80

Schuloff, Thdr., das neue österreichische Gesetz üb. den Markenschutz. [Aus: „Juristische Blätter".] [Mit dem Text d. Gesetzes im Anh.] gr. 8. (43 S.) Wien 890. Manz. n. 1. 20

Allgemeine **Schulordnung** für die höheren Lehranstalten der Provinz Pommern. Greifswald 1897: J. Abel. (13 S.) 8° [F]. 1a. 7664 9

Allgemeine Schulordnung für die höheren Lehranstalten der Rheinprovinz. 4 (S. 35—38).
Progr. G. mit Real Parallelklass. *M.-Gladbach* 1891 (1440 für 440).

Allgemeine **Schulordnung** für die höheren Lehranstalten der Rheinprovinz. Rheydt, H. Leuchtenrath, 1891; S. 3—6; 4°
Rheydt, R, OP 1891 (481)

Schulordnung, die allgemeine, der Kaiserin Maria Theresia, hrsg. v. Ant. Weiss, s.: N e u d r u c k e pädagog. Schriften.

Schulordnung, Allgemeine, für die deutschen Normal-Haupt- und Trivialschulen in sämmtlichen Kaiserl. Königl. Erbländern. J. J. Wien den 6. Dec. 1774. Wien. H: *Felbiger, Joh. Ign. von.* (KY 2/199) (BiblPort)

[F.] **Schul-Ordnung** der Höheren Bürgerschule zu Graudenz. Graudenz, Druck v. G. Röthe's Buchdr., 1892; 2 Bl. 4.
Graudenz, st. HB, OP 1892 (48)

Schul-Ordnung für die B ü r g e r s c h u l e des Fleckens Meldorf. D. d. Glückstadt, d. 14. Nov. 1814. Glückstadt. (1814.)

Schul- u. Unterrichtsordnung, definitive, f. allgem. Volksschulen u. f. Bürgerschulen. Wirksam f. die im Reichsrate vertret. Königreiche u. Länder m. Ausnahme des Königr. Galizien u. Lodomerien samt dem Großherzogt. Krakau. Im Anh. die Durchführungsverordng. Erlassen vom k. k. Ministerium f. Kultus u. Unterricht. Mit vergleich. Fußnoten versehen v. F. Keßler. 2. Aufl. (87 S.) kl. 8. Wien 905. (Sallmayer'sche Buchh.) n. — 60

— — dasselbe, s.: H a n d a u s g a b e der österr. Gesetze u. Verordnungen.

— — dasselbe. Erlassen durch Verordng. des Ministeriums f. Kultus u. Unterricht vom 29. IX. 1905, Z. 13200. Mit den Durchführungsbestimmgn. (Ministerialerlass vom 29. IX. 1905, Z. 13200) u. e. alphabetisch geordneten Sachregister. (80 S.) 8. Wien 905. A. Pichler's Wwe. & Sohn. n. — 50

Schul- u. Unterrichtsordnung, definitive, f. allgem. Volksschulen u. f. Bürgerschulen samt dem Reichsvolksschulgesetz u. den wichtigsten Durchführungsvorschriften. Mit e. alphabet. geordn. Sachregister. 1. u. 2. Aufl. (132 S.) 8. Wien 906.08. A. Pichler's Wwe. & Sohn. — 60

Die **Schulordnung** (für die Elementarschulen der Provinzen Ost- und Westpreußen) vom 11. Dezember 1845 und das Schulunterhaltungsgesetz vom 28. Juli 1900 nebst Erl. zu denselben u. d. wichtigsten Verfügungen d. Kgl. Regierungen in Königsberg, Allenstein ... f. Lehrer ... hrsg. von Bernhard Schulz. 3. verm. u. verb. Aufl. Danzig: Kafemann 1909. VIII, 575 S. 8°

Schul-Ordnung für die Elementar-Schulen der Provinz Preußen vom 11. Dezbr. 1845. Nebst den dieselbe erläut. u. ergänz. Verordnungen des königl. Ministeriums u. der königl. Regierungen zu Marienwerder, Danzig, Königsberg u. Gumbinnen. 4., verm. Aufl. Strasburg 865. Köhler. 8. (IV, 121 S.) 6 ngr.

Schulordnung, Erneuerte Husumische. Flensburg 1763. H: *Schaumann, Peter.* (Kordes, Schlesw.-holst. u. eutin. Schriftst. Schleswig 1797. Nachtr.) (Bruun, Bibl. Danica III, 758.) (schles)

— erneuerte, f. d. chursächs. 3 fürstl. Landschulen, Meißen, Grimma u. Pforta. gr. 8. Dresd. Gerlach (Beger) 773.

Erneuerte **Schulordnung** f. d. deutschen Stadt- u. Dorfschulen der Chur-Sächsischen Lande ... Nach d. Originalausg. v. 1773. *Halle a.S.: H. Schrödel 1897.* (47 S., 1 Tab.) 1 Bd 8.
— Sammlung, H. Schrödels, pädagogischer Klassiker. Bd IV. (97.7045 II4

Schul-Ordnung der gewerblichen Fortbildungsschule zu Braunsberg. Braunsberg 1907: Heyne. (2 Bl.) 4° **

Schulordnung für das Friedrich-Wilhelms-Gymnasium und seine Vorschule vom 20. Januar 1908. (Neu-Ruppin 1908: Buchbinder.) 7 S. 8°
Neu-Ruppin, Friedrich-Wilhelms-G P 1908 (96) [S 08. 436

Schulordnung für die Gemeindeschulen des Cantons Aargau. In-8°, 16 S. Aarau, H. R. Sauerländer. 1881.

Schulordnung, die, f. die humanistischen Gymnasien im Königr. Bayern. Kgl. Allerhöchste Verordnung vom 23. Juli 1891. gr. 16. (56 S.) Ansbach 891. C. Brügel & Sohn. Kart. n. — 40

— dasselbe. 8. (27 S.) Kempten 891. J. Kösel. — 30

Schulordnung, die, f. die humanistischen Gymnasien im Königr. Bayern. Kgl. Allerhöchste Verordng. vom 28. VII. 1891. (101 S.) kl. 8. Ansbach 906. C. Brügel & Sohn. Kart. n. — 50

[F.] **Schulordnung** *des Gymnasiums zu Dt.-Wilmersdorf bei Berlin.* Berlin, Druck v. B. Paul, *1897;* 32—34 S. 4.
Dt.-Wilmersdorf b. Berlin, G, P 1897 (86a [vielm. 89a])

Schulordnung des Gymnasiums zu Groſs-Lichterfelde. 4 (S. 46 47). 4 (S. 37—38). 4 (S. 33—36). 4 (S. 28 29). 4 (S. 27).
G. *Groſs-Lichterfelde* 1896 (77). 1897 (77). 1898 (77). 1899 (76). 1900 (77).
Progr.

rdnung des Königlichen Gymnasiums zu Braunsberg. (Um-2). lagtitel: Schulordnung.) 4 (S. 3—6). G. *Braunsberg* 1886 (3).
Progr.

Schulordnung. 6 S. **Progr.** Kö. G. *Danzig* 1879.

Schulordnung des Königl. Gymnasiums zu Hadersleben. Hadersleben. 1904. 8°

Schulordnung [des Königlichen Gymnasiums zu Königshütte O.-S.]. *Königshütte O.-S. 1898: R. Giebler.* (20—22 S.) 4°
Königshütte O.-S, k. G, P 1898 (200)

Schulordnung für das Königliche Gymnasium und die mit demselben verbundene Vorschule zu Kiel. Kiel. 1890. 8°

Schulordnung *des Gymnasiums in Wittenberg.* Wittenberg, Buchdr. v. F. Wattrodt, 1896; 19—21 S. 4.
Wittenberg, G, OP 1896 (261)

Die neue Schulordnung. 4 (S. 19—21 d. Schuln.).
Progr. G. *Wittenberg* 1896 (261).

Schul- und Haus-**Ordnung** für die Kaiserin-Auguste-Viktoria-Schule (Städtische Höhere Mädchenschule mit Lyzeum) zu Celle. Celle 1910: Großgebauer. 8 S. 8°
Celle, Kaiserin-Auguste-Viktoria-S OP 1910 [48]** [S 10. 398

— für das Großherzogth. Hessen. gr. 8. Darmst. 828. Leske.

Schulordnung, die, f. die Industrieschulen im Königr. Bayern. Kgl. Allerhöchste Verordng. vom 29. VII. 1900. 12. (57 S.) Ansbach 900. C. Brügel & Sohn. n. — 50

Schulordnung für das königl. bayerische Cadeten-Corps. gr. 8. (VII, 64 S.) München 875, Lindauer'sche Buchh. * 1 —

Schulordnung des bayer. Kadetten-Korps. München 1875. 64 S. Dass. 1890.

Schulordnung *des Königl. Kaiserin Augusta-Gymnasiums zu Charlottenburg.* Charlottenburg, Buchdr. „Gutenberg", 1897; 52—53 S. 4.
Charlottenburg, k. Kaiserin Augusta-G, P 1897 (69)

Schulordnung für die Königin-Luise-Schule (Städtische Höhere Mädchenschule) in Erfurt. Erfurt (1909): Ohlenroth. 7 S. 8°
Erfurt, Königin-Luise-S, st. HM OP 1909 [85]** [S 09. 429

Schulordnung für die Churfürstl. Braunschweig-Lüneburgischen Lande ... Göttingen 1738. H: *Gesner, Johann Matthias.* (BB) (ML)

Schulordnung für die technischen Lehranstalten im Kgre. Bayern. München 1861. 4°. 30 S. (à 2 Col.). Cart.

Schulordnung für die technischen Lehranstalten in Bayern als: Gewerbschule, Realgymnasium und polytechnische Schule nebst der bezüglichen königl. allerhöchsten Verordnung vom 14. Mai 1864. Würzburg 864. Stahel. 8. (49 S.) 6 ngr.

Schul- u. Lehrordnung f. die Volksschulen des k. bayer. Reg.-Bez. Niederbayern. (IV, 237 S.) 8. Landshut 910. (J. Thomann.) nn 1.50

Schul- u. Lehrordnung f. die Volksschulen d. kgl. bayer. Reg.-Bez. Oberbayern [m. Ausnahme der kgl. Haupt- u. Residenzstadt München]. Amtliche Ausg. gr. 8. (IV, 147 S.) München 890. Oldenbourg, Abteilg. f. Schulbücher. n.n. — 60; geb. n.n. — 75

Schul- u. Lehrordnung f. d. Volksschulen d. kgl. bayer. Reg.-Bez. Oberpfalz u. v. Regensburg. Amtl. Ausg. gr. 8. (IV, 207 S.) Regensburg 898. Verlagsanstalt vorm. G. J. Manz. n.n. — 75; kart. n.n. — 90

Schul- und Lehrordnung, die, für die Volksschulen des königl. bayer. Regierungsbezirkes der Pfalz. Amtl. Ausg. 8. (109 S.) Speyer 884. [Kaiserslautern, Tascher.] cart. *

Die **Schulordnung** *der Städt. Höheren Mädchenschule in Mittelbarmen.* Barmen, Druck v. D. B. Wiemann, 1896; 25—27 S. 4.
Mittelbarmen, st. HM, P 1896**

Schul-Ordnung, die, des Hochstifts Münster vom Jahre 1776, s. Vogel, E. F.

Schulordnung, Die Fürstlich Münsterische. Münster 1776. V: *Fürstenberg, Friedrich Wilhelm Franz Freih. von.* H: *Sprickmann, Anton Matthias.* (Hitzig) »Schulordnung, Die« (Rass)

Musik-Akademie in Zürich, gegründet 1891... Zürich V. Vorbereitungs- und Dilettanten-Schule — Seminarabteilung — Hochschule. Prospekt (Schulordnung, 1901 Januar 1). 9 S. 8. Zürich, Hürlimann & Fischer, 1901.

Schulordnung, Reichsstift Neresheimische, vom Jahre 1790 ... Ulm 1790. V: *Nack, Carl.* (MGT) (Ky)

— für das Reichsstift Neresheim v. Jahre 1790, (v. K. Nack). 8. Ulm 791. Wohler. 3 ggr.

Die neue Schulordnung. 4 (S. 24—25). G. *Steglitz* 1900 (91).
Progr.

Schulordnung, Neue, für die Landschulen der Sachsen in dem Burzenländer District. O. O. 1791. V: *Preidt, Gg.* (PK 3/139) (GGr VII/144, Nr. 13/4) (BiblPort)

— neue, für die technischen Lehranstalten im Königreich Bayern. Königl. allerhöchste Verordnung vom 14. Mai 1864 mit Inhalts-Uebersicht. München 864. Franz. 8. (IV, 76 S.) 8 ngr.

— die neueste, für die technischen Lehranstalten im Königreich Bayern geschichtlich und kritisch beleuchtet von einem Fachmanne. Leipzig 861. Voß. gr. 8. (41 S.) 7½ ngr.

Schulordnung f. die Residenzstadt Neustrelitz. Mit kurzen Bemerkgn. u. Erklärgn. 8. (17 S.) Neustrelitz 889. Barnewitz. n. — 10

Schulordnung für die Ober-Real- und Vorschule zu Oldenburg. Oldenburg i./Gr., Druck v. A. Littmann, 1893; 28—31 S. 4.
Oldenburg, st. OR u. VS, P 1893 (667)

Schulordnung für die Stadt O l d e s l o e. D. d. Glückstadt den 22. März 1813. Glückstadt. o. J. 4°

Die **Schulordnung** für die Provinzen **Ost- u. Westpreussen** vom 11. Dezember 1845 nebst Erläuterungen zu derselben u. d. wichtigsten Verfugungen d. Kgl. Regierungen in Köngsberg, Gumbinnen, Danzig u. Marienwerder. f. Seminarzögl. u. Lehrer, hrsg. von Dr. Bernhard Schulz, Geh. Reg.- u. Schulr. 2., verm. u. verb. Aufl. *Danzig: A. W. Kafemann 1900.* (VIII, 338 S.) 8° [F.] (00. 485 10

Schulordnung *des Königlichen Prinz Heinrichs-Gymnasiums in Berlin.* 4 (S. 33—34).
Progr. Kgl. Prinz Heinrichs-G. *Berlin* 1896 (66). 1897 (66).

Schulordnung für das Königliche Progymnasium zu Kempen i. P. Kempen 1907: Amulong. 11 S. 8°
Kempen i. P., k. PG OP 1908 (214) [S 08. 437

Schulordnung, die, für die Realgymnasien im Königr. Bayern. Königl. allerh. Verordnung vom 20. Aug. 1874. 8. (34 S.) Würzburg 874, Stahel'sche Buchh.

Schulordnung des Realgymnasiums und der Realschule zu Harburg vom 28. Februar 1907 (nebst: Anhang.) Harburg 1907: G. Lühmann. (8 S. u. 1 Bl. Nachtr.) 8° [F.]
Harburg, RG u. R 1907 (398)

Schulordnung [des **Realprogymnasiums** und **Progymnasiums** zu Limburg a. d. Lahn]. *Limburg (1898): Gebr. Gorrlach.* (25—28 S.) 4°
Limburg a. d. Lahn, RPG u. PG, P 1898 (415)

Schulordnung für das Realprogymnasium zu Solingen. 4 (S. 3—5 der Schuln.). **Progr.** Städt. Rprg. *Solingen* 1892 (495 für 498).

Schulordnung der Realschule zu Grofs-Lichterfelde. 4 (S. 39—40). 4 (S. 25). 4 (S. 27).
Rsch. *Grofs-Lichterfelde* 1896 (130). 1897 (131). 1898 (134).
Progr.

Auszug aus der **Schulordnung** für die Städtische Realschule in Ribnitz. Ribnitz 1910: Haack. S. 1—6. 4°
Ribnitz, st. R OP 1910 (908) [S 10. 399

Schulordnung (der städtischen katholischen **Realschule** zu Beuthen O.-S. vom 10. Januar 1900, nebst Bemerkungen). *Beuthen O.-S. (1900): Th. Kirsch.* (S. 20—24.) 4°
Beuthen O.-S., st. kath. R i. Entw., P 1900 (233)

Schulordnung. Bemerkungen zur Schulordnung. 4 (S. 20—24). — Stiftungen (der städtischen katholischen Realschule zu Beuthen O.-S. im J. 1900: 1. Stadtrat Hugo Przikling-Stipendienstiftung. 2. Stadtrat Ferdinand Schaal-Stiftung. 3. Commerzienrat Hermann Zerkowski-Stiftung). 4 (S. 19—20).
Städt. kath. Rsch. J. d. Entwicklung begr. *Beuthen O.-S.* 1900 (233).
Progr.

— für die Realschulen im Königr. Bayern [königl. allerhöchste Verordnung vom 29. April 1877.] 32. (127 S.) Kempten 877, Kösel'sche Buchh. — 50

— die, f. die Realschulen im Königr. Bayern. Kgl. allerhöchste Verordng. vom 11. Septbr. 1894. 12. (52 S.) Ansbach 894. C. Brügel & Sohn. — 30

Schulordnung für die Rheinische Ritter-Akademie zu Bedburg in Gemässheit d. Reglements u. d. allgem. Schulordng. Düsseldorf, Buchdr. v. L. Schwann, 1895; 3—6 S. 4.
Bedburg, Rheinische RAk, P 1895 (436)

Schulordnung für die Klosterschule Rossleben 1899. (Görlitz 1899: Görlitzer Nachrichten u. Anzeiger.) (10 S.) 8°(4°) [F.] (07. 1114 3

Schulordnung der Stadt S e g e b e r g. Segeberg. 1846. 8°

Schul-Ordnung des Stadt-Gymnasiums zu Halle a. S. Halle a/S., Druck d. Heynemannschen Buchdr., 1890; S. 32—34: 4°
Halle a/S., Stadt-G, OP 1890

Schulordnung des Stadtgymnasiums. Stettin, Druck v. Herrcke & Lebeling, 1891; S. 24—25; 4°
Stettin, Stadt-G, OP 1891 (140)

Schulordnung für die Stadt- und Landesschule zu Saalfeld. Ebend. 820. 4. (26 Seiten).

— für die deutschen Stadt- u. Dorfschulen. gr. 8. Ulm 773. Wohler. 7 ggr.

— für die latein. Stadtschulen. 8. Ulm 773. Wohler. 4 ggr.

— für die niedern Stadt- u. Landschulen in Würzburg. 8. Bamb. 775. (Wesché in Frkf. a. M.) 3 ggr.

— f. d. niedern Stadt- u. Landschulen v. Würzburg. 8. Bamberg, Göbhardt. 775.

— die, f. die Studienanstalten im Königr. Bayern. Kgl. allerh. Verordng. vom 20. Aug. 1874. 8. (34 S.) Ebend. 874. — 25

Schulordnung, die, f. die kgl. bayer. Studienanstalten. Kgl. Allerhöchste Verordng. vom 20. Aug. 1874. 2. Aufl. 8. (35 S.) Würzburg 885. Stahel. — 20

Schulordnung für den evangel. Theil d. Kantons St. Gallen. 835. Scheitlin u. Zollikofer. 1/12 ß

Schul- u. Unterrichtsordnung d. allgem. Volksschulen, s.: Gesetze f. d. Königr. Böhmen, Nr. 43.

Schul- und Unterrichtsordnung für allgemeine Volksschulen und für Bürgerschulen samt Durchführungsbestimmungen. Wirksam f. die im Reichsrate vertret. Königreiche u. Länder mit Ausnahme d. Königr. Galizien u. Lodomerien, samt d. Großherz. Krakau. Wien: Hof- u. Staatsdr. 1905. (118 S.) 8° [F.]
= Handausgabe d. österr. Gesetze u. Verordnungen. H. 7.

[Schulordnung.] Schul- und Unterrichtsordnung für allgemeine Volksschulen und für Bürgerschulen samt Durchführungsbestimm. Wirksam f. die im Reichsrate vertret. Königreiche u. Länder m. Ausnahme d. Kgreich. Galizien u. Lodomerien samt d. Grossherzogt. Krakau. Berlin 1906. 8°.
(Handausgabe d. österr. Gesetze u. Verordn. H. 7.)

Schulordnung für Volksschulen. Arnsberg: F. W. Becker 1901. (7 S.) 8°

Schul-Ordnung für Volksschulen. Arnsberg: F. W. Becker 1905. (8 S.) 8° [F.]

— f. die Volks- u. Fortbildungsschüler. — Schulordng. f. die Arbeitsschülerinnen. Plakat. qu. Fol. Bruchsal (898). O. Katz. — 40; aufgezogen n. — 70

— f. d. Volksunterricht im Umfange d. evang. Landeskirche A. B. in Siebenbürgen. gr. 8. (14 u. Ergänzgn. 3 S.) Hermannstadt 870. 890. (L. Michaelis.) n.n. — 20

— für die Reichsstadt Wetzlar. 8. Wetzlar 789. Winkler. 2 ß

Schulordnung wornach sich alle Schulbediente auf dem Lande ... jedesmahl gebührend zu halten. Hof 1715. H: *Hösel, Johann Christoph.* (Fiker)

Die Badischen Schulordnungen hrsg. von Karl Brunner. Bd 1. Berlin: A. Hofmann & Co. 1902. 8°
= Monumenta Germaniae Paedagogica. 24.

Schulordnungen, evangelische. Hrsg. von Reinhold Vormbaum. (In 3 Bdn.) 1. Bd.: Die evangelischen Schulordnungen des 16. Jahrh. 1. Hälfte und 2. Hälfte 2 Hefte. gr. 8. (X und 765 S.) Gütersloh 858—60, Bertelsmann. [1. Hälfte. * 22½ Ngr.. 2. Hälfte. 1. Heft. * 1 Thlr., 2. Heft. * 2 Thlr.)] * 3

— dass. — 2. Bd.: Die evangelischen Schulordnungen des 17. Jahrh. 1. und 2. Heft. gr. 8. (S. 1—320.) Ebendas. 861, 62. à Heft * 24 Ngr.

Schulordnungen, evangelische. Hrsg. von Rhold. Vormbaum. 2. Bd.: Die evangel. Schulordnungen des 17. Jahrh. 3.—5. Heft. gr. 8. (VIII und S. 331—807.) Gütersloh 862,63, Bertelsmann. [3. und 4. Heft à * 24 Ngr., 5. Heft * 1 Thlr.] *

— dass. — 3. Bd.: Die evangel. Schulordnungen des 18. Jahrh. 5 Hefte. 8. (X und 700 S.) Ebendas. 864. +
1. Bd. und 2. Bd. 1. und 2. Heft. Ebendas. 1858—62. * 5 Thlr. 10½ Ngr.

Schul- u. Lehrordnungen, die, f. die Volksschulen des k. bayer. Reg.-Bez. der Pfalz. Amtliche Ausg. (140 S.) 8. Speyer 906. (Jäger). n.n. 1. 50; geb. n.n. 1. 80

Zwei österreichische Schulordnungen aus dem 17. Jahrhundert. Mitgetheilt von Dr. Karl Schrauf. *Wien & Leipzig: W. Braumüller 1899.* (S. 115–134, XIX–XXIII.) 8°
— Beiträge z. Österreichischen Erziehungs- u. Schulgeschichte. H. 2, 3.

Schulorganismus, Der, in der Stadt Bern. Eine Anregung. Bern 1866. V: *Kummer, Johann Jacob.* (BSchwLk V, 10c)

Schulorthographie, deutsche, nach den in Preußen, Bayern, Sachsen, Baden, Oldenburg, Braunschweig, Meiningen, Koburg-Gotha, Reuß ꝛc. geltenden Bestimmungen. Regeln und ausführl. Wörterverzeichnis. gr. 8. (104 S.) Lahr 881, Schauenburg. *

— die neue. [Zusammenstellung der wichtigsten Abweichungen von der bisherigen Schreibweise.] 1 Blatt. 8. St. Gallen 882. Scheitlin & Zollikofer. — 10

Schul-Orthographie, die neue [v. Puttkamersche]. Ein Beitrag zur Würdigung der bezügl. Reformbestrebgn. gr. 8. (20 S.) Wien 884. (Pichler's Wwe. & Sohn.) n. — 40

Schulpädagugik, ane kleene, enth.: Une ganze Zoaspel Schulgeschichten ei schläsischen Dialektgedichten. Herovsgegaan vun eenem Schulfreend un Mitglied däs R. G. V., P. v. Z. (X, 237 S.) 8. Lissa (909). O. Eulitz. 1. 50

Schulpe (de Török-Kanizsa), Georg von

Schulpe, Geo. v. Aphorismen u. Aperçus. [In ungar. u. deutscher Sprache.] [1.] u. 2. Bd. 12. (71; 109 S.) Pressb. 890,91, Heckenast's Nachf. à Bd. * 1 —

— Aug' um Auge. Ein dramat. Scherz in e. Acte. 8. (23 S.) Ebd. 890. n. — 30

Schulpe, Geo. v., Bolke v. Bardenfleth. Episch-romant. Dichtung in 4 Gesängen aus der Geschichte der Stedinger. 12. (38 S.) Dresden 888, Pierson's Verlag. *
geb. *

— fremdländische Blumen. Eine Sammlg. mustergilt. metr. Uebersetzgn. v. modernen Autoren. Gesammelt u. geordnet. gr. 8. (XI, 122 S.) Leipzig 888. Friedrich. n. 2. —; geb. n. 3. —

Schulpe, Geo. v., Gedichte. Eigenes u. Fremdes. 8. (44 S.) Leipzig 886. (Preßburg, Heckenast's Nachf.) n. 1. —

— germanische Göttersagen. Mytholog. Gedichte, gesammelt und zusammengestellt. Mit Einleitung von Felix Dahn. gr. 8. (XVI, 108 S.) Leipzig 886, Friedrich. *

Schulpe, Georges de, des habitations ouvrières. Essai. Dédié au Congrès des habitations à bon marché tenu à Bordeaux les 20., 21., 22. octobre 1895. 4. (19 S.) Pressburg 895. (G. Heckenast's Nachf.) n. — 80

— Harfe u. Harnisch. Ein Romanzero aus dem Mittelalter. 12. (VIII, 68 S.) Dresden 888. Pierson. n. 1. 50; geb. m. Goldschn. n. 2. 50

— nordische Klänge. Ein Cyclus erzähl. Dichtgn. u. histor. Romanzen aus der german. Göttersage u. Geschichte. gr. 8. (132 S.) Leipzig 888. Friedrich. n. 2. —; geb. n. 3. —

Schulpe, Geo., das Land der Bajuwaren, in Liedern verherrlicht. Gesammelt u. zusammengestellt. Mit e. Vorwort v. K. Zettel. gr. 8. (VII, 195 S.) Leipzig 887. Friedrich. n. 2. —

— Perlen aus dem Meere d. Lebens. Sprüche zeitgenöss. Dichter, gesammelt von G. v. Sch. 12. (XV, 89 S.) Dresden 888. Pierson. n. 1. 20; geb. n. 2. —

Schulpe, Geo. v., s. Petöfi, S.: Liederkranz.

— Pour prendre congé. Scherzspiel in 1 Akt. gr. 8. (24 S.) Ebd. 891. * — 60

Schulpe, Georg von, Der Prinz. Dramatische Kleinigkeit in einem Aufzuge. Gr.-8. (16 S.) Budapest: G. Heckenast's Nachf. 1890.

Sehnen und Suchen. Ausgew. Gedichte von Georg v. Schulpe. Mit e. Vorw. von P. C[arl] E[ugen] Schmidt. Dresden & Leipzig: Pierson 1894. XV, 84 S. 8° A 12. 10606

Schulpe de Török-Kanizsa, Geo., die Socialreform-Bewegung in Ungarn. gr. 8. (91 S.) Pressburg 901. (G. Heckenast Nachf.) 1.20

— **Traumphantasien** u. dionysische Lieder. Dichtungen. 12. (V, 50 S. m. Portr.) Elbing u. Lpz. 891, Moldenhauer. * 2 —; geb. m. Goldschn. ** 3 —

Schulpflege, die. Monatsblätter d. Vereins d. Rektoren Berlins u. der Prov. Brandenburg. Hauptorgan des preuss. Rektorenvereins. Schriftleitung: Herm. Heinrich. N. F. I. Jahrg. Mai 1895—Apr. 1896. 12 Nrn. (Bog.) gr. 4. Berlin, H. Spamer. 3. —
Vorh.unt.d.T.:Mitteilungen d.Vereins d.Rektoren Berlins u.d.Provinz Brandenburg.Jg.1.1895.

— dasselbe. Neue Folge II—IV. April 1896—März 1899. à 24 Nrn. (à ca. 1 Bog.) hoch 4. Ebd. à Jahrg. 4. — Kann auch halbjährlich bezogen werden. — Erscheint seit 1. Oct. 1899 bei d. Nicolai'schen Verlagsbhdlg. in Berlin.

Schulpflege, die. Halbmonatsblätter des Vereins der Rektoren Berlins u. der Prov. Brandenburg. Hauptorgan des preuss. Rektorenvereins. Schriftleitg.: Herm. Heinrich. Neue Folge. 5.—8. Jahrg. April 1899 bis März 1903. à 24 Nrn. (à ca. 8 S.) gr. 4. Berlin, Nicolai's Verl. à Jahrg. n. 4.—

Schulpflege, die. Organ des preuss. Rektorenvereins. Schriftleitung: Herm. Heinrich. Neue Folge. 9. bis 12. Jahrg. April 1903—März 1907. à 24 Nrn. (200, 194, 204 u. 204 S.) gr. 4. Berlin, Nicolai's Verl. à Jhrg. n. 4. —

Schulpflege, die. Organ des preuss. Rektorenvereins. Schriftleitg.: Herm. Heinrich. Neue Folge. 13. Jahrg. April—Dezbr. 1907. 24 Nrn. (II, 218 S.) 32×23,5 cm. Berlin, Nicolai's Verl. 3.50

— dasselbe. Schriftleitg.: Paul Risch. Neue Folge. 14. Jahrg. 1908. 52 Nrn. (IV, 448 S.) 32×24 cm. Ebd. 6. —

— dasselbe. Neue Folge. 15. u. 16. Jahrg. 1909 u. 1910. à 52 Nrn. (426 u. 564 S.) 32×23,5 cm. Berlin, L. Düringshofen. à Jahrg. 6. —

Schulpforte, s. **Schmidt, K. Chr. G.,** u. **Fr. K. Kraft.**

Schulpforte, über die, und die Schulerziehung. 8. Leipzig, Dyk. 786.

Schulplan der Elementar-Schulen zu Rotweil rc., s. Ausarbeitung.

Schulplan, Ein neuer, für die Akademie von Bern. O. O. 1794. V: *Ith, Johann.* (MGT)

Schul-Post, deutsche. Central-Organ f. den höheren Lehrerstand. Unter Mitwirkg. namhafter Schulmänner hrsg. v. der märk. Verlags-Anstalt zu Biesenthal. Red.: Paul Hagemann. 1. Jahrg. 1892. 24 Nrn. (Bog.) gr. 4. Biesenthal, Exped. n. 3. 60

Schulpraxis. (Magazin für Lehr- und Lernmittel.) 1883-86. Leipzig 1883-86

Schulpraxis. Blätter f. Methodik u. Magazin f. Lehr- u. Lernmittel. Red.: G. Herzberg. 1. Jahrg. Oktbr. 1893—Septbr. 1894. 24 Nrn. (à ca. 1 Bog.) gr. 4. Breslau, Expedition. n. 3. —

— dasselbe. Red.: H. Peiler. 2. Bd. Oktbr. 1894—Septbr. 1895. 24 Nrn. (à ca. 1 Bog.) gr. 4. Ebd. n. 3. —

Schulpraxis. Blätter f. Methodik u. Magazin f. Lehr- u. Lernmittel. Red.: H. Peiler. 3. Bd. Oktbr. 1895—Septbr. 1896. 24 Nrn. (Bog.) gr. 4. M. d Beilage: Jugendfreund. Illustr. Blätter zur Unterhaltg. u. Belehrg. Red.: Max Hübner. 6. Bd. 24 Nrn. (à ca. 12 S.) gr. 8. Breslau, F. Goerlich. n. 3. —

— dasselbe. 4. Bd. Oktbr. 1896—Dezbr. 1897. 30 Nrn. (Bog.) gr. 4. Mit d. Beilage: Jugendfreund. Illustr. Blätter zur Unterhaltg. u. Belehrg. Red.: Max Hübner. 7. Bd. 24 Nrn. u. 8. Bd. Nr. 1—6. (à ca. 12 S.) gr. 8. Ebd. 3. 75

— dasselbe. 5. Jahrg. 1898. 24 Nrn. (Bog.) gr. 4. M. d. Beilage: Jugendfreund. Illustr. Blätter zur Unterhaltg. u. Belehrg. Red.: Max Hübner. 8. Bd. Nr. 7—24 u. 9. Bd. Nr. 1—6. (à ca. 12 S.) gr. 8. Ebd. n. 3. —

Schulpraxis. Blätter f. Methodik u. Magazin f. Lehr- u. Lernmittel. 6. Jahrg. 1899. 24 Nrn. gr. 4. (à ca. 8 S.) Mit der Beilage: Jugendfreund. Illustr. Blätter zur Unterhaltg. u. Belehrung. Red.: Max Hübner. 9. Bd. 24 Nrn. gr. 8. (à ca. 12 S.) Breslau, F. Goerlich. n. 3.—

Schulpraxis. [Magdeburg: Friese & Fuhrmann 1895.] (48 S.) 8° [F.]
— **Lehrmittel-Zeitung,** Deutsche. Jg. 1, No 1–6, Beilage. [07. 10891 3

Schulpraxis, deutsche. Wochenblatt für Praxis, Geschichte u. Litteratur der Erziehung u. des Unterrichts. Hrsg.: Ernst Wunderlich. 1. u. 2. Jahrg. 1881 u. 1882. à 52 Nrn. (B.) gr. 4. Leipzig, Wunderlich. à Jahrg. n. 6. 40

Schulpraxis, deutsche. Wochenblatt f. Praxis, Geschichte u. Litteratur der Erziehg. u. d. Unterrichts. Hrsg.: Ernst Wunderlich. 3—6. Jahrg. 1883—1886. à 52 Nrn. (B.) gr. 4. Leipzig, Wunderlich. à Jahrg. n. 6. 40

Schulpraxis, deutsche. Wochenblatt f. Praxis, Geschichte u. Litteratur der Erziehg. u. d. Unterrichts. Hrsg.: E. Wunderlich. 7.—10. Jahrg. 1887—1890. à 52 Nrn. (B.) gr. 4. Leipzig, Wunderlich. à Jahrg. n. 6. 40

— **deutsche.** Wochenblatt f Praxis, Geschichte u. Litteratur der Erziehg. u. d. Unterrichts. Hrsg.: Rich. Seyfert. Begründet durch Ernst Wunderlich. 11.—14. Jahrg. 1891—1894. à 52 Nrn. (Bog.) gr. 4. Leipzig, E. Wunderlich. à Jahrg. n. 6. 40

— **deutsche.** Wochenblatt f. Praxis, Geschichte u. Litteratur d. Erziehg. u. d. Unterrichts. Hrsg.: Rich. Seyfert. Begründet durch Ernst Wunderlich. 15. u. 16. Jahrg. 1895—1896. à 52 Nrn. (à ca. 8 S.) Nebst Gratisbeilage: „Pädagogischer Führer", Blätter f. Lehrerfortbildg. u. pädagog. Kritik u. „Lehrmittelschau", deutsches Zentralorgan f. d. ges. Lehrmittelwesen u. Schulzimmerausstattung. gr. 4. Leipzig, E. Wunderlich.

— **dasselbe.** 17. u. 18. Jahrg. 1897—1898. à 52 Nrn. (Bog.) Nebst Gratisbeilagen: „Pädagog. Führer", Blätter f. Lehrerfortbildg. u. pädagog. Kritik u. „Lehrmittelschau", deutsches Zentralorgan f. d. ges. Lehrmittelwesen u. Schulzimmerausstattg. gr. 4. Ebd. à Jahrg. n. 6. 40
Kann auch vierteljährlich bezogen werden.

Schulpraxis, deutsche. Wochenblatt für Praxis, Geschichte u. Litteratur d. Erziehg. u. d. Unterrichts. Hrsg.: Rich. Seyfert. Begründet durch Ernst Wunderlich. 19. bis 22. Jahrg. 1899—1902. à 52 Nrn. Nebst Gratisbeilagen: „Pädagogischer Führer", Blätter f. Lehrerfortbildung u. pädagog. Kritik, „Pädagogisch-psycholog. Studien", „Lehrmittelschau", deutsches Zentralorgan f. das gesamte Lehrmittelwesen u. Schulzimmerausstattg. gr. 4. (à ca. 8 S.) Leipzig, E. Wunderlich. à Jahrg. n. 6. 40

Schulpraxis, deutsche. Wochenblatt f. Praxis, Geschichte u. Literatur der Erziehg. u. des Unterrichts. Hrsg.: Rich. Seyfert. Begründet durch Ernst Wunderlich. 23.—26. Jahrg. 1903—1906. à 52 Nrn. Nebst Beilagen: „Pädagogischer Führer", Blätter f. Lehrerfortbildg. u. pädagog. Kritik (8 Nrn.). „Lehrmittelschau", deutsches Zentralorgan f. das gesamte Lehrmittelwesen u. Schulzimmerausstattg. (3 Nrn.). „Pädagogisch-psycholog. Studien" (12 Nrn.). (à Jhrg. IV, 416 S.) gr. 4. Leipzig, E. Wunderlich. à Jhrg. n. 6.40

Schulpraxis, deutsche. Wochenblatt f. Praxis, Geschichte u. Literatur der Erziehg. u. des Unterrichts. Hrsg.: Rich. Seyfert. Begründet durch Ernst Wunderlich. 27.—30. Jahrg. 1907—1910. à 52 Nrn. (à ca. 8 S.) Mit den Beilagen: „Pädagogischer Führer", Blätter f. Lehrerfortbildg. u. pädagog. Kritik (8 Nrn.). „Lehrmittelschau", deutsches Zentralorgan f. d. gesamte Lehrmittelwesen u. Schulzimmerausstattung. (3 Nrn.) „Pädagogisch-psycholog. Studien" (12 Nrn.). 32×24 cm. Leipzig, E. Wunderlich. à Jahrg. 6.40

Schulpresse, katholische. Organ der katholischen Lehrerschaft Niederösterreichs. Hrsg. u. Red.: Jos. Redl. 1. Jahrg. Novbr. 1905—Oktbr. 1906. 12 Nrn. (192 S.) Lex.-8. Wien (H. Kirsch). n. 4.—

Schulpresse, katholische. Organ der kathol. Lehrerschaft Niederösterreichs. Hrsg. u. Red.: Jos. Redl. 2. Jahrg. Novbr. 1906—Oktbr. 1907. 12 Nrn. (à ca. 16 S.) Lex. 8. Wien, (H. Kirsch). 4.—
Fortsetzg., s.: Warte, pädagogische.

Schul-Programme und Dissertationen, die, und ihr Vertrieb durch den Buchhandel. Ein Vorschlag an die 23. Versammlung deutscher Philologen und Schulmänner von der Buchhandlung S. Calvary und Comp. in Berlin. Nebst einem Verzeichniss der im J. 1863 erschienenen Programme und Dissertationen. gr. 8. (28 S.) Berlin 864, Calvary und Comp.
Vgl.: Verzeichniss der Universitäts- und Schulschriften.

Nassauische Schulprogramme aus den letzten 25 Jahren [1840—1864.] (Literar. Handweiser Nr. 25; nach Angaben in der Wiener Allg. Literaturzeitung 1864, Nr. 19—21.)
Progr.

Wreschner Schulprozeß vor der 2. Strafkammer des Königl. Landgerichts zu Gnesen. (1. 2.) Posen: Dziennik Poznanske 1902. VII, 173 S. 8°

Schulprüfung in dem Erziehungsinstitute der Freimaurer zu Dresden. [Leipzig 1813.] V: *Semler, Chn Aug.* (NN)

Schulrath, der, an der Oder. s. Krüger, Dan.,

Schulrath, der, an d. Oder; hrsgg. v. D. Krüger u. W. Harnisch. 1e—4e Lieferg. gr. 8. Bresl. 814 u. 815. Max u. C. (à 16 gGr) 2 Thlr 16 gGr, 5e—24e Liefer. od. Erziehungs- u. Schulrath. 1s—20s Hft., von Dn. Krüger u. Wlh. Harnisch. 8. Bresl. 815—20. Graß, B. u. C. (à Hft. 12 gGr) 10 Thlr

Schulrechenbuch, hamburger. Hrsg. v. der Gesellschaft der Freunde vaterländ. Schul- u. Erziehungswesens in Hamburg. 5 Tle. gr. 8. Hamburg 892. (C. Boysen.) n. 3. 40
1. 10., umgearb. Aufl. (55 S.) n. — 30
2. 10., umgearb. Aufl. (71 S.) n. — 40.
3. 9., umgearb. Aufl. (IV, 148 S.) n. — 90
4. Ausg. f. Knaben. 6., umgearb. Aufl. (IV, 132 S.) n. — 70; Ausg. f. Mädchen. 5., umgearb. Aufl. (IV, 139 S.) n. — 70
5. 5., umgearb. Aufl. (176 S.) n. 1. 10

Schulrechenbuch, Hamburger. Hrsg. v. d. Gesellschaft d. Freunde des vaterländ. Schul- u. Erziehungswesens. 5 Tle. gr. 8. Hamburg (C. Boysen). n. 3. 50
I. 11., unveränd. Aufl. (55 S.) 893. n. — 30
II. 11. Aufl. (72 S.) 892. n. — 40
III. 11., unveränd. Aufl. (IV, 148 S.) 894. n. — 90
IV. Ausg. f. Knaben. 8., m. e. Anh. verseh. Aufl. (VI, 144 S.) 895. n. — 80; Ausg. f. Mädchen. 6., m. e. 2. Anh. verseh. Aufl. (VI, 152 S.) 893. n. — 80
V. 6., unveränd. Aufl. (176 S.) 894. n. 1. 10

Schulrechenbuch, Hamburger. 3. Tl. Ausg. f. Vorschulen. Hrsg. v. d. Gesellschaft der Freunde des vaterländ. Schul- u. Erziehungswesens. 8. (IV, 84 S.) Hamburg 898. (C. Boysen.) Geb. n. 1. —

Schulrechenbuch, Hamburger. Hrsg. v. der Gesellschaft der Freunde des vaterländ. Schul- u. Erziehungswesens. 1. bis 4. Tl. gr. 8. Hamburg (C. Boysen). n. 2.40; geb. n.n. 3. 80
1. 14. unveränd. Aufl. Neudr. (55 S.) 900. n. — 30; geb. n.n. — 60
2. 14. unveränd. Aufl. Neudr. (72 S.) 900. n. — 40; geb. n. — 70
3. 13. unveränd. Aufl. Neudr. (IV, 148 S.) 900. n. — 90; geb. n. 1.30
4. (Ausg. f. Knaben.) 9., m. e. Anh. vers. Aufl. (VI, 144 S.) 898. n. — 80; geb. n. 1.20
(Ausg. f. Mädchen.) 8. Aufl. (VI, 142 S.) 900. n. — 80; geb. n. 1.20

Schulrechenbuch, Hamburger. Hrsg. v. der Gesellschaft f. Freunde des vaterländischen Schul- u. Erziehungswesens. 5 Tle. 8. Hamburg (C. Boysen). n. 3. 50; geb. n. 5. 30
I. 18. unveränd. Aufl. Neudr. (55 S.) 905. — 30; geb. — 60
II. 16. unveränd. Aufl. Neudr. (72 S.) 905. — 40; geb. — 70
III. 17. unveränd. Aufl. Neudr. (IV, 148 S.) 905. — 90; geb. 1. 30
IV. Ausg. f. Knaben. 12. Aufl. (VI, 144 S. m. Fig.) 905. — 80; geb. 1. 20; Ausg. f. Mädchen. 9. Aufl. (IV, 144 S.) 903. — 80; geb. 1. 20
V. 7., verb. Aufl. (179 S. m. Fig.) 904. 1. 10; geb. 1. 50

— dasselbe. 3. Tl. Ausg. f. Vorschulen. 2. Aufl. (IV, 80 S.) 8. Ebd. 902. Geb. n. 1. —

— dasselbe. 4. Tl. (Ausg. f. Landschulen.) 2., umgearb. Aufl. (205 S.) 8. Ebd. 904. n. 1. 20; geb. n. 1. 60

Schulrechenbuch, Hamburger. Hrsg. v. der Gesellschaft der Freunde des vaterländ. Schul- u. Erziehungswesens. I. u. III. Tl. 8. Hamburg, (C. Boysen). Geb. 1. 95
I. 22. unveränd. Aufl. Neudr. (55 S.) 911. Geb. - 65
III. 22. unveränd. Aufl. Neudr. (IV, 148 S.) 911. Geb. 1. 30

Schul-Rechnenbuch für Hamburg, nach den jetzigen Börsen-Usanzen bearbeitet. Hrsg. u. verlegt v. der Gesellsch. der Freunde des vaterländ. Schul- u. Erziehungs-Wesens rc. 5., verb. Aufl. gr. 8. (18½ B.) Hamburg 843, (Hoffmann u. Campe.) * —

Schulrecht, preußisches, od. Erlasse d. königl. preuß. Ministers der geistl., Unterrichts- u. Medizinal-Angelegenheiten u. der Konsistorien, das Volksschul-, Präparanden- u. Seminarwesen betr., nebst e. Anh.: Verzeichnis der Unterrichts-Verwaltgn. im Königr. Preußen. 12. (VI, (285 S.) Hoyerswerda 883. Leipzig, F. E. Fischer's Verl. n. 1. —

Schulrecht, preußisches, oder Erlasse des königl. preuß. Ministers der geistl., Unterrichts- und Medizinal-Angelegenheiten und der Konsistorien, das Volksschul-, Präparanden- und Seminarwesen betr., nebst einem Anhang: Verzeichnis der Unterrichts-Verwaltungen im Königr. Preußen. 12. (VI, 285 S.) Hoyerswerda 883, Wenzel. *

Schulrecht, preußisches, od. Erlasse d. königl. preuß. Ministers der geistl., Unterrichts- u. Med.-Angelegenheiten, Verfügungen königl. Regierungen, königl. Provinzial-Schul-Kollegien, königl. Konsistorien, gerichtl. Entscheidgn. u. Erkenntnisse, Polizei- u. sonst. das Volksschul-, Präparanden- u. Seminarwesen d. preuß. Staates betr. Verordngn. Mit zahlreichen Anmerkgn. u. ausführl. Erläutergn. 2. Jahrg. 1883. 12. (XIV, 330 S.) Leipzig 884. Oesterwitz Nachf. n. 1. —

Schulrecht, preußisches, oder Erlasse des kgl. preuß. Ministers der geistl., Unterrichts- und Medicinal-Angelegenheiten, Verfügungen königl. Regierungen, königl. Provinzial-Schul-Kollegien, königl. Konsistorien, gerichtl. Entscheidungen und Erkenntnisse, Polizei- und sonst. das Volksschul-, Präparanden- und Seminarwesen des preuß. Staates betr. Verordnungen. Mit zahlr. Anmerkungen und ausführl. Erläuterungen. 3.—5. Bdchn. 12. (XII, 225; V, 159; 102 S.) Leipzig 888, Freund.
à Bdchn. * *M* 1.—. *

Schulrecht, preußisches, od. Erlasse d. kgl. preuß. Ministers der geistl., Unterrichts- u. Med.-Angelegenheiten, Verfügungen kgl. Regierungen, königl. Provinzial-Schul-Kollegien, königl. Konsistorien, gerichtliche Entscheidungen u. Erkenntnisse, Polizei- u. sonstige das Volksschul-, Präparanden- u. Seminarwesen d. preußischen Staates betreffende Verordnungen. Mit zahlreichen Anmerkgn. u. ausführl. Erläutergn. 6. u. 7. Bdchn. 12. (IV, 286; IX, 238 S.) Lpz. 890, Oesterwitz Nachf.
6. Bdchn. * — 95; 7. Bdchn. * 1 —; * 1 95
1.—5. Bdchn. Lpz. [Freund.] Oesterwitz Nachf. à Bdchn. [* 1 —] * — 50.

Schulrecht, preußisches, od. Erlasse d. kgl. preuß. Ministers der geistl., Unterrichts- u. Med.-Angelegenheiten, Verfüggn. königl. Regiergn., königl. Provinzial-Schul-Kollegien, königl. Konsistorien, gerichtl. Entscheidgn. u. Erkenntnisse, Polizei- u. sonst. das Volksschul-, Präparanden- u. Seminarwesen d. preuß. Staates betr. Verordngn. Mit zahlreichen Anmerkgn. u. ausführl. Erläutergn. 7. Bd. 12. (IX, 238 S.) Leipzig 891. H. Oesterwitz Nachf. n. 1. —

Schulrede zur Feier des 24. April 1879. Wien 1879. V: *Jessen*, *Asmus Christian.* (EB)

Schulrede zu Husum, nach vollbrachtem jährlichen Examine . . . 1754 . . . O. O. V: *Stresow*, *Conr. Frdr.* (Bruun, Bibl. Danica III, 758.) (Collin, Anonymer. Kiobenh. 1869.)

Schulrede gehalten am Sylvesterabend 1837 . . . Leipzig 1838. V: *Lupin*, *Friedrich Freih. von.* (BrVV)

Schulrede, gehalt. am Sylvesterabend 1837 v. Flor. Felbel, s. † Felbel.

Schulreden. [Hrsg. v.] Franz Frisch. Wien: A. Pichler's Ww. & Sohn; 1883. (156 S.) 8⁰

Frisch, Franz, Schulreden. I. Thl. Mit Beiträgen von Josef Ambros, Peter Benedicter, Ignaz Gugl, Moriz Kleinert rc. 2. Auflage. 8. (154 S.) Ebda. 1891. 1.—

— dasselbe. 2. u. 3. Reihe. Hrsg. v. Frz. Frisch. gr. 8. Ebd. à n. 2.—; geb. à n. 2.40
2. Mit Beiträgen von Konr. Appel, Ferd. Bachmann, Mich. Drumel u. a. (IV, 161 S.) 887.
3. Mit Beiträgen v. Dom. Ambros, Frz. Buchneder, Jak. Emprechtinger u. a. (VII, 153 u. 23 S.) 889.

Schulreden, 1. Thl. Mit Beiträgen v. Jos. Ambros, Ign. Gugl, Mor. Kleinert u. a. Hrsg. v. Frz. Frisch. 3., verm. Aufl. gr. 8. (VI, 143 S.) Wien 899. A. Pichler's Wwe. & Sohn. n. 2.—; geb. n. 2.40

Schulreden zur Feier des 40-jährigen Regierungs-Jubiläums Sr. Majestät des Kaisers Franz Josef I. Wien 1888. V: *Ellermann*, *Friedrich.* (EB)

Schulreden, zwei. Gehalten von Gilbert bei der Einführung u. von Rud. Dietsch bei dem Amtsantritt als Director der Königl. vereinigten Gymnasial- u. Realschul-Anstalt zu Plauen am 8. Octbr. 1861. Leipzig 862. (Teubner.) gr. 8. (30 S.) 6 *ngr.*

Schulreden, zwey, über die altschwäbische Poesie und die Vortheile, welche die deutsche Nation aus dem neubelebten Studium derselben zu erwarten hat. Gesprochen unter Leitung v. C. Kirchner. gr. 8. Stralſ., Löffler. 817. Rthlr.

Schulreden, Zwei, bei der Sekular-Feier der Preussischen Königswürde. Berlin 1803. V (1): *Gedicke*, *Friedrich.* (2): *Delbrück*, *Johann Friedrich Gottlieb.* (BrMm)

Schul-Redeübung zum feyerlichen Andenken des . . . Baues, durch welchen das Armen- und Waisenschulhaus in . . . Fürth mit Thurm . . . geziert worden. O. O. 1775. V: *Richter*, *Chph Glieb.*[?]. (ML)

Schulreform, die deutsche. Wochenschrift f. psycholog. Politik u. Pädagogik. 1. Jahrg. April—Dezbr. 1898. 39 Nrn. (à ca. 1 Bog.) gr. 4. Leipzig, Otto Nackwitz. n.n. 4.50
Kann auch vierteljährlich bezogen werden.

Schulreform, die deutsche. Wochenschrift f. psycholog. Politik u. Pädagogik. Schriftleiter: Reinh. Jentzsch. 2. Jahrg. 1899. 52 Nrn. gr. 4. (à ca. 6 S.) Leipzig [O. Nackwitz]. L. Fernau. n.n. 6. —
Fortsetzung s.: Blätter f. deutsche Erziehung.

Schulreform zu Hadersleben. (Extra-Abdruck aus den Fliegenden Blättern.) (München.) o. J. (1851?) 1 Bl. 4⁰

Schulreform u. Industrie. (Schriften des Zentralverbandes der Industriellen Oesterreichs.) (119 S.) gr. 8. Wien 908. Manz. 1. 70

Schulreform u. Turnunterricht. Eine turnpädagog. Streitschrift als ernstes Mahnwort an die Schulbehörden u. den deutschen Lehrerstand, zugleich e. krit. Betrachtg. üb. die XI. deutsche Turnlehrer-Versammlg. gr. 8. (67 S.) Bielefeld 891. A. Helmich. n. 1. —

Schulreform, unsere höhere. Methodische Rathschläge u. aufklär. Erläutergn. für Lehrer u. Eltern von e. prakt. Schulmann. 8. (44 S.) Berlin 890. Schorß. n. — 50

Schulregeln. Plakat. 40,5×30 cm. Langensalza 893. Wendt & Klauwell. n. — 20

Gewerbliche Fortbildungsschule Liestal. **Schulreglement** Beschluss des Vorstandes vom 22. Mai 1902. 4 S. 8. Liestal, Suter & Cie., 1902.

Gymnasium von Burgdorf. Schul-Reglement. Revidiert 1902 (Februar 11/27). 21 S. 8. Burgdorf, P. Eggenweiler, 1902.

Schul-Reglements, die drei kgl. Preuß., s. Menzel, K. A.

Schulregulativ für das Kirchspiel Jörl in der Probstey Flensburg nach Vorschrift und Anleitung des allerhöchsten Rescripts d. d. Gottorf. d. 11. Decbr. 1812. (Schleswig. 1812.) 8⁰ [Kopft.]

Allerhöchst genehmigtes **Schulregulatif** für die sämtlichen Schulen der Landschaft Süderdithmarschen. Glückstadt den 17. December 1810. Glückstadt. (1810.) 8⁰

Schul-Regulativ der Stadtschule in Neustadt. Oldenburg. 1837. 8⁰

שלחן עדות Schulschan Eduth, das ist: Erklärung der fünf Bücher Mosche's. Für Israeliten beiderlei Geschlechts. 16 Hft. Enthält die fünf ersten Sedras von Moses Mendelson, Verf. v. פני תבל und מציאת ארץ החדשה. gr. 8. Stuttgart 840. Hallberger'sche Verlagsh. 5/8 ℛ

Schul-Schematismus des Bisthums Breslau. Uebersichtliche Zusammenstellung sämmtl. kathol. öffentl. Elementarschulen der Provinz Schlesien [einschließlich der Grafschaft Glatz und des Distrikts Katscher], Brandenburg und Pommern, mit Angabe des Patrons, Revisors, der Lehrer, der Schülerzahl ꝛc. Bearb. und hrsg. von Thom. Kuznik. 2. Folge, pro 1870. gr. 8. (IV, 126 S.) Breslau 871, (Maruschke und Berendt.)
Vgl.: Schematismus des Bisth. Breslau.

Schul-Schematismus f. d. Reg.-Bez. Oppeln. Uebersichtl. Zusammenstellg. sämtl. Volksschulen d. Reg.-Bez. Oppeln m. Angabe d. Poststation, d. eingeschulten Ortschaften, d. Lehrer, d. zur Berufg. d. Lehrer Berechtigten u. s. w. Hrsg. nach amtlichen Quellen. 8. (VIII, 130 S.) Gross-Strehlitz 897. A. Wilpert. n.n. — 75

Schul-Schematismus für den Regierungsbezirk Oppeln. Übersichtl. Zsstellg sämtl. Volksschulen d. Regiersbez. Oppeln m. Angabe d. Poststation, d. eingeschulten Ortschaften, d. Lehrer, der z. Berufg d. Lehrer Berechtigten u. s. w. Hrsg. nach amtl. Quellen. *Gross-Strehlitz: A. Wilpert 1898.* (VIII, 130 S.) 1 Bd 8. [98. 11346]

Schul-Schematismus, Schlesischer. Herausgegeben vom Central-Ausschusse des österr.-schlesischen Landes-Lehrervereines. Gr.-8. (224 S.) 1.80
Troppau: Buchholz & Diebel 1897.

Schul- u. Lehrer-Schematismus, schlesischer. Hrsg. v. österr.-schles. Landeslehrervereine. Red. v. Frz. Stalzer. (III, 210 S.) kl. 8. Jägerndorf 906. (Troppau, Buchholz & Diebel.) nn 3. —

Schulschematismus der Schulbehörden, Volks-, Mittelschulen und Lehrerbildungs-Anstalten, dann der gewerblichen, commerciellen und landwirthschaftlichen Schulen in Mähren. Herausgegeben im Auftrage des k. k. Landesschulrathes. Gr.-8. (VII, 346 S.) In Lnwd. geb. Brünn: Rohrer 1898. 1.80

Schulschwestern, die armen. Ihr Entstehen, inneres Leben und Wirken. Mit einem Anhang dazu gehöriger Lebensgeschichten. Hrsg. von einem kathol. Geistlichen. gr. 8. (IV und 214 S.) Regensburg 854, Manz.

Schul-, Konfirmanden- u. Pfennig-Sparkassen. Sonderabdruck aus der Jubiläums-Statistik des Central-Ausschusses f. innere Mission. gr. 8. (11 S.) Berlin 899. (Frankfurt a/O., G. Harnecker & Co.) n. — 10

Schulspiele, 100, gesammelt, nach den Altersstufen der Kinder geordnet und auf ihre Einfachheit u. Güte praktisch geprüft v. dem Lehrerkollegium zu Schlettau i. Erzgeb. 8. (61 S.) Dresden 893. A. Huhle. n. — 80; kart. n. — 90

Schulspiele, 100, gesammelt, nach d. Altersstufen d. Kinder geordnet u. auf ihre Einfachheit u. Güte praktisch geprüft von dem Lehrerkollegium zu Schlettau i. Erzgeb. 2. Aufl. 8. (60 S.) Dresden 901. A. Huhle. Kart. n. 1. —

Schulspiele, 100, gesammelt, nach d. Altersstufen d. Kinder geordnet u. auf ihre Einfachheit u. Güte prakt. geprüft v. dem Lehrerkollegium zu Schlettau i. Erzgeb. 3. Aufl. (64 S.) 8. Dresden 909 A. Huhle. Kart. 1. —

Schulspiele mit einem jungen Cavalier. 2 Stcke. 8. Leipz. 777. Müller. (Joachim). 9 ℊℊ

Schulsprache, s. Kirchen- und Schulsprache.

Schulstadt, die, s.: Sammlung pädagogischer Vorträge. XVII, 5.

Schulstatistik für das Herzogthum Holstein. Im Auftrage des holsteinischen Lehrervereins nach den von den einzelnen Lehrern gemachten Berichten bearb. v. Conrad Friedrich Fick, Hinrich Lorenz Christian Hass, Andreas Peter Sönksen. Th. 1: Das specificirte Einkommen sämmtlicher Schulstellen. Kiel. 1854. 8°.

Schul-Statut für den Lehrbezirk der Kaiserlichen Universität Dorpat. Russisch u. deutsch. 4. Riga, Meinshausen. 821.

Schulstaub u. Hofluft, od. d. glückl. gewordene Hofmeister; e. Uebersetzung des Baccalaureus v. Salamanka, von Herrn le Sage. a. d. Franz. 2 Thle. 8. Lpz. Weygand. 782.

Schulstaub und Hofluft, oder der glücklich gewordene Hofmeister, eine neue Uebersetzung des Baccalaureus van Salamanka, von Herrn le Sage, 2 Theile, 8. Daselbst, 783. Weygand. 1 Rtl. 15 sgl.

v. Schulstein, s. Fd. Kindermann.

Schulstimmen: Schweizerische Schulstimmen
⑤ 4. 1. 1856—25. 12. 1857 ⑥ 4° ⑦ Wochenblatt ⑧ Horgen: Karl Weiß ⑩ der Drucker ⑪ Dr. Thomas Scherr, Emmishofen. Sek.-Lehrer Schäppi, Horgen ⑫ mit politischem Einschlag ⑭ Zh: Z.

Schulstreit, der badische. gr. 8. (29 S.) Mainz 865, Kirchheim. *
Aus: Der Katholik, besonders abgedruckt.

Der Bremer **Schulstreit** vor der Disziplinarkammer. Ein Kampf um d. Freiheit d. Volksschule ... nach d. stenogr. Bericht hrsg. im Auftr. d. bremischen Volksschullehrer u. -lehrerinnen von d. Preß-Kommission. Bremen [1907]: Hauschild. 254 S. 8°

Schulstreit, der Bremer, vor der Disziplinarkammer. Ein Kampf um die Freiheit der Volksschule. Nach dem stenograph. Bericht hrsg. im Auftrage der Bremer Volksschullehrer u. -lehrerinnen v. der Preß-Kommission. (254 S.) gr. 8. Bremen (907). (D. Melchers.) nn 1. —

Schul- u. Kirchenstreit, der hamburger, s.: Bewegungen, kirchliche, der Gegenwart. 1908. 1.

Schulstreit, Der Lippoltsweiler, in aktenmässiger Darstellung. Zürich 1863. V: *Labhardt, Phil. Glieb.* (Cat. d. Stadtbibl. Zürich. Zürich 1864—97.)

Schulstreit u. Schulreform. Dramatische Scenen, frei nach Aristophanes. Von Orbilius Empiricus. gr. 8. (56 S.) Wiesbaden 887. Kunze's Nachf. n. 1. —

Schulstreit, der Würzburger. Randbemerkungen zum Eßlinger Lehrplan v. e. Pädagogen. gr. 8. (VII, 43 S.) Kronach 899. C. Link. n. — 80

Schulstube, Die gesunde. Ein Unterricht zur sichern Beförderung der Gesundheit der Lehrer und Schuljugend. Leipz. 1814. V: *Klinghardt, Carl Gottfried.* (Ky) (MGT)

Schulstube, die gesunde. Ein Unterr. zur sichern Beförderung d. Gesundheit d. Lehrer u. Schuljugend, (v. C. G. Klinghardt). gr. 8. Leipz. 814. Steinacker. 6 ℊℊ

Schulsynode, die Züricher, und ihre Liederbuch-Kommission. Zürich 1882.

Schult, Otto

Schult, O., mecklenburg-schwerinsche u. mecklenburg-strelitzsche Gesinde-Ordnung. Für den prakt. Gebrauch erläutert. 8. (VIII, 120 S.) Rostock 902. H. Koch. Kart. n. 2.—

Schult, O[tto], Referendar: Der Nießbrauch an einem Vermögen nach dem Rechte des Bürgerlichen Gesetzbuches. *Rostock 1903: C. Hinstorff.* (61 S.) 8° [J.]
Rostock, Jur. Diss. v. [10. Sept.] 1903

Schult, Paul [aus Ehrenfeld bei Köln a/Rh.]: Über das plasmodium malariae und seine diagnostische Bedeutung ... Würzburg, Druck d. Bonitas-Bauer'schen k. b. Hofbuchdr., 1893; 30 S. 8.
Würzburg, Med. Fak., Inaug.-Diss. v. 1893

Schultabelle, geographische, vom Königr. Sachsen. Zu Engelhardt Vaterlandskunde. gr. Fol. Neust. a. d. O. 827, Wagner.

Schul-Tabelle, orthographische, s. Mutzl, S.

Schultagebuch, allgem., f. 1836—39. Mit genauester Eintheil. d. Lectionen in d. Vorschule, Volks- u. Bürgerschule u. d. wichtigsten Anweisn. z. Schulführung überh. v. Schullehrer d. 19. Jahrh. (Kloker). — A. m. d. Umschlag-T.: Der Schullehrer d. 19. Jahrh. 1—4. Supplementhft. gr. 8. Stuttgart, [Scheible, Rieger u. Sattler.] [-36. (3¾ B.) ⅙ Thlr., 37. (3¾ B.), 38. (4 B.), 39. (5⅛ B.) à ¼ Thlr.]
Vgl. Schullehrer, der. — Schulirrthümer.

Schul-Tagebuch in Tabellen. Tagebuch, Führungsliste, Censur-Tabelle, Lectionsplan, geliehene und verliehene Bücher. gr. 16. (91 S.) Leipzig 875, [C. H. Reclam sen.] Bauer. — 60

Schul- u. Reise-Taschen-Wörterbuch, englisch., s. Pocket-Dictionary.

Schul- u. Reisetaschen-Wörterbuch der engl. u. deutsch. Sprache. 16. Leipz. 824. Tauchnitz. 16 gr

Schul- u. Reise-Taschen-Wörterbuch der engl. u. deutschen Sprache, mit beigefügt. Bezeichnung d. engl. Aussprache u. Accentuation nach d. Walker'schen Systeme. Neue, verm. u. verb. Aufl. 16. (37 B.) Leipzig (834), Tauchnitz.

Schul- und Reise-Taschen-Wörterbuch der englischen und deutschen Sprache. Nebst Bezeichnung der Aussprache und Betonung nach Walker. — A new pocket-dictionary of the English and German languages. — 3. Ster.-Ausg. Neuer Abdr. 16. (V und 681 S.) Leipzig 866, Holtze. —

Schul- und Reise-Taschenwörterbuch der englischen und deutschen Sprache. — A new Pocket-Dictionary of the English and German Language. — Nebst Bezeichnung der Aussprache und Betonung nach Walker. 3. Karl Tauchnitz'sche Ster.-Ausg. Neuer Abdr. 1870. ℳ 2,25., und Neuer Abdr. gr. 16. (IX, 677 S.) Leipzig 874, Holtze. 2 50

Schul- u. Reise-Taschen-Wörterbuch der englischen u. deutschen Sprache. Nebst Bezeichng. der Aussprache u. Betong. nach Walker. 3. Karl-Tauchnitz'sche Ster.-Ausg. Neuer Abdr. 12. (VII, 677 S.) Leipzig 898. O. Holtze's Nachf. 2. 50; geb. in Halbfrz. n. 3. 25

Schul- u. Reisetaschen-Wörterbuch der französisch. u. deutschen Sprache. 2 Thle. Stereotyp.-Ausg. 16. Leipz. 824. Tauchnitz. 16 gr

Schul- u. Reise-Taschen-Wörterbuch d. französischen u. deutschen Sprache. Neue verb. u. verm. Aufl. Stereotyp-ausg. — A. u. d. T.: Nouveau Dictionnaire de poche franç.-allem. et allem.-franç. Nouv. edit. corr. et augm. Édit. stéréot. 2 Thle. 16. (43 B.) Leipzig 839, Karl Tauchnitz.

Schul- und Reise-Taschen-Wörterbuch der französischen und deutschen Sprache. Neu stereot., verb. u. verm. Ausg. — Nouveau dictionnaire de poche français-allemand et allemand-français. Leipzig 859. K. Tauchnitz. (Holtze.) 16. (VII, 766 S.) 20 ngr.

—— —— der französischen und deutschen Sprache. — Nouveau dictionnaire de poche français-allemand et allemand-français. — Neue verb. und verm. Ster.-Ausg. Neue Aufl. 16. (VII und 766 S.) Leipzig 866, Holtze.

—— —— der französischen und deutschen Sprache. — Nouveau Dictionnaire de poche français-allemand et allemand-français. Neue verb. und verm. Karl Tauchnitz'sche Ster.-Ausg. Neue Aufl. 1871. ℳ 2., und Neue Aufl. 16. (VI, 356; 410 S.) Ebendas. 873,75. 2 50

Schul- und Reise-Taschenwörterbuch der französischen und deutschen Sprache. Neue verb. und verm. Karl Tauchnitz'sche Stereotypausg. Neue Aufl. — Nouveau Dictionnaire de poche français-allemand et allemand-français. 16. (VI, 766 S.) Leipzig 883, Holtze.

— d. italien. u. deutschen Sprache. 2 Thle. Stereotypen-Ausg. 16. Leipz. 824, Tauchnitz.

—— der italienischen u. deutsch. Sprache. Neue, verb. u. verm. Aufl. Stereotypausg. — A. u. d. T.: Nuovo Dizionario italiano-tedesco e tedesco-ital., compend. su i piu recenti Dizionari delle due lingue. Ediz. nuova, corr. e aument. 2 Thle. 16. (48 B.) Leipzig 839, Karl Tauchnitz.

— der italienischen und deutschen Sprache. — Dizionario italiano-tedesco et tedesco-italiano. — Neu stereot., verb. u. verm. Ausg. Ebend. 862. (Ebend.) 16. (VII, 783 S.) 22½ ngr.

—— —— der italienischen und deutschen Sprache. — Dizionario italiano-tedesco e tedesco-italiano. — Neue verb. und verm. K. Tauchnitz'sche Ster.-Ausg. Neue Aufl. 16. (VII, 423 und 360 S.) Leipzig 868, Holtze. —

—— —— der italienischen und deutschen Sprache. Dizionario italiano-tedesco e tedesco-italiano compendiato su i più recenti dizionari delle due lingue. Neue verb. und verm. Karl Tauchnitz'sche Ster.-Ausg. Neue Aufl. ℳ 2,25., und Neue Aufl. 16. (VII, 423; 360 S.) Ebendas. 873,75. 2 50

— — der italienischen u. deutschen Sprache. Neue verb. u. verm. Karl Tauchnitz'sche Ster.-Ausg. Neue Aufl. 12. (VII, 423 u. 359 S.) Ebd. 897. 2. 50; geb. in Halbfrz. n. 3. 25

Schul- u. Reise-Taschen-Wörterbuch der spanischen u. deutsch. Sprache. Stereotypausg. — A. u. d. T.: Nuevo Diccionario portátil española-aleman y aleman-español para las escuelas y los viajantes. Edic. estereot. kl. 16. (51 B.) Leipzig 839, Karl Tauchnitz. Thlr.

Schul- u. Reise-Taschen-Wörterbuch der ungarischen u. deutschen Sprache. — Magyar — Német és Német — Magyar Tanodai és Utazási Zsebszótár. 2 Thle. 16. (79⅜ B.) Wien 846, 47, [Tendler u. Comp.] Thlr.

Schulte, epidemische Erkrankungen an akutem Exanthem m. typhösem Charakter in der Garnison Cosel, s.: Veröffentlichungen aus dem Gebiete d. Militär-Sanitätswesens. H. 4.

Schulte, Kanon der Geschichtszahlen. Zum Gebrauche f. die Schüler des Gymnasiums u. Realprogymnasiums zu Limburg a. d. Lahn zusammengestellt. (27 S.) gr. 8. Limburg 904. H. A. Herz. — 30

Schulte: Das Königliche Solbad zu Elmen, s. Goebel, Adolf Heinr. Aug.

Schulte, A., mathematische Abhandlung üb. die stereographische Projection d. Ellipsoids. gr. 8. (32 S.) Bonn 874. (Göttingen, Vandenhoeck & Ruprecht's Verl.) Diss. n. — 60

Schulte, A., meine Kriegs-Erlebnisse in den Feldzügen 1864 u. 1866. Mit 3 Illustr.-Beilagen, 1 Notenbeilage „Schleswig-Holstein meerumschlungen" u. zahlreichen Abb. im Text. (120 S.) 8. Minden 908. W. Köhler. 1.50; Volksausg. (urspr. Pr. nn —85)

Schulte, A., Sammlung zweistimmiger Gesänge f. den katholischen Militärgottesdienst. 12. (IV, 96 S.) Saarlouis 886. Hausen. geb. n.n. — 60

Schulte, A. Die Schlacht bei Szlankamen. (München 1891.) 4°. (Aus: Beil. zur Allg. Zeitung.)

Wirkungsweise des Wassers im Laufrade der Turbinen. Von A. Schulte, Ingen. M. 10 Textfig. *Berlin: G. Siemens 1897.* (16 S.) 1 Bd 4. [98. 612]

Schulte, Adalbert

Schulte, Adb., der Brief an d. Römer, übers. u. erklärt. Nebst e. Anh.: Zur Deutg. d. Namens „Maria". gr. 8. (VIII, 272 S.) Regensburg 897. Verlagsanstalt vorm. G. J. Manz. n. 3. —

Schulte, Adalbert, s. Hymnen, Die, des Breviers ...

Die Hymnen des Breviers nebst den Sequenzen des Missale übers. u. kurz erkl. von Dr. Adalbert Schulte, Prof., Pelplin. 2. durchges. Aufl. Paderborn: F. Schöningh 1906. (XIV, 431 S.) 8° [F.]
— Handbibliothek, Wissenschaftliche. Reihe 1, 17. [07. 9816 B]

Die Psalmen des Breviers nebst den Cantica z. prakt. Gebr. übers. u. kurz erkl. von Dr. theol. Adalbert Schulte, Prof., Pelplin. Paderborn: F. Schöningh 1907. (XIV, 459 S.) 8° [F.]
— Handbibliothek, Wissenschaftliche. Reihe 1, 26. [07. 9831 B]

Schulte, A. [Culmensis]: De restitutione atque indole genuinae versionis Graecae in libro Judicum. . . . Lipsiae, impr. August Pries, 1889; 79 + 1 S. + 1 Bl. 8°
Münster, Kath.-theol. Fak., Inaug.-Diss. v. [7. Aug.] 1889

Schulte, Adalb., De restitutione atque indole genuinae versionis Graecae in libro Judicum. Leipzig. Fock. 1889. 79 S. 8°. 1.50 Mk.

Schulte, A., die koptische Uebersetzung der vier grossen Propheten, untersucht v. A. S. gr. 8. (91 S.) Münster i/W. 892. Aschendorff. n. 3. —

Schulte, Ad., Die koptische Übersetzung der 4 großen Propheten untersucht. Münster, Aschendorff, 1893, 8°, 91 S., 3 Mk.

Schulte, A[dalbert]: Methode Rustin. Unterrichtsbriefe für das Selbststudium der katholischen Religion ... Hrsg. vom Rustinschen Lehrinstitut ... Lfg. 1. Potsdam & Leipzig: Bonness & Hachfeld. [1902]. 4° (8°)
= Selbst-Unterrichts-Briefe. [11,] Lfg. 1.

Schulte, Adalbert: Die messianischen Weissagungen des Alten Testaments nebst dessen Typen, übers. u. kurz erkl. Paderborn: Schöningh 1908. VIII. 208 S. 8°
(Wissenschaftliche Handbibliothek. Reihe 1, 30.)

Schulte, Adam (geb. am 17 Sept. 1846 in Hof Flerke Kr. Soest): Ueber den Einfluss des Chinin [!] auf einen Oxydationsprozess im Blute ... Bonn, Druck v. J. F. Carthaus (1871). 32 S., 1 Bl. 8.
Bonn, Med. Fak., nachträgl. erschienene Diss. v. 19 Juli 1870

Schulte, Albert, a. Aplerbeck: Über Blasenscheiden- und Mastdarmscheiden-Fisteln. Halberstadt [1906]: H. Meyer. (32 S.) 8°
Würzburg, Med. Fak., Ref. Hofmeier, Diss. v. 15. März 1906
[Geb. 16. Juni 74 Aplerbeck; Wohnort: Würzburg; Staatsangeh.: Preußen; Vorbildung: Gymn. Warendorf Reife O. 92; Studium: Göttingen 3, Würzburg 18. S.; Coll. 29 Juli 01; Approb. 11. Juni 01.]

Schulte, Albert (Hamburg) A. S. 99/21
De iure fisci in hereditates privatorum.
Leipzig (Langenheim) 25. VIII. 1740. 92 S.
Gew.: Stadt Hamburg. 31761

Schulte, Alfred

Schulte, Alfr., die natürliche u. die übliche Bilanzform. (32 S.) gr. 8. Dresden 903. W. Baensch. — 80

Schulte, A., die theoretischen u. praktischen Grundlagen der Buchführung sowie die Unklarheiten u. Unrichtigkeiten d. üblichen Lehrmethoden. Für Kaufleute, Ingenieure u. Juristen aller Unternehmgn. gr. 8. (56 S.) Berlin 902. J. Springer. n. 1. 40

— der Wortansatz u. das System in der Buchführung. (89 S.) gr. 8. Ebd. 903. — 80

Der Adel und die deutsche Kirche im Mittelalter. Studien zur Sozial-, Rechts- u. Kirchengeschichte. Von Dr. Aloys Schulte, Prof. Stuttgart: Enke 1910. XII, 400 S. 8°
(Kirchenrechtliche Abhandlungen. H. 63/64.) [10. 10872]

Schulte, Aloys, Closener und Königshofener Beiträge zur Geschichte ihres Lebens und der Entstehung ihrer Chroniken, s. Studien, Strassburger, 1. Bd.

Schulte, Aloys, zwei Briefe Diether's v. Isenburg. (9 S.) gr. 8. Rom 903. Loescher & Co. n.n. — 40
Sonderabdr. aus: „Quellen u. Forschgn. aus ital. Archiven".

Schulte, Aloys, die sogenannte Chronik des Heinrich v. Rebdorf. Ein Beitrag zur Quellenkunde des XIV. Jahrh. gr. 8. (89 S.) Münster 879, Theissing'sche Buchh. * 1 20

Deutschland und das Meer. Hist. Betrachtungen von Aloys Schulte. Festrede, geh. bei d. Kaisergeburtstagsfeier d. Univ. Breslau. *München 1900: Allg. Zeitung.* (19 S.) 8° [F.]
Aus: Beilage zur Allg. Zeitung, No 23 v. 29. Jan. 1900. [00. 470]

Schulte, Aloys. Die Fugger in Rom 1495-1523. Mit Studien zur Geschichte des kirchlichen Finanzwesens jener Zeit. 8. Leipzig, Duncker & Humblot, 1904. [zus. M. 13. —, geb. in 1 Bde. 15. 40]
Band 1: Darstellung. Mit [1 Figur und] einer Lichtdrucktafel [Porträt]. XII + 308 S.
Band 2: Urkunden. Mit 2 Lichtdrucktafeln [Münzen]. XII + 247 S.

Schulte, A., Geschichte der Habsburger in den ersten drei Jahrhunderten. Studien. Mit 1 Karte u. 2 Illustr. [Aus: „Mittheilgn. d. Instituts f. österr. Geschichtsforschg."] gr. 8. (III, 152 S.) Innsbruck 887. Wagner. n. 4. —

Schulte, Aloys, Geschichte d. mittelalterlichen Handels u. Verkehrs zwischen Westdeutschland u. Italien m. Ausschluss v. Venedig. Hrsg. v. der bad. histor. Kommission. 2 Bde. gr. 8. Leipzig 900. Duncker & Humblot. n. 30. —
1. Darstellung. (XXXII, 742 S.)
2. Urkunden. (358 S. m. 2 farb. Karten.)

Schulte, Aloys: Die Jugend d. Prinzen Eugen v. Savoyen. Sonderabdruck aus den „Mittheilungen des Instituts für österr. Geschichtsforschung", XIII. Bd., 3. Heft. (Mit 1 Stammtafel.) Innsbruck 1892. 8.

—— Pabst Leo IX. und die elsässischen Kirchen, s. Studien, Strassburger, 2. Bd.

Schulte, Aloys, Markgraf Ludwig Wilhelm v. Baden u. der Reichskrieg gegen Frankreich 1693—1697. Hrsg. v. der bad. histor. Kommission. 2 Bde. Lex.-8. (VIII, 568 u. 374 S. m. 1 Bilde in Heliogr. u. 9 Taf. in Lichtdr.) Karlsruhe 892. J. Bielefeld's Verl. n. 25. —

— Markgraf Ludwig Wilhelm v. Baden u. d. Reichskrieg gegen Frankreich 1693—1697. Hrsg. von der bad. histor. Kommission. 2 Bde. 2. [Titel-]Ausg. gr. 8. Heidelberg [892.] 901. C. Winter. n. 12. —
1. Darstellung. Mit 1 Bilde in Heliograv. (VIII, 568 S.)
2. Quellen. (Tagebücher, Briefe, Akten u. Karten.) Mit 9 Taf. in Lichtdr. (374 S.)

Kaiser Maximilian I. als Kandidat für den päpstlichen Stuhl 1511. Von Dr. Aloys **Schulte**, Prof., Bonn. Leipzig: Duncker & Humblot 1906. (VI, 86 S.) 8° [F.] 06. 3393

Schulte, Aloys. Die Standesverhältnisse der Minnesänger. SA. 8. Leipzig 1895.

Schulte, Aloys, s. Urkunden und Akten der Stadt Strassburg.

— die römischen Verhandlungen üb. Luther 1520 aus den Atti Consistoriali 1517—23. (I u. II.) (26 u. 5 S.) gr. 8. Rom 904. Loescher & Co. n.n. 1. 60
Sonderabdr. a.: „Quellen u. Forschgn. aus ital. Archiven".

Schulte, Aloys. Wer war um 1430 der reichste Bürger in Schwaben und in der Schweiz? [A.] 8. (Gotha 1900.)

Schulte, A[nton]: Geschichte der katholischen Kirchengemeinde ad St. Michaelem in Papenburg-Obenende. Papenburg: Ems-Zeitung in Komm. (1909). 45 S. 8⁰ [Umschlagt.]

Schulte, A., lux mundi. Das Licht der Welt, s.: Vereinstheater, neues.

Der Messias. Ein Weihnachtsfestspiel in 4 Akten von A[nton] **Schulte**, Rektor. Münster i. W.: Aschendorff 1907. (64 S.) 8° [F.] 06. 4732

Der Stern des Heils. Ein Weihnachtsfestspiel in 3 Aufz. von Rektor A. **Schulte**. Münster i. W.: Aschendorff 1906. (48 S.) 8° [F.] 06. 1947

Schulte, August

Schulte, Aug., Aufgaben z. Kopfrechnen für Gymnasien u. höhere Bürgerschulen. gr. 8. (3 B.) Siegen 845. [Wiesbaden,] Friedrich'sche Vrlgsh.

Schulte, Aug., Aufgaben zum Kopfrechnen für Gymnasien u. höhere Bürgerschulen. 2. (Titel-)Ausg. **Wiesbaden (845.)** 855. Friedrich. gr. 8. (2 Bl., 44 S.) 5 ngr.

Schulte, August]: Die Blattfallkrankheit oder der falsche Meltau der Weinstöcke Peronospora viticola. Berlin: Parey 1907. IV, 31 S. -- 121*

Die Blattfallkrankheit oder der falsche Meltau der Weinstöcke Peronospora viticola. Von Aug. **Schulte**, Dir. zu Kreuznach. 9. bis 12. Taus. Berlin: P. Parey 1907. (31 S.) 8° [F.] 07. 12477

Schulte, *Heinrich* **August** [app. Arzt aus Hillen]: Aus d. patholog. Institute zu Kiel. Ein Fall von acuter Sulfonal-Vergiftung ... Kiel, Druck v. P. Peters, 1897; 14 S., 1 Bl. 8. Kiel, Med. Fak., Inaug.-Diss. v. [29. Jan.] 1897

—— die Feldmeßkunst für den Bürger u. Landmann. gr. 8. (1¼ B., 1 Reductionsstab., 5 schwarze u. 2 ill. Stnt.) Siegen 841. [Wiesbaden,] Friedrich'sche Vrlgsh. -

—— die Feldmeßkunst für den Bürger und Landmann. Mit 5 Stnt., worunter 2 farbige zur Erlernung des Planzeichnens (in 4. und Fol.) 2. (Titel-)Ausg. gr. 8. (28 S. mit 1 Tab. in Fol.) Wiesbaden 854, Friedrich's Vrlgsh. -

—— **Lehrbuch der praktischen Flächen- u. Körperberechnung, nebst Anleitung zur Anfertigung v. Bauanschlägen. Als Leitfaden für den Unterricht an der Sonntagsschule bearb. gr. 8. (4¼ B. u. 2 Stnt.) Siegen 842. (Frankfurt a. M., Hermann'sche Buchh.** *

Schulte, Aug., Lehrbuch der prakt. Mathematik für Gewerbetreibende, insbesond. für Bauhandwerker, Landwirthe, Wiesenbauer und Forstpraktikanten. Als Leitfaden für den Unterricht an Gewerbe- und Sonntagsschulen, so wie zum Selbstunterricht bearb. gr. 4. (VI und 90 S. mit 8 Kpfrt.) Wiesbaden 848, Friedrich'sche Buchh.

— Lehrbuch der praktischen Mathematik für Gewerbetreibende, insbesondere für Bauhandwerker, Landwirthe, Wiesenbauer und Forstpraktikanten. Zum Selbstunterricht, sowie für den Unterricht an Gewerbe- und Sonntagsschulen. Mit 8 (lith.) Kpfrtaf. 2. (Titel-)Ausg. **Wiesbaden (847.)** 854. Friedrich. gr. 8. (V, 90 S.) 1 ₰. 6 ngr.

Schulte, Augustus: De ratione quae intercedit inter Polybium et tabulas publicas. Halis 1909: Orphanotr. 76 S. 8° ¶(Ersch. auch als: Dissertationes philol. Halenses. Vol. 19, P. 2. 1910.)
Halle, Phil. Diss. v. 15. Dez. 1909, Ref. Kern
[Geb. 28. Aug. 83 Böckum; Wohnort: Böckum; Staatsangeh.: Preußen; Vorbildung: Gymn. Paderborn Reife O. 04; Studium: Münster 1, Berlin 1, München 1, Halle 5 S.; Rig. 3. Aug. 09.] [U 10. 1798

De ratione quae intercedit inter Polybium et tabulas publicas. Scripsit Augustus **Schulte**. Halis Sax.: Niemeyer 1910. S. 174–244. 8° [Umschlagt.]
Ersch. auch als Inaug.-Diss. Halle 1909.
(Dissertationes philologicae Halenses. Vol. 19, p. 2.) 11. 1248

Schulte, Aug., Runen. Mit einem Vorw. von Fr. Hoffmann. Nördlingen 858. Beck. 8. (VIII, 160 S.) n. 25 ngr.

—— **Sammlung von Aufgaben für den Unterricht im prakt. Rechnen für Gymnasien u. höhere Bürgerschulen. Zugleich als Leitfaden für den Lehrer. gr. 8. (8¾ B.) Siegen 843. [Wiesbaden,] Friedrich'sche Vrlgsh.** -

— **Sammlung von Aufgaben im praktischen Rechnen für Gymnasien und höhere Bürgerschulen. Zugleich als Leitfaden für den Lehrer. 2. (Titel-)Ausg. Wiesbaden (843.) 855. Friedrich. gr. 8. (IV, 136 S.) 10 ngr.**

—— **Schreibe-Buch der deutschen Current-Schrift. Nr. 1 —6. qu. 4. (à 3 Bog.) Siegen 843, [Kogler'sche Buchh.] à**

—— **dass. engl. Nr. 1—6. qu. 4. (à 3 Bog.) Ebds. 843 u. 844. à**

— **Verzierungen für Gewerbtreibende als Vorlegeblätter für einen fortschreitenden Unterricht im freien Handzeichnen. 1.—3. Heft. 1., 2. H. à 18 Bl. 3. H. 12 Bl. Ebd. 847. 2⅚ ₰**

—— **Verzierungen für Gewerbtreibende als Vorlegeblätter für einen fortschreit. Unterricht im freien Handzeichnen. 1—4. Heft. Fol. (57 lithogr. Bl.) Siegen 847, Kogler'sche Buchh.**

— **Vorschule für Planzeichnen u. Kartenschrift. 8 lith. Taf. mit (4 S.) Erläuterungen. 4. Siegen 847, Friedrich. ¼ ₰**

— **Vorschule für Planzeichnen und Kartenschrift. Acht Steintafeln mit Erläuterungen. 2. (Titel-)Ausg. Wiesbaden (847.) 854. Friedrich. 4. (4 S. Text.) 7½ ngr.**

Schulte, A.: Der Weinbau am unteren Mittelrhein. (Von Coblenz bis Bonn einschl. Ahrthal.) Ahrweiler: Expedition der 'Winzerzeitung' 1899. 66 S. -- 43*. LKRhld.*

— **der Zeichenunterricht in der Elementarschule. Nr. 1. qu. 4. (20 u. 18 lith. S. Text.) Siegen 848. (Schulz.) n. 8 ngr.**

Schulte, Baronin Auguste v., Deborah. gr. 8. (83 S.) Hannover 881. Lübemann. *ℳ 1,80.; geb. *

Schulte, Baronin Auguste v., Burg Hammerstein. Historische Erzählung. 8. (148 S.) Hannover 879, (Kniep's Sortiment.) 3 — geb. 4 —

—— praktisches Handbuch der feineren und bürgerlichen Küche. 8. (64, 162 S.) Hannover 880, Kniep's Verlag. geb. *

Schulte, Baronin Auguste v., praktisches Kochbuch der feineren u. bürgerlichen Küche. 2. Aufl. 8. (64 u. 162 S.) Magdeburg 888. Rathke. geb. n. 2. —

Schulte, Bernhard Wilhelm

Schulte, B. W., Religionslehre, f. d. nachdenkende Jugend u. d. höhere Alter. 8. Oldenb. u. Brem. Cramer (Müller) 792.

— — dieselbe. 8. Münster, Aschendorff. 795.

Schulte, Cäcilius, über die Cysten der Vagina mit besonderer Berücksichtigung ihrer Entstehung. Inaugural-Dissertation. gr. 8. (25 S. mit 1 Stnt.) Göttingen 878, (Vandenhoeck und Ruprecht's Verlag.) * — 80

Schulte, Carl, s. Schulte, Karl.

Schulte, E.: Über eine Verallgemeinerung des Satzes, dass das zwischen den Asymptoten gelegene Stück einer Hyperbel-Tangente im Berührungspunkt halbirt wird. 1881. 4°
Diss. Marburg.

Schulte, Eduard: Zur Benzoëfrage. Halle a. S. 1880: Gebauer-Schwetschke. 123 S. 8°
Halle-Wittenberg, Med. Diss. v. 16. März 1880
Geb. Marmelshagen (Westf.) 6. 1. 1854. V.
Aus: Zeitschrift f. d. ges. Naturwissenschaften. Bd 53. Berlin 1880 S. 1—123.

Schulte, E., Erinnerungen an das alte Joachimsthal'sche Gymnasium in Berlin. gr. 8. (36 S.) Freienwalde 889. Draeseke. n. 1. —

Schulte, Ed. Erinnerungen an das alte Joachimsthal'sche Gymnasium in Berlin. gr. 8. Freienwalde 889. Hildburgh., Kesselring. * 1 —

Schulte, Ed., Gedichte. 8. (IV u. 160 S. m. lith. Titel u. 1 Notenblatt.) Cöln 850, W. Greven in Comm. n. 2/3 ℔

Schulte, Ed., Gedichte. 2. Aufl. 8. (VI und 176 S.) Hagen 862, Butz. geb. mit Goldschn. *

Schulte, Eduard, Referendar: Das Gewerberecht der Mühlen nach den deutschen Weistümern. Heidelberg: Winter 1909. X, 38 S. 8° ¶ (Ersch. vollst. u. d. Titel: Das Gewerberecht d. dtsch. Weistümer als: Deutschrechtl. Beiträge. Bd 4, H. 4.)
Münster, Rechts- u. staatsw. Diss. v. 22. März 1909, Ref. His, Jacobi
[Geb. 6. Febr. 86 Wattenscheid; Wohnort: Bochum; Staatsangeh.: Preußen; Vorbildung: Gymn. Wattenscheid Reife O. 04; Studium: Freiburg i. B. 1, Kiel 1, Münster 5 S.; Rig. 21. Juli 08.] [U 09. 3564

Schulte, Eduard: Das Gewerberecht der deutschen Weistümer. Ein Beitrag z. Geschichte d. deutschen Gewerberechts. Heidelberg: Winter 1909. 151 S. 8°
(Deutschrechtliche Beitraege. Bd 4, H. 4.)

Katalog der Deutschen Ausstellung. Eduard Schulte, Berlin W. Ausstellung v. 13. Nov. bis 3. Dez. 1904. (Berlin 1904: A. Seydel & Co.) (16 S.) 8° [F.] [07. 10066 11

[Kopft.:] [F. u. Ant.] Der Prolog zum 'Wallenstein' kann so, wie er vorliegt, bei den Wallenstein-Aufführungen nicht gesprochen werden ... Umgestaltung ... [v.] Dr. Eduard Schulte. *(Freienwalde a. O.: 1891.)* 2 Bl. 8. [96. 596

Schulte, Emil, approb. Arzt aus Lüdenscheid i. W.: Über den Alkoholauszug autolysierter und fettig degenerierter Lebern. *Göttingen 1904: L. Hofer.* (32 S.) 8°
Göttingen, Med. Diss. v. [2. Juni] 1904

Schulte, Emil, über den Alkoholauszug autolysierter u. fettig degenerierter Lebern. Diss. (32 S.) 8. Göttingen 904. (Vandenhoeck u. Ruprecht.) n. — 80

Schulte, Emil [cand. med. aus Hagen in Westf.]: Ophthalmoskopische Befunde an der Macula Lutea ... Strassburg i. E., Buchdr. C. Goeller, 1892; 32 S., 2 Bl. 8.
Strassburg, Med. Fak., Inaug.-Diss. v. 1892

Schulte, Ernst

Schulte, Ern[illegible] Die [illegible] Berolini 1857. [illegible] S. 8
Berlin, Med. Diss. v. 30. Nov. 1857

Schulte, Ernst, approb. Arzt aus Dortmund: Aus d. Psychiatr. u. Nervenklinik zu Kiel. Ein Beitrag zur Lehre der chronischen progressiven Ophthalmoplegie bei progressiver Paralyse. *Kiel 1903: H. Fiencke.* (36 S.) 8°
Kiel, Med. Diss. v. [30. Sept.] 1903

Schulte, E., Frohsinn. Sammlung 2- u. 4stimm. Lieder für Gesellen-, Knappen- u. Arbeiter-Vereine. qu. 16. (VI, 141 S.) Münster 887. H. Schöningh. geb. n. — 60

Glossar zu Farmans Anteil an der Rushworth-Glosse (Rushworth 1). Von Ernst Schulte. Bonn: C. Georgi 1904. (97 S.) 8° [05. 1404

Schulte, Ernst, aus Münster i. W.: Untersuchung der Beziehung der altenglischen Matthäusglosse im Rushworth-Manuskript zu dem lateinischen Text der Handschrift. *Bonn 1903: C. Georgi.* (30 S.) 8° ¶ (Der Hauptteil d. Arbeit, ein Glossar zu Farmans Anteil an d. Rushworth-Glosse, erscheint besonders.)
Bonn, Phil. Diss. v. 9. Dez. 1903

Schulte, Eugen, appr. Arzt a. Altenhagen (Westfalen): Rachitische Curvaturen und ihre Behandlung. Halle a. S. 1906: C. A. Kaemmerer & Co. (39 S.) 8°
Halle, Med. Fak., Ref. v. Bramann, Diss. v. 24. Dez. 1906
[Geb. 27. Dez. 80 Altenhagen, Kr. Hagen i. Westf.; Wohnort: Halle a. S.; Staatsangeh.: Preußen; Vorbildung: Gymn. Hagen i. W. Reife O. 01; Studium: Halle 9 S.; Coll. 21. Dez. 06; Approb. 6. März 06.]

Schulte, Eug. Walt., der verlorene Sohn, s.: Theaterbibliothek.

Schulte, F. (Hrsg.), s.a. Jugendsänger, Der.

Schulte, F., der Jugendsänger. Eine Sammlung der beliebtesten und bewährtesten Lieder ein-, zwei- und dreistimmig, für Schule und Leben. Nebst einem Anhang enth.: Turnlieder, Canons und Singspiele. Ausg. I mit Ziffernoten. 8. (VIII, 196 S.) Paderborn 870, Schöningh. *
Ausg. II ohne Noten. Mit einer Vorrede von Kroll. 1. Aufl. (VIII, 94 S.) 1870, und 2. verm. Aufl. gr. 16. (100 S.) 874. *

Schulte, F., der Jugendsänger. Eine Sammlung der beliebtesten und bewährtesten Lieder, ein-, zwei- und dreistimmig, für Schule und Leben. Nebst Turnliedern, Canons und Singspielen. 1. Ausg. mit Ziffernoten. 2. mit einem Anhang versehene Ausg. 8. (228 S.) Paderborn 876, F. Schöningh. * 1 —
—— dass. — 2. Ausg. ohne Ziffernoten. 3. Aufl. (108 S.) 1876; 4. verm. Aufl. 16. (103 S.) Ebendas. 876. * — 30

Schulte, F., der Jugendsänger. Eine Sammlung der beliebtesten u. bewährtesten Lieder, ein-, zwei- u. dreistimmig, für Schule u. Leben. Nebst Turnliedern, Canons u. Singspielen. 4. Aufl. 16. (103 S.) Paderborn 879. F. Schöningh. n. — 30

Schulte, F., der Jugendsänger. Eine Sammlung der beliebtesten und bewährtesten Lieder, ein-, zwei- und dreistimmig, für Schule und Leben. Nebst Turnliedern, Kanons und Singspielen. (Ausg. II ohne Ziffernoten.) 5. Aufl. 16. (103 S.) Paderborn 882, F. Schöningh. * — 30

Schulte, F., der Jugendsänger. Eine Liedersammlg. f. kathol. Volksschulen, nebst e. Anleitg. zu den Vorübgn. im Singen nach Ziffern u. zum Einüben der Lieder, u. e. Anh., enth.: Melodieen zu Liedern in den Lesebüchern f. Unter- u. Mittelklassen kathol. Volksschulen. I. Ausg.: Text m. Melodie in Ziffern. 3. Aufl. 8. (XXIV, 288 S.) Paderborn 886. F. Schöningh. n. 1. 60

—— dass. — Eine Sammlung der beliebtesten und bewährtesten Lieder, ein-, zwei- und dreistimmig, für Schule und Leben. Nebst Turnliedern, Kanons und Singspielen. Ausg. II ohne Ziffernoten. 6. verm. Aufl. 16. (126 S.) Ebendas. 886. * — 30

Schulte, F., der Jugendsänger. Eine Sammlg. der beliebtesten u. bewährtesten Lieder, ein-, zwei- u. dreistimmig, f. Schule u. Leben. Nebst Turnliedern, Kanons u. Singspielen. Ausg. II ohne Ziffernoten. 7. Aufl. 16. (128 S.) Paderborn 890. F. Schöningh. n. — 30

—— Melodien zu Liedern in dem Lesebuch für die Unter- und Mittelklasse katholischer Volksschulen. 8. (32 S.) Ebendas. 879. * — 20

Schulte, F. A., der Aufstand auf Sicilien. Trauerspiel in 5 Aufzügen. Münster 861. Cazin in Comm. 16. (134 S.) n. 20 ngr.

Schulte, Ferdinand, approb. Arzt aus Hegensdorf i. Westf.: Zur Frage der konischen Amputationsstümpfe. *Greifswald 1903: J. Abel.* (23 S.) 8°
Greifswald, Med. Diss. v. 1. Apr. 1903

Schulte, Ferdinand: I n w i e f e r n unterscheidet sich der Satz: res succedit in locum pretii in der Erbschaftsklage und der Dotalklage? Bückeburg 1897: Grimme. (46 S.) 8°
Erlangen, Jur. Diss. v. 13. Okt. 1897

[S.] Der heilige **Arnoldus**. Harfenspieler Karls des Grossen. Poëtisch dargest. v. Fr. **Schulte,** Pfarrer in Wollersheim ... *(Zülpich: Dr. v. P. Blumenthal; Selbstv. d. Vfs; [Düren: Commr. v. W. Solinus]) 1894.* (34 S.) 1 Bd S.
.96. 6513

Schulte, Franz

Schulte, Frz., der nothwendige Ausgang der europäischen Revolution von 1848. gr. 8. (IV und 60 S.) Frankfurt a. M. 849, Lizius. *

Schulte, Franc. (geb. Haltern bei Münster in Westf. 1811): De hydrocephalo acuto. Berolini (1838). (32 S.) 8°
Berlin, Med. Diss. v. 4. Apr. 1838

Schulte, Franz *Adam Caspar* [aus Aplerbeck i. W.]: Aus d. chirurg. Klinik zu Bonn. Ueber Ileus als Folgezustand von chronischer Perityphlitis ... Bonn, Buchdr. v. A. Henry, 1896; 27 S. 8.
Bonn, Med. Fak., Inaug.-Diss. v. [17.] Juni 1896

Schulte, Frz., s. Napoleon, Ludwig Bonaparte, Ideen.

Schulte, Franz. Das englische Parlament. Organisation und Geschäftsverfahren. Historisch-kritische Abhandlung mit Bezug auf heutige Zustände. **Berlin,** Schlesinger 1844. XV 128 S. 8.

Schulte, Franz, appr. Arzt a. Linden i. W.: Aus d. Universitäts-Frauenklinik zu Gießen. Die Therapie des engen Beckens mit besonderer Berücksichtigung der Kraniotomie. Gießen 1905: Nitschkowski. (47 S.) 8°
Gießen, Med. Fak., Ref. Pfannenstiel, Diss. v. 10. Nov. 1905
[Geb. 14. Juli 80 Linden; Wohnort: Linden; Staatsangeh.: Preußen; Vorbildung: Gymn. Coesfeld Reife M. 98; Studium: Tübingen 1, Marburg 4, München 1, Marburg 1, Gießen 3 S.; Coll. 20. März 05; Approb. 1. Febr. 05.]

Schulte, Franz Anton

Schulte, Frz. Anton. Über eine Eigenschaft der stereographischen Projektion der Flächen zweiten Grades. 17 S. *Saargemünd 1878* Progr.

Schulte, Franz Xaver

Schulte, Frz. Xav., kurzer Abriß der biblischen Geographie. Mit 3 in den Text gedr. Kärtchen (in Holzschn.). 1. Aufl. 1868. * 25 Pf., und 2. und 3. verm. Aufl. 8. (48 S.) Paderborn 869,71, Junfermann'sche Buchh.

Schulte, Franz Xaver, Kurzer Abriß der biblischen Geographie. Mit 3 in den Text gedruckten Karten. Paderborn, Junfermann, 1874, 8°, 38 S., 3. Aufl., 30 Pf.

Schulte, Frz. Xav., Aufhebung der Mai-Gesetze. Ein Wort zum Frieden. gr. 8. (32 S.) Dortmund 877. Lensing. — 20

Schulte, Frz. Xav., offener Brief an den Herrn Lic. Dr. Preuß, Privatdocent der evangel. Theologie an der Universität zu Berlin. 2. Aufl. 8. (46 S.) Paderborn 865, Junfermann'sche Buchh.

— Franziskanerinnen in Erfurt. Zunächst an die Adresse des Vorstandes der evangel. Diakonissenanstalt in Halle a. S. 2. Aufl. Ebend. 868. 8. (14 S.) n. 1 ngr.

—— Fußangeln für protestantische Polemiker. 1. Aufl. 1865. * 10 Ngr. und 2., verm. Aufl. 8. (64 S.) Paderborn 865, Junfermann'sche Buchh.

— biblische Geschichte d. alten u. neuen Testaments. 8. (348 S.) Ebend. 874. n. 1. —

—— biblische Geschichte des Alten und Neuen Testamentes. 2. Aufl. 8. (355 S.) Paderborn 879, Junfermann'sche Buchh. * 1 —

—— **biblische Geschichte des Alten und Neuen Testamentes. 3. Aufl. 8. (IV, 348 S.) Paderborn 883, Junfermann'sche Buchh.** * — 80

Schulte, Frz. Xav., biblische Geschichte des Alten und Neuen Testamentes. 4. und 5. Aufl. 8. (400 S.) Paderborn 885,87, Junfermann'sche Buchh. * — 80

—— dass. — für Mittelklassen. 1.—3. Aufl. (174 S.) 885; 4. Aufl. 8. (192 S. mit Illustr.) Ebendas. 888. * — 40

—— kleine biblische Geschichte. 1. und 2. Aufl. (48 S.) 885. 15 Pf.; 3. Aufl. 12. (56 S. mit Illustr.) Ebendas. 888. * — 27

—— Geschichte der ersten sieben Jahre des preußischen Kulturkampfes. 1. Bd. A. u. d. T.: Der Kampf um die Schule seit Ausbruch des preuß. Culturkampfes. 1. und 2. Lfg. gr. 8. (VIII, S. 1—208.) Essen 879, Fredebeul und Koenen. à Lfg. *M* 1,25. 2 50

Schulte, Frz. Xav., Geschichte des „Kulturkampfes" in Preußen. In Aktenstücken dargestellt. gr. 8. (XXVII, 669 S.) Essen 882, Fredebeul und Koenen. 6 —

—— **Kirchengeschichte für Schulen. 1.—4. Aufl. 8. (128 S.) Ebendas. 870—75.**

—— Kirchengeschichte für Schulen. 5. Aufl. 8. (128 S.) Ebendas. 880. * — 60

— **Kirchengeschichte f. Schulen. 6. Aufl. 8. (128 S.) Ebd. 888.** n. — 60

—— Lesebuch und Schule. Ein Wort der Mahnung an das kathol. Volk. 4. Aufl. gr. 8. (48 S.) Essen 875, Fredebeul und Kroenen. — 30

Schulte, Fr. Xaver, Aus lutherischen Lesebüchern. Paderborn, Junfermann, 1876, gr. 8°, 64 S., 50 Pf.
Recens. Katholik 1877, Bd. 1 S. 220—3.

Schulte, F. X., Luther u. die Doppelehe des Landgrafen v. Hessen. Paderborn, Junfermann, 1869, 8°, 43 S., 30 Pf.

—— Erfurter Parität. Erster Beitrag. 8. (31 S.) Paderborn 865, (Junfermann'sche Buchh.) *-

Schulte, F. Xav., Das mosaische Privatrecht. Paderborn, 1872, Progr.

— drei Reden zur Schulfrage. gr. 8. (43 S.) Ebend. 876. — 30

—— staatlicher Religions-Unterricht in der Volksschule. gr. 8. (50 S.) Würzburg 877, Woerl. — 60

—— Was wir wollen. Ein Wort ohne Umschweife. gr. 8. (28 S.) Essen 876, Fredebeul und Koenen. — 30

— s.: Zur Schulfrage.

Schulte, Friedrich

Schulte, Fridericus Franciscus: De hepatis cirrhosi, qua hepar amplificatum. Halis Saxonum (1864): Orphanotropheum. 30 S. 8°
Halle-Wittenberg, Med. Diss. v. 10. Dez. 1864
Geb. Kirchhundem (Westf.) 8. 2. 1840. V.

Schulte, Friedrich: Die E n t w i c k l u n g des Sparkassenwesens im Grossherzogtum Baden. Tübingen 1901: H. Laupp jr. (38 S.) 8°
(Aus: Volkswirtschaft. Abhandl., Bd 5.)
Heidelberg, Phil. Diss. v. 1901

Die Entwicklung des Sparkassenwesens im Grossherzogtum Baden. Von Dr. Friedrich Schulte. *Tübingen & Leipzig: J. C. B. Mohr 1901.* (IV, 88 S.) 8°
— Abhandlungen, Volkswirtschaftliche, d. Bad. Hochschulen. Bd 5, H. 1. [01. 4714

Schulte, Frdr. v., Marius Mercator u. Pseudo-Isidor. (6 S.) gr. 8. Wien 903. (A. Hölder.) n. — 30
Sonderabdruck aus: „Sitzungsber. d. k. Akad. d. Wiss."

Schulte, Fridericus, Riemkensis: Archytae qui ferebantur de notionibus universalibus et de oppositis libellorum reliquiae. Marpurgi Cattorum 1908: H. Bauer. (85 S.) 8°
Marburg, Phil. Fak., Ref. Kalbfleisch, Diss. v. 18. April 1908
[Geb. 9. Febr. 80 Riemke (Westfalen); Wohnort: Bochum; Staatsangeh.: Preußen; Vorbildung: Gymn. Bochum Reife O. 01; Studium: Münster 3, Marburg 8 S.; Rig. 23. Juli 06.]

Schulte, Friedrich Adolph (aus Westphalen)
Ueber Karl des Großen Verdienste um die Wissenschaft.
[lt. Promotionsakten handschriftlich eingereicht, liegt jedoch nicht mehr bei.]
Dr. phil. Giessen 12.10.1825.

Schulte, Friedr. Wilh., Grabreden. gr. 8. (5½ B.) Soest 840. (Leipzig, Fr. Fleischer.)

Schulte, Fritz, prakt. Zahnarzt a. Dortmund: Zur Anatomie der Flechtengattung Usnea. M. 10 Taf. Leipzig: G. Thieme 1904. (24 S.) 8° ¶ (Aus: Beihefte z. Botan. Centralblatt 1905).
Münster, Phil. Fak., Ref. Zopf, Diss. v. 14. Okt. 1904
[Geb. 31. Dez. 64 Dortmund; Wohnort: Dortmund; Staatsangeh.: Preußen; Vorbildung: Realgymn. Münster Reife O. 84; Studium: Münster 3, Berlin 2, Würzburg 2 S.; Rig. 26. Juli 04.]

Die Entlöhnungsmethoden in der Berliner Maschinenindustrie. Von Dr. [Fritz] **Schulte,** Berlin. Berlin: L. Simion Nf. 1906. (114 S.) 8°
— **Untersuchungen** über d. Entlöhnungsmethoden in d. deutschen Eisen- u. Maschinenindustrie. H. 2. [06. 1300

Schulte, F., die Grubenbahnen unter besond. Berücksicht. des Lokomotivbetriebes. (IV, 56 S. m. Abbildgn. u. 9 Taf.) gr. 8. Essen 906. G. D. Baedeker. Geb. in Leinw. n. 4. —

Schulte, der Kanal von Herne bis zum Hebewerk u. vom Hebewerk bis Dortmund. Nebst Angabe üb. den Verkehr auf dem Dortmund-Ems-Kanal. Im amtl. Auftrage bearb. gr. 8. (26 S. m. Abbildgn., 1 Tab., 1 Karte u. 1 Taf.) Dortmund (902). Gebr. Lensing. n. 1. —

Schulte, F., Die elektrisch betriebene Wasserhaltung auf Zeche Roland der Harpener Bergbau-Aktien-Gesellschaft. Essen-Ruhr, 1907. 2 S. [Fe 1715

Schulte, F., Wasserhaltungsmaschinen der Neuzeit. Vortrag. Dortmund, 1905. 12 S. [Fe 94

Schulte, Gerhard

Schulte, Gerh., Jan Schnuk u. seine Leute. Eine Geschichte aus e. verlorenen Weltwinkel. Buchschmuck v. Hans Kaufmann. (352 S.) 8. Bielefeld 908. Verlagshandlg. der Anstalt Bethel. Geb. in Leinw. 4. —

— Tagelöhnerkinder. Eine Geschichte vom Niederrhein. Titelbild v. Willy Mulot. (453 S.) kl. 8. Hagen (909). O. Rippel. 4.—; geb. in Leinw. 5. —

Schulte, Gerhard: Tagelohnerkinder. Eine Geschichte vom Niederrhein. Titelbild von Willy Mulot. 2. Aufl. Hagen i. W.: Rippel [1909]. 453 S. 8°

Schulte, (Gottfried), Dr.: Bücherverzeichnis der Lehrer-Bibliothek. T. 1. Sigmaringen 1906: M. Liehner. (83 S.) 8°
Sigmaringen, k. G P 1906 (579)

[F.] **Schulte,** Gottfried [aus Bergstrup in Oldenb.]: Die Verfassungsgeschichte Münsters im Mittelalter ... (Enth. nur e. Theil d. eingereichten Arb.) Münster i. W., Druck d. Aschendorffschen Buchdr., 1897; 2 Bl., 44 S. 8
Münster, Phil. Fak., Inaug.-Diss. v. [9. Aug.] 1897

Schulte, H. Urkundl. Nachrichten üb. d. alte Rektoratschule in Warendorf, üb. d. Stiftung u. baldige Wiederaufhebung des Laurentianischen Gymn., üb. d. Wiedereinsetzung der Rektoratschule bis zur Umgestaltung ders. durch den Archidiakonus v. Korff gen. Schmising (1520—1703). 29 S. . . . . . .
Progr. Warendorf 1840

Schulte, H., Sammlung der Verordnungen über die Diäten und Reisekosten, s. Sammlung.

Schulte, H., Schriftformen als Vorhängeblätter, unter Mitwirkung der Kreislehrerconferenz zu Osnabrück bearb. 4 Stnt. Imp.-Fol. Nebst Begleitschrift. 8. (8 S.) Osnabrück 880, Brinker'sche Buchh. * 2 25

Schulte, H., Taxe vom 29. März 1844 der Gebühren oder Diäten u. Reisekosten der Sachverständigen, Taxatoren und Dolmetscher, sowie der Versäumniß- od. Reisekosten der Zeugen u. Partheien, bei gerichtlichen Geschäften, da, wo die Gebührentaxen vom 23. August 1815 Gesetzeskraft haben; nebst eingeschalteten Tabellen u. beigefügten Formular-Entwürfen zur Berechn. derselben. Fol. Münster 844, Coppenrath. 6 ngl

Schulte, H., Taxe vom 29. März 1844, s. Taxe.

Schulte, Hans [aus Zurstrasse i. W.]: Aus d. anatom. Institut in Bonn. Über einen Fall von Hemicephalia. E. Beitr. z. Mechanik d. Gestaltg d. Schädels ... Bonn, Buchdr. v. J. Bach Wwe, 1895; 31 S., 1 Bl. 8.
Bonn, Med. Fak., Inaug.-Diss. v. [22. Juni] 1895

Schulte, Heinrich, a. Ruhrort: Über die Beziehungen der genuinen Opticusatrophie zur progressiven Paralyse. Würzburg 1907: Memminger. (21 S.) 8°
Würzburg, Med. Fak., Ref. Rieger, Diss. v. 22. Juli 1908
[Geb. 9. Juli 83 Ruhrort; Wohnort: Ruhrort; Staatsangeh.: Preußen; Vorbildung: Gymn. Ruhrort Reife O. 02; Studium: München 2, Würzburg 7, Berlin 1 S.; Coll. 29. Juli 07; Approb. 5. Juli 07.]

Schulte, Heinr., Tabellen zur Berechnung der Fracht nach den Bestimmungen des Betriebs-Reglements f. die Eisenbahnen Deutschlands vom 1. 1. 1900, in welchen nach den Tarifsätzen von 0,01 bis 10 Mark pro 100 Kilogramm die Frachten von 10 Kilogramm bis 10000 Kilogramm berechnet sind. 4. Aufl. (205 S.) Lex.-8. Hagen i. W., Transport-Comptoir der rheinisch-westfäl. Eisenindustrie, A. Hinkel. Geb. n. 6. 50

Schulte, Hermann

Schulte, Herm., Beiträge zur conservativen Chirurgie oder Beobachtungen u. Bemerkungen über die zweckmässigste Therapie der complicirten Fracturen u. der Korperverletzungen überhaupt, mit Beschreibung vieler entsprechender Falle eigener Erfahrung. Bochum 863. Stumpf in Comm. gr. 8. (VII, 67 S.) n. 15 ngr

Schulte, Hermann (Josef): Über eine eigentümlich verlaufende Form der Paranoia ... Bonn: Univ.-Buchdr. v. C. Georgi 1893. 23 S. 8°
Bonn. Med. Fak., Inaug.-Diss. v. [9.] Aug. 1893

Schulte, [illegible]
Berlin, Med. Diss. v. [illegible] Apr [illegible]

Schulte, J. B. P., die sittliche Freiheit der Mitglieder der Mäßigkeits- u. Enthaltsamkeits-Vereine. Predigt, am 1. Fasten-Sonntage gehalten. 8. (1½ B.) Leer 843, Prätorius u. Seyde.*

Schulte, J. F., Johanna Kinkel. Nach ihren Briefen u. Erinnerungsblättern. Zum 50. Todestage Johanna Kinkels. (VIII, 135 S.) gr. 8. Münster 908. H. Schöningh. 2. —

Schulte, J. W.: Über Ursprung und Alter des altsächsischen Heliand. 24 S. – Sagan, Progr. 1872.

Schulte, Joh., des Hamburgischen Bürgermeisters, Briefe an seinen in Lissabon etablirten Sohn Joh. Schulte geschrieben in den Jahren 1680—1685. Hamburg 856. Perthes-Besser u. Mauke. gr. 8. (XIV, 278 S. u. Portr. in Kpfrst.) n. 1 ₰. 18 ngr.

Schulte, Johann (Hamburg) A. S. 601/2
De exheredatione bona mente, speciatim in bonis hereditariis ex iure Hamburgensi dissertatio inauguralis. Göttingen (Rosenbusch) 22. VIII. 1774. 60 S.
Gew.: Stadt Hamburg. 31764

Die besteuerte Katze. Schwank in 1 Aufz. von Johann Schulte. Essen (Ruhr): Fredebeul & Koenen 1904. (24 S.) 8° [F.]
= Vereinstheater, Neues. No 59. [04. 5714

Schulte, J., der blaue Montag, s.: Theater, kleines.

Ein schlimmer Tag oder Der Bursche als Stabsarzt. Posse in 1 Akt von Johann Schulte. *Paderborn: B. Kleine [1903].* (19 S.) 8° [F.]
= Theater, Kleines. H. 345. [04. 5997

Schulte, Johann (Hamburg) A. S. 254/6
Dissertatio juridica inauguralis de transactione jurata. Präs. Ferdinand Christoph Harpprecht. Tübingen (Kerner) 7. I. 1705. 56 S.
Gew.: Johann Friedrich von Staffhorst. 31763

Schulte, Joh(ann) Bernh(ard), cand. phil.: Kurzer Überblick über die geschichtliche Entwickelung des französischen Weinbaues vornehmlich in den letzten 50 Jahren. Bonn 1905: P. Hauptmann. (42 S.) 8° ¶(Teil einer größeren Arbeit: Der Weinbau Frankreichs, vornehmlich in den letzten 50 Jahren.)
Bonn, Phil. Fak., Ref. Rein, Diss. v. 26. Juli 1905
[Geb. 9. Febr. 75 Essen; Wohnort: Essen; Staatsangeh.: Preußen; Vorbildung: Falk-Realgymn. Berlin Reife O. 02; Studium: Berlin 2, Bonn 4 S.; Rig. 1. März 05.]

P. Martin von Cochem 1634–1712. Sein Leben u. s. Schriften nach d. Quellen dargest. von P. Joh. Chrysostomus Schulte O. M. Cap. Freiburg i. Br. [usw.]: Herder 1910. XV, 207 S. 8°
(Freiburger Theologische Studien. H. 1.) [10. 15117

Schulte, Johann Friedrich von

Schulte, Joh. Frdr. v., der Altkatholicismus, Geschichte seiner Entwicklg., inneren Gestaltg. u. rechtl. Stellg. in Deutschland. Aus den Akten u. andern authent. Quellen dargestellt. gr. 8. (XV, 683 S.) Giessen 887. Roth. n. 12. —; Einbd. n.n. 2. 50

Kirchenpolitische Aufsätze aus den Jahren 1874–1886. Von Dr. Joh. Friedrich v. Schulte. (Mit d. Porträt d. Verf. u. Faks.) Gießen: E. Roth 1909. (VIII, 227 S.) 8° [F.]
= Schulte: Lebenserinnerungen. Bd 2. [08. 17719

Schulte, Johann Friedrich von: Kirchenpolitische Aufsätze aus den Jahren 1874–1886. 3. Aufl. Gießen: Roth 1909. VIII, 277 S. 8°
(Schulte: Lebenserinnerungen. Bd 2.)

Schulte, Joh. Fr. v., Beitrag zur Geschichte d. canonischen Rechtes v. Gratian bis auf Bernhard v. Pavia. [Aus: „Sitzungsber. d. k. Akad. d. Wiss.“] Lex.-8. (37 S.) Wien 870. Gerold's Sohn in Comm. n. — 60

— Beiträge zur Literatur üb. die Decretalen Gregors IX., Innocenz IV., Gregors X. [Aus: „Sitzungsber. der k. Akad. d. Wiss.“] Lex.-8. (75 S.) Ebend. 871. n. 1. 10

— die Berechtigung d. Vorgehens der Altkatholiken vom Standpunkte d. Kirchenrechts. 3 Vorträge, geh. im altkathol. Verein zu Bonn. gr. 8. (40 S.) Bonn 873. Neusser. n. — 60

Schulte, Joh. Frdr., Betrachtungen über die Stellung der katholischen Kirche und der protestantischen Confessionen in Oesterreich vor dem Concordate vom 18. Aug. 1855 und dem Patente vom 8. April 1861, sowie auf Grundlage beider, vom Rechtsstandpunkte angestellt. Prag 861. Rziwnatz. gr. 8. (57 S.) n. 10 ngr.

Schulte, Joh. Friedr., Darstellung des Processes vor den katholischen geistlichen Ehegerichten Oesterreichs, auf Grundlage des allgem. katholischen Kirchenrechtes und der besonderen Vorschriften für Oesterreich. Nebst 2 Anhängen enthltd.: die neueren einschlägigen Gesetze für Oesterreich und wichtige Formularien. Gießen 858. Ferber. gr. 8. (VIII, 335 S.) n. 1 ₰.

Sacram memoriam Regis Serenissimi Divi Friderici Gvilelmi III, vniversitatis Fridericiae Gvilelmiae Rhenanae conditoris mvnificentissimi, ab eadem vniversitate d. III m. Avg. a. 1892 ... pie recolendam victorvmqve renvntiationem e litterarvm certaminibvs prodevntivm ... indicit Iohannes Fridericvs de Schvlte ord. ivrecons. h. a. decanvs. — Inest eivsdem dissertatio de decreto ab Omnibono abbreviato. Bonnae, form. C. Georgi vniv. typogr., *1892;* 19 S., 1 Bl. 4.

Schulte, Joh. Friedr., die Dekretalen zwischen den „Decretales Gregorii IX.“ und „Liber VI. Bonifacii VIII.“ Ihre Sammlung und Verarbeitung ausserhalb des Liber VI und im Liber VI nach Handschriften besond. Prager dargestellt. Ein Beitrag zur Geschichte des Liber VI. Lex.-8. (97 S.) Wien 867, (Gerold's Sohn.) *
Aus: Sitzungsberichte der k. Akademie der Wissenschaften, besonders abgedruckt.

—— Denkschrift über das Verhältniß des Staates zu den Sätzen der päpstlichen Constitution vom 18. Juli 1870 gewidmet den Regierungen Deutschlands und Oesterreichs. gr. 8. (94 S.) Prag 871. Tempsky. *

Schulte, Joan Frid.: De rerum ecclesiasticarum dominio secundum praecepta juris ecclesiastici catholicorum communis. Berolini (1851). (64 S.) 8°
Berlin, Jur. Diss. v. 26. Juli 1851

— über gemischte Ehen vom Standpunkte der Parität in besonderer Beziehung auf die deutsch-slavischen Kronländer Oesterreichs. gr. 8. (53 S.) Prag 861, Rziwnatz.

—— über gemischte Ehen vom Standpunkte der Parität in besond. Beziehung auf die deutsch-slav. Kronländer Oesterreichs. gr. 8. (52 S.) Prag 862, Rziwnatz. *

Schulte, Joh. Friedr. v., Karl Friedrich Eichhorn. Rede, bei der Säcularfeier des Geburtstags des Meisters am 20. Novbr. 1881 gehalten in der Aula zu Bonn. Mit dem Bruchstücke einer Autobiographie. gr. 8. (40 S.) Bonn 881, Hochgürtel. * 1 —

— Karl Friedrich Eichhorn. Sein Leben u. Wirken, nach seinen Aufzeichngn., Briefen, Mittheilgn. v. Angehörigen, Schriften beschrieben. Mit vielen ungedruckten Briefen v. Eichhorn u. an Eichhorn. gr. 8. (VIII, 255 S.) Stuttgart 884. Enke. n. 8. —

Schulte, Joh. Friedr., Erläuterung des Gesetzes über die Ehen der Katholiken im Kaiserth. Oesterreich vom 8. Oktbr. 1856 und des kaiserl. Patentes dazu. gr. 8. (VI und 203 S.) Prag 856(57,) [Tempsky.] Thlr.

Schulte, Dr. Joh. Fried. — Nachtrag zur ersten Auflage der Erläuterung des österr. Ehegesetzes. Von — —. Prag, 1857. Druck von Kath. Gerzabek. Verlag von F. Tempsky. (40 S. 8.)

Schulte, Dr. Joh. Fried. — Erläuterung des Gesetzes über die Ehen der Katholiken im Kaiserthume Oesterreich vom 8. Oktober 1856 und des kaiserlichen Patentes dazu, nebst Darlegung und Begründung der Bestimmungen des Kirchengesetzes. Von — —. 2te umgearbeitete und bedeutend vermehrte Auflage. Prag, 1857. Druck von Kath. Gerzabek. Verlag von F. Tempsky. (186, 63 S. 8.)

— die Erwerbs- und Besitzfähigkeit der deutschen katholischen Bisthümer u. Bischöfe überhaupt u. des Bisthums u. Bischofs von Limburg insbesondere. Prag 860. Tempsky. gr. 8. (IV, 115 S.) n. 20 ngr.

Schulte, Joh. Friedrich von: Geschichtliche, soziale, politische und biographische Essays. Mit e. Anh.: Nachträge zu d. Lebenserinnerungen. 2. Aufl. Gießen: Roth 1909. VIII, 320 S. 8°
(Schulte: Lebenserinnerungen. Bd 3.)
Dass. Ebda. 3. Aufl. 1909.

— Gedanken über Aufgabe u. Reform des juristischen Studiums. gr. 8. (26 S.) Bonn 881. Cohen & Sohn. n. — 60

—— zur Geschichte der Literatur über d. Decret Gratians. 1.—3. Beitrag. Lex.-8. (56; 50; 56 S.) Wien 870, (Gerold's Sohn.) à Beitrag **
Aus: Sitzungsberichte der k. Akademie der Wissenschaften, besonders abgedruckt.

— Zur Geschichte der Literatur über das Dekret Gratians. 1. Beitrag. S. 63. 299 . vgr.
— -- 2. Beitrag. I. Kapitel: Die *Summa Coloniensis* des *Codex Bambergensis. D. II. 17.* II. Kapitel: Die *Summa Parisiensis* des *Codex ms. Bambergensis. P. II. 26.* III. Kapitel: Kurze anonyme Summen des *Codex Bambergensis. P. I. 11.* Anhang: Beschreibung des *Codex Bambergensis. P. I. 11.* S. 64. 9: vgr.
-- -- 3. Beitrag. I. Kapitel: Die *Introductiones, Margaritae, Excerpta* des Dekrets. II. Kapitel: Die *Quaestiones, Casus, Tractatus.* S. 65. 21 . . . . vgr.
Separatabdruck

—— die Geschichte der Quellen und Literatur des evangelischen Kirchenrechts in Deutschland und Oesterreich und die evangelischen Kirchenrechtsschriftsteller. gr. 8. (IV, 305 S.) Stuttgart 880, Enke. * 10 —

— die Geschichte der Quellen u. Literatur d. canonischen Rechts von Gratian bis auf die Gegenwart. [In 3 Bdn.] 1. Bd. Einleitung. — Die Geschichte der Quellen u. Literatur von Gratian bis auf Papst Gregor IX. gr. 8. (VIII, 264 S.) Stuttgart 875. Enke. n. 8. —

— die Geschichte der Quellen u. Literatur des canonischen Rechts von Gratian bis auf die Gegenwart. [3 Bde.] 2. Bd. Von Papst Gregor IX. bis zum Concil von Trient. gr. 8. (XVIII, 582 S.) Stuttgart 877. Enke. n. 20. —

— dasselbe. 3. Bd. 3 Thle. gr. 8. Ebend. 880. n. 38. 20 (cplt.: n. 66. 20)
Von der Mitte des 16. Jahrh. bis zur Gegenwart. 1. Thl. Das kathol. Recht u. die kathol. Schriftsteller. (XVI, 793 S.) n. 25. —. — 2. u. 3. Thl. Das evangel. Recht, die evangel. Schriftsteller, die Geschichte der wissenschaftl. Behandlung, Uebersicht. (415 S.) n. 13 20

— die Glosse zum Decret Gratians v. ihren Anfängen bis auf die jüngsten Ausgaben. [Aus: „Denkschriften der k. Akad. d. Wiss."] gr. 4. (99 S.) Wien 872. Gerold's Sohn in Comm. n. 5.

— Handbuch des katholischen Eherechts nach dem gemeinen katholischen Kirchenrechte und dem osterreich., preuss., französ. Particularrechte, mit Rucksichtnahme auf noch andere Civilgesetzgebungen. Giessen 855. Ferber. gr. 8. (XV, 623 S.) n. 2 rthl. 15 ngr.

Schulte, Dr. Joh. Friedrich v., Vier Weingartner jetzt Stuttgarter Handschriften. Mit 1 Tafel. (Aus dem Sitzungsber. d. k. Akad. der Wissensch.) 8. (30 S.) In Comm. —.40
Wien: Tempsky 1889.

—— Iter gallicum. Mit IV Tafeln Schriftproben. (Sonder-Abdr. a. d. Sitzungsber. d. k. Akad. d. Wiss.) gr. 8. (141 S.) Wien, Gerold in Comm. 1868.

—— über drei in Prager Handschriften enthaltene Canonen-Sammlungen. Lex.-8. (62 S.) Wien 868, (Gerold's Sohn.) *

-- Über drei in Prager Handschriften enthaltene Kanonensammlungen. 1. Eine aus der *Collectio Anselmo dedicata* excerpierte Sammlung. 2. Eine Sammlung von 294 Kapiteln. 3. *Exceptiones Decretalium Gratiani.* S. 57. 171 . . . . vgr.
Separatabdruck

— das katholische Kirchenrecht. 1. Thl. A. u. d. T.: Die Lehre von den Quellen des katholischen Kirchenrechts mit vorzüglicher Berücksichtigung der Rechtsentwicklung in den deutschen Bundesstaaten. Giessen 860. Ferber. (Roth.) Lex.-8. (XX, 556 S.) n. 2 rthl. 15 ngr.
2. Bd. erschien schon früher 1856.

—— das katholische Kirchenrecht. Dessen Quellen und Literaturgeschichte, System, Einfluss auf die verschiedenen Rechtsdisciplinen überhaupt. (In 3 Thln.) 2. Thl. A. u. d. T.: System des allgemeinen katholischen Kirchenrechts. Mit steter genauer Berücksichtigung der Besonderheiten in Oesterreich, Preussen, Bayern, der oberrhein. Kirchenprovinz, Sachsen, Hannover und Oldenburg. Lex.-8. (XXIII und 746 S.) Giessen 856, Ferber'sche Universitäts-Buchh. *

— über Kirchenstrafen, s. a. Zeit- u. Streitfragen, deutsche.

Schulte JFv, über Kirchenstrafen. (Zeit- u Streitfr. 14) Berlin 1872

— die Compilationen Gilberts u. Alanus. [Aus: „Sitzungsber. d. k. Akad. d. Wiss."] Lex.-8. (94 S.) Wien 870. Gerold's Sohn in Comm. n. 1. 50

— Die Kompilationen Gilberts und Alanus. I. Kapitel: Die Sammlungen des Gilbertus und Alanus. II. Kapitel: Verhältnis zu *Compilatio secunda* des Johannes Galensis und *tertia* des Petrus Beneventanus. III. Kapitel: Entstehungszeit und Quellen der *Compilationes Gilberti* und *Alani.* Glosse der *Compilationes Gilberti.* IV. Kapitel: Die Kompilation des *Codex Vald. D. 3.* S. 65. 595 „ 1.50
Separatabdruck

—— das Leben des heil. Bonifacius, s. Leben.

Schulte, Joh. Friedrich von: Lebenserinnerungen. Bd 1. Gießen: Roth 1908. 8°
1. Mein Wirken als Rechtslehrer, m. Anteil d. Politik in Kirchen u. Staat.

. Schulte, Joh. Friedr. v.: Lebenserinnerungen. 3 Bde. Giessen: Roth.
1. Mein Wirken als Rechtslehrer, mein Anteil an der Politik in Kirche und Staat. Mit Bildn. 2. Aufl. 1908.
2. Kirchenpolitische Aufsätze. Die preussischen kirchenpolit. Gesetze: Entstehung, Geschichte und System des Ultramontanismus; päpstliche Proteste gegen Staatsgesetze. (Aufsätze aus 1874 bis 1886.) 1909 [1908].
3. Aufsätze über geschichtliche, soziale, politische Gegenstände. Deutsche Nationalzüge im Rechte. Das Kaisertum des Mittelalters nach seiner sozialen und politischen Bedeutung. Der Feudalstaat und der moderne Staat. Die Verdienste des Bürgertums der Städte im Mittelalter und die Staats- und Rechtsentwicklung. Deutschlands kleinstaatlicher Partikularismus im Lichte der Geschichte und Gegenwart. Nationalsünden: Deutsches Pharisäertum; Eitelkeitspflege. Adel im deutschen Offizier- und Beamtenstand. Erhöhung des preussischen Kronfideikommissfonds [illegible] Zur Geschichte der [illegible] Die Zivilehe und Papst Benedikt XIV. Die Zivilehe und das Konzil von Trient. Die Zivilehe, der Staat und die Kirche. Die klerikalen Traditionen im deutschen katholischen Adel. Elternrechte nach ultramontanen Grundsätzen. – Leo XIII. und seine letzten Vorgänger. Papst Leo XIII. Kardinäle Antonelli, Franchi, Rauscher v. Schwarzenberg, Simor, Melchers, Ledochowski. Bischöfe Haneberg, Blum von Limburg, Ketteler, Martin von Paderborn. Wessenberg. Bischof Reinkens. Döllinger. Justin v. Linde. Schmerling als Staatsmann. Staatsminister Falk. Otto Meyer. Windthorst. Herkunft und Alter von deutschen Gelehrten aller Art. — Nachträge zu den Lebenserinnerungen. Zum Kölner Ereignis von 1837. Aus 1848. Zum J. 1860. Aus 1866. Zum J. 1867. Bischofsadresse. Audienz v. Hives bei Papst Pius IX. Aus 1899. Briefe des Gh. Friedrich von Baden. Erinnerungen an Bismarck. Caprivi. Windthorst. Erinnerungen und Gespräche mit Heinrich Gelzer. Mit Bildn. 3. Aufl. 1909.

Schulte, J. F. v., Lebenserinnerungen. 1. Bd. Mein Wirken als Rechtslehrer, mein Anteil an der Politik in Kirche u. Staat. Mit dem Portr. des Verf. in Photograv. u. Fksm. 3. Aufl. (X, 450 S.) gr. 8. Giessen, E. Roth. 1908. 8. —; geb. 10. —

Schulte, Joh. Frdr. v., Lebenserinnerungen. 3 Bde. gr. 8. Gießen, E. Roth. 20.—; geb. 25. —
1. Mein Wirken als Rechtslehrer, mein Anteil an der Politik in Kirche u. Staat. 4. Aufl. (X, 450 S. m. Bildnis u. Fksm.) 908. 8.—; geb. 10. —
2. Kirchenpolitische Aufsätze aus den J. 1874—1886. 2. u. 3. Aufl. (VIII, 227 S. m. Bildnis.) 909. 6.—; geb. 7. 50
3. Geschichtliche, soziale, politische u. biographische Essays. Mit e. Anh.: Nachträge zu den Lebenserinnerungen. 1.—3. Aufl. (VIII, 320 S. m. Bildnis.) 909. 6.—; geb. 7. 50

—— Lehrbuch des katholischen Kirchenrechts auf Grundlage der kirchlichen Quellen und der Staatsgesetze in Oesterreich und den übrigen deutschen Bundesstaaten nebst dessen Literaturgeschichte und einer Statistik der kathol. Kirche in Oesterreich (mit Ausschluss Italiens) und den übrigen deutschen Bundesstaaten. Lex.-8. (X und 517 S.) Giessen 863, [Roth.] *

— Lehrbuch des katholischen Kirchenrechtes nach dem gemeinen, dem deutschen u. österreichischen Partikularrechte u. dessen Literaturgeschichte. 2., gänzlich umgearb. u. verm. Aufl. Gießen 868. Roth. gr. 8. (XV, 584 S.) n. 2 rthl. 20 ngr.

— Lehrbuch d. katholischen Kirchenrechts nach dem gemeinen u. Partikularrechte in Deutschland u. Oesterreich u. dessen Literaturgeschichte. 3. verb. u. verm. Aufl. gr. 8. (XII, 642 S.) Giessen 873. Roth. n. 10. —

— Lehrbuch d. katholischen u. evangelischen Kirchenrechts nach dem gemeinen Rechte, dem Rechte der deutschen Länder u. Oesterreichs. 4. Aufl. d. kathol., 1. d. evangel. gr. 8. (XVI, 559 S.) Gießen 886. Roth. n. 12. —

Schulte, Joh. Friedr., Lehrbuch der deutschen Reichs- und Rechtsgeschichte. 3 Lfgn. Lex.-8. (XII und 546 S.) Stuttgart 860. 61, Nitzschke. *

Schulte, Dr. Joh. Friedrich, Lehrbuch der deutschen Reichs- und Rechtsgeschichte. 3 Lfg. (Schluss.) gr. 8. (S. VII.—XII. 291—546) Prag, Lehmann. 1861. 2 fl. 44 kr.
—— dasselbe complet. gr. 8. (XII. 546 S.) Ebds. 5 fl.

—— Lehrbuch der deutschen Reichs- und Rechtsgeschichte. 2. umgearb. Aufl. (XII, 588 S.) 1870. *ℳ 10., und 3. verb. Aufl. gr. 8. (XII, 608 S.) Stuttgart 873, Nitzschke.

—— Lehrbuch der deutschen Reichs- und Rechtsgeschichte. 4. verb. und verm. Aufl. gr. 8. (XIV, 626 S.) Stuttgart 876, Nitzschke. * 12 —

—— Lehrbuch der deutschen Reichs- und Rechtsgeschichte. 5. verb. Aufl. gr. 8. (XIV, 646 S.) Stuttgart 881, Nitzschke. * 12 —

Schulte, Joh. Frdr. v., Lehrbuch der deutschen Reichs- u. Rechtsgeschichte. 6., umgearb. Aufl. gr. 8. (XVI, 624 S.) Stuttgart 892. [W. Nitzschke.] W. Kohlhammer. n. 12. —; geb. in Halbfrz. n. 14. —

— Literaturgeschichte der Compilationes antiquae, besonders der drei ersten. [Aus: „Sitzungsber. d. k. Akad. d. Wiss."] Lex.-8. (108 S.) Wien, 871. Gerold's Sohn. n. 1. 60

— Literaturgesch. d. compilat. antiquae. Wien 872.

Schulte, Joh. Friedr., Die Macht der römischen Päpste über Fürsten, Länder, Völker, Individuen, nach ihren Lehren u. Handlungen zur Würdigung ihrer Unfehlbarkeit beleuchtet. Prag, Tempsky, 1871, gr. 8°, 91 S., 1,20 Mk.
—— Dasselbe u. die entgegengesetzten Lehren der Päpste u. Konzilien der ersten 8 Jahrhunderte über das Verhältnis der weltlichen Gewalt zur Kirche gegenübergestellt. Das. 1871, gr. 8°, VII, 151 S., 2. sehr verm. Aufl., 2 Mk.

Schulte, Frdr. v., d. Macht der römischen Päpste über Fürsten, Länder, Völker u. Individuen, nach ihren Lehren u. Handlgn. seit Gregor VII. zur Würdigg. ihrer Unfehlbarkeit beleuchtet. 3., umgearb. Aufl. gr. 8. (VIII, 127 S.) Gießen 890. J. Roth. n. 2. —

— Marius Mercator und Pseudo-Isidor. S. 147 7 . . . . — 30
Separatabdruck

Schulte, Joh. Frdr. von, Die neueren katholischen Orden und Congregationen besonders in Deutschland, statistisch, canonistisch, publicistisch beleuchtet. Berlin 1872. 8.
Ist: Deut. Z.- u. Str.-Fr. Jbg. 1. H. 5. . . . . (D.: LIIK)

— die neueren katholischen Orden u. Congregationen, s.a. Zeit- u. Streit-Fragen, deutsche.

— Der Ordo iudiciarius des Codex Bambergensis P. I. 11. S. 70). 185 . . . . ngr.
Separatabdruck

— s.a. Ordo judiciarius, der, d. Codex Bambergensis.

— die Paleae im Decret Gratians. [Aus: „Sitzungsber. d. k. Akad. d. Wiss."] Lex.-8. (28 S.) Wien 874. Gerold's Sohn in Comm. n. — 40

— die juristische Persönlichkeit der katholischen Kirche, ihrer Institute u. Stiftungen, sowie deren Erwerbsfähigkeit nach dem gemeinen, bayer., österreich. 2c. Rechte. Gießen 869. Roth. gr. 8. (VIII, 215 S.) n. 20 ngr.

— die Rechtsfrage des Einflusses der Regierung bei den Bischofswahlen in Preußen. Mit den ungedruckten Noten u. s. w. der Verhandlg. in Rom. Mit Rücksicht auf die oberrhein. Kirchenprovinzen. Ebend. 869. gr 8. (84 S.) 20 ngr.

— die Rechtshandschriften der Stiftsbibliotheken von Göttweig, Heiligenkreuz, Klosterneuburg, Melk u. Schotten. [Aus den Sitzungsber. der k. Akad. der Wiss.] Wien 868. (Gerold's Sohn.) Lex.-8. (57 S.) n. 8 ngr.

Schulte, Joh. Friedr. Ritter v., Decretistarum jurisprudentiae specimen. E libro Gottwicensi 88 [181] saeculo XII manuscripto. 4. (20 S. mit 1 Autogr.) Giessen 868, Roth. *

—— Status dioecesium catholicarum in Austria germanica, Borussia, Bavaria, reliquis Germaniae terris sitarum descriptus. gr. 8. (VIII und 156 S. mit 3 Tab. in qu. gr. 4.) Giessen 866, Roth. *

— die Stellung der Concilien, Päpste u. Bischöfe vom historischen u. canonistischen Standpunkte u. die päpstliche Constitution vom 18. Juli 1870. Mit den Quellenbelegen. gr. 8. (VIII, 286 S.) Prag 871. Tempsky. n. 9. —

Schulte, Joh. Friedr. Ritter v., die Stifte der alten Orden in Oesterreich. Ihre Aufgabe, Stellung, Wirksamkeit. gr. 8. (XV, 76 S.) Giessen 869, Roth. * 1 —

Schulte, Joh. Friedr. Ritter v.: Die summa decreti Lipsiensis des Cod. 986 der Leipziger Universitätsbibliothek. [Wien 1869.]

— die summa decreti Lipsiensis d. codex 986 der Leipziger Universitätsbibliothek. [Aus: „Sitzungsber. der k. Akad. d. Wiss."] Lex.-8. (20 S.) Wien 871. Gerold's Sohn in Comm. — 30

—— über die Summa legum des Codex Gottwicensis Nr. 38 aus dem 12. Jahrh. Lex.-8. (29 S. mit 1 chromolithogr. Taf.) (Ebendas.) 868. * — 80
—— dass. — Nachtrag. Lex.-8. (14 S.) (Ebendas.) 870. — 30
Vorstehende zwei Schriften sind aus: Sitzungsberichte der k. Akademie der Wissenschaften, besonders abgedruckt.

— über eine summa legum des XII. Jahrhunderts. Nachtrag. [Aus den Sitzungsber. der k. Akad. der Wiss.] Wien 870. (Gerold's Sohn.) Lex.-8. (14 S.) 3 ngr.

Schulte, Joh. Frdr. v., die Summa d. Paucapalea üb. das decretum Gratiani. Mit Unterstützg. der kaiserl. Akademie der Wissenschaften in Wien. gr. 8. (XXIII, 146 S.) Giessen 890. Roth. n. 6. —

— Roberti Flamesburiensis summa de matrimonio et de usuris. Ex Roberti Poenitentiali. Giessen 868. Roth. 4. (28 S. mit 1 Autogr.) n. 15 ngr.

— die Summa magistri Rufini zum Decretum Gratiani. Mit e. Erörterg. üb. die Bearbeitgn. derselben hrsg. gr. 8. (LXXIX, 496 S.) Giessen 892. E. Roth. n. 20. —

— die Summa d. Stephanus Tornacensis üb. das Decretum Gratiani, hrsg. Mit Unterstützg. der kais. Akademie der Wissenschaften in Wien. gr. 8. (XXX, 280 S.) Ebd. 891. n. 10. —

Schulte, Johann Frid. (geb. Fredeburg 1790): De tussi convulsiva. Berolini (1818). (40 S.) 8°
Berlin, Med. Diss. v. 9. Juli 1818

Das Unfehlbarkeitsdekret vom 18. Juli 1870 auf seine kirchliche Verbindlichkeit geprüft. Herausgegeben von Joh. Friedr. Ritter v. Schulte. Prag, Tempsky, 1871, gr. 8°, 43 S., 60 Pf.
Angeblich von einem hochgestellten Geistlichen verfaßt, der seinen Namen vorläufig noch nicht zu nennen wünsche. Nach Hülskamps Vermutung wurde die Broschüre unzweifelhaft am Rheine verfaßt u. ist im wesentlichen eine Zusammenstellg einer Reihe von Artikeln des altkath. „Rhein. Merkur". Litt. Handw. 1871, S. 286. Über den Inhalt auch Archiv f. k. KRecht 1871, Bd. 25, N. F. Bd. 19, S. CLXVI.

Schulte, Joh. Friedr. v. Das Vorgehen d. bayerischen Ministeriums gegen die Altkatholiken, beleuchtet. gr. 8. (29 S.) Gießen 890, Roth. * — 40

Schulte, Joh. Friedrich von: Mein Wirken als Rechtslehrer, mein Anteil an der Politik in Kirche und Staat. Gießen: Roth 1908. X, 450 S. 8°
(Schulte: Lebenserinnerungen. Bd 1.)

Schulte, Joh. Friedr. v., der Cölibatszwang und dessen Aufhebung gewürdigt. gr. 8. (VII, 96 S.) Bonn 876, Neusser. * 1 50

Schulte, Johann Wilhelm, s. Schulte, Wilhelm.

Schulte, Joseph, approb. Arzt aus Wenholthausen i. Westf.: Zum Kapitel der traumatischen Neurose. *Greifswald 1903: J. Abel.* (31 S.) 8°
Greifswald, Med. Diss. v. 29. Mai 1903

Schulte, Joseph: Zur Casuistik der Nieren-Echinococcen ... Greifswald: Druck v. J. Abel 1896. 32 S. 8°
Greifswald, Med. Fak., Inaug.-Diss. v. 1. Aug. 1896

Schulte, Joseph [app. Arzt aus Eickhoff in Westf.]: Aus d. medicin. Klinik zu Kiel. Über Lues des Centralnervensystems ... Kiel, Druck v. L. Handorff, 1896; 34 S., 1 Bl., 1 Taf. 8.
Kiel, Med. Fak., Inaug.-Diss. v. [21. Apr.] 1896

Schulte, Dr. J., Der Personalkredit des ländlichen Kleingrundbesitzes in der Provinz Sachsen. Schriften d. Vereins f. Sozialpol., Bd. 74. gr. 8°. Leipzig 1896.

Schulte, Joseph [aus Dünschede, Westf.]: Landwirtschaftliche Productions-Berechnungen auf Grund von Ergebnissen aus der Praxis, insbes. z. Ermittelg d. Rentabilität grosser u. kleiner landwirtschaftl. Betriebe unter d. Einfluss rückgäng. Getreidepreise u. steigender Arbeitslöhne ... *Halle a/S., Hofbuchdr. C. A. Kaemmerer & C.*, 1896; 3 Bl., 134 S., 2 Bl. 8.
Leipzig, Phil. Fak., Inaug.-Diss. v. [18. Mai] 1896

Schulte, Josefus, Guestfalus: Quomodo Plato in Legibus publica Atheniensium instituta respexerit. Borna 1907: R. Noske. (80 S.) 8°.
Münster, Phil. Fak., Ref. Kroll, Diss. v. 17. Juni 1907
[Geb 17. Sept. 80 Meggen, Kr. Olpe; Wohnort: Münster i. W.; Staatsangeh.: Preußen; Vorbildung: Gymn. Paderborn Reife O. 00; Studium: Tübingen 2, Münster 6 S.; Rig. 2. März 07.]

Theodoret von Cyrus als Apologet. Ein Beitrag z. Geschichte d. Apologetik. Von Dr. theol. Joseph **Schulte**, Repetent in Paderborn. *Wien: Mayer & Co. 1904.* (170 S.) 8°
= **Studien**, Theologische, d. Leo-Gesellschaft. 10. [04. 9.76

Schulte, Josef Wilhelm

Schulte, J. Wilh., Beiträge zur Entstehungsgeschichte der Magdeburger Centurien. [Aus: „19. Jahresber. der Philomathie".] gr. 8. (S. 50—154.) Neisse 877. Gravour. n. 2. —

Schulte, Jos. Wilh., Beiträge zur Geschichte von Neisse. gr. 8. (34 S. mit 2 lithogr. Plänen.) Neisse 881, Graveur's Verlag. * 1 —

—— die Hussiten vor Neisse. gr. 8. (24 S.) (Ebendas.) 882. * — 50
Aus: Festschrift zur 50jährigen Jubelfeier des Neisser Realgymnasiums, besonders abgedruckt.

Schulte, J. W., Liber fundationis episcopatus Vratislaviensis, s.: Markgraf, H.

— de imperatore Lucio Septimio Severo. Pars I. Commentatio historica. gr. 8. (II, 108 S.) Monastorii 867. Ebend. Diss. n. — 75

Schulte, Carl, s.: Adressbuch des Deutschen Reiches f. Handel, Gewerbe u. Industrie.

Schulte, Karl Bemerkungen zur Seneka-Tragödie. 4 (S. 3—9).
Progr. G. Dionysianum *Rheine* 1886 (337).

Schulte, Carl, Carinus, der germanische Blutzeuge, s.: Vereinstheater, neues. Nr. 74.

Schulte, Carl: Preisaufgabe d. med. Facultät. Genaue kritische Erörterung der verschiedenen älteren, neueren und neuesten Verfahren beim Kaiserschnitt und der Momente, welche heute für die Wahl der Methode bestimmend sein müssen .... Bonn, Jos. Bach Wwe., Buch- u. Steindr., 1888; 2 Bl. + 77 + 1 S. + 1 Bl. 8°
Bonn, Med. Fak., Inaug.-Diss. v. 7. Apr. 1888

Schulte, Carl, s.: Handels- u. Gewerbe-Adressbuch, allgemeines, des Deutschen Reiches.

Schulte, Carl, Lexikon der Uhrmacherkunst. Handbuch f. alle Gewerbetreibende u. Künstler der Uhrenbranche. gr. 8. (IV, 358 S. m. 177 Abbildgn.) Berlin 901. (W. H. Kühl.) Geb. in Leinw. n. 10.—

Schulte, Carl: Lexikon der Uhrmacherkunst. Handbuch f. alle Gewerbetreibende u. Künstler d. Uhrmacherbranche. Mit 177 Abb. Berlin: Selbstverl. 1902. (358 S.) 8°

Schulte, Carl, Lexikon der Uhrmacherkunst. Handbuch f. alle Gewerbetreibende u. Künstler der Uhrenbranche. 2., umgearb. stark verm. Aufl. (In 20—25 Lfgn.) 1. Lfg. gr. 8. (V u. S. 1—48 m. Abbildgn.) Bautzen 902. E. Hübner. n. — 50

Schulte, Carl, Lexikon der Uhrmacherkunst. Handbuch f. alle Gewerbetreibenden u. Künstler der Uhrenbranche. 2., umgearb. u. stark verm. Aufl. 2.—28. Lfg. (S. 49—959 u. XVII S. m. Abbildgn. u. Bildnis.) gr. 8. Bautzen 902. E. Hübner. à n. — 50 (vollst. geb.: n. 16. —)

Schulte, Car. (Ludov.) (geb. Horde in Westf. 27. 3. 1822): De tetano traumatico. Berolini (1852). (30 S.) 8°
Berlin, Med. Diss. v. 26. März 1852

Schulte, Carl J. Ueber die Arsenoverbindungen des Benzols und Naphtalins und über Phenylarsensulfide. (Tübingen) Elberfeld, 1881.

Schulte, Konr., O. F. M., Andachtsbüchlein zu Ehren des hl. Judas Thaddäus, Apostels des Herrn. (84 S. m. Titelbild.) 16. Essen 908. Fredebeul & Koenen. — 40; geb. — 60

Andachtsbüchlein für die Wallfahrt zum Gnadenbilde der Mutter Gottes in Werl. Von P. Konrad **Schulte**. *Werl: A. Stein 1902.* (82 S.) 8° [F.] [02. 800 6

Kurze Geschichte des wundertätigen Gnadenbildes der hl. Mutter Gottes zu Werl. ⟨Ausz. aus d. grösseren Buche.⟩ Von P. Konrad **Schulte**. *Werl: A. Stein 1903.* (16 S.) 8° [F.] [03. 801 6

Maria, die Gnadenmutter von Werl. Nachrichten aus d. Legende u. Geschichte. Zsgest. von P. Konrad **Schulte**. *Werl: A. Stein 1902.* (228 S.) 8° [F.] [02. 800 6

Schulte, Konr., O. F. M., der Portiunkula-Ablaß. Eine kurze Erklärg. u. Anleitg. zur Gewinng. desselben. Dem kathol. Volke gewidmet. 16. (62 S. m. Titelbild.) Essen 902. Fredebeul & Koenen. n. — 20

— Der Portiunkula-Ablaß. Eine kurze Erklärg. u. Anleitg. zur Gewinng. desselben. Dem kathol. Volke gewidmet. 5. Aufl. (72 S. m. Titelbild.) 16. Ebd. (910). p — 20

Schulte, Lorenz, Referendar aus Köln a. Rh.: Ueber die Haftung des Erwerbers eines Handelsgeschäfts für die vor dem Erwerb entstandenen Geschäftsschulden. *Köln-Deutz [1901]: Nagelschmidt.* (70 S.) 8° [F.]
Freiburg i. B., Rechts- u. staatswiss. Diss. v. 1901

Schulte, Louis [aus Berlin]: '(Mittheilg aus d. mineralog. Institut d. Univ. Bonn.)' Geologische und petrographische Untersuchungen der Umgebung der Dauner Maare. M. e. geolog. Kte in Farbendr. ... Bonn, Univ.-Buchdr. v. C. Georgi, 1891; 1 Bl., 174—208 S., 1 Bl. 8.
Bonn, Phil. Fak., Inaug.-Diss. v. 24. Nov. 1891

Schulte, Max [aus Köln]: Über den Schiefstand der Nasenscheidewand. . . . Bonn, Univ.-Buchdr. v. Carl Georgi, 1890; 37+1 S. + 1 Bl. 8°
Bonn, Med. Fak., Inaug.-Diss. v. 7. März 1890

Schulte, Menne [approb. Arzt aus Hilkenborg i/Hann.]: Aus d. chirurg. Klinik zu Kiel. Entzündliche Spontanfrakturen des Oberschenkels für bösartige Knochenneubildungen gehalten.... Kiel, Druck v. A. F. Jensen, 1888; 13+1 S.+1 Bl. 8°
Kiel, Med. Fak., Inaug.-Diss. v. 6. Aug. 1888

Schulte, M., entzündliche Spontanfrakturen des Oberschenkels, für bösartige Knochenneubildungen gehalten. Inaugural-Dissertation. gr. 8. (13 S.) Kiel 888, (Gnevkow und v. Gellhorn.) * — 60

Schulte, Moritz

Schulte, Maur. (geb. „in Villa Petraea prope Bochum" 14. 11. 1798): Analecta quaedam circa thermapoesin animalem. Berolini (1823). (33 S.) 8°
Berlin, Med. Diss. v. 14. Nov. 1823

Schulte, O.: Das Volkslied in Oberhessen. Giessen: Lange [1909]. 26 S. 8°

Schulte, Paul: Tod an Luftembolie bei Eklampsie im Wochenbett 30 Stunden nach der Geburt. Hamm (Westf.) 1908: Breer & Thiemann. 28 S. 8°
Gießen, Med. Diss. v. 8. Aug. 1909, Ref. v. Franqué
[Geb. 17. Apr. 83 Hamm i. W.; Wohnort: Gießen; Staatsangeh.: Preußen; Vorbildung: Gymn. Hamm i. W. Reife O. 03; Studium: München 1, Berlin 1, Kiel 2, Münster 1, Bonn 1, Marburg 1, Berlin 1, Gießen 2 S.; Coll. 23. Juni 08; Approb. 24. Juli 09.] [U 09. 1123

Schulte, Rud.: De dialogi Platonici, qui inscribitur Lysis, argumento et consilio. 18 S. – Brandenburg R. A., Progr. 1860.

Schulte, Theodor, Referendar: Das Bergrecht der deutschen Schutzgebiete. Cöln 1910: Pohl. 83 S. 8°
Leipzig, Jur. Diss. v. 13. Juli 1910
[Geb. 5. März 88 Braubach; Wohnort: Eitorf; Staatsangeh.: Preußen; Vorbildung: Gymn. Oberlahnstein Reife O. 06; Studium: Marburg 1, Bonn 2, München 1, Bonn 2 S.; Rig. 10. Mai 10.] [U 10. 2883

Schulte, Theodor, Vortrag über Statistik im allgemeinen und im Märkischen Turngau im besonderen, Iserlohn, 29 S., Kl.-8°.

Schulte, W., Betrachtungen über technische Einrichtungen für Waschkauen nach den Systemen der Aktiengesellschaft F. Küppersbusch & Söhne in Gelsenkirchen-Schalke. Essen-Ruhr, 1905. 16 S. mit 11 Abb. [Jf 101

Schulte, W.: Ueber Coincidenz von Diabetes mellitus und Syphilis. Eine casuistische Studie .... Jena, Druck v. G. Neuenhahn, 1887; 31 S. 8°
Jena, Med. Fak., Inaug.-Diss. v. [12. Dez.] 1887

Schulte, Wilhelm: [Abriss seines Lebens und Angabe seiner Schriften.] *Glatz 1898: L. Schirmer.* (S. 15.) 4°
Glatz, k. Kath. G, OP 1898 (192)

Schulte, Wilhelm: Über die Abscheidung des Antimons aus seiner Sulfantimoniatlösung. 1908. 76 S. 8° ¶ Ausz. in: Metallurgie. Jg. 6. 1909.
Berlin, Dr.-Ing.-Diss. v. 26. 6. 1908

Die Anfänge des St. Marienstifts der Augustiner-Chorherren auf dem Breslauer Sande. Von Wilhelm **Schulte**. Groß-Strehlitz: A. Wilpert 1906. (122 S.) 8° [F.]
= **Studien**, Kritische, z. schles. Geschichte. H. 1. [06. 14845

[F.] **Schulte, Wilhelm**: Beiträge zur Geschichte des Schulwesens in Glatz und des Gymnasiums insbesondere. ([And. Tit.:] Beiträge z. Geschichte d. Anstalt v. Erich Kruttge, Paul Prohasel, Wilhelm Schulte.) Glatz, Druck v. L. Schirmer, 1897; 74—111 S. 4.
Glatz, k. Kath. G, Festschr. 1897**

Schulte, Wilhelm: Beiträge zur Geschichte der Anstalt, s.a. Kruttge, Erich

Schulte, Wilhelm: Urkundliche Beiträge zur Geschichte des schlesischen Schulwesens im Mittelalter. *Glatz 1902: L. Schirmer.* (25 S.) 4°
Glatz, k. kath. G, OP 1902 (204)

Schulte, Wilhelm: Urkundliche Beiträge zur Geschichte des schlesischen Schulwesen im Mittelalter. Nachträge. Glatz 1905: L. Schirmer. (28 S.) 4° ¶ [Forts. d. P-Beil. 1902.]
Glatz, k. kathol. G P 1905 (221)

Schulte, Wilhelm: [Bericht über die Feier des 300jährigen Bestehens der Anstalt.] *Glatz 1898: L. Schirmer.* (17—19 S.) 4°
Glatz, k. Kath. G, OP 1898 (192)

Schulte, Wilh., Geschichte des Breslauer Domes u. seine Wiederherstellung. Eine Studie. (III, 97 S. m. 14 Taf.) Lex. 8. Breslau 907. G. P. Aderholz. 2.—; geb. in Leinw. 3. —

Bischof Jaroslaw und die Schenkung des Neisser Landes. Von Geh. Reg. R. Prof. Dr. Wilhelm **Schulte**, Breslau. Kattowitz: Gebr. Böhm 1906. (114 S.) 8° [F.]
Aus: Oberschlesien. Zeitschrift. [07. 5100

Schulte, Wilhelm, appr. Arzt in Halle a. S.: Zur Lehre von den solitären Hämatocelen. Halle a. S. 1905: C. A. Kaemmerer & Co. (31 S.) 8°
Halle, Med. Fak., Ref. Veit, Diss. v. 29. Juli 1905
[Geb. 30. Aug. 80 Bochum; Wohnort: Bochum; Staatsangeh.: Preußen; Vorbildung: Gymn. Bochum Reife O. 99; Studium: Bonn 1, Marburg 4, Berlin 1, München 3 S.; Coll. 22. Juli 05; Approb. 15. März 04.]

Schulte, Guil., de Hermetis Graecorum dei natura muneribusque primariis. Dissertatio mythologica. Münster 866. (Brunn's Verl.) gr. 8. (44 S.) 7½ ngr.

Die Schrodka. Ein Beitrag z. ältesten Geschichte d. Stadt Posen. Von Wilhelm **Schulte**. Posen 1907: W. Decker & Co. (40 S.) 8°
Aus: Zeitschrift d. Hist. Gesellsch. f. d. Prov. Posen. Jg. 22. [08. 189 2

Die politische Tendenz der Cronica principum Polonie. Von Wilhelm **Schulte**. Breslau: E. Wohlfarth 1906. (VIII, 200 S.) 8° [F. u. Ant.]
= **Darstellungen** u. Quellen z. schles. Geschichte. Bd 1. [06. 8090

Schulte, Guilelmus: De Ovidiano synaloepharum usu. Borna 1909: Noske. 59 S. 8°
Münster, Phil. Diss. v. 12. Aug. 1909, Ref. Sonnenburg
[Geb. 6. Aug. 69 Lüdinghausen; Wohnort: Cöln; Staatsangeh.: Preußen; Vorbildung: Paulin. Gymn. Münster Reife O. 89; Studium: Münster 2, München 1, Münster 6 S.; Rig. 19. Juni 09.] [U 09. 3610

Schulte-Bäuminghaus, Clemens, aus Altenessen: Über die Wirkung und den Verbleib einiger an Milchkühe gefütterten Mineralstoffverbindungen (Eisen, Calcium, Chlor, Phosphorsäure). *Merseburg 1902: F. Stollberg.* (45 S.) 8° ¶ [Aus: Mitteil. d. Landw. Institute d. Kgl. Univ. Breslau.]
Breslau, Phil. Diss. v. 14. Mai 1902

Schulte-Bockholt, Franz: Zur Casuistik und Ätiologie der Anteflexio uteri ... Würzburg, J. M. Richter's Buchdr., 1892; 33 S. 8.
Würzburg, Med. Fak., Inaug.-Diss. v. 1892

Schulte vom Brühl, Walther

Schulte vom Brühl, Walth., s. a.: Hennrich, Joh.

Schulte vom Brühl, „Das Alte stürzt . . . . !" Sociale u. polit. Ein- u. Ausblicke um d. Wende des Jahrhunderts. gr. 8. (139 S.) Bamberg (899). Handels-Druckerei u. Verlagsh. n. 2. —

— der Assistenzarzt. Drama in 3 Akten. (100 S.) 8. München (904). Leipzig, F. Rothbarth. n. 1. 50

Ⓑ **Schulte v. Brühl**, Walt., der Assistenzarzt. 904. (KVL 34.) Jetzt: Berlin, Concordia.

Schulte vom Brühl, fallende Blätter, s.: Volksbibliothek d. Lahrer hinkenden Boten.

Schulte vom Brühl. Die Ebernburg, die Feste Franz v. Sickingens. 8. Leipzig s. a.

Schulte vom Brühl. Entenzucht (Zeitungsenten), s. Eckstein's 50 Pfennig-Bibliothek.

Schulte vom Brühl, Entenzucht. Sammlung v. Zeitungsenten. 8. (77 S.) Berlin 884. Eckstein Nachf. n. 1.—

— Aus dem Geheimbuch eines Regierenden. (196 S.) 8. Berlin (909). Concordia. 2.—; geb. 3.—

Schulte vom Brühl, gleich u. ungleich. Roman. 8. (III, 488 S.) Stuttgart 898. A. Bonz & Co. n. 5.—; geb. in Leinw. n. 6.—

[F.] Der Goldfisch und seine Pflege. E. Epistel z. Verhütg e. gedankenlosen Thierquälerei v. [Walther] **Schulte** vom Brühl. M. Federzeichngn von demselben. (Vorr.: Georg Bartmann.) ... *Wiesbaden: G. Bartmann; [In Comm. b.] F. A. Eckstein, Neustettin (1898).* (16 S.) 1 Bd 8. [98. 6942

Schulte vom Brühl, der Goldfisch u. s. Pflege. Eine Epistel zur Verhütg. e. gedankenlosen Thierquälerei. M. Federzeichngn. v. demselben. (2., stark verm. Aufl. 4.—15. Taus.) 12. (22 S.) Wiesbaden 898. (Neustettin, F. A. Eckstein.) n.n. — 25

Der Goldfisch und seine Pflege. (Von W[alther] **Schulte** vom Brühl.) Epistel z. Verhütung einer gedankenlosen Tierquälerei. (Vorr.: Georg Bartmann.) 5., stark verm. Aufl. Wiesbaden: G. Bartmann [1906]. (32 S.) 8° [F.]

— der Goldfisch u. seine Pflege. Epistel zur Verhütg. e. gedankenlosen Tierquälerei. 5., stark verm. Aufl. (35. bis 55. Taus.) (32 S. m. Abbildgn.) 8. Wiesbaden 906. (Magdeburg, Creutz.) n. — 25

Grieth, Die von der Kohls und andere bergische Geschichten. Von Walther **Schulte** vom Brühl. *Elberfeld: Baedeker [1902].* (165 S.) 8° [F.]
— **Erzähler**, Bergische. Bd 1.

Grieth, Die von der Kohls und andere bergische Geschichten. Von Walther **Schulte** vom Brühl. 2. Aufl. *Elberfeld: Baedeker [1903].* (165 S.) 8° [F.]
= **Erzähler**, Bergische. Bd 1.

— die Habsburg. [Aus: „Deutsche Schlösser u. Burgen".] 8. (24 S. m. Illustr.) Leipzig 888. Voß' Sort. n. — 50

Haru. Ein japan. Intermezzo u. anderes. Von Walther **Schulte** von Brühl ([vielm.] vom Brühl). Mit Ill. von W. Roegge. Berlin, Leipzig: H. Hillger (1906). (95 S.) 8° [F.]
= **Bücherschatz**, Kürschners. No 526. [07. 13343

— Haru, s.a. Kürschner's Jos., Bücherschatz.

— die letzte Heidin. Ein Märchen f. die Jugend von 14—18 Jahren. 8. (106 S. m. 1 Chromolith.) Lahr 886. Schauenburg. cart. n. — 70; geb. n. 1.—

Schulte vom Brühl, Walther: Helinor. Eine Dichtung. Berlin: Concordia (1908). 164 S. 8°

— Hohengeroldseck. Badische Volkserzählg. 12. (270 S.) Lahr 893. M. Schauenburg. — 75

— Hohenzollern, die Stammburg unseres Kaiserhauses. 8. (65 S. mit Illustr.) Leipzig 888, Voß' Sortiment. * 1 —
Aus: Deutsche Schlösser und Burgen, besonders abgedruckt.

— Kleinigkeiten. Humoristische Blätter. 8. (166 S.) Leipzig 885. Bauer. n. 2.—

— Künstler, Kritik u. Publikum, s.: Volksschriften, deutsche.

Schulte vom Brühl. Burg Landstuhl, wo Sickingen seinen letzten Kampf kämpfte. 8. Leipzig 18..

— Lieder-Symphonieen. 2. Tausend. 8. (VII, 159 S. m. Illustr.) Wiesbaden 890. Schellenberg'sche Hofbuchdr. geb. n. 4.—

[F.] Das Märchen vom Nussknacker. E. Märchen f. liebe Kinder v. [Walther] **Schulte** vom Brühl. M. 3 feinen Farbendruckb. *Mülheim a. d. R.: J. Bagel [1895].* (80 S., 2 Taf.) 1 Bd S. [96. 781

Das Märchen vom Nußknacker. Ein Märchen f. liebe Kinder von W[alter] **Schulte** vom Brühl. Mit 3 Farbendruckbild. Mülheim a. d. Ruhr: J. Bagel [1904]. (80 S.) 8° [F.] [06. 9300

— Maria regina, s. Volksbibliothek des Lahrer hinkenden Boten.

— d. Marschallstab. E. Roman aus dem Bergischen. 2 Bde. gr. 8. (230 u. 262 S.) Stuttgart 896. A. Bonz & Co. n. 5.—; in 1 Leinwbd. n. 6.—

— Meerschweinchen. Roman. 1.—3. Aufl. 8. (III, 164 S.) Köln 902. A. Ahn. n. 2.—; geb. in Leinw. 3.—

Der Meister. Roman von Walter **Schulte** vom Brühl. ⟨Mit d. Titelportr. Voltaires nach Largillière.⟩ Berlin: Concordia 1907. (309 S.) 8° [F.] [07. 16893

Der Meister. Roman von Walter **Schulte** vom Brühl. ⟨Mit d. Titelportr. Voltaires nach Largillière.⟩ 2. Aufl. Berlin: Concordia 1907. (309 S.) 8° [F.] [08. 8382 II

— Otto Müller. E. deutsches Dichterleben, dargest. aus d. Dichters Briefen. 8. (54 S. m. Bildn.) Ebd. 895. n. — 50

— die Nixe vom Walchensee. Ein Märchen aus Oberbayern. 8. (92 S. m. 1 Chromolith.) Lahr 886. Schauenburg. cart. n. — 70; geb. n. 1.—

— dass. — s. Volksbibliothek des Lahrer hinkenden Boten.

— Piep, der Staarmatz. Eine Vogel- u. Knabengeschichte. Illustrationen nach Schulte v. Brühl v. L. Meggendorfer. gr. 8. (53 S. m. eingedr. color. Illustr.) München 884. Braun & Schneider. cart. n. 1. 50

— die Priesterin der Holde. Ein episches Gedicht in 12 Gesängen. 8. (108 S.) Lahr 886. Schauenburg. geb. 1. 50

— dass. — s. Volksbibliothek des Lahrer hinkenden Boten.

— der Prinz v. Pergola. Roman. (IV, 395 S.) 8. München (904). Leipzig, F. Rothbarth. n. 4. 20; geb. n. 5. 50

Schulte vom Brühl, Walther, Reflexionen über die deutsche Malerei der Gegenwart, s.a. Sammlung kunstgewerblicher und kunsthistorischer Vorträge.

von Brühl, Walter Schulte. Reflexionen über die Deutsche Malerei der Gegenwart. (Sammlung kunstgewerblicher und kunsthistorischer Vorträge. No. 6.) Leipzig 1882. 8°.

— die Revolutzer. Roman. 1. u. 2. Aufl. (543 S.) 8. Leipzig 904. 905. F. Rothbarth. n. 5.—; geb. in Leinw. n. 6.—

Schulte vom Brühl, Walther: Die Revolutzer. Roman. 3. Aufl. Berlin: Concordia (auf d. Umschl.: Leipzig: Rothbarth) [um 1906]. 542 S. 8°

— Sachsenschädel, s.: Bibliothek Rothbarth.

— Silberne Schalen. Roman. (427 S.) 8. Berlin (909). Concordia. 4.50; geb. 5. 50

Schulte vom Brühl, [Walther]: Scheckchen. Eine Menschen- u. Vogelgesch. Berlin: Berl. Tierschutz Verein (1897). (15 S.) 8°

— Scheckchen. Eine Menschen- u. Vogelgeschichte. 12. (15 S. m. Abb.) Berlin (899). (Berolina-Versand-Buchh). — 10

— deutsche Schlösser u. Burgen. 1.—16. Hft. 8. (Mit eingedr. Illustr.) Leipzig 888. 889. Voß' Sort. à Hft. n. — 50 (1. 2. Bd. [à 8 Hfte.] à Bd. n. 4. —; geb. à n. 5. —)

1. Die Kaiserpfalz Gelnhausen. (31 S.)
2. Vom Rodensteiner u. seiner Burg. (S. 33—59.)
3. Die Ebernburg. (S. 65—103.)
4. Die Marburg. (S. 105—140.)
5. Der Dilsberg u. die vier Burgen zu Neckarsteinach. (S. 145—174.)
6. 7. Die Hohenzollernburg. (S. 177—243.)
8. Die Habsburg. (1. Bd. XXIII u. S. 247—273.)
9. Schloß Burg an der Wupper. (2. Bd. S. 1—38.)
10. Burg Weibertreu bei Weinsberg. (2. Bd. S. 39—70.)
11. Der Pfalzgrafenstein u. die Burg Caub od. Gutenfels. (2. Bd. S. 71—103.)
12. 13. Taunus-Burgen. I. Königstein, Falkenstein, Cronberg. (2. Bd. S. 105—165.)
14. Schloß Mespelbrunn im Spessart. (2. Bd. S. 171—200.)
15. Der Kyffhäuser. (2. Bd. S. 205—239.)
16. Burg Nassau u. die Burgen Stein u. Laurenburg. (2. Bd. VIII u. S. 241—272 m. 16 Abbildgn.)

Schulte vom Brühl, sei deutsch! Mahnrufe in den Kampf der Zeit. 2., verm. Aufl. gr. 8. (24 S.) Leipzig 893. H. Beyer. n. — 30

— die Sünderin. Novelle. Mit Buchschmuck von Frz. Stassen. gr. 16. (151 S.) Berlin 899. Düsseldorf, Fischer & Franke. n. 2. —; geb. in Leinw. n. 3. —

— die Sünderin. Novelle. 2. Aufl. Mit Buchschmuck v. Frz. Stassen. (151 S.) 16. Leipzig (904). F. Rothbarth. n. 1. 80; geb. 2. 50

—— Prinzeßchen Tausendschön. Ein buntes Märchen. 8. (67 S. mit 1 Chromolithogr.) Lahr 886, Schauenburg. cart. * 50 Pf.; geb. — 75

—— dass. — s. Volksbibliothek des Lahrer hinkenden Boten.

— s.: Voltaire.

— was uns passierte, s.: Seemann's kleine Unterhaltungsbibliothek. Nr. 5.

Wintersnahen u. andere Erzählungen von Walther **Schulte** vom Brühl. Mit Ill. von W. Roegge. Berlin, Eisenach, Leipzig: H. Hillger [1904]. (112 S.) 8° [F.]
= **Bücherschatz**, Kürschners. No 418. [05. 10597

— Wintersnahen u. andere Erzählungen, s.: Kürschner's, Jos., Bücherschatz.

—— Hans Wohlgemut, der Spielmann. Ein Märchen für groß und klein. 8. (90 S. mit 1 Chromolithogr.) Lahr 886, Schauenburg. cart. * 70 Pf.; geb. * 1 —

—— dass. — s. Volksbibliothek des Lahrer hinkenden Boten.

Schulte vom Brühl, [Walther]: Das Zimmer-Aquarium, seine Tiere und Pflanzen, seine Anlage und Unterhaltung. Ein kurzer Leitfaden f. Aquarienfreunde. M. 6 Originalzeichn. d. Verf. Aachen: C. H. Georgi [1899]. (31 S.) 8°
= Hilf dir selbst. Dein eigener Lehrer. [16.]

— das Zimmer-Aquarium, s. Hilf dir selbst!

Schulte vom Bühl, Paul, wir Untertanen der Mittelmässigkeit! Zeitgemässe Betrachtgn. (III, 86 S.) gr. 8. Leipzig (908). Asgard-Verlag. 1.80; erm. Pr. 1. —

Schulte-Busch, Hedw., s.: Schülerinnen-Jahrbuch, deutsches.

Schulte-Cranwinkel, Wilh. [aus Lünen a. d. Lippe (Westf.)]: Ein Sarkom der Regio inguinalis ... Würzburg, P. Scheiner's Buchdr., 1897; 24 S. 8.
Würzburg, Med. Fak., Inaug.-Diss. v. 1897

Schulte zu Cranwinkel, Guil. (geb. Cranwinkel bei Bochum 14. 6. 1820): De tabe dorsali. Berolini (1846). (31 S.) 8°
Berlin, Med. Diss. v. 14. Aug. 1846

Schulte-Diefhaus, *Friedrich* Robert [aus Bonsfeld]: Polhöhe von Kiel aus Zenithdistanzen des Polarsterns und aus Circummeridianhöhen ... Kiel, Druck v. H. Fiencke, 1892; 2 Bl., 42 S., 1 Bl. 8.
Kiel, Phil. Fak., Inaug.-Diss. v. [13. Aug.] 1892

Schulte-Erwitte, H., Pappendeckel, s.: Theater, kleines.

Schulte am Esch, L., über zwei neue Fälle von Fettembolie. Diss. Würzburg 1886, Stahelsche Univ.-Buchh. 8°. 19 S.

Schulte am Esch, Otto, appr. Arzt: Ueber Lipoma arborescens des Kniegelenks; im Anschluss 5 operierte und geheilte Fälle. Leipzig 1909: Lehmann. 26 S. 8°
Leipzig, Med. Diss. v. 9. Aug. 1909, Ref. Trendelenburg
[Geb. 31. Okt. 69 Horsthausen; Wohnort: Halle a. S.; Staatsangeh.: Preußen; Vorbildung: Gymn. Klausthal Reife O. 90; Studium: Würzburg 5, Kiel 3, Würzburg 11, Halle 3 S.; Coll. 13. Aug. 09; Approb. 1. Juni 00.] [U 09. 2874

Schulte im Hofe, (Joseph) August, über Cumol-Ortho-Sulfonsäure und Ortho-Cuminsäure. Diss. Freiburg i. B. 1886, Fr. Wagnersche Univ.-Buchh. 8°. 43 S.

Die Kakao-Fermentation und die Verarbeitung des Kakaos von d. Ernte bis z. Versand, sowie Kaffee- u. Tabak-Fermentations-Studien von Dr. A[ugust] **Schulte** im Hofe. Berlin: D. Reimer 1908. (35 S.) 8° [08. 17730

Die Kultur und Fabrikation von Thee in Britisch-Indien und Ceylon mit Rücks. auf d. wirtschaftl. Wert d. Theekultur f. d. deutschen Kolonien. Von Dr. A. **Schulte** im Hofe. Mit 5 Karten u. 1 Zeichn. *Berlin 1901: E. S. Mittler & Sohn.* (117 S.) 8°
= **Tropenpflanzer**. Beihefte. Bd 2, No 2. [01. 5032

Schulte im Hofe, A., d. Ramiefaser u. d. wirtschaftl. Bedeutung d. Ramiekultur f. d. deutschen Kolonien. gr. 8. (50 S.) Berlin 898. Deutscher Kolonial-Verlag. n. 1. 50

Schulte im Hofe, Rud., Kinderbilder. (6 Taf.) 40×30 cm. Berlin-Steglitz (909). Neue photograph. Gesellschaft. In Mappe 15. —

Schulte-Krumpen, Wilhelm [aus Buschhausen]: Aus d. med. Klinik zu Bonn. Ueber einen Fall von atrophischer Lähmung ... Bonn, Hauptmann'sche Buchdr., 1892; 25 S., 1 Bl. 8.
Bonn, Med. Fak., Inaug.-Diss. v. [26. Febr.] 1892

Schulte-Limbeck, Wilhelm

Typische Mattstellungen. Ein Schlüssel z. überraschend leichten Lösung von Schachaufgaben, eine Schärfung d. Positionsblicks f. d. Schachpartie von Dr. W. **Schulte**-Limbeck. Mit zahlr. Diagr. u. einer Auswahl interessanter Partien... Solingen: Selbstverl. 1907. 141 S. 8° [10. 17432

Schulte-Limbeck, W., typische Mattstellungen. Ein Schlüssel zur überraschend leichten Lösg. v. Schachaufgaben, e. Schärfg. des Positionsblicks f. die Schachpartie. Mit zahlr. Diagrammen u. e. Auswahl interessanter Partien v. Anderssen, Kieseritzky, Napoleon I., Philidor, Pestalozzi u. a. (Anh.: Anleitg. zur Erlerng. des Blindlingsspiels.) (142 S.) 8. Solingen 907. (W. Ohme.) 1. —

Schulte Limbeck, Wilh. (geb. Werne in Westf. 20. 11. 1845): Thesen. Berlin (1870). (2 Bl.) 8°
Berlin, Med. Thes. v. 8. Aug. 1870

Schulte-Overberg, Gustav [aus Querenburg b/Bochum (Westf.)]: Über die Einwirkung hoher Aussentemparaturen[!] auf den Glycogenbestand der Leber ... Würzburg, Druck d. Bonitas-Bauer'schen k. b. Hofbuchdr., 1894; 19 S. 8.
Würzburg, Med. Fak., Inaug.-Diss. v. 1894

Schulte-Plaßmann, Jos., der Episkopat, e. vom Presbyterat verschiedener, selbständiger u. sakramentaler Ordo od. die Bischofsweihe ein Sakrament. Eine historisch-dogmat. Abhandlg. gr. 8. (156 S.) Paderborn 883. Bonifacius-Druckerei. n. 1. 60

Schulte-Rauxel, [Wilhelm]: Die Voraussetzungen und rechtlichen Folgen der Verbindung und Vermischung nach römischem und heutigem Recht. Bonn 1909: Foppen. IX, 75 S. 8°
Heidelberg, Jur. Diss. v. 8. Jan. 1910, Ref. Endemann
[Geb. 25. Nov. 85 Rauxel; Wohnort: Rauxel; Staatsangeh.: Preußen; Vorbildung: Gymn. Dortmund Reife M. 05; Studium: Phil. Bonn 3, Jura Bonn, München, Heidelberg usw. 5 S.; Rig. 28. Juli 09.] [U 10. 2014

Schulte-Rödding, Wilhelm, Referendar: Das Schicksal des Vermögens einer aufgelösten juristischen Person. Greifswald 1905: J. Abel. (32 S.) 8° [J.]
Greifswald, Jur. Fak., Ref. Pescatore, Diss. v. 20. Okt. 1905
[Geb. 23. Juli 76 Kirchderne; Wohnort: Dortmund; Staatsangeh.: Preußen; Vorbildung: Gymn. Dortmund Reife O. 96; Studium: Marburg 1, München 4, Bonn 1, Greifswald 3 S.; Rig. 27. Nov. 02.]

Schulte-Steinberg, Otto (geb. Düren in Westf. 26. 10. 1858): Über parasitäre Anämie. Berlin (1885). (30 S.) 8°
Berlin, Med. Diss. v. 30. Mai 1885

Die Bildnisse Goethes. Hrsg. von Ernst **Schulte**-Strathaus. München: G. Müller (1910). 100 S., 167 Taf. 4°(8°)
(Goethe: Sämtl. Werke. Propyläen-Ausg. Suppl. 1.) [10. 18035

Schulte-Strathaus, Ernst, die Bildnisse Goethes, s. a. Goethe's, Joh. Wolfg. v., sämtliche Werke.

Die trunkene Mette durch vier Jahrhunderte gelesen von ERNST SCHULTE-STRATHAUS und KARL WOLFSKEHL, bestellt von der Gesellschaft Muenchener Bibliophilen fuer die Generalversammlung der Gesellschaft der Bibliophilen, Muenchen Herbst MDCCCCVIII. (Gedruckt zu Leipzig von W. Drugulin und vollendet am 17. September des Jahres 1909.) 4°. (785)

Schulte-Tigges, A(ugust), Dir.: **Antrittsrede.** *Lüdenscheid 1901: W. Crone jun.* (S. 3—8.) 4° [J.]
Lüdenscheid, R u. PG (m. Griech. od. Engl.), P 1901 (388)

Schulte-Tigges, *August:* Die Bedeutung der schriftlichen Arbeiten für den physikalischen Unterricht. Barmen, Druck v. Steinborn & C., *1892;* 29 S. 4.
Barmen, st. RG, OP 1892 (469)

Schulte-Tigges, A[ugust]: [Bericht über die Feier anläßlich des Rücktritts des Direktor Dr. Wittich.] S. 27—31. 4.
Progr. Städt. Realgymn. *Cassel* 1905 (481).

Schulte-Tigges, A(ugust), Direktor: Einführungsrede. Cassel 1905: Wilh. Schlemming. (S. 3—6.) 4°
Cassel, St. RG OP 1905 (481)

Schulte-Tigges, A., Ellipse u. Parabel als Zentralprojektionen des Kreises. 1 Bl. 125×95 cm. Farbdr. Berlin (907). G. Reimer. Auf Leinw. m. Stäben 10. —

†(Schulte-Tigges, August): Geschichtliche Entwickelung der höheren Knabenschule zu Lüdenscheid. Auf Grund der Chroniken von Schumacher und Rottmann, der Akten und Jahresberichte dargelegt. 8 S. 4.
Realschule u. Progymn. (mit wahlfreiem Griech. od. Engl.)
Progr. *Lüdenscheid* 1901.

Synthetische Geometrie der Kegelschnitte in engster Verbindung mit neuerer u. darstellender Geometrie. Für d. oberen Klassen höh. Lehranstalten bearb. von A[ugust] **Schulte**-Tigges, Dir. zu Kassel. Berlin: G. Reimer 1907. (VIII, 72 S.) 8° [J.]
= **Mehler,** F. Gustav: Hauptsätze d. Elementar-Mathematik. Ausg. B. Oberstufe, T. 1. [07. 13930

— Hauptsätze der Elementar-Mathematik, s.: Mehler, F. G.

— Die Hyperbel als Zentralprojektion des Kreises. 1 Bl. 125×95 cm. Farbdr. Berlin (907). G. Reimer. Auf Leinw. m. Stäben 10. —

—: [Professor Dr. Peters † 27. Dezember 1908.] S. 22—24. 4.
Progr. Städt. Realgymn. *Cassel* 1909 (548).

Planimetrie und Arithmetik nebst den Anfangsgründen der Trigonometrie und Stereometrie und 3 Anh. Für d. unteren u. mittl. Klassen bearb. von A[ugust] **Schulte**-Tigges, Dir. Berlin: G. Reimer 1908. VII, 297 S. 8°
(Mehler, F. Gustav: Hauptsätze d. Elementar-Mathematik. Ausg. B. Unterstufe.) [10. 7039

Schulte-Tigges, Aug., philosoph. Propädeutik auf naturwissenschaftl. Grundlage f. höh. Lehranst. u. zum Selbstunterr. 1. Thl. Methodenlehre. gr. 8. (VIII, 80 S.) Berlin 898. G. Reimer. n. 1. 20

Schulte-Tigges, Aug., philosophische Propädeutik auf naturwissenschaftl. Grundlage f. höhere Lehranstalten u. zum Selbstunterricht. 2. Tl.: Die mechan. Weltanschauung u. die Grenzen des Erkennens. gr. 8. (117 S.) Berlin 900. G. Reimer. n. 1. 80

Schulte-Tigges, Aug., philosophische Propädeutik auf naturwiss. Grundlage f. höh. Schulen u. zum Selbstunterricht. 2. verb. u. verm. Aufl. (XVI, 221 S.) gr. 8. Berlin 904. G. Reimer. n. 3. —; geb. n. 3. 80

Schulte-Tigges, Ewald (geb. am 24 Mai 1859 in Ruhrort): '(Aus d. med. Klinik zu Bonn.)' — Die Absonderung des Harns bezüglich der Menge ... Bonn, Univ.-Buchdr. v. C. Georgi 1882. 24 S., 2 Bl. 8.
Bonn, Med. Fak., Diss. v. 12 Aug. 1882

Schulte v. Volkringshausen, Fr., s. Bibliothek engl. Theologie.

Schulte-Wermingsen, Reinhold, aus Wermingsen: Die rechtliche Stellung des Handlungsreisenden nach dem Handelsgesetzbuch vom 10. Mai 1897. *Borna-Leipzig 1902: R. Noske.* (X, 154 S.) 8°
Leipzig, Jur. Diss. v. 1902

Schulte Westhoff, Karl: Das receptum arbitrii und die Haftung des Schiedsrichters. Leipzig 1909: Merseburger. 98 S. 8°
Leipzig, Jur. Diss. v. 23. Febr. 1909
[Geb. 27. Nov. 78 Sterkrade; Wohnort: Sterkrade; Staatsangeh.: Preußen; Vorbildung: Gymn. Arnsberg Reife O. 01; Studium: Freiburg i. B. 1, Würzburg 2, Leipzig 1, München 1, Münster 5 S.; Rig. 12. Dez. 08.] [U 09. 2683

Schulteis, Hermann [pr. Arzt in Atzbach bei Wetzlar]: Zur Prophylaxe der Ophthalmo-Blennorrhoe ... Greifswald, Druck v. J. Abel, 1895; 33 S. 8.
Greifswald, Med. Fak., Inaug.-Diss. v. 25. Juni 1895

Die Karten von 1813 und 1818 von Constantin **Schulteis**. *Bonn: H. Behrendt 1895.* (XVI, 204 S.) 8°
= Erläuterungen zum Geschichtl. Atlas d. Rheinprovinz. Bd 1.
= **Publikationen** d. Gesellschaft f. rhein. Geschichtskunde. 12. Erläuterungen. Bd 1. [\~. 3948

Die Rheinprovinz unter französischer Herrschaft im Jahre 1813. Entworfen und gezeichnet von CONSTANTIN SCHULTEIS. Maßstab: 1 : 500000. Bonn 1894. Hermann Behrendt.

Schulten, A., Landschafts-Schule. 1. Heft. Imp.-Fol. (10 lith. Blätter.) Düsseldorf 846, Buddeus. n. 3½ ₰

Schulten, Adolf

Schulten, Adf., das römische Afrika. gr. 8. (VI, 116 S. m. 5 Taf.) Leipzig 899. Dieterich. n. 2. —

Ausgrabungen in Numantia. [Verf.: Adolf **Schulten.**] (Berlin: H. Feyl & Co. [1906].) (8 S.) 8° [06. 6027

Schulten, Em. Adolfus [Elberfeldensis]: De conventibus civium romanorum. Sive de rebus publicis c. r. mediis inter municipium et collegium ... [Erschien vollst. Berlin 1892.] Lipsiae, typ. I. B. Hirschfeldi, 1892; 1 Bl., 38 S., 1 Bl. 8.
Göttingen, Phil. Fak., Inaug.-Diss. v. [4. Juli] 1892

Schulten, Adf., de conventibus civium romanorum sive de rebus publicis civium romanorum mediis inter municipium et collegium. gr. 8. (132 S.) Berlin 892. Weidmann. n. 4. —

Die römische Flurteilung und ihre Reste. Von Adolf Schulten. M. 5 Fig. im Text u. 7 Kt. *Berlin: Weidmann 1898.* (38 S., 7 Kt.) 4.
= Abhandlungen d. Kgl. Gesellschaft d. Wissenschaften zu Göttingen. Phil.-hist. Klasse, N. F. Bd 2. No 7. [98. 9398

Die römischen Grundherrschaften. E. agrarhistor. Untersuchg v. Adolf Schulten. *Weimar: E. Felber 1896.* (VI, 148 S.) 1 Bd 8. [96. 1137

Die Lex Manciana, e. afrikan. Domänenordnung. Von Adolf Schulten. *Berlin: Weidmann 1897.* (51 S.) 4.
= Abhandlungen d. Kgl. Gesellschaft d. Wissenschaften zu Göttingen. Phil.-hist. Klasse. N. F. Bd 2. No 3. [97. 7333

Die Mosaikkarte von Madaba und ihr Verhältnis zu d. ältesten Karten und Beschreibungen d. heiligen Landes. Von Adolf Schulten. Mit 3 Kartenbildern u. 1 Fig.Taf. *Berlin: Weidmann 1900.* (121 S.) 4°
= Abhandlungen d. Königl. Gesellschaft d. Wiss. zu Göttingen. Phil.-hist. Kl. N. F. Bd 4, No 2. [00. 8003

— italische Namen u. Stämme. I. Lex.-8. (27 S. m. 1 Taf.) Leipzig 902. Dieterich. n. 1. 60
Sonderabdruck aus: „Beiträge zur alten Geschichte".

Schulten, A., Italische Namen u. Stämme. I. S.-A. 1902. 27 S. u. 1 K. 4°. 1.—
— — II. S.-A. 1902. 26 S. 4°. 1.20

Numantia. Eine topogr.-hist. Untersuchung von Adolf Schulten. Mit 3 Karten u. 11 Fig. Berlin: Weidmann 1905. (X, 112 S.) 4°
= Abhandlungen d. Kgl. Gesellschaft d. Wissensch. zu Göttingen. Phil.-hist. Kl. N. F. Bd 8, No 4. [05. 5176

Die 'Porta Paphia' zu Köln. Von Dr. Adolf Schulten, Privatd. in Göttingen ... *Bonn: P. Hanstein 1897.* (16 S., 2 Taf.) 1 Bd 8. [97. 8390

Schulten, August: Die Hodegerechtigkeit im Fürstbistum Osnabrück. Hildesheim 1909: Lax. 87 S. 8°
Münster, Phil. Diss. v. 10. Okt. 1909, Ref. Erler
[Geb. 27. Okt. 83 Osnabrück; Wohnort: Osnabrück; Staatsangeh.: Preußen; Vorbildung: Gymn. Carolinum Osnabrück Reife O. 05; Studium: Münster 2, Göttingen 1, Münster 4 S.; Rig. 13. Febr. 09.] [U 10. 3801

Schulten, A., Die Hodegerechtigkeit im Fürstbistum Osnabrück. gr. 8. (VI, 87 S.) Hildesheim, A. Lax. 1909. 2. 60.
Beiträge f. d. Geschichte Niedersachsens u. Westfalens hrsg. v. G. Erler. 19. Heft.

Schulten, C.: De Festis Hebraeorum. Wittenberg 1723. 4°.

Schulten, C. Handbuch militärischer Ausarbeitungen. Köln (c. 1840). 8°.

Schulten, Franciscus Adamus (Werla - Westphalus)
De fomentationibus in curanda capitis laesione.
Gissae 1806. 46 S.
Diss. med. 12.8.1806. vorh. 4.

Schulten, Joh., die Dienstboten des Herrn Majors, s.: Heibelmann's, A., Theaterbibliothek.

Schulten, Johann: Die Gesundheit, s. Baur, Alfred

Schulten, Ioan. (geb. Mintard im Rheinl. (3. 1. 1842): De uteri inflexionibus. Berolini (1867). (31 S.) 8°
Berlin, Med. Diss. v. 2. Apr. 1867

Schulten, Carl [aus Warendorf]: Beiträge zur Kenntnis fester Lösungen ... Erlangen, k. b. Hof- u. Univ.-Buchdr. v. F. Junge, 1896; 36 S., 2 Bl. 8.
Erlangen, Phil. Fak., Inaug.-Diss. v. 30. Juli 1895

Schulten, L., Frau Doktor, } s.: Liebhaber-Theater.
— das große Loos, }

Schultén, N. G. de, Tables de Logarithmes pour les nombres et pour les sinus et tangentes etc. 10. (VII und 222 S.) Helsingfors 841. (Leipzig, Voss.) *

Zur Ethik des Freimaurertums. [Unterz.:] P[aul] **Schulten.** [Braunschweig ca 1905.] 8 S. 8° [Kopftit.]
Abgedr. in: HL. 39 (1905—1906) S. 144—151; Bk. 25 (1906) No 88.
Üb. die ethische Bedeutung der Frmrei. 65.

Schulten, Wilhelm

Schulten, Wilh., deutsch-französische Buchführung nach der doppelten Methode f. den Waaren-, Bank- u. Seehandels-Verkehr, im Anschlusse an d. „Praktischen Uebgn. zur Handels-Correspondenz", nebst Anleitg. zur selbstständ. Fortsetzg. der Buchführg. in deutscher u. französ. Sprache. 2. Aufl. gr. 8. (51 S.) Duisburg 879. Braunschweig, Wissmann. n. 1. 75

— dasselbe nach der einfachen Methode. 2. Aufl. gr. 8. (24 u. 24 S.) Ebd. 879. n. 1. 75

— die doppelte Buchführung im Anschlusse an die prakt. Uebungen zur Handelscorrespondenz, nebst e. Anh.: Die amerikan. Buchhaltg. nach d. doppelten Methode. 3. Aufl. gr. 8. (52 S.) Ebd. 885. n. 1. 25

— die einfache Buchführung f. den Waaren-, Bank- u. Seehandels-Verkehr, im Anschlusse an d. „Prakt. Uebgn. z. Handelscorrespondenz", nebst Anleitg. z. selbstständ. Fortsetzg. der Buchführg. 2. Aufl. gr. 8. (24 S.) Ebd. 877. n. 1.—

— practical exercices to the mercantile correspondence in the modern languages. gr. 8. (91 S.) Ebend. 874. n. 1. 50

Schulten, Guillaume, Exercices pratiques pour la correspondance commerciale dans les langues modernes. gr. 8. (IV, 76 S.) Duisburg 874, Raske. * 1 50

— Exercices pratiques pour la correspondance commerciale et pour la tenue des livres mis en rapport avec le manuel de la correspondance commerciale allemand-français et allemand-anglais. 4. ed. gr. 8. (IV, 74 S.) Ebd. 882. n. 2. 25; mit: La tenue des livres en partie simple. (IV, 74 u. 49 S.) n. 3. 50

— hollandsche handelscorrespondentie met prakt. Oefeningen. 2. druk. gr. 8. (28 S.) Ebd. 887. n. 1. —

Schulten, Wilh., allgem. ine deutsch-holländisch-französisch-englische Handels-Correspondenz, enthaltend alle im commerciellen Verkehre vorkommenden Geschäftsbriefe, so wie die vorzüglichsten Actien-, Eisenbahn-, Staatspapiere und Wechsel-Course, nebst einem Anhang die doppelte Buchführung, nach eigener prakt. Erfahrung und nach den vorzüglichsten Quellen bearb. Lex.-8. (XII und 348 S. mit Anhang 81 S. und 4 Beil. in Fol.) Mülheim a. d. R. 1858, Bagel. 1 Thlr. 20 Ngr.; geb.

Schulten, W., deutsche Handelskorrespondenz, nebst prakt. Übgn. 2. Aufl. gr. 8. (28 S.) Duisburg 887. Schulten. n. — 60

Schulten, W. Deutsche Handelskorrespondenz, nebst prakt. Übgn. 4. Aufl. gr. 8. (29 S.) Duisb. 892, W. Schulten. * — 60

Schulten, W., deutsche Handelskorrespondenz, nebst prakt. Übgn. 5. Aufl. gr. 8. (29 S.) Duisburg 893 W. Schulten. n. — 60

Deutsche Handelskorrespondenz (Umschlagt.: Abgekürzter Kursus der Deutschen Handelskorresp.) nebst Prakt. Übgn v. W[ilhelm] Schulten, ... Dirig. d. Handelsschule zu Duisburg. 6. Aufl. ... *Duisburg & Leipzig: W. Schulten 1896.* (28 S., 1 Bl.) 1 Bd 8. [96. 4775

Schulten, Wilh., deutsche Handelskorrespondenz nebst prakt. Übungen. 6. Aufl. gr. 8. (29 S.) Duisburg 896. Braunschweig, Wissmann. n. — 60

— deutsch-holländische Handelskorrespondenz, nebst prakt. Übgn. 2. Aufl. gr. 8. (XIII, 52 S.) Ebd. 887. n. 1. —

Abgekürzter Kursus der Deutsch-Englischen Handelskorrespondenz nebst Prakt. Übungen v. Wilh. Schulten, ... Direkt. d. Handelsschule zu Duisburg ... *Duisburg & Leipzig: W. Schulten 1895.* [A. T.:] Abbreviated German-English Mercantile Correspondence w. Pract. Exercises by Will: Schulten ... (1 Bl., 10 doppelt gez. S., 20—38 S.) 1 Bd 8. [96. 4776

— abgekürzter Kursus d. deutsch-französischen Handelskorrespondenz, nebst prakt. Übungen. gr. 8. (19 Doppels. u. S. 20—38.) Ebd. 889. n. 1. —

— dasselbe der deutsch-italienischen Handels-Korrespondenz nebst prakt. Übungen. gr. 8. (VIII, 48 S.) Braunschweig 899. Wissmann. n. 1. —

— Lehrbuch der kaufmännischen Wissenschaften in praktischen Beispielen u. Uebungen. — Manuel des sciences commerciales avec exemples et exercises pratiques. — Manual of commercial science with practical examples a. exercises. — I. Bd. 1. u. 2. Abth. u. III. Bd. 1. Abth. gr. 8. Ebend. 874. 75. n. 8. 20

I. 1. Handels-Correspondenz in den neueren Sprachen nebst e. reichhalt. Phraseologie u. prakt. Uebgn. 1. Abth. Deutsch-französische Handels-Correspondenz. 2. gänzlich umgearb. Aufl. (XIV, 232 S.) n. 3. 60.

I. 2. — dasselbe. 2. Abth. Deutsch-englische Handels-Correspondenz. 2. gänzlich umgearb. Aufl. (XIV, 248 S.) n. 3. 60.

III. 1. Abth. Erklärung der Conto-Corrente m. Zins-Berechng. u. der Valuten-Berechng. in den verschiedensten Formen. 2. Aufl. (50 S.) n. 1. —

— Lehrbuch der kaufmännischen Wissenschaften in praktischen Beispielen u. Uebungen. 1. Bd. Handels-Correspondenz in den neueren Sprachen, nebst e. reichhalt. Phraseologie u. prakt. Uebgn. 2 Abtheilgn. 5. Aufl. gr. 8. Ebd. 887. à n. 3. 60

1. Deutsch-französische Handels-Correspondenz. (XIV, 232 S.)
2. Deutsch-englische Handels-Correspondenz. (XIV, 248 S.)

— Lehrbuch der kaufmännischen Wissenschaften in praktischen Beispielen u. Uebungen. III. Bd. 1. Abth. Erklärung der Conto-Corrente u. der Valuten-Berechng. einschliesslich der verschiedenen Methoden bei Conto-Correnten m. mehrfachem Wechsel des Zinsfusses. 5. Aufl. gr. 8. (56 S.) Ebd. 894. n. 1. —

— Lehrbuch der kaufmännischen Wissenschaften in praktischen Beispielen u. Uebungen. 3. Bd. gr. 8. Duisburg 894. Braunschweig, Wissmann. n. 1. —

3. Erklärung der Conto-Corrente u. der Valuten-Berechnung einschliessl. d. verschied. Methoden bei Conto-Correnten m. mehrfachem Wechsel d. Zinsfusses. 5. Aufl. (56 S.) n. 1. —

Schulten, Wilh., la tenue des livres en partie simple adaptée au commerce de marchandises, aux affaires de banque et au commerce maritime, mise en rapport avec le „Cours d'exercices pratiques de la correspondance commerciale", suivie d'un traité permettant à l'élève de continuer soi-même la tenue des livres. 2. éd. gr. 8. (24 S.) Duisburg 879. Braunschweig, Wissmann. n. — 75

Schulten, Wilh., praktische Uebungen zur Handels-Correspondenz in den neueren Sprachen. gr. 8. (IV, 92 S.) Duisburg 874. Naske. n. 1. 50

— praktische Uebungen zur Handels-Correspondenz und Buchführung in deutscher Sprache, im Anschlusse an die deutsch-französ. und deutsch-engl. Handels-Correspondenz. 7. Aufl. gr. 8. (VI, 97 S.) Ebendas. 887. * 1 70

— praktische Uebungen zur Handels-Correspondenz u. Buchführung in deutscher Sprache, im Anschlusse an die deutsch-französische u. deutsch-englische Handels-Correspondenz. 8. (Titel-)Aufl. gr. 8. (97 S.) Ebd. 894. n. 1. 70

Schultens, Albert

Schultens, Alb., animadvers. philologicae. 8. Amsterdam. 732. Rthlr.

— commentarius in librum Iobi in compend. redegit G. I. L. Vogel. II Tom. 8. maj. Halae, Curt. 773.

— commentarius in librum Jobi in compend. redegit G. J. L. Vogel. II Tmi. 8maj. Halle 773. (Laue in Berl.) 3 ß

Schultens, Albert, s. Erpenius, Th.: Grammatica Arabica.– Rudimenta ...

— de Hamburgo veteri in Connoburgo Smedingorum perperam invento. 4. Hamb. König. 737.

— Historia imperii vetustissimi Loctanidarum in Arabia felici. 4. Harderwyk, Kasteel. 786.

— institutiones ad fundamenta linguae hebraicae. 4. Harderw. 756.

Schultens, Albert [Praes.], s. Meyer, Johann Andreas: Disput. jur. qua disquiritur An Minori viginti quinque annis adversus Contractum a se Jurejurando confirmatum indulgenda sit restitutio in integrum.

— de modo componendi controversias inter aequales et potissimum de arbitris compromissariis. 4. Leyden. 739.

— opera minora. 4. Leyd. 760.

Schultens, Alb., origines hebraeae, vindiciae et de detectibus linguae hebraeae. II Voll. 4. Leyd. 761. Luchtmans. 5 ß 8 gr

— origines hebraeae linguae. II Vol. 4. Lips. Gleditsch. 762–65.

— Proverbia Salomonis, versione integra ad hebraeum fontem expressit atque comment. adjecit. Leyden. 748.

— et J. J. Schultens et N. G. Schröder, sylloge dissert. philog. exeget., quibus multa s. cod. loca obscura illustrantur. 4.maj. Leyd. 772. 3 ß 12 gr

— et N. G. Schröder, Sylloge dissert. philolog. exeget. quibus multa S. Cod. loca obscura illustrantur. 4. maj. Lips. Gleditsch. 773.

— dissertat. philol. triga de verbis et sententiis, ambigua et duplici significat. valentibus. 4. maj. Bremen, Cramer. 768.

— Diss. de verbis et sententiis ambigua et duplici significatione valentibus. 4. Gröning. 768. ... 8 gr

Schultens, Alb., Diss. philol. tres de verbis et sententiis ambigua et duplici significat. valentibus. Brem. 769. 4.

— versio integra Prov. Salomon. et in eadem comment. quem in compend. redegit variisque lectionibus aut versionibus auxit G. I. L. Vogel. 8. maj. Halae, Curt. 768.

— versio integra Prov. Salomon. et in eadem comment., quem in compend. redegit variisque lectionibus aut versionibus auxit G. J. L. Vogel. Accessit auctar. interpret. per G. A. Teller, praef. est J. S. Semmler. 8maj. Halle 768. (Laue in Berl.) 1 ß 4 gr

Alberti Schultensii versio integra Proverbiorum Salomonis et in eadem commentarius quem in compendium redegit et observationibus criticis auxit Georg. Io. Lud. Vogel. Accessit auctarium interpretationum per Guil. Abrah. Tellerum. Praefatus est Io. Salomo Semler. Halae 1769.

— vita et res gestae Sultani Saladini, arab. et latin. Fol. Leyd. 732 et 755. le Maire. 4 ß

— vitae ac res gestae Sultani Saladini. fol. Leyden, le Maire. 765.

Schultens, Hendrik Albert

Schultens, H. A., Anthologia sent. arabic. vide Anthologia.

— anthologia sententiarum arabicarum c. scholiis Zamachissarii. 4. Lps. Gleditsch. 773.

Schultens, Hendrik Albert: Das Buch Hiob aus dem Hebräischen mit Anmerkungen ... herausgegeben und vollendet von H. Muntinghe. Aus dem Holländischen mit Zusätzen und Anmerkungen des Herrn ... I. B. Berg von K. F. Weidenbach. Leipzig 1797. (Vgl. Hiob.)

— de jure fisci in haereditates privatorum. 8. Halae, Hendel. 786.

Schultens, Henr. Alb., Proverbia Meidani. 4. Leyd. 795. Luchtmans. 6 ßf

— pars versionis arabicae libri Colailah Wa Dimnah, s. fabular. Pilpai, s. *Anthologia* sentent. arab.

— — Pars versionis arabicae libri colailah sive fabularum Pilpai, philosophi Indi, in usum auditorum. 4. Lugd. Bat. Ist zu haben b. Kaiser in Bremen.

Schultens, Johann Jakob: Sylloge dissertationum philol. exeg. ... s. Schultens, Albert.

Schulter, *Friedrich* Hermann [app. Arzt aus Sondershausen]: Ueber die Varianten des laryngoscopischen Bildes ... Hannover, Druck v. Gebr. Jänecke, 1892; 26 S., 1 Bl. 8.
Heidelberg, Med. Fak., Inaug.-Diss. v. [4. Aug.] 1891

Schulterbein, d. Hrn. v., u. s. Peter, e. jov. Erzähl. in 4 Büchern. v. Karl Stein. 8. Berl. Schüppel. 807.

SCHULTERBEIN, Herr von, und sein Vater. (Roman.) Berlin, Schüppel, 1807. 8°. (1 Rthl.) Selten!

[Schultes]: Versuch über den Zustand des Schlesischen Landmanns in Bez. auf Gerichtsbarkeit u. Gesetzgebung. Bresslau 1789.

Schultes, Arthur [app. Arzt aus Pforzheim, Baden]: Ueber diffuse Lymphangiombildung am Oberschenkel ... Freiburg i. B., Buchdr. v. Ch. Ströcker, 1894; 24 S., 1 Bl., 1 Tab. 8.
Freiburg i. B., Med. Fak., Inaug.-Diss. v. 1894

Schultes, Carl, s. Schultes, Karl.

Schultes, D. A., Altes und Neues aus Ulm. Ein Nachtrag zur Chronik von Ulm. 8. (III, 117 S.) Ulm 886, Gebr. Nübling. * — 80

Schultes, D. A., Chronik von Ulm von den Zeiten Karls des Großen bis auf die Gegenwart [1880]. 9 Lfgn. 12. (V, 576 S.) Ulm 881, Gebr. Nübling. à Lfg. * 50 Pf. * 4 50

Schultes, F. Joseph: Anleitung zur möglichst genauen Erkenntniss des Pferdealters aus den Veränderungen der Zähne von der Geburt bis zum 30. Lebensjahre. Mit e. Tabelle u. 81 lithogr. Abb. auf 21 Taf. Salzburg 1840. VIII, 99 S.

Schultes, J., Anleitung z. möglichst genauen Erkenntniß d. Pferdealters aus d. Veränderung d. Zähne v. d. Geburt, d. z. 30. Lebensjahre. gr. 8. (..B. u. 21 Stnt.) Salzburg 840, Mayr'sche Buchh.

Schultes, F. Jos., Anleitung zur möglichst genauen Erkenntniß des Pferdealters aus den Verändergn. der Zähne von der Geburt bis zum 30. Lebensjahre. Ein Handbuch zum Selbstunterr. u. zum Gebr. seiner Vorlesgn. Mit 1 Tab. u. 81 lith. Abbildgn. auf 21 Taf. (Neue Titelausg.) gr. 8. (X u. 99 S.) Salzburg (840) 848, Mayr. n. 1 ßf 24 ngf

Schultes, F. Jos., Anleitg. z. mögl. genauen Erkenntnis d. Pferdealters aus d. Veränderungen d. Zähne v. d. Geburt b. z. 30. Lebensjahre. Mit 1 Tab., 81 Abb. (21 Taf.) N. A. (X., 109 S.) Salzburg 49. Mayr. M. 5.40

Schultes, Fr., Gedichte 2c., s. E. Oesterheld.

Schultes, Franz: Aus der chirurgischen Klinik zu Bonn. Die Blutstillung bei seitlichen Verletzungen grosser Venenstämme mit besonderer Berücksichtigung der Venennaht. *Bonn 1897: A. Henry.* (43 S. mit Tab.) 8°
Bonn, Med. Diss. v. [19. Jan.] 1898

SCHULTES, Georg Friedrich Christian v.: Anleitung zur landwirtschaftlichen Holzzucht und Waldbenutzung. Ein Noth- und Hülfsbüchlein für Privatwaldbesitzer, Gemeindevorsteher, Oekonomieverwalter, auch zur Belehrung für die reifere Jugend auf dem Lande, verständlich abgefaßt. - Gotha 1841. 147 S.

v. Schultes, Geo. Fr. Chr., Anleitung zur landwirthschaftl. Holzzucht u. Waldbenutzung. Ein Noth- und Hülfsbüchlein für Privatwaldbesitzer, Gemeindevorsteher, Oekonomieverwalter, auch zur Belehrung für die reifere Jugend auf dem Lande, verständl. abgefaßt. gr. 8. Gotha 841, Gläser. 3/4 ßf

v. Schultes, Geo. Fr. Chr., über die Nützlichkeit des Torfs zur Feuerung, Verkohlung u. Düngung. Mit besond. Hinsicht auf die Sächs. Herzogthümer faßlich vorgetragen. 8. Coburg 839, Riemann'sche Buchh. 1/8 ßf

Schultes, G. v., Skizze einer Wanderung durch einen Theil der Schweiz und des südlichen Deutschlands. Mit 4 Kupf. u. 1 Musikbl. 8. Bamberg, Gebhardt. 820.

v. Schultes, Geo. Fr. Chr., Skizze meiner Wanderung durch einen Theil der Schweiz u. des südl. Deutschlands. Mit 4 Kpf. u. 1 Musikbl. 8. Bamb. 820. (Wesché in Frkf. a. M.) 1 ßf 8 gr

v. Schultes, G. Specialcharte über das Fürstenthum Lichtenberg, aus officiellen Quellen zusammengestellt. St. Wendel 1829. 1 Bl. c. L. Ff.

v. Schultes, G., der Streuwald, od. kurze Erörterung der großen Nachtheile des übermäßigen Streusammelns für die Waldungen, nebst prakt. Anleitg. wie der Landmann Streu gewinnen könne, ohne hierbei die Waldungen zu verderben. gr. 8. (IV u. 29 S.) Coburg 849, Sinner. — 2. verm. u. verb. Aufl. gr. 8. (VI u. 32 S.) Ebd. 849. 6 ngf

SCHULTES, Georg Friedrich Christian v.: Der neue Sylvan. Vorlesungen über den Einfluss der Wälder auf die National-Oekonomie und über die Anforderungen unserer Zeit an die Forstverwaltung. Für Volksfreunde und Liebhaber der Staats- und Forstwissenschaften hrsg. - Ilmenau 1832. IV, 111 S.

Schultes, G. v., der neue Sylvan, Vorlesn. üb. den Einfluß d. Wälder auf d. National-Oekonomie u. üb. d. Anforderungen uns. Zeit an d. Forstverwaltung; f. Volksfreunde u. Liebhaber d. Staats- u. Forstwissenschaften hrsg. 8. (7½ B.) Ilmenau 832, [Weimar,] Voigt.

—— Taschenbuch f. Natur-, Forst- u. Jagdfreunde, s. Taschenbuch, Neues, ...

Schultes, Georg Ulrich (Liegnitz) A. S. 843/28
De impossibili in contractibus, disputatio inaug. iuridica, Germanice: Von dem was denen Rechten nach in Contracten, für unmüglich zu erfüllen, gehalten werden kan. Rec.
Jena (Heller) 1733. 40 S.
Diss. 7. II. 1674. 31775

Schultes, H. E., Realrepertorium sämmtlicher Gesetze des Herzogthums Sachsen-Altenburg. Als Fortsetzung des im Jahre 1786 erschienenen Repertorii, mit dem Jahre 1835 schließend. Nach alphabet. Ordnung auszugsweise entworfen. gr. 4. Altenburg 836. Schnuphase'sche Buchh. (Stauffer.) 2⅔ ßf

Schultes, Heinrich Wilhelm, s. Schultes, Johann Heinrich Wilhelm

Schultes, J. A., († ...) s. M. A. Jullien, über die beste Benutzung der Zeit.

Schultes, Jakob, s. Beccaria: Von Verbrechen u. Strafen.

– s. Erziehung, von d. öffentl., oder d. Unterr. d. Jugend in Schalen.

– s. Fenelon's Telemach.

– s. Kunst, sich durch Ackerbau zu bereichern.

Schultes, Jak., († d. 20. Nov. 1771.) Polyhymnia. (Eine Samml. sr. Gedichte.) 8. Ulm 769. Bartholomäi. 6 gr.

Schultes, Joh., Sammlung der gemeinen Logarithmen u. der logarithmischen Logarithmen der Zahlen 1 bis 10000. Herausgeg. von Dr. Pfaff. 8. Erlangen, Heyder. 821.

Schultes, Samml. d. gemeinen u. d. natürl. Logarithmen aller Zahlen von 1 bis 1000. Herausg. v. Pfaff. 4. Erlang. 821, Heyder.

Schultes, Johann Adolf von

— diplomat. Beitrr. zur Geschichte der Grafen von Andechs. 4. Münch., (G. Franz). 4 gr.

v. Schultes, Joh. Ad. Diplomatische Beiträge zur Geschichte der Grafen von Andechs. 4. München 1798.

v. Schultes, Jh. Ad., († d. 29. Mai 1821.) neue diplomat. Beitrr. zu der fränk. u. sächs. Geschichte. 1r Thl. gr. 8. Bayr. 792. (Grau in Hof). 1 Thlr. 4 gr.

Schultes, J. Ad., neue diplomat. Beyträge. z. d. fränk. u. sächs. Geschichte. 1r Thl. gr. 8. Bayreuth, Lübeck. 792.

— histor. statist. Beschreibung d. gefürstet. Grafschaft Henneberg mit Urkunden. 1ster Thl. 1ste—4te Abthl. u. 2ter Bd. 1e Abth. 4. Ebend. 794–803. (1r Thl. 1e 2te Abth. 1 Thlr. 12 gr. 3te d. Amt Themar 1 Thlr. 8 gr. 4te Römhild 1 Thlr. 12 gr. 2ter Bd. 1ste Abthl. Lichtenberg u. Kaltennordheim 1 Thlr. 12 gr.)

Vgl. Beschreibung, ...

— historisch-statistische Beschreibung d. Grafschaft Henneberg. 2r Bd. 2r Abschnitt. 4. Hildburghausen, Hanisch. 815.

— histor.-statist. Beschreib. der Herrschaft Römhild. Mit 1 Urkundenbuch. 4. Leipz. 799. Gr. Fleischer. 1 Thlr. 12 gr.

— histor.-statist. Beschreib. d. herzogl. sächs. gemeinschaftl. Amtes Themar. Mit Beilagen, No. 1—76. 4. Leipz. 796. Gr. Fleischer. 1 Thlr. 8 gr.

— diplomat. Geschichte d. gräfl. Hauses Henneberg, mit 20 Kpf. 2 Thle. 4. Hildburgh. Hanisch. 788–91. (1r 3 Thl. 8 gr. 2r 4 Thlr. 4 gr.)

Vgl. Geschichte, ...

— Coburgische Landesgeschichte des Mittelalters, mit e. Urkundenbuche. gr. 4. Coburg 814. (Sinner; a. Riemann; a. Gr. Fleischer in Leipz.) 2 Thlr. 16 gr.

Schultes, J. A. von, Sachsen-Coburg-Saalfeldische Landesgeschichte unter der Regierung des Hauses Sachsen vom Jahre 1425 bis auf die neuern Zeiten. 1ste Abthl. gr. 4. Coburg, Ahl. 818.

— Sachsen-Coburg-Saalfeld. Landesgeschichte unter der Regierung des Hauses Sachsen vom J. 1425 bis auf die neuern Zeiten. 1e—3e Abtheil. gr. 4. Coburg 818—22. (Riemann). 7 Thlr. 12 gr. (2e Abtheil. A. u. d. T.: Gesch. des Fürstenth. Sachsen-Coburg-Saalfeld. 1r Bd. Mit 1 Kpf. 3 Thlr.)

Schultes, Johann Adolf von: Sachsen Coburg-Saalfeldische Landesgeschichte unter der Regierung des Kur- und fürstlichen Hauses Sachsen vom Jahr 1425 bis auf die neuern Zeiten des Mittelalters. Mit einem Urkundenbuche. Abth. 1–2. Mit Kupfern. Coburg. 1818–20. 4°

— — — — 2te Abthl. gr. 4. Ebend. 821.
Auch unter dem Titel:
Geschichte des Fürstenth. Sachsen-Coburg-Saalfeld. 1r Bd. Mit 1 Kupf.

Schultes, Johann Adolf von, s. Reinhard, Joh. P.: Beitr. z. Gesch. d. Frankenlandes. 4. Tl.

v. Schultes, Jh. Ad., histor. Schriften u. Sammll. ungedruckter Urkunden, zur Erweiterung der deutschen Geschichte u. Geographie der mittlern Zeiten. 1e u. 2e Abtheil. gr. 4. Hildburgh. 798—801. (Gr. Fleischer; a. Taubert in Leipz.) 3 Thlr. 4 gr.

Schultes, Johann Heinrich Wilhelm

Schultes, Jh. Hnr. Wlh., († d. 30. Jan. 1812.) Bemerkk. üb. die Mündigkeit zu testiren nach röm. Rechte. gr. 8. Jena 800. Voigt. 12 gr. (NB. Blos unter d. Vorrede hat er sich genannt.)

Schultes, H. W., Ideen üb. Getreidemagazine, nach ökonom. statist. Ansicht. Fol. Jena. Gabler. 803.

Vgl. Ideen...

— Repertorium sämmtl. Landesgesetze, s. F. C. Haberland.

Schultes, Josef, s. Schultes, F. Josef.

Schultes, Josef August

Schultes, Jos. A., Anleit. z. gründl. Studium d. Botanik etc. A. u. d. T.: Grundriss e. Geschichte u. Literatur d. Botanik etc., nebst e. Geschichte d. botan. Gärten. 8. Wien, 1817. Schaumburg. 1. 20

Schultes, (J. A.,) über Apotheker-Taxen ꝛc., s. Apothekertaxen.

Schultes, Jos. Aug., († d. 21. April 1831.) Ausflüge nach dem Schneegebirge in Unteröstreich, mit e. Fauna u. Flora der südwestl. Gegend um Wien bis auf d. Gipfel des Schneeberges. 16. Wien 802. Degen. 10 gr. 2e Aufl. Mit 7 Kpf. 2 Thle. 8. Ebd. 807. (3e A.) 824. (Mörschner u. Jasper; a. Armbruster). 2 Thlr. 8 gr.

— — dasselbe 2te vermehrte, verbesserte u. m. 7 Kupfern verschönerte Auflage. 2 Thle. 8. Ebend. 807.

Bellnp.

Schultes, J. A., Ausflüge nach d. Schneeberge in U. Oesterreich. 2 Thle. 2te Aufl. 8. Wien. 807. Jetzt Armbruster, auch von Mösle.

— Briefe üb. Frankreich auf e. Fußreise im J. 1811 durch d. südwestl. Baiern, durch die Schweiz, über Genf, Lyon, Montpelier ꝛc. 2 Thle. 8. Wien 815. (Leipz., Gr. Fleischer). 3 Thlr. 8 gr. (Landsh., Krüll). Hbg. Pr. 1 Thlr. 8 gr.

— Briefe üb. Frankreich auf e. Fußreise im J. 1811. 2 Thle. 8. Leipz. Gerh. Fleischer. 815.

Schultes (J. A.). Cat. hort. reg. bot. Landshuthi Bojorum. Landishuti, 1810. 8°. Supp. 1811–3.

— Donau-Fahrten. Ein Handbuch für Reisende auf der Donau. 1r Bd. Mit Karten u. Kupfern. 8. Wien, Ant. Doll. 819.
Auch unter dem Titel:
Baiern's Donau-Strom von Ulm bis Engelhardszell ꝛc.

— Donau-Fahrten. 2r Bd. 8. Stuttg. 827, v. Cotta.

Schultes, Josef August, s. Ehestandsalmanach.

— kleine Fauna u. Flora von der südwestl. Gegend um Wien bis auf den Gipfel des Schneeberges. 16. Wien 802. Degen. 8 gl (Mörschner u. J.) 3 gl

Schultes, Joseph August [Praes.], s. Fleissner, Thaddaeus: De telae cellulosae ex erysipelate gangraena.

— flora austriaca; enchiridion ad excursiones botanicas. II Tomi. 8. Wien 794. Schaumburg u. C. 1 ℛ

Schultes, J. A., Baierns Flora; Beschreib. d. in Baiern wildwachsenden Pflanzen. 1ste Centurie. gr. 8. Landshut, Krüll. 811.

SCHULTES (J. A.). Oestreichs Flora. Wien, 1794. 2 vols. 8°.
Also met with as "Flora austriaca," Viennae, 1800.

— Oestreichs Flora. Ein Handb. auf botan. Excursionen. Beschreibung der in den östreich. Erbstaaten wildwachsenden Pflanzen. 2 Thle. 2te Aufl. 8. Wien, Schaumburg. 814.

— Grundriß e. Geschichte u. Literatur der Botanik, von Theophr. Eresius bis auf die neuesten Zeiten, nebst e. Gesch. der botan. Gärten. gr. 8. Wien 817. Schaumburg u. C. 1 ℛ 16 gl (A. u. d. T.: Anleit. zum gründl. Studium der Botanik ꝛc.)

Schultes J. A.: Grundriss einer Geschichte u. Literatur d. Botanik ... nebst einer Geschichte d. botan. Gärten. Wien 1817. 411 S.

Schultes, J. A., Grundriss einer Geschichte und Literatur der Botanik nebst einer Geschichte der botan. Gärten. Vollständiges Register von J. Schultes. Mit einem Vorwort von L. Radlkofer. 8. (60 S.) München 871, Th. Ackermann. * — 80

— lettres sur la Galicie. II Vols. 8. Tübing. 809.

Schultes, Jos(eph) August (Ed.):

s.: Linné, Karl von: Systema vegetabilium... Editio nova. Stuttgardtiae: 1817

Schultes, J(oseph) A(ugust): Mantissa in volumen primum systematis vegetabilium Caroli a Linné. 386 S., gbd.

Stuttgardtiae: Cotta 1822
(Linné, K.v.: Systema vegetabilium, Suppl.)

— üb. d. Mineralquellen zu Krynica in Ostgallizien, über ihre Bestandtheile u. Heilkräfte. 8. Wien, Ant. Doll. 807.

— über die Mineralquellen zu Krynica in Ostgalizien, üb. ihre Bestandtheile u. Heilkräfte. 8. Wien 808. Ant. Doll. 5 gl — Dass. französ. Ebd. 5 gl

— observationes et animadverss. botanicae in Linnei species plantarum ex ed. Willdenow. 8maj. Innsbr. 800. N. A. 809. Wagner. (Leipz., Barth). 1 ℛ

— et A. Ekl, ratio medendi in schola clinica medica et chirurgica universitatis reg. L. M. Landishutanae. Anno I. 4. Sulzb. 826. v. Seidel. 8 gl

Schultes, Jo. Aug., Ratio medendi in schola clinica medica Univers. Reg. L. M. et demum scholae chir. Landishuthanae. Annus I., II. et III. 8 maj. (8½ B.) Lipsiae 828, Voss.

— Reise auf d. Glockner, an Kärnthens, Salzburgs u. Tyrols Gränze, m. 4 Kupf. u. 1 Charte. 2 Thle. 8. Wien, Degen. 804.
Schreibp.
Velinpap.

Schultes, J. A., Reise auf d. Glockner ꝛc. 3r u. 4r Thl. a. u. d. Titel: Reise d. Salzburg u. Berchtesgaden. mit 2 K. 2 Thle. 8. Wien, Degen. 804.
Rthlr.
Schreibp.
Velinpap.

— Reise auf den Glockner an Kärnthens, Salzburgs u. Tyrols Grenze. 4 Thle. 8. Ebend. 804. Jetzt Armbruster, auch von Mösle.

— Reise auf den Glockner, an Kärnthens, Salzburgs u. Tyrols Gränze. 4 Thle. Mit 6 Kpf. u. 1 Karte. 8. Wien 804. Neue Aufl. 824. (Mörschner u. J.; auch Armbruster). 2 ℛ 16 gl Schrbp. 4 ℛ Velinp. 9 ℛ 8 gl Hbg. Pr. 5 ℛ 12 gl (3r u. 4r Thl. Auch u. d. T.: Reise durch Salzburg u. Berchtesgaden. 2 Thle. Mit 2 Kpf. 8. Ebd. 804. 1 ℛ 8 gl Schrbp. 2 ℛ Velinp. 4 ℛ 16 gl)

— Reisen durch Oberösterreich, in d. J. 1794. 95. 1802. 3. 4. u. 8. 2 Thle. gr. 8. Tübing. Cotta. 809.

— Reisen durch Oberöstreich in d. J. 1794, 95, 1802, 3, 4 u. 8. 2 Thle. Mit 20 Kpf. u. 1 Karte. gr. 8. Stuttg. 810. v. Cotta. 5 ℛ

— üb. Reisen im Vaterlande z. Aufnahme d. vaterländischen Naturgeschichte. 8. Wien, Wappler (Beck) 790.

— mineralogische Tabellen. 2 Blatt. Insbruck, Wagner. 809.

— Versuch eines Handbuchs d. Naturgeschichte. 1r Bd. gr. 8. Regensb. 799. Montag u. W. 1 ℛ (A. u. d. T.: Versuch e. Naturgesch. d. Menschen ꝛc.)

— s. Wer soll den deutschen kathol. Adel erziehen?

Schultes, Julius Hermann

Schultes, Jul. Herm., polytechn. Journal ꝛc., s. Journal.

SCHULTES, Julius Hermann (Wien): De nosocomiis quibusdam Belgicis, Britannicis, Gallicis commentariolum.- Landishuti 1825.
26.2.1825 - Pe 413; F 58
Diss. Ingolst.-Landsh.-Mchn.

Jul[ius] Hermann[us] Schultes: De Nosocomiis quibusdam Belgicis, Britannicis, Gallicis commentariolum. Landishuthi Bavar. 1825: Sternus. 38 S. 8°
Landshut, Med. Diss. v. 1825

Schultes, J. H., de nosocomiis quibusdam Belgicis, Britannicis, Gallicis commentariolum. Dissert. inaug. 4. Landsh. 825. Weber in Münch. 10 gl

Schultes, Karl

Schultes, C., Blau-Weiß. Ernste, heitere u. schnurr. Erzählgn. aus dem bayer. Volksleben. gr. 8. (VII, 404 S.) Leipzig 892. O. Mutze. n. 6. —

Blau-Weiß. Ernste, heitere u. schnurrige Erzählungen aus d. bayer. Volksleben von C[arl] **Schultes**. Leipzig: O. Mutze (1893). (VI, 404 S.) 8° [F.] [07. 11027

Fust und Gutenberg. Dramat. Dichtung in 3 Abt. u. e. Vorspiele 'Der Teufel in Schiltigheim' von Carl **Schultes**. ⟨Orig.⟩ Als Ms. gedr. München: F. J. Brakl [1895]. (116 S.) 8° [F.] [06. 11731

Schultes, C., Gamskreß' u. Enzian. Innthaler G'schicht'n. 8. (XV, 197 S.) Wiesbaden 887. Bechtold & Co. n. 3. —; geb. n. 4. —

[F.] Hanfried. Wanderburschenleben aus früheren Tagen. Orig.-Novelle v. C[arl] Schultes ... M. 3 Ill. *Berlin: Schriftenvertriebsanst. 1898.* (143 S.) 1 Bd 8.
= Volksbücher, Neue. Bdch. 44. [98. 9204

— der arme Heinrich. Ein deutsches Volksschauspiel in 5 Abtheilgn. 8. (95 S.) Ebd. 894. n. 1. 50

Der arme Heinrich. Ein deutsches Volksschauspiel in 5 Abth. von Carl Schultes. Leipzig: O. Mutze [1895]. (95 S.) 8° [F.] 96. 11730

Jan van Steen. Eine Bambocciade in 2 Abth. von C[arl] Schultes. Berlin: (A. Entsch) 1894. (60 S.) 8° [F.] 96. 11733

— Jan van Steen. E. Künstler-Schwank in 2 Abthlgn. gr. 8. (60 S.) München (898). Rubinverlag. n. 1. —

Schultes, Carl, Brunswick's Leu, stark und treu! Historisches Schauspiel in 4 Acten. (Mit theilweiser Benutzung des v. Maltiz'schen Werkes: „der Herzog an der Leine.") Zur 1000jähr. Feier der Stadt Braunschweig. gr. 16. (139 S.) Braunschweig 861, Wagner. *

Schultes, Carl, Lieder u. Gedichte. 16. (X u. 166 S.) Leipzig 851, Weber. In Engl. Einb. m. Goldschn. n. 24 ngr.

Schultes, Carl *Friedrich* [app. Arzt aus Duisburg]: Aus d. chirurg. Klinik zu Kiel. Ueber Magnetoperationen am Auge ... Kiel, Druck v. P. Peters, 1896; 24 S., 1 Bl. 8.
Kiel, Med. Fak., Inaug.-Diss. v. [14. Juli] 1896

Schultes, C., Maigela, s.: Collection Spemann.

— der Puppenspieler. Charakterbild aus dem Chiemgau. Preiserzählung. Mit 4 Bildern v. Osc. Schulz. 8. (102 S.) Weimar 891. Schriftenvertriebsanstalt. — 50; geb. in Leinw. n. 1. —

[F.] Der Puppenspieler. Charakterbild aus d. Chiemgau. Preiserzählg v. C[arl] Schultes. M. 4 Bild. v. O. Schulz. *Weimar & Berlin: Schriftenvertriebsanst.; (Christl. Zeitschriftenver.) [1897]*. (1 Bl., 102 S., 4 Taf.) 1 Bdö. 97. 6741

— dasselbe, s.: Familien-Bücherschatz.

Schultes, C., „Reklame!" Orig.-Roman. 2 Bde. 8. (VIII und 410 S.) Jena 867, Hermsdorf.

Schultes, C., „Reklame!" Original-Roman in 2 Büchern. 2. (Titel-)Aufl. 2 Bde. 8. (V, 410 S.) Jena (867)69, Hermsdorf. 3 —

Schultes, C., „Reklame!" 2. Aufl. 2 Bde. 8. Jena 869. Leipzig, Licht und Meyer. 2 —

Schultes, Karl: Der rechte Schmied, s. Familien-Bücherschatz.

Das Signum Karl's des Großen. Eine seltsame Onolzbacher Geschichte aus geheimen Dokumenten an d. Licht befördert von Carl Schultes. Leipzig: Elischer 1897. 221 S. 8° A 12.13409

— „Solus cum Sola!" od. William's Sturmjahre. Orig.-Shakespeare-Roman. 8. (VII, 267 S.) Leipzig 890. Osw. Mutze. n. 4. —; geb. n. 5. —

— „Solus cum Sola!" od. Williams Sturmjahre. Orig.-Shakespeare-Roman. 8. (VII, 267 S.) Leipzig 891. Mutze. n. 4. —; geb. n. 5. —

— Süd und Nord. Gesammelte Novellen. 2 Bde. 8. (VI und 658 S.) Jena 867, Hermsdorf.

— Süd und Nord. Gesammelte Novellen. 2 Bde. 2. (Titel-)Aufl. 16. (III, 371; III, 287 S.) Ebendas. (867)70. 4 50

— Süd und Nord. 2. Aufl. 2 Bde. 16. 870. Leipzig, Licht und Meyer.

— Uhlenspegel II. Humorist. Erzählung aus der Zeit des siebenjähr. Krieges. 16. (288 S.) Jena 867, Hermsdorf.

Schultes, Ludwig August

Schultes, (L. A.,) Directorium diplomaticum, s. Directorium.

Schultes, Ldw. Aug., diplomat. u. statist. Nachrr. von der Kreisstadt Eisenberg im Osterlande, mit Urkunden belegt. 8. Jena 799. (Cnobloch in Leipz.) 1 ₰

Schultes, Ludw. Aug.: Versuch eines theoretisch - praktischen Commentars über das peinliche Recht nach des Geh. Raths u. Kanzlers D. Koch zu Gießen Lehrbuche bearb. Th. 1. [einz.] Jena u. Leipzig [1803].

Schultes, L. A., Versuch e. theoret. prakt. Commentars üb. d. peinl. Recht nach Kochs Lehrbuch 2c. 1ter Band. gr. 8. Jena, Gabler, 803.

Schultes, Ludw. Aug.: Versuch ein. theoret.-pract. Commentars über das peinl. Recht, nach *Kochs* Lehrbuche. 1. Bd. gr. 8. *Jena*. 803. (Cuobloch in *Leipzig*.) (1 Thl. 4 Gr.)

Schultes, Moritz [aus Salzungen]: Ueber Sarkoma Uteri .... Berlin, Buchdr. v. Knoll & Wölbling (1887); 28 S. + 2 Bl. 8°.
Berlin, Med. Fak., Inaug.-Diss. v. 19. März 1887.

Schultes, Moritz, über Sarkoma Uteri. Diss. Berlin 1887, Mayer & Müller. 8°. 28 S.

Schultes, Reginald M., O. P., s.: Dominikus-Kalender.

— Die Gottheit Christi. Konferenzen, geh. in der Hof- u. Domkirche zu Graz. (XII, 145 S.) 8. Graz 910. U. Moser. 1. 40

Schultes, Reginald M., O. Pr., Körper u. Seele d. Menschen. Vortrag. Geh. vor der „Freien wissenschaftl. Vereinigg." in Graz am 16. I. 1902. gr. 8. (16 S.) Graz 902. (Styria.) n. — 50

— Das geistliche Leben, s.: Denifle, Heinr. Seuse.

Schultes, Reginald M.: Reue und Bußsakrament. Die Lehre d. hl. Thomas von Aquin über d. Verhältnis von Reue u. Bußsakrament. Paderborn: Schöningh 1906. 97 S. 8°
Aus: Jahrbuch f. Philosophie u. spekulative Theologie. Bd 21.

Schultes, Reginald M., O. P., Reue u. Bussakrament. Die Lehre des hl. Thomas v. Aquin üb. das Verhältnis v. Reue u. Bussakrament. (99 S.) 8. Paderborn 907. F. Schöningh. 1. 80
Sonderabdruck a.: „Jahrb. f. Philos. u. spekulat. Theol."

— Die Urgeschichte der Menschheit nach der Hl. Schrift. Konferenzen, geh. in der Hof- u. Domkirche zu Graz. (VIII, 138 S.) Graz 908. U. Moser. 1. 40

— Wunder u. Christentum. Konferenzen, geh. in der Hof- u. Domkirche zu Graz. (XI, 128 S.) 8. Ebd. 909. 1. 40

Schultes, W. Ch. G. Versuch eines Entwurfs f. d. Unterr. in d. hebr. Spr. 12 S.
Progr. Schweidnitz 1827

Schultes, Walter, Assistenzarzt im 7. Kgl. Sächs. Feldart.-Reg. Nr. 77: Zur Casuistik der Mediastinaltumoren. Leipzig 1907: B. Georgi. (46 S.) 8°
Leipzig, Med. Fak., Ref. Hoffmann, Diss. v. 19. Juni 1907
[Geb. 19. Jan. 78 Rußdorf; Wohnort: Leipzig; Staatsangeh.: Sachsen; Vorbildung: Gymn. Meißen Reife O. 98; Studium: Jura Jena 1, Leipzig 1, Med. Leipzig 10 S.; Coll. 8. Juli 07; Approb. 24. Jan. 06.]

Schulteß, Adolf, Referendar in Hamburg: **Die Schuldhaftung des Erben nach § 27 des Handelsgesetzbuchs.** *Borna-Leipzig 1903: R. Noske.* (VIII, 47 S.) 8°
Leipzig, Jur. Diss. v. 1903

Schulteß, Carl, s. Schulteß, Karl.

Schultess, Ernst [app. Arzt aus Eggenstedt]: Aus d. medizin. Klinik zu Jena. Ueber die Beziehungen des Fiebers zum Auftreten von Alhumosen [handschr.: Albumosen] im Harn ... Jena, Druck v. A. Kämpfe, 1895; 39 S. 8.
Jena, Med. Fak., Inaug.-Diss. v. [31. Dez.] 1895

Schultess, Friedrich (Fritz)

Schultess, F., Die Abfassungszeit des platon. Theätet. Pr. 1875. 59 S.

Schultess, Friedrich Ansprache, gehalten am 7. December. 4 (S. 8—11 der Schuln.) Gelehrtensch. des Johanneums *Hamburg* 1889 (688).
Progr.

Schulteß, Fritz, Beispielsammlung. gr. 8. (58 S.) Gotha 882, F. A. Perthes. — 60
Aus: Vorlagen zu lateinischen Stilübungen, besonders abgedruckt.

—, *Direktor Dr. Julius Bintz. † 20. Septbr. 1891.* 4 (S. 4—6). — Metz, *Gustav* Adolf Nachruf am Grabe des Directors Dr. Julius Bintz. 4 (S. 8—9).
Progr. Gelehrtensch. des Johanneums *Hamburg* 1892 (729).

Schultess, *Hermann Friedrich Albert: Dr. Ludwig Oskar Bröcker, weil. Oberlehrer der Gelehrtenschule, gestorben am heil. Abend 1895.* 4 (S. 2—3 der Schuln.).
Progr. Gelehrtensch. des Johanneums *Hamburg* 1896

Schultess, Friedrich *Prof. a. D. Georg Heinrich Buivendey † 7. Okt. 1889.* 4 (S. 5—6 der Schuln.).
Progr. Gelehrtensch. des Johanneums *Hamburg* 1890 (714).

Schultess, F., Johannes Classen. Gedächtnissschrift der Gelehrtenschule d. Johanneums. Lex.-8. (46 S.) Hamburg 892. (Herold's Verl.) n.n. 2. —

Schvltess, Fridericvs (geb. am 21 Aug. 1851 in Druxberge Rgbz. Magdeburg): De L. Annaei Senecae Qvaestionibvs natvralibvs et Epistvlis commentatio ... Bonnae, form. C. Georgi 1872. 52 S. 8.
Bonn, Phil. Fak., Diss. v. 24 Febr. 1872

Schultess, Fritz, platonische Forschungen. gr. 8. (80 S.) Bonn 875. Weber's Verl. n. 1. 80

Schulteſs, *Hermann Friedrich Albert* [Dir.]: *Professor Dr. Ludwig Ferdinand Herbst, gest. am 23. Nov. 1894.* Hamburg, gedr. bei Lütcke & Wulff, 1895; 2—5 S. 4.
Hamburg, Gelehrten-S d. Johanneums, P 1895 (750)

—: [Schulrat Prof. Dr. Richard Gottfried Hoche, Direktor em., geb. 28. Sept. 1834 zu Aschersleben, gest. 30. März 1906.] S. 4—6 der Schuln. 4. Gelehrtenschule des Johanneums *Hamburg* 1907 (913).
Progr.

—, *Professor Dr. Adolf Kiessling, einst Professor an der Anstalt, gest. am 3. Mai 1893 zu Strafsburg.* 4 S. 2—3 der Schuln.).
Progr. Gelehrtensch. des Johanneums *Hamburg* 1894 (731).

Schulteß, [Friedrich]: [Prof. a. D. Dr. Karl Johann Kießling, gestorben zu Marburg am 22. Juni 1905. — Prof. a. D. Dr. Emil Lübeck, gestorben am 6. Aug. 1905.] S. 2—5 der Schuln. 4.
Progr. Gelehrtenschule des Johanneums *Hamburg* 1906 (906)

Schultess, *Hermann Friedrich Albert Dr. Valentin Eduard Noodt. Dr. Georg Adolf Soetbeer. Dr. Ernst Reinstorff. Nekrologe.* 4 (S. 5—7 der Schuln.).
Progr.

Schulteſs, *Friedrich* [Dir.]: *Professor Dr. Ernst Reinstorff, gest. am 6. Febr. 1893.* Hamburg, gedr. bei Lütcke & Wulff, 1893; 6—7 S. 4.
Hamburg, Gelehrten-S d. Johanneums, P 1893 (729)

Schultess, Friedrich Annaeana studia. 4 (S. 3—61).
G. Protestantium Argentoratensi sacra semisaecularia septima celebranti congratulantur Iohannei *Hamburgensis* rector et collegae 1888
Nicht im Tauschverkehr.
Progr.

Schultess, Friedr., Annaeana studia. 4. (61 S.) Hamburg 888, (Herold'sche Buchh.) ** 2 50

Schultess, *Hermann Friedrich Albert* Veränderungen im Bestande des Lehrer-Kollegiums von 1860—1890. — Vorbildung der aufgenommenen Schüler. — Name und Wohnung der in den Jahren 1840 und 1841 in die Gelehrtenschule des Johanneums eingetretenen Schüler. — Wohnung und Schulweg der Schüler. — Wohnung der neuaufgenommenen Schüler. — Bestand der jüngsten Klasse (O. VI bezw. M. VI). 4 (S. 7—12, 17—22 der Schuln.). Gelehrtensch. des Johanneums *Hamburg* 1891 (721).
Progr.

— Vorlagen zu lateinischen Stilübungen. 1. u. 2. Hft. gr. 8. Ebend. 882. à n. 2. 40
1. Variationen zu Cicero u. Livius. (XVI, 256 S.)
2. Variationen zu Cicero u. Tacitus. (VIII, 235 S.)

—, Zahl der Freischüler in den Jahren 1876—1892. — Die Berufswahl der Abiturienten des Johanneums. 4 (S. 13—15 der Schuln.). Gelehrtensch. des Johanneums *Hamburg* 1893 (729).
Progr.

Schultess, Friedrich: Zeitgeschichte und Zeitgenossen in Immermanns Epigonen, s. Immermann. – Karl Immermann.

Die Frauenbildungsfrage im Lichte kritischer Reflexionen. Von Dr. J[ustus] **Schultess,** Oberl. in Greifswald. Berlin: Gerdes & Hödel 1906. (32 S.) 8° = **Bausteine,** Pädagogische. H. 29. [07. 17934]

Geschichte des evangelischen Kirchenliedes in Lebensbildern, nach d. Phasen s. Entwicklung dargest. Ein Hilfsbuch f. d. Religionsunterr. von Dr. J[ustus] **Schultess,** Oberl. Greifswald: L. Bamberg 1907. (99 S.) 8° [F.] [07. 14129 0]

Schultess, Justus, Kand. d. Predigtamts: **Der Pantheismus bei Kant.** *Halle a. S. 1900: Waisenhaus.* (87 S.) 8°
Leipzig, Phil. Diss. v. [2. Aug.] 1900

[F.] Bauten des Kaisers Hadrian. Von Dr. Carl **Schultess,** Prof. ... in Hamburg. *Hamburg: Dr. A.-G. 1898.* (75 S., 2 Bl.) 8. = **Sammlung** gemeinverständl. wiss. Vorträge. N. F. Ser. 13. H. 289/290. [98. 4893]

Schultess, Carl, Beiträge zur Gelehrtengeschichte des 17. Jahrh., s.: Kelter, Edm.

Schulteß, C[arl]: [Bericht über die Feier zu Ehren des aus dem Amte scheidenden Direktors Franz Emil Bruno Zschech und seine Einführung als Direktor der Anstalt.] S. 3—9. 4.
Progr. Realschule in *Eilbeck* zu *Hamburg* 1909 (986).

Schultess K, die sibyllinischen Bücher zu Rom. (Sammlung gemeinverständlicher wissenschaftlicher Vorträge Neue Folge 216) Hamburg 1895
Vgl. Sammlung...

Schultess, Carol., de Epimenide Crete. Dissertatio inauguralis. gr. 8. (61 S.) Bonn 877. (Göttingen, Deuerlich'sche Buchh.) * 1 —

Schulteß, Karl, Prof. Dr.: Herodes Atticus. (101—177 nach Chr. Geb.) Hamburg 1904: Lütcke & Wulff. (30 S.) 4°
Hamburg, Wilhelm-G OP 1904 (850)

— Herodes Atticus. (101—177 nach Chr. Geb.) Progr. (30 S.) Lex.-8. Hamburg 904. (Herold.) n.n. 1. 50

Schulteß, Karl, die Sagen üb. Sylvester II. (Gerbert), s. Sammlung gemeinverständlicher wissenschaftlicher Vorträge.

Schultess K, die Sagen über Silvester II. (Gerbert). (Sammlung gemeinverständlicher wissenschaftlicher Vorträge Neue Folge 167) Hamburg 1893

Schultefs, Karl [Oberl. Dr.]: Papst Silvester II. (Gerbert) als Lehrer und Staatsmann. Hamburg, gedr. bei Lütcke & Wulff, 1891; 1 Bl., 55 S. 4°
Hamburg, Wilhelm-G, OP 1891 (722)

— Papst Silvester II. (Gerbert) als Lehrer u. Staatsmann. gr. 4. (55 S.) Hamburg 891. (Herold's Verl.) n.n. 2. 50

Schultetus, David (Hamburg) A. S. 248/21
Dissertatio theologica de jure gratiae principis Christiani, in reos noxae capitalis.
Präs. Philipp Hanneken.
Wittenberg (Gerdes) 15. XI. 1701. 55 S.
W. v.: Philipp Ludwig Hanneken. 31776

Schultetus, David (Hamburg) A. S. 202/4
Dissertatio theologica de jure gratiae principis Christiani, in reos noxae capitalis. Von Dem Begnadigungs-Recht ... ex sacris scripturis et veterum piorum moribus repetito. Präs. Philipp Ludwig Hanneken. Rec.
Jena (o. Dr.) 1736. 54 S.
Diss. 15. XI. 1701. 31777

Schultetus, Hans, Gerichtsassessor in Schwerin i. M.: Die Haftung des Verkäufers für zugesicherte Eigenschaften nach dem Bürgerlichen Gesetzbuch. Borna-Leipzig 1907: R. Noske. (VIII, 38 S.) 8° [J.]
Leipzig, Jur. Fak., Diss. v. 18. Juli 1907
[Geb. 19. Dez. 78 Ribnitz i. M.; Wohnort: Schwerin i. M.; Staatsangeh.: Mecklenburg-Schwerin; Vorbildung: Gymn. Rostock Reife O. 98; Studium: Rostock 1, Heidelberg 2, Berlin 1, Rostock 4 S.; Rig. 1. Juli 07.]

Schultetus, Heinrich

Schultetus, H., Handbuch des Vormundschaftsrechts. Unter Berücksicht. der Ausführungsgesetze der deutschen Bundesstaaten. gr. 8. (X, 257 S.) Berlin 899. [J. J. Heine.] J. Guttentag. n. 4. —

Die Verteidigung in Strafsachen. Ein Beitrag z. Kritik d. Vorschläge d. Kommission f. d. Reform d. Strafprozesses von Heinrich **Schultetus**, Landger.R. Berlin: Struppe & Winckler 1907. (53 S.) 8° [J.] [08. 7306

Schultevarwig, Lehr- u. Lections-Plan f. Volksschulen [nebst Lehrbericht] auf Grund der allgemeinen Bestimmungen vom 15. Octbr. 1872. 2. Aufl. Imp.-Fol. Berlin 873. Oppenheim. n. — 80

Schul-Texte, griechische u. lateinische. Nr. 4/6, 10/18, 20, 30, 32, 34, 36, 76 u. 78. 8. Hannover, Norddeutsche Verlagsanstalt O Goedel. n. 5. 50
Cäsar's gallischer Krieg, Buch I—IV. Neu durchgeseh. Text v. H. Deiter. (79 S. m. 1 Karte.) 906. (Nr. 4/6.) n. — 75
— dasselbe. Buch V—VII. Neu durchgeseh. Text v. H. Deiter. (96 S. m. 2 Fig. u. 1 Karte.) 906. (Nr. 10/18.) n. — 75
Cicero, Cato maior de senectute. Neu durchgeseh. Text v. H. Deiter. (30 S.) 904. (Nr. 78.) n. — 55
— Rede de imperio Cn. Pompei. Neu durchgeseh. Text v. H. Deiter. (24 S.) 904. (Nr. 30.) n. — 55
— Reden gegen Katilina. I. III. IV. Neu durchgeseh. Text v. H. Deiter. (31 S.) 901. (Nr. 36.) n. — 55
Livius, Titus, Buch I. Neu durchgeseh. Text v. W. Soltau. (64 S.) 906. (Nr. 76.) n. — 60
— Buch XXI. Neu durchgeseh. Text v. W. Soltau. (57 S.) 906. (Nr. 32.) n. — 60
— Buch XXII. Neu durchgeseh. Text v. W. Soltau. (61 S.) 906. (Nr. 34.) n. — 60
Tacitus' Germania. Neu durchgeseh. Text v. E. Stange. (22 S.) 906. (Nr. 20.) n. — 55
Die fehlenden Nrn. sind noch nicht erschienen.

Schultgen, G. De Platonis arte dialectica. 23 S.
Wesel, Progr. 1829

Schulthaus, Scipio von: Die Lage des Weinbaues in Südtirol. Halle (Saale) 1905: Hohmann. 56 S. Halle, Phil. Diss. v. 5.1.1905 -- 98*. UB Brünn

Schultheis, Gebr., deutsches Rosenbuch. Ein Führer f. alle Freunde u. Freundinnen der Rose durch das Reich der Blumenkönigin. Zusammengestellt unter Mitwirkung vieler Rosenfreunde d. In- u. Auslandes. Lex.-8. (200 S. m. Illustr. u. 5 farb. Taf.) Steinfurth 889. (Leipzig, H. Voigt.) n. 5. 50

Schultheis, Ambr., († ...) sittl. Reden. 2 Thle. 8. Augsb. 772. Wolff. 16 gr.
Vgl. Schultheiß, Ambr.

Schultheis, Ed., der Abschied von dem durch sein hohes Alter uns theuer u. ehrwürdig gewordenen Gotteshause. Predigt gehalten am S. Cantate 1855 zu Beyersdorf. Neusalza 855. Bornbrück in Comm. gr. 8. (14 S.) 2½ ngr.

— „Ich glaube, darum rede ich". Predigt über 2 Cor. 4, 13—18 am 4. S. nach Trin. gehalten. Neusalza 854. Bornbrück in Comm. gr. 8. (22 S.) 2½ ngr.

Schultheis, Ed., die Rettungshäuser unserer Zeit. Predigt üb. Luc. 10, 30—37 am Sonnt. Sexagesima den 15. Februar 1852 gehalten. gr. 8. (16 S.) Neusalza 852, Donath in Comm. — 2. Aufl. gr. 8. (16 S.) Ebd. 852. — 3. Aufl. gr. 8. (16 S.) Ebd. 852. 1/12 Thlr.

—— die Rettungshäuser unserer Zeit. Predigt über Luc. 10, 30—37 am Sonnt. Sexagesima den 15. Febr. 1852 gehalten. 1—3. Aufl. gr. 8. (16 S.) Neusalza 852. (Zittau, Schöpsische Buchh.)

Schultheis, Emil (Giessen)
Die Merkmale des Todes beim Menschen.
Giessen: (W. Keller) 1848. 36 S.
Diss. med. 12.2.1848. vorh. 26. 11. △.

Schultheis, Emil, die Merkmale des Todes beim Menschen. Eine unter der Leitung des Hrn. Prof. Dr. J. Wilbrand ausgearb. und der medicin. Facultät der Universität Gießen zur Erlangung der Doctorwürde vorgelegte Abhandlung. gr. 8. (IV und 36 S.) Gießen 848, Ricker.

Schultheis, Emil, die Merkmale des Todes beim Menschen. Eine unter der Leitung d. Hrn. Prof. Dr. J. Wilbrand ausgearb. u. der medicin. Facultät der Universität Gießen zur Erlangung der Doctorwürde vorgelegte Abhandlg. gr. 8. (IV u. 36 S.) Gießen 851, Ricker. 1/4 Thlr.

Schultheis, Frdr., Johann Philipp Palm, Buchhändler in Nürnberg erschossen auf Napoleon's Befehl zu Braunau am 26. Aug. 1806. Glaubwürdige aus bis jetzt unbekannten Quellen nachgewiesene Mittheilungen über den Verleger u. den Verf. der Schrift: Deutschland in seiner tiefen Erniedrigung. Nürnberg 860. (Korn.) gr. 8. (46 S.) n. 6 ngr.

Schultheis, Friedr. Ed., der große Jubel unseres Volkes über die glückliche Wiederkehr unseres theueren Herrn u. Königs ist ein gerechter. Predigt am 22. Sonntage nach Trinitatis 1866 gehalten in der Kirche zu Schandau. 1. u. 2. Aufl. Stolpen 867. Schneider. gr. 8. (15 S.) n. 2½ ngr.

Schultheis, Joh., Sendschreiben an seinen Kollegen, den Herrn Buchbindermeister Adam Henß zu Weimar, als Antwort auf sein Sendschreiben an den Hrn. Bischof von Fulda bezüglich seines diesjähr. Hirtenbriefes gegen die Deutschkatholiken. gr. 12. (3½ B.) Mainz 846. (Fulda, Henkel.)
Vgl. Schultheiß, Joh.

Schultheis, Ludwig, Medizinalprakt.: Über die nosologische Abgrenzung der Idiotie mit besonderer Berücksichtigung der Dementia infantilis und eigener Beobachtung. Borna-Leipzig 1910: Noske. 50 S. 8°
Leipzig, Med. Diss. v. 8. Mai 1910, Ref. Flechsig
[Geb. 15. Juni 84 Frankfurt a. M.; Wohnort: Dresden; Staatsangeh.: Preußen; Vorbildung: Wöhler-Realgymn. Frankfurt Reife O. 04; Studium: München 6, Marburg 1, Berlin 1, Heidelberg 2 S.; Coll. 3. Juni 10.] [U 10. 3055

SCHULTHEIS, Ludwig (Augsburg): Ueber Elephantiasis (Arabum) vulvae.- München: Wolf 1879. 32 S., Taf.
9.12.1879 - Urk (Titel: De elephantiasi vulvae.); Chr 1879/80,14
Diss. Ingolst.-Landsh.-Mchn.

Schultheis, Pet. Aloys, das Recht u. die Gerechtigkeit u. ihre Vermittelung durch das Richteramt. gr. 8. (45 S.) Cassel 847, Fischer. n. 8 ngl

Schultheis, Rudolf [Referendar aus Fulda]: Über die Möglichkeit von Privatrechtsverhältnissen am menschlichen Leichnam und Teilen desselben .... Halle a/S., Gebauer-Schwetschke'sche Buchdr., 1888; 41 S. + 1 Bl. 8°
Halle, Jur. Fak., Inaug.-Diss. v. 9. März 1888

Schultheis, Rudolf, über die Möglichkeit von Privatrechtsverhältnissen am menschlichen Leichnam und Teilen desselben. Diss. Halle 1888, Lippertsche Buchh 8°. 41 S.

Schultheis, Rud., der deutsche Vormundschaftsrichter. Eine systemat. Darstellung seines gesammten Wirkungskreises nach dem Rechte des B.G.B. u. dessen Nebengesetzen. gr. 8. (XI, 356 S.) Berlin 900. F. Vahlen. n. 6.—; geb. n. 7.—

Schultheiss [Sachl. Ordnungswort]

Schultheiß **Neuhaus.** gr. 8. (4 1/8 B. u. Portr.) Zürich 846, Meyer u. Zeller.
Aus: Eidgenöss. Monatsschrift besond. abgedruckt.

Schultheiss und Kleiner Rath des Kantons Luzern, an den hohen Grossen Rath desselben. Luzern, den 10. Christmonat 1840. 8. *o. O.*

Schultheiss und Regierungsrath des Kantons Luzern an Bürgermeister und Regierungsrath des Kantons Zürich. (Luzern, den 1. Hornung 1845.) 8.
Ausg A: 8 *S.* [Zürich]
Ausg B: (Beilage zu No. 16 des freien Wortes.) *8 S. o. O*
Ausg. C: 15 *S.* (Luzern 1845.)

Schultheiss und Regierungsrath des Kantons Luzern an den hohen Grossen Rath desselben. Luzern, den 20. Heumonat 1845. 8. (Luzern.)

Schultheiss [Verfasser]

Schultheiß, s.: **Abriß** d. deutschen Grammatik.

Schultheiß, die Bewohner der Ostküste Süd-Afrika's. Ein Vortrag auf Veranlassung des evangel. Vereins für kirchliche Zwecke gehalten am 23. Jan. 1854. Berlin 854. W. Schultze. gr. 8. (21 S.) 4 ngr.

— s.: **Lesebuch,** literarhistorisches.

Schultheiß, Nachruf an Oken und Begrüßung der Hochschule Zürichs. gr. 8. Zürich 834. Geßner'sche Buchh. 1/8 ngß

Schultheiß, Nachruf an Oken u. Begrüßung d. Hochschule Zürichs. (Gedicht.) gr. 8. (1 B.) Zürich 834, [Siegfried.]

——, Napoleon auf Helena, nebst zwei ähnl. Gesängen. — A. m. d. Umschlags-T.: Napoleonische Gedichte. 8. (5 1/2 B.) Zürich 834, Orell, Füßli u. Comp.

[F.] ... Das Korps Onoldia zu Erlangen 1798—1898. (Vf. hsl.: **Schultheiss.**) *Nürnberg: Volkhardt & Wilbert 1898.* (296 S., 2 Bl., 2 Taf.) 1 Bd 8. [98. 8425 Ma

Schultheiss A, illustr. Katal. d. Kunst- u Möbelschrein. (17 T) qu 4° Dresden (1910)

Schultheiß, Albert

Schultheiss A, Pietro Aretino als Stammvater des modernen Litteraten- (Sammlung gemeinverst. wissenschaftl. Vorträge NF 114) Hamburg 1890

Schultheiß, Alb., Pietro **Aretino** als Stammvater d. modernen Litteratenthums, s. a. **Sammlung** gemeinverständlicher wissenschaftlicher Vorträge.

[F.] Das Festspiel zu Rothenburg. E. heitere Pfingstgeschichte v. Albert **Schultheiss.** M. 16 Abb. & erläut. Texte a. d. Festspiel. *München: M. Poessl 1892.* (67 S., 16 Taf.) 1 Bd 8. [99. 919 5

— **Das Festspiel** zu Rothenburg. Eine heitere Pfingstgeschichte. Mit 16 Abbildgn. u. erläut. Texte. 8. (67 S.) Münch. 892, Münchner Handelsdruckerei u. Verlagsanstalt. geb. m. Goldschn. * 2 40

Schultheiß, Alb., Kanon deutscher Gedichte und Lieder für höhere Lehranstalten. 1. und 2. Aufl. gr. 8. (58 S.) Danzig 887,88, Kafemann. cart. — 50

— **Kanon** deutscher Gedichte u. Lieder f. höhere Lehranstalten. 3., verm. Aufl. gr. 8. (87 S.) Danzig 898. A. W. Kafemann. Kart. n. — 70

Schultheiß, Alb., Kanon deutscher Gedichte u. Lieder f. höhere Lehranstalten. 6. Aufl. 8. (87 S.) Danzig 901. A. W. Kafemann. Kart. n. — 70

Schultheiß, Alb., Kanon deutscher Gedichte u. Lieder f. höhere Lehranstalten. 7. Aufl. (87 S.) 8. Danzig 904. A. W. Kafemann. Kart. n. — 70

Schultheiss, Albert: Rothenburg ob der Tauber. Mit 11 Illustrationen von J. Weber nebst einer Karte. (Europäische Wanderbilder. No. 203.) Zürich [1892]. 32 S. 8°. [E 6097

—— Rothenburg ob d. Tauber, s. a. **Wanderbilder,** europäische. 203.

Schultheiss A, der Schelmenroman der Spanier und seine Nachbildungen. (Sammlung gemeinverständlicher wissenschaftlicher Vorträge NF 165) Hamburg 1893

— der **Schelmenroman** der Spanier u. seine Nachbildungen, s. a. **Sammlung** gemeinverständlicher wissenschaftlicher Vorträge.

Schultheiſs, A. Jonathan Swift. Eine literar-historische Studie. Rothenburg a. d. Tauber, G. S., 1875. 42 S. 4.
Progr.

Schultheiß, Ambr., sittl. Reden. 2 Thle. 8. Augsb. Wolf. 772.
Vgl. Schultheis, Ambr.

SCHULTHEISS, Benjamin (München): De casu opacitatis corneae congenitae et supertractionis sclerae rarissimo. (Titel nach der Urkunde)
26.7.1883 – Urk; Chr 1883/84,12
Diss. Ingolst.-Landsh.-Mchn.

Schultheiss, Christoph

(Schultheiss, Ch.), Die Ergebnisse der Meteorologischen Beobachtungen im Jahre 1887, 88. (Deutsches Meteorolog. Jahrbuch für 1887/88. Grossherzogthum Baden.) (Zugleich II. Theil des Jahresber. des Centralbur. für Meteorol, und Hydrogr. im Grossh. Baden für das Jahr 1887, 88.
Karlsruhe 1888, 89.

Die Niederschlagsverhältnisse des Grossherzogthums Baden. 2. Bearb. auf Grund d. Beobachtungen d. J. 1888–1897 von Prof. Dr. Chr[istoph] **Schultheiss.** Mit 8 graph. Beil. (Vorr.: [Max] Honsell.) *(Karlsruhe: G. Braun 1900.)* (100 S.) 4°
= **Beiträge** z. Hydrographie d. Grossh. Baden. H. 10. [02. 1936

Schultheiss, Chr[istoph], Dr.: Die Niederschlags-Verhältnisse des Rheingebietes. Mit 1 Kt. 1890. 28 S., 1 Kt. 4°
¶ Etwas erw. Form des Abschnittes „Die klimatischen Verhältnisse" in: Der Rheinstrom u. seine wichtigsten Nebenflüsse. Berlin 1889.
Karlsruhe Te. H., Hab.-Schr. v. 10. 3. 1890

Schultheiss, Chr., d. **Niederschlagsverhältnisse** d. Rheingebietes. Habilitationsschrift. Lex.-8. (28 S. m. 1 farb. Karte.) Karlsruhe 890. (G. Braun'sche Hofbuchdruckerei u. Verlag.) n. 1. 50

Schultheiss, Christoph, die Schneeverhältnisse Bayerns. Diss. München 1886, A. Buchholz. 4°. 15 S. mit 3 Taf.

Die Waldbedeckung des Grossherzogthums Baden. Uebersichtskarte mit erl. Text. Bearb. von Dr. Ch[ristoph] Schultheiss. *(Karlsruhe: G. Braun 1892.)* (12 S.) 4°
= Beiträge z. Hydrographie d. Grossh. Baden. H. 7.

Schultheiß, Ernst, a. Meiningen: Aus d. Med. Universitätsklinik Jena. Über Erblichkeit bei Morbus Basedowii. Borna-Leipzig 1909: Noske. VI, 18 S. 8°
Jena, Med. Diss. v. 12. Mai 1909, Ref. Grober
[Geb. 14. Sept. 82 Heldburg; Wohnort: Heldburg; Staatsangeh.: Sachsen-Meiningen; Vorbildung: Gymn. Meiningen Reife O. 03; Studium: Jena 5, Berlin 2, Jena 3 S.; Coll. 11. Juli 08; Approb. 12. Mai 09.] [U 09. 3151 23°

Schultheiss, Franz Dr. „Hans Sachs in seinem Verhältniss zur Reformation". pg. 1—45. 8°. J. Krämer.
München, Progr. 1878/79

Alldeutschland an der Jahrhundertwende 1800—1900. Festvortrag geh. 1900. Von Dr. Fr[anz] Guntram Schultheiss. *München: J. F. Lehmann 1900.* (48 S.) 8° [F.]
— Flug-Schriften hrsg. vom All-Deutschen Verband. H. 13.

Schultheiss, Fr[anz] Guntram: Das Dtm im Donaureiche. — Bln.: Priber 1895. 118 S.

[F.] Deutschtum und Magyarisierung in Ungarn und Siebenbürgen. M. 1 Kt. des Anteils der Deutschen an d. Gesamtbevölkerg. Von Dr. Fr[anz] Guntram Schultheiss. *München: J. F. Lehmann 1898.* (IV, 96 S., 1 Kt.) 1 Bd 8.
= Kampf, Der, um das Deutschtum. H. 9.

Schultheiß, Frz. Guntram, Geschichte des deutschen Nationalgefühles. Eine historisch-psycholog. Darstellg. 1. Bd.: Von der Urzeit bis zum Interregnum. 8. (VIII, 296 S.) München 893. G. Franz' Verl. n. 6. —

Schultheiß, F. G.: Friedrich Ludwig Jahn. Sein Leben u. seine Bedeutung. Berlin 1894. 198 S. (Geisteshelden. 7.)

— Friedrich Ludwig Jahn, s.a. Geisteshelden.

— s.: Lesebuch f. höhere Lehranstalten.

Schultheiss, Fr. Guntram, die Nachbarschaften in den Posener Hauländereien nach ihrem histor. Zusammenhang. (57 S.) gr. 8. Berlin 908. Weimar, A. Duncker.
Sonderabdruck aus: „Archiv f. Kulturgesch." 2. —

Schultheiss G. das deutsche Nationalbewusstsein in der Geschichte. (Sammlung gemeinverständlicher wissenschaftlicher Vorträge NF 129) Hamburg 1891

— das deutsche National-Bewußtsein in der Geschichte, s.a. Sammlung gemeinverständlicher wissenschaftlicher Vorträge.

Schultheiss FG, die geistlichen Staaten beim Ausgang des alten Reichs. (Sammlung wissenschaftlicher Vorträge NF 219) Hamburg 1895

— d. geistl. Staaten beim Ausgang d. alten Reiches, s.a. Sammlung gemeinverständl. wissenschaftl. Vorträge.

— deutschnationales Vereinswesen, s.: Kampf, der, um das Deutschtum.

— deutscher Volksschlag in Vergangenheit u. Gegenwart. gr. 8. (39 S.) München 899. J. F. Lehmann's Verlag. n. 1. —

Schultheiß, Friedr., Nürnberg, seine Baudenkmale und Kunstwerke, nebst einem Abriß der Geschichte der Reichsstadt. Ein Führer durch die Stadt und ihre Sehenswürdigkeiten. 2. verb. Aufl. 12. (VIII, 67 S. mit 1 Plane der Stadt.) Nürnberg 882, Stein's Buchh. * 1 —
1. Aufl. vgl. Nürnberg, seine Baudenkmale 2c.

Schultheiß, Friedr., Hans Sachs und die Meistersänger in Nürnberg. Eine Festgabe zur Enthüllung des Denkmals des Altmeisters. Mit einigen von Hans Sachs componirten und anderen originellen Meistergesängen. gr. 16. (52 S.) Nürnberg 874, [Recknagel.] Schmid. * — 60

Schultheiss, Hans, appr. Arzt a. Hersfeld: Aus der Königlichen Frauenklinik zu Marburg. Ueber Impressionen am kindlichen Schädel. Marburg 1905: E. Hoehl, Hersfeld. (15 S.) 8°
Marburg, Med. Fak., Ref. Ahlfeld, Diss. v. 26. März 1905
[Geb. 14. März 78 Wehlheiden, Kreis Cassel; Wohnort: Gladbeck (Westfalen); Staatsangeh.: Preußen; Vorbildung: Gymn. Hersfeld Reife O. 97; Studium: Göttingen 4, München 1, Göttingen 1, Marburg 3 S.; Coll. 31. Jan. 05; Approb. 29. Juli 02.]

Schultheiss, Hermann: Stirner. Grundlagen zum Verständnis des Werkes „Der Einzige und sein Eigentum". Ratibor 1906: F. Lindner. (131 S.) 8° [F.]
Greifswald, Phil. Fak., Ref. Schuppe, Diss. v. 3. März 1906
[Geb. 27. Mai 79 Saalfeld; Wohnort: Ratibor; Staatsangeh.: Preußen; Vorbildung: Gymn. Strehlen Reife O. 00; Studium: Leipzig 1, Berlin 2, Breslau 3, Greifswald 3 S.; Rig. 21. Dez. 05.]

Schultheiss, Hermann, Stirner. Grundlage zum Verständnis des Werkes: „Der Einzige und sein Eigentum". Diss. 8°. Greifswald 1907.

Schultheiss, J. G., Hebel's Leben. Eine Idylle in des Schwarzwaldes alemann. Mundart. Nebst e. kl. Anh. gr. 16. (2 B.) Heidelberg 831, Groos.

Schultheiß, Joh., Sendschreiben an seinen Kollegen, den Hrn Buchbindermeister Adam Henß zu Weimar als Antwort auf sein Sendschreiben an den hochw. Bischof von Fulda bezüglich seines diesjährigen Hirtenbriefes gegen die Deutschkatholiken. Mainz, 1846, gr. 12°, 75 S.
Vgl. Schultheis, Joh.

SCHULTHEISS, JOSEPH: Lob- und Pflichtrede auf das unergründliche Geheimniß der allerheiligsten Dreyfaltigkeit an dem hohen Titularfest des Barfüsserordens bey Bestätigung der Würdenswahlen zu Kleinmariazell nächst Alt-Ofen im Jahr 1776. Vorgetragen von Joseph Schultheiß, superioris classis grammaticae studiosus. Alt-Ofen 1776. Gedr. bey Kath. Landerinn. 9 f. - kl. 4°

SCHULTHEISS, JOSEPH: Lob- und Pflichtrede auf das unbegreifliche Geheimniß der göttlichen Dreyfaltigkeit an dem hohen Titularfeste des Barfüsserordens und einer hochlöbl. englischen Erzbruderschaft der allerheiligsten Dreyfaltigkeit, von Erlösung gefangener Christen, bey Bestätigung der Würdenswahlen vor einer zahlreichen Anwesenheit in dem löbl. Gotteshause zu Kleinmariazell nächst Altofen den 14. Brachmonats im J. 1778. Preßburg 1778. Gedruckt bey Johann Michael Landerer. 10 S. - kl. 4°

Schultheiss, Carl [illegible] Berlin [illegible] 1885 [illegible]
Berlin, Med. Diss. v. [illegible] März 188[illegible]

Über Öffentlichkeit im künftigen Deutschen Militärstrafprozesse. Von M. Gr. Schultheiss [d. i. Friedrich Zonk]. *Würzburg: Gnad & Co. 1893.* (41 S.) 8°

Schultheiss, M. Gr., d. Öffentlichkeit im Militärstrafprozesse, 2. Aufl., s.: Zonk, Frdr.

Schultheiss, Phil. Ad.: Rechtl. Bedenken üb. d. rechtmäss. Ursachen, für andere Krieg zu führen, besond. aber de jure belli pro foederatis contra foederatos. 738. 4.

Schultheiss, Phil. Ad.: Vom Durchzug fremder Völker. *Mainz.* 743. 4.

Schultheiß, Wilhelm Heinrich

Schultheiss, Guilelm(us) Henr(icus): Duo tumorum nasalium casus. Halae (1844): Semmler. 26 S., 2 Taf. 8°
Halle-Wittenberg, Med. Diss. v. [10. Aug.] 1844
Geb. Magdeburg 31. 10. 1810. V.

Schultheiß, Wolfgang Konrad

Schultheiß, Wolfg. Konr., Aehrenlese auf dem Gebiete d. Nützlichen u. Schönen, f. Knaben u. Mädchen. 4. (12 B. u. 7 ill. Kpfrt.) Nürnberg 831, Zeh.

Schultheiß, Wolfg. Konr., erste Denk-, Sprech-, Lese- u. Sprachübungen f. Volksschulen u. Privatanstalten. (2 Abthln.) 8. (18 B.) Nürnberg 830, Riegel u. Wießner. Thlr.

Schultheiß, W. K., Gesanglehre f. Volks- u. Privatlehranstalten, u. e. Samml. leichter Singstücke. (Neue Ausg.) gr. 8. (5⅛ B.) Erlangen 841, Ferd. Enke. •

Schultheiß, W. K., Geschichte der Schulen in Nürnberg. 1—3. Heft. Nürnberg 853, 54. Riegel u. Wießner. 8. (63; 150; 128 S.) n. 1 ₰. 7½ ngr.

Schultheiß, W. K., das Kind in der Entwicklungszeit des Geistes und sein Unterricht in Schule und Haus. Zehn Vorlesungen. Nürnberg 862. (Mannheim, Löffler.) gr. 8. (VIII, 170 S.) n. 15 ngr.

—— Lehrplan f. d. Knaben-Elementar-Zahl-Schule d. St. Sebaldsprengels. gr. 4. (2 B.) Nürnberg 829, Riegel u. Wießner.

Schultheiß, (W. C.,) der Rechnenlehrer in Volksschulen, od. Anweisung, Kinder in den Zahlbau u. in die Rechenkunst so einzuführen, daß sie sich bei ihrem Thun Beweise von dem Warum geben können. 1r Theil. 8. Nürnberg 822, (Riegel u. W.)

— der Rechnenlehrer in Volksschulen, od. Anweis., Kinder in den Zahlenbau u. in die Rechenkunst so einzuführen, daß sie sich bei ihrem Thun Beweise von dem Warum geben können. 1r Thl. 8. Nürnb. 823. (Riegel u. W.) 20 gr.

— pädagogisches Reisetagebuch über einen Theil von Bayern, Thüringen, Würtemberg, Baden u. Hessen. 16 Bdchen. gr. 8. Nürnberg 834. (Hof u. Wunsiedel, Grau.) n. 7/12 ₰

(——) pädagog. Reisetagebuch üb. e. Theil d. deutschen Bundesstaaten. 2 Bdchn. gr. 8. Erlangen, Ferd. Enke. [1. (10 B.) Nürnb. 839. • 7/12 Thlr., 2. (11 B.) 841. • ¾ Thlr.] •

— der Schön- u. Schnellschreiber, od. Anweis., wie man beim Schreiben sitzen u. die Feder halten soll. Mit 1 Abbild. gr. 4. Nürnb. 827. Riegel u. W. 8 gr.

— Schönschreiblehre f. zahlreiche Schulen, od. die Currentbuchstaben nach mathemat. Bestimmungen ꝛc. 2e A. Mit 6 Steintaf. 8. Nürnb. 827. Riegel u. W. 18 gr.

—— das Schulhalten im 19. Jahrh., od. vom Element an lückenlos fortschreit., ineinandergreif. Unterr. für 2080 Lehrstunden in d. Volksschule. 3 Thle. — 2. u. 3. Thl. a. u. d. T.: Lehrbuch f. d. Anfangs-Unterr. in Volksschulen u. Privatlehranstalten. — Lehrplan f. d. Elementarclasse d. Knaben-Zahlschule Sebalder Sprengels in Nürnberg. 2., verm. u. verb. Aufl. gr. 8. (83⅓ B., 1 lith. B., 3 Tab. u. 8 lith. Vorschriften.) Nürnberg 835. (Leipzig, Barth.) •

Die verschiedenen Abtheilungen dieses Werkes, werden nicht einzeln gegeben.

Schultheiß, W. K., offenes Schreiben an Hrn. Direktor Dr. Diesterweg. Die in den Rhein. Blättern N. F. XXV. Bd. 1. Hft. S. 101 stehende Recension betreffend. gr. 8. (1½ B.) Nürnberg 842. (Leipzig, Götz?) •

—— Sendschreiben an die deutschen Schulmänner. Die method. Behandl. d. Lehrstoffes beim ersten Unterr. in Schulen betreff. gr. 8. (2⅓ B.) Erlangen 841, Ferd. Enke. •

—— Sittenlehre in Beyspielen, f. d. Anfangs-Unterr. in Volksschulen u. Privatlehranstalten. (Neue Ausg.) gr. 8. (12 B.) Erlangen 841, Ferd. Enke. •

— Versuch eines Lehrplanes f. zahlreiche Volksschulen zur Bewirkung eines genauen stufenweisen Fortgangs im Unterricht. 8. Nürnb. 820. Felsecker. 1 ₰ 8 gr.

—— freimüth. Worte, zunächst d. protestant. Volksschulwesen Bayerns betreff. gr. 8. (1 B.) Nürnberg 828, Riegel u. Wießner.

Schultheiß-Anzeiger. Zum 50jähr. Bestehen der Schultheiß' Brauerei. 1842/43. 1892/93. Red.: J. B. Muschi. 1898. Nr. 1—6. gr. 4. (6, 8, 8, 8, 10 u. 8 S. m. Abbildgn.) Berlin 898. Schultheiß' Brauerei, A.-G. Unentgeltlich.

Schultheiß-Anzeiger. Begründ. zur Feier d. fünfzigjähr. Bestehens d. Schultheiß' Brauerei. 1842/43. 1892/93. 1893/95. Red.: J. B. Muschi. Nr. 7—24. gr. 4. (à 8 S. m. Abb.) Berlin 893—895. Schultheiß' Brauerei. Unentgeltlich.

Die Schultheiss Brauerei (Berlin) in Vergangenheit und Gegenwart. — Berlin 1910 (:Meisenbach, Riffarth & Co.). 160 S. quer-8°

(Schultheissen. [Die feindlichen] Sch' zu Bern.) Njbl. s. [Hirzel. Salomon *III*].

Schultheissen-Wahl, Die, zu Blindheim oder Ist das Volk mündig? Schauspiel in drei Aufzügen vom Verfasser der Schulmeisterswahl zu Blindheim. Tübingen 1840. V: *Wagner, Glieb Frdr.* (GGr)

Schultheißenwahl, die, zu Blindheim, od.: Ist das Volk mündig? Schausp. in 3 Aufz., v. Verf. d. Schulmeisterwahl zu Blindheim. 8. (4½ B.) Tübingen 840, Fues.

Schultheißenwahl, die, zu Blindheim od. ist das Volk mündig? Schauspiel vom Verf. der Schulmeisterswahl zu Blindheim. 2. Aufl. 8. (71 S.) Tübingen 890. Fues. n. 1. 50; geb. n. 2. —

.nes, C: Der Einfluß der Elektricität auf die Sicherheit der Schiffahrt. Berlin 1902

Schulthes, Jh., (Kaufmann.) exposé historique de l'ancienne constitution et du gouvernement de Züric; écrit en 1808. 8. Zürich 808.

— tableaux historiques et politiques des anciens gouvernement du Zuric et du Bern, et des époques les plus interessantes de l'histoire de Suisse. 8. Paris 810.

Schulthes, Martin August A. S. 590/26

Dissertatio academica de imputatione actionum ex ebrietate fluentium. Präs. Christoph Wilhelm Loeber. Jena (Müller) II. 1714. 20 S. 31790

Schulthes, Swen W.

Schulthess, S. W., Die Anker-Wacht. Hamburg 1861. 8°.

Schulthes, Swen W., Die Norddeutsche Flagge. Nautischer Almanach und Kalender für Seeleute, sowie für Freunde des Seewesens. Hamburg 1870.

Schulthes, Swen W., Hülfsbuch für Navigations-Schüler. Hamburg 865. Salomon & Comp. 8. (IV u. 124 S. mit 3 Steintaff. in Fol.) cart. n. 1 ₰

Schulthes, S. W., Das Rettungswesen zur See. Riga 1875. 8°.

Schulthes, Wilhelm Rudolph A. S. 836/12

De probatione per testes et praesumtiones itemque iuramento iudiciali et necessario in processu executivo locum habente. Präs. Johann Christian Schroeter. Jena (Werther) 3. XI. 1723. 52 S. 31791

Schulthes, Wilhelm Rudolph (Arnstadt) A. S. 157/17
De probatione per testes et praesumtiones itemque iuramento iudiciali et necessario in processu executivo locum habente. Präs. Johann Christian Schröter. Ed. 2.
Jena (Krebs) 1744. 48 S.
Diss. 3. XI. 1723. 31792

Schulthess. Friederich Sch' † 1869. Bei Verjährung des Todestages 28. August 1870. ([Biographie: nebst] Anhang: Erinnerungen an die militairische Laufbahn des Oberstlieut. Fr. Sch' nach seinen eigenen Aufzeichnungen.) 8. Zürich 1870.

Schulthess, Karl Johann Jacob, Maler; biographische Skizze ... [Zürich 1856.] V: *Hess, Jac.* (Cat. d. Stadtbibl. Zürich. Zürich 1864—97.)

Schultheß: Europ. Geschichtskalender, s. Schultheß, H.

Schultheß, Frl., die Herstellung v. Konserven, s. a. Grütter, Julie u. F. Siegrist-Schneider.

Schulthess u. G. Röthlisberger. Die Herstellung von Konserven. In-8°. 28 S. Bern, K. J. Wyss. — 40 1899.

Schultheß, Frl., u. Frl. E. Röthlisberger, die Herstellg. v. Konserven. Hrsg. im Auftrage der oekonom. u. gemeinnütz. Gesellschaft des Kantons Bern. 2., durchgeseh. Aufl. gr. 8. (28 S.) Bern 900. K. J. Wyß. n. — 40
3. Aufl. s.: Grütter, Julie.

Schultheß, A., der Obstbaum u. s. Pflege, s.: Tschudi, Frdr. v.

Schultheß, Anna, Briefe, s.: Pestalozzi's sämtl. Werke.

Schulthess, Arnold H . Liebe Brüder, was soll ich thun, dass ich selig werde? ⟨Apostelgeschichte 16, 30.⟩ Eine kurze Erklärung der für jeden Menschen zur Seligkeit notwendigen Grundsätze des Evangeliums Jesu Christi. Traktat Nr. 2. Hrg. von Hugh J[ene] Cannon und Levi Edgar Young, Zürich, Schweiz.... IV + 16 S. 8. (Leipzig, C. G. Röder, [1902].)
Tractat[e]. Hrg. von (dem Bureau der Deutschen Mission der Kirche Jesu Christi der Heiligen der letzten Tage:) ... Zürich....

Schulthess, Arnold H . Liebe Brüder, was soll ich thun, dass ich selig werde? ⟨Apostelgeschichte 16, 30.⟩ Eine kurze Erklärung der für jeden Menschen zur Seligkeit notwendigen Grundsätze des Evangeliums Jesu Christi. Traktat Nr. 2. Hrg. von Hugh J[ene] Cannon, Zürich, Schweiz.... [Neue Ausg.] IV + 16 S. 8. (Leipzig, C. G. Röder, [1905].)
Traktat[e]. Hrg. von (dem Bureau der Deutschen Mission der Kirche Jesu Christi der Heiligen der letzten Tage:) ... Zürich....

Schulthess, Carl, s. Schulthess, Karl.

Schultheß, E., Rechtsfreund in Betreibungs- u. Konkurssachen. Eine gemeinverständl. Darstellg. d. Betreibungs- u. Konkursverfahrens. 8. (118 S.) Brugg 893. „Effingerhof". Kart. 1.50

Schulthess, [Edmund]. Der neue Gotthard-Vertrag. Referat von Ständerat Sch'. Gehalten am freisinnig-demokratischen Parteitag vom 27. November 1910. 50 S. 8. Brugg, Effingerhof A.-G., 1910.

(Schulthess, E[dmund].) Staatsrechtlicher Rekurs für die Kraftwerke Beznau-Löntsch in Baden, Rekurrentin, gegen den Kanton Glarus, Rekursbeklagten, betreffend das Gesetz über die Besteuerung der Wasserwerke vom 22. Mai 1910 an das hohe Bundesgericht. 47 S. 4. Brugg, «Effingerhof A.-G.», 1910.

Schulthess, Emil, z. Z. II. Assistenzarzt an der Frauenklinik in Zürich [von Zürich]: Aus der medicinischen Klinik des Herrn Prof. Dr. Eichhorst in Zürich. Ueber Pseudoleukæmie nach Erfahrungen auf der Zürcher medicinischen Klinik. Zür. F. Schulthess Dr. 1892. 40 S. 8°. Zürich, Med. Diss. [v. 6. Aug. 1892].

Schulthess, E(mil). Die Stædte- und Landes-Siegel der Schweiz.... — *A. u. d. T.:* Die St'- und L'-S' der XIII alten Orte... s. a. Städtesiegel. Die Stædte- und Landes-Siegel der Schweiz... [Serie A].... Zürich 1853—1856.

Schulthess, E., die Städte- und Landes-Siegel der Schweiz, s. a. Mittheilungen der antiquarischen Gesellschaft in Zürich.

(S[chulthess], F[riedrich: 1832–1904].) Bilder aus Ulm. Vergangenheit und Gegenwart. Aus eigener Anschauung und unter Benützung ortsgeschichtlicher Litteratur. Von einem Freunde Schwabens. 8. Zürich 1900.

— Bilder vom Untersee. Aus eigener Anschauung und mit Benützung ortsgeschichtlicher Litteratur. (Als Ms. gedruckt). 8°. 139 S. Zürich. Nicht im Buchhandel. 1898.

Schulthess, F[riedrich]. Bilder vom Untersee. Aus eigener Anschauung und mit Benützung ortsgeschichtlicher Literatur. 2. durchgesehene und ergänzte Aufl. 149 S. 8. Zürich, Schulthess & Co., 1904. [fr. 1.60]
⟨1. Aufl. als Manuskript gedruckt [1898].⟩

Schulthess, Friedrich. Christlich-Palästinische Fragmente aus der Omajjaden-Moschee zu Damaskus. Bearb. und hrg. von F' Sch' [von Zürich, Prof. in Göttingen]. Mit 5 Tafeln in Lichtdruck. 138 S. 4. Berlin, Weidmann, 1905. [M. 12.—]
Abhandlungen der Königlichen Gesellschaft der Wissenschaften zu Göttingen. Philologisch-historische Klasse. Neue Folge Band 8. Nro. 3.

Schulthess, Frdr., s. a. Fragmente, christlich-palästinische, aus der Omajjaden-Moschee zu Damaskus.

Schulthess, F. Zur Geschichte der Zunft zu Saffran zu Ende des achtzehnten Jahrhunderts. Gr. 8°. 28 S. Zürich. Nicht im Buchhandel. 1899.

Schulthess, Frdr., der Dîwân des arabischen Dichters Hâtim Tej nebst Fragmenten, hrsg., übers. u. erläut. v. S. gr. 8. (VI, 132 u. 54 S.) Leipzig 897. J. C. Hinrichs' Verl. n. 10.80

Schulthess, Friedrich (Hrsg.), s. a. Hâtim Tej: Der Diwan.

(— F.) Aus drei Jahrhunderten. (Zur Geschichte der Saffran-Zunft in Zürich). Als Ms. gedruckt. Mit Illustr. Gr. in-8°. 102 S. Zürich, F. Schulthess, 1889.

Schulthess, Friedrich. Die syrischen Kanones der Synoden von Nicaea bis Chalcedon, nebst einigen zugehörigen Dokumenten, hrg. von F' Sch' ([von Zürich, Professor in] Göttingen). XIV + 27* + 177 S. 4. Berlin, Weidmann, 1908. [M. 20.—]
Abhandlungen der Königlichen Gesellschaft der Wissenschaften zu Göttingen. Philologisch-historische Klasse. Neue Folge Band 10. Nro. 2.

Schulthess, Frdr., s. a. Kanones, die syrischen, der Synoden von Nicaea bis Chalcedon.

S(chulthess), F(riedrich). Aus meiner Knabenzeit. Zwei Landpfarrhäuser. 8. Zürich, Ostern 1900.

— Lexicon syropalaestinum. Adiuvante academia litterarum regia borussica. (XVI, 226 S.) Lex.-8. Berlin 903. G. Reimer. n. 10. —; geb. in Halbfrz. n. 12. —

Schulthess, Friedrich [V. D. M. aus Zürich]: Probe einer syrischen Version der Vita St. Antonii ... Leipzig, Druck v. W. Drugulin, 1894; IV, 53, 19 S. 8.
Strassburg, Phil. Fak., Inaug.-Diss. v. 1894

Schulthess, Frdr., Probe e. syrischen Version der Vita St. Antonii. Mit Einleitg. u. deutscher Uebersetzg. hrsg. gr. 8. (III, 53 u. 19 S.) Leipzig 894. (Zürich, F. Schulthess.) n. 2. —

Schulthess, F[riedrich]. Rothenburg ob der Tauber.... Eine Skizze aus eigener Anschauung und mit Benützung ortsgeschichtlicher Litteratur. ⟨Als Manuskript gedruckt.⟩ 8. Zürich 1896.

Schulthess, F. Aus Unterwalden. Blätter der Erinnerung. Mit dem Bildnis des N. von Flüe, 1 Planskizze u. 1 Ansicht. Kl. in-8°. 200 S. Zürich, Druck der Offizin F. Schulthess. 1897.
. Als Manuskript gedruckt u. nicht im Handel.

Schulthess, Frdr., homonyme Wurzeln im Syrischen. Ein Beitrag zur semit. Lexicographie. gr. 8. (XIII, 104 S.) Berlin 900. Reuther & Reichard. n. 4. —

Schultheß, Georg, 1758–1802, s. Schultheß, Johann Georg.

Schultheß, Georg

Schulthess, [Johann] G[eorg] *III* [1795–1866]. Der Familien- und Selbstmord des Heinrich Gugolz von Horgen, geschehen zu Dällikon am 21. Heumonat 1844. Geschichtlich aus den Akten und andern glaubwürdigen Zeugnissen dargestellt von G' Sch'.... Nebst der durch dieses Ereigniss veranlassten, in der Kirche daselbst am 28. Heumonat von J[ohann Jacob] Brunner..., abgehaltenen Predigt.... 2., mit einigen Zusätzen vermehrte Aufl. 8. Zürich 1844.

Schultheß, G., der Familien- u. Selbstmord des Heinr. Gugolz von Horgen, geschehen zu Dällikon am 21. Heumonat 1844. Geschichtlich aus den Akten u. andern glaubwürd. Zeugnissen dargestellt. 3. Aufl. gr. 8. (2¼ B.) Zürich 844, Schultheß. * -

Schulthess, H. (Hrsg.), s.a. Geschichtskalender, Europäischer.

Schultheß, H., europäischer Geschichtskalender. 1. Jahrg. 1860. Mit einem Vorworte von Heinr. v. Sybel. gr. 8. (VII und 262 S.) Nördlingen 861, Beck'sche Buchh. *

Schultheß, H., europäischer Geschichtskalender. 2.—8. Jahrg. 1861—67. gr. 8. Nördlingen 862—68, Beck'sche Buchh. [2. Jahrg. (VII und 361 S.) * 1 Thlr. 18 Ngr., 3. Jahrg. (IV und 432 S.) * 1 Thlr. 22½ Ngr., 4. Jahrg. (IV und 440 S.) * 1 Thlr. 22½ Ngr., 5. Jahrg. (434 S.) * 1 Thlr. 22½ Ngr., 6. Jahrg. (449 S.) * 1 Thlr. 22½ Ngr., 7. Jahrg. (572 S.) * 2 Thlr. 4 Ngr., 8. Jahrg. (580 S.) * 2 Thlr. 4 Ngr.] *

—— Ergänzungsheft zum europäischen Geschichtskalender für 1865. Enth.: Chronologische Uebersicht der wichtigsten Ereignisse, Actenstücke vom 1. Janr. bis 11. Juni 1866, welche auf die gegenwärtige Verwickelung in Mittel-Europa Bezug haben. gr. 8. (III und 96 S.) Nördlingen 866, Beck'sche Buchh. *
1. Jahrg. Ebendas. 1861. * 1 Thlr.

Schultheß, H., europäischer Geschichtskalender. 9. und 10. Jahrg. 1868 und 1869. gr. 8. (598; VII, 564 S.) Nördlingen, Beck'sche Buchh. à Jahrg. * 6 75
—— dass. — 11. Jahrg. 1870. Mit einer Uebersicht der Ereignisse des J. 1870 von Wilh. Oncken. gr. 8. (IX, 573 S.) Ebendas. * 6 75
—— dass. — im Auszuge. gr. 8. (III, 107 S.) Ebendas. 871. * 1 —
—— dass. — 12. Jahrg. 1871. Mit einer Uebersicht der Ereignisse des J. 1871 von Wilh. Oncken. gr. 8. (VII, 568 S.) Ebendas. * 8 —
—— dass. — 13.—15. Jahrg. 1872—1874. gr. 8. (629 S.) Ebendas. à Jahrg. * 9 —

Schultheß, H., europäischer Geschichtskalender. 16.—20. Jahrg. 1875—1879. gr. 8. (596; III, 626; 522; 576; 626 S.) Nördlingen, Beck'sche Buchh. à Jahrg. * 10 —
—— dass. — Beilagebd. zum Jahrg. 1875: Die wichtigsten neueren kirchenstaatsrechtlichen Gesetze Deutschlands, Oesterreichs, der Schweiz und Italiens, gesammelt und mit Einleitung versehen von Phpp. Zorn. gr. 8. (X, 190 S.) Ebendas. 876. * 3 —
Einzelpr. * 4 —

Schultheß, H., europäischer Geschichtskalender. 21.—25. Jahrg. 1880—1884. gr. 8. (600; XXVIII, 629; XXXVI, 586; XXXVIII, 466; XXXIV, 528 S.) Nördlingen, Beck'sche Buchh. à Jahrg. * 10 —

Schultheß, H., europäischer Geschichtskalender. 25. Jahrg. 1884. gr. 8. (XXXIV, 528 S.) [Nördlingen 885.] München, Beck'sche Verlagsb. * 10 —

—— dass. — Neue Folge. 1. Jahrg. 1885. [Der ganzen Reihe 26. Bd.] Hrsg. von Ernst Delbrück. 2 Abtlgn. gr. 8. Ebendas. 886. * 9 —
Inhalt:
Abtl. 1. Das deutsche Reich. (III, S. 1—170.) * M 3.—.
„ 2. Oesterreich-Ungarn und die auswärtigen Staaten, nebst der polit. Übersicht des J. 1885. (V—XI, S. 171—452.) * M 6.—.

Schultheß' europäischer Geschichtskalender. Neue Folge. **2. Jahrg. 1886. [Der ganzen Reihe 27. Bd.]** Hrsg. v. **E. Delbrück. 2 Abtlgn. gr. 8.** [Nördlingen] München **887. Beck.** n. 9. —
1. Abtlg.: Das Deutsche Reich. (S. 1—190.) n. 3. —
2. Abtlg.: Oesterreich-Ungarn u. das Ausland. (XV u. S. 191—508.) n. 6. —

— dasselbe. Neue Folge. 3.—5. Jahrg. 1887—1889. [Der ganzen Reihe 28.—30. Bd.] gr. 8. (IX, 601; VIII, 407; IX, 421 S.) Ebd. 888—890. à Jahrg. n. 9. —

Schultheß' europäischer Geschichtskalender. Neue Folge. **6.—9. Jahrg. 1890—1893. (Der** ganzen Reihe XXXI. **—XXXIV. Bd.) Hrsg. v. Hans Delbrück. gr.** 8. (IX, **378; VIII, 341; VIII, 395; X,** 400 S.) München 891 **—894. C. H. Beck.** à Jahrg. n. 8. —

Schultheß' europäischer Geschichtskalender. Neue Folge. 10.—13. Jahrg. 1894—1897. (D. ganzen Reihe XXXV. —XXXVIII. Bd.) Hrsg. v. Gust. Roloff. gr. 8. (XII, 389; VIII, 379; VIII, 380 u. VIII, 418 S.) München 895—898. C. H. Beck. à Jahrg. n. 8. —

Schultheß' europäischer Geschichtskalender. Neue Folge. 14.—17. Jahrgang 1898—1901. (Der ganzen Reihe XXXIX.—XLII. Bd.) Hrsg. v. Gust. Roloff. gr. 8. (VIII, 431; VIII, 359; VIII, 375 u. VIII, 372 S.) München 899—902. C. H. Beck. à n. 8. —

Schultheß' europäischer Geschichtskalender. **Neue Folge. 18. bis 21.** Jahrg. 1902—1905. (Der ganzen Reihe XLIII. bis XLVI. Bd.) Hrsg. v. Gust. Roloff. (VIII, 392; VIII, 458; VIII, 412 u. VII, 373 S.) gr. 8. **München** 903—906. C. H. Beck. 1902 n. 8. —; 1903—1905 à n. 9. —

Schultheß' europäischer Geschichtskalender. Neue Folge. 22.—24. Jahrg. 1908. (Der ganzen Reihe XLVII.—XLIX. Bd.) Hrsg. v. Gust. Roloff. (VII, 498; VIII, 431 u. VII, 499 S.) 8. München 907—09. C. H. Beck. à 10.—

— dasselbe. 15. Jahrg. 1909. (Der ganzen Reihe L. Bd.) Hrsg. v. Ludw. Rieß. (XV, 739 S.) 8. Ebd. 910. 12.—

Schulthess, Hans. Die Familie Schulthess von Zürich. Festschrift zur Feier des einhundertundfünfzigjährigen Bestehens der Schulthess'schen Familienstiftung. [Mit Illustrationen, 48 Tafeln und 9 Stamm-Tafeln.] IV + 129 S. 4. Zürich, Schulthess & Co., 1908. [geb. fr. 30.—]
Als Manuskript für die Familie gedruckt.

(Schulthess, Heinrich.) Heinrich Sch' (1790–1840). Ein Andenken für seine Freunde. (Gedichte, Prosaische Aufsätze, Bruchstücke aus dem Tagebuche, Br' aus Briefen. [Aus] seinem Nachlasse, [mit einleitendem] Nekrolog [hrg. von seinem Bruder Hans Conrad Schulthess].) 8. Zürich 1842.

[Schulthess, Heinrich.] Die Reise nach Basel. ([Mit 1 Tafel und Anhang:] Romanze, in Musik gesetzt von Conradin Kreutzer.) Njbl. AMusikges. Zürich 1823. 4. [Zürich.]

[Schulthess, Heinrich.] Die Reise nach Lausanne. ([Mit 1 Tafel und Musik-Anhang:] Das Dampfschiff.) Njbl. AMusikges. Zürich 1824. 4. [Zürich.]

Schultheß, Hermann

Die körperlichen Bedingungen des Sprechens. Vortrag geh. 1890 in d. Gesellsch. f. deutsche Sprache von Dr. med. H. **Schulthess**. Zürich: E. Speidel 1897. (18 S.) 8°
= **Mitteilungen** d. Gesellschaft f. deutsche Sprache in Zürich. H. 1, [1.] (1897)

Schulthess, Hermann. Die Herzkrankheiten bei der Aushebung und Ausmusterung der schweizerischen Armee in den Jahren 1875—1904. Eine statistische Studie. [Mit 15 graphischen Tafeln.] Separatabdruck aus der «Zeitschrift für schweizerische Statistik», Jahrg. 42, 1906 [Band 1, Liefg. 1]. 77 S. 4. Bern, Stämpfli & Cie., 1906.

Schultheß, Hermann, Körpermessungen bei schweizerischen Turnern im Jahre 1895/96, veranstalt. durch d. Eidgenössischen T.-V., Zürich 1896, 9 S., 4°.

Schulthess, Hermann, pract. Arzt in Hottingen-Zürich und z. Z. Assistenzarzt der medic. Poliklinik der Universität Zürich [von Zürich]: Statistische Untersuchungen über die Aetiologie des Mamma-Carcinoms. (S.A. aus: Beiträge z. klinischen Chirurgie [— Bruns]. Bd IV [S. 445—512]). Tüb. H. Laupp Dr. 1889. 2 Bl., 68 S. 8°.
Zürich, Med. Diss. [v. 9. März 1889].

Schultheß, J. Heinrich

Schultheß, J. H., Reise in's Morgenland, unternommen im J. 1847. Schaffhausen 854. Schalch. 8. (2 Bl., 316 S.) n. 24 ngr

Schultheß, J. J., s. Verzeichniß der Bürger und Niedergelassenen der Stadt Zürich.

Schultheß, Johann

— Anleitung zum Gebrauche der Wandfibel für den Lese- u. Sprachunterricht in d. Elementarschulen des Kantons Zürich. 8. Zürich. (Leipzig, Fr. Fleischer.) 812. -

Schultheß, Johs., neueste theolog. Annalen rc., s. Annalen.

—— de uno planissimo plenissimoque argumento pro divinitate disciplinae ac personae Jesu lucubrat. judiciis fraternis cunctorum ecclesiae patriae ministror. 8maj. (6¼ B.) Turici 828. Schulthess.

Schultheß, J., Bedenken der einfält. Bemerkungen des Hrn. J. C. Kaufmann über die Schrift: Das Vernunftwidrige mehrerer Büchlein von der Traktatengesellschaft zu Basel. 8. (Zürich, Orell, Füßli u. Cp. in Comm.) 816.

Schultheß, Johannes, (Prof.,) ernstes u. reifes Bedenken der einfält. Bemerkk. des Hrn. J. C. Kaufmann üb. die Schrift: Das Vernunftwidrige mehrerer Büchlein von der Traktatengesellschaft zu Basel. 8. Zürich 816. Schultheß. 9 gr.

Schulthess, Joh. Rechtliches Bedenken über die Collaturen und über die Verschmelzung der kirchlichen Güter mit jenen des Staates, mit bes. Beziehung auf das Grossmünster-Stift in Zürich. (Mit 7 Beil.) gr. 8⁰. Zürich, Schulthess, 1831/32.

— Beiträge zum Kirchen- u. Schulwesen. 1r—7r Bd. 1s Stck. 8. Zürich, Geßner.

— Beitrr. zur Beförder. d. Kirchen- u. Schulwesens in d. Schweiz. 8 Bde à 3 Stcke. 8. Zürich 808—13. Schultheß. 3 ℛ

— Für und wider die Bekenntnisse u. Formeln der protestantischen Kirchen. Aus dem Westen und Norden der evangelischen Schweiz gesammelt und herausgegeben. 8. Zürich, Näf. (Ebend.)

— Für u. wider die Bekenntnisse u. Formeln d. protestant. Kirchen. Aus d. Westen u. Norden der evangel. Schweiz gesammelt u. herausgg. 8. Zürich 820. Schultheß. 16 gr.

—— die evangel. Belehrung üb. d. Erneuerung der Natur, nebst e. Musterstück v. Verteutsch., Erklär. u. Auslegung d. Römerbriefes im Gegensatze mit Tholucks u. anderer Art u. Kunst. gr. 8. (7¾ B.) Zürich 833, Schultheß.

— Bemerkk. üb. d. Wort des Ungenannten in Betreff d. Schrift des Ersteren: „Das Unchristliche rc. der von d. Traktatgesellschaft in Basel rc. ausgestreuten Schriften." 8. Zürich 816. Schultheß. 1 gr.

—— Beschuldigungen d. Hrn. D. Paulus in Heidelberg, dess. „Leben Jesu" betreff. v. Hrn. D. Hug in Freyburg, nach dem Gesetz u. Rechte d. panharmon. Interpretation untersucht u. beurtheilt. 8. (8 B.) Zürich 830, Schultheß.
Aus dess. „neueste theolog. Annalen rc." abgedruckt.

—— Bitte d. evangel.-reformirten Kirche d. Kantons Zürich an die Schöpfer e. neuen Staatsverfassung. 4. (1 B.) Zürich 831, Schultheß.

[Schulthess, Johannes *II*: 1763–1836.] ([Das Brandunglück in] Gutenschweil. [Mit 1 Tafel.]) Njbl. Hülfsges. Zürich 1804. 4. [Zürich.]

[Schulthess, Johannes *II*.] ([Das Brandunglück in] Hochfelden. [Mit 1 Tafel.]) Njbl. Hülfsges. Zürich 1805. 4. [Zürich.]

Schulthess, Johannes *II s.* (Bullinger, Heinrich B'...) Njbl. [Zürich]

— de charismatibus Spiritus Sancti. P. I. de vi et natura dotis linguar. etc. 8maj. Leipz. 818. Reclam. 2 ℛ 12 gr.

Schulthess, Johannes *II.* Der Schweizerische Christlieb: Höchst merkwürdige Schicksale und preiswürdiges Märterthum Joh(ann) Rudolf Stadlers (1605–1637), des Uhrmachers von Zürich, zu Ispahan in Persien. Aus den Urkunden... gegeben, allseitig... beleuchtet... für den Glauben und das Leben. Ein Probestück christ-vaterländischer Volksschriften.... 8. Zürich 1817.

— der Schweizerische Christlieb. Höchst merkwürd. Schicksale u. preiswürd. Märterthum Joh. Rudolf Stadlers, Uhrmachers von Zürich, zu Ispahan in Persien. 8. Zürich 817. Schultheß. 7 gr

—— Dankschreiben an Hrn. G. Eßlinger v. Zürich, gewes. protestant. Feldprediger d. kgl. franz. Exgarde, f. d. Widmung d. Anzeige sein. bevorsteh. Uebertrittes in d. kathol. Kirche an den Zürcherischen Kirchenrath. 8. (2¾ B.) Zürich 831, Schultheß.

— Denkmal Junker Hans Ulr. Blaarers von Wartensee. 8. Zürich 794. Orell. 6 gr

Schulthess, Johannes *III* [1798–1871]. Denkschrift zur hundertjährigen Jubelfeier der Stiftung des Schulthessischen Familienfonds. Als Manuscript für die Familie gedruckt. [Mit Vignetten und 2 Stammtafeln.] 4. Zürich 1859.

Schulthess, Johannes *II.* Die Dürre dieses Sommers als göttliche Strafe. Eine Vorbetrachtung auf den bevorstehenden Bethtag 1800. 8. *o. O.*

— Ehrenrettung d. schweizer. Gelehrten gegen ein Wort d. St. Gallischen Erzählers, u. Schicksal d. Studiums der griech. u. hebräischen Sprache u. der prakt. Bibelerklärung in Luzern, mit e. poet. Anh. Zürich 813. Schultheß. 2 gr

— gemeinere Einsicht der neuesten Versuche einer bessern Erziehung d. Jugend. 8. Zürich 810. Geßner. 12 gr

[Schulthess, Johannes *III.*] (Die Elenden-Herbergen [des Mittelalters und ihre weitere Entwicklung. Mit 1 Tafel].) Njbl. Hülfsges. Zürich 1832. 4. [Zürich.]

—— Engelwelt, Engelgesetz u. Engeldienst, philolog. u. litterar. erörtert u. auf d. evangel. Gnade u. Wahrheit zurück geführt. gr. 8. (16¼ B.) Zürich 833, Schulthess.

Schultheß, J., Engelwelt, Engelgesetz und Engeldienst, philol. u. literar. erörtert und auf die evangelische Gnade und Wahrheit zurückgekehrt. Zürich 838. 8.

— Entlarvung eines St. Galler Spuks. 8. Zürich 824. Schultheß. 3 gr

[Schulthess, Johannes *II.* Eine Episode aus der Schlacht bei Zürich Juni 1799. Mit 1 Tafel.] Njbl. Hülfsges. Zürich 1801. 4. [Zürich.]

— epistola Jacobi commentatio copiosissimo ind. et verborum et sententiarum explanata, s. *Jacobi* epistolae.

— Erwägung der dem gebild. Publikum in d. Ueberliefer. Winternonat 1817, u. dem gem. Volke im Schweizerboten 1818 No. 8. die Feier eines Reform.-Festes widerrathenden rc. Worte. Zürich 818. Schultheß. 1 gr

[Schulthess, Johannes *II.*] (Erzählungen [aus dem Leben] von Blinden. [Mit 1 Tafel.]) Njbl. Hülfsges. Zürich 1811. 4. [Zürich.]

— exeget.-theolog. Forschungen. 1r Bd. zu 4 Stcken. 8. Zürich 815—18. Schultheß. 1 Thlr 15 gr 2r Bd. 1s Stck. A. u. d. T.: evangel. Lehre von d. Gnadenwahl. Ein Beitr. z. Vereinigung d. evangel. Kirchen rc. 8. Ebd. 818. 16 gr 2r Bd. 2s u. 3s Stück. 8. Ebd. 819—21. 20 gr 3n Bdes 1s u. 2s Stück. Auch u. d. T.: die Urkunden aller ächten Theosophie, Christologie u. Mystik rc. 2 Thle. 8. Ebd. 820—24. 1 Thlr 21 gr

Schultheß, J., exegetisch-theolog. Forschungen. 2 Bde. 8. Zürich. (Leipzig, Fr. Fleischer.) 815—20. Rthlr.
(1r Bd. 1s—3s St. 1 Thlr. 12 Gr. 2r Bd. 1s St. 16 Gr. 2s St. 12 Gr. 3 St. 8 Gr.)
3r Bd. 1s St. auch unter dem Titel:
die Urkunde aller ächten Theosophie rc. 1r Thl. gr. 8. Ebend. (Ebend.) 820.
2r Bd. 1s St. auch unter dem Titel:
Lehre von der Gnadenwahl.

— exegetisch-theologische Forschungen. 3r Bd. 2s Stück. — A. u. d. T.: Die Urkunden aller ächten Theosophie, Christologie u. Mystik. 2r Thl. der Neutestam. Logos. gr. 8. Zürich 824, Schultheß.

—— einige Fragen u. Bedenken hinsichtl. d. projectirt. Aufhebung d. Stiftes zum Großen Münster. gr. 8. (¼ B.) Zürich 831, Schultheß.

—— Fragen an die Rechtsgelehrten, d. inländ. u. d. ausländischen, üb. den obschweb. Gesetzesvorschlag(:) Das Stift zum Großen Münster in Zürich ist aufgehoben, u. üb. das bisher. Verfahren gegen dasselbe. M. 2 Beiln. gr. 8. (6 B.) Zürich 832, Schultheß.

— einige Gedanken üb. d. Verhältniß d. wissenschaftl. Anstalten, der Kirchen u. Schulen im Staate. 8. Zürich 797.

[Schulthess, Johannes *II.*] ([Geschichte der zürcherischen Armenpflege] seit der Reformation. [Mit 1 Tafel.]) Njbl. Hülfsges. Zürich 1819. 4. [Zürich.]

— die Gewißheit d. Schrifterklärung; erprobt an der evangel. Erzählung von d. Wiederbelebung des Lazarus rc. 8. Zürich 808. Schultheß. 8 gr

— helvetisches Glaubensbekenntniß, neu herausgg. f. unsere Zeiten. 8. Zürich ohne Jahrz. (Schultheß).

— Helvetisches Glaubensbekenntniß neu herausgeg. für unsere Zeiten. 8. Zürich. (Leipzig, Fr. Fleischer in L.)

(Schulthess, Johannes *II.*) Die unglaubliche Grosse des Elends im Schoosse unsers Vaterlandes. Historisch treu beschrieben zur Beherzigung allen, die sich um den physischen, ökonomischen, moralischen Zustand ihrer Miteidsgenossen kümmern mögen. (Zürich. 3. Aprill 1813.) 8. *o. O.* 1813.

Schultheß, Joh., Französischer Handelscorrespondent od. Handelsbriefe aus französ. Quellen zum Uebersetzen ins Französische bearb. gr. 8. (VI u. 230 S.) Zürich 850, Schultheß. 22 ngr

Schultheß, J., französischer Handelscorrespondent oder Handelsbriefe aus französischen Quellen zum Uebersetzen ins Französische bearb. 2., umgearb. Aufl. Zürich 862. Schultheß. gr. 8. (VII, 223 S.) 21 ngr

Schultheß, J., französischer Handelskorrespondent, neu bearb. v. J. Fuchs. 3. Aufl. gr. 8. (240 S.) Zürich 876. Schultheß. n. 2. 50

— hat wirklich u. wahrhaft Dr. Jh. Schultheß d. Staatsanwalt Ulrich Unsinn in d. Mund gelegt, wie in Nr. 17. Beil. d. Republikaners d. J. geschrieb. steht? gr. 8. Zürich 832. Schultheß. 1 gr

(Schulthess, Johannes *II.*) Helvetii evangelici quibus francogallica lingua nativa invitantur ad monumentum Huldrici Zuinglii dedicandum una cum Helvetiis alemannicis rerum divinarum humanarumque societate affinibus. (Turici, Kal. Augustis 1827. Dr. Joannes Sch'.) 8. *s. l.*

Schulthess, Joas., de Godofredo Hermanno enodatore epistolae Pauli ad Galatas per litteras communicavit c. Henr. Eberh. Gottlob Paulo. 8. (8¾ B.) Turici 835, Schulthess.

Schulthess, Johannes *II.* Jubel-Rede der Zürcherischen Schulkanzel zum hundertjährigen Wiedergedächtnisse der Schweizerischen Glaubens-Erneuerung gehalten am 6ten Jänners 1819 gegen Franz Geiger ..., vertheidigt von J' Sch'.... 8. Zürich und Leipzig 1819.

— Jubelreden d. Züricherischen Schulkanzel zum 100jähr. Wiedergedächtniß d. schweizer. Glaubens-Erneuerung. 8. Zürich 819. Schultheß. 12 ℊ

Schultheß, Johann, s. Judä. — Leo Judä.

— das Kameel, ein Gespräch zwischen Jh. Widmer u. Jh. Schultheß. Mit 2 Beill. 8. Zürich 813. Schultheß. 7 ℊ

[Schulthess, Johannes *II.*] (Die Kampfspiele der Hirten in Unspunnen. [Mit 1 Illustration und 1 Tafel.]) Njbl. Hülfsges. Zürich 1806. 4. [Zürich.]

— Kinderbibel. 1r enth. die heil. Gesch. des A. Testaments in 138 Erzählungen, mit vielfachen Anmerkungen, Nutzanwendungen, Kernsprüchen u. Liederversen begleitet. 8. Zürich, Naef. 813.

— Kinderbibel. 1r Thl. A. u. d. T.: die heil. Gesch. d. A. Testaments in 140 Erzähll., mit vielfachen Anmerkk., Nutzanwendungen, Kernsprüchen u. Liederversen begleitet. 8. Zürich 814. Schultheß. 11 ℊ

Schultheß, Joh., s. Kinderfreund, Der schweizerische.

— das Kopfrechnen nach der endlichen Anweis., welche d. Kreislehrern d. Kantons Zürich ertheilt u. nach d. wirkl. Ausübung in d. Züricher Bürgerschule. Zürich 812. Schultheß. 6 ℊ

Schulthess, Johannes *II.* Leben Johann Georg Schulthessen, Diakons ... in Zürich s. Geschichte. Kurze G' der wichtigsten Ereignisse in der Schweiz, im Oktober 1802....

Schultheß, Johannes, (Prof.) die evangel. Lehre von d. heil. Abendmahl. Nach den 5 unterschiedl. Ansichten, die sich aus neutestamentl. Texten wirklich od. scheinbar ergeben. gr. 8. Leipz. 824. Barth. 2 ℛ

—— evangel. Lehre der Versöhnung des Menschen mit Gott, nach Lukas 15, 11—32, mit Verteutsch., Erklär. u. Auslegung d. Textes. 8. (10½ B.) Zürich 829, Schultheß.

— Lehre von der Gnadenwahl, s. oben: exeget.-theolog. Forschungen. 1r Bd. 2s Stck.

— Leitfaden z. Kopfrechnen nach der Pestalozzischen Einheitstafel u. zur Anwend. derselben auf Handel u. Wandel 2c. 8. Zürich 809, (Fr. Fleischer in Leipz.) 20 ℊ

— erster Lese-Unterricht als Anleit. z. zweckmäß. Behandl. seines Namenbüchleins, 8. Zürich 810. Schultheß. 5 ℊ

[Schulthess, Johannes *II.*] ([Nachruf an] Joh[ann] Georg Schulthess, Diakon am St. Peter, [1758–]1802.) [Mit 1 Porträt-Tafel. Zweites] Njbl. Hülfsges. Zürich 1803. 4. [Zürich.]

— s. Namenbüchlein.

— üb. die Natur u. Beschaffenheit einer Kinder- u. Volksbibel. 8. Zürich 813. Schultheß. 5 ℊ

— de summa necessitudine eruditionis doctrinae et scientiae cum vera religione condenda, reparanda, tuenda. Oratio secularis solemnibus rite concludendis almae reformationis sacrorum. 4. Zürich 819. Schulthess. 12 ℊ

— von der dringenden Nothwendigkeit, sich der helvet. Schulen von Staatswegen anzunehmen. 8. Zürich 798.

— das Paradies, das irdische u. überirdische, histor.-mythische u. mystische, nach einer Revision der allgem. bibl. Geographie. N. Aufl. 8. Zürich 821. Schultheß. 1 ℛ 12 ℊ

—— de praeexistentia Jesu ac de spiritu sancto novi testamenti aliisque affinibus rebus, tam religiosae quam liberae disputationes. 8 maj. (9½ B.) Lipsiae 833, Weidmann.

— biblisches Princip aller Majestät u. alles Staatsrechtes. Mit Anwend. auf die kirchl. Angelegenheiten. 1s Stück. gr. 8. Zürich 822. Schultheß. 12 ℊ

Schulthess, Joh. und J. K. v. Orelli. Rationalismus und Supranaturalismus; Kanon, Tradition und Scription. Zürich 1821.

— u. Jh. Ksp. v. Orelli, Rationalismus u. Supernaturalismus; Kanon, Tradition u. Scriptien. gr. 8. Zürich 822. Geßner. (Schmidt in Leipz.) 18 ℊ

— Revision des kirchl. Lehrbegriffes; ein Versuch zur brüderl. Beurtheilung, vorgelegt der Lehrerschaft der vaterländischen Kirche. 1s—3s Stück. gr. 8. Zürich 823—26, Schultheß. 1s Stück. 16 gr. 2s Stck. 10 gr. 3s Stck. 18 gr.

—— 39 Rügen d. freymüth. Wortes e. Anonymen üb. d. Großmünster-Stift in Zürich, mit e. Menge kirchen- u. staatsrechtl., histor., litterar., pädagog. u. ökonom. Beleuchtungen f. d. politische sowohl als d. kirchl. Publikum. gr. 8. (3½ B.) Zürich 832, Schultheß.

[Schulthess, Johannes *II.* Schilderungen aus den Nidwaldner Schreckenstagen von 1798. Mit 1 Tafel.] Njbl. Hülfsges. Zürich 1802. 4. [Zürich.]

[Schulthess, Johannes *II.*] ([Die Schreckenstage] des Herbstmonats 1802.) [Ursprüngliches] Njbl. Hülfsges. Zürich 1803. 4. [Zürich.]

Schulthess, Joh. Schriften bei Anlass der Reformationsfeier von 1819. 2 Stück.

— durch Verbreitung der Baseler-Traktätlein unter das Volk, veranlaßte Schriften. 8. Ebend. Ebend. 816.

— schweizerischer Schulfreund. 2 Thle. 8. Zürich 812, 13. Schultheß. 3 ℛ

— s. Schweizer, Der gemeinnützige.

Schultheß, J., französische Sprachlehre mit Aufgaben zum Selbstkonstruiren durch die Schüler. gr. 8. (IV, 256 S.) Zürich 869, Schultheß. (*ℳ 1,50.) * 1 60

— Symbolae ad internam criticen librorum canonicorum ac vetustissimorum quae supersunt monumentorum, Christiani nominis paratae. 8. Zürich 832. Schulthess. 1 ℛ 12 ℊ

—— Symbolae ad internam criticen librorum canonicorum ac vetustissimorum quae supersunt monumentorum christiani nominis paratae. II Vol. 8 maj. (25 B.) Turici 833, Schulthess.

Vol. I. R. s. t.: Hegesippus princeps auctor rerum christianarum primi et secundi seculi nunc primum seorsim quantum ex reliquiis fieri potest penitus recogn. et secundum criticen historicam exploratus cura J. Schulthessio

— Jesu Christi letzte Thaten u. Sitten. 8. Zürich 809. Schultheß. 9 gr (a. Fr. Fleischer in Leipz.) 6 gr

Schultheß, Joh., Jesu Christi letzte Thaten u. Sitten. 8. Zürich, Geßner. (in Comm.) 811.

——, Troxler und de Wette, über den Quell d. Ideen-Erkenntniß (S. Theol. Studien u. Kritiken 1831. 1. S. 104 ff.), verglichen mit Zwingli, zur Beleucht. u. Erhärtung d. Grundsätze d. Helvet. Reformation. 8. (5¼ B.) Zürich 832, Schultheß.
Aus dess. „Neueste theolog. Annalen" abgedruckt.

Schultheß, Joh., Uebungsstücke z. Uebersetzen aus d. Deutschen in's Französ., besteh. in Erzähln., Parabeln, Anekdoten, kleinen Schauspielen u. Briefen, f. mittl. Klassen v. Gymnasien, Industrie- u. Secundarschulen bearb. gr. 8. (11 B.) Zürich 840, Schultheß. Thlr.

Schultheß, Jh., Uebungsstücke zum Uebersetzen aus dem Deutschen in's Französische für mittlere Klassen von Gymnasien, Industrie- u. Secundarschulen. 2. verb. Aufl. gr. 8. Zürich 843, Schultheß. ½ ℛ

— Uebungsstücke zum Uebersetzen aus dem Deutschen in's Französische, bestehend in Erzählungen, Parabeln, Anekdoten, kleinen Schauspielen u. Briefen f. mittlere Klassen von Gymnasien, Industrie- u. Sekundarschulen bearb. 3., durchgesehene Aufl. gr. 8. (VIII u. 168 S.) Ebd. 847. ½ ℛ — 4. durchgeseh. Aufl. gr. 8. (VIII u. 172 S.) Ebd. 850. 13 ngr

Schultheß, J., Uebungsstücke zum Uebersetzen aus dem Deutschen ins Französische bestehend in Erzählungen, Parabeln, Anekdoten, kleinen Schauspielen und Briefen für mittlere Classen von Gymnasien, Industrie- und Secundarschulen. 5. durchges. Aufl. Zürich 854. Schultheß. gr. 8. (VIII, 172 S.) 13 ngr

Schultheß, J., Uebungsstücke zum Uebersetzen aus dem Deutschen ins Französische, bestehend in Erzählungen, Parabeln, Anekdoten, kleinen Schauspielen und Briefen für mittlere Classen von Gymnasien, Industrie- und Secundarschulen bearb. 6., durchgeseh. Aufl. gr. 8. (VIII und 172 S.) Zürich 859, Schultheß.

—— Uebungsstücke zum Uebersetzen aus dem Deutschen ins Französische bestehend in Erzählungen, Parabeln, Anekdoten rc. für mittlere Klassen von Gymnasien, Industrie- und Secundarschulen bearb. 7. Aufl. 1862. und 8., durchgeseh. Aufl. gr. 8. (VIII und 174 S.) Zürich 866, Schultheß.

—— Uebungsstücke zum Uebersetzen aus dem Deutschen ins Französische bestehend in Erzählungen, Parabeln, Anekdoten, kleinen Schauspielen und Briefen für mittlere Klassen von Gymnasien, Industrie- und Secundarschulen bearb. 9. Aufl. 1870. ℳ 1,30., und 10., sorgfältig durchgeseh. und verb. Aufl. gr. 8. (VIII, 176 S.) Zürich 873, Schultheß. 1 35

Schultheß, J., Uebungsstücke zum Uebersetzen aus dem Deutschen ins Französische, bestehend in Erzählungen, Parabeln, Anekdoten, kleinen Schauspielen u. Briefen für mittlere Klassen von Gymnasien, Industrie- u. Secundarschulen. 11., durchgeseh. Aufl. gr. 8. (IV, 176 S.) Zürich 877. Schultheß. 1. 35.

Schultheß, J., Uebungsstücke zum Uebersetzen aus dem Deutschen ins Französische, bestehend in Erzählgn., Parabeln, Anekdoten, kleinen Schauspielen u. Briefen f. den Schul- u. Privatgebrauch. 12. Aufl. gr. 8. (194 S.) Zürich 883. Schultheß. n. 1. 40

Schultheß, J., Übungsstücke zum Übersetzen aus dem Deutschen ins Französische, bestehend in Erzählungen, Parabeln, Anekdoten, kleinen Schauspielen und Briefen, für den Schul- und Privatgebrauch bearb. 13. durchgesehene Aufl. gr. 8. (194 S.) Zürich 889, Schultheß. *

Schultheß, J., Übungsstücke zum Übersetzen aus dem Deutschen ins Französische, bestehend in Erzählgn., Parabeln, Anekdoten, kleinen Schauspielen u. Briefen, f. den Schul- u. Privatgebrauch bearb. 14., durchgeseh. Aufl. gr. 8. (194 S.) Zürich 894. F. Schultheß. n. 1. 40

Schultheß, J., Übungsstücke zum Übersetzen aus dem Deutschen ins Französische, bestehend in Erzählungen, Parabeln, Anekdoten, kleinen Schauspielen u. Briefen, f. den Schul- u. Privatgebrauch bearb. 15., durchgeseh. Aufl. gr. 8. (194 S.) Zürich 900. Schultheß & Co. n. 1. 40; kart. n.n. 1. 80

Schultheß, J., Übungsstücke zum Übersetzen aus dem Deutschen ins Französische, bestehend in Erzählgn., Parabeln, Anekdoten, kleinen Schauspielen u. Briefen, f. den Schul- u. Privatgebrauch bearb. 16., durchgeseh. Aufl. (204 S.) 8. Zürich 907. Schultheß & Co. 1.40; geb. 1.80

— das Unchristliche u. Vernunftwidrige mehrerer Büchlein, die seit e. Zeit von d. Traktatgesellschaft in Basel heimlich ausgestreut werden. gr. 8. Zürich 815. Schultheß. 8 gr

— das Vernunftwidrige mehrerer Büchlein von der Traktatgesellschaft in Basel gezeigt. gr. 8. Zürich, Orell u. Comp. 816. –

Schultheß, Johs., Untauglichkeit der seit 300 Jahren kirchlich eingeführt. Katechismen f. uns. Zeiten, im pädagog. Betrachte vernehml., u. Idee d. einzig besten Leitfadens zum Unterrichte d. Kinder im christl. Glauben u. Leben dargethan. 8. (8¼ B.) Zürich 830, Schultheß. Thlr.

— Urkunden aller ächten Theosophie, s. oben: exeget.-theolog. Forschungen 3r Bd. 1s Stck.

— die Verbesserung d. Volksschulen rc. 8. Zürich 808.

Schulthess, Johannes *II.* Vorabend der dritten Jubel-Feyer der Helvetischen Evangelischen Kirche. Eine Rede gehalten an der Zürcherischen Synode 1818. 8. Zurich (*Umschlag*: Leipzig) 1822.

Schultheß, (J.) Vorabend der zu Jubelfeyer der helvet. evangel. Kirche, eine Rede. gr. 8. Zürich 822, (Leipzig, Fr. Fleischer.) Rthlr.

— Vorabend d. zu Jubelfeier d. helvet. evangel. Kirche; e. Rede, gehalt. in d. Zürich. Synode. gr. 8. Zürich 822. Schultheß. 19 gr

— Vorbereitung z. Unterricht in d. Religion, nach Anleit. d. Fragen an Kinder. 8. Zürich 810. Schultheß. 4 gr (Aus dem schweizer. Schulfreund abgedr.)

—— Vorlesungen üb. d. histor. Christenthum, nach d. wissenschaftl. Ansicht d. 19. Jahrh. gr. 8. (9⅛ B.) Zürich 837, Schultheß.

– s. Wandfiebel, Die.

Schultheß, Joh., was sollen wir für unser Waisenhaus thun? Ein freymüth. Wort an seine Mitbürger. 8. (1 B.) Zürich 831, Schultheß.

[Schulthess, Johannes *II.*] (Die Winterfreuden eines wohl verbrachten Lebens: Rudolf [Hagi aus der Aarüti in der Gemeinde Hirzel. Mit 1 Tafel].) Njbl. Hülfsges. Zürich 1808. 4. [Zürich.]

— erstes Wort z. Andenken Jh. Ksp. Hirzel's, des Vaters; mit e. Zugabe von Jh. Ksp. Hirzel d. Sohn. 8. Zürich 803.

— Zuschrift an e. Greis üb. ein Bedenken desselben gegen obige Schr.: das Vernunftwidrige 2c. gr. 8. Zürich 816. Schultheß. 3 gr.

— s. Zwingli, Ulr., Werke.

Schultheß, Johann Georg, 1795–1866, s. Schultheß, Georg.

Schultheß, Johann Georg

– s. Alexander v. Aphrodis: Abhandlung.

– s. Antonin, M.: Betrachtungen.

– s. Aristoteles: Brief an Alexander.

– s. Arrianus: Epiktet.

Schultheß, Johann Georg, s. Aeschines: Philosoph. Gespräche.

Schultheß, Jh. Geo., Auslegung u. christerbaul. Nutzanwendung der Offenbarung St. Johannes. In 27 Abendstunden. 8. Zürich 805. Schultheß (Fr. Fleischer in Leipz.) 22 gr. Pbg. Pr. 16 gr.

Schultheß, Jh. Geo., († d. 7. Mai 1804.) schriftmäßige u. klare Auslegung u. christerbaul. Nutzanwendung des ganzen Evangeliums nach Matthäus. In 68 Abendstunden. 2 Thle. 8. Zürich 804. Schultheß. (Leipz., Fr. Fleischer). 2 Thlr. Pbg. Pr. 1 Thlr. 8 gr.

– s. Bibliothek der griech. Philosophen.

Schultheß, Jh. Geo., († d. 20. Dec. 1802.) Blumen auf Elisens Grab. 8. Zürich 798.

[Schulthess, Johann Georg II: 1758–1802.] (Johann Jakob Breitinger, Antistes. [Mit 1 Tafel.]) Njbl. Chorh. Zürich 1786. 4. [Zürich.]

— Denkmal des im Sept. 1800 gehalt. Congresses d. ascet. Gesellschaft in Zürich; hrsgg. von J. G. Schultheß. gr. 8. Zürich 800. Orell. 12 gr.

— von dem Einflusse d. Staatsrevolution auf christl. Lehrberuf u. Lehrstand. 8. Zürich 798.

Schulthess, Johann Georg II. Etwas zum Andenken Johann Jakob Rahn [1755–1797], gewesnen Pfarrers zu Hinweil. Der E. asketischen Gesellschaft den 9ten Hornungs 1797. vorgelesen von J' G' Schultheß.... [Mit 1 Vignette.] 8. Zürich 1797.

[Schulthess, Johann Georg II.] Etwas zum Andenken Herrn Johannes Scheuchzers (1721–1794), weiland Statthalters der Republik Zürich. 8. Zürich 1794.

Schultheß, Johann Georg, s. Gespräch zweier Landbürger.

– s. Heraclides: Pontitus.

— Herzensergießungen üb. den religiös. u. sittl. Verfall in uns. Vaterlande, in Gespräch u. Gebet; hrsgg. von J. G. Schultheß. 8. Zürich 800.

Schulthess, Johann Georg II „Herzensergiessungen über den Religions und Sittenverfall.... Zürich.

– s. Hierocles: Auslegung.

— Homilien üb. d. Evangelium nach Matthäus. Nach seinem Absterben herausgg. von e. Freunden. gr. 8. Winterthur 805. (Zürich, Schultheß). 1 Thlr. 3 gr. (A. u. d. T.: Schriftmäßige u. klare Auslegung u. christerbaul. Nutzanwendung d. ganzen Evangelii Jesu Christi, nach Matthäus 2c.)

— Homilien üb. die Offenbarung St. Johannes. gr. 8. Winterthur 805. Steiner. 21 gr.

Schulthess, Johann Georg II. Johann Kaspar Lavater, der Dichter. Eine Rede, bey der musikalischen Gedächtnissfeier, am 26. Hornungs 1801. gehalten. [Mit 1 Vignette.] 8. Zürich 1801.

— Jh. Ksp. Lavater, d. Dichter; e. Rede. 8. Zürich 801. Orell. 8 gr.

– s. Leben Homers.

— manuductor ad latinitatem in us. scholae Turicensis. 8. Zürich 787.

– s. Moral, von der natürl.

(Schulthess, Johann Georg II.) Nachricht und Aufruf an die Zehnten- und Grundzinspflichtigen Bürger allernächst des Cantons Zürich, und dann auch andrer Cantone. 8. Zürich 1800.

Schultheß, Jh. Geo., s. Nanchen Pelham.

— Passionspredigten. 8. Winterthur, Steiner.

— Passionspredigten. Nach seinem Absterben hersgg. v. einigen Freunden. 8. Winterthur 805. (Zürich, Schultheß). 7 gr.

– s. Plato: Gastmahl.

– s. Plato: Gorgias.

Schultheß, J. G., s. Platon's Unterredungen über die Gesetze.

Schulthess, Johann Georg II. Predigt den in Stäfa gelegten Züricherischen Truppen, und der Dortigen Gemeinde in der Kirche zu Stäfa gehalten... den 12ten Heumonats 1795 von J' G' Schultheß.... 8. Zürich.

Schulthess, Johann Georg II. Predigt nach Verlesung der Hochobrigkeitlichen Deklaration betreffend die im Volk entstandenen Unruhen, am 19. Heumonats 1795. in Stäfa gehalten, von J' G' Schultheß.... 8. Zürich.

– s. Sallustius d. Philosophen: V. d. Göttern.

– s. Schinz, S.: Das höhere Gebirge.

— auserles. Schriften, religiös. Inhalts zu allgem. Erbauung, nach seinem Tode herausgg. 3 Thle. gr. 8. Winterthur 802. Steiner. 3 Thlr. 12 gr. (NB. Wenn diese Jahrzahl richtig ist, kann d. Todestag nicht richtig sein!)

– s. Timäus, Lokrus.

— die Wahrheit u. Würde der ersten evangel. Erzählungen. 8. Zürich 783. Ziegler u. S. 9 gr.

Schulthess, Johann Jakob (Zürich) A. S. 1176/17
Dissertatio inauguralis medico-pharmaceutica sistens ideam pharmacopoei rationalis.
Präs. Georg Daniel Coschwitz.
Halle (Hilliger) IV. 1727. 64 S.

W. v.: Johann Juncker, Johann Eberhard Juncker.

31793

Schultheß, Johannes, s. Schultheß, Johann.

Schulthess, Carl, aus Zürich: Desertion und Teilnahme an der Desertion durch Zivilpersonen nach deutschem und schweizerischem Recht. Zürich 1909. 106 S. 8°. [10. XI. 09.]
Zürich. Univ. Staatswiss. Diss. 1909/10.

Schulthess, Carl. Desertion und Teilnahme an der D' durch Zivilpersonen nach deutschem und schweizerischem Recht. Diss. Jur. Univ. Zürich. 106 S. 8. Zürich, Schulthess & Cie., 1909.

SCHULTHESS, Otto: Ein Beitrag zur pathologischen Anatomie der Dupuytren'schen Palmarfasciencontractur.- Nördlingen: Beck 1888. 22 S., 1 Taf.
25.2.1887 - Chr 1886/87,12 (= Schulthess); Jv 1887/88,216
Diss. Ingolst.-Landsh.-Mchn.

Schulthess, Otto, ein Beitrag zur pathologischen Anatomie der Dupuytrenschen Palmarfasciencontractur. Diss. München 1888, A. Buchholz. 8°. 22 S. mit einer Taf.

Schulthess, O., Bericht üb. die in d. J. 1878—1893 erschienenen Litteratur zu d. griech Staats- u. Rechtsaltertümern. S.-A. 1894. 66 S. 1.20

Schulthess, Otto. Eröffnungsrede zur einundvierzigsten Jahresversammlung des Vereins schweizerischer Gymnasiallehrer, 13. und 14. Oktober 1901 in Baden. Separatabdruck aus dem 32. Jahresheft.... 9 S. 8. (Aarau, Sauerländer, [1902].)

Schulthess, Otto, Konrad Meisterhans. [Aus: „Jahresber. üb. d. Fortschr. d. class. Altertumswiss."] gr. 8. (10 S.) Berlin 896, S. Calvary & Co. n.n. — 60

(Schulthess, Otto.) Adolf Pfeiffer. geb. 30. Juli 1862, gest. 31. August 1897. [Necrolog.] SA. 8. [Aarau 1898.]

Schulthess, Otto: Der Prozess des C. Rabirius vom Jahre 63 v. Chr. S. A. der Beilage zum Programm der thurgauischen Kantonsschule pro 1890/91. Frauenfeld J. Huber Dr. 1891. 77 S., 1 Bl. 4°.
[Zürich, Phil. Fac., Habilitationsschrift].

Schulthess, Otto, (von Zürich und Winterthur.): Vormundschaft nach attischem Recht. Bonn C. Georgi Dr. [Freibg i. Br. Mohr Verl.] 1886. XII. 255 S. 8°.
Zürich. Phil. Diss. I. S. [v. 31. Oct. 1885].

[Schulthess, Robert.] Erinnerungen aus der Lebensreise des sel. Herrn Carl Ludwig Schulthess (1786–[1870]). Senior der Familie Sch' von Zürich. Als Manuscript für Freunde gedruckt. ⟨Vortrag im November 1870.⟩ 8. (Zürich.)

Schultheß, Rob., Friedrich u. Voltaire in ihrem persönlichen u. litterar. Wechselverhältnisse. Eine litterar-histor. Skizze. gr. 8. (IV u. 111 S.) Nordhausen 850, Förstemann. ½ ℳ

Schultheß, Rudolf

Schulthess, Rud., das Stammeln u. Stottern. Ueber d. Natur, Ursachen u. Heilung dies. Fehler der Sprache, mit besond. Berücksicht. d. neuen Curmethode d. Stotterns; nebst e. Versuche üb. die Bildung d. Sprachlaute. 8. (14 B.) Zürich 830, Schulthess.

Schulthess, Dr. R., Drei Vorlesungen über Electromagnetismus, nebst Angabe einer neuen durch electromagn. Kräfte bewegten Maschine. Mit 1 Tfl. Zürich 1835. 8°.

Schultheß, Rud., üb. Electromagnetismus, nebst Angabe e. neuen durch electromagnet. Kräfte bewegten Maschine. 8. (7 B. u. 1 Stnt.) Zürich 835, Schultheß.

SCHULTHESS, WALTER. Ueber das m-Xylochinonoxim. Ueber die Carbaniloxime. Ueber das Thionaethylamin. (Basel) Zürich, 1888.

Schulthess, Wilh., Atlas u. Grundriss der orthopäd. Chirurgie, s.: Lüning, A.

Schulthess, Wilhelm, med. pract. I. Assistent der propädeutischen Klinik in Zürich [von Zürich]: Beiträge zur Anatomie von Ankylostoma duodenale. Mit 2 lithographischen Tafeln. (S. A. aus: Zeitschrift für wissenschaftl. Zoologie, Bd XXXVII [S. 163—220]). Leipz. W. Engelmann 1882. 60 S., Taf. XI, XII. 8°.
Zürich. Med. Diss. [v. 9. Aug. 1882].

— Schule u. Rückgratsverkrümmg. Eine schulhygien. Studie. gr. 8. (39 S. m. 5 Abb.) Hamburg 902. L. Voss. n. — 80
Sonderabdruck aus: „Zeitschr. f. Schulgesundheitspflege".

Schulthess, Dr. Wilhelm, in Zürich: Klinische Studien über das Verhalten der physiologischen Krümmungen der Wirbelsäule bei Skoliose. S. A. aus: Centralblatt f. orthopäd. Chirurgie u. Mechanik. Beilage z. Illustr. Monatsschrift der ärztl. Polytechnik, N. 9 u. 10, XI. Jg. 1889 [S. 73—78, 81—94]). o. O. u. Dr. 1889. 19 S., 5 Taf. (I—IV 1. 2). 8°.
[Zürich, Med. Fac., Habilitationsschrift].

Schulthess, W., s.: Untersuchungen üb. den Einfluss der Heftlage u. Schriftrichtung auf die Körperhaltung der Schüler.

Schulthess-Rechberg. Herr Karl Gustav Ritter v. Sch'-R'.... [SA.] s. [Nüscheler, David].

Schulthess-Rechberg, (Joh.) Anton von

Schulthess-Rechberg, A. v., fauna insectorum Helvetiae. Hymenoptera. Fam. Diploptera Latr. [Vespida aut.] gr. 8. (50 S.) Schaffhausen 887. (Bern, Huber & Co.) n. 1. 10

Schulthess-Rechberg, [Johann] A[nton] von. Fauna insectorum helvetiae. Hymenoptera: Fam. Diploptera Latr. ⟨Vespidae aut.⟩ [Mit 2 Tafeln.] 8. Schaffhausen 1887.
Erschien als Beilage zu den Mittheilungen der schweizerischen entomologischen Gesellschaft.

Schulthess-Rechberg, A. v., Fauna insectorum Helvetiae, Hymenoptera. Fam. Diploptera Latr. (Vespida aut.) II. (Schluss-) Tl. gr. 8. (S. 49 — 126 u. VI S. m. 2 Taf.) Bern 897. (H. Körber.) n. 2. 50 (kplt.: n. 3. 60)

Schulthess[-Rechberg], A[nton] v[on]. **Die Fürsorge für die Kriegsverwundeten einst und jetzt. Im Auftrage der zürcherischen Hülfsgesellschaft verfasst von Dr. med. A. v. Sch'-Schindler. [Mit 1 Tafel.] 89 S. 4. Zürich, Schulthess & Co. (Komm. Fäsi & Beer, 1904). [fr. 2. 50]**
104. Neujahrsblatt der Zürcherischen Hülfsgesellschaft auf das Jahr 1904.

Schulthess-Rechberg, J[ohann] Anton von. [von Zürich]: Ueber Phosphornecrose und den Ausgang ihrer Behandlung. Zür. J. Schabelitz Dr. 1879. 2 Bl., 79 S., 4 Taf. 8°.
Zürich, Med. Diss. [v. 10. Nov. 1879].

Schulthess-Rechberg, [Johann Anton] v[on]. Vespiden von Madagaskar, den Comoren und Ostafrika. Von Dr. v. Sch' R', Zürich. Mit 9 Textfiguren. (Sonderabdruck aus:) Reise in Ostafrika in den Jahren 1903—1905 ... von Professor Dr. Alfred Voeltzkow. Wissenschaftliche Ergebnisse. Band 2 .... IV S. + S. 63—73. 4. Stuttgart, E. Schweizerbartsche Verlagsbuchh., 1907. [M. —.80]

Schulthess-Rechberg, v., Vespiden v. Madagaskar, den Comoren u. Ostafrika, s. Reise in Ostafrika. II. 2.

Schultheß-Rechberg, F. v., Anhang zum „Thaler-Cabinet", s. Erbstein, Jul. und Alb.

Schulthess-Rechberg, F. v., mittlere Verhältnisszahlen ausgeführter Locomotiven. 16. (16 S.) Zürich 875. Orell, Füssli & Co. n. — 80

Schulthess-Rechberg, Gustav von. Heinrich Bullinger, der Nachfolger (Ulrich) Zwinglis. IV + 104 S. 8. Halle a. d. Saale, Komm. Max Niemeyer; Zürich, Komm. Zürcher & Furrer, 1904. [fr. 1.50]

Schriften des Vereins für Reformationsgeschichte. Jahrg. 22, Stück 1.

Heinrich Bullinger, der Nachfolger Zwinglis. Von Gustav v. Schulthess-Rechberg. *Halle a. S.: Ver. f. Reformationsgesch. 1901.* (104 S.) 8° [5.] =.Schriften d. Vereins f. Reformationsgeschichte. No 82. (04. 16551 4

Schulthess-Rechberg, G. v., der Gedanke e. göttlichen Offenbarung. Vortrag, geh. im Rathaussaal zu Zürich am 19. Jan. 1898. gr. 8. (31 S.) Zürich 893. Füsi & Beer. n. 1. —

Schultheß Rechberg, G. von. „Ihr seid das Salz der Erde, Ihr seid das Licht der Welt." Synodalpredigt gehalten den 9. Novbr. 1891 in Zürich. tl. 8. (14 S.) Zür. 891, Schultheß. — 45

Schulthess-Rechberg, Gustav v[on]. Luther, Zwingli u. (*Ausg. B: und) Calvin in ihren Ansichten über das Verhältnis von Staat u. Kirche. 8. 1909.

Ausg. A: Diss. Staatsw. Univ. Zürich. XII + 185 S. Zürich-Selnau, Gebr. Leemann & Cie.

Ausg. B: ... von Dr. jur. G' v. Sch'-R'. X + 186 S. Aarau, H. R. Sauerländer & Co. [fr. 3.20.] = Zürcher Beiträge zur Rechtswissenschaft .... Heft 24.

Schulthess-Rechberg, G. von. Predigt a. d. Glockenweihe in Wytikon, gehalten den 13. Juli 1879. Zur Erinnerung für die Gemeinde dem Druck übergeben. In-8°, 13 S. Zürich, S. Höhr. — 30 1879

(Schulthess-Rechberg, Gustav von. Der Kardinal Jacopo Sadoleto, Ein Beitrag zur Geschichte des Humanismus von D G' von Sch'-R' .... — Die Beziehungen Calvins zu Heinrich Bullinger und der von ihm geleiteten zürcherischen Kirche. Von Arnold Rüegg ....) Amplissimae ... Academiae Genevensi natalem trecentesimum quinquagesimum celebraturae ... congratulantur ... Universitatis Turicensis rector et senatus (*Umschlag: Universitas Tur' Academiae Genevensi, 1559—1909). 92 S. gr.-8. Zürich, Orell Füssli, 1909.

Schulthess-Rechberg, G[ustav] von. Frau Barbara Schulthess zum Schönenhof, die Freundin Lavaters und Göthes. ([Mit 1 Porträt-Tafel, 2 Text-Abbildungen, 1] Faksimile von Göthes Handschrift [und Brief-Beilagen]. IV + 76 S. 4. Zürich, Berichthaus. Komm. Fäsi & Beer, 1903. [fr. 3.—.]

Neujahrsblatt auf das Jahr 1903. Zum Besten des Waisenhauses in Zürich.... Stück 66.

(Schulthess-Rechberg, G[ustav] von.) Visitationsbericht über die Verhältnisse und Zustände der Evangelisch-reformierten Kirche des Kantons Zürich in den Jahren 1898—1905. Der Kirchensynode erstattet vom Kirchenrate. 110 S. 8. Zürich, Zürcher & Furrer, 1907.

Schulthess[-Rechberg], G[ustav] von. Worte gesprochen bei der Beerdigung des Herrn Doctor Rudolf Brunner den 2. Februar 1888. 8. Zürich.

Schulthess-Rechberg, G[ustav] von. Worte der Erinnerung an Carl Fierz-Landis, gesprochen bei seiner Beerdigung 29. März 1892. 8. *o. O.*

Schulthess-Rechberg, H[ans] C[aspar] R[udolf] v.: Mandat und Dienstmiethe. Zür.: J. Schabelitz Dr. 1884. 63 S., 1 Bl. Thesen. 8°
Zürich, Jur. Diss. [v. 25. Okt. 1884].

Schulthess-Rechberg, [Carl Gustav] von. Thaler der Herzoge und Kurfursten von Bayern. Aus dem Thaler-Cabinet des Obrist-Lieutenants Ritter von Sch'-R' besonders abgedruckt. 8. [München 1862.]

Schultheß-Rechberg, K. G. v., Thaler-Cabinet. Beschreibung aller bekannt geword. Thaler, worin auch alle diejen. Stücke aufgenommen wurden, welche in Madai's Thaler-Cabinet beschrieben worden sind. 1. Bd. — K. u. d. T.: Thaler-Cabinet. Beschreib. aller bekannt geword. Thaler d. Kaiser u. Könige. gr. 8. (50⅛ B.) Wien 840, Beck's Univ.-Buchh.
Schreibp. mit breit. Rande. gr. Lex.-8.

Schultheß-Rechberg, K. G. v., Thaler-Cabinet. Beschreibung aller bekannt gewordenen Thaler, worin auch alle diejenigen Stücke aufgenommen wurden, welche in Madai's Thaler-Cabinet beschrieben worden sind. 2. Bd. 1. u. 2. Abthl. gr. 8. Wien, Beck'sche Universitäts-Buchh.
Schrbp. in gr. Lex.-8.

Abthl. 1. Päbste u. Erzbischöfe. (24⅛ B.) 845. 2 Thlr. 12½ Ngr., Schreibpap. 2 Thlr. 26¼ Ngr.
„ 2. Bischöfe, Ordensmeister, Aebte, Probste u. Aebtissinnen. (25¼ B.) 2 Thlr. 17½ Ngr., Schrbp. 3 Thlr. 3¾ Ngr.
1. Bd. Ebendas. 1840. 5 Thlr., Schrbp. 6 Thlr.

Schultheß-Rechberg, K. G. Ritter v., Thaler-Cabinet. Beschreibung aller bekannt gewordenen Thaler, worin auch alle diejenigen Stücke aufgenommen wurden, welche in Madai's Thaler-Cabinet beschrieben worden sind. 3. Bd. 2 Abthlgn. gr. 8. München, Grubert. *
Schreibp. *

Inhalt:
Abthl. 1. Beschreibung aller bekannt gewordenen Thaler der altfürstlichen Häuser Anhalt, Baden, Berg, Birkenfeld (Oldenburg) und Braunschweig bis inbegriffen die mittlere braunschweig. Linie zu Wolfenbüttel. (XIII und 4?3 S.) 862. * ? Thlr.; Schreibp. * ? Thlr. 20 Ngr.
„ 2. Braunschweig (Fortsetzung und Schluß), fränkische und schwäbische Kreismünzen, Geldern und Henneberg. Mit des Verstorbenen (lithogr.) Bildniß und Lebensbeschreibung. (XVII und 2?4 S.) 867. * 1 Thlr. 20 Ngr.; Schreibp. * 2 Thlr. ? Ngr.
1. und 2. Bd. Wien 1840—45, Beck'sche Universitäts-Buchh. 10 Thlr.; Schreibp. 12 Thlr.

[Schulthess-Rechberg, Rudolf von.] Eingabe der Evangelischen Predigergesellschaft zum Entwurf eines schweizerischen Strafgesetzes an das Eidgen. Justizdepartement. 8. Basel, Fr. Reinhardt, 1902.
Ausg. A, ohne Unterschriften: II + 9 S.
Ausg. B, mit Unt': (September 1902.) II + 10 S.

Schulthess-Schindler, Anton von, s. Schulthess-Rechberg, Anton von.

Schulting, Anton

Schultingius, Ant.: Commentationes academicae. Quibus selectissimae iuris materiae pertractantur. Acc. Jo. Jac. Vitriarii oratio funebris in obitum Schultingii. Vol. 1—4. Halae Magdeb. 1770—74.

— commentationes acad., quibus selectissimae juris materiae pertractantur, ed. J. L. Uhl. IV Tom. 8maj. Halle 770—74. Schwetschke u. S. 3 ℳ

— commentationes acad. quibus selectissimae juris materiae pertractantur. IV Tmi. 8. maj. Halae, Hemmerde et Schw. 770—74. (à 18 gr.)

— jurisprudentia vetus ante Iustinianea c. codicibus antiquissimo Wurceburgensi et Gothano etc. praef. est J. H. Ayrer. 4. maj. Lips. Weidmann. 737.

Schulting, Ant.: Notae ad Digesta s. Pandectas ed. atque animadverss. suas adj. Nic. Smallenburg. *Leyd.*, Luchtmans. (*Lpz.*, Weigel.) T. I. II. 804—9. (9 Thl. 15 Gr.) T. III. 820. (4 Thl.) Th. IV. 823. T. V. 828. T. VI. 832. T. VII, 1. 2. 835. (zus. 34 Thl. 12 Gr.)

Schulting, Ant., Notae ad digesta seu pandectas. Ed. atque animadversiones suas adjec. N. Smallenburg. II Tmi. 8. maj. Leyden. (Weidmann, Lips.) 805-9. (I. 4 Rthlr. 18 gr. II. 4 Rthlr. 21 gr.)

Schultingii, (A.,) Notae ad Digesta seu Pandectas. Edid. atque animadvers. suas. adjec. N. Smallenburg. 5 Tomi. 8 maj. Lugd. Bat. 804—25, Luchtmanns. (Lips., Weigel.)

Schulting, Ant., Notae ad Digesta seu Pandectas. Edid. atque animadversiones suas adjecit Nic. Smallenburg. Tom. VI et VII. Ps. 1 et 2. 8 maj. Lugduni Batav., Luchtmans. (Lipsiae, Weigel.) [VI. (43¼ B.) 828. 4 Thlr. 8 Gr., VII. 1. (41 B.) 832. 4 Thlr. 12 Gr., 2. (51¼ B. u. 2 Bildn.) 835. 5 Thlr. 4 Gr.]

— de Verborum significatione. 8. Leyden 799. (Leipzig, T. O. Weigel.) n. 1¼ Thlr.

Schults, Adolf

Schults, Adf., Ludwig Capet. Ein historisches Gedicht. br. 8. (114 S.) Elberfeld 855, Bädeker'sche Buchh. *

Schults, Ad., Gedichte. 1. Samml. 1. Aufl. 12. (13½ B.) 843. 1 Thlr. u. 2., verm. Aufl. 8. (21½ B.) Magdeburg 847, Baensch.

Schults, Adolf, Gedichte. 2., stark verm. Aufl. 8. (VIII u. 332 S.) Magdeburg 847, Baensch. 1⅓ Thlr.

—— Gedichte. 3., verm. Aufl. 16. (VIII und 343 S.) Iserlohn 856(57,) Bädeker.

Schults, Adf., Gedichte. 4. Aufl. Iserlohn 863. Bädeker. 16. (XXII, 343 S.) 2 Thlr.

— der Harfner am Heerd. Ein lyrischer Cyklus. Weimar 858. Böhlau. 16. (IV, 106 S.) n. 12 ngr.

— Haus u. Welt. Neuere Gedichte. gr. 16. (IV u. 137 S.) Elberfeld 851, (Iserlohn) Bädeker. 1 Thlr.; in Engl. Einb. mit Goldschn. n. 1⅓ Thlr.

— zu Hause. Ein lyrischer Cyklus. gr. 16. (IV u. 50 S.) Elberfeld 851, (Iserlohn) Bädeker. ½ Thlr.

— Leierkastenlieder. 16. (32 S.) Meurs 849, Dolle. ⅙ Thlr.

— Lieder aus Wisconsin. gr. 16. (VI u. 41 S.) Elberfeld 848, (Iserlohn) Bädeker. 12 ngr.

—— Martin Luther. Ein lyrisch-epischer Cyklus. 8. (VI und 140 S.) Leipzig 853, Brockhaus. *

—— Märzgesänge. 25 Zeitgedichte. gr. 16. (46 S.) Elberfeld 848. [Iserlohn,] Bädeker.

—— memento mori! Sieben Lieder. gr. 12. (22 S.) Elberfeld 850. [Iserlohn,] Bädeker.

— Was ist des Michel Vaterland? Versuch zu einem neuen National-Volkslied. gr. 8. Leipzig 846, Jurany. 2 ngr.

Schults, Adolf, was ist des Michels Vaterland? Versuch zu einem neuen National- u. Volkslied. gr. 8. (8 S.) Leipzig 847, Jurany. 2 ngr.

Schults, Herm., Gedichte. 12. (V, 147 S.) Elberfeld 884. Bädeker. n. 3. —; geb. m. Goldschn. n. 4. —

Schults, Herm. Die Handschriften und älteren Drucke der Gymnasialbibliothek. S. 5—25. Progr. *Schleiz* 1878.

Schults, Herm., die Handschriften u. älteren Drucke der Gymnasialbibliothek. 4. (21 S.) Schleiz 878. (Lämmel.) n. 1. —

Schultsé, E. Grundriss von Hamburg nebst Umgebung. 1:6000. 1845. 2 Bl. L.

Schultz, das Diakonissenhaus Bethanien zu Berlin. Ein Vortrag am 19. Februar 1872 geh. 8. (30 S.) Berlin 872. Schultze. n. — 50

Schultz, s.: Führer, volksthümliche, durch die königl. Sammlungen in Berlin.

Schultz. Geschichte d. beiden Provinzial-Lazarette i. d. 3. Artill.-Kaserne u. i. d. Garde-Kaserne z. Berlin. Berlin 1814.

Schultz, das Gesetz üb. die Beurkundg. des Personenstandes u. die Eheschliessg., s.: Taschen-Gesetzsammlung.

Schultz: Die politische Gestaltung Italiens und die Machtentwicklung der römischen Kirche unter der Herrschaft der deutschen Kaiser bis zum Untergange der Hohenstauffen. Bromberg 1867. 31 S. 4⁰
Schul-/Univ.-Schrift

Schultz, s.: Jesus u. die Menschen seiner Zeit.

Schultz, Lehren der Weisheit u. Tugend, s. Pax, W. H.

— s.: Meister, der.

Schultz: Die Poesien des Angelo Poliziano. 32 S. – Hohenstein, Progr. 1861

Schultz, die orthographische Projektionslehre oder die Theorie des architektonischen Zeichnens, als Leitfaden für den Unterricht auf der Königl. Provinzial-Kunst- u. Gewerkschule zu Danzig. 2. Aufl. Danzig 863. Anhuth. 8. (12 S.) n. 3 ngr.

Schultz-Bochum, Rede, s.: Bergarbeiter-Ausstand, der, d. J. 1889 im Abgeordnetenhause.

Schultz: Ueber Raffaels Schule von Athen. 26 S. – Gr.-Glogau, ev. G., Progr. 1872.

Schultz, A. Die Aktorionensage in ihrer Verflechtung mit anderen Sagen. 26 S. Progr. *Hirschberg* 1881.

Schultz, A., Bemerkungen zu dem Berichte über die Organisation eines meteorologischen Dienstes im Interesse der Land- und Forstwirthschaft. gr. 8. (16 S.) Berlin 879, [Wiegandt, Hempel und Parey.] Parey. ** — 50

Schultz, A., heitere u. ernste Kriegserlebnisse e. mecklenburgischen Feld-Artilleristen 1870/71. gr. 8. (IX, 432 S. m. 15 Abbildgn.) Schwerin 901. Bärensprung'sche Hofbuchdr. n. 2. 50

Schultz, A., zur Städtereinigungs-Frage. Eine Studie mit besond. Rücksicht auf Verhältnisse von Berlin. gr. 8. (III, 103 S.) Berlin 881, [Polytechn. Buchhandlung.] v. Decker's Verlag. * 2 50

Schultz, A., Zur Topographie von Athen. S.-A. 1875. 6 S.

Schultz, A., Was ist bei den bestehenden Armengesetzen von einer wohlorganisirten Armenkrankenpflege, als integrirendem Theil der Armenpflege, vorzugsweise in grossen Städten, zu verlangen? Mit Rücksicht auf die für Berlin beabsichtigte Reform des Armenwesens beleuchtet. gr. 8. (37 S.) Berlin 853, G. Reimer. *
Aus: Göschen's „Deutscher Klinik", besonders abgedruckt.

Schultz, A(Th.)F., erprobte Anweisung zur Anfertigung einer ganz neu erfundenen Kunsthefe od. Bärme. 8. Berlin 847. (Springer.) Versiegelt. n. 4 ℳ
Vgl. Schulze, F. J. A.

Schultz, A. F., erprobte Anweisung z. Anfertigung e. trockenen Kunsthefe. 8. (..B.) Grimma 840, Verlags-Comptoir.

Schultz, A. F., Anweisung zur Schnell-Essigfabrikation, denselben auf die vortheilhafteste Methode sogleich als Sprit zu gewinnen, nach praktischer Erfahrung. Mit Abbild. eines verbess. Apparats. 8. Berlin 835. (Dümmler.) Versiegelt n. 2⁵/₆ ℳ
Vergl. Schnellessigfabrikation.

—— praktische Anweisung zur Schnell-Essigfabrikation, denselben auf die einfachste und vortheilhafteste Art sogleich als Wein-Essig-Sprit zu gewinnen nach eigener Erfahrung. 3. Aufl. 1847. * 2 Thlr. 20 Ngr. und 4., verb. und vervollkommnete Aufl., mit Abbildung eines neu verb. Apparats. 8. (14 S.) Berlin 852, Springer. **

— praktische Anweisung zur Schnell-Essigfabrikation, denselben auf die einfachste u. vortheilhafteste Art sogleich als Wein-Essig-Sprit zu gewinnen nach eigener Erfahrung. 3. verb. u. vervollkommnete Aufl. m. Abbildgn. e. neu verb. Apparats. 8. Ebd. 847. n. 2⅔ ℳ — 4. verb. u. vervollk. Aufl., m. Abbildgn. e. neu verb. Apparats. 8. (14 S.) Ebd. 852. baar n. 2 ℳ

— die prakt. Destillirkunst. Mit Anh.: Anweisung zu der jetzt üblichen Umarbeitung der Preßhefe od. Pfund-Bärme zu ganz trocknem Hefenpulver. 3., verb. u. verm. Aufl. gr. 8. Ebd. 847. n. 2⅔ ℳ — Die prakt. Destillirkunst od. vollständ. Anweisg. z. Anfertig. aller einfachen u. doppelten Branntweine, französ. u. deutscher Liqueure, Ratafia's ꝛc. auf kaltem Wege, mittelst äther. Oele u. durch Extraction, so wie auf warmem Wege durch Destillation; u. der vorzüglichsten u. besten Sorten Rums, Cognacs, Franzbranntweine ꝛc. Ein Anh. liefert die Anweisung zu der jetzt üblichen Umarbeitg. der Preßhefe oder Pfund-Bärme ꝛc. 4. verb. u. verm. Aufl. gr. 8. (32 S.) Ebd. 852. Verklebt. baar n. 2 ℳ

—— wichtige, ganz neue Erfindungen für Brauerei-Besitzer, Gastwirthe, Bierschänker ꝛc. gr. 8. Berlin 847, Springer. *
Vgl. Schultz, F. J. A.

—— Gährungs-Mittel für Branntwein-Brenner, (sowohl für Kartoffel- als Getreide-Maische anwendbar) wo, bei Entbehrung jeder Hefe die höchste Ausbeute an Spiritus erzielt wird, welche sich bis auf 700% Tralles aus 100 ℔ Kartoffel, exclus. Malz, belaufen kann. Berlin 847, Springer. *

Schultz, Ad., Vergleichungs-Tabellen zwischen deutscher Reichsmünze und Hamburger, Lübecker und preuss. Courant. 1. und 2. Aufl. 16. (11 S.) Hamburg 873, Seippel und Leopoldt. * — 30

Schultz, Adalbert, appr. Arzt a. Hamm i. Westf.: Aus der Universitäts-Frauenklinik zu Gießen. Beobachtungen über Spontanausgang bei Geburten mit verschleppter Querlage. Gießen 1907: v. Münchow. (26 S.) 8°
Gießen, Med. Fak., Ref. Pfannenstiel, Diss. v. 14. Febr. 1907
[Geb. 1. Juni 80 Hamm i. W.; Wohnort: Hamm; Staatsangeh.: Preußen; Vorbildung: Gymn. Brilon i. W. Reife O. 01; Studium: Freiburg i. B. 1, Leipzig 1, Kiel 2, München 1, Berlin 1, Kiel 1, Gießen 2 S.; Coll. 23. Febr. 06; Approb. 27. Febr. 07.]

Schultz, *Friedrich Heinrich* Adolf [aus Hamburg]: Die Beziehungen des grossen Kurfürsten zum Kaiser von der Wahl Leopolds I. bis zum Jahre 1673 ... Kiel, Druck v. P. Peters, 1896; 75 S., 1 Bl. 8.
Kiel, Phil. Fak., Inaug.-Diss. v. [19. Dez.] 1896

Schultz, Adolf: Gustav Friedrich Dinter. Sein Leben u. s. Schriften. Halle a. S.: Schroedel 1908. 131 S. 8°
(Die paedagogischen Klassiker. Bd 25.)

Schultz, *Eduard Wilhelm* **Adolph [Arzt in Schenefeld]: Aus d. patholog. Institute in Kiel. Fälle von Tuberkulose mit anderer Todesursache ... Kiel, Druck v. Schmidt & Klaunig, 1895; 19 S. 8.**
Kiel, Med. Fak., Inaug.-Diss. v. [17. Mai] 1895

Schultz, Adolf, Dr.: Geschichte des Vertrages von Vossem. T. 1. *(Hamburg 1901): Lütcke & Wulf.* (13 S.) 4° ¶ Der 2. Tl erscheint als Beilage Ostern 1902.
Bergedorf b. Hamburg, Hansa-S (R u. PG), OP 1901

Schultz, Adolf, Dr.: Geschichte des Vertrages von Vossem. T. 2. *Jena (1902): Frommann.* (S. 15—30.) 4° ¶ T. 1 ist als Beilage Ostern 1901 erschienen.
Bergedorf b. Hamburg, Hansa-S (R u. PG), OP 1902

Das Grundproblem der Pädagogik Goethes. Von Adolf **Schultz**, [Lehrer], Berlin. Bielefeld: A. Helmich [1905]. (26 S.) 8° [F.]
= **Abhandlungen**, Pädagogische. N. F. Bd 11, H. 5. [05. 14496

Jean Paul und die pädagogischen Ideen seiner unsichtbaren Loge. Von Adolf **Schultz** in Berlin. Bielefeld: A. Helmich [1904]. (30 S.) 8° [F.]
= **Abhandlungen**, Pädagogische. N. F. Bd 10, H. 5. [05. 14484

Schultz, aus der Kirchengeschichte Eiderstedts. 8. (30 S.) Garding 900. H. Lühr & Dircks. n. — 40

Methodik des Unterrichts in der deutschen Sprache. Von Adolf **Schultz**, Rektor in Berlin. Leipzig & Berlin: B. G. Teubner 1906. (VII, 245 S.) 8° [F.]
= **Methodik** d. Volks- u. Mittelschulunterrichts. 1, 3. [06. 15900

Die Pädagogik Esaias Tegnérs, des Bischofs von Wexiö. Von Adolf **Schultz**, [Rektor] in Berlin. Gotha: E. F. Thienemann 1897. (23 S.) 8° [F.] [06. 4338

Schultz, Adf., Paraphrasikon. Didaktische Dichtgn. üb. Erziehung u. Unterricht. 8. (VI, 72 S.) Bielefeld (901). A. Helmich. n. 1. 25; geb. n. 2. —

Der deutsche Schulmann im Spiegel der vaterländischen Literatur des 16. und 17. Jahrhunderts. Von Adolf **Schultz**, Rektor in Berlin. Bielefeld: A. Helmich [1907]. (30 S.) 8° [Umschlagt. F.]
= **Abhandlungen**, Pädagogische. N. F. Bd 12, H. 10. [08. 7108

Esaias Tegnér. Sein Leben u. s. Schulreden. Von Adolf **Schultz**, Rektor in Berlin. Halle a. S.: H. Schroedel 1905. (108 S.) 8° [F.]
= **Klassiker**, Die pädagogischen. Bd 18. [05. 6737

Über die Theorie und Praxis der deutschen Sprachbücher und Orthographiehefte von Rektor Johannes Meyer in Krefeld. Eine gutachtl. Äußerung von Rektor Adolf **Schultz** in Berlin ... Hannover-List, Berlin: Meyer 1900. 16 S. 8° [10. 1073

Schultz, Adolf W.: Der Elektromotor im Dienste des Handwerks und Kleingewerbes. (Unter besond. Berücks. landwirtschaftl. Betriebe.) Nach e. Vortrage, geh. in d. Gewerbeförderungsanst. f. d. Rheinprov. in Cöln. Mit 68 Abb. ... Cöln: (Gewerbeförderungsanst.) 1909. 58 S. 8°

Schultz, Adf. W., der Elektromotor im Dienste des Handwerks u. Kleingewerbes. (Unter besond. Berücksicht. landwirtschaftl. Betriebe.) Nach e. Vortrage, geh. in der Gewerbeförderungsanstalt f. die Rheinprovinz in Cöln. Mit 68 Abbildgn. v. Musteranlagen aus allen Gewerbezweigen. (II, 58 S.) gr. 8. Cöln 909. (Berlin, J. Springer.) 1. —

SCHULTZ, ADRIAN GOTTLOB.
Chymischer Wegweiser. Flensburg, 1757. 8vo.

Schultz, Al., s. Bauzeitung, populäre. — Schauplatz der Künste u. Handw., 150. Bd.

Schultz, Albert

Schultz, Alb., Giftquellen f. d. ländl. Jugend. Vortrag, geh. im Greifswalder Lehrerverein. gr. 8. (42 S.) Leipzig 896. Hannov. Münden, R. Werther. n. — 60

Schultz-Lupitz, s.: Gründüngungs-Versuche, Lupitzer.

Schultz-Lupitz, die Kalidüngung auf leichtem Boden. Ein Wort der Erfahrung an seine Berufsgenossen. gr. 8. (62 S.) Berlin 882. Parey. n. 1. —

Schultz-Lupitz, die Kalidüngung auf leichtem Boden. Ein Wort der Erfahrg. an seine Berufsgenossen. 2. Aufl. gr. 8. (61 S.) Berlin 883. Parey. n. 1. —

—— dass. — 3. verm. Aufl. gr. 8. (99 S.) Ebendas. 884. *

Schultz-Lupitz, die Kalidüngung auf leichtem Boden. Ein Wort der Erfahrung an seine Berufsgenossen. 4. Aufl. gr. 8. (99 S.) Berlin 890. Parey. n. 1. 60

Schultz-Lupitz, die Kalidüngung auf leichtem Boden. Ein Wort der Erfahrg. an seine Berufsgenossen. 4. Aufl. 2. Abdr. gr. 8. (99 S.) Berlin 894. P. Parey. n. 1. 60

—— Die Kalk-Kali-Phosphatdüngung. Vortrag, geh. in der ökonom. Gesellschaft im Königr. Sachsen, Dresden, am 6. Novbr. 1891. gr. 8. (38 S.) Dresd. 892, Schönfeld's Verlag. * — 80
Aus: Mittheilgn. der ökonom. Gesellsch., besonders abgedruckt.

Schultz, Albert, Referendar am Kgl. Landgericht zu Stettin: Die Lehre von der Spezifikation nach gemeinem Recht, preussischem Recht und dem bürgerlichen Gesetzbuch. *Greifswald 1901: J. Abel.* (61 S.) 8°
Greifswald, Jur. Diss. v. [19. Dez.] 1901

—— s.: Vorträge üb. Kalidüngung u. Steigerung der Erträge.

Schultz, Alb., Wie hilft der Sozialdemokrat, wie der Landwirt dem ländlichen Tagelöhner? gr. 8°. Leipzig, R. Werther, 1895. (23 S.)

Schultz-Lupitz, Zwischenfruchtbau auf leichtem Boden. Über Gründüngg. u. Zwischenfruchtbau, s.: Arbeiten der deutschen Landwirtschafts-Gesellschaft. 7.

Schultz, Albert Martin Ferdinand, s. Schultz, Ferdinand.

Schultz, Alfred, approb. Arzt aus Crivitz i. M.: (Aus d. Augenklinik zu Jena.) Ein Beitrag zur Kenntnis der traumatischen serösen Iriscysten. *Jena 1902: G. Neuenhahn.* (31 S.) 8°
Jena, Med. Diss. v. (22. Nov.) 1902

Schultz, Alfr., die Vorschriften üb. die Ausbildung u. Prüfung f. den Staatsdienst im Baufache vom 6. Juli 1886. Unter Benutzg. der Akten d. königl. Ministeriums der öffentl. Arbeiten. gr. 8. (IX, 231 S.) Berlin 888. Ernst & Korn. n. 4. —

Schultz, Alwin, Alltagsleben e. deutschen Frau zu Anfang d. 18. Jahrh. gr. 8. (XV, 278 S. m. 33 Abbildgn.) Leipzig 890. Hirzel. n. 6. —

Schultz, Alwin, über Bau und Einrichtung der Hofburgen des XII. und XIII. Jahrhunderts. Ein kunstgeschichtlicher Versuch. Berlin 862. Nicolai'sche Sorthdlg. (Posen, Jagielski.) 4. (IX, 53 S.) n. 1 ℳ

Schultz, Alw., Über Bau und Einrichtung der Hofburgen des XII. und XIII. Jahrh. Ein kunstgeschichtl. Versuch. Berlin 1862. 4. . . . . (D.)
——, —— 2. Aufl. Posen 1873. 4. . . . . (D.)

Schultz, Alwin. Beschreibung der Breslauer Bilderhandschrift des Froissart verfaßt im Namen des Vereins für Geschichte der Bildenden Künste zu Breslau als Festgeschenk für dessen Mitglieder. Breslau, In Commission Max & Comp. 1869.
19 S.; 7 Taf. 4°.

Kulturgeschichte, Kunstgeschichte, Musik und Theater, deutsche Literatur. Bibliothek d. verew. Herrn Prof. Dr. Alwin **Schultz**, ferner e. kleine Bibliothek ... d. Herrn v. Zoller, ... Auktion in München in d. Galerie Helbing 1910. (München 1910: H. Beck.) 133 S. 8°
(10. 944) 4

Schultz, Alwin, Einführung in das Studium der neueren Kunstgeschichte. 17 Lfgn. Lex.-8. (VIII, 555 S. mit ca. 300 Text-Abbild. und 14 Farbendr.-Taf.) Prag 886,87, Tempsky. — Leipzig, Freytag. [à Lfg. * ℳ 1.20.] compl. * geb. *

Schultz A. Einführung in d. Studium d. neueren Kunstgeschichte. 2. A. Prag 1887

Schultz, Alwin, allgemeine Geschichte der bildenden Künste. Mit Textillustr., Taf. u. Farbendr. (4 Bde. in ca. 80 Lfgn.) 1. Lfg. Lex.-8. (3. Bd. S. 1—48.) Berlin 895. G. Grote, Sep.-Cto. 2. —

Schultz, Alwin, allgem. Geschichte d. bildenden Künste. 4.—21. Lfg. Lex.-8. (1. Bd. S. 1—236, 3. Bd. S. 49—606 u. 4. Bd. S. 1—96 m. Textillustr. u. 182 schwarzen u. 21 farb. Taf.) Berlin 895—898. Histor. Verlag Baumgärtel. à Lfg. 2. —; auch in Abtlgn. à 3. —

Schultz, Alwin, allgemeine Geschichte der bildenden Künste, Fortsetzg., s.: Geschichte, allgemeine, der bildenden Künste.

—— urkundliche Geschichte der Breslauer Maler-Innung in den J. 1345—1523. gr. 8. (III und 223 S.) Breslau 866, Kern's Verlag.

Schultz, Alwin, Gerhard Heinrich v. Amsterdam, Bildhauer in Breslau. Verf. im Namen des Vereins für Geschichte der bildenden Künste zu Breslau für dessen Mitglieder. Mit 2 Buntdr.-Taf., gezeichnet v. Adf. Pottinger. gr. 4. (10 S.) Breslau 880. (Köhler.) n.n. 3. —

— Kunst u. Kunstgeschichte, s. Wissen, das, der Gegenwart.

Schultz, Alwin, Kunst u. Kunstgeschichte. Eine Einführung in das Studium der neueren Kunstgeschichte. 8. Prag, F. Tempsky. I. Abthl. Architektur u. Plastik. Mit 33 Vollbild. u. 120 eingedr. Abbild. (276 S.) II. Abthl. Malerei u. vervielfält. Künste. Mit 44 Vollbild. u. 42 eingedr. Abbild. (243 S.) Zusammen in 1 eleg. Leinwdb. mit Goldschnitt 2 fl. 80 kr. 1884.

— u. Ed. Baumann, die Kunst des alten Orients. Die Architektur u. Plastik Griechenlands, s.: Geschichte, allgemeine, der bildenden Künste. I. 1.

ALWIN SCHULTZ, Schlesiens Kunstleben im dreizehnten und vierzehnten Jahrhundert. Verfasst im Namen des Vereins für Geschichte der bildenden Künste zu Breslau als Festgeschenk für dessen Mitglieder. Mit 6 autographirten Tafeln. Breslau 1870. Comm. bei Joseph Max & Comp. 4°.

Schultz, Alwin, Schlesiens Kunstleben im 13. u. 14. Jahrh. Verfasst im Namen d. Vereins f. Geschichte der bildenden Künste zu Breslau als Festgeschenk f. dessen Mitglieder. Mit 6 autograph. Taf. (in 4 u. gr. 4.) gr. 4. (12 S.) Breslau 871. Max & Co. In Comm. n.n. 2. 50

— Schlesiens Kunstleben im 15. bis 18. Jahrh. Mit e. autograph. Taf. (in Fol.) u. 3 Lichtdrucktaf. gr. 4. (30 S.) Ebend. 872. n.n. 4. 50

ALWIN SCHULTZ, Schlesische Kunstdenkmale. Ergänzungshefte zu Schlesiens Kunstleben. Verfasst im Namen des Vereins für Geschichte der bildenden Künste zu Breslau für dessen Mitglieder. Mit 5 autographirten und 2 Lichtdrucktafeln. Breslau 1875. Druck von Robert Nischkowsky. 4°.

Schultz, Alw., Deutsches Leben im XIV. u. XV. Jahrhundert. Mit farb. Taf. sowie Voll- u. Textbildern in Schwarzdruck. Leipzig 1891—92. Lex.-8.
Eine grosse und eine Familien-Ausgabe. . . . . (D.; BPA.)

—— Deutsches Leben im XIV. u. XV. Jahrh. Familien-Ausg. 2 Hlbbde. Lex.-8. Prag 892, Tempsky. — Lpz., Freytag. [1. Hlbbd. Mit XV farb. Taf., sowie 232 Voll- u. Textbildern in Schwarzdr. (IV, S. 1—192.) * 15 —; 2. Hlbbd. Mit XVIII farb. Taf., sowie 404 Voll- u. Textbildern in Schwarzdruck. (XII, S. 193—403.) * 20 —.] * 35 —

—— dass. — Grosse Ausg., 2 Hlbbde. Lex.-8. Ebd. 892. [1. Hlbbd. Mit XV farb. Taf., sowie 265 Voll- u. Textbildern in Schwarzdruck. (IV, S. 1—320.) * 30 —; 2. Hlbbd. Mit XVIII farb. Taf., sowie 413 Voll- u. Textbildern in Schwarzdr. (XIII, S. 321—660.) * 40 —.] * 70 —

— das häusliche Leben der europäischen Kulturvölker vom Mittelalter bis zur 2. Hälfte des XVIII. Jahrh. (Handbuch der mittelalterl. u. neueren Geschichte. Hrsg. v. G. v. Below u. F. Meinecke. Abtlg. IV: Hilfswissenschaften u. Altertümer.) (VIII, 432 S. m. Abbildgn.) gr. 8. München 903. R. Oldenbourg. n. 9. —; geb. n. 10. 50

Schultz, Alwin, das höfische Leben zur Zeit der Minnesinger. 1. Bd. Lex.-8. (XVIII, 520 S. mit 111 eingedr. Holzschn.) Leipzig 879, Hirzel. * 13 —

—— das höfische Leben zur Zeit der Minnesinger. 2. (Schluss-) Bd. Lex.-8. (VII, 463 S. mit 136 eingedr. Holzschn.) Leipzig 880, Hirzel. * 12 —
1. Bd. Ebendas. 1879. * ℳ 13.

— das höfische Leben zur Zeit der Minnesinger. 2., verm. Aufl. 2 Bde. Lex.-8. Leipzig 889. Hirzel. n. 30. —; geb. n.n. 38. —
1. (XVI, 688 S. m. 176 Holzschn.) n. 16. —; geb. n. 20. —
2. (504 S. m. 196 Holzschn.) n. 14. —; geb. n. 18. —

—— die Legende vom Leben der Jungfrau Maria und ihre Darstellung in der bildenden Kunst des Mittelaltes, s. Beiträge zur Kunstgeschichte. I.

Schultz, Alwinus: Quid de perfecta corporis humani pulchritudine Germani saeculi XII. et XIII. senserint. Vratislaviae (1866). (32 S.) 8°
Breslau, Phil. Fak., Hab.-Schr. v. 23. Okt. 1866

— die schlesischen Siegel bis 1250. Im Namen d. Vereins f. Geschichte u. Alterthum Schlesiens hrsg. Mit 9 lith. Taf. Imp.-4. (14 S.) Ebend. 871. n. 9. —

— Tuotilo v. St. Gallen. — Der heilige Bernward. — Die deutschen Dombaumeister des Mittelalters, s.: Kunst u. Künstler des Mittelalters u. der Neuzeit.

— Untersuchungen zur Geschichte der schlesischen Maler [1500—1800]. Verf. im Namen des Vereins für Geschichte der bild. Künste zu Breslau. gr. 8. (180 S.) Breslau 882. Korn. n. 3. —

Schultz, Alwinus (*geb. Muskau in d. Lausitz 6. 8. 1838*): De vita atque operibus magistri Jodoci Tauchen lapicidae Wratislaviensis, saeculo XV^to florentis. Vratislaviae (1864). (36 S.) 8°
Breslau, Phil. Diss. v. 30. Dez. 1864

Schultz, Frau Anna, s. a. Klie, Anna.

Schulz-Klie, Anna, s.: Lebenslauf, mein.

Schultz, Anna: Der strafrechtliche Schutz des Kindes. Pforzheim 1908: D. Weber. (VIII, 32 S.) 8°
Heidelberg, Jur. Fak., Ref. v. Lilienthal, Diss. v. 1908
[Geb. 10. Sept. 74 Treptow a. d. Rega; Wohnort: Heidelberg; Staatsangeh.: Preußen; Vorbildung: Gymn. Hersfeld (Kr. Fulda) Reife M. 04; Studium: Bonn 1, Heidelberg 2, Würzburg 1, Heidelberg 3 S.; Rig. 1. Juni 08.]

Schultz, Anthon [Praes.], s. Grimm, Johann Melchior: Πολυθεοτητα gentilium a gentilibus confutatam.

Schultz, Anton Otto Leopold von

v. Schultz, Ant. Otto Leop., Diss. inaug. med. de medici ad rempublicam relatione. 8. Dorpat 812. (36 S.)

[Gedicht.] An Theden zum Gedächtniss seiner funfzigjährigen Amtsfeier den 27. Julius 1787 in der Versammlung der Freimaurer der vereinigten Logen [in Berlin] überreicht vom Br. [Arend Martin Aug.] Schultz, dem jüngern. Berlin, den 29. Julius 1787. 2 Bl. 8° [Umschlagtit.]
Abgedr. in: Mayer, J. Ch. A.: Thedens Jubelfeyer. 1787 S. 159–161.
Kl. 1764 b. „Hoch schlägt des Maurers Busen heut, . . .“ 23.

Schultz, Arnold, Referendar in Hamburg: Die fortgesetzte Gütergemeinschaft nach dem Recht des Bürgerlichen Gesetzbuchs. *Borna-Leipzig 1902: R. Noske.* (X, 119 S.) 8°
Leipzig, Jur. Diss. v. 1902

Schultz, Arthur Julius Lothar

Schultz, Arth. Julius Loth. [illegible] De typho [illegible] Berolini (1862). (32 S.) 8°
Berlin, Med. Diss. v. 7. Aug. 1862

Schultz, August, Assistenzarzt d. Nervenheilanst. zu Ahrweiler: Ein kasuistischer Beitrag zur Nitrobenzolintoxikation. *Bonn 1901: P. Bieberstein.* (35 S.) 8°
Bonn, Med. Diss. v. 15. Mai 1901

Schultz, August [app. Arzt aus Zweibrücken i. d. Rheinpfalz]: Unsere gegenwärtigen Kenntnisse über Vanillevergiftung in kritischer Beziehung . . . Würzburg, Etlinger's Buchdr., 1892; 31 S. 8.
Würzburg, Med. Fak., Inaug.-Diss. v. 1892

Schultz, August, Referendar aus Warburg: Die Konvaleszenz im Bürgerlichen Gesetzbuch. *Münster i. W. 1899: Westfäl. Vereinsdruckerei.* (74 S.) 8°
Erlangen, Jur. Diss. v. 14. Jan. 1899

Preisgekröntes Moselweintrinklied aus Julius Wolffs 'Landsknecht von Cochem' comp. f. Baryton oder mittlere Singstimme [u. Klavier] von A[ugust] Schultz, [Elbing]. Op. 25. Leipzig: E. O. Jahn; Elbing: C. J. Schultz [1899]. (3 S.) 4° [illegible] 10

Preisgekröntes Rheinweinlied von Frieda Schanz. Comp. f. Bariton oder mittlere Singstimme (u. Clavier) von A[ugust] Schultz. [Elbing]. Op. 23, No 3. Leipzig: E. O. Jahn; [aufgestempelt: Elbing: C. J. Schultz] [um 1900]. (3 S.) 4° [illegible] 10

Schultz, Augustus *(geb. Breslau 10. 7. 1852)*: De Theseo. Vratislaviae (1874). (79 S.) 8° *[Im Buchhandel 1874 bei Trewendt & Granier in Breslau.]*
Breslau, Phil. Diss. v. 3. Juli 1874

Schultz, August Heinrich

Schultz, Aug. Heinr., Periander u. sein Sohn. Dramat. Dichtg. (128 S.) 8. Berlin 904. Schuster & Loeffler. n. 2. 50

Schultz, August Wilhelm Ferdinand

Schultz, ..., meteorologische Beobachtungen. Fol. (6 lith. Taf.) Berlin 846, Schropp u. Comp. n. 1/2 ℔

— stündlicher u. monatl. Gang der meteorolog. Instrumente zu Berlin u. Rom. gr. Fol. (12 Tafeln.) Berlin 847, Schropp & Co. n. 1/2 ℔

Schultz, A. W. F., die Heilquellen bei Neapel, Castellamare, Torre del Annunziata, Ischia etc. in medicin. Bezieh. Nach d. neuesten Originalarbeiten mit Anmerkn. gr. 8. (6 B.) Berlin 837, Thome.

Schultz, A. W. F., medicinisch-klimatologischer Monatsbericht für Berlin. 1846. Decbr. 4. (8 Tabellen.) Berlin 847, A. Schultz. *

—— dass. — 1847. Jan. — Mai. (à 8 Bl.) gr. 4. Ebds. 847. à Monat *

Schultz, [illegible] Observationes in porcelli sive Caviae Cobayae historiam naturalem. Berolini [illegible]
[illegible]
[illegible]

Schultz, A. W. F., Observationes in Porcelli sive Caviae Cobayae historiam naturalem. 4 maj. (4 B.) Berolini 830, (Eichler.)

Schultz, [illegible] Berolini [illegible]
[illegible]

Schultz, A[ugust] W[ilhelm] F[erdinand]: Die Stellung des Staats zur Prostitution. Vortrag im wissenschaftl. Verein d. Physiker Berlins. — Berlin: Hirschwald 1857. 93 S. 8°

Schultz, A. W. F., Tabellen über den täglichen Gang der meteorologischen Instrumente in Berlin im Mittel aus 5 Jahren von 1840 ab. (Berlin 1845.) 12 Tl., 2 Tb. Fol [E 4012

Schultz, B., über Pflanzen-Behälter, s.: Sammlung gemeinnütziger Vorträge u. Abhandlungen auf dem Gebiete des Gartenbaues.

Schultz, B. [aus Röbel]: Ueber gebromte Toluyl- und Phtalsäuren .... Rostock, Carl Boldt'sche Hof-Buchdr., 1886; 28 S. 8°.
Rostock, Phil. Fak., Inaug.-Diss. v. 23. Nov. 1886.

Schultz, B., über gebromte Toluyl- und Phtalsäuren. Diss. Rostock 1886, G. B. Leopolds Univ.-Buchh. 8°. 28 S.

Schultz, Barth. Lusatia superior. Gorlitz. 1 Bl. c. K. v.

Schultz, Barth. Fr., s.a. Anweisung, Kurze und richtige, z. regelrechten Reiten.

(Schultz B. F.): Kurze u. richtige Anweisung z. regelrechten Reiten. Hamb. 1784. 72 S.

SCHULTZ, Barth. Fr., Anweisung zum guten regelmässigen Tanzen; nebst 12 neuen englischen Tänzen. Hamburg 1783. 8°.
l. c. p. 20.

Schultz, Benjamin [Übers.], s. Acta apostolorum.

Schultz, Botho [aus Berlin]: Statistik der Geburten mit engem Becken an der Charité zu Berlin während der Jahre 1884-1894 ... Berlin, Druck v. E. Ebering, *1897*; 26 S., 2 Bl. 8.
Berlin, Med. Fak., Inaug.-Diss. v. 7. Aug. 1897

Schultz, Bruno, Hilfsbuch zur Einführung in die Praxis der österreich. politischen Verwaltung. 2 Bde. (XXV, 467 u. VIII, 527 S.) gr. 8. Wien 908. Akadem. Verlag. Geb. in Leinw. 20.

Schultz, Burchard Johann (Westenbrügge) A. S. 628/15
Dissertatio inauguralis, de decisionibus, quae fiunt pro autoritate, vulgo: Vom Durchgreiffen.
Präs. Ernst Johann Friedrich Mantzel.
Rostock (Adler) 21. III. 1741. 29 S. 31795

Schultz, Burchard Johann (Westenbrügge) A. S. 268/8
Dissertatio inauguralis, de decisionibus, quae fiunt pro autoritate, Germanis: Von kräfftigen eine Sache abkürtzenden richterlichen Aussprüchen in schweren und verworrenen Händeln.
Präs. Ernst Johann Friedrich Manthel. Rec.
o. O. 1745. 39 S.
Diss. Rostock 21. III. 1741. 31796

Schultz, C., sur la place des pronoms personnels. Progr. der Realschule Meseritz 1843. 4°. 14 S.

Schultz, C. B., die zusammengesetzten Rechnungsarten des gemeinen Lebens in ihrem Wesen dargestellt u. an Beispielen erläutert. Ein Hülfsbuch f. Lehrer u. eine Anleitung z. Selbstunterricht für Jedermann. 2. Aufl. gr. 8. (8 B.) Stettin 842. (Berlin, C. H. Schultze.) —

Schultz, C. B., die zusammengesetzten Rechnungsarten des gemeinen Lebens in ihrem Wesen dargestellt und an Beispielen erläutert. Ein Hülfsbuch für Lehrer und eine Anleitung zum Selbstunterricht für Jedermann. 2. Aufl. gr. 8. Stettin 842. (Berlin, Wolff u. Co.) 5/12 ℔

Schultz, C. F., prakt. Regeln f. die zweckmäß. Einrichtung der oberschlägigen Wasserräder. Mit Kpf. gr. 8. Kopenh. 809. Brummer. 12 ℊ.
Vgl. Schulze, C. F.

Schultz, C. F., die Städte-Ordnung v. 19. Nov. 1808 nebst d. Instruction f. d. Stadtverordneten mit allen noch gelt., ergänz. u. erläut. Verordn. bearb. f. Bürger. gr. 8. (5 B.) Breslau 841, Korn.

Schultz, C. F., die Städte-Ordnung vom 19. Novbr. 1808 nebst der Instruction f. die Stadtverordneten mit allen noch geltenden ergänz. u. erläut. Verordnungen bearb. f. Bürger. 2., mit den neuesten Verordnungen verm. Aufl. gr. 8. (5 3/4 B.) Breslau 841, W. G. Korn.

Schultz, C. G., praes. A. C. **Buechner**, De differentia sensationis et irritationis. 22 pp. Hal. 4°. 1755

Schultz, Carl ... s.: Schulz, Karl ...

Schultz, Christian (Güstrow) A. S. 212/25
Tractatio juridica, de delictis puerorum, vulgo: Von Verbrechen der Kinder. Ed. nov.
Halle (Hendel) 1723. 38 S.
Diss. Altdorf 22. IX. 1683. 31798

Schultz, Chrn, De Judaeo non mortali oder: Vom ewigen Juden. Jena 1734. 4.

Schultz, Christian August (Dresden) A. S. 602/84
Exercitatio ad l. XVI. C. de inoffic. testam.
Präs. Josias Ludwig Ernst Püttmann.
Leipzig (Langenheim) 10. V. 1774. 22 S. 31799

Schultz, Christian Friedrich, s. Schultze, Christian Friedrich.

Schultz, Christoph

Schultz, Chrph., ein Beitrag zur Vivisectionsfrage. gr. 8. (37 S.) Berlin 879. Th. Barth. — 75

Schultz, Chrph., ein Vivisector auf dem Sectionstisch. Kritik der Schrift des Hrn. Dr. med. et phil. Kotelmann: „Die Vivisectionsfrage". gr. 8. (48 S.) Berlin 880, Th. Barth. * 1 —

Schultz, Chrph., Richard Wagner u. seine Bedeutung f. das deutsche Volk. 2. Abdr. gr. 8. (17 S.) Berlin 883. Barth. n. — 50

Schultz, Christoph Ludwig Friedrich

Schultz, Chrph. Ludw. Friedr., und Goethe, Briefwechsel, s. Briefwechsel.

Schultz, Chrst. Ludw. Friedr., Grundlegung zu e. geschichtl. Staatswissenschaft d. Römer. Mit Rücksicht auf d. neueste Behandl. röm. Staats- u. Rechtsverhältnisse. gr. 8. (45½ B.) Köln 833, Bachem.

Schultz, Chr. Ludw. Friedr., Untersuchung über das Zeitalter des römischen Kriegsbaumeister Marcus Vitruvius Pollio. Herausg. von Otto Schultz. Leipzig 856. Dyk. gr. 8. (55 S. u. 1 lith. Taf. in Fol.) 12 ngr.

[SCHULTZ, Christopher] 1718 – 1789
Erläuterung für Herrn Caspar Schwenckfeld, und die Zugethanen, seiner Lehre, wegen vieler Stücke, beydes aus der Historie und Theologie, welche insgemein unrichtig vorgestellet, oder gar übergangen werden. Worinnen Deroselbe Historie bis 1740. kürtzlich entworffen ... durch Etliche der ehemaligen Emigranten aus Schlesien, und nunmehro eingesessene Innwohner in Pensylvanien in Nord-America.
Breslau-Leipzig: Seidel; Jauer: Müller. 1771. 16, 468 S. 8°.
New York Public Library
Baginsky 461 und Palmer: beide ohne Verfasser. Katalog der Library of Congress: mit Verfasser.
Sabin 60090: nur 2. Aufl., Sumnytaun 1830.
Caspar [von] Schwenckfeld, 1489–1561

Schultz, Clarence B[enjamin]: Über die Vergrösserung der Handelsdampfer mit Rücksicht auf ihre Rentabilität. 1903. 111 S., 1 Tab. 8°
Berlin, Dr.-Ing.-Diss. v. 26. 6. 1903

Schultz, Clemens, s. Schultz, Klemens.

Schultz, Conrad, s. Schultz, Konrad.

Schultz, Daniel Gottfried (Torgau) A. S. 1282/6
Dissertatio de hodiernorum empiricorum fraudibus.
Präs. Johann Friedrich Bauer.
Leipzig (Schede) 14. VIII. 1720. 24 S. 31800

Schultz, Daniel Gottfried: De hodiernorum empiricorum fraudibus, s.u. Bauer, Johann Friedrich [Praes.]

Schultz, Detlef: Mozarts Jugendsinfonien. *Leipzig 1900: Breitkopf & Härtel.* (101 S.) 8°
Leipzig, Phil. Diss. v. [3. Jan.] 1900

Schultz, E.: Die wichtigsten Grundsaetze des samoanischen Familien- und Erbrechts. ‹Verb. Aufl.› [Apia: Luebke um 1909.] 14 S. 4° (2°) [Kopft.]

Sprichwörtliche Redensarten der Samoaner. Gesammelt, uebers. u. erklaert von Dr. [E.] Schultz, Oberrichter, Apia. Apia: E. Luebke 1906. (274 S.) 8° [07. 3480]

Schultz, sprichwörtliche Redensarten der Samoaner. Gesammelt, übers. u. erklärt. (274 S.) 8. Apia 906. (Berlin, E. Süsserott.) 4. —

Schultz, E. A. H. H., Veteris Testamenti de hominis immortalitate sententia illustrata. Dissertatio inauguralis theologico-biblica. gr. 8. (VI und 66 S.) Göttingen 861, Vandenhoeck und Ruprecht's Verlagsh. *

Schultz, G. F., baltische Geheimnisse. Ein Beitrag zur Sittengeschichte Lieflands. Zürich 857. Meyer u. Zeller. 8. (2 Bl., 76 S.) n. 8 ngr.

Schultz, Edgar, das Lied vom Weihnachtsbaum. Frei nach Schiller's Glocke. [Publicationen der „Novität" in Frankfurt a. M. 2. Bdchn.] 8. (16 S.) Frankfurt a/M. 882. Verlag des Buchhandlungsgehilfenvereins „Novität". n.n. — 75

Schultz, Eduard: Aus der Geschichte der evangelischen Kirche von Metz zur Zeit der Aufhebung des Edikts von Nantes: Die vier letzten Pfarrer der alten Kirche, ein biographisches Gruppenbild. *Metz 1900: P. Even.* (38 S.) 4° [F.]
Metz, OR, MP 1900 (564)

Schultz, Eduard [aus Dijon]: Ueber Pfählungsverletzungen des Unterleibes ... Mannheim, Druck v. M. Hahn & C., 1892; 27 S. 8.
Würzburg, Med. Fak., Inaug.-Diss. v. 1892

Schultz, Eduard: Untersuchungen über die Beziehungen der Blutbeschaffenheit ‹Erythrocyten u. Hämoglobin› zur Leistungsfähigkeit von Milchkühen. 1906. 51 S., 2 Taf. 8° ¶ Ausz. in: Fühlings Landw. Zeitung. Jg. 55.
München, Dr.-Ing.-Diss. v. 10. 8. 1905

Zwei Jahrhunderte unter dem Schwarzen Adler. Vaterländ. Bilder in Liedern mit verbindl. Deklamation. Dichtung von Fritz Werner. Musik von Edwin Schultz. Text d. Gesänge u. d. verbindl. Deklamation. Leipuig: Gebr. Hug & Co. [1900?] (29 S.) 8°

Jubel-Cantate. Gewidmet dem Andenken Kaiser Wilhelms d. Grossen. Für gemischten Chor. Gedicht v. Franz Müller. Composition v. Edwin Schultz. Op. 205b. Tempelhof-Berlin: H. Natge [1897]. 2 Bl. 4°

Schultz, Elias, s. Schulz, Elias.

Die **Buchstabenfamilien** der deutschen und lateinischen Schreibschrift f. d. Schulgebr. zsgest. von **Elisabeth Schultz**, städt. Lehrerin. *Stettin: L. Pasenow 1899.* (20 S.) 8° [F.] [w. 222] ●

Schultz, Elisab. v., Fee Minnetrost u. Krabbeltasche, s.: Bertram.

Schultz, Emerich, ungar. ABC- u. Sprach-Buch f. Volksschulen m. deutscher Unterrichtssprache. 2 Thle. 2., verb. Aufl. 8. Pressburg 897. C. Stampfel. Kart. n. 1. 10
1. (108 u. 5 S. m. Abb.) n. — 50
2. (77 u. 5 S.) n. — 60

SCHULTZ, EMERICH: Real-, Lese- und Sprachbuch für die katholische Elementarschule. Fünfkirchen 1874.

— Real-Lesebuch in Bild. f. kathol. Land-Volksschulen in Ungarn. Auf Grundlage d. Concentration in 3 Thln. verf. 8. Ebd. Kart. n. 3. —
1. F. d. 2. u. 3. Jahrg. M. 64 Illustr. (XII, 244 S.) 898. n. — 80
2. F. d. 4. Jahrg. Mit 53 Illustr. u. 2 kolor. Landkarten. (VIII, 232 S.) 897. n. — 90
3. F. d. 5. u. 6. Jahrg., sowie f. Wiederholungsschulen. Mit 113 Illustr. u. 2 kolor. Landkarten. (VIII, 416 S.) 897. n. 1. 30

Schultz, Emerich, illustrirtes Real-Lesebuch f. die katholischen Volksschulen in Ungarn. Auf Grundlage der Concentration in 4 Thln. verf. II. u. III. Jahrg. 8. Preßburg 900. C. Stampfel. Kart. n. 1. 20
II. Mit 38 Abbildgn. 2., m. Zeichenvorlagen verseh. Aufl. (104 S.) n. — 52
III. Mit 66 Abbildgn., 2 kolor. Landkarten u. 2 kolor. Pflanzentaf. 2., m. Sprachübgn. u. Zeichenvorlagen versehene Aufl. (200 S.) n. — 68

Schultz, Emerich. Ungarisches Sprach- u. Lesebuch f. Volksschulen m. deutscher Unterrichtssprache. 8. (96 S.) Fünfkirchen 892, L. Engel. cart. * — 60

Schultz, Emil, Erlebnisse e. deutschen Deserteurs, angeworben in Frankreich bei der Fremdenlegion, nebst e. Bearbeitg. d. Krieges zwischen Frankreich u. China v. 1883—1885. 12. (52 S.) Mannheim 892. (Stuttgart, J. B. Metzler's Sort.) n.n. — 50

Schultz, Emil: Gaskognische Grammatik. Tl 1. Lautlehre Greifswald, Druck v. J. Abel, 1893; 1 Bl., 111 S., 1 Kt. 8.
Jena, Phil. Fak., Inaug.-Diss. v. 1893

Schultz, Emil, Reformation u. Gegenreformation in den Freien-Ämtern. Diss. gr. 8. (VIII, 141 S.) Zürich 899. (Zürcher & Furrer.) n. 2. 40

Schultz, Emma, s.: Mix, Doris.

Schultz, Erdmann

Schultz, Erdm., Normal-Zeichen-Heft. Nr. 1—8. qu. 4. (à 12 lith. Taf.) Berlin 852, Th. Grieben. (à n. 1/12 Thlr.) n. 2/3 Thlr.

— Zeichnen-Schule. 1—8. 10. u. 11. Hft. qu. 4. (204 lith. Bl.) Ebd. 841. (à n. 1/4 Thlr.) n. 2 1/2 Thlr.

Schultz, Erdm., Zeichnen-Schule. 1—8. 10. und 11. Heft. qu. 4. (204 lithogr. Bl.) Berlin 851, Th. Grieben. à Heft * 7 1/2 Ngr. *

Schultz, Erhard, es ist e. köstliches Ding, daß das Herz fest werde! Predigt üb. Hebräer 13, 9. 2. Aufl. gr. 8. (14 S.) Graz 871. Hesse. n. — 90

Schultz, Erhard, über das teleologische Fundamentalprincip der allgemeinen Pädagogik. gr. 8. (III, 89 S.) Mülhausen i/E. 882. Bufleb. n. 1. 60

Schultz, Erhard, üb. das teleologische Fundamentalprincip der allgemeinen Pädagogik. 2. Aufl. gr. 8. (VII, 88 S.) Jena 883. Bufleb. n. 1. 60

— Predigten. 2. Aufl. 8. (XII, 280 S.) Ebend. 880. n. 4. —; geb. m. Goldschn. n. 6. —

Schultz, Erhard, Prüfet Alles! Zwei Predigten. 2. Auflage. 8. (24 S.) Graz, Hesse's Buchh. 1870. 30 kr.

—— Prüfet Alles! Zwei Predigten. 3. Aufl. gr. 8. (24 S.) Ebendas. 871. * — 60

Schultz, Erhard, Wahrheit, Freiheit, That! Predigten. 8. (VI, 279 S.) Mülhausen i. E. 879, Bufleb. — Wien, Rosner. *

—— Was ist unter dem Worte Glauben zu verstehen? Fastenpredigt. 3. Aufl. gr. 8. (12 S.) Ebendas. 871. * — 40

Schultz, Erich: Ueber Diabetes mellitus. Halle (1868): Plötz. 31 S. 8°
Halle-Wittenberg, Med. Diss. v. 7. Nov. 1868
Geb. Gr. Wanzleben bei Magdeburg 4. 12. 1843. V.

Schultz, Ernst

Schultz, E., 333 **Aufgaben** allgemeinen u. praktischen Inhaltes aus dem Gebiete der Körperberechnung (e. Ergänzg. zu jedem Lehrbuch der Stereometrie). (62 Masssskizzen im Text.) (IV, 48 S.) gr. 8. Essen 903. G. D. Baedeker. Kart. n. — 80

Schultz, E., trigonometrische **Aufgaben** aus den Gebieten der Praxis, unter Zugrundelegg. der natürl. Funktionenwerte, f. gewerbl. Lehranstalten. [Sonderausg. der „Sammlg. v. Aufgaben" aus des Verf. „Leitfaden der Trigonometrie".] (IV, 52 S. m. Fig.) 8. Essen 907. G. D. Baedeker. Kart. 1. —

Schultz, Ernest., disquisitiones de structura et textura canalium aëriferorum. Dissertatio inauguralis. Accedit tab. lith. gr. 4. (IV u. 35 S.) Dorpati Liv. 850. (Mitaviae, Reyher.) 18 Ngr.

Flächen- und Körperberechnung für Fortbildungs- und Handwerkerschulen, zugl. e. Sammlung von 450 Aufgaben aus d. Praxis. Nach d. minist. Vorschriften bearb. von **E[rnst] Schultz**, Oberl. zu Duisburg. *Essen: G. D. Baedeker 1900.* (III, 83 S.) 8° [F.] [01. 3778

— u. E. **Dieckmann**, Handbuch der Berechnung des Tage- u. Stundenlohnes. Für die Praxis. Zusammengestellt u. berechnet. schmal gr. 8. (48 S.) Ebd. 899. In Leinw. kart. n. 1. 50

Schultz, E., Handbuch d. deutschen Normalprofile. F. d. Konstruktionstisch. Nach d. 5. Ausg. d. deutschen Normalprofilbuches zusammengest. u. berechnet. schmal gr. 8. (55 S. m. Abb.) Essen 898. G. D. Baedeker. Geb. in Leinw. n. 1. 30

— **Handbuch** der deutschen Normalprofileisen, Walzeisen u. Röhren. Alle Gewichtsangaben sowohl f. Schweisseisen als auch f. Flusseisen. 2. verb. u. verm. Aufl. (96 S. m. Fig.) 23×9,5 cm. Ebd. 909. Geb. 3. —

— Hilfstafeln zur Erleichterung der Rechenarbeit im bergmännischen Betrieb. Lohntabellen. Stunden-, Schicht-, Tages-, Accordlohn. Tabellen zur Berechng. des Förder- u. Hauereffektes. Tabellen zur Bestimmg. des Rauminhaltes v. Gruben- u. Bauhölzern. Berechnet u. zusammengestellt. (18 Bl. in Leporelloform.) 8. Ebd. 910. 2. —

Schultz, Ernst: Integrationsmöglichkeiten der Hamiltonschen partiellen Differentialgleichung mit drei Variablen. *(Stettin 1898: H. Saran.)* (1—16 S.) 4°
Stettin, Schiller-RG, OP 1898 (150)

Schultz, Ernst, Dr.: Integrationsmöglichkeiten der Hamiltonschen partiellen Differentialgleichung mit *n* Variabeln. *Stettin (1901): H. Saran.* (13 S.) 4°
Stettin, Schiller-RG, OP 1901 (164)

Kurzgefaßtes Lehrbuch der Körperberechnung nebst Aufgabensammlung f. gewerbl. Schulen von E[rnst] **Schultz**, Oberl., Duisburg. *Essen: G. D. Baedeker 1903.* (IV, 99 S.) 8° [04. 16,3 B

Leitfaden der Körperberechnung für gewerbliche Schulen, sowie z. Selbstunterricht f. d. Maschinentechniker von E. **Schultz**, wissenschaftl. Lehrer a. d. Kgl. Maschinenbau- u. Hüttenschule zu Duisburg. Durch 80 ausgeführte Beisp. a. d. Praxis zugl. e. plangemässe Anl. z. Gewichtsberechng u. Massskizzen u. z. Gebr. d. math. Tab. in d. techn. Kalendern . . . *Essen: G. D. Bädeker 1897.* (IV S., 1 Bl., 160 S.) 1 Bd 8. [97 035

Ausführlicher Leitfaden der Körperberechnung mit Musterbeispielen u. e. Aufgabensammlung f. gewerbl. Lehranst., sowie z. Selbstunterr. f. d. Maschinentechniker von E[rnst] **Schultz**, Oberl. zu Duisburg. 2. Aufl. *Essen: G. D. Baedeker 1903.* (192 S.) 8°

— Ausführlicher Leitfaden der Körperberechnung m. Musterbeispielen u. e. Aufgabensammlung f. gewerbl. Lehranstalten, sowie zum Selbstunterricht f. den Maschinentechniker. 3. Aufl. (IV, 192 S. m. Fig.) 8. Ebd. 910. Geb. 2. —

Leitfaden der Planimetrie für Werkmeisterschulen und gewerbliche Fortbildungsschulen v. E[rnst] **Schultz**, wissensch. Lehrer an d. Kgl. Maschinenbauschulen in Dortmund. Tl 1. u. . . . *Essen: G. D. Bädeker 1895. 96.* 2 Bde 8.
I. 1895. (2 Bl., 52 S.) II. 1896. (2 Bl., 65 S.) [96 020

Leitfaden der Planimetrie für gewerbliche Lehranstalten (auf d. Umschl.: für Werkmeisterschulen u. gewerbl. Fortbildungsschulen) von E[rnst] **Schultz**, Oberl. zu Duisburg. T. 1. 2. *Essen: G. D. Baedeker 1896–99.* 2 Bde 8°
1. Mit 153 Fig. 2. Aufl. 1899. 2. 1896. [00. 3172 B

— Leitfaden der Planimetrie f. gewerbliche Lehranstalten. 1. u. 2. Tl. gr. 8. Ebd. Geb. in Leinw. à n. 1. —
1. 3. Aufl. (IV, 82 S. m. 153 Fig.) 902.
2. 2. Aufl. (IV, 94 S. m. 123 Fig.) 901.

Leitfaden der Planimetrie für gewerbliche Lehranstalten. Von E[rnst] **Schultz**, Oberl. zu Duisburg. 3. Aufl. T. 1. *Essen: G. D. Baedeker 1903.* 8° [F.]

— Leitfaden der Planimetrie f. gewerbl. Lehranstalten. 1. u. 2. Tl. 8. Ebd. Kart. à n. 1. —
I. 4. Aufl. (IV, 82 S. m. 153 Fig.) 905.
II. 3. Aufl. (IV, 94 S. m. 123 Fig.) 904.

— Leitfaden der Planimetrie f. gewerbliche Lehranstalten u. zum Selbstunterricht. 2 Tle. 8. Ebd. Geb. à 1. —
1. 6. Aufl. (IV, 85 S. m. 155 Fig.) 909.
2. 5. Aufl. (IV, 100 S. m. 127 Fig.) 910.

— Leitfaden der Trigonometrie, unter Zugrundelegung der natürlichen Funktionenwerte, nebst e. Sammlg. v. Aufgaben aus den Gebieten der Praxis, f. gewerbl. Lehranstalten. (VIII, 116 S. m. Fig.) 8. Ebd. 907. Kart. 1. 40

— dekadische Logarithmen der Zahlen 1—10,000. gr. 8. (32 S.) Ebd. 897. n. — 20

— vierstellige Logarithmen der Winkelfunktionen. a) Von 10′ zu 10′. b) Von 1′ zu 1′. (Aus: „4stell. mathemat. Tab. u. unentgeltl. Beigabe z. 6. Aufl. d. Tab. f. Maschinenbausch.“) (42 S.) 8. Ebd. 905. n. — 80

Vierstellige Logarithmen der gewöhnlichen Zahlen und der Winkelfunktionen z. Gebr. an Gymnasien v. E. **Schultz**, wiss. Lehrer . . . zu Duisburg . . . *Essen: G. D. Baedeker 1897.* (2 Bl., 80 S.) 1 Bd 8. [98. 2785

— vierstellige Logarithmen der gewöhnl. Zahlen u. d. Winkelfunktion z. Gebrauche an Gymnasien u. Realgymnasien. 2. Aufl. gr. 8. (IV, 86 S.) Ebd. 898. Geb. in Leinw. n. — 80

Vierstellige Logarithmen der gewöhnlichen Zahlen und der Winkelfunktionen u. andere mathemat. Tafeln nebst d. erforderl. physikal. Hilfstaf. z. Gebr. an d. höheren Schulen von E[rnst] **Schultz**, Oberl. zu Duisburg. *Essen: G. D. Baedeker 1902.* (VI, 112 S.) 8° [03. 9831

— Vierstellige Logarithmen der gewöhnl. Zahlen u. der Winkelfunktionen in übereinstimmender Anordnung u. andere mathematische Tafeln nebst den erforderlichen physikalischen Hilfstafeln zum Gebrauche an den höheren Lehranstalten u. Lehrerseminaren. 2. Aufl. (Vollständige) Ausg. A: m. vollständ. Anh. (enth. astronom., geograph., techn., physikal., chem. u. elektrotechn. Tabellen). (VII, 107 S.) 8. Ebd. 910. 1. 40

— dasselbe. Ausg. B. Billigere Ausg. (V, 84 S.) 8. Ebd. 910. — 80

Schultz, Ernst [aus Stettin]: Über die von Gyldén vorgeschlagene Methode, bei der Bahnbestimmung des Mondes die Abweichung der Erde von der Kugel für astronomische Zwecke hinreichend genau in Rechnung zu ziehen. . . . Halle a. S., Druck d. Buchdr. d. Waisenhauses, 1889; 50 S. + 1 Bl. 8°
Halle, Phil. Fak., Inaug.-Diss. v. 6. März 1889

Schultz, Ernst *Ludwig Ferdinand* [aus Wittenburg i/M., z. Z. Lehrer an d. höh. Privatschule zu Alfeld a/L.]: Die Sprache der „English Gilds“ aus dem Jahre 1389. Ein Beitrag zur Dialektkunde von Norfolk. . . . Hildesheim, Druck v. Gebr. Gerstenberg, 1891; 46 S. 8°
Jena, Phil. Fak., Inaug.-Diss. v. 1891

Schultz, Ernst. Die Sprache der „English Gilds“ aus d. J. 1389. Ein Beitrag zur Dialektkunde v. Norfolk. gr. 8. (45 S.) Hildesh. 891. (Rudolst., Dabis.) * 1 20

— u. E. **Dieckmann**, Tabellen zur Berechnung v. Eisenbetonkonstruktionen. Völlig neu berechnet unter Zugrundelegg. der ministeriellen Vorschriften k_e = 1000 kg/1 qcm m. sechsfacher Sicherheit. — Angaben u. Tabellen zur Berechng. v. Schornsteinen. [Aus: „Mathemat. u. techn. Tab. f. Baugewerkschulen, 7. Aufl.“] (16 S. m. Fig.) 8. Ebd. 908. — 20

Mathematische und technische Tabellen für Baugewerkschulen von E[rnst] **Schultz**, Oberl. zu Duisburg. Unter Mitw. von E. Dieckmann, Reg.-Baumeister, Ausg. ohne Logarithmen. 5. Aufl. *Essen: G. D. Baedeker 1901.* (VIII, 160 S.) 8° [01. 606] 5

— mathematische u. technische Tabellen f. Baugewerkschulen u. f. den Gebrauch in der Praxis. 5. Aufl. Unter Mitwirkg. v. E. Dieckmann. Ausg. m. Logarithmen. gr. 8. (VIII, 236 S.) Ebd. 902. In Leinw. kart. n. 1. 75; m. Anleitg., an 50 Beispielen aus der Praxis erläutert. gr. 16. (44 S.) In Leinw. kart. u. geh. n. 1. 75

Mathematische und technische Tabellen für Baugewerkschulen u. f. d. Gebr. in d. Praxis von Prof. E[rnst] **Schultz**, Oberl. zu Duisburg. 6. Aufl. Unter Mitw. von E. Dieckmann, Dir., D. Krone. Ausg. mit Logarithmen. Mit Anleitung. Essen: G. D. Baedeker 1905. (VIII, 262 S.) 8°

— dasselbe. Sonderbeilage. Tabellen zur Berechng. v. Eisenbetonkonstruktionen. Multiplikationstabellen für 875 Angaben u. Tabellen zur Berechng. v. Schornsteinen. (14 S. m. Fig.) 8. Ebd. 907. n. — 20

— mathematische u. techn. Tabellen f. Baugewerkschulen u. f. den Gebrauch in der Praxis. Unter Mitwirkg. v. E. Dieckmann. Ausg. ohne Logarithmen. 7. Aufl. (XXIV, 200 S.) 8. Ebd. 907. Kart. n. 1.80

Schultz, E., Anleitung zum Gebrauche der mathematischen u. technischen Tabellen. An 50 Beispielen aus der Praxis erläutert. Ausg. f. Baugewerkschulen. 5. Aufl. (44 S.) 16. Essen (908). G. D. Baedeker. — 50

— Mathematische u. technische Tabellen f. Baugewerkschulen u. f. den Gebrauch in der Praxis. Unter Mitwirkg. v. E. Dieckmann. Ausg. I A m. Logarithmen u. hinten lose eingehängter Anleitg. 8. Aufl. (XII, 307 S. u. 52 S. in 16 m. Fig.) 8. Ebd. 910. 2.80

— — dasselbe. Ausg. I B m. Logarithmen u. vorne eingebundenen „Erläutergn." 8. Aufl. (XXXVI, 307 S.) 8. Ebd. 910. 2.80

— dasselbe. Ausg. I C ohne Logarithmen m. vorne eingebundenen „Erläutergn". 8. Aufl. (XXXV, 229 S.) 8. Ebd. 910. Geb. 2.40

— dasselbe. Ausg. (VI) ohne Logarithmen. 3. Aufl. (XVI, 92 S.) 8. Ebd. 910. — 80

Mathematische und technische Tabellen für d. Gebr. in d. Praxis an deutschen u. österr. techn. Lehranst. ⟨Bureau-Ausg.⟩ von E[rnst] Schultz, Oberl. zu Duisburg. Unter Mitw. von E. Dieckmann, Dir. zu Dtsch. Krone. [Nebst:] Anleitung z. Gebr. d. Tab. Bureau-Ausg. f. Deutschland u. Österr. *Essen: G. D. Baedeker 1901. 1902.* 2 Bde 8°
Tabellen. 1902. Anleitung. 4. Aufl. 1901. [03. 9853

— dasselbe f. den Gebrauch in der Praxis u. an deutschen u. österreichischen technischen Lehranstalten. (Bureau-Ausg.) Unter güt. Mitwirkung v. E. Dieckmann. gr. 8. (X, 291 S.) Nebst: Anleitg. zum Gebrauche der mathemat. u. techn. Tabellen. An 50 Beispielen aus der Praxis erläutert. Bureau-Ausg. für Deutschland u. Österreich. 4. Aufl. gr. 16. (44 S.) Ebd. 902. Geb. in Leinw. u. geh. n. 4. —

Schultz, E[rnst]: Mathematische und technische Tabellen für Handwerker- und Fortbildungsschulen. Ausg. ohne Logarithmen. Essen: G. D. Baedeker 1898. (IX, 64 S.) 8°

— dasselbe. Ausg. m. Logarithmen. 3. Aufl. gr. 8. (X, 64 S. m. Abb.) Ebd. 898. Geb. in Leinw. n. — 60

— dasselbe für Handwerker- u. Fortbildungsschulen. 5. Aufl. Ausg. m. Logarithmen. (XII, 72 S. m. Abbildgn.) 8. Ebd. 906. Kart. n. — 60

— dasselbe. Ausg. ohne Logarithmen. 2. Aufl. (XII, 72 S. m. Abbildgn.) 8. Ebd. 907. — 60

— dasselbe f. Handwerker- u. Fortbildungsschulen. Ausg. (V) m. Logarithmen. 6. Aufl. (XVI, 101 S.) 8. Ebd. 910. 1. —

— dasselbe f. Maschinenbauschulen u. f. den Gebrauch in der Praxis. Ausg. A m. hinten lose eingehängter Anleitg. 7. Aufl. (IV, 228 S. u. 31 S. m. Fig. in 16.) 8. Ebd. 908. Kart. 2. —

— dasselbe. Ausg. B. m. vorne eingeh. Anleitg. 7. Aufl. (XII, 228 S.) 8. Ebd. 908. Kart. 2. —

Vierstellige mathematische Tabellen im engen Anschl. an die mathemat. Tabellen d. techn. Kalender v. E[rnst] Schultz, wiss. Lehrer ... zu Duisburg ... [Nebst] Anleitung z. Gebr. d. math. Tab. in den techn. Kalendern v. E. Schultz ... *Essen: G. D. Baedeker 1896.* 2 Bde 8.
Tabellen. (2 Bl., 80 S.) Anleitung. (30 S.) [97. 6722

— dasselbe. (Ausg. A) f. gewerbl. Lehranst. 2. Aufl. gr. 8. (V, 80 S.) Nebst: Anleitg. z. Gebrauche der mathemat. Tabellen in den techn. Kalendern. An 25 Beispielen aus d. Praxis erläutert. 2. Aufl. 16. (31 S.) Ebd. 897. Geb. in Leinw. n. 1. 20

Vierstellige mathematische Tabellen ⟨(Ausg. B.)⟩ f. höh. Schulen v. E[rnst] Schultz, wiss. Lehrer ... zu Duisburg. 2. Aufl. ... *Essen: G. D. Baedeker 1897.* (VIII, 80 S.) 1 Bd 8. [98. 3571

— dasselbe. 3. Aufl. Ausg. f. Baugewerkschulen. gr. 8. (XII, 46 u. 84 S. m. Abb.) Ebd. 898. Geb. in Leinw. n. 1. —; nebst: Anleitg. z. Gebrauche der mathemat. Tabellen in den techn. Kalendern. An 25 Beispielen aus d. Praxis erläutert. 3. Aufl. 16. (31 S. m. Abb.) In Leinw. kart. u. geh. n. 1. 20

— dasselbe. Ausg. f. Real- u. Oberrealschulen. 3. Aufl. gr. 8. (IV, 66 u. 63 S.) Ebd. 898. In Leinw. kart. n. 1. —

— dasselbe. Ausg. f. Maschinenbauschulen. gr. 8. (VI, 107 S.) Ebd. 899. In Leinw. kart. n. 1. —; nebst: Anleitg. z. Gebrauche der mathemat. Tabellen in d. techn. Kalendern. 3. Aufl. 16. (31 S. m. Fig.) n. 1. 20

Vierstellige mathematische Tabellen von E[rnst] Schultz, Oberl. zu Duisburg. 4. Aufl. Ausg. f. Maschinenbauschulen. *Essen: G. D. Baedeker 1901.* (VI, 108 S.) 8° [01. 5779

Anleitung zum Gebrauche der mathematischen Tabellen in den technischen Kalendern. An 25 Beispielen aus d. Praxis erl. von E[rnst] Schultz, Oberl. zu Duisburg. 4. Aufl. *Essen: G. D. Baedeker 1900.* (31 S.) 8° [01. 6900

— vierstellige mathemat. Tabellen. 5. Aufl. Ausg. A f. Maschinenbauschulen (m. Anleitg.). gr. 8. (VII, 174 S. m. Abbildgn.) Nebst: Anleitg. zum Gebrauche der mathemat. Tabellen in den techn. Kalendern. An 25 Beispielen aus der Praxis erläutert. 4. Aufl. gr. 16. (31 S. m. Fig.) Ebd. 902. In Leinw. kart. u. geh. n. 1. 60; Ausg. B (ohne Anleitg.) n. 1. 50

Vierstellige Mathematische Tabellen von E[rnst] Schultz, Oberl., Duisburg. 5. Aufl. Ausg. B f. Maschinenbauschulen ... ⟨ohne Anleitung⟩. Essen: G. D. Baedeker 1902. (XIV, 174 S.) 8° [03. 9363 5

— vierstellige mathemat. Tabellen. 6. Aufl. Ausg. A f. Maschinenbauschulen (m. Anleitg.). (VI, 176 S. m. Abbildgn.) 8. Nebst: Anleitung zum Gebrauche der mathemat. Tabellen in den techn. Kalendern. An 25 Beispielen aus der Praxis erläutert. (31 S. m. Fig.) 16. Essen 904. G. D. Baedeker. Kart. u. geh. 1. 80; Ausg B. (ohne Anleitg.) n. 1. 60

Schultz, Ernst, Dr.: Die Transformation der Ausdrücke [φψ] in solche, deren Variablen Bedingungsgleichungen erfüllen. Stettin 1906: H. Saran. (16 S.) 4°
Stettin, Schiller-RG OP 1906 (191)

Zahlentafeln für Fortbildungsschulen von E[rnst] Schultz, Oberl. zu Duisburg. *Essen: G. D. Baedeker 1900.* (X, 40 S.) 8° [00. 7041

Schultz, E, Zahlentafeln für Fortbildungsschulen. 2. Aufl. (X, 46 u. 4 S.) 8. Essen 905. G. D. Baedeker. n. — 30

— Zahlentafeln f. Fortbildungsschulen. 3. Aufl. (X, 50 S.) 8. Ebd. 910. — 30

Schultz, E., u. E. Dieckmann, eine übersichtliche Zusammenstellung der Angaben d. Ministerial-Erlasses vom 31. I. 1910, betr.: Vorschriften f. die Aufstellung statischer Berechnungen, nebst e. Anzahl auf Grund dieser Unterlagen neu berechneter Tabellen. [Aus: „Mathematisch-techn. Tabellen f. Baugewerkschulen 1910".] (32 S.) 8. Essen 910. G. D. Baedeker. — 60

Schultz, Ernst Christoph, s. Anzeige dessen, was Schulkinder ...

Schultz, Er. Cph., († d. 31. Mai 1810.) Bemerkk. üb. einen monströsen Canarienvogel, aus dessen Unterkiefer e. gewundenes Horn gewachsen ist, u. sich zuletzt so fest an d. Oberkiefer angedrückt hat, daß d. Vogel d. Schnabel nicht mehr öffnen konnte. Mit 1 Kpf. 4. Hamb. (780.) (Anonym.)

Bemerkungen über einen monstreusen Canarien-Vogel, aus dessen Unterkiefer ein lang gewundenes Horn gewachsen. [Verf.: Ernst Christoph Schultz.] Hamburg: Reuß [1780]. 18 S. 4°

— Beschreib. verschied. Seltenheiten d. Kunst u. d. Alterthums, welche in d. Morerschen Kabinet zu Hamburg einige Aufmerksamkeit verdienen. In 2 Thlen verfertigt u. hrsgg. Mit 1 Kpf. 8. Hamb. 779.

Beschreibung eines besondern Welt-Auges, welches in dem Cabinette eines Natur-Freundes zu Hamburg befindlich. [Verf.: Ernst Christoph Schultz]. Hamburg: Reuß (1779). 27 S. 8°

– s. a. Beschreibung des Weltauges.

Characterisirung [Charakterisierung] einer kleinen Art von Taschen-Krebsen, deren Rückenschild ein natürliches Menschengesicht vorstellet. [Verf.: Ernst Christoph Schultz.] Hamburg: Reuß [1780?]. 20 S. 8°

Entdeckung einer dem Kreuz-Steine wesentlichen Entstehungs-Art der Kreuz-Figur. [Verf.: Ernst Christoph Schultz]. Hamburg: Reuß [1780?]. 38 S. 8°
[Umschlagt.:] Die Entstehungsart der Kreuzfigur in den Kreuz-Steinen.

— Memoires üb. die Asterie d. Plinius. 8. Hamb. 785. (Stendal, Franzen u. Gr.)

Vom Regenbogen-Achat, den der Verfasser dieses Briefes zuerst an die Pariser Academie in einer ihrer ordentlichen Versammlungen des Jahres 1777 persönlich bekannt gemacht hat. [Verf.: Ernst Christoph Schultz]. Hamburg: Reuß [1780?]. 23 S. 8°

– s. a. Vom Regenbogenachat.

Schultz, Ernst Gustav

Schultz, Ern. Gust., Cours complèt de conversation franç. à l'usage des Allemands rédigé sur un nouveau plan. — A. s. l. t.: La France contemporaine, peinte par les auteurs nationaux les plus renommés; ou galerie de portraits et de scènes de la vie politique et sociale des Français. Morceaux choisis des meilleurs auteurs modernes et accomp. de remarques. III Vol. Breit gr. 16. (60 B.) Königsberg 840, Borntraeger Frères. à * 1⅓ Thlr. *

Schultz, Ernst Gustav: Jerusalem. Eine Vorlesung. Mit einem Plane, gezeichnet von Heinrich Kiepert. Berlin 1845. 120 S. [Plan fehlt.] 8°. [G 1752

Schultz, Ernst Gustav: Variae lectiones e codice ms. Parisiensi collectae ad Abulfaragii Babbaghae carmina a Philippo Wolffio edita. [Diss.] Regimontii Prussorum 1838.

Schultz, Ernst Sigismund Ferdinand

Schultz, Ernst Sigism. Ferd., Christus im Kampfe mit d. Hohenpriester. Pred. üb. Johannes 18, v. 12—27 am 2. Sonnt. in d. Fasten. Mit Bezug auf d. kirchl. Zustände d. neuesten Zeit geh. gr. 8. (2 B.) Berlin 839, Duncker u. Humblot. *

Schultz, Ernst Sigism. Ferd., Erwiederung an den Hrn. Regierungs-Schulrath Striez zu Potsdam auf das Sendschreiben an die Geistlichen zu Berlin u. Potsdam, welche die Erklärung vom 15. August unterzeichnet haben. gr. 8. (1½ B.) Berlin 845, Jul. Schmidt.

Schultz, E(rnst) S(igism.) F(erd.), über die Grundsätze und Gedanken, welche die deutschen Reformatoren in Bezug auf die Kirchengewalt und die Befugniß zu ihrer Ausübung innerhalb der luther. Kirche ausgesprochen haben. Eine Betrachtung, welche sich auf die der evangel. Kirche in unserm Lande bevorstehenden Veränderungen bezieht. gr. 8. (66 S.) Berlin 851, Grobe. *

Schultz, Er. Sigism. Fd., Kanzelrede bei d. Wahl u. dem Amtsantritt, als 2r Prediger in Berlin. gr. 8. Berl. 820. Mittler. 6 gr

Schultz, Ernst Sigism. Ferd., Luthers Leben und Wirken. gr. 8. (VI, 338 S.) Berlin 870, Hertz. * 4 —

Schultz, Ernst Sigismund Ferdinand. Aus meinem Leben. Putbus 1869. H: *Piper, Sophie.* (Erman & Horn, Bibliographie d. dtsch. Universitäten. 1. Leipz. u. Berl. 1904. S. 74.)

Schultz, E. S. F., Melanchthon's Leben, s. Bibliothek evangel. Volksschriften.

Schultz, Ernst Sigism. Ferd., Melanchthon's Leben und Wirken. Mit Bezug auf den 19. April 1860, seinen 300jährigen Todestag, für Jedermann dargestellt. Berlin 860. Nicolai'sche Sortbdlg. (Posen, Jagielski.) 8. (72 S. u. Portr. in Holzschn.) n. 12 ngr.

— authent. Nachrr. üb. die Kirche v. Groß-Beeren. gr. 8. Berl. 818. Mittler. 3 gr

Schultz, Ernst Sigism. Ferd., Postille, od. Predigt-Sammlung üb. die Episteln d. sämmtl. Sonn- u. Festtage d. christl. Kirchenjahres, zum Gebr. bei d. häusl. Andacht u. zum Vorlesen in evangel. Kirchen. 4. (73 B.) Berlin 833, Oehmigke.

— Postille oder Predigt-Sammlung über die Episteln sämmtlicher Sonn- u. Festtage des christlichen Kirchenjahres zum Gebrauch bei der häuslichen Andacht u. zum Vorlesen in evangelischen Kirchen. 3. Aufl. Berlin 860. Oehmigke's Verlag. gr. 4. (VI, 377 S.) n. 2 ℛ

—— Postille oder Predigt-Sammlung über die Episteln sämmtl. Sonn- und Festtage des christl. Kirchenjahres zum Gebrauch bei der häusl. Andacht und zum Vorlesen in evangel. Kirchen. 2. Aufl. 6 Lfgn. gr. 4. (VI und 377 S.) Berlin 860 61, Oehmigke's Verlag. à Lfg. * 10 Ngr. *

Schultz, (E. S. F.,) Postille, oder Predigt-Sammlung üb. d. Evangelien sämmtl. Sonn- u. Festtage des christl. Kirchenjahres; zum Gebrauch bei der häusl. Andacht u. zum Vorlesen in evangel. Kirchen. 4. Berlin 825, L. Oehmigke. 3 Rthl. — Schreibpap.

—— Postille, od. Predigt-Samml. üb. d. Evangelien sämmtl. Sonn- u. Festtage d. christl. Kirchenjahres, z. Gebr. b. d. häusl. Andacht u. z. Vorlesen in evangel. Kirchen. 2. Aufl. 4. (88 B.) Berlin 839, L. Oehmigke.

—— Postille oder Predigt-Sammlung über die Evangelien sämmtl. Sonn- und Festtage des christl. Kirchenjahres zum Gebrauch bei der häusl. Andacht und zum Vorlesen in evangel. Kirchen. 3. Aufl. 7 Lfgn. gr. 4. (VI und 447 S.) Berlin 861, Oehmigke's Verlag. à Lfg. * 10 Ngr. *

—— Predigt bei der Eröffnung der Provinzial-Synode der Prov. Brandenburg, am 8. Novbr. 1844 in der Domkirche gehalten. gr. 8. (1¼ B.) Berlin, Mylius'sche Vrlgsh.

Schultz, Ernst Sigism. Ferd., Predigt am 28. Juli 1844 in d. Sophienkirche zu Berlin m. Bezug auf d. Attentat, welches am 26. Juli auf das Leben Sr. Maj. des Königs stattgefunden hat. gr. 8. (1¼ B.) Berlin 844, Mylius'sche Vrlgsh. Thlr.

— Predigt am Weihnachtsfeste 1808. 8. Berl., Mittler. 2 gl.

— Rede, bei d. Taufe eines jüd. Rabbinen gehalten, nebst e. kurzen Geschichte seiner Bekehrung z. Christenthume, gehalten am 6. März 1822 in der Sophienkirche zu Berlin. 8. Berl. 822. L. Oehmigke. 3 gl.

—— Sammlung geistl. Amts-Reden. 4 Thle. gr. 8. Berlin, L. Oehmigke. [1. 2. Aufl. u. 2. (à 21½ B.) 835. à 1¼ Thlr., 3. (28 B.) 837. 1½ Thlr., 4. (22 B.) 841. 1¼ Thlr.]

—— dass. 1. Thl. 3. Aufl. gr. 8. (21 B.) Berlin 844, Ludw. Oehmigke, Vrlgsh.
2–4. Thl. Ebendas. 1835–41. 4 Thlr.

Schultz, Er. Sigism. Fd., Sammlung geistlicher Amts-Reden (Casual-Reden u. Fest-Predigten.) 4. Thl. gr. 8. Berlin 841, L. Oehmigke. 1¼ ß — 5. Thl. A. u. d. T.: Neueste Casualreden, Festpredigten u. Predigten über freie Texte. gr. 8. Ebend. 845, Mylius. 2 ß

—— Samml. geistl. Reden, bei Taufen, Konfirmationen, Trauungen, Beerdigungen, Proselyten-Taufen, bei Eröffnung neuer Schulen, bei d. Einweih. e. neuen Begräbnißplatzes, bei Jubiläums-Feiern, Stadtverordneten-Wahlen, u. bei der Feier d. heil. Abendmahls. gr. 8. (19½ B.) Berlin 831, Oehmigke.

— Sendschreiben an die evangel. Gemeinden in Preußen in Bezug auf die Neugestaltg. unserer kirchl. Verhältnisse. gr. 8. (63 S.) Berlin 849, G. Reimer. ⅓ ß

Schultz, Erwin, aus Edenkoben: **Beiträge zur Kenntnis der Stickstoffalkylaldoxime und ihrer Umlagerung.** *Leipzig 1900: F. M. Geidel.* (27 S.) 8°
Leipzig, Phil. Diss. v. [29. Okt.] 1900

Schultz, Erwin, Dr.: **Die Pfandansprüche** nach § 1227 des Bürgerlichen Gesetzbuchs für das Deutsche Reich. *Leipzig: A. Deichert Nachf. 1903.* (XI, 91 S.) 8° ¶ (= Rostocker Rechtswiss. Studien, Bd 1, H. 4.)
Rostock, Jur. Diss. v. [15. Juli] 1903

Die Pfandansprüche nach § 1227 des Bürgerlichen Gesetzbuchs für das Deutsche Reich. Von Dr. Erwin **Schultz.** *Leipzig: A. Deichert Nachf. 1903.* (XI, 91 S.) 8°
Erschien zuerst als Inaug.-Diss. Rostock 1903.
— **Studien,** Rostocker Rechtswissenschaftliche. Bd 1, H. 4.

Über umkehrbare Entwickelungsprozesse und ihre Bedeutung für eine Theorie der Vererbung. Von Dr. Eugen **Schultz,** Priv.Doz., St. Petersburg. Leipzig: W. Engelmann 1908. (48 S.) 8°
— **Vorträge** u. Aufsätze über Entwickelungsmechanik d. Organismen. H. 4. [08. 10691 3

Schultz, Eug. Die Ketten der Gesellschaft. Schauspiel in 4 Akten. 8. (III, 82 S.) Dresd. 892, Pierson. * 1 50

Schultz, Eug., der Messias. Phantasien. 8. (75 S.) Dresden 896. E. Pierson. n. 1. —

Prinzipien der rationellen vergleichenden Embryologie. Von Eugen **Schultz,** Priv.Doz., St. Petersburg. Leipzig: W. Engelmann 1910. X, 233 S. 8° [10. 13948

Der Anbau der Faserpflanzen, besonders der Baumwolle in den Kolonien. Von Dr. F. **Schultz.** Berlin: W. Süsserott [1903]. (52 S.) 8° [F.]
Aus: Pfälzische Presse. 1903, Juni. [03. 935

Schultz, F., der Anbau der Faserpflanzen, besonders der Baumwolle, in den Kolonien. (52 S. m. Abbildgn.) 8. Berlin (904). W. Süsserott. n. 1. 80

Schultz: De obsoletis coniugationum Plautinarum formis. 23 S.–Konitz, Progr. 1864

Schultz, F. Karta öfver Segelleden från Stockholm genom Götha Kanal till Götheborg. Stockholm 1837. 1 Bl. c. K. Ff. nebst je 1 Heft Beschreibung in schwedischer und in deutscher Sprache.

Schultz: Plautus in seinem Verhältnis zur mittleren u. neueren griechischen Komödie. 14 S. – Neustadt i/W., Progr. 1866.

Schultz, F., und C. F. Roth, gemeinverständlicher Rathgeber über die Rechte und Pflichten des Miethers und Vermiethers von Wohnungen und anderen Räumen in Schleswig-Holstein, Lauenburg und Hamburg, nebst einem Entwurf zu einem Miethsvertrage. 8. (64 S.) Kiel 884, (Lipsius und Tischer.) *

Die Schafwolle im Hinblick auf die Schaf- und Ziegenzucht in Deutsch-Südwestafrika. Ein Beitrag z. Kenntnis unserer Kolonien von Dr. (F.) **Schultz**(-Kaiserslautern). Berlin: W. Süsserott 1906. (24 S.) 8° [F.]
— [**Abhandlungen,** Koloniale. H. 5.] [07. 13558

Schultz, F., s.: Vorbereitungen u. Entwürfe aus dem gesamten Unterrichtsgebiete der deutschen Volksschule.

Schultz, F. A., de veritate resurrectionis Chr. et divinitate relig. chr. inde evicta. Regiom. 1734. 4.

Schultz, F., & Co., Lünerhütte: Gebrauchsanweisung zur Handcentrifuge Kanitz. Lünen a. d. Lippe (1897?)

Schultz, F. H., Geschichte des Friedens von Oliva vom 3. Mai 1660. Labiau 860. — Königsberg, Gräfe & Unzer. gr. 8. (82 S.) n. 10 ngr.

Schultz, F. J. A., höchst wichtige u. ganz neue Erfindungen f. Brauereibesitzer, Gastwirthe, Bierschänker ꝛc. gr. 8. Bautzen 844, (Reichel.) *
Vgl. Schultz, A. F.

Schultz, F. J. A., höchst wichtige u. ganz neue Erfindungen f. Brauereibesitzer, Gastwirthe, Bierschänker ꝛc. qu. 8. Bautzen 848, Reichel. 2 ß

Schultz, F. W., der Declamator wie er sein soll. Eine geord. Samml. v. Gedichten, z. mündl. Vortrag geeignet; nebst beigefügter Anleit. zu e. richt. Betonung. Für Schulen u. z. Selbstgebr. 8. (12 B.) Chemnitz 838, Billig. (?)

Schultz, F. W., neuestes deutsches Kochbuch, s. Kochbuch, neuestes deutsches.

Schultz, Ferdinand [Dr., Dir.]: Zum Andenken an Ihre Majestät die Kaiserin Augusta. Berlin, Druck v. Gebr. Unger, 1890; 1 Bl. 4°
Charlottenburg, k. Kaiserin-Augusta-G, OP 1890

Schultz, Ferd. Aufgabensammlung zur Einübung der lateinischen Syntax. Zunächst für die mittlere Stufe der Gymnasien bearb. gr. 8. (XVI und 342 S.) Paderborn 861, Schöningh. *

Schultz, Ferd., Aufgabensammlung zur Einübung der lateinischen Syntax. Zunächst für die mittlere Stufe der Gymnasien bearb. 2. Aufl. 1862. und 3., bericht. Ausg. gr. 8. (XVIII und 342 S.) Paderborn 864, Schöningh. *

Schultz, Ferd., Aufgabensammlung zur Einübung der lateinischen Syntax. Zunächst für die mittlere Stufe der Gymnasien bearb. 4.—6. bericht. Ausg. gr. 8. (VII, 341 S.) Paderborn 868—73, Schöningh. * 2 50

Schultz, Ferd., Aufgabensammlung zur Einübung der lateinischen Syntax. Zunächst für die mittlere Stufe der Gymnasien bearb. 7. bericht. Aufl. (XVI, 341 S.) 1876; 8. bericht. Aufl. (XVI, 342 S.) Paderborn 879, F. Schöningh. *

Schultz, Ferd., Aufgabensammlung zur Einübung der lateinischen Syntax. Zunächst für die mittlere Stufe der Gymnasien. 9., bericht. Ausg. Mit Verweisungen auf die lateinischen Sprachlehren von Schultz u. Ellendt-Seyffert [ES]. gr. 8. (XVI, 341 S.) Paderborn 882. F. Schöningh. n. 2. 50

Schultz, Ferd., Aufgabensammlung zur Einübung der lateinischen Syntax. Zunächst f. die mittlere Stufe der Gymnasien bearb. 10., bericht. Ausg. Mit Verweisgn. auf die lat. Sprachlehren v. Schultz u. Ellendt-Seyffert [ES]. gr. 8. (XVI, 341 S.) Paderborn 887. F. Schöningh. n. 2. 50

Schultz, Ferd., Aufgabensammlung zur Einübung der lateinischen Syntax. 12. Aufl., nach den Lehrplänen v. 1892 bearb. v. Jos. Weisweiler. gr. 8. (IV, 285 S.) Paderborn 894. F. Schöningh. n. 2. 50

Schultz, Ferd., Aufgabensammlung zur Einübung der lateinischen Syntax. Zunächst f. die mittlere Stufe der Gymnasien bearb. 11. Ausg. Unveränderter Abdr. (XVI, 312 S.) 8. Paderborn 900. F. Schöningh. n. 2. 50; geb. n. 3. 10

Beiträge zur Geschichte der Landeshoheit im Bistum Paderborn bis zur Mitte des vierzehnten Jahrhunderts: 'Die Vogtei'. Von Dr. Ferdinand Schultz aus Fredeburg. *Münster: Regensberg 1903.* (XIX, 161 S.) 8° [F.] [Erschien auch als Inaug.-Diss. Tübingen 1903.]

Schultz, Ferd. Einige Bemerkungen über Homonyme. 15 S.
Braunsberg, Progr. 1847

[F.] Die für Grundbesitz und Adel wichtigsten Bestimmungen des Bürgerlichen Gesetzbuchs für das Deutsche Reich u. des Einführgsges. Auf Veranl. des Ver. kathol. Edelleute bearb. v. Ferdinand Schultz, Justizr. zu Hamm i. W. *Münster (Westf.): Coppenrath 1896.* (VIII, 107 S.) 1 Bd 8. [97. 143

Schultz, A(lbert) M(artin) Ferd. (geb. Berlin 7. 10. 1829): [De] Chersoneso Thracica capita II. Berolini (1853). (126 S.) 8° * Fortsetzung bis 1899 nicht erschienen.
Berlin, Phil. Diss. v. 6. Dez. 1853

Schultz, (A. M.) Ferd., de Chersoneso Thracica capita II. Dissertatio inaug. Berolini (853.) (Hertz.) 8. (2 Bl., 128 S.) n. 15 ngr.

Schultz, Ferd., Chronik der Residenzstadt Charlottenburg. Ein Stadt- u. Kulturbild. 8. (VII, 319 S.) Charlottenburg 887. Grundmann. n. 4. 50; geb. n. 5. 50; Fürsten-Ausg. auf Velinpap., in Halbfrz. geb. n. 10. —

Schultz, Fd., s. Ciceronis orationes XIV.

Schultz, F., De codicibus quibusdam Demosthenicis ad orationem Philippicam tertiam nondum adhibitis. 34 S. – Progr. Berlin, Friedr. G. 1860.

Schultz, Ferd., de codicibus quibusdam Demosthenicis ad orationem Philippicam tertiam nondum adhibitis. Berlin 860. (Nicolai'sche Sorthdlg. — Posen, Jagielski.) gr. 4. (38 S.) n. 10 ngr.

Schultz, Ferdin.: Philoctetearum emendationum decas. 10 S. – Lyck, Progr. 1856.

Schultz, Ferdin. Philoctetearum emendationum decas. 10 S.
Münster, Progr. 1860

Schultz, Ferd. Quaestionum orthographicarum decas. 26 S. [Inhalt: Prooemium. I. Breves syllabas ci et ti jam antiquissimis temporibus et litteris et sono inter se commutatas esse. II. Rectius scribi conditio quam condicio. III. diciones quam ditiones. IV. Scribendum esse contio, non concio. V. setius, non secius. VI. otium, non ocium. VII. nuntius, non nuncius. VIII. Rectius scribi genitrix quam genetrix. IX. Scribendum esse intelligo, negligo, Virgilius, non intellego neglego, Vergilius. X. Rectius scribi millies, Pollio, villicus quam milies, Polio, vilicus].
Braunsberg, Progr. 1855.

—— orthographicarum quaestionum decas. Accedunt controversiae orthographicae XXX. 8maj. (II und 58 S.) Paderbornae 855, Schöningh. *

— Demosthenes u. die Redefreiheit im atheniſchen Staat. Histor. Studie. Berlin 865. Lüderitz' Verlag. gr. 8. (35 S.) n. 5 ngr.

—— Demosthenes und die Redefreiheit im athenischen Staat. Histor. Studie. gr. 8. (35 S.) Berlin 866, Lüderitz' Verlag. *

Schultz: Hor. carm. IV. 8 ‚Donarem pateras grataque commodus' 8 S. – Münster, Progr. 1865

Schultz, Ferdinand [Dir. Dr.]: Einiges aus der Vorgeschichte der Anstalt. '(Vgl. Progr. 1876 u. 1877.)' Charlottenburg, Buchdr. „Gutenberg", 1895; 13—19 S. 4.
Charlottenburg, k. Kaiserin Augusta-G, P 1895 (70)

Schultz, Ferdinand, Dir. Geh. Regierungsrat Dr.: Die Einweihung des neuen Anstaltsgebäudes. *Charlottenburg 1900: 'Gutenberg'.* (S. 3—10.) 4°
Charlottenburg, k. Kaiserin Augusta-G, P 1900 (70)

Schultz, Ferd., d. geschichtliche Entwickelung d. Gegenwart seit 1815 unt. Berücksicht. d. wirtschaftlichen u. sozialen Verhältnisse in Deutschland. 2., umgearb. u. verm. Aufl. der „Geschichte der neuesten Zeit". M. 1 Karte: Kolonien u. Weltverkehr. 2 Bde. gr. 8. (VII, 180 u. VIII, 240 S.) Dresden 897. L. Ehlermann. à n. 2. 50; geb. à n. 3. 50

Schultz F. Erinnerung und Gedächtnis. (Sammlg wiss. Vortr. 361) Berlin 1881

Schultz, Ferd. Erinnerung und Gedächtniß. } s. a. Sammlung gemeinverständlicher wissenschaftlicher Vorträge.

—— die häusliche Erziehung im Zusammenhang mit der Schule. gr. 8. (40 S.) [Schweinfurt 876, Stoer.] Nürnberg, Korn'sche Buchh. *

Schultz, Ferdinand: [Die Feier der Grundsteinlegung zu dem Neubau des Anstaltsgebäudes.] *Charlottenburg 1898: Buchdr. „Gutenberg".* (60—61 S.) 4°
Charlottenburg, k. Kaiserin Augusta-G, P 1898 (60)

Schultz, Ferdinand: Gedächtnissrede zum Andenken von Dr. J. H. Sarres (geb. 17. Juli 1834, gest. 24. Juli 1866). Berlin. 1867.
Schul-/Univ.-Schrift

Schultz, Ferdinand [Dir. Dr.]: Der Gedenktag des fünfundzwanzigjährigen Bestehens der Anstalt als Gymnasium in Charlottenburg. Charlottenburg, Buchdr. „Gutenberg". 1895; 1—11 S. 4.
Charlottenburg, k. Kaiserin Augusta-G, P 1895 (70)

Schultz, Ferd. Der Gedenktag des fünfzigjährigen Bestehens der Anstalt zu Charlottenburg. 14 S. Progr. *Charlottenburg* 1877.

Schultz, Ferd., Geschichte der deutschen Litteratur. gr. 8. (XVI, 287 S.) Dessau 889. Baumann's Verl. n. 2. 40; geb. n. 3. —

—— Geschichte der neuesten Zeit. Von 1815—1890. Für Schule u. Haus bearb. gr. 8. (X, 316 S.) Berl. 891, H. Peters. * 6 —; geb. ** 7 —

Schultz, Ferd., Grammatichetta della lingua latina. Tradotta ad uso delle classi inferiori dei ginnasi austro-italiani. 1. Edizione. (VIII und 280 S.) 1852. 20 Ngr. et 2. Edizione ampliata e interamente corretta. gr. 8. (IV und 220 S.) Vienna 855(56,) Gerold figlio. *

Schultz, Ferd. Grammatichetta della lingua latina. Tradotta ad uso delle classi inferiori dei ginnasi austro-italiani. 3. Edizione ampliata e interamente corretta. 8. (IV und 220 S.) Wien 859, Gerold's Sohn. Thlr. *

—— Grammatichetta della lingua latina. Tradotta ad uso delle classi inferiori dei ginnasi. 4.—6. ediz., ampliata e corretta. 8. (III und 204 S.) Wien 863—68, Gerold's Sohn. *

—— Lateinische Grammatik, vgl.: Hauler, Joh. Lat. Uebungsbuch.

—— die Grundzüge der Meditation. Eine Anleitung zum Entwerfen von Aufsätzen und Vorträgen für die oberen Klassen höherer Lehranstalten als Vorstufe zu den „Meditationen". gr. 8. (V, 69 S.) Dessau 887, Baumann's Verlagsh. *M 1.—; cart. *

Schultz, Ferd., die Grundzüge der Meditation. Eine Anleitg. zum Entwerfen v. Aufsätzen u. Vorträgen f. die oberen Klassen höherer Lehranstalten als Vorstufe zu den Meditationen. 2. verb. Aufl. v. Th. Matthias. (91 S.) kl. 8. Dresden 905. L. Ehlermann. Geb. n. 1. —

(**Schultz**, Ferdinand, Dir. Dr.:) Das Kaiserin Augusta-Gymnasium. [Geschichte d. Anstalt v. 1818—1899.] *Charlottenburg 1899: 'Gutenberg.'* (24 S.) 4°
Charlottenburg, k. Kaiserin Augusta-G, Denkschr. 1899

— die Kaisertage in Charlottenburg. Erinnerungsbilder [zugleich Nachtrag zur „Chronik der Residenzstadt Charlottenburg".] 8. (31 S.) Charlottenburg 888. Grundmann. n. — 40

— Lehrbuch der Geschichte f. die Mittelklassen v. Gymnasien u. Realgymnasien u. f. Realschulen. gr. 8. (VII, 284 S.) Ebd. 898. n. 2. 80; geb. in Halbldr. n. 3. 40

— Lehrbuch der Geschichte f. die Mittelklassen v. Gymnasien u. Realgymnasien u. f. Realschulen. Neu bearb. v. Ghold. Klee. 3. Aufl. (IV, 304 S.) 8. Ebd. 906. Geb. n. 3. 40

— u. Rud. **Thiele**, Lehrbuch der Geschichte f. die Oberstufe höherer Lehranstalten, in Übereinstimmg. m. den neuen Lehrplänen verf. 4 Abtlgn. gr. 8. Dresden, L. Ehlermann. Kart. n. 8. 60
1. Griechische Geschichte, verf. v. Ferd. Schultz. Mit erläut. Abbildgn. im Text. Erste Halbjahraufgabe der Ober-Sekunda. (VIII, 104 S.) 893. n. 1. 60
2. Römische Geschichte, verf. v. Ferd. Schultz. Mit erläut. Abbildgn. im Text. Zweite Halbjahraufgabe der Ober-Sekunda. (IV, 128 S. m. Titelbild.) 893. n. 1. 80
3. Geschichte des Mittelalters u. des Zeitalters der Reformation 476 (375)—1648, verf. v. Rud. Thiele. (VIII, 176 S. m. Abbildgn.) 894. n. 2. 20
4. Geschichte der neueren u. neuesten Zeit (1648 bis zur Gegenwart), verf. v. Ferd. Schultz. (VIII, 224 S.) 894. n. 3. —

— Lehrbuch d. alten Geschichte f. d. Oberstufe höh. Lehranst., in Übereinstimmg. m. d. neuen Lehrplänen verf. 2 Abtlgn. Mit erläut. Abb. im Text. gr. 8. Ebd. 895. Geb. in Leinw. n. 3. 40
1. Griechische Geschichte. 1. Halbjahraufgabe der Ober-Sekunda. 2., durchgeseh. Aufl. (VIII, 104 S.) n. 1. 60
2. Röm. Geschichte 2. Halbjahraufgabe der Ober-Sekunda. 2. Aufl. (IV, 132 S.) n. 1. 80

— Lehrbuch d. Geschichte f. d. Oberstufe höh. Lehranst. 3. Abtlg. Geschichte d. Mittelalters u. d. Zeitalters d. Reformation. M. erläut. Abb. im Text. Lehraufgabe d. Unter-Prima. gr. 8. (VIII, 243 S.) Ebd. 896. Geb. n. 2. 80 (I.—III.: n. 6. 20)

Schultz', Ferd., Lehrbuch der Geschichte f. die Oberstufe höh. Lehranstalten. Neu bearb. v. Ghold. Klee. 4 Abtlgn. Mit erläut. Abbildgn. im Text. 8. Dresden, L. Ehlermann. Geb. 9. 20
1. Griechische Geschichte. 1. Halbjahrsaufgabe der Ober-Sekunda. 3. Aufl. (VIII, 98 S.) 907. Geb. 1. 60
2. Römische Geschichte. 2. Halbjahrsaufgabe der Ober-Sekunda. 3. Aufl. (VI, 127 S.) 907. Geb. 1. 80
3. Geschichte des Mittelalters u. des Zeitalters der Reformation. Lehraufgabe der Unter-Prima. 3. Aufl. (VI, 246 S.) 908. Geb. 2. 80
4. Geschichte der neueren u. neuesten Zeit (1648 bis zur Gegenwart). Lehraufgabe der Ober-Prima. 3. Aufl. (VIII, 239 S.) 908. Geb. 3. —

Schultz, Ferd., Lehrbuch d. Geschichte f. die Quarta v. Gymnasien, Realgymnasien u. Realschulen. gr. 8. (VI, 121 S.) Dresden 899. L. Ehlermann. Geb. in Halbldr. n. 1. 60

— dasselbe f. die Quarta v. Gymnasien, Realgymnasien u. Realschulen. 2. Aufl., besorgt v. Otto Tschirch. (VIII, 116 S.) 8. Ebd. 904. Geb. n. 2. —

—— Meditationen. Eine Sammlung von Entwürfen zu Besprechungen und Aufgaben für den deutschen Unterricht in den oberen Klassen höherer Lehranstalten. 2 Bdchn. gr. 8. Dessau, Baumann's Verlagsh. [1. Bdchn. (XII, 152 S.) 885. *M 2.—; geb. *M 2.40.; 2. Bdchn. (X, 242 S.) 886. *M 3.—; geb. *M 3.60.] *M 5.—; geb. *

— Meditationen. Sammlg. v. Entwürfen z. Besprechgn. u. Aufgaben f. den deutschen Unterr. i. d. oberen Klassen höh. Lehranstalten. 3 Bde. gr. 8. Dessau, Dresden, L. Ehlermann. n. 7. 80; geb. n. 9. 60
1. 2. Aufl. (XII, 143 S.) 898. n. 2. 40; geb. n. 3. —
2. (X, 242 S.) 886. n. 3. —; geb. n. 3. 60
3. (IV, 159 S.) 893. n. 2. 40; geb. n. 3. —
Auch die übrigen Schriften desselb. Verf. aus d. Verlage von P. Baumann sind an obige Firma übergegangen.

— Meditationen. Eine Sammlg. v. Entwürfen zu Besprechgn. u. Aufgaben f. den deutschen Unterricht in den oberen Klassen höherer Lehranstalten. I. Bd. 3., durchgeseh. Aufl. (XII, 143 S.) 8. Ebd. 905. n. 2. 40; geb. n. 3. —

— u. Thdr. **Matthias**, Meditationen. Entwürfe zu deutschen Aufsätzen u. Vorträgen. 4.—6. u. 10.—13. Heft. 8. Ebd. Geb. n. 8. 60
4. (112 S.) 905. n. 1. 20. — 5. (97 S.) 905. n. 1. 20
6. (95 S.) 905. n. 1. 20
10. Hrsg. v. Thdr. Matthias. (96 S.) 905. n. 1. 20
11. Abhandlungen u. Aufsätze als Grundlagen u. Ausführungen zu Meditationen des 10. Heftes, zusammengestellt v. Thdr. Matthias. (120 S.) 905. n. 1. 40
12. Hrsg. v. Thdr. Matthias. (95 S.) (906.) n. 1. 20
13. Grundlagen u. Ausführungen zu Meditationen des 12. Heftes, zusammengestellt v. Thdr. Matthias. (104 S.) (906.)

— u. Thdr. **Matthias**, Meditationen. Entwürfe zu deutschen Aufsätzen u. Vorträgen. 14. Heft. Hrsg. v. Thdr. Matthias. (96 S.) kl. 8. Ebd. 907. Geb. 1. 20

— Merktafel zu der Geschichte der deutschen Litteratur. [Erweit. Sonderdr. aus: „Gesch. d. deutschen Litteratur".] gr. 8. (14 S.) Dessau 891. Baumann's Verl. cart. n. — 30

Schultz, Ferdinand, Dir. Geh. Regierungsrat Dr.: Der ältere Notenschatz des Kaiserin Augusta-Gymnasiums. *Charlottenburg 1900: 'Gutenberg'.* (S. 11—24.) 4°
Charlottenburg, k. Kaiserin Augusta-G, P 1900 (70)

Schultz, Ferd., lateinische Schulgrammatik. Erweiterte Ausg. der „Kleinen latein. Sprachlehre" v. F. Sch., unter Mitwirkg. desselben bearb. v. M. Wetzel. gr. 8. (VIII, 373 S.) Paderborn 886. F. Schöningh. n. 2. 80

— lateinische Schulgrammatik. Erweiterte Ausg. der „Kleinen latein. Sprachlehre" v. F. Sch., unter Mitwirkg. desselben bearb. v. M. Wetzel. 2., verb. Aufl. gr. 8. (VIII, 368 S.) Ebd. 888. n. 2. 80

[F.] Lateinische Schulgrammatik. Erweit. Ausg. d. 'Kleinen latein. Sprachlehre' v. Dr. Ferdinand Schultz, weil. Geh. Regiergs- ... rat zu Münster, bearb. v. Dr. M[artin] Wetzel, Oberl. ... zu Paderborn. 3., verb. Aufl. *Paderborn: F. Schöningh 1896.* (VIII, 367 S.) 1 Bd 8. [97. 860

Lateinische Schulgrammatik. Erw. Ausg. d. 'Kleinen latein. Sprachlehre' von Dr. Ferdinand Schultz, weil. Prov.Schulrat zu Münster, bearb. von Dr. M[artin] Wetzel. 4. Aufl., besorgt von A[nton] Wirmer. Paderborn: F. Schöningh 1904. (VII, 384 S.) 8° [F.] [05. 956

Schultz, Ferd., lateinische Schulgrammatik. Erweit. Ausg. der „Kleinen latein. Sprachlehre", bearb. v. M. Wetzel. 5. Aufl., besorgt v. A. Wirmer. (VII, 384 S.) 8. Paderborn 908. F. Schöningh. 3.—; geb. 3.60

—— kleine lateinische Sprachlehre zunächst für die untern und mittlern Klassen der Gymnasien bearb. gr. 8. (IV und 211 S.) Paderborn 850, Schöningh. * —

— kleine lateinische Sprachlehre zunächst für die untern und mittlern Klassen der Gymnasien bearbeitet. 2. verb. Ausg. 854. (VII, 228 S.) — 4. verb. Ausg. Paderborn 856. Schöningh. gr. 8. (VIII, 232 S.) n. 12½ ngr.

—— kleine lateinische Sprachlehre zunächst für die untern und mittlern Klassen der Gymnasien bearb. 5. und 6., verb. Ausg. gr. 8. (VIII und 248 S.) Paderborn 859. 60, Schöningh. * —

—— kleine lateinische Sprachlehre zunächst für die untern und mittlern Klassen der Gymnasien bearb. 7. Aufl. 1863. und 10., verb. Ausg. gr. 8. (VIII und 255 S.) Paderborn 868, Schöningh. * —

—— kleine lateinische Sprachlehre zunächst für die untern und mittlern Klassen der Gymnasien bearb. 11. und 12. Ausg. 1869,71. *M 1,50., und 13. und 14. verb. Aufl. gr. 8. (VIII, 274 S.) Ebendas. 873,74. * 1 75

—— kleine lateinische Sprachlehre zunächst für die untern und mittlern Klassen der Gymnasien. 15. verb. Ausg. (VIII, 283 S.) 1876. **M 1,75.; 16. verb. Aufl. gr. 8. (VIII, 289 S.) Paderborn 878, F. Schöningh. *

—— kleine lateinische Sprachlehre, zunächst für die untern und mittlern Klassen der Gymnasien bearb. 17. verb. Ausg. gr. 8. (VIII, 292 S.) Ebendas. 880. *

—— dass. — Zunächst für die untern und mittlern Klassen der Gymnasien und Realgymnasien. 18. verb. Ausg. gr. 8. (VIII, 302 S.) Ebendas. 882. *

—— kleine lateinische Sprachlehre, zunächst für die untern und mittlern Klassen der Gymnasien und Realgymnasien bearb. 19. verb. Ausg. (VIII, 300 S.) 885; 20. vereinfachte und verkürzte Ausg. gr. 8. (VII, 268 S.) Ebendas. 888. *

Schultz, Ferd. Kleine lateinische Sprachlehre, zunächst f. die untern und mittlern Klassen der Gymnasien und Realgymnasien bearb. 21. vereinfachte u. verb. Ausg. gr. 8. (VII, 268 S.) Paderb. 890, F. Schöningh. * 1 90

Schultz, Dr. Ferdinand, Kleine lateinische Sprachlehre. 21. berichtigte Ausgabe für Oesterreich, besorgt von Emanuel Feichtinger. Wien. Friese und Lang. Druck und Verlag von Ferdinand Schöningh, Paderborn. (Min.-Erl. 5. November 1890. Z. 21261.) Gebunden 1.30

—— Kleine lateinische Sprachlehre. 21. bericht. Ausg. Ausg. f. Österreich, besorgt v. Em. Feichtinger. gr. 8. (VII, 276 S.) Ebd. 890. geb. * 2 40

Vgl.: Führer, A. Vorschule f. den ersten Unterricht und Uebungsstoff für das 3. Jahr des latein. Unterrichts.

— kleine lateinische Sprachlehre. 22., den neuen Lehrplänen entsprechend bearb. Ausg., besorgt v. Mart. Wetzel. gr. 8. (VIII, 272 S.) Ebd. 893. n. 1. 90

[F.] Kleine lateinische Sprachlehre v. Dr. Ferdinand Schultz. Ausg. f. Österreich. 22. Aufl. Neu bearb. v. Emanuel Feichtinger, Prof. ... in Wien ... *Wien: Friese & Lang I. 1896.* (VI, 273 S.) 1 Bd 8. [98. 1146

Kleine lateinische Sprachlehre von Dr. Ferdinand Schultz. 23. Ausg. besorgt von Prof. Dr. Martin Wetzel. *Paderborn: F. Schöningh 1898.* (VIII, 286 S.) 8° [F.] [00. 6334 6

Kleine lateinische Sprachlehre von Dr. Ferdinand Schultz. Ausg. f. Österreich. 23. verb. Aufl. Besorgt von Emanuel Feichtinger, Prof. in Wien. *Wien: Friese & Lang; Paderborn: F. Schöningh 1903.* (IV, 273 S.) 8° [F.] [04. 6188

— kleine lateinische Sprachlehre. Ausg. f. Oesterreich 23., verb. Aufl. Besorgt von Eman. Feichtinger. (IV, 273 S.) 8. Paderborn 906. F. Schöningh. (Wien, Friese & Lang.) Geb. n. 2. 40

Kleine lateinische Sprachlehre von Dr. Ferdinand Schultz, weil. Prov.-Schulrat zu Münster. 25. Ausg., besorgt von Dr. Anton Führer, Dir. Paderborn: F. Schöningh 1907. (VI, 290 S.) 8° [F.] [08. 8383

Schultz, Ferd., Latein. Sprachlehre zunächst für Gymnasien bearbeitet. gr. 8. (705 S.) Paderborn 848, Schöningh. n. 1¼ ℛ

—— lateinische Sprachlehre zunächst für Gymnasien bearb. 2., verb. Ausg. gr. 8. (XII und 690 S.) Paderborn 853, Schöningh. *

—— lateinische Sprachlehre zunächst für Gymnasien bearb. 4., verb. Aufl. gr. 8. (XVI und 702 S.) Paderborn 857, Schöningh. *

Schultz, Ferd. lateinische Sprachlehre zunächst für Gymnasien bearb. 5. Aufl. 1862. und 6., verb. Ausg. gr. 8. (XIV und 691 S.) Paderborn 865, Schöningh. *

—— lateinische Sprachlehre zunächst für Gymnasien. 7. Ausg. 1871, und 8. verb. Ausg. gr. 8. (XII, 674 S.) Ebendas. 874. * 4 —

—— lateinische Sprachlehre zunächst für Gymnasien. 9. verm. und verb. Ausg., bearb. von Johs. Oberdick. gr. 8. (XII, 693 S.) Ebendas. 881. *

—— latein. Synonymik, zunächst f. d. oberen Klassen d. Gymnasien bearb. 8. (21 B.) Arnsberg 841, Ritter.

Schultz, Ferd., latein. Synonymik zunächst f. die oberen Klassen der Gymnasien bearb. 2., verb. u. verm. Ausg. gr. 8. (27 B.) Arnsberg 844, Ritter.

—— lateinische Synonymik zunächst für die oberen Klassen der Gymnasien bearb. 3., verb. und verm. Aufl. gr. 8. (XVI und 391 S.) Paderborn 856, Schöningh. *

—— lateinische Synonymik zunächst für die oberen Klassen der Gymnasien bearb. 4., verb. Ausg. gr. 8. (XIV und 402 S.) Paderborn 859, Schöningh. *

—— lateinische Synonymik zunächst für die oberen Klassen der Gymnasien bearb. 5., verb. Aufl. 1863. und 6., verb. Ausg. gr. 8. (XIV und 402 S.) Paderborn 868, Schöningh. *

— lateinische Synonymik zunächst f. die oberen Klassen der Gymnasien bearb. 7. verb. Ausg. gr. 8. (VIII, 396 S.) Ebend. 872. n. 3. —

— lateinische Synonymik, zunächst für die oberen Klassen der Gymnasien bearb. 8., verb. Ausg. gr. 8. (VIII, 400 S.) Ebend. 879. n. 3. —

Schultz F, die Tonkunst nach Ursprung und Umfang ihrer Wirkung. (Sammlung gemeinverständlicher wissenschaftlicher Vorträge 422) Berlin 1883

Schultz, F., die Tonkunst nach Ursprung u. Umfang ihrer Wirkung, s. Sammlung gemeinverständlicher wissenschaftlicher Vorträge.

— die Überlieferung der mittelhochdeutschen Dichtung „Mai u. Bêaflôr". gr. 8. (III, 61 S.) Leipzig 890. Fock. Diss. Kiel. n. 1. 50

—— Uebungsbuch zur lateinischen Sprachlehre zunächst für die untern Klassen der Gymnasien bearb. 1. Aufl. 1854. und 2., verb. Ausg. gr. 8. (IV und 306 S.) Paderborn 856, Schöningh. *

—— Uebungsbuch zur lateinischen Sprachlehre zunächst für die untern Klassen der Gymnasien bearb. 3. Ausg. 1857. und 4., verb. Ausg. gr. 8. (IV und 307 S.) Paderborn 860, Schöningh. *

—— Uebungsbuch zur lateinischen Sprachlehre zunächst für die untern Klassen der Gymnasien. 5., verb. Ausg. 1863. und 7., verb. Aufl. gr. 8. (IV und 294 S.) Paderborn 868, Schöningh. *

—— Uebungsbuch zur lateinischen Sprachlehre zunächst für die unteren Klassen der Gymnasien bearb. 8.—10. verb. Aufl. gr. 8. (IV, 294 S.) Ebendas. 869—74. * 2 —

— Uebungsbuch zur lateinischen Sprachlehre zunächst f. die untern Klassen der Gymnasien. 11. verb. u. verm. Aufl. gr. 8. (IV, 314 S.) Ebend. 876. n. 2. —

— Uebungsbuch zur lateinischen Sprachlehre zunächst für die unteren Klassen der Gymnasien. 12., verb. u. verm. Ausg. gr. 8. (IV, 316 S.) Ebend. 879. n. 2. —

Schultz, Ferd., Uebungsbuch zur lateinischen Sprachlehre zunächst f. die unteren Klassen der Gymnasien. 13. Ausg. gr. 8. (IV, 320 S.) Paderborn 883. F. Schöningh. n. 2.—

—— Übungsbuch zur lateinischen Sprachlehre zunächst für die untern Klassen der Gymnasien. 14. verb. Ausg. gr. 8. (IV, 300 S.) Ebendas. 888. *

-- lateinisches Übungsbuch f. die unteren Klassen. 15. Aufl., vollständig umgearb. v. Jos. Weisweiler. 2 Tle. gr. 8. (VI, 263 S.) Ebd. 893. Kart. à n. — 80 (kplt. in 1 Bd. geb.: n. 1. 60)

Schultz, Ferd., Übungsstoff f. den latein. Unterricht, } s.: Führer, Ant.

Schultz, Ferd. der Viehhandel im Gebiete des preußischen Landrechts, nebst einem Anhang, enthaltend die Bestimmungen des gemeinen deutschen Rechts. Auf Veranlassung des Vorstandes des Westfäl. Bauernvereins für die Landwirthe bearb. gr. 12. (40 S.) Paderborn 885, F. Schöningh. *

Schultz, (Josephus Ferd. (Berolin.) (geb. Recklinghausen 1814): Commentationis de vita Sophoclis poetae capita VI. Berolini (1835). 32 S.) 8° * Vollst. ersch. Berolini: Logier 1836.
Berlin, Phil. Diss. v. 23. Dez. 1835

Schultz, Fd., de vita Sophoclis poetae. Comment. ab ampliss. ordine philosoph. in Academ. Boruss. Rhen. praemio orn. 8maj. Berolini 836. Logier. 2/3 ₰

Schultz, F., De vita Sophoclis poetae. Gekr. Pr. 1836. 189 S.

— Vorschule f. den ersten Unterricht im Lateinischen, s.: Führer, A.

Schultz, Ferd., zum preußischen Wegerecht. Grundbegriffe. — Die Öffentlichkeit der Wege. — Die Interessentenwege. — Rechtsgeschichtliches. — Systematische Zusammenstellg. der das materielle Wegerecht betr. Entscheidgn. d. Oberverwaltungsgerichts. — Entwurf e. neuen Wegeordng. gr. 8. (III, 202 S.) Paderborn 893. F. Schöningh. n. 5. —

Schultz, Fr., wem soll man Wort halten, s. Jahrbuch deutscher Bühnenspiele.

Schultz, Fr. Wilhelm Fd.

— s. Pharmacopoea Borussica z. Gebrauch f. d. Armenpraxis.

Schultz, F. W. F., Pharmacopöe z. Gebr. f. d. Armenpraxis. gr. 8. Berl. Wilh. Oehmigke. 805.

Schultz, F. W. F., der natürl. Selbstmord; eine psycholog. Abhandlung. 8. Berl. Maurer. 815.

— das Wissenswürdigste von d. Kuhpocken; in mögl. Kürze zusammengestellt. 8. Berl. 801.

Schultz, Frank, Assistenzarzt im Pionier-Bataillon No 10: Zur Kenntnis der Nierenfunktionen. *Leipzig: G. Fock 1900.* (30 S.) 8°
Leipzig. Med. Diss. v. (11. Juli) 1900

Schultz, Frank, die Röntgentherapie in der Dermatologie. (VII, 143 S. m. 130 Fig.) gr. 8. Berlin 910. J. Springer. 6. —; geb. in Leinw. n 7. —

Schultz, Franz

Schultz, Fr., Chronik der Stadt Seebad Zoppot. Im Auftrage der städt. Behörden quellenmässig dargestellt. (III, 145 S.) Lex.-8. Danzig 905. A. W. Kafemann. n. 3. —

Schultz, Frz., von rheinischer Dichtg. Eine Skizze. (19 S.) 8. Bonn 909. C. Georgi. — 30

Schultz, [Franz]: Das Elokationswesen der Stadt Culm. Culm 1899: C. Brandt. (42 S.) 8°
Aus: Culmer Zeitung pro 1891/92.

Schultz, Fr., Geschichte des Kreises Deutsch-Krone. gr. 8. (IV, 352 S.) Deutsch-Krone 902. P. Garms. n. 5. --; geb. n. 5. 50; m. Karte des Kreises n. 5. 50; geb. n. 6. —

Geschichte des Kreises Dirschau von [Prof.] Dr. Fr[anz] Schultz, [Gymn.-Dir. a. D. in Danzig]. Hrsg.: Der Kreisausschuß d. Kr. Dirschau. Dirschau 1907: Dirschauer Zeitung. (XXXX, 372 S.) 8° [5.] 08. 1390 10

Schultz, Frz. Geschichte der Stadt und des Kreises Kulm. 1. Thl. bis zum J. 1479. 2 Lfgn. gr. 8. (VII, 336 S. mit 2 Stnt.) Danzig 876,77, [Kafemann.] Gruihn's Verlag. à Lfg. * ℳ 2. *
Nicht weiter erschienen.

Schultz, Franz: Geschichte der Kreise Neustadt und Putzig. Danzig (1907): Danziger Allg. Zeitung. 716 S. 8°

Schultz, Franz, aus Culm: Joseph Görres als Herausgeber, Litterarhistoriker, Kritiker im Zusammenhange mit der jüngeren Romantik. *Berlin: Mayer & Müller 1900.* (46 S.) 8°
¶ (Gekr. Preisschrift. — Erscheint vollst. in d. Palaestra.) *
Berlin, Phil. Diss. v. 4. Juli 1900

Joseph Görres als Herausgeber, Litterarhistoriker, Kritiker im Zusammenhange mit der jüngeren Romantik dargest. von Franz Schultz. Gekr. Preisschr. d. Grimm-Stiftung. Mit e. Briefanh. *Berlin: Mayer & Müller 1902.* (X, 248 S.) 8°
== Palaestra. 12. 10

2.— Schultz, Frz., s.: Görres, Jos., Charakteristiken.

Schultz, Franz: Hilfsbuch beim evangelischen Religionsunterricht ..., s. Kahle, F. Hermann

Schultz, F., 40 Kirchenlieder, s. Hilfsbuch beim evangel. Religionsunterricht.

Schultz, Frz., pädagogische Lesestücke, s.: Sperber, E.

[F.] Die gebräuchlichsten Lieder der evangelischen Kirche als Grundlage z. Veranschaulichg d. Geschichte der kirchl. Dichtg f. d. Schule erl. v. Franz Schultz, Superint. in Altkirchen a. R. ..., u. Rob. Triebel, Regiergs-u. Schulr. in Marienwerder. 13. durchges. u. verm. Aufl. *Breslau: C. Dülfer 1897.* (VIII, 243 S.) 8.
— Hülfsbuch b. evangel. Religions-Unterricht f. Lehrer u. Seminaristen ... Tl II. Abt. 2. [98. 4300

Die gebräuchlichsten Lieder der evangelischen Kirche als Grundlage zur Veranschaulichung der Geschichte der kirchlichen Dichtung f. d. Schule erl. von Franz Schultz u. Robert Triebel. 16. verm. Aufl. *Breslau: C. Dülfer 1904.* (VIII, 255 S.) 8° [F.]
— Hilfsbuch b. evangel. Religions-Unterricht. T. 2, Abt. 2. [04. 5550 2

Schultz, Frz., u. Rob. Triebel, die gebräuchl. Lieder der evangel. Kirche, s. a. Hilfsbuch f. den evangel. Religions-Unterricht. II. 2.

Schultz, Fr.: Die Mischung der Dialekte. 27 S. – Culm, Progr. 1872.

Schultz, Frz., die Mischung der Dialekte bei Theokrit. 4. (27 S.) Berlin 874. Calvary & Co. n. 1. 20

Schultz, Franz: *De nominibus propriis, quae in fabulis Plautinis leguntur. 89 S. 2°
Halle-Wittenberg, Phil. Diss. v. 2. Dez. 1867
Geb. [Altschottland b. Danzig 2. 7. 1841]

[F.] Zwanzig Psalmen f. d. Schule erläut. v. Franz Schultz, Superintend. in Altenkirchen ... u. Rob. Triebel, Regiergs- ... rat in Marienwerder. *Breslau: C. Dülfer 1898.* (IV, 96 S., 1 Bl.) 1 Bd 8. [98. 885

— — zwanzig Psalmen f. die Schule erläutert. 2. verm. u. verb. Aufl. gr. 8. (IV, 102 S.) Breslau 901. C. Dülfer. n. 1. 20; geb. in Halbleinw. n. 1. 60

Fünfundzwanzig Psalmen für die Schule erläutert. Ein Hilfsbuch f. Lehrer- u. Lehrerinnen-Bildungsanst. ... Von Franz Schultz, Prov.-Schulrat a. D., u. Robert Triebel, Geh. Reg.- u. Schulrat. 3. verm. Aufl. Breslau: C. Dülfer 1905. (IV, 122 S.) 8° [F.]

— s.: Quellen u. Forschungen zur Sprach- u. Culturgeschichte der germanischen Völker.

— Der Verfasser der Nachtwachen v. Bonaventura. Untersuchgn. zur deutschen Romantik. (VIII, 332 S.) gr. 8. Berlin 909. Weidmann. 8. —

Schultz, Franz: Vorgeschichte des Regimentes Hoch- und Deutschmeister, nebst e. Anh. Eine Festgabe zu dessen 200 jähr. Jubelfeier. Nach Urkunden u. Acten bearb. Wien 1896: (Holzhausen). 117 S. 4°

SCHULTZ, Franz Johann: Abbildungen der in- und ausländischen Bäume, Stauden und Sträucher, welche in Österreich (im Freien) fortkommen. - Wien 1792-1804. 3 Bd. - Bd. 1: 116 S. - Bd. 2: 104 S. - Bd. 3: 112 S.

Schultz, Friedrich: Die Äthernarkosen der königlichen Frauenklinik zu Halle. *Halle a. S. 1898: C. A. Kaemmerer & C.* (36 S.) 8°
Halle, Med. Diss. v. 20. Juli 1898

Schultz, Frdr. Die Idee des Kaisertums von der Erneuerung durch Karl den Großen bis zum Tode Ottos des Großen. 39 S.
Progr. *Diedenhofen* 1879.

Schultz, Friedrich, Prof.: Gottlieb Conrad Pfeffel und die Militärschule in Colmar. Eine pädagogische Abhandlung. T. 1. Colmar 1907: Decker. (72 S.) 8°
Colmar, L P 1907 (646)

Schultz, Frid. (Henr. Christoph.) (gen. Arnsberg 5. 3. 1841): De pneumothorace. Berolini (1865). (32 S.) 8°
Berlin, Med. Diss. v. 22. Juli 1865

Schultz, Friedrich, Medicinalprakt.: Struma sarcomatosa permagna mit Perforation in die Trachea und den Oesophagus. Teterow 1909: Müschen. 22 S. 8°
München, Med. Diss. v. 2. Sept. 1909, Ref. v. Bollinger
[Geb. 1. Dez. 79 Teterow; Wohnort: Lörrach; Staatsangeh.: Mecklenburg-Schwerin; Vorbildung: Gymn. Doberan Reife O. 02; Studium: Heidelberg 1, Rostock 1, München 1, Berlin 1, Rostock 2, München 4 S.; Coll. 2. Sept. 09; Approb. 20. Aug. 09.] [U 10. 3581

Schultz, Frdr., experimentelle Studien über Degeneration u. Regeneration der Cornealnerven. Inaugural-Dissertation. gr. 8. (77 S. m. 1 Steintaf.) Dorpat 881. (Karow.) n. 1. 60

Schultz, Friedrich Karl (Görlitz) A. S. 63/30
Dissertatio iuridica de iure vitae et necis in furem privato competente. Präs. Johann Florens Rivinus. Leipzig (Langenheim) 6. X. 1740. 40 S.
Gew.: Wolff Christian Albrecht von Loeben. 31801

Schultz, Friedrich Karl [aus Wollin, in Pomm.]: Ueber Schwangerschafts- und Geburtsstörungen bei antefixiertem Uterus ... Greifswald, Druck v. J. Abel, 1896; 24 S. 8.
Greifswald, Med. Fak., Inaug.-Diss. v. 14. März 1896

Schultz, Friedrich Wilhelm

Schultz, Fr. W., Beitrag zur Kenntniss d. deutsch. Orobanchen. Für seine Freunde in Druck gegeben. gr. Fol. (3 B. u. 1 Stnt.) München 829, (Jaquet.)

Schultz, Fr. W., Beitr. z. Kenntniß der deutschen Orobanchen. Für seine Freunde in Druck gegeben. Mit 1 lithogr. Tafel. gr. Fol. Münch. 829. (Michaelis). 12 gr.

Schultz, Frid. Guil. (geb. Friesack 21. 9. 1828): De Cyro Magno Judaeorum liberatore. Berolini (1853). (32 S.) 8°
Berlin, Phil. Diss. v. 20. Juli 1853

Schultz, Fr. W., das Deuteronomium erklart. Berlin 859. Schlawitz. gr. 8. (X, 717 S.) n. 3 Thlr

Schultz, Fr. W., die Bücher Esra, Nehemia und Esther, s. Bibelwerk, theologisch-homiletisches.

Schultz, Fr. W., und H. Strack, die Psalmen und die Sprüche Salomos, s. Kommentar, kurzgefaßter, zu den heiligen Schriften Alten und Neuen Testamentes.

Schultz, F. W., Psalmenerklärung, 2. Aufl., s.: Keßler, Hans.

Schultz, F. W., die Schöpfungsgeschichte nach Naturwissenschaft und Bibel. Ein Beitrag zur Verständigung. gr. 8. (XIV und 480 S.) Gotha 865, F. A. Perthes. *

Schultz, Frid. Guil.: Theses theologicae. Berolini (1852). 12 Bl. 4°
Berlin, Theol. Thes. v. 14. Aug. 1852

Das Drechslerbuch. Bearb. von Fritz Schultz. Mit 185 Abb. Hannover: M. Jänecke 1908. (204 S.) 8°
— Bibliothek d. gesamten Technik. Bd 89. [08. 11081 7

[F.] Reise um die Welt auf S. M. Schiff Vineta. 1875—77. Briefe d. verstorb. Marine-Stabsarztes Dr. Fritz Schultz an seine Eltern. M. 2 Autotyp. *Münster i. W.: Regensberg 1898.* (IV, 258 S., 1 Bl., 2 Taf.) 1 Bd 8. [98. 1676

Schultz, Fritz, appr. Arzt a. Königsberg i. Pr.: Aus d. Psychiatrischen u. Nervenklinik zu Kiel: Über multiple Sklerose mit epileptiformem Beginne. Kiel 1906: H. Fiencke. (12 S.) 8°
Kiel, Med. Fak., Ref. Siemerling, Diss. v. 16. Nov. 1906
[Geb. 26. Nov. 77 Bartenstein Ostpr.; Wohnort: Königsberg i. Pr.; Staatsangeh.: Preußen; Vorbildung: Kgl. Gymn. Bartenstein Reife O. 96; Studium: Königsberg 6, Erlangen 1, Königsberg 5, Kiel 1 S.; Coll. 6. Nov. 06; Approb. 16. Sept. 06.]

Technik der Färbe- und Vollendungsarbeiten ... bearb. von Fritz Schultz. Hannover: Jänecke 1909. 136 S. 8°
(Bibliothek d. gesamten Technik. Bd 113.) [09. 10591 7

— Technik der Färbe- u. Vollendungsarbeiten, s.a. Bibliothek der gesamten Technik.

SCHULTZ, Fritz W.: Flora der Pfalz. - Speyer 1846. LXXVI, 575 S. - Nachtrag ebd. 1846. 35 S.

F. SCHULTZ, Flora der Pfalz enthaltend ein Verzeichniss aller bis jetzt in der bayerischen Pfalz und den angränzenden Gegenden Badens, Hessens, Oldenburgs, Rheinpreussens und Frankreichs beobachteten Gefässpflanzen, mit Angabe der Dauer und der Blüthezeit, aller bis jetzt bekannt gewordenen Fundorte und Finder, der Natur der Fundorte und der geognostischen Beschaffenheit des Bodens, mit Merkmalen neuer und zweifelhafter Arten und anderen Bemerkungen, nach Kochs Synopsis und Taschenbuch der Deutschen und Schweizer Flora geordnet, und nebst Beifügung der Anordnung der Gattungen nach dem Linneischen Sexualsysteme, der tabellarischen Uebersicht der Ordnungen des natürlichen Systems, sowie der Gattungs- und Artenmerkmale, im Auszuge aus diesen Werken, bearbeitet. Eine von der pfälzischen Gesellschaft für Pharmacie und Technik etc. gekrönte Preisschrift. Speyer, 1846. G. L. Lang. 8°.

—— Nachtrag z. Flora d. Pfalz, enth. d. deutsch. Namen d. Gattungen u. Arten aller bis jetzt in d. bayer. Pfalz u. den angrenz. Gegenden beobacht. Gefässpflanzen nebst Bemerkungen u. Verbess. 8. (2¼ B.) Speyer 846, Lang.

Schultz, G., allgemeines deutsches Eisenbahn-Güter-Tarif-Buch. 1863. Nach amtl. Quellen bearb. von A. Rörig. 4. Jahrg. Lex.-8. (XII und 284 S. mit 1 lithogr. Eisenbahn-Stations-Karte in Imp.-Fol.) Berlin 862, Schotte und Comp. *

—— allgemeines deutsches Eisenbahn-Güter-Tarif-Buch mit Einschluss des Güterverkehrs von und nach den wichtigeren Orten Frankreichs, Belgien's, der Niederlande und der Schweiz. 1864. Nach amtl. Quellen bearb. von A. Rörig. 5. Jahrg. 2 Thle. Lex.-8. (VIII und 550 S.) Berlin, Schotte und Comp. *
Vgl.: Rörig, A.

Schultz, G., Ueb. das Capitel de versuum generibus bei Diomedes p. 506 ff. K. S.-1887. 22 S.

Schultz, die westfälische Kohlen-Industrie. — Ueber die Aufbereitung der Steinkohlen im Ruhrbassin von Fr. Peters. 8. (74 S. nebst 2 autogr. und color. Karten.) Dortmund 883, Köppen'sche Buchh. * 1 50
Aus: Festschrift zur XXIV. Hauptversammlung des Vereins deutscher Ingenieure zu Dortmund, besonders abgedruckt.

Schultz, G., Die Metrik des Philoxenus. S.-A. 1890. 14 S. —.90

Schultz, G., Peters-Lieder. Eine Charakteristik Peter des Großen in poet. Erzählungen und Distichen, nach geschichtlichen Quellen und Ueberlieferungen bearb. u. chronologisch geordnet. Berlin 857. A. Duncker. 16. (VIII, 72 S. u. lith. Portr.) 15 ngr

Schultz, G. Tarif-Taschenbuch für den Güter-Verkehr auf Deutschlands Eisenbahnen. 1. Jahrg. 1858. Nach amtl. Quellen bearb. gr. 16. (XVI und 205 S. mit 1 lithogr. Eisenbahn-Stations-Karte in qu. Imp.-Fol.) Berlin, Schotte und Comp. geb. * —

—— dass. — 2. Jahrg. 1859. Nach amtl. Quellen bearb. von A. Schäffer. gr. 16. (XVI und 290 S. mit 1 Tab. in qu. gr. 4. und 1 lithogr. Eisenbahn-Stations-Karte in qu. Imp.-Fol.) Ebendas. * 20 Ngr.; geb. * —

Schultz, G., Tarif-Taschenbuch für den Güterverkehr auf Deutschlands Eisenbahnen. 1861. Nach amtlichen Quellen bearb. von A. Rörig. 3. Jahrg. Mit 1 (lith.) Eisenbahn-Stations-Karte (in Fol.). Berlin 860. Schotte & Co. 16. (XXIII. 352 S.) 22½ ngr

— — 1861. 1. Supplem.-Heft, enthaltend Ergänzungen u. Abänderungen. Nach amtlichen Quellen bearb. von A. Rörig. Ebend. 861. 16. (146 S.) n. 15 ngr

Schultz, G., was jedermann von der Erkennung der Krankheiten u. der Voraussage des Krankheitsverlaufes aus dem Urin wissen muss, s.: Willst du gesund werden.

Schultz, G. J., Bemerkungen über den Bau der normalen Menschenschädel, nebst e. Nachlese unbeschriebener Puncte des Schädelreliefs. Mit 10 auf Stein grav. Blätt. gr. 8. (IV u. 64 S. nebst 10 Bl. Erklärg.) St. Petersburg 852. (Leipzig, Brockhaus.) n. 1⅔ ℛ

Schultz, Georg

Schultz, Geo., Gedichte. 2. Aufl. 16. (285 S.) Leipzig 864, O. Wigand.

Schultz, Geo., Deutschlands Kampf und Klage. Leipzig 863. O. Wigand. 16. (77 S.) n. 10 ngr

Schultz, Georg Fried. (geb. Neubrandenburg 30. 8. 1799): De historia morbi praecipuo curationis fundamento. Berolini (1821). (44 S.) 8°
Berlin, Med. Diss. v. 24. Dez. 1821

Schultz, Georg Friedrich Wilhelm

Schultz, Geo. Fr. Wilh., Abendmahlshandl. bei der am Schlusse d. Synodal-Versamml. in Kaiserslautern veranstalt. gemeinschaftl. Feier des Gedächtnisses Jesu. 8. Münch., Finsterlin. 3 kr

— Amtspredigt üb. Philipp. 2, 21. bei Eröffnung d. General-Synode zur kirchl. Vereinigung d. Protestanten d. Rheinkreises am 2. Aug. 1818 gehalten. 8. Kaiserslaut. 819. (Löffler in Manh.) 6 kr (Finsterlin in Münch.) 3 kr

— u. Ph. Dav. Müller, die gottesdienstl. Feier des Reformationsfestes am 28. Oct. 1821 zu Speyer. Zwei Predigten, nebst einigen dazu gehör. Anmerkk. gr. 8. Heidelb. 822. Oßwald. 8 kr

— das Gebet des Herrn in einer fortlaufenden Reihe v. Predigten, nebst einem Anhange mehrerer Fest- u. Gelegenheitsreden. 8. Heidelberg, Oswald. 821.

Schultz, Geo. Fr. Wilh., metrische Gebete zur Erbauung an Fest- u. Wochentagen in allen Zeiten und Stimmungen. 8. Speyer u. Heidelberg 837. Oßwald. ⅛ ℛ

Schultz, Geo. Friedr. Wilh., metr. Gebete z. Erbau. an Fest- u. Wochentagen in allen Zeiten u. Stimmungen. 8. (1¼ B.) Heidelberg 837. [Mannheim, Bensheimer.]

Schultz, Geo. F. W., Predigt z. Gedächtnißfeyer J. H. Donnreicher. 8. Wien, Rehm. 805.

— zwei Predigten. 8. Triest. 806. (Rehm in Wien). 8 kr

Schultz, (G. Fr. W.,) zwei Predigten bei d. Einführung d. Katechismus d. christl Religionslehre, u. d. Gesangbuches f. protest. evangel. Christen. Anhang z. ersten Ausg. v. d. Gebet des Herrn. 8. Heidelb. 824, Oßwald.

— christl. Reden, größtentheils bei besond. Veranlassungen gehalten. 1r u. 2r Thl. 8. Manh. 815. Schwan u. G. 2 fl 16 kr, 3r Thl. A. u. d. T.: das Gebet des Herrn in einer fortlauf. Reihe v. Predigten. Nebst e. Anhange. 8. Heidelb. 821. Oßwald. 1 fl 4 kr

— christl. Reden, größtentheils bei besond. Veranlassungen gehalten. 3r Thl. — A. u. d. T.: das Gebet des Herrn, in einer fortlauf. Reihe von Predigten. Nebst einem Anhange. 2e verm. Ausg. 8. Heidelb. 824, Oßwald.

— Trauergottesdienst zur Gedächtnißfeier Sr. Königl. Majest. Maxim. Joseph in der protestant. Kirche zu Speyer am 4. Nov. 1825. 8. Heidelb., Oßwald. 6 kr

(Schultz, Georg Julius v., Pseud.:) Bertram: Baltische Skizzen. 4. Aufl. Reval '04. VI, 351 S.

Schultz, Geo. Jul. v., s. a. Bertram.

Schultz, Georg Peter (Frankfurt/O-) A. S. 1177/16

Dissertatio inauguralis medica, de morbis biblicis N. T. Präs. Konrad Johren. Frankfurt/O. (Zeitler) 16. II. 1704. 14 S. 31804

Schultz, Georg Peter (Frankfurt/O.) A. S. 752/45
Dissertatio de ordine. Präs. Johann Christoph Bekmann.
Frankfurt/O. (Zeitler) 13. VII. 1701. 64 S.

Gew.: Heinrich Coccejus, Johann von Schultz-Szulecki. 31803

Schultz, Gerhardus *(geb. Breslau 29. 4. 1861)*: Quibus auctoribus Aelius Festus Aphthonius de re metrica usus sit. Vratislaviae: H. Kuh (1885). (55 S.) 8° *[Buchausg. ebenda.]*
Breslau, Phil. Diss. v. 5. Febr. 1885

Schultz, Gerhard, Dr.: **Tivoli und die Villa Hadrians.** Mit e. Grundriß d. Villa u. 4 Abbild. im Text. *Steglitz 1903: Lowent in Berlin.* (22 S.) 4°
Steglitz, G, OP 1903 (99)

Schultz, Gerh., Tivoli u. die Villa Hadrians. Mit e. Grundriss der Villa u. 4 Abbildgn. im Text. (22 S.) 4. Leipzig 903. (Buchh. G. Fock.) n. 1. —

SCHULTZ, Gottfr. — *Gottfried Schultzens,* Medic. Doct.(,) Bewährte Kunst Vergnügt und lange zu leben, Worinne denen, die langes Leben und gute Tage begehren, der richtigste Weg ohnfehlbar darzu zu gelangen, auffs deutlichste gezeiget, Und die beste Art allerley, absonderlich Gemüths-Kranckheiten, glücklich zu curiren wohlmeinend entdecket. 2 Thle. (Kein medicin. Werk, sondern unterhaltende Sammlung z. Th. sehr curioser Historien.) LEIPZIG, Verlegts Christian Emmerich, 1707. 8°. (In Breslau, Kgl. u. Univers.-Bibl.: Hist. univ. IV 8° 838, 1 vol.)
1 Tit., 4 Bll. Vorr., 430 S., 8 Bll. Reg. Enth. c. 100 Nrn.

SCHULTZ, G. Gottfried Schultzens, Medic. Doct. Bewährte Kunst Vergnügt und lange zu leben, Worinne denen, die langes Leben und gute Tage begehren, der richtigste Weg ohnfehlbar darzu zu gelangen, auffs deutlichste gezeiget. Und die beste Art allerley, absonderlich Gemüths-Kranckheiten, glücklich zu curiren wohlmeynend entdecket wird. Erster [Anderer] Theil [in 1 Bde.] Leipzig, Chr. Emmerich, 1707. 8°. 150 & 8 S.; 430 & 8 S.

Schultz, Gustav: Ackersenf und Hederich. Im Auftr. d. Ackerbau-Abt. d. Deutschen Landwirtsch.-Gesellsch. bearb. Mit Textabb. u. 5. Farbentaf. Berlin: Deutsche Landwirtsch. Gesellschaft 1909. 78 S. 8°
(Die Bekämpfung d. Unkrautes. St. 3.)
(Arbeiten d. Deutschen Landwirtschafts-Gesellschaft. H. 158.)

Schultz, Gust., Ackersenf u. Hederich, s. a. Arbeiten der deutschen Landwirtschafts-Gesellschaft.

Schultz, Gust., **die Anilinfarben u. ihre Fabrikation, s.: Heumann, K.**

Schultz, Gust., kurze Anleitung z. einfachen landwirtschaftl. Buchführung, s.: Geibel, Otto.

Landwirtschaftliche Beobachtungen bei einer Reise in Nordamerika. Von G. **Schultz,** Dir. zu Soest. Mit Abb. Soest: Ritter 1906. (51 S.) 8° [G.] 06. 9536

Schultz, Gust., Bericht üb. die Feier der deutschen chemischen Gesellschaft zu Ehren August Kekulé's. gr. 8. (48 S.) Berlin 890. Mayer & Müller. n. 1. 20

Schultz, Gust., einf. landwirtschaftl. Buchführung, s.: Geibel, Otto.

Schultz, Gust., die Chemie des Steinkohlentheers mit besonderer Berücksichtigung der künstlichen organischen Farbstoffe. Mit in den Text eingedr. Holzst. 2 Abthlgn. gr. 8. Braunschweig 882, Vieweg und Sohn. [1. Abthl. I—VII, S. 1—416.) *ℳ 12.; 2. Abthl. (IX—XIX, S. 417—1087.] *ℳ 20.] *

Schultz, Gust., die Chemie des Steinkohlentheers mit besond. Berücksicht. der künstlichen organischen Farbstoffe. Mit eingedr. Holzst. 2. vollständig umgearb. Aufl. 1. Bd.: Die Rohmaterialien. 4 Lfgn. gr. 8. Braunschweig 886, Vieweg und Sohn. [1. Lfg. (S. 1—192.) *ℳ 6.—; 2. Lfg. (S. 193—384.) *ℳ 6.—; 3. und 4. Lfg. (XVI, S. 385—823.) à *ℳ 7.—] *

—— dass. — 2. Bd.: Die Farbstoffe. 1.—3. Lfg. gr. 8. Ebendas. [1. Lfg. (S. 1—192.) 887; 2. Lfg. (S. 193—384.) 888; 3. Lfg. (S. 385—576.) 889.]
à Lfg. *ℳ 6.—. *

Schultz, Gust. Die Chemie d. Steinkohlentheers m. besond. Berücksicht. der künstlichen organischen Farbstoffe. Mit eingedr. Holzst. 2. vollständig umgearb. Aufl. 2. Bd.: Die Farbstoffe. 4.—7. (Schluss-)Lfg. gr. 8. (IX, S. 577—1368.) Braunschw. 889,90, Vieweg u. Sohn. 4.—6. Lfg. à * 6 —; 7. Lfg. * 7 —; * 25 —
1. Bd., 4 Lfgn. u. 2. Bd. 1.—3. Lfg. Ebd. 1886—89. * 44 —.

Schultz, Gust., die Chemie des Steinkohlentheers m. besond. Berücksicht. der künstlichen organischen Farbstoffe. 3. vollständig umgearb. Aufl. 2 Bde. gr. 8. Braunschweig, F. Vieweg & Sohn. à n. 10. —;
geb. in Halbfrz. à n. 12. —
1. Die Rohmaterialien. (IX, 308 S. m. Abbildgn.) 900.
2. Die Farbstoffe. (VIII, 416 S. m. Abbildgn.) 901.

Schultz, Gust., über Diphenyl und Diphenylbenzol. Inaugural-Dissertation. gr. 8. (45 S.) Königsberg 874. (Leipzig, Kessler.) *

Schultz, Gust., üb. Diphenyl u. Diphenylbenzol. gr. 8. Königsberg 874. (Berlin, Mayer & Müller.) 1. 20

— kurzes Lehrbuch der chemischen Technologie. Unter Mitwirkg. v. J. Hofer. (VIII, 364 S. m. 151 Abbildgn.) gr. 8. Stuttgart 903. F. Enke. n. 8. —;
geb. in Leinw. n. 9. —

—— die Textil-Industrie von Berlin, s. Zeitfragen, handelspolitische.

—— und Paul Julius, tabellarische Übersicht der künstlichen organischen Farbstoffe. 4. (VIII, 85 S.) Berlin 888, Gaertner's Verlag. geb. *

Schultz, Gust., u. Paul **Julius,** tabellarische Uebersicht der künstlichen organischen Farbstoffe. 2., verb. u. verm. Aufl., hrsg. v. Gustav Schultz. gr. 4. (XII, 128 S.) Berlin 891. R. Gaertner. Geb. in Leinw. n. 14. —

Tabellarische Übersicht der im Handel befindlichen künstlichen organischen Farbstoffe v. Gustav **Schultz** u. Paul Julius. 3. vollst. umgearb. u. stark verm. Aufl. hrsg. v. Dr. Gustav Schultz, Prof. ... zu München. *Berlin: R. Gaertner 1897.* (XVI, 216 S.) 1 Bd 4. 96. 9331

— u. Paul **Julius,** tabellarische Übersicht d. im Handel befindlichen künstlichen organischen Farbstoffe. 4. umgearb. u. stark verm. Aufl. Hrsg. von Gust. Schultz. Lex.-8. (XVI, 297 S.) Berlin 902. Weidmann.
Geb. in Leinw. n. 28. —

Schultz, H., Beiträge zum evangelischen Provinzial-Kirchenrecht des preußischen Markgrafthums Oberlausitz. gr. 8. (V, 83 S.) Görlitz 868, Remer. *

—— s. Civilgesetz gegen Vonhof.

Schultz, H., Declinations-Bestimmungen mit dem Dollond'schen Durchgangs-Instrumente auf der Berliner Sternwarte. Berlin 858. (Nicolai'sche Sorthdlg.) gr. 4. (52 S.) n. 1 ℳ.

Schultz, H., Haut, Haare und Nägel, s. a. Gesundheitsbücher, illustrierte.

Schultz, H., Haut, Haare und Nägel. Ihre Pflege, ihre Krankheiten und deren Heilung. Nebst einem Anhang über Kosmetik. 8. (XII, 143 S. mit 45 in den Text gedr. Holzschn.-Abbild.) Leipzig 879, Weber. *ℳ 2.; geb. *

Schultz, H., Haut, Haare u. Nägel. Ihre Pflege, ihre Krankheiten u. deren Heilg. Nebst e. Anh. üb. Kosmetik. 3. Aufl. Mit 46 Abbildgn. 8. (XII, 152 S.) Leipzig 885. Weber. n. 2. —; geb. n. n. 3. —

Schultz, H., pathologische und therapeutische Mittheilungen aus der Privat-Heilanstalt für Hautkranke von Dr. H. S. 8. (21 S.) Kreuznach 876, (Schmithals.)

Schultz, H., pathologische u. therapeutische Mittheilungen aus der Privat-Heilanstalt f. Hautkranke v. H. S. 8. (21 S.) Kreuznach 886. (Schmithals.) — 75

—— über Psoriasis und deren Behandlung. 1. und 2. Aufl. gr. 4. (15 S. mit 3 Chromolithogr.) Ebendas. 882. *

Schultz, H., s.: Werde Licht!

Schultz, H., Zwönitz, s.: Löscher, H.

Schultz, H. H., Comment. an et quando interpellatio extrajudicialis praescriptionem interrumpere possit? 4. Götting. 791. Brose. 6 *K*

Schultz, Hans, die Bestrebungen der Sprachgesellschaften des XVII. Jahrh. für Reinigung der deutschen Sprache. gr. 8. (VIII, 158 S.) Göttingen 888, Vandenhoeck und Ruprecht's Verlag. *

Schultz, Hans [aus Abbenrode bei Braunschweig]: Die Kleineren Sprachgesellschaften des XVII. Jahrhunderts und ihre Bestrebungen für Reinigung der deutschen Sprache. . . . Göttingen (Druck v. Adolf Lämmerhirt, Einbeck) 1888; 58 + 1 S. 8°
Göttingen, Phil. Fak., Inaug.-Diss. v. 8. Aug. 1888

Schultz, Hans Heinrich [aus Wismar]: Aus d. Augenklinik zu Jena. Ueber die Behandlung der Hypopyon-Keratitis ... Jena, Druck v. A. Kämpfe, 1896; 34 S., 1 Bl. 8.
Jena, Med. Fak., Inaug.-Diss. v. [9. Juli] 1896

Schultz, Hans W., d. Bau d. Kaiser Wilhelm-Kanals, s.: Fülscher, J.

(Internat. ständ. Verband d. Schiffahrt-Kongresse.) Der Hafen zu Harburg, insbes. seine in der Ausführung begriffene Erweiterung. Von Hans W. **Schultz**, Wasserbauinsp., u. Karl Wulle, Reg. Baumeister. Mit 3 Lagepl. u. 1 Bl. Querschn. Harburg a. d. Elbe 1905: (G. Lühmann). (45 S.) 8° [05.16914

Schultz, Heinrich: „Die civilrechtliche Bedeutung der Einziehung nach dem Reichs-Strafgesetzbuch und den sonstigen Reichsgesetzen" ... München: Druck v. L. Wildenauer 1895. 61 S. 8°
Tübingen, Jur. Fak., Inaug.-Diss. v. 1895

Schultz, *Christian* Heinrich [app. Arzt aus Bremen]: Aus d. geburtshülfl.-gynaekolog. Klinik zu Kiel. Beitrag zur Statistik der Sectio caesarea ... Kiel, Druck v. C. Böckel, 1893; 32 S. 8.
Kiel, Med. Fak., Inaug.-Diss. v. [10. Apr.] 1893

Schultz, Heinr., Lehrbuch der französischen Sprache. Mit besond. Berücksichtigung des freien mündl. Gebrauches derselben. 2 Thle. 8. Hamburg 866, Grüning. [1. Thl. (VI und 190 S.) * 12 Ngr., 2. Thl. (285 S.) * 18 Ngr.] *

Schultz, Heinr., Lehrbuch der französischen Sprache. Mit besond. Berücksicht. d. freien mündl. Gebrauches derselben. 1. Thl. 2. Aufl. 8. (VI, 189 S.) Hamburg 874. Grüning. geb. n. 1. 80

Schultz, Heinr., deutsches Sprachbuch für ein- und zweiklassige Landschulen. 2 Thle. 8. (IV, 68; IV, 82 S.) Wismar 878,79, Hinstorff'sche Hofbuchh. cart. à Thl. ** 50 Pf. **

Schultz, H. Ueber die diakritischen Zeichen im Französischen. Diss. Rostock 1870. 20 S.

Schultz, Heinrich Julius Robert

Schultz, Henr. Julius Rob. (geb. Strebitzko 3. 5. 1812): De cerebri et medullae spinalis commotione, adnexis duabus observationibus. Berolini (1830). (34 S.) 8°
Berlin, Med. Diss. v. 17. Juli 1830

Schultz, Heinrich Karl Moritz

Schultz, H. C. Moritz [aus Hamburg]: Ueber α-Methyl-ά-Aethyl- und α-Methyl-γ-Aethylpyridin und ihre zugehörigen Hexahydrobasen. Ein Beitrag zur Kenntniss der Collidine .... Kiel, Druck v. Schmidt & Klaunig, 1888; 63 + 1 S. 8°
Kiel, Phil. Fak., Inaug.-Diss. v. 4. Febr. 1888

Schultz, H. C. Moritz, über α-Methyl-ά-Aethyl-α-Methyl-γ-Aethylpyridin und ihre zugehörigen Hexahydrobasen. Ein Beitrag zur Kenntniss der Collidini. Diss. Kiel 1888, Haeselersche Sort.-Buchh. 8°. 63 S.

Schultz, Hermann

Schultz, Herm., der Begriff des stellvertretenden Leidens in Rücksicht auf Jes. 52, 13. — 53, 12. Academische Antrittsrede gehalten den 6. Mai 1864 in der Aula zu Basel. Basel, Bahnmaier. gr. 8. (23 S.) 4½ ngr.

Schultz, Hermann: Beiträge zur Behandlung von Verletzungen der Handknochen mittels portabler Extensionsschiene. *Leipzig (1898): A. Edelmann.* (17 S.) 8°
Leipzig, Med. Diss. v. 29. Apr. 1898

Schultz, Hermannus, Gottingensis: De elocutionis Pindaricae colore epico. Gottingae 1905: Dieterich. (64 S.) 8°
Göttingen, Phil. Fak., Ref. Leo, Schwartz, Diss. v. 23. Sept. 1905
[Geb. 30. Nov. 81 Göttingen; Wohnort: Göttingen; Staatsangeh.: Preußen; Vorbildung: Gymn. Göttingen Reife O. 00; Studium: Basel 1, Göttingen 6, Berlin 2, Göttingen 2 S.; Rig. 19. Juli 05.]

Schultz, Herm. (Georg. Frid.) (geb. Cuna 8. 5. 1821): De exstirpatione intestini recti carcinomatosi. Berolini (1847). (32 S.) 8°
Berlin, Med. Diss. v. 24. Dez. 1847

Schultz, Hermann: Fest-Predigt bei der akademischen Feier der Jahrhundertwende am 14. Januar 1900 in der St. Johanniskirche zu Göttingen gehalten. *Göttingen (1900): Dieterich.* (11 S.) 8°

Schultz, Herm., Fest-Predigt bei der akadem. Feier der Jahrhundertwende, am 14. I. 1900 in der St. Johanniskirche zu Göttingen geh. gr. 8. (11 S.) Göttingen 900. Vandenhoeck & Ruprecht. n. — 40

Schultz, Herm., zu den kirchlichen Fragen der Gegenwart. Sechs Reden. gr. 8. (VII, 100 S.) Frankfurt a. M. 869, Heyder und Zimmer. (*M 1,50.) *

Schultz, Herm., der christliche Glaube an Jesus und die geschichtliche Frage des Lebens Jesu, s. Vorträge, wissenschaftliche, über religiöse Fragen.

Schultz, Herm., üb. Gold u. Platin. Pharmakologische Studien. Diss. gr. 8. (86 S.) Jurjew (Dorpat) 892. (E. J. Karow.) n. 2. —

— Grundriss der christlichen Apologetik. Zum Gebrauche bei akadem. Vorlesgn. gr. 8. (VI, 126 S.) Göttingen 894. Vandenhoeck & Ruprecht. n. 2. 20; geb. n. 2. 80

Grundriss der christlichen Apologetik zum Gebrauche bei akademischen Vorlesungen. Von D. Hermann **Schultz**. 2. erw. Aufl. *Göttingen: Vandenhoeck & Ruprecht 1902.* (225 S.) 8° [F.] [02. 2460 7

Schultz, Herm., Grundriss der evangelischen Dogmatik. Zum Gebrauche bei akadem. Vorlesgn. gr. 8. (VI, 109 S.) Göttingen 890. Vandenhoeck & Ruprecht's Verl. n. 1. 60; geb. n. 2. 20

Grundriss d. Evang. Dogmatik. Z. Gebr. bei akad. Vorlesgn. Von Hermann **Schultz**. 2. erweit. Aufl. *Göttingen: Vandenhoeck & Ruprecht 1892.* (VI, 154 S.) 1 Bd 8. [97. 6469 Ik

— Grundriss der evangelischen Ethik. Zum Gebrauche bei akadem. Vorlesgn. gr. 8. (VI, 106 S.) Ebd. 891. n. 1. 80; geb. n. 2. 40

[Ant. u. F.] Grundriss der evangelischen Ethik. Z. Gebr. bei akad. Vorlesgn. Von Dr. Hermann **Schultz**. 2. erweit. Aufl. *Göttingen: Vandenhoeck & Ruprecht 1897.* (IV, 140 S.) 1 Bd 8. [57. 3948

Schultz, Herm., Gustav Adolf, s.: Lehmann, Max.

Schultz, Herm., das katholische und das evangelische Lebensideal, s. Vorträge, wissenschaftliche, über religiöse Fragen.

Schultz, Herm., zur Lehre vom heiligen Abendmahl. Studien und Kritiken. gr. 8. (VII, 144 S.) Gotha 886, F. A. Perthes. *

—— die Lehre von der Gottheit Christi. Communicatio idiomatum. gr. 8. (XII, 731 S.) Gotha 881, F. A. Perthes. *

Schultz, Hermann [app. Arzt aus Buchholz bei Holthusen Mecklenb.-Schw.]: Ueber einfache Methoden zur Kohlensäurebestimmung in der Luft m. bes. Berücks. d. Verfahren v. Rosenthal u. Wolpert jun. ... Rostock, C. Boldt'sche Hof-Buchdr., 1892; 75 S. 8.
Rostock, Med. Fak., Inaug.-Diss. v. [13. Sept.] 1892

—— Predigt, bei der Feier des 400jährigen Geburtstags Dr. Martin Luther's gehalten in der Universitäts-Kirche zu Göttingen 11. Novbr. 1883. gr. 8. (16 S.) Göttingen 883, Vandenhoeck und Ruprecht's Verlag. *

—— Predigt, bei der Jubelfeier des 150jährigen Bestandes der Georg-Augusts-Universität in Göttingen am 7. Aug. 1887 gehalten. gr. 8. (15 S.) Göttingen 887, Vandenhoeck und Ruprecht's Verlag. *

Schultz, Herm., Predigt üb. 2. Corinther Kap. 12, Vers 7—10 geh. im Universitätsgottesdienst zu Heidelberg. gr. 8. (20 S.) Heidelberg 876. C. Winter. n. — 50

—— Predigten, gehalten in der Universitätskirche zu Göttingen. gr. 8. (VIII, 339 S.) Gotha 882, F. A. Perthes. *
geb. *

Rede im Namen der Georg-Augusts-Universität bei der Gedächtnisfeier für Weiland Seine Majestät den Kaiser und König Friedrich am 30. Juni 1888 gehalten von Prof. Dr. Hermann Schultz, Consistorialrath. Göttingen, Druck d. Dieterichschen Univ.-Buchdr. W. Fr. Kaestner (1888); 13 S. 4°

Rede am Sarge des Geh. Oberjustizrates Prof. Dr. Rudolf von Jhering geh. am 20. Sept. 1892 v. Prof. *Hermann* **Schultz**. Göttingen, Druck d. Dieterichschen Univ.-Buchdr., *1892;* 7 S. 8.

Schultz, H[ermann], Prof.: Rede am Sarge des Professors Dr. phil. Eduard Rehnisch, gehalten am 6. Juli 1901. *Göttingen (1901): Dieterich.* (6 S.) 8°

Schultz, H[ermann], Prof.: Rede am Sarge des Professors Dr. phil. Wilhelm Schur, gehalten am 4. Juli 1901. *Göttingen (1901): Dieterich.* (5 S.) 8°

Rede am Sarge Wilhelm Webers gehalten am 10. Juli [statt 28. Juni] 1891 von Prof. *Hermann* Schultz. Göttingen, Druck d. Dieterichschen Univ.-Buchdr., *1891;* 6 S. 4°

Rede am Sarge des Professors Dr. Ludwig Weiland geh. am 8. Febr, 1895 v. Prof. *Hermann* **Schultz**. Göttingen, Druck d. Dieterichschen Univ.-Buchdr., *1895;* 6 S. 8.

Schultz, Hermann: Die S c h u l t e r l a g e n in der geburtshülflichen Klinik und Poliklinik in Greifswald, während der Zeit vom 1. Januar 1878 bis 1. Januar 1892 ... Greifswald: Druck v. J. Abel 1892. 39 S. 8°
Greifswald, Med. Fak., Inaug.-Diss. v. 24. Sept. 1892

Festrede im Namen der Georg-Augusts-Universität zur akademischen Preisvertheilung am XXIX. Mai 1895 geh. v. *Hermann* **Schultz**. — Staat und Kirche in der Religionsgeschichte. Göttingen, Druck d. Dieterichschen Univ.-Buchdr., *1895;* 27 S. 8.

—— die Stellung des christlichen Glaubens zur heiligen Schrift. Zwei apologet. Vorträge. gr. 8. (47 S.) Braunsberg 876, (Peter's Buchh.) *

— die Stellung d. christlichen Glaubens zur heiligen Schrift. 2 apologet. Vorträge. gr. 8. (47 S.) Braunsberg 876. Strübig in Comm. n. — 75

—— dass. — 2. erweit. und mit Anmerkungen verseh. Aufl. gr. 8. (63 S.) [Braunsberg 877, Strübig.] Karlsruhe, Reuther. *

Schultz, Herm., das Alte Testament u. die evangelische Gemeine, s.: Hefte zur „Christlichen Welt".

—— alttestamentliche Theologie. Die Offenbarungsreligion auf ihrer vorchristl. Entwickelungsstufe. 2 Bde. gr. 8. (XII, 480; VIII, 350 S.) Ebendas. 869. (* ℳ. 13,50.) *

-- alttestamentliche Theologie. Die Offenbarungsreligion auf ihrer vorchristlichen Entwickelungsstufe. 2 Bde. Ebend. 869,70. gr. 8. (XII, 480 u. VIII, 350 S.) n. 4 ℛ 15 ngr.

— alttestamentliche Theologie. Die Offenbarungsreligion auf ihrer vorchristl. Entwickelungsstufe. 2., völlig umgearb. Aufl. gr. 8. (XII, 838 S.) Homburg v. d. H. 878. Heyder & Zimmer. n. 15. —

Schultz, H., alttestamentliche Theologie. 2. Aufl. gr. 8. Frankfurt a. M. 878. Göttingen, Vandenhoeck und Ruprecht's Verlag * 15 —

—— alttestamentliche Theologie. Die Offenbarungsreligion auf ihrer vorchristl. Entwickelungsstufe. 3. unveränd. (Titel-) Aufl. gr. 8. (XII, 838 S.) Ebendas. (878)885. *

— alttestamentliche Theologie. Die Offenbarungsreligion auf ihrer vorchristl. Entwickelungsstufe. 4., völlig umgearb. Aufl. gr. 8. (VIII, 823 S.) Ebd. 888. n. 15. —; geb. n. 16. 80

— alttestamentliche Theologie. Die Offenbarungsreligion nach ihrer vorchristl. Entwickelungsstufe dargest. 5., völlig umgearb. Aufl. gr. 8. (VI, 650 S.) Göttingen 896. Vandenhoeck & Ruprecht. n. 10. 40; geb. in Halbfrz. n. 12. —

—— Die evangelische Theologie in ihrem Verhältnisse zu Wissenschaft u. Frömmigkeit. Vortrag, geh. im wissenschaftl. Predigerverein zu Hannover 1. Oct. 1890. gr. 8. (24 S.) Gött. 890, Vandenhoeck u. Ruprecht's Verlag. * — 60

Schultz, Hermann, Gerichtsassessor a. Münster i. W.: Der Tod des Gemeinschuldners im anhaengigen Konkurse und die Rechtsstellung des annehmenden Erben. Münster (Westf.) 1906: Westfäl. Vereinsdruckerei. (53 S.) 8°
Jena, Jur. Fak., Ref. Danz, Diss. v. 6. Febr. 1906
[Geb. 13. März 78 Eickel i. Westf.; Wohnort: Münster i. W.; Staatsangeh.: Preußen; Vorbildung: Gymn. Recklinghausen Reife O. 97; Studium: Tübingen 4, Kiel 1, Marburg 2 S.; Rig. 6. Febr. 06.]

Die handschriftliche Überlieferung der Hesiod-Scholien. Von Hermann **Schultz** (Göttingen). Berlin: Weidmann 1910. VIII, 101 S. 4°
(Abhandlungen d. Kgl. Gesellschaft d. Wiss. zu Göttingen. Philol.-hist. Kl. N. F. Bd 12, Nr 4) [10. 17369

Aus dem Universitäts-Gottesdienste. Predigten von D. Hermann **Schultz**. (2: Nach d. Tode d. Verf. auf Grund s. Auswahl hrsg. von J. Schultz.) (1.) 2. *Göttingen: Vandenhoeck & Ruprecht 1902—03.* 2 Bde 8°
1. Von Advent bis Himmelfahrt. 1902. 2. Von Pfingsten bis Advent. 1903.

— aus dem Universitäts-Gottesdienste. Predigten. Von Advent bis Himmelfahrt. gr. 8. (IV, 220 S.) Ebd. 902. n. 2. 80; geb. n. 3. 60

Schultz, Herm., a. d. Universitäts-Gottesdienste. II (Schluß). Von Pfingsten bis Advent. Predigten. Nach dem Tode des Verf. auf Grund seiner Auswahl hrsg. (V, 200 S.) gr. 8. Göttingen 903. Vandenhoeck & Ruprecht. n. 2. 80; geb. in Leinw. n. 3. 60

Verzeichnis der käuflichen Photographien des Kaiserlich Deutschen Archäologischen Instituts in Rom. Zsgest. von Hermann **Schultz.** Rom: Archaeol. Inst. 1909. 42 S. 4°(8°) [09. 8169 7

— die Voraussetzungen der christlichen Lehre von der Unsterblichkeit. Göttingen 861. Vandenhoeck & Ruprecht. gr. 8. (XII, 248 S.) n. 1 ₰

SCHULTZ, HINR. NIC., s. Jugendfreund, der. 1840.

Schultz, Horatius (Fridericus Wolfgangius Eduardus) *(geb. Goldberg in Schles. 7. 4. 1839)*: De mandato qualificato secundum jus civile commune. Vratislaviae (1867). (30 S.) 8°

Breslau, Jur. Diss. v. 26. Jan. 1867

Schultz, Hugo Frid. (geb. Iserlohn 6. 11. 1838): De tributis publicis quae fodinis Borussiae seu regalitate publica seu concessione cultis hoc tempore imponuntur. Berolini (1860). (50 S.) 8°

Berlin, Phil. Diss. v. 20. Nov. 1860

Schultz, J., Laudatio gentis Schönbergicae. Chemnitii 1700. fol.

Schultz, J. (Hrsg.), s. Schultz, Hermann: Aus dem Universitäts-Gottesdienste. Bd. 2.

Schultz, J. A., das Ganze des Treppenbaues, s. Schauplatz, neuer, der Künste ꝛc., 140. Bd.

—— neues wohlfeiles u. bewährtes Verfahren, das Holz zu conserviren, dasselbe auch gegen Fäulniß, Schwamm u. Wurmstich zu schützen, sowie es zu verhärten, dessen verderblichem Zusammenziehen u. Ausdehnen entgegen zu wirken, ihm bleibende Elasticität zu geben u. es in seiner ganzen Masse dauerhaft gefärbt zu erhalten. Nebst e. prakt. Anleitung zur Holzessigfabrikation. 4. (8½ B. u. 4 Stnt.) Weimar 844, Voigt.

SCHULTZ, J. A.: Neues, wohlfeiles und bewährtes Verfahren, das Holz zu conserviren, dasselbe auch gegen Fäulniss, Schwamm etc. zu schützen ... Nebst einer praktischen Anleitung zur Holzessigfabrikation ... sowie der Meilerholzverkohlung. - Weimar 1844. 65 S., 4 Taf.

Schultz, J. A. P., der Haus-Sekretair f. d. Rheinlande, in 4 Thln. — A. u. d. T.: Allgem. Handbriefsteller. (Mit d. Anh.: Die Zins- u. Reduktions-Tab. v. 1 Sgr. bis 10,000 Thlr.) — Handbuch d. Maaße, Gewichte u. Münzen d. Rheinprovinz. Nebst e. Anh.: Das bürgerl. Gesetzb., im Ausz. 2. Aufl. gr. 8. (20 B.) Aachen 836, [Cöln,] Roschüs u. Comp. Thlr.

Schultz, J. C., de sabbato mystico. Viteb. 1742. 4.

Nähere Beleuchtung der Deutschen Union, wobey zugleich gezeigt wird, wie man für einen sehr wohlteilen Preis ein schottischer Maurer werden kann. [Von J. G. Schultz.] Frankfurt und Leipzig: [Böhme] 1789. 54 S. 8⁰

cf. Annalen d. neuest. Theol. Litteratur u. Kirchengesch. 1 (1789) S. 130—140; D. neuesten Religionsbegebenheiten. 12 (1789) S. 270—280.

Kl. 3283; Tt. 897.

Schultz, J. H., de verbo [illegible]. Altorf. 1730. 4.

Schultz, J. Jul. P., vermischte Gedichte. 1s Heft. 8. Götting. 783.

Schultz, J. Theodor

Schultz, J. Th., die Gemälde der Schwabe-Stiftung in der Hamburger Kunsthalle. Erste größere Sammlung engl. Oelbilder auf dem Continent, in Verbindg. m. Werken v. ausgewählten deutschen, französ. u. belg. Meistern. Ein historisch-krit. Gang. 8. (83 S.) Hamburg 888. Boysen. cart.

Schultz, J. Thdr., Wandbilder für Schule und Haus. 4 Bl. Mit Text von Johs. Schmarje. Hamburg, Schönwandt.

Subscr.-Pr. à Bl. **

Einzelpr. **

Inhalt:

Bl. 1. 2. Wald — Hof und Feld. Oelfarbendr. Imp.-Fol. Mit Text. gr. 8. (VIII, 87 S.) 877.

„ 3. 4. Meer — Stadt mit Hafen. Oelfarbendr. Imp.-Fol. Mit Text. gr. 4. (3 S.) 878.

Schultz, Jeanne

— Jean v. Kerdren, s.: Engelhorn's Romanbibliothek.

Schultz, Jeanne, la Neuvaine de Colette, s.: Bibliothèque française.

Schultz, Jeanne. Was der heilige Joseph vermag. (La Neuvaine de Colette.) Autoris. Uebersetzg. aus dem Französ. von Emmy Becher. Illustr. v. E. Bayard. 4. (267 S.) Stuttg. 892, Engelhorn.

geb. in Leinw. m. Goldschn. * 12 —

Schultz, Jerta, s. Friede, Hans.

Sünde. Drama in 3 Aufz. von Hans Friede (Jerta **Schultz**). Stuttgart: Strecker & Schröder 1905. (51 S.) 8° [F.] [07. 6753

Schultz, Ignaz, a. Herxheim (Pfalz): Ueber Imide $C_nH_{2n-3}NO_2$ hochmolekularer Dicarbonsäuren. Heidelberg 1905: J. Hörning. (39 S.) 8°

Heidelberg, Naturw.-math. Fak., Ref. Curtius, Diss. v. 16. Febr. 1905

[Geb. 6. Nov. 77 Herxheim; Wohnort: Speyer; Staatsangeh.: Bayern; Vorbildung: Realsch. Waldkirch bis 11a 95; Studium: Heidelberg 10 S.; Rig. 18. Febr. 04.]

Schultz, Johann

Anfangsgründe der reinen Mathesis von *Joh. Schulz*, Königsberg, Hartung. 520 S. 8. m. 7 Kupf. 1790.

— Anfangsgründe d. reinen Mathesis. Mit Kpf. gr. 8. Königsb. 790. (Unzer). 1 ₰ 12 gr.

Schultz, Jo., († d. 27. Juni 1805.) Anfangsgründe d. reinen Mechanik, die zugleich die Anfangsgründe d. reinen Naturwissenschaften sind. Mit 2 Kpft. gr. 8. Königsb. 804. (Lauffer in Leipz.) 1⅓ gr. Schrbp.

— — d. reinen Mechanik, d. zugleich d. Anfangsgründe d. reinen Naturwissensch. sind, m. K. gr. 8. Königsb. Nicolovius. 801.

Schreibp.

— vorläufige Anzeige des entdeckten Beweises f. die Theorie der Parallellinien. 8. Königsb. 780. 2r Abdr. 786. ...

— Betrachtt. üb. d. leeren Raum. 8. Königsb. 758. ...

— Darstellung der vollkommenen Evidenz und Schärfe seiner Theorie der Parallelen. Königsberg, Hartung. 1786. 60 S. 8.

— Darstell. d. vollkomm. Evidenz u. Schärfe s. Theorie d. Parallelen. 8. Königsb. Hartung. (Unzer.) 786.

— sehr leichte u. kurze Entwickelung einiger d. wichtigsten mathe- mat. Theorien. 4. Königsb. 803. (Michelsen in Leipz.) 1 ₰ 20 gr. Schrbp. 2 ₰ 4 gr.

— Erläuterr. üb. Kants Kritik d. reinen Vernunft. gr. 8. Kö- nigsb. 785. (Unzer). 16 gr.
Vgl. Schulze, Joh.

J. Schultz: Erläutt. üb. Kant's Krit. d. r. V. *Königsb.*, Dengel. (784.) 791. gr 8° 16 gr

Schultz, Joh., Erläuterungen üb. Kants Kritik d. rei- nen Vernunft. gr. 8. Königsb. Hartung. (Unzer.) 791.
Rthlr.

Schultz, Johann [Praes.], s. Hecker, Konstantin Gabriel: De martyrio juridico et politico.

— kurzer Lehrbegriff d. Mathematik z. Vorl. f. u. f. Schu- len, m. K. u. Tab. 1r Thl. Arithmetik, Geometrie, ebene u. sphär. Trigonometrie u. Landmeßkunst. gr. 8. Königsb. Nicolovius. 797.
Schreibp

— kurzer Lehrbegriff d. Mathematik. 1r Thl. Mit Kpf. u. Tabb. A. u. d. T.: Lehrbegriff d. Arithmetik, Geometrie, ebenen u. sphärischen Trigonometrie u. Landmeßkunst. gr. 8. Königsb. 798. 2e A. 820. Nicolovius. 1 ₰ 8 gr — 2r Thl. Mit Kpf. a) die mechan. Wissensch. 1 ₰ b) die optischen Wissenschaften. 20 gr — 3r Thl. A. u. d. T.: populaire Anfangsgründe der Astronomie. Mit 5 Kpf. gr. 8. Ebd. 1 ₰ 20 gr.

— — 2r Thl. d. mechanischen u. optischen Wissenschaften, m. K. gr. 8. Ebend. 805.
(daraus ist einzeln abgedruckt: d. mechan. Wissenschaften 1 Rthlr d. optischen Wissenschaften 20 gr.)

— — 3r Thl. auch m. d. Titel: populaire Anfangsgründe d. Astronomie. gr. 8. Ebend. 806.

Schultz, Joh., kurzer Lehrbegriff der Mathematik. 1r Thl. 2te verb. Aufl. mit Kupf. u. Tabellen.
Auch unter dem Titel:
kurzer Lehrbegriff der Arithmetik, Geometrie, Trigono- metrie und Landmeßkunst. gr. 8. Königsberg, Universitäts- buchh. 819.

Schultz, Joh. (Praeses): „Disputatio historico-juridica de martyrio juridico et politico, Germanis: Rechtliche und histo- rische Abhandlung: In wie weit man für den andern oder auch für das Vaterland, Leib, Leben, Guth und Blut aufzuopffern oder dessen Beschwerden zu tragen schuldig sey . . . .1691 . . . . Resp.: Constantinus Gabriel Hecker . . . .", Jenae, rec. litteris Jo. Bernh. Hellerl, 1749. — Vorh.: StB Nürnberg.

Schultz, Joh., Prüfung d. Kantischen Kritik d. reinen Vernunft. 1r Thl. gr. 8. Königsberg, Hartung. (Unzer.) 789.

— Prüfung d. Kantischen Kritik der reinen Vernunft. 1r Thl. gr. 8. Königsb. 789. (Unzer). 16 gr 2r Thl. gr. 8. Ebd. 792. (Leipz., Kummer). 20 gr

— — desselben. 2r Thl. gr. 8. Königsberg, Nicolovius. 792.
Schreib.

Schultz, Joh., die Sigfrid-Sage. Der deutschen Jugend nach Wilh. Jordan erzählt. gr. 16. (82 S.) Wismar 877. Hinstorff.
n. — 75

— Entdeckte Theorie der Parallelen, nebst einer Un- tersuchung über den Ursprung ihrer bisherigen Schwürig- keit. m. 2 Kupft. Königsb. Kanter. 8. 144 S.
1784

— entdeckte Theorie d. Parallelen. 8. Königsb. 784. (Unzer). 16 gr

— entdeckte Theorie d. Parallelen. 8. Königsb. Hartung. 786.

Vter superior esse debeat in animis Christum moribundum fideliter adspicientibus, dolorne an laetitia? Commentatio quam memoriae mortis Christi sacratam vult Libera Societas interprete JOANNE SCHVLTZ, ... Regio- monti 1760. Litteris Driestianis. 4°.

— Versuch einer genauen Theorie des Unendlichen. 1 Th. vom Unendlichgrossen u. der Messkunst desselben, Königsberg u. Leipzig, Hartung, 368 S. 8. m. 2 Kupft. 1788

– Versuch e. genauen Theorie d. Unendlichen, m. 2 K. 8. Königsb. Hartung. (Unzer.) 788.

Schultz, Johannes, Gerichtsrefer.: Die Wirkungen des mündlichen und des unvollständig beurkundeten Mietver- trages über ein Grundstück nach dem Rechte des Bürgerlichen Gesetzbuches. Halle a. S. 1909: Wischan & Burkhardt. 120 S. 8°
Jena, Jur. Diss. v. 7. Febr. 1909, Ref. Thon
[Geb. 20. Aug. 84 Halle a. S.; Wohnort: Halle; Staatsangeh.: Preußen; Vor- bildung: Stadt-Gymn. Halle Reife M. 02; Studium: Leipzig 1, Kiel 1, Halle 4 S.; Rig. 15. Dez. 08.]
[U 09. 2119

Schultz, Johann Gottfried

Schultz, Joh. Gfried., Hand-Fibel od. erster Lesestoff f. Kin- der. 5. Aufl. 8. (80 S.) Conitz 851. (Berlin, Gaertner.) n. 4 gr

Schultz, Joh. Gfr., Hand-Fibel oder erster Lesestoff für Kin- der. 6. Aufl. Conitz 853. (Berlin, Gaertner.) gr. 8. (80 S.)
n. 5 ngr
In zwei Ausgaben, für kathol. und protest. Schulen, zu haben.

Schultz, J(ohannes) H(einrich): Ueber das Verhalten der Alkaleszenz des Blutes und der weissen und roten Blut- körperchen bei Nerven- und Geisteskranken. Göttingen 1907: Dieterich. 3 Bl. 8° ¶ (Nur Titelbl. u. Lebenslauf. Ersch. vollst. als: Gekr. Preisschr. 1906. 54 S. Vgl. Jahresverz. 22. Göttingen 124.)
Göttingen, Med. Diss. v. 15. Jun. 1909, Ref. Cramer
[Geb. 20. Juni 84 Göttingen; Wohnort: Göttingen; Staatsangeh.: Preußen; Vorbildung: Gymn. Göttingen Reife O. 02; Studium: Lausanne 1, Göttingen 6, Breslau 2, Göttingen 2 S.; Coll. 12. Dez. 07; Approb. 31. Dez. 08.] [U 09. 1324

Schultz, J[ohannes] H., a. Göttingen: Ueber das Verhalten der Alkaleszenz des Blutes und der weissen und roten Blutkörperchen bei Nerven- und Geisteskranken. Göt- tingen 1906: Dieterich. (54 S.) 8°
Göttingen, Med. Fak., Ref. Cramer, Gekr. Preisschr. v. 13. Juni 1906

Schultz, Johann Heinrich Siegfried

Schultz, Joh. Heinr. Siegfr., die deutsche Ansiedelung in Texas. Besond. Abdruck einer Reihe das Unternehmen des Vereins zum Schutze deutscher Einwanderer in Texas besprechender Artikel aus d. rheinischen Beobachter. gr. 8. (4 B.) Bonn 845, Enke. [Cramer u. Comp.?] *

Schultz, Johann H. S. Die dte Ansiedlung in Texas ... Bonn, 1846.

Schultz, Johann Heinrich Siegfried: Ueber Colonisation, mit bes. Rücks. auf die Colonie zu Santo Thomas, im Staate Guatemala, und die belgische Coloni- sations-Compagnie -- Köln 1843: Du Mont-Schauberg. 38 S., 2 Bl., 2 Kt. 4° Aus: Kölnische Zeitung, Beil.

Schultz, Johann Karl: Danzig u. seine Bauwerke in malerischen Original-Radirungen mit geometrischen Details u. Text. Danzig 1848-66. 3 Bde. Fol.

Schultz, Johann Carl. Danzig und seine Bauwerke in malerischen Original-Radirungen mit geometrischen Details und Text. Danzig 1855-- 1856. Fol.

Schultz, Joh. Carl, Danzig und seine Bauwerke. 54 Kpfrt. mit Text in Imp.-4. (37 S.) 2. Ausg. Imp.-Fol. Berlin 872, Ernst und Korn. geb. *

Schultz J C, Danzig u seine Bauten. 2. Ausg. (54 T) fol (Text fehlt) Berlin 1872

Schultz, Johann Karl: Tutti f r u t t i in (12) malerischen Originalradirungen mit Text. Danzig. (1868.) Querfol.

Johann Carl Schultz.

Tutti Frutti in malerischen Original-Radirungen mit Text. 12 Blatt. Danzig 1869. Fol.

—— **Tutti Frutti in malerischen Original-Radirungen mit Text.** gr. Fol. (14 S. mit 12 Kpfrt.) Berlin 874, Wesmuth.

Schultz, J. C. Ueber alterthümliche Gegenstände der bildenden Kunst in Danzig. Danzig 1841. 8°.

Schultz, Johann Matthias, s. A n t o n i u s, M. Aurel: Unterhaltung mit sich selbst.

Schulz, (J. M.,) **Apparatus ad annales criticos rerum graecarum inde ab initio olympiadum iphiti usque ad olympiadem coroeb. CCXXX sive inde ab anno 884, ante Chr. nat. usque ad annum 144 post Christ. nat. collecti Specimen cont. ann. a Chr. 580. ol. [illegible], $\frac{4}{1}$ usque ad ann. a Chr. 560. ol. [illegible], $\frac{4}{1}$. 4 maj.** Kiliae 826, (Univers.-Buchh.)

Schultz, J. M., Apparatus ad annales criticos rerum graecarum inde ab initio olympiadum Iphiti usque ad olympiadem Coroeb. CCXXX. sive inde ab anno DCCCLXXXIIII. ante Chr. nat. usque ad annum CXXXXIIII. post Christ. nat. Spec. I. Gal. 1826. 40 S. 4°. 1.50 — — II. Gel. 1836. IV. 48 S. 4°.

– s. A r r i a n u s, Fl.: Unterredung.

Schultz, J. M., **Beitrag zu genaueren Zeitbestimmungen d. hellenischen Geschichten von d. 63. bis z. 72. Olymp.** gr. 8. ($3^3/_4$ B.) Kiel 841. Schwers'sche Buchh.

— Beitrag zu genaueren Zeitbestimmungen d. hellen. Geschichten von d. 68. bis 72 Olympiade. S.-A. 1841. 54 S. 1.–

– s. B e s c h r e i b u n g zweier in d. Nähe v. Schleswig gefund. Runensteine.

Schulz, J. M., Philipp August, König von Frankreich und Ingeborg, Prinzessin von Dänemark, ein historischer Versuch nach du Theil und Engelstoft frey bearbeitet, mit K. 8. Kiel, Akad. Bchhdl. 804.

— **Philipp August, König von Frankreich, u. Ingeborg, Prinzessin v. Dänemark, ein histor. Versuch, nach Duthei! u. Engelstoft frei bearb.** Mit Kpf. 8. Kiel 804. Hesse. 2 ℳ 12 ₰

Schultz, Johann Sigismund (Sorau) A. S. 575/95
Specimen continens caput iuris controversum de alimentis paternis filii divitis.
Präs. Christian Heinrich Breuning.
Leipzig (Langenheim) 13. I. 1768. 8 S. 31813

Schultz, Josef, aus Düsseldorf: **Über Tetanus.** *Greifswald 1899: H. Adler.* (41 S.) 8°
Greifswald, Med. Diss. v. 16. März 1899

Schultz, Julius [aus Göttingen]: Atto von Vercelli (924—961.) . . . . Göttingen, Druck d. Univ.-Buchdr. v. E. A. Huth, 1885; 101 S. 8°.
Göttingen, Phil. Fak., Inaug. Diss. v. 1885.

Schultz, Jul., Atto v. Vercelli. [924–961.] gr. 8. (101 S.) Göttingen 885. (Vandenhoeck & Ruprecht.) n. 2 60

Schultz, Julius [Gerichts-Ref. aus Duisburg a. Rh.]: **Die verschiedenen Bedeutungen der Quittung . . .** Duisburg a. Rh., Druck v. M. Mendelssohn, 1894; 3 Bl., 29 S. 8.
Erlangen, Jur. Fak., Inaug.-Diss. v. 1894

Schultz, Jul.: Beiträge zur lateinischen Metrik. 1. 23 S. – Danzig, Progr. 1872.

Schultz, [Karl Friedrich] Julius: **Beiträge zur Thätigkeit des Johanniter-Ordens in Pommern.** 12 S. 4.
Progr. Kgl. Bismarck-Gymn. *Pyritz* 1902 (158).

Schultz, Julius: Beiträge zur Thätigkeit des Johanniter-Ordens in Pommern. ***Pyritz 1902: Backe.*** (12 S.) 4° [J.]
Pyritz, k. Bismarck-G, OP 1902 (158)

Schultz, Julius [Dr.]: Bemerkungen zur Psychologie der Axiome. Berlin, R. Gaertner, 1897; 30 S. 4.
Berlin, Sophien-RG, OP 1897 (98)

Die Bilder von der Materie. Eine psycholog. Untersuchung über d. Grundlagen d. Physik. Von Dr. Julius **Schultz**. Göttingen: Vandenhoeck & Ruprecht 1905. (VII, 201 S.) 8°

Schultz, Julius [August Heinrich]: **Briefe über genetische Psychologie.** 26 S. 4. **Progr.** Sophien-Realgymn. *Berlin* 1902 (111).

Schultz, Jul., Briefe über genetische Psychologie. Progr. 4. (26 S.) Berlin 902. [R. Gaertner.] Weidmann. n. 1. —

Schultz, Jul., **de prosodia satiricorum romanorum capita II de muta cum liquida et de synaloephe.** gr. 8. (66 S.) Königsberg 864, (Akademische Buchh. von Schubert und Seidel.) *

Schultz, Jul., Historisches zur Umsturzvorlage, s.: Giese, W., Kritik d. Umsturzvorlage.

Schultz, Julius (Ferd.) (geb. Koschmin 13. 7. 1821): De idiosyncrasia haemorrhagica historia morbi adnexa. Berolini (1844). (34 S.) 8°
Berlin. Med. Diss. v. 15. Aug. 1844

Schultz, Julius, Dr.: **Zur Ilias-Kritik.** ⟨Prolegomena.⟩ ***Berlin: R. Gaertner 1900.*** (30 S.) 4°
Berlin, Sophien-RG, OP 1900 (103)

Schultz, Julius: Zur Ilias-Kritik. (Prolegomena.) 4 (30 S.).
Progr. Sophien-Rg. *Berlin* 1900
Vgl. des Verf.: Das Lied vom Zorn Achills. Aus unserer Ilias hergestellt und in deutsche Nibelungenzeilen übertragen. 8 (CLX, 78 S.). Berlin 1901, Wiegandt und Grieben. ℳ 8, –.

Schultz, Julius [aus Torgau]: [Kopft.:] Zur Casuistik der Verbiegungen des Schenkelhalses. M. 6 in d. Text gedr. Abbild. (Aus: Zeitschr. f. orthopäd. Chir. 1. Bd.) Stuttgart, Druck d. Union Deutsche Verlagsges., 1891; 1 Bl., 25 S. 8.
Rostock, Med. Fak., Inaug.-Diss. v. [7. Aug.] 1891

Das Lied vom Zorn Achills. Aus unserer Ilias hergest. u. in deutsche Nibelungenzeilen übertr. Von Dr. Julius **Schultz**. *Berlin: Wiegandt & Grieben 1901.* (CIX, 78 S.) 8° [J.]

Schultz, Jul., u. Johs. **Geffcken,** altgriechische Lyrik in deutschem Reim. 12. (104 S.) Berlin 895. Besser. n. 2. —; geb. n. 3. —

Schultz, Julius [Pseud.: C. G. Bruno]: Die M a s c h i n e n - T h e o r i e des Lebens. Göttingen: Vandenhoeck & Ruprecht 1909. IV. 258 S. 8°

Schultz, Julius [August Heinrich]: [Nachruf auf den am 1. Juli 1907 verstorbenen Prof. Dr. Otto Thieme.] S. 22—24. 4.
Progr. Sophien-Realgymn. *Berlin* 1908 (116).

--- **Psychologie der Axiome.** gr. 8. (IV, 232 S.) Göttingen 899. Vandenhoeck & Ruprecht. n. 6. —

Schultz, Jul., **das Mühlhausener System der Arbeiterwohnungen. Eine Anregung zur Nachahmung dieses humanen Bekämpfungsmittels des Socialismus.** gr. 8. (31 S.) Hamburg 878, (Hoffmann und Campe.) *

Schultz, Jul., das Mülhausener System der Arbeiterwohnungen. Eine Anregung zur Nachahmung dieses humanen Bekämpfungsmittels des Socialismus. Mit Nachtrag. 8. (44 S.) Hamburg 878. (Berlin, Bohne.) *

Schultz, Jul., Das Mühlhausener System der Arbeiterwohnungen. Eine Anregung zur Nachahmung dieses humanen Bekämpfungsmittels des Socialismus. gr. 8⁰. Hamburg (Hoffmann u. Campe) 1878. — Mit Nachtrag. 8⁰. Hamburg 1881.

—— ein Vorschlag zu einer gemeinnützigen, durchaus sicheren und 6 % Zinsen abwerfenden Capital-Anlage. (Arbeiter-Wohnungen.) 8. (20 S.) Ebendas. 880. *

Die drei Welten der Erkenntnistheorie. Eine Untersuchung über d. Grenzen zwischen Philosophie u. Erfahrungswissenschaft von Dr. Julius **Schultz.** Göttingen: Vandenhoeck & Ruprecht 1907. (IV, 104 S.) 8° [07. 8131]

Die französische Volksschule. Von K. **Schultz**, Rektoratsschullehrer in Sulzbach. Bielefeld: A. Helmich [1905]. (14 S.) 8° [Umschlagt. F.]
= **Abhandlungen**, Pädagogische. N. F. Bd 11, H. 6. [07. 3556 6]

Schultz, K. A., Leitfaden zur Berechnung der Rechtsanwaltgebühren in bürgerlichen Rechtsstreitsachen nach der deutschen Rechtsanwalt-Gebühren-Ordnung vom 7. Juli 1879, nebst Tabellen. Lex.-8. (14 S.) Hamburg 880. J. F. Richter. n. — 75

Schultz, Carl, Ueber die Bedingungen der Entladung der Elektricität durch verdünnte Luft. (Aus Poggendorff's Annal., Bd. CXXXV.) (S. 5407)

Schultz, Carl, Blitzschrift. Anleitung, diese zeitersp. Reformschrift ohne besonderen Unterricht in kaum e. Stunde zu erlernen u. in kürzester Zeit einzuüben. 8. (16 S. m. 4 Taf.) Berlin 894. Bibliograph. Bureau. n. — 50

Schultz-Sellack, K., Dr., Ueber Diathermasie einer Reihe von Stoffen für dunkle Wärme. (Auszug aus dem Monatsber. der kgl. Akad. der W. zu Berlin.) (14. Oct. 1869. Gesammtsitz. der Akad.)

Schultz, Karl [aus Stettin]: Über die Einwirkung von Schwefelsäure auf Bromthiophene ... Rostock, C. Boldt'sche Hof-Buchdr., 1895; 31 S., 1 Tab. 8.
Rostock, Phil. Fak., Inaug.-Diss. v. [22. Dez.] 1894

Schultz, K., die Preußische Executions- und Subhastations-Ordnung, nebst dem Kaufgelder-Belegungs-, Liquidations- u. Aufgebots-Verfahren, nach den Vorschriften der Prozeßordnung und deren Abänderungen und Ergänzungen für den prakt. Gebrauch und das Studium systematisch dargestellt. Mit e. Anhange über die Häuser-Administrations-Ordnung. gr. 8. Berlin 842, Heymann. 1 Thlr 24 Ngr

—— die Lehre von den Rechtsmitteln gegen Erkenntnisse im Zivilprozeß, in Injuriensachen u. in fiskalischen Untersuchungen nach den Vorschriften der preuß. Prozeßordnung u. den späteren Abänderungen derselben f. den prakt. Gebrauch u. d. Studium systemat. dargestellt. 1. Ausg. (18 B.) 842. 1 Thlr. 5 Ngr. u. 2., verb. Ausg. gr. 8. (19 B.) Berlin 844, Heymann.

Schultz, Carl, die Lehre von den Rechtsmitteln gegen Erkenntnisse in Civilprozeß-, Auseinandersetzungs- und Injuriensachen, so wie in fiskal. Untersuchungen, nach der preuß. Prozeß-Ordnung etc. systemat. zusammengestellt. 3., verb. Aufl. Nebst Anhang. gr. 8. (XIX und 219 S.) Berlin 847, C. Heymann.

Schultz, Carl, Liederproben. gr. 8. (IV, 58 S.) Schwerin 876. Stiller. n. 1. 50

Schultz, Karl, Preußens abgetretene u. neue Minister, der bevorstehende Vereinigte Landtag u. was wir von ihm verlangen. Eine Stimme aus d. Volke von einem Juristen. gr. 8. (24 S.) Magdeburg 848, Baensch. 4 Ngr.

Schultz-Sellack, Ueber die Modificationen des Schwefelsäure-Anhydrides. Berlin 1869.

Schultz, Carl, die deutsche Münzreform und der Anschluss an das Frankensystem. Unter Berücksicht. der gekrönten Preisschrift von H. Grote. gr. 8. (32 S.) Berlin 869, Springer's Verlag. — 60

—— die Notarien u. das Gesetz vom 3. Jan. 1845, betreffend die Zertheilung von Grundstücken. gr. 8. (1 B.) Magdeburg 845, Baensch.

SCHULTZ, CARL: Die Pfarre zu Német-Márok (Deutschmark). Gedenkschrift zur 100-jährigen Jubileumfeier. Fünfkirchen 1893: Druck v. J. Taizs. 57 S. - 228 mm

SCHULTZ, C. Ueber die wasserhaltigen und die wasserfreien sauren Salze der Schwefelsäure. Göttingen, 1868.

— s. **Schröter, L., Lehrbuch des allgem. Landrechts.**

Schultz, Karl, Gerichts-Ref. aus Duisburg a. Rh.: Die **Schulden** der in Errungenschaftsgemeinschaft lebenden Ehegatten. *Duisburg a. Rh. 1900: A. Buschmann.* (61 S.) 8°
Erlangen, Jur. Diss. v: 15. Jan. 1900

Schultz, Carl. Die privatrechtliche Stellung der Ehefrau nach zürcherischem Recht und nach dem schweizerischen Zivilgesetzbuch. 8. Zürich, Schulthess & Co., 1908.
Ausg. A: Diss. Staatsw. Univ. Zürich von K' Sch'.... VIII + 147 S.
Ausg. B: Von Dr. jur. K' Sch'. VI + 147 S. [fr. 3. 60.] — Zürcher Beiträge zur Rechtswissenschaft.... [Heft] 21.

Schultz, Carl, aus Zabern i. Elsass z. Z. Distriktstierarzt in Alpirsbach O. A. Oberndorf, Württemberg: Untersuchungen über das Verhalten der Leucocyten-Zahl im Wiederkäuerblut 1. unter normalen (physiologischen) Verhältnissen; 2. bei innerlichen Krankheiten (spez. Gastritis sowie Pericarditis traumatica). Tübingen 1905. 32 S. 8°. [8. VII. 04.]
Bern. Vet.-med. Diss. 1904/1905

Schultz, Carl. Untersuchungen über das Verhalten der Leukocyten-Zahl im Wiederkäuerblut: 1. unter normalen ⟨physiologischen⟩ Verhältnissen: 2. bei innerlichen Krankheiten ⟨spez. Gastritis sowie Pericarditis traumatica⟩. Diss. Vet.-Med. Bern ... von Tierarzt K' Sch'.... IV + 32 S. 8. Tübingen, Franz Pietzker, 1905.

Schultz, Carl, die Ursachen der Wettervorgänge. Neuergn. u. Ergänzgn. zum Weiterbau der meteorolog. Theorien. In kurzer, allgemein verständl. Fassg. 8. (VII, 119 S.) Wien 899. A. Hartleben. n. 2. —

Schultz-Sellack, Carl, Ueber die galvanische Wärme-Wirkung an der Grenzfläche von Elektrolyten.

— **Wohlklang. Zur Musikreform im Sinne verfeinerter Stimmg., insbesondere der Tasteninstrumente. Allgemein fasslich entwickelt. gr. 8. (32 S.) Ebd. 894. n. — 60**

Schultz, Carl, Wünsche eines Preußen beim Beginn des Jahres 1843. Gedicht. 8. (1 B.) Berlin 843, [Quien.] *

Schultz, Karl, Wünsche eines Preußen beim Beginn des Jahres 1843. Gedicht. 8. Berlin 843, Scherf. (Athenaeum.) n. 1/12 Thlr

Schultz, Karl. Justiz-Commissar, Die neue Zeit mit ihren Fahnen und ihrem Jubel, und was sie bedeutet. Eine Volksschrift. Magdeburg, E. Baensch, Anfang April 1848. 32 S. 8⁰.

Schultz, C., der preußische Civilprozeß. Systematische Zusammenstellung nebst Angabe der Quellen. 8. (IV und 269 S.) Stettin 855, Graßmann.

Schultz, Carl Alex(ander) (geb. Perleberg 8. 7. 1829): De hydrocele. Tunicae vaginalis propriae testis.) Berolini (1853). (31 S.) 8°
Berlin, Med. Diss. v. 23. Aug. 1853

Schultz, Karl Alfred

Schultz, Karl Alfr., Bekenntnisse: Vom Drama u. v. der Musik, Sieben Gedichte. gr. 8. (32 S.) Berlin 899. Ch. Palmió. n. 1. 50

Schultz, Karl Alfr., vom Meisterbuch. Eine schlichte grundleg. Literatur-Betrachtung. (VII, 167 S.) gr. 8. Berlin 905. C. Skopnik. n. 2. —; geb. n. 3. —

— der Menschenfischer. Schauspiel in 3 Aufzügen. gr. 8. (71 S.) Leipzig 900. (C. G. Naumann.) n. 2. —

Schultz, Karl Alfred: Wenckershöhe. Schauspiel in 3 Aufz. Berlin: Ch. Palmie 1899. (88 S.) 8°

— Wenckershöhe. Schauspiel in 3 Aufzügen. 2. Aufl. gr. 8. (88 S.) Berlin 899. Ch. Palmió. n. 2. —

Schultz, Karl August

Schulz, Carl Aug., Denkschrift über die Beleihung von Hauseigenthum in den Städten. gr. 8. (8 S.) Anclam 868, (Krüger.) * — 20

Schulz, Carl Aug., Maria Kaunitz-(Zirksena-)Rittberg. (1683 bis 1765.) Ein frei skizzirtes Lebens- und Characterbild. gr. 8. (237 S. mit 1 Photolithogr. in hoch 4.) Anclam 867, (Dietze.) *

— Wochentags-Tabelle zur Auffindung jedes Wochentages eines bestimmten Datums nach christlicher Zeitrechnung. Lith. Anclam 868. Krüger. gr. 4. 2 ngr

Schultz, Karl Fr.

— Monographia de Barbuta. Rostock ... Verf.

Schultz, K. Fr., Prodromus florae Megapolitano-Stargardiensis, cont. plantas in Ducatu Megapolitano-Stargard. s. Strelitz sponte provenientes. 8. maj. Berlin, Späthen. 805.

Schultz, Karl Fr., Prodromus Florae Stargardiens, cont. plantas in Ducatu Metropol.-Stargard. s. Strelitz. sponte provenientes. 8maj. Berl, 806. (Logier). 2 ℛ 16 gr Supplementum I. 8maj. Neubrandenb. 819. (Berl., Nicolai). 14 gr

Schultz. Karl Heinrich aus Altruppin, Physiolog, s. Schultz-Schultzenstein, Karl Heinr.

Schultz, Karl Heinrich

Schultz-Bipontinus, C. H., Beitrag zur Geschichte und geographischen Verbreitung der Cassiniaceen des Pollichia-Gebietes und zum Systeme der Cichoriaceen. gr. 8. (82 S.) Dürkheim 866,67, Lang.
Aus: Jahresbericht der Pollichia, besonders abgedruckt.

Schultz, Karl Heinrich: Cassiniaceae uniflorae. Neustadt 1861. 8°

Commentationes botanicae auctoribus fratribus SCHULTZ, Bipontinis, quibus Pollichia, societas historiae naturalis Palatinatus rhenanae, gratulatur Gymnasio Illustri Bipontino die IX. m. Augusti a. MDCCCLIX tertium solemnia secularia celebranti. Seorsum exscriptum e XVI. et XVII. libro annalium Pollichiae. Neapoli Nemetum. 1859. Typis D. Kranzbühler jun. 8°.

SCHULTZ, Carl Heinrich (Zweibrücken): De entero-mesenteritide contagiosa Biponti anno 1830 grassata.- München: Rösl 1831. 34 S.
11.8.1829 - Urk (Titel: De gentianeis nonnullis.); F 59
Diss. Ingolst.-Landsh.-Mchn.

Schultz, Karl Hen., de Entero-Mesenteritide contagiosa Biponti anno 1830 grassata. Dissert. inaug. 8maj. Münch. 831. (Franz). 8 gr

— Hypochoerideae, s. Acta nova phys.-med. Acad. Caes. Leopold. Carol. XXI. Prs. I.

CARL HEINRICH SCHULTZ-BIPONTINUS, Lychnophora Martius! und einige benachbarte Gattungen. Festgabe zur Feier des 50jährigen Doctor-Jubiläums (30. März 1864) des Herrn Geheimeraths Dr. von Martius in München. Besonderer Abdruck aus dem XX. und XXI. Jahresberichte der Pollichia. Neustadt a. d. H. s. a. Buchdruckerei von D. Kranzbühler jun. 8°.

RECHENSCHAFTSBERICHT über die Leistungen der Pollichia in den Jahren 1848/49 u. 1849/50 von C. H. SCHULTZ BIPONTINUS. (Ohne bes. Titelblatt. 8°. Aus Walz Jahrbuch für Pharmacie besonders abgedruckt.) 8°.

CARL HEINRICH SCHULTZ, BIPONTINUS, Ueber die Tanaceteen mit besonderer Berücksichtigung der deutschen Arten. Festgabe zur Jubiläumsfeier des Herrn Hofraths Dr. Koch in Erlangen. (Bei seinem fünfzigjährigen Doctor-Jubilaeum den 4. July 1844 dargebracht von dem Vereine Pfälzischer Ärzte der Pfälzischen Gesellschaft für Pharmacie und Technik und deren Grundwissenschaften und der Pollichia, einem naturwissenschaftlichen Vereine der Bayerischen Pfalz.) Neustadt an der Haardt. 1844. Druck von Ch. Trautmann. 4°.

Schultz, Carl Heinr., über die Tanaceteen, mit besonderer Berücksichtig. der deutschen Arten. Festgabe zur Jubiläumsfeier des Hrn. Hofr. Dr. Koch in Erlangen. gr. 4. (8¾ B.) Neustadt a. d. H. 844, (Gottschick's Buchh.) *

Schultz, Karl Johann

Schultz, Karl Jh., s. Begebenheiten des Capit. Golowin. Uebersetzte auch aus d. Russ. die: Reise d. Russ.-Kaiserl. Flotten-Officiere Chwostow u. Davidow.

Schultz, Karl Jh., s. 1) N. Gretsch, die schwarze Frau. 2) J. J. Lagetschnikoff, d. Eis-Palast. 3) Sagoskin, Jury Miloslavsky.

Schultz, Karl Theodor

Schultz, Karl Thdr., entadelter Adel. Roman. gr. 8. (212 S.) Dresden 896. C. Meißner. n. 3. —; geb. n. 4. —

Schultz, Karl Thdr., Arabella, s.: Novellen, moderne.

[J.] Ave-Läuten. Charakterbild aus d. oberbayer. Gebirge in 1 Aufz. v. Carl Theodor Schultz. *München: Rubinverl. [1898].* (12 S.) 1 Bd 8. (Brakl's Rubinverlag.) [98. 1109]

Schultz, K. Th., nach dem Leben, s. Romanbibliothek der Gartenlaube.

Schultz, Karl Thdr., nach dem Leben. Novellen. 8. (317 S.) Leipzig 884. Keil's Nachf. 4. 50

— aus Offizier-Kreisen. Novellen. 8. (271 S.) Augsburg 889. Gebr. Reichel. n. 3. 50

— Papa kommt! Lustsp. in 1 Aufz. nach e. Motive d. M. Serao. 16. (40 S.) Ebd. (898). n. 1. —

— das Prinzeßchen. Schausp. in 3 Aufzgn. 16. (61 S.) Ebd. (898). n. 2. —

— die Schlange. Drama in 3 Aufzgn. 16. (76 S.) Ebd. (898). n. 1. —

— ein Tag aus dem Alltagsleben! [Nach Auffassg. e. Idealisten.] gr. 8. (16 S.) Dresden 890. (Albanus.) n. 30

— ein Todesurtheil. Schauspiel in 3 Aufzgn. 16. (74 S.) Ebd. (898).

— Unverloren. Ulla. 2 Novellen. 12. (121 S.) Berlin 889. Alb. Goldschmidt. n. — 50

Schultz, Karl Wilhelm

Schultz, Karl Wilh., die reiche Armuth der Protestanten. Predigt am 9. Mai 1852 üb. Offbg. Johs. 2, 9 gehalten. gr. 8. (16 S.) Gießen 852, Ferber. n. 2 ngr

Schultz, Karl Wilh., Bemerkungen üb. d. Schrift d. Hrn. Bischofs ꝛc. D. Eylert üb. d. Preuß. Agende. Nebst e. Anh. zur Würdigung der v. ꝛc. (Fr.) Strauß zur Erklär. u. Empfehl. der Agende u. d. T.: Jeder Sonntag e. Ostertag, gehalt. Predigt. gr. 8. (10½ B.) Neustadt a. d. O. 832, Wagner.

— die evangelische Christenheit, Ein Leib durch Einen Geist. Predigt über 1 Kor. 12, 12. 13, bei der 12. Hauptversammlung d. evangel. Vereins der Gustav-Adolph-Stiftung, am 6. Sept. 1854, zu Braunschweig gehalten. Abdr. aus der „Sonntagsfeier". Darmstadt, Leske. gr. 8. (18 S.) nn. 2¼ ngr

—— Festpredigt, s. Mühlenhoff.

—— die Hoffnung der protestantischen Kirche. Predigt in dem 2. Gottesdienste der 10. allgem. Versammlung des evangel. Gustav-Adolph-Vereines, am 8. Septbr. 1852 über Luc. 12, 32 gehalten. 8. (15 S.) Wiesbaden 852, Schellenberg'sche Hofbuchh. *

—— Casualreden. 1. und 2. Bd. gr. 8. Wiesbaden, Kreidel und Niedner. [1. (V und 314 S.) 854., 2. (V und 312 S.) 855. à Bd. * 1 Thlr.] *

Schultz, Carl Wilh., Casualreden. 2 Bde. (in 1 Bd.) 2. (Titel-) Ausg. gr. 8. (XIV und 626 S.) Wiesbaden (855)58, Kreidel's Verlag. *

Schultz, Carl Wilh., 3 Luther-Predigten. Zum Andenken an Luthers Todesgedächtniß den 22. Febr. 1846. gr. 8. (2½ B.) Wiesbaden 846, Friedrich'sche Buchh.

Schultz, Karl Wilh., nassauische Prediger-Arbeiten, s. Prediger-Arbeiten.

Schultz, K. W., Predigt nach dem am 9. Juli 1827 zu Freyrachdorf erfolgten großen Brande, in der dasigen Pfarrkirche gehalten. gr. 8. Neuwied 827. Lichtfers. 2 Gr

Schultz, Karl Wlh., Predigten. gr. 8. Weilburg 834. Lanz. 1⅓ Thlr

—— Predigten f. trauernde Herzen. gr. 8. (18 B.) Wiesbaden 845, Ritter'sche Buchh.

—— Predigten für trauernde Herzen. 2. (Titel-)Ausg. gr. 8. (IV und 280 S.) Gießen 852, Ferber'sche Universitäts-Buchh.

— Predigten für trauernde Herzen. 2. Bd. Gießen 855. Ferber. gr. 8. (4 Bl., 316 S.) 1 Thlr.

—— protestantische Predigten. gr. 8. (VI und 304 S.) Gießen 853, Ferber'sche Universitäts-Buchh. *

— Predigten u. Reden, bei Confirmationen gehalten. gr. 8. (288 S.) Wiesbaden 847, Ritter. n. 1 Thlr — 2. (Titel-) Ausg. gr. 8. (IV u. 280 S.) Gießen 852, Ferber. 1 Thlr

—— Predigten auf alle Sonn- u. Festtage d. Kirchenjahres. 2 Bde. gr. 8. (à 29 B.) Wiesbaden 839, 40. [Gießen, Ferber.] à 1⅔ Thlr.

— Predigten auf alle Sonn- und Festtage des Kirchenjahres. 1r u. 2r Bd. gr. 8. Wiesbaden 839, 40. Haßloch'sche Buchh. (à 1⅔ Thlr) 3⅓ Thlr

—— Predigten auf alle Sonn- u. Festtage des Kirchenjahres. I. Jahrg. 1. u. 2. Bd. 2., verm. Aufl. gr. 8. (30 u. 31 B.) Gießen 843, 46, Ferber'sche Universitäts-Buchh. à Bd. *

— Predigten auf alle Sonn- u. Festtage d. Kirchenjahres. 1. Bd. 1. Hft. 2. verm. Aufl. gr. 8. (160 S.) Gießen 847, Ferber. n. ½ Thlr

—— dass. 2. Jahrg. 1. u. 2. Bd. A. u. d. Tit.: Predigten. 3. u. 4. Bd. gr. 8. (30½ u. 30¾ B.) Ebds. 843, 44. à *

—— Predigten auf alle Sonn- und Festtage des Kirchenjahres. 5. und 6. Bd., oder 3. Jahrg. 1. und 2. Bd. à 6 Hefte. gr. 8. Gießen, Ferber'sche Universitäts-Buchh. [5. (VIII und 469 S.) 6. (VIII und 477 S.) 852. à Bd. * 1 Thlr. 18 Ngr.] *

Schultz, Karl Wilh., der Rhein. Ein Gedicht in 13 Gesängen. Leipzig 855. G. Wigand. gr. 8. (2 Bl., 156 S.) n. 1 Thlr. 20 ngr

—— üb. d. Separatismus. Ein Versuch. gr. 8. (7¼ B.) Weilburg 835, Lanz.

— warum wir Protestanten heißen u. bleiben. Predigt am 25. April 1852 üb. Gal. 5, 4—10 gehalten. 8. (20 S.) Wiesbaden 852, Schellenberg. n. 2 ngr

Schultz, Karl Wilhelm Rainer

Schultz, Car. Guil. Rainerius (geb. Blankenstein in Westf. 27. 1. 1843): De ischuria. Berolini 1860. (31 S.) 8°
Berlin, Med. Diss.
nachgeliefert v. dem am 4. Aug. 1866 auf Grund gedruckter Thesen promov. Verf.

Schultz, Karolina Amalia: Dankbare Nacherinnerung der besonders mir erwiesenen Herzlichkeit bei meiner Taufe. Zur schuldigen Weihe des 54. Geburtstages ... des Pastor [Joannes Albertus S.] Hoekstra am 28. Junius 1816 ehrfurchtvoll gewidmet. o. O. (1816.) 2 Bl. 8°

Schultz, Klemens

Schultz, Clem. Ed. Ferd. Carl, Antrittspredigt bei s. Ordination u. Einführg. in d. Pastorat zu St. Pauli in Hamburg am 22. Septbr. 1896. gr. 8. (25 S.) Hamburg 896. G. W. Seitz Nachf. n. — 50

Schultz, Clem., neuere Einrichtungen u. Pläne auf dem Gebiete der Fürsorge f. die normale, volksschulentlassene, männliche, städtische Jugend, s.: Schriften d. deutschen Vereins f. Armenpflege u. Wohltätigkeit. (Glum.)

Schultz, Conrad, approb. Arzt aus Herxheim: Aus d. pathol. Institut zu Giessen. Zur Casuistik der Endocarditis und Insufficienz der Pulmonalarterienklappen. *Giessen 1902: v. Münchow.* (29 S.) 8°
Giessen, Med. Diss. v. 1902

Schultz, Konr., († d. 23. Jan. 1802.) Lettisches Pastoralhandbuch od. Kirchenagende z. Gebrauch bei d. Lettischen Gemeinden des Großherzogth. Litthauen, auf Synodalische Verordn. herausgg. 8. Mitau 795. (138 S.)

— Utrum literae in Christianorum scholis majori tractandae studio, an boni mores? 4. Mitau 758.

Schultz, L., Muster-Alphabete f. jeden Schreibtisch zur Aneignung u. Erhaltung e. guten Handschrift. Ausg. A, auch für höhere Schulen u. besonders f. den Anfangsunterricht im Griechischen. (74 S.) Lex.-8. Neuwied (906). P. Kehrein. n. — 30

Schultz, L., der Schreibunterricht auf der Grundlage der Musteralphabete desselben Verfassers. Ein method. Wegweiser f. Schreiblehrer an höheren u. Volksschulen, sowie zum Selbstunterricht. gr. 8. (VII, 30 S. m. Musteralphabeten: 6 Steintaf. m. 1 S. Text.) Neuwied 889. Heuser's Verl. n. 1. —

Schultz, L., **Skizzenbuch**, e. methodisch-prakt. Leitfaden f. den Zeichenunterricht in Volks- u. Fortbildungsschulen, sowie in den Unterklassen höherer Schulen bearb. nach den „Allgemeinen Bestimmgn. vom 15. Octbr. 1872." qu. 8. (XII, 72 S.) Neuwied 874. Heuser. n. 2. —

— der **Zeichenunterricht** in der Volksschule, e. method. Leitfaden f. d. Lehrer, bearb. nach den: „Allgemeinen Bestimmgn. Sr. Excell. d. Ministers der geistl., Unterrichts- u. Medicinal-Angelegenheiten vom 15. Octbr. 1872." 8. (16 S.) Ebend. 874. n. — 40

Schultz, Ludwig

Schultz, Ludw.: De adulterio matrimonii impedimento. Berolini (1857). (96 S.) 8°
Berlin, Jur. Diss. v. 5. Dez. 1857

Schultz, M., die preußischen Kirchensteuergesetze, s.: Crisolli, R.

— Verwaltungs-Ordnung f. das kirchl. Vermögen, s.: Crisolli, R.

Schulz, M. A., allgem. Schulfibel od. Lesestunden der Kleinen. Als Uebungsstoff f. Anfänger im Lesen, nach streng geprüften u. prakt. bewährt. Grundsätzen geordnet. Hrsg. u. empfohlen v. Ferd. Fiedler. 8. (3 B. u. 2 Holzschn.-Vign.) Leipzig 833, [Böhme.] Thlr.

Schulz, M. A., allgem. Schulfibel. — Lesestunden d. Kleinen, od. Stoff f. Anfänger z. leichten, schnellen u. sichern Erlernung d. Lesens, nach streng geprüften u. prakt. bewährten Grundsätzen stufenweis geord. Mit e. Vorw. von d. Hrsgeb. Ferd. Fiedler. 2., verb. u. verm. Aufl. 8. (2 B.) Leipzig 838, [Geuther.]

—— das Vorschreibebuch, od. Stoff u. Anweis. zu e. zweckmäß. Schreibunterr. in Elementarschulen. Hrsg. u. empfohlen v. Ferd Fiedler. 8. (4 B. u. 1 lith. Tab. gr. 4.) Leipzig 833, [Böhme.]

Schultz, Marie

Schultz, M., Dionysius u. die Sibyllen, s.: Familienfreund.

Schultz, Marie, ein Gottesgeschenk, s.: Macht, die, der Liebe. 13.

— Holdchen, s.: Familien-Bibliothek.

— Kindesliebe, s.: Macht, die, der Liebe. 11.

Schultz, M., Pique fünf, s.: Familien-Bibliothek.

Schultz, M., e. Schauspiel im Schauspiel, s.: Familien-Bibliothek.

Schultz, Marie, das Stationskreuz, s.: Familien-Bibliothek.

Schultz, Marie, aus Petersburg: Aus dem pathologischen Institut Zürich. Verhalten der Metastasen zum primären Tumor in einem Fall von Chondrosarkom des Femur. (Weiterer Beitrag zur Kenntnis des Polymorphismus der Knorpelgeschwülste.) [Mit 8 Zeichnungen.] Zürich 1907. 20 + 4 S. 8°. [23. III. 07.]
Zürich, Med. Diss. 1906/1907.

Schultz, Marie. Verhalten der Metastasen zum primären Tumor in einem Fall von Chondrosarkom des Femur. ⟨Weiterer Beitrag zur Kenntnis des Polymorphismus der Knorpelgeschwülste.⟩ Diss. Med. Univ. Zürich. ⟨Mit 8 Zeichnungen [auf 2 Doppel-Tafeln].⟩ *Kopftitel:* Aus dem Pathologischen Institut Zürich. 20 S. 8. Zürich, J. J. Meier, 1907.

Schultz, Max [aus Königsberg i. Pr.]: Einwirkung von einfach und zweifach Chlorschwefel auf primäre und sekundäre Amine der aliphatischen Reihe und auf Tetrahydrochinolin ... Rostock, Dissertations-Druckerei, 1896; 51 S. 8.
Rostock, Phil. Fak., Inaug.-Diss. v. [20. Febr.] 1896

Schultz, Max [aus Schwiebus]: Laryngofissur und Pharyngotomia subhyoidea bei Kehlkopftuberculose ... (Aus: Deutsche Med. Wochenschr., 1893.) Leipzig, G. Thieme, 1893; 24 S. 8.
Würzburg, Med. Fak., Inaug.-Diss. v. 1893

Schultz, Max, Referendar am Kgl. Amtsgericht zu Demmin: Die Lehre von den Bestandteilen. Nach d. Rechte d. bürgerl. Gesetzbuchs unter Berücks. d. gemeinen Rechts. *Stralsund 1900: Kgl. Regierungs-Buchdr.* (48 S.) 8° [F.]
Greifswald, Iur. Diss. v. [19. März] 1901

Schultz, Maximilianus, Marchicus: De Plinii epistolis quaestiones chronologicae. *Berolini: Mayer & Mueller 1899.* (46 S.) 8°
Berlin, Phil. Diss. v. 27. Mai 1899

Schultz, Max: Studien über den Einfluß von Nitriten auf die Keimung von Samen und auf das Wachstum von Pflanzen. *Königsberg i. Pr. 1903: O. Kümmel.* (VIII, 89 S.) 8°
Königsberg, Phil. Diss. v. 21. Juli 1903

Der Voelkerverkehrsverein. (Ein Vorschlag z. Gruendung e. Voelkerbundes, welcher d. Entwicklung d. Menschheit beguenstigen soll.) Hrsg. von Norman Ellsworth **Schultz**. Zahl 1–1000. *Stettin: Selbstverl. 1903.* (32 S.) 8°
= **Stettin**, Aus. H. 1.
[04. 9677 8

Schultz, Oskar [aus Berlin]: Vergleichende physiologische Anatomie der Nebenblattgebilde .... (Aus: „Flora", Jahrg. 1888). Regensburg, Druck d. F. H. Neubauer'schen Buchdr. (F. Huber), 1888; 31 + 1 S. + 1 Bl. u. 1 Taf. 8°
Berlin, Phil. Fak., Inaug.-Diss. v. 7. März 1888

Schultz, Osc., die Briefe d. Trobadors Raimbaut de Vaqueiras an Bonifaz I., Markgrafen v. Monferrat. Zum ersten Male kritisch hrsg., nebst 2 Karten u. e. Beilage üb. die Markgrafen v. Monferrat u. die Markgrafen Malaspina in ihren Beziehgn. zu den Trobadors. gr. 8. (IX, 140 S.) Halle a/S. 893. M. Niemeyer. n. 4. —

Schultz, Oscar. Die provenzalischen Dichterinnen. 4. (36 S.)
Progr. Friedrichs-G. *Altenburg* 1888 (644.)

Schultz, Osc., die provenzalischen **Dichterinnen**. Biographieen u. Texte, nebst Anmerkgn. u. e. Einleitg. 4. (36 S.) Leipzig 888. Fock. n. 1. 20

Schultz-Gora, O., s.: **Dichtungen**, zwei altfranzös.

Altprovenzalisches Elementarbuch von O[skar] **Schultz-Gora**, Prof. Heidelberg: C. Winter 1906. (X, 187 S.) 8°
= **Sammlung** romanischer Elementarbücher. R. 1, 3.
[06. 3683

Schultz, Oskar [Mitarb.]
s. **Geyer**, Moritz: Geschichte des Friedrichsgymnasiums zu Altenburg seit 1789.

Schultz, O(skar): Die wichtigste Grundlage der Fähigkeit, nach der Natur zu zeichnen. Delitzsch 1908: Kämmerer. S. 27–45. 4°
Delitzsch, OR i. E., in Festschr. z. 50j. Jubelfeier, P 1908 (341)**
[S 08. 438

Schultz, Os[illegible] Die Lebensverhältnisse der italienischen Trobadors. Berlin 1883. (37 S.) 8°
Berlin, Phil. Diss. v. 14. Febr. 1883

Schultz-Gora, O., Herbert le duc de Dammartin, folque de Candie, s.: **Gesellschaft** f. romanische Literatur. 21.

Schultz-Gora, Oskar (Hrsg.), s. **Leduc**, Herbert: Folque de Candie.

— **Sammlung** englischer Gedichte f. die oberen Klassen der Lehranstalten. 8. (VII, 80 S.) Altenburg 888. Bonde. n. — 75; geb. n. 1. —

— ein Sirventes v. Guilhem Figueira gegen Friedrich II. Kritisch hrsg. nebst verschiedenen Anhängen. 8. (III, 60 S.) Halle 902. M. Niemeyer. n. 1. 60

Schultz, Otto [Pinnaviensis]: Dii locorum quales fuerint in arte Graecorum et Romanorum . . . . Regimonti Borussorum, Ostpreuss. Zeitungs- u. Verl.-Druckerei, 1888; 2 Bl. + 40 S. 8°
Königsberg, Phil. Fak., Inaug.-Diss. v. 9. Jul. 1888

Schultz, Otto, dii locorum quales fuerint in arte Graecorum et Romanorum. Diss. Königsberg i. Pr. 1888, Graefe & Unzer. 8⁰. 40 S.

Schultz, Otto, innere Mission auf d. Lande. Aus der Geschichte e. armen Rhöngemeinde. E. Denkstein zum Jubelfest d. Inneren Mission. 8. (80 S.) Berlin 898. Buchh. d. Ostdeutschen Jünglingsbundes. n. 1. —

Die Ortsgottheiten in der griechischen und römischen Kunst. Von Otto **Schultz**. Berlin: S. Calvary & Co. 1889. (84 S.) 8°
= Studien, Berliner, f. classische Philologie u. Archaeologie. Bd 8, H. 3.

Schultz, Otto: Über Stieltorquierte Ovarialtumoren. Landau 1906: K. & A. Kaußler. (28 S.) 8°
Straßburg, Med. Fak., Ref. Fehling, Diss. v. 25. Jan. 1907
[Geb. 10. Jan. 80 Germersheim, Rheinpfalz; Wohnort: Straßburg i. E.; Staatsangeh.: Bayern; Vorbildung: Gymn. Landau Reife M. 99; Studium: München 2, Würzburg 4, Erlangen 1, Straßburg 5 S.; Coll. 21. Dez. 06; Approb. 26. Mai 06.]

Schultz, Otto, deutsche Rotations-Schnellpressen. Handbuch f. Buchdruck-Maschinenmeister. 12. (VI, 120 S. m. 12 Beilagen.) Leipzig-R. 894. R. Härtel. n. 3. —

Schultz, Otto (Hrsg.), s. Schultz, Christoph Ludw. Friedr.: Untersuch. üb. d. Zeitalter d. röm. Kriegsbaumeister M. Vitruvius Pollio.

Schultz, P., die Kastelle bei Welzheim, s.: Mettler, A.

Schultz, P. De Stilichone iisque qui de eo agunt fontibus, Claudiano imprimis et Zosimo. (43) 8. Regimonti 1864. Diss 1,50.

Schultz, Paul [approb. Arzt zu Stettin]: Pathologisch-anatomischer Befund bei einem Falle von Hyperidrosis unilateralis. Ein Beitrag zur Kenntn. der Erkrankungen des sympathicus. Mit einer Taf. Stettin, Druck v. L. Passnow, 1885; 22 S. u. 1 Taf. 8°.
Giessen, Med. Fak., Inaug.-Diss. v. 20. Okt. 1885.

Schultz, Paul, pathologisch-anatomischer Befund bei einem Falle von Hyperidrosis unilateralis. Ein Beitrag zur Kenntniss der Erkrankungen des sympathicus. Diss. Giessen 1885, J. Rickersche Buchh. 8⁰. 22 S. mit einer Taf.

Schultz, Paul [aus Zehden a. O.]: Über congenitale Cystennieren m. bes. Rücks. auf ihre Genese . . . Halle a. S., Hofbuchdr. v. C. A. Kaemmerer & C., 1896; 21 S., 1 Bl. 8.
Halle, Med. Fak., Inaug.-Diss. v. 5. März 1896

Schultz, Paul, a. Stettin: Über den figürlichen Gebrauch der Zahlen im altfranzösischen Rolandsliede sowie in anderen Epen. Greifswald 1906: H. Adler. (87 S.) 8°
Greifswald, Phil. Fak., Ref. Stengel, Diss. v. 26. Mai 1906
[Geb. 19. Febr. 82 Stettin; Wohnort: Greifswald; Staatsangeh.: Preußen; Vorbildung: Schillerrealgymn. Stettin Reife M. 02; Studium: Greifswald 6 S.; Rig. 7. Febr. 06.]

Schultz, Paul, Gehirn u. Seele. (VIII, 55 S.) gr. 8. Leipzig 903. J. A. Barth. n. 1. 80

Gehirn und Seele. Vorlesungen von Prof. Dr. med. Paul **Schultz**. Geh. an d. Univ. zu Berlin (1899–1904). Hrsg. von Dr. Hermann Beyer. Leipzig: J. A. Barth 1906. (VIII, 189 S.) 8°

Schultz, Paul [aus Oranienburg, Kr. Nieder-Barnim]: Über die Giftdrüsen der Salamandra maculata. . . . Berlin, Buchdr. v. Gustav Schade (Otto Francke) (1889); 30 S. + 1 Bl. 8°
Berlin, Med. Fak., Inaug.-Diss. v. 10. Apr. 1889

Schultz, P. Katechismus der lutherischen Reformation, s. Neudrucke deutscher Litteraturwerke d. XVI. u. XVII. Jahrh.

Schultz, Paul, Compendium d. Physiologie d. Menschen, s. d. Oestreich.

Schultz, Paul, Compendium d. Physiologie d. Menschen. Für Studierende u. Aerzte. 2., verb. u. verm. Aufl. 12. (VII, 364 S. m. 47 Abbildgn. u. e. lith. Taf.) Berlin 901. S. Karger. Geb. in Leinw. n. 6. 80

— Kompendium der Physiologie des Menschen. Für Studierende u. Aerzte. 3., verm. u. verb. Aufl. (V, 422 S. m. 47 Abbildgn. u. 1 lith. Taf.) kl. 8. Berlin 905. S. Karger. Geb. in Leinw. n. 7. 80

Schultz', Paul, Kompendium der Physiologie des Menschen u. der Säugetiere. Für Studierende und Ärzte. 4. umgearb. Aufl. v. R. du Bois-Reymond. (IV, 428 S. m. 81 Abb.) kl. 8. Berlin 909. S. Karger. Geb. in Leinw. 8. 40

Schultz, Paul, f. meinen Konfirmanden-Unterricht. gr. 8. (40 S.) Berlin 888. (Dobberke & Schleiermacher.) n. — 50

Schultz, P., Lehrbuch der Physiologie, s.: Munk, Imm.

Schultz, Paul, a. Grimmen: Die erotischen Motive in den deutschen Dichtungen des 12. und 13. Jahrhunderts. Greifswald 1907: F. W. Kunike. (100 S.) 8°
Greifswald, Phil. Fak., Ref. Reifferscheid, Diss. v. 2. Mai 1907
[Geb. 7. Nov. 84 Grimmen; Wohnort: Greifswald; Staatsangeh.: Preußen; Vorbildung: Gymn. Neu-Strelitz Reife O. 03; Studium: Freiburg i. B. 1, Berlin 4, Greifswald 2 S.; Rig. 22. Dez. 06.]

Schultz, Paul, biblische Wahrheiten, nach der Ordnung und in dem Sinn des kleinen Katechismus Dr. Mart. Luthers zusammengestellt als Bausteine für meinen Konfirmanden-Unterricht. 8. (40 S.) Berlin 888, (Dobberke und Schleiermacher.) * — 70

Schultz, Pauline

Schultz's dt-anisches Kochbuch. Eine leichtverständliche u praktische Anweisung, wie man alle Arten Speisen u Backwerk wohlfeil u gut zubereiten kann. Für den Gebrauch der Dten in A . . . das Einmachen der verschiedenen Früchte . . . die Herstellung verschiedener Arten von Cordials, Weinen, Getränken, u. s. w. . . . Von Pauline Schultz. NY, 1890.

Schultz, Peter

— — De concursu delictorum. Disp. jur. Präs. Pet. Schultz. Frkft./O. (Chph. Andr. Zeitler) 5. VIII. 1692. 43 S. (5.—) Resp.: Aug. Becker. 1667
— — Dasselbe. Halle (J. Ch. Grunert) 1748. 44 S. (4.60) 1668

Schultz, R., s.: Kunst, praktische.

Schultz, R., De poetices Aristoteleae principiis. Diss. u. Pr. 1874. 24 S. 4°. 1.20

Chronik der Sankt Johannis Freimaurer-Loge zu den 3 Rosenknospen im Or. zu Bochum, gegründet am 12. Dec. 1785. [Festgabe zur Säcularfeier am 13. Dec. 1885. Von Rainer **Schultz**.] Gedr. als Ms. f. Bbr. Hattingen 1885: Bürette. 57 S. 8⁰

[Dasselbe.] [2. Ausg.] Bochum 1896: Seippel. 72 S. 8⁰
Chronol. geordnete Gesch. der Loge.

Schultz, Reinhold, a. Stettin: Die Machsche Erkenntnistheorie. Darstellung und Kritik. Berlin [1908]: A. Lüdtke. (216 S.) 8°
Leipzig, Phil. Fak., Ref. Heinze-Wundt, Diss. v. 27. Mai 1908
[Geb. 31. Aug. 83 Stettin; Wohnort: Stettin; Staatsangeh.: Preußen; Vorbildung: Realgymn. Stettin Reife O. 03; Studium: München 2, Leipzig 6 S.]

Reinhold, Ferd. [d. i. Reinhold Schultz]: Machs Erkenntnistheorie. Darstellung u. Kritik. Leipzig: W. Klinkhardt 1908. 215 S. 8°
[Ersch. auch als Inaug.-Diss. Leipzig 1908.]

Schultz, Reinhold (Otto) (geb. Gr. Wanzleben 16. 8. 1858): Der Widerstand gegen die auswärtige Staatsgewalt. (Deutsches Strafgesetzbuch. Abschnitt VI.) Magdeburg 1881. (73 S.) 8°
Berlin, Jur. Diss. v. 18. Juni 1881

Schultz, Rhold, der Widerstand gegen die auswärtige Staatsgewalt. [Deutsches Strafgesetzbuch, Abschnitt VI.] gr. 8. (VIII, 73 S.) Magdeburg 881. E. Baensch jun. n. 1. —

Schultz, Reinhold Friedrich [Referendar]: Bedeutung und Berechtigung des Satzes: „solvit et qui reum delegat" ... München, kgl. Hof- u. Univ.-Buchdr. v. Dr. C. Wolf & Sohn, 1893; 29 S. 8.
Jena, Jur. Fak., Inaug.-Diss. v. 1893

SCHULTZ, RICHARD. Ueber drei Dichlorbenzoësäuren und einige Derivate des Trichlortoluols. Tübingen, 1877.

[F.] Deutsche Gedichte. Hrsg. f. d. Unterr. an Landwirtschaftsschulen u. and. höh. Lehranst. v. Dr. Richard Schultz, Dir. ... in Marggrabowa. *Berlin: P. Parey 1896.* (VIII, 286 S.) 1 Bd 8. (Landwirtschaftliche Unterrichtsbücher. [No 22.]) [97. 1567]

Schultz, Richard [aus Arnswalde]: Über [sic!] die histologischen Vorgänge bei der Heilung von Gehirnwunden. ... Freiburg i. B., Buchdr. H. Epstein, 1891; 42 S. 8°
Freiburg i. B., Med. Fak., Inaug.-Diss. v. 1891

Schultz, Robert

Festschrift zur Erinnerung an den Frühlings-Ausflug [der Loge z. d. 3 Rosen] nach Eutin-Gremsmühlen am Mittwoch, den 24. Mai 1905 im Auftr. des Festausschusses zsgest. von Rob. **Schultz.** o. O. 1905. 2 Bl. 8° [Umschlagtit.] Rekt. Kneisner, Hamburg.

Schultz, Roland: Zur Oxydation der Harnsäure in alkalischer Lösung. 1908. 29 S. 8° ¶ Vgl. J. Liebig's Annalen d. Chemie. Bd 365. 1909.
Hannover, Dr.-Ing.-Diss. v. 21. 12. 1908

Schultz, Rudolfus: Αιδώς. Borna 1910: Noske. 108 S. 8°
Rostock, Phil. Diss. v. 26. Okt. 1909, Ref. Plasberg
[Geb. 17. Jan. 87 Rostock; Wohnort: Rostock; Staatsangeh.: Mecklenburg-Schwerin; Vorbildung: Gymn. Rostock Reife O. 05; Studium: Rostock 3, München 1, Berlin 1, Rostock 5 S.; Rig. 22. Okt. 09.] [U 10. 3978

Schultz, Rudolf, Rechtspraktikant: Notwehr und Notstand im heutigen Recht. (StGB. §§ 52—54. BGB. §§ 227, 228, 904.) *Freiburg i. B. 1902: Ch. Lehmann's Nachf.* (190 S.) 8°
Freiburg i. B., Rechts- u. staatswiss. Diss. v. 1902

Schultz, Rudolfus [Zuellichoviensis]: Quaestiones in Tibulli librum I chronologicae .... Fuerstenwaldiae, typ. expr. H. Richter, 1887; 44 S. + 1 Bl. 8°
Leipzig, Phil. Fak., Inaug.-Diss. v. 21. Sept. 1887

Schultz, Rud., quaestiones in Tibulli librum I chronologicae. Dissertatio inauguralis. gr. 8. (44 S.) Fürstenwalde 887. (Berlin, Mayer und Müller.) * 1 —

Beiträge zur Geschichte der St. Katharinenkirche und -Gemeinde zu Brandenburg a. H. Festschrift z. 500j. Bestehen d. Kirche verf. von S. **Schultz,** Pastor, u. K. Boelke, Pastor. Mit 1 Vollbild & 11 Abb. *Brandenburg a. H.: R. Koch 1901.* (120 S.) 8° [F.] [04. 1036

Schultz, S., der evangel. Kirchenfreund, s. Kirchenfreund.

Schultz, Samuel, s. Schultze, Samuel.

Schultz, Samuel Friedrich (Frankfurt/O.) A. S. 240/7
Dissertatio juridica inauguralis, de matrimonio momentario. Präs. Heinrich Cocceius. Frankfurt/O. (Zeitler) 30. VI. 1701. 36 S. 31819

Schultz, Samuel Ludwig (Küstrin) A. S. 600/21
Ad l. 1. D. quib. in caus. pign. l. hypothec. tacit. contrahit commentatio. Präs. Johann Julius Surland. Frankfurt/O. (Winter) 26. III. 1755. 32 S.

W. v.: Friedrich Wilhelm Gedicke, G. F. Schmiedike, Gräve. 31820

Schultz, Tadeusz, appr. Arzt a. Posen: Aus dem Kgl. Hygienischen Institut zu Posen. Pathologisch-anatomische Abteilung. Über ein großes Chondro-Myxo-Sarcom der Pleura. Greifswald 1905: H. Adler. (37 S.) 8°
Greifswald, Med. Fak., Ref. Busse, Grawitz, Diss. v. 14. Sept. 1905
[Geb. 14. Sept. 81 Posen; Wohnort: Posen; Staatsangeh.: Preußen; Vorbildung: Marien-Gymn. Posen Reife O. 00; Studium: Breslau 2, München 1. Breslau 6 S.; Coll. 7. Sept. 05; Approb. 14. Aug. 05.]

Schultz, Therese, soll ich euch erzählen? Märchen u. Geschichten aus dem Kindergarten. 8. (XVI, 311 S.) Wiesbaden 889. Bergmann. n. 2. 70; geb. n. 3. 75

Schultz-Gora, Therese, soll ich euch erzählen? Märchen u. Geschichten aus dem Kindergarten. 2. Aufl. Illustriert v. Luise Kumpa. 8. (XIV, 314 S. m. Bildnis.) Wiesbaden 901. J. F. Bergmann. n. 4. —; geb. n. 5. 20

Der Bernsteintaucher. Der Wildfischer. 2 Erzählungen von d. balt. Küste. Von V. **Schultz.** Mit 6 Abb. von H. Grobet. Stuttgart, Berlin, Leipzig: Union [1907]. (165 S.) 8° [F.]
= **Universal-Bibliothek** f. d. Jugend. 435—437. [08. 3942

Schultz, V., eine Robinsonade auf den Palauinseln. Nach Prof. Semper frei f. die reifere Jugend bearb. Mit zahlreichen Bildern v. Rud. Trache. (221 S.) 8. Reutlingen (905). Enßlin & Laiblin. Geb. in Leinw. 3. —

Aus stürmischer Zeit. Eine Erzählung aus d. baltischen Aufstand von V. **Schultz.** Mit 4 Abb. von E. H. Zirkel. Stuttgart, Berlin, Leipzig: Union [1906]. (117 S.) 8° [F.]
= **Universal-Bibliothek** f. d. Jugend. 429. 430. [07. 1300

Schultz, W.. Die Arbeit als Quelle und Maass des Werthes. 8°. Leipzig 1882.

Schultz, W., s.: Festzug, histor., z. 300jähr. Jubelfeier d. Gründg. d. Neustadt Hanau.

Die Fortsetzung der Schießausbildung bei der Reserve und Landwehr. Von Dr. W. **Schultz.** Berlin: R. Felix 1895. (14 S.) 8° [F.]
Erw. aus: Deutsche Heeres-Zeitung. [95. 2615 B

Schultz, W. v., die preußischen Werbungen unter Friedrich Wilhelm I. und Friedrich dem Großen bis zum Beginne des 7jährigen Krieges mit besond. Berücksicht. Mecklenburg-Schwerins. Dargestellt nach den Acten des großherzogl. Geh. und Haupt-Archivs zu Schwerin. gr. 8. (IV, 121 S.) Schwerin 887, Bärensprung'sche Hofbuchdr. * 1 60

Schultz, Walter, aus Lautenburg (Westpr.): Beiträge zur Kenntnis der Basalte aus der Gegend von Homberg a. E. *Marburg 1902: (C. Grüninger, Stuttgart).* (S. 241—292.) 8°
¶ (Aus: N. Jahrbuch f. Mineral. etc., Beil.Bd 16.)
Marburg, Phil. Diss. v. [22. Dez.] 1902

Schultz, Walter, prakt. Arzt zu Seckenburg: Aus d. Anatom. Institut zu Königsberg i. Pr. Nr. 42. Über congenitale Brachydaktylie. Königsberg i. Pr. 1907: O. Kümmel. (30 S.) 8°
Königsberg, Med. Fak., Ref. Stieda, Diss. v. 26. Juni 1907
[Geb. 18. Nov. 76 Königsberg i. Pr.; Wohnort: Seckenburg O.-Pr.; Staatsangeh.: Preußen; Vorbildung: Wilhelms-Gymn. Königsberg Reife M. 95; Studium: Königsberg 12 S.; Coll. 19. Juni 07; Approb. 21. Dez. 01.]

Schultz, Walter: Die ersten Lebensbeschreibungen Friedrich Wilhelms I. Danzig [1909]: Zeuner. 80 S. 8°
Königsberg, Phil. Diss. v. 20. Dez. 1909, Ref. Krauske
[Geb. 1. Okt. 86 Königsberg i. P.; Wohnort: Königsberg; Staatsangeh.: Preußen; Vorbildung: Wilhelms-Gymn. Königsberg Reife O. 05; Studium: Genf 1, Königsberg 1, München 1, Königsberg 6 S.; Rig. 29. Juni 09.]
[U 10. 2024

Schultz, Walther, Arzt: Aus d. pathol. Institut zu Königsberg. Geh. Medicinalrat Prof. Dr. E. Neumann. Ueber Ovarienverpflanzung. *Berlin: S. Karger 1902.* (26 S.) 8° ¶(Aus: Monatsschr. f. Geburtshülfe u. Gynaekol., Bd 16.)
Königsberg, Med. Diss. v. 31. Okt. 1902

Schultz, Werner, approb. Arzt: Ein Beitrag zur Kenntnis des Conjunctivaepithels. *Greifswald 1902: J. Abel.* (26 S.) 8°
Rostock, Med. Diss. v. [2. Sept.] 1902

Schultz, Wilhelm

Schultz, Wlh., Beitrr. zur Geognosie u. Bergbaukunde. Mit 6 Blätt. Karten u. Zeichnn. gr. 4. Berl. 821. Reimer. 2 ℛ 12 𝒢

Schultz, Wilh.: „Bemerkungen über das Vorkommen des Bleyglanzes, Brauneisensteins und Gallmeyes bei und um Tarnowitz in Oberschlesien. Ein Beitrag zur Geschichte des Tarnowitzer Bergbaues aus den Jahren 1802—1806", Hameln 1813. — Vorh.: Preuß. Oberbergamt Dortmund — E. f. 114.

— Bemerkk. üb. das Vorkommen des Bleiglanzes, Brauneisensteins u. Gallmeys bei u. um Tarnowitz in Oberschlesien. gr. 8. Hannov. 813. Hahn. 1 ℛ

Schultz, W[ilhelm]: Die Forstwirthschaft. Berlin: J. Springer 1903. (XI, 428 S.) 8°
Handbuch d. Gesetzgebung in Preussen u. d. Deutschen Reiche. 14, Bd 2.

Schultz, W., Gesetz betr. den Forstdiebstahl, s. Oehlschläger, O. v.

Schultz, W. Grund- und Aufrisse im Gebiete der allgemeinen Bergbaukunde. Theil I. Berlin, 1823.

— Grund- u. Aufrisse im Gebiete der allgem. Bergbaukunde. 1r Thl. Mit 6 ill. u. schwarz. Karten u. Abbildd. gr. 4. Berl. 824. Reimer. 2 ℛ 20 𝒢

Die Jagd. Jagdrecht, Jagdpolizei, Wildschaden Jagdschutz. Von W[ilhelm] **Schultz**, Landforstmeister a. D., u. G[ünther] Frh. v. Seherr-Thoss, Reg.Präs. *Berlin: J. Springer 1904.* (XI, 179 S.) 8° [F.]
= Handbuch d. Gesetzgebung in Preußen u. d. Dtsch. Reiche. 14, Bd 5.
[03. 13770

Die Jagdgesetzgebung. Jagdrecht, Jagdausübung, Jagdschluß. Von W[ilhelm] **Schultz**, Landforstmeister a. D., u. G[ünther] Frh. v. Seherr-Thoß, Reg.Präs. 2., neubearb. Aufl. Berlin: J. Springer 1908. (VII, 171 S.) 8° [F.]
[08. 4098

Schultz, W., s.: Jahrbuch f. Entscheidungen des Reichsgerichts usw. aus dem Gebiete der preußischen Agrar-, Jagd- u. Fischerei-Gesetzgebung.

Schultz, Wilhelm [cand. med. aus Bischweiler]: Zur Statistik der totalen Entfernung des Schulterblattes ... Leipzig, Druck v. J. B. Hirschfeld, 1896; 1 Bl., 33 S. 8.
Strassburg, Med. Fak., Inaug.-Diss. v. 1896

Schultz, Wilh., der Uhrmacher am Werktisch. Hand- u. Nachschlagebuch f. den Taschenuhren-Reparateur. Mit 232 Orig.-Holzschn. im Text u. auf 5 besonderen Taf. gr. 8. (VIII, 335 S.) Berlin 902. (W. H. Kühl.) Geb. in Leinw. n.n. 5. 50

Schultz, Wilhelm: Der Uhrmacher am Werktisch. Hand- u. Nachschlagebuch f. d. Taschenuhren-Reparateur. Mit 232 Orig.-Holzschn. Berlin: C. Marfels 1902. (VIII, 335 S.) 8°

Schultz, Wilh., der Uhrmacher am Worktisch. Hand- u. Nachschlagebuch f. den Taschenuhren-Reparateur. 2., ergänzte Aufl. Mit 268 Orig.-Holzschn. im Text u. auf 5 besond. Taf. (XI, 371 S.) gr. 8. Berlin 903. (W. H. Kühl.) Geb. in Leinw. n.n. 5. 50

Schultz, Wilhelm (Hrsg.), s. Uhrmacher-Zeitung, Deutsche.

Schultz, Guil. (geb. Cuna 29. 1. 1820): De varicibus. Berolini 1844. (27 S.) 8°
Berlin, Med. Diss. v. 14. Okt. 1844

Unsere Zeitmesser und ihre Behandlung. Anleitung z. sachgemässen Behandlung d. Taschen- u. Zimmeruhren. Mit 20 Abb. Hrsg. vom Deutschen Uhrmacher-Bund. Text u. Orig.-Zeichn. von Wilh. **Schultz**. (71.—100. Taus.) *Berlin: Deutsche Uhrmacher-Zeitung; [W. H. Kühl in Comm.] 1900.* (31 S.) 8°
[00. 13169

Schultz, Wilhelm Eugen

Schultz, Wilh. Eug., der Bliesgau. Geograph.-histor. erläutert. 16. (9¼ B. u. 1 litho-typograph. Karte.) Zweibrücken 838, Ritter'sche Buchh.

Schultz, Woldemar

Schultz, Wold., zur häuslichen Erbauung. Tägliche Andachten in Lied, Schrifterklärg. u. Gebet nach Ordng. d. Kirchenjahres. gr. 8. (VI, 716 S.) Reval 884. Prahm. n. 7. —; geb. n. 8. —

Schultz, Woldem., Natur- u. Culturstudien über Südamerika u. seine Bewohner, mit besond. Berücksichtigung der Colonisationsfrage. (Nachgelassenes Werk, herausg. vom Verein für Erdkunde in Dresden.) Dresden 865. Schönfeld. gr. 8. (137 S. mit 1 Tab. in Fol.) n. 25 ngr

Schultz, Woldemar: Natur- und Culturstudien über Südamerika und seine Bewohner, mit bes. Berücks. der Colonisationsfrage. — Dresden: Schönfeld 1867. 137 S., 1 Tab.

Schultz, Woldem. Natur- und Culturstudien über Südamerika und seine Bewohner, mit besond. Berücksicht. der Colonisationsfrage. [Nachgelassenes Werk, hrsg. vom Verein für Erdkunde in Dresden.] gr. 8. (137 S. mit 1 Tab. in Fol.) Dresden 868, Schönfeld's Verlag.

— Studien über agrarische u. physikalische Verhältnisse in Südbrasilien in Hinblick auf die Colonisation u. die freie Einwanderung. Mit 1 Atlas. Die gemässigten Brasilländer der kaiserlichen Provinzen São Pedro do Rio Grande do Sul, Santa Catharina u. Parana, am Atlantischen Ocean u. im Stromgebiete des Plata vom 35°—30° 30' der Südbreite mit den deutschen Colonien (3 lith. Blatt, wovon 2 in Buntdr., in Imp.-Fol.). Leipzig 865. E. J. Günther. gr. 8. (XI, 224 S. mit 1 lith. Karte.) n. 4 ℛ; ohne Atlas n. 1 ℛ 20 ngr; der Atlas apart n. 3 ℛ 10 ngr

Schultz, Woldem., kurze Unterweisung in der christl. Lehre nach dem kleinen lutherischen Katechismus m. bibl. Beweisgründen. 8. (168 S.) Riga 874. Brutzer & Co. n. 1.20

Schultz, Wolfgang

[F.] Deutschtum und Alkohol. Von Dr. W[olfg.] **Schultz**, pr. Arzt in Eutin. 3.—12. Taus. *Basel: Schriftstelle d. Alkoholgegnerbunds 1898.* (15 S.) 1 Bd 8.
= Alkoholgegnerbund. No 29.
[98. 8081

Schultz, Dr. W. Deutschtum und Alkohol. Basel 1900. Fr. —.10.

Schultz, W[olfgang]. Deutschtum und Alkohol. Von Dr. W. Schultz, pr. Arzt in Eutin. 3.—4. Tausend dieser Ausgabe. 16 S. 8. Basel, Schriftstelle des Alkoholgegnerbunds (Fr. Reinhardt, [1902]). fr. —. 10
Alkoholgegnerbund. ⟨Internationaler Verein zur Bekämpfung des Alkoholgenusses.⟩ [Flugschriften.] Nr. 29.

Schultz, Wolfg., üb. die Discission d. Nachstaares. Diss. gr. 8. (25 S.) Kiel 891. (Gnevkow & v. Gellhorn.) n. 1. 60

Schultz, Wolfg., Dokumente der Gnosis. (XCI, 244 S.) 8. Jena 910. E. Diederichs. 8.—; geb. 9.50

— Zur Entstehung der Welt nach Hesiod. (27 S.) 33,5×24 cm. Wien 906. Akadem. Verlag. 1.50
Sonderabdruck aus: „Monumenta judaica".

Schultz Wolfang: Das Farbenempfindungssystem der Hellenen.
1903 PN 1620 Diss. Wien, Univ.

Schultz, W., das Farbenempfindungssystem der Hellenen. (VII, 227 S. m. Abbildgn. u. 3 farb. Taf.) Lex.-8. Leipzig 904. J. A. Barth. n. 10.—

Schultz, W., die Harmonie in der Baukunst. Nachweisung der Proportionalität in den Bauwerken d. griech. Altertums. 1. Tl. Mathematische Grundlagen d. angewendeten Proportionierungs-Systems. gr. 4. (VIII, 124 S. m. 60 Holzschn.) Hannover-Linden 891. Manz. n. 10.—

Altjonische Mystik. Von Dr. Wolfgang Schultz. Hälfte 1. Wien & Leipzig: Akad. Verl. 1907. 8°
= Schultz: Studien z. antiken Kultur. H. 2/3. [07. 7171 3

Schultz, Wolfgang, Die socialistische Organisation des Aerztestandes. Ein Beitrag zur Socialreform. 8°. Berlin, Bibliogr. Bureau, 1895.

Schultz, Wolfg., d. socialist. Organisation d. Aerztestandes. E. Beitrag zur Socialreform. gr. 8. (61 S.) Berlin 895. A. Deubner. n. —75

Pythagoras und Heraklit. Von Dr. Wolfgang Schultz. Leipzig & Wien: Akad. Verl. 1905. (118 S.) 8°
= Schultz: Studien z. antiken Kultur. 1. [05. ...

Schultz, Wolfgang: Rätsel aus dem hellenischen Kulturkreise. Gesammelt u. bearb. (T. 1. 2.) Leipzig: Hinrichs 1909—12. 8°
1. Die Rätselüberlieferung. 2. Erläuterungen z. Rätselüberlieferung. Mit ausführl. Reg.
(Mythologische Bibliothek. Bd 3, 1. 5, 1.)

— Rätsel aus d. hellenischen Kulturkreise, s. a. Bibliothek, mythologische. III, 1.

— Studien zur antiken Kultur. 2. u. 3. Heft. Altjonische Mystik. 1. Hälfte. (XIX, 355 S. m. Abbild.) gr. 8. Ebd. 907. 7.50
1. Heft. Ebd. 905. 4.—

Schultz, W., Werkmass u. Zahlenverhältnisse griechischer Tempel (Erechtheion zu Athen u. Athene-Tempel auf Aegina.) Fol. (60 Sp.) Hannover 893. Schmorl & Seefeld Nachf. n. 3.—

Schultz von Ascheraden, s. Schoultz von Ascheraden.

Schultz-Hansen, Osk., das Millionen-Patent. Ein Roman aus d. Erfinderwelt. (216 S.) 8. Leipzig (909). Dieterich. 2.—; geb. 2.50

Schultz-Hencke, General-Verwaltungs-Bericht über das Medicinal- u. Sanitätswesen des Reg.-Bez. Minden. Eine medicin. Studie, nebst Verwaltungsbericht über das Sanitäts- u. Veterinär-Wesen für das Jahr 1875. gr. 8. (IV, 344 S.) Minden 877. (Hufeland.) n. 8.—

Schultz-Hencke, General-Verwaltungs-Bericht über das Medicinal- u. Sanitätswesen des Reg.-Bez. Minden für das Jahr 1880. gr. 8. (IV, 119 S. m. 1 lith. u. color. Karte.) Minden 882. Bruns. n. 4.—

—— dass. — für das J. 1881. gr. 8. (172 S. mit 1 Uebersichtskarte und 3 Tab.) Ebendas. 883. *
Nicht weiter erschienen.

— Generalbericht üb. das öffentliche Gesundheitswesen des Reg.-Bez. Minden, Fortsetzg., s.: Generalbericht etc.

Schultz-Hencke, der Reg.-Bez. Minden. Eine medicin. Studie, nebst Verwaltungsbericht über das Sanitäts- und Veterinär-Wesen für das J. 1875. gr. 8. (IV, 344 S.) Minden 877, (Hufeland.) *

Schultz-Hencke, der Preußische Postbeamte und das zweite Examen. Ein Beitrag zu den Vorbereitungsstudien. gr. 8. (VIII u. 240 S.) Creuznach 852, Voigtländer in Comm. n. 1 1/3 ₰

Schultz-Hencke, Dankmar

Schultz-Hencke, Anleitung zur Ausführung mikrophotographischer Arbeiten, s.: Stenglein, M.

Schultz-Hencke, D., Anleitg. zur photograph. Retouche u. zum Übermalen v. Photographieen, s. a. Bibliothek, photograph., Nr. 5.

Anleitung zur Photographischen Retouche und zum Übermalen von Photographieen. Von D. Schultz-Hencke, Dir. d. Photogr. Lehranst. d. Lette-Ver. ... 3. umgearb. Aufl. v. [Wilh.] Kopske's Anleitung z. Retouchieren. M. 2 Lichtdr.-Taf. u. 21 Fig. im Text. *Berlin: G. Schmidt 1897.* (VIII, 131 S., 1 Bl., 3 Taf.) 1 Bd 8.
= Bibliothek, Photographische. No 5. [97. 7890

Anleitung zur Photographischen Retusche und zum Übermalen von Photographien. Für d. Selbstunterr. u. d. Unterr. in Fachschulen von D[ankmar] Schultz-Hencke, Dir. zu Berlin. 4., neu bearb. Aufl. Mit 4 Lichtdrucktaf. u. 23 Abb. Berlin: G. Schmidt 1905. (VIII, 120 S.) 8°.
— Bibliothek, Photographische. Bd 5. [05. 7407

Schultz-Hencke, D., das heutige Buchgewerbe im Deutschen Reiche, s.: Thomälen, G.

Schultz-Johnson, Elmer Ellsworth, A study of the earliest letters of Caspar Schwenckfeld v. Ossig, s.: Corpus Schwenckfeldianorum. I. (Hartranft, Chester Dav.)

Schultz-Lupitz, Albert, s. Schultz, Albert.

Schultz-Niborn, R.: Die Bewirtschaftung und Verwaltung der Eisenbahnen. Leipzig 1908. 151 S. mit 4 Abb. u. 3 Taf. 8°
(Allg. Eisenbahnkunde f. Studium u. Praxis. Tl 4.)

Schultz-Niborn, R., allgem. Eisenbahnkde., s.: Troske, L.

Schultz-Nadun, Jul., Musa. Eine deutsche Wald-Geschichte. Breslau 864. Max & Co. 8. (185 S.) 24 ngr.

Schultz-Riesenberg, Wilhelm

Schultz-Riesenberg, W., Florenz und Umgebung, s.: Grieben's Reiseführer.

— Italien, s.: Grieben's Reiseführer.

Schultz-Riesenberg, W. (Bearb.), s. Italien in einem Bande.

Mailand und Umgebung. Prakt. Reiseführer von W. Schultz-Riesenberg. Mit 2 Karten u. 1 Grundr. Berlin: A. Goldschmidt 1906–07. (VIII, 62 S.) 8°
— Reiseführer, Griebens. Bd 105. [07. 8570

Schultz-Riesenberg, Wilhelm: Mailand, s.a. Grieben's, Reiseführer.

Neapel und Umgebung einschl. Vesuv, Pompeji, Sorrent, Amalfi, Capri etc. Prakt. Reiseführer von W. Schultz-Riesenberg. Mit 5 Karten. Berlin: A. Goldschmidt 1904–05. (IV, 152 S.) 8°
= Reiseführer, Griebens. Bd 101. [04. 5675

– Neapel u. Umgebung, s. Grieben's, Reiseführer.

Schultz-Riesenberg, W[ilhelm]. Ober-Italien. Praktisches Reisehandbuch, neu bearb. von W. Sch'-R'. 6. Aufl. Mit 11 Karten und 2 Grundrissen. IV + 296 + *Anzeigen* 16 S. 8. Berlin, Albert Goldschmidt, 1905—1906. ([cart.] M. 5. —)
Griebens Reiseführer. Band. 78.

– Ober-Italien. s.a. Grieben's Reiseführer.

Schultz-Riesenberg, W[ilhelm]. Die Reise nach den oberitalienischen Seen: Lago Maggiore, Lugano-See, Como-See, Garda-See und Mailand. Praktisches Reisehandbuch neu bearb. von W. Sch'-R'. 5. Aufl. Mit vier Karten. IV + 160 + *Anzeigen* 16 S. 8. Berlin, Albert Goldschmidt, 1905-1906. ([cart.] M. 2. —)
Griebens Reiseführer. Band 15.

– Die oberitalienischen Seen, s.a. Grieben's Reiseführer.

– Rom u. Umgebung, s. Grieben's, Reiseführer.

Sizilien. Prakt. Reiseführer durch d. Insel von W. **Schultz**-Riesenberg. Mit 5 Karten. Berlin: A. Goldschmidt 1909–1910. (IV, 113 S.) 8°
= **Reiseführer**, Griebens. Bd 119. [09. 18046

– Sizilien. s.a. Grieben's Reiseführer.

Venedig und Umgebung. Prakt. Reiseführer. 2. Aufl. Neu bearb. von W. Schultz-Riesenberg. Mit 3 Karten u. 1 Grundriß. Berlin: A. Goldschmidt 1908–09. (108 S.) 8°
= **Reiseführer**, Griebens. Bd 106. [08. 15525

– Venedig u. Umgebung, s.a. Grieben's Reiseführer.

– Wiesbaden, s. Grieben's, Reiseführer.

Schultz-Schultzenstein, *Carl:* Ueber eine neue klinische Methode zur Bestimmung der Alkalescenz des Blutes, sowie über die Darstellung der β-Oxybuttersäure aus diabetischem Harn ... Göttingen, Druck d. Dieterich'schen Univ.-Buchdr., 1895; 20 S. 8.
Göttingen, Med. Fak., Inaug.-Diss. v. [8. Mai] 1895

Schultz-Schultzenstein, C., üb. e. neue klinische Methode zur Bestimmg. d. Alkalescenz d. Blutes, sow. üb. d. Darstellg. der β-Oxybuttersäure aus diabetischem Harn. Diss. gr. 8. (26 S.) Göttingen 895. R. Peppmüller. n. — 50

Schultz-Schultzenstein, Karl Heinrich

Schultz (Schultzenstein), Carl Heinr., die Anaphytose, oder Verjüngung der Pflanzen. Ein Schlüssel zur Erklärung des Wachsens, Blühens u. Fruchttragens, mit prakt. Rücksichten auf die Kultur der Pflanzen. gr. 8. (15 B.) Berlin 843, Aug. Hirschwald, Verl.

——— Die Anaphytose oder Verjüngung der Pflanzen. Ein Schlüssel zur Erklärung des Wachsens, Blühens und Fruchttragens, mit praktischen Rücksichten auf die Kultur der Pflanzen. - Berlin 1843. 214 S.

Schultz, Charl. Henr., sur la circulation et sur les vaisseaux laticifères dans les plantes. Mémoire qui a remporté le grand prix de physique proposé par l'Acad. roy. des sciences de Paris pour l'année 1833. gr. in-4. (14 B. u. 33 Taf.) Paris 839. (Berlin, A. Hirschwald.) *

— sur la circulation et sur les vaisseaux laticifères dans les plantes. Mémoire qui a remporté le grand prix de physique proposé par l'Academie Royale des sciences de Paris pour l'année 1833. Avec 23 planches. gr. in-4. Paris 839. Berlin, Hirschwald. n 3 1/3 ℛ

——— Die Cyklose d. Lebenssaftes in den Pflanzen. Bresl. u. Bonn 1841. 355 S. 33 Tvl. (2 kol.). 4°.
(= Verh. d. kais. Leop.-Car. Ak. d. Naturf. Bd. 18. Suppl. 2). 58.

—— die Cyklose des Lebenssaftes in den Pflanzen, s.a. Acta nova Academ. Caes.-Leopold.-Carol. Vol. XVIII. Suppl.

—— die Entdeckung der wahren Pflanzennahrung. Mit Aussicht zu einer Agrikulturphysiologie. gr. 8. (9 1/4 B.) Berlin 844, Aug. Hirschwald, Verl.

— Die Entdeckung d. wahren Pflanzennahrung. M. Aussicht zu einer Agrikulturphysiologie. Berl. 1844. 142 S.

——— De alimentorum concoctione experimenta nova. Instituit, exposuit, cum adversa digestionis organorum valetudine comparavit. Accedit oratio de physiologia veterum et recentiorum comparatis deque methodo physiologiae ipsius organismi substantiae congrua. Berolini: A. Hirschwald 1834. (VIII, 109 S.) 4°
Berlin, Med. Fak., Antrittsprogr. v. 1834

Schultz-Schultzenstein, Carl Heinr., die natürlichen Familien der Krankheiten u. die diesen entsprechenden Heilmittel mit Rücksicht auf das natürl. System der Pharmacologie u. die allgem. Krankheitslehre. gr. 8. (16 S.) Berlin 851, A. Hirschwald. 3 ngl

—— der organisirende Geist der Schöpfung als Vorbild organ. Naturstudien und Unterrichtsmethoden in ihrem Einfluss auf Civilisation und christl. Humanität. gr. 8. (54 S.) Berlin 851, A. Hirschwald. *

—— die Gestaltung d. Medizinalreform aus den Quellen d. Wissenschaft. gr. 4. (5 3/4 B.) Berlin 846, Besser, Vrlgsh. *

Schultz, Karl Heinrich: Grundriß der Physiologie. Ein organisirter Entwurf zu Vorlesungen, mit Ausführung der allgemeinen Physiologie. 137 S., gbd.

Berlin: Hirschwald 1833

Schultz, Car. Henr. (geb. Alt-Ruppin 8. 7. 1798): Opii historia naturalis ac medica. Berolini (1821) (32 S.) 8°
Berlin, Med. Diss. v. 16. Juni 1821

——— Ueber den Kreislauf des Saftes in den Pflanzen. Erläuternde Bemerkungen. - Berlin 1824. 64 S. Reimer.

Ueber den Kreislauf des Saftes im Schöllkraute und in mehreren andern Pflanzen und über die Assimilation des rohen Nahrungsstoffes in den Pflanzen überhaupt. Mikroskopische Beobachtungen und Entdeckungen von Carl Heinrich Schultz-[Schultzenstein]. Mit e. Vorr. des (H[einrich] F[riedrich]) Link. Berlin: Dümmler 1822. XIV, 66 S. 8

——— üb. den Kreislauf des Saftes im Schöllkraute u. in mehreren andern Pflanzen, u. üb. die Assimilation des rohen Nahrungsstoffes in d. Pflanzen überhaupt. Mit e. Vorr. v. H. F. Link u. 1 ill. Kpft. gr. 8. Berl. 822. Reimer. 10 ℛ

— üb. d. Kreislauf d. Saftes im Schöllkraute u. in mehreren andern Pflanzen, u. üb. d. Assimilation d. rohen Nahrungsstoffes in d. Pflanzen überhaupt. Mit e. Vorr. v. H. F. Link u. 1 ill. Kpf. gr. 8. (Leipzig, T. O. Weigel.) 1822. (— 12 1/4) — 9

Schultz-Schultzenstein, C. H., Leben — Gesundheit — Krankheit — Heilung. Ein Trieb zum Fortschritt der Wissenschaft auf dem Wege des Lebens. Berlin 863. Remak. Lex.-8. (IX, 496 S.) n. 2 ℛ 20 ngr.

Schultz-Schultzenstein, C. H., Leben — Gesundheit — Krankheit — Heilung. Ein Trieb zum Fortschritt der Wissenschaft auf dem Wege d. Lebens. 2. Aufl. gr. 8. (IX, 495 S.) Basel 873. Richter's Verl. n. 8. —

— der Lebensproceß im Blute, eine auf mikroskop. Entdeckungen gegründete Untersuchung. Mit ill. Kpfrt. 8. Berlin 822, Reimer.

— über d. Lebensprozeß im Blute. Polemisch-didactische Erläuterungen. Mit 1 ill. Taf. 8. Berlin 824, Reimer.

Schultz-Schultzenstein. Die leges artis der Medizin i. Verhältn. z. Strafgesetzgeb. Berlin 1864. 4.

—— Lehrbuch der allgemeinen Krankheitslehre. 2 Thle. gr. 8. (55 7/8 B.) Berlin 844, 45, Aug. Hirschwald, Verl.

—— die homöobiod. Medizin d. Theophrastus Paracelsus in ihrem Gegensatz gegen d. Medizin der Alten, als Wendepunkt f. d. Entwickelung d. neueren medizin. Systeme u. als Quell der Homöopathie dargest. 8. (18 1/4 B.) Berlin 831, Hirschwald.

— die Menschwerdung Gottes im Glauben u. Wissen erläutert durch die Gesetze der Verjüngung in der organ. Natur. gr. 8. (VIII u. 184 S.) Berlin 851, Haude & Spener. 3/4 ℛ

Schultz-Schultzenstein, C. H., die Menschwerdung Gottes im Glauben und Wissen erläutert durch die Gesetze der Verjüngung in der organ. Natur. gr. 8. (VIII und 184 S.) Berlin 852, Haude und Spener'sche Buchh. –

Schultz-Schultzenstein, C. H., die Moral als Heilwissenschaft und Kulturwissenschaft mit Beziehung auf die Krankheiten des Zeitgeistes. (Abdr. aus dem Werke: „Leben — Gesundheit — Krankheit — Heilung.") Lex.-8. (80 S.) Berlin 863, Remak. * –

—— über die Natur und Kultur der Krisen als Verjüngungsprocesse in der Heilung und über die Angriffe Virchows auf die Verjüngungstheorie. gr. 8. (VIII und 80 S.) Berlin 865, Remak. *

— die Natur der lebenden Pflanzen. 1r Thl. Leben des Individuums. Mit 4 Kpf. gr. 8. Berl. 823. Reimer. 3 ℛ 10 gr (A. u. d. T.: die Pflanzen u. das Pflanzenreich, nach e. neuen natürl. Methode dargestellt. 1r Thl.) 2r Thl. A. u. d. T.: die Fortpflanzung u. Ernährung der Pflanzen ꝛc. Mit 3 Kpftaf. gr. 8. Stuttg. 828. b. Cotta. 3 ℛ 12 gr

—— die Natur d. lebendigen Pflanze. Erweiterung u. Bereicherung d. Entdeckungen der Cyklose im Zusammenhange mit d. ganzen Pflanzenleben nach e. neuen Methode dargest. 2. Thl. — A. u. d. T.: Die Fortpflanzung u. Ernährung d. Pflanzen, im Zusammenhange mit d. ganzen Pflanzenleben u. mit Rücksicht auf d. Culturgesetze nach e. natürl. Methode dargest. gr. 8. (41 B. u. 3 Kpfrt.) Stuttgart 828, Cotta.
1. Thl. Berlin, Reimer. 1823. 3 Thlr. 10 Gr.

—— Naturstudien und Kultur oder Wahrheit und Freiheit in ihrem natürlichen Zusammenhange. gr. 8. (XXI und 506 S.) Berlin 866, Remak. *

Schultz-Schultzenstein, C. H., Naturstudien u. Kultur od. Wahrheit u. Freiheit in ihrem natürl. Zusammenhange. 2. Ausg. gr. 8. (XXI, 506 S.) Basel 873. Richter's Verl. n. 8. –

Schultz-Schultzenstein, Dr., Das organische Observatorium an der Kgl. Universitat zu Berlin. Erster Jahresbericht, welcher die leitende Idee des Observatoriums enthalt. Berlin 1852. (S. 5518)

— über Pflanzenernährung, Bodenerschöpfung und Bodenbereicherung, mit Beziehung auf Liebig's Ansicht der Bodenausraubung durch die moderne Landwirthschaft. Berlin 864. J. Springer. gr. 8. (VI, 75 S.) 15 ngr

—— die Physiologie der Verjüngung des Lebens im Unterschiede von den dynam. und den materialist. Stoffwechseltheorien des Lebens und in ihrem Einfluß auf Gesundheitskultur, Erziehung und Unterricht. gr. 8. (124 S.) Berlin 867, Remak. *

—— natürl. System d. Pflanzenreichs nach sein. inneren Organisation, nebst e. vergleich. Darstell. der wichtigsten aller früheren künstl. u. natürl. Pflanzensysteme. gr. 8. (38 1/2 B. u. 1 Kpfrt. gr. 4.) Berlin 832, Hirschwald.

SCHULTZ, Carl Heinrich (gen. Schultzenstein): Natürliches System des Pflanzenreichs nach seiner inneren Organisation, nebst einer vergleichenden Darstellung der wichtigsten aller früheren künstlichen und natürlichen Pflanzensysteme. - Berlin 1832. XXVIII, 586 S.

—— natürliches System d. allgemeinen Pharmakologie nach dem Wirkungsorganismus d. Arzneien. A. u. d. Ttl.: Die Heilwirkungen d. Arzneien nach den Gesetzen d. organischen Verjüngung. Allgemeiner Thl. gr. 8. (33 1/2 B.) Berlin 846, Aug. Hirschwald, Verl.

— neues System der Morphologie der Pflanzen nach den organ. Bildungsgesetzen als Grundlage eines wissenschaftl. Studiums der Botanik besonders auf Universitäten u. Schulen. Mit 1 lith. Taf. (in 1/2 Fol.) gr. 8. (XXIV u. 246 S.) Berlin 847, A. Hirschwald. 1 ℛ

Schultz-Schultzenstein, C. H., neues System der Psychologie. A. u. d. T.: Die Bildung des menschlichen Geistes durch Kultur der Verjüngung seines Lebens in Hinsicht auf Erziehung zur Humanitat und Civilisation. Berlin 855. A. Hirschwald. gr. 8. (XXXIII, 1000 S.) n. 5 ℛ.

—— das System d. Circulation in seiner Entwickelung durch d. Thierreiche u. im Menschen u. mit Rücksicht auf d. physiolog. Gesetze seiner krankhaft. Abweichungen dargest. gr. 8. (..B. u. 7 ill. Taf.) Stuttgart u. Tübingen 836, Cotta'sche Buchhh. (XVI, 368 S.)

— über die Hewson'schen Untersuchungen der Blutbläschen und der plastischen Lymphe des Bluts, durch die ähnl. Beobachtungen des Prof. Müller über denselben Gegenstand veranlaßte Bemerkungen. gr. 8. Leipzig 835. Kollmann. 1/4 ℛ

—— über die Verjüngung des menschl. Lebens u. die Mittel u. Wege zu ihrer Kultur. Nach physiolog. Untersuchungen in prakt. Anwendung dargestellt. gr. 8. (28 1/2 B.) Berlin 842, Aug. Hirschwald, Verl. (VIII, 445 S.)

—— die Verjüngung des menschlichen Lebens. Nach physiolog. Untersuchungen in prakt. Anwendung dargestellt. 2., verm. Aufl. Mit einem Anhange über die Philosophie der Verjüngung und die Organisation der Geistesbildung. gr. 8. (XX und 772 S.) Berlin 850, A. Hirschwald.

—— die Verjüngung im Pflanzenreich. Neue Aufklärungen und Beobachtungen. Mit Abbildungen. gr. 8. (102 S. und 1 Stnt. in qu. Fol.) Berlin 851, A. Hirschwald.

—— die Verjüngung im Thierreich als Schöpfungsplan der Thierformen, nebst Mittheilung der Entdeckung einer sichtbaren Selbstbewegung der Muskelfasern. Mit Abbildungen. gr. 8. (X und 182 S. mit 1 Stnt. in qu. gr. 4.) Berlin 854, A. Hirschwald. *

—— der Zustand der Wissenschaften auf Universitäten im Verhältniß zur Lebenspraxis mit Beziehung auf die Zulassung der Realschulabiturienten zum Universitätsstudium und den Weg zur Wiedergeburt. gr. 8. (108 S.) Berlin 870, Remak.

Schultz-Schultzenstein, C. H., der Zustand der Wissenschaften auf Universitäten im Verhältniss zur Lebenspraxis, mit Beziehung auf die Zulassung der Realschulabiturienten zum Universitätsstudium. 2. Aufl. 108 Stn. 8. Basel, H. Richter. 2.40
1873

—— dass. — 2. Aufl. gr. 8. (207 S.) Basel 873, Richter. *

Schultz-Sellack, Karl, s. Schultz, Karl.

Deutschland wirf den Anker aus! Flottenmarsch mit Gesang von A. Schultz-Stegmann. Op. 65. Dichtung von Ernst Fürste. *Quedlinburg: P. Deter [1900].* (3 S., 1 Bl. Text.) 2°(4°) [Umschlagt.] [illegible] 3

Schultz-Stegmann, A., Schwarz-Rot-Gold! Volksoperette aus dem Studentenleben in 3 Akten. Gedichtet v. Eduard Müller, in Musik gesetzt v. Sch.-St. Text der Gesänge (26 S.) 8. Quedlinburg (904). H. Schwanecke. n. — 30

Schultz Szulecki, Johann von [Praes.], s. Bohm, Pet.: De pretio succedente in locum rei singularis.

Schultz Szulecki, Johann von

Disputatio juridica, de poena mendacii.
Frankfurt/O. (Schwartz) 26. IV. 1704 (richt. :1706).
84 S.

31821

Schultz-Trinius, Arnold. Reiter und Pferd, s. a. Lehrmeister-Bibliothek.

Schultz-Trinius, A.: Reiter und Pferd. Leipzig 1910. 59 S. m. Abb. (Lehrmeister-Bibliothek. 28—29.)

Schultz v. Wagenhoff, Frz., s.: Wagh.

Schultze [Sachl. Ordnungswort]

Schultze, Leopold. Zum Gedächtniß an Leopold Schultze, General-Superintendent in der Provinz Sachsen. Erinnerungen an seinen Heimgang u. Reden an seinem Sarge, hrsg. v. der hinterbliebenen Familie. gr. 8. (28 S.) Magdeburg 898. (Heinrichshofen's Sort.) n. — 50

Schultze und Müller in Amerika. 8. (100 S. mit 50 Illustr. in Holzschn. von Wilh. Scholz.) Berlin 868, Hofmann und Comp. *

Schultze und Müller in den Rheinischen Bädern. Ems. Schwalbach. Wiesbaden. Frankfurt. Homburg. Nauheim. Heidelberg. Baden-Baden. Humoristische Reisebilder. Mit 43 Illustr. (Holzschn.) von W. Scholz. Berlin 861. Hofmann & Co. 8. (100 S.) n. 10 ngr.

—— —— in Dänemark und Schweden. Humoristische Reisebilder. br. 8. (97 S. mit 48 Illustr. in Holzschn. von Wilh. Scholz.) Berlin 859, Hofmann und Comp. * 1 —

— — in Dänemark u. Schweden. Humoristische Reisebilder. Mit 48 Illustr. (in Holzschn.) von Wilh. Scholz. Berlin 869. Hofmann & Co. br. 8. (97 S.) n. 10 ngr.

Schultze und Müller in Dresden und in der sächsischen Schweiz. Humoristische Reisebilder. 8. (100 S. mit 50 Illustr. in eingedr. Holzschn. von C. Reinhardt.) Berlin 861, Hofmann und Comp. Thlr. *

Schultze u. Müller in Dresden u. in der Sächsischen Schweiz. Humoristische Reisebilder. Mit (eingedr. Holzschn.-)Illustr. von C. Reinhardt. 2., verm. u. neu durchgeseh. Aufl. 8. (94 S.) Berlin 877. Hofmann & Co. n. 1. —

—— —— als Fremdenführer in Leipzig und auf der Leipziger Messe. Humoristisch-practischer Wegweiser mit vielen Illustr. (in Holzschn.). 8. (64 S.) Leipzig 870, Serbe'sche Verlagsh. * 1 —

Schultze und Müller auf der Berliner Gewerbe-Ausstellung. Humoristische Skizzen. Mit Beiträgen von Jul. Stettenheim, J. Trojan u. A. Illustrirt von W. Scholz. 8. (92 S. mit eingedr. Holzschn.) Berlin 879, Hofmann und Comp. * 1 —

Schultze u. Müller auf d. Berliner Gewerbe-Ausstellung 1896. 8. (100 S. m. Abb.) Berlin 896. A. Hofmann & Co. n. 1. —

Schultze und Müller auf der Breslauer Gewerbe-Ausstellung 1881. Humoristisch-satir. Streifzüge. Mit Beiträgen von Max Heinzel, Osc. Justinus, Carl Biberfeld u. A. m. hrsg. von Ludw. Sittenfeld. Illustrirt von Rich. Hain. 8. (86 S.) Breslau 881, Leuckart'sche Sortimentsh. * 1 —

—— —— in Griechenland. br. 8. (98 S. mit Illustr. in Holzschn. von Arnold Neumann.) Berlin 870, Schlingmann. * 1 —

Schultze und Müller im Harz. Humoristische Reisebilder. Mit 30 Illustrationen (Holzschn. im Text) von W. Scholz. Berlin 853. Hofmann u. Co. 8. (106 S.) n. 10 ngr.

—— —— im Harz. Humoristische Reisebilder. 5. Aufl. 8. (104 S. mit 30 Illustr. in eingedr. Holzschn. von W. Scholz.) Berlin 866, Hofmann und Comp. *

Schultze u. Müller im Harz. Humoristische Reisebilder. Mit Illustr. v. W. Scholz u. G. Brandt. 7. Aufl. 8. (102 S.) Berl. 892, A. Hofmann u. Comp. * 1 —

Schultze und Müller auf Helgoland und in Hamburg. Abenteuer der berühmten Reisenden zu Wasser u. Land. Mit 40 Illustr. (Holzschn.) von C. Reinhardt. Berlin 860. Hofmann & Co. 8. (2 Bl., 92 S.) n. 10 ngr.

Schultze u. Müller im Herzen der Welt. Mit vielen Illustr. (in eingedr. Holzschn.) gr. 8. (96 S.) Leipzig 872. R. Schäfer. n. 1. —

— — in Holland. 8. (95 S. m. eingedr. Holzschn.) Ebend. 874. n. 1. —

— — in Italien v. W—S. 8. (96 S. m. eingedr. Holzschn.) Ebend. 873. n. 1. —

— — als Kloster-Revisoren. 3. Aufl. Leipzig 870. R. Schäfer. br. 8. (83 S. mit eingedr. Holzschn.) n. 10 ngr.

Schultze und Müller in Constantinopel. 1.—3. Aufl. br. 8. (88 S. mit eingedr. Holzschn.) Leipzig 869, R. Schäfer. * 1 —

—— —— auf dem Kriegs-Schauplatze. Zwanglose Hefte in drangvoller Zeit. 4 Hefte. 8. (à Heft ca. 40 S. mit Illustr. in Holzschn. von W. Scholz.) Berlin 866, Hofmann und Comp. à Heft * 5 Ngr. *

— — auf dem Kriegs-Schauplatze 1870. Mit Illustr. (in Holzschn.) von W. Scholz u. A. 1. Heft. Ebend. 870. 8. (47 S.) n. 5 ngr.

—— —— auf dem Kriegsschauplatze 1870 und 1871. Mit Illustr. (in Holzschn.) von W. Scholz u. A. 1. und 2. Heft. 1. und 2. Aufl., und 3. und 4. Heft. 8. (à 48 S.) Berlin 871, Hofmann und Comp. à Heft * — 50

—— —— in London. Humoristische Reise-Abenteuer. 8. (IV und 103 S. mit 48 Illustr. in eingedr. Holzschn. von W. Scholz.) Berlin 862, Hofmann und Comp. *

—— —— auf der leipziger Messe. Humoristische Reisebilder vom Verf. des Schultze und Müller in Paris, im Harz. rc. Illustrirt von H. König. 8. (105 S. mit eingedr. Holzschn.) Berlin 856, Hofmann und Comp. *

— — in München. Mit zahlreichen Illustr. (in eingedr. Holzschn.) 8. (96 S.) Leipzig 875. R. Schaefer. n. 1. —

SCHULTZE u. Müller mang die Nonnen. Ein ulkiger Beitrag zu einer Naturgeschichte der vermuckerten Kloster-Wurmer. Mit (Hlzsch.-) Illustrationen. Berlin, A. Streerath. Skalitzerstr. 127. (c. 1870). 8⁰. 3 Bog. = 48 S. Eleg. br. (5 Sgr.)
Anzeige des Verlegers.

— in Paris. Humoristische Reisebilder. Mit 26 Illustr. (Holzschn. im Text) von W. Scholz. 855. (108 S.) — 2. Aufl. Berlin (858.) Hofmann u. Co. 8. (112 S.) n. 10 ngr.

—— —— in Philadelphia. Von W—s. Mit zahlreichen kom. (eingedr.) Orig.-Illustr. (in Holzschn.). 8. (96 S.) [Leipzig 876, R. Schäfer.] München, Adlmanseder. * 1 —

Schultze & Müller am Rhein. Humoristische Reisebilder von Köln bis Mainz. Mit 44 Illustr. 8. (91 S. m. eingedr. Holzschnitt.) Berlin 852, Hofmann & Co. baar 1/3 ₰

—— — — am Rhein. Humoristische Reisebilder von Cöln bis Mainz. 6. Aufl. 8. (92 S. mit 44 Illustr. in eingedr. Holzschn.) Berlin 866, Hofmann und Comp. *

— im Riesengebirge. Humoristische Reisebilder. Mit 30 Illustr. (Holzschn. im Text) von W. Scholz. Berlin 854. Hofmann u. Co. 8. (102 S.) n. 10 ngr.

Schultze und Müller in Rumänien. Von W—s. gr. 8. (96 S. mit vielen kom. Illustr. in eingedr. Holzschn.) Leipzig 872, R. Schäfer. * 1 —

— — in der Schweiz. Humoristische Reisebilder. 1. u. 2. Aufl. Leipzig 870. R. Schäfer. 8. (96 S.) n. 10 ngr.

— — in Teplitz. Eine abenteuerliche Badereise. 8. (89 S. mit 40 Illustr. in eingedr. Holzschn. von C. Reinhardt.) Berlin 859, Hofmann und Comp. *

— — auf einer Vergnügungs-Extrafahrt um die Welt à la Louis Stangen. 1. und 2. Aufl. br. 8. (96 S. mit vielen Illustr. in Holzschn.) Leipzig 869, R. Schäfer. * 1 —

— — auf der Wacht am Rhein. Von W—s. m. vielen Illustr. 8. (96 S.) Ebend. 871. n. 1. —

— — auf der Weltausstellung in Paris 1878. Humoristische Reisebilder. Mit Beiträgen von Stettenheim, Trojan u. A. Illustrirt von W. Scholz. 8. (94 S. m. eingedr. Holzschn.) Berlin 878. Hofmann & Co. n. 1. —

— — auf der Pariser Welt-Ausstellung 1867. 4 Bdchn. gr. 8. (32, 32, 32 und 40 S. mit Illustr. in Holzschn. von Wilh. Scholz.) Berlin 867, Hofmann und Comp. à Bdchn. * 5 Ngr. *

— — — 1. Bdchn. 2., unveränd. Aufl. Ebend. 867. gr. 8. (32 S.) n. 5 ngr.

— — auf der Weltausstellung in Wien. 1. und 2. verm. Aufl. 8. (93 S. mit eingedr. Holzschn.) Ebendas. 873. * 1 —

— — in Wien und Pest. 8. (114 S. mit 50 Illustr. in Holzschn.) Berlin 867, Hofmann und Comp. *

Schultze u. Müller's komisches Original-Lieder-Album. Supplement zu jedem Liederbuche v. A. W—s. 8. (90 S.) Ebend. 874. n. 1. —

— — humoristisch-satyrischer Reichs-Volkskalender für 1872—1875. 2.—5. Jahrg. gr. 8. (à 96 S. mit eingedr. Holzschn.) Ebendas. à Jahrg. * 1 —

— — humoristisch-satirischer Reichs-Volkskalender für 1876. Mit zahlreichen Illustr. (in eingedr. Holzschn.) 6. Jahrg. 8. (96 S.) Leipzig, R. Schäfer. * 1 —
Jahrg. 1877 ist nicht erschienen.

— — Spaziergänge durch Berlin. 1. Bd.: Schultze und Müller im Neuen Museum. 8. (56 S. mit eingedr. Holzschn.) Berlin 861, Hofmann und Comp. *

— und Müller's Spaziergänge durch Berlin. 2. Bd.: Schultze und Müller im zoologischen Garten. 8. (48 S. mit eingedr. Holzschn.) Berlin 862, Hofmann und Comp. *
1. Bd. Ebendas. 1861. * 5 Ngr.
Vgl.: Schultze und Müller.

— — Taschen-Kalender 1870. 12. Aufl. 32. (41 S.) Leipzig 869, (Serbe'sche Verlagsh.) — 25

— — humoristisch-satyrischer Volks-Kalender für 1871. br. 8. (112 S. mit vielen Illustr. in Holzschn.) Ebendas. 870. * 1 —

Schultze und Müller's humoristisch-satirischer Volkskalender für 1878. Mit zahlreichen (eingedr. Holzschn.-)Illustr. 8. (96 S.) München, [Schäfer.] Ablmanseder. * 1 —
Nicht weiter erschienen.

Schutze, Schulze v. Schultzendorf, d. Landtagsabgeordneten, Heimkehr u. Einholung in Schultzendorf. (Vaterländ. Lustspiel im Freien.) gr. 8. (46 S. m. 1 Abbildg.) Berlin 847, Schneider & Co. n. 6 ngr.

Turko Friedrich **Schultze**. (Dresden: Dresdner Roman-Verl. [1906].) 32 S. 8° [Umschlagt.]
(Der Krieg. Bd 30.) [og. 18614]

Schultze [Verfasser]

Schultze, gedrängte Darstellung d. Wesens u. der Ergebnisse der gesammten öffentl. Abgaben u. Landesanlagen in d. beiden Großherzogth. Mecklenburg-Schwerin u. Mecklenburg-Strelitz [einschl. des Fürstenth. Ratzeburg], der Verwaltg. ders. u. der bisher. Verhandlgn. üb. Umgestaltg. einzelner Steuern u. Verbesserg. d. Mecklenburg. Steuer- u. Zollwesens. Im Mai 1848. gr. 8. (IV u. 53 S.) Schwerin 849. (Kürschner, jetzt: Hildebrand.) n. n. 1/4 ₰

Schultze. Das Landzollwesen des Grossherzogtums Mecklenburg-Schwerin. 8°. Schwerin 1846.

Zwei schlesische Missionare im deutschen Njaßalande von Pastor **Schultze**-Triebusch. Berlin: Buchh. d. Berliner evang. Missionsgesellsch. [1908]. 12 S. 8° [Umschlagt.] [og. 5832]

Schultze u. Frommel, zwei Predigten bei der 30. Hauptversammlung d. evangelischen Vereins der Gustav-Adolf-Stiftung in Erfurt geh. am 12. u. 13. Septbr. 1876 in der Barfüßerkirche. gr. 8. (26 S.) Leipzig 876. (Hinrichs' Verl.) n.n. — 30

Schultze, (Cantor u. Lehrer) Schul-Choralbuch, oder 180 Kirchenmelodien für Stadt- u. Landschulen. gr. 8. Jüterbogk 839. (Colditz.) 1/3 ₰

Schultze. Das Steuerwesen in den Land- und Seestädten und das Landzollwesen des Grossherzogthums Mecklenburg-Schwerin. fol. Schwerin 1846.

Schultze, das Versöhnungsopfer. Passions-Predigten, geh. in der Fastenzeit 1886. 8. (56 S.) Winsen 887. (Henke.) n. — 60

Schultze-Detmold, A., Beschreibung neuer Coutlorrhynchen u. Baridien aus d. Balkangebiet, s.: Mitteilungen, wissenschaftl. aus Bosnien u. d. Hercegovina, Bd. 6.

Schultze, A., fürwahr, er trug unsere Krankheit! Das Kreuz. Zwei Reihen Fastenandachten. gr. 8. (6 1/2 B.) Göttingen 844, Vandenhoeck u. Ruprecht.

Baron Ernst von Kottwitz. Von **A. Schultze**, Pfarrer zu Riehen. *Gütersloh: C. Bertelsmann 1903.* (91 S.) 8° [F.]
Aus: Monatsschrift f. innere Mission. [03. 12548]

Schultze, A., d. siebente Teil d. Lebens, e. Segen od. e. Fluch. E. Wort üb. d. Sonntag. 8. (16 S.) Zürich 898. Depot d. Evang. Gesellschaft. n. — 20

Unüberlegte Wünsche. Märchen-Lustspiel in 1 Akte von **A. Schultze**. *Berlin: E. Bloch [1897].* (24 S.) 8° [F.]
— Kinder-Theater, Ludwig Blochs. No 48. [03. 3366]

Schultze, A., unüberlegte Wünsche, s. a. Bloch's, Ludw., Kinder-Theater.

Schultze, A. F., Taschenbuch f. Reisende aus allen Ständen, durch Deutschland u. d. angrenz. Länder. (Enthalt. 693 Reiserouten u. 346 Ortsbeschreibungen; Nachweisung d. vorzügl. Mineralquellen u. Bäder; Zahlungssätze aller Posten; Münz- u. Meilen-Vergleichungs-Tabellen, u. viele f. Reisende nützl. Verhaltungsregeln u. Nachrichten. 8. (18 B.) Berlin 830, [Rücker u. Püchler.]

Schultze, A. Fr. Therese, u. Mart. Schultze, von der Falkenstrut zur Pilgerruhe. Familiengeschichten, f. d. Nachkommen aufgezeichnet. M. 21 Abb., e. Schrifttaf. u. e. Musikstück. gr. 8. (VIII, 152 S.) Coburg 892. (Leipzig, Scholtze & Klemm.) n. 3. —; geb. n.n. 3. 60

Schultze, A. G. R., Compendium d. officin. Gewächse, nach natürl. Familien geord. Nebst e. gedrängten Uebersicht d. botan. Terminologie u. Systemkunde. gr. 8. (15½ B.) Berlin 840, A. Hirschwald.

Schultze, (A. H. A.,) de parabolum Jesu Christi indole poetica commentato. 4maj. Göttingen 827, (Vandenhök u. R.)

Schultze, A. W., üb. Lister's antisept. Wundbehandlg., s.: Sammlung klin. Vorträge.

Schultze, Ad., Gedichte. 8. (6 B.) Berlin 836, [Eyssenhardt'sche Buchh. ?]

Schultze, Ad., Gedichte. 8. Berlin 836. Martius u. Comp. ½ aft

Schultze, Adalbert, aus Hannover: Kaiser Leopold II. und die französische Revolution. *Hannover 1899: C. L. Schrader.* (115 S.) 8°
Göttingen, Phil. Diss. v. [15. Apr.] 1899

Schultze, Adb., Kaiser Leopold II. u. die französische Revolution. gr. 8. (III, 115 S.) Hannover 899. Hahn. n. 2. —

BRIEFTRÄGER, Der Hamburger. Eine Wochenschrift .... von A. F. Bonaventura (d. i. Adam Friedr. Schultze). Hamburg 1791 ff.
Goedeke VII, 367, 31. 8 citirt Jahrg. 4: 2794.
— — (Schäffer, Joh. Heinr.) Eine Priese Spaniol für Bonaventura. 1796. (In Hamburg, Stadtbibl.)
l. c. 15; ebd. 32:
— — — Ehrenrettung. (Anzeige, dass er [Schäffer] am „Hamburger Briefträger" keinen Anteil gehabt habe noch haben werde.): Wöchentl. gemeinnütz. Nachrichten 1809. St. 3 vom 11. Januar. Beilage zu Nr. 1.

Schultze, Frid. Adolph. Julius (geb. Berlin [illegible]): De endocarditide. Berolini (1838). ([illegible] S.) 8°
Berlin, Med. Diss. v. 3. Febr. 1838

Siegmund von Hausegger. Barbarossa. Symphon. Dichtung in 3 Sätzen. Erl. von Adolf Schultze. *Leipzig: H. Seemann Nachf. [1901].* (19 S.) 8°
— Musikführer. No 223. [illegible]

Schultze, Adf., s.: Musikführer, der.

Schultze, Adolph. (geb. Danzig [illegible]): De [illegible].
Berolini (1858). ([illegible] S.) 8°
Berlin, Med. Diss. v. [illegible] März 1858

August Reuss. Symphonischer Prolog für grosses Orchester zu Hugo v. Hofmannsthals Dichtung: 'Der Thor und der Tod'. (Op. 10.) Erl. von Adolf Schultze. *Leipzig: H. Seemann Nachf. [1902].* (13 S.) 8°
— Musikführer. No 263. [illegible]

Robert Schumann. Klavierkonzert in A moll op. 54. Erl. von Adolf Schultze. *Leipzig: H. Seemann Nachf. [1903].* (17 S.) 8° [F.]
— Musikführer. No 273. [illegible] 1093

Schultze, Adolph. Herm. Maximil. (geb. [illegible] Frankfurt a. O. [illegible]): De aneurysmate spurio. Berolini (1858). ([illegible] S.) 8°
Berlin, Med. Diss. v. [illegible] März 1858

Schultze, Albert, aus Celle: Die Benzoylverbindungen der bei der Spaltung der Eiweisskörper erhaltenen Amidosäuren. *Berlin (1900): E. Ebering.* (28 S.) 8°
Berlin, Phil. Diss. v. 14. Juli 1900

Schultze, Albert, aus Seehausen (Altm.): Die Stellung des Verbs bei Martin Opitz. *Halle a. d. S. 1903: E. Karras.* (VII, 86 S.) 8°
Halle, Phil. Diss. v. 1903

Schultze, Albert Wilhelm

Schultze De linguae Latinae appositione. 20 S.
Prenzlau, Progr. 1843

Schultze, A. W. Bedeutung und Aufeinanderfolge der lat. Tempora. 24 S.
Brandenburg, G., Progr. 1838

Schultze, Albertus Guilielmus: Commentatio de Thucydidis l. V. c. 47.
Ms. fehlt. — Verf. wurde auf Grund dieser Arbeit, deren Titel ins Diplom aufgenommen wurde, promoviert, mußte sie aber binnen Jahresfrist gegen eine zweckmäßigere umtauschen, nämlich:
• Commentatio historico-ecclesiastica de Porphyrii contra Christianos libris XV. Praemissus est vitae Porphyrii brevis conspectus. 63 S. 4°.
Halle-Wittenberg, Phil. Diss. v. 26. März 1828
Geb. [Brandenburg 3. 9. 1806]

Schultze, A. W., die Lehre v. d. Bedeut. u. Aufeinanderfolge d. lat. Tempora, mit vorzügl. Rücksicht auf d. Zumptsche Grammatik f. Schüler oberer Klassen bearb. gr. 8. (5¾ B.) Prenzlau 841, Kalbersberg's Buchh.

Schultze, A. W. De aliquot locis chori Euripid., qui exstat in Troad. vs. 794. sqq. (816 ed. Seidl.) 10 S.
Brandenburg, G., Progr. 1833

Schultze, Alfred [Referendar]: Erörterungen zur Lehre von der Veräusserung der in Streit befangenen Sache und der Cession des geltend gemachten Anspruchs nach dem Rechte der Deutschen Civilprozessordnung .... Breslau, Druck v. Wilh. Gottl. Korn, 1886; 4 + 64 S. 8°.
Breslau, Jur. Fak., Inaug.-Diss. v. 19. März 1886.

Schultze, Alfr., Erörterungen zur Lehre von der Veräusserung der in Streit befangenen Sache und der Cession des geltend gemachten Anspruchs nach dem Rechte der deutschen Civilprozessordnung. Inaugural-Dissertation. gr. 8. (62 S.) Breslau 886, (Köhler.) 1 —

Schultze, Alfr., Gerüfte u. Marktkauf in Beziehung zur Fahrnisverfolgung, s.: Festgabe f. Felix Dahn.

Schultze, Alfr, s.: Kommentar zum bürgerl. Gesetzbuch.

Schultze, A.: Der Rasensport. Technik der leichten Athletik. Die Schulung des Auges v. K. v. Ziegler. Berlin um 1902. 64 S. (Bibliothek Stern. 2.)

Schultze, A.: Der Rasensport. Technik der leichten Athletik. Die Schulung des Auges v. K. v. Ziegler. Berlin um 1910. 64 S. (Bibliothek Stern. 2.)

Schultze, Alfr., die langobard. Treuhand u. ihre Umbildg. z. Testamentsvollstreckg., s.: Untersuchungen zur deutschen Staats- u. Rechtsgeschichte. 49.

— Treuhänder im geltenden bürgerlichen Recht. gr. 8. (III, 104 S.) Jena 901. G. Fischer. n. 2. 50
Sonderabdruck aus: „Jhering's Jahrb. f. die Dogmatik des bürgerl. Rechts".

Schultze, Alfred [Dr. jur., Gerichtsass.]: Die Vollstreckbarkeit der Schuldtitel für und gegen die Rechtsnachfolger. I. Theil: Die allgemeine Rechtsnachfolge. II. Theil: 1. Abschnitt. Die Sondernachfolge auf der Gläubigerseite. ... (Ersch. vollst. in gleichem Verl.) Breslau, W. Koebner, 1891; 8 Bl., 58 S., 1 Bl. 8°
Breslau, Jur. Fak., Hab.-Schr. v. 2. Jul. 1891

Schultze, Alfr., die Vollstreckbarkeit der Schuldtitel f. u. gegen die Rechtsnachfolger. gr. 8. (VI, 154 S.) Breslau 891. W. Koebner. n. 4. —

Schultze, Anton August. Osc. (geb. Berlin 13. 12. 1839): Symbolae ad quaestionem, quemadmodum hyperaesthesia sensusque temperaturae in morbis nervorum se habeant. Berolini (1867). (39 S.) 8°
Berlin, Med. Diss. v. 21. Mai 1867

Schultze, Armin. De temporibus verbi Hebraici. Accedunt nonnulla de modis. 12 S.
Stralsund, Progr. 1849

Schultze, Arnold: Das Sultanat Bornu mit besonderer Berücksichtigung Deutsch-Bornus. Langensalza 1910: Beltz. 128 S. 8° ¶ (Ersch. vollst. als Buch b. Baedeker, Essen.)
Bonn, Phil. Diss. v. 15. März 1910, Ref. Rein
[Geb. 24. März 75 Cöln; Wohnort: Bonn; Staatsangeh.: Preußen; Vorbildung: Gymn. Detmold Reife O. 95; Studium: Göttingen 1, Berlin 2, Bonn 5 S.; Rig. 26. Jan. 10.] [U 10. 420

Schultze, Arnold, das Sultanat Bornu m. besond. Berücksicht. v. Deutsch-Bornu. Mit 1 Übersichtskarte des mittl. Sudan u. 1 mehrfarb. Karte des Sultanats Bornu und seiner Grenzgebiete. (IV, 136 S.) gr. 8. Essen 910. G. D. Baedeker. 4. —

Schultze, Arthur [aus Naumburg a. S.]: Ueber die Bewegung der Wärme in einem homogenen rechtwinkligen Parallelepipedon . . . . Kiel, Druck v. Schmidt & Klaunig, 1887; 37 S. + 1 Bl. 8°
Kiel, Phil. Fak., Inaug.-Diss. v. 21. Dez. 1887

Schultze, Arth., üb. die Bewegung der Wärme in e. homogenen rechtwinkligen Parallelepipedon. Inaug.-Diss. gr. 8. (37 S.) Kiel 887. (Lipsius & Tischer.) n. 1.20

Schultze, August. Die Altersbestimmung bei Kälbern nach den Merkmalen an den Zähnen, am Zahnfleisch, am Nabel, an den Klauen und an den Hornanlagen. Diss. Vet.-Med. Bern. Mit 12 Abbildungen auf 3 Tafeln. 52 S. 8. Berlin, Richard Schoetz, 1909.

Schultze, A[ugust]. Zum Andenken an die Glockenweihe in Oberhallau den 5. März 1899. 8. Schaffhausen 1899.

Schultze, Aug., kurze Belehrungen für Auswanderer. 2. Aufl. br. 8. (69 S. m. 1 lith. Plan.) Leipzig 849. (Matthes.) n. 8 ngl

Schultze, A., d. Missionsfelder d. erneuerten Brüderkirche. gr. 8. (VI, 257 S. m. Abb. u. 8 Karten.) Bethlehem, Pa. 890. (Herrnhut, Missionsbuchh.) Geb. in Leinw. n. n. 5. —

— Neuestes über Auswanderung u. von Ausgewanderten f. das Jahr 1850. 8. (96 S.) Leipzig, O. Wigand. 12 ngl

— dass. f. d. J. 1851 u. 1852. gr. 8. (98 u. 88 S.) Leipzig, Naumburg in Comm. (à n. 12 ngl) n. 24 ngl

—— Neuestes über Auswanderung und von Ausgewanderten für die J. 1850—52. 8. (96, 98 und 88 S.) Leipzig 850—52, O. Wigand. à Jahrg.

Schultze, Aug., Neuestes über Auswanderung und von Ausgewanderten für das J. 1853. gr. 8. (82 S.) Leipzig, (Naumburg.) *
Jahrg. 1850—52. Leipzig, O. Wigand. à Jahrg. 12 Ngr.

Schultze, August (Magdeburg) A. S. 40/9
De duplici obligandi ratione uni obiecto tributa.
Präs. Johann Tobias Richter.
Leipzig (Breitkopf) 8. I. 1754. 24 S.

Gew.: Johann Gottlob Sigel. 31822

Schultze, A[ugust]. Siehe zu, du bist gesund geworden! Ein Mahnwort. 20 S. 8. Basel, Kober, 1902. [fr. —. 15; 100 Exempl. fr. 12. 50]

Schultze, Aug., Civilproceßrechtsfälle ohne Entscheidungen. Zum akadem. Gebrauch bearb. u. hrsg. 12. (X, 141 S.) Jena 891. G. Fischer. n. 2. 80; geb. n. 3. 30

Schultze, Augustus Sigismundus: Ipso jure compensari quid valeat jure communi Borussico jure Romano breviter praemisso inquiritur. Halis Saxonum (1860): Schmidt. 56 S. 8°
Halle-Wittenberg, Jur. Diss. v. 10. Apr. 1860
Geb. [Greifswald 28. 4. 1833]
Verf. erlebte das Jubeldiplom 1910 als ordentlicher Professor des römischen Zivilprozesses, des Zivil- und Strafprozesses in Straßburg.

Schultze, Aug. Sigm., das deutsche Konkursrecht in seinen juristischen Grundlagen. gr. 8. (XII, 156 S.) Berlin 880, Weidmann'sche Buchh. *

— die sogenannte Neben-Intervention im Civil-Prozess. [Aus: „Zeitschr. f. deutschen Civilprozess".] gr. 8. (84 S.) Berlin 880. C. Heymann's Verl. n. 2. —

Schultze, Aug. S., Privatrecht u. Process in ihrer Wechselbeziehung. Grundlinien e. geschichtl. Auffassg. d. heut. Civilprocessrechts. Zugleich e. Beitrag zur Lehre v. den Rechtsquellen, insbesondere zur Lehre vom sogenannten Gewohnheitsrecht. 1. Thl. gr. 8. (XLII, 603 S.) Freiburg i/Br. 883. Mohr. n. 16. —

Schultze, Aug. Sigm., die Verleitung zum falschen Eide als selbständiges Verbrechen mit Bezug auf § 139 des Entwurfs eines Strafgesetzbuchs für den norddeutschen Bund und § 130 des preußischen Strafgesetzbuchs. gr. 8. (35 S.) Berlin 870, Guttentag. *

Schultze, von den prozessualischen Zeitbestimmungen, s.: Festgabe zum Doctor-Jubiläum d. Prof. J. J. W. v. Planck.

Schultze, Bernhard [Praes.], s. Drösemar, Achatius Wilhelm: Praeceptum decalogi non moechaberis, ex jure naturali et positivo cum divino tum humano deductum.

Schultze, Bernhard Sigmund

Schultze, Bernh. Sigm., Anleitung zur Wendung auf den Fuss und zum Gebrauch der Geburtszange für die zur Ausführung der genannten Operationen ausdrücklich berechtigten Hebammen. gr. 8. (VI, 22 S.) Leipzig 885, Engelmann. * — 60

Schultze, B. S., üb. die pathologische Anteflexion der Gebärmutter u. die Parametritis posterior. Mit Vorbemerkgn. üb. die normale Lage der Gebärmutter. Mit 20 (eingedr.) Holzschn. [Aus: „Archiv f. Gynäkol."] gr. 8. (48 S.) Berlin 875. Hirschwald. n. 1. 20

Die Axendrehung ⟨Cervixtorsion⟩ des myomatösen Uterus von B[ernhard] S[igmund] Schultze. Jena. Leipzig: Breitkopf & Härtel 1906. (50 S.) 8°
= **Sammlung** klinischer Vorträge. N. F. No 410.

Dammschutz von B[ernhard] S[igmund] Schultze. *Leipzig: Breitkopf & Härtel 1900.* (16 S.) 8°
= **Sammlung** klinischer Vorträge. N. F. No 278.

—— zur Darstellung der Indicationen für Behandlung der Ante- und Retro-versionen und -flexionen der Gebärmutter, s. Sammlung klinischer Vorträge.

Schultze, B. S., Echinococcus des rechten Ovarium neben zahlreichen Echinococcen des Peritoneum. [Aus: „Festschrift der Gesellsch. f. Geburtshilfe u. Gynäkol."] gr. 8. (10 S. m. 1 Taf.) Wien 894. A. Hölder. n. — 80

Schultze, Bernard Sigism., de adipis genesi pathologica. Commentatio praemio ornata. gr. 8. (X u. 53 S.) Gryphiae 852, Koch's Verlag. 9 ngl

Schultze, Bernh. Sigm., unser Hebammenwesen und das Kindbettfieber, s. Sammlung klinischer Vorträge.

Unser Hebammenwesen und die Reformpläne von B[ernhard] S[igm.] Schultze, Jena. *Leipzig: Breitkopf & Härtel 1903.* (12 S.) 8°
= **Sammlung** Klinischer Vorträge. N. F. No 349.

— über die Lageveränderungen der Gebärmutter, s.: Sammlung klin. Vorträge.

Schultze, Bernh. (Sigm.), Lehrbuch der Hebammenkunst. gr. 8. (XVI und 274 S. mit 58 eingedr. Holzschn.) Leipzig 860, Engelmann. 1

Schultze, Bernh. Sigm., Lehrbuch der Hebammenkunst. 2. Aufl. gr. 8. (XVI und 288 S. mit 2 Stnt. und 62 eingedr. Holzschn.) Leipzig 864, Engelmann. 1

—— Lehrbuch der Hebammenkunst. 3. Aufl. (XIX, 346 S. mit 80 Holzschntaf.) 1870, und 4. Aufl. gr. 8. (XXI, 354 S. mit 82 eingedr. Holzschn.) Leipzig 874, Engelmann. *

—— Lehrbuch der Hebammenkunst. 5. Aufl. gr. 8. (XXI, 354 S.) Leipzig 877, Engelmann. *

— Lehrbuch der Hebammenkunst. Mit 87 (eingedr.) Holzschn. 6. Aufl. gr. 8. (XXI, 362 S.) Leipzig 880. Engelmann. n. 7. —

— Lehrbuch der Hebammenkunst. 7. Aufl. Mit 90 Holzschn. gr. 8. (XXIII, 368 S.) Leipzig 884. Engelmann. n. 7. —; Einbd. n.n — 75

Schultze, B. S., Lehrbuch der Hebammenkunst. 8. Aufl. Mit 96 Holzschn. gr. 8. (XXIII, 376 S.) Leipzig 887. Engelmann. n. 7. —; geb. n.n. 7. 75

Schultze, Bernh. Sigm. Lehrbuch der Hebammenkunst. 9. u. 10. Aufl. gr. 8. (XXIII, 380 S. m. 98 Holzschn.) Lpz. 889,91, W. Engelmann. * 7 —; geb. ** 8 —

Lehrbuch der Hebammenkunst von Dr. Bernhard Sigmund Schultze, Geh. Hofr., Jena. Mit 100 Holzschn. 11. Aufl. Leipzig: W. Engelmann 1895. XXIV, 382 S. 8° [illegible] 11

— Lehrbuch der Hebammenkunst. 12. Aufl. gr. 8. (XXIV, 386 S. m. 100 Holzschn.) Leipzig 899. W. Engelmann. n. 7. —; geb. n.n. 8. —

— Lehrbuch der Hebammenkunst. 13. Aufl. (XXVIII, 395 S. m. 102 Abbildgn.) gr. 8. Leipzig 904. W. Engelmann. n. 7. —; geb. in Leinw. n. 8. —

Schultze, Bernh. Sigm., Lehrbuch der Hebammenkunst. 14., verb. Aufl. (XXX, 404 S. m. 103 Abbildgn.) gr. 8. Leipzig 908. W. Engelmann. 7.—; geb. in Leinw. 8.—

—— das Nabelbläschen ein constantes Gebilde in der Nachgeburt des ausgetragenen Kindes. gr. 4. (18 S. mit 6 Stndrt. in Fol.) Leipzig 861, Engelmann.

Schultze, Bernhard Sigmund: Das Nabelbläschen, ein constantes Gebilde in der Nachgeburt des ausgetragenen Kindes. Mit 6 Steindrucktaf. Leipzig 1864. 18 S. 4⁰

—— die Pathologie und Therapie der Lageveränderungen der Gebärmutter. gr. 8. (XV, 248 S. mit 120 eingedr. Holzschn.) Berlin 881, Hirschwald. *

Schultze, Bernh. Sigm., üb. d. Plan, d. Besuch d. psychiatrischen Klinik f. d. Studierenden d. Medizin obligatorisch zu machen u. e. Examen aus d. Psychiatrie in d. Approbationsprüfg. der Aerzte einzureihen. gr. 8. (9 S.) Jena 893. (G. Fischer.) n. — 50

Schultze, B. S., die Psychiatrie Prüfungsgegenstand f. alle Aerzte? Eine Entgegng. an Hrn. Prof. Otto Binswanger, Prof. der Psychiatrie in Jena, auf seine Schrift: Die Psychiatrie als obligator. Unterrichts- u. Prüfungsgegenstand. Separatvotum zur Aufklärg. u. zur Widerlegg. der Denkschrift des Herrn Geh. Hofr. Prof. Schultze. gr. 8. (13 S.) Jena 893. G. Fischer. n. — 50

-- die Psychiatrie Prüfungsgegenstand f. alle Aerzte? 4. Aufsatz üb. d. genannte Thema. gr. 8. (8 S.) Ebd. 896. n. — 50

-- d. Psychiatrie Prüfungsgegenstand f. alle Aerzte bei entsprech. verläng. Studienzeit. 5. Aufsatz üb. d. genannte Thema. gr. 8. (8 S.) Ebd. 896. n. — 50

—— der Scheintod Neugeborener. Sendschreiben an Prof. Dr. C. Ludwig. gr. 8. (XII, 179 S. mit 2 Stnt., wovon 1 in Buntdr., in qu. 4. und Fol.) Jena 870, Dufft. *

-- der Scheintod Neugeborener. Sendschreiben an Prof. Dr. C. Ludwig. Jena 870. Mauke's Verl. gr. 8. (XII, 179 S. mit 2 Steintaff., wovon 1 in Buntdr. in qu. 4. u. Fol.) n. 1 ₰ 20 ngr.

— Schemata zur Eintragung des Befundes der gynäkologischen Untersuchung. 12. (20 Steintaf. in 4. m. 2 S. Text.) Jena 880. Fischer. geb. n. — 75

Schultze, Bernh. Sigm. Zur Therapie hartnäckiger Retroflexion der Gebärmutter, s. Sammlung klinischer Vorträge.

— über Totalexstirpation d. karzinomatösen Uterus, s.: Sonderabdrücke der deutschen Medicinal-Zeitung.

—— Untersuchungen über den Wechsel der Lage und Stellung des Kindes in den letzten Wochen der Schwangerschaft. Imp.-4. (23 S. mit 1 Tab. in gr. Fol.) Leipzig 868, Engelmann.

-- mein Votum zur Revision d. medizin. Prüfgn. gr. 8. (6 S.) Berlin 896. Jena, G. Fischer. n. — 50

—— Wandtafeln zur Schwangerschafts- und Geburtskunde. 5 Lfgn. Imp.-Fol. (20 Chromolithogr. und 21 Blatt Text in Fol.) Leipzig 864, Günther. à Lfg. * 2 Thlr. 12 Ngr. *

—— Wandtafeln zur Schwangerschafts- und Geburtskunde. 20 (chromolithogr.) Taf. in grösstem Landkarten-Imperial-Format. Gezeichnet und mit erläut. Text hrsg. 2. umgearb. Aufl. 1. Lfg. Imp.-4. (7 Wandtaf. nebst IV, 26 S. Text mit 15 eingedr. Holzschn.) Jena 888, Fischer. ** 25 —

-- Wandtafeln zur Schwangerschafts- u. Geburtskunde. 20 (chromolith.) Taf. in grösstem Landkarten-Imperial-Format. Gezeichnet u. m. erläut. Texte hrsg. 2., umgearb. Aufl. 2. u. 3. Lfg. Imp.-4. (13 Wandtaf., nebst II, 34 S. Text u. 1 Taf. in 4.) Jena 892. G. Fischer. n. 50. — (1—3.: n.n. 75. —)

— vier Wandtafeln zur Diagnose u. bimanuellen Reposition d. retroflectirten Uterus. à 75,5 × 98 cm. Farbdr. Nebst Text (in deutscher, engl., französ., italien. od. russ. Sprache). gr. 8. (4 S.) Leipzig 898. W. Engelmann. n. 7. —; m. Rolle n. 8. —; auf Leinw. in Mappe n. 14. —

Schultze, Bernh. Sigm., über Zwillingsschwangerschaft, s. Sammlung klin. Vorträge.

Schultze, Bruno Wolfgang, aus Berlin: Aneurysma aortae bis perforans arteriam pulmonalem. Zur Kasuistik d. Perforationen von Aortenaneurysmen. *Leipzig 1902: B. Georgi.* (37 S.) 8°
Leipzig, Med. Diss. v. (15. Juli) 1902

Schultze, C. Beiträge zum Unterricht in der analytischen Geometrie. 7 S. u. 1 Taf. Progr. *Harburg* 1877.

Vorschläge zur Reform des Irrenrechts auf Grund e. Vergleichg d. italien. m. d. in Preussen gelt. Recht. Von C. Schultze, Landgerichtsr. . . . zu Berlin. *Berlin: J. Guttentag* 1896. (99 S.) 1 Bd 8. [illegible]

Schultze, C. F. E.: Der rationelle Estanziabetrieb im Unteren La Plata-Gebiete als produktives Feld für dt. Kapital und dt. Arbeitskräfte. Ein Entwurf . . . Ratzeburg; (Hbg: Friederichsen) 1885. VI, 153 S.

Schultze, C. F. E., der rationelle Estanziabetrieb im unteren La Plata-Gebiete als productives Feld f. deutsches Kapital u. deutsche Arbeitskräfte. Ein Entwurf zu e. allmähl. Umwandlg. d. bisher. extensiven Betriebes in e. m. bäuerl. Ansiedelgn. verbundenen u. e. höhere Rentabilität gewähr. möglichst intensiven Betrieb. gr. 8. (VI, 153 S.) Hamburg 886. Friederichsen & Co. n. 3. 50

Schultze (Ratzeburg), **C. F. E.**, das Paraguayfieber. Eine kolonialpathologisch-satirisch-krit. Abhandlg. gr. 8. (44 S.) Bremen 893. C. Schünemann. — 60

Schultze, Carl, s. Schultze, Karl.

Schultze (Schulze), Chr. August

Schultze, Chr. Aug., († 18..) die Gottesgelahrtheit u. die Jurisprudenz in ihrer Verbindung betrachtet. 8. Leipz. 774.

Schultze, Chr. August, s. Museum rusticum.

Schulze, C. A., Versuch üb. das, was in Chursachsen wegen d. Lehnstämme b. e. Creditwesen Rechtens ist. 8. Dresden, Gerlach. 779.

— Versuch üb. das, was wegen der Kopfzeuge in Kursachsen Rechtens ist. 16 Buch. 8. Dresd. 772.

— Versuch üb. d. Kaufbriefe u. Besitzungsurkunden des Landmannes in Chursachsen. 8. Dresden, Gerlach. (Beger.) 787.

Schultze (Schulze), Christian Friedrich

Kurtze Betrachtung derer versteinerten Höltzer, worinnen diese natürlichen Cörper sowohl nach ihrem Ursprunge, als auch nach ihres eigenthümlichen Unterschiede...in Erwegung gezogen werden. Von Christian Friedrich Schultzen [Schultze]. Dreßden & Leipzig: Hekel 1754. 32 S. 8

— kurze Betracht. versteinerter Hölzer, nach ihrem Ursprung, Unterschied u. übrigen Eigenschaften. Mit 1 Kpf. 4. Dresd. 754. Gröll. 3 gl — Dass. Mit 1 Kpf. 4. Halle 771. Schwetschke u. S. 3 gl

— — dasselbe m. K. 4. Halle, Hemmerde. 770.

Kurtze Betrachtung derer Kräuterabdrücke im Steinreiche, worinnen dieselben so wohl in Ansehung ihres Ursprungs, als auch ihres eigenthümlichen Unterscheides...in Erwegung gezogen werden von Christian Friedrich Schultzen [Schultze]. Dreßden & Leipzig: Hekel 1755. 76 S. 8

— Betracht. der Kräuterabdrücke im Steinreiche. Mit 6 Kpft. 4. Dresd. 757. Heckel. 8 gl

— kurze physikal. Betrachtung d. Erdbeben. 4. Dresd. 756.

—— Betrachtung der brennbaren Mineralien, ingleichen der an verschiedenen Orten in Sachsen befindlichen Steinkohlen, nebst Nachrichten vom Nutzen des Torfes bey verschiedenen Handthierungen. - Dresden 1777. 242 S., 2 Taf.

— Betrachtung d. brennbaren Mineralien, ingleichen der an verschied. Orten in Sachsen befindl. Steinkohlen &c. Mit 8 Kpf. gr. 8. Dresd. 777. Walther. 1 rthl 8 gl

—— Betrachtung d. brennbaren Mineralien, ingleichen d. an verschiedenen Orten in Sachsen befindlichen Steinkohlen ... Dresd. 1777. 342 S. 8 Tvl. (= Schriften d. Leipziger oekonom. Societät. Th. 3). 731.

— Betracht. der versteinert. Seesterne u. ihrer Theile. 4. Dresd. 760. Gröll. 8 gl

—— Chr. Fr., († 1775.) de sicca corporum animalium conservatione. 4. Leipz. 751.

—— Gedanken über den Nutzen der Steinkohlen und des Torfes auf wirthschaftlichen Brennstädten. Friedrichstadt 1764. - Dass. Wien 1766

— — üb. d. Nutzen d. Steinkohlen u. d. Torfs auf d. Brennstädten. 4. Dresd. Gerlach. 764.

— Gedanken üb. den Nutzen der Steinkohlen u. des Torfs auf den Brennstädten. 4. Dresd. 765. Gerlach. 6 gl (Wien 766. Heubner). 4 gl

— Gedanken üb. den Ursprung u. die Nutzung der bei Dresden befindl. Steinkohlen. 4. Dresd. 759. Heckel. 3 gl

Schulze, Christian Friedrich (Hrsg.):

s.: Löseke, Joh(ann) Ludw(ig) Leberecht: Therapia specialis interna, oder gründliche Anweisung zur Erkenntnis und Cur der innerlichen Krankheiten des menschlichen Körpers. 2.Aufl. Dresden u.Leipzig: 1768

Schulze, Christian Friedrich (Hrsg.):

s.: Löseke, Joh(ann) Ludw(ig) Leberecht: Therapia specialis interna, oder gründliche Anweisung zur Erkenntnis und Cur der innerlichen Krankheiten des menschlichen Körpers. 3.Aufl. Dresden, Warschau u.Leipzig: 1775 - 1776

— vom Radeberger Mineralwasser. 8. Dresd. 770.

— Nachr. von dem böhmisch. Bitterwasser. 8. Dresd. 767. Gerlach. 3 gl

Schultz, Christian Friedrich. Nachricht von den bey Zöblitz ... befindlichen Serpentinsteinarten. Nebst einem Anhange vom Topf- und Lavetzsteine ... Dresden u. Leipz. 1771. V (Anhang): *Eilenburg, Christian Hnr.* (ABJP)

— Nachr. v. d. Serpentinsteinarten b. Zöblitz. 4. Dresden, Gerlach. (Beger.) 771.

— Nachr. v. d. in Sachsen gefund. Todtenköpfen &c. 4. Dresd. Gerlach. (Beger.) 767.

Kurze Nachricht einiger besonderer Zufälle, sowohl einheimischer als anderer Kranckheiten, welche in dem Königreich Pohlen, insonderheit aber in dem Gros-Herzogthum Lithauen pflegen wahrgenommen zu werden, bemercket u. aufgez. von Christian Friedrich Schulzen. Dreßden: Hekel 1754. 88 S. 8

Schultze, Chr. Fr. Einige Versuche, welche mit verschiedenen sächsischen Erdarten an einem Brennspiegel angestellt werden. Dresden und Leipzig. 1755. 4

— e. Versuche mit verschied. sächs. Erdarten an einem Hösischen parabolischen Brennspiegel angestellt. 4. Dresd. 757. Heckel. 5 gl

Das Hinein- und Herausschielen des Widerchrists in das Scheinbar-Tiefchristliche der theatral. Aufführung der hl. Passion und ihrer Heilwirkungen. Weckruf an die Kirche und ihre Glieder. Von Christian Robert Schultze, Pfarrer in Klein-Beuster. *Berlin:* (übergekl.: *R. Jacoby*) *1900.* (30 S.) 8° [F.] [ou. 6ws]

Schultze, Dorothea, des kleinen Tommy Weinachtsbitte. Ein Missionsfestspiel f. Kinder. (27 S.) 8. Berlin 904. Buchh. der Berliner ev. Missionsgesellschaft. n. — 25

Schultze, Edgar, Wahlpredigt, am 25. Sonntage nach Trinitatis, den 18. Novbr. 1888, u. Antrittspredigt am Feste Epiphanias, Sonntag, den 6. Jan. 1889, in der Kirche St. Johannis zu Eppendorf geh. gr. 8. (31 S.) Hamburg 889. Kriebel. n. — 50

Schultze, Eduard. (geb. Salzwedel 23. 7. 1835): De multiplici integrali definito

$$\int_{-\infty}^{\infty}\cdots\int_{-\infty}^{\infty} e^{\left(\sum_{1}^{n}\sum_{1}^{n} a_{\mu,\nu}x_{\mu}x_{\nu}+\sum_{1}^{n} b_{\mu}x_{\mu}+c\right)\sqrt{-1}}\, dx_1\, dx_2 \ldots dx_n.$$

Berolini (1863). (35 S.) 8°
Berlin, Phil. Diss. v. 28. Jan. 1863

Katalog einer sehr bedeutenden und reichhaltigen Sammlung sehr wertvoller Kupferstiche und Holzschnitte alter und neuer Meister, dabei kostbare Wiegendrucke, ferner Handzeichnungen u. Aquarelle sowie wertvolle Bücher, Incunabeln, Flugschriften, Lutherschriften ... aus d. Nachl. d. verstorb. Ing. Herrn Ed(uard) **Schultze**, Wien. Versteigerung zu München 1901. *(München: H. Helbing 1901.)* (224 S.) 8° [Ant. u. F.] [m. 64a

Schultze, Ed.: Ueber die aus einer symmetrischen Determinante $\Delta_n = \lessneqq \pm A_{11} A_{22} \cdots A_{nn}$ gebildete Reihe $\Delta_n, \Delta_{n..}$ .... Δ_n. 22 S. 4° – Berlin, Fr. W., Progr. 1871.

Schultze, Ed., das neue chemische Schiesspulver und seine Vorzüge vor dem schwarzen Schiesspulver und dessen Surrogaten. Berlin 865. Janke. gr. 8. (75 S.) n. 12 ngr.

Schultze, Emil: Kasuistischer Beitrag zur Pankreasapoplexie nebst Bemerkungen über den heutigen Stand unserer Kenntnisse von den akuten Erkrankungen des Organs. Leipzig 1909: Georgi. 46 S. 8°
Leipzig, Med. Diss. v. 28. April 1909, Ref. Curschmann

Schultze, Emil. Die Bibel in der weiten Welt. Eine Denkschrift zum 100jährigen Jubiläum der Britischen und Ausländischen Bibelgesellschaft, mit Berücksichtigung der schweizerischen und deutschen Verbände, den Bibelfreunden dargeboten. [Mit Titelbild.] VIII + 133 S. 8. Basel, Kober, 1904. [fr. 1. 25, geb. 2. —]

Schultze, Emil. Die Schweizerische Arbeiter-Kolonie Herdern. Ein Zweig sozialer Hilfeleistung. Vortrag, gehalten in Glarus am 25. Februar 1908. [Mit 1 Ansicht.] II + 19 S. 8. Glarus, D. Hefti & O. Bartel, 1908.

Schultze, Emil, Gerichtsreferendar in Groß-Salze: Der Voraus des Ehegatten. Eine erbrechtliche Studie nach dem Bürgerlichen Gesetzbuche. Rostock 1907: H. Winterberg. (128 S.) 8°
Rostock, Jur. Fak., Ref. Matthiaß, Diss. v. 5. Juli 1907
[Geb. 6. Juni 79 Stöckey am Harz: Wohnort: Groß-Salze; Staatsangeh.: Preußen; Vorbildung: Gymn. Burg b. Magdeburg Reife O. 99; Studium: Marburg 3, Halle 1, Berlin 2, Halle 2 S.; Rig. 19. Dez. 06.]

Schultze, *Heinrich Lorenz Gustav* Erich [aus Berlin]: Ueber die Verwendung von Blutegelextract bei der Transfusion des Blutes ... Greifswald, Druck v. J. Abel, 1891; 32 S. 8.
Greifswald, Med. Fak., Inaug.-Diss. v. 26. Sept. 1891

Schultze, Erich, Gerichtsass.: Die Voraussetzungen des kaufmännischen Zurückbehaltungsrechts. Borna-Leipzig 1910: Noske. 39 S. 8°
Leipzig, Jur. Diss. v. 18. Juni 1910
[Geb. 27. Juni 80 Wansleben; Wohnort: Wansleben; Staatsangeh.: Preußen; Vorbildung: Gymn. Sangerhausen Reife O. 01; Studium: München 1, Leipzig 1, Freiburg i. B. 1, Berlin 1, Halle 2 S.; Rig. 1. Aug. 04.] [U 10. 2884

Schultze, Ernst, s.: Archiv für das Volksbildungswesen aller Kulturvölker.

Schultze, Ernst, der Arzt als Sachverständiger u. sachverständiger Zeuge. (54 S.) gr. 8. Berlin 903. A. Hirschwald. n. 1. 20
Sonderabdruck aus: „Vierteljahrsschr. f. gerichtl. Medicin u. öffentl. Sanitätswesen".

Schultze, Ernst: Das letzte Aufflackern der Alchemie in Deutschland vor 100 Jahren. (Die Hermetische Gesellschaft 1796—1819.) Leipzig: Freund & Wittig 1897. 44 S. 8°
[Hinrichs: Fünfjahrs-Katalog 1896—1900. 10 (1901) S. 1157.]

Schultze, Ernst [app. Arzt aus Buenos-Ayres]: Beiträge zur Casuistik der Erkrankungen des Pons. ... Göttingen, Druck d. Univ.-Buchdr. v. W. F. Kästner, 1890; 62 S., 1 Tab. 8°
Göttingen, Med. Fak., Inaug.-Diss. v. [18. Dez.] 1890

Schultze, Ernst, Beiträge zur Casuistik der Erkrankungen d. Pons. Diss. gr. 8. (62 S. m. 1 Tab.) Göttingen 890. Vandenhoeck & Ruprecht. n. 1. 40

Schultze, Ernst, weitere psychiatr. Beobachtungen an Militärgefangenen m. klinischen, kriminalpsycholog. u. prakt. Ergebnissen aus dem Gesamtmaterial von 100 Fällen. Mit 4 Kurven im Text. (V, 133 S.) gr. 8. Jena 907. G. Fischer. 3. —

Schultze, Ernst: Die für die gerichtliche Psychiatrie wichtigsten Bestimmungen des Bürgerlichen Gesetzbuchs u. d. Novelle z. Civilprozessordnung. Halle a. S.: C. Marhold 1899. (51 S.) 8°
Sammlung zwangloser Abhandlungen aus d. Geb. d. Nerven- u. Geisteskrankh. Bd 3. H. 1.

— s.: **Bibliothek wertvoller Memoiren.**

— s.: **Bibliothek denkwürdiger Reisen.**

Schultze, Ernst, freie öffentliche Bibliotheken, Volksbibliotheken u. Lesehallen. gr. 8. (XX, 362 S. m. Abbildgn.) Stettin 900. H. Dannenberg & Co. n. 6. —

Chronische progressive Chorea. Von Prof. E[rnst] **Schultze**, Greifswald. Leipzig: Barth 1910. 35 S. 8° [Umschlagt.]
(Sammlung klinischer Vorträge. N. F. Nr. 578/579.)

Schultze, Ernst: Ueber den Einfluss der Nahrung auf die Ausscheidung der amidartigen Substanzen ... Bonn: Univ.-Buchdr. v. Carl Georgi 1890. 2 Bl., 58 S., 1 Bl. 8°
Bonn, Med. Fak., Inaug.-Diss. v. 7. März 1890

Schultze, Ernst: Die Einweihung. S. 27—30. 4.
Städt. Realschule mit lat. Nebenunterricht u. Vorschule
Progr. *Heide i. Holstein* 1906 (359)

Entlassungszwang und Ablehnung oder Wiederaufhebung der Entmündigung. Von E[rnst] **Schultze**. *Halle a. S.: C. Marhold 1902.* (62 S.) 8°
Aus: Psychiatr. Wochenschrift. 1901. [u3 2347 3

Wichtige Entscheidungen auf dem Gebiete der gerichtlichen Psychiatrie. Aus d. jurist. Fachlitteratur d. J. 1901 zsgest. von Dr. Ernst **Schultze** in Andernach. *Halle a. S.: C. Marhold 1902.* (46 S.) 8° [ns. sorg. 3

— wichtige Entscheidungen auf dem Gebiete der gerichtlichen Psychiatrie. 2.—5. Folge. Aus der Litteratur der J. 1902—1905 zusammengestellt. (64, 63, 81 u. 72 S.) 8. Halle 903—906. C. Marhold. à n. 1. —

— Wichtige Entscheidungen auf dem Gebiete der gerichtl. Psychiatrie. 6. u. 7. Folge. Aus der Litteratur der J. 1906 u. 1907 zusammengestellt (59 u. 76 S.) 8. Halle 907. 08. C. Marhold. à 1. —

— s.a. Entscheidungen, wichtige, auf dem Gebiete der gerichtl. Psychiatrie.

— Die Gefahren der Schundlitteratur u. ihre Bekämpfung durch die Schule, s.: Zur Volksschulpädagogik.

— Handbuch der gerichtl. Psychiatrie, s.: Hoche, A.

Schultze, Ernst: Der Kampf um die Rente und der Selbstmord in der Rechtsprechung des Reichsversicherungsamts. Halle a. S.: Marhold 1910. 73 S. 8°
(Sammlung zwangloser Abhandlungen aus d. Geb. d. Nerven- u. Geisteskrankheiten. Bd 9, H. 1.)

Schultze E., Lavoisier, der Begründer der Chemie. (Sammlung gemeinverständlicher wissenschaftlicher Vorträge NF 212) Hamburg 1895

— Lavoisier, d. Begründer d. Chemie, s.a Sammlung gemeinverständl. wissenschaftl. Vorträge.

Schultze, Ernestus [Dombofensis]: De legione Romanorum XIII gemina ... Kiliae, ex offic. Schmidt & Klaunig, 1887; 114 S. + 1 Bl. u. 1 Taf. 8°
Kiel, Phil. Fak., Inaug.-Diss. v. 19. Dez. 1887

Schultze, Ernst, de legione Romanorum XIII gemina. Diss. inaug. gr. 8. (114 S. m. 1 Karte.) Kiel 887. (Lipsius & Tischer.) n. 3. —

Schultze, Ernst, Meeresklänge. 12. (95 S.) Kiel 897. (Haeseler's Sort.) n. 1. —

Über Notwendigkeit und Nutzen von Krankenhaus-Büchereien. Von Dr. Ernst Schultze. Berlin: Deutscher Verl. f. Volkswohlfahrt 1000. 10 S. 8° [10. 8,31

Schultze, Ernst, approb. Arzt aus Berlin: Zur Pathologie und Therapie des Ulcus corneae serpens. Mit Benutzung d. Materials d. Straßburger Augenklinik. *Berlin (1902): J. Driesner.* (31 S.) 8°
Straßburg, Med. Diss. v. 1902

Über Psychosen bei Militärgefangenen. Eine klin. Studie von Prof. Dr. Ernst Schultze, Oberarzt in Bonn. *Jena: G. Fischer 1904.* (VII, 276 S.) 8° [04. 1887

— Die Schundliteratur. Ihr Vordringen, ihre Folgen, ihre Bekämpfg. (114 S.) gr. 8. Halle 909. Buchh. des Waisenhauses. 2. -

Die Stellungnahme des Reichsgerichts zur Entmündigung wegen Geisteskrankheit oder Geistesschwäche (§ 6 Abs. 1 B.G.B.) und zur Pflegschaft (§ 1910 B.G.B.) nebst krit. Bemerkungen. Von Ernst Schultze in Andernach. *Halle a. S.: C. Marhold 1903.* (36 S.) 8°
= Grenzfragen, Juristisch-psychiatrische. Bd 1, H. 1. [03. 11637 3

— Kulturgeschichtl. Streifzüge. 1. Bd.: Aus d. Werden u. Wachsen der Vereinigten Staaten. (224 S.) 8. Hamburg 908. Berlin, Gutenberg Verlag Dr. E. Schultze. 2.—; geb. 3. —

Streifzüge durch das nordamerikanische Wirtschaftsleben von Dr. Ernst Schultze-Großborstel. Halle a. S.: Waisenhaus 1910. 228 S. 8° [10. 1023 2

Schultze, Ernst, d. Studentenschaft u. d. soziale Frage. Festrede, auf d. Eröffnungsfeier d. sozialwissenschaftl. Studentenvereins zu Berlin am 1. Novbr. 1895 geh. gr. 8. (32 S.) Göttingen 895. Vandenhoeck & Ruprecht. n. — 40

Schultze, Ernst: Über die Umwandlung willkürlicher Bewegungen in unwillkürliche. *Leipzig: G. Freund 1897.* (44 S.) 8°
Freiburg i. B., Phil. Diss. v. 1897

— üb. d. Umwandlung willkürl. Bewegen. in unwillkürliche. gr. 8. (42 S.) Leipzig 898. Freund & Wittig. n. 1. 20

Die jugendlichen Verbrecher im gegenwärtigen und zukünftigen Strafrecht. Von Prof. Dr. Ernst Schultze in Greifswald. Wiesbaden: Bergmann 1910. IV, 74 S. 8°
(Grenzfragen d. Nerven- u. Seelenlebens. H. 72.) [10. 7106

— Die Verbreitung guter Literatur, s.: Flugschrift, 31., des Dürer-Bundes zur ästhetischen Kultur.

Schultze, Ernestus: * De vita objectiva et subjectiva sive quae sit ratio inter philosophiam moralem et contemplativam. 61 [vielmehr: 57] S. 4° (2°)
Halle-Wittenberg, Phil. Diss. v. 25. Mai 1864
Geb. [Tribsees (Kr. Grimmen) 30. 7. 1837]

[F.] Englische Volksbibliotheken. Von Dr. Ernst Schultze. *Berlin: Abegg-Stiftg d. Ges. f. Verbr. v. Volksbildg 1898.* (32 S.) 1 Bd 8. [98. 11044

— die Volksbildung im alten u. im neuen Jahrhundert. Eine ernsthafte Betrachtg. (2. [Umschlag-]Tausend) 8. (28 S.) Stettin 900. H. Dannenberg & Co. n. — 50

— Volksbildung u. Kneipenleben. Vortrag, geh. zu Stettin auf der 16. Generalversammlung des deutschen Vereins gegen den Mißbrauch geist. Getränke am 28. IX. 1899. gr. 8. (16 S.) Ebd. 900. n. — 20

Schultze, Ernst: Volksbildung und Kneipenleben. Vortrag. (2. Taus.) Stettin: H. Dannenberg & C. 1900. (16 S.) 8°

Volksbildung und Volkswohlstand. Eine Untersuchung ihrer Beziehungen von Ernst Schultze. *Stettin: H. Dannenberg & Cie 1899.* (IV, 84 S.) 8° [00. 1377 9

Volkshochschulen und Universitäts-Ausdehnungs-Bewegung. Von Ernst Schultze in Berlin. M. e. Einl. v. Dr. Eduard Reyer, Prof. an d. Univ. Wien. *Leipzig: G. Freund 1897.* (118 S., 1 Bl.) 1 Bd 8. [97. 377

Schultze, E.: Amerikanische Volksparke. Gautzsch b. Leipzig 1909. 31 S. (Kultur u. Fortschritt. 259—260.)

— Amerikanische Volksparke, s.a. Kultur u. Fortschritt.

Weltanschauung und Wirtschaftsleben in der deutschen Kulturentwicklung des 19. Jahrhunderts. Von Dr. Ernst Schultze-Großborstel. Hamburg: Gutenberg-Verl. 1910. 103 S. 8° [10. 12373

— wie wir unsere grossen Dichter ehren sollten. Ein Wort üb. Dichter-Denkmäler u. anderes Mit e. Motto von Gust. Falke. gr. 8. (31 S.) Leipzig 902. L. Staackmann. n. — 50

Schultze, Ernst Heinrich [aus Breslau]: Beiträge zur Kenntnis der Absorptionsverhältnisse der Bodenarten der Keuper und Juraformation ... Erlangen, *Hofbuchdr. C. A. Kaemmerer & C., Halle,* 1892; 33 S. 8.
Erlangen, Phil. Fak., Inaug.-Diss. v. 1892

Schultze, Ernst Wilh., s.a. Gollnow, Ernst.

Schultze, Ernst Wilh., Deutsch und welsch. Ein poet. Zeitspiegel aus dem jüngsten Kriege. 8. (IV, 240 S.) Breslau 874, Hoffmann. *ℳ 3,50.; geb. *

Das Geheimnis der Finsternis. Ein hist. Roman aus d. 12. Jh. von Ernst Gollnow [d. i. Ernst Wilhelm Schultze]. *Stettin: J. Burmeister 1901.* (597 S.) 8° [F.] [01. 3491 D

Gollnow, Ernst [d. i. Ernst Wilhelm Schultze]: Ein Kreuzzug an der Ostsee. Erzählung aus d. 12. Jh. Bd. 1. 2. Stettin: J. Burmeister 1893. 8°

Schultze, Ernst Wilh., zwischen Tiber und Spree. Eine Erzählung aus dem Kulturkampfe. 8. (IV, 282 S.) Berlin 880, Wiegandt und Grieben. *

Schultze, Eugen: Beitrag zur gerichtlichen Medizin. Über die körperliche Ausbildung der Früchte am Ende der Schwangerschaft. Berlin 1905: L. Schumacher. (42 S.) 8°
Berlin, Med. Fak., Ref. Olshausen, Diss. v. 9. Febr. 1905

Schultze, F. E. Otto, die Traumtänzerin Magdeleine G., s.: Schrenck-Notzing, Frhr. v.

Schultze, F. K., Predigten. Nebst e. Schilderung s. Lebens u. einigen von seinen Gedichten, herausgeg. von N. J. G. Evers. 2 Bde. gr. 8. Hamburg, Perthes u. Besser. 815.

Kulturgeschichtliche Betrachtung des Lebens unserer Vorfahren bis zum Anfang des 19. Jahrhunderts. (Lebensbilder aus e. alten evang. Pfarrerfamilie.) Für d. Familie dargest. von F. W. Frank **Schultze**, Naumburg. (Naumburg): Selbstverl. 1908. XIII, 106 S. 8° 09. 8502 3

Schultze, Felix, appr. Arzt: Scharlachmortalität. Bernau (1910): Grüner. 63 S. 8°
Berlin, Med. Diss. v. 10. Juni 1910, Ref. Heubner
[Geb. 7. Nov. 82 Obersiegersdorf; Wohnort: Langfuhr; Staatsangeh.: Preußen; Vorbildung: Städt. Gymn. Danzig Reife O. 03; Studium: Freiburg i. B. 1, Berlin K. W. A. 10 S.; Coll. 9. Juni 10; Approb. 20. Jan. 10.] [U 10. 93

Schultze, Ferdinand: Über phosphor- und arsenhaltige Derivate des 1-Phenyl-3-Methyl-Pyrazols. Rostock 1909: Hinstorff. 84 S. 8°
Rostock, Phil. Diss. v. 6. Dez. 1909, Ref. Michaelis
[Geb. 5. Jan. 77 Neustadt a. Dosse; Wohnort: Rostock; Staatsangeh.: Preußen; Vorbildung: Luisenstädt. Oberrealsch. Berlin bis Juni 98; Studium: Darmstadt Techn. Hochsch. 3, Rostock 9 S.; Rig. 1. Dez. 09.] [U 10. 3979

Schultze, Ferdinand: R a d i k a l - O p e r a t i o n e n der Hernien unter dem antiseptischen Dauerverbande ... Würzburg: P. Scheiner's Buchdr. 1885. 51 S. + 1 Bl. 8°
Würzburg, Med. Fak., Inaug.-Diss. v. 1885.
(Vgl. S c h u l z e , Ferd.)

Schultze, Ferdinand Theodor Sigismund

Schultze, (F. Th. S.,) Catalog d. Conchylien-Sammlung des verstorb. Hrn. Frhrn. von der Malsburg zu Escheberg bei Cassel. gr. 8. Berlin 826, (Göttingen, Vandenhöck u. R.)

Schultze, Fr., Bürgerhäuser in Osnabrück. [Aus: „Zeitschr. f. Bauwesen".] Fol. (9 S. m. 47 Abbildgn. u. 3 Kpfrtaf.) Berlin 894. W. Ernst & Sohn. Kart. n. 10. —

Schultze, Friedrich

(Schultze, Friedr.,) die Abiturienten-Prüfung, vornähml. im Preuß. Staate. A. Urkunden-Sammlung. gr. 8. (15¼ B.) Liegnitz 832. (Halle, Anton.)

Schultze, Fr. (Hrsg.), s. A b i t u r i e n t e n - P r ü f u n g , Die, vornehmlich im preußischen Staate.

Schultze, Friedr., 100 Aufgaben z. Uebersetzen aus d. Deutschen ins Lateinische. Mit steter Hinweis. auf Zumpt's Grammatik u. e. deutsch-latein. Wortregister. gr. 8. (6¾ B.) Breslau 841, [Hirt's Verl.]

Schultze, Friedr., neue hundert Aufgaben zum Uebersetzen aus d. Deutschen ins Lateinische. Mit steter Hinweisung auf die 8. u. 9. Ausg. von Zumpt's Grammatik u. einem deutsch-latein. Wortregister. (2. Hft.) gr. 8. (8 B.) Breslau 844, Hirt's Verl.
1. Hft. Ebendas. 1841. 15 Ngr.

Schultze, Friedr.: Ein neugriechisches Beicht- und Communion-Büchlein. Text und erklärende Uebersetzung. XXXVIII. S. – Progr. Liegnitz R.A. 1852.

S c h u l t z e , Fr., Beitrag zur Lehre von den angebornen Hirndefecten [Porencephalie]. Nach einer auf der 58. Versammlung deutscher Naturforscher und Aerzte in Strassburg 1885 gemachten vorläufigen Mittheilung. Lex.-8. (30 S. mit 1 lithogr. Taf.) Heidelberg 886, C. Winter's Univ.-Buchh. * 1 60
Aus: Festschrift des naturhistorisch-medicinischen Vereins zu Heidelberg, besonders abgedruckt.

Schultze, F. Abraham von Bibran, seine Studien, seine Reisen, sein Briefwechsel, nach gleichzeitigen Urkunden und Quellen, aus der Bibliothek der Königl. Ritterakademie. 16 S. . . . .
Liegnitz, R., Progr. 1838

Schultze, Fr., franz. Elementarwerk für die mittleren Classen d. Militair-Schulen und Gymnasien. Zum Uebersetzen aus dem Französischen ins Deutsche. Mit e. Wort-Register, e. Register der Eigennamen u. der militair. Kunstausdrücke. 8. Halle 836. Ed. Anton. ¾ ₰

Die Neuere Entwicklung der Therapie in der inneren Medizin von Prof. Fr[iedrich] **Schultze**, Geh. Med. R., Bonn. (Rede beim Antr. d. Rektorats Okt. 1908.) Bonn: F. Cohen 1909. (27 S.) 8° 09. 17322 b

Schultze, Fr. Epistolae viror. doctor. ineditae, e cod. autographo biblioth. academ. transscriptae. (Enth. Briefe von Jos. Scaliger und Is. Casaubon.) 16 S. Epimetrum ad easdem. 3 S. . . . .
Liegnitz, R., Progr. 1827

—— Epistolae virorum doct. ineditae, quas e codice autographo bibliothecae acad. Lignicensis transscripsit. Fasc. I., unam Jos. Scaligeri ad Bagarium, sedecim Is. Casauboni ad Abr. de Bibran, equitem Siles., epistolas cont. 4maj. (3½ B. u. 1 Vign.) Lignitii 827. (Berolini, Curths.)

Schultae, Fr. I., epistolae virorum doct. ineditae, quas e codice autographo bibliothecae acad. Lignicensis transscripsit. Fasc. I., unam Jos. Scaligeri ad Bagarium, sedecim Is. Casauboni ad Abr. de Bibran, equitem Siles., epistolas cont. 4maj. Liegnitz 827. (Leonhardt). 8 ℊℊ

S c h u l t z e , Friedr. Ueber die Heilwirkung der E l e c t r i c i t ä t bei Nerven- u. Muskelleiden. gr. 8. (29 S.) Wiesb. 892, Bergmann. * — 80

S c h u l t z e F, über den Hypnotismns. (Zeit- und Streitfr. N F 105) Hamburg 1892

Schultze, Fr., üb. den Hypnotismus, besonders in praktischer Beziehung, s. a. Zeit- u. Streitfragen, deutsche.

Die Krankheiten der Hirnhäute und die Hydrocephalie. Von Prof. Friedrich **Schultze**, Geh. Med.R. in Bonn. Mit 14 Abb. *Wien: A. Hölder 1901.* (VII, 258 S.) 8°
= Pathologie, Specielle, u. Therapie. Bd 9, Th. 3, Abth. 1. 02. 167

Schultze, Fr., Lehrbuch der N e r v e n k r a n k h e i t e n. (Bibliothek d. Arztes.) In 2 Bdn. 1. Bd. Destruktive Erkrankgn. d. peripheren Nervensystems, d. Simpathicus, d. Rückenmarks u. s. Häute. M. 53 zum Thl. farb. Textfig. u. 4 Taf. in Farbendr. gr. 8. (VIII, 386 S.) Stuttgart 898. F. Enke. n. 12. —

S c h u l t z e , Fr., über Muskelatrophie. Nach einem in der medicin. Section am 29. Novbr. 1881 gehaltenen Vortrage. gr. 8. (8 S.) Heidelberg 882, C. Winter's Universitäts-Buchh.
Aus: Verhandlungen des naturhistorisch-medicinischen Vereins zu Heidelberg, besonders abgedruckt.

— über den m. H y p e r t r o p h i e verbundenen progressiven Muskelschwund u. ähnliche Krankheitsformen. Mit 8 lith. Taf. gr. 8. (VII, 118 S.) Wiesbaden 886. Bergmann. n. 4. 60

— de Obelisco Theb. narrat., s. Karl Aug. Sigism. **Schultze**.

—— de obelisco Thebano narratio. 4 maj. (1 B.) Berolini 833, (Curths.)

— üb. N e u r o s e n u. Neuropsychosen nach Trauma, s.: S a m m l u n g klinischer Vorträge.

Schultze, Frdr., üb. die Resultate der Kaltwasserbehandlung d. Typhus abdominalis im akadem. Krankenhause zu Heidelberg. gr. 8. (32 S.) Heidelberg 875. C. Winter. n. 1. 20

Schultze, Frdr., Hugo Rühle. Eine Gedächtnissrede, beim VIII. Congress f. innere Medicin in Wiesbaden geh. [Aus: „Verhandlgn. d. Congresses".] gr. 8. (7 S.) Wiesbaden 889. Bergmann. n. — 50

S c h u l t z e , Fr. Specimen variarum lectionum e codicibus Lagomarsianis librorum Ciceronis de natura deorum descriptarum. 16 S.

Liegnitz, R., Progr. 1849

Schultze, F. Vita Adamantii Corais ab ipso conscripta. Neograece et lat. edita. 26 S. . . . .
Liegnitz, R., Progr. 1834

— s.: Zeitschrift, deutsche, f. Nervenheilkunde.

Schultze, Friedrich August

Schultze, Friedr. Aug., Gründliche Abhandlung von dem Ursprung und der Inokulation der Rinderpocken. Lüneburg 756. Schmidt. M. —.50

Vgl.Schulz,Friedr.Aug.

Kurze und vernünfftige Beurtheilung [Beurteilung] von den unvermutheten und widernatürlichen Würckungen der Brun-Curen, vor den gemeinen Wasser... von Friederich August Schultze. Lüneburg & Hannover: Schmidt 1755. 72 S. 8°

Schultze, Friedrich Siegmund, s.a. Siegmund-Schultze, Friedrich.

Schultze, Frdr. Siegm., Abschieds-Predigt, geh. am 2. Osterfesttage 1895 in d. Peterskirche zu Görlitz. gr. 8. (10 S.) Görlitz 895. H. Tzschaschel. n. — 20

Schultze, Antritts-Predigt, am 9. Septbr. 1877 in der Peter-Paul-Kirche zu Görlitz geh. gr. 8. (12 S.) Görlitz 877. Remer. n. — 25

Schultze, Luthers Bedeutung f. die christliche Kirche, s.: Vorträge, 5, geh. zur Vorbereitung der Lutherfeier in Görlitz.

[F. u. Ant.] Gastpredigt und Antrittspredigt des Pastor primarius b. St. Elisabet in Breslau Friedrich Siegmund Schultze, Kgl. Superint. a. D. . . . *Breslau: Hirt 1895.* (18 S.) 1 Bd 8.

Schultze, Frdr. S., der Glaube an den Weltschöpfer. Vortrag, am Sonntag, den 28. Jan. 1894, im evangel. Vereinshause zu Görlitz geh. gr. 8. (11 S.) Görlitz 894. (H. Tzschaschel.) n. — 20

— christliche Grabinschriften, zur Auswahl f. Leidtragende, Bildhauer u. Geistliche zusammengestellt. 16. (VI, 149 S.) Stuttgart 892. Greiner & Pfeiffer. n. 1. 50

— sechs neue Kaiserfestpredigten, in Görlitz geh. 1889—1892. gr. 8. (47 S.) Halle a/S. 893. E. Strien. n. 1. — (1 u. 2.: n. 2. 80

— 6 neue Kaiserfestpredigten, 2. Aufl., s.: Siegmund-Schultze, Frdr., 12 Kaiserfestpredigten.

Schultze, Frdr., 17 Kaiserfest-Predigten, in den J. 1871—1886 f. die Civil- u. Militär-Gemeinde geh. gr. 8. (132 S.) Halle 887. Strien. n. 1.80

—— Drei Kaiserpredigten, im Traumjahre 1888 geh. gr. 8. (23 S.) Halle 889, Strien. * — 50

Schultze, aus zweier Zeugen Mund, s.: Quandt, E.

—— Stammbuchblätter f. Konfirmanden. 12. (48 S.) Ebd. 890. * 1 —; geb. m. Goldschn. * 2 —

— die Unsittlichkeit u. die christliche Familie. Vortrag, geh. bei der Generalversammlg. d. schles. Provinzialvereins f. innere Mission in Liegnitz, den 9. Juni 1892. Hrsg. vom Evangel. Preßverein in Schlesien. gr. 8. (34 S.) Leipzig 892. E. Ungleich. n. — 10

Schultze, Friedr., acht Zeitpredigten an den Königsgeburtstagen der J. 1870—77 in der evangelischen Kirche zu Gleiwitz in Oberschlesien gehalten. 8. (62 S.) Berlin 878. (Halle, Strien Verlag.) *

Schultze, Frdr., noch vier Zeitpredigten, an den Kaisergeburtstagen der J. 1879—82 in der Peterskirche zu Görlitz f. die Civil- u. Militärgemeinde geh. 8. (43 S.) Halle 883. Strien. n. — 50

Schultze, Friedrich Wilhelm

Schultze, F. W., der Landgraf u. die Müllerin. Historische Skizze in e. Akt. 8. (20 S.) Rathenow 871. Haase. n. — 50

Schultze, F. W., der Landgraf und die Müllerin. Historische Skizze in 1 Akt. 2. Aufl. gr. 8. (22 S.) Rathenow 885, [Haase.] Babenzien. — 75
Von demselben Verf. ist anonym erschienen: Im Walde. Gedicht in 1 Akt. (s. d.)

Schultze, Friedrich Wilhelm. (Pseud.) Ne quid nimis. Offener Brief an den Verfasser von „Videant consules". Berlin 1890. 8°.

Schultze, Friedr. Wilh. Ne quid nimis. Offener Brief an den Verf. d. „Videant consules". 1.—3. Aufl. gr. 8. (92 S.) Berl. 890, Wilhelmi. * 1 50
Vgl.: Müller, Aug. Ed. Die zweijährige Dienstzeit.

Schultze, Fr. W., neue pädagogische Satiren u. Episteln. gr. 8. (31 S.) Leipzig 894. (G. Fock.) n. — 80

Schultze, Fritz, über die Bedeutung und Aufgabe einer Philosophie der Naturwissenschaft. Ein Vortrag. gr. 8. (27 S.) Jena 877. [Dufft.] Fischer. *

Schultze, Fritz, Fürst Bismarcks Charakter. Festrede, zur Feier d. 80. Geburtstags Bismarcks am Abend des 1. Apr. 1895 in Dresden-Plauen geh. gr. 8. (24 S.) Dresden-Plauen 895. H. Focken. n. — 30

Schultze-Dresden, Fritz, Credo u. Spero. Bausteine zu e. krit. Welterkenntnis u. autonomen Lebensführung denk. Männer u. Frauen. (III, 235 S.) gr. 8. Leipzig 906. Veit & Co. n. 3. 50

Schultze, Fritz, das neue Deutschland, seine alten Heldensagen u. Richard Wagner. Eine elementare Einführg. in das Verständnis der Werke u. der Bedeutung Richard Wagner's. gr. 8. (XI, 42 S.) Leipzig 888. E. Günther. n. 1. 20

—— Du sollst nicht falsch Zeugniß reden wider deinen Nächsten! Eine Antwort auf die von Dr. Edm. Spieß herausgegebene Schrift „Ist in Wirklichkeit der Religionsunterricht der Krebsschaden unserer Zeit?" gr. 8. (47 S.) Jena 873, Dufft. *

Schultze, Fritz, Oberleutnant a. D. a. Berlin: Ueber die Einwirkung von Halogenen auf Salicylsäure in alkalischer Lösung. Königsberg i. Pr. 1905: R. Leupold. (56 S.) 8°
Königsberg, Phil. Fak., Ref. Klinger, Diss. v. 15. Aug. 1905
[Geb. 2. Dez. 70 Berlin; Wohnort: Königsberg i. Pr.; Staatsangeh.: Sachsen; Vorbildung: Gymn. Dresden-Neustadt Reife O. 91; Studium: Königsberg 10 S.; Rig. 31. Juli 05.]

Schultze, Fritz, die Entscheidungen des Reichsgerichts in Civilsachen, s.: Schultze, Gust.

Schultze, Fritz, deutsche Erziehung. gr. 8. (III, 332 S.) Leipzig 892. E. Günther. n. 5. —

Schultze, Fritz, der Fetischismus. Ein Beitrag zur Anthropologie und Religionsgeschichte. gr. 8. (VI, 292 S.) Leipzig 871, Wilfferodt. *

Schultze, Fritz, Geschichte der Philosophie der Renaissance. 1. Bd. Georgios Gemistos Plethon u. seine reformator. Bestrebgn. gr. 8. (XII, 320 S.) Jena 874. Dufft. n. 6. —

Schultze, Fritz, die Grundgedanken des Materialismus und die Kritik derselben. Ein Vortrag, gehalten am 13. Jan. 1881 im „Gemeinnütz. Verein" zu Dresden. gr. 8. (III, 80 S.) Leipzig 881, E. Günther's Verlag. * 2 —

— die Grundgedanken des Materialismus,
— die Grundgedanken des Spiritismus, s. a. Schriften, Darwinistische.

Schultze, Fritz, die Grundgedanken d. Spiritismus u. die Kritik derselben. 3 Vorträge zur Aufklärg. gr. 8. (III, 248 S.) Leipzig 883. E. Günther. n. 5. —

Schultze, Fritz, Grundlinien der Logik in schematischer Darstellung. gr. 8. (31 S.) Leipzig 902. Veit & Co. n. 1. 40

— Kant u. Darwin. Ein Beitrag zur Geschichte der Entwicklungslehre. gr. 8. (278 S.) Ebend. 875. n. 4. —

— Liebe u. Arbeit. Gedichte. 8. (248, VI S.) Dresd. 890, Minden. * 3 —; geb. ** 4 —

— Philosophie der Naturwissenschaft. Eine philosoph. Einleitung in das Studium der Natur und ihrer Wissenschaften. 2 Tle. gr. 8. Ebendas. [1. Tl. (XXIV, 446 S.) 881. *ℳ 8.; 2. Tl. (XIII, 420 S.) 882. *ℳ 10.] * 18 —

— Philosophie der Naturwissenschaften, s. Schriften, Darwinistische, II. Folge.

Psychologie der Naturvölker. Entwicklungspsychol. Charakteristik des Naturmenschen in intellekt., aesthet., eth. u. relig. Beziehung. Eine natürl. Schöpfungsgesch. menschl. Vorstellens, Wollens u. Glaubens von Dr. Fritz **Schultze**, Prof. zu Dresden. *Leipzig: Veit & Co. 1900.* (XII, 392 S.) 8° [... 6235

— d. Dresdner Rechtsschutzverein f. Frauen u. meine öffentl. Vorträge üb. d. Seelenleben d. Weibes. E. Entgegng. gr. 8. (20 S.) Dresden 896. H. Burdach. n. — 60

— der Religionsunterricht in Deutschlands Schulen. Seine Fehler u. seine Verbesserg. Ein Mahnruf an das deutsche Volk, seine Lenker u. Lehrer. gr. 8. (80 S.) Ebend. 872. n. 1. —

— Vergleichende Seelenkunde. (In 2 Bdn.) 1. Bd. 1. Abtlg. gr. 8. (207 S. m. Abbildgn.) Lpz. 892, E. Günther. * 3 —

Schultze, Fritz, vergleichende Seelenkunde. 1. Bd. 2. Abtlg. gr. 8. (182 S.) Leipzig 897. E. Günther. n. 3. —

— über geschlechtliche Sittlichkeit. E. Vortrag, der Studentenschaft d. k. techn. Hochschule zu Dresden geh. am 12. V. 1897, u. allen deutschen Studenten gewidmet. 3. Aufl. gr. 8. (24 S.) Leipzig 898. H. G. Wallmann. n. — 30

— die Sprache des Kindes, s. a. Schriften, Darwinistische, I. Folge.

— die Sprache des Kindes. Eine Anregung zur Erforschung des Gegenstandes. gr. 8. (46 S.) Ebend. 880. n. 1. —

— Stammbaum der Philosophie. Tabellarisch-schemat. Grundriss der Geschichte der Philosophie von den Griechen bis zur Gegenwart. Für Studierende bearb. Imp.-4. (XV S. m. 14 Tab. in gr. Fol.) [Jena 890, Mauke.] Lpz., A. Fischer's Verlag. * 6 —

Stammbaum der Philosophie. Tabellar.-schemat. Grundriss d. Geschichte d. Philos. von d. Griechen bis z. Gegenwart. Von Dr. Fritz **Schultze**, Prof., Dresden. Leipzig: A. Fischer 1892. (XV S., XIV Taf.) 4° [07. 4301

— Stammbaum der Philosophie. Tabellarisch-schemat. Grundriss der Geschichte der Philosophie von den Griechen bis zur Gegenwart. 2. umgearb. u. verm. Aufl. gr. Fol. (30 Taf. m. XVI S. Text.) Leipzig 899. H. Haacke. n. 8. —; geb. n. 10. —

— die Thierseele. Eine Psychologie der Thiere. 8. (III, 68 S.) Leipzig 868, Wilfferodt. *

— der Zeitgeist in Deutschland, seine Wandlungen im 19. u. seine mutmaßliche Gestaltung im 20. Jahrh. gr. 8. (III, 194 S.) Ebd. 894. n. 3. —

— der Zeitgeist in Deutschland, seine Wandlungen im 19. u. seine mutmaßliche Gestaltung im 20. Jahrh. Neue [Umschlag-](Volks-)Ausg. gr. 8. (III, 194 S.) Leipzig [894.] (901). E. Günther. n. 2. —

Schultze, G.: De e p i s t o l a Christi ad Abgarum. Königsberg 1706. 4°

Schultze, G. A., der Hausschwamm. Entstehung, Verhütung und Vertilgung, nebst genauer Angabe zur Selbstbereitung der nöthigen Mittel. Ein höchst wichtiges Werkchen für alle Haus- und Grundstücksbesitzer. Nach vielseitigen Erfahrungen und unter Mitarbeit des Hrn. Prof. Bischoff, sowie unter gefl. Begutachtung und Empfehlung des Hrn. A. Metzing zusammengestellt. gr. 16. (15 S.) Berlin 877. (Leipzig, Mentzel.) *

— dass. — 2. Aufl. 16. (14 S.) Ebendas. 878. *

Schultze, G. A., der Sieg über die Welt. Gastpredigt über 1. Joh., Cap. 5, V. 4 u. 5., geh. zu Stolp am Sonnt. Rogate 1851. 8. (16 S.) Berlin 852, C. Schultze's Buchdruckerei. n. 1/12 ₰

Schultze, G. A., Theorie u. Praxis der Feuerungs-Kontrolle in leicht verständlicher Darstellung. Nebst e. Anh.: Uebersicht üb. die erforderl. Kontroll-Anlagen unter Berücksicht. verschied. Apparat-Anordnungen. Mit 56 in den Text gedr. Abbildgn., vielen Tabellen u. 1 Taf. Hrsg. unt. Mitwirkg. bewährter Fachmänner (VIII, 172 S.) Lex.-8. Berlin 905. Polytechn. Buchh. A. Seydel. n. 5. —; geb. in Leinw. n. 6. —

Schultze, G. E., Wahlpredigt üb. Lucas 4, 16—21 am 4. Sonntag nach Trinitatis, den 3. Juli 1887, in der Christuskirche zu Eimsbüttel geh. gr. 8. (16 S.) Hamburg 887. Jenichen. n. — 30

Schultze, Georg: Die B e d e u t u n g des Militärdienstes für Verlust und Erwerbung der Staatsangehörigkeit. Würzburg Diss. 1910.

Schultze, (Georg), Stadtbaumeister: Beschreibung des Gymnasialneubaues. Kattowitz O.-S. 1904: Gebr. Böhm. (S. 3—6.) 4°
Myslowitz O.-S., G i. E. P 1904 (235)

Schultze, Georg, approb. Arzt aus Hamburg: Aus d. pathol. Institute zu Kiel. Ein Fall von einer vom Processus vermiformis ausgehenden eitrigen Perforationsperitonitis bei einer wegen stenosirenden Pyloruscarcinoms angelegten Gastroenterostomia retrocolica anterior. *Kiel 1903: P. Peters.* (14 S.) 8°
Kiel, Med. Diss. v. [4. März] 1903

Ich bringe das Schwert!' Bibelbeweise f. d. Darwinismus u. 'Der nur in Gottähnlichkeit gleiche Mensch'. Von George Albert Felix **Schultze**. Berlin: K. Siegismund 1905. (217 S.) 8° [F.] [06. 1948

[F.] Der 'Rabbi' von Nazareth. E. Glaubensstudie nebst Anh. aus Lawrence Sterne's Reden an Esel v. Georg Albert Felix Schultze ... *Berlin: K. Siegismund 1898.* (84 S.) 1 Bd 8. [98. 419

Schultze, Gottfried (Halle) A. S. 138/15

Dissertatio inauguralis iuridica de lucro dotis marito in pactis dotalibus concesso portionem statutariam non excludente. Präs. Simon Peter Gasser. Halle (Grunert) III. 1740. 38 S. 31835

Schultze, Gustav

Schultze, Gust., u. Fritz **Schultze**, die Entscheidungen d. Reichsgerichts in Civilsachen Bd. I bis XXXVIII d. v. d. Mitgliedern d. Gerichtshofes veranstalt. Sammlg., in abgekürzter Form u. in systemat. Ordng. hrsg. 1.—18. Lfg. gr. 8. Leipzig 898. H. Haessel. 55.—; geb. n. 64.—

I. Civilrecht. Buch I. u. II. Allgem. Lehren u. Recht d. Schuldverhältnisse. (XI, 1316 S.) n. 21.—; geb. n. 24.—
II. Civilrecht. Buch III, IV u. V. Sachenrecht, Familienrecht, Erbrecht. (VII, 664 S.) n. 10.—; geb. n. 12.—
III. Civilprozeß. Konkursrecht. Staatsrecht. Kirchenrecht. (IV, 1056 S.) n. 17.—; geb. n. 19.—
IV. Nachtrag d. Bde. XXXIX—XL d. Sammlg. Uebersicht d. Entscheidgn.: 1. in d. Reihenfolge d. Sammlg., 2. in chronolog. Ordng. (V, 452 S.) n. 7.—; geb. n. 9.—

Schultze, Gust., u. Fritz **Schultze**, die Entscheidungen des Reichsgerichts in Civilsachen Bd. I bis XXXVIII der v. den Mitgliedern d. Gerichtshofes veranstalteten Sammlung, m. e. Nachtrage der Bde. XXXIX u. XL der Sammlg., in abgekürzter Form u. in systemat. Ordng. hrsg. 19.—22. Lfg. 5. Bd. Sachregister u. Gesetzesregister. gr. 8. (S. 1—702 u. III, II u. IV S.) Leipzig 900. H. Haessel, Verl. n. 12.—; geb. n. 14.—; (kplt. n. 67.—; geb. n. 78.—)

Schultze, Gust., Rechtsfälle aus der Praxis der Strafsenate d. Reichsgerichts, als Strafrechtsaufgaben mitgeteilt. Lex.-8. (VIII, 528 S.) Leipzig 891. Duncker & Humblot. n. 12.—

Schultze, Gustav Volkmar

Schultze, Gust. Volkm., das deutsche Reich u. die Bildung der Jugend nach Entlassung aus der Volksschule. Letzter öffentlicher Vortrag. Geh. im Vereins-Verband für öffentliche Vorträge zu Soldin am 14. Febr. 1878. Aus den hinterlassenen Papieren hrsg. von dem Vorstande des Vereins-Verbandes für öffentl. Vorträge zu Soldin. 8. (16 S.) Soldin 878. (Leipzig, Schneider.) n.n. — 50

Schultze, Gebr. H. und R., Lehrbuch der Fabrikation von Mineralwässern, insbesond. von Selterser- und Sodawasser, sowie moussir. Limonaden und künstl. Champagner. 8. (VI, 170 S. mit 50 eingedr. Orig.-Holzschn. und 1 lithogr. Taf. in 4.) Berlin 870, Gerschel. *

Schultze, H: Ein neues Quadrantenelektrometer für dynamische Messungen. Berlin 1907 (Mitteil. a. d. Physik.-Techn. Reichsanst.)

— Rechenfibel, s.: Hebig, C.

Schultze, H: Über eine Störung an hochempfindlichen Quadrantelektrometern. Berlin (1908) (Mitteil. a. d. Physik.-Techn. Reichsanst.)

Schultze, H: Ein Verfahren zur Schlüpfungsmessung an Asynchronmotoren. Berlin 1907 (Mitteil. a. d. Physik.-Techn. Reichsanst.)

Schultze, H.: Neue Versuche über die Ausnutzung der Rauhfutterstoffe, s. Kühn, G.

—— Verzeichniß sämmtlicher Städte und Flecken des preußischen Staates mit Angabe ihrer Einwohnerzahl. Nebst einer Uebersicht: die Bevölkerung der Staaten im deutschen Reiche. Auf Grund der Volkszählung vom 1. Decbr. 1871 und nach den Mittheilungen des königl. preuß. statist. Bureaus zusammengestellt. gr. 8. (36 S.) Leipzig 872, Kürsten. [Halle, Buchh. des Waisenhauses.]

— Verzeichniß sämmtlicher Städte u. Flecken d. preußischen Staates m. Angabe ihrer Einwohnerzahl. Nebst e. Uebersicht: Die Bevölkerg. der Staaten im Deutschen Reiche. Auf Grund der Volkszählg. vom 1. Decbr. 1875 u. nach den Mittheilgn. d. königl. preuß. Statistischen Bureaus zusammengestellt. 2. Aufl. gr. 8. (36 S.) Ebend. 877. n. — 50

Schultze, H., Deutscher Volksspiegel. Neu aufpolirt u. eingerahmt. Neues Volksbuch. Hrsg. von dem christl. Vereine im nördl. Deutschland. 1. Bdchn. 2. sehr verb. u. verm. Aufl. u. 2. Bdchn. 8. (IV u. 404 S.) Eisleben 852. (Berlin, J. A. Wohlgemuth.) (à n. 8 ngl) n. 16 ngl

Schultze, H. W. Bericht über die Bildungszwecke, den Lehrplan, die äußern Einrichtungen und den Entwickelungsgang der im J. 1829 reorganisirten Ritterakademie. 42 S. Progr. Brandenburg R. 1832

Schultze-Altenwalde, H. W., illustrierter Führer durch New York u. Umgebung. (VII, 160 S.) 8. Oldenburg (908). G. Stalling's Verl. 3.—

Schultze, Hans, approb. Arzt aus Wanzleben: Über die Behandlung des Empyems der Pleura in der Königlichen chirurgischen Universitätsklinik zu Halle a. S. *Halle a. S. 1902: C. A. Kaemmerer & Co.* (44 S.) 8°
Halle, Med. Diss. v. 31. Dez. 1902

Schultze, Hans, appr. Tierarzt: Historisch-kritische Darlegung der Arbeiten über die Versorgung des Kehlkopfes, der Trachea und Bronchien mit vasomotorischen und sensiblen Nerven nebst eigenen Versuchen über Gefässnerven der oberen Luftwege. Mit 7 Textfig. Berlin 1909: Schumacher. 67 S. 8° ¶(Aus: Archiv f. Laryngol. Bd 22, H. 1.)
Gießen, Veterinär-Med. Diss. v. 25. Mai 1909, Ref. Martin
[Geb. 26. Jan. 85 Röhn; Wohnort: Berlin; Staatsangeh.: Mecklenburg-Strelitz; Vorbildung: Realgymn. Schwerin Reife O. 05; Studium: Tierärztl. Hochschulen München 1, Berlin 6 S.; Rig. 15. März 09.] [U 09. 1174

Schultze, Hans: Zur Frage der Erschöpfungszustände der Schuljugend. Rostock 1908: Adler. 41 S. 8°
Rostock, Med. Diss. v. 4. Febr. 1909, Ref. Schuchardt
[Geb. 4. Nov. 82 Detershagen; Wohnort: Rostock; Staatsangeh.: Mecklenburg-Schwerin; Vorbildung: Gymn. Doberan M. 02; Studium: Jena 5, Rostock 1, Marburg 1, Rostock 3 S.; Coll. 20. Dez. 07; Approb. 22. Jan. 09.] [U 09. 3725

Schultze, Hans [Kammergerichtsref.]: Die Gelegenheitsgesellschaft ... Berlin, Mayer & Müller, 1895; 1 Bl., 44 S. 8.
Erlangen, Jur. Fak., Inaug.-Diss. v. 16. Jan. 1895

Schultze, Hans: Der Mißbrauch der Waffe nach deutschem Militärstrafrecht. Straßburg i. E. 1903: C. & J. Goeller. (52 S.) 8°
Erlangen, Jur. Diss. v. 18. Dez. 1902

Schultze, Hans, Apotheker: Ueber Vanadin-Schwefelverbindungen. München 1908: Straub. 40 S. 8°
München, Phil. Diss. v. 26. Nov. 1908, Ref. Th. Paul
[Geb. 2. Aug. 79 Schötmar; Wohnort: Schötmar; Staatsangeh.: Lippe-Detmold; Vorbildung: Realgymn. Bielefeld Reife Juni 98; Studium: Göttingen 2, München 12 S.; Rig. 26. Nov. 08.] [U 09. 3517

Schultze, Heinrich

Schultze, Hnr., Fein-Buch, od. vollständ. u. ausführl. Reductions-Tabellen des Goldes u. Silbers nach d. feinen so wie nach d. rohen Gehalt. Nebst Tabellen z. Regulirung d. Goldes u. Silbers, um solches sowohl auf e. bestimmten geringern, als höhern Gehalt zu bringen; e. Vergleichung d. verschied. Gold- u. Silbergewichte mit d. cöln. Markgewichte rc. Ein nützl. Handbuch f. Gold- u. Silberarbeiter. 8. Quedlinb. u. Leipz. 831. Basse. 1 ₰ 12 gl

—— der Gold- u. Silberarbeiter u. Juwelier nach allen seinen prakt. Verrichtungen. Nebst Tabellen zur leichten Berechnung beim Legiren, Silber-Ein- u. Verkauf rc. 8. Ilmenau 823, Voigt.

Schultze, Hnr., der Gold- und Silberarbeiter nach seinen prakt. Verrichtungen. Ein vollständ. Handbuch dieser Kunst rc. 3e ganz umgearb. u. verbess. Aufl. Mit 7 Steintaf. 8. Weimar 836. Voigt. 1 1/3 ₰ —

Schultze H. der Gold- u Silberarbeiter. 4. A. (Schaupl der Künste 8) Weimar 1846

Schultze, Hnr., der Gold- u. Silberarbeiter, s. Schauplatz, neuer, d. Künste u. H., 8. Bd.

— prakt. Handbuch d. Juwelierkunst u. Edelsteinkunde. Oder gründl. Unterricht, alle Arten von Edelsteinen u. Perlen genau kennen zu lernen rc. Mit 3 Tafeln Abbildd. 8. Quedlinb. u. Leipz. 830. Basse. 1 ₰

Schultze, H., Regeln f. die deutsche Rechtschreibung, nebst Wörterverzeichnis, enth. gegen 7000 der gebräuchlichsten deutschen Wörter, darunter viele Eigennamen u. eingebürgerte Fremdwörter. Eine zum Gebrauch in Volks- u. Bürgerschulen bestimmte Bearbeitg. d. preuß. Regelbuches. Unter Mitwirkg. d. hies. Lehrerkollegiums verf. 2 Tle. in 1 Hft. 8. Rathenow 884. Haase. n. — 40; Einzelpr. n. — 50

1. Regeln. (23 S.) n. — 20
2. Wörterverzeichnis. (50 S.) n. — 30

Deutsche Schulgrammatik. Von H[einr.] **Schultze**, Hauptlehrer in Rathenow. Potsdam: A. Stein (1905). (62 S.) 8°
= [**Handbücher**, Steins, f. Lehrer. No 23.]

Schultze, Heinrich Ed.

Schultze, Heinr. Ed., die Schrift, Christus u. d. Geist, in ihrem Verhältniß zu einander dargestellt. gr. 8. (4 1/4 B.) Berlin 846, (Mittler u. Sohn.)

Schultze, Heinrich Gottlieb (Altenburg) A. S. 800/18

Dissertatio iuridica inauguralis de vero ac genuino iusti atque iustitiae conceptu.
Präs. Johann Christian Schroeter.
Jena (Fickelscherr) 16. II. 1718. 16 S.

Gew.: Heinrich Hildebrand von Einsiedel. 31836

Schultze, Hermann: Absalom, s. Sammlung christl. Fest- u. Schauspiele.

Schultze-Jordansmühl, H., Christrosen. Ein neues Weihnachtsbuch in 10 Festpredigten. 8. (VII, 97 S.) Breslau 892. J. Max & Co. n. 1. —

Schultze, Hermann: Die Entwicklung der chemischen Industrie in Deutschland seit dem Jahre 1875. Eine volkswirtschaftl. Studie mit besonderer Berücksichtigung d. Unternehmerverbände u. d. Rentabilität d. Aktiengesellschaften. Halle a. S. 1907. (59 S.) 8° ¶ (Erscheint vollst. b. Tausch & Grosse, Halle.)
Halle, Phil. Fak., Ref. Conrad, Diss. v. 30. Aug. 1907
[Geb. 26. März 82 Braunschweig; Wohnort: Halle a. S.; Staatsangeh.: Braunschweig; Vorbildung: Oberrealsch. Braunschweig Reife O. 02; Studium: Chemie Techn. Hochsch. Braunschweig 4, Univ. Kiel 1, Nationalökon. Halle 5 S.; Rig. 23. Febr. 07.]

Die Entwicklung der chemischen Industrie in Deutschland seit dem Jahre 1875. Eine volkswirtsch. Studie mit besond. Berücks. d. Unternehmerverbände u. d. Rentabilität d. Aktiengesellschaften. Von Dr. Hermann **Schultze**. Halle: Tausch & Grosse 1908. (VIII, 309 S.) 8° (08. 409) 3

Erinnerungen aus der Jugendzeit von Hermann **Schultze**, Pastor in Jordansmühl. T. [1.] 2. Liegnitz: Vereins-Buchh. 1907–09. 8°
[1.] Ein alter Joachimsthaler. 1907. 2. Vom Mulus z. Pastor. 1909. (09. 17886

Schultze, Hermann: Die Exarticulatio femoris wegen maligner Neubildung am Oberschenkel. Aus d. chirurg. Abteilung d. Neuen Allgem. Krankenhauses zu Hamburg. Oberarzt Dr. Sick. Hamburg 1900: Verlagsanst. u. Druckerei. (21 S.) 8°
Marburg, Med. Diss. v. 17. Jan. 1900

Geschichte der Loge „Janus" im Or. zu Bromberg. Aus Veranlassung ihrer hundertjährigen Jubelfeier nach den im Archive der Loge vorgefundenen Quellen bearb. durch Herm. **Schultze**. Bromberg 1884: Böhlke. 65 S. 1 Taf. 8°
Die Taf. enth. Abb. von Siegeln u. Emblemen der Loge. 23.

Schultze, H., Halle und Umgegend. Heimathskunde für die Hallischen Schulen. gr. 8. (VI, 54 S. mit 1 lithogr. Plane der Stadt Halle und 1 lithogr. Karte der Umgegend in 4.) Halle 871, Buchh. des Waisenhauses. cart. *

Schultze, H. Halle und Umgegend. Heimatskunde für die hallischen Schulen. 2. verb. Aufl. Nebst 1 (lithogr.) Plane der Stadt Halle und 1 (lithogr.) Karte der Umgegend. gr. 8. (IV, 52 S.) Halle 881, Buchh. des Waisenhauses. cart. * — 50

Schultze, H., Halle und Umgegend. Heimatskunde für die halleschen Schulen. 3. verb. Aufl. gr. 8. (IV, 56 S. nebst 1 Plane der Stadt Halle und 1 Karte der Umgegend.) Halle 886, Buchh. des Waisenhauses. cart. * — 50

Schultze, H., Halle u. Umgegend. Heimatskunde f. die halleschen Schulen. 4., verb. Aufl. Mit 1 Plan der Stadt Halle u. 1 Karte der Umgegend. gr. 8. (IV, 64 S.) Halle a/S. 892. Buchhandlg. d. Waisenhauses. Kart. n. — 60

Schultze, H., Heimathskunde der Provinz Sachsen, m. e. Abriß der Geographie v. Deutschland. Für Volks- u. Bürgerschulen bearb. 2. verb. u. verm. Aufl. Mit e. (lith. u. color.) Karte der Provinz Sachsen (in gr. 4.). gr. 8. (VI, 74 S.) Ebend. 871. n. — 50

—— Heimathskunde der Prov. Sachsen und Geographie von Deutschland. Für Volks- und Bürgerschulen bearb. 2. Aufl. 1871. * 50 Pf., und 3. verb. und verm. Aufl. gr. 8. (72 S. mit 1 chromolithogr. Karte der Prov. Sachsen in qu. 4. und 1 chromolithogr. Karte vom deutschen Reiche in qu. gr. 4.) Ebendas. 874. cart.

Schultze, H., Heimathskunde der Prov. Sachsen und Geographie von Deutschland. Für Volks- und Bürgerschulen. 4. verb. und verm. Aufl. Mit 1 (chromolithogr.) Karte der Prov. Sachsen und 1 (chromolithogr.) Karte vom Deutschen Reiche (in gr. 4. und qu. gr. 4.) gr. 8. (IV, 76 S.) Halle 876, Buchh. des Waisenhauses. cart. *

—— Heimatskunde der Prov. Sachsen und Geographie von Deutschland. Für Volks- und Bürgerschulen bearb. Mit 1 (chromolithogr.) Karte der Prov. Sachsen und 1 (chromolithogr.) Karte vom Deutschen Reiche. 5. und 6. verb. Aufl. (IV, 77 S.) 1881; 7. bericht. Aufl. gr. 8. (80 S.) Ebendas. 883. cart. † — 75

— Heimatskunde der Prov. Sachsen u. Geographie v. Deutschland. Für Volks- u. Bürgerschulen bearb. 8. bericht. Aufl. Mit 1 Karte der Prov. Sachsen u. 1 Karte vom deutschen Reiche. gr. 8. (IV, 82 S.) Ebend. 886. cart. n. — 75

Schultze, H., Heimatskunde der Prov. Sachsen u. Geographie v. Deutschland. Für Volks- u. Bürgerschulen bearb. 9., bericht. Aufl. Mit 1 Karte d. Prov. Sachsen u. 1 Karte vom Deutschen Reiche. gr. 8. (IV, 84 S.) Halle 889. Buchhandlg. d. Waisenhauses. cart. n. — 75

— Heimatskunde der Prov. Sachsen u. Geographie v. Deutschland. Für Volks- u. Bürgerschulen bearb. 10., bericht. Aufl. Mit 1 Karte der Prov. Sachsen u. 1 (farb.) Karte vom Deutschen Reiche. gr. 8. (IV, 87 S.) Ebd. 892. Kart. n. — 75

Schultze, H., Heimatskunde d. Prov. Sachsen u. Geographie v. Deutschland. Für Volks- u. Bürgerschulen bearb. 11., bericht. Aufl. M. 1 Karte d. Prov. Sachsen u. 1 Karte v. Deutschen Reiche. gr. 8. (IV, 87 S.) Halle 895. Buchh. d. Waisenhauses. Kart. n. — 80

Schultze, H., Heimatskunde der Provinz Sachsen u. Geographie von Deutschland. Für Volks- u. Mittelschulen bearb. 12. bericht. Aufl. Mit e. Karte der Prov. Sachsen u. e. Karte vom Deutschen Reiche. gr. 8. (IV, 87 S.) Halle 899. Buchh. des Waisenhauses. Kart. n. — 80

Schultze, Herm., Heimatkunde der Prov. Sachsen und Geographie v. Deutschland. Für Volks- u. Mittelschulen bearb. 13. bericht. Aufl. Mit 1 Karte der Prov. Sachsen u. 1 Karte vom Deutschen Reiche. (IV, 93 S.) 8. Halle 908. Buchh. des Waisenhauses. Kart. — 90

Schultze, Herm., ein alter Joachimsthaler. Erinnergn. aus der Jugendzeit. (VII, 155 S. m. Abb.) 8. Liegnitz 907. Buchh. des schles. Prov.-Vereins f. innere Mission. Geb. in Leinw. 2.—

– Joseph, s. Sammlung christl. Fest- u. Schauspiele.

– Joseph. Bibl. Schausp. in 6 Abtlgn. u. 17 Bild. 8. (64 S.) Diesdorf 896. (Annaberg, Graser.) n.n. —50

Schultze, Hermannus: De pathologia polyporum uteri quaedam. Halis (1840): Semmler. 36 S. 8°
Halle-Wittenberg, Med. Diss. v. 13. Apr. 1840
Geb. Perleberg [23. 2.] 1817. V.

— geographische Repetitionen, ein in Fragen u. Aufgaben abgefaßtes Wiederholungs- u. Uebungsbuch für den Unterricht in der Geographie. Ausg. A. Fragen mit Antworten. gr. 8. (IV, 100 S.) Ebend. 877. n. 1. 20; Ausg. B. Fragen ohne Antworten. (IV, 54 S.) n. — 48

Geographische Repetitionen insonderheit im Anschl. an H. A. Daniel's geogr. Lehrbücher. Ein in Fragen u. Antworten abgefaßtes Wiederholungs- u. Übungsbuch f. d. Unterr. in d. Geogr. von Hermann Schultze. 2. neu bearb. Aufl. *Halle a. S.: Waisenhaus 1903.* (180 S.) 8° [F.] 03. 11977 S

–– Geograph. Repetitionen insonderheit im Anschluß an H. A. Daniels u. A. Kirchhoffs geograph. Lehrbücher. Wiederholungs- u. Übungsbuch in Fragen u. Antworten. 3. neu bearb. Aufl. (208 S.) 8. Ebd. 908. Kart. 2.—

Schultze, Hermann: Quaestionum Isocratearum specimen (Commentatio de Isocratis oratione sexta decima, quae inscribitur περὶ τοῦ ζεύγους) 4 (37 S.) **Progr.** Rprg. *Buxtehude* 1886 (309)

– Ruth. s. Sammlung christl. Fest- u. Schauspiele.

Schultze, Hermann: Eine neue Synthese des Anthranols und ein Beitrag zur Kondensation von Natriummalonsäureester mit Phtalidchlorid. ***Bonn 1898: C. Georgi.*** **(46 S.) 8°**
Bonn, Phil. Diss. v. 9. März 1898

Vom Mulus zum Pastor. Von Hermann **Schultze**, Pastor in Jordansmühl. Liegnitz: Vereinsbuchh. 1909. 152 S. 8°
(Schultze: Erinnerungen aus d. Jugendzeit. T. 2.) 09. 17888

Schultze, Hermann: Über die Wechselwirkung zweier zu einander senkrechter magnetischer Verteilungen. Halle a/S. 1884: (Haenel in Magdeburg). 45 S., 2 Taf. 8°
Halle-Wittenberg, Phil. Diss. v. [30. Jan. 1885]
Geb. Stendal 20. 8. 1861. V.

Schultze, Hugo, über die Darstellung krystallisirter Verbindungen insbesondere über einige krystallisirte molybdänsaure und wolframsaure Salze. Inaug.-Dissert. Göttingen 862. (Vandenhoeck & Ruprecht.) gr. 8. (25 S.) n. 5 *ngr.*

Schultze, Hugo: Der ontologische Gottesbeweis. Geschichtlich-kritische Übersicht bis Kant. *Hamburg 1900: Lütcke & Wulff.* (25 S.) 4° ¶(Soll fortgesetzt werden.)
Hamburg, R vor d. Lübeckerthore, P 1900 (789)

Schultze, Hugo, und Max Märcker, über den Kohlensäuregehalt der Stallluft und den Luftwechsel in Stallungen. gr. 8. (55 S. mit 1 lithogr. Taf. in qu. gr. 4.) Göttingen 869, Deuerlich'sche Buchh.

Schultze, Hugo, aus Rathenow: **Die innere Reibung von Argon und ihre Änderung mit der Temperatur.** *Halle a. S. 1901: C. A. Kaemmerer & Co.* (56 S.) 8°
Halle, Phil. Diss. v. 9. Jan. 1901

Anregungen zur Selbstverwaltungsfrage in den deutschen Kolonien. Von Rechtsanw. Dr. J. **Schultze** aus Daressalam. Berlin: Süsserott [1910] 21 S. 8° [Umschlagt.]
(Kolonialpolitische Zeitfragen. H. 3.)

Schultze, J., dei Giftandreis. E. plattdeutscher Vortrag. 8. (7 S.) Braunschweig 897. F. Dessau. —15

— dei vorlegte Sündag. Dei Fleigenfreter v. Arnold Ludewig. 2 plattdeutsche Vorträge. 8. (7 S.) Ebd. 897. —15

Lieder der vier vereinigten Logen in Hamburg gesammelt von dem B. S. [d. i. Hieron. Joh. Bernh. Suse und I. D. Schultze]. Mit Bewilligung der grossen Provinzial-Loge von Hamburg und Niedersachsen. Als Ms. f. Brr. [Hamburg 1801: Meyn.] 154 S. 8°.
W. 39876 gibt als Format 4° an. 21.

Schultze, J. F., theoretisch-praktische Bierbrauerei nach ihrer ersten Entwickelung bis zum jetzigen Standpunkte. Revidirt und mit den neuesten Erfindungen in der Kartoffelbierbrauerei von W. Keller. 8. (XII und 424 S. mit der lithogr. Abbildung einer Kartoffelbier-Brauerei in Fol.) Berlin 850, (C. Heymann.) *

Schultze, J. F., die prakt. Brennerei nach rein prakt. Grundsätzen u. den neuesten darin gemachten Erfahrungen. 8. (3³/₄ B.) Berlin 844. (Bautzen, Reichel.) **

Schultze, J. F., Die Tarquin. Könige in Rom. I. T. Pr. 1873. 80 S. 4°. 1.—

Schultze, J. G., de vera causa nominis Golgatha. Numb. 1732. 4.

Schultze, J. Geo. D., *θρησκείαν τῶν ἀγγέλων* s. cultum Angelorum occasione loci Coloss. II. 18. examin. Lips. 703. 4.

Schultze, J. Heinrich, Königsglocke oder kirchlicher Gottesdienst zu Königs-Geburtstage. gr. 8. (IV und 26 S.) Schönebeck 858, Berger.

Schultze, J. Heinr., Osterglocke oder liturgischer Gottesdienst zum heil. Osterfeste in zwei Andachten. gr. 8. (15 S.) Magdeburg 854(55,) Ebers. *

—— Pfingstglocke oder liturgischer Gottesdienst zum heil. Pfingstfeste in zwei Andachten. gr. 8. (14 S.) Schönebeck 858, Berger. *

Schultze, J. Heinr., Pfingstglocke oder liturgischer Gottesdienst zum heiligen Pfingstfeste in zwei Andachten. 2. Aufl. Schönebeck 863. Berger. gr. 8. (15 S.) n. 1 *ngr.*

Schultze, J. Heinr., text-gemäße Predigt-Entwürfe über die evangelischen und epistolischen Pericopen des Kirchenjahres, sowie über zwei Jahrgänge freier Texte mit Berücksicht. der kleinen und der pericopenlosen Fest- und Feiertage. Ein Beitrag zur populären Predigt. 3 Thle. gr. 8. Göttingen, (Vandenhoeck und Ruprecht's Verlag.) * 6 80
Inhalt:
Thl. 1. Die evangelischen Pericopen. (VI, 131 S.) 877. *ℳ 1,80.
„ 2. Die epistolischen Pericopen. (VI, 142 S.) 877. *ℳ 2.
„ 3. Freie evangelische und epistolische Texte. (X, 232 S.) 878. *ℳ 3.

Schultze, J. Heinr., textgemäße Predigt-Entwürfe über die evangelischen und epistolischen Pericopen des Kirchenjahres, sowie über zwei Jahrgänge freier Texte mit vorzugsweiser Behandlung der pericop. Feste und Feiertage, in 3 Thln. Ein Beitrag zur populären Predigt. gr. 8. Göttingen, Vandenhoeck und Ruprecht's Verlag. * 7 —
Inhalt:
Thl. 1. Die evangelischen Pericopen. (VI, 140 S.) 882. *ℳ 2.
„ 2. Die epistolischen Pericopen. (IV, 146 S.) 883. *ℳ 2.
„ 3. Die freien Texte. Mit Textregister über alle 3 Thle. (VI, 236 S.) 884. *ℳ 3.

Schultze, J. Heinr., textgemäße Predigt-Entwürfe üb. die evangelischen u. epistolischen Pericopen d. Kirchenjahres, sowie über zwei Jahrgänge freier Texte mit vorzugsweiser Behandlg. der pericopenlosen Fest- u. Feiertage, in 3 Thln. Ein Beitrag zur populären Predigt. 3., durchgeseh. Aufl. gr. 8. Göttingen, Vandenhoeck & Ruprecht's Verl. n. 7.—; geb. n. 8.—
1. Die evangelischen Pericopen. (VI, 140 S.) 888. n. 2.—
2. Die epistolischen Pericopen. (152 S.) 888. n. 2.—
3. Die freien Texte. Mit Textregister üb. alle 3 Thle. (IV, 232 S.) 889. n. 3.—

Schultze, J. Heinr., textgemäße Predigt-Entwürfe üb. d. evang. u. epistol. Pericopen d. Kirchenjahres, sow. üb. 2 Jahrgänge freier Texte m. vorzugsweiser Behandlg. d. pericopenlosen Fest- u. Feiertage in 3 Tln. E. Beitrag zur populären Predigt. 1. Tl. D. evang. Pericopen. 4., durchgesch. Aufl. gr. 8. (VI, 133 S.) Göttingen 897. Vandenhoeck & Ruprecht. n. 2. —

Schultze, J. Heinr., Taufbüchlein oder liturgische Formulare zum Gebrauch bei der heil. Taufe. Als Handreichung an evangel. Geistliche. 4. (III, 62 S.) Magdeburg 869, Baensch. *

—— Vesperglocke oder liturgische Andachten zum Sonntag-Nachmittage. Mit sämmtl. Musikalien zu den vorliegenden Altar- und Chorgesängen. Nebst musikal. Passions- und Abendmahlsliturgie. gr. 4. (VIII und 93 S.) Schönebeck 856. Berger. *

—— kleine Vesperglocke oder liturgische Andachten zum Sonntag-Nachmittage. Nebst angehängter Passions- und Abendmahlsliturgie. 2. Aufl. gr. 8. (8 S.) Schönebeck 858, Berger. *

—— kleine Vesperglocke oder liturgische Andachten zum Sonntag-Nachmittage. Nebst angehängter Passions- und Abendmahlsliturgie. [Aus der die Musikalien zu dieser kleinen Vesperglocke enthalt. großen Vesperglocke.] 3. Aufl. gr. 8. (8 S.) Schönebeck 868, Berger. *

—— Weihnachtsglocke oder liturgische Vorfeier zum heiligen Christtage. 1. und 2. Aufl. 1853—54. und 3. und 4. Aufl. gr. 8. (15 S.) Magdeburg 855(56,) Ebers. *

—— Weihnachtsglocke oder liturgische Vorfeier zum heil. Christtage. 5. Aufl. gr. 8. (15 S.) Magdeburg 858, Ebers. *

Schultze, Johann

Schultze, Joh., die Genossenschafts-Generalversammlg. Ein prakt. Ratgeber f. die Vorstands- u. Aufsichtsratsmitglieder, Versammlungsleiter u. Genossen e. eingetragenen Genossenschaft. 4. Aufl. (8.—16. Taus.) (VIII, 56 S.) 8. Halle 910. O. Thiele. 1. 20

Die Parochie Neu-Lietzegöricke von Johannes Schultze, Pfarrer. (Neu-Lietzegöricke): Selbstverl. 1907. (VIII, 256 S.) 8° [J.]

Schultze, Johannes, a. Groß-Krausnigk, Prov. Brandenburg: Die Urkunden Lothars III. Kap. 5: Die Fälschungen. Innsbruck: Wagner 1905. (37 S.) 8° ¶(Ersch. vollst. im gleichen Verlage.)
Berlin, Phil. Fak., Ref. Tangl, Schäfer, Diss. v. 2. Juni 1905
[Geb. 13. Mai 81 Groß-Krausnigk i. Kreise Luckau, Prov. Brandenburg; Heimatsort: Berlin; Staatsangeh.: Preußen; Vorbildung: Landesschule Pforta Reife O. 01; Studium: Freiburg i. B. 1, Berlin 8 S.; Rig. 20. Febr. 05.]

Die Urkunden Lothars III. Von Johannes Schultze, Dr. phil. Innsbruck: Wagner 1905. (VI, 139 S.) 8°
[Ein T. erschien als Inaug.-Diss. Berlin 1905.] [05. 14801

Schultze, Johann Bernhard (Anklam) A. S. 5/28

Dissertatio iuridica de conflictu theoriae et praxeos iuris. Präs. Tobias Carrach.
Halle (Grunert) 21. IV. 1736. 24 S.

Gew.: Stadt Anklam. 31839

Schultze, Johann Bernhard (Anklam) A. S. 62/3

Dissertatio iuridica de conflictu theoriae et praxeos iuris. Präs. Johann Tobias Carrach. Rec.
Halle (Grunert) 1755. 24 S.

Diss. 21. IV. 1736.
Gew.: Stadt Anklam. 31840

Schultze, Johann Christian (Deckbergen) A. S. 821/7

Dissertatio juridica de sumtuum studiorum, ex communi haereditate concessorum, collatione.
Präs. Heinrich Ernst Kestner.
Rinteln (Enax) 18. VII. 1711. 22 S.

Gew.: Hermann Gerhard Steding, Christian Steding, Justus Hugo Steding, Johann Christian Ludovici.
W. v.: Präs. 31841

Schultze, Johann Dominikus

Schultze, Jh. Dominik., († d. 22. Mai 1790.) üb. die große amerikan. Aloe, richtiger Agave, bei Gelegenheit der jetzt im Raths-Apothekergarten, (zu Hamburg) blühenden. 8. Hamb. 782. (W. Nauck in Leipz.) 4 gl.

Schultze, J. D., üb. d. große amerikanische Aloe, richtiger Agave. 8. Leipz. Sommer.

— Diss. inaug. med. de bile. 4. Götting. 775. Dieterich. 3 gl.

COPIEN für meine Freunde so gut als Manuskript. (Gedichte von *Johann Dominicus Schultze.*) Mit TVign. u. Melodieen. Hamburg 1785. beym Buchhändler H. J. Matthiessen. 8°. Selten!
Maltzahn p. 431 no. 811 kannte den Vf. nicht. — Anon.-Lex. I. p. 349 (nach Meusel).

Schultze, Jh. Fr., (Pastor), Bemerkk. üb. den Ausdruck: Religionsunterricht f. Kinder od. Zöglinge aus d. gebild. Ständen, mit Bezug auf d. Hrn. Past. Nöligs Unterricht f. Zöglinge aus d. gebildeten Ständen. 8. Rostock 814.

Schultze, Johann Friedrich

Schultze, Joh. Fried., quaestionum Lydianarum part. I. 8. (52 S.) Berlin 862, Calvary und Comp. *

Schultze, Johann Georg (Bayreuth) A. S. 588/33

Ex philosophia practica de iuramentis dolo vel errore elicitis. Präs. Heinrich Klausing.
Wittenberg (Kreusig) 15. X. 1710. 4 Bl. 31843

Schultze, Johann Heinrich: Topographische Beschreibung des Herzogthums Schlesswig oder Nachrichten von denen in diesem Herzogthum liegenden Städten, Flecken, Klöstern, adelichen Gütern, Meierhöfen und Dörfern etc. benebst deren Lage, Entfernung, jezigen Besitzern, Gerichtsbarkeit, und beigefügter Anzeige, von den Jahrmärckten etc. etc. in alphabetische Ordnung gebracht. Kiel. 1773. 8°

—— üb. d. Diät u. Futterordnung d. Pferde, Hornvieh rc. 1r Thl. 8. Münster, Theißing. 790.

Schultze J. H.: Über die Diätetik od. Lebens- u. Fütterordnung für Pferde, Hornvich, Schafe u. Schweine ... Th. 1. Üb. die Pferde. Münster (1793). (10) 212 S. 1 Tvl.

Schultze, Johann Karl Ludwig

Schultze, J. C. L., kritische Beleuchtung des Neuesten im Forst- u. Jagd-Wesen u. in der Forstwissenschaft. Eine Zeitschrift in jährl. Hftn. 1. Hft. gr. 8. (10 B.) Lemgo 841, Meyersche Hofbh. -

Schultze, J. C. L., forstliche Berichte mit Kritik üb. das Hauptsächlichste der Litteratur des J. 1842. gr. 8. Osterode 845, Sorge. n. 2/3 ₰ — 2. Heft. Berichte d. J. 1843. gr. 8. Ebend. 846. n. 2/3 ₰

Schultze, J. C. L., forstliche Berichte m. Kritik üb. d. Hauptsächlichste d. Journal-Literatur d. J. 1844. 3. Hft. gr. 8. (VIII u. 224 S.) Osterode 847, Sorge. — 4. Hft.: über das Hauptsächlichste der Journal-Literatur des J. 1845. gr. 8. (VIII u. 167 S.) Ebd. 847. — m. Kritik üb. d. Hauptsächlichste d. Journal-Literatur d. J. 1846 — 1850. 5—9. Hft. gr. 8. (5: VIII u. 174 S. 6: VIII u. 180 S. 7: VI u. 176 S. 8: IV u. 161 S. 9: VIII u. 216 S.) Ebd. 849 — 51. à n. 2/3 Thlr. (1—9: n. 6 Thlr.)

Schultze, J. C. L., forstliche Berichte mit Kritik über das Hauptsächlichste der Journalliteratur der J. 1846—50. 5—9. Heft. gr. 8. Osterode, Sorge. [1846. (VIII und 174 S.) 47. (VIII und 180 S.) 48. (VI und 176 S.) 49. (IV und 161 S.) 50. (VIII und 216 S.) 849—51. à Jahrg. * 20 Ngr.] *

1—4. Jahresbericht. Ebendas. 1845—47. * 2 Thlr. 20 Ngr.

Schultze, J. C. L., forstliche Berichte mit Kritik über die neueste forstl. Journal-Literatur. Neue Folge. 1—5. Jahrg. gr. 8. Nordhausen, Büchting. [1. (XII und 242 S.) 2. (VIII und 205 S.) 3. (VIII und 174 S.) 4. (VII und 159 S.) 5. (VIII und 192 S.) 852—56. à Jahrg. 1 Thlr.]

Schultze, J. C. L., forstliche Berichte mit Kritik über die neueste forstliche Journal-Litteratur. Neue Folge. 6—10. Jahrg. gr. 8. Nordhausen. [Leipzig, Wilfferodt.] [6. Jahrg. (VIII und 193 S.) 857., 7. (VI und 216 S.) 858., 8. (VIII und 165 S.) 859., 9. (VIII und 212 S.) 860., 10. (VIII und 193 S.) 861.] à Jahrg.

Schultze, J. C. L., forstliche Berichte mit Kritik über die neueste forstliche Journal-Literatur. Neue Folge. 11. Jahrg. 1863. und 12. Jahrg. 1864. 4 Hefte. gr. 8. Leipzig, Wilfferodt. [11. Jahrg. (VIII und 189 S.) * 1 Thlr., 12. Jahrg. (VIII und 340 S.) * 2 Thlr.] *

Schultze, J.C.L. (Hrsg.), s.a. Berichte, Forstliche...

—— die Forstbenutzung im Geiste der Zeit, einschließlich des Wesentlichen der Holztechnologie. gr. 8. (VII und 412 S.) Kassel 852, Hotop. *

Schultze J. C. L.: Die Forst-Betriebsregulirung ... Lüneburg 1841. (10) 388 S. 8 st. Tab.
(=: Lehrbuch d. Forstwissenschaft ... Th. 2). 574.

Schultze J. C. L.: Die Forst-Polizei ... Lüneburg 1841. 372 S.
(=: Lehrbuch d. Forstwissenschaft ... Th. 3). 574.

Schultze, J. C. L., Lehrbuch d. Forstwissenschaft nach d. neuesten wissenschaftl. Grundsätzen u. bisher. prakt. Erfahrn. staatswirthschaftl. wie aus d. gegenwärt. Standpunkte d. industriellen u. sonstigen bezügl. Verhältnisse Deutschlands angesehen. 3 Thle. — A. u. d. Titln.: Die Wald-Erziehung in Verbind. mit d. Forstbenutz., soweit diese dabei in Betracht kommt. — Die Forstbetriebsregulirung. — Die Forst-Polizei. gr. 8. (74 B. u. 6½ B. Tabn.) Lüneburg 841, Herold u. Wahlstab.

SCHULTZE, Johann Carl Ludwig: Lehrbuch der Forstwissenschaften nach den neuesten wissenschaftlichen Grundsätzen und bisherigen praktischen Erfahrungen staatswirthschaftlich wie aus dem gegenwärtigen Standtpunkte der industriellen und sonstigen bezüglichen Verhältnisse Deutschlands angesehen. - Lüneburg 1841. 3 Bd. - Bd. 1: Die Wald-Erziehung in Verbindung mit der Forstbenutzung, soweit diese dabei in Betracht kommt. XXX, 356 S. - Bd. 2: Die Forstbetriebsregulierung in Verbindung mit der Forstbenutzung, soweit diese dabei in Betracht kommt. XIX, 388 S. m. Tab. - Bd. 3: Die Forstpolizei in Verbindung mit der Forstbenutzung, soweit diese dabei in Betracht kommt. 372 S.

—— Taschenbuch für Natur-, Forst- und Jagdfreunde, s. Taschenbuch.

— Verwaltungs- u. Geschäftskunde im Forst- u. Jagdwesen nach staatswirthschaftl. Grundsätzen der Gegenwart, einschließlich des Hauptsächlichsten der Forstbenutzung. Ein Lehrbuch f. diejenigen, welche sich dem Forst-, Cameral- u. Finanzdienste witmen. gr. 8. (XVI u. 403 S.) Prag 849, Calve. 2½ Thlr.

—— die Wald-Erziehung nach d. neuesten wissenschaftl. Grundsätzen u. bisher. prakt. Erfahrn., staatswirthschaftl. wie aus d. gegenwärt. Standpunkte d. industriellen u. sonstigen bezügl. Verhältnisse Deutschlands angesehen. gr. 8. (25⅛ B.) Leipzig 839, Baumgärtners Buchh.

SCHULTZE, Johann Carl Ludwig: Die Walderziehung nach den neuesten wissenschaftlichen Grundsätzen und bisherigen praktischen Erfahrungen, staatswirthschaftlich wie aus dem gegenwärtigen Standpunkte der industriellen und sonstigen bezüglichen Verhältnisse Deutschlands. - Leipzig 1839. X, 389 S.

— Die Wald-Erziehung ... Lüneburg 1841. (20) 356 S.
(=: Lehrbuch d. Forstwissenschaft ... Th. 1). 574.

Schultze, Johann Nathanael (Danzig) A.S. 580/27

Commentatio qua sobolem civium ab unione liberam pronunciat.
Leipzig (Breitkopf) 7. III. 1758. 23 S.

Gew.: Gabriel Schumann. 31845

Schultze, Johannes, s. Schultze, Johann.

Schultze, Julius, Referendar in Oldenburg i. Gr.: Mitwirkendes Verschulden Unzurechnungsfähiger in nichtrechtsgeschäftlichen Tatbeständen nach § 254 BGB. Borna-Leipzig 1907: R. Noske. (IX, 44 S.) 8°
Leipzig, Jur. Fak., Diss. v. 5. Febr. 1907
[Geb. 15. Juni 78 Oldenburg i. Gr.; Wohnort: Oldenburg; Staatsangeh.: Oldenburg u. Preußen; Vorbildung: Gymn. Oldenburg Reife M. 97 Studium: Göttingen 4, Berlin 1, Göttingen 2 S.; Rig. 26. Juli 02.]

Schultze, J[ulius] L[eopold]: Das „Evangelium" im ersten Thessalonicherbrief. S. 47 - 87. 8.
In: Novae symbolae Joachimicae. Festschrift aus Anlaß des 300 jähr. Jubil. veröffentl. v. d. Lehrer-Kollegium des Kgl. Joachimsthalschen Gymn. *Berlin* 1907.
Progr.

Schultze, Jul. Leop., das „Evangelium" im ersten Thessalonicherbrief. (41 S.) gr. 8. Halle 907. Buchh. des Waisenhauses. 1. —
Sonderabdruck aus: „Novae symbolae Joachimicae".

Schultze, Jul. Leop., „ich gedenke der vorigen Jahre". 2 patriot. Predigten, geh. am 1. Septbr. u. 19. Jan. d. Jubelj. 1895/96. gr. 8. (15 S.) Cöthen 896. Dessau, Buchh. d. Evang. Vereinshauses. n. — 40

Schultze, Jul. Leop., biblische Lektionen f. Kindergottesdienste od. Sonntagsschulen, nach dem Kirchenjahr geordnet, s.a. Schultze, Leop.

-- biblische Lektionen f. Kindergottesdienste od. Sonntagsschulen, nach d. Kirchenjahr geordnet. 8.—11. Jahrg. 1895/96—1898/99. Auf Grund d. Textplanes f. deutsche Kindergottesdienste zusammengest. gr. 16. (56, 56, 56 u. 55 S.) Ebd. 896—898. à n.n. — 12; geb. à n.n. — 20

Schultze, Jul. Leop., biblische Lektionen f. Kindergottesdienste oder Sonntagsschulen, nach dem Kirchenjahr geordnet. 12.—15. Jahrg. 1899/1900—1902/1903. Auf Grund des Textplans f. deutsche Kindergottesdienste zusammengestellt. 12. (55, 56, 56 u. 54 S.) Dessau, Buchh. des ev. Vereinshauses. à n.n. — 12; geb. à n.n. — 20

Schultze, Jul. Leop., biblische Lektionen f. Kindergottesdienste od. Sonntagsschulen, nach dem Kirchenjahr geordnet. 16.—18. Jahrg. 1903/04. 1904/05. 1905/06. Auf Grund des Textplans f. deutsche Kindergottesdienste zusammengestellt. (à 56 S.) 12. Dessau, A. Haarth. à n.n. — 12; geb. à n.n. — 20

— Biblische **Lektionen** f. Kindergottesdienste od. Sonntagsschulen, nach dem Kirchenjahr geordnet. 20.—23. Jahrg. 1907—1911. Auf Grund d. Textplans f. deutsche Kindergottesdienste zusammengestellt. (55, 52, 54 u. 55 S.) kl. 8. Dessau, Buchh. des ev. Vereinshauses. à p nn — 12; geb. nn — 20

— D. **Julius Müller** als Ethiker u. d. Glaubensfrage m. Bezug auf d. Apostolicum. E. eth. u. e. ethisch-dogmat. Studie. gr. 8. (VIII, 245 S.) Bremen 895. C. E. Müller. n. 4. 80

Eine Reformationsgesellschaft im zwanzigsten Jahrhundert. SA. aus d. 'Reformation' mit e. Nachwort über d. Angriffe d. Kölnischen u. d. Schles. Volkszeitung von Jul. Leopold **Schultze**, Prof., Pastor. *Berlin: Berl. Stadtmiss. 1902.* (35 S.) 8° [F.] [03. 10803]

Schultze, Julius Leopold (Hrsg.), s. Schultze, Leopold: Kirchl. Bausteine.

Schultze, **Justus Jakob** (Quedlinburg) A.S. 1369/1

Dissertatio historico-moralis, de modo calumniandi per laudes. Präs. Karl Friedrich Pezold. Leipzig (Brandenburger) 29.I.1704. 24 S.

31846

Schultze, K., Predigt bei Wiedereröffnung der Kirche nach vollendetem Bau am 4. November 1849 und Altarrede bei Einweihung der neuen Orgel am 3. Februar 1850 zu Boytzenburg gehalten. 8. (24 S.) Prenzlau 850. (Berlin, W. Schultze.) n. n. 1/12 ℛ︀

Schultze, Carl, kurze Anleitung zur Erziehung und Pflege der Obstbäume. Nebst einem Anhange über Pflege und Behandlung des Weinstocks. Auf Veranlassung des Vorstandes des für den Mühlhäuser Kreis gebildeten Vereines für Holz-Ersparung ꝛc. herausg. 2. verb. u. verm. Aufl. ꝛc. Quedlinburg (858.) Ernst. 8. (4 Bl., 86 S.) 10 ngr

Schultze, Carl [app. Arzt aus Wismar]: Aus d. patholog. Institut zu Kiel. Ueber Anomalien des Schildknorpels. . . . Kiel, Druck v. H. Fiencke, 1890; 2 Bl. + 24 S. + 1 Bl. 8°
Kiel, Med. Fak., Inaug.-Diss. v. 17. Mai 1890

Schultze, Carl, üb. Anomalien d. Schildknorpels. Aus dem patholog. Institut zu Kiel. Inaug.-Diss. gr. 8. (24 S.) Kiel 890. (Gnevkow & v. Gellhorn.) n. 1. —

Schultze, **Karl** (Brandenburg) A.S. 1115/9

Dissertatio solennis de apoplexia. Präs. Gottfried Berger. Wittenberg (Gerdes) 4.XI.1717. 35 S. 31847

Schultze, [illegible] Ein Beitrag zur [illegible] Berlin 1875 [illegible]
Berlin, Med. Diss. v. [illegible] 1875

Schultze, Carl, Elberfeld u. seine Barrikaden. 8. (31 S.) Dolle 849, Meurs. — 2. Aufl. 8. (31 S.) Ebd. 849. — 3. Aufl. 8. (31 S.) Ebd. 849. 1/12 ℛ︀

Schultze, Carl, Erinnerungen aus Baden. (Gedichte.) 16. (14 S.) Dolle 849, Meurs. 1 ngr

Schultze, Karl, Ludwig Erk. Eine biograph. Skizze. Nebst e Anh.: Die Jubiläums-Feier am 10. Juni 1876. gr. 8. (91 S.) Berlin 876. Enslin. n. 1. 20

Schultze, Carl, Gedenkblätter an den 25. März 1852. Gesammelt, geordnet und hrsg. gr. 8. (IV und 170 S.) Moers 852, Dolle. *

[Autogr.] [Gedicht. Unterz.:] Carl Schultze. [Dat.:] Cassel 1866. 1 Bl. 8°
„Als voll Begeistrung, voll Beruf . . .“ Der Loge zur Eintracht und Standhaftigkeit bei ihrer Reaktivierung gewidmet von der Loge Hermann zur deutschen Treue, Mühlhausen i. Thür. 3.

Schultze, Carl, und Frz. **Engelmann**, Hülfsbuch für den Landwirth. 8. (XVI und 280 S.) Langensalza 861, Verlags-Comptoir. Thlr. *

Aus acht Jahrzehnten. Lebenserinnerungen von Karl **Schultze**, Sem.Dir. a. D. Gotha: F. A. Perthes 1907. (VI, 269 S.) 8° [F.] [07. 13181]

Schultze, Karl. Lalo od. e. südostafrikan. Croberg. — f. Turner-Bibliothek.

Das Martyrium des Heiligen Abo von Tiflis von Karl **Schultze**. Leipzig: J. C. Hinrichs 1905. (S. 17–41.) 8°
= Texte u. Untersuchungen z. Gesch. d. altchristl. Lit. Bd 28, 4. [2.] [05. 6799]

Schultze, Carl: Dat Mörsche Schötzefest. [37 Gedichte] Mörs, J. G. Eckner, [ca. 1885]

Schultze, C., Die parlamentarische Thätigkeit der sog. demokratischen Reichstagsfraction und die gegenwärtige Lage 8°. Königsberg 1882.

Schultze, Karl: Die parlamentarische Thätigkeit der sozialdemokratischen Reichstagsfraktion und die gegenwärtige Lage Königsberg i. Pr. 1892. 8°

Schultze, Karl, Der Traum d. Gefesselten, Turn. Festsp., Am Weihnachtsabend od. Herzensgeschichten, Schwank in 1 Aufz., 23 S., 8°.
Vgl. Turnerbibliothek.

[F.] Evangelische Volksschulkunde bearb. v. Karl **Schultze**, kgl. Schulr. . . . *Gotha: F. A. Perthes 1893.* (XII, 701 S.) 1 Bd 8.
= Handbibliothek, Zimmers, d. praktischen Theologie. Bd 9. [93. 9…]

Schultze, Karl, evangelische Volksschulkunde, s. a. Zimmer's Handbibliothek der praktischen Theologie.

—— wie das goldene Zeitalter auf die Welt gekommen und wieder daraus verschwunden ist. Eine lehrreiche und kurzweilige Historie für Alt und Jung. 12. (11 S.) Meurs 848, Dolle.

—— wie könnte der arbeitenden Klasse geholfen werden? gr. 12. (43 S.) Meurs 849, Dolle.

Schultze, Carl, der Wucher. Ein Wort für und an das Volk. 4., verm. Aufl. 12. (28 S.) Meurs (847), Dolle. Thlr.

—— Würger, der Güterzertrümmerer. Eine Geschichte, dem Volke zur Warnung erzählt. 12. (24 S.) Meurs 848, Dolle. *

Schultze, Karl August

Schultze, Carolus Augustus: Nonnulla de graviditate extrauterina. Halis Saxonum (1848): Schmidt. 32 S. 8°
Halle-Wittenberg, Med. Diss. v. 31. Okt. 1848
Geb. Thorn 23. 9. 1825. V.

Schultze, Karl August Sigmund

— Antwort auf „Ein Wort zur Beherzigung v. Immermann." Eine Schrift z. Vertheidigung des aufgehob. Ordens d. Teutonia. 8. Halle 817. Kümmel. 6 gr.

Schultze, C. A. S., Antwort auf „Ein Wort zur Beherzigung, v. Immermann." 8. Halle, Kümmel. 819. -

Schultze, Car. Aug. Sigism., Echiniscus Bellermanni animal crustaceum, macrobioto Hufelandii affine etc. 4maj. (1 B. u. 1 Stnt.) Berolini 840, G. Reimer.

Schultze, Carl Aug. Sigism., Echiniscus Creplini, animalculum e familia Arctiscoidum. Accedit tab. lith. Greifswald 861. (Academische Buchhdlg.) gr. 4. (12 S.) n. 8 ngr

Schultze, Carl Aug. Sigism., systemat. Lehrbuch d. vergleich. Anatomie, mit Tabn. ueb. d. Classification d. Thierreichs u. die Formen d. Organe. 1. Abthl. Allgem. Anatomie. gr. 8. (19¼ B.) Berlin 828, Reimer.

—— Macrobiotus Hufelandii animal e crustaceorum classe novum, reviviscendi post diuturnam asphyxiam et ariditatem potens, Chrstph. Guil. Hufelandio etc. etc. sacra semisaecularia honorum doctoralium ante decem lustra rite acceptorum celebranti dedicatus et descr. 4maj. (1 B. u. 1 Stnt.) Berolini 834, Curths.

— et Fr. Schultze, de Obelisco Thebano narratio. 4maj. Berlin 833. Curths. n. ⅙ rf

Schultze, Carolus Augustus Sigismund: Nonnulla de primordiis systematis ossium et de evolutione spinae dorsi in animalibus. Halae (1818): Ruff. 39 S. 8°
Halle-Wittenberg, Med. Diss. v. 8. Jan. 1818
Geb. Halle a. d. S. [1. 10.] 1793. V.
Ersch. in deutscher u. verm. Bearb. u. d. T.: Ueber die ersten Spuren des Knochensystems und die Entwickelung der Wirbelsäule in den Thieren. In: Deutsches Archiv f. d. Physiologie. Hrsg.: I. F. Meckel. Bd 4. Halle u. Berlin 1818. S. 329–402.
Verf. erlebte die Diplomerneuerung 1868 als ordentlicher Professor der Anatomie und Physiologie in Greifswald.

—— Prodromus descriptionis formarum partium elementariarum in animalibus. 4maj. (1 B.) Berolini 828, (Curths.)

Schultze, C. A. Sigm., die anatomischen Sammlungen und das neue Anatomie-Gebaude zu Greifswald beschrieben etc. Mit Abbildgn. des neuen Gebaudes u. der wichtigsten Präparate. 1. Heft: Geschichte des Anatomie-Instituts; Beschreibung des neuen Gebaudes und Katalog der Präparate über Krankheiten des Nervensystems. Greifswald 856. Academische Buchhdlg. gr. 4. (31 S. u. 2 lith. Taf. in Farbendr. in Fol.) n. 20 ngr

—— die anatomischen Sammlungen und das neue Anatomie-Gebäude zu Greifswald beschrieben. 1. Heft: Geschichte des Anatomie-Instituts; Beschreibung des neuen Gebäudes und Katalog der Präparate über Krankheiten des Nervensystems gr. 4. (31 S. mit lithogr. Abbild. des neuen Gebäudes und der wichtigsten Präparate in qu. Fol.) Greifswald 857. (Akademische Buchh.) *

C. AUG. SIGM. SCHULTZE, Mikroskopische Untersuchungen ueber des Herrn Robert Brown Entdeckung lebender, selbst im Feuer unzerstoerbarer Theilchen in allen Koerpern, und ueber Erzeugung der Monaden. (Der Feier des hundertsten Jahresfestes der Geburt Seiner Koeniglichen Hoheit weiland Carl Friedrich's Grossherzogs von Baden ehrfurchtsvoll gewidmet von der naturforschenden Gesellschaft zu Freiburg.). (Mit 1 Tafel.) Carlsruhe und Freiburg, 1828. In der Herder'schen Kunst- und Buchhandlung. 4°.

—— mikroskop. Untersuchungen ueb. d. R. Brown Entdeckung lebender, selbst im Feuer unzerstoerbar. Theilchen in allen Koerpern, u. ueb. Erzeugung der Monaden. gr. 4. (6 B. u. 1 Stnt.) Freiburg 830, Herder.

Schultze, C. A. Sigm., die Zukunft der deutschen Universitäten. Bewillkommungs-Rede, bei dem akadem. Erinnerungsfest zu Greifswald am 30. April 1845 gehalten. gr. 8. (1 B.) Greifswald, Bamberg. *

Karl Eduard Schultze

Mors suspensorum Apoplexia medullae spinalis. Lipsiae (1827:) Elbert. 42 S. 8°
Leipzig, Med. Diss. v. 20. Aug. 1827

Schultze, Karl Ernst Heinrich (Berlin) A. S. 601/19

De quaestione: utrum usurae veniant in condictionem indebiti? Präs. Heinrich Johann Otto König. Halle (Hendel) 12. X. 1774. 16 S.

W. v.: Präs., Christian Friedrich Glück (Opp.), H. W. Schniewindt (Opp.), Johann Joseph Schramm (Opp.).

31848

Schultze, (Car.) Ern. Traug. (geb. Lossen in Schles. 1797): De pupillae artificialis conformatione. Berolini (1820). (62 S.) 8°
Berlin, Med. Diss. v. 5. Mai 1820

Schultze, Karl Frid. Reinhard, s. Schultze, Reinhard.

Schultze, Karl Friedrich (Brandenburg/M.) A. S. 1261/24

De hydrope sicco ac flatulento. Präs. Christian Vater. Wittenberg (Koberstein) IX. 1713. 36 S. 31850

Schultze, Karoline, Anleitung zur rentablen Schweinezucht. Aus eig. langjähr. Erfahrgn. f. Landwirtinnen bearb. gr. 8. (47 S.) Berlin 896. P. Parey. n. 1.—

Schultze, Karoline: Die Ärztin im XIX. Jahrhundert. [La Femme-Médecin au XIX siècle. Thèse; 1888.] Rechtmäss. Übers. M. d. Bildn. d. Verf. — Leipzig: Hobbing 1889. 64 S. 8°

[F.] Rentable Hühnerzucht. Von Karoline Schultze, Vf. d. 'Anl. z. rentablen Schweinezucht.' M. 2 Hühnerrassebild. *Berlin: P. Parey 1897.* (40 S.) 1 Bd 8.
= Preisschriften u. Sonderabdr. d. Deutschen Landw. Presse. No 15.

Schultze, Karoline, rentable Hühnerzucht. Mit e. Anh.: Kochrezepte. 2., neubearb. Aufl. Mit 3 Hühnerrassebildern. (IV, 46 S.) gr. 8. Berlin 906. P. Parey. n. 1.—

Schultze, Klara, Fortsetzung von Briefen u. Erzählungen, s.: Thilenius.

Schultze, Klara, Vorträge der unitarisch-christlichen Deistenlehre zu Gunsten ihrer gehofften Kirche. Rostock 855. Leopold. gr. 8. (98 S.) n. 15 ngr

SCHULTZE, Kurt (Jena): Ein Beitrag zur Histogenese des Myosarkom.- München: Oldenbourg 1901. 42 S.
17.7.1901 - Chr 1901/02,23; Jv 1900/01,246
Diss.Ingolst.-Landsh.-Mchn.

Schultze-Strelitz, L., üb. Gesangunterricht u. Gesangmethoden. Kritische Skizzen. 8. (40 S.) Leipzig 896. (K. Fritzsche.) n. 1. —

— Sänger-Fibel. Elemente d. Kunstgesanges. 8. (III, 27 S.) Hamburg 896. Ebd. n. 1. —

Schultze, Leonhard S.

Die Antipatharien der deutschen Tiefsee-Expedition 1898–1899. Bearb. von Dr. phil. L[eonhard] S. **Schultze**, Privatd., Jena. Mit Taf. 13 u. 14 u. 4 Abb. (*Jena: G. Fischer 1902.*) (S. 89–100.) 4°
= **Ergebnisse**, Wissenschaftl., d. deutschen Tiefsee-Expedition auf d. Dampfer Valdivia 1898–1899. Bd 3, Lfg 2. [03. 6c18

Schultze, *Leonhardt* S. [Dr. phil.]: Beitrag zur Systematik der Antipatharien. '(Aus d. zoolog. Institut in Jena.)' M. e. Taf. u. 2 Abb. im Text. (Aus: Abh. d. Senckenberg. naturf. Ges., Bd. XXIII.) Frankfurt a. M., in Komm. bei M. Diesterweg, 1896; 1 Bl., 39 S., 1 Taf. 4.
Jena, Phil. Fak., Inaug.-Diss. v. 1896

Schultze, L. S.: Beitrag zur Systematik d. Antipatharien ... *Frankfurt a. M. 1896.*
in: Ergebnisse e. zoolog. Forschgsreise in d. Molukken u. Borneo ... Tl 2, Bd 1, H. 1.
= **Abhandlungen** hrsg. v. d. Senckenbergischen naturforsch. Gesellschaft. Bd 23, H. 1. [98. 1713

Zoologische und anthropologische Ergebnisse einer Forschungsreise im westlichen und zentralen Südafrika, ausgeführt in d. J. 1903–1905 mit Unterst. d. Kgl. Preuß. Akad. d. Wiss. zu Berlin von Dr. Leonhard **Schultze**, Prof., Jena. Bd 1, Lfg 1. Jena: G. Fischer 1908. 2°(4°)
= **Denkschriften** d. med.-naturw. Gesellschaft zu Jena. Bd 13. [08. 4733

Die Fischerei an der Westküste Südafrikas. Bericht über Untersuchungen an d. Deutsch-S-W-Afrikan. Küste u. am Kap d. guten Hoffnung, der Kolonialabt. d. Auswärt. Amts erstattet von Dr. Leonhard **Schultze**, Privatd., Jena. Mit 12 Taf. Berlin: O. Salle 1907. (57 S.) 4°(8°)
= **Abhandlungen** d. Deutschen Seefischerei-Vereins. Bd 9. [07. 12473

-- s.: Kolonialreich, das deutsche.

-- s.: Mitteilungen der geographischen Gesellschaft (f. Thüringen) zu Jena.

— Aus Namaland u. Kalahari. Bericht an die kgl. preuss. Akademie der Wissenschaften zu Berlin üb. e. Forschungsreise im westl. u. zentralen Südafrika, ausgeführt in den J. 1903—1905. Mit 25 Taf. in Heliograv. u. Lichtdr., 1 Karte u. 286 Abb. im Text. (XIV, 752 S.) Lex. 8. Jena 907. G. Fischer. Kart. 60. —

Schultze, L[eonhard] S., Dr. phil., Assist. am zool. Institut in Jena: Die Regeneration des Ganglions von Ciona intestinalis L. und über das Verhältnis der Regeneration und Knospung zur Keimblätterlehre. Mit 2 Taf. *Jena: G. Fischer 1899.* (IV, 82 S.) 8°
Jena, Phil. Hab.-Schr. v. 1899

Schultze, L. S., Rhizostomen v. Ambon, s.: Denkschriften der medicin. naturwissenschaftl. Gesellschaft zu Jena. 8. Bd., 4. Lfg.

— Rhizostomen v. Ternate. [Aus: „Abhandlgn. d. Senckenberg. naturforsch. Gesellsch."] gr. 4. (13 S. m. 1 Taf.) Frankfurt a/M. 897. (M. Diesterweg.) n. 1. 50

Schultze, L. S.: Rhizostomen von Ternate. M. 1 Taf. (*Frankfurt a. M. 1898.*)
in: Abhandlungen hrsg. v. d. Senckenbergischen naturforsch. Gesellschaft. Bd 24, H. 2. [98. 2437

Schultze, Leopold

Schultze, Leop., katechetische Bausteine zum Religions-Unterricht in Schule und Kirche. 2.—4. Aufl. gr. 8. (IV, 90 S.) Magdeburg 886—88. (E. Baensch jun.) * 60 Pf.; geb. * 1 —

Schultze, Leop. Katechetische Bausteine zum Religions-Unterricht in Schule u. Kirche. 5. verm. Aufl. gr. 8. (IV, 112 S.) Magdeb. 891, (E. Baensch jun.). * 1 20; geb. * 2 —

Schultze, Leop., katechetische Bausteine zum Religions-Unterricht in Schule u. Kirche. 9., verm. Aufl. gr. 8. (VI, 121 S.) Magdeburg 899. E. Baensch jun. n. 1. 50; geb. n.n. 2. 20

— kirchliche Bausteine. Zeugnisse von Licht u. Recht der evangel. Kirche. Aus den nachgelassenen Reden u. Abhandlgn. gesammelt v. Jul. Leop. Schultze. 8. (VIII, 488 S.) Bremen 895. C. E. Müller. n. 5. —; geb. n.n. 6. —

Kirchliche Bausteine. Zeugnisse von Licht u. Recht d. ev. Kirche. Aus d. nachgelass. Reden u. Abhandlungen d. Generalsuperint. D. theol. Leopold **Schultze** gesammelt von Julius Leopold Schultze, Pfarrer, Berlin. 2., verm. u. verb. Aufl. Halle: C. E. Müller 1908. (XXIV, 520 S.) 8° [F.] [08. 3666 3

Schultze, Leop., die evangelische Bewegung innerhalb der katholischen Kirche zu Ende des vorigen Jahrhunderts. Ein Vortrag. Barmen 862. Langewiesche. 12. (46 S.) n. 5 ngr.

Schultze, Leop., das Christenthum der Bergpredigt. Ein Vortrag geh. im Bürgersaale d. Rathhauses zu Berlin. gr. 16. (39 S.) Bremen 873. Müller's Verl. n. — 60

— Ekklesia u. Volkskirche. Ein Vortrag, auf der Berliner Pastoral-Conferenz geh. gr. 16. (40 S.) Magdeburg 875. Heinrichshofen n. — 50

Schultze, Leop., Eröffnungs-Predigt am 16. evangelischen Kirchentage über Ev. Johannis 18, V. 36, 37, in der St. Marienkirche zu Halle gehalten. gr. 8. (15 S.) Halle 872, (Fricke.) * — 20

— Eröffnungspredigt zur 1. ordentlichen sächsischen Provinzial-Synode im Dom zu Magdeburg geh. gr. 8. (14 S.) Magdeburg 875. Heinrichshofen. n. — 30

—— zum Gedächtniß Paul Gerhard's. Festpredigt am 7. Juni 1876, dem 200jähr. Todestage des Sängers, in der Kirche zu Gräfenhainichen gehalten. gr. 8. (15 S.) Wittenberg 876, Herrosé's Verlag. * — 25

— Gottes Wort bleibt in Ewigkeit". Abschiedspredigt, am 22. Septbr. 1889 in der Stadtkirche zu Torgau geh. gr. 8. (8 S.) Torgau 889. (Jacob.) n.n. — 25

Schultze, Leop., die augsburgische Confession als Gesammtbekenntniß unserer evangelischen Landeskirche. Ein Vortrag gehalten auf der Pastoralconferenz zu Berlin, am 15. Octbr. 1868. Bremen 869. Müller. 16. (43 S.) 6 ngr.

Schultze, L. Die Konfirmation e. Sabbatstunde. Rede, zur Einsegng. im Joachimsthalschen Gymnasium am 3. April 1892 geh. gr. 8. (8 S.) Berl. 892, K. J. Müller. — 20

— biblische Lektionen f. Kindergottesdienste od. Sonntagsschulen, nach dem Kirchenjahr geordnet. 1. Jahrg. 1888/89. Auf Grund d. Sonntagsschul-Lehrplans des Elberfelder Erziehungs-Vereins zusammengestellt. gr. 16. (79 S.) Cöthen 888. Schriften-Niederlage d. evangel. Vereinshauses. n. — 10; cart. n. — 17; geb. n. — 20

—— Biblische Lektionen f. Kindergottesdienste od. Sonntagsschulen, nach dem Kirchenjahr geordnet. 2.—5. Jahrg. 1889/90—1892/93. Auf Grund d. Sonntagsschul-Textplans d. Elberfelder Erziehungs-Vereins zusammengestellt. gr. 16. (à Jahrg. ca. 60 S.) Cöthen, Schriften-Niederlage d. ev. Vereinshauses.
à Jahrg. * — 12; geb. ** — 20

— biblische Lektionen f. Kindergottesdienste od. Sonntagsschulen, nach dem Kirchenjahr geordnet. 4.—7. Jahrg. 1891/92, 1892/93, 1893/94, 1894/95. Auf Grund des Sonntagsschul-Textplans des Elberfelder Erziehungs-Vereins zusammengestellt. gr. 16. (57, 57, 55, 51 S.) Cöthen 891—894. Schriften-Niederlage des evangel. Vereinshauses. à Jahrg. n. — 12; geb. n.n. — 20

Vgl. Schultze, Julius Leopold.

Schultze, Leop., D. Julius Müller. Mittheilungen aus seinem Leben. [Aus: „Neue Preuß. Zeitg."] 8. (61 S.) Bremen 879. Müller. n. 1. —

— Rede, s.: Zum Gedächtniß an D. Julius Müller.

Schultze, Leop., Rückblicke auf den Fall Werner. Eine Beleuchtung der in der Sache gefassten Beschlüsse. gr. 8. (31 S.) [Magdeburg 881.] Berlin, Sulzer. * — 50

— N. Schrader u. Eiselen, Züge aus dem Bilde Jesu. Ein Blick auf Hollands kirchliche Gegenwart. Rückschau auf die erste ordentliche preußische Generalsynode. 3 Vorträge, auf der Halle'schen Konferenz der Freunde der positiven Union geh. 8. (104 S.) Bremen 880. Müller. n. 1. 20

Schultze, Ludwig

Schultze, (Car. Augustus) Ludov. (geb. Stargard in Pomm. 12. 12. 1817):
De amaurosi traumatica. Berolini (1841). (32 S.) 8°
Berlin, Med. Diss. v. 22. Febr. 1841

Schultze, Ludw., Monographie der Echinodermen des Eifler Kalkes. gr. 4. (118 S. und 13 Blatt Erklärungen mit 13 Stnt.) Wien 866, (Gerold's Sohn.) *
Aus: Denkschriften der k. Akademie der Wissenschaften, besonders abgedruckt.

Schultze, Ludwig: W a n d l u n g und Anfechtung im Falle der rechtlichen Unbebaubarkeit eines Grundstücks. Berlin 1910. Ernst. 40 S. 8°
Heidelberg, Jur. Diss. v. 19. Dez. 1909, Ref. Gradenwitz

Schultze, M. Das eiserne Kreuz im Ostpreuß. National-Kav. Regiment 1813/14. (Lötzen 1907.) 8°. (Aus: Mitteilungen d. literar. Gesellsch. Masovia zu Lötzen.)

Schultze, M. v., aus Napoleon's Tagen, s.: Bachem's Jugenderzählungen.

Schultze, M. (Hrsg.), s. V i e r t e l j a h r s s c h r i f t für Töchterschulen und Frauenbildung.

Schultze, Manfred, Referendar: Die positiven Vertragsverletzungen und ihre Behandlung in unserem Bürgerlichen Gesetzbuche. Greifswald 1908: J. Abel. (71 S.) 8° [F.]
Greifswald, Jur. Fak., Ref. Stampe, Diss. v. 5. Juni 1908
[Geb. 14. April 83 Labes; Wohnort: Greifswald; Staatsangeh.: Preußen; Vorbildung: König-Wilhelms-Gymn. Stettin Reife O. 02; Studium: Lausanne 1, Marburg 1, Jena 2, Greifswald 3 S.; Rig. 7. Mai 08.]

Schultze, Marie. Marie, Königin v. Bayern. Ein Lebensbild. gr. 4. (V, 70 S. m. Abbildgn.) Münch. 892, Korff. * 2 25

— dasselbe. 2. Aufl. 8. (94 S. m. Abbildgn. u. Bildnis.) Ebd. 894. n. 1. 20

Schultze, Marie, am Tegernsee. Eine Geschichte aus Max-Josephs Zeit, der Jugend erzählt. (VI, 200 S. m. 1 Bildnis.) 8. München 905. R. Oldenbourg. n. 3. 50; geb. n. 4. —

Schultze, Martin

Schultze, Mart., Alt-Heidnisches in d. angelsächs. Poesie, spez. im Beowulfsliede. gr. 8. (31 S.) Berlin 877. S. Calvary & Co. n. 1. 20

Schultze, Martin (Lübben) A. S. 282/7

De Apollinare Laediceno ex historia ecclesiastica repraesentato. Präs. Gottlieb Wernsdorf. Ed. 2. Wittenberg (Gerdes) 1719. 10 S.

Diss. 7. XI. 1694. 31853

Schultze, M. Ueber das Beowulfslied. Elbing, R., 1864. 23 S. 4. Progr.

Schultze, Martin Chaldäische Bildwerke im Museum des Louvre. 8 S. u. Taf. Progr. *Oldesloe* 1883.

Schultze, Martin: D a l m a n u t h a . Geographisch-linguistische Untersuchung zu Marc. 8, 10 und Matth. 15, 39. [= Jahresbericht des Realprogymnasiums zu Oldesloe. Ostern 1883.] Oldesloe 1884. 4°.

Episch-Musikalische Dichtungen mit Scenischen Bildern von Dr. Martin Schultze. 2. Aufl. Bremen: Praeger & Meier [Ellrich: Geschw. Schultze] 1897 (1898). (42 S.) 8° [F.] [07. 15655

— d. Edelknecht, s.: Browe, Adf.

Schultze, Mart., die germanischen E l e m e n t e der französischen Sprache. gr. 8. (26 S.) Berlin 876. Calvary & Co. n. 1. —

Schultze, Mart., zur Formenlehre d. semitischen Verbs. gr. 8. (55 S.) Wien 886. Konegen. n. 2. —

Schultze, Mart., G e s c h i c h t e der alt-hebräischen Literatur. Für denkende Bibelleser. gr. 8. (XII, 204 S. mit 2 Tab. in 4.) Thorn 870, Lambeck. * 3 —

Schultze, M. Oliver Goldsmith and his literary merits. Thorn, H. T., 1865. 16 S. 4. Progr.

—— kleine G r a m m a t i k der englischen Sprache. 2. veränd. Aufl. 8. (66 S.) Ebendas. 869. * — 60

Schultze, Mart., Grammatik der aramäischen Muttersprache Jesu. 8. (IV, 87 S.) Berlin 899. S. Calvary & Co. n. 2. 40

[F.] Grammatik der altpreussischen Sprache. Versuch e. Wiederherstellg ihrer Formen m. Berücks. des Sanskrit, d. Litauischen u. anderer verwandter Sprachen. Von Dr. Martin Schultze. *Leipzig: J. Scholtze 1897.* (IV, 66 S., 1 Bl.) 1 Bd 8. [97. 3758

Schultze, Mart., Grammatik der hindustanischen Sprache. Hindî u. Urdû, in ind., arab. u. latein. Schrift. gr. 8. (IV, 56 S.) Leipzig 894. K. Scholtze. n. 2. 40

Schultze, Martin. Die sittlichen Grundsätze d. Urchristentums. Nach den Aussprüchen Jesu zusammengestellt. gr. 16. (31 S.) Coburg 891, Albrecht. * — 80

—— Handbuch der ebräischen Mythologie. Sage und Glaube der alten Ebräer in ihrem Zusammenhang mit den religiösen Anschauungen anderer Semiten, sowie der Indogermanen und Aegypter. gr. 8. (X, 294 S.) [Nordhausen 875, Förstemann.] Leipzig, Scholtze. * 5 —

Schultze, Mart., Handbuch der ebräischen Mythologie. Sage u. Glaube der alten Ebräer in ihrem Zusammenhang mit den religiösen Anschauungen anderer Semiten, sowie der Indogermanen u. Aegypter. 2. (Titel-)Aufl. gr. 8. (X, 294 S.) Leipzig (1875) 882. Scholtze. n. 5. —

Schultze, Mart., Handbuch der persischen Sprache. Grammatik, Chrestomathie, Glossar. Zur Erleichterung u. allgemeineren Verbreitung des Studiums der persischen Sprache, mit Umgehung des Gebrauchs arabischer Schriftzeichen. Elbing 863. Neumann-Hartmann. gr. 8. (XII, 123 S.) n. 20 ngr.

—— Idioticon der nord-thüringischen Mundart. 8. (VII, 69 S.) Nordhausen 874, Förstemann. * 1 —

Schultze, M. Indogermanisch, Semitisch, Hamitisch. Cüstrin, H. T., 1873. 36 S. Progr.

— Indogermanisch, Semitisch u. Hamitisch. gr. 8. (36 S.) Berlin 873. Calvary & Co. n. 1. —

Schultze, Mart., Kinnor-Lieder. Alt-ebräische Dichtungen in metrischer Uebertragung. Mit erläut. Anmerkgn. gr. 16. (XI, 110 S.) Leipzig 879. E. Günther. n. 3. —; geb. m. Goldschn. n. 4. —

Schultze. M., Ueber den Lautwert der griech. Schriftzeichen 1871. 26 S. 1.—

— über den Lautwerth der griechischen Schriftzeichen. Mit e. lith. Taf. (III, 27 S.) Thorn 872. E. Lambeck. n. — 60

— Moses u. die „Zehnwort"-Gesetze d. Pentateuchs. Mythologisch-culturhistor. Untersuchg. [Aus: „Ausland"] gr. 8. (32 S.) Berlin 875. Calvary & Co. n. 1. —

—— English Readings for German schools. Fifty lessons for beginners. With a Vocabulary by C. Boethke. 8. (IV, 143 S.) Ebendas. 869. * 1 —

— english Readings. Englisches Lesebuch f. die Mittelklassen höherer Schulen. Mit einem Wörterbuche. 2., vielfach veränd. Aufl. 8. (VIII, 184 S.) Thorn 880. E. Lambeck. n. 1. —

Plattdeutsche Uebersetzungen alter lateinischer Documente des St. Jürgens-Hospitals zu Oldesloe (hrgg. v. Martin Schultze). Oldesloe. (I.) 1878. 4°. Fortges. u. d. T.: Plattdeutsche Urkunden des städtischen Archivs zu Oldesloe. II-IV. Ebd. 1879–81. 4°. Progr. d. höheren Knabenschule (Bürgerschule).

— von d. Falkenstrut zur Pilgerruhe, s.: Schultze, A. Fr. Therese.

Schultze, Matthilde, Denkmäler der Liebe. Für die weibl. Jugend. 8. (XII, 325 S. mit 2 lithogr. Titelbildern.) Wismar 869, Hinstorff'sche Hofbuchh. * 3 —
geb. mit Goldschn. * 4 —

Schultze, Mathilde, das Landhaus an der Heerstraße, } s. Kinder-
— Wilhelm Tell, } Theater.

Schultze, Max, zur Anatomie und Physiologie der Retina. Lex.-8. (III und 112 S. mit 8 lithogr., zum Theil ill. Taf. in 4. und qu. 4.) Bonn 867, Cohen und Sohn. *

Schultze, Max, s. Archiv für mikroskopische Anatomie.

Schultze, Max(Sigm), über den Bau der Gallertscheibe der Medusen, und: Ueber die Entwicklung von Petromyzon Planeri. gr. 4. (9 S.) Halle 855, Schmidt. *
Aus: Sitzungsberichte der naturforschenden Gesellschaft zu Halle, Bd. III. 2., besonders abgedruckt.

— Ueber den Bau der Leucht-Organe der Männchen von Lampyris splendidula. Bonn 1864.

Schultze, Max. (geb. Konitz in Westpr. 18. 12. 1842): Ein Beitrag zur Casuistik der beweglichen Niere. Berlin (1867). (31 S.) 8°
Berlin, Med. Diss. v. 8. Aug. 1867

Schultze, **Max**, Beiträge zur Kenntniss der Landplanarien nach Mittheilungen des Dr. Fritz Müller in Brasilien und nach eigenen Untersuchungen. Imp.-4. (20 S.) Halle 857, Schmidt's Verlagsh.
Aus: Abhandlungen der naturforschenden Gesellschaft in Halle, 4. Bd. besonders abgedruckt.

Schultze, Max(Sigm.), Beiträge zur Naturgeschichte der Turbellarien. I. Abthl. gr. 4. (VI und 79 S. mit 7 zum Theil ill. Kpfrt.) Greifswald 851, Koch's Vrlgsh. *

— Beobachtungen über die Fortpflanzung der Polythalamien. (Aus d. Sitzungsberichten d. naturforsch. Gesellsch. in Halle.) Halle 855. Schmidt. gr. 4. (4 S.) n. 5 ngr.

—— über die Entwickelung von Arenicola piscatorum, nebst Bemerkungen über die Entwickelung anderer Kiemenwürmer. 4. (12 S. mit 1 Stnt.) Halle 856, Schmidt'sche Verlagsh. *

Schultze, Max [aus Herzfelde]: Ueber Exstirpation von Aneurysmen .... Berlin, Buchdr. v. Gustav Schade (Otto Francke) (1886); 12 + 2 S. 8°.
Berlin, Med. Fak., Inaug.-Diss. v. 7. Aug. 1886.

Schultze, Max, uber Exstirpation von Aneurysmen. Diss. Berlin 1886, Mayer & Müller. 8°. 42 S.

—— über den gelben Fleck der Retina, seinen Einfluss auf normales Sehen und auf Farbenblindheit. Vortrag gehalten in der Sitzung der medicin. Section der niederrhein. Gesellschaft für Natur- und Heilkunde zu Bonn am 9. Mai 1866. gr. 8. (16 S.) Bonn 866, Cohen und Sohn.

Schultze, Max, die Hyalonemen. Ein Beitrag zur Naturgeschichte der Spongien. Mit 5 zum Theil in Farbendr. ausgeführten Taf. (in 4. u. Fol.) Bonn 860. Marcus. gr. 4. (2 Bl., 46 S.) n. 3 ₰ 10 ngr.

—— zur Kenntniss der electrischen Organe der Fische. 1. Abthl.: Malapterurus. Gymnotus. gr. 4. (35 S. mit 2 Stnt.) Halle 858, Schmidt'sche Verlagsh. *
Aus: Abhandlungen der naturforschenden Gesellschaft in Halle, 4. Bd., besonders abgedruckt.

Schultze, Max, zur Kenntniss der elektrischen Organe der Fische. 2. Abthl.: Torpedo. gr. 4. (38 S. mit 2 Stnt., wovon 1 ill.) Halle 859, Schmidt's Verlag. *
1. Abthl. Ebendas. 1858. * 1 Thlr.

Schultze, Max, Ueber die Nervenendigung in der Netzhaut des Auges bei Menschen und bei Thieren. (Aus: M. Schultze, Archiv fur mikrosk. Anatomie. Bd. 5.)

— Ueber die Nerven-Endigung in der Netzhaut des Auges bei Menschen und bei Thieren. Bonn 1869.

Schultze, Maxim.(Joh. Sigism), de arteriarum notione, structura, constitutione chemica et vita, disquisitio critica, experimentis fulta, praemio ornata. Accedunt 3 tabulae lith. gr. 8. (59 S.) Gryphiae 850, Koch's Verlag. 18 ngr.

Sacram memoriam ... Friderici Gvilelmi III vniversitatis Fridericiae Gvilelmiae Rhenanae conditoris ... ab eadem vniversitate d. III m. Avg. a. 1863 ... recolendam victorvmqve renvntiationem e litt. certaminibvs prodevntivm ... indicit Max. **Schvltze.** — Praecedvnt observationes nonnvllae de ovorvm ranarvm segmentatione, qvae »Furchungsprocess« dicitvr, tab. II illvstratae. Bonnae, form. C. Georgi (1863). 16 S., 1 Bl., 2 Taf. 4. ¶ Erschien zugleich selbständig bei Marcus in Bonn.

Ad avdiendam orationem, qva cvm ivdicia qvinqve ordinvm vniversitatis Fridericiae Gvilelmiae Rhenanae de litt. certaminibvs a. 1867—1868 facta tvm novae qvaestiones a. 1868—1869 propositae renvntiabvntvr d. IV m. Avg. ... habendam ... invitat Maximilianvs **Schvltze**, ord. med. h. a. decanvs. — Praecedunt Observationes de structura cellularum fibrarumque nervearum. Bonnae, form. C. Georgi (1868). 9 S., 1 Taf. 4. ¶ In Komm. bei Cohen & Sohn in Bonn.

Observationes de retinae structura penitiori. Commentatio qua ad audiendam praelectionem pro loco in facultate med. Bonnensi ... obtinendo d. XIV m. Nov. ... habendam invitat auctor Maximilianus **Schultze** ... Cum tab. aeri incisa. Bonnae, A. Marcus 1859. 1 Bl., 24 S., 1 Bl., 1 Taf. 4.

— uber den Organismus der Polythalamien (Foraminiferen) nebst Bemerkungen uber die Rhizopoden im Allgemeinen. Mit 7 illumin. Kpfrtaf. Leipzig 854. Engelmann. Fol. (XVIII, 68 S. u. 7 Bl. Erklär.) n. 8 ₰.

Schultze, *Friedrich* Max [aus Rathenow]: Über die Prognose der Kiefersarcome ... Halle a. S., Hofbuchdr. v. C. A. Kaemmerer & C., 1896; 21 S., 1 Bl. 8.
Halle, Med. Fak., Inaug.-Diss. v. 28. März 1896

— das Protoplasma der Rhizopoden und der Pflanzenzellen. Ein Beitrag zur Theorie der Zelle. Leipzig 863. Engelmann. Lex.-8. (IV, 68 S.) n. 16 *ngr.*

Schultze, Max, alpines Skizzenbuch. Ansichten aus den deutschen und österreich. Alpen, zugleich Vorlageblätter für landschaftl. Zeichnen. 1.—4. Lfg. gr. Fol. (à Lfg. 10 Stnt.) München 888, Fritsch. à Lfg. * *M* 6.—. * 24 —

Schultze, **Max** Alpines Skizzenbuch. Ansichten aus den deutschen u. österreich. Alpen, zugleich Vorlageblätter f. landschaftl. Zeichnen. 5. Lfg. gr. Fol. (10 Steintaf.) Münch. 890, Fritsch. * 6 —
1.—4. Lfg. Ebd. à * 6 —.

Schultze, Max. Alpines Skizzenbuch, Ansichten aus den deutschen und österreich. Alpen, zugleich Vorlageblätter für Landschaftl. Zeichnen. (10 Steintaf.) München, 1889. gr.-Fol.

Schultze, Max., s. Steenstrup, J. J. Sm., Untersuchungen.

Schultze, Max, Die Structur der Diatomeen-Schale verglichen mit gewissen aus Fluorkiesel kunstlich darstellbaren Kieselhauten. Bonn 1863.

Schultze, Max [prakt. Arzt aus Berlin]: Zur Typhus-Statistik .... Berlin, Druck v. P. Stankiewicz' Buchdr., 1887; 44 S. + 2 Bl. 8°.
Berlin, Med. Fak., Inaug.-Diss. v. 6. Aug. 1887.

Schultze, Max, zur Typhus-Statistik. Diss. Berlin 1887, Mayer & Müller. 8°. 44 S.

— Untersuchungen über die zusammengesetzten Augen der Krebse u. Insecten. Mit 12 color. Kpfrtaff. Ebend. 868. Fol. (VIII, 32 S.) cart. n. 2 ₰ 20 *ngr.*

— Untersuchungen uber den Bau der Nasenschleimhaut, namentlich der Structur u. Endigungsweise der Geruchsnerven bei dem Menschen u. den Wirbelthieren. Mit 5 Kpfrtaf. (Aus den Abhdlgn. der naturforschenden Gesellsch. zu Halle.) Halle 862. Schmidt's Verlag. gr. 4. (100 S.) n. 3 ₰

Schultze, Max [aus Berlin]: Über die Wirkung des Vellosin. E. Beitr. z. Kenntn. der in d. Rinde v. Geissospermum laeve s. Vellosii vorkommenden Alcaloide ... Berlin, Buchdr. v. G. Schade, *1894*; 31 S. 8.
Berlin, Med. Fak., Inaug.-Diss. v. 10. Jan. 1894

Schultze, Max (Joh.) Sigmund, s. Schultze, Max.

Um Danzig 1813/14. Archivstudie von Maximilian **Schultze.** *Berlin: H. Costenoble 1903.* (189 S.) 8° [F.]
— **Bausteine** z. Preussischen Geschichte. Jg. 3, H. 1. [03. 1540

[F.] Zur Geschichte der Konvention von Tauroggen. (Vf.: Maximilian **Schultze.**) ... *Berlin: Rehtwisch & Langewort 1898.* (1 Bl., 32 S.) 1 Bd 8. [98. 3234

— s.a. Zur Geschichte der Konvention v. Tauroggen.

Schultze, Max, Königsberg u. Ostpreußen zu Anfang 1813, s.a. Bausteine zur preußischen Geschichte. I. 2.

Schultze, Maximilian. Königsberg und Ostpreussen zu Anfang 1813. Ein Tagebuch vom 1. Januar bis 25. Februar 1813. (Aus:) „Bausteine zur preussischen Geschichte." I. Jhrg. 2. Heft.
8. Berlin **1901.**

Das 2. Neumärkische Landwehr-Infanterie-Regiment. Seine Errichtung u. s. Kriegstätigkeit 1813, 1814, 1815. Auf Grund archival. Quellen bearb. von Maximilian **Schultze.** Landsberg a. W. 1908: Dermietzel & Schmidt. (V, 213 S.) 8° [F.]
Aus: Schriften d. Vereins f. Geschichte d. Neumark. [08. 13153

Christian Friedrich Carl Ludwig Reichsgraf **Lehndorff-Steinort**, weil. Kgl. Preuß. Gen.Lt. a. D., Landhofmeister d. Königr. Preußen ..., 17. Sept. 1770–8. Febr. 1854. Ein Lebensbild auf Grund hinterlassener Papiere. Hrsg. von Maximilian **Schultze.** Mit 2 Portr. u. 1 Bilde. *Berlin: R. Eisenschmidt 1903.* (IV, 665 S.) 4°(8°) [F.] [04. 824

Schultze, O. Bäder-Lexikon. Die Bäder u. Sommerfrischen Westfalens u. der Nachbarschaft. 12. (39 S.) Bielef. 892, Helmich. * — 50
Aus: Fricke. Der Tourist im Sauerlande, besonders abgedruckt.

Schultze, O., Führer durch Bielefeld, nebst 100 Ausflügen in d. Umgegend. M. bes. Berücksicht. aller Hauptpunkte des Teutoburger Waldes, des Wesergebirges, des Deistor, Osterwald, Steinhuder Meer, Sauerland, d. Städte Oeynhausen, Hameln, Pyrmont, Minden, Bückeburg, Hannover, Münster, Osnabrück. 12. (44 S. m. Abb.) Bielefeld 895. A. Helmich. n. — 50

— der Tourist in Nordwestfalen, Lippe u. den angrenzenden Gebieten. Ein illustr. Reisehandbuch f. den Teutoburger Wald (Hermannsdenkmal, Externsteine, Dörenther Klippen) u. f. das Wesergebirge (Porta-Westfalika, Süntel, Solling), Steinhuder Meer, Deister, Osterwald, nebst Cassel m. Wilhelmshöhe. 12. (V, 142 S. m. Karte.) Ebd. 893. n. 1. 50; ohne Karte n. 1. 25

Schultze, O. K. F. W., theoret.-prakt. Gesangschule. M. 30, den Gesangregeln entsprech. Canons, besond. f. Gymnasien u. Bürgerschulen. 4. (3 B.) Berlin 831, Bechtold u. Hartje.
Vgl. Schulz.

Schultze, Oskar

Schultze, Osc., mikroskop. Anatomie der Linse u. des Strahlenbändchens, s.: Graefe, Alfr., u. Thdr. Saemisch, Handbuch der ges. Augenheilkunde.

Schultze, O., Die Arbeit. (Flugschriften des evangel. Arbeitervereins zu Leipzig, III.) gr. 8°. Leipzig 1895.

Schultze, O., d. Arbeit, s. a. Flugschriften des evang. Arbeitervereins zu Leipzig, III.

Atlas und Grundriss der topographischen und angewandten Anatomie von Dr. med. Oskar **Schultze**, Prof. in Würzburg. Mit Taf. sowie Textabb. *München: J. F. Lehmann 1903.* (XIX, 156 S.) 8°
— **Atlanten**, Lehmanns medizinische. Bd 1. [03. 9556

Atlas und Grundriß der topographischen und angewandten Anatomie von Dr. med. Oskar **Schultze**, Prof. in Würzburg. 2. verm. Aufl. Mit 22 Taf. u. 205 Abb. München: J. F. Lehmann 1909. (224 S.) 8°
— **Atlanten**, Lehmann's medizinische. Bd 1. [08. 18437

Schultze, Osk., üb. die Bedeutung der Schwerkraft f. die organische Gestaltung, sowie üb. die m. Hülfe der Schwerkraft mögl. künstl. Erzeugg. v. Doppelmissbildgn. [Aus: „Verhandlgn. d. phys.-med. Gesellschaft zu Würzburg".] gr. 8. (22 S.) Würzburg 894. Stahel. n. — 60

Schultze, Oskar ⟨geb. am 10 Aug. 1859 in Bonn⟩: Aus d. anat. Laboratorium in Bonn. — Beitrag zur Entwicklungsgeschichte der Batrachier ... Bonn, Univ.-Buchdr. v. C. Georgi 1883. 2 Bl., 19 S., 1 Bl. 8. ¶ Sonderabdr. aus d. Arch. f. mikrosk. Anat. XXIII 1884 S. 1 ff. Hier auch d. zugehörige Tafel.
Bonn, Med. Fak., Diss. v. 28 Juli 1883

— Beitrag zur Entwickelungsgeschichte der Milchdrüsen. [Aus: „Verhandlgn. d. phys.-med. Gesellsch. zu Würzburg".] gr. 8. (12 S. m. 2 lith. Taf.) Ebd. 893. n. — 80

[J.] Die 'lebenden Bilder' der Alberschweiler Fronleichnamsprozession vor Gericht. Nach Originalberichten d. 'Heimat', d. 'Tägl. Rundschau' u. d. 'Zaberner Anzeigers' zsgest. u. beleuchtet v. O[scar] **Schultze**, Pastor in Leipzig. *Leipzig: C. Braun 1898.* (22 S.) 8.
— **Flugschriften** d. Evangel. Bundes. [No] 153. (Reihe 13, 9.) [98. 6427

Schultze, Osk. Die Darstellung der Entwicklungsgeschichte, s. Fick, Adf. Compendium der Physiologie d. Menschen.

— Demonstration e. neuen Schneideapparates f. grosse Schnitte. [Aus: „Sitzungsber. d. Würzb. phys.-med. Gesellsch."] gr. 8. (2 S.) Würzburg 892. Stahel. n. — 50

— über den Einfluss des Luftmangels auf die erste Entwicklung des Eies. gr. 8. (12 S. m. 4 Abbildgn.) Würzburg 899. Stahel's Verl. n. — 50

— über die Entwickelung u. Bedeutung der Ora serrata des menschlichen Auges. gr. 8. (13 S. m. 3 Fig. u. 1 Taf.) Würzburg 901. A. Stuber's Verl. n. 2. —
2 Sonderabdrucke aus: „Verhandlgn. d. phys.-med. Gesellschaft zu Würzburg".

Schultze, O., zur ersten Entwickelung des braunen Grasfrosches. gr. 4. (16 S. mit 2 Taf. und 1 Abbild. im Text.) Leipzig 887, Engelmann. * 5 —
Aus: Festschrift für A. v. Kölliker, besonders abgedruckt.

— üb. die Entwicklung d. Medullarplatte d. Froscheies. [Aus: „Verhandlgn. d. phys.-med. Gesellsch. zu Würzburg".] gr. 8. (28 S. m. 2 lith. Taf.) Würzburg 889. Stahel. n. 2. —

—— Zur Entwickelungsgeschichte d. Gefäss-Systems im Säugethier-Auge. Fol. (41 S. m. 5 Taf. u. 5 Bl. Erklärgn.) Lpz. 892, W. Engelmann. * 12 —
Aus: Festschr. f. A. v. Kölliker, besonders abgedruckt.

— d. Frage d. evang. Arbeitervereine. Vortrag, geh. auf d. Meißner Konferenz am 25. Juni 1895. [Aus: „Neues sächs. Kirchenbl."] gr. 8. (16 S.) Leipzig 895. G. Wigand. — 15

— über die Frage nach dem Einfluss des Lichtes auf die Entwicklung u. Pigmentierung der Amphibieneier u. Amphibienlarven. (12 S. m. 2 Fig.) Lex.-8. Berlin 905. (G. Reimer.) n. — 50
Sonderabdruck aus: „Sitzungsber. d. preuss. Akad. d. Wiss."

Grundriss der Entwicklungsgeschichte des Menschen und der Säugethiere. F. Studir. u. Ärzte v. Dr. med. Oscar **Schultze**, a. o. Prof. ... a. d. Univ. Würzburg. Bearb. unt. Zugrundelegg d. 2. Aufl. des Grundrisses der Entwicklgsgesch. v. A. Koelliker. M. 391 Abb. im Text u. 6 Taf. *Leipzig: W. Engelmann 1897.* (VII, 468 S., 6 Taf.) 1 Bd 8. [97. 2651

— Hagar in d. Wüste. Predigt bei dem Jahresfeste des Annaberg-Jöhstädter Gustav-Adolf-Zweigvereins am 10. Oktbr. 1894 in Cranzahl geh. gr. 8. (13 S.) Annaberg 895. Leipzig, Selbstverlag. n.n. — 15

— Zur Histogenese des Nervensystems. (12 S.) Lex. 8. Berlin 908. (G. Reimer.) — 50
Sonderabdruck aus: „Sitzungsber. d. preuss. Akad. d. Wiss."

— Jesusart bei d. Arbeit f. unser Volk, s. Flugschriften d. evang. Arbeitervereins in Leipzig, IV.

Schultze, O., topographisch-anatomische Collegienhefte. I.–III. Hft. gr. 4. Leipzig 898. W. Engelmann. In Leinw. kart. n. 9. —; einzeln à n. 4. —
I. Kopf u. Hals. 2. Aufl. (32 lith. Blatt m. 20 S. Schreibpap.)
II. Extremitäten. 2. Aufl. (Bl. 33—86 m. 20 S. Schreibpap.)
III. Rumpf. (43 lith. Bl. m. 14 S. Schreibpap.)

— Neue Methoden der histologischen, aufhellenden u. korrodierenden Technik m. Besprechung der Ergebnisse u. Demonstrationen. (12 S. m. 1 Doppeltaf.) gr. 8. Würzburg 910. C. Kabitzsch. 1. 50
Sonderabdruck aus: „Verhandlgn. d. phys.-med. Ges. zu Würzburg".

Schultze, Osk., Milchdrüsenentwickelung u. Polymastie. [Aus: „Sitzungsber. d. Würzb. phys.-med. Gesellsch."] gr. 8. (9 S.) Würzburg 892. Stahel. n. — 50

Schultze, Oskar, Dr. med., pract. Arzt: Ueber die sexuellen Operationen zur Behandlung der Prostatahypertrophie. *Thorn 1898: E. Lambeck.* (27 S.) 8°
Leipzig, Med. Diss. v. 1898

Schultze, O., Rede bei der ersten Einsegnung v. Schwestern, s.: Diakonissenhaus, das, zu Leipzig.

Schultze, Oskar: Luthers 95 Thesen, s. Flugschriften d. Evang. Bundes.

— Was trennt uns von der Sozialdemokratie? (Flugschriften des evangel. Arbeitervereins zu Leipzig, Nr. 1.) 8°. Leipzig, Hinrichs, 1892. 3. Aufl. gr. 8°. Ebenda 1895.

— was trennt uns von der Sozialdemokratie, s. a. Flugschriften d. evang. Arbeitervereins zu Leipzig, 1.

— das Weib in anthropologischer Betrachtung. (III, 64 S. m. 11 Abbildgn.) gr. 8. Würzburg 906. C. Kabitzsch. n. 2. 20

Das Weib in anthropologischer Betrachtung. Von Dr. med. Oskar **Schultze**, Prof., Würzburg. Mit 11 Abb. Würzburg: Stuber 1906. 64 S. 8° [09. 5164 7

Weiteres zur Entwickelung der peripheren Nerven mit Berücks. d. Regenerationsfrage nach Nervenverletzungen. Von Oskar **Schultze**. Mit 10 Textfig. Würzburg: A. Stuber 1905. (S. 267–296.) 8° S.-Abdr. = **Verhandlungen** d. physikal.-medic. Gesellschaft z. Würzburg. N.F. Bd 37, No 7. [05. 5630

Schultze, üb. Zolltheilung. [Aus: „Sitzungsber. d. Würzb. phys.-med. Gesellsch."] gr. 8. (4 S.) Würzburg 891. Stahel. n. — 30

Schultze, Otto, die Ablösungs-Frage. Ein Wort zur Zeit an die Geistlichen, Gemeinde-Kirchenräthe, Küster u. Lehrer auf dem Lande. gr. 8. (24 S.) Hamburg 879. Oemler. n. — 50

Schultze, O., 99 Ausflüge in d. nähere u. weit. Umgegend v. Halle a. S., einschließlich der empfehlenswerthesten Partien nach d. Harze u. nach Thüringen. Ein Reisehandbuch f. Einheimische u. Fremde. 12. (115 S. m. 2 Karten.) Halle 895. F. Starke. n. 1. —

Schultze, O., 99 Ausflüge in die nähere u. weitere Umgebung v. Halle a. S. einschließlich empfehlenswerter Partien nach dem Harze u. nach Thüringen. Mit Führer durch die Stadt. Ein Reisehandbuch f. Einheimische u. Fremde. 2. ergänzte Aufl. (139 S. m. 1 Karte.) kl. 8. Halle (908). Gloeckner & Niemann. 1. 20

99 Ausflüge in die nähere und weitere Umgebung von Halle a. S. einschließl. empfehlenswerter Partien nach d. Harze ... Mit Führer durch d. Stadt. Ein Reisehandbuch ... Von O[tto] **Schultze**. 2. erg. Aufl. Halle a. S.: Mühlmann [1908]. 139 S. 8°

Schultze, Otto *Aemilius Richardus* [Marchicus]: Disquisitiones Euripideae ad recensionem posterioris ordinis fabularum pertinentes ... (Soll vollst. ersch.) Berolini, Mayer & Mueller, *1896*; 2 Bl., 32 S., 1 Bl. 8.
Berlin, Phil. Fak., Inaug.-Diss. v. 1. Aug. 1896

Schultze, Otto, Gelegenheits-Gedichte f. alle Fest- u. Feiertage des Hauses. — Gelegenheitsgedichte, Deklamationen u. Aufführungen f. christliche Vereine. s.: Hausschatz, Lengericher.

Schultze, Otto, Dr. med., appr. Arzt a. Merseburg a. d. Saale: Einige Hauptgesichtspunkte der Beschreibung in der Elementarpsychologie. 1. Erscheinungen und Gedanken. Leipzig 1906: W. Engelmann. (98 S.) 8° ¶ (Aus: Archiv f. d. ges. Psychologie Bd 8; ebenda folgen weitere Teile.)
Würzburg, Phil. Fak., Ref. Külpe, Diss. v. 24. Okt. 1906
[Geb. 9. Okt. 72 Merseburg; Wohnort: Merseburg; Staatsangeh.: Preußen; Vorbildung: Gymn. Merseburg Reife O. 92; Studium: Kiel 1, Leipzig 1, Heidelberg 6, München 8, Würzburg 2 S.; Rig. 8. März 06.]

Schultze, O[tto]. Lebensbilder aus der chinesischen Mission. Mit vielen Bildern, meist nach Originalzeichnungen des Verfassers. 144 S. 8. Basel, Missionsbuchh., 1905. [fr. 1.50]

Schultze, Otto, s.: Quellwasser-Kalender.

Schultze, Otto: Rätselschatz, s. Hausschatz, Lengericher.

— im Reich d. Mitte od. d. Basler Mission in China. 8. (80 S. m. Bild. u. 1 Karte.) Basel 897. Missionsbuchh. n. — 30

Schultze, O., im Reich der Mitte. Die Basler Mission in China. 2. ergänzte u. verm. Aufl. 8. (80 S. m. 15 Abbildgn. u. 1 Karte.) Basel 900. Missionsbuchh. n. — 30

Schultze, O[tto]. Im Reich der Mitte: Die Basler Mission in China. 3. ergänzte und vermehrte Aufl. Mit 13 Bildern und einer Karte. IV + 80 S. 8. Basel, Missionsbuchh., 1901. (fr. —.35 = M. —.30)

Die Rose, die Königin der Blumen, ihre Pflanzung, Züchtung und Pflege. Ein Ratgeber f. Rosenfreunde von Otto **Schultze**. Mit 10 Ill. u. 1 Farbendruckbilde. Donauwörth: E. Mager. (62 S.) 8° [F.] = **Bibliothek**, Mayer's, der Praxis. Bd 7. [05. 11334

Schultze, Otto, die Rose, die Königin der Blumen, s. a. Mager's Bibliothek der Praxis. 7. Bd.

Schultze, O[tto]. James Hudson Taylor. Ein Glaubensheld im Dienste der Evangelisation Chinas. Mit fünf Bildern [wovon 2 Tafeln] und einer Kartenskizze [sowie illustriertem Umschlag]. IV + 236 S. 8. Basel, Missionsbuchh., 1906. [fr. 2.25]

Schultze, Otto: Qualitative und quantitative Untersuchungen über die Verwendbarkeit der Rumpelschen Geloduratkapseln. Leipzig 1909: Georgi. 17 S. 8°
Leipzig, Med. Diss. v. 11. Febr. 1909, Ref. Boehm
[Geb. 19. Jan. 80 Berlin; Wohnort: Charlottenburg; Staatsangeh.: Preußen; Vorbildung: Dorotheenstädt. Realgymn. Berlin Reife M. 99; Studium: Berlin Chemie 5. Med. 11 S.; Coll. 26. Febr. 09; Approb. 24. Febr. 09.] [U 09. 1876

Schultze, Otto, a. Libbenichen, Provinz Brandenburg: Aus der Universitäts-Frauenklinik in Greifswald. Über Urogenitalfisteln und Mastdarmgenitalfisteln. Greifswald 1906: H. Adler. (60 S.) 8°
Greifswald, Med. Fak., Ref. Martin, Diss. v. 22. Juni 1906
[Geb. 24. Jan. 80 Reichenwalde, Kr. Beeskow-Storkow; Wohnort: Libbenichen; Staatsangeh.: Preußen; Vorbildung: Friedrichs-Gymn. Frankfurt a. O. Reife O. 01; Studium: Greifswald 9 S.; Coll. 2. Febr. 06; Approb. 1. Juli 06.]

Schultze, Otto, approb. Arzt aus Merseburg: Aus d. med. Poliklinik u. d. physiol. Institut in Jena. Über den **Wärmehaushalt** des Kaninchens nach dem Wärmestich. *Leipzig 1899: J. B. Hirschfeld.* (24 S.) 8°
Jena, Med. Diss. v. (18. Sept.) 1899

Schultze, Otto H., zum Chaussee-Bau. Rathschläge u. Hilfsmittel. gr. 8. (VI, 66 S. m. 5 Taf.) Guben 883. Koenig. n. 4. —

Schultze, Otto H., üb. den Kreis-Chaussee-Bau, speciell in der Prov. Brandenburg. 8. (16 S.) Guben 875. König. — 50

Schultze, Otto W. [aus Hannover]: Über stereoisomere Diazocyanide und über Derivate von Diazokarbonsäuren ... Würzburg, kgl. Universitätsdr. v. H. Stürtz, 1896; 53 S. 8.
Würzburg, Phil. Fak., Inaug.-Diss. v. 1896

Schultze, P. [Referendar am K. Amtsgericht Bautzen]: Der Begriff der Oeffentlichkeit im Reichsstrafgesetzbuch .... *Bautzen, Schmaler's Buchdr.* (1887); 31 S. 8°.
Erlangen, Jur. Fak., Inaug.-Diss. v. 1887.

Schultze, P., der Begriff der Oeffentlichkeit im Reichsstrafgesetzbuch. Diss. Erlangen 1887, Th. Blaesing. 8°. 31 S.

Schultze, P., unser Glaube u. sein gutes Recht. 8. (95 S.) Hagen 894. H. Risel & Co. n. 1. 50

Schultze, Paulus: De archaismis Sallustianis. Halis Saxonum (1871: Schade in Berlin). 83 S. 8°
Halle-Wittenberg, Phil. Diss. v. 20. Juni 1871
Geb. Berlin 30. 11. 1843. V.

Schultze, Paul: Beitrag zur Lehre der psychischen und nervösen Erkrankungen infolge von Verletzungen und Unfall. Rostock i. M. 1902. (71 S.) 8°
Rostock, Med. Diss. v. [30. Juni] 1902

Schultze [Paul], Direktor Prof. Dr.: Beiträge zur unterrichtlichen Behandlung der Paulinischen Briefe. Wittstock 1907: O. Wessoly. (S. 3—12.) 4° [F.]
Wittstock, k. G P 1907 (102)

Schultze, Paul, approb. Arzt aus Bremen: Aus d. chirurg. Klinik zu Kiel. Ueber ein mit Erfolg operirtes Carcinom der Gallenblase und Leber. *Kiel 1900: P. Peters.* (14 S.) 8°
Kiel, Med. Diss. v. [12. Juni] 1900

Schultze [Paul]: Über Frauenbildung. Referat u. Diskussion. Aus d. Verhandlungen d. Frauenkursus der freien kirchlich-sozialen Konferenz am 13.–15. April 1899. — Berlin: Berliner Stadtmission 1899. 31 S. 8° (Hefte d. freien kirchl.-sozialen Konferenz. 6. [1.])

Schultze, Paul, der Galaterbrief. Anh.: Leben des Paulus, s.: Schriften, neutestamentliche, im Zusammenhange erläutert f. höhere Schulen.

350 Jahre eine Stätte des Evangeliums in der deutschen Ostmark! ⟨1557–1907.⟩ Eine Geschichte d. Kirchspiels Pillupönen auf Grund urkundl. Quellen. Zur Jubiläumsfeier, d. 10. Juni 1907, verf. von Paul **Schultze**, Pfarrer. Königsberg i. Pr.: Ostpr. Dr. u. Verlagsanst. 1907. (85 S.) 8° [F.] [07. 14791] 10

Schultze, (Frid. Herm.) Paulus (geb. Pyrmont 24. 9. 1859): De Lysiae oratione trigesima. Berolini (1883). (42 S.) 8°
Berlin, Phil. Diss. v. 21. Febr. 1883

Schultze, Paul, de Lysiae oratione XXX. Dissertatio inauguralis philologica. gr. 8. (42 S.) Berlin 883, (Mayer und Müller.) * 1 —

Schultze, Paul, die Organisation der Berliner Börse. Eine Vertheidigungsrede. Vortrag, geh. im „Juristen-Verein zu Dresden" u. „Dresdner Anwaltverein". gr. 8. (23 S.) Dresden (901). (H. Burdach.) n.n. — 25

Schultze, Paul: **Osteoma** internum sarcomatosum des Oberkiefers. *Würzburg 1898: Becker.* (27 S.) 8°
Würzburg, Med. Diss. v. 1898

Schultze, Paul. Georg. Albert. (geb. Brandenburg a. H. 19. 3. 1837): De blenorrhoea conjunctivae. Berolini (1859). (32 S.) 8°
Berlin, Med. Diss. v. 3. März 1859

Schultze, Peter [Praes.], s. B e c k e r, Aug.: De concursu delictorum.

Schultze, Peter [Praes.], s. K o e h l e r, Christian: De attestatis. Von Kundschafften.

Schultze, Pet., Nord-Amerika, insbesondere der Staat Indiana, siehe: Auswanderer, der, am Niederrhein. Nr. 7.

Schultze, Peter [Praes.], s. Ü c h t r i t z, Johann Andreas von: De obligatione vasalli erga convasallum, Von der Verbindlichkeit eines Vasallen gegen seinen Mit=Vasallen.

Schultze, Peter [Praes.], s. Ü c h t r i t z, Konrad Bernhard von: De feudo gratiae, German. Gnaden=Lehen.

Schultze, Peter [Praes.], s. V i e r e g g e, Volrath Paris von: De vasallo adjutore, Vom Hülffleistenden Lehn=Manne.

Schultze, R., Fest-Predigten. Eine Jubiläums-Gabe zum 18. Febr. 1885. gr. 8. (161 S.) Wittenberg 885. Wunschmann. n. 1. 40

Schultze, R., über den Gebrauch der Kesselstein-(Pfannenstein-, Wasserstein-, auch sogenannten Salpeter-) Auflösungsmittel, das Ansetzen genannten Steines in Dampfmaschinenkesseln zu verhüten. Für Dampfkesselbesitzer und Techniker, welche die Kräfte derselben benutzen. gr. 16. (26 S.) Zerbst 854. [Leipzig,] Wallerstein.

Schultze, R.: L e h r b u c h d. Fabrikation v. Mineralwässern, ... s. S c h u l t z e, H.

Schultze, R., D. Martin Luther. Sein Werden und Wirken bis zu dem Zeitpunkt seiner inneren Abgeschlossenheit, seine zuversichtl. Selbstständigkeit, seine Ruhe eines gerechtfertigten Christen im Sterben und die Predigt seines erhaben großen Lebens an unser Herz. Vortrag aus dem Luther-Jubiläumsjahre, bei der ersten stillen Wiederkehr jener festl. Tage, den Freunden und vorzugsweise den Dienern der Wahrheit zur Nachachtung dargereicht. gr. 8. (64 S.) Wittenberg 884, (Wunschmann.) * — 80

Schultze, R., der **Schlacht- u. Viehhof** in Köln. [Aus: „Ztschr. f. Bauwesen".] Fol. (12 S. m. 1 Abb. u. 4 Taf.) Berlin 897. W. Ernst u. Sohn. Kart. n. 8.—

Schultze, R., d. Stellung d. **Namen** bei d. Ausübg. d. Taufhandlg. gr. 8. (35 S.) Seehausen 894. M. Roovor. n. — 50

Schultze, Reinhard

— Adnotationes ad Aeschyli Eumenidum I. (v. 1—233). Pr. 1873. 29 S. 4°.

Schultze: De dialogi Platonici, qui inscribitur L y s i s, argumento et consilio. 18 S.–Brandenburg Ri.A., Progr. 1860

Schultze, R., Ueber Platon's Euthyphron. Pr. 1870. 18 S. 4°.

Schultze, Reinhard (geb. Berlin [illegible] 1846): 22 Fälle wichtiger Puerperal-Erkrankungen des Sexual-Apparates. Berlin (1869). (32 S.) 8°
Berlin, Med. Diss. v. 17. Apr. 1869

Schultze, Car. Frid. Reinhard. (geb. Buchholz bei Frankfurt a. O. 17. 9. 1832): De chori Graecorum tragici habitu externo. Berolini (1856). (61 S.) 8°
Berlin, Phil. Diss. v. 17. Dez. 1856

Schultze, Reinhard, de chori Graecorum tragici habitu externo. Commentationis ab amplissimo ordine philosoph. in alma litt. universitate Friderico-Guilelma Berolin. praemio ornatae particula. gr. 8. (55 S.) Berlin 857, Gaertner. *

Schultze, Reinh.: De re scenica in Aeschyli Eumenidibus. 26 S. – Colberg, Progr. 1859.

Schultze, Reinhard Aeschyli Eumenidum versus 234—388 Herm. emendati et explicati. 27 S. **Progr.** *Königsberg N. M.* 1876.

SCHULTZE, RICHARD. Ueber α-Naphtol-di- und Trisulfonsäure. Freiburg i. B., 1883.

Schultze, Richard [Apotheker aus Salzwedel]: Beiträge zur chemischen Zersetzung der Silikate und Silikatgemenge ... München, Buchdr. v. M. Ernst, 1893; 32 S. 8.
Erlangen, Phil. Fak., Inaug.-Diss. v. 14. Dez. 1892

Schultze, Richard: Ueber traumatische N e u r o s e n ... Erlangen: Felix Freyhoff's Buchdr. in Schwedt a. O., 1888. 55 S. 8°
Erlangen, Med. Fak., Inaug.-Diss. v. 28. Jun. 1888

Schultze, Richard Sigmund

Schultze, Rich. Sigm., Geschichte der Stiftungen städtischen Patronates zu Greifswald. Aus den Acten u. Urkunden des Rathsarchives dargelegt. gr. 8. (XVII, 248 S.) Greifswald 899. J. Abel. n. 4. 50

Schultze, Rich. Sigism., de naturali pupillorum obligatione, qui sine tutoris auctoritate contraxerunt, secundum principia juris romani. Commentatio juridica. 8maj. (VIII und 60 S.) Gryphiae 854, libr. Kochiana. *

Schultze, R. S., Die Selbsthülfe, ihre Entwickelung und Erfolge in den Genossenschaften. Ein Beitrag zur Verständigung über die Grundlagen und Zwecke der deutschen Genossenschaften. Mit einem Anhange enth. d. Gesetz vom 27. Mai 1867. Greifswald.

Schultze, Rich., Umlageverfahren und Einzelangriff nach dem Genossenschaftsgesetz vom 4. Juli 1868 und dem Entwurf eines neuen Genossenschaftsgesetzes. Ein Beitrag zur Beurtheilung des von der Reichsregierung veröffentlichten Entwurfs eines neuen deutschen Genossenschaftsgesetzes. gr. 8. (48 S.) Greifswald 888, Bindewald. * — 75

Schultze, Robert [cand. med.]: Experimenteller Beitrag zur Lehre von der polaren Reizmethode in der Electrotherapie. Strassburg, Buchdruckerei H. L. Kayser. 1875. 8. 41 S., dabei eine Figurentafel.

Schultze, Rudolf

Die Angelegenheiten der freiwilligen Gerichtsbarkeit. Reichsgesetz vom 17. Mai 1898, Preuss. Gesetz vom 21. Sept. 1899. Erl. von R[udolf] Schultze-Görlitz, Kammerger.R., u. Dr. H[erm.] Oberneck, Rechtsanw. in Berlin. Th. 1. 2. *Berlin: C. Heymann 1900.* 2 Bde 8° [F.]
1. Das Reichsgesetz 2. Das Preuss. Gesetz.
— Kommentar z. Bürgerl. Gesetzbuche u. s. Nebengesetzen. Th. 2, Bd 5. (c. 2.) (01. 98)

— — dasselbe, s.: Taschen-Gesetzsammlung.

Schultze, Rud., Bau u. Betrieb v. Volksbadeanstalten. Mit e. Vorworte v. Ed. Lent. Lex.-8. (69 S. m. 45 Abbildgn.) Bonn 893. E. Strauss, Verl. Kart. n. 3. —

Schultze, Rud., das Bleibende in der Lehre Jesu. Eine krit. Ergänzung zu Harnacks „Wesen des Christentums". gr. 8. (60 S.) Berlin 902. C. A. Schwetschke & Sohn. n. 1. 20

Schultze, Rudolf, aus Bremen: Über Unpolarisierbare Erdplatten. *Halle a. S. 1898: Waisenhaus.* (47 S.) 8°
Halle, Phil. Diss. v. 1898

Schultze, Rud., und Ed. Angerstein, die Frei- und Ordnungsübungen in der Volksschule nebst einem Anhang von Turnspielen. Berlin 861. R. Schultze's Selbstverlag. 8. (IV, 92 S.) n. 6 ngr.

Schultze, Rud., Führer durch Bonn, s.: **Hesse, Werner.**

Schultze-Görlitz, R., die Führung des Handels- u. Muster-Registers, zum prakt. Gebrauch systematisch dargestellt. gr. 8. (XIV, 481 S.) Berlin 893. F. Vahlen. n. 10. —; geb. n.n. 12. —

Schultze, Rud. König Friedrich Wilhelm's IV. Gedanken über die Zukunft der preußischen Landeskirche. Ein Vortrag über die diesen Gegenstand betr. Reden und hinterlaß. Aufzeichnungen des Königs im evangel. Verein zu Potsdam gehalten. gr. 16. (48 S.) Berlin 867, Rauh.

Schultze, Rudolf: Geschichte des Weins und der Trinkgelage. Ein Beitrag zur allgemeinen Kultur- und Sittengeschichte, nach den besten Quellen bearb. und populär dargestellt .... Berlin: Nicolai 1867. XXIII, 225 S. -- 1a.16.36.38.77*.107.121.Frei 100.ÖNB*.RUd.*

Schultze, (Osc. Guil.) Rud. (geb. Saatzke 12. 5. 1814): De hepatitide. Berolini (1838). (32 S.) 8°
Berlin, Med. Diss. v. 25. Mai 1838

Schultze, Rud., zur Klimatologie der Insel Madeira. Schwerin 862. (Hildebrand.) Lex.-8. (81 S.) n. 12½ ngr.

Schultze-Görlitz, R., s.: **Kommentar zum bürgerlichen Gesetzbuche u. seinen Nebengesetzen.**

Schultze, Rudolph, aus Grüneberg: Kritik der Religionstheorie Rauwenhoff's. *Berlin 1898: Knoll & Wölbling.* (45 S.) 8°
Erlangen, Phil. Diss. v. 25. Okt. 1898

Schultze, Rud., und Ed. Angerstein, Leitfaden für den gesammten Turn-Unterricht. 1. Thl. Die 1. u. 2. Turnstufe. A. u. d. T.: Leitfaden für den Turn-Unterricht in Knaben- und Mädchenschulen. Berlin 858. R. Schultze's Selbstverlag. 8. (XII, 243 S.) n. 20 ngr.

—— —— Leitfaden für den gesammten Turn-Unterricht. 1. Thl. Die I. und II. Turnstufe. Turn-Unterricht in Knaben- und Mädchenschulen. 2., verm. und verb. Aufl. 8. (XII und 233 S.) Berlin 861, R. Schultze's Selbstverlag. *

— die Insel Madeira. Aufenthalt der Kranken u. Heilung der Tuberkulose daselbst. Nach dreijährigen Beobachtungen. Stuttgart 864. Cotta. 8. (V, 146 S.) 15 ngr.

SCHULTZE, Rud., Die Modenarrheiten. Ein Spiegelbild der Zeiten und Sitten für das deutsche Volk. Berlin: Nicolaische Verlagsbuchhandlung, 1868. 8°. IX u. 238 S. Illustr. Orig.-Cart. mit color. Titel (Mk. 4,50). (3 Mk. Oskar Rauthe, Friedenau, 1910; 1 Mk. E. Frensdorff, 1909.)

Schultze, Rudolf: Fünfzig Psalmen in poetischer Verdeutschung. Von R. Sch. 32 S. 4. Vierzehnte Realschule *Berlin* 1910 (170). *Progr.*

Schultze, Rud., 50 Psalmen in poet. Verdeutschung. (Progr.) (32 S.) gr. 8. Berlin 910. Weidmann. 1. --

-- die Schiedsmannsordnung v. 29. III. 1879, s.: Morschütz, P.

Schultze, Rud., Stimmen aus der Tiefe. (138 S.) 8. Leipzig 906. Modernes Verlagsbureau. n. 2. —

Schultze, Rudolph, Der Verfassungs-Entwurf der siebzehn Vertrauensmänner und die Verfassung der Amerikanischen Freistaaten nebeneinander gestellt und mit einem Vorworte begleitet. Liegnitz, W. Pfingsten, 1848. Berlin, J. A. Wolgemuth. 19 S. 4°.

[**Schultze,** Rudolphus]: * De virtute Platonica. 73 S. 8° (4°)
Halle-Wittenberg, Phil. Diss. v. 17. Dez. 1849
Geb. [Berlin 26. 6. 1828]

— Volks- u. Hausbäder, s.: Handbuch der Hygiene.

Schultze, Rudolf Fr.

Schultze, Rud. Fr., († d. 8. Jan. 1791.) Abschieds- u. Antrittspredigten. 8. Köthen 785.

Schultze, Rudolf Fr., s. Bedenken über das neue preuß. Gesangbuch.

— Beitrr. zu d. Zuschriften ans Volk ꝛc. 1r Bd. 8. Magdeb. 787. Creutz.

— Berichtigung eines Schreibens üb. die Gesellschaft z. Beförderung reiner Lehre u. wahrer Glückseligkeit betreff. 8. Magdeb. 768. Creutz. 2 gl.

— vom sinnreichen Christenthum. 8. Stendal 777. Franzen u. Gr. 1 gl.

— Gedanken, unvorgreifl., von d. Unterschiede d. außererweisl. Stücke u. Umstände d. Bekehrung u. Erneuerung d. Menschen in Ansehung der Temperamente derselben. 8. Stendal 780. Franzen u. Gr. 6 gl.

— Confirmationsrede. 8. Magdeb. 783.

— über reine Lehre und Gottseligkeit. 6 Stck. 8. Magdeb. Creutz. 787.

— üb. reine Lehre, Zuschr. a. Publikum. 3 Bde. 8. Magdb. Scheidbauer. 788–89.

— noch etwas üb. das neue preuß. Gesangbuch. 8. Frankf. u. Lpz. 782.

— thue Rechnung von deinem Haushalten. 8. Magdeburg, Creutz. 782.

— christliche Unterhaltungen. 2 Bde. 8. Magdeb. (Waisenhausbuchhdl. in Halle.) 788.

— christl. Unterhalt. 1e — 3e Mittheil. 8. Magdeb. 788 u. 89. (Waisenhaus-B. in Halle). 18 gl.

— alte Wahrheiten f. neuere Zeiten. Zum zweiten Male gedruckt. 8. Magdeb. 791. (Enth. seine kl. Schriften, Schulprogramme u. e. Kasualpredigten.)

— s. Zuschriften ans Volk.

Schultze, Samuel (Ratisp.)
Disputatio inauguralis juridica de pauperibus in camera litigantibus.
Giessae Okt. 1730: Eberh. Henr. Lammers. (4), 28 S. 4
pro gradu doctoris summis in utroque jure honoribus ac privilegiis doctoralibus rite consequendis.

Schultze, Samuel (Regensburg) A. S. 77/8

Dissertatio juridica de pauperibus in camera litigantibus. Rec.
Wetzlar (Winckler) 1752. 32 S.

Diss. Giessen X. 1730. 31855

Schultze, Samuel (Regensburg) A. S. 129/30

Dissertatio inauguralis iuridica de pauperibus in camera litigantibus. Ed. altera.
Giessen 1755. 31 S.

Diss. Giessen X. 1730. 31856

Schultze, Siegmar, Alexandria od. Individualität u. Wissenschaft. (IV, 40 S.) gr. 8. Halle 903. C. A. Kaemmerer & Co. n. — 60

Schultze, Siegmar, der Antichrist. Ein Traum. Gedicht in 5 Gesängen. (97 S.) gr. 8. Halle (907). [E. Trensinger.] Leipzig, Ethnologischer Verlag. 1.50; geb. 2.25

— Charakterbildung. Gymnasium u. Staat. Einige Betrachtgn. üb. Grenzen u. Mängel unserer Staatserziehg. (70 S.) gr. 8. Halle 911. C. Nietzschmann. 1.25

Schultze, Siegmar [Dr.]: Die Entwicklung der Götheschen Lyrik. '(Leipzig-Frankfurter Periode 1765/1770.)' ... Halle a. S., Hofbuchdr. v. C. A. Kaemmerer & C., 1892; 1 Bl., 5 — 58 S. 8.
Halle, Phil. Fak., Hab.-Schr. v. 6. Febr. 1892

— die Entwicklung des Naturgefühls in der deutschen Litteratur des 19. Jahrh. 1. Tl.: Das romant. Naturgefühl. (VIII, 170 S.) 8. Halle 907. E. Trensinger. n. 2.50; geb. n. 3.50

Schultze, Siegmar [aus Magdeburg]: Die Entwicklung der deutschen Oswaldlegende .... Halle a. S., Plötz'sche Buchdr., R. Nietschmann, 1888; 60 S. + 1 Bl. 8°
Halle, Phil. Fak., Inaug.-Diss. v. 22. Febr. 1888

Schultze, Siegmar, die Entwicklung der deutschen Oswaldlegende. Diss. Halle 1888, Lippertsche Buchh. 8°. 60 S.

Schultze, Siegmar, die Erhöhung des Menschen in der modernen Kunst u. Litteratur. Ein Beitrag zur Erkenntnis des neuen Zeitgeistes. gr. 8. (IV, 81 S.) Halle 902. C. A. Kaemmerer & Co. n. 1.20

Falk und Goethe. Ihre Beziehungen zu einander nach neuen handschr. Quellen von Dr. Siegmar Schultze, Privatd., Halle. *Halle a. S.: C. A. Kaemmerer & Co. 1900.* (VII, 83 S.) 8° [01. 60]

Schultze, Siegmar, s.: Falk, Johs., geheimes Tagebuch.

— Fortschritte u. Rückschritte unserer Kultur. Die Körperkultur der antiken u. modernen Menschheit. (VI, 58 S.) gr. 8. Halle (908). [Hallescher Verlag f. Literatur u. Musik.] Leipzig, Ethnolog. Verlag. 1.—

Schultze, S.: Fortschritte und Rückschritte unserer Kultur. Die Körperkultur der antiken u. modernen Menschen. 2. Aufl. Leipzig um 1910. 53 S.

Schultze, Siegmar, der junge Goethe. Ein Bild seiner inneren Entwicklg. (1749—1775). 7 Hfte. gr. 8. Halle, C. A. Kaemmerer & Co. n. 8.50; geb. in Leinw. n. 10.—
1. Goethe in Frankfurt (1749—1765). (VII, 79 S.) 893. n. 1.20
2. Goethe in Leipzig (1765—1768). (80 S.) 893. n. 1.20
3. Goethe in Frankfurt u. Strassburg (1768—1771). (102 S.) 893. n. 1.50
4. Frankfurt-wetzlarer Periode. 1. Abtlg.: Goethe in Frankfurt (1771—1772). (V, 74 S.) 894. n. 1.20
5. Frankfurt-wetzlarer Periode. 2. Abtlg.: Goethe in Wetzlar (1772). (57 S.) 894. n. 1.—
6. Goethe in Frankfurt (1772—1773). (80 S.) 894. n. 1.20
7. — dasselbe (1773—1774). (III, 80 S.) 894. n. 1.20

— Das Naturgefühl der Romantik. 2. [Titel-]Aufl. (VII, 170 S.) 8. Leipzig [907] 911. Ethnolog. Verl. 2.50

Im Reiche der Phäaken. Novellen von Siegmar Schultze. Halle: H. Kreibohm 1905. (219 S.) 8° [F.] [06 2301 3

— Schiller. Vortrag zur Gedenkfeier. (29 S.) gr. 8. Halle 905. C. A. Kaemmerer & Co. n. — 60

Schultze, Siegmar, im Sturm der Zeit. Gedichte. (VIII, 109 S.) 8. Halle 904. Paalzow & Co. n.n. 1.50

Wege und Ziele deutscher Litteratur und Kunst v. Dr. Siegmar Schultze, Privatd. an d. Univ. Halle-Wittenberg. *Berlin: C. Duncker 1897.* (VIII, 151 S.) 1 Bd 8. [97. 7647

— von der Wiedergeburt deutscher Kunst. Grundsätze u. Vorschläge. gr. 8. (IV, 86 S.) Ebd. 898. n. 1.50

Der Zeitgeist der modernen Litteratur Europas. Einige Kapitel z. vergleich. Litteraturgesch. v. Dr. Siegmar Schultze, Privatdoz. a. d. Univ. Halle-Wittenberg. *Halle a. S.: C. A. Kaemmerer & C. 1895.* (V S., 1 Bl., 91 S.) 1 Bd 8. [96. 3460

Die Zeitseele in der modernen Litteratur und Kunst. Zwei Kapitel: d. Weib u. d. Natur-Auffassg v. Dr. Siegmar Schultze, Privatdoc. a. d. Univ. Halle-Wittenberg. *Halle a. S.: C. A. Kaemmerer & C. 1898.* (VI, 74 S.) 1 Bd 8. [98. 1894

Schultze, Sigm., ein Fall von erworbener totaler Atresie der Vagina mit Haematometra nach Lungenentzündung. Inaugural-Dissertation. gr. 8. (24 S.) Jena 882, (Frommann'sche Buchdruckerei.) *

Schultze, Sigm., ein Fall von erworbener totaler Atresie der Vagina mit Haematometra nach Lungenentzündung. Inaugural-Dissertation. gr. 8. (24 S.) Jena 882. Pohle. n. — 50

Schultze, Stephan, s. Schulz, Stephan.

Schultze, Th. (Primaner) Ode latina. Bei Einweihung des Gymnasial-Gebäudes, 8 Oktbr. 4 S. . . . .
Luckau, Progr. 1832

[Schultze, Theodor:] Bemerkungen zu dem dänischen Memorandum in Betreff der finanziellen Beschwerden Holsteins. Hamburg. 1858. 8°

Schultze, Thdr., Betrachtungen über die physikalischen Lehren vom farbigen Lichte und über dessen wahrscheinlichen Ursprung. gr. 8. (III, 52 S. mit 1 lithogr. Figurentaf. in Fol.) Kiel 869, Schwers'sche Buchh. * 1 20

— der Buddhismus als Religion d. Zukunft. 2. [Titel-] Aufl. (v. D. Christenthum Christi u. D. roll. Rad des Lebens). gr. 8. (X, 78 u. 143 S.) Leipzig (891. 92) 898. W. Friedrich. n. 3. —

Schultze, Th. Das Christenthum Christi u. die Religion der Liebe. Ein Votum in Sachen der Zukunftsreligion. 1. u. 2. Aufl. gr. 8. (80 S.) Lpz. 891, W. Friedrich. * 1 50

Schultze, Theodor: Christus, der Weltversöhner, der Welterlöser, der Weltbesieger, der Weltseligmacher. – und seine Kirche „die Eine", „die Einige". Ein Schlüssel zum klaren Verständnis der ganzen Bibel und somit die Offenbarung wirklich – offenbar. Oldenburg i. Holst. 1862. 8°

Schultze, Th., das Dhammapada. Eine Verssammlg., welche zu den kanon. Büchern der Budhisten gehört. Aus der engl. Uebersetzg. v. F. Max Müller, Sacred books of the East, vol. X, metrisch ins Deutsche übertragen. Mit Erläutergn. gr. 8. (XIX, 123 S.) Leipzig 885. O. Schulze. n. 2. 50

Schultze, (Ferd. Julius Theod. (geb. Pyritz 10. 9. 1832): De erysipelate. Berolini (1859). (31 S.) 8°
Berlin, Med. Diss. v. 30. Mai 1859

Schultze, Th., Buddhas Leben u. Wirken, s.: Universal-Bibliothek.

—— Das rollende Rad d. Lebens u. der feste Ruhestand. Eine Fortsetzg. d. Votums üb. das Christenthum Christi u. die Religion der Liebe in Sachen der Zukunftsreligion. gr. 8. (V, 143 S.) Ebd. 892. * 2 —

Schultze, Th., die Religion der Zukunft. 1. u. 2. Thl. 3. stark verm. Aufl. (Im Nachlaß des Verf. vorgefundenes Mskr.) gr. 8. Frankfurt a/M. 901. Neuer Frankfurter Verlag. à n. 2. —
1. Das Christenthum Christi u. d. Religion d. Liebe. (VII, 116 S.)
2. Das rollende Rad d. Lebens u. d. feste Ruhestand. (V, 195 S.)

— Vedanta u. Buddhismus als Fermente f. e. künftige Regeneration des religiösen Bewußtseins innerhalb des europäischen Kulturkreises. gr. 8. (X, 143 S.) Ebd. 893. n. 3. —

Schultze, Th., die Wahrheit in der holsteinischen Erbfolgefrage wider die Augustenburger Doctrin. Lübeck 864. Aschenfeldt. gr. 8. (80 S.) n. 10 ngr.

Schultze, Ulrich, Referendar: Der Anspruch auf Schadenersatz aus Vertrag und unerlaubter Handlung. Königsberg i. P. 1908: Kümmel. 49 S. 8°
Jena, Jur. Diss. v. 1. Sept. 1908, Ref. Danz
[Geb. 24. Aug. 86 Marienwerder, Wpr.; Wohnort: Zinten; Staatsangeh.: Preußen; Vorbildung: Gymn. Elbing Reife O. 05; Studium: Königsberg 2, Heidelberg 1, Breslau 1, Königsberg 2 S.; Rig. 30. Juli 08.] [U 09. 2130

Schultze, Viktor

Schultze, Vict., Archäologie der altchristl. Kunst. gr. 8. (XII, 382 S. m. 120 Abb.) München 895. C. H. Beck. n. 10. —; geb. in Halbfrz. n.n. 12. —

Schultze, Vict., die altchristlichen Bildwerke und die wissenschaftliche Forschung. Eine protestantische Antwort auf römische Angriffe. 8. (40 S.) Leipzig 889, Deichert'sche Verlagsb. Nachf. *
Entgegnung auf die Schrift: Rom's Katakomben und Pastor Rönneke, beleuchtet, von A. de Waal. (s. das.)

Schultze, Vict., s.: Codex Waldeccensis.

Der Croy-Teppich der königlichen Universität Greifswald. Von Prof. D. Victor Schultze. M. 1 Lichtdrucktaf. *Greifswald: J. Abel 1898.* (2 Bl., 8 S., 1 Taf.) 1 Bd quer-4. [98. 7417

Schultze, Vict., der theologische Ertrag der Katakombenforschung. Zur Orientirung u. zur Abwehr. 8. (30 S.) Leipzig 882. Drescher. n. — 60

Schultze, Victor, der theologische Ertrag der Katakomben-Forschung. 8. Leipzig 882, Wilh. Weber. [60 Pf.] * — 30

—— Geschichte des Untergangs des griechisch-römischen Heidentums. In 2 Bdn. I.: Staat und Kirche im Kampfe mit dem Heidentum. gr. 8. (VIII, 455 S.) Jena 887, Costenoble. * geb. **

—— Geschichte d. Untergangs d. griechisch-römischen Heidentums. II. Die Ausgänge. gr. 8. (IX, 392 S.) Jena 892, Costenoble. * 9 —
1. Bd. Ebd. 1887. * 12 —.

Schultze, Viktor, D., ord. Professor der Theologie: Geschichts- und Kunstdenkmäler der Universität Greifswald. Zur 450-jährigen Jubelfeier im Auftrage von Rektor und Senat herausgegeben. Greifswald: J. Abel 1906. (67 S., Taf. I—XXI.) 4°
(Nicht für den Austausch)

Schultze, Vict., die altchristlichen Grabstätten Siziliens, s.: Jahrbuch d. kaiserl. deutschen Instituts. 7. Erg.-Heft. (Führer, Jos.).

Griechenland und die Zukunft des Orients. Von einem deutschen Historiker. [Verf.: Prof. Viktor Schultze, Greifswald]. Leipzig: Deichert 1897. 31 S. 8° [11. 1946

Schultze, Vict., Grundriß der Symbolik, s.: Plitt, Gust.

Die Quedlinburger Itala-Miniaturen der Königlichen Bibliothek in Berlin. Fragmente d. ältesten christl. Buchmalerei hrsg. v. Dr. Victor Schultze, Prof. a. d. Univ. Greifswald. M. 7 Taf. u. 8 Textabb. *München: C. H. Beck 1898.* (2 Bl., 44 S., 7 Taf.) 1 Bd 4. [98. 9663

— die Katakomben. Die altchristlichen Grabstätten. Ihre Geschichte u. ihre Monumente. Mit einem Titelbild u. 52 Abbildgn. im Texte (in Holzschn.). Lex.-8. (X, 342 S.) Leipzig 882. Veit & Co. n. 10. —

— die Katakomben von San Genarro dei Poveri in Neapel. Eine kunsthistorische Studie. Mit 10 lith. Taf. gr. 8. (X, 79 S.) Jena 877. Costenoble. n. 4. 80

— der römische Katholizismus, s.: Handbuch d. theologischen Wissenschaften.

Schultze, Vict., das evangelische Kirchengebäude. Ein Ratgeber f. Geistliche u. Freunde kirchl. Kunst, hrsg. in Verbindg. m. Mothes u. Prüfer. gr. 8. (IV, 139 S. m. Illustr.) Leipzig 886. Böhme. n. 3. —; geb. n. 4. —

— unter dem Kreuz. Kulturgeschichtliche Erzählung aus dem christlichen Alterthume. Mit gegen 35 Text-Abbildgn., 5 Tonbildern u. einem bunten Titelbilde. gr. 8. (VIII, 182 S.) Leipzig 881. Spamer. n. 3. —; cart. n. 4. 50

Die Kunstdenkmäler der Universität Greifswald. Hrsg. v. Dr. Victor **Schultze**, o. Prof.... M. 6 Taf. u. 6 Abb. im Texte. *Greifswald: (Dr. v. Fischer & Wittig in Leipzig) 1896.* (25 S., 6 Taf.) 1 Bd quer-4. [97. 7048

— Waldeckische Landeskunde. Im Auftrage des Geschichtsvereins f. Waldeck u. Pyrmont hrsg. (X, 419 S. m. 282 Abb. u. 6 Taf.) gr. 8. Ebd. 909. Geb. 4.—

— Philipp Nicolai. Zum Gedächtnis seines 300jährigen Todestages 26. X. 1908. Auf Veranlassg. des fürstl. waldeck. Konsistoriums. (IV, 79 S. m. Abb. u. 1 Bildnis.) 8. Mengeringhausen 908. Weigelsche Hofbuchdr. (Nur direkt.) nn — 60

— Waldeckische Reformationsgeschichte. gr. 8. (X, 459 S. m. 50 Abb.) Leipzig 903. A. Deichert Nachf. n. 6. 50

— das Kloster S. Marco in Florenz. Ein kulturgeschichtl. Bild aus dem 15. Jahrh. 8. (70 S.) Leipzig 888. Böhme Nachf. n. 1. 40

— archäologische Studien über altchristliche Monumente. Mit 26 (eingedr.) Holzschn. gr. 8. (V, 287 S.) Wien 880. Braumüller. n. 6. —

— s.: Studien, Greifswalder.

Schultze, W., s. Chamier, Fr., Leidenschaft u. Grundsatz. —

— Hrn. Prof. Dr. Linke's Einwände gegen die Abhandlung: „Warum Bier nicht aus Gläsern getrunken werden soll". Widerlegt. Lex.-8. (20 S.) Leipzig 890. Literar. Anstalt, Aug. Schulze. n. — 60

Schultze, W., s. Soulié, Fr.: Die Eisenhütte.

Schulte, W., s. Soulié, aus d. Leben e. Schriftstellers.

—— s Soulié, der verliebte Löwe.

Schultze, W., s. Soulié, Nathaniel. — dess. Ein Liebestraum.

Schultze, W., warum Bier nicht aus Gläsern getrunken werden soll. Untersuchung, ausgeführt vom Standpunkte d. Biertrinkens u. vom Standpunkte der deutschen, sowie d. österr. Sanitätsgesetzgebg. [Aus: „Mittheilgn. d. Versuchsstation f. Brauerei u. Mälzerei in Wien".] Lex.-8. (54 S. m. 69 eingedr. Abbildgn.) Wien 890. (Leipzig, Literar. Anstalt, Aug. Schulze.) n. 1. 80

— über die Zerstörung d. Biergeschmackes u. -Geruches durch das Sonnen- od. Tageslicht im Kleinverkehre m. Bier. [Aus: „Mittheilgn. d. Versuchsstation f. Brauerei u. Mälzerei in Wien".] Lex.-8. (11 S.) Ebd. 888. n. — 40

Schultze, Fridericus Guilelmus **Waldemarus**: Statuum regni Borussici ordo num sit et quatenus sit legibus confoederationis Germanicae consentaneus. Halae 1859: Hendel. VIII, 63 S. 8°

Halle-Wittenberg, Jur. Diss. v. 10. Juni 1859

Geb. [Götz (Kr. Zauch-Belzig) 22. 6. 1834]

Schultze, Walther [aus Berlin]: Die Abgrenzung der Gaugrafschaften des alamannischen Badens ... [In 2 Lief.] [Erschien erweitert 1896 bei Strecker & Moser in Stuttgart.] Sigmaringen, Buchdr. M. Lutz ([Umschlagt. d. 2. Lief.:] Stuttgart, Buchdr. Strecker & Moser), 1895; XII S., 1 Bl., 310 S. [ohne Kt.] 8.

Heidelberg, Phil. Fak., Inaug.-Diss. v. [12. Nov.] 1895

Schultze, Walther: Forschungen zur Geschichte der Klosterreform im 10. Jahrhundert. 1. Cluniacensische und lothringische Klosterreform. Halle a. S. 1883: Schlesinger. 79 S. 8°

Halle-Wittenberg, Phil. Diss. v. 9. Mai 1883.

Geb. Kolberg (Pomm.) 9. 3. 1862. V.

Verf. erlebte die Diplomerneuerung 1933 als Bibliotheksdirektor a. D. Professor in Berlin-Wilmersdorf.

Die fränkischen Gaue Badens v. Dr. Walther **Schultze**. *Stuttgart: Strecker & Moser 1896.* (XIII S., 1 Bl., 140 S., 1 Bl., 272, 112 S., 1 Kt.) 1 Bd 8. [96. 9150

Schultze, Walther: Die fränkischen Gaue Badens. Buch I. Paralegomena. Buch II. Beschreibung der Gaugrafschaften. Buch III. Die alten Hohenzollerngaue. (Ein Nachtrag zu den alamannischen Gaugrafschaften.) Stuttgart 1896. 1 Bd. XIII, 140, 272, 112 S., 1 Krt. 8°. [C 8200

Die Gaugrafschaften des alamannischen Badens. Von Walther **Schultze**, Dr. phil. *Stuttgart: Strecker & Moser 1896.* [Erweit. Heidelberger Diss. 1895.] (CXVI, 324 S., 1 Kt.) 1 Bd 8. [95. 668]

Die fränkischen Gaugrafschaften Rheinbaierns, Rheinhessens, Starkenburgs und des Königreichs Württemberg v. Dr. Walther **Schultze**. *Berlin: Pass & Garleb 1897.* (XLIII, 544 S., 1 Kt.) 1 Bd 8. [97. 5038

Schultze, Walth., deutsche Geschichte von der Urzeit bis zu den Karolingern, s. Bibliothek deutscher Geschichte.

Schultze, Walth., deutsche Geschichte von d. Urzeit bis zu den Karolingern. 2. Bd. Das merowing. Frankenreich. M. e. (farb.) Karte: D. Frankenreich nach d. Teilung v. 561. (Bibliothek deutscher Geschichte.) Lex.-8. (XII, 548 S.) Stuttgart 896. J. G. Cotta Nachf. n. 6. —; geb. in Halbfrz. n. 8. —

Bd. 1 erschien u. d. T.: Gutsche, Osk., u. Walth. Schultze, deutsche Geschichte.

Schultze, W., Geschichte der preussischen Regieverwaltung von 1766—1786, s. a. Forschungen, staats- u. socialwissenschaftliche.

Schultze, Dr. Walther. Geschichte der preuss. Regieverwaltung von 1766—1786. Ein historisch-kritischer Versuch. I. Thl. Die Organisation der Regie von 1766—1786 und die Reform der Akzise von 1766—1770. Staats- u. sozialwiss. Forschungen, Bd. 7, Heft 3. Leipzig, Duncker u. H., 1888.

— **die Geschichtsquellen der Prov. Sachsen im Mittelalter u. in der Reformationszeit.** Im Auftrage der histor. Commission der Prov. Sachsen verzeichnet. **gr. 8. (VII, 202 S.) Halle 893. O. Hendel n. 4. —**

Schultze, Walter, approb. Arzt aus Tokio ⟨Japan⟩: Über Knochen- und Gelenkveränderungen bei Syringomyelie. *Freiburg i. B. 1903: K. Henn.* (39 S.) 8°

Freiburg i. B., Med. Diss. v. 1903

Schultze, Gualterus: De Prisciani locis Plautinis. Jena 1910: Neuenhahn. 58 S. 8°

Jena, Phil. Diss. v. 23. April 1910, Ref. Götz

[Geb. 4. Mai 84 Ludwigshof b. Stettin; Wohnort: Ludwigshof; Staatsangeh.: Preußen; Vorbildung: Stadt-Gymn. Stettin Reife O. 04; Studium: Jena 11 S.; Rig. 17. Dez. 09.] [U 10. 2373

Schultze, Walther. Deutschlands Ritter- und Verdienst-Orden der Gegenwart. Hrsg. von Walther Schultze. Berlin 1898. Pass & Garleb.
200 S. 17 Taf. 2°.

Schultze, Walth., Deutschlands Ritter- u. Verdienst-Orden der Gegenwart. gr. Fol. (V, 200 S. m. 17 farb. Taf. m. Text auf der Rückseite.) Berlin 900. J. A. Stargardt. Geb. in Leinw. n. 100. —

Schultze, Walther: System des Entwickelungs-Stadiums der Ritter- und Verdienst-Orden seit der Evolution des monarchischen Prinzips. Berlin 1899: Pass & Garleb. (272 S.) 2° (4°)

— **System des Entwickelungs-Stadiums der Ritter- u. Verdienst-Orden seit der Evolution des monarchischen Prinzips. gr. Fol. (IV, 273 S.) Ebd. 900. n. 25. —**

Schultze, Walth., die Thronkandidatur Hohenzollern u. Graf Bismarck. gr. 8. (55 S.) Halle 902. E. Anton. n. — 80
Sonderabdr. aus: „Festschrift d. thüring.-sächs. Geschichtsvereins f. Prof. Dr. Dümmler".

Schultze-Klosterfelde, Walter, Weißenburg, Wörth, Sedan, Paris. Heitere u. ernste Erinnergn. e. preuß. Offiziers aus dem Feldzuge 1870/71. 8. (IV, 136 S.) Leipzig 889. Th. Grieben. n. 1. 50; cart. n. 2. —

Schultze, Werner, Chronik der Stadt Storkow (Mark) im Kreise Beeskow-Storkow, im Zusammenhang m. der meißen'schen u. brandenburgisch-preuß. Geschichte nach den vorhand. Quellen aufgezeichnet. 4. (IX, 132 S.) Storkow (897). F. Jaensch. n. 4. —; geb. in Leinw. n. 5. —

Schultze, Wilhelm (Ferdinand Rudolf): Die Produktions- und Preis entwickelung der Rohrprodukte der Textilindustrie seit 1850 . . . [Erschien vollst. als Heft 6 d. 5. Bds. von: Staatswiss. Stud. hrsg. v. L. Elster.] Halle a. S., Lippert & C., Naumburg a. S., 1896; IV, 39 S. 8°
Halle, Phil. Fak., Inaug.-Diss. v. [8. Apr.] 1896

Die Produktions- und Preisentwickelung der Rohprodukte der Textilindustrie seit 1850. Von Dr. Wilhelm **Schultze**. *Jena: G. Fischer 1896.* (2 Bl., VIII, 107 S.) 8.
= **Studien**, Staatswissenschaftliche. Bd 5. Heft 6. [96. 4301

Schultze, Wilhelm, aus Berlin: **Ueber die Talgdrüsen** des Menschen und ihre Adnexe, mit besonderer Berücksichtigung der an den Labia maiora und minora vorkommenden. *Berlin (1898): E. Ebering.* (28 S.) 8°
Berlin, Med. Diss. v. 30. Sept. 1898

Schultze, Aemil. August. Guil. (geb. Berlin 28. 3. 1840): De trichinasi. Berolini (1863). (31 S.) 8°
Berlin, Med. Diss. v. 18. Juli 1863

[F.] Statistische Untersuchungen über den Absatz der Molkereierzeugnisse. Im Auftr. d. Dtsch. Landwirth.-Gesellsch. . . . ausgef. v. Dr. Wilhelm **Schultze**. M. 3 Anl. *Berlin: Dr. v. A. Klarbaum 1897.* (VI, 153 S., 3 Tab.) 1 Bd 8.
= **Arbeiten** d. Deutsch. Landwirtsch.-Gesellschaft. H. 27. [97. 8704

Deutschlands Vieh- und Fleischhandel. Eine statist. Untersuchung, im Auftr. d. Deutschen Landwirtsch.-Ges. ausgeführt von Dr. W[ilhelm] **Schultze**. T. 1. 2 [nebst] Atlas. *Berlin 1899–1900: Gebr. Unger* (2 u. Atlas: *W. Greve*). 3 Bde 8° u. quer-8° [F.]
1. Deutschlands Aussenhandel mit Vieh u. Fleisch. 1899.
2. Deutschlands Binnenhandel mit Vieh. 1900. Atlas. 1900.
= **Arbeiten** d. Deutschen Landwirtsch.-Gesellschaft. H. 45. 52. [00. 9314

Schultze, Wilhelm Heinrich

Schulze, Wlh., Hnr., die Erstlinge d. Christen. 8. Weimar 764. Hoffmann. 1 ℳ

Schultze, Wilhelm Heinrich, s. Geschichte meiner Bienen.

Schultze, Wilh. Hnr., Nachricht von der neuen Einrichtung bei Verpflegung der Waisen in den herzogl. Weimar. Landen. 8°. Weimar, Hoffmann, 1785.

Schultze, Wilh. Herm., s.a. Arminius, Wilh. (Pseud.)

Alt Weimar. Schauspiel in 5 Akten von Wilhelm Arminius [d. i. Wilhelm Hermann **Schultze**] Mit 6 Dekorationspl. Buchschmuck von G. Barloesius. Berlin: A. Duncker 1908. 172 S. 8° [09. 12656 II

Arminius, Wilhelm [d. i. Wilhelm Hermann **Schultze**] : Die Amtmännin von Oranienburg. Sittengeschichtl. Roman. Tl. 1. 2 (in 1 Bde) . . . Berlin: O. Janke 1898. 8°
1. (2 Bl., 171 S.) 2. (2 Bl., 185 S.)

[F.] Bergkrystalle. Gedicht v. Wilhelm Arminius [d. i. Wilh. Hermann **Schultze**]. *Berlin: Concordia 1897.* (3 Bl., 88 S.) 1 Bd 8. [97. 1713

Frauenkämpfe. Ein Novellenbuch von Wilhelm Arminius [d. i. Wilhelm Hermann **Schultze**]. Berlin: Gebr. Paetel 1905. (295 S.) 8°

Gedichte von Wilhelm Arminius [d. i. Wilhelm Hermann **Schultze**]. Mit d. Bildn. d. Dichters. 2. verm. Aufl. Berlin: A. Duncker 1909. VIII, 209 S. 8° [09. 10714 II

Hans Hoffmann von Wilhelm Arminius [d. i. Wilhelm Hermann **Schultze**]. Leipzig: Verl. f. Lit., Kunst u. Musik 1909. 37 S. 8°
(Beiträge z. Literaturgeschichte. H. 57.) [09. 11668

Wilhelm Jensen von Wilhelm Arminius [d. i. Wilhelm Hermann **Schultze**]. Leipzig: Verl. f. Lit., Kunst u. Musik 1908. (36 S.) 8° [F.]
— **Beiträge** z. Literaturgeschichte. H. 53. [08. 3809

Schultze, Wilh. Herm., methodisch-systematisches Lehrbuch f. den chemisch-mineralogischen Unterricht auf Realschulen (höh. Bürgerschulen) u. anderen höheren Schulen m. einjährigem chemisch-mineralogischem Lehrgang. gr. 8. (114 S. m. 62 Abbildgn.) Hannover 894. Norddeutsche Verlagsanstalt. Geb. n. 1. 20

Lehrbuch für den chemisch-mineralogischen Unterricht auf Realschulen und Gymnasien. Von Wilh. Hermann **Schultze**, Oberl. 2. verb. Aufl. Hannover: Norddeutsche Verlagsanst. 1906. (IV, 159 S.) 8° [F.]
[Umschlagt.:] Schultze: Chemie u. Mineralogie. [07. 17399 7

Schultze, *Wilhelm* Hermann Über das elektrisch-thermische Leitungsvermögen der Dielektrika. 4 (S. 3—26).
Progr. Herz. höh. Bürgersch. nebst Vsch. *Cöthen* 1891 (673).

Luther auf der Coburg. Schauspiel in 1 Aufz. von Wilhelm Arminius [d. i. Wilhelm Hermann **Schultze**]. Halle a. S.: Mühlmann 1910. 62 S. 8° [10. 14667

Yorcks Offiziere. Roman von 1812/13 von Wilhelm Arminius [d. i. Wilh. Hermann **Schultze**]. 2. u. 3. Aufl. Stuttgart & Berlin: Cotta 1910. 390 S. 8° [10. 13251

Sein Recht. Komödie in 1 Aufz. von Wilhelm Arminius [d. i. Wilhelm Hermann **Schultze**]. Eisenach: H. Kahle [1907]. (31 S.) 8° [F.] [08. 12339

Stietz-Kandidat. Roman aus grauer Vergangenheit d. Oberlehrerlebens von Wilhelm Arminius [d. i. Wilhelm Hermann **Schultze**]. Bd 1. 2. Berlin: Gebr. Paetel 1908. 2 Bde 8° [F.] [08. 11278

Um den **Wildsee**. Schwarzwald-Novelle in Versen von Wilhelm Arminius [d. i. Wilhelm Hermann **Schultze**]. Mit e. Vorw. von Wilhelm Jensen. *Dresden & Leipzig: E. Pierson 1893.* (V, 361 S.) 8° [F.] [04. 3103

Schultze, Willi, a. Halle a. S.: Beiträge zur Kenntnis des Harzöles. Straßburg i. E. 1905: C. & J. Goeller. (77 S.) 8°
Straßburg, Math.-naturwiss. Fak., Ref. Thiele, Diss. v. 1905
[Geb. 15. Jan. 80 Halle a. S.; Wohnort: Halle; Staatsangeh.: Preußen; Vorbildung: Oberrealsch. Halle Reife O. 00; Studium: München 4, Straßburg 6 S.; Rig. 28. Febr. 05.]

Schultze-Baldenius, Carl *(geb. Schwedt a. O. [8. 9. 1846])*: Untersuchungen über die Verbreitung des diastatischen Fermentes in den Speicheldrüsen. Breslau 1877. (32 S.) 8°

Breslau, Med. Diss. v. 24. Dez. 1877

[F.] **Schultze-Denhard,** *Paul:* (Haftet derjenige, welcher von einem Vertrage wegen Irrthums zurücktritt, für Schadensersatz?) ... M.Gladbach, Druck v. E. Schellmann, 1897; 35 S. 8.

Erlangen, Jur. Fak., Inaug.-Diss. v. Apr. 1897

Schultze-Malkowsky, Emil, Ethelwold, s.: Carl Maria.

Die Florentinerin. Komödie in 1 Akt von Emil **Schultze**-Malkowsky. Berlin: Die Schönheit [1907]. (32 S.) 8° [07. 16934

Sechzehn Gedichte von Emil **Schultze**-Malkowsky. *Krefeld & Leipzig: G. A. Hohns Söhne 1903.* (14 Bl.) 8° [Umschlagt.] [03. 11603 B

Wir Rheinländer, eine Sammlung unserer rheinischen Dichtungen hrsg. von Emil Schultze-Malkowsky. 1. Taus. *Krefeld & Leipzig: G. A. Hohns Söhne 1903.* (160 S.) 8° [F.] [03. 9147 B

Schultze-Naumburg, Paul, Aufgaben des Heimatschutzes, s.: Flugschrift, 39., des Dürer-Bundes zur ästhetischen Kultur.

Die Entstellung unseres Landes von Prof. [Paul] **Schultze**-Naumburg. (Mit 71 Abb.) Halle a. S.: Gebauer-Schwetschke 1905. (67 S.) 8° [F.]
— **Flugschriften** d. Heimatschutzbundes. 2. [05. 11133

Schultze-Naumburg P, die Entstellung unseres Landes. 2. Aufl. (78 S) Meiningen (1908)

Schultze-Naumburg Paul Die Entstellung unseres Landes. 3. verb. Aufl. mit 76 Abbild. Hrsg. vom Bund Heimatschutz. Meiningen (1908).

— Die **Entstellung** unseres Landes. 3. verb. Aufl. m. 76 Abb. 23.—50. Taus. Hrsg. vom Bund Heimatschutz. (80 S.) gr. 8. Meiningen (S.-M.) (Feodorenstr. 8) (909). Geschäftsstelle des Bundesheimatschutz. — 50

Schultze-Naumburg, Paul, die Kultur des weiblichen Körpers als Grundlage d. Frauenkleidg. Mit 133 Illustr. Buchschmuck v. J. V. Cissarz. 1.—3. Taus. gr. 8. (152 S.) Leipzig 901. E. Diederichs. n. 4.—; geb. n. 5.—

Schultze-Naumburg P, die Kultur des weiblichen Körpers als Grundlage der Frauenkleidung. (152 S) Leipzig 1902

— die Kultur des weiblichen Körpers als Grundlage der Frauenkleidung. 7.—12. Taus. (152 S. m. 133 Abbildgn.) gr. 8. Jena 903. 905. E. Diederichs. n. 4. —; geb. n. 5. —

— Die **Kultur** des weiblichen Körpers als Grundlage der Frauenkleidung. 13.—15. Taus. (153 S. m. 139 Abb.) 8. Jena 910. E. Diederichs. 4.—; geb. 5. —

Schultze-Naumburg, Paul, Kulturarbeiten. 1. u. 2. Bd. Hrsg. v. Kunstwart. gr. 8. München (902). G. D. W. Callwey. n. 7. —; geb. in Leinw. 9. —
1. Hausbau. (VIII, 127 S. m. Abb.) n. 3. —; geb. 4. —
2. Gärten. (V, 252 S. m. Abb.) n. 4. —; geb. 5. —

Schultze-Naumburg P, Kulturarbeiten. 2. Gärten. (252 S) und ergänzende Bilder (100 T) München (1903. 05)

— **Kulturarbeiten.** I.—IV. Bd. 8. München, G. D. W. Callwey. n. 16. 50; geb. in Leinw. n. 20. 50
I. Hausbau. Einführende Gedanken zu den Kulturarbeiten. Hrsg. vom Kunstwart. 2. Aufl. (VIII, 125 S. m. Abbildgn.) (904.) n. 3. —; geb. n. 4. —
II. Gärten. 2. Aufl. (VI, 250 S. m. Abbildgn.) (905.) n. 4. —; geb. n. 5. —
III. Dörfer u. Kolonien. Hrsg. vom Kunstwart. (X, 250 S. m. Abbildgn.) (903.) n. 4. —; geb. n. 5. —
IV. Städtebau. Hrsg. vom Kunstwart. (VII, 411 S. m. Abbildgn.) (906.) n. 5.50; geb. n. 6. 50

— **Kulturarbeiten.** I.—VI. Bd. 8. München, G. D. W. Callwey. 24.50; geb. 30. 50
I. Hausbau. Einführende Gedanken zu d. Kulturarbeiten. Hrsg. vom Kunstwart. 3. verm. u. verb. Aufl. (X, 182 S. m. Abb.) (907.) 3.50; geb. 4.50
II. Gärten. Hrsg. vom Kunstwart. 3. Aufl. (X, 301 S. m. Abb. u. Titelbild.) 909. 4.—; geb. 5. —
III. Dörfer u. Kolonien. Hrsg. vom Kunstwart. 2. verm. u. verb. Aufl. (XI, 252 S. m. 177 Abb.) 908. 4.—; geb. 5. —
IV. Städtebau. Hrsg. vom Kunstwart. 2. verm. Aufl. (XI, 482 S. m. Abb. u. Titelbild.) 909. 5.50; geb. 6. 50
V. Kleinbürgerhäuser. Hrsg. vom Kunstwart. (5 S. Text u. 130 Bl. Abb.) (907.) 3.50; geb. 4. 50
VI. Das Schloss. Hrsg. vom Kunstwart. (XV, 300 S. m. Abb.) 910. 4.—; geb. 5.—

— dasselbe. Ergänzende Bilder zu Bd. II, Gärten. Hrsg. vom Kunstwart. (100 Bl. Abbildgn. m. 10 S. Text.) 8. Ebd. (905). n. 3. —; geb. n. 4. —

— dasselbe. (Neue Aufl.) **Ergänzende Bilder zu Bd. II: Gärten. Hrsg. vom Kunstwart.** 2. verm. Aufl. (120 Taf. u. 10 S. Text.) 8. Ebd. 910. 3.—; geb. 4. —

Paul **Schultze**-Naumburg. Kunst und Kunstpflege. Buchschmuck von Walter Hessling. Leipzig: Diederichs 1901. 119 S. 8° [11. 9118 B

— häusliche Kunstpflege. 4. Aufl. Mit Buchschmuck. v. J. V. Cissarz. 8. (IV, 151 S.) Ebd. 902. n. 3. —; geb. n. 4. —
1.—3. Aufl. (à IV, 142 S.) 900. n. 3. —; geb. n. 4. —.

Paul **Schultze**-Naumburg. Häusliche Kunstpflege. 5. Aufl. Mit Buchschmuck von J. V. Cissarz. Leipzig: Diederichs 1902. 149 S. 8° [10. 11601 B

Schultze-Naumburg, Paul, Häusliche Kunstpflege. (6. Aufl.) M. Buchschmuck von J. V. Cissarz. Jena 1905. 8°.

— Häusliche **Kunstpflege.** 13. Taus. Mit Buchschmuck v. J. V. Cissarz. (VI, 151 S.) 8. Jena 910. E. Diederichs. 3.—; geb. in Leinw. 4. —

Paul **Schultze**-Naumburg. Das Schloss. Hrsg. v. Kunstwart. München: Callwey 1910. 300 S. 8°
(Schultze-Naumburg: Kulturarbeiten. Bd 6.) [10. 1135

— die Stromschnellen des Rheins bei Laufenburg u. ihre Erhaltung, s.: Fuchs, Carl Jobs.

Schultze-Naumburg, Paul, d. Studiengang d. modernen Malers. E. Vademecum f. Studirende. gr. 8. (VII, 96 S. m. Abb.) Leipzig 896. W. Opetz. n. 3. —

P[aul] **Schultze**-Naumburg. Das Studium und die Ziele der Malerei. Ein Vademecum f. Studierende. Verm. Aufl. des Studiengang d. modernen Malers. Mit 10 Ill. *Leipzig: E. Diederichs 1900.* (125 S.) 8° [03. 9360 II

— das Studium u. die Ziele der Malerei. 3. Aufl. (II, 99 S. m. 16 Abbildgn.) gr. 8. Jena 905. E. Diederichs. n. 3. 50; geb. n. 4. 50

— Technik der Malerei. Ein Handbuch f. Künstler u. Dilettanten. Mit Buchschmuck von J. V. Cissarz u. bunten u. einfarb. Abbildgn. gr. 8. (173 S.) Leipzig (900). E. Haberland. n. 4. —; geb. in Leinw. n. 5.—

— s.: Werkstätten, Saalecker.

Die Aufforstung. Gemeinverständl. Anleitung z. wirklich prakt. Gebr. f. d. Landwirth. Hrsg. von **Schultze** & Pfeil in Rathenow, Etablissement f. Forstwirthschaft. *Rathenow: M. Babenzien [in Komm.] 1903.* (40 S.) 8° [F.]

Das Haus des Blinden. Ein Sang aus Schlesiens Bergen von J[ohanna] **Schultze**-Wege. Dresden: M. Laue [1898]. (105 S.) 8° [F.] [07. 8777

Schultzen, Friedrich [Inspektor am theol. Stift]: Die Abendmahlsberichte des neuen Testaments . . . (Erscheint vollst. bei Vandenhoeck & Ruprecht in Göttingen u. d. T.: Das Abendmahl im neuen Testament.) Göttingen, Druck d. Univ.-Buchdr. v. E. A. Huth, 1895; 1 Bl., 46 S. 8.
Göttingen, Theol. Fak., Inaug.-Diss. v. [16. Juli] 1895

Schultzen, Fr., d. Abendmahl im neuen Testament. gr. 8. (III, 112 S.) Göttingen 895. Vandenhoeck & Ruprecht. n. 2. —

Schultzen, Car. Ludov. Otto (geb. Bischofswerder 4. 5. 1802): De tetano. Berolini (1826). (31 S.) 8°
Berlin, Med. Diss. v. 6. Nov. 1826

Schultzen, Ludolf Der erste geometrische Unterricht. 16 S. *Goslar* 1876. **Progr.**

Schultzen, Otto (Guil.) (geb. Lissa in Posen 16. 7. 1837): De inanitione; accedit observatio et exploratio microscopico-chemica. Berolini (1862). (31 S.) 8°
Berlin, Med. Diss. v 8. Okt. 1862

Schultzen, Wilhelm [prakt. Arzt aus Goslar a. H. (Prov. Hannover)]: Beitrag zur Lehre von den Muskelhernien . . . . Berlin, Buchdr. v. Gustav Schade (Otto Francke) (1887); 29 + 1 S. + 1 Bl. 8°.
Berlin, Med. Fak., Inaug.-Diss. v. 30. Jul. 1887.

Schultzen, Wilhelm, Beitrag zur Lehre von den Muskelhernien. Diss. Berlin 1887, Mayer & Müller. 8°. 29 S.

Schultzen, Dr. W. Die Bekämpfung der Tuberkulose in der Armee. Mit Textfig. Berlin 1905. 36 S. 4°

Wilhelm Georg Albert Schultzen

Guil(elmus) Georg(ius) Alb(ertus) Schultzen:De Hydrope variolis supervenientibus sanato. Berolini (1826): Petschius. 24 S. 8°
Berlin, Med. Diss. v. 27. Okt. 1826

Schultzendorff, v. Repetitorium der Befestigungslehre u. d. Festungskrieges. Zum Gebrauche f. Offiziere u. Portepeefähnriche aller Waffen. 2 Thle. (36; 140 S.) 891; 2. Aufl. 16. (23; 115 S.) Berl. 892, Eisenschmidt. * 1 60

Schultzendorff, v., Repetitorium der Taktik. Zum Gebrauche f. Offiziere u. Portepeefähnriche aller Waffen. 2 Thle. gr. 16. (16 u. 114 S.) Berlin 890. Eisenschmidt. n. 1. 20

—— Repetitorium der Taktik. 2 Thle. 2. verb. u. verm. Aufl. 16. (16; 125 S.) Ebd. 892. * 1 50
1. Aufl. Ebd. 1891. * 1 20.

— **Repetitorium der Taktik. Zum Gebrauche f. Offiziere u. Portepeefähnriche aller Waffen hrsg. 2 Thle. (I. Inhaltsverzeichniß. II. Ausführung.) 3., verb. u. verm. Aufl. 12. (16 u. 159 S.) Ebd. 893. n. 1. 80**

— Repetitorium der Terrainlehre. Zum Gebrauche f. Offiziere u. Portepeefähnriche aller Waffen. 2 Thle. gr. 16. (16 u. 46 S.) Ebd. 890. n. — 80

— **Repetitorium der Terrainlehre. Zum Gebrauche f. Offiziere u. Portepeefähnriche aller Waffen. 2 Thle. gr. 16. (16 u. 46 S.) Ebd. 891. n. — 80**

— **Repetitorium der Waffenlehre. Zum Gebrauche f. Offiziere u. Portepeefähnriche aller Waffen. 2 Thle. 16. (18, VIII u. 132 S.) Ebd. 891. n. 1. 60**

Schultzendorff, Leop. v., Festgabe zum 23. Septbr. 1887, dem 25jähr. Minister-Jubiläum des deutschen Reichskanzlers Sr. Durchlaucht d. Fürsten v. Bismarck. 8. (7 S.) Oldenburg 887. Büttmann & Gerriets. n. — 30

Schultzendorff, L. v., Neue Griechenlieder. Denkmäler. Neugriech. Lieder des Aristoteles Valaoritis aus Leukas. S.-A. 1867. 114 S. 1.25

Schultzendorff, Leop. v. Lutherfeier am 10. Nov. Festrede. S. 18—32. **Progr.** OR. *Oldenburg* 1884.

Schultzenstein, Max, Beiträge zur Lehre vom Pflichttheilsrecht. gr. 8. (VII, 256 S.) Berlin 878. Guttentag. n. 5. —

Schultzenstein, Max, Beiträge zur Lehre vom Pflichttheilsrecht. 2. durch einen Nachtrag verm. Ausg. gr. 8. (XI, 293 S.) Berlin 883, Guttentag. * 5 —

Schultzenstein, Max, s.: Entscheidungen des königl. preußischen Oberverwaltungsgerichts.

Schultzenstein, Max, drei Fragen aus dem preußischen Grundrecht nach den Gesetzen vom 5. Mai 1872, s.: Sammlung v. Erörterungen üb. das preußische Grundbuchrecht.

— die Landgüterordnung f. die Prov. Brandenburg vom 10. Juli 1883, erläutert. gr. 8. (VII, 148 S.) Berlin 883. H. W. Müller. n. 4. 50

—— die Landgüterrolle in der Prov. Brandenburg. Für Landwirthe besprochen. 8. (IV, 25 S.) Ebendas. 883. * — 50

— s.: **Verwaltungsarchiv.**

Schultzenstein, Max, die Vormundschaftsordnung vom 5. Juli 1875, das Gesetz, betr. die Geschäftsfähigkeit Minderjähriger und die Aufhebung der Wiedereinsetzung in den vorigen Stand wegen Minderjährigkeit, vom 12. Juli 1875 und das Gesetz, betr. Unterbringung verwahrloster Kinder, vom 13. März 1878, nebst den dazu erlassenen Nebengesetzen und allgemeinen Verfügungen. Text-Ausg. mit Erläuterungen und Sachregister. 16. (VII, 226 S.) Berlin 886, Guttentag. cart. *

Schultzenstein, Max: Die Vormundschaftsordnung vom 5. Juli 1875, das Gesetz betr. die Geschäftsfähigkeit Minderjähriger . . . vom 12. Juli 1875 u. das Gesetz betr. die Unterbringung verwahrloster Kinder, vom 13. März 1878 nebst den dazu erlassenen Nebengesetzen u. Allg. Verfügungen. 2. Aufl. Berlin 1892.

(Guttentag'sche Sammlung Preußischer Gesetze. Nr 8. Text-Ausg. m. Anm.)

— 3. Aufl. 1895.

· d. Vormundschaftsordng. v. 5. Juli 1875, das Gesetz, betr. d. Geschäftsfähigkeit Minderjähriger u. d. Aufhebg. d. Wiedereinsetzg. in d. vorigen Stand wegen Minderjährigkeit, v. 12. Juli 1875 u. d. Gesetz, betr. d. Unterbringg. verwahrloster Kinder, vom 13. März 1878, s.: Guttentag's Sammlg. preuß. Gesetze, Nr. 8.

Schultzenstein, Max u. Köhne, Paul: Das Deutsche Vormundschaftsrecht und das preußische Gesetz, betr. die Unterbringung verwahrloster Kinder, vom 13. März 1878 nebst den dazu gehörigen preuß. Nebengesetzen und allg. Verfügungen. Textausg. mit Erl. Berlin 1898.
(Guttentag'sche Sammlung Dt. Reichsgesetze. Nr 47.)

— 2. Aufl. [unt. d. Tit.:] Das Deutsche Vormundschaftsrecht und das preuß. Gesetz über die Fürsorgeerziehung Minderjähriger v. 2. Juli 1900. 1901.

Das deutsche Vormundschaftsrecht und das preussische Gesetz über die Fürsorgeerziehung Minderjähriger v. 2. Juli 1900 nebst den dazu gehörigen preuss. Nebengesetzen u. allgem. Verfügungen. Text-Ausg. mit Erl. u. Sachreg. von Dr. **Max Schultzenstein**, Oberverw.Ger.R., u. Dr. Paul Köhne, Amtsger.R. 2. Aufl. *Berlin: J. Guttentag 1901.* (509 S.) 8° [F.]
= **Sammlung**, Guttentag'sche, Deutscher Reichsgesetze. No 47. (01. 10089

— u. Paul **Köhne**, das deutsche Vormundschaftsrecht u. das preuß. Gesetz über die Fürsorgeerziehung Minderjähriger, s. a. Guttentag's Sammlg. deutscher Reichsgesetze.

Das deutsche Vormundschaftsrecht und das preussische Gesetz über die Fürsorgeerziehung Minderjähriger vom 2. Juli 1900 nebst d. dazu gehörig. preuss. Nebengesetzen u. allgem. Verfügungen. Text-Ausg. mit Erl. u. Sachreg. von Dr. **Max Schultzenstein**, Oberverw.G.R., u. Dr. Paul Köhne, Amtsger.R. 2. Aufl. *Berlin: H. Spamer (1900).* (509 S.) 8° [F.]
= **Sammlung** Kaufmännischer Fach- u. Lehrbücher. No 47. (00. 8543

— s.: **Zeitschrift f. deutschen Civilprozess.**

Schultzenstein, Siegfried, aus Rixdorf: § 617 B.G.B. *Berlin: C. Heymann 1903.* (100 S.) 8° [F.] ¶(Aus: Archiv f. Bürgerl. Recht.)
Würzburg, Jur. Diss. v. 1903

Schultze- und Müller-Kalender auf die J. 1871—1873. Hrsg. von den Gelehrten des Kladderadatsch. Illustr. von W. Scholz, J. Ehrentraut, C. Röhling 2c. 8. (à 104—110 S. mit eingedr. Holzschn.) Berlin, Hofmann und Comp. à Jahrg. * 1 —

Schultze- u. Müller-Zeitung. Internationale illustr. humoristisch-satyr. Monatsschrift. 1. Jahrg. 1871. 9 Nrn. 4. (1. Hft. 36 S. m. eingedr. Holzschn.) Leipzig, R. Schaefer. Vierteljährlich n. 1. 50; einzelne Hefte n. — 75

Schultzik, E., vollständiger Beicht- und Kommunion-Unterricht. Ein Hilfsbuch für Eltern und Lehrer, auch zum Selbstgebrauche der Kinder. 8. (III, 95 S.) Breslau 883, Goerlich's Verlag. — 60

Schultzik, E., kurzer Leitfaden f. den katholischen Religionsunterricht in den ersten Schuljahren. In ausführlichen Lektionen verf. 3. Aufl. 8. (126 S.) Groß-Strehlitz 902. A. Wilpert. Kart. n. 1. 20

Schultzik, E., Przowodnik dla uozqoyoh dziatki roligii katoliokiój. Wydanio II. poprawno. 8. (167 S.) Gross-Strohlitz 894. A. Wilport. Kart. n. 1. 20

Schueltzki, Ernestus Augustus *(geb. Schweidnitz 24. 2. 1795)*: De febre morborum remedio. Vratislaviae (1826). (20 S.) 4°
Breslau, Med. Diss. v. 4. März 1826

Schultzky, G. M., das Quadrat der Bildung. Mathematisch-philosoph. Erwägungen. gr. 8. (VII, 382 S. mit 1 lithogr. Taf.) [Berlin 881.] Leipzig, Grieben's Verlag. * 5 —

Schultzky, G. M., Theorie der Gegensätze oder Entwurf des Normalprinzips. Mit 2 Steindrtaf. (in gr. Fol.) gr. 8. (VIII u. 183 S.) Königsberg 851, Gebr. Bornträger. n. 1⅓ ₰

Schultzky, O., England u. Deutschland. (VII, 182 S.) gr. 8. Mainz 909. (Mainzer Verlagsanstalt u. Druckerei.) 1.50; geb. 2. —

Schultzky, O., Schauspiele. 1.—4. Bd. kl. 8. Mainz. Wiesbaden (Querfeldstr. 7 I), Selbstverlag. n. 7. 20

1. Gerda vom Rheinstein. Legendäres Schauspiel in 4 Aufzügen. — Papst Gregor V. Trauerspiel in 5 Akten. — Der Regierungsassessor. Drama in 5 Akten. — Das Junggesellenheim. Lustspiel in 1 Akt. (32, 47, 57 u. 17 S. m. Titelbild.) (905.) n. 1. 50
2. Traga vom Königsberg. Dramatisches Epos Altpreußens in 5 Akten u. einer Apotheose. — Der Herrscher. Lustspiel in 5 Akten. — Katalyse. Stimmungs-Drama in 5 Aufzügen. — Tragödie u. Komödie. Faschingsschwank in 1 Akt. (62, 56, 46 u. 17 S. m. Titelbild.) (905.) n. 1. 50
3. Fahrt der Nibelungen zur Etzelburg. Drama in 5 Akten. — Der Romanow. Drama in 8 Aufzügen. — An der Grenze. Dramatisches Gedicht in 8 Aufzügen. — Die Hausbesitzerin. Lustspiel in 1 Akt. (III, 78, 62, 80 u. 18 S. m. Titelbild.) (905.) n. 1. 50
4. 13. Die Opferg. Drama in 6 Aufzügen (m. Titelbild). — 14. „Von". Lustspiel in 5 Akten. — 15. Der deutsche Vetter. Schauspiel in 4 Akten. — 16. Der Schullehrer. Dramatisches Gedicht in 4 Aufzügen. (80, 74, 51 u. 53 S.) (906.) n. 2. 70

— Schauspiele. 5. Bd. Die Göttertragödie, e. Tretalogie. (17. Bragi u. Idun. 18. Im Aberglauben. 19. Dämmerung. 20. Zum Licht.) (III, 49; 63, 82 u. 81 S. m. 1 Taf.) kl. 8. Ebd. (907). 2.—; geb. in Leinw. 3.—

— The soul of India, an Eeastern romance. (XII, 128 S. m. 1 Vollbild.) gr. 8. Berlin (910). W. Süsserott. 2.50; geb. 3. 50

Schultzky, Paul, organisiertes Gemeindeleben. Zeitgemäße Betrachtgn. u. Ratschläge. gr. 8. (20 S.) Frankfurt a/M. 902. Neuer Frankfurter Verlag n. — 40

FSC
www.fsc.org
MIX
Papier | Fördert gute Waldnutzung
FSC® C083411

Kolibri 360 GmbH
Ferdinand-Jühlke-Straße 7
99095 Erfurt, Deutschland
produktsicherheit@kolibri360.de